土木建筑国家级工法汇编

（2005～2006 年度）

上　册

住房和城乡建设部工程质量安全监管司
中国建筑业协会　　主　编

中国建筑工业出版社

图书在版编目（CIP）数据

土木建筑国家级工法汇编（2005～2006年度）/住房和城
乡建设部工程质量安全监管司，中国建筑业协会主编. —北
京：中国建筑工业出版社，2009
ISBN 978-7-112-10553-3

Ⅰ．土… Ⅱ．①住…②中… Ⅲ．土木工程-工
程施工-建筑规范-汇编-中国-2005～2006 Ⅳ．TU711

中国版本图书馆 CIP 数据核字（2008）第 198363 号

本书汇编了 2005～2006 年度国家级工法 368 项。内容涉及地下工程与深基础施工、
钢结构和预应力混凝土施工、模板工程、特种结构和设备安装等新技术内容，广泛应用于
房建、桥梁、公路、冶金、石油天然气、石油化工、化学工程、水利、电力等多个行业的
工程中。

本书既可作为建筑施工企业工程技术人员必备的工具书，也可供科研、设计、教学等
单位及从事土木建筑专业的技术人员学习与参考。

＊　＊　＊

责任编辑：常　燕
责任设计：崔兰萍
责任校对：孟　楠　王　爽

土木建筑国家级工法汇编
（2005～2006 年度）
住房和城乡建设部工程质量安全监管司
中国建筑业协会　　主编

＊

中国建筑工业出版社出版、发行（北京西郊百万庄）
各地新华书店、建筑书店经销
霸州市顺浩图文科技发展有限公司制版
北京凌奇印刷有限责任公司印刷

＊

开本：880×1230 毫米　1/16　印张：225½　字数：5630 千字
2009 年 5 月第一版　　2009 年 5 月第一次印刷
印数：1—5000 册　　定价：**420.00** 元（上、中、下）
ISBN 978-7-112-10553-3
（17478）

本书编委会

主 任 委 员：陈　重　　张鲁风　　叶可明

副主任委员：吴慧娟　　吴　涛

委　　　　员：（按姓氏笔画排列）

王有为　　王清训　　刘宇林　　刘国琦　　孙计萍

孙振声　　杨嗣信　　杜成斌　　苏　平　　苗喜梅

郑念中　　赵宏彦　　徐正忠　　郭万清

前　言

住房和城乡建设部于 2008 年新审定出 2005～2006 年度国家级工法 368 项，并以建质［2008］22 号文公布，至此，住房和城乡建设部已相继审定并公布了 869 项国家级工法。实践证明，国家级工法的颁布和推广应用，对提高建筑施工企业的技术、管理水平和市场竞争能力起到了重要的促进作用。尤其是近年来建筑施工企业将工法与推广新技术的工作结合起来，在工程中广泛运用，产生了良好的经济和社会效益。

2008 年公布的 368 项国家级工法，其关键技术体现了目前我国建筑施工技术水平。内容涉及地下工程与深基础施工、钢结构和预应力混凝土施工、模板工程、特种结构和设备安装等新技术内容，广泛应用于房建、桥梁、公路、冶金、石油天然气、石油化工、化学工程、水利、电力等多个行业的工程中。

为便于广大建筑施工企业学习和推广应用国家级工法成果，现将其汇编成《土木建筑国家级工法汇编（2005～2006 年度）》。此书中的工法都来自于全国各行业的施工企业，他们为工法的编撰作出了许多贡献，在此表示感谢。

本书汇编的工法，技术含量高、应用范围广、内容翔实、图文并茂、文字表达准确，对建筑企业科学组织施工具有很强的指导意义。此书既可作为建筑施工企业工程技术人员必备的一本工具书，同时也可供科研、设计、教学等单位及从事土木建筑专业的技术人员学习与参考。由于编写时间仓促，故疏漏和不足之处在所难免，敬请读者和专家批评指正。

住房和城乡建设部工程质量安全监管司

中国建筑业协会

二〇〇九年一月

目 录

上 册

中　册

下　　册

2005～2006 年度国家一级工法

喷涂硬泡聚氨酯面砖饰面外墙外保温施工工法

YJGF001—2006

北京振利建筑工程有限责任公司　浙江宝业建设集团有限公司　中天建设集团有限公司

唐军香　林燕成　黄振利　俞廷标　金跃辉　钱建芳

1. 前　言

1.1　喷涂硬泡聚氨酯外墙外保温技术是适应65%节能标准和低能耗节能建筑的外墙外保温技术，是适合我国的建筑国情和气候特点的外墙外保温技术。

1.2　本技术系统具有全部中国自主知识产权，共获专利13项，其中聚氨酯外保温墙体及施工方法 ZL 02153346.6、聚氨酯外保温粘贴面砖墙体及施工方法 ZL 02153344.X、聚氨酯阴阳角及门窗洞口喷粘结合施工方法及其聚氨酯预制块 03160003.4、阳角及阴角浇筑模具及使用所述模具浇筑聚氨酯保温墙体阴角及阳角的施工方法 ZL 03137331.3、喷涂聚氨酯保温装饰墙体及施工方法 ZL 200510200767.X 等7项为发明专利，聚氨酯外保温墙体 ZL 200420064725.9、聚氨酯喷粘结合墙体角部构造 ZL 032825072 等6项为实用新型专利。

1.3　该技术系统已通过北京市建委的鉴定，并被建设部评为全国绿色建筑创新二等奖，同时被列入国家重点新产品和国家级火炬计划。

1.4　截至目前，该技术系统被编入中国标准化协会标准《胶粉聚苯颗粒复合型外墙外保温系统》CAS 126—2005、北京市地方标准《外墙外保温施工技术规程（喷涂硬泡聚氨酯外墙外保温系统）》DBJ/T 01—102—2005 及安徽、陕西、四川、新疆、内蒙古自治区、湖北、山东、宁夏、甘肃、河北、吉林、河南等多个地方标准图集，并在这些地区得到广泛的应用。该技术还用在北京、新疆、浙江、河北等多个低能耗建筑中，应用效果良好。

2. 工法特点

2.1　采用现场机械化喷涂作业施工，施工速度快、效率高。

2.2　阴阳角等边口部位采用粘贴聚氨酯预制件做法，可减少材料损耗，有利于后续工序做直阴阳角、边口，提高整体施工质量。

2.3　对建筑物外形适应能力强，尤其适应建筑物构造节点复杂的部位的保温如外挑构件、阁楼窗等。

2.4　使用聚氨酯防潮底漆对基层墙面进行处理，提高了聚氨酯保温层的闭孔率，均化了保温层与墙体的黏结力。

2.5　硬泡聚氨酯的导热系数为 0.022～0.027W/(m·K)，喷涂的硬泡聚氨酯闭孔率≥92%，能形成连续的保温层，保温隔热效果好。

2.6　硬泡聚氨酯材料吸水率≤3%，抗渗性≤5mm（1000mm 水柱×24h 静水压），能很好地阻断水的渗透，使墙体保持良好、稳定的绝热状况。

2.7　喷涂硬泡聚氨酯保温层与基层墙体粘结牢固，无接缝、无空腔，能减少负风压对高层建筑外墙外保温系统的破坏。

2.8　聚氨酯界面砂浆采用专用的高分子乳液复配适量的无机胶凝材料而成，能将硬泡聚氨酯保温层与胶粉聚苯颗粒保温浆料找平层牢固地粘合在一起。

2.9 胶粉聚苯颗粒保温浆料含有大量无机材料，本身具有较好的保温性能和抗裂、防火、透气、耐候等性能，使用其对硬泡聚氨酯保温层面层进行找平处理后，可提高系统的保温、透气、抗裂、防火等性能。

2.10 采用抗裂防护层增强网塑料锚栓锚固于基层墙体做法，系统抗震性能好。

3. 适 用 范 围

本工法适用于基层墙体为混凝土或各种砌体材料的外墙外保温工程，可用于不同气候区、不同建筑节能标准、不同建筑高度和不同防火等级要求的外墙外保温工程。

4. 工 艺 原 理

4.1 采用高压无气喷涂工艺将以异氰酸酯、多元醇（组合聚醚或聚酯）为主要原料加入添加剂组成的双组分料现场喷涂在基层墙体表面迅速发泡形成无接缝的闭孔率极高的聚氨酯硬泡体保温层；建筑边角部位粘贴聚氨酯预制件，以处理阴阳角及保温层厚度控制；基层墙面涂刷聚氨酯防潮底漆，有效提高系统的防水透气性能；聚氨酯表面进行界面处理解决有机与无机材料之间的粘结难题；面层采用胶粉聚苯颗粒保温浆料找平和补充保温，同时可防止硬泡聚氨酯面层裂缝和老化，还可减薄聚氨酯保温层厚度，降低工程造价；抗裂防护层采用抗裂砂浆复合热镀锌电焊网做法，热镀锌电焊网由塑料锚栓锚固于基层墙体，抗震性能好；饰面层采用的专用面砖粘结砂浆及面砖勾缝料粘结力强、柔韧性好、抗裂防水效果好。

4.2 喷涂硬泡聚氨酯面砖饰面外墙外保温做法各构造层材料柔韧性匹配，热应力释放充分，基本构造见表4.2。

喷涂硬泡聚氨酯外墙外保温系统面砖饰面基本构造　　　　　　表4.2

基层墙体①	系统的基本构造					构造示意图
	界面层②	保温层③	找平层④	抗裂防护层⑤	饰面层⑥	
混凝土墙或砌体墙（砌体墙需用水泥砂浆找平）	聚氨酯防潮底漆	喷涂成型的硬泡聚氨酯＋聚氨酯界面砂浆（边角、洞口处粘贴聚氨酯预制件）	胶粉聚苯颗粒保温浆料	第一遍抗裂砂浆＋热镀锌电焊网（用塑料锚栓与基层锚固）＋第二遍抗裂砂浆	面砖粘结砂浆＋面砖＋勾缝料	

5. 施工工艺流程及操作要点

5.1 施工工艺流程（图5.1）

5.2 操作要点

5.2.1 施工准备

1. 基层墙体应符合《混凝土结构工程施工质量验收规范》GB 50204—2002 和《砌体工程施工质量验收规范》GB 50203—2002 及相应基层墙体质量验收规范的要求，保温施工前应会同相关部门做好结构验收的确认。如基层墙体偏差超过3mm，则应抹砂浆找平。

2. 房屋各大角的控制钢垂线安装完毕。高层建筑及超高层建筑的钢垂线应用经纬仪复验合格。

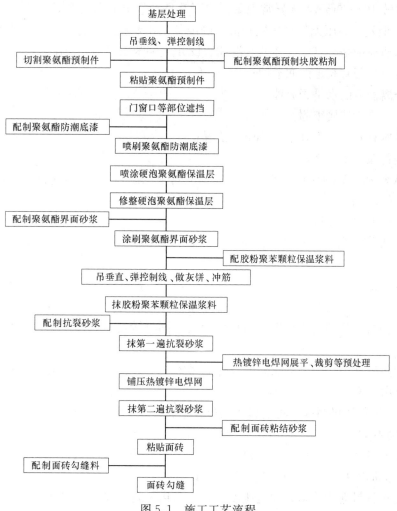

图 5.1　施工工艺流程

3. 外墙面的阳台栏杆、雨漏管托架、外挂消防梯等外墙外部构件安装完毕，并在安装时考虑保温系统厚度的影响。

4. 外窗的辅框安装完毕。

5. 墙面脚手架孔、穿墙孔及阳台板、墙面缺损处用相应材料修整好。

6. 混凝土梁或墙面的钢筋头和凸起物清除完毕。

7. 主体结构的变形缝应提前做好处理。

8. 电动吊篮或专用保温施工脚手架的安装应满足施工作业要求，经调试运行安全无误、可靠，并配备专职安全检查和维修人员。

9. 根据需要准备一间搅拌站及一间堆放材料的库房，搅拌站的搭建需要选择背风方向，并靠近垂直运输机械，搅拌棚需要三侧封闭，一侧作为进出料通道。有条件的地方可使用散装罐。库房的搭建要求防水、防潮、防阳光直晒。

10. 按如下要求准备和使用好喷涂机具：

1) 选用适宜的空气压缩机，使用安装时应注意以下几点：

① 开机前必须首先检查油标，油标指示不足必须将润滑油加足方可开机。润滑油夏季用 19 号，冬季用 13 号，不允许用其他机油代替。

② 检查配电设施与电机的匹配，使用时电源电压应满足 ±5% 的要求，如不能满足要求电机易烧损。

③ 开机前应打开排污阀，排尽压缩机内污水。用手拉动皮带轮确认可轻松转动后开机。

④ 开机后应空转 10～20min，无异常现象再逐渐升高到额定工作压力下运转。

2）双组分硬泡聚氨酯高压无气喷涂机开机前的准备工作要点主要有：

① 检查各泵体油杯中是否有 2/3 杯的润滑油、DOP（邻苯二甲酸二辛酯）；

② 检查油雾器内是否有充足的润滑油；

③ 检查气水分离器内的水是否放掉；

④ 检查所有接头是否连接牢固；

⑤ 控制盘上的所有开关是否处于"OFF"位置；

⑥ 气源开关是否在关闭状态；

⑦ 调整密封 A 料和 B 料泵上的密封，锁紧螺母到可调状态，并需要周期性拧紧，当需要经常更换润滑油时应该拧紧泵密封；

⑧ 检查进料过滤网并按需维护。

3）双组分硬泡聚氨酯高压无气喷涂机初始启动要点如下：

① 打开主电源，指示灯点亮；

② 启动空气压缩机，待压力稳定后缓慢增加压力，并检查所有气压接头是否有泄漏，按需拧紧；

③ 将黑、白原料注入提料泵，调节压力，排除输料管路中的残留物；

④ 将黑、白两种材料分别放置在黑、白料桶口处，同时缓慢打开两种材料的供料阀，将黑、白料分别打回流；

⑤ 同时开启加热器开关，设定加热温度及保温系统（夏季黑料温度 45℃，白料温度为 35℃；春秋季黑料温度 65℃，白料温度 45℃），当环境温度低于 10℃时，应用汽油喷灯对黑白料桶进行补充加热，待料温稳定后，关闭输料块供料阀，将输料块与枪体连接牢固，注意：由于组合多元醇加热时会膨胀，所以与枪体应快速连接，时间应在 3min 之内完成；

⑥ 先打开枪体上进气开关，再打开输料块供料阀，开启枪机进行试枪喷涂工作，试枪时同时缩小两出料管流量，调整进料两压力表指针平衡升至 5MPa；

⑦ 开枪试喷要求物料雾化均匀，发泡速度一致，白化时间 5s 左右，失黏时间 20s 左右。

4）双组分硬泡聚氨酯高压无气喷涂机关机要点如下：

① 停喷前必须先关掉加热器电源，把加热后原料喷出再停机；

② 每天工作结束关机时，应使增压泵杆降至最低位置，使泵杆全都浸在润滑液中；

③ 调节控制盘上的加热旋钮到 0 位，关闭保温电源、主加热器电源、空气压缩机电源及总电源，并清除油杯泵杆周围污物，油杯内注入 2/3 油位的二辛酯清洗剂；

④ 关闭枪头两料块球阀，拆下 A、B 两原料和料块，把提料泵内高压原料回到原料桶中，应注意两球阀要两人同时打开放料，一定要同步，把提料泵内压力卸到 3MPa 左右，关闭球阀使提料泵内留有一定压力，可以保持密封，防止关机后渗漏，用丙酮溶剂清洗喷枪，然后喷嘴涂封凡士林（药用膏）油封；

⑤ 从原料桶中提出两提料泵，清理干净多余料，然后用凡士林密封进料口，立放在设备车上；

⑥ 原料桶上所有开启盖必须旋紧盖好，防止原料组分受潮污染；

⑦ 设备各部位应保养干净，特别是主气缸活塞杆、提料泵活塞杆，下班后必须保养干净，并涂油防护；

⑧ 放掉气水分离内的水，保证油雾器内足够的润滑油。

11. 根据工程量、施工部位和工期要求制定施工方案，要样板先行，通过样板确定定额消耗，由甲方、乙方和材料供应商协商确定材料消耗量，保温施工前施工负责人应熟悉图纸。

12. 组织施工队进行技术培训和交底，进行好安全教育。

13. 材料配制应指定专人负责，配合比、搅拌机具与操作应符合要求，严格按厂家提供的说明书配制，严禁使用过时浆料和砂浆。

14. 硬泡聚氨酯保温材料喷涂前应做好门窗框等的保护。宜用塑料布或塑料薄膜等对应遮挡部位进行防护。

15. 施工现场架子管、器械及施工现场附近的车辆等易污染的物件都应罩护严密，以防止被喷涂现场漂移的聚氨酯污染。

16. 喷涂硬泡聚氨酯的施工环境温度及基层温度不应低于 10℃，风力不应大于 4 级，应有防风措施。胶粉聚苯颗粒保温浆料找平及抗裂防护层施工环境温度不应低于 5℃。雨期施工应采取防雨措施，雨天不得施工。

17. 聚氨酯白料、黑料应在干燥、通风、阴凉的场所密封贮存，白料贮存温度以 15～20℃为宜，不得超过 30℃，不得暴晒。黑料贮存温度以 15～35℃为宜，不得超过 35℃，最低贮存温度不得低于 5℃。聚氨酯白料、聚氨酯黑料的贮存期均为 6 个月。聚氨酯白料、黑料在贮存运输中应有防晒措施。

5.2.2 基层处理

清理干净墙面，使墙面平整、洁净、干燥，不得有浮尘、滴浆、油污、空鼓及翘边等，墙面松动、风化部分应剔除干净，墙面平整度控制在±3mm 以下。如果墙面平整度偏差过大，应抹砂浆进行找平。

5.2.3 吊垂直、弹控制线

在顶部墙面与底部墙面锚固好膨胀螺栓，作为大墙面挂线钢丝的垂挂点，高层建筑用经纬仪打点挂线，多层建筑用大线坠吊细钢丝挂线，用紧线器勒紧在墙体大阴、阳角安装钢垂线，钢垂线距墙体的距离为保温层的总厚度。挂线后每层首先用 2m 杠尺检查墙面平整度，用 2m 托线板检查墙面垂直度。达到平整度要求方可施工。

5.2.4 粘贴聚氨酯预制件

1. 在阴阳角或门窗口处，粘贴聚氨酯预制件，并达到标准厚度（图 5.2.4）。对于门窗洞口、装饰线角、女儿墙边沿等部位，用聚氨酯预制件沿边口粘贴。墙面宽度不足 300mm 处不宜喷涂施工时，可直接用相应规格尺寸的聚氨酯预制件粘贴。

图 5.2.4 粘贴聚氨酯预制件

2. 预制件之间应拼接严密，缝宽超出 2mm 时，用相应厚度的聚氨酯片堵塞。

3. 粘贴时用抹子或灰刀沿聚氨酯预制件周边涂抹配制好的胶粘剂胶浆，其宽度为 50mm 左右，厚度为 3～5mm，然后在预制块中间部位均匀布置 4～6 个粘结点，总涂胶面积不小于聚氨酯预制件面积的 40%。要求粘结牢固，无翘起、脱落现象。门窗洞口四角处的聚氨酯预制件应采用整块板切割成型，不得拼接。

4. 粘贴完成 24h 后，用电锤、冲击电钻在聚氨酯预制件表面向内打孔，拧或钉入塑料锚栓，钉帽不得超出板面，锚栓有效锚固深度不小于 25mm，每个预制件一般为 2 个锚栓。

5.2.5 门窗口等部位的遮挡

聚氨酯预制件粘结完成后喷施硬泡聚氨酯之前，应充分做好遮挡工作。门窗口等一般用塑料布裁成与门窗口面积相当的布块进行遮挡。对于架子管、铁艺等不规则需防护部位应采用塑料薄膜进行缠绕防护。

5.2.6 喷刷聚氨酯防潮底漆

用喷枪或滚刷将聚氨酯防潮底漆均匀喷刷在基层墙面上（图 5.2.6），要求无透底现象，喷涂两遍，时间间隔为 2h。湿度大的天气，适当延长时间间隔，以第一遍表干为标准。

5.2.7 喷涂硬泡聚氨酯保温层

1. 开启聚氨酯喷涂机将硬泡聚氨酯均匀地喷涂于墙面之上（图 5.2.7），当厚度达到约 10mm 时，按 300mm 间距、梅花状分布插定厚度标杆，每平方米密度宜控制在 9～10 支。然后继续喷涂至与标杆齐平（隐约可见标杆头）。施工喷涂可多遍完成，每次厚度宜控制在 10mm 以内。喷涂总厚度按设计要求控制，也可采用粘贴聚氨酯厚度控制块掌握喷涂层厚度。

图 5.2.6　涂刷聚氨酯防潮底漆

图 5.2.7　喷涂硬泡聚氨酯保温层

2. 墙体拐角（阴、阳角）处及不同材料的基层墙体交接处应连续不留缝喷涂。

3. 墙体变形缝处的硬泡聚氨酯保温层应设置分隔缝，缝隙内应以聚氨酯或其他高弹性密封材料封口。

5.2.8 修整硬泡聚氨酯保温层

喷涂 20min 后用裁纸刀、手锯等工具清理、修整遮挡部位以及超过保温层总厚度的凸出部分（图 5.2.8）。

5.2.9 喷刷聚氨酯界面砂浆

聚氨酯保温层修整完毕并且在喷涂 4h 之后，用喷斗或滚刷均匀地将聚氨酯界面砂浆喷刷于硬泡聚氨酯保温层表面（图 5.2.9）。

图 5.2.8　超过保温层厚度凸出部位进行修整　　　图 5.2.9　喷刷聚氨酯界面砂浆

5.2.10 吊垂直线，做灰饼

在距大墙阴角或阳角约 100mm 处，根据垂直控制通线按 1.5m 左右间距做垂直方向灰饼，顶部灰饼距楼层顶部约 100mm，底部灰饼距楼层底部约 100mm。待垂直方向灰饼固定后，在同一水平位置的两个灰饼间拉水平控制通线，具体做法为将带小线的小圆钉插入灰饼，拉直小线，小线要比灰饼略高 1mm，在两灰饼之间按 1.5m 左右间距水平粘贴若干灰饼或冲筋。灰饼可用胶粉聚苯颗粒保温浆料做，也可用废聚苯板裁成 50mm×50mm 小块粘贴。

每层灰饼粘贴施工作业完成后水平方向用 5m 小线拉线检查灰饼的一致性，垂直方向用 2m 托线板检查垂直度，并测量灰饼厚度，冲筋厚度应与灰饼厚度一致。用 5m 小线拉线检查冲筋厚度的一致性，并记录。

5.2.11 找平层施工

1. 胶粉聚苯颗粒保温浆料抹灰及找平

抹胶粉聚苯颗粒保温浆料时，其平整度偏差为 ±4mm，抹灰厚度略高于灰饼的厚度。胶粉聚苯颗粒保温浆料抹灰按照从上至下，从左至右的顺序抹。涂抹整个墙面后，用杠尺在墙面上来回搓抹，去高补低（图 5.2.11）。最后再用铁抹子压一遍，使表面平整，厚度一致。

保温面层凹陷处用稀胶粉聚苯颗粒保温浆料抹平，对于凸起处可用抹子立起来将其刮平。待抹完保温面层 30min 后，用抹子再赶抹墙面，先水平后垂直，并用托线尺检测。

图 5.2.11 抹胶粉聚苯颗粒浆料用杠尺刮平

胶粉聚苯颗粒保温浆料落地灰应及时清理，并可少量多次重新搅拌使用。

2. 阴阳角找方应按下列步骤进行

1）用木方尺检查基层墙角的直角度，用线坠吊垂直检验墙角的垂直度；

2）胶粉聚苯颗粒保温浆料抹灰后应用木方尺压住墙角浆料层上下搓动，使墙角胶粉聚苯颗粒保温浆料基本达到垂直，然后用阴、阳角抹子压光，以确保垂直度偏差和直角度偏差均为 ±2mm；

3）窗户辅框安装验收合格后方可进行窗口部位的抹灰施工，门窗口施工时应先抹门窗侧口、窗台和窗上口，再抹大墙面，施工前应按门窗口的尺寸截好单边八字靠尺，做口应贴尺施工以保证门窗口处方正。

5.2.12 抹抗裂砂浆，铺压热镀锌电焊网

待找平层施工完成 3～7d 且施工质量验收合格后，即可进行抗裂防护层施工。

先抹第一遍抗裂砂浆，厚度控制在 2～3mm。接着铺贴热镀锌电焊网，应分段进行铺贴，热镀锌电焊网的长度最长不应超过 3m。为使施工质量得到保证，施工前应预先展平热镀锌电焊网并按尺寸要求

裁剪好，边角处的热镀锌电焊网应折成直角。铺贴时应沿水平方向按先下后上的顺序依次平整铺贴，铺贴时先用 U 形卡子卡住热镀锌电焊网，使其紧贴抗裂砂浆表面，然后按双向 @500mm 梅花状分布用塑料锚栓将热镀锌电焊网锚固在基层墙体上，有效锚固深度不得小于 25mm，局部不平整处用 U 形卡子压平（图 5.2.12）。热镀锌电焊网之间搭接宽度不应小于两个网格，搭接层数不得大于 3 层，搭接处用 U 形卡子和钢丝固定。所有阳角处的热镀锌电焊网不应断开，阴阳角处角网应压住对接片网。窗口侧面、女儿墙、沉降缝等热镀锌电焊网收头处应用水泥钉加垫片将热镀锌电焊网固定在主体结构上。

图 5.2.12 抹抗裂砂浆铺压热镀锌电焊网

热镀锌电焊网铺贴完毕后，应重点检查阳角处热镀锌电焊网连接状况，再抹第二遍抗裂砂浆，并将热镀锌电焊网包覆于抗裂砂浆之中，抗裂砂浆的总厚度宜控制在8～10mm，抗裂砂浆面层应平整。

5.2.13 粘贴面砖

1. 饰面砖工程深化设计

饰面砖粘贴前，应首先对设计未明确的细部节点进行辅助深化设计，按不同基层作出样板墙或样板件，确定饰面砖排列方式、缝宽、缝深、勾缝形式及颜色、防水及排水构造、基层处理方法等施工要点。饰面砖的排列方式通常有对缝排列、错缝排列、菱形排列、尖头形排列等几种形式；勾缝通常有平缝、凹平缝、凹圆缝、倾斜缝、山形缝等几种形式。确定粘结层及勾缝材料、调色矿物辅料等的施工配合比，外墙饰面砖不得采用密缝，留缝宽度不应小于5mm，一般水平缝10～15mm，竖缝6～10mm，凹缝勾缝深度一般为2～3mm。排砖原则确定后，现场实地测量结构尺寸，综合考虑找平层及粘结层的厚度，进行排砖设计，条件具备时应采用计算机辅助计算和制图。做粘结强度试验，经建设、设计、监理各方认可后以书面的形式进行确定。

2. 弹线分格

抗裂砂浆基层验收后即可按图纸要求进行分段分格弹线，同时进行粘贴控制面砖的工作，以控制面砖出墙尺寸和垂直度、平整度。注意每个立面的控制线应一次弹完。每个施工单元的阴阳角、门窗口、柱中、柱角都要弹线。控制线应用墨线弹制，验收合格后才能局部放细线施工。

3. 排砖

阳角、窗口、大墙面、通高的柱垛等主要部位都要排整砖，非整砖要放在不明显处，且不宜小于1/2整砖。墙面阴阳角处最好采用异形角砖，不宜将阳角两侧砖边磨成45°角后对接；如不采用异形角砖，也可采用大墙面饰面砖压小墙面饰面砖的方法。横缝要与窗台平齐，墙体变形缝处，饰面砖宜从缝两侧分别排列，留出变形缝。外墙饰面砖粘贴应设置伸缩缝，竖向伸缩缝宜设置在洞口两侧或与墙边、柱边对应的部位，横向伸缩缝可设置在洞口上下或与楼层对应处，伸缩缝应采用柔性防水材料嵌缝。对于女儿墙、窗台、檐口、腰线等水平阳角处，顶面砖应压盖立面砖，立面底皮砖应封盖底平面面砖，可下突3～5mm兼作滴水线，底平面面砖向内翘起以便于滴水。

4. 浸砖

吸水率大于0.5%的饰面砖应浸泡后使用，吸水率小于0.5%的饰面砖不需要浸砖。饰面砖浸水后应晾干后方可使用。

5. 贴砖

贴砖施工前，应在粘贴基层上充分用水湿润。贴砖作业一般从上至下进行，高层建筑大墙面贴砖应分段进行，每段贴砖施工应由下至上进行。先固定好靠尺板贴最下一皮砖，面砖贴上后用灰铲柄轻轻敲击砖面使之附线，轻敲表面固定（图5.2.13）。用开刀调整竖缝，用小杠尺通过标准点调整平整度和垂直度，用靠尺随时找平找方。在粘结层初凝时，可调整面砖的位置和接缝宽度，初凝后严禁振动或移动面砖。砖缝宽度可用自制米厘条控制，如符合模数也可采用标准成品缝卡。墙面突出的卡件、水管或线盒处宜采用整砖套割后套贴，套割缝口要小，圆孔宜采用专用开孔器来处理，不得采用非整砖拼凑镶贴。粘贴施工时，当室外气温大于35℃，应采取遮阳措施。贴砖时背面打灰要饱满，粘结灰浆中间略高四边略低，粘贴时要轻轻揉压，压出灰浆最后用铁铲剔除灰浆。粘结灰浆厚度宜控制在3～5mm左右。面砖的垂直、平整度应与控制面砖一致。

粘贴纸面砖时应事先制定与纸面砖相应的模具，将模具套在纸面砖上，然后将模具后面刮满厚度为2～5mm的粘结砂浆，取下模具，从下口粘贴线向上粘贴纸面砖，并

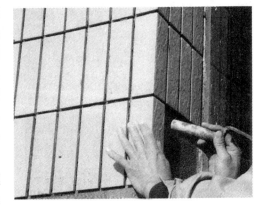

图5.2.13 粘贴面砖

压实拍平，应在粘结砂浆初凝前，将纸面砖纸板刷水润透，并轻轻揭去纸板，应及时修补表面缺陷，调整缝隙，并用粘结砂浆将未填实的缝隙嵌实。

5.2.14　面砖勾缝

勾缝施工应采用专用的勾缝胶粉，施工时按要求加水搅拌均匀制成专用勾缝砂浆。勾缝施工应在面砖粘贴施工检查合格后进行。粘结层终凝后可按照样板墙确定的勾缝材料、缝深、勾缝形式及颜色进行勾缝，勾缝要视缝的形成使用专用工具；勾缝宜先勾水平缝再勾竖缝，纵横交叉处要过渡自然，不能有明显痕迹。砖缝要在一个水平面上，并且连续、平直、深浅一致，表面应压光，缝深2～3mm。采用成品勾缝材料应按厂家说明书进行操作。缝勾完后应立即用棉丝或海绵蘸水或清洗剂擦洗干净，勾缝完毕对大面积外墙面进行检查，保证整体工程的清洁美观。

5.2.15　细部节点做法

细部节点做法见图5.2.15-1～图5.2.15-3。

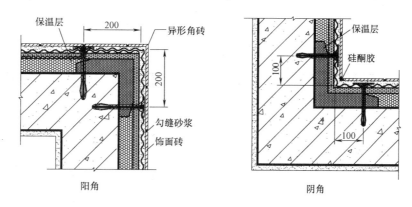

图5.2.15-1　阴阳角做法

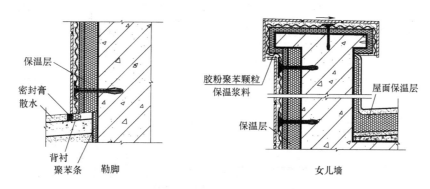

图5.2.15-2　勒脚和女儿墙做法

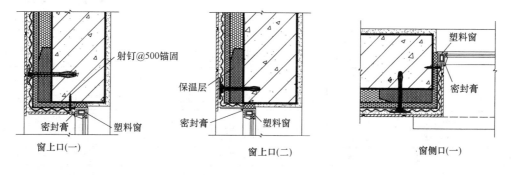

图5.2.15-3　窗口做法（一）

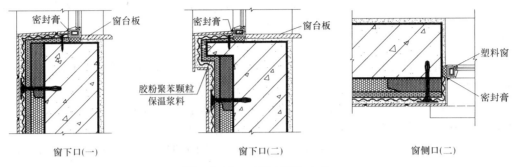

图 5.2.15-3　窗口做法（二）

5.3　劳动力组织

本工法按外墙保温面积 10000m² 、保温层厚度 50mm、施工人员 108 人、工期 70d 计算的劳动力计划见表 5.3-1，施工进度计划见表 5.3-2，每平方米的劳动（标准）定额见表 5.3-3。

劳动力计划　　　　　　　　　　　　　　　　　　表 5.3-1

序　号	工　种　名　称	高峰时段需求人数（人）	备　注	
1	聚氨酯喷涂工	15	其中助手 11 人	
2	抹灰工	55		
3	壮工	30		
4	机械维修工	1		
5	电工	1		
6	管理人员	6	项目经理	1 人
			技术员	1 人
			质检员	
			材料员	1 人
			安全管理员	1 人
			工长	2 人

施工进度计划　　　　　　　　　　　　　　　　　表 5.3-2

工　日　工　序	施工进度计划
	1　4　7　10　13　16　19　22　25　28　31　34　37　40　45　50　55　60　65　70
墙面处理	▬▬
涂刷聚氨酯防潮底漆	▬▬
聚氨酯保温层及其界面施工	▬▬▬▬
抹胶粉聚苯颗粒保温浆料找平层	▬▬▬
抹抗裂砂浆压热镀锌电焊网	▬▬▬
粘贴面砖	▬▬▬
面砖勾缝	▬▬

每平方米的劳动（标准）定额　　　　　　　　　　表 5.3-3

项　目			单位	消耗定额数量	
				喷涂硬泡聚氨酯保温层为 10mm 厚时	硬泡聚氨酯保温层每增减 10mm 时
人工		技工	工日	0.208	0.008
		普工	工日	0.011	—
材料	1	聚氨酯防潮底漆	kg	0.700	—
	2	聚氨酯界面砂浆	kg	0.700	—
	3	聚氨酯预制件胶粘剂[a]	kg	0.560	—
	4	聚氨酯预制件[a]	m²	0.080	—

续表

项　目		单位	消耗定额数量	
			喷涂硬泡聚氨酯保温层为 10mm 厚时	硬泡聚氨酯保温层每增减 10mm 时
材料	5　硬泡聚氨酯组合料	m³	0.010	0.010
	6　胶粉聚苯颗粒保温浆料	m³	0.0201	—
	7　抗裂砂浆（胶液型）[b]	kg	3.001	—
	抗裂砂浆（干拌型）[b]	kg	12.000	—
	8　热镀锌电焊网	m²	1.150	—
	9　12 号镀锌钢丝	kg	0.026	—
	10　塑料锚栓	个	5.000	—
	11　面砖粘结砂浆	kg	6.000	—
	12　勾缝粉	kg	2.500	—

注：1. 每平方米聚氨酯预制件另加 10kg 水泥。
　　2. 抗裂砂浆的胶液型和干拌型可任选一种，如选用胶液型需另按使用说明加水泥和砂子。

6. 材料与设备

6.1　系统要求

6.1.1　该外墙外保温系统应通过耐候性试验和抗震试验验证。

6.1.2　该外墙外保温系统的性能应符合表 6.1.2 的要求。

外墙外保温系统性能要求　　　　　　　　　　　　　表 6.1.2

试　验　项　目	性　能　要　求
耐候性（80 次高温-淋水循环和 5 次加热-冷冻循环）	试验后不应出现饰面层起鼓或剥落、抗裂防护层空鼓或脱落等破坏，不应有渗水裂缝；抗裂防护层与找平层或保温层之间的拉伸粘结强度及找平层与保温层之间的拉伸粘结强度不应小于 0.1MPa 或破坏发生在保温层中；饰面砖粘结强度不应小于 0.4MPa
耐冻融性能（30 次循环）	
吸水量（水中浸泡 1h）	小于 1000g/m²
抗冲击性	3J 级
抗风荷载性能	不小于风荷载设计值（安全系数不小于 1.5）
抗裂防护层不透水性	2h 不透水
水蒸气渗透阻	符合设计要求
热阻	符合设计要求
火反应性	不应被点燃，试验结束后试件厚度变化不超过 5%，热释放速率最大值≤10kW/m²，900s 总放热量≤5MJ/m²
抗震性能	设防烈度地震作用下面砖饰面及外保温系统无脱落
饰面砖现场拉拔强度	≥0.4MPa

注：1. 水中浸泡 24h，带饰面层或不带饰面层的系统吸水量均小于 500g/m² 时，免做耐冻融性能检验。
　　2. 耐候性试验后，可在其试件上直接检测抗冲击性。

6.2　工程材料要求

6.2.1　喷涂硬泡聚氨酯的性能指标应符合表 6.2.1 的要求。

喷涂硬泡聚氨酯性能指标 表6.2.1

项　目	单　位	指　标
密度	kg/m³	≥30
导热系数	W/(m·K)	≤0.024
压缩强度	MPa	≥0.15
拉伸粘结强度（与水泥砂浆）	MPa	≥0.10
尺寸稳定性	%	≤1.0
抗拉强度	MPa	≥0.25
断裂伸长率	%	≥10
燃烧性能等级	—	不低于E级
水蒸气透过系数	ng/(Pa·m·s)	≤5
吸水率（V/V）	%	≤3

6.2.2 聚氨酯防潮底漆的性能指标应符合表6.2.2的要求。

聚氨酯防潮底漆性能指标 表6.2.2

项　目		单　位	指　标
干燥时间	表干	h	≤4
	实干	h	≤24
涂层脱离的抗性	干燥基层	级	≤1
	潮湿基层	级	≤1
耐碱性		—	48h不起泡、不起皱、不脱落

6.2.3 聚氨酯界面砂浆的性能指标应符合表6.2.3的要求。

聚氨酯界面砂浆性能指标 表6.2.3

项　目		单　位	指　标
容器中状态		—	搅拌后无结块，呈均匀状态
拉伸粘结强度	与水泥砂浆 标准状态7d	MPa	≥0.3
	与水泥砂浆 标准状态14d	MPa	≥0.5
	与水泥砂浆 浸水处理	MPa	≥0.3
	与硬泡聚氨酯（标准状态14d或浸水处理）	MPa	≥0.15或硬泡聚氨酯破坏

6.2.4 聚氨酯预制件胶粘剂的性能指标应符合表6.2.4的要求。

聚氨酯预制件胶粘剂性能指标 表6.2.4

项　目		单　位	指　标
容器中状态	A组分	—	均匀膏状物，无结块、凝胶、结皮或不易分散的固体团块
	B组分		均匀棕黄色胶状物
干燥时间	表干时间	h	≤4
	实干时间		≤24
拉伸粘结强度（与水泥砂浆）	标准状态	MPa	≥0.5
	浸水后		≥0.3
拉伸粘结强度（与聚氨酯）	标准状态	MPa	≥0.15或聚氨酯试块破坏
	浸水后		≥0.15或聚氨酯试块破坏

6.2.5 胶粉聚苯颗粒保温浆料的性能指标应符合表 6.2.5 的要求。

胶粉聚苯颗粒保温浆料性能指标 表 6.2.5

项 目		单 位	指 标
干密度		kg/m³	180～250
导热系数		W/(m·K)	≤0.060
抗压强度(56d)		MPa	≥0.2
抗拉强度(56d)	干燥状态	MPa	≥0.1
	浸水48h,取出干燥14d		
线性收缩率		%	≤0.3
软化系数(56d)		—	≥0.5
燃烧性能等级		—	不低于C级

6.2.6 抗裂砂浆的性能指标应符合表 6.2.6 的要求。

抗裂砂浆性能指标 表 6.2.6

项 目		单 位	指 标
可使用时间	可操作时间	h	≥1.5
	在可操作时间内拉伸粘结强度	MPa	≥0.7
拉伸粘结强度(常温28d)		MPa	≥0.7
浸水后的拉伸粘结强度(常温28d,浸水7d)		MPa	≥0.5
压折比		—	≤3.0

6.2.7 塑料锚栓由螺钉和带圆盘的塑料膨胀套管两部分组成,其中螺钉采用经过表面防锈蚀处理的金属制成,塑料膨胀套管应采用聚酰胺、聚乙烯或聚丙烯等制作,不得使用回收的再生材料。塑料锚栓的性能指标应符合表 6.2.7 的要求。

塑料锚栓的性能指标 表 6.2.7

项 目	单 位	指 标
有效锚固深度	mm	≥25
圆盘直径	mm	≥50
套管外径	mm	7～10
单个胀栓抗拉承载力标准值(混凝土墙)	kN	≥0.8

6.2.8 热镀锌电焊网的性能指标除应符合《镀锌电焊网》QB/T 3897—1999 的要求外,还应符合表 6.2.8 的要求。

热镀锌电焊网的性能指标 表 6.2.8

项 目	单 位	指 标
镀锌工艺	—	先焊接后热镀锌
丝径	mm	0.90±0.04
网孔大小	mm	12.7×12.7
焊点抗拉力	N	>65
镀锌层重量	g/m²	≥122

6.2.9 面砖粘结砂浆的性能指标应符合表 6.2.9 的要求。

面砖粘结砂浆的性能指标 表 6.2.9

项　　目		单　位	指　　标
拉伸粘结强度		MPa	≥0.6
压折比		—	≤3.0
压剪粘结强度	原强度	MPa	≥0.6
	耐温 7d	MPa	≥0.5
	耐水 7d	MPa	≥0.5
	耐冻融 30 次	MPa	≥0.5
线性收缩率		%	≤0.3

6.2.10 面砖勾缝料的性能指标应符合表 6.2.10 的要求。

面砖勾缝料性能指标 表 6.2.10

项　　目		单　位	指　　标
外　　观		—	均匀一致
颜　　色		—	与标准样一致
凝结时间	初凝时间	h	≥2
	终凝时间	h	≤24
拉伸粘结强度	原强度（常温常态 14d）	MPa	≥0.6
	耐水（常温常态 14d，浸水 48h，放置 24h）	MPa	≥0.5
压折比		—	≤3.0
透水性（24h）		mL	≤3.0

6.2.11 饰面砖粘贴面应带有燕尾槽，并不得有脱模剂，其性能指标除应符合《陶瓷砖》GB/T 4100、《陶瓷劈离砖》JC/T 457、《玻璃马赛克》GB/T 7697 的相关要求外，还应符合表 6.2.11 的要求。

外保温饰面砖的性能指标 表 6.2.11

项　　目		单　位	指　　标
尺寸	6m 以下墙面 表面面积	cm^2	≤410
	6m 以下墙面 厚度	cm	≤1.0
	6m 及以上墙面 表面面积	cm^2	≤190
	6m 及以上墙面 厚度	cm	≤0.75
单位面积质量		kg/m^2	≤20
吸水率	Ⅰ、Ⅵ、Ⅶ气候区	%	≤3
	Ⅱ、Ⅲ、Ⅳ、Ⅴ气候区		≤6
抗冻性	Ⅰ、Ⅵ、Ⅶ气候区	—	50 次冻融循环无破坏
	Ⅱ气候区		40 次冻融循环无破坏
	Ⅲ、Ⅳ、Ⅴ气候区		10 次冻融循环无破坏

注：气候区划分级按《建筑气候区划标准》GB 50178—1993 中一级区划执行。

6.2.12 在该外墙外保温系统中所采用的附件，包括密封膏、密封条、金属护角、水泥钉、盖口条等应分别符合相应产品标准的要求。

6.2.13 聚氨酯预制件应达到聚氨酯保温层设计厚度要求。

6.2.14 水泥为强度等级 42.5 普通硅酸盐水泥，水泥技术性能应符合《通用硅酸盐水泥》GB 175—2007 的要求。

6.2.15 砂子选用中砂，应符合《普通混凝土用砂、石质量及检验方法标准》JGJ 52—2006 的规定。

6.2.16 材料消耗计划（按外墙保温面积 10000m² 计算）见表 6.2.16。

材料消耗计划 表 6.2.16

序号	材料名称		单位	平方米耗量	总用量
1	聚氨酯防潮底漆		kg	0.07	700
2	聚氨酯预制件		m²	0.075	750
3	聚氨酯预制件胶粘剂		kg	2	20000
4	20mm厚胶粉聚苯颗粒保温浆料		m³	0.0201	201
5	聚氨酯组合料		m³	0.05	500
6	聚氨酯界面砂浆		kg	0.7	7000
7	抗裂砂浆	干粉型	kg	12	120000
		胶液型	kg	3	30000
8	热镀锌电焊网		m²	1.2	12000
9	U形卡子		个	30	300000
10	塑料锚栓		个	5.5	55000
11	面砖粘结砂浆		kg	6	60000
12	勾缝粉		kg	2.5	25000

6.3 机具设备

每万平方米所需用的机具设备计划见表 6.3。

机具设备计划 表 6.3

序号	机具设备名称	单位	规格型号	数量	备注
1	聚氨酯喷涂设备	套	—	4	
	空气压缩机	台	—	4	
2	小推车	辆	0.14m³	20	
3	电锤	把	—	5	
4	砂浆搅拌机	台	0.3m³	4	
5	手提式搅拌器	台	—	4	
6	瓷砖切割器	—	台	1	
7	电动冲击钻	—	把	1	
8	钢网展平机	台	ZP-1	1	展平热镀锌电焊网
9	钢网剪网机	台	YD-1	1	裁剪热镀锌电焊网
10	钢网揽角机	台	YC-1	1	热镀锌电焊网成型
11	配电箱（三相）	套	砂浆机及临电	6	根据现场而定
12	380V橡套线	m	五芯		根据现场而定
13	220V橡套线	m	三芯		根据现场而定

注：常用抹灰工具及抹灰检测器具若干、水桶、剪刀、滚刷、铁锹、扫帚、手锤等；常用的检测工具：经纬仪及放线工具、托线板、方尺、探针、钢尺；另外总包方应配备好垂直运输机械、外墙脚手架、室外操作吊篮等。

7. 质 量 控 制

7.1 一般规定

7.1.1 应按照《建筑节能工程施工质量验收规范》GB 50411 和《建筑装饰装修工程质量验收规范》GB 50210 的相关规定进行外墙外保温工程的施工质量验收。

7.1.2 基层墙体垂直、平整度应达到结构工程质量要求。墙面清洗干净，无浮土、无油渍，空鼓及松动、风化部分剔掉。聚氨酯防潮底漆、聚氨酯界面砂浆层要求涂刷均匀，不得有漏底现象。

7.1.3 抗裂防护层厚度为 8～10mm，墙面无明显接茬、抹痕，墙面平整，门窗洞口、阴阳角垂直、方正。

7.1.4 外墙出挑构件及附墙部件，如：阳台、雨罩、靠外墙阳台栏板、空调室外机搁板、附墙柱、凸窗、装饰线和靠外墙阳台分户隔墙等，均应按设计要求采取隔断热桥和保温措施。

7.1.5 窗口外侧四周墙面应按设计要求进行保温处理。

7.1.6 热镀锌电焊网与抗裂砂浆握裹力强，面砖饰面不宜采用抗裂砂浆复合玻纤网格布做法。

7.1.7 热镀锌电焊网铺设平整，阳角部位热镀锌电焊网不得断开，搭接网边应被角网压盖，塑料锚栓数量、锚固位置符合要求。

7.1.8 面砖饰面的验收还应按照《外墙饰面砖工程施工及验收规程》（JGJ 126）的相关规定进行验收。

7.2 主控项目

7.2.1 所用材料和半成品、成品进场后，应做质量检查和验收，其品种、配比、规格、性能必须符合设计要求和本工法及有关标准的规定。

7.2.2 保温层厚度及构造做法应符合建筑节能设计要求，保温层平均厚度不允许出现负偏差。

7.2.3 保温层与墙体以及各构造层之间必须粘结牢固，无脱层、空鼓、裂缝现象，面层无粉化、起皮、爆灰等现象。

7.2.4 面砖的品种、规格、颜色应符合设计要求。

7.2.5 饰面砖粘结必须牢固，面砖工程面层应无空鼓和裂缝。

7.3 一般项目

7.3.1 表面平整、洁净，接茬平整、线角顺直、清晰，毛面纹路均匀一致。

7.3.2 护角符合施工规定，表面光滑、平顺，门窗框与墙体间缝隙填塞密实，表面平整。

7.3.3 孔洞、槽、盒位置和尺寸正确，表面整齐、洁净。

7.3.4 外保温墙面层的允许偏差及检验方法应符合表 7.3.4 的规定。

外保温墙面层允许偏差和检验方法　　　　　　　　　　　　表 7.3.4

项 次	项 目	允许偏差(mm) 保温层	允许偏差(mm) 抗裂层	检 查 方 法
1	立面垂直	4	3	用 2m 托线板检查
2	表面平整	4	3	用 2m 靠尺及塞尺检查
3	阴阳角垂直	4	3	用 2m 托线板检查
4	阴阳角方正	4	3	用 200mm 方尺和塞尺检查
5	分格条(缝)平直	3		拉 5m 小线和尺量检查
6	立面总高度垂直度	$H/1000$ 且不大于 20		用经纬仪、吊线检查
7	上下窗口左右偏移	不大于 20		用经纬仪、吊线检查
8	同层窗口上、下	不大于 20		用经纬仪、拉通线检查
9	保温层厚度	平均厚度不出现负偏差		用探针、钢尺检查

8. 安全措施

8.1 安全措施

8.1.1 每个工地须委派专职安全员，负责施工现场的安全管理工作，制定并落实岗位安全责任制，签订安全协议。工人上岗前必须进行安全技术培训，合格后才能上岗操作。制定意外安全事故应急处理预案，以防意外发生。

8.1.2 应遵守有关安全操作规程。机械设备、吊篮必须由专人操作。脚手架、吊篮经安全检查验收合格后，方可上人施工，施工时应有防止工具、用具、材料坠落的措施。操作人员必须遵守高空作业安全规定，系好安全带。凡患有高血压、心脏病、恐高症、贫血病、癫痫病及不适宜高空作业人员不得从事高空作业。高空作业人员衣着要紧束轻便，禁止穿硬底鞋、拖鞋、高跟鞋和带钉易滑鞋上架操作。

8.1.3 进场前，必须进行安全培训，注意防火，现场不许吸烟、喝酒。

8.1.4 为避免工地现场电焊操作引起火灾，电焊操作必须在胶粉聚苯颗粒保温浆料抹灰施工工序完成后进行。

8.1.5 喷涂操作人员应戴防护口罩、防护眼镜和防护手套，穿劳保工作服。

8.1.6 应遵守施工现场制定的一切安全制度。

8.2 成品保护

8.2.1 施工完成后的墙面、色带、滴水槽、门窗口等处的残存砂浆，应及时清理干净。

8.2.2 外墙外保温施工完成后，进行脚手架拆除等后续工序时应注意对外保温墙面的成品保护；严禁在保温墙面上随意剔凿，避免脚手架管等物品冲击墙面。

8.2.3 翻拆架子或升降吊篮应防止碰撞已完成的保温墙体，其他工种作业时不得污染或损坏墙面，严禁踩踏窗口，防止损坏棱角。

8.2.4 保温层、抗裂防护层、饰面层在硬化前应防止水冲、撞击、振动。

8.2.5 应保护好墙上的埋件、电线槽、盒、水暖设备和预留孔洞等。

9. 环保措施

9.1 外保温工程在施工过程中必须严格遵守国家和当地的建设工程施工现场环境保护标准及建设工程施工现场场容卫生标准的有关规定。

9.2 保温工程施工现场内各种施工相关材料应按照施工现场平面图要求布置，分类码放整齐，材料标识要清晰准确。

9.3 施工现场所用材料保管应根据材料特点采取相应的保护措施。材料的存放场地应平整夯实，有防潮排水措施。材料库内外的散落粉料必须及时清理。

9.4 喷涂聚氨酯宜在挂有密目安全网的外架子上施工，防止风速较大时将喷出的聚氨酯雾化颗粒吹起飘落而污染环境，增大原料消耗。

9.5 为防止聚苯颗粒飞散、粉料扬尘，施工现场必须搭设封闭式胶粉聚苯颗粒保温浆料库及砂浆搅拌机机棚，并配备有效的降尘防尘及污水排放装置。

9.6 搅拌机设专职人员环境保护，及时清扫杂物，对所用的袋子及时捆好，用完的塑料桶码放整齐并及时清退。

9.7 胶粉聚苯颗粒保温浆料搅拌机四周及现场内无废弃胶粉聚苯颗粒保温浆料和砂浆。

9.8 施工现场注意节约用水，杜绝水管渗泄漏及长流水。

9.9 保温工程施工时建筑物内外散落的零散碎料及运输道路遗撒应设专人清扫。

9.10 施工垃圾及废弃保温板材应集中分拣，并及时清运回收利用，按指定的地点堆放。清理现场时，禁止将垃圾从窗洞口、阳台上、架子上随意抛撒，以防污染环境。

10. 效 益 分 析

10.1 本工法采用喷涂硬泡聚氨酯保温具有保温效果好、防火性能优异、抗湿热性能优异、界面处理有效提高相邻材料的粘结力、对主体结构变形适应能力强、抗裂性能好等优异的技术特点，可以保证优良的工程质量。

10.2 现场机械化喷涂的做法大大提高了施工效率，缩短了工期且操作合理、简便，与粘贴保温板做法相比可缩短工期 15d 左右。

10.3 用于外墙外保温的聚氨酯是一种化学稳定性较高的材料，耐酸、耐碱、耐热，聚氨酯是无溶剂型的、非氟利昂型的，因而不会产生有害气体，不会对环境造成危害。聚氨酯硬泡发泡剂材料可以采用化学回收法进行回收再利用，即是指采用醇解、氨解、水解或热解等方法把聚氨酯溶解成聚氨酯原材料及其他化学原料。这样可以大大减少材料浪费，具有更良好的环保效果。

10.4 节约成本，具有较大的经济效益。经测算，与 XPS 板保温相比，可降低成本 12% 左右。

11. 应 用 实 例

11.1 北京真武庙五里融泽府住宅楼工程

融泽府位于北京市西城区真武庙五里地区，开发公司为北京富景文化旅游开发有限责任公司，施工单位为中建二局三公司，该工程外墙保温采用北京振利高新技术有限公司的喷涂硬泡聚氨酯外墙外保温做法，外饰面粘结面砖。总建筑面积 62971.64m²，其中地上建筑面积 46741.06m²，地下建筑面积 16230.58m²，外保温面积 18200m²。保温层采用 70mm 喷涂硬泡聚氨酯复合 30mm 胶粉聚苯颗粒保温浆料找平，节能要求达到 65% 以上，2006 年 9 月开工。

11.2 北京金都杭城 1 号楼、7 号楼及配套群楼工程

本工程位于北京市朝阳区，1 号楼地下 2 层半，地上 19 层加跃层，全高 72.5m，现浇钢筋混凝土大板结构，建筑面积 40849.3m²；7 号楼地下 1 层、地上 17 层加跃层，全高 62m，现浇钢筋混凝土大板结构，建筑面积 12120.5m²。该工程外墙外保温采用喷涂 35mm 厚硬泡聚氨酯和 20mm 厚胶粉聚苯颗粒保温浆料抹灰，外饰面粘贴面砖，满足北京地区节能 65% 的要求。2005 年 4 月开工，2006 年 12 月竣工。本工程采用喷涂硬泡聚氨酯基层墙面不用抹找平层并加快施工进度，26000m² 外墙面可节约人工费及材料费 13 万元左右。保温工程提前工期 9d，可节约脚手架租赁费 2.31 万元。

11.3 主要工程实例名单（表 11.3）

工程实例名单 表 11.3

序号	工程名称	建筑面积(m²)	外保温面积(m²)	施工日期
1	真武庙融泽府	62971.64	18200	2006.9
2	西二旗居住区 S12 地一期（长城杯）	75000	40000	2005.10
3	奇然家园	50000	26000	2005.11
4	运乔嘉园北区 3 号楼	10215.92	9000	2005.11
5	天盛金大厦	20000	13000	2005.11
6	上城国际	—	15000	2006.8
7	京都杭城	—	80000	2006.9

现浇混凝土有网聚苯板复合胶粉聚苯颗粒
面砖饰面外墙外保温施工工法

YJGF002—2006

北京振利建筑工程有限责任公司

刘晓明　任玮　黄振利　杨军　朱青

1. 前　言

1.1　现浇混凝土有网聚苯板复合胶粉聚苯颗粒外墙外保温系统（简称有网现浇系统），采用双面进行界面砂浆预处理的斜嵌入式单面钢丝网架膨胀聚苯板（简称 EPS 钢丝网架板或有网 EPS 板）与混凝土墙体一次浇筑成型方式固定保温层，有网 EPS 板面层采用胶粉聚苯颗粒保温浆料进行抹灰找平。

1.2　该技术系统获得了科学技术部等五部局的"国家重点新产品"、"国家火炬计划"等奖项。现已通过建设部的评估，并被建设部评为全国绿色建筑创新奖二等奖。

1.3　本技术系统拥有全部中国自主知识产权，发明专利有抗裂保温墙体及施工工艺 ZL 98103325.3，实用新型有整体浇筑聚苯保温复合墙体 ZL 01201103.7。

1.4　截至目前，本技术系统已编的行业（协会）标准有《现浇混凝土复合膨胀聚苯板外墙外保温技术要求》JG/T 228—2007、《胶粉聚苯颗粒复合型外墙外保温系统》CAS 126—2005，并被编入北京、天津、甘肃、安徽、内蒙古自治区等地方标准中，在华北、新疆、内蒙古自治区、天津、山东、浙江、辽宁、甘肃、湖南等多个标准图集中也编入了该技术系统。

2. 工 法 特 点

2.1　本工法采用主体结构和保温层一次成型做法，施工速度快，有网 EPS 板双面涂刷界面处理砂浆，增强了有网 EPS 板与混凝土的粘结。

2.2　有网 EPS 板斜插丝浇筑在混凝土中，增强了系统与基层墙体的连接。

2.3　采用胶粉聚苯颗粒保温浆料作为有网 EPS 板面层的找平层，有效解决了以往抹水泥砂浆抹灰易开裂、损坏等问题，并且减轻了面层荷载，阻断了由斜插丝产生的热桥，并可提高系统的防火性能。

2.4　该系统做法具有抗风载荷性能好、防火标准高、保温效果好、施工方便快捷、耐候性强等特点，双网构造设计能够充分地分散和释放应力，有效地控制裂缝的产生，外饰面采用面砖饰面，抗震性能好，有网 EPS 板与混凝土浇筑工序可冬施。

3. 适 用 范 围

本工法适用于基层墙体为现浇钢筋混凝土且基层墙体与保温层一次浇筑成型的外墙外保温工程，可适用于不同气候区、不同节能标准、不同建筑高度和不同防火等级要求的建筑外墙外保温工程。

4. 工 艺 原 理

4.1　采用有网 EPS 板与混凝土现浇一次成型做法，并用胶粉聚苯颗粒保温浆料作为有网 EPS 板面层的找平材料，可提高系统的防火透气功能。抗裂防护层采用抗裂砂浆复合热镀锌电焊网做法，热镀锌电焊网由塑料锚栓锚固于基层墙体，抗震性能好；饰面层采用的专用面砖粘结砂浆及面砖勾缝料均具有粘结力强、柔韧性好、抗裂防水效果好的特点。

4.2 有网现浇系统各构造层材料柔韧性匹配，热应力释放充分，基本构造见表4.2。

现浇混凝土有网 EPS 板面砖饰面基本构造 　　　　　　　　　　表 4.2

基层墙体 ①	系统的基本构造				构造示意图
	保温层 ②	找平层 ③	抗裂防护层 ④	饰面层 ⑤	
现浇混凝土墙体	经 EPS 板界面砂浆处理的有网 EPS 板	胶粉聚苯颗粒保温浆料（≥20mm）	第一遍抗裂砂浆＋热镀锌电焊网（用塑料锚栓与基层锚固或与钢丝网架双向绑扎）＋第二遍抗裂砂浆	面砖粘结砂浆＋面砖＋勾缝料	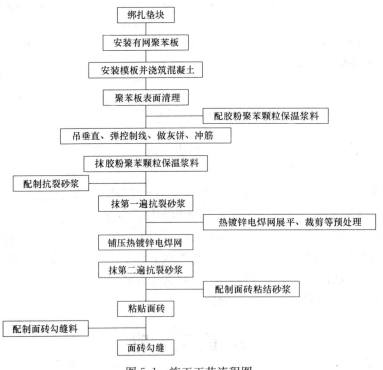

5. 施工工艺流程及操作要点

5.1 施工工艺流程（图 5.1）。

绑扎垫块
↓
安装有网聚苯板
↓
安装模板并浇筑混凝土
↓
聚苯板表面清理
↓　　　　　　配胶粉聚苯颗粒保温浆料
吊垂直、弹控制线、做灰饼、冲筋
↓
抹胶粉聚苯颗粒保温浆料
配制抗裂砂浆　　　↓
抹第一遍抗裂砂浆
↓　　　　　　热镀锌电焊网展平、裁剪等预处理
铺压热镀锌电焊网
↓
抹第二遍抗裂砂浆
↓　　　　　　配制面砖粘结砂浆
粘贴面砖
配制面砖勾缝料　　　↓
面砖勾缝

图 5.1 施工工艺流程图

5.2 施工准备

5.2.1 工程技术准备

1. 根据工程量、施工部位和工期要求制定施工方案，保温施工前施工负责人应熟悉图纸。

2. 组织施工队进行技术交底和观摩学习，进行安全教育。

3. 材料配制应指定专人负责，配合比、搅拌机具与操作应符合要求，严格按厂家说明书配置，严禁使用过时砂浆。

5.2.2 搅拌棚及库房搭建

根据工程量的大小及现场计划存放材料的多少设置搅拌棚及库房。搅拌站的搭建需要选择背风方向，靠近垂直运输机械，搅拌棚需要三侧封闭，一侧作为进出料通道。

库房的搭建要求：地面应平整坚实，远离砂石料场，处于砂石料场的下风向；要求防水、防潮、防阳光直晒。材料采取离地架空堆放，聚苯板存放场地应具有防火设施。

5.2.3 施工作业条件

1. 外墙面上的雨水管卡、预埋铁件等应提前安装完毕，并预留外保温厚度。

2. 作业时环境温度不应低于5℃，风力不应大于5级。

3. 雨期施工应做好防雨措施，雨天不得施工。

4. 施工用脚手架横竖杆距墙面、墙角的间距需适度，且应满足保温层厚度和施工操作要求。

5.2.4 有网EPS板精确排板

如果施工要求为精确排板，则加工前，工厂内应先根据建筑施工图对墙面、门窗上下口等进行精确排板，板的厚度按照图纸的设计要求确定；板的高度在一般情况下为楼层的高度，如果用户另有要求需要加工上下企口，则应在层高的基础上多加一个企口的高度；排板的原则为：按大墙的各个立面或根据轴线对板进行排列，并依次编号，尽量采用标准板，即宽度为1.22m的

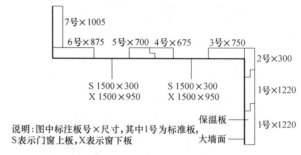

图 5.2.4　精确排板示意图

板。如遇门窗、阳台等不能使用标准板的地方，则确定其相邻板企口到洞口的尺寸即为板的宽度；门窗的上下板尺寸，则根据门窗表上门窗的尺寸及立面图上门窗的位置进行确定。然后按照一定的走向，或根据标明的轴线方向对板进行编号，并绘制排板图（图5.2.4），使排板图上非标准板的板号与其尺寸相对应，加工时严格按照尺寸进行加工，并在加工好的板上标记板号及尺寸，便于安装时按照排板图找板。

精确排板由于板材的规格不同，在加工过程中比标准板材的损耗率高出5%，网片的损耗率为1%~2%。有网EPS板排板无阴、阳角，并且不裁上下横口。

5.3 操作要点

5.3.1 绑扎垫块

外墙钢筋验收合格后，钢筋外侧绑扎按混凝土保护层厚度要求制作好的水泥砂浆垫块，垫块横向间距600mm，距两侧300mm，垫块竖向间距900mm，距两端500mm，且每块聚苯板内不少于6块。

5.3.2 安装有网EPS板

1. 精确排板时根据排板图排列聚苯板；非精确排板时，可按照建筑的外墙形状及特殊节点的形状在工地现场将聚苯板裁好，裁剪时先剪断钢网，再裁聚苯板。将聚苯板的接缝处涂刷上胶粘剂（有污染的部分必须先清理干净），然后将聚苯板粘接上，粘接完成的聚苯板不要再移动。

2. 将聚苯板就位于外墙钢筋的外侧，将L筋（直径$\phi6$，长150mm，弯钩30mm，其穿过保温板部分刷防锈漆两道）按垫块位置穿过聚苯板，用低碳钢丝将其与钢丝网及墙体钢筋绑扎牢固，企口按缝搭接安装，要求两板尽可能紧密（图5.3.2-1）。

3. 外墙阳角及窗口、阳台底边处，须附加角网及连接平网，搭接长度不小于200mm。

4. 板缝处须附加网片，并用U形8号镀锌低碳钢丝穿过有网EPS板绑扎在钢筋上，外侧用低碳钢丝绑扎在钢丝网架上（图5.3.2-2）。

5. 聚苯板安装完毕后，使底部内收3~5mm，以保证拆模后聚苯板底部与上口平齐。

6. 首层聚苯板必须严格控制在同一水平线上，以确保上层聚苯板的缝隙严密和垂直。

图 5.3.2-1　有网 EPS 板安装

图 5.3.2-2　板缝处理

5.3.3　安装模板

1. 宜采用大模板，按保温板厚度确定模板配制尺寸、数量。

2. 将外墙内侧向的大模板准确就位，调整好垂直度，立模的精度要符合标准要求，并固定牢靠，使该模板成为基准模板（图 5.3.3）。

3. 插穿墙拉杆，完成相应的调整和紧固。

图 5.3.3　外模板安装

图 5.3.4　浇筑混凝土

5.3.4　浇筑混凝土

浇筑混凝土前保温板顶面处须采用遮挡措施；新、旧混凝土接茬处应均匀浇筑 30～50mm 同强度的细石混凝土。混凝土应分层浇筑，厚度控制在 500mm，一次浇筑高度不宜超过 500mm，混凝土下料点应分散布置，连续进行，间隔时间不超过 2h（图 5.3.4）。

混凝土浇筑完毕后须整理上口甩出钢筋，并以木抹子抹平混凝土表面。常温条件下，混凝土浇筑完成后混凝土强度达到 1.2MPa 时即可拆除墙体内、外侧的大模板。

5.3.5　聚苯板表面处理

1. 聚苯板表面漏出的混凝土浆如果和聚苯板之间有空鼓，则必须清理干净；聚苯板表面界面砂浆脱落部分应补刷。

2. 聚苯板表面大面积凹进或破损严重、偏差过大的部位，应用胶粉聚苯颗粒保温浆料填补找平；如果有凸出的部位，可用木锤把高出的部位往里敲打收进；也可采用打磨聚苯板的方法处理。

5.3.6　吊垂直、弹控制线、做灰饼、冲筋

根据建筑物高度确定放线的方法，高层建筑及超高层建筑可利用墙大角、门窗口两边，用经纬仪打直线找垂直。多层建筑或中高层建筑，可从顶层用大线坠吊垂直，绷钢丝找规矩，横向水平线可依据楼层标高或施工±0.000 向上 500mm 线为水平基准线进行交圈控制。门窗、阳台、明柱、腰线等处都要横平竖直。根据吊垂直通线及保温层厚度，每步架大角两侧弹上控制线。

在距大墙阴角或阳角约 100mm 处，根据垂直控制通线按 1.5m 左右间距做垂直方向灰饼，顶部灰饼距楼层顶部约 100mm，底部灰饼距楼层底部约 100mm。待垂直方向灰饼固定后，在同一水平位置的两个灰饼间拉水平控制通线，具体做法为将带小线的小圆钉插入灰饼，拉直小线，小线要比灰饼略高 1mm，在两灰饼之间按 1.5m 左右间距水平粘贴若干灰饼或冲筋。灰饼可用胶粉聚苯颗粒保温浆料做，也可用废聚苯板裁成 50mm×50mm 小块粘贴。

每层灰饼粘贴施工作业完成后水平方向用 5m 小线拉线检查灰饼的一致性，垂直方向用 2m 托线板检查垂直度，并测量灰饼厚度，冲筋厚度应与灰饼厚度一致。用 5m 小线拉线检查冲筋厚度的一致性，并记录。

5.3.7 找平层施工

1. 胶粉聚苯颗粒保温浆料抹灰及找平

抹胶粉聚苯颗粒保温浆料时，其平整度偏差为 ±4mm，抹灰厚度略高于灰饼的厚度。胶粉聚苯颗粒保温浆料抹灰按照从上至下，从左至右的顺序抹。涂抹整个墙面后，用杠尺在墙面上来回搓抹，去高补低。最后再用铁抹子压一遍，使表面平整，厚度一致（图 5.3.7）。

图 5.3.7 抹胶粉聚苯颗粒保温浆料找平

保温面层凹陷处用稀胶粉聚苯颗粒保温浆料抹平，对于凸起处可用抹子立起来将其刮平。待抹完保温面层 30min 后，用抹子再赶抹墙面，先水平后垂直，再用托线尺检测后达到验收标准。

胶粉聚苯颗粒保温浆料施工时要注意清理落地灰，落地灰应及时少量多次重新搅拌使用。

2. 阴阳角找方应按下列步骤进行

1）用木方尺检查基层墙角的直角度，用线坠吊垂直检验墙角的垂直度；

2）胶粉聚苯颗粒保温浆料抹灰后应用木方尺压住墙角浆料层上下搓动，使墙角胶粉聚苯颗粒保温浆料基本达到垂直，然后用阴、阳角抹子压光，以确保垂直度偏差和直角度偏差均为 ±2mm；

3）门窗口施工时应先抹门窗侧口、窗台和窗上口，再抹大墙面，施工前应按门窗口的尺寸截好单边八字靠尺，做口应贴尺施工以保证门窗口处方正。

5.3.8 抹抗裂砂浆，铺压热镀锌电焊网

待找平层施工完成 3～7d 且施工质量验收合格后，即可进行抗裂防护层施工。

先抹第一遍抗裂砂浆，厚度控制在 2～3mm。接着铺贴热镀锌电焊网，应分段进行铺贴，热镀锌电焊网的长度最长不应超过 3m。为使施工质量得到保证，施工前应预先展平热镀锌电焊网并按尺寸要求裁剪好，边角处的热镀锌电焊网应折成直角。铺贴时应沿水平方向按先下后上的顺序依次平整铺贴，铺贴时先用 U 形卡子卡住热镀锌电焊网，使其紧贴抗裂砂浆表面，然后按双向@500mm 梅花状分布用塑料锚栓将热镀锌电焊网锚固在基层墙体上，有效锚固深度不得小于 25mm，局部不平整处用 U 形卡子压平（图 5.3.8）。热镀锌电焊网之间搭接宽度不应小于两个网格，搭接层数不得大于 3 层，搭接处用 U 形卡子和钢丝固定。所有阳角处的热镀锌电焊网不应断开，阴阳角处角网应压住对接片网。窗口侧面、女儿墙、沉降缝等热镀锌电焊网收头处应用水泥钉加垫片将热镀锌电焊

图 5.3.8 抹抗裂砂浆铺压热镀锌电焊网

网固定在主体结构上。

热镀锌电焊网铺贴完毕后，应重点检查阳角处热镀锌电焊网连接状况，再抹第二遍抗裂砂浆，并将热镀锌电焊网包覆于抗裂砂浆之中，抗裂砂浆的总厚度宜控制在 8～10mm，抗裂砂浆面层应平整。

5.3.9 粘贴面砖

1. 饰面砖工程深化设计

饰面砖粘贴前，应首先对设计未明确的细部节点进行辅助深化设计，按不同基层做出样板墙或样板件，确定饰面砖排列方式、缝宽、缝深、勾缝形式及颜色、防水及排水构造、基层处理方法等施工要点。饰面砖的排列方式通常有对缝排列、错缝排列、菱形排列、尖头形排列等几种形式；勾缝通常有平缝、凹平缝、凹圆缝、倾斜缝、山形缝等几种形式。确定粘结层及勾缝材料、调色矿物辅料等的施工配合比，外墙饰面砖不得采用密缝，留缝宽度不应小于 5mm，一般水平缝 10～15mm，竖缝 6～10mm，凹缝勾缝深度一般为 2～3mm。排砖原则确定后，现场实地测量结构尺寸，综合考虑找平层及粘结层的厚度，进行排砖设计，条件具备时应采用计算机辅助计算和制图。做粘结强度试验，经建设、设计、监理各方认可后以书面的形式进行确定。

2. 弹线分格

抗裂砂浆基层验收后即可按图纸要求进行分段分格弹线，同时进行粘贴控制面砖的工作，以控制面砖出墙尺寸和垂直度、平整度。注意每个立面的控制线应一次弹完。每个施工单元的阴阳角、门窗口、柱中、柱角都要弹线。控制线应用墨线弹制，验收合格后才能局部放细线施工。

3. 排砖

阳角、窗口、大墙面、通高的柱垛等主要部位都要排整砖，非整砖要放在不明显处，且不宜小于1/2 整砖。墙面阴阳角处最好采用异形角砖，不宜将阳角两侧砖边磨成 45°角后对接；如不采用异形角砖，也可采用大墙面饰面砖压小墙面饰面砖的方法。横缝要与窗台平齐，墙体变形缝处，饰面砖宜从缝两侧分别排列，留出变形缝。外墙饰面砖粘贴应设置伸缩缝，竖向伸缩缝宜设置在洞口两侧或与墙边、柱边对应的部位，横向伸缩缝可设置在洞口上下或与楼层对应处，伸缩缝应采用柔性防水材料嵌缝。对于女儿墙、窗台、檐口、腰线等水平阳角处，顶面砖应压盖立面砖，立面底皮砖应封盖底平面面砖，可下突 3～5mm 兼作滴水线，底平面面砖向内翘起以便于滴水。

4. 浸砖

吸水率大于 0.5% 的饰面砖应浸泡后使用，吸水率小于 0.5% 的饰面砖不需要浸砖。饰面砖浸水后应晾干后方可使用。

5. 贴砖

贴砖施工前，应在粘贴基层上充分用水湿润。贴砖作业一般从上至下进行，高层建筑大墙面贴砖应分段进行，每段贴砖施工应由下至上进行。先固定好靠尺板贴最下一皮砖，面砖贴上后用灰铲柄轻轻敲击砖面使之附线，轻敲表面固定。用开刀调整竖缝，用小杠尺通过标准点调整平整度和垂直度，用靠尺随时找平找方。在粘结层初凝时，可调整面砖的位置和接缝宽度，初凝后严禁振动或移动面砖。砖缝宽度可用自制米厘条控制，如符合模数也可采用标准成品缝卡。墙面突出的卡件、水管或线盒处宜采用整砖套割后套贴，套割缝口要小，圆孔宜采用专用开孔器来处理，不得采用非整砖拼凑镶贴。粘贴施工时，当室外气温大于 35℃，应采取遮阳措施。贴砖时背面打灰要饱满，粘结灰浆中间略高四边略低，粘贴时要轻轻揉压，压出灰浆最后用铁铲剔除灰浆。粘结灰浆厚度宜控制在 3～5mm 左右。面砖的垂直、平整度应与控制面砖一致。

粘贴纸面砖时应事先制定与纸面砖相应的模具，将模具套在纸面砖上，然后将模具后面刮满厚度为 2～5mm 的粘结砂浆，取下模具，从下口粘贴线向上粘贴纸面砖，并压实拍平，应在粘结砂浆初凝前，将纸面砖纸板刷水润透，并轻轻揭去纸板，应及时修补表面缺陷，调整缝隙，并用粘结砂浆将未填实的缝隙嵌实。

5.3.10 面砖勾缝

勾缝施工应采用专用的勾缝胶粉，施工时按要求加水搅拌均匀制成专用勾缝砂浆。勾缝施工应在面砖粘贴施工检查合格后进行。粘结层终凝后可按照样板墙确定的勾缝材料、缝深、勾缝形式及颜色进行勾缝，勾缝要视缝的形成使用专用工具；勾缝宜先勾水平缝再勾竖缝，纵横交叉处要过渡自然，不能有明显痕迹。砖缝要在一个水平面上，并且连续、平直、深浅一致，表面应压光，缝深 2～3mm。采用成品勾缝材料应按厂家说明书进行操作。缝勾完后应立即用棉丝或海绵蘸水或清洗剂擦洗干净，勾缝完毕对大面积外墙面进行检查，保证整体工程的清洁美观。

5.3.11 细部节点做法

细部节点做法参见图 5.3.11-1～图 5.3.11-3。

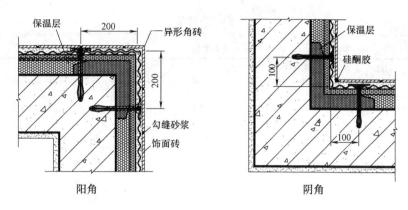

图 5.3.11-1 阴阳角做法

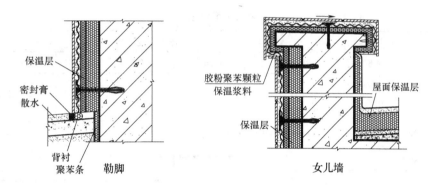

图 5.3.11-2 勒脚和女儿墙做法

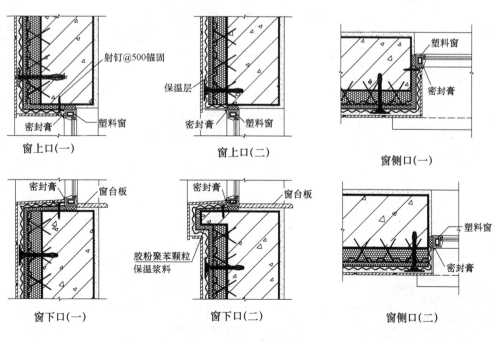

图 5.3.11-3 窗口做法

5.4 劳动力组织

本工法按外墙保温面积 10000m² 、工期 80d（不包括组合浇筑）计算的劳动力计划见表 5.4-1，施工进度计划见表 5.4-2，每平方米的劳动（标准）定额见表 5.4-3。

劳动力计划　　表 5.4-1

序 号	工 种 名 称	高峰时段需求人数（人）	备 注	
1	抹灰工	50		
2	壮工	24		
3	管理人员	6	项目经理	1 人
			技术员	1 人
			质检员	
			材料员	1 人
			安全管理员	1 人
			工长	2 人

施工进度计划　　表 5.4-2

工 序 ＼ 工 日	施工进度计划																	
	6 个月	1	3	5	8	12	16	20	24	28	32	36	40	44	48	52	56	60	65
组合浇筑	▬▬▬																	
墙面处理		▬▬																
抹胶粉聚苯颗粒保温浆料找平层			▬▬▬															
抹抗裂砂浆压热镀锌电焊网						▬▬▬▬												
粘贴面砖									▬▬▬▬▬▬▬▬									
面砖勾缝															▬▬▬▬			

每平方米的劳动（标准）定额　　表 5.4-3

项 目			单位	消耗定额数量
人工		技工	工日	0.159
		普工	工日	0.027
材料	1	EPS 板界面砂浆	kg	0.7
	2	EPS 板（60mm 厚,非精确排板）a	m³	0.063
		EPS 板（60mm 厚,精确排板）a	m³	0.060
	3	P.O 42.5 水泥	kg	1.0
	4	水洗中砂	kg	1.0
	5	胶粉聚苯颗粒保温浆料（15mm 厚）	m³	0.015
	6	抗裂砂浆（胶液型）b	kg	3.0
		抗裂砂浆（干拌型）b	kg	12.0
	7	热镀锌电焊网	m²	1.2
	8	塑料锚栓	个	5.010
	9	面砖粘结砂浆	kg	6.000
	10	勾缝粉	kg	2.500

注：1. EPS 板耗量为工地现场耗量，在工厂加工过程中精确排板比非精确排板的损耗率高 5%。

　　2. 抗裂砂浆的胶液型和干拌型可任选一种，如选用胶液型需另按使用说明加水泥和砂子。

6. 材料与设备

6.1 系统要求

6.1.1 该外墙外保温系统应通过耐候性试验和抗震试验验证。

6.1.2 该外墙外保温系统的性能应符合表 6.1.2 的要求。

外墙外保温系统性能要求　　　　　　　　　　　　　　表 6.1.2

试 验 项 目	性 能 要 求
耐候性(80 次高温-淋水循环和 5 次加热-冷冻循环)	试验后不应出现饰面层起鼓或剥落、抗裂防护层空鼓或脱落等破坏,不应有可渗水裂缝;抗裂防护层与找平层或保温层之间的拉伸粘结强度及找平层与保温层之间的拉伸粘结强度不应小于 0.1MPa 或破坏发生在保温层中;饰面砖粘结强度不应小于 0.4MPa
耐冻融性能(30 次循环)	
吸水量(水中浸泡 1h)	小于 $1000g/m^2$
抗冲击性	3J 级
抗风荷载性能	不小于风荷载设计值(安全系数不小于 1.5)
抗裂防护层不透水性	2h 不透水
水蒸气渗透阻	符合设计要求
热阻	符合设计要求
火反应性	不应被点燃,试验结束后试件厚度变化不超过 5%,热释放速率最大值≤$10kW/m^2$,900s 总放热量≤$5MJ/m^2$
抗震性能	设防烈度地震作用下面砖饰面及外保温系统无脱落
饰面砖现场拉拔强度	≥0.4MPa

注: 1. 水中浸泡 24h,带饰面层或不带饰面层的系统吸水量均小于 $500g/m^2$ 时,免做耐冻融性能检验。
　　2. 耐候性试验后,可在其试件上直接检测抗冲击性。

6.2 工程材料要求

6.2.1 有网 EPS 板各项技术性能

1. EPS 板的性能指标应符合表 6.2.1-1 的要求。

EPS 板性能指标　　　　　　　　　　　　　　表 6.2.1-1

项 目	单 位	指 标
表观密度	kg/m^3	≥18
导热系数	W/(m·K)	≤0.041
压缩强度	MPa	≥0.10
垂直于板面方向的抗拉强度	MPa	≥0.10
尺寸稳定性	%	≤0.6
燃烧性能等级	—	不低于 E 级
水蒸气透过系数	ng/(Pa·m·s)	≤4.5
吸水率(V/V)	%	≤4

2. 有网 EPS 板的规格尺寸及加工质量应符合表 6.2.1-2～表 6.2.1-4 的要求。

有网 EPS 板的规格（单位：mm） 表 6.2.1-2

层　高	长	宽	厚
2800	2825～2850		
2900	2925～2950	1220	40～150
3000	3025～3050		
其他	其他规格可根据实际层高协商确定		

注：1. 有网 EPS 板的钢丝网片尺寸应略小于 EPS 板的尺寸。

2. EPS 板的厚度包括梯形槽部分的厚度，厚度根据保温要求计算确定。

有网 EPS 板的规格尺寸允许偏差（单位：mm） 表 6.2.1-3

项　目		允 许 偏 差	项　目		允 许 偏 差
长度、宽度	＜1000	±5	厚度	＜50	±2
	1000～2000	±8		50～75	±3
	2000～4000	±10		75～150	±4
	＞4000	正偏差不限，−10		含钢丝网时	±5
两对角线偏差		≤10	钢丝网两对角线偏差		≤10

有网 EPS 板的质量要求 表 6.2.1-4

项　目	质 量 要 求
凹槽	钢丝网片一侧的 EPS 板面上凹槽宽 20～30mm，凹槽深 10mm±2mm，并且间距均匀
企口	EPS 板两长边设高低槽，宽 20～25mm，深 1/2 板厚，要求尺寸准确
界面处理	EPS 板的两面及钢丝网架上均匀喷涂 EPS 板界面砂浆，EPS 板界面砂浆与 EPS 板的粘结牢固，涂层均匀一致，不得露底，干擦不掉粉
EPS 板对接	板长≤3000mm 时，EPS 板对接不应多于两处，且对接处需用 EPS 板粘板胶粘牢
钢丝网片与 EPS 板的最短距离	10mm±2mm
镀锌低碳钢丝	用于钢丝网片的镀锌低碳钢丝直径为 2.00mm、2.20mm，用于斜插丝的镀锌低碳钢丝直径为 2.20mm、2.50mm，其性能指标应符合《钢丝网架夹芯板用钢丝》（YB/T 126）的要求
焊点拉力	抗拉力≥330N，无过烧现象
焊点质量	网片漏焊、脱焊点不超过焊点数的 8‰，连续脱焊点不应多于 2 点，板端 200mm 区段内的焊点不允许脱焊、虚焊，斜插丝脱焊点不超过 3‰
斜插钢丝（腹丝）密度	（100～150）根/m²
斜插钢丝与钢丝网片夹角	60°±5°
钢丝挑头	网边挑头长度≤6mm，插丝挑头≤5mm
穿透 EPS 板挑头	当 EPS 板厚度≤50mm 时，穿透 EPS 板挑头离板面垂直距离≥30mm； 当 50mm＜EPS 板厚度≤100mm 时，穿透 EPS 板挑头离板面垂直距离≥35mm； 当 EPS 板厚度＞100mm 时，穿透 EPS 板挑头离板面垂直距离≥40mm

注：横向钢丝应对准 EPS 板横向凹槽中心。

6.2.2 EPS 板粘板胶的性能指标应符合表 6.2.2 的要求。

EPS 板粘板胶主要性能指标   表 6.2.2

项　　目		单　　位	指　　标
固含量		%	>70
黏度		MPa·s	5000~10000
拉伸粘结强度	与水泥砂浆试块	MPa	>0.4
	与 EPS 板试块		>0.1 且 EPS 板破坏
可操作时间		h	>2
腐蚀度		mm	≤3

6.2.3 EPS 板界面砂浆的性能指标应符合表 6.2.3 的要求。

EPS 板界面砂浆性能指标   表 6.2.3

项　　目		指　　标
外观	干粉型产品	均匀一致,不应有结块
	胶液型产品	经搅拌后应呈均匀状态,不应有块状沉淀
施工性		施工无困难
低温贮存稳定性(胶液型产品)		3 次试验后,无结块、凝聚及组成物的变化
拉伸粘结强度	标准状态 7d	≥0.3MPa
	标准状态 14d	≥0.5MPa
与水泥砂浆试块	浸水后	≥0.3MPa
	与 EPS 板试块(标准状态 14d 或浸水后)	≥0.10MPa 或 EPS 板破坏

6.2.4 胶粉聚苯颗粒保温浆料的性能指标应符合表 6.2.4 的要求。

胶粉聚苯颗粒保温浆料性能指标   表 6.2.4

项　　目		单　　位	指　　标
干密度		kg/m³	180~250
导热系数		W/(m·K)	≤0.060
抗压强度(56d)		MPa	≥0.2
抗拉强度(56d)	干燥状态	MPa	≥0.1
	浸水 48h,取出干燥 14d		
线性收缩率		%	≤0.3
软化系数(56d)		—	≥0.5
燃烧性能等级		—	不低于 C 级

6.2.5 抗裂砂浆的性能指标应符合表 6.2.5 的要求。

抗裂砂浆性能指标   表 6.2.5

项　　目		单　　位	指　　标
可使用时间	可操作时间	h	≥1.5
	在可操作时间内拉伸粘结强度	MPa	≥0.7
拉伸粘结强度(常温 28d)		MPa	≥0.7
浸水后的拉伸粘结强度(常温 28d,浸水 7d)		MPa	≥0.5
压折比		—	≤3.0

6.2.6 塑料锚栓由螺钉和带圆盘的塑料膨胀套管两部分组成，其中螺钉采用经过表面防锈蚀处理的金属制成，塑料膨胀套管应采用聚酰胺、聚乙烯或聚丙烯等制作，不得使用回收的再生材料。塑料锚栓的性能指标应符合表 6.2.6 的要求。

塑料锚栓的性能指标 表 6.2.6

项　　目	单　　位	指　　标
有效锚固深度	mm	≥25
圆盘直径	mm	≥50
套管外径	mm	7～10
单个胀栓抗拉承载力标准值（混凝土墙）	kN	≥0.8

6.2.7 热镀锌电焊网的性能指标除应符合《镀锌电焊网》QB/T 3897—1999 的要求外，还应符合表 6.2.7 的要求。

热镀锌电焊网的性能指标 表 6.2.7

项　　目	单　　位	指　　标
镀锌工艺	—	先焊接后热镀锌
丝径	mm	0.90±0.04
网孔大小	mm	12.7×12.7
焊点抗拉力	N	＞65
镀锌层重量	g/m²	≥122

6.2.8 面砖粘结砂浆的性能指标应符合表 6.2.8 的要求。

面砖粘结砂浆的性能指标 表 6.2.8

项　　目		单　　位	指　　标
拉伸粘结强度		MPa	≥0.6
压折比		—	≤3.0
压剪粘结强度	原强度	MPa	≥0.6
	耐温 7d	MPa	≥0.5
	耐水 7d	MPa	≥0.5
	耐冻融 30 次	MPa	≥0.5
线性收缩率		%	≤0.3

6.2.9 面砖勾缝料的性能指标应符合表 6.2.9 的要求。

面砖勾缝料性能指标 表 6.2.9

项　　目		单　　位	指　　标
外　　观		—	均匀一致
颜　　色		—	与标准样一致
凝结时间	初凝时间	h	≥2
	终凝时间	h	≤24
拉伸粘结强度	原强度（常温常态 14d）	MPa	≥0.6
	耐水（常温常态 14d，浸水 48h，放置 24h）	MPa	≥0.5
压折比		—	≤3.0
透水性（24h）		mL	≤3.0

6.2.10 饰面砖粘贴面应带有燕尾槽，并不得有脱模剂，其性能指标除应符合《陶瓷砖》GB/T 4100、《陶瓷劈离砖》JC/T 457、《玻璃马赛克》GB/T 7697 的相关要求外，还应符合表 6.2.10 的要求。

外保温饰面砖的性能指标 表 6.2.10

项 目		单 位	指 标
尺寸	6m 以下墙面 表面面积	cm²	≤410
	6m 以下墙面 厚度	cm	≤1.0
	6m 及以上墙面 表面面积	cm²	≤190
	6m 及以上墙面 厚度	cm	≤0.75
单位面积质量		kg/m²	≤20
吸水率	Ⅰ、Ⅵ、Ⅶ气候区	%	≤3
	Ⅱ、Ⅲ、Ⅳ、Ⅴ气候区		≤6
抗冻性	Ⅰ、Ⅵ、Ⅶ气候区	—	50 次冻融循环无破坏
	Ⅱ气候区		40 次冻融循环无破坏
	Ⅲ、Ⅳ、Ⅴ气候区		10 次冻融循环无破坏

注：气候区划分级按《建筑气候区划标准》GB 50178—1993 中一级区划执行。

6.2.11 在该外墙外保温系统中所采用的附件，包括密封膏、密封条、金属护角、水泥钉、盖口条等应分别符合相应产品标准的要求。

6.2.12 水泥为强度等级 42.5 普通硅酸盐水泥，水泥技术性能应符合《通用硅酸盐水泥》GB 175—2007 的要求。

6.2.13 砂子选用中砂，应符合《普通混凝土用砂、石质量及检验方法标准》JGJ 52—2006 的规定。

6.2.14 材料消耗计划（按外墙保温面积 10000m² 计算）见表 6.2.14。

材料消耗计划 表 6.2.14

序号	材 料 名 称		单 位	规 格	平方米耗量	总用量
1	EPS 板（60mm 厚）	精确排板	m³	—	0.06	600
		非精确排板		—	0.063	630
2	EPS 板界面砂浆		kg	1×25	0.7	7000
3	15mm 厚胶粉聚苯颗粒保温浆料		m³	胶粉料 25kg/袋，聚苯颗粒 0.2m³/袋	0.015	150
4	抗裂砂浆	干粉型	kg	1×25	12	120000
		胶液型	kg	1×200	3.0	30000
5	热镀锌电焊网		m²	1×30	1.2	12000
6	面砖粘结砂浆		kg	1×25	6	60000
7	塑料锚栓		套	φ880mm	5	50000
8	勾缝粉		kg	1×25	2.5	25000

6.3 机具设备

每万平方米所需用的机具设备计划见表6.3。

机具设备计划
表 6.3

序号	机具设备名称	规格型号	单 位	数 量	备 注
1	小推车	0.14m³	辆	20	
2	电锤	—	把	5	
3	强制性砂浆搅拌机	250～300L	台	4	
4	手提式搅拌器	—	台	4	
5	钢网展平机	ZP-1	台	1	展平热镀锌电焊网
6	钢网剪网机	YD-1	台	1	裁剪热镀锌电焊网
7	钢网抠角机	YC-1	台	1	热镀锌电焊网成型
8	电动冲击钻	—	把	1	
9	瓷砖切割器	—	台	1	
10	手提式电动打磨机	—	台	1	
11	电烙铁	—	把	1	
12	380V橡套线	五芯	m		根据现场而定
13	220V橡套线	三芯	m		根据现场而定
14	配电箱（三相）	砂浆机及临电	套	4	

注：常用抹灰工具及抹灰检测器具若干、喷枪、克丝钳子、剪刀、壁纸刀、手锯、手锤、滚刷、铁锹、水桶、扫帚等；常用的检测工具：经纬仪及放线工具、托线板、方尺、水平尺、探针、钢尺、靠尺；另外总包方应配备好垂直运输机械、外墙脚手架、室外操作吊篮等。

7. 质 量 控 制

7.1 一般规定

7.1.1 应按照《建筑节能工程施工质量验收规范》GB 50411和《建筑装饰装修工程质量验收规范》GB 50210的相关规定进行外墙外保温工程的施工质量验收。

7.1.2 外墙出挑构件及附墙部件，如：阳台、雨罩、靠外墙阳台栏板、空调室外机搁板、附墙柱、凸窗、装饰线和靠外墙阳台分户隔墙等，均应按设计要求采取隔断热桥和保温措施。

7.1.3 窗口外侧四周墙面应按设计要求进行保温处理。

7.1.4 面砖饰面的验收还应按照《外墙饰面砖工程施工及验收规程》JGJ 126的相关规定进行验收。

7.1.5 锚固件、网片和承托架等应满足防锈要求。

7.2 主控项目

7.2.1 所用材料和半成品、成品进场后，应做质量检查和验收，其品种、配比、规格、性能必须符合设计要求和本工法及有关标准的规定。

7.2.2 EPS板平均厚度必须符合设计要求，不允许有负偏差。

7.2.3 EPS板及钢丝网架表面应均匀喷涂EPS板界面砂浆。

7.2.4 安装有网EPS板前应按规定的数量在外墙钢筋外侧绑扎砂浆垫块（不得采用塑料垫卡）。

7.2.5 有网EPS板安装后，外侧模板安装前，应检查L形$\phi6$筋的数量和锚入深度，每平方米不少于 4 个，且位置均匀，与钢筋连接牢固，锚入深度应符合设计要求。

7.2.6 保温层与墙体及各构造层之间必须粘结牢固，无脱层、空鼓及裂缝。

7.2.7 热镀锌电焊网铺设、锚固平整，塑料锚栓数量、锚固位置及深度符合要求。

7.2.8 面砖的品种、规格、颜色应符合设计要求。

7.2.9 饰面砖粘结必须牢固，面砖工程面层应无空鼓和裂缝。

7.3 一般项目

7.3.1 表面平整、洁净，接槎平整，线角顺直、清晰，毛面纹路均匀一致。

7.3.2 护角符合施工规定，表面光滑、平顺，门窗框与墙体间缝隙填塞密实，表面平整。

7.3.3 孔洞、槽、盒位置和尺寸正确，表面整齐、洁净。

7.3.4 外保温墙面层的允许偏差及检验方法应符合表 7.3.4 的规定。

外保温墙面层允许偏差和检验方法 表 7.3.4

项 次	项 目		允许偏差（mm）	检查方法
1	表面平整		5	用 2m 靠尺和楔形塞尺检查
2	垂直度	每层	7	用 2m 托线板检查
		全高	$H/1000$ 且不大于 20	用经纬仪或吊线和尺量检查
3	阴、阳角垂直		6	用 2m 托线板检查
4	阴、阳角方正		3	用 200mm 拐尺、塞尺检查 2m
5	接缝高差		≤4	用直尺、塞尺检查
6	板间缝隙		≤8	尺量

8. 安 全 措 施

8.1 安全措施

8.1.1 机械设备、吊篮必须由专人操作，经检验确认无安全隐患后方可使用。

8.1.2 操作人员必须遵守高空作业安全规定，系好安全带，防止坠物发生。

8.1.3 进场前，必须进行安全培训，注意防火，现场不许吸烟、喝酒。

8.1.4 为避免工地现场电焊操作引起火灾，电焊操作必须在胶粉聚苯颗粒保温浆料抹灰施工工序完成后进行。

8.1.5 遵守施工现场制定的一切安全制度。

8.2 成品保护

8.2.1 施工完成后的墙面、色带、滴水槽、门窗口等处的残存砂浆，应及时清理干净。

8.2.2 外墙外保温施工完成后，进行脚手架拆除等后续工序时应注意对外保温墙面的成品保护；严禁在保温墙面上随意剔凿，避免脚手架管等物品冲击墙面。

8.2.3 翻拆架子或升降吊篮应防止碰撞已完成的保温墙体，其他工种作业时不得污染或损坏墙面，严禁踩踏窗口，防止损坏棱角。

8.2.4 保温层、抗裂防护层、饰面层在硬化前应防止水冲、撞击、振动。

8.2.5 应保护好墙上的埋件、电线槽、盒、水暖设备和预留孔洞等。

9. 环 保 措 施

9.1 外保温工程在施工过程中必须严格遵守国家和当地的建设工程施工现场环境保护标准及建设

工程施工现场场容卫生标准的有关规定。

9.2 保温工程施工现场内各种施工相关材料应按照施工现场平面图要求布置，分类码放整齐，材料标识要清晰准确。

9.3 施工现场所用材料保管应根据材料特点采取相应的保护措施。材料的存放场地应平整夯实，有防潮排水措施。材料库内外的散落粉料必须及时清理。

9.4 为防止聚苯颗粒飞散、粉料扬尘，施工现场必须搭设封闭式胶粉聚苯颗粒保温浆料库及砂浆搅拌机机棚，并配备有效的降尘防尘及污水排放装置。

9.5 搅拌机设专职人员环境保护，及时清扫杂物，对所用的袋子及时捆好，用完的塑料桶码放整齐并及时清退。

9.6 胶粉聚苯颗粒保温浆料搅拌机四周及现场内无废弃胶粉聚苯颗粒保温浆料和砂浆。

9.7 施工现场注意节约用水，杜绝水管渗泄漏及长流水。

9.8 保温工程施工时建筑物内外散落的零散碎料及运输道路遗撒应设专人清扫。

9.9 施工垃圾及废弃保温板材应集中分拣，并及时清运回收利用，按指定的地点堆放。

10. 效 益 分 析

本工法可满足不同气候区的节能标准要求，其耐候能力强，耐久性好。其安全性可以避免常见的外墙外保温裂缝和火灾事故。绿色环保，性价比优。已在多个工程应用中得到证实，经济效益、社会效益俱佳。

11. 应 用 实 例

青岛鲁信长春花园外墙外保温工程

青岛鲁信长春花园（图 11）是由山东鲁信置业有限公司投资建设，工程地址位于青岛市银川东路 1 号，建筑面积大约 99 万 m²，建筑结构分为混凝土现浇钢丝网架聚苯板和框架剪力墙填充加气混凝土砌块结构，共计 99 栋楼。

图 11 鲁信长春花园现场施工图片

该工程采用有网 EPS 板与混凝土现浇一次成型，并用胶粉聚苯颗粒保温浆料对钢丝网架进行找平，可提高系统的防火透气及抗裂功能。抗裂防护层采用抗裂砂浆复合热镀锌钢丝网，由塑料锚栓锚固于基层墙体，抗震性能好；饰面层采用的专用面砖粘结砂浆及面砖勾缝料均具有粘结力强、柔韧性好、抗裂防水效果好的特点。系统各构造层材料柔韧性匹配，热应力释放充分。

该做法使主体结构和保温层一次成型，有网 EPS 板双面涂刷界面砂浆，增强了有网 EPS 板与混凝土的粘结；有网 EPS 板斜插丝浇筑在混凝土中，增强了系统与基层墙体的连接。采用胶粉聚苯颗粒保温浆料作为找平层，有效解决了以往抹水泥砂浆抹灰易开裂、损坏等问题，并且减轻了面层荷载，阻断了由斜插丝产生的热桥。该系统做法具有抗风载荷性能好、防火标准高、保温效果好、施工方便快捷、耐候性强，双网构造设计能够充分地分散和释放应力，有效地控制裂缝的产生，外饰面采用面砖饰面，抗震性能好。

保温节能无缝双层板块外墙施工工法

YJGF003—2006

苏州第一建筑集团有限公司   苏州市华丽美登装饰装潢有限公司

方韧 朱云峰 钱全林 陆少卿 韩伟

1. 前　言

在我国人民生活水平日益提高，积极倡导资源节约，可持续发展战略的背景下，建筑节能技术已成为房屋建筑重要的组成部分。外墙外保温系统得到推广普及，建筑节能材料推陈出新。但开裂、空鼓、渗漏等外墙质量通病在外墙外保温系统中仍然是困扰设计和施工的一大难题。由著名建筑大师担纲设计的苏州博物馆新馆工程，其外墙为满足设计者"中而新，苏而新"的设计理念和保温节能的功能要求，采用了保温节能无缝双层板块外墙，为达到设计要求，如何解决开裂、空鼓、渗漏的质量通病成为技术难题。

苏州第一建筑集团有限公司与相关单位合作，开展了科技创新活动，攻克了一系列的技术难关，顺利完成了外墙施工，其新技术成果国内首创。该施工工艺具有节能效果好、分隔便利、外墙装饰面层运用灵活的特点。同时在装饰板材与板材拼缝处理上形成了一套科学合理、规范可行、安全可靠的施工工艺，克服了长期以来饰面板在内、外墙上应用易产生裂缝的难题。

2. 工法特点

2.1　保温节能无缝双层板块外墙施工工艺主要通过选择合理的外墙装饰板材，利用不同的龙骨支架形式与主体结构连接，自内而外形成防水层、保温层、空气隔离层、装饰结构层和装饰面层。工法的构造原理是通过龙骨支架将装饰层直接与主体结构点连接，保温材料进行填充，降低因内外温差所造成的对装饰面层的温度应力，减少装饰层出现裂缝的可能性。

2.2　板与板拼接时对板块间的缝隙采用专用腻子批嵌、抗裂纸带覆盖、网格布加强、弹性腻子满批手段，杜绝裂缝产生。同时通过空气隔离层和内部的防水层隔绝了外界雨水对室内的影响途径。

2.3　该工法施工方便简捷；摆脱了湿作业对其他半成品、成品的污染；墙面可根据设计要求任意分隔留缝或不留缝；表面装饰材料可选择区间大，如：涂料、面砖、铝板等均适合。

3. 适用范围

本工法主要适用于工业与民用建筑之外墙主体结构，一般以多空砖、砌体墙体、钢筋混凝土墙或钢结构围护结构为主的外墙装饰工程。特别适用于外墙立面造型较为复杂的外墙外保温建筑。不适用于有较大振动荷载的工业建筑。

4. 工艺原理

根据建筑设计要求进行外墙面的装饰设计，以确定龙骨间距、大小。采用型钢方管或铝合金型材作为龙骨骨架与主体结构连接，骨架内侧与主体间留出25mm（也可根据设计要求的保温层厚度确定）间隙作为保温层，用于填充板块类保温材料，保温材料采用点粘法与围护结构粘贴，龙骨厚度即形成空气隔离层。在龙骨外表面封上一层一定厚度的结构板作为装饰结构层，在结构层外再错缝安装一层外墙装饰板，进行板缝处理后批刮弹性腻子、施涂弹性涂料。保温节能无缝双层板块外墙结构示意图见图4。

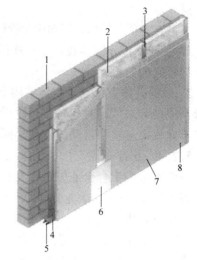

图 4　保温节能无缝双层板块外墙结构示意图
1—结构墙体；2—保温板材；3—主龙骨；
4—次龙骨；5—龙骨连接接头；6—填缝
料及抗裂措施；7—固定螺钉；
8—面板（中密度板）

5. 施工工艺流程及操作要点

5.1　施工工艺流程

墙面防水层施工完毕→施工定位放线→连接板的安装→龙骨安装→隐蔽验收→保温材料安装→第一层装饰结构层安装→第二层装饰板错缝安装→拼缝处理→高弹涂料。

5.2　操作要点

5.2.1　作业条件

1. 结构已验收，墙面防水层已施工完毕。墙面弹出+50cm标高线。

2. 外墙门窗框、窗台板安装完毕。门、窗框与围护结构间嵌填处理完毕。

3. 水暖及装饰工程分别需用的管线等埋件留出位置或埋设完毕；并应完成暗管线的穿带线工作。

4. 操作地点环境温度不低于5℃；施工脚手架符合操作要求。

5. 正式安装以前，完成施工翻样图，先试安装样板墙一道，经鉴定合格后再正式安装。

5.2.2　定位放线

1. 弹出基准线，检查主体结构完成面是否满足板块外墙施工的基本要求，特别是垂直度的尺寸偏差，必须达到施工及验收规范要求。

2. 将板块外墙安装立面的控制坐标轴线、边界线、定位标高，根据施工翻样图准确清晰地弹墨线标注在建筑墙面上，以作为施工依据。

3. 以外墙装饰板的长、宽为模数，弹出龙骨安装的纵、横向的垂直线、水平线，并留置满足板铺设接缝处固定需要的间距（图5.2.2）。

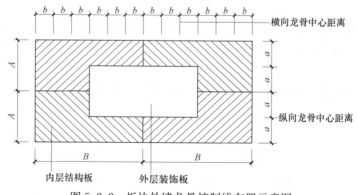

图 5.2.2　板块外墙龙骨控制线布置示意图

4. 复核其尺寸，并对误差进行控制、分配、消化，不使其积累。

5. 若主体结构的垂直误差偏大，应采取剔凿、修补方法找平，找平后的误差不应大于10mm。层高误差、建筑物的绝对误差，应在建筑上有标记，标好误差的数值。

5.2.3　连接板的安装

连接角码是龙骨与主体结构连接的主要构件，并承受龙骨和外墙板等全部饰面层的重量，为保证具有足够的承重能力和耐久性，一般采用热镀锌钢板加工，长度和板厚依设计而定。施工中应注意以下几点：

1. 连接角码与墙体、竖向主龙骨相连之处各开一只槽形孔，以便于左右、前后向调节（图5.2.3）。

2. 根据龙骨分格墨线，定位连接角码的具体方位点，做好墙面方位点的水平线、垂直线记录，确定连接角码的数量。

3. 根据具体方位点在主体结构上用电锤打孔，再用后切式锚栓或穿墙螺栓，把连接角码与结构墙体紧密连接起来，同时在连接角码后部，衬垫胶木绝热板以避免出现冷桥。使其与墙体结构面紧密接触，不允许有悬空、松动等连接。同时，做好质量检测记录。

5.2.4 龙骨安装

龙骨可采用铝合金或方钢，龙骨安装的间距、规格根据面板的厚度和模数要求而定，且主龙骨间距不得大于400mm，次龙骨间距不得大于600mm。在基准层上首先确定板块外墙基准框的标高、垂直度与方位点，再与复核正确的连接角码通过不锈钢对穿螺栓相连，并调节至无偏差的满意位置（图5.2.4-1）。龙骨安装时，必须控制每根框架的垂直度与水平度在误差范围内，并随时做好质量检测记录，全部安装完毕后，先自检，自检合格的情况下，进行复检隐蔽验收。

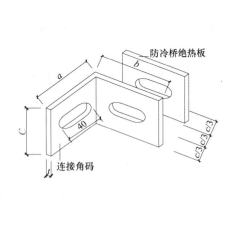

图5.2.3 连接角码示意图

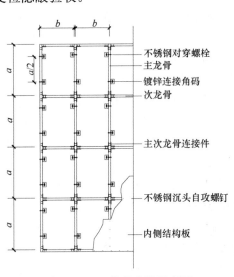

图5.2.4-1 龙骨安装示意图

1. 主龙骨边框安装

1）主龙骨边框用通长龙骨安装，通过对穿螺栓与后置连接角码相连，如现场的水平长度、垂直高度超过了一根龙骨的长度，用相同材质的芯柱和不锈钢自攻螺钉将两支龙骨水平连接，芯柱长度需通过设计确定（图5.2.4-2）。

2）竖向主龙骨必须垂直于横向次龙骨，并用连接角件连接固定（图5.2.4-3）。

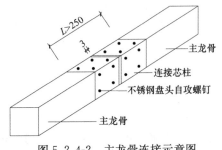

图5.2.4-2 主龙骨连接示意图

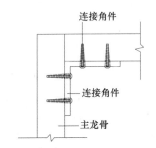

图5.2.4-3 主次龙骨连接示意图

2. 竖向主龙骨安装

1）竖向主龙骨安装中心距离也应以结构装饰板的横向及竖向尺寸为模数，满足错缝铺设固定需求。

2）竖向主龙骨安装顺序：板块外墙竖向主龙骨的安装工作，是从底部向上安装，待后置连接角码的安装校核完毕后就可进行。先对照施工图检查竖向主龙骨的尺寸及加工孔位是否正确，然后将副件、连接角码安装上竖向主龙骨。将竖向主龙骨通过不锈钢对穿螺栓与后置连接角码相连接，并调好平整度、垂直度，再紧不锈钢对穿螺栓。

3）相邻两根竖向主龙骨标高偏差不大于2mm，同方位竖向主龙骨的最大标高偏差不大于5mm。

4）竖向主龙骨找平、调整。竖向主龙骨的垂直度可用吊锤控制，平面度由两根定位轴线之间所引的水平线控制。安装误差控制数值见表5.2.4-1。

主龙骨安装允许误差　　　　　　　　　　　　　　　　表5.2.4-1

项目内容	主龙骨进出	主龙骨左右	相邻龙骨错位	龙骨平整度	龙骨垂直度
允许偏差	2mm	3mm	1mm	2mm	3mm

5）竖向主龙骨安装及质量要求。竖向主龙骨是通过不锈钢对穿螺栓穿心连接到角码上，根据竖向主龙骨垂直线和水平位置进行控制、调整其左右、前后距离，控制在误差范围内；竖向主龙骨一般为主构件，是板块墙安装施工的关键之一，它的加工的正确性和质量直接影响整个板块墙的安装质量。通过连接件，板块外墙的平面轴线与完成面的平面轴线距离的允许偏差应控制在2mm以内。

3. 横向次龙骨安装

1）横向次龙骨安装中心距离也应以满足装饰板的横向及竖向模数为原则，满足错缝铺设要求。

2）竖向主龙骨与横向次龙骨通过连接角码、自攻螺钉相连接，要求安装牢固。

3）同方位次龙骨角码安装应由下向上进行，当安装完成后，应进行检查、调整、校正、固定，使其符合质量要求。

4）调整好整幅板块外墙的垂直度、水平度后，加固好竖向主龙骨，然后进行次龙骨安装，保证框对角线误差≤3mm。

5）次龙骨安装及要求。将次龙骨两端的连接角铝安装在立柱的预定位置，要求安装牢固，接缝严密；相邻两根次龙骨的水平标高偏差不大于2mm，同方位标高偏差不大于4mm，其表面高低偏差不大于2mm；次龙骨安装应由下向上进行，次龙骨的安装允许偏差控制值见表5.2.4-2。

次龙骨安装允许误差　　　　　　　　　　　　　　　　表5.2.4-2

项目内容	接缝高低差	相邻龙骨错位	龙骨平整度	龙骨垂直度
允许偏差	1mm	1mm	2mm	3mm

5.2.5　隐蔽验收

1. 由于基层龙骨将被装饰板隐蔽起来，因此，隐蔽工程检查必须在工序施工中随时进行。

2. 根据有关施工规范规定应对下列项目进行隐蔽验收。

1）连接角码与主体结构连接点的紧固安装。

2）竖向主龙骨与横向次龙骨连接的紧固程度及整幅面的平整度、垂直度。

3. 对需进行隐蔽验收的项目施工完成后，应及时请监理单位、装饰面施工单位等有关部门或有关人员协同验收，合格后方可进行下道工序的施工，不合格的必须及时整改并重新提交验收，直至合格为止。

4. 现场管理人员应严格把关，未经验收或验收不合格的隐蔽工程项目，不能封闭起来进行后道工序的施工。

5.2.6　板块保温材料铺贴

在龙骨隐蔽验收完成后，即进行挤塑保温板安装，保温层的厚度应根据设计要求确定，在翻样过程中龙骨与墙体的间隙依此留出，保温板根据龙骨间距裁剪，在安装前于板背面采用专用胶粘剂进行

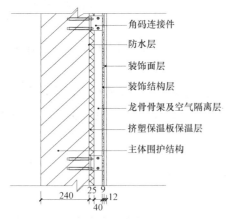

图 5.2.6　保温板材放置原理示意图

点粘，保温板拼接要严密，与主体结构粘贴要牢固。保温板放置原理见图 5.2.6。

5.2.7　板块安装

1. 手工切割板材需用硬质金属薄片锯，切割锯片需是以碳化钨合金制成的直齿锯片，切割时应使用排尘设备排走灰尘，对需要进行弧线切割的板材，可使用曲线锯。切口宜用砂布打磨平直。见图 5.2.7-1。

2. 板面开孔可采用电钻来钻孔，钻孔时应在钻孔位置的后面支撑住板体。也可采用曲线锯进行开孔，详见图 5.2.7-2。

3. 在需开洞的地方，要注意板材接缝处的处置，由于开孔拐角处一般为结构受力时应力集中处，这样对板缝处受力不利。在安装后，易在板缝处出现变形或导致板面接缝处开裂。所以板的接缝边端部不能与洞口的角相接，详见图 5.2.7-3。

图 5.2.7-1　板材切割工艺图

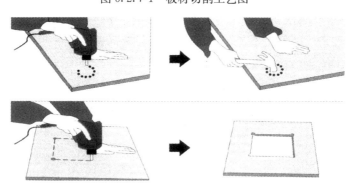

图 5.2.7-2　板材开孔切割工艺图

4. 钉头部位的处理：外墙板材必须预钻孔并作拔孔处理。为了使安装更加简单便利，可预先用色线标出板边及中间孔的位置，如有必要可预钻凹孔以让螺钉沉头。或可采用自沉头自攻螺钉。外墙螺钉沉头部位应采用有防水功能的填缝料填补，并且所用的填缝料须与外墙涂料相容（如原子灰），还须将填补处打磨光滑。可选择螺钉种类见图 5.2.7-4。

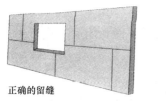

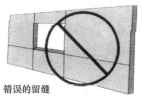

图 5.2.7-3　板块洞口留设正确方法示意图

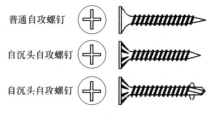

图 5.2.7-4　板块固定螺钉种类

5. 封结构层板：结构板与龙骨用不锈钢自攻螺钉固定，结构板的短边沿竖龙骨铺设，即先将板材就位，用电钻将板与龙骨钻通，再用自攻螺钉拧紧，结构板的自攻螺钉中距应为 150~200mm，内层螺钉嵌入板内深度应在 0.1~0.2mm 之间，螺钉应与板面垂直且略埋入板面，并不使板面破损，钉眼应作除锈处理。当外墙采用非涂料墙面时，在完成结构层板后必须隐蔽验收才可进入下道工序。

6. 封外层装饰板：当采用涂料板块墙面时，须进行外层装饰板的安装，采用双层板结构可降低外墙因温差引起的板拼接处的收缩裂缝。内外两层板材必须错缝封板。竖向板缝错缝搭接的铺设距离和横向板缝错缝搭接的铺设距离均以板材的长、宽为模数，满足于龙骨的错缝搭接距离。装饰板的长边沿竖龙骨铺设，即先将板材就位，用电钻将板与龙骨钻通，用不锈钢自攻螺钉固定，其板的四周自攻螺钉中距应在 140~180mm 之间，螺钉嵌入板内深度应在 0.1~0.2mm 之间，螺钉应与板面垂直且略入埋板面，并不使板面破损，钉眼应作除锈处理。

7. 板块施工时还必须注意以下事项：

1）板块在无应力状态下进行固定，防止出现弯棱、凸鼓现象。

2）外层板的长边（即包封边）应沿纵向主龙骨铺设。

3）不锈钢自攻螺钉与板块边缘的距离：板边距以 10~15mm 为宜；切割的板边距以 15~20mm 为宜。

4）内层相邻两张板的接缝控制在 3~6mm 内，外层板缝接缝控制在 3~5mm 内。

5）钉距以 150~200mm 为宜，螺钉应与板面垂直。弯曲、变形的螺钉应除去，并在相隔 40mm 的部位另钉螺钉。

6）安装双层板时，为了防止板面开裂，面层板与基层板的接缝应错开，不允许在同一根龙骨上重叠接缝。

7）为了防止内外层自攻螺钉重叠，自攻螺钉方位固定点必须交错。

8）板块的对接缝，在门窗洞口等的拐角处，应避免直缝拼接。

9）板块与龙骨固定，应从一块板的中部向板的四边固定，不允许多点同时作业，以免产生内应力，铺设不平。

10）不锈钢自攻螺钉的埋置深度为螺钉头的表面略埋入板面，并不使板面破损为宜。

11）在安装铺设埃特板过程中，应用专门的材料与机具，以免影响工程质量。

5.2.8 板块拼缝嵌填

1. 无缝拼接板墙施工的关键在于板缝的处理上。进行暗缝施工的板，在与另一块相接的板边必须是经过倒角处理的。板材在安装后，应等到板材的含水率与空气湿度平衡时再进行填缝。

2. 在接缝施工前应清洁接缝表面。必须使用弹性填缝料和玻纤网带。首先将足够的填缝料填入倒角区，用专用勾缝勾将板缝内的腻子压实，待干硬后再进行二次嵌填处理；二次填嵌采用刮刀将拼缝刮满刮平，待干硬后用砂纸打磨光滑，以保证涂料面层的施工质量。

3. 在板缝完成填缝后，板缝位置须粘贴强力防裂接缝纸。然后再取一定长度的玻纤网格布放置在板材的接缝区；用刮刀将其粘贴在板缝位置，并用光面腻子批刮，使基面平整光滑。让腻子盖住网格布；等腻子完全干透后，轻轻地磨光表面。

5.2.9 涂料施工

1. 基层要求：

安装完成的板面平整度、垂直度应符合验收规范，表面平整，留缝间隙大小均匀，板缝处理符合本工艺要求，固定螺钉拧紧并做好防锈处理，钉眼嵌填密封平整，板面干净，无金属物外露。

2. 基层处理：

1）基层表面的浮砂、杂物用油漆刮刀、铲刀铲除，然后用棕刷扫干净。

2）用美纹纸将板块墙面周边石材、门窗、阳台等不涂装部分保护好。

3）板缝第二道防裂措施粘贴耐碱玻纤网格布也可结合满批时一起进行。板面满批光面腻子（细型）整体批刮2～3遍，使基面平整、光滑，用靠尺检查平整度，不平处用砂纸打磨至符合滚涂涂装的要求。

3. 面层施工：

1）检查基面是否达到要求，如有不足，及时修整，完毕后保护不滚涂部分。

2）滚涂弹性涂料底漆一遍，要求基面无漏滚、无滴挂。

3）检查基面重新做好保护工作，滚涂弹性涂料三遍。滚涂每遍弹性涂料间的保护工作需重新做。

4）检查弹性涂料滚涂工作是否到位，如有不足及时修补。

5）清理保护物。

5.2.10 劳动组织

保温节能无缝双层板块外墙属多工种作业，涉及放线工、龙骨工（或铝合金工）、普通工、罩面板安装工、油漆工等，根据工作量的大小，各操作界面需要相应的人员进行流水施工，且宜保证操作的连续性。劳动力组织见表5.2.10。

劳动力组织概况表 表 5.2.10

序　号	工 作 项 目	工　种	人　数	阶　段
1	测量放线	放线工	3	准备阶段
2	角码安装	龙骨工	5	结构层施工阶段
3	镀锌方管或铝合金龙骨安装	龙骨工	8	
4	挤塑保温板安装	普通工	2	
5	埃特板装饰结构层安装	罩面板安装	10	
6	钉眼点防锈漆	油漆工	3	
7	装饰面层施工或第二层埃特板错缝安装	贴面工罩面板安装工	10	
8	拼缝处理	油漆工	3	装饰施工阶段
9	高弹涂料	油漆工	5	

6. 材料与设备

6.1 结构与装饰板

1. 规格尺寸：长2440mm，宽1220mm，厚6～12mm。

2. 技术性能：面密度（EMC条件下）≥1.2g/cm²，含水率<10%，导热系数0.35W/(m·K)，热膨胀系数6×10⁻⁶，湿涨率<0.2%。纵向抗折强度≥9N/mm²，横向抗折强度≥12N/mm²，持续抗冻性－30%，持续抗热性150%。

6.2 外墙弹性腻子

1. 外墙弹性嵌缝腻子用于板缝处理，由高分子树脂胶粘剂、填料和助剂组成，应具有一定的延伸性能；用于外墙面批涂的光面腻子，其特性是具有一定的延伸性能，可遮蔽一定宽度的龟裂纹；光滑细腻；无毒，无味，符合绿色环保要求。

2. 技术指标：干燥时间（表干），≤5h；初期干燥抗裂性（6h）无裂纹；吸水量g/10min≤2；手工可打磨；耐水性（96h）无异常；耐碱性（48h）无异常；粘结强度标准状态≥0.6MPa，冻融循环（5次）≥0.4；动态抗开裂性≥0.3mm；低温贮存稳定性（－5℃冷冻4h）无变化，刮涂无困难。

6.3 玻纤网布条

玻纤网布条用于板缝处理（布宽250mm）。中碱玻纤涂塑网格布（8目/in），布重>80g/m²，断裂强度25mm×100mm，布条经向>300N，纬向>150N。

6.4 外墙弹性涂料

1. 外墙弹性涂料应具有防水性，其特点应满足涂层柔软性强、随裂伸缩、附着力强、耐候耐污染性。同时应适用于混凝土、砂浆、装饰板材等墙体。

2. 技术指标：拉伸断裂伸长率≥420%；老化时间≥1000h，不起泡、不剥落、无裂纹；干燥时间≤2h；耐水性96h无异常；耐洗刷性≥2000次。

6.5 主要机具

冲击钻、手枪钻、手提电动切割机、2m靠尺、开刀、2m托线板、钢尺、油漆刮刀、铲刀、毛刷、料筒、搅拌器、羊毛滚筒、毛刷等。

7. 质 量 控 制

本工法执行的有关标准和规范为：

《建筑装饰装修工程质量验收规范》GB 50210—2001；

《民用建筑节能工程施工质量验收规程》DGJ32/J 19—2006；

《建筑工程施工质量验收统一标准》GB 50300—2001。

7.1 保证项目

7.1.1 本工艺中所使用的各种材料的各项技术指标必须满足有关标准所规定的要求。弹性填缝料和玻纤网带的质量必须符合有关规定。

检查方法：检查产品合格证。

7.1.2 结构与龙骨连接的后置螺栓或穿墙螺栓须进行抗拔及抗剪试验。

检查方法：原材料复试，现场抽样检测。

7.2 基本项目

7.2.1 节点构造、构件位置、连接锚固方法，应全部符合设计要求。

检查方法：观察检查。

7.2.2 板块所有接缝处的固定应牢固，内外层板是否错缝，外层板接缝应填塞密实，不应出现干缩裂缝。

检查方法：观察检查。

7.2.3 玻纤网格带（布）应沿板缝居中压贴紧密，不应有褶皱、翘边、外露现象。

检查方法：观察检查。

7.3 允许偏差项目

保温节能无缝双层板块外墙安装的允许偏差应符合表7.3的规定。

保温节能无缝双层板块外墙安装允许偏差 表7.3

项 次	项 目 内 容	允许偏差(mm)	检 查 方 法
1	板块表面平整度	2	用2m靠尺和楔形塞尺检查
2	板材立面垂直度	3	用2m托线板检查
3	板材上沿水平度	2	用2m靠尺检查
4	相邻板材板角错位	1	用直尺和楔形塞尺检查
5	阴阳角方正	2	用200cm方尺和楔形塞尺检查
6	接缝直线度	1	直尺检查
7	接缝宽度	1	5m钢卷尺检查

8. 安 全 措 施

8.1 参加施工作业的人员，必须遵守安全生产纪律，佩戴工作证并正确戴好安全帽进入施工现场，在作业中严格遵守安全技术操作规程的有关规定，安全上岗，不违章作业，不擅离工作岗位，不乱串工作岗位，严禁酒后作业，并按规定穿衣着鞋，正确使用、保管个人安全防护用品。

8.2 立体交叉作业时，各专业工种，要礼貌用语，互相谦让，发生矛盾及时反映及协调，教育工人遵守规章制度。施工过程中使用的移动小型电动工具，必须满足施工临时用电规范规定。

8.3 装卸材料要轻拿稳放，材料放置要整齐有序，便于施工，脚手架上严禁超载堆放，必须满足脚手架设计活载要求。

8.4 要按施工顺序做好技术交底和按图纸施工，不得自作主张，野蛮施工。

9. 环保措施

9.1 施工期间开展创建文明施工活动，降低施工噪声，努力做到施工不扰民。

9.2 施工垃圾严禁随意抛撒造成扬尘，施工现场垃圾要及时清运，清运时适量洒水减少扬尘。

9.3 施工现场设专人管理车辆物料运输，车辆驶出现场前，将车辆槽帮和车轮冲洗干净，防止带泥土上路和遗撒现象发生。

9.4 施工现场应遵守《建筑施工场界噪声限值》规定的降噪声限值，制定降噪制度。施工现场提倡文明施工，建立健全控制人为噪声的管理制度，尽量减少人为大声喧哗，以增强全体施工人员的自觉意识，保证达到规定的噪声限值。

9.5 严格控制作业的时间，晚间作业按规定办理夜间施工证，并应尽量采取降噪措施。强噪声的加工作业，应尽量放在工厂完成，减少因施工现场加工制作产生的噪声。

9.6 在施工过程中应尽量选用低噪声或备有消声降噪的施工机械，以减小噪声污染。加强现场环境噪声的监测，采取专人监测，专人管理的原则，凡超过噪声限值规定的，要及时对施工现场噪声超标的有关因素进行调整。

9.7 施工过程中多余的外墙板材和金属骨架、挤塑保温板要分类归堆、装袋，回收或处理。

10. 效益分析

10.1 按本工艺组织施工，首先由于大量工作可在内场或车间进行，到现场组装，可节约工期；外墙内、外两面通过空气层阻隔了室外雨水对室内的渗漏途径；保温层与结构墙体、外立面装饰层与保温层完全脱离，因而大大降低了结构变形对装饰面层变形的影响，减少了裂缝的出现。

10.2 该成果为同类型工程，及今后拟开展的其他类似工程的施工提供了更多的技术支持和技术保障，从而产生更大的经济效益和社会效益。

11. 应用实例

苏州博物馆新馆工程外墙施工

11.1 工程概况

苏州博物馆新馆工程坐落于苏州古城区东北街，博物馆外墙设计以粉墙黛瓦为蓝本，以白墙为主色调，通过运用干挂石材镶边加以烘托。该工程外墙根据建筑师提供的设计图纸，采用干挂花岗石板材走边，中间为钢板网水泥砂浆粉刷的白墙面，且粉刷面与主体结构间要求留出 25mm 保温层和 25mm 空气层。石材走边外表面比粉刷面凸出 20mm。除大部分墙面以混凝土墙体为结构基层外，还有大量的装饰面以易变形的钢结构为基层。我们通过与设计协商采用了本施工工法，得到了建筑师的认可。

11.2 施工情况

11.2.1 根据与设计确认，外墙自内而外的做法为：混凝土墙体（或钢结构支架）、防潮层（或金属防水层）、25mm厚保温层、40mm厚空气层、20mm厚墙面装饰层。

11.2.2 我们通过对多种材料进行参数比对、技术试验，最终确定工艺流程和所使用材料为：定位放线→后置埋件的埋设→铝合金主次龙骨安装→欧文斯挤塑保温板铺贴→第一层6mm厚中密度埃特板块安装→第二层9mm厚中密度埃特板块安装→"笨鸟"专用嵌缝腻子批缝→贴抗裂纸→贴抗裂网格布→"笨鸟"弹性光面腻子满批平整→SKK高弹涂料面层。

11.2.3 整个外墙施工过程如图11.2.3照片所示。

图11.2.3 外墙施工过程示意

11.2.4 苏州博物馆新馆完成的外墙一角如图11.2.4照片所示。

图11.2.4 苏州博物馆新馆外墙一角

11.3 结果评价

博物馆新馆工程外墙作为一种全新的外墙装饰工艺，从基础土方开挖起，我们就以此为课题，先后进行了四次样板墙的施工，历时两年多时间，在没有一家装饰板材采用不留缝拼装的情况下，为满足设计不留缝的要求，最终选择了以铝合金龙骨为基架，双层变形量较小的埃特板为面层，涂刷SKK高弹涂料的外墙施工工艺。在拼缝处理上通过在板缝内批嵌高弹腻子，加贴抗裂纸、网格布双重加强，弹性涂料增加涂层厚度等方法来避免裂缝的出现。与外墙铝板幕墙施工单价相比节约费用166.79元/m²，共计节约费用817271元。最终取得了较好的效果，得到了设计师和有关各方的认可。

背栓式干挂石材幕墙施工工法

YJGF004—2006

山西建筑工程（集团）总公司　中国新兴建设开发总公司　中国建筑第七工程局

郝玉柱　任续红　刘晖　周桂云　段春伟　陈荣　沈亚波　吴景华　黄晓红

1. 前　言

背栓式干挂石材幕墙施工工法由山西建筑工程（集团）总公司通过工程应用而总结形成的施工工法，其关键技术经山西省建设厅组织的专家组鉴定，于2005年获山西省省级工法。在山西博物馆大斜度外墙应用该技术获得山西省科技进步二等奖。

2. 工 法 特 点

2.1 具有较高的承载能力和抗震性能。

2.2 干挂受力点设置合理，锚固力更大。

2.3 挂件与龙骨连接方便，拆卸维修简便。

2.4 施工方法简便、质量易保证，可提高施工速度。

3. 适 用 范 围

适用于天然石材、陶瓷板、高压层板等板材的幕墙建造。

4. 工 艺 原 理

该工法以后切式锚栓为核心产品，特殊钻头为辅助设施，以专业龙骨为配套的石材干挂工艺，后切式锚栓通过与板材的凸型结合来实现锚固。

5. 施工工艺流程及操作要点

5.1　工艺流程

测量放线→复查埋件→安装竖向龙骨→安装水平龙骨→防锈防腐处理→安装板材→调整固定→清洗验收。

5.2　测量放线

采用整体偏差测量和立体控制网放线技术，把结构施工的控制轴线和控制标高进行复核和调整，对主体结构的实际尺寸与设计尺寸偏差平均分配到控制网的基本单元格内，建立一级装修立体控制网。在石材安装前将一级控制网加密为二级控制网，确保将误差消化，保证立面整体效果。

在每一层将室内标高移至外墙施工面，并进行检查；在石材挂板放线前，应首先对建筑物外形尺寸进行偏差测量，根据测量结果，确定出挂板的基准面；以标准线为基准，按照图纸将分格线放在墙上，并做好标记；然后用 $\phi0.5 \sim \phi1.0$mm 的钢丝在单面幕墙的垂直、水平方向拉控制线，水平钢丝每层拉一根（间隔20m设一支点），垂直钢丝应间隔20m拉一根。

5.3 安装龙骨

焊接固定角码与预埋件，角码与竖向龙骨之间通过螺栓连接，角码应进行镀锌处理，竖向龙骨为镀锌方管，螺栓为不锈钢螺栓，待竖向龙骨调整完毕后，紧固螺栓将竖向龙骨固定，然后安装水平龙骨，水平龙骨应固定牢固，位置准确。所有焊缝应进行防锈、防腐处理。

5.4 板材打孔

板材进场后应进行检查验收，严禁将有裂缝的板材用于幕墙上；石材加工采用专业钻孔机进行加工（图5.4），注意控制成孔位置、深度等指标，加工时实行首件三检制度，合格后方可批量加工，并注意过程控制。

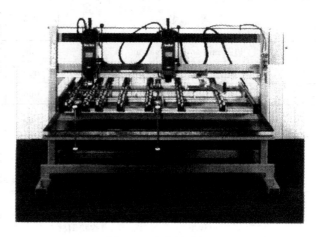

图5.4 专业钻孔机

5.5 板材安装

板材进场后应进行冲孔，并将孔内的粉末清洗干净；采用专用手工安装工具轻击，将锚栓安装在板材上，进行紧固，并将连接件固定在锚栓上；将板材通过连接件安装在横龙骨上的铝合金挂件上，并通过不锈钢螺栓连接，调平固定。见图5.5。

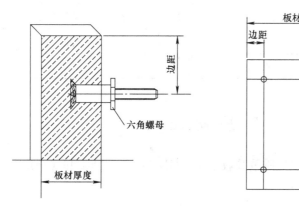

图5.5 锚栓安装示意

6. 材料与设备

6.1 主要材料

6.1.1 方钢管必须外观检测合格，力学工艺性能符合《碳素结构钢》GB 700—88标准要求，具有出厂合格证和材质检测报告，进入施工现场后取样复试，复试合格后方可使用。

6.1.2 石材采用锈石花岗岩，其弯曲强度不应小于8.0MPa，吸水率应小于0.8%，石材表面应平整、洁净、无污染、缺损和裂痕。颜色和花纹应协调一致，无明显色差。

6.1.3 锚栓：后切式背挂板材锚栓是一种后切式锚栓，由M6及M8两种不同尺寸的不锈钢加工而成。锚栓由锥形螺杆、扩压环、间隔套管及螺母组成。见表6.1.3。

锚栓安装参数值 表6.1.3

参　　数	单位	板材厚度	
		$20mm \leqslant D_p < 30mm$	$30mm \leqslant D_p < 45mm$
板材规格 $L_x \times L_y$	mm²	$\leqslant 1000 \times 1000$	$\leqslant 1000 \times 1500$
锚栓数量	件	4	

续表

参　　数	单位	板材厚度	
		$20mm \leqslant D_p < 30mm$	$30mm \leqslant D_p < 45mm$
边距 min ar≤ar≤max ar	mm	$50 \leqslant ar \leqslant 0.2L_x$ 和 $0.2L_y$	
与水平面小于60°的斜面应增加厚度	mm	10	
孔深≥	mm	12	15
孔洞直径 ϕ_z M6	mm	11	
M8		13	

6.2 机具设备（表6.2）

机具设备　　　　　　　　　　　　　　　　　　　表6.2

编号	工具	用途	编号	工具	用途
1	电焊机	焊接钢材	9	多功能机床	钻孔
2	氧气瓶	焊接钢材	10	焊缝检测仪	焊缝高度检测
3	乙炔瓶	焊接钢材	11	5m卷尺	尺寸量测
4	半自动切割机	切割石材	12	10m卷尺	尺寸量测
5	手工割枪	焊接	13	梯子和脚手架	施工人员使用
6	角磨机	打磨	14	胶皮手套、劳保服装	施工人员使用
7	砂轮切割机	切割下料	15	防护眼罩	施工人员使用
8	专用打孔机	钻孔			

7. 质量控制

质量要求执行《建筑装饰装修工程质量验收规范》GB 50210—2001和《金属与石材幕墙工程技术规范》JGJ 133—2001。

7.1 主控项目

7.1.1 石材幕墙所用材料的品种、规格、性能和等级，应符合设计要求及国家现行标准和工程技术规范的规定。石材的弯曲强度不应小于8.0MPa，吸水率应小于0.8%，石材幕墙的铝合金挂件厚度不应小于4.0mm，不锈钢挂件厚度不应小于3.0mm。

检验方法：观察；尺量检查；检查产品合格证书、性能检测报告和复检报告。

7.1.2 石材幕墙的造型、立面分格、颜色、光泽、花纹和图案应符合设计要求。

7.1.3 石材幕墙主体结构上的预埋件和后置埋件的位置、数量及后置埋件的拉拔力必须符合设计要求。

检查方法：检查拉拔力检测报告和隐蔽工程验收记录。

7.1.4 石材幕墙的金属框架立柱与主体结构预埋件的连接、立柱与横梁的连接、连接件与金属框架的连接、连接件与石材面板的连接必须符合设计要求，安装必须牢固。

检验方法：手扳检查；检查隐蔽工程验收记录。

7.2 一般项目

7.2.1 石材幕墙表面应平整、洁净，无污染、缺损和裂痕。颜色和花纹应协调一致，无明显色差，无明显修痕。

检查方法：观察。

7.2.2 每平方米石材的表面质量和检验方法应符合表7.2.2的规定。

每平方米石材的表面质量和检验方法   表 7.2.2

项 次	项 目	质量要求	检验方法
1	裂痕、明显划伤和长度>100mm 的轻微划伤	不允许	观察
2	长度≤100mm 的轻微划伤	≤8 条	用钢尺检查
3	擦伤总面积	≤500mm²	用钢尺检查

7.2.3 石材幕墙安装允许偏差和检验方法应符合表 7.2.3 的规定。

石材幕墙安装的允许偏差和检验方法   表 7.2.3

项 次	项 目	允许偏差(mm)		检验方法
		光 面	麻 面	
1	幕墙垂直度(≤30m)	10		用经纬仪检查
2	幕墙水平度	3		用水平仪检查
3	板材立面垂直度	3		用水平仪检查
4	板材上沿水平度	2		用 1m 水平尺和钢直尺检查
5	相邻板板角错位	1		用钢直尺检查
6	幕墙表面平整度	2	3	用垂直检测尺检查
7	阳角方正	2	4	用直角检测尺检测
8	接缝直线度	3	4	拉 5m 线
9	接缝高低差	1	—	用钢直尺和塞尺检查
10	接缝宽度	1	2	用钢直尺检查

8. 安 全 措 施

　　进入施工现场必须遵守现场的安全规定和要求；钢材切割下料应有防护措施；切割焊接时应注意通风防火；高空作业时要正确系挂安全带，施工操作架必须经安全员验收合格；施工完毕后，工完场清，做到安全文明施工。

9. 环 保 措 施

　　现场切割板材要配备淋水装置避免扬尘；施工完毕后，工完场清，做到安全文明施工。

10. 效 益 分 析

各种石材干挂工艺比较   表 10

干挂法类型	特 点
钢销式干挂法	该工艺比较简单，技术含量低，而且石材板块之间相互干扰，受力集中，精度低，容易破损，安全性差，拆卸困难
短槽式干挂法	该工艺继承了钢销式干挂法的大部分优点，通过开槽，承载力较钢销式有所提高，但是安装精度依然很低，板块之间相互影响，不容易拆卸，而且传力路径长
通槽式干挂法	该工艺相对来说比较简单，在承载力上比短槽式干挂法有所提高，但是开槽质量不易控制，而且需要注胶，可拆装性依然很低
FZP 背栓式干挂法	该工艺在现场装配式作业，作业精度高，各块板独立承重，采用的后切式锚栓破坏荷载大，所以承载力大，抗震性能强，而且拆卸方便，是目前国内领先的，适用性强，具有极强的推广价值和市场竞争力

11. 应用实例

山西博物馆工程是国家级大型综合性博物馆，位于太原市滨河西路中段，总建筑面积 5.2 万 m^2，框架剪力墙结构，地下一层，地上四层，于 2001 年 8 月开工 2004 年 12 月竣工。主馆外形如斗似鼎，外墙向外倾斜角度达 63.4°，石材幕墙面积达 11380 m^2，通过背栓式干挂石材幕墙体系的应用，成功解决了在大斜度外墙上施工石材幕墙的难点，确保了使用的安全性。

预制混凝土装饰挂板施工工法

YJGF005—2006

中建一局建设发展公司　北京中建建筑科学技术研究院
中建一局华江建设有限公司　中铁建工集团有限公司
付雪松　马雄刚　赵静　宋歌　杨功满　马向丽

1. 前　言

预制混凝土装饰挂板，近年来越来越多的应用于现代建筑外墙饰面。1991 年引进我国后，先后在燕莎中心工程和大连森茂大厦工程应用（见表1）。其中，大连森茂大厦工程获得 1998 年度"鲁班奖"，根据该工程编制的《带花岗岩石饰面层的预制混凝土外墙板生产与安装工法》获得 1998 年度国家级工法（编号：YJGF-38-98）。2005 年在北京市人民检察院新建办公业务用房工程安装的"预制混凝土装饰挂板"，无论从板的大小、厚度、饰面种类都与前两种板有所不同。尤其是板的安装方法，随着技术的进步也得到了改进。通过此工程实践，中建一局建设发展公司进一步总结此工法。

三项工程外挂板安装的特点　　　　　　　　　　　　　　　　　　　　　　　表 1

板 的 种 类	最大规格尺寸	挂件及安装方式	应 用 工 程
预制混凝土外挂板	1500mm×1500mm×50mm	不锈钢挂件、焊接、连接方式惟一	燕莎中心工程
带花岗岩饰面层预制混凝土外挂板	由许多小块花岗岩组成一个大开间整板，每块花岗岩最大规格为 1000mm×1000mm×30mm	预埋镀锌铁件、栓接、连接方式惟一	大连森茂大厦工程
预制混凝土外挂板（清水混凝土）	4600mm×1300mm×50mm	预埋镀锌铁件或采用不锈钢挂件，既有栓接，又有焊接，根据不同位置可以采用 5 种不同形式的连接：吊挂式连接、牛脚式连接、拉杆式连接、支座式连接、弹性式连接	北京市人民检察院新建办公业务用房工程

为此，中建一局建设发展公司还与北京市建委科教处联合编制《预制混凝土挂板制作及安装施工工艺规程》（备案号：JQB-45-2005）。

2. 工 法 特 点

2.1 由于采用工业化生产，所以预制清水混凝土板块尺寸大，装饰整体效果好，拼缝少。

2.2 连接节点可靠、形式富于变化。

2.3 节约天然石材，辐射少，更加环保。

2.4 场外加工，不占用现场施工场地。

2.5 板块尺寸大，安装工艺简单，施工效率高。

3. 适 用 范 围

本工法适用于建筑高度不大于100m、抗震设防烈度不大于 8 度的建筑外墙预制混凝土挂板的安装施工。通过采取适当措施并经设计单位严格核算、确认，也可适用于 150m 以内高度的建筑。

4. 工 艺 原 理

预制清水混凝土挂板安装施工是通过各种连接件、预埋件将挂板与主体结构结合，采用特定调节构件调整水平度、垂直度、挂板间距、挂板平整度，并固定挂板，最终达到设计要求的施工方法。

预制清水混凝土挂板基本构造图（图4）。

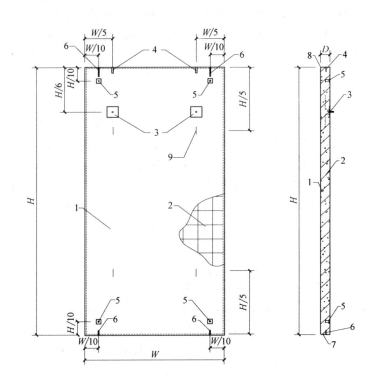

图 4　预制清水混凝土挂板基本构造图

1—板体；2—钢筋网；3—主要受力埋件；4—垂直起吊件；5—调平件；6—上下板连接销孔；

7—滴水线/槽；8—倒角边；9—出模吊环位置

5. 施工工艺流程及操作要点

5.1　工艺流程

施工准备 → 测量、放线、验线 → 结构预埋件检验、补做 → 牛腿件、连接件焊接、验收

→ 保温施工、验收 → 挂板进场、验收 → 挂板吊装就位 → 初步固定 → 微调

→ 最终固定，逐层验收 → 防腐 → 嵌缝 → 饰面处理

5.2　操作要点

5.2.1　施工准备

（1）安装挂板的主体结构（钢结构、钢筋混凝土结构工程等）已经完成，并通过验收。

（2）安装挂板的结构预埋件已全部安装到位。

（3）挂板安装所需的临边安全防护措施已到位。

（4）安装施工前，挂板安装的施工方案已经落实，并对现场安装作业人员进行培训和安全技术交底。

5.2.2　放线定位

由测量员根据施工图纸和现场提供的统一结构轴线、基准标高线放出结构埋件定位线、牛腿工作

面定位线及每块挂板的定位线（黑色墨水），放线完毕后组织验线。

5.2.3 检查并处理结构预埋件

预埋件在主体结构施工时，已按设计要求埋设牢固、位置准确，在结构埋件上焊接连接件。为调节结构预埋件的水平埋设偏差，施工前准备部分 2～12mm 纠偏垫铁。

5.2.4 连接件焊接

按定位线将连接件焊接在结构埋件上。

5.2.5 外保温施工

应在结构连接件焊接完毕后，按照设计方案进行保温处理，及时做好隐蔽验收。挂板与结构间的保温施工需根据设计要求和保温专项施工方案进行保温施工。

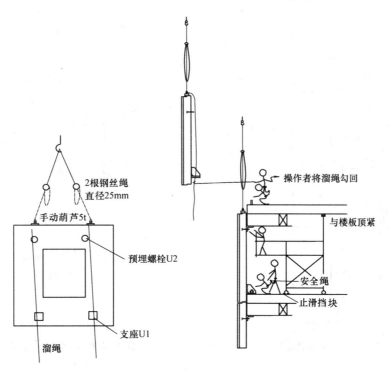

图 5.2.6-1 垂直运输示意图

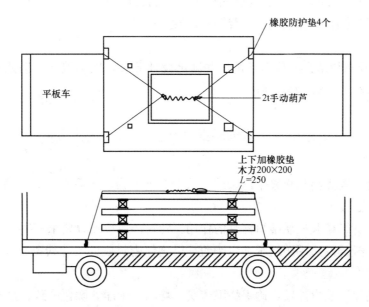

图 5.2.6-2 水平运输示意图

5.2.6 挂板现场运输

挂板的现场运输分为水平运输和垂直运输，水平运输采用平板车，垂直运输采用塔吊、汽车吊或龙门架进行垂直运输，如图5.2.6-1、图5.2.6-2。

5.2.7 挂板安装

挂板吊装至安装位置后，首先用手动葫芦对挂板进行微调，采用调节螺杆进行配合控制，保证挂板水平度和标高准确，随后使用顶丝调整挂板的平整度和垂直度，使挂板满足设计要求，最后依据水平仪及靠尺对挂板进行调整，保证接缝宽度、水平度和垂直度满足设计要求。全部调整完毕后，对连接件进行初步固定，待验收合格后进行最终固定。门窗一般采用独立的固定方式与结构连接，挂板与门窗交接处缝隙应用硅酮耐候胶等密封材料填补。如图5.2.7-1、图5.2.7-2。

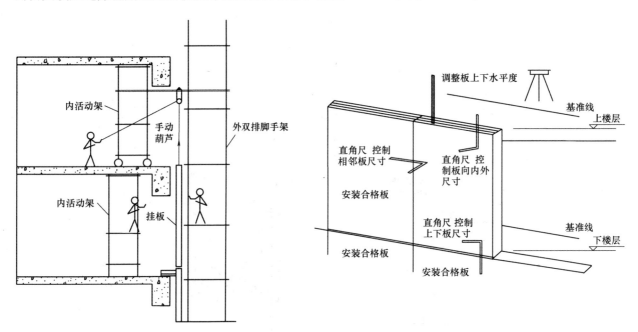

图5.2.7-1　葫芦进行微调示意图　　　　　　图5.2.7-2　安装尺寸控制示意图

5.2.8 防腐处理

挂板安装后，所有焊缝位置必须进行防腐处理，防腐措施可以采用涂刷防锈漆等方式，并必须符合设计要求。防腐涂刷前需将焊缝表面的焊渣及其他杂物清理干净。

5.2.9 嵌缝施工

选用的嵌缝密封胶必须结合工程实际情况并满足设计要求，以确保建筑防水要求。在正式施工前须做密封胶相容性实验，合格后方可使用。

1. 嵌缝施工工艺流程

板缝基面处 → 背衬棒填充 → 粘贴美纹纸 → 打胶施工、清理

2. 施工工艺

1）板缝基面处理：首先清除板缝中的杂质、灰尘等附着物，然后在板缝中涂刷与挂板颜色一致的保护底漆和面漆各一道。

2）背衬棒填充：背衬棒起控制接口深度的作用，背衬棒应按设计要求安装。

3）粘贴美纹纸：板缝两边用美纹纸加以遮盖，以确保密封胶的工作线条整齐完美，并确保不污染挂板表面。

4）打胶施工：使用注胶枪注胶，确保缝隙密实、均匀、干净、颜色一致、接头处光滑。

5）嵌缝构造：如图5.2.9。

5.2.10 挂板保护剂涂刷

若设计采用清水混凝土饰面效果，则挂板表面须依据设计要求进行保护剂面层处理，保护剂涂刷既可在板安装前进行，也可在板安装后进行，本工程既有安装前涂刷，也有部分在安装后涂刷。

5.3 常用细部节点

5.3.1 吊挂式连接——适用于装饰混凝土挂板与结构板/梁下底面的连接形式，连接节点如图5.3.1。

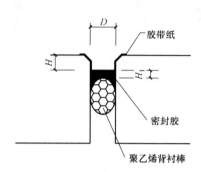

图5.2.9 嵌缝构造

D—胶缝宽度；H—胶缝设计深度；

H_1—施胶厚度

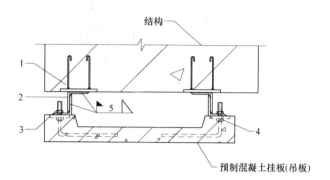

图5.3.1 吊挂连接

1—结构埋件；2—连接件；3—紧固件；4—预制混凝土挂板埋件

5.3.2 牛脚式连接——适用于装饰混凝土挂板与结构梁外表面的连接形式，其中4的作用是通过调整自身露出板的长度来调整板的平整度，连接节点如图5.3.2。

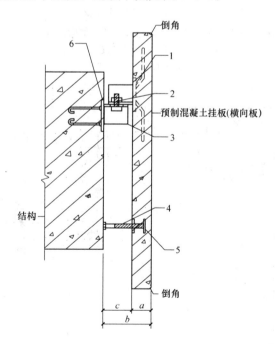

图5.3.2 牛脚连接

1—预制混凝土挂板牛脚埋件；2—紧固件；3—牛脚连接件；4—顶丝连接件；

5—预制混凝土挂板顶丝埋件；6—结构埋件

5.3.3 拉杆式连接——适用于装饰混凝土挂板与结构墙、柱外立面的连接形式，其中4舌板和2销钉的作用为向内拉结固定，连接节点如图5.3.3。

5.3.4 支座式连接——分为两种形式：

1. 本方式适用于结构层间板和装饰兼围护性挂板的连接，连接节点如图5.3.4-1。

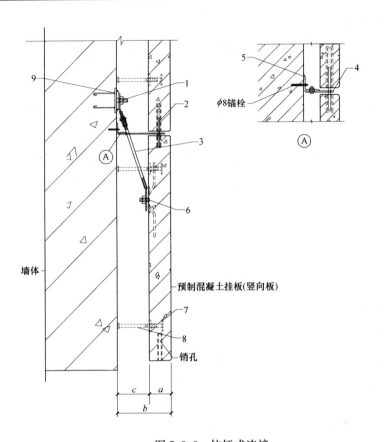

图 5.3.3　拉杆式连接

1—螺栓杆连接件；2—销钉；3—吊杆连接件；4—舌板连接件；5—角钢连接件；

6—预制混凝土挂板埋件；7—预制混凝土挂板顶丝埋件；

8—顶丝件；9—结构埋件

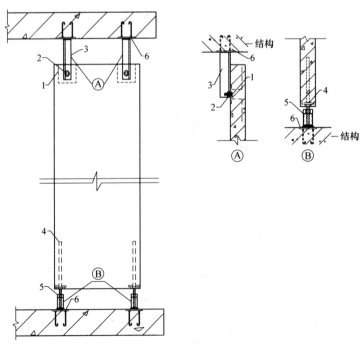

图 5.3.4-1　层间板-支座式连接

1—挂板预埋件；2—紧固件；3—角钢连接件；4—预制混凝土挂板支撑埋件；

5—调节支座连接件；6—结构埋件

2. 本方式适用于结构层间柱子侧面装饰兼围护性挂板的连接，连接节点如图 5.3.4-2。

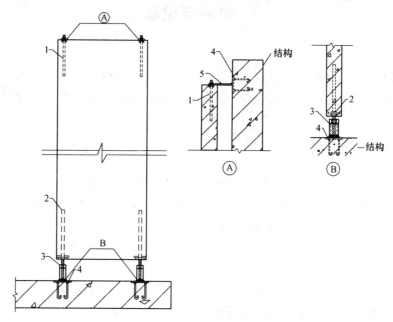

图 5.3.4-2　层间柱子-支座式连接

1—预制混凝土挂板埋件；2—预制混凝土挂板支撑埋件；3—调节支座连接件；

4—结构埋件；5—舌板连接件

5.3.5　弹性连接——适用于带门窗等的整间板与结构连接，连接节点如图 5.3.5。

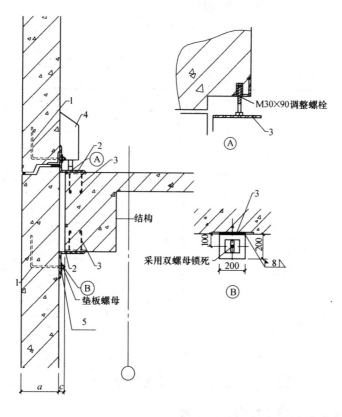

图 5.3.5　弹性连接

1—预制混凝土挂板埋件；2—角钢连接件；3—结构埋件；

4—挂板牛腿预埋件；5—滑移件（聚四氟乙烯）

6. 材料与设备

6.1 材料

6.1.1 成品预制混凝土挂板单方重量 $2005kg/m^3$，常见规格约 $2000mm\times1500mm\times50mm$（长×宽×厚），最大规格尺寸 $4600mm\times1300mm\times50mm$，具体尺寸依据建筑外立面设计图以及挂板深化设计图（解决 y2 问题）。

6.1.2 成品预制混凝土挂板

1. 主控项目

1）预制混凝土挂板所采用材料的品种、规格、性能和等级应符合设计要求及国家产品标准和工程技术规范的规定。混凝土强度等级不低于设计要求。钢筋、钢板及型钢应采用 Q235 或 Q345 级钢材，连接件及外露部位均做热镀锌处理或采用不锈钢件。

2）预制混凝土挂板应在明显部位标明生产单位、型号、生产日期和质量验收标志。挂板上的预埋件、预留孔洞的规格、位置和数量应符合设计要求。

3）预制混凝土挂板的造型、立面分格、颜色、花纹图案、外观效果应符合设计要求。

4）预制混凝土挂板不应有大于 0.15mm 宽度裂缝，纵向面裂总长不大于 $L/3$、横向面裂允许有一条但不延伸到侧面，严禁出现通透裂缝。

2. 一般项目

1）预制混凝土挂板表面应平整、洁净、无污染。颜色和花纹图案协调一致，无明显色差，缺损处无明显修痕。

2）预制混凝土挂板的外观质量应符合设计要求。

3）预制混凝土挂板的几何尺寸应符合表 6.1.2 要求。

挂板制作几何尺寸允许偏差和检验方法   表 6.1.2

	检验项目	标准(mm)	检验方法
1	高	±3	钢尺检查
2	宽	±3	钢尺检查
3	厚	±2	钢尺检查
4	对角线偏差	4	钢尺量两个对角
5	翘曲	$L/1000$	调平尺在两端量测
6	侧向弯曲	3	拉线、钢尺量最大侧向弯曲部位
7	表面平整	3	2m靠尺和塞尺配合检查
8	预埋件中心偏移	3	钢尺检查
9	预埋件与混凝土平面高差	3	水平尺和钢尺配合检查
10	预留孔洞	±3	钢尺检查
11	螺栓(孔)中心偏移	3	钢尺检查
12	螺栓外露长度	0、+3	钢尺检查
13	螺丝(孔)深度	0、+3	钢尺检查
14	饰面	样板标准	目测

4）挂板制作检验批数量：全数检查。

6.1.3 钢材：挂板安装所使用钢材均应符合现行国家和行业标准的规定要求，连接件及埋件外露部位均做热镀锌处理或采用不锈钢材料。

6.1.4 保温材料：根据建筑设计师节能和阻燃要求选用材料。

6.1.5 建筑密封胶：根据工程实际情况，选用适宜的密封胶，以确保建筑防水要求，在正式使用前先做相容性试验，合格后方可使用。

6.1.6 防水材料背衬棒：为避免三面粘结应选用发泡聚乙烯圆棒，直径一般按缝宽的 1.3 倍选用。

6.1.7 紧固件：挂板安装所选用的各类紧固件，如螺栓、螺母等紧固件机械性能应符合现行国家标准规定要求。

6.2 所需机具设备

6.2.1 测量工具

铅垂仪、墨斗、经纬仪、水平仪、钢卷尺、靠尺、角尺等。

6.2.2 安装设备

垂直与水平运输机具（含脚手架、吊篮、水平运输车）、塔吊、汽车吊、卷扬机、手动葫芦、冲击钻、移动电箱、切割机、螺旋千斤顶、焊机专用箱、气割设备、电焊机、冲孔机、专用平板车、液压推车、活动扳手等。

7. 质 量 控 制

7.1 主控项目

7.1.1 预制混凝土挂板所用材料的品种、规格、性能和等级，应符合设计要求及国家产品标准和工程技术规范的规定。

7.1.2 预制混凝土挂板不应有影响结构性能和使用功能的尺寸偏差。对超过尺寸允许偏差且影响结构性能和使用功能的部位，应采取技术措施处理，并重新检查验收。

7.1.3 预制混凝土挂板的造型、立面分格、颜色、花纹应符合设计要求。

7.1.4 预制混凝土挂板受力埋件、规格、位置应符合设计要求。

7.1.5 主体结构上的预埋件和后置埋件的拉拔力必须符合设计要求。

7.1.6 预制混凝土挂板和主体间连接件的防腐处理应符合设计要求。

7.1.7 各种连接节点应符合设计要求和技术标准的规定。

7.2 一般项目

7.2.1 预制混凝土挂板表面应平整、洁净、无污染、缺损和裂痕，颜色和花纹协调一致，无明显色差，无明显修痕。

7.2.2 预制混凝土挂板接缝应横平竖直、宽窄均匀，板边合缝应顺直，上下口应平直，装饰混凝土挂板饰面上洞口、槽边应套割吻合，边缘应整齐。

7.2.3 预制混凝土挂板的密封胶缝应横平竖直，深浅一致，宽窄均匀，光滑顺直。

7.2.4 预制混凝土挂板表面和板缝的处理应符合设计要求。

7.2.5 预制混凝土挂板的板缝注胶应饱满、密实、连续、均匀、无气泡，板缝宽度应符合设计要求和技术标准的规定。

7.2.6 预制混凝土挂板安装验收标准见表 7.2.6。

挂板安装尺寸允许偏差及外观验收标准　　　　　　　　　　　　　　　表 7.2.6

	项　目	允许偏差(mm)	检 验 方 法
1	板缝宽度	±4	钢尺检查
2	通长缝直线度	4	拉 5m 线检查,不足 5m 拉通线
3	接缝高差	3	2m 靠尺配合塞尺检查
4	各层基准线与挂板距离	±5	拉通线配合钢尺检查

续表

	项　目		允许偏差（mm）	检 验 方 法
5	总高垂直度	小于 30m	10	经纬仪
		大于 30m，不大于 60m	15	经纬仪
		大于 60m，不大于 90m	20	经纬仪
		大于 90m	25	经纬仪
6	墙面平整度		4	2m 靠尺配合塞尺检查
7	外观		符合设计要求	目测

7.2.7 挂板安装检验批数量：立面面积不足 500 m² 按一个检验批，立面面积大于 500 m² 按 500～1000m² 作为一个检验批。

8. 安 全 措 施

8.1 安装人员根据作业分工，要适当配备随身工作袋，以防工具和挂件、螺栓等坠落伤人。

8.2 五级以上大风及雨、雪天气影响挂板施工安全时，不得进行吊装作业。

8.3 由于装饰性混凝土挂板通常体量巨大：长达数米、重及上吨，所以在用起吊机具装卸车和现场调运时，应采取可靠的措施防止刮蹭、碰撞，以免坠落。并且在调运时如果出于保护其面层需要采用非金属软质绳带捆绑时，应采取可靠措施防止滑落。

8.4 对于在其上设置调运用的预埋件（环）等部件的装饰性混凝土挂板，调运前应当严格检查其有无锈蚀、松动、变形或者破损，如果有则应采取更为可靠的调运连接方式。

8.5 楼层内挂板水平运输所采用的叉车应配备足够数量和有足够经验的操作人员进行操作，防止叉车连同其上面的挂板与其他部位撞击甚至冲出结构楼层。

9. 环 保 措 施

9.1 挂板浇筑打磨加工场地应采取可靠围挡防护措施，防止扬尘和噪声污染。

9.2 挂板搬运、安装施工时，对于挂板和钢管、铁件等辅材应轻拿轻放，防止产生过大噪声。

10. 效 益 分 析

本工程清水混凝土挂板的施工造价为 550 元/ m²，与中高档石材相当，经济效益不是很明显。但是由于其生产原料为钢筋混凝土，节约了天然石材这一有限的自然资源，并且没有放射性，加之热阻系数与传统外装饰做法相比可提高 15%，达到 1.97（m²·K）/W（通过本工程建筑设计师计算，常见的外挂板装饰做法"240 砌块＋25 挤塑板＋100 空隙＋50 挂板"的热阻系数为 1.75（m²·K）/W，传统的外装饰做法"240 砌块＋25 挤塑板＋涂料"的热阻系数为 1.52（m²·K）/W，保温隔热特性更佳，所以具有很高的环保效益；又由于采用技术成熟的钢筋混凝土结构形式进行板材加工和安装连接，比石材更加安全可靠，能够做出更大规格、更多形状的板块，丰富已有的建筑表现形式，达到独特表现效果，所以具有很高的社会效益。所以该装饰做法值得推广。

11. 应 用 实 例

北京市人民检察院新建办公业务用房工程为 2004 年北京市 66 项重点工程之一，也是国家和北京市政法系统重点建设项目。建筑面积 57748m²。地上十二层，地下两层，建筑高度 63.3m。为从建筑效果上体现检察事业的威严和庄重，建筑设计采用大面积的铝合金格构和大分格的清水混凝土外挂板作为外饰面。其中混凝土挂板最大板尺寸达到 4.6m，最小板尺寸达到 1m，最大板面面积 5.46m²，普通板面面积 2.84m²。如果采用大理石等普通石材，规范要求单块石材板面面积不宜大于 1.5m²，此类规格尺寸无法满足设计思想、充分展现检察院风格。因此清水混凝土挂板安装部位为四至十层，顶层挂板上口相对标高为＋44.9m，总面积为 12800m²，总块数为 4955 块，型号约 285 种。混凝土挂板施工时间为 2004 年 12 月中到 2005 年 3 月底。

大面积青铜装饰板施工工法

YJGF006—2006

北京建工集团有限责任公司总承包部

杨秉钧　朱文键　张跃升　葛磊　卢小洁

1. 前　　言

　　随着我国建筑行业的不断发展，新建的建筑风格日益多样化，建筑设计冲破了以往的束缚，涌现了一批造型新颖独特的建筑，反映了强烈的时代气息。这其中就有许多以曲面造型为建筑表现手段的建筑，甚至有些还打破垂直造型的传统手法，让曲面再发生一定角度的倾斜，首都博物馆新馆工程中就有一个现浇混凝土椭圆截面斜筒体结构，其外装饰面层采用曲面青铜装饰板，该项目的施工由北京建工集团有限公司总承包部负责完成。大面积青铜装饰板施工工法，介绍了采用无龙骨安装进行内外幕墙施工的施工技术，该项技术通过有效的施工方法解决了在曲面筒体结构上安装大型青铜板材时，平整度和牢固度的控制问题，被评为北京建工集团有限责任公司 2005 年度科技进步二等奖，青铜幕墙装饰技术为国内首次大面积应用，均采用国内先进技术，经查新为国内外首创，达到了国际领先水平。2006 年 2 月 14 日，北京市建委组织了"首都博物馆新馆高难度异形结构施工与精装饰技术研究与应用"的科技成果鉴定会，鉴定结论为"达到国际先进水平"。该工程荣获 2006 年度中国建筑工程鲁班奖（国家优质工程）和第六届詹天佑土木工程大奖。

2. 工 法 特 点

　　2.1　作为椭圆斜筒体结构的外装饰幕墙，铜板大面积为 1000mm×3000mm 的不断连续变化的平行四边形，具有尺寸大、双曲面的特点。

　　2.2　大面积青铜装饰板采用 1.5mm 厚 H62 薄壁铜板，具有较好的延伸率、较高的强度和弹性模数，与最初的设计要求 2mm 厚纯铜板相比，减轻了结构自重，降低了工程成本，并能满足幕墙的安装强度。

　　2.3　青铜板背面设置纵向和水平加强肋，通过在板的背面种焊螺柱，将加强肋与青铜板有效地连接在一起，保证了薄壁青铜板的安装强度。

　　2.4　青铜板完成面距结构外皮只有 100mm，施工空间小，采用无龙骨安装体系，中间固定点采用弹簧卡式结构，单块板材具有可更换能力。无龙骨体系安装方便，安装强度满足设计要求，与传统幕墙工艺相比，节约工程材料及人力消耗成本，降低人工成本，加快了施工进度，取得了一定的经济效益。

　　2.5　室外青铜板保温、防水节点、乳钉防水节点以及青铜幕墙与玻璃、石材、屋面天窗等特殊部位的节点处理，满足了设计要求。

　　2.6　施工工艺先进、可操作性强、工序衔接紧密，工效高。

　　2.7　技术含量高，质量容易保证，并能产生明显的经济效益。

3. 适 用 范 围

　　本施工工法适用于各种造型的室内外幕墙采用大型金属装饰板工程的施工，以及中高层、水平截面曲面尺寸较大的、竖轴还可发生一定角度倾斜的曲面筒体结构、造型复杂的异形结构的装饰饰面工程的施工，此类结构常见于文化娱乐设施、展览馆、博物馆、体育馆及商城等。

4. 工 艺 原 理

该工法以严格的工程测量为依据，采用全形面放线定位，对每一块板的三维尺寸进行测量，使得每一块安装板均有立面可视操作面，利用计算机建立立体模型，以确保青铜装饰板的加工精度。

在混凝土结构墙体上均匀布设钢支座和弹簧卡子，通过调整 T 形支座，控制外表面到铜板面的距离；选择弹簧卡的槽形调整支座，并加垫片以调整并保证弹簧卡卡口中心到铜板完成面的距离。装饰板背面设置加强肋及连接钢管，通过连接钢管和弹簧卡子将装饰板与主体结构紧密牢固的连接在一起。安装过程中，在幕墙外完成面拉垂直线，以控制装饰板距结构尺寸和水平度，并设置水平标高控制线，以控制装饰板的标高，通过对现场安装进行协调和控制，保证幕墙安装的整体平整度。

5. 施工工艺流程及操作要点

5.1 工艺流程
5.1.1 青铜装饰板制作工艺流程

铜板下料──→折边──→断面卷弧──→种焊螺柱──→单板组装──→化学蚀刻──→化学着色──→喷涂保护层──→成品检验──→包装运输──→进场检验。

5.1.2 乳钉制作工艺流程
乳钉主体制作──→螺杆制作──→焊接组合──→表面装饰和保护──→成品检验──→包装运输──→进场检验。

5.1.3 青铜幕墙安装工艺流程

┌─→铜板安装连接钢管、保温板、防水胶条等

施工准备──→墙面测量弹线──┤埋件清理及补植胀栓安装锚固板并验收──→固定支座安装──→弹簧卡子安装──→防雷接地系统安装──→隐蔽验收──→装饰面板安装──→饰面清理──→用硅酮耐候密封胶进行密封处理──→乳钉安装──→清理──→成品保护──→质量验收──→交工。

5.2 操作要点
5.2.1 测量放线
1. 原始依据校核

1）轴线校核：从地下一层、首层西门、女儿墙处对 T4、T11、16 轴角度进行角度、直线、垂直和设计倾角的校核。

2）标高校核：依据筒体西门首层西门立面的标高点＋0.500m，校核地下一层、地上各层及女儿墙标注的标高。

2. 铜板分格的控制标高测定
从每一层东西两侧窗口立面外墙角四个点及 16 轴两顶点对铜板分格的控制标高进行测定。

筒体上标高点与外围结构同一标高点校差，看筒体的标高是否下沉，如果有下沉，记下数据以备考虑筒体标高调整，使铜幕墙 22、25、28、31、34m 处的水平缝与点式玻璃幕墙相应的水平缝在同一水平线上。

由首层依层次抄测到女儿墙上口，高程传递往返进行，竖向依次闭合。依据每层窗口处的标高点，用水平仪从起点顺时针沿外墙向 16 轴顶点引测同一标高，用同样的方法从对面的窗口起点逆时针沿外墙向 16 轴顶点引测同一标高，标准点闭合。为了提高精度，应用测量的逆顺序返测量每一标高点，完全闭合方可使用。

3. 铜板的水平线抄测

铜板水平应根据板块的高度在每层标高控制范围内分格。分格方法应先抄测 6 个标准点，然后用水平仪在相邻的标准点内抄测并闭合。

4. 板的水平控制点（出墙距离点）测定

在地下一层、首层和屋面女儿墙平面处进行铜板的主水平控制点（出墙距离点）的测定，二次水平控制点，以每一层 3m 均有实际测量矢量数据，以备计算机辅助设计时使用。以地下一层的测定数据，建立以椭圆为中心的建筑物矩形控制网点。

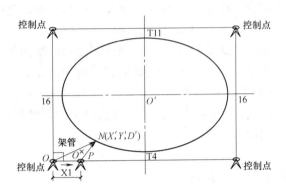

图 5.2.1　板的点位测定示意

5. 板的点位测定（图 5.2.1）

采用极坐标法，测定出每块铜板的定位坐标 X、Y、β 和极距 D，并进行电脑排版计算，建立点的坐标表。

6. 中间铜板的竖向点位测放

分别依据在地下一层和屋面上的分格点，同一斜向板钢丝贯通每一根钢丝线用角钢支座支撑固定，每个角钢用两个 M10 的膨胀螺栓与主体结构固定，角钢定位后与膨胀螺栓进行点焊，每根钢丝线的下端在地面处要用紧丝扣拉紧。

5.2.2　加工制作

结构体外饰面为青铜幕墙，为达到"古青铜色"装饰的效果，选用 1.5mm 厚的 H62 黄铜板材，采用化学蚀刻成型及着色工艺进行加工制作。统一了加工制作的验收标准，内容包括角度、曲率、长、宽、高、对角线、纹饰、颜色、板体机构，出厂前，必须按照验收内容进行校对核实。

1. 青铜装饰板加工

1）铜板下料

用展平机将铜板卷展平，由剪板机按深化设计后的各单板尺寸、规格进行裁剪下料。

2）种焊螺柱

采用电容螺柱焊机，配作导轨滑动式工作台面移动装饰铜板，靠模定位、定尺、定点在铜板背面种焊螺柱。

3）化学蚀刻

采用印刷工艺在洁净的铜板表面印上铜板所需纹饰，然后根据铜板的化学属性，通过与化学液的反应进行化学蚀刻。

4）化学着色和保护涂层工艺

将装饰铜板的成型板材进行抛光，然后置入氧化池进行氧化着色，再经清洗中和、烘干，最后进行两度抗氧化涂层。

抗氧化涂层材料选用"氟碳漆"，采取两度喷涂并两度烘烤工艺。

5）成品检验

按深化设计后的图纸及计算书的计算结果，分别制作样板，由圆弧样板校测、控制大小圆弧准确成型。

2. 乳钉加工

1）乳钉主体制作

制备球面成型、整形及切边之钢模及切边之钢模，选用 H62 厚 1.5mm 铜板，分别通过钢模机压花纹及球面成型，整形后，再经机切钢模切去工件底部的成型工艺边料。

2）螺杆制作

采用 H62 铜棒，经机床绞丝，切准长度即成。

3）焊接组合

采用定位工夹具，将螺杆准确置定于乳钉中部，然后以铜钎焊工艺焊固即可。

4）表面装饰和保护

按装饰铜板的着色和保护涂层的工艺方法，对乳钉表面装饰和保护。

5.2.3 铜板运输

由于单块板材为 1000mm×3000mm，尺寸较大，且为 1.5mm 厚的薄壁铜板，在运输过程中采用专用的运输木箱，一次运输两块，背对背中间夹放 30mm 厚聚苯板，木箱板面与铜板也要夹 30mm 厚聚苯板。

根据现场铜板的安装位置和安装顺序，对铜板进行了统一编号，出厂前按加工单统一编号，并根据现场安装进度，分批进行铜板的运输，以满足施工进度的要求。

5.2.4 铜板验收

制定了统一加工的验收标准，包括角度、曲率、长、宽、高、对角线、纹饰、颜色、板体机构。按图纸设计尺寸对结构、实际尺寸进行校对核实，铜板进场后，由业主、总包、安装分包、加工制作单位组成验收小组，按验收标准进行铜板验收，合格铜板按施工要求搬运进作业层。

5.2.5 安装工程

青铜幕墙为无龙骨纹饰铜板幕墙，具有尺寸大、双曲面及节点特殊的设计要求，是国内最大面积的曲线铜板幕墙，其技术含量高。

1. 埋件清理及增补

依据结构墙面支座控制线对原结构预埋板表面混凝土进行剔凿、清理，对偏离控制线的埋板进行一端搭接补焊，另一端植化学螺栓进行处理，需要增加的埋件全部采用植化学螺栓将埋板紧密与结构相连，支座应确保焊接质量符合焊接规范要求。埋件清理及补植锚固板、支座和面板安装，均由上到下，分层安装，层间由南、北向中间进行安装。

2. 支座定位、安装

依据结构墙面弹出的直线和设置的铜板控制钢丝线，按支座安装节点图要求，先把 T 形支座的角码与锚固钢板点焊，复核位置合格准确无误后再满焊。焊接质量符合现行国家标准《钢结构工程施工质量验收规范》和设计要求，焊缝清除焊渣后，涂刷防锈无机富锌底漆两遍。T 形支座的角码满焊后，调整 T 形支座外表面到铜板面的距离，保证在 24.5mm，偏差控制在 ±1mm 范围内。

3. 弹簧卡子的定位、安装

根据结构的出墙距离，选择弹簧卡的槽形调整支座，并加垫片以调整并保证弹簧卡卡口中心到铜板完成面的距离为 40.5mm，偏差控制在 ±1mm 范围内。

4. 铜板安装

安装前核对支座的规格、尺寸、数量、编号是否与现场施工相符，按照排版图上的铜板编号，严格要求铜板对号进行安装。铜板外完成面拉垂直线，以控制铜板距结构尺寸和水平度，保证铜板装饰质量。铜板安装成一字形，分格缝设置为 5mm，水平缝上下口一致，立缝上下贯通一致。铜板安装由上向下层层进行安装，每圈铜板均设置一道标高控制线进行测控，保证铜板墙面标高正确，铜板安装时严格按照设计要求及施工规范进行施工，保证安装质量及铜板的花色、纹理一致。

5. 青铜幕墙保温层及防水层的施工

室外部分的青铜幕墙采用 50mm 厚挤塑泡沫保温板进行保温处理，安装室外标准铜板前，先将挤塑泡沫保温板安装于铜板背面，保温材料要求安装密实，与铜板粘接牢固。

用于室外幕墙的铜板之间设置特殊防水铝型材，内部填塞二道防水胶条，形成构造防水，型材间涂胶密封防腐。每相邻两块铜板之间填塞以上泡沫条，并用硅酮耐候密封胶封堵，进一步增强了防水效果。

6. 乳钉安装

每四块青铜装饰板集合点设置一枚铜制乳钉，既作为装饰铜板的固定点，又作为整体幕墙的装饰点。标准青铜板安装确定后，用 M6×40 自攻自钻钉将青铜板固定在 T 形支座上。集合点周围四块青铜板均安装稳固后，将铜板压板扣在集合点上，压板与铜板之间设置 12mm 厚橡胶调节垫块，并用 M8×10 全螺纹不锈钢螺栓进行拧固，螺栓与压板之间设置 ϕ50 垫片，最终进行乳钉的安装。室外施工时，待板缝间的防水密封胶填堵完毕后，方可进行乳钉的安装。

5.2.6 特殊节点处理

1. 青铜幕墙与玻璃幕墙连接节点

根据设计意图，玻璃穿过铜板，要求铜板图案连续、结构断开。采用在混凝土结构上增设玻璃幕墙的节点板，用于固定玻璃槽，玻璃两侧的铜板在实测实量后进行加工制作，铜板与玻璃槽、玻璃与玻璃槽之间采用密封胶泡沫棒进行封堵。

2. 青铜幕墙与石材幕墙连接节点

倾斜的青铜幕墙与垂直的石材墙面约有 150mm 的空隙，从外立面看两种材料墙面相交形成抛物线曲线。在室外铜幕与石幕相交的地方增加一条铝制盖板，分别与铜幕和石幕骨架固定，石板与铜幕接触的端头的缝隙用密封胶封堵。

3. 青铜幕墙与屋面天窗连接节点

在斜筒体结构穿过吊顶、屋面部位设置一圈采光天窗，在天窗上部与铜板交接处增加坡水板，披水板分别与结构和天窗连接，在披水板与结构墙面连接部位封堵硅酮密封胶。采光天窗下部铜板顶端与天窗钢结构之间填塞泡沫棒及封堵硅酮耐候胶，保持室内的密闭性。

4. 青铜幕墙与地面连接处节点

青铜幕墙最底端与地下一层石材地面相距 20mm 凌空设置，背面设置一块石材立板，铜板折边端头用双面胶条与铜板、石材立板压紧。

5. 屋面女儿墙铜板安装节点

屋面女儿墙端头铜板与顶部第一道水平加强筋连接处设置密封胶，并用铝角码与 3mm 厚喷涂颜色与青铜板颜色相同的铝单板连接，连接处设置泡沫棒及硅酮耐候胶。

6. 材料与设备

6.1 主要材料

主要材料用表　　　　　　　　表 6.1

序号	名　称	型号（主要规格）	单位	数量	备　注
1	热镀锌节点板	350mm×200mm×8mm	块	1518	
2	固定支座		套	1518	
3	弹簧卡支座		套	10000	
4	U 形钢弹性卡		套	10000	
5	不锈钢螺栓	M6	套	41000	
6	不锈钢螺栓	M8	套	13000	
7	化学药栓	M10	套	3050	
8	膨胀螺栓	M10	套	5000	
9	膨胀螺栓	M8	套	20000	
10	防水铝材胶条		m	5200	

6.2　主要机械、设备

主要机械、设备、工具、仪器配置表　　　　　　　　　表6.2

序号	工具名称	单位	数量	用途	电压
1	电焊机	台	4	用于外墙支座焊接	380V
2	台钻	台	2	用于加工、钻孔	380V
3	切割机	台	2	用于割切钢材加工	380V
4	冲击钻	把	10	用于胀栓墙体钻孔	220V
5	DJD经纬仪	台	1	用于测量放线	
6	自动水平仪	台	1	用于测量放线	
7	TOPCON全站仪	台	1	用于测量放线	
8	弹簧秤	根	5	用于测量放线	
9	50m钢卷尺	根	2	用于测量放线	
10	水平管25m	根	1	用于测量放线	
11	小工具	套	60		

7. 质 量 控 制

由于曲面青铜幕墙是目前国内首例如此大面积的仿青铜器纹理青铜板组合成的艺术性青铜装饰幕墙，其技术目前在北京市乃至国内均没有十分成熟的工艺标准，更没有专门针对曲面青铜幕墙的国家验收标准，根据设计要求，参考《金属与石材幕墙工程技术规范》JGJ 133—2001及《建筑装饰装修工程质量验收规范》GB 50210—2001，结合工程实际制定相应的质量验收标准。

7.1　质量标准

7.1.1　一般规定

1. 幕墙工程验收时应检查下列文件和记录：

1）幕墙工程的施工图、结构计算书、设计说明及其他设计文件。

2）建筑设计单位对幕墙工程设计的确认文件。

3）幕墙工程所用各种材料、五金配件、构件及组件的产品合格证书、性能检测报告、进场验收记录和复验报告。

4）后置埋件的现场拉拔强度检测报告。

5）防雷装置测试记录。

6）隐蔽工程验收记录。

7）幕墙构件和组件的加工制作记录；幕墙安装施工记录。

2. 幕墙工程应对下列隐蔽工程项目进行验收：

1）预埋件（或后置埋件）。

2）构件的连接节点。

3）构件的防锈处理。

4）幕墙的防雷装置。

3. 检验批应按下列规定划分：

1）相同设计、材料、工艺和施工条件的幕墙工程每500～1000m² 应划分为一个检验批，不足

$500m^2$ 也应划分为一个检验批。

2）同一单位工程的不连接的幕墙工程应单独划分检验批。

4．检查数量应符合下列规定：

每个检验批每 $100m^2$ 应至少抽查一处，每处不得小于 $10m^2$。

5．幕墙及其连接件应具有足够的承载力、刚度和相对于主体结构的位移能力。

6．主体结构与幕墙连接的各种预埋件的连接及幕墙面板的安装必须符合设计要求，安装必须牢固。

7．幕墙工程特殊部位的节点处理应保证使用功能和饰面的效果。

7.1.2　主控项目

1．青铜幕墙工程所使用的各种材料和配件，应符合设计要求及国家现行产品标准和工程技术规范的规定。

检验方法：检查产品合格证书、性能检测报告、材料进场验收记录和复验报告。

2．青铜幕墙的造型和立面分格应符合设计要求。

检验方法：观察；尺量检查。

3．青铜面板的材质、品种、规格、图案、颜色、光泽及安装方向应符合设计要求。

检验方法：观察；进场验收记录。

4．青铜幕墙主体结构上的预埋件、后置埋件的数量、规格、位置、连接方法必须符合设计要求。后置埋件的现场拉拔强度必须符合设计要求。

检验方法：检查现场拉拔检测报告、隐蔽工程验收记录和施工记录。

5．青铜板所用加强肋材料、数量、规格、位置、连接方法和防腐处理必须符合设计要求。

检验方法：检查进场验收记录。

6．青铜面板的安装必须符合设计要求，安装必须牢固。

检验方法：手扳检查；检查隐蔽工程验收记录。

7．青铜幕墙的防火、保温、防潮材料的设置应符合设计要求，并应密实、均匀、厚度一致。

检验方法：检查隐蔽验收记录。

8．各种连接件的防腐处理应符合设计要求。

检验方法：检查隐蔽工程验收记录和施工记录。

9．幕墙的防雷装置必须与主体结构的防雷装置可靠连接。

检验方法：检查隐蔽工程验收记录。

10．各种连接节点应符合设计要求和技术标准的规定。

检验方法：观察；检查隐蔽工程验收记录。

11．青铜幕墙的板缝注胶应饱满、密实、连续、均匀、无气泡，宽度和厚度应符合设计要求和技术标准的规定。

检验方法：观察；尺量检查；检查施工记录。

12．青铜幕墙应无渗漏。

检验方法：在易渗漏部位进行淋水检查。

7.1.3　一般项目

1．青铜板表面应平整、洁净、色泽一致，没有翘曲，无裂纹和缺损。

检验方法：观察。

2．青铜板背面连接钢管、保温板、防水胶条安装应符合设计要求。

检验方法：观察。

3．青铜幕墙的密封胶缝应横平竖直、深浅一致、宽窄均匀、光滑顺直。

检验方法：观察。

4．每平方米青铜板的表面质量和检验方法应符合表7.1.3-1的规定。

每平方米青铜板的表面质量和检验方法　　　　　　　　　表 7.1.3-1

项次	项　目	质量要求	检验方法
1	明显划伤和长度＞100mm 的轻微划伤	不允许	观察
2	长度≤100mm 的轻微划伤	≤8 条	用钢尺检查
3	擦伤总面积	≤500mm²	用钢尺检查

5. 曲面青铜板安装的允许偏差和检验方法应符合表 7.1.3-2 的规定。

曲面青铜幕墙质量验收标准　　　　　　　　　　　　　表 7.1.3-2

项次	项　目	允许偏差(mm)	检查方法
1	幕墙倾斜度(母线倾斜度)	15	经纬仪
2	幕墙水平度	2	经纬仪
3	板材上檐水平度	1	1m 水平尺和卷尺
4	板材立面倾斜度	1	经纬仪
5	板角错位	1	尺量
6	接缝平直	1	尺量
7	接缝高低	1	直尺和楔形尺
8	接缝宽度	1	楔形塞尺

通过质量验收，青铜装饰板工程一般项目、主控项目符合企业施工质量验收标准的要求，并符合企业评定标准优良的规定。

7.2　技术措施和管理方法

7.2.1　减轻结构自重，保证幕墙强度和平整度

考虑整体安装后的强度、平整度和使用寿命，以及在满足加工技术和工艺情况下，青铜装饰板选用了 1.5mm 厚的 H62 黄铜板材，经计算 1.5mm 厚度的铜板能满足幕墙的安装强度。

7.2.2　采用无龙骨安装体系，防止幕墙结构变形

铜板背面设置 7 道水平加强肋和 2 道倾斜纵向加强肋，加强肋为 40mm×30mm、40mm×20mm、38mm×20mm 厚 2.5mm 的 U 形不锈钢构件，铜板与结构连接采取在铜板的水平加强肋上安装 2 根 φ26 不锈钢钢管，钢管端头采用槽形钢角码并用 M8×20 螺栓与加强肋进行固定。无龙骨体系安装方便，安装强度满足设计要求。

7.2.3　成立验收小组，对色差、加工精度、铜板外观质量等进行验收

由安装单位派驻厂代表，对青铜板进行预验收；青铜板进场后，在现场铺开，由监理、总包、施工分包及物资分包四方联合对铜板进行验收。

7.2.4　在斜筒体顶部吊线进行测量定位，以控制各安装节点的精度

铜板安装由上向下层层进行安装，在铜板外完成面拉垂直线，控制铜板距结构尺寸和水平度，保证铜板装饰质量。铜板安装成一字型，分格缝设置为 5mm，水平缝上下口一致，立缝上下贯通一致。每圈铜板均设置一道标高控制线进行测控，保证铜板墙面标高尺寸。

8. 安　全　措　施

8.1　严格遵守有关劳动安全、卫生法规要求，加强施工安全管理和安全教育，严格执行各项安全生产规章制度。

8.2　做好安全教育，提高工作人员安全生产思想意识和防护能力，杜绝违章指挥和违章操作，确保施工及人身安全。

8.3 落实劳动保护制度，施工现场人员必须佩戴安全带、安全帽及穿防护靴等劳动保护用品。

8.4 建立日常的安全检查制度，每周组织有关人员对现场施工机具、电气设备、作业环境、人员操作安全性等进行检查。

8.5 严格执行持证上岗制度，凡参加幕墙加工制作和安装施工的人员必须通过安全施工考核并持证上岗，在施工中强化安全监督，严格按照操作规程工作，避免违章作业，以防止发生人员伤亡事故。对于特殊工种，尤其是从事电气、焊接等特种作业人员，必须严格检查其上岗证件，以确保施工安全。

8.6 设专职消防员，定期进行防火检查，保证消防通道畅通，做好现场的防火工作。高空焊接作业时，地面设专人检查并采取有效预防措施，将地面易燃物品清理干净、易爆物品转移到安全地带，以防止焊渣引发着火。

8.7 建筑外檐按要求支设好水平安全网，外架子不得集中堆料，用完的工具及时装入工具袋中以防坠落，严禁在高处向下抛物。

8.8 吊装要求有明确安全交底，严禁超载吊装作业，风力超过 5 级时，禁止吊装材料。

9. 环 保 措 施

9.1 贯彻执行北京市政府颁发的有关环境保护规定，严格按环境管理体系 GB/T 24001 的要求，工程施工现场成立以项目经理为组长，各主要负责人为成员的现场文明施工管理组织。

9.2 健全各项规章制度，文明施工管理按专业岗位分别建立岗位责任制度，把文明施工列入经济承包责任制，工地每周组织一次大检查。

9.3 遵守国家有关环保的法律规定，采取各种有力措施控制施工中废弃物、噪声、振动对环境的污染和危害。

9.4 有毒害物品的包装容器集中贮存，由厂家回收。

9.5 垃圾实行分类管理，不可回收垃圾由具有渣土消纳资质的单位运至指定地点，现场垃圾定时拉出现场，确保现场整齐，场地清洁。

10. 效 益 分 析

青铜幕墙采用 1000mm×3000mm 的 1.5mm 厚 H62 薄壁铜板，与最初的设计要求 2mm 厚纯铜板相比，减轻了结构自重，降低了工程成本。

采用电容螺柱焊机进行青铜板螺柱的种焊，电容螺柱焊机采用微处理器控制，焊接电流和焊接时间可连续调节设定，自动精确控制；瞬时功率大、电流容量要求低；焊接强度高、连续可靠。

经化学着色及喷涂氟碳漆后的铜板在与自然环境中接触中，已呈现出良好的抗氧化性。

大面积的青铜标准板采用无龙骨安装，与传统幕墙工艺所需安装钢龙骨相比，这种施工方法节约工程材料及电力消耗成本约 25%，降低人工费 30%，同时也便于施工，加快了施工进度，经济效益显著。

青铜幕墙穿玻璃、石材、屋面天窗的做法特殊，实现了设计要求，经投入使用，满足了功能要求。

铜板在室外部分采用 50mm 厚挤塑泡沫保温板进行保温处理，铜板安装前，将保温板固定在铜板背面，形成外墙外保温，提高墙体保温性能，节约能源。

大面积青铜幕墙工程在国内施工尚属首次，其无龙骨安装、薄壁双曲面青铜板和安装无现成规范可遵循，达到了国际先进水平，本工法为类似工程提供了参考依据，具有良好的推广价值。

11. 应 用 实 例

首都博物馆新馆位于复兴门外大街 16 号，建筑面积 63800m²，是一座拥有最先进设施的现代化综合性博物馆，其中专题展厅为现浇混凝土椭圆截面斜筒体结构，椭圆斜筒水平截面为长轴长 36m、短轴长 27m 的椭圆，椭圆斜筒按 10：3 向北倾斜。椭圆斜筒体大面积外饰面采用尺寸为 1000mm×3000mm 的 1.5mm 厚平行四边形薄壁曲面云雷纹装饰图案的黄铜板材，铜板总数量约 1800 块，面积 4750 m^2，青铜幕墙总高度为 48.2m。大面积标准青铜幕墙工程于 2004 年 3 月开始施工，至 2004 年 9 月全部完成。该项综合施工技术的研究成果显著，施工工艺合理可行，操作性强，有效地保证了施工质量，适合在各种结构造型的室内外幕墙工程中推广应用。首都博物馆新馆工程于 2002 年 3 月开工，2005 年 9 月竣工，荣获 2006 年度中国建筑工程鲁班奖（国家优质工程）和第六届詹天佑土木工程大奖。

超薄石材与玻璃复合发光墙施工工法

YJGF007—2006

中国建筑二局第三建筑公司
中国建筑第二工程局第二建筑公司
江河幕墙公司

倪金华　陈小茹　杨发兵　谭中心　纪兴宏

1. 前　言

超薄石材与玻璃复合发光墙为面板、龙骨和内部发光系统组成的盒式空间框架，其中室内面板由 3mm 透光性较好的超薄大理石与 8mm 超白平板玻璃，通过专用胶粘贴复合而成，室外面板由 6mm 透光性较好的超薄大理石与 8mm 超白平板玻璃，通过专用胶粘贴复合而成，墙内灯光透过复合面板射出，石材纹理自然如画、气势恢弘。该技术通过国内查新检索，在检索范围内未见报道，属国内首次应用，2005 年 4 月 21 日通过了中建总公司对鑫茂大厦科技推广示范工程验收，工程整体应用新技术水平被鉴定为达到国内领先水平。超薄石材与玻璃复合发光墙技术于 2007 年 5 月通过中国建筑工程总公司科技成果鉴定，新技术水平达到国内领先水平。

2. 工法特点

2.1 灯光穿过石材透出，石材纹理自然流畅、晶莹通透、绚丽如画，根据装饰效果需要可变换不同石材、灯光，变换出不同的色彩，具有创新的装饰效果。

2.2 通过石材与玻璃的复合，用玻璃作为石材面板的受力构件，解决了超薄石材易碎、厚石材透光效果不佳的问题。

2.3 墙体采用 10mm 不锈钢立板作为主龙骨，铝合金横龙骨为次龙骨，结构构架整齐、均称，受力和传力合理，建筑物负荷轻。

2.4 墙体龙骨、面板安装采用现场装配式施工，避免了焊接变形，保证了墙体整体平整度。

2.5 发光墙光源采用"冷阴极辉光放电荧光灯"，这是 21 世纪新光源技术，其特点是寿命长、可靠性高、节能、低温冷启动特性好、无频闪、光谱连续性好且显色系数高，灯管寿命可达 3.5～5 万小时。

2.6 以室内发光墙为例其构造做法见图 2.6-1～图 2.6-3。

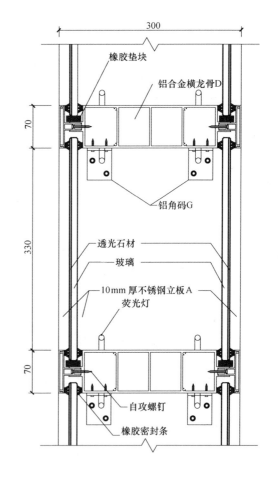

图 2.6-1　石材发光墙构造节点

74

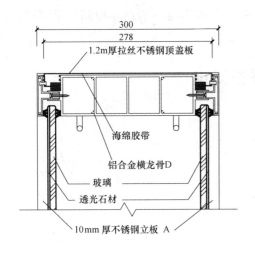

图 2.6-2 石材发光墙顶部构造节点

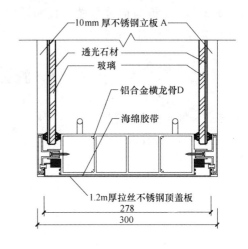

图 2.6-3 石材发光墙底部构造节点

3. 适用范围

本工法适用于体育场馆、展览馆、大型商场、写字楼等公共场馆的外幕墙、门厅墙及室内背景墙的装饰。

4. 工艺原理

4.1 发光墙材料采用 3mm（或 6mm）超薄石材＋8mm 厚超白玻璃，加工工艺采用新工艺灌注胶做法，避免石材与玻璃采用传统夹胶干夹法，将石材压酥、压裂、变形等情况。

4.2 立板为拉杆，采用悬挂式结构，上侧立板通过不锈钢强力膨胀螺栓 M12×130mm 与混凝土楼板、不锈钢连接码（400mm×200mm×10mm 厚）连接，不锈钢连接码通过四个不锈钢螺栓与不锈钢立板连接，下端采用不锈钢角码（150mm×150mm×10mm 厚，$L=300$mm）开长圆孔与不锈钢立板连接，可以 ±20mm 滑动，以免伸缩变形情况下破坏主体结构（参见图 4.2）。

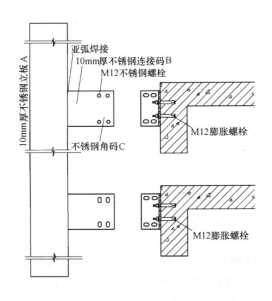

图 4.2 连接节点图

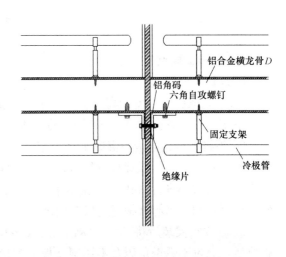

图 4.3 立板与铝合金横龙骨连接图

4.3 在立板与铝合金横龙骨间采用铝合金角码连接，铝合金角码与不锈钢立板间垫 PVC 垫片，防止电化学腐蚀（图 4.3）。

5. 施工工艺流程及操作要点

5.1 施工工艺流程

工艺流程见图 5.1。

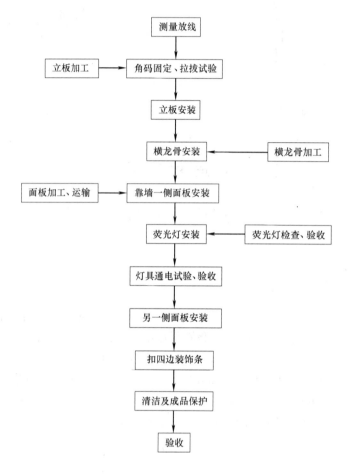

图 5.1 工艺流程图

5.2 施工要点

5.2.1 立板安装

1. 首先依据施工图标高、位置尺寸弹出发光墙安装定位基准线，然后根据发光墙立板间距弹出立板上下定位线，并弹 300mm 控制、检查线。

2. 为将不锈钢立板与混凝土楼板相连接，特加工一个不锈钢连接件，板厚 10mm，将不锈钢连接件与不锈钢立板用氩弧焊焊接组合；按照所放位置线将不锈钢角码上安装孔引到混凝土结构上，根据膨胀螺栓的大小进行钻孔，安装膨胀螺栓前用气管将孔内灰尘清理干净，检查确认后安装膨胀螺栓，然后用手动葫芦吊起立板进行安装固定。

3. 在立板安装后将底部不锈钢角码安装在膨胀螺栓上并临时固定，待所有不锈钢立板与角码连接就位后，通过不锈钢角码及不锈钢立板上螺栓连接，并用长圆孔进行位置调节，经检测位置无误并达到发光墙的质量标准后，将不锈钢螺栓以测力扳手旋紧。螺栓拧紧后，外露丝扣应不小于 2～3 扣并应防止螺母松动。

5.2.2 横龙骨安装

1. 横龙骨固定角码安装

横龙骨与竖向不锈钢立板的连接采用铝合金挤压等边结构角码，其断面为 50×50，厚度为 5mm 左右，其长度应是铝合金横龙骨两侧的空腔内径长。安装时利用 M6 螺栓通过不锈钢立板上预留孔固定立板两侧角码，为防止铝合金角码与不锈钢立板两种不同材质之间产生电化学反应，铝角码与不锈钢立板之间加专用 PVC 绝缘垫片。

2. 铝合金横龙骨安装

先将断面尺寸为 300mm×70mm 材质 6063-T5 铝合金横龙骨的端头，放到竖向不锈钢立板上的铝角码上，并使其端头与竖向不锈钢立板侧面靠紧，再用手电钻将铝合金横龙骨与铝角码一并打孔，孔位通常为两个，然后用自攻螺钉固定，一般方法是钻好一个孔位后马上用自攻螺钉固定，再接着打下个孔。所用的自攻螺钉通常为半圆头 M4×20 或 M5×20。同一层的铝合金横龙骨的安装，由下向上进行，当安装完一层高度时，应进行检查、调整、校正并固定，使其符合质量要求。

5.2.3 复合面板安装

复合面板安装应先安靠墙一侧，后安最外一侧。为保证石材的质感，安装时将石材一侧安装在外侧。安装玻璃石材复合面板前，先将橡胶密封条固定在铝合金横龙骨上。安装时，先将表面尘土和污物擦拭干净，特别是发光墙内侧即玻璃一面彻底清理干净，然后再安装。玻璃石材复合面板与构件应避免直接接触，其四周应与构件口槽底保持一定空隙，下部每块透光面板最少设两块定位橡胶垫块；玻璃石材复合面板两边空隙保持一致，其垫块宽度同槽口配合紧密，长度为 10mm 左右；使用事先装好橡胶密封条的铝合金压条将面板临时固定，上下、左右拉线确定面板位置无误后，用自攻螺钉将铝合金压条固定在横龙骨上。在每排面板安装调整就位后，统一安装铝合金饰面扣板（表面拉丝处理）。

5.2.4 发光墙光源安装

发光墙光源采用的是"冷阴极辉光放电荧光灯"，安装时先采用自攻螺钉固定荧光灯专用固定支架，然后安装荧光灯并连接线路，荧光灯应上下对齐，线路利用线卡按序固定在横龙骨上，荧光灯全部安装完毕后，需进行通电试验，试验检查合格后方可安装另一面面板。

5.2.5 上下端拉丝不锈钢装饰扣板安装

为保证装饰效果，石材发光墙的顶部和底部采用拉丝不锈钢装饰扣板做装饰处理。此扣板为定制的 1.2mm 厚拉丝不锈钢板，经剪板、刨槽、折板处理而成。使用自攻螺钉将其固定在铝合金压条上，为保证其平整，采用中性玻璃胶及双面海绵胶带将其粘在铝合金横龙骨上。

5.2.6 清理及打胶处理

石材部分用抹布配合专业石材清洗保养剂进行擦拭；拉丝不锈钢板则用抹布配合无磨擦性的洗涤剂顺着拉丝的纹路方向轻轻擦拭，完成清洁工作之后，用中性密封胶将石材与不锈钢立板之间预留空隙做打胶处理。

5.3 劳动力组织

合理而科学的组织劳动力是保证工程顺利进行的重要因素之一，必须周密计划，合理调度，实行动态管理，使劳动力始终处于动态控制中。劳动力组织见表 5.3。

劳动力组织表　　　　　　　　　　　　　　　　　　　　　　　　　　　　　　　　表 5.3

序号	工种	人数	工作地点	工作职责
1	加工负责	1	车间	负责各类构件配料、组装的生产组织
2	下料	2	车间	负责各类铝合金、不锈钢构件下料
3	焊工	2	车间	负责不锈钢构件焊接

序号	工种	人数	工作地点	工作职责
4	安装负责	1	现场	负责现场施工指挥、协调各工种
5	测量放线	1	现场	负责施工过程的测量放线、框架偏差检查
6	安装技工	4	现场	负责面板、龙骨安装
7	打胶工	2	现场	负责现场密封胶的打胶工作
8	电工	2	现场	负责现场动力、照明、荧光灯安装调试
9	架子工	5	现场	负责现场操作架搭设、材料搬运和现场清理
10	质检员	1	现场	负责检查材料、施工过程质量，并组织验收
11	安全员	1	现场	负责检查安全、防火设施、进行安全教育

6. 材料与设备

主要施工机具见表6。

主要施工机具一览表　　　　　　　　　　　　　　　　　　　　表6

序号	机械或设备名称	规格	数量	单位	施工部位
1	激光经纬仪	J2-JD	1	台	定位测量
2	水准仪	DS3	1	台	高程测量
3	切割机		1	台	铝合金下料
4	1t手拉葫芦	PHSE	1	个	立板吊装
5	手动液压托盘车	CBr	1	辆	面板运输
6	手电钻	2X705	2	把	自攻螺钉安装
7	手持气动胶枪		2	把	缝隙打胶
8	电焊机	BXL-300	1	台	构件焊接
9	冲击钻	DX1-250A	2	把	结构打孔
10	水平尺		1	把	水平度测量
11	配电箱		1	个	
12	灭火器		5	个	

7. 质量控制

7.1　发光墙采用3mm大理石板＋8mm超白玻璃。3mm厚大理石板光度不低于85°，玻璃原片采用8mm超白玻原片，四周精磨边倒角1mm×45°；UV胶为美国产紫外光固化胶粘剂，为航天环保胶。工艺采用新工艺灌注胶做法，避免石材与玻璃采用传统夹胶干夹法，将石材压酥、压裂、变形等情况。

7.2　不锈钢立板的技术性能，应符合相关标准规范要求，材料质量证明书应有钢号、规格、状态、炉批号、化学成分和力学性能等。不锈钢不得有分层，表面不允许有裂纹、结疤。接长采用氩弧焊对接，用数控水刀机床对不锈钢板进行切割、大型刨床刨平、大型铣床对其表面铣平、再用大型磨床进行磨光，最后进行拉丝处理。

7.3 横龙骨采用材质 6063-T5 铝合金，用特制异形模具，通过大吨位铝合金型材挤压机挤压而成，考虑到其刚度及自身重量，其内部设置四个空腔。

7.4 铝合金压条，其尺寸应与铝合金横龙骨正好配套，材质为 6063-T5。

7.5 质量标准

发光墙安装的允许偏差和检验方法见表 7.5。

发光墙安装的允许偏差和检验方法表　　　　　　　表 7.5

项次	项 目		允许偏差 mm	检 验 方 法
1	墙垂直度	墙高度≤30m	10	用经纬仪检查
2	墙水平度	墙幅宽≤35m	5	用水平仪检查
3	构件直线度		2	用2m靠尺和塞尺检查
4	构件水平度	构件长度≤2m	2	用水平仪检查
		构件长度>2m	3	
5	相邻构件错位		1	用钢直尺检查
6	分格框对角线长度差	对角线长度≤2m	3	用钢尺检查
		对角线长度>2m	4	

注：本标准参照明框玻璃幕墙质量标准及发光墙设计要求制定。

7.6 质量控制

7.6.1 设计控制：采用先进的技术标准，通过设计方案的反复推敲，设计图纸的严格审核，达到设计的目的。

7.6.2 工艺控制：严格执行工艺标准，通过对现场施工工序的能力分析，使施工工艺满足设计及规范要求。

7.6.3 生产制作：焊接在加工厂内进行，所有焊缝经抛光处后，再做拉丝处理。加强现场的成品管理，对现场加工的产品落实质量指标，防止人为因素影响质量。

7.6.4 现场安装：在安装过程中严格按图施工，并且坚持三检制、质量奖罚制，做到高质量的完成施工。

7.6.5 材料采购：加强材料管理，对材料订货、进场验收、现场安装实行全过程控制。

7.6.6 技术培训：对现场施工工人上岗前进行质量、安全知识教育和业务知识技术培训，提高工人素质、能力。

7.7 成品保护

7.7.1 型材、玻璃到工地后放在规定部位用木板等起保护作用的材料盖起来，避免重物坠落损伤。

7.7.2 玻璃吸盘在进行吸附重量和吸附持续时间检测后方能投入使用。

7.7.3 施工过程中物体撞击及酸碱盐类溶液对发光墙的破坏。

8. 安全措施

8.1 加强安全教育，认真学习并严格执行各项安全操作规程。

8.2 高处作业人员需通过体检，各种特殊工种人员持证上岗。

8.3 脚手架搭设必须符合相关安全构造要求，操作面应满铺脚手板并设置挡脚板，护身栏杆上不得放置物品或工具，防止坠物伤人。

8.4 安装用的施工工具使用前应进行严格检验。

9. 环保措施

9.1 使用环保产品

9.1.1 超薄大理石板放射性指标符合民用建筑工程室内饰面环保要求。

9.1.2 紫外光固化胶粘剂为一创新的特用化学品，无溶剂符合环保要求。

9.1.3 复式电极冷阴极荧光灯坚固不易破碎，减少废弃物对环境的污染；无频闪，是保护视力的环保光源。

9.2 发光墙施工采用工厂加工，现场组装方式。施工噪声小，灰尘小，无污染。

9.3 施工时工完场清。使用封闭式清运垃圾，避免抛撒造成扬尘。

10. 经济效益

用原设计不锈钢龙骨与铝合金龙骨进行经济效益比较：

除保留不锈钢立板外，其他主要构件均改为铝合金型材，从而减轻了构架自重7kg/m²，发光墙面积206m²，则节约成本7×100（单价）×206＝14.4（万元）。

不锈钢改为铝合金，减轻了构架自重，从而降低了混凝土楼板的加固面积50m²，则节约成本2000（单价）×50＝10（万元）。

合计：24.4万元。

11. 应用实例

鑫茂大厦工程共设置了五片超薄石材与玻璃复合发光墙，室内设置了二片共计238m²，分别位于北楼北大堂（61m²，5.8m×10.4m高）、会议楼大堂南侧（157m²，17.4m×9m高）；外幕墙共设置了三片发光墙，分别位于大厦的西面北端（106.1m²，18.85m×5.626m高）、南配楼的南面（340.8 m²，36.25m×9.4m高）、北面（177.2 m²，18.85m×9.4m高），共计624.1m²（图11）。

(a)　　　　　　　　　　　　　　(b)

图11　鑫茂大厦

大面积连续曲面铝条板吊顶施工工法

YJGF008—2006

北京市建筑工程装饰有限公司

张春雷　付文　单艳杰　白玉璞　张帆

1. 前　　言

随着我国经济的高速发展，为满足人们日益增长的物质文化活动的需要，全国各地相继兴建了许多规模宏大的公共建筑，如机场、会展中心、体育馆等，这些大空间公共建筑大都采用了大曲面网架的屋面结构形式，进而带动了网架屋面下吊顶装饰施工技术的发展。

北京市建筑工程装饰公司在首都机场 T3B 航站楼精装修工程中，开展设计研发和技术攻关，经过试验和总结提高，形成了一套应用于网架屋面下的大面积连续曲面铝条板施工技术，取得了明显的社会效益和经济效益。该项技术成果于 2007 年 1 月 24 日通过了专家鉴定会，并荣获了北京建工集团有限责任公司 2007 年度"科技进步一等奖"。经总结，形成本工法。

2. 工 法 特 点

2.1　大空间曲面屋面网架结构工程存在网架变形运动较大、球节点位置存在施工误差、空间结构复杂，吊顶装饰工程测量、吊点定位困难的特点。

2.2　吊顶龙骨布置呈三角形龙骨单元板，以适应连续曲面的空间变化，通过具有可调的六爪驳接件将三角形龙骨单元板与网架球节点连接，并消除球节点位置不准造成的施工误差，同时满足三角形龙骨单元随连续曲面空间变化的转动。

2.3　每条吊顶板可以从吊顶龙骨单元上方便地拆卸，每个吊顶龙骨单元可以整体拆卸，进行维护和更换。

2.4　施工速度快、精度高。各种构件在工厂提前加工，运至现场装配作业。

2.5　施工工艺先进、可操作性强、工序衔接紧密，工效高。

2.6　技术含量高、质量容易保证，并能产生明显的经济效益。

3. 适 用 范 围

本施工工法适用于大空间、大型曲面网架结构工程吊顶施工，对其他大型建筑吊顶工程有借鉴意义。

4. 工 艺 原 理

该工法首先通过对基层曲面网架的球点进行位置测量，对测量数据进行研究、分析，确定了单元板尺寸和吊点位置，并计算出了起拱高度，进而采取相应的起拱措施，保证面板安装的整体平滑度。

通过使用可变角度六爪驳接件、弹簧安装口等一系列的新研发的产品，方便、快捷地将钢网架球节点与龙骨单元板、龙骨单元板与铝合金条形板进行现场装配，保证了吊顶施工的整体速度和精度。

4.1 系统节点

本吊顶工程是由六爪驳接件、龙骨、铝条板通过连接件进行连接；并通过六爪驳接件与连接座的连接；连接座与球形网架的焊接，形成了一个完整的吊顶系统（吊顶系统连接节点见图4.1）。

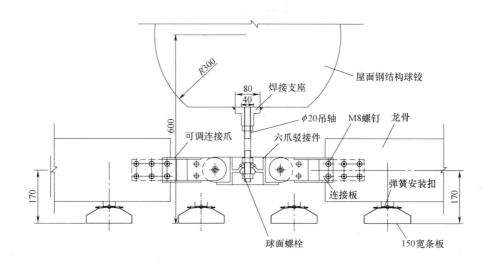

图 4.1　吊顶系统连接节点图

4.2 特殊部位节点

六爪驳接件是实现吊顶连续曲面的重要组成部分，它实现了上下位置、角度调节以及旋转功能，是吊顶各构件的核心（可变角度六爪驳接件节点见图4.2-1）。

六爪驳接件并且实现了与六块单元板龙骨的连接（六爪驳接件与单元龙骨板连接构造图连接构造节见图4.2-2）。

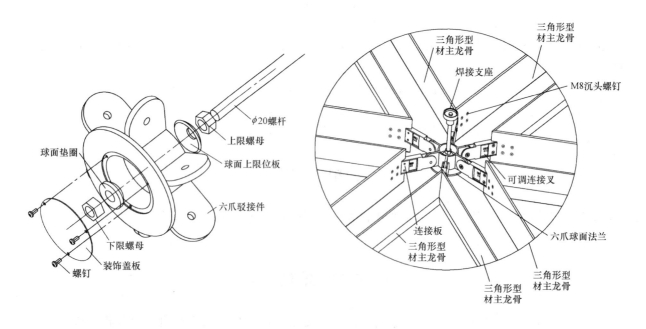

图 4.2-1　六爪驳接件节点图　　　　图 4.2-2　六爪驳接件与单元龙骨板连接构造节点图

弹簧安装扣由弹簧卡、安装扣、连接件、限位板组成，实现了上部与龙骨连接、下部与铝条板连接（弹簧安装扣构造节点见图4.2-3）。

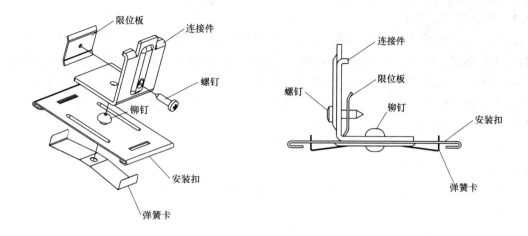

图 4.2-3 弹簧安装扣构造节点图

5. 施工工艺流程及操作要点

5.1 工艺流程

工艺流程见图 5.1。

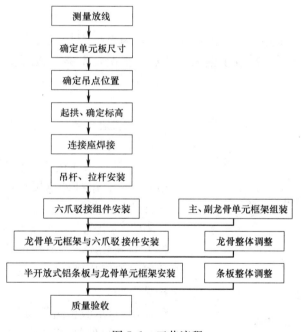

图 5.1 工艺流程

5.2 施工要点

5.2.1 测量放线

1. 测量放线是吊顶工程中要求最为精密的一道工序,在控制吊顶平滑度上起着重要作用。测量放线工作总体上遵守先整体、后局部的程序。

2. 利用水平仪、经纬仪将结构轴线进行复核并施放到地面,作为原始控制线。

3. 将地面控制线利用经纬仪向上导到钢梁上,用拉通钢丝的形式形成控制线。

4. 将屋面网架与控制线的误差进行分区控制、消化、不使其有误差积累。

5. 将三条控制线的交点，标记到球节点上，初步形成吊点位置。

5.2.2　确定单元板尺寸

1. 球形网架球节点位置、标高都存在误差，如果按照原设计施工，每一块龙骨单元板大小，每一根龙骨的尺寸都不同，将给厂家加工、现场施工带来极大的麻烦，工期也无法保证，需要将尺寸统一。

2. 将吊顶每一个吊点的间距进行实测实量，数值汇总、分析后，以曲线弧度，数值相差值为依据，将中部龙骨单元统一成单一或多种定型尺寸，边部龙骨单元全部采用实测数值加工。

5.2.3　确定吊点位置

将确定后的龙骨长度，与原初定吊点间长度进行比对，将初吊点按偏差移位，形成实际吊点。

5.2.4　起拱、确定标高

1. 吊顶标高为屋面球形网架下弦球中线垂直向下偏移固定值，随结构的变化而变化，标高为曲线值，吊顶面层形成连续曲面。

2. 双向曲率较小（趋于平直），且跨度较大的屋面，面层完成后将不能达到带有平滑曲线的视觉效果，需要进行起拱。曲线变化明显的屋面，面层随网架结构变化，完成后可以达到曲线平滑的面层效果，不需要起拱施工。

3. 依据国家标准 2/1000 起拱的要求，结合本吊顶工程跨度较大，并带有一定弧度的实际情况，决定按 3/1000 的标准起拱，起拱最大处在吊顶中心。在一定范围内，吊顶起拱幅度随曲线变化而均匀增加。

4. 标高在屋面球形网架下弦球中线垂直向下偏移固定值的基础上，减去起拱高度和网架误差值，而确定每一处吊点的标高。

5.2.5　连接座焊接

连接座与球形网架的焊接采用两种形式：第一种，为直接焊接在球节点下表面；第二种，由于施工前统一了龙骨尺寸，使部分吊点出现了偏离球节点的情况，不能直接焊接在球点上，要焊接在球节点下的转接钢板上。

5.2.6　吊杆、拉杆安装

1. 由于吊顶的每一处吊点标高均不一样，要通过吊杆长度进行调节，但是我们考虑到加工速度、安装速度、安装质量的因素，将大部分吊杆统一为一种尺寸。

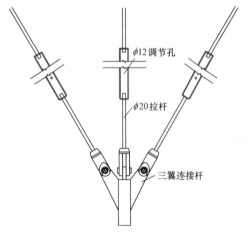

图 5.2.6　三翼连接杆

2. 将吊杆拧入连接座丝套内，丝套长为定值，由于统一了吊杆尺寸，吊杆外露尺寸均相等，这样就很容易的对吊杆入套的长度进行质量检查。

3. 拉杆的上部与网架上弦球点预留焊点进行焊接，通过拉杆上的调节孔，调节拉杆长度，保证三翼连接杆在吊点的位置，然后将吊杆拧入三翼连接杆底部的丝孔（三翼连接杆见图 5.2.6）。

5.2.7　六爪驳接组件安装

六爪驳接组件是实现吊顶连续曲面的重要组成部分，它实现了上下位置、角度调节以及旋转功能，是吊顶各构件的核心。

1. 将上限位螺母、球面上限位板、六爪驳接件、球面垫圈、下限螺母依次套入吊杆，完成六爪驳接组件的初步安装。

2. 按照确定的标高，调整下限螺母的位置，但要保证下限螺母到吊杆底部留有 3 个丝扣的距离，并垫有金属垫片。

3. 标高确定后，组件初步拧紧固定，但要保证六爪驳接件可以转动，角度可以调节，以便与龙骨单元板连接。

4. 在龙骨单元板安装并调整完成后，六爪驳接件的位置、角度都已经固定，再将上、下限螺母拧紧，在底部安装装饰盖板。

5.2.8　主龙骨、副龙骨单元框架组装

1. 按照安装图纸，在主龙骨内侧预留螺钉孔位置安装两个副龙骨插芯。

2. 将相应尺寸的三根主龙骨与三根副龙骨按位置放好，把副龙骨截面上的插槽插入到主龙骨的龙骨插芯中，完成主、副龙骨的组装（主、次龙骨连接见图5.2.8-1）。

3. 完成主龙骨三个组角的安装，先将左、右连接板用M8沉头螺钉连接在主龙骨上，再将可调连接爪与连接板连接（主龙骨连接见图5.2.8-2）。

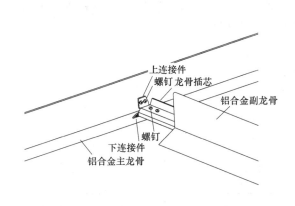

图 5.2.8-1　主、次龙骨连接

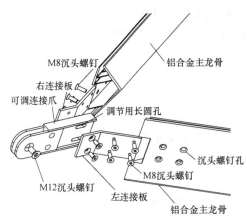

图 5.2.8-2　主龙骨连接

5.2.9　龙骨单元框架与六爪驳接件安装

1. 每一个驳接件与六个三角单元龙骨板连接，将每个连接爪端头上的连接槽插入六爪驳接件上的爪件，用M12沉头螺钉固定。

2. 通过连接板上的调节圆孔，可以增加40mm的调节量，使为统一龙骨尺寸时而产生的偏差得到进一步修正（连接板见图5.2.9）。

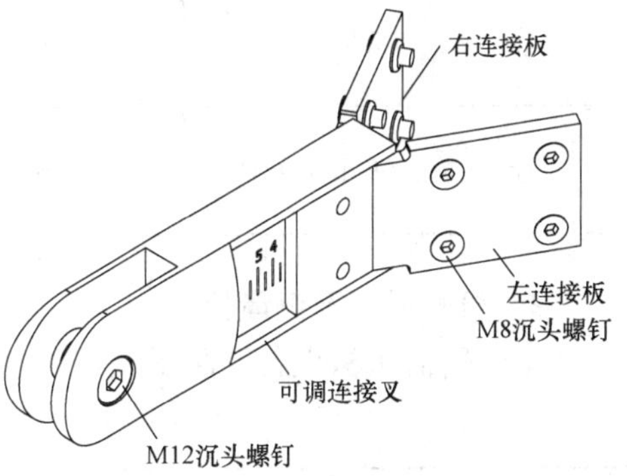

5.2.10　龙骨调整

1. 调整龙骨顺直时，使用靠尺对相邻龙骨检查，对龙骨的顺直方向超出2mm允许偏差控制范围的，要通过旋转六爪驳接件角度的方法进行调整。

2. 调整龙骨高低差时，主要是观察龙骨整体的平滑度，

图 5.2.9　连接板

避免局部出现凹凸的现象，将局部单元板上的六爪驳接件位置上下调整，以保证整体曲线自然、平滑。

5.2.11　铝条板与龙骨单元框架安装

铝条板与龙骨通过弹簧安装扣进行连接，弹簧安装扣已经在龙骨单元板组装时就已经完成，因此将铝条板的上部卡槽与安装扣下的卡槽进行插接就完成了条板的安装（铝条板安装示意见图5.2.11）。

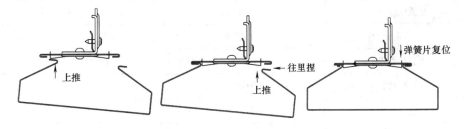

图 5.2.11　铝条板安装示意图

安装时首先将安装扣一侧弹簧片上推，将一侧卡入卡槽，弹簧片复位后再将另一侧按此方法卡入卡槽，安装后使弹簧片复位保证条板稳固固定，不前后滑动、左右移位。

5.2.12 铝条板整体调整

吊顶须调整方向较多，首先制定调整顺序：板间间距→板间接缝高低差→分格缝。

1. 板间间距的调整用拉直线、盒尺的方法进行检查，主龙骨上挂的条板，由于南北向主龙骨间间距已固定，只有通过弹簧安装扣上的调节孔 3mm 调节量进行调整，当南北向主龙骨下条板调整好后，再进行主龙骨间其他条板调整，可以通过弹簧安装扣角度、位置可以调节的功能进行调整。

2. 调整完成并对安装扣进行固定后，通过安装扣上垂直方向上的 3 调节孔对板间接缝高低差调整。

3. 分格缝贯穿整个吊顶，是控制要点，我们采用拉等宽双线的方法进行测量，每 20m 为一单位，在进行下一个单位测量时以上一单位 5m 搭接距离为基础进行逐步延伸。

6. 材料与设备

6.1 材料性能

本吊顶工法所采用材料性能见表 6.1。

材料性能表 表 6.1

序号	项目	材质要求	制造工艺	检验项目
1	条板	AA3005 铝锰合金	滚压加工、面层后喷涂料卷涂层	材料燃烧性能、涂层厚度、附着力、耐久性、环保性
2	龙骨	AA6063T5 铝合金	挤压模具生产，在线除氢工艺	化学成分、力学性能、涂层性能
3	六爪驳接件	不锈钢	按 GB 2100—80 要求进行铸造	承载力试验、化学成分、力学性能
4	连接座及吊杆、拉杆	不锈钢	按 GB 2100—80 要求进行铸造	承载力试验、化学成分、力学性能

6.2 机械设备及测量仪器

该工法所需机械设备及测量仪器见表 6.2。

机械设备及测量仪器表 表 6.2

序号	设备名称	规格型号	单位	数量
1	电子经纬仪	DJD-G	台	2
2	自动安平水准仪	D2S3-1	台	2
3	检测尺	2m	把	3
4	钢尺	50m	把	1
5	盒尺	5m	把	10
6	交流电焊机	BX-260	台	3
7	冲击电钻	17kW	个	2
8	型材切割机	YZA-10	台	1
9	手提电锯	SF1-32	个	5
10	砂轮切割机	KT-971	个	1
11	打磨机	NBJ-4	个	10

7. 质量控制

7.1 一般规定

7.1.1 吊顶所用的吊件、龙骨、连接件、吊杆的材质、规格、安装位置、标高及连接方式应符合设计要求和产品的组合要求，龙骨架组装正确，连接牢固，安装位置和整体符合图纸和设计要求。

7.1.2 龙骨架单元体组装连接点必须牢固，拼缝严密无松动，安全可靠。

7.1.3 六爪接驳连接件与屋架的焊接必须将基层用角向磨光机打磨去除油漆方可焊接，连接件必须与屋架球体下焊接牢固，焊缝符合设计要求，吊杆必须垂直。

7.1.4 吊顶所用连接件、吊件应做防锈处理。

7.1.5 吊顶工程应按设计要求和有关规定进行起拱，分格线宽度、条板间距应符合设计要求，曲面弧线应流畅。

7.1.6 吊顶工程验收时应检查下列文件记录：

1. 吊顶的施工图，设计说明及有关设计文件。

2. 基层材料（龙骨、连接件、螺栓等）检查记录和质量验收记录。

3. 铝板型材产品合格证，性能检测报告，进场检验记录。

4. 隐蔽工程检查记录。

7.1.7 检查数量应符合下列规定：

1. 每2000m² 为一个检查批。

2. 每个检查批抽查测点为每个检查项目各10点，检测数量不超出误差值点为合格点，超出点为不合格点，合格率达到80％及以上为合格。

7.2 主控项目

7.2.1 铝条板的材质、规格、颜色要符合设计和国家标准要求。

7.2.2 吊顶的标高、分格和表面曲线起拱与弧线符合设计要求。

7.2.3 铝条板安装必须牢固，分格方式及分块尺寸，分格缝宽度应符合设计要求。

7.3 一般项目

7.3.1 铝条板的表面应洁净、美观、色泽一致，无凹坑变形和划痕，边缘整齐。

7.3.2 板面起拱合理，表面平整，曲面弧线流畅美观，拼缝顺直，分块分格宽度一致，板条顺直，拼接处平整，端头整齐。

7.3.3 铝条板吊顶安装的允许偏差和检验方法应符合表7.3.3要求。

铝条板吊顶安装允许偏差和检验方法　　　　　　　　　　　　表7.3.3

项　次	项　目	允许偏差(mm)	检　验　方　法
1	接缝平整度	2	用2m靠尺检查
2	接缝顺直度	±3	拉5m线，用尺量
3	端头直线度	2	用2m靠尺检查
4	分格缝宽度	3	用尺量检查

7.4 设计施工注意事项

7.4.1 设计上要注意吊顶系统的单位面积荷载，要控制在建筑物屋面的设计要求范围内。

7.4.2 设计中要充分考虑各部件相互连接中的调节作用，构造上要满足调节量的要求。

7.4.3 材料加工要选择生产能力、技术能力较强的厂家，保证产品的性能、精度达到要求。

7.4.4 施工中要注意材料的运输，避免对龙骨及铝条板面层造成破坏。

7.4.5 施工中要注意连接座与球节点的焊接质量，达到国家相关标准要求。

7.4.6 吊顶龙骨、铝条板尺寸较多，要注意施工中的产品标识，避免安装错误。

7.5 劳动力组织

该工法所需劳动力组织见表7.5。

人员配备一览表 表7.5

人 员 组 成	人 数	职 责
项目经理	1	负责施工组织、协调现场
技术负责人	1	负责各项施工技术工作及技术攻关
技术员	2	负责施工技术的交底及验收、施工资料的收集与整理
质量员	1	负责施工质量
安全员	1	负责施工安全
材料员	1	负责组织材料进场及管理
工长	2	负责指挥具体施工人员工作
测量放线工	5	负责放线及测量工作
木工	40	负责吊顶具体安装工作
暂设电工	2	负责施工现场的暂电工作
架子工	2	负责脚手架局部拆改
电焊工	3	负责焊接工作
壮工	5	负责材料的运输工作及现场清理

8. 安 全 措 施

8.1 严格遵守有关劳动安全法规要求，加强施工安全管理和安全教育，严格执行各项安全生产规章制度。

8.2 按规范要求设置防火分区"严禁烟火"明显标志，配备足够数量的消防水桶、防火布、接火器等消防器材，消防立管架设到脚手架作业平台，施工现场一切消防设施、装置未经批准不得擅自移动、破坏。

8.3 严格遵守施工用火审批制度。焊接作业等动火前，要清除附近易燃物，配备看火人员和灭火用具，电焊机外壳、焊钳与把线必须接零接地绝缘良好。

8.4 施工层脚手架必须通过验收合格后方可上架作业。

8.5 凡从事电焊作业的人员必须持特种作业上岗证，实行持证上岗，并应使用面罩或护目镜，佩戴相应的劳保用品。

8.6 安装吊顶用的施工机具在使用前必须进行严格检验。

8.7 施工人员应配备安全帽、安全带、工具袋，防止人员及物件的坠落。

8.8 施工现场中各种危险设施、临边部位、洞口都必须设置防护设施和明显的警告标志。

8.9 严禁高空抛物。运输吊顶材料时，下方应有专人看护，无关人员不得进入材料运输区。

9. 环 保 措 施

9.1 铝合金条板面层为后喷涂料卷涂层，涂层有害物质含量为 $0.09g/m^2 \leqslant 10g/m^2$，满足《民用建筑工程室内环境污染控制规范》GB 50325—2001 有关标准。

9.2 在大量的焊接作业时产生的焊条头应集中回收，避免污染环境。

9.3 焊接后所刷防锈漆有害物质含量要符合国家相关标准。

10. 效 益 分 析

10.1 该工法施工简单科学，施工速度快，可以满足工期的需要。

10.2 科学的施工工艺有效减少了施工人员的投入，节省了人力。

10.3 严格地测量计算控制了材料的规格和用量，避免了无谓的浪费，为建设单位减少物资投入。

10.4 超大型球形网架连续曲面铝条板吊顶工程的成功应用，在国内施工尚属首次，其龙骨、铝条面板成连续曲面变化的安装工艺无现成的规范可遵循，本工法为该类工程提供了应用实例，可以作为重要参考依据，具有良好的推广价值。

11. 应 用 实 例

北京首都国际机场 3 号航站楼 T3B 屋面吊顶工程

首都机场 T3B 吊顶工程，吊顶总面积 104124m²，设计理念先进、造型优美流畅，随着屋顶的曲率旋转而变化。吊顶吊点设置在桁架上下弦球形节点上，吊杆采用 M20 的与六角驳接件相连的可调吊杆，龙骨采用成型龙骨组成单元板，沿建筑物的长度方向布置，并形成三角形单元向建筑的三个方向成平滑曲面延伸。

在施工过程中，形成了一套行之有效的施工工艺，通过对每一步工序的研究、论证，最终解决了施工中的各种问题，并形成了球形网架结构连续曲面吊顶整体平滑度控制技术、单元板吊顶龙骨与球形网架的万向连接技术、半开放式金属条板与三角单元吊顶龙骨的连接技术和异型边龙骨安装技术。将这一先进的设计理念首次成功的应用到了工程实践中，工程质量和观感效果得到了业主的好评。

现浇清水混凝土看台板施工工法

YJGF009—2006

北京城建五建设工程有限公司

毛杰　伍路平　史育童　邓建明　申利成

1. 前　　言

2008 年北京举办第 29 届奥林匹克运动会，将新建各种比赛场馆，看台板是各类大型比赛场馆的重要组成部分，对于整个场馆工程看台板有其鲜明的工程特点：工程体量大、尺寸变化多、节点构造复杂、质量标准高。由于清水混凝土施工工艺不甚成熟，通常国内都采用预制看台板或现浇看台板上做抹灰层。而北京城建集团在国家体育馆看台板施工中采用现浇清水混凝土施工工艺在国内尚属首次，其成型效果良好，满足设计要求。

现浇清水混凝土看台板施工方法是国家体育馆科技成果立项的重要组成部分，该施工技术获 2006 年度北京城建集团科技进步二等奖。

专家认为：该项目的研究与应用，很好地解决了现浇清水混凝土看台板的施工难题，确保工程质量，加快了施工进度，降低了工程造价，取得良好的经济和社会效益，填补了国内该类施工技术的空白，达到国内领先水平。

2007 年 3 月 16 日北京城建集团申请了"现浇清水混凝土看台模板及其施工方法"的发明专利。

2. 工 法 特 点

2.1 现浇清水混凝土看台板施工工艺是对传统施工工艺的继承和创新，从而使类似异形构件的最终混凝土成型效果得到了提升，通过权威机构的资料检索，现浇清水混凝土看台板施工工艺是首次应用于类似工程，施工技术人员通过施工试验，及时总结了现浇清水混凝土看台板施工工艺在整体工程的应用，给工程提供了宝贵经验。

2.2 现浇清水混凝土看台板施工技术的应用，大大节约了施工时间，有利于施工面的展开，由于不需要塔吊等大型吊装机械，实现了钢屋架安装与看台板施工同步进行，为实现工期总目标提供了有力的保障。

2.3 现浇清水混凝土看台板施工工艺成功解决了看台板最终的混凝土成型效果，与通常做法相比，减轻了自重、提高了整体抗震性能，降低了工程造价，实现了安全、质量、工期、功能和成本的统一。

3. 适 用 范 围

本工法适用于建筑物的看台板、楼梯及台阶等施工。

4. 工 艺 原 理

现浇清水混凝土看台板是一次浇筑成型，不做任何外装饰，直接采用现浇混凝土的自然表面效果作为饰面的看台板，因此不同于普通混凝土，主要应从测量定位、模板施工、混凝土施工等工序上对传统工艺进行改进，对施工过程中的允许偏差有更高的要求。

4.1 测量施工技术

主要针对看台板断面定位、空间高程传递及弧形线段控制等方面，通过对常规方法的扩展创新，总结出适用于看台板、楼梯等相类似工程的施工测量方法。

4.2 模板施工技术

通过对看台板模板的支撑体系、阴阳角模板、弧形模板、对拉螺栓、禅缝等一系列深化设计，以达到设计确定的清水混凝土成型效果。

4.3 混凝土施工技术

从混凝土的原材料选择、配比优化、浇筑压光工艺、养护及成品保护等环节入手，总结出关于现浇清水混凝土看台板施工的经验，特别是在配比组成、浇筑方向、振捣方式和压光收面等方面进行了专项研究和总结。

5. 施工工艺流程及操作要点

5.1 施工工艺流程

施工准备→看台板测量→看台板模板施工→看台板钢筋施工→看台板混凝土施工→养护→涂刷DPS混凝土保护剂。

5.2 操作要点

5.2.1 看台板测量

为准确、及时地在各个施工区段进行细部放样，应依据实际情况划分施工区段，在平面控制网的基础上，进行加密建立轴线控制网，保证每个施工区段内都有一"井"字形轴线控制网，做到既有放样条件，又有多道观测，步步有复核。

1. 结构层顶板施工完成后，测量人员应根据已知控制桩，在结构层顶板上，按 1:1 的实物比例将看台次梁、看台板实际尺寸，用墨线在对应结构楼板位置弹好（图5.2.1）。由木工按照墨线将截面的实际尺寸用线坠往上吊线，投影到看台斜梁侧面，在看台斜梁侧面将看台次梁及看台板的截面尺寸用墨线弹好。

标高控制：测量人员应根据已知高程，将标高引测至结构层墙柱和支撑架体上。经复测无误后，由木工向上引测。

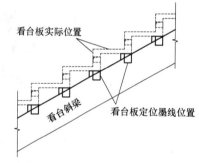

图5.2.1 看台板定位测量图

2. 看台板支撑挑梁测量控制方法：在梁的下一层混凝土楼板上测放并弹出梁的墨线，以确定支模位置。在梁的两端交点处模板上测放出梁的位置线，以指导调整梁模及绑筋位置。

3. 上、下看台圆弧梁测量控制方法：在下层楼板上测放出看台最下面一道圆弧梁的位置线，其余梁依据第一道位置线在楼板上放出位置线，以指导调整梁模及绑筋位。为保证测设精度要求，在两个控制桩上进行，每个测设面投测 4 个控制点，经校核无误后，以此为依据在该平面上放出其他相应的设计轴线及细部线。

4. 测量精度要求：投测点的精度控制按照一级平面控制实施，测量中误差为±10″，边长相对中误差1/20000，相邻两点的距离误差不大于±3mm。在施测面上局部临时加密的控制点相对精度为测角±12″，量距1/10000。内控点的相对精度不低于1/20000。

5.2.2 看台板模板施工

1. 看台板模板施工工艺流程：支设梁底支撑架→安装梁底主龙骨→调整顶托高度→安装梁次龙骨→固定梁底模板→梁钢筋绑扎→拼装固定梁侧模板→支撑、拼装板底模板→支设看台梁外吊帮→穿对拉螺栓→办理预检。

2. 看台板和结构次梁的模架体系为整体支设，支撑体系满足荷载计算要求，每道看台梁下支撑一道 900mm×1200mm 碗扣架错开布置，其相邻碗扣架横向错开 100mm，纵向错开 50mm，相邻碗扣架底部可用 50mm×100mm 方木及 100mm×100mm 方木错开垫起，保证碗扣架横杆不冲突，看台梁底主次龙骨选用 100mm×100mm 方木，面板可选用 15mm 厚木胶合板，看台梁侧主龙骨选用 50mm×100mm 方木，间距 400mm，次龙骨选用 50mm×100mm 方木，间距 150mm，对拉螺栓选用 φ14 螺栓，间距 485mm，详见图 5.2.2-1、图 5.2.2-2。

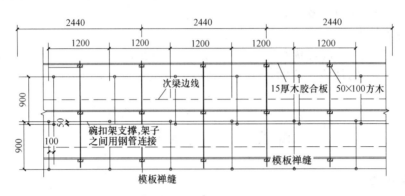

图 5.2.2-1　看台板模板支撑平面图

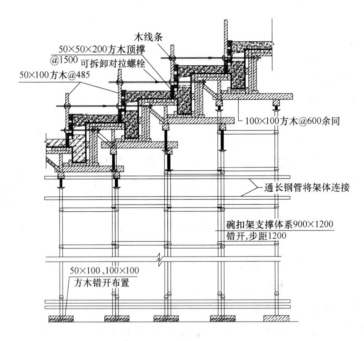

图 5.2.2-2　看台板模板支撑图

3. 阴角位于梁外侧吊模底端，为了保证阴角混凝土成型效果，避免出现模板压痕，可选择将阴角处的木胶合板加工成三角形，吊模支撑可选用 50mm×50mm 方木，间隔 2000mm，方木在压光施工时拆除，详见图 5.2.2-3。

4. 阳角位于梁吊模顶部，可选用特制木线条制成 1/4 圆弧倒角，木线条与下部模板用钢钉固定，以提高模板的整体性。见图 5.2.2-4。

5. 若看台板设有成品通风管，其固定方法为：梁内侧模板通风管位置均匀钉 8 个 10 号钢钉，接近外侧吊模的通风管用 15mm 厚木胶合板裁成圆形封口板封闭，并在木胶合板与看台梁内侧模板间固定 50mm×50mm×183mm 方木，使其与两侧模板接触紧密，保证通风管位置成型尺寸及防止漏浆。封口板做法见图 5.2.2-5。

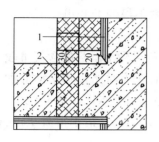

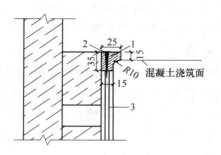

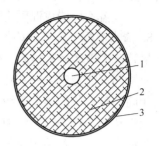

图 5.2.2-3　看台板阴角模板图　　　图 5.2.2-4　看台板阳角模板图　　　图 5.2.2-5　通风管封口板做法

1—木胶合板；2—方木　　　　　　　1—圆弧倒角木线条；　　　　　　　1—预留对拉螺栓孔；2—木胶

顶撑间距 2000mm　　　　　　　　　2—钢钉；3—木胶合板　　　　　　　合板；3—PVC通风管

5.2.3　看台板钢筋施工

看台板钢筋施工工艺流程：钢筋清理调整→穿次梁箍筋→连接次梁下铁钢筋→连接次梁上铁钢筋→调整次梁箍筋位置→绑扎梁钢筋→放置固定混凝土垫块→梁帮及顶板模板支设→画钢筋位置线→绑扎板下铁钢筋→放置板钢筋马凳→绑扎板上铁钢筋→隐蔽验收。施工方法同常规方法。

5.2.4　看台板混凝土施工

1. 看台板混凝土施工工艺流程：混凝土运输到场→混凝土浇筑→混凝土振捣→混凝土搓平→混凝土压光→养护。

2. 后台放灰前由试验员测定混凝土坍落度，坍落度应满足 120～140mm 的要求。

3. 混凝土自下而上、沿看台板长度方向、逐个看台梁板进行浇筑。先浇筑看台次梁混凝土，达到看台板位置时，看台立板再与看台板混凝土一起浇筑。

4. 看台混凝土用插入式振捣器振捣，混凝土浇筑振捣完成后，初步按标高用大杠刮平，在初凝前用木抹子搓平，同时用直尺检查顶板平整度是否符合要求。每个看台板、次梁混凝土要在初凝时间之前保证连续浇筑，并于再次浇筑前对接槎按要求进行处理。为满足该要求，根据流水段划分，结合每罐混凝土的最大浇筑时间，合理确定混凝土罐车的供灰间隔。

5. 待混凝土表面收水后，再用木抹子反复抹压，闭合收缩裂缝，最后用铁抹压光。工艺要求如下：第一遍抹压：用木抹压一遍，直到出浆为止；第二遍抹压：第一遍木抹压浆结束后，用铁抹压混凝土阴阳角，使阴阳角基本成型；第三遍抹压：当面层混凝土开始凝结，手用劲下按但不下陷时，用铁进行第三遍抹压，把凹坑、砂眼填实抹平，不得漏压；第四遍抹压：人踩上去稍有脚印，铁抹子抹压无抹痕时，用铁抹进行第四遍压光，此遍要用力抹压，把所有抹纹压平压光，达到面层表面密实光洁，压光时间应控制在混凝土终凝前完成。看台板阳角部位采用特制企口铁抹子进行抹压。

6. 清水混凝土浇筑控制措施

1）落实施工技术保证措施、现场组织措施，严格执行有关规定。

2）合理调度搅拌输送车送料时间，逐车测量混凝土的坍落度，严格控制每次下料的高度和厚度，保证分层厚度不超过 30cm。

3）振捣方法要求正确，不得漏振和过振。采用二次振捣法，以减少表面气泡，即第一次在混凝土浇筑时振捣，第二次待混凝土静置一段时间再振捣，而顶层一般在 0.5h 后进行第二次振捣。

4）严格控制振捣时间和振捣棒插入下一层混凝土的深度，保证深度在 5～10cm，振捣时间以混凝土翻浆不再下沉和表面无气泡泛起为止，一般为 20～30s 左右。

7. 清水混凝土养护控制措施

为避免形成和减少清水混凝土表面色差，混凝土早期硬化期间的养护十分重要。清水混凝土构筑物面层抹压完待 6～12h 后洒水养护，并用塑料薄膜覆盖，在看台板侧模设计时有意识的使其略高于平面标高，这样可以存储一定量的养护水，保证养护效果。侧模应在 48h 后拆除。模板拆除后其表面养护的遮盖物不得直接用草垫或草包铺盖，以免造成永久性黄颜色污染，应采用塑料薄膜严密覆盖养护，避免由于覆盖不均造成混凝土色差；同时安排专人浇水养护，养护时间一般不得少于 14d。

8. 清水混凝土表面缺陷修补控制措施

尽管已采取了各种措施，但拆模后由于混凝土的泌水性、模板的漏浆和混凝土本身的含气量较大，其表面局部可能会产生一些小的气泡、孔眼和离析等缺陷。拆模后应即清除表面浮浆和松动的砂子，采用相同品种、相同强度等级的水泥拌制成水泥浆体，修复和批嵌缺陷部位，待水泥浆体硬化后，用细砂纸将整个构件表面均匀地打磨光洁，并用水养护一段时间，最后遗留的色差在清水混凝土进行表面透明混凝土保护剂施工时由专业涂装工程公司调整完成。

9. 清水混凝土看台板季节性施工措施

由于清水看台板施工的特殊性，为保证成型质量，应避免在负温下施工。在雨期施工时则要注意以下几个方面：

1）雨施期间，要通知搅拌站及时测定砂石含水率，调整混凝土配合比的加水量，严格控制坍落度，确保混凝土强度。

2）下雨时不得露天浇筑混凝土，开盘前要及时与气象部门联系，掌握天气变化情况，避免突然遇雨影响混凝土浇筑。

3）为防止突然下雨模内积水，要在模板适当位置预留排水孔，雨后及时清理模板内的残余积水，合模后应及时浇筑混凝土。

10. 清水混凝土看台板成品保护措施

1）清水混凝土结构施工最重要的环节之一就是成品保护。施工中周转材料的搬运、交叉作业、人为损坏等稍不注意就会损坏成品，造成清水混凝土难以弥补的饰面缺陷，同时钢筋锈斑也是清水混凝土饰面的主要缺陷。为最大限度地消除和避免清水混凝土的污染和损坏，应详细制定相关管理措施。

2）成品保护实施"护"（成品看护）、"包"（包裹防污染）、"盖"（表面覆盖）、"封"（局部封闭、防损和污染）。对成品和半成品进行防护，形成工具化、制度化，由专门负责人经常巡视检查，发现现有保护措施损坏的，要及时恢复。

3）对所有在场施工的单位进行成品保护专项交底，针对钢屋架安装、机电安装等相关专业制定有针对性地看台板成品保护措施，如对浇筑完成的看台板及时封闭维护；搭设专用通道；定期对看台板进行清扫；钢屋架下兜密目网防止坠物等。

6. 材料与设备

6.1 材料使用

6.1.1 清水混凝土原材料选择

清水混凝土原材料的控制是清水混凝土施工的重要组成部分，要求产品的质量波动性小，材料均一性高，料源供应充足。

1. 水泥

水泥的选定要求活性高，质量稳定，碱含量低，C3A 含量少，适应性好，色泽均匀一致，活性高，强度富余量大。

2. 骨料

粗骨料选用原则：强度高、连续级配好，产地、规格一致，色泽均一，含泥量小于 1%，泥块含量小于 0.5%，针片状颗粒含量不大于 15%，骨料不带杂物。

细骨料选用原则：中粗砂，细度模数 2.5 以上，颜色一致，含泥量小于 2.5%，泥块含量小于 1%。

3. 掺合料

掺入掺合料可改善混凝土的流动性和后期强度，宜选用细度按《粉煤灰混凝土应用技术规范》GBJ

146—90 规定Ⅱ级粉煤灰以上的产品，要求定供应厂商、定细度，且不得含有任何杂物。根据国家体育馆清水混凝土的性能要求，通过试验选用由磨细活性粉煤灰和磨细矿粉组成的复合矿粉作为掺合料。

4. 外加剂

清水混凝土属于高质量的现代混凝土，外加剂的选用是配制清水混凝土最关键的环节。好的外加剂与水泥有良好的适应性，改善混凝土的孔隙结构，提高其密实度、耐久性等各项指标，并且现浇清水看台板对混凝土的坍落度有严格的控制要求，要求外加剂的减水效果要明显，避免施工过程中坍落度损失过大。而清水混凝土对表面气泡亦有严格的控制，要求外加剂能赋予混凝土良好的黏聚性和保水性，以保证混凝土在较长时间的振捣下不出现离析和泌水现象。同时要求外加剂也不能使混凝土拌合物黏度过大，造成气泡排出困难。

5. 拌合水

采用自来水，要求洁净、无腐蚀、无污染。

清水混凝土看台板的浇筑是一项综合性的施工技术，而原材料控制是最基础的环节，直接影响着混凝土的成品质量。对于原材料由专人进行检查验收，对砂、石等骨料先目测检验，合格后按照代表批量要求检测材料的技术指标是否符合要求，要求厂家提供相应检测报告，并做好复试。

6.1.2　模板选择

1. 模板龙骨均应两面刨光，平整度为±1mm。
2. 模板面板在混凝土成型效果为清水混凝土的部位均应使用新模板。
3. 看台板阳角倒角模板使用前应涂刷桐油，以利于模板拆除。

6.2　机具设备使用（表6.2）

机具设备表　　　　　　　　　　　　表6.2

序　号	机械、设备名称	规格型号	数量	备　注
1	电焊机	BX1-300/200	4	
2	空压机	W-0.9/8	1	
3	手提式磨光机	ZX-5	6	
4	振捣棒	HZ6-50/30	10	
5	电刨	BM503	2	
6	木工电锯	MJ105	2	
7	钢筋弯曲机	WJ40	2	
8	钢筋切断机	GJ-40	1	
9	钢筋调直机	GT4-14	1	
10	直螺纹套丝机	TS16～32	2	

7. 质 量 控 制

7.1　现浇清水混凝土看台板施工质量允许偏差检测标准

在整个看台板施工过程当中，通过不断的摸索，大胆尝试创新，以《建筑结构长城杯工程质量评审标准》DBJ/T 01—69—2003)、《混凝土结构工程施工质量验收规范》GB 50204—2002等相关规范规程为依据，结合现场实际情况，制定了适用于现浇清水看台板的质量验收标准。

7.1.1 钢筋工程

钢筋安装位置的允许偏差和检验方法　　　　表 7.1.1

序号	项　　目		允许偏差值(mm)	检 验 方 法
1	绑扎钢筋网	长、宽	±10	钢尺检查
		网眼尺寸	±10	钢尺量连续三档,取最大值
2	绑扎钢筋骨架	长	±10	钢尺检查
		宽、高	±5	钢尺检查
3	受力钢筋	间距	±10	钢尺检查
		排距	±5	钢尺检查
4	预埋套管	中心线位置	3	钢尺检查
5	绑扎箍筋、横向钢筋间距		±10	钢尺量连续五档,取最大值
6	钢筋弯起点位置		15	钢尺检查
7	梁板钢筋保护层		±3	钢尺检查

7.1.2 模板工程

清水混凝土模板安装允许偏差及检查方法　　　　表 7.1.2

序号	项　　目		允许偏差(mm)	检 查 方 法
1	轴线位置	梁	3	钢尺检查
2	截面模内尺寸	梁	±2	钢尺检查
3	底模上表面标高		±3	水准仪或拉线、钢尺检查
	相邻板面的高低差		1	钢尺检查
	垂直度		3	经纬仪或吊线、钢尺检查
	表面平整度		2	2m靠尺和塞尺检查
4	阴阳角	方正	2	方尺和楔形靠尺检查
		顺直	2	5m线尺检查
5	预埋套管	中心线位置	2	钢尺检查
6	预留洞口	中心线位移	3	拉线和钢尺检查
		尺寸	+4,0	钢尺检查

7.1.3 混凝土工程

1. 混凝土表面观感

1）颜色：色彩统一，表面清洁；不应有隔离剂污染、锈斑。应为统一的浅色混凝土；不应有明显的色差。

2）外观质量：混凝土表面密实整洁，面层平整，阴阳角整齐平直，梁柱节点或楼板与墙体交角、线、面清晰，无油迹、锈斑、粉化物，无流淌和冲刷痕迹。

3）修补：除了结构工程师给定的规格中所允许的修补范围外，尽量避免其他的修补工作，且这些修补应与已被接受的样本保持一致。尽量一次就完成表层饰面工作而不要进行修补。在对表层饰面进行任何修补前（例如消除表面明显的瑕疵），应与设计方、监理方协调，所有的气泡都应被填平，所有不平整处都要磨平。以达到光滑、平整的效果。

4）对拉螺栓孔眼整齐，孔洞封堵密实平整，颜色基本同墙面一致。

5）混凝土保护层准确，无露筋；预留孔洞、施工缝、后浇带洞口整齐。

2. 结构控制偏差

清水混凝土允许偏差及检测方法   表 7.1.3

序号	项　　目	允许偏差（mm）	检查方法
1	梁板轴线位置	4	钢尺检查
2	垂直度	4	吊线和钢尺检查
3	标高	±5	水准仪和钢尺检查
4	截面尺寸	±2	钢尺检查
5	表面平整度	3	2m靠尺和塞尺检查
6	禅线交圈	2	钢尺检查
7	接缝错台	1	2m靠尺和塞尺检查
8	看台板宽高	±3	钢尺检查
9	预留套管中心线	4	钢尺检查
10	混凝土表面裂缝	宽度<0.1mm，长度<40mm	放大镜

7.2 质量保证措施

7.2.1 施工准备过程的质量控制

严格图纸会审，积极主动地与设计进行协调和沟通与配合，以避免各专业的衔接不到位或矛盾的问题。优化施工方案和合理安排施工程序，做好每道工序的质量标准和施工技术交底工作。

7.2.2 钢筋工程

钢筋绑扎前的定位、放线、抄平都应按精度要求弹线；钢筋的定位卡要严格控制加工制作精度，保护层的控制垫块质量要严格；钢筋连接要逐个接头检查做好标记。混凝土浇筑过程中要派专人进行钢筋位移的监控，发现问题马上纠正。

7.2.3 模板工程

选用高精度的模板加工机械，制定严格的模板加工质量控制标准，做好模板的受力计算，对变形进行严格控制，模板与已浇筑的混凝土结构要封闭严实，防止漏浆。支撑模板的方木要求过刨。清水混凝土面使用的模板表面要求平整光滑，任何部位不得有毛刺。

为保证清水模板的组合效果，弧形模板施工前要进行预拼，对拼装后的模板表面平整度、截面尺寸、阴阳角、相邻板面高低差以及对拉螺栓组合安装情况进行校核，以保证模板质量，预拼后在模板背面编号，方便安装。

模板拆除时，严格按照施工方案的拆除顺序进行，并加强对清水饰面混凝土的成品保护。

7.2.4 混凝土工程

混凝土的质量要严格从原材料的选用、外加剂的选用和试验、脱模剂的选用、养护、浇筑工艺上采取严格的措施来保证。混凝土的原材料统一品种、统一规格、并有足够储量能够满足工程需求，配合比要根据浇筑温度、砂石含水率等因素进行及时调整并保证计量准确。正式工程施工前必须制作样板，符合要求后进行大面积施工。选择好的振捣和高级抹灰工人，从下灰方式、振捣方式、振捣时间、养护措施等方面形成一套标准的、数据化的施工工艺。对清水混凝土的施工制定全过程的质量监控措施。严格控制浇筑速度，保障配备足够的抹压人员，避免因人员不足造成错过最佳抹压时机。

8. 安　全　措　施

8.1 建立安全生产管理制度和工地安全值班制度，每项施工工序必须有详细的技术、安全交底，签字齐全，严格贯彻各项生产管理制度和操作规程，做到只要有人施工就要有安全员在现场。及时发现和纠正安全隐患。

8.2 所有参施人员都必须进行进场前的安全教育，考试合格后方可施工，一线工人应掌握本工种操作技能，熟悉本工种安全技术操作规程，特种作业人员必须持证上岗，该复审的必须复审，佩戴相应的劳动保护用品。

8.3 施工用电

8.3.1 工作面采用低压照明，导线不得随地拖拉或绑在架子上，电箱内开关及电器必须完整无损，接线正确。各类接触装置灵敏可靠，绝缘良好，无灰、无杂物、固定牢固。

8.3.2 所有电器设备，一律安装漏电保护器，设备和线路必须良好，各种电动设备必须接零、接地，开关箱与用电设备实行一机、一闸、一保险。

8.3.3 为了防止电气火灾的发生蔓延和进行有效补救，施工现场配备足够的（1211）灭火器。

8.4 其他安全注意事项

8.4.1 进行看台板混凝土浇筑时，严禁操作人员站在上一看台部位上不做任何措施双手扶吊斗杆，要挂好安全带，出料口不能正对着人。

8.4.2 机电设备做好接零保护及漏电断电保护装置，大风天、雨天过后要对所有安全设施进行仔细检查，清除隐患后方可继续施工，雨天过后施工人员要穿好防滑鞋。

8.4.3 工人上下班走专门马道，严禁顺着已浇筑完成的看台斜梁上下行走。

9. 环 保 措 施

9.1 在工程施工中严格遵守国家和地方政府下发的有关环境保护的法律、法规和规章，加强对施工燃油、工程材料、设备、废水、生产生活垃圾、弃渣的控制和治理，遵守有关防火及废弃物处理的规章制度。

9.2 加强对混凝土泵、混凝土罐车操作人员的培训及责任心教育，保证混凝土泵、混凝土罐车平稳运行、协调一致，禁止高速运行。要求混凝土泵操作人员加强对混凝土泵的维修保养，及时进行监控。

9.3 现场设置沉淀池、污水井，罐车在出现场前均要用水冲洗，以保证市政交通道路的清洁，减少粉尘的污染。沉淀后的清水再用作洗车水重复使用。

9.4 选用高性能、低噪声、少污染的设备，如采用低噪声振捣设备，对混凝土泵搭设隔声棚。

10. 效 益 分 析

本工法的实施使现浇清水混凝土看台板在大型场馆工程建设中得到了实现，在国内尚属首次，同预制看台板施工相比大大降低了工程造价，提高了看台板的整体抗震性能。避免了现场吊装，满足了施工现场交叉施工的需要，缩短施工工期2个月；同有装饰面层的传统看台板施工相比同样降低了工程造价，减少了二次湿作业，缩短了工期，减轻了看台的自重荷载，形成了较好的经济效益。

11. 应 用 实 例

国家体育馆看台板工程

11.1 工程概况

国家体育馆是北京 2008 年第 29 届奥运会三大著名场馆之一，由主场馆和热身馆两部分组成，结构体系为型钢混凝土—钢支撑—框架剪力墙混合结构，屋盖结构为双向张弦钢网格空间带索结构，南北长 212.5m，东西宽 122.5m，建筑高度 42.747m，总建筑面积 80890m²，地下一层，地上四层。

看台部分面积约为 11688 m²，北部看台为一层，由 38 级台阶组成，东、南、西部看台分两层，下层看台 20 级，上层看台从 13 级～20 级不等，其中南北部分整体为弧形，看台宽 700～1550mm 共 5 种，高 370～780mm 共 18 种，参见图 11.1-1、图 11.1-2。

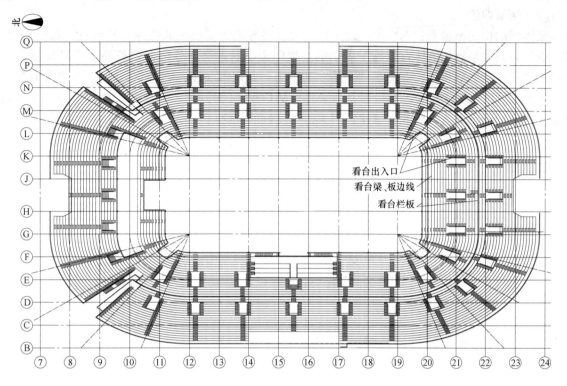

图 11.1-1 看台板平面布置图

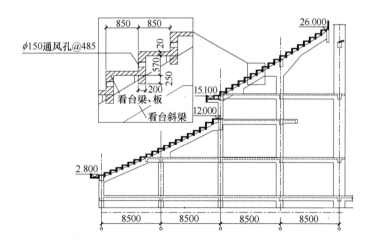

图 11.1-2 看台板典型断面图

11.2 施工情况

我国清水混凝土的发展还处于起步阶段，尚未形成成套的标准和成熟的施工工艺，北京市关于《清水混凝土施工技术规程》的地方标准也在征求意见过程中。目前国家体育馆看台板施工已经完成，经过精心设计、精心施工，看台板线条流畅、颜色均匀、表面光滑，完全达到设计要求。对拉螺栓布置整齐、有规律，所有模板拼缝无漏浆，蝉缝、明缝交圈。通风洞定位准确，成型良好。在业主、监理等相关单位的见证下，对看台板进行了大面积现场实测实量：梁板轴线位置偏差不超过 3mm；每台阶垂直度偏差在 2mm 以内；各台阶相对标高控制在 ±2mm 以内，总标高控制在 ±4mm 以内；截面尺寸偏差 ±2mm 以内；以 2m 平靠尺检测表面平整度无大于 2mm 的突兀，全长不大于 6mm；各处禅缝交圈偏差 2mm；接缝处错台偏差 1mm 以内；预留套管中心线位移在 3mm 以内，完成面质量混凝土表面无露筋、加渣、蜂窝、麻面、明显气泡、无裂缝；表面无灰浆渗漏现象。

11.3 结果评价

国家体育馆作为举世瞩目的一项奥运工程，社会各界给予了极大的关注，看台板工程作为"门脸"工程，更是直接关系到国家体育馆施工质量的直接印象，通过努力整个看台板施工质量优良，顺利通过了两次"长城杯"的检查，获得了"全精"的成绩，北京市政府、奥组委、"08"办等各界都给予了很高的评价，在各次兄弟单位互检中，都有着良好的口碑，2006 年 10 月 1 日，胡锦涛总书记视察国家体育馆，特别给予了首肯，为北京城建集团赢得了良好的社会信誉。

GKP 外墙外保温（聚苯板聚合物砂浆增强网做法）面砖饰面施工工法

YJGF010—2006

北京住总集团有限责任公司

鲍宇清　钱选青　王文波　周宁　龚海光

1. 前　言

随着国家经济的发展和国际能源问题的日益突出，建筑节能已成为国家的一项重要国策。外墙外保温由于热桥少房间热稳定好等诸多优点，已成为目前墙体节能保温的主要做法。1994 年北京住总集团开发了 GKP 外墙外保温技术，于 1996 年通过北京市建委组织的技术鉴定，1999 年度荣获建设部科技进步三等奖，2003 年获得国家发明专利（专利号为 ZL 96 1 20602.0）并颁布了企业标准，之后在此基础上经过对材料进一步改进和完善，大大优化了工艺方法，使之更好地适用于面砖饰面的外墙外保温工程。在 GKP 外墙外保温技术的基础上，经过对大量的施工工程进行总结，完成本工法。

2. 工法特点

2.1 以聚苯板（模塑板或挤塑板）作保温层，导热系数小，保温可靠，可满足现行 65％及更高节能标准的要求。

2.2 粘钉结合的连接方式，确保与结构墙体的连接安全。

2.3 配套的材料和完善的工艺措施，系统具有可靠的耐久性。

3. 适用范围

本工法适用于各类地区新建建筑和既有建筑改造，采用聚苯板增强网聚合物砂浆做法外饰面为面砖的外墙外保温工程。

4. 工艺原理

本工法是在外墙外保温-聚苯板玻纤网格布聚合物砂浆做法的基础上，针对外饰面为面砖，饰面荷载增大，为抵抗保温材料剪切变形和高空风压，达到《建筑工程饰面砖粘接强度检验标准》JGJ 110 标准，满足面砖拉拔强度≥0.4MPa 要求的外保温施工工法。本工法的外保温系统采用与基层墙体粘钉结合的连接方式，按设计或每两层设一道托架；使用新型聚合物砂浆，增强网采用与砂浆握裹力好的先焊后热浸镀锌钢丝网，7～11mm 聚合物砂浆防护；高性能的饰面砖胶粘剂和填缝剂，并采取多种构造措施；确保了外保温饰面砖做法的系统安全性和耐久性。

5. 施工工艺流程及操作要点

5.1　基本构造及工艺流程

5.1.1　基本构造见图 5.1.1 基本构造示意图。

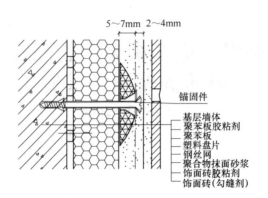

图 5.1.1　基本构造示意图

5.1.2　工艺流程

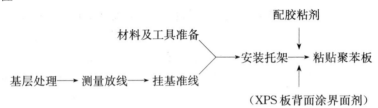

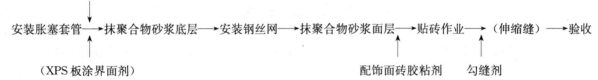

5.2　操作要点

5.2.1　放线

根据建筑立面设计和外保温技术要求，在墙面弹出外门窗水平、垂直控制线及伸缩缝线、装饰线条、装饰缝线等。

5.2.2　拉基准线

在建筑外墙大角（阳角、阴角）及其他必要处挂垂直基准钢线，每个楼层适当位置挂水平线，以控制聚苯板的垂直度和平整度。

5.2.3　XPS板背面涂界面剂

如使用XPS板，在XPS板与墙的粘结面上涂刷界面剂，晾置备用。

5.2.4　配聚苯板胶粘剂

按配制要求，严格计量，机械搅拌，确保搅拌均匀。一次配制量应少于可操作时间内的用量。拌好的料注意防晒避风，超过可操作时间后不准使用。

5.2.5　安装托架

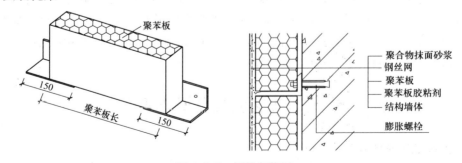

图 5.2.5　托架安装图

1. 从最下层粘贴聚苯板处弹水平线，沿线安装托架，方法见图5.2.5托架安装图。

2. 托架依据结构层高和聚苯板尺寸按设计要求留设，若无要求则每两楼层留设一道，以在楼板位置为宜；若结构本身有挑出构造，可替代托架。

3. 托架应做防腐蚀处理。

5.2.6 粘贴聚苯板

排板按水平顺序进行，上下应错缝粘贴，阴阳角处做错茬处理；聚苯板的拼缝不得留在门窗口的四角处。做法参见图5.2.6-1聚苯板排列示意图。

聚苯板的粘结方式有点框法和条粘法。点框法适用于平整度较差的墙面，条粘法适用于平整度好的墙面，粘结面积率不小于50％。不得在聚苯板侧面涂抹胶粘剂。具体做法参见图5.2.6-2聚苯板粘结示意图。

粘板时应轻柔、均匀地挤压聚苯板，随时用2m靠尺和托线板检查平整度和垂直度。注意清除板边溢出的胶粘剂，使板与板之间无"碰头灰"。板缝拼严，缝宽超出2mm时用相应厚度的聚苯片填塞。拼缝高差不大于1.5mm，否则应用砂纸或专用打磨机具打磨平整，打磨后清除表面漂浮颗粒和灰尘。

局部不规则处粘贴聚苯板可现场裁切，但必须注意切口与板面垂直。整块墙面的边角处应用最小尺寸超过300mm的聚苯板。

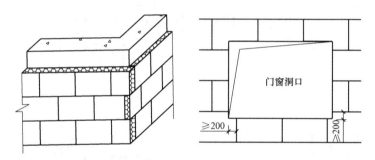

图5.2.6-1 聚苯板排列示意图

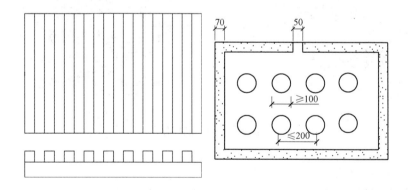

图5.2.6-2 聚苯板粘结示意图

5.2.7 安装胀塞套管

在聚苯板粘贴24h后按设计要求的位置打孔，塞入胀塞套管。

锚固件梅花形布置，在靠近阳角部位应局部加强。锚固件数量按照设计或甲方要求，不得少于4个/m²。见表5.2.7不同间距 a 每平方米锚固件数量表。

不同间距 a 每平方米锚固件数量表   表5.2.7

间距 a(mm)	300	350	400	450	500
个/m²	11	8	6	5	4

5.2.8 抹底层抹面砂浆

对套管孔进行保护处理后抹底层抹面砂浆，厚度5～7mm。

5.2.9 安装钢丝网

1. 抹完底层抹面砂浆24h后可铺设钢丝网，将锚固钉（附垫片）压住钢丝网插入胀塞套管，使钢丝网绷紧，绷平紧贴底层抹面砂浆，然后拧紧锚固钉。

2. 钢丝网裁剪宜保证最外一边网格的完整；钢丝网搭接不少于50mm，且保证2个完整网格的搭接；左右搭接接茬应错开，防止局部接头网片层数过多，影响抹灰质量；钢丝网铺设时应沿一边进行，尽量使钢丝网拉紧绷平。

3. 阴阳角和门窗口边的折边应提前按位置折成直角，保证转角处的垂直平整。门窗口处钢丝网卷边长度以掩至门窗口或附框口边为准；阴阳角400mm范围内不宜搭接。如图5.2.9-1阴阳角做法和图5.2.9-2洞口做法。

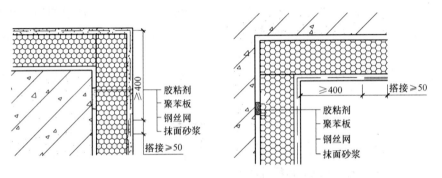

图 5.2.9-1 阴阳角做法

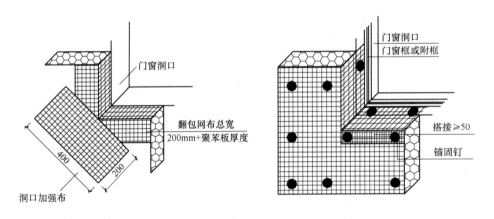

图 5.2.9-2 洞口做法

5.2.10 抹面层抹面砂浆

在钢丝网上抹面层抹面砂浆，厚度2～4mm，钢丝网不得外露。

砂浆抹灰施工间歇应在自然断开处，如伸缩缝、挑台等部位，以方便后续施工的搭接。在连续墙面上如需停顿，面层砂浆不应完全覆盖已铺好的钢丝网，需与钢丝网、底层砂浆形成台阶形坡茬，留茬间距不小于150mm，以免钢丝网搭接处平整度超出偏差。

5.2.11 "缝"处理

伸缩缝、结构沉降缝的处理。伸缩缝施工时，分格条应在抹灰工序时就放入，待砂浆初凝后起出，修整缝边；缝内填塞发泡聚乙烯圆棒（条）作背衬，再分两次勾填建筑密封膏，勾填厚度为缝宽的50%～70%。沉降缝根据具体缝宽和位置设置金属盖板，以射钉或螺钉紧固。具体做法如图5.2.11-1伸缩缝做法、图5.2.11-2沉降缝做法。

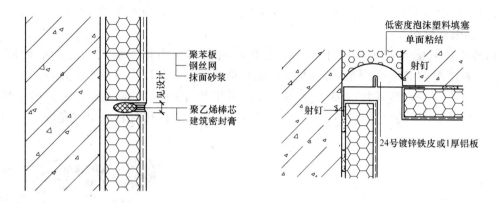

图 5.2.11-1　伸缩缝做法　　　　　　　图 5.2.11-2　沉降缝做法

5.2.12　面砖饰面作业

应在样板件测试合格，抹面砂浆施工 7d 后抹灰基面达到饰面施工要求时进行面砖饰面作业。

1. 弹分格线、排砖

在抹面砂浆上，按排砖大样图和水平、垂直控制线弹出分格线。

根据深化设计图和实际尺寸，结合面砖规格进行现场排砖。排砖时水平缝应与门窗口平齐，竖向应使各阳角和门窗口处为整砖。同一墙面上的横、竖排列，不得有一行以上的非整砖，非整砖应排在不明显处，即阴角或次要部位，且不宜小于 1/2 整砖。通常用缝宽来调整整面砖排列尺寸，但砖缝宽度应不小于 5mm，不得采用密缝。墙面突出的卡件、孔洞处面砖套割应吻合，排砖应美观。具体做法见图 5.2.12-1。

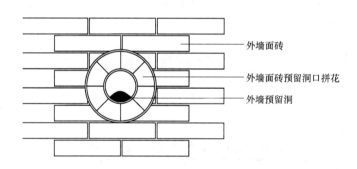

图 5.2.12-1　外墙预留洞口面砖套割示意图

2. 浸砖

将选好的面砖清理干净，浸水 2h 以上，并清洗干净，待表面晾干后方可粘贴。

3. 粘贴面砖

1）先粘贴标砖作为基准，控制面砖的垂直、平整度和砖缝位置、出墙厚度。然后在每一分格内均挂横竖向通线，作为粘贴标准，自下而上进行粘贴。粘结层厚度宜为 4~8mm。先在各分格第一皮面砖的下口位置上固定好托尺，第一皮面砖落在托尺上与墙面贴牢，用水平通线控制面砖的外皮和上口，然后逐层向上粘贴。面砖粘贴时，面砖之间的水平缝用宽度适宜的米厘条控制，米厘条用贴砖砂浆临时粘贴，并临时加垫小木楔调整平整度。待粘贴面砖的砂浆强度达到 75% 时，取出米厘条。

2）面砖阳角拼接做法采用倒 2mm 角的做法，避免面砖出现"硬碰硬"现象。具体做法见图 5.2.12-2。

3）女儿墙压顶、窗台等部位需要粘贴面砖时，除流水坡度符合设计要求外，应采取顶面砖压立面砖的做法，防止向内渗水，引起空裂，

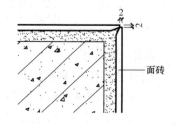

图 5.2.12-2　阳角倒角拼缝

同时还应采取立面中最下一排低于底面砖4～6mm的做法，使其起到滴水线（槽）的作用，防止尿檐引起污染，详细做法见图5.2.12-3。

4）饰面砖胶粘剂的披刮采用双布法，即先在墙面上用梳齿抹子满刮一道饰面砖胶粘剂（图5.2.12-4）。再在砖背面满抹一层饰面砖胶粘剂，然后把面砖粘贴到墙上，用小铲轻轻敲击，使之与基层粘结牢固，并用靠尺检查，调整平整度和垂直度，用开刀调整面砖的横竖缝。在粘结层初凝前或允许的时间内，可调整面砖的位置和接缝宽度，使之附线并敲实；在初凝后或超过允许的时间后，严禁振动或移动面砖。

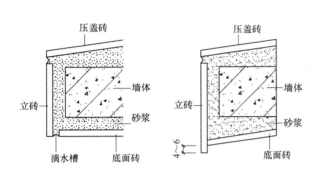

图5.2.12-3 滴水线（槽）示意图

图5.2.12-4 饰面砖胶粘剂披刮示意图

4. 勾缝

勾缝应按设计要求的材料和深度进行。勾缝应连续、平直、光滑、无裂纹、无空鼓。勾缝宜按先水平后垂直的顺序进行，缝宽5mm时，缝宜凹进面砖2～3mm。勾缝后要及时用干净的布或棉丝将砖表面擦干净，防止污染墙面。

6. 材料与设备

6.1 系统要求

其技术指标应符合表6.1要求。

GKP面砖饰面外保温系统技术要求　　　　　　　　　　表6.1

项　　目			指　　标
系统热阻，(m² · K)/W			复合墙体热阻符合设计要求
耐候性	外观质量		无宽度大于0.1mm的裂缝，无粉化、空鼓、剥落现象
	拉伸粘结强度，MPa	EPS	切割至聚苯板表面 ≥0.10
		XPS	切割至聚苯板表面 ≥0.20
		饰面砖	切割至抹面砂浆表面 ≥0.4
	24h吸水量，g/m²		≤500
	耐冻融（10次）		裂纹宽度≤0.1mm，无空鼓、剥落现象

6.2 聚苯板

应符合GB/T 10801.1《绝热用模塑聚苯乙烯泡沫塑料》或GB/T 10801.2《绝热用挤塑聚苯乙烯泡沫塑料》标准的要求，其技术指标见表6.2-1和表6.2-2。EPS板上墙前，应在自然条件下陈放不少于42d或在60℃蒸汽中陈放不少于5d；XPS板应在自然条件下陈放不少于28d。聚苯板的尺寸宽度不宜超过1200mm，高度不宜超过600mm。

聚苯乙烯泡沫塑料板技术要求   表 6.2-1

项　　目		指　　标	
		EPS	XPS
导热系数,W/(m·K)		≤0.042	符合 GB/T 10801.2 中 5.3 的要求
表观密度,kg/m³		≥18	—
熔结性	断裂弯曲负荷,N	≥25	—
	弯曲变形,mm	≥20	≥10
尺寸稳定性,%		≤0.5	≤1.2
水蒸气透湿系数,ng/(Pa.m.s)		2.0～4.5	1.2～3.5
吸水率,%(v/v)		≤4	≤2
燃烧性		B2 级	B2 级

聚苯板的允许偏差   表 6.2-2

项　　目		允许偏差	项　　目	允许偏差
厚度,mm	不大于 50	±1.5	高度,mm	±1.5
	大于 50	±2.0	对角线差,mm	±3.0
宽度,mm	≤900	±1.5	板边平直,mm	±2.0
	>900	±2.5	板面平整度,mm	−1.5,+2

6.3　聚苯板胶粘剂

其技术要求见表 6.3。

聚苯板胶粘剂技术要求   表 6.3

项　　目		指　　标
拉伸粘结强度,MPa(与水泥砂浆)	常温常态	≥0.60
	耐水	≥0.40
拉伸粘结强度,MPa(与模塑板)	常温常态	≥0.10
	耐水	≥0.10
拉伸粘结强度,MPa(与配套的挤塑板)	常温常态	≥0.20
	耐水	≥0.20
聚苯板胶粘剂与基层墙体拉伸粘结强度,MPa		≥0.3
可操作时间,h		≥2
与聚苯板的相容性,mm		剥蚀厚度≤1.0

6.4　聚合物抹面砂浆

其技术要求见表 6.4。

聚合物抹面砂浆技术要求   表 6.4

项　　目		指　　标
拉伸粘结强度,MPa(与模塑板)	常温常态	≥0.10
	耐　水	≥0.10
	耐冻融	≥0.10
拉伸粘结强度,MPa(与挤塑板)	常温常态	≥0.20
	耐　水	≥0.20
	耐冻融	≥0.20
抗压强度/抗折强度		≤3.0
抗拉强度,MPa	常温常态	≥0.5
	耐　水	≥0.5
	耐冻融	≥0.5
可操作时间,h		≥2
与聚苯板的相容性,mm		剥蚀厚度≤1.0

6.5 增强材料

采用后热浸镀锌电焊钢丝网其性能指标应符合表6.5的要求。

镀锌钢丝网的技术要求 表6.5

项 目	后热镀锌电焊网	项 目	后热镀锌电焊网
钢丝直径,mm	0.8～1.0	焊点抗拉力,N	≥65
网孔中心距,mm	12～26	断丝,处/m	≤1
镀锌层质量,g/m²	≥122	脱焊,点/m	≤1

6.6 机械锚固件

制作的金属机械锚固件应经耐腐蚀处理；塑料套管和圆盘应用聚酰胺（PA6 或 PA6.6）、聚乙烯（PE）或聚丙烯（PP）等材料制成，不得使用回收料。

机械锚固件的主要技术性能指标 表6.6

试 验 项 目	技 术 指 标
拉拔力,kN	在 C25 以上的混凝土中,≥0.60

螺钉长度和有效锚固深度根据基层墙体材料和设计要求并参照生产厂使用说明确定。

6.7 饰面砖

其性能指标应符合表6.7的要求。

饰面砖的主要技术性能指标 表6.7

试 验 项 目	技 术 指 标	试 验 项 目	技 术 指 标
吸水率注,%	0.5～6.0	单位面积质量,kg/m²	≤20
面 积,mm²	≤15000	抗冻性	经冻融试验后无裂缝或破坏
厚 度,mm	≤10		

注:耐候性试验拉拔强度符合 JGJ 110 的陶质砖,吸水率可适当放宽。

6.8 饰面砖胶粘剂

应采用水泥基粘结材料，其性能指标应符合表6.8的要求。

饰面砖胶粘剂的主要技术性能指标 表6.8

试 验 项 目		技 术 指 标
与饰面砖拉伸粘结强度,MPa	原强度	≥0.5
	浸水后	≥0.5
	热老化后	≥0.5
	冻融循环后	≥0.5
20min 晾置时间,MPa		≥0.5
滑移,mm		≤0.5
横向变形,mm		≥1.5

6.9 填缝剂

其性能指标应符合表6.9的要求。

填缝剂的主要技术性能指标 表6.9

项 目		指 标
与饰面砖拉伸粘结强度,MPa	原强度	≥0.1
	浸水后	≥0.1
	热老化后	≥0.1
	冻融循环后	≥0.1
横向变形,mm		≥2.0
吸水量,g	30min	<2
	240min	<5
28d 的线性收缩值,mm/m		<3.0
抗泛碱性		无可见泛碱

6.10 其他材料

6.10.1 发泡聚乙烯圆棒或条。用于填塞伸缩缝，作密封膏的背衬材料，直径（宽度）为缝宽的1.3倍。

6.10.2 建筑密封膏。应采用聚氨酯、硅酮、丙烯酸酯型建筑密封膏，其技术性能除应符合《聚氨酯建筑密封膏》JC 482—92、《建筑用硅酮结构密封胶》GB 16776—1997、《丙烯酸酯建筑密封膏》JC/T 484—92的有关要求外，还应与外保温系统相容。

6.11 机具设备

外接电源设备、电动搅拌器、开槽器、角磨机、电锤、称量衡器、密齿手锯、壁纸刀、剪刀、螺丝刀、钢丝刷、腻子刀、抹子、阴阳角捋子、托线板、2m靠尺、墨斗等。

7. 质量控制

主控项目

7.1 外墙外保温系统性能及所用材料，应符合国家和本市有关标准的要求。材料进场后，应做质量检查和验收，其品种、规格、性能必须符合设计要求。

检验方法：检查系统形式检验报告和材料的产品合格证，现场抽样复验。复检材料及项目见表7.1。

材料现场抽样复验项目　　　　　　　　　　　　　　　　　　　　表7.1

序号	材料名称	现场抽样数量	复验项目	判定方法
1	聚苯板	以同一厂家生产、同一规格产品、同一批次进场，每500m³为一批，不足500m³亦为一批。每批随即抽取3块样品进行检验	导热系数、表观密度，抗拉强度，尺寸稳定性，燃烧性能	复验项目均符合本工法第6章技术性能，即判为合格。其中任何一项不合格时应从原批中双倍取样对不合格项目重检，如两组样品均合格，则该批产品为合格，如仍有一组以上不合格，则该批产品判为不合格
2	聚苯板胶粘剂	每20t为一批，不足20t亦为一批。对砂浆从一批中随机抽取5袋，每袋取2kg，总计不少于10kg，液料则按GB 3186《涂料产品的取样》进行	常温常态和浸水拉伸粘结强度（与水泥砂浆）	
3	抹面砂浆	同聚苯板胶粘剂	常温常态和浸水拉伸粘结强度（与聚苯板），柔韧性	
4	镀锌钢丝网	每7000m²为一批	网孔中心距，丝径，上锌量，焊点抗拉力	
5	饰面砖胶粘剂	每30t为一批，不足30t亦为一批。其余同聚苯板胶粘剂	拉伸粘结强度（原强度）	
6	填缝剂	同饰面砖胶粘剂	吸水量	

7.2 聚苯板与墙面必须粘结牢固，无松动和虚粘现象。聚苯板胶粘剂与基层墙体拉伸粘结强度不得小于0.3MPa。粘结面积率不小于50％。

检验方法：观察；按JGJ 110的方法实测干燥条件下聚苯板胶粘剂与基层墙体的拉伸粘结强度；检查隐蔽工程验收记录。

7.3 锚固件数量、锚固位置和锚固深度应符合设计要求。

检验方法：观察；卸下锚固件，实测锚固深度；卡尺量。

7.4 聚苯板的厚度必须符合设计要求，其负偏差不得大于3mm。

检验方法：用钢针插入和尺量检查。

7.5 抹面砂浆与聚苯板必须粘结牢固，无脱层、空鼓，面层无爆灰和裂缝等缺陷。抹面砂浆与聚苯板拉伸粘结强度，采用 EPS 时不得小于 0.10 MPa，采用 XPS 时不得小于 0.20MPa。

检验方法：观察；按《建筑工程饰面砖粘接强度检验标准》JGJ 110 的方法实测样板件抹面砂浆与聚苯板拉伸粘结强度；检查施工纪录。

7.6 饰面砖粘贴必须牢固，饰面砖粘结强度不得小于 0.4MPa。

检验方法：按 JGJ 110 的方法实测样板件饰面砖粘结强度；检查施工纪录。

一般项目

7.7 聚苯板安装应上下错缝，挤紧拼严，拼缝平整，碰头缝不得抹胶粘剂。

检验方法：观察；检查施工纪录。

7.8 聚苯板安装允许偏差应符合表 7.8 的规定。

聚苯板安装允许偏差和检验方法 　　　　　　　　　　　表 7.8

项次	项　目	允许偏差（mm）	检　查　方　法
1	表面平整	3	用 2m 靠尺楔形塞尺检查
2	立面垂直	3	用 2m 垂直检查尺检查
3	阴、阳角垂直	3	用 2m 托线板检查
4	阳角方正	3	用 200mm 方尺检查
5	接茬高差	1.5	用直尺和楔形塞尺检查

7.9 钢丝网应铺压平整，不得露于抹面砂浆之外。增强网的搭接长度必须符合规定要求。

检验方法：观察；检查施工纪录。

7.10 变形缝构造处理和保温层开槽、开孔及装饰件的安装固定应符合设计要求。

检验方法：观察；手扳检查。

7.11 外保温墙面抹面砂浆层的允许偏差和检验方法应符合表 7.11 的规定。

外保温墙面层的允许偏差和检验方法 　　　　　　　　　表 7.11

项次	项　目	允许偏差（mm）	检　查　方　法
1	表面平整	4	用 2m 靠尺楔形塞尺检查
2	立面垂直	4	用 2m 垂直检测尺检查
3	阴、阳角方正	4	用直角检测尺检查
4	分格缝（装饰线）直线度	4	拉 5m 线，不足 5m 拉通线，用钢直尺检查

8. 安 全 措 施

8.1 在进入现场必须戴安全帽。制定和落实防止工具、用具、材料坠落的措施，施工现场严禁上下抛扔工具等物品。

8.2 从事施工作业高度在 2m 以上时必须采取有效的防护措施，系好安全带，防止坠落。

8.3 必须对脚手架进行安全检查，确认合格后方可上人。脚手架应满铺脚手板，并固定牢固，严禁出现探头板。

8.4 使用手持电动工具均应设置漏电保护器，戴绝缘手套，防止触电。机械发生事故时，非机电维修人员严禁维修作业。

9. 环 保 措 施

9.1 施工时脚手架或吊篮应加强围挡，避免聚苯板碎屑遗撒。

9.2 专人及时清理、装袋并将废料放置到指定地点，及时清运。

9.3 靠近居民生活区施工时，要控制施工噪声。需夜间运输时，车辆不得鸣笛，减少噪声扰民。

10. 效 益 分 析

GKP外墙外保温面砖饰面施工是墙体节能的重要工法，可满足北京市节能65％的要求。并解决了在外保温系统上贴面砖的难题。北京市每年的竣工面积超过5000万 m²，若20％贴面砖，而且其中仅20％按GKP外墙外保温面砖饰面施工工法施工，每年就有200万 m²。按65％节能，其能耗从25.2kg/m²降到8.8 kg/m²，每年将节约32800t标准煤，同时减少大量的二氧化碳等有害气体排放。而且饰面砖安全性差也会产生巨大的质量成本，甚至造成人身事故。GKP外墙外保温面砖饰面施工工法的应用解决了这一难题，保证饰面砖的安全，不但会大大减少不安全因素，降低质量成本，同时给施工方带来巨大的经济效益。

11. 应 用 实 例

11.1 朝阳区潘家园漪龙台公寓外保温工程概况

漪龙台工程位于朝阳区潘家园，为檐高72m的高层公寓，外保温施工始于2003年3月，终于2003年7月，由新兴建设二公司施工，采用GKP面砖饰面外墙外保温施工工法施工。

该工程为北京第一个高层后粘聚苯板做法外保温贴砖工程。针对该项目，在先期邀请了业内的部分专家对这种工艺和该项目进行研讨，基本可行后在施工现场模拟工程实况进行样板墙实验，进行了大量的测试，获得了丰富的第一手资料。这些工作获得了甲方和施工总包单位的认可。

外保温施工由总包单位新兴建设二公司负责，主要材料由北京住总技术开发中心提供，现场进行技术指导，进行全程技术监督。该工程采用聚合物砂浆胶粘剂外贴50mm厚密度22kg的聚苯板，粘结面积50％，每平方米设置6～8套锚固件，将玻纤网改成钢丝网，保护层厚度为10mm，外侧用饰面砖胶粘剂粘贴面砖。为了检验工程实效，在每个部位完工后专门邀请检测单位立即进行实体检测，检测结果均符合相关要求。在工程完工当天又邀请北京市质检站进行了拉拔检测，结果是全满足JGJ 110标准的要求。

11.2 奥林匹克花园二期工程情况

该工程位于朝阳区东坝，为5～7层的低密度住宅区。2004年初北京奥林匹克投资置业有限公司因其一期工程采用的是常规的玻纤网薄抹灰做法，面砖施工质量效果不好。二期的20个栋号约48000m²保温面积的工程全部按照GKP面砖饰面外墙外保温施工工法交由北京住总技术开发中心施工，西立面、北立面粘贴40mm厚挤塑板保温，南立面、东立面粘贴30mm厚挤塑板保温，门窗洞口侧边粘贴15mm薄挤塑板。外侧钢丝网，抹灰厚度为8～10mm。在2004年5月～8月施工期后，该工程顺利通过了检测验收，工程质量良好，获得了甲方的好评。

11.3 顺义区后沙峪双裕住宅小区工程情况

该工程位于顺义区后沙峪，钢筋混凝土结构，地上7层，采用GKP面砖饰面外墙外保温施工工法施工，外贴50mm厚挤塑板保温，镀锌钢丝网增强，聚合物砂浆防护层，外墙保温面积38300m²。由北京天洋志普房地产开发有限公司开发，北京城建北方建设有限责任公司总承包。2005年9月施工。工程质量良好。

PRC轻质复合隔墙板施工工法

YJGF011—2006

北京城建集团有限责任公司　北京艾格科技有限公司　北京翔宇新型建材有限公司

肖专文　周辉　王念念　朱瑞璘　刘云

1. 前　　言

随着我国经济建设的发展、生活质量与生活水平的提高，对隔墙性能的要求越来越高，因此具有高技术含量的、节能、环保型新型轻质复合隔墙板的应用，也越来越广泛。PRC轻质复合隔墙板（纤维水泥板面阻燃发泡胶混凝土芯复合轻质墙板）是一种新型墙体材料，其结构是双面采用UAC植物纤维增强水泥面板，芯体采用轻骨料混凝土。该墙板具有强度高、绿色环保、隔声、保温、防火、防水、易切割等优点，尤其是施工时干作业、安装简便、省工省时、不易产生裂缝、墙体超高时通过使用钢结构分层法可达到超高隔墙的安装等特点，使PRC墙板在实际工程中的优势越来越明显、经济效益不断提高。

2006年2月15日，由北京市建委组织专家，对PRC轻质复合隔墙板材料进行了鉴定，与会专家对PRC隔墙板的性能给予了高度的评价，认为该墙板是一种高品质的新型环保、节能墙体材料，可广泛应用于各类建筑的非承重墙。

北京五棵松体育馆首次将PRC轻质复合隔墙板应用于大型体育场馆二次结构工程中。施工总包方北京城建集团协同分包单位北京艾格科技有限公司（墙板供应单位）和北京翔宇新型建材有限公司（隔墙施工单位），对PRC隔墙板施工工艺与施工工法进行了研究，特别是对超高、超长隔墙的安装方法、板缝的处理措施、各种连接节点以及开槽开洞等的做法进行了系统的研究，同时借鉴其他类似工程的施工经验，形成了有自己特色的PRC轻质复合隔墙板施工工法。工法的关键技术"超高PRC隔墙钢结构辅助分层安装方法"及"PRC墙板板缝防裂处理措施"属国内首创。

本工法成功应用于五棵松文化体育中心体育馆工程、天域新城大厦工程和北京会议中心京会花园酒店等工程中，其工程质量、施工进度等各方面均受到业主、现场监理、上级主管单位等有关部门的充分肯定。施工质量均达到优良。

2. 工法特点

2.1　针对超高、超长隔墙，一般墙板难以施工并达到设计要求的难题，本工法创造性地提出钢结构辅助分层安装法，即通过加设钢横梁、钢柱等辅助设施进行PRC墙板的安装，有效地解决了超高、超长隔墙的安装难题。

2.2　针对一般墙板在接缝处容易产生裂缝的通病，本工法创造性地提出了一种有效的板缝处理措施，即先用填缝砂浆填实，待缝隙之间的砂浆干透，28d后，再用建筑胶粘剂或聚合物砂浆粘贴纤维网格带封闭板缝。该方法成功地解决了板缝防裂的施工难题。

2.3　由于PRC墙板具有优越的性能，所以特别适用于对隔声、保温、防火、防水、环保等性能要求比较高的隔墙。

2.4　安装施工干作业，省工、省力、省时，缩短施工周期。

2.5　材料易切割，施工灵活、方便。

2.6　抗冲击，可钉钉子，可挂重物。

2.7 可锯，可开槽，埋设管线方便。

2.8 墙面平整，装修方便，不用抹灰，表面贴瓷砖时，不用做拉毛处理。

3. 适用范围

本工法适用于综合大厦、大型公建、体育馆、机场、酒店、商业楼、写字楼、住宅、医院、学校、公园、工业用房等建筑的各种非承重内隔墙的施工，如房间隔墙、厨卫隔墙、分户墙、外墙、隔声墙、防火墙等。特别是对隔声、保温、防火、防水、环保等性能要求比较高的隔墙，采用本工法，更能达到最佳经济效益。

4. 工艺原理

根据对隔墙功能的要求以及隔墙的尺寸，选择合适规格的 PRC 隔墙板，在现场按顺序逐块安装。板与主体结构之间的连接，采用钢件（角钢）固定连接，其间的缝隙采用砌筑水泥砂浆填充连接。板与板之间的连接，采用钢钎固定连接，其间的缝隙采用砌筑水泥砂浆填充连接。为防止板缝开裂，在板缝的表面采用聚合物砂浆粘贴网格带或建筑胶粘剂填缝处理。保证各连接节点牢固连接以及墙面平整、无缝隙。

5. 施工工艺流程及操作要点

PRC 轻质复合隔墙板的安装按墙高的不同，分为单层安装法和钢结构辅助分层安装法二种。墙高在板材极限高度以下的安装采用单层安装法；墙高超过板材极限高度以上的安装采用钢结构辅助分层安装法。下面分别加以说明。

5.1 PRC 轻质复合隔墙板的单层安装法

5.1.1 工艺流程

PRC 轻质复合隔墙板的单层安装法工艺流程图见图 5.1.1。

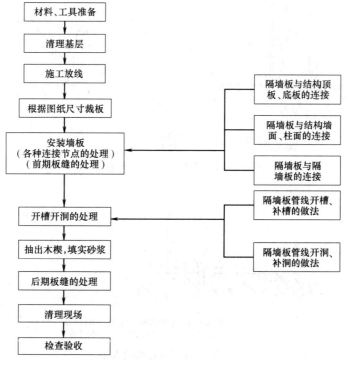

图 5.1.1 PRC 轻质复合隔墙板单层安装法工艺流程图

5.1.2 操作要点

1. 材料、工具准备：根据隔墙高度、隔墙功能要求、现场情况，选用合适规格的墙板材料、填缝辅料、连接件及其配套施工机具。

2. 清理基层：墙板在安装过程中，实行干法作业，应避免大面积淋水及泡水。墙板与结构体的接触面，应清扫干净，光滑的混凝土表面还应进行适当处理。

3. 施工放线：根据确认图的户型，在放好地面线的基础上，用线锤引伸到顶及墙、柱上，用墨斗放线，并明显地标出门洞位置。

4. 裁板：根据工程图纸墙面要求的尺寸进行裁板。要求裁板准确，搭接合理，避免不必要的浪费。

5. 安装固定钢件：

1）在每块板的上部与结构顶板或梁的结合处，安装固定的钢件（钢件一般采用 40×40×3×125 角钢，角钢固定采用 32 射钉或 M6×50 膨胀螺栓固定）。如顶面、底面板缝大于 3cm，可加大固定件规格。表面板缝采用聚合物砂浆粘贴网格带处理。

隔墙板顶部安装方法一（图 5.1.2-1）：

隔墙板顶部安装方法二（图 5.1.2-2）：

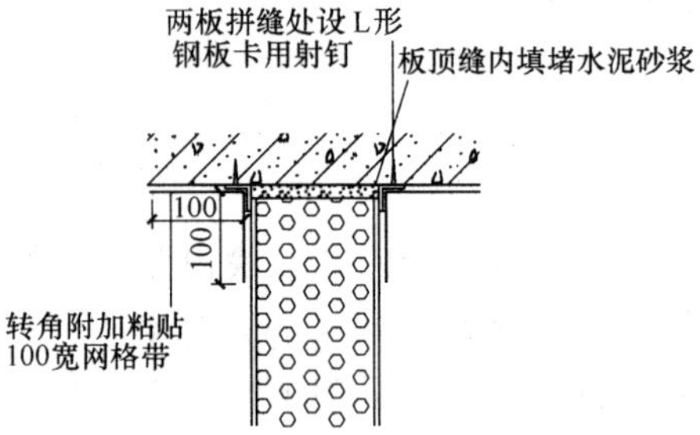

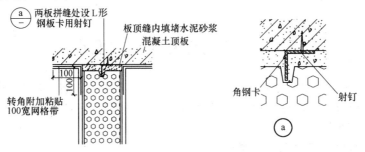

图 5.1.2-1 隔墙板顶部安装方法一

图 5.1.2-2 隔墙板顶部安装方法二

隔墙板底部安装方法（图 5.1.2-3）：

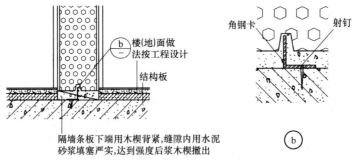

图 5.1.2-3 隔墙板底部安装方法

隔墙板底部放大图（图 5.1.2-4）：

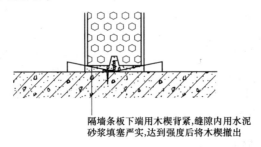

图 5.1.2-4 隔墙板底部放大图

2）结构墙面、柱面与墙板连接处安装固定钢件，墙高度超过3m时，墙、柱侧面每隔1m打一个钢件，门垛与结构墙连接需用10mm×160mm膨胀螺栓加固。板缝表面采用聚合物砂浆粘贴网格带处理。见图5.1.2-5。

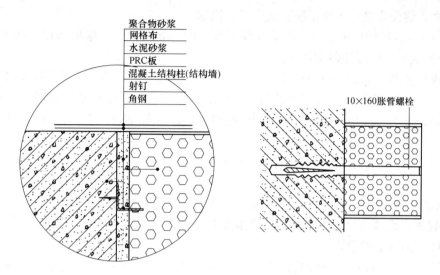

图5.1.2-5　墙板与结构墙面、柱面的连接

3）每块板与板之间用钢钎（φ6×250钢钎）斜插入连接（如采用200mm隔墙板应适当加长钢钎长度）。板缝表面采用聚合物砂浆粘贴网格带或建筑胶粘剂处理。保证墙面平整、无缝隙。如图5.1.2-6，图5.1.2-7所示。

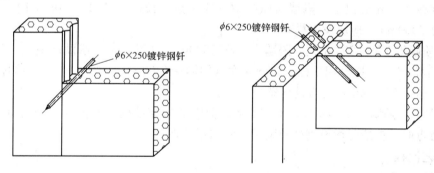

图5.1.2-6　板与板之间钢钎安装示意图

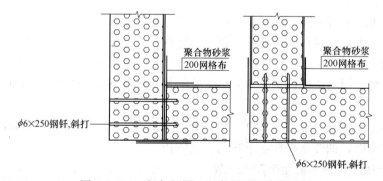

图5.1.2-7　板与板阴、阳角拼缝连接示意图

6. 安装墙板：将选配好的墙板从门口或墙端侧按型号顺序逐块安装。安装顺序如下：

1）用毛刷清刷干净墙板顶部、底部及两侧。

2）将与墙板连接的结构面及每块待安装的墙板刷水，使其充分湿润。

3）在墙板的顶面、地面抹一层粘结砂浆。

4）在两块墙板连接面的阴、阳榫处（板的侧面）刷水湿润，然后抹"八"字形胶砂浆。

5）将板块水平推至就位，使板与板或板与墙结构之间挤紧、拼严、压实，并保证侧面缝隙砂浆挤压密实，砂浆接缝厚度在 5～10mm 之间。

6）调整板面、侧面垂直用木楔子楔紧板底部、顶部。

7）校正，用 2m 靠尺校正平整度，用垂线校正垂直度，如有误，用橡皮锤轻击找正，然后再调整木楔子，使之楔紧底部，底缝用砂浆填实。

8）检查墙板与顶部、底部、板与板接缝的密实度，如密实不严，应及时补填密实砂浆。

9）清洁安装好的墙板表面，将挤出的多余砂浆清除，75、100mm 规格隔墙板板缝宽度应控制在 5～8mm；120、150、200mm 规格隔墙板板缝宽度应控制在 7～10mm，板缝深度控制在 3～5mm。

10）安装好的墙板，在 7d 之后，将底部、顶部木楔子抽出，用砂浆将空隙填实，并可进行开槽、开洞的工序。

11）待缝隙之间的砂浆干透，28d 左右，用建筑胶粘剂或聚合物砂浆粘贴纤维网格带封闭板缝。

5.2 PRC 轻质复合隔墙板的钢结构辅助分层安装法

5.2.1 钢柱及钢横梁增设原则

1. PRC 轻质隔墙 75 系列：隔墙高度在 4500mm 以下，无需增设钢结构横梁，如隔墙长度超过 6000mm，视门洞位置，应增设钢立柱。如隔墙高度在 3300mm 以下，隔墙与原结构有连接点，长度不超过 8000mm 时，无需增设钢柱。如隔墙高度超过 4500mm，应增设钢横梁。

2. PRC 轻质隔墙 100 系列：隔墙高度在 5000mm 以下，无需增设钢横梁，如隔墙长度超过 6000mm，视门洞位置，应增设钢立柱。门洞超宽（门洞≥1200mm）的墙面，在门洞位置应增设钢横梁。如隔墙高度在 3500mm 以下，隔墙与原结构有连接点，长度不超过 8000mm 时，无需增设钢柱。如隔墙高度超过 5000mm，应增设钢横梁。

3. PRC 轻质隔墙 150、200 系列：隔墙高度在 5500mm 以下，无需增设钢横梁，如隔墙长度超过 8000mm，视门洞位置，应增设钢立柱。门洞超宽（门洞≥1200mm）的墙面，在门洞位置应增设钢横梁。如隔墙高度超过 5500mm，应增设钢横梁。

4. 特殊情况下，隔墙高度不超高、不超长的，但隔墙与原结构无连接点（如门口、管井位置等），顶、地面无接触点时，视情况增设钢柱及钢梁，做加强处理。

5.2.2 工艺流程

工艺流程见图 5.2.2。

5.2.3 操作要点

1. 设计、选材：根据图纸按设计要求进行钢柱、钢横梁规格及所用连接件、配件等材料的选择，如有防火、防腐等级要求，应对所选材料进行相应的处理。

2. 钢柱、钢横梁材料检验：钢柱、钢横梁制做与安装需用的钢材，必须由供应部门提供合格证明及有关技术文件。钢柱、钢横梁所用钢材的质量必须严格满足国家有关的技术标准、规范和设计要求，确保工程质量。

3. 材料矫正：钢柱、钢横梁加工制做工艺时，矫正是关键的工序，是确保钢柱、钢横梁安装质量重要环节。对于各种型材，如变形超标，下料前应以矫正。

4. 钢结构柱脚连接件和钢横梁连接件的安装

1）将钢柱脚连接件（钢板）用膨胀螺栓安装在结构顶板及地面上。见图 5.2.3-1。

2）将钢横梁连接件（钢板）用膨胀螺栓安装在结构柱或结构墙上合理高度位置。见图 5.2.3-2。

5. 钢柱安装（图 5.2.3-3）：将钢柱竖起，钢柱顶端、柱脚与原结构顶板、地面已安装牢固的连接件（钢板）进行焊接，焊接要求依据《建筑钢结构焊接技术规程》（JGJ 80—2002）施工。

6. 安装钢横梁以下隔墙板（图 5.2.3-4）：安装方法同单层安装方法，用脚手架、墙板安装架配合

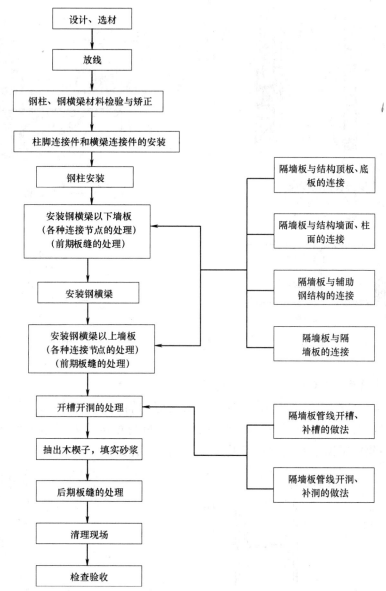

图 5.2.2　PRC 轻质复合隔墙板钢柱、钢横梁辅助分层安装法工艺流程图

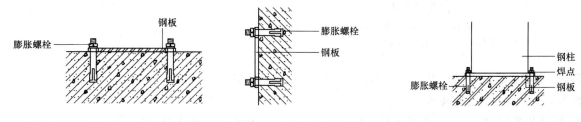

图 5.2.3-1　钢柱脚连接件的安装　　　图 5.2.3-2　钢横梁连接件的安装　　　图 5.2.3-3　钢柱的安装

安装，施工工人站在脚手架上，地上工人使用墙板安装车（架）将隔墙板提升到安装高度，由脚手架上的工人把隔墙板安装到位。

隔墙板与钢柱连接方法一：钢柱内埋式（图 5.2.3-5）。

隔墙板与钢柱连接方法二：钢柱外露式（图 5.2.3-6）。

7. 安装钢横梁（图 5.2.3-7、图 5.2.3-8）：首先按钢横梁尺寸在安装好的（钢横梁下面的）隔墙板顶端用云石机开槽，用水泥填缝砂浆将所开的槽填平，将钢横梁压入槽内，要求横梁压入后有水泥溢出，然后将钢横梁两端与结构墙（结构柱）上的连接件进行焊接，同时与钢柱焊接，焊接要求依据

117

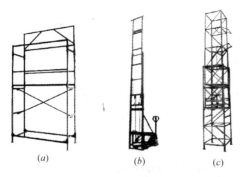

图 5.2.3-4 墙板安装辅助设备

(a) 脚手架；(b) 墙板安装车；(c) 墙板安装架

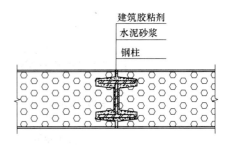

图 5.2.3-5 隔墙板与钢柱连接方法一

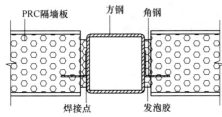

图 5.2.3-6 隔墙板与钢柱连接方法二

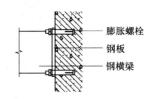

图 5.2.3-7 钢结构横梁两端与结构墙（柱）
上连接件的连接

《建筑钢结构焊接技术规程》（JGJ 80—2002）施工。

8. 安装钢横梁以上的隔墙板：按钢横梁尺寸在安装好的隔墙板底部用云石机开槽，然后用水泥填缝砂浆将钢横梁凹槽处填平，将隔墙板安装到钢横梁上。板与板接缝处用建筑胶粘剂或聚合物砂浆粘贴网格带封闭板缝。钢横梁以上其他位置墙板安装方法同单层安装法。

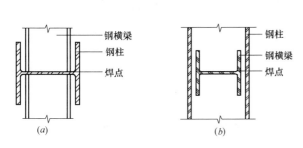

图 5.2.3-8 钢结构横梁与立柱的连接

(a) 钢结构横梁与立柱的连接俯视图；
(b) 钢结构横梁与立柱的连接侧视图

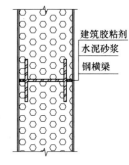

图 5.2.3-9 板缝的处理

5.3 隔墙板管线开洞、开槽及补洞、补槽的做法与节点图

5.3.1 开洞、开槽的要求

1. 隔墙板安装完 7d 后，方可开洞、开槽，且必须在墙板缝隙处理前施工完毕。

2. 开洞、开槽必须选用专用工具（云石机和凿子）。

3. 隔墙板须贯穿开孔洞时，其最大直径不超得过 ϕ300mm；隔墙贯穿开方孔最大宽度不应大于300mm，长度不应大于 400mm；如宽度在 200mm 以下，长度不应大于 500mm。

5.3.2 隔墙板管线开槽及补槽做法与节点图

1. 先将需铺设管线槽的位置用墨斗弹线，标出准确位置，再用云石机延墨线锯开墙板面板，用凿子锤子轻凿需开槽部位。开槽深度 3～4cm。

2. 电管安装完成后，用水泥砂浆将开槽位置封堵平整，压实。待水泥砂浆干透后，进行清洁表面。

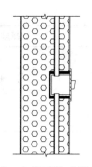

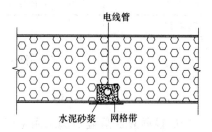

图 5.3.2-1 电器开关或插座的安装   图 5.3.2-2 墙板敷管埋线

将拌合好的聚合物砂浆，抹到墙板与槽内填充砂浆接缝处的表面（厚度 1.5～2mm），然后粘贴防裂纤维网格布，并将网格布压入砂浆中找平，墙面缝隙的网格布宽度 50mm，阴、阳角缝的网格布宽度 100～150mm，纤维网格布必须全部埋入，不得皱纹外露，然后再用补缝胶浆抹平抹实。

5.3.3 隔墙板管线开洞及补洞做法与节点图

1. 先测量管道在墙板上的位置，用墨斗弹线，标出准确位置，再用云石机沿墨线锯开墙板面板，用凿子锤子轻凿需开洞部位。

2. 将开好洞的隔墙板安装到位，用木质模板将开洞部位一侧封挡，在另一侧堵抹水泥砂浆，要求砂浆封堵密实，表面平整。水泥砂浆凝固后，去掉模板。

3. 如开洞直径尺寸较大，待补洞水泥砂浆干透后，进行清洁表面。将拌合好的聚合物砂浆，抹到墙板与洞内填充砂浆表面接缝处（厚度 1.5～2mm），然后粘贴防裂纤维网格布，并将网格布压入砂浆中找平，墙面缝隙的网格布宽度 50mm，阴、阳角缝的网格布宽度 100～150mm，纤维网格布必须全部埋入，不得皱纹外露，然后再用补缝胶浆抹平抹实。

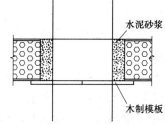

图 5.3.3 隔墙板管线开洞做法节点图

6. 材料与设备

6.1 PRC 轻质复合隔墙板的主要技术指标及规格（表 6.1-1、表 6.1-2）

PRC 轻质复合隔墙板主要技术指标   表 6.1-1

项　目	单　位	性能指标		
		75mm	100mm	150mm
面密度	kg/m²	70.9	85.1	130
含水率	%	4.3	3.4	2.3
标准干缩值	mm/m	0.49	0.55	0.2
空气中隔声量	dB	47	50	53
抗冲击强度	无贯通裂纹次数	10 次	10 次	10 次
抗弯破坏荷载	板自重倍数（施荷）	2.25	3.56	3.85
单点挂力	N	≥1000	≥1000	≥1000
耐火极限	h	≥2.3	≥3.5	≥3.5
燃烧性	级	不燃	不燃	不燃

注：抗冲击强度为 30kg 标准砂袋、0.5m 高摆动冲击。

PRC 轻质复合隔墙板规格　　　　表 6.1-2

型　号	长度(mm)	宽度(mm)	厚度(mm)
75 系列			75
100 系列	1830、2440、2745	610	100
150 系列			150
200 系列			200

6.2　PRC 轻质复合隔墙板施工用主要设备（表 6.2）

PRC 轻质复合隔墙板施工用主要设备　　　　表 6.2

名　称	型　号	用　途	合理数量
云石机	C-235	切割墙板	5 台
电焊机	通用	钢结构焊接	1 台
电锤	通用	胀栓打孔	1 个
射钉枪	SDQ603	角铁固定	4 个
切割机	Q400 型卧式	钢结构切割	1 台
角磨机	通用	打磨	2 台
分电闸箱	三级箱	电动工具电源	3 个

其他工具：撬棍、手锤、刮刀、托灰板、抹子、2m 靠尺、方角尺、专用高凳、墨斗、运板车、检测尺等。

6.3　劳动力组织

施工时应根据隔墙工程量的大小和工期要求，按照实际情况配备作业小组，每组的最合理人数为 6 人，其中 2 名技工，2 名小工，2 名运输工。

7. 质 量 控 制

7.1　主要施工规范规程

《建筑装饰装修工程施工质量验收规范》GB 50210—2001；

《建筑施工高处作业安全技术规范》JGJ 80—91；

《钢结构设计规范》GB 50017—2003；

《建筑钢结构焊接技术规程》JGJ 81—2002；

《钢结构工程施工质量验收规范》GB 50205—2001。

7.2　质量要求

墙板安装的质量允许偏差见表 7.2。

墙板安装的质量允许偏差　　　　表 7.2

项　次	项　目	允许偏差值(mm)	检 验 方 法
1	表面平整度	3	用 2m 靠尺和塞尺检查
2	立面垂直度	3	用 2m 垂直检测尺检查
3	阴阳角方正	3	用直角检测尺检查
4	接缝高低差	2	用钢直尺和塞尺检查

7.3　质量保证措施

7.3.1　建立施工质量保证体系。

7.3.2　认真做好内部检验工作。

7.3.3 严把材料进场关。

7.3.4 坚持质量否决制度及质量分析例会制度，提出工程质量保证措施，并认真落实，对出现的质量问题必须及时提出有效对策，且保证不再重复发生。

7.3.5 质量控制程序如表 7.3.5。

质量控制程序　　　　　　　　　　　　表 7.3.5

管理项目名称		质量职责	负责部门
关键工序控制		施工组织设计、方案编制	技术部
文件、资料控制		图纸、文件、资料归档、整理、收发	技术部
产品标识和可追逆性控制		包括原材料标识、已完工程标识等	质量部
检查试验控制	进货检验、试验	材料取样	技术、材料部
	过程检验、试验	工程质量评定	质量部
	最终检验、试验	单位自查、上报	项目工程师
检验状态控制		原材料出厂证明、合格证	技术、材料部
不合格品控制		原材料不合格品隔离堆放	材料部

8. 安 全 措 施

8.1 进入现场，必须戴好安全帽，扣好帽带；如有电焊操作，须戴好护目镜等防护用具；应正确使用个人劳动防护用具。操作人员严禁穿硬底鞋及高跟鞋作业。

8.2 运隔墙板时要互相配合，协同工作。

8.3 装隔墙板时操作人员应有可靠的落脚点，并应站在安全地点进行操作，避免上下在同一垂直面工作。用吊架上板时，要有专人指挥，操作人员要主动避让吊物，增强自我保护和相互保护的安全意识。

8.4 隔墙板安装施工使用的木凳、金属支架应搭设平稳牢固，架子上堆放材料不得过于集中，存放砂浆的灰斗、灰桶等要放稳。

8.5 搭设脚手不得有跷头板，也严禁脚手板支搁在门窗、暖气水管的管道上。

8.6 操作前应检查架子、高凳等是否牢固，如发现不安全地方立即做加固等处理。

8.7 搅拌与抹灰时（尤其在高处时），注意防止灰浆溅落眼内。

8.8 电气设备的电源，应按有关规定架设安装；电气设备均须有良好的接地接零，接地电阻不大于 4Ω，并装有可靠的触电保护装置。

8.9 工地临时用电线路的架设及脚手架接地、避雷措施等，应按现行行业标准《施工现场临时用电安全技术规范》JGJ 46—88 的有关规定执行。

9. 环 保 措 施

9.1 贯彻执行国家有关环境保护的各项法律、法规、规范、标准。

9.2 创建绿色施工现场的组织与实施，定期研究分析环境保护形势，解决环境保护中的问题，指导和推动环境保护管理工作，做到有计划、有安排、有活动、有总结、有效果。

9.3 在每天收工后，将安装墙板时裁下的边脚料及落地水泥灰收集到垃圾袋内，再运至指定的垃圾堆放地点，并避免垃圾撒到地上，保持周边环境的清洁。每隔 7 日，用大车将垃圾运出工地。

9.4 施工中采取切实可行的降噪、防尘措施，防止噪声污染及粉尘飞扬。

10. 效 益 分 析

10.1 社会效益

墙体材料改革是贯彻国家保护耕地和环境基本国策的大事；是降低建筑成本、促进建筑业发展的重要举措。各级政府提出了"限制使用实心黏土砖，发展新型墙体材料"的政策。人口增长、资源有限、环境恶化是我国面临的三大问题，开发新型的墙体材料刻不容缓。

PRC轻质隔墙板因其独特的产品构造及生产工艺，集多种优越性能于一身；在澳洲、韩国、台湾地区、东南亚、香港、深圳、广州等地区已广泛应用。北京是祖国的首都，是政治文化中心，政府早已制定了一整套的墙改政策、产业政策、环保政策；在这大好形势下，发挥与时俱进、以人为本的精神，大力推广应用PRC轻质复合墙板，必将在墙改大业中发挥重要作用，并在众多新型墙材品种中独树一帜。

10.2 技术、经济效益

将PRC轻质复合隔墙板（100mm厚）与陶粒混凝土砌块（190mm厚）、双层双面石膏板加重磅岩棉隔墙、GRC条板（90mm厚）、埃特板系列加重磅岩棉隔墙等几种隔墙板材相比，其隔声性能、防火耐火极限、容重、抗压强度、施工方法、施工工艺、加梁加柱情况、表面找平、防水性能、维修环保节能、裂缝处理等方面都具有较高的性能，其综合性能优于其他隔墙材料。按10000m²隔墙工程量计算，采用PRC轻质复合隔墙板及其施工工法比采用陶粒隔墙板可节约工期15d；比采用双层双面石膏板加重磅岩棉隔墙可节省资金22.5万元，节约工期8d；比采用GRC条板可节省资金12.1万元，节约工期11d；比采用埃特板系列加重磅岩棉隔墙可节省资金28.6万元，节约工期7d。

11. 应 用 实 例

11.1 天域新城大厦隔墙工程

天域新城大厦隔墙工程采用了PRC隔墙板，并采用本工法进行施工。工程开工日期为2006年3月20日，2006年9月30日完工。总面积5000m²。采用本工法的PRC隔墙板与原设计的双层双面石膏板中间加重磅岩棉相比，具有隔声性能好、防水、耐火、强度高等优势，同时可减少后续维修，保持几十年材质不变。为该工程节约工程费用20万元，增加效益42万元，缩短安装时间20d。

11.2 五棵松体育馆二次结构隔墙工程

五棵松体育馆二次结构采用了PRC轻质复合隔墙板，并采用本工法进行施工。现场样板墙安装于2006年11月1日开始，2006年11月20日正式开始施工，2007年1月31日结束。总面积10000m²。该工程与采用原设计的双面双层石膏板中间加重磅岩棉相比，提前工期8天，节约资金22.5万元，工程质量、施工进度、安全生产、文明施工、现场管理等各方面均受到业主、现场监理、上级主管单位等有关部门的充分肯定。施工质量达到优良。

11.3 北京会议中心京会花园酒店隔墙工程

北京会议中心京会花园酒店隔墙工程，采用了PRC轻质复合隔墙板施工工法施工，满足了设计对其耐久性、高强性、隔音性、防火性及环保性等的要求；尤其是隔声和防火性能，十分突出。该工程总面积50000m²。与原设计的混凝土砌块比较，PRC轻质复合隔墙板软化系数高，使用中不易变形，减少后续维修。同时，该项目一层在不加钢的情况下，可直接拼接到5.6m高，是一般条板不能达到的。采用本工法施工，为该工程增加效益120万元。

上述工程应用实践证明，采用本工法施工，不仅有效地解决了二次结构隔墙工程的难点问题，而且降低了施工成本，缩短了施工工期，节约了资金，创造了良好的社会效益和经济效益。本工法具有先进性和实用性，工法成熟可靠，可广泛应用于类似工程中。

轻质防火隔热浆料复合外保温体系施工工法

YJGF012—2006

北京六建集团公司　北京振利高新技术有限公司　中国建筑科学研究院建筑防火研究所

陈丹林　宋长友　樊旭辉　张莉莉　季广其

1. 前　　言

　　轻质防火隔热浆料复合外保温体系是根据我国建筑节能发展现状与发展趋势，于2002年由北京六建集团公司结合工程项目与北京振利高新技术有限公司、星胜设计公司联合协作向北京市科委提出了《高层建筑外墙耐火外保温综合技术研究——达到北京市第三期建筑节能标准》的科研课题：于2003年市科委正式批准立项；课题编号：H030630030210。主要开发可达65％建筑节能目标并满足高层建筑以及防火要求的新型建筑节能外墙外保温系统：并进行了项目查新与相关技术研究试验，以及模拟现场施工工艺的试验样板墙制做。课题于2006年5月30日通过北京市科委专家组验收鉴定：认为该项成果利用轻质防火隔热浆料对聚苯等保温板材进行砌贴和找平处理，符合外墙保温系统柔性变形和无空腔并耐火保温的要求，经工程施工和大型防火试验，证明防火保温构造设计与施工适应性良好，技术成熟，性价比合理，并可有效地克服外保温体系面层裂缝问题，工程应用效果良好。使保温墙体具备了保温、隔热、防火、耐候、防水一体化的功效。形成了适合我国高层建筑防火需要的一种新型外墙外保温技术，综合水平达到国内领先水平，经技术查新该项技术成果为国内首创，并已成功申请为国家实用新型专利技术，专利号ZL2005 2 0200294.9。

　　该技术曾获得2005年度北京建工集团科技进步二等奖。

　　该工法是在北京百子湾住宅小区试点工程以及滨都苑等工程总计31157m² 外保温面积的工程实践基础上修改编写而成。

2. 工　法　特　点

轻质防火隔热浆料复合外保温体系性能指标　　　　　　表2

试验项目		性能指标	
耐候性		经80次高温(70℃)—淋水(15℃)循环和20次加热(50℃)—冷冻(−20℃)循环后不得出现开裂、空鼓或脱落。抗裂砂浆层与保温层的拉伸粘结强度不应小于0.1MPa，破坏部位位于保温层。	
吸水量,g/m²,浸水1h		≤1000	
抗冲击强度	涂料饰面	普通型(单网)	3J 冲击合格
		加强型(双网)	10J 冲击合格
	面砖饰面	3J 冲击合格	
抗风压值		不小于工程项目的风荷载设计值	
耐冻融		30次循环表面无裂纹、空鼓、起泡、剥离现象	
水蒸气湿流密度,g/m²·h		≥0.85	
不透水性		试样抗裂砂浆层内侧无水渗透	
耐磨损,500L 砂		无开裂、龟裂或表面剥落、损伤	
抗拉强度(涂料饰面),MPa		≥0.1 并且破坏部位不得位于各层界面	
饰面砖拉拔强度,MPa		≥0.4	
抗震性能(面砖饰面)		设防烈度地震作用下面砖饰面及外保温系统无脱落	
耐火性能		A级	

2.1 满足高层建筑防火规范的要求

该工法采取常用的高分子发泡高效保温材料——EPS 模塑聚苯板、XPS 挤塑聚苯板等作为主保温材料；外面复合经防火阻燃改性后的新型 ZL 轻质防火隔热胶粉聚苯颗粒保温浆料（难燃 B1 级，无次生烟尘，复合为 A 级不燃体）同时改密排对缝点粘聚苯板为留缝贴砌聚苯板、利用防火隔热胶粉聚苯颗粒保温浆料的不燃烧性，对聚苯板做垂直及水平方向的耐火分隔，将外保温墙进行分仓处理，阻拦和延缓火灾蔓延，杜绝引火通道，外保温体系耐火性能达到 A 级，从而提高了高层建筑的安全性。

2.2 达到 65％节能标准

本外墙保温体系工法工艺构造是由界面层、复合保温层、抗裂防护层和装饰面层组成。其中复合保温层是先将 15mm 厚粘接保温浆料抹于墙体表面，然后贴砌经防火界面处理好的保温板块—聚苯板，表面再用 15～20mm 厚防火隔热保温浆料找平，形成粘接保温浆料＋保温板＋防火隔热浆料的无空腔复合保温层；其上抗裂防护层、装饰面仍沿用传统做法。粘结层和抹面层保温浆料与聚苯板复合保温，体系保温性能能够满足三期节能 65％的建筑节能标准。

为确保整个工程达到节能 65％标准，可针对工程"热桥"部位采用防火隔热胶粉聚苯颗粒保温浆料找平的措施解决局部"热桥"部位的保温问题；也可采取窗口安装从外墙结构中线全部改移到结构外皮的方法，解决窗口部位的热桥问题。

2.3 构造合理具有良好的抗裂性能和优良的耐候性能

轻质防火隔热胶粉聚苯颗粒保温浆料贴砌聚苯板外墙外保温体系构造是在聚苯板两侧采用导热系数介于聚苯板和聚合物砂浆两者之间的粘结保温浆料作为粘结层和找平层，使保温层与抗裂层之间导热系数差由聚苯板与抗裂砂浆之间相差 22 倍过渡到聚苯颗粒粘结保温浆料与抗裂砂浆相差 13 倍，不仅使聚苯板受环境温度影响减少，温差应力减少，同时也减轻了面层砂浆的热负荷，有效地避免了采用重质砂浆直接粘结和抹面使相邻材料导热系数差过大易产生裂缝的缺点，从而提高了整个保温体系的稳定性和耐久性。同时由于该体系为满粘无空腔体系，粘结面积大，粘结力是普通外保温聚苯板薄抹灰体系的 3 倍左右，聚苯板各点受力均匀，使抗风压性能大大提高。耐风压尤其是耐负风压能力大大超过聚苯板薄抹灰体系，可在 100m 以上的高层建筑应用。

2.4 施工工艺简单可靠

该保温体系采用贴砌法施工成型，适应性好。粘结层为胶粉聚苯颗粒粘结保温浆料抹灰成型，可在平整度不高的基层上直接施工找平，因此可节省大量的剔凿和找平工作量，与缩短施工周期。该做法施工工艺简单可靠、科学合理、施工速度快，已在多个工程应用中得到证实。

2.5 较高的性价比

轻质防火隔热浆料复合外保温体系保温主材为经济实用的高效高分子发泡板材，较单一的纯聚苯颗粒保温或板材保温性价比更高；价格更为合理且防火节能性能优异。

3. 适 用 范 围

本体系工法适用于不同气候区域、不同建筑节能标准以及有较高防火要求的多层及高层建筑、基层墙体为混凝土或各种砌体墙的外墙外保温，饰面为涂料（100m 以上）或面砖（60m 以下）做法的工程。

4. 工 艺 原 理

本工法根据阻燃并防止蔓延的原则以及逐层柔性渐变释放应力的原理，设计施工工艺构造以保证该保温体系的防火性并控制保温体系裂缝产生。

本外保温工艺构造是由界面层、复合保温层、抗裂防护层和装饰面层组成。各构造层采用材料导热系数低且逐层渐变提高保温及抗裂性能。其中复合保温层是先将15mm厚粘接保温浆料抹于墙体表面，然后贴砌经防火界面处理好的保温板块—聚苯板，表面再用15～20mm厚防火隔热保温浆料找平，形成粘接保温浆料＋保温板＋防火隔热浆料的无空腔复合保温层；上抗裂防护层、装饰面仍沿用传统做法。其防火隔热保温层及砌缝分仓可有效保证整个体系不燃不蔓延。

其粘结层和抹面层保温浆料与聚苯板复合保温按设计要求计算厚度，以确保体系保温性能能够满足三期节能65％的建筑节能标准。

轻质防火隔热浆料复合外保温体系构造图（图4-1、图4-2）

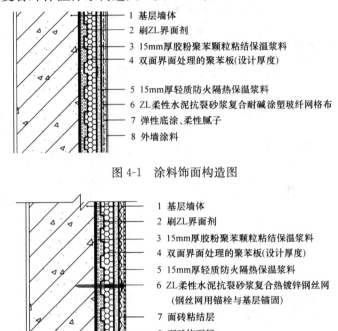

1 基层墙体
2 刷ZL界面剂
3 15mm厚胶粉聚苯颗粒粘结保温浆料
4 双面界面处理的聚苯板(设计厚度)
5 15mm厚轻质防火隔热保温浆料
6 ZL柔性水泥抗裂砂浆复合耐碱涂塑玻纤网格布
7 弹性底涂、柔性腻子
8 外墙涂料

图 4-1　涂料饰面构造图

1 基层墙体
2 刷ZL界面剂
3 15mm厚胶粉聚苯颗粒粘结保温浆料
4 双面界面处理的聚苯板(设计厚度)
5 15mm厚轻质防火隔热保温浆料
6 ZL柔性水泥抗裂砂浆复合热镀锌钢丝网
　(钢丝网用锚栓与基层锚固)
7 面砖粘结层
8 面砖饰面层

图 4-2　面砖饰面构造图

5. 施工工艺流程及操作要点

5.1　施工工艺流程（图 5.1）

5.2　施工操作要点

5.2.1　施工准备

1. 基层准备

1) 保温施工前应会同相关部门做好结构验收的确认。外墙面基层的垂直度和平整度应符合现行国家施工及验收规范要求《混凝土结构工程施工质量验收规范》GB 50204—2002和《砌体工程施工质量验收规范》GB 50203—2002。进行隐蔽施工前应将各大角的控制钢垂线安装完毕，高层建筑钢垂线用经纬仪检验合格。

2) 外墙面的阳台栏杆、雨漏管托架、外挂消防梯等安装完毕。墙面的暗埋管线、线盒、预埋件应提前安装完毕，并应考虑到保温层的厚度影响。

3) 外窗的附框安装完毕。

4) 墙面脚手架孔、穿墙孔及墙面缺损处用水泥砂浆修整完毕。

5) 混凝土梁/墙面的钢筋头和凸起物清除完毕。

6) 主体结构的变形缝应提前做好处理。

7) 墙面应清理干净，清洗油渍、清扫浮灰等。如基层墙体偏差过大，则应进行抹面砂浆找平。

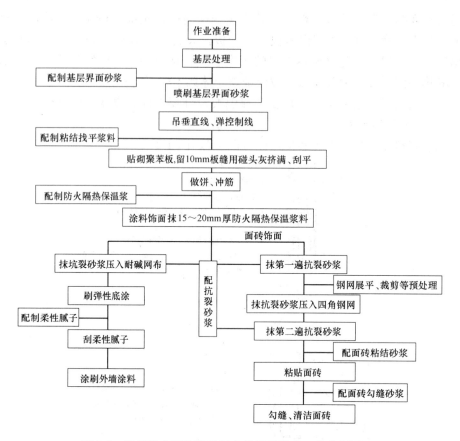

图 5.1　轻质防火隔热浆料复合外保温体系工艺流程图

2. 作业条件

作业环境温度不应低于 5℃，风力不大于 5 级，严禁雨天施工，雨期施工时应做好防雨措施。

5.2.2　基层处理

墙面应清理干净，清洗油渍、清扫浮灰等；旧墙面松动、风化部分应剔除干净；墙表面凸起物大于或等于 10mm 时应剔除。

5.2.3　外墙界面处理

界面拉毛用碌子滚、笤帚拉、木抹子抹都可，但在配合比上应作调整，控制水泥与砂子的比为 1∶1，合理调整界面剂用量。拉毛不宜太厚，但必须保证所有的混凝土墙面都做到毛面处理。

5.2.4　吊垂直、套方、弹控制线

根据建筑要求，在墙面弹出外门窗水平、垂直控制线及伸缩线、装饰线等。在建筑外墙大角（阳角、阴角）及其他必要处挂垂直基准钢线和水平线。

5.2.5　抹底层抹 15mm 厚粘接浆料

由下到上、由左至右顺序在墙面上按控制线抹 15mm 厚的粘接浆料，而后用杠尺刮平，用梳形抹子将粘结保温浆料梳成梳槽状。

5.2.6　贴砌聚苯板

1. 贴砌时应按自下而上、水平方向排板依次贴砌，上下错缝粘贴，阴阳角处均应交错互锁贴砌，如图 5.2.6-1 和图 5.2.6-2。

先贴角部聚苯板，放水平线，在首层阳角处按垂直控制线和 500mm 线粘贴角部聚苯板。粘结时应注意聚苯板应交叉探出墙体一个保温层总厚度，保证阳角为错茬粘贴。粘贴时应用线坠双向吊垂直检查，最后应用水平尺检验聚苯板水平度合格。粘贴角部聚苯板的下沿应沿墙体正负零线铺贴。同样在墙体的另一端粘贴角部聚苯板，并在两板间拉出该贴砌层的水平控制线。

2. 贴砌时先用浆料将聚苯板背面的沟槽抹平，按上跟线、下跟棱的要求分层粘贴聚苯板，也可采

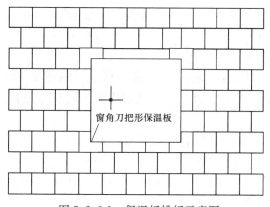

图 5.2.6-1　保温板排板示意图

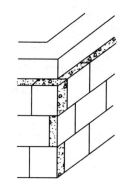

图 5.2.6-2　大角排版图

用仅在墙面抹灰均匀轻柔挤压聚苯板，使聚苯板沟槽埋入浆料的方法。聚苯板间应用浆料挤砌，板缝约 10mm，灰缝不饱满处用胶粉聚苯颗粒粘结保温浆料填实勾平。每贴砌 3 层就应用 2m 靠尺和托线板检查平整度和垂直度。

3. 窗口四角部位聚苯泡沫板裁成刀把形，用粘结保温浆料贴砌施工时，门窗侧口部位的保温应用保温浆料直接抹灰作口施工。门窗口、墙角处不得贴砌小于标准尺寸 1/2 的非标准尺寸板，小于标准尺寸 1/2 的非标准尺寸板应贴砌在窗间墙等次要部位。

4. 面砖饰面的聚苯板应预先在工厂内或施工现场用专用机械钻孔，贴砌时注意将空洞用保温浆料挤填严实。

5. 聚苯板排板时遇到非标准尺寸时，可进行现场裁切。裁切时应注意边口尺寸整齐，切口应与聚苯板面垂直。整墙面阳角处应尽可能使用整板，必须使用非整板时，非整板的宽度不应小于 300mm。聚苯板表面平整度，垂直度不达标时应用粗砂纸将其打磨致达标为止。

5.2.7　抹 15～20mm 厚防火隔热浆料找平面层

聚苯板粘贴约 24h 后，用防火隔热浆料在聚苯板上罩面找平；聚苯板间若有预留间隔带应采用防火隔热浆料填塞；门窗洞口、墙体边角处等特殊部位以及防火隔离带部位均用防火隔热浆料进行处理。

在配制粘接浆料、防火隔热浆料以及抗裂砂浆时，搅拌需设专人专职进行，以保证配合比的准确。在施工现场搅拌质量可以通过观察其可操作性、抗滑坠性、膏料状态以及其湿表观密度等方法判断。

5.2.8　划分格线、门、窗口滴水槽（按设计要求）

在保温施工完成后，根据设计要求弹出分格线、滴水槽控制线，用壁纸刀沿线划开设定的凹槽，槽深 15mm 左右，用抗裂砂浆填满凹槽，将滴水槽嵌入凹槽与抗裂砂浆粘结牢固，收去两侧沿口浮浆，滴水槽应镶嵌牢固、水平。

5.2.9　抗裂层施工

待保温施工完 3～7d 且保温层施工质量验收以后，即可进行抗裂层施工。

1. 涂料饰面抗裂层施工

1）耐碱网格布长度不大于 3m，尺寸事先裁好，网格布包边应剪掉。

2）抹抗裂砂浆时，厚度应控制在 3～4mm，抹完一定宽度应立即用铁抹子压入耐碱网格布。网布之间搭接宽度不应小于 50mm，先压入一侧，再抹一些抗裂砂浆再压入另一侧，严禁干搭。阴角处耐碱网格布要压茬搭接，其宽度≥50mm；阳角处也应压茬搭接，其宽度≥200mm。网布铺贴要平整，无褶皱，砂浆饱满度达到 100%，同时要抹平、找直，保持阴阳角处的方正和垂直度。

3）首层墙面应铺贴双层耐碱网格布，第一层应铺贴加强型网格布，铺贴方法与上述方法相同，铺贴加强型网格布时，网布与网布之间采用对接方法，然后进行第二层普通网格布铺贴，铺贴方法如前所述，两层网格布之间抗裂砂浆应饱满，严禁干贴。

4）建筑物首层外保温应在阳角处双层网格布之间设专用金属护角，护角高度一般为 2m。在第一层网格布铺贴好后，应放好金属护角，用抹子拍压出抗裂砂浆，抹第二遍抗裂砂浆包裹住护角。

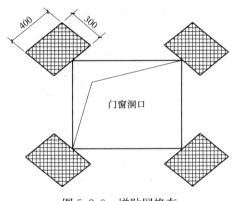

图 5.2.9　增贴网格布

5）在窗洞口等处应沿 45°方向增贴一道网格布（400mm×300mm）。见图 5.2.9。

2. 面砖饰面抗裂层施工

1）施工时抹第一遍抗裂砂浆，厚度控制在 2～3mm。热镀锌电焊网分段进行铺贴，热镀锌电焊网的长度最长不应超过 3m。

2）为使边角施工质量得到保证，施工前预先用钢网展平机、剪网机及挝角机对热镀锌电焊网进行预处理。先用钢丝网展平机将钢丝网展平并用剪网机裁剪四角网，用挝角机将边角处的四角网预先折成直角。

3）铺贴时应沿水平方向，按先下后上的顺序依次平整铺贴，铺贴时先用 U 形卡子卡住四角网使其紧贴抗裂砂浆表面，然后按双向@500 梅花状分布用尼龙胀栓将四角网锚固在基层墙体上，有效锚固深度不得小于 25mm，局部不平整处用 U 形卡子压平。

4）热镀锌电焊网之间搭接宽度不应小于两个网格，搭接层数不得大于 3 层，搭接处用 U 形卡子、钢丝固定。所有阳角钢网不应断开，阴阳角处角网应压住对接片网。窗口侧面、女儿墙、沉降缝等钢丝网收头处应用水泥钉加垫片使钢丝网固定在主体结构上。

5）四角网铺贴完毕应重点检查阳角钢网连接状况，再抹第二遍抗裂砂浆，并将四角网包覆于抗裂砂浆之中，抗裂砂浆的总厚度宜控制在 8～10mm，抗裂砂浆面层应平整。

3. 抗裂层施工注意事项

1）在抗裂层施工前，应在窗框与保温层之间放一预制长条薄板，其尺寸为厚 3mm、宽 5mm，待抗裂层施工完后取出，留作窗户注胶用。

2）抗裂层的平整度控制首先要求保温层的平整度达到标准，达不到平整质量标准要求应事先用保温浆料找平；窗角、阴阳角等部位的加强网格布应先用 ZL 水泥抗裂砂浆贴好，接着连续施工大墙面，掌握先施工细部，后施工整体，整片的耐碱网格布压住分散的加强型耐碱网格布的原则；在耐碱网格布搭接时，应将底层耐碱网格布压入抗裂砂浆，后随即压入面层耐碱网格布。施工作业面上应准备一些未拌合的抗裂剂，在耐碱网格布无法压入抗裂砂浆时，可用扫帚等工具在墙面上抛洒一些抗裂剂，使其湿润，并使抗裂砂浆不粘抹子，随抛随抹。

3）抗裂砂浆抹完后，严禁在此面层上抹普通水泥砂浆腰线、口套线或刮涂刚性腻子，如：水泥腻子、石膏腻子等。

5.2.10　饰面层施工

1. 涂料饰面施工

1）涂刷高分子乳液弹性底层涂料

在抗裂层施工完后 2h 后即可涂刷高分子乳液弹性底层涂料。

2）刮柔性耐水腻子

饰面为平涂时，墙面满刮柔性耐水腻子。应视基层平整度情况分遍分层刮平，分层打磨；大墙面刮腻子，宜采用 400～600mm 长的刮板，门窗口角等面积较小部位宜用 200mm 长的刮板。一般先进行坑洼部位修局部补，然后连续满刮两遍，半干后适当打磨凸起刮痕与接茬，清扫浮尘后，再继续刮两遍，半干后打磨平整，若平整度达不到要求时，需分别增加一遍刮腻子和打磨的工序，直至达到平整度要求。

当饰面为凹凸型涂料时，可待抗裂层基层干燥后，对一些重点部位刮柔性耐水腻子找补，这些部位包括：平整度不够的墙面、阴角、阳角、色带以及需要做平涂的部位。

3）涂料施工

当柔性耐水腻子干燥并验收合格后即可按所选涂料要求进行涂饰施工。上底漆前做好分格处理，墙面用分线纸分格代替分格缝。每次涂刷应涂满一格，避免底漆出现明显接痕。底漆涂刷均匀1～2遍，完全干燥12h。

底漆完全干透后，用造型滚筒滚面漆时用力均匀让其紧密贴附于墙面，蘸料均匀，按涂刷方向和要求一次成活。

2. 面砖装饰面施工

1）饰面砖工程深化设计：饰面砖粘贴前，应首先对涉及未明确的细部节点进行辅助深化设计，按不同基层作出样板墙或样板件，确定饰面砖排列方式、缝宽、缝深、勾缝形式及颜色、防水及排水构造、基层处理方法等施工要点。饰面砖的排列方式通常有对缝排列、错缝排列、菱形排列、尖头形排列等几种形式；勾缝通常有平缝、凹平缝、凹圆缝、倾斜缝、山形缝等几种形式。确定粘结层及勾缝材料、调色矿物辅料等的施工配合比，外墙饰面砖不得采用密缝，留缝宽度不应小于5mm；一般水平缝10～15mm，竖缝6～10mm，凹缝勾缝深度一般为2～3mm。排砖原则确定后，现场实地测量层结构尺寸，综合考虑找平层及粘结层的厚度，进行排砖设计，条件具备时应采用计算机辅助计算和制图。做粘结强度试验，经建设、设计、监理各方认可后以书面的形式进行确定。

2）弹线分格：抗裂砂浆基层验收后即可按图纸要求进行分段分格弹线。同时进行粘贴控制面砖的工作。以控制面砖出墙尺寸和垂直度、平整度。注意每个立面的控制线应一次弹完。每个施工单元的阴阳角，门窗口，柱中、柱角都要弹线。控制线应用墨线弹制，验收合格后班组才能局部放细线施工。

3）排砖：排砖时宜满足以下要求：阳角、窗口、大墙面、通高的柱垛等主要部位都要排整砖，非整砖要放在不明显处，且不宜小于1/2整砖；墙面阴阳角处最好采用异形角砖，如不采用异形砖，宜留缝或将阳角两侧砖边磨成45°角后对接；横缝要与窗台平齐；墙体变形缝处，面砖宜从缝两侧分别排列，留出变形缝；外墙饰面砖粘贴应设置伸缩缝，竖向伸缩缝宜设置在洞口两侧或与墙边、柱边对应得部位，横向伸缩缝可设置在洞口上下或与楼层对应处，伸缩缝应采用柔性防水材料嵌缝；对于女儿墙、窗台、檐口、腰线等水平阳角处，顶面砖应压盖立面砖，立面底皮砖应封盖底平面面砖，可下突3～5mm兼作滴水线，底平面面砖向内翘起以便于滴水。

4）浸砖：吸水率大于0.5%的瓷砖应浸泡后使用。吸水率小于0.5%的瓷砖不需要浸砖。瓷砖浸水后应晾干后方可使用。

5）贴砖：贴砖施工作业前，应在粘贴基层上充分用水湿润；贴砖作业一般为从上之下进行。高层建筑大墙面贴砖应分段进行。每段贴砖施工应由下至上进行。先固定好靠尺板贴最下一皮砖，面砖贴上后用灰铲柄轻轻敲击砖面使之附线，轻敲表面固定；用开刀调整竖缝，用小杠尺通过标准点调整平整度和垂直度，用靠尺随时找平找方；在粘结层初凝时，可调整面砖的位置和接缝宽度，初凝后严禁振动或移动面砖。砖缝宽度可用自制米厘条控制，如符合模数也可采用标准成品缝卡。墙面突出的卡件、水管或线盒处宜采用整砖套割后套贴，套割缝口要小，圆孔宜采用专用开孔器来处理，不得采用非整砖拼凑镶贴。粘贴施工时，当室外气温大于35℃，应采取遮阳措施。贴砖时背面打灰要饱满，粘结灰浆中间略高四边略低，粘贴时要轻轻揉压，压出灰浆最后用铁铲剔除灰浆。粘结灰浆厚度宜控制在3～5mm左右。面砖的垂直、平整应与控制面砖一致。

粘贴纸面砖时应事先制定与纸面砖相应的模具，将模具套在纸面砖上，然后将模具后面刮满粘结砂浆厚度为2～5mm，取下模具，从下口粘贴线向上粘贴纸面砖，并压实拍平，应在粘结砂浆初凝前，将纸面砖纸板刷水润透，并轻轻揭去纸板，应及时修补表面缺陷，调整缝隙，并用粘结砂浆将未填实的缝隙嵌实。

6）面砖勾缝

① 保温系统瓷砖勾缝施工应用专用的勾缝胶粉。按要求加水搅拌均匀制成专用勾缝砂浆。

② 勾缝施工应在面砖施工检查合格后进行。粘结层终凝后可按照样板墙确定的勾缝材料、缝深、勾缝形式及颜色进行勾缝，勾缝要视缝的形成使用专用工具；勾缝宜先勾水平缝再勾竖缝，纵横交叉处要过渡自然，不能有明显痕迹。砖缝要在一个水平面上，缝深2～3mm，连续、平直、深浅一致、表面压光；采用成品勾缝材料应按厂家说明操作。

③ 缝勾完后应立即用棉丝或海绵蘸水或清洗剂擦洗干净，勾缝完毕对大面积外墙面进行检查，保

证整体工程的清洁美观。

5.2.11 细部节点构造

1. 涂料饰面外保温细部节点（图5.2.11-1）：其他特殊细部节点图应由施工单位或材料系统供应商根据设计图提供。

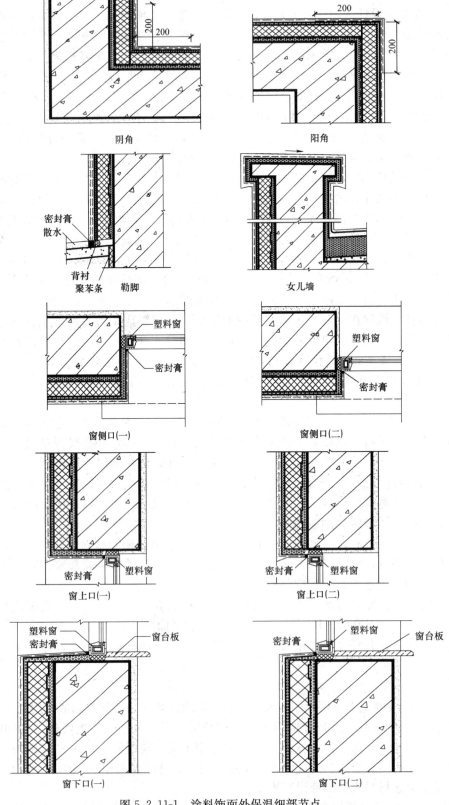

图5.2.11-1 涂料饰面外保温细部节点

2. 面砖饰面外保温细部节点（图 5.2.11-2～图 5.2.11-6）：

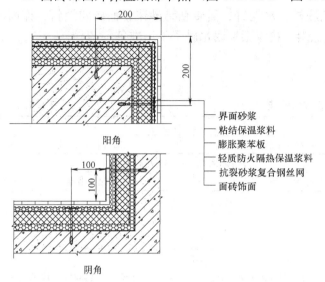

界面砂浆
粘结保温浆料
膨胀聚苯板
轻质防火隔热保温浆料
抗裂砂浆复合钢丝网
面砖饰面

阳角

阴角

图 5.2.11-2　面砖阴阳角做法

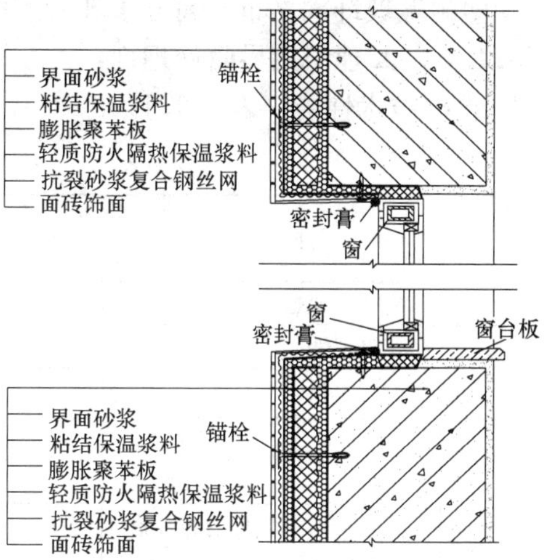

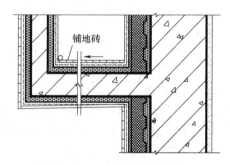

界面砂浆　　　　　锚栓
粘结保温浆料
膨胀聚苯板
轻质防火隔热保温浆料
抗裂砂浆复合钢丝网
面砖饰面

密封膏
窗

窗　　　　　　　　窗台板
密封膏

界面砂浆　　　　　锚栓
粘结保温浆料
膨胀聚苯板
轻质防火隔热保温浆料
抗裂砂浆复合钢丝网
面砖饰面

图 5.2.11-3　面砖窗上下口做法

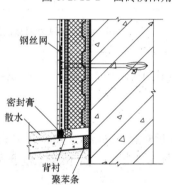

钢丝网
密封膏
散水
背衬
聚苯条

图 5.2.11-4　面砖勒脚做法

铺地砖

图 5.2.11-5　面砖阳台做法

5.3　成品保护

5.3.1　施工完的墙面、色带、滴水槽、门窗框口等处的残存砂浆应及时清理干净。严禁蹬踩窗台，防止损坏棱角。

5.3.2　拆除架子时，架管及吊篮作业应防止注意不要碰撞、刮蹭已完成的保温墙面以免造成防护层损伤，以及防止撞坏门窗和口角。

5.3.3　应保护好墙上的埋件、电线槽、盒、水暖设备和预留孔洞等。

5.3.4　保温层、抗裂防护层、装饰层等各构造层在干燥硬化前禁止水冲、撞击、挤压振动。

5.3.5　吊篮作业要注意对吊篮边框做好防护，以免造成保温面层破坏。

5.3.6　其他工种作业时应采取适当防护措施防止污染或损坏墙面。

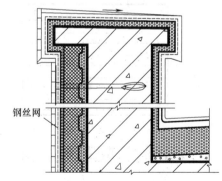

钢丝网

图 5.2.11-6　面砖女儿墙做法

6. 材料与设备

6.1　材料准备

建筑界面砂浆、膨胀聚苯板、粘结保温浆料、防火隔热浆料、涂塑耐碱玻纤网格布、水泥抗裂砂浆、高分子乳液弹性底层涂料、抗裂柔性耐水腻子、42.5 普通硅酸盐水泥、中砂、配套材料主要有机械固定塑料锚栓、专用金属护角（断面尺寸为 35mm×35mm×0.5mm，高 h＝2000mm）、外墙装饰涂料等。面砖饰面还需准备热镀锌四角钢网、尼龙胀栓、水泥钉、面砖粘结砂浆、面砖勾缝料、饰面砖等（涂塑耐碱玻纤网格布、高分子乳液弹性底层涂料、抗裂柔性耐水腻子不用准备）。

6.1.1 ZL 建筑用界面处理剂：

1. 主要技术性能（表 6.1.1）

主要技术性能 表 6.1.1

项 目		技 术 指 标	
		ZL 喷砂界面剂	ZL 涂刷界面剂
容器中状态		搅拌后无结块，呈均匀状态	
施工性		喷涂无困难	刷涂无困难
低温贮存稳定性		3 次试验后，无结块、凝聚及组成物的变化	
粘结强度（MPa）	与水泥砂浆试块 标准状态	≥0.70	
	与水泥砂浆试块 浸水后	≥0.50	
	与聚苯板试块 标准状态		
	与聚苯板试块 浸水后	≥0.10 且聚苯板破坏时喷砂界面完好	≥0.10 且聚苯板破坏时涂刷界面完好
	与聚苯板试块 浸水后		
	与胶粉聚苯颗粒保温浆料试块 标准状态	≥0.10 且聚苯板破坏时喷砂界面完好	≥0.10 且聚苯板破坏时涂刷界面完好
	与胶粉聚苯颗粒保温浆料试块 浸水后		

2. ZL 建筑用界面处理砂浆的配制：中砂∶水泥按 1∶1 重量比用砂浆搅拌机或手提搅拌器搅拌均匀。

6.1.2 聚苯板

应为阻燃型聚苯乙烯泡沫塑料板，六面必须满刷界面剂，聚苯板规格 600mm×400mm×设计厚度。涂料饰面用无孔聚苯板（图 6.1.2-1）；面砖饰面用双孔聚苯板（图 6.1.2-2），应在施工前预先将锚塞孔加工好（图 6.1.2-2）。

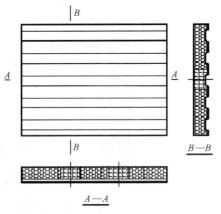

图 6.1.2-1 涂料饰面用无孔聚苯板

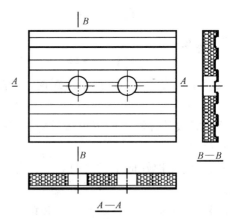

图 6.1.2-2 面砖饰面用双孔聚苯板

聚苯板技术性能应符合 GB/T 10801.1—2M2 绝热用模塑聚苯乙烯泡沫塑料材料标准。详见表 6.1.2。

聚苯板技术性能 表 6.1.2

项 目	单 位	指 标
表观密度	kg/m³	18.0～20.0
压缩强度（即在 10％变形下的压缩应力）	kPa	≥100
导热系数	W/(m·K)	≤0.041

项　目		单　位	指　标
70℃48h后尺寸变化率		％	≤3
水蒸气透湿系数		ng/Pa·m·s	≤4.5
吸水率		％(V/V)	≤4
熔结性	断裂弯曲负荷	N	≥25
	弯曲变形	mm	≥20
氧指数		％	≥30

6.1.3　粘结保温浆料及防火隔热浆料

1. 聚苯颗粒轻骨料主要技术性能（表 6.1.3-1）

聚苯颗粒轻骨料主要技术性能　　　　　　　　　　表 6.1.3-1

项　目	单　位	指　标
堆积密度	kg/m³	12.0～21.0
粒度	mm	0.5～5

2. ZL 保温胶粉料技术性能（表 6.1.3-2）

ZL 保温胶粉料技术性能　　　　　　　　　　　表 6.1.3-2

项　目	单　位	指　标
初凝时间	h	≥4
终凝时间	h	≤12
安定性	—	合格
拉伸粘结强度	MPa	≥0.6(常温 28d)
浸水拉伸粘结强度	MPa	≥0.4(常温 28d,浸水 7d)

3. 粘结保温浆料的配制：

先开机将 38kg 左右的水倒入砂浆搅拌机内，然后倒入一袋 25kg 的胶粉料，搅拌 35min，再倒入一袋 130L 的聚苯颗粒继续搅拌 3～5min，搅拌均匀后倒出，该胶粉应随搅随用在 3h 内用完。粘结保温浆料粘结性能指标见表 6.1.3-3。

粘结保温浆料粘结性能指标　　　　　　　　　表 6.1.3-3

项　目		单　位	指　标
拉伸粘结强度 （与带界面剂的水泥砂浆试块）	常温常态 14d	MPa	≥0.20
	耐冻融(冻融循环 10 次)		无开裂
抗拉粘结强度(与带界 面砂浆的 18kg/m³ 膨胀聚苯板)	常温常态 14d	MPa	≥0.10 且聚苯板破坏
	耐冻融(冻融循环 10 次)		无开裂
可操作时间		h	≥2

4. 防火隔热保温浆料的配制：

先开机，将 35～40kg 水倒入砂浆搅拌机内，然后倒入一袋 25kg 胶粉料搅拌 3～5min 后，再倒入一袋 200L 聚苯颗粒继续搅拌 3min，搅拌均匀后倒出。该浆料应随搅随用，在 4h 内用完，严禁人工搅拌。防火隔热保温浆料性能指标见表 6.1.3-4。

6.1.4　涂塑耐碱玻纤网格布

主要技术性能应符合《耐碱玻璃纤维网格布》JC/T 841—1999 标准，见表 6.1.4。

防火隔热保温浆料性能指标　　　　　　　　　　　　　表 6.1.3-4

项　目			单　位	指　标
网眼密度	普通型	经向	孔数/100mm	25
		纬向	孔数/100mm	25
	加强型	经向	孔数/100mm	16.7
		纬向	孔数/100mm	16.7
单位面积重量	普通型		g/m²	≥180
	加强型		g/m²	≥500
断裂强力	普通型	经向	N/50mm	≥1250
		纬向	N/50mm	≥1250
	加强型	经向	N/50mm	≥3000
		纬向	N/50mm	≥3000
耐碱强度保持率 28d		经向	%	≥90
		纬向	%	≥90
涂塑量	普通型		g/m²	≥20
	加强型		g/m²	≥20

涂塑耐碱玻纤网格布主要技术性能　　　　　　　　　　表 6.1.4

项　目		单　位	指　标
拉伸粘结强度 （与带界面剂的水泥砂浆试块）	常温常态 14d	MPa	≥0.20
	耐冻融（冻融循环 10 次）		无开裂
抗拉粘结强度（与带界 面砂浆的 18kg/m³ 膨胀聚苯板）	常温常态 14d	MPa	≥0.10 且聚苯板破坏
	耐冻融（冻融循环 10 次）		无开裂
可操作时间		h	≥2
防火性能			B1

6.1.5　ZL 抗裂水泥砂浆

由 ZL 专用砂浆抗裂剂与水泥砂子按比例配制搅拌而成。

1. 抗裂剂及抗裂砂浆技术性能见表 6.1.5。

抗裂剂及抗裂砂浆技术性能　　　　　　　　　　　　　表 6.1.5

项　目		单　位	指　标
抗裂剂	不挥发物含量	%	≥20
	贮存稳定性		6 个月无结块、凝聚及发霉现象
抗裂砂浆	砂浆稠度	mm	80～130
	可操作时间	h	2
	拉伸粘结强度,28d	MPa	>0.8
	浸水拉伸粘结强度,7d	MPa	>0.6
	渗透压力比	%	≥200
	抗弯曲性	—	5%弯曲变形无裂纹
	压折比		≤3.0

2. 水泥：强度等级 32.5 水泥，水泥技术性能应符合《硅酸盐水泥、普通硅酸盐水泥》GB 175—99 的要求。

3. 中砂：应符合《普通混凝土砂质量标准及检验方法》JGJ 52—92 细度模数的规定，含泥量少于 3%。

4. ZL 抗裂水泥砂浆的配制：

ZL 水泥砂浆抗裂剂：中砂：水泥按 1：3：1 重量比用砂浆搅拌机或手提搅拌器搅拌均匀。配制抗裂砂浆加料次序，应先加入抗裂剂、中砂，搅拌均匀后，再加入水泥继续搅拌 3min 倒出。抗裂砂浆不得任意加水，应在 2h 内用完。

6.1.6 配套材料

主要有机械固定塑料锚栓、专用金属护角（断面尺寸为 35mm × 35mm × 0.5mm，高 h = 2000mm）等。

6.1.7 高分子乳液弹性底层涂料

主要技术性能见表 6.1.7。

<table>
<tr><td colspan="4">高分子乳液弹性底层涂料主要技术性能　　　　　　　　　　　　　表 6.1.7</td></tr>
<tr><td colspan="2">项　　目</td><td>单　　位</td><td>指　　标</td></tr>
<tr><td colspan="2">容器中状态</td><td>—</td><td>搅拌后无结块，呈均匀状态</td></tr>
<tr><td colspan="2">施工性</td><td>—</td><td>刷涂无障碍</td></tr>
<tr><td rowspan="2">干燥时间</td><td>表干时间</td><td>h</td><td>≤4</td></tr>
<tr><td>实干时间</td><td>h</td><td>≤8</td></tr>
<tr><td colspan="2">拉伸强度</td><td>MPa</td><td>≥1.0</td></tr>
<tr><td colspan="2">断裂伸长率</td><td>%</td><td>≥300</td></tr>
<tr><td colspan="2">低温柔性绕 ϕ10mm 棒</td><td>—</td><td>−20℃无裂纹</td></tr>
<tr><td colspan="2">不透水性 0.3MPa,0.5h</td><td>—</td><td>不透水</td></tr>
<tr><td rowspan="2">加热伸缩率</td><td>伸长</td><td>%</td><td>≤1.0</td></tr>
<tr><td>缩短</td><td>%</td><td>≤1.0</td></tr>
</table>

6.1.8 ZL 抗裂柔性耐水腻子

1. 主要技术性能见表 6.1.8。

<table>
<tr><td colspan="4">ZL 抗裂柔性耐水腻子主要技术性能指标　　　　　　　　　　　　表 6.1.8</td></tr>
<tr><td colspan="2">项　　目</td><td>单　　位</td><td>指　　标</td></tr>
<tr><td colspan="2">胶液容器中状态</td><td>—</td><td>均匀乳液</td></tr>
<tr><td colspan="2">粉料</td><td>—</td><td>无结块、均匀粉料</td></tr>
<tr><td colspan="2">施工性</td><td>—</td><td>刮涂二遍无障碍</td></tr>
<tr><td colspan="2">可操作时间</td><td>h</td><td>>3</td></tr>
<tr><td colspan="2">耐水性</td><td>—</td><td>48h 无异常</td></tr>
<tr><td colspan="2">耐碱性</td><td>—</td><td>24h 无异常</td></tr>
<tr><td rowspan="3">拉伸粘接强度</td><td>常温 28d</td><td>MPa</td><td>≥0.5</td></tr>
<tr><td>浸水 7d</td><td>MPa</td><td>≥0.4</td></tr>
<tr><td>冻融循环(5 次)</td><td>MPa</td><td>≥0.4</td></tr>
<tr><td colspan="2">柔韧性(直径 50mm)</td><td>—</td><td>无裂纹</td></tr>
<tr><td colspan="2">低温储存稳定性</td><td></td><td></td></tr>
</table>

2. ZL 抗裂柔性耐水腻子的配制：

ZL 抗裂柔性腻子胶：ZL 抗裂柔性腻子粉＝1：2（重量比）用手提搅拌器搅拌均匀后使用，保证在 2h 内用完。

6.1.9 外墙建筑涂料

饰面用外墙建筑涂料必须与该体系相容，且符合国家及行业相关材料标准，其抗裂性能还应满足表 6.1.9 的要求。

外墙建筑涂料抗裂性能　　　　　　　　　　　　　　　表 6.1.9

项　目		指　标
抗裂性	平涂料	断裂伸长率≥150%
	连续性复层涂料	主涂层断裂伸长率≥150%
	浮雕类复层涂料	浮雕层干燥抗裂性符合要求

6.1.10　四角钢丝网

面砖饰面抗裂层用四角钢丝网必须采用热镀锌工艺；其规格性能指标应符合表 6.1.10 的要求。

四角钢丝网性能指标　　　　　　　　　　　　　　　表 6.1.10

项　目	单　位	指　标
丝径	mm	0.9±0.04
网孔大小	mm	12.7×12.7
焊点抗拉力	N	＞65
镀锌层重量	g/m²	122

6.1.11　塑料膨胀锚栓

其性能指标应符合表 6.1.11 的要求。

塑料膨胀锚栓性能指标　　　　　　　　　　　　　　表 6.1.11

项　目	单　位	指　标
有效锚固深度 h_{ef}	mm	≥25
塑料圆盘直径	mm	≥50
单个锚栓抗拉承载力标准值	kN	≥0.8

6.1.12　面砖胶粘剂

外保温贴面砖宜采用柔性胶粘剂，其性能指标见表 6.1.12。

面砖胶粘剂性能指标　　　　　　　　　　　　　　　表 6.1.12

项　目		单　位	指　标
拉伸粘结强度		MPa	≥0.60
压折比		—	≤3.0
压剪胶接强度	原强度	MPa	≥0.6
	耐温 7d	MPa	≥0.5
	耐水 8d	MPa	≥0.5
	耐冻融 30 次	MPa	≥0.5
线性收缩率		%	≤3.0

6.1.13　面砖勾缝胶粉

面砖勾缝胶粉也要满足柔韧性方面的指标要求，目的在于有效释放面砖及粘结材料的热应力变形，避免饰面层面砖的脱落。同时勾缝材料亦应具有良好的防水透气性。其性能指标见表 6.1.13。

面砖勾缝胶粉性能指标　　　　　　　　　　　　　　表 6.1.13

项　目		单　位	指　标
外观		—	均匀一致
颜色		—	与标准样一致
凝结时间		h	大于 2h，小于 24h
拉伸胶接强度	常温常态 14d	MPa	≥0.60
	耐水（常温常态 14d，浸水 48h，放置 24h）	MPa	≥0.50
压折比		—	≤3.0
透水性（24h）		ml	≤3.0

6.2 机具准备

6.2.1 机械准备

电热丝、接触式调压器、配电箱（三相）、电烙铁、容积约300L强制式砂浆搅拌机、垂直运输机械、水平运输机械小推车、电锤钻、手提搅拌器、喷枪、外墙脚手架、室外操作吊篮等。面砖饰面外保温还需准备钢网展平机、钢网剪网机、钢网揻角机、瓷砖切割机。

6.2.2 常用工具准备

常用抹灰工具及抹灰专用检测工具、经纬仪及放线工具、水桶、剪子、滚刷、铁锹、手锤、方尺、靠尺、探针、水平尺、钢尺。常用涂饰工具：砂纸、打磨器、刮板、

7. 质量控制

外保温质量评定按《建筑装饰装修工程质量验收规范》GB 50210—2001的"一般抹灰工程"及《胶粉聚苯颗粒复合型外墙外保温系统》CAS 126—2005、《胶粉聚苯颗粒外墙外保温系统》JG 158—2004。

7.1 保温工程质量验收资料

保温工程施工的施工图；设计说明，设计变更资料；材料的出厂合格证书；第三方法定检测单位的材料性能报告；材料进场验收记录；材料进场复检报告；隐蔽工程验收记录；施工质量记录等。

7.2 保温工程质量检验批

外墙外保温的检验批和检验数量应符合下列规定：以500～1000m²划分一个检验批，不足500m²也应划分一个检验批；每个检验批每100m²应至少抽查一处，每处不得小于10m²。门窗口以50个口为一检验批，抽查率不应小于3%。

7.3 质量控制要点

7.3.1 基层处理：基层墙体垂直、平整度应达到结构工程质量要求。墙面清洗干净，无浮土、无油渍，空鼓及松动、风化部分剔掉，界面均匀，粘接牢靠。

7.3.2 胶粉聚苯颗粒粘结浆料的厚度控制与聚苯板平整度控制。要求达到设计厚度，墙面平整，阴阳角、门窗洞口垂直、方正。

7.3.3 抗裂砂浆的厚度控制。涂料饰面抗裂砂浆层厚度为3～5mm，面砖饰面抗裂砂浆层厚度为8～10mm，墙面无明显接茬、抹痕，墙面平整，门窗洞口、阴阳角垂直、方正。

7.3.4 涂塑耐碱玻纤网格布铺设平整，搭接规范，宽度复合要求，阳角部位双向过角搭接，搭接边不得留在角部。

7.3.5 热镀锌四角钢网铺设平整，阳角部位钢网不得断开，搭接网边应被角网压盖，胀栓数量、锚固位置符合要求。

7.4 质量验收

7.4.1 主控项目

1. 所用涂料或饰面砖材料品种、规格、颜色、图案、质量、性能应符合设计要求、现行标准和本工法规定性能。

2. 保温层厚度及构造做法应符合建筑节能设计要求，聚苯板粘贴应保证粘结浆料的粘结饱满度，保温层平均厚度应用抽样统计方法进行检查，检验结果不应出现负偏差。

3. 保温层与墙体以及保温体系各构造层之间必须粘接牢固，无松动和虚粘现象，抹面防护砂浆应无脱层、空鼓及裂缝，面层无粉化、起皮、爆灰。

7.4.2 一般项目

1. 表面平整、洁净，接茬平整、线角顺直、清晰，毛面纹路均匀一致。

2. 护角符合施工规定，表面光滑、平顺；门窗框与墙体间隙填塞密实，表面平整。

3. 孔洞、槽、盒位置和尺寸正确、表面整齐、洁净，管道后面平整。

7.4.3 保温层允许偏差项目及检验方法（表 7.4.3）

保温层允许偏差项目及检验方法　单位：mm

表 7.4.3

项次	项　　目	允许偏差		检查方法
		保温层	抗裂层	
1	立面垂直	4	2	用 2m 托线板检查
2	表面平整	4	2	用 2m 靠尺及塞尺检查
3	阴阳角垂直	4	2	用 2m 托线板检查
4	阴阳角方正	4	2	用 20cm 方尺和塞尺检查
5	立面总高度垂直度	$H/1000$ 且不大于 20		用经纬仪、吊线检查
6	上下窗口左右偏移	不大于 20		用经纬仪、吊线检查
7	同层窗口上、下	不大于 20		用经纬仪、拉通线检查
8	分格条（缝）平直	3		拉 5m 小线和尺量检查
9	保温层厚度	平均厚度不出现负偏差		用探针、钢尺按抽样统计方法检查

7.4.4 饰面装修质量标准

1. 涂料饰面：按照《建筑装饰装修工程质量验收规程》GB 50210—2001"10 涂饰工程"相关条款规定进行检查验收。

2. 面砖饰面：按照《建筑装饰装修工程质量验收规程》GB 50210—2001"8 饰面板（砖）工程"及《外墙饰面砖工程施工及验收规程》JGJ 126—2000 相关规定进行验收。

7.5　易出现的问题及措施

7.5.1 保温浆料不粘，施工性能不理想。主要原因是由于搅拌机转速不够，搅拌机搅拌时间不足，加水量不准造成。选择每分钟转速大于 60 转的搅拌机。每台搅拌机可供 15 人左右抹灰施工，搅拌机数量不足、搅拌时间太短会造成浆料不粘。加水搅拌时应有专人控制计量严禁随意调整水量。

7.5.2 保温浆料施工过程中的平整度的控制是提高工程质量的关键，若保温层的平整度不达标，防护面层的平整度将很难达标。保温浆料施工后应严格检验，修整达标后方可进行下步施工。

1. 抗裂砂浆搅拌用砂应按要求过筛，否则，会造成面层粗糙，找平腻子用量超标。

2. 抗裂砂浆表面要压光操作时，面层应适量刷水。

3. 表面出现规则性裂缝，主要原因为网格布干搭接或漏铺造成。

4. 表面出现不规则裂缝，主要原因为面层使用了柔性不达标的材料。

5. 聚苯板粘接后应在 48h 后再进行其他的操作作业，防止聚苯板过早作业而出现的松动和虚粘现象。

6. 聚苯板安装要严格按照上下错缝的方法施工，各板缝均应留出 10mm 左右的灰缝。

8. 安 全 措 施

8.1 机械设备、吊篮必须由专人操作，经检验确认无安全隐患后方可使用。

8.2 操作人员必须遵守高空作业安全规定，系好安全带，严禁往下掉落物品、材料。

8.3 进场前，必须进行安全培训，注意防火，现场不许吸烟、喝酒。

8.4 遵守施工现场制定的一切安全制度。

8.5 保温板应使用阻燃型，保温板六个表面应在工厂预涂好界面处理砂浆，尽量避免现场裸板存放，保温板及聚苯轻骨料存放应远离火源并配有足够的消防灭火设备。对个别非标裸板存放地应进行覆盖，防止现场施工时火星飞溅引起火灾。

8.6 施工人员应严格遵循高空作业安全法规，必须戴安全帽、安全带，采取有效的防护措施，防止坠落。

9. 环保措施

外保温工程在施过程中必须严格遵守《北京市建设工程施工现场环境保护标准》及《北京市建设工程施工现场场容卫生标准》有关规定。

9.1 保温工程施工现场内各种施工相关材料应按照施工现场平面图要求布置，分类码放整齐，材料标识要清晰准确。

9.2 施工现场所用材料保管应根据材料特点采取相应的保护措施。材料的存放场地应平整夯实，有防潮排水措施。材料库内外的散落粉料必须及时清理。

9.3 为防止聚苯颗粒飞散、粉料扬尘，施工现场必须搭设封闭式保温浆料库及砂浆搅拌机机棚，并配备有效的降尘防尘及污水排放装置。

9.4 搅拌机设专职人员环境保护，及时清扫杂物，对所用的袋子及时捆好，用完的塑料桶码放整齐并及时清退。

9.5 保温浆料搅拌机四周及现场内无废弃保温浆料和砂浆。

9.6 施工现场注意节约用水，杜绝水管渗泄漏及长流水。

9.7 保温工程施工时建筑物内外散落的零散碎料及运输道路遗洒应设专人清扫。

9.8 施工垃圾及废弃保温板材应集中分拣，并及时清运回收利用，按指定的地点堆放。

10. 效益分析

该做法集 ZL 胶粉聚苯颗粒外保温抹灰做法与聚苯板外保温粘贴做法之优点，构造合理，保温层与结构层之间无空腔，各构造层采用性能指标合理的逐层渐变材料，不仅对抗震、抗风压和抗温度变形有利，还可有效地保证达到三期 65% 以上节能标准，外面复合了一层轻质防火隔热保温浆料可克服外贴聚苯板保温不防火、耐老化性能较差的缺陷。施工工艺简便，好操作，减少了现场湿作业量，而且价格与普通外保温做法接近，具有较高的性价比和较好的技术经济效益。且该技术体系集成配套，已形成较完善的产品标准和工艺规程。

轻质防火隔热 ZL 聚苯颗粒保温浆料利用回收的城市固体废弃物——废旧聚苯板作原材料，将垃圾资源化，使其再生转化为有用的建筑材料，在建设房屋的同时净化了环境。该技术体系不仅从建筑节能本身，而且从技术体系构成的各个层次材料上均能得到体现。其配套材料均为工厂预制按配比包装，现场搅拌，质量可控性好。该外墙外保温体系各个层面充分考虑了资源的综合利用，科学消纳固体废弃物，对推动建立良好的循环经济体系，可持续发展战略，开拓出一条全新的思路。在丰富外墙外保温节能技术体系的同时，更深层次、更广阔地拓宽了环保的节能理念，综合社会效益显著（表 10）。

与国内外类似施工方法的主要技术指标分析对比 表 10

比较项目	薄抹灰贴聚苯板法	轻质防火隔热浆料复合外保温做法	胶粉聚苯颗粒做法	聚氨酯喷涂做法
适用墙体	各种墙体，考虑到安全性要求，超高层不宜采用	各种墙体	各种墙体	各种墙体
导热系数 W/(m·K)	≤0.041	≤0.041	≤0.059	≤0.025
施工性	对基层墙体的平整度要求高，施工效率不高，板缝难处理，门窗洞口等局部存在热桥，材料利用也不充分	对基层墙体的平整度要求不高，在结构比较复杂或不规整的外墙表面施工时适应性好，施工速度快较快	现场成型保温材料，不受墙体外形的约束，在结构比较复杂或规整的外墙表面施工时适应性好，施工须湿作业	对基层墙体的平整度要求高，基层墙体成型后，进行聚氨酯现场喷涂，施工速度快，整体性强

比较项目	薄抹灰贴聚苯板法	轻质防火隔热浆料复合外保温做法	胶粉聚苯颗粒做法	聚氨酯喷涂做法
抗风压性能	有空腔,抗风压性能较差	无空腔,抗风压能力强	无空腔,抗风压能力强	无空腔,抗风压能力强
饰面做法	涂料	涂料、面砖	涂料、面砖	涂料、面砖
抗裂性能	板缝之间易产生裂缝,主要靠抗裂砂浆层抗裂	采用材料材性相近逐层渐变的柔性体系,不易发生裂缝	施工整体性好,柔性体系,不易发生裂缝	采用现场喷涂技术,不存在板缝,柔性体系、抗裂性能好
憎水性	与采用的防护面层有关,可达到较好憎水效果	呼吸功能强,与表面抗裂层组合可达到较好憎水效果	99%憎水率,呼吸功能强,与表面抗裂层组合可达到较好憎水效果	材料本身就可作为防水材料,能起到防水、隔潮作用
抗冲击性	>3J	>10J	>20J	>10J
防火性能	防火体系安全性能较差,火灾状态下聚苯板起火、烧结、缩空,有次生烟尘灾害	满足高层建筑防火要求火灾状态下,不燃烧,保温体系安全稳定	满足高层建筑防火要求,火灾状态下不燃烧,保温体系安全稳定,不会产生有毒烟雾,无次生烟尘灾害	复合胶粉聚苯颗粒保温浆料后,燃烧极限符合国家规范要求,火灾状态下聚氨酯起火,防火体系安全性能相对差

11. 应 用 实 例

11.1 百子湾住宅小区 A1 号楼——轻质防火隔热浆料复合聚苯板（涂料饰面）做法

该工程主体为全现浇剪力墙结构，为北京建工集团有限责任公司房地产开发经营部开发，北京星胜建筑工程设计有限公司设计，北京六建集团公司总承包施工，开工时间：2004 年 3 月 18 日～2005 年 10 月 31 日；建筑面积 16527.73m²，建筑总高度为 62.25m，外保温面积 18627.01m²，工程质量评为 2006 年度北京市竣工长城杯金奖。

11.2 宾都苑二期工程——轻质防火隔热浆料复合聚苯板（面砖饰面）做法

该工程位于朝阳区麦子店北路及农展馆西路道口，主体为全现浇剪力墙结构，建筑地上 20 层，建筑高度 61m，总建筑面积为 19043m²，分东西向南北向 2 座塔楼，平面形状呈 L 形，首层为商业用房，2～20 层为普通住宅；地下 1 层为汽车库及设备用房，地下 2 层为六级人防。二层以上为轻质防火隔热浆料复合聚苯板外保温（面砖饰面）做法配合落地观景窗，外保温工面积 12530m²，工程质量评为北京建工集团有限责任公司 2006 年度优质工程。

聚氨酯硬泡体屋面防水保温系统施工工法

YJGF013—2006

上海市房地产科学研究院　　上海克络蒂涂料有限公司　　龙信建设集团有限公司

孙生根　杨永巍　季亭　钱朱凤　张海军

1. 前　　言

随着建筑业兴旺及施工技术的不断提高，上海地区的建筑保温热也如日中天，越来越红火。经过多年研制出了《聚氨酯硬泡体屋面防水保温系统》（以下简称《系统》）。一经推出，就受到了建筑市场的热捧。《系统》采用现场聚氨酯发泡技术，克服了其他保温系统的弊端。3 年来，经过上百个大小工程项目的实践，《系统》优异的产品特性，获得了广大用户们的良好称誉和上海市有关部门的充分肯定。聚氨酯硬泡体是采用现场喷涂技术进行施工，该材料具有防水、保温两种功能。

2. 工 法 特 点

《系统》中的聚氨酯硬泡体是经过现场喷涂设备在枪口撞击产生雾化状喷至干燥、平整的混凝土基层表面，雾化状的液体到基层面后平均十几秒钟成型，20min 后即可上人。该系统是一个以防水涂膜、硬质聚氨酯泡沫塑料、纤维增强抗裂腻子为主要材料的，现场成型的防水保温系统。其明显的优势有：

2.1 与屋面采用全粘接，粘接强度高，载荷、抗风压能力强。

2.2 保温层导热系数小，具有良好的保温性能。

2.3 现场喷涂成型，无拼缝、无冷热桥等负面影响。

2.4 防水保温一体化，聚氨酯的闭孔率达到 95％以上，防水性能优异。

2.5 使用寿命长达 25 年以上。

2.6 原材料体积小，运输方便。

2.7 施工快捷、周期短。

2.8 纤维增强抗裂腻子，可调成红、蓝、绿等多种色彩，美化屋顶环境。

2.9 物业管理简便，适修性较强。

3. 适 用 范 围

聚氨酯硬泡体可适用于任何形状的屋面防水保温工程，该系统集防水和保温于一体。其不仅适宜于新建建筑屋面的防水保温，对既有建筑的围扩结构节能改造也有其独到之处。且施工简便，周期短，适用范围广、材料配套齐全，能满足我国不同气候条件下的建筑节能施工要求。该系统在屋面防水保温工程中具有的优势较为突出。

《系统》屋面可以预埋钢筋后挂瓦，也可以滚涂防水涂膜、批嵌抗裂腻子、铺贴沥青油毡瓦或浇捣40mm 厚细石钢筋混凝土后铺贴地砖或石材等。

4. 工 艺 原 理

《系统》中的防水涂膜是采用有机高分子聚合物和无机反应性粉剂复合而成的双组分防水涂料，与基层附着力强，且整体性好，成膜后与水泥砂浆和其他胶粘剂亲和性优良，在此系统中主要起防水和界面处理作用，使聚氨酯硬泡体与基面能很好地结合，也使纤维增强抗裂腻子与聚氨酯硬泡体的粘接力大大加强。聚氨酯硬泡体以组合聚醚和异氰酸酯为主要材料的双组分材料，通过专用设备喷涂而成，具有优异的保温性。又因采用现场喷涂施工，形成一层连续的低吸水性的泡沫体，故防水性优良。聚氨酯硬泡体在整个体系中是至关重要的，不仅在产品的配方上考虑到发泡率、抗拉和抗压强度、导热系数、吸水率等技术指标，更要在施工过程中能掌握其发泡时间、发泡的平整度和厚度，所以对施工设备和施工人员有一定的技术要求。纤维增强抗裂腻子主要起表面保护和找平作用，它是以固体水溶性高分子聚合物和无机硅酸盐材料为主要粘合材料，添加各种助剂、抗裂增强纤维，在特定的干粉混合设备内高速分散而成。解决了常规腻子在保温板表面粘接力差，易产生龟裂等缺陷。

5. 施工工艺流程及操作要点

屋面施工工艺流程见图5。

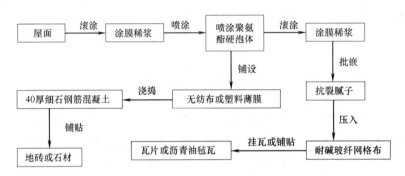

图5 屋面施工工艺流程

注：如果挂瓦片，须在喷涂聚氨酯之前预埋钢筋。

5.1 基层要求

5.1.1 聚氨酯现场发泡体对基层最基本的要求是干燥，达到国家屋面工程质量验收规范 GB 50207—2002，平整度在10mm之内无须找平。

5.1.2 出屋面的基层管道在喷涂施工前应设置防水套管，并以砂浆以"R"式做法，便于喷涂施工均匀、连接处圆滑；管道上喷涂高度不低于300mm，收头用卡箍卡紧，如图5.1.2所示。

5.1.3 横向落水口底部与基层面距离为10mm，内侧与墙面平；竖向落水口的上部略高于基层面 5mm，如图5.1.3-1、图5.1.3-2所示。

5.1.4 屋面和山墙、女儿墙、天沟、檐沟以及突出屋面结构的连接处（阴阳角）应做成圆弧形，其圆弧半径为 $R=80～100mm$；泛水部位的防水保温层一般用水泥砂浆覆盖，当中设钢丝网，钢丝网采用保温钉固定，保温钉在喷涂前胶粘于泛水基层面上，如图5.1.4所示。

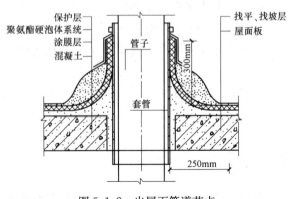

图5.1.2 出屋面管道节点

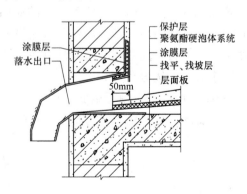

图5.1.3-1 横向落水口节点

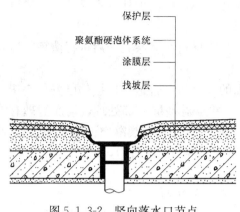

图 5.1.3-2　竖向落水口节点

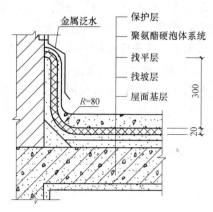

图 5.1.4　山墙、女儿墙泛水节点

5.2　涂刷防水涂膜界面剂

按固相：液相：水＝1：1：1配合比配制，专人负责，严格计量，机械搅拌，确保搅拌均匀。配好的料应注意防晒避风，以免水分蒸发过快。一次配制量应在可操作时间内（4h内）用完。用滚刷将配好的界面剂均匀涂刷在清理干净的基面上，阴角等节点部位应重点涂刷。养护24h以上，干透。

5.3　喷涂操作

5.3.1　喷涂前须提前1d对有落水口及管道出屋面的金属和塑料构件部位，应该重点进行石油沥青聚氨酯涂料涂膜处理，使细部处理更可靠。

5.3.2　硬质聚氨酯必须在喷涂前配置好，双组分液体原料必须按工艺设计的配比1：1，专人负责，准确计量，混合应均匀，热反应须充分，输送管道不得渗漏，同时根据施工条件作适当的调整。

5.3.3　根据聚氨酯的厚度，使用专业施工设备，进行现场喷涂，喷涂时喷枪与施工基面间距为500～700mm。一个施工作业面可分遍喷涂完成，每遍的成型后厚度应≤15mm。硬质聚氨酯必须在喷涂前配置好，双组分液体原料必须按工艺设计的配比1：1，专人负责，准确计量，混合应均匀，热反应须充分，输送管道不得渗漏，喷涂应连续均匀。

5.3.4　硬质聚氨酯喷涂24h后，用手提刨刀或钢锯进行修整。

5.4　施工要点

5.4.1　喷涂操作时枪手应时刻掌握好喷涂方向、与施工面的距离、喷涂角度、喷出压力以及发泡厚度等要求。

5.4.2　现场喷涂之中随时检查设备压力及出料状况、泡沫体的现场发泡质量情况，一旦发现异常状况马上停枪调整。

5.4.3　屋面上的异形部位应按"细部构造"进行喷涂施工。特别是节点部位如落水口、烟道、出屋面管道、女儿墙、檐沟、泛水处，一旦发现漏喷、空洞以及厚度不足的地方应及时进行补喷。同时对出现起壳、空鼓的地方进行挖除后补喷。

5.4.4　聚氨酯硬泡体的发泡稳定及固化时间约为20min，因此施工后20min内严禁上人，防止损坏。

5.4.5　聚氨酯发泡体喷涂完工24h后，不上人屋面的即可涂刷界面剂后批嵌抗裂腻子（内压入玻纤网格布）；上人屋面的可以浇捣40～60mm厚的钢筋细石混凝土作保护层（铺设前先用无纺布或塑料薄膜作隔离层）。

5.5　产品保护措施

聚氨酯硬泡体施工是现场喷涂，操作不慎会污染临近部位或其他设施。由于聚氨酯的粘接性强，粘污后较难清除，故施工时须做好已经完工部位的保护措施。

5.5.1　对有女儿墙及其他屋面突出物的非泛水喷涂面的分割处，应采用在泛水高度以上贴一排整齐的胶带，以免不需喷涂的部位造成污染。

5.5.2 对屋面四周只有檐口时，采用在檐口上拉一条彩条布，以保护外界不受污染（檐口边用胶带贴好，便于混凝土保护层收头）。

5.5.3 对进行保护过的非喷涂地方，采用的胶带、薄膜等材料在喷涂完毕后进行清理，清理时注意与泡沫接口处不能断裂。

5.5.4 对既有建筑的屋面进行节能改造施工时，屋面的（设备、管道）连接件已安装完毕，屋面需要保护的设施应予以保护，并留出防水保温施工的余地。并且对基层做好处理，彻底清理有渗漏水隐患、不能保证粘结强度的原屋面层（爆皮、粉化、松动的原面层，出现裂缝空鼓的原面层），修补缺陷，加固找平。通过现场抽样检测，确认其外保温系统与屋面有良好的附着力，即 $F \geqslant 0.20$MPa。

5.6 季候性施工条件

5.6.1 雨期施工应做好防雨措施，准备遮盖原材料、设备等物品。

5.6.2 基面的强度、表面平整度、干燥度等应符合国家有关设计施工验收规范的要求。

5.6.3 聚氨酯施工时现场温度冬期不宜低于5℃。空气相对湿度不宜大于90%。不宜在5级及5级以上大风气候条件下施工，如需施工应采取防护措施。

6. 材料与设备

6.1 材料要求

6.1.1 现场喷涂硬质聚氨酯的原料应密封包装，在储运过程中须严禁烟火，注意通风、干燥、防止暴晒、淋雨等，不得接近热源或接触强氧化、高腐蚀化学品。其性能指标应符合表6.1.1的要求。

硬质聚氨酯泡沫塑料物理性能指标　　　　表6.1.1

检测项目	单 位	技术指标	
		M 型	H 型
密度	kg/m³	≥35	≥35
导热系数	W/(m·K)	≤0.024	≤0.024
吸水率	%	≤3	
抗压强度	MPa	≥0.15	≥0.3
抗拉强度	MPa	≥0.2	≥0.5
粘接强度	MPa	≥0.2	
尺寸稳定性	%	≤1	
不透水性	0.3MPa,30min	不透水	
氧指数	%	26	

注：M型适宜不上人屋面，H型适宜上人屋面防水保温。

6.1.2 防水涂膜外观质量应均匀，无颗粒、异物及凝聚现象。其性能指标应符合表6.1.2的要求。

防水涂膜理化指标　　　　表6.1.2

试验项目		单 位	技术指标
固体含量		%	≥65
干燥时间	表干时间	h	≤4
	实干时间	h	≤8
拉伸强度	无处理	MPa	≥1.2
	加热处理后保持率	%	≥80
	碱处理后保持率	%	≥70
	紫外线处理后保持率	%	≥80

试 验 项 目		单 位	技 术 指 标
断裂伸长率	无处理	%	≥200
	加热处理	%	≥150
	碱处理	%	≥140
	紫外线处理	%	≥150
低温柔性		φ10mm棒	−10℃无裂纹
不透水性		0.3MPa,30min	不透水
潮湿基面粘结强度		MPa	≥0.5

6.1.3 纤维增强抗裂腻子标准做法及其性能指标应符合表6.1.3的要求。

纤维增强抗裂腻子物理性能指标　　　　　　　　表6.1.3

检 测 项 目			单 位	技 术 指 标
可操作时间			h	≤4
拉伸粘接强度	与水泥砂浆	原强度	MPa	≥0.6
		耐水	MPa	≥0.4
	与硬质聚氨酯	原强度	MPa	≥0.2
		耐水	MPa	≥0.2

注：纤维增强抗裂腻子与聚氨酯硬泡体之间有涂膜稀浆作界面处理。

6.1.4 耐碱型玻璃纤维网格布其性能指标应符合表6.1.4的要求。

耐碱网格布主要指标　　　　　　　　表6.1.4

试 验 项 目	性能指标	试 验 项 目	性能指标
单位面积质量(g/m²)	≥130	耐碱断裂强力保留率(经、纬向)(%)	≥50
耐碱断裂强力(经、纬向)(N/50mm)	≥750	断裂应变(经、纬向)(%)	≥5.0

6.1.5 硅酸盐水泥和普通硅酸盐水泥：应符合现行标准《硅酸盐水泥、普通硅酸盐水泥》的要求。

6.1.6 其他材料：

建筑密封膏：应采用聚氨酯建筑密封膏，其技术性能除应符合《聚氨酯建筑密封膏》JG 492的有关要求外，还应与本系统有关产品相容。

6.2 主要机具

专用聚氨酯喷枪及设备、空气压缩机、磅秤、搅拌翻斗车、电动搅拌器、电锤（冲击钻）、电动刨刀、电动（手动）螺丝刀、壁纸刀、钢锯、钢丝、扫帚、棕刷、滚筒、墨斗、抹子、压子、阴阳角抹抿子、托线板、2m靠尺及楔形塞尺等。

7. 质 量 控 制

聚氨酯硬泡体屋面防水保温系统的质量验收标准参照执行国家标准《屋面工程质量验收规范》GB 50207—2002、上海市工程建设规范《住宅建筑节能工程施工质量验收规程》DGJ 08—113—2005、《193聚氨酯防水保温系统技术规程》DBJ/CT 022—2004，同时还须满足以下几点：

7.1 防水保温层厚度设计

设计聚氨酯硬泡体防水保温层的厚度，应根据基层、建筑防水与保温层隔热性能等要求来制定，根据国家有关夏热冬冷地区的居住（公共）建筑节能设计标准JGJ 75—2003/GB 50189—2005要求，屋

面的 K 值要求须≤1.0W/(m²·K)，一般情况下聚氨酯保温层的厚度约在 2～2.5cm，就能达到节能标准。

不需保温部位（如山墙、女儿墙泛水及突出屋面结构）的结构表面，屋面聚氨酯硬泡体防水保温层应用厚度不得小于 10mm。

7.2 聚氨酯屋面防水保温系统与基面应粘结牢固，其拉伸粘结强度应大于 0.20MPa，玻纤网格布的搭接长度必须满足国家有关规范的要求。

7.3 现场喷涂使用专用设备，每次喷涂聚氨酯的厚度不得大于 15mm，整体完工后聚氨酯泡沫体最薄处厚度不得低于设计厚度的 80%，平均厚度大于设计值。最后对聚氨酯波峰大于 5mm 的地方，用手提刨刀或锯条进行修正。

7.4 聚氨酯屋面防水保温系统必须粘结牢固，无脱层、空鼓、孔洞及裂缝。网格布不得外露。

7.5 无爆灰和裂缝等缺陷，其外观应表面洁净，接槎平整。

7.6 屋面防水保温层的允许偏差，应符合表 7.6 的规定。

保温系统面层允许偏差及检验方法　　　　　　　　　　　　　表 7.6

项　次	项　　　目	允许偏差(mm)	检　验　方　法
1	表面平整	4	用 2m 靠尺、楔形塞尺进行检查
2	阴阳角垂直	4	用 2m 托线板检查
3	阳角方正	4	用 200mm 方尺检查
4	伸缩缝（装饰线）平直	3	拉 5m 线和直尺检查

7.7 成品保护

7.7.1 外墙外保温或屋面防水保温施工完成后，后续工序应注意对成品进行保护。禁止在防水保温屋面上随意剔凿，避免尖锐物件撞击。

7.7.2 因工序穿插、操作失误、使用不当或其他原因，致使防水保温系统出现破损的，可按如下程序进行修补：

1. 用锋利的刀具割除破损处，割除面积略大于破损面积，形状大致整齐。注意防止损坏周围的纤维增强抗裂腻子、网格布和硬质聚氨酯。

2. 仔细把破损部位四周约 100mm 宽范围内的涂料和纤维增强抗裂腻子磨掉。注意不得伤及网格布，如果不小心切断了网格布，打磨面积应继续向外扩展。

3. 在修补部位四周贴不干胶纸带，以防造成污染。

4. 修补处聚氨酯表面应与周围硬质聚氨酯齐平，对修补部位做界面处理，滚涂防水涂膜，喷涂聚氨酯。

5. 用纤维增强抗裂腻子补齐破损部位的纤维增强抗裂腻子，用毛刷清理不整齐的边缘。对没有新抹纤维增强抗裂腻子的修补部位做界面处理。

6. 从修补部位中心向四周抹纤维增强抗裂腻子，做到与周围面层顺平，同时压入网格布，并满足网格布和原网格布的搭接要求。

7. 纤维增强抗裂腻子干后，在修补部位补做外饰面，其材料、纹路、色泽尽量与周围装饰一致。

8. 待外面干燥后，撕去不干胶纸带。

8. 安 全 措 施

8.1 进入施工现场的作业人员，必须首先参加安全教育培训，考试合格方可上岗作业，未经培训或考试不合格者，不得上岗作业。

8.2 进入施工现场的人员必须戴好安全帽，并系好下颌带；按照作业要求正确穿戴个人防护用品；在 2m 以上（含 2m）没有可靠安全防护设施高处的悬崖和陡坡施工时，必须系安全带；高处作业时，不得穿硬底和带钉易滑的鞋。

8.3 在施工现场行走要注意安全，不得攀登脚手架、井字架、龙门架、外用电梯。禁止乘坐非乘人的垂直运输设备。

8.4 脚手架上的工具、材料要分散放置平稳，不得超过允许荷载的范围。

8.5 屋面四周应设置不低于 1.2m 高的围栏，靠近屋面四周应侧身操作。严禁踩踏女儿墙、阳台栏板进行操作施工。

凡有高血压等疾病不适合于高空作业者不得进行屋面工程施工。

8.6 夜间或阴暗处作业，应使用 36V 以下安全电照明灯具。

8.7 使用电钻、砂轮、手提刨刀等手持电动机具，必须装有漏电保护器，作业前应试机检查，作业时应戴绝缘手套。

8.8 材料拌制时，加料口及出料口要关严，传动部件加防护罩。

8.9 在进行聚氨酯喷涂时不准使用明火。

8.10 涂料、杂物工具等应集中下运，不能随意乱丢乱掷。

9. 环 保 措 施

9.1 干拌砂浆或其他粉状散装物料应堆放整齐，并用塑料彩条布覆盖，防止扬尘污染周边环境。

9.2 喷涂时应掌握好风向，在下风处非喷涂范围处用彩条布进行隔离。

9.3 修整后的聚氨酯碎沫应及时清理，每道工序应做到"活完脚下清"，并将废料放置在指定的地点。

10. 效 益 分 析

聚氨酯硬泡体屋面防水保温系统与传统工艺施工法比较，其有许多优点，具有较大的经济效益和社会效益，具体如表 10 所示。

屋面防水保温系统经济效益比较 表 10

序号	聚氨酯硬泡体屋面防水保温材料	传统防水保温材料
1	防水保温功能合二为一，改性泡沫不透水，导热系数低，为 0.024W/(m·K)	功能单一，防水与保温各为不同材质，保温材料导热系数为 0.07～0.43W/(m·K)
2	性价比高，用传统Ⅲ级防水的成本，达到Ⅱ级防水要求	性价比低
3	施工快捷方便，减少施工配合工作量，单班次每日可完成 500m² 的工作量	施工程序繁琐，施工配合工作量大，施工周期较长
4	密度仅为 55kg/m³，减少屋顶荷载	传统保温材料密度在 500～600kg/m³，屋面负载较大
5	屋面细部处理优越，且无需设置排气管及排气槽，细部处理方法确保屋面无渗漏	细部处理较复杂，且容易形成渗水点，需放置排气管及排气槽
6	在任何形状的屋面都可快速施工并达到施工要求	异形屋面施工困难

施工队伍宜采用混合队承包。喷枪手、抹灰工、油漆工、机械操作工、小工按工作项目分工配制。由施工工长统一调度。屋面防水保温施工面积为 1 万 m² 的住宅项目，工期要求 30d 完成，需配备工长 1 名、技术员 1 名、质量检查员 2 名、安全员 1 名、机械维修工 2 名、电工 1 名、喷枪手 2 名、抹灰工 10 名、油漆工 10 名、小工 10 名，共计 40 人。

11. 应 用 实 例

11.1 苏州市碧瀛谷，屋面施工面积约 0.3 万 m²，2001 年完工，随访无任何渗漏。

11.2 闵行区荷兰新城，屋面施工面积约 0.2 万 m²，2006 年 6 月完工。

11.3 宝山区金兰雅墅，屋面施工面积约 8 万左右，2005 年底完工。

11.4 三航局三航大厦，高层屋面旧房改造，施工面积约 0.2 万 m²，2002 年完工，随访无任何渗漏。

大型钢结构整体提升及滑移施工工法

YJGF014—2006

中国机械工业建设总公司
关杰　顾宁　孙希社　张岳云　姚建光

1. 前　言

澳门多功能体育馆钢结构两榀纵向主桁架为一拱形结构，两端落地，跨度 328m，中间拱顶高约 54m，重量达 2800t（包括两榀主桁架以及其间相连的中间次桁架）。

主桁架因无法在澳门安装现场完成制作，故采用在国内工厂进行分段制作，海运至澳门现场，然后在澳门安装现场完成分段拼装和吊装就位。考虑运输问题，在国内工厂将每一榀主桁架分为 16 段制作，每段长度约为 22m，最重的一段重约 80t。

主桁架的安装，选择怎样的安装方案，能安全、便捷、经济地将两榀总重约 2800t 的主桁架安装就位，将是整个屋盖钢结构安装中的一个重要课题，也是完成澳门多功能体育馆钢结构工程的关键。

其吊装就位的方案主要有两种：一种是常规原位分段吊装空中拼接的安装方案；另一种是分段地面拼装整体提升就位的安装方案

通过方案计算、对比并经过专家论证，最终确定采用主桁架分两大段在地面拼装，然后液压整体提升主桁架一端，另一端沿地面水平同步滑移，两主桁架高空对接的安装方案。

2. 工 法 特 点

2.1 采用液压提升系统垂直提升主桁架一端与主桁架另一端沿地面水平滑移同步协调就位。

2.2 钢结构形式奇特，为多点支承的空间网壳结构，两榀主桁架结构对称，主桁架地面拼装成整体对称的两片，采用液压提升系统整体提升主桁架空中对接。

2.3 现场安装的吊装复杂，形式多样，80% 构件拼装为高空作业，共有 16 个管口在高空同时准确对接，难度很大。

2.4 结构曲线复杂，各测量基准点均处在三维空间，测量难度较大，制作和安装现场采用全站仪等先进的测量设备。

2.5 节点为空间多维钢管结构，钢管规格多样，节点各管段长度、方向不同，结构复杂，节点球最多连接 11 根钢管。

3. 适 用 范 围

该施工工法适用于具有刚性纵梁的重型对称钢结构的整体安装，该钢结构的主要特征是，具有对称的刚性纵梁（即主桁架），纵梁的两端落地或离地面不高，构件重量大。凡类似这种大型钢结构件，都可以采取这种纵梁分两大段、一端液压提升、一端地面滑移的方法进行施工。该方法的最大优点是吊装高度明显降低，拼装速度加快，操作安全，吊装用吊车吨位减小，同时节约大量临时支撑用钢材。

4. 工 艺 原 理

4.1 主桁架安装分两大步骤完成，第一步，在中心竖立一座提升井架，顺着纵向中心线，在地面搭设临时支承架，将制造厂运来的小节主桁架，在支承架上拼装成两大段，两大段的一头靠近提升架，另一头放置在最外端可滑移的拖板上；第二步，在中心提升井架顶部，安装 8 台液压提升缸，4 台为一组，每组液压缸的钢绞索，分别吊住两大段主桁架靠中间的一头，然后启动液压缸，慢慢提升，主桁架放置在拖板上的另一头，随着提升运动，慢慢向中心移动，当提升到安装高度时，将主桁架中间的两个头拼装好，形成一个似大桥的弧形拱架。详见图 4.1 所示。

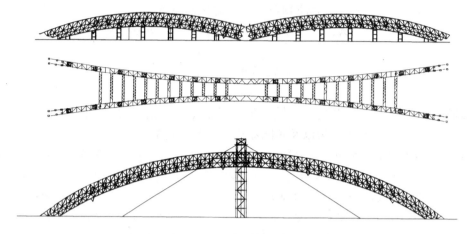

图 4.1　地面分段拼装整体提升就位示意图

4.2　采用计算机控制液压同步提升技术，系统由钢绞线及提升油缸集群（承重部件）、液压泵站（驱动部件）和传感检测及计算机控制（控制部件）等几个部分组成。

本工程采用的提升油缸有 4 台 350t 和 4 台 200t 两种规格，均为穿芯式结构。钢绞线采用高强度低松弛预应力钢绞线，公称直径为 15.24mm，截面积为 140mm²，抗拉强度为 1860N/mm²，破断拉力为 260.7kN，伸长率在 1％时的最小载荷 221.5kN，每米重量为 1.1kg。配套的液压泵站是提升系统的动力驱动部分，在液压系统中，采用比例同步技术，这样可以有效地提高整个系统的同步调节性能。

整个提升系统通过传感检测获得提升油缸的位置信息、载荷信息和整个被提升构件空中姿态信息，并将这些信息通过现场实时网络传输给主控计算机。这样主控计算机可以根据当前网络传来的油缸位置信息决定提升油缸的下一步动作，同时，主控计算机也可以根据网络传来的提升载荷信息和构件姿态信息决定整个系统的同步调节量。

主桁架在提升过程中，落地端应随着主桁架的逐步提升，克服摩擦力，缓慢同步地沿地面向提升井架（落地端就位位置）移动，以保证主桁架提升的钢绞线保持垂直，使整个提升顺利进行。主桁架的滑移系统主要包括：滑移导轨和滑移拖板、滑移导向装置、滑移牵引装置及防止两榀主桁架外移的拉紧装置等。落地端增设了滑移牵引装置，采用规格为 H32×4D 滑车和由电气控制其同步的 5t 卷扬机组成，每个主桁架落地端设一组，共 4 组。

为保证液压提升装置的承重部件钢绞线在整个主桁架提升过程中，垂直偏角不得大于 2°，在整个提升全过程中采用经纬仪监控钢绞线的垂直偏角，并根据垂直偏角的大小及方向来控制调整主桁架落地端的水平滑移位置。同时，将通过对主桁架垂直提升高度与水平滑移距离的比例关系，辅助控制落地端的滑移速度和位置，以保证主桁架同侧落地端的同步以及与垂直提升的同步，从而保证钢绞线的垂直度。

5. 施工工艺流程及操作要点

5.1　主桁架安装工艺流程

拼装小段工厂制作→拼装施工准备→两大段分别拼装→两大段拼装的焊接→组立提升井架→两大段整体液压提升→提升过程中落地端移动的控制→主桁架支撑钢柱的安装→两大段超提、下落就位与对接→主桁架落地端支座安装→主桁架整体就位后精度测量。

5.2 主桁架安装的操作要点

5.2.1 提升井架的设计

主桁架以及相连中间次桁架拼装完后，重量约为 2800t，提升所用提升井架需要自行设计。根据提升就位需要，提升架高度应在 65m 左右，四根立柱（钢管 $\phi1500\times20$）中心距为 $8m\times7m$，由于安装现场紧临海边，且施工时间处于台风季节，因此，风载必须加大考虑。还有，由于提升架承受载荷大，主桁架 2800t；其一半为 1400t，提升架自重 360t；8 根缆风绳对提升架产生的正压力约为 120t，加上提升液压缸、吊具等总重约 2000t。因此，还要考虑提升架基础的不均匀沉降对其影响。为此，在提升架四根立柱下面的砂地内，每根立柱下打了三根钢筋混凝土桩，每根桩承载 270t（主桁架整体提升时实测最大下沉量只有 7mm）。12 根桩共承载 3240t。另外，根据现场情况，提升架的制作充分利用工程原有材料，以提高材料的重复利用率，降低成本。

为保持提升架的稳定，在提升架的四角设置了 8 组缆风绳，并通过与缆风绳相连的滑车、卷扬机和拉力计，可以观测和调整缆风绳受力的大小。提升井架详见图 5.2.1 所示。

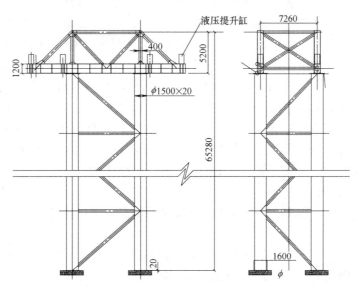

图 5.2.1 提升井架结构图

5.2.2 主桁架上吊点的选择

主桁架分两大段就地拼接好以后，首先要选定提升钢索的吊点位置，选定的原则是：假定主桁架提升到高度且提升钢索呈垂直状态时，钢索与主桁架上弦杆的交点，即为吊点位置。

提升架设在两榀主桁架之间中部的断开位置，为了减小提升架横梁悬臂承受的弯曲力矩，提升架四根立管应尽量靠近主桁架内侧的弦杆，该间隙选定为 120mm。

8 台液压缸在提升架横梁上的布置是对称的，这样可以保证提升架承载均衡，缆风系统受力对称。由于在主桁架提升的过程中在不断地向前移动和转动，而提升井架不能倾斜摆杆，这就要求选择的吊点位置在主桁架的提升过程中不能有较大的水平位移，即在提升过程中尽量保持提升钢绞线的垂直。如果按钢绞线垂直度小于 2° 计算，在主桁架提升至最高处时，吊点水平位移不能超过 220mm，经过对提升架位置及主桁架结构特点进行深入考虑，决定将吊点位置设在主桁架上弦杆中间两个节点处，详见图 5.2.2 所示。

5.2.3 整体提升的同步要求

由于提升时的每段主桁架，都是由两榀主桁架组成，其中间用次桁架连接，在主桁架的提升过程中，如果两榀主桁架不同步，构件在吊装过程中将产生变形，这是不允许的，为保证构件在吊装过程中不产生变形，这就要求提升机构具备同步功能，因此，在本方案中采用了计算机控制液压同步提升系统。同时，在提升与滑移的同步方面，采用了测量监控与提升高度与水平距离比例关系控制方式进行。

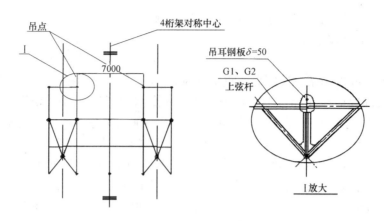

图 5.2.2　主桁架吊点设置图

5.2.4　主桁架中间对接处嵌补段的取消

在大型钢结构的传统拼装过程中，尤其对长形构件最终合拢对口时，一般设中间嵌补段，用以调节构件分段拼接过程中的尺寸偏差，最终保证构件的整体尺寸。本工程项目中主桁架跨距有 328m，整体造型奇特，为空间三维弯扭，总重量约 2800t，整体结构弹性大，给主桁架最终空中合拢对口，保证主桁架整体尺寸带来了很大难度。采用中间嵌补段可以很好地控制调整主桁架整体拼装尺寸，保证质量，但同时也带来了诸多不利，例如，需要另外的大型吊机，空中对口工作量增加一倍，安全性能降低等。我们权衡利弊，决定取消中间嵌补段。为此，在主桁架地面拼装过程中我们应用了激光全站仪，对主桁架分段的拼装进行逐段跟踪精确的定位。根据设计院的设计模型，将主桁架的空中状态调整到地面拼装状态，对关键节点的三维坐标进行量取，取得设计的理论值，然后据此应用全站仪对实际拼装尺寸进行测量和精确的调整，从而保证了主桁架分段以至整体的定位尺寸，达到了质量控制标准。

5.2.5　吊点、支点、顶点结构设置

主桁架在液压提升就位过程中，需要设置合理安全的吊点、支点及顶点。

1. 主桁架吊点结构

主桁架在提升过程中，液压缸钢绞线和主桁架相连的吊点，在提升时存在转动，因此将吊点设置为铰支连接，吊点详见图 5.2.5-1 所示。在吊点处，经计算，固定吊耳的主桁架。

干管下方腹杆应力较大，达 280MPa，需作加强处理。加强方案是在腹杆处增加 4 条筋板。此时应力值为 220MPa。吊点周围其他杆件受力也均符合安全应力要求（吊耳强度验算略），以上说明吊耳设置可行。

2. 落地端支点

主桁架在提升时落地端存在集中载荷，为此需对主桁架落地端支点及支点上部杆件进行加固，落地端支点加固详见图 5.2.5-2 所示。支点上方腹杆需要加固，未加固时应力为 260MPa，加固后应力降为 210MPa，满足结构安全应力值。腹杆加固方法与吊点下方腹杆加固相同。

3. 落地端千斤顶顶点处理

主桁架提升到位后，需要拆除主桁架落地端的滑移小车及滑道等，以便安装落地端支座，此时需要用千斤顶顶起主桁架落地端才能进行。因此，需要在主桁架落地端千斤顶顶升处设置顶点，顶点位置应设在主桁架

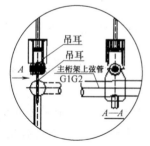

图 5.2.5-1　主桁架吊点结构示意图

节点上，且受集中载荷下而不发生失稳及变形，顶点构造如图 5.2.5-3 所示。这样保证主桁架落地端在拆除滑移小车顶升时，不会对主桁架的结构造成破坏，从而保证主桁架是安全的。

4. 主桁架加强处理

主桁架吊点处腹杆及落地端腹杆根据计算结果，需作加强处理，处理方案如图 5.2.5-4 和图 5.2.5-5 所示。

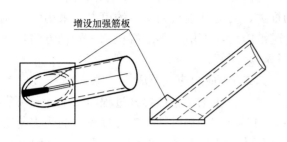

图 5.2.5-2 落地端支点加固图

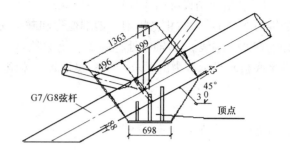

图 5.2.5-3 落地端千斤顶顶点构造图

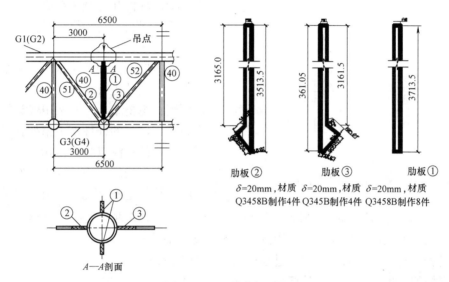

图 5.2.5-4 吊点加固图

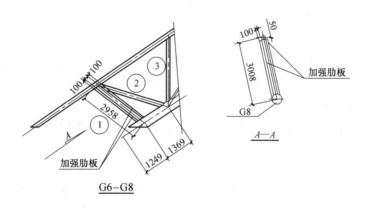

图 5.2.5-5 落地端腹杆加固图

5.2.6 主桁架提升过程中因自重产生弹性变形的处理措施

1. 在吊装过程中，主桁架的最大弹性变形发生在刚脱离胎架时，矢高减少 362mm，弦长增加 106mm，由此导致吊点达到设计高度时落地端未滑移到设计位置的结果。实际操作中，为保证主桁架落地端顺利就位，须将主桁架高度超提 1m。主桁架超提 1m 后，落地端即可准确就位。随后固定落地端各支座、安装立柱、临时支撑，落下主桁架至立柱和临时支撑上，在空中拼接主桁架完成主桁架的安装工作。主桁架安装完成后，即可拆除提升井架。

2. 当主桁架落在支撑钢柱上以后，若主桁架不设临时支撑，在 6～7 轴线处，最大竖向挠度（Z轴方向的变形）为 40mm，为保证安装精度，在 6～7 轴线中间主桁架下弦节点处设增临时支撑，此时，主桁架的最大挠度位于 22 轴线处，只有 12mm。

3. 主桁架增设临时支撑后，主桁架对底板在 X 轴方向的推力由 311t 降至 138t；在 Y 轴方向（外）的推力约 20t，为防止主桁架落地端变形和减小对底板的推力，需对其进行约束。约束方法采用钢丝绳分别在 3/1 轴线、29 轴线处将两榀主桁架拉紧。采用上述措施后，主桁架落地端在 X、Y 轴方向，均满足底板水平承载力的要求。主桁架临时支撑位置详见图 5.2.6 所示。

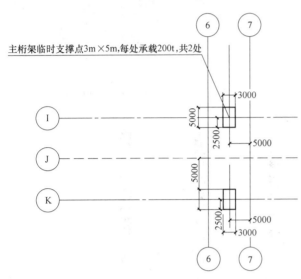

图 5.2.6　主桁架临时支撑位置

5.2.7　应力应变监测

为保证主桁架整体提升过程的安全性和可靠性，对其结构和提升架在提升过程中的受力与变形采用大型通用有限元结构分析程序 ANSYS 软件进行充分计算分析。在此前提下，对主桁架各主要受力杆件和提升架在提升过程中的应力应变进行实时监控，为提升过程提供有力的科学保证。

应力应变监测系统采用 ZX 系列智能记忆弦式数码应变计进行现场应力测试。应力观测点选择原则：主桁架、提升架中经计算在提升过程中应力应变较大的杆件；主桁架在拼装完成后受力较大的杆件；测点数量：40 个。

在主桁架的安装过程中，对主桁架上的监测点应变数值进行测量。在主桁架提升的过程中，按每提升 1～2m 及在计算书中强度验算所选取的高度下记录应变数据。最后，对整个提升阶段的应变数据进行整理并选取典型测点做应力随主桁架安装过程变化曲线。

根据施工过程，将主桁架的提升安装过程分为以下四个阶段：

阶段一：主桁架从地面提升至设计标高；

阶段二：主桁架从设计标高提升至超出设计标高 1m 处；

阶段三：将主桁架下落至设计标高；

阶段四：主桁架对接完成，撤除提升装置。

测试结果根据安装过程的四个阶段进行记录，根据各监测点的应变数据和应力-应变关系：

$$\sigma = E \cdot \varepsilon (E = 2.06 \times 10^5 \, \text{N/mm}^2)$$

可以得到各测点的应力值。

应力应变监测系统给提升过程提供了有利的科学依据，在结构应力方面保证了提升的安全顺利地进行。

5.2.8　抗台风处理

由于本工程施工地点位于填海区，并且施工时间是台风季节，主桁架提升周期大约在 15d 左右，要保证整个提升过程绝对安全可靠，即在台风到来时，有防台风措施。我们根据气候的中、近期预报，确定提升时间，同时制定了提升过程中的防台风方案。因该方案在特殊地点采用，故在此不作详述。

5.2.9　提升过程中数据统计分析技术

为保证主桁架提升过程的科学性和安全性，除应力应变的监测外，我们还对整个提升过程中 64 个涉及安全和质量的监控点进行全程实时监控。保证提升的每一个指令都是在切实的实际测量状态和一定的理论计算保证的前提下发出的。我们的实时监控项目主要包括：主桁架提升高度、提升井架的沉降、不均匀沉降及垂直度、缆风系统拉力及其滑轮组的工作状态、四个落地端滑移距离、与滑移导向装置间隙及其滑轮组工作状态、提升装置各组钢绞线垂直偏角、提升油缸油压、各提升点相对高差等。在提升的准备工作中，我们进行了大量的计算工作，把每一个监控点理论的状态进行了量化，同时把允许的上下浮动的偏差状态（边界值）——进行了量化，制作成了主桁架提升过程监控数据库模式，同时将理论状态、边界值状态各数据生成曲线图。在实施中，每一个提升分段点通过多台对讲机报数，及时将实际获取的数据所生成的曲线同上述三条曲线进行比较，分析它们与理论曲线的差异大小是否在允许的范围内，确定是否需要调整，为下一步提升动作指令的发出提供有力、科学、有效的依据。图5.2.9所示为其中一个控制点的曲线监控模型。

图5.2.9表示为对A区提升钢绞线垂直度的监控。计算边界值设在其偏移角不能超过±2°。由于在实际测量中钢绞线的偏移角不方便进行，我们将偏角的限制转化为钢绞线水平偏移的限制，在不同的提升高度状态下测量。其中X轴为钢绞线没有偏移的状态，蓝色曲线代表允许的在正方向的水平偏移距离曲线，黄色曲线代表允许的在负方向的水平偏移距离曲线，粉红色曲线代表提升过程中的实际测量数据。通过曲线可以看出，采用滑移牵引装置可以随着主桁架的不断提升，随时调整落地端水平滑移距离，从而达到很好控制钢绞线的偏斜角问题，保证了提升和滑移的同步协调进行。提升过程的数据统计分析技术，使得在对提升对象状态完全控制的情况下，科学安全地进行操作，结束了在大型钢结构吊装过程中的盲目性，增加了其数据化和科学性，把整体提升技术推向了一个新台阶。

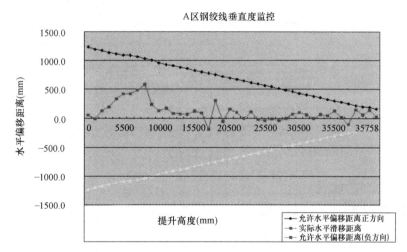

图5.2.9　整体提升过程某一个控制点的曲线监控模型

6. 材料和设备

6.1　材料

本体育馆钢结构的主材钢管采用轧制无缝钢管，材质为《钢结构设计规范》GBJ 17—88之Q345B。成品型钢采用Q345B，钢板采用Q345B。除另有注明外，安装螺栓采用4.6级普通螺栓《普通螺纹基本尺寸标准》GB/T 196—2003，连接螺栓采用10.9级摩擦型螺栓《高强度螺栓》GB/T 1288—1231/97，摩擦面抗滑移系数$f \geqslant 0.45$，电焊条（手工焊）采用E50型，灌浆采用B60早强、微膨胀、自流淌高强灌浆材料。主桁架落地端滑移材料选择聚四氟乙烯板，其性能如表6.1所示。

聚四氟乙烯物理特性表

表6.1

项　　目	单　　位	指　　标
相对密度（比重）	kg/m³	2130～2200
拉伸强度	MPa	≥30
断裂伸长率	%	≥300
摩擦系数（常温−25℃～+60℃、加硅脂润滑、与不锈钢板摩擦、应力30MPa左右5201-2）		0.03

6.2　设备

体育馆钢结构安装中使用的主要施工设备、机工具和仪表详见表6.2所示。

序号	机具名称	规格型号	单位	数量	备注
\(一)起重运输设备					
1	履带吊	250t	台	2	
2	履带吊	150t	台	2	
3	履带吊	50t	台	2	
4	液压汽车吊	300t	台	1	
5	液压汽车吊	150t	台	1	
6	液压汽车吊	50t	台	1	
7	液压汽车吊	25t	台	2	
8	液压汽车吊	12t	台	1	
9	半挂车	40t HY965	台	1	
10	半挂车	80t HY951D	台	1	
11	平板车	80t	台	1	
12	载重车	10t 长 8m	台	2	
13	普通货车	8t×6m	台	1	
14	叉车	5t	台	2	
\(二)起重工具					
1	卷扬机	5t 重 1012 型	台	12	
2	起重滑车	32t×4 轮 HQD4-32	台	8	
3	单轮开口滑车	20t HQLK1-10	个	8	链环
4	单轮开口滑车	10t HQGK1-10	个	16	吊钩
5	手拉葫芦(Z级)	20t HS20×12m	台	4	
6	手拉葫芦(Z级)	10t HS10×12m	台	4	
7	手拉葫芦(Z级)	10t HS10×6m	台	4	
8	手拉葫芦(Z级)	10t HS10×3m	台	4	
9	螺栓千斤顶	QLD50 50t	台	4	低型
10	螺栓千斤顶	QLD100 100t	台	4	低型
11	油压千斤顶	QYL50D 50t	台	8	
12	油压千斤顶	QYL100D 100t	台	4	
13	油压千斤顶	QF100-12 分离式 100t	台	4	
14	油压千斤顶	QF200-12 分离式 200t	台	4	
15	电动油泵站	BZ70-6	台	2	超高压
16	弓形卸扣	T(8)20 32t	个	16	俗名卡环
17	弓形卸扣	T(8)16 16t	个	16	俗名卡环
18	弓形卸扣	T(8)10 10t	个	30	俗名卡环
19	钢丝绳	6×37＋FC φ6mm	m	2000	安全绳
20	钢丝绳	6×37＋FC φ16mm	m	2000	3t 跑绳
21	钢丝绳	6×37＋FC φ30mm	m	3600	缆风绳
22	钢丝绳	6×37＋FC φ22mm	m	800	
23	钢丝绳	6×37＋FC φ24mm	m	2400	5t 跑绳
24	钢丝绳扣×16m	6×37＋FC φ30mm	对	8	

序号	机 具 名 称	规 格 型 号	单位	数量	备 注
25	钢丝绳扣×20m	6×37＋FC φ30mm	对	4	
26	钢丝绳扣×16m	6×61＋FC φ36mm	对	4	
27	钢丝绳扣×28m	6×61＋FC φ36mm	对	2	
28	脚手架用长跳板	60×300×6000mm³	块	100	
29	脚手架用短跳板	50×300×3000mm³	块	400	
30	枕木	160×180×2000mm³	根	200	
(三)提升特殊设备					
1	提升井架	3500t	台	1	自制
2	液压提升装置	5000t×65m	套	1	
3	液压提升缸	350t	台	4	
4	液压提升缸	200t	台	4	
5	液压泵站		套	4	
6	控制柜		台	2	
(四)安装及焊接工具					
1	空压机	1m 3/分	台	1	
2	空压机	3m 3/分	台	1	
3	轴流风机	φ400mm,2.2KW	台	5	
4	万向摇臂钻床	φ25mm	台	1	
5	立钻	φ35mm	台	1	
6	台钻	φ15mm	台	3	
7	磁力钻	φ25mm	台	4	
8	手电钻	φ13mm	台	10	
9	冲击电钻	Z1J-20	台	10	
10	冲击电钻	Z1J-16	台	10	
11	电锤	Z1C-22	台	5	
12	电锤	Z1C-26	台	3	
13	电锤	Z1C-32	台	2	
14	落地砂轮机	M3030 φ300	台	2	
15	台式砂轮机	MDQ3220 φ200	台	4	
16	角钢切断机	JQ80A 80mm³×80mm³×10mm³	台	3	
17	自动型材切割机	JIG93-400	台	2	
18	扭力扳手	100～500	套	4	指示式
19	扭力扳手	10～760;750～2000	套	2	预置式
20	力矩扳手	100kg·m 指针式	个	10	
21	力矩扳手	200kg·m 指针式	个	5	
22	磁力线坠	0.3～1.5kg	个	20	
23	交流焊机	500A 380V	台	15	
24	交流焊机	BX1-400	台	10	
25	直流焊机	400A/24KVA	台	10	
26	直流焊机	350A/21KVA	台	30	
27	氩(直)弧焊机	400A 380V	台	10	

序号	机 具 名 称	规 格 型 号	单位	数量	备 注
28	逆变焊机	ZX7-400	台	20	
29	逆变焊机	ZX7-500	台	10	
30	焊条烘干箱	HY704-4	台	3	
31	焊条保温筒	TRB5	台	80	
32	碳弧气刨炬	78-1 配夹头5套	套	3	
33	乙炔发生器	YJP-0.1-1 移动排水式	台	20	带回火器
(五)检验、测量工具及仪表					
1	磁力线坠	0.3～1.5kg	个	20	
2	塞尺	0.05～1mm 300mm	把	2	
3	水准仪	瑞士 N28	台	3	
4	经纬仪	J2-Z	台	2	
5	全站仪	JN2-R	台	2	
6	红外线测温仪		台	2	
7	粗糙度仪		台	2	
8	干膜测厚仪		台	3	
9	手摇式温湿度仪		台	3	
10	焊接检验尺		把	30	
11	超声波探伤仪	CTS-22	台	2	
12	磁粉检测仪		台	2	
13	X光探伤仪	XXQ205	台	1	

7. 质 量 控 制

7.1 工程质量控制标准

本工程所采用的质量控制标准详见表7.1所示。

工程质量控制标准清单　　　　　　　　　　　表7.1

序 号	标 准 名 称	标 准	备 注
1	《建筑钢结构规章》	29/2001	
2	《钢架结构技术规范》	DBJ 08—52	
3	《普通碳素结构钢技术条件》	GB 700	
4	《低合金结构钢技术条件》	GB 1591	
5	《一般工程用铸造碳钢》	GB 11352	
6	《结构用无缝钢管》	GB 8162	
7	《钢结构用高强度大六角头螺栓》	GB 1228	
8	《普通螺栓基本尺寸》	GB 196	
9	《建筑钢结构焊接规程》	JGJ 81	
10	《焊条分类及型号编制方法》	GB 980	
11	《碳钢焊条》	GB 5117	
12	《低合金钢焊条》	GB 5118	
13	《气焊、手工电弧焊及气体保护焊焊缝坡口的基本形式与尺寸》	GB 965	

序　号	标　准　名　称	标　准	备　注
14	《焊缝符号表示法》	GB 324	
15	《钢焊缝手工超声波探伤方法和探伤结果分级》	GB 11545	
16	《焊接接头机械性能试验取样法》	GB 2694	
17	《铸钢件超声波探伤及质量评定方法》	GB 7233	
18	《钢结构工程施工及验收规范》	GB 50205	
19	《钢结构工程质量检验评定标准》	GB 50221	
20	《钢桁架检验及验收标准》	JGJ 74.1	
21	《钢结构高强度螺栓连接的设计、施工及验收规程》	JGJ 82	
22	《建筑施工高处作业安全技术规范》	JGJ 80	
23	《建筑安装工程质量验收评定统一标准》	GBJ 300	
24	《施工现场临时用电安全技术规范》	JGJ 46	
25	《工程建设重大事故报告和调查程序规定》	1989	
26	《建设项目环境保护管理条例》	1998	
27	《建筑施工场界噪声限值》	GB 12523	
28	《建设项目环境保护设施竣工验收管理规定》	1994	
29	《钢结构防火涂料应用技术规程》	CECS 24	

7.2　质量控制主要措施

7.2.1　材料进场、桁架的组装、桁架的吊装为质量控制的重点环节，必须严把质量关。

7.2.2　应确保设备构件上的受力点分配与千斤顶的载荷分配保持一致。

7.2.3　提升前要调整支架的铅垂度，设备或构件提离地面 100～200mm 后，要悬停 10h 以上，观察地基基础沉降情况，并随时调整支架缆风绳，确保支架铅垂。

7.2.4　提升过程中，要密切注意天气状况，并设置足够大的防风绳与设备构件相连，防止设备构件摆动引发危险。

7.2.5　提升过程中，要密切注意液压千斤顶的工作情况及同步状态，避免千斤顶受力不均或千斤顶各钢绞线受力不均。

7.2.6　为保证液压提升装置的承重部件钢绞线在整个主桁架提升过程中，垂直偏角不得大于 2°，在整个提升全过程中采用经纬仪监控钢绞线的垂直偏角，并根据垂直偏角的大小及方向来控制调整主桁架落地端的水平滑移位置。

7.2.7　通过对主桁架垂直提升高度与水平滑移距离的比例关系，辅助控制落地端的滑移速度和位置，以保证主桁架同侧落地端的同步以及与垂直提升的同步，从而保证钢绞线的垂直度。

8. 安 全 措 施

8.1　严格安全管理制度

8.1.1　在开工前，应结合工程特点，制定有效的安全技术措施，落实安全设施与器具，落实劳保防护用品。新工人进场进行三级安全教育，特殊工种人员须培训合格后持证上岗，工程施工前进行安全技术交底，做到工作任务明确，施工方法明确，安全措施明确，并按规定双方履行签字手续。

8.1.2　项目部 HSE 管理部应定期组织安全检查（包括：季节性、阶段性、专业性和一般性安全检查），掌握安全生产动态，提出纠正或改进措施，及时消除施工现场（包括生活、办公区域）存在的安全隐患及各类不安全因素。

8.2 重点安全措施

8.2.1 高空作业：

1. 对每项高空作业工序，必须制定详细的安全技术措施并严格执行。

2. 凡参加高空作业的人员需进行体格检查，身体不符合要求的不得进行高空作业；不得酒后登高，不得穿着硬底鞋登高。

3. 所有高空作业必须有防护措施，建立高空行走安全通道和上下安全通道；参加高空作业的人员必须系好安全带并挂牢在固定物上。

4. 现场应合理安排施工，尽可能做到先下后上，避免钢结构安装与土建、机电安装的大交叉；桁架组装、提升架安装时，平台、扶手、栏杆和安全网要同步安装。

5. 钢结构的各种上部平台以及安装通道等高空临边的临时栏杆要牢固、齐全，建筑孔洞要加盖板或设立围护栏杆。

6. 必须严格按规程要求搭设脚手架，脚手架的荷载不超过 $0.27MPa/m^2$，脚手架搭设后需经 HSE 部门验收合格后使用；在使用中不得随意拆除，要定期检查和维护。

7. 高空作业使用的材料和工器具均采取防止坠落的措施，上下运输物件不得抛扔，必须使用联系绳或采取其他安全有效的方法。在高空施工时，下方应设立警戒区域并有明显标示，专人看护。

8. 大风、雷雨和大雾天气不得在露天从事高空作业。

8.2.2 防触电事故的措施：

1. 施工用电设施的布置需编制方案并报项目部总工程师批准，并上报监理工程师审批后进行施工，完工后经 HSE 部检查验收合格后方可投入使用；

2. 施工用电管理由工程部负责并由电气维修班负责进行运行和维护；生活及办公用电管理由综合部负责并由专业电工进行运行和维护。严禁非电工拆、装施工用电设施；

3. 施工现场做到：现场用的配电箱是完好可靠的、标准化的配电箱，实现"一机、一闸、一保护"；接线盘完好无缺陷，无目视裸露的导电部分；

4. 电气设备所用的保险丝额定电流应与其负荷容量相适应，禁止用其他金属线代用；

5. 加强对用电设施和电动工具的检查维护，电动工具全部经过周期性试验，合格后方可使用。所有配电箱和电动工具都建立有台账，并办理使用登记手续，专人负责，电动设备全部装设漏电保护器；

6. 固定式电动工具应有重复接地；

7. 现场尽量采用固定式的临时照明。

8.2.3 预防大型起重机械事故的措施：

1. 认真遵守起重机械安全操作规程和施工机械设备的安全管理规定；

2. 大型起重机械在进场前经过妥善的检查、维修，在现场组装前指定专人检查部件、构件的质量；组装后验收，其制动、限位、连锁以及保护等安全装置齐全有效，并经试吊合格后使用；

3. 主桁架提升装置必须经过负荷实验、可靠性实验并达到验收使用标准后方可进场投入使用；

4. 起重机械由经专业技术培训，并经安全规程及实际操作考试合格，取得上岗操作证的人员操作，指挥人员经劳动部门进行安全技术培训，持证上岗指挥；

5. 重大的起重、运输项目，制定施工方案、作业指导书和安全技术措施，经项目总工程师审批并交底后执行；

6. 在大风（六级以上）、大雾、雨雪天气，以及夜间照明不足的情况下不得从事大型起重吊装工作；

7. 在起重作业中坚持"十不吊"，杜绝违章指挥、违章作业的现象；

8. 对起重量达到起重机械额定负荷 95％、两台及以上起重机械抬吊同一物件，在复杂场所进行大件吊装，在输变电线路下方工作等特殊危险工序，需编制技术安全措施并交底后，由 HSE 部派专人现场监督后方可进行施工。

9. 环 境 措 施

9.1 对本工程环境影响最大的因素喷砂除锈、打磨除锈和涂料喷涂工序制定作业指导书，作业指导书包括对施工区的隔离措施、减少空气中粉尘的措施、减少油漆挥发的措施、排尘（气）措施、施工人员的防护措施等。

9.2 下料产生的废料，按作业区不同，划分不同废料存放区，并分类存放，每月对废料进行处理一次。

9.3 每个生活区生活垃圾由专人分类清理，定点存放，每天清理。

9.4 对人身有严重影响的 X 射线探伤，要求第三方须有防护措施，并改进探伤方法，尽量使射线发射方向向 50m 范围无人的区域。并且只在夜间进行，探伤时探伤区域 15m 范围内设置警示灯、警示牌，并有专人看管，同时监控 X 射线辐射的范围和强度。

10. 效 益 分 析

该方案通过本次项目的实际运用，完全达到了预期的目的，安全、可靠、经济、快捷地完成了主桁架的提升就位和全部钢结构的安装工作。主桁架整个提升过程完全在我们预计控制范围内，提升系统（含提升井架）载荷及主桁架应力应变情况，也与理论计算基本相符。

澳门体育馆钢结构总重约 13500t，主体结构吊装周期从 2003 年 8 月 10 日至 2004 年 1 月 31 日，共计 172d（5 个月 22d）。如果采用传统的逐个部件吊装方式，大约需要 7～8 个月时间。

由于采用了地面拼装、整体液压提升的方案，比传统逐个部件的吊装方式，不但加快了进度，因减少高空作业有利于安全，并提高了质量保证，同时也提高了经济效益，经计算，节约了如下三项费用：租用的吊车吨位减小、数量减少，使用时间缩短，节约 260 万元；拼装高度降低，同时也减少了胎具材料，节约 170 万元；采用液压整体提升，大量减少了高空作业，脚手架费用节约 60 万元，总共节约 490 万元。

本次液压提升，通过大胆创新及综合运用多项先进科学技术，成功完成了超大跨度的大型拱形钢结构的吊装工作，为大型构件的整体提升技术，开创了一个新的应用领域，也是建设部十大推广运用新技术的成功范例，这将为建筑安装领域带来一个新的发展。

此项技术先后荣获了机械工业科技成果二等奖、教育部科技成果二等奖、中国安装协会科技成果一等奖、全国优秀焊接工程一等奖等奖项。

11. 应 用 实 例

计算机控制液压整体提升大型设备、构件的方法已经被广泛的应用于各类工程，液压提升方法既可以用作垂直提升，也可应用于水平牵引。

11.1 澳门东亚运动会主场馆两榀主桁架（跨度 328m、高 54m、重 2800t）的整体安装，该案例为通过液压整体提升主桁架一端，另一端沿地面水平同步滑移，从而实现两主桁架高空对接。

11.2 沪宁高速公路北兴塘、锡澄运河大桥整体拖拉（滑移）过河架设安装。该桥为沪宁高速公路（江苏段）上的二座大型公路桥，主桥采用下承式简支钢桁架梁一跨跨越，钢桥跨度为 88m，高度为 11m，宽度（单幅四车道）为 21.5m，整桥牵引重量为 1300t。该桥施工是采用在一侧陆地将整座钢桥拼装完成后，采用计算机控制的液压装置整体将钢桥拖拉（滑移）过河安装。同类型桥梁施工完成四座（单幅四车道），取得成功。如此高质量，大跨度的钢桥整体拖拉（滑移）施工技术，在国内尚属首次。

双向张弦钢屋架滑移与张拉施工工法

YJGF015—2006

北京城建集团有限责任公司　北京市建筑工程研究院　浙江精工钢结构有限公司

王甦　杨郡　黄明鑫　张然　娄卫校　秦杰

1. 前　　言

随着大型公共建筑的增多，空间钢结构体系大量涌现。北京 2008 年奥运会国家体育馆屋架工程选用了双向张弦空间网格结构体系，其上弦为纵横正交的平面桁架，下弦为双向高强预应力张拉索网，之间用钢撑杆连接形成双向张弦桁架，该结构体系形式新颖、承载力高、结构稳定性好，在国内、外大跨度屋架尚无施工应用实例。

国家体育馆工程结构下部为型钢混凝土框架-钢支撑-框架剪力墙混合结构体系，该工程比赛馆四周有多层看台，看台框架剪力墙与型钢混凝土框架-钢支撑结构已先于屋架完成；屋架安装方案若采用高空散装或整体提升均存在极大困难；另外工期紧，施工总体安排需要组织立体交叉施工，要求屋架施工必须能最大限度地减少对其他后续分项工程的影响。为优质、高效地完成该工程施工，北京城建集团等单位在施工中充分利用工程自身结构特性，创造性地提出了"双向张弦桁架带索累积滑移及双向预应力分步、分级施加"的新思路和新方法，通过 1:10 模型试验、施工全过程的仿真分析和施工监测等过程控制手段，圆满地完成了工程施工任务，取得了显著的经济和社会效益。"双向张弦钢屋架施工技术研究"是北京市 2008 工程建设指挥部科研立项课题。该项技术经专家评定达到了国际领先水平。在成功的施工实践基础上，编制形成本工法。

2. 工 法 特 点

2.1 提供了一种大跨度张弦、双向结构采用累积滑移及分步分级张拉的施工方法；

2.2 累积滑移时安装纵向桁架索体并携带横向桁架索体，既提高了安装效率，又最大限度地减少了对其他工序的干扰；

2.3 采用计算机控制同步液压爬行器累积滑移，设备自动化程度高，操作方便灵活，安全性好，可靠性高，使用面广，通用性强；

2.4 根据设计和预应力工艺要求，对钢索、钢桁架张拉端节点和撑杆两端节点进行深化设计；通过对结构整体建模及施工全过程仿真计算、施工监测等手段，用于有效的指导施工过程。

3. 适 用 范 围

本工法适用于大跨度双向张弦结构带索累积滑移及预应力张拉施工。

4. 工 艺 原 理

4.1 双向桁架通过增加支撑点（减小跨度），可以像单向桁架一样采用累积滑移法安装；

4.2 通过加大组装平台宽度，增加平台上同时拼装桁架的数量，可以提高累积拼装方向（滑移方向）桁架的拼装精度，保证桁架的双向拼装质量；

4.3 滑移时采取拖带索的方法,既可解决桁架滑移到位后不易挂索的难题,又能保证工程质量、安全,且减少对其他工序施工的干扰;

4.4 累积滑移的推进装置采用计算机控制同步液压爬行器;

4.5 通过计算机仿真模拟计算分析,确定各个张拉阶段的主要控制点和相应的理论数值,得出每一步张拉各榀之间相互影响的关系和规律,给出预应力损失的数值,并最终得出每榀需要的张拉力,形成完整的张拉和监控方案。

5. 施工工艺流程及操作要点

5.1 工艺流程（图5.1）

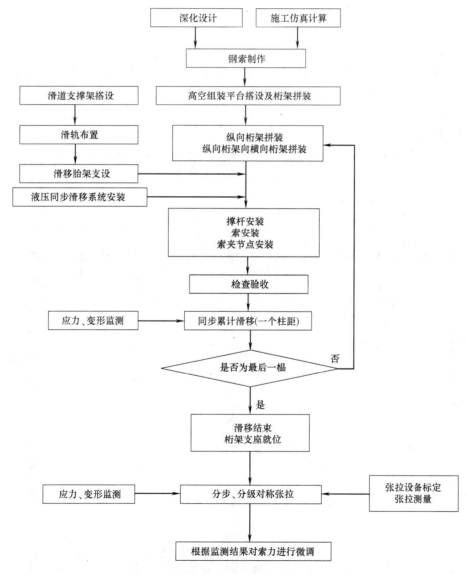

图 5.1 施工工艺编程图

注：本图中纵向桁架指垂直于滑移方向的桁架,横向桁架指平行于滑移方向的桁架。

5.2 操作要点

5.2.1 深化设计

根据设计及预应力工艺要求,计算出钢索的下料长度,以及索体上撑杆节点的安装位置标记点。完成钢撑杆上、下节点和钢桁架张拉端节点的加工图设计。

5.2.2 施工仿真计算

针对具体工程建立结构整体模型，进行施工仿真模拟计算，得出如下结果：

1. 根据设计要求的撑杆的垂直状态，给出撑杆节点位置的标记力；

2. 验证张拉施工方案的可行性，确保张拉过程的安全；

3. 给出每步张拉张拉力的大小，为实际张拉时的张拉力值的确定提供理论依据；

4. 给出每步张拉结构的变形及应力状态，为张拉过程中的变形监测及索力监测提供理论依据；

5. 根据计算张拉力大小，选择合适的张拉机具，并设计合理的张拉工装。

5.2.3 钢索制作

按照深化设计计算出的下料长度进行钢索制作。制作完成的钢索在工厂内要进行预张拉，预张拉力为设计索力的 1.2～1.4 倍，并在预张拉力等于设计索力的情况下，在索体上标注出每个钢撑杆下节点的安装位置。为便于施工，要求每根索体都单独成盘出厂。

5.2.4 高空组装平台搭设及桁架拼装

1. 国家体育馆桁架在高空组装平台上组拼时是七点支撑，滑移时跨中设支点，变成三点支撑，即三条滑道（详见高空组装平台及滑道示意图 5.2.4）。双向桁架累积滑移时，横向桁架不像纵向桁架那样可以在高空组装平台上一次拼装成型，而是在滑移过程中逐节间、逐步拼装而成。

2. 如果按一般累积滑移作法，横向桁架将在前一节间已受力变形（七点支撑变三点支撑）后才组装，将造成横向桁架拼装质量难以保证。若增加平台宽度，使三榀纵向桁架能同时在高空组装平台上拼装，则可保证横向桁架在前一节间发生形变前拼装后一节间，如此则能较好地提高横向桁架的整体质量。所以高空组装平台搭设的宽度不是一般的满足两榀拼装的需要，而是满足三榀桁架拼装的需要。国家体育馆拼装平台的设计宽度为 21m。

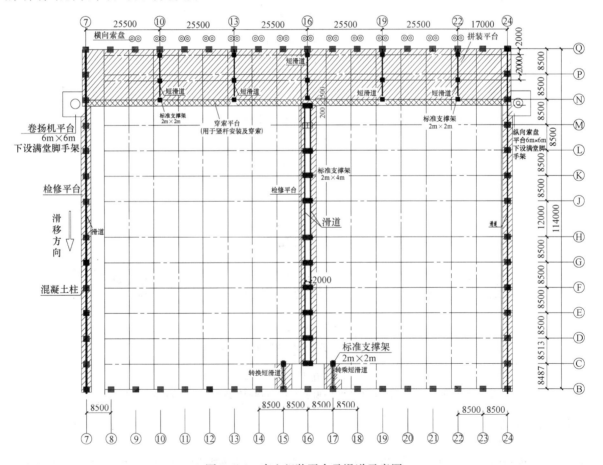

图 5.2.4　高空组装平台及滑道示意图

5.2.5 滑道支撑架及滑移胎架支设

1. 双向桁架滑移时基本呈单向（或三边支撑）受力状态，如果在原支座、原跨度条件下滑移，则桁架应力、变形将超出设计允许值，故需增加1～2条支撑，以减小跨度。国家体育馆在跨中增设了一条滑道，使纵向桁架在滑移时变成了三支点。

2. 张弦桁架因下弦为钢索，桁架的中滑道支撑点必须在上弦，如此滑道与支撑点存在一定高差，因此要在中滑道上增设滑移胎架。

3. 滑移胎架可采用组装式标准架，轨道采用重型钢轨及H型钢梁。中间滑道爬行器与滑移胎架连接，通过耳板和加劲板传力，推动桁架移动。

4. 为保证滑移过程桁架同步及滑移胎架在滑移时的稳定性，在滑移胎架水平方向上下各加设钢管桁架梁，在滑移胎架侧向设置交叉撑将滑移胎架连成一个整体排架。通过合理设定、稳定分析、整体有限元分析及合理设置液压爬向器的位置，改善滑移胎架的受力状态等方法，保证了滑移胎架的安全；解决了滑移过程中推力的传递及滑动胎架的稳定，且方便撑杆、双向预应力索的安装和固定支撑架向滑动胎架的转换等一系列难题。

5.2.6 液压同步滑移系统安装

液压同步滑移施工采用计算机控制，通过数据反馈和控制指令传递，可全自动实现各个爬行器（平面布置见图5.2.6）同步动作、负载均衡、姿态矫正、推力控制、操作闭锁、过程显示和故障报警等多种功能。

滑移设备总体规划布置应满足钢屋架滑移单元滑移驱动力的要求，使每台液压爬行器受载均匀；保证每台泵站驱动的液压爬行器数量相等，提高泵站利用率；确保系统的安全性和可靠性，降低工程风险。爬行器采用TJG-1000型液压爬行器，每台液压爬行器设计额定水平推进力为1000kN。爬行器的数量根据最大滑移推力计算确定。最大滑移推力由最大滑移单元的重量，按照0.2的滑动摩擦系数计算确定。为减小滑移面的摩擦力，在桁架上高空组装平台前底座和滑道间预先涂抹黄油，黄油中不能存在砂粒等杂物。

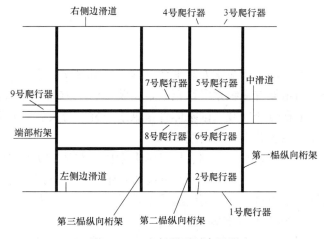

图5.2.6 爬行器平面布置图

5.2.7 撑杆及索安装

1. 撑杆节点安装和索的安装是交叉进行的，预应力索固定在撑杆下节点。安装基本流程是：撑杆及上节点安装→穿纵向索→纵索安装→纵索索夹节点安装→横索安装→横索索夹节点安装。

2. 撑杆重量较大，安装时要借助起重设备（国家体育馆使用的是塔吊）。撑杆上节点的安装已在高空组装平台外，如搭设操作架较困难，可使用吊篮安装。

3. 横向索安装

横向索到达现场后全部吊运到高空组装平台后方硬化地面上，索盘与主体结构净距至少1.5m，索体的放置位置详见图5.2.7-1横向索放置平台。由于横向索体的安装高度一直在变化中，因此对应每个索盘位置处脚手架的立杆要避开放索位置，同时该部脚手架横杆采用卡扣连接的方式，以便在索体同其相交时，临时拆除，待调整完索体后再重新连接。在滑移前应将索体提前提运至脚手平台上，并预留出大于滑移距离的长度，以防止因在滑移过程中出现拖索现象而导致推进阻力增大；在滑移时应随时观察索体的预留长度，如果出现滑移使索体绷直的现象，应该立即停止滑移，待索体提运出滑移余量后再继续滑移。

4. 纵向索安装

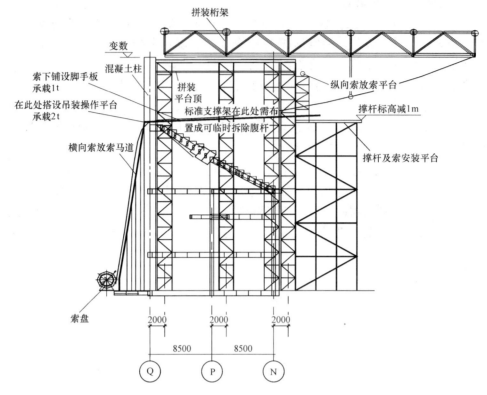

图 5.2.7-1　横向索放置平台

　　索盘放置于纵索安装平台（详见图 5.2.7-2 纵索安装平台）一端，安装时由一端向另一端牵引展开。当桁架首根纵索滑移至纵索安装平台上方后，下放索体至索夹高度，开始纵索安装；后续各索均按首根索方法安装（国家体育馆纵索安装平台设置于钢结构的 22、23、N、M 轴间的桁架网格间，索盘设于索安装平台的南端。）

　　放纵向索时可采用卷扬机牵引索体，并注意纵向索与横向索体相互关系。放索时，先将牵引绳捆绑在索头上，然后缓慢开动卷扬机，牵引索体放开；每放开 5m 索体，增加一人对索体进行导向，防止索体在牵引过程中滑落到脚手架外或晃动过大。人员在脚手架上活动时，必须将安全带挂在安全绳上。

　　5. 索夹节点安装

　　用导链将索提至撑杆下端节点，并注意观察索的走向，防止索被脚手架卡住。安装时，首先将索体外保护拆除，露出内侧 PE 上做好的索夹节点安装标记，以此标记根据索球的宽度，画出索球的两侧安装位置，按照安装位置将索球固定到索体上，然后将纵向索连同索球一起通过索夹板固定到撑杆下节点上，最后将横向索连同索球一起通过索夹板固定到撑杆上，完成索夹节点安装（图 5.2.7-3 撑杆下端节点展开图）。

　　5.2.8　同步累积滑移

　　1. 滑移前需充分进行准备工作

　　主要包括液压爬行器安装及检修调试、爬行器耳板设计、轨道及预埋件安装、液压泵站的检修与调试、电气控制系统检修与试验、计算机同步控制系统、泵站控制柜及各种传感器的检修与调试；爬行速度控制在 6～8m/h；启动时爬行加速度取决于流量增量，通过计算机控制速度曲线，可使滑板初始运动的加速度非常小；液压同步滑移设备系统安装完成后需进行调试，主要内容是检查泵站上所有阀或硬管的接头是否有松动，检查溢流阀的调压弹簧处于是否完全放松状态；检查泵站启动柜与液压爬行器之间电缆线的连接是否正确；检查泵站与液压爬行器主油缸之间的油管连接是否正确；系统送电，检查液压泵主轴转动方向是否正确；在泵站不启动的情况下，手动操作控制柜中相应按钮，检查电磁阀和截止阀的动作是否正常，截止阀编号和液压爬行器编号是否对应；检查行程传感器和位移传

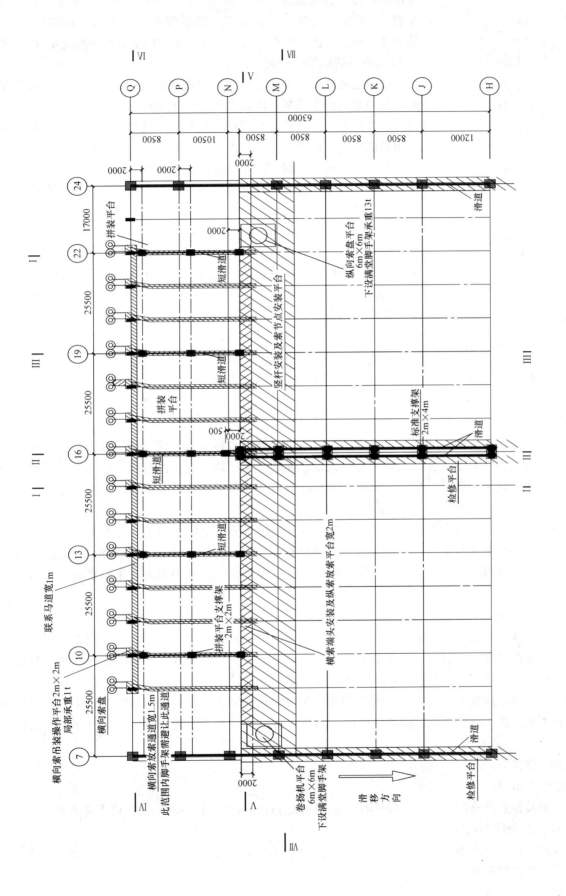

图 5.2.7-2　纵索安装平台

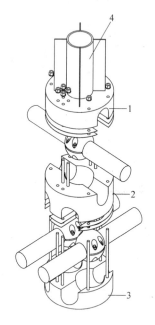

图 5.2.7-3　撑杆下端节点展开图
1、2、3—机加工件；4—撑杆

感器；滑移前启动泵站，调节到5MPa左右的压力，伸缩油缸，检查A腔、B腔的油管连接是否正确；检查截止阀能否截止对应的油缸；检查比例阀在电流变化时能否加快或减慢对应油缸的伸缩速度。

2. 滑移的同步性控制

屋架在滑移过程中，是沿设定的直线前进的，如果滑道的直线度差，易使滑道产生破坏。因此滑道的施工精度必须较高；液压牵引作业由计算机通过传感器进行闭环控制和智能化控制，实现牵引的同步和负载的均衡，使滑移过程中钢屋架的结构稳定性、同步性和位移偏差满足要求。同步性测控除采用液压滑移系统本身的计算机系统控制外，另外采用全站仪对所有滑道处的行程进行同步性测控。在每个滑道位置上各固定一个反射棱镜，通过测量放线使各点连线垂直于滑道的方向，即各点具有相同的起始位置。在滑移单元沿滑道前方各搭设一个临时观测平台，安置全站仪，分别观测各个反射棱镜，在滑移过程中，各点同时计时，从开始每隔固定时间间隔测量全站仪与反射棱镜间的距离，记录每次监测的距离数据。通过时间、距离记录表可了解较详细的爬行运动状态及同步情况。

5.2.9　钢索分步分级对称张拉

1. 张拉机具标定

张拉前张拉设备要在专业的检测机构进行标定，并出具标定报告，施工中根据标定报告中的数据进行张拉。

2. 张拉控制力原则

根据设计和施工仿真确定的控制张拉力，双向分级、分步对称实施张拉。张拉分为三级，第一级使索力达到设计索力的80%，第二级使索力达到设计索力，第三级根据监测结果对索力进行微调，使最终索力值及结构应力和变形符合设计要求。需要说明的是，在正式张拉前，要完成两个方向预应力钢索的张拉预紧，张拉预紧力为设计索力的20%。

钢索张拉以张拉力控制为主，每台油泵上都安装有经过严格标定的油压传感器和读数仪，通过读数仪显示数据直接控制张拉力大小。同时，对钢索的张拉伸长值及张拉引起的钢结构变形进行量测，检查张拉效果是否与理论数值相符合。如发现异常，应暂停张拉，待查明原因并采取措施后，再继续张拉。

3. 张拉操作要点

张拉前，索头上要安装工作锚、工装承力架、千斤顶和工具锚，对于测量索力的钢索，张拉端与工作锚之间还要加装压力传感器。索头上安装的组件较多，必须小心安放，以保证千斤顶形心与钢索重合，避免张拉时产生偏心。张拉时，先开动油泵，待油泵启动供油正常后再开始给油、加压，给油速度要控制，时间不应低于0.5min。当油压力显示张拉力达到钢索张拉控制力时应停止加压并稳住油压，此时将索头上的工作锚拧紧。拧紧工作锚后油泵立刻回油，待千斤顶回缸后关闭油泵，此次张拉结束。

5.2.10　张拉测量

1. 张拉力的测量

油泵上安装经过严格标定的油压传感器，张拉时通过连接到油压传感器的读数仪直接测量。

2. 张拉伸长值的测量

把张拉前预应力钢索预紧后的张拉端长度作为原始长度，当张拉完成后，再次测量张拉端长度，两者之差即为实际伸长值。

5.2.11　应力、变形监测

采用激光扫描仪、全站仪、振弦式应变计及相应的数采系统等对累积滑移施工中桁架应力、变形、水平偏移，支撑架及滑移轨道应力等进行全过程监控；采用压力传感器、全站仪、百分表、振弦式应变计等对张拉过程中及完毕后的钢索索力、钢桁架应力、钢桁架变形和支座位移等进行全过程监控。通过监测数据与计算机施工仿真计算数值的比较，控制滑移及张拉施工质量，保证施工安全。

6. 材料与设备

6.1 材料

6.1.1 钢结构用材

钢结构用材及预应力索等必须满足现行国家规范要求。常用的预应力钢索规格有：5mm×109mm、5mm×187mm、5mm×253mm、5mm×367mm。

6.1.2 滑轨

滑轨采用 50kg/m 重型钢轨，中间轨道梁采用 H800×500×16×20。

6.1.3 滑移胎架及滑移支撑架

滑移胎架及滑移支撑架宜采用拼装式标准架。

6.1.4 组装平台

组装平台可采用扣件式钢管脚手。

6.2 设备

6.2.1 滑移施工常用设备包括：履带吊、液压泵源系统、液压爬行器、计算机控制系统、液压传感器、激光测距仪、全站仪、振弦式应变计、MCU智能采集单元、激光扫描仪等。

6.2.2 预应力施工常用设备包括：放索盘、吊装带、卷扬机、捯链、千斤顶和配套油泵、油压传感器和配套读数仪、应变计、百分表、锚索计和全站仪等。施工时，根据预应力钢索数量、索重和索长、钢索张拉力和工期要求以及现场条件具体确定使用设备的种类、型号和数量。

6.3 劳动组织

劳动组织表　　　　　　　　　　　　　　　　　　　　表 6.3

工　序	工　种	人数	该工序总人数
桁架拼装	工长	2	88
	技术员	4	
	起重工	8	
	电焊工	30	
	铆工	20	
	普工	20	
	油漆喷涂	4	
撑杆及索体安装	工长	2	62
	技术员	2	
	装索技术工人	6人×8组	
	普工	10	
测量人员	变形测量工	2	4
	应力测量人员	2	
累积滑移	液压系统技术人员	2	14
	电器系统技术人员	1	
	承重系统技术人员	1	
	普工	10	
张拉	张拉油泵操作工	8	52
	张拉工装操作工	24	
	设备倒运操作工	20	
总人数			220

注：表中人数可根据工程规模调整。

7. 质 量 控 制

7.1 质量验收标准

除遵照执行现行国家标准《建筑工程施工质量验收统一标准》GB 50300—2001 和《钢结构工程施工质量验收规范》GB 50205—2001 和国家现行标准《建筑钢结构焊接规程》JGJ 81—2002、《网架结构设计及施工规程》JGJ 7—1991 等规范、规程中有关规定外，本工程还进一步明确了焊接球、铸钢件等质量检验标准，并对钢屋架地面组拼、高空整榀拼装、桁架滑移到位张拉前允许偏差及钢屋架施工完成后的允许偏差制定了验收标准如下：

7.1.1 地面组拼

地面拼装单元的允许偏差应符合表 7.1.1 的规定。

检查数量：按单元数抽查 5%，且不应少于 5 个。

检查方法：用钢尺和拉线等辅助量具实测。

地面半榀拼装的允许偏差（mm） 表 7.1.1

项 目	规范允许偏差	项 目	规范允许偏差
节点中心偏移	2.0	铸钢节点端口垂直度偏移	每 1m 不大于 7
焊接球节点与钢管中心偏移	1.0	跨长	+5.0
杆件轴线的弯曲矢高	$L_1/1000$，且不大于 5.0		−10.0

注：L_1 为杆件长度。

7.1.2 高空整榀拼装

高空拼装桁架允许误差应符合表 7.1.2 的规定。

检查数量：每榀。

检查方法：用钢尺和全站仪等量具实测。

高空整榀桁架拼装的允许偏差（mm） 表 7.1.2

项 目	规范允许偏差（mm）	项 目	规范允许偏差（mm）
钢架的节点偏移	±5	支座最大高差	30.0
钢架长度	±20	纵向总长度	$L/2000$，且不应大于 30.0
杆件轴线错位	横向桁架 5.0；纵向桁架 3.0		$-L/2000$，且不应小于 −30.0

7.1.3 桁架滑移到位张拉前允许偏差

桁架滑移到位张拉前允许偏差应满足表 7.1.3 的规定。

桁架滑移到位张拉前允许偏差（mm） 表 7.1.3

项 目	允 许 偏 差	检 测 方 法
纵向、横向长度	$L/2000$，且不应大于 40.0，−20.0	用钢尺实测
支座中心偏移	$L/3000$，且垂直跨度方向不大于 30.0，另一方向不大于 40.0	用钢尺和经纬仪实测
支座最大高差	30.0	用钢尺和水准仪实测
多点支承网架相邻支座高差	$L_1/800$，且不大于 30.0	

注：1. L 为纵向、横向长度。

2. L_1 为相邻支座间距。

7.1.4 预应力钢索

1. 钢索的材料、制作等应符合现行国家产品标准和设计要求，强度等级为 1670MPa。

检查数量：全数检查。

检验方法：检查产品的质量合格证明文件、中文标志及检验报告等。

2. 在给定拉力状态下的钢索长度（mm）误差为±1/5000 索长。

检查数量：全数检查。

检验方法：用标定过的钢卷尺测量。

3. 对以下项目进行检查，见表 7.1.4。

预应力钢索检查项目　　　　　　　　　　　　　　　　　表 7.1.4

项　次	检　查　项　目	规定值或允许偏差	检查方法	频率
1	PE 防护厚度(mm)	+1.0，−0.5	卡尺测量	抽查 20%
2	锚板孔眼直径 D(mm)	$d \leqslant D \leqslant 1.1d$	量规	每件
3	墩头尺寸(mm)	墩头直径 $\geqslant 1.4d$ 墩头高度 $\geqslant d$	游标卡尺	每种规格
4	冷铸填料强度	$\geqslant 147\text{MPa}$	边长 31.62mm 试件	每锚 3 个
5	锚具附近密封处理	符合设计要求	目测	全部

在钢索出厂时要提供如下质量证明文件：

1）钢索质量保证书；2）钢丝质量保证书；3）锚具质量保证书；4）PE 质量保证书。

7.1.5　钢索张拉施工

1. 钢索张拉力数值的允许偏差为±8%。

检查数量：全部检查。

检验方法：在油泵上安装经严格标定的油压传感器，张拉时用读数仪实测。

2. 张拉伸长值（mm）

实际伸长值（$\Delta_1 s$）的偏差控制范围可用式（7.1.5）表示：

$$\Delta_1 s = (1 \pm b)\Delta_1 \pm c \qquad\qquad (7.1.5)$$

式中　Δ_1——理论伸长值；

b——取 7%；

c——取 $L/2000$，且不大于 30.0mm。

检查数量：全部检查。

检验方法：量测实际伸长值并与理论计算值比较。

3. 钢撑杆垂直度偏差不大于撑杆长度的 1/100。

检查数量：撑杆数量的 2%，且不少于 3 根。

检验方法：用全站仪实测。

7.1.6　钢结构应力及变形监测

预应力索每次张拉完毕后，应用振弦式应变计测量钢结构内力，用全站仪测量钢结构起拱值，用位移计测量支座水平位移值。

检查数量：不少于 8 个测点。

检验方法：检查记录资料或实测。

7.2　滑移过程的质量控制

7.2.1　轨道安装的要求

由于轨道的安装精度对滑移施工的顺利进行及结构受力状态有较大影响，因此对轨道的安装精度需严格控制。轨道的拼焊采用坡口焊，焊接后对焊缝处用角向砂轮打磨平整。轨道安装精度要求如下：

1. 直线度控制在 4mm 以内；

2. 一个柱距内，标高偏差控制在 4mm 以内；

3. 轨道的结构误差不大于 1mm；

4. 同跨度轨道水平投影轨距偏差控制在 10mm 以内。

7.2.2 滑移同步性的要求

各滑移轨道不同步控制一般在 15mm 以内，最大不超过 30mm。

7.2.3 滑移过程中的桁架竖向位移及杆件应力要求

桁架竖向位移与理论计算值的差异在 5mm 以内，杆件应力与理论计算值的差异在 10MPa 以内。

7.2.4 结构的稳定性控制

1. 深化设计时应对滑移单元的应力和变形、滑移支撑体系等滑移施工全过程进行模拟分析；施工中对主要受力构件、临时支撑构件、焊接节点等进行应力-应变测试。

2. 首次滑移时应增加滑移单元及滑移胎架的整体稳定性和抗风能力，并做好试滑移。

7.3 质量保证措施

7.3.1 由于预应力钢索的可调节量只有±30mm，因此施工中要严格控制钢桁架的安装精度在相关规范要求范围以内。钢桁架拼装、滑移就位后必须进行钢结构尺寸的检查与复核，根据复核后的实际尺寸对计算机施工仿真模拟的计算模型进行调整、重新计算，用计算出的新数据指导预应力张拉施工，并作为张拉施工监测的理论依据。

7.3.2 钢撑杆的上节点安装要严格按全站仪打点确定的位置进行，下节点安装要严格按钢索在工厂预张拉时做好标记的位置进行，以保证钢撑杆的安装位置符合设计要求。若钢撑杆上节点的安装位置由于钢桁架拼装的精度有所调整，则钢撑杆下节点在纵、横向索上的位置要重新调整确定。

7.3.3 钢索要在防潮防雨的遮篷中存放。成圈产品应水平堆放，重叠堆放时逐层间应加垫木，避免压伤钢索PE护层。钢索安装过程中应注意保护PE护层，避免护层损坏。如出现损坏，应及时修补。为防止钢索PE护层在安装过程中被其他硬物划坏或被钢桁架拼装焊接的火星烧坏，安装钢索前要用防火布缠包整个索体，待钢屋架安装全部完毕后再进行拆除。

7.3.4 为消除钢索的非弹性变形，保证使用时弹性工作，钢索在工厂内需要进行预张拉。预张力为设计索力的1.2～1.4倍，持荷时间为0.5～2.0h。在进行张拉伸长值计算和施工仿真计算时，应采用索厂提供的弹性模量。验收时要考虑索厂的弹性模量误差对伸长值的影响。

7.3.5 为保证张拉质量，张拉时采取以张拉力控制为主，用伸长值进行校核的张拉力与伸长值双控的方法。同时布置测点，对张拉施工进行监控。

7.3.6 张拉施工中要采用双向对称、分级、分步张拉，尽可能减少张拉中钢索间索力的相互影响，尽量保持钢索两端张拉的同步。张拉时各张拉点要配备通信工具，保持相互间的联络通畅。张拉操作要严格按技术要求进行，若张拉出现问题或出现监控数据与理论值出入过大的情况，要立即停止张拉，待查明原因并处理后，方可恢复张拉。

7.3.7 在后续的结构施工过程中，如屋面荷载、悬挂荷载的施加步骤和方法，要尽量保证比较均匀、对称、匀速地施工，避免出现过大的集中荷载。

7.3.8 加强专业施工的项目管理，制定质量目标，设置专门质检人员。对施工人员要进行事先培训，合格后方可上岗。施工中严格执行"三按"、"三检"和"一控"，即严格按图纸、按施工方案和施工工艺、按国家现行规范和标准；做到自检、互检和交接检；控制一次验收合格率。

8. 安 全 措 施

除遵照执行现行国家标准《建设工程施工现场供电安全规范》GB 50194—1993（2006年版）和国家现行标准《建筑机械使用安全技术规程》JGJ 33—2001、《施工现场临时用电安全技术规范》JGJ 46—2005、《建筑施工安全检查标准》JGJ 59—99、《建筑施工高处作业安全技术规范》JGJ 80—91 以及北京市《北京市建筑工程施工安全操作规程》DBJ 01—62—2002、《建设工程施工现场安全、防护、场容卫生、环境保护及保卫消防标准》DBJ 01—83—2003、《建设工程施工现场安全资料管理规程》DBJ 01—383—2006 等安全规范、规程中有关规定外，还应注意以下几点：

8.1 本工法中桁架拼装、焊接、测量、油漆等均在高空组装平台上进行，因此必须保证高空组装平台强度、刚度及稳定性。并做好高空水平及临边防护，作业人员系好安全带，所用工具和安装用零部件，应放入随身佩带的工具袋内，不可随手向下丢掷。

8.2 索体高空安装需搭设可靠的操作平台；滑移时应放出索体滑移留量，并有专人看护。

8.3 正式滑移施工前应进行试滑移，检查桁架拼装、变形、水平偏移，支撑架及滑移轨道支设和同步液压滑移系统安装等情况，发现问题及时处理。

8.4 起重机的行驶道路必须坚实可靠，如在基坑边作业必须对基坑稳定性进行核算，严禁超载吊装，歪拉斜吊。施工前应对吊装用机械设备、吊具、索具等进行检查，凡不符合安全规定的，则禁止使用。

8.5 钢构件应堆放整齐牢固，防止构件失稳伤人。并搞好防火工作，氧气、乙炔按规定存放使用；电焊、气割时要注意周围环境有无易燃物品后再进行工作，严防火灾发生；氧气瓶、乙炔瓶应分别存放，使用时要保持安全距离，安全距离应大于 10m。

8.6 施工前应了解施工期的气象资料，雨、雪天气不宜安排高空作业，当需高空作业时则必须采取必要的防滑、防寒和防冻措施；遇 5 级以上强风、浓雾等恶劣天气，不得进行露天攀登和悬空高处作业。

8.7 高空施工时应避免交叉作业，当无条件避开交叉作业时，不得在垂直方向上操作；下层作业的位置必须处于上层可能坠落的范围之外，不符合上述条件的应设置安全防护层。

8.8 预应力专业施工的安全控制措施要与整个工程的安全生产管理挂钩，同时建立自身的安全保障体系，由项目负责人全面管理。每个班组要设置安全员一名，具体负责预应力施工作业的安全。

8.9 预应力施工人员进入现场应遵守工地各项安全措施及要求。要按国家规定正确使用劳动防护用品。

8.10 施工人员作业时要系好安全带，并且拉好安全绳，严防高空坠落。

8.11 施工脚手架、钢索安装平台和张拉操作平台以及通道的周边要设置护栏，露空处和工人操作位置的下方要架设安全网。

8.12 张拉时，油管接头处和千斤顶后端严禁手触、站人，工作人员应站在油泵和千斤顶的两侧。张拉期间操作人员不得擅自离开岗位。

8.13 油泵与千斤顶的操作者必须紧密配合，在千斤顶就位妥当后方可开动油泵。油泵操作人员必须精神集中，平稳给油、回油。应密切注视油压表读数，张拉后回缸到底时需及时将控制手柄置于中位，以免回油压力瞬间迅速加大，损坏设备、发生危险。

8.14 高空中准备安装的各种构件和安装、张拉使用的各种机具设备都要妥善放置，避免坠落伤人。

8.15 施工现场各类孔洞的临边必须有警示和防护设施。施工用电要符合 JGJ 46—2005 标准。

8.16 施工机械的操作者和特种作业人员持证上岗，起重机械安装须取得劳动局验收，严格遵守十不吊规定。

8.17 起重和绑扎用的钢丝绳应有足够的安全系数，要加强日常的检查，凡表面磨损、腐蚀、断丝超过标准的、打死弯、断股、油芯、外露的均不得使用。吊钩应有防止脱钩的装置。

9. 环 保 措 施

除遵照执行现行国家标准《民用建筑工程室内环境污染控制规范》GB 50325—2001（2006 年版）和国家现行标准《建筑施工现场环境与卫生标准》JGJ 146—2004 以及北京市《建设工程施工现场安全、防护、场容卫生、环境保护及保卫消防标准》DBJ 01—83—2003、《民用建筑工程室内环境污染控制规程》DBJ 01—91—2004 等环境保护规范、规程中有关规定外，还应注意以下几点：

9.1 施工现场应做到道路通畅无阻，排水畅通无积水。

9.2 构件应按种类、安装顺序分区存放，并需平整、稳妥、垫实，搁置干燥、无积水处，防止锈蚀。

9.3 在安装过程中，应随时清理构件表面，清除无用的附件（吊耳、卡具、夹具等）。本工程钢屋架施工时，其下部主体结构已施工完成，应注意做好成品保护。钢屋架安装完成后，及时清除临时设施及建筑垃圾，严禁随意处理。

9.4 焊接时应采取有效措施，避免弧光对其他施工人员及周边环境的影响，焊条、焊丝头及焊渣等设专用容器随时清理。

9.5 施工用临时配电箱、电缆及焊把线需规划整齐，并有良好的保护措施，做到整洁、安全。

9.6 工地防腐、防火涂料应设置专用涂料房保管和存放，剩余涂料严禁随地丢弃。钢构件涂刷作业时操作人员应做好防护，对溅落的油漆应及时清理干净。

9.7 油泵操作人员必须精神集中注意油泵和千斤顶的状态，密切注视油压表读数，若出现渗漏油，应停止作业，并防止液压油遗洒。

9.8 若出现液压油遗洒，及时清理干净，防止污染其他物品。

10. 效 益 分 析

本工程采取"带索累积滑移及预应力分步分级张拉"方案，与高空散装方案比较有突出的社会、经济效益。

10.1 高空散装钢结构至少需要增加 1～2 台 300t 吊装设备，而累积滑移方案则可节省。按 1 台 300t 吊车计，租赁费和进出场费即增加 200 万元以上；

10.2 采用目前的施工方案，仅在跨内三个轴线内布置了脚手架。若采用满堂红脚手架，脚手架用量为目前方案的 3 倍以上。保守估计脚手架用量节约 200 万元以上；

10.3 在钢结构拼装过程中，利用主体结构边梁搭设组装平台，减少拼装平台用钢量 100t，节约 50 万元；在滑移过程中，利用混凝土边梁作为滑道支撑，减少钢结构用量，节约 50 万元以上；

10.4 减少了滑移到位后再进行预应力索安装的设备及人工费 50 万以上；

利用主体结构边梁搭设组装平台，减少拼装平台用钢量 100t 节约 50 万元；

10.5 使用累积滑移的施工方案，实现了看台板及机电工程与钢屋架的交叉施工，保守估计节省工期近 3 个月。此项经济效益超过 100 万元。

10.6 采用分级、分步对称张拉，减少了张拉设备用量，节约资金约 50 万元。

从经济效益上看，国家体育馆采用"带索累积滑移及预应力分步分级张拉"施工方案，保守估计节约资金超过 700 万元。

国家体育馆采用"带索累积滑移及预应力分步分级张拉"施工方案，此方案技术含量高，经济效益显著。带索累积滑移施工需要解决一系列相关技术难题：保证双向桁架拼装质量的拼装技术，适应带索施工的索夹节点设计及带索方法，超高滑移胎架的设计，双向预应力张拉技术等。国家体育馆工程还通过模型试验和计算机仿真分析，找到了施工各步骤、各阶段的关键点和预控值。

现工程已顺利完工，在国家体育馆的工地，没有出现密密麻麻的脚手架，没有出现大量的高空作业，甚至没有吨位奇大的吊机，却迅速完成了世界上跨度最大的双向张弦结构。这一切都说明，采用"带索累计滑移"是一个先进、适用的好方法。它在提高施工技术水平、安全水平，缩短工期、提高施工组织水平，提高经济效益等方面都发挥了重大作用。允分体现了"科技奥运"和"绿色奥运"的理念，取得了明显的经济效益和社会效益。

该施工方法为同类工程设计、施工提供了有益的借鉴，为今后国家相关标准的制定提供有力的参考和依据，推动了我国空间结构的进步，实现了施工的总体部署，获得了突出的社会效益。

11. 应用实例

11.1 工程概况

国家体育馆工程为北京 2008 年奥运会的重点工程，位于北京奥林匹克公园南部，是中心区三大场馆之一，总建筑面积 80 890m²，地上四层，地下一层。该工程主体结构形式为框架剪力墙与型钢混凝土框架钢支撑相结合的混合结构体系，比赛馆钢屋架结构形式为单曲面双向张弦桁架钢结构，钢屋架（包括热身馆）投影面积 22835m²，总重量约 2800t。详见图 11.1 "预应力索平面布置图"（包括索规格和索力）。

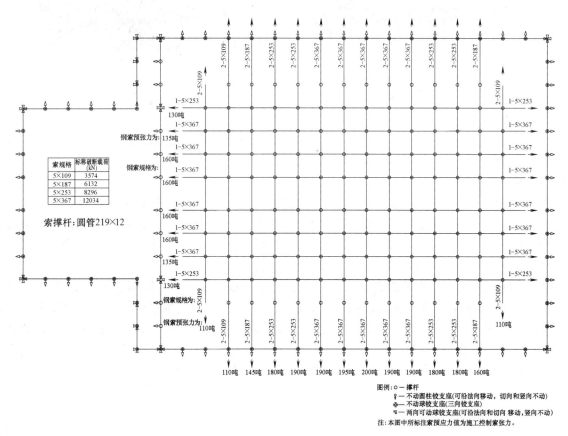

图 11.1 预应力索平面布置图

国家体育馆钢桁架安装于 2006 年 5 月 16 日开工，2006 年 10 月 15 日完成。

国家体育馆从功能上分为比赛馆和热身馆两个馆，比赛馆平面尺寸为 114m×144.5m，热身馆平面尺寸为 51m×63m，在建筑外形上像一把打开的折扇，用单向波浪形复合金属屋面有机地把两个馆连在一起，屋架高度约为 38～43～34～28m。

11.2 施工情况

国家体育馆钢屋架工程于 2006 年 5 月开工至 2006 年 10 月完工，历时五个月，施工中采用了"带索累积滑移及预应力分步分级张拉"方案，高质量、顺利、安全地完成了钢桁架安装任务。屋架施工期间其他工序按计划实现了交叉，保证了施工总体部署的实现。

在滑移安装过程中，8 月 4 日到 9 月 7 日间根据施工方案及现场的进度对 8 根纵向索进行了 20％张拉力的预紧。在滑移结束并且完成了比赛馆的钢结构焊接后，在 9 月 25 日到 9 月 28 日完成了对横向索 20％预紧力的张拉。在比赛馆及热身馆全部焊接完成并通过验收后，在 10 月 7 日到 9 日，将所有的索体张拉到 80％设计索力，10 月 10 日到 11 日对所有的索进行了 100％设计力的张拉，并超张拉到 5％，10 月 12 日到 13 日完成了索力的微调，张拉示意如图 11.2。

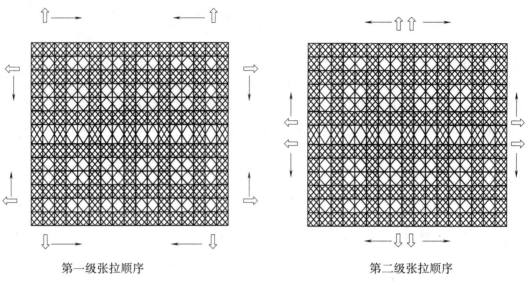

第一级张拉顺序　　　　　　　　　第二级张拉顺序

图 11.2　张拉示意

正式张拉时同时张拉 4 个轴线 6 根索，每根索两端同时张拉，因此共采用了 8 台 150t 和 4 台 250t 的千斤顶同时进行张拉。

11.3　实施效果

通过采取工厂预张拉消除索的非弹性变形，保证索初始张拉位置相同；采用三级、十四次对称循环张拉方案和控制张拉时给油速度、持荷时间等一系列措施，对预应力钢索的张拉力和伸长值进行控制。实施结果，索力总体偏差控制在 5% 以内，伸长值都在验收标准规定的范围之内；张拉起拱变形与理论最大偏差值为 9mm；撑杆的垂直度最大偏移在 1% 以内。

在钢屋架施工过程中，为了控制钢结构的施工精度和施工安全，对结构形态、就位精度、应力、变形等进行了实时监测，监测结果与理论分析基本吻合，处于预控范围之内。施工实践证明，带索累积滑移及预应力分步分级张拉方案是科学合理的，所采取的一系列措施，为施工提供了必要的技术保证，钢屋架施工达到了预期目标。本工程还特别是对于不等高、不对称桁架的同步滑移控制提供了有益的经验。国家体育馆工程获得了北京市结构长城杯金奖和钢结构金奖。

大跨度马鞍型钢结构支撑卸载工法

YJGF016—2006

北京城建集团有限责任公司

李久林 邱德隆 高树栋 万里程 杨庆德

1. 前　　言

大跨度马鞍型钢结构正逐步被应用于体育场馆结构，但因其复杂的传力体系目前国内外钢结构施工单位对其卸载施工尚无成熟的技术和经验可借鉴，卸载过程不确定性因素较多、实施难度大。探索总结大跨度马鞍型钢结构支撑卸载施工技术对于推动大跨马鞍型钢结构在大型体育场馆的应用具有积极的创新意义，同时从节约资源的角度也符合我国的可持续发展国策。

本工法是北京城建集团有限责任公司根据《国家体育场大跨度马鞍型钢结构支撑卸载技术研究及应用》的研究成果，自行研制的兼具首创性和先进性的大跨度马鞍型钢结构支撑卸载工法。

本工法的关键技术是国家科技攻关项目《国家体育场结构设计与施工的安全关键技术研究》之子课题《国家体育场大跨度马鞍型钢结构支撑卸载技术研究及应用》的研究成果，该研究成果于2007年2月1日通过北京市建委组织的科技成果鉴定，鉴定结论是该项技术填补国内空白、达到国际先进水平。

本工法规定的卸载工艺流程、操作要点及质量控制要点等运用于国家体育场钢结构支撑卸载施工，卸载实时监测结果表明，支撑反力变化实测值、屋盖卸载变形、主体钢结构应力实测值与理论计算值吻合良好，符合设计和相关规范标准要求，卸载实施取得了圆满的成功。目前，该工程荣获北京市结构长城杯金杯、中国建筑钢结构金奖（国家优质工程）等殊荣。

2. 工 法 特 点

与传统钢结构卸载工艺相比较，本工法具有以下特点：

2.1 根据马鞍型钢结构体系的受力变形特点以及安装支撑点的具体布置，通过卸载过程仿真对比计算分析，采用了分圈同步、分阶段整体同步的卸载步骤和由外向内的卸载顺序。

2.2 针对大开口屋盖结构卸载存在的较大水平位移，提出了减小卸载点水平力的关键工艺。

2.3 改良了传统的卸载工艺，突出强调了卸载过程液压系统的计算机同步、顶升反力和位移控制，并对卸载过程全过程进行实时监控量测，确保卸载过程的零风险。

2.4 突出强调建立以总指挥为核心、以作业层为指令对象，专家顾问组对卸载全过程进行信息分析和技术指导的卸载组织机构。

3. 适 用 范 围

本工法适用于双向结构跨度均不大于333m的大跨马鞍型钢结构工程的支撑卸载施工，其他结构体系的空间大跨度结构卸载施工可参考执行。

4. 工 艺 原 理

通过卸载仿真对比计算分析，确定分圈同步、分阶段整体同步的卸载步骤和由外向内的卸载顺序；

采取控制支撑点接触面摩擦系数措施以减小水平力作用；以计算机控制支撑反力、位移的集群液压千斤顶同步卸载系统为核心，实现卸载指令、卸载操作的自动化和集成化，辅以结构应力、变形等监测工作以确保卸载安全顺利进行。

5. 施工工艺流程及操作要点

5.1 施工工艺流程

本工法的支撑卸载工艺流程如图 5.1-1。

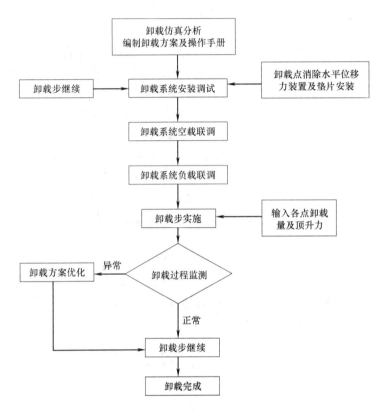

图 5.1-1 支撑卸载工艺流程图

卸载时，为保证指令传递、信息反馈迅速、准确无误，应建立以总指挥为核心、以作业层为指令对象的组织机构，其指令及信息传递流程如图 5.1-2。

5.2 操作要点

5.2.1 卸载仿真计算、卸载方案及操作手册编制

1. 卸载前，应根据工程特点通过仿真分析对卸载步骤和顺序进行优化比选，最后确定卸载步骤和顺序以及卸载过程中的变形、应力控制点作为卸载位移和顶升力控制的依据。

2. 根据分析结果编制卸载专项方案和卸载操作程序手册，并据此对施工队进行全面的技术交底及培训工作，确保卸载工作的顺利进行。

5.2.2 卸载系统安装调试

1. 卸载设备地面单机调试。

2. 卸载设备高空分区调试。

3. 卸载系统全面调试：卸载前，应对卸载系统进行空载联调和负载联调试验，检验液压千斤顶卸载系统的可靠性，实现对卸载操作人员的演练，检验卸载方案和卸载组织管理的可行性、总结卸载组织管理过程中的不足之处，确保卸载过程的零风险。

5.2.3 卸载点水平位移消除

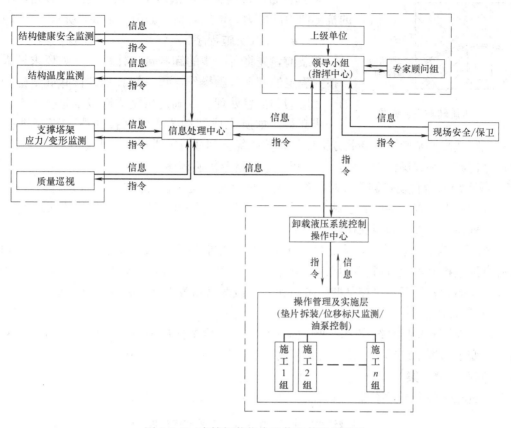

图 5.1-2　支撑卸载指令及信息传递流程图

大开口马鞍型钢结构体系卸载时其卸载点的水平位移是相对较大的，该水平位移作用于液压千斤顶则表现较大的侧向力，其数值均超过液压千斤顶的抗侧向力的能力。因此，必须采取措施最大限度地消除卸载点水平位移。

为消除卸载点水平位移，一般采取以下措施：

1. 卸载时每个卸点应采取支撑垫块（片）与液压千斤顶交替作用的方式进行卸载。

2. 通过加钢斜楔子措施，使液压千斤顶与结构本体接触面由斜面接触改为平面接触，并在钢斜楔子与液压千斤顶之间垫不锈钢钢板并抹润滑油，最大限度地减小接触面的摩擦力，如图 5.2.3-1 所示。

图 5.2.3-1　卸载点消除水平力装置图

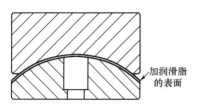

图 5.2.3-2　可旋转鞍座示意图

加润滑脂的表面

3. 选择带可旋转鞍座的液压千斤顶，使卸载设备本身具有较强的抗侧向力的能力，可旋转鞍座如图 5.2.3-2 所示。

5.2.4　卸载实施程序

卸载前，先将每一步的卸载量和计算顶升力要求输入系统，然后按照确定的卸载步骤操作，每一卸载步进行卸载结构和支撑系统的全面监测和信息处理，以确定所完成卸载步是否正常、是否进行下一步卸载。如所完成卸载步正常则按照既定程序进行下一步卸载，如所完成卸载步异常则进行卸载方案优化并按照优化卸载方案进行下一步卸载。

卸载指令传递到卸载操作中心后，每一卸载步的指令传递程序如下：

1. 当卸载系统为全自动控制系统时，首先由中央控制器向区域控制器发出欲执行的卸载指令信号，然后所有区域控制器检查所辖区域泵站和千斤顶工作正常后发出确认信号，最后中央控制器向泵站和千斤顶发出卸载指令、进行卸载操作。

2. 当卸载系统为非全自动控制系统时，首先由中央控制器向区域控制器发出欲执行的卸载指令信号，然后所有区域控制器检查所辖区域泵站和千斤顶工作正常后发出确认信号并油泵操作员按照卸载指令信号扳动换向阀，最后中央控制器向泵站和千斤顶发出卸载指令，进行卸载操作。

5.2.5　卸载过程监测

卸载过程中应设置支撑系统应力及变形监测系统、结构本体应力应变监测、结构本体温度监测系统和结构卸载变形监测系统等全方位、全过程的实时监控系统，以实现卸载过程的信息化施工。

5.2.6　卸载应急预案

对于卸载过程中各种突发事件，宜按表 5.2.6 确定对应处理措施进行处理。

卸载过程中非正常情况及对应处理措施表　　　　　　　　　　表 5.2.6

序　号	分　类	表现形式	处理人员	处理方法
1	动力故障	千斤顶未能提供预测的顶升力	卸载设备提供单位	更换千斤顶
2	动力故障	千斤顶油路不畅	卸载设备提供单位	更换油管
3	计算差异	称重过程中顶起 2mm 个别卸载点垫片与结构表面未脱离	信息处理中心 领导小组 专家组	确认继续顶升的必要，确认割除或敲出垫片
4	计算差异	卸载过程中，未达到卸载位移量时，单点失去支撑力	实用动力	回顶一次，接触为止，随下步卸载，至再次脱离为止
5	计算差异	卸载过程中，达到计算的位移量，单点支撑力仍然较大	信息处理组 领导小组 专家组	全面检查结构状态，确定是否继续卸载，或给定下一个位移截止值，修正卸载顺序，继续卸载
6	结构变形	钢结构出现异常响声	信息处理中心 领导小组 专家组	对出现异常部位进行检查，确认无误后，继续卸载；否则进行加固处理
7	塔架变形	监测到的塔架变形大于原要求	信息处理中心 领导小组 专家组	调整千斤顶位置，确保最小的偏心作用，调整临近的千斤顶顶升力，加固塔架
8	重大差异	突破设计院的最大位移截止值，仍有较大支撑力	信息处理中心 领导小组 专家组	现场暂时停止卸载，并将各点保持到原支撑状态，设计院详细核算，以及全面检查钢结构质量情况后，确定是否继续卸载

序　号	分　类	表现形式	处理人员	处理方法
9	天气	突发暴雨	领导小组	立即停止卸载,用垫片将支撑点楔紧使各点保持到原支撑状态。雨后全面检查后恢复卸载
10	计算差异	卸载点局部受压破坏	信息处理中心 领导小组 专家组	立即停止卸载,用垫片将支撑点楔紧使各点保持到原支撑状态。加大千斤顶垫板尺寸
11	电力故障	突发停电	领导小组	立即停止卸载,用垫片将支撑点楔紧使各点保持到小立柱支撑状态。查明原因,紧急抢修

6. 材料与设备

本工法涉及的主要设备与材料如表6。

主要设备及材料　　　　　　　　　　　　　　　　　　　　　　　　表6

序　号	设备名称	数　量	主要用途	备　注
1	千斤顶	每卸载点2台	顶升用	20台备用
2	油泵	同卸载点数量	加压用	6台备用
3	区域控制器	10台	区域控制	可根据卸载面积调整
4	中央控制器	1台	总控	
5	对讲设备	同卸载人员数量	沟通信息	
6	标尺	同卸载点数量	测量位移	
7	监测设备	—	应力应变监测	
8	气焊割枪	同卸载点数量	切割塔架垫块	
9	氧、乙炔瓶	同卸载点数量	切割塔架垫块	
10	榔头	同卸载点数	敲击垫片	
11	钢楔子	每卸载点2个	调整卸载量	
12	滑动块	同卸载点数	消除水平位移	

7. 质 量 控 制

7.1　应执行的标准规范

本工法应执行的主要标准规范有《钢结构工程施工质量验收标准》GB 50205—2001、《网架结构设计与施工规程》JGJ 7—1991、《网壳结构技术规程》JGJ 61—2003)和《工程测量规范》GB 50026—93等。

7.2　质量控制要点

本工法施工时,质量控制要点如下:

7.2.1　卸载前钢结构制作、安装检验批及各分项工程验收完毕,工程实体质量验收完毕,并且相应施工资料整理完毕并经监理单位签字确认。

7.2.2 卸载过程中严格控制各卸载点卸载位移的同步精度，确定各卸载点不同步精度控制在 3mm 范围内。

7.2.3 卸载过程中要及时处理结构本体的应力应变监测数据，对发生卸载点应力超过设计要求的点要及时处理，确保卸载过程中结构本体的安全。

7.2.4 加强各卸载点处结构本体变形控制，各卸载点的局部变形控制在允许范围内。

8. 安 全 措 施

8.1 安全保护措施

8.1.1 卸载前对作业人员进行卸载期间的安全教育。

8.1.2 卸载前要仔细检查各卸载点的构造处理情况，保证符合技术要求。

8.1.3 卸载前要清理屋面上的杂物及卸载作业区域内的杂物，卸载过程中，屋面上下不得进行其他作业。

8.1.4 卸载过程中，协调与监视人员要时刻观察，保证作业人员的步调一致，如其中一个点出现问题，其他点的作业人员应停止卸载。

8.1.5 作好安全通道，如遇意外，要立即组织人员撤离卸载区域。

8.1.6 现场建立安全管理小组，由主抓生产的副经理主管安全活动，配备专职安全员，严格安全值班制度。卸载时安排专职安全员，分别负责屋面和支撑塔架及卸载作业点的安全巡视工作，发现安全隐患及时汇报，并停止卸载，立即采取相应措施。

8.1.7 严格遵守和执行国家及市有关施工现场安全、消防保卫规定，加强施工现场消防保卫工作。

8.1.8 加强领导，建立组织，明确责任，把消防保卫工作列入工作日程。经常进行教育，每日检查一次，做到时间、人员落实。

8.2 卸载安全要点

（1）强化指挥，服从指令，协调一致。

（2）前提条件，必须完成，全面检查，确认签字。

（3）技术交底，安全交底，多次进行，全员参加。

（4）建立机构，组织充分，人员精干。

（5）禁止围观，无关人员，不得入内。

（6）所有人员，坚守岗位，不得离岗、串岗。

（7）五级以上风、雨、雾天气，停止作业。

（8）发现异常情况，及时汇报。

9. 环 保 措 施

本工法施工的环保措施主要从以下方面进行：

9.1 对卸载操作人员配备必须的个人防护用品，采取措施保证切割操作时产生的火花不会伤及作业人员及卸载设备。

9.2 强化职业卫生宣传教育及现场跟踪监测工作，对作业人员定期进行体检，以便及时发现问题，预防和控制职业病。

9.3 及时收集、清理卸载作业人员产生的生活垃圾等废弃物。

9.4 加强液压系统的管理与维护，避免因液压千斤顶、油管或油泵等设备漏油对结构本体的二次污染。

10. 效益分析

本工法经济效益和环保节能效益巨大，社会效益明显。

10.1　经济效益和环保节能效益分析

本工法的经济效益和环保节能效益是一致的，主要表现为工程工期延误造成的直接经济损失。以国家体育场钢结构工程为例，本工法的产生的经济效益和环保节能效益主要在于解决了国家体育场钢结构工程关键技术难题，保证了工程的顺利进行；以工期延误造成的损失计，工期每延误一个月将产生直接经济损失约1000万元。

10.2　社会效益分析

本工法的社会效益是十分明显的，主要表现为：

顺利实现了国家体育场钢结构支撑的成功卸载，为国家体育场钢结构工程按期竣工奠定了基础。同时也对钢结构施工领域内大跨度、大吨位异形空间结构卸载具有借鉴作用和直接指导意义。

11. 应用实例

本工法的关键技术来源于《国家体育场大跨度马鞍型钢结构支撑卸载技术研究及应用》的研究成果，目前仅有国家体育场钢结构工程一个实例。但是，国家体育场钢结构工程的成功卸载表明，该工法技术上是可靠的、经济上是合理的，可广泛应用于大跨度建筑钢结构领域，具有广阔的推广应用前景。

国家体育场工程为北京"2008"奥运会主会场，钢结构工程由24榀门式刚架围绕着体育场内部混凝土碗状看台区旋转而成，其主次结构编织成"鸟巢"的造型。钢结构屋面呈双曲面马鞍型，最高点高度为68.5m，最低点高度为40.1m；平面上呈椭圆形，长轴为332.3m、短轴为297.3m；屋盖中部的开口内环呈椭圆形，长轴为185.3m、短轴为127.5m。

工程设计用钢量约42000t，卸载吨位约12000t，卸载总面积约60000m²，有78个卸载点、且单点卸载吨位大、最大点支撑力约300t，卸载难度大。

在进行支撑卸载施工时，按照本工法规定的卸载工艺流程、操作要点及质量控制要点等进行卸载施工。整个卸载工作历时3天半，监测结果显示屋盖的最大垂直位移量在内环短轴方向，与理论相符，平均最大位移为271mm，与设计计算的理论最大位移值286mm相差5%；主体钢结构的实测应力与理论计算值吻合良好。这标志着国家体育场钢结构支撑卸载获得圆满成功，并客观、真实地反映了国家体育场钢结构工程一流的施工质量。图11为卸载完成后实物图片。

图11　卸载完成后实物图片

网壳结构折叠展开式整体提升施工工法

YJGF017—2006

浙江大学空间结构研究中心　浙江东南网架股份有限公司

罗尧治　董石麟　周观根　胡宁　徐春祥

1. 前　言

网壳结构是曲面形空间网格结构，是近半世纪以来发展最快、应用最广的一种空间结构。这是由于它有如下的优点：

1.1 具有优美的建筑造型，无论是建筑平面、外形和形体都能给设计师以充分的创作自由。

1.2 受力合理，可以跨越较大的跨度，节约钢材。

1.3 可以用较小的构件组成很大的空间，这些构件可以在工厂预制实现工业化生产，安装简便快捷，综合经济指标较好。

随着轻型屋面材料的应用，网壳结构的用钢量明显减小，网壳结构施工费用比重却相对越来越大。因此，如何改进施工方法，降低整体造价，充分体现网壳结构的优越性，需要科研技术人员不断探索，研究开发新型的施工技术。

本工法提出的网壳结构"折叠展开式"整体提升施工技术，能够很好地解决曲率较大、矢高较大的网壳施工问题，这种施工技术与传统的施工方法有着本质的不同。

2. 工 法 特 点

2.1 概念新颖。先将静定结构变成机动结构，整体提升到位后，再将机动结构变成静定结构，这种施工方法与传统施工方法具有本质上的区别，概念十分新颖。

2.2 技术先进。"折叠展开式"整体提升施工技术采用的主要工具是液压提升设备。液压提升设备采用钢绞线承重，提升器集群，计算机控制，液压同步整体提升新原理，集机、电、液、传感器、计算机和控制论等多学科高技术于一体，能够完成人力和现有设备难以完成的施工任务。技术处于国际领先地位，属国内首创。

2.3 质量容易控制。在近地面处组装网壳，胎架刚度、强度及稳定性较好，容易控制杆件的空间位置；同时，也便于质量监管部门对质量进行监督检查。

2.4 安全能够保证。在近地面处组装网壳，操作高度降低很多，高空作业的安全风险也得到了降低。

2.5 节约成本。在近地面处组装网壳，操作架的搭设量很少，较大幅度地节约了成本。

2.6 缩短施工工期。在近地面处组装网壳，包括杆件、节点、檩条和屋面板，甚至可以是马道和灯具、音箱等设备；胎架搭设、构件吊运等所需的时间减少，从而能够缩短施工工期。

2.7 施工现场文明、环保。由于"折叠展开式"整体提升施工技术采用的主要工具是液压提升设备，现场施工噪声很小。

3. 适 用 范 围

本施工技术适用于单层柱面网壳、多层柱面网壳、单层折板网壳、多层折板网壳、球面网壳等易于形成直线形铰线的空间网格结构。

4. 工艺原理

网壳结构"折叠展开式"整体提升施工技术的工艺原理是：先将网壳去掉部分杆件，使一个静定结构变成一个可以运动的机构，这样就可以将网壳结构在地面折叠起来，最大限度地降低安装高度；然后将折叠的网壳提升到设计高度；最后补装抽掉的杆件，机构又变成静定的结构。因此，整个施工过程是一个由结构→机构→结构的变化过程。见图4所示。

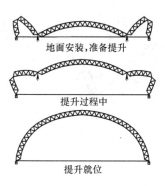

图4 "折叠展开式"整体
提升过程示意图

5. 施工工艺流程及操作要点

5.1 工艺流程
网壳结构"折叠展开式"整体提升施工工艺流程见图5.1所示。

5.2 操作要点
使用网壳结构"折叠展开式"整体提升施工方法需要注意的施工要点有：

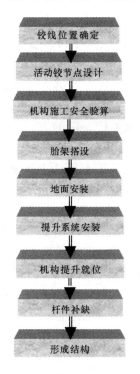

图5.1 工艺流程图

5.2.1 在结构适当位置设置多道铰线，将结构分成多个区域，各个区域之间的部分构件暂时不安装，区域之间用单向活动铰相连，支座也使用单向活动铰支座。铰线方向为沿柱面的母线方向，铰线将柱面网壳跨度方向分成若干块，铰线上布置若干可转动铰接点，可转动铰节点将相邻网壳联系在一起，每块网壳在提升过程中作刚体运动。铰线的数量通常可以选择6条，这样网壳分成了5块，铰线的位置确定宜以分解后每块网壳尽可能贴近地面为原则。铰线上铰接点数可以根据网壳结构纵向长度确定，长度长则需要多设置铰接点，在保证铰接处构件强度的基础上，尽量减少铰接点的数目，因为铰节点数量少易于结构整体活动。通常一条铰线上的铰节点可以设置3~5个。见图5.2.1所示。

5.2.2 铰线位置确定后，应对机构进行施工阶段验算，验算内容包括：

1. 匀速提升状态机构受力分析；
2. 冲击荷载作用下机构动力响应分析；
3. 提升过程中瞬变结构的受力分析及其预防措施；
4. 机构运动一维自由度控制的构造措施；
5. 活动铰节点设计。

通过验算，确保机构在施工过程中处于安全状态。验算时，计算模型按图5.2.2所示图形采用，即将整个连续的提升过程划分为有限的几个阶段，分别计算各个阶段结构的内力、变形及支座反力，从结构在有限的几个阶段中作用效应变化情况归纳出结构在整个提升过程中的作用效应变化，然后进行设计。

5.2.3 单曲率网壳结构变成一个机构时，具有竖向和跨度水平向两个方向的自由度。但是在施工过程中要采取措施使机构只在竖直方向做一维运动，不可以前后左右移动。

5.2.4 网壳结构由多条铰线分成多个区域，而每条铰线又包含多个活动铰。在单曲率网壳的安装过程中应保证各条铰线互相平行，一条铰线上的各个铰节点在一条直线上，否则将阻碍机构的运动并产生较大的附加力。所以该施工方法对于安装精度要求较高。

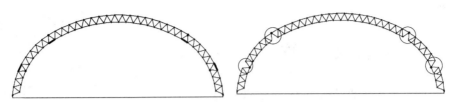

图 5.2.1　铰线和铰节点布设原理图

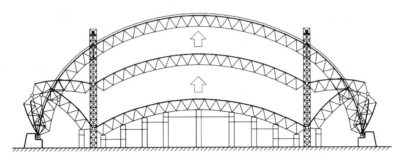

图 5.2.2　结构折叠展开整体提升过程图示

5.2.5　对于某些网壳结构，在提升过程中可能会出现瞬变现象。此时应添加临时支撑或临时拉索，保证结构不发生瞬变。

5.2.6　将网壳结构分成几段后，每一部分都是一个拱形结构。若拱的跨度比较大，在拱的端部会产生较大的水平推力和水平位移。此时应在拱的两端之间设置拉索或采取其他措施来保证不会产生较大的水平推力和位移。

5.2.7　由于提升结构具有大吨位、高空施工的特点，就使得承重系统不但要有足够大的承载能力，而且要有足够长的承重索具，一般采用抗拉强度大、单根制作长度长的柔性钢绞线作为承重索具。而采用承载能力大、自重轻、结构紧凑的液压提升器作为提升机具。承重系统可按一定的方式组合使用钢绞线和提升器集群，使得承重系统的提升重量及高度不受限制。

5.2.8　在整体提升的过程中应使用计算机对所有液压千斤顶进行控制，确保所有液压千斤顶能够同步动作，使网壳始终保持合适的姿态。同步提升控制采用液压同步提升技术设备系统，它主要由柔性钢铰线承重系统、电液比例液压控制系统、计算机控制系统及传感器检测系统组成，如图 5.2.8 所示。同步提升主要控制要素是吊点的提升力和测控点高度偏差。这种系统能够实现液压提升器集群的同步协调动作，包括集群联动、局部联动、单点单动等。按施工工艺规定的作业流程进行连续提升施工，并能自动改半自动地根据不同工况修正作业流程，将提升过程中测控点高度偏差限制在设计允许的范围内。在吊点分布不均匀、吊点负载差异很大、液压系统采用多规格不同组合配置时，进行吊点负载的均衡控制。

5.2.9　提升前，应先将网壳试提升 100mm，检查吊点标高是否相同，铰点是否转动自如，网壳有否水平移动，当有异常现象时应查明原因并整改。在整个提升过程中应严格监控机构变化，及时调整不同千斤顶的进度，确保整个机构按设

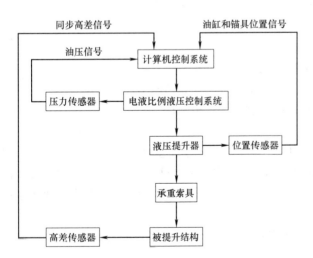

图 5.2.8　液压同步提升系统工作原理图

计要求运动，确保提升过程的安全性。

5.2.10　该方法的核心思想是机构运动，而机构运动的关键就是可动铰的构造。可动铰由一个销

轴连接两块钢板而成。两边的弦杆和腹杆焊接在一块钢板上，这块钢板再与节点板交叉焊接连接。应保证可动铰节点可以在竖向方向自由转动。制作时应考虑安装误差等不利因素，插板连接以及销轴与节点板之间应留有一定的间隙，在间隙处加涂润滑油，要确保节点的自由转动。同时，为了防止在不利情况下的突然大幅度翻转转动，应在节点板的适当位置加设限位装置，以便限制节点的转动范围。见图 5.2.10-1、图 5.2.10-2 所示。

（a）　　　　　　　　　　　　　　　（b）

图 5.2.10-1　活动铰节点实物图
（a）支座活动铰；（b）铰线活动铰

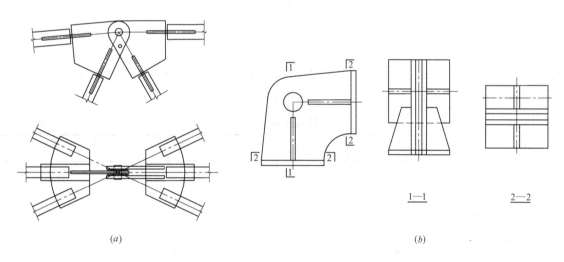

（a）　　　　　　　　　　　　　　　（b）

图 5.2.10-2　活动铰节点示意
（a）支座活动铰；（b）铰线活动铰

5.2.11　还应对提升塔进行设计，确保提升塔具有足够的强度、刚度及稳定性。同时液压提升系统的塔柱位置，也应严格模拟计算确定，确保在整个吊装过程中机构不与塔柱发生碰撞。

5.2.12　使用液压提升设备将网壳提升到设计高度，然后进行少量构件的补缺工作。应确定合理的杆件补缺方案，尽量使需补缺的杆件数量最少。补缺时应先补缺各区域之间的杆件，然后使液压装置卸载并拆除塔柱，最后安装塔柱位置的补缺杆件。

5.3　整体提升过程中机构运动分析

5.3.1　机构运动简化模型的建立

六道铰线将网壳分割成五个部分，每个部分相对于相邻的两道铰线可认为是固定不动的，即将网壳机构五个部分的运动视为刚体运动，因此，我们将网壳的运动模型简化成五连杆的运动模型，见图 5.3.1 所示。只要掌握了五连杆机构的运动规律，也就了解整个网壳提升过程中的运动特性。

5.3.2　五连杆机构运动分析

五连杆机构由五根杆和六个平面活动铰组成，其中两个铰点固定，在提升运动过程中，C、D 两点

沿 Y 方向作直线运动，A、F 两点固定不动，B、E 两点分别以 A、F 两点做圆周运动。考虑五连杆机构的对称性，将其简化为图 5.3.2 所示。所要求的就是当 C 点上升 D 点时 B 点的坐标。

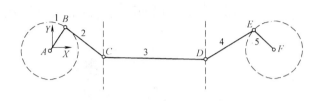

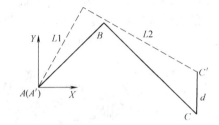

图 5.3.1　五连杆机构示意图　　　　　　图 5.3.2　五连杆机构简化示意图

根据 AB 段和 BC 段长度不变条件建立二元二次方程组有：

$$\begin{cases} (x_B^1 - x_A)^2 + (y_B^1 - y_A)^2 = l_1^2 \\ (x_B^1 - x_C)^2 + (y_B^1 - y_C - d)^2 = l_2^2 \end{cases} \tag{5.3.2-1}$$

求解方程组，舍去不合理的根，得：

$$\begin{cases} y_B' = \dfrac{\alpha\beta + \sqrt{(1+\alpha)^2 l_1^2 - \beta^2}}{1+\alpha^2} \\ x_B' = -\alpha y_B' + \beta \end{cases} \tag{5.3.2-2}$$

其中：$\alpha = \dfrac{y_C + d}{x_C}$，$\beta = \dfrac{(y_C + d)^2 + x_C^2 + l_1^2 - l_2^2}{2x_C}$

以河南鸭河口电厂干煤棚柱面网壳为例，计算不同提升高度时的铰点坐标。将该柱面网壳简化为五连杆模型时，$L1 = 20.705\text{m}$、$L2 = 13.555\text{m}$。铰点坐标如表 5.3.2 所示。

铰点坐标值　　　　　　　　　　　　　　　　　　　　　　　　　　　　表 5.3.2

吊点标高(m)	X_B(m)	Y_B(m)	X_C(m)	Y_C(m)
2.0767	0.9795	13.5198	18.2355	2.0767
5	−0.6264	13.5408	18.2355	5
10	−2.1927	13.3767	18.2355	10
15	−2.4033	13.3405	18.2355	15
20	−1.4169	13.4810	18.2355	20
25	1.0054	13.5179	18.2355	25
28	4.0203	12.9453	18.2355	28
28.9899	6.8330	11.7071	18.2355	28.9899

5.3.3　确定网壳上任意一点在运动中的坐标

设网壳中任意一点的起始坐标是 (x_0, y_0, z_0)，z 轴是母线方向。在单曲率网壳中，当机动运动时，网壳内沿母线方向没有运动，只是在与母线垂直的平面内运动。下面分别分析网壳中段和边上四段的运动。

由于网壳的中段只在竖直方向做平动，所以当提升距离为 d 时，中段任意一点的新坐标为 $(x_0, y_0 + d, z_0)$。

对于边上四段上的任意点则根据坐标变换求得新坐标。以 BC 段上任意一点 P 为例。以 BC 为 x 轴建立局部坐标系（图 5.3.3），则局部坐标系与整体坐标系的转换矩阵为：

$$T = \begin{bmatrix} l_1 & m_1 & -l_1 x_B - m_1 y_B \\ l_2 & m_2 & -l_2 x_B - m_2 y_B \\ 0 & 0 & 1 \end{bmatrix} \quad (5.3.3\text{-}1)$$

式中　l_1，l_2，m_1，m_2——局部坐标系与整体坐标系的方向余弦，设 P 点在起始时刻整体坐标系下的坐标为（x_0，y_0，z_0），则 P 点在局部坐标系下的坐标为

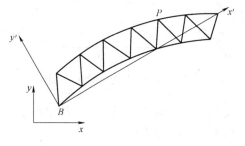

图 5.3.3　活动铰节点示意图

$$\begin{bmatrix} x_0' \\ y_0' \\ z_0' \end{bmatrix} = [T_0] \begin{bmatrix} x_0 \\ y_0 \\ z_0 \end{bmatrix} \quad (5.3.3\text{-}2)$$

在网壳运动了一段距离后，P 点相对于 B、C 两点并没有相对位移，即 P 点的局部坐标值不变，而坐标转换矩阵 T 发生变化，设此时的坐标转换矩阵为 T_1，P 点在整体坐标系下的新坐标为（x_1，y_1，z_1），则

$$\begin{bmatrix} x_0' \\ y_0' \\ z_0' \end{bmatrix} = [T_1]^{-1} [T_0] \begin{bmatrix} x_0 \\ y_0 \\ z_0 \end{bmatrix} \quad (5.3.3\text{-}3)$$

5.3.4　双曲率网壳的坐标转换

柱面网壳是单曲率网壳，研究其运动的五连杆模型是建立在垂直于母线的坐标平面内的，网壳上点的 z 方向坐标在运动中不变，而对于双曲面网壳如球面网壳，五连杆模型所在平面并不一定总与总体坐标系保持一致，所以需要进行坐标变换。

设整体坐标系为 XYZ，局部坐标系为 xyz，坐标变换矩阵为

$$T = \begin{bmatrix} l_1 & m_1 & n_1 & -l_1 X_A - m_1 Y_A - n_1 Z_A \\ l_2 & m_2 & n_2 & -l_2 X_A - m_2 Y_A - n_2 Z_A \\ l_3 & m_3 & n_3 & -l_3 X_A - m_3 Y_A - n_3 Z_A \\ 0 & 0 & 0 & 1 \end{bmatrix} \quad (5.3.4\text{-}1)$$

式中　l_1，l_2，l_3，m_1，m_2，m_3，n_1，n_2，n_3 为局部坐标系与整体坐标系的方向余弦，运动分析时先从整体坐标系变换到局部坐标系，即

$$\begin{bmatrix} x_0 \\ y_0 \\ z_0 \\ 1 \end{bmatrix} = [T_0] \begin{bmatrix} X_0 \\ Y_0 \\ Z_0 \\ 1 \end{bmatrix} \quad (5.3.4\text{-}2)$$

在局部坐标系下进行运动分析得到新坐标，再转换回整体坐标系

$$\begin{bmatrix} X_1 \\ Y_1 \\ Z_1 \\ 1 \end{bmatrix} = [T_1]^{-1} \begin{bmatrix} x_1 \\ y_1 \\ z_1 \\ 1 \end{bmatrix} \quad (5.3.4\text{-}3)$$

除了坐标转化外，双曲率网壳与单曲率网壳的运动分析相同。

5.3.5　运动过程中的瞬变现象

研究五连杆机构发现，随着提升高度的变化，两杆夹角 α 随之改变。当达到一定提升高度时，$\alpha=180°$，方程组式的解为重根，体现在几何上就是两个圆只有一个交点。此时会发生瞬变现象，见图

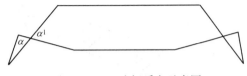

图 5.3.5　五连杆瞬变示意图

5.3.5所示，整个机构的受力、变形将会发生很大的变化。事实上角接近180°时就会发生瞬变。因此，应该采取合理措施防止瞬变的发生。首先，在设计阶段就应综合考虑施工问题，合理调整网壳曲率，避免出现在整体提升时发生瞬变问题。对于已有的设计，在施工方案中应合理选择铰点位置，避免出现瞬变。如果由于结构体型先天不足无法避免瞬变的发生时，应该采取足够安全的措施保证结构安全。

6. 材料与设备

运用本技术施工所需的主要设备及工器具详见表6所示。

主要设备及工器具表　　　　　　　　　　　　　　　　表6

序　号	名　称	规格、型号	数　量
1	液压提升设备	TJJ-2000(205t)	8台
2	液压泵系统	TJD-15	4台
3	计算机同步控制系统	YT-2	4台
4	拉索	$\phi25$	200m
5	限位活动铰	可按相关规范自行设计	8个
6	水准仪	DS1	2台
7	全站仪	GTS-332	2台
8	普通钢直尺	—	若干

7. 质 量 控 制

网壳安装需遵循《钢结构工程施工质量验收规范》GB 50205—2001及《空间网格结构技术规程》的要求，重点指出网壳安装过程和完成后应保证如下要求：

7.1　在网壳安装过程中

7.1.1　在网壳整体提升过程中网壳的间隙的偏差不超过设计位置的1～2cm；

7.1.2　东西和南北两个方向垂直度偏差分别为不大于±10mm和不大于±20mm。

7.2　网壳安装完成后，构件及网壳的安装精度应满足表7.2：

构件及网壳的安装精度　　　　　　　　　　　　　　　　表7.2

保证项目		项　目	
保证项目	1	高空散装法安装网架结构时,节点配件和杆件应符合设计要求和国家现行有关标准规定,配件和杆件的变形必须矫正	
保证项目	2	基准轴线位置,柱顶标高和混凝土强度必须符合设计要求和国家现行有关标准规定	
基本项目		项　目	
基本项目	1	网壳结构节点及杆件外观质量表面干净,无疤痕、泥砂、污垢	
基本项目	2	网壳结构在自重及屋面工程完成后的挠度值测点的挠度平均值均符合相关要求	
允许偏差项目		项　目	允许偏差(mm)
允许偏差项目	1	纵向、横向长度L	$\pm L/2000,\pm30.0$
允许偏差项目	2	支座中心偏移	$L/3000,30.0$
允许偏差项目	3	周边支承网架,相邻支座(间距L_1)高差	$<L_1/400,15.0$
允许偏差项目	4	支座最大高差	30.0
允许偏差项目	5	多点支承网架,相邻支座高差	$<L_1/800,30.0$
允许偏差项目	6	杆件弯曲矢高(L_2位杆件长度)	$<L_2/1000,5.0$

8. 安 全 措 施

8.1 劳动组织

8.1.1 劳动组织分工

1. 网壳安装组：总体负责网壳拼装，包括在提升前把网壳拼装成型，再提升完成后完成整体网壳的合拢高空拼装；

2. 液压提升组：负责将拼装成形后的网壳提升到位；

3. 测量小组：负责在网壳提升和安装完成后的测量工作；

4. 配合小组：进行塔柱的搭设和拆除工作，并配合现场其他小组施工；

5. 安全小组：现场巡逻，及时发现安全隐患并提出处理对策。

8.1.2 劳动组织组成

劳动组织组成见表8.1.2。

劳动力组成表 表8.1.2

组　类	工　种	人　数	该工序总人数
液压提升组	提升指挥（主、副）	2	30
	起重工	10	
	铆工	8	
	普工	10	
配合组（高空架子搭设、操作平台搭设）	架子工	10	28
	铆工	4	
	焊工	4	
	普工	10	
测量组	全站仪打点	2	4
	经纬仪测量	2	
网壳安装小组	安装队长	1	33
	安装组长	2	
	安装工人	30	
安全小组	安全员	2	2

8.2 安全措施

8.2.1 要求施工过程中严格执行国家《安全生产法》、《建筑施工安全检查标准》及有关部门、地区颁发的安全规程，执行三合一管理体系要求。

8.2.2 在网壳提升的过程中，必须做到以下几点以保证安全：

1. 网壳两侧各设置4根临时拉索，以防止网壳发生水平位移和网壳瞬变的发生；

2. 在网壳提升过程中必须保持两塔柱位置铰之间保持空间相互平行；

3. 在网壳必须做到缓慢提升，提升速度不大于0.1m/min。

8.2.3 "折叠展开式"整体提升施工技术的大部分安装工作都是在近地面处完成，减少了事故发生的概率，较大程度上保障了施工人员安全，较好地从技术上解决了安全生产的问题。

8.2.4 对于少量需高空作业的部分，安装前必须铺好安全网，安装工人在安装时需戴好安全帽、系好安全带才能施工；注意安全用电，注意"三宝"使用，做好安全技术交底，以及应急防范措施。

9. 环保措施

"折叠展开式"整体提升施工技术安装速度快，不需要占用大量场地，施工时液压提升设备噪声很小，不会对周围环境造成不良影响。

10. 效益分析

网壳结构"折叠展开式"整体提升施工技术的经济效益主要体现在节省脚手架的费用和加快施工速度带来的经济效益，下面就该方法从与普通的脚手架高空散装和与类似工程的安装两方面进行比较。

10.1 与普通的脚手架高空散装法的比较

河南省鸭河口电厂干煤棚工程采用脚手架高空散装方案和"折叠展开式"整体提升方案的经济指标评价如表 10.1。

与普通的脚手架高空散装法的比较　　　　　　　　　　　　表 10.1

评价内容	脚手架高空散装法	"折叠展开式"整体提升法
脚手架工程量	需用钢管 1500t，搭设费用约 136 万元	搭设费用 12 万元
提升装置	无	50 万元
节点处理	无	5 万元
技术及安全措施	5 万元	8 万元
材料垂直提升费用	6 万元	2 万元
工期效益（直接）	0	−20 万元（下降）
工期效益（间接）	0	雨季前完成，确保电厂正常生产
合计	147 万元	57 万元

10.2 与类似工程的比较

嘉兴电厂干煤棚与鸭河口电厂干煤棚具有相似体型，大小基本相等，具有可比性。两个工程的经济指标比较见表 10.2。

与类似工程的比较　　　　　　　　　　　　表 10.2

评价内容	南阳鸭河口电厂 （采用"折叠展开式"整体提升法）	嘉兴电厂 （脚手架高空散装法）
几何尺寸	108m×90m	103.5m×88m
脚手架费用	12 万元	128 万元
提升费用	55 万元	无
材料提升费用	2 万元	6 万元
安装工期	80d	120d

综上所述，"折叠展开式"整体提升的施工方法带来了可观的经济和工期效益。

11. 应用实例

河南南阳鸭河口电厂干煤棚网壳设计跨度 108m，长度 90m，矢高 38.766m，采用正放四角锥三心圆柱面双层网壳形式，是目前亚洲跨度最大的三心圆柱面煤棚结构，结构跨度大，矢高高，施工难度较大。工程采用"折叠展开式"整体施工方法，产生了较好的社会及经济效益（图 11-1～图 11-7）。

"折叠展开式"整体施工方法在国内尚属首次应用，并取得了圆满成功，验证了"折叠展开式"整体提升施工技术的正确性和实用性，为该项技术应用于大跨度结构的施工积累了宝贵的经验；该方法为大跨度结构的施工提出一种崭新的思路，开拓了科研技术人员的视野。

图 11-1　折叠网壳结构提升前

图 11-2　折叠网壳结构支座可动铰节点

图 11-3　折叠展开施工过程一

图 11-4　折叠展开施工过程二

图 11-5　折叠展开施工过程三

图 11-6　折叠展开施工过程四

图 11-7　储煤库竣工照片

大跨度拱形钢结构安装施工工法

YJGF018—2006

河北建设集团有限公司

高秋利　王福才　张士臣　田伟　刘永建

1. 前　　言

近年来钢结构建筑凭借其造价低、大空间、抗震性能好等优点迅速发展，尤其在公共建筑和大型场馆等公用设施中得到广泛应用。而拱形结构因其大空间、造型新颖、美观等特点，受到诸多建设单位的厚爱。

当钢结构拱落地长度较长，土建结构为混凝土梁板时，主拱安装宜采用分段安装，由拱脚向上组装，最后在顶部中间合龙。结合 205.44m 大跨度空间拱形钢结构的安装进行施工总结，形成了本工法。

2. 工 法 特 点

2.1　土建结构为混凝土梁板，上部为箱形变截面钢结构主拱，主拱生根于四个拱脚基础；

2.2　在混凝土顶板上设置支撑塔架（同时作为操作平台），混凝土顶板下局部设满堂红架体支撑；

2.3　采用分段吊装、现场拼装焊接。

3. 适 用 范 围

本工法适用于工业与民用建筑工程中大跨度拱形钢结构安装工程。尤其适合土建主体结构为混凝土框架梁板，上部为大跨度拱形钢结构的工程。

4. 工 艺 原 理

主拱安装在能同时满足设计分段要求和运输要求的前提下，采用分段制作、运输和安装。为确保整体空间结构的稳定性，主拱的安装需穿插在其他结构梁安装的同时进行，主拱的安装顺序是从四个主拱脚向上进行安装，最后在顶部中间合拢，主拱安装的同时，及时进行主拱和屋面拱之间的拉杆支撑的安装。

5. 施工工艺流程及操作要点

5.1　工艺流程
建立测量控制网及测量控制→主拱支撑架体设计→主拱吊装及安装→卸荷。

5.2　操作要点
大跨度钢拱安装同时涉及分段及吊机的选择、施工测量定位、支撑架体的设置、钢拱的吊装及安装、卸荷等多种施工工艺，而钢拱的吊装及安装是整个施工过程的关键。

5.2.1　建立测量控制网及测量控制
GPS点的交接及复核

根据 GPS 点的成果，制定点位精度的复查，具体测量步骤：根据 GPS 点的布局，在施工区域边布设二级控制网，按闭合导线的观测方法，计算出导线精度，再根据计算出的点位精度，如果 GPS 点的成果符合施工要求即可使用，反之要对导线实行平差后才可使用；对水准点的复查，采用国家二级水准的要求进行复查，在施工区域内按施工需要布设若干固定的水准基准点，对布设的水准点实行联测。

建立施工控制网（有轴线控制桩），形成统一布局（图 5.2.1）。

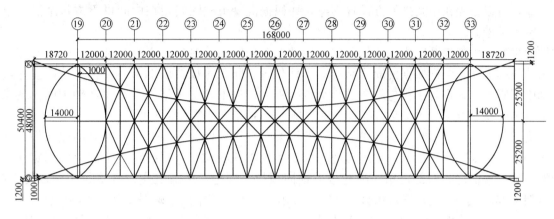

图 5.2.1　钢结构安装测量控制网

5.2.2　施工中的测量控制

1. 主拱跨度大，对于四个主拱与地面接触点的控制精度要求相对高，在二级导线的基础上用极坐标法放样出四个接触点，建立一矩形导线闭合环，用距离、角度复核精度；

2. 主拱为斜平面主拱，在测量控制上采用直角相交观测法；

3. 主拱采用分段安装，在二级控制基础上布置方格网，对桁架节点进行控制，详见图 5.2.2：

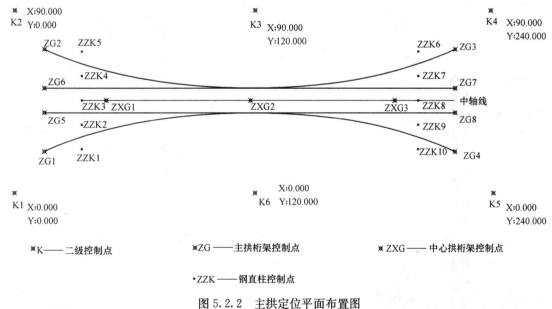

图 5.2.2　主拱定位平面布置图

4. 高程测量

依据现场的已知水准点，在施工场区内测设水准基准点，水准点的密度应为 100m 左右一个，水准路线构成复合路线，以便校核，观测精度要满足四等水准的要求，闭合差要小于 $f_h = \pm 20\text{mm}\sqrt{L}$ 或 $f_h = \pm 60\text{mm}\sqrt{n}$。（$L$ 为线路长，以千米计；n 为测站数。）

5. 变形观测

在确认施工安装准确后，以安装监测所测定的每个标志点的实际坐标和高程作为基准值。以后每隔2周按安装监测时用同精度的观测方法对标志点进行观测，计算出坐标和高程与基准值进行比较，从而确认钢架顶部的变形情况。直至建筑物封顶看不见标志点后，变形观测结束。

5.2.3 主拱支撑架体设计

1. 根据钢拱结构体系分析，并结合设计结构的节点详图，首先安装周边的钢柱及钢柱间的连梁，然后安装中间拱和屋面梁，在主拱未能形成三角形桁架之前，整个屋面钢结构的中间部分荷载全由中间拱来支撑，所以首先在中间拱下方设置支撑，并根据混凝土柱网间距在中间拱下方每个混凝土柱柱顶设置承重支承架。

主拱为主要受力杆件及结构体系的主支撑构件，在分段吊装时自重必须外加支撑体系来完成，所以在主拱的投影弧线上同样根据混凝土结构梁、柱位置、间距等设置底部承重支撑。其位置尽量选在每两横轴中间附近，即在各撑杆与斜主拱相交点附近，主拱下各支承架设置在每两轴中间，既能符合斜主拱承重定位拼装要求，也满足各撑杆的安装施工。主拱下支撑固定详见图5.2.3-1。

每个支承架搭设前，需首先安装完毕该跨的屋梁，并将该处支承架上部临时采用檩条将支承架与屋梁连接固定，必要时将支承架顶端用缆绳与屋梁上的檩托板拉牢，以确保支承架上部稳定性，同时在支承架屋梁与楼面之间中部也用缆绳与楼面锚固板拉牢固定，缆绳上应设有手拉葫芦以便于调节，并在支承架下部焊上 ϕ48 短钢管，用脚手钢管将支承架下部连接牢固，确保支承架体的整体稳定性。

2. 针对工程的结构特点及施工顺序和方法，同时结合现场的施工环境，合理选择支撑架体的形式及规格。一般可采用格构柱架体支撑，该格构柱以6m为一个标准节（图5.2.3-2），并可根据不同的主拱安装形式，以及施工顺序进行支承架的布设，见图5.2.3-3钢结构主拱支撑架体设置平面图及图5.2.3-4钢结构支承架体立面图。

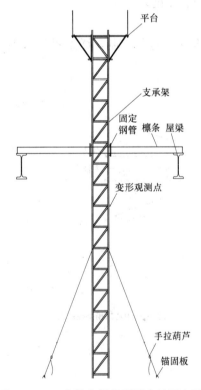

图 5.2.3-1 主拱支撑架顶平台及固定示意图

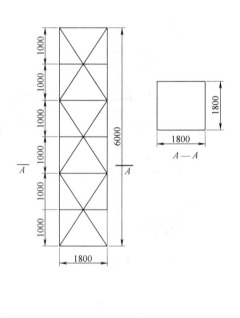

图 5.2.3-2 格构柱节点

3. 楼面上支承架不□定在混凝土梁上，为确保将支承架上的荷载直接传递到混凝土梁上，在每个支承架下垂直于混凝土梁方向设置两根 200mm×200mm，长度不小于 4m 的工字钢，每根工字钢两端均要搭在混凝土梁上方，以确保混凝土梁受力。对坐落在地面上的支撑架，在现场根据施工需要进行制作，并在支架位置浇筑 2000mm×2000mm×200mm 混凝土基础，基础配筋为 ϕ12@200 双层双向网片，确保支架均匀受力，并在支承架四周设置钢管桩，便于支承架的锚固。主拱支承架下支座见图5.2.3-5、

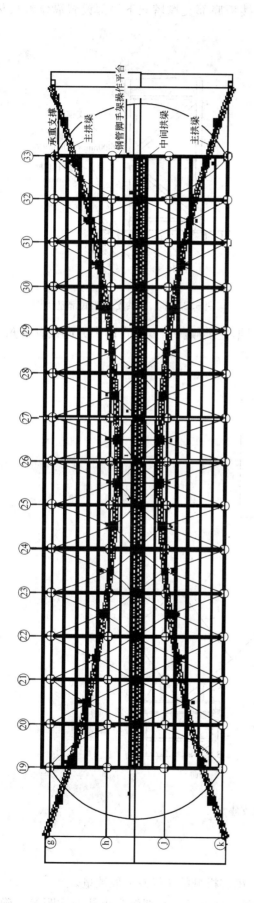

图 5.2.3-3　主拱支撑架体设置平面图

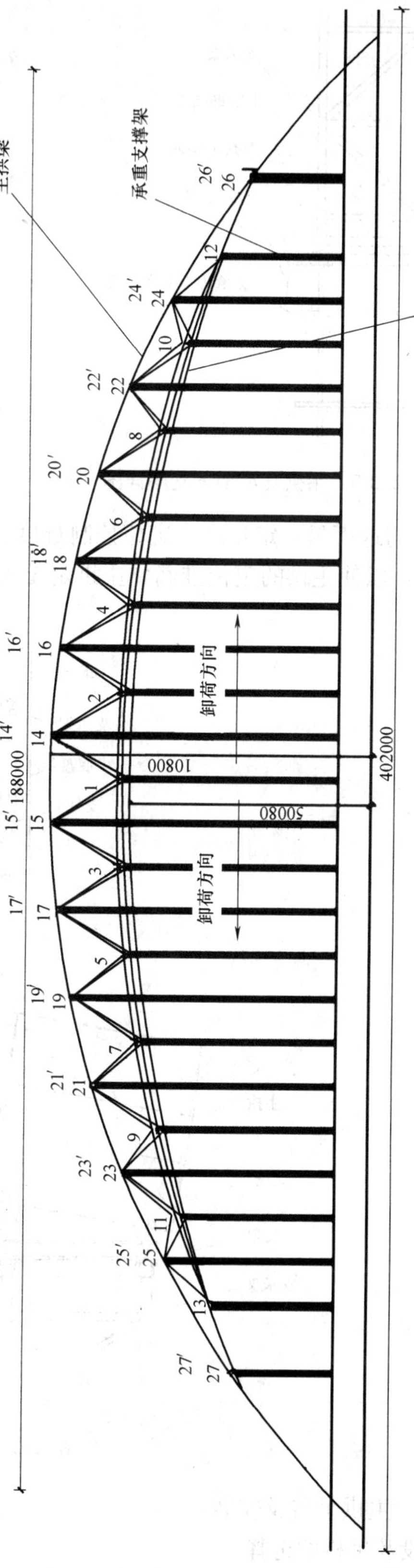

图 5.2.3-4　支撑架体立面图

主拱支承架底部基础见图 5.2.3-6。为确保楼板不受力，在楼板底部支撑塔架下局部设置满堂红架体支撑。

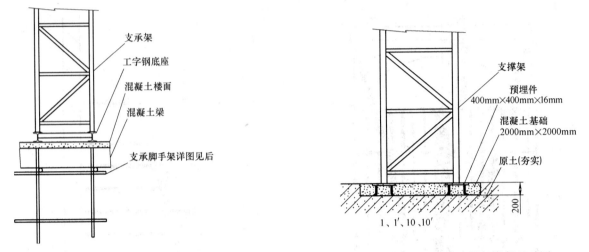

图 5.2.3-5　主拱支承架下支座详图　　　　　图 5.2.3-6　主拱支承架底部基础图

4. 主拱与地面呈一定角度，定位控制难度较大，必需根据主拱倾斜角度，在两个方向设置带角度的定位支托，以使主拱的定位准确，主拱定位支座见图 5.2.3-7：

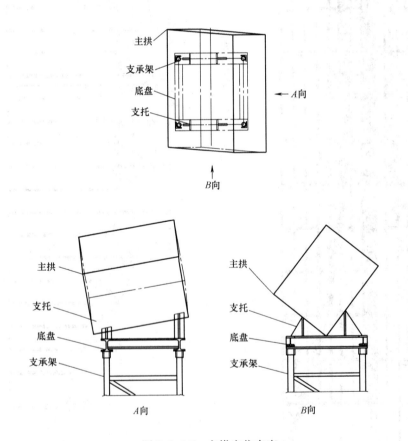

图 5.2.3-7　主拱定位支座

5.2.4　主拱吊装及安装

1. 分段及吊机的选择

根据施工现场的实际情况，结合钢构件的总重量，进行吊装机械的选择及分段数量。

首先考虑吊装机械的一般起重量、工作半径，并结合钢拱总重量，底部混凝土柱的柱距等，确定钢拱分段数量及尺寸，根据单体重量最大时的起重参数，进行吊机的选择。

2. 安装总体流程：

1）首先进行钢柱及钢柱之间的连梁安装，具体如图5.2.4-1流程图一。

2）为了使屋面结构形成稳定的体系，所以对两端第二段中间拱进行安装，并进行两端屋面梁和钢柱的拼装安装，同时对两端屋面梁之间的连梁和水平剪刀支撑进行安装，具体如图5.2.4-2流程图二。

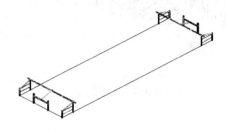

图5.2.4-1　流程图一

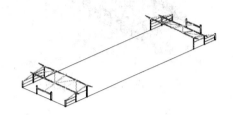

图5.2.4-2　流程图二

3）进行下一段屋面结构梁安装，同时做好吊装主拱梁的安装准备工作；具体如图5.2.4-3流程图三。

4）进行主拱梁的安装，同时安装相应部位连梁，并在楼面上进行钢柱和屋面钢梁的拼装，具体如图5.2.4-4流程图四。

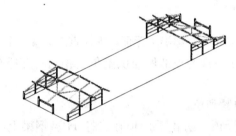

图5.2.4-3　流程图三

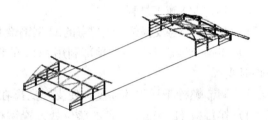

图5.2.4-4　流程图四

5）依此类推进行剩余主拱的安装，详见图5.2.4-5流程图五、图5.2.4-6流程图六、图5.2.4-7流程图七。

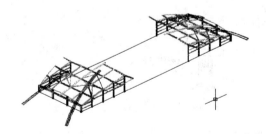

图5.2.4-5　流程图五

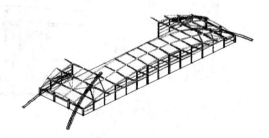

图5.2.4-6　流程图六

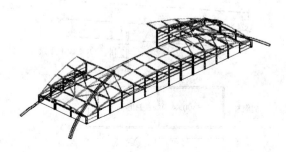

图5.2.4-7　流程图七

6）进行靠内侧主拱梁吊装合龙，具体见图 5.2.4-8 流程图八。

7）进行靠外侧屋面梁及钢柱等安装，并进行靠外侧主拱梁合龙详见图 5.2.4-9 流程图九。

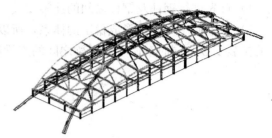

图 5.2.4-8　流程图八　　　　　　　　　　　图 5.2.4-9　流程图九

5.2.5　卸荷

1. 总体思路

在卸荷前，整个钢结构荷载分别由钢柱、支撑架及主拱承担，卸载时支撑架上所承受的荷载逐渐过渡到钢柱和主拱上，最终形成稳定的承载体系。卸载过程是使屋盖系统缓慢协同空间受力的过程，此时整个屋盖系统的内力重新分布，并逐渐过渡到设计状态。在卸载时应遵循"变形协调、卸载均衡"的原则，采用从中间向两边逐步卸荷的施工方案，先卸载中间拱的支撑架，卸完后再进行主拱的卸荷，两榀主拱应同时由中间向两端进行。

2. 卸荷具体施工过程：

1）在主拱下各支撑架的支撑点的 H 型钢梁上设置型号为 QL50 的 50t 螺旋千斤顶，支撑点上设置一个。

2）在每个螺旋千斤顶的顶部利用 ϕ219 的钢管作套筒，再在钢管的顶部做与拱架角度相同的支托作为临时支撑。

3）调节螺栓千斤顶的高度，使支托支撑在拱架的底部，顶紧到位。

4）在每根 H 型梁千斤顶的落位处设置钢板卡码，固定千斤顶，防止千斤顶在支撑 H 型钢梁上滑落和失稳，具体见图 5.2.5-1、图 5.2.5-2。

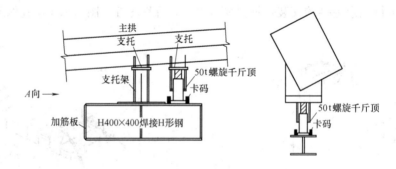

图 5.2.5-1　弦杆临时支撑设置示意图

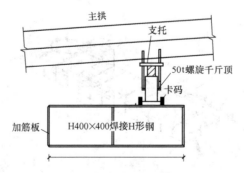

图 5.2.5-2　弦杆临时支撑落位示意图

5）待所有支撑点上的临时千斤顶支撑到位、顶紧后，按照从中间到两边的顺序逐渐拆除原临时的支撑，让主拱逐步落位在千斤顶支托上。

6. 材料与设备

本工法使用的材料主要有格构柱架体、200mm×200mm 工字钢、钢架管、钢板卡码、ϕ219 的钢管、旧橡胶轮胎等；主要采用的机具设备有：履带吊机、汽车吊、千斤顶、手动葫芦、全站仪、经纬仪、水准仪、钢丝绳、安全绳、网、对讲机等。

7. 质 量 控 制

本工法施工质量控制须严格按《钢结构工程施工质量验收规范》GB 50205—2001 中相关验收标准执行。

7.1 劳动力组织到位，配备测量人员 4 名，负责安装定位；电焊工 20 名，负责现场焊接拼装；质检员 2 名，负责质量检查。

7.2 现场的控制点和主控线在移交前，必须经监理等单位对现场的控制点和主控线进行复核并确认。

7.3 主拱的控制点和主控线的设置完成后，同样须经相关单位进行复核并确认。

7.4 在主拱的安装过程中，相关单位必须同时旁站监控，以确保预埋件的安装就位的准确性。

7.5 吊装第一段箱形梁时，以箱形底柱的垂直线为基础进行安装、垂直度校正。垂直度调整好后，箱形梁接头部位上、下，左、右进行点焊，再复测箱形梁和箱形底柱的垂直度，确保无误后，然后在箱形梁的两端用钢支撑把箱形梁撑住以保证箱形梁的稳定性，最后再对对接坡口进行全熔透焊接。在箱形梁标高控制上，选用在每个支撑胎架的顶部安装一只 20t 液压千斤顶，以调节箱形梁的标高，吊装后面的箱形梁以同样的方法进行施工。两根箱形梁安装结束后，再安装两根钢梁间的支撑杆件，以确保箱形梁的稳定性。

7.6 每吊装完一段箱形梁，对其进行测量、复核无误后再进行加固、焊接。

7.7 严格按照焊接工艺评定报告和《建筑钢结构焊接技术规程》JGJ 81—2002。焊接前进行坡口除锈、打磨。箱形梁施焊时，由于箱形梁截面大，焊接量比较大，焊接过程中为防止箱形梁变形，采用两人对面同时焊接，然后再进行上、下坡口焊接。对于拉杆与箱形梁焊接时，也应由两人由上至下对称施焊。

7.8 设计要求全焊透的一级焊缝采用超声波探伤进行内部缺陷的检验，超声波探伤不能对缺陷作出判断时，应采用射线探伤，其内部缺陷分级及探伤方法应符合现行国家标准《钢焊缝手工超声波探伤方法和探伤结果分级法》GB 1135 或《钢熔化焊对接接头射线照相和质量分级》GB 3323 的规定。要求一级焊缝 100% 探伤。

7.9 焊缝表面不得有裂纹、焊瘤等缺陷。不得有咬边、未焊满、根部收缩等缺陷。

每批同类构件检查 10%，且不少于 3 件。

7.10 主拱安装应符合以下质量标准，见表 7.10。

主拱安装允许误差　　　　　　　　　　　　　　　　　　表 7.10

项　　目	允许偏差
卸荷完成后最大下挠量	由设计计算得出(本工程 42mm)
定位轴线	L/20000，且不超过 3mm
箱性截面高度	±2.0mm
箱形截面宽度	±2.0mm

8. 安 全 措 施

8.1 起重机的行驶道路，必须坚实可靠。起重机不得停置在斜坡上工作，也不允许起重机两个履带一高一低。

8.2 安装时搭设稳固可靠的临时工作平台。并严防高空坠落事故发生。

8.3 施工用电严格遵循用电规程，保证安全用电。

8.4 焊接作业场地不得有易燃易爆物品。电焊机外壳必须接地良好，电源的拆装应由电工进行，应设单独的开关。焊钳和把线必须绝缘良好，连接牢固。

8.5 防止高处坠落，操作人员在进行高处作业，必须正确使用安全带。安全带一般应高挂低用，即将安全带绳端挂在高的地方，而人在较低处操作。

8.6 安装过程中遇大风（6级以上），应立即停止吊装、焊接等其他施工项目。对已安装结束还没焊接的箱形梁，在遇到大风时箱形梁两端用落地钢支撑撑住钢梁，两端再增设两根缆风绳以减少风力对钢梁的风荷载。焊接前再对钢梁的标高、垂直度进行测量，复测无误后在进行焊接。

8.7 在支架卸荷过程中，必须对主拱架的变形情况进行全程跟踪观测，并做详细记录，应避免突变情况的产生。

9. 环 保 措 施

9.1 严格控制人为噪声，进入施工现场不得高声叫喊、乱吹口哨、限制高音喇叭使用，最大限度地减少扰民。施工噪声遵守《建筑施工场界噪声限值》GB 12523—90。

9.2 加强对施工现场粉尘、噪声、废气、废水的监控工作，及时采取措施消除粉尘、噪声、废气、废水的污染。

9.3 保持施工机械的整洁。电缆、气割带、风带等沿施工台架成束自下而上拉放。并应捆扎牢固。

10. 效 益 分 析

主拱吊装采用分段吊装施工技术，施工较为方便，工序交叉影响少，保证了施工质量，加快了施工速度，提高了工作效率，节省了人工开支，从而降低了工程造价。

10.1 节省人工费、机具租赁费、缩短工期带来的效益

缩短工期合计按 33d 计算。

人工费节约：33d×90 人×70 元/d·人＝207900 元

机具租赁费 33d×20000 元/d＝660000 元

合计：86.79 万元。

10.2 社会效益

本工法所涉及的内容在不同程度上解决了目前国内大跨度拱形钢结构安装的空白，为目前国内同类型钢结构的最长跨度，对安装中的关键技术进行较全面、细致地研究，实现技术先进、经济合理和施工方便等目标，为保证工程质量和结构安全提供了理论依据，可为同类工程积累宝贵的施工经验。此项目通过了省建设厅组织的专家鉴定，成果达到了国际先进水平，目前已申报河北省科技进步奖。

11. 应 用 实 例

11.1 工程实例概况。

呼和浩特白塔机场扩建工程航站楼工程结构形式为混凝土框架及钢结构，7.2m以下为混凝土框架梁板，南北方向跨度92m，东西方向长度168m，上部为两榀变截面箱形钢性斜主拱，落地长度205.44m，主拱平面内半径约141.1m，拱断面采用下大上小的变高度箱形断面，由钢板焊接而成，翼缘宽度1.4m不变，截面高度由1.8m至1.4m渐变，壁厚25mm，在拱的自身斜平面内呈圆弧形，拱顶距离12m，主拱最高高度40m，拱与地面成64°角，主拱自重391.7t。

11.2 航站楼主拱在施工过程中，计划吊装开始工期为4月15日，如采用整体吊装，所有构件须在4月15日全部到场，实际采用分段吊装后，构件按吊装计划分批进场，既减少了运输费用，又减少了单构件吊装起重量，减小了起重机吨位，降低了吊装难度，施工时采用了首钢的利玛7707型300履带吊进行主拱吊装作业，施工安全、快捷，同时可与航站楼其他土建工序穿插作业，减少了工序间的施工影响。从而加快了施工进度，航站楼钢结构主拱于同年6月19日顺利实现合拢，确保了计划工期，为航站楼工程的顺利竣工奠定了坚实的基础。

超长预应力系梁施工工法

YJGF019—2006

中国建筑第八工程局第三建筑公司　南京东大现代预应力工程有限责任公司　江苏邗建集团有限公司

杨中源　程建军　沈兴东　李龙　汪仲琦

1. 前　　言

在大型拱结构中，为了平衡拱的巨大水平推力，通常采用预应力系梁。在南京奥体中心主体育场工程中，有两道 372m 跨巨型斜钢拱横跨主体育场南北，钢拱下设有预应力混凝土系梁（由于埋在地面以下，俗称地梁）。地梁长 396m，断面为 1450mm×1050mm（宽×高），每道地梁内埋设 8φ180×6 钢管，在每根钢管内穿过 24 根 φ^{S}15.2 高强度低松弛预应力钢绞线，两端锚固于钢拱脚承台上。为了保证本地梁穿束孔预埋顺直通畅、预应力筋穿束以及张拉成功，为此，中国建筑第八工程局第三建筑公司和南京东大现代预应力工程有限责任公司合作成立科技攻关小组，经过不断地试验、总结，形成一套 396m 预应力地梁施工技术，根据国内外查新的结果显示，长度达 396m 的预应力地梁施工技术，目前国内外未见报道，为首次应用。该技术也于 2005 年 12 月 27 日通过江苏省建设厅组织的科学技术成果鉴定，达到国际领先水平。在此基础上，经过进一步提炼，最终形成本工法。该工法在广州大学城华南理工大学体育馆工程的长度达 150m 的预应力地梁和扬州市体育馆长度达 89m 长的预应力地梁的施工中也成功应用。

2. 工 法 特 点

2.1　本工法通过采用定型支架固定预应力预埋管及观察段套管连接技术，确保了孔道平直顺畅和穿束顺利。

2.2　本工法通过采用特制的牵引头和每根钢绞线芯的墩头技术，以及采用三级穿束并进行分次牵引的方法，解决了超长预应力系梁穿束困难的问题。

2.3　本工法通过采用对称张拉的方法，解决了超长预应力系梁大吨位张拉的施工难题。

2.4　在预应力施工中，预应力系梁端部设置穿心式压力传感器对张拉和使用阶段系梁的应力、应变进行监控，同时在施工阶段采用全站仪和百分表双控措施对系梁拱脚基础水平位移进行监控。

3. 适 用 范 围

本工法适用于采用预应力梁平衡拱的推力的拱形结构工程中超长预应力系梁的施工，且预应力筋采用的是多束、每束多根、每根为 1×7 结构钢绞线。本工法也可为其他超长预应力结构的施工提供参考。

4. 工 艺 原 理

4.1　利用编束架对钢绞线进行编束，通过采用特制穿束器、特制牵引头等器具，以及采用三级穿束和卷扬机分次牵引的方法实现钢绞线整束穿束。

4.2　根据上部拱形结构合拢、卸载及安装附属结构的各个过程的状况，选择合适的张拉时机和张拉顺序，使用穿心式千斤顶，并采用群锚对称张拉的方法实现预应力筋的张拉。

4.3 孔道超长、管壁对钢绞线的摩擦情况不明确，对预应力钢绞线的张拉伸长值无明确要求，而且拱脚推力过大或预应力系梁拉力过大都将使拱脚处承台及其承台下部桩发生水平位移，为防止引起结构破坏，故在张拉过程中采用以拱脚承台水平位移控制为主，结合控制张拉力的双控方案。

5. 施工工艺流程及操作要点

5.1 工艺流程

施工准备→土方开挖→垫层混凝土→系梁底部钢筋绑扎→预应力孔道留设→观察段预埋管安置→系梁上部钢筋绑扎→隐蔽工程验收→系梁侧模施工→系梁混凝土浇筑（观察段位置暂不浇筑混凝土）→其他段系梁混凝土施工→穿 ϕ6.5mm 钢筋→穿牵引用钢绞线→预应力钢绞线芯墩头处理→预应力筋穿束→观察段套管安装→观察段位置系梁混凝土浇筑→养护→预应力筋分批张拉→锚固→切割端部钢绞线、端部封裹。

5.2 操作要点

5.2.1 施工准备

根据现场实际情况和整个施工进度的安排，将预应力系梁分不同部位，组织分区段施工，并做好技术交底工作。

5.2.2 土方开挖、垫层混凝土施工

系梁基槽开挖后，尽快施工垫层混凝土。

5.2.3 预应力孔道留设

根据设计要求留设预应力孔道。若预应力孔道采用钢管留孔，可采用型钢焊成支架支撑预埋管，施工中用全站仪定位、水准仪抄平，在支架安装完毕，并经复核标高、位置无误后，用膨胀螺钉将支架和混凝土垫层固定牢固。对于采用塑料波纹管等轻型材料留孔，可采用焊接钢筋支架支撑预埋管。预埋管标高上下误差控制在±7mm 之内，水平位置和两套管中心距误差也不得大于±5mm，套管整体直线顺畅。

5.2.4 钢筋绑扎

1. 钢筋绑扎时应留有预应力布管穿筋的位置和用于预应力分项施工的时间间隔。

2. 先绑扎系梁底部钢筋和箍筋，箍筋应开口设置。待预埋管埋设完毕后再绑扎系梁上部钢筋并进行箍筋封闭。

3. 绑扎钢筋时，应保证预应力孔道坐标位置的正确，若有矛盾时，应在规范允许或满足使用要求的前提下调整普通钢筋的位置，必要时应与设计人员商量后确定。

4. 钢筋工程施工结束时应全面检查预埋管，如发现问题应及时处理并做好记录。

5.2.5 系梁侧模施工

预应力系梁侧模板应在钢管固定好以及钢筋隐蔽验收合格后方可进行封模安装。

5.2.6 混凝土分段浇筑施工

1. 为了防止混凝土系梁由于超长而产生收缩裂缝，应分段浇筑混凝土系梁，分段长度不大于 60m，并在混凝土中掺适量的微膨胀剂。

2. 非预应力筋、预应力孔道预埋及支架位置、标高经检查验收符合要求后，进行系梁混凝土的浇筑，在浇筑时应认真做好预埋管下及其两侧混凝土的振捣。

5.2.7 预应力筋下料与墩头处理

预应力筋按照单根使用长度在厂家下料，单根成捆运至现场。根据每束预应力筋的多少、钢绞线中心钢丝的直径以及预应力筋孔道的大小，制作特制牵引头，特制牵引头如图 5.2.7 所示。将钢绞线

外围 6 根钢丝剪短 50～100mm 左右，留出中间 1 根钢丝穿过特制牵引头钢板小孔后，进行墩头处理，从而将整束钢绞线和特制牵引头连接在一起。

图 5.2.7　特制牵引头

5.2.8　穿束

1. 穿束时，先人工穿入一根直径 $\phi6.5$mm 的钢筋（图 5.2.8-1），通过钢筋连接穿入一根高强预应力钢绞线，在钢绞线端部安装特制牵引头，用牵引头固定经墩头固定好的钢绞线，利用卷扬机，整束一次性穿管。钢绞线墩头及牵引头的连接示意如图 5.2.8-2 所示。

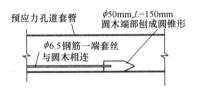

图 5.2.8-1　穿钢筋示意图

2. 通过牵引头和所有预应力钢绞线连接固定，用作牵引的钢绞线另一端与卷扬机钢丝绳连接固定，然后进行钢绞线的牵引工作。

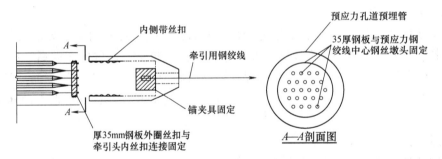

图 5.2.8-2　预应力芯筋墩头安装后牵引示意图

3. 每束预应力钢绞线编组后采用卷扬机进行牵引。卷扬机钢丝绳的另一端与牵引单根钢绞线连接线固定后，通过牵引头拉结预应力钢绞线进行牵引。由于预应力筋较长，而现场条件有限，卷扬机钢丝绳不能一次牵引到位，因此可分次进行牵引，即牵引一次后，重新转换钢丝绳与连接的牵引点进行牵引，直到全部牵引到位，每次牵引的距离可根据现场条件确定。分次牵引方法如图 5.2.8-3 所示。

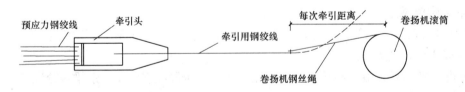

图 5.2.8-3　分次牵引钢绞线示意图

4. 每束钢绞线牵引到位后，将钢绞线的墩头芯线剪断，待张拉时通过防松夹片锚具固定。

5. 特别需要强调的是，在钢绞线牵引过程中，预应力钢绞线的相对位置要保持不变，并不能出现扭转。首先根据现场的实际环境以及每束钢绞线的根数，用脚手架钢管搭设钢绞线编束架；然后对牵引头连接的每根钢绞线编号，并针对钢绞线分排设置，在编束时调整好每排钢绞线位置，每隔 4m 用

12 号钢丝捆成整体，编束架如图 5.2.8-4 所示。在观察段中对每排钢绞线再次进行检查。每束穿筋完成后在两端对每根钢绞线进行编号固定。

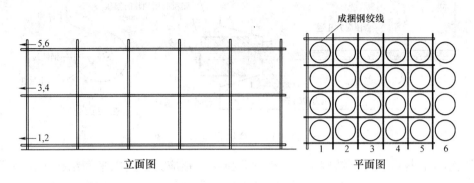

图 5.2.8-4　编束架示意图

5.2.9　观察段套管安装及混凝土浇筑

在超长预应力系梁施工中，为了在穿束时发生异常现象能够进行二次处理，并保证预应力筋穿束更顺畅，可在一定范围内适当设置后浇段（后浇段长度一般为 8.5m），并在后浇段的套管上各留出观察段（长度一般为 4m），预先放置观察段套管，并套在预应力孔道预埋管上。在穿过预应力钢绞线时，观察钢绞线在穿束过程中有无故障，待顺利穿完后，将后浇段中套管就位封闭，绑扎好非预应力筋，经隐蔽工程验收合格后进行预应力系梁后浇段混凝土浇筑。后浇段和观察段套管安装就位如图 5.2.9 所示。

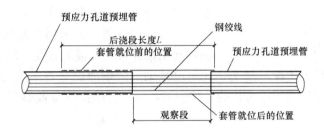

图 5.2.9　观察段套管安装示意

5.2.10　张拉端端部处理

预应力锚具采用防松夹片锚具，端部采用专用配套铸铁锚垫板和螺旋筋，将其可靠地固定在钢筋支架上，并凹进基础侧面 600mm。

5.2.11　预应力张拉

由于拱结构自身的特性，屋面结构成型后拱在自重及上部荷载作用下将产生沿拱轴线的水平推力，该水平推力由预应力混凝土系梁承担。为平衡拱体和屋面部分荷载对拱脚产生的水平推力，预应力筋分两批进行张拉，每批进行对称张拉，第一批张拉完后停止 20h，观察拱脚位移和预应力松弛情况后，继续张拉另一批预应力筋。

1. 采用群锚进行张拉

张拉前，先加工直径 $\phi260 \times 130mm$ 厚钢板，并在钢板上预先钻孔（其中中心孔为排气孔），使每束钢绞线穿过钢板，通过群锚夹片固定在 $\phi260 \times 130mm$ 厚的锚垫板上。采用千斤顶（千斤顶的型号根据计算确定）进行张拉，张拉时通过锚垫板将张拉应力均匀传递到拱脚基础钢承垫板上。群锚张拉如图 5.2.11-1 所示。

2. 张拉顺序

1）预应力初步张拉：预应力筋穿入孔道后，在正式张拉前进行初步张拉，调整预应力筋，使各预应力筋松紧一致；

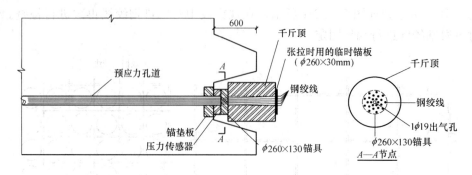

图 5.2.11-1 群锚张拉端示意图

2）上部拱结构合拢后、屋面结构胎架落架前张拉系梁预应力，用以平衡结构正常使用状态下恒载产生的拱脚水平推力，监控一天时间。若张拉过程中拱脚水平位移大于极限值 Δ（Δ 为 6mm，下同）则停止张拉，若拱脚水平位移小于极限值 Δ，则继续张拉；

3）胎架下落过程中，对拱脚处水平位移进行实时监控。若其接近 Δ，则对系梁继续施加预应力，使之减小。落架过程分批分步进行，结合张拉系梁内预应力钢绞线，使拱脚水平位移控制在限值 Δ 以内。

3. 对称张拉

由于每束钢绞线的张拉应力特别大，施工时按以下顺序进行对称张拉，张拉顺序如图 5.2.11-2 所示。

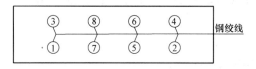

图 5.2.11-2 预应力对称张拉示意图

4. 采用双控进行张拉

在张拉过程中，以控制拱脚承台水平位移为主，同时对张拉应力值进行控制。张拉施工前，在每个拱脚承台上设置 2 个位移观测点，采用全站仪对拱脚水平位移进行监测，利用百分表进行辅助监控（图 5.2.11-3）；根据预应力系梁中无粘结预应力钢绞线束的配置情况，在每道系梁的两端埋设穿心式压力传感器，分别埋设在两根梁的对角张拉端，进行钢绞线预应力值的监控测试，压力传感器的布置如图 5.2.11-4 所示。

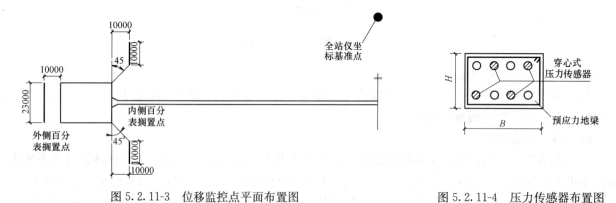

图 5.2.11-3 位移监控点平面布置图   图 5.2.11-4 压力传感器布置图

5.2.12 端部封堵

预应力筋张拉完毕经检查无误后，即可采用砂轮锯和无齿锯或其他机械方法切割多余的钢绞线，切割后的钢绞线外露长度距锚环夹片的长度为 30mm，然后在锚具及承压板表面涂以防水涂料，最后清理穴口，用 C30 细石混凝土进行封堵。

6. 材料与设备

6.1 材料要求

6.1.1 进场的预应力钢绞线性能应符合《预应力混凝土用钢绞线》的规定。

6.1.2 锚具进场质量必须满足《预应力筋用锚具、夹具和连接器应用技术规程》中的Ⅰ类锚具要求，锚具进场应检验合格证书、出厂检验报告，出厂证明文件应核对其锚固性能类别、型号、规格、数量及硬度。进场后应按要求进行外观检查并取样，进行硬度检验和静载锚固试验。

6.1.3 混凝土的强度不宜低于C40。

6.2 机具设备

本工法所需的机具设备见表6.2。

机具设备表   表6.2

序　号	设备名称	设备型号	数　量	用　途
1	电锯	MJ105	1台	模板制作
2	平压刨	MQ442	1台	模板制作
3	钢筋切断机	GJ40	1台	钢筋加工
4	钢筋弯曲机	GM40	1台	钢筋加工
5	电焊机	BX-300	4台	钢筋加工、支架制作安装
6	混凝土输送泵	30m³/h	1台	混凝土浇筑
7	卷扬机		1台	预应力筋牵引
8	穿心式千斤顶		2台	预应力筋张拉
9	油压泵		2台	预应力筋张拉
10	百分表		4个	监控水平位移
11	穿心式压力传感器			预应力值的监控测试
12	振弦检测仪	JMZX300	1个	预应力值的监控测试
13	全站仪	SET2010	2台	测量放线和水平位移监控
14	水准仪	DSZ2/FS1	2台	测量放线
15	手提式砂轮切割机	GWS18-180	2个	钢绞线的切割

注：1. 穿心式千斤顶、油压泵应配套，型号可根据设计要求选用。
　　2. 穿心式压力传感器型号和数量根据设计要求选用。
　　3. 卷扬机的型号可根据预应力筋的长度和每束根数选择合适型号。

7. 质 量 控 制

7.1 质量标准

本工法除满足设计图纸外，还必须遵守《混凝土结构工程施工质量验收规范》GB 50204—2002、《无粘结预应力混凝土结构技术规程》JGJ 92—2004 的有关规定。

7.2 质量保证措施

7.2.1 物资应在确定合格的分供方厂家中进行采购，所采购的材料、设备必须有出厂合格证、材质证明和使用说明书，材料进货要对材料质量、规格、性能及服务进行多方面的考察或试验后确定。

7.2.2 物资应根据国家、地方政府主管部门的规定、标准、规范及合同规定要求进行抽样和试验，并做好标记。

7.2.3 应配备足够的施工机具及设备，所有的机具设备均应有专人负责维护和保养，使之始终处于良好状态。张拉设备在使用前进行标定，并在施工中定期校正。

7.2.4 在布设预应力筋期间应加强定位点的保护以确保预应力筋的位置准确；同时还应注意保护钢管及预应力端部的孔洞，以确保预应力筋的顺利张拉。

7.2.5 穿束时，为了减少摩擦，并防止钢绞线外皮损坏，应在观察段设置辅助滚轴。

7.2.6 张拉施工时，预应力结构混凝土强度应符合设计要求，如设计无要求时，不应低于设计的混凝土立方体抗压强度标准值的 75%。

7.2.7 无粘结预应力筋铺放、安装完毕后，应进行隐蔽工程验收，当确认合格后方可浇筑混凝土；混凝土浇筑时，严禁踏压撞碰无粘结预应力筋、支撑架以及端部预埋部件，跟踪检查预埋套管和支撑架是否松动和位移；张拉端混凝土必须振捣密实。

7.2.8 锚固区后浇筑的混凝土不得含有氯化物，以防氯化物对预应力筋和锚具的腐蚀。

8. 安 全 措 施

8.1 施工前先要做好班前安全教育和安全交底。未经三级教育的新工人不准上岗。

8.2 所有用电设备及配电柜应安装漏电保护装置，并张贴安全用电标识，严禁无电工操作证人员进行电工作业。定期进行安全用电检查，不符合要求的立即整改。

8.3 定期对各种设备进行调试、保养和维修，保证施工设备安全可靠，各种设备必须严格按安全操作规程进行操作，严禁违章作业。

8.4 油管接头处、张拉油缸端头严禁站人，操作人员必须站在油缸两侧。测量伸长值时，严禁用手抚摸缸体，以免油缸崩裂伤人。张拉用工具及夹片应经常检查，避免张拉中滑脱飞出伤人。

8.5 油泵操作时应精力集中，给油、回油平稳，以防超张拉过大拉断钢筋造成事故。

9. 环 保 措 施

9.1 在施工过程中，自觉地形成环保意识，最大限度地减少施工中产生的噪声和环境污染。

9.2 机械操作人员应经过培训，掌握相应机械设备的操作要求、机械设备的养护知识、机械设备的环保要求，紧急状态下的应急响应知识后方可进行机械操作。其他人员操作前应进行环境交底，掌握操作要领，在混凝土浇筑、穿预应力筋、预应力张拉、预应力锚固过程中减少环境影响。

9.3 张拉设备应定期保养、维护。作业时，油泵、千斤顶等设备应放置在隔油布上，避免由于油的泄漏而造成环境污染。

9.4 混凝土和预应力施工时的废弃物应及时分类清运，保持工完场清。

9.5 严格按照当地有关环保规定执行。

10. 效 益 分 析

10.1 本工法的成功应用解决了超大拱形结构系梁的施工难题，为预应力结构更广泛地应用提供了依据，使建筑平面布局更灵活。超长预应力结构的应用成功，不仅节约了钢材，减少了维修费用，也提高了结构的耐久性，延长了建筑物的使用寿命，为降低工程结构总造价提供了依据，并降低了建筑物的全寿命周期成本。

10.2 本工法满足国家关于建筑节能工程的有关要求，节约了资源，缩短了工期，而且对改善结构的性能，提高结构的安全性有着更重要的意义。

10.3 本工法在南京奥体中心主体育场工程、广州大学城华南理工大学体育馆和扬州市体育馆工程中的成功应用也取得了很好的经济效益，共取得经济效益 102.5 万元。

11. 应 用 实 例

实例一 南京奥体中心主体育场工程位于南京河西新城区江东中路 222 号，该工程于 2003 年 1 月 1 日开工，2005 年 4 月 20 日竣工。该主体育场四个拱脚基础分别位于体育场的南北两端、东西两侧，每个拱脚基础南北方向长 30m、东西方向宽 18m。南北拱脚基础通过 396m 长预应力地梁连接，预应力地梁平面位置如图 11-1 所示。

预应力地梁的断面为 1450mm×1050mm（宽×高），每道地梁内埋设 8φ180×6 钢管，在每根钢管内穿过 24Uφ^{S}15.24 高强度低松弛预应力钢绞线，预应力筋每束长度达 410m。396m 长预应力地梁张拉完成 14d 内，钢拱架落架结束，对拱脚基础的观察和预应力值监测结果如下：拱脚基础产生的水平位移分别为 1.1mm 和 1.37mm，均小于设计控制值 6mm，张拉后建立的控制应力分别为 19896kN 和 20096kN，与设计要求的 20000kN 相比，误差值均在 ±6% 以内。在拱架落架后约 7d，通过传感器测定有一束预应力值为 2491kN，原测定值 2514kN，比张拉测定值小 23kN，另一束建立的预应力值为 2486kN，落架 7d 后，测定值为 2435kN，比张拉时建立的应力小 1%～2%，经分析研究认为属于预应力筋的松弛和温度升高 6～7℃ 而产生的应力损失，属正常现象。

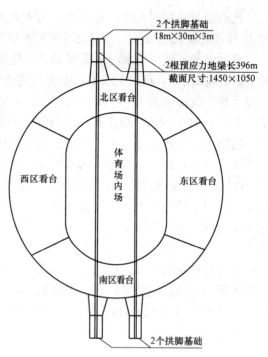

图 11-1　预应力地梁平面位置示意图

实例二　广州大学城华南理工大学体育馆的平面呈四边形，每边中部稍向外斜，长边为 97.5m，短边为 67.7m。其屋盖结构采用混凝土大斜柱与扭壳相结合的新型结构体系。每两根大斜柱组成人字架，柱脚采用预应力混凝土地梁，以承受水平推力。两组人字架相互正交，将屋盖划分为四片预应力扭壳。

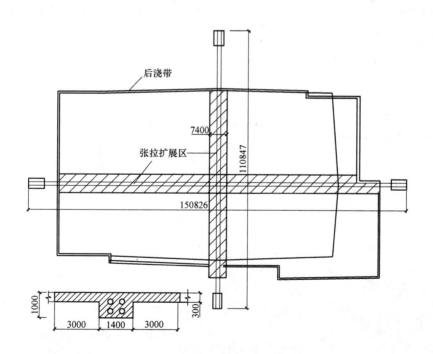

图 11-2　预应力地梁位置及截面示意图

两根预应力混凝土地梁的长度分别为 150.826m 和 110.847m，截面尺寸为 1400mm×1000mm，两侧扩展区宽度各为 3000mm，板厚 300mm，混凝土强度为 C45。地梁混凝土浇筑后恰遇雨天养护良好。

预应力混凝土地梁内配置 4 束 25φ^{s}15.2 预应力钢绞线，每根钢绞线的张拉力为 182kN。为了提高地梁孔道密封性和耐久性，采用 ϕ120 塑料波纹管留孔和真空辅助压浆新技术。预应力钢绞线束安装采用 3t 慢速卷扬机整束穿入，解决了超长预应力筋的穿束难题。

真空辅助压浆用的水泥浆采用 42.5R 优质硅酸盐水泥掺入 JM-HF、灌浆专用外加剂（江苏省建筑科学研究院研制），经试配结果，配合比为水泥：外加剂：水＝86：14：35（kg）。水泥浆制备采用高速搅浆机，流动度为 12s（用流锥仪测定），泌水率为零。压浆时真空度为－0.06～－0.08MPa，灌浆压力为 0.5～0.6MPa。该工程预应力混凝土地梁已于 2006 年 4 月 20 日顺利完成。

实例三　扬州市体育馆工程位于新城西区，双博工程西侧、文昌西路北侧。本工程主馆一层，看台下头夹一层，训练馆一层，辅助用房一层至二层，为一幢最多 6926 座位的大型体育馆，其中固定座位 4928 座，活动座位根据不同的赛事可由 1402 座至 1498 座，体育馆东西向总长约 155m，南北向总长约 166m。该工程于 2004 年 9 月 28 日开工，2005 年 4 月 28 日竣工。扬州体育馆屋架跨度 89m，两支座处设预应力地梁用以平衡三角拱的水平推力，三角拱为空间管桁架结构，预应力地梁采用 31 根钢绞线构成的地梁，钢绞线采用 1860 级低松弛涂蜡无粘结钢绞线，端部采用防松夹片锚具，并注油封端保护；地梁外设钢管护套，护套采用 ϕ203×8 钢管。89m 长预应力地梁张拉完成 14d 内，对拱脚基础的观察和预应力值监测结果如下：拱脚处产生的水平位移分别为 0.68mm，小于设计控制值 6mm，张拉后建立的控制力为 4021kN，与设计要求的 4000kN 相比，误差值在±6％以内。

环形预应力梁施工工法

YJGF020—2006

上海市第七建筑有限公司

王美华　方刚　陈辉　华士辉　陶金

1. 前　言

环形预应力应用在特种结构中较多，如储液池、筒仓、核建筑中的安全壳体等，在市政桥梁中亦应用到曲线预应力的结构。在房屋建筑中，预应力混凝土框架结构形式大多为直线形，曲线应用少。在上海铁路南站主站屋工程超长环形平台框架梁预应力施工取得了圆满的成功，为环形梁预应力和曲线形预应力的开发与应用提供成熟的施工工艺，并为今后此类施工提供借鉴。该项目科研成果于2005年获上海市建工集团科技成果一等奖，2006年获上海市科学技术奖二等奖。以本工法为基础的《一种隔跨分离式交叉搭接预应力施工方法》2007年5月申报发明专利，专利申请号：200710041186.5。

2. 工 法 特 点

预应力筋布置采用分离式交叉搭接设置，分批交错分阶段张拉。通过测试摩阻力，调整 K 值（孔道摩阻系数）和 μ 值（孔道转角系数），确定理论伸长值与张拉力。见图2。

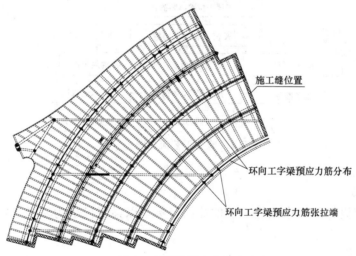

施工缝位置

环向工字梁预应力筋分布

环向工字梁预应力筋张拉端

图2　环形梁预应力分布示意图

3. 适 用 范 围

本工法适用于连续环形梁预应力和连续曲线梁预应力施工。

4. 工 艺 原 理

4.1　预应力筋采用分离式交叉搭接法。既便于预应力张拉，又便于施工时的拆模。预应力建立比较均匀；避免张拉端部过于集中，造成端部预压应力过大，同时可以使原跨中的预应力损失得到补充。见图4.1。

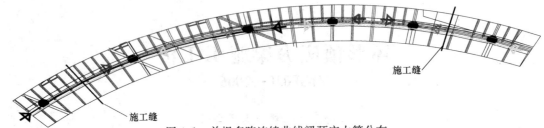

图 4.1 单根多跨连续曲线梁预应力筋分布

4.2 环形框架梁同跨预应力筋均分批张拉。

4.3 张拉伸长值控制，采用的以张拉力为主，伸长值校验的方法。调整采用预先张拉法。

5. 施工工艺流程及操作要点

5.1 施工工艺流程（图5.1）

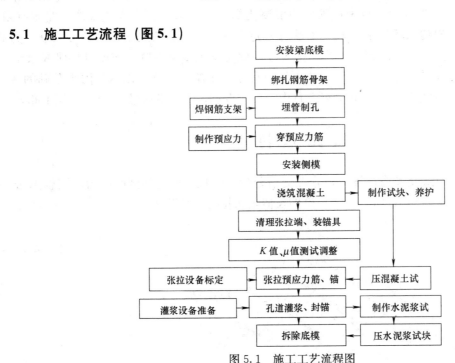

图 5.1 施工工艺流程图

5.2 施工要点

5.2.1 预应力筋安装

1. 波纹管安装：按照设计图纸中预应力筋的曲线坐标，以梁底模板为基准，定出波纹管的位置，固定波纹管。

2. 节点处理

接头：必须采用大一号同类型波纹管作接头套管，接头管长度不小于300mm，波纹管接口面应平整，密封，不得漏浆。

排水孔和灌浆孔：波纹管按设计规定预留排气排水孔和灌浆孔，孔口的引出管与波纹管连接处应密实，避免漏浆。

梁端锚垫板：梁端锚垫板处模板采用定型模板，与锚垫板一起加工，安装位置要求正确、平整，不得扭曲，波纹管穿过锚垫板处应弧顺，不得出现拐点。

3. 穿束：可分别采用人工穿束、穿束机穿束和卷扬机穿束等三种方法进行穿束。

4. 梁张拉端设置：可分为以下几种：梁上面或梁底面；梁体侧面；梁柱间加掖，板面设置张拉混凝土后浇孔。

5.2.2 预应力梁混凝土浇筑措施

1. 混凝土浇筑前对预应力筋进行全面的检查，进行隐蔽工程验收。

2. 所有新的振捣棒头均应用砂轮机磨圆，浇筑混凝土时应绝对避免振动棒强力撞击波纹管，以防止振动棒将波纹管凿破后漏浆，破坏其预应力筋的状态。

3. 张拉端、固定端处钢筋较为集中，混凝土浇捣必须注意振捣密实。

4. 混凝土振捣过程中应有专人不停抽动预应力筋，防止漏浆和堵孔。

5.2.3 预应力筋张拉力测试与计算

在第一块预应力张拉施工时，对曲线预应力梁的 K、μ 值进行现场测试并反演摩擦系数 K 和 μ。根据测试值计算工程空间曲线预应力的摩阻系数、锚具的预应力损失以及张拉伸长值，为预应力的张拉提供张拉伸长的理论值。

摩擦损失测试采用传感器法，如图 5.2.3 所示。操作时须保证预应力束为一端张拉，在张拉前，要求预先在预应力束的两端各安装一台传感器。测试时，开动张拉端千斤顶进行张拉（张拉伸长值大于 1 个千斤顶的行程，对梁的预应力筋张拉端安装两个千斤顶），待达到测试工况要求时停止进油并稳定油压，分别读出此时两端传感器的压力读数，即可得到预应力孔道摩擦损失。每束预应力筋测试分七个工况，分别为 $0.1\sigma_{con}$、$0.2\sigma_{con}$、$0.5\sigma_{con}$、$0.6\sigma_{con}$、$0.8\sigma_{con}$、$1.0\sigma_{con}$ 及持荷 3min，读取每个工况传感器的读数和量测预应力筋张拉伸长值。

图 5.2.3 张拉测试设备安装示意图

通过张拉测试和数据分析，分别采用最小二乘法和假定系数法反演摩擦系数，计算预应力筋张拉力。

5.2.4 施加预应力

1. 准备工作：在预应力筋张拉前进行设备标定，对构件端部预埋件、灌浆孔、混凝土等进行全面检查，合格后发出张拉通知单。

2. 施加预应力：施加预应力以张拉力为控制量、张拉伸长值为校核量。按设计图预应力孔道编号，按设计张拉顺序分批张拉。张拉时应做到孔道、锚环与千斤顶三对中，张拉过程应均匀。张拉完毕后，应检查端部和其他部位是否有裂缝，并填写张拉记录表。实际伸长量与理论伸长推算值之和，与理论伸长相比较误差不超过+6%、−6%，否则应停机检查原因，予以调整后方可张拉。

5.2.5 孔道灌浆

1. 准备工作：

张拉后应及时检查张拉记录及锚固情况，经认可后再准备灌浆。预应力张拉完成后 48h 内应进行灌浆。灌浆前全面检查预应力构件进浆孔，排气、排水孔是否畅通；检查灌浆设备、管道及阀门的可靠性，压浆泵压力表。

2. 灌浆采用纯水泥浆。水泥应采用普通硅酸盐水泥，强度等级不低于 32.5，水泥不得含有结块物。

3. 压浆：应缓慢、均匀地进行。

4. 压浆时每一班做 70.7mm×70.7mm×70.7mm 立方体试件一组，每组六块，标准养护 28d，其抗压强度作为水泥浆强度质量评定的依据。

5. 灌浆时冬季温度低于 0℃或混凝土温度低于 5℃；夏季温度高于 35℃或混凝土温度高于 25℃，停止灌浆。

6. 灌浆作业时，应如实填写现场施工记录，每个构件均应有灌浆施工记录。

5.3 施工验收

验收质量标准按《混凝土结构工程施工质量验收规范》GB 50204—2002。

5.3.1 预应力混凝土结构验收时，对预应力专项施工应提供下列文件和记录：

5.3.1.1 预应力钢材合格证和检验报告。

5.3.1.2 预应力用锚具合格证、抽检记录或检验报告。

5.3.1.3 金属波纹管合格证和抽检记录。

5.3.1.4 张拉千斤顶及油压表的配套检验记录。

5.3.1.5 金属波纹管铺设的隐蔽工程验收记录。

5.3.1.6 预应力筋张拉记录。

5.3.1.7 孔道灌浆记录及水泥浆试块立方强度试验记录。

5.3.2 预应力施工验收，除检查文件、记录外，还应进行外观抽查。

5.3.3 当提供的文件、记录及外观抽查，均符合规范时即可进行验收。

6. 材料与设备

6.1 施工材料

6.1.1 预应力钢材

预应力钢材应有产品合格证、出厂质量证明书和进场试验报告单。预应力钢材进场时应按型号、种类分批检验。检验内容包括查对标牌，外观检查，抽取试样做力学性能试验，检验合格后方可使用。

6.1.2 锚具

预应力锚具应有出厂合格证、出厂检验报告和试验报告单。按批检查锚环、夹片外形尺寸及表面质量，对其中有硬度要求的锚环和夹片做硬度试验及静载锚固性能试验。

6.1.3 制孔材料

检查出厂合格证，外观及尺寸检查，灌水试验等检验。

6.1.4 灌浆料检验

按《硅酸盐水泥、普通硅酸盐水泥》GB 175 的规定。

6.2 机具设备

机具设备见表 6.2。

机具设备表 表 6.2

序号	主要设备名称	型号	单位	数量	备注
1	穿心式千斤顶	YCW-250	台	2	备用1台
2		YCW-150	台	2	备用1台
3	电动油泵	ZB-500	台	2	
4	砂轮切割机	ϕ400	台	2	
5	手提式砂轮切割机	ϕ180	台	1	
6	高压油管	6m	根	4	备用2根
7	开关电箱（一机一闸）	380V	台	4	备用2台
8	开关电箱（一机一闸）	220V	台	2	备用1台
9	螺杆式灌浆机	J2GG	台	1	备用1台
10	手动葫芦	1.0t	台	4	备用2台
11	水泥灌浆料拌合机	0.3	台	1	
12	压力灌浆输送管	2.0MPa	m	120	备用20m
13	灌浆保压阀门		套	2	
14	常用工具箱		套	2	

7. 质 量 控 制

7.1 预应力混凝土结构验收时，对预应力专项施工应提供下列文件和记录：

7.1.1 预应力钢材合格证和检验报告。

7.1.2 预应力用锚具合格证、抽检记录或检验报告。

7.1.3 金属波纹管合格证和抽检记录。

7.1.4 张拉千斤顶及油压表的配套检验记录。

7.1.5 金属波纹管铺设的隐蔽工程验收记录。

7.1.6 预应力筋张拉记录。

7.1.7 孔道灌浆记录及水泥浆试块立方强度试验记录。

7.2 预应力施工质量控制，除检查文件、记录外，还应进行外观抽查和关键过程控制。

7.2.1 钢绞线的外观检查应逐盘（卷）进行。钢绞线的捻距应均匀，切断后不松散，其表面不得带有油污、锈斑或机械损伤。

7.2.2 预应力筋用锚具、夹具使用前应进行外观检查，其表面因应无污物、锈蚀、机械损伤和裂纹。

7.2.3 波纹管安装后，应检查曲线标高、平面位置、固定松紧、接头密封和有无破损，及时纠正偏差，破损处应用波纹管管片覆盖修补。端口处防止灰浆进入。

7.2.4 混凝土浇灌前新的振捣棒头均应用砂轮机磨圆，浇灌混凝土时应绝对避免振动棒强力撞击波纹管，以防止振动棒将波纹管凿破后漏浆，破坏其预应力筋的状态。张拉端、固定端处钢筋较为集中，混凝土浇捣必须注意振捣密实。

7.2.5 预应力筋张拉时，混凝土强度应符合设计要求；当设计无具体要求时，不应低于设计的混凝土立方体抗压强度标准值的75%。

7.2.6 孔道灌浆后在水泥初凝后，终凝前应从出浆孔、秘水孔等处用探棒检查孔道密实情况。如有局部不密实之处，可采用人工或机械补浆填实。

7.3 质量验收按《混凝土结构工程施工质量验收规范》GB 50204、《建筑工程质量检验统一标准》GB 50300、《预应力混凝土用金属螺旋管》JG/T 3014、《预应力混凝土用钢绞线》GB/T 5224、《预应力筋用锚具，夹具和连接器应用技术规范》JGJ 85、《预应力筋用锚具，夹具和连接器》GB/T 14370、《预应力液压千斤顶》JG/T 5028、《预应力用电油泵》GB/T 5224、《建筑工程预应力施工规程》CECS 180、《建筑施工安全检查标准》JGJ 59等有关规定执行。

8. 施 工 安 全

8.1 现场放线切割预应力钢丝、钢绞线，应设置专用放线架，避免放线时钢丝、钢绞线跳弹伤人。

8.2 张拉时严禁踩踏预应力筋，千斤顶后面不得站人，在测量钢筋伸长值或拧紧锚具螺帽时，应停止张拉，操作人员必须站在千斤顶侧面操作。

8.3 如遇断丝、滑丝或锚具碎裂、混凝土破碎、孔道中有异常声响时应立即放松千斤顶，查明原因，采取措施后方可再张拉。

8.4 孔道灌浆时，操作人员应戴防护眼镜，以防水泥浆喷伤眼睛。

8.5 高空、临边张拉作业应搭设脚手架或操作平台，脚手架应牢固可靠、有装卸操作千斤顶用面积，并有可靠的护栏。雨天张拉时，应架设防雨棚。

9. 环 境 保 护

9.1 张拉施工过程中，采取隔离措施，防止油泵油污污染。

9.2 灌浆施工时，对灌浆料进行废料回收。

10. 效 益 分 析

10.1 圆环形框架结构不设变形缝，通过设置预应力，解决结构大跨度受力及控制结构变形裂缝产生，减少控制裂缝的其他费用。

10.2 在施工时根据预应力张拉分段设置施工缝，每一施工段都能满足预应力分段张拉。预应力筋采用每二跨按50%的分离式交叉搭接设置，分阶段张拉，第一批50%预应力筋张拉完成后即可拆除模板。

10.3 张拉顺序为采用分批张拉和交错张拉，分散预应力损失和张拉端锚固局部承压的作用效应。

11. 应 用 实 例

本工法先后应用于上海铁路南站主站屋工程、上海光源工程主体建筑和上海市南汇区机关办公中心工程。

上海铁路南站主站屋工程 9.90m 平台为宽 56.35m，外径 270m 的圆环形框架结构。结构超长超宽，不留变形缝。框架平台由五条环形预应力工字梁、径向次梁及水平梁组成。五条超大直径预应力环形工字梁采用有粘结预应力宽扁梁，梁截面为：高 1560～2100mm，腹板宽 700～1950mm，翼板宽 2500mm。见图 11-1。

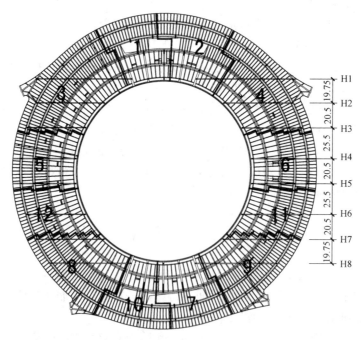

图 11-1 上部结构分块示意图

结构预应力筋一般按两垮长度设置，交错搭接。在施工分块中按柱网每块至少有两跨，保证有50%预应力筋能够在本块张拉。预应力筋张拉逐块连续进行，分批张拉，分批拆模。通过该工法工艺，成功实现了主站屋超长圆环形梁预应力的施工，取得了良好的经济和质量效果，本工程于 2003 年 7 月开工，2004 年 9 月结构全面建成，结构施工质量被评为上海优质结构，见照片效果图 11-2。

本工法后续又成功应用于上海光源工程，工程主体建筑为圆环形建筑，其外围为圆环形框架结构，结构采用环形预应力梁施工工法，结构施工取得圆满成功。工程 2004 年 12 月开工，2006 年 12 月全面建成，结构施工质量被评为上海优质结构。

图 11-2　圆环形预应力梁效果图

　　在上海市南汇区机关办公中心工程 F 区也应用了本工法。该工程中环形预应力结构主要分布于 F 区＋8.500、＋17.200 标高的会议中心环形围护结构以及屋面的屋盖支撑梁中。本工法在该工程中应用良好。

预制预应力混凝土装配整体式框架结构
梁柱键槽节点施工工法

YJGF021—2006

南京大地建设集团有限责任公司

刘亚非　庞涛　仓恒芳　贺鲁杰　王翔

1. 前　言

预制预应力混凝土装配整体式框架结构（SCOPE体系，以下简称世构体系），其原理是采用现浇或预制钢筋混凝土柱、预制预应力混凝土叠合梁、板等构件通过键槽节点、钢筋混凝土后浇部分连成整体，形成框架结构。世构体系框架结构具有建造速度快、质量易于控制、节省材料、降低工程造价、构件外观质量好、耐久性好以及减少现场湿作业、有利于环保等诸多优点。为推广和使用预应力施工技术，响应建筑产业化政策，提高房屋工厂化程度，南京大地建设集团有限责任公司引进了世构体系，通过消化、吸收和再创新，形成了该框架结构体系设计、生产及施工成套技术。近5年来，世构体系已在南京60多万 m² 的建筑工程中推广应用。由南京大地建设集团有限责任公司和江苏省建筑设计研究院组成的课题组对世构体系的设计、生产、安装工艺、现场试验及社会、经济效益分析等几个方面开展研究，其科研成果"世构体系成套技术在工程中的应用"通过江苏省建设厅组织的专家鉴定，科研成果达到国际先进水平，并获得2006年南京市科技进步三等奖。经总结形成本施工工法。

2. 工 法 特 点

2.1 采用先张法预应力技术，减小了构件截面，降低含钢量，工程造价低于现浇框架结构。

2.2 构件事先在工厂内生产，施工现场直接安装，相对于常规的预制梁两端预留锚固筋而言，采用键槽式梁柱节点，钢筋留置在键槽内，构件安装方便快捷，缩短工期。

2.3 工厂机械化生产，产品质量更易得到控制，混凝土构件内坚外美、耐久性好，可有效避免现浇结构带来的种种质量通病。

2.4 施工现场的模板作业量大大减少，节省大量的周转材料。

2.5 减少施工现场湿作业量和噪声、粉尘污染，有利于环保，现场施工更加文明。

3. 适 用 范 围

3.1 采用预制柱的世构体系框架适用于抗震设防烈度为7度和7度以下地区的建筑。

3.2 采用现浇柱的世构体系框架适用于抗震设防烈度为8度和8度以下地区的建筑。

4. 工 艺 原 理

将现浇或预制钢筋混凝土柱、预制预应力混凝土叠合梁、板等构件通过设置在梁端的键槽节点连成整体，形成框架结构。

4.1 采用键槽式梁柱节点，避免了传统装配结构梁柱节点施工时所需的预埋、焊接等复杂工艺，且梁端锚固筋仅在键槽内预留,现场施工安装方便快捷,缩短了工期。

4.2 梁柱键槽节点处混凝土分二次浇筑,第一次在梁柱节点的键槽内浇筑高强无收缩混凝土,使其形成梁柱框架体系;第二次浇筑梁板叠合层混凝土,形成整体楼盖(键槽式梁柱节点参见图4.2)。

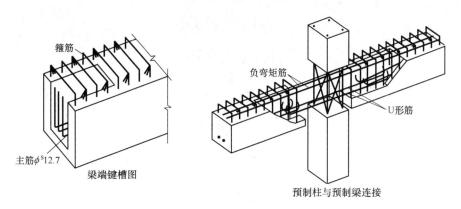

图 4.2 键槽式梁柱节点

5. 施工工艺流程及操作要点

5.1 施工工艺流程

准备工作 → 预制柱安装 → 搭设支撑 → 吊装预制梁 → 键槽节点绑扎钢筋和浇筑混凝土 →

吊装预制板 → 浇筑叠合层混凝土 → 混凝土养护

5.2 操作要点

5.2.1 准备工作

1. 统计构件总量,编制支撑方案及吊装方案。

2. 场地、道路准备:由于在施工过程中,必须根据构件用量和进度要求在现场储备一定数量的构件,施工现场必须根据构件的储备量和构件重量对堆放场地进行硬化处理,如需内部转运的,还需对内部道路进行硬化处理。

3. 测量控制

1)预制柱吊装前应在基础上弹出柱框线。

2)预制柱的垂直度用2台经纬仪进行校正,上好调节杆支撑,调节杆应在灌浆料达到设计强度后方可拆除。

3)预制梁吊装应根据预制柱上弹好的水平线和中心线控制标高和轴线。

4)叠合板吊装后要用水准仪和可调支撑进行板平整度的调整,确保整层预制板的水平和相邻板缝的平整。

5.2.2 预制柱安装

1. 预制柱的接柱技术

世构体系柱与基础、柱与柱的连接一般采用密封钢管插筋法(图5.2.2-1),密封管采用普通波纹钢管即可。对密封管的预留和预制柱插筋位置的精度要求较高,偏差应控制在±3mm内。

2. 基础预埋密封管的施工流程(图5.2.2-2)

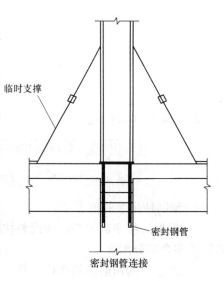

图 5.2.2-1 柱与柱连接图

图 5.2.2-2　基础预埋密封管施工流程图

基础预埋钢套管（图 5.2.2-3）。

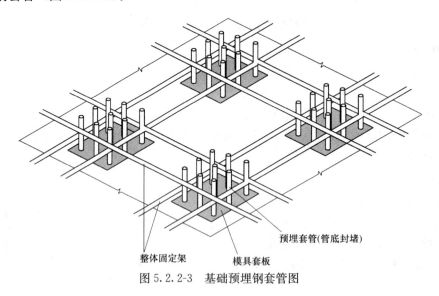

图 5.2.2-3　基础预埋钢套管图

3. 预制柱吊装的施工流程

预制柱吊装技术方案及工器具的准备 → 柱底均匀坐浆找平 → 安装柱靴、起吊 → 柱初步就位 →

套管内灌浆 → 柱就位 → 安装可调支撑 → 校正固定 → 养护 → 上一层柱安装

4. 预制柱吊装的施工工艺

1）根据一层平面的控制轴线和柱框线，校核预埋套管位置的偏移情况，并做好记录，根据图纸将套管的多余部分割除。

2）预制柱起吊前必须在柱根部安装临时保护柱底插筋的柱靴，确保预留插筋在起吊过程中不发生变形。

3）检查预制柱进场的尺寸、规格，混凝土的强度是否符合设计和规范要求，检查柱上预留套管、预留钢筋是否满足图纸要求，套管内是否有杂物，同时做好记录，并与现场预留套管的检查记录进行核对，无误后方可进行吊装。预制柱允许偏差见表5.2.2。

预制柱尺寸允许偏差及检验方法　　　　表 5.2.2

项　目	允许偏差(mm)	检验方法	柱的轴线编号
柱主筋轴线	±3	用尺量	
柱主筋长度	±10	用尺量	
预埋套管轴线	±3	用尺量	
预埋套管的深度	±10	用尺量	
长	+5，−10	用尺量	
宽	±5	用尺量	
高	±5	用尺量	

4）吊装前在柱框线内均匀坐浆，并用水平仪对柱中放置的金属垫块进行标高复核，以利于预制柱的垂直度校正。

5）柱吊装就位时应将插筋对准预留钢套管并插入管内约30cm，准备进行套管内灌浆。

6）灌浆时应严格控制灌浆料的配比并搅拌均匀。灌浆料应逐根配置，及时灌浆。

7）灌浆下料时用漏斗将浆料送下，以防产生气泡。灌浆后应尽快将柱放置到位，并借助柱底箍进行初步校正，上好可调斜撑，然后在预制柱的两个方向架设经纬仪，柱垂直度允许偏差为5mm。可调斜撑在第一层梁、板叠合层混凝土强度达到 $10N/mm^2$ 后方可拆除。

5.2.3　搭设支撑

1.支撑设计

1）按现浇钢筋混凝土结构模板支撑设计荷载取值，不同处在于模板自重即为预制板自重；确定预制梁板支撑荷载时应考虑动力系数，一般情况下取1.5即可。

2）对预制板和支撑架进行挠度验算。

3）对支撑架进行稳定性验算。

2.支撑架的构造要求

1）立杆应垂直，上端采用可调支撑头，以方便调节支撑标高。

2）在同一开间内，横肋宜拉通布置；板跨中的立杆应根据起拱要求而调整高度。

3）柱两边立杆间距应大于 2×键槽长度＋柱宽度＋3cm。

3.常规情况下的支撑间距

当板下横肋采用10cm×10cm木枋时，木枋下支撑间距一般可参见表5.2.3-1；如横肋采用5cm×10cm木枋，则木枋必须立放，木枋下支撑立杆间距一般可参照表5.2.3-2。表格中未列到的情况，应另行计算。

10cm×10cm 木枋的支撑间距　　　　表 5.2.3-1

预制层＋后浇层 (mm)	板长度(m)	两端横肋位置	中间支撑 数量	独立支撑横向位置 [最大间距(m)]
50＋50	$l≤2.8$	距板支座处300mm	无	2.5
	$2.8<l≤5.0$	距板支座处300mm	一排	2.5
	$5.0<l≤7.2$	距板支座处300mm	二排	2.5

5cm×10cm 木枋的支撑间距   表 5.2.3-2

预制层＋后浇层（mm）	板长度(m)	两端横肋位置	中间支撑数量	独立支撑横向位置[最大间距(m)]
50＋50	$l \leqslant 2.8$	距板支座处 300mm	无	2
	$2.8 < l \leqslant 5.0$	距板支座处 300mm	一排	2
	$5.0 < l \leqslant 7.2$	距板支座处 300mm	二排	2

5.2.4 安装预制梁

1. 调整、验收支撑架

按照搭设方案检查支撑的步距、间距、剪刀撑、材料应符合相关标准要求；梁底钢管横肋应固定牢靠并按要求中间起拱；方木横肋平直，搭接牢靠；梁板支撑调节到设计标高。

2. 预制梁吊装、就位、调平

梁起吊时，吊索应有足够的长度以保证吊索与梁之间的角度不小于 60°。将梁放置在支撑横肋上，当梁就位后将下部可调支撑上紧，此时方可松去吊钩。主梁吊装结束后，开始吊装次梁，并按对称施工的原则进行。

5.2.5 键槽节点施工工艺

1. 工艺流程

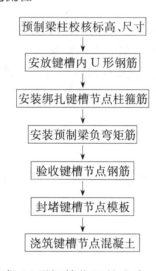

```
预制梁柱校核标高、尺寸
        ↓
安放键槽内 U 形钢筋
        ↓
安装绑扎键槽节点柱箍筋
        ↓
安装预制梁负弯矩筋
        ↓
验收键槽节点钢筋
        ↓
封堵键槽节点模板
        ↓
浇筑键槽节点混凝土
```

图 5.2.5 键槽节点图

2. 为确保 U 形钢筋位置的准确，应在 U 形钢筋两端各加一根 $\phi6$ 钢筋作为分布筋并在 U 形钢筋上套入塑料保护层卡环。事先将箍筋套在柱节点上端，待 U 形钢筋安装完毕再将柱箍筋放置并固定在设计位置。见图 5.2.5。

3. 混凝土浇筑前要将键槽内的杂物清理干净，并提前 24h 浇水湿润。

4. 浇筑混凝土前应对下列工作进行检查：梁的截面，梁的定位，U 形钢筋的数量、规格，安装质量等。

5. 键槽节点处的混凝土应采用不低于 C45 微膨胀细石混凝土且务必振捣密实。混凝土浇筑至预制板底标高处。

5.2.6 预制板吊装

主次梁全部吊装结束，梁柱节点混凝土浇筑完成且强度达到 15N/mm² 后，方可吊装预制板。吊装前应再次检查、调整支撑标高，检查无误后在预制梁两侧用 M10 水泥砂浆坐浆。预制板吊装可以单块 4 点吊装，也可以 2 块起吊（利用两组起吊长度不等的千斤绳同时吊运两块预制板）。吊装就位时动作应缓慢，避免冲击力过大，且板端刻痕钢丝应插入梁负弯矩钢筋之下。当一跨板吊装结束后，要对板进行整体校正，以确保其平整度。

5.2.7 浇筑叠合层混凝土

安装、绑扎梁板的上部钢筋，浇筑叠合层混凝土并振捣密实，应保证节点处混凝土的浇筑质量。混凝土应及时覆盖，保持湿润不少于14d。

5.3 劳动力组织

劳动力组织见表5.3。

劳动力组织情况表　　　　　表5.3

	工 种	人 数
现场安装	机械操作工	2人
	安装工	4人
	钢筋工	4~5人
	混凝土工	4~5人
	管理人员	4人

6. 材料与设备

6.1 世构体系所使用的材料应符合下列要求

6.1.1 混凝土

混凝土强度等级不应低于表6.1.1的数值。

采用强度等级高一级的微膨胀细石混凝土填充键槽部分的空隙。节点键槽部分不低于C45。

混凝土强度等级　　　　　表6.1.1

名 称	叠合板		叠合梁		预制柱	节点键槽以外部分
	预制板	叠合层	预制梁	叠合层		
强度等级	C40	C30	C40	C30	C30	C30

6.1.2 钢材

普通钢筋宜采用HRB400级和HRB335级钢筋，也可采用HPB235级钢筋。

预应力筋宜采用预应力螺旋肋钢丝或刻痕钢丝、钢绞线，强度标准值不宜低于1570MPa。

钢板和钢管所用的钢材宜采用Q235。

6.2 机具设备

由于世构体系构件均为混凝土构件，其体积较大、重量较重，必须依赖于大型起重设备，以及必要的吊具、索具。常规配备见表6.2。

机具设备表　　　　　表6.2

名 称	数 量	备 注
80t/m塔吊	1台	根据工程规模调整
8t汽车吊	1台	转运构件
柱靴	1个	钢板制造,用于保护柱预留插筋
调节杆	若干	临时支撑预制柱
角钢包箍	若干	梁柱节点处控制预制标高,搁置预制梁
索具	φ16、φ14、φ12(6、3m各1个)	分柱、梁、板
混凝土振动棒	3只	根据工程规模确定数量

7. 质量控制

7.1 预制构件的几何尺寸、安装位置偏差应符合《预制预应力混凝土装配整体式框架（世构体系）技术规程》苏 JG/T 006—2005 的有关要求。

7.2 预制构件的外观尺寸、结构性能及后浇混凝土施工质量应符合《混凝土结构工程施工质量验收规范》GB 50204—2002 的有关要求。

7.3 预制构件安装时应符合有关的规范规定。

7.4 预制构件在运输、堆放、安装过程中应采取有效的成品保护措施。

7.5 构件安装的允许偏差应符合表 7.5。

构件安装的允许偏差（mm）　　　　　　　　　　　　　　　　表 7.5

项　　目			允　许　偏　差
柱	垂直度	≤5m	5
		>5m,<10m	10
		≥10m	1/1000 标高且≤20
梁	中心线对定位轴线的位置		5
	梁上表面标高		0,−5
板	相邻两板下表面平整度	抹灰	5
		不抹灰	3

8. 安 全 措 施

8.1 在执行国家和省、市制定的各项安全规范和要求的同时，还应根据工程具体情况，编制各专项施工方案，并严格执行。

8.2 认真贯彻"安全第一，预防为主"的方针，组成由施工负责人、专职安全员和各班组兼职安全员参加的安全生产管理网络，执行安全生产责任制，明确各级人员的职责，抓好安全生产。

8.3 现场吊装时，应用对讲机指挥，起重机臂下不得站人。

8.4 高空施工，当风速达 10m/s 时，吊装作业应停止。

8.5 建立完善的施工安全保证体系，加强施工作业中的安全检查，确保作业标准化、规范化。

9. 环 保 措 施

9.1 成立对应的施工环境卫生管理机构，在工程施工过程中严格遵守国家和地方政府下发的有关环境保护的法律、法规和规章，加强对施工燃油、工程材料、设备、废水、生产生活垃圾、弃渣的控制和治理，遵守有关防火及废弃物处理的规章制度，做好交通环境疏导，充分满足便民要求，认真接受城市交通管理，随时接受相关单位的监督检查。

9.2 将施工场地和作业限制在工程建设允许的范围内，合理布置、规范围挡，做到标牌清楚、齐全，各种标识醒目，施工场地整洁文明。

9.3 对施工中可能影响到的各种公共设施制定可靠的防止损坏和移位的实施措施，加强实施中的监测、应对和验证。同时，将相关方案和要求向全体施工人员详细交底。

9.4 设立专用排浆沟、集浆坑，对废浆、污水进行集中，认真做好无害化处理，从根本上防止施工废浆乱流。

9.5 定期清运沉淀泥砂，做好泥浆、弃渣及其他工程材料运输过程中的防撒落与沿途污染措施，废水除按环境卫生指标进行处理达标外，并按当地环保要求的指定地点排放。弃渣及其他工程废弃物按工程建设指定的地点和方案进行合理堆放和处治。

9.6 优先选用先进的环保机械。采取设立隔声墙、隔声罩等消声措施降低施工噪声到允许值以下，同时尽可能避免夜间施工。

9.7 对施工场地道路进行硬化，并在晴天经常对施工通行道路洒水，防止尘土飞扬，污染周围环境。

10. 效 益 分 析

10.1 采用世构体系技术，完全符合建筑产业化要求及可持续性发展的原则，减少了用钢量及钢管、模板等周转材料，节约了能源，减少了工地湿作业，有利于环境保护。经过近 5 年的工程应用，与一般现浇混凝土框架相比，可以降低用钢量近 30%，节约模板、钢管等周转材料近 70%，缩短结构施工工期近 50%，降低工程造价 10% 左右。至 2006 年底为止，大地建设集团已在南京地区成功建造 63.02 万 m² 的各类房屋建筑，共节省工程结构造价 1800 余万元，产生了显著的技术经济效益和社会效益。

10.2 预制构件采用厂内预制，质量可靠；采用预应力技术大大提高了工程质量和结构构件的抗裂性能。

11. 应 用 实 例

11.1 南京审计学院国际学术交流中心

该工程位于南京市北圩路，地下一层，上部框架 6 层，建筑面积 13360m²，代表柱网尺寸 8m×8m，楼板结构厚 100mm（其中预制板厚 50mm，后浇层厚 50mm），采用预制柱、预制预应力混凝土叠合梁、板的全装配框架结构。该工程位于审计学院校园内，场地极其狭小，对文明施工的要求比较高，同时工期要求紧，鉴于以上原因，采用了全装配式结构，确保了现场的文明施工，无扰民，主体工期也满足了业主的要求，而且主体工程造价比现浇框架结构降低了 10% 左右。

11.2 金盛国际家居广场

该工程建筑面积 16 万 m²，其中新建部分 12 万 m²，老楼改造 4 万 m²，框架 3 层。新建部分采用现浇筑、预制预应力混凝土叠合梁、板的半装配框架结构，代表柱网尺寸为 8m×8.5m、8m×7.8m，梁高为 550、600mm；楼板结构厚 100mm（其中预制板厚 50mm，后浇层厚 50mm），改建部分仅采用预制预应力混凝土叠合梁、板。由于该工程工期紧，普通现浇结构无法在指定工期内完成，故采用世构体系安装技术，该工程划分为三个大区，公司组织两大项目部共同施工，工程主体结构仅用 92d 即全部完工，施工中，板底支撑跨度可达到 2m，节约全部模板和 70% 的周转材料，主体工程造价比现浇框架结构降低了 20% 左右，为甲方赢得了经济效益，体现了世构体系的优越性，赢得了社会效应。

11.3 南京港联置业有限公司万寿村仓储用房

该工程位于南京市栖霞区万寿村，地下一层，上部框架 4 层，建筑面积 10 万 m²，代表柱网尺寸 9m×8.4m、9m×9m，楼板结构厚 120mm（其中预制板厚 60mm，后浇层厚 60mm），采用现浇柱、预制预应力混凝土叠合梁、板的半装配框架结构。该工程工期紧，基础、结构主体计划施工工期仅仅 90d，普通现浇结构根本无法完成。集团公司把该工程划分为两个大区，每个大区分为 3 个小区，由两个项目部同时施工，近两万平方米的地下室，项目部仅用 30d 完成了施工，近 8 万 m² 的主体工程仅用 56d 即全部完工。施工中，板底支撑跨度可达到 2m，节约大部分模板和 60% 的周转材料主体工程造价比现浇框架结构降低了 13% 左右。赢得了甲方的满意，近一步地提高了世构体系的社会效应。

型钢混凝土结构施工工法

YJGF022—2006

北京城建五建设工程有限公司　北京城建四建设工程有限责任公司　莱西市建筑总公司

杨晓成　伍路平　金星　赵成福　于振方　蔡强

1. 前　言

随着我国建筑业的不断发展，建筑风格日益多样化。特别是 2008 年奥运会成功申办后，奥运工程中出现了一批造型新颖独特的建筑。各大型建筑为了实现使用功能的需求，均采用了型钢混凝土结构。型钢混凝土结构是实现大空间、大跨度建筑功能的主要结构形式。型钢与钢筋混凝土协同作用、受力合理，能大大减少构件截面尺寸，使可利用空间增大，同时能降低工程成本，是未来建筑的发展方向。型钢混凝土结构施工工艺复杂、施工难度大。北京城建集团通过不断的工程实践，对型钢混凝土结构中的型钢安装工程、钢筋安装技术、混凝土工程和模板工程等施工工艺进行了总结，形成了"型钢混凝土结构施工工法"。

国家体育馆、中央电视台电视文化中心工程、国家大剧院和银泰大厦等建筑均设计有型钢混凝土结构。国家体育馆的型钢混凝土结构施工技术于 2007 年 3 月申报了型钢梁下翼缘与钢筋的连接结构及其焊接方法的发明专利和型钢混凝土框架钢支撑结构型钢柱顶约束节点专利。中央电视台电视文化中心工程的型钢混凝土结构施工技术 2006 年度被评为北京市奥运工程科技进步奖。国家大剧院和银泰大厦已分别获得北京市结构"长城杯"金奖。

2. 工 法 特 点

2.1　针对型钢混凝土框架梁柱节点提出梁端翼缘变截面设计方法，解决了型钢与钢筋节点施工难度大难题。

2.2　通过采用连接板和连接器的方法，解决了型钢混凝土结构梁柱节点区密集钢筋受型钢穿孔率限制的施工难题。

2.3　通过现场侧压力试验，确定了超高型钢柱混凝土浇筑中模板侧压力的计算方法。

2.4　采用适用于型钢混凝土结构的自密实混凝土，保证了型钢混凝土结构混凝土的成型质量。

3. 适 用 范 围

本工法适用于工业与民用建筑中的各种型钢混凝土结构。

4. 工 艺 原 理

4.1　采用计算机三维建模的辅助方法，深化了型钢梁柱节点区型钢截面形式，钢筋定位、开孔和连接方式。节点区梁、柱主筋在型钢开孔率允许的条件下贯通通过，其余非贯通钢筋与型钢梁柱腹板或翼缘上预焊的连接器和连接板连接，使节点区钢筋连接可靠，操作方便易行。

4.2　利用自密实混凝土流动性大，易密实的特点，解决了型钢混凝土结构中钢筋密集部位的混凝土振捣不密实和振捣困难的施工难题。

4.3　为了进行模板体系设计，通过现场试验测定了混凝土浇筑过程模板所受侧压力值，经数据分析确定了超高型钢柱中模板侧压力计算方法。

5. 施工工艺流程和操作要点

5.1 施工工艺流程

施工工艺流程如图5.1所示。

5.2 操作要点

5.2.1 深化设计

1. 深化设计方法

由于节点区型钢梁、柱、钢支撑及梁、柱构件中受力钢筋和构造钢筋的存在，节点区型钢和钢筋的关系十分复杂。施工中利用计算机三维建模的辅助方法，进行深化设计，通过三维模型确定节点区型钢和钢筋的位置，并完成深化图的绘制，以便型钢构件的加工。

2. 型钢柱钢筋深化设计

根据型钢柱钢筋规格、数量，结合型钢梁、钢支撑的截面形式和钢筋保护层厚度的要求，对型钢柱主筋进行排布定位。主筋间距需满足规范要求。型钢梁、钢支撑翼缘范围的型钢柱主筋利用穿孔的方式通过，为了保证穿孔率满足设计要求，梁端翼缘节点采用变截面的方法加大翼缘宽度。

由于柱顶没有足够的锚固和弯折空间，型钢柱柱顶设置锚固钢板，柱顶钢筋利用塞焊的方式锚固在锚板上。

3. 型钢梁钢筋连接方法深化设计

1）在满足型钢柱腹板开孔率要求的前提下，型钢梁部分钢筋穿过型钢柱腹板，按照普通钢筋连接方法施工。

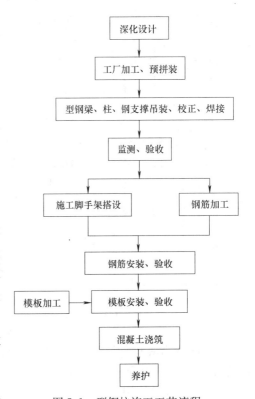

图5.1 型钢柱施工工艺流程

2）将型钢梁梁端翼缘加高、加宽，部分型钢梁钢筋焊接在梁端翼缘截面上，翼缘未焊接宽度需满足设计要求。梁底钢筋焊接前，先在加宽的下翼缘上开孔（工厂进行），利用补板的方式将梁底钢筋焊接在下翼缘板上。

3）复杂节点处型钢梁主筋采用连接器和连接板连接。图5.2.1-1钢筋连接器使用示意图。

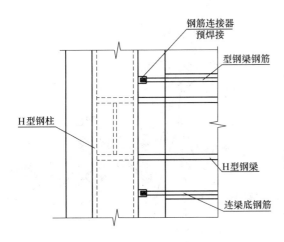

图5.2.1-1 钢筋连接器示意图

图5.2.1-2 框架节点处型钢梁箍筋焊接实物照片

4. 节点区箍筋深化设计

节点区由于型钢腹板的影响，型钢梁、柱箍筋不能自然封闭。深化设计确定腹板范围的箍筋位置、数量，工厂加工时在腹板上焊接胡子筋，钢筋安装时箍筋与预焊接的胡子筋焊接。图 5.2.1-2 为节点处箍筋焊接实物照片。

5. 型钢柱腹板上对拉螺栓孔深化设计

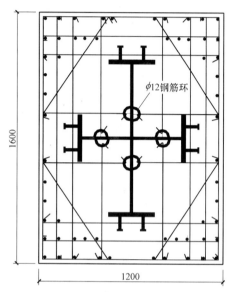

图 5.2.1-3　型钢柱中拉钩设置示意图

根据模板方案设计，型钢柱螺栓竖向间距在 6m 以下为 450mm，6m 以上为 900mm，柱底第一道对拉螺栓距地面 200mm。深化设计时需确定对拉螺栓孔的位置。型钢柱在工厂加工时根据深化设计结果，在型钢柱腹板上开直径为 30mm 的圆孔。避免了现场开孔的现象。

6. 型钢柱中拉钩的深化设计

由于柱中型钢的存在，拉钩不能在柱截面内贯通布置。将贯通拉钩改为分段拉钩，与焊接在钢板上的 $\phi12$ 钢筋环拉接，钢筋拉环竖向间距同拉钩间距。图 5.2.1-3 为型钢柱中拉钩设置形式。

5.2.2　型钢柱安装

1. 施测方法

1）轴线、中心线测量

对已安装完的劲性构件的定位轴线和中心线进行复验检查，监理单位验收合格后方可进行下道工序施工。

2）标高测量

依据甲方提供的原始水准点，对任意一个水准点桩进行测定。往、返各测 2 次，所测得的高程之差不大于 3mm 为合格，取平均值作为最后观测结果。利用已测定的水准点桩，使用 N3 水准仪对其他点桩进行测定，往、返各测一次，2 次观测结果不大于 ±0.5mm 为合格。

3）垂直度的控制

使用 2 台经纬仪，按正交的方法，对劲性柱进行垂直校正。

2. 型钢柱吊装、校正、焊接

1）吊点采用工厂制作时设置的专用钢板制吊耳，每根钢柱设置 2 个吊耳，直接焊在钢柱的顶部两侧，吊耳距顶面 10cm，同时柱体翼缘板上焊接四个拴捯链的耳板。

2）柱子起吊前为保证柱子稳定性，采用 4 根 $\phi14$mm 钢丝绳作为缆风绳，分别拴在柱子顶部，作为找正、临时固定使用。选用两根 $6\times37\phi30$mm 钢丝绳作为吊装索具，将柱头两侧吊耳吊起，见图 5.2.2 所示。柱子安装就位采用四个捯链。

3）型钢柱吊装方法采用直吊法，利用塔吊或汽车吊进行吊装。钢柱起吊时钢丝绳固定在起重机吊钩上，起重机收钩，直到柱身呈直立状态，然后将柱吊离地面 50cm 时停机检查吊索具是否安全可靠，确认无误后升到安装高度，移到就位柱上方，缓慢下降，对正位置后，用连接板安装螺栓进行固定，同时将缆风绳与地面地锚固定。

根据起重设备的机械性能，确定型钢构件的加

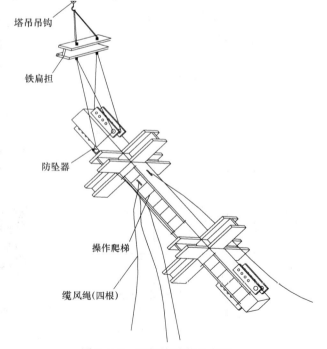

图 5.2.2　型钢柱吊装示意图

工长度，竖向构件的加工长度应尽量长，以减少吊装次数，提高功效，节约工期。

4）钢柱的校正主要是垂直度的校正，柱的垂直度检查使用2台经纬仪从柱的相邻两边检查柱的吊装准线的垂直度。钢柱找正方法采用捯链找正方法。

5）对接焊接要求熔透的双面对接焊缝，在一面焊接结束，另一面焊接前应彻底清除焊根缺陷至露出焊缝金属光泽，方可进行焊接。用背面钢垫板的对接坡口焊缝，垫板与母材之间的结合必须紧密，应使焊接金属与垫板完全熔合。

5.2.3 施工脚手架搭设

型钢柱钢筋绑扎前需根据柱高在型钢柱四周搭设施工作业架，作业架为双排架，在四个方向上连成整体。作业架立杆与型钢柱间的距离的确定需考虑模板加固时的空间需求。钢筋绑扎时利用小横杆挑出操作面，模板安装时拆除挑出的操作面，工人直接站在作业架内进行操作。

5.2.4 钢筋加工

型钢梁、柱的加工需严格按照深化设计结果进行，以便安装。型钢柱钢筋加工时需考虑主筋在梁顶面的甩出长度，若甩出长度太长会给型钢柱的安装带来困难，且为钢筋顺利穿过型钢梁翼缘孔造成不便（没有调节空间）。

柱顶钢筋下料时，按现场实量尺寸进行下料，以免浪费。

5.2.5 钢筋安装

钢筋与型钢翼缘或连接板焊接时，严格按照设计和规范要求进行，保证焊缝厚度和高度。

型钢柱主筋在基础梁内插筋时，需严格按照深化设计结果进行插筋，必须保证穿过型钢梁翼缘板的主筋位置准确，且在柱子的整个施工过程中需保证该部分钢筋的竖直度。穿过型钢梁或钢支撑牛腿翼缘板的主筋安装时先将待连接的钢筋从下往上穿过穿筋孔，然后利用专用套筒与下端钢筋连接。

柱顶钢筋安装时穿过柱顶锚板上的预留孔后，切除多余的钢筋头，进行塞焊，焊缝需充满预留孔与钢筋间的空隙，焊缝顶部应与锚固板顶面平齐。

5.2.6 模板设计、加工、安装

1. 不等高型钢柱模板设计

型钢柱混凝土结构实现了大跨度、大空间。但型钢柱的超高设计高度（且各柱高度不等）以及复杂的梁柱节点对混凝土施工带来了很大的困难，且限制了钢模板的使用。

工程中不等高的超高型钢柱采用了易加工的木模板和自密实混凝土。自密实混凝土呈高流态，其对模板的侧压力与浇筑高度和速度有关。模板设计前为了确定合理的计算模型，利用压力盒试验确定了自密实混凝土产生的侧压力的计算模型如式（5.2.6）所示：

$$F = \alpha \gamma_c H \tag{5.2.6}$$

式中 α ——折减系数。

经过计算，超高型钢柱模板体系设计如表5.2.6所示。

型钢柱模板体系 表5.2.6

面板类型	龙骨类型	柱箍间距
2层18mm厚木胶合板	H200木工字梁竖龙骨，间距230mm；100×50×5.3双方钢管柱箍+φ16对拉螺栓	柱箍间距：6m以下300mm，6m以上450mm；穿墙螺栓间距6m以下450mm，6m以上900mm

2. 模板加工

1）内层模板使用新模板，按照建筑师的设计理念，水平蝉缝竖向间距2.0m，柱边长大于1.2m时设置居中竖向蝉缝，外层模板使用旧木胶合板。

2）模板连接：模板面板与木工字梁用钢钉连接，钉眼用腻子刮平，板缝用玻璃胶嵌填严实。

3）木工字梁采用接高件的方法接长，接高件为两片加工好的80mm×600mm×6mm钢板，在每根木工字梁端头用2根六角螺栓固定，相邻木工字梁接头间隔错开。

4）吊钩安装：模板吊钩安装在模板边第二根工字梁端部。

3．模板安装

1）模板利用塔吊吊装。

2）模板下口无顶板或型钢梁时，在下一层柱顶设置柱箍，柱箍与模板下口间设置100mm×100mm方木支撑。

3）模板加固使用可拆式对拉螺栓（三节头），对拉螺栓两端与模板接触处分别套一硬聚酯锥套，锥套外侧与模板接触面顶紧，锥套与模板之间还要加一个直径与锥套相同的密封条垫圈，确保混凝土不漏浆。

5.2.7 混凝土浇筑

型钢混凝土结构采用自密实混凝土浇筑。自密实混凝土利用汽车泵或地泵进行泵送。"王"字形型钢柱将柱截面空间分为四个区，混凝土浇筑时从四个分区间隔下灰，以免从一个区连续下灰致使一侧模板压力过大，造成模板移位。混凝土浇筑速度不能过快，下灰速度应控制在3m/h。

型钢梁下翼缘板以下混凝土浇筑时必须从型钢梁一侧下灰，以便气体的排出。

混凝土浇筑时利用振捣棒辅助振捣，这样可以减少混凝土表面的气泡、麻面等质量缺陷，但振捣持续时间不能过长，一般每个振捣点振捣时间不超过3s。混凝土浇筑时利用橡皮锤敲击模板外侧，尤其是柱子四角处应多敲击，这样可以检查混凝土浇筑是否密实，而且有利于排除混凝土内部的气孔。

6. 材料与设备

6.1 钢筋、混凝土（自密实）、连接板（材质同型钢母材）、连接器（与钢筋规格型号匹配、与型钢间的可焊性符合要求）、全站仪、铅直仪、钢丝绳、花篮螺栓、焊接设备（CO_2气体保护焊）、起吊设备、捯链、电焊机、烘箱、对拉螺栓等。上述材料设备由施工单位根据工程情况选用。

6.2 劳动力组织

现场管理人员包括工长、技术员、质检员、安全员、材料员、测量员。作业工种包括电气焊工、吊装工、信号工、机械工、塔司、钢筋工、木工、混凝土工等。

7. 质 量 控 制

7.1 本工法遵循以下现行规范及规程

《型钢混凝土组合结构技术规程》

《钢结构工程施工质量验收规范》 GB 50205

《混凝土结构工程施工质量验收规范》 GB 50204

《钢筋焊接及验收规程》

《钢筋机械连接通用技术规程》

型钢柱安装质量执行《钢结构工程施工质量验收规范》GB 50205，允许偏差按表7.1-1执行。

型钢柱安装允许偏差及检查方法　　　　　　　　　　　　　　　表 7.1-1

序号	项　　　目	允许偏差值（mm）	序号	项　　　目	允许偏差值（mm）
1	建筑物定位轴线	L/20000，且不应大于3.0	5	底层柱柱底轴线对定位轴线偏移	3.0
2	基础上柱的定位轴线	1.0	6	柱子定位轴线	1.0
3	基础上柱底标高	±2.0	7	单节柱的垂直度	h/1000，且不应大于10.0
4	地脚螺栓位移	2.0	8	主体结构的整体垂直度	（H/2000+10.0）且不应大于50.0

钢筋工程安装质量执行《混凝土结构工程施工质量验收规范》，允许偏差按表7.1-2执行。

模板工程安装质量执行《混凝土结构工程施工质量验收规范》，允许偏差按表7.1-3执行。

钢筋工程安装允许偏差及检查方法 表 7.1-2

项 次	项 目		允许偏差值(mm)	检 查 方 法
1	绑扎骨架	宽、高	±5	钢尺检查
		长	±10	
2	主筋间距		±10	钢尺检查
3	箍筋间距		±20	钢尺量连续三档,取最大值
4	柱主筋保护层厚度		±5	钢尺检查
5	预埋件	中心线位置	5	钢尺检查
		水平高差	+3,0	钢尺和塞尺检查

模板工程安装允许偏差及检查方法 表 7.1-3

序 号	项 目		允许偏差(mm)	检测方法
1	轴线位置		3	钢尺检查
2	底模上表面标高		±5	水准仪或拉线、钢尺检查
3	截面内部尺寸		+4,−5	钢尺检查
4	层高垂直度	不大于5m	6	经纬仪或吊线、钢尺检查
		大于5m	8	经纬仪或吊线、钢尺检查
5	相邻两板表面高低差		2	钢尺检查
6	表面平整度		5	2m靠尺和塞尺检查

7.2 关键部位质量要求

7.2.1 型钢柱、梁、钢支撑工厂加工完后,应在工厂进行预拼,保证施工质量。

7.2.2 施工前钢筋连接形式、连接板、连接器的焊接工艺等必须先做工艺检验。现场同一部位钢筋有多种级别时,连接板、连接器、连接套筒、电焊条(丝)等按高级别钢筋强度考虑。

7.2.3 结构钢筋采用连接板、连接器的形式与型钢连接时,混凝土浇筑前要对连接板和连接器妥善保护。

7.2.4 竖向结构模板安装后、混凝土浇筑前要用钢丝绳缆风重新调校固定竖向型钢的顶部位置,在该层竖向结构模板拆除前撤除缆风。

7.2.5 当竖向型钢混凝土构件内钢筋密集,采用普通混凝土浇筑困难时,可以采用自密实混凝土进行浇筑。个别部位可以采用自密实混凝土并进行辅助振捣(二次振捣)的办法进行施工,此时要将混凝土的砂率控制在下限并适当提高混凝土浇筑标高,混凝土强度达到1.2MPa后将表面浮浆层剔除。

8. 安 全 措 施

8.1 专业工种必须持证上岗,戴好齐全合格的防护用品,所有工人必须经进场教育并考核通过后方可进行施工作业。

8.2 钢构件吊运时,下方禁止站人,耳板连接螺栓及缆风安装完成后方可摘钩。

8.3 从事电气焊、剔凿、磨削作业人员应使用面罩或护目镜。氧气瓶不得暴晒,瓶口处禁止沾油。氧气瓶和乙炔瓶工作间距不得小于5m,两瓶同焊炬或火源间的距离不得小于10m。未安装减压器的氧气瓶严禁使用。如采用二氧化碳气体保护焊接,应严格执行各项有关安全规定,保持良好通风。

8.4 严格遵守防护架使用规定,高空作业人员系安全带,观察好周围作业环境。操作架经验收合格后使用。

8.5 定期对钢丝绳等吊具进行检查,发现破损立即更换。

8.6 大模板及构件上要设置临时爬梯,爬梯要固定牢固,大模板场地要硬化。现场自制木模板吊环强度要满足吊装要求。

8.7 墙柱模板未固定前，要有可靠的临时防倾覆措施。

8.8 电焊作业时必须双线到位，漏电保护器灵敏有效。

8.9 5 级以上风天及雨雪天不应进行模板及构件吊装作业。

8.10 用火应开用火证，设看火人，用火地点设置消防器材。

8.11 钢结构焊接应设接火盆。

9. 环保措施

9.1 施工垃圾采用封闭容器吊运到地面，施工垃圾严禁随意凌空抛撒。现场垃圾要及时清运，清运时要洒水，防止扬尘。

9.2 严格控制强噪声作业，施工现场在使用混凝土输送泵、电锯等强噪声机具前，采取隔声棚或隔声罩进行降噪封闭、遮挡，推荐使用免振捣混凝土或采用低噪声混凝土振捣棒。施工噪声白天控制在 70dB 以下，夜间不得超过 55dB。

9.3 钢筋加工机具地面要采取防渗漏措施，防止润滑剂等对地面造成污染。

9.4 混凝土地泵下方设沉淀池清洗，污水经沉淀后排入市政污水。

9.5 电焊作业面做好防护遮挡，防止对周边环境造成光污染。

9.6 基础降水采用循环利用技术，养护混凝土和施工运输喷洒降尘。

10. 效益分析

10.1 经济效益

通过对型钢混凝土结构节点的空间关系的深化设计，保证了节点的受力状态且降低了工程质量风险，降低了操作难度，大大节约了人工费和工期。以国家体育馆工程为例，型钢混凝土框架施工节约的型钢、钢筋、模板等材料的材料费、机械费和人工费共计 240 万元。取得了很好的经济效益。

10.2 社会效益

型钢混凝土框架节点处型钢、钢筋的处理方式简单、易操作，在施工中积累的丰富经验，将会在以后类似工程施工中起到很好的借鉴作用。

本工法成功实现了超高型钢柱混凝土一次浇筑施工技术，为木模板在类似工程中的使用积累了丰富的经验。工程中经过试验确定的自密实混凝土侧压力计算方法为类似工程施工提供了很好的技术依据。

11. 应用实例

11.1 国家体育馆工程

国家体育馆主体结构形式为框架—剪力墙结构与型钢混凝土框架—钢支撑相结合的混合型结构体系。场馆外排柱全部采用型钢柱，共 78 根，首层以上的型钢柱之间的框架梁为型钢梁，15.89m 标高处的框架梁与外圈型钢柱之间以及看台顶部斜梁与型钢柱之间采用型钢梁连接，以加强子体系之间的连接和过渡区结构的抗震，型钢混凝土梁共 437 根。柱间支撑主要布置在场馆的转角部位和柱顶，共 278 组。

11.2 中央电视台电视文化中心工程

中央电视台电视文化中心工程位于北京 CBD 地区，建筑面积 103648m²，地下 2 层地上 34 层，建筑檐高 140.68m，工程主体为型钢混凝土结构，工程型钢混凝土结构中型钢用量约 10000t。标准层施工时间平均每层 6d，最快达到 5d 1 层。工程中梁柱钢筋通过连接板和连接器与结构内型钢相连，解决了密集梁柱钢筋与型钢斜交的施工难题。日前工程主体结构施工已经完成，已经三次通过北京市长城杯专家组的验收。施工现场被评为 2006 年度北京市安全文明工地。

11.3 银泰大厦工程

银泰大厦工程由 3 座塔楼组成，其中东、西塔楼地上 43 层，建筑高度 186m，为局部型钢混凝土结构；北塔楼地下部分为型钢混凝土结构，地上部分 63 层，建筑高度 250m，为全钢结构。该工程型钢混凝土结构中型钢用钢量为 2500t，钢骨架截面为"十"形和"H"形，异形截面、变截面构件多。劲性结构构件截面尺寸较大，数量多，劲性柱截面最大尺寸达到 2.5m×2.5m，劲性转换梁截面最大尺寸达到 2m×6m，北塔楼单层劲性柱达 55 根，东、西塔楼单层劲性柱 46 根。工程已获 2006 年度钢结构"金钢奖"和北京市结构"长城杯"金奖。

11.4 国家大剧院工程

国家大剧院工程 202 区包括歌剧院、戏剧院、音乐厅三部分。歌剧院共有 8 根型钢混凝土柱，其屋面板顶标高为 33.500m，屋面主梁顶标高为 34.000m。主舞台屋面下方空间为矩形的筒体，自 —27.500m 板面至屋面板底为超高大空间，凌空高度达到 60.800m。该屋面在南北方向设置 10 根截面尺寸为 750mm×2000mm 的主梁，在东西方向设置 2 根截面尺寸为 550mm×1000mm 的次梁。屋面顶板厚 200mm，主梁高出板面 500mm。戏剧院共有 10 根型钢混凝土柱。音乐厅共有 24 根型钢混凝土柱，截面为椭圆形。型钢混凝土柱内型钢均为"工"字形，其中 XG1、XG2、XG3、XG4 型钢的长宽为 400mm×400mm，腹板厚 60mm，翼缘板厚 40mm；XG5 劲性柱内型钢的长宽为 800mm×800mm，腹板厚 50mm，翼缘板厚 25mm。

超高层竖向钢筋混凝土筒中筒结构与
水平钢梁组合楼板结构分离施工工法

YJGF023—2006

北京城建集团有限责任公司

张晋勋　郭洪军　王罡　袁志强　吕豪

1. 前　　言

近年来，随着我国经济的快速持续发展，城市发展规模的扩张，土地资源的紧缩，现代科学技术的提高，城市建筑工程逐步向占地少，使用效率高的方向发展。建筑领域超高层建筑层出不穷。不仅创纪录的高度不断被打破，而且，普通建筑工程高度也在逐步提高。超高层建筑，尤其是钢筋混凝土结构工程前锋工作面狭小，施工工序多，工序间制约因素多。按照传统的"逐层搭积木"的方法只能在狭窄的水平面上组织流水施工，很难在保证质量安全的前提下提高结构工程施工速度。超高层竖向钢筋混凝土筒中筒与水平钢梁组合楼板分离施工工法有效地实现了超高层竖向钢筋混凝土筒中筒与水平钢梁组合楼板结构体系施工竖向空间的流水施工组织。

北京银泰中心工程西办公楼地上建筑高度186m，是目前北京地区最高的钢筋混凝土塔楼建筑，采用了竖向钢筋混凝土筒中筒—水平钢梁组合楼板结构体系，即：内筒为钢筋混凝土结构，外筒为钢筋混凝土框筒，内筒内楼板为钢筋混凝土结构，内外筒间楼板为钢梁—混凝土组合楼板，结构形式属国内外首创。为了减轻劳动强度和提高工作效率，使结构施工达到安全、施工速度快、工程质量好、操作方便的目的，北京城建集团在该工程的结构施工中创造性地开发应用了竖向结构与水平结构分离施工工法，充分利用超高层竖向空间上的优势，进行空间分区流水作业。在工法实施中，有机地组合使用了爬模、爬架和挂架三种架体，对爬模体系进行了改造升级，实现了内核心筒墙体内外双面爬模。结果表明：工作面于空间展开，充分发挥了小步、快节奏流水施工的特点，工程资源利用率高，对整个工程的总体施工组织控制达到了预期的目的，缩短工期76d，结构工程荣获北京市结构长城杯金杯奖，工地被评为北京市文明安全样板工地。超高层混凝土筒中筒—钢梁组合楼板结构综合施工技术通过北京市建设委员会鉴定，达国际先进水平。

2. 工 法 特 点

2.1 超高层竖向钢筋混凝土筒中筒与水平钢梁组合楼板结构形式属创新结构形式，竖向钢筋混凝土筒中筒结构与水平钢梁组合楼板结构分离施工工法将传统混凝土结构施工工艺中存在前后顺序关系的竖向结构和水平结构的施工分离开来，形成竖向结构和水平结构施工两条并行的施工主线分别组织流水。

2.2 工作面于空间中展开，在空间上分离作业，施工作业在时间上重叠，充分利用超高层空间上的优势扩展施工前锋面。

2.3 由于竖向和水平结构的分离，竖向结构和水平结构施工两条主线没有严格的制约关系，有利于工程资源的有效投入和调配，提高劳动生产率。

2.4 组合使用爬模、爬架和挂架三种架体，保证了竖向结构施工工作面的展开和施工作业安全防护的实现。

2.5 创新地采用了内核心筒墙体内外双面爬模技术。

3. 适 用 范 围

本工法适用于超高层竖向钢筋混凝土筒中筒与水平钢梁组合楼板结构体系。内筒为钢筋混凝土结构，外筒为钢筋混凝土框筒，内筒内楼板为混凝土结构，内外筒间楼板为钢梁—混凝土组合楼板。

4. 工 艺 原 理

此工法将超高层钢筋混凝土竖向结构与水平钢梁组合楼板结构施工分离开来，先进行混凝土竖向结构的施工，待竖向结构完成4～5层后，再进行水平结构施工作业，并始终与竖向结构保持4～5层的施工间距（经设计验算，结构稳定性满足要求）。使墙体和楼板施工作业在空间上分离，在时间上重叠。在竖向结构施工作业时，预留核心筒内梁板钢筋，预留核心筒外钢梁预埋件，预留组合楼板钢筋。在楼板施工前，对预留钢筋和预埋件处理后即可进行水平梁板结构的施工。

在平面上分为内核心筒、外框筒、核心筒内梁板和核心筒外梁板四个部分分别组织流水施工。四个部分没有严格意义上的工序制约关系，工程形象在总体上保持竖向结构施工在上，水平结构施工在下的态势，内核心筒与外框筒之间、核心筒内梁板与核心筒外梁板之间，可以根据工程资源调配情况存在一定的施工形象间距。

由于竖向结构和水平结构施工面设置了空间间距，所以，可以将近年在钢结构工程中逐步兴起并趋于完善的自爬升模架体系很好地应用在工程上，在核心筒区域采用内外双面布置，进行竖向结构的施工，有效的解决了空间作业的施工平台和安全分离防护的问题。

5. 施工工艺流程及操作要点

5.1 施工区域划分及施工流程
5.1.1 施工区域划分

全部施工作业面大体分为四个施工区域，即：核心筒墙体施工区、外框筒施工区、核心筒内楼板施工区、核心筒外楼板施工区（图5.1.1）。四个施工区域没有严格意义上的制约关系。

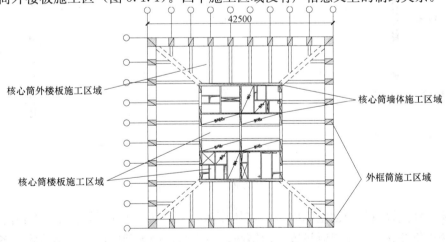

图5.1.1 施工区域划分示意图

5.1.2 区域间流程图
区域间流程图见图5.1.2。
5.1.3 区域内流程图
1. 核心筒墙体施工区：

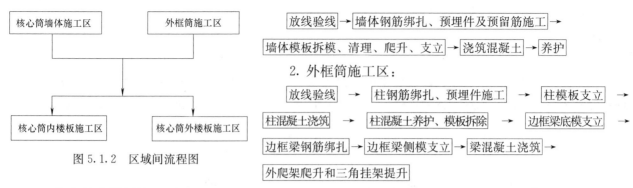

图 5.1.2 区域间流程图

2. 外框筒施工区：

放线验线 → 柱钢筋绑扎、预埋件施工 → 柱模板支立 →

柱混凝土浇筑 → 柱混凝土养护、模板拆除 → 边框梁底模支立 →

边框梁钢筋绑扎 → 边框梁侧模支立 → 梁混凝土浇筑 →

外爬架爬升和三角挂架提升

3. 核心筒内楼板施工区：

支立楼板（楼梯）模板 → 梁板预留钢筋处理 → 绑扎钢筋 → 浇筑混凝土

4. 核心筒外楼板施工区：

钢梁预埋件处理和连接板焊接 → 钢梁吊装栓接 → 墙梁边板底角钢安装 → 压型钢板安装及栓钉焊接 →

墙边预留筋处理 → 叠合板钢筋绑扎 → 板混凝土浇筑

5.2 工艺组织部署

核心筒墙体、外框筒作为超前施工区，核心筒内楼板、核心筒外楼板作为滞后施工区，达到空间上错开，形成四个独立施工区（图5.2）。

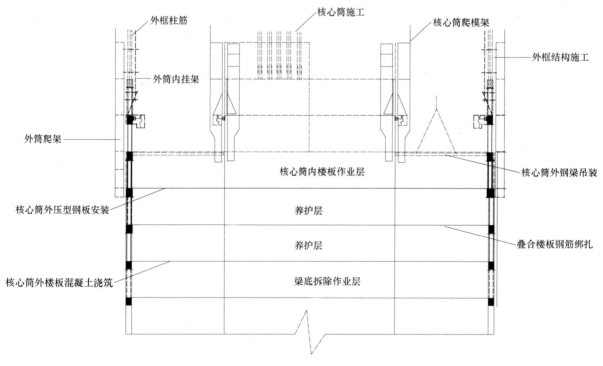

图5.2 作业面立体分布示意图

核心筒墙体：通过设置作业面空间间距，墙体模板采用双面液压爬模体系，核心筒内楼板混凝土梁留置梁窝，楼板钢筋在墙体施工时设置预留钢筋，核心筒外钢梁预留埋件。墙体施工各工序占据2～3层层高。

外框筒：外框柱、外框梁施工可以与核心筒墙体同步进行，也可以根据工程资源的调配要求，与核心筒墙体有一定的施工形象差距，外框梁柱施工占据3～4层层高。

核心筒内楼板：待核心筒墙体施工完成，脚手架爬升后，开始进行核心筒内混凝土楼板的施工。

核心筒外楼板：可以与核心筒内楼板平行进行，在预埋件处理完成之后开始进行钢构件吊装安装和钢筋混凝土结构楼板的施工，此部位各工序占据 4～5 层层高。

5.3 操作要点

5.3.1 测量控制

1. 轴线控制

标准层控制线的投测采用内控法，在内外筒均要布置内控点，布置数量和位置根据结构特点确定。同时内外筒控制点需要相互对应，便于内外筒结构轴线误差的校核。根据施工的特点和通视情况，轴线内控点布设成外框 6 个点，核芯筒 2 个点。核芯筒 2 个点与其中外框的 2 个点在同一直线上。根据通视情况在任意点放置全站仪，后视其他点后即可投测竖向结构控制轴线（图 5.3.1-1）。内控点投测采用激光垂准仪，投测接力层差距以 60m 为宜，便于保证投测精度。

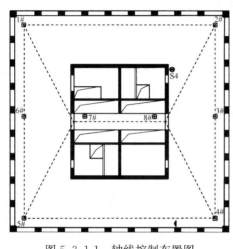

图 5.3.1-1　轴线控制布置图

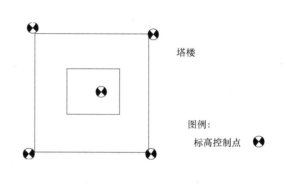

图 5.3.1-2　标高控制点平面布置示意图

2. 高程测量控制

利用场区控制水准点向楼层上传递，楼层内控制标高点分别布设于外框和内筒中。作为传递高程的依据，并做好标记和保护，位置示意如图 5.3.1-2。核心筒内外标高控制点进行校核。

5.3.2 混凝土结构模板和架体施工

结构施工部署上采取竖向结构与水平结构分别组织施工，竖向结构比水平结构施工超前 4～5 层，竖向结构施工时，不仅需要考虑使用脚手架配合施工，而且，脚手架不能影响水平钢梁的安装施工。

核心筒竖向结构施工采用爬模架体，适合于剪力墙大模板施工；外框竖向结构外侧采用桁架轨道式爬架，不仅满足外框竖向结构施工要求，同时满足水平结构施工时临边防护的需要，外框内侧采用三角挂架，不仅满足外框竖向结构施工时内侧的操作平台和防护要求，同时，避免了对水平结构施工的影响。

1. 核心筒墙体模板和架体施工

核心筒竖向结构均为混凝土墙体，采用大模板施工。核心筒墙体施工采用液压双面爬模架，此种架体是在液压爬模的基础上改进，增加核心筒内物料平台，此设计一改惯用的只在核心筒外侧布置架体的方式，在核心筒内侧布置了大量的架体。大模板设计以"大面跟随，小面吊装，大角模设计"的

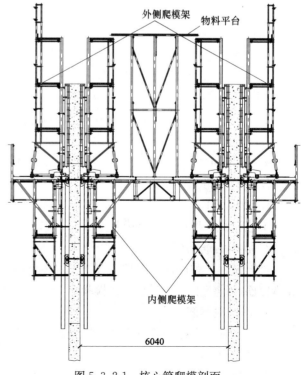

图 5.3.2-1　核心筒爬模剖面

原则，保证大部分模板可以随爬架进行爬升和支、退模工作。

液压双面爬模架共分为三个部分，即：爬模架物料平台、内侧爬模架及外侧爬模架（图5.3.2-1）。模板为86系列大钢模板。

液压双面爬模架体覆盖3个层高，共有5层操作平台，上两层为钢筋绑扎和混凝土浇筑平台；中层为支模操作平台，可在此平台上完成合模、拆模、清理模板等工作；下层为爬升操作平台；最底层为拆卸清理维护平台。当墙体混凝土达到脱模要求后，将模板退出750mm后，将爬模架爬升至上一层。使内筒墙体的施工完全摆脱以水平楼板作为操作平台的要求。

同时，此平台只占用3个层高，水平钢梁安装工作滞后竖向结构4层，此架体不会影响到水平结构的施工。

2. 外框柱梁模板和架体施工

由于楼板水平结构体系滞后竖向结构4～5层施工，外框外侧需要4～5层的防护架体，外框内侧因要进行吊装施工，架体采用三角挂架。

外侧采用桁架轨道式爬架，防护高度5层，用于外框柱、梁施工操作和防护。内侧采用分跨单片式三角挂架，单独吊装提升，覆盖一个层高。用于外框柱梁施工的内侧操作和防护脚手架（图5.3.2-2）。

柱模板采用定型组合钢模板，加固采用对拉螺栓及型钢包柱，柱与柱之间做钢管对顶支撑，并在梁上加地锚支撑。为减少支撑对架体的影响，侧向支撑采用剪刀支撑形式（图5.3.2-2）。

外框梁梁底支撑采用钢管脚手架，梁模板底模采用多层板做面板，方木做次龙骨，钢管做主龙骨。梁侧模采用多层板做面板，方木做次背楞，支撑为双管背楞，且梁的上下口均用对拉螺栓拉接。

3. 核心筒内楼板模板施工

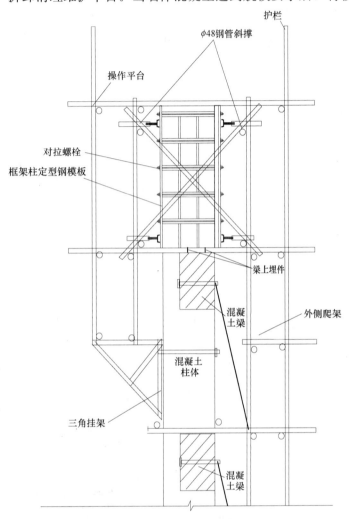

图5.3.2-2 外框架架体及柱模板立面图

标准层核心筒内的梁板水平结构模板采用木模板、钢管满堂红支撑体系，示意见图5.3.2-3。

5.3.3 钢筋工程

1. 楼板钢筋绑扎

工艺流程：模板清理→模板上放线→绑板下部受力钢筋、附加筋→马凳→绑上层钢筋。

2. 墙体钢筋的绑扎

工艺流程：弹墙体、暗柱位置线→墙体暗柱绑扎→连梁绑扎→绑墙体定位横筋→绑其余横竖筋→墙体拉筋→挂钢筋保护层垫块→检验。

3. 框架柱钢筋

工艺流程：套柱箍筋→直螺纹接竖向受力钢筋→画箍筋间距线→绑箍筋。

4. 框架梁钢筋

工艺流程：放箍筋→梁下层纵筋→在梁模上口铺横杆数根→梁上层纵筋→画箍筋间距→按箍筋间

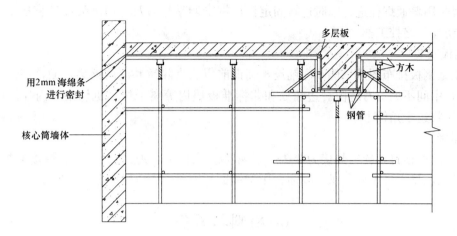

图 5.3.2-3　核心筒内梁、板支模示意图

距绑牢→抽横杆落骨架于模板内并垫好垫块。

5. 楼板预留钢筋

采用内外筒竖向结构先行的施工方法，内外筒间的楼板钢筋都需要在内筒墙体模板支立前预留。对于Ⅰ级钢筋，采用贴模筋施工方法，即：在墙体模板支立前将楼板钢筋按照接头位置错开的原则安装好，并且弯折向墙体。墙体模板拆除后，人工将预留的楼板钢筋剔出并顺直再绑扎。对于Ⅱ级钢筋，采用预留方法，即：在墙体模板下口设置可以拆卸的梳子板，墙体合模后按照图纸要求插入楼板钢筋，并进行防漏浆处理。

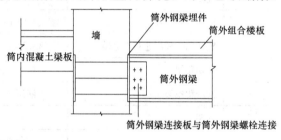

图 5.3.4-1　外筒钢梁与核心筒墙体节点图

5.3.4　钢梁—钢承组合楼板工程

外筒楼板为钢梁—钢承组合楼板，钢梁与核心筒体、外框柱、梁的连接为铰接节点，即：钢梁通过高强螺栓和预埋在混凝土墙体中的连接板与两侧的筒体结构相连（图 5.3.4-1）。

1. 预埋件及连接板安装

1）外框梁埋件的埋设位置是根据其楼层结构标高及轴线来确定的。

2）现场对内外筒相对应埋件的实际距离进行测量，计算出连接板的下料尺寸后，于现场进行连接板下料，解决混凝土与钢结构施工精度不匹配的问题，最后进行钢梁连接板的焊接。

2. 钢梁吊装及安装

1）吊装前，对钢梁定位轴线、标高、钢梁的编号、正反方向、长度、截面尺寸、螺孔直径及位置，节点板表面质量，高强度螺栓连接处的摩擦面质量等进行全面复核，合格后才能进行吊装。

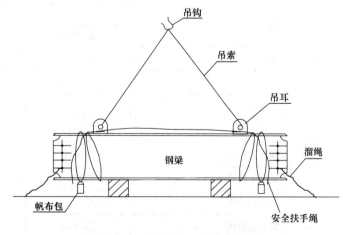

图 5.3.4-2　钢梁绑扎与起吊示意图

2）钢梁的吊装为两点起吊，以吊起后钢梁不变形平衡稳定为宜（图 5.3.4-2）。节点连接用的螺栓，按所需数量装入帆布包挂在梁端节点处，并在梁上装溜绳、扶手绳。一般外框梁重量较小，可以根据起重设备的起重量和构件的重量，在不超过起吊能力范围内，采用串吊来减少吊次，提高安装速度。

3）梁安装时用普通螺栓进行临时连接固定，待钢梁调整好后及时用高强螺栓替换安装螺栓，并进行高强螺栓的初拧、终拧工作。

3. 压型钢板安装

1）根据压型钢板排布图从一侧顺序铺设，铺设前应认真除锈并清洁钢梁顶面，铺设时保证板与板之间密合连接，中间不能留有缝隙。边角处和非标准板块用等离子切割机切割。内外筒墙体周边设置角钢，压型钢板收边于角钢上。

2）栓钉焊接

采用圆柱头抗剪栓钉，栓钉焊接为穿透焊。现场施焊之前必须进行栓钉穿透焊接工艺的评定。

3）安装好的压型钢板不应起拱、翘曲。压型钢板与钢梁顶面应紧密贴合无间隙。

6. 材料与设备

主要施工机械设备见表 6。

主要施工机械设备表（按单栋塔楼计）

表 6

序号	机械或设备名称	型号规格	数量	额定功率（kW）	用 途
1	塔式起重机	K50/70MC320	2 台	75kW	垂直运输
2	混凝土输送泵	HBT80	2 台	75kW	混凝土输送
3	混凝土布料杆	BL16	2 台	—	方便混凝土布料
4	施工用变频高速双笼电梯	SCD200/200G	1 台	45kW	垂直运输
5	电动爬架	桁架轨道	32 套	48kW	外脚手架提升
6	液压爬模架	液压导轨	68 机位	30kW	核心筒模架提升
7	挂架	—	36 套	—	外框筒内侧防护
8	插入式振捣棒	ZX30	10 根	1.1kW	确保混凝土质量
		ZN50	40 根	1.1kW	确保混凝土质量
9	蛙式打夯机	HW-60	2 台	2.8kW	确保回填质量
10	电焊机	BX3-200-2	6 台	23.4kW	钢结构构件焊接
		BX3-500-2	2 台	38.6kW	钢结构构件焊接
11	木工电锯	MJ106	2 台	5.5kW	木制品加工
12	木工电刨	MB504A	2 台	3kW	木制品加工
13	空压机	—	2 台	5kW	清理
14	普通水泵	6PW	50 台	6kW	防汛、抽水
15	混凝土标养设备	HBS-2	1 台	—	混凝土养护
16	混凝土回弹仪	HT225A	1 台	—	混凝土质量检验
17	钢筋弯曲机	GWJ6-40J	2 台	2.2kW	钢筋加工
18	钢筋切断机	CJ3Y-32	2 台	3kW	钢筋加工
19	钢筋直螺纹套丝机	—	6 台	1.5kW	钢筋加工
20	整体全站仪	TPS700	1 台	—	工程测量
21	2 秒激光经纬仪	DJJ-2	2 台	—	工程测量
22	2.5mm 自动安平水准仪	AL-222	2 台	—	工程测量
23	激光垂准仪	SJZ3	1 台	—	工程测量

7. 质 量 控 制

7.1 执行标准、规程（表7.1）

相关标准、规程 表7.1

序 号	规范、规程名称	类别	编 号
1	工程测量规范	国家	GB 50026—93
2	混凝土结构工程施工质量验收规范	国家	GB 50204—2002
3	混凝土质量控制标准	国家	GB 50164—92
4	混凝土强度检验评定标准	国家	GBJ 107—87
5	钢结构工程施工质量验收规范	国家	GB 50205—2001
6	建筑结构长城杯工程质量评审标准	地方	DBJ/T 01—69—2003
7	建筑工程施工测量规程	地方	DBJ 01—21—95
8	钢筋机械连接通用技术规程	行业	JGJ 107—2003
9	混凝土泵送施工技术规程	行业	JGJ/T 10—95
10	建筑钢结构焊接规程	行业	JGJ 81—91
11	建筑施工高处作业安全技术规范	行业	JGJ 80—91
12	建筑机械使用安全技术规程	行业	JGJ 33—2001
13	施工现场临时用电安全技术规范	行业	JGJ 46—88

7.2 具体质量要求

7.2.1 放线要求：对于混凝土结构工程部分，各部位的放线的允许误差见表7.2.1。

允许误差表 表7.2.1

项 目		允许误差	项 目		允许误差
外廓主轴线长度(L)	$L\leqslant30m$	±5mm	墙、柱、梁边线		±3mm
	$30m<L\leqslant60m$	±10mm	门、窗、洞口线		±3mm
	$60m<L\leqslant90m$	±15mm	层高		±3mm
	$L>90m$	±20mm	总高	$H>90m$	±20mm
细部轴线		±2mm			

7.2.2 钢结构加工安装的精度要求符合表7.2.2-1～表7.2.2-3。

钢梁加工精度 表7.2.2-1

梁相邻两组端孔间距误差	±3.0mm
梁高误差	±2.0mm

钢梁的安装测量允许偏差 表7.2.2-2

梁间距误差	±3.0mm
梁标高误差	±2.0mm

压型金属板安装的允许偏差 表7.2.2-3

项 目		允许偏差	
屋面	檐口与屋脊的垂直度	12mm	L为屋面半坡或单坡长度；H为墙面高度
	压型金属板波纹线地屋脊的垂直度	$L/800$，且≤25mm	
墙面	墙板波纹线的垂直度	$L/800$，且≤25mm	
	墙板包角板的垂直度	$L/800$，且≤25mm	

7.2.3 建筑物的垂直度误差和总高度误差符合表7.2.3。

建筑物的垂直度误差和总高度误差　　　　　　　　　　　表7.2.3

建筑物的垂直度误差和总高度误差 3H/10000					
建筑物高度	垂直度误差	总高度误差	建筑物高度	垂直度误差	总高度误差
30＜H≤60m时	10mm	10mm	120＜H≤150m时	25mm	25mm
60＜H≤90m时	15mm	15mm	H＞150时	30mm	30mm
90＜H≤120m时	20mm	20mm			

7.2.4 混凝土结构允许偏差符合表7.2.4。

混凝土结构允许偏差　　　　　　　　　　　表7.2.4

项次	项　目		允许偏差值(mm)	检查方法
1	轴线位移	柱、墙、梁	3	尺量
2	底模上表面标高		±3	水准仪或拉线尺量
3	截面模内尺寸	基础	±5	尺量
		柱、墙、梁	±3	
4	层垂直高度	层高不大于5m	3	经纬仪或吊线、尺量
		大于5m	5	
5	相邻两板表面高低差		2	尺量
6	表面平整度		2	靠尺、塞尺
7	阴阳角	方正	2	方尺、塞尺
		顺直	2	线尺
8	预埋铁件中心线位移		2	拉线、尺量
9	预埋管、螺栓	中心线位移	2	拉线、尺量
		螺栓外露长度	+5、−0	
10	预留孔洞	中心线位移	5	拉线、尺量
		尺寸	+5、−0	
11	门窗洞口	中心线位移	3	拉线、尺量
		宽、高	±5	
		对角线	6	
12	插筋	中心线位移	5	尺量
		外露长度	+10、0	

7.2.5 钢筋安装允许偏差和检验方法符合表7.2.5。

钢筋安装允许偏差和检验方法　　　　　　　　　　　表7.2.5

项次	项　目		允许偏差值(mm)	检查方法
1	绑扎骨架	宽、高	±5	尺量
		长	±10	
2	受力主筋	间距	±10	尺量
		排距	±5	
		弯起点位置	±15	
3	箍筋、横向筋焊接网片	间距	±10	尺量连续5个间距
		网格尺寸	±10	

项次	项　目		允许偏差值(mm)	检查方法
4	保护层厚度	柱、梁	±3	尺量
		板、墙、壳	±3	
5	钢筋电弧焊连接焊缝	宽度≥0.7d	+0.1d、-0	量规或尺量
		厚度≥0.3d	+0.2d、-0	
		长度	+5、-0	
6	直螺纹接头外露丝扣	套筒外露整扣	≤1个	目测
		套筒外露半扣	≤3个	
7	梁、板受力钢筋搭接锚固长度	人支座、节点搭接	+10、-5	尺量
		人支座、节点锚固	±5	
		垂直度	0	

8. 安 全 措 施

由于施工中采用了内外筒竖向结构先行施工，水平梁板结构随后施工的方法。核心筒竖向结构施工采用墙体内外侧双面同步液压爬模架体，外框结构施工采用爬架结合挂架，作为结构施工的防护架。

8.1　爬架安全防护措施

8.1.1　每个独立爬升架体，除水平承力桁架及竖向主框架以外的架体，采用钢管扣件式脚手架搭设。架体铺设脚手板，架体外侧沿全高设置剪刀撑；脚手架内立面在铺设脚手板层设立两道护身栏。

8.1.2　为防止物料及渣土自爬架下落，脚手板层立面在外设挡脚板，水平面板缝用木胶合板钉死。脚手板层内侧与墙之间设置铰接可折起的活动翻板，封闭架体与墙之间的缝隙。

8.1.3　为防止施工层人员自爬架外侧坠落，同时为避免风载对架体破坏，架体外立面用大眼网代替常规应用的密目安全网，在大眼网内侧满幅加挂钢丝网。

8.1.4　相邻两段架体等高和错开时，采用工具式格栅门和铰接的活动翻板保证架体间水平或竖向间隙处有效防护。

8.1.5　爬架爬升时，拉警戒线并派专人看守，禁止架体下人员作业和通行。

8.2　爬模架安全防护措施

8.2.1　为保证下层水平结构施工人员安全，各层平台铺设的脚手板，板缝用木胶合板钉死，防止物料及渣土自板缝坠落。

8.2.2　相邻两段独立爬升架体之间水平与竖向间隙采用工具式格栅门和活动翻板进行封闭。

8.2.3　为防止小物件自外爬模架与核心筒外墙面间空隙坠落，设置铰接可折起的活动翻板，封闭架体与墙之间的缝隙。

8.2.4　爬模架爬升时，拉警戒线并派专人看守，禁止架体下人员作业和通行。

8.3　挂架安全防护措施

8.3.1　每一单体挂架由两片三角架通过大横杆连成整体，并通过穿柱挂钩附着于柱子内侧壁表面，形成相对独立的升降单片挂架。架体外侧沿全高设置剪刀撑。

8.3.2　为保证作业层人员施工安全，作业面采用木板满铺，拼接严密，固定牢靠；内立面在铺设脚手板层设立两道护身栏；外立面立挂大眼网，内覆钢丝网与脚手架紧固，并用多层板沿作业面外侧设通长挡脚板，与脚手板固定牢靠。

8.3.3　相邻两段独立爬升架体之间水平与竖向间隙采用了工具式格栅门和活动翻板进行封闭。

8.3.4　为阻止误落的小物件，作业层脚手板用木胶合板钉死；每层脚手板下再兜挂水平大眼网上覆密目安全网。

8.3.5 挂架提升时，拉警戒线并派专人看守，禁止架体下人员作业和通行。

8.4 叠合层楼板施工安全防护

当核心筒与外框间连系钢梁形成后，立即预铺压型钢板形成硬性隔离层，以阻挡上部钢结构安装误坠落的小物件，然后正式施工其下层叠合楼板各工序。

9. 环保措施

9.1 严格按照有关规定及其他有关法律、法规规定施工。

9.2 严格控制作业时间，在没有办理夜间施工证之前，晚22：00至早6：00按规定不得作业。夜施光源位置安排合理，不直接对居民房，夜间混凝土浇筑基本上采用低噪声振捣棒。

9.3 施工现场提倡高度文明施工，建立健全控制人为噪声的管理制度，夜间施工尽量轻拿轻放，杜绝人为敲打、叫、嚷、野蛮装卸的噪声等现象，最大限度地减少人为噪声扰民。塔吊指挥协调全部采用对讲机，禁止使用哨声。

9.4 现场所有强噪声机具均应避免夜间施工，现场严禁车辆鸣笛，木工电锯、电刨搭设封闭式木工棚，尽量远离居民区，机具运行将门窗以帆布封闭，最大限度减少扰民。

9.5 混凝土输送泵，按要求搭设隔声棚。

9.6 现场配备一台声级计进行噪声监测。根据国家场界噪声检定标准要求：结构施工期间白天控制在70dB以下，晚上控制在55dB以下。

9.7 施工现场一律使用清洁燃料，以防止大气污染。

9.8 大门前设车辆冲洗池，各种运输车辆出场前必须清扫车身，污水经二次沉淀后排入指定市政污水管线。

9.9 各种运输车辆的尾气排放需达到国家有关标准，超标车禁止上路行驶。

10. 效益分析

10.1 经济效益

超高层竖向钢筋混凝土筒中筒结构与水平钢梁组合楼板结构分离施工工法，能有效利用超高层结构层数多的特点，充分发挥空间作业的优势，避免工序之间的相互制约干扰，可以较大幅度缩短工期。根据银泰中心东、西办公楼的施工经验，标准层单层面积 1849m²，单层施工周期基本控制在 4～5d 左右，比常规混凝土工程每层 6～7d 的周期，单层工期可以缩短 2d，以北京银泰中心西办公楼 38 个标准层计算，总工期共计缩短 76d。取得的经济效益见表10.1。

经济效益分析表　　　　　　　　　　　　　　　　表 10.1

项目	降低费用项目	备　注
1	降低大型机械租赁台班费约91.2万	塔吊租赁费1万元/日，混凝土输送泵租赁费0.2万元/日
2	降低周转材料租赁费约15.2万元	碗扣脚手架租赁费0.1万元/日，柱墙钢模板租赁费0.1万元/日
3	减少现场管理经费约30.4万元	
4	减少结构施工阶段的外租生活区场地费约5.1万元	
合计	总计降低成本141.9万元，每个标准层节约工程造价3.73万元	

10.2 社会效益：本工法改善了作业环境，减轻了工人劳动强度，施工过程文明安全。

11. 应用实例

北京银泰中心工程位于北京市朝阳区建国门外大街南侧，大北窑桥的西南角，东临东三环路、北面为长安街。占地 3.5hm²，总建筑面积 35.75 万 m²，其中地下建筑面积约 86408m²；地下共 4 层，基础埋深约为—22.95m；基础筏板结构尺寸为南北长 101.80m、东西长 220.80m；地上建筑由北楼、东办公楼、西办公楼三座高层塔楼以及南、北裙楼组成，北楼地上 63 层、建筑总高度 249.90m，东、西办公楼主体均为 44 层、建筑总高度 186.00m，东、西办公楼建筑面积共为 18 万 m²。

东、西办公楼核心筒外墙厚度在 5 层顶以下为 600mm，6 层及以上为 400mm，核心筒 31 层及以下墙体混凝土等级为 C60，32 层及以上为 C50。外框筒柱共计 36 根，均为矩形柱，四大角框筒柱截面尺寸 1200mm×1200mm，边柱在 3 层为 1200mm×1700mm，4～11 层顶为 1200mm×900mm，12～29 层顶多为 1200mm×700mm，29 层以上均为 1200mm×600mm。外框筒柱混凝土强度等级在 31 层及以下为 C60，32 层及以上为 C50，环梁强度等级 C40。楼板采用钢—钢承组合楼板，厚度以 110mm 为主，其中 14 层、24 层的楼板厚度为 150mm，屋面板厚 125mm，混凝土强度等级为 C40。钢梁以热轧工字钢梁为主，钢号 Q345B，连接核心筒四角各有一根焊接组合工字钢梁，最大截面特征 350mm×400mm×20mm×30mm；压型钢板为闭口型，厚度 0.95mm，波高 40mm。

本工法先后应用于北京银泰中心工程西、东办公楼。

西办公楼主体结构地下四层，地上 44 层，开工时间 2004 年 4 月，结构封顶时间 2006 年 1 月，其中标准层共 38 层创新采用了超高层竖向钢筋混凝土筒中筒结构与水平钢梁组合楼板结构分离施工工法。东办公楼结构形式同西办公楼，沿用超高层竖向钢筋混凝土筒中筒结构与水平钢梁组合楼板结构分离施工工法，开工时间 2004 年 9 月，结构封顶时间 2006 年 4 月。东、西办公楼标准层共为 76 层，14 万 m² 为工法应用部位。

超高层钢结构复杂空间坐标测量定位工法
YJGF024—2006

中铁建设集团有限公司
张淑莉

1. 前　　言

随着我国建筑业的发展，高层、超高层钢结构工程越来越多，施工测量贯穿在钢结构施工的整个过程中，测量的精度直接影响着钢结构的安装质量。我公司承建的中关村金融中心工程为150m高的全钢结构，工程造型独特，施工测量复杂，外轮廓为世界上独一无二的双曲面结构，竖向为半径750m的圆弧，平面圆弧最大半径为100m。钢柱全部为三维坐标定位，核心筒以外的定位轴线为弧线。通常的施工测量方法在本工程中已不适用。通过认真研究、精心施工，高质量、高速度完成了工程的施工测量工作，并形成本工法。该工法由中铁建设集团有限公司研究开发，在中关村金融中心工程中成功应用取得了很好的技术和经济效益。该科技成果被评为北京市二等奖，其关键技术已达到国际先进水平，填补了我国的空白。该工法已获得铁道部优秀工法一等奖。

2. 工 法 特 点

2.1　本工法的施工特点是：采用全站仪进行空间点的三维坐标定位，形成整个空间三维坐标系。

2.2　与传统的测量方法相比，该工法施工测量方便，测量精度高，施工安全，施工速度快，有利于提高技术经济和社会效益。

3. 使 用 范 围

所有高层、超高层钢结构工程的施工测量放线。

4. 工 艺 原 理

平面控制网的建立采用内控和外控相结合的方法，平面控制采用内控法施工、外控法校核的方法。钢柱定位采用先进的全站仪进行三维坐标定位。钢柱柱头标高、钢柱垂直度、钢柱间的水平距离层层进行测定和校验。

5. 施工工艺流程及操作要点

5.1　施工工艺流程

测量准备→控制网建立（包括平面控制网和高程控制网的建立）→地脚螺栓三维坐标测量定位→测量放线控制→外控法控制钢柱的位置→钢柱安装测量→钢柱安装质量测量。

5.2　操作要点

5.2.1　测量准备

1. 所有测量仪器准备齐全，并按《中华人民共和国计量法实施细则》规定检验合格；

2. 施工图纸审核完毕，并完成设计交底；

3. 专业测绘设计单位提供的工程水准测量成果、高程测量成果等资料齐全；

4. 现场桩位交接完毕，并做好桩位保护，资料齐全；

5. 定位依据的复核；

6. 用坐标反算法核对所给点的边长 D 和方位角 ϕ；

7. 用符合校测法所给出的水准点进行校核。

5.2.2 控制网建立

1. 平面控制网建立

1）根据每个工程的特点，为方便施工测量，提高施测效率，施工测量可分为一个或两个区域进行。通常两个区域的划分为：核心筒的施工测量是一个单独区域，核心筒外的钢柱施工测量是另一个区域。根据每个工程的高度和工程的特点，可采用内控法或内控法和外控法相结合的方法。

2）核心筒控制网建立：

• 外控网建立：将核心筒最外边的四条轴线分别向外扩 1m，形成核心筒外控平面网，见图 5.2.2-1。

• 内控网建立：从首层（±0.000 以上）开始往上的所有层，必须要在核心筒每层顶板上预留孔洞以便用激光铅垂仪进行测设。a、b、c、d 四个轴线的交点构建本工程的内控网，每层板上预留 4 个 200×200 的激光铅垂仪用的孔洞，用来投测施工时使用，见图 5.2.2-2。

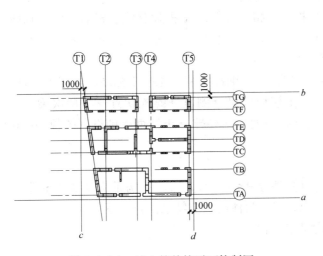

图 5.2.2-1　核心筒外控平面控制网

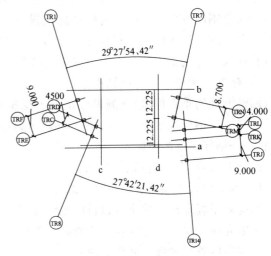

图 5.2.2-2　内控平面控制网

3）外围钢柱测量平面控制网建立：根据每个工程的构件布置情况，可以建立一个或多个平面外控网。中关村金融中心工程南北柱子为斜柱，东西两侧为直柱，因此南北和东西分别建立两个平面外控制网，见图 5.2.2-3、图 5.2.2-4。

2. 高程控制网的建立

1）用校核无误后的水准点向现场较永久的建筑物上外测本工程的±0.000，用红色油漆作"▲"标记，作为本工程的高程依据。为提高精度，在引测过程中必须使用前后视等长的原则。

2）在施工过程中，必须经常进行现场高程点的复测工作，确保引测的高程点正确无误。并在现场布设 4～5 个同等高程的标高点作为地下地上高程的依据，要在距离本工程一定位置的地方埋设至少 3 个水准基准点组成高程点组。

5.2.3 地脚螺栓埋设测量

在地脚螺栓的顶端临时安装一定位钢板，与预埋钢板平行并与地脚螺栓垂直。利用架设在柱纵、横轴线交点上的两台经纬仪垂直交汇，定位钢板上的纵横轴线允许误差为 0.3mm。在灌注基础混凝土前，进行检查调整纵、横轴线与设计位置的允许误差为 0.3mm。

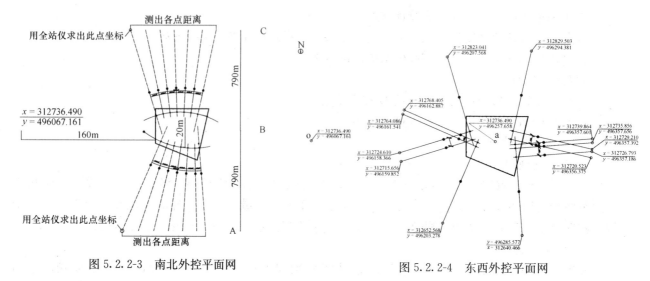

图 5.2.2-3　南北外控平面网　　　　　图 5.2.2-4　东西外控平面网

5.2.4　测量放线控制

1. 平面控制：

1) 首层底板放线：首先校测控制桩无误后，在控制桩架经纬仪，精密对中后，以盘左盘右取中法，把控制点投测到首层板面上，并进行闭合校核，闭合差符合测角中误差±10″，边长相对中误差1：10000范围内校核无误后，进行细部点投测，经自检、互检，报监理工程师验线合格后，依据轴线控制网图和施工分区图做控制桩点，作为竖向控制基点。控制桩点做法，用冲击钻把桩点钻出，然后把钢筋埋入，并用钢锯条锯出十字划在钢筋上作出标记。

2) 标准层测量工作与钢结构施工关系（以一柱二层为例）：钢柱安装（先校正标高，再校正位移、最后调整钢柱的垂直偏差）→测量校正→下层框架梁→上层框架梁→测量→螺栓初拧→下层次梁、小梁→下层压型钢板堆放→上层次梁、小梁→测量校正→高强度螺栓终拧→压型钢板铺设（楼板 50mm 控制线）→钢筋、混凝土施工。

2. ±0.000 以上部位轴线控制：

1) 本工程属于超高层建筑（檐高 150m），采用内控外控相结合的方法。结构垂直度要求非常严格，四周测量场地比较狭小。以首层轴线控制网中基点作竖向投测时，应特别注意以下三点：

• 事先应严格校正好仪器，投测时，严格定平度盘水准管。

• 尽量以首层轴线为准作后视。

• 取盘左、盘右向上投测的平均位置。

2) 从首层顶板上开始按留洞平面图所示位置每层顶板留出 4 个 200×200 的方洞，作为用激光经纬仪向上传递各层轴线的依据。

3) 留设此施工洞时，位置必须正确，测量人员在每层浇混凝土前应对各洞定位进行校核。用线坠校核上下层控制线间的误差，用钢卷尺闭合校核轴线控制线间的距离。在首层顶板上就把各控制轴线引测到较远的马路上，然后每隔 6 层用激光经纬仪加弯管目镜串中法向楼层投测相应轴线作为闭合，保证高层竖向轴线正确。内控法与外控法共同操作，相互校核。保证层层有校核。

4) 当建筑物施工到一定高度时，外控制和远方轴线标志不太好利用，此时必须以内控制为主要依据。测量员必须注意，外控制、轴线标志和内控制之间的关系必须保持一致，控制点之间距离误差要求达到±2mm，测角中误差±5″。

3. 标高控制：

1) 首先校测±0.000 标高点，然后将±0.000 抄测到建筑物外墙四周并引测到电梯井，用墨斗弹出，闭合差在±3mm 以内。

2) 用 50m 钢卷尺直接从±0.000 点沿电梯井和核心筒结构底板预留洞铅直拉出各层距结构板面

500mm 的统一高程点，当两点高程传递到同一施工面时，用水准仪对传递高程点进行闭合校测，取其三个高程点传递的平均值为准，作为各层结构高程的控制依据，在工作面上大面积进行抄平。

3）在每层楼板施工完毕后，将激光铅垂仪放置于首层底板上已埋设好的控制点 a（或 b、c、d）上，将激光铅垂仪精确对中、整平，然后调焦望远镜，照准施工层上的接收靶，利用无线对讲机通知并指挥施工层上操作接收靶的测量人员，使接收靶上正交的坐标中心点同激光铅垂仪十字丝交点完全重合。此时，固定好接收靶，为了消除仪器自身存在的系统误差，再将激光铅垂仪平转 90°方向，重新观测仪器十字丝交点是否与接收靶的正交坐标交点重合，如果重合，说明仪器本身没有存在系统误差。这样接收靶上的正交坐标交点即为控制点 a 的向上投影点；用同样的方法将其余各控制点分别投测到施工层楼板上，同样得到相对应的投影点。

4）控制点投测到施工层楼板上之后，将全站仪分别置于各投测点上，校测各个角及相邻两投测点间距是否同首层±0.000 底板上对应的各个角度及控制距离相符，待角度、距离校测后，将投影点用墨线连起来，然后以控制线为基准，用检定过的 50m 钢卷尺，将各条轴线投测于楼板上。最后以轴线为基准测出与钢柱所在轴线的借用 1m 控制线，作为下一节钢柱校正的依据。

5.2.5 外控法控制钢柱的位置（以中关村金融中心工程为例）

1. 利用图 5.2.2-3 和图 5.2.2-4 作为外控法的轴线控制依据。

2. 南北钢柱定位，见图 5.2.2-3。

1）用全站仪把 o 点坐标定出来，在 o 点放置一台 DJD2A 级的电子经纬仪，作为塔楼南北钢柱的主控点。定出 A、B、C 控制线，根据图纸尺寸把 TR2～TR7 各轴线与 c 轴的交点定出来，同样把 TR8～TR14 轴线与 a 轴的交点定出来。

2）DJD2A 级电子经纬仪架设在 o 点，用来控制 TRBs 轴和 TRGs 轴上钢柱的垂直于 TR1～TR14 轴方向的位置。莱卡全站仪（TCA2003）架设在 TR1～TR14 轴与 a、c 轴线的交点上，用来控制钢柱的轴线径向位置。

3. 东西两侧钢柱定位，见图 5.2.2-4。

1）用全站仪把 o 点坐标定出来，在 o 点放置一台 DJD2A 级的电子经纬仪，作为 TRBs 轴和 TRGs 轴上钢柱的主控点。把 TR1、TR7、TR8、TR14、TRC～TRF、TRJ～TRN 轴线上的各个坐标点同样用全站仪定出来。

2）用两台 DJD2A 级电子经纬仪架设在任意一根柱子的两个轴线上，用正交法即可把钢柱位置精确定位出来。

5.2.6 钢柱安装测量

1. 构件进场复测

1）在安装测量前，对柱、梁、支撑等主要构件尺寸与中线位置进行复核，构件的外形与几何尺寸的偏差符合《建筑钢结构质量验收规范》的规定。

2）根据流水分区的划分以及钢柱吊装顺序，在需要吊装的钢柱上面根据钢柱原有的冲眼标出轴线或中心线，并用红色三角作出标记，以便校测用。见图 5.2.6-1。在吊装前，必须对钢柱的长度，及截面几何尺寸作检查，以作为吊装测量控制标高的依据。

2. 定位复测

在基础混凝土面层上第一节钢柱安装前，要对钢柱地脚螺栓部位的柱十字定位轴线控制点组成的柱格网进行检查、调整，其误差小于 1mm。安装时柱底面的十字轴线对准地脚螺栓部位的柱十字定位轴线。其误差小于 0.5mm。

3. 钢柱垂直度校正

1）将检定过的两台 DJD2A 级电子经纬仪分别置于相互垂直的轴线控制网上，精确对中，整平。后视

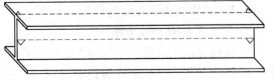

图 5.2.6-1 钢柱上标注基线示意图

前方墨线（控制轴线），然后纵向转动望远镜，照准钢柱头上操作人员的标志，并读数，与设计控制值相对比后，判断方向并指挥吊装人员，对钢柱进行校正。直至在两个方向上均校正在正确垂直位置后，将四个方向的缆风绳拉紧，然后通知吊装人员进行焊接。

2）由于焊接时，考虑到焊接使得钢骨收缩，而使得柱子偏移，所以必须随时监测并同时校正垂直度，钢柱校正方法如图 5.2.6-2 所示。

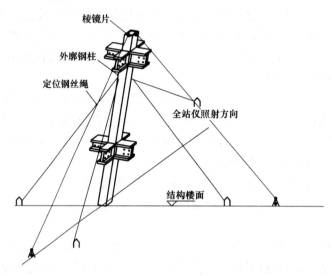

图 5.2.6-2　钢柱测量校正图

4. 钢柱顶位移校核

在下一节钢柱吊装前，必须对前一节钢柱顶的偏移进行复测。复测方法用楼板上已经投测的轴线及轴线控制线，量出控制线与钢柱中心的尺寸，根据实测数据整理成测量报告，上报各有关部门，并进行数据分析。以备在下一节钢柱吊装时进行平面调整，以免误差积累而影响总的垂直度。

5. 钢柱安装复测

1）当钢柱初校完后，需安装钢梁。梁柱之间用高强螺栓连接，在连接安装过程中，将会影响钢柱的垂直度，因此必须安装校检。

2）螺栓初拧之后，需要终拧。终拧同样将会对钢柱垂直度有所影响，为了保证钢柱安装精度的要求，需作进一步的校测。校测后的测量数据作为节点焊接参考依据。

3）终拧之后，下道工艺是焊接的焊缝将会收缩。因此，焊接之后，必须再一次校测，校测后记录下来的测量数据，主要为下一层钢柱安装提供调整依据。

6. 其他测定

在进行柱、梁、支撑等构件安装时，应以柱为准，调整梁和支撑，以确保建筑物整体的铅直度。在焊接时必须观测与记录以下项目：

1）柱与梁焊缝收缩引起柱身铅直度的测定；

2）柱的日照温差变形的测定值；

3）塔吊锚固在结构上，对结构铅直度的测定；

4）柱身受风力影响的测定。

5.2.7　钢结构安装质量检验

1. 钢柱头标高检验方法

用校核无误的当前施工层的控制标高作为基点，用水准仪将低于柱顶 300mm 的标高线投测到钢柱上，并弹上墨线。然后用经过检定的钢尺，量出墨线到柱顶的实际尺寸并记录下来。将实测后的数据整理上报，见图 5.2.7-1、图 5.2.7-2。

2. 首层以上钢柱垂直度检验校正

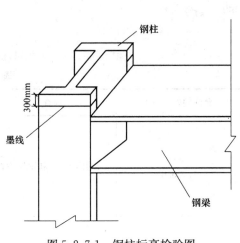

图 5.2.7-1　钢柱标高检验图

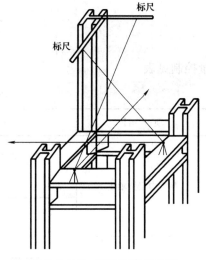

图 5.2.7-2　钢柱垂直校正图

1）将首层基准轴线投测到钢梁面上，所投测的线距离梁上的基准设计轴线 1m；

2）校测梁上基准线的平面位置、尺寸、关系，经校测符合精度后，方可使用；

3）将经纬仪架设在梁面基准线上，后视基准线方向向上投测，钢柱顶部卡有读数标尺；

4）根据仪器与轴线的间距关系，在标尺上读出相应的尺寸，以此来校正钢柱。

3. 钢柱之间水平距离的检验校正

1）当钢柱吊装完毕后，经过垂直度校正和标高校正完成后，需要进行平面位置校正；

2）AC2003 全站仪可以对任意多的点距离联测，利用全站仪的这一程序，来对钢柱水平面位置进行校验；

3）首先根据设计图纸，在计算机中把任意两个钢柱的平面位置距离计算出来，如图 5.2.7-3 所示。

4）用全站仪架设在任意位置（必需能够看到两个钢柱），使用距离联测程序测量出两个钢柱间的实测距离。把测量数据保存起来，作为钢柱校测的依据。

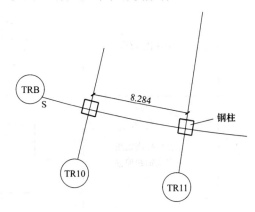

图 5.2.7-3　钢柱之间水平距离的检验校正图

6. 材料及设备

材料设备见表 6。

材料设备（以中关村金融中心工程为例）　　　　　　表 6

序　号	名　　称	型号与规格	数　量	精　度
1	莱卡全站仪	TCA2003	1 台	0.5″
2	电子经纬仪	DJD2A	3 台	2″
3	激光铅垂仪	D2J2	2 台	1/45000
4	自动安平水准仪	NAL132	2 台	±1mm
5	铝合金塔尺	5m	2 把	1mm
6	光原对点器		2 台	
7	棱镜		20 个	
8	钢卷尺	50m	2 把	1mm
9	管形测力计	LTZ-200N	2 只	
10	对讲机		4 部	

7. 质 量 控 制

质量控制见表7。

质量控制

表 7

序号	项　目	图　示	允许偏差(mm)	检查方法
1	钢结构定位轴线		$L/20000$ 且≤3.0	用经纬仪和钢尺检查
2	柱子定位轴线		1.0	用经纬仪和钢尺检查
3	地脚螺栓位移		2.0	用拉线和钢尺检查
4	底层柱柱底轴线对定位轴线偏移		3.0	用吊线和钢尺检查
5	上柱和下柱的扭转		3.0	用钢尺检查
6	底层柱基准点标高		±2.0	用水准仪检查
7	单节柱的垂直度		$h/100$ 且≤10.0	用经纬仪或吊线和钢尺检查

序号	项 目		图 示	允许偏差(mm)	检查方法
8	同一层柱柱顶标高之差			5.0	用水准仪检查
9	同一根梁两端水平度			$L/1000$ 且$\leqslant 10.0$	用水准仪和钢尺检查
10	压型钢板在钢梁上的排列错位			15.0	用直尺和钢尺检查
11	建筑物整体平面弯曲			$L/1500$ 且$\leqslant 25.0$	用经纬仪或拉线和钢尺检查
12	建筑物的整体垂直度			$(H/2500)+10$ 且$\leqslant 50.0$	用经纬仪检查
13	建筑物总高度	按相对标高安装		$\Sigma(\Delta_h+\Delta_z+\Delta_w)$	用钢尺检查
		按设计标高安装		$H/1000$,且$\leqslant 30$ $-H/1000$,且$\leqslant -30$	用钢尺检查

8. 安 全 措 施

8.1 做好边坡的移位观测（符合测量规范 DBJ 01—21—95—12—3）；

8.2 做好楼层的沉降观测，按测量规范三等水准测量的技术要求观测（DBJ 01—21—95/12、2、1）；

8.3 做好塔吊基础的沉降观测，及时进行数据整理，发现问题及时汇报和处理；

8.4 测量人员施工必须遵守项目的各项安全管理规定；

8.5 高空作业的测量人员必须戴好安全带；

8.6 测量时，必须将测量仪器架设在安全、平稳的地方。

9. 环保措施

9.1 施工测量的各种废弃物不得乱扔乱放（如墨瓶等）；

9.2 测量用的油漆、墨汁等必须按规定使用，不得随意乱涂或溢洒；

9.3 雨天或炎热天气施工时，必须采用遮阳和雨伞保护测量仪器，防止雨淋或太阳直射。

10. 效益分析

该测量工法技术先进，采用先进的全站仪进行空间三维坐标定位，测量精度高、速度快，大大提高了钢构件安装的质量和速度，减少了钢构件测量校核的时间，且施工测量与钢结构施工同时交叉进行，不占用施工工期。对于超过100m的高层钢结构工程，直接产生的经济效益在10万元以上。

11. 应用实例

本公司承建的150m高钢结构工程——中关村金融中心工程应用本工法，四角柱整体垂直度偏差最大为8mm，主体结构曲面偏差最大为7mm，总高度的偏差为9mm，均小于规范的要求。为6个月完成15000t的钢结构安装提供了有利的保证。

现浇混凝土斜柱施工工法

YJGF025—2006

北京建工集团有限责任公司总承包部　北京建工一建工程建设有限公司　北京城建集团有限责任公司

原波　曲春珑　翟培勇　杨俊峰　杜峰　汪蛟

1. 前　　言

很多城市皆以本地的建筑而出名，比如巴黎、悉尼。北京兰华国际大厦地处奥运商圈，属5A级智能写字楼工程，以其独特的建筑造型、复杂的建筑结构荣获2004中国10大新地标建筑，其施工更是得到了业内人士和同行们的普遍关注。本工程有14根超长斜柱，该斜柱独立段长度达26m，斜向倾角69°，柱断面达1000mm×2200mm，如此长度斜向劲性混凝土柱属国内首次施工。而河南艺术中心也将以它与众不同的设计理念，以及风格迥异的结构表现手法成为郑州市、乃至河南省的标志性建筑。河南艺术中心由五个不规则椭球体组成，五个单体建筑均采用下部现浇钢筋混凝土框架—剪力墙结构体系，上部钢结构屋盖。下部钢筋混凝土外边缘柱沿椭球体面斜向设置。五个单体建筑外围一圈均为梯形截面的斜柱子。

现浇混凝土（劲性）斜柱施工工法全面探索了一般混凝土斜柱、异形混凝土斜柱及超长斜向劲性混凝土柱施工工艺，解决了斜向柱体难于支撑及浇筑的难点，并将斜柱视为柱及梁的综合因素，即：斜柱下方支撑视之为梁，斜柱侧支撑视之为柱，其概念性的界定有效地解决了支撑方式及拆模的技术要点，形成了4项专利技术及1篇技术论文。并以其设计的科学性、支撑体系的稳定高效性、施工投入的经济性，填补了传统工艺的空白，尽可能地满足设计意图，柱外观及混凝土质量俱佳，令施工界人士普遍赞叹。该项施工工艺已通过市级科技成果鉴定和建筑业新技术应用示范工程验收，其施工技术达到国内领先水平。

2. 工 法 特 点

2.1 经济合理：采用工艺优化、劳动力优化、材料投入优化等方式尽可能提高工作效率。

2.2 设计科学：针对斜柱在空间上的变化及劲性构件中钢结构、钢筋及模板具体尺寸，对其加以信息化设计，通过CAD放样，精确计算钢筋穿插及模板尺寸。将斜柱视为柱及梁的综合因素，即：斜柱下方支撑视之为梁，斜柱侧支撑视之为柱，其概念性的界定有效地解决了支撑方式及拆模的技术要点，斜柱模板获得国家专利（专利号ZL200620200525.0）。

2.3 支撑体系稳定高效：采用楔形脚手架支撑体系，配合塔吊、捯链进行安装、支撑就位。一次架子保证劲性柱、钢筋、模板三项的支撑。

2.4 三节式模板的应用：解决了模板的连接支撑问题，采用模板与柱成品作为下一步模板的支撑加固体系，连接方便，节约材料，并可随钢筋、混凝土的工艺逐步上升，具有很好的推广价值。此项模板体系获得国家专利（专利号ZL200420077690.2）。

2.5 型钢连接卡具的发明和应用：改进了传统的钢柱焊接工作方式，提高了工效，提高了钢结构拼装的精确性。此项技术获得国家专利（专利号ZL200420072874.X）。

2.6 超长斜柱施工方法：针对北京兰华国际大厦超长斜向劲性混凝土柱的施工，总结出了超长斜柱施工方法并获得了国家发明专利（专利号ZL200410068966.5）

3. 适 用 范 围

本工法适用于结构外形、水平截面尺寸变化较大，且竖轴还发生一定角度倾斜的现浇混凝土结构的施工，也适用于劲性钢筋混凝土柱施工，尤其针对超长斜向劲性柱。此类结构常见于文化娱乐设施、体育馆、展览馆及大型公建项目等。

4. 工 艺 原 理

4.1 将斜柱视为柱及梁的综合因素，即：斜柱下方支撑视之为梁，斜柱侧支撑视之为柱，其概念性的界定有效地解决了支撑方式及拆模的技术要点。

4.2 针对一般斜柱及异形斜柱，利用多层板易于加工拼装和钢管脚手架搭设方便等特点，用模板拼成斜柱所需形状，通过控制模板的裁减角度、支撑架的搭设高度，来满足异形截面、倾斜角度的要求。模板支撑全部采用扣件式钢管脚手架。

4.3 针对超长斜柱，底模采用木模，侧模及顶模采用三节式模板，解决了模板的连接支撑问题，采用模板与柱成品作为下一步模板的支撑加固体系，可随钢筋、混凝土的工艺逐步上升。

5. 施工工艺流程及操作要点

5.1 施工工艺流程
5.1.1 混凝土斜柱
平面线位及空间线位施测→施工除外围斜柱的其他竖向结构→搭设顶板、梁支撑，并支出斜柱与内部竖向结构间框架梁的梁底，以梁底长度控制斜柱上部的空间位置→调整好斜柱接头以下钢筋的位置，绑接头以下斜柱箍筋→将斜柱主筋向柱底模反方向拉起→搭设斜柱底模→绑扎机械连接接头以上钢筋和柱箍筋→斜柱钢筋隐检后合其他三面柱模板→加固模板及支撑体系，再次校正斜柱位置→浇筑斜柱混凝土→混凝土强度达到1.2MPa后，拆除斜柱底模外的其他模板→待斜柱上层顶板、梁混凝土达到拆模条件，斜柱与框架梁形成整体稳定性后，与顶板模板同时拆除底面模板和支撑。

5.1.2 劲性斜柱
以钢结构施工为前导，测量放线、脚手架支撑体系充分为其服务，钢结构支撑定位、焊接及探伤试验完毕后再进行混凝土结构施工，其中钢筋的绑扎过程中必要时会采用先绑扎箍筋再穿主筋的方式以满足箍筋在复杂钢结构中穿插并连接。

工艺流程：劲性钢结构CAD放样、预加工并根据箍筋位置打孔（图5.1.2-1）→定位放线（图5.1.2-2）→支撑脚手架CAD放样设计（图5.1.2-3）→脚手架搭设→劲性钢结构拼装就位（图5.1.2-4）→劲性钢结构焊接（与原有底板埋件）→穿劲性柱箍筋并焊接（图5.1.2-5）→穿主筋（图5.1.2-6）→外围箍筋→模板的CAD放样并预加工（为混凝土浇筑振捣留有振捣孔）→模板拼装→模板加固→混凝土浇筑→混凝土内外同时振捣→养护→拆模→下一道劲性钢结构施工。

5.2 施工方法
5.2.1 平面线位及空间线位的施测
首先通过CAD对图纸斜柱的平面线位、空间线位、钢结构与钢筋关系进行放样。

平面线位：斜柱因其呈斜向分布，其水平面线位尺寸须根据柱倾角进行CAD放样，方得出实际平面尺寸。

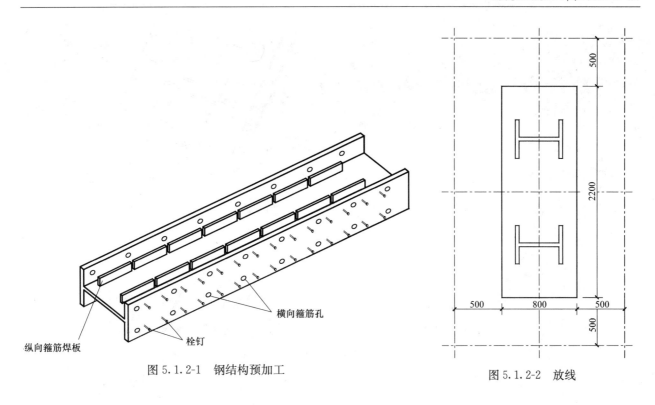

图 5.1.2-1 钢结构预加工

纵向箍筋焊板
栓钉
横向箍筋孔

图 5.1.2-2 放线

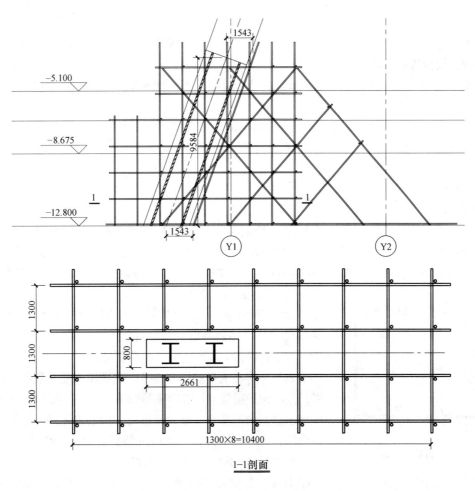

1-1剖面

图 5.1.2-3 支撑脚手架设计及搭设

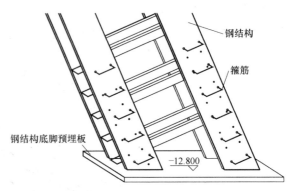

图 5.1.2-5　箍筋穿插及焊接

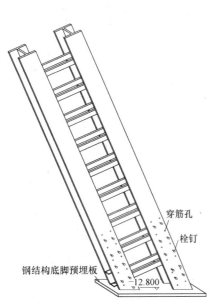

图 5.1.2-4　劲性钢结构拼装及焊接

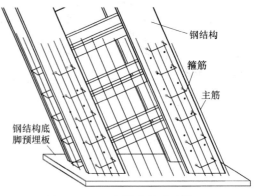

图 5.1.2-6　主筋穿插及连接

空间线位：将斜柱各关键点在 CAD 中进行精确放样，准确测量各点与相应轴线的水平距离，以便钢结构、钢筋、模板等各专业作业施工。

斜柱混凝土浇筑过程中，设测量人员观察斜柱顶端下沉和模板变形情况。根据目前施工观测情况。

钢结构与钢筋关系：因为劲性混凝土设计图纸中通常钢结构与钢筋分离，设计很难充分考虑两者交叉矛盾之处，通过 CAD 集中放样，可发现两者间交叉关系，并根据具体情况制定有效措施。

5.2.2　钢筋工程

1. 钢筋翻样

每个单体工程斜柱、折线梁设专人翻样，绘制翻样图，并利用计算机辅助翻样。斜柱翻样前需绘制翻样图，翻样图中对每根柱主筋进行单独编号（图 5.2.2-1）。单独计算每根主筋的长度，并在料单中注明。下料时对照翻样图和料单对每根斜柱主筋单独下料，下料后及时系上料牌，料牌上注明斜柱部位和主筋编号，防止混用。

箍筋翻样同样绘制翻样图，注明斜柱部位，下料时各部位箍筋单独码放，用料牌标识，防止混用。

2. 斜柱异形箍筋的加工和控制方法

斜柱中存在大量的异形箍筋，箍筋加工前在现场实际放出斜柱大样，反推保护层尺寸，放出箍筋加工尺寸，并在 CAD 上绘图，经过对比确定箍筋加工尺寸。每种异形尺寸箍筋加工前，先加工样板，经验收合格后方可大量加工。加工中随时与样板进行比照。

3. 混凝土斜柱钢筋绑扎方法

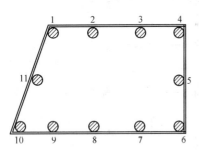

图 5.2.2-1　斜柱主筋编号

斜柱绑扎过程中与模板有一定的工序交接，为保证斜柱绑扎质量，必须按此操作顺序进行。

斜柱钢筋与模板工序的交接：先根据大样图给出的数据，调整好斜柱接头以下钢筋的位置，绑接头以下斜柱箍筋，然后将斜柱主筋向柱底模反方向拉起，以便木工支斜柱底模，支好斜柱底模后，机械连接接头以上钢筋和绑扎柱箍筋，做完斜柱钢筋隐检后合其他三面柱模板。

绑扎斜柱时首先根据放好的斜柱边线调整斜柱主筋根部位置，然后用做好的斜柱角度模型调整每根斜柱主筋角度，柱主筋调整完成后开始绑扎斜柱接头以下柱箍筋。

斜柱安装流程图如图 5.2.2-2。

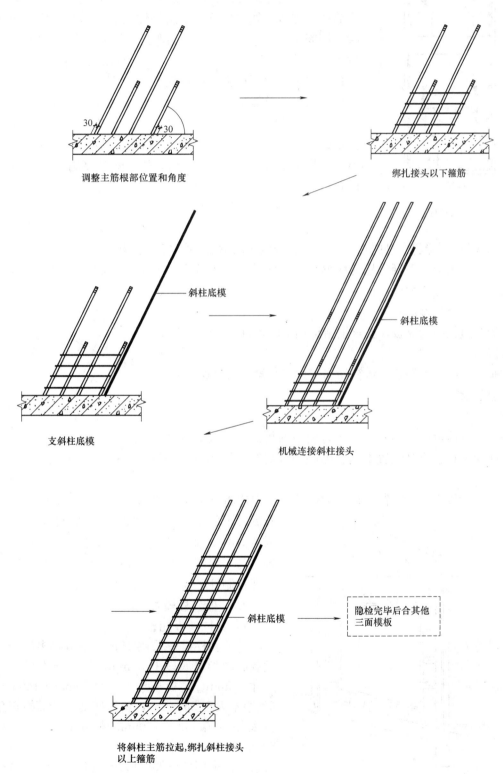

图 5.2.2-2　斜柱安装流程图

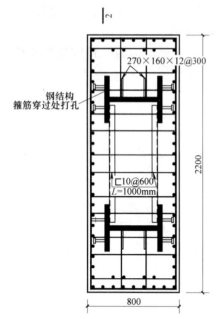

图 5.2.2-3　大截面劲性柱截面

斜柱绑扎箍筋的施工工艺：绑扎斜柱箍筋时应先在一根斜柱主筋上划出箍筋间距线，然后间距1500mm左右绑一个箍筋，形成钢筋骨架后再用水平尺把此线引到另外几个柱主筋上，根据此线再画间距线，这样控制箍筋绑扎的平整度。绑扎柱箍筋时注意箍筋编号，和斜柱的变化方式，以免用错箍筋。

斜柱主筋弯折方法：由于斜柱在每层斜度不一致，因此斜柱主筋在梁柱节点处需弯折，控制斜柱主筋的弯折角度和弯折点位置是钢筋工程的另一难点。主筋弯折采用在前台绑扎时人工弯折，弯折在浇筑完下一层斜柱混凝土后，绑扎梁柱节点钢筋前进行。弯折前在斜柱底面模板两侧固定标尺，标尺高度1000mm高，标尺位置为斜柱外侧斜边两柱角，标尺底标高为本层结构楼板顶标高，标尺斜度为本层斜柱的斜度。主筋弯折点为上下两层斜柱间夹角的中分线。找到每根主筋的弯折点位置用石笔作出记号，每弯折一根钢筋用尺量钢筋与标尺间距离以控制钢筋斜度和钢筋间距。

4. 劲性斜柱钢筋绑扎的方法

当前，对于大截面柱，设计图中箍筋数量决不仅限于柱周箍筋，在柱中穿插大量分布箍筋，见图5.2.2-3。相当数量的箍筋必将与钢结构交叉而无法穿过，混凝土结构设计规范中明确规定了混凝土柱的配箍率，箍筋数量不可减少。解决箍筋的交叉问题是劲性混凝土的一项重点。笔者在兰华大厦工程中主要采用以下三种方案综合解决：

提高箍筋直径，降低箍筋密度；

将部分箍筋穿过钢结构翼板，要求钢结构加工时预打孔（图5.1.2-5箍筋穿插及焊接）；

在钢结构腹板上焊附加缀板，将箍筋加工成三边箍，与之焊接。

5.2.3　模板工程

1. 构件概念界定

对于斜柱施工，质量控制的关键在于对模板的控制，模板的设计施工决定混凝土质量及柱子成品位置准确。因此需认真制定切实可行的模板方案。

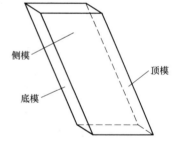

图 5.2.3-1　模板设计概念确定

首先认清斜柱的概念特征，斜柱在支护体系上，即应将其视为水平构件，又应视为竖直构件，即在斜柱下的支撑体系，按照水平构件支撑，"底模"需待混凝土强度达到100%以上时方可拆除；"侧模"与"顶模"可按照柱模（竖直构件）进行支撑，以便控制柱子稳定性。见图5.2.3-1。

2. 一般斜柱模板的配置

1) 斜柱模板配置

框架斜柱模板采用15mm厚覆膜多层板，模板配制高度为梁底以上50mm，配置断面尺寸为图纸尺寸-3mm。模板竖向龙骨为50mm×100mm木方（间距不大于250mm），斜柱底面、顶面模板角部模板采用100mm×100mm木方封口，中间采用50mm×100mm木方（间距不大于250mm）。斜柱模板支撑采用仿框架梁形式，斜柱底面设立杆支撑，水平间距400mm。立杆顶端按斜柱底面水平斜向角

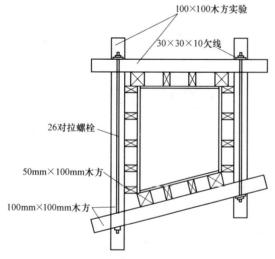

图 5.2.3-2　斜柱木方柱箍详图

度固定小横杆，作为底面模板支架。模板安装完后用100mm×100mm木方，两端打孔，用φ16螺栓对穿拉紧作为柱箍锁紧模板，沿斜柱方向间距300mm。从板底小横杆用短管打斜撑支撑侧面模板，并拉住顶面模板柱箍，保证整体稳定。见图5.2.3-2。

斜柱柱箍采用100mm×100mm木方柱箍和钢管柱箍组合形式：100mm×100mm木方两端打孔，用φ16螺栓对穿拉紧锁紧模板，木方柱箍两个一组，双向设置，沿斜柱方向间距300mm。钢管柱箍采用φ48×3.5脚手管。其中斜柱底面模板下横杆为底面模板支架。钢管柱箍安装后，从底面模板横杆用钢管打斜撑支撑侧面模板，并拉住顶面模板钢管柱箍。见图5.2.3-3。

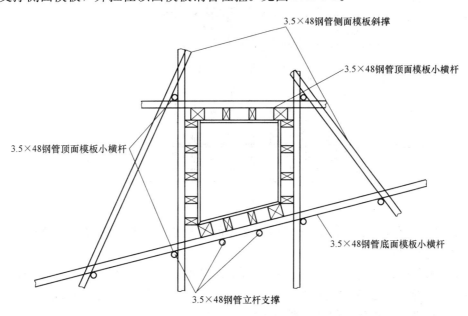

图5.2.3-3　斜柱钢管柱箍详图

2）斜柱模板安装工艺流程

制模→（首层短柱基础上）弹线→搭设外围整体支撑架→固定底面模板小横杆→安装底面模板→绑扎斜柱钢筋→安装侧面模板、顶面模板→自下而上安装柱箍并安装侧面模板斜撑→预检→浇筑混凝土时钢筋模板的复查维护→拆模→模板清理。

3）斜柱模板安装

斜柱支撑体系采用在结构外侧搭设满堂红脚手架，立杆间距1000mm，横杆间距1500mm。见图5.2.3-4、图5.2.3-5。为保证架子整体稳定性隔排立杆设置剪刀撑。斜柱下立杆支撑共四列，斜柱两侧600mm处各一列，斜柱下两列。在每根斜柱两侧600mm处沿斜柱方向立杆加密，作为斜柱支撑，间距为沿斜柱方向400mm。并用水平杆与满堂红脚手架连成整体。水平杆步距1500mm，在斜柱支撑立杆上根据斜柱斜率和底面模板斜边角度固定小横杆，间距小于500mm。小横杆安装后，吊线检查线坠与斜柱基础边线距离，以保证斜柱的整体斜率。检查后安装底面模板，并用短木方临时固定。绑扎斜柱钢筋后，安装侧面、顶面模板，并安装柱箍。最后用脚手管在斜柱侧面打斜撑，斜撑固定在整体外架上，以保证斜柱侧向稳定性。并在斜柱下沿斜柱方向加设支杆支撑，间距400mm。在保证斜柱整体尺寸和斜率满足设计要求的前提下，斜柱整体向内侧倾斜10mm。以抵消浇筑混凝土时，由于混凝土自重产生的整体下沉。

3. 超长斜柱模板设计

针对超长斜向柱子，我们分别研究了斜向柱构件特征及超长柱模板的设计，最后将二者结合起来最终形成本工程应用的超长斜向柱模。

1）三节式模板的新型设计模式

针对超长柱，我们采用了三节式周转栓接模板。该模板由三段组成，可每次采用两节栓接浇筑，

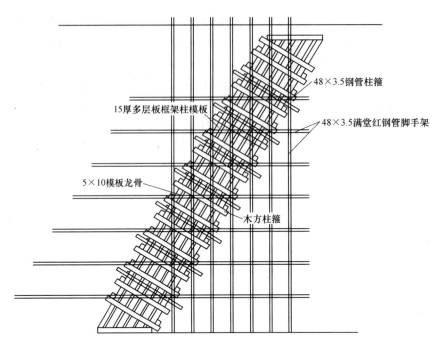

图 5.2.3-4　斜柱支撑体系（侧面）

拆模时，在柱混凝土上留有一节，作为下段模板支撑的连接点，并周而复始，每次拆模均保留一节。免去下部斜支撑。可有效提高效率。

　　传统模板仅针对单层柱进行配置，即便个别两层连同的大空间中的跨层柱，亦将模板周转两次，仍可完成柱的施工，但对于独立长度如此的超长柱，若采用传统模板，随着柱施工高度的逐渐升高，将浪费大量的支撑材料，且将难以保证上部柱的稳定支撑。

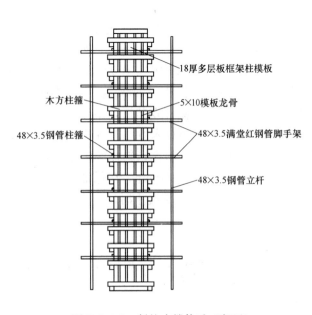

图 5.2.3-5　斜柱支撑体系（底面）

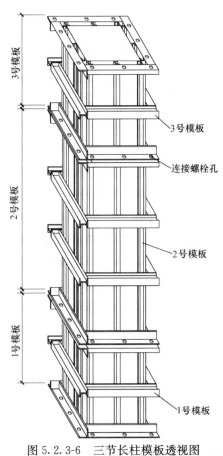

图 5.2.3-6　三节长柱模板透视图

　　为此我们设计了一套三节式周转栓接模板。该模板由三段传统的钢模组成，参见图5.2.3-6，即1号、2号、3号模板，其1号、3号模板较短，2号模板较长。模板上下口的龙骨上均设有螺栓，可保证各节之间的栓接。

　　模板按照设计加工完后，进行了必要的保养及脱模剂工序，柱钢筋绑扎完毕后，在柱相应位置，先将一长一短两节模板通过螺栓拼接（图5.2.3-7），要求保证拼缝的严密性，不得漏浆，并进行支撑，其支撑方法同传统混凝土，这里不赘述。然后进行第一段混凝土浇筑（图5.2.3-8）。

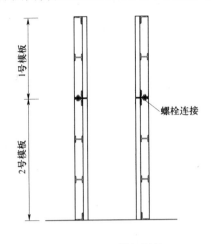

图 5.2.3-7　模板拼接

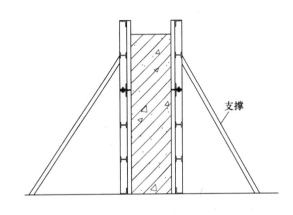

图 5.2.3-8　混凝土浇筑

　　待柱混凝土强度满足竖直构件拆模强度要求后，解除柱斜支撑体系，将2号模板拆除，保留1号模板（图5.2.3-9），进行上部钢筋绑扎，然后在1号模板上通过螺栓拼接2号模板及3号模板（图5.2.3-10）。此时，1号模板提供上部模板的支撑加固作用，可免除本段2号、3号模板的斜支撑体系（若柱为斜柱，则应增加倾斜一侧的单侧支撑）。

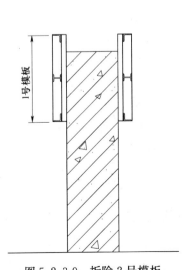

图 5.2.3-9　拆除2号模板

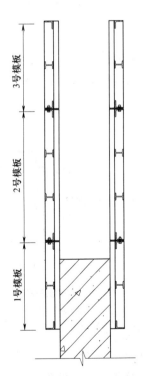

图 5.2.3-10　在1号模板上
栓接2号、3号模板

2 号、3 号模板固定完毕后，进行第二步混凝土浇筑，进而，再将 1 号、2 号模板拆除，保留 3 号模板留待下一段模板向上拼接。参见图 5.2.3-11、图 5.2.3-12。

依此类推，便可完成超长柱模板支撑，本套模板特点在于采用模板与柱成品作为下一步模板的支撑加固体系，连接方便，节约材料。具有很好的推广价值。

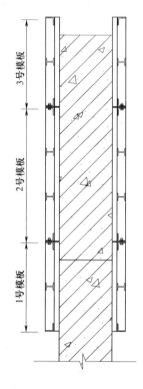

图 5.2.3-11　混凝土浇筑

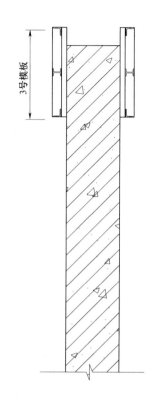

图 5.2.3-12　1 号、2 号模板拆除

2）模板设计

钢模板与木模结合

顶模及侧模采用钢模，底模为木模（底模需待 28d 强度后方可拆模，因此不参与周转，采用木模）。

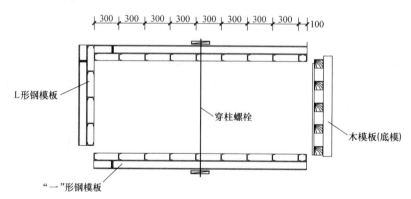

图 5.2.3-13　劲性柱钢模平面图

5.2.4　混凝土工程

1. 混凝土是斜柱施工的重中之重，由于斜柱的特殊造型造成混凝土施工有以下几个难点：

1）斜柱箍筋较密，在斜柱底面呈一斜面，混凝土在向下输送过程中，拌合物中的砂浆易被箍筋挂住，造成斜柱底部混凝土缺少砂浆。

2）部分斜柱斜度较大，且钢筋较密，振捣棒很难输送至斜柱底部，在提升过程中，振捣棒容易被箍筋卡住。而且没有重新插棒的机会。

3）斜柱振捣过程中，混凝土中产生的气泡不易排出，会积聚在顶面模板下。造成顶面混凝土蜂窝、麻面，影响混凝土观感。

2. 针对以上难点，采取以下措施：

1）浇筑混凝土前在斜柱内插一根直径为150mm的硬质胶管，并在胶管表面开一宽度为100mm的槽，将振捣棒放在槽内，随提升振捣棒随提升胶管，保持振捣棒始终在胶管内。同时胶管作为串筒，向下输送座底砂浆和底部混凝土。

2）选用作用半径较大的70振捣棒，浇筑混凝土前将振捣棒和胶管先插入斜柱中，随浇筑混凝土随提升振捣棒和胶管，每根斜柱振捣一次。

3）严格控制混凝土拌合物的坍落度和扩展度，现场在斜柱混凝土大面积施工前先后浇筑了四根斜柱作为实验，根据实验结果总结出混凝土拌合物坍落度在210～230mm，扩展度在370～450mm间浇筑的斜柱外观质量是最好的。大面积施工时以此作为控制依据，在每根斜柱浇筑前均检测坍落度和扩展度，符合要求的混凝土才允许进行浇筑。

4）在斜柱顶面模板间隔2000mm开通气槽。通气槽高度30mm，宽度200mm，内衬细钢丝网。在浇筑斜柱混凝土时，设专人在顶面模板用50振捣棒轻振模板，同时观察通气槽的气泡，尽量使气泡从通气槽排出。

5.2.5 钢结构的放样设计与施工

1. 结构节点设计

由于劲性混凝土结构一般采用实腹式钢骨梁、柱外包钢筋混凝土的结构形式，因此在结构节点处不可避免地涉及到混凝土梁、柱的主筋、箍筋与劲性钢骨梁、柱交叉的问题。解决这一问题一般遵从以下几点原则：

1）近量避免混凝土梁、柱的主筋与劲性钢骨梁、柱的腹板发生位置冲突，保证钢骨梁、柱的抗剪、抗弯能力满足设计要求。

2）当混凝土梁、柱的主筋与劲性钢骨梁、柱的翼缘板交叉时，在保证钢骨梁、柱结构的连贯及承载能力满足设计要求的前提下，可在钢骨梁、柱上开设穿筋孔以尽量保证混凝土梁、柱的主筋的连续贯通。穿筋孔数量不宜多，钢骨梁、柱截面因开孔而损失的面积<1/4钢构件的截面面积。

3）可在钢骨梁、柱上焊接钢板用于焊接主筋，以保证主筋载荷传递的连贯性。钢板宜选用与钢骨梁、柱同材质的钢材，宽度应满足主筋的搭接长度的要求，截面积满足主筋等强度要求。焊接搭接钢板的方法也较多的运用在箍筋与钢骨梁、柱的连接上。

4）穿筋孔位应尽量远离钢骨梁、柱的拼接焊缝和板边缘，距离不小于一个孔径。

2. 钢结构施工

劲性混凝土结构中钢结构部分的施工基本按照以下施工顺序进行：

搭设承重脚手架→吊装钢骨梁、柱→钢骨梁、柱位置调整→支撑、固定→组对焊接→钢筋混凝土施工。

1）吊装钢骨梁、柱

钢骨梁、柱的吊装一般采用现场塔吊完成，钢骨梁的吊耳设在梁两端1/4～1/3的对称区域内，钢骨柱吊耳设在柱顶端。对于钢骨斜柱的吊装可利用不同长度的吊索来实现倾斜吊装，如图5.2.5-1所示。

2）钢骨斜柱的调整

钢骨斜柱吊装就位后，采用在承重脚手架上搭设门子架挂捯链的方法，调整人钢骨斜柱的位置、角度和标高。捯链位置设在临近柱顶或梁端，形式如图5.2.5-2。

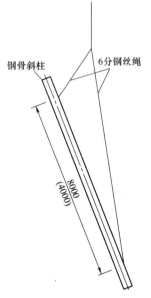

图 5.2.5-1　钢骨斜柱倾斜吊装

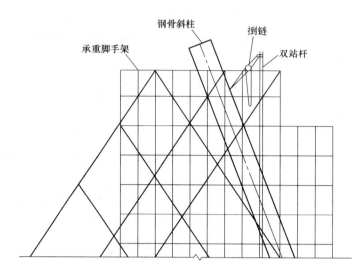

图 5.2.5-2　钢骨斜柱

测量钢骨斜柱柱脚至柱顶的实际长度，根据钢骨斜柱的设计倾斜角度通过三角函数关系，计算出柱顶垂直投影至柱脚的水平距离，并在地面上用十字线标出。采用经纬仪配合激光测距仪的方法来进一步调整钢骨斜柱。首先用经纬仪在地面上放出钢骨斜柱腹板中心线，在中心线上分别取柱顶、柱中两个投影点架设激光测距仪，架设时应保证支架的水平度。用激光测距仪分别测量各投影点距钢骨斜柱的水平和垂直距离。

从而计算出钢骨斜柱的平均倾斜角度值，记述公式为：

$$\alpha = \arctan\left[\frac{H}{L - \frac{b}{2}}\right] \tag{5.2.5}$$

式中　α——钢骨斜柱的倾斜角度；

　　　H——垂直距离；

　　　L——水平距离；

　　　b——激光测距仪的宽度。

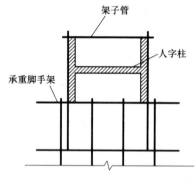

图 5.2.5-3　钢骨斜柱承重脚手架固定

根据计算值对钢骨斜柱进行反复调整。调整的同时随时调整承重脚手架，尽量保证横杆均匀受力。

3）钢骨斜柱的固定

在钢骨斜柱无法与其他钢构件或混凝土结构形成刚性连接时，将调整完毕的钢骨斜柱用架子管分三处将钢骨斜柱卡住，与承重脚手架固定，参见图 5.2.5-3。

焊接柱脚，柱脚腹板开双面坡口，翼板开单面"V"坡口。为了减少焊接应力对柱脚板及柱身垂直度的影响，焊接时采用对称焊接和分层多道焊接的方法，减少柱脚板的局部受热量和焊缝收缩量，避免柱脚板发生受热变形或层间撕裂。

6. 材料设备

全站仪、卷尺、线坠、钢筋弯曲机、钢筋切割机、大扳手、钢筋原材、多层板、100×100 木方、50×50 木方、钢管、扣件、橡胶串筒、溜槽、地泵、振捣棒、电钻、坍落度筒。

7. 质 量 控 制

由于斜柱施工较为少见，所以没有相应的质量验收标准。根据设计要求，参考有关规范和标准，结合工程实际制定质量验收标准，详见表7。

斜柱质量验收标准 表7

项　次	项　目	允许偏差(mm)	检查方法
1	轴线位移	±8	尺量
2	标高	±5	水准仪、尺量
3	全高	±30	水准仪、尺量
4	截面尺寸	±3	尺量
5	表面平整度	3	靠尺、楔形塞尺
6	倾斜度	±20	全站仪或拉线尺量

8. 安 全 措 施

8.1 不周转使用的模板，拆模后吊到模板架子上，不得靠在其他物体上，防止滑移、倾倒。

8.2 浇筑斜柱混凝土时，需在柱边支搭操作平台，平台上需有一道扫地栏杆和一道齐腰栏杆。平台上铺脚手板，严禁工人或指挥人员站在梁底模和模板口上。

8.3 混凝土振捣时，应慢拔胶皮管，因胶皮管较长，防止其坠落伤人。

8.4 浇筑斜柱混凝土时，指派专人看管斜柱底支撑，防止意外情况发生。

9. 环 保 措 施

9.1 在管理工作和现场施工中严格按照 GB/T 28001—2001 职业健康安全管理体系的有关规定执行，并制定相应的环保工作方针，建立环保工作保证体系，采取相应的环境保护措施。

9.2 严格贯彻河南省地方及其他国家对建设施工企业在施工中的有关环保规定，防止施工所产生的噪声及灰尘对周边环境的污染。

9.3 防止施工材料出入施工现场对周边环境的污染，要求从现场出去的车辆，车轮要及时清洗干净，以免污染道路。

9.4 现场施工时为保证施工的顺利进行，做到安全文明施工，特指定专职安全员，负责工程的安全文明施工的组织管理工作。

9.5 在施工中对噪声、粉尘、运输遗撒等必须进行严格控制，以确保良好的施工环境状态。

10. 效 益 分 析

现浇混凝土（劲性）斜柱施工工法以及设计的科学性、支撑体系的稳定高效性、施工投入的经济性，填补了传统工艺的空白，尽可能的满足设计意图，柱外观及混凝土质量俱佳，令施工界人士普遍赞叹。该项施工工艺已通过市级科技成果鉴定和建筑业新技术应用示范工程验收，其施工技术达到国内领先水平。获 2005 年度北京建工集团科技进步一等奖。2007 年入选北京市工法汇编。

针对现浇混凝土斜柱的施工，我们通过本工法的有效实施，采取了多项先进的技术措施，解决了现浇混凝土（劲性）斜柱的施工难题，圆满地完成了施工任务，确保了北京兰华国际大厦工程和河南艺术中心工程结构封顶的形象目标，取得了良好的社会效益。在质量、文明施工、社会影响、经营状况等方面获业主、监督单位以及同行业的一致好评。

超长斜柱施工：底模采用木模板，侧模和顶模采用三节式定型钢模板，通过模板体系的有效应用，控制了混凝土的错台和漏浆，解决了上层模板的固定问题，节约了工时及临时支撑材料。

一般现浇混凝土斜柱施工：采用覆膜多层板做板面，扣件式钢管脚手架做支撑，通过预先挑出梁底来控制斜柱的平面位置。较定型钢模板的一次性投入节省成本 40%。

现浇混凝土（劲性）斜柱有关技术及施工进展，在中国建筑业协会的"筑龙网"发布，反响强烈，业内人士已经纷纷前来参观工程，并进行了广泛的学术交流活动，其专项技术在其他工程已经开始采纳，为工程的科技含量，为探索新的技术方法作了必要工作，扩大了企业实力，并拓宽了企业市场。

11. 应 用 实 例

11.1 兰华国际大厦工程

兰华国际大厦（安园综合服务楼工程）位于北京朝阳区安慧北里，结构类型为框架劲性结构，工程于 2002 年 12 月开工建设，于 2006 年 7 月竣工，工程中应用 14 根超长斜柱，该斜柱独立段长度 26m，斜向倾角 69°，柱断面达 800mm×2500mm，如此长度斜向劲性混凝土柱属国内首次施工。

在施工中，我们大胆探索超长斜向劲性柱施工工艺，解决了斜向钢结构柱施工、超长柱模板设计、高强度混凝土施工等技术难题，节约了工时及临时支撑材料，混凝土表面平整度控制在 2mm 以内，混凝土的外观质量优良，并形成了多项专利技术和技术论文，取得了良好的社会效益及经济效益。

技术指标测量结果   表 11.1

部 位	斜向劲性柱			直立劲性柱		
	表面平整度	截面尺寸	混凝土外观质量	表面平整度	截面尺寸	混凝土外观质量
误差情况	≤2mm	≤2mm	优良	≤2mm	≤1mm	优良

项目部通过对大截面超长斜向劲性柱施工工法的有效实施，业主及监理对其施工质量非常满意，长城杯专家评委及质量监督站有关领导均给予很高评价，如此大截面、斜向、超长、高强（C60）的混凝土达到这样好的质量，实属罕见，均认为该技术无论从技术上还是从经济上都取得出色的效果，在今后的工程中值得大力推广。

11.2 其他工程

河南艺术中心是河南省的标志性工程，位于郑州市郑东新区 CBD 开发区，总建筑面积 75000m²，于 2004 年 10 月开工，计划于 2007 年 7 月底竣工。工程由大剧院、小剧场、音乐厅、美术馆、艺术馆五个鸭蛋形建筑和中心服务区、南北共享大厅共 7 个单位工程构成。大剧院、音乐厅、小剧场、艺术馆、美术馆五个单体建筑均为不规则椭球体，几何模型是在没有空间曲面方程情况下完全根据设计师的想象建立的。五个单体建筑均采用下部现浇钢筋混凝土框架—剪力墙结构体系，上部钢结构屋盖，整体外包金属幕墙。下部钢筋混凝土外边缘柱沿椭球体面斜向设置，结构体系极不规则，受力状况复杂。五个单体建筑外围一圈均为梯形截面的斜柱子，柱子倾斜角度依据椭球体外形的变化而变化，共有斜柱 531 种（根），倾斜角度 268 种，从 23.83°～89.68°不等。该工程的施工采用上述施工方法，目前斜柱施工已经全部完成，施工质量达到预期目标。

而三里屯时尚文化区工程于 2006 年 1 月开工，计划 2007 年 7 月末竣工，工程中我们通过对现浇混凝土斜柱工法的有效实施，克服了斜柱支撑体系及模板搭设难度较大的困难，利用多层板易于加工拼装和钢管脚手架搭设方便等特点，用模板拼成斜柱所需形状，通过控制模板的裁减角度、支撑架的搭设高度，来满足倾斜角度的要求。模板支撑全部采用扣件式钢管脚手架。节约了工时及临时支撑材料，混凝土的外观质量优良，得到了业主及监理的好评。

高位大悬挑转换厚板施工工法

YJGF026—2006

南通建工集团股份有限公司　山河建设集团有限公司
江苏中兴建设有限公司重庆分公司　甘肃第七建设集团股份有限公司
张向阳　易兴中　李光　程秋明　林中茂　何显波　张松林　赵春潮　赵济生　王立红　齐荣彪　刘毅

1. 前　　言

现代高层或超高层建筑由于功能上的需要，低层部位因商业功能的要求希望具有可灵活布置的自由空间，而上层部位往往设计为小开间的剪力墙结构，为达到这一目的，在二者结合部位设置结构转换层；厚板转换层对上部结构布置的适应性很强，常用于低烈度区。由于转换层结构的跨度和承受的竖向荷载均很大，致使转换层结构具有较大的截面尺寸，同时高位转换结构布置位置较高，因而其施工技术具有一定的难度。

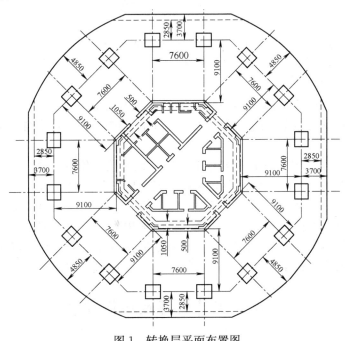

图1　转换层平面布置图

无锡三阳城市花园工程，坐落于无锡市中心，地下2层，地上48层，总建筑面积8万余平方米。主楼九层及九层以下结构为框筒结构，为多年前已建工程；裙房部位框架结构，为营业中的三阳百盛商场。设计通过对主楼已建结构框架柱与剪力墙的加固以及在主楼六层至九层框架柱外大部分增加了悬挑梁板等系列改造后，在标高40.000m（十层结构平面位置）部位布置2m厚钢筋混凝土转换板，续建38层剪筒结构商办楼。转换层板厚2m，外框呈弧状，由框架柱向外悬挑3700～4850mm，向芯筒剪力墙内筒内延伸500～1050mm，转换板的面积约2100m²，如图1所示。在距转换板面300mm处，设计布置了有粘接预应力筋；转换厚板下楼层间净空间仅有3500mm；转换厚板施工过程不仅需要保证工程质量，同时须保障施工安全，维护商场正常营业秩序。

南通建工集团股份有限公司在施工过程中开展了技术创新，取得"高位大悬挑转换厚板施工技术"这一国内领先新成果，于2005年通过了江苏省建设厅组织的鉴定，荣获了2006年度华夏建设科技进步三等奖。所形成的高位大悬挑转换厚板施工工法，工艺新颖、技术先进，具有明显的社会和经济效益。

2. 工 法 特 点

2.1 本工法结合环境特点，依据既有结构、新浇结构的承载能力特性，通过结构分析与优化及风险评价，充分利用永久结构本身的承载能力，转换厚板采用叠合浇筑，模板支撑综合采用安全可靠、技术经济合理的钢桁架支撑、钢管扣件支撑、空间钢结构支撑体系。

2.2 采用合理的钢筋工程施工工艺，提高了工效，保证了钢筋工程质量。

2.3 科学的混凝土施工质量控制方法。

2.4 严密的叠合界面处理措施。

2.5 考虑施工过程工况的转换厚板预应力钢绞束张拉应力控制。

2.6 贯穿转换厚板施工全过程，考虑时空效应的检测试验控制。

3. 适 用 范 围

本工法适用于复杂环境条件下各类高位转换厚板结构的施工，同时亦适用于各类厚重结构施工参考。

4. 工 艺 原 理

4.1 本工法结合环境特点及风险因素，应用叠合结构原理，转换厚板采用叠合浇筑；模板支撑综合采用钢桁架支撑、钢管扣件支撑、空间钢结构支撑，与既有结构、新浇结构共同形成安全可靠的高位大悬挑转换厚板结构支撑体系。

4.2 根据施工过程各种复杂工况条件下转换板及支撑体系受力与变形分析，确定既有结构保护及新增结构的加强措施，控制支撑系统的变形协调；通过施工过程中变形监测，监视并验证支撑体系的安全稳定性能。

4.3 钢筋排放采用电脑放样，采取合理钢筋排放、钢筋接头位置与绑扎顺序等控制方案，采用适用的钢筋架立与保护层控制方法，以保证钢筋工程的安装质量并提高工效；通过优化混凝土的配比设计，采取恰当的混凝土输送、浇筑、振捣、养护方法与措施，保证转换厚板混凝土施工质量，以确保混凝土的强度、匀质、密实及抗裂缝等性能；叠合界面采用附加配筋、剪力销、界面的凹凸毛糙处理等措施，保证转换厚板整体性能；通过施工过程转换厚板受力与变形分析，确定预应力张拉应力控制最佳施工时机。从而使转换厚板结构设计功能安全顺利地得到圆满实现。

5. 施工工艺流程及操作要点

5.1 施工工艺流程

优选施工设计方案→施工准备→钢管扣件支撑布置、钢构件的制作→新浇筑结构加强与埋件预埋→钢结构支撑安装→钢结构支撑系统堆载试验→第一次转换板结构施工、叠合界面处理、检测→养护、清理→第二层转换板结构施工、检测→养护→其他工序施工。

5.2 操作要点

5.2.1 优选施工设计方案

1. 确认既有结构施工质量及其承载能力，必要时进行检测或鉴定确认。

2. 分析整体一次性浇筑方法与叠合浇筑方法优势与缺点，确定转换板结构浇筑施工方法。采用结构设计软件，辅助设计叠合结构，确定最优的叠合浇筑方法及最佳的附加配筋与界面处理方法。叠合界面附加配筋参见图 5.2.1-1。

3. 分析确定影响支撑方案的因素，制定技术经济可行的支撑方案，进行方案对比，尽可能充分发挥结构承载能力，以确定最优的支撑方案。参见图 5.2.1-2。

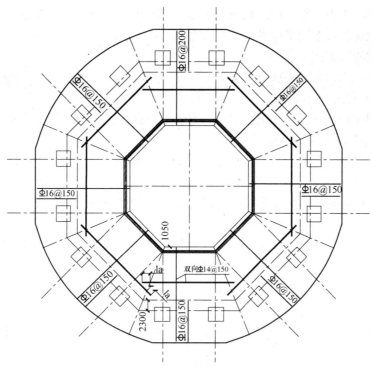

注：1. 附加配筋双向Φ14@150满铺。
　　2. 外圈悬挑部位增设Φ16@150径向钢筋。

图 5.2.1-1　叠合板附加配筋示意图

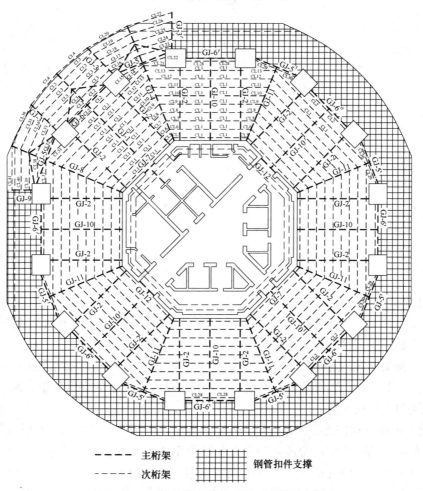

－ － － － 主桁架　　　钢管扣件支撑
－－－－－ 次桁架

图 5.2.1-2　转换板支撑体系平面布置示意图

4. 通过对转换厚板受力分析，确定预应力工程施工时机及其深化设计与施工方案。

5. 确定转换板侧模板及芯筒部位模板支撑方案。

6. 确定钢筋工程施工方案。

7. 确定混凝土工程浇筑与养护施工方案。

8. 确定检测试验方法。

9. 施工设计方案实施前须通过相关专家的方案评审论证；并取得工程设计师的认可。

5.2.2　钢管扣件支撑系统

1. 钢管扣件排架与其下部新浇悬挑梁板结构构成支撑体系，其施工顺序为：搭设六层钢管扣件支撑→六层平面悬挑结构梁板施工→搭设七层钢管扣件支撑→七层平面悬挑结构梁板施工→搭设八层钢管扣件支撑→八层平面悬挑结构梁板施工→搭设九层钢管扣件支撑→九层平面悬挑结构梁板施工→拆除六层钢管扣件支撑→拆除七层钢管扣件支撑→搭设转换板钢管扣件支撑→第一次转换板施工→第一次浇筑转换板混凝土强度达到设计强度80%后，钢管扣件支撑卸载→第二次转换板结构施工→第二次浇筑转换板混凝土强度达到设计强度后拆除钢管扣件支撑。钢管扣件支撑参见图5.2.2。

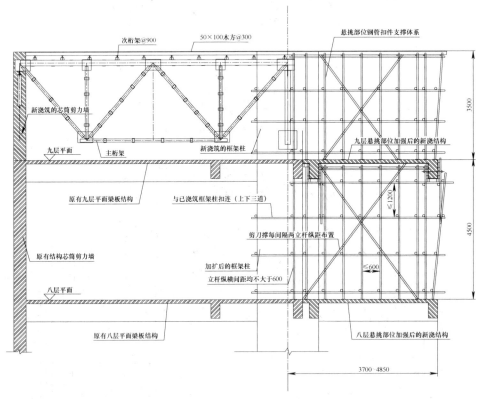

图 5.2.2　局部钢管扣件支撑系统示意图

2. 钢管采用φ48，壁厚不小于3mm的脚手钢管，扣件应检测合格。钢管扣件排架600×600双向布置。钢管扣件排架立杆支撑大横檩处采用双扣件。八层、九层楼面施工平整度，上下立杆位置处在同一垂直线上。钢管扣件排架纵横向步距均为1200mm，在距楼面200mm设纵横向扫地杆。横管与框架柱每步层均扣连。排架除在内外侧设纵向剪刀撑外，横向每间距四立杆纵距设横向剪刀撑。排架整体起拱20mm，外侧高于内侧。严格按相关规范要求检查钢管扣件支架的搭设质量，对最上排双扣件，应全数采用扭力扳手检查其松紧度。

3. 叠合板挠度对钢管扣件支撑体系的影响控制：根据结构分析，第一次转换板混凝土浇筑时对八层、九层悬挑部位梁板结构产生的挠度，与叠合板承受第二次转换板浇筑荷载时（第一次浇筑转换板的自重仍考虑由其下钢管扣件支撑）所产生的挠度基本一致；因而在第一次浇筑转换板混凝土达到设计强度的80%后、第二次转换板混凝土浇筑前，对九层悬挑部位的钢管扣件支撑的最上排纵横向扣件进行松后再紧的措施，以此对钢管扣件支撑体系卸载，避免第二次转换板混凝土浇筑时，受叠合结构挠度的影响而使转换板下悬挑结构所受到荷载的可能增加。

5.2.3 九层以下框架柱外改造部位新浇钢筋混凝土悬挑梁板结构的加强处理

根据转换板施工过程各种工况条件，通过受力与变形分析，对钢管扣件支撑系统所涉及的八层、九层新浇结构进行局部加强处理，包括配筋与截面等方面的加强。参见图5.2.3所示。

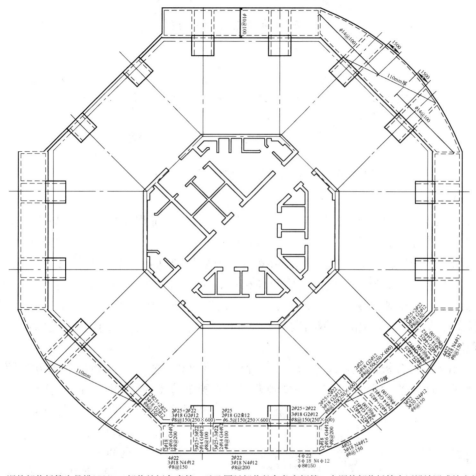

注 调整部位板筋为悬挑3700mm部位的短向底筋，以及圆弧部位长向负弯矩筋；未调整部位板筋参原设计图或技术核定单。
直径10mm或10mm以上均为二级钢。未注明板厚为100mm厚。

图5.2.3 八层、九层悬挑部位新浇结构梁板加强示意图

5.2.4 埋件的布置与安装

由于埋件所受的荷载较大，其锚筋布置较多，埋件的锚筋布置时应与框架柱筋布置相协调，避免埋件安装困难或导致柱筋布置偏差。埋件节点受力应布置成受剪、拉剪或受剪压形式，避免节点弯矩增加埋件的负担。

5.2.5 钢桁架的制作与安装

1. 主桁架上弦杆（压杆）采用槽钢〔〕双拼组合截面，不仅有效地提高杆件体外稳定性能，减少杆件自重，而且有利于支座节点连接与次桁架的安装。桁架支座节点均布置为受剪（或剪拉、剪压）形式，尽量避免支座处杆件负弯矩，有效地减少了偏心弯矩对支座（埋件）的负担。典型支撑桁架如图5.2.5-1所示。

2. 转换厚板局部悬挑部位处在正使用裙房机房屋面上，模板支撑采用了空间钢结构形式，参见图5.2.5-2所示，桁架制作时分成三个部分：9.5m段、悬挑段、2根2〔〕18b空间斜撑段，现场拼装后，形成制作安装简便并有效的空间受力体系。

3. 次桁架中大量采用∟30×3制作成的轻钢桁架结构形式，次桁架搁置在主桁架上，与主桁架上

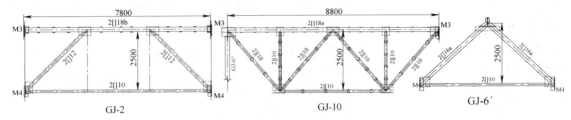

图 5.2.5-1　典型支撑桁架示意图

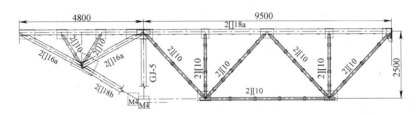

图 5.2.5-2　局部悬挑段空间钢结构布置示意

弦焊连，间距 900 布置。

4. 桁架的制作安装均采用普通 Q235 钢材，E43 焊条，普通持证焊工操作，三级焊缝质量控制，严格按施工方案设计制作并安装。所有节点焊缝质量均经严格验收确认。主桁架通过角铁及铁板与预埋在框架柱或剪力墙上的预埋件焊接连接，严禁将受剪（或剪压或剪拉）节点焊接成固结点，增加对埋件的负担。次桁架与主桁架的连接，直接采用角焊相连。跨度超过 4000mm 的次桁架，上弦中部应布置系杆。所有主弦架、次桁架下弦节点均布置系杆，次桁架系杆采用 ∟30×3 角钢，主桁架下弦系杆采用 ∟50×5 角钢或普通钢管。悬挑部位钢结构起拱 30mm，其余柱与剪力墙间钢桁架起拱 20mm。

5.2.6　模板工程

采用普通 18mm 厚胶合板模板，50×100 木方背檩间距 300 布置；胶合板应与木方背檩牢固固定，接缝采用弹性腻子填嵌平整、严密。600mm 高侧模利用外侧钢管扣件支架固定；对于 1400 高侧模，则利用暗梁箍筋固定对拉螺栓，确保侧模的稳定性，如图 5.2.6 所示。

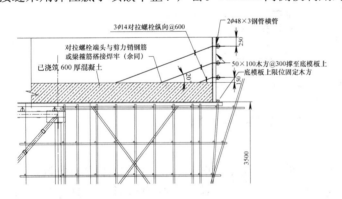

图 5.2.6　转换厚板 1400 高侧模构造示意

5.2.7　钢筋工程

1. 钢筋工程采用电脑放线，以确定合理钢筋排放、钢筋接头位置与绑扎顺序。其施工工艺流程如图 5.2.7 所示。

2. 钢筋保护层垫块采用废花岗岩块，厚度 20mm。应根据花岗岩垫块的强度，通过施工设计计算，确定保护层垫块的大小与布置间距，避免垫块处因胶合板承载能力不足而凹陷，导致底板露筋现象；同时根据施工放样限定位置布置，并采用专用胶将垫块与胶合板粘贴固定，避免钢筋绑扎过程中的跑位。

3. 严格按策划的顺序进行钢筋绑扎施工。暗梁绑扎时采用型钢支架架立钢筋；暗梁梁梁交叉处箍筋根据电脑放线，焊接成整体，以保证两方向的梁筋有序地自由穿插。严格按设计要求及电脑放样图，做好钢筋接头位置控制，同一截面上的钢筋接头数量应满足设计要求；直径大于 25mm 的钢筋接头均采用剥肋滚压直螺纹连接接头。

4. 为便于第二次转换板混凝土浇筑前叠合界面处理与清理，保证叠合界面的抗剪能力，暗梁的部分箍筋采用开口箍，待第二次钢筋绑扎前采用搭接焊电焊封闭。

5. 叠合界面按批准的施工设计方案布置附加钢筋；在第一次浇筑转换板混凝土初凝前按既定方案

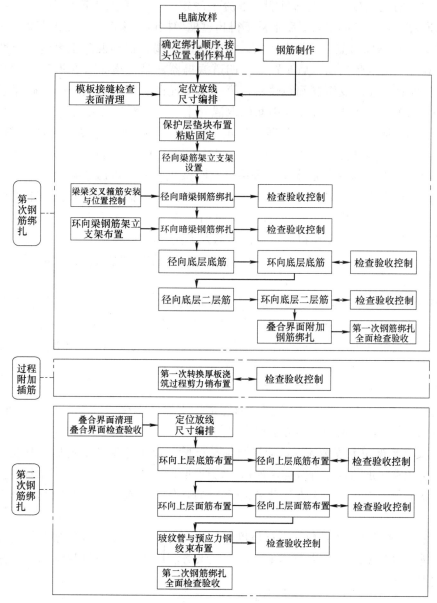

图 5.2.7 钢筋工程施工工艺流程示意图

布置剪力销（$\phi25@300$ 双向布置），同时做好叠合界面面的凹凸毛糙处理。

6. 第二次浇筑转换板钢筋绑扎前，应做好叠合界面的清理、处理工作，踢除表面浮渣、浮石，高压水枪清除浮尘，最后的叠合界面呈凹凸不平状，骨料清晰、坚硬，叠合界面验收合格后方可进入下道工序钢筋绑扎施工。

5.2.8 混凝土工程

1. 与商品混凝土供应商、权威检测试验部门一道做好混凝土的配比设计：转换厚板混凝土的水泥采用水化热较低 42.5 号优质普通硅酸盐水泥；粗骨料选用级配良好，热膨胀系数较低、强度较高且未风化的花岗岩石子，粒径 5~30mm，石料的含泥量控制在 1%以内；细骨料采用不含有机质的级配良好中粗砂，细度模数控制为不小于 2.5，含泥量不大于 2%；搅拌用水采用洁净自来水；同时为改善混凝土的性能，混凝土中掺加磨细矿粉及 II 级以上优质粉煤灰，掺加 JM-III 型微膨缓凝复合外加剂；混凝土的初凝时间控制不小于 8h；根据混凝土的温升与温差模拟计算，调整好混凝土的入模温度；坍落度控制在 16cm±2cm。

2. 混凝土的浇筑采用不少于两台泵车，分别由剪力墙内芯筒部位向外分带、分层浇筑。最后两路合在一起，避免垂直面施工冷缝产生的可能。混凝土浇筑时，必须先浇筑剪力墙内芯筒一侧混凝土，根据圆弧射线方向部位，悬挑部位的混凝土量不得超过框架柱内侧混凝土的浇筑量。

3. 混凝土浇筑采用斜面自然分层振捣密实。混凝土的振捣：根据混凝土泵送时自然形成的一个坡度的实际情况，在每个浇筑带的前、后布置三～四道振捣器。第一道布置在混凝土的卸料点，主要解决上部混凝土的捣实；由于底皮钢筋间距较密，第二道布置在混凝土的坡脚处，确保下部混凝土的密实；第三、第四道布置上述二道振捣器的中间确保混凝土与下层混凝土的结合密实；对于暗梁部位钢筋密集处，振捣器间距适当加密。随着混凝土浇筑工作的向前推进，振动器也相应跟上，不得漏振、也不得过振，以确保整个高度混凝土的振捣质量，保证混凝土密实、匀质。

4. 混凝土的表面处理：浮浆与泌水及时采用真空吸浆机吸除；混凝土初凝前，铲除混凝土表面过厚水泥砂浆替以同配比混凝土，采用木蟹拍压抹压密实，并采用钢丝刷清除钢筋上的污染物，并及时布置剪力销；混凝土终凝前再次用木蟹打毛，闭合收缩裂缝。对叠合板界面应及时做好凹凸毛糙处理；第二次浇筑转换板混凝土表面，采用机械抹光机辅助人工铁板抹压平整、光滑。

5. 混凝土的养护：根据气候条件确定合适的保湿、保温的养护方法。每次混凝土浇筑后的养护时间不少于 14d。

5.2.9 预应力工程：充分考虑挠度控制、上部结构荷载对预应力筋的影响、预应力设计布置与张拉对转换板结构承载力的影响，应进行深化设计校验，并与设计参考值对比。一般预应力分三次张拉，转换层结构混凝土达到设计强度的 100% 后，张拉 1/3 的 σ_{con}；其余二次张拉根据施工设计策划待结构施工至一定层次分别进行。

5.2.10 监测技术与分析

通过施工过程的应力、应变与挠度监测，动态掌握支撑体系受力状况，并与分析计算值相比较，及时反馈指导施工。主要的监测内容与方法如下：

1. 一个典型支撑桁架单元安装完成，应进行加载试验，以确认桁架加荷后，其受力状况与变形是否与施工设计分析相符。加荷采用分级均匀加荷，每增加 2kN/m 荷载，记录桁架杆件的应变值及桁架关键部位的挠度变形值；加荷至施工设计荷载的 80% 后，停止加荷；然后分级均匀卸荷，记录相应的应变值与挠度值。

2. 施工过程中对典型支撑体系单元进行挠度与应力应变检测，以检验桁架及钢管扣件支撑系统受力状态是否符合施工设计要求，以指导施工。检测记录方法：混凝土浇筑时每 15min 采样一次，其余时间每天采样数据一次。

6. 材料与设备

6.1 配备高层建筑结构施工所必需的施工机具与设备。

6.2 另配备挠度检测用百分表 5 只；应力应变检测仪二台。

7. 质量控制

7.1 本工法必须遵照执行的标准、规范

1. 《建筑结构荷载规范》 GB 50009；

2. 《钢结构设计规范》 GB 50017；

3. 《混凝土结构设计规范》 GB 50010；

4. 《建筑施工扣件式钢管脚手架安全技术规范》 JGJ 130；

5. 《钢结构工程施工质量验收规范》 GB 50205；

6. 《混凝土结构工程施工质量验收规范》 GB 50204；

7. 《混凝土质量控制标准》GB 50164。

7.2 质量控制措施

7.2.1 必须通过结构分析、必要的检测试验，确定既有结构、新浇筑结构施工质量情况与承载能力。

7.2.2 施工设计方案应结合环境条件，充分考虑转换厚板施工过程中各种复杂工况，通过方案比较与优化，形成技术经济合理的施工设计方案。施工设计方案正式实施前须通过专家评审论证，并取得工程设计单位的认可。

7.2.3 应通过结构分析与必要的检测，做好转换厚板支撑系统的变形协调。

7.2.4 钢构件的制作与安装，须满足相关标准、规范及施工设计方案要求，测点合格率不小于95%，支座节点的合格率须100%。

7.2.5 钢管扣件支撑系统须满足相关标准、规范及施工设计方案要求，测点合格率98%；对钢管扣件支撑系统中最上排双扣件，应全数检查其材料质量及扣件螺栓拧紧度，确保100%合格。

7.2.6 钢筋工程及预应力工程施工质量应满足设计图纸、施工设计方案及相关验收规范要求，应严格按设计要求做好钢筋接头的位置控制，保护层厚度应满足设计要求，并不得出现负偏差，测点合格率不小于92%。

7.2.7 转换板模板工程应有足够的强度、刚度和稳定性，满足相关验收规范及施工设计方案要求，所有分项检测测点合格率不得小于95%。

7.2.8 商品混凝土材料的品质不仅须易于施工质量控制，同时易做好混凝土的耐久性能控制。转换板混凝土工程施工质量应符合设计图纸、施工设计方案及相关验收规范要求，测点合格率不小于92%；对叠合界面处理施工质量应100%合格，界面呈凹凸不平毛糙状，界面清晰、洁净、骨料坚硬，不得有浮尘、杂质等现象。混凝土浇筑时，必须严格按施工设计方案策划的浇筑顺序与方法施工，先浇筑剪力墙内芯筒一侧混凝土，逐渐向悬挑部位展开，根据圆弧射线方向部位，悬挑部位的混凝土量不得超过框架柱内侧混凝土的浇筑量。混凝土应振捣密实，不漏振、不过振，保证转换厚板混凝土匀质。应根据气候条件确定合适的保湿、保温的养护方法，每次混凝土浇筑后的养护时间不少于14d，以保证转换厚板结构混凝土的强度及抗裂缝性能。

7.2.9 应根据策划要求，做好混凝土的保湿养护，控制好混凝土内外温差及温升、温降速率，以提供保证混凝土的强度及抗裂缝性能所需充分的环境条件。

8. 安 全 措 施

8.1 认真贯彻"安全第一，预防为主"的方针，建立项目安全生产管理网络，落实安全生产责任制度，明确各级人员的职责；须充分识别危险源，并认真做好危险源评价，制定有效的危险源控制措施与方案，并组织实施。

8.2 施工现场的布置应符合防火消防、防坠落、防触电、防机械伤害、防高空坠物等相关安全规定与要求，完善各种安全标识。

8.3 严格执行动火作业管理规章制度，专人监护，每次作业完毕及时清理现场。

8.4 施工现场的临时用电严格按照《施工现场临时用电安全技术规范》JGJ 46 的有关规定执行。临时用电 TN-S 系统，按分路控制、分级管理的三级配电、二级保护原则布置；临时用电线路采用橡胶绝缘电缆、架空布置。用电设备应布置有完善的防漏电、防触电绝缘措施。施工现场临时照明采用36V 低压安全照明。

8.5 应做好临时防护，防止高处坠落或坠物；高处作业应严格执行《建筑施工高处作业安全技术规范》JGJ 80 相关规定要求。

8.6 机械吊装作业应严格执行相关安全操作规程，专人指挥、专人监护。

8.7 应采取有效的措施，防止机械伤害和电焊作业焊尘伤害。

9. 环保措施

9.1 贯彻执行"遵守法规，文明施工，维护环境"的环境管理方针，建立施工现场文明施工管理网络，制定各项文明施工管理制度，明确各级人员的职责；充分辨识与评价环境因素，落实环境因素管理与控制措施方案；遵守国家及省市有关环境保护的规定，采取措施控制施工现场的各种粉尘、废气、废水、固体废弃物以及噪声、振动对环境的污染和危害。

9.2 施工现场内外整洁，通道通畅，污染废弃物堆处置得当，物料堆放有序，施工人员衣容整洁，做到操作落手轻。施工现场布置有毒有害垃圾、无毒无害、可回收利用垃圾专用堆放处，每天及时打扫作业场所，及时清理作业过程中产生的垃圾和废料，并按规定分类集中堆放。及时清运处理垃圾和废料，处理期限不超过7d。

9.3 建筑物防护脚手架四周采用阻燃型密目安全网全封闭；在易产生扬尘的场所应采用围挡或覆盖措施；施工现场清扫时，或在易产生扬尘的季节，应经常性适量洒水降尘，避免尘土飞扬，污染环境。

9.4 优先选用先进的低噪声环保设备，对于木工车间、机械切割场所等产生较大噪声的地方应采用封闭隔声处理，以降低噪声向四周扩散，最大限度地降低噪声干扰，同时尽可能避免夜间施工。

10. 效益分析

10.1 本工法，通过结构分析、检测试验与施工相结合，充分考虑转换层厚板施工过程中的各种复杂工况，有效利用结构本身的承载能力；综合采用了钢桁架支撑、钢管扣件支撑系统，并将空间钢结构引入施工支撑结构体系，解决复杂部位施工技术难题，使支撑体系传力清晰、传递路径最短，支撑系统安全可靠，而资源投入最经济、操作作业简便，进而有效达到节能降耗的目标。

10.2 本工法结合环境条件，最大限度降低对临近环境的影响，有效维护了商场及临近企事业单位正常营业和工作秩序，确保了街道行人车辆交通的安全，社会效益和环境效益明显。

10.3 本工法与同类工程施工工法相比，充分考虑到转换板施工过程中的时空效应的影响，以及相关的变形协调措施，有效并适当地利用了结构本身的承载能力，降低了施工成本；同时本工法中合理的施工工艺与措施，巧妙的节点处理方式，均展示着本工法的先进性。

10.4 本工法通过采用严谨、适用的原材料控制与施工过程控制方法，有效保证了高位转换结构的性能，圆满实现了设计所需功能，具有良好的期望效益。

11. 应用实例

11.1 应用实例1

无锡三阳城市花园十层部位大悬挑2m厚转换板结构，转换厚板施工总历时78d；桁架用钢量约50余吨，埋件用钢量约10t；局部梁板加固部位比原设计增加钢筋约2t，增加混凝土约3m³；支撑费用控制在方案预算范围之内；转换层施工过程中未发生安全事故；未对既有结构的安全造成影响，未对临侧商场安全使用功能造成影响；工程质量优良，转换层分项工程合格率100%，测点合格率均满足策划目标要求。受到业主方、监理方及当地建筑行业管理部门的好评；技术经济合理，目标明确，实施正确有力，与当前最成熟的转换厚板施工技术相比较，取得38余万元人民币的直接经济效益。

11.2 应用实例2

南通王府公寓A座，地下二层，地上三十层，总建筑面积31460m²。六层以下采用框架剪力墙结构，为多年前已建工程、营业中的商场。通过对六层以下结构架，进行续建，在七层部位布置了 2.7m 高、局部悬挑的箱梁式转换层，转换层面积约 1950m²，通过结构转换，上部结构为剪力墙结构公寓式住宅。在此高位转换结构施工过程中，通过结构分析与方案比选，充分考虑转换层结构施工过程中各种复杂工况条件，箱梁式转换结构采用叠合法浇筑，第一次浇筑的 2/5 面积转换层板荷载由主次型钢桁架构成的支撑体系承担，第一次浇筑的所有转换梁及 3/5 面积转换板荷载由钢管扣件支撑与六层结构梁板组成支撑体系承担；第二次浇筑转换层结构荷载由第一次浇筑转换板结构承担。其工法工艺有效利用了结构本身的承载能力，充分考虑到不同支撑体系刚度在转换层结构施工过程中产生的时空效应对支撑体系安全稳定性能及结构本身安全可靠度的影响，维护了其下商场的正常使用功能与营业秩序。与同类型建筑箱梁式转换层结构施工相比，节省型钢约 50 余吨，少使用钢管扣件支撑 250 余吨，工程质量优良。

大跨度网壳（架）外扩拼装—拔杆接力转换整体提升施工工法

YJGF027—2006

中国新兴建设开发总公司

汪道金　张艳明　苏建成　李栋　陈革

1. 前　　言

2008 年奥运会老山自行车馆钢屋盖为双层焊接球球面网壳结构，跨度 133.06m，网壳厚度 2.8m，矢高 14.69m，顶标高为 35.29m，屋盖下方为看台等混凝土结构。钢结构施工前先后论证了满堂红脚手架散拼法、微单元拼装法、整体顶升法、高空滑移法计算机动态控制的整体提升、吊装和计算机动态控制相结合等目前国内主要采用的网壳安装方法，都存在着措施费高、施工周期长、安全风险大等问题。根据该工程特点，最终确定采用网壳逐步外扩拼装，三圈拔杆群接力转换整体提升到位的安装方法，使得网壳拼装作业均在地面或低空进行，无需搭设大量的脚手架平台，措施费用低，降低了施工安全风险，保证了工程质量和进度，从而形成了一种新型的适用于大跨度网壳（架）安装的施工工法。2006 年 3 月，经过北京市科技成果鉴定，评定该项施工技术达到国际先进水平。2007 年 4 月，以该技术为核心的《巨型钢网壳综合安装技术研究》获北京市科学技术进步奖三等奖。该工法将传统的拔杆提升工艺与现代技术巧妙结合，适应于大跨度网壳（架）结构的安装，能够节约大量的措施费、节能环保效果显著。

2. 工 法 特 点

2.1 采用独脚拔杆作为承载装置，便于安装和拆卸，拔杆采用圆管截面，便于在网格间自由穿插。

2.2 采用滑轮组传动系统作为提升装置，操作简便，便于控制调整。

2.3 该工法可确保网壳（架）在结构面或地面位置拼装，减少高空作业，降低了措施费用和安全风险。

2.4 网壳提升过程中的受力状态与设计工况受力状态相近，接力提升转换过程中可自动逐步卸载。避免了由于集中卸载对结构产生的不利影响。

3. 适 用 范 围

适用于网壳（架）高度在 10～40m 之间、投影面积在 3000m² 以上、形状基本对称的大型网壳（架）结构安装，包括焊接球网壳（架）和螺栓球网壳（架）结构。

4. 工 艺 原 理

利用网壳（架）由中心开始对称外扩拼装形成的空间刚度单元，以拔杆相互拉结形成的稳定体系为承重机构，以滑轮组为提升装置，网壳（架）外扩拼装与提升交替进行，各组拔杆逐步接力提升，将网壳（架）提升到位。装置示意图见图 4-1，提升过程示意图见图 4-2。

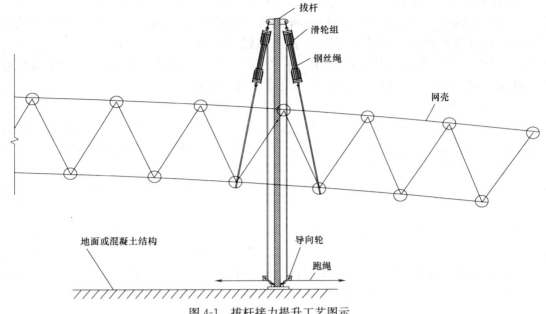

图 4-1 拔杆接力提升工艺图示

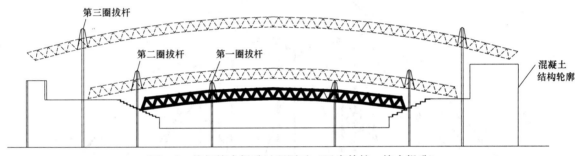

图 4-2 拔杆接力提升过程图示（逐步外扩、接力提升）

5. 施工工艺流程及操作要点

5.1 工艺流程图（图 5.1）

5.2 操作要点

5.2.1 提拔杆群设置方案确定：

1. 拔杆组数的确定。根据场地因素和结构外形特点，确定拔杆组数，在满足网壳可以在地面或低空拼装和结构安全的前提下，拔杆的组数应尽量少。

2. 每组拔杆的数量和间距。根据施工验算结果确定，在满足网壳（架）变形和杆件应力的前提下，拔杆数量应尽量少，但不得少于 4 根，拔杆间距应尽量大。

3. 拔杆位置。每组拔杆中各拔杆位置应在满足均匀对称的原则下，尽量设置在混凝土柱或梁上（当下部有混凝土结构时），同时严禁与网壳（架）球节点冲突，尽量避免与网壳杆件冲突（无法避让时按实际验算加固）。

4. 拔杆截面及长度。拔杆长度根据网壳（架）提升高度确定，拔杆截面根据每根拔杆承载力和计算长度按稳定性验算确定。

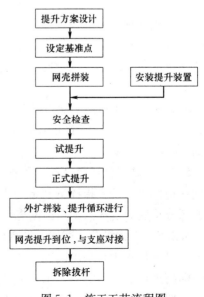

图 5.1 施工工艺流程图

283

5. 滑轮组及钢丝绳（跑绳）选择。滑轮组及钢丝绳规格根据每根拔杆承担的荷载进行选择。

5.2.2 设定基准点：测定壳体中心基准点，设置牢固的中心点标记。可以在混凝土结构或砌筑的混凝土柱墩上设置预埋钢板，在钢板上划出十字中心线作为基准点。

5.2.3 网壳（架）拼装：根据网壳（架）下弦球的位置设置稳定的支撑装置，从壳体中心开始采用散拼法拼装，采用仪器和以杆定球相结合的定位方法进行拼装。

5.2.4 安装提升装置：

根据拔杆设置方案吊装、设置拔杆。拔杆底部设置支座，以避免拔杆对支承面的压强过大，防止拔杆下端移动。底座放置在混凝土结构面或地面上。如果拔杆设置在混凝土结构面上，应尽量设置在混凝土柱或梁上，并通过验算确定是否需要对结构加固。如果不能落到混凝土柱或梁上，可在楼板上预留洞口，拔杆穿过洞口立到地面上，此时需对地面的承载力进行验算，确保沉降量不影响施工质量和安全。

每一组拔杆顶部之间通过绷头绳互相拉结，如图 5.2.4-1 所示，每根拔杆均要设置由顶部拉结到混凝土结构或地锚上的缆风绳。缆风绳与地面的夹角不应大于 45°。地锚的做法也要根据缆风绳受力情况进行验算确定。每根拔杆顶端设置对称的两个吊耳，每个吊耳上设置一组滑轮组。滑轮组跑绳在穿过楼板或转向时，严禁与混凝土结构摩擦；跑绳与滑轮所在平面的夹角必须小于 5°。

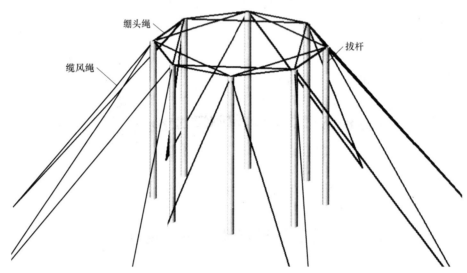

图 5.2.4-1　拔杆顶部绷头绳拉结示意图

每根拔杆顶部对称设置两个吊耳，如图 5.2.4-2 所示，在拔杆验算时应考虑两侧吊耳受力不均匀的影响，并采取相应措施。每个滑轮组与网壳（架）节点绑扎固定的位置和数量必须按方案执行。同一个滑轮下的各个球节点采用同一根钢丝绳穿过卡环拉结，使每个球节点受力均匀。钢丝绳的道数需根据承载力确定。

5.2.5 安全检查：检查提升系统的拔杆、绞磨、钢丝绳、跑绳、缆风绳等安装就位。除了检查提升设备外，还需注意其他设施是否妨碍网壳（架）提升，网壳（架）是否已经与其他结构完全脱离。

5.2.6 试提升：提升前对所有人员进行详细技术交底。检查无误后开始第一次试提升，各个动力装置在指挥员的统一指挥下开始同步提升。试提升的高度不宜过高，控制在 300～500mm 内，使已拼装的部分均脱离支撑点即可。网壳（架）处于悬空状态不少于 4h。

5.2.7 正式提升：试提升经悬停无误后再进行正式提升，正式提升人员配备与操作方法和试提升相同。提升过程中，采用网壳（架）上悬挂钢尺和水平仪观测相结合的方法对网壳（架）的不同方位点的标高进行观测，每提升 1.0m 左右暂停，调整网壳（架）的水平度，各观测点标高允许偏差根据对网壳（架）的施工验算确定。分阶段提升至预定的标高后固定，对拔杆钢丝绳设置好保险绳。

提升完成后，观测网壳（架）的整体位移和扭转偏差。如果偏差过大则利用混凝土结构或地面作为拉结点，通过捯链来调整。

5.2.8 循环拼装提升：设置第二组拔杆，继续外扩拼装。利用第二组拔杆提升网壳（架）。第二组拔杆提升过程中，第一组拔杆自动卸载，实现接力转换。第二组拔杆提升完毕后，拆除第一组拔杆。

循环进行至最后一组拔杆设置，实现整体提升就位。利用最后一组拔杆将网壳（架）整体提升到设计位置，完成与支座的对接。每次提升前必须进行试提升，以确保施工安全。每次提升前必须对工人进行技术交底。

应力应变监测：为确保工法实施中的安全性，应对拔杆及网壳（架）关键杆件进行应力应变监测。网壳（架）杆件的应力比不宜超过 0.7，拔杆应力比不应超过 0.6。对个别超标应赶紧进行加固或代换。

5.2.9 提升到位，与支座对接：网壳（架）外扩拼装到预定范围，提升到设计标高后，对网壳（架）的标高、位移、扭转偏差进行调整，调整到位后完成与支座或支撑系统的对接。

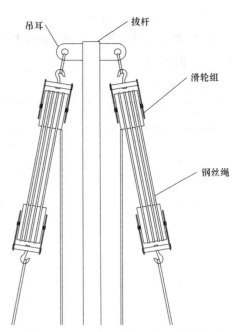

图 5.2.4-2　拔杆顶部吊耳设置示意图

5.2.10 拆除拔杆，完成安装：可利用网壳（架）结构作为吊点拆除拔杆，利用钢丝绳将拔杆悬吊在网壳（架）上，再对拔杆根部施加水平力，逐渐将拔杆放置水平。

6. 材料与设备

施工中用到的主要提升材料与设备见表 6。

材料设备选用表　　　　　　　　　　　　　　　　表 6

序　号	设　备	说　明	备　注
1	拔杆	拔杆采用圆钢管制作，拔杆的规格选择需根据网壳(架)的规模、施工工况验算情况确定	
2	动力装置	人工绞磨或卷扬机作为拔杆提升网壳(架)的动力装置	
3	滑轮组	按照承载情况选择滑轮组，滑轮组必须具有出厂合格证	
4	钢丝绳、卡环、捯链	钢丝绳的规格根据施工前的工况验算确定。钢丝绳的检验验收符合国家标准《起重机用钢丝绳检验和报废实用规范》GB/T 5972—2006，必要时进行钢丝绳抗拉力现场试验	
5	测量设备	直角尺、钢尺、水平仪、经纬仪、全站仪、全站仪反射棱镜	
6	指挥系统设备	话筒、扩音器、红旗等	

7. 质量控制

7.1 质量要求

7.1.1 拼装材料允许偏差

焊接球、螺栓球质量、网壳（架）拼装过程中的允许偏差、结构交工验收允许偏差应符合《网壳结构技术规程》JGJ 61—2003、《网架结构设计与施工规程》JGJ 7—91、《钢结构工程施工质量验收规范》GB 50205—2001 的有关规定。

7.1.2 拔杆的加工质量

拔杆加工质量应符合《钢结构工程施工质量验收规范》GB 50205—2001 中的相关规定外还应满足表 7.1.2 的要求。

拔杆加工质量允许偏差表 表 7.1.2

序 号	项 目	示 意 图	允许偏差（单位：mm）	备 注
1	直线度		$f \leqslant L/1000$ 且 $f \leqslant 10mm$	L 为拔杆总长度
2	椭圆度		$f/d \leqslant 3/1000$	
3	端面不平度		$f/d \leqslant 3/1500$ $f \leqslant 0.3mm$	

7.2 质量保证措施

7.2.1 网壳（架）结构的制作、拼装和安装的每道工序均应进行检查，凡未经检查，不得进行下一工序的施工。安装完成后必须进行交工检查验收。

7.2.2 拔杆加工质量和网壳（架）构件加工精度要保证。

7.2.3 网壳（架）拼装中心点定位测量标记要准确。中心点标记作为网壳（架）拼装后偏差测量的基准，必须保证准确。

8. 安 全 措 施

8.1 网壳（架）拼装过程中必须严格按照《北京市建筑工程施工安全操作规程》中规定的制度作业，搭设的脚手架平台必须经过验收后方可使用，空中作业时按要求系好安全带，按要求铺设安全网。

8.2 施工前应充分考虑可能的各种工况，对各种施工工况进行验算，并且预留安全系数。选择满足使用要求的拔杆、绞磨、钢丝绳、滑轮组。

8.3 拔杆设立的位置必须满足拔杆承载力的要求，如果是立在混凝土结构上，必须验算其强度是否满足要求；如果立在地面上则需注意地面是否会下沉，必要时需对拔杆的沉降情况进行监测。

8.4 应建立专门的提升指挥系统，确保提升中的统一协调和同步指挥；提升前应履行书面审批程序，各相关部门联合检查确认后方可提升，每次提升完成后应锁死驱动装置。

8.5 提升过程中根据作业面的大小专门配备一定数量的缆风绳观测员，对提升系统各个部件进行观察，发现问题立即通知停止提升，还应留有一定数量的应急预备人员。

8.6 安全预案：在提升过程中各绞磨或观察员发现任何问题，立即通知指挥员，指挥员下令暂停提升。然后再对发现的问题进行分析，排除障碍后继续提升。

9. 环 保 措 施

9.1 在焊接球网壳（架）结构拼装过程中，保持焊接作业环境通风良好，防止烟尘对作业人员造成伤害。

9.2 构件喷砂除锈应搭设操作棚，以减少噪声污染。配备吸尘处理装置，防止灰尘污染大气。

9.3 严格控制油漆稀释剂的发放量，油漆喷涂后剩余油漆稀释剂应严格管理，未用完的要进行回收。

10. 效 益 分 析

10.1 经济效益：无需搭设拼装平台，无需专门配备大型起重机械，可以节约大量的措施费用，降低施工成本。2008年奥运会老山自行车馆钢屋盖网壳（架）采用本工法相当于采用满堂红脚手架方案措施费用的40%，约300万元。

10.2 社会效益：本工法具有施工工期短，无需大型设备，环保效果显著等特点。无污染、不产生噪声、废气、废水。所用的拔杆等设备均可重复利用，不产生建筑垃圾。

本工法将拔杆提升工艺赋予新的活力，形成了一种新型快捷的网壳（架）安装方法，是传统工艺与现代科技的完美结合。

11. 应 用 实 例

11.1 2008年奥运会老山自行车馆钢屋盖网壳结构安装（图11.1）

如图11.1所示：2008年奥运会老山自行车馆位于北京市石景山区老山西街15号，总建筑面积32250m²，下部为钢筋混凝土结构，屋盖为双层焊接球球面网壳结构，其水平投影为直径150m的圆形，顶标高35.29m，跨度133.06m，总重约2000t，在目前亚洲同类型结构中跨度最大。整个屋盖由24组向外倾斜15°的人字柱和铸钢支座支撑。网壳，材质为Q345B，主要构件为焊接球和钢管。焊接球直径为300~600mm，共六种规格；钢管直径为114~203mm，共五种规格。杆件长约4m。

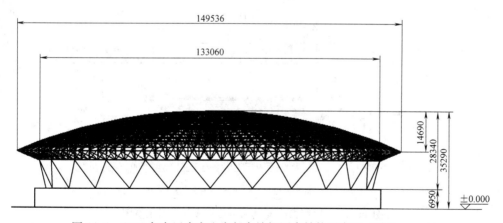

图11.1　2008年奥运会老山自行车馆钢网壳结构示意图（单位：mm）

网壳采用本工法安装，首先在地面拼装，混凝土结构妨碍拼装时开始提升，再拼装，反复进行，直到将网壳（架）拼装完成并提升到位。整个过程共设置了三圈拔杆，进行了六次提升。三圈拔杆采用接力的方式进行，第二圈拔杆提升时，第一圈拔杆卸载；第三圈拔杆提升时，第二圈拔杆卸载。拔杆的最大规格为 $\phi480×8$mm，最大长度28.8m。一次提升最多时设置了28根拔杆，约600人同时操作，提升重量460t。该工程获得2006年度钢结构金奖，北京市结构长城杯金奖。2007年4月《巨型钢网壳综合安装技术研究》获北京市科技进步奖三等奖。

11.2 北京科技大学柔道、跆拳道馆钢屋盖结构施工

北京科技大学体育馆（2008年奥运会柔道、跆拳道比赛馆）比赛馆钢屋架为正交正放桁架式螺栓球节点网架，比赛馆网架面积为 $8490m^2$，游泳馆网架面积为 $1800m^2$，网架下弦球节点标高为 18.100m；上弦球节点标高为 22.000～23.600m，基本网格尺寸 3750mm×3750mm，投影平面尺寸 76.8m×110.55m，网架下弦周边支撑。

如图 11.2-1、图 11.2-2 所示：施工方法为分区拼装、利用拔杆群分区逐步提升、逐步外扩拼装，再空中对接，整体提升到位，最后进行整体偏移就位。该工程螺栓球节点网架从开始安装至全部提升就位历时仅 20 余天。该工程获北京市结构长城杯金奖。

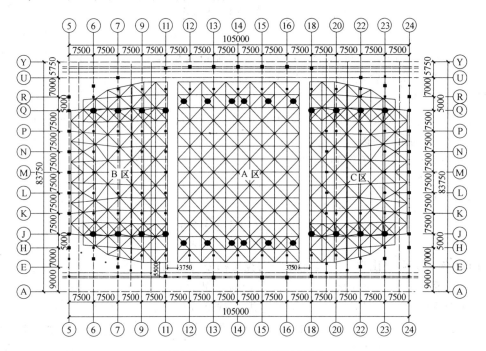

图 11.2-1　比赛馆施工区域划分

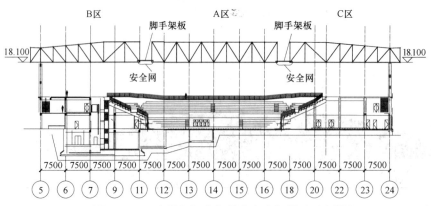

图 11.2-2　比赛馆网架全部拼装完成起吊后示意图

钢柱支撑式整体自升钢平台脚手模板系统施工工法

YJGF028—2006

上海市第一建筑有限公司

龚剑　朱毅敏　汤洪家　杜臻　周虹

1. 前　　言

钢柱支撑式整体自升钢平台脚手模板系统是对一般的施工操作平台进行了拓展，首创性的提出了超高层钢筋混凝土核心筒筒体施工操作平台新技术。钢柱支撑式整体自升钢平台脚手模板系统其后又分别在1995年上海金茂大厦项目、2002年上海世茂国际广场项目钢筋混凝土核心筒筒体施工中得到了广泛应用，并在2004年上海环球金融中心项目钢筋混凝土核心筒筒体施工中得到了进一步扩展应用。通过多次实践，本项目成果已趋于成熟和稳定。经国家权威机构检测，所有指标均符合国家有关标准，并经中科院查新中心查新，本项目成果达到国际领先水平，并申请国家专利共计8项。经多年的工程实践证明了本施工钢平台系统的适用性、可靠性、安全性和经济性，并已取得了良好的经济效益和社会效益。为了更好地使钢柱支撑式整体自升钢平台脚手模板系统施工技术适应超高层建筑日益发展的需要，使其尽快的发挥作用，转化成生产力，特编制本工法。

2. 工 法 特 点

2.1 工程施工适应性强。本系统为多层多功能施工操作平台架体，承载能力大，受自然环境影响小，能有效满足超高层建筑施工的要求，并可根据实施对象的结构外形形状的不同可以局部地变动和组合。

2.2 该系统施工安全可靠。钢平台、钢平台上部防护钢丝网挡板、下挂脚手组成整体，形成全封闭的安全工作状态，解决了超高层高空坠落的施工隐患。同时在提升过程中，运用数控系统，通过人机交互方式控制，对钢平台各个提升点进行受力汇总和控制，及时发现异常，提高了本系统的安全性、稳定性。

2.3 结构施工质量易于控制。该系统提供全体交叉施工作业面，使得各工序施工安排紧凑顺畅，施工劳动力组织合理化和规范化，结构施工质量易于得到有效控制。

2.4 本系统能满足超高层施工全过程各工序施工需要。

3. 适 用 范 围

钢柱支撑式整体自升钢平台脚手模板系统施工工艺适用于超高层钢筋混凝土核心筒筒体结构施工，也适用于平面形状复杂、结构形式多变的超高层钢筋混凝土构筑物施工。

4. 工 艺 原 理

钢柱支撑式整体自升钢平台脚手模板系统是由钢平台、内外下挂脚手、劲性格构钢柱、提升机及电气控制系统及模板共五部分组成。钢平台、悬挂脚手组，形成全封闭的操作环境，通过预埋在核心筒体剪力墙内的劲性格构钢柱承重，电动提升机提升整体自升钢平台，而钢平台下部下挂脚手则作为堆放、绑扎钢筋及固定模板的操作平台，并带动钢大模提升，以达到逐段（层）浇筑结构混凝土的目的，来完成核心筒结构的施工，见图 4。

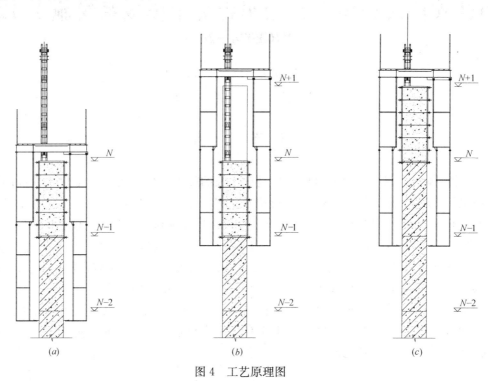

图 4　工艺原理图

（a）N−1 层结构施工完毕，顶升提升机就位，将提升机搁置在劲性钢柱上，并安装提升丝杆；

（b）提升钢平台从 N 层至 N＋1 层，钢平台搁置在劲性格构钢柱上，钢平台提升完毕；

（c）N 层绑扎钢筋，提升钢大模，浇捣 N 层核心筒墙体

5. 施工工艺流程及操作要点

5.1　施工工艺流程

方案编制和设计 → 安装格构钢柱 → 测量校正定位 →

安装提升机丝杆并与钢平台连接牢靠 → 钢平台均匀提升就位 →

拆除提升机丝杆 → 绑扎钢筋 → 模板提升就位 →

测量校正、监理验收 → 浇筑混凝土 → 拼接格构钢柱

5.2　操作要点

5.2.1　钢平台架体、脚手安装操作要点

5.2.1.1　安装架体临时支撑钢架，并对完成后的支撑钢架的顶面标高、焊缝质量进行控制和检查。

5.2.1.2　按钢平台设计图纸，依次分块吊装架体至临时支撑钢架就位拼装，使架体组成一个整体，同时安装混凝土墙内架体支撑劲性格构钢柱和钢平台平台面钢板。

5.2.1.3　待钢平台架体安装完毕后，应对架体的焊接质量、螺栓连接质量、劲性格构柱的焊接质量进行检查验收，并对劲性格构钢柱垂直度进行复测。

5.2.1.4　在劲性格构钢柱上按照设计位置，依次安装提升机、提升丝杆及钢平台承重销，同时铺设电气控制系统的线路和安装电气设备，并进行调试。

5.2.2　模板组装操作要点

5.2.2.1　在模板吊装前，先在混凝土墙体上安装模板临时型钢托架，并确保托架水平标高一致。

5.2.2.2 验收合格的模板按设计图纸依次吊运至托架上就位拼装，使模板紧贴墙面，安装固定对拉螺杆。

5.2.2.3 模板拼装完毕后，对模板组合拼装后的累计偏差进行检验。

5.2.3 钢平台架体爬升操作要点

5.2.3.1 安装提升机承重销，提升机各丝杆转动预紧，各责任区域人员到位。

5.2.3.2 提升机提升到位后，在钢平台承载钢梁下部立即插入承重销，并对承重销插入位置进行检查，确保承重销与钢梁之间承载位置设置正确。

5.2.3.3 底部钢平台全部承重销安装完成后，提升机反转使整体钢平台下降至底部承重销位置，由钢平台底部承重销承载钢平台。

5.2.4 模板提升操作要点

5.2.4.1 提升捯链与模板吊点连接牢固后，方可拆除模板与墙体连接的固定螺栓，使钢大模与混凝土墙体分离。

5.2.4.2 拉动手动葫芦捯链链条时，应均匀缓和，不得猛拉。不得在与链轮不同平面内进行曳动，以免造成跳链、卡环现象。

5.2.4.3 捯链齿轮部分应经常加油润滑，棘爪、棘轮和棘爪弹簧应经常检查，发现异常情况应予以更换，防止制动失灵使模板坠落。

5.2.4.4 支承在内外钢平台上的模板吊点板要经常检查，确保吊点板和钢平台连接牢固可靠。

5.2.5 钢平台架体、下挂脚手拆除操作要点

5.2.5.1 钢平台分块吊出前，应先拆除提升机、控制室及管线，将其全部吊离钢平台。清理钢平台上及下挂脚手上的施工材料和垃圾，以防分块整体吊离钢平台时有物体从高空坠落。

5.2.5.2 在拆除钢平台之前，先将承重销与格构柱焊接固定，防止钢平台在吊装过程中，承重销脱落，发生高空坠落事故。

5.2.5.3 每个钢平台分块吊离时须采用 4 点捆吊，起吊钢丝绳根据单块钢平台重量进行选用。

5.2.5.4 在气割钢平台前，应检查剪力墙侧面无任何凸出物，确保钢平台起吊时，钢平台下挂脚手不会被钩住。

6. 材料与设备

6.1 基本构造
见图 6.1-1、图 6.1-2。

6.1.1 钢平台系统

6.1.1.1 钢平台在正常施工时处于整个系统的顶部，作为施工人员的操作平台及施工材料堆放场所。

6.1.1.2 钢平台的主梁及次梁由工字形钢组成，混凝土剪力墙位置钢平台表面不铺设平台钢板，其余钢平台部位都用平台钢板覆盖，作为操作平台及施工通道。

6.1.1.3 在钢平台的内、外周边均有 2m 高的挡板网，以防止人、物等发生高空坠落。

6.1.2 内外下挂脚手系统

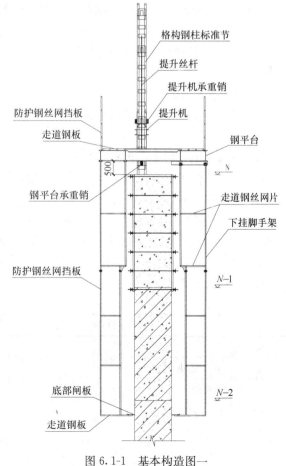

图 6.1-1 基本构造图一

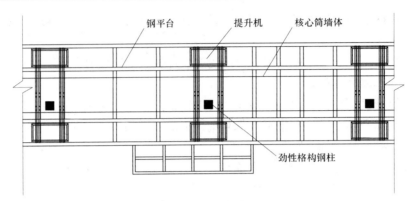

图 6.1-2　基本构造图二

6.1.2.1　内外挂脚手采用连接构件和螺栓固定于钢平台的钢梁底部，随钢平台同步提升。

6.1.2.2　内外挂脚手由槽钢、钢管组成框架，挂脚手架系统分上下两大部分。上层为钢筋绑扎和模板支设施工区，下层为拆模和模板整修施工区。

6.1.2.3　内外挂脚手的外侧采用角钢框加钢丝网组成的侧挡板封闭，挂脚手的底部靠近混凝土墙体处设防坠钢闸板。

6.1.3　爬升柱系统

6.1.3.1　爬升柱既是钢平台系统的承重构件，又是提升时钢平台系统的导轨。

6.1.3.2　爬升柱采用格构式钢柱形式逐层向上对接，并埋于核心筒混凝土墙体内。

6.1.3.3　钢平台通过承重销搁置于劲性格构钢柱上；提升机动力部分也通过承重销布置在其上。

6.1.4　提升机及电气控制系统

6.1.4.1　提升机是提升钢平台的动力设备，常规施工时固定于劲性格构钢柱顶部。

6.1.4.2　电动提升机放置在劲性格构钢柱上，丝杆穿过提升机并通过接套和丝杆提升座与钢平台连接。

6.1.4.3　在钢平台施工平面指定的位置上安放一间控制室，控制室里安装一套自动电器控制系统。

6.1.5　模板系统

6.1.5.1　钢大模主要结构由钢面板、竖围檩和横围檩三部分系统组成，模板高度根据结构形式和计算确定。

6.1.5.2　钢模板顶部设置吊耳，基本上每块模板设 3 个吊耳，其中一个为安全保险吊耳。

6.1.5.3　模板提升系统由钢大模顶部吊耳、钢平台提升钢梁和 3t 捯链组成。

6.2　制作材料

6.2.1　热轧I40a工字钢、5 号槽钢、75×75×8 角钢、50×50×5 角钢、40×40×4 角钢、10×10×2 钢丝网、8mm 花纹钢板、40×60 方管、48×3.5 钢管。

6.2.2　焊条采用 E43 系列焊条、氧气、乙炔、防锈漆等材料。

6.3　机械设备

机械设备　　　　　　　　　　　　　　　　　　　　　　　表 6.3

序　号	施工机械设备	型　号	数　量	用　途
1	电焊机	BX3-300	3 台	钢平台安装、拆除施工
2	氧气、乙炔、气割	—	2 套	钢平台安装、拆除施工
3	电动提升机	单只安全负荷 15t	每组机位 2 台	钢平台提升机械
4	重式传感器	MS-2 型	根据设计方案	钢平台提升监控
5	笔记本电脑	—	1 台	钢平台提升控制
6	捯链（手动葫芦）	3t	每块模板 3 只	钢模板提升

7. 质 量 控 制

7.1 质量应用标准：《钢筋混凝土升板结构技术规范》GBJ 130—90、《高层民用建筑钢结构技术规程》JGJ 99—98、《建筑结构荷载规范》GB 50009—2001、《建筑施工扣件式钢管脚手架安全技术规范》JGJ 130—2001。

7.2 钢柱支撑式整体自升钢平台脚手模板系统架体的加工质量应满足《高层民用建筑钢结构技术规程》要求。

7.3 严格把好劲性格构柱的加工和施工质量，焊缝焊接质量应符合《高层民用建筑钢结构技术规程》要求，劲性格构柱的安装位置不错位，垂直度偏差不大于 1.2‰。

7.4 提升机和电气控制系统是保证架体顺利提升的重要保障，施工中必须认真检查，并按要求维修保养，确保机械设备性能良好。

8. 安 全 措 施

8.1 在钢平台上要求安装风速仪，掌握高空风速情况，确保使用情况与设计工况相同。

8.2 六级（含六级）以上大风、大雪、大雾或大雨等恶劣天气时，严禁提升钢平台系统。钢平台在使用时，如遇十二级以上大风，应采用横向 ϕ48 短钢管支撑在墙体上，以抵抗侧向风力，ϕ48 钢管在下层高度内应不少于两道，水平间距按脚手架一隔一设置。

8.3 钢平台上应按平台设计承载力要求堆放物品。堆放施工材料时，应均匀分开，不得集中堆放，满足钢平台堆载要求。

8.4 钢平台承重劲性格构柱在安装前，必须检查是否符合设计要求，特别要检查承重销位置的可靠性，确保提升、使用安全。

8.5 钢平台组装和格构柱对接电焊焊接要满足设计要求，确保电焊质量达到设计和施工规范要求。

8.6 钢平台在提升、使用过程中，应经常检查格构钢柱承重销孔，确保受力使用正常。

8.7 当钢平台提升前，应及时将脚手中的垃圾和施工材料清除，确保脚手在提升时无杂物坠落伤人；钢平台提升时，脚手下部闸板应墙面分离，钢平台提升后闸板应立即关闭。

8.8 钢平台系统提升时，在塔吊、泵管、水管以及电缆等位置，应有专人进行监护，确保钢平台系统提升安全。

8.9 提升钢平台工作应尽量放在白天进行，若需夜间进行提升钢平台工作，应保证有足够的照明度以确保安全。

9. 环 保 措 施

内外下挂脚手底部采用钢板和钢闸板进行封闭，防止混凝土浆液、施工粉尘等的飘洒，减少对周边环境造成污染。

10. 效 益 分 析

10.1 该套体系实现了全封闭的施工工作状态，有效解决了超高层高空坠落的施工隐患，给施工工人提供了类似在地面的施工工作环境，提高了施工效率，加快了施工速度，使筒体结构施工最快速度达到了 2d/层，平均为 2.5～3d/层。

10.2 在超高层建筑的施工中，钢大模在钢平台架体内拆装和提升既安全又快速，并由于采用钢大模，与传统普通模板相比可重复使用，大大节约了模板的材料费用。同时该模板系统与国外"DOKA"或"PERI"等同类模板系统相比费用较低，模板系统费用仅相当于国外同类模板系统价格的1/4～1/3。

10.3 钢柱支撑式整体自升钢平台脚手模板系统完全实现了标准化和工具化，钢平台、下挂脚手架、提升系统等各部分均可实现重复利用，节省了施工费用20％～25％。

10.4 由于钢柱支撑式整体自升钢平台脚手模板系统的钢平台施工材料堆载量大，从而增加了施工材料每次垂直运输吊运量，有效减少了垂直运输施工材料的吊运次数，吊运次数减少将近1/4左右，大大缓解了高空垂直运输的矛盾。

10.5 由于钢柱支撑式整体自升钢平台脚手模板系统采用全封闭的施工作业环境，从而确保了上下立体交叉施工的安全，减少了楼层上下立体交叉施工安全防护设施费用，并且使得后期施工工序能尽早开始，大大缩短了施工总工期。

10.6 该模板体系在解决了钢筋混凝土核心筒筒体施工难题的同时还确保了工程质量与精度，经专业人员测量，金茂大厦核心筒的垂直偏差仅为1/20000。

10.7 钢柱支撑式整体自升钢平台脚手模板系统整体性好，刚度大，安全可靠，提升时受自然环境影响小，能有效满足超高层建筑施工的要求。

11. 应 用 实 例

钢柱支撑式整体自升钢平台脚手模板系统已分别在上海金茂大厦、上海世茂国际广场及上海环球金融中心等超高层建筑施工中得到了广泛应用，取得了良好的经济效益和社会效益。见表11。

经济效益展示 　　　　　　　　　　　　　　　　　　　　　表11

工程名称	建筑高度(m)	总层数	建筑面积（万 m²）	开、竣工日期	工法应用时间
上海金茂大厦	421	88	29	1995.2～1999.8	1995.11～1997.11
上海世茂国际广场	333	60	13.88	2002.9～至今	2003.4～2004.8
上海环球金融中心	492	101	37.73	2004.10～至今	2005.10～2007.1

冷却塔电动爬模施工工法

YJGF029—2006

中建三局第二建设公司　上海电力建筑工程公司

汤丽娜　李再伦　许洪　崔东靖　史耀辉　顾菊生

1. 前　言

随着火力发电机组单机容量增大，双曲线冷却塔的淋水面积逐渐增大，塔高及半径也相应增大，再者因人们的安全防护意识的提高，传统的悬挂式三角架翻模施工工艺在安全和速度方面均已不能满足当前施工要求。

中建三局第二建筑工程有限责任公司在冷却塔的施工中根据公司多年施工高耸构筑物的经验并在引进国际上先进的爬模施工工艺基础上，根据冷却塔工程的特点，对爬模的爬升系统、电动液压传动系统、操作平台及模板系统和配套的施工机械等方面进行了改进，经过改进的爬模施工技术经过湖北省建设厅组织的专家委进行鉴定达到了国内领先水平。

本冷却塔爬模施工工法先后成功应用于湖北蒲圻电厂1号、2号冷却塔，四川成都金堂电厂1号、2号冷却塔和安徽淮南洛河电厂5号、6号冷却塔等工程的施工。通过爬模施工工艺，成功解决了大型双曲线冷却塔混凝土筒壁施工的难题，降低工人劳动强度、加快工程施工进度、保证工程施工质量和安全。

冷却塔爬模施工工法先后获得了2007年度湖北省省级工法、2004～2005年度中建三局局级工法和2002～2003年度中建三局局级科技进步奖。

2. 工 法 特 点

电厂冷却塔爬模施工工法在施工方法上有显著的特点，其与传统的悬挂式三角架翻模施工工艺和普通的爬模施工工艺相比，在工期、质量、安全、造价、节能环保等方面具有明显的先进性和新颖性。

2.1　操作方便、施工工期短

电动爬模系统依靠筒体混凝土结构，通过固定在筒体上的导轨，利用电动机和蜗杆的正反转动来提升爬模系统，操作过程中，爬升架体可以单独提升也可以同步提升。爬升架提升完毕，就可以提供出工作面进行下一道工序的施工。与传统的三脚架翻模施工工艺相比较，操作方便，劳动强度低，大大提高了施工速度。

同时本爬模施工工法将以往通常使用的1.3m×0.5m筒壁模板改进为2.6m×1.7m专用大模板。通过此项改进，减少了模板拼装的次数，节约了模板安装的时间。

通过电动爬模的使用，我们在施工过程中创造了一天爬升一层（即1.5m/d）的施工速度，与传统的施工速度相比，施工工期有了大幅度的缩短。

2.2　施工质量可靠

爬模系统的导轨在施工过程中对筒壁起着控制定位的作用，通过控制导轨的倾斜度、子午向曲线的位置、半径和水平方向度，可准确控制筒体结构的半径、斜率和外观线条，从而保证通过爬模施工的冷却塔筒壁的质量。

电动爬模系统内外各有三层的操作平台（宽1300mm），可保证在钢筋绑扎、模板支设、混凝土浇筑和养护等各个施工环节有良好的工作面来保障施工人员做好各工序施工，从而保证施工质量。

另外通过采用2.6m×1.7m专用大模板，与采用普通的小尺寸模板相比，减少了模板的拼缝，提高了混凝土筒壁的外观质量。

2.3 施工安全

电动爬模体系全部的施工荷载和自重借助导轨传递给筒体结构，爬模体系构造合理，爬升架装置设限位开关和螺杆保险销双重安全装置。爬升架刚度大，爬升时平稳、无晃动。爬模体系设置三层操作平台，操作平台上均按照规范要求设置了安全防护栏杆。与普通的三角架翻模施工工艺相比较，极大保证了施工的安全。

2.4 经济效益显著

通过采用爬模施工工艺，组建专业施工队伍，提高管理协调能力，可以减少劳动力投入，提高施工速度，保证施工的质量和安全，因此具有明显的经济效益。

爬模系统一次投入可多次周转使用，施工中只需配备一套模板周转，施工用材的节约非常明显，且工程适用范围很宽，设备闲置时间短，有很好的节能和环保效益。

3. 适 用 范 围

经过改进的电动爬模工艺适合大型双曲线冷却塔、烟囱筒壁、水泥造粒塔筒壁、料库、高墩、高耸建筑（构筑）物等的施工。

4. 工 艺 原 理

冷却塔电动爬模的主要工艺原理是爬模的导轨附着在冷却塔混凝土筒壁上，爬升架承重在导轨上，通过爬升架上所安装的电动机和蜗杆的正反转动来提升爬模。在每节1500mm高的筒体结构施工过程中，爬升架分两次提升，每次提升750mm。同时爬模采用2.6m×1.7m专用大模板，通过模板的收分来保证曲线变化筒壁的外形尺寸，电动爬模构造示意图见图4所示。

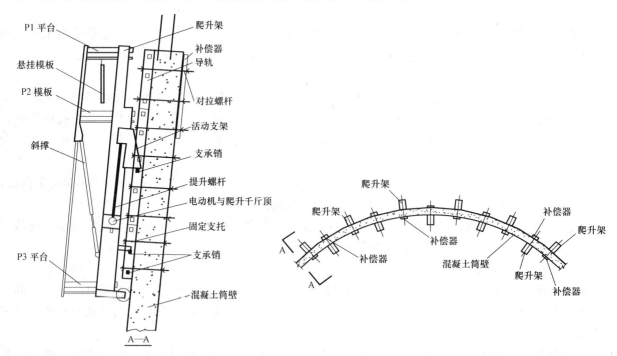

图4 电动爬模构造示意图

4.1 导轨承力工艺原理

导轨通过对拉螺杆与筒壁另一侧的模板补偿器相连接，以控制筒壁子午向曲线位置的正确，并夹紧混凝土筒壁，将整个爬升模架的自重和施工荷载传递到筒壁混凝土上。见图4.1-1、图4.1-2。

图4.1-1 导轨

图4.1-2 模板与导轨的连接

4.2 爬架爬升工艺原理

当混凝土强度达到规定强度后，即可进行提升架爬升。整个爬模系统爬升时按顺时针方向进行，并控制相邻两提升架的高差在750mm以内。

爬升时先将爬架的上支撑点固定在导轨上，同时松开下支撑点，启动电动机将整个爬架爬升750mm。然后将爬架的下支撑点固定在导轨上，同时松开上支撑点，启动电动机将爬架中的内套架顶升750mm。重复上述过程，实现下一个750mm的爬升。

4.3 相邻架体分段爬升工艺原理（图4.3）

本爬模经过改进，将相邻架体之间的操作平台通过活动和可调节的方式进行连接。通过这种改进，一方面可以保证架体在向上爬升过程中可以方便调节相邻架体之间的尺寸；另一方面，由于操作平台与架体为活动方式连接，这样可以实现架体的分片提升，提高工作效率。

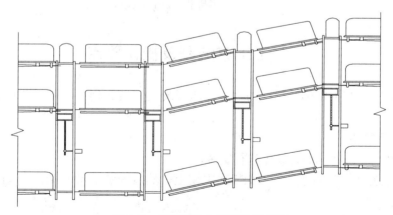

图4.3 相邻架体分段爬升示意图

4.4 模板安装工艺原理

本爬模工法将以往通常使用的1.3m×0.5m筒壁模板改进为2.6m×1.7m专用大模板。通过此项改进，实现了每节1.5m高的筒壁只需进行一次的模板支设，极大地提高了施工速度。

同时通过在两块模板之间设置补偿器，通过模板的收分来实现筒壁双曲线尺寸的要求。

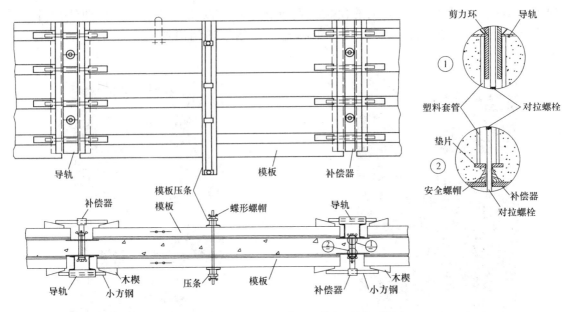

图 4.4-1　冷却塔爬模施工模板系统组装图

图 4.4-2　现场拼装完成的大模板

5. 施工工艺流程及操作要点

冷却塔爬模的施工工艺主要包括爬模的组装、爬模现场安装、爬模施工过程中的爬升和爬模的拆除等流程，如图 5。

5.1　爬模的地面组装

爬模在正式安装前，应在地面将架体进行组装。

先将主架平放在地面，将活动小平台安装到主架上，然后安装活动套架及电动机和顶升丝杆。见图 5.1-1～图 5.1-3。

5.2　爬模的现场安装

爬模的现场安装包括导轨的安装、爬模架体的安装和爬模操作平台的安装，见图 5.2-1～图 5.2-4。

5.3　爬模施工过程中的爬升（图 5.3-1、图 5.3-2）

当混凝土强度达到规定的强度后，即可进行提升架爬升，整个爬模系统爬升时按顺时针方向进行，并控制相邻两提升架的高差在 750mm 以内。每节筒体分两次进行爬升。

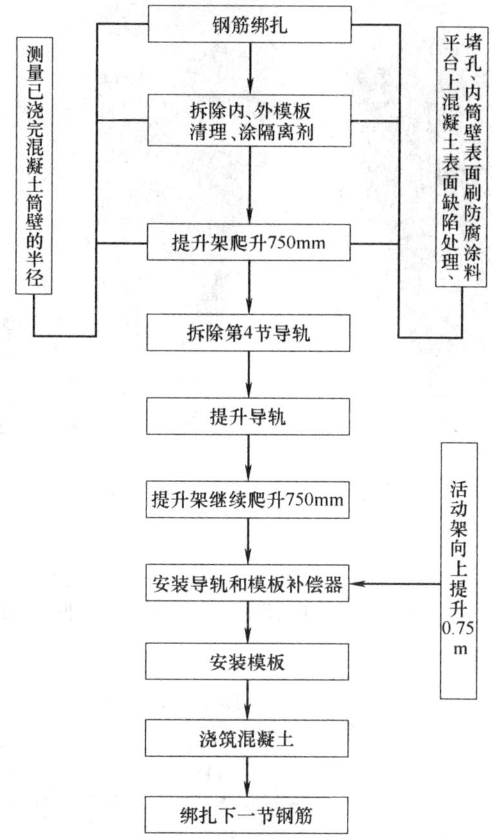

钢筋绑扎

↓

拆除内、外模板清理、涂隔离剂

↓

提升架爬升750mm

↓

拆除第4节导轨

↓

提升导轨

↓

提升架继续爬升750mm

↓

安装导轨和模板补偿器 ← 活动架向上提升0.75m

↓

安装模板

↓

浇筑混凝土

↓

绑扎下一节钢筋

测量已浇完混凝土筒壁的半径

堵孔、内筒壁表面刷防腐涂料、平台上混凝土表面缺陷处理、

图 5　爬模施工工艺流程图

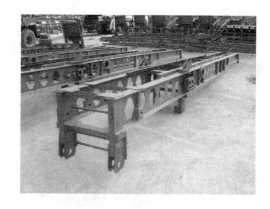

图 5.1-1　主架平放在地面

图 5.1-2　安装活动小平台

图 5.1-3　安装活动套架及电动机和顶升丝杆

图 5.2-1　导轨安装

图 5.2-2　爬模架体安装

图 5.2-3　爬模操作平台安装

图 5.2-4　爬模安装完毕

图 5.3-1　爬模爬升（一）

图 5.3-2　爬模爬升（二）

5.4　爬模的拆除

爬模拆除时，先拆除上面两层操作平台，然后设置临时挂架，将对拉螺杆拆除使爬架脱离筒体，然后依次拆除最下层操作平台和架体。如图 5.4-1～图 5.4-4。

图 5.4-1　上面两层操作平台拆除

图 5.4-2　临时挂架设置

图 5.4-3　拆除对拉螺杆使爬架脱离筒体

图 5.4-4　拆除最下层操作平台和架体

6. 材料与设备

爬升架构造：爬升架由导轨、操作平台、爬升装置、模板系统等四部分组成。

6.1 导轨：它是一种比较精密的部件，每根长 1.5m，每组爬架配 4 根导轨。导轨的作用一是定位，控制筒壁子午曲线位置的正确，二是将爬升模架的施工荷重传递到筒壁上。

6.2 操作脚手架：它由提升架部分和三层（P1、P2、P3）平台组成。在上层 P1 平台上可从事绑扎钢筋、浇混凝土、安装导轨和处理水平缝等施工操作。中层 P2 平台上可从事拆除模板及清理等操作。下层 P3 平台可从事拆除导轨及提升架的操作。每层平台由左右两块平台板叠合组成，中间以滑块相连，以便在爬升过程中随着筒壳直径改变，平台长度可以伸缩调整，平台两端搁在提升架上。

6.3 爬升装置：该装置由电动机、减速器、提升螺杆及活动支架组成。安设在提升架主要杆件的中部。

6.4 模板系统：该系统由补偿器、模板和竖挡等部件组成，设在两个相邻导轨的中间。在筒壁的内外侧，导轨与补偿器是交叉布置的。

7. 质 量 控 制

7.1 爬模施工应执行的标准规范和检验方法

采用电动爬模工艺施工冷却塔筒体，能保证钢筋、模板、混凝土、筒体防水质量，施工质量标准依据为《火电施工质量检验评定标准》，主要采用目测、钢尺检验、取试件、仪器检验等检验方法。

钢筋工程的检验具体依据钢筋质量检验评定表（验表Ⅱ-3-43）。

模板工程的检验具体依据模板质量检验评定表（验表Ⅱ-3-42）。

混凝土工程的检验具体依据混凝土质量检验表（验表Ⅱ-3-44）。

防水工程的检验具体依据防水质量检验评定表、堵孔记录、防腐记录、施工缝处理记录、混凝土浇筑记录、混凝土养护记录等。

7.2 爬模施工时质量保证技术措施和管理方法

7.2.1 筒壁模板的收缩应经过计算，事先在模板背面划出切割线，且必须两侧等量对称切割，以保证对穿螺栓孔位置的正确性。

7.2.2 筒壁半径误差调整值每节不得大于 20mm，且应使各节导轨半径值相一致。筒壁施工过程中，每隔 8～10 节应进行一次标高测量，必要时应按实测标高对半径进行调整。测量人员必须核对原始记录，发现错误重新复核。

7.2.3 筒壁模板与导轨、补偿器之间，必须用木楔塞紧，并有可靠防止漏浆措施。

7.2.4 筒壁对穿螺栓塑料套管应严格按图纸要求尺寸下料，不同壁厚塑料套管应分别堆放，防止错用。对穿螺栓孔用塑料粘胶堵塞，不得遗漏。

7.2.5 为防止筒壁在浇筑混凝土过程中发生钢筋位移，应在模板面向上 1.3～1.5m 处绑扎一圈环向钢筋，同时在内外层钢筋间沿环向每米范围内增加一根 $\phi6$ 的 S 形拉筋，以保持其位置和保护层厚度正确。

7.2.6 混凝土浇筑前，技术负责人应会同质检员进行以下项目检查，合格后方可施工：

1. 半径、截面和标高等偏差符合规范规定；

2. 施工缝已按要求处理完毕；

3. 模板内已清理干净，接缝密合、支撑牢固；

4. 预埋件、预留孔位置正确，钢筋绑扎符合要求。

7.2.7 导轨安装要有专人负责，严格按要求尺寸调整导轨斜率。

7.2.8 爬梯、电梯、缆风绳等埋件要求位置正确，安装牢固。

7.2.9 施工缝应严格按设计图纸要求处理，并保证不渗漏。

7.2.10 筒壁施工时，每节均需做不少于三组混凝土强度试块，第一组测一天强度（应大于3MPa），以作为可否拆模的依据；第二组测三天强度（应大于等于12MPa），以确定爬升架是否可以爬升；第三组测定28d强度，作为混凝土评定依据。

7.2.11 混凝土养护应及时，浇水次数以能使筒壁内外两侧混凝土保持湿润状态为准，养护期不少于14d。

7.2.12 筒壁混凝土拆模后，如发现偏差超过允许值时，应在其上各节的施工中逐渐纠正，每节纠正量不宜超过20mm。

8. 安 全 措 施

为保证爬模施工的正常进行，针对工程的施工特点，应采取下述安全措施：

8.1 设冷却塔施工专职安全员一人，各施工班组均设兼职安全员，建立健全项目安全管理网。

8.2 认真贯彻国家及公司有关安全施工规程和规章制度，落实各级责任制。

8.3 坚持连续开展百日安全无事故活动，坚持安全施工与经济责任制挂钩。

8.4 凡参加现场施工人员，每年接受一次统一安全教育和安全基本知识考试，并坚持每年所招临时工必须进行三级安全教育后才能允许上岗。

8.5 凡参加现场施工人员，应定期进行一次身体检查，凡患有精神病、高血压、心脏病等人员，均不得参加高处作业。

8.6 按规定在冷却塔周围划出施工危险区30m，并设临时围栏和警戒标志，非施工人员及车辆禁止进入。因冷却塔施工后场地狭窄，部分公路、人行通道、加工车间及混凝土集中搅拌站均在危险区内，需搭设安全隔离棚。

8.7 警戒线内搭设进塔专用通道、曲线电梯通道，通道上设安全隔离棚。

8.8 进入施工现场的人员要戴好安全帽，高处作业人员应系安全带（不包括在爬升架平台上工作人员），登高人员不准穿塑料底鞋和硬底鞋。

8.9 操作平台应经常进行清扫检查，防止高空落物。

8.10 中心塔吊、曲线电梯等在使用前均应做负荷试验，合格后方可使用，并设专人操作维护。非操作人员严禁乱动。

8.11 所有高处设备均设避雷装置。

8.12 夜间施工有足够照明设施，所有临时性电源开关、配电盘等电气设备均设防雷设施，并有可靠接地和绝缘保护。

8.13 现场应设防水消防设施，施工需要现场生火时，应先编制安全防火措施，并申请办理现场生火许可证后，方可生火。

8.14 遇有5级以上大风、暴雨、打雷及大雾等恶劣气候时停止高处作业。

8.15 拆内模板时，要求混凝土强度不小于3MPa，拆提升架时，要求混凝土强度不小于12MPa，并严格按照提升顺序操作。

8.16 提升爬升架时，P1平台上不准放重物，并应在P1、P2平台上设专人进行巡视。

8.17 导轨对穿螺栓螺母要拧紧，保险螺母切不可忘记安装。

8.18 剪力环不可忘记安装，拆下后放在导轨内，不准放在平台上，以免遗失或落下伤人。

8.19 爬升架提升完毕后，固定块、活动块的位置必须正确，安全插销不得漏插。

8.20 操作平台要保持一定水平度，倾斜角不大于10°。

8.21 爬升架爬升时，相邻两爬升架高度差不得大于250mm。

8.22 如果爬升架发生左右偏差，不准用另一个爬升架来纠正歪斜爬升架。

8.23 停电、电动机发生故障时，要插好安全销。

8.24 爬升架蜗杆弹簧片要经常清扫，每星期加一次油，轴承箱一个月加一次油。

8.25 曲线电梯要有专人负责操作，严禁超载。

8.26 塔机操作人员要经培训后方可持证上岗，并严格按塔机操作规程进行操作。

8.27 吊运钢筋时每吊重量不得超过1t，并分散堆放，超过3t的重物不准堆放在平台上。

8.28 塔吊工作时，上、下均应有人指挥，操作人员必须按指挥人员的信号进行操作。

8.29 吊物范围下方严禁站人，运输车辆起吊后尽快离开。严禁吊物碰撞爬升架和筒壁。

8.30 塔吊缆风绳的初拉力，必须按设计要求，缆风绳拉完后，需用经纬仪检查塔吊垂直度。

8.31 所有电缆、电线和金属接触处用套管保护，整体爬升架系统必须有良好的接地。

9. 环 保 措 施

为保证爬模施工的正常进行，根据国家有关环保法规，应采取下述环保措施：

9.1 应根据工程施工进度，制定爬模的电动机及顶杆的定期检查制度，定期检查相应部位是否有漏油现象发生，并及时采取措施。

9.2 爬架和模板上定期清理的垃圾应按照有关规定集中堆放，集中外运和处理。

9.3 施工过程中周转损坏的木模板应集中堆放和处理。

9.4 混凝土浇筑过程中，应采用低噪声环保型振捣器，以降低噪声污染。

10. 效 益 分 析

采用电动爬模工艺施工，相比翻模工艺，效益主要集中于以下因素：设备投入、模板投入、工期、安全、质量、社会效益、环保效益，见表10。

效益分析对比表　　　　　　　　　　　　　　　　　　　表10

序号	比较因素	电动爬模工艺	翻模工艺
1	设备投入（分六次摊销）	320万/6次	70万
2	模板投入	一套	四套
3	工期	1~1.5d/节	1.5~2.5d/节
4	安全	安全有保障，二次安全投入费用低	安全保障性低
5	质量	可控性墙，外观效果好	较难控制外观质量差
6	社会效益	良好的外观效果是电厂的标志，带来的是未来的效益，受业主、监理及社会各界认可	外观差
7	环保效益	模板投入少，爬模系统基本上为可重复利用材料，资源消耗少	模板投入大，资源消耗大

11. 应 用 实 例

电厂冷却塔电动爬模施工工艺先后被我公司成功应用到湖北蒲圻电厂1号2号冷却塔、成都金堂电厂1号2号冷却塔和安徽淮南洛河电厂冷却塔5号6号冷却塔工程等。取得了良好的效果。

11.1 湖北蒲圻电厂1号和2号冷却塔应用实例（图11.1）

工程名称：湖北蒲圻电厂1号和2号冷却塔

工程地点：湖北省赤壁市

实物工作量：5000m²

开竣工日期：2003.2～2004.8

应用效果：良好

11.2　四川成都金堂电厂 1 号和 2 号冷却塔（图 11.2）

工程名称：四川成都金堂电厂 1 号和 2 号冷却塔

工程地点：四川省成都市

实物工作量：9500m²

开竣工日期：2004.11～2006.12

应用效果：良好

图 11.1　湖北蒲圻电厂冷却塔施工实景图　　　　图 11.2　四川成都金堂电厂 1 号和 2 号冷却塔施工实景图

11.3　安徽淮南洛河电厂 5 号和 6 号冷却塔（图 11.3）

工程名称：安徽淮南洛河电厂 5 号和 6 号冷却塔

工程地点：安徽省淮南市

实物工作量：9000m²

开竣工日期：2006.3～2007.4

应用效果：良好

图 11.3　安徽淮南洛河电厂冷却塔施工实景照片

高层建筑利用整体升降脚手架提升 G-70 外墙大模板施工工法

YJGF030—2006

上海市第四建筑有限公司

朱利峰　顾靖　梅竹

1. 前　　言

近年来，随着高层、超高层建筑的逐渐增多，外墙模板的选型显得尤为重要，外墙模板选用工艺的好坏直接关系到工程的质量、工期、效益。上海市第四建筑有限公司选用 G-70 中型钢模拼装成大模，配合整体升降脚手架的外墙模板施工工艺，经过红塔大酒店、光明城市公寓、菊园三期、新昌城四个工程的实践，取得了较好的社会效益和经济效益。该成果获得了上海建工（集团）总公司九九年度科技成果二等奖。为了推广该项施工工艺，特编制本工法。

2. 工 法 特 点

2.1　该工艺使用钢模拼装成大模板，具有安装简单、拼缝严密、刚度好的特点。

2.2　选用该工艺在一层至四层施工时，利用塔吊配合垂直吊运，四层以上利用整体电动升降脚手架和结构面，设置好立柱，搁置横梁，用手拉葫芦提升大模板，具有安装速度快，不占用塔吊时间的优点，提高了施工速度。

2.3　该工艺避免了外墙模板的散装散拆，模板周转次数大大增加，经济效益显著。

2.4　该工艺选用钢质模板，减少了木材的使用，具有明显的节能效益。

3. 适 用 范 围

本工法适用于结构形式为剪力墙，层高不大于 4m，外围脚手采用"DMCL 整体电动升降脚手架"的现浇钢筋混凝土高层建筑结构施工。

4. 工 艺 原 理

采用 G-70 中型钢模及其配件拼装成外墙外模板，在结构施工过程中的提升和安装利用整体电动升降脚手架和结构面分块提升模板。

5. 施工工艺流程及操作要点

5.1　施工准备

5.1.1　技术准备

1. 编写施工组织设计时，塔吊的位置及起吊重量须满足大模板的吊装要求。塔吊覆盖不到的外墙范围在一层至四层外模施工时采用散装散拆或用汽车吊配合吊装。

2. 根据建筑物的体型特点、层高、墙板厚度等编写模板施工方案。

3. 计算出所需 G-70 中型钢模及其配件的规格、数量，绘制好模板排列图。外墙大模板的高度（混凝土接触面）宜同结构的标准层层高相同。

4.计算出配合大模板施工的配件（螺栓、锲板、钢卡、双环钢卡、围檩、预埋螺栓等），并提前做好加工。

5.1.2 作业条件

1.大模拆模时混凝土须达到拆模强度。

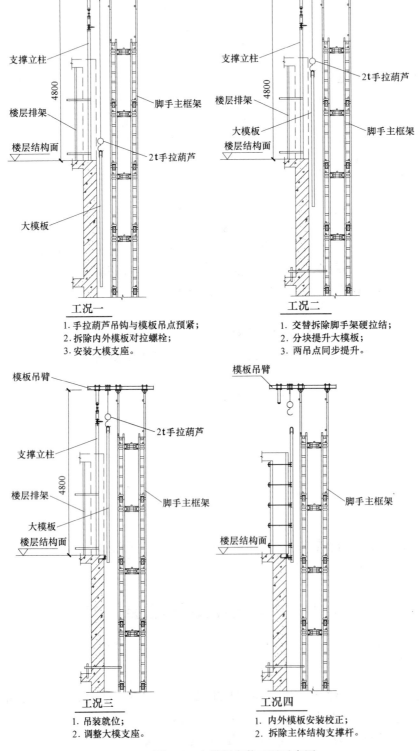

图 5.2 大模板安装工况示意图

2. 大模吊装时，立柱支承面混凝土的强度须达到 1.2MPa。

3. 大模吊装前，立柱及横梁的安装须经验收合格方可吊装。

4. 大模安装与整体升降脚手架配合使用，大模提升前脚手架应安装到位并且固定牢固。

5. 大模吊装时，户外风力在六级以下。

5.2 工艺流程

提升脚手架并按技术要求完成就位固定→大模板吊臂安装验收→逐块提升大模板→安装留插筋的小模板→模板固定→外模定位与内模固定。

大模板安装工况详见图 5.2。

5.3 操作要点

5.3.1 外模安装

1. 按照模板排列图将相应编号的大模板在硬地坪上板面向下拼装平整，分别堆放在靠近建筑物及塔吊附近的空地上。

2. 每块大模底部用 70×20×3 自加工角钢接边，以防止使用中损坏大模板边肋。钢模板上下、左右拼装采用 M12×30 螺栓，大模与大模之间或需散装散拆部位采用配套锲板连接。内围檩与钢模采用配套钢卡连接，内围檩与外围檩采用双环钢卡连接。

3. 如遇单面墙体长度较长，则应分块组装，每块大模长度不宜大于 4.5m，重量不大于 1500kg。大模吊装到位后，两块大模之间的横向围檩应加强，采用长度不小于 1000mm 的两根 70mm×45mm×3mm 方钢管进行补强。

4. 在外墙楼层面以下 100～300mm 处每隔 1.2m 预埋一只锥形内丝螺栓，该螺栓可以重复使用，利用该螺栓安装大模垂直调整支座，然后利用脚手架或塔吊将大模吊装到位。大模支座安装示意见图 5.3.1-1。

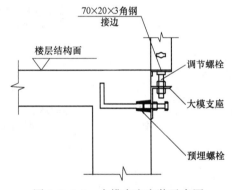

图 5.3.1-1　大模支座安装示意图

5. 一层至四层结构施工时，大模利用塔吊配合垂直吊运，四层以上利用脚手架吊臂装置，用手拉葫芦进行吊装。

6. 大模穿墙螺杆直径宜选用 φ14 以上，配套塑料管内径宜选用 φ25。

7. 在外墙楼层面以下 120mm 处每隔 1.2m 左右预埋一只锥形内丝螺栓（与安装大模支座预埋螺栓错开），利用该螺栓将大模底部下口收紧。

8. 大模底部 70×20×3 角钢下口（混凝土接触面）用 15mm 宽弹性胶带作封边，防止漏浆。

9. 大模阳角处采用 φ14 对拉螺栓进行加固。

10. G70 模板排列示意见图 5.3.1-2。

5.3.2 外模提升

1. 提升外模时如遇同一面墙体上有 2 个以上脚手架硬拉结，则必须交替提升，对硬拉结进行交替换位。

2. 在整体升降脚手架顶部安装模板吊臂，安装时螺母要紧固。在模板吊臂的外端安装支撑立柱（80×80×2.5 方钢管），支撑立柱安装要确保垂直，并使支撑立柱与混凝土面接触并受力。为增加稳定性，将支撑立柱与楼层排架用 φ48×3.5 钢管相连系。

3. 在模板吊臂上安装 2t 手拉葫芦，葫芦的下吊钩与大模吊耳用短钢丝绳千斤吊牢，抽动葫芦捯链使吊钩受力预紧。

4. 拆除全部的穿墙螺杆，待外模完全脱离混凝土后，同步抽动一组（2 只）手拉葫芦提升外模板。到位后将大模坐落在支架上，调整螺母，使模板达到安装标准。

5. 将外模与脚手架作临时固定，当内外模用穿墙螺杆固定后，拆除外模与脚手架的临时固定。外

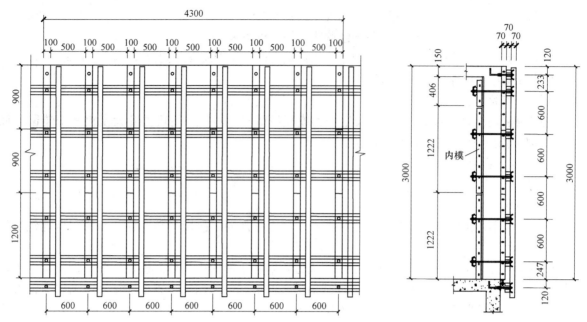

图 5.3.1-2　G70 模板排列示意图（单位：mm）

模临时固定与拆除示意见图 5.3.2。

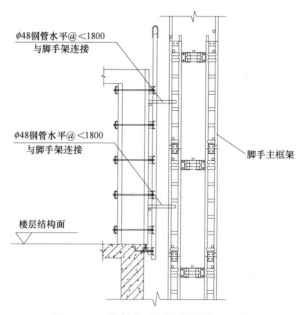

图 5.3.2　外模临时固定与拆除示意图

5.3.3　外模拆除

1. 结构施工到顶层后利用塔吊将大模吊运到地面，然后进行拆卸。

2. 如遇塔吊吊运困难，可将大模在顶层拆散，然后利用人货电梯运至地面。

5.3.4　模板保养

1. 大模脱模后应及时清理残余混凝土，并涂刷脱模剂。

2. 对使用过程中受损的模板及配件应及时予以更换。

6. 材料与设备

6.1　钢模板及其配件应有质量合格证书，并满足相应的规范要求。

6.2 手拉葫芦应有出厂质量合格证书及定期鉴定合格证书。

6.3 2t 手拉葫芦（带有钓钩保险装置）。

6.4 与"DMCL 整体电动升降脚手架"配套的大模板吊臂装置（包括横梁、立柱）。

7. 质 量 控 制

7.1 G-70 钢模拼装及安装质量标准见表 7。

G-70 钢模拼装及安装质量标准

表 7

项目		质量标准	检测工具与方法
拼装质量	对角线	±3mm	钢卷尺
	边长	±2mm	钢尺
	边长直线度	±2mm	2m 托尺与钢尺
	拼缝高差	±0.5mm	2m 托尺与塞尺
	板面平整度	±3mm	2m 托尺与塞尺
安装质量	大模垂直度	±3mm	钢尺
	大模水平标高	±5mm	水平基准测量
	头角垂直度	±5mm	线锤测量
	截面尺寸	+0mm −5 mm	钢尺

7.2 大模板穿墙螺杆现场开孔，外模开孔高度宜比内模板低 8～10mm，防止穿墙螺杆处的外墙渗漏问题。

8. 安 全 措 施

8.1 大模板提升区段内的脚手架上附着拉结点距吊点距离必须小于 4.8m。

8.2 大模吊臂在提升大模前，吊臂上附着在主体结构上的支撑必须安装可靠。

8.3 大模板的吊点必须系挂牢靠，吊钩必须要有保险装置，两点须同步提升。

8.4 遇六级以上（含六级）风力时不得进行大模提升及安装。

8.5 装拆过程中的大模板零件须放置在专用工具袋内，防止高空坠落伤人。

8.6 吊装大模安装就位前，应检查大模支座，确保支座牢固、可靠。

8.7 大模与内模未可靠连接前，严禁将葫芦吊钩放下。

8.8 手拉葫芦应每半年作一次保养、鉴定。

8.9 大模板提升、安装就位根据外墙板面积大小安排，一般以 3～4 名木工作为一组。

8.10 每次大模板提升时应设置专人指挥，并有专职安全监护现场监护，确保两个吊点同步提升。

9. 环 保 措 施

9.1 脱模剂应选用无污染的油剂，并在使用过程中防止油滴污染。

9.2 模板在翻用过程中应以劳动力配合吊车或整体提升脚手架按规定的线路进行搬运、存放。禁止乱扔、乱放。

10. 效 益 分 析

10.1 以木质九夹板同 G-70 中型钢模作比较。普通木质九夹板市场价格在 70 元/m^2 左右，模板翻用次数为 6～7 次，每次使用成本为 10～11.7 元之间。G-70 中型钢模的租赁价格为 0.7 元/m^2/d，施工速度以 5d 一层作为计算，每次使用成本为 3.5 元。因此，使用 G-70 中型钢模比使用木模有明显的价格优势。

10.2 根据以往工程的实践，使用该模板建造一般高层，完全能够翻用 100 次以上。

11. 应 用 实 例

自 1998～2005 年，红塔大酒店、光明城市公寓、菊园三期、新昌城四个工程都采用了 G-70 中型钢模及其配件拼装成外墙大模板，并利用整体升降脚手架提升大模。有关工程技术参数见表 11。

有关工程技术参数表　　　　　　　　　　表 11

工程项目	红塔大酒店	光明城市公寓	菊园三期	新昌城
设计单位	华东设计院	华东设计院	大境设计院	上海建工设计院
施工单位	上海八建	上海八建	上海四建	上海四建
结构形式	剪力墙	剪力墙	剪力墙	剪力墙
结构层数	43 层	33 层	39 层	31 层
施工速度	5d	4.5d	4.5d	4.5d
质 量	鲁班奖	白玉兰	白玉兰	白玉兰
大模尺寸	<4.5m	<4.5m	<4.5m	<4.5m
重量	<1500kg	<1500kg	<1500kg	<1500kg
周转次数	43	33	39	31

渐变扭坡组合钢模板施工工法

YJGF031—2006

北京市建筑工程研究院

阎明伟　牛其林　国久良

1. 前　言

渐变段扭坡挡土墙，在水利工程中的输水渠道和隧洞倒虹吸的进出口段最为常见，如图1所示。按照水力设计的特点，从渠道到隧洞需要由宽浅式变为窄深式，由于渠道的断面结构与隧洞的断面结构差别较大，在倒虹吸进出口处需要设扭坡结构的渐变连接段。扭坡结构施工质量的好坏直接影响到液态流水头损失的大小，同时该结构部位所受到水流的冲击影响也较大。

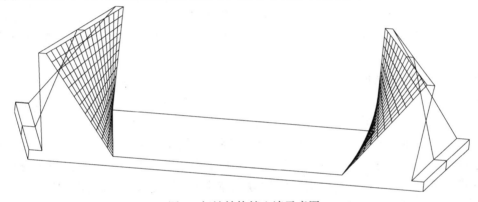

图1　扭坡结构挡土墙示意图

由于整体扭坡曲面为不可展开面。一般作为水利工程中渐变扭坡结构设计，只给出若干个基本断面的结构尺寸数据和控制标高，其余断面由施工控制。南水北调的各输水建筑物的扭坡结构断面都比较高大，受模板技术自身限制和施工质量特殊要求的影响，很难保证施工成型的扭面达到理论设计扭面要求。由于扭坡段混凝土为大体积混凝土施工，而且不具备外支撑加固的条件，若没有一套科学的支撑方法作为模板支护的技术指导极易造成扭坡模板工程施工的质量事故和安全事故。

2005年南水北调中线第一个开工的项目京石应急供水段滹沱河倒虹吸工程开始施工，北京市建筑工程研究院应河北水利工程局滹沱河项目部的委托，完成了南水北调中线首个应用渐变扭坡组合钢模板施工技术的滹沱河倒虹吸扭坡工程，并取得了良好的应用效果和技术经济效益。

2006年渐变扭坡组合钢模板施工技术，申报为北京市建筑工程研究院科技基金课题项目，期间通过理论研究、数值模拟分析，以及工厂加工试验和南水北调中线工程实际推广应用相结合，对水利工程中倒虹吸扭坡施工专用扭坡组合钢模板施工技术，进行了总结和编制，完成了渐变扭坡组合钢模板施工工法。

该工法根据实际工程实例的应用与总结，通过渐变扭坡模板的施工准备、模板组拼安装及拆除工艺、模板支撑要求、施工安全要求、施工检查验收、扭坡组合钢模板组拼质量验收要求等，六个方面对渐变扭坡模板的施工工序和技术要求以及检验标准进行了整理和编制，并作为水利工程常见的空间扭曲构筑物模板施工的一套方法。

2007年渐变扭坡组合钢模板施工工法通过了由北京市建委组织的市级工法的专家审定会审定，获得了北京市市级工法证书。

目前渐变扭坡组合钢模板应用技术及施工工法，除在京石应急供水工程滹沱河段应用外，在南水北调中线河北Ⅱ直管标段南据马河倒虹吸工程扭坡段、水北沟渡槽倒虹吸工程扭坡段以及南水北调中线京石段 S42 标中易水倒虹吸扭坡段均得到了推广应用。

2. 工 法 特 点

本工法是在水利工程中特有的渐变扭坡结构模板施工工法。作为渐变扭坡结构混凝土成型的模板施工方法，该工法通过利用渐变扭坡组合钢模板体系，形成设计三维扭面；采用预埋钢筋模板支撑的方法，使渐变扭坡模板在混凝土浇筑过程中，形成自稳支撑体系；通过采用翻模施工工艺及调整模板方法，使三维渐变扭坡模板在一定扭度变化范围内满足其通用性要求。

其特点表现为：模板的结构特点符合设计扭面特性，满足理想扭曲面过渡，达到扭坡结构迎水面清水的效果，符合设计、施工、监理的质量要求；模板的刚度合理，施工操作简单方便，安装成型即为设计扭面，具有良好的稳定性；自重轻，附配件通用于组合钢模板，安装灵活；模板扭面检验和检测方法直观，除控制观测结构设计断面外形尺寸，其余模板检验由靠尺和直线参照观测，减少了观测设备和人员的投入；模板加固采用内部撑拉方法，通过方案计算内部合理设置支撑钢筋，有效地减少了支撑材料的投入，安全合理；通过调整模板自身刚度增加模板微变形量，可在一定范围内通用于其他形近渐变扭坡，周转使用，可节约模板投入费用；对于扭曲面坡比较缓的部位，配合翻模施工工艺，具有良好的推广性。

目前，在钢混挡土墙扭坡的施工中，所采用的方法主要有土工模施工方法、组拼木模施工方法、组拼小钢模板施工方法、全钢大模板调整扭坡施工方法。从严格意义上来说，这几种施工方法在扭坡结构迎水面混凝土施工中，都很难达到扭面结构设计中的理想要求。

土工模施工方法，适用于扭曲面坡比较缓的挡土墙扭坡迎水面的混凝土施工，但需要进行大量的土方施工，造价较高且适用范围小，不适合于大型水利工程扭坡施工；组拼木模施工方法，前期须进行大工作量的找形准备，费工费料，模板周转次数基本上超不过 3 次，且刚度较差，施工速度缓慢；组拼小钢模施工方法，其拼缝位置多为折线段，难以控制其局部曲面的检验，对于成型质量要求比较严格的迎水面采用此种施工方法很难控制质量，不能满足迎水扭曲面混凝土成型的质量要求；全钢大模板调整扭坡施工方法，由于自身刚度和面板延性的制约，其成型扭坡面很难符合理想的设计扭坡面，只适用于扭度较小，质量要求不太严格的扭坡，其现场的吊装、调整须借助机械设备，造价和施工费用相对较高。

渐变扭坡组合钢模板施工工法，为水工渐变扭坡施工提出了一套安全可行的技术方法，按照该工法采用渐变扭坡模板及支撑体系施工，不仅能够减少施工单位对于渐变扭坡段模板施工的一次性投入，而且利用翻模施工工艺，可有效地解决其他渐变段的通用性问题，因而具有良好的经济效益；同时，通过该工法施工达到理想渐变设计扭面，降低进出口渐变扭坡段水能的损耗。为南水北调等国家重点水利工程调水节能，将带来良好的经济效益和社会效益。其工法的推广对于整体降低水能损失具有重要影响。

3. 适 用 范 围

南水北调中线工程横跨江、淮、黄、海四大流域，是我国特大型调水工程。南水北调中线工程总干渠设计为自流输水，水能紧张。其中，倒虹吸是该调水工程中数量最多的一种河渠交叉建筑物。倒虹吸为水利工程特有的构筑物，为输送渠道工程通过道路或其他的压力输水管道时，利用连通器的原理，使水流在其下面的封闭倒虹吸管道利用高差流过，使其各行其道，互不干扰。

倒虹吸工程中过水断面，从渠道到隧洞需要由宽浅式变为窄深式，由于渠道的断面形式及尺寸与隧洞的断面形式及尺寸差别较大，因此在隧洞进出口处需要布置渐变连接段形成扭坡结构。因此，每个倒虹吸工程由进出口扭坡段、进出口闸室段、倒虹吸管身段构成。而进出口扭坡段直接影响水的流量、流速、水头损失的大小，其所受到的水流冲击影响也最大。因此，扭坡迎水面施工成型与理论迎水面的质量偏差，将会直接影响到水头损失的大小。尤其是在南水北调等国家重点水利工程中，由渐变扭坡段成型出现的质量偏差，将会对整体水能损失产生十分可观的影响。

仅以南水北调中线最先开工的京石应急供水总干渠段为例，其中交叉建筑物 314 座，大多以倒虹吸的形式穿越河北及北京多条主河道及支流，而扭坡段为倒虹吸工程的必要的构筑特点和施工的难点，且扭坡结构均为现浇混凝土构筑。所以，渐变扭坡组合模板施工工法的应用，不仅能够解决倒虹吸扭坡结构的成型问题，而且能够减少整体水能在扭坡段的损失。因此具有良好的技术经济效益和社会效益。

2005～2006 年，渐变扭坡组合钢模板的设计方法和施工工法，成功地应用于南水北调中线京石应急供水工程滹沱河、南拒马河等虹吸进口渐变扭坡工程施工中。本工法的成功实施，实现了在南水北调工程中应用渐变扭坡组合钢模板，使混凝土成形扭面达到了理想渐变的设计扭面，达到水利工程扭坡结构清水模板施工的先进水平，获得了施工方的良好评价。其中，应用渐变扭坡组合钢模板施工工法进行施工的滹沱河二标段，已经被评为南水北调中线的标杆工程。目前该模板施工工法已经开始在京石应急供水工程其他标段推广应用，具有良好的推广性和应用性。

4. 工 艺 原 理

4.1 将渐变扭坡曲面的三维不可展开面转化为可展开曲面，从而使渐变扭坡组合模板设计施工理论可行。

4.2 渐变扭坡组合钢模板曲面设计，符合理论设计扭坡的断面轮廓线等分原则。

4.3 渐变扭坡任意断面轮廓线，与其相交的等分线组成无限小曲面的法线惟一。

4.4 采用预埋钢筋支撑及加固的方法，使渐变扭坡组合钢模板在施工过程中形成自稳体系。

4.5 采用渐变扭坡组合钢模板翻模施工技术，解决了渐变扭坡施工的通用性问题。

5. 施工工艺流程及操作要点

5.1 施工工艺流程

5.1.1 迎水面（断面轮廓线≥45°）扭坡模板施工工艺流程，见图 5.1.1。

5.1.2 施工准备

1. 根据扭坡组合钢模板组拼安装的质量检测要求，确定安装检验测量的地面控制点。

2. 按照《扭坡组合钢模板工程施工组织设计》的安排，认真做好参加组合钢模板工程施工人员的组织和技术交底，以及安装设备、工具和材料物资的准备工作。

3. 按照施工设计图纸的要求，在安装组合钢模板的位置，使用高标号水泥砂浆，把安装组合钢模板位置上的混凝土底板表面找平。

4. 根据《扭坡组合钢模板工程施工组织设计》的要求，搭设好钢模板施工支撑架，检查预埋支撑加固筋预埋点的位置。

5. 根据施工设计图纸的要求，确定组合钢模板安装的确切位置后，在混凝土底板的表面上清晰地标出，安装

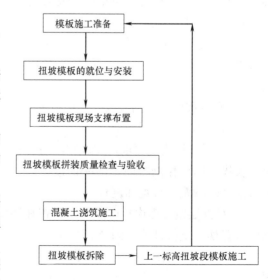

图 5.1.1 扭坡模板施工工艺流程

组合钢模板的内位置线。

6. 按照《扭坡组合钢模板组拼安装布置方案》的标注，将组合钢模板按分层安装顺序平放排列在安装位置线附近。

7. 按照支撑加固筋定位方案要求，进行预打模板加固筋定位孔。

8. 检查模板组拼附件（包括 U 形卡、锥形套筒、螺母等）外观质量及规格。

9. 组合钢模板在安装前，应涂刷脱模剂，严禁使用废机油代替脱模剂施工。

5.1.3 扭坡模板组合安装。

1. 模板安装工艺流程如下：

垫层混凝土表面处理→扭坡起始边测量放线→钢筋绑扎→分层安装组合模板→模板临时支撑→预埋支撑筋就位→围檩加固就位→拆除模板临时支撑→测量观测→模板扭面成型验收。

2. 一般要求，扭坡组合钢模板安装施工质量标准如下：

1）两块相邻组合钢模板的拼接缝隙≤1.00mm；

2）相邻组合钢模板板面的高低差≤1.50mm；

3）四块组合钢模板相邻四角的板面高低差≤1.50mm；

4）组合钢模板安装后，板面长宽尺寸偏差±2.00mm；

5）组合钢模板安装后，沿边框及横竖肋筋板位置面板的平面度≤2.00mm（使用 2m 长靠尺检查）；

6）组合钢模板的扭曲安装倾斜度，不得超过扭坡结构设计的允许值。

3. 每层开始第一块面板外端面的最高点、后面安装的每相邻四块为一组的板面拼缝最高点以及每层最后一块面板外端面的最高点，均为组合钢模板扭曲安装倾斜度的检验测量点。

4. 安装扭坡组合钢模板，每层都应先从扭曲面最小的一端开始进行施工。

5. 安装每层开始第一块组合钢模板时，都应按照设计要求，测量调整好它的扭曲安装倾斜度。并检查支拉筋加固就位程度，防止位移变形。

6. 继续组合安装时，边拼装边上好相邻组合钢模板边框上的连接件或 U 形卡具。

7. 以水平一层为单位拼装完成每组钢模板后，都应安装好竖向双背楞，进行调平，并拧紧该组模板各边框的连接件（或 U 形卡具）。同时，对安装后的钢模板进行支拉固定。

8. 安装完成每组组合钢模板后，都应对本组钢模板的板面组装平整度、安装扭面倾斜度，进行初步的测量、检查和调整。

9. 现场安装、拆除组合钢模板，可采用人工搬运，垂直运输可使用辅助机械设备吊装。模板安装拆除须制定相应的措施，防止损伤模板或结构混凝土。

10. 安装注意要点：

1）安装首层组合钢模板时，应按照板号安装顺序，逐块把组合钢模板的板面下边沿，整齐地排放在坡面混凝土底板的安装位置线上，根据《扭坡组合钢模板组拼安装布置方案》进行模板排序检查。

2）安装首层组合钢模板时，要在钢模板的上下位置，进行两层牢固支撑，以确保模板系统的安装稳定，做到不移位、不变形。

3）按照组拼质量要求，完成首层组合钢模板的安装后，应该对组合钢模板的扭曲安装倾斜度、沿边框及横竖肋筋板位置面板的平面度，以及拼缝、板面及相邻四角的高低差、安装板面长宽偏差等，进行全面的测量、检查和调整。

4）对首层组合钢模板的测量、检查和调整，达到安装施工质量标准后，加固到位全部连接件，并确保横背楞、支拉杆等牢固稳定。

5）安装每一层组合钢模板时，都应按照规定安装好竖向双背楞。同时，对组合钢模板进行支拉固定。

6）从安装第二层组合钢模板开始，应及时安装好横向双背楞。

7）每层组合钢模板应安装两排双背楞，其间距一般不应大于 600mm。

8）完成调整达到安装施工质量标准后，拧紧全部连接件（或 U 形卡具），加固筋锥形套筒螺母，确保横竖背楞、支撑杆等牢固稳定。

9）组合钢模板安装达到一定的高度、板面向下扭曲倾斜较大时，除了在钢模板的背面做好拉接外，还必须采取相应的稳固措施，确保组合钢模板牢固安全。

11. 完成安装扭坡组合钢模板工程，必须通过检查验收以后，才允许进行下一道工序的施工。

5.1.4 模板支撑要求：

1. 制定相应扭坡组合模板预埋钢筋支撑方案，预埋件埋设方案及设计位置。

2. 模板背侧按照设计间距设置竖向模板加强肋（型钢）平铺，外侧按照预埋筋加固间距布置双槽钢横肋，形成井字形格构围檩布置。

3. 支撑筋端部设置锥形套筒，外侧与围檩的加固螺栓连接，内侧与模板支撑钢筋连接。

4. 支拉筋设置间距应满足模板设计强度和刚度要求，采用预埋筋支撑方法，混凝土浇筑高度须小于 3m，并需在模板上部增设附加受压支撑，或增设水平防倾覆支撑。

5. 对于模板有预埋筋加固条件者，可采用预埋筋双侧内支撑和单侧内支撑的方法；对于扭坡顶部模板支撑，宜采用对拉螺栓加固和辅助支撑的方法。

6. 扭坡模板支撑方案，采用内部预埋钢筋支撑方法是，应对支拉杆件进行受力计算，并作为模板方案计算资料的一部分进行审核、存档。

5.1.5 检查验收

1. 在进行扭坡组合钢模板安装的过程中，应进行以下质量检查和验收工作；其验收标准按照表 5.1.5 规定执行。

扭坡组合钢模板组装质量验收标准   表 5.1.5

项　　目	允许偏差(mm)	项　　目	允许偏差(mm)
两块相邻模板之间的拼接缝隙	≤1.00	组装模板板面的长宽尺寸	±2.0
相邻模板面的高低差	≤1.50	组装模板沿横竖肋位置的面板平整度	水平靠尺间隙≤2.00
四块组装模板拼角处的板面平整度	≤1.50		

注：1. 组装模板面积为 2000mm×2000mm。

    2. 本标准参照《组合钢模板技术规范》(GB 50214—2001)、《水利水电工程模板施工规范》(DL/T 5110—2000)的模板产品组装质量标准，及《水工混凝土施工规范》(DL/T 5144—2001)混凝土成型标准制定。

1）扭坡组合钢模板的布局和安装施工顺序；

2）首层钢模板的板面下边沿，是否在安装位置线上；

3）连接件、支撑件、拉接件的规格和质量，以及它们的紧固情况；

4）钢模板安装整体的稳定性；

5）沿边框及横竖肋筋板位置面板的平面度；

6）钢模板的拼缝、板面及相邻四角的高低差；

7）钢模板的安装板面长宽偏差；

8）钢模板的扭曲安装倾斜度。

2. 进行扭坡组合钢模板工程验收时，应提供以下文件：

1）扭坡组合钢模板工程施工组织设计；

2）扭坡组合钢模板工程组拼安装布置方案；

3）扭坡组合钢模板工程施工支撑加固方案及系统布置图；

4）扭坡组合钢模板工程质量检验记录；

5）扭坡组合钢模板工程质量验收记录；

6）扭坡组合钢模板工程支模的重大问题及处理记录。

5.1.6 混凝土浇筑要求

1. 扭坡结构混凝土浇筑除满足设计混凝土配比外，在浇筑过程中采用分层浇筑，分层浇筑高度应控制在 350～500mm/h 范围内。

2. 扭坡结构高度超过 3m 时，在高度方向上应采用分段施工，混凝土每段浇筑高度应控制在 3m 以内。

3. 扭坡底部混凝土浇筑过程中宜采用串筒布料，避免混凝土直接倾倒对模板产生冲击。

5.1.7 扭坡模板拆除

1. 拆除扭坡组合钢模板时，应认真遵守以下规定：

1）拆除组合钢模板时的条件，必须达到《水工混凝土施工规范》DL/T 5144—2001 及《水利水电工程模板施工规范》DL/T 5110—2000 规定的相关要求。

2）针对工程施工的特点，事先应制定出拆模的程序和方法，以及安全措施，并严格遵照执行。

3）施工作业时，应该遵循从上至下，逐件拆卸加固筋连接件和模板连接件，逐块拆除组合钢模板，逐点取出锥形套筒螺母。

4）拆下的钢模板及配件，应逐件传递到地面，分类码放整齐。拆下的辅件，应检查外观质量，并存放在箱体或容器内。

5.2 扭坡段与明渠交汇段扭坡模板施工工艺流程

5.2.1 迎水面（断面轮廓线＜45°）扭坡段与明渠交汇段扭坡模板施工工艺流程，见图 5.2.1。

5.2.2 翻模工艺要求

1. 采用翻模施工工艺，翻模顺序按先浇筑的先翻模原则进行。

2. 采用翻模施工工艺，应根据不同温度条件下的混凝土凝固情况来判断翻模时间。翻模时间在混凝土初凝强度，达到 0.15～0.3MPa 时效果较好。一般情况下夏季翻模时间在该层混凝土浇筑完成 6～8h 后翻模为宜；冬季翻模时间在该层混凝土浇筑 8～9h 后翻模为宜。

3. 底层的模板拆除后，采用人工找平、抹面。为避免对混凝土表面的过多扰动影响，抹面次数一般不超过 3 次。

4. 拆模后，对模板及时进行清理后，周转至上层扭坡段施工。

5. 迎水面（断面轮廓线＜45°）扭坡段与明渠交汇段扭坡混凝土面成型施工宜采用翻模工艺。

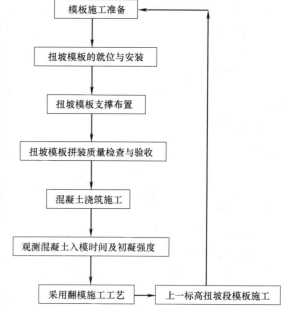

图 5.2.1 扭坡段与明渠交汇段扭坡模板施工工艺流程

5.2.3 迎水面（断面轮廓线＜45°）扭坡段与明渠交汇段扭坡模板施工的施工准备、模板就位安装、模板支撑要求、混凝土浇筑要求等同 5.1。

6. 材料与设备

本工法针对倒虹吸渐变扭坡组合钢模板施工技术，采用的模板体系为扭坡组合钢模板体系，该模板是根据施工现场的施工条件，满足尽量减少起重设备投入的前提下，结合模板的自身刚度分析，设计出一种全新专用扭曲面组合模板体系，该渐变扭坡组合钢模板申报国家知识产权局实用新型专利（专利号为：ZL 200520144218.0）。

该模板单块重量约 50kg/m²，周转次数为 200 次。辅配件通用于 55 系列组合钢模板体系，支撑筋采用施工现场的钢筋加工，模板主次围檩采用国标 10 号槽钢。

测量定位仪器采用拓普康 GPT-7001 全站仪，及 3m 长靠尺、塞尺、线坠等测量工具。

模板水平、垂直运输吊装采用现场人工搬运及安装或手动导链吊装辅助。

7. 质 量 控 制

7.1 技术保障措施

针对扭坡工程施工的特点，施工方事先应制定出严格的组装、拆除组合钢模板的原则、方法以及安全措施，并严格遵照执行。

7.2 组装质量控制

7.2.1 扭坡模板组拼安装质量，应达到扭坡组合钢模板组装的质量标准要求。

7.2.2 两块相邻组合钢模板的拼接缝隙≤1.00mm；

7.2.3 相邻组合钢模板板面的高低差≤1.50mm；

7.2.4 四块组合钢模板相邻四角的板面高低差≤1.50mm；

7.2.5 组合钢模板安装后，板面长宽尺寸偏差±2.00mm；

7.2.6 组合钢模板安装后，沿边框及横竖肋筋板位置面板的平面度≤2.00mm（使用 2m 长靠尺检查）；

7.2.7 组合钢模板的扭曲安装倾斜度，不得超过扭坡结构设计的允许值。

7.3 拆除质量控制

拆除组合钢模板时的条件，必须达到《水工混凝土施工规范》DL/T 5144—2001 及《水利水电工程模板施工规范》DL/T 5110—2000 规定的相关要求。

7.4 产品质量控制

7.4.1 本工法规范的渐变扭坡组合钢模板体系，其产品出厂质量检验要求，除符合《组合钢模板技术规范》GB 50214—2001 规定的产品质量标准外，须符合渐变扭坡组合钢模板制作质量标准要求，其验收标准按照表 7.4.1 的规定执行。

渐变扭坡组合钢模板制作质量标准   表 7.4.1

	项 目		要求尺寸(mm)	允许偏差(mm)
渐变扭坡组合钢模板制作质量标准	面板尺寸	长度	加工图设计值	0
				−1.00
		宽度	加工图设计值	0
				−1.00
		对角线	加工图设计值	±1.00
	边框及通长肋板	肋高	80	±0.50
		长度	理论尺寸－板厚	0
				−0.50
	边框连接孔	沿板的长度的孔中心距	$n×150$	±0.60
		沿板的宽度的孔中心距	—	±0.60
		孔中心与板面间距	43	±0.30
		沿板长度孔中心与板端间距	75(55)	±0.30
		孔直径	$\phi13.8$	±0.25
	肋板预留孔	孔直径	$\phi13.8$	±0.25
		沿肋板长度孔中心与板端间距	居中	±1.00

续表

<table>
<tr><td rowspan="24">渐变扭坡组合钢模板制作质量标准</td><td colspan="2">项　　目</td><td>要求尺寸(mm)</td><td>允许偏差
(mm)</td></tr>
<tr><td rowspan="2">肋板组焊</td><td>边框、纵横肋高度差</td><td>—</td><td>Δ≤1.20</td></tr>
<tr><td>横肋组装位移</td><td>0.5</td><td>Δ≤1.00</td></tr>
<tr><td>面板与肋板组焊</td><td>面板与肋板间隙</td><td>—</td><td>≤0.50</td></tr>
<tr><td rowspan="6">焊缝</td><td>肋间焊缝长度</td><td>12</td><td>±3.00</td></tr>
<tr><td>肋间焊脚高度</td><td>3.50</td><td>±0.50</td></tr>
<tr><td>肋间对角焊缝距离</td><td>40</td><td>±5.00</td></tr>
<tr><td rowspan="2">肋与面板焊缝长度</td><td rowspan="2">5</td><td>0</td></tr>
<tr><td>3.00</td></tr>
<tr><td>肋与面板焊脚高度</td><td>2.5</td><td>±0.50</td></tr>
<tr><td rowspan="2">肋与面板角度</td><td>肋板与面板的角度</td><td>90</td><td>±0.3</td></tr>
<tr><td>折合相对80mm高的尺寸偏差</td><td>—</td><td>±0.50</td></tr>
<tr><td rowspan="5">局部平整度</td><td>模板横竖各边的面板平整度</td><td>0</td><td>±1.00</td></tr>
<tr><td>沿对边均分处的面板平整度</td><td>0</td><td>±1.00</td></tr>
<tr><td>沿横竖肋位置的面板平整度</td><td>0</td><td>±1.00</td></tr>
<tr><td rowspan="2">边框至面板边沿的距离</td><td rowspan="2">—</td><td>0</td></tr>
<tr><td>−0.30</td></tr>
<tr><td rowspan="2">边框与肋板</td><td>边框、肋板与面板的间隙</td><td>—</td><td>≤0.50</td></tr>
<tr><td>边框与面板的角度</td><td>90°</td><td>±0.3°</td></tr>
<tr><td>C点标高</td><td>以A、B、D点组成空间坐标系，面板C点处的Z轴方向距离</td><td>加工图设计值</td><td>±3.00</td></tr>
<tr><td rowspan="2">外观喷涂</td><td>防锈漆外观</td><td colspan="2">油漆涂刷均匀不得漏涂、起皱、脱皮、气泡、流坠</td></tr>
<tr><td>编号喷涂</td><td colspan="2">字体均匀，清晰，组拼后位置整齐划一</td></tr>
</table>

8. 安全措施

8.1 对参加组拼安装或拆除扭坡组合钢模板的施工人员，必须进行书面安全、技术交底。

8.2 安装或拆除扭坡组合钢模板时，必须由专人统一指挥，严格按照工艺顺序进行操作，不准颠倒。使用对讲机等通信工具进行上下联系时，要做到态度认真、语言简练、口齿清楚。施工操作人员，必须戴好安全帽。

8.3 在脚手架上面操作的人员，必须系好安全带，手持工具要系上保险绳，严禁随意乱丢乱扔卡子、螺栓等零配件，严格执行脚手架安全技术规范要求。

8.4 在进行安装或拆除扭坡组合钢模板的施工时，在地面要设定相应的工作区，并派专人负责看守。与拆装无关的人员，不得在工作区域内停留或走动。地面上负责搬运钢模板和配件的人员，禁止在扭曲倾斜的模板下方通行。

8.5 采用滑轮或机械设备，进行垂直运送钢模板时，必须使用防脱钩。

8.6 起吊安装钢模板时，必须在安装好卡子或连接螺栓配件以后，才能摘除取吊钩。

8.7 拆除钢模板时，必须先吊钩挂牢在将要被拆除的模板上。然后，将支撑和连接该钢模板的配件拆除，再将该钢模板脱离混凝土结构表面后，才能起吊。

8.8 在安装或拆除扭坡组合钢模板的过程中，需要架设照明电线时，宜选用不高于36V的低压电源；需要使用电动工具时，事先必须采取有效的安全防范措施。

8.9 在安装或拆除扭坡组合钢模板的过程中，需要动用电气焊时，必须开具用火证。应清除干净周边的易然物，备好消防用具，并设专人看护。

8.10 遇有 5 级以上大风或雨雪天气时，应停止安装及拆除扭坡组合钢模板的施工作业。

9. 环 保 措 施

为了保护和改善施工现场的环境，防止由于施工造成的作业污染，切实做好施工现场的环境保护工作，主要采取以下措施。

9.1 模板喷涂污染控制的技术措施

9.1.1 模板在安装前，应涂刷水工混凝土专用脱模剂，严禁使用废机油代用脱模剂施工。

9.1.2 涂刷脱模剂须由专人负责，工作前做好必要的安全防护工作，剩余脱模剂须安全回收，严禁随地泼洒，涂刷用具严禁随意丢弃。

9.1.3 在结构钢筋与模板之间要设置定位筋，防止在现场组拼模板的过程中，脱模剂对结构钢筋的污染。

9.1.4 模板入场前，应对其表面的涂漆进行检验。禁止在施工现场对模板进行油漆喷涂作业。

9.2 混凝土施工作业环保措施

9.2.1 妥善处理泥浆水，未经处理不得直接排入河道。

9.2.2 调整作业时间，混凝土搅拌及浇筑等噪声较大的工序禁止夜晚作业。

9.2.3 对产生噪声、振动的施工机械，应采取有效控制措施。

9.2.4 施工现场管理，要严格执行国家安全环保和强制性条文的相关规定。

10. 效 益 分 析

倒虹吸渐变扭坡结构分为砌石渐变扭坡和现浇混凝土渐变扭坡，现浇混凝土渐变扭坡以其施工速度快，抗渗性能好，成型外观符合设计标准等特点，在水力工程设计及施工中广泛应用。渐变扭坡组合钢模板施工工法的提出旨在为现浇混凝土扭坡提供一套技术可靠，安全经济的模板施工指导方法。

渐变扭坡组合钢模板施工方法通过理论总结、工程实践，形成一套完整的工法，成功完成了南水北调工程中首个应用渐变扭坡组合钢模板达到倒虹吸渐变扭坡理论设计扭面标准的工程实例，达到水利工程异型结构模板施工的先进水平，并在南水北调中线其他标段开始推广应用。具有良好的技术效益和经济效益。

10.1 其技术效益体现为：

10.1.1 模板的结构特点符合设计扭面特性。满足理想扭曲面过渡，达到清水效果，符合设计、施工、监理的质量要求。

10.1.2 模板的刚度合理，施工操作简单方便，安装成型即为设计扭面，具有良好的稳定性。自重轻，附配件通用于组合钢模板，安装灵活。

10.1.3 模板扭面检验和检测方法直观，除控制观测结构设计断面外形尺寸，其余模板检验由靠尺和直线参照观测，减少了观测设备和人员的投入。

10.1.4 模板加固采用内部撑拉方法，通过方案计算内部合理设置支撑钢筋，有效地减少了支撑材料的投入，安全合理。

10.1.5 通过调整模板自身刚度增加模板微变形量，可在一定范围内通用于其他形近渐变扭坡，周转使用，节约模板投入。对于扭曲面坡比较缓的部位，配合翻模施工工艺，具有良好的推广性。

10.2 其经济效益体现为：

10.2.1 渐变扭坡组合钢模板施工工法，为水工倒虹吸渐变扭坡施工提出一套安全可行的技术方法，按照该工法采用渐变扭坡模板比传统的木模施工方法降低了工程造价。该模板的设计周转次数为200次，以工程价 450 元/m² 计算，其每平方米单次摊销费用为 2.25 元，若采用多层木胶合板其设计周转次数仅为 3 次（按最多周转次数），以工程价 30 元/m²，其单平米单次摊销费用为 10 元，不考虑残值其每方平米单次摊销费用节约 77.5%。

10.2.2 采用该工法提供的内支撑方法施工，优化对于扭坡段模板施工用支撑材料一次性投入。以 15m 渐变段为例，在 9m 高度下，传统的支撑设计方案受压钢筋均采用 $\phi28$ 和 $\phi32$ 规格，设计受压钢筋均采用 $\phi14$ 规格，布置间距为 600×600，该段施工的预埋钢筋一次投入为 3.3t，按照设计调整后的支撑方法均改为设计受拉钢筋 $\phi12$ 和 $\phi14$，布置间距调整为 900×900，其钢筋的一次性投入减少为 1.75t（水平附加支撑杆均为现场的型钢简易支撑，周转使用），节约支撑材料的一次性投入为 47%。

10.2.3 利用翻模施工工艺有效的解决其他渐变段的通用性问题，能够大大地缩短模板准备时间和支模时间，缩短施工工期。为施工单位降低由工期影响的间接成本。

10.2.4 采用该工法施工达到理论渐变设计扭面，降低进出口渐变扭坡迎水面对均匀渐变流的沿程阻力，减少该段的局部水头损失。尤其对于南水北调等国家重点水利工程，为其调水节能带来了良好的经济效益和社会效益。其工法的推广对于倒虹吸工程整体水能损失的影响具有重要意义。

10.3 同其他扭坡模板施工方法比较：

目前钢混挡土墙扭坡所采用的施工方法有土工模施工方法、组拼木模施工方法、组拼小钢模板施工方法、全钢大模板调整扭坡施工方法。

土工模施工方法主要采用基坑土壁作为混凝土成型模板，适用于扭曲面坡比较缓的挡土墙扭坡迎土面的混凝土施工，需要大量的土方施工。造价较高且适用范围小，不适合大型水工扭坡施工。

组拼木模施工方法采用多层木胶合板作面板，木方作为加强肋，须前期进行大量找形准备，费工费料，模板周转次数基本上超不过 3 次，且刚度较差，施工速度缓慢。

组拼小钢模施工方法，采用窄幅的组合钢模板进行组拼形成扭坡过渡扭面，但拼缝位置多为折线段，难以控制其局部曲面的检验。对于成型质量要求比较严格的迎水面采用此种施工方法很难控制质量，不能满足迎水扭曲面混凝土成型质量要求。

全钢大模板调整扭坡施工方法，采用传统的型钢大模板，依靠外力进行调整扭曲，由于自身刚度和面板延性的制约其成型扭坡面很难符合理想的设计扭坡面，只是用适用于扭度较小，质量要求不太严格的扭坡。其现场的吊装、调整须借助机械设备，造价和施工费用相对较高。

目前这几种模板施工方法均不能达到扭坡结构理论设计扭面成型的要求。

渐变扭坡组合钢模板施工工法的提出和应用为渐变扭坡结构的施工、扭坡结构扭面质量控制、扭坡结构模板的检验提供了施工指导和参考数据。该工法的提出不仅为施工单位带来了良好的技术经济效益，而且对国家整个调水节能带来了良好的社会效益。

11. 应 用 实 例

11.1 应用工程一 滹沱河倒虹吸工程进口渐变扭坡工程

南水北调工程中线，京石应急供水工程滹沱河倒虹吸工程，是南水北调中线第一个开工的项目。滹沱河倒虹吸全长 2225m，由进口渐变段、进口闸室段、管身段、出口闸室段、出口渐变段五部分组成。

工程等别为Ⅰ等，主体建筑物为 1 级，设计流量 170m³/s；防洪标准为 100 年一遇洪水设计。滹沱河渠道倒虹吸进出口连接渠道底宽度分别为 10m 和 21m，渠道边坡为 1:3.0。进口扭坡渐变段长为60m。扭坡高度 10m。槽底呈坡形，高差为 0.675m。由明渠段 1:3.0 坡面三维渐变为垂直面，与进口闸室相连，渐变扭坡挡土墙高 9m，现浇混凝土 5000m³。

该工程应用了渐变扭坡组合钢模板及施工工法，现已完工。该标段目前已被定为南水北调工程中的标杆工程。

11.2 应用工程二 南拒马河倒虹吸进出口渐变扭坡工程

南水北调中线总干渠，以倒虹吸型式穿越南拒马河，工程等别为 Ⅰ 等，主体建筑物为 1 级，设计流量 $60m^3/s$，加大流量 $70m^3/s$，防洪标准为河道 100 年一遇洪水设计，建筑物地震设计裂度为 7 度。

其进口扭坡渐变段长 40m，出口扭坡渐变段长 60m，由明渠段 1：2.5 坡面三维渐变为垂直面，与进口闸室相连，渐变扭坡挡土墙高 8m，混凝土 $3000m^3$；其出口渐变段总长 60m，由垂直面三维渐变为明渠段 1：2.5 坡面，与出口闸室相连，渐变扭坡挡土墙高 9m，混凝土 $4500m^3$。

该工程应用了渐变扭坡组合钢模板及施工工法，目前已施工完成。

11.3 应用工程三 S42 标段中易水渠道倒虹吸扭坡工程

中易水河渠道倒虹吸位于河北省易县城南中易水河，设计流量 $60m^3/s$，加大流量 $70m^3/s$。建筑物总长 588m。

倒虹吸主体工程由进口渐变段、进口闸室段、管身段、出口闸室段、出口渐变段 5 部分组成。进出口渐变段分别为 30m 和 45m，渐变均由垂直面三维渐变为明渠段 1：2.5 坡面。该工程应用了渐变扭坡组合钢模板及施工工法，目前该工程正在施工中。

先置内爬式塔吊施工工法

YJGF032—2006

江苏省苏中建设集团股份有限公司

钱红　王亚琦　焦远俊　周华俊　冯加兵

1. 前　言

　　随着我国的城市建设的不断发展，大中城市正经历着巨大的城市形态变革。城市不但在规模上迅速扩大，而且更为迅速地向空间发展，立体化的城市轮廓已逐步形成，日益增多的高层建筑在城市空间中起着越来越重要的主导作用。

　　与此同时，拟建高层建筑的占地面积和富余面积越来越小，周边建筑和道路交通对拟建建筑的约束越来越多，有时附着式塔吊的安装、运转无法进行，在此情况下，采用内爬式塔吊，能够科学地解决塔吊的布置问题，更好的满足工程垂直、水平运输的需要。但是，由于受内爬式塔吊安装方法和安装位置的制约，其在建筑物基坑施工时无法投入使用，不能满足基坑施工的需要。我公司工程技术人员和东南大学专家、教授经过多个高层建筑内爬塔吊安装方法的研究、运用，形成了"先置内爬式塔吊施工工法"，实现了内爬塔吊在基坑施工时即能投入使用，避免了基坑施工时另行安装塔吊。科学、安全、经济，进一步发挥了内爬式塔吊的作用。南京市建筑工程安全监督站决定在类似工程中推广此项工法。

2. 工 法 特 点

　　2.1　技术先进。通过精确测量，将内爬式塔吊位置定位在核心区电梯井内。挖土前，在场地自然标高位置将内爬塔吊安装在由钢格构柱支撑的钢筋混凝土承台上。当建筑物施工至一定高度，满足内爬式塔吊爬升时，将内爬式塔吊和承台脱离，实现内爬式塔吊的正常爬升。传力路径清晰，受力依次转换、科学合理、技术先进。

　　2.2　提高效率。采用该工法可确保内爬式塔吊在深基坑土方开挖前先将其安装好，且可以投入使用，进一步发挥了内爬式塔吊的作用，降低施工现场的劳动强度，缩短工期。

　　2.3　节约成本。采用该工法将内爬式塔吊设置在建筑物核心区电梯井内，大大提高塔吊的覆盖范围，减少塔吊的投入量，提高经济效益。

　　2.4　安全可靠。经过精确测量、科学计算和严格的施工工艺流程，该工法已在多个大型项目中成功运用。

3. 适 用 范 围

　　3.1　周边建筑群较密集的高层建筑，采用该工法可以解决塔吊回转受限的问题，满足垂直、水平运输。

　　3.2　土方开挖前，基坑支护结构施工过程中必须使用塔吊进行材料和设备吊运的。

　　3.3　基坑开挖后，汽车吊或其他吊车无法进入到基坑安装塔吊的情况。

4. 工 艺 原 理

　　4.1　运用测量学原理，通过精密的测量仪器和精确的测量方案，将内爬式塔吊定位在核心区电梯井内。

4.2 运用力学原理，将内爬式塔吊安装在不同的结构支撑体系上，并按顺序转换。传力路径清晰，设计理论成熟。

4.3 运用成熟的内爬式塔吊的爬升原理和安装、拆卸方法。

5. 施工工艺流程及操作要点

5.1 施工工艺流程

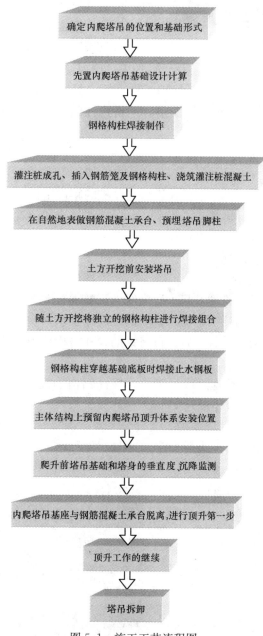

图 5.1 施工工艺流程图

5.2 操作要点

5.2.1 精确定位内爬塔吊的位置

1. 确定好塔吊的型号，选择便于爬升的结构位置后，充分考虑塔吊爬式时所需设备的安装空间和主体结构施工的方便，塔身和筒壁的净距不应小于 500mm。

图5.2.1 施工中的内爬式塔吊

2. 由于内爬式塔吊的承台是设置在电梯井内，需制定精确的测量方案进行定位，用全站仪，根据承台的坐标，应用经纬仪配合进行承台的精确定位，确保承台不影响以后电梯井剪力墙的施工（图5.2.1）。

5.2.2 塔吊基础设计计算

按照塔吊基础形式，利用结构计算软件对灌注桩、钢格构柱、钢筋混凝土承台、钢格构柱之间的连接肢杆进行结构计算。计算参数取值依据塔吊技术参数、地质勘探报告、设计规范、建筑物结构图纸等。

5.2.3 钢格构柱焊接制作

根据设计计算的构件尺寸备料，在专业制作车间进行加工，确保原材料、焊接制作质量。加工好的格构柱运到现场进行组拼，运输过程中，做好成品保护工作。组拼前应先整理好拼装场地，确保场地平整度、密实度满足钢格构柱的拼装要求，避免拼装变形。钢格构柱的加工制作应严格按照钢结构施工规范要求执行。

5.2.4 塔吊基础灌注桩施工

1. 工程桩施工期间将内爬式塔吊基础的灌注桩施工完毕。

2. 采用全站仪根据塔吊桩位的具体坐标，进行灌注桩的精确定位。

3. 灌注桩成孔过程中严格执行桩基施工规范，确保灌注桩成孔位置精确，垂直度符合要求。

4. 灌注桩应按设计要求进行混凝土浇筑；

5. 满足灌注桩施工的其他规范规定要求。

5.2.5 钢格构柱的垂直度控制

1. 钢格构柱的起吊吊点应经过验算，起吊后应便于调整垂直度；

2. 将灌注桩钢筋笼套焊在格构柱上，套入长度满足设计要求；

3. 利用经纬仪控制好钢格构柱垂直度后，再将钢筋笼和格构柱插入桩孔（图5.2.5）。

5.2.6 钢筋混凝土承台

钢筋混凝土承台浇筑时，准确预埋好塔吊脚柱，保证钢格构柱锚入承台的长度达到设计要求，控制好承台上口标高，承台表面平整度不超过2mm。

5.2.7 内爬塔吊安装

塔吊安装按经审批的专项施工方案进行安装。见图5.2.7。

5.2.8 钢格构柱进行焊接组合

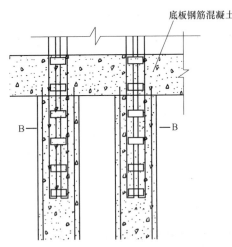

图5.2.5 钢格构柱和灌注桩的搭接

图5.2.7 安装好的塔吊与基坑混凝土内支撑

在基坑土方开挖前，应先将塔吊的钢筋混凝土承台的土方下挖，按设计要求，焊接好一定高度的钢格构柱之间的连接肢杆、形成整体桁架后，塔吊经主管部门验收合格后方可投入使用。随着土方逐层下挖，按设计要求做好余下的钢格构柱之间的连接肢杆的焊接组合工作（图 5.2.8）。

5.2.9 止水钢板焊接

按设计图纸要求严格做好止水钢板的焊接，防止渗漏。

5.2.10 爬升前的垂直度、沉降监测

建筑物底板混凝土浇筑前，每天对钢格构柱和塔身进行一次垂直度和沉降监测。

5.2.11 塔身与混凝土承台脱离，进行顶升第一步（图 5.2.11）。

图 5.2.8 加焊肢杆和止水钢板

1. 引导楔在顶升框架内处于引导位置，即锁定在各自的支座上。

2. 抽出塔吊基础节与预埋脚柱的连接轴销，操纵液压站。伸出全部油缸，使塔身的顶升踏步升到休息（搁置）爬爪上方。

3. 将休息（搁置）爬爪靠近塔身主弦杆，收缩油缸，使塔身顶升踏步坐落到休息（搁置）爬爪上。

4. 继续收缩油缸，放下顶升横梁，并将其坐落在塔身下一个顶升踏步上。

5. 再次顶升，直接将扶梯上升到第一道顶升框架的水平面，将扶梯用轴销锁定在其支架上。

6. 松开第一道顶升框架和第二道顶升框架的引导楔，然后锁紧塔身。

7. 注意：塔吊工作时，休息（搁置）爬爪不支撑在塔身上。

5.2.12 顶升工作的继续（具体过程略）。

5.2.13 依据主体结构形式和所选内爬塔吊型号制定专项拆除方案。

6. 材料与设备

6.1 材料：型钢、钢板、焊条、钢筋、商品混凝土；

6.2 设备：灌注桩成孔机械、焊机、汽车吊、台灵吊、混凝土机械、经纬仪、水准仪、探伤仪、挖土机、铁锹等。

7. 质量控制

7.1 制定精确的测量方案，对仪器认真校核。

7.2 依据设计规范要求对塔吊支撑体系进行设计。

7.3 灌注桩成桩质量要符合《建筑地基基础工程质量施工验收规范》GB 50202—2002、《建筑桩基技术规范》JGJ 94—94 验收要求。

7.4 钢格构柱插入灌注桩的锚固长度应符合设计要求，并确保钢格构柱的垂直度控制在 1/1000。

7.5 钢格构柱的焊接质量必须满足《钢结构工程施工质量验收规范》GB 50205—2001 和设计要求。

7.6 钢格构柱锚入塔吊钢筋混凝土承台必须满足设计要求，预埋脚柱位置必须准确，确保承台的施工质量。

7.7 独立钢格构柱组合成整体时，各连接肢杆与钢格构柱的焊接质量必须符合设计要求，焊缝必须饱满，焊缝高度必须达到设计要求。钢结构连接组合必须施工到混凝土灌注桩桩面。

7.8 止水钢板应满足设计要求、连续、封闭，保证抗渗。

8. 安 全 措 施

8.1 严格执行国家、行业和企业的安全生产法规和规章制度，认真落实各级人员的安全生产责任制。

8.2 塔吊安装和拆卸需制定专项技术方案，并经审批后严格执行。

8.3 爬升时应严格按照塔吊爬升原理及相关规定进行操作。

8.4 特殊工种人员必须持证上岗。

8.5 操作前进行严格的安全、技术交底。

8.6 严格按塔吊操作规程进行作业，坚持"十不吊"。

8.7 塔吊不得超载、不得高速旋转后急停。

8.8 塔吊各种限位装置必须符合规定，并动作灵敏。

8.9 建筑物底板混凝土浇筑前，每天对钢格构柱进行一次垂直度和沉降监测。

9. 环 保 措 施

9.1 桩成孔过程中使用的泥浆统一在场外制作，用密封车箱运至现场。

9.2 钢结构构件在场外制作车间加工。

9.3 出场车辆必须经过冲洗台清洗。

9.4 钢构件需回收使用。

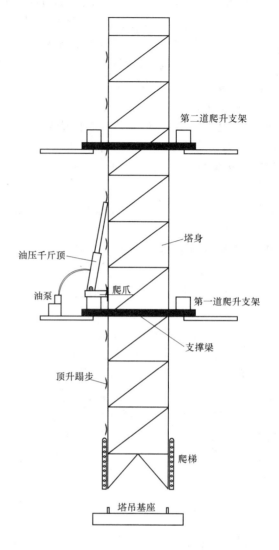

图 5.2.11 塔吊顶升示意图

10. 效 益 分 析

10.1 经济效益

10.1.1 先置式内爬塔吊经济效益分析（南京汇达广场）

先置式内爬塔吊经济效益分析见表 10.1.1。

先置式内爬塔吊经济效益分析　　　　　　　　　　　　表 10.1.1

序号	参数对比	塔吊形式		节约金额（万元）
		采用先置式内爬塔吊（万元）	不采用先置式内爬塔吊（万元）	
1	塔吊基础投资	64.53	48.64	−15.89
2	塔吊总投资	178.39	258.77	80.38
3	安装、拆除费用	23.44	29.49	6.05
4	运行费用（按1.5年）	34.99	45.79	10.80
5	维护费用	4.26	5.78	1.52
	合计			82.86

10.1.2 地下部分主体结构比合同工期提前 37d，完成产值 4689 万元。按照合同约定，提前一天 0.5 万元奖励、推迟一天 1 万元处罚。工期提前奖为 18.5 万元。

10.2 社会效益

由于该工法进一步发挥了内爬式塔吊的作用，节约投资，缩短工期，解决城市建设中塔吊布置难题，南京市建筑工程安全监督站决定在类似工程中推广此项工法。

10.3 技术效益

培养了公司技术人员的创新能力，开辟了内爬式塔吊在工程施工过程中的应用范围，提升了企业的技术竞争能力。

11. 应 用 实 例

11.1 南京汇达广场于 2006 年 4 月开工，该工程地下 3 层，地上部分裙房 8 层，塔楼 50 层，总建筑面积 121459m²，其中地上建筑面积 99853m²，地下建筑面积 21606m²，建筑总高度 197.39m。建筑结构形式为钢管混凝土架框-筒体结构，基坑开挖深度为－16.5m，核心筒部位最大开挖深度为－22.5m。塔楼建筑平面呈正三角形，整个塔楼由外围 12 根直径 1100mm、壁厚 24mm 的钢管柱（钢管柱内浇筑混凝土）及正三角形的钢筋混凝土核心筒组成框筒结构。直径 1100mm、壁厚 24mm 的钢管柱采用 Q345B 钢板卷制而成，一级直焊缝焊接，设计要求钢管柱每节的安装高度至少为两楼层，每节钢管柱长度约为 10m，重达 6.5t。基于这一要求，本工程的塔吊必须满足钢管柱的吊装、就位要求，如果采用附墙式塔吊，则要采用 380t·m 的塔吊才能满足吊装钢管柱的要求，而且高达 210m 的塔吊标准节所需要的费用也相当的昂贵，经估算如采用 380t·m 的塔吊及 210m 的标准节总投资约为 370 万元。另外，本工程基坑开挖深度范围内设三道水平钢筋混凝土基坑支护，如果将塔吊基础设置－22.5m 处，在土方开挖完成后无法按常规方法将塔吊安装起来、且在土方开挖及地下室施工过程中也必须要塔吊配合施工，加之在基坑周边安装塔吊受到制约且不经济。经过对图纸的认真研究，结合我公司以往工程的施工经验，决定采用先置内爬式塔吊施工工法，塔吊布置在核心筒内中央的电梯井内，塔吊随着塔楼的施工，逐步向上爬升，满足了工程施工要求。

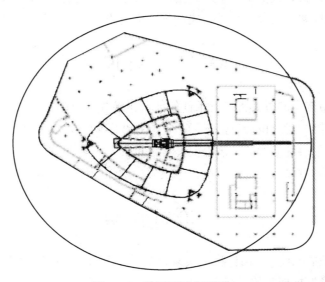

图 11.1 塔吊平面布置图

11.2 上海水清木华公寓 18 号、19 号楼，位于上海市浦东新区芳甸路 333 号，为地下一层，地上二十八层，建筑面积 28000 m²。工程于 2002 年 10 月开工，2004 年 3 月竣工。施工中由于受场地制约，采用先置内爬式塔吊施工工法，满足了垂直、水平运输要求，节约了投资，缩短了工期。

11.3 上海证大五道口大厦，位于上海市民生路 1199 号，为地下二层，地上二十五层，总建筑面积 115000m²。工程于 2004 年 10 月开工，计划于 2007 年 12 月竣工。施工中北楼采用先置内爬式塔吊施工工法，解决了塔吊布置的难题，充分发挥了内爬式塔吊的作用。

宽截面梁"V"形模板支撑系统施工工法

YJGF033—2006

福建省九龙建设集团有限公司

韩明　陈川　陈北溪　胡治良

1. 前　　言

高层建筑的结构转换层中，框支梁由于要承受上部荷载，往往具有较大的截面尺寸和自重，其模板支撑的设计和施工是整个框支梁施工的重点之一，当框支梁截面高但宽度不大（与下一框架梁宽接近）时，一般通过竖向支撑由几层梁板共同承力，以满足受力要求，当框支梁截面高且宽度较大（此处指宽度是下层框架梁宽的2倍以上）时，如采用竖向支撑杆传力系统，需多层支撑才能满足受力要求，占用周转材料多，经济性差。因此需寻求一种既满足承力要求又能节省材料的支撑方法。

在厦门东方时代广场工程的3100mm（b）×2400mm（h）大截面框支梁施工中，采用"V"形模板支撑系统，采取了相关技术措施，将框支梁自重、施工荷载传至由下一层框架梁承担，获得成功，从而形成"宽截面梁'V'形模板支撑系统施工工法"。

2. 工法特点

2.1 采用斜向支撑传力，框支梁自重及施工荷载由下一层框架梁来承担，不需搭设多层支撑。

2.2 承载力不足的框架梁采取加强措施来满足受力要求。

3. 适用范围

适用于钢筋混凝土结构中同时具备以下条件的框支梁模板支撑施工：

3.1 框支梁下一层结构对应位置有框架梁，且中垂线相同。

3.2 框支梁宽度是下层框架梁的2倍以上，且自重大，不适合采用竖向模板支撑时。

3.3 设计单位同意通过以加大下一层框架梁截面、增加配筋来满足立杆排列和承载力要求。

4. 工艺原理

采用"V"形模板支撑，通过斜向杆将框支梁自重及施工荷载有组织地传至下一层对应位置的框架梁来独立承担，以充分发挥框架梁的承载潜力。

框架梁承载力不足部分，通过预先加大截面、增加配筋等措施补足，以满足承载受力要求。

5. 施工工艺流程及操作要点

5.1　工艺流程

下层结构受力验算→模板支撑设计及验算→下一层框架梁板施工→框支梁"V"形支撑及模板施

工→框支梁钢筋施工→混凝土施工、监测→养护→模板拆除。

5.2 结构及模板支撑受力验算

5.2.1 框架梁承载力验算

1. 分析框支梁的特点及下一层框架梁板结构特点，计算框支梁荷载，框支梁荷载按式（5.2.1）计算：

$$q=\gamma_1 q_1+\gamma_2 q_2 \tag{5.2.1}$$

式中 q——荷载设计值；

q_1——施工恒荷载标准值，包括模板、钢筋、混凝土自重等；

q_2——施工活荷载标准值，包括施工人员及设备荷载；

γ_1——恒载分项系数，一般取1.2；

γ_2——活载分项系数，一般取1.4。

2. 验算框架梁承载力

按照框支梁的施工荷载和自重由下一层框架梁独立承担的条件，计算框架梁的正截面、斜截面和抗冲切承载能力，并计算为满足承力要求而需要增加的截面宽度和配筋（注：变更后的框架梁仍然要发挥原有设计功能，将随结构保留，为不影响建筑空间高度，变更截面时尽量不增加梁的高度），变更后的框架梁，需进行裂缝控制和挠度验算，结构验算一般由设计单位进行，若由施工单位计算时，其计算过程、结果及变更内容应经设计单位审核。

5.2.2 模板支撑系统设计及验算

1. 支撑系统设计

1）根据框支梁模板线荷载，结合支撑架体搭设高度和水平横杆数量，大致计算出每根立杆承载能力，从而初步确定每排立杆数量、柱距及"V"形支撑纵向排距。

2）根据对模板、木枋的强度、刚度验算，适当调整"V"形支撑纵向排距和横向柱距。

3）"V"形支撑系统中，中间和两侧设垂直立杆，两侧垂直立杆应设于梁底模以外。

4）所有"V"形斜杆的底部应全部立在下层框架梁上，并以梁中间垂直立杆为中线对称设置，每根立杆底部间距应能满足捆绑扣件的空间要求，如框架梁的宽度不足以排列斜杆时，应通过设计变更适当加宽梁截面以满足要求。

"V"形支撑系统大样如图5.2.2-1～图5.2.2-4所示。

2. 支撑系统验算

1）立杆的稳定性验算

"V"形支撑最外侧斜立杆倾角最大，受轴心压力和附加弯矩作用，为最不利杆件，其稳定性计算：

$$\sigma=\frac{N}{\varphi A}+\frac{M_w}{W}\leqslant[f] \tag{5.2.2-1}$$

式中 N——立杆的轴心压力设计值；

φ——轴心受压立杆的稳定系数；

i——计算立杆的截面回转半径，$i=1.58$cm；

A——立杆净截面面积，$A=4.89$cm^2；

W——立杆净截面抵抗矩，$W=5.08$cm^3；

M_w——作用于斜立杆上的弯矩；

σ——钢管立杆受压强度计算值（N/mm^2）；

$[f]$——钢管立杆抗压强度设计值，$[f]=205.00$N/mm^2。

2）斜立杆与水平横杆节点扣件抗滑移验算

$$R\leqslant R_c \tag{5.2.2-2}$$

式中 R_c——扣件抗滑承载力设计值，取8.0kN；

R——水平横杆拉力。

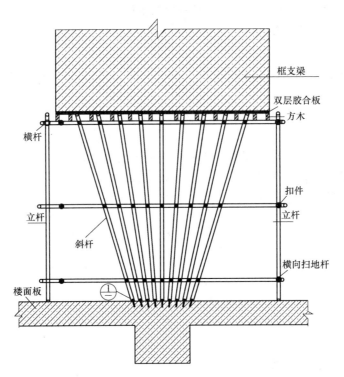

图 5.2.2-1　"V" 形支撑系统大样

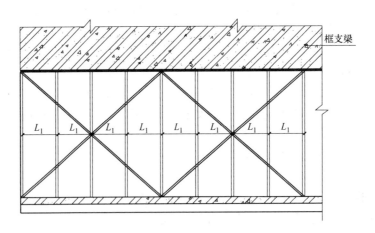

图 5.2.2-2　"V" 形支撑系统纵向大样

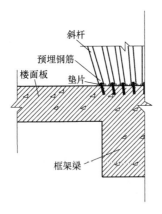

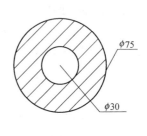

图 5.2.2-3　1 号图大样　　　　　　　　图 5.2.2-4　垫片

5.3 操作要点

5.3.1 下一层框架梁施工

1. 需要加大框架梁截面的,应按加大后的截面尺寸进行支模,需要增加配筋的,应与原设计钢筋一起绑扎施工,并严格验收。

2. 框架梁混凝土浇筑前,按支撑斜杆的间距预埋防滑短钢筋,采用 φ20 II 级钢埋入梁中 150mm,外露 50mm,预埋时应与斜立杆的倾斜角度一致。

5.3.2 框架梁板强度达到设计强度 100％时,可拆除梁底支撑及模板,使其符合受力计算模型,其余板模及支撑不得拆除,并按相关规范规定保留至达到规定的混凝土拆除强度时。

5.4 "V"形支撑搭设

5.4.1 根据支撑系统搭设大样图,依次架设两侧和中间的垂直立杆,横向水平拉杆及扫地杆。

5.4.2 架设纵向水平杆及扫地杆,扫地杆距离楼面高度为 200mm。

5.4.3 搭设斜向立杆。斜向立杆的倾角应与搭设图中要求一致,钢管底部应套入预埋的防滑短筋中,斜向立杆与小横杆逐个用十字旋转扣件锁紧。

5.4.4 在支撑两侧,沿纵向连续设置剪刀撑,剪刀撑钢管与地面成 60°角,跨跃立杆数不多于5根。

5.4.5 支撑系统搭设完毕后,沿垂直于大横杆的方向铺设木方,铺梁底模,方木采用 50mm×100mm 松枋,梁底模采用双层 1830mm×915mm×18mm 胶合板。

5.5 模板及支撑拆除

在框支梁混凝土强度达到 100％设计强度后,经监理单位批准后拆除模板支撑系统。拆除时,按照相关规范要求进行。

模板拆除完毕后,割除预埋的防滑短筋。

6. 材料与设备

6.1 施工材料

所有材料应具有产品合格证和检测报告,其技术指标及力受性能应符合相关规范要求,主要采用材料见表 6.1。

主要材料表

表 6.1

序号	材料名称	规格	备 注
1	钢管	φ48×3.5	3 号镇静钢,底部切成斜面
2	扣件		符合 GB 15831—2006 的要求
3	木枋	50×100	松木
4	胶合板	1830×915×18	九夹板
5	环形钢垫板	$D=75, d=30, \delta=8$	A3 钢
6	楔形钢片	$50×50, \delta=3$	A3 钢

注: 表中尺寸单位均为 mm。

6.2 施工机具设备

现场操作配备扳手、木工电锯、切割机等常用的小型手提工具,并配备扭力扳手。

7. 质量控制

7.1 本工法实施时,应遵守《混凝土结构设计规范》GB 50010—2002、《混凝土结构工程施工质量验收规范》GB 50204—2002等相关规范规定要求，严格过程质量控制。

7.2 施工前编制专项施工方案，并组织专家论证，并经相关单位审核通过后实施。

7.3 涉及结构本身的计算或变更的，应由设计单位对计算过程进行审核，引起设计变更的，应经设计单位审核同意后实施。

7.4 框支梁混凝土浇筑前，由施工单位、监理单位、建设单位各方组成联合验收小组，对支撑系统进行验收，对直接承受抗滑扭力矩的扣件，应逐个进行检查，并选择10％扭件用扭力扳手检测，测定扭力矩掌握在45～50N·m间。

8. 安 全 措 施

8.1 施工前应编制有针对性的应急预案（措施）。

8.2 对操作人员进行安全教育和技术交底。

8.3 支撑架搭设时，按国家及地方建筑施工安全的相关规定进行施工。

8.4 框支梁混凝土浇筑时，应从梁横截面中间向两侧对称浇筑，使支撑均衡受力，避免架体失稳。同时应有专人负责架体的监测和巡视，发现异常情况时应停止浇筑，并采取紧急措施，待查清原因清除隐患后方可继续施工。

8.5 "V"形支撑在混凝土强度达到100％设计强度并经监理批准后方可拆除。

9. 环 保 措 施

9.1 切割钢管、打磨钢片、切割钢筋头时，工人应有佩戴手套、面罩等安全防护措施。

9.2 拆模后，及时清理现场剩余材料、垃圾，做到工完场清。

10. 效 益 分 析

在宽截面的框支梁施工中，如果采用逐层向下支撑的方法由多层结构分担卸荷，框支梁荷载通过竖向钢管作用在楼板上，由于楼板承载力一般远小于所要承受的荷载，要由多层结构卸荷才能满足受力要求，即使梁板强度达到要求也不能拆除，需要占用较多的周转材料，且占用时间较长，经济效益差；采用本工法，充分发挥框架梁的承载潜力，只需对框支梁下方框架梁进行适当加强即可满足受力要求，不需占用大量的周转材料，所增加的模板、钢筋、混凝土和其他辅助材料用量不多，费用相对减少，经济效益较显著，同时为其他工序施工创造了条件，总体上缩短了工期。

11. 应 用 实 例

厦门东方时代广场总建筑面积104000m²，由四层共用裙楼和三幢32层高层塔楼组成，于2002年10月开工，2004年10月竣工。该项目三幢塔楼共有3100（b）×2500（h）mm框支梁12条，线荷载设计值达到220kN/m，由于成功地采用"V"形模板支撑系统施工工法，框支梁从搭架支模到模板拆除，仅使用钢管50t，与逐层向下支撑的方法相比，减少钢管占用量约100t，减少模板材料占用量2000m²，直接减少周转材料费和人工费用120万元，因加大梁截面和增加配筋增加费用约20万元，实际降低施工成本约100万元，并且整个转换层施工质量优良，安全得到了很好的控制。

由于转换层施工的顺利进行，整个工程工期提前一个月竣工交付使用，受到了业主、监理、设计单位及质量监督部门一致好评，该项目被评为2006年度国家鲁班奖工程。

节能型开放式双层石材坡屋面施工工法

YJGF034—2006

苏州第一建筑集团有限公司　　苏州市华丽美登装饰装潢有限公司

戚森伟　丁骥　朱云峰　韩伟

1. 前　言

石材作为建筑的常用材料，以其质地坚硬、色泽亮丽等特点被广泛应用于建筑装饰。在现代房屋建筑的装饰上，无论是外墙面和屋面装饰，石材饰面在满足建筑装饰效果的同时，还需满足节能、保温、防水等功效。石材外饰面层特别是屋面饰面层要同时满足上述功效，是当前石材外饰层施工尚待解决的技术难题。

苏州博物馆新馆工程在坡屋面施工中，为满足国际建筑大师贝聿铭先生的建筑设计要求，我们会同贝氏事务所、苏州建筑设计研究院、中咨监理展开技术攻关，先后进行了六次样板屋面的试样施工，采用节能型开放式双层石材的坡屋面施工方法满足了节能、防火、防腐、防水等各项指标要求，使用至今不渗不漏，达到了很好的使用和装饰效果，形成了开放式节能保温防水型屋面干挂石材施工工法。该工法国内首创，技术领先，具有明显的经济效益和社会效益。同时该项 QC 质量小组成果获得江苏省优秀成果一等奖。

2. 工 法 特 点

2.1 采用木板和保温板粘贴，组成复合保温层，使之达到可靠的保温节能效果。

2.2 采用木龙骨及木条板的可调连接作基层，既满足承受屋面荷载之功效又能起到找平作用，削减原钢结构变形误差，提高坡屋面整体结构的空间定位精度。

2.3 采用不锈钢金属板作防水层并形成平板与屋面暗沟及防水翻边相连，组成屋面防水系统，提高建筑屋面的耐久防水性能。

2.4 采用密钉满焊的方法，使具有防水功效的金属板与基层板实现可靠连接，组成抗剪、抗弯能力材料的组合体。以其承受屋面荷载，提高屋面基层刚度。

2.5 利用石材连接的特殊构造，使双层石材安装方便牢固，实现坡屋面装饰板下的有组织排水，利用双层石材层次的交替隐蔽了连接件，达到很好的立体感观效果。

3. 适 用 范 围

本施工工法适用于水平倾斜角小于 70°的钢结构、木结构坡屋面。

4. 工 艺 原 理

充分运用屋面各基层的材料特性，使之成为既有独立功效，又彼此相互结合共同工作的有机组合体，达到材料的充分应用。在坡屋面的最基层用木龙骨及木板作为受力和找平基层，并利用木板具有保温隔热特性与挤塑保温板粘贴组成保温层。在木板基层上采用密钉满焊的方式，将不锈钢防水板牢固连接与木板形成无相对面滑移的整体，以此提高组合截面惯性距，增强抗变形能力。在不锈钢材质的平板、排水暗沟和防水翻边焊接连接、焊疤打磨后，金属板面光滑平整，为下道工序提供一个良好的基层，其光滑表面对组织排水极为有利。

背插式多点销钉挂件，专为坡屋面双层干挂定造，也是工艺原理的核心。在平整的金属板面弹出连接挂件定位线后，挂件可确立固定，底层石材两头垫上橡胶垫块后嵌入挂件的十字槽间。底层石材与金属面间有垫块厚度的空隙，可有效的提供屋面排水。面层石材在工厂加工同时钻出销钉孔，现场再在孔内注入胶粘剂即可直接挂在挂件上。因销钉孔在面层石材背面，面层石材挡住了挂件的挂钩，而面层石材的缝隙则由底层石材填补，达到了基层金属板及挂件的隐蔽，且又通风透气。

5. 施工工艺流程及操作要点

5.1 施工工艺流程
施工准备——木基层及保温板安装——金属板安装——干挂石材。

5.2 操作要点
5.2.1 基层及保温板安装（图 5.2.1-1）

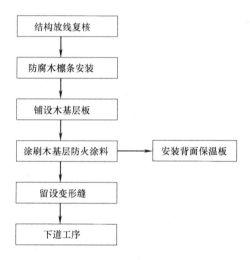

图 5.2.1-1 基层及保温板安装工序

1. 已有结构构件的复核应着重测量对屋面平整度、斜度、轴线偏差及直接影响安装精确度等方面，收集整个工艺进程的准确现场实际数据。

2. 木檩条与钢结构牢固连接（连接形式根据具体钢结构形式确定），调整、纠偏并找平，使原有结构基层的空间点线面的位置，达到精装饰的精度。

3. 木基层板采用防腐木板材，安装前应进行压刨处理，大面铺设时，木材髓心应向上，其板缝小于 2mm。屋面基层背面结构复杂，应在安装板前做好背面的防火处理。

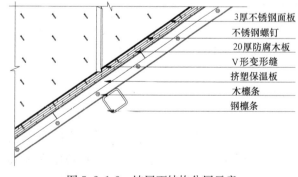

图 5.2.1-2 坡屋面结构分层示意

4. 防火涂料应分批涂刷，厚度均匀，每遍涂刷前必须确定上遍涂层表面已彻底干燥。

5. 留设变形缝应与屋面檐口垂直，开设深度必须使用限位装置。

6. 在面板防火涂料涂刷完成后，即进行挤塑保温板安装，保温板根据木龙骨间距裁剪，在安装前于板背面采用专用胶粘剂进行点粘，保温板拼接要严密，与板材粘贴要牢固（坡屋面结构分层示意见图 5.2.1-2）。

5.2.2 金属板防水层铺设固定（图 5.2.2-1）

金属板铺设固定采用密钉满焊的方式。

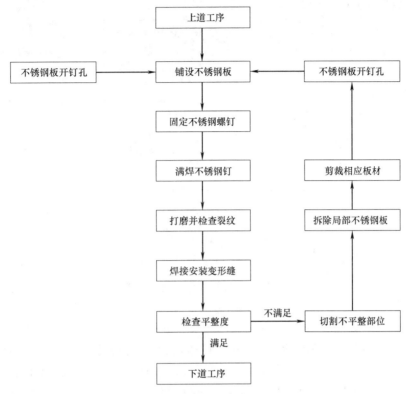

图 5.2.2-1　金属板防水层铺设固定工序

1. 不锈钢螺钉孔开设时，螺钉间距应根据计算确定。檐口及变形缝两侧应加密布置，螺钉间距应根据基层板、金属板的材料强度和厚度、檩条间距、屋面荷载、屋面倾斜度等相关条件确定（详见檐口节点图 5.2.2-2）。

2. 不锈钢板铺设应根据设计尺寸切割后，铺于已完成的基层变形缝间。

3. 不锈钢螺钉固定应垂直于板面。

4. 金属板和螺钉的焊接要控制金属热变形，保证基层表面平整是关键。焊接采用气体保护焊，保护气体可采用氩气（如不锈钢板大于 3mm 厚可采用压氩混合气体）。应正确选择钨棒的直径，并控制焊接电流。现场焊接采用工人手动送丝，应控制焊接速度，正确采取引弧措施。

5. 焊接完成后应进行焊缝打磨、抛光，发现细缝、砂眼必须补焊，补焊后再打磨、抛光，直至金属板面光滑一体。

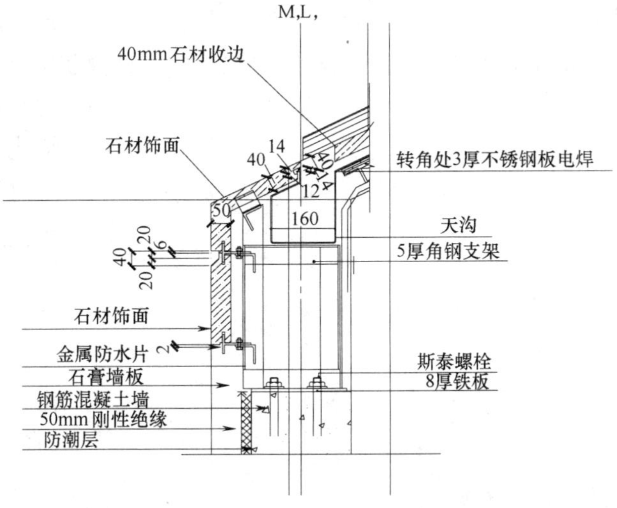

图 5.2.2-2　檐口节点图

6. 变形缝可采用"V"形，并嵌入基层板，两侧满焊。

7. 完成各项焊接后，应检查总体平整度。如不满足，须对不平整部位切割、拆除，再重新裁剪相应尺寸板材，开孔、补丁、补焊，直至平整。

8. 屋面周边与防水翻边和排水暗沟焊接，使之成为整体。排水沟应进行储水试验，涂油测缝试验，控制水量的淋水排水试验，在施工过程中检验屋面的防水性能。

9. 金属板应与建筑避雷系统接通。

10. 排水沟及引下排水管口，应设置过滤格栅，以防止异物堵塞排水管道。

5.2.3 干挂石材（图5.2.3-1）

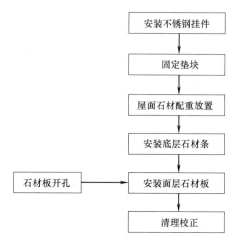

图 5.2.3-1 干挂石材工序

1. 在安装不锈钢挂件前，应弹出网格线，对每个挂件的位置给予明确标定。对金属面的平整度再次复核，发现焊接变形应切割金属板，在割缝周边加密螺钉，再补焊、打磨、抛光。

2. 底层条石两端应垫置橡胶垫，并注硅酮胶固定。

3. 在双层石材面板荷载下，钢屋架整体必有相当的挠度。为避免施工过程中逐步加载而产生的挠度变化，保证逐步完成的石材面层平整度，可采用配重施工的办法。即将所有单个屋面所须使用的石材板运至屋面，按照安装密度，分放到位。从而在面板安装前，结构已承受应有荷载，石材安装前后就不再有明显的结构承载变形。

4. 条石安装时应注意对已固定挂件的保护，可采用架空脚手板对上层石材安装。

5. 石材打孔应用专用打孔机，一般在工厂加工。如要搬至现场，则必须搭设加工棚，分别堆放原材料与半成品，合理安排运输加工线路，并有完善的污水排放措施。

6. 面层板安装前利用建筑模数，使用计算机立体模型，进行边、角、面的空间定位，并计算其间的几何尺寸关系，提供现场弹设分层、分面、分格线。细化弹线，以确定每块石材的边角位置。放精准线时，随时注意化解前道作业误差，并严格确保误差不再累积（详见图5.2.3-2屋面石材安装节点图）。

7. 面层板安装时可在销钉孔内注石材胶，通过石材胶中固化剂比例的掌握（固化剂的用量与气温、湿度、屋面坡度、施工时段等因数有关），来调节石材固化时间。面层石材安装应设置临时固定，以免石材胶固化前，石材因自重或施工震动等原因，产生位移。石材安装的操作关键是着重控制石材安装整体平整度。

8. 石材表面清理时禁止使用铁质器具，应统一使用不锈钢制品，以免残留物锈蚀后污染完成面。

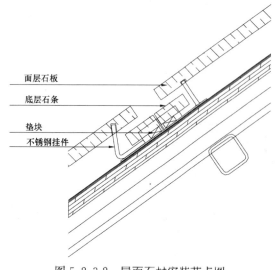

图 5.2.3-2 屋面石材安装节点图

5.3 劳动力组织

整个施工工艺属多工种作业，涉及放线工、不锈钢工（不锈钢冷加工）、不锈钢焊工、打胶工、油漆工、普通工、石材板安装工等，根据工作量的大小，各操作界面需要相应的人员进行流水施工，保证操作的连续性。劳动力组织见表5.3。

劳动力组织概况表 　　　　　表 5.3

序号	工作项目	工 种	人 数	阶 段
1	测量放线	放线工	3	木基层安装
2	涂防火涂料	油漆工	10	
3	防腐木楞安装 铺设木基层板 开设变形缝	木工	20	
4	安装保温板	普通工	10	
5	不锈钢开孔 铺设不锈钢板 打磨	不锈钢工	12	金属板及保温板安装
6	固定不锈钢螺钉	木工	8	
7	焊接不锈钢钉 安装变形缝	不锈钢焊工	10	
8	挂件安装	不锈钢焊工	8	干挂石材
9	固定垫块	打胶工	5	
10	石材配重	普通工	10	
11	石材安装	石材工	50	
12	清理	清洁工	5	

6. 材料与设备

6.1 基层板：应平整无变形翘曲，厚度按设计值，合理配置檩条。防腐处理应满足建筑物的使用年限，并满足防火要求。

6.2 挂件：用于面层石板和金属屋面的固定连接，虽然为石材隐蔽，但直接接触水和空气，属于外露构件，一般采用不锈钢。固定连接挂件采用焊接连接，要求连接挂件材质应与金属板同标号。

6.3 金属板：与挂件焊接连接须采用同标号材质。板面宽度尽量按变形缝设置间距调整，以减小损耗。金属板板面平整，边角平直。加工允许偏差应符合：

1. 边长允许偏差　　　　3.0mm
2. 对边尺寸允许偏差　　3.0mm
3. 折弯高度允许偏差　　1.0mm
4. 平面度允许偏差　　　1/1000mm

6.4 不锈钢焊丝：用于金属屋面与不锈钢挂件的焊接，应采用与金属屋面同标号焊丝。

6.5 橡胶垫块：用于底层条石与不锈钢之间的连接，根据挂件尺寸选用。厚度一般为 10～15mm。

6.6 底层压条石：用于面层板板缝下层，一般左右对称设置，加工时应避免混淆。

6.7 面层石板：根据图纸采用所需型号的面层石板。石板的长度、宽度、厚度、平整度、对角线、打孔位置偏差以及石板的色差必须满足《金属与石材幕墙工程技术规范》规定要求。

6.8 石材干挂胶：根据屋面的坡度大小及施工季节选择适当型号的石材干挂结构胶，主要考虑初凝速度和终凝后的脆性。在大面积施工前，干挂胶要进行试验。

6.9 硅酮耐候密封胶：根据设计要求采用所需型号的硅酮耐候密封胶，主要用于屋面檐口部位石材板缝密封嵌缝处理。

6.10 机具及工具准备：直流氩弧电焊机、金属切割机、专用石材打孔机、理石切割机、角磨机、22 号钢丝、铁锤、水平尺、分电箱、手推车、玻璃胶枪、线锤、墨斗、胶带纸、电锤、铲刀、卷尺等。

337

7. 质 量 控 制

本工法执行的有关技术标准和规范：

《屋面工程质量验收规范》GB 50207—2002

《钢结构工程施工质量验收规范》GB 50205—2001

《木结构工程施工质量验收规范》GB 50206—2002

《建筑防腐蚀工程施工及验收规范》GB 50212—2002

《民用建筑节能工程施工质量验收规程》DGJ 32/J 19—2006

《金属与石材幕墙工程技术规范》JGJ 133—2001

《钨极惰性气体保护焊工艺方法》JBT 9185—1999

质量保证措施：

7.1　基层条形木板端部拼接缝必须交错布置，不得有连续通缝。基层安装着重是结构偏差的调整，基层面应满足如下要求：

1. 平整度（用 2m 靠尺、塞尺）　　　允许偏差小于 2mm。

2. 檐口水平度　　　　　　　　　　允许偏差小于 3mm。

3. 屋面坡度　　　　　　　　　　　允许偏差小于 1/1000。

4. 单坡对角线　　　　　　　　　　允许偏差小于 3mm。

7.2　保温板安装应接缝紧密。缝隙大于 2mm 以上应用保温发泡剂补缝。

7.3　螺钉钉尾部应与金属板面平，误差应不大于 0.5mm。对螺钉须逐个检查，发现过高或过低的应明确标志，在焊接时加焊焊透，焊接检查时予以特别注意。

7.4　挂件加工偏差应满足：

1. 销钉长度偏差　　　　　　　＜0.5mm

2. 销钉水平位置偏差　　　　　＜0.5mm

3. 销钉斜度偏差　　　　　　　＜15′

4. 连接板不得有毛刺

5. 连接板长宽及对角线偏差　　＜1.0mm

7.5　对金属板边、螺钉尾部及变形缝的焊接必须每处依次打磨抛光检查。对细纹、暗纹、砂眼部位必须重焊，再打磨抛光检查，直到确保金属板滴水不漏。

7.6　石材精度控制

7.6.1　石材的翻样工作是保证石材加工安装精度的前提，针对每种石材出加工图，针对每块石材给予一个独立的编号，并绘制立面布置图，标注每块石材的安装部位。

7.6.2　石材加工图示精度 0.1mm，加工精度 0.3mm。

7.6.3　所有石材进场前必须完成规格尺寸、材质等验收，并进行排版编号，装箱后运抵工地，整齐堆放在指定位置。

7.6.4　施工过程中，工人按装箱的标注说明去搬运、安装。安装前再逐块复核石材，当石材满足其规格尺寸及色泽要求后再用干挂胶将挂件与板固定。

7.6.5　火烧板的火烧均匀程度以及石板的外表面花纹、色泽应严格控制。石材颜色差异较大的需经质检员、设计单位、业主确认后才可以进行安装，但必须重新调整安装位置。

7.7　石材安装完成，脚手架拆除后，若需增加其他装饰物等，严禁在无成品保护措施下登上屋面进行施工。在已安装好的石材面附近进行电焊或切割作业时，应用较厚胶合板或石棉布做好保护，并由专人看管，方可施工，以确保石材表面无灼伤。

8. 安 全 措 施

8.1 根据施工现场的实际情况和本工程的特点，根据公司制定的《安全过程控制程序》，将以"安全第一，预防为主"这一安全生产方针贯彻整个施工全过程，科学地进行安全管理和组织施工。

8.2 屋面施工为高处作业，安全措施应符合现行行业标准《建筑施工高处作业安全技术规范》JGJ 80—91 的规定外，还应遵守施工组织设计及高空作业安全防护规程的各项要求。高空作业应有牢靠的立足处，并视具体情况配置防护栏网或其他安全设施。作业区域内的高压线一般应予拆除或改线；不能拆除时，应架设安全防护，并与其保持安全作业距离。

8.3 电焊工工作前必须戴好防护用品，电焊钳、电线切勿搭在焊件上，以防止损坏漏电。不准在易燃易爆物品附近进行焊接。在使用气焊时，严禁抛掷、滚动气瓶，撞击、暴晒及接近高温。严禁把未熄灭之焊枪放入水中冷却。严禁在乙炔发生器附近有火种。工作时氧气瓶和乙炔发生器必须严格分离，二者距离大于 5m。焊接前应检查氧气瓶、乙炔发生器和皮管是否漏气。工作完毕后关闭乙炔和氧气瓶，按规定的安全措施处理放置。电焊工必须经过专业培训合格后持证上岗。

8.4 安装工要注意各类脚手架的牢固安全，制止冒险、冒失行为。对石材、配件等要整理归库，不得随地乱丢或堆放在脚手架上。交叉作业时，应注意上下工序的配合，不得任意扔掷工具及材料，以免伤人。凡需动用电焊等明火作业的，事先要得到工地负责人或工地管理员的批准办好"动火证"并做好动火周围的安全工作。

9. 环 保 措 施

9.1 成立对应的施工环境卫生管理机构，在工程施工过程中严格遵守国家和地方政府下发的有关环境保护的法律和规章，加强对施工溶剂、工程材料、设备、废水、废气、废渣的控制和治理，遵守防火及废弃物处理的规章制度，随时接受相关单位的监督检查。

9.2 施工现场应遵守《建筑施工场界噪声限值》规定的降噪声限值，制定降噪制度。施工现场提倡文明施工，建立健全控制人为噪声的管理制度，尽量减少人为大声喧哗，以增强全体施工人员的自学意识，保证达到规定的噪声限值。

9.3 严格控制作业的时间，晚间作业按规定办理夜间施工证。并应尽量采取降噪措施。牵扯到强噪声的加工作业，应尽量放在工厂完成，减少因施工现场加工制作产生的噪声。

9.4 在施工过程中应尽量选用低噪声或备有消声降噪的施工机械，以减小噪声污染。加强现场环境噪声的长期监测，采取专人监测，专人管理的原则，凡超过噪声限值规定的，要及时对施工现场噪声超标的有关因素进行调整。

9.5 设立专用有毒有害物品仓库，并设专人看管，建立有毒有害物品领用制度。

9.6 各类废品分类堆放，定期回收、外运、处理。

9.7 脚手架外围拉设防尘密网，晴天洒水，定期清理，防止石尘飞扬，污染周围环境。

10. 效 益 分 析

10.1 耐久性好

首先，本工法涉及的结构承载方式主要是机械连接，基层板与金属板间采用的是螺钉连接，石材与挂件间也主要是依靠石材自重与销钉及石材孔共同作用，胶水仅起到施工过程中的辅助作用，可以说即使胶水完全失效，结构依然可靠。其次，大面积的屋面防水不依赖硅酮胶或橡皮条，以金属板的整体防水为主。第三，金属板可按主体结构设计使用年限来选用，达到与主体结构同样的使用寿命。

而普通幕墙正常使用时，使用单位每5年必须进行一次全面检查，特别是硅酮结构胶和硅酮密封胶，要在不利位置进行切片检查，观察有无变化，如无变化方可继续使用；并且幕墙在竣工交付使用时，只能对材料提出10年的质量保证。

由此，仅耐久性，本工法比普通幕墙效益高5～10倍。

10.2 施工进度快

本工法适合组织大批施工人员集中施工。石材安装顺序应自上而下，横向可成排施工。在精确弹线后适合密集施工人员集中施工，一般可安排连件点焊、连件加固、放置垫块、按装底层条石、安装面层条石、清理等六组施工人员成排梯形推进，每个屋面可同时安排超过50人同时施工。

利用本工法类似特造挂件安装石材的方法，在金属板表面一次性弹放线后即可大面积安装固定挂件到位，再分批安装底层石材、面层石材。而传统干挂方式是钢架完成后，放线、挂件安装、石材安装必须由同一组工人依次进行。故此工艺更适合大面积的流水作业，有利于缩短工期。

10.3 环保节能

木材与挤塑板形成的双层保温层，因其高效的热阻性能，使得超薄的屋面相当于30倍即1m以上混凝土厚度的效果［普通混凝土热导系数1.5W/(m·K)，挤塑保温板导热系数0.03W/(m·K)］，木材导热系数0.11W/(m·K)］。加之双层屋面板可遮挡阳光直射，且通风通气，使屋面具有良好的建筑节能效果。

木基层及木龙骨采用天然防腐木，屋面部分无须防治白蚁而喷药。采用气体保护焊，产生热量和有害气体较少，对周边施工影响小，达到环保要求。

10.4 防火

较之普通工艺中大量使用各类结构胶的情况，本工法在结构层的连接中使用的是机械连接，使建筑物的耐火性得到提高。结构胶在一定高温下，就无法保证其正常工作，而起连接及抗剪作用的螺钉，在防火木板损毁前，不会改变其性状。

11. 应 用 实 例

11.1 应用工程概况

苏州博物馆新馆作为贝聿铭先生的"封刀之作"，位于苏州古城东北部历史保护街区与拙政园和太平天国忠王府毗邻。新馆建设历时3年，建筑面积2.0万余平方米，总投资3.39亿元。使用本工法施工的屋面涉及5100m²（按屋面法向投影面积计算）。

主体结构由混凝土浇筑，屋架为钢质人字架或空间结构。屋面坡度以1:2为主，工程中木龙骨使用40mm高80mm宽加拿大产天然防腐木木楞，间距337.5mm；基层板材使用20mm厚90mm宽4面压刨处理板材，材质与龙骨同；屋面金属板采用3mm厚美标316不锈钢，螺丝等不锈钢配件均与板材同标号；屋面石材采用山西太白青（中国黑），石材表面处理采用烧毛后高压水洗面，双层石材板均为20mm厚。

11.2 施工情况

整个博物馆工程为一庭院式的建筑群，主要分A、B、C三个区域先后施工，其中大小屋面200余个，在中央大厅及绘画厅等主要施工进度关键点上，在确保空间八面体建筑屋面达到准确精度的同时，全面推进屋面工程施工，有效缩短了工期。

装饰工程施工自2005年10月20日～2006年9月10日，其中用此工法施工的屋面工程主要在2006年4月～6月完成。施工后期，不锈钢和石材表面日照下温度大于60°，使用此工法以机械连接为主，不依赖于结构胶，在全天候施工的情况下，使安全质量得到有效的保障。

施工工艺流程

1.防腐木基层铺设

2.不锈钢防水板铺设

3.连接件氩弧焊

4.条形石材铺贴

5.菱形石材铺贴

图 11.2　施工工艺流程

11.3　结果评价

采用本工法施工后，为保证施工过程中每一单体屋面的一次性交工，达到精品要求，现场技术人员会同监理，对施工进行全过程验收。经过数据整理每片屋面均达到如下效果：斜面度偏差＜3mm；水平度偏差＜2mm；表面平整度偏差＜1mm；相邻板材板角错位＜0.5mm；接缝高低差＜0.3mm；阳角方正偏差＜0.5mm；接缝高低偏差＜0.3mm；接缝直线度偏差＜0.3mm；接缝宽度偏差＜0.3mm。

石材表面平整、洁净，颜色协调一致，无色差，石材缝宽窄均匀，凹凸线条厚度一致、深浅一致、宽窄均匀，观感效果显著。

工程使用至今石材屋面无渗无漏，室内恒温恒湿，节能效果良好。

高层、超高层弧形立面整体提升脚手架施工工法

YJGF035—2006

上海市第二建筑有限公司

张斌　尤根良　刘和樑　郑继学

1. 前　　言

随着经济的不断发展，城市对建筑的要求也越来越高，建筑物的外形变化越来越大，宝塔形、圆弧状立面越来越多的运用在建筑立面中。标志性建筑已经是城市的一道靓丽风景线。由于建筑的外形变化，对我们的施工提出更高要求。为了实施高层、超高层弧形立面特殊立面结构工程施工的目的，特编制了此施工工法。该工法在上海第二建筑有限公司施工的长峰商城工程总高度达236m，弧形立面中运用。其技术在上海为首创，取得了2005年上海建工集团科技二等奖及获得实用新型专利一项。

2. 工 法 特 点

2.1　对整体提升脚手架架体进行了改进及加强，根据工况要求，对架体受力进行计算。架体结构采用门式结构，用螺栓连接，能适应特殊立面的施工要求。

2.2　提升脚手是通过固定在结构上特制的附着装置和防倾导向装置来承受架体施工时荷载，在提升时架体能随结构上的导轮，沿结构立面爬升。

2.3　架体操作面做成可调节式，在施工中可根据架体附着工况，调整操作面，满足施工操作要求。

3. 适 用 范 围

适用于高层或超高层弧面或斜立面的结构施工。

4. 工 艺 原 理

4.1　构造组成

整体提升脚手架主要由附着装置、架体系统、提升控制系统、防坠、防倾安全系统等部分组成（图4.1）。

附着装置由托架、斜拉杆、穿墙螺栓等组成。架体系统由竖向框架及水平桁架组成。提升控制系统：主要由上吊臂、斜拉杆、电动葫芦和电气控制台，以及计算机网络监控系统（即荷载监控系统）组成。电动葫芦采用HHD型低速环链，起重量为10t，提升速度为0.086m/mim。电气控制台具有短路及缺相漏电保护功能。防坠、防倾安全系统：防坠安全系统由防坠承力架、制动杆、防坠安全制动器组成，采用与荷载增量监控反馈联动。导向及防倾覆安全系统由专用导轨和滑轮组成。

4.2　技术原理

根据结构立面的特点，通过采用特殊设计的门式脚手代替原架体中搭设钢管脚手，门式脚手之间

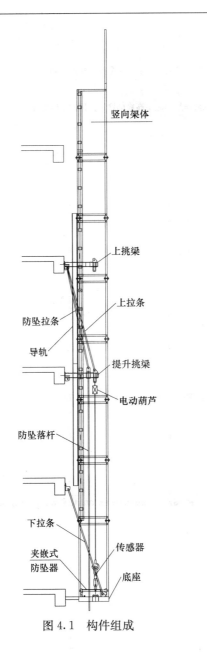

图 4.1 构件组成

在接头处采用榫头和螺栓相互固定连接，不仅克服了原有扣件在连接点处存在的强度不足等缺陷，而且增强整体提升脚手节点强度和架体刚度，使整体提升脚手架体在特定工况中能承受施工和自重带来的弯矩。脚手架的工作层设置可调节底板。确保架体在使用时，作业面调整到水平，便于施工人员安全作业。并设计专用架体导轨，将导轨用螺栓固定在架体上（图 4.2），使架体能按照结构的立面形状提升。

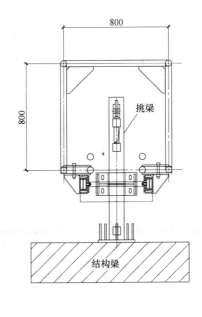

图 4.2 导轨安装示意图

5. 施工工艺流程及操作要点

5.1 提升脚手的安装（图 5.1）

5.1.1 以脚手架面为基准，按平面所示机位依次安装，架体围建筑物一周。

5.1.2 由下向上搭设竖向桁架 K1、K2，并同步安装门架，架体和建筑物需采用硬拉结固定。

5.1.3 结构施工一层后，提升脚手安装竖向桁架第一、二节 K3，门架同时向上安装，并同时固定硬拉结。以此类推，安装竖向桁架第三、四节 K3，门架同时向上安装，并同时固定硬拉结，直至提升脚手安装到位。

5.1.4 当第一框混凝土强度达到 C15，梁模板拆除后，需及时安装下拉条，当第二、三框混凝土强度达到 C15，梁模板拆除后，需安装上下挑梁，同时安装上拉条、防坠拉条、电动葫芦、防坠落杆（斜向提升的需安装导轨），当整体提升脚手架全高搭设完成后，如再向上施工，每需施工一层，就需向上提升一次。

5.1.5 安装整体提升脚手临时爬梯。

说明：
1.整体提升脚手架分四次进行安装，脚手搭设时严格按照《建筑施工扣件式钢管脚手架安全技术规程范》施工。
2.搭设时保证立柱顶端伸出楼层高度1.5m。
3.安装到位后应及时设置好硬拉结，与结构拉结牢靠。
4.为减轻支承架载荷要求，两框梁侧模板拆除后及时安装下拉条，以后随结构施工高度的增加，依次安装提升
  挑梁、防倾挑梁、上拉条及防坠拉条。

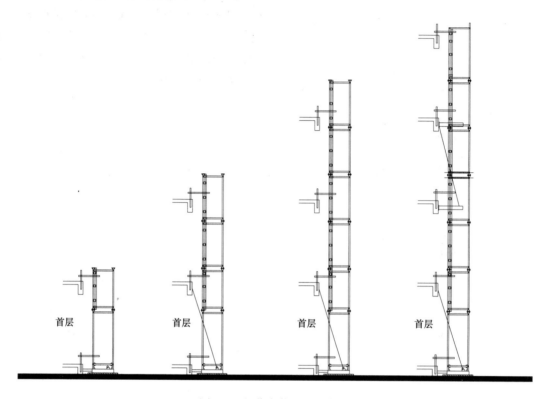

图 5.1　机位安装过程示意图

5.2　施工流程图（图 5.2-1～图 5.2-4）

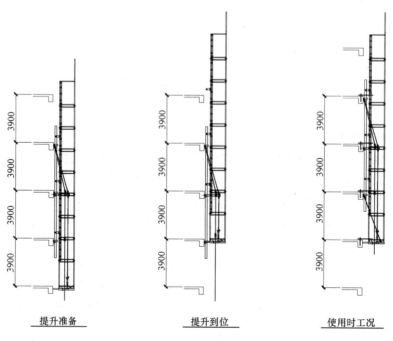

图 5.2-1　施工流程图

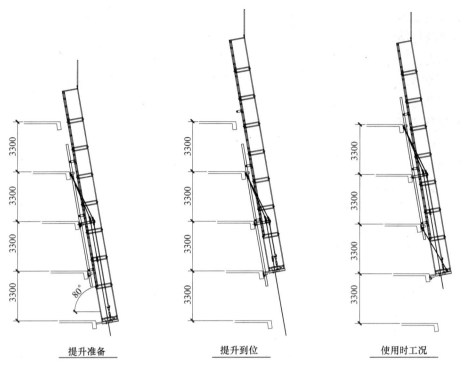

图 5.2-2　弧形立面脚手架提升流程图

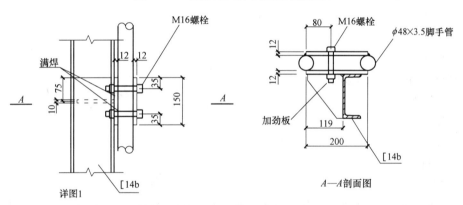

图 5.2-3　导轨安装节点图

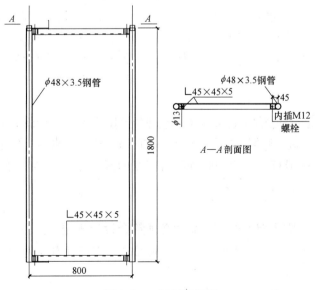

图 5.2-4　门架示意图

5.3 提升工艺流程

1）拆除全部硬拉结。

2）拆除上隔离。

3）提升机位预紧。

4）拆除下拉条。

5）拆除下拉条挂脚。

6）拆除下隔离。

7）翻板翻起并固定在底板上。

8）拆除有碍提升的障碍物。

9）提升或下降至施工作业面。

10）装安全网。

11）安装下拉条挂脚。

12）安装下拉条，再将整机下降到固定点。

13）将翻板翻到位。

14）连接全部硬拉结。

15）拆除上部防倾装置，同时翻到上一层再安装。

16）安装上下隔离。

17）放松电动葫芦链条，然后拆除电动葫芦。

18）拆除防坠落杆。

19）拆除上拉条。

20）拆除上拉条挂脚。

21）拆除挑梁，并同时向上翻。

22）安装上拉条挂脚。

23）安装上拉条。

24）安装电动葫芦。

25）安装防坠杆。

5.4 工序控制

5.4.1 每一次升降前，对动力、电气设备、承力架防坠装置等作一次全面检查，确认其性能。同时确保数据通信线畅通，动力电源线完好无损。升降前应先均匀预紧机位，避免造成个别机位有过大载荷，设置的计算机监控仪监控各机位受力点，当数据和量值基本符合实际情况时，可进行升降作业。

5.4.2 整体提升脚手升降运行过程中，当机位发生超载、失载或电气系统等故障停机时，必须查清原因并及时处理完毕方可继续作业。提升时，架体悬臂高度（最高一道防倾装置至架顶高度）不大于6m。

5.4.3 整体提升脚手升降完毕后应及时拉好硬拉结，拉条等构件安装到位，拆开的安全网、翻板、隔断等装置及时复位。

5.4.4 所有阻碍升降运行的拉结，障碍物等在整体提升脚手上下运行前应进行拆除，运行前架体中活动荷载等应卸去，升降运行的施工区域下方必须设置警戒区域，禁止其他施工人员在区域内通行和施工。

5.4.5 整体提升脚手提升或下降必须收到项目签发的提升令后才能实施升、降工作。升降结束后项目部必须派人进行专项检查。

5.5 提升脚手的使用

5.5.1 在使用过程中，脚手架上的施工荷载必须符合设计规定，严禁超载，严禁放置影响局部杆件安全的集中荷载，建筑垃圾应及时清理。（二排施工时，均布荷载不超过300kg/m²，三排施工时，均布荷载不超过200kg/m²。）

5.5.2 脚手架只能作为操作架，不得作为施工外模板的支模架。

5.5.3 使用过程中，禁止进行下列违章作业：

（1）利用脚手架吊运物料；

（2）在脚手架上推车；

（3）在脚手架上拉结吊装缆绳；

（4）拆除脚手架杆件和附着支承结构；

（5）拆除或移动架体上的安全防护设施；

（6）塔吊起吊构件碰撞或扯动脚手架；

（7）其他影响架体安全的违章作业。

5.6 劳动力组织

对于 1000m²/层的结构工程，组装时大约需要 15 名架子工。每次提升时需要 10 名左右架子工，1 名电工，2 名安全监督。

6. 材料与设备

6.1 材料

架体材料采用 ϕ48×3.5 直缝焊接钢管（GB/T 13793）。架体结构连接采用螺栓连接，材质均为 Q235。架体桁架焊接焊条采用低氢型焊条。

6.2 机具设备

机具设备表　　　　　　　　　　　　表 6.2

序　号	设备名称	设备型号	单　位	数　量	用　途
1	汽车吊或塔吊	视现场情况而定	台	1	安装整体提升脚手架机位
2	电动葫芦	DHP10	台	按方案	提升机位
3	防坠器	FZJ-60	套	按方案	提升脚手安全装置
4	电动控制器		台	1	控制提升脚手的提升或下降
5	电脑监控系统		套	1	监视个机位的重量变化情况限载报警

7. 质 量 控 制

7.1 脚手架竖向框架外侧面刚度较弱，吊装、运输现场放置均需避免框架堆叠挤压，造成结构变形及焊接节点损伤。

7.2 脚手构件进现场按机位放置，由于整体脚手杆件、挑梁、拉条等品种较多，长短不一，为避免混装，因此应按编号堆放和安装，同时要避免损伤、变形。拆除时按同一规格堆放整齐。

7.3 脚手升降运行时，施工人员必须按机位定岗，做到职责分明。遵守《电动提升脚手操作规程》等有关规定和规章制度。

7.4 临时拆除的设施，如防倾、防坠等装置，必须及时安装固定，并有交接手续。

7.5 安装固定的螺栓连接件、穿墙螺栓等采用标准螺栓、螺母，严禁用钣牙套丝牙。

7.6 传感器的好坏决定整个提升脚手运行的安全与否，因此在安装、拆除、使用过程中，必须将传感器、传感器通讯电缆保护好。

7.7 传感器信号输变器等均属计算机信号器件，绝不能将电焊机搭铁线搁置上面。也不能在传感器附近电焊引弧或烧焊。

7.8 电气控制系统，必须具有漏电保护功能，漏电保护灵敏度为 75mA，当 40 门电动葫芦动力电源接输出线时，在脚手架施工中必须加强保护好，否则微小的损坏将造成电控系统不能正常工作。电缆需固定在不易损伤的架体上，并放置整齐。

7.9 整体提升脚手在提升、下降运行期间，塔吊、电梯停止工作，以保证升降整体脚手架在运行时的安全。

8. 安 全 措 施

8.1 严格遵守安全生产六大纪律。

8.2 每天作业前，应做到"三上岗一讲评"，在布置生产任务的同时进行安全交底，针对当天的拆卸工作内容，在作业前要有针对性的安全交底，并做好书面记录。

8.3 在动用明火之前，一定要到管理部门开好动火证，并做好安全防范措施，方可进行动火作业。

8.4 严禁穿硬底鞋和高跟鞋上高空。

8.5 高空作业人员一律戴好安全带，在使用时，一定要高挂低用，并扣好保险扣。

8.6 氧、乙炔钢瓶的放置须符合规范，二瓶相距保证 5 米以上，瓶与动火点距离不小于 10 米。作业人员应随身带好操作证（复印件）。

8.7 用于安装、拆卸的机械设备性能必须良好，在使用前要进行检查，尤其是保险装置应达到使用要求。

8.8 作业人员必须各司其责，按操作规定、规程进行操作使用。

9. 环 保 措 施

9.1 整体提升脚手架外立面包安全绿网，且每排最外侧安装钢板网，不仅使架体的围护更加安全可靠，更使提升脚手架的外观更加整洁、漂亮，且能防止建筑灰尘外扬。

9.2 整体提升脚手架底部包绿网及小眼兜网，设置硬隔离，使架体底部的防护严密、安全，防止高空坠物。

9.3 经常清除架体内的建筑垃圾，减轻架体荷载，减少安全事故的发生概率。

9.4 在架体内安装特制的上人钢梯，安全、环保，保证施工人员的安全。

10. 效 益 分 析

10.1 节约用料

采用整体提升脚手架，只需搭设 4 个层高的架体，与普通钢管脚手架或悬挑脚手架，节约用钢量达 40%。

10.2 节省用工

由于架体是靠电动系统进行提升，因此不需要人工进行多次拆装，只需进行一次拆装，不仅减少操作用工，而且降低了劳动强度，提高了工作效率。

10.3 加快进度

由于整体提升脚手架是在地面进行组装后再吊装到位，因此可加快拼装速度，确保施工安全；提升脚手是由电控操作，并设有安全报警装置和限载装置，不仅提升速度快，而且提升平稳、安全可靠，加快施工进度。

11. 工 程 实 例

长峰商城位于长宁区凯旋路、汇川路，由上海第二建筑有限公司第三工程部承建。长峰商城主楼的高度为 236 米，共六十层，标准层高 3.3m，部分层高为 3.9m、4.3m。该建筑东立面为圆弧形，最高处立面与最小处立面的累计距离达 17m；西立面从 13 层到 28 层外挑结构，累计挑出距离达 3.1m；南立面在 28 层处，结构向内缩进 8m；北立面无变化。整体提升脚手架从十一层面开始安装，西南二

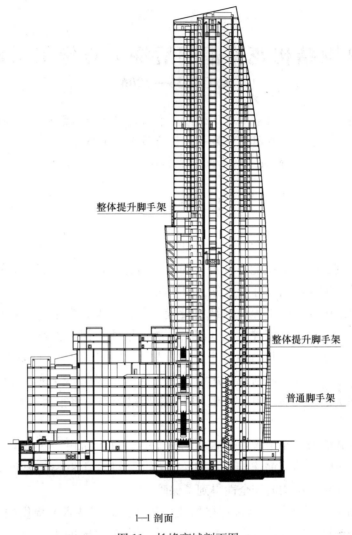

整体提升脚手架

整体提升脚手架

普通脚手架

1—1 剖面

图 11　长峰商城剖面图

立面在 28 层进行架体缩进转换，整体提升脚手架升至 60 层完成结构施工后在高空拆除。

　　为确保工程顺利实施，通过设计计算及模拟工况的实验，总结出本工法，并通过长峰工程的应用表明，该项工法能适用于高层或超高层弧面或斜立面的结构施工，加快了工程进度，确保了施工安全，在施工中能取得明显的经济效益和社会效益。

外围结构花格框架后浇节点施工工法

YJGF036—2006

中国建筑第一工程局第五建筑公司　中国建筑第一工程局第二建筑公司
中国建筑第一工程局第三建筑公司
房静波　刘为民　任志永　徐浩　王静梅

1. 前　　言

随着建筑行业的发展，美观且个性的超高层建筑越来越多，而前提是必须要保证结构的安全性。结构中不同的部位根据其自身的承载能力进行不同的受力分工，可大大提高结构的承载能力。在结构体系中设置后浇节点正是解决不同构件受力分工的办法。

中建一局五公司金地国际花园工程外围结构设置了花格框架，自下而上最高处达到 139.08m。外围结构花格框架由主框架梁、主框架柱、次框架梁、次框架柱与楼面拉梁组成，通过次框架柱与主框架梁的连接，楼面拉梁与楼板的连接，使得主、次框架形成一个整体。如按普通方法自下而上施工，该建筑达到了一定的高度后，在竖向荷载作用下，由于次框架竖向不连续，主框架梁既支撑在下部次框架柱上，又承担上部次框架柱的内力，下部几层主框架梁的内力将很大，其截面满足不了建筑要求，结构受力没有保障。

为了保证结构的承载能力，在结构中设置了后浇节点。施工阶段，次框架与主框架暂时断开，待主框架沉降变形完后，将断开的钢筋连接上再浇筑混凝土。使得主框架主要承受竖向荷载，主、次框架共同构成抗侧力结构体系。结构的安全性得到了保障。

建设部科技信息研究所对《外围结构花格框架后浇节点施工技术》提供的《科技查新报告》（报告编号：2007-059D）表明：通过对国内："中国建设科技文献数据库"等 15 个权威数据库、论文库、国家科技成果网的检索证明："在上列检索范围中未见在花格框架中设置后浇节点施工的文献报道"。

《外围结构花格框架后浇节点施工技术》通过了中国建筑工程总公司召开的科技成果鉴定会。鉴定委员一致认为："本课题综合技术整体达到国内领先水平，经济效益和社会效益显著。建议总结经验，形成工法。"

外围结构花格框架后浇节点施工方法在中建一局五公司金地国际花园项目得到了成功应用。达到了缩短施工工期，提高施工质量的效果。工程主体结构获得北京市"结构长城杯"金奖。《外围结构花格框架后浇节点施工技术》被评为"北京市经济技术创新工程优秀成果"。在总结施工经验的基础上，最终形成了本工法。

2. 工 法 特 点

2.1　后浇节点处钢筋接头连接方式采用加长套丝直螺纹机械连接接头，可以使钢筋在断开且主体结构得到充分的沉降后，钢筋可以再次连接。见图 2.1。

2.2　后浇节点处采用 CGM 高强无收缩灌浆料灌注。13 层以下要求混凝土强度等级为 C60、14 层以上为 C50。CGM 高强无收缩灌浆料的最终强度可以达到 C60 以上，且灌浆料具有高强度、免振捣、微膨胀、自流性好与原混凝土结合紧密的特点，可以满足结构混凝土强度等级的要求，增强柱子的承

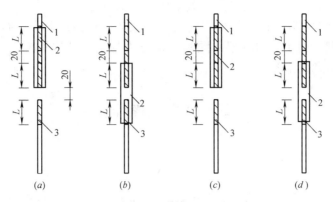

图 2.1　直螺纹钢筋断开-连接示意图

1—加长套丝钢筋；2—加长套筒；3—正常套丝钢筋

载能力。

2.3　后浇部位四周封闭粘贴钢板兼作模板并永久保留。次柱后浇节点设置于受力相对较小的柱子高度中间部位，后浇注 CGM 灌浆料时，钢板作模板使用，但在灌浆料固化后，钢板实际上对后浇节点有约束作用，且钢板跨越后浇和原混凝土部位，对柱子新、旧混凝土连接及柱子承载力有提高作用。使得预留部位尽可能减小，利于结构封顶后的施工，且结构整体效果好，外形美观。

2.4　施工方法简便。由于后浇节点施工在主体结构施工完，垂直运输设备基本拆除，采用此工法施工，方法简便，耗材少，节省人工及工期。

附录为运用此工法施工与以前施工方法的对比。

3. 适 用 范 围

将结构中不同的部位根据其自身的承载能力进行分工，可大大提高结构的受力性能及安全性。在结构中设置后浇节点是解决结构构件受力分工的好办法。本工法适用于对承载能力要求较高且建筑的形状尺寸要求比较严格的超高结构体系。

4. 工 艺 原 理

为尽可能不使花格框架中的次框架结构承受竖向荷载作用，主框架与次框架的连接采用"特殊后浇节点"做法，即主、次框架同时进行结构施工，但在次柱与主框架梁交接处设置后浇节点，在楼面

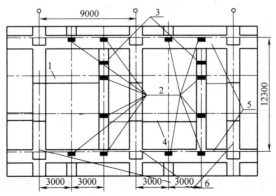

图 4　花格框架立面设置后浇节点位置图

1—上部次框架梁；2—楼面拉梁后浇节点；3—次框架柱后浇节点；4—下部次框架梁；

5—主框架梁（分别为上部主框架梁和下部主框架梁）；6—主框架柱

拉梁与楼板连接处也设置后浇节点。使得主、次结构完全断开，在此过程中全部竖向荷载施加在主框架结构上，使其能够充分的沉降，而次框架不受力，待主体结构封顶后再进行封闭工作。使得主框架承担了大部分的竖向荷载，而主、次框架共同构成抗侧力的主要结构构件，花格框架受力分工明确。花格框架后浇节点位置示意详见图4。

5. 工艺流程及操作要点

5.1 工艺流程

上部次框架梁施工时，次柱定位箍的安装与拆除→次框架梁上1350mm高次柱的施工完后，次柱钢筋的接长→主框架梁与梁下1350mm高次柱施工完后，次柱钢筋断开→搭设施工用脚手架→主体结构施工完后，次柱钢筋再次连接，柱子后浇注节点部位清理→后浇节点处钢板的安装→后浇节点处CGM高强无收缩灌浆料的灌注

5.2 操作要点

5.2.1 上部次框架梁施工时，次柱定位箍的安装与拆除

绑扎上部次框架梁钢筋，安装次柱柱筋定位箍（定位箍平面图见图5.2.1-1，安装位置见图5.2.1-2），浇筑次框架梁混凝土后，拆除次柱柱筋定位箍，绑扎次框架梁上1350mm高次柱箍筋，浇筑次框架柱混凝土。

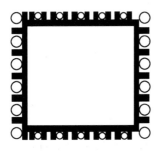

图5.2.1-1 钢筋定位箍

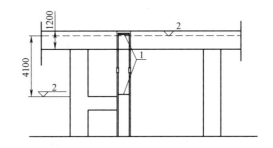

图5.2.1-2 钢筋定位箍位置图
1—柱钢筋定位箍位置；2—楼面标高

5.2.2 次框架梁上1350mm高的次柱施工完后，接长次柱钢筋。

在主体结构施工时，次框架梁上1350mm高柱模板采用定型钢模板随本层柱同时支设，同时搭设施工用脚手架。

上部次框架柱主筋采用墩粗直螺纹连接（一级接头，两端钢筋固定，接头位置在柱中部，接头率100%），钢筋接头之间间隙为20mm，以此抵消变形［图2.1（a）］。本工法所需套筒长度比标准套筒长度加长20mm，套筒所连上下两段钢筋套丝长度也比正常情况有所不同：一侧套丝长度为标准长度，另一侧套丝长度为两个标准套丝长度＋20mm。

在浇筑主框架梁及主框架梁下1350mm高次柱混凝土之前，接长次柱钢筋（次柱钢筋墩粗直螺纹连接点设在上部次柱中点），直螺纹做暂时连接，并完成绑扎［图2.1（b）］。

5.2.3 主框架梁与梁下1350mm高次柱施工的同时，安装次柱定位箍。

1. 主框架梁模板的支设

1）主框架梁底模

梁底模板采用15mm厚多层板，在有次框架柱的位置设置独立的模板，在有钢筋穿过的地方穿孔，注意防止漏浆。见图5.2.3-1。

2）主框架梁底模龙骨设计

上部主框架梁底模次龙骨采用50mm×100mm木方，次龙骨净距不大于150mm，但不少于5根通

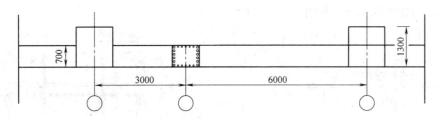

图 5.2.3-1　上部主框架梁底模穿孔图（单位：mm）

长木方，在上部次框架柱位置底模次龙骨采用 50mm×100mm 木方，木方之间净距不大于 100mm。见图 5.2.3-2。

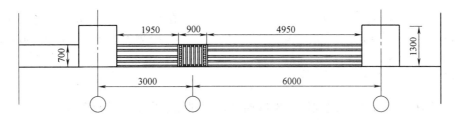

图 5.2.3-2　上部主框架梁底模龙骨示意图（单位：mm）

3）主龙骨设计

主龙骨采用 2ϕ48×3.5 钢管，间距为 600mm。见图 5.2.3-3。

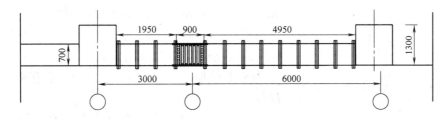

图 5.2.3-3　上部主框架梁主龙骨布置图（单位：mm）

2. 主框架梁下 1350mm 高模板采用定型钢模板，随本层主框架梁同时支设，用钢板网等材料将次框架柱下部封堵严密，防止漏浆。

主框架梁与梁下 1350mm 高次柱同时浇筑混凝土。见图 5.2.3-4。

3. 主框架梁及主框架梁下 1350mm 高次柱混凝土终凝后，将套筒拧开并保持断开 ［图 2.1（c）］。

5.2.4　搭设施工用脚手架

后浇柱皆为边柱，且灌注灌浆料时主体施工已经结束，整体外脚手架已经拆除。边柱施工时，靠外侧施工无作业面，需要搭设脚手架。根据现场情况，应该为每根需要浇注的柱子搭设悬臂脚手架，以进行柱外侧施工。由于后浇柱子上、下部已经浇注完毕，且与梁相连，脚手架的搭设可以该柱子上、下已浇注部位及梁为受力点，脚手架应向外悬挑不小于 1.5m，且应铺好跳板，工人施工时应系好安全带。

操作架搭设：双排脚手架围绕次柱搭设，立杆支撑拉接设在楼板和主梁、次梁上，操作层满铺 50 厚木跳板，悬挑部位用斜杆设置，外立面设剪刀撑，外围满挂安全立网及水平网。

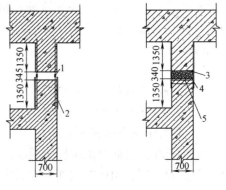

图 5.2.3-4　主框架梁与梁下 1350mm
高次柱施工做法图
1—中部空腔采用 100%接头率，用黄油涂抹
后再用塑料布裹上；2—定型钢模板；
3—钢板网；4—填充物为聚苯板和木条，
待上部次柱浇筑完毕后，再将填
充物清除掉；5—两道柱箍

脚手架搭设方法如图5.2.4-1及图5.2.4-2所示。

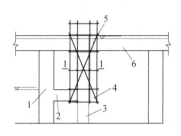

图5.2.4-1 施工脚手架立面图
1—主框架柱；2—上部次框架梁；3—次框架柱；
4—下部脚手架与次梁、次柱做抱箍；5—上
部脚手架与主梁做抱箍；6—主框架梁

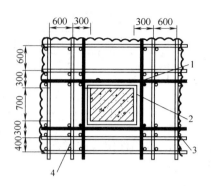

图5.2.4-2 1-1剖面（单位：mm）
1—φ48钢管柱箍@600；2—定型钢模板；
3—外设密目网；4—操作架

5.2.5 主体结构施工完后，次柱钢筋再次连接，清理柱子后浇注节点部位。

在此框架柱345mm高后浇节点施工时，将直螺纹套筒复拧［图2.1（d）］。

钢板安装前应将需要浇注的节点区内杂物清理干净。如钢筋锈蚀严重，需要对钢筋作除锈处理。

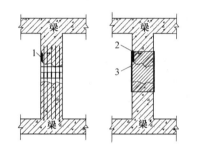

图5.2.6 后浇节点钢板安装示意图
1—剔凿出进料口；2—灌浆由此灌入；
3—外贴钢板兼作模板

在确保节点内清洁及钢筋配置符合设计图纸时，方可安装钢板。后浇节点部位清理前需将钢板位置上方混凝土人工剔凿出60～100mm宽、10～20mm深的喇叭口，喇叭口上方与钢板上方平齐，作为进料口兼排气口。然后将剔凿下来的渣土清理干净。

5.2.6 后浇节点处钢板的安装（图5.2.6）

1. 钢板下料加工：按加固平面图在现场或工厂进行钢板下料、裁剪、钻孔。

2. 按图并结合现场情况在钢板上钻孔，并利用钢板孔位定位，在混凝土构件上钻出膨胀螺栓孔以备安装膨胀螺栓。

1）利用钢板孔位定位出膨胀螺栓孔的位置，并标出记号。在定位钢板孔时应该依据图纸并根据现场实际情况进行调整，使膨胀螺栓孔位错开柱子的主筋和箍筋；钢筋或螺栓的钻孔直径参照相关的性能指标。使用冲击钻钻孔。初钻时速度要慢，待钻头定位稳定后，再全速钻进；成孔应确保垂直于结构平面，钻孔中若遇到钢筋，必须改变孔的位置。

2）把膨胀螺栓头击入孔内。

3）钢板粘贴以后，迅速拧紧膨胀螺栓螺杆，固定钢板。

3. 混凝土和钢板粘合面的处理

1）混凝土粘合面表面处理：

用斩斧在粘合面上依次轻斩混凝土表面，斩斧纹路应与受力方向垂直，除去表层0.2～0.3cm以露出砂石新面，用无油压缩空气吹除或用毛刷扫除表面粉粒。

2）钢板表面处理

钢板粘合面必须进行除锈和粗糙处理；钢板粘合面可用喷砂或平砂轮打磨除锈，直至出现金属光泽，钢板粘合面应有有一定粗糙度，打磨纹路应与钢板受力方向垂直；用无油棉丝蘸丙酮擦拭钢板粘合面，直到用新棉丝蘸丙酮后不见污垢为止。

4. 建筑结构胶的配置

选择金草田JCT-2B型建筑结构胶，该结构胶由甲乙两组分组合而成，甲组分为结构胶基料，乙组分为固化剂。两组材料配合后必须在30min内使用完。

5. 建筑结构胶的涂敷和钢板的粘合

涂敷建筑结构胶，粘贴钢板并用膨胀螺栓固定。待建筑结构胶常温固化后，用小锤轻轻敲击钢板，以判断粘结效果。粘结面积应不少于 90%，否则此粘结件不合格，应剥下重新粘贴或采取有效措施补粘或补强。

6. 钢板表面防锈处理。

1）钢板外露部分在涂锈前必须除锈，用丙酮擦去油污，并保持干燥。

2）防锈涂料可采用涂刷金属防锈漆。使用丙酮除去油污，进行严格清洁处理后，才可进行涂刷，后涂必须在前涂固化后才能进行。

5.2.7 后浇节点处 CGM 高强无收缩灌浆料的灌注

在钢板安装结束后约 12h 进行浇注灌浆料的工序。此时粘钢胶已经基本固化，可以浇注灌浆料。灌浆料是一种高强度、微膨胀、自流性好的建筑材料。使用时应按照说明书要求的用水量，将灌浆料现场搅拌均匀，通过铁皮漏斗沿灌浆口注入柱子节点内。一边灌注一边轻轻敲打钢板，直到节点内灌浆料已经注满，并且灌浆料已经达到灌浆口高度。如灌浆口内灌浆料继续下沉，则继续灌注，保证灌浆料与灌浆口平齐。一般经过 4～5 个小时以后，灌浆料不再下沉时，说明节点处已经灌注密实。见图 5.2.7。

图 5.2.7　浇筑灌浆料现场施工照片

楼面拉梁处后浇节点也采用墩粗直螺纹钢筋连接，具体操作方法与次柱与主梁处连接相同。拉梁模板在结构封顶后后浇节点施工时支设，梁底模采用 15mm 厚多层板，梁侧模采用 12mm 厚竹胶板。拉梁均在结构封顶后由上往下依次浇筑无收缩混凝土。

6. 材料与设备

钢筋连接加工机械，冲击钻；墩粗直螺纹钢筋，加长直螺纹套筒；钢板；CGM-Ⅰ型高强无收缩灌浆料等。CGM-Ⅰ型高强无收缩灌浆料的验收标准及检测结果见表 6-1。

CGM-Ⅰ型高强无收缩灌浆料的验收标准及检测结果 表 6-1

试验项目	试验数据	性能指标（Ⅰ级品）
流动度(mm)不小于		270
30min 后流动度(mm)		—
1d 竖向膨胀率(%)不小于		0.02
抗折强度(MPa)	1d	—
	3d	—
	28d	—

试验项目	试验数据	性能指标（Ⅰ级品）
抗压强度（MPa）不小于	1d	30
	3d	40
	28d	65

钻孔或预留孔，螺栓直径应符合表 6-2 要求。

直径与孔壁距离　　　　　　　　　　　　　　　　表 6-2

螺栓直径（mm）	螺栓直径与孔壁的距离（mm）	螺栓直径（mm）	螺栓直径与孔壁的距离（mm）
12～14	≥8	48～64	≥30
16～22	≥15	76～100	≥40
24～42	≥20	>100	≥50

本工法所用施工机具简单，仅需 4 台 $\phi10$ 功率为 1.5kW 的冲击钻。

7. 质 量 控 制

7.1　质量验收与控制按照以下规范或标准进行

7.1.1　《混凝土结构工程施工工艺标准》；

7.1.2　《混凝土结构工程施工质量验收规范》GB 50204—2002；

7.1.3　《混凝土结构加固技术规范》CECS 25：90；

7.1.4　《钢结构设计规范》GB 50017—2003；

7.1.5　《钢结构工程施工质量验收规范》GB 50205—2001；

7.1.6　《建筑钢结构焊接规程》JGJ 81—2002。

7.2　主要质量要求及控制措施

7.2.1　在浇筑前，为防止在浇筑上部主框架梁的混凝土时，上部次框架柱钢筋及其连接丝头被污染，在上部次框架柱范围内的上部主框架梁底模上铺设一层塑料布。钢筋连接丝头应该缠绕塑料布进行保护。

7.2.2　浇筑时注意保护套筒的位置不被移动，上部次框架柱钢筋不被扰动。

7.2.3　上部主框架梁浇筑前，将波纹套筒临时封堵。

7.2.4　上部次框架柱合模前，将次框架柱底部作施工缝处理，做好凿毛、浇水湿润、清理等工作。

7.2.5　由于粘钢所用的建筑结构胶拌和后的最佳操作时间仅 30min，因此粘合前必事先做好各项准备工作，然后再配胶，这样才能保证在使用期内完成粘合操作。

7.2.6　空腔灌浆时轻敲钢板，以确保灌浆料密实。

8. 安 全 措 施

8.1　在施工过程中，执行《建筑安装工程安全技术操作规程》，并严格遵守现场各项规章制度，服从现场总包单位的安全管理，加强内部安全管理。

8.2　临空一侧需搭设悬挑脚手架，为施工提供作业面，同时也作为工程防护设施。对现场搭设的架子不得随意拆改。

8.3　工人进场工作前要进行入场安全教育和文明施工教育。

8.4 进入施工现场必须戴好安全帽，高处作业要系好安全带，安全带上的零部件不得随意拆卸。

8.5 夜间施工要有足够照明设施，临时用电，暂设用电必须按"安全用电"有关条例执行，用电设备设两极保护，并及时检查更换，结束作业要关闭开关，并拆除不用线路。

9. 环 保 措 施

9.1 严格按照图纸要求，使用具有环保认证的材料。

9.2 合理安排施工工序及操作流程，对于有刺激性气味（如用于钢板清洁的丙酮溶剂）的材料，应做到密封保存，并做好通风处理。施工后的剩余材料密封处理，做到废料不遗洒，整理归类统一处理。

9.3 施工材料严格按指定地点堆放，易燃易爆、有毒材料应专库存放，并建立保管制度。

9.4 施工管理人员一律挂牌上岗。消防器材按规定配置，齐全有效，并满足施工区域消防要求，设置明显的标志。

10. 效 益 分 析

10.1 经济效益

本工法所述花格框架后浇节点施工方法简便易行，大大节约了工期和人工。如果按照常规方法进行施工，即在后浇构造柱的中间部位预留一直径100mm的钢管，作为后浇构造柱混凝土灌入和机械振捣的插入点，待浇筑后浇构造柱时，再将此预留钢管灌实至梁上口平，则施工过程繁琐，施工工期较长。采用现在的方法，可节约工期28d。工地现场经费为15000元/d，共计节约经费42万元。使得主体结构封顶后的装修工程可以尽快进行。

10.2 环保效益

按照此工法的基本原理结合了流水施工，实现了交叉作业，钢板兼做模板且永久保留无需拆除，CGM高强无收缩灌浆料浇筑完毕后24h即可达到设计要求强度。临时脚手架的搭设与拆除也很简便，节约了场地，有利于文明施工；施工完后现场易清理，建筑垃圾少，对环境污染少。

该工程被评为北京市"文明安全样板工地"。

10.3 质量效益

本施工工法满足了设计的要求，用该工法施工使得预留部位尽可能减小，利于结构封顶后的施工，且结构整体效果好，外形美观。利用该工法施工的花格框架与通常的花格框架相比，受力分工明确，结构承载力高，质量容易保证。

该工程主体结构获得北京市"结构长城杯"金奖。

10.4 社会效益

随着建筑行业的迅速发展，超高结构体系势必是一种趋势。对于结构的受力也就有了更多的要求，结构中不同的部位根据其自身的承载能力，也就有了不同的分工。在结构体系中设置后浇节点正是解决结构受力分工的办法，所以应用前景广泛。本工法所述花格框架后浇节点施工方法不仅简便易行，节约了工期和人工，而且外形美观大方，竣工后的主体结构已经成为长安街沿线一道美丽的风景，工法技术的先进性为将来超高结构体系的施工及其结构受力安全性提供了有力的依据和保障。社会效益显著。

《外围结构花格框架后浇节点施工技术》被评为"北京市经济技术创新工程优秀成果"。

《外围结构花格框架后浇节点施工工法》通过了中建总公司施工工法评审。

11. 应 用 实 例

中建一局五公司金地国际花园项目经理部在北京金地国际花园A区工程的花格框架施工中采用了

本工法施工。该工程地处北京市朝阳区建国路朗家园 15 号，分为 A、B 两栋写字楼，通过三层商业裙房 C 座及三层地下室连为一体，建筑面积为 15 万 1351m²。开工日期为 2005 年 5 月 20 日，竣工日期为 2007 年 4 月 30 日，历时 711 个工作日，花格框架位于 A、B 塔的西北立面，A 塔花格框架顶标高为 139.08m，B 塔花格框架顶标高为 95.710m。属于超高结构体系。施工中既要满足结构美观的要求，又要满足结构受力的要求。故本工程花格框架后浇节点部位采用此工法施工，主框架得到充分的沉降变形之后，再将主框架与次框架连接，主、次框架共同成为抗侧力的主要结构构件，结构的稳定性与承载能力都得到了保障。工程质量得到了建设单位和监理单位的好评，实施效果良好。拆模后的主体结构外立面见图 11。

图 11　花格框架整体效果图

附录：

关于外围结构花格框架后浇节点施工工法的说明

在框架结构中经常遇到后浇构造柱，即在构造柱中设置后浇节点。通常有以下两种解决方案。方案一是先预留钢筋，待梁模板拆除后，支设构造柱模板，因浇筑构造柱时有梁封口，为方便混凝土振捣，常在构造柱顶部留置浇捣孔，将混凝土灌入。这个方案的缺点是无法用机械振捣混凝土，常常造成混凝土振捣不密实。方案二是在后浇构造柱的中间部位预留一直径 100mm 的钢管，作为后浇构造柱混凝土灌入和机械振捣的插入点，待浇筑后浇构造柱时，再将此预留钢管灌实至梁上口平。这个方案的缺点是虽然解决了混凝土可以机械振捣的问题，但留设直径 100mm 的钢管，主体结构施工时易被堵塞且混凝土灌注困难，不仅施工质量难以保证且延误工期。

本工法所述花格框架后浇节点施工方法的特点是：在施工阶段，次框架与主框架暂时断开，待主框架沉降变形完后，再将断开的钢筋连接上浇筑混凝土。相当于次框架只承受 1/5 左右的竖向荷载，即活荷载；次框架主要承受水平荷载。在使用阶段，次框架和主框架梁是抗侧力的主要结构构件，只承受很少的竖向荷载。

用本工法施工，要求后浇部位四周封闭粘贴钢板，此钢板兼作模板并永久保留，对柱子新、旧混凝土连接及柱子承载力有提高作用。使得预留部位尽可能减小，利于结构封顶后的施工，且结构整体效果好，外形美观。后浇节点处使用 CGM 高强无收缩灌浆料进行灌浆。CGM 高强无收缩灌浆料是一种高强度、微膨胀、自流性好的材料，浇筑结束后只需轻敲钢板即可判断是否已经达到灌浆口高度。

下表即是运用此工法施工与以前方法的施工对比：

	此工法施工	过去方法施工	前法与后法比较
钢筋的连接	加长直螺纹机械连接	普通直螺纹连接	满足结构的充分沉降
模板	钢板兼作模板并永久保留	木模板的搭设、拆除	对于新、旧混凝土的连接存在有利的约束作用，柱子抗剪强度增加且操作简便
混凝土的浇筑	CGM 高强无收缩灌浆料	普通混凝土的灌注	CGM 灌浆料为自流态，易控制灌注高度，自密实效果好。
脚手架的搭设	简单支设，便于施工	安全防护措施搭设齐全	不仅搭设简单，节约工期且安全系数高

本工法所用施工方法"综合技术整体达到了国内领先水平，经济效益和社会效益显著"。

大流态高保塑混凝土施工工法

YJGF037—2006

中建三局建设工程股份公司商品混凝土公司

王军　胡国付　高育欣　姜龙华　彭友元

1. 前　言

近年来，随着国民经济的迅速发展，建筑物的结构形式、强度、高度等屡创新高，在混凝土的生产、运输和施工过程中对混凝土的强度、坍落度、保塑性等提出了更高的要求，也为混凝土行业的发展带来很大的机遇与挑战。在通常的大流态混凝土施工工艺中，一般可保持混凝土坍落度90min不损失，而流动性能的另一关键指标扩展度不能得到很好的保持，施工过程中某一环节出现差错就无法满足大流态混凝土施工工艺要求，混凝土施工质量无法保证。本工法通过对混凝土原材料、外加剂及生产施工工艺的研究，不仅能较好地解决混凝土强度与高流态的矛盾，节约能源与劳动力，同时为混凝土的自密实、可泵性、顶升和喷射性能等提供了可靠技术支持，可有效提高企业的市场竞争力。

大流态高保塑混凝土施工工艺通过在汉正街品牌服饰批发市场、荷花池商住楼、盛世华庭、世贸锦绣长江1号楼、武汉商场改造工程等5个项目的成功运用，经济社会效益明显，自主研发的减水保塑剂除了提高混凝土的流动性能和保塑性能外，与基准混凝土相比，还能提高混凝土的强度10%左右。该工法的核心技术《减水保塑剂研制开发与工程应用》于2006年12月通过湖北省建设厅组织的科技成果鉴定，专家评定该项技术达到国内领先水平，对今后特殊结构和部位的混凝土施工提供了重要的参考和推广价值。

2. 工法特点

2.1　本工法在混凝土中运用自行研制的减水保塑剂，通过减水保塑剂生产、减水保塑剂产品质量控制、高保塑大流态混凝土配合比设计、高保塑大流态混凝土生产施工质量控制，形成大流态高保塑混凝土施工工艺。

该施工工艺技术便利，生产施工过程易于控制，能够有效提高混凝土施工过程质量控制水平，能加快混凝土施工速度、提高效率、节约资源和劳动力。

2.2　专有名词

本节根据本工法的具体特点提出，其中大流态混凝土参照冯乃谦《流态混凝土》一书，其余均自行定义。

2.2.1　大流态混凝土

坍落度达到200±20mm，扩展度达到500～600mm，和易性能良好的混凝土。

2.2.2　高保塑混凝土

坍落度、扩展度可保持2.5h以上不损失的混凝土。

2.2.3　大流态高保塑混凝土

坍落度达到200±20mm，扩展度达到500～600mm，且2.5h后流动性能还能满足大流态要求的混凝土。

2.2.4　减水保塑剂

以矿物超细粉为载体，物理吸附高效减水剂制备而成，具有抑制流态混凝土坍落度损失作用的外加剂。

3. 适 用 范 围

3.1 适用于采用硅酸盐水泥、普通硅酸盐水泥、火山灰质硅酸盐水泥、粉煤灰硅酸盐水泥和复合硅酸盐水泥生产 C20～C50 强度等级的素混凝土、钢筋混凝土、预应力混凝土、高性能混凝土结构施工。

3.2 对混凝土保塑性能要求特别高的工业与民用建筑工程混凝土施工，特别是使用商品混凝土时，运距远、施工时间长、现场对混凝土流动性能要求高的混凝土结构工程和特殊异形部位。

3.3 适用于钢管混凝土、大坝混凝土等特殊混凝土施工。

3.4 宜用于日最低气温－5℃以上的大流态混凝土施工。

4. 工 艺 原 理

本工法应用《减水保塑剂研制开发与工程应用》科技成果，通过向混凝土添加自行研制的减水保塑剂，开发出大流态高保塑混凝土。其主要是利用一种矿物超细粉对减水剂的吸附与解吸作用，在混凝土体系中不断释放减水剂，维持混凝土液相中减水剂的浓度，也就是维持水泥粒子表面吸附减水剂的量，从而维持水泥粒子表面的 Zeta 电位，达到维持水泥分散的目的，从而保持混凝土的工作性能，有效地解决了普通混凝土施工工艺中存在的流动度小和工作性能损失问题，提高了混凝土施工性能和工作效率，为结构质量优良提供了可靠的保证。

5. 施工工艺流程及操作方法

大流态高保塑混凝土施工工法的关键技术是混凝土的保塑技术，因此减水保塑剂的制备、混凝土配合比设计是本工法的关键内容，而由于混凝土具有大流态，其施工操作也相应变得简单起来。

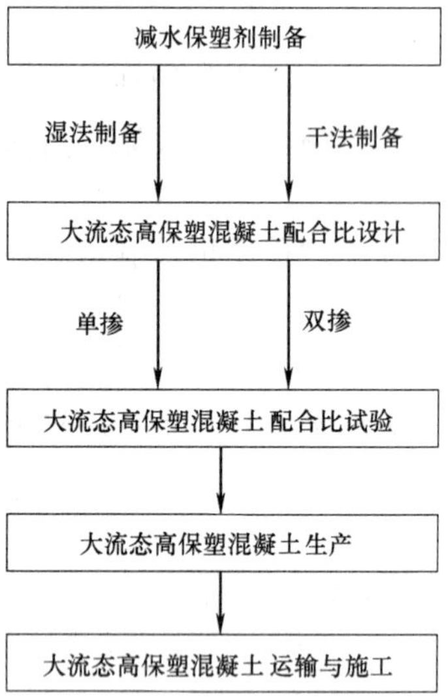

大流态高保塑混凝土施工工法的主要工艺流程见图5。

图5 工艺流程图

5.1 减水保塑剂的制备

5.1.1 减水保塑剂制备原理

通过某种矿物超细粉对减水剂的吸附与解吸作用，在混凝土体系中不断释放减水剂，维持混凝土液相中减水剂的浓度，也就是维持水泥粒子表面吸附减水剂的量，从而维持水泥粒子表面的 Zeta 电位，达到维持水泥分散的目的，从而保持混凝土的工作性能。

5.1.2 原材料质量要求

1. 矿物超细粉技术要求应满足表5.1.2规定。

矿物超细粉技术要求　　　　　　表5.1.2

技 术 指 标	数 值
吸铵值	≥120mmol/100g
勃氏比表面积	≥400m²/kg

2. 高效减水剂减水率≥18%，其他技术要求应满足《混凝土用外加剂》GB 8076—1997 的相关规定。

3. 水剂减水剂的固含量≥45%，Na_2SO_4 含量≤10%。

4. 粉剂减水剂的 Na_2SO_4 含量≤10％。

5. 氯离子含量不大于减水剂中固体含量的 0.5％。

6. 水应满足《混凝土用水标准》JGJ 63—2006 规定。

5.1.3 减水保塑剂制备

1. 干法制备

（1）混合

将矿物超细粉和粉状减水剂以 2∶1 比例投入强制式搅拌机，混合均匀；混合过程中持续不断地均匀向混合物料喷洒雾状水，直至物料呈半干半湿的粉状颗粒状态。

（2）晾干

将混合好的物料取出，于常温通风环境中晾干。

图 5.1.3-1 减水保塑剂干法生产流程图

2. 湿法制备

（1）混合

将矿物超细粉和水剂减水剂以 1∶1 比例投入强制式搅拌机，搅拌混合 20min 直至物料呈均匀糊状。

（2）晾干

将混合好的糊状物料取出，摊开平铺成厚度不大于 15mm 的薄层，于太阳下或通风环境中常温晾干成棕色饼状物料。

图 5.1.3-2 减水保塑剂湿法生产流程图

（3）破碎

使用颚式破碎机将晾干的棕色饼状物料破碎成粒径≤4.75mm 的粉状物料。

5.1.4 减水保塑剂品质检验方法

1. 匀质性

减水保塑剂的匀质性试验按《混凝土外加剂匀质性试验方法》GB/T 8077—2000 规定进行。

2. 水泥净浆流动度及其损失试验

按照《混凝土用外加剂》GB 8076—1997 规定检验。

3. 受检混凝土的性能

受检混凝土的凝结时间、减水率、抗压强度比等性能按《混凝土用外加剂》GB 8076—1997 规定进行；坍落度/扩展度按《普通混凝土拌合物性能试验方法标准》GB/T 50080—2002 规定进行；耐久性按《普通混凝土长期性能与耐久性能试验方法》GB 50082—85 规定进行。

5.1.5 减水保塑剂质量要求

减水保塑剂应符合以下质量要求：

1）减水保塑剂中有效减水剂的含量≥25％。

2）减水保塑剂为粉状固体，粒径≤4.75mm。

3）减水保塑剂掺量为 3.0％时，初始水泥净浆流动度≥160mm，3h 后水泥净浆流动度无损失，受检水泥净浆无泌水现象。

4）减水率≥12％。

5）水灰比0.38条件下，相关试验方法按照《普通混凝土拌合物性能试验方法标准》GB/T 50080—2002进行，按照3.0％掺量配制的大流动性受检混凝土性能应满足表5.1.5要求。

按照3.0％掺量配制的受检混凝土性能   表5.1.5

150min后 混凝土坍落度	150min后 混凝土扩展度	凝结时间	抗压强度比	混凝土 匀质性要求
≥180mm	≥500mm	≤基准混凝土	≥100％	不离析、不泌水

5.1.6 储存

减水保塑剂应储存在干燥的环境中，防止受潮结块，如有结块，应粉碎至全部通过4.75mm方孔筛，并经性能检验合格后方可使用。

5.2 混凝土配合比设计

5.2.1 基本规定

1. 配合比设计按《普通混凝土配合比设计规程》JGJ 55—2000执行；

2. 混凝土单方用水量宜≤185kg/m³；

3. 混凝土水灰比宜≤0.45；

4. 配合比设计时应根据混凝土施工要求确定大流态混凝土需要的保塑时间，作为确定减水保塑剂掺量和生产工艺的基本依据之一。这主要是因为减水保塑剂的掺量对保塑时间有明显的影响。

5.2.2 混凝土原材料质量要求

混凝土原材料应符合《混凝土结构施工质量验收规范》GB 50204—2002的相关条文要求，且在同一工程中使用的原材料应为同一厂家或产地，另外还应满足以下要求。

5.2.3 混凝土配合比设计关键指标检测方法

1. 新拌混凝土性能按《普通混凝土拌合物性能试验方法标准》GB/T 50080—2002规定进行；

2. 力学性能按《普通混凝土力学性能试验方法》GB/T 50081—2002；

3. 耐久性能按《普通混凝土长期性能与耐久性能试验方法》GB 50082—85规定进行。

5.2.4 配合比设计

1. 双掺外加剂法配合比设计

双掺外加剂法配合比设计指在混凝土中同时掺加高效减水剂和减水保塑剂，来设计满足施工要求大流态高保塑混凝土配合比，其中直接掺入混凝土中的高效减水剂必须与减水保塑剂制造过程中使用的高效减水剂性能相匹配。

（1）使用高效减水剂，按照《普通混凝土配合比设计规程》JGJ 55—2000配制达到大流动性能要求的基准混凝土，得高效减水剂基准掺量A；

（2）将高效减水剂掺量降低至掺量A的60％～70％，使基准混凝土坍落度降低到140±20mm，然后按照胶凝材料总量的1％～2％向基准混凝土中掺入减水保塑剂，略加搅拌，即可配制出大流态高保塑混凝土；

（3）大流态高保塑混凝土的保塑时间要求越长，减水保塑剂宜选用较高掺量；合适掺量应通过试验确认。

2. 单掺减水保塑剂配合比设计

指单独使用自行制做的减水保塑剂配制混凝土，使其满足大流态高保塑混凝土要求。

使用减水保塑剂，按照《普通混凝土配合比设计规程》JGJ 55—2000配制混凝土达到大流动性能要求的基准混凝土，减水保塑剂掺量宜为总胶凝材料的2.5％～4.8％，不同水灰比推荐掺量见表5.2.4，具体掺量应根据保塑时间需要通过试验确定，保塑时间要求比较长的混凝土宜选用较高掺量。

不同水灰比混凝土减水保塑剂推荐掺量表　　　　表 5.2.4

水灰比	0.47	0.42	0.38	0.32
减水保塑剂掺量	2.5%~3.5%	3.0%~4.0%	3.5%~4.5%	3.8%~4.8%

3. 配合比确定

根据以上配合比设计试验结果，选择符合要求的配合比进行复验，检测其工作性能损失情况以及相关力学性能，确定最后的生产配合比。

5.3　大流动性高保塑混凝土生产及运输过程控制

5.3.1　一般规定

1. 减水保塑剂应按照同一品种、同一天生产以不超过 120t 为一个检验批取样检验，合格方可使用。检验指标包括水泥净浆及其流动度损失、减水率、150min 流态混凝土坍落度损失值、凝结时间；

2. 减水保塑剂按质量计量，宜采用电脑自动称量控制系统，配料控制系统标识应清楚、计量准确，计量误差不应大于减水保塑剂用量的 2%；

3. 运输掺用大流态高保塑混凝土的车辆应具备搅拌功能；到达现场后宜快速搅拌 30s 再反转出料；

4. 大流态高保塑混凝土必须使用强制式搅拌机生产。

5.3.2　双掺外加剂法配合比生产过程控制

与高效减水剂复合使用时，高效减水剂按同掺法增加，减水保塑剂粉料宜采取后掺加方法加入水泥混凝土体系。

混凝土生产时，同掺高效减水剂拌制，控制混凝土出机坍落度在 140±20mm，然后采用后掺加方法，将减水保塑剂投入搅拌车中，略加搅拌（搅拌时间不可过长）即可出站。

5.3.3　单掺减水保塑剂配合比生产过程控制

单独掺加减水保塑剂时，宜与胶凝材料同时投料，也可与砂石一起投料。混凝土拌合均匀即可出料，搅拌时间应通过生产试验确定，宜比同强度等级普通混凝土稍短。

5.3.4　运输大流态高保塑混凝土的罐车杂运输过程中，旋转速度不宜过快，宜控制在 1r/min 以内。

5.4　大流动性高保塑混凝土浇筑施工

5.4.1　混凝土浇筑前，按照《混凝土结构施工质量验收规范》GB 50204—2002 进行相关准备工作。

5.4.2　混凝土浇筑宜逐车监测工作性能，在坍落度以及扩展度满足要求的情况下，应该对混凝土均匀性进行目测，确保混凝土不发生离析泌水。

5.4.3　混凝土浇筑宜在设计保塑时间的 90min 内进行。超过设计保塑时间的混凝土，每隔 15min 应对混凝土的流动性能进行复验，合格方可继续浇筑。

5.4.4　由于大流态高保塑混凝土本身具有很好的流动性能，施工振捣时间宜比普通混凝土短，以混凝土表面呈水平并出现均匀的水泥浆为基准，不得漏振欠振，同时应避免过振，使混凝土发生离析。

5.4.5　混凝土宜进行二次收光。

5.4.6　模板工程、钢筋工程、现浇结构分项工程、结构实体检验等其他相关过程均按照《混凝土结构施工质量验收规范》GB 50204—2002 相关条文执行。

5.4.7　大流动性高保塑混凝土养护

按照《混凝土结构施工质量验收规范》GB 50204—2002 相关条文执行。

6. 材料与设备

6.1　减水保塑剂生产：电子秤、强制式搅拌机、颚式破碎机、抹子。

6.2　大流态高保塑混凝土生产：电脑自动计量强制式搅拌楼。

6.3 混凝土浇筑施工：混凝土搅拌运输车、混凝土输送泵、布料杆、振捣电机、铁锹、标尺杆、振捣棒、抹子。

7. 质 量 控 制

7.1 减水保塑剂的质量要求

减水保塑剂是本施工工法的核心技术，减水保塑剂质量必须符合以下相关要求。

（1）减水保塑剂中有效减水剂的含量≥25%。

（2）减水保塑剂为粉状固体，粒径≤4.75mm。

（3）减水保塑剂掺量为3.0%时，初始水泥净浆流动度≥160mm，3h后水泥净浆流动度无损失，受检水泥净浆无泌水现象。

（4）减水率≥12%。

（5）水灰比0.38条件下，相关试验方法按照《普通混凝土拌合物性能试验方法标准》GB/T 50080—2002进行，按照3.0%掺量配制的大流动性受检混凝土性能应满足表7.1要求。

按照3.0%掺量配制的受检混凝土性能　　　　　　　　　表7.1

150min后 混凝土坍落度	150min后 混凝土扩展度	凝结时间	抗压强度比	混凝土匀质性 要求
≥180mm	≥500mm	≤基准混凝土	≥100%	不离析、不泌水

7.2 其他相关原材料质量要求

应严格按照《混凝土结构施工质量验收规范》GB 50204—2002相关条文执行。

7.3 混凝土质量要求

坍落度达到200±20mm，扩展度达到500～600mm，和易性能良好；坍落度、扩展度可保持2.5h以上不损失。

8. 安全以及环保措施

8.1 减水保塑剂生产过程中，会产生大量粉尘，尤其是干法制造，应制定防尘措施，为操作人员配备口罩等必须的防护用品，以确保其人身安全。

8.2 减水保塑剂制造过程宜尽量选择封闭设备。

8.3 大流态高保塑混凝土施工应遵守国家的《建筑安装工程安全技术规程》等国家和地方有关施工现场安全生产管理规定。

8.4 根据施工特点编制安全操作的注意事项及具体施工安全措施，并做好对操作人员的交底工作。

9. 效 益 分 析

和传统的混凝土施工工艺相比，本施工工法主要具有以下几个特点：

（1）利用混凝土常用原材料之间的简单物理作用解决了复杂问题

本工法的核心技术为减水保塑剂的研制，其使用的原材料是矿物超细粉以及高效减水剂这两种目前混凝土中大量运用的原材料，通过这两种原材料之间的物理吸附和排放作用，实现了向混凝土中"持续不断的添加减水剂"，维持了混凝土体系的减水剂浓度，达到了抑制混凝土坍落度损失的目的，实现了大流态高保塑混凝土的施工。

（2）提升了混凝土的其他性能，具有一定的"附加值"

利用本工法施工的混凝土结构，同水灰比条件下，混凝土的力学性能、耐久性能均有一定的提高，强度即提高了 10％左右。同时，利用本工法生产施工的混凝土具有不受温度影响、不影响混凝土的正常凝结硬化等优点。这些"附加值"在强调混凝土结构综合性能特别是耐久性能的今天显得尤其珍贵。

（3）技术便利，成本低廉，具有良好的技术经济效益以及推广应用价值

目前常规混凝土施工工艺中，能够解决混凝土保塑问题的方法中，一般效果好的则技术复杂、成本昂贵，无法实现大面积推广应用。本技术则有效地平衡了这两个方面的问题，具有良好的技术经济效益和推广应用价值。

10. 应 用 实 例

通过试验和检测证实大流态高保塑混凝土施工工艺及核心技术的可行性后，2006 年 8 月至 12 月在汉正街品牌服饰批发市场、荷花池商住楼、盛世华庭、世贸锦绣长江 1 号楼、武汉商场改造工程等 5 个项目中推广应用该工艺，先后生产 C30～C45 不同强度等级大流态高保塑混凝土 200m³，使用自行研发的保塑剂约 1.8t，经济和社会效果显著。

激光整平机铺筑钢纤维混凝土耐磨地坪施工工法

YJGF038—2006

中国建筑一局（集团）有限公司　江苏南通二建集团有限公司

刘吉诚　王红媛　刘宇　沈兵　施卫东　陈建国

1. 前　　言

随着现代工业的发展，工业厂房对地坪的平整度、抗裂性、抗冲击性以及耐磨性等质量要求也越来越高，尤其对于大面积的工业厂房地面，如何在较短的施工工期内，达到高水平的质量要求，还需在地面施工工艺上进行创新和改进。

奔驰轿车主厂房地面面积为 4.4 万 m²，建设方对地面的质量标准要求高，其中表面平整度的允许偏差为 3mm，严于 5mm 国家标准，并且对地面的抗裂性和耐磨性要求也比较高。

中建一局联合设计单位、国内地面施工专业人士以及德国施工专家进行了技术攻关和科技创新，形成了激光整平机铺筑钢纤维混凝土耐磨地面施工技术，2007 年 5 月 17 日，中建总公司对该成果进行了评估，认为该成果施工工艺先进，整体达到国内领先水平。并在此基础上，形成了工法。

同时该项施工技术由江苏南通二建集团有限公司应用于天津弗兰德三期地面工程，并进一步推广应用于北京市西城区国库统一支付中心地下车库金属耐磨地面工程和北京市西城区桃园危改 G1 综合楼地下车库金属耐磨地面工程。

该工法将传力杆体系应用于地面施工缝处，有效解决了施工缝处地面平整度的问题；地面采用钢纤维混凝土，充分发挥钢纤维抗拉强度高，抗裂、抗疲劳、耐磨、抗冲击性好的特点，取代钢筋，减薄地面厚度。由于该技术工艺先进，在提高地面质量，缩短施工周期方面效果显著，故有明显的社会效益和经济效益。

2. 工法特点

2.1 采用高强度钢纤维，防止地面微裂缝产生。

2.2 施工缝处设置传力杆体系，保证接缝处的传荷能力和地面的平整度，防止接缝处出现错台。

2.3 地面钢纤维混凝土浇筑采用精密激光整平机，有效保证整个地面混凝土的平整度。

2.4 采用高性能地面硬化剂，保证地面的耐磨、防尘、防油，色泽饱和，颜色均一。

2.5 采用与耐磨地面同颜色的单组分聚氨酯嵌缝密封胶，保证切缝处有良好的抗撕裂性能、粘接性能、抗老化性能和自洁美观性。

2.6 采用与耐磨材料相配套的地面养护剂，通过形成高密度的结晶膜，有效保证耐磨混凝土的养护和保护。

3. 适用范围

本工法适用于具有以下特征的工业厂房整体浇筑耐磨混凝土地面：

1. 地面面积大，整体性要求高；

2. 平整度要求高；

3. 有较高的抗裂和抗冲击要求；

4. 具有耐磨、抗油渗、美观等要求。

4. 工 艺 原 理

对于大面积的混凝土地面，要满足地面的使用功能，除了根据地面的设计荷载达到足够的承载能力和抗冲击能力，还有两个很关键的方面，一是消除和抵制由于混凝土材料自身特性而在基体内产生的微观裂缝以及由于温度应力造成的混凝土早期开裂；二是如何在较大面积内达到较高的平整度，完成一个高质量水准的地面，本工法通过以下几个方面，有效的解决了上述问题：

4.1 掺加钢纤维提高混凝土的抗裂和抗冲击性，分散在混凝土内的钢纤维通过与混凝土的粘接性，限制混凝土微裂缝的产生，从而提高混凝土的抗拉、抗剪和抗裂等性能。

4.2 在施工缝处增加传力杆体系如图 4.2-1、图 4.2-2 所示，传力杆一端锚固，一端自由滑动，一方面允许板块内混凝土的自由收缩，同时在施工缝处，协同两个板块的混凝土共同受力，防止由于两个板块受力不均，使施工缝处产生错台等质量问题。

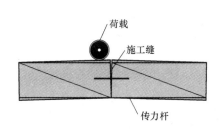

图 4.2-1 传力杆工作原理示意图   图 4.2-2 传力杆体系构造图（单位：mm）

4.3 采用精密激光整平机进行钢纤维混凝土的浇筑和摊铺，地面标高由激光及电脑自动控制，并实时调整，实现精确找平。

4.3.1 激光整平机的标高控制原理

地面的标高由激光发射器、激光接收器和水准标尺杆组成的激光系统进行控制，首先安装独立的激光发射器，激光发射器以每秒钟 10 次的频率发射激光，形成一个激光束控制平面，然后在地面设计标高的水准控制点上立水准标尺杆，通过其上的水准定位头接收激光束锁定水准定位头，最后调整激光整平机上的激光接收器，通过激光整平机内部的电脑系统，控制整平头的作业标高。

由于激光发射器为独立设置，一旦激光系统初始化完毕，只要激光发射器不受扰动，无论激光整平机移动到哪里，地面标高始终以激光发射器发射的旋转激光束构成的平面为控制面，保证了大面积整体铺注的地面标高以及地面的水平度和平整度。如图 4.3.1 所示。

4.3.2 激光整平机的振捣整平工作原理

激光整平机的振捣整平由刮板刀、布料螺旋、振动器和整平梁组成整平头完成，如图 4.3.2-1 所示；

首先刮板刀将高出的混凝土料刮走，剩下 19.1mm 高的料由布料螺旋通过单方向旋转的螺旋自左至右将混凝土料分布到设计要求的标高，同时，由偏心块产生的频率为 3000 次/min 的振动带动整个整平梁一起对混凝土进行振捣和压实，整平梁底部的斜坡起到镘刀的作用，在振动行进过程中，将混凝土表面刮平，使混凝土表面光亮平整。激光整平机组成如图 4.3.2-2 所示。

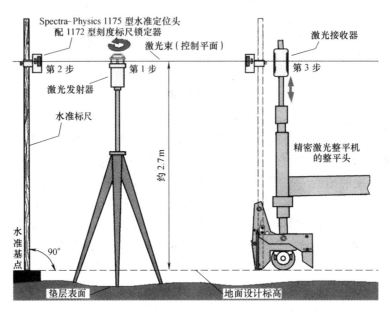

图 4.3.1　激光整平机标高控制原理图

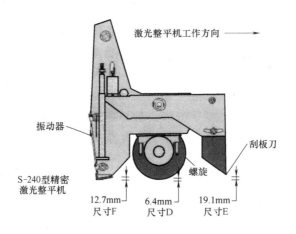

图 4.3.2-1　整平头构造图

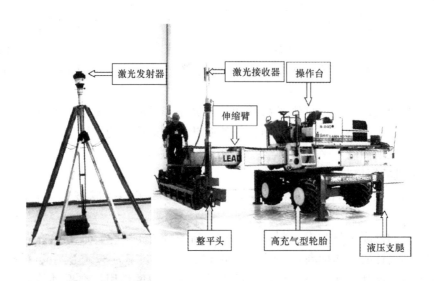

图 4.3.2-2　激光整平机组成图

5. 施工工艺流程及操作要点

5.1 施工工艺流程

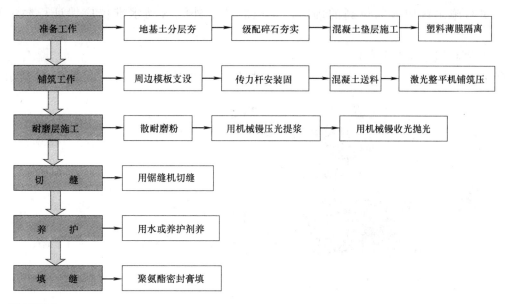

5.2 操作要点

5.2.1 施工准备

1. 地基土和碎石要分层夯实，达到设计要求的压实系数；

2. 混凝土垫层要充分养护至混凝土的设计强度；

3. 铺设好塑料薄膜滑动隔离层，薄膜接缝的位置应重叠 200～400mm 的宽度，接缝处用胶带粘接好；

4. 做好钢纤维混凝土的试配，调整确定混凝土的配合比；

5. 地面周边应完成维护结构的施工，保证地面施工时没有对流的风和阳光直晒。

5.2.2 模板及传力杆安装固定（图5.2.2）

1. 模板可采用钢模板或木模板，应保证足够的刚度；

2. 模板用钢钎固定在混凝土垫层上，模板水平度采用水平仪参照地面标高基准点测量控制，确保位置准确、牢固；

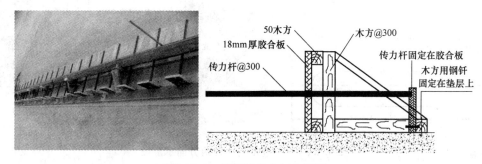

图5.2.2 模板及传力杆安装图

3. 模板内侧涂刷隔离剂；

4. 传力杆穿过模板中部与模板面保持垂直，并在模板外侧固定牢固。

5.2.3 地面标高控制设置

1. 地面标高控制点的设置

根据工业厂房的特点可以在各结构或结构柱子上进行 1.0m 线测量标注，标注时误差应控制在 ±0.5mm 以内。

2. 架设红外线自动水准仪

架设红外线自动水准仪时应由红外线标尺配合，根据施工区域的地面由就近标高控制点提供测量依据，进行施工区域地面标高的确定。架设后的红外线自动水准仪应保证稳固，不受施工干扰。

5.2.4 角隅构造钢筋加工安装

在所有柱角、墙角以及地坑阴角等部位，应垂直 45°方向增加构造钢筋。如图 5.2.4 所示。

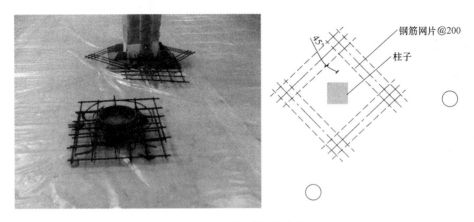

图 5.2.4 角隅构造钢筋安装图

5.2.5 钢纤维混凝土浇筑

1. 钢纤维混凝土浇筑前应根据地面形状和面积进行分仓，一仓面积不宜超过 2000m²，钢纤维混凝土应跳仓浇筑，在无法跳仓的情况下，相临两仓钢纤维混凝土浇筑宜间隔 36h 以上。

2. 钢纤维混凝土在一个分仓区格内应连续浇筑，间歇时间不得超过 2h，激光整平机的工作方向和铺筑方向如图 5.2.5-1 所示。

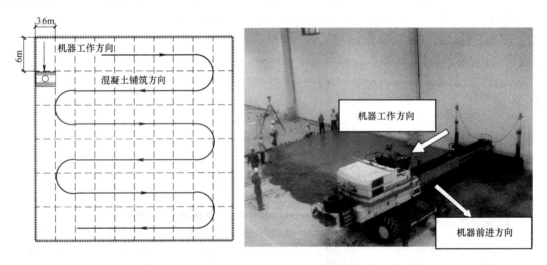

图 5.2.5-1 一仓混凝土铺筑方向示意图

3. 钢纤维混凝土宜采用混凝土罐车直接倾卸在浇筑地点，这样有利于将混凝土坍落度控制在 140±20mm 内，若地面配有双层钢筋，钢纤维混凝土也可采用泵送。

4. 在浇筑过程中应随时注意混凝土的和易性，施工时不得因拌合物干涩而加水；

5. 浇筑过程中发现成团的钢纤维应及时撕开抖散予以剔除；

6. 模板边缘、墙边机械无法施工处采用人工找平（图 5.2.5-2）。

图 5.2.5-2　边缘人工施工

5.2.6　耐磨层施工（图 5.2.6）

1. 打磨提浆：在混凝土初凝时，进行初次加装圆盘的机械镘作业，除去浮浆、提浆，增强混凝土与硬化剂的亲和力。

2. 第一次撒布硬化剂、机械打磨：按规定用量 60% 硬化剂均匀撒布在混凝土表面，待材料浸透后，用加装圆盘的机械镘打磨，一般要纵横各一遍。

3. 第二遍撒布硬化剂、机械打磨：第一次撒布的硬化剂打磨完成后，进行第二次撒布作业，其用量为规定用量 40%，待材料浸透后，进行第二次打磨，纵横各一遍。

4. 机器收光：两遍撒布硬化剂并用机械打磨后，进行除去圆盘的机械镘收光，视其程度一般收光次数为 4～6 遍，机械镘抹的运转速度应视混凝土地面的硬化情况做出适当的调整，机械镘抹作业应纵横交错进行。

5. 涂敷地面养护剂：地面完成后，约 4～6h 左右（根据季节和天气），进行表面涂敷养护剂。防止地面表面水分的快速蒸发，保障耐磨材料强度的稳定增长，并起防止轻微污染的作用。

6. 保护地面完成后，重点保护期为 3d，严禁人行、车辆及其他施工人员在上施工，造成人为的地面损坏。

图 5.2.6　耐磨层施工
（a）人工布料；（b）机器收光；（c）刷养护剂；（d）磨光后效果

5.2.7 切缝、填缝

1. 钢纤维混凝土地面应在纵横方向设置切缝，切缝间距宜为 6～12m，切缝深度为地面厚度的1/3，切缝内应嵌填粘接性能良好的聚氨酯密封胶。如图 5.2.7 所示。

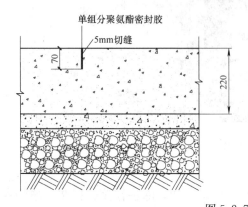

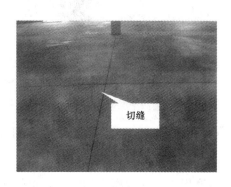

图 5.2.7 切缝及填缝示意图

2. 当钢纤维混凝土强度达到 10～15MPa 时，可进行切缝，切缝应尽量在混凝土浇筑 72h 之内完成。

3. 填缝前应将缝内清洁、湿润，填缝应密实、饱满。

5.2.8 试块留置（图 5.2.8）

1. 钢纤维混凝土应按技术规程要求留置立方体抗压强度、弯拉强度和弯曲韧度的试块。

2. 每一地面工程，每种试块分别不应小于一组，当地面面积大于 1000m² 时，每增加 1000m² 分别各增加一组试块。

图 5.2.8 试块留置

6. 材料与设备

6.1 钢纤维

6.1.1 采用高强度冷拔钢丝型钢纤维，其抗拉强度≥1000MPa，长度 60mm，直径 0.9mm，径比 0.65，钢纤维应承受一次弯折 90°不断裂；

6.1.2 钢纤维表面不应沾有油污等有害物质，表面不得有锈蚀；

6.1.3 钢纤维的掺量要根据地面设计荷载及抗冲击要求，进行设计计算后确定，同时应满足《纤维混凝土结构技术规程》CECS 38：2004 中的相应规定。

6.2 钢纤维混凝土

6.2.1 钢纤维混凝土配合比设计

1. 钢纤维混凝土配合比设计应通过试验-计算法满足设计要求的抗压强度、抗拉强度和和易性的要求；

2. 钢纤维混凝土的水灰比不宜大于 0.5，每立方米钢纤维混凝土的水泥用量不宜小于 360kg；

3. 钢纤维混凝土碱含量不得大于 3kg/m³；混凝土中氯离子含量不得大于水泥重量的 0.2%；

4. 粗骨料的粒径不宜大于钢纤维长度的 2/3，且不应大于 20mm；

5. 钢纤维混凝土坍落度宜为 140±20mm。

6.2.2 搅拌

1. 钢纤维混凝土宜采用机械搅拌；

2. 将称量好的水泥、粗细骨料和钢纤维投入搅拌机干拌均匀，干拌时间不宜小于 1.5min，然后加水搅拌，搅拌时间应比普通混凝土延长 2min；

3. 搅拌过程中应保证混凝土中的钢纤维应分布均匀，不结团。

6.3 传力杆

采用光圆钢筋，尺寸及间距可参照表 6.3。

传力杆尺寸及间距选用表 表 6.3

板厚(mm)	直径(mm)	最小长度(mm)	最大间距(mm)
≤200	16	400	300
>200	20	500	300

6.4 地面硬化剂

可采用金属地面硬化剂，地面硬化剂应具有高度耐磨性、抗冲击性、防油性；颜色均匀，饱和度高。

6.5 嵌缝胶

宜采用具有良好耐候性和耐久性，粘接性能良好的单组分聚氨酯密封胶，主要技术参数见表 6.5。

单组分聚氨酯密封胶主要技术参数表 表 6.5

序　号	项　目	标 准 要 求
1	外观	细腻、均匀膏状物,不应有气泡、结皮或凝胶
2	固化	潮湿固化
3	肖氏硬度	30(23℃,相对湿度50%条件下,28d后)
4	伸长率	>400%
5	拉伸模量	≤0.4MPa
6	恢复率	>80%

6.6 激光整平机

1. 精密激光整平机由美国神龙公司生产，香港百莱玛工程有限公司为中国代理租赁商；
2. 激光整平机有四个型号：S-240 型、S-160 型、S-100 型和 S-9210 轻便型。

6.7 地面施工主要机具设备（表 6.7）

施工主要机具设备表 表 6.7

序　号	设 备 名 称	规 格 型 号	数　量
1	激光整平机	S-240	1 台
2	混凝土罐车		根据需要
3	振捣棒		5 个
4	磨光机		15 台
5	圆盘		15 个
6	机用镘刀		15 个
7	锯缝机		1 台

7. 质 量 控 制

7.1 工程质量应符合《建筑地面工程质量验收规范》GB 50209—2002、《钢纤维混凝土结构设计与施工规范》CECS 38—2004 等相关标准、规范的规定。

7.2 模板安装质量要求

7.2.1 模板安装应位置准确、牢固，不得倾斜、跑模。

7.2.2 模板表面应光滑平整，模板隔离剂涂刷均匀一致。

7.2.3 模板的拼接缝处应严密不漏浆。

7.2.4 传力杆应固定牢固，并垂直与模板平面。

7.2.5 地面模板安装的允许偏差应符合表7.2.5的规定。

模板安装的允许偏差和检验方法 表 7.2.5

项　　　目		允许偏差(mm)	检验方法
轴线位置		5	钢尺检查
模板上表面标高		±5	水准仪或拉线、钢尺检查
相邻两板表面高低差		2	钢尺检查
直顺度		≤5	2m靠尺和塞尺检查
传力杆位置	水平	±10	钢尺检查，取最大值
	上下	±5	钢尺检查，取最大值
传力杆水平度		±5	钢尺和塞尺检查
传力杆外露尺寸		±10	钢尺检查

7.3　地面质量要求

7.3.1 地面钢纤维混凝土的抗压强度、抗拉强度（弯拉强度和弯曲韧度比）应符合设计的要求。

7.3.2 地面厚度应符合设计要求。

7.3.3 地面表面不应有裂缝、脱皮、外露石子，钢纤维、麻面、积水等现象。

7.3.4 切缝宽、深、长应符合设计要求，切缝直顺，不得有瞎缝、跑锯。

7.3.5 嵌缝胶应饱满、密实、缝面整齐。

7.3.6 地面面层允许偏差应符合表7.3.6的规定。

地面面层允许偏差和检验方法 表 7.3.6

项　　　目	允许偏差(mm)(国家标准)	允许偏差(mm)(本工法标准)	检验方法
表面平整度	5	3	用2m靠尺和塞尺检查
缝格平直	3	2	拉5m线和钢尺检查

8. 安 全 措 施

8.1 严格遵循国家有关安全的法律法规、标准规范、技术规程和地方有关安全的文件规定。

8.2 机械操作及临电线路敷设必须由专业人员进行，激光整平机在操作过程中要遵守该设备的安全操作要求。

8.3 施工机具必须符合《建筑机械使用安全技术规程》JGJ 33 的有关规定，施工中应定期对其进行检查、维修，保证机械使用安全。

8.4 施工现场临时用电应符合《施工现场临时用电安全技术规范》JGJ 46 的有关规定，临时用电采用三相五线制接零保护系统。施工用电保证三级供电，逐级设置漏电保护装置，实行分级保护。现场固定用电设备按设计布置，做到"一机、一闸、一漏、一箱"。

8.5 混凝土工在钢纤维混凝土浇筑过程中应穿高筒雨靴并戴好手套。

9. 环 保 措 施

9.1 严格遵循国家有关环境保护的法律法规、标准规范、技术规程和地方有关安全的文件规定。

9.2 现场设置洗车池和沉淀池、污水井，罐车在出场前均要用水冲洗，以保证市政交通道路的清洁，减少粉尘的污染。沉淀后的清水重复使用。

9.3 废弃垃圾应分类存于垃圾站，并及时运至指定地点消纳。可回收物料尽量重复使用。

9.4 混凝土在运输过程中应防止遗撒，并对遗漏的混凝土及时回收处理。

9.5 运输、施工所用车辆和机械的废气和噪声等应符合环保要求。

9.6 地面硬化剂应统一堆放，并有防尘措施，在搬运和布散过程中要防止粉尘污染，操作人员应佩戴口罩、戴好手套。

9.7 施工场界应做好围挡和封闭，防止噪声对周边的影响。

10. 效 益 分 析

激光整平机为进口设备，租赁费用较高，但由于它施工速度快工、施工质量高，因此具有比较好的综合经济效益和社会效益：

10.1 由于机械施工的作业工效是人工的 3 倍以上，因此激光整平机施工可采用大面积的分仓，每仓面积可达到 2000m²，而人工刮平在保证质量的前提下，每仓面积宜为 400m²，采用大面积分仓可以减少施工缝，保证地面的整体性，同时减少了施工缝处的传力杆、模板支设的费用以及大量的人工费用，以 4.4 万 m² 的地面对比分析如图 10.1-1、图 10.1-2、表 10.1。

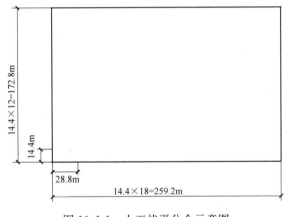

图 10.1-1　人工找平分仓示意图

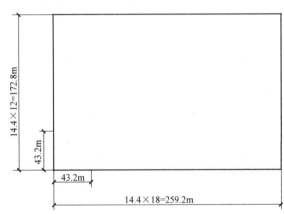

图 10.1-2　机械找平分仓示意图

对比分析表　　　　　　　　　　　　　　　　　　　　表 10.1

项　　目	采用激光整平仪	人 工 整 平	比　　较
分仓面积(m²)	1866	414	
施工缝长度(m)	1814	4233	减少 2719m，节省 150%
传力杆数量(t)	5.7	13.4	减少 7.7t，节省 135%
支拆模板数量(m²)	453.5	1058	节省 133%
振捣刮平人工(工日)	5 人×33 日＝165	40 人×100 日＝4000	节省 1700%
工期(天)	33	100	缩短 350%

10.2 施工质量稳定，质量水平高，地面混凝土湿膜平整度可达到 1～2mm，耐磨层施工后的地面平整度可达到±3mm，比人工采用刮杠施工，质量更稳定，由于整个地面采用激光控制标高，地面的水平度的控制更为精确，能达到业主高质量的要求，具有良好的社会效益。

11. 应 用 实 例

11.1 由于本工法具有施工操作便捷，工效高，工期短，质量高的特点，已在国内许多工业厂房地面中得到应用。

11.2　工程实例一

北京吉普汽车有限公司增资生产奔驰轿车工程，主厂房地面为 220mm 厚整体浇筑的金属耐磨钢纤维地面，面积为 44000m²，业主要求的技术质量标准严于高于国家标准，其中表面平整度为 2m 靠尺检查，允许偏差 3mm。根据该工程工期紧、质量标准高的特点，我们采用了激光整平机铺筑，带传力杆体系的整套地面施工工艺，实际施工工期为 33d（原来按照人工铺筑的计划工期为 100d），地面的平整度、颜色均匀饱和度等各项指标均满足业主技术标准的要求，受到了各方一致好评，取得了比较好的社会和经济效益。

11.3　工程实例二

弗兰德厂房三期工程为德国弗兰德公司制造传动部件组装和试验的工业厂房，钢纤维混凝土金属耐磨地坪面积 22000m²，地面厚度 300mm，厂房地面的平整度和承载力要求较高，地面平整度误差要求控制在 3mm 之内，地面承载力为 15t/m²。采用本工法仅 25d 的时间完成了地面的施工，并达到了各项指标的要求。

11.4　工程实例三

北京市西城区国库统一支付中心位于北京市西城区阜外大街，其地下车库金属耐磨地坪面积 10500m²，地面厚度为 200mm，采用本工法施工，取得了良好的施工效果。

双层 BDF 空心管芯模空心楼板施工工法

YJGF039—2006

北京城建建设工程有限公司

王伟　张国亮　史鹏　姚辉煌　张洁

1. 前　言

1.1　双层 BDF 空心管芯模一般用于对楼板空心率、隔声效果、整体刚度等有特殊要求的大跨度现浇预应力结构楼板中，其结构形式为：沿受力方向连续放置成排的双层 BDF 空心管，相邻两排空心管之间设纵向肋梁，肋梁内配置纵向钢筋、预应力筋等，以满足楼板受力及抗裂要求。

1.2　BDF 高强空心管是以硫铝酸盐或铁铝酸盐水泥、粉煤灰为胶凝材料，以玻纤为增强性材料，掺入适量的砂、水、改性剂，在机械和模具作用下复合而成的薄壁空心管，具有强度高、壁薄、质轻、不燃、成孔规范、安装施工简便、对钢筋无锈蚀、造价低等特点。

1.3　一般工程中，BDF 管直径 150～300mm，个别直径 400mm 左右，且为单层设置。北京电视中心多功能演播中心演播室楼板为大跨度现浇预应力空心楼板，楼板跨度 18.6～24.8m、长度 24.8～43.2m、凌空高度 13.8～24.2m，整体厚度 1200mm，采用上下双层放置的截面尺寸 $\phi600 \times 500$mm 的椭圆形 BDF 空心管作芯模，空心管上部和下部的混凝土板厚 100mm，肋梁宽度 150mm。空心管壁厚 8mm，长度 1m，两端封口。

1.4　混凝土成型质量及空心管位置准确将直接影响楼板质量和结构安全，空心楼板存在空心管位置难以固定、上浮难以控制、混凝土成型困难等问题。空心管截面越大，混凝土浇筑过程中承受的浮力越大，上浮控制越困难，同时空心管下部混凝土成型越困难；施工中，上下两层空心管存在相互影响、相对翻转窜动等问题，加大了空心管的固定难度。另外，预应力筋、受力钢筋也对混凝土成型带来一定的影响。

1.5　采用双层大截面 BDF 空心管作芯模的大跨度预应力空心楼板施工在国内尚属首次，无现成经验可借鉴。北京电视中心在楼板施工前，进行了多次 1:1 模型试验，并对试验结果进行破坏性检测，积累了一定的试验参数和施工经验。在试验基础上，通过理论研究和现场施工实践，大力开展技术创新活动，攻克了以双层大截面空心管作芯模的大跨度预应力空心楼板施工难题，既保证了施工质量，又节省了成本和工期。

1.6　大跨度预应力空心楼板是工程施工的难点和重点，同时也是工程的亮点。在北京电视中心北京市"结构长城杯"评审活动中，该项技术得到了专家们的充分肯定，北京电视中心获得北京市"结构长城杯金杯"。该技术获得了北京城建集团 2005 年度科技进步二等奖，在 2005 年北京市建筑协会、中国建筑协会质量协会组织的 QC 成果发布会上均获得较好成绩，并在专业技术杂志上发表，现根据工程实践，总结成工法。

2. 工 法 特 点

充分利用了空心楼板的结构特点，以空心管之间的肋梁固定空心管，以肋梁钢筋骨架及模板支撑架控制空心管上浮，通过采用合理坍落度的混凝土、科学划分浇筑厚度、控制混凝土浇筑和振捣速度等措施，有效提高了施工工效，保证了成型质量。

3. 适用范围

适用于直径 400mm 以上单层或双层 BDF 空心管作芯模的大跨度现浇预应力空心楼板施工。

4. 工艺原理

4.1 利用空心管两侧肋梁钢筋将空心管卡住，防止其水平移位或翻转；沿上层空心管上表面设置压筋，压筋焊接在肋梁附加固定筋上，用双股 8 号镀锌钢丝将肋梁下铁绑扎在模板支撑架上，利用肋梁、支撑架自重来控制空心管上浮，使空心管位置准确。

4.2 空心管采用椭圆形截面，加大了压筋与空心管表面接触长度，避免压筋与空心管局部接触点受力过大，导致空心管压裂破损。采用弧形受拉压筋代替常规水平受弯压筋来控制空心管上浮，充分利用了钢筋的受拉性能，减小了压筋直径，加大了压筋间距。

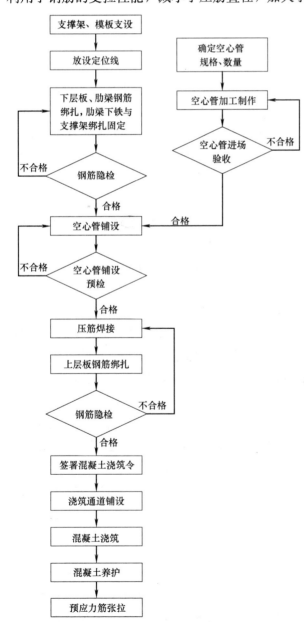

图 5.1.1 施工工艺流程图

4.3 混凝土分层浇筑，可降低每层混凝土浇筑和振捣产生的浮力，上层混凝土在下层混凝土初凝前浇筑，充分利用了下层混凝土对空心管粘接力，有效避免了空心管的上浮，同时也减小了空心管壁厚。空心管两侧对称振捣，避免空心管移位或翻转。

4.4 下层空心管下部的实心混凝土截面形状为"凹"形，混凝土在自身流动性和振捣棒作用下便于密实，成型质量有保证。

5. 施工工艺流程及操作要点

5.1 施工工艺流程

5.1.1 施工工艺流程见图 5.1.1。

5.2 操作要点

5.2.1 空心管的规格数量必须按设计要求及现场实际放线情况进行确定，并根据现场实际铺设情况预留 3‰～5‰ 的备用。

5.2.2 空心管进场验收，要重点检查空心管是否有贯通裂纹、外露玻纤、两端封头是否松动等缺陷，并对其抗压荷载、抗振动冲击、对钢筋的腐蚀性等物理化学性能进行复试，如有质量不合格现象必须退场重新制作。

5.2.3 采用空心管作芯模的结构楼板一般模板支撑高度、楼板自重较大，模板支撑架要严格按照技术交底、专项施工方案或专家论证要求进行搭设，模板按设计或规范要求起拱。

5.2.4 因空心楼板结构较为复杂且钢筋、空心管、埋件等的位置要求比较精确，钢筋绑扎前，应在模板上提前放设定位线。

5.2.5 在肋梁钢筋绑扎时，根据空心管铺设位置、空心管长度确定压筋和肋梁附加固定筋位置，附加筋形式同封闭箍筋，与肋梁主筋、腰筋绑扎固定。肋梁钢筋绑扎完毕后，用手电钻在肋梁两侧模板上钻孔，用双股 8 号镀锌钢丝按一定间距，将肋梁下铁勒紧，绑扎在模板支撑架横杆上。相邻肋梁附加固定筋之间的净距（附加筋外皮到附加筋外皮）同空心管直径，以便利用肋梁附加筋卡住空心管，避免其水平移位。肋梁内预应力筋分两组对称布置在肋梁两侧，以便于混凝土浇筑及振捣，同时避免张拉时肋梁平面外偏心受力。

5.2.6 空心管铺设前应对空心管下部钢筋、肋梁钢筋及预应力筋进行检查验收，并履行隐检手续。

5.2.7 空心管采用专用吊笼垂直运输到楼板面上。铺设前预先设置马凳，以保证空心管下部位置准确。铺设时，先将空心管放倒，由两名工人用粗麻绳勒住空心管两端，将空心管小心放置就位，再将麻绳抽出。在下层整排空心管铺设完成后，检查空心管是否有破损或裂纹，如果破损空洞小于50mm，可采用胶带粘贴修补，若空洞直径大于 50mm，则更换空心管。下层空心管铺设完成后，再顺序铺设上层空心管。

5.2.8 空心管铺设完成，经检查无破损后，沿空心管上表面设置 ϕ6mm 压筋，压筋焊接在肋梁附加固定筋上，一般每根空心管（长度 1.0m）两端各设置一道压筋，若空心管长度及直径过大，可适当增加压筋数量。压筋贴在空心管上表面上，中间不留间隙（空心管固定措施见图 5.2.8）。

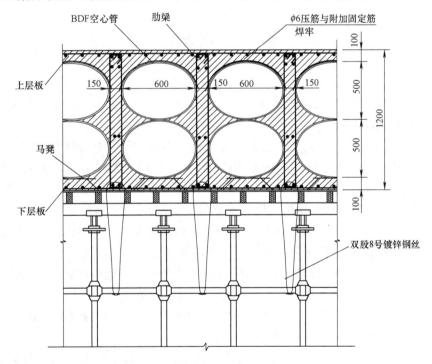

图 5.2.8 双层空心管固定措施（单位：mm）

5.2.9 压筋焊接完毕经检查后，绑扎上部钢筋，并办理隐检手续、混凝土浇筑手续。

5.2.10 混凝土浇筑前，在肋梁上铺设 50mm 厚木脚手板作为施工通道，以免操作人员踩踏空心管，造成空心管破损。

5.2.11 空心楼板宜采用预拌混凝土。混凝土浇筑前，要设计合理的浇筑顺序、优化混凝土缓凝时间，并提前与搅拌站技术交底，做好混凝土连续浇筑的施工准备。根据空心楼板结构特性，考虑空心管下部楼板成型及空心管承受浮力情况，混凝土坍落度一般控制在 180±20mm。

5.2.12 混凝土施工要求如下：

1. 混凝土分层浇筑，第一层混凝土浇筑至下层空心管的中间位置，第二层混凝土将下层空心管完全覆盖，第三层混凝土没过上层空心管中间位置，剩余混凝土一次浇筑成型。上层混凝土浇筑时密切观察下层混凝土初凝情况，在下层混凝土初凝前浇筑上层混凝土，振捣上层混凝土时，振捣棒应插入下层5cm，以消除两层混凝土间接缝，同时插入深度不得超过10cm，以免空心管受到浮力过大。

2. 振捣棒直径φ30～50mm，根据肋梁钢筋密集程度选用。钢筋特别密集处，应提前采取预留下棒位置等其他处理措施。振捣棒沿肋梁方向布点间距为400～500mm。

3. 沿空心管布设方向对称振捣，以免空心管两侧不均匀受力，造成位置偏移或窜动。振捣时，严禁碰撞或戳蹭空心管及预应力筋，以免空心管和预应力筋损坏。振捣手要准确掌握振捣时间，以混凝土表面泛浆，不再显著下沉和气泡冒出为准，振捣要密实，振捣棒要做到快插慢拔，不得漏振、过振，不得二次振捣。

4. 浇筑混凝土时，不仅浇筑部位要有振捣手进行振捣，流到其他肋梁处的混凝土也要有振捣手及时振捣。

5. 混凝土表面找平时，标高控制点间交叉拉线，以控制混凝土浇筑标高。混凝土用刮杠刮平后，用木抹子压实收浆一遍，初凝前收浆一遍，终凝前再收浆一遍，以防裂缝。

5.2.13 混凝土板浇筑完毕12h后用麻袋片覆盖，浇水养护，保证混凝土楼板始终在湿润状态，但板上不得有积水，养护时间不得少于14d。

5.2.14 混凝土强度达到设计要求或规范规定后，进行预应力筋张拉。张拉前，楼板支撑架不得拆除。

6. 材料与设备

6.1 材料

6.1.1 BDF高强空心管：空心管规格和数量按设计要求提供，由专业厂家加工制作，BDF空心管生产厂家应有相应资质和加工能力。

6.1.2 混凝土：宜采用预拌混凝土，混凝土配合比、坍落度等符合设计和施工要求，混凝土采用的水泥、石子、砂、掺合料、外加剂等应符合国家规范及配合比通知单要求，并有出厂合格证或质量证明书、法定检测单位的质量检测报告等。混凝土骨料级配良好，石子最大粒径根据楼板结构特性、空心管直径、空心管上部和下部楼板厚度、肋梁配筋以及浇筑方法确定，一般不超过20mm。

6.1.3 钢筋、预应力筋：空心管上部和下部钢筋、肋梁骨架钢筋、预应力筋等按设计要求配置，压筋一般选用φ6光圆钢筋，肋梁附加筋一般选用φ12钢筋制成的封闭箍筋。

6.1.4 模板及支撑架：模板可以选用木多层板、竹胶合板等，铺设时需按照设计要求或按1‰～3‰起拱。支撑架可选用扣件式钢管脚手架、碗扣式钢管脚手架等。

6.1.5 麻袋片、塑料布及草帘被：混凝土养护时在楼板面上覆盖麻袋片，用于保水。冬期施工时，在楼板面上覆盖塑料布和草帘被，用于保水、保温。

6.1.6 8号镀锌钢丝：用于肋梁固定。空心管铺设前，在模板上钻孔，用8号镀锌钢丝将肋梁下铁绑扎在模板支撑架上。

6.2 设备

6.2.1 空心管垂直运输用设备：塔吊或外用电梯、吊笼。

6.2.2 混凝土施工用设备：拖式混凝土输送泵或泵车、布料杆、混凝土搅拌车、泵管、可移动配电箱、电缆、对讲机、振捣棒（φ50型和φ30型）、标杆尺、刮杠、木抹子、平锹等。

7. 质 量 控 制

空心楼板施工质量应遵守《混凝土结构工程施工质量验收规范》GB 50204—2002以及《现浇混凝土空心楼盖结构技术规程》CECS 175：2004的相关要求，空心管质量还需要满足相关企业标准，如

《玻璃纤维增强水泥薄壁筒体》Q/SY LHJ—2002 等。

7.1 材料质量控制

7.1.1 空心管外观质量要求见表 7.1.1。

空心管外观质量要求　　　　　　　　　　　　　　　　　　表 7.1.1

项　目	质量要求	项　目	质量要求
贯通裂纹、外露玻纤、飞边毛刺	无	薄壁管两端封头	不允许有松动现象
蜂窝气孔	长径≤5mm，深度≤2mm，不多于 10 处		

7.1.2 空心管尺寸允许偏差见表 7.1.2。

7.1.3 空心管物理化学性能要求见表 7.1.3。

空心管尺寸允许偏差　　表 7.1.2

项　目	允许偏差
长度(mm)	−15~0
外径(mm)	±5
壁厚(mm)	±2
端头平整度(mm)	±5
管体平直度(mm)	≤3

空心管物理化学性能要求　　表 7.1.3

项　目	要　求
吸水率%	≤18
抗压荷载 N	≥1000
饱水抗压荷载 N	≥800
抗振动冲击	振动 2min，无裂纹，无破损
对钢筋的腐蚀性	无腐蚀

7.2 施工质量控制

7.2.1 空心管铺设时，要轻搬轻放，防治空心管磕碰损坏。

7.2.2 空心管安放要顺直、平整，误差控制在±10mm 以内。

7.2.3 空心管吸水后，抗压荷载将下降 20%左右。在空心管铺设时，若因雨天浸湿或其他原因浸泡后，要待其晾干后，才可进行正常施工。

7.2.4 施工过程中，禁止直接踩踏空心管，以免空心管破碎，降低空心板空心率。

7.2.5 空心管上部的压筋及肋梁附加固定筋是防止空心管上浮的关键措施，混凝土浇筑前，必须全数检查附加筋绑扎、压筋与附加筋焊接质量。

7.2.6 混凝土运至浇筑现场后，应逐车检测其坍落度，所测坍落度值应符合设计和施工要求，其允许偏差应符合有关标准规定。

7.2.7 混凝土分层浇筑时，要严密注意下层混凝土初凝情况，既不能浇筑过快导致空心管严重上浮，又要防止下层混凝土初凝，形成冷缝。上层混凝土浇筑时，振捣棒要插入下层混凝土 50~100mm。

7.2.8 混凝土浇筑前，要根据浇筑方案设计混凝土初凝时间，组织好混凝土供应，保证连续浇筑，合理布料，确保楼板一次浇筑成型。

7.2.9 楼板内预先埋设的水电管、穿越楼板的上下水管道套管要严格按设计要求定位，禁止楼板浇筑成型后剔凿。

8. 安　全　措　施

8.1 应确保模板和支撑架有足够的强度、刚度和稳定性，模板设计应有受力计算。施工中应控制浇筑速度，设专人监护模板。一旦模板或支撑架发生变形或位移，应及时采取加固措施。

8.2 夜间铺设空心管、浇筑混凝土时，作业现场要有足够的采光照明。

8.3 铺设空心管、浇筑混凝土时，操作人员要沿施工通道通行。楼板四周应有安全通道和防护栏杆。

8.4 混凝土泵的操作应严格执行说明书和其他有关规定，同时根据说明书制定专门的操作要点，操作人员必须经专门的培训持证上岗。

8.5 泵管输送混凝土时，输送管线宜直，转弯宜缓，接头要严密，安全阀完好，管道支撑架固定牢固。

8.6 泵送完毕后，按规定将泵和输送管道清洗干净。在排除堵物、重新泵送或清洗泵时，布料设备的出口要朝向安全方向，防止堵物或废浆高速喷出伤人。

9. 环 保 措 施

9.1 施工现场道路采用硬化路面，定时洒水，防止扬尘。

9.2 破损或多余的空心管应确定处理方法和消纳场所，及时进行妥善处理，避免污染周围环境。

9.3 混凝土输送泵处搭设棚架并进行封闭围挡，降低噪声扰民。混凝土浇筑应避免夜间施工，如必须夜间施工，应采取隔声措施。

9.4 混凝土罐车出场前，应在现场洗车处进行彻底清洗，避免对场外环境造成污染。

10. 效 益 分 析

10.1 经测算，楼板厚度每增加一倍，撞击声压级约减少 10dB，采用双层空心楼板，有效增加了楼板厚度，保证了楼板的隔声效果和整体刚度，同时降低了楼板钢筋混凝土用量，也降低了支承楼板的柱、墙和基础的荷载，减小了构件截面和配筋，节约竖向构件费用。与梁板结构相比，钢筋混凝土造价降低 15%，模板损耗降低 50%，减少了支、拆模人工费用。

10.2 本工法充分利用了空心楼板的结构特点，空心管固定简便可靠，采用弧形受拉压筋代替常规水平受弯压筋来控制空心管上浮，节省了压筋材料投入；楼板混凝土分层浇筑，减小了空心管受到浮力，保证了空心管位置，同时也降低了空心管壁厚。本工法施工方法科学合理，有效提高了施工工效，保证了施工质量，节省了投入和工期，为类似工程提供了参考依据，具有较好的推广价值。

11. 应 用 实 例

11.1 北京电视中心多功能演播中心共计完成了 13 块以双层 BDF 空心管作芯模的大型现浇混凝土空心楼板施工，总面积约 8200m²，其中，跨度 21.3m、长度 27.7m、凌空高度 19.2m 的楼板六块，跨度 24.8m、长度 43.2m、凌空高度 24.2m 的楼板一块，该工程获得了北京市"结构长城杯金杯"。

11.2 首都国际机场三号航站楼 T3C 国际候机走廊工程楼板整体厚度 550mm，为单层空心楼板，BDF 空心管直径 400mm，管体长度 1000mm，以本工法为指导，共完成 9 个空心楼板施工，总面积 3470m²，混凝土成型质量好，施工工效高，节省投资 30.412 万元，节省工期 13d，该工程获得了北京市"结构长城杯金杯"。

11.3 采用本工法施工过程安全环保、工效高、质量好、混凝土浇筑一次成型，完全达到了设计要求。

高强人工砂混凝土施工工法

YJGF040—2006

中国建筑第四工程局

虢明跃　林力勋　王林枫　钟安鑫　许小伟

1. 前　　言

为解决天然砂资源匮乏的问题，并遵循国家的防洪、环保等政策，采用机械化方式生产的人工砂替代天然砂使用已经成为一种趋势。随着混凝土向着高强、高性能化方向的发展，推广和应用高强人工砂混凝土施工技术，有利于国内混凝土技术水平的提高，并有利于混凝土原材料的扩展。

我国的混凝土设计规范一直是以天然砂为标准来制定的。贵州中建建筑科研设计院早在20世纪60年代就开始了人工砂替代天然砂的应用研究，并制定了贵州省地方标准《山砂*混凝土技术规程》，研究成果获得了"一九七八年全国科学大会奖"。现国家标准《建筑用砂》已引入人工砂，即将颁布实施的建设部行业标准《普通混凝土用砂、石质量及检验方法标准》也增加了人工砂的内容。高强人工砂混凝土于1996年在中建四局职工培训中心工程中得到成功应用，取得了明显的技术经济效果，并获得了中建总公司科学技术奖和贵州省科技进步奖，为今后采用高强人工砂混凝土的工程的施工和推广应用提供了宝贵经验。近年来，中国建筑工程第四工程局在高强人工砂混凝土施工方面不断总结经验，推陈出新。通过在中建四局职工培训中心工程、贵阳市山林路商住楼工程和贵阳市小关特大桥工程等项目的成功应用，并结合重庆、云南等地在混合砂（由人工砂和天然砂按一定比例混合而成的砂）方面的应用经验，总结了一整套关于高强人工砂混凝土施工的思路和方法，形成本工法。

（*山砂：贵州地区对人工砂的习惯称谓。）

2. 工 法 特 点

2.1　高强人工砂混凝土指采用以白云石质和石灰石质岩石经开采筛选制成的人工砂为主要原材料之一，强度等级为C50以上（包括C50）的混凝土。

2.2　通过对人工砂石粉含量的控制，并掺加高效减水剂和矿物掺合料，较好地解决了低水灰比人工砂混凝土拌合料干稠的难题。

3. 适 用 范 围

本工法适用于一切采用高强人工砂混凝土施工的工业与民用建筑和一般构筑物，有特殊要求的建筑物或构筑物采用高强人工砂混凝土的也可参照本工法。

4. 工 艺 原 理

4.1　施工前，根据设计要求和现场实际情况制定施工工艺，按照施工工艺所需的混凝土性能要求，优选原材料进行试配以确定混凝土配合比。

4.2　采用低水灰比的技术路线，内掺磨细矿物掺合料，同时利用滞水工艺外掺高效减水剂，以增强拌合物流动性能，降低混凝土坍落度损失。

4.3 混凝土拌合物在拌合均匀后、浇筑前进行坍落度检测，检查混凝土坍落度是否满足工艺要求；混凝土浇筑完成并经振捣密实后，立即进行保湿养护。

4.4 混凝土拌合均匀后立即取样，采用"促凝压蒸法"进行混凝土强度的早期推定检验混凝土强度。28d 龄期采用"回弹法"检验混凝土实体强度。

5. 施工工艺流程

施工工艺流程见图 5。

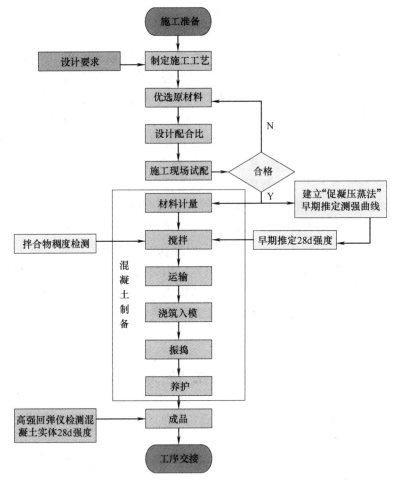

图 5　施工工艺流程图

6. 材料与设备

6.1　水泥

应选用强度等级不低于 42.5 的硅酸盐水泥、普通硅酸盐水泥，不得使用立窑水泥。

水泥进场后应立即检测其实际强度等级、安定性、凝结时间、碱含量等技术指标，必须符合《通用硅酸盐水泥》GB 175 的规定。

水泥应妥善保管，注意防潮。存放时间超过一个月应再作检测，以确定能否继续使用。

6.2　细骨料

宜选用质地坚硬、级配良好的人工砂，其细度为中等粒度，细度模数为 2.3～3.0。石粉含量不超过 7.0%，C60 以上等级不超过 5.0%。

人工砂的其他质量指标应符合《普通混凝土用砂、石质量及检验方法标准》JGJ 52—2006 和《山砂混凝土技术规程》DBJ 22—016—95 的规定。

砂子进场后应检验砂子的颗粒级配、石粉含量等指标，必要时还需进行人工砂的压碎指标和坚固性检验。

6.3 粗骨料

粗骨料宜选用质地坚硬、级配为 5～30mm 的碎石，粗骨料母岩的抗压强度应比所配制的混凝土抗压强度高 20％以上。粗骨料中针片状颗粒含量不宜超过 5％，且不得混入已风化颗粒，含泥量不超过 1％。配制 C80 及以上等级混凝土时，最大粒径不超过 20mm，含泥量不超过 0.5％。

粗骨料的其他质量指标应符合《普通混凝土用砂、石质量及检验方法标准》JGJ 52—2006 的规定。

碎石进场后应进行筛分析和含泥量检验。

6.4 掺合料

为了更好地保证高强人工砂混凝土的和易性并节约水泥，混凝土中可掺入粉煤灰、磨细矿渣、硅粉、磨细磷矿渣粉等掺合料，并置换部分水泥，以改善混凝土拌合物的工作性能和混凝土的硬化性能。

6.4.1 粉煤灰：用作混凝土掺合料的粉煤灰应符合《用于水泥和混凝土中的粉煤灰》GB/T 1596《粉煤灰在混凝土和砂浆中应用技术规程》JGJ 28 中规定的 Ⅱ 级灰或以上标准。

6.4.2 磨细矿渣：用作混凝土掺合料的磨细矿渣应符合相应产品标准的要求：

1. 比面表积宜大于 4000cm^2/g；

2. 需水量比宜不大于 105％；

3. 烧失量宜不大于 5％。

6.4.3 硅粉：用作混凝土掺合料的硅粉应符合以下质量要求：

1. SiO_2 含量≥85％；

2. 比面表积（BET 氮吸附法）≥180000cm^2/g。

6.4.4 磨细磷矿渣粉：用作混凝土掺合料的磨细磷矿渣粉应符合以下质量要求：

1. 平均粒径≤10μm，80μm 筛余小于 5％；

2. 流动度比不小于 95％。

6.5 外加剂

高强人工砂混凝土必须使用高效减水剂，其质量应符合《混凝土外加剂》GB 8076 的规定。高效减水剂的品种和掺量应通过与水泥的相容性试验和混凝土试配后选定。

高效减水剂进场后应检验其减水率、对混凝土凝结时间的影响及坍落度经时损失等。

6.6 水

高强人工砂混凝土拌合用水应符合《混凝土用水标准》JGJ 63—2006 的规定。

6.7 其他规定

6.7.1 宜选用非碱活性骨料；当结构处于潮湿环境时，如受资源限制不能选用非碱活性骨料时，可使用低碱活性骨料（砂浆棒法测定膨胀量不大于 0.06％），但混凝土中的含碱量必须小于 3kg/m^3；严禁使用碱活性骨料。

6.7.2 为防止钢筋锈蚀，钢筋混凝土中的氯盐含量（以 Cl$^-$ 重量计）不得超过水泥重量的 0.2％；当结构处于潮湿或有盐、碱腐蚀物质作用的环境下，氯盐含量应低于水泥重量的 0.1％；对于预应力混凝土，氯盐含量应低于水泥重量的 0.06％。

6.7.3 混凝土各种原材料的运输、储存、保管和发放均应有严格的管理制度，防止误装、互混和变质。

7. 机 具 设 备

7.1 搅拌机：为了使混凝土各物料充分搅拌均匀，制备高强人工砂混凝土应使用强制式搅拌机。

7.2 混凝土运输设备：为保证混凝土在运输过程中，浆体无外漏，混凝土运输设备如运输车、混凝土吊罐、滑槽等的接缝处均应严密。

7.3 泵送设备：为保证泵送作业的顺利进行，应保证混凝土泵设置场地平整坚实，道路畅通，供料方便，距离浇筑地点近，便于配管，接近排水设施和供水、供电方便。混凝土泵作业范围内不得有高压线等障碍物。

7.4 振动器：为使混凝土充分密实，达到振捣效果，应选用高频振动器。

8. 混凝土配合比

8.1 高强人工砂混凝土的配合比应根据结构设计所要求的强度和耐久性能，施工工艺所要求的拌合物性能、凝结时间，并充分考虑施工运输和环境温度等条件，通过试验，并经现场试配确认合格后，方可正式使用。

8.2 配合比设计参数

8.2.1 配制强度：

$$f \geqslant f_{cu,k} + 1.645\sigma$$

式中　$f_{cu,k}$——标准强度（MPa）；

　　　σ——标准差，通过可靠的强度统计数据获取。

在无统计资料时，C50 和 C60 高强人工砂混凝土的配制强度应不低于设计强度等级值的 1.15 倍，C70 和 C80 高强人工砂混凝土的配制强度应不低于设计强度等级值的 1.12 倍。

8.2.2 水灰比（或水胶比）宜控制在 0.24～0.42 之间，强度等级越高，水灰比（或水胶比）应越低。

8.2.3 配制 C50 和 C60 高强人工砂混凝土的水泥用量为每 1m³ 混凝土中不宜超过 450kg，水泥与掺合料的胶凝材料总量每 1m³ 混凝土中不宜超过 550kg；配制 C70 和 C80 高强人工砂混凝土的水泥用量为每 1m³ 混凝土中不宜超过 500kg，水泥与掺合料的胶凝材料总量每 1m³ 混凝土中不宜超过 600kg。

8.2.4 粉煤灰掺量一般不超过胶结料的 30%，硅粉则不宜超过 10%，磨细矿渣、磨细磷矿渣粉不超过 40%。

8.2.5 混凝土的砂率一般宜控制在 30%～37% 之间，当采用泵送工艺时，混凝土砂率可适当增大，并通过试验确定。

8.2.6 高效减水剂的掺量经试验确定，如属萘系高效减水剂，一般为水泥用量的 1.0% 左右。

8.3 所设计的混凝土配合比必须经试验调整后方可确定，配合比的试验工作必须委托有资质的试验单位进行。

9. 混凝土施工工艺

9.1　计量控制

混凝土各原材料的用量均按重量计，称量前应先校准计量装置。称量的允许偏差不应超过下列限量值：

9.1.1 水泥、掺合料、水和外加剂为 ±1.0%；

9.1.2 粗、细骨料为 ±2.0%；

9.2　搅拌制度

9.2.1 使用搅拌机前必须检查并校准其量水装置，以准确控制用水量，砂石中的含水量应经仔细测定后从水量中扣除，并按测定值调整砂、石用量。

9.2.2 高效减水剂宜采用后掺法，加入后混凝土的搅拌时间不得少于 2.0min。当采用水剂时，应在混凝土用水量中扣除外加剂溶液用水量。

9.2.3 投料顺序：砂、石、水泥和掺合料先后进入料斗，一次入机干拌 15s，加水后拌合 1.0min，再徐徐加入外加剂继续搅拌 2.0min 拌合物均匀。

9.2.4 注意事项

1. 高效减水剂的选择和使用，应有专业人员进行指导；

2. 中途更换混凝土原材料必须经过试验确定并经技术负责人批准后方可进行；

3. 砂、石淋雨后，要重新测定其含水率，并及时对混凝土配合比进行调整；

9.3 混凝土坍落度测定及取样

试验人员要做好混凝土拌合物坍落度的检测和试块取样工作，根据前台要求来调整混凝土拌合物坍落度的大小。取样的方法及要求，按《混凝土结构工程施工质量验收规范》（GB 50204）或根据工程的实际具体要求进行，每次取样至少三组（共九个试件），三组试件应随机从连续三机料中取得，一组作为早期强度以控制脱模时间，一组作为标准养护用于 28d 质量验收，一组作为后期强度（或预备试件）。取样前对混凝土进行一次坍落度检测，试件成型后应写编号、成型日期，并记入工作日记。

9.4 混凝土运输及浇筑

9.4.1 混凝土的长距离运输（如商品混凝土）应使用混凝土搅拌运输车，短距离运输（如现场拌制）则可利用现场一般运输设备。但混凝土运输，浇筑及间歇的全部时间不宜超过 60min。此外，所有装载设备的接缝必须严密以防止漏浆，装料前应清除运输设备内积水。

9.4.2 混凝土自高处倾落的自由高度一般不宜超过 2m，当拌合物的水灰比（或水胶比）较低且外加掺合料有较好的稠度时，倾落的自由度在不出现分层泌水离析的条件下允许增加，但以 4m 为限。

9.4.3 浇筑高强人工砂混凝土必须采用高频振捣器振实，注意控制振捣间距并加密振点，操作时要做到"快插慢拔"，且垂直点振，不得平拉。

9.4.4 按不同强度等级混凝土设计的现浇构件相连接时，二种混凝土的接缝应设置在低强度等级的构件中，并离开高强度等级构件一段距离。如图 9.4.4 所示的梁柱混凝土施工接缝，其中柱子的强度等级高于梁的混凝土强度等级；

9.4.5 当接缝两侧的混凝土强度等级不同且分先后施工时，可沿预定的接缝位置设定固定的筛网（孔径 5mm×5mm），先浇筑高强度等级混凝土，后浇筑低强度等级混凝土；

9.4.6 当接缝两侧的混凝土强度等级不同且同时浇筑时，可沿接缝位置设置隔板，随着两侧混凝土浇入逐渐提升隔板并同时将混凝土振捣密实，

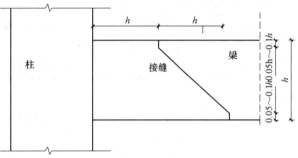

图 9.4.4 不同强度等级混凝土的梁柱施工接缝

也可沿预定的接缝位置设置胶囊，充气后在其两侧同时浇入混凝土，待混凝土浇入完毕后排气并取出胶囊，同时将混凝土振捣密实。

9.5 混凝土泵送施工

9.5.1 混凝土泵送设备的选型和最大水平输送距离的方法见《混凝土泵送施工技术规程》JGJ/T 10。

9.5.2 泵送混凝土时，输送管路的水平管段长度不宜小于垂直管段长度的 1/4，且不应小于 15m；除出口处用软管外，输送管路的其他部位不宜采用锥形管；输送管路须用支架、台垫、吊具等加以固定，不应与模板或钢筋直接接触；在高温和低温环境下，输送管路分别用湿帘和保温材料覆盖。

9.5.3 泵送混凝土拌合物前，首先应全面检查泵送设备，符合要求后应泵送适量水湿润料斗、活塞及输送管内壁；确认混凝土泵和输送管中无异物后，输送与混凝土内除粗骨料外的其他成分相同配比的水泥砂浆，润滑混凝土泵和输送管道，润滑用的水泥砂浆应分散布料，不得集中浇筑在同一处。

9.5.4 混凝土搅拌运输车到达泵送现场后应高速旋转 20～30s 再卸料入泵；料斗应设网格，防止大粒径石子或其他异物入泵；泵送过程中料斗内的混凝土不得排空，料斗内储存的混凝土面应高于出料口 20cm。

9.5.5 混凝土开始泵送时应保持慢速、匀速运转，并观察泵压（一般不超过 200bar）及各部分运转情况，待确认工作正常后再逐步加速以常速泵送。

9.5.6 混凝土应保持连续泵送，必要时可降低泵送的速度以维持泵送的连续性，如停泵超过 15min，应每隔 4～5min 开泵一次，正转和反转两过程同时开动料斗搅拌器，防止料斗中混凝土离析，如停泵超过 45min，应将管中混凝土清除，清洗泵机。

9.5.7 混凝土拌合料应在搅拌后的 60min 内泵送完毕，商品预拌混凝土应在 1/2 初凝时间内入泵，并在初凝前浇筑完毕。

9.5.8 混凝土的坍落度与压力泌水总量分别控制在 120～200mm 和 50～120ml 的范围内，在整个泵送过程中严禁向泵车和泵槽料斗内加水。

9.6 混凝土养护

9.6.1 高强人工砂混凝土浇筑完毕至初凝后，应尽快加以覆盖（如：塑料薄膜）并浇水养护，浇水次数应能保持表面湿润，浇水养护日期不少于 14 昼夜；

9.6.2 高强人工砂混凝土的冬季养护应采取保温保湿措施。

10. 劳 动 组 织

当采用现场自拌混凝土时，可按表 10 配置每班工作人员。

每班工作人员配置及职责　　　　　　　　　　　　　表 10

分　工	人　员	职 责 范 围
搅拌机后台总值班	1 人	负责前后台协调，及时处理技术事宜，了解各种材料准备情况
搅拌机操作人员	1 人/台	搅拌机操作，控制好混凝土搅拌质量
上料工人	10 人/台	2 人负责水泥、掺合料及外加剂，4 人负责砂子，4 人负责碎石
机修工	1 人	负责机修
电工	1 人	负责电器维修及照明

11. 混凝土质量检查

11.1 高强人工砂混凝土的配制与施工必须有严格的质量控制和质量保证体系，针对具体的工程对象，事先必须有设计、生产和施工各方共同制定的书面文件，提出质量控制和质量保证的细则，规定各种报表记载的内容，并明确专业负责监督和施行；初次从事高强人工砂混凝土施工的单位，必须在专业技术人员的指导下进行施工。

11.2 高强人工砂混凝土正式施工前，施工单位必须对混凝土原材料及所配制的混凝土性能提出报告和试验数据，待设计单位和监理单位认可后方可施工。

11.3 高强混凝土质量检查及验收可参照《混凝土结构工程施工质量验收规范》（GB 50204）中的有关规定，检查内容并应包括施工过程中的坍落度变化、凝结时间。

11.4 高强人工砂混凝土配合比制定后，应在施工前建立"促凝压蒸法"早期推定混凝土 28d 强度曲线，并利用该曲线控制混凝土质量。

11.5 测定混凝土抗压强度的试件宜采用边长为 15cm 的标准试模，当必须采用边长为 10cm 的试模时，其抗压强度 $f_{cu,10}$ 应乘以下表中的换算系数 K，再换算为标准试件的抗压强度，如表 11-5 所示；

强度换算系数 K　　　　　　　　　　　　　表 11-5

$f_{cu,10}$(MPa)	≤55	56～65	66～75	76～85	86～95	>95
K	0.95	0.94	0.93	0.92	0.91	0.90

11.6 对于大体积和大尺寸的高强度混凝土，应监测水化热造成的温度变化，并采取相应措施防止水化热的有害影响。

11.7 高强人工砂混凝土强度检验标准可参照《混凝土强度检验评定标准》GBJ 107 的有关规定执行，同时按实际需求留置同条件养护试件。

11.8 高强人工砂混凝土构件的实体检验可参照《回弹法检测高强度等级山砂混凝土抗压强度技术规程》（DB 22/44—2005）的有关规定执行。

12. 工 程 实 例

中建四局职工培训中心为框架筒体结构，层数为地下一层、地上 18 层，建筑面积约 1.4 万 m²。该工程地下室、地上 1～6 层的所有柱及剪力墙均采用 C60 高强人工砂混凝土，6～12 层采用 C50 高强人工砂混凝土。该工程于 1994 年 10 月开工，1995 年 8 月主体完成。该工程施工的混凝土强度高，和易性好，外观质量优良，完工后质量达到验收要求，主体被评为优良工程。并与原设计采用 C30 混凝土相比，共取得效益约 51 万元，其技术经济效益显著。

重庆嘉陵江渝澳大桥主桥为三跨（96m＋160m＋96m）预应力连续刚构桥，混凝土设计强度等级 C50，入泵坍落度 160±30mm，2h 坍落度损失不大于 20mm，初凝时间 15～30h，从混凝土拌合到入泵（时间约 2h）需满足距离 150～200m 和高度 50～60m 的一级泵送要求。该工程细骨料采用了人工砂和渠河特细砂按一定比例复合的混合砂，其中人工砂的粉末含量控制在 5% 以下，并掺用泵送剂、粒化高炉矿渣粉。全桥混凝土工程量为 33000m³，C50 混凝土为 11060m³，采用混合砂避免了远距运输天然中砂，仅 C50 混凝土节省投资逾 53 万元，全部混凝土节约投资约 160 万元。该工程混凝土强度评定均合格，工程质量等级均为优良，取得了明显的技术经济效益。

贵阳市小关特大桥为五跨（69m＋125m＋2×160m＋112m）合三向预应力连续刚构桥，混凝土设计强度 C50，入模坍落度 130～150mm，初凝时间大于 16h，从混凝土拌合到入模需满足距离 195m 和高度 113m 的一级泵送要求。该工程细骨料全部采用人工砂，其中人工砂的粉末含量控制在 5% 以下，并掺用泵送剂、Ⅱ级粉煤灰。该工程 C50 混凝土用量约 20000m³，仅采用人工砂避免了远距运输天然中砂，即净节省投资约 248 万元。该工程混凝土强度评定均合格，工程质量等级均为优良，取得了明显的技术经济效益。

浅埋地铁单拱双柱双侧洞法暗挖车站施工工法

YJGF041—2006

北京市政建设集团有限责任公司　北京城建设计研究总院有限责任公司

北京勤业测绘科技有限公司　中铁十二局集团第二工程有限公司

魏玉明　黄美群　杨永亮　贾大鹏　王鹏程

1. 前　言

北京市政建设集团有限责任公司承建的北京地铁五号线 08 标段张自忠路站车站工程，在穿越城市主干道平安大街施工时，为了保证工程质量和既有交通干道的安全，研究开发了浅埋地铁单拱双柱双侧洞法暗挖车站施工工法，并获得了成功。

在张自忠路工程之前，国内还没有单拱双柱跨度超过 20m 并采用双侧洞法施工的地铁车站。通过此次施工，形成了对浅埋单拱大跨双侧洞法暗挖地铁车站，施工关键技术的具体运用。并取得了一些重要研究成果：首创了一整套复杂地层环境条件下，浅埋单拱大跨双侧洞法浅埋暗挖地铁车站施工技术；构建了一整套大管棚施工方法，并在工程中成功应用；确立了一套临时支撑拆除与二衬施工力系转换控制技术；全方位实施了地层变位分配控制原理，成功地将采用双侧洞法施工的张自忠路站地铁车站的地表沉降值控制在了 45mm 以内。

2. 工 法 特 点

2.1　利用浅埋地铁单拱双柱双侧洞法暗挖车站施工工法，能有效地控制地表沉降量，保护了既有道路及管线的营运安全。使暗挖施工的地铁车站对周边环境影响因素大大降低。

2.2　首次采用地层变位分配控制原理，超前、主动层层分解沉降值把预测变形、规划变形、和控制变形汇于一体，在预测变形参数、规划变形参数、控制变形参数的基础上，修正施工与支护参数确保施工安全、快捷。

2.3　首次建立了浅埋隧道上覆土层结构模型，据此提出了地层预加固系统的作用机理。构建了一整套超前支护大管棚的施工方法。控制了地层沉降以及管线差异沉降对安全施工有着重要意义。

2.4　双侧洞法优点为结构变形量较小，工期相对较短，力系转换明确，节省原材料。

3. 适 用 范 围

"浅埋地铁单拱双柱双侧洞法暗挖车站施工工法"适用于地铁车站、地下车库、地下商场等地下工程。该工法在北京地铁五号线张自忠路车站的成功运用，为我国地铁车站的设计施工技术增添了新的方法，具有显著的社会、经济效益及推广应用前景。

4. 工 艺 原 理

4.1　浅埋单拱大跨双侧洞法暗挖施工技术针对浅埋、多管线并存、拱顶含水粉细砂层等复杂土工环境条件，通过系统的理论研究和工程实践，在现有浅埋暗挖地铁车站施工技术的基础上，首次在国内成功开发并实施了单拱大跨双侧洞法浅埋暗挖地铁车站，形成了一整套关键技术，实现了复杂环境条件下侧洞法施工技术的重大突破，从实践上突破了侧洞法施工的传统理念，开发、丰富了浅埋暗挖法施工地铁车站或大断面隧道的应用领域，为北京地区乃至全国的地下工程建设提供了可资借鉴的工程实例。

4.2 地层预加固系统的作用机理；大管棚设计和施工方法基于在大量监测数据基础上建立的浅埋隧道上覆地层结构模型分析，提出了地层预加固系统的作用机理和基本概念。在此基础上构建了一整套大管棚设计和施工方法，尝试应用了注浆管棚施工技术，对控制地层沉降以及管线差异沉降有明显效果，对安全施工有重要意义。

4.3 地层变位分配控制原理；针对浅埋暗挖地铁车站分 15 个导洞施作这样一个繁杂的系统工程，首次在工程中提出并应用了地层变位分配控制原理，超前、主动、层层分解沉降控制值，把预测变形、规划变形和控制变形汇于一体，贯穿于整个暗挖车站施工过程始终，应用勘测、预测、监测和对策等环节，把变形控制在预测值范围内。针对张自忠路车站的具体条件，通过理论分析、工程类比和数值模拟等研究手段，详尽分析了地层变位的影响因素和各导洞及各工序沉降的分配比例，在施工中逼真地实现了"动态施工，动态控制管理"，成功实现了复杂环境条件下双侧洞法地铁车站地表沉降值不大于 45mm 的控制目标。

4.4 临时支撑拆除与二衬施工力系转换控制技术基于数值模拟、理论分析和工程类比等方法，详细地研究了临时支护拆除顺序，合理确立了拆撑长度和施工步距。针对中洞施工及侧洞二衬施工技术，研究提出了一整套施工力系转换控制技术，确保了地铁车站结构的成功实施。

4.5 前深孔双重管后退式注浆技术针对处于受扰动的含水粉细砂、卵石互层的地段，通过数值模拟、施工方案优化，技术经济比较，合理的实施了前深孔双重管后退式注浆技术，并优化了注浆范围、注浆参数及配合比，确保了该工程的成功实施。

4.6 马头门施工技术针对马头门施工时，传统人工风镐凿除围护桩作业费时、费力，其产生的噪声和粉尘不符合文明施工和职业健康要求，采用了无声破碎剂（HSCA）破除围护桩技术，并通过马头门初衬施工、马头门防水施工等工序，总结形成了一整套马头门综合施工技术，确保了马头门开挖时的施工安全和马头门部位的防水质量。

5. 施工工艺流程及操作要点

5.1 工程概况

北京地铁五号线 08 标张自忠路站暗挖段主要穿越粉细砂层、卵石层。拱顶为粉细砂层，开挖自稳能力差，尤其遇到上层滞水容易产生流砂，造成施工困难；仰拱坐落在黏土层，承载力高，自稳能力好。本车站暗挖段受上层滞水、潜水及承压水影响，上层滞水水位埋深为 6.03～10.71m，潜水水位埋深为 19.20～20.30m，承压水水位埋深为 20.00～24.00m。施工前进行降水处理。

该区域地下管网密布，尤其是在路口。其中在平安大街下控制管线主要有：顶埋深 9.0m 的 1.7m×3.3m 电力管沟；横跨车站结构底埋深 8.0m 左右的 $\phi1200$ 污水管线，沿车站纵向底埋深 7.5m 的 $\phi800mm$ 污水管线。共有各种管线 11 条。

5.2 工程难点风险点

1. 隧道初衬 1、3、7 导洞穿越粉细砂弱土层带，围岩自稳能力差，无法形成承载拱，一旦开挖造成土体沉降变形，均会向上传递直至地表，确保施工过程中的围岩稳定，以安全施工为目标，采取何种切实可行的方法加固围岩，改良隧道周边的土的力学性能，是本工程的难点。

2. 由于本工程地处市中心，隧道穿越现况平安大街及东四北大街（附属构筑物）污水管线、既有污水方沟、使用年限久远已深度锈蚀的上水管线及人防工事的渗漏水，很难使隧道掘进处于无水作业状态。由于失水形成的地层位移，会加剧管线的渗漏，在外力的作用下，使地层位移形成叠加，将给现况道路、既有管线及隧道的初衬带来较大的风险。

3. 依据设计，隧道施作之前，首先施工前支护大管棚这一工序，如何在施工大管棚时，确保土层与管棚外壁之间的缝隙填充密实，避免由于施做大管棚先期引发的沉降，是本工程的一难点。

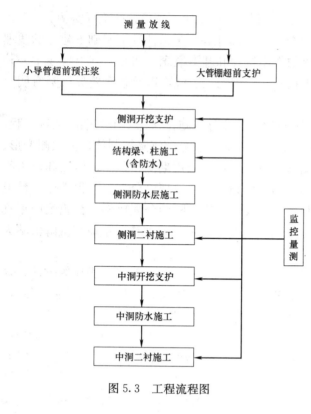

图 5.3　工程流程图

4. 主体暗挖段采用侧洞法施工，施工步序多，造成防水层施作时分块过多，二衬混凝土分仓多次浇筑，造成过多的施工缝，施工中如何保证防水质量是施工的又一重点和难点。

5. 依据设计，隧道二衬施作前，应对初衬进行破除，如何在初衬的凿除过程中，以安全生产为目标，确保支护体系的稳定及已施工完的底纵梁、顶纵梁及钢管柱的结构稳定是本工程的另一难点，其次在两侧导洞施作完毕，中洞开始施工时，将引起侧洞的二次衬砌结构受偏压作用，因此必须解决力的平衡与转换；最后在立体交叉结构形成与拆除过程中，必须确保结构内力的转换与平衡。

6. 在二衬施工过程中，如何完成对顶纵梁及侧墙的混凝土浇筑，且保证混凝土的实体质量，是本工程的又一难点。

5.3　工艺流程

流程图如图 5.3。

主体暗挖施工步骤见表 5.3。

主体暗挖施工步骤　　　　　　　　　　　　　　　　　　表 5.3

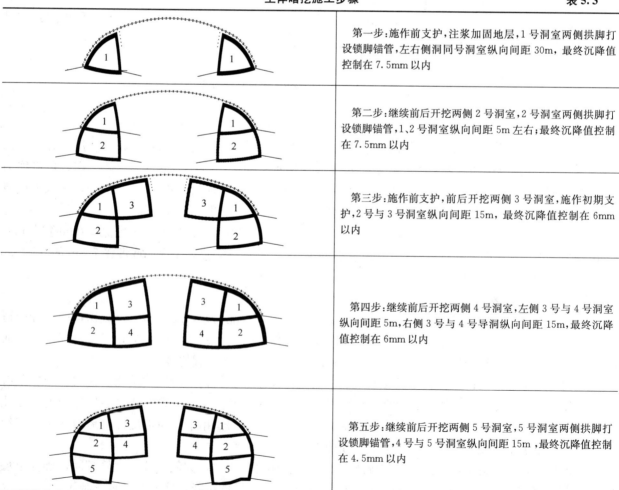

	第一步：施作前支护，注浆加固地层，1号洞室两侧拱脚打设锁脚锚管，左右侧洞同号洞室纵向间距30m，最终沉降值控制在7.5mm以内
	第二步：继续前后开挖两侧2号洞室，2号洞室两侧拱脚打设锁脚锚管，1、2号洞室纵向间距5m左右；最终沉降值控制在7.5mm以内
	第三步：施作前支护，前后开挖两侧3号洞室，施作初期支护，2号与3号洞室纵向间距15m，最终沉降值控制在6mm以内
	第四步：继续前后开挖两侧4号洞室，左侧3号与4号洞室纵向间距5m，右侧3号与4号导洞纵向间距15m，最终沉降值控制在6mm以内
	第五步：继续前后开挖两侧5号洞室，5号洞室两侧拱脚打设锁脚锚管，4号与5号洞室纵向间距15m，最终沉降值控制在4.5mm以内

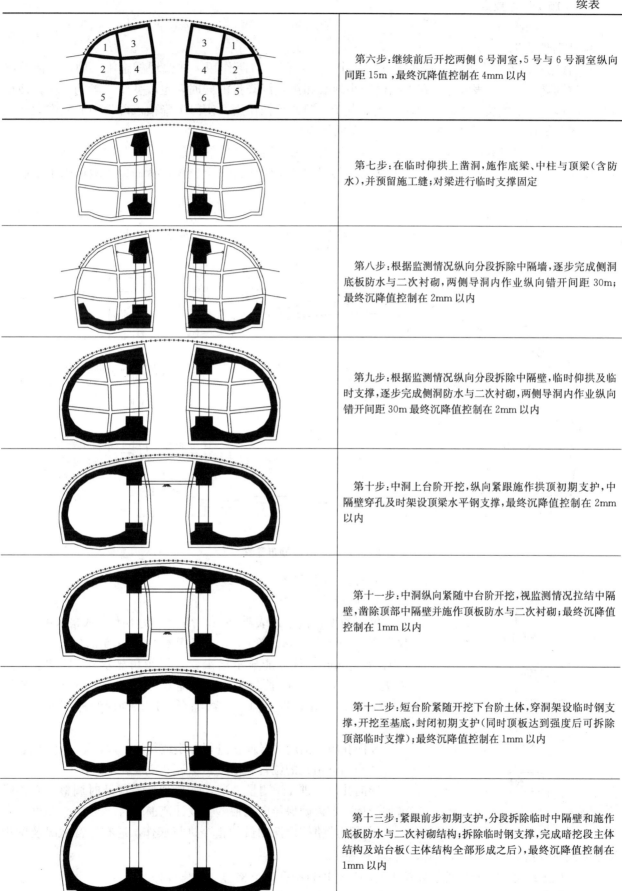

第六步:继续前后开挖两侧6号洞室,5号与6号洞室纵向间距15m,最终沉降值控制在4mm以内

第七步:在临时仰拱上凿洞,施作底梁、中柱与顶梁(含防水),并预留施工缝;对梁进行临时支撑固定

第八步:根据监测情况纵向分段拆除中隔墙,逐步完成侧洞底板防水与二次衬砌,两侧导洞内作业纵向错开间距30m;最终沉降值控制在2mm以内

第九步:根据监测情况纵向分段拆除中隔壁,临时仰拱及临时支撑,逐步完成侧洞防水与二次衬砌,两侧导洞内作业纵向错开间距30m最终沉降值控制在2mm以内

第十步:中洞上台阶开挖,纵向紧跟施作拱顶初期支护,中隔壁穿孔及时架设顶梁水平钢支撑,最终沉降值控制在2mm以内

第十一步:中洞纵向紧随中台阶开挖,视监测情况拉结中隔壁,凿除顶部中隔壁并施作顶板防水与二次衬砌;最终沉降值控制在1mm以内

第十二步:短台阶紧随开挖下台阶土体,穿洞架设临时钢支撑,开挖至基底,封闭初期支护(同时顶板达到强度后可拆除顶部临时支撑);最终沉降值控制在1mm以内

第十三步:紧跟前步初期支护,分段拆除临时中隔壁和施作底板防水与二次衬砌结构;拆除临时钢支撑,完成暗挖段主体结构及站台板(主体结构全部形成之后),最终沉降值控制在1mm以内

5.4 施工操作要点

5.4.1 隧道施工

1．大管棚施工

1）管棚的预支护作用主要体现在以下几个方面：阻断沉降作用，在浅埋隧道施工中，一般情况下，拱顶沉降要大于地表沉降。在大幅度减小地表和拱顶沉降量的同时，也改变了二者的比例，使得拱顶沉降远远小于地表沉降量；均匀曲线，由于管棚的承托作用，使得沉降槽沉降集中的程度大幅减小，沉降总量在减小的同时有向两端均匀分布的趋势。

提高土层物理参数，增大地层自稳能力；施工中为了增大管棚的刚度和管棚与围岩间缝隙得到最佳的填充，在管棚内注入水泥浆。使得管棚与其周围的土体成为一个整体，从而极大地增强了土层的自稳能力。

2）具体参数为：管棚，钢管直径 ϕ159mm，间距 500mm，管棚长度约 34m，铺设管棚分为南北 2 组每组 51 根。地表路面标高 44.98m，隧道管棚处标高 33.971～30.093m。注浆浆液，水泥浆（图 5.4.1-1）。

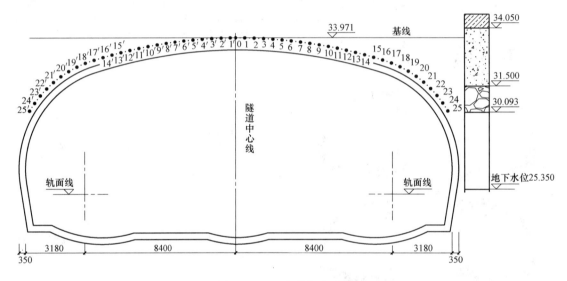

图 5.4.1-1 大管棚布置图

3）施工流程（图 5.4.1-2）。

4）质量控制措施：

仪器精度：由于地表是路面，高差变化不大（取最大 0.5m），仪器深度偏差为 5‰，管棚各点间相对高差 0.5m×5‰＝25mm（即正负 50mm）仪器能显示出来，仪器倾角显示 0.1‰坡度，钻头进尺 2.5m（钻杆长度），仪器能显示出来 2.5m×0.1‰＝2.5mm坡度变化，以上两个参数综合运用，确保管棚深度和左右偏差最低。

导向孔施工前应对导向仪进行标定或复检，以保证探头精度；

精确调整钻机的位置和角度，保证钻机准确定位；

导向孔每钻进 1m 测量一次，如发现偏差应及时调整。必要时增加测量次数以确保导向孔偏差在设计范围以内；

司钻应严格按照探测员的指令进行操作，遇有异常情况及疑难问题应及时停钻，研究解决，确保工程顺利进展。

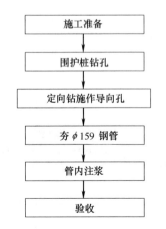

图 5.4.1-2 管棚施工流程图

（流程图内容）
施工准备
↓
围护桩钻孔
↓
定向钻施作导向孔
↓
夯 ϕ159 钢管
↓
管内注浆
↓
验收

扩孔应逐级完成，不同地层要按不同的工艺进行扩孔，严格遵守操作规程。

每孔钻孔开始前，都要对操作人员进行技术交底，强调质量标准和质量要求。

5）操作要点：

成孔：管棚在施工前，需要对管棚进行提前定位；定位措施为，在平安大街路面上将管位的平面位置图展示出来，然后根据平面位置所揭示的长管棚位置，用地质雷达对其进行引导，保证管棚的施工精度。在对大管棚施作前，为了验证其准确性，特在基坑内做试验，试验成功后开始施作大管棚。在粉细砂层和局部圆砾层钻孔为防止砂、卵层遇水形成流砂，会造成抱死钻头或扩孔钻头，使钻具探棒卡在孔内而丢弃。采用进口高分子聚合物 Super Pac、进口泥浆材料 Hydraul-EZ，保证止水、护孔、润滑的目的。

扩孔：在扩孔时，为防止扩孔钻头不走导向孔，需用特制导向扩孔钻头进行扩孔。以保证成孔质量和精度。

夯管：为保证钢管与孔壁之间最小环状间隙，保证钢管排序精度，保证钢管顺利高精度进入孔内，在完成高精度定向孔后，用夯管锤把钢管夯入孔内。钢管两侧另加两根注浆花管，注浆管选 4 分焊管就位后注浆。

注浆：为增加管棚刚度增加管棚间的联合作用效果，在管棚与孔壁之间环状间隙注浆采用水泥浆，水灰比为 1∶1；用注浆花管注浆，以保证浆液充满周围的空间并密实。另外，由于水泥浆液凝固后存在有收缩率，因此单纯对管棚内注浆一次不能保证管棚内部及其四周的密实度。在施工中，为了避免此问题，在长管棚内设一根导管，待初次注浆凝固后，再对小导管进行注浆，作为补充注浆，以保证其密实度。

2. 超前小导管

双侧洞法暗挖施工中，为保证开挖面的稳定，采用超前小导管注浆"注浆一段，开挖一段，段段推进"方式，这样注浆根据每段的地质和注浆情况，及时做出反应，更具有灵活性；同时，更容易限定注浆范围，取得良好的注浆效果。

小导管选用 ϕ32.5 的热轧钢管，t=3.5mm，长度 3.0m，外插角 10°～12°，每三榀格栅打设一排，环向间距 0.5m，管壁每隔 100～200 交错钻眼，眼孔直径 6～8mm。由于本暗挖段顶部处于粉细砂及中粗砂层中，根据现场试验确定，采用改性水玻璃浆液，水玻璃浓度 35～40Be，胶凝时间在 60min 左右。注浆压力控制在 0.3～0.7MPa 之间，终压 0.5MPa，注浆体直径不小于 0.5m。为防止浆液外漏，必要时可在孔口处设置止浆塞。

小导管采用 ϕ32.5×3.5mm 热轧钢管加工而成，小导管前端加工成锥形，以便插打，并防止浆液前冲。小导管中间部位钻 ϕ8mm 溢浆孔，呈梅花形布置（防止注浆出现死角），间距 110mm，尾部 1.0m 范围内不钻孔防止漏浆，末端焊 ϕ6mm 环形箍筋，以防打设小导管时端部开裂，影响注浆管连接。小导管加工成形见图 5.4.1-3。

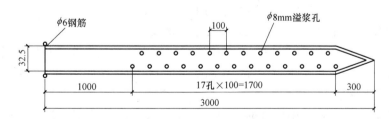

图 5.4.1-3　注浆花管（L=3.0m）示意图（单位：mm）

小导管注浆施工工艺流程：

超前小导管注浆施工内容主要包括封闭工作面、钻孔、安设小导管、注浆、效果检验等工序。

3. 锁脚锚管施工工艺

在 1 号、2 号、5 号导洞拱脚打设锁脚锚管并注浆，用于加固拱脚处周围土体，控制拱圈下。锁脚锚管采用 ϕ32.5×3.5mm 花管，长 2.5m。锁脚锚管成孔采用煤电钻钻机钻孔，风镐打入，卵石层中如不易成孔时可用夯管锤打入。浆液采用水泥砂浆，配比现场试验确定。

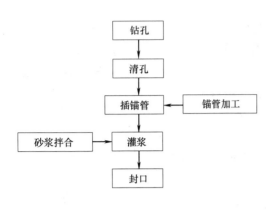

图 5.4.1-4　锁脚锚管施工流程图

锚管施工程序见图 5.4.1-4。

施工要点：为了达到控制拱圈沉降的目的，锁脚锚管与水平向夹角应控制在 45°～75° 之间；且要保证锁脚锚管的倾角不能影响下部格栅的架立；锁脚锚管必须与钢格栅焊接牢固。

4. 开挖支护

基本原则：初衬施工必须本着"管超前、严注浆、短进尺、强支护、快封闭、勤量测"的施工原则。

开挖方法：

导洞开挖流程依次为：超前小导管施工，留核心土开挖土方，测量开挖断面轮廓，安装钢格栅，纵向连接筋挂钢筋网，喷射混凝土。

1）开挖施工要点

对地层进行预处理，提前一个月进行施工降水，电力管沟内污水提前排除，为暗挖进洞创造无水作业的条件，施工中出现渗漏水时，阻排结合。

隧道开挖过程中 1、3、7 导洞穿越粉细砂层。采用正台阶法开挖上部掌子面实行全断面注改性水玻璃浆液。隧道开挖时要保持开挖轮廓的平直、圆顺，避免应力集中。

做到不欠挖，对意外出现的超挖或塌方及时采用喷射混凝土封闭，并及时进行回填注浆。

做好开挖的施工记录，加强对开挖面地质的观察和记录，通过对数值比较、判断其稳定性。并用洛阳铲或打设超前探测花钢管方法，先探明前方地质情况，做到"先探后挖"。预报开挖面前方的地质情况，以此指导施工。

加强测量导向工作，与施工紧密配合。加强监控量测工作，对监测数据及时处理，指导施工。

2）初期支护

初期支护的施作主要包括钢格栅、纵向连接筋及钢筋网的架立安装和喷射混凝土作业两大部分。

钢格栅、钢筋网架立安装：安装前的准备工作，运至现场的单榀格栅分单元堆码，并挂牌标识，防止用错。架设前进行断面尺寸检查，及时处理欠挖部分，保证钢架正确安装。

定位测量：安装激光指向仪控制中线，用中线控制格栅架设，按设计拱顶标高控制格栅顶部高程，架设方向垂直于线路中线。施工中每隔 5m 由测量人员进行精确测量定位，确保整环格栅在同一平面上。

格栅钢架应精确定位，注意"标高、中线、前倾后仰、左高右低、左前右后"等各个方位的位置偏差。

两榀钢架间沿周边设 ϕ22mm 纵向连接筋，环向间距为 50cm，形成纵向连接体系，并及时打入锁脚锚管，锚管应与格栅焊牢，然后挂设钢筋网片，绑扎在钢架的设计位置，并与格栅钢架连接牢固，然后喷射混凝土，封闭成环。喷射混凝土时钢筋网不得晃动。

第二层钢筋网在第一层钢筋网被喷射混凝土覆盖后铺设。

喷射混凝土：主体暗挖初期支护采用 35cm 厚的 C20 喷射混凝土，采用潮喷工艺。格栅钢架安装后由下至上喷射混凝土。喷头应与受喷面垂直，距离受喷面 60～100cm，连续缓慢地做横向环形运动。

3）初期支护背后注浆

为减小地表沉降，在施工过程中要及时进行初期支护背后回填注浆；初期支护完成后，当局部有渗漏水出现时，应初支背后注浆堵水。注浆部位选择在拱部、边墙或渗水处。注浆管间距：3～5m，根据实际情况适当调整，若遇到超挖较大的时候，间距加密，以保证初支背后能够回填密实。注浆时机选择在注浆面沿开挖面方向有 3m 的成环段时，开始注浆。注浆分两次进行，第一次注浆压力达到 0.2MPa 并稳压 10min，待一段时间后二次注浆，二次注浆稳压达到 0.3MPa。

浆液类型：水泥砂浆；

配合比，水：水泥：砂＝3：1：0.8～1：1：0.8；

5.4.2 二衬施工根据暗挖车站穿越地层实际情况及监控量测反馈情况，当位移速率有明显减缓趋势，周边位移速率小于0.1～0.2mm/d或拱顶下沉速率小于0.07～0.15mm/d时，二次衬砌开始施工。

二衬施工的顺序详见"三、工程流程"。

1. 模板工程

1）顶纵梁、底纵梁模板：

张自忠站主体暗挖的底纵梁、顶纵梁根据设计形状，采用市政模板加工字钢进行加固的方式进行支搭。由于6号洞室底纵梁上部距离上部格栅最小处仅有35cm左右，没有支搭底纵梁模板的操作空间，因此在施工底纵梁前，先对所要施工的施工段格栅进行破除，破除时的顺序为：每次破除2榀格栅的初衬，不对第3榀格栅及其初衬混凝土破除，使其作为横向支撑，确保施工的安全。

底纵梁的两侧采用3块300mm宽的模板进行拼装，外面用工字钢进行加固，然后用通长钢管进行加固，每道工字钢之间的间距为1.2m，每2捣工字钢之间采用木方子竖向加固拼装好的模板；工字钢的上部要距离混凝土面有15cm的高度，以便工人在成活时的操作。

顶纵梁的模板示意图见图5.4.2-1。

顶纵梁模板采取同样的方式进行支搭和加固。在支搭顶梁模板之前，由于已经施工完的初衬距离顶纵梁有60cm左右的高度，首先要对顶梁的底部进行支搭，支搭时底部采用砌砖进行找平，然后顺顶纵梁方向搁置150mm×100mm的木方，再搁放工字钢支架。搁置完以后，要立即核实工字钢的上表面与顶梁底部的关系，根据高程适当对其进行调整，保证工字钢的上表面与设计坡度一致且水平后，将工字钢固定，然后铺设顶梁底部模板，绑扎顶梁钢筋，然后再铺设两侧模板。为预防浇筑混凝土过程中木方压缩值对模板产生沉降，对底模预留出拱度，最高点为1cm，依次往两侧柱子处递减。

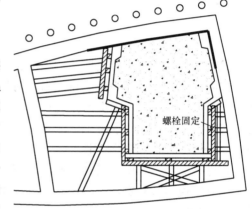

图5.4.2-1 顶纵梁模板示意图

2）侧墙模板

根据施工段的划分，首先施工二衬底板部分，然后施工剩余部分侧墙。沿南北方向将侧墙的施工划分为10个施工段，两端的侧墙及变形缝最后施工。

由于张自忠站主体暗挖侧墙断面为异形断面，因此，主体暗挖的模板不能由普通模板拼装而成，采取外加工的方式。加工后的模板厚度为5cm，模板面层厚度为5mm，模板之间采.用卡子连接。

侧墙模板的外加工长度为12.11m，外加工时将该弧段模板分为12块进行加工，每块的宽度为60cm，长度为850～1200mm，后背肋板沿圆弧方向间距为20cm，横向间距为10cm。在进行模板的外加工时，在中部位置模板预留2个混凝土注灰口，以备侧墙的混凝土浇筑顺利进行，位置在每个施工段的中部。模板之间的连接采用螺栓连接。侧墙模板的外侧支架（图5.4.2-2、图5.4.2-3）采用现场加工的方式制作，采用10mm厚的钢板进行现场制作，其后背采用Ⅰ16工字钢进行支撑，工字钢与钢

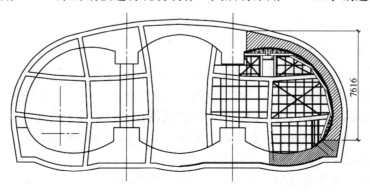

图5.4.2-2 二衬侧墙模板示意图

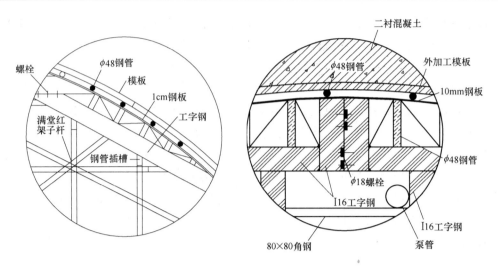

图 5.4.2-3　外侧支架细部图

板之间采用钢管桁架进行支撑。侧墙的模板拼装由下而上进行，拼装完一部分，加固一部分。侧墙模板的加固采用满堂红脚手架进行加固，满堂红脚手架的间距为 600mm，为保证工字钢的斜面支撑坚固，在制安支架时，在工字钢上面预先焊接后钢管插槽，保证模板的横向支撑。每榀支架之间采用螺栓进行连接。为保证在浇筑混凝土时侧压力的平衡，在 3 号、4 号、6 号洞室内也架设满堂红脚手架（间距为 900mm），保证支撑的稳定。

在进行侧墙第二施工段的浇筑时，第一段的模板不能拆除，后续侧墙模板沿其向上支搭，为保证第一段侧墙模板的稳定，在施工时，每隔 60cm 设置二道地锚螺栓，待该段侧墙浇筑完后另行割除。

3）中洞拱顶模板

中洞拱顶模板与侧墙模板同为外加工。每个施工段长 6m，每块模板的宽度为 60cm，后背肋板沿圆弧方向间距为 20cm，横向间距为 10cm。并在每个施工段的中部位置预留两个注灰孔。具体的外侧支架参数同侧墙模板。模板及支撑体系示意图如图 5.4.2-4。

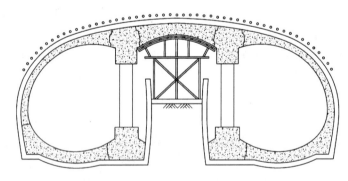

图 5.4.2-4　中洞拱顶示意图

2. 钢筋工程

钢筋质量控制措施

严把钢筋进场关：凡是进场的钢筋原材均按试验规定抽样进行复试，复试结果必须经监理审查批准。

严把审图关：专派有经验的技术人员进行审图。若钢筋过密一定要提前放样，提前采取措施。

严把加工关：控制钢筋下料成型，钢筋成型均在现场加工棚集中加工，为保证下料和成型尺寸准确，现场技术人员要亲自到加工现场进行交底，并派专人在加工现场负责监督检查钢筋的加工成型质量。锚固、接头长度要用尺检查，满足设计及规范要求。

严把绑扎关：钢筋接头质量控制，对接头进行定期抽检，并注意平时的保养。所有钢筋接头位置应符合设计及规范要求。

严把验收关：钢筋绑扎各项指标均应达到设计要求，尤其注意保护层厚度的要求。

钢筋绑扎成型后，不准踩踏，尤其是负筋部位；浇筑混凝土时，设专人随时校正钢筋位置。

3. 混凝土工程

混凝土的浇筑采用泵送的方法，底纵梁的坍落度为 160～180mm，侧墙、拱顶混凝土的坍落度为 200～220mm，混凝土施工质量控制措施：

混凝土浇筑前，清除模板内垃圾、泥土与钢筋油污等杂物，并对预埋件、预留洞、模板支设情况进行检查，特别注意排气孔和注灰孔的验收，符合要求后才能施工。

混凝土在运送过程中，采用混凝土运输车，防止漏浆与离析。

进行每次混凝土的浇筑时，提前用同等强度等级的砂浆对泵管进行润湿，并在拟浇筑混凝土的部位浇筑一层厚度为 2cm 的砂浆，以保证接茬处混凝土的外观质量。

混凝土浇筑时，自由坍落高度不得超过 2.0m，超过 2.0m 时必须用串筒浇筑混凝土。

混凝土应连续浇筑，因故必须间歇时，其允许间歇时间不得超过规定要求。

采用插入式振捣器时，捣实混凝土的移动间距，不宜大于振捣器作用半径的 1.5 倍，移动间距不宜大于其作用半径，振捣器与模板的距离，不应大于其作用半径的 0.5 倍，并应避免碰撞钢筋、模板、钢管柱预埋钢筋等，振捣器插入下层混凝土内的深度应不小于 50mm。

混凝土要及时加以养护。洞室内温度比较稳定，故采用洒水养护的方法。洒水在浇筑完混凝土后 24h 后开始，持续时间为 14d。

混凝土强度达到 70% 时，对其进行后背注浆，浆液采用同强度等级混凝土的水泥浆。

4. 钢管柱的施工

钢管柱的施工顺序：预埋柱筋→吊装钢管→阀正对中→固定钢管柱模板→绑扎钢管柱钢筋→检验垂直度→浇筑混凝土→检查垂直度。

钢管柱由专业厂家提供，钢管柱在施工中，由预埋在拱顶的预埋件作吊点进行吊装，吊至钢管柱位置后，进行找平、对中，然后固定，以保证构件的稳定性。钢管柱吊装并固定后，进行柱内绑扎钢筋，然后浇筑钢管柱子。

钢管柱的吊装允许偏差如下：

立柱中心线和基础中心线允许偏差：±5mm；

立柱顶面不平度允许偏差 ±5mm；

立柱顶面标高和设计标高允许偏差 0～20mm；

立柱不垂直度允许偏差 $L/1000$mm，最大不大于 15mm；

各柱间距离允许偏差 7mm。

各柱上下两平面相应对角线允许偏差 20mm。

钢管内的混凝土浇筑自顶部往下进行，应连续进行，每次浇筑厚度不得大于 50cm，混凝土的下落高度不得超过 2m；必须间歇时，间歇时间不应超过混凝土的终凝时间。每次浇筑混凝土前应先浇筑一层厚度为 10～20cm 的与混凝土等级相同的水泥砂浆，以免自由下落的混凝土粗骨料产生弹跳现象。

5. 劳动力组织（表 5.4.2）；

劳动力组织情况 表 5.4.2

序 号	单 项 工 程	人 数	备 注
1	管理人员	6	
2	技术人员	5	
3	导洞施工	80	
4	钢筋加工	30	
5	二衬结构施工	50	
6	合计	171	

5.5 监测量控

5.5.1 监测目的

通过施工监测可获取隧道及周围环境的准确信息，了解其变化的态势，及时监控信息的反馈分析，预测系统的变化趋势，达到指导施工、确保工期和施工安全的目的。因此，施工监测在施工中有着及其重要的作用，其监测目的为：

1. 保证施工安全。浅埋暗挖法施工对周边环境产生一定的影响，特别是大跨车站暗挖施工，施工安全性、对环境的影响程度要求更高。因此，通过及时、准确的现场监测结果判断地铁隧道结构的安全及周边环境的安全，并及时反馈施工，调整设计、施工参数，减小结构及周边环境的变形，保证施工安全。

2. 预测施工引起的地表变形。根据地表变形的发展趋势决定是否采取保护措施，并为确定经济、合理的保护措施提供依据。

3. 控制各项监测指标。根据已有的经验及规范要求，检查施工中的各项环境控制指标是否超过允许范围，并在发生环境事故时提供仲裁依据。

4. 验证支护结构设计，指导施工。地下结构设计中采用的设计原理与现场实测的结构受力、变形情况往往有一定的差异，因此，施工中及时的监测信息反馈对于设计方案的完善和修正有很大的帮助。

5. 总结工程经验，提高设计、施工技术水平，地下工程施工中结构及周边环境的受力、变形资料对于设计、施工总结经验有很大帮助。

5.5.2 施工监测项目

监测的主要范围是：站线结构物外延两侧 30m 范围内的地下、地面建筑物、构筑物、管线、地面及道路。各项观测数据相互验证，确保监测结果的可靠性，为合理确定各项施工参数提供依据，达到反馈指导施工的目的，真正做到信息化施工。

根据本工程设计资料和图纸，以及对本标段地铁沿线进行的实地调研结果，确定的监测包括三个子系统，具体见表 5.5.2。

暗挖车站监测系统及项目　　　　　　　　　　表 5.5.2

序　号	监测项目	监测仪表	监测范围	测点间距	测试精度	图例
土体稳定监测子系统	洞内、外观察	现场观察	开挖工作面、初支完成区、内衬完成区、洞口及地表	随时进行		
环境稳定监测子系统	地表沉降	水准仪	总宽为 3 倍隧道宽度，具体见图		1mm	▽
	建筑物沉降、裂缝管线沉降	水准仪	建筑物四角、管线接头		1mm	
结构稳定监测子系统	净空收敛	收敛计	每导洞一条	纵向步距<5m	0.1mm	◤
	拱顶下沉	水准仪	每导洞一条	纵向步距<5m	1mm	↓
	格栅应力	钢筋计	初支格栅钢筋内衬双向钢筋	支座、拱腰、跨中纵向间距15m	0.1MPa	▮
	围岩压力	压力盒	初支与围岩之间内衬与初支之间	同外周钢筋计位置	1.0kPa	●
	隧底隆起	水准仪	每导洞一条	纵向步距<15m	1mm	↑

5.5.3 测点布置与量测方法

1. 地表沉降

1）监测目的

地下工程开挖后，地层中的应力扰动区延伸至地表，围岩力学形态的变化在很大程度上反映于地表沉降，且地表沉降可以反映隧道开挖过程中围岩变形的全过程。

2）监测仪器

DiNi12 精密电子水准仪及其配套铟钢尺。

3）监测方法

本车站隧道周围地表沉降监测采用了测绘院既有精密水准点（点号分别为 A［130］7、A［130］8、A［130］9）作为基准点。

由于车站暗挖段穿越的是交通繁忙的平安大街，地表沉降测点只在主路的隔离带和两侧辅路上布设了 3 个断面。横断面见图 5.5.3-1。

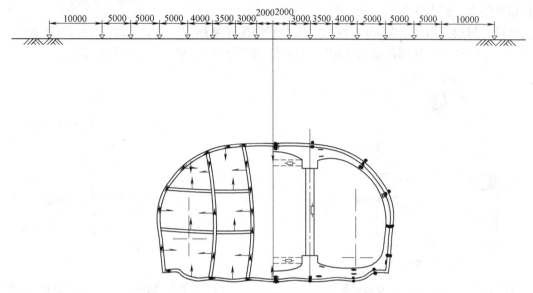

图 5.5.3-1　车站暗挖段监测横断面图

地表沉降测点的埋设时先用工程水钻在地表钻孔，然后放入沉降测点。测点采用 $\phi = 22mm$，长 $500 \sim 1500mm$ 半圆头螺纹钢筋制成。将钢筋埋入至原状土层以下，四周用水泥砂浆填实，并在地表作保护井，所有测点用红油漆标记并统一编号。

4）外业观测

在施工区域内利用已经埋设好的基准点和监测点布设一条或几条水准线路，用精密水准仪按一定周期观测监测点高程。把所得高程加以比较，来反映监测对象的沉降变化情况。

地表沉降监测采用《建筑变形测量规程》二级要求。

外业观测作业规范如下：

五固定：固定观测人员；固定观测仪器；固定观测水准尺；固定观测路线；固定观测方法。

每次观测之前将仪器露天放置 30min。

烈日下观测使用测伞；温差变化较大时使用仪器罩。

常规水准观测顺序为后前前后。

各周期观测前应进行基准点稳定性监测。

凡超出规定限差要求的成果，均应进行重测。

5）沉降值计算

地表监测基点为标准水准点（高程已知），监测时通过测得各测点与水准点（基点）的高程差 ΔH，可得到各监测点的标准高程 Δh_t，本次与上次测得高程进行比较，差值 $\Delta h_t(1, 2)\Delta$ 即为该测点的沉降值。即：

$$\Delta h_t(1, 2) = \Delta h_t(2) - \Delta h_t(1)$$

2. 净空变化

1）监测目的

隧道净空收敛监测是隧道施工中一项必不可少的监测内容。由于地下工程自身固有的错综复杂性和变异性质，传统的设计方法仅凭力学分析和强度验算难以全面、适时地反映出各种情况下支护系统的受力变化情况。围岩应力及环境条件发生变化，周边围岩及支护随之产生位移，该位移是围岩和支护力学行为变化最直接的综合反映，因此，隧道围岩位移观测具有十分重要的作用。

2）监测仪器

JSS30A 数显收敛计。

3）监测方法

测点布置断面见图 5.5.3-2。

测点埋设：材料选用 $\phi=22mm$ 螺纹钢，埋设或焊接导洞两侧，外露长度 5cm，在外露的螺纹钢头部焊接一椭圆形的铁环，并用红油漆标记统一编号。监测点布设方法详见图 5.5.3-3。

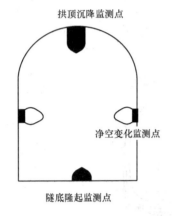

图 5.5.3-2　隧道结构变形量测示意图

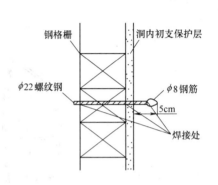

图 5.5.3-3　结构净空变形监测点布设示意图

3. 拱顶下沉

1）监测目的

监测暗挖施工时，隧道和车站初期支护结构拱顶变形状况，分析数据、总结规律，以便施工顺利、安全进行。

2）监测仪器

DiNi12 精密电子水准仪及配套铟钢尺、钢挂尺。

3）监测方法

测点布置在每条隧道的顶部，随着隧道的形成而延伸，每 5m 设一点。

测点埋设：材料选用 $\phi=22mm$ 螺纹钢，做成弯钩状埋设或焊接在拱顶，外露长度 5cm，外露部分应打磨光滑，并用红油漆标记统一编号。

4. 格栅应力

1）监测目的

了解暗挖隧道支护体系的稳定性，以便及时调整初期支护参数，保证施工安全、顺利。

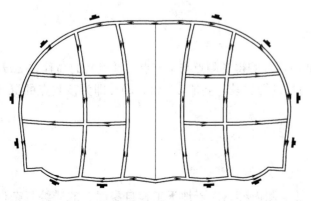

图 5.5.3-4　钢筋计和土压力盒布置示意图

2）监测仪器

GJJ-10 钢弦式钢筋应力计，ZXY-Ⅱ型频率接收仪。

3）监测方法

钢筋应力计的测点布置：按开挖工序，每步开挖分别在钢格栅内外层的对应位置布设钢筋计。根据工程和监测的实际需要，钢筋应力计布设位置见图 5.5.3-4。

量测钢筋应力计的制作与安装如下：

选择现场实际施作的钢格栅作为内力量测的对象，将钢筋应力计焊接替换原来长 200mm 主筋，以便量测准确的内力值。具体步骤为：

在选择的钢格栅主筋上定点划线；

钢筋应力计在施工现场加工好的钢格栅上现场焊接，焊接时应将钢筋与钢筋应力计的连接杆对准后采用对接法焊接在一起，为了保证焊接强度，在焊接处需加焊帮条，并涂沥青，包上麻布，以便与混凝土分开。

为了避免焊接时仪器温度过高而损坏仪器，焊接时仪器要包上湿棉纱并不断在棉纱上浇冷水，直至焊接完毕后钢筋冷却到一定温度为止，焊接在发黑（未冷却）之前，切记浇上冷水，焊接过程中仪器测出的温度应低于 60℃。

焊接工序完成后，将电缆环绕主筋一圈，以防因混凝土的收缩而使电缆破坏。

沿主筋均匀放线并绑扎电缆，保证所有引出线齐头，捆扎后待接测量仪器。

量测实施与要求：

调零与标定。在钢筋计安设之前校核，读各仪器的 F0；

钢筋应力计安设完毕后，进行初始读数；

根据施工工序，定时量测。在仪器埋设后 1～7d 内，每天量测 2 次；埋设后 8～15d 时量测为 1 次/d；埋设后 15～30d 时量测为 1 次/2d；埋设 30d 以后，量测为 1 次/3d。

量测记录、计算及分析：分别绘制钢筋计测点频率、受力及换算后的结构受力曲线，及时记录施工工序，形成一整套合理的变形、受力规律。

5. 围岩压力

1）监测目的

了解暗挖施工过程中开挖卸载变化规律情况指导反馈施工。

2）监测仪器

TYJ-20 型振弦式土压力盒及 ZXY-2 型频率读数仪。

3）监测方法

土压力盒布设：

在暗挖隧洞初结构外布设土压力盒，测试暗挖隧洞开挖过程中的受力情况，分析施工中的安全性。考虑到结构受力关键位置及测点埋设的可行性，在各部开挖小断面的拱部、拱腰及拱脚分别布设压力盒，压力盒在每步开挖后分别埋设。

暗挖隧洞压力盒的安设比较简单，要使压力盒面向着围岩，根据实际围岩情况，采用木板支撑和十字钢筋托盘将压力盒紧贴围岩面，保证围岩与压力盒的密贴性。然后谨慎施作喷混凝土层，不要使喷混凝土与压力盒之间有间隙。引线要沿着格栅主筋顺沿到拱脚一起引出，并在压力盒引出处留有一定的收缩线，线头用仪器盒装好悬挂于侧墙上，注意防水，左右两侧分开引线。

测量与计算：

土压力盒量测实施与要求：

调零与标定，在压力盒安设之前校核；

压力盒安设完毕后，进行初始读数；

根据施工的每道工序，定时量测，并加强与其他监测项目的校核。

量测记录、计算及分析，分别绘制测点频率、受力及换算后的结构受力曲线，及时记录施工工序，形成一整套合理的变形、受力规律。

6. 管线监测

1）监测目的

在地下工程的修建中，地中荷载的改变可引起地面不均匀下沉。不均匀下沉将造成地下管线的变形和破坏，因此应予以严格控制。特别是对于上水、热力等重要管线，其受施工的影响程度相当重要。

2）监测仪器

DiNi12精密电子水准仪及配套钢尺。

3）监测方法

本标段管线由于一般都埋于地下1～10m处，要对它进行接触量测则必须将覆土挖开，在人员和交通密集的繁华城区，对环境和交通影响较大。因此，本项目结合现场情况拟采用以下两种测试方法：

对于有条件的地方可在管线上方采用工程水钻和洛阳铲钻孔至管线外顶（钻孔时注意不要破坏管线）。采用$\phi16(\phi18)$mm螺纹钢筋埋入孔中，钢筋顶部应磨成光滑的凸型球面并稍低于地表，再在其外加套管、井盖（套管上口与地面平齐）。

对于条件不允许的地方可采用间接测试法，用监测管线上方地表沉降代替管线沉降，即通过从地表打入1～2m钢筋进行监测。

4）沉降计算

沉降值的计算与地表的沉降计算相同，管线的允许最大变形值要请管线业主单位提出或审定。

7. 隧底隆起

1）监测目的

监测暗挖施工时，隧道初期支护结构拱顶变形状况，分析数据、总结规律，以便施工顺利、安全进行。

2）监测仪器

DiNi12精密电子水准仪及其配套钢尺。

3）监测方法

测点布置：

暗挖沿隧道前进方向每10m布设一个监测点。

测点埋设：

材料选用螺纹钢（$\phi=22$mm）埋设或焊接在初支格栅上，监测点应外露1cm，外露部分应打磨光滑，以减少与尺面接触不均匀的误差，用红油漆标记统一编号。

5.5.4 监控流程

1. 组织机构

严格按照批准的技术方案执行，服从监理工程师的监督检查，坚持负责人签字制度，确保观测质量，确保仪器、人员安全。为能够及时准确的对本项工程的所有监测项目进行监测，对工程施工中相关的所有监测实行动态管理，确保工程顺利进行，建立监测管理体系图5.5.4-1。

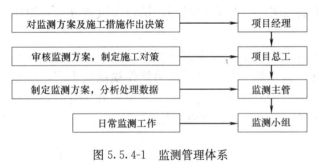

图5.5.4-1　监测管理体系

2. 监测数据处理及信息反馈

监测数据的整理分析反馈的方法和内容通常包括监测资料的采集、整理、分析、反馈及评判决策等方面。

1）数据采集

通过现场监测取得的数据和与之相关的其他资料的搜集、记录等。有的仪器（如水准仪、测斜仪等）需人工读数、记录，然后将实测数据输入计算机，有的仪器（如全站仪）则自动数据采集，并将量测值自动传输到数据库管理系统。

2）数据整理

每次观测后应立即对原始观测数据进行校核和整理，包括原始观测值的检验、物理量的计算、填表制图，异常值的剔除、初步分析和整编等，并将检验过的数据输入计算机的数据库管理系统。

3）数据分析

采用比较法、作图法和数学、物理模型，分析各监测物理量值大小、变化规律、发展趋势，以便对工程的安全状态和应采取的措施进行评估决策。绘制时间位移曲线散点图和距离位移曲线散点图，如图时间-位移曲线和距离-位移曲线。如果位移的变化随时间（或距掌子面距离）而渐趋稳定，说明围岩处于稳定状态，支护系统是有效、可靠的，如图 5.5.4-2 中的正常曲线。图中的反常曲线中，出现了反弯点，这说明位移出现反常的急骤增长现象，表明围岩和支护已呈不稳定状态，应立即采取相应的工程措施。

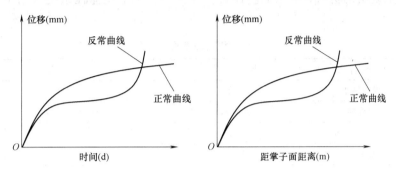

图 5.5.4-2　时间-位移曲线和距离-位移曲线图

在取得足够的数据后，还应根据散点图的数据分布状况，选择合适的函数，对监测结果进行回归分析，以预测该测点可能出现的最大位移值，预测结构和建筑物的安全状况。

4) 安全预报和反馈

根据北京地铁施工经验、本工程的特点、设计要求，并参考有关规范规定，确定本工程施工量测控制值和预警值，见表 5.5.4-1。

施工监测管理基准值　　　　　　　　　　　　　　　　　表 5.5.4-1

序　号	项　　　目	预警值(mm)	控制值(mm)	位移速率控制(mm/d)
车站暗挖段	地表沉降	40	50	3
	拱顶沉降	40	50	3
	净空收敛	20	30	3
	管线沉降	$2/3U_n$	$\Delta \leqslant 6mm$	—
	建筑物沉降	$2/3U_n$	桩基础≤10 天然地基≤30	2

注：U_0—实测位移值。

全部监测数据由计算机处理后，及时上报监测周报表，并按期向有关单位提交监测月报，同时附上相应的测点位移时态曲线图，对当月的施工情况进行评价并提出施工建议。并根据当前的施工方法修改监测方案，提高监测数据的可靠性和及时性。

5) 监测信息管理

由于本工程的难度较大，监测后的各种监测数据应及时进行整理分析，判断其稳定性并及时反馈到施工中去指导施工。根据既有成功经验，推荐《铁路隧道喷锚构筑法技术规则》（TBJ 108—92）的Ⅲ级管理并配合位移速率作为监测管理基准，见位移管理等级表 5.5.4-2，Ⅲ级监测管理图 5.5.4-3。

位移管理等级　　　　　表 5.5.4-2

管理等级	管 理 位 移	施 工 状 态
Ⅲ	$U_0 < U_{n/3}$	可正常施工
Ⅱ	$U_{n/3} \leqslant U_0 < (2U_{n/3})$	应加强支护
Ⅰ	$U_0 > (2U_{n/3})$	应采取特殊措施

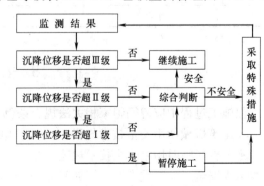

图 5.5.4-3　Ⅲ级监测管理

6. 材料与设备

本工法无需特别说明的材料。应用的新设备主要为一整套电视监控系统（用于对掌子面的全方位监控）。见表 6。

机具设备表 表 6

序号	设备名称	设备型号	单位	数量	用　途
1	异性钻机	DD-20	台	3	大管棚钻孔
2	双液注浆泵	HFV-5D	台	4	注浆
3	混凝土喷射机	PZ-5B	台	2	喷射混凝土
4	钢筋弯曲机	GW40	台	1	钢筋加工
5	钢筋切断机	GJ40	台	1	钢筋加工
6	电焊机	BX-300	台	1	钢筋加工
7	搅浆筒		个	4	制备浆液
8	装载机	ZL50	台	2	运土
9	注浆泵	KBY-50/70	台	1	回填注浆
10	通风机	SDFN0.6.5	台	6	隧道通风
11	混凝土输送泵	HB-30D	台	2	灌筑混凝土

7. 质量控制

施工中质量控制重点为钢格栅的焊接搭界长度、锚喷厚度、二衬施工中的支撑体系转换。施工中应严格按照方案、规范进行，同时做好监测量控工作，指导施工，监测数据应及时整理分析，一般情况下，应每周报一次，特殊情况下，每天报送一次。监测报告应包括阶段变形值、变形速率、累计值，并绘制沉降槽曲线、历时曲线等，作必要的回归分析，及对监测结果进行评价。当沉降、变形超出范围时，立即采取措施改正。

导洞允许偏差表 表 7

序号	项　目	允许偏差(mm)	检查频率	检验方法
1	中线	±10		用钢尺
2	标高	±10		用水平仪
3	同步	±30	每榀格栅	用钢尺
4	环向闭合	±50		用钢尺
5	垂直度	20		线坠、钢卷尺

8. 安全措施

工程施工过程中应遵循国家相关法规、条例，《中华人民共和国建筑法》、《建设工程安全生产管理条例》、《建筑机械使用安全技术规程》、《安全电压》、《北京市市政基础设施工程暗挖施工安全技术规范》、《施工现场临时用电安全技术规范》等。

本工程安全工作的重点在暗挖初衬施工、二衬施工中的支撑体系转换。这两项施工过程中，必须严格按照程序进行，并同时加强监测量控。当沉降、变形超出范围时，立即采取措施改正。

8.1 开工前,技术部门应对施工区域做好调查研究,了解施工区域内原有地下建筑物,地下管线,地面建筑物及其他设施的资料,按要求对需拆迁改移的进行拆迁改移,需悬吊保护的,提出施工方案,征得监理工程师同意,妥善保护后方可进行开挖。

8.2 暗挖施工前应充分了解工程地质、水文地质勘测资料,对影响暗挖的水源的治理,以及洞室穿过复杂的不良地段的安全技术措施,编写实施性施工组织设计,报监理工程师审批,并按批准的方案,科学地组织施工。

8.3 坚持先护顶后开挖的原则施工:采用超前小导管预注浆加固措施,在特殊地段采用大管棚施工。通过试验确定注浆的压力、配合比、浓度、固结范围,保证注浆能够达到预期的目的。

8.4 施工时严格按照:"管超前、严注浆、短开挖、强支护、快封闭、勤量测"的原则进行。

8.5 严格控制每循环进尺,开挖成形后及时进行初期支护,确保工序衔接,尽早施做仰拱封闭成环,以改善受力条件。

8.6 随时注意观察掌子面的情况,发现地质情况变化,及时采取相应处理措施,保证施工安全有序的进行。

8.7 加强监测:开挖初期支护后,量测拱顶下沉及边墙收敛、地面下沉与隆起、格栅钢架内力,及时对数据进行分析,发现异常情况立即上报,并采取相应防治措施。

8.8 加强通风、照明、防尘和防止有害气体,保护环境卫生。禁止将任何汽油动力设备置于洞室内或在洞室内使用,任何情况下都不允许汽油运到洞内。采用机械通风,施工中配备有害气体的监测、报警装置,一旦发现毒气,应立即停止作业并疏散人员,同时立即把情况以书面形式汇报给监理工程师,并作出处理方案,处理后方能复工。

8.9 暗挖段开挖前应根据埋深、围岩类别、地理环境、开挖断面和施工方法,按设计要求确定量测项目,制定监控量测方案,并上报监理工程师审批。根据监控量测的信息反馈,采取相应措施,改变施工方法或调整设计参数,确保施工安全。

9. 环 保 措 施

9.1 建立施工环境卫生管理体系,对施工场地进行详细测量,编制出详细的场地布置图,合理布置施工场地生产、办公设施布置在征地红线以内,保护自然环境,并且按图布置的施工场地围挡及临时设施考虑到同周围环境协调性。

9.2 保持环境卫生

9.2.1 施工场地采用硬式围挡,施工区的材料堆放、材料加工、出碴及出料口等场地均设置围挡封闭。施工现场以外的公用场地禁止堆放材料、工具、建筑垃圾等。弃渣运至指定的弃渣场,严禁任意弃渣。建筑垃圾应及时清理,运至指定地点。场地出口设洗车槽,并设专人对所有出场地的车辆进行冲洗,严禁遗洒,运碴车辆,碴土应低于槽帮 10cm 并用苫布等覆盖,严防落土掉碴污染道路,影响环境。

9.2.2 落实"门前三包"责任制,保持施工区和生活区的环境卫生及时清理垃圾,运至指定地点进行掩埋或焚烧处理,生活区设置化粪设备,生活污水和大小便经化粪设备处理后才能排入市政污水管道。

9.2.3 工程车辆的行驶路线和时间要严格遵守交管部门的要求,禁止超载、超高、超速行驶,对工地周围的道路派专人清扫,保持周边环境的整洁。

9.2.4 燃料、燃油必须采用专用车辆运输,并要有专人负责保护。

9.3 施工噪声及灯光控制

9.3.1 优先选用先进的环保机械。采取空压机房外墙加铺吸声材料,邻近空压机房处围挡设立隔声墙,电动葫芦设置隔声罩等消声措施,控制施工噪声,确保离开施工作业区边界 30m 处噪声小于

70dB，撞击噪声最大不超过 90dB。同时尽可能避免夜间施工。

9.3.2 合理安排施工作业、重型运输车辆的运行时间，避开噪声敏感时段；较高噪声、较高振动的施工作业尽量安排在环境噪声值较高的白天施工；禁止施工人员在居民区附近和夜间施工时高声喧哗，避免人为噪声扰民。

9.3.3 工程施工期间，严格按照国家和北京市有关法规要求，控制噪声、振动对周围地区建筑物及居民的影响。施工噪声遵守《建筑施工场界噪声限值》GB 12523—90，施工振动对环境的影响遵守《城市区域环境振动标准》GB 10070—88。

9.3.4 夜间施工经批准领取"夜间施工许可证"或"昼夜施工许可证"，并采取上述措施减少噪声扰民；同时，在夜间施工时，严禁大声喧哗，装卸物料及码放时轻拿轻放。

9.3.5 夜间施工光源如铲车、汽车灯光及施工照明灯不直接对居民房，并采取有效措施避免直接照射。

9.4 内燃机械空气污染控制

优先选用电动机械，尽量减少内燃机械对空气的污染。

9.5 施工污水处理

防止地表水、地下水污染的措施。场内设沉淀池和冲洗池，并做好污水的排放处理：

9.5.1 所有的生活或其他污水分别处理后方可经排水渠排入市政排水管网。

9.5.2 设置沉淀池，使清洗机械和运输车的废水经沉淀后，方可排入市政污水管线，废浆和淤泥应使用封闭的车辆进行运输。

9.5.3 现场存放油料的库房，必须进行防渗漏处理。储存和使用都要采取措施，防止跑、冒、滴、漏，污染水体。

9.5.4 施工现场临时食堂，用餐人数在 100 人以上的，应设置简易有效的隔油池，加强管理，定期掏油，防止污染。

9.6 施工粉尘控制

9.6.1 做到施工场地硬地化，要定期向地面的洒水，减少灰尘对周围环境的污染。每天安排专人清扫工地和道路，保持工地和所有场地道路的清洁；施工现场每天洒水两次。

9.6.2 施工场地内的汽车车速减至 8km/h，推土机的推土速度减至 8km/h；

9.6.3 砂、石等散状材料在搬运过程中应洒水，装卸前应用固定喷管系统喷水湿润。水泥尽量采用散装水泥，从罐车卸载到水泥储存罐塔内，出口设有袋式过滤器。

9.6.4 运载散体、流体的车辆有防护措施，封闭缝隙，做到沿途不漏洒飞扬，运土车出场前，车体特别是车轮要清扫干净，装载高度符合不遗洒要求。

9.6.5 砂石料堆放应避免敞开存放。

9.6.6 在工地不得安装锅炉、炉具，不得使用可能产生烟尘的燃料，不得在工地焚烧残物和废料。禁止在施工现场烧有毒、有害和有恶臭气味的物质。

9.6.7 拆除临时设施时，及时洒水，减小扬尘污染。

9.6.8 空气总悬浮颗粒物（TSP）的浓度限值为日平均 $300\mu g/m^3$。

9.6.9 在喷射混凝土后及时洒水降尘，满足规范要求。隧道内每立方空气中含 10％以上游离 SiO_2 粉尘不超过 2mg，有害气体 CO 含量 $30mg/m^3$，CO_2 按体积计不大于 5‰，NO_2 含量不大于 $5mg/m^3$，氧气含量按体积比不小于 20％。

9.7 地下管线保护

对施工中遇到的各种管线，先探明后施工，并做好地下管线抢修预案。妥善保护各类地下管线，确保城市公共设施的安全。施工方法和保护管线的措施应报业主审批同意后实施。

9.8 既有交通设施保护

施工场地位于繁华的市区，施工中尽量不破坏原有设施和影响行车。

9.9　环境绿化

9.9.1　对门前屋后凡可进行绿化的地点均进行临时种植花草树木，并由专人挂牌维护管理，增加现场的美观。

9.9.2　工程竣工后搞好地面恢复，恢复原有植被，防止水土流失，保持城市原有环境风貌的完整和美观。

9.10　文物保护及其他

加强全员文物保护意识教育，做到不损坏文物，对施工中发现地下文物，必须停工并及时上报文物主管部门，配合文物管理部门做好文物保护工作，待完全处理后方可恢复施工。

10. 效 益 分 析

北京地铁 5 号线张自忠路车站所在的平安大街现况道路交通繁忙，地上地下建（构）筑物多。采用该工法成功地将车站地表沉降值控制在 45mm 以内，施工中没有对地面道路交通、地上地下建（构）筑物及环境造成影响。

经济与社会效益：

10.1　科技成果转化所产生的直接经济效益为 698 万元。

10.2　主体结构部分与明挖法比交通导改费用节省 540 万元，与盖挖法比节省 320 万，管线改移费用节省 1040 万。

10.3　该工法中的变位控制成套技术已全面在北京市政建设集团有限责任公司承建的地铁 5、4、10、机场线 9 个标段，造价近 8 亿元的工程中得到全面推广；另外基于技术交流，也辐射到其他兄弟单位承建的北京地铁施工以及国内地下工程施工领域。

10.4　应用该工法，成功修建了国内外第一座单拱流线型双侧洞法地铁车站，填补了空白，在业界引起了反响并突破了传统理念，该工法在北京地区以及国内地下工程界必将逐步全面推广。

11. 应 用 实 例

北京地铁五号线 08 标张自忠路站，位于平安大街与东四北大街相交的十字路口偏东一侧，南北走向，为地下岛式车站，车站主体结构外轮廓纵向剖面呈"凹"字形。平安大街南北两端为三层明挖结构，中间过平安大街为单层暗挖结构。车站暗挖段为单拱三跨两柱单层结构，设计开挖跨度为 23.86m，开挖高度 10.64m，长 68.6m。高跨比仅为 0.45。上部覆土厚度为 11.2m，埋深浅，跨度大，覆跨比为 0.46。是采用浅埋地铁单拱双柱双侧洞法施工工法修建的工程，该工程于 2004 年 6 月 1 日开工，2005 年 12 月 20 日竣工。

在目前国内检索范围内，采用浅埋地铁单拱双柱双侧洞法工法施工的地铁车站单拱跨度大于 20m，未见文献报道。

深立井井筒冻结工法

YJGF042—2006

中煤第一建设公司

蒲耀年　杨维好　梁洪振　郭永富　李志清

1. 前　　言

根据热力学原理，利用制冷机组，进行热功转换，从被冷冻的物质中抽取热量，使其逐步降温达到预定温度的一种工艺方法。

将冻结法这一原理应用于地下岩土工程，进行人工冻土，在国际上已有 130 多年的历史。在我国也有五十多年，所开凿的井筒冻结深度由最初的百米到目前的 560 多米，表土深度由最初的 50 多米达到了 525 米，已成为煤炭行业通过特殊地层的主要施工方法，随着冻结技术的发展，它已逐步应用于公路、桥梁、隧道、地铁等行业，成为解决特殊地质条件下，进行地下工程施工的主要施工工法。

2. 工法的特点

利用水冻结成冰这一现象，通过制冷机组及其他辅助设施，在井筒周围冻结形成一个不透水的筒状冻结壁，井筒开挖在冻结壁的保护下进行，这一工法的显著特点如下：

2.1 极大地改善了井筒施工条件

因冻结壁隔断了地下水与井筒开挖工作面的联系，使井筒掘进工作环境大为改观，取消了排水设施，省去了排水费用，改善了施工环境。

2.2 解决了普通法凿井难以解决的问题

当井筒地质条件复杂，井筒穿过流砂、淤泥、深厚黏土等不稳定地层，采取其他施工方法难以通过时，冻结法是顺利通过特殊地层的最有效手段。

2.3 极大地提高掘进速度

因井筒掘砌环境的改善，排水等辅助设施的取消，使井筒掘进速度大为提高。

2.4 适用范围广

利用冻结原理，该工法可广泛应用于地铁、桥涵、港口、深基础及其他地下工程建设中。

3. 适 用 范 围

（1）冻结法主要应用于地层条件复杂，地层松软，有流砂及淤泥等特殊不稳定地层，用普通法无法进行地下工程施工的地层。

（2）地质条件及地下水流速、流向是冻结法施工设计的两个主要参考指标。常规冻结一般要求地下水流速度小于 10m/d，流速大时可采取加密冻结孔等措施来实施冻结。

（3）根据冻结法原理，目前该工法成功地应用于煤炭、水利、交通、地铁、桥涵、港口、深基础等地下工程建设中，为特殊地质条件下工程建设的可靠工法。

4. 工 艺 原 理

制冷工艺包括：a. 盐水循环系统；b. 氨循环系统；c. 冷却水循环系统。

4.1 盐水循环系统

利用水的低温结冰性质，在立井井筒周围一定范围内施工钻孔（冻结孔），孔深为所需冻深，然后在钻孔内下置冻结器（冻结管、供液管等组成），经过冻结站降温的低温盐水（－20～－35℃的氯化钙水溶液）经管路输送，抵达冻结器底部，沿冻结管与供液管之间的环状空间上升，此时低温盐水吸收地层传给冻结管的热量，使低温盐水逐步升温，并返回到冻结站，进行再次冷却，这就是盐水循环系统。低温盐水吸收冻结管传来的热量，使冻结管四周温度逐步降低，结冰范围逐步扩大形成冻结圆柱，各个冻结圆柱不断扩展，两两相连，形成一封闭的具有一定厚度和强度的冻结壁。当冻结管的强度与厚度达到设计要求后，井筒即可开挖。井筒在冻结壁的保护下安全施工。

4.2 冷却水系统

在冷凝器中，冷却水不断地流过冷凝器，吸收内部氨相态变化所放出的热量，并使冷却水水温升高，这就是冷却水循环系统。

综上所述，冻结法凿井的基本原理，就是盐水从地层中吸收热量，并将其热量传递给氨，氨经压缩机压缩后，将这部分热量传递给冷却水，最后由冷却水把热量散发到大自然中。这样通过三大循环，逐步地将地层降温并冻结，形成所需之冻结壁。

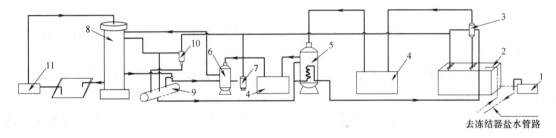

图 4.1　冻结法凿井工艺流程图

1—盐水泵；2—蒸发器；3—氨液分离器；4—压缩机；5—中间冷却器；6—油氨分离器；
7—集油器；8—冷凝器；9—氨贮液桶；10—空气分离器；11—冷却水泵

5. 工艺流程及操作要点

5.1 工艺流程（图5.1）

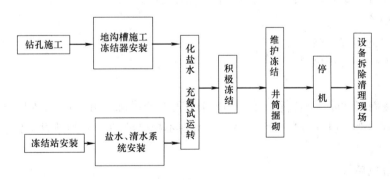

图 5.1　工艺流程图

5.2 设计施工要点

（1）根据地质及水文地质资料，全面掌握井筒所穿过的地层特性、地下水的流速与流向、冻结段终止位置的地层特点。根据地层结构、地下水流速大小及冻结终止部位的地层含水状况等资料编制施工组织设计。对于地下水流速较大的地层，可分别采取减少冻结孔间距、加大冻结管直径或布置双圈孔等措施以克服水流的冷量散失。对于冻结段终止的地层必须是不透水的稳定基岩，否则会使冻结段下部出水，造成透水事故。

（2）冻结孔施工要重点把握冻结孔开孔位置准确，各水平钻孔偏斜率及间距不许超过设计值。

（3）冻结管打压试漏合格，深度达到设计要求，并根据测斜情况绘制各水平冻结交圈图以备后用。

（4）冻结站各设备管路安装完毕后，进行氨系统、盐水系统、冷却水系统的打压试漏工作，做到不渗不漏，设备单台及联合试运行正常。

（5）根据地下水流向，确定好冻结水源井的位置，以水井抽水不影响井筒冻结为原则，要求冻结水源井应距井筒水流上游300m以上。盐水比重应达到设计要求。首次充氨量宜适量，随着盐水温度的降低，系统液氨须不断地加以补充。

（6）试运转开机时要掌握系统中各压力、温度的变化应在正常指标的范围之内，如有异常要及时加以处理。

（7）随着制冷系统的运行，盐水温度逐渐降低，地层温度也随之而降，此时应加强冻结器及测温孔温度的监测。冻结器应检查每根冻结管的盐水流量及去、回路温度，查看冻结器结霜情况，了解冻结器的运行。测温孔应每天测量记录，收集原始温度数据，掌握各地层冻结发展状况，及时分析异常数据。

（8）开机20d后，对各个冻结器进行纵向测温，从而全面掌握每个冻结器的运行状况及各水平地层的冻土发展情况。

（9）开机后应对井内水文孔及井外参考水井的水位进行每日观测，记录水文孔水位变化，掌握含水地层的冻结交圈时间。

（10）当井内水文孔冒水，并经测温孔温度计算，冻结壁厚度、强度达到设计值时，开始井筒掘进。

（11）当井筒掘进距设计冻结深度剩5～8m时，停止掘进，进行套内壁作业。当复壁正常，并经测温孔计算冻结壁可以满足复壁施工时，即可停止冻结运转，复壁工作结束后，可以进行下一步冻结站拆除及现场清理工作。

6. 材料与设备

立井井筒冻结设备主要分两类：即打钻设备与冻结设备。

6.1 打钻设备

目前，国内常用的打钻设备，有DZJ-500/1000型、TSJ-2000E型等钻机，与之配套的有TBW-850/50型、TBW-120/TB型泥浆泵。

6.2 测斜设备

常用的有灯光测斜仪和陀螺测斜仪。灯光测斜仪适用于浅冻结孔，陀螺测斜仪为目前使用的较多的测斜仪。其中JDT-3型、JDT-5A型测斜仪均可实现不提钻测斜，所测结果可以自动打印。

6.3 冻结设备

主机及附属设备包括：

（1）主机

主要有氨工质的8AS-12.5、8AS-17、8AS-25等活塞式压缩机，螺杆机有25CF、KA20C等。

（2）附属设备

主要有冷凝器、蒸发器、中冷器、油分器、储液器、盐水泵、清水泵等设备、管路、阀门。

6.4 劳动组织

（1）劳动组织安排，见图6.4

（2）打钻管理辅助人员配备情况（见表6.4-1）

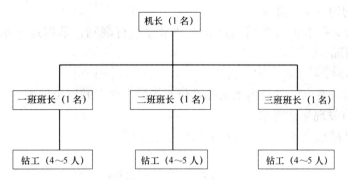

图 6.4　一台钻机劳动组织图

打钻管理辅助人员配备表 表 6.4-1

项目经理	项目副经理	电测	机电人员	会计	材料保管	司机	后勤	合计
1人	2人	4~8人	4~6人	1人	1人	1人	3~4人	17~24人

（3）冻结人员配备情况（见表 6.4-2）

冻结人员配备表 表 6.4-2

项目经理	项目副经理	冻结站长技术人员	班长	冻氨工	机电人员	会计	材料保管	司机	后勤	合计
1人	2人	4人	5人	15~30人	10~16人	1人	1人	1人	3~4人	43~65人

7. 质 量 控 制

7.1　钻孔施工质量要求

（1）钻孔偏斜：

在冲积层中要求偏斜率<0.3%，基岩段<0.5%。钻孔孔间距：冲积层<3m、基岩段<5m。

（2）冻结管下置深度误差<0.5m，开孔误差<0.05m。

（3）冻结管下置完毕后进行打压试验，以确保冻结管不渗不漏。试验压力公式为

$$P=P_1+2(d-1)H/10$$

式中　P_1——盐水泵压（kg/cm²）；

　　　d——盐水比重；

　　　H——冻结管深度（m）。

7.2　冻结施工质量要求

（1）冻结站安装应严格按设计图纸施工。冻结站安装完毕后，对氨系统进行打压试漏试验压力：高压系统 18kg/cm²；中压 14kg/cm²；低压 12kg/cm²；观察 24h，压力降<0.2kg/cm² 为合格。

（2）开机前，对三大循环系统从单台设备、单个系统到整体系统进行逐步试运行，确认各系统运行良好后方可进行化盐水、充氨等最后工序。

（3）冻结站盐水降温在 0℃以上，每天不得超过 5℃，盐水达到 0℃以下时，每天不少于 2℃，一般在开机 40~60d 后，盐水温度应达到设计值。

（4）冻结站开机后，其冻结器的检查工作是冻结工程的重点，为此，加强对冻结器运行状况的检查和对测温孔数据的分析是确保冻结成败的关键。

开机后，应重点检查：

a. 冻结孔各孔流量不小于设计值。

b. 冻结孔纵向温度自上而下，比较均匀无突变点现象

c. 测温孔温度应均匀下降，降幅一般为 0.2～0.5℃/d。

（5）开机后应对水文孔水位及井筒四周参考井水位进行观测，掌握地下水位与井筒内水位变化，以及了解冻结壁交圈情况。

（6）冻结壁交圈检验：

a. 当经过水文孔水位观察，井筒内水文孔水位有规律上涨，并冒出地面。

b. 冻结器检查没有发现异常现象。

c. 测温孔推算冻结壁已交圈时，可以认为冻结壁已交圈。

8. 施工安全措施

本工法除严格遵守《煤矿安全规程》、《矿山井巷工程施工及验收规范》等规程、规定之外，为保证工法的顺利实施，还应注意的主要安全措施有：

8.1 打钻部分

（1）安、拆钻塔要有专人统一指挥，有秩序的进行，严禁塔上、塔下平行作业。

（2）高空作业人员要戴安全帽，系安全带，穿防滑鞋，所用工具要用工具包接送，防止坠物伤人。

（3）钻孔期间要严格按照操作规程作业，并做好防雷、防火等防护工作。

8.2 冻结部分

（1）加强各种设备、管路的巡查，杜绝氨、盐水、油的跑、冒、滴、漏现象，各种压力容器按有关规定进行试验。

（2）冻结站内要做好防火、防爆、防毒等安全防护工作。冻结制冷操作人员要有防毒面具、橡胶手套等防护用品。

（3）冬期施工不得赤手触及金属物件，场地周围应采取防滑措施，供水管路采用保温材料包扎，当停止供水时，应及时将设备和管路内的水放净。雨期施工时，应了解当地情况，要安装避雷针，连接好接地极。

9. 节能环保

深立井井筒冻结施工工法无污染，对周围环境大气、土壤、地下水没有有害影响，是本世纪地下工程防止水首选的绿色环保施工方法。本工法对冷却水系统进行改进，相比其他施工工法可以节省了大量水，同时选用新型高效的冷冻机，可以节省电费，符合国家节能降耗的方针。

10. 效 益 分 析

冻结法凿井主要用于特殊地层条件下的井筒掘进，在冲积层较深，地层含流砂、淤泥等条件，采用普通施工方法难以通过时采用，它是目前煤矿立井井筒穿过特殊地层的最主要、最有效、最可靠的施工方法。虽然冻结法施工成本较高，但综合考虑工期、质量、施工速度等因素，冻结法在特殊地质条件下具有明显的优越性，就目前而言，若一个井筒要穿过赋存在 300m 以下的富水厚砂层，或 350m 以下的厚黏土层，采用其他施工工艺可能无法通过，但是采用冻结法施工，就变得不怎么复杂，施工速度快，效益好，所以立井井筒冻结法凿井是解决复杂地质条件下井筒顺利掘进的有效工法，随着冻结法施工技术的发展，冻结法凿井必将成为我国建井行业的主要工艺。

11. 应 用 实 例

我国冻结法施工已有 50 多年的成功经验，所建成的井筒也有 600 多个。工程应用实例如下：

（1）郭屯煤矿隶属于山东鲁能集团菏泽煤电公司，设计生产能力 240 万 t/年。郭屯煤矿主井表土层埋深 587.5m，强风化带底板埋深 609.8m，弱风化带底板埋深 614.0m，冻结深度为 702m，为国内目前完成的冻结最深纪录。中煤第一建设公司特殊凿井处勇于创新、开展深立井冻结关键技术研究，运用立井井筒冻结施工工法，安全、顺利完成国内最深冻结工程。

（2）继郭屯主井 702m 深井冻结成功之后，又承担口孜东煤矿风井井筒冻结工程。该矿风井表土层厚度 573.2m，冻结深度 626m，井筒净直径 7.5m。表土深，净径大、地压大，冻土蠕变性大，地质条件极其复杂。由于采用深立井冻结工法，口孜东煤矿风井井筒达到提前开挖，目前井筒冻结掘砌施工顺利。

（3）山东郓北煤矿副井冻结工程，副井表土层厚度为 536.63m，冻结深度为 590m。中煤第一建设公司特殊凿井处承担该矿副井冻结工程，采用立井冻结工法，在总结郭屯 702m 冻结关键技术研究的基础上，又不断创新，攻克技术难题。该冻结工程已于 2006 年 11 月 6 日开机冻结，目前该井筒已挖至井深 300m，未出现任何问题。

深厚表土层冻结井高强高性能混凝土井壁施工工法

YJGF043—2006

中煤第三建设（集团）有限责任公司

徐辉东　方体利　潘声杰　王敏建　刘宁

1. 前　　言

随着深部煤炭资源的不断开发，我国新建井筒所穿越的第四纪表土层越来越厚，特别是黄淮海地区，即将开采的煤田所穿越的表土层厚度逐步向 500～700m 过渡。

当井筒采用冻结法施工穿过深厚表土时，普通的钢筋混凝土井壁难以承受巨大的地压、建井期间的冻结压力和井筒使用期间的负摩擦力。研究表明：如将混凝土强度提高 5MPa，则井壁的极限承载能力可提高 10％～15％。如将现在普遍使用的混凝土强度等级由 C40～C50 提高到 C70 级以上，井壁的极限承载能力将有大幅度提高，可以减少建井投资，加快施工速度。因此，近年新建矿井中，立井井筒井壁越来越多的采用高强高性能混凝土，因其本身致密、耐久性良好，有利于防止井壁在建设和使用过程中的破坏，如何优质高效地施工井筒井壁是保证工程顺利实施的关键。

我单位与中国矿业大学、河海大学联合，对深厚表土层冻结井井壁高强高性能混凝土的研究与应用进行了科研攻关，并先后施工了济西生建煤矿主井，冻结深度 480m，混凝土最高强度等级 C60，为当时在建冻结最深、混凝土强度等级最高的矿井井筒，获煤炭行业优质工程；山东省龙固煤矿副井井筒是目前国内已施工难度最大，设计最复杂的矿井之一。它具有以下几个特点：1）表土层（567.7m）最厚，冻结深度（650m）最深；2）黏土层层多而厚，仅单巨厚黏土层就有四层，最厚一层黏土层厚度达 79.5m；3）使用的钢筋直径（$\phi32$）最大；4）混凝土强度等级（C70）最高；5）开挖前冻结时间（160 天）最长。而 C70 高强混凝土井壁也是首次在冻结井筒中使用，无论从设计方面还是施工方面，都存在许多未知因素和需完善之处。从工程开工到 2005 年 9 月中旬，龙固副井井筒冻结段内外层井壁（5.0～649m 段）施工全部安全优质完成，无论内壁、外壁在施工中均未出现裂缝，蜂窝、麻面等现象，也未有因混凝土井壁质量问题而造成深孔冻结过程中的盐水管断裂情况，证明该项目实施是成功的。顺利的通过了安徽省科技厅组织的鉴定，荣获了煤炭行业科技进步一等奖、淮北市科技进步二等奖。

根据我们中煤三建第七十一处在深厚表土层冻结立井井壁施工方面的实践经验，编写深厚表土层冻结井高强高性能混凝土井壁施工工法，可作为今后深厚表土层井壁施工和同类井壁设计的重要参考，对我们企业和全国建井行业的发展均有现实和深远意义。

2. 工 法 特 点

2.1　采用信息化管理，及时检测冻结壁的温度变形位移等情况，及时调整设计及施工段高，做好高强高性能混凝土施工中全过程的质量控制，保证混凝土井壁质量满足设计和使用要求。

2.2　立井井筒冻结段井壁施工利用传统的凿井提升方式，充分采用了新技术、新工艺、新设备、新材料，配备合理的混凝土搅拌自动化系统。

2.3　对原材料进行检验，根据现场施工条件优化混凝土配合比方案，精确控制用水量、各种材料的添加量。实施配合比设计，原材料控制，混凝土制作运输施工，全过程，全方位的质量控制。

2.4　在深厚表土层中的巨厚黏土层施工时，积极控制冻结状况，使井帮处于超低温状态，确保冻结壁的强度和厚度，控制井帮变形位移，增加缓冲层厚度，采取多种措施实现安全优质施工。

3. 适用范围

3.1 本工法广泛应用于煤矿、金属和非金属矿等各类矿山工程采用冻结法施工高强高性能混凝土井壁。

3.2 冻结段井筒深度较深、表土层地质条件复杂的井筒，在高地压、膨胀性黏土、冻结压力大的条件下能体现其施工特点。

3.3 对当地产原材料的选用应进行试验检验，其参数必须满足高强高性能混凝土的使用要求。

4. 工艺原理

深厚表土层冻结井井壁混凝土施工具有特殊的环境条件，可概括为"先受热后受冻，边硬化边承载"，而且承受着低温、变温和随时变化的高地压、高冻结压力等多重因素的影响作用。本工法就是解决在如此复杂的条件下，如何实现混凝土井壁的高强高性能指标，以满足深厚表土层冻结井壁设计施工需要。首先对高强高性能混凝土所需原材料和外加剂进行了试验，选择了适合高强高性能混凝土所需的原材料、外加剂，确定了合理的混凝土配合比；然后对所选择配合比的混凝土基本特性、干缩性能、绝热温升特性和耐久性进行试验验证，优选确定了合理的高强高性能配合比设计、施工工艺参数，制定了质量控制方案指导现场施工。

5. 施工工艺流程及操作要点

5.1 施工工艺流程

首先通过理论计算设计，进行负温受压条件下的高强高性能混凝土的配合比试验，在实验室试配多组方案，并对其微观机理进一步分析的基础上，然后进行相似模拟试验研究，再通过现场试验段实验检验。最后结合工程实际，不断优化选择，取得合理的混凝土配合比及施工工艺参数、质量控制措施，指导现场施工。

经检验后的合格原材料按照配合比要求进行搅拌，配备先进、精确的混凝土搅拌系统；成品混凝土通过立井井筒提升设备，由底卸式吊桶下放到井筒吊盘底部的分灰器上，经混凝土输料管输入 MJY 整体金属液压模板，进行养护操作。

采用信息化施工，对混凝土施工进行全过程的质量监控，根据井壁变化情况及时调整施工方案；在混凝土低温冻结养护、立井井筒运输、提升方面制定专门施工措施，确保工程质量。深厚表土层冻结井高强高性能混凝土井壁施工工艺流程见图 5.1。

5.2 各种原材料选用标准

水泥：符合《硅酸泥水泥、普通硅盐水泥》GB 175—1999 和《普通混凝土配合比设计规程》JGJ 55—2000 的要求。

碎石：符合《建筑用卵石、碎石》GB/T 14685—2001 和《普通混凝土配合比设计规程》JGJ 55—2000 的要求。

砂：符合《建筑用砂》GB/T 14684—2001 和《普通混凝土配合比设计规程》JGJ 55—2000 的要求。

化学外加剂：符合《混凝土外加剂应用技术规范》GB 50119—2003 的要求。

矿物外加剂：技术条件应符合《高强高性能混凝土用矿物外加剂》GB/T 18736—2002 的Ⅰ级或Ⅱ级规定。

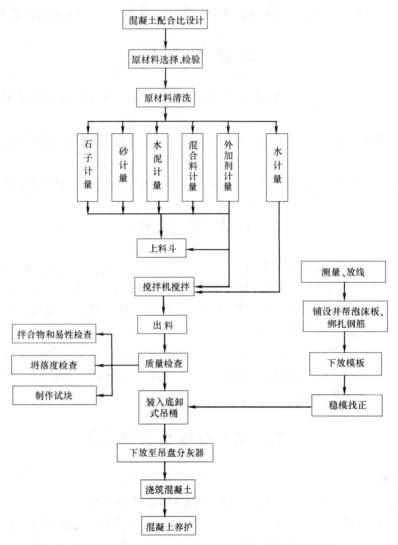

图 5.1　冻结井高强高性能混凝土施工工艺流程图

水：符合《混凝土拌合用水标准》JGJ 63—89 的要求。

5.3　高强高性能混凝土施工工艺

5.3.1　混凝土的搅拌：

高性能混凝土配合比是通过科研试验优选得出，并经过工业性试验验证后确定的，其拌合物工作性能很好地满足所采用的底卸式吊桶井筒输送、卸料、浇筑等施工工艺要求，也满足井壁设计的强度要求。因此混凝土拌制时要严格按配合比计量配料，正确执行搅拌制度，必须注意原材料外加剂的投料顺序，控制好混凝土的搅拌时间。高强混凝土的配料和拌合均采用自动计量装置，原材料按重量计量的允许偏差为：水泥和掺合料±1%，粒骨料±2%，水和化学外加剂±1%。

高强混凝土搅拌工艺为：

$$砂＋石子＋水泥＋掺合料 \xrightarrow[\text{搅拌}60s]{\text{水 W1}} 中间料 \xrightarrow[\text{搅拌}120～180s]{\text{水 W2＋减水剂}} 出料$$

严禁在拌合物出机后加水，确保拌合物坍落达到 160～200mm，入模温度控制在 15℃。

5.3.2　混凝土运输：

按照井筒混凝土施工的常规做法，将搅拌好的混凝土装入底卸式吊桶，吊桶用平板式矿车经地面铺设轨道运到封口盘提升口处，由主、付提升机将吊桶运至吊盘上，然后再用分料器溜灰管直接浇筑混凝土。

5.3.3　混凝土浇筑：

井壁按短段掘砌工艺施工，段高3m。混凝土浇筑应对称分层进行，每层厚度控制在50cm左右尽可能均匀，混凝土浇筑时可采用振捣器放溜混凝土，加快混凝土的流动速度。模板采用MJY整体金属液压模板，地面设置稳车悬吊。

5.3.4 振捣：

采用高频振捣器振捣。混凝土分层浇筑，每层都要振捣密实，尽可能地垂直点振，不得平拉。既不能过振也不能漏振，可考虑震动棒移动间距在30～40cm，振捣时间为10～15s。

5.3.5 脱模：

要合理地掌握拆模时间，时间过早脱模会出现粘模，时间过晚脱模会出现困难。由于混凝土的早期强度增长快。根据实际操作经验，一般脱模时间定为4个小时，特殊情况下，视现场试配样的初、终凝时间和强度发展情况最后确定。

5.3.6 养护：

高强高性能混凝土的水胶比小，胶凝材料多，因此养护是非常重要的环节。由于井下空气湿度较大，因此在脱模后暂不考虑采取喷水或养护剂等措施，以方便施工。但在井筒内壁滑模套壁施工时，由于高强高性能混凝土前期水化热放热量较大，为避免环境温度突变而使内层产生裂缝，通过采取以下相应措施加强混凝土井壁早期管理养护，通过控制原材料温度降低混凝土入模温度（15℃），套壁时风筒穿过滑模操作盘加强井筒通风降温，在滑模盘下四周布设洒水管，对所砌井壁进行喷淋洒水养护。

5.4 操作要点

5.4.1 自动计量系统要经常校核，采用强制搅拌机，拌合时间不得少于3min，冬季热水搅拌确保入模温度不低于15℃。

5.4.2 底卸式吊桶下混凝土，人工入模，振捣要适当，要防止石子下沉。

5.4.3 根据实际情况确定脱模时间，脱模时及时养护。

5.4.4 大模要多方向多水平开窗，以处理井帮坍塌等。

6. 材料与设备

6.1 原材料选择

6.1.1 水泥

优选知名厂家生产的P.O42.5级水泥，水泥应具有强度等级稳定，细度适中，水化热相对不高的特点。其物理性能检验结果见表6.1.1：

水泥物理性能检验结果 表6.1.1

检验项目	细度（%）	凝结时间（MPa）		抗折强度（MPa）		抗压强度		标准稠度用水量（%）	安全性（沸煮）
		初凝	终凝	3d	28d	3d	28d		
标准	<10.0	不早于45min	不迟于10h	≥3.5	≥6.5	≥16.0	≥42.5	…	饼法:合格雷氏:≤5mm
抽检结果	1.6	3h20min	5h10min	5.1	7.9	21.0	47.8	28.0	饼法:合格

6.1.2 细骨料

对砂场进行现场勘察和取样，选定工程用砂供货源，所产黄砂颗粒应相对较粗，级配合理，含泥量小，不含泥块，其各项指标均符合现行国家标准《建筑用砂》GB/T 14684—2001Ⅰ类砂的技术要求，能满足配制高强混凝土的要求。取样检测结果见表6.1.2。

6.1.3 粗骨料

所选粗骨料符合《建筑用卵石、碎石》GB/T 14685—2001Ⅰ类石子技术要求，取样检测结果见表6.1.3。

砂物性能检验结果 表 6.1.2

检验项目	表观密度 （kg/m³）	堆积密度 （kg/m³）	细度模数	含泥量 （%）	泥块含量 （%）	CI	空隙率 （%）	备 注
标准	＞2500	＞1350		＜1.0	0	0.01	＜47	Ⅰ类砂
实测结果	2620	1490	3.2	0.3	0	0.004	43.1	

颗 粒 级 配								
筛孔尺寸 （mm）	9.50	4.75	2.36	1.18	0.60	0.30	0.15	备注
颗粒级配区域	0	0～10	5～35	35～65	71～85	80～95	90～100	Ⅰ区
实测累计 筛余%	0	2	18	44	72	96	99	Ⅰ区

石子物理性能检验结果 表 6.1.3

检验项目	表观密度 （kg/m³）	堆积密度 （kg/m³）	空隙率 （%）	含泥量 （%）	泥块含量 （%）	抗压强度	针片状含量	备注
标准	＞2500	＞1350		＜1.0	0	0.01	＜47	Ⅰ类
实测结果	2620	1490	3.2	0.3	0	0.004	43.1	

颗 粒 级 配								
筛孔尺寸 （mm）	53.0	37.5	31.5	26.5	19.0	16.0	9.50	4.75	2.36
2.36 标准				0	0～10	…	40～80	90～100	95～100
检测结果				0	6		79	98	100

6.1.4 拌合用水

拌合用水应进行取样，送至产品质量监督检验所检验，符合钢筋混凝土拌合用水标准，检验结果见表 6.1.4。

水质检验结果 表 6.1.4

（表中执行标准《混凝土拌合用水标准》JGJ 63—1989）

检验项目	单 位	标准要求	检验结果	单项判定	备 注
pH 值	—	＞4	8	合格	
不溶物	Mg/l	＜2000	77	合格	
可溶物	Mg/l	＜5000	1929	合格	
氧化物 （CL 计）	Mg/l	＜1200	548	合格	
硫酸盐值 （以 SO₄ 计）	Mg/l	＜2700	1413	合格	

6.1.5 掺合料与高效减水剂

技术条件均符合国家标准《高强高性能混凝用矿物外剂》GB/T 18736—2002 Ⅰ类规定，能满足砌筑井壁用混凝土的设计和施工需要，择优选取了山东省建筑科学研究院外加剂厂生产出 NC-H700 型掺合料和 NC-F60 型高性能减水剂，其主要性能指标见表 6.1.5。

所有原材料要有出厂检验单和合格证，到达现场的材料需抽样进行复检，合格后方能使用，控制砂、石含泥量及粒径的级配。混凝土各种原材料在运输、存储、保管和使用过程中严格按管理制度执行，防止误装，互混和变质。

NC-F60型高性能减水剂主要性能指标　　　　　　　　　　表6.1.5

检 验 项 目		一 等 品	合 格 品	检 验 结 果
减水率(%)		≥12	≥10	23
泌水率(%)		≤90	≤95	68
含气量(%)		≤3.0	≤4.0	2.0
凝结时间差	初凝	≥−90～+120		−60
	终凝			+140
抗压强度比 (%)	1d	≥140	≥130	180
	3d	≥130	≥120	225
	7d	≥125	≥115	202
	28d	≥120	≥110	174
	90d	≤135		92
对钢筋锈蚀作用		应说明对钢筋有无锈蚀危害		无锈蚀危害

6.2　施工机具、设备

6.2.1　搅拌施工机具

为能满足立井井筒高强高性能混凝土的配制需要，应在井口附近设置一座HZS75-Ⅲ型混凝土搅拌站，生产厂家为山东海阳市方圆集团有限公司，该混凝土搅拌站基本情况为：

配套主机型号：JS-1500

整机装机功率：110kW

骨料配料机型号：PLD2400

配料种数：3种

水泥仓：容量2×100t

螺旋输送机：型号LSY200-9

供水泵型号：CKS80-65-125A

外加剂泵：磁力驱动离心泵，型号：32CQ-15

计量系统：各种形式电子秤

计 量 系 统　　　　　　　　　　表6.2.1

物 料 名 称	型 式	最大称量值	精 度
水泥	电子秤	1000kg	±1%
骨料	电子秤	4000kg	±2%
外加剂	电子秤	50kg	±2%
水	电子秤	300kg	±1%

气路系统：空压机型号：W-1.0/7；功率：7.5kW，额定压力：0.7MPa

控制方式：手动控制方式，全自动控制方式

6.2.2　辅助设施

井筒冻结段井壁施工时，利用传统的凿井提升方式，充分采用了新技术、新工艺、新设备、新材料，配备合理的立井施工机械化。龙固副井项目井筒内布置主、副两套单钩提升，选用2JK-3.5/15.5型绞车，配3.0m³吊桶提升物料、机具。井筒作业采用二层凿井吊盘，上下盘间为刚性连接，上层盘是保护盘，下层盘为施工操作盘。

井筒砌壁采用MJY型整体金属模板，配0.3m高环形斜面合茬模板，浇筑混凝土用2.4m³、3.0m³底卸吊桶下放，经设在吊盘上的分灰器直接溜入模板，对称浇筑分层振捣，实行短段掘砌平行混合作业。

图 6.2.1-1　混凝土集中搅拌站

图 6.2.1-2　MJY整体金属液压模板

　　井筒还布置一路 ϕ800mm 胶质筒，由地面 FBD-No9.6 2×30kW 对旋风机压入式通风。砌壁混凝土的搅拌，由地面井口附近设置的 H2S75-Ⅲ型混凝土搅拌站供给。

立井井壁施工机械设备配备表 表 6.2.2

序号	设 备 名 称	型 号 规 格	数 量	国别产地	额定功率(kW)	备 注
1	井架	永久井架	1			
2	主提升机	2JK-3.5/15.5	1	洛阳	800	
3	副提升机	2JK-3.5/15.5	1	洛阳	1000	
4	提升天轮	TXG-2.5	2	宿州		
5	吊桶	3.0m³	4	宿州		
6	底卸式吊桶	TDX-3.0/TDX-2.4	各2	宿州		
7	钩头	11T	2	宿州		
8	稳车	JZ-16/800A	17	上海	30	模板、吊盘等
9	稳车	JZJ₂-10/700A	2	上海	45	悬吊抓岩机
10	稳车	JZA-5/400	2	上海	11	安全梯用
11	装载机	ZL-50	1	徐州		
12	自卸汽车	10t	4	长春		
13	搅拌机	JS-1500	2	方圆	110	
14	水泥罐	100T	2			
15	气路系统	W-1.0/7	1		7.5	
16	骨料配料机	PLD2400				
17	螺旋输机	LSY200-9				
18	外加剂泵	32CQ-15				
19	供水泵	CKS80-65-125A				
20	混凝土震动器	ZNQ-50	16	方圆		
21	分料器	QFH	2	自制		
22	整体模板	MJY 3.8m	1	自制		
23	排水泵	DC100-80×12	3	博山	500	

续表

序号	设 备 名 称	型 号 规 格	数 量	国别产地	额定功率(kW)	备 注
24	吊盘		1	自制		
25	激光仪		1	江西		
26	局扇	2×30kW	1	泰安	60	
27	钢筋切断机	GQ-40F	1	太原		
28	滚轧直螺纹机	SM-40NG	1	南宁		
29	钢筋弯曲机	GWH45	1	太原		

7. 质 量 控 制

7.1 执行的主要规范、标准

(1)《矿山井巷工程施工及验收规范》GBJ 213—90;

(2)《煤矿井巷工程质量检验评定标准》MT 5009—94;

(3)《钢筋混凝土工程施工质量验收规范》GB 50204—2002;

(4)《煤矿安全规程》2006。

7.2 质量控制措施

7.2.1 建立项目质量保证体系

成立以项目经理为组长的质量管理领导小组,配备专职质检工程师,施工队成立质检管理小组,队长为组长,各作业班组开展QC活动,并根据需要配置合格的专职质检员,项目部成立试验室,质检办公室。

7.2.2 根据本工程特点,技术人员认真编制"施工组织设计"和"技术工艺标准",并对所有参加施工人员进行技术培训和措施交底,确保都领会设计意图,熟记工序质量标准。

7.2.3 加强施工原材料管理,严把原材料质量关。联合建设、监理及科研单位对高性能混凝土所用原材料进行考察优选,水泥、钢筋、外加剂等材料均符合设计要求。原材料进场时,按《采购控制程序》严格执行验收制度,并按规范规定的批量进行取样送检,确保应用在井筒中的所有原材料都能满足规范中对高强高性能混凝土所需原材料的要求。

图 7.2.3-1 钢筋骨架施工现场

图 7.2.3-2 现场监控量测

7.2.4 根据本工程施工工艺流程,预先设置好各工序的质量控制点,执行操作人员"当班自检,班组互检,质检员随时检"制度,混凝土分项工程的质量控制点为原材料进场检验,混凝土配料、搅拌、入模、振捣。原材料检验和混凝土搅拌实行质量记录。

7.2.5　积极采用新技术，严格控制混凝土施工质量

为了确保砌壁混凝土搅拌质量，施工单位投资购置了一套先进的 HZS-75Ⅲ型混凝土搅拌系统，该套设备具有自动化程度高、性能稳定、计量误差均小于规范规定、所有原材料都经过自动计量、污染小等优点，对保证高强高性能混凝土质量起到了关键的作用，使用新型搅拌站能严格按配合比配料，每次搅拌混凝土前都能坚持做到对各物料进行标称，测试砂石含水率，计算出含水量从搅拌用水中扣除，校正搅拌时间，确保不小于 120s。

7.2.6　采用信息化指导施工

井筒掘砌施工期间，与冻结单位密切配合，通过壁后预埋信息化施工器件，根据监测数据，科学地指导施工。先后克服了特厚黏土层冻胀力大，井帮位移、变形，对混凝土早期养护不利及过固结特厚黏土层施工困难等因素，保证了冻结立井井筒在复杂地质条件下安全快速施工。

8. 安 全 措 施

8.1　在施工队伍进场前应对全体人员进行劳动纪律、规章制度教育，并进行安全技术交底及安全教育。

8.2　实行项目安全责任制，并制定安全责任分级负责制，使安全责任落实到人。项目部制定安全检查制度，配备专（兼）职安全员负责安全检查并做好安全统计工作。

8.3　公司安监部每月对该工程进行一次大检查，项目部每旬对该工程进行一次安全自检。

8.4　安全检查中发现安全隐患和违章作业、违章指挥必须立即制止，对施工中的重大安全隐患立即下达整改通知单限期整改。对检查不合格的按有关规定进行停工限期整改和经济罚款，情节严重或整改不力的要对有关负责人追究责任。

8.5　严格执行《煤矿安全规程》和《煤矿安全建设规定》并具体实施我单位的《安全生产管理制度》。

9. 环 保 措 施

9.1　实施工点挂牌施工。设置工点标牌，标明工程项目名称、范围、开竣工时间、施工负责人、技术负责人。设置监督、举报电话和信箱，接受监督。

9.2　施工现场设置醒目的安全警示标志、安全标语，作业场所有安全操作规章制度，现场的施工用电设施安装规范、安全、可靠、建设安全文明标准工地。

9.3　按照施工组织设计平面布置图，认真搞好施工现场规划，做到布局合理，井然有序，尽量少占或不占农田，对施工中破坏的植被，施工完后予以恢复。

9.4　驻地生产区及生活区分片规划，房屋布局合理，符合消防环保和卫生要求。做到场地平整、排水畅通。各种设施安装符合安全规定，并定期进行检查。

9.5　大型机械施工、空压机等噪音较大的施工场所，限定作业时间，保证居民有良好的休息环境。

9.6　工地油库、料库等设于远离居民区和施工现场处，设置围栏等防护措施并派专人防护。施工场地内各种材料分类堆放整齐，挂设标牌，标识材料规格、产地等。各级负责人及施工人员一律挂胸卡上岗。

9.7　作业完工后，及时清理施工场地，周转材料及时返库，做到工完料净、场地清洁。

10. 效 益 分 析

10.1　C60～C70 高强高性能混凝土的应用研究，在井壁结构设计上体现较大的经济效益节省大量工程量。以龙固矿副井筒为例，如仍按原国内采用的最高强度等级 C55 混凝土，其井壁厚度、配筋情况都远大于 C60～C70 混凝土井壁结构。采用了高强混凝土井壁（340～635m）段，共减少土方开挖量 8697m³，降低砌混凝土量 8732m³，节约钢筋 962 多吨，通过计算该段井筒仅井壁施工可节省直接工程费约 1018 万元人民币。若考虑到冻结圈径缩小，冻结孔数量减少，冻结强度及冻结制冷量降低，节省早期建井投资可达数千万元。

10.2 由于高性能混凝土与普通混凝土在组成上的不同，在原材料选优、矿物掺合料和外加剂配方上都存在较大差异。高性能混凝土具有更高的致密性、更良好的流动性和体积稳定性。通过试验证明，高强高性能混凝土的抗渗性能，抗氯离子渗透性能及抗冻性能都远高于普通混凝土，这都有利于增强井筒混凝土工程的耐久性，防止混凝土井壁被侵蚀损坏，相应节约大量矿井维修费用。本次施工工法确保了冻结井高强高性能混凝土井壁的施工，为其广泛应用实施奠定了基础。

11. 应 用 实 例

11.1 山东济西生建煤矿副井

济西生建煤矿主井设计冻结深度 480m，冻结段壁厚 800～1350mm，混凝土最高标号 C60，为当时在建冻结最深、混凝土标号最高的矿井。原井筒－400～－475m 设计有地面预制的大弧板混凝土外壁。我单位经过科研攻关，实施深厚表土层冻结井高强高性能混凝土井壁施工工艺，浇筑的混凝土性能达到设计要求，取消了预制大弧板外壁，提前工期 22d，节省投资 112.5 万元。首次在矿井建设中实施高标号混凝土的配制、制作、施工。本项目荣获"山东省科技进步二等奖"、"2005 年度煤炭行业优质工程"。

11.2 山东龙固煤矿副井

龙固副井井筒冻结深度为 650m，在井深 380m 以下，内外层井壁混凝土的强度等级达 C60～C70，且内外层井壁厚度最大均达 1.1m，本次混凝土施工 C60 混凝土井壁 166m；浇筑 C60 混凝土 5982m³；施工 C65 混凝土井壁 128m；浇筑 C65 混凝土 8134.4m³，留取试块五组，标准养护后实测强度等级均达到设计强度，施工 C70 混凝土井壁 201m；浇筑 C70 混凝土 12773.55m³ 共留取 13 组试件，标准养护后实测平均强度等级达 86.6MPa，达到设计强度的 123.7%。在整个井筒施工中无论外壁和内壁高强高性能混凝土不仅均未出现温度、干缩裂缝、蜂窝、麻面等质量通病，也未出现冻结壁片帮位移、冻结管断裂等易发事故，混凝土各种性能均达到设计要求，每月施工质量均被业主和监理评定为优良。

在龙固副井筒外层壁施工中，通过现场试验研究及信息化施工实测得，在负温受压情况下，高强混凝土早期强度增长较快，7d 最高强度等级达到设计值 C70，同时，砌壁混凝土的其他综合性能也得到了很大的提高。由于龙固副井筒高强混凝土的施工、应用研究成功，原设计的井筒 500～632m 内壁衬砌 δ20mm 钢板井壁，经建设单位、设计院与科研部门研究予以取消，仅此一项节约建井投资 500 多万元。

到 2005 年 9 月中旬，龙固副井井筒冻结段内外层井壁（5.0～649m）施工全部安全优质完成，无论内壁、外壁在施工中均未出现裂缝、蜂窝、麻面等现象，也未因混凝土井壁质量问题而造成深孔冻结过程中的盐水管断裂情况。从工程开工到结束，每月的施工质量均被业主和监理评定为优良品。本项目荣获"煤炭行业科技进步一等奖"。

图 11.2 井壁施工成形外观

11.3 山东郓城煤矿副井

山东省巨野矿区郓城矿井位于郓城县。矿井设计生产能力为 240 万 t/d，井口标高＋46.3m，井深 936.8m，净径 7.2m，冻结深度 594m，表土层厚度 536.65m，在井筒－603～－20m，井壁混凝土支护厚度 1400～2250mm，混凝土等级 C50～C75，施工难度大，工期紧。我单位采用"深厚表土层冻结井高强高性能混凝土井壁施工工法"已在冻结段施工中应用。

高水压小断面（φ2～4.2m）水下隧道
复杂地层泥水加压盾构施工工法

YJGF044—2006

中铁隧道集团有限公司

张学军　张昌伟　谢仁根　黄学军　吕传田

1. 前　　言

盾构法施工具有自动化程度高、施工速度快、对地面及周围环境影响小等优点，在隧道和地下工程（尤其是城市隧道工程）中得到越来越广泛的应用。泥水盾构在目前各类盾构中较复杂、价格也较贵，适用于含水率较高的砂质、砂砾石层、水下（江河、海底等）特殊的软弱地层，并要求有一定的泥水处理施工场地。1996年，上海采用直径11.22m泥水加压盾构，成功穿越浅覆土河床和浅覆土软弱地层，提前完成延安东路南线水底公路隧道施工。但在穿越泥质板岩、高水位、高水压地层还尚未使用过。

西气东送城陵矶长江穿越隧道、深圳前湾燃机电厂过海管廊及深圳孖洲岛友联修船基地过海管廊工程均采用德国海瑞克公司生产的泥水盾构施工，隧道直径2440mm，属于小断面（φ=2～4.2m）盾构隧道，穿越地层岩性分布不均匀，差异明显，水压高，工程建设均需要技术创新。

针对工程的重点和难点，中铁隧道集团有限公司首先在城陵矶长江穿越隧道工程建设中组织科研及工程技术人员开展了专项科研课题研究，成功解决了掘进模式、岩石破碎系统、泥浆输送系统、高性能管片、地层加固、结构防水等技术难题，取得了圆满成功。所依托的关键性技术科研成果《复合式泥水盾构穿越长江水下软硬不均地层隧道修建技术研究》2005年5月通过河南省科技厅鉴定，2005年12月获得中国铁路工程总公司科学技术一等奖，并在总结科研成果的基础上形成本工法。

2. 工 法 特 点

2.1 适用地层范围大，工艺原理科学、技术成熟、参数可靠、实用性强。

2.2 隧道成型好，防水效果明显，掘进平稳安全、岩石破碎、泥浆系统运行及渣土处理过程良好，能满足环保对施工的要求。

2.3 对周围地层扰动小，能减少隧道周围及刀盘前方土体的坍塌，很好地控制地表沉降。

2.4 施工速度快，最快可达到日掘进28m，月掘进554m。

3. 适 用 范 围

适用于泥水盾构在地下水压高，水下或地面的软土、软岩至硬岩地层，尤其是含水率较高的砂质、砂砾石层、围岩破碎的软硬交错地层中施工。其他泥水加压平衡盾构工程也可用作参考。

4. 工 艺 原 理

根据不同的地层变化选择不同的掘进参数、选择不同的地层加固方案，根据盾构前方地层破碎情况、地层和盾构系统压力大小、泥浆系统运行及渣土处理情况，调整掘进参数、施工方案和工艺步骤，使工程安全优质进行。掘进时，盾构推进油缸依靠后面具有支撑能力的管片衬砌提供反力使盾构前进，旋转刀盘切削下来的土体或岩屑经过搅拌装置搅拌后形成高浓度泥水，用流体输送方式送到地面，在泥水处理工厂将土粒或岩屑与泥水分开。分离后的浆液进行黏度、比重调整后转入重复使用。推进到一段管片宽度后进行管片拼装，同时进行管片与岩层间的注浆填充，完成盾构开挖衬砌循环。

5. 施工工艺流程及操作要点

5.1 施工工艺流程（图5.1）

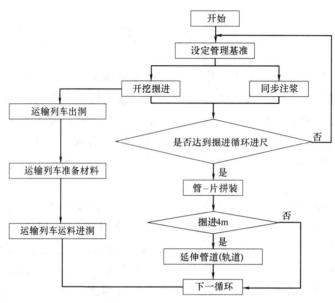

图5.1 施工作业工艺流程图

5.2 操作要点

5.2.1 基本程序

在分析研究工程环境和水文地质条件的基础上选择合理的施工方案，设定各项管理基准，进行场地布置和其他施工准备。施工中，按设计完成盾构组装与始发的场地施工，盾构在始发场地组装、调试完成后试推进后进入正常掘进阶段——盾构带压开挖掘进、管片拼装、同步注浆、泥水管理、通风及管线延伸。

5.2.2 设定管理基准

根据隧道工程地质及水文地质情况设定掘进参数（盾构推力、刀盘压力、刀盘转速、掘进速度等）、泥浆管理指标（比重、黏度、泥浆压力流量等）及壁后注浆参数（浆液配比、注浆压力、注浆量等）等主要管理基准。同时，在施工中根据地层的实际情况不断调整，使整个工作系统保持良好状态。施工管理程序参见图5.2.2。

5.2.3 盾构始发

1. 安装始发基座

始发基座直接放置在混凝土平面基础面上，由对焊的槽钢横梁和钢板加工而成。

2. 安装始发洞门密封装置

密封装置的各部件组成见图5.2.3-1，依靠预埋件固定于洞门环混凝土上。

3. 施作洞门推力钢环片支撑

当盾尾密封刷上的圆钢环和推力钢环被千斤顶推到洞门，推力钢环进入洞门密封装置的销轴式压板后，在推力钢环和隧道顶部之间安装顶支撑，将推力钢环固定于洞门处，为盾构掘进推力油缸提供反力。始发轨道及反力架与洞门关系见图5.2.3-2。

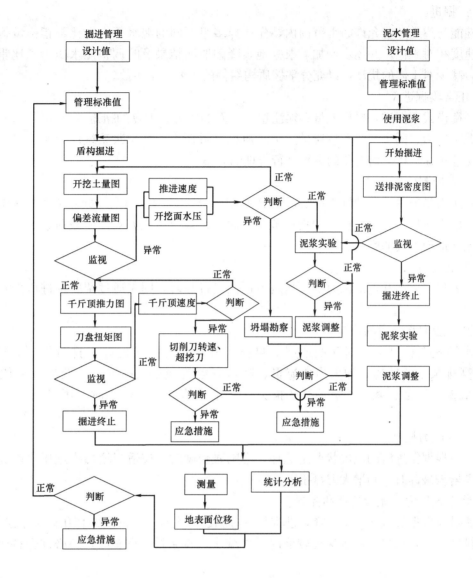

图 5.2.2　施工管理程序图

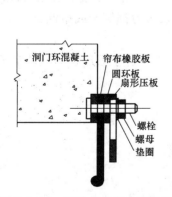

图 5.2.3-1　盾构始发防水装置图

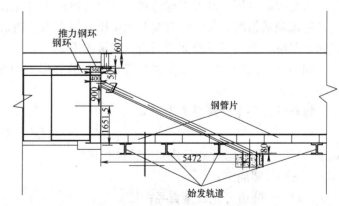

图 5.2.3-2　始发轨道及反力架与洞门关系图

4. 盾构始发控制措施

为防止盾构始发时侧翻失稳、负环管片失圆、管片与洞门圈间隙不均等，在盾壳左右两侧焊接防扭装置，并配工字钢、钢楔块和支撑等进行防护。

盾构始发时，主要控制切口泥水压、推进速度、轴线控制、泥水指标及泥水平衡等施工参数。

5.2.4 试掘进

在设备性能与隧道环境允许的小范围内，先选择多组不同的泥水压力和比重指标试掘进。试掘进时保持掘进速度相对平稳，并逐步增加，根据地表隆陷监测结果及时调整泥水压力和比重，并控制好掘进纠偏量，减少对土体的扰动，以充分掌握盾构纠偏的主要施工参数。

5.2.5 正常段掘进

在泥水平衡模式下掘进，操作人员必须注意掌子面的压力、刀盘的扭矩（驱动压力）、开挖舱泥水压力、顶部泥水压力、同步注浆及注脂的压力、盾构推进压力、进排浆系统压力及流量、掘进方向等参数的变化，并迅速分析、对变化的参数进行合理的调整。

1. 刀盘压力控制

盾构刀盘压力是通过导向油缸来反映，在 PLC 显示器上显示。操作人员应调整推进油缸的压力及推进速度，以使系统压力在要求控制的指标范围之间。否则会造成刀具径向载荷较大，以致损坏刀具的轴承和密封并加速刀具的磨损。

2. 刀盘扭矩控制

扭矩大小表现在驱动马达的压力上。当压力过低或过高时，则应通过调整推进压力及速度使其在正常范围之内。

3. 盾构开挖舱泥水压力的控制

采用泥水模式掘进时，根据开挖地层的自稳性好坏和开挖舱的碴土排量控制。压力较大时，可以采取提高排浆泵的转速、加大出碴流量、降低开挖舱碴土的高度，降低进浆泵的转速、减小进浆量，降低掘进速度、减小推进油缸的推力这三个措施。压力较小时，用以上三种方法反向调整即可。

4. 盾构推进压力控制

推进压力应根据掘进时的地层状况来选择。当围岩较硬时，应适当增加推进压力以克服较大的切削阻力（当围岩较破碎时，则增大刀盘扭矩）。

5. 进排浆系统压力、流量选择和控制

进排浆流量应根据掘进速度来选择，进排浆量对掘进速度有一定的制约作用。当推进速度较高时，应选择高进排浆流量，反之当推进速度较低时，可减小进排浆量。调整时，还必须保持进、排浆流量的平衡。

6. 同步注浆控制

为克服高水压、确保工程防水，浆液材料用普通硅酸盐水泥、Ⅲ级粉煤灰、膨润土和 $35Be'$ 的水玻璃。考虑地质情况、浆液性质及开挖舱压力等因素。通常情况下注浆压力都等于或略低于开挖舱压力，以保证浆液不流向掌子面而与石碴一起被排出。

同步注浆量的确定是以围岩与管片外壁的环形空隙为基础的，同时应考虑开挖地层及掌子面水压等综合因素。

每环管片外壁建筑空隙为：

$$V = \pi/4(D^2 - d^2) \times B \tag{5.2.5}$$

式中　V——每环管片外壁建筑空隙体积；

　　　π——圆周率；

　　　D——隧道开挖成型直径；

　　　d——管片外径；

　　　B——每环管片宽度。

考虑到浆液的流失，为保证充填密实，每环注浆量为 $150\% \sim 180\% V$。一般地段注浆量的控制按照设计进行，但在特殊地段如在大断层或较发育的裂隙带，其围岩较为破碎、涌水量较大，必须加大注浆量，并且在涌水量较大的地段还要进行二次补强注浆，以提高止水性能、保证质量与安全。

7. 盾尾密封油脂压力和注脂量控制

由操作人员在主控制面板上控制注脂泵来完成整个工作。

注脂的压力及油脂量根据开挖段的水压来调整。在进入高水压区后，隧道开挖段水压加大，此时必须加大盾尾油脂的注入量，以防止盾壳外部的高压泥水涌进设备内部。

8. 掘进方向控制

掘进方向是通过四组导向油缸和推进油缸不同的伸长量及压力来调节控制的。每组的压力及行程显示在IPC操作界面上，当掘进方向偏离设计轴线时及时进行调整，使盾构的掘进方向趋向于隧道的理论设计中心线。

9. 泥水参数控制

泥水指标包括泥水比重、黏度、配合比、造墙性、稳定性等，主要根据围岩的特性、水文特征等做相应的调整。当围岩破碎或为砂层地质，地下水丰富时，选择较大的泥浆比重、稠度，增强泥浆的造墙性，维持掌子面稳定。当围岩为黏性土体，透水性不强，泥浆比重适当减小，增加碴土的流动性，便于碴土排出。

5.2.6 盾构到达

当采用矿山法和盾构法施工，中间对接时，盾构应选择在矿山法隧道中到达，并采取相应控制措施：

1. 出洞端地层土体加固

盾构出洞前，为增强出洞时围岩的整体结构性。减少由于盾构掘进时对土体的扰动，造成出洞端土体的坍塌，对将出洞段（与矿山法隧道贯通时为预留）全断面注浆，周边注浆孔浆液选择为单液浆，洞身部分选择双液浆。注浆加固方案参见图5.2.6。

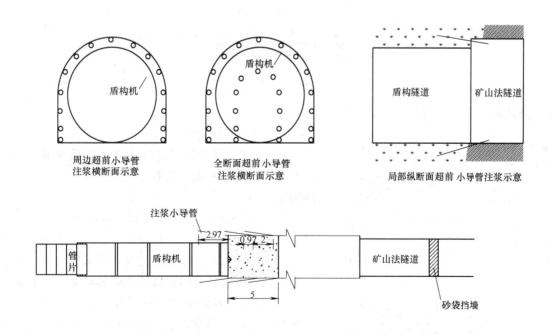

图5.2.6 贯通段注浆加固示意图

2. 安装洞门密封

为防止盾构进入矿山法隧道段时尾部的水和泥砂通过盾构与隧道的间隙涌入矿山段，在盾构到达端设置洞门密封装置（与盾构始发洞门密封类同）。

3. 控制盾构方向

始发井及接收井联系测量采用陀螺定向方法由洞外向洞内传递，并在盾构到达前采用陀螺定向方法进行加强复测，两头对接偏差由矿山法开挖及盾构掘进同时进行调整，以保证贯通精度。盾构到达前严格控制盾构接收轨道的中线、标高，保证盾构顺利出洞。

4. 控制掘进参数

盾构到达及出洞时减小推力、掘进速度及刀盘转速，减少盾构掘进中对周围土体的影响。同时，在盾构出洞时使用清水进行管路清洗，并减小进排泥浆流量及压力，直至进排浆压力降为0。

5.2.7 管片拼装

管片拼装是盾构法隧道施工的一重要工序，是用环、纵向螺栓逐块将管片连接而成，整个工序由盾构司机、管片安装机操作工和拼装工等工种配合完成。

1. 管片安装程序（图5.2.7-1）

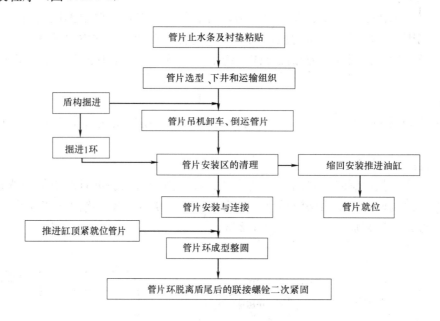

图5.2.7-1 管片安装程序框图

2. 盾构隧道断面及管片分块（图5.2.7-2）

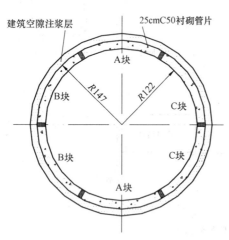

图5.2.7-2 盾构隧道断面及管片分块示意图

3. 管片安装与控制

1）安装前对安装区进行清理，然后从隧道底部开始安装，按先下后上、左右交错、纵向插入、封闭成环的顺序进行。

2）在安装最后一块管片前，应检查已拼管片的开口尺寸，确保其略大于封顶块管片尺寸，并对防水密封条涂肥皂水（黄油）作润滑处理，安装时，调整位置后缓慢纵向顶推，防止封顶块顶入时搓坏防水密封条。

3）管片安装到位后，及时伸出相应位置的推进油缸顶紧管片，其顶推力应大于稳定管片所需力，然后移开管片安装机。

4）在管片环脱离盾尾后对管片连接螺栓进行二次紧固。

5）安装管片时采取有效措施避免损坏防水密封条，应保证管片拼装质量，减少错台，保证其密封止水效果。

5.2.8 泥水管理

1. 泥浆制作工艺流程（图5.2.8）

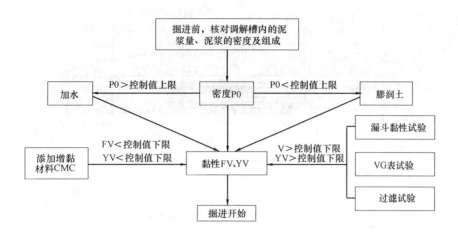

图 5.2.8　泥浆制作流程图

2. 泥浆制作与控制

根据施工中的泥浆损失大小，随时生产合格的泥浆补充至贮浆槽。泥浆黏度不足时，向其中添加 CMC 增加泥浆黏度。调整槽内的泥水必须搅拌均匀后才由送泥泵送入送泥管道。

3. 送排泥过程中问题的处理

1）正常掘进时

当开挖面泥水压力不断增加时，可能的原因就是掘进速度过快导致泥水系统中渣石量增加而造成流速降低（排泥量降低），这时可提高排浆泵的转速、加大出碴流量，适当降低进浆泵的转速、减少进浆量，或降低掘进速度（直至停止掘进）以便排尽渣石；若开挖舱泥水压力较小时可提高进浆泵的转速、加大进浆量，降低排浆泵的转速、适当减小排浆量，但必须保证顺利排碴。当某一泥浆泵进口压力急剧下降或出口压力急剧升高时，可能的原因就是这一段管路发生了堵塞，这时应马上关闭送泥泵，降低各排泥泵排量直到关闭（不要突然关闭，以防产生冲击），关闭旁通阀及排泥管路上所有闸阀，等候处理。

2）停止开挖时

停止开挖时应先排尽开挖面碴石，然后打开管路旁通阀 V6，再关闭 V1-V5，运行一段时间后方可关闭所有泥浆泵。运行时间由流速和距离来确定。

3）管道堵塞时

管道堵塞后，首先是人工进行处理，疏通后从旁通阀开始依次打开各闸阀，并打开排气孔排尽空气。

4）掘进中大块岩石的处理

盾构在施工中可能出现大块岩石，设计在开挖舱底部的锥形破碎器能将大块岩石破碎，以保证排出石块最大粒径不超过 80mm。

5.2.9　高水压下盾构施工防水与地层加固

1. 盾构密封防水

盾尾密封以及主轴承的密封可承受 7bar 压力，能够适应高水压的需要。

主轴承内外密封采用四道唇形密封设计，采用不同润滑方式对密封润滑：最外侧采用专用 HBW 脂密封保护外侧唇形密封；第二道密封脂以润滑脂保护唇形密封；第三道密封采用润滑油保护密封；第四道密封为空腔设计，可以随时在盾构壳体内侧检查主轴承密封状况。在洞内更换密封，必须在有保证的安全条件下进行。

盾尾密封刷由四道钢丝密封刷构成，四道密封刷中间的空腔注入盾尾密封脂。前三道密封可以在洞内更换，管片安装机设计为可以拆卸最后一环管片，以便更换前三道盾尾密封。需要更换盾尾密封时，最后一环管片须作成钢管片（图 5.2.9-1）。

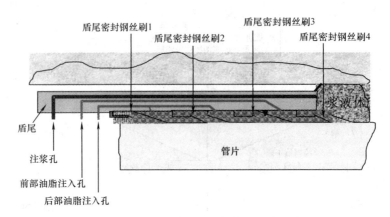

图 5.2.9-1　高水压下盾构施工防水示意图

盾构在掘进过程中根据每循环的额定注脂量及注脂压力控制，防止由于注脂量不足造成的盾构密封失效。

2. 盾构隧道防水

在严格抓好管片质量，加强管片制作、运输、拼装、壁后注浆质量管理、盾构掘进方向控制以提高管片衬砌自身防水的同时，接缝设置了高质量的弹性橡胶密封垫，其性能有良好的抗水与耐水性、耐疲劳、耐化学腐蚀，良好的膨胀率等，施工中严格控制螺栓孔防水质量及管片嵌缝处理，防止遇水膨胀橡胶长期保持膨胀压力，使其与隧道施工和运营的情况、沉降变形、接缝大小相适应，充分提高接缝防水效果。

3. 不良地层补强注浆

断层、脉状透水体及挤压破碎带等不良地层采用水泥——水玻璃双液浆进行补强注浆，充分提高施工防水和地层稳定能力。

注浆布孔示意参见图 5.2.9-2，注浆参数可参考表 5.2.9 选用。注浆顺序可参考按 1 号、2 号、3 号孔的顺序依次注浆，先堵前方，再堵已通过段，最后堵中间的不良地层，确保堵水效果。

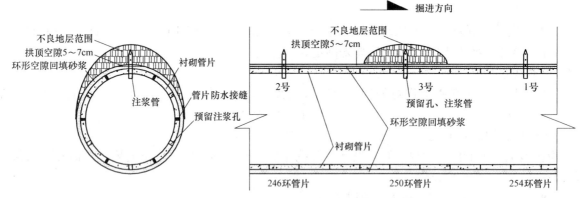

图 5.2.9-2　不良地层补强注浆示意图

水泥——水玻璃浆液参数表　　　　　　　　　　表 5.2.9

水灰比	水泥浆：水玻璃	凝胶时间 (s)	扩散半径 (m)	注浆终压 (MPa)	注浆流量 L/min	注浆量 (L)
0.6～1	1：0.3～1：1	30～45	3～5/孔	0.4～0.5	10～20	200/m

5.2.10　隧道施工断面布置及快速运输方式

1. 管线断面布置

根据盾构隧道的空间，合理布置各种管线，同时保证施工的安全性。断面布置示意参见图 5.2.10-1。

2. 隧道运输方式

鉴于洞内施工现场实际情况，洞内运输采用有轨运输。由于盾构施工的小断面隧道仅能设置单股轨道，为方便材料吊装及运输组织，根据工程结构，在竖井内的较宽地段设置双股轨道，列车编组采用三节管片车加一节砂浆罐车组成。轨道平面布置示意见图5.2.10-2。

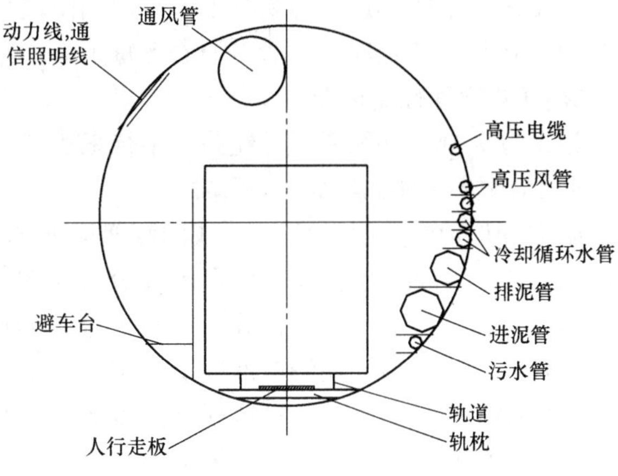

5.2.11 施工测量

采用盾构上的制导系统（VMT导向系统），主要由莱卡激光全站仪（TCR1103）、ELS激光系统、个人电脑、调制解调器、电源、PLC、测斜仪、软件等部分组成。

1. 测量方法

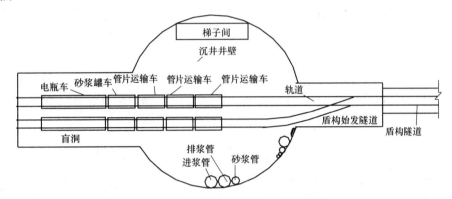

图 5.2.10-1　管线断面布置示意图

图 5.2.10-2　洞内轨道平面布置示意图

建立盾构控制点：在盾构制造厂内，将控制点建在盾构的不可动的位置上，便于以后经常检测。

1）测量步骤

a. 盾构在现场安装完毕后，测出盾构控制点在工程坐标系内的坐标；

b. 由ELS系统内的测斜仪测得盾构的旋转角和坡度；

c. 将盾构的基本尺寸及测量数据输入VMT系统，把激光全站仪设在测量台上，启动VMT系统，则系统会每隔30s自动采集一次数据。

d. 通过软件运作，就可以很方便的得到盾构的即时姿态；也可以用计算器，利用三维坐标转换反算出盾构切口和盾尾的三维坐标，与隧道设计轴线比较，算出盾构的偏值，便于盾构操作员及时修正推进参数，使盾构推进轴线最优化。

e. 沿隧道方向每隔50m左右设一测点，减少激光强度损失，保证测量精度。

2）管片位置测量

推进结束后，输入管片与盾尾的间隙值，VMT通过PLC可获得千斤顶的伸长值及盾构铰接的状态，则可计算出管片与设计轴线的偏移量。

2. 导向系统复核

在盾构施工过程中可以通过对ELS靶位置的测量，来核对VMT导向系统测量成果的偏差。

5.2.12 监控量测及信息反馈

1. 隧道沉降量测

由于在过海、过江隧道施工过程中，无法对地表进行监测。因此，以附近的地下水准点作为起始点，以管片成形后的观测数据作为隧道沉降点的起始高程，量测隧道整体沉降的变形，检验变形是否在允许范围内，以判断隧道是否下沉或上浮。

施工过程中的隧道沉降观测工作与使用阶段长期沉降观测结合起来考虑，每10环管片布设1个测量断面，在某些特定部位可适当加密。每个断面布设3个测点。

2. 沉降管理控制标准

根据有关规范和类似工程经验，结合工程的特点确定控制标准。

3. 监测资料的处理和信息反馈

根据变形值绘制变形-时间曲线图和变形-随开挖距离的曲线变化图，在隧道横断面图上按不同的施工阶段，以一定的比例把变形值点画在分布位置上，并以连线的形式将各点连接起来，成为隧道管片变形分布形态图，并与设计计算值进行比较，验证设计结构形式的合理性。在取得监测数据后，及时进行整理，位移与应力观测应准确绘制相应的位移或应力的时态变化曲线图（时态散点图）。

在取得足够的数据后，还应根据散点图的数据分布状况，选择合适的函数，对监测结果进行回归分析，以预测该测点可能出现的最大位移值或应力值，预测结构和建筑物的安全状况。

为确保监测结果的质量，加快信息反馈速度，全部监测数据均由计算机管理，每次监测必须有监测结果，及时上报监测日报表，并按期向施工监理、设计单位提交监测月报，并附上相对应的测点位移—时态曲线图，对当月的施工情况进行评价并提出施工建议。根据以往经验，采用《铁路隧道喷锚构筑法技术规则》（TBJ 108—92）的Ⅲ级管理制度作为监测管理方式。

5.2.13 劳动组织

盾构施工分掘进班、维修保养班，其中掘进班分两班循环，单班28人，负责盾构掘进操作、管片拼装、管道（轨道）延长、壁后注浆、材料运输、浆液拌制、泥水系统操作、泥浆配制等。具体人员组织见表5.2.13所示。

劳动组织　　　　　　　　　表5.2.13

序号	岗位	人数	说明
1	班长	1	负责现场施工管理工作
2	盾构操作司机	2	负责盾构操作
3	值班土木工程师	1	发布掘进、管片拼装指令
4	管片安装工	4	负责管片分类及安装
5	注浆司机	1	负责注浆泵操作
6	轨道安装工	4	负责管道及轨道延伸
7	机车司机	1	负责材料洞内运输
8	机车指挥人员	1	负责洞内机车指挥
9	门吊司机	1	负责材料、管片运输（三班制）
10	门吊指挥	2	负责洞上、洞下门吊指挥及材料安放
11	管片下井吊放	2	负责管片及材料下井吊放
12	拌浆站	2	负责注浆浆液拌制
13	泥水系统司机	2	负责泥水系统操作
14	泥浆拌制	2	负责进泥浆拌制
15	管片粘贴	4	负责管片分类及粘贴（大班）
16	洞内值班电工	1	负责洞内电缆线路延伸
17	大班电工	3	负责洞内及洞上电器修理（大班）
18	装载机司机	1	负责渣土外卸（大班）
19	叉车司机	1	负责地面材料搞运（大班）
20	充电工	1	负责机车电瓶充电（大班）
21	保养班	7	负责盾构及常用设备维修保养（班长1人）

注：上表所述人员均为单班作业人员，掘进班为两班制，门吊司机为三班制，其余均为单班制（大班）。

6. 材料与设备

本工法无需特别说明的材料，采用的机具设备见表6。

机具设备配备表　　　　　　　　　　　表6

序号	设 备 名 称	型 号 规 格	单 位	数 量	备 注
1	盾构主机	AVN2440	台	1	
2	后配套		套	1	
3	主机附属设备		套	1	
4	后配套附属设备		套	1	
5	泥水处理系统	ZX-500	套	1	
6	龙门吊	10t	台	1	
7	电动空压机	VHP300E	台	2	
8	电瓶车	5t	台	2	
9	充电机	KCA01-60/130	台	2	
10	通风机	37kW(2×18.5kW)	台	1	
11	冷却水塔	30m³/h	台	1	
12	砂浆搅拌机	350L	台	1	
13	装载机	ZL50C	台	1	
14	开关柜	10kV/1200kVA	台	1	
15	变压器	800kVA	台	1	
16	钻床	Z32K	台	1	
17	抽水机	IS100-65-250	台	2	
18	污水泵	7.5kW	台	2	
19	拖车	设备配套/自加工	台	6/2	
20	管片车	自制	台	6	
21	砂浆车	自制	台	3	
22	叉车	CPCD50H	台	1	
23	柴油发电机组	BFV340	台	1	

7. 质 量 控 制

盾构施工必须严格执行《地下工程防水技术规范》GB 50108—2001、《地下防水工程质量验收规范》GB 50208—2002、《地下铁道工程施工及验收规范》GB 50299—1999、《地下铁道设计规范》GB 50157—2003等国家及行业标准的有关规定。

7.1 管片制作及安装按设计要求及表7.1质量标准进行。

7.2 严格按浆液配比拌制浆液，每作业班做一组浆液试块，出浆时用网筛过滤，每盘浆液由稠度仪测定稠度，符合要求方能送至作业面使用；

7.3 随时观察注浆压力与过程是否正常，认真控制并详细记录，发现情况及时解决，根据洞内管片衬砌变形监测结果，及时进行信息反馈，修正注浆参数设计和施工方法；

管片制作和拼装 表 7.1

项 目	内 容	允 许 偏 差	备 注
单块检验	管片宽度	±0.5mm	
	管片弧、弦长	±1.0mm	
	四周沿边管片厚度	+3、−1mm	
	密封垫槽轴线半径	±0.8mm	
	管片内半径	±1.0mm	
	管片外半径	+2、−0mm	
	螺栓孔位	±1.0mm	
整环拼装检验	环缝间隙	≤1.0mm	三环整环拼装（不加衬垫）
	纵缝间隙	1±0.1mm	三环整环拼装（加1mm厚衬垫）
	螺孔不同轴度	≤1.0mm	
	成环后内径	±2.0mm	
	成环后外径	+6、−2mm	

7.4　注浆结束时，在一定压力下关闭管片注浆管口处旋阀或同步注浆的浆液分配系统，同时打开回路管停止注浆，并做好注浆孔的密封，保证其不渗漏水；

7.5　遇水膨胀橡胶定型制品，在其出厂运输和存放时必须做好防潮措施，在其存放仓库必须按规定做好防水安全措施；

7.6　管片在粘贴防水材料前的运输、堆放、翻身等作业中均应不损坏管片防水槽等关键部位，防水材料在管片上粘贴后，在运输时不得损坏，发现问题应及时修补才可下井进行拼装；

7.7　粘贴防水材料必须严格按设计进行，如遇传力衬垫材料粘贴厚度超过设计要求时，防水密封垫的厚度也必须相应增加；

7.8　管片拼装时必须保护防水材料不被破坏，并严防脱槽、扭曲和移位现象的发生，如发现损坏防水材料，轻则修补、重则重新调换，以确保管片接缝防水质量；

7.9　当盾构施工遇其他原因暂停施工时，对于使用遇水膨胀橡胶材料的防水密封垫，应对新拼装环处的防水密封垫涂以缓膨胀剂。

7.10　在切换刀盘转动方向时，应保留适当的时间间隔。推进油缸油压的调整不宜过快、过大，从操作上避免造成管片受力状态突变而损坏。

8. 安 全 措 施

8.1　盾构始发前做好地层注浆加固，并根据现场情况配置必要的临时加强材料和设施，以适应突发涌水事故；盾构必须顶贴紧开挖面；盾壳与始发隧道口止水封圈必须达到无涌水；在盾构脱离止水封圈进入地层后，应迅速将止水封圈外围用钢板及钢筋混凝土材料加固，使其与环片结合成一体，确保盾构始发过程安全、顺利。

8.2　盾构掘进中认真监测出土量、地层隆陷等情形，并据此进行泥水压力的调整和修正，如发生漏泥、泥水或管道堵塞等现象，造成开挖面压力急剧变化而影响开挖面稳定时，必须立即停止开挖，但盾构头部的泥水加压不得停止。同时，应借开挖面崩塌探测设备调查地层状态，视具体情况采取适当的处理措施（包括泥水浓度和泥水压力的调整等）。

8.3　环片组装成形后，必须严格按照设计要求，及时进行壁后注浆，以防地层与环片间所形成的盾尾空隙存在时间太长而造成地层松动与地表沉陷、隧道承受不均匀地层压力等，完成壁后注浆后，必须立即封闭注浆孔。

8.4 排水设备使用联动装置，每段采用钢板制作临时积水箱，并定期进行淤泥清理。此外，必须配备应急水泵，并处于随时待命状态。对微弱的渗透水及机具冲洗水进行收集，及时用排水泵接力式地排出洞外。

8.5 管线布置做到安全距离足够、运输道路畅通、各类管道和线路互不影响、人行道路宽度合适，并设置人行道护栏。

8.6 运输车辆采用机头和车辆联动气压刹车装置与手动刹车相结合的制动系统，装置必须灵活可靠，操作人员每日必须在使用前进行重点检查和试车。小断面隧道内行人通道只能设置于轨道中间时，运输车辆必须按≤5km/h要求限速行驶，在有行人时必须提前鸣笛、减速，确保行人安全。

8.7 竖井在井上、井下各设一名信号指挥员指挥竖井提升，以保证竖井作业安全。

8.8 刀具检查前要停止掘进，检查中设专人监护，防止设备意外启动。更换较重的机械部件时，要确保其固定和提升稳妥。拆装总成和部件时，要注意其拆装顺序，从各方面确保部件安全。

8.9 设备的维修必须由具有相应专业知识的维修人员来完成。压缩气体下换刀时操作员须经专业培训，并严格按照《刀具更换作业指导书》执行。完成维修后认真检查，在设备再次投入运转之前，再由专人对更换部位进行详细检查、调整和测试，确保维修后能重新安全使用。

9. 环 保 措 施

9.1 按照国家及行业规定标准、按照设计和施工组织方案，制定噪声污染控制措施、大气污染控制措施、水污染控制措施及泥浆及固体废弃物处理、处置方案。

9.2 在隧道内安装空气监测安全装置及通风、散烟和除尘设备、数据采集系统、控制系统、电视监视系统。

9.3 在工程开工前完成工地排水和废水处理设施的建设，保证工地排水和废水处理设施在整个施工过程的有效性，做到现场无积水、排水不外溢、不堵塞、水质达标。

9.4 现场存放油料的库房，必须进行防渗漏处理。储存和使用都要采取措施，防止跑、冒、滴、漏，污染土壤水体。

9.5 在工作场地内设置沉淀池，对施工中产生的废泥浆进行沉淀过滤后排入指定地点。

9.6 泥浆经过沉淀应达到国家有关排放水标准（BOD≤20ppm、COD≤70ppm），减少对周围生态环境的影响，减少污水的排放，节约水资源。

9.7 制定泥浆和废渣的处理、处置方案，废泥浆和淤泥使用专门的车辆运输，防止遗洒、污染路面。

9.8 施工现场内无废弃混凝土和砂浆，运输道路和操作面落地料及时清用。混凝土、砂浆倒运时采取防撒落措施。

9.9 工程竣工后搞好地面恢复，恢复原有植被，防止水土流失。保持原有环境风貌的完整和美观。

10. 效 益 分 析

本工法有适用不同地质的掘进参数、刀盘压力、扭矩、掘进速度等技术，有完善的盾构施工防水技术和泥水制作工艺及控制措施，工程设施和材料消耗少，刀具失效率低于国外标准，施工进度快，安全度高，防水质量好，对周围土体扰动小，地表沉降控制好，弃渣土和排放施工用水对周围环境无污染，采用的惰性浆液注浆能有效避免对地下水的污染。

在开发与应用几个工程中，三个工程都无安全质量事故，周围环境得到良好保护。城陵矶长江穿越隧道工程提前工期2个月，比原计划降低刀具的磨损量约10%。深圳前湾过海管廊工程和深圳孖洲岛过海综合管线隧道工程在盾构始发、整体施工进度、刀具损耗上有了较大提高，施工成本得到进一步降低。取得了较好的环境效益、社会效益和经济效益。

11. 应 用 实 例

11.1 城陵矶长江穿越隧道［忠（县）武（汉）天然气管道干线］工程

隧道全长2908m，分南北两段，由两端的竖井施工后才转入隧道施工。江北段745m采用矿山法施工，江南段2011.379m采用盾构法施工。隧道埋深在28～60m之间。穿越区段多为绿泥石泥质板岩，共有21条断层，地质较差，围岩较为破碎，岩石单轴抗压强度最高达35MPa，地层透水性较强，盾构施工段水压高达0.66MPa，设计结构防水性能为2级，施工难度巨大。

盾构采用德国海瑞克公司生产的泥水平衡盾构，外径3185mm，主机总长15.5m，配备进浆泵1台，排浆泵3台，配有自动导向系统控制掘进方向。

盾构在完成城陵矶长江穿越隧道过程中，成功穿越了长江大堤、断层、断层剪切带、脉状透水体区等，保证了隧道防水要求。同时，管片背后采用了惰性浆液回填注浆密实、可靠，既保证了施工安全，又节约了资金。

南岸盾构于2003年9月24日进场，4天后完成盾构的地面拼装，10月2～3日完成主机吊装，进行13d的调试后开始盾构掘进，2004年7月18日完成盾构掘进，盾构累计掘进2011.379m。施工中盾构的平均月进度为223.48m，最高日掘进22m，最高周进尺为92m，最高月掘进369m，总体工期提前2个月。

工程完成后，工程质量良好，得到了监理、业主和社会各界同仁的广泛好评。

11.2 深圳前湾燃机电厂过海管廊工程

过海管廊全长1448.286m，位于珠江口伶仃洋海域上，两岸陆域相距约1.3km，其中1070m管廊仍采用城陵矶长江穿越隧道工程的盾构进行施工。工程地质及水文地质条件复杂，盾构穿越的地层有残积土、硬塑性黏土、粗砂、中密砂、细砂层，有风化程度不同的岩层（全风化至微风化），强度2～120MPa，且在隧道断面上岩性分布不均，有明显差异，对盾构的适应性要求很高，既要满足软土地层的切削功能，又要能破除强度达120MPa的硬岩。同时，最大水压达0.39MPa。此外，盾构始发地层为第四系冲洪积层，对始发地层的加固堵水又是一大难点。

盾构始发井在电厂陆域交通物资码头西南角，海底管廊必须从码头预留的11m跨钢管排桩中穿过，最近的桩基距离盾构边缘的距离为1.4m。首先，通过对地层的劈裂加固注浆，为盾构的始发成功提供了保证。同时，严格实施管桩位移控制措施，很好地保证了管桩的承载能力不受影响，始发中严格操作，充分减小盾构掘进方向的偏差，成功的穿越了桩基群。

盾构于2005年5月5日始发，至9月1日安全顺利完成，在整个施工过程中，隧道安全、优质、高率、快速地进行，平均月进270m，最高日进28m，最高月进584m，确保了总体工程进度，工程质量良好，取得了较好的经济和社会效益，得到了业主和当地相关部门的充分肯定。

11.3 深圳孖洲岛友联修船基地过海综合管线隧道工程

深圳孖洲岛友联修船基地综合管线隧道工程位于珠江口伶仃洋海域上，管线横跨大铲岛至孖洲岛之间的水域，隧道总长约930m。综合管线隧道工程从大铲岛范围内穿越，经两岛水道海底，在孖洲岛岸边登陆。由于盾构在始发段和接收段地层为微风化花岗岩，其单轴抗压强度平均为92.3MPa，最大达125.6MPa，岩石强度超过盾构切岩能力，盾构在此地层掘进缓慢并将频繁更换刀具。根据设计盾构始发段114m始发隧道和盾构达到段226.49m采用矿山法施工，管线587m采用复合式泥水平衡盾构进行施工，衬砌采用6块钢筋混凝土预制管片拼装而成，其内径为2440mm。

由于矿山法开挖长度远远超过盾构及后配套的总长度，故将采用盾构整机始发。通过采用先洞门再导台后反力架支撑的施工顺序及现场各工序合理组织等快速施工组织配套技术的研究，盾构主机及后配套于 2006 年 7 月 16 日开始下井组装，2006 年 7 月 25 日开始始发试掘进。在盾构隧道掘进过程中，严格控制盾构掘进姿态，顺利通过断层破碎带，于 2006 年 10 月 16 日实现海底隧道胜利贯通，创造了日掘进 25m，月掘进 396m 的好成绩，积累了盾构隧道快速施工的宝贵经验，确保了深圳孖洲岛友联修船基地隧道工程顺利建成，施工安全和周围环境得到了很好的保障，工程质量良好，获得了地方、建设和监理方的充分肯定。

城市淤泥地层地下过街道浅埋暗挖工法

YJGF045—2006

中铁隧道集团有限公司

吴绍勇　焦伟　赵胜　蔡勉生　李越

1. 前　言

自浅埋暗挖法在我国应用推广以来，修建了众多难度较大的地下工程，并以其占地面积小、方法灵活、对周边环境影响较小等优点，在地下工程领域占据了重要位置，但淤泥地层一直以来被视为是浅埋暗挖法的施工禁区。淤泥地层属软流塑地层，其性质条件最差，在该种地层当中应用浅埋暗挖法施工，首先必须解决地层改良的技术问题。

南京地铁南北线一期工程珠江路站~鼓楼站和鼓楼站~玄武门站区间隧道遇到的软流塑地层最高含水量达48%、渗透系数为 10^{-7} 级，浅埋暗挖法施工。采用了液压顶进大管棚、挤入法施工小导管、掌子面全断面注浆加固、后退式劈裂注浆工艺和小型机械结合人工台阶法开挖等工艺技术，取得了成功。

而杭州市武林广场人行过街通道工程所处淤泥地层最高含水量达到58%、渗透系数为 10^{-8} 级，与南京软流塑地层相比，湿密度偏小，比重约大 $7kN/m^3$，孔隙比、塑性指数、液性指数、内摩擦角、压缩系数等性能指标有很大的变化范围，从地层地质条件上使工程难度增加了一个数量级。

针对施工技术难题，中铁隧道集团有限公司首先在杭州市武林广场人行过街通道工程开展了专项技术研究，多次组织专家现场研讨与论证，制定了合理的施工方案，及时化解了施工竖井过量下沉、净空收敛加大等技术难题，取得了成功的经验和科研与工法成果，并在杭州市西湖大道/南山路过街地道工程和艮山西路闸弄口人行过街地道工程中得到了进一步应用和完善。其科研新成果《淤泥地层浅埋暗挖法人行过街通道修建技术》于2007年3月通过洛阳市科学技术局鉴定，综合技术达到国际先进水平。

2. 工 法 特 点

2.1 采用二重管钻机无收缩浆液注浆技术，先按设计范围注浆加固软弱地层，进行超支护，再按分部工序进行开挖、支护、衬砌。

2.2 注浆工艺以多角度、多频次、全断面的动态作业方式进行，以克服注浆盲区，减小地面隆起。

2.3 实行全程监控信息化动态管理，注浆辅助喷锚构筑法建井；超前支护、分部双CD法开挖通道。

2.4 二重管钻机无收缩浆液注浆技术被成功用于水平作业，并可用于建筑物纠偏和防水堵漏。

2.5 对场地要求不高，方法灵活，适用于不同工程断面结构，能充分降低地下工程施工对地面建筑物、交通、地下管线等城市设施的影响程度。

2.6 可操作性强，能满足工程建设经济、合理、快速、安全、优质的各项指标要求。

3. 适 用 范 围

适用于最大含水量≤58%、渗透系数≥ 10^{-8} 的淤泥地层以及类似地层的地下过街通道、地铁出入口及其他地下浅埋暗挖工程。

4. 工 艺 原 理

在导向管引导下，采用无收缩浆液，先通过二重管垂直、水平或倾斜注浆加固淤泥地层，在型钢钢架＋网喷混凝土＋锁脚锚管联合支护与内撑条件下，用注浆辅助喷锚构筑法顺作施工竖井；在井内用夯管锤夯设超前管棚，辅以周边 TSS 注浆管超前加固地层后，暗挖通道按分层多部、先上后下进行开挖、支护、先拱后墙法衬砌。

5. 施工工艺流程及操作要点

5.1 施工工艺流程

5.1.1 淤泥地层竖井施工工艺流程（图 5.1.1）。

5.1.2 淤泥地层浅埋暗挖通道施工工艺流程（图 5.1.2）。

5.1.3 大管棚施工工艺（图 5.1.3）。

5.1.4 二重管钻机注浆（机械配置图参见图 5.1.4-1、工艺流程参见图 5.1.4-2）。

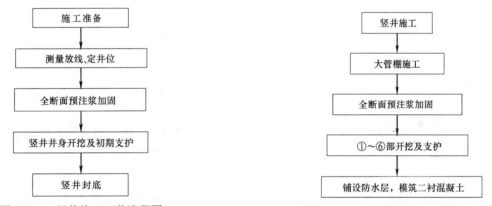

图 5.1.1　竖井施工工艺流程图　　　　图 5.1.2　暗挖通道施工工艺流程图

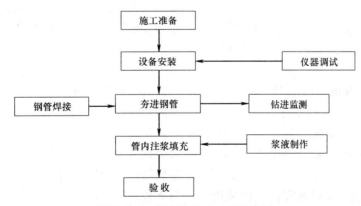

图 5.1.3　大管棚施工工艺流程图

5.2 操作要点

5.2.1 淤泥地层特点与变形控制标准

淤泥地层的特点是自稳能力极差，具有高压缩、高灵敏、高蠕变、高含水率、低强度、低透水的特性，在该种地层当中施工极易发生地层蠕变、下沉，掌子面易发生坍塌，地表沉降、管线变形、建筑物倾斜，沉降波及的范围较大，地层加固困难。

变形控制标准则需根据工程地质、工程涉及既有建筑和周围环境、已有的经验成果和设计要求等

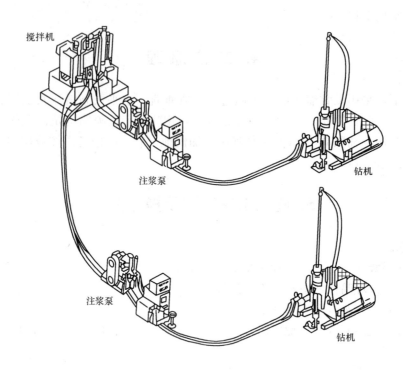

图 5.1.4-1　二重管无收缩注浆机械配置图

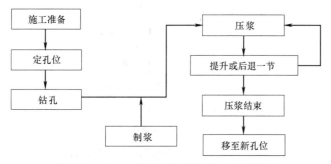

图 5.1.4-2　二重管无收缩注浆工艺流程图

因素而确定，本工法几个工程实例的变形控制标准参考值为：地面隆起控制在≤20mm，总体沉降控制在≤50mm。

5.2.2　断面与支护参数设计

1. 竖井

断面通常设计为矩形较简洁，采用注浆辅助喷锚构筑法施工，支护用 C20 网喷混凝土＋I20工字钢＋连接筋组成。封底采用间距 1m 的 I20 工字钢＋双层网片＋C20 喷射混凝土。竖井施工前采用二重管无收缩浆液对竖井周边 2m、底部 3m 范围进行注浆加固（图 5.2.2-1）。整个竖井周边四角设 TSS 锁脚注浆锚管。

2. 过街通道

一般为直墙圆拱形断面，拱部 180° 范围布设 φ≤108 mm（壁厚 8mm）、L≤40m 的钢管管棚，环向间距 200mm，周边设径向超前小导管（6.0m 长，纵向搭接 3.0m），与管棚共同形成超前棚幕支护。大管棚内填注水泥浆，小导管做成 TSS 注浆管形式，管内注水泥-水玻璃双液浆，同时对开挖周边进行补充注浆。整个开挖轮廓线外拱部、周边 2m，底部 3m 以及开挖断面采用二重管无收缩浆液进行注浆加固，浆液采用水泥-水玻璃双液浆，以形成整体封闭，防止开挖中淤泥涌入。一般断面设计尺寸和参数参见图 5.2.2-2。

5.2.3　竖井施工

在施工竖井口锁口圈后，根据拱架分节情况将竖井分为 4 部对称开挖，整体每开挖 5m，进行临时封底，并对竖井周边进行注浆回填和土体改良。到达底部后及时完成封底。

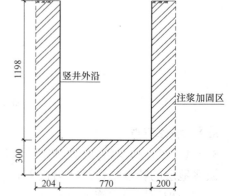

图 5.2.2-1　竖井注浆加固范围示意图（单位：cm）

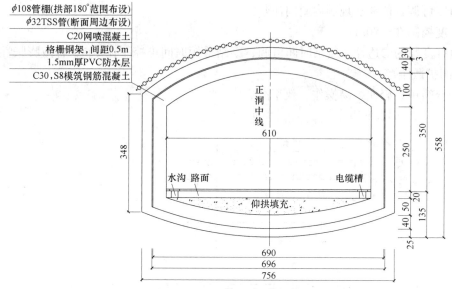

图 5.2.2-2　主通道断面图（单位：cm）

5.2.4　过街通道施工

为避免地表沉降槽明显及方便下半断面垂直补注浆，宜采用分层分部双 CD 法开挖，先上后下。每部间用工字钢设置临时隔墙和临时仰拱，初期支护采用 C20 网喷混凝土，临时支护采用 C20 素混凝土。每部间距控制在 3～5m，尽快做到封闭成环（图 5.2.4）。

防水层在初期支护全部完成后，根据监控量测结果，在洞室基本处于稳定时，采取换撑或拆撑的形式进行防水层的铺设，施工缝遇水膨胀止水条和沉降缝钢边止水带。

二次衬砌采用模板台架先墙后拱法施工，混凝土采用自防水混凝土（C30、S8），每循环衬砌长度6～9m。

5.2.5　施工要点

1. 大管棚施工

先在竖井壁布置管棚施钻的导向管，并严格控制导向管和大管棚的成型精度。管棚夯进完毕后注入水泥浆液填充，以增强管棚刚度。

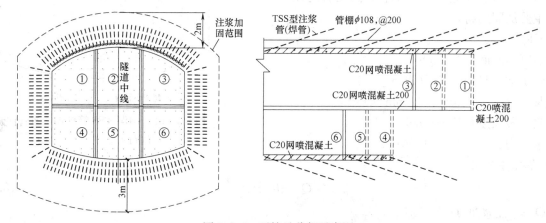

图 5.2.4　开挖及分部示意图

2. 注浆施工

1）注浆方法

用二重管无收缩浆液注浆法，水平作业，其特点是：

① 具有成孔和双液注浆功能，能够确保钻孔和注浆连续、快速进行。

② 可直接采用钻杆注浆，但要将钻机预设一定的上仰角度，认真控制钻进中的上仰角，防止孔位偏离。

③ 钻孔角度可调，能够实现洞内斜向注浆。

④ 注浆长度控制在≤20m。

⑤ 浆液须有良好的渗透性、凝结时间可调、凝结最短时间可控制在10s、有微膨胀性、可有效控制浆液在地层中的扩散距离。

⑥ 设备配套简单、轻便、易操作、效率高。

2）注浆工艺（图 5.2.5-1）

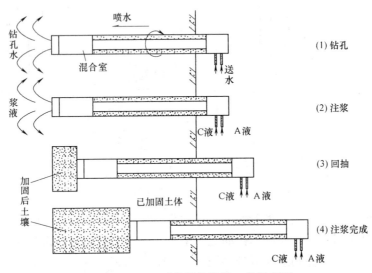

图 5.2.5-1　二重管钻机注浆工艺示意图

为了达到良好的注浆加固效果，暗洞注浆最好是一次施工完成，如暗洞长度过长可分段进行，每次加固长度可达 20～30m（20m 之前效果较好）。根据孔位布置图在掌子面画出每个孔的位置，按照先周边后中间的顺序进行注浆。注浆孔位布置见图 5.2.5-2。

3）注浆材料

可用超细水泥＋水玻璃、HSC 特种灌浆材料、普通水泥＋水玻璃三种注浆材料，但需视地层情况进行合理选择。经地层情况、施工工艺和经济比较，选用普通水泥＋水玻璃作为主要加固用材料。

4）注浆参数

浆液凝结时间：30～60s

浆液扩散半径：0.35～0.6m

注浆速度：　　20～50L/min

注浆分段长度：15～30cm

注浆压力：　　0.5～1.0MPa

5）单孔注浆量

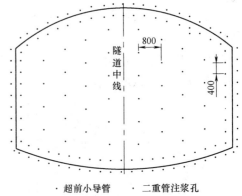

图 5.2.5-2　暗洞 TSS 管辅助二重管注浆孔位布置图（单位：cm）

$$Q = \pi R^2 H \alpha \tag{5.2.5}$$

式中　Q——注浆量（m³）；

　　　R——扩散半径（m）；

　　　H——注浆长度（m）；

　　　α——土层填充率，一般取 25%～30%。

6）注浆控制要点

① 要有一定厚度的反压层（止浆墙），即掌子面需封闭，以保证注浆效果和施工安全。

② 注浆顺序宜先周边后中间、先底部后上部，并用跳孔的方式进行。

③ 严格控制与检查浆液配比及搅拌时间。

④ 注浆时要密切监控地面和地表构筑物，根据监测反馈情况，随时调整浆液凝结时间，控制变形在允许值之内，防止地表隆起超量而引起事故。

⑤ 如对掌子面实施洞内注浆，其他工作面不宜施工。

3. 通道开挖及初期支护

1) 采用分部人工开挖，每部开挖后尽快支护封闭成环，以缩短围岩暴露时间，减少时间效应的影响。

2) 每循环进尺 0.5m，一榀一循环。

3) 要保证格栅的连接刚度和混凝土喷射的密实性、及时性。

4) 仰拱下 20cm 换填碎石并预埋注浆管，待混凝土喷射完毕达到一定强度后，进行注浆，增加基底承载能力。

5) 及时进行初支背后回填注浆，填充初期支护与围岩间的空隙，控制围岩变形。

6) 发现掌子面注浆加固效果不好，应及时加强封闭，重新补充注浆。

7) 在经济合理的前提下尽量提高初期支护的刚度。

4. 施工监测

按照规范、设计文件，结合工程地表及地下既有设施进行。浅埋地下过街通道断面小，埋深浅，可参照表 5.2.5 的内容进行。

监测项目、监测仪器、测点布置、监测目的及监测频率表　　　　　表 5.2.5

序号	监测项目	监测仪器	测点布置	监测目的	监测频率
1	地表下沉	精密水准仪和钢瓦尺	每断面 3 个点，断面间距 5m 左右	观测地表沉降和变化情况	1～2 次/d
2	净空水平收敛	收敛仪	每断面 2 个点，断面间距 10m 左右	观测初支变形及收敛情况	前期 1 次/d、后期 1 次/2d
3	拱顶下沉	精密水准仪和钢尺	每断面 1 个点，断面间距 10m 左右	观测初支拱顶稳定性	前期 1 次/d、后期 1 次/2d
4	管线及建筑物变形	精密水准仪和钢瓦尺	根据管线据现场情况确定	观察管线及地面建筑物的水平位移与竖向沉降	1～2 次/d
5	地层水平位移	多点位移计和频率计	每断面 2 个孔，每孔 3～5 点，断面间距 20m 左右	观察围岩在不同施工阶段的位移情况	1～2 次/d
6	土体压力	压力盒和频率接收仪	每断面 8 点，断面间距 10m 左右	判断作用在初期支护上土压力大小及分布状态	选测
7	拱架钢筋压力	钢筋计和频率接收仪	每断面 8 点，距 50m 左右	观测土压力对拱架受力的影响	选测

5. 防水层施工

1) 防水层施工前，要根据监控量测情况决定初期支护的拆撑或换撑，以减少和控制沉降，拆撑或换撑视防水层每循环铺设长度分段进行。

2) 防水层铺设前先进行净空检查、基面处理和初期支护表面明水处理。

3) 防水层施工和二衬钢筋绑扎完成后，要进行严格的防水层复检，避免因钢筋施工损坏防水板的情况存在。

4) 施工缝和沉降缝要严格按要求施工和检验，必须达到设计要求。

6. 二次衬砌施工

1) 混凝土采用双掺技术（优质粉煤灰、高效减水剂），减少水泥用量，降低水化热，控制粗细骨料质量，抑制温度裂纹产生。

2) 控制好混凝土的坍落度，尽量使拱部填充饱满。

3) 不得随意改变混凝土的配比，加强灌注中的捣固，保证混凝土结构质量达到设计要求。

4）模板拆除后，待混凝土达到一定强度时及早进行二衬背后填充注浆。

5.2.6 施工中容易出现的问题与对策

1. 超前加固注浆效果不理想

注浆宜采用先周边后中间的顺序，孔位布置外密内疏。如开挖过程中发现注浆效果不理想，应进行二次补注浆。产生该问题的原因可能是浆液配比不合理、孔位布置不合理、注浆过程操作不当，要针对具体原因采取不同对策。

2. 竖井施工过程中出现过量下沉

产生此问题的原因可能是注浆加固不到位或是竖井一次性开挖断面过大，应进行二次补注浆或减少一次性开挖面积。竖井发生过量沉降时，必要时进行反压，控制沉降进一步发展，不可盲目加密周边锁脚锚杆，否则可能出现相反的效果，造成沉降面积加大。

3. 暗洞净空收敛加大

产生此问题的原因可能是初期支护刚度不够或是拱架连接不牢靠，应适当加强初期支护刚度并加强拱架连接，必要时还需在洞内加设临时支撑进行加强。

4. 暗洞拱顶沉降加大

产生此问题的原因可能是初期支护刚度不够或基底承载能力不够，应适当加强支护刚度或是对基底进行注浆加固，注浆过程中一定要注意仰拱情况，不能破坏仰拱结构。

5.3 劳力组织

劳动力组织按开挖、混凝土喷射施工三班进行，重点是组织好注浆班，其余施工按进度情况调整。具体情况见表5.3。

劳动力配备计划表   表5.3

序 号	工 种	人 数	备 注	序 号	工 种	人 数	备 注
1	注浆工	20		8	电工	3	
2	混凝土喷射手	6	跟班作业	9	焊工	16	
3	各类机械司机	21		10	钳工	4	
4	钢筋工	9		11	汽车司机	3	
5	开挖工	45	每班15人	12	杂工及其他工	12	
6	防水工	9		13	合计	168	
7	混凝土工	20					

6. 材料与设备

本工法无需特别说明的材料，采用的机具设备见表6。

机具设备配备表   表6

序 号	设备名称	单 位	数 量	规格型号	功率或容量
1	电动葫芦	台	4	CD, 10t×30m	5t
2	电动空压机	台	2	LGD-20/7	132kW
3	反铲挖掘机	台	1	VY-12/7	0.15m³
4	自卸汽车	辆	4	DH55LC-V	15T, 208kW
5	强制式拌合机	台	2	JW350	3m³ 盘
6	混凝土喷射机	台	2	TSJ-1	20m³/h
7	混凝土输送泵	台	2	HBT30B	30m³/h

续表

序 号	设备名称	单 位	数 量	规 格 型 号	功率或容量
8	插入式振捣器	台	12	ZN35	
9	木工刨床	台	2	MB106D	7.5kW
10	木工电锯床	台	2	MJ106	4kW
11	钢筋弯曲机	台	2	GW40	$\phi 4 \sim 10$
12	钢筋调直机	台	2	GT4-10	2.2kW
13	钢筋切断机	台	2	GQ40A	10kW
14	交流电焊机	台	8	BX3-300	24kW
15	水平导向钻机	台	1	TT40	41kW
16	夯管锤	台	1	TT145	$0.6 \sim 0.7$MPa
17	动态注浆钻机	台	4	TXU-75A	4kW
18	双液注浆泵	台	84	KBY-50/70	11kW
19	风钻	台	20	YT-28	
20	龙门架	套	4	自制	
21	模板台架	套	2	自制	
22	内燃发电机	台	1	TZH-355M4TH	200kW

7. 质 量 控 制

采用该工法施工，除满足国家行业相关设计与施工规范的质量要求外，还要结合软弱地层工程特点制定质量要求：

7.1 初期支护钢筋宜采用 $\phi 18$ 以上的螺纹钢，喷射混凝土厚度不小于 30cm，保证焊接质量并严格按喷射混凝土施工工艺要求施工。

7.2 注浆分段长度不宜太长，重点部位分段长度宜控制在 30cm 左右，严格控制浆液配比。

7.3 控制好管棚导管安装精度，并固定牢靠，确保管棚施工精度，避免伤及管线或是侵入净空。

7.4 控制好台阶距离，每部距离控制在 $3 \sim 5$m，及时将结构封闭成环。

7.5 变形控制标准：地面隆起≤20mm，总体沉降≤50mm，建筑物沉降≤15mm。

8. 安 全 措 施

8.1 广泛开展安全生产的宣传教育，做好员工岗位安全教育工作，做到持证上岗。

8.2 严抓安全纪律，认真执行安全检查制度，确定防范重点，制定安全技术措施。

8.3 严格执行浅埋暗挖法"管超前、严注浆、短进尺、强支护、勤量测、紧封闭"十八字施工原则，加强施工动态管理，及时进行监控量测及信息反馈。

8.4 做好机械设备的维修、保养、使用，确保设备的良好状态，保证施工顺利进行。

8.5 实行严格的注浆管理制度，定人、定机、定岗，确保注浆质量。

8.6 严格检查各工序完成情况，上道工序不合格严禁进入下一道工序。

9. 环 保 措 施

9.1 成立对应的施工环境卫生管理机构，在工程施工过程中严格遵守国家和地方政府下发的有关环境保护的法律、法规和规章，加强对施工燃油、工程材料、设备、废水、生产生活垃圾、弃渣的控制和治理，遵守有防火及废弃物处理的规章制度，做好交通疏导，充分满足便民要求，认真接受城市交通管理，随时接受相关单位的监督检查。

9.2 将施工场地和作业限制在工程建设允许的范围内，合理布置、规范围挡，做到标牌清楚、齐全，各种标识醒目，施工场地整洁文明。

9.3 对施工中可能影响到的各种公共设施制定可靠的防止损坏和移位的实施措施，加强实施中的监测、应对和验证。同时，将相关方案和要求向全体施工人员详细交底。

9.4 设立专用排浆沟、集浆坑，对废浆、污水进行集中，认真做好无害化处理，从根本上防止施工废浆乱流。

9.5 定期清运沉淀泥砂，做好泥砂、弃渣及其他工程材料运输过程中的防撒落与沿途污染措施，废水除按环境卫生指标进行处理达标外，并按当地环保要求的指定地点排放。弃渣及其他工程废弃物按工程建设指定的地点和方案进行合理堆放和处治。

9.6 优先选用先进的环保机械。采取设立隔声墙、隔声罩等消声措施降低施工噪声到允许值以下，同时尽可能避免夜间施工。

9.7 对施工场地道路进行硬化，并在晴天经常对施工通行道路进行洒水，防止尘土飞扬，污染周围环境。

10. 效 益 分 析

该工法拓宽了传统浅埋暗挖工法的施工领域，解决了工程用地与既有交通和管线的矛盾可较小影响地面交通，最大限度的避让管线和既有构筑物，具有占地面积小、施工安全、进度快、工程质量好、施工噪音小、对城市交通和居民生活影响小、周围建筑和地下管线能得到很好保护等优点，城市文明施工的优点突出，对周围环境保护情况良好，适应复杂的周边环境和复杂多变的地质条件，适应复杂多变有结构形式。

在管线和建筑物密集地区，该工法比冻结法、明挖法都要节省大量费用，且对交通能起到有力的保障作用。

在杭州市武林广场人行过街通道、西湖大道/南山路过街地道和艮山西路闸弄口人行过街地道三个工程建设实例中，城市交通正常通行、旅游景点正常开放，地面建筑完好无损、众多地下管线受到良好保护，形成了很好的经济效益、社会效益和环境效益。

11. 应 用 实 例

11.1 杭州市武林广场人行过街通道工程

11.1.1 工程概况

工程为东西两条直墙单心圆复合式衬砌隧道，设四个 7.1m×5.1m 的临时施工竖井和共六个出入口，地处市中心，周边建筑物密集，涉及管线有四十余条，有自来水、煤气、污水、热力、电力电缆、通讯光缆、人防、雨水等。主体结构采用浅埋暗挖法施工，覆土厚度约 3m。

该地区为杭州第四纪滨海相沉积平原区，地层含水量非常大，承载力很低，土体具有很高的蠕变特性，处于软塑～流塑状态，渗透系数达 10^{-8} 级。揭露土体有：②$_1$ 黏质粉土、②$_2$ 粉质黏土、③$_1$ 淤泥质黏土、③$_2$ 淤泥质粉质黏土夹粉土，其物理力学性能指标参见表 11.1.1。

淤泥地层物理力学性能指标表　　　　　　　　　表 11.1.1

地层 参数	粉质黏土 ②$_2$	淤泥质黏土 ③$_1$	淤泥质粉质黏土夹 粉土③$_2$
含水量 w（%）	32.6～44.1	38.6～58.9	29.3～36.4
湿重度 γ（kN/m³）	17.8～18.8	16.2～18.1	17.9～19.1

参数 \ 地层	粉质黏土②₂	淤泥质黏土③₁	淤泥质粉质黏土夹粉土③₂
比重 G_s	2.73	2.71~2.75	2.70~2.71
孔隙比 e	0.926~1.210	1.075~1.688	0.850~1.065
塑性指数 I_p	17.7~19.6	13.7~26.6	5.5~12.4
液性指数 I_L	0.61~1.05	1.12~1.44	1.02~2.40
凝聚力 $C(kPa)$	11.0~26.0	10.0~15.0	10.0~20.0
内摩擦角 $\phi(°)$	9.5~12.5	8.0~12.5	17.0~28.5
压缩系数 $\alpha_{1-2}(MPa^{-1})$	0.547~0.869	0.729~1.474	0.223~0.661
渗透系数 $K(cm/s)$	1.0×10^{-7}	7.2×10^{-8}	
承载力特征值 $f_{ak}(kPa)$	70~90	60~75	65~80
压缩模量 $E_s(MPa)$	2.0~4.0	1.5~2.5	3.0~6.0

11.1.2 施工情况

施工是在科研与实践验证中进行的。工程于2004年3月26日开工，受到杭州市政府以及广大市民的高度重视，整个施工过程各大媒体进行跟踪报道。从设计到施工，由建委、业主、设计、监理、施工单位组成科技攻关小组，进行现场试验，严格控制各项施工工艺，确保了试验的准确性和指导性。

施工竖井时，曾几次出现过量下沉、净空收敛加大等不良现象，引起设计、建设、监理、施工及当地政府各方的重视，组织了多次专家现场会议。施工单位多位专家现场督导。在各方的共同努力下，施工工艺步骤和相关设计与支护参数等问题得到合理解决。

过街通道由于其长度在注浆工艺技术能有效控制的范围内，故利用竖井从两端进行管棚布设和二重管无收缩浆液注浆，在开挖前完成地层预加固，施工中及时对加固效果进行检查和补充注浆，分层分块进行开挖，确保了工程安全稳步地进行。经过不懈艰苦努力，工程于2005年6月3日竣工。

11.1.3 工程评价

工程建设中，各项监控指标均在允许范围内，交通、管线、构筑物均正常使用，周围环境得到良好保护，被评为杭州市双标化工地。工程完工后，竣工验收质量等级被评为优良，并获得杭州市政西湖杯，受到各方的好评，取得了较好的经济、社会和环境效益。

11.2 杭州市西湖大道/南山路过地道工程

工程位于国家级风景区内西子湖畔西湖大道与南山路"T"字形路口下，地道平面布置呈"L"形，设三个出入口，东北出入口位于西湖天地二期开发用地，东南出入口位于索菲特西湖大酒店，西南出入口位于涌金公园附近。地道全长约164m，其中主通道长约81m，净宽5m，净高2.5m。所经地层为富水淤泥地层，地下管线众多，包括自来水、煤气、污水、雨水、军用电缆、移动、联通、铁通、小灵通、有线电视等。

工程于2005年9月～2006年9月施工。施工中应用杭州市体育场路武林广场人行过街地道的工法及科研成果，并针对本工程情况，提出优化措施。地道出入口和施工竖井采用钻孔桩和旋喷桩围护、明挖顺作法施工，主通道施工采用注浆改良地层，CRD法暗挖施。确保了路面交通正常、景区正常开放，工程质量优良。

11.3 杭州市莘山西路闸弄口人行过街地道工程

位于莘山西路—机场路凯旋路交叉口东约150m，呈"工"字形分布，大体为南北走向，其中通道总长70.00m，设有四个出入口，各出入口长49.65m。主通道采取箱形拱顶结构，拱部采用三心圆，矢高0.3m，顶板覆土5.1m左右，装修后净高2.5m，净宽8.0m。两端分别设施工竖井，净空为10.55m×10.8m，深度为11.05m。

工程下穿莘山西路及雨水管、污水管、通信管、电力管、供水管等九条管线，其中三条φ1500污水管要求重点保护。周边有天杭大酒店、汽配市场、闸弄口新村公交车站等，所经地层为砂质粉土及淤泥质粉质黏土。

工程于2006年1月～2006年9月施工，应用杭州市体育场路武林广场人行过街地道的工法技术。主通道施工时，调整为先自上而下进行中间两块开挖初支，后按自上而下顺序对称进行两侧的开挖初支，每部通过临时型钢网喷支护与初支形成封闭结构。工程顺利、安全、优质、按时完工，地下管线、周围建筑、交通、生活及环境没有受到影响，竣工验收质量评为优良，为杭州市政府确定的"地下杭州"的科学发展战略再上了一个新台阶，有效地缓解了自城东进杭的交通压力。

三重管双高压旋喷施工工法

YJGF046—2006

上海隧道工程股份有限公司

余喧平　王吉望　肖晓春　朱卫杰　郭亮

1. 前　　言

高压喷射注浆是目前在工程建设中广泛采用的土体加固及改良的施工方法。高压喷射技术发展经历了单重管、双重管和三重管，随着地下空间开发向大深度方向发展，当今的高压喷射注浆技术正循着追求大深度、大直径方向发展，其中新开发出来的比较典型的工法有：双高压旋喷、超级旋喷以及X型交叉喷射等。

在上海轨道交通4号线修复工程中采用了三重管双高压旋喷工法，针对多种工况进行土体的改良和加固。上海隧道工程股份有限公司在施工中根据修复工程的需要联合其他专业公司及科研院所组成课题组，成立专项科研课题——"大深度、大直径旋喷设备及施工工艺研究"，对此问题进行攻关研究，并将研究中取得的成果应用于施工之中，借助于基坑开挖对部分旋喷桩进行暴露性开挖，开挖结果证明在上海轨道交通4号线修复工程中应用的三重管双高压旋喷施工方法取得了良好的效果。该科技成果在2006年10月通过了上海市科学技术委员会组织的验收，成果总体技术水平达到国际先进。

2. 工 法 特 点

2.1　单桩可以进行大深度、大直径的土体加固。

2.2　适用土层范围广，加固体强度均匀。

2.3　施工过程中可以有效地控制地面的隆起。

3. 适 用 范 围

三重管双高压旋喷工法在黏性土、高黏性土和砂性土中，加固深度30m范围内加固桩径可达到2m以上，50m加固范围内桩径可达到1.8m。不同土层条件下的加固体设计强度见表3。

不同土层条件下的标准设计强度　　　　　　　　　　　　　　表3

土 质 条 件	抗压强度 Qu	黏聚力 C	附着力 T	抗拉强度 Σt	弹性模量 E	水平向弹簧系数 K
	（MPa）	（MPa）	（MPa）	（MPa）	（MPa）	（MPa）
砂质土	3	0.5	$C/3$	$2C/3$	300	300
黏性土	1	0.3			100	100

该工法施工可用于形成防水帷幕，割断地下水的渗流；防止坑底部黏性土涌土或砂性土管涌；对相邻构筑物或地下埋设物的保护；旧有构筑物地基的补强；桩基础的防护或代替；盾构法及顶管进出工作井的加固。

4. 工 艺 原 理

三重管双高压旋喷工法是将超高压水和空气喷射流，以及超高压固化材料和空气喷射流通过安装在多重管前端的喷射器分两个阶段对土体进行切割搅拌，同时将固化材料以液态方式或干态方式喷入被破坏的土体缝隙中与土体搅拌，喷入的浆液与原状土体混为一体，通过旋转提升在土体中形成圆柱形加固体的一种地基加固方法。与普通三重管不同的是本工法中固化材料喷射流也是高压介质，对土体形成二次切割与搅拌（图 4-1 及图 4-2）。

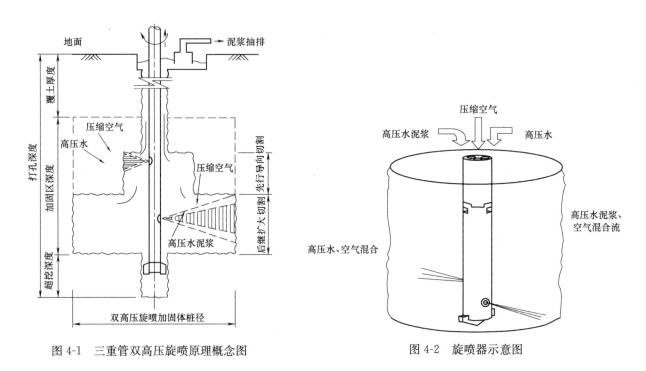

图 4-1　三重管双高压旋喷原理概念图　　　　图 4-2　旋喷器示意图

5. 施工工艺流程及操作要点

双高压旋喷工艺主要设备包括：旋喷机、专用高压泥浆泵、专用高压清水泵、空气压缩机、送水器、喷射管、旋喷器、导孔施工钻机。典型的双高压旋喷设备体系见图 5。

5.1　施工流程

三重管双高压旋喷施工的基本步骤可分为以下五步，见图 5.1：

5.1.1　准确确定桩位：

旋喷桩桩位应在设计图纸的基础上进行准确放样，桩位偏差不得大于 5cm，否则会影响到桩与桩之间的搭接。

5.1.2　液压钻机就位钻孔：

采用液压回转钻机成孔，钻孔过程中应保持钻杆垂直，钻孔垂直度偏差不得大于 1%。

5.1.3　浆液制备：

按设计配合比进行浆液的拌制，拌制时要精确计量，浆液在拌浆桶内搅拌时间不得小于 5min。拌浆台应有专人负责，根据设计水灰比，相应固定拌浆操作程序，减少操作失误，并将配合比标牌挂在搅拌台醒目位置。

5.1.4　将注浆管放至设计底标高并开始旋喷注浆：

当钻孔及浆液配制全部完成后，将注浆管放入到设计底标高深度，开启高压清水泵、高压注浆泵和空压机，检查各施工参数是否符合设计要求。开启提升装置，提升过程中卸管后继续喷浆时应复喷 10～50cm，以确保桩身搭接质量。旋转并提升注浆管直至设计顶标高。

5.1.5　将三管提出地表清洗及移位：

注浆完成后，将注浆管提出地表，及时清洗注浆管，以免被水泥浆凝固后堵塞管路。将旋喷机移至下一桩位，重复以上步骤继续施工。

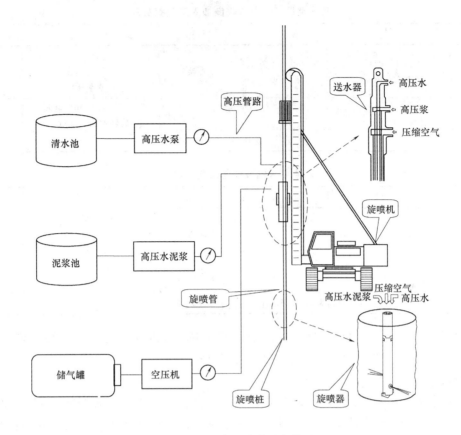

图 5　典型双高压旋喷设备体系图

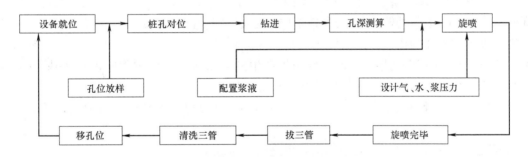

图 5.1　三重管双高压旋喷施工步骤流程图

5.2　施工参数

三重管双高压旋喷可以用于稳定开挖回填后的槽段、基坑内土体的改良加固（加固体具有一定强度）以及形成隔水帷幕，具体加固施工的技术参数见表 5.2-1、表 5.2-2 及表 5.2-3。

槽段开挖后弱加固施工工艺参数表					表 5.2-1
名　称	项　目	参　数	名　称	项　目	参　数
高压水	压力(MPa) 流量(1/min)	35～38 70～80	水泥浆	压力(MPa) 流量(1/min) 水灰比	14～16 70～75 1.5∶1
压缩空气	压力(MPa) 流量(m³/min)	0.5～0.7 0.9～1.1	注浆管提升	提升速度(cm/min) 旋转速度(r/min)	8～10 6～8
注浆材料为 32.5 级普通硅酸盐水泥					

具有一定强度的土体改良加固工艺参数表　　表 5.2-2

名　称	项　目	参　数	名　称	项　目	参　数
高压水	压力（MPa） 流量（l/min）	35～38 70～80	水泥浆	压力（MPa） 流量（l/min） 水灰比	20～25 70～85 0.9:1～1:1
压缩空气	压力（MPa） 流量（m³/min）	0.5～0.7 3.0	注浆管提升	提升速度（cm/min） 旋转速度（r/min）	4～6 5～7

每方土体水泥用量：460kg～500kg

形成隔水帷幕加固工艺参数表　　表 5.2-3

名　称	项　目	参　数	名　称	项　目	参　数
高压水	压力（MPa） 流量（l/min）	35～38 70～80	水泥浆	压力（MPa） 流量（l/min） 水灰比	20 75～85 1:1
压缩空气	压力（MPa） 流量（m³/min）	0.5～0.7 3.0	注浆管提升	提升速度（cm/min） 旋转速度（r/min）	4～6 5～7

注浆材料为32.5级水泥。每方土体水泥掺量550～600kg

考虑到回填后的加固仅仅是起稳定槽段的作用，没有强度和防水的要求，所以浆液的压力相对较低，设为15MPa，而标准的双高压工艺一般为20～25MPa。

5.3　操作要点

5.3.1　当场地内地下障碍物较多时，增加了成孔难度。可采用性能较好的 GXY-2 型钻机，采用 $\phi60$ 钻杆，长度大于 3.0m 的长岩芯管和金刚石钻头钻进。该钻机扭矩大，配备 $\phi60$ 钻杆和长岩芯管，垂直度容易保持。

5.3.2　工程深度较深，旋喷桩的偏斜无法避免。为了保证深部旋喷桩能互相搭接可采用高压水和高压水泥浆双高压介质喷射切割土体，形成的桩径较大，配合注浆管提速、空气压力、流量等其他施工参数，能确保深部桩体的搭接。

5.3.3　旋喷施工过程中的地面隆起。旋喷桩产生的废浆排出地面过程中，在地基土中形成压力，可能产生地面隆起变形。出现这种现象时可以采取以下对策：

1. 加大钻孔直径：将钻孔直径加大至 200～250mm，可以使浆液易于排出地面，从而孔内压力快速释放。

2. 在旋喷之前采用高压清水进行予切割，再进行正常施工。

3. 在排浆受阻的位置，从地面插入水管，使孔内排浆顺畅。

5.3.4　为了保证在不同土层和不利因素影响下，旋喷桩达到比较均匀的直径，必要时采取预切割措施。

6. 材料与设备

施工机具一览表　　表 6

序　号	设备名称	型　号	规　格	单　位	数　量	作　用
1	RJP 专用高压水泵	3D₂-SZ 型	40.0MPa	台	1	切割土层
2	RJP 专用旋喷机	GPP-16 型	—	台	1	驱动注浆管旋转与提升
3	RJP 专用高压注浆泵	GPB-90 型	—	台	1	把浆液注入土层
4	空压机	VFY-6/10 型	6m³	台	1	辅助切割土层和搅拌
5	钻机	钻机 GXY-2	150m	台	1	成孔
6	搅拌机	立式圆型	—	台	1	搅拌水泥浆
7	泥浆泵	BW-150	—	台	1	排浆
8	RJP 专用高压注浆管	高强嵌套钢管	—	m	若干	输送高压水及水泥浆

7. 质 量 控 制

由于高压旋喷桩施工难度大，特制定施工细则，在施工中严格遵守，以保证施工质量。

7.1 钻机就位与设计位置偏差小于5cm，垂直偏差度小于1‰。

7.2 施工时严格控制各种施工参数，包括：高压水、高压注浆泵及空压机的压力、流量，以及喷射过程注浆管的提升速度。在可能的条件下，应采用自动化仪表进行施工参数的测量与控制。

7.3 做好现场施工的记录工作，对钻孔倾斜、钻孔深度、钻孔遇障碍物情况、钻孔坍孔、旋喷桩喷射过程中的参数状况、返浆情况等都要做详细记录。同时对施工记录及时整理，发现问题及时汇报处理。

7.4 为保证旋喷桩在拆卸注浆管或因故中断时不出现断桩现象，重新正常喷射时上下两段桩的搭接长度不小于10cm。

7.5 在施工时严格遵守操作规程，班长和技术人员严格进行质量自检。

7.6 对喷浆浆液配比严格控制，根据高压旋喷作业情况相应固定浆液拌制操作程序，减少操作失误。

7.7 严格控制高压旋喷施工使用水泥的质量，加强水泥的防潮工作。

7.8 复核施工水泥用量的方式，保证高压旋喷施工过程中的水泥掺量达到设计的相应要求。

7.9 施工前对旋喷施工机械进行维护保养，尽量减少施工过程中由于设备故障而造成的质量问题。对机械操作人员进行施工前培训，组织其熟悉设备性能、操作要点，施工中设备由专人负责操作。

7.10 施工前进行技术交底，做好控制措施：a. 由专人负责控制标高，并请监理、总包现场确认。b. 在高压三重管上焊接标记，间隔距离为0.5m，所焊接标记清晰、准确。

8. 安 全 措 施

8.1 注意安全用电，在旋喷施工中涉及的电器设备较多，施工现场应配置标准电箱，电动机和控制箱应有良好的接地装置。施工人员应持证上岗制，防止用电事故发生。

8.2 严格按照安全生产的有关条例进行施工作业，正确操作使用机械设备。施工中随时调整钻机垂直度，如在施工中钻机或旋喷机发生故障需要高空作业维修，应配戴安全带作业。

8.3 施钻时，应先将钻杆缓慢放下，使钻头对准孔位，当电流表指针偏向无负荷状态时即可下钻。在钻孔过程中，当电流表超过额定电流时，应放慢下钻速度；当机架出现摇晃、移动、偏斜或钻头内发出有节奏的响声时，应立即停钻，经处理后，方可继续施钻。

8.4 施喷时，应定期检查管路是否完好，特别是管路的接头位置，防止高压空气和高压浆液喷射伤人，喷管连接和拆卸时施工人员应密切配合，做到有序作业，喷管提升拆卸时下方不得有施工人员站立。

8.5 现场施工人员应正确戴好安全帽、穿着反光背心，施工现场要设有围栏、隔离墙，加强消防管理，按规定布置消防器材，使用阻燃材料搭建临时房，杜绝火灾事故。

9. 环 保 措 施

9.1 施工现场应由专人负责清扫，不任意排污，加强现场泥水管理，指定专人负责，开挖和及时回填各种排浆沟，杜绝泥水外溢，保持场地干燥、平整。

9.2 根据旋喷施工特点，加强施工场地的废泥浆管理，固定临时排浆池，保持施工场地的整洁。

9.3 在现场配浆处加装防尘顶棚，减少扬尘。

9.4 旋喷桩施工过程中会产生较多的废浆，可以用泥浆车外运出场，也可以根据旋喷产生的废浆凝固较快的特点，采用现场堆置，凝固后，以土方形式外运出场的办法。

10. 效 益 分 析

我国自 70 年代中期开始进行高压喷射技术的试验和应用研究，目前已经逐渐形成成熟的地基加固工法，其中普通三重管法已被列为国家级工法，并已列入国家地基加固技术规范。随着地下空间开发向大深度方向发展，上述三重管高压旋喷注浆工艺已无法满足当今地基加固的要求，主要表现为：①加固深度相对较小，均在 30m 范围内；②形成的加固桩体直径相对较小，最大桩径为 1.5m。三重管双高压旋喷在原有三重管旋喷的基础上加固深度和加固范围都有了较大的提高，加固深度可以达到 50m，形成状体的直径可以达到 1.8m。

随着地下工程的发展，双高压高压喷射注浆法可广泛用于市政、水利、交通、能源建设中，其用途包括深基坑开挖中隔水、坑底加固、挡土，地铁车站及盾构工程起始和终端部位土体加固，旧有建筑、桥梁基础补强，市政管线加固，水坝防渗等。其显著经济效益体现在以下几个方面：

1. 加固范围的增大在地基注浆加固施工过程中可以有效地减少成孔的工作量，特别是在复杂障碍物的施工环境内，这对于缩短工期、降低工程费用具有一定效果。

2. 加固深度较传统注浆工艺有显著提高，在地下工间开发趋于大深度的背景下具有较大的市场潜力。

11. 应 用 实 例

11.1 上海轨道交通 4 号线修复工程

上海轨道交通 4 号线浦东南路站～南浦大桥站区间隧道修复工程以地下连续墙围护明挖为主，分为东、中、西三个明挖基坑，基坑端头井挖深约 41m，标准段挖深约 38m。（见图 11.1）基坑围护结构采用 1200mm 厚地下连续墙形式，所有地下墙深度均为 65m。为减少基坑开挖阶段混凝土支撑制作期间连续墙围护变形，从第四道支撑开始，于基坑周边设置旋喷抽条加固区，提高每层基坑开挖坑内被动区土体强度。地下墙外侧接缝位置设置旋喷桩，防止基坑围护接头渗水，加固深度主要针对粉、砂土层。全回转切割槽段内回填后设置弱强度旋喷桩，以稳定切割范围内的槽段。

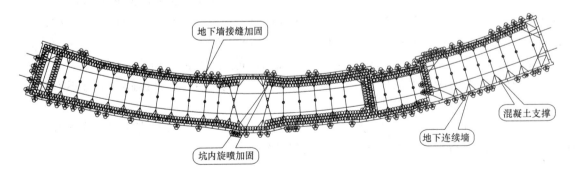

图 11.1 上海轨道交通 4 号线修复工程基坑平面图

11.1.1 基坑内裙边加固

根据设计平面上裙边加固范围为：基坑内侧近地下墙 4.0m 范围内需要进行裙边旋喷加固。在剖面上的加固范围为：第 7 道支撑底面以下至坑底开挖面以下 5.0m，以及自第 4 道支撑至第 6 道支撑起每道支撑下 2.0m 范围内。设计桩径为 1800mm，最大加固深度为 46m，排距为 1400mm，桩间距为 1300mm。坑内裙边加固布置见图 5。第 7 道支撑底面以下加固区，28d 无侧限抗压强度 $q_u \geq 1.5$MPa；第 7 道支撑底面以上加固区，28d 无侧限抗压强度 $q_u \geq 1.0$MPa。

11.1.2 地下连续墙接缝加固

由于基坑开挖深度大，地下连续墙内外将形成较大的压力水头差，因此地下连续墙接头的防水需要引起足够的重视。在接头形式选型上选择防水效果较好的"十字钢板接头"。尽管如此，由于地下墙混凝土绕筑或者十字钢板夹泥等原因可能导致接头防水质量难以保证，需要在坑外接缝处施工旋喷桩封水。旋喷桩设计桩径 1800mm，搭接不小于 600mm。加固深度为地面以下 15.0m 至 50m（相对标高）。旋喷加固 28d 无侧限抗压强度不小于 1.2MPa。

11.1.3 全回转切割回填旋喷加固

根据工程的总体要求，需要用全回转对隧道进行切割后施工地下连续墙，然后再对槽段进行旋喷弱加固，旋喷弱加固的目的主要是增强槽段的稳定性。喷桩的加固桩径 1500mm，桩间距 1100mm，桩深（从混凝土地面以下）42.5m，加固后 28d 的无侧限抗压强度 0.6～0.8MPa。

在 4 号线修复工程中，三重管双高压旋喷施工的施工工法得到了广泛的应用，整套施工技术在应用中得到了充分的完善和发展，为双高压选喷技术的进一步发展奠定了坚实的基础，见表 11.1.3。

4 号线修复工程旋喷工作量汇总表

表 11.1.3

项 目	设计桩径(mm)	最大深度(m)	根 数		备 注
坑内裙边加固	1800	47	东基坑	642	沿深度方向间断成桩，最大加固深度47m
			中基坑	78	
			西基坑	107	
坑外接缝止水加固	1800	50	东基坑	140	沿深度方向连续成桩，加固深度为地面以下15m～地面以下50m
			中基坑	46	
			西基坑	73	
槽段内加固	1500	42.5	1 号断面	34	沿深度方向连续成桩，加固深度为地面以下42.5m
			2 号断面	40	
			3 号断面	38	
			4 号断面	36	

11.2 上海长江隧道试验段工程

上海市长江隧道工程是我国长江口沿海一项大型交通建设项目。其南起浦东五号沟，止于长兴岛。道路规划为双向 6 车道，设计时速为每小时 100km，该工程是国家重点工程，具有重要的交通、经济和社会意义。

盾构工作井进出洞采用三轴搅拌桩加固，由于搅拌桩在端头井外沿隧道方向宽度较小，为确保盾构进出洞时无渗漏，在搅拌桩外侧布置一排旋喷桩。旋喷桩采用三重管双高压工法施工，旋喷桩设计桩径 1800mm，桩间距 1500mm，桩深 28.0m，桩长 25.0m，旋喷桩中心离搅拌桩外边缘 400mm，本工程自 2006 年 4 月 11 日开始旋喷施工，至 5 月 6 日施工结束，历时 26d，共成桩 32 根。

11.3 市百一店商城（新楼）桩基和维护工程

一百商城（新楼）位于上海市黄浦区西藏中路 425 号，上海第一百货老楼北侧。由于基坑开挖过程中周边环境的保护要求较高，坑内进行旋喷加固，以控制基坑变形。场地内存在较多的原建筑物老基础和废弃的地下管线，布孔时遇到障碍桩（包括新施工的工程桩）作相应调整。

基坑采用地下连续墙作围护结构，为有效保护周围原有建筑物、地铁隧道及地下管线，基坑内采用双高压旋喷桩进行地基加固。在竖向上，旋喷桩分为高掺量加固和低掺量加固两种情形。为控制基坑变形，西侧及南侧部分：高掺量加固面以上至第一道支撑底为低掺量加固；北侧及东侧部分：高掺量加固面以上至第二道支撑底为低掺量加固。加固后，要求28d无侧限抗压强度不小于1.5MPa（高掺量）和0.5MPa（低掺量）。

本工程旋喷桩加固分为裙边加固和墩式加固两种，施工过程中共完成了1061根桩体。旋喷桩设计桩径为1600mm，桩间距1400～1500mm，近地下连续墙的桩距离地下墙600mm高掺量加固28d平均无侧限抗压强度不小于1.5MPa；低掺量加固28d平均无侧限抗压强度不小于0.5MPa。

海工工程 GPS 远距离打桩定位工法

YJGF047—2006

中交第三航务工程局有限公司

曹根祥　尹海卿　马松平　夏显文　施冲

1. 前　言

采用传统的经纬仪或全站仪进行沉桩定位的方法仅适用于1～2km测距范围内，对于远海打桩工程，传统的搭设测量平台无论是在定位精度还是在定位的时效性上都存在着问题。随着海洋工程的不断发展，大量的远海打桩工程不断出现，这就要求我们开发研制适用于远海工程施工的打桩定位系统，以适应工程建设发展的需要。

全球卫星定位系统（GPS）在最近几年里有了很大的发展。目前，GPS的实时相位差分技术（RTK）已使远至10～20km的测量定位精度达到厘米级，数据采集率和获得测量成果的实时性都很高。因此，利用GPS技术，辅助以其他测量手段和计算机技术，开发适用于远海工程施工，且具有一定自动化程度的精密的"海工工程GPS远距离打桩定位系统"已成为可能。

为满足现代工程建设需要，并根据远海工程施工的特点，中交三航局有限公司2002年研制成功了"海工工程GPS远距离打桩定位系统"，该成果通过了上海市科委组织的专家鉴定，并于2002年荣获中港集团科学技术进步一等奖，2003年荣获上海市科学技术进步二等奖。中交第三航务工程局在东海大桥、杭州湾跨海大桥、洋山国际航运中心等建设工程中应用"海工工程GPS远距离打桩定位系统"的基础上，不断总结，形成了本工法。

2. 工 法 特 点

本工法首先以GPS作为基本定位仪器对打桩船进行定位，在此基础上，配合辅助测量设备对施打桩的桩位进行精确定位，以提高系统的定位精度。它具有如下几个主要功能和特点。

2.1 能实现离岸（或离GPS参考台）20km左右的工作距离，常年有效工作距离在10km以上。

2.2 实现定位过程中数据的自动化处理，即打桩定位过程中的桩中心平面位置的定位、桩顶标高的控制及贯入度的计算等一系列实时定位信息的处理均由工法自行完成。

2.3 定位过程将原来的由岸上测量人员来指挥驾船人员进行移船操作，改为由移船操作人员直接根据计算机屏幕的显示或提示自行完成移船定位操作，减少定位过程的中间环节，提高移船定位操作的直观性和便利性。

计算机屏幕能同时以图像及数字的形式反映出施打桩的设计位置及该桩的主要设计参数（包括设计的桩中心坐标、桩顶标高、平面扭角、倾斜度等），以及停锤标准（包括标高控制标准和贯入度控制标准）和当前施打桩的实时位置及主要实时参数（如桩中心坐标偏差、桩顶标高偏差、平面扭角偏差、实时倾斜度、实时贯入度等），便于操作人员进行对照比较，调整船位，准确定位。

2.4 具有较高的定位精度。根据理论估算，平面定位精度可达5cm以内，满足规范对相应条件下打桩定位允许偏位的要求。

2.5 打桩结束后，计算机将能提供一份标准格式的打桩记录表。

2.6 按本工法操作，可以不受雨、雾、夜晚及视线遮挡等因素的影响，可全天候工作。

3. 适 用 范 围

本工法适用于所有水工工程和桥梁工程的沉桩定位，尤其是海工工程远距离打桩定位。

4. 工 艺 原 理

4.1 设备及精度

采用 GPS RTK、无棱镜测距仪、精密测倾仪等先进技术与设备，结合专门开发的打桩定位计算机软件，实现了实时、主动的船身和桩身位置的精确计算。突破了传统的经纬仪或全站仪定位方法必须要求通视的限制，使水上精密打桩定位的离岸距离达到 20km 以上。大大提高了施工效率，最大限度地减轻了劳动强度。

4.1.1 GPS 系统及应用

经过 20 多年的发展，目前 GPS 及 RTK 定位技术被作为一项非常重要的技术手段和方法，已经在测绘、工程施工等各种测量领域中占据重要地位，并替代了大部分的常规测量。

GPS 采用差分技术提高定位精度。通过差分技术，可以有效地消除卫星信号的各种误差，使相对定位精度达到 2～3cm。GPS RTK 定位技术是采用数传电台，将参考站的卫星数据实时传送到流动站，可以实现实时高精度定位。

4.1.2 无棱镜测距

随着激光测距技术的发展，近年来无棱镜测距技术也有了迅速的发展，测距精度可以达到 1～3mm。

4.1.3 精密测倾仪

精密测倾仪是一种高精度的倾斜传感器，一般可以测定诸如船身或桩架等对象的纵横倾斜，其精度可达到 0.05°。

4.2 船体位置与姿态确定

打桩定位的结果是要测定桩身的位置、方位和倾斜度，由于不能将 GPS 天线直接安装在桩身上，因此为实现对桩身的定位和定向一般在打桩船上安装两台或三台 GPS RTK 接收机（流动站）、一台测倾仪以确定船体的位置和姿态，以确定船体的位置与姿态。当同时安装三台 GPS 和一台船体测倾仪时，由三台 GPS RTK 数据计算的船体倾斜可以与测倾仪测定的船体倾斜数据进行比较和检核。

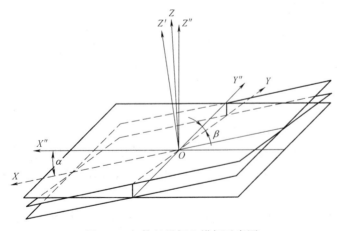

图 4.2 船体的纵倾和横倾示意图

如图 4.2 中所示，坐标系统 $O\text{-}XYZ$ 对应的是三维船体坐标系统，假设船体的纵倾和横倾分别为 α 和 β，首先绕 X 轴顺时针旋转 β 角，得到坐标系 $XY''Z'$，该坐标系绕 Y'' 轴逆时针旋转 α 得到过三维船固坐标系原点且位于水平面的坐标系统 $O\text{-}X''Y''Z''$，称该坐标系统为瞬时船体水平坐标系统，该坐标系统中的平面坐标与工程坐标系统存在平移、旋转的关系。

三维坐标系统之间的旋转矩阵分别为：

$$R_x(\alpha) = \begin{bmatrix} 1 & 0 & 0 \\ 0 & \cos\alpha & -\sin\alpha \\ 0 & \sin\alpha & \cos\alpha \end{bmatrix} \tag{4.2-1}$$

$$R_y(\alpha) = \begin{pmatrix} \cos\alpha & 0 & \sin\alpha \\ 0 & 1 & 0 \\ -\sin\alpha & 0 & \cos\alpha \end{pmatrix} \tag{4.2-2}$$

$$R_z(\alpha) = \begin{pmatrix} \cos\alpha & -\sin\alpha & 0 \\ \sin\alpha & \cos\alpha & 0 \\ 0 & 0 & 1 \end{pmatrix} \tag{4.2-3}$$

旋转角为从各个旋转轴的正向看，逆时针旋转角为正，顺时针为负。

由三维船固坐标系 $O\text{-}XYZ$ 转换到瞬时船体水平坐标系统 $O\text{-}XYZ$ 的转换矩阵为：

$$R = R_X(-\beta) \cdot R_Y(\alpha) \tag{4.2-4}$$

工程坐标系统 xoy 与瞬时船体水平坐标系统 XOY 之间的关系式为：

$$\begin{pmatrix} x_P \\ y_P \end{pmatrix} = \begin{pmatrix} X_P \\ Y_P \end{pmatrix} + \begin{pmatrix} \cos\alpha & -\sin\alpha \\ \sin\alpha & \cos\alpha \end{pmatrix} \times \begin{pmatrix} X_P \\ Y_P \end{pmatrix} \tag{4.2-5}$$

其中 α 为 X 轴逆时针旋转到 x 轴的角度。

4.3 船体坐标系与GPS坐标系实时转换

由于打桩船上设备位置和桩中位置是根据船体坐标系进行计算的，而 RTK GPS 的坐标一般为 WGS84 或工程坐标系坐标，需要进行实时转换。

船体坐标系统与工程坐标系统都是平面直角坐标系统，将 (X_B, Y_B) 转换为 (X_P, Y_P) 的计算公式：

$$\begin{bmatrix} X_P \\ Y_P \end{bmatrix} = \begin{bmatrix} \Delta X_P \\ \Delta Y_P \end{bmatrix} + R_{BP} \begin{bmatrix} X_D \\ Y_D \end{bmatrix} \tag{4.3-1}$$

其中：

$$R_{BP} = \begin{bmatrix} \cos(\alpha_{BP}) & -\sin(\alpha_{BP}) \\ \sin(\alpha_{BP}) & \cos(\alpha_{BP}) \end{bmatrix} \tag{4.3-2}$$

公式中的 2 个平移参数（ΔX_P，ΔY_P）和 1 个旋转参数（α_{BP}）需要根据 GPS 实时定位结果计算。

通过这一计算过程，可以建立起 GPS 与船体之间的坐标转换关系。从而可以实时地将通过测距仪测定的桩身在船体坐标系中的位置转换到 GPS 或进一步转换到工程坐标系中。

5. 施工工艺流程及操作要点

采用本工法进行打桩定位时，一般需要经过三个阶段。第一阶段为建立坐标系统转换关系，第二阶段为打桩系统参数设置。第三阶段为实时打桩定位。

5.1 建立坐标系统转换关系（图5.1）

这一阶段的主要工作是，根据设计的坐标系统，建立 GPS 首级控制网，并根据已知的控制点坐标计算 GPS 坐标系统与施工坐标系统之间的转换关系。

在建立坐标系统之间的转换关系时，对特大型桥梁等大型施工项目，一般应采用参数转换模型，对较小规模的施工工程还可以采用平面转换模型。应当注意的是，不管采用何种模型，已知控点的精度和分布对最终的定位精度有很大的影响，应尽可能使已知点分布均匀，所有已知点覆盖的面积应大于施工区域总面积的 1/2 以上。

转换关系建立后，应对坐标系统转换关系进行必要的检核。

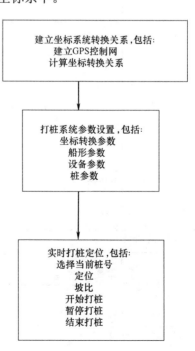

图5.1 坐标系统转换关系示意图

具体方法是，对第一根或开始几根桩在施打时同时采用常规测量和GPS打桩定位两种方法，两者相互检查。如果两种定位方法结果的差异在误差允许范围以内，则说明坐标系统转换正确，否则应查明原因，直到检核一致后才可以采用单独的GPS定位方法进行打桩。通过这一检核，还可以检查GPS打桩系统的其他参数的正确性。

5.2　打桩系统参数设置

打桩系统参数包括坐标转换参数、船形参数、设备参数和桩参数。其中坐标转换参数由上述中计算得到，可以是参数转换或平面转换参数。船形参数和设备参数在系统安装时测定，对同一条打桩船来说，这两项参数一般情况下不会改变。因此，除非系统设备的安装位置有所变化，否则这两项参数不需要重新测定和设置。

5.3　实时打桩定位

实时打桩定位包括6个步骤，选择当前桩号、定位、坡比、开始打桩、暂停打桩、结束打桩。

5.3.1　选择当前桩号

对话框中，定为系统要求选择当前施打桩的桩号、输入当前桩的实际坡比和当前施打桩的打桩模式。系统在完成选择当前施打桩号后，在计算机的平面定位显示屏幕（系统辅助屏幕）上将标出当前桩号位置，同时，将自动进入"移船"工作状态。此时必须至少有两台GPS处于正常工作状态，而两台测距仪暂停工作。无论当前桩的打桩模式是"精密定位"模式还是"标准定位"模式，都是以标准桩中位置计算实时桩中坐标。

5.3.2　定位

在当前施打桩基本就位进行精密定位时，在系统子菜单中选择"定位"功能项。此时，系统将检查当前桩的打桩模式。若打桩模式为"精密定位"模式则系统将打开水平测距仪，并开始精密定位。否则，系统按"标准定位"模式进行定位，此时，水平测距仪处于关闭状态（图5.3.2）。

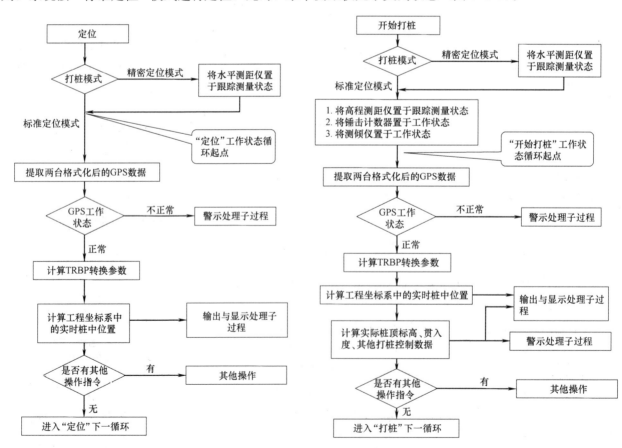

图5.3.2　定位流程图　　　　　　　　　图5.3.4　开始打桩流程图

5.3.3 坡比

由于多种原因，在的定位和施打过程中，桩的倾斜坡比可能会发生变化。此时，若不对这一变化加以改正，则可能会影响到定位精度。子菜单项中的"坡比"项就是用于修改实际桩坡比的。桩的实际坡比在打桩过程中可根据需要随时修改。

如果系统在桩架上安装了测倾仪，一般不需要人工改变坡比。

5.3.4 开始打桩

当打桩开始时，操作者应及时用鼠标点击此子菜单项中的"开始打桩"控件，以便系统开始记录并处理有关的打桩数据（图 5.3.4）。

在当前桩的打桩模式为"精密定位"模式时，此时 GPS、水平测距仪、测倾仪及锤击计数器都处于工作状态，在主计算机屏幕和辅助计算机屏幕上将分别实时显示各类状态数据和控制数据。

在当前桩的打桩模式为"标准定位"模式时，两台水平测距仪不工作，桩中坐标根据标准桩中位置计算。在主计算机屏幕和辅助计算机屏幕上实时显示的内容与"精密定位"模式相同，但水平测距仪数据设为"0"。

一旦开始打桩，打桩过程的有关数据将被实时地记录下来，并作即时处理。

当打桩的实时贯入度接近或小于最小允许贯入度，或桩顶实时标高接近设计标高值时，系统给出提示。但在操作者选择"结束打桩"前系统仍处于打桩状态，并继续纪录打桩数据。

因"暂停打桩"或意外中断后，系统重新恢复"开始打桩"状态，打桩数据将添加在前次记录文件中，以确保打桩记录的完整性。

5.3.5 暂停打桩

由于在沉桩施工中出现异常情况，如打桩船出现故障等导致沉桩施工暂停。系统的各传感器继续工作，实时贯入度将停止计算，打桩数据也停止纪录。其他计算和显示内容与"开始打桩"期间相同。用鼠标再次单击"开始打桩"可恢复打桩状态。

5.3.6 结束打桩

在当前桩施打完成后，需要选择"结束打桩"功能项。此时系统关闭水平测距仪，但 GPS 仍然处于工作状态，主计算机和辅助计算机屏幕显示内容锁定不变。

结束打桩后，应及时生成打桩记录表。

6. 材料与设备

6.1 本工法主要有如表 6.1 所示各项设备和软件组成。

设备和软件组成   表 6.1

序　号	货物名称	规格或技术指标	数　量
1	GPS 参考站	RTK 参考站	1
2	GPS 流动站	RTK 流动站	3
3	计算机	适合运行 Windows XP	1
4	显示器	15 英寸	2
5	多串口卡(光电)	8 口	1
6	双头显卡(电脑)	PCI	1
7	稳压电源	100W	2
8	UPS(山特 1000W)	断电后工作 20min	1
9	摄像机(含云台、控制器)	普通 CCD	1
10	测距仪	无棱镜	2

序　号	货物名称	规格或技术指标	数　量
11	A52 模块	RS232 与 RS422 互转	4
12	分屏器	1 转 4	1
13	接线箱		1
14	6 芯电缆线		400 米
15	零星材料		1
16	测倾仪	0.05°(RSM)	1 或 2
17	锤击计数器		1
18	软件系统		1

6.2 GPS 设备应根据计量法要求定期进行检定，测距仪应在初次使用时进行检定，并在每个工程开始时，采用钢卷尺等测量工具进行比对。

7. 质 量 控 制

工法的操作流程，关键工序的质量要求和注意事项，工法必须遵照执行的国家、地方（行业）标准、规范名称有：

1）《水运工程测量规范》JTJ 203—2001；

2）《港口工程桩基规范》JTJ 254—98；

3）《公路勘测规范》JTJ 061—99；

4）《公路路线勘测规程》JTJ 061—99；

5）《工程测量规范》GB 50026—93；

6）《国家一、二等水准测量规范》GB 12897—91；

7）《公路全球定位系统（GPS）测量规范》JTJ/T 066—98；

8）《全球定位系统（GPS）测量规范》GB/T 18314—2001；

9）《公路工程技术标准》JTJ 001—97；

10）《公路桥涵施工技术规程》JTJ 041—2000；

11）《三航局海工工程 GPS 远距离打桩定位系统操作手册》。

8. 安 全 措 施

8.1 与采用传统定位方法一样，本工法在施工过程中，采取的安全措施如下：

8.1.1 6 级风以上不得进行沉桩施工，以确保打桩船和桩基及人员的安全。

8.1.2 沉桩过程中，桩架下不得站人，以防沉桩过程中桩架上落下物伤人。

8.1.3 沉桩前，认真研究沉桩区域地质资料，在含有软弱夹层可能发生溜桩的区域，要求开始进行空锤轻击，等桩尖穿过软弱夹层后，再进行正常锤击，以确保打桩船和桩基及人员的安全。

8.1.4 在吊桩移船时，当打桩船接近已有结构物或已沉桩基时，要求船慢速移动，以防碰撞，以确保打桩船和结构物的安全。

8.1.5 在架设 GPS 接收机天线时，要求架设避雷针，以免雷电击穿 GPS 设备，确保设备安全。

8.1.6 电焊要远离 GPS 接收机天线，以电焊的强电流击穿 GPS 设备，确保设备安全。

9. 环 保 措 施

本工法采用的设备如摄像机、免棱镜测距仪、GPS 接收机、无线电电台、倾斜仪等的电源电压均为12V，属于安全电压，对环境不产生不良影响。另外，GPS无线电电台发出的功率仅4W，对环境也不会产生污染。

10. 效益分析

以东海大桥工程为例进行效益分析。

10.1 经济效益

传统的打桩定位方法一般要求在距打桩现场1km以内的范围内布置有一定数量的稳定测量控制点。对于像东海大桥这样主桥长约28km的工程，若采用传统的打桩定位方法进行桩基工程定位则至少需要在海上建造12座稳定的测量平台。据经营部门测算，在类似东海大桥海域建造一座测量平台的造价约为64万元，12座的造价约为768万元，船舶调遣及工程结束后测量平台的拆除费用约为116万元，若按5条打桩船同时打桩计，还需投入全站仪等常规仪器费用约为100万元。故为完成类似东海大桥桩基工程的施工定位工作，若按传统测量方法进行定位，则需增加投入近1000万元。而在一条打桩船上安装一套"海工工程GPS远距离打桩定位系统"的投入约为80万元，一套工法的使用期望寿命为10年，安装有该工法的打桩船在完成东海大桥桩基工程以后，还可以投入到杭州湾跨海大桥等远海工程中使用。若将一条打桩船安装本工法的一次性投入分摊在东海大桥工程中，则投入5条打桩船的费用约为200万元，比使用传统方法在一个东海大桥工程中即可节省费用近800万元。另外，工法不受雨、雾、夜晚及视线遮挡等因素的影响，可全天候工作，大大加快了桩基工程施工的进度，其经济效益是显著的。

10.2 社会效益

该工法使远离岸线的打桩定位成为可能，是对传统定位方法的重大发展。随着经济建设形式的高速发展，大量远离岸线的海工工程的不断出现，该工法得到了更加广泛地应用。如杭州湾跨海大桥等也采用了该工法，节省近千万元。该工法不仅适用于远离岸线的海工工程，还适用于所有水工工程和桥梁工程的沉桩定位，它能保证打桩船全天候施工，不受雨、雾、夜晚及视线遮挡等因素的影响，大大加快了桩基工程施工的进度，降低了测量工的劳动强度，故于2003年在中交第三航务工程局的十三条打桩船上推广了该工法。与此同时，行业内部各兄弟单位也陆续采用了该工法进行沉桩定位。除经济效益外，其社会效益也十分明显。

11. 应用实例

11.1 东海大桥工程

东海大桥是我国第一座真正意义上的跨海大桥。东海大桥北起于上海南汇区芦潮港，跨越杭州湾北部海域南至浙江嵊泗县小洋山，是洋山深水港连接上海市及长三角的主要通道；东海大桥桥线总长约为31km，沉桩5697根、大小承台626只。全部采用该工法进行桩基施工。三航局承建东海大桥工程Ⅵ标段，全长15km、沉桩3355根（均为斜桩）、大小承台372只，该工程项目工作量大、工期紧、工程质量要求高，施工条件差。桩基偏位：直桩≤25cm，斜桩≤30cm，高程控制在0～10cm。

整个跨海段非通航孔与通航孔边墩中参与评定桩基工程总量为3355根，最终桩位合格率达到95.4%。

11.2 杭州湾跨海大桥

杭州湾跨海大桥北起杭州湾北岸嘉兴市郑家埭，向南跨越杭州湾，止于宁波市慈溪市水路湾，全长36km。工程起点桩号为K49+000，终点桩号为K85+000。大桥全程设南、北两座航道桥，其中主航道桥（北航道桥）设计通航能力为5000t级。杭州湾跨海大桥按双向六车道高速公路标准建设，大桥设计时速100km/h。

中交第三航务工程局承建杭州湾跨海大桥工程的第Ⅵ合同段，第Ⅵ合同段施工区域位于南航道桥两侧，包括中引桥水中低墩区和南引桥水中低墩区两部分组成，全长 4550m，共 67 个墩号、134 个承台，总桩数为 1348 根。其中中引桥水中低墩区里程号为 K59＋837～K63＋267，长 3430 m，墩号为 C84～C133，共 50 个墩号，100 个承台；南引桥水中低墩区里程号为 K65＋385～K66＋505，长 1120m，墩号为 E01～E17，共 17 个墩号，34 个承台。桩基设计值：中引桥钢管桩桩径 φ1500mm，桩长 79～88m，桩顶标高为＋1.70m，单个承台 9 根桩，100 个承台计 900 根桩；南引桥钢管桩桩径 φ1600mm，桩长 85～87m，桩顶标高为＋1.60m，单个承台桩数不等，分别为 16 根和 10 根桩组成，计 418 根桩。桩最大倾斜度 6∶1，最大平面扭角 50°，全部为斜桩。杭州湾跨海大桥Ⅵ合同工程工期从 2003 年 11 月 15 日开工，2006 年 5 月 15 日完工。沉桩区域距北岸 9.9～16.6km，距南岸更远，无法采用常规定位方法进行沉桩定位，中交第三航务工程局采用该工法进行沉桩定位，其竣工偏位统计见表 11.2。

竣工偏位统计表

表 11.2

序 号	竣工偏位范围	根	比 例	备 注
1	$a \leqslant 15$	808	59.9%	
2	$15 < a \leqslant 25$	464	34.4%	允许偏位为 40cm
3	$25 < a \leqslant 40$	76	6.7%	
4	$a > 40$	0	0	

11.3　上海国际航运中心洋山深水港区中港区水工码头工程

洋山深水港区小洋山中港区前期工程位于杭州湾口东北部，上海芦潮港东南的崎岖列岛海区小洋山岛南侧岸线，顺接已建洋山港一期码头的东部，于小洋山镀盖塘岛与小岩礁岛之间。工程所在地东南距大洋山岛约 4km，东北距嵊泗县城菜园镇约 40km，西北距上海吴淞口约 110km、距上海芦潮港约 32km，北距长江口灯船约 72km，距宁波北仑港约 90km，向东经黄泽洋直通外海，与国际远洋航线相距约 104km。洋山深水港区小洋山中港区水工码头总长 2600m，其中小洋山中港区前期工程水工码头 1350m，建设规模为四个第五（六）代集装箱船专用泊位。码头总宽 66m，由码头和接岸结构两大部分组成，其中码头宽 42.5m，接岸结构宽 23.5m。码头前沿线至前沿轨道距离为 4m，集装箱装卸桥轨距为 35m，后沿轨道至码头后沿距离为 3.5m。

中交第三航务工程局承建中港区码头工程Ⅰ标码头、Ⅰ标承台、Ⅰ标承台、Ⅳ标承台工程，总计水上沉桩 2011 根。中交第三航务工程局采用该工法进行沉桩定位，其竣工偏位统计见表 11.3。

竣工偏位统计表

表 11.3

序 号	部 位	总 数	0～10cm		10～20cm		20～30cm	
1	Ⅰ标码头	425	14	3.29%	404	95.06%	7	1.65%
2	Ⅰ标承台	402	26	6.47%	336	83.58%	40	9.95%
3	Ⅳ标码头	550	42	7.64%	501	91.09%	7	1.27%
4	Ⅳ标承台	634	17	2.68%	614	96.85%	3	0.47%
	总计	2011	99	4.92%	1855	92.24%	57	2.83%

总之，通过"海工工程 GPS 远距离打桩定位系统"在东海大桥工程、杭州湾跨海大桥、洋山深水港工程等数十个大、中型工程沉桩中应用证明：其定位精度均能满足《水运工程测量规范》JTJ 203--2001 的允许偏位值的要求。

动载条件下双套拱桩基托换施工工法

YJGF048—2006

中铁十四局集团有限公司

宫海光　廖大恳　李卫华　王海峰　衡会

1. 前　　言

广州地铁三号线［广州东站及站后折返线］地处火车东站至瘦狗岭军事区，线路总长 569.182m，它穿越铁城公司地下车库、地铁一号线、广州火车东站站房、办公大楼、铁路站场、广园高架桥及广园快速路、瘦狗岭军事区。地铁三号线新开隧道顶部距地铁一号线底板 4.0m，距 22 股轨道铁路站场 25m，距广园高架桥桩基水平距离 4.97m，高差 5.07m。其上面除有高大建筑群和重要设施外，每天还有成千上万次汽车、火车及地铁等车辆载运各方旅客通过。整个施工过程均在汽车、火车及地铁动载作用下进行，如何在施工中将地面下沉变形控制在允许范围之内？如何保证汽车、火车及地铁的正常运行？成为地铁三号线车站及暗挖隧道施工的难点，也是我们重点研究的课题。尤其是已建成正在运营的地铁一号线不仅因其底板距三号线开挖隧道顶仅 4.0m，而且有 4 根桩基侵入三号线右侧隧道内，需进行桩基托换施工，为确保安全、缩短工期、节约成本，我们中铁十四局集团有限公司进行了科技攻关，施工中成功的运用了双套拱桩基托换技术。

施工从 2003 年 7 月 15 日进行首次爆破开始，至 2003 年 12 月 25 日完成托换，期间克服了零距离爆破、工作面狭窄及动载条件下托换等困难，取得了圆满成功，积累了许多经验，我们经过认真分析、研究及总结形成本工法。

以本工法为主要内容之一的《广州地铁三号线广州东站开挖综合技术研究》科技成果于 2004 年 5 月 2 日通过了山东省科技厅的鉴定，专家鉴定意见为：该成果达到国际领先水平。《广州地铁三号线广州东站开挖综合技术研究》获 2005 年山东省科技进步奖二等奖，证书号：JB 2005-2-78（2)-1；本工法获得 2005 年度山东省省级工法，证书编号：LEGF-67-2005；获山东省建筑业技术创新一等奖。

本工法在广州市轨道交通三号线［天～华区间］工程桩基托换施工及北京地铁五号线［蒲～天区间］工程桩基托换施工中也得到了成功应用，取得了良好的经济效益和社会效益。

2. 工 法 特 点

2.1 根据地铁一号线站台结构的特点和结构受力计算，充分利用地铁一号线车站结构底板和地铁三号线隧道之间的空间，采用纵梁加拱式托换结构实施托换。

2.2 采用主动托换和托换结构独立于拟建结构之外的原则进行设计与施工。在托换结构和施工隧道间保证不小于 0.5m 的隔离层，避免上部动载作用对地铁三号线主体结构产生不良影响。

2.3 控制托换结构变形在允许范围内是桩基托换中的关键问题。桩基托换实现力的转移后，一般认为构筑物旧基础变形基本稳定，而新的托换结构在受荷载后必然产生沉降变形，新的托换结构及基础与未被托换的旧基础间的沉降差得到有效控制，以避免上部结构开裂或倾斜。该工程要求托换后轨面不均匀沉降小于 4mm，最大沉降量不超过 10mm。

2.4 工作隧道和套拱隧道均采用微振动、弱扰动光面爆破技术，坚持"短进尺、弱爆破"原则，实现主体石方微振动爆破和地铁一号线底板下及被托换桩基周边的零距离爆破。

2.5 在施工期间实施全过程的爆破振动和变形监测，实现信息化管理，保证构筑物变形和爆破振动速度在允许范围之内，保证地铁正常运营。

3. 适 用 范 围

隧道穿过建筑物下方（包括动载作用下）的桩基托换施工。

4. 工 艺 原 理

4.1 采用主动托换和托换结构独立于拟建结构之外的原则进行设计与施工。

4.1.1 托换拱拱脚设在车站隧道拱脚处，与主体结构间距为 0.5m，避免上部动载作用对新建地铁三号线产生不良影响。托换拱拱脚地基为微风化泥质粉砂岩，设计将拱脚扩大，同时设置锁脚锚杆和拱背及拱脚注浆，以保证足够的地基承载力，减小桩基托换力转换完成及后期地基沉降量。

4.1.2 桩基托换顶升装置：在托换梁与地基之间设置临时立柱，立柱上安装千斤顶，在既有桩基卸载和托换拱模筑完成前，通过顶升托换梁，保持既有桩基的微量位移。

4.1.3 桩基托换预顶与卸载技术要求：按照托换桩实际最大托换荷载分级预顶。加载时实施适时监测，监测读数时间间隔为 0、5、10、15min，以后每 30min 测读一次数据，当各构件的受力、变形稳定后且距上次加载不少于 2h 后实施下一级加载。当某级荷载作用下，结构构件受力、变形接近警戒值、或桩基产生微量顶升、或每组千斤顶总加载量达到设计值时，停止加载。千斤顶卸载与加载顺序相同，分级卸载值为每组千斤顶分级加载值的两倍控制。

4.2 根据爆破安全规程和业主要求：周围钢筋混凝土结构爆破振动速度小于 2.5cm/s，地铁一号线内重要设施爆破振动速度小于 2.0cm/s，按此原则进行爆破设计，选择爆破参数，确保施工安全。

5. 施工工艺流程及操作要点

5.1 工艺流程

桩基托换施工主要包括施工准备、竖井第一开挖区开挖、工作隧道施工、托换纵梁施工、工作隧道回填、主线隧道上台阶施工、临时立柱支撑及支顶、双套拱施工、破除被托换桩基、拆除临时支撑及全方位施工监测等。其工艺流程见图 5.1。

5.2 施工工艺

5.2.1 工作隧道及套拱隧道微振动控制爆破施工工艺

1. 施工要点

1）坚持"短进尺、弱爆破"原则，炮孔深度控制在 0.6～1.0m 之间。

2）起爆顺序：将开挖分成掏槽区、剥离区及周边区，先爆破掏槽区，掏槽区选在距地铁一号线较远的左下角，爆破后清碴完成后再沿其空腔向外采用薄层剥离爆破，在距桩基和地铁底板处钻打减振孔，分一次或多次爆破到光爆层，最后进行弱扰动光面爆破。

3）加强爆破振动监测，及时调整爆破参数。地铁底板和桩基均为钢筋混凝土结构，为确保安全，认定其允许振速为 $V \leqslant 2.5$cm/s，根据监测情况调整爆破参数。

4）加强地面沉降及变形位移等监测工作，做到信息化施工。通过监测及时进行信息反馈，修正设计和指导施工，保证爆破开挖及托换施工过程的安全。

2. 炮孔布置

1）工作隧道炮孔布置见图 5.2.1-1。

2）套拱隧道炮孔布置见图 5.2.1-2。

3. 爆破参数

工作隧道钻爆破参数见表 5.2.1-1。套拱隧道主要技术指标见表 5.2.1-2。

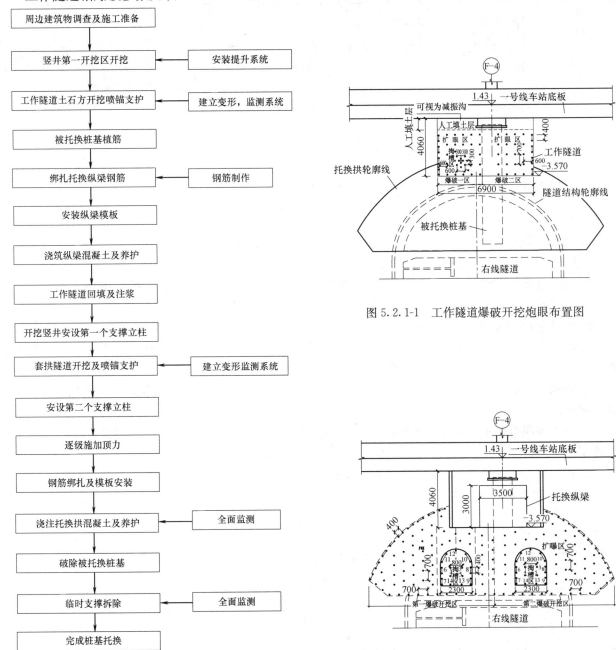

图 5.1　桩基托换施工流程图

图 5.2.1-1　工作隧道爆破开挖炮眼布置图

图 5.2.1-2　托换梁套拱部位炮眼布置图

钻爆参数表　　　　　　　　　　表 5.2.1-1

参 数 名 称		爆 眼 类 别			
		掏槽眼	掘进眼	周边眼	底眼
循环进尺（m）	0.8				
		钻眼深度（m）	1.0	0.9	0.9	0.9
		装药量（kg）	0.15～0.2	0.15	0.08～0.1	0.15～0.2
		孔间距（m）	0.7	0.7	0.4	0.7
	0.5	钻眼深度（m）	0.7	0.6	0.6	0.6
		装药量（kg）	0.10～0.15	0.12	0.08	0.10～0.15
		孔间距（m）	0.5	0.5	0.4	0.5
周边眼线装药密度（kg/m）			0.15			
炸药单耗（kg/m³）			0.4～0.7			

托换梁套拱部位开挖主要技术指标   表 5.2.1-2

炮孔类别	炮孔深度	炮孔数目	单孔装药量	药量小计	雷管个数
掏槽眼	1.0	8	0.20	1.6	8
掘进眼	0.9	83	0.15	12.5	83
周边眼	0.9	61	0.10	6.1	61
底　眼	0.9	30	0.20	6.0	30
共　计		182		26.2	182
开挖面积	79.77				
循环进尺	0.80				
每立方炮孔个数（个/m³）	3.02				
单位耗药量（kg/m³）	0.417				

5.2.2 双套拱桩基托换施工工艺

1. 利用明挖站厅基坑开挖所提供作业面，在地铁一号线底板下方爆破开挖托换工作隧道，并喷锚支护，形成托换纵梁的作业空间；

2. 铺设托换纵梁垫层，对 4 根被托换桩表面进行凿毛、凿抗滑槽和植筋，绑扎钢筋，浇筑托换纵梁及托换拱上段部分混凝土，采用 C15 混凝土将工作隧道回填密实，并注浆；

3. 沿托换纵梁方向依次架设 Φ600 钢管临时立柱，千斤顶按施工设计图布置，顶升装置采用 500t 级的机械自锁千斤顶，逐级施加预顶力，使被托换桩基荷载初步转移至托换纵梁，然后爆破开挖托换拱工作隧道，同时通过监测和预加荷载控制位移、变形在允许范围内；

4. 爆破开挖托换拱岩石，绑扎安设钢筋并浇筑托换拱混凝土，拱内预留注浆管，对拱脚、拱背后进行注浆；

5. 待托换拱混凝土达到设计强度后逐步卸载临时立柱的支顶力，人工手持风镐实施截桩，并拆除临时立柱；

6. 用 C15 混凝土按主体右线隧道二次衬砌外轮廓实施回填，转入隧道开挖。

5.3 劳动力组织（表 5.3）

劳动力组织情况表   表 5.3

序　号	工　种	人　数	主要职责
1	现场管理人员	1	负责现场全面管理，协调各方关系
2	施工技术人员	2	负责施工技术现场指导
3	安全技术人员	2	负责安全检查及警戒检查
4	质检员	2	负责质量检验及跟踪整改
5	试验员	2	负责进场材料试验
6	爆破员	5	负责炸药运输、装药、堵塞、联网及起爆破，参与防护
7	测量员	3	负责测量放线、监控量测
8	钻工	6～8	负责钻孔及防护
9	设备操作员	2	负责空压机等设备操作
10	钢筋工	4	负责钢筋下料及绑扎
11	模板工	5	负责立与拆卸
12	混凝土技工	6	负责混凝土浇筑
13	电焊工	2	负责钢筋焊接
14	千斤顶操作工	2	负责预加力
15	机修工	2	负责机械设备保养维修
16	普通熟练工人	20	其他杂项工作

6. 材料与设备

施工中所需主要材料为钢筋、混凝土、砂石料、火工品等。

施工中所需主要设备见表6。

主要机具设备 表6

序号	名称	型号	数量	单位	用途	产地
1	湿喷机	TK-961	1	台	喷锚作业	中国
2	注浆泵	BW-250	1	台	回填注浆	中国
3	空压机	SA-5250W	1	台	供风	中国
4	凿岩机	7655	8	台	钻孔	中国
5	千斤顶	500tQYD自锁式	8	台	预加顶力	中国
6	锚具	OVMP15-12	72	台	锚定	中国
7	电动葫芦	CD10	1	台	物料运输	中国
8	太脱拉自卸车	T-815	8	台	出碴	中国
9	混凝土输送泵	HBT60	1	台	混凝土浇筑	中国
10	振动棒	HZ50	12	个	混凝土振捣	中国
11	钢筋弯曲机	GW40	2	台	钢筋弯曲	中国
12	钢筋调直机	CF4-14	1	台	钢筋调直	中国
13	电焊机	BX500	5	台	钢筋焊接	中国
14	爆破振动记录仪	IDTS-1850	3	台	爆破振速测试	中国
15	全站仪	DTM-550	1	台	测量放线、位移监测	日本
16	水准仪	B20	1	台	沉降监测	中国
17	电子位移传感器		1	台	位移监测	中国
18	电子压力传感器		1	台	压力监测	中国

7. 质 量 控 制

7.1 严格按爆破设计进行施工，坚持少装药、短进尺、先掏槽、再扩挖的原则，确保合理的爆破参数和起爆顺序，保证开挖轮廓尺寸，托换隧道底拱脚部位不能超爆，保证地基承载力要求，预留注浆管，混凝土振捣密实，对拱脚注浆加固。

7.2 桩基托换顶升加载施工，施工中严格按先顶升后开挖，根据监测及时调整开挖和加载，临时立柱基座开挖时控制超挖，地基处理满足承载力要求，分级加载，使顶力均匀增加，避免梁荷载突变，逐步完成力的转移，事前对千斤顶进行校验，在托换拱混凝土强度达到100％后方可拆除临时立柱。

7.3 托换梁与桩基及套拱之间界面连接处理，梁抱桩连接中，对既有桩凿抗滑槽尺寸满足要求，洗刷干净；梁与套拱连接处，凿除混凝土表面水泥浆和松软层，钢筋除锈，搭接及焊接质量符合要求，采用微膨胀水泥塞满缝隙和预埋注浆管注浆，保证连接处质量。

7.4 严格按设计图纸制做绑扎托换梁和托换拱钢筋，确保植筋长度和锚固质量，确保托换纵梁预留钢筋和托换拱钢筋的连接质量。加强对混凝土浇筑过程的质量控制，加强大体积混凝土养护。

8. 安 全 措 施

8.1 通过爆破振动监测及时调整爆破参数，确保爆破振速在 2.5cm/s 以内。

8.2 爆破时做好对立柱和既有桩的保护，在桩周围打减震孔，控制爆破循环短进尺，桩周围岩石用风镐剥离。并在既有桩与开挖面间采用双层竹排加工字钢围挡防护。

8.3 及时架设钢支撑立柱，顶升操作按规范进行分级加载预顶力，控制顶升力和变形量，确保桩基承载力向托换梁转移过程的安全。

8.4 加强监测工作，确保监测数据的准确、可靠、及时反馈，实现信息化施工。

9. 环 保 措 施

9.1 爆破采用微振动控制爆破技术，采用距桩基和底板的远处开口，薄层剥离，坚持"短进尺，弱爆破"的设计原则，采用毫秒延时爆破和光面爆破技术，选择合理掏槽形式和钻爆参数，控制单段最大药量，采用空气不耦合装药结构，沿运营地铁底板零距离进行爆破，实现了对近距离构筑物的爆破振动控制，完成了工作隧道、托换拱隧道开挖施工，并成功地进行了双套拱托四桩的桩基托换施工。实现了爆破安全、建筑物变形控制和环保的工程目标。

9.2 场地内设沉淀池和冲洗池，钻孔或其他施工产生的泥浆，未经沉淀不得排入市政排水管网或河流。废浆和淤泥使用封闭的专用车辆进行运输。

9.3 禁止在施工现场焚烧有毒、有害和有恶臭气味的物质。装卸有粉尘的材料时，应洒水湿润或在仓库内进行。

10. 效 益 分 析

10.1 技术效益

以广州地铁三号线广州东站为例，根据地铁一号线站台结构的特点和双套拱结构受力计算，充分利用地铁一号线车站结构底板和地铁三号线隧道之间的空间，采用纵梁加拱式托换结构实施托换，成功地进行了双套拱托四桩的桩基托换施工，同时全过程实施了爆破振动监测和施工监测，实行动态施工，因地制宜，采用和发展新技术，为动载条件下桩基托换施工提供了新方法。

10.2 经济效益

传统桩基托换按主动托换和受力独立于拟建隧道主体结构之外的原则进行设计，一般采用梁柱式托换，新的托换结构在托换过程中完成托换柱预变形，力转换后引起原结构变形较小，如广州东站工程受新建出入口影响，要求梁、柱的截面大。梁柱体积增大，使得底板下开挖空间要足够大，挖孔桩（托换柱）施工难度大，托换完成后悬臂受力，使用阶段的长期变形相对会大些。采用梁拱结构托换方式，托换梁与拱截面较小，开挖面积小，综合广州地铁三号线广州东站、[天～华区间] 和北京地铁五号线 [蒲～天区间] 的经济效益情况，与上述传统托换方案比较节省了直接费用 114.3 万元，工期缩短 50d。

10.3 社会效益

广州地铁三号线广州东站开挖综合技术达到国际领先水平，获 2005 年度山东省科技进步二等奖；2005 年度山东省省级工法；2006 年度山东省建筑业技术创新一等奖。本项目还被评为"广州市安全样板工地"和广州地铁"优秀项目部"，广东省十项重点工程劳动竞赛优胜单位，铁道部火车头优质工程一等奖，中国建筑工程鲁班奖。

11. 应 用 实 例

11.1 广州地铁三号线广州东站及站后折返线

由中铁十四局集团有限公司承建的广州地铁三号线广州东站及站后折返线，右线隧道顶距一号线底板仅 4.0m，而且一号线有 4 根桩基侵入三号线右侧隧道内，单桩承载力按桩分为三种：5000kN、8000kN、10000kN，长 5～8m，经科技攻关和托换方案的反复论证比较，最后利用地铁一号线车站底板和地铁三号线隧道之间 4.0m 的距离实施了双套拱托四桩的桩基托换。

桩基托换工作隧道长 27.8m、宽 6.9m、高 4.06m，其开挖技术复杂，施工难度大。施工中采用微振动控制爆破技术，坚持"短进尺、弱爆破"的设计原则，采用毫秒微差爆破和光面爆破技术，选择合理的掏槽形式和钻爆参数，控制单段最大装药量，在特殊地段采用空气不耦合装药结构，完成了托换纵梁及托换拱的工作隧道开挖施工，实现了对近距离建筑物的爆破振动控制，取得了卓有成效的爆破安全效果。

被托换桩 ϕ1300mm；托换梁设计为 C30 钢筋混凝土连续梁，截面尺寸 27.4m×3.5 m×3.0m。双套拱截面宽×厚为 5.0m×1.40m，临时托换立柱采用 ϕ600mm 钢管。

2003 年 7 月～2004 年 5 月，从桩基托换工作隧道开始开挖到托换完成及车站暗挖隧道施工完成，均进行了爆破振动和沉降位移的跟踪监测，从监测结果来看，地铁一号线车站内底板及拖换梁本身沉降变化在 0～3mm 之间，变化速率小于 0.1mm/d，裂缝宽度在 2mm 以内。三号线桩基托换施工基本没有给地铁一号线带来不良影响，一号线运营安全、结构稳定。

11.2 广州地铁三号线 [天～华区间]

本工法关键技术成果由中铁十四局集团有限公司于 2005 年 1 月至 2005 年 5 月在广州市轨道交通三号线 [天～华区间] 工程桩基托换施工中得到了成功应用。

由于线路受走向和最小半径影响，[天～华区间] 隧道须从农科院 19 栋职业宿舍楼下穿过，该楼为十层钢筋混凝土框架结构，一层地下室，地板下地质向下为强风化、中风化、微风化地层，隧道主要穿过微风化层，楼房基础采用 ϕ300 预应力管桩，桩长为 12～15.4m，桩尖进入中风化层。其中有 26 根桩侵入隧道，需进行托换。托换方案采用桩梁托换，负一层作为施工空间，托换梁高度为 2m，托换新桩 ϕ1200 人工挖孔桩，要求桩端超过隧道底不少于 2m，平均桩长约 23m。其中 4 根桩采用双套拱托换方案，确保了负一层地下室停车场车辆出入和正常使用。

通过严格的计算和施工操作，同时充分借鉴三号线广州东站桩基托换的成功经验，采用梁拱托换，拱脚地基设在中风化层，施工单位在施工中克服了施工难度大、变形要求高等困难，圆满完成了桩基托换施工任务，保证了宿舍楼的安全同时全过程采取爆破振动监测和施工监测，实行动态施工，因地制宜，采用和发展新技术，确保了安全、质量、工期、效益目标的实现，取得了较好的经济效益和社会效益。

11.3 北京地铁五号线 [蒲～天区间]

本工法关键技术成果在中铁十四局集团有限公司北京地铁五号线 [蒲～天区间] 工程穿越南护城河桩基托换中得到了成功应用。

工程概况：北京地铁五号线天坛东站暗挖左线隧道在 K3+775～+830 段穿越南护城河，护城河桥桩基伸入隧道。地铁隧道位于河床底下 8.8～17.0m 范围，隧道上方地层自上而下为 4.0m 粉土和 4.8m 砂层，隧道开挖高度 8.2m。护城河桥为四跨简支梁结构，三座桩基础墩，每墩四根，共 12 根桩，桩为摩擦桩，桩径 800mm，埋深约 19.5m（自河床底）。护城河桥墩从南至北，1 号墩 2 根中桩、2 号墩 1 根中桩和 3 号墩 1 根中桩伸入左线隧道，排桩方向近似与隧道走向垂直，这 4 根桩必须进行桩基托换。

桩基托换方案：托换段隧道采用扩大断面四层支护的结构，由外向内依次为 400mm 初期支护

（C20 喷射混凝土）、450mm 厚第一层钢筋混凝土托拱（C30 混凝土）、300mm 厚第二层钢筋混凝土托拱（C30 防水混凝土）、15mm 防水层和 300mm 厚钢筋混凝土衬砌（C30 防水混凝土）。桥桩荷载从初期支护植筋开始向隧道外托拱第一层、第二层拱圈体系的荷载转换，分步完成了全部桥墩荷载的体系转换，限制桩基变形，同时释放完成了托换过程中的桩基变形，确保隧道衬砌质量和安全。

实施情况：隧道开挖前对桥梁设施地面帷幕注浆，保证地铁施工时无水作业，预加固桥桩周围土体，2004 年 2 月至 2004 年 3 月圆满完成了桩基托换任务，桥梁安全运营。在工程施工中推广和应用了"动载条件下双套拱桩基托换施工工法"，取得了较好的经济效益和社会效益。

富水砂质粉土地层地铁车站深基坑开挖与支撑施工工法

YJGF049—2006

中铁十七局集团公司

武有根　王选祥　杨元军　经伟平　李宗海

1. 前　言

在深基坑开挖施工中，开挖及支撑是重要的环节，是成败的关键。由于在富水砂性土地层施工，土的渗透性差异很大，具有高度的不均匀性和各向异性性质。而且砂性土的渗透系数大，渗透变形的影响也较大。围护结构周围流线和等势线较为集中，容易造成基坑底部的渗流破坏而造成管涌。且由于砂性土有易液化的特点，在立柱桩、地下连续墙及周围动荷载的作用下，砂性土容易产生液化现象，地下水大量上升，地基土强度大打折扣。砂性土在地下水的作用时，土体内含水量增加，地基土强度便急剧降低，故极易造成纵坡失稳。所有这些特点，决定了在富水砂质粉土基坑施工具有较大的施工风险，存在很多需要解决的技术难题。

本工法针对富水砂质粉土地层深基坑施开挖及支撑施工的特点，对该地质条件下深基坑施工过程中的关键技术措施做了进一步细化，并选择切实可行的施工参数，明确各技术质量控制要求，多项施工技术难题得到解决，避免造成基底突涌和流砂、纵坡失稳、围护体系失稳、周边建筑物和管线沉降破坏等危及安全的事故，顺利地完成深基坑施工，并为类似工程的施工提供了宝贵的经验和借鉴作用。

2. 工 法 特 点

2.1　对于富水砂质粉土深基坑，土体流变性、渗透系数较大，开挖过程中存在流砂、管涌、围护结构变形超报警值、纵坡失稳等风险，本工法在现场实施过程中，充分运用了深基坑变形时空效应规律，开挖与支撑组织得力，两道关键工序衔接良好，能有效地控制了周边构筑物、围护结构沉降及围护墙体水平位移满足基坑保护等级要求；

2.2　信息化施工，充分利用监测的信息指导基坑开挖、支撑作业，保证基坑施工安全；

2.3　开挖作业速度较快，能够做到及时支撑，有效防止基坑无支撑时间暴露过长，引起变形超报警值。

3. 适 用 范 围

本工法适用于富水砂质粉土地层，明挖顺作法施工的条形基坑开挖与支撑。

4. 工 艺 原 理

在开挖过程中，充分遵循时空效应规律，遵循"竖向分层、纵向分段、先中间后两侧、随挖随撑、先撑后挖"的施工原则。在规定时间内分层分段分块开挖土体，充分发挥被动土压力的作用，在限定时间内支撑并施加预应力，根据监测数据对支撑复加预应力，当监测数据异常时，及时对施工方案和施工参数作出调整。

5. 施工工艺流程及操作要点

5.1 工艺流程

基坑开挖及支撑施工工艺流程见图 5.1。

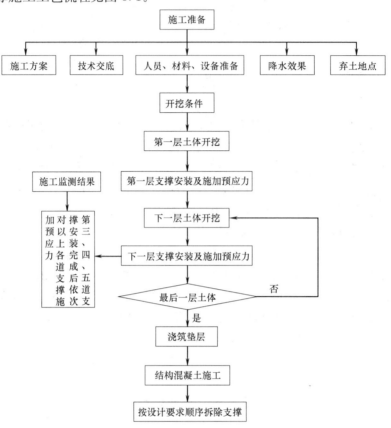

图 5.1 基坑开挖及支撑施工工艺流程图

5.1.1 开挖前期降水加固

对坑内微承压含水层抽水减压和坑外承压水降压，防止开挖过程中坑底产生突涌、流砂现象，确保基坑施工过程中的安全性。

降低基坑内潜水水位，减少土体的含水量，使土层压缩固结，增大被动土压力，从而保证基坑的稳定和减少对基坑周围环境的影响。同时有利基坑开挖作业的实施，并便于挖土外运。由于砂性土有易液化的特点，在立柱桩、地下连续墙及周围动荷载的作用下，砂性土容易产生液化现象，地下水大量上升，地基土强度大打折扣，通过降低地下水位，防止砂性土液化。

根据基坑底板的稳定性条件：$H_土 \times \gamma_土 - F_s \times \gamma_水 \times h_水 \geq 0$ (5.1.1-1)

式中　$H_土$——基坑底至承压含水层顶板间距离（m）；

$\gamma_土$——基坑底至承压含水层顶板间的土的重度（kN/m³）；

$h_水$——承压水头高度至承压含水层顶板的距离；

$\gamma_水$——水的重度（kN/m³），取 10kN/m³；

F_s——安全系数，一般为 1.0～1.2，本工程取 1.10。

基坑底板至承压含水层顶板间的土压力 G 应大于承压水的顶托力 P。根据计算结果确定是否需要降低承压水，进而确定当基坑开挖深度多少米，开始降水。

降压井采取按需降水，并经过降水试验获取承压水水头高度，最终确定降水参数，并考虑季节性变化等的影响，对每一工况进行检算。根据现场实际情况确定降压井是布置在坑内或坑外。

认真对承压水位进行观测记录，发现异常情况及时进行处理。

降水对周边管线及建筑物的情况进行监测，保证施工安全。

5.1.2 基坑开挖

根据砂性土的特点，采取针对性技术措施，首先保证降水效果，增大被动土压力，抑制土体变形；其次，控制基坑开挖时纵向和横向坡度，防止滑坍，选取合适施工参数；控制做业时间，缩短基坑开挖及支撑作业时间，随挖随撑；严格控制地表水进入基坑。

标准段：第一层采用大型挖机开挖至第一道支撑处，安装支撑并施加预应力，第二层及以下部分采用小挖机坑内挖土，抓斗出土，最下一层300mm厚土层由人工清除。标准段土方开挖按时空效应分层、分段、对称均衡的进行，平面上先中间再两边，严格按小坡1:2，平均坡度1:3进行。

端头井：首先撑好标准段内的2根对撑，再挖斜撑范围内的土方，最后挖除坑内的其余土方。斜撑范围内的土方，自基坑角点沿垂直于斜撑方向向基坑内分层、分段、限时地开挖并架设支撑。端头井部位第一层，采用大型挖机，按斜撑的垂直方向后退开挖，边开挖边安装斜撑，第二层及以下部分的边角部位，采用小型挖机和人工开挖倒运土方，喂给抓斗出土。其余部位与标准段开挖方法相同。标准段分层分段及端头井开挖详见图5.1.2-1、图5.1.2-2。

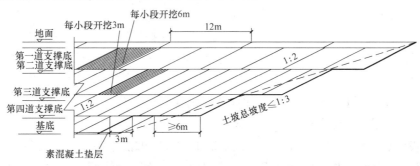

图 5.1.2-1 标准段分层分段开挖图

5.1.3 钢支撑安装施工工艺流程见图5.1.3。

5.2 现场施工要点

5.2.1 施工准备

1. 连续墙、圈梁和第一道混凝土支撑及基底加固达到设计强度后，凿除内侧导墙及路面。

2. 布置测量网点：先布置好每个基坑的测量网点，放出各轴线位置及在圈梁侧面（开挖面）标识出控制标高，以保证支撑的及时安装和控制挖土标高。

3. 技术交底：将开挖分层位置、标高、深度和各道支撑位置及施加轴力值等施工参数、技术指标和质量标准，向全体施工人员详细进行技术交底，使全体施工人员熟悉并掌握本工程所执行的各项技术措施和技术标准。

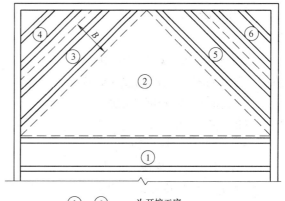

①~⑥ 为开挖工序

③④⑤⑥ 在限制时间8~12h内完成开挖

图 5.1.2-2 端头井分层分段开挖图

4. 检查大管径深井井点降水效果和地基加固龄期：当井点降水固结持续20d以上，地下水位按设计要求降到基坑底开挖面以下3.0m，基底加固土体已达到设计强度。

5. 配备施工机械：根据施工的工作量、各开挖阶段及工期要求，配备小型、普通和长臂挖掘机用于基坑开挖，50t履带起重机用于拼接和吊装钢支撑。基坑主要采用φ609钢管支撑，施加钢支撑轴力采用与钢管支撑配套的抱箍式液压千斤顶装置，100t和200t各一套。

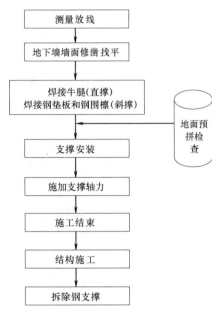

图 5.1.3　钢支撑安装流程图

流程图内容：
测量放线 → 地下墙墙面修凿找平 → 焊接牛腿(直撑)焊接钢垫板和钢围檩(斜撑) → 支撑安装 → 施加支撑轴力 → 施工结束 → 结构施工 → 拆除钢支撑

地面预拼检查

6. 落实弃土地点：基坑开挖前，落实好弃土场地，征得当地主管部门许可，办理相关渣土外运手续。通往弃土地点的道路和桥梁应能承受大型出土车的载荷。

7. 制定应急预案，准备充足的应急物资，组织应急抢险队伍。

8. 基坑开挖条件验收：通过质检站组织业主、监理、设计和施工单位四方参加的节点验收，开挖条件验收合格后方可进行开挖。

5.2.2　基坑开挖施工工艺

1. 第一道支撑施工前土体（第一层土方）：采用挖掘机施工，以"后退式"施工抓去表层土，开挖至支撑面标高时，完成第一道支撑的架设。支撑要及时撑好并施加预应力。

2. 第二道支撑施工前土体（第二层土方）：在基坑两侧采用普通挖掘机进行取土，开挖至支撑面标高时，完成第二道支撑的架设。

3. 第三、四道支撑围内土体：在基坑两侧分别配备一台长臂挖掘机并配合两台 0.25～0.4m³ 小挖机进行挖土。在开挖至支撑设计标高以下 300～500mm 时，完成各道支撑的架设。

4. 剩余土体：在基坑两侧分别配备一台伸缩臂挖机并结合一台 0.25～0.4m³ 小挖机进行挖土。在挖机无法作业的阴角采用人工配合修土的方式取土。

5. 当挖至离设计坑底标高 30cm 时，采用人工挖土修坡的方法平整基坑，不得超挖与扰动基底土，挖到设计坑底高程后，及时分块分段浇捣混凝土垫层以减少坑底土体回弹，并对地下墙围护起一定支撑作用减少地下墙的水平位移。

6. 各开挖阶段严格按照时空效应规律，计划好每天的作业任务，确保基坑无支撑暴露时间满足规范要求。

7. 基坑开挖一般安排在每天晚上 7：00～8：00 开始挖土到第二天早上 5：00 前完成出土，白天时间内按照"随挖随撑"的原则尽快完成支撑安装作业。

8. 同时在每天的基坑开挖后的第一时间内，安排地墙凿毛队伍将支撑两端的地墙主筋或预埋钢板凿出，以供支撑队伍及时跟进施工。

9. 各土层开挖方法见图 5.2.2。

5.2.3　钢支撑安装施工工艺

根据土方开挖进度要求，提前备好支撑钢管和配件，将支撑钢管装配到设计长度，每小段土方开挖完成后，立即安装，并施加预应力。第一层每小段开挖完成，同时安装两根支撑，第二层及以下部分，每段土方开挖时，每根钢支撑紧跟开挖面，随挖随撑。

支撑位置的土方开挖后，凿除覆盖在地墙预埋钢板上的混凝土，整平此处的地墙表面，安装支撑托架。用吊车将支撑整体吊装就位，同时用千斤顶施工预应力，将两端钢垫箱顶紧，轴力施加装置见图 5.2.3-1。完成后按照方案要求定时观测轴力损失值，及时补加预应力。

1. 直撑安装

支撑安装前先在地面进行预拼接以检查支撑的平直度，受到损伤和变形的支撑不得用于工程。其两端中心连线的偏差度控制在 20mm 以内，经检查合格的支撑按部位进行编号以免错用，支撑采用整体一次性吊装到位。

根据设计图纸，在地下连续墙上准确定出支撑的中心位置，量出两支撑的实际长度。根据实际长

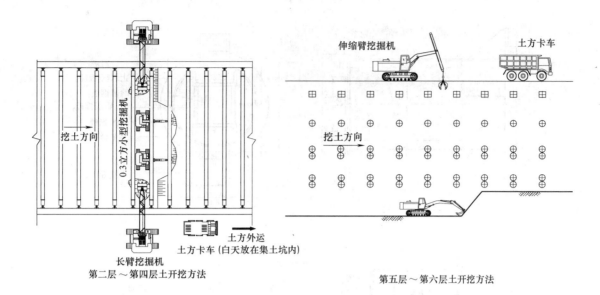

图 5.2.2　基坑土方开挖方法

度拼装好支撑。每根支撑一端为活络头，一端为固定端。支撑安装前先凿出地下连续墙的预埋钢板，将预先加工好的钢牛腿焊接在地下连续墙的钢板上，焊接斜撑端头件。

将钢支撑整体吊装到位，先不松开吊钩，将活络端拉出顶住预埋件，再将两台100t千斤顶放入活络端顶压位置。为方便施工并保持顶力一致，制做专用托架将2台千斤顶固定为一体，将其骑放在活络端上，接通油管后即可施加预应力。预应力施加到位后，在活络端中楔紧楔块，然后回油松开千斤顶，解开起吊钢丝绳，即完成整根支撑的安装。直支撑安装详见图5.2.3-1。

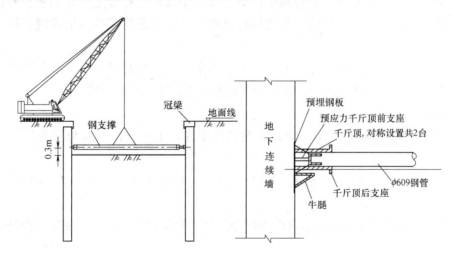

图 5.2.3-1　直撑安装示意图

2. 斜撑安装

端头井、临时封堵墙等拐角处设计采用斜撑。因斜撑与围护结构有一定的夹角，不易直接安装支撑并施加预应力，斜撑安装前先将斜撑支座与预埋在地下连续墙的钢板进行焊接，将斜撑支座连成整体，然后进行支撑安装作业，斜撑牛腿应与支撑相密贴、垂直，其安装方法与直撑相同。

3. 支撑钢垫箱制做

由于设计工况要求，对于标准段的第三道支撑（端头井第三、四道支撑）待结构顶板达到设计强度后方可拆除。该层支撑在浇捣侧墙施工时不能拆除。为满足地下车站防水设计要求，因此需分别在此类支撑的二端部设置钢垫箱（图5.2.3-2），将其浇捣在混凝土墙板内，今后在拆支撑时再将

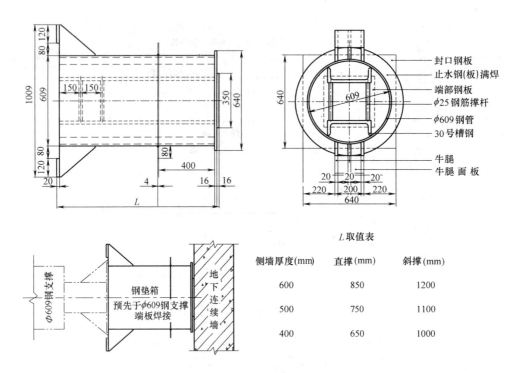

L取值表		
侧墙厚度(mm)	直撑 (mm)	斜撑 (mm)
600	850	1200
500	750	1100
400	650	1000

图 5.2.3-2　钢垫箱加工图

其割断。

4. 预应力施加

预应力施加前，必须在具有资质的检测单位对油泵及千斤顶进行标定，并出示检测报告，在监理机构进行备案留存。使用中要经常校验，使之运行正常，确保量测的预应力值准确，每根支撑施加的预应力要记录备查。

预应力施加中，必须严格按照设计要求分步施加预应力，先预加到 50％～80％预应力，再检查螺栓、螺帽、焊接情况等，无异常情况后，施加第二次预应力，达到设计要求。

5. 施工时应遵循如下技术措施：

1) 钢管横撑的设置时间必须严格按设计工况条件掌握，土方开挖时应分段分层，按基坑开挖深度、开挖时间及时架设钢支撑。

2) 所有支撑连接处，均应垫紧贴密，防止钢管支撑偏心受压，一般用速凝细石混凝土将空隙填实。

3) 端头斜撑处钢围囵及支撑头，必须严格按设计尺寸和角度加工焊接、安装，保证支撑为轴心受力且焊接牢实。

5.2.4　实行信息化施工

在整个基坑开挖施工过程中，应紧跟每层开挖支撑的进度，对地墙变形和地层移动进行连续监测，应根据基坑每个开挖段、每层开挖中的地墙变形等项的监测反馈施工实现信息化施工。根据各监测项目在各工序的变形量及变形速率的警戒指标，及时采取措施改进施工，控制变形，确保工程及已有建筑物的安全；施工过程中并应加强对基坑周围地下管线、已有建筑物的观测，根据观测结果决定采取合适的加固措施。

确保工程建设安全的关键是全过程监测基坑周边建（构）筑物的变化情况，及时测量各主要工序施工阶段引起的动态沉降数值，并与分析计算值比较，及时反馈指导设计和施工。主要的监测内容参见表5.2.4。

监测项目汇总表　　　　　　　　　　　　　　　　　　　　　表 5.2.4

序号	监测项目	监测仪器	监测频率	监测目的
1	地表沉降	WILD-N3 精密水准仪，铟钢尺	施工前，至少测再次初始值；围护结构施工期间，每 2d 测一次；地基加固和降水期间，每 7d 测一次；基坑开挖期间每天至少一次；浇好底板后 7d 内，每 2d 测一次；浇好底板后 7~30d，每周测一次；后期根据需要而定；施工期间，异常或有险情时，根据需要加测。	掌握周边地表及周边环境的影响程度和范围
2	建筑物沉降与倾斜			
3	地下管线沉降			
4	墙顶位移	经纬仪，水准仪		了解施工中围护结构变位情况及规律
5	墙体测斜	测斜仪		
6	支撑轴力	钢弦式传感器		了解支撑轴力情况
7	立柱隆沉	精密水准仪		了解立柱及坑底土体的变形情况
8	坑底回弹	土体回弹仪		
9	地下水位	电测水位计		掌握基坑及坑外地下水位情况

5.3　劳动力组织

为快速、高效地完成深基坑开挖及支撑施工，确保支撑及时跟进作业，根据现场施工的特点，将作业队伍分成基坑开挖、支撑安装两个工班。劳动力组织见表 5.3。

劳动力组织情况表　　　　　　　　　　　　　　　　　　　　表 5.3

序号	工种	开挖工班人数	支撑工班人数	工作内容
1	工班长	1	1	负责本班全面工作
2	挖掘机司机	3		负责开挖
3	风枪手	5		连续墙墙面枣毛
4	运输司机	10		土方外运
5	保洁工	5		负责施工区域内场地清洗，确保文明施工
6	起重机司机		2	支撑预拼及吊装
7	起重工		2	吊运指挥
8	焊工		4	焊接牛腿、钢垫箱、斜撑等
9	组装工		4	支撑预拼及安装
10	测量工		2	控制标高及支撑轴线引放

6. 材料与设备

本工法无需特别说明的材料，施工机具及设备见表 6。

基坑开挖及支撑施工主要机械设备表　　　　　　　　　　　　表 6

序号	名称	规格	单位	数量	备注
基坑开挖机械设备					
1	液压挖掘机	斗容 1m³	台	4	第一层土
2	长臂挖掘机	EX220LC，12m	台	3	第 2~4 层土
3	伸缩臂挖掘机	20m	台	2	第 5~6 层土
4	小型挖掘机	R55-5	台	6	基坑内转土找平及死角处
5	自卸汽车	斯太尔 15t	台	10	运土
钢支撑安装机械设备					
1	履带式起重机	50t	台	1	拼接、吊装支撑
2	履带式起重机	35t	台	1	同上
3	轮式起重机	50t	台	1	备用

序号	名 称	规 格	单位	数量	备 注
4	电焊机		台	8	焊接钢牛腿、斜撑支座等
5	气割		套	3	配制牛腿、塞铁钢垫箱等
6	千斤顶及油泵车	100t	套	2	施加轴力
7	千斤顶及油泵车	200t	套	2	施加轴力
8	链条葫芦	5t	只	4	调整支撑
主要测量用具					
1	全站仪	TOPCON GTS602	台	1	支撑轴线放样
2	水准仪	TOPCON AT-G2	台	1	圈梁侧面控制标高引放
3	钢卷尺	50m	把	1	支撑拼装及安装时标高悬吊
4	钢卷尺	7.5m	把	1	支撑安装
5	水平尺		把	1	支撑安装标高较差控制

7. 质 量 控 制

基坑开挖质量控制。严格按照开挖任务单进行作业，按照规范具体要求，确保分层、分段开挖，做到随挖随撑，严禁开挖面掏成锅底状，严禁超挖。设计坑底标高以上30cm的土方，人工开挖修平。基坑开挖后，应及时设置坑内排水沟和集水井，防止坑底积水。弃土应远离基坑10m以上，并尽快运走。

钢支撑安装质量控制。钢支撑安装必须确保支撑端头同地下墙或围檩均匀接触，并设防止钢支撑端部移动脱落的构造措施，支撑安装允许偏差见表7。

钢管支撑安装的允许偏差   表7

项目	横撑中心标高及层顶面的标高差	支撑两端的标高差	支撑挠度	立柱垂度	横撑与立柱的轴线偏差	横撑水平轴线偏差
允许值	±30mm	≤20mm ≤1/600L	≤1/1000L	≤1/300H	≤50mm	≤30mm

8. 安 全 措 施

8.1 加强对现场施工人员的安全、文明施工的宣传教育，提高其安全文明施工及自身保护意识。安排专职安全员值班，检查各工序存在的安全隐患，并及时消除。

8.2 负高空作业时必须正确系挂安全带，防止高空坠落。将基坑周边整洁，防止高空物体打击。

8.3 吊车等进行施工作业时，应有专人指挥，型钢、支撑等长构件起吊时必须加强指挥，避免因惯性等原因发生碰撞事故。

8.4 加强安全用电管理，用电作业由电工专人负责，持证上岗制，不能私拉乱挂，使用统一标准安全电箱，教育职工自觉遵守安全用电制度和防止用电事故发生，除电工外，其他操作人员不得擅自接电。

8.5 按照防火防爆的有关规定设置油库、危险品库等临时性构筑物，易燃易爆物品堆放间距和动火点与氧气、乙炔的间距要符合规定要求，严格执行动火作业审批制度，一、二、三级动火作业未经批准不得动火。

8.6 吊车司机、指挥、电焊工、电工等特种工必须持证上岗。

8.7 钢支撑安装与挖土同时进行，必须特别注意安全；施工人员不得进入挖土机回转半径内，挖土机与吊车停放位置避免回转半径相交错。

8.8 基坑开挖期间值班人员加强现场巡视检查，重点是基坑渗漏水情况、支撑稳定情况，发现基坑突涌、漏水立即报告，以便及时采取措施。

8.9 加强对基坑纵坡的保护，当长时间不施工时，对纵坡进行封闭。

9. 环 保 措 施

9.1 成立施工环境卫生管理机构，在工程施工过程中严格遵守国家和地方政府下发的有关环境保护的法律、法规和规章，加强对施工燃油、工程材料、设备、废水、生产生活垃圾、弃渣的控制和治理，遵守有防火及废弃物处理的规章制度，做好交通环境疏导，充分满足便民要求，认真接受城市交通管理，随时接受相关单位的监督检查。

9.2 在工地四周设置连续、密闭的围挡，在工地主要出入口位置设置施工铭牌。

9.3 施工区域或危险区域有醒目的安全警示标志，并定期组织专人检查。工地主要出入口设置交通指令标志和示警灯，保证车辆和行人的安全。

9.4 在施工现场建立临时污水排放系统，对生产、生活污水收集和处理，方可排放至城市排污系统中。厕所污水排入化粪池；食堂设隔油池；雨水应须经过三级沉淀。

9.5 严格遵守 GB 12532—90 的规定，对产生噪声和振动的施工工序、机械设备，采取降噪减振措施。合理安排施工工序，将噪声大的工作尽可能安排在不影响居民正常休息的时段进行，夜间施工时必须取得环保部门的批准，并向周边居民通报，耐心作好群众的解释和安抚工作；对机械设备定期维修和保养，考虑使用成色较新、噪声较小的设备；文明施工，认真听取居民对噪声和振动的反映和意见，不断改进工作，让居民满意。

9.6 施工过程中注意对地下水的保护，防止生活、施工污水和垃圾对地下水造成污染。在施工区和生活区修建公共卫生设施，所有生活污水、粪便、垃圾收集后集中存放和处理。施工垃圾设封闭式临时专用垃圾道或采用容器吊运，严禁随意凌空抛散；水泥等细粉散装材料，采取室内（或封闭）存放或严密遮盖，减少扬尘；场内路面经常清扫，保持湿润，控制施工现场扬尘。

9.7 工程材料、制品构件分门别类、有条理地堆放整齐；机具设备定机定人保养，保持运行整洁，机容正常。

9.8 加强土方施工管理，挖出的湿土先卸在场内暂堆，沥干后再驳运外弃。加强泥浆施工管理，防止泥浆污染场地；废浆采用罐车装运外弃，严禁排入下水道或附近场地。

9.9 在施工准备阶段，摸清推进沿线地下管线基本情况，查明各管线对控制地面沉陷的要求。并与有关单位协商解决办法及制定对地表构筑物、地下管线的保护措施。

9.10 对房屋及地下管线制定稳妥的保护方案，必要时进行加固，做到预防为主。备有跟踪注浆设备一套，在基坑进施工中，发生变形超出允许值时，危及结构安全时，及时采取跟踪注浆（补压浆），防止管线、房屋及地面沉降影响。

10. 效 益 分 析

采用本工法能够加快基坑开挖及支撑安装速度，确保支撑施工及时跟进，缩短工期。根据监控量测数据及时调整支撑措施和对已有支撑进行轴力复加，能有效控制围护结构及周边构筑物变形，减少深基坑开挖过程中（尤其是即将见底）对周边环境的影响，满足相应保护等级要求，在城市施工中营造良好的外部环境。为以后城市地下工程在类似情况下的规划建设提供了可靠的决策依据和技术指标，新颖的工法技术将促进地下工程施工技术进步，社会效益和环境效益明显。

11. 工 程 实 例

上海轨道交通八号线曲阳路车站

11.1 工程概况

上海轨道交通八号线曲阳路车站全长 312.3m，标准段净宽 25.9m，渡线段净宽 13.2～20m，东端头井净宽 17.4m，西端头井净宽 17.8m，站台中心顶板埋深地面下 2.50m，路面绝对标高 4.0m，标准段基坑开挖深度约 15.5m，端头井基坑开挖深度约 17.5m。该站位于曲阳路、大连西路交汇处，呈东西走向，为地下二层侧式站台的存车加渡线车站。车站沿大连西路布设，所处位置交通繁忙，周边高楼林立，地下管线错综复杂。车站围护结构，端头井采用 0.8m 厚地下连续墙，东端头井连续墙深度 28.3m，西端头井连续墙深度 28m；标准段及渡线段采用 0.6m 厚地下连续墙，一般深度 26.5m，建筑物保护段深度 28m。地下连续墙既作为基坑施工的围护结构，又作为永久结构侧墙的一部分。本车站基坑保护等级定为二级（在建筑物保护地段基坑保护等级按一级组织施工）。

基坑开挖深度范围内存在砂质粉土不良地质现象，易产生流砂或管涌等不良地质现象，而且有软塑状、低强度、高灵敏度、高压缩性软黏性土，在临空面形成的条件下易产生较大变形。地下水十分丰富，在第⑦层砂质粉土～粉砂层中分布有承压水，据勘察资料承压水的水头高度约为 3.4m，承压水对基坑开挖有不利影响。

11.2 施工情况

为解决这种难题，采用本工法于 2004 年 1～10 月底对该站 3 个工区段（A、B、C 区）进行基坑开挖及支撑安装施工，在确保施工进度的同时，整个施工过程无重大险情发生。

施工中采用了富水砂质粉土地层地铁车站深基坑开挖与支撑施工工法，不仅保证了深基坑开挖支撑的施工质量，加快了施工进度，保证了施工安全；同时，摸索出了一套行之有效的方法及施工参数，解决了富水砂质粉土地层深基坑施工中的技术难题。

施工中采取多项技术措施：开挖前采取打井降水，降低地下水位，使砂质粉土、黏质粉土和砂性土地层排水固结，增大强度，提高了土体的水平抗力；对于部分关键部位采用水泥土加固处理，改善了土体的物理性能，提高了土体的黏聚力，抑制了围护墙体的变形和基底的稳定；土方开挖与支撑按时空效应分层、分段、对称均衡的进行，设计合理的横坡、纵坡，控制分部开挖的土体空间尺寸和地墙无支撑暴露时间，确保基坑安全；施工过程中加强监测，掌握开挖支撑施工对周边环境的影响，及时调整施工参数，信息化指导施工。

11.3 结果评介

施工全过程由第三方监测单位上海京海工程公司实施监测，监测数据表明：地表最大沉降量为 -19.2mm，地墙水平位移观测最大值为 34.8mm，周边房屋基础最大沉降值为 19.3mm，平均沉降为 15.5mm。

数据说明，基坑快挖快撑、随挖随撑能够有效确保基坑及周边构筑物变形量满足规范要求，整个车站基坑开挖施工阶段围护结构、建筑物及管线沉降和围护结构水平位移均无超报警值，并且提前 25d 完成业主单位下达的施工任务，为主体结构提前封顶赢得了时间，节约投资 220 多万元，并积累了极其珍贵的施工经验。

软土地层大断面管幕—箱涵推进工法

YJGF050—2006

上海市第二市政工程有限公司　上海城建（集团）公司

周松　杨俊龙　葛金科　杨光辉　龚叶峰

1. 前　　言

软土地层管幕—箱涵推进工法是在钢管幕内推进箱涵的一种新型地下工程施工工法，是在拟建箱涵位置的外周先用顶管法设置小直径钢管形成封闭的钢管幕，再在该水平钢管幕的围护下顶进箱涵的施工新技术，该工法不需对地表进行开挖、不需对管幕内的软土进行水平加固处理，不影响地面交通和生活，能严格地控制地表变形，对管线及房屋无影响，因此非常适用于穿越铁路、公路、机场跑道、人行通道等特殊条件下的非开挖施工。具有良好的社会和经济效益。该工法已在上海市中环线北虹路下立交工程中得到成功的应用。

2. 工 法 特 点

2.1　钢管之间采用锁口相连，锁口内压注止水浆液形成密封、隔水的水平钢管帷幕，抑制地表变形，保持开挖面稳定性。

2.2　箱涵前端的网格式工具头能维持软土地层开挖面的稳定，不需要在箱涵顶进前水平加固管幕内的土体，具有显著的经济效益。

2.3　不影响各类地下管线、道路交通、地面的各类建筑，施工无噪声、无环境污染。

2.4　根据工程需要，结构外围能构筑成不同的形状和面积的钢管幕，因此能构筑各种断面的地下空间，适应范围广。

2.5　采用高精度方向控制的钢管幕顶进技术，实时监控和调整管幕的姿态，能有效控制钢管幕的姿态精度。

2.6　采用微机控制的液压同步顶进控制系统，自动地远程控制箱涵顶进中各个顶进油缸的顶进速度，实时反映箱涵姿态、顶进力、伸长量，使箱涵推进处于同步可控状态。

2.7　在箱涵外壁与钢管幕之间压注特殊的泥浆材料，使得箱涵顶进阻力明显减小，又能有效地控制地面沉降。

2.8　施工完毕的暗埋段结构可作为箱涵顶进的后靠结构，不需对后方土体进行加固，因而施工工序合理，受力体系安全可靠。

3. 适 用 范 围

本工法适用粉质黏土、淤泥质黏土和黏土等地层的大断面地下通道工程，尤其对浅埋式不能明挖的大断面或超大断面地下通道施工更具优势。例如穿越铁路、高速公路、机场跑道等的大型下立交工程。

4. 工 艺 原 理

4.1　钢管幕

钢管幕形成纵向具有一定刚度的管幕梁，当箱涵网格的迎面推力小于主动土压力时，地面产生沉降，在此工况下，由于上排管幕能分担部分上覆土荷载，可以减小开挖面的土压力并且抑制地表沉降；当网格箱涵的迎面推力大于被动土压力时，地表变形为隆起，在此工况下钢管幕的作用又表现为抑制地表变形。

四周密封的钢管幕切断地下水通道，使得管幕内土体自由水得不到补充，有利于开挖面稳定。

4.2 箱涵顶进

利用软土地层时空效应原理，箱涵网格在挤土推进时能在开挖面前端形成土拱，充分发挥土体的抗剪强度，减小了网格处土压力。土压力通过网格与土体接触面的摩擦力平衡。

网格内不挖土的挤土推进工艺使地面隆起，网格内适当挖土又使得地表发生沉降，通过不同的推进工艺和挖土量可动态调节地表变形，使其在容许的范围波动。

5. 施工工艺流程及操作要点

5.1 箱涵顶进总体施工流程见图5.1

5.2 钢管幕施工流程见图5.2

5.3 箱涵顶进施工流程见图5.3

5.4 操作要点

5.4.1 钢管幕顶进施工要点

1. 钢管幕顶进高精度方向控制（图5.4.1）。

必须采取有效的措施保证钢管幕顶进精度，否则影响钢管之间的闭合、严重时会阻碍箱涵推进施工，为此应注意以下要点。

1）激光反射诱导装置：在掘进机内，配备了反射形方向诱导装置（RSG），利用激光发射点把顶管机本体偏移量、应纠偏量和纠偏量等分别显示在操作盘的电视屏上，便于纠偏和控制。

2）掘进机内倾斜仪传感器示踪：通过机内的倾斜仪传感器，实时掌握掘进机的倾角和旋转角度，以便及时纠偏和纠正偏转角度。

3）激光导向：由工作坑内的激光经纬仪的激光点射向机头测量中心靶上，通过机内摄像头把光点偏移量摄录，并在地面TV显示屏上显示。以指导纠偏操作。

4）辅助纠偏导向装置：对钢管幕顶进，由于后续钢管幕是焊接而成，仅依靠机头纠偏导向，并不能较好地引导整体钢管幕的顺利直行。为此，在机头后面紧跟三节过渡钢管。管节之间采用F形管的接头形式，并安装楔形橡胶止水带。在接头处还设置拉杆装置和防偏转装置，使得钢管幕既满足轴线控制要求，又不致产生旋转而使锁口不能正确相接。

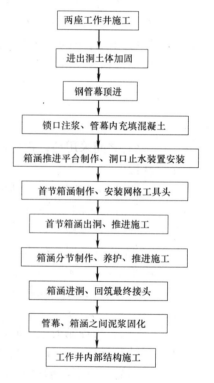

图5.1 总体施工流程图

5）纠正偏转角度：当掘进机显示出偏转角度以后，可以通过变换刀盘旋转方向和在机头内单侧设置配重的方法纠正。

2. 钢管幕进、出洞口措施

土体加固：对工作井进、出洞段的软土进行加固，可采用注浆加固或者水泥搅拌桩，加固后的土体强度在0.8～1.0MPa左右。

3. 钢管锁口密封止水措施

钢管幕顶进前，在机头和钢管二侧加设注浆孔。钢管幕顶进过程中，通过注浆孔向锁口部位和管道外壁压注触变泥浆，一是减少锁口对土体的扰动，二是减少钢管幕的推进阻力和地表变形。钢管幕顶进后，要及时利用注浆孔对触变泥浆进行固化处理。固化材料选用纯水泥浆，减少地面沉降。固化过程中应按顺序进行，还应严格控制水泥浆的注浆压力和注浆量。

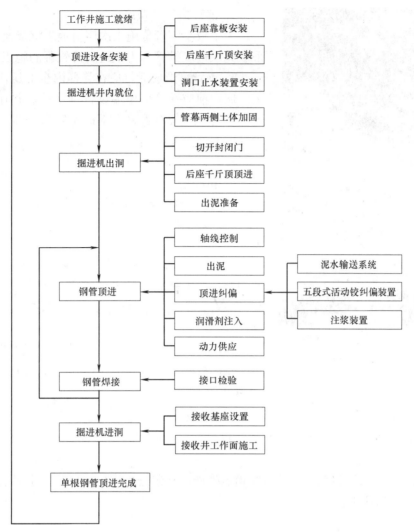

图 5.2　钢管幕施工流程图

Flowchart 图 5.2 content:
- 工作井施工就绪
- 顶进设备安装 ← 后座靠板安装 / 后座千斤顶安装 / 洞口止水装置安装
- 掘进机井内就位
- 掘进机出洞 ← 管幕两侧土体加固 / 切开封闭门 / 后座千斤顶顶进 / 出泥准备
- 钢管顶进 ← 轴线控制 / 出泥 / 顶进纠偏 / 润滑剂注入 / 动力供应
  - 顶进纠偏 ← 泥水输送系统 / 五段式活动铰纠偏装置 / 注浆装置
- 钢管焊接 ← 接口检验
- 掘进机进洞 ← 接收基座设置 / 接收井工作面施工
- 单根钢管顶进完成

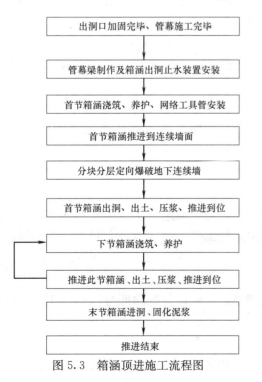

Flowchart 图 5.3 content:
- 出洞口加固完毕、管幕施工完毕
- 管幕梁制作及箱涵出洞止水装置安装
- 首节箱涵浇筑、养护、网络工具管安装
- 首节箱涵推进到连续墙面
- 分块分层定向爆破地下连续墙
- 首节箱涵出洞、出土、压浆、推进到位
- 下节箱涵浇筑、养护
- 推进此节箱涵、出土、压浆、推进到位
- 末节箱涵进洞、固化泥浆
- 推进结束

图 5.3　箱涵顶进施工流程图

图 5.4.1　钢管幕顶进

图 5.4.2　箱涵顶进图

4. 钢管幕顶进顺序

为了减小钢管幕施工次序对地表沉降及管幕变形的影响，采取先顶进底排管幕再顶进上排管幕的施工工艺。

5. 钢管幕形成后，应在管幕内全部压注低强度等级混凝土。压注前应在管幕尾端设置排气孔，并在管幕内的上部预置注浆管，以便对管幕上部的空隙进一步压注水泥砂浆，使管幕内的空隙充满固体。

5.4.2　箱涵顶进施工要点（图 5.4.2）

1. 箱涵进、出洞技术

1）进出洞口土体加固：为保证箱涵出洞过程。土体稳定性，必须对工作井外侧土体进行加固。根据稳定性计算结果确定加固范围。

2）洞口管幕梁制作：在推进面上的支撑拆除前，应把全部钢管幕与上部混凝土支撑连成一体，形成钢筋混凝土管幕梁，应对管幕梁的横向跨度进行验算，必要时设置中间支撑点。

3）洞口止水装置：密封止水装置设在管幕梁上。应充分考虑箱涵外轮廓特点，设置双道止水，以保证洞口止水效果。

4）网格工具头安装：网格工具头的开口率及入土深度根据维持开挖面稳定性要求确定。网格由纵横梁形成空间井字结构，前端设置切口，由型钢和钢板焊接而成，现场拼装。

5）地下连续墙拆除：采用分层分块爆破拆除和人工风镐拆除相结合的方法，缩短拆墙时间，提高拆墙安全性。

6）箱涵进洞前，应对网格工具头及后续箱涵外侧的泥浆进行固化处理，防止泥浆窜流到开挖面。

2. 特种复合泥浆压注工艺

1）注浆管路

在箱涵沿纵向每隔约 6m 设置一注浆断面，沿横向在对应管幕锁口之间设置注浆孔，注浆断面通过支管与注浆总管相连，注浆支管埋在箱涵结构内，以防过往的运土车压坏。

2）注浆施工

注浆材料应选择触变性能良好，黏度高，不易流动的材料。注浆施工应定点、定量、定压力进行。注浆压力应能支托上排管幕和土体重量。

3. 推进油缸布置

推进油缸的数量由推进阻力计算后，布置在箱涵底板处。为便于纠偏和控制，油缸沿箱涵中心线分组对称布置。

4. 箱涵的姿态控制

1）箱涵水平姿态控制

推进平台上设置导向墩使得箱涵基本保持直线推进；通过同步推进系统控制箱涵的水平姿态，根据行程仪传感器的显示数据，通过计算机自动调整各组油泵的流量，使其满足实时调整不同油缸的顶进速度，实现平面姿态同步推进。

2）箱涵高程姿态控制

通过改变注浆量和开挖面不同的挖土工况调节高程姿态。一般适量挖除底排网格内土体，可使箱涵切口下倾，不挖土的挤土推进可使网格上抬。

5. 维持开挖面稳定性措施

开挖面稳定性由经过专门设计的网格工具头保证。箱涵预制期间，网格采用封门板封住，增加稳定性，减小地面沉降。

6. 箱涵顶进引起的地表变形

1）控制箱涵和管幕之间的建筑空隙是减少地表变形的重要措施，此间隙宜适当减小。

2）利用网格挤土工艺使地面变形得到有效控制，调节和控制挤土速度和挖土量，取得合适的施工参数。

3）加强泥浆压注，通过泥浆压力支撑上部土体。

7. 泥浆固化工艺

当箱涵推进结束后，注入纯水泥浆，在箱涵周围形成水泥浆套承担上部荷载。

8. 施工监测

箱涵推进施工中，需对地表变形、箱涵应力、箱涵姿态实时监测。在箱涵预制期间，每天监测一次，推进期间，每推进 50cm 监测一次。

6. 材料与设备

钢管幕顶进及注浆施工的主要设备见表 6.1、表 6.2，箱涵顶进主要设备见表 6.3。

钢管幕顶进施工的主要设备　　　　　　　　　　　　　　表 6.1

序　号	名　称	规　格	数　量
1	SJ 型泥水平衡顶管掘进机	D800	8 台
2	泥水管路系统	D1000	8 套
3	注浆管路系统	G1″	8 套
4	主顶进系统		8 套
5	钢垫块		8 套
6	钢导轨		8 套
7	龙门吊	20t×5t	2 台
8	激光经纬仪		8 台
9	水准仪		8 台
10	低压配电系统		8 套

钢管幕锁口注浆的设备　　　　　　　　　　　　　　表 6.2

序	名　称	规　格	数　量
1	液压注浆泵	SYB50/50	2 台
2	压浆软管	G1″	300m
3	泥浆搅拌机	5M200	1 台
4	贮浆筒	2m³	1 只

箱涵顶进施工主要设备　　　　　　　　　　　　　　表 6.3

序号	名　称	规　格	数　量
1	网格工具头	34.2m×7.85m×1.3m	1 台
2	主顶液压油缸	2500kW×1700kW	112 台
3	主顶液压泵站		10 台
4	液压注浆泵	SYB50/50	13 台
5	泥浆混配系统	M2000	2 台
6	贮浆筒	5m³	13 只

续表

序号	名　称	规　格	数　量
7	注浆管路	G2″	2000m
8	龙门吊	20t×5t	2台
9	履带式挖掘机	0.6m³	4台
10	土方车	15t	4台
11	顶块	1.4m×1.5m×2.4m	165块
12	轴流风机		2台

7. 质 量 控 制

7.1 本工法应执行《给水排水管道工程施工及验收规范》GB 50268—97；《建筑钢结构焊接技术规范》JGJ 81—2002、5218—2002、上海市工程建设规范《市政地下工程施工及验收规范》DGJ 08—236—1999、上海市标准《市政排水管道工程施工及验收规程》DBJ 08—220—96，除此以外，在施工中还应满足以下质量标准：

7.1.1 钢管幕顶进的高程和中心偏差控制在±3cm以内，钢管幕偏转角度控制在±2℃以内。

7.1.2 箱涵顶进的高程和水平偏差在±5cm以内。

7.1.3 箱涵顶进的地表隆起控制在3cm以内。沉降控制在4cm以内。

7.2　在施工中还应加强现场管理

7.2.1　技术管理

成立由技术员组成的施工技术组，由技术总工负责，具体职责为：监督施工参数的实施、根据施工情况及时调整施工参数；处理施工中出现的异常情况。

7.2.2　质量管理

成立由操作班长和质量员组成的质量组，由质量工程师负责，具体职责为：建立质量安全保证体系和方针目标工作流程图。严格检验各工序，尤其是对隐蔽工程，必须同监理工程师配合、严格检查，每道工序均需签字验收后方可进行下道工序施工。严格各项施工材料合格证的把关制度。

8. 安 全 措 施

8.1 严格遵照国家颁发的《建筑安装工程安全技术规程》。

8.2 建立安全管理组织，以项目经理为现场安全保证体系第一责任人的安全领导小组。

8.3 加强标准化安全电箱管理。顶管机及箱涵内部照明用电应使用安全电压；施工现场照明设施标准化；施工现场电缆线路敷设规范化，严禁随地铺设。

8.4 施工现场必须实行动火申报制度。严格执行"十不烧"规章制度，动火必须具有"二证一器一监护"才能进行。

8.5 在吊车行走路线上不得有任何电源线。

8.6 定期检查高压油管及接头的安全性，防止爆裂伤人。

8.7 电焊等各操作人员按操作程序进行，严防违章操作。

9. 环 保 措 施

9.1　本工法应执行以下规范

9.1.1 上海市工程建设规范《地基基础设计规范》DGJ 08—08—1999。

9.1.2 上海市工程建设规范《基坑工程设计规程》DGJ 08—61—97。

9.1.3 《上海地铁基坑工程规范施工规程》SZ—08—2000。

9.2 钢管幕顶进环保措施

9.2.1 应采用泥水平衡顶管掘进机施工，地表变形应控制在±5mm以内。

9.2.2 每根钢管幕顶进后，应及时对钢管外壁触变泥浆用水泥浆进行固化处理，以减少钢管幕的后期沉降值。

9.2.3 在钢管幕顶进后，要及时对锁口位置压注水泥浆以形成封闭的水平钢管幕、切断管幕内外的渗水通径。为下一步箱涵推进创造条件。

9.3 箱涵顶进的环保措施

9.3.1 箱涵网格工具头的设计应根据不同的地质条件进行，应能维持开挖面的土压稳定性。

9.3.2 箱涵与管幕之间的建筑空隙要合理。在工艺许可的条件下应力求减小此空隙，以减小地表变形。

9.3.3 在箱涵推进后，应在出洞口安装可靠的止水装置。

9.3.4 在箱涵推进过程中，应在钢管幕与箱涵之间建立具有一定压力的完整触变泥浆润滑套，进一步控制地表变形。

9.3.5 在箱涵推进后，应对建筑空隙的触变泥浆及时进行固化处理。

9.4 监测措施

9.4.1 在钢管幕顶进过程中，在地面应设置沉降监测点，所测数据要及时反馈，用信息化施工手段优化推进参数。

9.4.2 在箱涵顶进过程中：一是在上排钢管幕内设置水平测斜管，及时掌握上排钢管幕的变形情况，以便调整箱涵推进参数。二是在地面上设置沉降监测点，及时反馈地表变形数据，以指导箱涵推进。三是在箱涵网格开挖面设置土压力计，通过正面土压力的监测数据来调整挖土方法。

10. 效益分析

10.1 与日本等国外在软土地层从事管幕法隧道施工相比较，由于国外通常要对管幕内软土进行水平加固。所以，本工程的此项加固费用就节约了近4000万元人民币。具有良好的经济效益。

10.2 钢管幕切断了管幕内外的水土联系，同时上排管幕分担了部分上覆土体的重量，同时采取了合理的施工技术，本工法能显著减小地表变形，从而有效保护周边环境，产生良好的社会效益。

10.3 本工法还缩短了大量建设周期。

11. 应用实例

上海市中环线北虹路下立交工程是中环线的重要组成部分，其轴线基本呈南北走向，沿虹许路穿越虹桥路、西郊宾馆接入北虹路，为大断面长距离浅埋式地道工程，全长为126m，箱涵断面尺寸为34.2m×7.85m，属世界第一大断面第二长度的管幕法隧道工程，是我国首次采用管幕法施工的工程。管幕段由80根φ970、壁厚10mm带锁口的钢管呈"口"字形组成，相邻钢管间采用锁口连接。管顶覆土厚度约4.5m。管幕内箱涵结构外包尺寸为34.2m×7.85m，其侧墙厚1m，中隔墙厚0.8m，顶板厚1.3m，底板厚1.4m。

管幕和箱涵位于③₁灰色淤泥质粉质黏土和④灰色淤泥质黏土层，为饱和软土。含水量大、承载力低、渗透系数小。

箱涵所需穿越的虹桥路为交通主干道，车流量很大。虹桥路下的地下管线复杂，其中有直径1200mm的上水管。西郊宾馆又是高级宾馆区，对地表变形要求较高。施工中地表允许变形量：隆起30mm以内，沉降50mm以内。

图 11-1　箱涵推进施工图

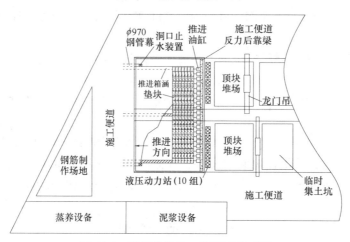

图 11-2　箱涵推进施工总平面布置图

　　2004 年 3 月上海市第二市政工程有限公司采用管幕—箱涵推进工法施工，2004 年 8 月成功地进行了 80 根长度为 126m 的钢管幕顶进施工。2004 年 10 月开始推进第一节箱涵到 2005 年 4 月完成 8 节箱涵的分节制作、养护和推进。箱涵长度为 126m，箱涵断面外包尺寸为 34.2m×7.85m。顺利地穿越了虹桥路和西郊宾馆。地表变形控制在容许的范围内，地下管线和地面建筑未受影响。

坐底式半潜驳出运沉箱工法

YJGF051—2006

中交第一航务工程局有限公司

李一勇　岳铭滨　刘亚平　丁志军　潘利民

1. 前　　言

我国南方地区没有大型沉箱溜放滑道设施，历史上所采用的沉箱多在1000t以内，采用起重船装驳船运输和安装工艺。而北方地区沉箱溜放滑道设施对预制场的选址要求较高，为适应近年来码头深水泊位及沉箱大型化发展趋势，摆脱大型沉箱下水出运对大型起重船和深水出运航道的依赖，有利于对沉箱成品质量的保护。中交第一航务工程局有限公司自2002年10月开发了坐底式半潜驳出运沉箱的工艺装备，并成功应用于广州港南沙港区、广西钦州燃煤电厂7万t级卸煤专用码头等工程的沉箱出运，完善了坐底式半潜驳出运沉箱施工规程，目前我局共拥有7艘坐底式半潜驳，其中3000t举力3艘、4000t举力2艘、5000t举力1艘、5600t举力1艘，广泛应用于除原建的滑道预制场周边地区以外的重力式码头工程的沉箱出运施工中，该工法被证明是一项行之有效的施工工法，代表了目前沉箱出运施工的先进水平。

本工法的关键技术获2005年度中交集团科学技术进步奖二等奖，坐底式半潜驳成果通过了天津市科委组织的科技成果鉴定，整体水平达到国际先进，并获得了国家实用新型专利（专利号：200420028484.2）。

2. 工 法 特 点

与传统滑道溜放、直接拖带的沉箱下水、出运工艺相比，本工法具有适应性强、对水深条件要求低、对环境影响小、安全可靠、节省投资等特点。

2.1 半潜驳吃水一般只有沉箱吃水深度的1/4，对水深条件的要求大大降低，能够适应于更广大的地区。

2.2 半潜驳坐底所需水下基础可做临时基础，不但基础长度只有滑道长度的1/3～1/4，减小了对水域环境的改变，且完工后可挖除以恢复原来的地形地貌，消除对环境的影响。

2.3 采用本工法较沉箱水上直拖，大大提高了施工的安全性。

2.4 沉箱纵移上船施工过程安全平稳，减少了长航拖运时沉箱预埋拖环（或下围缆）、封仓等工序，拖航时航速快（较沉箱水上直拖提高60%），大大提高施工效率。

3. 适 用 范 围

该工法适用于各种类型沉箱出运，特别适用于不具备沉箱溜放滑道及起重能力不足、或天然水深条件不满足沉箱直接拖带条件下的大型沉箱下水出运。

4. 工 艺 原 理

坐底式半潜驳出运沉箱，需要根据工程项目沉箱的尺寸、自重和浮游稳定吃水以及出运半潜驳的各项性能参数，结合当地航道、潮汐和水文地质条件，建造配套的沉箱预制场、出运码头、半潜驳坐底坑和水工现场下潜坑。本工法所用半潜驳视为可坐底的浮船坞，其工艺原理为：

1. 拖轮拖带半潜驳准确驻位坐底坑并坐底、半潜驳轨道和陆域轨道对接，利用台车移动沉箱上半潜驳并加固。

2. 利用浮船坞的功能，沉箱上半潜驳后起浮，拖轮沿航道拖带半潜驳至水工现场下潜坑，坐底式半潜驳下潜到沉箱起浮。

3. 沉箱靠自身浮游稳定，漂浮后由拖轮拖离半潜驳至水工现场或沉箱储存场存放。

图 4-1　半潜驳坐底后其轨道和陆域轨道对接

图 4-2　半潜驳装载沉箱起浮离开预制场

图 4-3　装载沉箱的半潜驳拖往水工现场

图 4-4　半潜驳下潜至沉箱漂浮后由拖轮拖离半潜驳

5. 施工工艺流程及操作要点

5.1　施工工艺流程图

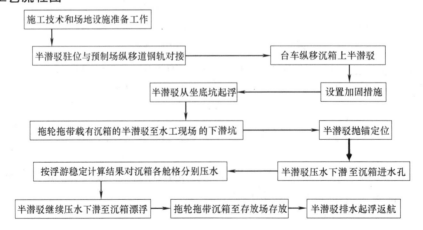

图 5.1　坐底式半潜驳出运沉箱工艺流程图

5.2　操作要点

5.2.1　施工技术和场地设施准备工作

1. 根据工程项目沉箱的尺寸、自重、空箱重心高度，调查预制场至水工现场的航道宽度和保证水深，综合考虑拖轮吃水和半潜驳的各项性能参数，确定采用半潜驳出运沉箱工艺的可行性；结合当地运输途径上潮汐、波浪和气象条件，验算运输沉箱过程中半潜驳的稳性。

2. 对沉箱下水、安装等施工过程进行浮游稳定验算，结合水工现场潮汐、波浪和气象条件，确定沉箱吃水和压载。

3. 按照设计出运工艺要求，建造配套的沉箱预制场、出运码头、半潜驳坐底坑和水工现场下潜坑，设置配套的工艺设施。

5.2.2 坐底式半潜驳驻位与预制场纵移道钢轨对接

1. 在每次坐底式半潜驳驻位坐底之前，潜水员进行水下检查，清除水下杂物，确认承重梁无异常，保证坐底式半潜驳船体的安全。

2. 坐底式半潜驳驻位、坐底过程：

由拖轮将坐底式半潜驳拖至坐底坑外抛后锚，将半潜驳两前缆带到码头系缆桩上，并将陆上卷扬机带到半潜驳前中桩上（牵牛缆）；

1）坐底式半潜驳及陆上卷扬机收紧两根前缆及牵牛缆，松两后锚缆，直至半潜驳顶靠码头并粗略调整船位，然后由现场起重、测量指挥船上、陆地同时绞船定位；利用前后锚机调整半潜驳前后左右位置，使船上轨道与陆上轨道对正；

2）纵向移船靠陆上卷扬机收放牵牛缆并同时收放船艉八字锚缆来实现，纵向定位由码头护木限定，船艏与护木靠实挤紧即可；横向移船通过收放艏艉交叉缆和八字锚缆来实现，横向位置由经纬仪测控（或对位装置）；

3）半潜驳注水下潜，采用自然进水方式，各压载舱均匀进水，液位可根据四角吃水进行适当调整；下潜过程中，测量人员用经纬仪观测半潜驳艏艉定位点的偏差，指挥人员据此指挥操作人员随时调整船位，要随着船舶的下沉随时收紧锚缆，防止船舶前后及左右移位；陆地用牵牛缆调整至误差在允许范围内（艏部轴线偏差≤2mm、艉部轴线偏差≤10mm），半潜驳各缆带紧继续注水直至船底平稳坐落在水下基础梁上，带好系泊缆。

3. 短轨安装及轨道检查

1）坐底式半潜驳驻位下潜坐底后，沉箱上驳前，利用特制短轨将陆地与坐底式半潜驳钢轨连接起来。

2）如坐底式半潜驳就位后，沉箱不能马上上驳，不能连接短轨，在沉箱上驳后，要及时将短轨卸下来，防止涨潮时破坏轨道。

5.2.3 台车横纵移动沉箱上半潜驳

1. 勘绘沉箱重心平面位置：顶升横移前，计算出沉箱重心位置，在纵移区标出沉箱边线或标出纵移道中心位置，并将重心标示于沉箱底板的边缘，沉箱横移时，严格控制沉箱重心与纵移道中心位置，保证沉箱重心与纵移道中心线所确定的平面为一铅垂面。以便控制沉箱上驳的位置，确保在长度方向，沉箱重心与潜驳重心在同一铅垂面上。

2. 沉箱出运前的船机设备检查：沉箱起顶前应对500t千斤顶、100t顶推器、油泵、横纵移车和轨道、吊具、索具及船机设备、用具、材料等进行全面检查，确保机具设施、设备完好，平台及轨道上无障碍物以及轨道安装固定情况。

3. 纵移沉箱顶推上驳

1）沉箱顶推上驳前必须进行轨道检查，主要检查项目有：轴线、轨顶标高、接头处轨顶高差、错牙及缝宽，鱼尾板连接及轨道紧固螺栓。

2）坐底式半潜驳驻位坐底，短轨安装完成，及轨道检查合格后，沉箱即可顶推上驳。

3）施工过程中设专人负责跟踪检查轨道（包括短轨接头安装）、纵移车、顶推器等运行情况，发现问题及时反映并进行处理。

4）顶推上驳需注意两列纵移车操作动作协调一致，顶推速度控制在1.0m/min左右。

5）顶推就位后，沉箱位置偏差应符合下述要求，即沉箱重心平面位置相对于坐底式半潜驳的轴线的允许偏差：横向为50mm，纵向为400mm。

5.2.4 设置加固措施：加固包括纵移车的固定和沉箱的固定两项内容，纵移车固定分纵向固定和横向固定。

1. 纵移车纵向固定方法为：利用主甲板上焊制的艏艉两个端墩，通过横梁将纵移车两端顶紧固定，横梁与端墩之间用钢质楔块楔紧，保证纵移车在整个拖航下潜过程中不出现任何纵向移动。钢楔楔紧后用螺栓紧固，防止松脱。

2. 纵移车横向固定方法为：利用在主甲板上焊制的沉箱支墩上的悬臂水平钢撑，通过钢质楔块支顶纵移车车体，保证纵移车在整个拖航下潜过程中不出现任何横向位移。支墩沿纵移轨道两侧成对布置。楔块楔紧后用螺栓紧固，保证楔块不出现松脱。

3. 沉箱固定是待沉箱上驳且纵移车固定完毕后，在主甲板钢支墩顶面与沉箱底面之间的缝隙内用钢木楔块支顶沉箱，用以增加沉箱的支承，提高沉箱与半潜驳的整体性。

5.2.5 坐底式半潜驳从坐底坑起浮

1. 坐底式半潜驳起浮时，启动主压载泵排水，排水过程中通过控制四角吃水，使半潜驳平稳起浮。

2. 半潜驳起浮过程中，应随时调整系泊缆和锚缆并使船舶处于可控状态。

3. 待半潜驳完全浮起后，即可开始绞移半潜驳离开坐底坑水域。

5.2.6 拖轮拖带载有沉箱的半潜驳沿航道拖运至水工现场下潜坑

1. 当半潜驳绞离坐底坑水域一定距离，解除两根首缆；用一艘辅助拖轮帮靠控制半潜驳，继续用两只后锚绞移半潜驳，直至一只后锚完全绞起并绞收稳妥，另一只后锚未绞离水底。

2. 此时将主拖轮的主拖缆与半潜驳船首龙须缆连接，半潜驳收起另一只后锚。

3. 当主拖轮具备拖带条件时，主拖轮拖带半潜驳航行，辅助拖轮继续帮靠辅助，正常拖带半潜驳航行至下潜水域附近。

5.2.7 半潜驳抛锚定位

1. 下潜坑水域驻位定位：到达下潜水域附近，主拖轮解开首拖缆，帮靠在半潜驳的另一侧，与辅助拖轮一起帮拖半潜驳进行抛锚驻位。

2. 根据现场风向、流向、下潜坑的情况及半潜驳驻位要求，按顺序分别抛出半潜驳首尾四只锚。

3. 通过绞动锚缆使半潜驳大致就位，两艘拖轮解缆后现场监护。

4. 利用半潜驳GPS定位系统，通过收放调整锚缆，使半潜驳精确定位于下潜坑位置。

5.2.8 半潜驳压水下潜至沉箱进水孔

1. 半潜驳下潜前的准备：

1）潜驳定位完成后，各辅助施工船舶及时就位。用以应付下潜过程中出现的意外情况。辅助船舶包括抽水方驳、潜水船机、机动交通艇等。

2）半潜驳人员收紧四角锚缆，测量重新校核半潜驳位置和下潜坑水深是否满足下潜要求；半潜驳人员检查船上水密舱盖等是否关闭。

3）起重人员将沉箱上口用于控制沉箱的四根绞移缆挂好，并指挥半潜驳人员带紧，逐个检查进水阀门是否开启自如。

2. 半潜驳下潜时需要根据作业时间和潮汐情况，合理选择下潜时间。

1）压载舱采用同时进水，以保证半潜驳平稳下潜。

2）下潜过程中，要密切注意四角吃水、水深和各压载舱的液位及倾斜仪的指示，根据浮态，随时调整各舱进水，使半潜驳保持平稳下潜。在主甲板入水后，因水线面突然减小，应适当控制下潜速度，以保证安全。

3）半潜驳下潜过程中，当艉塔楼压载舱内水位与舷外吃水相同时，要强制进水。

4）当半潜驳下潜至水面没过沉箱进水孔（进水孔一般分舱格设置于沉箱中下部）时，半潜驳停止下潜。按沉箱浮游稳定计算结果，开始向沉箱各舱格分别灌水，以保证沉箱起浮后的稳定性。沉箱灌水过程中，半潜驳要随时调整四角吃水保证船体水平。

5.2.9 半潜驳继续压水下潜至沉箱漂浮

1. 在达到沉箱计算滑移最小吃水状态时，要及时将沉箱缆索拉紧，避免因沉箱移动而碰撞塔楼，同时加快下潜速度，减小临界状态持续时间。

2. 沉箱浮起后，半潜驳继续下潜一定的富裕水深并调平后停止下潜，使半潜驳处于稳定半潜状态，沉箱处于稳定漂浮状态。

5.2.10 拖轮拖带沉箱至存放场存放

1. 沉箱在半潜驳内处于稳定漂浮状态后，由船员操纵首位塔楼绞缆车，通过固定在沉箱上口的缆绳牵引，使沉箱在半潜驳内移动。

2. 沉箱移动方向注意要与潮流方向一致，以便沉箱顺流移出。

3. 绞缆车绞缆时要严格控制沉箱的移动速度，避免快停快动，以免断缆或沉箱碰撞塔楼。

4. 当下流的两根缆与沉箱前沿平齐，沉箱还不能出驳时，用拖轮带沉箱围缆倒拖沉箱，使沉箱移出。

5. 沉箱出驳时利用上口锚缆松紧调整沉箱的横向位置，避免沉箱偏位碰撞塔楼。

6. 沉箱拖运至存放场。

沉箱移出半潜驳后，起重人员解掉沉箱顶上的四根缆绳，此时起重人员应注意观察沉箱稳定情况，如沉箱漂浮姿态不正时压水调平，由拖轮将沉箱拖入预定位置灌水沉放。

5.2.11 半潜驳排水起浮返航

1. 在沉箱及其他船舶设备离开半潜驳，不存在影响半潜驳起浮因素后，半潜驳准备起浮。

2. 通过四角吃水、纵倾仪、横倾仪及各舱内液位情况控制半潜驳平稳上浮。

3. 在起浮过程中，四只锚缆应随着半潜驳起浮而适当放松，以防锚缆受力过大。

4. 半潜驳起浮至空船拖航吃水后，由主辅拖轮拖带返航。

6. 材料与设备

坐底式半潜驳沉箱出运船机设备一览表　　　　　　　　　　　　　　　　　表 6

序　号	名　称	规格型号	数　量	满负荷能力	备　注
1	半潜驳 9 号	58×34×4.6(m)	1 艘	4000t	
2	主拖轮	4000HP	1	艘	主拖带
3	辅助拖轮	1000HP	1	艘	协助拖带
4	交通艇	120HP	1	艘	运送人员上船、沉箱
5	GPS 定位系统		1	套	半潜驳定位
6	方驳吊机	600t	2	艘	沉箱抽水起重作业
7	潜水方驳	600t	1	艘	潜水配合
8	叉车	CDCP7	1 台	7t	大连产
9	卷扬机	JIM-5	1 台		
10	横纵移车	16.94×1.2×0.81(m)	4 列	1100t/列	
11	经纬仪	J2-2	1 台	2″	
12	水准仪	NA724	1 台	2.5mm	
13	千斤顶	500t×200	16 个	500t	
14	千斤顶油泵	24L/min	2 台	50MPa	
15	顶推器		2 个		
16	顶推器油泵		1 台		
17	双卷筒锚绞车		4	台	移驳、定位锚泊
18	绞车		2	台	协助定位移驳
19	主压载泵	960m³/时	4	台	强制泵水

7. 质 量 控 制

7.1 沉箱出运执行以下质量标准：

7.1.1 《重力式码头设计与施工规范》JTJ 290—98；

7.1.2 《水运工程混凝土质量控制标准》JTJ 269—96；

7.1.3 《港口工程质量检验评定标准》JTJ 221—98；

7.1.4 《半潜驳使用说明书》。

7.2 沉箱出运质量保证措施

7.2.1 沉箱预制及出运施工准备完成后，必须履行各工序质量验收程序，发现问题及时处理。验收合格后填写工序验收表，并履行工序负责人及检查人签字手续。

7.2.2 要对沉箱顶升、纵移、上驳、拖运等施工过程，进行监督检查，操作时要有成品保护措施，防止出现碰撞损坏的现象。

7.3 半潜驳坐底坑的质量标准

7.3.1 预制场半潜驳驻位坐底坑边线比半潜驳轮廓线富裕 1～2m，坑底标高按照设计值控制偏差－30～0mm。

7.3.2 预制场半潜驳坐底基础梁：

1. 现浇钢筋混凝土梁轴线偏差±5mm、顶面标高偏差－5～0mm、顶面平整度偏差 3mm。

2. 水下安装的预制钢箱梁轴线偏差±20mm、顶面标高偏差－15～0mm、相邻箱梁高差 10mm。

7.3.3 半潜驳就位时艏部钢轨轴线偏差≤2mm、艉部钢轨轴线偏差≤10mm；半潜驳钢轨顶面标高和平整度偏差≤5mm；半潜驳钢轨与陆域纵移道对接短轨接头错牙、高差≤2mm，安装缝≤2mm。

7.4 半潜驳下潜坑的质量标准

7.4.1 半潜驳水工现场的下潜坑坑底设置成正方形，以利于不同水流条件的正常下潜作业；下潜坑边长为半潜驳长度加 20～30m，防止出现驻位偏差时影响下潜作业；边坡坡度满足不同地层的边坡稳定的要求。

7.4.2 半潜驳水工现场下潜坑坑底标高依据施工保证水位（$P=80\%$）和项目需要的下潜深度确定，并根据地质情况增加 0.5～1.0m 的富裕水深；在设计高水位条件下，下潜坑总深度不得大于半潜驳最大潜深。为防止回淤，对下潜坑坑顶部及周边流泥进行疏浚清理。

7.4.3 半潜驳水工现场下潜坑位置应靠近沉箱存放场，作业水域风浪较小，周围海底适宜下锚；下潜作业时对周围影响较小。

7.4.4 在整个施工期间，对水工现场下潜坑坑底随时进行监测，防止回淤影响作业。

7.5 坐底式半潜驳质量标准：

7.5.1 半潜驳的航区、施工作业条件应能满足施工作业海区的要求。

7.5.2 半潜驳的船舶证书、通信、导航、救生、消防、船舶定员和证书、防污染等方面应能满足船级社、海事等部门的要求。

7.5.3 选用的坐底式半潜驳其载重能力、稳性、下潜深度应满足所载沉箱的要求。

7.5.4 半潜驳的锚绞车、系泊绞车、系泊装置、系泊缆索应满足船舶移位、定位、抛锚定位的要求。

7.5.5 半潜驳 GPS 定位系统的性能和精度应满足船舶定位要求。

7.5.6 半潜驳的主压载泵排量和扬程应能满足沉浮时间要求。

8. 安 全 措 施

8.1 遵守《中华人民共和国安全生产法》、《建设工程安全生产管理条例》、《中华人民共和国消防法》、《施工现场临时用电安全技术规范》、《建筑施工高处作业安全技术规范》、《起重机械安全规程》、《施工机械操作规程》、《建筑施工安全技术操作规程（一航局）》、《安全手册（一航局）》、《坐底式半潜驳出运沉箱施工规程》等有关法规。在施工中健全完善安全生产管理体系，并使之有效运行。

8.2 半潜驳进坞和起浮作业设专人统一指挥，严格按操作规程操作，坞口两侧和坞尾码头前沿等处须设专人观察，避免碰撞事故的发生。必须选择适宜的水文气象条件，选择平潮期进行，5级风以上禁止作业。

8.3 半潜驳上的台车、沉箱支撑防护设施要齐备，沉箱上驳就位后，要将沉箱和台车与半潜驳固定牢固，防止拖运时移位和倾覆。封车加固完成后，必须进行全面检查，所有楔块和紧固螺栓必须逐一检查并做好记录。

8.4 沉箱拖运时保证各船舶号灯、号型齐全，通讯联络畅通，GPS、救生消防及照明设施完备，拖轮拖运系缆牢固，位置准确。拖航过程中必须有一辅助拖轮帮拖半潜驳，协助主拖轮拖航，以便在有情况时灵活避让。

8.5 航行过程中要认真观察沉箱姿态，发现异常及时查明原因并采取相应措施进行处理。航行过程中如遇突风、航行困难时，就近选择锚地避风。

8.6 现场风速大于5级；波高达到1m或以上；流速达到1m/s或以上（沉箱拖离半潜驳时流速不大于0.5m/s）；辅助船机设备不齐全或不具备正常作业条件时禁止下潜、起浮沉箱作业。

8.7 半潜驳下潜之前要对沉箱吃水、下潜水域水深、风浪等情况等情况考虑周全，半潜驳应在高平潮前定位，高潮平流时下潜，出沉箱一侧顺潮流方向；下潜时应保证驳底与泥面之间有0.5m的富裕水深。下潜前仔细检查船上水密舱盖等是否正常关闭，沉箱进水阀开启是否自如，沉箱四角应带上半潜驳绞车缆并收紧，以控制沉箱在驳内的移动，防止塔楼与沉箱间的碰撞。

8.8 半潜驳下潜过程中，船上操作人员应密切注意观察半潜驳横纵倾指示仪、各压载水舱水位指示仪数据变化及半潜驳四角吃水情况，随时注意调节各压载舱压载水量，将船舶纵横倾控制在允许范围内。在主甲板入水时，船舶稳性急剧降低，应特别注意控制船舶的纵横倾。下潜过程中，应随时收紧四根锚缆，防止半潜驳位置偏移。

8.9 当半潜驳下潜到沉箱起浮后，半潜驳要继续下潜50cm左右，使沉箱底面与纵移车有足够的富余水深，防止沉箱出驳时蹭坏台车。

8.10 沉箱一旦起浮，半潜驳人员操纵塔楼绞车使沉箱在半潜驳内的移动处于可控状态；要控制好沉箱移动速度，避免快停快动；沉箱漂浮姿态不正时，禁止在半潜驳上调整，待移出半潜驳后再调整。

9. 环保措施

9.1 施工船舶作业时严格执行《中华人民共和国防止船舶污染海域管理条例》，在船上设立专用油污水舱（柜）来装油污水，海上施工时严禁船舶将油污排泄到水中。并利用一艘交通船回收施工水域内泄露的机油。

9.2 每艘船舶要设置分类垃圾桶，认真填写记录油类记录簿、垃圾记录簿。禁止将生活垃圾扔入海中，指定专门船舶和人员定期到各船收集垃圾。建设废水排放储存池和污水储存处理池，所有产生的废水一律回收，集中处理，不得随意排放。

9.3 所有的施工船舶、机械和设备要做到定期检查、维修保养，发现问题及时处理解决，保持船机在良好的标准状态运行，防止机械设备漏油污染环境。

9.4 正确使用船舶自有的污油水处理装置、生活污水处理装置，按照海事部门的相关规定进行排放或回收。如出现意外，应及时采取清除措施，防止扩大有污染，同时向海事部门报告，查明原因并接受调查处理。

9.5 对于船舶上露天位置存在的污油、污物等应及时清理干净，防止随雨水或冲洗甲板而流入河海中造成污染。

10. 效 益 分 析

10.1 采用坐底式半潜驳拖运沉箱与沉箱水上直拖相比，其临设直接费用可节约 2589 万元。

10.2 遵照本工法组织施工，均能保证质量，提高效率，缩短工期。与沉箱水上直拖相比，本功法更适用于内河狭窄、水深不足的施工条件；而且拖航航速提高 1.6 倍，提高拖运效率；具有更高的安全性；有利于沉箱成品保护，提高质量；并可以兼做修船的浮坞使用，取得了良好的社会效益。

10.3 突破了水上起重能力对沉箱尺度的限制，改变了我国南方地区沉箱重力式码头沉箱重量限定在 1000t 以下的状况，从码头建设技术进步角度产生了巨大的推动作用。

10.4 突破了传统的滑道下水沉箱出运工艺，克服了沉箱浮运拖航对航行水深条件的依赖，这不但可以节省大量的航道疏浚费用，而且增大了沉箱预制场选址的灵活性，促进我国南方地区码头结构形式选择的可选范围。

10.5 沉箱下水滑道的建设，不可避免地会改变沿岸水流动力学条件，造成沿岸生态环境的改变和破坏。内河修建滑道还会不同程度地减小河道泄洪能力从而造成隐患。半潜驳沉箱出运工法的应用，减少占用水域，便于恢复原貌，最大限度地消除了上述影响，在环保、节能方面效果显著。

11. 应 用 实 例

坐底式半潜驳出运沉箱工法已应用于广东、广西、海南等南方地区的港口建设施工中，使施工技术有了很大突破，产生了良好的社会影响。

11.1 广州港南沙港区一期工程（1 号、2 号）泊位码头水工结构工程位于珠江口伶仃洋喇叭湾湾顶，沉箱数量为 43 座，沉箱混凝土总方量 38620m³。标准沉箱外形尺寸为：长×宽×高＝17.84m×14m×18.9m，舱格总数 12 个；每座沉箱混凝土方量 885m³，沉箱单重 2212t。异形沉箱一座，沉箱混凝土方量 615m³。沉箱在东莞预制场平台上预制，为适应珠江水域的航运要求，于 2003 年 10 月 15 日开始，至 2004 年 3 月 10 日止，采用本工法圆满完成了全部 44 座沉箱的出运，保证了沉箱安装的节点工期和整个工程的顺利按期竣工验收。

11.2 广州港南沙港区二期工程（7 号、8 号）泊位码头水工结构工程在一期工程基础上向前延伸，7 号、8 号泊位码头共需预制 39 座，沉箱外形尺寸为：长×宽×高＝17.84m×14m×18.9m，沉箱单重 2238t；广州港沙仔岛多用途码头（3 号泊位）水工结构工程沉箱预制 14 座，沉箱外形尺寸为：长×宽×高＝16.78m×10m×13.5m，沉箱单重 1208t。上述两种沉箱均在东莞预制场预制。采用本工法自 2005 年 4 月 29 号至 2005 年 10 月 18 日完成了南沙二期沉箱拖运任务；2005 年 11 月 17 日完成了沙仔岛沉箱拖运任务，历时 203d，月出运沉箱最多达 11 座，累计沉箱出运 53 座。保证了沉箱安装节点工期的顺利实现。

11.3 钦州燃煤电厂 7 万 t 级卸煤专用码头工程位于中国南海北部湾湾顶附近的钦州湾，共需沉箱预制 10 座：其中大沉箱 8 座，外形尺寸为 13.5m×26.5m×17.7m，单重 2600t；小沉箱 2 座，外形尺寸为 13.5m×16.914m×17.7m，单重 1715t。

钦州预制场（沉箱和其他混凝土构件）位于广西钦州港经济技术开发区，东临金鼓江下游入海口，从钦州预制场到金鼓江口水工现场航程约为 2.9 海里，航道水深－3.0～ 4.0m。自 2006 年 3 月 3 日至 2006 年 6 月 30 日采用本工法将所有沉箱按期全部拖运完毕。

模袋固化土海上围埝堤心施工工法

YJGF052—2006

中交第一航务工程局有限公司
中交天津港湾工程研究院有限公司
苗中海　刘爱民　朱耀庭　阚卫明　黄传志

1. 前　言

　　我国软黏土形成的浅海滩地区修建护岸、海堤，多采用抛石斜坡堤和吹填砂被堤，这就需要使用大量的砂石料。对于砂石料资源缺乏的地区不得不投入较多的资金用于砂石料的采购与运输，即便对于砂源丰富的地区，由于目前人们的环境资源保护意识的逐渐增强，也不再提倡进行砂石料资源的采挖。因此，利用各地区廉价丰富的淤泥质粘土资源，替代砂石料等常规材料修建围埝、护岸等水工建筑物，将具有较深远的意义。

　　模袋固化土海上围埝技术的主要做法是直接挖取海底软土，并在其中掺入固化剂（如水泥），经机械搅拌均匀形成流动状的拌和土，再充灌到码放就位的大型土工模袋中形成模袋固化土，逐层码放充灌后形成海上围埝堤心结构。采用该技术不仅可以节省大量的工程材料费用，还可以大大减少波浪对围埝的破坏作用，特别是围埝形成时期的破坏。该技术施工时对周围环境无污染，同时又可以充分利用港池和航道开挖的淤泥质黏土，减少了弃土对环境造成的污染，符合环保要求。

　　2002 年，天津港（集团）有限公司以"天津港北大防波堤西内堤（一期）工程"为依托，组织中交第一航务工程局有限公司、中交天津港湾工程研究院有限公司、中交第一航务工程勘察设计院有限公司联合开展模袋固化土海上围埝技术的研究，重点研究解决固化土配比试验、强度指标的确定、现场质量控制标准、施工机械设备等技术问题。施工单位研制了施工设备，完成了 2000 延米的模袋固化土海上围埝施工。

　　2003 年 11 月中交集团岩土工程重点实验室与中交集团签订了"模袋固化土海上围埝技术的研究"项目合同书，研究成果于 2005 年 8 月 23 日通过了中交集团专家组的验收。2006 年 4 月 29 日交通部科教司组织有关专家对该研究成果进行了鉴定，与会专家一致认为，模袋固化土海上围埝是一种新型的围埝形式，课题组通过理论分析、室内及现场试验，明确了模袋在围埝整体稳定分析中的作用和抗滑机理，提出了模袋固化土海上围埝新的设计理念和计算方法，研究成果总体上达到了国际先进水平。

　　该研究成果荣获中交集团科技进步二等奖、中国航海学会 2006 年度科技进步二等奖、中交第一航务工程局 2005 年度科技进步二等奖。

2. 工　法　特　点

　　该技术充分利用了港池和航道开挖的淤泥质黏土，减少了弃土对环境造成的污染，符合环保要求，其社会效益非常大。与同类技术相比，从工期、质量、安全、造价等方面具有一定的优势（表2）。

　　低掺量水泥固化土一般在 24h 以内即可形成一定的强度，使固化土成为块状结构，这种块状结构具有一定的粘结强度，具有较强的抗风浪能力，同时这种块状结构使得低掺量水泥固化土在模袋老化破损后仍可起到堤心充填物的作用。现场施工经验证明了当水泥掺量为 8％时，基本满足模袋固化土的设计、施工需要。实际应用结果表明，随着后期地基的沉降，固化土也随之沉降，固化土同外部的模袋混凝土脱开，模袋混凝土有开裂现象，裂缝出现在埝顶两侧坡肩处，不会影响围埝的正常使用，只要

筑埝技术对比表

表 2

方　法	工　期	质　量	安　全	造价/(元/m³)	备　注
抛石斜坡堤	可控	有保证	好	155.59	材料供应充足
吹填砂被堤	可控	有保证	好	105	材料供应充足
模袋固化土海上围埝	可控	有保证	更好,尤其是施工期的安全性要好于以上两方法	125	

注：造价对比以天津港为例。

合理地考虑预留沉降即可。

3. 适 用 范 围

模袋固化土海上围埝技术可应用于公路、内河、围海造陆、码头护岸等工程领域。采用该技术建造围埝或护岸，可比抛石斜坡堤方案节约工程造价 20%，建成的围埝或护岸（特别是初期）对波浪的抵抗能力大大增强。随着我国内河航运和公路运输事业的蓬勃发展，该技术在内河围堤、码头护岸和公路建设中也大有用武之地。

该技术施工时对周围环境无污染，同时又可以充分利用港池和航道开挖的淤泥质黏土，减少了弃土对环境造成的污染，符合环保要求。所以，该技术的应用前景是非常美好的。

4. 工 艺 原 理

利用低掺量的水泥固化土（拌和土）模袋来替代抛石或砂被堤作为堤心材料，逐层码放充灌后，在外部再用模袋混凝土作为护面，形成海上围埝。低掺量水泥固化土在 24h 以内即可形成一定的强度，使固化土成为块状结构，这种块状结构具有较强的抗风浪能力，在施工初期，固化土模袋可以起到堤心充填物的作用，在以后的使用期模袋老化破损后，固化土的强度随着龄期会进一步提高，仍可作为堤心充填物使用。

采用该技术不仅可以节省大量的工程材料费用，还可以大大减少波浪对围埝的破坏作用，特别是围埝形成时期的破坏。该技术施工时对周围环境无污染，同时又可以充分利用港池和航道开挖的淤泥质黏土，减少了弃土对环境造成的污染，符合环保要求。

通过理论分析和模型试验，明确了模袋织物在围埝整体稳定分析中的作用和抗滑机理和模袋固化土海上围埝的稳定计算方法，为该工法的设计提供了基础。

通过大量的室内和现场固化土试验，掌握了模袋固化土的物理性质和工程特性。固化土作为一种介于黏土和水泥搅拌土性质之间的土，具有较高的抗剪强度和较高的含水量，与模袋一起共同作用具有良好的整体性，为该工法的应用奠定了基础。

通过离心模型试验及其有限元分析，基本摸清模袋固化土海上围埝的变形规律和破坏形式——地基出现了圆弧滑动失稳破坏。

开发研制了一整套施工设备和现场监测仪器，规定了严格的施工工艺，使该工法的施工质量有了可靠的保证。

5. 施 工 工 艺 流 程 及 操 作 要 点

5.1　模袋固化土施工流程
模袋固化土的施工流程见图 5.1。

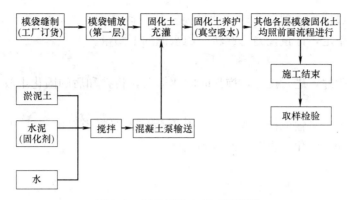

图 5.1　模袋固化土施工流程图

5.2　模袋固化土方施工系统构成和作业过程

5.2.1　系统的构成

本系统由挖掘机械、搅拌机械、混凝土输送泵、充灌模袋管道等构成。该系统既可滩地作业（潮差区），也可水上作业，若用于水上作业应将系统布置在船上，称为搅拌装置船，一般采用的船形为载重量 400t 左右的甲板驳，甲板工作面积为 25m×8m，见图 5.2.1-1、图 5.2.1-2。

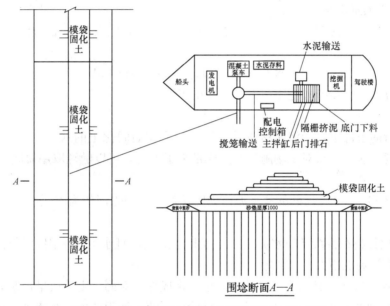

图 5.2.1-1　模袋固化土施工系统平面布置示意图

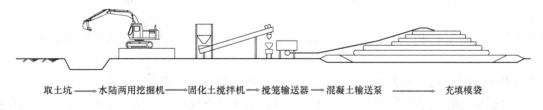

图 5.2.1-2　模袋固化土施工系统图

5.2.2　系统的作业过程

该系统中的淤泥土搅拌机械是核心部分，它能确保水泥掺入量和固化土均匀搅拌，该机械由液压铁格栅板挤泥系统、水泥计量搅笼、固化土搅拌舱、输泥搅笼等四大部分组成，作业过程如下：

1. 液压铁格栅板挤泥系统

淤泥土进入泥斗内，首先在铁格栅板上面经过格栅板翻转挤压过程中使泥落入搅拌罐内。

2. 水泥计量搅笼

水泥倒入料斗后通过搅笼送到泥斗内，计量搅笼与调速电机连接，电机转速与水泥的下漏量建立良好的线性关系，通过率定，计量搅笼每旋转一周水泥的下漏量。

3. 固化土搅拌舱

由电动机通过搅拌叶片，进行搅拌，搅拌时间达标后，将拌和后的固化土放入输泥搅笼的料斗内。

4. 输泥搅笼

将搅拌均匀的固化土经过输泥搅笼提升一定高度后进入混凝土泵的料斗内，由泵加压经管道送入模袋内。搅笼的输运过程，固化土也能再次得到搅拌。

5. 泵送及充灌

模袋充灌单口充灌范围与混凝土泵管道出泥口的固化土压力、稠度、含水量等有较密切的关系，在充灌的同时，还需配合人工棍棒拍击、踩踏等方法，才能使固化土均匀灌入模袋内。

模袋固化土充灌后，对浮浆多的地方可以进行真空吸水加速排水固结，提高早期强度，也可在其表面进行压载（袋装土），除有利于固化土排水固结外，亦可改善表面平整度。

6. 材料与设备

6.1 模袋固化土的基本材料

由于模袋固化土的组成比较简单，仅需要土、海水、水泥和模袋，经现场搅拌充灌即可形成。

6.1.1 水

对比试验研究结果表明，采用海水和淡水拌和的固化土强度相差很小，所以，可以直接用现场海水进行搅拌，从而可以进一步节省施工成本和减少施工人员。

6.1.2 土

在同样水泥掺量的条件下，淤泥质粉质黏土与粉土形成的固化土的强度高于淤泥以及淤泥质黏土形成的固化土的强度，这一结果对现场施工取土样带来了方便，可以随意取用海底软黏土。

6.1.3 水泥

可采用传统的 P.O.32.5 普通硅酸盐水泥作为固化剂。采用水泥作为固化剂主要出于以下几个方面考虑：

1. 水泥作为固化材料在混凝土、水泥土中已经相当成熟，且水泥作为固化剂对土质、水质等无其他严格要求，对环境影响也不大；

2. 水泥的价格较为低廉，且品质检验的方法也非常成熟，对固化土的质量控制易于把握；

3. 其他一些固化剂产品市场一般还不成熟，且价格不菲，运用效果还有待进一步考究；

4. 为了方便现场施工和施工质量管理，选择固化剂的品种、掺入比等应尽可能地简单。

6.1.4 模袋

用于进行固化土充灌用的模袋可以采用普通高强机织土工布，同时缝制后的模袋满足以下几方面的条件即可：

1. 单个模袋的长宽可以依断面大小而定，一般每个模袋的宽度应与该层模袋所处高度的断面宽度基本一致，每层模袋的实际高度应控制在 50cm±10% 范围内为佳，为了便于充灌控制，可以在模袋内缝制一定数量的拉筋；

2. 由于模袋的作用主要在固化土充灌时保持模袋形状不发生大的变化，且充灌时固化土不漏出，因此对模袋的品质要求并不高。制作模袋的土工布可用 180g/m² 以上的机织土工布，按规定的尺寸采用工业缝纫机缝制；

3. 每个模袋应留有一定数量的袖口，用于固化土的充灌以及充灌过程中的临时排水和排淤；

4. 每个模袋上应缝制足够数量的系带，用于上下左右模袋的定位与固定，同一层相邻两个模袋之间应无缝搭接，上下两层模袋搭接缝沿长度方向的错距应不小于 5m。

6.2 主要施工机械

6.2.1 船舶

为保证新建模袋固化土海上围埝的稳定性，施工用泥必须取用堤脚线（内外）50m 范围以外的淤泥。这样就要求船形要长一些，宜采用船身长约 25m，甲板宽约 9m 的自航驳。吨位 300～500t 即可，另配一条 50t 水泥驳。

6.2.2 挖掘机、发电机及泵车

挖掘机宜采用 0.5～0.9m³ 臂长 15m 以上的挖掘机。挖掘机臂越长向后挖泥的距离越远。当潮水涨高时，也能挖到泥，只有能取到泥，才能继续施工，延长作业时间，所以选用长臂挖掘机是一关键。发电机：选用 200～250kW 发电机 2 台（满足船上的用电设备工作需要）。搅拌设备 1 台，2 台充泥泵车：选用 HBT60～80 型，充灌效率 30～35m³/h。

6.2.3 固化土的拌合设备

目前中交第一航务工程局有限公司和铭华科技服务公司共同研究、设计、制造出了固化土的拌和设备，该设备由拌合罐、液压系统（液压格栅挤泥、液压后门排石、液压下料出口）、水泥提升机、螺旋输送机、潜水泵、配电箱等组成。根据使用效果可进行相应的改进，使拌和设备更好地为施工服务。

7. 质 量 控 制

7.1 充填袋质量控制

7.1.1 严格把好袋布材料关，除有出厂合格证外，每批材料必须抽样检验，杜绝不合格材料使用。

7.1.2 大型固化土充泥模袋制作前详细检查布料质量，对有破损、孔洞、经纬密度明显疏密不均，质地老化等明显影响质量的布料一律不准使用。

7.1.3 严格测量放线，确保每层充灌袋的位置正确。

7.1.4 充填的袋子边线与设计边线的水平误差不大于±10cm。高程不低于设计标高。断面总面积不得为负值。

7.2 固化土拌合质量控制

7.2.1 水泥计量：

水泥选用 P.O.32.5 普通硅酸盐水泥。根据室内固化土室内试验确定配合比，严格控制水泥掺入量。

7.2.2 淤泥土计量：

每盘淤泥土的掺量根据挖掘机挖斗的容量（一般按满斗计量）来确定。

7.2.3 水计量：

施工船上设大小两个水箱，两个水箱通过带节门的钢管连接。小水箱同样通过节门与搅拌罐连接。小水箱内画有标尺，标尺就是每盘用水量的刻度线，以此来控制水的用量。

7.2.4 为控制水泥掺量，在每套设备上设专人负责对外加剂、水泥计量工作。

7.2.5 使用稠度仪检测固化土含水量，控制含水量在 70% 以内。

7.2.6 严格控制拌合物的搅拌时间，每盘搅拌时间不小于 1.5min。

7.2.7 必须设专人开搅拌机，并在上岗前进行严格的培训，没有特殊情况严禁更换搅拌机操作手。

7.3 固化土充灌模袋质量控制

7.3.1 在充灌过程中人工踩踏，待充灌到一定充盈度后，木棒轻轻拍打袋体四周或镇压砂袋，必要时配备真空设备吸水加快袋体排水固结速度，充至进浆时，控制充灌压力，以防止泥袋破裂，也可在"充泥袋"的内侧两角预留袖口，将上层浮浆排出。

7.3.2 当大型固化土充泥模袋内抗压强度达到 0.2MPa 以上时，方可进行上层"泥袋"的充灌施工。

7.3.3 大型固化土充灌模袋充灌一定距离，要及时做好外坡的防护，防止风浪作用的破坏。

7.3.4 充泥袋护角采用袋装碎石进行补角。

7.3.5 严格按设计加载速率，分层完成堤心充填袋。

7.3.6 对充填物进行容重测定，在固结一段时间后取样进行试验，取样数量可为 400m 堤长取样 1 组，每组至少有 2 个试件，干容重≥17kN/m³。

7.4 土工布施工应符合《水运工程土工合成材料应用技术规范》JTJ 239—2005 的有关规定

7.5 施工控制及验收标准

施工控制及验收标准见表 7.5。

质量控制和验收标准表　　　　　　　　　　　　　　　　　　　表 7.5

序号	项　目		允许偏差（mm）	检验单元和数量	单元测点	检验方法
	充泥	袋体宽度	±500	每袋	2	钢尺量
		顶面标高	±100	每 20	1	水准仪
		轴线	±300	每 20	1	经纬仪、钢尺量
		袋体厚度	±100	每袋	2	测杆

8. 安 全 措 施

8.1 建立完善的施工安全保证体系，加强施工过程中的安全检查，确保作业标准化、规范化。

8.2 编制专项安全施工组织设计，并在施工过程中认真执行。

8.3 对参加施工的全体人员进行安全教育，贯彻安全第一的思想，不盲目追求施工进度。

8.4 专职安全员定期对安全设施进行检查、维护。

8.5 对各种施工机具定期进行检查和维修保养，以保证使用的安全。

8.6 组织夜间施工时，现场的灯光布置一定要清晰明亮，要能达到一定的能见度方可施工。在施工过程中要相互配合、相互照应。

8.7 水上施工作业人员必须穿救生衣。

9. 环 保 措 施

9.1 对施工人员进行环保教育，不得随意乱扔生产和生活垃圾，以保护自然与景观不受破坏。

9.2 施工现场和运输道路要经常洒水，减少灰尘对人的危害和环境的污染。

9.3 施工中挤压出来的泥土中有石块或其他杂物及时清理出现场，运到指定的区域。

9.4 要注意充灌管道的检查和维护，避免冒浆对环境造成污染。

9.5 保持施工现场整洁。

10. 效 益 分 析

模袋固化土海上围埝技术在工程造价上有一定的优势。天津港地区抛石斜坡堤和吹填砂被堤的建造费用分别为 155.59 元/m³ 和 105 元/m³，模袋固化土海上围埝的建造费用为 125 元/m³，该费用是按照依托工程施工中每套设备固化土的日平均生产能力为 230m³ 来测算的，有较大的下降空间。根据已有的施工经验，可以对目前的施工设备、施工工艺进行改进，形成规模化生产，提高施工工效，降低施工成本；由于依托工程工期很紧，要求模袋固化土充灌的第二天即可上人进行下一层模袋的施工，所以固化土的水泥掺量定为8％，如果工期要求较为宽松的话，可以适当降低水泥掺量，也可以降低施工成本，对一个企业来讲，减少了施工工期，也等于间接地创造了经济效益。

模袋固化土海上围埝堤心不需要砂石料等常规的建材资源，避免了砂石料资源的乱采乱挖，有效地保护了生态环境，同时又充分利用了港池和航道开挖的淤泥质黏土，减少了弃土对环境造成的污染，符合环保要求，其社会效益非常大。该技术满足国家关于建筑节能工程的有关要求，在公路、内河、围海造陆、码头护岸等工程领域均可应用。

11. 应 用 实 例

模袋固化土海上围埝技术的应用实例为天津港北大防波堤工程（一期）西内堤工程和天津临港工业区滩涂开发一期工程。

11.1 天津港北大防波堤工程（一期）西内堤工程

该工程位于天津港北疆港区，长度为2000m，结构安全等级为三级。结构形式为斜坡堤，全部为充填袋结构，充填材料为固化土，护面为混凝土模袋。该工程2003年4月21日开工，7月5日竣工，共充灌模袋固化土85000 m^3。工程验收合格。

11.2 天津临港工业区滩涂开发一期工程

该工程位于海河入海口南侧的滩涂上，围海护岸总长14.2km，其中300m试验段采用模袋固化土堤心结构，护面为混凝土模袋，结构安全等级为三级。该工程2003年6月5日开工，2003年7月30日竣工，共充灌模袋固化土12500 m^3。工程验收合格。

模袋固化土堤心施工速度快，质量可靠，由于强度的快速增长，保证了堤心施工过程中地基的稳定；模袋混凝土护面结构进一步加强了堤身结构的稳定，有效地保护了堤心结构，使其在波浪作用下免受冲刷侵蚀。

箱筒型基础结构气浮拖运与负压下沉工法

YJGF053—2006

中交第一航务工程局有限公司

陈平　彭增量　吴凤亮　官云赠　任焱

1. 前　　言

　　在天津港的发展规划中，需要建造大量的防波堤及围埝工程。但天津港的海底表层及浅层土为淤泥和淤泥质黏土，土体的物理力学指标较差。当防波堤和围埝工程向深水区发展时，现采用的传统抛石堤、或抛石基床和半圆体结构的混合堤对天津港软土地基的适应能力有限，随着防波堤向深水段的延伸，原结构形式防波堤的稳定性、可行性、经济性都越来越不满足发展的要求。2001年初，天津港集团公司组织天津大学建筑工程学院港口工程系、中港第一航务工程局和中交第一航务工程勘察设计院开展了新型基础防波堤结构的研究和工程试验工作，最终开发出新型插入式箱筒型基础防波堤结构。在2003年该新型结构的试验工程施工中一航局率先采用了一系列的新技术，如气浮运输技术、负压下沉技术、利用结构自身的特性进行纠偏技术等。其中《箱筒型基础结构气浮拖运与负压下沉工艺研究与应用》曾获得一航局科技进步一等奖，中港集团科技进步一等奖。

2. 工 法 特 点

　　2.1　与传统防波堤比较，箱筒型基础结构防波堤有着显著的区别。箱筒结构拖航采用向构件内充气，以压缩气体平衡自重的方法浮运；此种结构为插入式新型防波堤，其基础结构部分通过负压沉入土体中。

　　2.2　针对新型结构的不同，采用的气浮拖运与负压下沉工艺为全新的施工工艺，完全自主创新。

　　2.3　箱筒型结构采用在后方预制、拼接成型，通过海上气浮拖运、负压下沉一次性施工建成防波堤。与传统施工方法相比具有施工速度快，工程质量好，工程成本低等优点。

3. 适 用 范 围

　　3.1　箱筒型结构适用于类似天津港地质泥面低于－4.0m的软土地基，此种地基上建造斜坡堤、混合堤或半圆形等结构形式防波堤可能造成地基不稳定或结构不稳定。

　　3.2　箱筒型结构采用负压沉入土体中，没有抛石基床，所以对块石、砂子等原材料紧缺的地区有较大的适应性，体现一定经济性。

　　3.3　气浮拖运与负压下沉工艺适用于箱筒型基础防波堤的施工。

4. 工 艺 原 理

　　4.1　气浮拖运：箱筒型基础结构为有顶盖无底的大型构件，靠自身排水不能满足气浮要求。通过向密闭的构件内打入压缩空气，靠压缩空气与外界大气压强的压强差所产生的浮力，将箱筒型基础构件气浮后由拖轮拖运至工程位置。

　　4.2　负压下沉：箱筒型基础结构沉入土中，仅靠结构自重，无法满足沉入深度要求。需要从密闭的结构内排气抽水，使筒内外形成压差而克服摩阻力，自行沉入土体中，满足设计要求。

5. 施工工艺流程及操作要点

在建的天津港防波堤延伸一期工程中及箱筒型防波堤试验工程中均采用了气浮拖运与负压下沉施工工艺来完成箱筒型防波堤的外海施工。

下面以实际工程介绍此种工艺的施工流程及操作要点。

箱筒型基础防波堤结构由上下两部分组成，下部为箱筒型基础结构，上部为直立圆筒结构。防波堤结构立体图见图 5-1，平面图见图 5-2。

具体结构如下：

下部基础结构：由四个形状相同的圆筒组成，圆筒间用连接墙连接。四个圆筒上有顶盖板，盖板四角为圆弧状。

上部结构：则由两个单筒组成，其形状与基础筒相近，两圆筒间用耳墙连接。

上部结构与基础结构间用杯口圈梁现浇混凝土结构连接为整体。

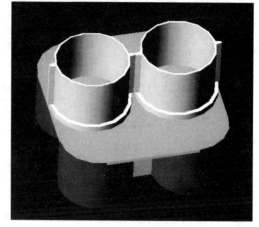

图 5-1 箱筒结构立体图

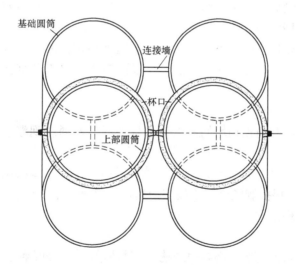

图 5-2 箱筒结构平面图

5.1 箱筒结构气浮拖运工艺流程（图 5.1）

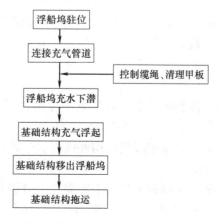

图 5.1 箱筒结构气浮拖运工艺流程

5.1.1 箱筒型基础结构于浮船坞上拼接完毕后，拖运到适宜地点驻位下潜，并将载有空压机的充气驳靠在浮船坞一侧。平面布置图见图5.1.1。

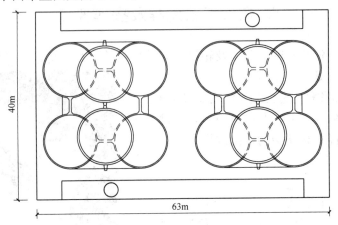

图 5.1.1 平面布置图

5.1.2 连接充气管道

1. 将提前盘好在箱筒型基础结构上的橡胶软管引向充气驳，施工过程中应避免严重磨损，及弯折现象，并保证胶管顺直地通到自航驳上。确保充气时气流顺畅。

2. 将橡胶软管通到自航驳后，将带有编号的胶管与相应的空压机接口对接。连接后进行检查，保证接口气闭严密，编号对应正确。

3. 充气驳试验性的将空压机按编号依次打开充气，基础结构上的指挥人员检验相应编号胶管内气体流动是否正常。发现异常时，应安排专人对胶管及管件连接处检查和维修。全部正常后，可关闭空压机，等待下步气浮施工。

5.1.3 连接控制缆绳

1. 在4个下部基础结构的圆筒顶预埋的吊点上系好缆绳。并通缆到浮船坞坞墙顶部相应位置的系船柱上。

2. 每个系船柱安排2人控制缆绳的收放。并配备有通信工具，与基础结构上指挥人员联系。将缆绳系紧后，应仔细检查。当4根控制缆全部连接完毕后，方可进行下步施工。

3. 对浮船坞甲板进行清理工作。

5.1.4 基础结构气浮

1. 掌握本海区的潮水及水深情况，必要时结构下潜与拖航施工等可乘潮作业。

2. 浮船坞开始向水仓压载缓慢下沉，并注意控制好船体的平衡。下潜时应密切注意船底雷达，当浮船坞的船底钢板离泥面还有0.6m的距离时，立即停止充水下沉。

3. 下潜到位后，打开空压机同时向4个下部基础结构的圆筒内充气。在向第一组基础结构内充气的同时，应向浮船坞相应的位置水仓压载，使浮船坞的甲板保持水平。

4. 充气过程中，自航驳上观测人员应密切关注基础结构。在基础结构浮起的瞬间，停止向圆筒内充气，并仔细观察结构偏斜情况，然后及时指挥圆筒上人员调节阀门，再对相应基础圆筒内充气，将基础结构调平。

5. 下部基础结构浮起时，浮船坞坞墙上人员应及时控制好浮船坞与基础结构连接的4根绳缆，避免基础结构在水流的推动下撞向浮船坞的坞墙。

6. 当基础结构状态稳定后，则继续缓慢向构件内充气令其浮起至筒底高出浮船坞船甲板50cm。

5.1.5 下部结构移出浮船坞

1. 筒上人员将事先盘好放置在结构上的拖带缆绳给交通船，由交通船向待命拖轮通缆。

2. 拖轮启动后，通过收缩基础结构上与浮船坞连接的绳缆，控制箱筒基础结构，确保拖轮缓慢并平稳的将基础结构牵出浮船坞。

箱筒牵出浮船坞平面图见图5.1.5。

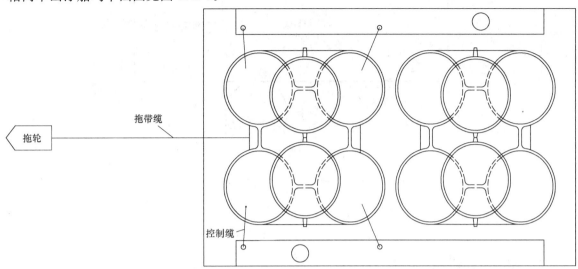

图5.1.5　箱筒型基础结构牵出浮船坞平面图

3. 待结构完全移出浮船坞后，基础结构上施工人员将4根控制缆松开，由浮船坞人员带回。拖轮拖运基础结构缓慢的驶向定位船。

5.1.6　基础结构的拖运

气浮拖运过程的技术参数：

为确保气浮拖运过程的安全，必须进行浮游稳定验算，确保结构吃水深度；拖带航速不宜大于2节，拖带力按 $F = A\gamma_w V^2/2g$ 公式计算（A 为迎水面积，γ_w 海水容重，V 航速），拖缆根据计算拖带力选择相应直径的尼龙缆，拖点位置设在筒体间竖向连接墙上，两侧各1个，采用钢板焊接。

拖运过程中基础结构两边各有1条监护船护航，观测人员注意观察基础筒壁上的水位刻度线，当发现结构倾斜严重时，应及时通过充气驳上空压机进行补气。

5.2　箱筒结构的定位及下沉工艺流程（图5.2）

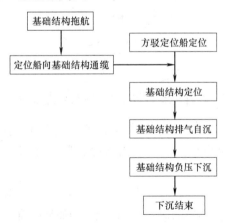

图5.2　箱筒结构的定位及下沉工艺流程

5.2.1　基础结构的定位

1. 采用适宜的方驳作为定位船，并在箱筒型基础结构到达之前，使用GPS现场精确定位。

2. 当箱筒型基础结构拖运接近定位方驳时，主拖轮解缆，由拖轮顶推基础结构向定位方驳靠拢。交通船同时通两根尼龙缆，连接基础结构与定位船的锚机或对应的卷扬机，可利用该缆绳的收放，控制基础结构靠向定位方驳。

3. 箱筒型基础结构靠稳后，操作定位船的锚机或卷扬机，利用与基础结构连接的尼龙缆，精确定位基础结构的一个方向位置。另一方向根据方驳定位点进行定位。定位示意图见图5.2.1。

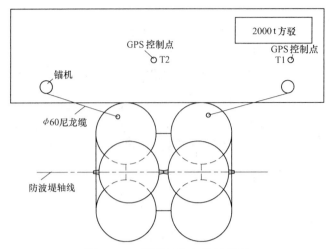

图 5.2.1　箱筒结构定位示意图

5.2.2　基础结构的下沉

1. 当基础结构定位确认无误后，船上人员将充气橡胶软管拆除，将抽气橡胶软管接在潜水排污泵排气阀门上，并使基础结构顶板上的排气阀门处于打开状态。操作人员完成准备工作，确认无误后，全部回到定位船上，再通过控制定位船这端的排气阀门进行排气。以此实现在定位船上对排气自沉及负压下沉施工进行控制，达到减少安全隐患，提高工作效率的目的。箱筒下沉时示意图见图 5.2.2。

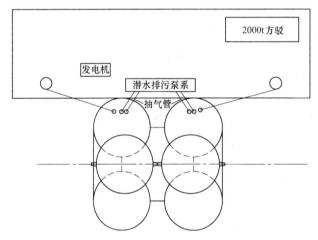

图 5.2.2　箱筒结构下沉示意图

2. 由悬浮状态下沉至泥面上 30cm 时，操作人员关闭排气阀门，停止排气，测量人员再次通过 GPS 精确定位，基础结构位置满足设计要求后，再次打开阀门排气，沉入土下。入土后将筒顶尼龙缆解开并收回船上。

3. 由于原泥面的高差及土质不均，基础结构入土下沉会产生倾斜位移。仔细观察筒壁上水位刻度线，如高差超过 10cm，应关闭相应部位的阀门进行调整，确保箱筒基础结构顺直平稳的完成第一阶段自重下沉。

5.2.3　基础结构负压下沉

1. 完成上述工作后，启动潜水排污泵，进行抽水负压下沉，基础结构下沉小的一侧先启动潜水排污泵，下沉大的一侧后启动，不间断的观测筒壁水位刻度线，随时反馈，通过泵系的控制，随时调整各台泵开关，确保结构的均衡下沉，直至接近设计标高。

2. 当潜水排污泵出口处无水排出并有泥浆出现，即可关闭各潜水排污泵。当潮位达到日最高潮时，再次开启泵系，通过大气压力和日最大水深压力的组合作用检验基础结构是否继续下沉，维持 30～60min，如果基础结构保持不动，则下沉结束。

5.3 工艺先进性和创新点

5.3.1 与传统沉箱的拖航方法比较，此工艺采用气压平衡基础结构自重的拖航方法独特、新颖，有较强可操作性。

5.3.2 采用负压法来充分利用大气压力，其产生的下沉力可达到总下沉阻力的 2.2～2.8 倍，消耗能源少。

5.3.3 利用潜水排污泵箱系统，将负压下沉施工转移到定位方驳上，方便人员施工操作和对下沉质量的控制。

5.3.4 通过启闭设置在方驳上相应编号的潜水排污泵阀门调整箱筒基础结构下沉速率，并可以有效地调平和纠偏，达到控制（标高、倾斜、偏位）下沉。

6. 材料与设备

施工中未使用特殊材料，阀门管件均为国家标准铁件。

施工中使用的船机设备有 4 台 10m³ 空压机、5 台潜水排污泵、1 台发电机、1 条自航驳、3 条交通船、3 条拖轮，1 条定位方驳。以天津港南疆东部港区北围埝三期工程为例，其设备参数见表 6。

施工船机配备表   表 6

序 号	名 称	规 格	数 量	备 注
1	拖轮	2000HP	2 艘	拖运箱筒
2	拖轮	1200HP	1 艘	
3	交通船	150HP	3 艘	安全监护
4	自航驳	300HP	1 艘	充气船
5	空压机	9m³	4 台	充气
6	方驳	2000t	1 艘	定位箱筒结构
7	潜水排污泵	7.5kW	5 台	负压抽水
8	发电机	200kW	1 台	为泵系提供电力

7. 质 量 控 制

该箱筒型基础结构属新型结构，还没有相应的施工规范标准。

根据工程实际施工情况看，箱筒型结构气浮定位，排气自沉都能较好的控制。但在负压下沉时，由于沉入土体过程中摩阻力不均匀，会出现偏差。尽管过程中可通过阀门控制对其纠偏，但最终下沉结束后仍会有一定的偏位。

根据实际工程情况，制定并推行了箱筒型结构的外海安装施工质量标准。

箱筒安装质量评定表   表 7

序号	项 目	允许偏差 （mm）	检验单元 和数量	单元测点	检验方法
1	轴线偏差	450		2	用经纬仪和钢尺量
2	相邻圆筒顶高差	200	每个构件 （逐件检查）	1	用钢尺量
3	缝宽	±250		1	用钢尺量
4	垂直度	2‰		2	用倾角仪或多功能检测尺量

注：相邻两组间最大缝宽 500mm。

7.1 技术组织措施

7.1.1 连接充气管路后，应预先充气检测，确保气管通畅并无明显漏气。

7.1.2 气浮拖运时筒上人员用压力表适时检测筒内气压。

7.1.3 在各基础筒壁上划好刻度线，监护船随时观察浮运时结构吃水深度，低于要求时应及时补气。

7.1.4 箱筒型基础结构初定位后，有专人用钢尺校核两组箱筒间的距离，保证其不大于 15cm。

7.1.5 GPS 定位必须进行 2 次精确定位后，才能最终自沉入土。

7.1.6 箱筒结构下沉过程中密切观察筒壁刻度线，各筒水位线相差较大时，立即调节相应阀门，控制各基础结构的圆筒下沉速率，对其进行纠偏。

7.1.7 负压下沉过程中，当见有泥浆排出时，方可关闭潜水排污泵。

8. 安 全 措 施

根据工艺要求，在气浮拖航施工过程中，大量工作需要施工人员在上部基础结构顶盖板上进行，属高处作业和水上作业。

安全措施：

8.1 指定专人收听天气预报，异常恶劣天气停止施工作业，并采取应急预案，保证船舶安全。

8.2 施工人员必须穿好防滑鞋和救生衣，佩戴安全帽。

8.3 箱筒顶盖板上属高处作业，在外边缘位置预留孔，插入钢管制做成护栏，提高高处作业安全性。

8.4 所有机电设备应有防雨罩，电源开关设专人负责。

8.5 作业人员上基础结构顶板前，有专人检查铁梯牢固度，不符合要求时应及时更换。

8.6 传递倒运充气管时，应至少在距筒边缘 1.5m 处作业，没有保护措施时不得探身俯视。

8.7 箱筒结构拖航时，顶板上施工人员应靠近结构中心就位。防止结构突然产生摇晃，人员高空坠海。

8.8 夜间施工时，设置充足照明设备。电气设施、电缆要加以保护，防止触电。机电设备均配备防雨布罩。

8.9 监护船全程监护箱筒结构拖运全过程。船上配备救生器具，用于紧急情况时的救援工作。

8.10 在箱筒基础结构下沉过程中，施工人员转移到方驳上作业，降低施工危险性。

9. 环 保 措 施

9.1 施工船舶作业时严格执行《中华人民共和国防止船舶污染海域管理条例》，在船上设立专用油污水舱（柜）来装油和污水，

9.2 海上施工时严禁船舶将油污排泄到水中。对机电设备所用的柴油应密封严紧，更换破旧容器，保证无油气泄漏，不污染海洋。

9.3 施工船舶和机电设备要做到定期检查、维修保养，防止设备漏油污染环境。

9.4 指定专人定期到各船收集生活垃圾，禁止将生活垃圾扔入海中。生活及工作产生的废水一律回收，集中处理。

9.5 按国家规定油类作业操作规程进行油类作业，防止溢油、跑油、漏油事故发生。

9.6 若发生漏油等意外事故，应及时采取清除措施，并同时向海事部门报告，防止扩大海洋污染。

10. 效 益 分 析

10.1 经济效益分析

天津港已建的深水防波堤工程中，半圆体结构型式综合单价为 12.7 万元/m。而箱筒结构形式综合

单价为 12.1 万元/m。仅 1km 防波堤就可节省约 600 万。

10.2 社会效益分析

箱筒型基础结构适用于深水淤泥质软土地基上建造防波堤。天津港广泛采用的半圆体结构防波堤在 −4.0m 以内水深有较好的经济性，但在超过 −4.0m 水深的软基上，半圆体型防波堤在结构稳定耐久和经济效益方面均低于箱筒型基础结构防波堤。

中交第一航务工程勘察设计院编撰的《天津港防波堤延伸工程初步设计》中，对半圆体型、箱筒型基础结构、半圆形构件填砂等结构做了充分比较。最终明确指出在 −4.3～4.9m 处推荐建造钢筋混凝土箱筒型基础结构防波堤。新型防波堤结构可运用于建造防波堤，围埝等，其具有广阔的前景。

气浮拖运与负压下沉工艺为针对箱筒型基础结构而开发的新型施工工艺。从实际工程分析，从结构拖运到下沉完毕，仅需要 24h。与传统软土地基建造防波堤中基床抛石，整平等施工工艺相比，其外海作业时间短，效率高，成本低。

气浮拖运与负压下沉工艺充分运用了大气压强的原理形成动力，相比震动下沉等工艺安装质量高，且节约能源，具有一定优越性。

在箱筒型基础结构防波堤广大的市场前景下，气浮拖运与负压下沉施工技术的成功开发对新型结构的推广具有重大的意义。

11. 应 用 实 例

2003 年 11 月至 2004 年 6 月，首次成功运用了气浮拖运与负压下沉施工技术完成了箱筒型基础结构防波堤试验工程的箱筒结构安装。此工程位于天津港北大防波堤以东，共有 3 组箱筒试验结构。

天津港北防波堤延伸工程长 3.32km，共 119 组。2005 年 11 月至 2006 年 3 月，完成了箱筒基础结构防波堤典型施工工程。此工程位于北防波堤延伸工程东段，共 4 组箱筒结构，其中单组箱筒型基础结构总重近 2800t。此工程主体箱筒结构也运用此工法顺利地完成了安装。

天津港南疆东部港区箱筒型基础防波堤工程建设 2.10km，共 74 组。其中 2006 年 8 月份开工的天津港南疆东部港区北围埝三期工程，属在建工程。其位于天津港南疆港区以东，共需沉放安装 50 组箱筒结构，围埝总长约 1.4km，单组箱筒总重已达 3270t。

海上桥梁承台与承台防撞设施一体化施工工法
YJGF054—2006

路桥集团国际建设股份有限公司

刘国波　周先念　全少彪　曾越　党权交

1. 前　　言

　　东海大桥的三座辅通航孔桥主墩承台均采用了承台与承台防撞设施一体化施工技术，采用本施工技术有利于克服恶劣施工环境，并大大缩短了施工工期，具有明显的经济效益和社会效益。承台与承台防撞设施一体化施工技术经查新，在国内尚属首次采用，也未见国外相关文献报道。2005 年 11 月 28 日通过北京市科学技术委员会鉴定，研究成果总体上达到国际先进水平。获 2006 年中国公路学会科学技术进步三等奖。

2. 工 法 特 点

　　承台与防撞体系一体化施工的防撞结构，套箱既为桥墩的防撞装置，又为承台施工的围水结构，二位一体，具有安全、经济和提高工效的特点。

　　经过东海大桥三座辅通航孔桥 9 座主墩承台的实施，采用承台与防撞设施一体化施工，较常规双壁钢套箱和单独的防撞结构施工节省钢材约 73.3%；同时，由于钢套箱采用陆地加工、整体吊装，使工期至少缩短了 2 个月以上；由于减少了海上作业时间，大大减小了施工的安全风险；在施工成本方面，由于采用整体吊装施工，一次性将主墩防撞设施安装到位，有效地减少了承台施工完成后再进行防撞设施安装的工作量，加快了施工进度，减少船机及人工费 500 多万元，并节约了承台施工所需的套箱费、套箱拆除费以及工期折合费 3300 多万元，共计 3800 多万元，取得了巨大的经济效益。

3. 适 用 范 围

　　3.1　本工法适用于在水域开阔的通航孔桥，桥墩设计了防撞钢结构的高桩承台施工。

　　3.2　起重船的起重能力能够满足防撞钢结构的整体吊装要求，施工水域的通航条件满足起重船的通航净空要求。

4. 工 艺 原 理

　　将承台施工所用套箱与桥墩的防撞钢结构结合起来设计，承台施工完成后，套箱不拆除，继续作为桥墩的防撞结构使用。

　　其中的关键技术是钢套箱与防撞设施的结合设计，即如何让防撞结构满足套箱施工要求，同时又不得影响防撞钢结构的防撞功能。提出防撞设施与钢套箱一体化这一思路时，在海上，必须解决波浪力的冲击问题，否则将直接影响到套箱的稳定性，同时也会影响新浇混凝土质量。经过与上海市船舶研究所的多次探讨，并进行了数模、物模试验，最终采用了在防撞设施上开设消能孔以减小波浪力的冲击，满足了设计要求。作为套箱施工所需的内模、底板系统、吊装系统与防撞结构之间采用栓接，便于防撞结构的拆换，同时还不影响其防撞功能。

5. 施工工艺流程及操作要点

5.1 防撞钢套箱结构形式

5.1.1 防撞结构

防撞设施的结构设计满足沿海钢质海船的规范要求，防撞设施主体的结构由内、外围壁，底板，上甲板，下甲板，纵、横舱壁等板架构件组成。侧板分段制做，用高强螺栓连接。内围板上安装防撞橡胶件并加厚壁板，如图5.1.1。

5.1.2 套箱侧模结构

利用防撞钢结构作为承台模板的受力骨架，在缓冲橡胶之间加木肋，木肋与橡胶同高度。木肋与橡胶外安装竹胶板，形成承台施工所需的侧模，如图5.1.2。

5.1.3 套箱底模结构

套箱底篮由底板桁架和焊接在桁架下弦杆上的面板组成。底板桁架用型钢焊接而成，底篮直接浇在封底混凝土中。因此，它既是浇筑封底混凝土的承重结构，也与封底混凝土一起作为承台混凝土的承重结构。

套箱底篮与防撞结构内围壁栓接成整体，这样，防撞结构与套箱底、侧板一起组成了防撞钢套箱，如图5.1.1。

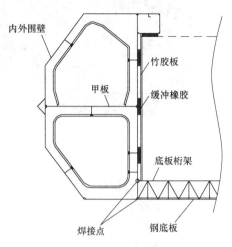

图5.1.1 防撞钢套箱示意图

5.1.4 套箱支撑支承系统

套箱由钢制牛腿支承。由于受水位影响，牛腿做成倒挂形式，以便与钢护筒有足够的焊接时间。

套箱顶部用圆钢管支撑，其作用一是平衡侧板水平荷载，二是作为套箱整体吊装撑架，平衡吊索水平分力。支架呈X形布置，使套箱上口空间利于承台施工。套箱顶部支撑与底篮之间设有竖向钢管支撑，以加强套箱的整体刚度，如图5.1.4-1。整体效果图见5.1.4-2。

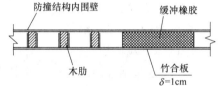

图5.1.2 套箱侧模结构示意图

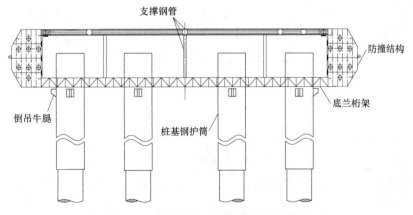

图5.1.4-1 防撞钢套箱支撑系统示意图

5.1.5 套箱消能结构

由于防撞钢套箱的外形尺寸较普通钢套箱大，因此，作用在套箱上的波浪力也较大，这对套箱各施工工况均有一定影响。

为了降低波浪对防撞钢套箱的作用力，设计时在套箱的侧板外围板开设消能孔，孔径在300～500mm不等，如图5.1.5。

图5.1.4-2　防撞钢套箱效果图

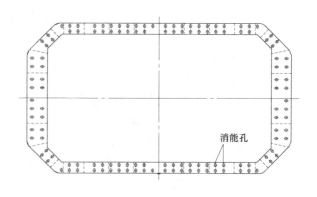

消能孔

图5.1.5　防撞套箱消能设计示意图

5.2　防撞钢套箱施工

5.2.1　防撞钢套箱施工流程图

防撞钢套箱施工流程见图5.2.1。

5.2.2　套箱底板桩位预留孔

要保证套箱顺利下放，套箱底板桩位预留孔开孔直径设计十分关键。基桩钢护筒直径为2.9m，在综合考虑施工环境和测量精度的情况下，经综合考虑后将套箱底板预留孔直径设计为3.2m。

5.2.3　套箱下放导向装置

在承台四角的基桩钢护筒上设计4个圆台形导向装置，并在导向装置上涂上醒目颜色。

5.2.4　套箱固定装置

套箱固定包括竖向反压和水平限位两个方向，竖向反压装置由反压牛腿及型钢、螺旋千斤顶等临时反压装置组成，水平限位装置由支撑钢管和螺旋千斤顶组成，套箱就位后可直接通过调节千斤顶加以固定。

由于套箱下放就位后可供套箱固定的时间很短，约2h，因此，套箱转运前将竖向反压装置和水平限位支撑架事先放在套箱相应位置。

5.2.5　吊装系统

500t左右的套箱整体吊装即使不是海洋环境，也属大型设施起吊安装作业，起吊方案必须精心设计。吊装方案设计包括选择浮吊、确定起吊高度；吊索、吊具计算选择；吊耳、支撑系统设计以及吊装作业场地布置。

5.2.6　套箱加工

1. 基桩钢护筒偏位测量

由于套箱底板预留孔位置来源于基桩钢护筒平面位置测量，因此，测量错误直接影响套箱下放就位。为了使测量精度满足设计要求，测量工作分初测和精测两步进行。

1）为了不影响承台施工进度，在基桩施工时对基桩钢护筒的偏位进行初测，作为套箱底板初加工的参考。

2）基桩施工完毕，拆除钻孔工作平台上的钻孔设备，测量条件相对较好，测量小组再对基桩钢护筒的偏位进行精测，此次测量作为套箱底板加工预留孔位置的修正和最终依据。

2. 套箱加工

钢套箱在工厂整体加工制做。套箱底板桩位开孔以基桩钢护筒初测数据为依据，当基桩施工完成、钢护筒精测数据出来后再对底板开孔进行修正并用全站仪或经纬仪进行检测。钢套箱转运前按规范对加工质量进行验收并试吊，验收通过后方可转运。

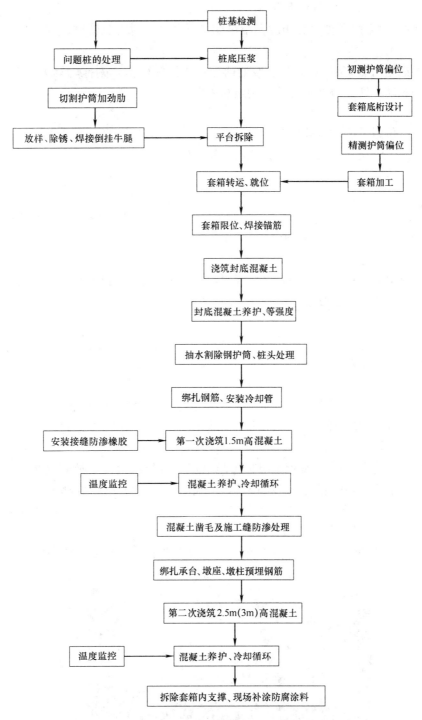

图 5.2.1　防撞套箱施工流程图

5.2.7　整体钢套箱安装

1. 起重船的选择

根据套箱设计重量、几何尺寸及起重船的起重参数和施工环境选择适合的起重船。

2. 选择拖航时间

钢套箱在加工厂一旦出港，就应从天气上考虑能使后续工序连续施工。如果钢套箱在海上（桥位处）停放时间过长，不但不经济而且不安全。因此，选择拖航时间是件重要而又比较困难的事，要求套箱拖航必须满足以下条件：

1）出航时航线所经海域风力小于 7 级。

2）中长期天气预报（20d 以内）无台风等灾害性天气发生。

3）从天文潮汐规律方面考虑，套箱应在小汛期接近低平潮时安装就位。

3. 拖航

拖轮二艘，主拖轮马力 3000HP，位于驳船前方，用拖缆软拖，副拖轮马力 1600HP，位于驳船一侧，除提供辅助拖航动力外，协助主拖轮控制航行方向。

4. 锚泊

船队到达施工墩位附近后按事前安排抛锚停泊，浮吊横桥向停泊在安装墩一侧（靠长江口一侧），定位船与驳船横桥向停泊在浮吊前方，与桥墩间保持一定的安全距离。

5. 起吊安装

1）准备工作

① 指挥人员、测量人员、起重工、电焊工，安装限位支撑架人员按分工，准备进入岗位。

② 浮吊挂上起重绳，准备在高平潮前后开始起吊作业。

2）起吊

一切准备工作就绪后，徐徐吊起钢套箱离开驳船 500mm 左右，再次检查套箱受力与变形情况及浮吊工作状态，如无异常情况，继续起吊。

3）平移定位

套箱吊离驳船后，定位船及驳船即移至桥轴线的另一侧，浮吊通过收放锚缆，缓慢平稳地平移至墩位上方，瞄准导向架微调对位。

4）下放就位

① 套箱下放工作在落潮水流相对平稳后开始，争取半小时内完成。

② 对位观察人员先在套箱顶部观察对位情况，待套箱下降一定高度后进入箱内，一人一桩观察对位情况，并将观察情况报指挥员。

③ 指挥员根据仪器观测和肉眼观察情况指挥浮吊正确对位后缓慢下放套箱进入导向架，进而进入护筒顶部，然后停止下放，观察底板处各桩位就位情况和整体套箱偏位情况。

④ 分析观测情况，如有异常需及时采取相应措施；如无异常情况，以每 500mm 一级逐级下放套箱，直至离牛腿面 100mm 处暂停下放。

⑤ 经纬仪再次测读套箱位置，并尽可能参照测读数据调整套箱位置后继续下放套箱。重复上述步骤，最后将套箱下沉到位，如图 5.2.7。

图 5.2.7 防撞钢套箱就位示意图

5）安装限位装置

① 经检查（整体套箱就位精度、支承情况、底板孔位与护筒间相对位置等）套箱就位达到设计要求后，松钩 50%。

② 观察人员立即分组，快速安装水平限位支撑。待套箱四角的 4 个限位支撑基本就位后完全松钩，全部水平限位及竖向限位装置安装完成后，打开起重浮吊吊索销子，浮吊就地待命。

③ 在安装水平限位支撑的同时，迅速安装竖向临时反压装置，同时开始焊接竖向反压牛腿，这两项工作必须在潮水上涨至底板上桁前完成。

5.2.8 承台施工

1. 承台封底

防撞钢套箱安装就位后，必须尽快封底，以降低海上风浪对套箱的影响，降低施工风险。

2. 承台钢筋混凝土施工

承台混凝土采用海工高性能混凝土，混凝土除其强度与和易性必须满足设计和施工要求外，还必须具备海洋环境下防止钢筋锈蚀及抗冻、抗渗性能。与普通混凝土相比除强度与和易性两项质量指标外，还用电通量与氯离子扩散系数两项指标来衡量混凝土的密实度。一般要求海工高性能混凝土电通量值小于1000C，氯离子扩散系数小于 $1.5 \times 10 - 12m^2/s$。

3. 承台混凝土养护

承台钢筋混凝土施工与内河基本相同，承台内设冷却水管，混凝土采取"内散外蓄"的养护措施。

4. 承台的防腐措施

为了满足承台的防腐要求，钢筋保护层垫块均采用高强度等级的混凝土垫块或高强度的塑料垫块，避免形成腐蚀通道。同时还要对承台分次浇筑的施工缝作如下处理：

1）严格按规范要求对第一次混凝土进行凿毛和淡水冲洗处理；

2）缩短前后两次混凝土浇筑的时间间隔，以减小两层混凝土间因收缩、徐变的不同而产生的附加内力；

3）采用低水化热的高掺合料混凝土；

4）第二次混凝土浇筑前对凿毛混凝土顶面进行淡水润湿至饱和，并铺一层1~2cm厚的1：2水泥砂浆；

5）平接缝四周设工形橡胶止水带，如图5.2.8。

严格处理施工缝的目的是为了避免形成海水腐蚀通道，以提高承台的耐腐蚀性能。

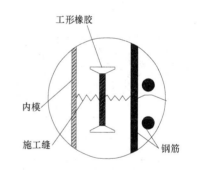

图5.2.8 橡胶止水带处理施工示意图

5.3 现场管理

由于套箱安装时间短，一次性投入大型设备和施工人员多，因此现场的组织管理显得尤为重要。为此，经多次研究，确定了设备的就位、移动以及施工人员的指挥方式等，具体组织如下：

5.3.1 根据套箱起吊时间、潮水情况、船舶尺寸、风浪方向分别安排浮吊、驳船、定位船相对施工墩位的具体位置关系。

5.3.2 统一方位，统一指挥口令，统一指挥。

5.3.3 套箱下放时：套箱内观察员将套箱下放过程中的导向架与套箱预留孔位情况报告给指挥平台上总指挥，总指挥在综合所有观察员信息后统一指挥起重浮吊的平移方向或下放速度。

5.3.4 套箱下放就位后：套箱固定人员马上按事先安排好的程序进入各自指定位置，并按要求迅速固定套箱。

6. 材料与设备

6.1 材料

在本工法的施工中，防撞钢套箱的侧板和船体采用钢板加工、底桁采用型钢加工，所采用的新材料主要为防腐涂层材料，表6.1为钢套箱所使用的防腐土层材料及厚度。

钢套箱防撞设施防腐涂料配套   表 6.1

涂料名称		喷涂方式	厚度（μm）
防撞套箱外壁涂料	H53-9 环氧重防蚀涂料	刷涂	100
	H53-9 环氧重防蚀涂料	刮涂	500
	H53-9 环氧重防蚀涂料	刮涂	500
	S43-1 丙烯酸聚氨酯面漆	喷涂	40
	S43-1 丙烯酸聚氨酯面漆	喷涂	40
	S43-1 丙烯酸聚氨酯面漆	喷涂	40
防撞套箱内壁涂料	842-1 环氧沥青厚浆型防锈漆	喷涂	125
	842-1 环氧沥青厚浆型防锈漆	喷涂	125
	842-1 环氧沥青厚浆型防锈漆	喷涂	125
	842-1 环氧沥青厚浆型防锈漆	喷涂	125

6.2 设备

本工法中，防撞套箱在专业厂家加工制做而成，所采用的设备也为常规设备，这里主要列出海上防撞套箱的运输、安装及承台施工所需主要机具设备，见表 6.2。

主要机械设备一览表   表 6.2

序号	名称	规格	数量	用途
1	浮吊	500t	1 艘	500t 浮吊用于 420t 和 470t 防撞套箱的安装
2	浮吊	1300t	1 艘	1300t（也可是 700～1300t）浮吊用于 570t 套箱的安装
3	拖轮	3000P	1 艘	主拖轮马力 3000HP，位于货驳船前方，作为货驳前进的主动力
4	拖轮	1600P	1 艘	副拖轮马力 1600HP，位于货驳外，拖缆软拖船一侧，除提供辅助拖航动力，还协助主拖轮控制航行方向用
5	货驳	2500～3500t	1 艘	运输套箱（可根据套箱和货驳平面尺寸选定）
6	浮吊	100t 或 200t	1 艘	吊装承台结构钢筋及各种承台施工用具
7	货驳	1000t	1 艘	运输各类结构用材
8	拌合船	120m³/h	2 艘	承台封底及承台结构混凝土的供给
9	供水船	1000t	1 艘	施工淡水供应
10	抛锚艇	500P	1 艘	用于船只及浮吊抛锚
11	交通船	20～30 人	3 艘	施工人员的接送

7. 质量控制

7.1 基桩钢护筒偏位测量：为了保证基桩钢护筒偏位测量的精确性，测量分为初测和精测两级测量，初测护筒中心偏位≤100mm；精测护筒中心偏位≤50mm。

7.2 钢套箱底板加工制做：套箱底板桩位开孔以基桩钢护筒初测数据为依据，加工时底板桩位中心放样偏差≤10mm。

7.3 钢套箱平面偏差：下放就位后，固定前钢套箱顶面中心平面偏位，顺桥向≤30mm，横桥向≤30mm。

7.4 钢套箱平面尺寸：≤30mm。

7.5 钢套箱水密性试验：不允许有渗水现象。

7.6 严禁在防撞结构上进行任何施焊、烧割作业，套箱外侧应设临时防撞装置和防撞标识，确保套箱安全。

7.7 承台施工完成后，应在套箱顶面搭棚，防止墩身及上部结构施工时落物破坏套箱涂装或污染套箱。施工过程中若有意外碰撞损伤了防撞套箱，应及时按规范要求进行防腐处理。

7.8 钢套箱加工及承台施工满足以下规范或标准：

7.8.1 交通部部颁规范：《公路桥涵施工技术规范》JTJ 041—2000

7.8.2 交通部部颁规范：《公路工程质量检验评定标准》JTJ 071—98

7.8.3 中华人民共和国国家标准：《钢结构工程施工质量验收规范》GB 50205—2001

7.8.4 上海同盛大桥建设有限公司、上海市公路工程质量监督站：《东海大桥工程专项质量检验评定标准》。

8. 安 全 措 施

8.1 方案报批：套箱的起吊、运输及吊装方案完成后必须送船监局、海事局等相关部审批，必要时请其协助导、护航。

8.2 试吊：钢套箱加工完成后，转运前必须进行试吊，以检验加工质量和整体结构的安全性。

8.3 选择拖航时间：

钢套箱一旦出港，就应从天气上考虑能使后续工序连续施工，要求满足以下要求。

8.3.1 出航之日应是风平浪静之时，航线所经海域风力小于7级。

8.3.2 中长期天气预报（20d以内）无台风等灾害性天气发生。

8.3.3 从天文潮规律方面考虑，套箱应在小汛期（小潮期）接近低平潮时安装就位。

8.4 吊装操作：套箱的吊装、就位等必须由专业吊装人员统一指挥，所有操作人员应佩戴安全防护用品。

8.5 套箱固定：套箱下放到位后要及时施工套箱加固装置。

9. 环 保 措 施

在本工法实施过程中，我们始终遵守"节约既是环保"的理念，从设计思路和现场实施等方面采用了一定的措施，起到了很好的环保效果。

9.1 设计思路

将防撞设施与钢套箱相结合，比传统双壁钢套箱跟防撞设施分离施工，不论从钢材的用量还是从实施过程中人员、船机设备的投入方面都具有明显优势。

9.2 钢套箱采用陆地加工

防撞钢套箱在陆地工厂分节段制做后拼装成整体，这为原材料的节约、加工现场组织整理等提供了有力的保证。

9.3 钢套箱整体吊装

在现场采用浮吊整体吊装，避免了普通双壁钢套箱在现场拼装、下放时所产生的施工垃圾，起到了减小海洋环境污染的作用。

10. 效 益 分 析

针对东海大桥Ⅳ标三座辅通航孔桥9个主墩承台施工，我们对采用普通双壁钢套箱与防撞钢套箱施工成本作了比较。

10.1 由于海上施工环境恶劣，工期十分紧张，三座辅通航孔桥共计9个套箱。普通套箱与防撞钢套箱相比，所投入的底篮系统是相同的，根据表中数据可计算出采用承台与承台防撞结构一体化施工技术后，与标后预算相比，单就工、料、机直接节约经济成本：34650000－6084000＝2856.6万元。具体比较见表10.1-1、表10.1-2。

采用普通双壁钢套箱施工成本分析表

表10.1-1

序　号	项目名称	单　位	单价(元)	数　量	金额(元)
一	人工费				
1	套箱加工	t	800	3960(9个套箱全部重量)	3168000
2	套箱安装	t	500	3960	1980000
3	套箱拆除	t	450	3960	1782000
二	材料费				
1	套箱	t	2800	3960	11088000
三	机械使用费				0
1	套箱加工	t	1400	3960	5544000
2	套箱安装	t	1550	3960	6138000
3	套箱拆除	t	1250	3960	4950000
合计					34650000

采取承台与防撞结构一体化成本分析表

表10.1-2

序　号	项目名称	单　位	单价(元)	数　量	金额(元)
一	人工费				
1	防撞套箱底板加工	t	800	720(9个防撞套箱底板系统重量)	576000
2	防撞套箱底板安装	t	500	720	360000
二	材料费				
1	防撞套箱底板	t	4200	720	3024000
三	机械使用费				
1	防撞套箱底板加工	t	1400	720	1008000
2	防撞套箱底板安装	t	1550	720	1116000
合计					6084000

10.1.1 由于海上施工环境恶劣，工期十分紧张，三座辅通航孔桥共计9个套箱。普通套箱与防撞钢套箱相比，所投入的底篮系统是相同的，根据表中数据可计算出采用承台与承台防撞结构一体化施工技术后，与标后预算相比，单就工、料、机直接节约经济成本：34650000－6084000＝2856.6万元。

10.1.2 由于采用承台与防撞结构一体化施工技术后，套箱的安装与拆除，均不在关键线路，9个套箱安装与拆除节约总工期约2.5个月。整个项目（约1200人）的人员及设备管理费用约950余万。

共计节约成本3800余万元，取得了巨大的经济效益。

承台与承台防撞结构一体化施工，不但节约了大量施工成本，而且将原计划工期缩短了2个月以上，赢得了监理与业主的一致好评，取得了良好的社会效益。

随着我国交通事业的发展，大型桥梁工程将会不断增多，大型桥梁工程一般具有通航的要求，因此桥梁的防撞设施也是不可或缺的；目前该技术已被上海崇明越江通道长江大桥和舟山大陆连岛金塘大桥和即将建设的青岛海湾大桥等工程所采用，为国家节约大量的建设资金并有效地缩短建设工期。

11. 应用实例

11.1 应用实例

承台与承台防撞结构一体化施工技术已在三座国家重点工程中得应用：

11.1.1 东海大桥Ⅳ标

东海大桥起始于上海市南汇县芦潮港镇客运码头往东约 4km 南汇咀处，跨越杭州湾北部海域，直达浙江省嵊泗县崎岖列岛的小洋山岛，长约 32.7km。

本合同段工程为三座辅航道孔桥梁，桥跨结构采用多跨预应力混凝土箱形连续梁，跨径组合分别为：K6 桥为：70m＋120m＋120m＋70m，主墩承台：32×18m 方形倒角。K12 桥为：80m＋140m＋140m＋80m，主墩承台：33.5×17.5m 方形倒角。K24 桥为：90m＋160m＋160m＋90m。主墩承台：43.4×16.6 六边形。

三座辅通航孔桥 9 座承台全部采用防撞钢套箱法施工，防撞套箱重量分别为：K6 桥 3 个，单个重 410t；K12 桥 3 个，单个重 470t；K24 桥 3 个，单个重 570t；分别采用 500t 和 1300t 浮吊进行安装。

截至 2003 年 11 月，东海大桥三座辅通航孔桥 9 个防撞钢套箱全部安装完毕。

11.1.2 上海长江隧桥 B7 标

上海长江隧桥 B7 标段位于北港桥梁工程近崇明岛侧，起点桩号 K19＋238，终点桩号 K20＋678.64，全长 1440.64m，由辅通航孔桥、崇明岛侧浅滩区非通航孔 50m 梁连续梁桥和陆上段 30m 梁连续梁桥三部分组成。其中辅通航孔桥为 4 跨连续梁桥，共有 3 个主墩、2 个边墩，结构尺寸分别为：主墩：37.5m×18m×4.5m，边墩：35.5m×13.2m×4m。

辅通航孔桥 5 座承台全部采用防撞钢套箱法施工，采用 1300t 浮吊进行安装。整个施工过程安全可靠、便于控制，安装单个钢套箱仅需要 3h 左右。

截至 2006 年 11 月，长江桥辅通航孔桥五个防撞钢套箱全部安装完毕。

11.1.3 金塘大桥Ⅱ标

金塘大桥Ⅱ标起于金塘岛上雄鹅嘴，接在建的西堠门大桥，经化成寺水库、茅岭、沥港水道和灰鳖洋水域，与规划中的宁波沿海北线高速公路相交，终于宁波市绕城高速公路，全长 26.54km，其中跨海大桥长 18.27km。

金塘大桥Ⅱ标由 118m 跨非通航孔桥和西通航孔桥组成，其中，西通航孔桥为 3 跨连续梁桥，桩号范围 K43＋265～K43＋595，全长 330m，桥跨布置为 87m＋156m＋87m，上部结构为变高度预应力混凝土连续梁，下部结构采用钻孔灌注桩基础，2 主墩均采用承台与承台防撞设施一体化施工技术，结构尺寸为：24.8m×18.4m×4.5m。

本工法于 2006 年 8 月开始应用，11 月完成了 2 座防撞钢套箱的加工，并于 2006 年 12 月 10 日采用 1300t 浮吊完成一座钢套箱的吊装施工，施工过程安全节时，按照预定时间顺利地完成了钢套箱的安装工作。

11.2 应用条件

由于本工法相对常规承台及桥梁防撞装置施工（承台施工完成后再安装桥墩防撞装置）具有明显的成本和工期优势，同时具有安全、环保的特点。因此，本工法具广泛的应用前程，其应用条件是，桥墩防撞钢套箱的整体吊装重量与起重船及运输船相匹配，同时桥区水域的水深及通航条件满足起重船及运输船的吃水和通航要求。

水下多孔空心方块安放工法

YJGF055—2006

中交第三航务工程局有限公司

郑荣平　黄兆周　夏显文　施冲　叶伟民

1. 前　　言

长江口深水航道治理二期整治建筑物工程位于南港北槽横沙浅滩南侧，北导堤 NIIC 段在北导堤的最东端，里程号为：N46＋600 至 N49＋200，总长 2.6km。

设计经过多方案比选，决定采用高强度机织土工布全连锁块软体排护底，钢筋混凝土多孔空心方块作为堤身结构。多孔空心方块外形尺寸为 2.5m×2.5m×2.5m，立方体的 6 个面均由断面为 0.48m×0.48m 的 4 根立柱组成，重量 14.4t，共 21928 个。

工程设计文件提出：多孔空心方块的安放原则是："水平分层、质心定点、姿态随机"，严格控制堤身空隙率。

多孔空心方块水下安装施工工艺是长江口深水航道治理二期整治建筑物工程中的关键技术。2004年 1 月中交第三航务工程局有限公司组织工程实施单位，三航上海分公司成立课题研究小组，研究多孔空心方块安放工艺，成功开发了一套引导多孔空心方块水下准确就位的跟踪定位设备和工艺程序，解决了水下空心方块施工技术难题。2006 年，《多孔空心方块施工工艺开发研究》通过了上海市科委组织的成果鉴定，鉴定结论认为该工艺总体上达到国际先进水平，同年，综合了各项关键技术的《长江口深水航道治理工程成套技术》获得航海学会科技进步特等奖。

2006 年，中港三航局向国家知识产权局申请专利，获得受理：

发明名称：空心方块斜坡堤的施工方法，申请号：200610026769.6；

发明名称：空心方块斜坡堤，申请号：200620041967.5。

我们在开发研究成果的基础上加于实践和总结，经过 2 万多块空心方块的水下安放，形成了一套可行的、成熟的施工工法。

2. 工 法 特 点

工法采用一套多孔空心方块定位软件，将 GPS 卫星定位系统与起重船上的各种监测仪器连接起来，GPS 定位系统测出起重船船体的空间位置，船上的监测仪器测出多孔空心方块质心与船体的相对位置，通过计算机软件数据处理，计算出多孔空心方块质心的空间坐标。操作人员监视屏幕，了解多孔空心方块的即时位置和与设计位置的相对关系，操纵起重设备，移动多孔空心方块到设计位置，并记录下多孔空心方块的最终位置坐标值。

多孔空心方块用于长江口航道整治工程中，是世界上第一次在如此软弱的海底筑成全断面空心方块、具有导流作用的斜坡堤。也是第一次运用工程技术将这种大空隙率轻型结构物安放到海域指定位置，并遵循"水平分层、质心定点、姿态随机"的原则，具有以下几项创新点：

1）多孔空心方块在室内做模型摆放试验，确定各种断面空心方块的堆放层数和间距；

2）研制专用起重安装定位船；

3）研制专用液压吊具；

4）开发安装系统软件，具有即时显示多孔空心方块质心坐标（三维）、与导堤相对位置、与多孔空心方块设计位置相对关系的功能，还能自动记录、打印安装数据。

3. 适 用 范 围

本工法可以运用于各种结构物（在吊机起重范围内）高精度的水下定位，如防坡堤块体安装定位；河床护坦施工等。

其核心技术"水下多孔空心方块定位系统"可以应用在任何一种单个物体（构筑物）的安装，无论它是在水上还是在水下；还可以利用该技术原理开发出各种各样的特殊安装系统，为工程技术服务，开辟水工构筑物"盲"定位技术新领域。

4. 工 艺 原 理

多孔空心方块斜坡堤的外形、顶标高有明确的规定，但是，海底标高不同，堤身高度随海底标高的不同而变化。由于多孔空心方块单个构件尺寸较大，无法通过增加或减少安装层数来调节较小的堤身高度变化，因此必须通过改变多孔空心方块的纵横间距来调节堤身高度。多孔空心方块分层安放，层与层之间呈梅花形布置，即上面一层的多孔空心方块始终放在下一层四个多孔空心方块的中间，如果调整多孔空心方块的间距，那么上层块体的嵌入深度就会发生变化，这样，层高就会发生变化，从而达到了调节堤身高度的目的。

4.1 通过模型试验确定多孔空心方块安放的间距和层数值等参数

参数确定后，多孔空心方块在沿堤轴线各里程的空间位置亦确定，可以计算出每一个多孔空心方块的三维坐标值。

4.2 采用一套自动跟踪空间定位系统进行安装定位

当输入多孔空心方块质心点的设计三维坐标后，定位系统自动跟踪多孔空心方块的即时位置，并与设计坐标值进行比较，随时提示操作人员多孔空心方块的位置和与设计值的差距，从而控制多孔空心方块安装过程。

4.3 安装定位系统的原理

系统采用分级定位原理，如图 4.3-1 方块导堤 GPS 定位计算原理立面图和图 4.3-2 方块导堤 GPS 定位计算原理平面图所示。

4.3.1 船体位置确定：采用两台 RTK GPS 以确定船体位置，并由 GPS 实时定位结果计算吊机旋转中心 O 位置。

4.3.2 吊臂方向测定：通过吊机转向传动齿轮带动光栅角度传感器，并由光栅角度传感器记录吊机的转动角度 α_1 以计算吊臂的方向。

4.3.3 吊臂倾斜测定：吊臂倾斜度 α_2 通过安装在吊臂上的测倾仪测定。

4.3.4 吊钩线倾斜测定：吊钩线倾斜度 β_1、β_2 通过安装在吊钩线上的双轴测倾仪测定。

4.3.5 天菱（A）位置（坐标）计算：天菱（A）相对吊机旋转中心（O）的位置由吊臂长度（L_1）、吊臂方向（α_1）和吊臂倾斜度（α_2）计算。

4.3.6 多孔空心方块质心（B）位置（坐标）计算：多孔空心方块质心（B）相对天菱（A）的位置由吊钩线长度＋多孔空心方块对角线半长（L_2）、吊钩线在平面投影上与两坐标轴方向的夹角计算。高程也用相同原理推导出来。

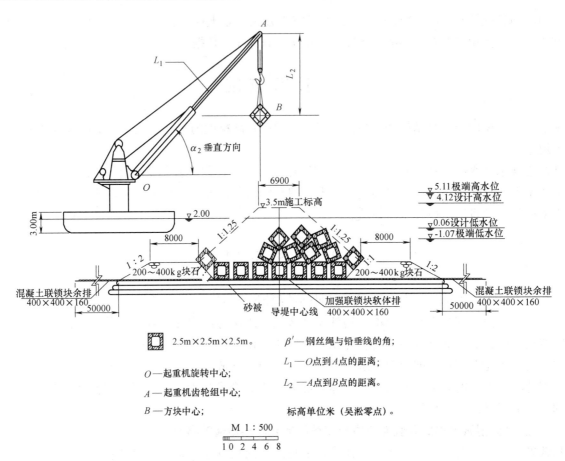

2.5m×2.5m×2.5m。

β'—钢丝绳与铅垂线的角；

L_1—O 点到 A 点的距离；

L_2—A 点到 B 点的距离。

O—起重机旋转中心；

A—起重机齿轮组中心；

B—方块中心；

标高单位米（吴淞零点）。

M 1 : 500

图 4.3-1　方块导堤 GPS 定位计算原理立面图

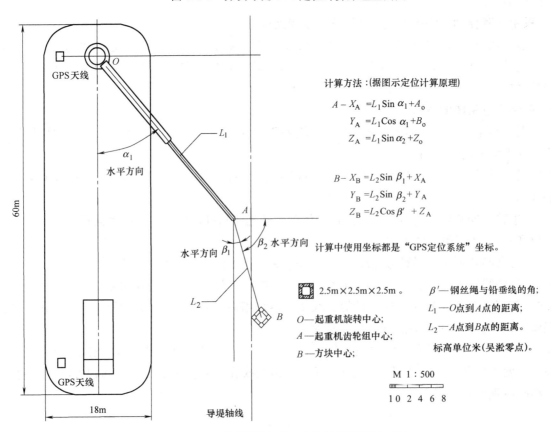

计算方法：(据图示定位计算原理)

$$A-X_A = L_1 \mathrm{Sin}\,\alpha_1 + A_o$$
$$Y_A = L_1 \mathrm{Cos}\,\alpha_1 + B_o$$
$$Z_A = L_1 \mathrm{Sin}\,\alpha_2 + Z_o$$

$$B-X_B = L_2 \mathrm{Sin}\,\beta_1 + X_A$$
$$Y_B = L_2 \mathrm{Sin}\,\beta_2 + Y_A$$
$$Z_B = L_2 \mathrm{Cos}\,\beta' + Z_A$$

计算中使用坐标都是"GPS定位系统"坐标。

2.5m×2.5m×2.5m。

β'—钢丝绳与铅垂线的角；

L_1—O 点到 A 点的距离；

L_2—A 点到 B 点的距离。

O—起重机旋转中心；

A—起重机齿轮组中心；

B—方块中心；

标高单位米(吴淞零点)。

M 1 : 500

图 4.3-2　方块导堤 GPS 定位计算原理平面图

4.4 系统精度

系统精度主要与监测仪器（如光栅角度传感器和双轴测倾仪）初始度数设定、设备齿轮传动间隙、钢丝绳的弯曲度和监测仪器安装位置有关。

4.4.1 首先在陆地用这套安装系统安放多孔空心方块与用全站仪实测，比测结果：平面测量误差 15cm，高程测量误差 16.5cm。

4.4.2 再在海上现场安装试验。试安装作业是检验系统运行的稳定性、可靠性，我们对 774 个多孔空心方块安装数据进行采集分析，其中 459 个多孔空心方块为吊机 1 号安装，315 个多孔空心方块由吊机 2 号安装，海上安装受船体摇晃影响，位置误差明显增加，但系统仍然能够准确地测量到多孔空心方块的实际位置。统计数据见表 4.4.2。

多孔空心方块的实际位置统计数据 表 4.4.2

吊机名称	统计个数	平均 $|\Delta X|$（m）	平均 $|\Delta Y|$（m）	平均坐标偏差量（m）	坐标偏差量大于2m百分比	X 方差	Y 方差
302 吊机 1	459	0.41	0.41	0.58	3.34	0.31	0.35
302 吊机 2	315	0.65	0.63	0.91	9.2	0.84	0.85

5. 施工工艺流程及操作要点

5.1 施工工艺流程

见图 5.1 施工工艺流程图。

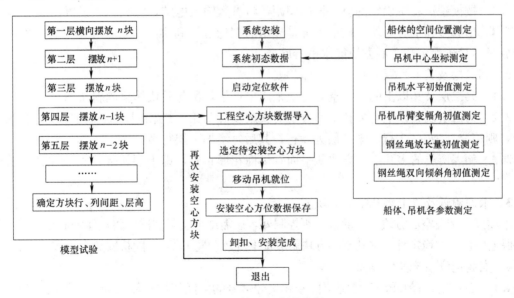

图 5.1　施工工艺流程图

5.2 安装仪器及各项参数测定

船机改装主要是在安装船吊机上安装传感器，测量吊机的各种姿态数据，据此计算多孔空心方块质心坐标。

5.2.1 吊机旋转角的测定

在吊机的旋转部位安装光栅角度传感器，光栅角度传感器与吊机的固定底座紧密接触，吊机旋转时，光栅角度传感器的转子受底座摩擦而发生旋转，通过参数设定，可以根据光栅角度传感器的旋转圈数计算出吊机的平面旋转角。

5.2.2 吊臂倾角的测定

在吊机吊臂上安装双轴测倾仪，根据双轴测倾仪的数据可推算出吊臂的倾角。

5.2.3 钢丝绳倾角的测定

在吊机大钩钢丝绳上套一根钢套管，套管的直径与钢丝绳粗细相当，使套管能与钢丝绳紧密接触，这样就能确保套管与钢丝绳的倾斜方向一致。

在套管的外壁上安装双轴测倾仪，双轴测倾仪同时检测钢丝绳的纵倾和横倾角度，由此可推算出钢丝绳的倾斜方向和倾斜角度。

5.2.4 钢丝绳下放长度的测定

在吊机大钩上连接一根钢丝绳，钢丝绳通过吊臂连接到吊机后部的滑轮组上，滑轮组上悬挂重物并可沿固定跑道上下滑动，当大钩钢丝下降时，可拉动滑轮组沿跑道上升，大钩起升时，重物带动滑轮组下降，通过检测滑轮组的上升和下降距离，即可推算出大钩钢丝绳的下放距离。

在吊机的顶端安装测距仪，通过测距仪即可检测滑轮组的上升和下降高度。

5.3 模型试验

通过改变多孔空心方块的纵横间距来调整堤身高度。

通过室内安放试验，找出最佳堆放层数和同层块数，使空心方块空隙率达到41%。确定各种断面水深堤身宽度情况的空心方块的行列间距和层高等参数。

5.4 空心方块安装

5.4.1 底层多孔空心块体的安放

5.4.1.1 底层多孔空心方块采用平吊，吊起后多孔空心方块呈水平状态，以保证安装后多孔空心方块仍呈水平状态，安装间距由模型试验的结果确定。

5.4.1.2 安装船顺堤轴线停放，根据GPS显示数据移船到位。

5.4.1.3 按模拟试验所确定的纵、横向间距，将参数输入电脑，完成程序设置。

5.4.1.4 吊起多孔空心方块，按电脑屏幕显示的理论位置和实际位置，移动吊臂，安放多孔空心方块。安放时尽量确保多孔空心方块能水平着底。

5.4.2 第二层及其上各层多孔空心块体的安放

5.4.2.1 第二层及其以上的多孔空心方块采用单点吊，吊起后块体呈倾斜状态。

5.4.2.2 第二层及其以上的多孔空心方块的安放步骤与第一层相同，但横向安放行数为：若第一层为 n 行，则第二层为 $n+1$ 行，第三层为 n 行，其后每增加一层行数减少一行。

5.4.2.3 相邻两层的多孔空心方块从平面看呈梅花形布置，即上层块体均安放在其下层块体的空档处。

5.4.3 水面附近及以上多孔空心方块安放

安装水面以上多孔空心方块时，除按间距控制外，还需结合实际情况，将块体安放在下层块体的空隙处，以确保上层块体的稳定性。多孔空心方块斜坡堤的堤顶顶宽6.9m、随机安放三块多孔空心方块。

5.4.4 安装定位系统操作事项

5.4.4.1 必须在具有GPS卫星定位信号和差分信号的空间使用；能推导出二维或三维坐标值的单个物体（构筑物）定点安装。在水下安装时，水深或流急情况下，应保持水下段吊装钢丝绳呈一直线，否则安装误差会随着钢丝绳的弯曲而增加。

5.4.4.2 系统中的监测仪器如光栅角度传感器和双轴测倾仪，应避免雨淋或水体浸蚀，保持电源在常通状态。

5.4.4.3 系统在使用过程中，或停止使用一段时间，电源停止供电，恢复使用前，必须在吊机吊臂回到起始位置时，重新设置仪器的初始读数。

5.4.4.4 多套安装系统可以同时共用一套GPS卫星定位接收器的信号。

5.4.4.5 一套安装系统有一组操作系统（指令输入），可以有多个监视系统（不可操作）。

5.4.4.6 吊装物体（构筑物）的钢丝绳一旦放松，读数无效。

5.4.4.7 操作过程中应注意系统中的两台GPS接收机工作状态是否处于正常的锁定状态，数据是否实时刷新。

5.4.4.8 操作过程中应注意系统中的吊臂方向传感器、钢丝厂度传感器、吊臂倾角传感器、钢丝请教传感器的数据是否实时刷新。

5.4.5 劳动组织：

由于施工进度计划紧，安装按照连续作业每日三班。表5.4.5列出每台吊机的人员组织。另外配备有正常的空心方块运输施工船舶。

人 员 组 织　　　　　　　　　　　　　　　　　　表5.4.5

工 种	人员数量	责 任 范 围
计算机操作员	1人	选择安装方块，数据输入、采集、存档
测量技术员	1人	配合计算机操作人员，现场安装巡视
吊车驾驶员	1人	通过观察显示器，确定方块的安放

6. 材料与设备

安装定位系统主要材料与设备仪器具体见表6。

主要材料与设备仪器具　　　　　　　　　　　　表6

序 号	名 称	数 量	作 用
1	RTK GPS参考站	1	用于高精度RTK GPS定位的参考站，多条施工船可以共用一个参考站
2	RTK GPS流动站	2	用于确定施工船船位
3	双轴测倾仪	2	分别用于测定吊臂仰角及钢丝绳的倾斜角
4	角度传感器	1	用于测定吊臂水平角
5	测距仪	1	用于测定钢丝绳的行程，从而计算吊钩与天菱的高度差
6	计算机	1	用于运行系统软件
7	多串口卡	1	用于扩展计算机的串口数量，是系统采集各传感器数据的硬件接口
8	"安装定位系统"软件	1	用于采集各传感器数据，计算并显示船体位置及方块体位置，计算并显示方块体的设计位置、当前在安装方块体的实际位置及偏位等信息

7. 质 量 控 制

水下多孔空心方块安放应符合交通部专项标准《长江口深水航道治理工程整治建筑物工程质量检验评定标准》（局部修订）对多孔空心方块安装提出允许偏差要求。多孔空心方块定点不规则安放时，不得有漏放和过大隆起；多孔空心方块堤的平均断面轮廓线不得小于设计断面；多孔空心方块安放数量的允许偏差不大于－5％；顶标高允许偏差：0～＋1200mm；顶层块数：3个。

8. 安 全 措 施

8.1 施工人员严格执行国家、地方各项安全法律、法规；严格执行企业各项安全生产操作规程。

8.2 设备安装，提供稳定的200V低电压线路，合理设计配电线路的走向，并具备良好的保护措施。

8.3 对检测仪器外部采用金属外壳加于保护，防止受外力破坏。

8.4 定位系统必须通过陆上比测，数据相吻合后才能进行水上作业。

8.5 水上施工首先进行安装试验，试验符合要求后方可进行大规模安装作业。

8.6 人工检测作业需要爬上爬下，扶梯必须扎牢。水上作业必须穿好救生衣戴好安全帽。

8.7 定位软件系统操作事先必须通过培训，熟悉理解整个系统后方可进行现场空心方块安装施工。

8.8 严禁非系统操作人员操作主控计算机，避免系统数据或各项参数的改动而造成施工错误。

8.9 对所有上船作业的软件操作人员、测量技术人员等进行全面的水上作业培训，并严格执行各项规定要求。

9. 环保措施

9.1 施工船只严格执行国家有关海上法规，保护海上环境。

9.2 施工过程严格执行上海市文明施工规定，进行文明施工保护环境。

9.3 多孔空心方块出运前，在预制工地进行必要的构件表面清洁，禁止存在油污等的空心方块的吊装出运。

9.4 禁止安装施工人员向海中倾倒生活垃圾，安排固定船只收集垃圾运至岸上进行统一安全处置。

9.5 如果出现海上较大规模的油品污染事件，及时通知政府有关部门进行环境保护处理。

10. 效益分析

多孔空心方块是长江口深水航道治理二期整治建筑物工程 NIIC-1 标段的堤身结构物，工程技术人员为了及时、准确、安全地将多孔空心方块安放到海上设计位置，专门成立课题研究小组，潜心研究多孔空心方块施工工艺，攻克了海上安放多孔空心方块施工技术难题，取得了良好的经济效益和社会效益。

10.1 经济效益

根据合同要求和当时的施工能力，多孔空心方块 21928 个，安放时间 199 日历天（含不可作业天数），日作业强度 111 个。经过新技术研发，成果应用于施工，实际安放时间为 149 日历天（含不可作业天数），日作业强度 148 个，有效作业日平均强度 627 个。由此，节省了多孔空心方块安装船舶、运输船舶和施工人员的作业时间和现场滞留时间，合计节约费用 4044000 元。

由于导堤形成后使航槽冲深加快，借助自然水流力使航道提前达到设计深度，大大减少了预期的航道挖泥费用。

10.2 社会效益

由于新技术的应用，施工人员无须直接暴露于恶劣海况，人员和船舶现场滞留时间缩短，安全保障率大大提高；合同工期 2004 年 1 月 1 日至 2005 年 4 月 30 日，业主调整工期 2004 年 12 月 3 日，实际工期于 2004 年 12 月 10 日完成，提前完成工期，提高了上海分公司履约能力和社会信誉；二期工程提前完成，为长江口深水航道治理提前达到竣深要求作出了贡献；为长江流域水上物流提前提速、加快长江沿岸各城市经济发展作出了贡献。

11. 应用实例

长江口深水航道治理工程整治建筑物二期工程 NIIC-1 标段工程，位于南港北槽横沙浅滩南侧，北导堤 NIIC 段在北导堤的最东端，总长 2.6km。采用高强度机织土工布全连锁块软体排护底，钢筋混凝土多孔空心方块作为堤身结构，多孔空心方块共21928个，总重14.4t。

空心方块安装及实测数据及分析如下。

11.1 空隙率

空隙率＝多孔空心方块之间的空隙体积/设计断面体积。

导堤断面参数除高度变化引起底宽变化以外，其他均相同，因此，导堤高度是引起"设计断面体积"变化的唯一原因。"多孔空心方块之间的空隙体积"不包括多孔空心方块自身的空隙。我们对不同高度的导堤进行了空隙率计算，见表11.1。

空隙率计算结果　　　　　　　　　　　　表 11.1

成堤高度(m)	堆放块数(块)	空隙率	成堤高度(m)	堆放块数(块)	空隙率
9.4	23	41.0%	11.2	31	40.5%
9.7	23	40.4%	11.5	31	40.0%
10.0	31	40.6%	11.8	31	40.1%
10.3	31	40.6%	12.1	40	40.3%
10.6	31	40.8%	12.4	40	40.0%
10.9	31	40.8%			

根据不同成堤断面尺寸，在室内进行堆放试验，找出最佳网格间距，现场安装多孔空心方块导堤空隙率，依据以上公式计算为40.0%～41.0%，符合设计要求。

11.2 堆放块数

根据不同成堤断面尺寸，在室内进行堆放试验，找出满足设计空隙率最佳网格间距，确定每一个多孔空心方块的位置和质心坐标，多孔空心方块的堆放数量也确定。现场安装时，电脑已设置了每一个多孔空心方块质心坐标值，操作人员严格按照既定的位置进行安装，堆放数量与预设值相等，接近100%。

11.3 堤顶高程

堤顶设计标高为＋2m，验收标高为＋3.3m（＋3.5m），我们对各里程堤顶标高进行了测量，最高为＋4.43m（此处设计值＋3.50m），最低为＋3.51m（此处设计值＋3.50m），满足规范要求（0～＋1200mm），见图11.3。

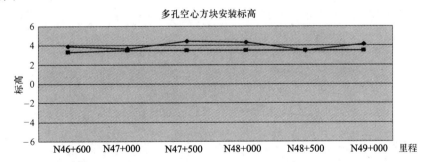

1.蓝色表示观测标高（2005年1月26日）；
2.粉红色表示设计标高。

图 11.3　安装标高与设计标高对照

11.4 安装效果

多孔空心方块斜坡堤施工中，多孔空心方块安放分项工程历时4个月（2004年7月22日至2004年12月10日），期间共安放空心方块21928个，月均安放方块5500个，单船单吊机日均安放200个。单船单吊机日安放的最高纪录为350个。各里程分段（以100m为一分段）的空隙率均控制在40%～41%之间。既满足了工期要求，又达到设计的技术指标和规范要求。经过数次寒潮、台风的侵袭堤身处于稳定状态。

多孔空心方块安装达到了如表11.4的技术指标。

多孔空心方块安装实测值与允许值

表 11.4

项　　目	实　测　值	允　许　值
空隙率	40％～41％	40％～41％
堆放块数	100％	95％～100％
堤顶高度	＋10mm～＋930mm	0～＋1200mm

护底软体排铺设工法

YJGF056—2006

中交第三航务工程局有限公司

华耀良　邵海荣　朱虹　丁捍东　杨立文

1. 前　　言

高效、优质地完成航道、河床整治建筑物工程中护底结构软体排铺设施工，是保证工程在施工期及工后建筑物结构范围基础稳定的必要条件。中交第三航务工程局有限公司在长江口深水航道治理工程整治建筑物工程中，通过自行开发、研制、应用和改进，建立了一套完整的护底软体排成套工艺设备，在实际施工中发挥了工艺先进性和质量可靠性，长江口深水航道治理工程中取得十分显著的社会效益。

1999 年交通部科教司在上海主持召开的《长江口深水航道治理工程沙肋/混凝土联锁块软体排成套工艺与设备研究》成果技术鉴定会上，鉴定结论认为该工艺总体技术达到国际先进水平，为在水利工程中推广应用土工织物创造了条件，具有广泛的推广应用价值，在类似长江口流域的水域工程中能广泛应用。

2006 年，综合了各项关键技术的《长江口深水航道治理工程成套技术》获得了航海学会科技进步特等奖。经过长江口深水航道治理工程整治工程实践，我们建立了一套完整的护底软体排成套工艺设备铺设工法。

2. 工 法 特 点

本工法成功地解决了在河床底质冲淤变化剧烈区域施工的难题，有效地保障了施工过程中建筑物地基的稳定及对周边地形变化的控制。

通过将土工织物的应用、GPS 定位、软体排铺设船的移船沉排等先进技术的集成，实现了开敞海域恶劣工况条件下优质、高效、机械化、信息化铺排作业。具有以下创新性和实用性：

1) 在大型水工工程中采用实时差分 GPS 技术，解决远离陆域的平面测量控制和高程传递，实现软体排铺设动态定位监控。

2) 以专用铺设船舷侧滑板来实现幅宽≤40m 的软体排铺设。

3) 实现土工织物在水工、水利工程的应用。

3. 适 用 范 围

护底软体排铺设工法能在不同水深及 6 级风、1.2m 波高的工况下完成河床底质冲淤变化剧烈区域及开敞水域，需高效、优质地实现保护结构范围内底质以稳定基础的整治建筑物工程中的土工织物护底施工。

4. 工 艺 原 理

使用研制、改进并拥有 GPS 定位系统软件的专用铺排船，实现加工成型的软体排和排布压载部分整体、连续地进行铺设。

1）首先将护底软体排分为排布和压载两部分，陆上预制。排布采用厂家生产的单幅土工织物在陆上加工厂拼成整幅（宽30～40m，长度根据不同堤段设计护底结构宽度确定，最长达140m）；混凝土连锁块在陆上成片预制；

2）接着将整块排布卷存于专用船的卷筒上，然后展铺在甲板及滑板上，压载或用砂肋在甲板上充砂成型，或用连锁片在甲板上与排布连接成整体；

3）铺设船在GPS定位系统软件指引下就位后，再利用滑板倾斜进行导铺，随着船体沿铺设方向的平移，使排体反向同步入水；

4）按上述程序，排体成型与移船铺设交错进行，实现整张软体排连续铺设。

5. 施工工艺流程及操作要点

5.1 本工法的工艺流程见图5.1所示。

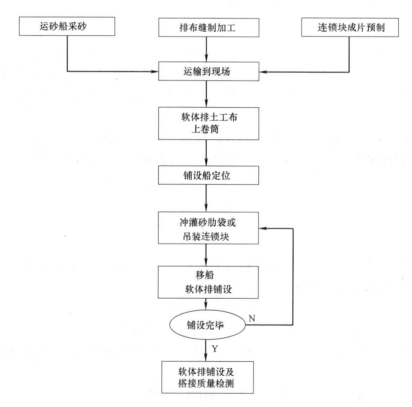

图5.1 护底软体排成套工艺设备铺设工艺流程图

5.2 操作要点

软体排铺设作业见图5.2-1照片和图5.2-2所示。

5.2.1 GPS操作人员根据铺排控制软件的显示，配合船长指挥锚车操作将铺排船准确定位于排头位置，混凝土连锁块运输船/运砂船向铺排船靠拢，准备吊运/充灌作业。

5.2.2 由人工将土工布展开、拉平至滑板边缘1.5m处，并将滚筒刹车刹牢。

5.2.3 混凝土连锁块软体排：由起重工指挥混凝土连锁块的吊运作业，吊运时要特别注意安全，吊臂扫过的区域严禁站人。每块吊装完毕后集中工人快速绑扎（包括混凝土连锁块单片之间和混凝土连锁块与土工布之间的绑扎），绑扎点数严格按设计要求控制。

砂肋软体排：由工人按设计要求均匀地穿入25条（滑板上20条，甲板上5条）左右的砂肋管，用2～3台充砂泵进行充砂作业，砂肋充灌饱满后扎紧充砂口。

图 5.2-1 软体排铺设

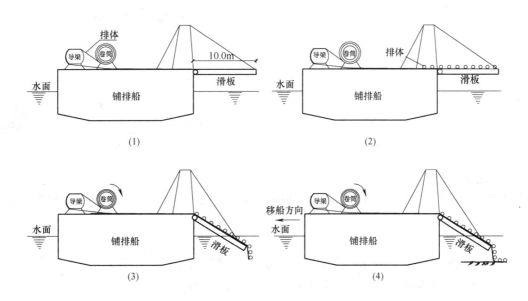

图 5.2-2 软体排铺设作业示意图

(1) 滑板与甲板面齐平排体布在甲板和滑板上展开；(2) 滑板面上及甲板外缘范围内压载砂肋成型；
(3) 滑板倾斜，松放卷筒，排体靠重力下滑入水；(4) 逐步在甲板外缘成型砂肋，分步退船，使排体铺设在河床面上

5.2.4 松开滚筒刹车并将滑板缓缓下倾，当倾角达 60°左右时排体开始下滑，当排首下滑至滑板前沿线时立即刹住滚筒，使排体停止下滑。

5.2.5 在甲板上继续吊装混凝土连锁块并绑扎完一排后/充灌 5m 左右砂肋后，松开滚筒刹车，使排体下滑，当混凝土块体/砂肋管在平台上留有一小排（50cm）时立即刹住滚筒。

5.2.6 重复吊装/充砂、排体下放步骤，并根据水深和水下排体的长度确定移船的时间和距离（一般排首混凝土块体/砂肋管在泥面重叠 2m 左右方可考虑移船），移船时要特别注意两点：

1. 控制移船的速度，保持沉排速度与移船速度一致。

2. 控制移船距离，每吊装一排混凝土连锁块/充灌数根砂肋管（4.5～5.0m）移船最大距离应控制在略小于此长度，否则可能造成土工布在泥面上重叠或土工布被船拖走引起铺排过程中的排体撕裂现象。

5.2.7 重复以上操作步骤［吊安（充灌）、绑扎、下滑、移船］直到软体排铺设完毕。

5.2.8 铺设完毕后，用 GPS 背包引测排体的实际位置，同时安排潜水员下水探摸排体的搭接和连锁块的平整情况。

6. 材料与设备

6.1 土工织物

软体排土工织物主要采用 230g/m² 机织布和 380g/m² 针刺复合土工布（230g/m² 机织布＋150g/m² 无纺布）二种。机织布主要用于堤身范围内，复合土工布主要用于余排范围内。对软体排的性能要求进一步提高的特殊地域，如长江口两期工程水域，排体全部采用≥800g/m² 高强机织布。

6.2 排布压载物

护底软体排根据其结构形式，排布压载物主要是砂肋、混凝土连锁块（图 6.2-1、图 6.2-2）或两种组合而成。

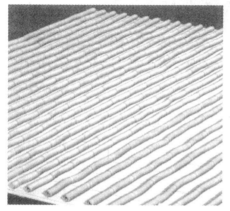

图 6.2-1 砂肋软体排

图 6.2-2 混凝土连锁块软体排

6.3 GPS 定位系统

采用实时差分 GPS 技术，应用已开发的排体铺设监控系统软件的支持，实施定位铺排和绘制相应的工作成果表。

6.4 船机配备

遵循"尽快实施护底工程，确保河床稳定，控制工程量"的原则，在护底工程施工过程中配备专用铺排船及其他辅助施工船舶，具体船机配备如表 6.4 所示。

软体排铺设（单船）船机配备表　　　　表 6.4

名　称	数量（艘）	规　格	备　注
铺排船	1	≥3000t	
混凝土连锁块运输船	4	1000t	自航驳
砂肋充砂船	2	800t	自航驳
土工布运输船	2		自航船
抛锚船	1		能起 7t 锚
潜水探摸船	1		小型自航船并配备 2 名潜水员
定点清砂船	1		配备锚泊系统

7. 质 量 控 制

7.1 护底软体排铺设的质量验收和评定应执行以下标准

1）中华人民共和国交通部专项标准《长江口深水航道治理工程整治建筑物工程质量检验评定标准》（2002 年 4 月）及其局部修订标准；

2）交通部《港口工程质量检验评定标准》JTJ 221—98；

3）交通部《水运工程混凝土施工规范》JTJ 268—96；

4）交通部《水运工程混凝土质量控制标准》JTJ 269—96；

5）交通部《水运工程混凝土试验规程》JTJ 270—98；

6）《水运工程测量规范》JTJ 203—2001；

7）《水运工程土工织物应用技术规程》JTJ/T 239—98。

7.2 铺设施工中的质量控制

卷筒与导梁的应用

应用铺设船上滑板、卷筒与导梁，保证软体排精确铺设到位，有效地防止排体边缘在下滑过程中受水流冲击而引起的翻卷和移位，又能在铺设过程中起到控制铺排速率和制动的作用确保了铺排质量（图 7.2-1 和图 7.2-2）。

图 7.2-1 滑板、卷筒与导梁在甲板的位置

图 7.2-2 排体在变截面弧形导梁的走向

7.3 水流转向/铺设流程时刻表的运用

在软体排铺设施工中，必须充分运用了水流转向/铺设流程时刻表，以更好地保证铺设质量。从图 7.3 可看出，一个潮时内实际可铺排的时段，排首沉放在水流方向与船位一致（水流从船尾往船首）时为最佳。此时水流较缓，能使排体迅速下沉，压住排头，排体在水下铺设 20m 后，基本能保证排头被压住并不会移位。在水流方向从船尾往船首沿顺时针旋转至从船首往船尾的这段时间内，水流方向基本是压住排体，非常有利于铺排，使铺设船顺流而下，容易走船，也容易保持排体平顺。沉放排尾必须在水流方向沿顺时针旋转至船首右侧 45°之前完成。因为此后水流方向与铺排方向相反，已完全靠绞缆绳移船而此时锚缆已经不长，加上潮水流速在逐渐加大，走船比较困难，且容易引起铺设船走锚而造成软体排破坏。

7.4 铺后检测

为确保每幅软体排的铺设质量，及时掌握相邻排体间的实际搭接量和每幅排体的实际平面位置，应对每幅已铺设排体均需进行相邻排体间搭接宽度和实际平面位置的检测。

软体排的平面位置采用浮标法进行检测。沿排体长度方向两侧各均匀布置 5 个浮标检测点位。检测方法为：整幅软体排铺设结束后，利用滑板作为检测平台，浮标与排体采用丙纶绳连接，移船至浮标处，将绳拉紧确保其处于铅垂状态，利用移动 GPS 检测该点的实际平面位置。将沿护底推进方向侧（下游）的 5 个测点的实际平面位置作为确定下一幅排体平面位置的修正依据，而护底起点方向侧（上游）5 个检测点的实际平面位置则作为与前一幅相邻排体间搭接量检测的依据。必要时，可由潜水员探摸相邻排边的搭接量进行校核。潜水探摸具体操作：以超前搭接控制 5m 为例，在每幅排体下游侧距排边 5m 的位置均匀设置 5 个明显的检测标记。待当前排铺设结束后由潜水员下水探摸相邻排体下游侧所设置的 5 个检测标记与当前排上游侧排边的距离（a），并推算出相邻排体的实际搭接量（5-a）（图 7.4）。

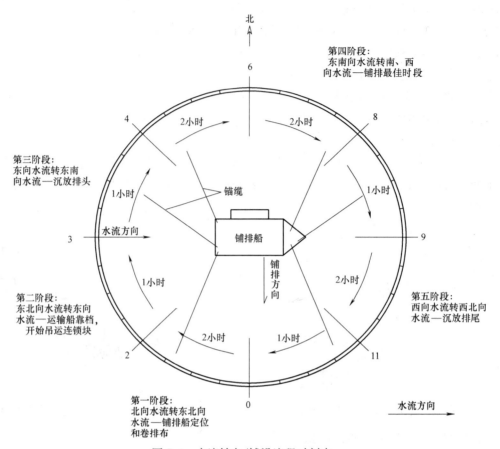

图 7.3　水流转向/铺设流程时刻表

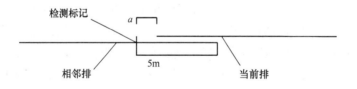

图 7.4　潜水探摸检测示意图

8. 安全措施

8.1 铺排船舶应选用较大型船驳（≥3000t 级），配备 35t 的锚机，钢丝绳加粗，锚缆加长，锚重增至 7t，使之抗风能力≥8 级，增加了开放水域施工的船舶安全性。

8.2 关注气象预报，制定紧急撤离或防台、防汛预案。

8.3 工前对施工人员应进行详细安全技术交底，特殊工种持证上岗。

8.4 对机械设备、钢丝绳、锚机和锚缆经常检验，必要时必须维修、更换。

8.5 水上作业，应遵循相应的水上安全作业规程。

9. 环保措施

施工中必须注重废弃物的收集，严禁向江中随意抛弃，造成污染。

10. 效 益 分 析

长江口深水航道治理工程试验段及一期工程应用中，顺利完成护底施工工程量近 $4.0 \times 10^6 m^2$。原计划铺排工期一期 SW 标护底施工工期 16 个月，因工艺合理、设备可靠而工效提高，最终工期只用了 8 个月，仅现场施工船机费就节约 760 多万元。

在长江口深水航道治理工程二期工程 NⅡC-1 标段中，年可工日期不足 180d 的情况下，在 10 个月的工期内完成了计划的 36 万 m^2 的软体排铺设工程量及增加的堤头处理部分软体排铺设，节约现场船机费 800 多万元。

护底的早日形成对减少河床泥面冲刷，降低工程造价起到十分重要的作用，为堤身工程提前完工提供必备条件，为后续工程提前实施，压缩总工期，最终实现长江口航道提前达到竣深目标，为提升长江黄金水道通航能力发挥了重大的社会效益。

11. 应 用 实 例

在长江口深水航道治理一期工程整治建筑物工程施工中，应用本工法完成护底软体排护底铺设 40 万 m^2，缩短工期近一半；单船日作业效率达到平均 5000m^2/艘·日，最高实效铺排效率 14000m^2/艘·日。全部软体排铺设分项工程的优良率高达 100%。

在长江口深水航道治理二期工程整治建筑物工程 NⅡA 标段建设中，本工法克服二期施工区域水深、流急，流态多变，季风、突风多发的工况条件，自 2002 年 5 月 15 日开始，至 2003 年 12 月 6 日圆满完成软体排 263 块、护底有效面积约 870200m^2 的铺设任务。

在长江口深水航道治理二期工程整治建筑物工程 NⅡC-1 标段建设中，应用本工法在 2004 年 5 月至 2004 年 11 月间，优质、高效地完成总长 2600m、护底面积 360000m^2 的高强度连锁块软体排铺设施工。

护底的形成对长江口深水航道治理工程按期完工提供必备条件，为工后结构范围内底质基础稳定提供保障，保证了长江口深水航道治理工程提早见效和产生良好的社会效益。

环氧沥青混凝土钢桥面铺装施工工法

YJGF057—2006

山东省路桥集团有限公司　北京城建亚泰建设工程有限公司

王洪敢　陈富勇　李志　王振玲　董佳节　金雨霆

1. 前　　言

1.1　环氧沥青混凝土是一种高性能的铺装材料，具有与钢桥面板的结构受力特点相适应的技术性能，即具有对钢板的变形追从性好、与钢板的粘结牢固、高温稳定、低温抗裂、耐疲劳、耐久、致密不透水、表面抗滑耐磨和能够抵抗汽油、柴油及其他有害化学物质腐蚀，因此这种性能优异的材料被越来越多地应用在钢桥面铺装中。它的施工工艺要求十分严格，通过查新检索，到目前为止我国还没有该项施工技术的工法。

1.2　山东省路桥集团有限公司（原山东省交通工程总公司）在美国林同炎咨询公司和东南大学桥面铺装课题组提供技术支持的前提下，以国内首次环氧沥青混凝土钢桥面铺装［即南京长江第三大桥南汊斜拉桥（全长 1238m）］为依托研究开发了《钢桥面环氧沥青混凝土铺装施工工法》，并在该工程中应用。随后我公司又将该工法应用于江苏润扬大桥（其中包括：主跨 1490m 的南汊悬索桥，主跨 406m，全长 757.4m 的北汊斜拉桥），南京长江第三大桥（全长为 1288m）。通过这三个工程、四个桥梁实体的施工，环氧沥青混凝土桥面铺装工艺得到逐渐完善和日臻成熟，并形成了一套适应国内施工环境条件的施工方法。本施工工法通过对环氧沥青混凝土钢桥面铺装整个施工过程各个施工工序的详细划分、人员岗位的细化、组织及制定的各种安全、质量、环保措施，从而实现了在确保工程施工质量的前提下保持较低工程施工成本，且施工进度快，是用于钢桥面板环氧沥青混凝土铺装的优秀施工工法，具有广阔的应用前景和推广价值。

2. 工 法 特 点

2.1　施工工法设计严谨、施工工序划分设置合理、工艺流程清晰，容易掌握、便于操作。

2.2　使用设备先进、检测手段科学，能够有效保证工程质量。

2.3　劳动力组织合理、施工工序安排紧凑，整个施工过程流畅，劳动效率高，施工进度快，可有效缩短工期，降低了工程施工成本。

2.4　必须确保施工工作面的洁净、干燥，严格控制环氧沥青混凝土配合比设计、施工工艺流程以及各工序的施工时间和温度。

3. 适 用 范 围

3.1　适用于钢桥桥面铺装层施工。

3.2　气温＞10℃且没有雾、露水、下雨或相对湿度小于 90%。

4. 工 艺 原 理

本施工工法通过对环氧沥青混凝土钢桥面铺装整个施工过程各个施工工序的详细划分、人员岗位的细化、组织及制定的各种安全、质量、环保措施，从而确保了环氧沥青混凝土铺装施工质量，实现了钢桥面与环氧沥青混凝土的协同受力，提高了桥面铺装的耐久性，从而延长了桥梁的使用寿命。

5. 施工工艺流程和操作要点

5.1 环氧沥青钢桥面铺装典型结构图，如图 5.1 所示。

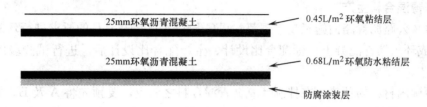

图 5.1 环氧沥青钢桥面铺装结构图

5.2 施工工艺流程图

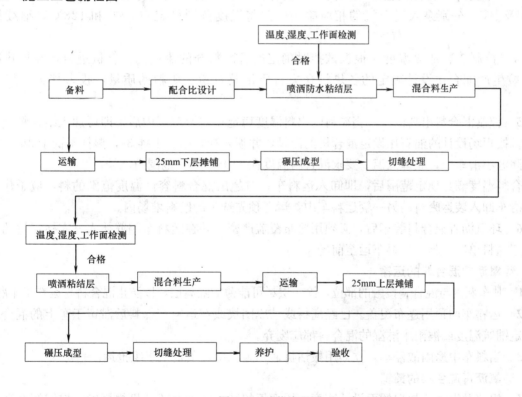

图 5.2 工艺流程图

5.3 施工要点

5.3.1 防水粘结层及粘结层施工

1) 桥面清洁：先将桥面的浮尘、杂物。如有油污，须用相应的油污清洗剂清洗（该清洗剂不能对钢桥面板的防腐涂装有损伤）；最后用自来水彻底冲洗干净，清洗后桥面彻底烘干，确保干燥并不得再受污染，每次的清洁范围一定要略大于粘结料的喷洒范围。凸出桥面的结构物侧面也应清洗干净。

2) 气候条件：进行环氧沥青粘结层洒布前桥面可用热鼓风机和专用烤灯烘干，确保桥面干燥。洒布环氧沥青粘结料时气温不应低于 10℃，风速适度。有雾、下雨或相对湿度大于 90％时不得施工；当风速大于 10m/s 时应采取有效的防风措施。

3) 粘结料准备：在拌合厂分别将已预热过的 A 料和 BId 料由厂内贮油罐泵入洒布机的相应贮罐内，并继续将 A 加热至 87±3℃，BId 加热至 150±3℃，运至现场备用。

4）环氧沥青粘结层洒布采用专用设备喷洒施工，通过单位面积洒布量和洒布行走速度双控的方法控制粘结层厚度，使粘结层均匀、连续，用量准确。在环氧沥青洒布机喷不到的地方可采用手工涂刷。喷洒超量或漏洒或少洒的地方应予纠正。

5.3.2 养护：在环氧沥青混凝土铺筑之前，除非确有需要，任何车辆与个人均不得进入已洒好的沥青粘结层的区域。混合料摊铺过程中，除摊铺机之外，任何车辆均不得在粘结层上通行，避免或尽可能减少粘结料对钢桥面的污染。

5.4 环氧沥青混合料生产

5.4.1 按照《公路沥青路面施工技术规范》JTG F40—2004附录B的要求进行环氧沥青混凝土配合比设计。在完成环氧沥青混凝土目标配合比设计、生产配合比设计后，进行试验段施工以验证配合比设计和施工工艺。

5.4.2 贮油罐内材料的预热：在拌制环氧沥青混合料之前夜，要预先将A及BV加热脱筒，分别泵入各自的厂内贮油罐中。贮油罐内的加热温度：A加热至87±5℃；BV加热至128±5℃，并始终保持这一温度。

5.4.3 环氧沥青混合机上贮油罐内材料的保温：在拌制环氧沥青混合料之前，须将厂内贮油罐中的A及BV，分别泵入混合机的相应罐内。并将温度分别设定在87℃和128℃，继续加热和恒温。

5.4.4 控制矿料加热温度：根据试拌时确定的各冷料仓的流量向拌合机进料，经加热后进入热料后，按生产配合比设计确定的各热料仓集料质量及石粉、矿粉的质量，投入拌缸，然后出料量温。

5.4.5 控制混合料出料温度：当矿料的出料温度稳定在规定范围内后，即可加入结合料进行混合料的拌合。按现场设计的油石比设定混合机的流量，并喷入拌缸中。干拌3s，湿拌不低于38s。将热混合料卸入测温小滑车中，立即测温。要求混合料温度在110～121℃范围内。

当混合料温度满足规定范围后，即卸入运料车；对超出混合料容许温度范围的料，应予作废，并由测温小滑车卸入装运废料的另一辆运料车中，运至预先选定的废料堆场内。

5.4.6 环氧沥青混合料装车后，必须用篷布覆盖严密，并在运料车侧壁插入三支标定过的金属杆温度计和"送料单"一起由运料车运至前场。

5.5 环氧沥青混合料的运输

5.5.1 凡车厢内与混合料接触的部位，涂一层尽可能薄的隔离层，以防止混合料与运料车车厢粘着。

5.5.2 运料车厢顶用篷布覆盖。已经离析或结成团块或在运料车卸料后滞留于车上的混合料，以及低于规定铺筑温度或被雨水淋湿的混合料都应废弃。

5.5.3 当料车中途因故停车，立即用报话机通知施工单位负责人组织抢运。

5.6 环氧沥青混合料的摊铺

5.6.1 幅宽及纵缝：根据桥面设计宽度、桥面板的结构特点及摊铺机规格确定摊铺幅宽和分幅数量，并划出幅宽线。

5.6.2 摊铺速度：摊铺速度根据供料能力和摊铺宽度计算确定，并严格控制。

5.6.3 摊铺顺序：根据交通组织和混合料固化要求合理组织行车道施工顺序。一般情况下沿桥纵向由一端向另一端连续摊铺，按桥横向由一侧向另一侧依次摊铺。当分幅数量超过两幅时，摊铺顺序采取"跳仓"法施工。

5.6.4 摊铺：

1. 采用侧喂料机和摊铺机联合作业的方式进行环氧沥青混凝土摊铺施工。摊铺宽度、厚度、纵横坡应满足设计要求，表面平整、混合料均匀无离析。

2. 摊铺层侧向若为自由边时，摊铺宽度应比铺装层设计宽度超宽5～10cm。

3. 事先用适当材料，将桥边落水口堵严。

4. 压实后的铺装与伸缩缝衔接平顺（在接头处压实后的铺装表面略高出伸缩缝表面约 1mm）。

5. 料车不得在正桥上掉头。

5.7 环氧沥青混合料的碾压

5.7.1 碾压组合（表 5.7.1）

压路机组合及碾压遍数　　　　　表 5.7.1

初　压	复　压	终　压	
轮胎压路机 4 遍	双钢轮压路机 4 遍	轮胎压路机 4 遍	双钢轮压路机 4 遍

5.7.2 碾压温度控制

初压终了温度（铺装表面温度）≥82℃

终压终了温度（铺装表面温度）≥65℃

初压和终压都是在压完了 3 遍时，用红外线测温计测记表面温度。

5.7.3 碾压施工控制

1. 对初压、复压、终压段落设置明显标志，便于司机辨认。对碾压顺序、压路机组合、碾压遍数、碾压速度及碾压温度设专岗管理和检查、记录，坚决杜绝面层漏压。

2. 压路机要紧跟摊铺机，碾压时压路机驱动轮面向摊铺机，由低到高，依次连续均匀碾压，相邻碾压带重叠 1/3 轮宽。

3. 禁止压路机在正在施工的铺装层上调头、急刹车，起步、停车要轻而缓。

4. 压实后环氧沥青混凝土表面应光滑、密实，不得有开裂，推挤和移动现象。

5.8 接缝处理

5.8.1 铺装上、下层的纵、横施工缝，均采用斜接缝。

5.8.2 切缝前预先画好线，沿线切割，要求纵向线型顺直、坡面平整。

5.8.3 切割时间通过试切确定。当发现切缝平顺，不再拉料，切割面光洁平整时，即可进行正式切割。

5.8.4 严格控制切割深度，杜绝伤害桥面防腐层和铺装下层。切缝后，清除不稳定的颗粒，最后用高压空气将所有颗粒及灰尘集中在一起，再统一运出桥面以外。

5.8.5 当邻幅喷洒粘结料时，不但要同时喷涂缝壁，还要跨过接缝，超宽 1～2cm。

5.9 养护

环氧沥青混凝土铺装施工完毕后，要进行养护。采用自然养护方式，养护期为 45d，在此期间禁止一切车辆通行。

5.10 劳动组织

环氧沥青混凝土钢桥面铺装工程实行项目经理负责制，全面负责合同工程的实施，项目经理部下设各职能部门及专业施工队，项目组织机构框图见图 5.10-1。

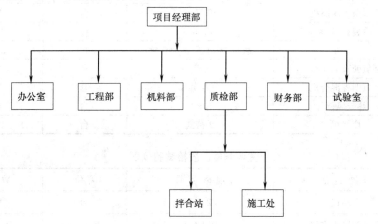

图 5.10-1　项目经理部组织机构框图

根据环氧沥青混凝土各施工工序特点，需要进行详细的工序施工组织和人员配备。具体工序划分和工序劳动力如图 5.10-2 钢桥面铺装人员分工网络图所示。

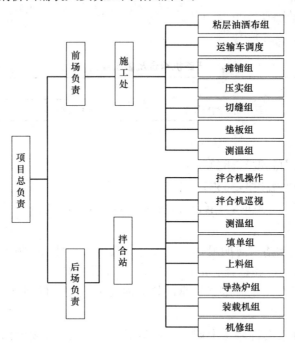

图 5.10-2　钢桥面铺装人员分工网络图

6. 材料与设备

6.1　根据环氧沥青混凝土钢桥面铺装工程特点，所需要的施工机械设备和测量、质检试验仪器分别见表 6.1-1 和表 6.1-2。

主要施工设备　　　　　　　　　　表 6.1-1

序号	机 械 设 备	规　　格	单位	数量	备注
1	日工-2000拌合机	2000	台	1	
2	沥青混合料摊铺机	ABG423	台	2	
3	非接触式平衡梁	SAS系统	套	1	
4	双钢轮压路机	DD110	台	2	
5	轮胎式压路机	YL-26	台	1	
6	轮胎式压路机	YL-20	台	1	
7	小型振动压路机	BW75E	台	1	
8	装载机	ZL-50	台	3	
9	自卸车	载重≥15t,后轴为双桥	台	20	
10	环氧沥青洒布车	专用	套	1	专用
11	环氧沥青混合机	专用	套	1	专用
12	热鼓风机	10kW	台	4	
13	切缝机	手持式	台	10	

主要测量、质检试验仪器　　　　　　　　　　表 6.1-2

序号	仪 器 名 称	规格型号	单位	数量	备注
1	全站仪	211D	台	1	
2	自动安平水准仪	NA820	台	2	

序号	仪 器 名 称	规 格 型 号	单位	数量	备注
3	沥青针入度仪	HD-Ⅱ	台	1	
4	沥青粘度仪	SYD-265E	台	1	
5	电脑沥青延度仪	SLY94	台	1	
6	沥青软化点仪	LR-3	台	1	
7	沥青混合料离心抽提仪		台	1	
8	沥青马歇尔稳定度仪	ELE45-7005	台	1	
9	沥青马歇尔击实仪	MDJ-Ⅰ	台	1	
10	沥青混合料拌合机(30L)	HJB-Ⅲ	台	1	
11	沥青闪点、燃点测定仪	LR-2	台	1	
12	沥青路面取芯机	RDC-2SW	台	1	
13	沥青强度测定仪	BLY-101	套	2	
14	沥青试件恒温水浴	LHW-2	台	1	
15	标准养护室	HBY-1	台	2	
16	压力机	2000kN	台	1	
17	路面平整度仪(连续式)	CENTRLENE	台	1	
18	红外线测温仪		把	4	
19	摆式摩擦系数仪	BM	台	1	
20	路面构造深度仪		台	1	
21	路面回弹弯沉仪	5.4m	套	2	
22	薄膜烘箱	LBH-Ⅰ	台	1	
23	核子密度仪	MC-Ⅱ	台	1	
24	电子天平	2000g/0.1g	台	1	
25	电子天平	4000g	台	2	
26	干燥箱	800×800×1000	台	1	
27	干燥箱	550×600×750	台	1	
28	标准筛		套	2	
29	脱模器		台	1	
30	骨料压碎值试验仪		台	1	
31	试模		个	15	
32	冰箱		台	1	
33	砂当量仪	BCD245D	台	1	

6.2 材料

6.2.1 骨料和矿粉

环氧沥青钢桥面铺装使用的集料采用干净、坚硬、耐磨的非酸性玄武岩矿料,表面为100%的破碎面,共分6种规格,分别为:13.2～9.5mm、9.5～4.75mm、4.75～2.36mm、2.36～0.6mm、0.6～0mm和矿粉。外加石灰岩矿粉。

1. 粗骨料

粗骨料指粒径大于2.36mm的骨料。由于钢桥面铺装的使用条件和要求比高速公路更为严格,其关键技术指标的标准较高速公路粗骨料的高,具体要求如表6.2.1-1所示。

粗骨料技术要求和试验方法　　　　表 6.2.1-1

技 术 指 标		技 术 要 求	试 验 方 法
抗压强度	（MPa）	≥120	JTJ 054—1994（T 0213—1994）①
洛杉矶磨耗率	（%）	≤22.0	JTJ 058—2000（T 0317—2000）①
磨光值	（BPN）	≥48	JTJ 058—2000（T 0321—1994）
针片状含量	（%）	≤5	JTJ 058—2000（T 0317—2000）
压碎值	（%）	≤12	JTJ 058—2000（T 0316—2000）
粘结力	（级）	≥4	JTJ 052—2000（T 0616—1993）
吸水率	（%）	≤1.5	JTJ 058—2000（T 0330—2000）
视密度	（g·cm⁻³）	≥2.65	JTJ 058—2000（T 0330—2000）
坚固性	（%）	≤5	JTJ 058—2000（T 0340—1994）
软石含量	（%）	≤1	JTJ 058—2000（T 0320—2000）
<0.075 颗粒含量（水洗法）	（%）	≤1	JTJ 058—2000（T 0303—2000）

注：① 本工法申报时，JTJ 054—1994 和 JTJ 058—2000 已经废止，相应地实行 JTG E41—2005 和 JTG E42—2005，后同。

2. 细骨料

细骨料是指粒径在 2.36mm 和 0.075mm 之间的骨料，其技术要求如表 6.2.1-2 所示。

细骨料技术要求和试验方法　　　　表 6.2.1-2

技 术 指 标		技 术 要 求	试 验 方 法
吸水率	/%	≤1.5	JTJ 058—2000（T 0330—2005）
视密度	/g·cm⁻³	≥2.65	JTJ 058—2000（T 0328—2005）
坚固性	/%	≤5.0	JTJ 058—2000（T 0340—2005）
砂当量	/%	≥60	JTJ 058—2000（T 0334—2005）
<0.075 颗粒含量（水洗法）	/%	≤2.0	JTJ 058—2000（T 0327—2005）
含泥量	/%	≤0.5	JTJ 058—2000（T 0333—2000）

3. 矿粉

矿粉采用石灰岩矿粉，其技术要求如表 6.2.1-3 所示。

矿粉技术要求和试验方法　　　　表 6.2.1-3

技 术 指 标			技 术 要 求	试 验 方 法
视密度		/g·cm⁻³	≥2.5	JTJ 058—2000（T 0352—2000）
外观			无团粒结块	—
亲水系数			≤1	JTJ 058—2000（T 0353—2000）
含水率		/%	≤1	JTJ 058—2000（T 0332—2005）
加热安定性			不变质	JTJ 058—2000（T 0355—2000）
粒度范围	0.3mm	/%	≥90	JTJ 058—2000（T 0351—2000）
	0.15mm	/%		
	0.075mm	/%	≥80	

6.2.2　环氧沥青

环氧沥青是由环氧沥青组分 A 和环氧沥青组分 B 按照一定比例在规定的温度下混合得到的匀质混合物。按照混合物的成分和用途不同，分为作为粘结层的粘结料和拌制沥青混合料的结合料两种。

1. 环氧沥青组分 A

组分 A 是由双酚 A 和表氯醇经反应得到的液态双环氧树脂，不含稀释剂、软化剂和增塑剂，也不含无机填料、色素和其他污染物或不容物质，其技术要求如表 6.2.2-1 所示。

环氧沥青组分 A 技术指标和试验方法　　　　　表 6.2.2-1

技 术 指 标	技 术 要 求	试 验 方 法
粘度(23℃)(cP*)	100～160	GB/T 12007.4—1989
环氧当量(含 1 克环氧的材料克数)	185～192	GB/T 4612—1984
颜色(25℃)(加德纳,Gardner)	≤4	GB/T 12007.1—1989
含水量(%)	≤0.05	JTJ 052—2000(T 0612—1993)
闪点(COC,℃)	≥200	JTJ 052—2000(T 0611—1993)
比重(23℃)	1.16～1.17	JTJ 052—2000(T 0603—1993)
外观	透明琥珀状	目视

注：* $1cP=10^{-3}Pa \cdot s$

2. 环氧沥青组分 B

组分 B 是一种由石油沥青和固化剂组成的匀质混合物。它不含不可溶物质和污染物。类型 BId 为粘结料，类型 BV 为结合料，二者的技术指标如表 6.2.2-2 所示。

3. 环氧沥青

组分 A 和组分 B 按要求混合并固化后得到环氧沥青技术指标如表 6.2.2-3 所示。

环氧沥青组分 B 技术指标和试验方法　　　　　表 6.2.2-2

技 术 指 标	技 术 要 求		试 验 方 法
	类型 BId	类型 BV	
酸值(KOH 每克)	60～80	40～60	T 0626—2000
闪点(COC,℃)	≥250	≥200	T 0611—1993
含水量(%)	≤0.05	≤0.05	T 0612—1993
粘度(100℃,cP)	＞800	＞140	T 0625—2000
比重(23℃)	0.98～1.02	0.98～1.02	T 0603—1993
颜色	黑色	黑色	目视

环氧沥青技术指标　　　　　表 6.2.2-3

技 术 指 标		技 术 要 求		试 验 方 法
		类型 BId	类型 BV	
重量比(A：B)		100：445	100：585	
抗拉强度(23℃)	(MPa)	≥6.89	≥1.52	GB/T 528—1998
断裂时的延伸率(23℃)	(%)	≥190	≥200	GB/T 528—1998
热固性(300℃)		不溶化	不溶化	特殊规程
膨胀比(23℃)		≤3.0	≤3.5	特殊规程
浸耗率(23℃)	(%)	≤35	≤35	特殊规程
吸水率(7d,23℃)	(%)	≤0.3	≤0.3	特殊规程
在荷载作用下的热扭曲温度	(℃)	-18～-15	-18～-25	特殊规程
温度增加到 1Pa·s 的时间(121℃)	(min)	≥20	≥50	特殊规程

7. 质 量 控 制

7.1　规范及标准

1.《公路工程质量检验评定标准》JTG F80/1—2004。

2.《公路沥青路面施工技术规范》JTG F40—2004。

3.《公路工程沥青及沥青混合料试验规程》JTJ 052—2000。

4. 环氧沥青混合料的矿料质量及矿料级配应符合设计文件的要求。

5. 环氧沥青材料及混合料的各项指标应符合设计文件的要求。

7.2 质量控制措施

施工前期准备

1. 技术培训

1）培训计划

在试验段施工前，项目部技术人员、各施工工序相关班组的技术骨干集中在工地会议室进行集中学习。同时聘请环氧沥青施工技术人员进行集中讲授。

2）培训内容

根据总体施工安排，系统、全面的针对施工组织设计、施工方案、工序施工特点、工序施工流程、工序施工技术要求、工序施工控制要点和工序施工技术难点等内容进行培训学习。

3）培训方式

技术培训采取内外结合"五阶段"培训方式进行，即：感官认识（通过影音像资料进行）—理性认识（通过内部组织学习和聘用环氧沥青施工技术人员进行教授）—考核（通过统一组织的考试和班组技术人员面试的方式进行）—模拟演练（通过按照施工要求在空机状态下演练施工前后场各个施工工序的施工组织、施工控制和相互配合进行）—强化训练（根据理论学习和模拟演练的效果有针对性地进行强化训练）。通过这五个阶段的培训学习、演练，为试验段的施工打下良好的理论基础和实践基础。

2. 针对本地区的自然环境和本工程的自身特点，充分做好场地内的排水工作和矿料、沥青的防雨、防潮工作。

3. 对所有施工所用设备进行精心检修，确保处于一良好的工作状态，绝不允许有漏油、漏水现象；所有机动车辆均用彩条布将发动机底盘包裹起来，以防万一；所有量具重新校验，确保计量准确。

4. 环氧沥青罐的改造：针对本工程的规模，量身定做三个沥青罐：50m³、10m³、8m³ 三种规格，提高其温度控制精度为±2℃，并加设循环泵，充分保证沥青温度的均匀性。

5. 改造接料滑车，方便控制每一盘料的温度和均匀性，杜绝不合格混合料的出厂。

6. 改造干燥筒喷火器的油嘴大小，控制干燥筒温度。

7.3 检查项目

环氧沥青混凝土面层检查项目及检验标准见表 7.3。

环氧沥青混凝土面层检查项目及检验标准

表 7.3

项 目		检 查 频 率	质量要求或允许偏差	检查方法	备注
施工温度	混合料出厂	每车	110～121℃	红外线温度计	即检即报
	初压终了	每30m	≥82℃		
	终压终了	每30m	≥65℃		
粘结料洒布量		每次喷洒取两处	粘结下层：0.68±0.05L/m² 粘结上层：0.45±0.05L/m²	接着法	当天报
结合料		每天一次,3个试件	抗拉强度：≥1.5MPa(23℃) 延伸率：≥190%(23℃)	拉伸试验	3d内报
粘结料		每次喷洒测一次,3个试件	抗拉强度：≥6.9MPa(23℃) 延伸率：≥190%(23℃)	拉伸试验	
矿料级配		每天上、下午各一次	接近中值	筛分法	当天报
油石比		每天上、下午各一次	设计值±0.2%	抽提法	

续表

项 目		检 查 频 率	质量要求或允许偏差	检查方法	备注
马氏 试验	稳定度	每天上、下午各成型6个试件	≥40.4kN		隔天报
	流值		≥2.0mm		
	空隙率		≤3.0%		
	恢复率		≥60%		
铺装外观		随时	表面平整密实，无轮迹、裂纹、推挤、油丁、油包、离析或花料	目测	
接缝		随时	紧密、平整、顺直	目测、4m直尺	
铺装层孔隙率		每层、每500m² 13点	≤3%	核子密度仪	即检即报
粘结强度		仅限于试验段	23±2℃时≥2.75MPa 60±2℃时≥1.75MPa	拉拔法	
铺装层厚度		全桥	50±3mm	路面测厚仪	
摩擦系数（摆值）		每500m²一点	≥45BPN	摆式仪	
平整度		纵向：每车道每100m连续10尺 横向：每50m一横断面	纵向：≤3mm 横向：≤6mm	4m直尺	

7.4 外观鉴定

7.4.1 表面平整密实，无泛油、松散、裂缝、粗细料集中等现象。

7.4.2 表面无明显碾压轮迹。

7.4.3 接缝紧密、平顺。

7.4.4 铺装层与路缘石及其他构筑物应衔接平顺，无积水现象。

7.4.5 铺装层表面的水要排除到路面范围之外，表面无积水现象。

8. 安 全 措 施

8.1 执行的法规

8.1.1 《中华人民共和国安全生产法》

8.1.2 《中华人民共和国 道路交通安全法》

8.1.3 《公路工程施工安全技术规程》JTJ 076—95

8.1.4 《建设工程安全生产管理条例》

8.1.5 《危险化学品安全管理条例》

8.2 安全保证体系

安全保证体系框图见图8.2。

8.3 安全保证措施

8.3.1 组织保证措施

成立以项目经理为组长，副经理为副组长，各部门负责人为组员的安全领导小组，项目部设置专职安全员，各职能部门和各专业班组均设置兼职安全员，全面负责施工安全管理工作，责任到人，使安全工作上有专人抓，下有专人管，落到实处。确立明确的安全目标：坚持"安全第一，预防为主，教育开路，制度确保"的方针，坚决杜绝人为重大事故。

8.3.2 建立安全保证制度

8.3.3 加强安全教育和安全措施的设置

8.3.4 加强安全工作的物质保障

8.3.5 其他保障

1. 加强天气预报的监收，随时掌握不利自然条件的影响，及时采取对策，防止因自然灾害的影响

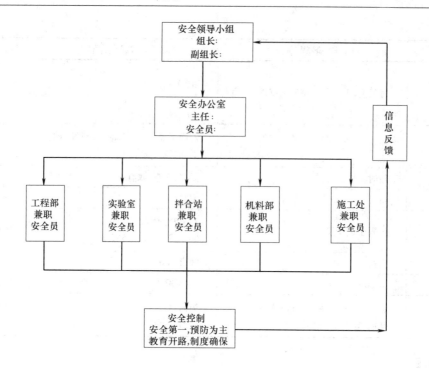

图 8.2　安全保证体系

带来伤亡损失。

2. 办妥保险手续，除工程一切险及第三方责任险外，要对施工设备和人身安全投保。

9. 环 保 措 施

9.1　执行法规

9.1.1　《中华人民共和国环境保护法》

9.1.2　《中华人民共和国环境噪声污染防治法》

9.1.3　《中华人民共和国固体废物污染环境防治法》

9.2　措施

9.2.1　防止水土流失和废料废方的处理

1. 在施工期间应始终保持工地的良好排水状态，各类临时排水渠道要与永久性排水设施相连接，不得引起淤积和冲刷。

2. 驻地、施工便道、料场周围挖好排水沟，确保占用的土地无冲刷，确保各种临时排水系统不改变现有水文状态。

3. 未经监理工程师的事先书面同意，不破坏现有河道、水道、现有灌溉或排水系统的自然流动。

4. 建立废旧物品回收、保留和处理制度，设废物收集箱，生活区设化粪池、污水沉淀池。对施工垃圾及生活垃圾有专人清理，并在指定地点处理。

9.2.2　防止和减轻水、大气受污染

1. 施工废水、生活污水不得直接排入农田、耕地、灌溉渠，更不得排入饮用水源。

2. 施工期间，施工物料应定点堆放整齐，防止雨季或暴雨时，将物料随雨水径流排入地表及附近水域造成污染。

3. 施工机械要防止漏油，禁止机械在运转中产生的油污水与维修施工机械时的油污水，未经处理就直接排放。

4. 施工现场与施工机械经过的道路，要随时进行清理防止扬尘。

9.2.3 保护绿色植被

1. 尽量保护公路用地范围以外的现有绿色植被，若因修建临时工程破坏了现有的绿色植被，在拆除临时工程时予以恢复。

2. 严格控制破坏植被的面积，除了不可避免的工程占地、砍伐以外，保证不发生其他形式的人为破坏。

9.2.4 土地资源的保护

1. 弃料要避免破坏或掩埋农田及其他工程设施。在指定废料场弃料。

2. 临时用地不再使用时，要根据合同规定及时进行复耕、绿化。

10. 经济效益分析

10.1 目前国内外使用的钢桥面铺装结构类型

目前用作正交异性钢桥面铺装的材料包括浇筑式沥青混合料料、改性 SMA 混合料和环氧沥青混合料三种结构类型。国内大跨径钢桥对这三种铺装结构类型都有使用，通过使用效果看，除环氧沥青混合料铺装外，其余两种结构类型均出现早期铺装破坏。

10.2 技术经济分析

以典型的 2.5cm＋2.5cm 厚双层环氧沥青铺装、5cm 厚浇筑式沥青混凝土铺装和 3cm＋3.5cm 厚改性沥青 SMA10 铺装为例子进行比较分析。

三种铺装结构新建工程综合单价见表 10.2。

铺装单价对比表   表 10.2

铺装结构类型	铺装单价（元/m²）	备 注
双层环氧沥青	780	含两层粘结层
浇筑式沥青混凝土	582	含一层粘结层
改性沥青 SMA10	179.4	含两层粘结层

通过表 10.2 看，双层环氧氧沥青铺装初期投资较另外两种高，但是根据目前国内交通状况、环境条件及钢桥面铺装使用的效果看，环氧沥青桥面铺装能够满足设计要求的使用年限；另外两种铺装根据目前的使用效果看不是很理想，一般使用 2～3 年需全面大修。

10.2.1 直接投资

根据到设计年限末桥面铺装总投资计算三种结构类型的直接投资对比表见表 10.2.1（按照铺装面积 30000m² 计算，不含小型维护费用）。

通过表 10.2.1 看，将设计年限末的总投资折算到初始投资双层环氧沥青铺装单价为：780 元/m²，浇注式沥青混凝土铺装单价为：2342 元/m²，改性沥青 SMA10 铺装单价为 1341 元/m²。

直接投资对比表   表 10.2.1

结构类型	工程数量（m²）	单价（元/m²）	桥面防腐单价（元/m²）	到设计年限末大修次数	累计投资（万元）
双层环氧沥青	30000	780	100	0	2340
浇注式沥青混凝土	30000	485.6	100	4	7027
改性沥青 SMA10	30000	179.4	100	4.8	4023

10.2.2 间接损失

作为大桥管理运营单位，因桥面大修影响过路过桥费收入。按照到设计年限末每次大修平均车流量减少 5000 量/日，维修期 30d，每车通行费 35 元计算，到设计年限末过路过桥费收入减少见表 10.2.2。

过路过桥费收入减少表

表 10.2.2

结构类型	车流量减少（辆/日）	通行费（元/辆）	每次维修天数（天）	到设计年限末大修次数	累计减少通行费（万元）
双层环氧沥青	5000	35	30	0	0
浇注式沥青混凝土	5000	35	30	4	2100
改性沥青 SMA10	5000	35	30	4.8	2520

通过表 10.2.1、表 10.2.2 对比，双层环氧沥青桥面铺装具有很高的性价比，具有很高的技术经济效果。

11. 应 用 实 例

11.1 南京长江第二大桥工程由"二桥一路"组成，全长 12.517km，由南汉大桥（为钢箱梁斜拉桥）、北汉大桥（为预应力连续梁桥）和八卦洲连接线组成；采用双向六车道高速公路标准，计算车速 100km/h，设计荷载为汽—超 20 级、挂—120。该工程由 2000 年 9 月 20 日正式开始施工至 10 月 14 日结束，共 24d，其中有效工作日 14d。共完成 5cm 厚环氧沥青混凝土铺装面积 37140m²。该桥于 2001 年 3 月正式通车，交通量达到 30000 辆/日，通过 6 年的运营，到目前桥面铺装使用性能优良。

11.2 江苏省润扬大桥是江苏省"四纵四横四联"公路主骨架和五处跨长江公路通道规划的重要组成部分，北联同江至三亚、北京至上海国道主干线（沂淮江高速公路），南接上海至成都国道主干线（沪宁高速公路），为双向六车道高速公路标准，设计行车速度为 100km/h，荷载标准为汽车超—20 级、挂车—120。承建的钢桥面铺装 12 标是润扬大桥工程的一部分，由北汉桥和南汉桥两部分钢桥面铺装组成，其中北汉斜拉桥 756.8m，南汉悬索桥 1490m，采用上层 30mm 加下层 25mm 双层环氧沥青混凝土铺装方案。其主要工程量为：环氧沥青混凝土钢桥面铺装（厚 55mm）67422m²，防水粘结层（0.68L/m²）：68992m²；粘结层（045L/m²）：73671m²。2004 年 7 月 26 日北汉斜拉桥正式开始施工至 2004 年 8 月 20 日结束，共施工 25d，其中有效工作日 11d；2004 年 8 月 29 日南汉悬索桥正式开始施工到 9 月 23 日结束，共施工 25d，其中有效工作日 15d。

11.3 南京长江第三大桥是交通部《全国公路网规划》（1999～2020）中"五纵七横"国道干线网上海—成都国道主干线（GZ55）的重要组成部分。采用高速公路标准为双向六车道，计算车速 100km/h，设计荷载为汽—超 20 级、挂车—120。承建的南接线南引桥主桥路面工程 L1 合同包括南接线、南引桥普通沥青路面工程及主桥环氧沥青钢桥面铺装工程。其中，主桥为双塔斜拉桥，跨径布置为 63＋257＋648＋257＋63m，起止桩号 K9＋761.115 至 K11＋049.115，总长 1288m，主桥路面采用 2.5cm＋2.5cm 环氧沥青混凝土。2005 年 7 月 25 日正式开始施工至 2005 年 8 月 17 日结束，共施工 23d，其中有效工作日 13d。共完成 5cm 厚环氧沥青混凝土铺装面积 37996m²。该桥于 2005 年 10 月通车，至今使用情况良好。

多孔隙排水降噪沥青路面工法

YJGF058—2006

上海浦东路桥建设股份有限公司　中国建筑第八工程局

北京市政建设集团有限责任公司　北京市市政工程研究院

北京市市政工程管理处　中交第二公路工程局有限公司

王庆国　徐斌　赫振华　肖绪文　吕艳萍　谢刚奎

刘彦林　崔丽　任明星　严晓生　张景禄　扈成熙

1. 前　言

1.1　多孔隙排水降噪沥青路面简介

多孔隙排水降噪沥青路面，欧洲称之为"porous asphalt pavement"（PAP）或"drainage asphalt pavement"（DAP），美国称之为"open-graded friction course"（OGFC），加拿大则称为"open-graded asphalt"（OGA）。其结构特征为空隙率高，一般在15%～25%之间。一般来说，中面层不透水，水分从道路两侧排入雨水收集系统，其特征分为"透"、"堵"、"排"三个功能（图1.1）。所谓"透"，是利用排水沥青路面的高空隙，将雨水或相关区域的径流下渗到排水面层中，使路表在一定雨量下不致积水。所谓"堵"，是将排水面层中的水仅限制在上面层中，不让其继续下渗至中、下面层，避免中、下面层的沥青混合料发生水损坏，或影响基层的水稳定性，并进一步影响土路基的稳定。所谓"排"，是将排水面层中驻留的雨水通过面层中的连通空隙横向流动，在两侧通过排水软管、排水平石或自然侧面汇集到雨水收集系统中，增大路面的抗暴雨能力，同时也减弱雨水长期储存对沥青混凝土稳定性的影响。

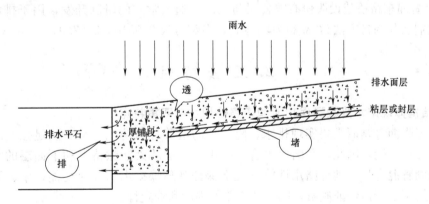

图1.1　多孔隙排水降噪沥青路面

另外，该沥青路面还有一个显著的特点就是降低噪声。由于其发达的空隙，起到了多孔吸声材料的作用，同时轮胎底部空气压缩而后释放产生的"声爆"音由于压缩空气通过连通空隙消散而得到抑制。一般可降低噪声3dB以上，雨天由于消除了水体的"声爆"，其降噪量更为显著，可达8dB。

1.2　本工法的形成过程

由于多孔隙排水降噪沥青路面的诸多优点，以及针对上海市城市建设发展过程中出现的许多不足之处，如噪声污染等，上海浦东路桥建设股份有限公司从2002年开始，与日本大有公司进行多孔隙排水降噪沥青路面技术的合作，结合上海地域特征，研究和推广此项技术，经过2002至2005

年四年的工程实践，摸索出了一套完整的多孔隙排水降噪沥青路面施工经验，通过编制本工法进一步明确和规范此种沥青路面的施工过程控制和质量要求，为今后推广该沥青路面提供有效的参考依据。

中国建筑第八工程局于 2005 年 7 月承接了"透水性沥青路面工程成套技术研究"的科研任务，经过自主研发完成了材料研究、结构设计和试验路段的铺筑等工作，在国内外现有的透水性沥青路面研究成果的基础上进行了 7 项创新，申请了三项专利。2006 年 12 月 5 日通过了中建总公司组织的鉴定。

从 2002 年开始，北京市政建设集团有限责任公司与所属的北京市市政工程研究院、北京市市政工程管理处等单位共同承担了《沥青混凝土低噪声路面技术研究与示范工程》课题的研究。随着人们对环保意识的提高，2003 年 4 月，承担了北京市科委课题《环保型城市道路结构与原料研究》（编号为：H030630020230），在原有基础上又进行了深入的研究，形成了对本工法的有利补充。

本工法由多家单位同时研究成功进行申报。

1.3 鉴定和获奖情况

2003 年 5 月 13 日，上海浦东路桥建设股份有限公司与上海浦东新区公路管理署共同研制的应用于多孔隙排水降噪沥青路面的《排水平石》获得实用新型专利，证书号"645888"。

2004 年 9 月 8 日，上海浦东路桥建设股份有限公司与浦东新区公路管理署合作的课题"排水性沥青路面在上海地区的应用研究"通过上海市科学技术委员会成果鉴定，鉴定结论为"研究成果总体水平达到国际先进水平"。

2004 年，北京市政建设集团有限责任公司与所属的北京市市政工程研究院、北京市市政工程管理处等单位共同承担《环保型城市道路结构与原料研究》（编号为：H030630020230）课题研究，分别通过了北京市建委和科委主持的专家鉴定，总体上达到了国际先进水平，获得了北京市科技进步三等奖。

2006 年 12 月 5 日，中国建筑第八工程局承接的"透水性沥青路面工程成套技术研究"，通过了中建总公司组织的鉴定，鉴定结论为："该科研成果为自主研发，具有一定的创新性，研究成果总体上达到国际先进水平。"

2007 年，上海浦东路桥建设股份有限公司与上海交通大学共同研制开发，用于排水路面的《一种高黏度沥青改性剂及其制备方法》，获得发明专利，专利号为 200510023227.9。

2. 工 法 特 点

2.1 路面结构体现排水降噪环保功能和道路使用性能双重特点

多空隙排水降噪沥青路面既要实现排水、降噪、防滑等环保功能，又要满足强度高、高低温性能好及平整密实等使用功能，因此，在结构组合上突出上面层的大空隙特点和下面层的密实性特点，上面层采用大空隙沥青混合料，满足路用性能基础上保证其降噪排水的环保功能；中、下面层采用密级配沥青混合料，施工中严格保证质量，以保证道路的强度和稳定性。

多孔隙排水降噪沥青路面主要的特征是其空隙率比较高，一般在 20％左右，因此可有效地降低噪声，减少水雾，既有利于环保，更有利于交通安全，符合当前技术发展的趋势。

多孔隙排水降噪沥青路面的具体功能为：

1. 减少高速"水漂"的危险，使得在路表有水的情况下，仍能够维持轮胎与路面的良好接触。

2. 提高雨天和夜间的可视性，雨水产生的溅水和水雾可大大降低，雨天和夜间开车反射光可被路面结构分散，眩光很少。

3. 高速行车下，抗滑性能显著高于普通路面。

4. 由于多孔吸声和连通空隙压力释放的机理，噪声有显著下降。

2.2 施工特点

配合比设计：多孔隙沥青混合料配合比设计的关键点是对结合料的选择，目前采用高黏度改性沥青已成为各国的共识，但如何达到沥青的高黏度各国有不同的方法，上海浦东路桥建设股份有限公司采用 RST 高黏度改性剂，也有采用成品高黏度改性沥青的成果应用。此外，多孔隙沥青混合料的级配必须符合两个目标，即达到设计空隙率包括连通空隙率和形成嵌挤结构，通过调整 2.36mm 的筛孔通过率达到所要求的设计空隙率，另一个是间断 2.36～4.75mm 一档的集料可进一步增加空隙率。为了获得尽可能大的连通空隙率，应尽可能降低集料的针片状含量。另外，对于多孔隙沥青混合料最佳用油量的选择与普通设计方法截然不同，一般来说，最终沥青膜厚在 $14\mu m$ 左右，可以乘上相应的集料表面积作为初试沥青用量，在最大沥青用量和最小沥青用量之间选择恰当的值，具体指标测试仍可依据马歇尔试验的一套方法进行，但得到的指标不是用于最佳性选择，而是在于符合性认定。

施工工艺：同常规沥青混合料一样，多孔隙排水降噪沥青路面的施工也分生产、运输、摊铺、碾压四个阶段，但施工中最为核心的环节是温度控制。

与 SBS 用胶体磨制作改性沥青不同的是，上海浦东路桥建设股份有限公司的多孔隙沥青混合料生产采用 RST 直接投放，大大简化了生产工艺。若使用成品高黏度改性沥青，则沥青应具有较小的针入度和较高的软化点和黏度，应有较好的抗裂性，避免沥青面层低温开裂。

多孔隙排水降噪沥青路面摊铺应尽可能增加预压实度，值得关注的是，该沥青路面施工事实上更关注摊铺面的平整度，这是因为不太主张后期用人工修补，原因是此种材料的高黏性，高空隙率，温度下降比普通沥青混合料要快，可能影响混合料之间的粘结。

多孔隙排水降噪沥青路面的压实机理与常规沥青混凝土也存在着大的差别。混合料的碾压只要达到集料的相互嵌挤与结合料的充分黏结，即可完成，而不必依赖大吨位的压路机或更多的碾压遍数。

另外，路表温度在 50℃ 以下时方可开放交通，以免造成初期车辙及空隙的再压密。

3. 适 用 范 围

由于多孔隙排水降噪沥青路面是一种生态环保型路面，所以本沥青路面可广泛应用于以下道路的沥青路面铺装：

1. 高速公路、城市快速路和主干路；
2. 新建和大中修城市景观道路工程；
3. 公园、社区、停车场等景观铺装。

但是，根据国内外的应用情况分析，应避免在以下几种场合使用：

1. 结构强度不足的路面上；
2. 环境质量较差，易于被飘尘或泥土堵塞的路段；
3. 低速重载路段；
4. 承受高的水平剪切作用的路面，如转弯道、重型车停车场等；
5. 易于滴油与燃料泄漏的区域；
6. 平整度较差并且未经过处理的路面。

由于中国南北气候、环境差异较大，所以对于多孔隙排水降噪沥青路面的适用范围也有所要求：南方地区气候潮湿，多雨，适宜采用；北方、西北地区多沙尘，容易造成空隙堵塞，不适宜采用；

4. 工 艺 原 理

多孔隙排水降噪沥青路面是一种新型路面结构，该沥青混合料采用间断级配的设计方法，形成粗集料含量多、细集料含量少、空隙率大的构造特点。空隙相互连通，使得路表面的雨水通过空隙渗透到表面层以下，沿着排水系统排走，起到了排水的作用，减少了雨天路表面水膜、水雾的产生，提高了行车安全性；同时，轮胎与路面接触区的花纹沟内吸入的空气被压入了连通的空隙中，很快扩散，并且经过反复的反射和透射，大大降低了声源强度，因此降噪作用明显。

由于该沥青混合料由大量的粗集料组成，利用粗集料与粗集料颗粒之间的相互嵌挤形成一个集料骨架，在细集料含量较少的条件下，粗集料骨架之间的空隙得不到充分的填充，混合料经施工碾压后其内部仍保持较大的空隙率而具备排水功能，因此，大空隙率是该沥青混合料最具代表性的特点。

根据我国地理、气候、道路、交通和原材料的实际状况，多孔隙排水降噪沥青路面混合料的配合比设计和沥青路面的施工，关键技术之一是选择合适的沥青结合料。

一般多孔隙沥青混合料均采用高黏度沥青作为结合料，由于沥青改性方式的不同有两种产品可供选择，一种是成品高黏度沥青，另一种是现场改性高黏度沥青，后一种产品可以采用由上海浦东路桥建设股份有限公司自行研制生产的 RST 直接投放式高黏度改性剂。

使用高黏度改性沥青配制的沥青混合料，在高温状态下的抗车辙能力高于普通沥青混合料，主要是因为：

1. 粗集料相互直接接触而形成骨架结构增强了承载作用；

2. 高黏度沥青与细集料形成的沥青砂浆，能够有效地包裹粗集料之间的接触点，阻止粗集料颗粒在交通荷载作用下位移，提高了该沥青路面的抗剪切能力，使其不易被进一步压密变形而丧失路面的排水功能。

同时，由于该沥青混合料具有较高的空隙率，受空气、阳光以及雨水作用发生老化的速度较快，因此，除使用聚合物改性沥青、增强与集料的粘结力、增强抗冲刷性能以外，还应尽可能提高沥青用量，增加沥青结合料膜的厚度，以延缓沥青混合料的老化，这成为多孔隙沥青混合料配合比设计要点之一。

此外，集料飞散是造成多孔隙排水降噪沥青路面损坏的主要原因，为了满足路用要求和性能的持久性所采取的对策仍然是使用高黏度改性沥青，提高沥青膜的厚度，增强骨料之间的相互粘结力，在混合料的碾压过程中，集料之间相互挤压，挤压出的多余高黏度沥青砂浆，积滞在集料与集料接触面的边界上，形成连续的包络所有集料接触面边界的沥青砂浆加强箍，使该混合料获得很高的抗剪切能力而具备良好抗集料流动和抗集料飞散性能。

另外，由于多孔隙沥青混合料空隙率高，散热速度快，因此应加强保温措施与高温施工，同时，为保证路面排水路径顺畅，必须加强横坡控制，减少横缝和纵缝的数量。

5. 施工工艺流程及操作要点

5.1 多孔隙排水降噪沥青路面施工工艺流程
若使用上海浦东路桥高黏度改性剂 RST 时的施工工艺流程（图 5.1-1）。
若使用成品高黏度改性沥青时施工工艺流程（5.1-2）

5.2 配合比设计流程
配合比设计流程见图 5.2。

5.3 施工要点

5.3.1 配合比设计

1. 矿料配合比的确定

多孔隙沥青混合料通常采用 2.36～4.75mm 之间为断级配的矿料，粗集料所占比例高，大于 4.75mm 颗粒含量不低于 75%。以 2.36mm 筛孔通过率在 12%、15%、18%，矿粉用量为 5% 左右试配三组级配，按照暂定沥青用量拌制混合料，制作马歇尔试件，以确定满足设计空隙率的矿料级配。

2. 暂定沥青用量的确定

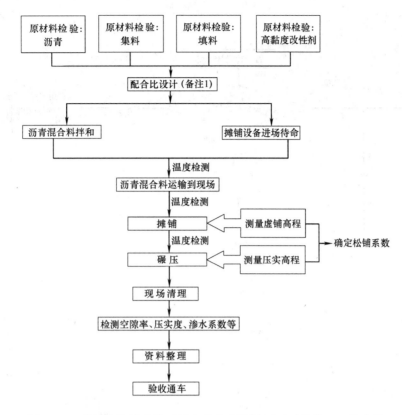

图 5.1-1　使用上海浦东路于桥高黏度改性剂 RST 时的施工工艺流程

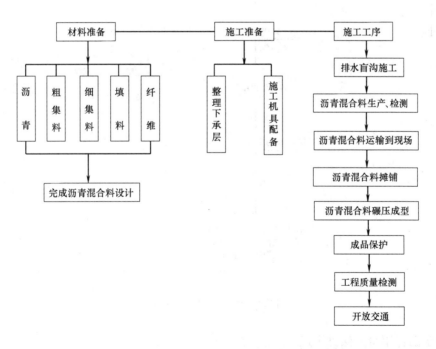

图 5.1-2　使用成品高黏度改性沥青时施工工艺流程

日本道路建设业协会认为，排水性沥青混合料的沥青膜厚度一般应控制在 $8\sim10\mu m$；而欧美国家认为排水性沥青混合料的沥青膜厚度应控制在 $12\sim16\mu m$。实际经验表明，排水性沥青路面空隙率 20％时，集料表面的沥青膜厚度约为 $14\mu m$，因此，上述暂定的三个合成级配，其暂定沥青用量可根据经验或经验公式计算。

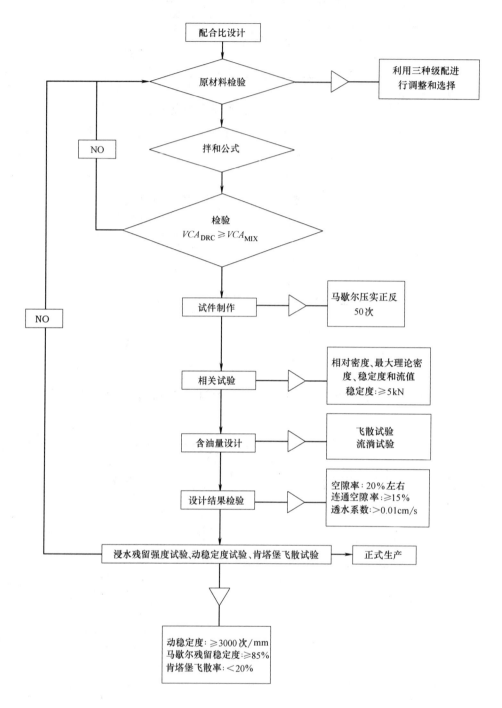

图 5.2　配合比设计流程

经验公式确定沥青用量方法见下述。

1）计算集料的总表面积 A

对每一组初选的矿料级配，按式（5.3.1-1）计算集料的表面积。

$$A=(2+0.02a+0.04b+0.08c+0.14d+0.3e+0.6f+1.6g)/48.74 \qquad (5.3.1\text{-}1)$$

式中　　　　　　　A——集料的总的表面积；

a、b、c、d、e、f、g——分别代表 4.75mm、2.36mm、1.18mm、0.6mm、0.3mm、0.15mm、

562

0.075mm 筛孔的通过百分率，%。

其关系如表 5.3.1-1 所列。

集料通过某筛号与累积百分率的关系 表 5.3.1-1

筛孔(mm)	4.75	2.36	1.18	0.6	0.3	0.15	0.075
累积通过(%)	a	b	c	d	e	f	g
	0.02	0.04	0.08	0.14	0.3	0.6	1.6

注：若筛分时，缺某一号筛时，可从级配分析曲线上查得通过百分率。

2）由式（5.3.1-2）预估沥青用量

$$P_b = h \times A \tag{5.3.1-2}$$

式中 h——沥青膜厚度（例如取 0.014mm）；

A——集料的总表面积。

3. 最小沥青用量的确定

按照《公路工程沥青及沥青混合料试验规程》JTJ 052—2000 中 70733—2000 规程进行肯塔堡飞散试验，根据飞散损失率随沥青用量的变化规律绘制曲线，选择最小沥青用量。

4. 最大沥青用量的确定

通过沥青的流淌试验，根据流淌率随沥青用量的变化规律绘制曲线，以此确定最大沥青用量。

5. 最佳沥青用量的确定

最佳沥青用量原则上为通过流淌试验求得的最大沥青用量，以确保集料表面的沥青膜具有足够的厚度，保证混合料的耐长期老化性。不过最佳沥青用量，还要根据混合料拌合过程中的实际情况，在流淌试验求得的最大沥青用量和飞散试验中求得的最小沥青用量之间合理的设定。

6. 设计沥青用量的确定

以既定的最佳沥青用量拌制多孔隙沥青混合料，进行密度试验、马歇尔稳定度试验、透水试验以及车辙试验，确认满足表 5.3.1-2 所示的试验目标值，即可设定为设计沥青用量。

马歇尔试验目标值 表 5.3.1-2

指 标	检测目标值	指 标	检测目标值
马歇尔击实次数	两面各 50 击	动稳定度,(60℃)	≥3000 次/mm
马歇尔稳定度	≥5.0kN	残留稳定度	≥85%
空隙率	20%左右	析漏损失	<0.3%
连通空隙率	≥15%	肯塔堡飞散(20℃)	<20%
透水系数	>0.01cm/sec		

5.3.2 施工准备

多空隙排水降噪沥青路面可以用于新建道路和改扩建道路，为防止渗入表面层的水向下渗透到基层，影响道路的稳定性，要求其中、下面层为密级配沥青混合料，材料性能、施工质量要求同常规的密级配沥青路面。

多孔隙排水降噪沥青路面施工前，应清扫沥青路面，大气温度应大于10℃，地表温度应大于15℃，大风不得施工。

1. 封水层

排水面层与中下面层的密级配沥青混合料属于不同类型的混合料，其排水性、粘结性等均有较大程度的差异，同时为了防止排水面层的雨水下渗，上、中面层的界面应设置粘层与封层。采用的方法和材料与现有规范《公路沥青路面施工技术规范》JTG F40—2004 中规定的一致。

根据目前的经验，建议采用5~10mm 厚度的稀浆封层或采用喷洒量大于 0.6kg/m² 的改性沥青下封层。

2. 排水系统

排水系统的合理设置是排水性沥青面层能否保持排水功能的一个重要因素。只有将滞留在排水性沥青面层中的水及时排出，路表才不至于积水或形成厚的水膜。所以，在铺设排水路面之前，铺设理想的排水系统显得格外重要。

城市道路工程可采用排水平石。

高速公路可以直接采用明沟或盲沟排水。

1）盲沟排水结构

为了排除渗入表面层以下的水，北京市政建设集团有限责任公司、北京市市政工程研究院，在多空隙排水降噪沥青路面在原有道路常规排水系统的基础上增设盲沟排水结构，一般设在路边沿纵坡方向。图 5.3.2-1 为排水盲沟结构举例。

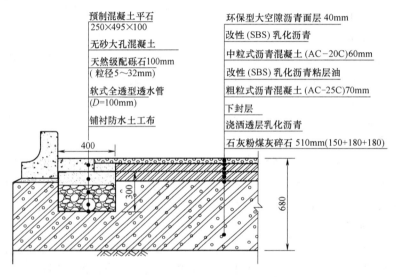

图 5.3.2-1 排水盲沟结构举例

① 盲沟开挖

沿道路纵坡开挖盲沟，宽度约为 400mm，深度约为沥青表面层以下 400mm，朝向雨水口的纵坡与道路的纵坡保持一致。开挖过程中要求严格保证盲沟的坡度，不得出现"反坡"的现象，以避免盲沟内水的积存。

② 防水土工布铺设

盲沟开挖完成后，为了防止软式排水管内的水渗透到基层中，盲沟的侧壁和底部铺设 SBS 沥青防水卷材或防水土工布。防水卷材的抗渗能力、抗拉强度、变形适应能力等技术指标要符合相关的技术要求。

③ 软式排水管放置

在防水土工布上放置软式排水管，要求软式排水管的抗压强度、反滤性等技术指标要满足要求，软式排水管之间的连接严密，防止漏水，并且位置固定。

④ 盲沟回填

铺设软式排水管后，在排水管周围分层回填天然级配砂砾材料，要求天然级配砂砾最大粒径不大于 100mm；5mm 以下颗粒含量不大于 35%（体积比）；含泥量不大于 3%。回填的砂砾一定要夯实，满足强度要求。为保证路面承载能力的均匀一致性，回填级配砂砾上部采用无砂混凝土，强度要求大于 C10。施工时无砂混凝土可采用商品混凝土也可以根据配合比现场拌制。

⑤ 铺设道路平石

盲沟施工完成，待无砂混凝土形成要求的强度后，铺设普通道路平石。在平石的铺设过程中注意对平石旁边位置的无砂混凝土的保护，防止空隙堵塞。

2）排水平石

一般在城市道路中，可采用排水平石进行铺设。如图5.3.2-2所示。

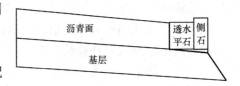

图 5.3.2-2　安装排水平石

5.3.3　拌合工艺

拌合前必须根据要求对筛网孔径进行调整，并根据室内配合比设计结果进行试拌，必要时对级配予以修正，主要是调整2.36mm的通过量。试拌时根据室内试验结果与目测，确认配合比与沥青用量以及拌合时间。

若使用纤维稳定剂或使用上海浦东路桥建设股份有限公司的直接投放式改性剂，则必须延长拌合时间。一般投入纤维及直接投放式改性剂后干拌时间不少于15s，湿拌（加入沥青后）时间不少于40s。拌合出的混合料应均匀，无离析、花白、结块等现象。

拌合温度须根据改性沥青黏度确定，使用上海浦东路桥建设股份有限公司直接投放式高黏度改性剂 RST 时，集料加热温度通常控制在180～190℃，基质沥青加热温度控制在150～160℃，混合料的出厂温度控制在170～185℃之间，最高温度（废弃温度）不高于195℃。

使用成品改性沥青时，集料加热温度通常控制在190～200℃，成品改性沥青加热温度控制在160～175℃，混合料的出厂温度控制在170～185℃之间，最高温度（废弃温度）不高于195℃。

5.3.4　运输工艺

多孔隙排水降噪沥青混合料的运输，须使用清洁干净的大吨位自卸车运输，以避免混合料在运输过程中产品质量发生变化，运输过程应符合施工技术规范要求，同时注意以下事项：

1. 温度

由于多孔隙排水降噪沥青混合料的空隙率较高，比通常的热拌沥青更容易冷却，因此：

1）料车装料后混合料表面覆盖双层帆布，混合料卸载到摊铺机之前不得取下帆布；

2）运料车在出厂时要经过温度检测，到工地后混合料温度：165～180℃；

3）合理安排料车数量，尽可能保证摊铺机连续摊铺，根据施工季节的气温变化增加油布的数量。

2. 防止混合料粘车

由于该沥青混合料为高黏度的混合料，容易粘到车厢上，因此最好在车厢内部涂抹一层防粘剂，应使用硅油等重油，不得涂轻质油，以免稀释沥青。

5.3.5　摊铺工艺

多孔隙排水降噪沥青混合料，摊铺温度应为155～160℃之间。摊铺工艺应符合施工技术规范，同时还须注意以下几点：

1. 摊铺上面层多孔隙排水降噪沥青混合料时，摊铺机使用桁架滑移式平衡梁。为保证平衡梁基准和沥青摊铺机履带板基准，在此两基准之前不准有散落的沥青料，必须派专人在平衡梁和履带之前做好清理和清扫工作。

2. 对于新材料应试铺后再调整松铺系数。

3. 摊铺速度应根据摊铺层厚度、宽度、运距等予以调整选择，一般为 2 ～2.5m/min。

4. 松铺系数通过测定先摊铺路段的沥青路面来获得，初定松铺系数为：1.15。如采用排水平石，应注意排水平石50cm内的厚铺段与中间非厚铺段松铺系数的差异，厚铺段初步定为1.20，两者的松铺系数都要通过试验路段来最终确定。

5. 若使用前述排水盲沟结构，需要在无砂混凝土上方铺筑大空隙沥青混合料，如果工程只需要加铺一层，则可以直接摊铺大空隙沥青混合料；如果为二层以上的沥青面层摊铺，则需要在密级配沥青混合料铺筑过程中使用模板，将排水盲沟上方预留，以便直接在无砂混凝土上方人工铺筑大空隙沥青混合料，碾压成型。

5.3.6 碾压工艺

多孔隙排水降噪沥青混合料的压实是保证沥青路面质量的重要环节，对路面的耐久性与使用性能有很大的影响，碾压时应遵循"高温、紧跟、匀速、慢压、静碾"的原则进行。

碾压温度和压路机吨位应根据试验路确定。一般采用轻吨位的钢轮压路机静压，紧跟、碾压，压路机的速度不宜过快，作业长度不宜过长，保证碾压效果。根据沥青结合料黏度-温度曲线图以及施工现场的气温、地温、风力等因素，合理确定碾压温度。

1. 使用一般成品改性沥青时

初压温度不能过高或过低，温度过高，混合料易错位和移动，推移现象严重，温度过低，难以压实，影响压实度，一般不低于150℃；复压应紧随初压工序进行，以保证较高的温度，压实路段不宜过长；终压结束温度控制在90℃以上。

2. 使用上海浦东路桥建设股份有限公司 RST 改性沥青时

一般采用11t钢轮压路机、16t胶轮压路机和7t双钢轮压路机进行初压、复压和终压。

初压：11t钢轮压路机进行初压，初压温度＞150℃，静压1遍。

为了防止钢轮上附着有混合料，应喷洒少量清水或稀释切削油乳液。压路机洒水时，应严格控制水量，如前进喷水，后退不喷水，以避免料温下降过快。

复压：复压要紧跟初压，温度70～150℃。

先用11t钢轮压路机静压2遍，温度在80～150℃时，再用16t胶轮压路机，碾压1遍，温度在70～80℃。

终压：温度50～65℃，直到收光轮迹印。

压实时，碾压重叠宽度遵照沥青路面施工一般原则15～20cm，如使用上海浦东路桥建设股份有限公司的专利产品——排水平石，若先安装平石，最终路面必须与平石齐平，避免出现混合料侧向暴露，导致行车时石料飞散。由于排水平石的结构为中空结构，相对强度较弱，因此严禁压路机骑平石碾压，避免排水平石压碎。

5.3.7 排水路面摊铺后排水平石施工

若在沥青路面摊铺后进行排水平石的铺设，则可以防止路缘石的施工对沥青路面的污染，以及防止先安装路缘石和平石后进行铺筑过程中造成压路机损坏排水平石。

方法如下：

1. 首先对沥青路面的边缘不能直接用切割机切缝，而应采用电镐直接凿除，然后用空压机或森林灭火器吹尽灰尘，再用水冲洗接缝位置，防止连通空隙的堵塞。

2. 待截面干燥后，涂刷防水沥青层。与路缘石底部相接触的基层顶面也需要涂刷防水沥青层。

3. 先安装排水系统，再安装侧石及平石。

具体步骤如图5.3.7-1～图5.3.7-4所示。

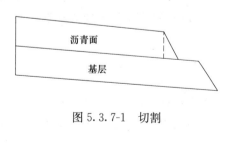

图 5.3.7-1 切割

图 5.3.7-2 涂刷防水层

图 5.3.7-3 安装侧石

图 5.3.7-4 安装排水平石

5.3.8 接缝处理

多空隙排水降噪沥青路面中接缝处理是十分重要的环节，直接影响着道路的平整度和接缝处的质量，在接缝处理过程中基本上与普通沥青路面相同，应注意以下几点：

1. 施工中应尽量减少接缝。两台摊铺机在不影响作业的情况下应尽量缩短距离，两台摊铺机相距宜为10~20m。纵缝应在较高温度下碾压结合密实。

2. 在横接缝处施工时，应对接缝清扫后进行加热处理，加热温度应达到100℃左右后才可摊铺大空隙沥青混合料，并及时压实，使之相互密接。

3. 施工中横、纵接缝都应采用热接缝方法。横向接缝主要考虑正确的接缝位置、方式和施工方法。相邻两幅和上下两层的横向接缝均应错位1m以上，为保证接缝的压实度、平整度、外形美观，应采用垂直的平接缝，跨缝碾压，用3m直尺检查平整度。纵向接缝使用两台（含）以上摊铺机成梯队同步摊铺沥青混合料，两台摊铺机的结构参数和运行参数应调整相等，相邻两幅的摊铺应有10mm宽度的摊铺重叠，表面层的纵缝应顺直，且宜设在路面标线位置。

4. 多孔隙排水降噪沥青路面之间及其与排水系统之间的冷接缝处理，与普通的沥青路面接缝处理有所不同，不能直接用切割机切缝，而应采用电镐直接凿除，然后用空压机或森林灭火器吹尽灰尘，再用水冲洗接缝位置，防止连通空隙的堵塞。

5. 排水路面与其他密水路面的接缝处须用防水粘层油涂刷2~3遍，防止渗水。

5.3.9 开放交通

路面施工结束后，应在路表温度降到50℃以下，方可允许开放交通。

6. 材料与设备

原材料的选择和质量的控制是整个沥青混合料质量控制的源头，其各项指标的试验及计算应按现行《公路工程沥青及沥青混合料实验规程》JTJ 052—2000和《公路沥青路面施工技术规范》JTG F40—2004规定的方法执行。

6.1 沥青

多孔隙排水降噪沥青混合料中采用的沥青要防止集料飞散，并使其具有耐候性、耐水性、耐流动性。

根据适用场所，可选用60℃黏度、韧性、黏韧性都改良过的高黏度改性沥青。当实践证明采用普通改性沥青或者掺加纤维稳定剂后能符合当地的条件时也可以采用。但普通改性沥青结合料至少要满足国家规范相应的指标要求，各个地区也可根据实践经验加以改进。

6.1.1 基质沥青的标准性能

由于多孔隙排水降噪沥青混合料具有高空隙率，和一般的沥青混合料相比，更容易受到日照、空气、水分等的影响。这样，对所用沥青的性能提出了更高的要求，其主要性能应根据当地气候及温度条件予以确定，性能应符合国家及当地规范要求，华东地区使用AH-70沥青性能指标如表6.1.1所示。

基质沥青技术指标　　　　　　　　　　表6.1.1

指标	单位	AH-70	指标	单位	AH-70
针入度(25℃,5s,100g)	0.1mm	60~80	溶解度,不小于	%	99.5
针入度指数PI		−1.5~+1.0	TFOT 质量变化,不大于	%	±0.8
软化点(R&B)	℃	44~54	残留针入度比(25℃),不小于	%	55
60℃动力黏度,不小于	Pa·s	160	残留延度(10℃),不小于	cm	6
蜡含量,不大于	%	2	残留延度(15℃),不小于	cm	15
闪点,不小于	℃	260	密度(15℃)	g/cm³	实测记录

6.1.2 高黏度改性沥青的标准性能

高黏度改性沥青是指60℃绝对黏度在20000Pa·S以上的沥青。现在使用的高黏度改性沥青的标准性能如表6.1.2所示。

高黏度改性沥青标准性能　　　　　表 6.1.2

指　标	单位	检测目标值	指　标	单位	检测目标值
针入度(25℃)	0.1mm	40～50	薄膜加热针入度残留率,不小于	%	65
软化点,不小于	℃	80	黏韧性(25℃),不小于	N·m	20
延度(5℃),不小于	cm	30	韧性(25℃),不小于	N·m	15
闪点,不小于	℃	260	60℃黏度,不小于	Pa·s	20000
薄膜加热质量变化率,不大于	%	0.6			

6.2 粗集料

多孔隙排水降噪沥青混合料的粗集料,必须均质、干净、坚硬,具有耐久性,严格控制细长扁平的石片、尘埃、泥土、有机物等有害物质。

粗集料技术指标　　　　　表 6.2

项　目	单位	检测目标值	项　目	单位	检测目标值
石料压碎值,不大于	%	25	4.75mm以上针片状颗粒含量,不大于	%	10
洛杉矶磨耗损失,不大于	%	28	水洗法小于0.075mm颗粒含量,不大于	%	1
表观相对密度,不小于		2.60	软石含量,不大于	%	3
吸水率,不大于	%	2.0	对沥青黏附性,不小于		5级
坚固性,不大于	%	12			

6.3 细集料

多孔隙排水降噪沥青混合料中使用的细集料种类:

1. 天然砂

2. 人工砂

3. 筛选砂

4. 特种砂

细集料应清洁,坚硬,干燥,无风化,无杂质,与沥青黏附性好,具体指标见表6.3。

细集料技术指标　　　　　表 6.3

试验项目	技术要求	检测目标值	试验项目	技术要求	检测目标值
视密度,不小于	t/m³	2.50	砂当量,不小于	%	60
坚固性(0.3mm部分),不小于	%	12			

6.4 矿粉

填料必须采用石灰石等碱性岩石磨细的矿粉。矿粉必须保持干燥、清洁(回收的粉尘全部废弃),能从石粉仓中自由流出,具体指标见表6.4。

矿粉技术指标　　　　　表 6.4

试验项目	技术要求	技术要求	试验项目	技术要求	技术要求
视密度,不小于	t/m³	2.50	<0.075mm部分	%	75～100
含水量,不大于	%	1	外观		无团粒结块
粒度范围<0.6mm部分	%	100	亲水系数		<1
<0.15mm部分	%	90～100	塑性指数	%	<4

6.5 纤维

大空隙沥青混合料由于其空隙率很大，集料的比表面积相对较低，为使在生产、运输及铺筑期间不产生沥青流淌现象，并具有足够的沥青油膜厚度以增强耐久性，除使用高黏度改性沥青外，亦可添加稳定添加剂。纤维储存时干燥，不结团。其中，纤维技术要求可参考相关规范要求。

但上海浦东路桥建设股份有限公司不建议采用大量纤维作为稳定添加剂，由于纵横交错的大量纤维会导致连通空隙率的减少，降低排水路面的功能性。在排水路面中建议采用长度较短，或韧性较差易于拌合中破碎的矿物纤维作为稳定剂。纤维的具体使用需结合当地气候及沥青结合料黏度决定，沥青黏度较高则无须使用纤维稳定剂。

7. 质 量 控 制

多孔隙排水降噪沥青混凝土路面除了具有普通沥青混凝土路面要求的耐久性外，还应具有良好的降噪及排水功能。因此在施工时必须保证设定的目标空隙率，以确保能够铺筑符合预定功能目标的路面。

7.1 本工法执行的标准

1.	《公路沥青路面施工技术规范》	JTG F40—2004
2.	《公路工程沥青及沥青混合料试验规程》	JTJ 052—2000
3.	《公路工程集料试验规程》	JTG E42—2005
4.	《公路路基路面现场测试规程》	JTJ 059—95
5.	《公路工程质量检验评定标准》	JTG F80/1—2004
6.	《上海市公路沥青路面养护技术规程》	SZ—21—2002
7.	《城市道路工程施工及验收规程》	DGJ08—118—2005
8.	《沥青路面施工及验收规范》	GB 50092—96
9.	《北京市城市道路工程施工技术规程》	DBJ 01—45—2000
10.	《城镇道路工程施工质量检验标准》	DBJ 01—11—2004

7.2 原材料质量检查项目和频率

多孔隙排水降噪沥青混合料生产过程中，必须按表7.2规定的检查项目与频度，对各种原材料进行抽样试验，其质量应符合本规范规定的技术要求。每个检查项目的平行试验次数或一次试验的试样数必须按相关试验规程的规定执行，并以平均值评价是否合格。未列入表中的材料的检查项目和频度按材料质量要求确定。

原材料的检测项目与频度 表 7.2

序号	材料	检查项目	检查频度	平行试验次数 或一次试验的试样数
1	粗集料	外观(石料品种、含泥量等)	随时	—
		针片状颗粒含量	随时	2～3
		颗粒组成(筛分)	随时	2
		压碎值	必要时	2
		磨光值	必要时	4
		洛杉矶磨耗值	必要时	2
		含水量	必要时	2
2	细集料	颗粒组成(筛分)	随时	2
		砂当量	必要时	2
		含水量	必要时	2
		松方单位重	必要时	2
3	矿粉	外观	随时	—
		<0.075mm 含量	必要时	2
		含水量	必要时	2

序号	材料	检查项目	检查频度	平行试验次数或一次试验的试样数
4	基质沥青	针入度	每2～3d 1次	3
		软化点	每2～3d 1次	2
		延度	每2～3d 1次	3
		含蜡量	必要时	2～3
5	改性沥青	针入度	每天1次	3
		软化点	每天1次	2
		离析试验（对成品改性沥青）	每周1次	2
		低温延度	必要时	3
		弹性恢复	必要时	3
		显微镜观察（对现场改性沥青）	随时	—

7.3 多孔隙沥青混合料生产过程检测项目和频率

沥青拌合厂必须按下列步骤对多孔隙排水降噪沥青混合料生产过程进行质量控制，并按表7.3-1、表7.3-2规定的项目和频度检查沥青混合料产品的质量，如实计算产品的合格率。单点检验评价方法应符合相关试验规程的试样平行试验的要求。

室内检测项目和频率　　　　表 7.3-1

项目	检查项目	规定值或允许偏差	检查方法和频率
1	马歇尔稳定度(kN)	≥5.0	马歇尔试验：每天上午和下午各1次
2	流值(0.1mm)	20～40	
3	空隙率(%)	20左右	
4	连通空隙率(%)	≥15	
5	残留稳定度(%)	≥85	
6	抽提试验混合料级配(%) 13.2mm	±2.0	抽提试验：每天上午和下午各1次
	4.75mm	±2.0	
	2.36mm	±2.0	
7	抽提试验沥青用量(%)	±0.2	
8	车辙试验动稳定度(次/mm)	≥3000	车辙试验：每天1次
9	肯塔堡飞散(%)	<20	飞散试验：每2天1次
10	室内透水试验(cm/sec)	≥0.01	透水试验：每2天1次
11	冻融劈裂强度比(%)	≥85	冻融劈裂试验：每2天1次

施工过程检测项目和频率　　　　表 7.3-2

项目	检查项目	检查方法和频率
1	施工温度(℃) 沥青加热温度	温度计：每吨1次
	集料加热温度	红外感温仪：每锅3次
	出厂温度	温度计：每车1次
	摊铺温度	温度计：每50m 1处
	初压温度	温度计：每50m 1处
	复压温度	温度计：每100m 1处
	终压温度	温度计：每200m 1处
	开放交通温度	温度计：每500m 1处

项目	检查项目		检查方法和频率
2	碾压次数	初压次数	1段1次
		复压次数	
		终压次数	
3	摊铺速度（m/min）		随时
4	混合料外观		每车1次，要求均匀一致、无花白料、无离析和团结成块现象
5	摊铺外观		随时，平整、无拖痕、无离析

7.4 多孔隙排水降噪沥青路面质量验收及评定标准（表7.4）

上面层应平整、密实，不应有泛油、松散、裂缝、离析等现象。搭接处留的空隙应连通、密实、平顺、烫缝不应枯焦。上面层与路缘石及其他构筑物应平顺，不得有积水现象。

质量验收标准　　　　　　　　　　　　　表7.4

检查项目		检查频度（每一侧车行道）	质量要求或允许偏差		试验方法
			高等级道路	一般道路	
外观		随时	表面平整密实，无明显轮迹、裂缝、推挤、油盯、油包等缺陷，且无明显离析		目测
厚度	代表值	每1km 5点	设计值的−10%	—	T 0912
	极值	每1km 5点	设计值−20%	—	T 0912
压实度		每1km 5点	97%～100%		T 0924
路表平整度	标准差σ	全线连续	1.2mm	2.5mm	T 0932
	IRI	全线连续	2.0m/km	4.2m/km	T 0933
	最大间隙	每1km 10处，各连续10杆	—	5mm	T 0931
路表渗水系数		每1km不少于5点，每点3处取平均值评定	≥900ml/15s	—	T 0971
宽度	有侧石	每1km 20个断面	±20mm	±30mm	T 0911
	无侧石	每1km 20个断面	不小于设计宽度	不小于设计宽度	T 0911
纵断面高程		每1km 20个断面	±15mm	±20mm	T 0911
中线偏位		每1km 20个断面	±20mm	±30mm	T 0911
横坡度		每1km 20个断面	±0.3%	±0.5%	T 0911
摩擦系数摆值		每1km 5点	大于55	—	T 0964

7.5 施工机械、设备和劳动力组织

7.5.1 施工机械配置

根据多孔隙排水降噪沥青路面施工的特点和实际工程的要求，一般采取的机械设备配置情况如表7.5.1。

一般采取的机械设备配置情况　　　　　　　　　表7.5.1

机械设备名称	规格型号	数量	备　注
沥青混凝土拌合机		1	根据实际的工程需要增减设备
沥青混合料摊铺机		2	
双钢轮振动压路机	11t	3	
重型轮胎式压路机	16t	1	

机械设备名称	规格型号	数量	备　注
双钢轮振动压路机	7t	1	
洒水车		1	
平板车	30t	3	
油车	5t	1	
东风自卸车	10t	15	根据实际的工程需要增减设备
大通自卸车	20t	20	
风镐	0.6m³	3	
装载机		3	
电镐		8	
汽车起重机	QLY-25	1	

7.5.2　劳动力组织

根据工程的实际需要组织劳动力分批进场进行施工作业，一般人员组织见表7.5.2。

一般人员组织　　　　　　　　　　　表7.5.2

序　号	工　　种	人　数	序　号	工　　种	人　数
1	项目经理	1	8	维修组组长	3
2	现场技术负责	1	9	质量员	1
3	摊铺机队长	1	10	安全员	1
4	压路机队长	1	11	资料员	1
5	维修组组长	1	12	辅助工	20
6	摊铺机操作人员	6	13	其他人员	10
7	压路机操作人员	6			

7.5.3　质量检测仪器配置

根据工程的实际特点配置质量检测仪器，但检测仪器的基本配置见表7.5.3。

检测仪器基本配置　　　　　　　　　　　表7.5.3

仪器设备名称	规格型号	单位	数量	备注
水准仪		台	3	
标准测试车	BZZ-100	辆	1	
路面弯沉仪	4.5m臂长	台	1	
插入式温度计		只	10	
落锤式弯沉仪		台	1	
摆式仪		台	1	
连续式平整度仪		台	1	根据实际的工程需要增减设备
路面渗水仪		台	1	
沥青针入度仪		台	1	
沥青黏度仪		台	1	
沥青延度仪		台	1	
沥青老化试验仪		台	1	
车辙试验仪		台	1	

8. 安 全 措 施

8.1 安全生产实施原则

施工现场应严格执行安全生产管理规定，健全和落实工程安全责任制，切实做好"安全第一"和"预防为主"的方针，做到安全生产和文明施工。

所参加施工的作业人员必须经安全技术操作培训合格后方可进入现场进行施工。特殊工程必须持有操作证上岗作业，严禁无证上岗作业。各工序施工前均应由施工负责人进行书面交底。

8.2 测量施工安全实施措施

测量钉桩要注意周围行人的安全，不得对面使锤。钢钎和其他工具不得随意抛掷。

测量人员在高压线附近工作时，必须保持足够的安全距离。遇雷雨天不得在高压线、大树下停留。

8.3 机械设备驾驶员安全驾驶措施

操作人员在工作中不得擅离岗位，不得操作与操作不相符合的机械，不得将机械设备交给无本机种操作证的人员操作。

操作人员必须按照本机说明书规定，严格执行工作前的检查制度和工作中注意观察及工作后的检查保养制度。

工作前应检查：

1. 工作场地周围有无障碍物；

2. 油、水、电及其他保证机械设备正常运行的条件是否完备；

3. 安全、操作机构是否灵活可靠；

4. 指示仪表、指示灯显示是否正常可靠；

5. 油湿、水温是否达到正常使用温度。

工作中应观察：

1. 工作机械有无过热、松动或其他故障；

2. 参照例行保养规定进行例保作业；

3. 做好下一班的准备工作；

4. 填写好机械操作履历表。

驾驶室或操作室内应保持整洁，严禁存放易燃、易爆物品，严禁酒后操作机械，严禁机械带故障运转或超负荷运转。

机械设备在施工现场停放时，应选择安全的停放地点，关闭好驾驶室（操作室），要拉上驻车制动闸。坡道上停车时，要用三角木或石块抵住车轮。夜间应有专人看管。

用手柄启动的机械应注意手柄倒转伤人，向机械加油时附近应严禁烟火。

柴、汽油机的正常工作温度应保持在 $60\sim90℃$ 之间，温度在 $40℃$ 以下时不得带负荷工作。

8.4 碾压施工安全实施措施

压实必须在压路机前后左右无障碍物和人员时才能启动。变换压路机前进后退方向应待滚轮停止后进行。压路机靠近路堤留有足够的安全距离。两台以上压路机同时作业，其前后间距不得小于 $3cm$。

严禁在压路机没有熄火、下无支垫三角木的情况下，进行机下检修。

9. 环 保 措 施

9.1 执行国家颁发的《中华人民共和国环境保护法》。

9.2 及时清除施工过程中产生的废料，集中弃置于指定地点。

9.3 为防止绿化用土堵塞沥青路面，建议绿化工程应在排水路面施工前完成。

9.4 施工前应确保施工机械用油量，避免中途加油导致漏油，从而对路面造成污染。如确需加油，应在路面加盖隔油布。

9.5 料车轮胎不得粘泥进入摊铺现场，如有必要，进场前应清洗轮胎。

10. 效 益 分 析

多孔隙排水降噪沥青路面是一种特殊形式的沥青路面，从微观的经济分析来看，其价格比现有的常用沥青路面的造价要高，但是由于它特有的生态环保功能，使其对整个社会的宏观经济影响是巨大的。

日本对多孔隙排水降噪沥青路面使用后期的研究表明，该路面对提高安全驾驶，减少由于交通事故造成的财产损失是相当明显的，具体见图 10-1、图 10-2。

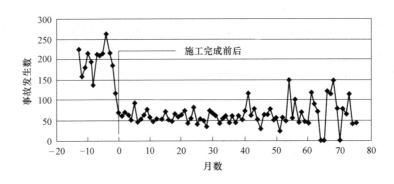

图 10-1　月度事故发生数统计表

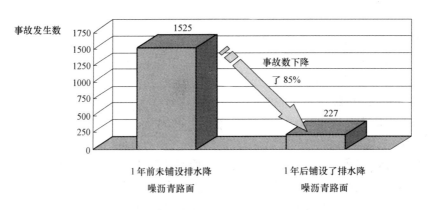

图 10-2　年度事故发生数统计表

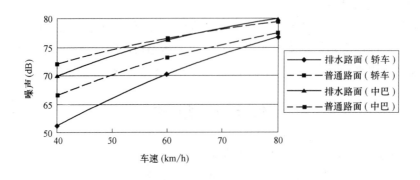

图 10-3　2003 年 6 月浦东北路现场检测噪声结果

另外，采用了该沥青路面，可有效地降低噪声，相对于修筑隔音屏障净效益可提高 3.5 倍。特别是像上海市这样城市人口密集的城市，可以减少隔声屏障的建造，提高居民的生活质量，解决道路周边地区的噪声污染，根据浦东北路的现场噪声检测，其效果还是相当明显的，具体见图 10-3、图10-4。

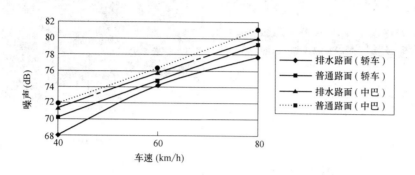

图 10-4 2004 年 6 月浦东北路现场检测噪声结果

所以，多孔隙排水降噪沥青路面的推广应用不能简单地用其实际的造价来衡量它的价值，要用可持续发展的眼光来大面积推广应用多孔隙排水降噪沥青路面。

11. 应 用 实 例

11.1 上海浦东路桥建设股份有限公司

上海浦东路桥建设股份有限公司多孔隙排水降噪沥青路面施工从 2002 年浦东北路开始，到 2006 年环南一大道施工，已经历经 5 个年头，从中总结了不少成功和失败的教训，为以后多孔隙排水降噪沥青路面施工提供了可借鉴的经验。

具体工程见以下汇总表 11.1。

工程汇总表   表 11.1

年份	工程名称	具体道路	道路等级	工程量	备注
2002 年	浦东北路 大修工程	浦东北路	城市主干道	3000t 37500m²	埃索 70 号 ＋TPS（日本）
2003 年	港城路 中修工程	港城路	城市主干道	2500t 31250m²	镇海 70 号 ＋TPS（日本）
2004 年	冬融路 中修工程	冬融路	城市次干道	1000t 12500m²	壳牌 70 号 ＋RST（自产）
2006 年	滨洲路 新建工程	滨洲路	城市主干道	600t 7500m²	壳牌 70 号 ＋RST（自产）
2006 年	五洲大道 新建工程	五洲大道	城市快速路	700t 87500m²	壳牌 70 号 ＋RST（自产）
2006 年	A20 环南一大道 大修工程	A20（杨高南路立交 ～徐浦大桥）北侧	城市快速路	5500t 68750m²	壳牌 70 号 ＋RST（自产）

施工期间的照片采集：

浦东北路排水平石

浦东北路摊铺现场

港城路摊铺现场

滨洲路摊铺好的沥青路面

环南一大道摊铺好的沥青路面

环南一大道通车后雨天拍摄的照片

11.2　北京市政建设集团有限责任公司、北京市市政工程研究院

具体工程情况见表11.2。

工法应用的工程实例 表 11.2

工程名称	开竣工时间	规模(m²)	应用效果
北七家道路改造	2002.06～2002.10	5000	降噪效果和使用性能均良好
劲松中街改造工程	2003.04～2003.06	6300	使用性能良好,降噪效果明显
堡头西路新建工程	2005.06～2006.09	12000	使用性能良好,降噪效果明显
科丰桥—看丹桥改造工程	2006.06～2006.10	32400	使用性能良好,降噪效果明显
金融街地下交通工程	2006.01～2007.06	12700	使用性能良好,降噪效果明显

下面以堡头西路为例介绍环保型降噪排水沥青路面的应用情况。

11.2.1 工程概况

堡头西路位于北京市朝阳区堡头地区,东四环南路东侧,是一条南北向的城市次干道,全长约 1.78km。道路结构总厚度为 55mm,其中基层为 45mm 石灰粉煤灰砂砾,下面层为 60mm 粗粒式重交通沥青混凝土 AC-30,上面层西半幅为 40mm 大空隙沥青混合料,长约 850m,宽 14m,东半幅为 40mm 常规 AC-13 沥青混合料。

11.2.2 施工情况

堡头西路新建工程主要包括地下管线、基层和面层施工几个部分。对于环保型沥青路段主要分为三个阶段:一是基层完工经验收合格后首先进行排水盲沟的施工,采用测量放线、人工开槽的方式开挖排水盲沟,坡度与道路纵坡保持一致,然后铺设细砂、防水土工布、软式透水管,回填天然级配砂砾和无砂混凝土;二是铺筑密级配沥青混合料 AC-30,对其平整度、压实度及路用性能进行检验;三是人工铺筑排水盲沟上方的大空隙沥青混合料,小型压路机紧跟其后碾压成型,最后采用机械摊铺的方式铺筑大空隙沥青表面层。

该工程于 2005 年 6 月开工,2006 年 9 月竣工。

11.2.3 效果评价

环保型降噪排水沥青路面颜色鲜明,整体美观;路面表面颗粒粗糙均匀,呈现较大空隙,坚实平整。通过检测,路用性能达到相关标准要求;相对于普通密级配沥青路面平均降低噪声 3.12dB,最高降低噪声 6.0dB,具有良好的降噪功能;排水效果亦很明显,渗水系数为 1778～2330ml/min,雨天观测,与普通路段相比,路面表面无水膜,车辆行驶时无水雾,路面颜色较深,软式透水管排水顺畅。经后期跟踪观测,目前路面使用状况良好,得到了各方的好评。

11.3 中国建筑第八工程局有限公司

于 2006 年 9 月 5 日在 220 国道梁山段改建工程项目进行了试验路段的铺筑,铺筑路段的桩号为 K324+318～K324+628,全长 300m,路幅宽 10m 透水性沥青面层铺筑在新建细粒式沥青混凝土层上,厚度 5cm。试验路的路面结构示意图见图 11.3。

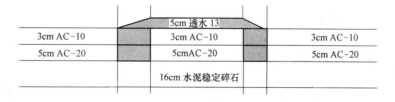

图 11.3 试验路路面结构示意图

试验路采用梁山附近的玄武岩集料,所用矿粉为当地石灰岩矿粉,矿粉中已经添加了 30% 的消石灰粉,根据室内研究成果,透水性沥青混合料外掺 0.3% 的聚酯纤维,沥青结合料采用山东华瑞道路材料有限公司提供的 SBS 改性沥青,此次试验路所用透水性沥青混合料的级配为 PA-13(见表 11.3-1)。

试验路段透水性沥青混合料的级配要求 试验路段透水性沥青混合料的级配要求　　　　　　表 11.3-1

方孔筛尺寸(mm)	16	13.2	9.5	4.75	2.36	1.18	0.6	0.3	0.15	0.075
PA-13	100	90～100	60～80	12～22	6～12	—	—	—	—	0～6

确定目标配合比级配的最佳沥青用量为 4.3%。从动稳定度检验结果来看，试验路透水性沥青混合料材料具有较好的高温稳定性。其动稳定度平均值在 3943 次/mm，能够满足重交通路面指标要求。长期老化后的飞散性能检验比较理想，说明同时使用改性沥青结合料和纤维稳定剂，切实保证了集料表面裹覆足够的沥青膜，使得空隙率较大的透水性沥青混合料具有较好的耐久性。

试验路段的摊铺过程中，控制拌合楼的拌合温度在 170℃，摊铺温度在 165℃以上。碾压组合见表 11.3-2。

试验路段碾压组合　　　　　　表 11.3-2

沥青路面层次	压路机类型	初　压		复　压		终　压	
		速度(km/h)	遍数	速度(km/h)	遍数	速度(km/h)	遍数
面层	12t 钢筒式压路机	3	2	3	2	3	1
	10t 钢筒式压路机	3	1	3	2	3	1

2006 年 10 月 16 日在济南港西立交桥的桥面铺装工程，在桩号 K1+230～K1+1230 之间铺筑了 10m×1000m 的透水性沥青路面。该段透水性沥青路面采用设有透水平石的断面结构形式，厚度为 5cm，最大粒径尺寸为 13.2mm，采用科氏高黏度改性沥青，粗集料采用山东章丘玄武岩，细集料按照课题组的设计要求采用石灰岩，纤维外加剂采用国产木质素纤维，路面造价为 52 元/m²。

附录 A　透水性沥青混凝土透水试验（现场透水试验法）

1. 目的

中国建筑第八工程局有限公司设计此试验方法，用以测定透水性沥青混凝土路面，开级配沥青混凝土层现场的透水量，评估透水性能。

2. 适用范围

（1）透水性沥青混凝土及开级配沥青混凝土新铺设的路面渗透量测定，用以评估新铺面层透水性能，供现场施工质量控制。

（2）开放交通后，评估路面透水功能减退的程度，为路面养护恢复透水性能提供必要参数。

3. 仪器

（1）改进后现场透水试验仪

如图 A-1 所示。

（2）玻璃腻子、黄油、油灰或者橡皮泥等

（3）秒表

精度 0.1s

（4）洁净水

（5）盛水容器

（6）水管

4. 试验方法与步骤

（1）将路面测试点表面清除干净。

（2）密封材料搓成直径约 1cm，长度约 50cm，将其围绕在现场透水试验仪底座内周缘，并压紧在

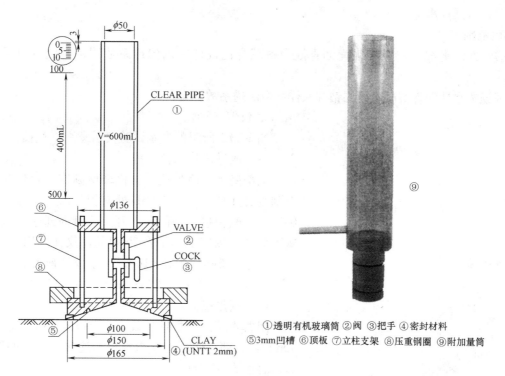

图 A-1 改进后现场透水试验仪

①透明有机玻璃筒 ②阀 ③把手 ④密封材料
⑤3mm凹槽 ⑥顶板 ⑦立柱支架 ⑧压重钢圈 ⑨附加量筒

试验点，防止流水渗出底座外周缘。围绕的油性黏土不可过量，避免因过量而减少透水面积。

（3）将附加量筒的末端套上橡皮圈，涂上适量的润滑油，稳妥地安放在渗水仪上。溢水孔处接橡胶软管，软管末端用铁夹夹住，置于接水槽内。

（4）关闭水阀，储水圆筒注满水。

（5）打开渗水仪开关，待水面快下降至溢水孔位置处时，取掉铁夹，允许水从溢水孔处溢出。开动秒表，同时往量筒内注水（注水速度不小于 10mL/s），保证水面不变，3min 后关闭开关，停止注水。

（6）重复 4、5 步骤共测试三次，各次测试间隔约需等 1min。

5. 计算

测量注入的水容积 V_1 和溢出的水容积 V_2，渗水系数 C 的计算公式为：

$$C = (V_2 - V_1)/180 \qquad (A-1)$$

注：本试验方法参照规范《公路工程沥青及沥青混合料试验规程》JTJ 052—2000 的 T 0730—2000 以及台湾排水性改质沥青混凝土铺面附录四。

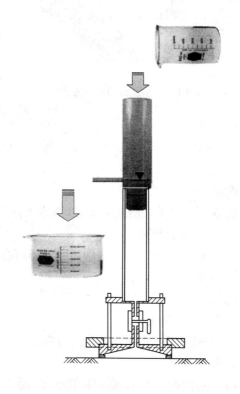

图 A-2 现场透水试验仪测试示意图

附录 B 透水性沥青混凝土透水试验（室内透水试验法）

1. 目的

中国建筑第八工程局有限公司设计此试验方法，用以测定室内压实成型的透水性沥青混合料及开级配沥青混合料试件渗透系数。

2. 适用范围

（1）透水性沥青混合料及开级配沥青混合料配合比设计室内渗透系数测定，也适用于现场质量控制。

（2）现场透水性沥青混凝土面层钻芯取样室内渗透系数测定。

3. 仪器

如图 B-1 所示的透水试验仪示意图，包括：

（1）改进的渗水仪

上部盛水量筒由透明有机玻璃制成，容积 600mL，上有刻度在 100mL 和 500mL 处有粗标线，下方通过 $\phi 10$ 的细管与底座相接，中间有一开关。量筒通过支架联结，底座下放开口内径 $\phi 150$，外径 $\phi 165$，仪器附铁圈压重两个，每个重量约 5kg，内径 $\phi 160$。渗水仪底座开设对应的凹槽（直径 2mm），便于放置测量试件，保证四周不透水。

（2）附加量筒

附加量筒在底部开设 $\phi 12$ 的溢水孔，量筒内径为 60mm，底部为便于与原渗水仪相连接，设有两圈橡胶圈，量筒容积为 300mL。

（3）铁模具或者不脱模的马歇尔试件

使用不脱模的马歇尔方法成型的试件。如果是钻芯取样的试件，用中空圆铁模及其套圈，铁模及套圈内径为 10.2cm，高约 9.0cm。圆铁模可采用一体成型或由直径端侧面分裂两半再予以套合，分裂式铁模组合时，侧向结合处需垫橡胶条防止水由结合处流出。

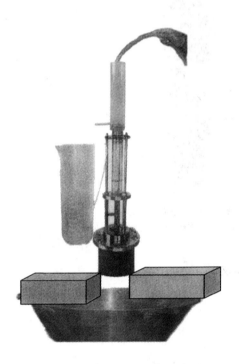

图 B-1　透水性试验仪示意图

（4）接水槽

① 能容纳透水圆筒及其底座的适当大小的容器，水槽具有排水口槽。

② 游标卡尺

③ 磅秤

称量 5kg 以上，精度 0.5g 以下的磅秤。

④ 量筒或者量杯

容量不小于 1000ml，刻画 10ml 的量筒或者量杯。

⑤ 秒表

⑥ 温度计

50℃或 100℃温度计。

⑦ 玻璃腻子或者黄油等密封材料。

4. 试验准备

（1）室内配合比试验：依沥青混凝土马歇尔配合比设计，在所选用的集料级配及最佳沥青含量，拌合温度下拌合均匀，置入试件铁模内，上下面夯打设计次数的不脱模沥青混凝土试件。

（2）实际生产过程中试验：沥青拌合厂依设计的级配、沥青含量及拌合温度所拌制的沥青混合料，放入试件铁模内，上下面夯打设计次数的不脱模沥青混凝土试件。

（3）透水性沥青混凝土混合料新铺面层或因开放交通后，评估渗透系数逐渐衰退的程度，钻芯取样的试件。

（4）采用钻芯取样的试件：如果是分裂式试体铁模，应先在铁模内壁面抹密封材料；所抹密封材料不可过厚，以防阻碍试件侧面空隙的流水；若用一体成形的试件铁模，在置入试件后，应在铁模内壁与试件侧面所留的空隙内用加热 90℃ 的沥青灌注，并等加热的沥青冷却后备用。

5. 试验步骤

（1）首先将附加量筒的末端套上橡皮圈，涂上适量的润滑油，稳妥地安放在渗水仪上。

（2）溢水孔处接橡胶软管，软管末端用铁夹夹住，置于接水槽内。

（3）关闭渗水仪开关，附加量筒内注满试验用水（试验用水指不含气泡的蒸馏水或煮沸并经冷却的水）。

（4）打开渗水仪开关，待水面快下降至溢水孔位置处时，取掉铁夹，允许水从溢水孔处溢出。

（5）调整注入水流速，直至水位保持在溢流口，而多余的水由溢水口流出。

（6）在水位保持定位时，即可在溢流口下置入带刻度的量筒或者量杯承接流水的同时按下秒表，在设定的时间（通常为 3min）再按下秒表的同时移出量筒或者量杯。

（7）在设定的时间内，量筒或者量杯所承接的水量，记录下来。

（8）用游标尺量测水头，记录下来。

（9）接水槽内的水温，记录下来。

6. 计算

（1）计算在试验温度 T℃时的渗透系数 K_T（cm/s）如式 B-1：

$$K_T = \frac{L}{h} \cdot \frac{Q}{A(t_2 - t_1)} \tag{B-1}$$

式中　K_T——渗透性系数（cm/s）；

　　　　L——试体厚（cm）；

　　　　h——水头（cm）；

　　　　t_1——试验开始时间（s）；

　　　　t_2——试验终止时间（s）；

　　　　Q——t_2 至 t_1 时间内之渗流量（cm³）。

（2）渗透性系数与水温的关系：

温度与水的黏滞度系数关系，以及修正为水温 20℃ 的标准渗透性系数 $K_{20℃}$ 应乘于试验时水温与 20℃ 水温的水黏滞性系数比值 $\mu_T/\mu_{20℃}$ 的关系式如式 B-2、式 B-3 及表 B-1、表 B-2。

$$K_t = K_T \frac{\mu_T}{\mu_t} \tag{B-2}$$

$$K_{20℃} = K_T \frac{\mu_T}{\mu_t} \tag{B-3}$$

式中　K_t、K_T、$K_{20℃}$——水温为 t、T、20℃ 时之渗透性系数（cm/s）；

　　　　μ_t、μ_T、$\mu_{20℃}$——水温为 t、T、20℃ 时之黏滞性系数（Poise）。

试验水温 T℃与 15℃ 水温的 $\mu_T/\mu_{15℃}$ 的渗透系数修正值　　　　　表 B-1

	0	1	2	3	4	5	6	7	8	9
0	1.567	1.513	1.460	1.414	1.369	1.327	1.286	1.248	1.211	1.177
10	1.144	1.113	1.082	1.053	1.026	1.000	0.975	0.950	0.626	0.903
20	0.881	0.859	0.839	0.819	0.800	0.782	0.764	0.747	0.730	0.714
30	0.699	0.684	0.670	0.656	0.643	0.630	0.617	0.604	0.593	0.582
40	0.571	0.561	0.550	0.540	0.531	0.521	0.513	0.504	0.496	0.487

试验水温 T℃ 与 20℃ 水温的 $\mu_T/\mu_{20℃}$ 的渗透系数修正值　　　　　　表 B-2

T℃	0	1	2	3	4	5	6	7	8	9
0	1.783	1.723	1.665	1.611	1.560	1.511	1.466	1.421	1.379	1.340
10	1.301	1.265	1.230	1.197	1.165	1.135	1.106	1.077	1.051	1.025
20	1.000	0.976	0.953	0.931	0.909	0.889	0.869	0.850	0.832	0.814
30	0.797	0.780	0.764	0.749	0.733	0.719	0.705	0.691	0.678	0.665
40	0.653	0.641	0.629	0.618						

注：本试验法依据日本道路协会规范及自主研发的仪器特性规定。

青藏铁路低温早强耐久混凝土施工工法
YJGF059—2006

中铁一局集团有限公司

白杨军　王崇新

1. 前　　言

新建青藏铁路格拉段穿越青藏高原多年冻土区550多公里，施工中面临着高原缺氧、负温施工、冻土和环境保护等诸多难题，混凝土施工也必须结合工程所处的环境、气候条件及设计要求，采用先进实用的技术装备和管理模式，依靠科技，不断研究改进施工组织方案，克服大温差、强蒸发地区耐久性混凝土施工中的诸多技术难题，确保混凝土施工质量。

中铁一局在青藏铁路施工中承担十四标段37.524km施工任务，有桥梁29座、涵渠39座，共计混凝土约13万 m^3。通过3年的施工实践，总结形成了本工法。

2. 工 法 特 点

2.1 通过掺加多功能复合型外加剂，有效降低混凝土水胶比，促使混凝土在低温、负温条件下发展早期强度，细化硬化混凝土微孔结构，使混凝土获得较好的耐久性能。

2.2 通过测试新拌混凝土含气量、坍落度和泌水率，控制混凝土拌制质量，预测混凝土的长期耐久性能。

2.3 选用水化热较低的胶凝材料，控制拌合物的入模温度在2～10℃，最大限度降低浇筑混凝土对冻土的热扰动，缩短结构物周围冻土的回冻时间，为后续施工创造条件。

2.4 采用集中混凝土拌合站供应，降低混凝土的生产成本。采取有效控制手段，提高模板质量，使混凝土结构物线条分明、表面光洁。

2.5 为使结构物混凝土水分不致迅速失去，采取"三阶段养护工艺"进行全过程养护。

2.6 采取持续监控的办法，及时了解掌握混凝土表面与外界的温差，及时调整养护方法。

2.7 针对高寒大温差和强蒸发的实际特点，采取切实可行的保温、保湿措施，确保结构物混凝土不受冻、不干裂，强度均衡增长。

3. 适 用 范 围

本工法适用于高原、高寒多年冻土区对混凝土低温早强、抗冻耐腐、抗氯离子侵蚀和耐风蚀等性能要求较高的混凝土工程，对其他地区耐久性要求较高的混凝土施工也有一定借鉴作用。

4. 工 艺 原 理

4.1 根据青藏高原特殊环境和设计要求，在混凝土中掺入含有高效减水、引气、保坍防泌、细化微孔结构等组分的复合型混凝土外加剂，有效改善混凝土的工作性能和耐久性能。

4.2 混凝土施工过程的各个环节是相互依存的，任何一个环节出现问题都将影响其技术性能，故此，将混凝土的施工过程控制划分为原材料选择、配合比选定、混凝土拌合、运输、浇筑、养护等几个方面，并分别采取措施对施工全过程进行质量控制，从而确保实体混凝土的质量及耐久性达到设计要求。

4.3 青藏线混凝土的耐久性指标是混凝土整体性能的控制指标。由于混凝土耐久性指标的试验时间长、操作繁琐、设备复杂，不利于混凝土质量的有效控制，因此施工开始前严格检验混凝土使用原料的品质，调配混凝土配合比，将混凝土坍落度、含气量和泌水率调整到合理的范围内，从而确保全面、大范围施工时混凝土控制指标在规定的范围内。

5. 施工工艺流程及操作要点

5.1 低温早强耐久混凝土施工工艺流程见图 5.1。

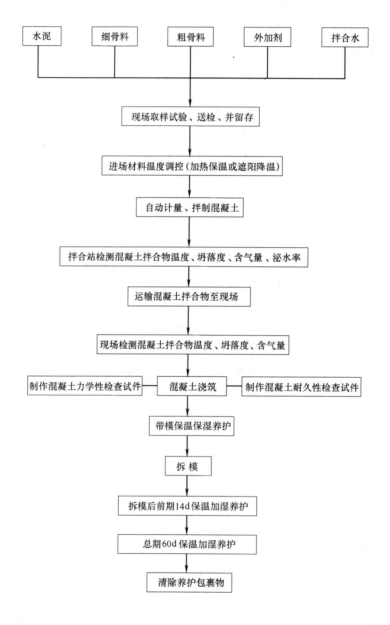

图 5.1 低温早强耐久混凝土施工工艺流程

5.2 蒸养耐久混凝土施工工艺流程见图 5.2。
5.3 耐久混凝土养护工艺流程见图 5.3。

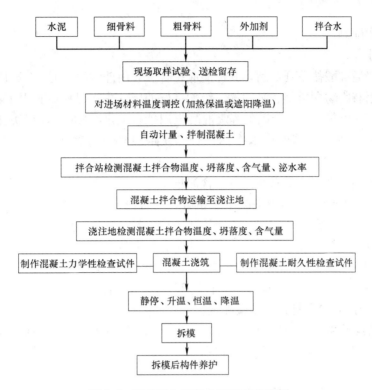

图 5.2 蒸养耐久混凝土施工工艺流程

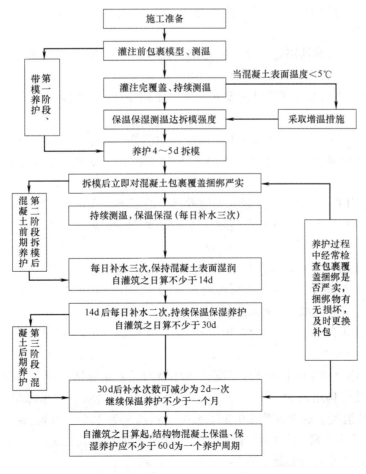

图 5.3 耐久混凝土养护工艺流程

5.4 施工要点

5.4.1 混凝土的配制

1. 原材料的选用

1）水泥：选用普通硅酸盐系列产品，其性能应符合《通用硅酸盐水泥》GB 175—2007 的规定。

2）细骨料：选用有害物含量小、坚固性、级配良好的天然中粗砂。C50 以下混凝土用砂含泥量≤3.0%，氯离子含量＜0.06%，C50 及以上等级混凝土用砂含泥量≤2.0%，泥块含量＜0.1%，坚固性＜5%，氯离子含量＜0.06%。其他技术指标符合《铁路混凝土与砌体工程施工规范》TB 10210 的规定。

3）粗骨料：选用连续级配、坚固性优良、含泥量小、坚硬耐久的碎石、卵石或两者的混合物，最大粒径不得大于 40mm。C50 以下等级混凝土用粗骨料的含泥量≤1.0%，C50 及以上等级混凝土用粗骨料的含泥量≤0.5%，泥块含量≤0.10%，针片状颗粒含量≤8%，坚固性≤5%，岩石抗压强度与混凝土强度等级之比≥1.5。其他技术指标应符合《铁路混凝土与砌体工程施工规范》TB 10210 的规定。

当因条件所限不得不使用碱活性骨料时，骨料的浆棒膨胀率不应大于 0.2%，且混凝土的碱含量应满足《铁路混凝土工程预防碱-骨料反应技术条件》TB/T 3054 的规定。否则，应采用具有明显抑制碱－骨料反应功能的外加剂或掺合料并经试验确定。

4）外加剂：在青藏铁路施工中采用铁科院配制生产的 DZ 系列混凝土外加剂，其技术性能指标应符合《混凝土外加剂》GB 8076、《混凝土防冻剂》JC 475 和《青藏铁路高原冻土区混凝土耐久性技术条件》的规定。

5）掺合料：在具有强腐慢性矿化水冻融区环境中的混凝土，除掺混凝土外加剂外，应同时掺加粉煤灰，其品质应符合 GB 1596 规定的 I 级粉煤灰要求。在十四标线下工程施工中未使用掺合料。

6）拌合水：混凝土搅拌用水应满足《铁路混凝土与砌体工程施工规范》TB 10210 的规定。

2. 配合比设计

根据现行铁路规范及青藏铁路建设总指挥部对胶凝材料用量要求，混凝土配合比设计按以下原则进行：

1）满足设计对混凝土耐久性和强度的要求。水胶比和胶凝材料用量应根据工程结构环境及施工条件确定。

① 采用导管法施工时，具有中等及以下腐蚀性环境的灌注桩混凝土水胶比≤0.38，胶凝材料用量为 400～470kg/m³；具有强腐蚀性或矿化水冻融区环境的混凝土灌注桩的水胶比≤0.38，胶凝材料用量为 450～480kg/m³。

② 采用泵送法施工时，具有中等及以下腐蚀性环境的基础、墩台、墩柱等混凝土的水胶比≤0.38，胶凝材料用量为 420～440kg/m³；具有强腐蚀性或矿化水冻融区环境的基础、墩台、墩柱等混凝土的水胶比≤0.36，胶凝材料用量为 440～460kg/m³。

③ 采用斗送法施工时，具有中等及以下腐蚀性环境的基础、墩台、墩柱等混凝土的水胶比≤0.38，胶凝材料用量为 400～420kg/m³；具有强腐蚀或矿化水冻融区环境的基础、墩台、墩柱等混凝土的水胶比≤0.37，胶凝材料用量为 420～440kg/m³。

④ 采用泵送法输送混凝土和蒸养法生产预应力混凝土耐久梁时，混凝土的水胶比≤0.34，胶凝材料用量为 480～530kg/m³。

⑤ 采用斗送法施工时，具有中等及以下腐蚀性环境的预制矩（圆）涵及其基础等结构构件混凝土的水胶比≤0.37，胶凝材料用量为 380～400kg/m³；具有强腐蚀或矿化水冻融区环境的预制矩（圆）涵及其基础等结构构件混凝土的水胶比≤0.36，胶凝材料用量为 420～440kg/m³。

2）采用导管法浇筑水下混凝土的砂率为 38%～44%，采用泵送法施工普通结构的混凝土砂率为 38%～42%，采用斗送法施工的混凝土砂率为 30%～34%。

3）使用 DZ 系列外加剂的型号和掺量按施工环境温度及腐蚀条件确定（见表 5.4.1）。

4）混凝土拌合物坍落度应根据工程结构性质、运送、浇筑方法确定。导管法浇筑水下混凝土的坍落度为180～200mm，罐车运送混凝土的坍落度为90～130mm，泵送法运送混凝土的坍落度为120～180mm，斗送法混凝土坍落度为30～90mm。

5）混凝土拌合物的含气量根据混凝土抗冻标号和养护工艺确定。抗冻等级为F300时，采用常温养护含气量为3.5%～6.0%，采用蒸养法养护时含气量为2%～3%。

6）混凝土配合比的设计除应遵循上述原则确定其主要参数外，还应按《普通混凝土配合比设计规程》JGJ 55进行试验验证。

DZ型低温早强高性能混凝土外加剂的适用范围及掺量　　　　　表5.4.1

序号	型号	适用工程部位	适用最低环境温度（或蒸汽养护温度）	掺量（内掺）	粉煤灰（内掺）
1	DZ—0	中等及以下硫酸盐侵蚀环境中的承台、墩台、涵洞基础、隧道衬砌等	0℃以上	10%	—
2	DZ—1	中等及以下硫酸盐侵蚀环境中的钻孔灌注桩、隧道衬砌等	−5℃以上	10%	—
3	DZ—2	中等及以下硫酸盐侵蚀环境中的承台、墩台、涵洞基础、隧道衬砌等	−10℃以上	10%	—
4	DZ—3	中等及以下硫酸盐侵蚀环境中的承台、墩台、涵洞基础、隧道衬砌等	−20℃以上	10%	—
5	DZ—4	预制圆、矩涵 预制插入桩、打入桩、电杆 预制桥梁	50℃蒸养或自然养护	10%	10%～15%
		预制轨枕	60℃蒸养		

3. 混凝土耐久性要求

1）抗冻融循环指标：$F \geq 300$。

2）抗渗指标：$S \geq 12$。

3）护筋性：混凝土砂浆中的钢筋不得锈蚀。

4）抗氯离子渗透性：氯离子渗透值不得大于1000库仑。

5）抗裂性：混凝土的表面非受力裂缝平均宽度不得大于0.20mm。

6）耐腐蚀性：混凝土能耐 SO_4^{2-} 的浓度为2000～10000mg/L，耐 Mg^{2+} 的极限浓度为3000～15000mg/L。

7）抗碱-骨料反应性能：骨料的砂浆棒膨率按《铁路混凝土用骨料碱活性试验方法》TB/T 2992检验不得大于0.2%，且混凝土的总碱含量应满足《铁路混凝土工程预防碱-骨料反应技术条件》TB/T 3054的规定。

8）耐风蚀性能：暴露于大气中的混凝土，其砂浆的磨耗量不大于0.5kg/m²。

4. 混凝土拌制

1）原材料的保温与加热

当环境温度过低，混凝土拌合物温度无法满足要求时，优先采用加热水的方法，当只加热水还不能满足要求时，采用骨料同时加热的方法。根据热工计算和实际试拌，确定水或骨料需要加热的温度水的最高加热温度不超过60℃。当加热水还不能满足要求时，再将骨料均匀进行加热，但加热温度不高于60℃。水泥、外加剂在使用前运入暖棚进行预热。

在暖季灌注混凝土基础时，为控制混凝土的入模温度，可安排在夜间进行施工，同时对存放的粗、细骨料采取遮阳和使用前采用冷水冲洗骨料降温的措施。

2）混凝土的拌合

混凝土采用集中拌合方式进行拌合，使用具有自动计量上料系统的强制式搅拌机，搅拌时间一般控制在2～3min，最长不得超过5min。混凝土拌合物坍落度根据灌注工艺要求，严格按配合比设计控制。常温养护法生产混凝土时，混凝土拌合物含气量控制一般在3.5%～5.5%。

蒸汽养护生产混凝土时，混凝土拌合物含气量控制一般在2%～3%。当石子温度低于0℃时，先投入石子与热水预拌，以避免石子表面出现冰膜。

5. 混凝土运输

1）运输设备内壁平整光滑、不吸水、不漏水，经常清除黏附的混凝土。

2）远距离运输混凝土采用混凝土罐车输送，运输途中以2～4r/min的转速转动，卸料前以常速再次搅拌卸料。

3）近距离运输混凝土采用斗车，混凝土的装载厚度不小于40cm，斗车贮料斗应予以覆盖。

4）用吊斗（罐）垂直运输混凝土时，吊斗出口到承接面间的高度不大于2m。吊斗（罐）底部的卸料活门应开启方便，并保证不漏浆。

5）当气候寒冷时，在运输混凝土拌合物的容器外罩上保温套，混凝土运输至浇筑处的温度与要求不相符时，及时采取措施进行调整。

6）混凝土在运输过程中应保证不发生离析、漏浆、严重泌水及坍落度损失过多等现象。

5.4.2 混凝土浇筑

1. 混凝土运至浇筑地点后，及时浇筑，以减少热量损失。混凝土失去流动性浇筑困难时，不得二次加水拌合使用。

2. 浇筑对冻土层有直接影响的混凝土结构时，入模温度一般控制在5℃左右，最高不大于10℃。

3. 浇筑与冻土层不直接接触，且在低温下养护的混凝土结构时，模板温度不低于−3℃，混凝土的入模温度一般控制在10℃左右，最高不大于15℃；采用蒸汽养护的耐久混凝土入模温度一般为10～20℃，最高不大于25℃。

4. 环境气温低于是−10℃条件下进行较小体积的混凝土浇筑时，在浇筑部位的周围搭设暖棚并事先预热，以避免浇筑期间混凝土受冻。

5. 混凝土应分层进行浇筑，其分层厚度应根据混凝土拌制能力、运输条件、浇筑速度、振捣能力和结构要求等条件决定。现浇混凝土结构的分层厚度为20～30cm。

6. 每一点的振捣延续时间宜为20～30s，以混凝土不再沉落，不出现明显的大气泡，表面呈现浮浆为度。

7. 混凝土浇筑应连续进行，因故间歇时，间歇时间应根据环境温度、水泥性能、水灰比和外加剂类型等条件通过试验确定。当间歇时间超过允许值时，按浇筑中断处理，同时留置施工缝，并做好记录，施工缝的平面与结构的轴线相垂直，施工缝处应埋入适量的接茬片石、钢筋或型钢，并使其体积露出前层混凝土一半左右。

8. 浇筑施工缝上层混凝土时，前层混凝土抗压强度不小于1.2MPa，并凿除和清除原混凝土表面水泥砂浆薄膜、松动石子、松动混凝土层及杂物。混凝土接合面原混凝土温度保持在2℃以上，先铺抹一层厚约15mm并与混凝土灰砂比相同而水灰比略小的水泥砂浆，或铺一层厚约20cm其粗骨料比新浇混凝土减少10%的混凝土，然后再继续浇筑新层混凝土。

9. 混凝土浇筑至表层时及时除去浮浆，并在混凝土初凝前进行混凝土表面的提浆、压实、抹光工作，在初凝后终凝之前进行二次压抹，以减少混凝土表面收缩。

10. 混凝土浇筑过程中，混凝土拌合物实测坍落度与要求坍落度之差的允许偏差符合以下规定：要求坍落度≤40mm时，允许偏差为±10mm；要求坍落度为50～90mm时，允许偏差为±20mm；要求坍落度≥100mm时，允许偏差为±30mm。

11. 每一工作班拌制的同配合比混凝土每100盘且不超过100m³时（不足100m³亦按100m³计），

应制作不少于 6 组混凝土抗压强度检查试件，其中：1 组用作测定临界抗冻强度；1 组用作确定拆模时间；2 组在同条件养护 7d 再转入标准条件养护 28d，用作测定同条件养护转标准条件养护试件的抗压强度 R-7＋28；2 组在标准条件下养护 28d，用作测定混凝土试件的标准抗压强度 R28。

蒸养法生产的耐久混凝土预制构件的力学性能检查试件的制作频率同普通混凝土预制构件相同。

12. 在同标段、同配合比、同拌合站的耐久混凝土梁及其他混凝土预制构件每 3000m³，其他混凝土每 5000m³ 制作 1 次耐久混凝土性能检查试件。

5.4.3 混凝土养护与拆模

根据外部环境温差大、蒸发量高的特点，对现浇混凝土的养护实施三阶段保温、保湿养护，控制混凝土表面温度不低于 5℃，保证拆摸时混凝土表面温度与外界环境温度之差不大于 10℃。混凝土浇筑前，要充分作好混凝土养护的准备工作，包括各种养护材料、测温仪器、补水设备等。

1. 结构物混凝土带模养护

1）混凝土灌注后，立即用棉毡或棉帐篷紧贴模型外壁包裹。混凝土的顶面可用湿毡布覆盖，其上再覆盖一层厚塑料布，防止水分散失，最后盖一层棉毡或棉毡帐，进行保温、保湿养护。

2）严格控制混凝土的养护温度不低于混凝土外加剂所规定的最低适用温度。当环境温度低于－5℃时，采取火炉和碘钨灯增温两种方式保温。热源距混凝土实体模板间距应不小于 1m，并在热源辐射较强区域用废模板或其他隔热材料阻热，防止因混凝土受热不均造成局部龟裂，要使整体混凝土结构物受热均匀，直至混凝土的强度达到临界抗冻强度，并对混凝土不准洒水。引用外部热源进行养护时，混凝土的静养时间不少于 2h，其养护温度控制不大于浇筑完成后的混凝土内部温度。

3）当环境温度大于 5℃时，混凝土灌筑终凝后，且有一定强度（一般应超过 12h），可从混凝土结构物顶面充分洒水保湿养护。在正温条件下，结构物混凝土应带模养护 4～5d，其强度可满足拆模强度要求。

2. 结构物混凝土拆模后前期养护

1）混凝土拆模时，表面温度与环境温度之间不宜大于 15℃，最好在一天中气温最高的时间段拆模。

2）在将混凝土模型有序、迅速拆除的同时，对先暴露的混凝土表面喷水保湿，待暴露面增多，可予以包裹时，迅速用完全浸湿，且不掉色的毡布将混凝土表面包裹起来（当怀疑毡布会出现掉色，而影响结构物混凝土外观时，可先用厚塑料布压茬包裹，外层再用毡布包裹），防止混凝土表面因失水过快而龟裂。在湿毡布外再包裹一层厚塑料布，第三层用棉帐篷布包裹。

3）自混凝土灌筑到拆模包裹后，14d 内在环境温度为正温时，每天从混凝土顶面对整体混凝土结构物不少于 3 次充分补水保湿保温养护。

3. 结构物混凝后期养护

1）新灌混凝土结构物养护 14d 后，在环境温度为正温时，补水次数可适当减少，15～30d 中每天充分补水次数可为 2 次，30d 后充分补水次数可改为 2d 一次。

2）整个包裹保湿保温避光养护时间不少于 60d。并且经常检查包裹是否损坏，及时予以更换补包。

3）整个养护过程中作好测温和养护方法等全过程详细记录。

4. 养护工艺流程见图 5.3。

5. 不同环境温度下混凝土的临界抗冻强度见表 5.4.3。

不同环境温度下混凝土的临界抗冻强度　　　　　　　　　　　　　　　　　　表 5.4.3

混凝土的最低养护温度（℃）	混凝土的临界抗冻强度（MPa）
0～－10	5.0
－10～－15	7.5
－15～－20	10.0

6. 预制混凝土涵节采用蒸汽养护时，养护过程分为静停、升温、恒温、降温四个阶段。浇筑 2h 后开始升温，升温速度不得大于 10℃/h。恒温应控制在 50℃ 以下，恒温时间由试验确定。降温速度不得大于 10℃/h。涵节表面与环境温度之差和涵节表面与涵节内部温度之差不超过 15℃。

7. 混凝土拆模强度应符合设计要求，当混凝土强度达到临界抗冻强度，符合《铁路混凝土与砌体工程施工规范》TB 10210 强度要求，且其表面及棱角不因拆模而受损时再拆模。拆模时应做到边拆模边包裹混凝土。拆模应按立模顺序逆向进行，不得损伤混凝土，并减少模板破损。拆模后混凝土结构物应在强度达到设计值 100％ 后，再承受全部设计荷载。

6. 材料与设备

按拌合站日产 500m³ 混凝土配备，所需的主要机具设备见表 6。

主要机具　　　　　　　　　　　　　　　　　　　　　　　　　　表 6

序号	名　称	规　格	单　位	数　量	备　注
1	强制式混凝土搅拌机	JS1000	台	2	带自动计量装置
2	混凝土运输搅拌车	6m³	台	6	
3	混凝土输送泵车		台	1	
4	混凝土灌注振捣工具			据需要	
5	洒水车		辆	1	混凝土养护用

7. 质 量 控 制

7.1 混凝土拌合站配备经专门培训的负责人和试验人员，从事混凝土拌合质量的管理、检测工作。

7.2 混凝土搅拌设备及计量装置经常保持良好状态。计量装置定期进行鉴定合格后方可使用。在每次拌合施工前，拌合计量系统必须经过调试并复检调试程序，确保计量与配合比的统一。

7.3 混凝土用原材料按《青藏铁路高原冻土区混凝土耐久性技术条件》要求试验合格后方可进场。对受污染不合格的原材料清除拌合场或有明显标示"废料"以防误用。

7.4 混凝土拌制前应测定砂石料含水量及砂、石、水泥、外加剂、掺合料和水的温度，换算施工配合比，填写混凝土施工配料单，经工地技术主管审签后，送交拌合站负责人。拌合站严格按配料通知单上规定的材料用量及规格进行计量和控制，并挂牌标明其用量。

7.5 每批进场的水泥、外加剂和掺合料及时抽样复查。水泥存放过期或受潮未重新鉴定的不得使用。每日开工前测定 1 次砂石含水量，开工后每隔 4～6h 测定 1 次，如遇下雨雪或其他原因骨料含水量发生变化时，随时进行检测。在拌合站检测首盘混凝土的坍落度、含气量及 0.5h 泌水率；在浇筑地点每 50m³ 抽检一次拌合物温度、坍落度以及含气量，并按规定详细填写耐久混凝土拌合过程检查表。

7.6 寒季施工，混凝土浇筑后的温度，在强度未达到临界抗冻强度以前每 2h 检测 1 次，达到临界抗冻强度以后每 4h 检测 1 次。

7.7 严格按混凝土浇筑、养护和拆模各工序的作业要点进行施工，加强各工序间的质量检查和控制。认真做好混凝土耐久性检查试件的制作、养护和运送过程中的管理工作，以保证混凝土耐久性检查试件的代表性。

7.8 重视拆模后的继续养护，防止混凝土表面失水过快而产生表面严重裂纹。

7.9 耐久性混凝土施工中各主要环节质量控制见图7.9。

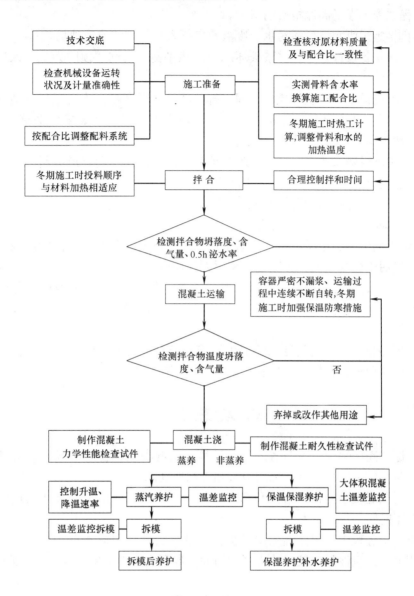

图7.9 耐久性混凝土施工中各主要环节质量控制框图

8. 安 全 措 施

8.1 严格现场用电管理，机电设备固定专人操作，认真遵守安全操作规程，加强机械设备的检查、保养和维修。如需用人工擦拭搅拌机和泵机内部件，必须断电停机作业，以保证人身机械安全。

8.2 所有工作人员都应配戴安全帽和必要的防护用品。在拌合站与混凝土浇筑地点应设有对讲机或电话，便于联络。

8.3 保持现场运输道路畅通，视野开阔，保证车辆行车安全。作好防雪、防雨、防雷和防砂尘暴等应急准备。

8.4 在混凝土搅拌站和浇筑现场附近应有流动医护人员值班，保证施工人员在工作期间身体不适能得到及时治疗。

9. 环 保 措 施

9.1 施工过程中应加强对高原植被的保护。

9.2 严格禁止将施工废水、生活污水、废液直接排入草甸、河流或池塘。

9.3 施工中严格执行设计程序，严禁破坏冻土的热平衡，贯彻"预防为主，保护优先，开发和保护并重"的原则。

9.4 在临时工程建设中应按设计要求合理安排，尽最大限度减少临时工程占地面积，禁止将临时工程建在植被覆盖良好和高含冰量冻土地段。完工后，根据环保设计要求，平整并覆盖合适的土料，尽量恢复地表的天然状态。

9.5 工程施工中不得随意改变、切割、阻挡地表水的排泄，不允许形成新的积水洼地，以免形成热融湖塘，造成日融夜冻反复循环，破坏多年冻土。

9.6 加强对参建职工进行保护野生动物的法制教育，严格禁止捕杀、恐吓、袭击任何野生动物，并不得参与任何野生动物及标本的买卖行为。

9.7 凡产生烟尘的生产、生活设备，尽量采用燃油、电或太阳能等环保能源或选择污染程度最低的设备，并安装空气污染控制系统，防止污染高原大气环境。

9.8 对有毒、易燃、易挥发物品设专人管理，密闭存放，取用时尽量缩短开启时间。

9.9 在有粉尘、烟尘和有害气体的环境中作业时，除采取相应的措施外，作业人员尚应佩戴必须的劳动防护用品。

9.10 在施工现场和生活区设置足够的卫生设施，经常进行卫生清理，营造良好的生产、生活环境，同时在生活区周围种植适合高原生长的花草、树木、美化生活环境。

10. 效 益 分 析

10.1 针对高原、高寒地区特殊恶劣的气候环境，从混凝土拌合站的设置、机具设备的选型进行了规范，解决了混凝土施工盲目性所造成的浪费和工期拖延。

10.2 明确了耐久混凝土的各项指标和选用材料要求，详细列出了配合比的选取程序，为施工标准依据的提出争取了时间。

10.3 混凝土施工过程中采用保温保湿养护方法及材料的使用成本低、效果好，较全部使用蒸汽养护难度小、费用低，适应性强，较好的克服和消除了混凝土施工中易出现的质量缺陷。

11. 工 程 实 例

11.1 中铁一局四公司施工的青藏铁路格拉段十四标 DK1261＋942，2－32m 中桥是我局管段惟一的一个圆形桥墩，在 2003 年 3 月气候环境条件十分恶劣的情况下施工的，由于严格按工法要求施工取得了较好的效果，受到青藏总指和青藏铁路耐久混凝土专业总监的高度评价，成为检查观摩的必看工点，被列为青藏铁路混凝土施工成功的范例。

11.2 中铁一局四公司施工的青藏铁路格拉段 DK1255＋128 开心岭 2 号特大桥，全桥共有 21 个墩台，横跨青藏公路，地处海拔 4750m 的青藏高原多年冻土湿地。该桥从 2003 年 4 月 10 日开始进行墩台身施工，当时夜晚极端最低气温达－20℃，混凝土施工、养护难度很大，由于严格按照本工法进行施工，取得了较好的效果。

11.3 我局承建施工的青藏铁路格拉段十四标有桥涵结构物 68 座，采用本工法施工整体效果显著，有 37 座桥涵结构物被青藏铁路建设总指挥部授予"优质样板工程"称号。

高原高寒地区草皮移植回铺施工工法

YJGF060—2006

中铁十九局集团有限公司　中铁五局（集团）有限公司
周建春　薄春莲　罗俊国　冯群忠　杨长维

1. 前　　言

青藏高原素有"世界屋脊"、"地球第三极"之称，是世界上海拔最高的高原。是中国和南亚、东南亚的"江河源"和"生态源"，是东半球气候变化的"启动器"和"调节区"，对全球生态战略地位有着深远的影响。

由于青藏高原生态环境条件十分脆弱、敏感，破坏后很难恢复，在青藏铁路建设开工伊始，党中央、国务院就把做好青藏铁路建设中的生态环境保护工作作为一项政治任务，下达给青藏铁路总公司和各参建单位。因此，怎样妥善处理好开发建设与环境保护的矛盾，用生态理念把青藏铁路真正建设成世界一流的高原环保型铁路，成为青藏铁路总公司和各参建单位需共同面对的重大课题。

青藏铁路唐南段大多地处高寒草原区，植被对当地的生态环境、当地牧民的生活及其环境保护起着极其重要的作用。青藏铁路总公司要求对唐古拉山以南自然条件稍好地段，因施工而破坏的地表植被及路基边坡防护等，进行人工培植草皮试验，辅以喷播、覆膜等技术，将铁路沿线建成绿色长廊。但由于青藏高原的高寒、干旱、缺氧、大风，环境的自我恢复能力低，长期的低温和短暂的生长季节使种草成活率低和生产成本过高，加上生产所需的片石材质差，运距远，开采成本高且对环境破坏大和当时缺乏在高原高寒地区人工种草的工程经验和科研成果，无法提供可靠的技术支持。实验中，我们发现，种草的难点是成活率低、工序复杂、返工严重、生产成本过高。本着"预防为主、保护优先、开发与保护并重"的环保精神，对多年生草地植物的再生特性、影响牧草再生能力的因素、青藏高原气候情况和地表径流情况进行综合研究，对草皮进行了移植养护、保证回铺成活的试验，并对符合条件的浆砌石排水沟和路基边坡进行草皮防护替代试验，发现草皮成活率高，再生能力强，植被恢复快，利用草皮移植防护完全能满足路基防护的技术要求。此项技术已在全线推广，大大降低了生产成本，缩短了施工工期，不仅保护了当地的生态环境，同时也造福当地牧民，取得了较好的社会效益和经济效益。此项技术于 2006 年 4 月 30 日通过辽宁省科技情报研究所查新，2006 年 7 月 18 日经过业内知名专家鉴定，鉴定结论为国际先进，此工艺已荣获 2006 年度铁道部部级工法。

2. 工法特点

2.1　植被恢复快，环境破坏少

由于青藏高原的高寒、干旱、缺氧、大风等气候特征，导致环境的自我恢复能力极低，恶劣的生物生存环境条件使生态系统中的物质循环和能量的转换过程缓慢，长期的低温和短暂的生长季节使植被一旦被破坏，其恢复周期十分漫长，极容易引起冻土退化、草场沙化和水土流失。而移植回铺草皮能保证植被及时恢复和生态链条的衔接，极大地缩短了施工工期，最大限度地减少对环境的破坏扰动。

2.2　变废为宝，降低造价，经济及社会效益明显

移植回铺的草皮是对施工中路基基底及取弃土场等表层将要破坏的草皮进行移植利用，变废为宝，相对于其他方法对线路裸露处的防护和地表破坏植被的恢复而言，造价较低，具有良好的经济效益。同时，草场是当地牧民的生活之源，加上高原生态的重要意义，因此及时恢复高原植被，具有较好的社会效益。

2.3 操作方法简单易学，工艺流程清晰，质量容易控制，操作者和管理者易于掌握，因此具有较强的实用性和可操作性。相对于种草而言，环境恢复快，生产成本低。铁道部科技司和相关专家一致认为，该试验成果在高原高寒地区进行植被防护和植被恢复是可行的。

3. 适 用 范 围

本工法适用于高原高寒草原、高寒草甸区的多年生草皮移植，也适用于在高原高寒地区进行活动，因外力原因造成地表植被被破坏而需要进行植被原貌恢复和在进行基础建设中需要对实物进行防护、环境绿化等的工程。回铺到路基边坡与水沟的草皮应为根系发达的多年生草皮。草皮水沟应为非常流水、非湿地、地势平坦且水流冲刷较小的地段。对路基边坡的要求是填料为细颗粒土质边坡，边坡高度一般在 3m 以下，3m 以上需增设骨架进行加固。

4. 工 艺 原 理

4.1 多年生草地植物自身具有较强的生物学再生能力。草皮挖出后，进入草地植物根部的有机物质被暂时中断，草地植物仅依靠其地下器官贮藏的营养物质动态维持其再生，所以草地植物贮藏的营养物质含量越高，其再生时形成的枝条数量越多，再生就越快，草皮成活率就越高。所以只要掌握了其生长特性，并根据植物贮藏营养物质动态的变化情况，选择一个挖取草皮的最佳时期，即植物贮藏的营养物质含量相对较高的时期，一般为植物的分蘖期及结实期（青藏高原干旱、半干旱区，主要是多年生草类，最佳时间为每年的 5～8 月之间），加上一定的养护管理就能保证草皮的成活。

4.2 移植的草皮成活后，就会与原先的生态链条衔接，形成一个生态整体，防止生态相斥，能尽快地适应高原气候的恶劣，并可经得住大雪、暴雨及狂风的冲击，代替混凝土、浆砌片石或干砌片石等作为永久性的保护层。

5. 施工工艺流程及操作要点

5.1　工艺流程（图 5.1）

5.2　操作要点

5.2.1　草皮移植

1. 选取草皮

挖掘草皮前，必须明确所挖草皮的类别，掌握其生物特性，选取生长旺盛，成活率高的草类，同时，应剔除有害、有毒的植物。青藏高原干旱、半干旱区，主要是多年生草类。它们地上部分的枝条，每年在生长季节结束后死亡，同时在来年春夏季由蘖节、根茎、根茎处的芽生长成新的枝条。以青藏铁路为例，生长在青藏铁路唐南段高寒草甸区、环境适应能力强、再生特性好的多年生草地植物有：老芒麦、冷地早熟禾、星星草、垂穗披碱草、针茅、固砂草、三角草等；而容易引起草场退化，阻碍多年生草地植物繁殖的有害杂草有：大蒜芥、醉马草、毒狼大戟等，这些有害杂草应在草皮挖掘前通过人工清除干净。

2. 选取草皮移植时机

根据当地多年生草地植物贮藏营养物质动态的变化情况，选择一个挖取草皮的最佳时期——即草地植物贮藏的营养物质含量相对较高的时期（为每年的 5～8 月之间，青藏铁路沿线高寒区草地植物从发芽生长到结实一般只有 5 个月左右，为每年 4 月至 9 月中旬，其余时间草地植物都处于冬季休眠和春季逐渐苏醒时期，此时草地植物贮藏营养物质处于最低时期，不宜挖掘。挖取草皮要求选在草地植物的分蘖期及结实期，此时，草地植物通过光合作用和根据自身生长的需要而从土壤中汲取营养物质，贮藏的营养物质会逐渐增加，而在分蘖期及结实期达到最高期）。草皮挖出后，草地植物进入根部的有机

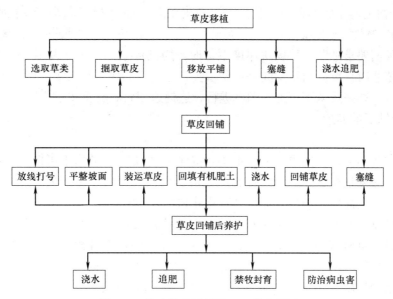

图 5.1　草皮移植回铺施工工艺流程图

物质被暂时中断，草地植物依靠其地下器官贮藏的营养物质动态维持其再生，草地植物贮藏的营养物质含量越高，草地植物再生时形成的枝条数量越多，再生就越快，草皮成活率就越高。

3. 掘取草皮

草皮掘取前，根据施工范围，用白灰放样出草皮切割的范围和块度大小，草皮块度的大小一般为 0.4m×0.4m（以人工能搬运、能回铺为准），以便保证草皮切割的规则性和完整性。

切割草皮时，应根据根系深入地下的深度，确定所取草皮的厚度（一般为 20～30cm），保证所取草皮的厚度大于根系埋入地下的深度，从而保证根系的完好性。

草皮切割后，用挖掘机按照切割尺寸掘松，并配合人工搬运草皮。草皮搬运时，应尽可能保证草皮的厚度和完整性。

草皮取走后，应将草皮下的散土清除堆放，以便移植养护或回铺草皮时使用。因为青藏铁路唐南段的土壤以草甸土、寒钙土为主，土壤发育年轻，剖面风化弱，土层薄，粗骨性强，可给养分含量低，因此现有草皮下的腐殖有机土对移植草皮的再生能力和成活十分重要。

4. 假植

草皮挖取后，如果有地方能及时回铺上当然最好，如果施工条件不允许，可暂时置放在施工处两侧的空地上。草皮不应叠放，而应假植平铺，草皮与草皮的接缝处，用掘取草皮后的浮土填塞，填塞时，草皮与草皮间一定要塞实，以便保证草皮间生态的衔连和防止水分的蒸发。采用假植平铺，相当于进行了一次划破草皮的人工措施，可有效改善草皮附着土壤的通气条件，提高土壤的透水性和透气性。

5. 养护

草皮移植后，由于草皮离开了它吸取营养物质所依托的土壤环境条件，因此要加强草皮的养护，保证草皮成活再生。根据草皮的成活和生长情况，定时进行浇水和施肥养护。开始时，每天浇水次数不少于 2 次，水温控制在 10～20℃之间为宜；施肥以商品复合有机肥或化肥为宜。

5.2.2　草皮回铺

1. 基底处理

草皮回铺前，应根据草皮的平均厚度和施工面的平整度，采取打桩放线的方式，平整出草皮回铺的基底面。然后，在基底面上铺一层 0.2～0.3m 厚有机土层（有机土为草皮的生长土层，可在掘取草皮时，挖除一层腐殖土，随草皮现场堆放），同时，根据有机土中营养物质的种类、含量及草皮再生需求情况在有机土里掺和一些适宜所选草类生长的有机肥及化肥，并洒水使有机土层保持湿润，再回植草皮。

2. 草皮回铺

根据草皮的生长情况，选取已成活规则的草皮。草皮在搬运过程中，应轻取轻装轻放，不能随意切割草皮，以便保证草皮的完整性，草皮要及时回铺，最好不要过夜，以防止草皮裸露处根系被冻死和水分蒸发。

草皮回铺时，顶面要求平顺，草皮块厚度不一时，用其底下的有机土层找平。草皮块与块间的缝隙用有机土填塞，填塞时，草皮与草皮间一定要塞实，起到根部保湿和土壤衔连的作用。

在有坡度的地方，严格按从下至上的顺序进行，边铺边用竹签将草皮进行固定。

5.2.3 草皮回铺后的养护

1. 浇水

由于天然降水在各地区、不同季节分布不均，降水时间及降水量均不可能完全符合草地植物生长发育的需要，因此，必须根据实际环境条件和草地植物生长发育的季节需要，及时进行施肥和浇水养护，防止土壤干裂、草皮死亡，满足草地植物对营养和水分的需要。

浇水时不仅要控制浇水量，还要控制水的温度，并注意使用水的水质。因为浇水量太大而形成的胶泥层，干裂时会破坏草地植物根系的再生；水中含有过多的可溶性盐类时，不仅会破坏草地植物的生理过程，影响草地植物的生长发育，而且会导致植物生存土壤盐碱化；水温对植物的生长发育有显著的影响，浇水时水的温度应与草皮土壤的温度接近，才适宜草皮的生长，水温一般 $10～20℃$ 为宜。采用喷灌方式进行灌溉时，注意水流不能太急，以防止土壤流失。

2. 施肥

植物在其生长过程中，会根据自身的需要，对土壤环境中的养分进行有选择地吸收，打破土壤中阴阳离子的平衡，因此应根据植物生存土壤的 pH、氮、磷、钾及有关微量元素的含量、肥料作用、植物生长状况和生长的养分需要等因素确定肥料种类及施肥量，该数据可以按照国家有关标准和实验操作要求，通过试验室测定。肥料种类包括有机肥（商品复合有机肥和厩肥等）和无机肥（主要为化肥）。施肥方式包括移植养护施肥、基肥和追肥，基肥以有机肥为主，在回铺前使用；移植养护施肥和追肥以化肥、氮肥、磷肥、钾肥为主，根据植物的生长情况确定，一般在幼苗生长期要以氮肥为主，在炼苗期施磷、钾肥为主。植物生长第一年平均施肥 $3～4$ 次，以后可逐年减少，追肥量一般为 $20～30g/m^2·$ 次。有机肥建议尽量不用家禽粪类有机肥而采用商品复合有机肥，因为高原高寒地区牲畜家禽以牛羊马为主，鸡、鸭、鹅、猪等极为稀少，牛粪、马粪是牧民生火取暖等主要柴料来源，极为珍贵。

3. 禁牧封育

回铺后的草皮更为脆弱，需要一段时间才能与土壤结合。因此，要求相当长一段时间不允许在回铺的草皮上放牧或其他活动，拟采用刺铁丝隔离栅栏防护，使其自然生长。

4. 病虫害防治

植物在其生长过程中，应严密跟踪草皮植物的病虫害情况，可根据植物生长的实际情况进行喷洒农药，植物生长第一年平均喷洒 $1～2$ 次，以后可逐年减少，农药种类一般根据病虫害种类选取或普通的防病虫农药。

5. 跟踪处理

草皮回铺后，要经常跟踪调查，未成活的草皮，应检测原因，并及时进行更换处理。

5.3 劳动组织（表5.3）

劳动组织   表5.3

序号	名　称	人数	工作内容	备注
1	负责人	1	现场管理，人员、机械调度	
2	技术人员	1	全面技术管理，施工监控	
3	测量员	2	现场放样、测量	
4	实验员	1	材料，土壤、水质检测	
5	机械司机	8	各种机械及汽车驾驶操作	
6	工班长	1	协助技术人员工作，负责现场人力及工具调配	
7	机修工	1	修理机械	
8	安全员	1	安全检测及值班	
9	铺设及搬运工	30～40	对草皮进行切割、移植、搬运、回铺、塞缝等	

6. 材料与设备（表6）

材料与设备 表6

序号	机具名称	规格或型号	单位	数量	备 注
1	切割机	$\Phi500mm$	台	2	对要移植的草皮进行分块切割
2	挖掘机	小松 PC-300	台	1	对切割的草皮进行掘松、搬动和基础开挖
3	洒水车	5000L	台	1	对移植和回铺的草皮进行洒水养护
4	自卸汽车	15t	台	2	对挖基土和有机土进行装卸
5	小型汽车	2t	台	4	对草皮进行搬运
6	经纬仪		台	1	测量放样
7	水准仪		台	1	测量放样
8	卷尺		把	1	测量放样
9	水平尺		把	1	测量放样
10	土壤分析仪		台	1	土壤分析
11	水质分析仪		台	1	水质分析
12	铁铲		把	20～30	草皮移植回铺用
13	砍刀		把	20～30	对草皮块进行切割和整平
14	水桶		个	20～30	对洒水车浇水不到的地方，人工浇水
15	放样木桩及线				放样用，根据实际需要定
16	背篮		个	20～30	对边坡施工处进行草皮二次搬运
17	竹签		个		固定边坡草皮用，根据实际需要定

7. 质 量 控 制

7.1 质量标准

7.1.1 草皮铺好后要保证坡面平顺、接缝紧密、铺设牢固，草皮与有机土、有机土与坡面土要密贴，不能出现草皮坍塌和坡面不平顺现象。

7.1.2 保证移植回铺的草皮出苗成活率达95％以上，并能安全越冬，越冬后返青率达到90％以上。根据试验结果，一般应在500～1000株/m²（分蘖较强的多年生草本植物一般在3000株/m²以上）。

7.2 质量检查

检查内容有：草皮类型，草皮移植时期，草皮的块度，草皮厚度，草皮的铺设及养护，草皮的搬运，草皮回铺前基础坡面的平整，有机土的铺设，草皮间的衔连，草皮的固定，坡面的平整度，草皮的养护。

对检查的数据进行分析，发现问题定出对策，及时改正。

7.3 质量控制措施

7.3.1 挖掘草皮前，检测所挖草皮的类别，分析其生物特性，保证所移植草皮的再生能力。

7.3.2 检测所挖取草皮是否选在草地植物的分蘖期及结实期。

7.3.3 检测所取草皮的块度，看是否符合要求，同时根据根系深入地下的深度，确定所取草皮的厚度，保证所取草皮的厚度大于根系埋入地下的深度，从而保证根系的完好性。

7.3.4 草皮不应叠放，而应假植平铺，草皮平铺堆放时，要用腐植土塞实缝隙。

7.3.5 草皮回铺前，要根据草皮的厚度，进行路基边坡、开挖水沟等平整作业，再回铺0.2～0.3m厚有机土层，在有机土里掺和一些适宜所选草类生长的有机肥及化肥，并洒水使有机土层保持湿润，再回植草皮。

7.3.6 草皮回铺时，顶面要求平顺，草皮块厚度不一时，用其底下的有机土层找平。草皮块与块间的缝隙用有机土塞实，起到根部保湿和土壤衔连的作用。

7.3.7 草皮搬运时，要轻取轻装轻放，保证草皮块度的完整。

7.3.8 草皮回铺后，必须根据实际环境条件和草地植物生长发育的季节需要，及时进行施肥和浇水养护，防止土壤干裂、草皮死亡，满足草地植物对营养和水分的需要。

7.3.9 回铺后的草皮更为脆弱，需要一段时间才能与土壤结合。因此，不允许在回铺的草皮上放牧或其他活动，需采用隔离栅栏防护，使其自然生长。

7.3.10 植物在其生长过程中，应严密跟踪草皮植物的病虫害情况，根据植物生长的实际情况进行喷洒农药，防治病虫害。

8. 安 全 措 施

8.1 加强对施工人员的安全教育，树立安全第一的思想，文明施工。

8.2 建立健全安全领导机构，分工明确，责任到人。

8.3 设置值班员制度，认真进行工前检查、工中检查、工后检查。

8.4 机械司机应进行严格培训，经考试合格后，发给上岗证，方可上岗。

8.5 严格按照施工工艺和安全操作规则进行施工，规定草皮搬运统一路线。

8.6 保证安全施工投入，配齐安全防护用品。

8.7 设置各种安全警示标志和标牌。

9. 环 保 措 施

9.1 在施工过程中应严格遵守有关环境保护方面的法律、法规和有关规定。

9.2 严格执行环保措施，保护青藏高原生态环境。

9.3 施工人员必须在划定的区域内施工，严禁在施工区域外随意践踏草皮、随意丢弃废弃物、随意停放施工机械和施工机具。

9.4 施工车辆必须在指定的路线上行驶，在指定的区域内停放，不得随意在草皮上行驶或停放车辆。

9.5 每段施工结束后，必须清理施工现场，施工的生活生产垃圾，应分类堆放，集中收集，运至指定地点按要求处理，并及时恢复被破坏的植被。

9.6 建立环境保护台账，记录施工中的环境保护措施、办法等。

10. 效 益 分 析

10.1 社会效益

10.1.1 能保证青藏高原的全球生态战略地位。

10.1.2 响应了党中央、国务院关于青藏铁路建设的环保要求，落实了党的爱民政策，实现了以"预防为主、保护优先、开发与保护并重"的环保精神。

10.1.3 草皮移植回铺施工技术试验的成功和积极推广，得到了《中国环境报》、《西藏日报》、《西藏商报》、《青藏铁路》、《中国铁道报》，中国铁道建筑总公司、青藏铁路总公司、西藏电视台、那曲电视台，西藏政府及有关网站等多次采访报道、转载和表扬，得到了有关部门及专家的一致肯定。

10.1.4 防止了冻土退化、草场沙化和水土流失，植被的及时恢复，最大限度地减少了铁路施工对青藏高原脆弱环境的破坏扰动。

10.1.5 植被恢复快，成活率高，保护了当地草场，能造福当地牧民。

10.1.6 草皮移植回铺施工技术的应用，既节约了大量投资成本，又保护了高原植被、美化了环境，减少了工程后期的投入和工程量。

10.1.7 保证了生态链条的衔接，回铺成活的草皮与原地面浑然一体，远远看去成为一道绿色的隆起，好似绿色的地毯铺设在铁轨两侧，形成了高原生态绿色大通道。

10.1.8 该技术创造性地将圬工防护改为移植回铺，是施工技术和工艺的积极探索。在高原高寒地区和西藏、新疆、内蒙、青海等生态较脆弱、环境保护极其重要的地区具有良好的推广应用前景。

10.2 经济效益

10.2.1 利用移植草皮防护代替种草防护，植被恢复快，成活率高，缩短了施工工期，降低了生产成本。根据建设方单价分析，种草防护每平方造价约为 20.65 元，而移植草皮防护仅 9.12 元。仅此一项，青藏铁路唐南段就节约国家投资约 1.2 亿元。

10.2.2 对于一些适合条件的浆砌圬工加固防护的工程，可改成相应的草皮防护。像路基边坡草皮防护和草皮水沟等，经济效益极其明显。

10.2.3 本工法简单实用，范围小时，可以完全使用人工移植回铺；工程量大时，可采用与机械相配合的办法进行施工。

11. 应 用 实 例

我单位以青藏铁路 DK1658＋116～DK1658＋675 段的排水沟为试验段，进行了回铺试验。该段地势平坦，水流冲刷少，水沟两头为涵洞，排水流畅。该水沟设计为梯形状（断面图见图11），参照浆砌片石排水沟通用设计，水沟侧面坡比按照路基边坡坡比设定，以便接水顺畅。

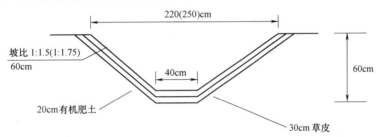

图 11 草皮水沟断面

注：括号内数值为坡比1∶1.75的尺寸，其余尺寸相同。

草皮来源为经试验移植养护成活的水沟面草皮和该段原路基基底移植的草皮。施工自 2004 年 6 月 2 日开始，至 2004 年 6 月 18 日完成。草皮水沟主要工程数量见表11。

主要工程数量表（每延长米）　　　　　表 11

序号	工程项目	单位	数量（坡比1∶1.5）	数量（坡比1∶1.75）
1	揭草皮	m²	4.00	6.00
2	挖土方	m³	2.59	4.50
3	夯填有机土	m³	0.85	1.30
4	铺草皮	m²	4.17	4.80
5	填缝土	m³	0.20	0.30
6	有机肥	kg	0.50	0.60
7	化肥	kg	0.50	0.60

经过试验组施工人员认真施工和精心养护，移植回铺的水沟草皮经过一个寒季的实践检验，已开始发芽生长，其成活率均达到了 98％，且排水顺畅，并与路基两侧原草地植被形成了一个绿色整体。

草皮移植回铺技术现已在青藏铁路唐南段（DK1419＋300～DK2005＋920，共 575km）中铁十九局及铁五局等单位的路基边坡、排水沟、取弃土场、施工便道、营区、预制场和桥涵等破土裸露处的植被防护和植被恢复中，得到了广泛的应用。经过养护和观察，草皮的成活率均达到95％以上。实践证明此工艺推广的积极意义，它不仅是青藏铁路建设环保方面一个开创性举措，而且是对铁路生态保护进行有益的探索，对保护青藏高原的植被有着很重要的作用。该技术的推广和应用，既节约了大量投资成本，又保护了高原植被、美化了环境，减少了工程后期的投入和工程量，也是真正落实了党的爱民政策，取得了良好的社会效益和经济效益。

中承式及下承式拱桥吊杆更换工法

YJGF061—2006

上海同吉建筑工程设计有限公司
上海同吉预应力工程有限公司
同济大学
熊学玉　汪继恕　黄海应　宣守明　李新川

1. 前　　言

已建成正在服役的拱桥，其中绝大部分属于中、下承式拱桥。这些已经建成的带吊杆的拱桥，几乎都把吊杆设计为永久结构的一部分即不可更换性。而对于使用寿命远低于桥梁的设计基准期的吊杆而言，更换受损严重的吊杆是不可避免的，从而确保桥梁正常运营要求。

由上海同吉建筑工程设计有限公司、上海同吉预应力工程有限公司与同济大学联合开发与应用的中承式及下承式拱桥吊杆更换工法，是为了适应拱桥吊杆更换的需要，于 2001 年开始对拱桥吊杆的更换技术立题研究，形成了一套完整的吊杆更换技术，并将研究成果应用于合肥寿春路桥以及杭州叶青兜桥的吊杆更换过程中。本工法的相关成果已获得安徽省科技进步奖三等奖，申请获得发明专利两项、实用新型专利两项。

该工法严格地控制桥梁结构的变形和内力变化既保证更换过程中安全，又真正做到对桥梁的整体结构不造成新的损伤，且能根据需要改善桥梁的受力状态，使其受力状态更合理，因此工法既具有良好的社会效益、同时具有很好的经济效益。

2. 工法特点

2.1　采用逐级卸载的方式，对桥梁结构原有的受力状态改变较小，对桥梁结构既保证更换过程中安全，又真正做到对桥梁的整体结构不造成新的损伤。

2.2　施工简单，施工作业面小，更换期间对桥梁的交通影响较小，合理安排下可以做到不中断交通。

2.3　施工过程中，桥梁结构的力传递路径明确，便于进行施工监控。

3. 适用范围

本工法适用中承式及下承式拱桥的吊杆更换工程。

4. 工艺原理

4.1　更换遵循的原则

1. 更换吊杆时必须保证桥梁结构安全，不能因为更换吊杆而损坏桥梁构件，更换吊杆后桥梁仍满足设计要求和今后的运营要求；并且在整个施工阶段，要保持原桥结构的受力状态在安全许可的范围内变化，尽可能地减少施工引起的内力和线性偏差。

2. 更换吊杆期间要做到最低限度对交通的影响，故要求施工工序少、施工方便、工期短、更换吊杆时少占用桥面。

4.2 更换方法

中承式及下承式拱桥吊杆更换工法，是对中承式及下承式拱桥的吊杆进行更换的一种动态无损伤施工工法。根据原则（1）和（2），先将原有吊杆的索力逐步转移到工具吊杆上，等到原吊杆处于完全卸载的状态，将其拆除，然后换上新吊杆进行逐级加载，与此同时工具吊杆逐级卸载，直至新吊杆达到新的设计索力，这时再将工具吊杆卸除。

具体操作是在拟更换吊杆的附近先安装工具吊杆，由该工具吊杆辅助工作的情况下逐步对旧吊杆卸载，与此同时，对工具吊杆施加相同的力以保证施工中对桥梁的结构受力状态的改变在安全许可的范围内；旧吊杆卸载至零应力时，拆除旧吊杆和安装新吊杆，对新吊杆张拉和工具吊杆卸载（与前面过程相逆），直至工具吊杆处于零应力状态时即可拆除之。

5. 施工工艺流程及操作要点

5.1 施工工艺流程（图5.1）。

5.2 操作要点（图5.2-1～图5.2-4）

5.2.1 关于工具吊杆的设计、制作

1. 安全系数要求：受拉能力的安全系数大于4，即工具吊杆的安全抗拉能力超过换索过程中工具吊杆所受拉力的4倍，千斤顶支撑反梁的抗弯、抗剪能力以及整个工具吊杆各处连接的连接强度能力的安全储备与整体受拉安全储备相同。

2. 稳定与整体性：在工具吊杆安装、吊索更换过程中，工具吊杆结构应具备很好的稳定性与整体性。

3. 构造要求：工具吊杆的几何构造要符合工具吊杆装拆、千斤顶装拆、换索操作、位移与索力控制的要求。

4. 上端支座：工具吊杆的上端支座要与拱肋及工具吊杆有可靠的连接；支座整体抗压能力与局部受压承载力要有足够的安全储备。

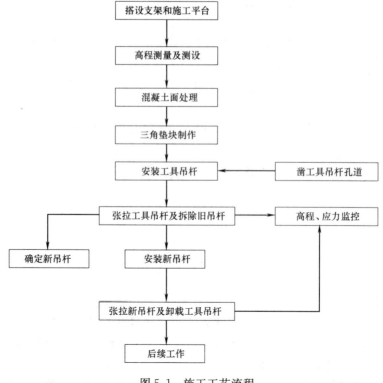

图5.1 施工工艺流程

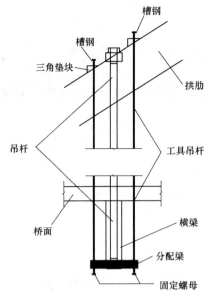

图 5.2-1 临时吊杆安装示意图

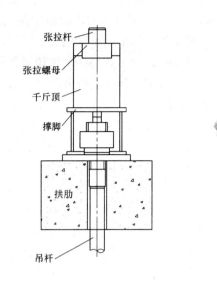

图 5.2-2 吊杆张拉结构示意图

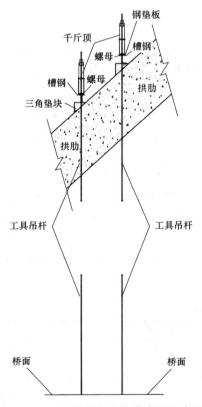

图 5.2-3 工具吊杆桥张拉横断面示意图

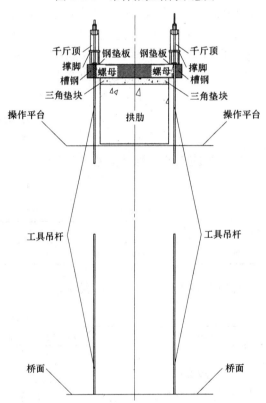

图 5.2-4 工具吊杆桥张拉纵断面示意图

5. 设计计算文件：要有完善的设计图纸详细计算书，并经专家审核通过。

5.2.2 关于换索过程的控制

1. 实施竖向位移和索力的双重控制。

2. 换索过程确保整体桥梁结构不产生附加裂缝和破损。

3. 要有准确、可靠的竖向位移控制措施（应同时采取多种手段，以相互验证）。在吊杆张力由旧吊索向工具吊杆的转移和由工具吊杆向新吊索的转移过程中，对各级竖向位移值进行及时全面记录。

4. 拱肋与桥面之间的相对位移为竖向位移控制的重点；同时对桥面的标高进行控制。

5. 在吊杆张力由旧吊索向工具吊杆的转移和由工具吊杆向新吊索的转移过程中，对旧吊索、工具吊杆、新吊索的各级竖向位移值进行及时全面记录。

5.2.3 关于吊杆张力由旧吊索向工具吊杆的转移

1. 按设计目标牢固可靠地安装工具吊杆。

2. 对安装好的工具吊杆实施预紧初张拉。

3. 对旧吊索的钢丝进行分级切割或释放，对工具吊杆进行分级张拉，钢丝分级切割工具吊杆分级张拉交替进行。

5.2.4 关于吊杆张力由工具吊杆向新吊索的转移

1. 按设计目标牢固可靠地安装新吊索。

2. 对安装好的新吊索实施预紧初张拉。

3. 对新吊索进行分级张拉，对工具吊杆进行分级卸载，分级张拉与分级卸载交替进行。

4. 对新吊杆两端的锚具，应及时进行密封与防腐处理。

5.2.5 关于张拉与控制的设备及仪表

1. 张拉设备根据规范要求进行标定，并出具《标定证书》。

2. 拱肋与桥面相对位移的测量仪表必须进行标定，并出具《标定证书》，不能因仪表支座的扰动影响测量结果。

3. 桥面标高的测量仪器必须进行标定，并出具《标定证书》。

5.2.6 关于索力与竖向位移对应关系的控制

加载或卸载索力与竖向位移的测量值应基本符合理论的计算值。换索过程中，一旦发现索力与竖向位移的对应关系异常，必须立即停止操作，待分析出原因并采取相应的有效措施后，方可继续进行。

6. 材料与设备

吊杆更换施工的主要材料见表6-1。

吊杆更换施工的主要材料 表6-1

规格	技术指标	用处备注	规格	技术指标	用处备注
钢筋/钢绞线	安全系数≥4	用做工具吊杆	水泥	早强水泥	浇筑三角垫块
槽钢	需进行承载力、疲劳验算	固定工具吊杆			

吊杆更换施工的主要设备见表6-2。

吊杆更换施工的主要设备 表6-2

序号	名称	数量	用于施工部位备注	序号	名称	数量	用于施工部位备注
1	千斤顶	5	吊杆张拉	5	货船	2	水中支架
2	振动器	4	振捣	6	水准仪	1	监测
3	卷扬机	1	吊杆安装	7	全站仪	1	监测
4	手拉葫芦	4					

7. 质 量 控 制

本工法的质量要点在于：工具吊杆必须进行承载力验算以及破断试验；新吊杆必须进行承载力验算以及破断试验；工具吊杆工作期间必须对其进行必要的防护。

本工法应执行《公路桥涵设计通用规范》JTGD 60—2004；《公路钢筋混凝土及预应力混凝土桥涵设计规范》JGJD 62—2004、《混凝结构设计规范》GB 50010—2002、《钢结构设计规范》GB 50017—2003，除此以外，在施工还应做到：桥梁的几何变形和内力变化处于安全许可的范围内；还应加强现场管理。

7.1 技术管理

成立由技术员组成的施工技术组，由技术总工负责，具体职责为：施工前向施工员做出明确清晰的交底，监督施工参数的实施、根据施工情况及时调整施工参数；处理施工中出现的异常情况。

7.2 质量管理

成立由操作班长和质检员组成的QC小组，由质量工程师负责，具体职责为：建立质量安全保证体系和方针目标工作流程图，定期对工人进行培训教育，增强质量意识，所有人员均持证上岗。严格检验各工序，尤其是对隐蔽工程必须同监理工程师配合、严格检查，每道工序均需签字验收后方可进行下道工序施工。严格各项施工材料合格证的把关制度，设置专职的材料员。

8. 安 全 措 施

8.1 严格遵照国家颁发的《市政工程安全操作规程》、《市政工程安全技术规程》。

8.2 建立安全管理组织，以项目经理为安全保证体系第一责任人的安全领导小组，下设专职安全员。

8.3 高空作业的安全技术措施

凡在离地面3m以上的地方进行工作，均视为高空作业。高空作业时，所搭设的脚手架、井字架和安全网，在搭设完毕后，必须经安全人员验收合格后方能使用，并做好使用期间的维护保养；安全带在使用之前应进行检查，并定期进行静负荷试验，确保无破损等现象；进行高空作业时，除有关人员外，其他人员不许在工作地点的下面逗留或通行，工作地点范围内应有围栏或其他保护装置；

8.4 水上作业安全保证措施

进行水上作业前，先要落实防护设计，在船上支架的四周挂密目网；在水上作业点放置救生衣，并做好如何正确实用救生衣的教育；配备一艘小船，一当有人落水就进行抢救。

8.5 吊杆张拉安全保证措施

在张拉平台的四周设置防护网；在吊杆张拉前进行安全注意事项等技术交底；在张拉前对所有张拉设备进行检查并且试运转；张拉人员要戴手套、安全帽才可以进行张拉工作；在张拉过程中应严格听从指挥人员的口令进行操作，以免出现事故。

9. 环 保 措 施

9.1 本工法应执行

9.1.1 《公路桥涵设计通用规范》JTGD60—2004；

9.1.2 《公路钢筋混凝土及预应力混凝土桥涵设计规范》JGJD62—2004；

9.1.3 《混凝结构设计规范》GB 50010—2002；

9.1.4 《钢结构设计规范》GB 50017—2003；

9.2 更换施工环保措施

9.2.1 施工过程中，应采用逐级张拉或卸载，确保每个工况下的结构受力状态改变均在要求的限值的范围内。

9.2.2 在拆除旧吊杆过程中，应先分级张拉工具吊杆，再分级切割旧吊杆。

9.2.3 在张拉新吊杆过程中，应先分级张拉新吊杆，在分级卸载工具吊杆力。

9.3 监测措施

在吊杆更换过程中，在拟更换吊杆附近应设置变形和应力监测点，所测数据要及时反馈，用信息化施工手段优化推进参数；

10. 效 益 分 析

10.1 与一般的吊杆更换施工方法相比，以工程实例 1 为例，比在水上做桩基支撑方案节省 300 多万元人民币，同时缩短了大量建设工期；以工程实例 2 为例，比在水上做桩基支撑方案节省 400 多万元人民币，同时在半封闭交通的情况下进行吊杆更换施工，对道路的交通运输影响较小。

10.2 提出了吊杆拱桥的无损伤更换技术，解决了吊杆更换过程中涉及的结构方面、工艺方面的关键技术。

10.3 成功应用于国内首例拱桥的无损伤吊杆更换中，具有主动更换、对结构无损伤且安全性高、造价低、工期短等优点，具有显著的经济效益和社会效益。

11. 应 用 实 例

11.1 安徽省合肥市寿春路桥建于 1987 年，为中承式钢筋混凝土拱桥，计算跨径 72m，之间，矢跨比 1/4。主拱圈由两个箱形拱肋组成，中距 15.2m，车行道设在梁拱肋非机动车道和人行道设在拱肋外。每根拱肋下有竖直平行吊杆 14 根，全桥共有 28 根吊杆。吊杆采用 96 根 φ5 标准强度为 1670MPa 的高强钢丝平行编组制成，两端采用墩头锚具。经过 14 年的运营，检测发现该桥吊杆钢筋因氯离子随雨水从上端封锚处的收缩缝渗入已被全面腐蚀。某些钢丝束的坑蚀还引起钢丝应力集中，脆性增加。另外，钢丝束因为现场墩头锚固造成同束钢丝张力不均匀，吊杆安全度极大降低。因此，决定对该桥吊杆进行全面更换。

2001 年 12 月采用该工法施工，2002 年 2 月成功地进行了 28 根吊杆的更换。在整个吊杆更换过程中，桥梁的结构受力状态控制在容许的范围内，整个桥梁结构未受到新损伤。

11.2 叶青兜桥建于 1994 年，跨越杭州市文晖路京杭大运河，主桥结构采用下承式钢筋混凝土系杆拱桥，计算跨径为 71.6m，矢高为 14.32m，桥面布置为 3.25（人行道）+1.6（系梁）+18.0（车行道）+1.6（系梁）+3.25（人行道），通航要求 300t 级。全桥共有 34 根吊杆。吊杆采用 120 根 φ5 的高强钢丝平行编组制成，内灌环氧混凝土与钢砂，两端采用墩头锚具。过 12 年的运营，检测发现该桥吊杆内砂浆不均匀，部分钢丝已经裸露、外层钢丝已明显松弛，管内积水呈强碱性。因此，决定对该桥吊杆进行全面更换。

2006 年 5 月采用该工法施工，2006 年 8 月成功地进行了 34 根吊的更换。在整个吊杆更换过程中，桥梁的结构受力状态控制在容许的范围内，整个桥梁结构未受到新损伤。

预应力混凝土连续箱梁节段短线匹配法
预制、架桥机悬拼施工工法

YJGF062—2006

江苏省苏通大桥建设指挥部　中交第二航务工程局有限公司

中铁大桥局股份有限公司　广州市建筑机械施工有限公司　中铁十七局集团第六工程有限公司

秦宗平　刘亚东　刘景红　杜官民　倪勇　廖云沼　丁昌银　陈慕贞

叶彬彬　宋晋心　刘烈生　邱永添

1. 前　　言

钢筋混凝土和预应力混凝土梁式桥采用节段预制（Precast Concrete Segment-预制混凝土节段梁）悬臂拼装，在国内桥梁施工中较多使用，但其 PC 梁的预制均采用长线台座法，这在《公路桥涵施工技术规范》JTJ 041—2000 中，对长线台座法有简洁的论述。在国外发达国家由于施工技术的成熟（预制线形控制技术）、施工场地的限制和环保的要求，则广泛采用短线台座法生产 PC 梁。

中铁大桥局集团依托香港后海湾跨海大桥引桥混凝土箱梁的预制工程，在国内首次采用 PC 梁短线台座法，并将其列为技术攻关项目。

经过广大工程技术人员的分项技术研究、攻关，并通过一年多的工程实践验证，其工法已经成熟，可以广泛推广应用。

作为研究、攻关的分项技术有：预制工艺流程，短线台座的布置与设计，模板及支撑系统的设计、安装和操作，移、运梁系统的设计和操作，节段梁匹配的操作和线形控制等。

2. 工 法 特 点

2.1　单跨简支梁及连续梁单个"T"的节段梁为流水线匹配预制作业，多个"T"的节段梁则表现为同时循环预制作业；

2.2　单跨简支梁或连续梁单个"T"的节段梁，根据工期要求，只设 1~2 个节段的预制台座，台座占地小、模板系统周转快、效率高；

2.3　节段梁的钢筋利用胎架整体绑扎成型，吊运入模；其单根钢筋的下料和整体绑扎成型均可提前完成，不占用工艺流程的时间；

2.4　工序衔接紧凑，责任划分明确，可建立模块分区管理，达到工厂化生产的程度；

2.5　节段梁的线形运用电脑程序进行控制，精度可达到精密工程 0.3mm 的要求；

2.6　整个制梁工作的质量、安全、工期及环保（控制粉尘、噪声、弃渣等）易于保证。

3. 适 用 范 围

本工法适用于铁路或公路钢筋混凝土和预应力混凝土梁式桥的节段预制。对连续梁跨数多、节段梁预制数量大、工期要求短、在桥址处场地或环保受到限制、或不宜采用支架浇筑、悬臂浇筑的桥位等各种条件的要求，均适宜采用本工法。同时，本工法亦可适用于其他类似工程的连续构件的预制施工。

4. 工 艺 原 理

4.1　简支梁以单跨或连续梁以一个"T"的所有节段梁为一个匹配预制单元，简支梁从一端、连续梁从墩顶块开始预制，按一侧或分对称两条生产线分别向"T"的两侧逐段匹配预制，完成每跨或每个"T"的节段梁预制。

4.2 按照单个节段梁的结构尺寸设置一个或多个独立、固定的台座和模板系统，所有的节段梁均在设定的几个台座上完成。

4.3 待浇梁的台座和模板系统固定，通过移动已浇节段梁匹配面，调整线型后再浇筑待浇节段梁混凝土。

4.4 线形控制是通过对已浇筑节段梁的实际竣工数据输入微机运用一定程序进行精密调整，使相邻两片梁获得设计要求的平曲线、竖曲线及超高线形。

4.5 施工步骤是：预制墩顶块（0 号块）——移至下一台座作为匹配梁（双向对称）——浇筑 1 号块（对称）——移动 1 号块作为匹配梁——浇筑 2 号块（对称）——移动 2 号块作为匹配梁——浇筑 3 号块（对称）——依次匹配至一个"T"的末块（对称）——重复循环下一个"T"的预制。见图 4.5。

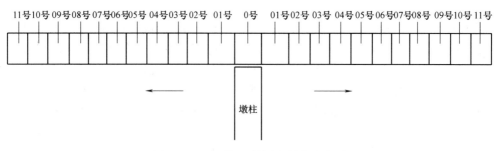

图 4.5 一个"T"的梁段划分示意图

5. 施工工艺流程及操作要点

5.1 施工程序要点

5.1.1 确定制梁台座及配套模板系统的数量

1. 划分节段梁的种类：按长度、截面尺寸、箱梁内构造物（预应力锯齿块、横隔板等）的特征等将节段梁分类，充分考虑模板系统的通用性，确定至少需要几种类型的模板系统可将所有节段梁预制完成。

2. 统计该工程预制节段梁的总数量，按照工期要求，制定月进度计划，明确每日生产量。

3. 综合以上两个因素确定制梁台座及配套模板系统的数量。

5.1.2 确定施工场地面积和合理布置

1. 确定场地面积考虑的因素有：制梁台座数量、存梁台座数量、钢筋绑扎胎架数量、施工运输通道、测量控制台、混凝土拌合楼及试验室、其他生产、生活用房等。

2. 合理布置原则是：台座和模板系统的种类按节段梁的先后匹配关系依次排列，钢筋胎架的位置利于梁体钢筋整体吊运入模，测量控制台不宜受到施工干扰，竣工节段梁便于移运或吊运至存梁场及运输出厂，原材料及设备的运输通道不影响正常施工。综合为：确保节段梁的匹配预制按流水线作业，便于分区管理。

3. 按照场地面积和布置原则绘制"梁厂总体布置规划图"。

5.1.3 厂区建设

按照"梁厂总体布置规划图"，分区进行地基处理、构造物的施工及安装、运输通道的地面硬化、生产、生活用房的建设等。特别需要注意的是：由于短线法预制对节段梁线形控制的精度要求较高（平面、高程控制精度均为±0.3mm），制梁台座的不均匀沉降或整体沉降不得大于 2mm。

5.1.4 节段梁预制

1. 节段梁预制工艺流程：见图 5.1.4-1。

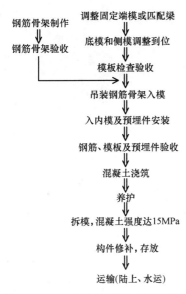

钢筋骨架制作 → 钢筋骨架验收

调整固定端模或匹配梁
↓
底模和侧模调整到位
↓
模板检查验收
↓
吊装钢筋骨架入模
↓
入内模及预埋件安装
↓
钢筋、模板及预埋件验收
↓
混凝土浇筑
↓
养护
↓
拆模,混凝土强度达15MPa
↓
构件修补,存放
↓
运输(陆上、水运)

图 5.1.4-1　节段梁预制工艺流程图

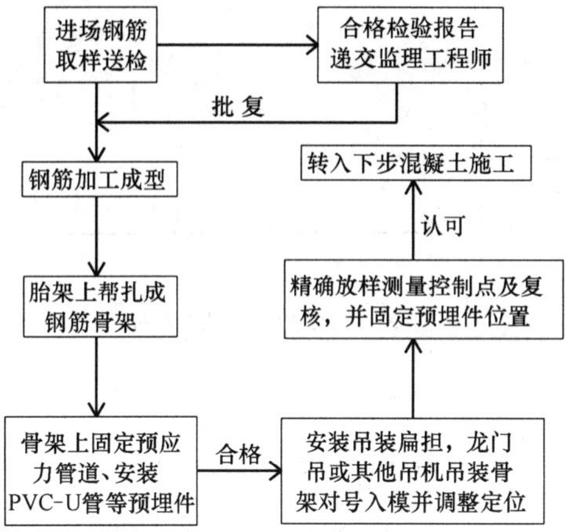

进场钢筋取样送检 → 合格检验报告递交监理工程师
↓（批复）
钢筋加工成型
↓
胎架上帮扎成钢筋骨架
↓
骨架上固定预应力管道、安装PVC-U管等预埋件 →（合格）安装吊装扁担,龙门吊或其他吊机吊装骨架对号入模并调整定位 → 精确放样测量控制点及复核,并固定预埋件位置 →（认可）转入下步混凝土施工

图 5.1.4-2　钢筋施工工艺流程框图

2. 钢筋施工工艺流程:见图 5.1.4-2　钢筋施工工艺流程框图。

3. 钢模板施工工艺流程:见图 5.1.4-3 钢模板施工工艺流程框图。

4. 混凝土施工工艺流程:见图 5.1.4-4 混凝土浇筑工艺流程框图。

5.2　关键技术与施工方法

PC 梁短线法预制施工技术的关键在于预制节段间如果匹配和怎样进行精密匹配。具体讲即是如何对 PC 梁的线型进行控制。

5.2.1　从整个工艺流程看短线法预制施工有两个系统,一是台座和模板系统,见图 5.2.1-1、图 5.2.1-2;另一是运梁系统,见图 5.2.1-3。

1. 台座和模板系统:每个台座有下列系统组成(按一套计):

1) 底模板及台车:配置两块活动底模(一块底模随已浇节段移运,一块底模在台座待浇)、一台移梁液压台车,此台车的液压系统可将节段梁作平转和竖转,且竖向油顶具有机械自锁功能;

2) 外侧模及排架:排架需保证足够的刚度和稳定性,外侧模可作上下和倾斜度的调整,以满足梁体高度和腹板倾斜的变化;

3) 内模板及支架台车和液压系统:内侧模和顶板通过液压顶支撑于可移动台车的支架上;

4) 固定端侧模及排架:排架需保证足够的刚度和稳定性,端侧模为节段梁线形控制的基点,必须保证不沉降、不变形。

2. 运梁系统

1) 系统组成:与台座平行的槽道、走行轨道、一台运梁台车(配竖向液压顶,见图 5.2.1-3)、牵引卷扬机及钢丝绳。

2) 槽道设在制梁台座的活动端模侧,在留出略大于一个节段梁长度的外侧,开挖运梁槽口,其目的是使移梁液压台车能走行至运梁台车上,保证节段梁在施工区的运输,槽口开挖的深度、宽度以运梁台车的尺寸来确定,其长度以并列制梁台座的数量确定,槽底以混凝土硬化,保证足够的承载力,槽壁设置混凝土挡墙;并铺设走行轨道,在槽道的端部牢固安装卷扬机,用钢丝绳牵引运梁台车。

5.2.2　短线台座法施工的要点是:不论待浇筑的节段梁在成桥线形中处于何种位置上(直线或平曲线、竖曲线),均将其在台座上转换为水平位置,通过匹配梁的空间坐标转换,使匹配梁和待浇筑的节段梁满足成桥线形的要求。

1. 墩顶节段(0 号块)施工

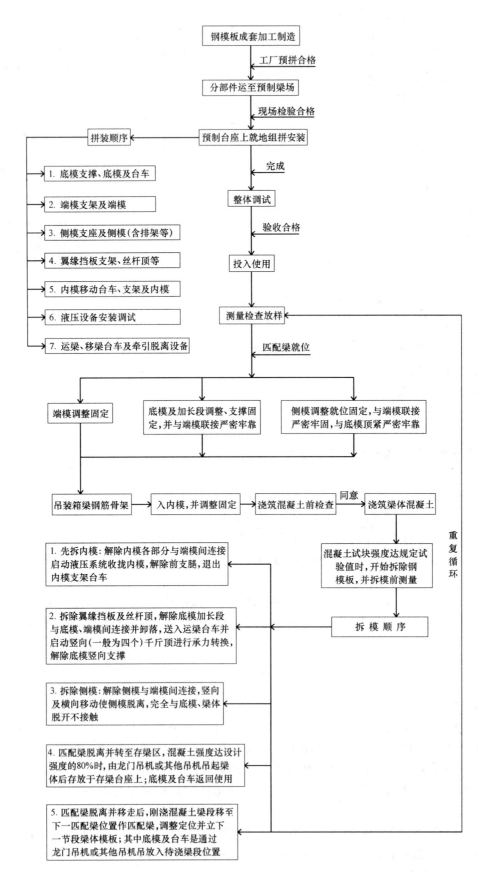

图 5.1.4-3　钢模板施工工艺流程框图

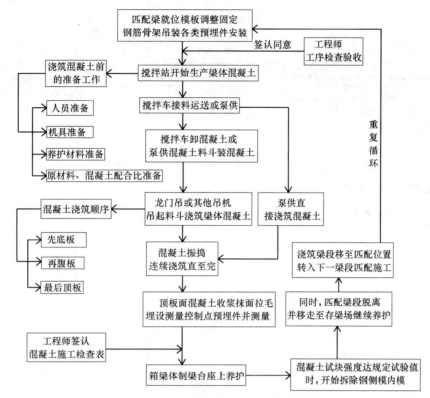

图 5.1.4-4 混凝土浇筑工艺流程框图

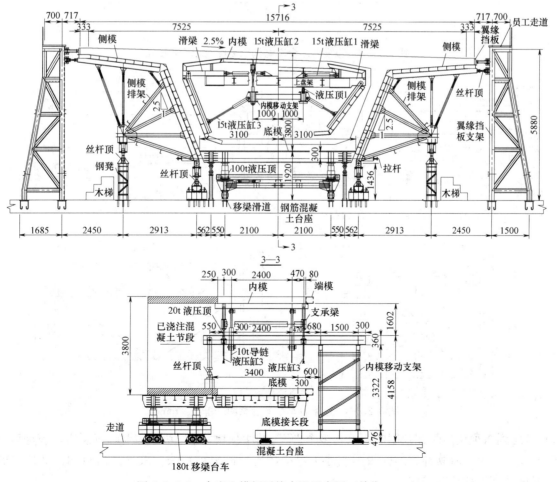

图 5.2.1-1 台座和模板系统布置示意图（单位：mm）

611

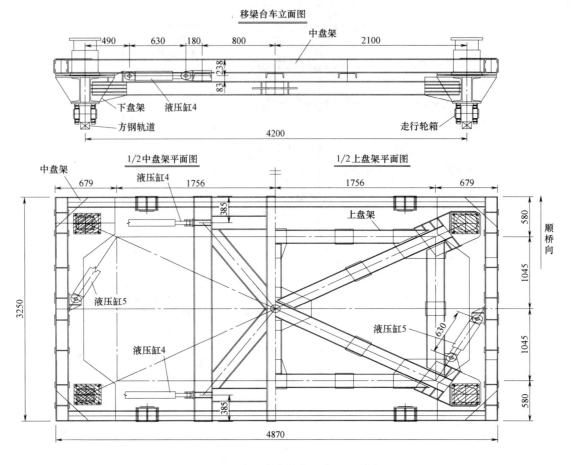

图 5.2.1-2　移梁液压台车结构示意图（单位：mm）

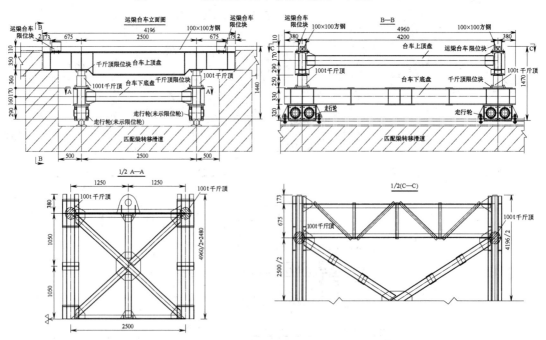

图 5.2.1-3　运梁台车结构示意图（单位：mm）

1）考虑到墩顶块为匹配预制的起点，多个"T"的墩顶块（0 号块）需要陆续制出，满足后续匹配预制的连续性，保证后续种类的模板不致停工等待，达到模板周转快、效率高的目的，墩顶块的模板系统仅安排生产该种类的梁体。

2）步骤为：复测固定端侧模的垂直度和中点→安装活动底模→通过竖向和侧向丝杆顶安装外侧模→安装另一侧的活动端侧摸→吊运节段梁整体钢筋入模→台车承托内模由固定端模侧进入箱内，操作液压系统，使内侧模和顶板就位→安装预埋件→浇筑混凝土→养护→竣工测量→强度达到设计要求（12～15MPa 左右）、拆模→内模通过液压顶回收、台车承托、整体移出箱外，外侧模利用丝杆顶松脱，活动端侧模利用吊机拆除→移梁液压台车从活动端模侧利用滑道推进至底模下，起顶使活动底模和节段梁一道与固定支撑脱离，移动台车将节段梁运出→重复以上步骤进行下一个墩顶块（0 号块）的预制浇筑。

2. 其他节段梁（1 号块～"T"的末块）施工

移梁液压台车承托活动底模和节段梁作为一个整体，成为下一个待浇筑节段。

梁的匹配梁（相当于活动端侧模），拖拉至运梁台车上，通过运梁台车移至下一个制梁台座处，拖拉移梁液压台车使匹配梁达到匹配位置，操作台车的液压系统（平转和竖转），将匹配梁调整到确定的线形数据、锁定，其他步骤同墩顶块施工，完成匹配任务的节段梁通过运梁台车运至存梁场存放，移梁液压台车和活动底模则及时运回相应的制梁台座处。1 号块～"T"的末块均需对称预制。

5.2.3 节段梁线型控制

1. 线形控制软件 GCP 系统的功能和原理

1）主要功能是：根据输入的设计成桥线形，对采集的节段梁测点数据进行计算、分析，不断地校正施工及测量放样引起的梁体线形的偏差，确定节段梁在匹配位置的空间转换坐标，使梁体预制线形按照设计的线形状态向前延伸。

2）原理：见图 5.2.3-1 GCP 系统控制原理图。XFL1、XFH1、XFR1、XBL1、XBH1 及 XBR1 分别为 GCP 软件计算出来的匹配梁上预埋件相对于端模内侧的距离，XFL2、XFH2、XFR2、XBL2、XBH2 及 XBR2 分别为待浇梁上预埋件相对于端模内侧的实测距离。匹配梁高程预埋件 A1、B1、C1、D1 所对应的高程值为 ZFL1、ZBL1、ZFR1、ZBR1，这些高程值是通过 GCP 系统计算、转换所确定的匹配梁在该位置的高程值。待浇梁上的高程预埋件 A2、B2、C2、D2 所对应的实测高程值分别为 ZFL2、ZBL2、ZFR2、ZBR2。匹配梁上中线预埋件 E1、F1 对应的数据 YFH1、YBH1，表示匹配梁前后两点偏离固定中线的情况。

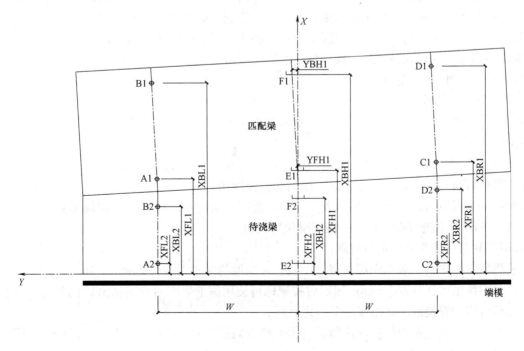

图 5.2.3-1　GCP 系统控制原理图

3）在待浇节段梁浇筑完毕，按预先设计的位置进行预埋件埋设和中线投点，等节段梁混凝土凝固后，精确地观测并记录12个测点预埋件的观测值，通过 GCP 系统的数据文件运算，得出待浇梁在新的匹配位置的线形数据。

由于测量放样误差、混凝土振捣及施工人员的扰动等多种因素的影响，致使测点预埋件出现埋设偏差，导致竣工节段梁的轴线、高程与理论线形值相比，出现偏差。这就要求必须真实地记录12个测点预埋件的观测值，通过 GCP 系统的数据文件运算，在下一片匹配梁线形数据中作出调整、修正。

4）控制流程：见图 5.2.3-2GCP 系统控制流程图。

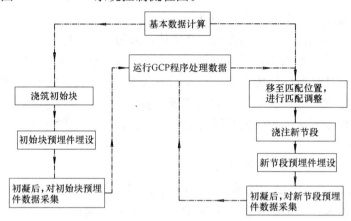

图 5.2.3-2　GCP 系统控制流程图

2. 测量控制的总体步骤和系统组成

总体步骤：建立测量控制系统——线形控制软件 GCP 系统调试（将设计成桥线形输入该系统）——节段梁在浇筑台座上竣工测量——测量数据进入 GCP 系统计算分析——消除施工误差、确定节段梁在匹配位置的线形数据（空间转换坐标）——监控节段梁在匹配位置的调整——达到测量精度要求——灌注下一节段梁。

系统组成：由五部分组成。

1）中线控制系统：由强制对中观测墩和后视觇标组成，控制桥梁平面线形；

2）高程控制系统：由观测台座和制梁台座组成，控制桥梁的竖曲线形；

3）监测网：由水平和高程基准点与测量台座、制梁台座上的观测点构成；

4）配套的高精度测量设备（全站仪、数字水准仪等）；

5）线形控制软件 GCP 系统。

3. 主要测量技术措施

1）短线法制梁要求其平面及高程测量控制精度均为＋0.3mm，需按照《精密工程测量规范》的规定建立测量控制网。

2）测量控制网的布设：根据制梁台座固定不动的特点，建立以一条基线控制一个制梁台座的测量控制系统，并将所有基线纳入一个独立的、稳固的监控网中。

3）确定测量控制流程：模板安装检查——浇筑混凝土前的全面检查——埋设测点预埋件——节段梁数据采集——GCP 系统数据处理——匹配梁位置调整。

4）采用强制对中装置及固定后视觇标

在普通测量工作中，一般不使用强制对中装置，仪器的对中误差会达到2～3mm，而采用强制对中装置后，其对中精度可达0.025mm；固定后视觇标可使用徕卡生产的专用精密后视贴片，贴在后视方向墩上，与相对应的置镜点一起组成一条固定基线。

强制对中装置及固定后视觇标的使用，可大大减少偶然误差的影响，确保＋0.3mm 的精度要求。

5）配置高精度测量仪器

高精度成果必然要求使用高精度的测量仪器。为此，需使用目前精度等级较高的测量仪器，如型号为 TC2003、TC1800 的全站仪以及 DNA03 数字化水平仪，及配合使用的精密配套装置。

6）自制精密分划尺：见图 5.2.3-3 精密分划尺示意图。

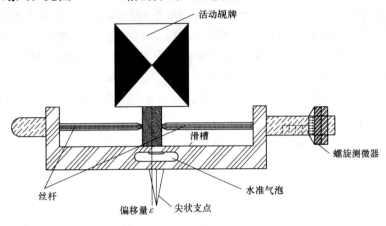

活动觇牌

滑槽

螺旋测微器

丝杆

偏移量ε   尖状支点   水准气泡

图 5.2.3-3　精密分划尺示意图

对于 TC2003 及 TC1800 全站仪来说，直接用极坐标法测量偏转量，要满足 ±0.3mm 的精度要求比较困难，实际操作中，通过自制精密分划尺来达到需要的精度级别。见图 5.2.3-4，精密分划尺由螺旋测微器、活动觇牌、尖状支点、水平气泡和滑槽组成。

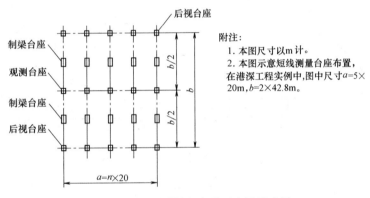

后视台座

制梁台座

观测台座

制梁台座

后视台座

$b/2$

b

$b/2$

$a=n×20$

附注：
1. 本图尺寸以 m 计。
2. 本图示意短线测量台座布置，在港深工程实例中，图中尺寸 $a=5×20$m，$b=2×42.8$m。

图 5.2.3-4　测量台座平面布置示意图

螺旋测微器的读数精度可达 0.01mm，精密分划尺在正式使用前，应测定零位置——即活动觇牌标志中心线通过尖状支点时螺旋测微器上的读数。

匹配节段梁调整时，让尖状支点对准匹配梁中线预埋件上的中线点，通过螺旋测微器移动活动觇牌使端模中线与觇牌标志中心线重合后，读出匹配梁预埋件上的中线点与中线的偏移量，读数时精密分划尺须与中线垂直。

4. 施工方法

测量台座的布设：见图 5.2.3-4 测量台座平面布置示意图。一个制梁台座由一条固定中线监控，该中线由观测台座上设置的强制对中点和后视台座的后视觇标组成。观测台座上设置强制对中装置，后视台座可贴徕卡专门生产的后视觇标。为了保证测量台座整体的稳定性，观测台座和后视台座的地基需进行加固处理；观测台座和后视台座台身均需高于匹配节段梁混凝土顶面、新节段梁的模板顶面 1m 以上，便于保证良好的中线通视条件。测量坐标系统采用相对独立的局部坐标系，控制点的起算数据自行假设。

具体要求：

1）固定端模的中点位于观测中线上，端模始终保持铅锤且与中线正交

a. 测量台座、制梁台座保持稳定，防止扰动和下沉，否则，整个测量控制系统必须重新调整；

b. 利用基准点，定期监测各观测点的位移与沉降，及时修正中线及高程系统的偏差，使之始终保

615

持在测量控制精度以内。

2）测点预埋件的布设和节段梁的匹配

a. 每个"T"的墩顶块（0 号块）为初始段，也是测量控制的起点，混凝土浇筑完成即预埋 4 个水准钉 A、B、C、D 及两个中线标志（U 形铝板）E 和 F，待混凝土凝固后、脱模前（避免对梁体扰动），观测水准钉的标高，作好记录，并将中线投放在中线铝板上，刻画出梁体中线标志；

b. 将观测数据输入 GCP 系统，计算初始段在匹配位置的线形数据（空间转换坐标）；

c. 利用移动台车将初始段移至匹配位置，根据计算好的线形数据，在台车上精确调整匹配节段梁的空间位置，并牢牢固定；

d. 完成新节段梁的浇筑，在新节段梁面上同样预埋水准钉和中线标志；

e. 观测匹配梁及新节段梁上 8 个水准点和 4 个中线点的数据，将数据输入 GCP 系统，计算分析测量数据与成桥线形是否吻合，及对线形产生的影响，经过修正计算，确定新节段梁在下一匹配位置的线形数据；

f. 移出第一片节段梁运至存梁场存放，将新节段梁运至匹配位置匹配，进行下一片节段梁的浇筑；

g. 循环以上程序，逐段预制完成。

上述过程见图：图 5.2.3-5 匹配梁移至匹配位置图；图 5.2.3-6 梁上预埋测点的设置图；及图 5.2.3-7 节段梁的匹配调整示意图。

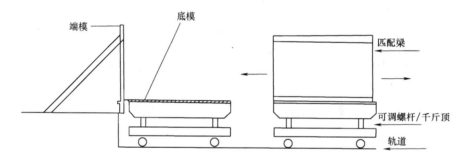

图 5.2.3-5　匹配梁移至匹配位置图

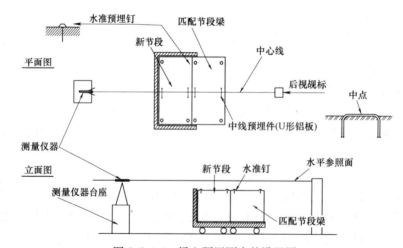

图 5.2.3-6　梁上预埋测点的设置图

5.2.4　劳动组织

1. 项目管理组织体系：采用项目法施工，管理组织体系如图 5.2.4。

2. 人员配备及组织（按一个单"T"两条短线台座流水生产线）

1）项目部部门人员：

项目经理：1 人；总工程师：1 人；副经理兼工区负责人：2 人；合计：4 人。

工程部部长 1 人；工区技术负责人：2 人；技术员：4 人；合计：7 人。

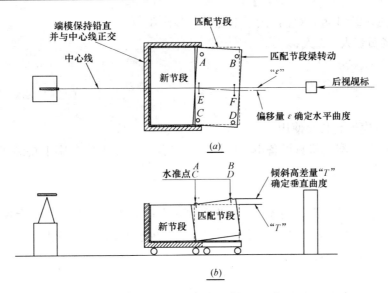

图 5.2.3-7 节段梁的匹配调整示意图

(a) 平面（有水平曲度进）；(b) 立面（有垂直曲度时）

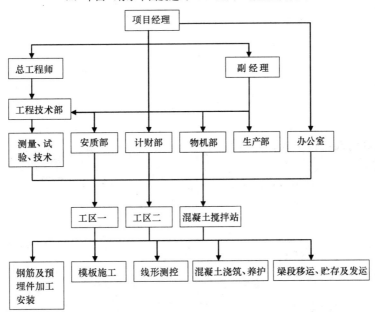

图 5.2.4 管理组织体系图

质检主任：1人；质检员：2人；合计：3人。

试验主管：1人；试验员：3人；合计：4人。

测量主管：1人；测量员：5人；测量工：9人；合计：15人。

资料员：2人。

物机部部长：1人，其他人员：4人；合计：5人。

计财部部长：计划1人，财务1人；其他人员：4人；合计：6人。

生产部部长：1人；调度1人；合计：2人。

办公室主任：1人，其他2人；合计：3人。

上述人员总计：51人。

2）钢筋加工及安装（含预埋件）

钢筋工：68人/线2＝136人；（注：加工制作20人，搬运工6人，胎架钢筋绑扎10人，三个胎架同时作业计20＋6×3＋10×3＝68人/线。）

装吊工：2人/线×2＝4人；（注：搬运工配合吊装作业。）

流水线生产现场负责人：1人；

技术员：2人；

质检员：2人；

安全员：2人。

3）模板施工（含模板安装及使用）

① 模板安装：模板及配套机具设备由专门厂家生产预拼，在工地台座上拼装工作宜由生产厂家负责，项目部配合及验收。

② 模板使用

模板工：（36＋3）人＝39人；两条线39人2＝78人；（注：36人按三个台座考虑，6人/个/班；工作包括匹配梁就位，模板安装、调整；梁段脱离移走、模板拆除。3人工作含模板检查，清理修整。）

每条流水线现场负责人：各1人；

技术人员各2人；

液压设备操作人员熟练工4人，负责培训每个台座上的操作人员；

电工2人；

木工2人；

测量人员5人；

质检员2人；

吊机司机3～4人；

安全员：2人。

4）混凝土浇筑

每条流水线现场负责人：各1人；

技术员：2人/线×2＝4人；

安全员：2人；

质检员：2人；

试验员：3人；

吊机司机：2人/线×2＝4人；

混凝土工：42人/线×2＝48人；

测量员：6人；

混凝土搅拌车司机：3人/线×2＝6人；

搅拌站工作人员：8人。

养护人员：负责人1名，技术员1名，专职质检员1名，技术工人2人，民工8人。

5）梁段移运、贮存及发运

负责人：1人/线×2＝2人；

装吊工：3人/线×2＝6人；

技术人员：2人/线×2＝4人；

质检员：2人；

民工：10人/线×2＝20人。

6）线形测量控制

应根据预制场生产流水线循环施工需求，做好全天24h作业的施工组织安排，并应考虑到工序的衔接与重复。按一个单"T"两个短线台座流水生产线考虑，测量人员配置为：测量工程师2人；测量技术员4人；测量工9人。

备注：上述人员组织安排仅指出各类作业施工所需基本人员，对重复人员可行酌减。

6. 材料与设备

（按一个单"T"两条短线台座流水生产线考虑）

6.1 测量仪器设备

全站仪：TC2003 一台；徕卡生产；标称精度：1+1ppm，测角 $0.5''$。

全站仪：TC1800 一台；徕卡生产；标称精度：1+1ppm，测角 $1.0''$。

电子水准仪：DNA03 两台；徕卡生产；配铟钢条码尺；最小读数 0.01mm，1km 往返差 0.3mm 及相关配套设备。

6.2 试验仪器设备

按国家或地方的行业规定，施工现场应配备相应的基本试验检测仪器设备，包括混凝土及原材、钢筋及其他检测所需的试验仪器设备。且工地试验室必须获得合法检测资质及计量许可证。必要时，采取送样品到指定或合法试验室进行试验工作。

6.3 混凝土搅拌站

如 HZS90 型：宜采用成套全自动化混凝土搅拌设备，并配套混凝土搅拌输送车（6m³）；搅拌站混凝土生产运送能力应能满足流水线作业的需要。

6.4 吊机

可采用自拼式龙门吊机成套设备及专用吊具，也可使用其他走行轮式或履带式吊机；建议对大吨位的吊重如节段梁吊运，宜设置大型 100～200t 移动式龙门吊机，对流水线作业，宜采用轻便拆装的小型 20～30t 龙门吊机；对其他小型吊装作业，宜配备 20～50t 走行轮式或履带式吊机。

6.5 钢模板及配套液压设备、台车等，按流水线生产需要，配备合理套数。

6.6 捯链 5～10t：微调、辅助用；卷扬机 5～8t：配套台车移梁用；变电站（350＋500）kVA：满足预制场生产生活需要；发电机 400kW：备用；Φ80、Φ50 振动棒：混凝土浇筑用；1.1kW 附着式震动器：每个短线台座模板侧模配备 4 个。

6.7 其他：除上述机械设备外，如模板清理等还需用到一些专用小型设备、发运工作还需大型运输车辆或运输船等。

7. 质量控制

7.1 质量控制：指执行的标准、规范及规定

7.1.1 国内质量控制要求执行相关行业规范标准，主要包括：

1. 公路工程：现行最新《公路桥涵施工技术规范》及《公路工程质量检验评定标准》等。

2. 铁路工程：现行最新《铁路桥涵施工规范》、《铁路桥涵施工验收规范》及《铁路桥涵质量检验评定标准》等。

7.1.2 国外质量控制执行合同规定的质量要求，执行设计图纸规定采用的施工标准、规范，例如港深西部通道工程（香港）要求所有工作必须遵循香港现政府现行的土木工程各类规范和协议中所规定的施工细则，如《General Specifrication for Civil Engineering Works》、港深西部通道施工设计图（香港）等。

7.1.3 测量控制依据的技术标准、规范

1. 技术要求

1）要求采集的水平线形及高程数据的精度达到±0.3mm；

2）对成品箱梁的限差要求是：腹板厚度±5mm；顶翼缘厚度＋10mm 至 0mm；底翼缘厚度＋5mm 至 0mm；外部尺寸±5mm；匹配浇筑单元的长度 0mm 至－10mm；横隔板尺寸±5mm。或者执行相关标准规范要求。

2. 规范、依据：设计图；《精密工程测量规范》GB/T 15314—94；国内或者国外行业标准规范。

8. 安 全 措 施

8.1 执行国家有关建筑企业安全生产的法律法规，制定短线台座法生产流程《安全生产管理办法》并执行。

8.2 工程安全监控目标是实现"三无"（既无重大伤亡事故、无中毒事故、无倒塌事故），一般轻伤事故率控制在1‰以内。

8.3 应成立一个由本工程总负责人任组长的安全生产领导小组，设置一名专职安全员，各流水线设置一名兼职安全员，定期组织开展安全检查。

8.4 执行安全教育制度和安全生产定期检查规定，未经安全教育或教育时间不足48h的人员不准上岗作业。

8.5 特殊工种（如电工、焊工、司机、机械工等）必须持证上岗。

8.6 严格执行各项安全措施，如双层作业必须戴安全帽、高空作业必须系安全带、特殊地段应挂安全网等。

8.7 对施工用电、钢筋加工机械、吊机等各种施工机械、施工设备临时用电，使用前必须按照国家建设部颁发的《施工现场临时用电技术规程》的标准进行检验，经检验确认合格后方能使用。

8.8 坚持一机一闸一漏电保护器，三相五线制和保护零线重复接地。总配电箱或分箱，一律设门加锁添置防雨罩，施工临时电路必须按规程要求加设。

8.9 夜间作业必须要有足够的照明。

8.10 吊装作业采用对讲机指挥，以保证指挥正确和操作安全。

8.11 防火责任人必须认真负责，按规定位置安放好有效的消防器材，易燃物品要有专人看管。

8.12 不得使用报废机械，各种龙门吊机等临时大型起重机械必须通过试验验证，并获得准用证后方准投入使用。

9. 环 保 措 施

9.1 短线法预制PC梁施工工艺技术实现了工厂化流水作业，改变了以往施工场地的脏、乱、差现象，充分显示了环保的优势。

9.2 工厂化的环保管理着重从如下几方面进行

9.2.1 应贯彻落实国家关于环境保护的专项法律法规，有针对性地制定专项环保方案，加强宣传教育，切实执行。

9.2.2 建立健全针对性的环保工作体系，落实责任制，配备专人进行管理。

9.2.3 执行公司的《职业健康安全和环境保护体系》。

9.2.4 施工环保、水土保持目标

1. 施工用水和生活用水做到达标排放；施工噪声符合环保要求；

2. 确保施工区域内无重大管线事故；

3. 严格控制地面变形量，确保建筑物安全；

4. 加强各种防范工作，减少突发事件损失。搞好水土保持，防止水土流失。

9.2.5 施工环保、水土保持方案

1. 对施工现场生产、生活用水的排放进行控制。施工前按实施性施工组织设计建好生产区和生活区排水沟。排水沟的宽度、深度、坡度满足排放要求，避免沟内积水。

2. 分块设置过滤池和沉淀池，所有生活用水和生产用水均经过过滤、沉淀后方可排出。不定期对水沟、水池进行清理和冲洗，确保水沟、水池内无长期积水和垃圾。

3. 加强机械管理，改进施工工艺，执行《建筑施工场界噪声限值》GB 12523—90 标准，减少施工过程中的噪声。优先选用噪声小的机械。

4. 采取有效措施妥善保护施工及生活区域外的绿化草地、植物、花木及道路等公共设施。避免泥浆、油污、生活垃圾、有毒及化学物质对其造成污染，严禁随意攀折树木、花草，踩踏草地，违者将按有关规定对其进行处罚。

5. 装卸有粉尘的材料时，应首先进行洒水湿润或在库房内进行，防止粉尘对周围环境污染。

6. 在施工区域、生活区域落实做好危险品现场控制、消防应急现场控制。

7. 加强职工的环保意识教育，树立全员环保意识。

10. 效 益 分 析

短线法施工在制梁工序上是流水线作业、在单个节段梁的预制上是平行作业，因此，制梁速度快，质量易于保证；特别是易于采用工厂化管理，改变了以往施工场地的脏、乱、差现象，充分显示了环保的优势。但其需要专门的线形测量控制技术，才能满足流水作业快速、便捷的需要。

短线法预制梁具有占用场地小、质量、工期、安全易于控制、成品梁便于运输、有利于环保、工厂化流水线作业、制梁效率高等优势，在国外一些发达国家被广泛应用，在国内则处于起步阶段，随着国内建筑业的发展，桥梁建设的施工技术不断更新，现代桥梁施工对环保、工期及施工场地将提出更高的要求，使短线法施工预制梁的方法有着极大的推广前景。

11. 应 用 实 例

由于短线台座法制梁国内尚无其他实例，现仅举例：香港—深圳西部通道香港侧引桥上部结构预应力混凝土连续箱梁制运工程短线法施工例子。

11.1 工程概况

港深西部通道是连接香港与深圳的跨海大桥，其香港侧主桥、引桥工程的建设方为香港特区路政署，施工方是由 Gammon—Skanska—MBEC 组成联营体总承包，其中 Gammon（香港金门公司）为联营体内的控股方，监理方为 ARUP（奥雅纳）顾问公司。MBEC-3 公司通过竞标承包混凝土箱梁的预制（Precast Concrete Segment，简称 PC 梁）、运输任务之后，在广州南沙经济开发区设置了 PC 梁预制厂，联营体项目部与 ARUP 顾问公司各自安排了相关的人员进驻梁厂，分别对项目进行管理和对工程进行监理。

11.2 香港工程的特点和管理要求

11.2.1 香港工程的特点

1. 主体结构设计图均为初步设计（国际上通称概念设计），施工图设计均由施工方负责完成，并报 ARUP（奥雅纳）顾问公司审核，通过后方能实施。

2. 工程施工执行香港现政府现行的土木工程各类规范（英系）和协议中所规定的施工细则。

11.2.2 管理要求

1. 严格按 ISO 质量管理体系运行，执行 FIDIC 合同条款；

2. 试验室及混凝土搅拌站需通过香港质量检验局（HKQAA）认证；

3. 所有原材料及混凝土配合比均需通过香港路政署指定的检验部门检定；

4. 所有临时受力结构的设计图纸与计算单均需报联营体项目部，由其聘请的独立工程师审核。

11.3 工程规模及工期

香港侧引桥上部结构为 42 孔预应力混凝土连续箱梁，跨度主要为 70m 和 75m，双幅设置；连续箱梁共分为 1843 片节段梁，箱梁高 3.8m，节段长从 1.75～3.8m 不等，大部分梁段长 3.5m；顶板宽

15.7m，厚度 265mm；底板宽 6.2m，厚 250～500mm 不等；斜腹板，厚 400～800mm 不等；梁面横坡 2.5％，梁底水平；节段梁最大重量 180t，最小重量 97t。

1843 片节段梁，按每个"T"分为 23 片节段梁作为一个预制单元，将全桥成桥线形分解在每个预制单元内进行线形控制、线形匹配，然后完成每片节段梁的预制。节段箱梁在国内预制，由船驳运送至香港的桥址处架设。工期要求为：2003 年 11 月～2005 年 6 月。

11.4 梁厂布置

11.4.1 根据存梁规模（300 片左右）、制梁速度（每月 150 片）、制梁台座数量（12 套）等因素的综合考虑，确定梁场占地面积达 57662m²。

11.4.2 设置两条预制生产线，每条生产线配置有：6 套制梁台座及配套的模板系统、底模台车系统；一条移梁滑道和一台运梁台车；2 台 20t 龙门吊机（节段梁钢筋绑扎、吊运安装）；一台 180t 龙门吊机（存梁区存梁、运梁、梁体修补）。

11.4.3 共配置 16 个钢筋制作胎架，158 个存梁台座，18 个测量点，2 台 KH—180 履带吊机及一台 25t 轮胎吊机，180t 下海栈桥一座，HZS90 全自动混凝土搅拌站一座及配套试验室，三辆 6m³ 混凝土搅拌运输车。混凝土采用搅拌车运送吊斗接料后，用 KH—180 履带吊机吊起后浇筑的方法。

11.5 线形测量控制

11.5.1 测量控制的总体步骤和系统组成

1. 建立测量控制系统——线形控制软件 GCP 系统调试（将设计成桥线形输入该系统）——节段梁在浇筑台座上竣工测量——测量数据进入 GCP 系统计算、分析——消除施工误差、确定节段梁在匹配位置的线形数据（空间转换坐标）——监控节段梁在匹配位置的调整——达到测量精度要求——灌注下一节段梁。

2. 测量控制系统由五部分组成：1）中线控制系统，由强制对中观测墩和后视觇标组成，控制桥梁的平面线形；2）高程控制系统，由观测台座和制梁台座组成，控制桥梁的竖曲线形；3）监测网，由水平和高程基准点与测量台座、制梁台座上的观测点构成；4）配套高精度测量设备；5）线形控制软件 GCP 系统（采用专用测控软件）。

11.5.2 测量仪器、人员配置

按照 PC 梁厂设置的 12 套台座同时循环预制，全天 24h 作业的施工组织安排，考虑到工序的衔接与重复，对测量仪器、测量人员配置如下：

1. 测量仪器

全站仪：TC2003 一台；徕卡生产；标称精度：1＋1ppm，测角 0.5″。

全站仪：TC1800 一台；徕卡生产；标称精度：1＋1ppm，测角 1.0″。

电子水准仪：DNA03 两台；徕卡生产；配铟钢条码尺；最小读数 0.01mm，1km 往返差 0.3mm 及相关配套设备。

2. 测量人员：测量工程师 2 人，测量技术员 4 人，测量技术工人 9 人。

11.5.3 测量台座的布设，节段梁的匹配，测控技术要求及规范等同工法前述。

11.5.4 测点预埋件的布设根据 GCP 系统的要求，并结合梁体尺寸，结合"GCP 系统控制原理图"梁上高程预埋件埋设在距离中线 $W=4m$ 处。第一排预埋件 A2、E2、C2 埋设在距端模内侧 0.15m 处，第二排预埋件 B2、F2、D2 埋设在距端模内侧的尺寸为：节段梁理论长 0.15m，如一片待浇节段梁长 3.8m，则 B2、F2、D2 埋设在距离端模内侧 3.65m 处。

11.6 工程技术要求

11.6.1 模板加工制造应符合香港《General Specification for Civil Engineering Works》（1998 版）常用规范的质量标准，在公众直接视线之下的外表面应达 F5 级，内表面不在公众直接视线之下为 F2、U1 级；即 F5 要求：表面突变＜2mm，渐变不平度＜3mm/2m 内；F2 要求：表面突变＜5mm，渐变不平度＜10mm/2m。

11.6.2 F5 模板总体要求

1. 板块尺寸相同，形成规律排列，组合件尽量少，板块边缘直面方正，接缝线笔直、连续、水平

或竖直；

2. 接缝宽≯1mm，用发泡橡胶条（可压缩）填缝，胶条不得突出模板面，密封，不漏浆，不得使用胶带密封；

3. 模板为刚性的，接触面不得有锈，脱模剂不含矿物油，并需加阻锈剂；

4. 拉杆孔排列整齐规律，安装稳固；

5. 除非合同中另有说明或工程师允许，混凝土表面所有小于或等于90°的外角应设有斜槽，即20×20的倒角；

6. 模板各组件的加工精度要求，可参照国内相关行业标准《公路桥涵施工技术规范》的规定。

11.6.3 成品梁的限差要求应满足：

腹板厚度　+5mm；顶翼缘厚度　+10mm 至 0mm；

底翼缘厚度　+5mm 至 0mm；　　外部尺寸　+5mm；

匹配浇筑单元的长度　0mm 至-10mm；横隔板尺寸　+5mm。

11.6.4 线形测量控制网（平面、高程）的布设精度满足+0.3mm要求。

11.7　短线法制梁原理及工艺流程

11.7.1 短线法制梁的基本原理：①以一个箱梁标准"T"结构为例，从墩顶块开始，逐节段向"T"结构的两侧预制，每一已预制梁段作为下一待浇梁段的匹配梁段，保证安装时各节段梁的严格吻合。②待浇梁段端模始终铅直，作为测量基准面；③通过调整匹配梁段的平面位置及纵、横方向的倾角，来控制全桥的线型；④按流水线方式生产节段梁。

11.7.2 台座布置：布置两个制梁区 A 区、B 区，A 区 6 个台座，B 区 6 个台座，A、B 区两条流水线全部动作一次完成一个标准"T"结构的预制；每个台座设置一个出梁口，配两个绑扎钢筋的胎架，制梁区出梁口前沿布置一横移梁滑道，通过该滑道转移匹配梁段和将成品梁运至存梁区；各节段梁按类型安排在不同的台座上生产，模具设计与台座匹配；每个台座具体生产梁段为：台座六：墩顶块，台座一：A80类，台座二：A70、A60类，台座三：A50、A40类，台座四、五：A40D、A40类。

生产流程：台座六生产墩顶块——转移墩顶块至台座一，作为匹配梁段，生产 A80 类梁段——转移 A80 号至台座二，作为匹配梁段，生产 A70 类梁段——A70 作为匹配梁段，生产 A60 类梁段——转移 A60 至台座三，作为匹配梁段，生产 A50、A40 类梁段——A40 梁段转移至台座四或台座五，作为匹配梁段，生产 A40D、A40 类梁段。当墩顶块在台座一匹配生产完 A80 后，转移至 B 区生产标准 T 的另一侧梁段。各个台座生产出来的节段梁，通过横移梁滑道转移至存梁区。

11.8　工程实施进度

工程于 2003 年 11 月开始进行预制梁厂的选址和建设，2004 年 2 月初进行试验梁预制，3 月正式制梁。初期由于处于工艺熟悉和完善阶段，仅为每月生产节段梁 80 片左右，施工进入正常循环之后，生产 PC 梁段为每天 5～6 片，即每月为 150～180 片，已完全满足制梁总体进度要求。

11.9　总结语

11.9.1 目前南沙预制厂 1843 片梁段已全部完成，香港桥址处也已拼装架设完毕。无论从预制节段梁的内、外在质量，还是成桥线形来看，均满足英标规范的要求，并得到了港方业主、Arup 顾问监理公司及香港工程师协会的高度评价，表明港深西部通道 PC 梁短线法施工是成功的，开创了我国桥梁建设短线法预制施工项目的成功范例。

11.9.2 短线法预制梁具有占用场地小、质量、工期、安全易于控制、成品梁便于运输、有利于环保、工厂化流水线作业、制梁效率高等优势，在国外一些发达国家被广泛应用，在国内则处于起步阶段，随着国内建筑业的发展，桥梁建设的施工技术不断更新，现代桥梁施工对环保、工期及施工场地将提出更高的要求，使短线法施工预制梁的方法有着极大的推广前景。

11.9.3 连续箱梁短线法施工技术的成熟应用，必将为连续箱梁短线法施工技术在国内建筑行业的推广起到积极的推动作用，使国内的桥梁建设朝着更加适应环保的方向健康发展。

超大型钢吊箱水上整体拼装下放施工工法

YJGF063—2006

江苏省苏通大桥建设指挥部　中交第二公路工程局有限公司

欧阳效勇　任回兴　贺茂生　张先武　何超

1. 前　言

目前国内桥梁建设的一个明显趋势是跨径越来越大，这样就为大直径超长桩基础和大型承台的应用开辟了更为广阔的空间。如润扬大桥北汊斜拉桥、白沙洲长江大桥、鄂黄长江公路大桥以及苏通长江公路大桥主墩均采用桩基承台形式。

钢吊箱作为承台施工的围水结构，是整个桥梁深水基础施工中至关重要的环节。对于超大规模的钢吊箱，如苏通大桥南塔墩钢吊箱，平面尺寸为 117.35m×51.7m×14.4m（相当于一个半足球场大），重达 5880t，具有相当大的施工难度和技术难度。对于常规尺度的钢吊箱，目前在国内通常采取分节分块散拼及下放工艺。其中下放工艺目前普遍的做法是通过在底板上满布吊点，采用大量小型千斤顶通过人工控制下放。但该工艺对于超大规模的钢吊箱来说，其同步控制显然是不能满足要求的，而且工期及质量都无法得到保证。

经过科技攻关，苏通大桥南塔墩钢吊箱首次在国内实现了在水上施工现场整节由上下游向承台中部对称拼装，实现合拢；在壁板上布置 12 个吊点，采用计算机控制钢吊箱整体同步下放；完成定位后，分 5 区 3 次完成吊箱封底的施工工艺。该技术与 2005 年 7 月、2006 年 4 月分别通过上海市科学技术委员会以及江苏省科技厅组织的专家委员会鉴定，达到国际领先水平。该成果荣获 2005 年度陕西省职工经济技术创新优秀成果一等奖、上海市 2006 年度科技进步三等奖（正在公示）、2005 年度中国企业创新新纪录。工程实践证明该施工工法具有进度快、质量易保证、施工精度高、安全可靠等特点，具有明显的社会效益和经济效益。

2. 工　法　特　点

2.1 钻孔平台顶板兼作吊箱底板，方案设计阶段统筹考虑。

2.2 吊箱在有资质的钢结构加工厂分块整节加工，生产条件较好，加工质量较传统的水上分节拼装更容易控制。

2.3 吊箱在固定的平台（以底板为主）上 14.4m 高整节拼装，比传统的水上分节拼装更安全、拼装平面准确度和垂直度更容易得到保证。

2.4 吊箱拼装以竖向接缝为主，基本无水平接缝；与传统的水上分节拼装工艺相比接缝少、工作量小。

2.5 吊箱下放吊点布置于壁板上，靠壁板悬吊底板，和传统的在底板上布置吊点并靠底板悬吊壁板的工艺相比，对底板的刚度要求更高。

2.6 吊箱整体下放工艺与传统的在底板上满布吊点的工艺相比，吊点布置少且更为集中。

2.7 吊箱整体下放工艺采用计算机对全部 12 个吊点共 40 台千斤顶进行荷载位移同步控制，与传统的人工控制大量千斤顶下放工艺相比，同步性精度高出很多，施工更安全，风险更小。

2.8 吊箱整体下放工艺整个施工过程只有一次下放，较传统分多节（次）下放工艺相比，下放辅助工作量更小，更节省工期。

2.9 吊箱下放过程中，对结构进行安全检测，适时测试关键部位应力，适应了信息化施工的发展趋势。

3. 适 用 范 围

本工法适用于长江中下游、海上施工水域大型深水桥梁，吊箱规模较为庞大，常规大型浮吊无法满足施工要求或因施工不便而不能整体吊装的深水基础施工；对于风浪潮频繁的长江口和近海区域，更具优势。同时，对于其他行业大型水工结构长距离下放入水落床也十分适用。

4. 工 艺 原 理

4.1 利用水中桩基为依托和支撑，大型千斤顶采用计算机进行群顶同步控制，整体拼装下放钢吊箱入水，作为深水承台施工的围水结构，实现水下基础向水上塔身的施工转换。

4.2 钢吊箱与永久结构防撞体系相结合，在吊箱底板上增设桁架，使封底混凝土、吊箱壁板、底板等结构结合为整体；同时增强底板刚度以及壁板悬吊底板的能力，为在壁板上布置吊点靠壁板悬吊底板创造了条件。

4.3 在施工现场，下放钻孔平台顶板至水面上一定高度，并固定于护筒牛腿上转换成为吊箱底板；以此为拼装平台，整节拼装钢吊箱壁板等其他构件。

4.4 吊箱下放利用已完成的桩基及吊箱外围的靠船桩为支撑，在壁板上布置 12 个吊点，利用 40 台千斤顶整体下放。

4.5 通过传感器及计算机集中控制柜对全部的千斤顶位移及荷载进行同步控制，保证荷载均匀分配，避免因个别吊点下放不同步造成荷载不均匀而产生事故的现象。

4.6 施工过程中，通过在吊箱结构及支撑桩上布置的应力应变测点，对结构下放过程中的应力、支撑桩不均匀沉降进行实时监控，实现信息化管理，确保了施工安全。

4.7 利用吊箱壁双壁箱式结构的特点，合理抽水、加水以克服潮差的影响，调整吊箱在水中的姿态及标高，便于竖向定位。利用内侧钢护筒和外侧钢管桩受力，通过下放吊点位置设置反压杆竖向锁定，通过水平千斤顶可调水平定位系统定位。

4.8 利用已完成的桩基作为支撑，通过焊接与吊箱底板与桩基护筒之间的拉压杆，将封底混凝土及吊箱荷载传递至桩基。

5. 施工工艺流程及操作原理

5.1 超大型钢吊箱水上整体拼装下放施工工艺流程如图 5.1 所示：

5.2 钢吊箱构件的加工运输

5.2.1 构件的加工主要包括壁板、内支撑及底板桁架，均在有资质的钢结构加工厂分块加工。

5.2.2 壁板的加工组装要求在胎架上完成，要保证胎架有足够的刚度和平整度，确保壁体加工质量。

壁板加工质量要求：

单块长度方向尺寸偏差：　　±15mm

壁体厚度偏差：　　　　　　±2mm

外形对角线偏差：　　　　　±20mm

高度方向尺寸偏差：　　　　0＋30mm

5.2.3 壁板的分块充分考虑吊装设备的起吊能力，接头应避开钢箱（龙骨）50cm 左右；为保证拼装精度，每块壁板加工时均留有 50mm 的余量，现场定位后切割，从而避免误差累计。

5.2.4 内支撑为空间桁架结构，其分块应充分考虑运输便利与吊装能力；拆分成片状平面桁架结构，接头避开节点 20cm 以上；为方便内支撑与壁板的连接，管端采用弧形钢板（哈佛板）连接，便于调整现场拼装偏差；为便于现场操作，内支撑块件之间的连接采用螺栓预连接后焊缝补强的形式。

5.2.5 施焊前必须彻底清理待焊区的铁锈、氧化铁皮、油污、水分等杂质；焊接过程中尽量减少立焊、仰焊；焊后必须清理熔渣及飞溅物等。当焊缝高度超过 6mm 时，应分层焊接，每层焊缝 4～5mm，必须严格清除每层焊渣。

5.2.6 所有构件的加工应在桩基结束前 1 个半月启动，以保证现场拼装的连续性。

5.3 分区下放底板至下平联，并调平合拢。

5.3.1 利用钻孔平台顶板作为吊箱底板，钻孔完成后，对平台顶板进行测量、检修并加固。

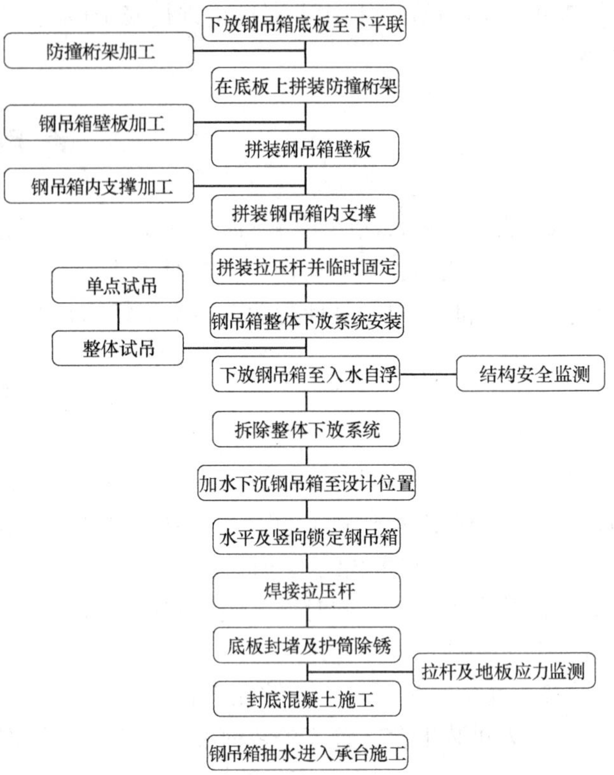

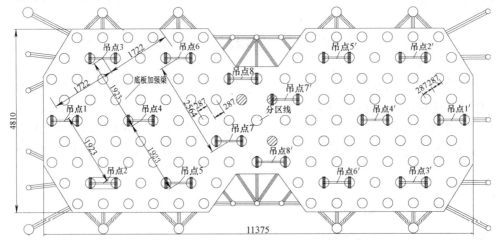

图 5.1 超大型钢吊箱水上整体拼装下放施工工艺流程图

5.3.2 底板须由原钻孔平台位置下放到吊箱拼装标高（吊箱拼装标高应尽可能低，同时高出施工期间高水位＋0.5m）。

5.3.3 安装底板下放至壁板拼装高度处的支撑牛腿，顶面统一调平标高。

5.3.4 底板下放作为吊箱整体下放的试验工艺，采用计算机控制同步下放技术，分上、下游两次下放完成。

5.3.5 在上游底板上安装底板下放系统，包括因底板刚度不够而增设的吊具梁、千斤顶及支撑垫梁等结构。底板分区下放系统如图 5.3.5 所示。

图 5.3.5 南塔墩钢吊箱底板分区下放系统布置图

5.3.6 提升底板脱离支撑上平联，锁定下放系统，快速切割完毕后，下放底板至壁板拼装平台高度处的支撑牛腿上。

5.3.7 将上、下游底板焊接为整体，并对底板各结构进行补焊，最终完成由桩基支撑平台向钢吊箱底板的转换。

5.4 分片区安装底板桁架及拉压杆下铰座

5.4.1 底板上设置桁架，伸入承台内 40cm，将水下封底混凝土、承台、底板、壁板等结构连为整体，共同形成防撞体系。

5.4.2 防撞桁架在加工厂分件加工，并严格编号。

5.4.3 在钢吊箱底板上测量、绘制防撞桁架安装后的轮廓线。

5.4.4 依据绘制好的轮廓线，分件安装防撞桁架及内支撑支架，拼装顺序为先周边、后中间核心部位。

5.4.5 接头应避开交叉点 1m 左右，并尽可能设在直线位置以便于定位和调整，交叉点处的结构可在后场加工成整体，在现场整块安装。

5.4.6 将各防撞桁架分件连接为整体，并将防撞桁架与底板（主梁）焊接为整体，完成防撞桁架的安装。

5.4.7 弦杆作为主受力构件，要按《钢结构结点手册》中相关要求连接。

5.4.8 防撞桁架拼装就位后，同时作为壁板拼装过程中的内靠架，便于壁板定位和稳定。

5.5 水上整节拼装壁板

5.5.1 壁板低水位以下的箱体内腔灌注混凝土而作为防撞结构的一部分。

5.5.2 壁板在专业加工厂平面分块、竖向整节加工，并严格编号。

5.5.3 分块原则：分块大小以吊装设备性能控制，并尽可能减少分块，避免在结构转角、竖向龙骨位置分块。

5.5.4 加工顺序：与拼装顺序一致即由上下游侧向承台中部纵轴线位置合拢，分 4 个工作面对称进行。壁板分块如图 5.5.4 所示。

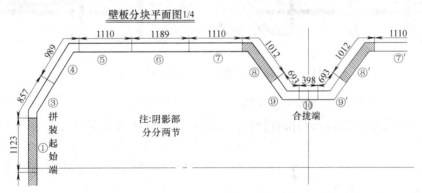

图 5.5.4 南塔墩钢吊箱壁板分块平面布置图

5.5.5 利用运梁船将壁板从水上运输至现场。

5.5.6 采用动臂吊机（或浮吊）吊装壁板，并将其安放于壁板支撑平台上。

5.5.7 壁板水上整节拼装稳定工艺：拼装高度在 10～15m 左右，按 8 级风力验算单块及整体稳定性；起始块段拼装阶段，稳定性最差，采用壁板顶端内外拉缆、防撞桁架及时与壁板焊接形成内靠架等形式抗倾覆。

5.5.8 每吊装一块壁板，即将其与已安装的壁板焊接为一个整体，并将壁板与底板、防撞桁架焊接为一个整体。

5.5.9 拼装误差采用单块测控消除法，即每块壁板安装前，根据测量放样情况，切割余量后安装于设计位置，避免拼装误差的累积。

5.5.10 在承台中部纵轴线处对壁板进行合拢焊接，完成壁板的拼装。为保证合拢精度，合拢块两侧均设置 50mm 的余量，在精确测量并切割余量后，进行合拢。

5.5.11 壁板安装时的偏差可利用50t千斤顶纠正，垂直度偏差利用锚固于底板或护筒的缆风，通过5t链条葫芦调整。

5.5.12 拼装质量要求：

外形平面尺寸偏差：0/＋50mm　　内口平面尺寸偏差：0/＋50mm

外形对角线尺寸偏差：0/＋70mm　　内口对角线尺寸偏差：0/＋70mm

壁板倾斜度：≤H/1000　　壁板面板平整度：≤3mm（3m尺）

高度偏差：0/＋30mm

5.6　安装内支撑

5.6.1 在加工厂分块加工内支撑，并试拼、编号。

5.6.2 加工顺序与拼装顺序一致：即由上下游侧向承台中部，跟进壁板拼装施工形成整体结构。内支撑分块如图5.6.2所示。

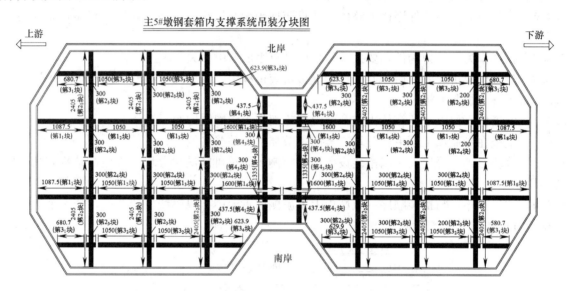

图5.6.2　南塔墩钢吊箱内支撑分块布置图

5.6.3 利用甲板驳船将内支撑运输至现场。

5.6.4 利用动臂吊机（或浮吊）吊装分块内支撑，并将分块内支撑与已安装的壁板及内支撑焊接为一个整体。

5.6.5 内支撑接头离开交叉点1m，使单件块段形成"＋"字形稳定结构，同时现场接头为标准环形截面形式，避免了空间交线。

5.6.6 随着壁板的安装跟进安装内支撑，最终在承台哑铃处完成内支撑的安装。

5.7　拉压杆的安装

5.7.1 拉压杆的工作原理：封底混凝土浇筑阶段，作为"拉杆"，上下端分别与吊箱底板及桩基护筒相连，直接承受混凝土自重，并将荷载传递至桩基；抽水后，作为压杆，在封底顶面与护筒相连，与封底混凝土一起承受水浮力，增强抗浮稳定性。

5.7.2 在加工厂加工拉压杆杆件、拉压杆上铰座及下铰座等，并严格编号。

5.7.3 在底板上焊接拉压杆下铰座。

5.7.4 采用动臂吊机安装拉压杆，并临时固定于内支撑上。

5.7.5 拉压杆在条件许可时宜做成整节形式，便于临时固定；在与护筒焊接前，不需预拉紧固。

5.8　水平定位系统及导向系统的安装

5.8.1 导向系统主要是在吊箱下放过程中起平面位置约束作用，随着吊箱的下放以及水流冲击，呈现为动态约束，因此选择球形橡胶护弦，这样与吊箱、护筒弹性摩擦接触，避免了下放过程中出现卡死或局部破坏的现象。

5.8.2 定位系统在吊箱下放到位后、封底施工阶段对吊箱平面位置起约束作用，通过刚性结构将吊箱与桩基固结成整体，定位系统结构强度必须足以克服迎水压力和涨落潮竖向力，确保封底过程中，吊箱结构纹丝不动。

5.8.3 水平定位系统和导向系统在后场预加工。

5.8.4 在现场根据护筒偏位情况，测量安装水平定位系统和导向系统。

5.8.5 导向系统安装时，必须确保在钢吊箱下放过程中，导向系统与护筒之间有5cm的空隙。

5.8.6 水平定位系统预安装与设计位置，与护筒之间的距离以不影响下放为原则；吊箱下放到位并纠偏后，水下利用千斤顶推出定位系统卡紧护筒。

5.9 钢吊箱整体下放

5.9.1 安装整体下放系统，参照支撑桩位置精确安装，其中：

悬吊梁安装允许偏差：±20mm；

千斤顶安装允许偏差：±10mm；

吊索（钢绞线）安装垂直度：与铅垂面夹角≤3°。

钢吊箱下放系统如图5.9.1所示。

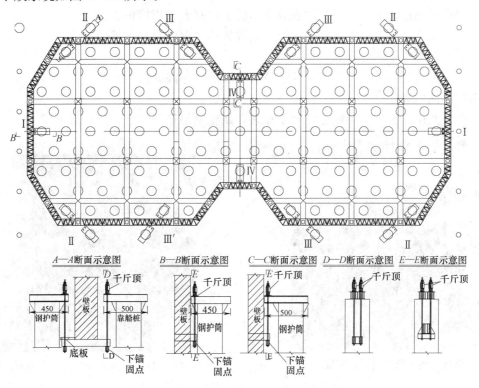

图5.9.1　南塔墩钢吊箱整体下放系统布置图

下放设备的总体及单点承载能力均应大于理论荷载2倍以上。

5.9.2 布置下放系统同步监测系统。

5.9.3 布置结构安全监测系统。

5.9.4 在钢吊箱各构件均焊接完成以后，对各吊点进行单点试提。

5.9.5 单点试提无异常，即对钢吊箱进行整体试提。

5.9.6 钢吊箱整体试提无异常，正式提升钢吊箱。

5.9.7 拆除底板下放的支撑牛腿及平联。

5.9.8 下放范围内的障碍物探测、河床探测。

5.9.9 下放钢吊箱直至入水自浮，选择下放时机，确保低平潮入水，下放速度控制在1.5～

2.0m/h。

5.9.10 拆除悬吊系统。

5.9.11 对各箱室独立对称加水以下沉钢吊箱；通过加水，使其在低潮位时在设计标高以下。

5.10 吊箱下放过程中的信息化控制手段

5.10.1 布置安全监测元件，包括关键结构应力监测元件、支撑桩差异沉降元件及底板变形监控元件。元件的布置以结构仿真计算数据为依据，对称布置于应力较大的部位。

5.10.2 群顶同步性监测元件，包括荷载同步性监测元件（压力传感器）及位移同步性监测设施（长距离传感器以及激光测距仪）。仪器布置要求每个吊点、每台千斤顶均处于位移荷载双控状态。

5.10.3 结构应力测试，在拼装及试吊阶段，每工班测试一次，下放阶段每30min测试一次；同时，在吊箱完全悬空、接近水面、入水1m这三种关键状态下必须各测试一次；测试过程中，停止下放，监测结果正常并与计算基本吻合（正负偏差不超过20%）时再继续下放。

5.10.4 同步性监测由计算机控制柜自动适时采集。一旦不同步性超过5%时，自动报警，所有千斤顶自动锁死，停止下放以确保安全。

5.10.5 下放同步性采用位移荷载双控，具体控制要求为±5%。

5.11 吊箱竖向锁定

5.11.1 选取低潮位时将竖向限位梁安放于壁板上，并安放连接钢管。

5.11.2 在高潮位时，壁板上浮至设计位置，焊接连接钢管及原有悬吊梁。

竖向定位装置如图5.11.2所示。

5.11.3 对钢吊箱进行抽水，使其在低潮位时也在设计标高处。

5.12 吊箱平面纠偏定位

5.12.1 在上两层水平定位系统处安放千斤顶，调整钢吊箱的水平位置。

水平定位装置如图5.12.1所示。

图5.11.2 南塔墩钢吊箱竖向定位装置图片

图5.12.1 南塔墩钢吊箱水平定位装置图片

5.12.2 钢吊箱调整到设计位置后，由潜水员将楔块安放于最下层水平定位系统处。

5.12.3 将千斤顶用型钢替换，完成钢吊箱的水平锁定。

5.12.4 将拉压杆上铰座与钢护筒焊接。

5.12.5 受涨落潮影响（3m潮差），竖向水平定位必须相互协调配合，通常先竖向定位，再快速顶升水平调节千斤顶，完成水平锁定。

5.12.6 吊箱完成定位后，应及时加固，采用型钢和钢管将壁板和护筒焊接牢固，确保封底过程中吊箱不产生位移。

5.12.7 吊箱定位稳定后，及时焊接拉压杆，按先周边后中心的顺序安装拉杆。首先，在护筒上用油漆标明上铰座的准确位置和标高；其次，在拉杆顶端穿上销子与上铰座固定在一起，拉直拉杆，将铰座耳板与护筒焊接牢固。为避免拉杆挂错护筒，拉杆上铰座应按设计院提供的桩位护筒编号统一作出标记，现场焊接时统一对号入座，并便于检查。

5.13 底板封堵与清理、封底混凝土浇筑

5.13.1 拉压杆与钢护筒焊接完成后，由潜水工在水下用钢丝刷清洗护筒，并清除底板上残留的杂物。

5.13.2 底板封堵：采用弧形板及麻袋干混凝土封堵，每个护筒周边的弧形板等分为 4～6 块，单件重 40kg 左右。下放前将各块封堵板分开、后移布置于底板开孔边各处，利用螺栓临时固定；吊装定位后，潜水员水下紧固封堵板贴紧护筒。底板封堵如图 5.13.2 所示。

图 5.13.2 钢吊箱底板封堵图片

5.13.3 以满足导管布点为原则进行封底施工平台搭设，布置导管。

5.13.4 水下混凝土浇筑：封底厚度在 3m 以内时，采用全高度推进的形式浇筑，推进过程由两侧向中间，基本对称进行。

结合混凝土供应能力，对封底混凝土进行分仓分区，相对独立施工，降低混凝土供应中断造成的风险。分仓分区应尽量对称，混凝土浇筑时先中间仓后两边仓，逐仓对称进行。

5.13.5 标高监控：通过改善混凝土的工作性能和加密导管布置，尽可能使封底混凝土顶面平整；为减小抽水后的凿除量，同时保证有足够的封底厚度，封底混凝土顶标高控制在 $[-20cm, +10cm]$ 以内较合理。

5.14 抽水、转换拉压杆

拉压杆转换如图 5.14 所示：

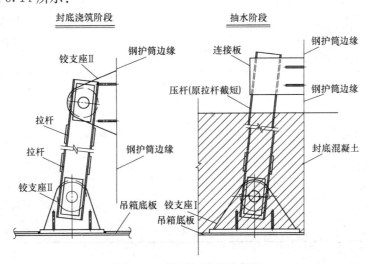

图 5.14 拉压杆转换示意图

5.14.1 待封底混凝土达到一定强度后，封闭连通管，抽出吊箱内的水。

5.14.2 将拉杆与护筒连接位置由水面以上，转换至封底混凝土顶面，最终形成压杆。

5.14.3 找平封底混凝土。

至此，吊箱施工完成，干施工环境形成，转入水上承台施工环节。

6. 材料与设备

6.1 超大型钢吊箱整体吊装施工工法主要配套设备如表6.1所示：

超大型钢吊箱整体吊装主要施工机具设备表　　　　　　　　　表6.1

序　号	名　称	规格型号	数　量	单　位	备　注
1	浮吊	60t(63t)	2	艘	壁板吊装
2	动臂吊机	1200t·m	3	艘	壁板拼装
3	水泵	4.5kW	24	台	抽加水
4	千斤顶	LQY50	30	台	水平纠偏定位
5	千斤顶	200(350)t	40	艘	小型构件安装
6	同步监控系统		1	套	下放吊点同步性监控
7	结构应力监测系统		1	套	
8	甲板驳	1200(1800)t	4	艘	内支撑等其他块件运输
9	运梁船	700HP	2	艘	壁板运输
10	混凝土拌合站	75m³/h	4	套	封底混凝土浇筑
11	割炬		20	套	
12	电焊机		10	台	
13	发电机组	400kW	1	台	

6.2 超大型钢吊箱整体吊装施工工法劳动力组织如表6.2所示：

劳动组合及人员组成　　　　　　　　　表6.2

人　员　组　成	人　数	备　注
现场总负责	1	施工总协调
技术负责	1	
起重指挥	3	指挥浮吊吊放
船舶调度	2	调度设备抛锚就位
浮吊、动臂吊操作	10	
起重工	30	
电焊工	100	
混凝土工	40	
现场施工工人	60	
混凝土拌合设备操作工	20	
现场施工及质量控制人员	6	施工质量控制
测量人员	4	定位监测
安全员	2	施工安全控制

7. 质 量 控 制

7.1 遵照中华人民共和国行业标准现行的《公路工程质量检验评定标准》JTG F-80/1—2004（土

建工程）的要求执行。

7.2 按本工程的招标文件及业主确定的技术质量标准要求执行。

7.3 钢吊箱壁板及内支撑委托加工能力强、技术水平高的专业钢结构加工厂制造。钢吊箱加工过程中采用有效措施防止焊接变形。

7.4 钢吊箱焊接严格按图纸要求，整个吊箱需做水密检查。

7.5 焊缝需进行外观检验、内部质量检验以及煤油渗透试验。

所有焊缝均应在冷却后按下表质量标准进行外观检查，并填写检查记录。所有焊缝不得有裂纹、未熔合、焊瘤、夹渣、未填满及漏焊等缺陷，外观检查不合格的焊接件，在未返修合格前不得进入下一道工序。焊缝外观检查质量如表 7.5 所示。

焊缝外观检查质量标准   表 7.5

编号	项　目	允许偏差	简　图
1	咬边	$\Delta<1mm$	
2	焊脚尺寸	$K(+2,-1)mm$	
3	焊波	$h<2mm$（任意 25mm 长度内）	
4	余高	$b<12mm$ 时，$h\leqslant3mm$ $12<b\leqslant25mm$ 时，$h\leqslant4mm$	

外观合格后，对钢吊箱所有关键受力焊缝及试板对接焊缝应沿焊缝全长进行超声波探伤，质量等级为Ⅰ级；检验不合格件，在未返修合格前不得进入下一道工序。

7.6 下放系统，包括千斤顶、锚环、悬吊梁的安装需精确放样安装，控制安装偏差。

7.7 钢绞线的安装逐根进行，并用 1t 链条葫芦预紧，上、下锚孔用同一根钢绞线严格对齐，不得成麻花状或松紧不一。

7.8 严格底板封堵，并实施水下复检制度；经历两个涨落潮考验后，再次检查底板封堵情况，防止混凝土浇筑过程中的渗漏现象。

7.9 配备足够的混凝土生产及供应系统，并储备足够的混凝土原材料；开始浇筑后，要求混凝土连续不间断供应，直至该区域浇筑完成。

7.10 严格控制混凝土的顶面高程。测量人员应勤于检测，尤其是在接近顶标高时，应每 10min量测一次，及时掌握混凝土顶面高程，以便采取对应措施。

7.11 严格控制混凝土的拌合质量，确保混凝土坍落度及和易性。

8. 安 全 措 施

8.1 遵照中华人民共和国行业标准现行的《公路工程施工安全技术规程》（JTJ 076—95）及《公路项目安全性评价指南》（JTG/T B05—2004）的要求执行。

8.2 遵照国家颁发的有关安全技术规程和安全操作规程办理。

8.3 严格按施工工艺、操作规程及施工组织设计的有关安全条款进行施工。

8.4 建立健全各工地、各施工环境下得施工安全规章制度，做好上岗前职工安全培训工作；特殊工种必须持安全考核证上岗，严禁无证操作、违章作业。

8.5 对加工区水域航道、水深、流速及流向由拖带船船长按通航安全要求进行确认。

8.6 下放系统的千斤顶在安装前均应作对拉试验，确保设计性能。

8.7 下放系统及与下放相关的结构、焊缝必须严格检查，确保满足受力要求，安全系数不得小于2。

8.8 成立吊箱施工现场指挥小组，并与协作单位统一，确保专人指挥；吊装整体下放前对参与施工的人员资质进行审查确认，并召开一次专项安全交底和培训，明确相应职责和分工。

8.9 下放前由结构设备安全检查小组对起重设备、吊箱关键结构的可靠性及安全性等进行严格检查；吊箱下放应选择风力低于5级、潮汐处于相对稳定的时间段进行。

8.10 吊箱拼装为交叉作业，应安排足够的起重工在吊箱顶面或具有通视条件的位置进行吊装作业；由于施工场面点多面广，施工现场应保证有3名安全员在场。

8.11 在封底混凝土浇筑平台上铺设通道、安装栏杆以及挂设安全网；非通道区严格隔离。

8.12 吊箱下放过程中，尽可能减少吊箱内的人员数量，并专人、统一指挥下放作业。

8.13 在整个吊箱下放期间，设置明显的警示标志，防止碰撞。

9. 环 保 措 施

9.1 按照《中华人民共和国环境保护法》以及地方法规和行业企业要求，坚持"预防为主、防治结合"的方针，努力实现可持续发展战略。

9.2 加强施工管理和工程监理工作，严格检查各种施工机械，防止油料发生泄漏污染水体。

9.3 施工材料如油料、化学品不堆放在地表水体附近，并应备有临时遮挡的帆布。

9.4 采取所有必要的措施防止泥土和散体施工材料阻塞江河、水渠或现有的灌溉沟渠或水管。

9.5 根据现场情况设置排水沟及沉淀池，污水经沉淀后方可排放（沉淀物含量不大于施工前河流中所达到的含量）；沉淀池内泥沙应定期清理，沉淀池一月清洗一次。

9.6 选用符合国家卫生防护标准的施工机械设备和运输工具，确保其废气排放符合国家有关标准。

9.7 在施工过程中，操作人员要加强各种施工机械的维修保养，尽可能降低施工机械噪声的排放。

10. 效 益 分 析

以苏通大桥南塔墩钢吊箱为例，现将超大型钢吊箱整体吊装施工工法与传统的分节散拼方法的经济效益分析对比如下：

10.1　工期比较

整体吊装工艺较传统分节散拼工艺节省工期40d左右。

10.2 设备费用对比分析

整节拼装费用包括拼装费（周期 60d）及整体下放费用；

分节散拼及费用包括 63t 浮吊费用、运梁船（甲板驳）等运输费用（周期 90d）及分节下放费用；

整节下放费用较分节散拼下放费用节省 50 万元。

10.3 材料费用对比分析

整体下放节省的主要材料包括底板共计 1200 余吨。

10.4 人工费用对比分析

整体拼装下放较分节散拼下放节省人工 4000 工日。

10.5 质量

整体拼装减少了现场焊缝近 4000m，整个拼装均在稳定平台上，质量更容易保证；

同时竖向不分节，吊箱垂直度较多节散拼更容易保证。

10.6 安全

整体拼装下放工艺拼装全过程均在稳定平台上，安全更容易保证；

整体下放通过计算机控制及结构应力安全检测等信息化施工手段，施工更安全可靠。

11. 工程实例

苏通大桥南塔墩钢吊箱，平面尺寸为 117.35m×51.7m×14.4m，有一个半足球场大，重量约 5880t，为目前世界上最大的钢吊箱，施工难度和技术难度相当大。采用整体拼装、下放工法于 2004 年 9 月 5 日开始吊箱整体拼装，11 月 27 日完成吊箱整体下放定位，定位最大偏差 20mm；12 月 14 日一次性成功封底，抽水后无一渗漏，比合同工期提前 40d 完成，工程质量评定为优良，未发生一起安全事故，为下阶段承台施工奠定了坚实的基础。

高含冰量多年冻土区路堑施工工法

YJGF064—2006

中铁十六局集团有限公司

常彦博　苑仁增　吕秀华　杨俊

1. 前　　言

青藏铁路是世界上线路最长的在高海拔多年冻土区修建军的铁路，穿越 550km 的多年冻土地段，全线海拔大于 4000m 以上地段约 965km，线路最高海拔为 5072m，为世界铁路之最。中铁十六局十六标段完成的高含冰量多年冻土区路堑基底稳定，经过 3 年恶劣气修考验，未出现开裂和不均匀下沉，路基稳定，质量优良，通过对高含冰量多年冻土区路堑的施工技术进行总结后形成此工法。2004 年 4 月 19 日《高原高寒多年冻土区铁路路基技术研究》通过了中铁建总公司会议评审意见：总体达到了国际先进水平，获得 2005 年度总公司科技进步二等奖，经总结形成的工法技术先进，有明显的社会效益和经济效益。

2. 工 法 特 点

高含冰量多年冻土区路堑工程施工方法与内地普通跑堑施工方法相比有下列特点：

2.1 注重施工时段，适合寒末暖初施工，尽量避开每天的日照强烈时间。

2.2 采邓换填、保温板、复合土工膜、热棒、挡水埝等综合施工措施。

2.3 快速施工，以减少热侵蚀，防止路基热融滑塌。

2.4 注重挡水、排水工程施工，减少对多年冻土环境热侵蚀。

2.5 施工措施较多，效果好。

3. 适 用 范 围

适用高原多年冻土区铁路或公路高含冰量冻土地段路堑施工。

4. 工 艺 原 理

高含冰量多年冻土区路堑基底和边坡采用换填，增加冻土保温层，防止多年冻土路基不均匀冻胀和热融下沉，消除不均匀冻胀，换填料选择质地均匀，冻胀性比较好小的粗颗料土，在施工过程中做好不同冻胀性能填料的过渡，防止出现不均匀下沉；为减小换填厚度，增加路基边坡、基底的热稳定性和安全储备。采用铺设厚 0.06m 的聚氨酯板保温板，基上下各设 0.2m 厚中粗砂垫层，增大热阻，减小大气和人为热源的热量进入冻土层，防止地下冰融化和冻土上限下降；路基面下 0.4m 处采用铺设 $750g/m^2$ 的复合土工膜（与侧沟沟底复合土工膜一同铺设），膜上膜下各设 0.1m 厚的中粗砂垫层，堑顶进行保温处理，采用包角形式高 0.8m 的挡土埝，路堑两侧设"U"形侧沟，能够阻止上部地表水渗入而使多年冻土融化；水沟两侧安装热棒将地层中的热量传送至大气中，从而降低多年冻土地温，防止多年冻土发生融化，保证地基的稳定性。总之，采用本工法施工使基底多年冻土不但不会融化，多年冻土的地温还将有所下降，有利于多年冻土稳定。

高含冰量多年冻土区路堑示意图见图4。

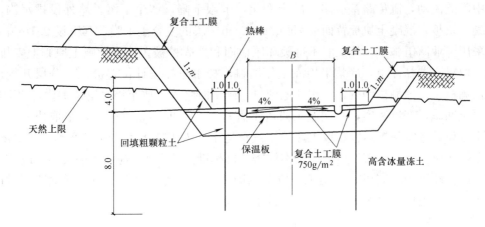

图4 高含冰量多年冻土区路堑示意图

5. 施工工艺流程及操作要点

5.1 冻土路堑施工工艺流程

高含冰量冻土路堑施工工艺流程图如图5.1。

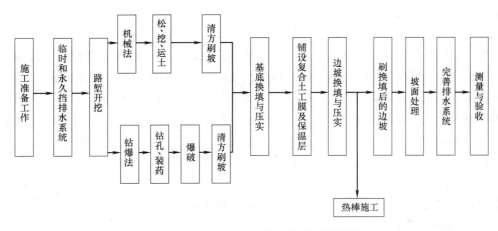

图5.1 高含冰量冻土路堑施工工艺流程图

5.2 施工操作要点

5.2.1 施工准备

从保护冻土环境，维护生态平衡和路堑自身稳定性需要出发，做如下准备：

1. 选择合适的施工季节和施工时段，将施工期尽量安排在寒末暖初。

2. 选择填料，做好土工试验，为路堑换填作准备。

3. 准备充路的机械车辆、物质材料，同时准备雨雪天所作盖布和遮阳用布及临时支架等，便于对暴露地区进行及时覆盖。

4. 编制高含冰量冻土路堑施工组织设计和作业指导书，进行技术交底。

5. 施工前，先做好临时排水和永久排水系统，以减少水对冻土的热侵蚀，破坏路基。

5.2.2 排水系统施工

无论是地表水还是地下水，它的流动和侵入都会带来大量的热，使多年冻土融化，上限下降。因此，在多年冻土区尤其在高含冰量冻土区施工前首先做好临时和永久排水系统施工，即堑顶挡水埝和临时排水沟施工。

堑顶挡水埝底部设置 SPRE 隔水板，隔水板底部低于冻土上限，0.5m 以上，顶部进挡水埝 0.4m，使水在路基中不能流动，避免路基底多年冻土融化，上限下降，产生下沉。埝外设排水沟，挡水埝迎水面铺筑混凝土块板。混凝土块板背面铺 750g/m² 二布一膜的复合土工膜，其下设 0.1m 中粗砂垫层。

挡水埝采用专业队伍施工，施工时不得破坏原地面和地表植被。挡水埝施工原则上安排在寒季末、暖季初进行，填料宜选黏性土，严禁采用冻土作填料，挡水埝按设计位置分段、分层开挖填筑；采用挠钩松土，挖掘机土，挖掘机倒行，一次开挖到位，施工时将冻土放至挡水埝范围内，SPRE 卷材可沿侧壁安放，原土回填，夯填密实，一次施工段落不宜过长，一般不超过 50m，采取快速施工方法。挡水埝土部填土按设计指定位置运输、取土，采用汽车运土，人工摊平，摊铺厚度不大于 20cm，小型压路机或振动夯碾压密实，其密实度可较路基本体密实度标准降低 5%。迎水面铺设的 C15 混凝土块板和复合土工膜，可待路基施工完毕开始施工，以节约时间。挡水埝成型后，对迎水侧流水面进行疏通，高低不平、排水不畅地段进行填平挖除，确保排水顺畅。

5.2.3 路堑开挖

遵循"宁超勿欠"的原则，对路堑换填边界精确测量放样；路堑开挖前，首先按设计要求做好排水，移植铲除草皮，以备边坡恢复用。

路堑采用全宽、分段、分层开挖方法，先挖阴坡，后挖阳坡，弃土采用机械运输。

路堑冻土层优先采用松土机法开挖，下部冻土或岩层松土机法施工困难时，采用爆破法开挖。集中机械设备，快速施工，以开挖时暴露时间最短为原则，开挖一段、处理一段，尽快成型一段。一般 200m 以下路堑从两端挖进，在端口下方设横向排淤销口；200m 以上路堑也可从中部分段开挖，增设中部排淤锁口。

松土机法开挖：采用松土机松土，挖掘机开挖，自卸汽车运输。

爆破开挖：路堑必要时采用机械钻孔，梯段爆破开挖，即分层分段爆破开挖，梯段高拟在 4～6m 间，视开挖厚度而定；梯段长 20～30m，施工段落长 50～80m。路堑边坡使用预裂爆破。

无论开挖深浅，均应在基面一侧或两侧拉出排水（泥）沟槽，以便于泥流、水流的排泄。

自天温度较高时，采取对暴露的高含冰量冻土作临时遮阳隔热防护，利用高原昼夜温差大的特点，昼盖夜开，以利降温。遮阳隔热可采用钢材加工的遮阳棚上部覆盖浅色卷帘式简易保温材料（编织的厚草帘、粗废毛加工的薄毡毯、油棉毡或用板材等）的方法，减少热融影响，保证施工进度和质量。

将原地面表层黏性土开挖后堆放在堑顶，用以做堑顶包角之用。

5.2.4 路堑基底、边坡换填

换填作业在清方成形后应尽快一次完成，因此要保证换填料的及时供应。路堑开挖至换填底部，标高、宽度尺寸达到设计要求后，整平表面，而后按下列程序施工：

1. 采用全断面分层回填，分层碾压。换填料（中粗砂）直接用自卸车运到填筑区段，根据计算好的每车料的摊铺面积，等距离成行堆放。摊铺厚度要均匀，表面要平整，对不均匀及低洼处用人工进行整平。

2. 采用重型振动压路机进行碾压，碾压遵循"先轻后重，先慢后快，先两侧后中间"的原则，衔接处沿线路纵向搭接长度不小于 2.0m，横向重叠 0.4m。每层碾压完成后，检测压实质量。

3. 填料送至基底后要及时整平夯（压）实，将基底回填压实至标高清出侧沟平台，再刷坡调整坡率。路堑基床填筑完成后，进行边坡换填，边坡换填先阳坡，后阴坡，将运至两侧堑顶的填料从边坡顺坡铺散再逐层送至基底，以利于边坡保温。注意堑顶料堆与开挖线的距离和堆高，防止压垮堑顶。采用堑顶送土，分层进行回填、碾压，分层厚度和压实标准满足设计要求。边坡换填至堑顶后作包角和挡水埝，包角、挡水埝填料和压实标准符合设计文件要求。

4. 路堑全部换填完后，再进行边坡修整，路基面平整及坡面处理，最后修建"U"形侧沟。

5.2.5 聚氨酯板保温层施工

聚氨酯板其作用原理是在路基工程的顶部通过设置聚胺酯板隔热层，增大热阻，以减少大气和人为热源进入到冻土层内，使路基避免受热侵蚀作用，保护冻土上限不至下降，增加路基稳定性。聚胺酯板的施工，原则上安排于每天9点前21点后时段施工，以减少对路堤的蓄热。

施工程序：施工准备→铺设下垫层→下垫层检查→铺设聚胺酯板标高→聚胺酯板检查→铺筑上垫层→上垫层检查→路堤填筑层

1. 施工前对基顶面进行中线、高程、宽度、平整度、压实度验收，测量放出下垫层中、边线，铺设高度控制线。检查保温板质量、数量，符合质量要求的保温板方可使用，同时应检查其数量是否满足应铺地段的使用数量要求，必须备足材料方可开工铺设。在正式展开保温层铺设前，先进行试验段施工，通过试验确定上垫层的上料、摊铺、平整和碾压工艺以及合理的机械配套，确保压实满足设计要求而保温板不被破坏。

2. 下垫层选用颗粒级配良好、质地坚硬的中粗砂。砂中不得含有杂草、垃圾及颗粒大于10mm的石块等杂质，其含泥量不得大于5%。下垫层施工，在路堑换填到至路基顶面1.0m时，将表面压实、平整、清理干净，经检测合格后填铺下垫层。路基基床换填下垫层的铺设厚度和垫层材料的含水量通过试验确定，下垫层的压实采用压路机或平板振动器。

3. 铺设保温板。在铺设保温层前，检查所用保温板的规格及性能是否符合设计要求，测量放样标出铺设范围，采用挂线施工。施工时下垫层应平整，表面无杂物，保温板用人工密贴排放，接缝交错布置，然后用胶粘接，使保温板形成一体，避免保温板有空隙。保温板铺设完毕，检查合格后及时铺筑上垫层，避免保温板长时间暴露。

4. 填铺上垫层。上垫层材料及摊铺方法与下垫层相同。严禁机械、车辆等直接驶入保温板表面。上垫层碾压采用轻型压路机，严禁使用羊足碾碾压，也不能使用重型振动压路机碾压。压实采用静压，压实顺序先两侧，后中间，先慢后快，碾压轮纵向碾压重叠宽20～25cm，碾压不到之处，可用平板夯实机械配合夯实。

5.2.6 复合土工膜施工

高含冰量路堑顶面下0.4m处铺设一层两布一膜的复合土工膜，土工膜上下各平铺一层0.1m厚中粗砂垫层。复合土工膜厚不小于0.35mm，渗透系数不大于$1×10^{-11}$cm/s，顶破强度不小于12kN/m，零下45℃低温下冻融循环200次抗拉强度及顶破强度不小于设计标准，具有长期的抗老化性能。

1. 复合土工膜每批进场应抽检，检验土工膜的单位面积质量、厚度、条带拉伸是否符告设计要求。

2. 路基施工至复合土工膜设计铺设高程时，清除基面含有的尖锐杂物和碎石，将基面整平，并作成向路基外侧不小于4%的排水坡。碾压密实后进行质量检测，质量要求同路基相同部位。质量合格后，铺设0.1m厚砂垫层并夯拍密实，然后，进行测量放线，标出符合土工膜铺设位置。

3. 复合土工膜铺设前按照设计尺寸剪裁，直接铺在砂垫层上，坡面上铺设应自上而下进行，采用搭接连接，连接处高端压在低端上，搭接长度不小于30cm，连接处的各项指标不低于设计要求，缝接的接缝强度不低于原材料的设计强度。铺设复合土工膜时作业人员不得穿硬底鞋，复合土工膜应平整无褶皱，松紧适度，并与路基面密贴。

4. 复合土工膜铺设完后，施工质量进行检测。复合土工膜铺检测完后，应及时按设计要求铺设砂垫层覆盖，并夯拍密实。严禁施工机械在复合土工膜上进行作业。施工中如发现复合土工膜被破坏，应及时修补，修补面积不小于破坏面积的4倍。

5.2.7 热棒施工

热棒又称为热虹吸管，是一种液汽两相转换循环的热传输系统。它的作用原理是它由一根密封的金属管与里面充装的工质组成，管上部散热叶片（冷凝段）置于大气中，下部（蒸发段）埋入地基多年冻土中，当蒸发段与冷凝段之间存在温差（冷凝段温度低于蒸发段温度）时，蒸发段的液体工质吸热蒸发成为蒸汽，在压差作用下，蒸汽沿管内空隙上升至冷凝段，与较冷的管壁接触，放出汽化潜热，冷凝成为液体，在重力作用下，冷凝液体工质沿管壁回流蒸发段再吸热蒸发，如此往复循环，将地层中的热量传送至大气中，从而降低了多年冻土的地温，防止多年冻土发生融化，保证了地基的稳定性。

热棒的优良特性为：无需外加动力；无噪声；传热能力大，传热效率高；单向传热；启动温差小；适用温度范围广，−60℃～+60℃；价格便宜；工作安全可靠，寿命30年以上；结构坚固，无需日常维修养护；无有害物质，环保等。它用于防止多年冻土融沉、冻胀变形原理已成熟可靠，广泛应用于多年青藏铁路、公路热棒路基冻土工程中。

热棒安装在路堑水沟两侧，安装热棒采用钻孔插入法。采用的施工钻孔机械为ZL150螺旋钻机、沙漠地质钻机、潜孔钻机等，热棒的间距为3m，沿路堑两侧对称布置。热棒施工前应进行技术交底，做好热棒施工准备工作：选择的热棒堆放场地应紧靠施工现场，尽量减少热棒的搬运距离；选择合适的热棒起吊设备，制做合适的起吊辅助工具，搬运、起吊安装不得损坏散热器及防腐涂层；备好钻孔回填材料；测量放线。热棒施工工艺流程图见图5.2.7。

热棒施工用钻机钻垂直孔，钻孔直径一般为15cm，深度应比设计深度大10～20cm，必要时视地质情况适当加深；钻孔完成后，进行孔径和孔深检查，并将钻孔中泥浆清除干净；钻孔符合要求后，将热棒吊起插入钻孔中定位，垂直度检查合格后固定，及时按设计要求回填钻孔间隙，回填密实，回填料充分冻结或达到设计规定的强度前，将热棒支撑固定。支撑物应在热棒周围的填沙冻结后方可拆除，填砂回冻时间与多年冻土特性有关，一般5～7d。

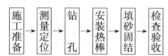

图5.2.7　热棒施工工艺流程图

5.2.8　高含冰量多年冻土区路堤与路堑过渡段施工

路堤与路堑结合部应按设计提前做好防排水工程，并与路基的防排水系统连接。

高含冰量冻土地段的填挖过渡段地基换填时，换填基底与挖方地段换填基底顺接，顺接长度符合设计要求。过渡段保温层和复合土工膜防渗层应按设计要求及时铺设。

路基与路堑过渡段换填压实质量标准视回填土层位置而定。当回填土层位于基床以下时，按路基本体控制，回填土层位于基床范围内时，按基床填土控制，其质量标准及检测频次同路基本体或基床。

5.2.9　挡、排水系统完善

路基成型后及时完善挡、排水系统，主要包括用堆放在堑顶的表层黏性土进行堑顶包角；挡水埝刷坡修整、埝外排水沟的修筑、铺设复合土工膜和C15混凝土块板；U形侧沟的拼装，砌缝、沉降缝等。

5.2.10　路基沉降观测

路基成型后，沿线路每100m做一个沉降观测断面，特殊部位适当加密，每个断面6个点，分别设于路堑的左、右侧路肩、堑顶、堑顶外侧约5m地面处，在开挖成的30cm×30cm×40cm（深度）坑内灌注混凝土，混凝土中预埋ϕ16圆钢作为沉降观测点，保证观测点牢固可靠。沉降观测自路基成型开始，数据积累至少3个冻融循环期，并将数据进行对比分析，发现异常及时分析原因及采取措施。

5.3　施工注意事项

5.3.1　重视高原多年冻土区施工季节的安排，充分考虑人、机、工程对象三者和气候条件的协调。既避开气温与氧分压最低、人员和机械都难以适应的严寒月份（12～次年2月）施工，也尽可能地不在热融作用最活跃的月份（7～8月）安排高冰冻土的开挖换填作业。最适宜的作业时间是寒末暖初的3～5月和暖末寒初的9～11月，此期间热融活动弱，地表承载性能较好，但要重视防护，人员和机械也易适应。

5.3.2　采取对暴露的高含冰量冻土作临时遮阳隔热防护，利用高原昼夜温差大的特点，昼盖夜开，以利降温。

5.3.3　无论开挖深浅，均应在基面一侧或两侧拉出排水（泥）沟槽，以便于泥流、水流的排泄。

5.3.4 换填作业在清方成形后应尽快一次完成，因此要保证换填料的及时供应。堑顶料堆与开挖线的距离和堆高，防止压垮堑顶。

5.4 劳动力组织（表5.4）

序　号	单项人员	所需人数	备　注
1	管理人员	2	
2	技术人员	1	
3	机械司机	8	
4	爆破工	2	
5	普工	10	
6	维修工	2	
7	调度员	1	
8	测量试验人员	5	

6. 材料与设备

6.1 主要工程材料

采用的主要材料聚氨酯板、复合土工膜、热棒等，其规格技术指标要求如下。

聚氨脂板：密度不小于 $55kg/m^3$，导热系数不大于 $0.021W/m℃$，吸水率不大于 4%，在压缩变形量不大于 5% 时，抗压强度不小于 $0.3MPa$。

复合土工膜：厚度不小于 $0.35mm$，渗透系数不大于 $1×10^{-11}cm/s$，顶破强度不小于 $12kN/m$，$-45℃$ 低温下冻融循环 200 次抗拉强度及顶破强度不小于设计标准，具有长期的抗老化性能。

热棒：直径 $\phi89mm$，冷凝段散热器面积不小于 $5.8m^2$；翅片厚度不小于 $1.9mm$；冷凝器采用螺旋翅片，翅片表面平整，无开口；外表面应严格处理，具有良好的反射、辐射及防腐性能；采用的热棒型号应经过现场不少于一个冻融循环试验检验，有效传热半径不小于 $1.5m$。力学强度：屈服强度 $\sigma_s>290N/mm^2$；抗拉强度 $\sigma>480N/mm^2$；伸长度 $\sigma_s>23\%$；抗弯截面模量 $>30441mm^2$。

6.2 机具设备（表6.2）

名　称	规格型号	单　位	数　量	作业项目
挖掘机	PC300	台	1	开挖换填及挡水埝
挖掘机	PC300	台	1	挡水埝（改装带挠钩）
装载机	ZL50C	台	1	开挖换填
推土机	TYG220	台	1	开挖换填
压路机	YZ18G	台	1	开挖换填
平地机	PT180	台	1	开挖换填
自卸汽车	奔驰2631K	台	3	开挖换填
洒水车	解放141	辆	1	换填
冲击夯	TV80NK	台	2	挡水埝及垫层
螺旋钻机	ZL150	台	2	热棒
发电机	200kW	组	1	发电设备
核子密度仪	MC-3	台	1	检测
K30荷载仪		台	1	检测
经纬仪		台	1	测量放线
水平仪		台	1	测量放线

7. 质 量 控 制

7.1 严格控制质量标准

7.1.1 换填的压实度按所处位置进行质量标准控制，压实度质量标准控制见表7.1.1。

压实度质量标准控制   表 7.1.1

本体（不浸水部分）			本体（浸水部分及过渡段）			基床表层			基床底层		
压实系数	地基系数	相对密度	压实系数	地基系数	相对密度	压实系数	地基系数	相对密度	压实系数	地基系数	相对密度
Kh	K30	Dr	Kh	K30	Dr	Kh	K30	Dr	Kh	K30	Dr
0.86	0.8	0.65	0.89	1.0	0.7	0.91	1.2	0.75	0.89	1.0	0.7

7.1.2 下垫层质量标准见表7.1.2。

下垫层施工质量要求及检测频次   表 7.1.2

序 号	检查项目	规定或允许偏差	检查方法和频率
1	上/下垫层厚度	±10mm/不小于设计值	每100m检查3点,尺量
2	上/下垫层宽度	不小于设计值/±50mm	每100m检查3点,尺量
3	平整度	15mm	每100m检查10点,直尺量测
4	顶面高程	±50mm	第100m检查3点,水准仪

7.1.3 聚胺酯板

聚胺酯板施工质量要求及检测频次   表 7.1.3

序 号	检查项目	规定或允许偏差	检查方法和频率
1	保温层厚度	±5mm	每100m检查20点,钢针
2	保温层宽度	不小于设计	每100m检查5点,尺量
3	中线至边缘	±30mm	每100m检查5点,直尺量测
4	保温层接缝	符合设计要求	每100m检查20点,尺量目测

7.1.4 复合土工膜

复合土工膜防渗层施工质量要求及检测频次   表 7.1.4

序 号	检 查 项 目	规定值或允计偏差	检查方法和频次
1	下承基面平整度、拱度	符号设计要求	每100m或作业段检查3处
2	搭接宽度(mm)	±50,0	每100m检查3处
3	横向铺设宽度(mm)	不小于设计	每100m检查3处
4	砂垫层厚度(mm)	±20,0	每100m垫层长检查3处

7.2 质量控制措施

7.2.1 采取快速施工方法，以减少对多年冻土的扰动。

7.2.2 施工前做好临时排水，施工完毕完善排水系统，以防止对多年冻土的热侵蚀，造成多年冻土的破坏。

7.2.3 严格施工工艺，保护多年冻土。

7.2.4 路基换填和边坡回填保证压实度。

7.2.5 注意各工序之间的统筹考虑和衔接，充分考虑高原高寒多年冻土区路堑施工特点。

8. 安 全 措 施

8.1 热棒施工运输吊装注意安全。

8.2 爆破施工时，严格按爆破施工规程操作。

8.3 通信光缆、输油管道进行标识和安全保护，严禁施工过程中破坏。

8.4 高原施工，人员劳动时间一般不超过 6h。

8.5 保温板胶粘剂有毒，注意防护。

9. 环 保 措 施

9.1 进行草皮移植，保护环境。

9.2 按设计土石调配施工，严禁随意取弃土。

9.3 规划施工便道、车辆及机械的行走路线。机械车辆沿便道行走，不得破坏沿线植被。

9.4 施工垃圾及时运走，保护冻土环境。

10. 效 益 分 析

此种工法机械化程度较高，加快施工进度，降低工程成本，节约资金 40 万元。

在青藏铁路施工中运用高原高含冰量冻土路堑施工工法，成功地解决了高原冻土路堑施工的难题，保证了工程质量，取得比较好的社会效益。

11. 应 用 实 例

青藏铁路 16 标段工程范围中 DK1350＋200～DK1350＋870 路堑地段

11.1 工程概况

该段路堑位于布曲河左岸山前缓坡上，植被盖率 60％左右，年平均地温大于－0.5℃，属于高温极不稳定区高含冰量冻土地段，冻土上限 2.5m，上限以上有季节性融水。本段属布曲河谷阶地及温泉断陷盆地，海拔高程 4700～4850m 左右。冰雪型气候，气候干燥，变化无常。气温气压低，春秋季节短暂，冻结期长，急风、暴雪、雷电等变化剧烈无常。年平均气温－4℃，极端最高气温 24.7℃，极端最低气温－45.2℃。

11.2 施工情况

该段高含冰量多年冻土区路堑开挖最大深度 19.1m，平均开挖断面达 190 多 m^2，路堑结构形式见图 4，于 2002 年 9 月开工，2003 年 11 月完成主体工程，路基防护和热棒于 2004 年 5 月完成。施工时因采用换填、保温板、复合土工膜、热棒、挡水埝等新的综合施工措施，应用了新材料新工艺，故邀请了铁一院西北研究院、兰州大学等科研院所专家进行冻土施工知识培训、现场指导和冻土路基变形监测，施工过程中严格按照设计意图和原则按照该工法精细施工，层层技术交底，深入学习冻土知识，分析多年冻土有关试验和观测数据，解决了施工现场存在问题，路基变形控制在允许范围内，保证了施工质量。

11.3 工程监测和结果评价

经过施工过程中和完工后的恶劣气候考验，通过三个冻融循环的路基沉降观测，路基面和边坡未出现大的变形沉降，通过该段 7 组数据的监测发现，路肩最大变形（＋9，－34）mm，堑顶（＋12，－31）mm，堑顶外侧约 5m 地面处（＋33，－46）mm，路基施工过程中和施工刚完成时路肩和堑顶变形较大，6 个月后逐步趋于稳定，堑顶外侧地面受冻土冻涨融沉影响变形较大，也较有规律。路基没有出现开裂、位移和不均匀下沉，符合规范要求。

施工全过程安全、快速、优质完成，属可控状态，工后经受恶劣气候考验后无病害，得到了各相关方的好评。充分说明此施工工法可靠，路基基底和边坡换填料能减少多年冻土冻胀和融化，保温层能保温隔热，热棒将地层中的热量传送至大气中，从而降低了多年冻土的地温，防止了多年冻土发生融化，保证了地基的稳定性，复合土工膜隔断了上部水的侵入，起到保护下部多年冻土的作用，保证了施工质量。

柔性台座预制拼装顶推施工工法

YJGF065—2006

中铁十四局集团有限公司

刘运平　李学乾　戴尊勇　朱传刚　周宗海

1. 前　言

顶推施工方法自 20 世纪 70 年代传入我国以来，由于它具有施工设备简单、施工机械化程度较高，施工安全、干扰少，不受场地限制，易于质量管理等优点，在国内得到了迅速的发展和应用。但由于现有的施工工艺限制，对于多孔长桥其施工工期相对较长，使其应用受到了限制。

2001 年中铁十四局集团有限公司在韶关五里亭大桥主桥预应力混凝土连续箱梁施工过程中，在总结和吸收现有顶推施工工艺的基础上，研制出全新的柔性平台预制拼装顶推施工方法，可以充分利用制式器材，投入少施工速度快，具有显著的经济效益。

柔性台座预制拼装顶推施工属于国内首创，填补了我国预制顶推连续梁施工的空白。目前该技术成果已经通过广东省科技厅技术鉴定，在国内同类型桥梁施工技术方面达到先进。

2. 工 法 特 点

2.1 柔性台座主要由六四式军用梁组成，施工容易，转场速度快，可以缩短工期，而且采用制式器材，可以节省大量材料，经济性好。

2.2 循环顶推长度可以不受限制，施工速度可以大大加快，且节约投资。

2.3 由于采用预制拼装，实现了预制和顶推平行作业，可以加快施工速度。

2.4 连续梁预制可以实现工厂化施工，便于质量和安全控制。

2.5 将大量的空中作业转移到地面，施工安全，可以改善工作条件。

3. 适 用 范 围

本工法适用于中长桥梁的连续梁施工，尤其是跨径 50m 内的多跨长桥。适用于公路桥、铁路以及城市道路桥梁施工，尤其可以推广应用于铁路客运专线、高速铁路桥梁，解决因简支箱梁梁重较大难以运输和架设，而其他施工方法施工速度又较慢的问题。

4. 工 艺 原 理

柔性台座预制拼装顶推方法采用工厂化预制梁段，在由制式器材组成的连续梁柔性台座上进行梁段定位、调整、连接成设计线形，采用多点连续顶推技术进行顶推施工。与传统的刚性台座现浇顶推相比，可以节省大量的台座钢材和混凝土，而且预制拼装技术实现了连续梁预制和顶推平行施工，能够加快施工进度，缩短工期。

5. 施工工艺流程及操作要点

5.1　施工工艺流程（图 5.1）

5.2　柔性台座

5.2.1　台座结构

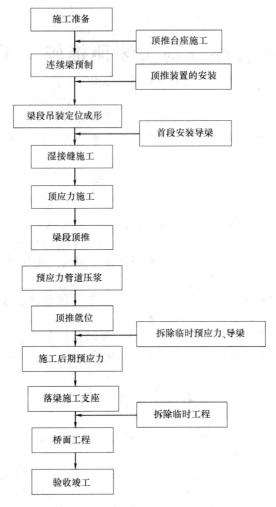

图 5.1　施工工艺流程

　　由于连续梁顶推到位后起落梁极其困难，因此台座位于连续梁设计曲线上，其顶部标高根据位置计算和控制，以保证连续梁顶推到位后处于设计位置。

　　顶推台座由基础和纵横梁组成（图 5.2.1）。基础全部为混凝土扩大基础。纵横梁采用六四式军用梁拼装而成，纵梁上铺设顶推装置，作为连续梁拼装和顶推施工的平台。台座竖向荷载由混凝土基础承受，水平和横向反力由附近桥墩承受。

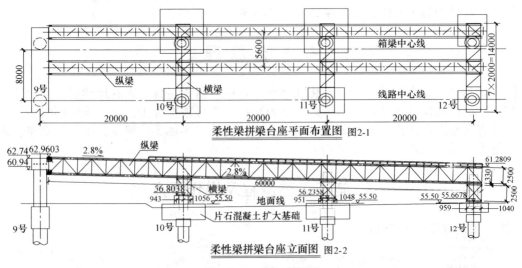

柔性梁拼梁台座平面布置图 图2-1

柔性梁拼梁台座立面图 图2-2

图 5.2.1　台座布置图

5.2.2 台座变形控制措施

（1）由军用梁连接螺栓、基础沉降以及各结构相互之间的空隙产生的变形，可以通过预压予以消除。

（2）拼装台座产生的挠度变形，采用中间加设钢管桩支撑的办法减小军用梁的跨度，使挠度处于允许范围内。

5.2.3 柔性台座的优缺点

柔性台座主要由制式器材拼装组成，拼装快捷，转场容易。与传统的刚性台座相比，可以节省大量的材料，经济性好。缺点是拆装梁作为纵梁，是一个连续梁结构，线型控制可能比较困难。

5.3 顶推装置

5.3.1 临时设施

（1）临时墩

临时墩的设置要根据桥下交通、通航要求、施工难易程度、拆除方案及工程量等综合技术经济比较决定，一般使梁的顶推跨径不大于50m。临时墩受力主要为竖直荷载和水平摩阻力，如果设置了横向导向装置，还应考虑横向反力。

（2）导梁

导梁的作用是减小连续梁顶推过程中的最大负弯矩。导梁长度一般为顶推跨径的0.6~0.8倍，刚度为连续梁的1/9~1/5。导梁的长度和刚度应综合考虑，过大或过小均将增加顶推时连续梁的内力。

为减小自重，导梁宜根据应力计算采用变刚度。一般导梁与连续梁连接处导梁的应力最大，可以采用预应力钢筋进行加固。

导梁上墩时应做好导向滑道的工作。由于自重产生挠度下垂，为方便导梁上墩，导梁前端设一500mm×800mm的缺口，当到达滑道上方时，在滑板上设千斤顶抬高导梁前端引上滑道。

（3）临时预应力

顶推过程中应力过大时，可以设置临时预应力，顶推就位后拆除。临时预应力可以设置在体内也可以设置在体外，体外束要特别注意防腐和保护，体内束拆除后再进行压浆封堵预应力孔道。

5.3.2 动力和牵引装置

（1）动力装置

顶推动力由控制台、油泵和ZLD-100型自动连续千斤顶组成。ZLD-100型千斤顶由2个行程200mm的穿心式千斤顶前后串联组成，通过双油路的ZLDB油泵供油，前后两个千斤顶交替工作形成连续顶推。所有的千斤顶由控制台统一控制，以保证同步工作。千斤顶布置根据顶推工况摩擦力计算确定，启动静摩擦系数可取为0.08，滑动时动摩擦系数取为0.06。

（2）牵引装置

牵引装置包括钢绞线和拉锚器，千斤顶拉力通过钢绞线和拉锚器传递至连续梁，拉动连续梁前进。施工中应注意钢绞线不宜太长，一台千斤顶内的钢绞线应左右旋向搭配，以避免使用过程中钢绞线旋转。钢绞线使用前应进行预张拉。

牵引装置和千斤顶应置于连续梁纵轴线上，可以避免两侧处理不均造成梁横向偏离以及对桥墩的冲击和扭曲。

5.3.3 滑道

滑道可分为墩顶滑道和台座滑道两部分，两者不同之处在于，墩顶滑道的滑动面为滑块和滑道板的接触面，台座滑道的滑动面为滑块与钢轨的接触面。滑块为橡胶钢板组合制品，为减小摩阻力采用聚四氟乙烯贴面，与梁底接触面则采取增加摩擦力措施。

墩顶滑道从梁底向下依次由滑块、滑道板、刚性支座组成。滑道板采用不锈钢加工，按所处位置梁底曲线形状加工，表面打磨光滑，固定于刚性支座上。在滑块喂进方向有一圆角，以利于滑块的续进。

台座滑道滑动装置由聚四氟乙烯滑块、滑道板和 P43 钢轨组成。每侧设置两根 P43 钢轨，通过限位钢板固定在台座纵梁上。滑道板采用钢板加工，在与钢轨接触面焊接限位钢板，形成滑槽。滑块放置在滑槽内。

为减小摩擦，滑动面可涂以适量的润滑剂。实践证明，采用二硫化钼和黄油按 1∶1 的比例配制的润滑剂具有良好的润滑效果。

滑道是顶推施工的关键之一，应注意以下几点：第一，滑道板的形状应符合设计要求，必须保证与箱梁有足够的接触面积，防止滑道受力面积不足被压坏；第二，严格控制好滑道的绝对标高和相互之间的相对标高，防止因标高变化引起滑道受力分布发生变化；第三，墩顶滑道板必须固定牢固。

5.3.4 导向装置

箱梁的横向位置调整由侧向限位器在顶推过程中完成。侧向限位器由与箱梁腹板接触部分滚轮、调节杆、固定架三部分组成。调节杆采用 Φ50 螺丝杆，通过调节杆调整滚轴与箱梁之间的距离，对箱梁施加横向力，使箱梁在顶推过程中产生横向移动，从而调整箱梁的横向位置。

5.4 连续梁预制

5.4.1 梁段划分

连续梁分段应根据结构、长度、运输和吊装能力等情况综合考虑，使之适宜于工厂化预制。为减少一次性投入，应使预制规格最少，模板通用化程度最高。

5.4.2 梁段预制

梁段预制采用钢模，底模固定在预制平台上，工厂加工制做，使用螺栓连接，操作容易。预制平台根据荷载计算，采用扩大基础，其承载力足以保证施工需要。

预制场地布置要根据材料模板存放、施工空间、起吊运输、梁段存放等综合考虑。预制场地要进行必要的硬化处理，设置排水沟。

5.5 梁段拼装

5.5.1 准备工作

1）全面检查、测量复核滑道（钢轨）顶面标高、平顺性、光滑性、坡度，若有不符合要求之处，进行处理、调整；

2）在拼装台座上按设计位置安放滑道装置；

3）全面检查、测量、复核滑道板顶面标高、平整度及坡度，若有异常调整至设计要求；

4）检查梁段顶面纵轴线和测控点是否标定，位置是否准确；

5）重新复核测量梁段顶板上测控点上的标高；

6）确定所拼梁段的顺序、编号、吊拼方向；

7）对与浇筑梁段现场同条件养护的混凝土试件进行试压，以确保吊运强度。

5.5.2 梁段定位

在拼装台位上对每一拼装梁段的位置、湿接头的位置及宽度、梁段总长度进行测量画线定位，在轨枕上测量标定出中线、边线位置。

当一段梁顶推到位后，应对连续梁中心线、梁段尾部标高及转角进行测量，满足规范要求后才能进行下一梁段的定位拼装。

梁段定位包括纵向、横向及竖向位置的确定，应满足桥梁设计线形要求。由于台座纵梁为柔性连续梁，线形随着荷载无规律变化，造成梁底标高变化无规律，定位困难。梁段定位采取先确定纵横向位置后再调整梁底标高的方法。

5.5.3 箱梁拼装

在顶推台座上首先组拼钢导梁，钢导梁的安装和精度符合设计和钢结构施工规范，然后再进行各段箱梁的拼装。

1）龙门吊就位准备吊装；

2）按拼装顺序、梁段编号提升、起吊梁段，首先起吊第一梁段；

3）吊运梁段到拼装位置，调整落梁位置，准备落梁就位到滑道板上。梁段就位时，进行全过程测量监控；

4）进行箱梁中线、边线与就位中线、边线测量，若有偏差，对梁段进行调整，直至符合要求，然后落梁就位；

5）进行高程测量、检查中线确认；

6）吊运第二梁段到拼装位置，按上述方法准确落梁就位到滑道板上，进行中线、高程测量；

7）测量湿接头的宽度，用千斤顶对梁段位置进行调整；

8）对所拼装梁段进行中线、高程进行检查、测量；

9）重复上述步骤、方法进行其他梁段的定位、拼装，直至拼装完毕；

10）拼装完毕后，对梁段中线、高程、湿接头宽度、总长度进行全面测量检查。

梁底标高调整的原则为：不过分追求纵梁线形的准确，以梁底线形调整为目的，确保梁底线形的准确，符合设计要求。调整好梁底线形后即可进行连接施工。

5.5.4 梁段连接

梁段连接采用湿接缝连接。

梁段连接钢筋采用焊接，焊接时应上、下、左、右对称焊接，避免钢筋焊结应力集中，引起拼接梁段发生扭转变形，不符合梁底线形要求。

侧模和底模采用整体钢模，内模采用组合钢模，通过拉杆连接。接缝混凝土采用聚酯纤维混凝土，应控制好混凝土拌合时间，以保证聚酯纤维能均匀分布，充分参与工作。混凝土浇筑前应对两端混凝土面凿毛并且浇水湿润，防止产生裂缝。

5.5.5 预应力施工

纵向采用 $12 \times 7\phi7$ 平行钢丝，横向采用 $19 \times 7\phi7$ 平行钢丝，隐盖梁采用 $31 \times 7\phi7$ 平行钢丝，一端采用镦头锚，一端采用夹片锚。

前后段预应力采用 HML21-12 连接器连接，外设保护罩使连接器与混凝土隔开形成预留空间，连接器可以自由伸缩，以保证预应力完全自由传递。

竖向预应力采用 $\phi25$ 精扎螺纹钢。

预应力施工时必须按照对称原则，以防止应力造成梁体扭曲。预应力施工顺序应按照避免截面过大偏心受力和预应力相互干扰最小原则确定。

5.6 顶推施工

5.6.1 安装拉锚器、钢绞线，调整限位器位置，滑块、滑道涂抹润滑剂，人员就位。

5.6.2 接通电源，启动油泵、控制台，各千斤顶调整回程到位，同时对钢绞线统一施加 20MPa 拉力。

5.6.3 现场指挥员位于主控台位置，待各项准备工作检查无误后，下达顶推命令，千斤顶开始工作，顶推开始。

5.6.4 为克服静摩擦力，可操作前后顶同时工作，待连续梁启动、滑动后，再转为自动连续工作状态。

5.6.5 顶推施工观测

（1）施工观测及内容

① 各墩受垂直荷载和水平推力所产生的偏位、沉降量。

② 连续梁和导梁的挠度以及中线。

③ 连续梁在顶推过程中，四氟滑板与不锈钢滑道的启动静摩擦系数和动摩擦系数变化的观测，滑板与滑道添加润滑剂时摩擦系数变化的观测。

（2）观测方法和仪器：

① 连续梁和导梁的挠度、桥墩的压缩变形和沉降等项目可在观测部位设置固定的水准标尺或测点用水准仪观测。

② 主梁、导梁平面轴线的偏移及桥墩受水平推力发生的偏转位移可在桥面和桥墩上标记的轴线位置用全站仪观测，对于水中桥墩的观测应事先在桥墩两旁设置观测点进行纵向位移值观测。

③ 静、动摩擦系数可由千斤顶的顶推力和滑动装置的支承反力为据进行计算。

5.6.6 顶推注意事项

（1）顶推速度不宜太快，一般以 15cm/min 为宜。

（2）顶推进行中，因箱梁底板混凝土错台，造成滑块喂不进去，可喂薄钢板，因滑道板前端为楔形面，喂钢板可逐次加厚，每次加厚不超过 4～6mm，过渡长度不小于 150mm，逐渐将箱梁顶起，以喂进滑块。

（3）滑道板设计宜采用刚度大的结构，防止因箱梁底部不平造成滑道板中间受力两端翘起，喂不进滑块。

（4）顶推千斤顶，安全锚要经常调试、维修、清洗，保证施工时保持良好工作状态。

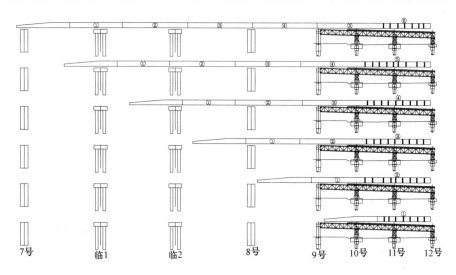

图 5.6.6 全桥顶推箱梁顶推工艺顺序图

5.7 劳动组织（表 5.7）

劳动组织　　　　　　　　　　　　　　　　　　　　　　　　表 5.7

序号	岗位	工作内容	人数	工具配备
1	现场指挥	负责顶推技术、人员调度	1	对讲机
2	主控制台	主控制台操作	1	对讲机、电工工具
3	电工	负责顶推系统电路	1	电工工具
4	修理工	维修油泵、千斤顶	2	维修工具
5	电焊工	临时维修、加固	1	电焊、氧割设备
6	机动人员	配合临时工作	4	
7	测量观测	观测梁中心线、墩变位	3	对讲机、测量仪器
8	导向	前后端梁横向纠偏	2人	安装工具
9	油泵司机	墩上油泵千斤顶操作	1人/墩	对讲机、电工工具
10	喂送滑板	滑板的喂送和交接	4人/墩	滑板、润滑油
11	技术人员	检查处理各墩施工情况	1人/墩	对讲机

6. 材料与设备

材料与设备见表6。

材料与机具设备 表6

序号	机械设备名称	规格	数量
1	龙门吊	150t	1台
2	龙门吊	15t	1台
3	六四式军用梁		200吨
4	混凝土拌合站		1座
5	钢筋切断机		1台
6	电焊机	30kVA	1台
7	张拉千斤顶	YC40D—200	4台
8	高压油泵及配套油表	ZB4/500	4套
9	注浆泵	HBW-50/1.5	1台
10	镦头器	LD20K	4台
11	顶推千斤顶	ZLD-100	6台
12	液压泵站	ZLDB	6台
13	总控台		1台
14	牵引装置	Φ15钢绞线,型钢	30t
15	限位器		8套
16	滑道板		78块
17	滑块		312块

7. 质 量 控 制

7.1 台座钢轨顺直，各横断面上轨顶标高偏差应不大于1.0mm。

7.2 滑道板表面平整度不大于0.5mm，侧面垂直度不大于2°，不得采用非整体钢板。

7.3 滑道板安装后同一横断面上的顶面高差不大于1.0mm。

7.4 导梁全长（上、下盖板）误差±2mm，竖向加劲板的间距误差±0.5mm，梁高误差±1.0mm。各种焊缝符合设计要求。

7.5 箱梁拼装后，两梁段之间的拼装允许偏差：顶面标高±1mm，中线±1mm，平面长度±5mm；顶推梁段拼装允许偏差：顶面标高±2mm，中线±2mm，平面长度±10mm。

7.6 预应力张拉力值符合设计要求，张拉伸长率允许偏差±6%，断丝滑丝数每束不超过1根，且每断面不超过钢丝总数的1%。

7.7 连续梁顶推到位后，其轴线偏差不大于10mm，支座顶面高程偏差不大于±5mm，相邻纵向支点高差不大于5mm，同墩两侧支点高差不大于2mm。

8. 安 全 措 施

8.1 严格遵守各种安全操作规程，机械设备严格按照操作规程使用，按规定设置各种安全标志，安全标志醒目齐全。

8.2 进入施工场地人员必须佩戴安全帽，空中作业必须系安全带。

8.3 施工时台座下严禁站人，台座上机具材料放置牢稳，严禁从高空抛掷物体。

8.4 预应力张拉时，构件两端不得站人，并应设置防护罩。高压油泵应放在构件端部的两侧两端设置必要的挡护。

8.5 操作高压油泵人员应戴护目镜，防止油管破裂时或接头不严时喷油伤眼。孔道压浆时，掌握喷浆嘴的人必须戴护目镜、穿水鞋、戴手套等防护用品。堵压浆孔时应站在孔的侧面，以防灰浆喷出伤人。

8.6 递送滑块时应注意安全，防止挤伤手，牵引装置附近严禁站人，应防止钢绞线断裂伤人。

9. 环 保 措 施

9.1 环境保护目标

本工程的环境保护目标是："两不破坏"，"三不污染"。

"两不破坏"——不破坏城市景观、不破坏城市交通。

"三不污染"——不造成水质污染、不造成空气污染、不造成噪声污染。

9.2 环境保护的管理措施

环境保护的具体措施

9.2.1 严格按照施工总平面布置图布置临时设施，不得修建超出规划范围以外的建筑。

所有临时设施的修建必须严格按照既定的标准和要求进行，不得低于规定的标准。保证临时设施整齐统一，外表美观。

9.2.2 场地平整，各种水电、排水管线或沟槽布置及搭设符合相关的要求。

9.2.3 施工人员驻地每100m间距配置垃圾箱一个，各施工队及项目部均搭设简易垃圾站，避免生活垃圾污染周边环境。

9.2.4 对有害物质（如燃料、油料、旧材料、垃圾等）要运至业主和监理工程师认可的地点进行处理，以防泄露，造成对人员的损害。

9.2.5 施工沿线的弃碴和剩余失效的灰砂、混凝土等，选择合适低洼地堆放、填埋，避免流失污染环境。

9.2.6 做好竣工恢复：具体内容包括：清除临时设施（清除杂物、临时工棚），各工地居住区的污水沟、粪便及垃圾做好消毒灭菌清除工作，并用净土填埋、压实。

9.2.7 做好防排水：施工期间始终保持工地的良好排水状态，修建有足够泄水断面的临时排水泄道，并与永久性排水设施相连接，不形成淤积和冲刷。施工道路顶面表面筑成2%的横坡，以利于排水。

9.2.8 施工期生产和生活废水处理：施工期的水污染主要来自施工人员的生活污水和生产废水两部分，由于两部分废水的性质不同，拟将其分开处理。考虑到工程各施工部位相距较远，难以进行集中处理，根据施工场地分布，各驻地内设管线将污废水集中进行处理的方案。

9.2.9 防大气污染：进入工区的机动车辆消音排烟净化系统一定要完好。

施工工区内和工地上的道路每天要不定时打扫，适时进行洒水，特殊范围内的工作人员要戴防尘面罩，控制烟尘与粉尘污染。

运输车辆配备两边和尾部挡板，对易飞扬的物料用篷布覆盖严，且装料适中，不得超限；车辆轮胎及车外表用水冲洗干净，不得污染市区道路。

工地生活垃圾弃置在半密封的池中，定期处理；工地设置能冲洗的厕所若干处，派专门的人员清理打扫，并定期对周围喷药消毒，以防蚊蝇滋生，病毒传播。

防止开挖出的泥土被雨水冲散或流溢，冲散的泥浆因扩散面广不易清除，遇上干燥天气容易产生二次扬尘。

工地配置洒水车，根据气候情况适时洒水，保证施工场地和施工道路湿润不扬尘。

9.2.10 防噪声污染：施工期间要制定防止噪声扰民和高考期间防噪声的具体措施，主要抓好几点：机械运输车辆途经居住场所时应减速慢行，不鸣汽喇叭；

适当控制机械动力布置密度，条件允许拉开一定空间、减少噪声叠加；

合理安排施工作业时间，尽量避开夜间车辆出入频率；

机械设备振动声音较大的，要加设消声罩或消声管，最大可能减少噪声的影响；以液压工具代替气压冲击工具；

采取综合治理措施，合理安排施工计划，规定噪声大、冲击性强并伴有强烈振动的活动安排在白天进行；把噪声控制在合理范围之内，白天最大不超过75dB，夜间控制在45～55dB之间。

做好现场施工人员的卫生防护工作，如佩戴耳塞等。

10. 效 益 分 析

10.1 该桥采用柔性台座预制顶推，节省成本40万元，台座拼装、转场节省工期40d，预制顶推节省工期80d。

10.2 广东韶关五里亭大桥应用该工法，提高了施工速度和质量，业主满意，市民反映良好，荣获韶关市优质样板工程。广州日报、韶关电视台、韶关日报等多家媒体对五里亭大桥的施工给予了跟踪报道，产生了较好的社会效益。

10.3 该工法具有较高的应用推广价值，将会发挥巨大的经济效益和社会效益。

11. 应 用 实 例

五里亭大桥位于广东省韶关市经济开发区，横跨武江，主桥长190m，桥面宽33m，跨径组合为35m＋120m＋35m，为190m连续箱梁与120m熊猫型集束钢管拱组合成的刚性梁-刚性拱组合结构，其中190m连续箱梁为双箱单室，分两幅顶推施工。连续箱梁采用柔性台座预制拼装顶推法施工，每幅箱梁分六段顶推，每幅总施工工期为78d，平均每段顶推时间13d，最短11d，最大顶推长度37.5m，最大顶推重量6330t。顶推施工到位后的五里亭大桥，线形准确美观，定位精确，成为韶关市一道亮丽的风景线。

矮塔斜拉桥斜拉索施工工法

YJGF066—2006

中铁十二局集团第四工程有限公司

李保明　贾优秀

1. 前　言

　　"矮塔斜拉桥"也称"部分斜拉桥"，介于"斜拉桥"与"体外预应力箱梁桥"之间，起源于日本，在国外发展很快，在国内来说还是一种新桥型。兰州小西湖黄河大桥是国内第二座矮塔部分斜拉桥，在该桥施工中中铁十二局集团第四工程公司采用等值张拉工艺施工斜拉索，并首次采用了分丝管和抗滑锚新技术，保证了斜拉索的安装精度和施工质量；开发研究的"双塔单索面预应力混凝土部分斜拉桥施工技术"于2003年12月通过了甘肃省科技厅鉴定，桥塔索鞍采用分丝管以及抗滑锚施工新技术填补了国内外空白，成果达到国内领先水平。2004年该项成果获甘肃省科技进步三等奖。之后该项技术相继应用于银川市北二环路1号桥、国道主干线山西省汾阳至离石段离石高架桥3号桥等工程，均取得了良好的经济效益和社会效益。综合以上各工程实践形成本工法。

2. 工 法 特 点

　　2.1　施工所需场地小，工序简单，施工进度快，安装精度高，质量易控制。

　　2.2　设备、人力投入少，劳动强度低，安全可靠。

　　2.3　索塔内鞍座采用分丝管，可以实现单根换索。

　　2.4　采用单根等值法张拉，每根斜拉索各股钢绞线的离散误差可控制在理论值的±3％之内。

　　2.5　可以实现一对斜拉索对称、交叉单根张拉，同步整体张拉，确保两根斜拉索间的差值不大于理论值的±1％。

　　2.6　采用JMM-268索力动测仪进行索力监控，可为索力误差修正、施工控制提供准确数据。

　　2.7　斜拉索采用多重防腐处理，锚固端灌注防腐油脂，可延长斜拉索的使用寿命。

3. 适 用 范 围

　　本工法适用于部分斜拉桥斜拉索的安装施工。

4. 工 艺 原 理

　　4.1　斜拉索索鞍部分采用分丝管技术，斜拉索的每根钢绞线通过分丝管后，锚固在箱梁上。斜拉索由锚固段＋过渡段＋自由段＋塔柱内段＋自由段＋过渡段＋锚固段组成，具体结构见图4.1。

　　锚固段＋过渡段：由防松装置、夹片、螺母、锚筒、锚垫板、预埋钢导管、减振器组成。

　　自由段：由带PE护套的钢绞线、索箍、HDPE套管组成。

　　塔柱内段：由分丝管、塔内锚垫板、抗滑锚组成。

　　与以往的索鞍结构相比，分丝管便于斜拉索的养护和单根钢绞线的更换。

　　4.2　斜拉索单根钢绞线索力均匀性直接关系到斜拉桥施工、营运过程中的质量和寿命。施工中采

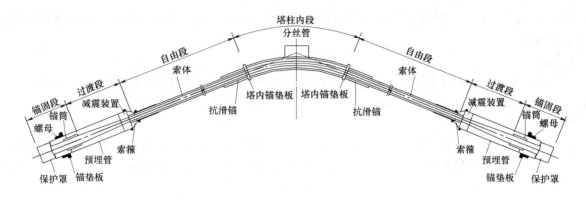

图 4.1　斜拉索装配示意图

用等值张拉法进行控制，等值就是每根钢绞线在施工过程中所持应力值相等，它是基于相对于梁、塔来说，把锚具看作一个点，梁、塔受力变形对每根钢绞线的影响都相等作为前提，张拉力控制以压力表读数为准，同步安装传感器进行监控，确保每根斜拉索各股钢绞线的离散误差不大于理论值的±3％。

4.3　斜拉索整体张拉完成后，确保一对斜拉索间的差值不大于理论值的±1％，整索索力误差不大于理论值的±2％。

5. 施工工艺流程及操作要点

5.1　施工工艺流程

斜拉索施工工艺流程见图 5.1。

5.2　操作要点

5.2.1　下料

1. 下料长度

按下列公式列表计算出无应力状态下的自由长度，校核无误后供下料人员执行。

下料长度计算公式为：

$$L=L_0+2L_1+2A_1+L_2+L_3+5\text{cm} \tag{5.2.1-1}$$

式中　L_0——边、中跨锚固端锚垫板板面之间的中心线长度（包括塔上的弧长）；

A_1——锚固端锚具外露长度；

L_1——锚固端张拉时工作长度；

L_2——HDPE 套管及不锈钢管限制的垂度影响长度；

L_3——塔梁施工误差的影响长度。

拉索两端 PE 护套剥除长度：

$$L_剥=L_1+A_2+\Delta L-L_4+5\text{cm} \tag{5.2.1-2}$$

式中　A_2——锚具结构长度；

ΔL——拉索张拉伸长量；

L_4——PE 护套进入锚具内的长度。

2. 下料

在铺垫好的下料场地进行下料，沿线量好所需的下料长度，校核后用红色油漆做好标记。然后将绞线盘放置到放线基架上，人工将钢绞线拉至标志点确定无误后切断。

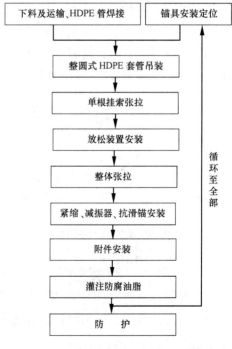

图 5.1　斜拉索施工工艺流程图

（流程图内容：）

下料及运输、HDPE 管焊接　→　锚具安装定位

整圆式 HDPE 套管吊装

单根挂索张拉

放松装置安装

整体张拉

紧缩、减振器、抗滑锚安装

附件安装

灌注防腐油脂

防　护

循环至全部

3. 剥皮

钢绞线下料完成后，须将钢绞线两端的 PE 护套按计算好的长度剥除掉。剥皮时应注意刀具或锯片不能伤及钢绞线。

4. 镦头

钢绞线清洗完成后，将钢绞线两端打散后在端头约 10cm 长度范围内切掉外圈 6 丝，保留中心丝，然后将钢绞线复原。用镦头器将两端的中心丝镦成半圆形镦头，以供挂索牵引用。

5.2.2　HDPE 套管焊接

HDPE 套管的连接采用 HDPE 焊机对焊连接。HDPE 套管焊接前，将管材放置于夹紧装置内并将之夹紧，在压力作用下用平行机动旋刀削平两个管材的被焊端面，并保证这两个端面相互接触时满足规范要求。在焊接过程中，特别注意的是焊接压力必须保持至焊缝完全冷却硬化后才能解除。

5.2.3　搭设施工平台

塔外平台：用钢管脚手架或碗口支架在索塔四周搭设所需的施工平台。

梁下平台：主梁采用悬臂浇筑法施工时可直接利用施工用的挂篮进行斜拉索安装、调索等工作。但要在箱梁的顶板上预留孔，以便成桥后灌注防腐油脂。

5.2.4　锚固端锚具安装

梁下锚固端锚具安装前应检查锚孔，使之保持清洁无污物。由于锚具是由多个零部件组成，出厂前已做调整，运到工地后不得随意拧动密封装置及定位螺栓。锚具安装就位时要求：

1. 安装前锚具的锚孔均应事先编上对应孔号，注意注浆孔在下，排气孔在上；

2. 中、边跨锚具组装件的锚板中心线必须严格保持在同一垂直平面内；

3. 锚板的中心线与承压板（锚垫板）的中心线应力求保持一致，两者偏差不得超过 5mm；

4. 中、边跨锚板的相应锚孔也必须相互对齐，以确保钢绞线的平行性。

5.2.5　HDPE 套管吊装

套管安装前，应先将套管按给定的长度把两端锯好并刨平，然后将之运至中央分隔带。安装时，在套管内穿上一根临时辅助索并将辅助索的一端穿入锚具，同时在套管端头附近一定位置装上专用管夹，然后用卷扬机将套管一端吊至塔上分丝管管口附近；此时将辅助索先后穿过索鞍、塔另一端的套管、锚具，同样方法将套管起吊至塔上管口附近，最后在锚具两端同时用 YDCS160-150 千斤顶顶紧辅助钢绞线，索塔两端套管就固定地落在辅助索上（图 5.2.5）。

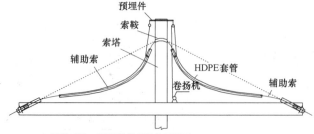

1. 辅助索的一端穿过锚具并临时锚固；
2. 将辅助索的另一端从索塔一端的 HDPE 套管穿入后，用卷扬机起吊该套管至分丝管管口；
3. 将辅助索分别穿过分丝管，塔另一端的 HDPE 套管及锚具，然后起吊套管至分丝管管口；
4. 在锚具两端同时用 YDCS160-150 千斤顶预紧辅助索即可。

图 5.2.5　HDPE 套管吊装图

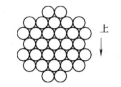

图 5.2.6-1　钢绞线排列图

5.2.6　单根挂索

1. 挂索顺序

由于该拉索钢绞线在塔上分丝管内是分层排列的（图 5.2.6-1），为便于施工，钢绞线不打绞，该拉索的挂索顺序为自上排到下排单根挂索、张拉。

2. 单根挂索工艺

挂索示意见图5.2.6-2，工艺流程见图5.2.6-3。

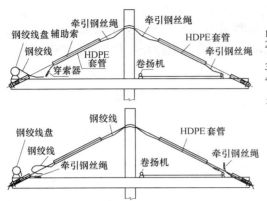

1. 将一盘钢绞线放在边跨预埋管口附近；
2. 使用辅助方法将卷扬机上的牵引钢丝绳由中跨套管口处分别穿过套管、分丝管、连跨套管；
3. 将钢绞线与穿索器连接；
4. 开动卷扬机将钢绞线拉至中跨预埋管口附近，拆除钢丝绳；
5. 将钢绞线与穿过锚头的牵引钢丝绳连接，在梁下锚头处拉动钢丝绳使钢绞线穿越锚头达到一定的工作长度后用夹片临时锚固；
6. 同样的方法将边跨的另一端钢绞线也穿过边跨锚头并临时锚固。

图5.2.6-2 单根挂索示意图

3. 挂索要点

挂索前，梁下锚具的锚孔内穿上 $\phi5$ 的牵引钢丝，随后用该牵引丝牵引出带穿束器的牵引钢丝绳至桥面管口。桥面工作人员将盘上钢绞线的一端与从HDPE套管和分丝管内穿下来的牵引钢丝绳相连接，确认牢固后，开动卷扬机直到将该束钢绞线从另一HDPE套管引出并达到规定工作长度，撤出牵引钢丝绳，将绞线与锚头处牵引钢丝绳连接牢固后，将该端绞线向锚具内推送，直至该端绞线穿出锚孔达到规定工作长度，撤出牵引钢丝绳，装上临时工作夹片，用专用打紧器打紧锚固。使用同样的方法将钢绞线的另一端穿过该端的锚具，装上临时工作夹片，用专用打紧器打紧锚固。

5.2.7 单根张拉

示意图见图5.2.7。

1. 索力均匀性控制

斜拉索单根索力均匀性是平行钢绞线拉索施工中的关键，为使每根索中各钢绞线索力均匀，采用等值张拉法进行张拉，即每根钢绞线在施工过程中所持应力值相等。每根绞线的张拉力以控制压力表读数为准，传感器读数进行监控。挂索前，将监测传感器安装在底排的一根钢绞线上，安装顺序为：支座垫板→传感器→单孔工作锚。随后张拉时每根绞线的拉力按当时传感器的显示值进行控制。

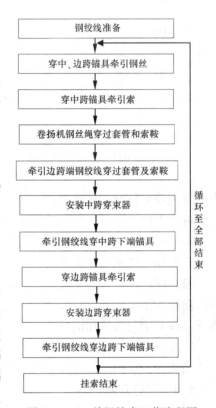

```
钢绞线准备
  ↓
穿中、边跨锚具牵引钢丝
  ↓
穿中跨锚具牵引索
  ↓
卷扬机钢丝绳穿过套管和索鞍
  ↓
牵引边跨端钢绞线穿过套管及索鞍
  ↓
安装中跨穿束器
  ↓
牵引钢绞线穿中跨下端锚具
  ↓
穿边跨锚具牵引索
  ↓
安装边跨穿束器
  ↓
牵引钢绞线穿边跨下端锚具
  ↓
挂索结束
```
循环至全部结束

图5.2.6-3 单根挂索工艺流程图

2. 单根钢绞线张拉

每根斜拉索各钢绞线均逐根挂索并随即用YDCS160-150型千斤顶进行张拉。加载至10％张拉力时测初始伸长值；用压力表读数控制最后一级张拉力，使之跟传感器显示值相对应时，测终止伸长值。装上工作夹片，适度打紧，卸压至2MPa时测回缩值后锚固。在挂索结束后，即拆出传感器，并按传感器拆除时的读数再进行补张拉。在单根张拉完每一根钢绞线后，应严格控制

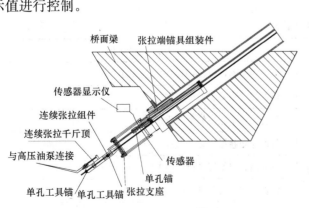

图5.2.7 单根张拉示意图

工作夹片的跟进平整度。在单根张拉过程中，两端应同时均衡进行加载，力求两端伸长值的不均匀值控制在设计允许范围之内。

5.2.8　安装防松装置

安装防松装置前，应先用手提砂轮机切除锚头两端的多余钢绞线，并预留一定的长度。要求钢绞线端头平整、光滑。装上防松装置，拧紧锁紧螺母，以便有效地防止夹片松动。

5.2.9　整体张拉

1. 张拉机具

采用穿心式 YDCS5500-100 型千斤顶进行整体张拉。

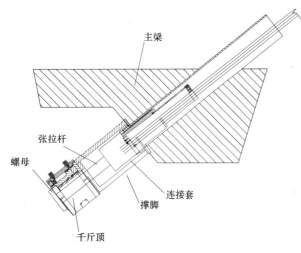

图 5.2.9　整体张拉示意图

2. 张拉系统安装

整体张拉系统主要包括千斤顶、撑脚、连接套、张拉杆和张拉螺母（图 5.2.9）。

张拉系统部件质量大，安装时借助手拉葫芦将连接套、张拉杆、撑脚、千斤顶、张拉螺母依次安装。安装时应保证系统整体的对中性满足整体张拉要求。

3. 张拉力

1）初始张拉力的确定

在整体张拉过程中，当锚具螺母松动脱离锚垫板时以此作为其伸长值的测量起始点，即此时油表读数对应的张拉力作为整体张拉的初始拉力。

2）确定整体张拉的初始动力后，以此为起点分级加载张拉至设计要求的（超）张拉值，测量各级伸长值。并通知监控单位测试索力，确认索力在允许误差内，旋紧螺母，千斤顶回油，锚固。

3）在张拉过程中，两端要求做到同步对称，相互呼应，级差应控制在设计允许范围之内。

5.2.10　紧索、减振器及抗滑锚安装

紧索时，在管口索夹旁相应的位置装上一套紧索器将索收紧，使之成型至设计断面。将组装好的减振器推入主梁预埋钢导管内，直至减振器端面与钢导管管口持平，再收紧螺栓，按内缩外涨原理，使其内外分别与索体和钢导管管壁紧紧相贴。用楔紧千斤顶将楔块顶入抗滑锚的楔槽内。

5.2.11　锚头保护

锚头保护罩内灌注防腐油脂，提高绞线的防腐效果，又为以后换索提供了方便。

5.3　劳动力组织

斜拉索施工的劳动力组织见表5.3。

劳动力组织　　　　　　　　　　　　　　　　　　　　　　　　表5.3

序　号	工　种	人　数	主要工作内容
1	技术员	4	负责斜拉索定位、索力测试等技术工作
2	安全员	1	负责斜拉索安装安全工作
3	质检员	2	负责斜拉索施工的全部质量检查
4	起重工	4	负责开动卷扬机
5	焊工	2	负责锚具定位等其他焊接工作
6	专业操作工人	10	负责操作千斤顶、HDPE 套管焊机等
7	普通工人	15	负责下料、挂索、张拉等工作

6. 材料与设备

本工法不涉及需特别说明的材料，采用的机具设备见表6。

机具设备 表6

序号	设备名称	型　号	单　位	数　量	用　　途
1	千斤顶	YDCS5500-100	套	4	整体张拉
2	千斤顶	YLDS160-150	套	4	单根张拉
3	墩头器	LD10	台	2	钢绞线墩头以便穿索
4	焊机	HDPE	台	1	HDPE套管焊接
5	环氧注浆泵		套	2	灌注防腐油脂
6	无线对讲机		台	10	对称、同步张拉对话
7	传感器		套	8	测试单根钢绞线索力
8	动测仪	JMM-268	套	2	测试整索索力
9	切割机		台	4	切割钢绞线
10	电焊机		台	2	焊接锚具等
11	卷扬机	2t	台	4	牵引钢绞线
12	葫芦	2t	台	8	HDPE套管吊装
13	角磨机		台	2	切割张拉端钢绞线

7. 质 量 控 制

7.1 质量标准

7.1.1 每根斜拉索各股钢绞线的离散误差不大于理论值的±3％。

7.1.2 一对斜拉索间的差值不大于理论值的±1％。

7.1.3 斜拉索整索索力误差不大于理论值的±2％。

7.2 控制措施

为了保证斜拉索的施工质量，我们采用"等值张拉、先单根后整体"的施工方法。

7.2.1 先张拉一根钢绞线，然后安装锚下传感器，其余钢绞线的张拉值等于第一根钢绞线上传感器显示的索力值，这样就避免了钢绞线的离散误差。

7.2.2 索力测试采用频谱仪和千斤顶油压表读数双控的原则。

8. 安 全 措 施

8.1 坚持"安全第一，预防为主"的方针，加强安全生产教育，提高安全意识。

8.2 健全安全岗位责任制，做到奖罚分明，逐级签订安全生产责任书，明确分工，责任到人，把安全落实到实处。

8.3 严格执行各工种《安全技术操作规程》，定期对职工进行考核。

8.4 千斤顶操作时前方不许站人，要求端部平整对中。

8.5 油泵操作时需缓慢、均速加压和卸压，严禁超压和快速加压。

8.6 施工平台搭设要牢固，严防坠物。

8.7 锚具起吊、安装时要求起落平稳，注意对锚具的保护。

8.8 挂索时确保牵引连接可靠，注意信号配合，索下不许站人。

8.9 灌注油脂时要求接头可靠，保持规定压力但严禁超压，环氧有毒注意劳动保护。

8.10 HDPE 套管安装时确保牵引连接可靠，注意信号配合，严防坠物。

8.11 严禁非专业人员擅自操作机械。

8.12 高空作业时不得随意向地面抛掷物品。

8.13 脚手架、安全网的搭设要符合安全要求，并要定期检查，维修和保养。

8.14 起重机械作业时起重臂下严禁站人。

8.15 注意现场设备、材料的防雨和防风，场地不留安全隐患。

9. 环 保 措 施

9.1 对有害物质（如燃料、废料、垃圾等）要通过焚烧或其他措施处理后运至监理工程师指定地点，防止对人员造成损害。

9.2 施工机械的废油废水，采取有效措施加以处理，不超标排放，避免造成对水源污染。

9.3 施工场地和运输道路经常洒水防护，尽可能防止灰尘对生产人员和其他人员造成危害。

9.4 报废材料立即运出现场并进行掩埋等处理。对于施工中废弃的零碎配件，边角料、水泥袋、包装箱等及时收集清理并搞好现场卫生，以保护自然环境与景观不受破坏。

9.5 对使用的工程机械和运输车辆安装消声器并加强维修保养，降低噪声。

9.6 在比较固定的机械设备附近，修建临时隔声屏障，减少噪声传播。

9.7 合理安排施工人员在高噪声区和低噪声区的作业时间，并配备劳保用品。

10. 效 益 分 析

10.1 采用本工法施工占用场地小，在已经做好的桥面上即可下料、剥皮等，可节省临时用地费用；投入的设备、人员较少，工序简单，劳动强度低；斜拉索安装速度较快，一对斜拉索挂索、张拉只需要约 10 小时就可完成，工期短。以离石高架桥为例，仅斜拉索施工一项就可节约资金约 20 万元。

10.2 张拉工艺流程清晰，索力监测仪器先进，能为施工控制提供准确依据，安装精度高，施工质量易控制，施工安全可靠，社会效益明显。

10.3 抗滑锚和分丝管技术的应用，方便了使用期的养护和正常换索，填补了国内外空白，促进了技术进步，同时也为同类型桥梁的施工提供了有益参考。

11. 应 用 实 例

11.1 兰州市小西湖黄河大桥

11.1.1 工程概况

兰州市小西湖黄河大桥主桥工程，位于兰州市七里河区，由黄河大桥主桥和滨河中路立交两部分组成。主桥结构为一联（81.2＋136＋81.2）m 预应力混凝土双塔单索面部分斜拉桥，桥长 300m，采用塔梁固结、梁墩分设的结构形式。主塔结构高 17.0m，布置于中央分隔带上；梁体采用单箱三室大悬臂截面，斜拉索采用扇形单索面、钢铰线索，每根拉索由 31 根 φ15.24mm 镀锌钢绞线组成，塔根附近无索区梁长约 46m，有索区长约 36m，跨中无索区长约 18m，塔上竖向索距 0.7m，梁上索距 4.0m。斜拉索通过索塔鞍座后两端张拉并锚固于梁体上。全桥在 5～14 号梁段共设斜拉索 20 对共 40 束。单索最大张拉力为 740 吨。本桥 2002 年 1 月 12 日开工，2003 年底开通运营。

11.1.2 应用效果

完工后的应力检测表明：控制截面的混凝土的拉应力不超过 2.76MPa，最大压应力不超过 19.6MPa，和设计计算值吻合较好，成桥后的线型符合设计要求；最大垂直合拢误差不超过 10mm，最大中线偏差控制为 4mm，小于规范 20mm 和 5mm 的规定值。

11.2 银川市北二环路 1 号桥

银川市北二环路为银川市城市主干道，1 号桥起讫里程为 K7＋790.95～K7＋990.95，为一联（30＋70＋70＋30）m 独塔双索面部分斜拉桥，桥长 200m，桥面宽 60m，主梁采用一箱四室鱼腹形结构，主塔高 30m，斜拉索为双索面，每个索面共 9 根索，每根斜拉索由 55 根 ϕ15.24mm 镀锌 PE 钢绞线组成。该工程 2003 年 10 月开工，2004 年 7 月竣工，完工后经检测，各项应力指标均符合设计要求。

11.3 离石高架桥 3 号桥

离石高架桥位于青岛至银川国道主干线山西省汾阳至离石段第十八合同段，起点桩号为 K73＋638.5，终点桩号为 K74＋941.468，桥长 1302.968 米。该桥分为三部分，其中 3 号桥为斜拉桥，桥型结构为一联（85＋135＋85）m 预应力混凝土双塔单索面部分斜拉桥，桥长 305m，结构形式与小西湖黄河大桥基本相同。斜拉索采用扇形单索面、钢铰线索，每根拉索由 31 根 ϕ15.24mm 环氧喷涂钢绞线组成，斜拉索布置在中央分隔带上，塔根无索区梁长 45m，有索区长 40m，跨中无索区长 10m，塔上竖向索距 0.75m，梁上索距 4.0m，全桥共设 22 对斜拉索。采用本工法施工，索力测试结果表明拉索索力均符合设计要求，具体见表 11.3。

索力测试记录表　　　　　　　　　　　　　　　　　　　　表 11.3

序 号	拉索编号	设计索力（kN）	实测索力及偏差				
			左(kN)	与设计偏差（%）	右(kN)	与设计偏差（%）	左右索力偏差（%）
1	C1	3200	3227	0.8	3235	1.1	0.2
2	C2	3200	3244	1.4	3251	1.6	0.2
3	C3	3200	3209	0.3	3224	0.8	0.5
4	C4	3150	3184	1.0	3186	1.1	0.06
5	C5	3150	3152	0.06	3178	0.9	0.8
6	C6	3150	3159	0.3	3170	0.6	0.3
7	C7	3150	3185	1.1	3160	0.3	0.8
8	C8	3150	3200	1.6	3200	1.6	0
9	C9	3150	3141	0.3	3223	0.8	0.5
10	C10	3150	3198	1.5	3200	1.6	0.1
11	C11	3150	3204	1.7	3188	1.2	0.5

备注：斜拉索整索索力采用 JMM-268 型动测仪进行测试，表中实测索力及偏差为每对索张拉完成后的测试值。

中等跨度连续梁造桥机架设连续弯箱梁施工工法

YJGF067—2006

铁道第五勘察设计院　北京中铁建北方路桥工程有限公司

党海军　罗红春　尚庆保　何映春　孙世豪

1. 前　　言

随着我国桥梁施工技术的不断发展，造桥机得到了广泛的应用。在公路桥梁建设中，移动模架造桥机成为桥梁原位现浇的亮点；在铁路桥梁建设中，移动支架造桥机可以拼架 32～64m 之间跨度的简支箱梁，大跨度箱梁造桥机可以进行 96m 连续箱梁的悬拼施工。作为桥梁结构中最重要的一环，中等跨度连续体系（连续梁和连续刚构）的桥梁主要采用悬臂法和支架法施工，桥梁结构圬工用量大，施工辅助用料消耗多，研制一种通用的中等跨度连续箱梁造桥机势在必行。

兰武二线河口南黄河特大桥采用预应力混凝土连续弯箱梁，曲线半径为 600m。由于河口南站为铺轨起点，该桥工期压力大，设计采用造桥机进行整孔逐跨拼装施工。中等跨度连续梁造桥机采用叠合钢箱结构，梁段挂在悬吊扁担上，造桥机通过墩旁牛腿进行支撑。

2. 工 法 特 点

2.1 采用中等跨度连续梁造桥机施工，施工工艺先进，机械化程度高，成桥速度快，对桥下交通无干扰。

2.2 梁场预制梁段，质量容易控制，可以和拼架平行作业。

3. 适 用 范 围

本工法适用于铁路、公路、客运专线、轻轨单线跨度在 64m 以下的连续梁和简支梁，双线跨度在 48m 以下的简支梁施工，尤其在施工工期短、地质条件复杂、桥墩较高、水上施工及桥下交通要求高的情况下，更能显示其优越性。

4. 结构及原理

4.1 构造（图 4.1）

4.1.1 支架

支架是造桥机的主结构部分，由主梁、导梁和过渡段、龙门吊走行轨道、步行板及栏杆等部分组成。

1. 主梁

主梁采用箱梁结构，为双箱上下叠置。单箱断面为 1660mm×3000mm，主梁总长 81.6m，共分 13 节，除尾节长度为 8885mm 外，其余各节基本按 6m 设计。

两主梁中心距为 8380mm。主梁设置 8 处顶升横梁（根据施工桥跨和梁型选用不同位置）和 1 处移位横梁联结位，顶升横梁及移位横梁联结位法兰设置能满足不同跨度桥梁高度变化而需上下调整的要求，最大变化范围为 2000mm。

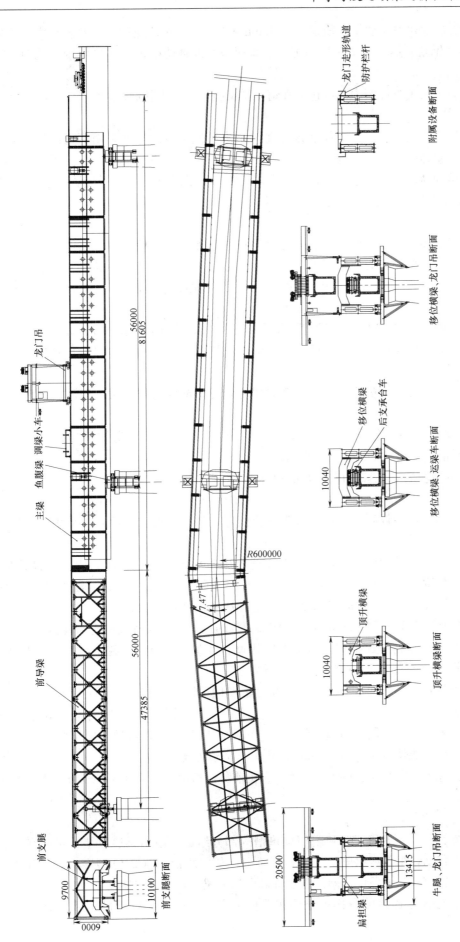

图 4.1 ZQL32/64 中等跨度连续梁造桥机

主梁上盖板中心设置梁悬吊系统轨道，轨道采用 50mm×50mm 方钢。龙门吊走行轨道设置于外侧腹板顶部，轨道采用 P43 钢轨，钢轨采用扣板固定。下盖板中心设置造桥机纵移牛腿推送轨道，两腹板处设置牛腿支撑轨道。

主梁外侧上设栏杆，主梁上下两箱内部设过人孔道，主梁腹板开过人孔洞。

2. 导梁

导梁是为造桥机过跨上墩而设置，其上能够走行龙门吊来吊运牛腿。导梁采用桁架结构，为保证其过跨时的整体稳定性，整体采用 π 形结构。导梁节间上、下弦杆采用组焊箱梁结构，最大重量为 3t。

导梁顶部设置与主梁同轨距的龙门吊走行轨道。底部设置与主梁同轨距的牛腿支撑轨道。

导梁前端 30m 范围设置前支腿走行轨道。

3. 过渡段

过渡段是为适应确定的曲线半径而设置，利用过渡段将主梁和导梁连接成一个整体，并使主梁和导梁形成所需要的夹角。过渡段设计为与主梁结构相同的箱形结构，目前按兰武二线河口南黄河特大桥配置，导梁和主梁成 7.47°夹角，施工条件变化时应重新计算并配置过渡段。

4.1.2 前支腿

前支腿是为实现牛腿随造桥机自动倒装而设置，由横梁、跳梁、吊杆和拖拉系统组成。

前支腿悬吊在设置于导梁的轨道上，利用两台无极绳绞车拖拉在导梁上纵向移位，满足变跨作业需要。

与横梁螺栓连接的跳梁支撑导梁的下弦杆，实现导梁在前方墩的支撑。跳梁可以旋转，使前支腿通过牛腿。

前支腿设有两条伸缩柱，以实现前支腿上墩，配备两台 QF200T-20b 分离式千斤顶（各配一套 BZ63-6 泵站），实现导梁前端的顶升，以便安装牛腿。

前支腿能够承受 350t 支反力，能够提供 340t 的顶升力。

4.1.3 牛腿

牛腿为造桥机的支撑基础，牛腿利用墩帽和墩身进行固定，每墩上设左右两片，采用精轧螺纹钢与墩联结为一体。

牛腿系根据所施工桥梁之桥墩而设计，墩身构造变化和施工桥跨重量变化，均应重新设计牛腿。兰武二线河口南黄河特大桥施工，应在墩顶垫石根部向下 3860mm，墩中心线（横桥方向）两侧 800mm 处设预埋件（每墩 4 件），预埋件应能承受 290t 竖向力和 140t 横向力。

为适应不同的墩身结构，牛腿采用分块设计，工作部分为通用设计，与桥墩相连部分为专用设计。

考虑 64m 与 32m 梁相连，两者墩高相差 2000mm，因此，变跨施工时，牛腿上可以支垫 2000mm 的支垫物。施工时，应根据桥跨变化的具体情况进行支垫。

牛腿与支架的支撑点设置摇轴，即该支撑沿线路方向能够上下摆动，适应线路 12‰坡度。

牛腿的支撑点能横向移位，目前按兰武二线河口南黄河特大桥配置，最大横向移动量为 860mm（满足 32m 梁施工要求），施工 40m 梁横向移动量为 530mm，施工 56m 及 64m 梁不需横向移动。

牛腿在墩顶安装时，应注意使墩帽外侧 300mm 范围内（横桥方向）不得受力。

设置两条 ZGGK1 型油缸，使牛腿能够推送造桥机整机前移，移动速度为 0.45m/min，每次最大推送距离为 1000mm。

4.1.4 悬吊系统

悬吊系统由吊梁扁担、吊具、纵移装置和扁担梁垫槽等部分组成，扁担梁通过垫槽可以在设置于主梁上盖板中心的轨道上移动，吊具将梁段悬吊在扁担梁上，利用两台 YDC24Q 型穿心式千斤顶实现吊梁扁担和梁段的纵向位置调整。梁段的横向位置和标高利用调梁工具车调整实现。

吊梁扁担两端设置有与主梁连接的螺栓孔位，在造桥机完成施工后可以借助运梁车将主梁分段运回。

4.1.5 调梁工具车

调梁工具车是为实现梁段横向位置和标高调整而设置，同时也可兼作工具和湿接头混凝土运输车。调梁工具车顶升主要由车架、调梁扁担和液压系统组成。

调梁工具车为轨行式，其轨道借用龙门吊轨道，本车走行不设动力，需人工推动。该车配备料斗可用于混凝土的运输。

4.1.6 顶升系统

顶升系统是为实现造桥机施工工况转换而设置，主梁上自前至后依次设置 8 个安装位置，可以满足 32～64m 简支和连续梁施工要求。顶升系统由顶升横梁、底梁、QF320T－20b 型千斤顶和 BZ63-2.5 型泵站组成。

主梁上 8 处安装位置的法兰，按 32～64m 梁高设计，顶升系统应根据施工桥跨选择合适的安装位置。

4.1.7 移位横梁

移位横梁是为实现造桥机纵向移位而设置，同时也构成造桥机两主梁的尾部横向联结。同顶升系统一样，其在主梁上的安装位置亦按 32～64m 梁高设计，应根据施工桥跨选择合适的安装位置。

运梁车（造桥机驮运组装状态）支撑移位横梁，实现造桥机尾端支撑，用于造桥机纵移过孔。

4.1.8 电气动力系统

造桥机配备 DY43C-40kW 康明斯柴油发电机组一台，采用三相四线制供电，在各设备工作点设置电源插座向液压泵站、前支腿走行绞车等设备供电。

4.2 主要技术性能

1. 移动支架型，箱形主梁和 π 行桁架导梁相结合。

2. 适应梁型：32～64m 简支梁、连续梁，除 64m 简支梁为直梁外，其余可为曲梁；48m 以下双线梁。

3. 适应曲线半径：64m 梁：1000m；56m 及以下梁：600m。

4. 作业适应最大坡度：12‰。

5. 以节段拼装法作为基本施工方法。

6. 预应力混凝土梁型：箱形梁。

7. 技术速度：月成梁 180m。

8. 前移过孔时间：≤24h。

4.3 造桥机拼装工艺流程（图 4.3）

4.4 造桥机安装检查

1. 牛腿平台两侧及同侧两端高差不得大于 1cm。

2. 各种结构安装螺栓必须上足上紧，造桥机每次走行之后必须派专人检查。

3. 造桥机上龙门吊走行钢轨扣板必须上紧，龙门吊每次走行前应检查。

4. 造桥机底部走行方钢（上滑道）在接头处高差不得大于 3mm。

5. 造桥机作业要经常检查各种结构及零部件有无变形等异常现象，发现问题及时解决。

5. 施工工艺流程及操作要点

5.1 工艺原理

利用 ZQL32/64 型中等跨度连续梁造桥机在墩顶原位建造曲线连续梁，造桥机在墩顶逐跨移动，每跨连续梁架设前一跨 1/4 梁长，梁节间通过湿接缝连接。梁跨直接建在桥位，一次到位，不再顶推滑移或起落升降。

造桥机采用铁五院设计的 ZQL32/64 型中等跨度连续梁造桥机，在主梁腹内节段拼装成连续梁，

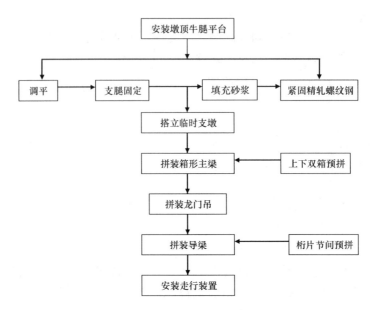

图 4.3 造桥机拼装工艺流程图

该造桥机采用上扁担梁支撑系统，前移过墩更加方便快捷。由于要实现造桥机曲线过孔和架设曲线梁，为增加主梁抗扭能力，主梁为上下叠置双箱结构。

以节段拼装法为主。梁节预制工厂化，梁节运输、吊运采用专门设计的运梁小车和龙门吊机。梁节通过高强精轧螺纹钢悬挂于上扁担梁上，梁节调整通过调梁小车进行，方法更先进、机械化程度更高。施工配备有湿接缝混凝土运输、作业等设备，原位浇筑，实现梁段预制与拼梁平行作业，可以建造简支梁或连续梁。

一跨完成后，解除造桥机与成跨梁的约束，用造桥机上龙门吊倒运支撑牛腿平台，梁尾采用后支承台车驮运，可前移支架到下一跨，依次完成各跨施工作业。

5.2 连续梁架设施工工艺流程（图 5.2）

5.3 施工操作要点

5.3.1 混凝土梁节预制（施工工艺流程见图 5.3.1）

梁体为 C50 混凝土，采用高强度等级混凝土的施工标准。混凝土用商品混凝土，运距在 20km 以上，沿途部分路况较差，并可能有堵车情况，因此应解决长距离运输混凝土坍落度，控制混凝土初凝时间，在每次梁段及湿接缝浇筑前应掌握较差路段的通车情况。

5.3.2 预应力孔道成形

预应力孔道采用抽拔橡胶棒成型。橡胶棒弹性韧性均较好，为增加其刚度在其中间穿入 $\Phi20$ 钢筋芯棒。当混凝土强度达到 4～8MPa 时为抽拔橡胶棒最佳时间，抽拔太早孔道不光滑摩阻大、易坍孔，太晚则橡胶棒易损坏。抽拔棒采用卷扬机为动力，用特制夹头夹住橡胶棒头部。由于台座间距较小，应充分考虑梁段预制顺序对抽拔橡胶棒的干扰和影响。

5.3.3 梁段组拼及调整

梁段组拼顺序是根据支架本身的构造情况和施工的快捷方便而制定的，连续梁 56m 跨的吊装顺序依次为：8 号、武 9 号、武 4 号、10 号、兰 4 号、兰 9 号、兰 6 号、兰 7 号、武 7 号（前）、武 6 号（前），即先完成墩顶 8 号段的吊装，然后依次由造桥机尾部向导梁吊装梁段，最后吊装两个悬挑梁段。

该造桥机龙门吊在从运梁小车上提吊梁节后，将该梁节运输到设计位置上方，下落梁段并将其用精轧螺纹钢悬挂于两侧扁担梁上，完成受力转换。龙门吊完成了造桥机内梁段的全部运输过程，无需其他运梁滑车参加工作，减少了工序，提高了效率。

梁段——摆放至设计位置，可对各梁段进行调节。拼装架设曲线梁为将各直梁按曲线布置成曲梁，

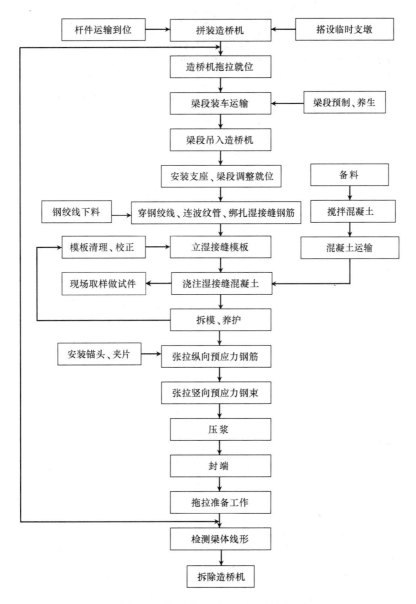

图 5.2 连续梁架设施工工艺流程图

相邻梁节间的湿接缝形成"扇形"，为使成桥后能够更完美得展现曲梁的优美，各梁节必须保证安放在设计位置。梁段吊装完后，通过支架调梁小车及纵向牵引系统对梁段的三向尺寸进行调节，使其满足设计要求。梁段调节中的三个方向相互影响，为减少调整次数，采用纵向、横向、高度的调梁次序进行。

梁体在调整后，应符合以下几项要求：

1. 梁体预设挠度的误差不得大于 3mm；
2. 同一湿接缝两梁节底边高差除去预设挠度影响高差不得大于 2mm；
3. 梁体中线与设计位置偏差不得大于 4mm；
4. 箱梁支座面标高与设计标高偏差不得大于 2mm，支座位置偏差纵横向均不得大于 5mm；
5. 梁节横向与设计偏差不得大于 3mm，纵向偏差不得大于 5mm。

5.3.4 湿接缝浇筑

湿接缝混凝土需要在 3d 内达到设计强度的 90% 以上，采用 C55 混凝土浇筑，并特别做好养护工作，表面覆盖湿麻袋并不断浇水，在夏季日照较强的时候增加浇水次数，始终保持麻袋湿润。采用同条件养护的混凝土试块作为湿接缝混凝土强度的判断依据，用以确定张拉时间。

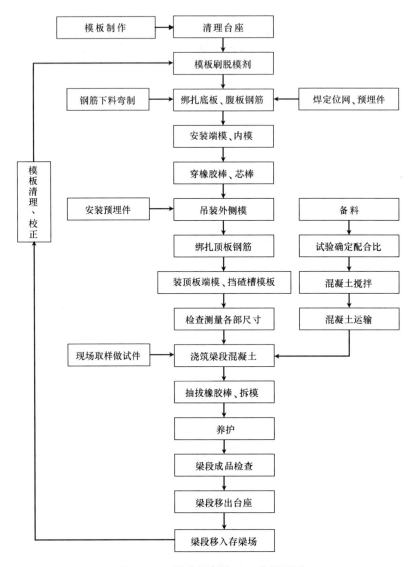

图 5.3.1　梁节预制施工工艺流程图

5.3.5　张拉

在湿接缝强度达到设计要求后，可进行张拉作业。

在安装湿接缝模板的同时应将钢绞线安放就位，连续梁钢绞线长度较长，且有多个竖弯点，采用人工穿束难度较大，本工法采用"引线法"完成，即在孔道内穿入一根钢绞线作为引线，用卷扬机作为动力牵引，为减少钢束对孔壁的摩擦，钢束头呈梭形帮焊在引线上，并在焊接位置套护筒。在牵引过程中应有专人负责检查护筒通过波纹管时的情况，保证波纹管不致挤压变形。

张拉时在悬挑梁端搭设操作平台，按照设计顺序先腹板后顶板、先下后上、先里后外、左右对称。达到控制拉力持荷 5min，回油锚固。

腹板钢束采用单端张拉，为保证曲梁截面预应力的准确性，在第一孔 56m 梁张拉时用应变传感器测定锚固端张拉力。

5.4　施工效果

梁节预制节段架设保证了梁段混凝土质量，避免了表面开裂、脱皮、粗糙等质量通病；湿接缝质量控制措施得当，在 3d 达到设计强度的 90％以上，与梁节连接平顺；造桥机曲线过孔跨越黄河，一孔架设平均周期 10 天，大大提高了架梁速度。

5.5　混凝土冬期施工措施

根据铺架工程的工期安排及当地的气候特点，本桥部分梁段预制和湿接缝混凝土需安排冬期施工。

具体安排如下：

5.5.1 混凝土生产控制措施

商品混凝土使用的原材料水泥、砂石堆放在屋内，温度控制在 20℃以上，水在使用前进行加热，水温保持在 30℃以上。

5.5.2 运输控制措施

沿途考察线路并在运输过程中进行跟踪，减少运输时间，此过程热量由混凝土产生内热保证。

5.5.3 施工现场控制措施

在梁段预制场安装一台 2t/h 的蒸汽锅炉和热力管道，在制梁台座上设置保温棚，对梁段实施蒸汽养护。

湿接缝施工主要措施为：在箱梁外侧进行围挡和加温（电热毯），箱内升火炉加温。

5.6 劳动组织

梁段预制和架设分为两个独立作业队，劳动组织见表 5.6。

劳动组织表   表 5.6

序 号	工 序	工 种	人 数	分 工
一	梁段预制	施工队长	1	负责工作安排，现场指挥
		混凝土工	9	混凝土灌注、捣固
		钢筋工	10	钢筋下料、制做、绑扎
		电焊工	2	焊接钢筋、预埋件
		模板工	9	模板吊装、拆除
		安全员	1	消除安全隐患，负责安全培训
		技术人员	1	技术指导
		电工	1	检查、维修以及电器安装
二	梁段架设	施工队长	1	负责工作安排，现场指挥
		支架走行工	14	负责支架走行，梁段吊装
		钢筋工	8	钢筋下料、制做、绑扎
		司机	2	龙门吊及后支承台车各一人
		电焊工	2	焊接钢筋、预埋件
		模板工	12	模板吊装、拆除
		安全员	1	消除安全隐患，负责安全培训
		技术人员	1	技术指导
		电工	1	检查、维修以及电器安装
		混凝土工	12	负责湿接缝混凝土浇筑、捣固
		测量工	2	控制梁体线形
		张拉工班	12	预应力钢筋张拉及孔道压浆

6. 材料与设备

除 ZQL32/64 中等跨度连续梁造桥机外的其他机具设备见表 6。

表6

序 号	名 称	型号规格	单 位	数 量
1	后支承台车	自制	台	1
2	造桥机上龙门吊	100t	台	1
3	电动卷扬机	JM10(8、5、3)	台	各4
4	混凝土搅拌机	BHS-SONTHOFEN2.25	套	1
5	张拉千斤顶	YCW250	台	5
6	张拉千斤顶	YC-60	台	3
7	液压千斤顶	QLG-350	台	4
8	液压千斤顶	QLG-200	台	12
9	液压千斤顶	QLG-50	台	16
10	走行龙门吊	90t	台	1
11	吊车	50t	台	1
12	吊车	16t	台	2
13	吊车	8t	台	1
14	电焊机	BX-315	台	3
15	钢筋切断机	QJ-40	台	2
16	钢筋弯曲机	GJ7-30	台	2

7. 质 量 控 制

1. 梁段预制采用整体钢模，对数量较少的梁段如主梁1号段采用钢木结合模板。通过加强模板的刚度来改善梁段表面的平整度。

2. 延长拆模时间，对梁段加强养护，保证混凝土内实外美。

3. 梁段吊装后对其纵向、横向、高程反复调整、复核，使每个梁段摆放都满足设计要求。

4. 对张拉千斤顶严格管理，每个月重新标定，保证张拉应力的准确性。对首次张拉56m梁时，在被动端用应力传感器测量该端张拉力，确保各截面应力符合设计值。

5. 压浆工作及时，减小预应力损失。

6. 1号及8号段放置于墩顶后，应在两侧做临时固定，防止其随支座摆动影响整孔梁段线型。

8. 安 全 措 施

1. 龙门吊在使用时应试吊并做安全鉴定，在提升梁段和下落过程中应使梁段保持平稳，避免整体晃动。

2. 梁段在运输中应尽量放置在小车平台的中间部位，防止小车偏载，否则梁段可能发生侧翻现象。

3. 梁段用造桥机上扁担梁支承后，应使精轧螺纹钢竖直，避免螺纹钢受剪或受弯变形降低其使用性能。

4. 悬挑梁外张拉操作平台必须与造桥机做可靠连接，可做成左右两个挂篮，中间搭设木板平台，操作人员上平台必须佩带安全带，并不得在上面嬉闹。

5. 造桥机上龙门吊卷扬机刹车装置经常检查，防止松脱；电动葫芦、滑车组、钢丝绳等承力设施应勤查、勤保养。

6. 在进行起重作业时，起重机、龙门吊下严禁站人。

7. 在造桥机上作业人员必须穿防滑鞋，在雨天、雪天、冬季早晨造桥机上较滑的时候严禁作业。

8. 造桥机有顶升作业时必须在千斤顶附近设保护踩。

9. 造桥机每次到位各桥墩截面处应有加劲肋，保证架梁作业的安全。

9. 环 保 措 施

1. 对施工现场主要工作场所如梁场、钢筋加工厂、现场办公及生活场所等进行必要硬化。

2. 对其他没有硬化并属于施工所辖范围的场地定期进行浇水，防止尘土飞扬。

3. 对施工场地进行绿化，绝不无缘无故砍伐树木。

4. 对建筑垃圾如废弃混凝土、木屑、废弃原材等集中处理，绝不丢弃不管。

5. 在撤场后，对施工场地恢复原貌。

10. 效 益 分 析

节段拼装平弯连续梁在我国铁路桥中尚属首次，故本工法无比较对象，只能做一般分析。

1. 给出了我国桥梁架设的一项新技术，给桥梁的选线工作提供了更大的自由度。

2. 主桥各关键截面都埋设有钢筋计，能提供这些截面的应力和应变，为今后使用期间长期监控，及时、准确掌握桥梁的使用状况提供技术支持。

3. 此方案可架设弯梁桥，成桥后曲线优美，同时不影响公、铁路通车，河道通航，若建设跨线、跨江桥，能显著提高经济和社会效益。

4. 该方案架设速度快，梁段质量及外观容易控制，可在工期较为紧张及对梁体外观严格要求的工程中使用。

11. 工 程 实 例

河口南黄河特大桥为兰州西到武威南二线铁路桥梁头号重点工程，大桥全长 1010.44m，主桥为【37.2m＋(4×56)m＋37.2m】600m 小半径曲线预应力混凝土连续梁（图11）。

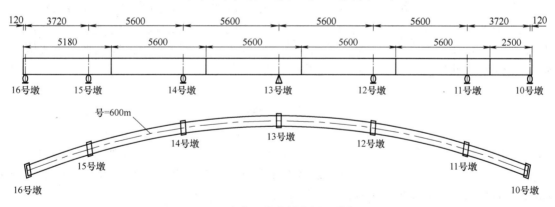

图11 河口南黄河特大桥主桥（单位：mm）

预应力混凝土连续弯梁施工采用本工法。该桥处在边完善设计、边施工状态，工期紧迫，桥区冬季严寒，1～2月份最低气温达−17℃，冬季日施工时间短，最后顺利完成，比设计工期提前 2 个月，受到了建设单位的好评。

多跨连续拱桥双索跨缆索吊装施工工法

YJGF068—2006

广西壮族自治区公路桥梁工程总公司

冯智　韩玉　李玉彬　陈光辉　李彩霞

1. 前　　言

1.1　近年来，随着我国桥梁建设的发展，越来越多的多跨连续拱桥应用于跨越大江大河城市交通工程，然而大凡大江大河流经城市的水域，一般都是水上交通繁忙的河段，采用支架法施工主拱圈（肋），势必增大工程造价，同时将影响河道通航并不同程度造成环境污染，若采用单跨无支架缆索吊装系统施工，由于跨径太大必然导致索塔建筑高度增高、主索的垂度和张力增大以及牵引与起重索张力增大而导致成本过高其增加吊装风险，难以保证桥下航道的畅通与安全。因此，最理想的办法就是加设中塔形成双索跨缆索吊装系统，见图1.1。这样既排除了单索跨的安全风险、降低了施工成本，同时能很好地保护环境，对外界干扰少，从而获得良好的社会效益和经济效益。

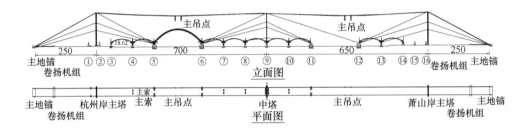

图 1.1　双索跨缆索吊装系统示意图

1.2　广西壮族自治区公路桥梁工程总公司先后在平南大桥、广东高明大桥、藤县西江大桥、杭州钱塘江四桥（复兴大桥）等多座多跨连拱桥的施工中采用了多跨连续拱桥双索跨缆索吊装施工工艺，不断地对该工艺加以改进和完善，形成本工法，其关键技术经鉴定达到国内领先水平。实施本工法完成关键工序施工的杭州市复兴大桥，荣获了鲁班奖和詹天佑大奖。

2. 工 法 特 点

2.1　由于多跨连续拱桥吊装构件多、安装数量大，一般采用双索跨双索道缆索吊装施工工法，每个索跨都有两个独立的吊点，共四组吊点形成四个工作面，各工作面既可单独使用又可在一定吊重下同时使用，可以大大加快施工速度，提高施工质量。

2.2　依靠主索鞍可横移缆索吊装系统的优点，在拱肋起吊前，通过移动两主塔上的主索鞍，可快速实现索跨内任意位置构件安装，从而使拱肋节段起吊后不需要横桥向过多调整即可满足就位需要，对于桥面板等构件基本不需要其他辅助设备及外力牵引即可安装到位。

2.3　可以完成全部上部结构的施工，连贯性好。

3. 适 用 范 围

适用于多跨连续的钢管混凝土拱桥和钢筋混凝土拱桥的上构安装施工。

4. 工 艺 原 理

通过在传统的无支架缆索吊装系统的中间增设一个中塔架，减小缆索跨径，增大吊重能力，中塔跟边塔一样采用可横移索鞍，通过改进和优化设计，使所有的牵引与起重索都能从各塔顶索鞍及缆索吊机主跑车通过并不会互相影响，实现四组吊点可完全独立工作的目的，除了中塔横移索鞍动力终端设在中塔位置外，其余全部起重牵引等动力都设置在两岸，并通过控制中心集中指挥和控制。采用双索跨双索道缆索吊装系统完成拱肋吊装。同样采用钢绞线（丝绳）扣索斜拉扣挂技术固定拱肋。

5. 施工工艺流程及操作要点

5.1　工法工艺流程见图5.1

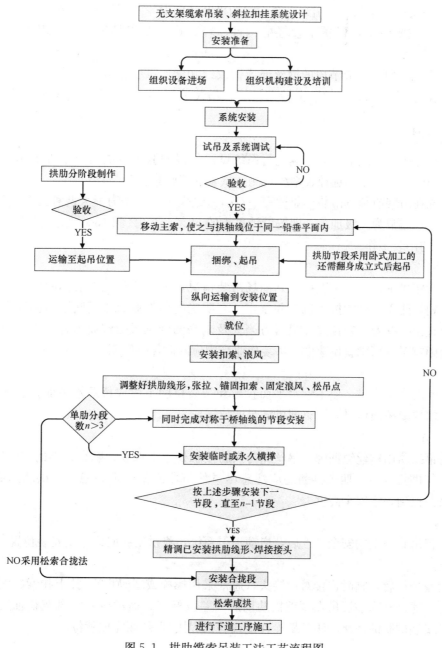

图5.1　拱肋缆索吊装工法工艺流程图

5.2 工法操作要点

5.2.1 形成缆索吊装及斜拉扣挂系统

多跨连续拱桥双索跨缆索吊装主要通过设置中塔形成两个吊装索跨，每个索跨装备一套缆相对独立、互不干扰的索吊机及斜拉扣挂系统来实现。

1. 缆索吊装系统包括锚碇系统、塔架系统、主索系统、起重系统、牵引系统、工作索系统等。

1）锚碇系统由主索地锚以及缆风地锚组成。

2）塔架系统由塔顶、塔身、基础和缆风等组成。常用万能杆件或钢管式杆件组拼成塔身，其结构通常为门式排架，其中中塔一般设在河道中间且都较难以布设横向缆风，建议设置在永久墩上并做好加固措施。

3）主索系统：由主索、移动式索鞍组成。主索（承重索）常用满充式钢丝绳或密封钢丝绳组成，其型号、根数和垂度应根据计算确定。

4）起重系统主要由起重滑轮组、起重索、起重卷扬机和导向滑车等部件组成。

5）牵引系统主要由跑车轮、牵引绳、牵引卷扬机及转向滑轮组等组成。

6）工作索系统主要用于吊运重量较轻的构件、轻型设备及工具等，也可用于处理主吊装系统故障。

2. 斜拉扣挂体系由每一吊装节段的钢丝绳或钢绞线扣索、拱肋扣点支撑结构、扣塔（有时可利用立柱盖梁或由主塔代替）、扣索在扣塔上转向结构、吊装节段侧向风缆索和扣索锚固张拉端结构共同组成。

5.2.2 试吊及系统调试

吊装系统安装完成，正式吊装前，应进行系统试吊，以检验吊重能力及系统工作状态。缆索系统的试吊包括吊重的确定及重物的选择、系统观测、试验数据收集整理。

缆索吊装系统在吊装前须按吊装作业过程中牵引力最大和主索张力最大两种工况进行试拉和试吊。采取的试吊加载方式通常为三级加载，即按设计吊重的50％、100％和130％来进行试吊。

5.2.3 拱肋的吊装工作

1. 吊装前的准备工作

由于卷扬机操作机手通常无法直接看到前场吊装情况，两索跨独立作业，因此在吊装施工前必须合理安排工作计划，建立合理的指挥机构并制定一套明确的各作业组之间联系与沟通方案。同一组主索的两个作业组直接指挥者必须预先知道对方当天及未来两到三天的作业内容，避免两跨同时吊装超过限定重量或者影响对方精确就位速度。吊装作业当中应随时保持联系。

2. 索鞍横移

通过横移主索的塔顶索鞍，使主索水平面投影和待装拱肋节段成桥后水平面投影相重合，确保节段拱肋起吊后不需要横桥向做过多调整即可满足就位需要。

3. 捆绑、起吊

将待起吊的钢拱肋用钢丝绳捆绑，钢丝绳与拱肋接触处垫上橡胶、麻布之类的柔软物或弧形垫块，以避免钢丝绳刮伤拱肋表面。捆绑拱肋还应注意尽量使节段起吊时重心稳定，拱肋运到起吊位置后，放下吊点，起吊并提到一定安全高度。

4. 纵向运输

钢拱肋节段起吊到一定的安全高度后，启动牵引系统，将拱肋纵向运输到安装位置。

5. 拱肋就位

拱肋纵向运输到位后，临时连接对接接头（通常采用螺栓或者码板），挂上扣索、安装好横向缆风后进行就位工作。通过升降前后吊点调整拱肋前后高差及标高，通过横向缆风调整轴线。全部符合要求后，完成与已安装拱肋的连接（法兰螺栓连接或马板焊接），从而完成就位。

6. 斜拉扣挂

拱肋就位完成后要进行扣索张拉（或收紧）和吊点的放松及收紧横向缆风的工作，直至吊点全部松开，并使拱肋标高和轴线都满足规范的要求。

1）扣索布置

各扣索位置应与吊挂的拱肋在同一竖直面内。扣索在地锚一端套上夹片锚具，并分束摆放，不得交叉缠结，另一端安装好夹片锚具和锚垫板。

2）拱肋扣点支撑结构

安置在钢拱肋上的扣点结构由焊接钢板和型钢横梁（扁担梁）构成，扣点结构固定座端面为厚钢板，钢板上设有与型钢横梁（扁担梁）栓接的螺栓孔。扣索与扣点结构固定座端面垂直。

扣点扁担梁由两根槽钢组成，中间 3～5cm 空隙，扣索钢绞线从空隙穿过，套上夹片锚具锚固于扁担梁的锚垫板上，见图 5.2.3-1：

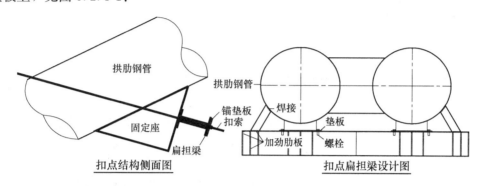

图 5.2.3-1　钢拱肋扣点结构图

扣挂点钢横梁使用两根槽钢制做，并在槽钢中间增加肋板（钢板）加大抗弯能力。

3）扣索在扣塔上转向结构

扣索在扣塔的转向结构由钢板、型钢和转向索鞍轮拼装而成，其作用是支承扣索，将扣索力传递到扣塔上，并使扣索在塔架上通过转向轮形成圆顺过渡，将尾索引入扣索地锚张拉端（见图5.2.3-2）。

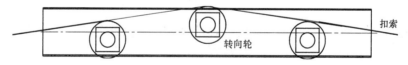

图 5.2.3-2　扣索转向结构图

扣索转向钢横梁使用槽钢制做，并在槽钢中间增加肋板（钢板）加大抗弯能力。

扣塔上转向结构承重横梁也是由型钢精加工制做而成，型钢材料的选择方式与扣点结构相同。

4）地锚张拉端扁担梁

扣索通过扣塔索鞍转向进入地锚张拉端扁担梁后，使用锚具固定，并根据施工各工况的需要进行张拉。锚固端扁担梁见图 5.2.3-3：

扣索张拉端钢横梁由槽钢和钢板制做而成，并在槽钢中间增加肋板加大抗弯能力。

5）扣索的安装和张拉

人工和卷扬机配合牵引扣索通过扣塔上扣索鞍后，采用缆索吊装系统工作索牵引到达拱肋节段安装位置，待拱肋运输到就位位置后，卡入扣点横梁，安装好扣索。扣索在牵引过程中注意使用排索器具整理，以免相互缠绕。扣索张拉时，先利用卷扬机初步收紧，然后在保持拱肋标高基本不变的前提下，一边放松缆索吊装系统起重吊点，一边利用 YC250 或

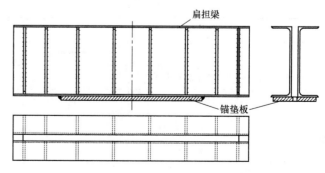

图 5.2.3-3　扣索张拉锚固端扁担梁结构图

YC160 千斤顶逐根逐级张拉扣索钢绞线，使拱肋从依靠吊点力保持平衡向依靠扣索力的斜拉扣挂作用保持平衡逐渐转化，直至吊点彻底松开。

6）吊装节段侧向风缆索

横向侧风缆主要作用是增加吊装拱肋的横向稳定性，并起到左右约束拱肋和左右调控拱轴线的作用。横向侧风缆在拱肋上、下游对称设置，可直接捆绑在钢管上，但要在捆绑处支垫枕木或其他柔软织物保护钢管。

扣索张拉完成吊点松开后，标高已满足规范要求，再通过横向缆风调整好拱肋轴线使标高和轴线都符合规范要求后，将缆风锁死，如标高超限则采用张拉或放松扣索调整。

7. 横撑连接

为增加拱肋安全稳定性，在无永久横撑的节段必须使用临时横撑结构，临时横撑与钢拱肋弦管的连接采用栓接或焊接形式，临时横撑可根据计算使用钢管等材料，在安装节段的前端上下弦各设置一根，上、下弦临时横撑适当进行连接加强刚度。

8. 接头焊接

为了保证拱肋安装稳定性，拱肋接头应及时及早焊接固结。

9. 扣索放松和拆除

拱肋吊装节段接头及永久横撑的焊缝焊接完成后，即可按预定方案放松、拆除扣索。扣索放松要分批分期严格按松索方案进行，放松扣索过程中要加强标高和轴线等的观测工作。

10. 拱肋合拢关键技术

合龙前通过扣索、横向缆风索，对拱肋进行线形、标高的调整，并根据需要进行温度修正，选择温度稳定时段用临时合拢装置实施瞬时合拢。合拢后对拱肋线形及位置实施精确测量，通过扣索和拱顶合拢装置进行精调，调整合格后固定合拢装置，进行合拢节段间连接处的焊接工作，完成后拆除临时合拢装置。

5.3 注意事项

5.3.1 中塔的安全：中塔必须根据吊重要求、抗风要求、能否设置侧浪风以及地基承载力进行详细设计。

5.3.2 双索跨同时起吊时：吊重限制必须经过计算确认系统安全；一跨拱肋精确就位时另一跨需停止纵向运输作业及起吊作业，以降低拱肋标高控制难度。

5.3.3 主地锚的设置：主地锚至边塔的距离应≥2.5H（H 为边塔塔高），以减小横移索鞍难度，避免边塔承受过大的侧向水平力。

6. 材料与设备

多跨连续拱桥双索跨缆索吊装施工主要机具设备见表 6。

多跨连续拱桥双索跨缆索吊装主要材料、机械表　　　　　　表 6

序　号	名　称	型号及规格	单　位	数　量	备　注
1	万能杆件及附件	（配套）	t	若干	
2	工作索跑车	（多种型号）	t	8	
3	工作索下挂		个	8	
4	塔顶平车	4轮	个	6	
5	主吊点大跑车		个	8	
6	卷扬机	10	台	16	
7	卷扬机	8	台	16	

序　号	名　称	型号及规格	单　位	数　量	备　注
8	卷扬机	5t 快速	台	16	
9	卷扬机	5t 慢速	台	16	
10	六门滑车		套	8	
11	四门滑车		套	12	
12	单门滑车		套	120	
13	密封钢丝绳	$\phi 50$	根	14	
14	钢丝绳	$\phi 17 \sim \phi 28$	m	200000	
15	电焊机		台	20	
16	$\phi 600 \times 10$ 钢管桩		t	200	不一定使用
17	型钢		t	300	

7. 质量控制

7.1 严格贯彻执行《ISO9000 质量管理体系》。遵照《公路桥涵施工技术规范》JTJ 041—2004、《公路工程质量检验评定标准》JTG F80/1—2004 的有关规定。

7.2 缆索吊装系统所有受力结构要求认真进行计算、复核，在技术上确保结构的安全。

7.3 进场地钢丝绳、钢绞线和机械设备均要求进行全面的检查，检查项目包括：生产合格证、型号规格和数量、保养情况、有无磨损等等。对于钢丝绳、钢绞线必要时进行破断拉力试验。

7.4 塔架基础和地锚使用到的混凝土要抽取混凝土试件进行试验，保证混凝土强度达到设计要求。

7.5 建立健全无支架缆索吊装系统施工监测系统，在塔架基础施工、塔架安装、地锚施工、缆索架设、风缆索设置、临时锚固设施、扣索张拉等，要进行必要的监控和检测。

7.6 缆索吊装系统安装完成后，要按照试吊程序进行试吊，以检验缆索吊装系统的运行情况和安全性，发现问题及时调整、改正。

7.7 成立专门的质量管理小组，实行质量负责制度。

8. 安全措施

8.1 除了在设计、施工质量充分保证缆索吊装体系的技术安全性外。在实际使用、操作中由于双索跨动力（卷扬机）均设在两岸，机手无法看到吊点起重情况，只能依靠指令工作，故必要严格实行统一指挥制度。

8.2 建立缆索吊装系统定期检查、维修制度，杜绝机械设备带病作业。

8.3 起吊作业时，运行途径范围内不得有障碍物（尤其应注意避让输电线路，确保在安全距离内）。

8.4 所有操作人员必须经过专业培训，持证上岗，指挥人员必须熟悉所指挥的缆索吊装系统的性能，被吊物的实际重量。

8.5 起重作业时，重物下方不得有人员停留或通过；无论何种情况，严禁用起重设备吊运人员。严禁斜拉、斜吊或起吊埋设地下和凝固在地面上的重物，吊挂时应平稳，应用卡环不得用挂钩。吊挂位置点要选在适当处或标明的位置上，钢丝绳与被吊物的夹角应大于 45°。

8.6 卷筒上的钢丝绳应连接牢固，排整齐，放出钢丝绳时，卷筒上必须保留 3 圈以上。钢丝绳不得打环、打结、弯折和有接头。

8.7 卷扬机操作台必须设安全警示标牌，并安排安全人员值班维护，下班时解除电源开关。

8.8 与气象部门加强联系，设置风速仪，及时取得有关气象资料，凡遇风力达六级以上时必须停止一切吊装施工作业。

9. 环 保 措 施

9.1 严格贯彻执行"ISO环境"管理体系，遵照《建设工程施工现场管理规定》有关规定。

9.2 制定施工期间环境保护措施，做到统筹规划、合理布置、综合治理、化害为利。

9.3 采取有力措施防止施工中的燃料、油、沥青、污水、废料和垃圾等有害物质对植被、河流的污染，防治噪声对环境的污染。

10. 效 益 分 析

10.1 技术效益

通过本工法应用于与不断完善，有效提升企业的施工技术水平，为企业培养了大批技术人才，同时解决了水上长桥上部结构安装施工的技术难题。

10.2 经济效益

该工法施工方便，工期大大缩短，节约人工，周转材料（支架），有效的降低工程造价，具有显著的经济效益。在杭州市钱江四桥的施工中，通过应用本工法，节约费用382万元，平南浔江大桥及藤县西江大桥也分别节约费用90.56万元、233.86万元

10.3 社会效益

该工法的应用，对外界干扰小，对于航道的维护、河道的环境保护几乎没有影响，确保了水运不受影响。同时为连续拱桥这一桥型的应用与推广起到了距大的推动作用。

11. 应 用 实 例

11.1 平南浔江大桥（图11.1）

平南浔江大桥位于平南县城境内，大桥全长925.26m，宽13.5m，主桥为8孔96m跨连续箱形拱桥。该桥采用此工法施工，平均天完成3至4段拱箱吊装，56d完成全部8跨共计192段拱箱的吊装，85d完成全部拱上建筑及行车道板吊装任务。

图11.1 建成后的平南浔江大桥

11.2 藤县西江大桥（图11.2）

藤县西江大桥位于藤县藤城镇北流河口下游1000m处，是连接321国道和南梧二级公路两条干线的一座重要桥梁。大桥全长1517.03m，宽16.5m，主桥11孔90m跨，钢筋混凝土箱拱，是广西目前最长的内河大桥。该桥采用此工法施工，平均1d完成一跨（90m）单条拱肋（3个节段）合拢，44d完成11跨132段拱肋及66片横梁的吊装。

图 11.2　建成后的藤县西江大桥

11.3　杭州市钱塘江四桥（图 11.3-1，图 11.3-2）

杭州市钱塘江四桥（复兴大桥）位于钱江一桥和钱江三桥之间。主桥上部结构为 11 跨大小跨径组成的钢管混凝土系杆拱桥，跨径组合为 2×85m＋190m＋5×85m＋190m＋2×85m。其中 85m 跨结构为下承式和上承式系杆拱桥的组合，拱肋为单钢管设计，左右每条拱肋均为一条直径 1.7m，厚 22mm的钢管，中线距离为 10.4cm。190m 跨结构为下承式和中承式系杆拱桥的组合，每条拱肋由 4 根直径为 95cm，厚 22～24mm 钢管组成，拱肋高 4.5cm，宽 2.6cm 左右两条拱肋中线距离为 29.4cm。上构预制安装工程量浩大，达 97429t。该桥采用此工法施工，2d 完成 1 小跨（85m），17d 和 19d 完成 2 个大跨（190m）拱肋及横梁的吊装施工，创造了国内企业吊装施工新纪录。

图 11.3-1　施工中的杭州市钱塘江四桥

图 11.3-2　建成后的杭州市钱塘江四桥

斜拉桥索塔钢锚箱安装施工工法

YJGF069—2006

中交第二航务工程局有限公司　江苏省苏通大桥建设指挥部

张鸿　罗承斌　刘鹏　赵健　侯爵

1. 前　　言

斜拉桥索塔上塔柱锚固区采用钢（锚箱）混（凝土）组合结构，并让钢锚箱能够承受斜拉索的全部水平分力，使得结构受力更明确。

苏通大桥采用钢锚箱作为斜拉索的锚固结构，在国内尚属首次。由于钢锚箱具有安装速度快、定位精确的特点，从而保证了斜拉索的安装精度。为了将苏通大桥钢锚箱安装的成功经验推而广之，经总结和提炼，制定了本工法，为今后类似结构施工提供参考或借鉴。

2. 工 法 特 点

2.1　首节钢锚箱（基准节段）安装采用三向千斤顶精确调位及底座下灌浆的施工工艺，操作便捷，并为提高整个钢锚箱的安装精度打下了良好的基础。

2.2　根据塔吊的起重能力及塔身钢筋构造，钢锚箱采取单节和多节体吊装相结合的方式，安装机动灵活。

2.3　采用能适应钢锚箱尺寸变化的可调专用吊具，只需一副吊架，便可完成所有钢锚箱的吊装作业，操作简便，吊装安全可靠。

2.4　对钢锚箱的计划、制造和安装三阶段采取全过程的控制，不但能提高钢锚箱的安装精度，而且能加快施工进度。

2.4.1　进行控制计算，准确提供钢锚箱各节段的无应力制造尺寸和首节钢锚箱安装的准确平面位置，同时，计算确定首节钢锚箱安装的预抬高值。

2.4.2　钢锚箱在专用台座上组拼，竖向滚动试拼装（5～6个节段），可以严格控制锚箱的几何尺寸及制造精度。

2.4.3　采用监测棱镜、追踪棱镜以及钢锚箱顶临时安装的追踪棱镜控制钢锚箱安装几何位置，能有效保证钢锚箱现场安装定位精度。

2.4.4　每轮钢锚箱间增设调整钢垫板，可以有效地纠正钢锚箱安装的累积误差，省去了钢锚箱二次加工（纠偏加工）的麻烦及费用。

3. 适 用 范 围

适用于斜拉桥索塔钢锚箱安装施工，对于类似的钢塔安装也可借鉴采用。

4. 工 艺 原 理

钢锚箱采取分批安装，通过分析自然环境（风、日照等）和主体结构（钢筋、混凝土等）的影响，确定每批钢锚箱安装的自由高度。对首节钢锚箱（基准节段）进行精确调位并固定后，分节吊装首批其他节段钢锚箱，当浇筑完成相应节段混凝土后，即可进行下批钢锚箱安装。

钢锚箱安装误差采取分批调整,通过监测已装钢锚箱的实际位置,分析安装误差影响,确定下批钢锚箱安装时是否需要进行倾斜度调整以及调整量(若需要调整)。

5. 施工工艺流程及操作要点

5.1　钢锚箱安装总体工艺

钢锚箱分为首节钢锚箱安装和其他节段钢锚箱安装(钢锚箱标准节段结构参见图 5.1-1)。

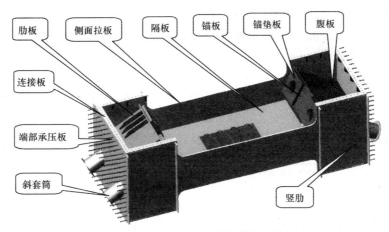

图 5.1-1　钢锚箱标准节段结构示意图

钢锚箱安装与节段混凝土施工异步进行,即先安装一批钢锚箱(3~4 节段),然后浇筑一定高度的混凝土(2~3 节段)。

钢锚箱安装总体施工工艺流程见图 5.1-2,钢锚箱布置参见示意图 5.1-3。

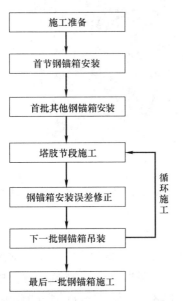

图 5.1-2　钢锚箱安装总体施工工艺流程图

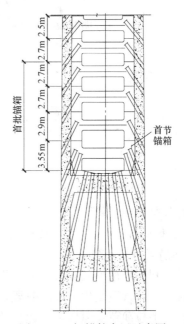

图 5.1-3　钢锚箱布置示意图

5.2　操作要点

5.2.1　施工准备

1. 钢锚箱进场验收

钢锚箱运抵现场后,进行检查验收,内容主要包括:

1) 钢锚箱相关制造和工厂验收技术资料;

2）钢锚箱外观检查，外形尺寸复查；

3）重要部位如节段间匹配件检查等。

2. 钢锚箱吊装前的准备工作

1）了解气象情况，由于风、雨、雾等恶劣天气影响吊装，必须随时掌握天气趋势和现状；

2）吊装工作应选择作业点风速10m/s以下，无雨雾天气，且温差变化较小的时段内进行；

3）起吊设备例行检查调整，特别是制动系统调整；

4）机具准备，主要是指用于吊装及定位调节的吊具、索具、葫芦、千斤顶，以及冲钉、高强螺栓、高强螺栓施拧（检查）工具的检查校正等工作；

5）检查工作面配备的照明设备、电源线以及锚箱牵引绳、手拉葫芦是否到位；

6）工作平台的安装及检查。

5.2.2 首节钢锚箱安装

作为钢锚箱安装的基准段，首节钢锚箱的准确安装尤为重要，其施工工艺流程见图5.2.2-1。

1. 底座垫块混凝土施工、承重板安装

施工底座垫块混凝土时，预埋承重板调节螺栓及锚箱锚固螺栓预留孔（图5.2.2-2）。

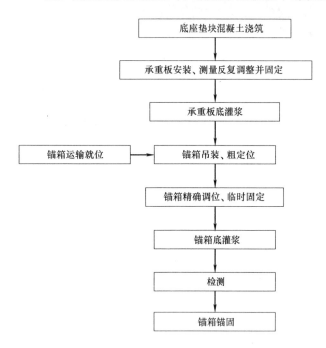

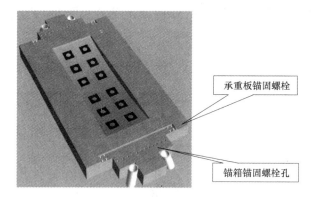

图5.2.2-1　首节钢锚箱安装施工工艺流程图　　图5.2.2-2　预埋承重板调节螺栓及锚箱锚固螺栓孔

考虑到首节钢锚箱安装调位需要，钢锚箱底座混凝土垫块根据具体施工需要比设计少浇筑一定高度（一般约5～6cm左右），待首节锚箱安装就位后再灌浆。

2. 首节钢锚箱吊装及初定位

首节钢锚箱利用塔吊吊装并通过手拉葫芦及缆风绳初定位，采用临时限位装置初步限位。

选择阴天或凌晨气温变化不大的时段，测量放线，并在承重钢板上标记锚箱边线及中心线。当风速较小时，挂好手拉葫芦及缆风绳。起吊首节钢锚箱，缓慢下落，放置于承重钢板上，初步定位后用临时限位装置限位。

3. 首节锚箱精确调位、临时固定

首节钢锚箱采用三向调位千斤顶精确调整锚箱平面位置和标高，调整时，先顶起钢锚箱，在测量控制下，依次反复调整锚箱的平面位置及标高，当调位精度满足要求后，将钢锚箱底板与承重板垫实并临时焊接固定，并安装锚固螺栓。

4. 钢锚箱底灌浆

1）浆液配制程序

性能指标的确定→浆液配合比设计→模拟灌浆试验。

2）浆液技术性能指标确定

钢锚箱底灌浆存在顶面封闭、灌浆面积大、浆液流动空间狭小、混凝土毛面等不利因素，因此，要求灌浆液除具有高强度的基本要求外，还须具有良好的流动性、稳定性、自密实性、膨胀性和耐久性等特殊要求。

3）浆液配制采取的主要措施

• 掺加风选低钙Ⅰ级粉煤灰、硅灰、聚羧酸系列减水剂和浆液稳定剂；

• 尽量降低水胶比；

• 对不同减水剂、浆液稳定剂及膨胀剂掺量进行对比试验。

4）灌浆施工要点

• 投料顺序如图 5.2.2-3 所示。

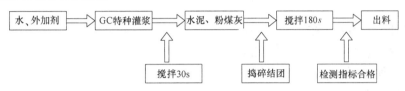

图 5.2.2-3　灌浆施工投料顺序

• 灌浆前，用空压机除灰，使灌浆处洁净潮湿；

• 浆液从一个灌浆口倒入，并控制速度，用 10 号铁丝伸入其中进行适当插捣、引流；

• 灌浆要连续；

• 必须覆盖保湿养护。

5.2.3　其他节段钢锚箱安装

其他节段钢锚箱根据起吊设备的能力（吊重、吊高）采取单节或多节吊装，其安装施工工艺流程见图 5.2.3。

1. 其他节段钢锚箱吊装要点

根据锚箱上吊耳的位置，在吊架上选择相适应的位置连接吊索。当具备起重条件时，塔吊起吊锚箱节段。

当节段起吊超过已安节段顶面后，旋转塔吊，移至安装位置。将节段下部带扣的牵引绳与已安装在钢锚箱上的手拉葫芦连接，配合塔吊的操作，使节段缓慢下降。

在距最终位置 2～8cm 上方处停止下放节段，确认端面情况，然后继续缓慢下降节段，并在锚箱水平接缝四个角点高强螺栓孔内插打定位冲钉实现精确定位，当待安锚箱完全落在已装锚箱上后，安装临时连接螺栓，塔吊松钩。

2. 高强螺栓施工

钢锚箱之间的连接用高强螺栓，高强度螺栓连接副的拧紧分初拧、复拧和终拧，分别用专用扳手进行。高强螺栓施拧采用定扭矩扳手进行。

1）高强螺栓初拧和复拧；

2）高强度螺栓的终拧。

5.2.4　钢锚箱安装线形控制

钢锚箱安装受温度、风等自然因素的影响大，其实测线形必须进行温度和风的修正，同时，为满足施工进度，要求能进行全天候测量定位作业，鉴于此，需对钢锚箱安装线形进行控制计算和分析。

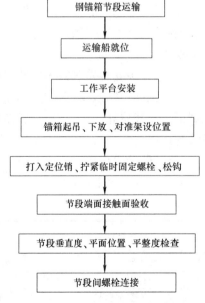

图 5.2.3　其他节段钢锚箱安装工艺流程图

钢锚箱安装线形控制目标是：基于全天候测量定位作业条件，通过对物理和几何参数的测量分析，修正塔体的周日变形误差和风作用的影响，准确定位索塔钢锚箱各节段中心与标高。

钢锚箱安装线形控制程序见图5.2.4。

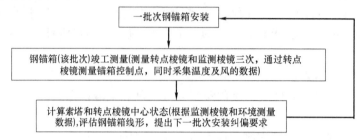

图5.2.4　钢锚箱安装线形控制程序图

5.2.5　钢锚箱安装精度控制

1. 钢锚箱安装精度控制要求

首节锚箱安装轴线偏差不大于：±5mm；

钢锚箱锚固点轴线偏差不大于：±10mm；

钢锚箱安装高程偏差不大于：±10mm；

钢锚箱安装倾斜度不大于：1/3000。

2. 钢锚箱安装精度控制措施

除进行温度和风修正及精确定位首节钢锚箱外，还应采取以下精度控制措施：

1）准确计算首节钢锚箱安装位置

首节钢锚箱安装前，对索塔进行监测，通过控制分析，确定首节钢锚箱安装的准确平面位置，同时，计算确定首节钢锚箱安装的预抬高值。

钢锚箱的理想目标几何线形由钢锚箱截面中心点给出。钢锚箱中心线与上塔柱混凝土截面中心线重叠。

2）采取合理的测量方法，提高钢锚箱安装测量精度

钢锚箱安装定位难度大、精度要求高。钢锚箱安装几何测量以全站仪三维坐标法为主，以GPS卫星定位校核；钢锚箱高程、相对高差以及平整度测量采用电子精密水准仪电子测量，以三角高程测量校核。

3）钢锚箱安装采取钢垫板进行纠偏

由于钢锚箱制造及安装的倾斜度存在偏差，随着锚箱的不断接高，预偏差在逐渐累积加大，必须控制锚箱安装累计偏差。当锚箱安装到一定高度后要进行纠偏，纠偏采用钢垫片，即根据现场锚箱和吊装的批次，在每批中设置一层纠偏垫板，在钢锚箱分组对接位置进行设置。

5.3　劳动力组织

见表5.3-1、表5.3-2。

首节钢锚箱劳动力组织表　　　　　　　　　　　　　　　　　　表5.3-1

序号	职能或工种	主要作业内容	人　数		
			技术员	技工	普工
1	技术部	施工组织设计、现场控制	4		
2	质检部	现场质量检验、监督	2		
3	劳安部	现场安全及环保管理	2		
4	船机部	执行塔吊、千斤顶操作		6	
5	工段长	现场人员调配		4	
6	起重组	挂钩、起吊指挥		4	8
7	测量队	施工测量、追踪棱镜监测	2	2	
8	灌浆组	底座灌浆	2	2	6
9	装配组	首节钢锚箱调位、高强螺栓施拧		4	8

标准节钢锚箱劳动力组织表 表 5.3-2

序号	职能或工种	主要作业内容	人　数		
			技术员	技工	普工
1	技术部	施工组织设计、现场控制	4		
2	质检部	现场质量检验、监督	2		
3	劳安部	现场安全及环保管理	2		
4	船机部	设备保养维护、执行吊机操作		4	
5	工段长	现场人员调配		4	
6	起重组	挂钩操作、吊装指挥		4	8
7	测量队	施工测量、追踪棱镜监测	2	2	
8	装配组	高强螺栓施拧		4	4

6. 材料与设备

本工法无需特别说明的材料，采用的设备、机具和仪器见表6。

设备、机具和仪器 表6

序号	船机名称	规格型号	单位	数量(单塔)	备注
1	发电机	300kW	台	1	
2	塔吊	315t·m	台	1	
3	塔吊	MD3600	台	1	
4	交通船		艘	2	
5	双笼电梯	2000kg/笼	套	2	
6	电焊机	BX1-500	台	10	
7	GPS-RTK	Trimble5700	台	3	
8	电子水准仪	LeicaTDNA03	台	1	
9	全站仪(测量机器)	LeicaTCA2003	台	1	
10	全站仪	日本索佳	台	1	
11	光学水准仪	AT-G2、DS-Z2	台	2	
12	追踪棱镜		个	30	
13	自航驳	600t	艘	2	
14	三向液压千斤顶	80t	台	4	
15	油泵车		台	2	
16	吊具		套	1	
17	手拉葫芦	3t	台	4	
18	手拉葫芦	5t	台	4	

7. 质量控制

7.1　钢锚箱安装精度保证措施

钢锚箱安装精度控制按本工法"5.2.5 钢锚箱安装精度控制"中的要求进行。

7.2 钢锚箱吊装过程中成品质量控制

7.2.1 吊装采用专用吊具，避免吊装变形并保护构件表面不受损伤。

7.2.2 吊装时要轻吊轻放，避免变形和碰撞。

7.2.3 磨耗超标的吊钩、钢丝绳、吊具等用具要及时清理出现场，以免误用，保证吊装安全。

7.2.4 起重人员要严格遵守安全操作规程，吊运杆件时要"轻、稳、准"，严禁碰撞和拖拽。

7.2.5 在装车或装船过程中，当杆件每层之间不能以平面接触时应加垫木楞。在装船时杆件之间、杆件与船体之间应相互固定，避免在运输过程中杆件因产生位移而相互碰撞造成损伤。

7.3 高强度螺栓施拧质量保证措施

7.3.1 高强度螺栓运输过程中应轻放、轻卸、防止碰伤。存放时做好防潮、防尘工作，为防止锈蚀和表面状况改变，不允许露天存放。

7.3.2 高强度螺栓必须严格按图纸标注的规格、数量领取，不得以短代长或以长代短，所有高强度螺栓不准重复使用。按批做抗滑移系数试验，试验报告报送监理工程师。

7.3.3 高强度螺栓连接的钢构件在涂装前，应清除飞边、毛刺等附着物。成品摩擦面应保持干燥、整洁。螺栓连接施工不得在雨中作业。

7.3.4 如遇到螺栓不能自由穿过栓孔时，不得强行将螺栓打入，而应用铰刀进行修孔，修整后孔的最大直径应符合图纸要求，不得用气割扩孔。

7.3.5 拧紧的顺序，从板束刚度大、缝隙大之处开始，对大面积节点宜从螺栓群中间向外侧进行拧紧，并应在当天全部拧完毕。

7.3.6 高强度螺栓终拧后的检查应设专职人员负责，并应在终拧 4h 以后、24h 以内完成扭矩检查。

8. 安 全 措 施

8.1 船舶安全

8.1.1 严格执行国家相关法规，保证船舶航行及施工安全。

8.1.2 所有船舶须证照齐全，配足船员，不得使用"三无"船舶。

8.1.3 施工船舶必须遵守航行规定、停泊规定及船舶调迁规定。

8.1.4 制定防洪防汛防台船舶安全规定。

8.1.5 确定施工水域，与港航部门联系设立航标，确保水上航行安全和畅通。施工船舶从码头到作业区必须按拟定的航行迹线行驶，尽量少占通行航道，减少对长江航运的干扰。

8.1.6 船舶消防安全、救生设施完好，各种灯、号、旗、通讯设备完好适用，并正确、合理使用。

8.2 高空安全操作

8.2.1 凡患有高血压、心脏病、惧高症等不适合高空作业的人员不得进行高空作业。

8.2.2 参加施工的人员，必须熟知本工种的安全技术操作规程，特种作业人员必须持证上岗并具备相应的技术素质和安全应变技能。

8.2.3 施工人员应实行统一管理，凡上爬架人员必须持有项目部统一印制的施工作业证挂牌上岗，每天由电梯操作人员负责检查。

8.2.4 规范使用劳动保护用品。进入施工现场必须戴安全帽，进行高空作业时应系好安全带，扣好保险并穿防滑靴。

8.2.5 工作前检查工作前检查起重所用的一切工具、设备是否良好，如不符合规定，必须修理或更换，机具设备在使用前必须试车，加润滑油。

8.2.6 工作前应了解吊物尺寸、重量和起吊高度等，安全选用机械工具；不得冒险作业，不得超负荷操作。

8.2.7 事先应看好吊车信道，吊运方向和地点，如有障碍必须清理。

8.2.8 夜间作业应有足够的照明。

8.2.9 起重作业应有专人指挥，指挥按规定的哨声和信号，必须清楚准确，指挥者站在所有施工人员全能看到的位置，同时指挥者本人应清楚地看到重物吊装的全部过程。

8.2.10 禁止在风力达 6 级以上时吊装作业。

8.2.11 吊物应按规定的方法和吊点进行绑扎起吊，当用一条绳扣绑扎吊物时，绑扣应在重心位置。用两条绳扣吊物时，绳扣与水平夹角应大于 45°。

8.2.12 起吊前应将吊物上的工具和杂物清除，以免掉下伤人。

8.2.13 起吊前，先将吊绳拉紧，复查绳扣是否绑牢，位置是否正确。

8.2.14 起吊时如发现吊物不平衡应放下重绑，不准在空中纠正。

8.2.15 起吊时应徐徐起落，避免过急、过猛或突然急刹，回转时不能过速。

8.2.16 起吊物及构件安装未稳前，不准放下吊钩。

8.2.17 吊装时严禁任何人在重物下和吊臂下方及其移动方向通行或停留。

8.2.18 在吊装过程中，如因故中断施工时，必须采取措施，保护现场安全，如因故短期内难以解决时，则必须另外采取措施，不得使重物悬空过夜。

8.2.19 起吊前检查设备，确认设备，与一切都脱离成一单件时方可起吊。

8.2.20 拆除或安装设备有其他工种配合时，要统一指挥，分工明确，规定好联络信号，以防发生事故。

8.2.21 起重用的机具设备、吊具、索具要分工负责保管，并经常做好保养工作，以保证供给安全运行。

8.2.22 起重区域必须设以明显标志，主要信道要派专人监护，缆风绳设于有人来往之地时，白天设安全旗，晚上设红灯。

9. 环 保 措 施

9.1 施工所产生的废弃物均送至驳船，运至岸上处理。

9.2 利用操作平台上设置的"环保厕所"，收集粪便并定期运至岸上生活区化粪池，统一处理。

9.3 利用施工平台设置的垃圾桶，集中贮放生活垃圾，定期由驳船运至岸上垃圾场深埋。施工过程中的废弃物、边角料、包装袋等及时收集、清理运至垃圾场处理。

9.4 施工人员的生活污水，用固定容器收集，定期由驳船运至岸上处理。

9.5 生产用油料必须严格保管，防止泄漏，污染江水。所有 50t 以上的施工作业和运输船舶，设置油水分离器，船舶舱底水含油量≤15mg/L 时，方可排放。

10. 效 益 分 析

10.1 施工工效分析

钢锚箱（含底座）累计施工时间 23d；

塔肢有效施工时间 79d；

其他时间：17d（塔吊附着安装）。

10.2 生产周期分析

除首节钢锚箱安装需要 4.5d 外，其余钢锚箱都是每天 4 节，因为首节钢锚箱作为整个钢锚箱安装的基点，要求精度非常高，在施工过程中还要采集温度对其的影响，施工监测需要 3d 时间，所以，钢锚箱的安装速度是非常快的，基本都是每天4节。

钢锚箱施工累计时间占整个塔柱施工时间的比例仅为1/4，从每次安装的计划时间和实际施工时间来看，均好于计划安排时间，说明其具有高效、精度易控制、施工简单的特点；在高塔的施工尤其是处于台风袭击区域，采用钢锚箱施工，不仅极大地提高了施工的进度，而且在安全上有较大的保障。

10.3 经济效益分析

苏通大桥采用钢锚箱作为斜拉索的锚固结构，在国内尚属首次。由于钢锚箱具有结构强度高、安装速度快、定位精确的特点，从而保证了斜拉索的安装精度与索塔锚固区受力。与传统混凝土作为斜拉索锚固区工艺相比，有着显著的经济、社会效益。

在经济效益方面，钢锚箱施工具有简单易操作易控制的特点，施工程序简单，适用于各种跨径的斜拉桥索塔施工，且对施工安全有较大的保障，能大幅度的提高施工速度。而传统混凝土锚固区施工，每节段钢筋密集，索套管定位难度大，而且预应力管道复杂，混凝土浇筑困难，而且还须搭设张拉平台，进行预应力张拉与管道压浆，高空施工质量不仅难以控制，而且进一步影响索塔耐久性与外观质量。

钢锚箱施工比传统混凝土锚固区施工每根索道管定位安装节约6个工时；经济效益约142.89万元。

10.4 社会效益

钢锚箱施工技术先进，业界人士关注广泛，社会效益方面更为突出，可以树立企业良好的形象。采用钢锚箱作为斜拉索的锚固结构，在国内属首次，其施工工效高、精度易控制、施工简单、安全有保障，且能大幅度提高施工速度，为世界上最大跨径的斜拉桥抢在台风期来到前中跨合拢节约了宝贵的时间，创造了巨大的社会效益。钢锚箱采用高强螺栓连接，杜绝了传统混凝土锚固区施工中预应力管道压浆过程中产生的浆液污染，是一种环保、高效型施工工艺。

钢锚箱施工工艺为我国桥梁建设施工提供了大量技术数据和宝贵资料。同时，其中的新理念、新技术、新工艺，具有很高的科技含量，它在苏通大桥的成功实施，将有助于推广钢锚箱结构在斜拉桥方面的应用，提升我国建桥水平。并为今后其他类似项目的施工方案选择、施工过程控制及施工管理提供宝贵的经验。

11. 应 用 实 例

苏通长江公路大桥主桥索塔

苏通长江公路大桥主桥索塔采用钢锚箱作为斜拉索的锚固结构，在国内属首次。

苏通大桥主桥索塔采用倒Y形，包括上塔柱、中塔柱、下塔柱和下横梁，塔高300.4m。其中，钢锚箱设置在上塔柱中。

钢锚箱为箱形结构，分A、B、C三种类型，共30节，每节钢锚箱长7.118～8.157m，宽2.40m，高2.30～3.55m，钢锚箱总高度为73.6m，单节最大重量为45.8t。锚箱节段间采用高强螺栓连接，钢锚箱最下端支撑锚固在混凝土底座上，底面标高为226.500m，顶面标高300.1m。

大桥处于长江入海口，气象条件比较恶劣，大风天气多，且易受台风影响（桥塔的施工工期要跨越两个台风多发季节）。

针对大桥结构特点及桥区自然条件，通过采取合理的施工工艺及精度控制措施，优质高效地完成了世界第一高塔钢锚箱的安装。

钢拱桥卧拼竖提转体施工工法

YJGF070—2006

路桥集团国际建设股份有限公司

李德钦　刘炜　李友清　宋满忠

1. 前　　言

国内外大跨径钢拱桥建设较多的采用扣索斜拉配合缆索吊或拱上吊机安装的方法来进行主拱肋拼装，这种拼装方法基本属于拱肋轴线的原位拼装，施工场地占用少。近年来在国内钢拱桥施工中逐渐采用矮支架拼装再竖向转体就位的拱肋拼装方法，如连霍国道主干线邳州京杭运河特大桥、广州东南西环丫髻沙大桥等，其传统做法是利用设置在拱座处索塔上的扣索，将低支架拼装的半跨主拱肋竖向转体至设计位置。在充分调查研究了国内外大跨度拱桥拱肋安装施工工艺方面的技术资料并吸取了其宝贵的经验教训之后，现在广东佛山市东平大桥实施的卧拼、垂提、竖转施工方法，将索塔前移变成前置提升塔，张拉油缸从边拱移至提升吊塔顶部。这种方法中竖转体系结构简单，提升索提供的竖提力很大，索力比较均匀，有利于提升过程中的同步控制，可以大大降低提升吊塔和张拉油缸的荷载大小，从而降低施工成本，安全性高，而且减少了对主体结构的影响。索塔及扣索可与拱座同时施工，节省了宝贵的施工时间。更为重要的是，施工控制容易，大大提高了竖转施工的安全性。由于技术先进，效果明显，因而产生了明显的经济效益和社会效益。

东平大桥主拱肋竖转重量约为 3000t，转体角为 25°，平转角度北岸为 104.6°，南岸为 180°，平转重量约为 14000t。东平大桥《提高环道施工平整度》获 2006 年全国"茅台杯"QC 成果发表赛一等奖；佛山东平大桥主桥在同类型桥梁中竖提、平转重量最重被评为 2005 年全国交通企业新纪录；佛山东平大桥主桥首次采用无扣索竖直提升转体施工工艺被评为 2005 年全国交通企业新纪录。路桥华南工程有限公司联合同济大学开展了科技创新，取得了《复式钢箱拱桥卧拼竖提转体施工技术》这一国内首创、国际先进的科研成果，并于 2007 年 1 月通过了广东省科技厅鉴定。同时形成了钢拱桥卧拼竖提转体施工工法。

2. 工法特点

1. 拱肋拼装采用低支架法拼装，可以避免高空作业，确保施工安全。
2. 施工结构体系简单，受力明确，操作简便，易于控制。
3. 大大减少施工辅助材料和大型机械设备的投入，技术经济性高。
4. 采用集中控制的全自动液压控制设备，自动化程度高，可靠性强。

3. 适用范围

本工法适用于大跨径钢拱桥拱肋的拼装施工。

4. 工艺原理

大跨径钢拱桥因其拱肋截面尺寸大，分段重量重，且拼装高度高，安全风险大。而采取在保证拱肋轴线线形的情况下在低支架上组拼拱肋，再以拱脚处转动铰为原点，通过提升塔竖直提升拱肋转动至设计轴线位置，再固结拱脚，完成拱肋的拼装就位。此施工方法大大降低施工难度，有效节约施工材料，减少大型机械设备的投入数量，技术经济性优。

5. 施工工艺流程及操作要点

5.1 主要施工工艺流程

大跨径钢拱桥卧拼竖提转体施工工法的主要施工工艺流程如下：

施工准备→搭设拼装支架→拱肋节段安装、调整→拱肋节段接头焊接→提升塔安装→竖转前准备和检查→脱架（试转）→竖转→拱肋线形调整→固结竖转铰。

5.2 主要操作要点

5.2.1 施工准备

（1）人员、材料及设备进场准备；

（2）场地平整及硬化处理，设立施工作业安全围护区。

5.2.2 搭设拼装支架

（1）拼装支架设计充分考虑拱肋的分段尺寸及重量，场地的地质条件，合理布置拼装支架间距，确保支架满足承载力要求，且在施工荷载条件下不发生沉降或变形。

（2）拼装支架尽量选用钢管桩材料，施工方便，能周转使用，况且能有效将上部结构受力合理传递至地层深处。

（3）支架搭设必须由测量准确定位，偏差必须满足施工技术规范要求。

（4）在拼装支架上必须预留工作平台，作为后续拱肋拼装定位、调整和焊接的操作平台。

5.2.3 拱肋节段安装、调整

拱肋节段吊装可采取移动龙门吊或大吨位吊机等起重设备进行吊装。吊装作业必须严格按照操作规程进行，确保安全。

1. 轴线调整：

根据设计图纸给出的拱轴线和拼装预拱度，计算出拱肋在卧拼状态下各控制点坐标，包括拱肋天顶线的定位点坐标和楔形钢支承块的特征点坐标。拱肋节段吊装前先安装支承块，用全站仪调整支承块至理论位置（预留 2cm 的调节高度）并与支承横梁临时连接；同时在拱肋底面标出与支承块间的相对位置线并焊接前端和侧面限位挡板（预留 1cm 的调节空隙），起吊拱肋节段并缓慢落梁。在起吊系统不受力状态下，用全站仪通测拱肋天顶线各控制点坐标并测量控制断面的垂直度，根据实测垂直度和实测标高，计算出调整值后，将拱肋提空，依据调整值在支承块上加垫薄钢板调平拱肋。再次通测拱肋天顶线各控制点坐标和控制断面的垂直度，如此反复直至达到设计精度。然后在支承块上焊接侧面限位挡块（挡板与拱肋间预留 0.5cm 调节空隙）。

2. 标高调整：

按以上方法调整轴线后，拱肋标高已经接近设计值，如标高仍需调整，只需在支承块上表面加垫钢板就可以达到精调的目的。达到精度后将支撑块与拱肋焊接固定。

轴线调整和标高调整没有严格的先后顺序，两者互有影响，反复穿插。

另外，前一节段安装就位后，后一节段调整就位时不仅要考虑其设计位置，更重要的是尽量减少两个节段对拼缝的错台，对拼缝要尽可能平顺。拱轴线和高程调整好后在拼缝处焊接固定。

安装时，不仅要控制好单片拱肋的位置，还要控制多片拱肋间的相对平面位置和相对高差。多片拱肋的安装进度尽量保持同步，同时要经常检查拱肋整体中轴线偏位。

5.2.4 拱肋节段接头焊接

按焊接工艺和设计要求装配、焊接对拼缝。质检人员对每道焊缝的装配、除锈、焊缝外环、表面裂缝等进行严格的检查，并对焊缝进行无损探伤，合格率达100％后，再进行下一道工序。

勤测、勤量、勤比较、勤分析，在拱肋节段拼缝焊接的过程中要经常检查拱肋的线形，及时了解焊接变形对拱肋线形的影响。若线形不能满足设计要求，要及时停止焊接，查明原因，采取补救措施。

在施工拱肋对拼环缝时应采用对称焊接方式，以减小焊接应力和焊接变形对拱肋线形的影响。

5.2.5　提升塔安装

竖转体系由提升塔、同步提升张拉反力架、拱肋竖转铰轴、提升索、提升塔平衡索等组成（图5.2.5-1、图5.2.5-2）。

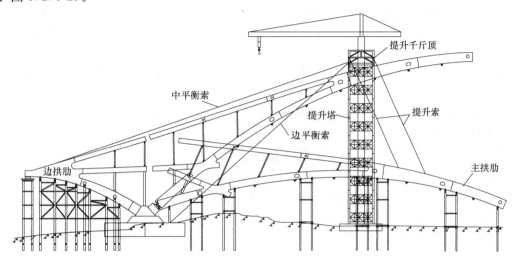

图5.2.5-1　竖转体系构造图

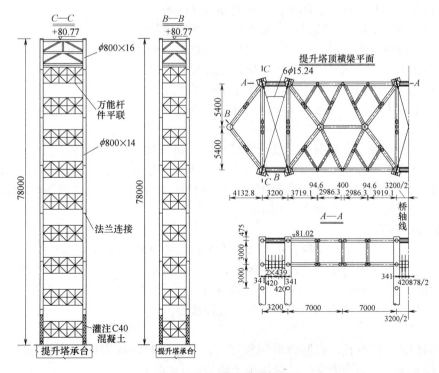

图5.2.5-2　提升塔构造图

主跨竖转提升塔采用三角形，提升塔钢管为格构式柱，每个提升塔采用6根φ800mm钢管组成，钢管间采用法兰连接，每个拱肋两侧各3根钢管间由万能杆件拼装的桁片连接成整体，桁片竖向净距4m，地面以上塔高约为77m（其中塔顶8m部分采用φ800×16mm钢管，其余69m采用φ800×14mm

钢管）。钢管底部提升塔承台顶面以上 7.7m 范围内灌注了 C40 混凝土。提升塔承台厚 3m，承台间以系梁相连。提升塔基础采用 $\phi500\times125$mm 锤击高强预应力管桩，严格按照规范控制桩的贯入度。桩身混凝土强度等级为 C80。

左、中、右拱肋提升塔柱顶部分别设平衡索，左、右边拱肋平衡索锚固端位于主墩承台上，中拱肋设置的 2 条平衡索锚固端位于边跨 B2 拱肋节段腹板上，用于调整拱肋提升过程中提升索的水平分力，控制塔顶变位。在塔顶设置了加强顶横梁，该横梁设计为空间钢管桁架。提升装置设备置于塔顶横梁下方。每条中拱肋平衡索采用 $9-\phi15.24$ 钢绞线，边拱肋采用 $31-\phi15.24$ 钢绞线。

提升塔吊下方，每个拱肋两侧腹板均设两个吊点，吊点处拱肋腹板与吊耳焊接，吊耳上设销轴，通过夹板、连接件与钢绞线锚具连接，拱肋上吊点上设加强横梁，每个横梁上通过 3 条提升索与塔顶吊耳连接。提升索采用 $18-\phi15.24$ 钢绞线，每条拱肋采用 6 束钢绞线提升，每条提升索力最大为 101.9t。

竖转到位后为调整拱肋线形，在位于距平转中心转轴 34.91m 处设置拱肋顶伸支架，为每条拱肋提供 228t 的顶伸反力。

主拱提升塔上设置可横向调节拱肋位置的装置，用以拱肋横向精确定位。

5.2.6 竖转前准备和检查

竖转实施前应做好结构初始状态观测、障碍物的清除、通信设备调试等准备工作，并对拱肋结构和提升竖转设施设备质量、监控监测点布设情况及缆风等应急措施准备情况进行检查验收，并制定相应的记录表格逐项签证。同时还应提前进行气象资料的预测预报。

5.2.7 脱架（试转）

按设计计算启动张拉力的 80%、90%、95%、100% 分级同步加载，每次加载按以下程序进行，并做好记录。

——操作：分级同步张拉提升索和平衡索，使索力达到预定值，每级加载持荷 10～15min。
——观察：各观察组及时对重点部位进行检查和情况反映。
——测量：测量组观测标高、轴线及塔顶偏位并反映测量情况。
——校核：观察及测量数据汇交技术组，比较实测数据与理论数据的差异。
——分析：若比对数据有偏差，有关各方应认真分析并提出调整处理意见。
——决策：总指挥认可当前工作状态，并决定下一步操作。

脱架后静置 12h 以上，并对各重点部位进行详细检查。

5.2.8 竖转

程序与脱架时一样，加载分级则根据竖转角度进行，每级加载提升竖转过程中应保持所有提升索受力的均匀性和提升索与平衡索力的合理比例关系，保证提升塔顶纵横向偏位不超过设计允许值。同时还应保持三片拱肋相对高差控制在允许范围内，即保持同步性，也就是说每级加载都要实行索力和标高双控。整个竖转时间正常大约为 12 个小时。

5.2.9 拱肋线形调整

提升竖转过程中，主拱肋要从多跨支承与支架上的连续曲梁转化为铰支承和吊点处索支承的曲梁，脱架时要完成结构自身的变形与受力的转化，经过计算，竖转到位后主拱肋约 $L/8$ 处将下挠 21cm（与合拢线形比），为此，需将拱肋竖转至 25.66°，然后在该处设置顶升支架，并在拱肋底面放置楔形块和砂桶，之后缓慢放松提升索，使主拱肋被动顶升至合拢线形。

5.2.10 固结竖转铰

主拱肋竖转到位使副拱合拢，拱肋线形调整好后即可进行竖转铰固结，固结必须采取对称均匀焊接的方式，同时注意检测拱脚内力变化，确保施工质量。

6. 材料与设备

卧拼竖提转体施工主要机械、设备见表 6。

序号	名　　称	型号规格	流量或额定载荷	单　位	数　　量
1	液压泵站	TX-40-P	40L/min	台	2(0)
2	液压泵站	TX-80-P-D	80L/min	台	14(6)
3	提升油缸	TX-100-J	100t	台	4(0)
4	提升油缸	TX-200-J	200t	台	36(24)
5	提升油缸	TX-350-J-D	350t	台	4(0)
6	计算机控制柜			台	1(1)
7	长距离传感器			台	5(3)
8	压力传感器			只	6(6)
9	油缸智能传感器			只	36(24)
10	油缸锚具传感器			套	36(24)
11	电缆线			m	若干
12	油管			m	若干
13	双龙门吊机	万能杆件拼装	75t×2	套	1
14	双龙门吊机	桁架式	75t×2	套	1
15	武陵汽车吊	QY20	20t	台	1
16	多田野轮胎吊机	TR-300E	30t	台	1
17	多田野轮胎吊机	TR-400E	40t	台	1
18	浦沅汽车吊机	JQZ50H	50t	台	1
19	塔吊	JL150	10t	台	2
20	全站仪	Leica		台	2
21	全站仪	TOPCON		台	1
22	经纬仪	WILD T2		台	2
23	水准仪	Leica		台	2

7. 质 量 控 制

7.1　质量保证措施

7.1.1　配备职业道德良好、责任心强、技术能力高的测量人员和工程技术人员进行竖转测量及现场控制，加强测量的精度控制并能及时反馈信息以指导施工。

7.1.2　严格执行材料、设备进场的复核验收工作程序，确保进场材料、设备合格。

7.1.3　严格每一道工序开工前和结束后的检查验收制度，作业班组实行上、下工序交接检查制度，坚持执行班组自检，质检部门检查合格，报请监理工程师检验的工作程序，实行质量检验否决办法，各道工序的施工工艺和操作方法必须符合技术规范要求。

7.1.4　项目经理部采用定期和不定期相结合的工作方式开展工程质量检查工作。

7.1.5　通过技术质量攻关活动，积极推动技术进步，改进完善施工工艺，提高劳动生产率。精心组织合理的施工流程，各工序尽量形成流水作业，必要时可采取两班或连续作业，以满足工程需要。

7.1.6　加强对现场施工的监督与指导。

7.1.7 严格控制拱肋的安装精度和焊接质量，保证满足设计及规范要求。

7.2 施工工序过程控制

7.2.1 提升塔结构安装、焊接过程控制

在施工中采用经纬仪严格控制提升塔安装垂直度满足规范要求，并采用超声波、磁粉检测结构焊缝焊接质量，对不满足要求的焊缝予以铲除重焊或包板加强。

7.2.2 提升设施安装的过程控制

提升设施包括提升油缸、液压泵站、液压油管、电缆线及提升用钢绞线、锚具等，保证提升设施布局设置合理且配套配置，质量满足施工要求。

7.2.3 拱肋提升施工的过程控制

拱肋提升过程中采用基于实时控制网络的液压同步提升技术，在每个吊点处安装激光测距仪和长行程传感器，确保拱肋提升过程中，拱肋各吊点标高可精确地测量和控制，拱肋结构每吊点处安装压力传感器测量各点的负载压力，以确保拱肋在提升过程中受力合理。

7.2.4 拱肋控制点平面位置、标高、线形调整的过程控制

根据拱上测量控制点位分布情况，并结合现场情况，建立与之相适应的全桥测量控制网并报监理工程师批准，通过全站仪精确测量，精调拱肋的平面位置和高程符合设计和规范要求。

7.2.5 拱肋合拢段安装的过程控制

拱肋合拢控制除通过采取有效手段和措施确保提升计划调整精确就位外，还应考虑温差影响，选择适当时间进行临时合拢。

7.2.6 竖转之前组织技术、管理人员和现场操作工人进行专项技术交底，对施工中的各个技术要点、施工程序操作要点和质量标准在施工前进行详细的技术交底。

7.3 卧拼竖提转体施工质量控制标准如表7.3所示。

转体施工观测项目精度要求及允许误差（或位移）汇总表　　　　　　　　　表7.3

项次	观测项目		规定值或允许误差(mm)	检查方法和频率
1	轴线偏位(mm)	主拱拼装（初始状态）	$\pm5\sqrt{n}$（n为安装节段序数）	用全站仪检查1/8L、1/4L、3/8L、1/2L
2		主拱转体过程	+20	用全站仪检查1/8L、1/4L、3/8L、1/2L
3		边拱拼装（初始状态）	$\pm5\sqrt{n}$（n为安装节段序数）	用全站仪检查1/2L、L
4		边拱转体过程	±20	用全站仪检查1/2L、L
5		主拱顶合拢口	±10	用全站仪检查1/4L、1/2L
6		竖提时提升塔顶纵向位移	38	用经纬仪检查塔顶
7		竖提时提升塔顶横向位移	30	用经纬仪检查塔顶
8	高程(mm)	主拱拼装（初始状态）	+25 −6	用全站仪检查1/8L、1/4L、3/8L、1/2L
9		主拱竖转上、中、下游拱肋相对高差	±5	用全站仪检查1/4L、1/2L
10		主拱平转上、中、下游拱肋相对高差	±5	用全站仪检查1/4L、1/2L
11		主拱合拢前拱轴线调整	+20 −0	用全站仪检查1/8L、1/4L、3/8L、1/2L
12		边拱拼装（初始状态）	20	用全站仪检查1/2L、L
13		主拱竖转边拱肋位移	不允许	用全站仪检查1/2L、L
14		边拱平转上、中、下游拱肋相对高差	±5	用全站仪检查L
15		拱座顶面	±2	用水准仪检查1～12点

项次	观测项目		规定值或允许误差(mm)	检查方法和频率
16	副拱及系杆箱合拢口偏位(mm)	截面高度	−1mm≤Δ≤+3mm	用钢尺检查
17		断面对角线差	Δ≤4mm	用钢尺检查
18		宽度误差	Δ≤3mm	用钢尺检查
19		端口截面拱轴线竖向偏差	−2mm≤Δ≤+10mm	用全站仪检查
20		端口截面拱轴线横向偏差	Δ≤10mm	用全站仪检查
21		端口腹板垂直度偏差	Δ≤3.5mm	吊线锤
22		两端口截面拱轴线竖向相对偏差	Δ≤5mm	用角尺检查
23		两端口截面拱轴线横向相对偏差	Δ≤5mm	用直尺检查
24		对接板件错边量	Δ≤1mm	用角尺检查

7.4 卧拼竖提转体施工质量控制依据以下标准、规范

7.4.1 交通部部颁规范：《公路桥涵钢结构及木结构施工技术规范》JTJ 042—94。

7.4.2 交通部部颁规范：《公路工程质量检验评定标准》JTJ F80/1—2004)。

7.4.3 交通部部颁规范：《公路桥涵施工技术规范》JTJ 041—2000。

7.4.4 《铁路钢桥制造规范》TB 10212—98。

7.4.5 《先张法预应力混凝土管桩》GB 13476—1999。

8. 安 全 措 施

卧拼竖提转体的施工在高空进行，危险性较大，在施工中除严格遵守桥梁安全技术规程的有关规定外，还应注意以下几点：

8.1 参加施工的人员要熟知本工种的安全技术操作规程。

8.2 施工现场的脚手架、梯子等一切防护设施，安全标志和警告牌，未经请示施工负责人同意不得擅自拆动。

8.3 针对东平河认真做好防汛工作，及时与当地水利部门取得联系，采取必要的防范措施，预备必要的抽水设备、防暴雨设施等。

8.4 对各种施工机具要定期进行检查和维修保养，以保证使用的安全。

8.5 施工操作人员进入现场时必须佩戴安全帽，高空作业必须系安全带。距地面2m以上作业，要有防护栏杆、挡板或安全网。

8.6 密切注意天气和台风预报，转体施工工期根据气象部门预报确认20d内无大风天气决定，且转体当天风速不能大于10m/s。不在恶劣天气下进行高空和吊装作业，遇6级以上大风时应停止施工作业。

8.7 结构上所有电焊工作均不能触及提升索钢绞线。

8.8 拱顶放置的合拢装置和构件及安装的工作架必须固定好。

8.9 结构上必须设置可靠的安全检查爬梯和通道，高空作业面下必须安装安全网。

8.10 对所有现场工作人员在上岗前进行集中统一安全施工教育和安全操作技术交底。

8.11 转体施工范围设置警戒线，所有非工作人员严禁进入警戒区。

8.12 所有工作人员必须严格遵守公司的有关安全施工操作规程。

9. 环 保 措 施

9.1 水环境保护措施

9.1.1 施工废水、生活污水按有关要求处理，不得直接排入河流。

9.1.2 施工的废油，采取隔油池等有效措施加以处理，不得超标排放。

9.1.3 对工人进行环保教育，不得随地乱扔果皮纸屑。

9.1.4 对于施工中废弃的零碎配件、边角料、包装袋、包装箱等及时收集清理并搞好现场卫生，以保护自然与景观不受破坏。

9.2 大气环境及粉尘的防治措施

9.2.1 施工现场和运输道路经常洒水，减少灰尘对人的危害和环境的污染。

9.2.2 禁止在施工现场焚烧油毡、塑料、橡胶等有毒、有害烟尘和恶臭气体的物质。

9.2.3 施工现场垃圾渣土及时清理出现场，运到指定的卸土区。

9.3 降低噪声措施

9.3.1 严格控制人为噪声，限制高音喇叭的使用，最大限度地减少噪声扰人。

9.3.2 在比较固定的机械设备附近设置临时隔声屏障，减少噪声传播。

9.3.3 适当控制噪声叠加，尽量避免噪声机械集中作业。

9.4 地面环境保护

建筑垃圾、生活垃圾固定地点堆放，及时清理，生活垃圾进行必要地生化处理后排放。

10. 效 益 分 析

施工方法比较表见表10。

施工方法比较表　　　　　　　　　　　　　　　　　　　　　　表 10

施工方法 项目比较	扣索提升转体施工	卧拼竖提转体施工
主拱受力状态	竖转时压弯组合	提升时弯矩（梁自重）
竖转结构体系	结构复杂	简单
施工工期	结构、受力等复杂，对边拱、主拱的拱肋拼装有干扰，扣索、后锚结构、前锚结构、反力架及索塔本身的拼装时间长，总施工时间长	结构、受力简单，施工周期短，对边拱、主拱的拱肋拼装无干扰，可以与其他过程同步进行；省去扣索、后锚结构、前锚结构、反力架及索塔本身的拼装时间，总施工时间大大缩短
竖转施工监控	结构受力复杂监控难度大	结构受力简单监控易于控制
主拱合拢调整	方便	稍复杂
材料用量	两岸索塔共需2400t左右	两岸提升塔共需重量800t左右
拱座受力影响	索塔的压力及自重都作用在拱座上，拱座的受力有很大影响	拱座上基本上无外力作用，拱座的受力无影响
边拱受力影响	由于扣索拉力由边拱提供，因此对边拱受力影响较大	直接由提升塔提供提升力，对对边拱受力无影响
平转重量	由于索塔布置在拱座上，平转之前没有时间进行拆除，因此平转总量增加大约2400t	提升塔结构直接支撑在地面上，无平转施工总量的增加
张拉同步性	钢绞线数量多，张拉同步千斤顶数量多，同步难以控制	钢绞线数量变少，张拉同步千斤顶数量减少，同步易以控制
与拱肋结构相容性	由于前后锚点、反力架及索塔与拱肋拱座的连接，对局部结构有影响，易于产生局部应力集中	对拱肋结构物无影响，与拱肋有很好的相容性，能更好地与平转相结合
与周围环境的影响	对周围环境无影响，现场条件能满足方案实施	对周围环境无影响，现场条件能满足方案实施

由路桥华南工程有限公司承建的佛山东平大桥于2006年10月完工通车，是国内首次采用主、边、副拱肋空间组合的三肋式钢混组合体系钢箱拱桥。利用卧拼竖提转体施工的主拱结构实际实现施工产值约为2472万元，因该工法的使用而新增加施工产值约520万元，节约资金总额440万元，新增利润

93 万元。

11. 应 用 实 例

实例一：广东佛山东平大桥

佛山市东平大桥总长 1427.2m，由主桥和两岸引桥组成，跨径组合为 6×35＋6×35（禅城岸引桥）＋（43.5＋95.5＋300＋95.5＋43.5）（主桥）＋2×35＋5×35＋5×35m（顺德岸引桥），其中主桥长 578m，主跨跨径 300m，边跨组合跨径 95.5m，主桥结构形式为钢筋混凝土连续梁——钢箱拱协作体系系杆拱桥，引桥为五联 35m 跨径预应力混凝土连续箱梁。该桥位于广东佛山市禅城区南部，跨越东平河，北连禅城区，南接顺德区，是佛山市中心组团新城区的重要桥梁，连接 2006 年省运会主会场，对大佛山的政治、经济、文化发展具有十分重要的意义。该工程于 2004 年 4 月开工，采用本工法高效、优质、安全地完成了主体结构的施工，同时得到了专家与同行广泛的赞誉，取得了良好的经济效益；2006 年 10 月竣工交付使用。

依托于该项工程的《复式钢箱拱桥卧拼竖提转体施工技术》科研成果已经通过广东省科技厅的鉴定验收，鉴定意见为该项技术属国内首创。

实例二：广州丫髻沙大桥

广州丫髻沙大桥的转体施工，采用了液压千斤顶的原理并应用在桥梁竖转、平转施工中。该桥为 76m＋360m＋76m，主跨为中承式钢管混凝土拱桥。其主拱安装采用先竖转后平转的二次转体施工。采用液压同步提升系统，由承载系统（钢绞线和液压提升千斤顶）、传感检测系统、计算机控制系统及液压动力系统组成，每肋布置 10 台千斤顶，每台千斤顶可提供 2000kN 的提升力，张拉速度 2.2m/h，正常竖转时间为 12h。该桥的平转重量为 13865t，采用 ZTD 自动连续同步张拉系统，千斤顶的行程速度为 8m/h，每岸正常平转时间 8～9h。

实例三：连徐高速公路邳州京杭运河特大桥

邳州京杭运河特大桥主桥为中承式钢管混凝土系杆提篮拱桥，跨径组成为 57.5m＋235m＋57.5m。主拱肋向桥轴中心线倾斜，倾斜角度为 80.066°。主拱肋每肋为 4-φ850 钢管混凝土构件，四根钢管组成平行四边形截面，两主拱肋在主桥中心处净距为 16m。拱肋间设置 9 道横撑联系，每道横撑为空钢管构成的格桁式梁。

京杭运河特大桥主跨 235m 提篮式拱肋，因桥位地形、桥梁结构本身特点，采用水中支架拼装主拱肋，竖转方法进行施工，即在主桥主跨的正投影直线段内，利用预设支架，完成主拱钢管桁架结构的大节段拼装，然后利用索塔和液压提升系统将完成拼装的半拱钢管桁架，竖转至设计高程，然后实现空中合拢。京杭运河特大桥全桥于 1999 年 7 月 10 日正式开工，2002 年 10 月 1 日竣工。

依托于该项工程的《提篮型系杆拱桥竖转技术》科研成果在江苏邳州京杭运河特大桥的施工中取得成功。并荣获中山市科学技术一等奖、中国路桥集团科学技术进步二等奖、中国公路学会科学技术二等奖。

50m/1430t 预应力混凝土箱梁整孔预制、运输、架设施工工法

YJGF071—2006

中铁二局集团有限公司

李友明　刘乃生　林原　刘阳　陈拥军

1. 前　言

杭州湾跨海大桥全长 36km，是世界上目前在建的最长跨海大桥，工程建设规模浩大、建设条件复杂、技术难度大、社会与经济效益显著，备受国内外瞩目。其中，南引桥滩涂区引桥起讫里程 K71＋335～K81＋435，全长 10100m，上部结构为 50m 预应力混凝土箱梁。箱梁采用单箱室截面，单幅桥箱梁顶宽 15.8m，底宽 6.625m，梁高 3.2m，横桥向单向放坡 2.0%，腹板为斜腹板。箱梁包括边梁和中梁两大类共计 17 种梁型，其中边梁 104 片、中梁 300 片，共计 404 片。平面线形有 $R=\infty$、$R=10000m$、$R=6000m$ 曲线三种。标准 50m 箱梁的边梁和中梁自重分别为 1430t 和 1425t。

由于 50m/1430t 预应力混凝土箱梁采用整体预制、梁上运架施工方案，国内外无类似工程可以借鉴，并且滩涂区场地地质条件差、环境影响恶劣，因此，如何安全、优质、高效地完成箱梁的预制、运输和架设，是一项重大的技术难题。

中铁二局联合国内外桥梁设计、装备研发等科研单位、大专院校和生产厂商，通过开展技术交流和国际协作，成功地完成了重大施工技术和机械装备的科研攻关、工艺试验以及工法的总结和完善，并指导和应用于杭州湾跨海大桥 404 片 50m/1430t 箱梁的预制、运输和架设施工中，取得了项目施工质量优良、安全无事故和提前 466d 完成等良好的效果。项目科研成果于 2006 年获得四川省科技进步二等奖、中国铁路工程总公司科学技术一等奖，并作为杭州湾跨海大桥科研总成果的重要子项目，申报国家级奖项。结合杭州湾大桥 50m/1430t 箱梁施工技术和实践经验，形成了本工法，由于该工法技术先进、质量可靠、作业效率高，社会和经济效益显著，因此具有重要的总结和推广价值。

2. 工 法 特 点

2.1　作业效率高

箱梁预制采用工厂化、流水化作业，通过科学规划和工艺优化（如内模和钢筋预拼/预扎成整体后分两次吊装就位，二次张拉完成即将箱梁移至存梁台座以缩短周期，冬季采用保温保湿养护）等，仅设置 6 个制梁台座即达到了月制梁 30 片的生产能力。箱梁在场内和桥上的水平运输均采用轮胎式设备，运梁速度快（如场内轮胎式龙门吊吊梁运行速度为 12m/min，桥上轮胎式运梁车运梁速度达 4km/h），每天可完成 2～3 片箱梁的运输作业。箱梁的提升上桥采用大跨度轨行式龙门吊，定点起吊和横移 1 片箱梁仅需 3 个小时。箱梁架设采用步履式架桥机，架梁及过跨工艺简洁，每天可架设 2～3 片箱梁。因此其作业效率远高于挂篮施工、移动模架施工、预制节段拼装等传统施工方法，在工作半径 10km 范围内，平均可日架 2 片箱梁，月架设能力约 60 片，折合 50m 箱梁达 1500 双幅米以上。

2.2　箱梁质量好

采用工厂化预制箱梁，能够实现钢筋的集中预扎和整体吊装，混凝土的集中制备和运输距离短，通过布料机布料、插入式与附着式振动器相结合的方式振捣能够确保混凝土浇筑的连续性、均匀性和密实性，通过提浆整平机与人工抹面相结合能够有效保证梁面的平整度并防止表面裂纹，冬季通过整体覆盖保温保湿养护能够保证混凝土强度良性发展并有效防止温度裂纹的产生，真空辅助压浆能够提

高压浆质量,因此箱梁预制内实外美、质量优良。采用成套大型机械设备进行箱梁的运输、提升和架设作业,通过吊点的合理布局和吊具的优化设计,做到箱梁在运输和架设状态均为"三点"支承或起吊,避免承受附加弯扭作用,并且桥梁载荷分布合理、集中载荷较小,因此箱梁在运输及架设过程中均能保证其质量稳定可靠。

2.3 机械化程度高

无论是箱梁预制还是运输、架设,均采用成套机械化作业。由中铁二局通过国际协作研发的大型箱梁运架设备是世界上首套超千吨级梁上运梁架设桥梁施工机械,大量采用了计算机控制和光、机、电、液、遥控等一体化新技术新工艺,自动化程度高、安全性好、动作准确可靠,在提高工效的同时大大减轻了人工劳动强度,特别是关键项目——梁上运输架设施工作业仅需40余人,真正体现了科技是第一生产力这一科学论断。

2.4 作业安全可靠

通过箱梁的工厂化预制和梁上运输架设,化海上施工为陆地施工,提高了施工场地、作业人员和机械设备的安全性。通过采用提高等级的标准(欧洲F.E.M标准)设计制造大型成套设备,并广泛采用自动监控、激光测距、双重起吊卷筒制动和液压缸的机械锁定等措施,确保了设备作业安全可靠。设备抗风能力强、受环境影响小(工作状态最大允许风速72km/h;非工作状态最大允许风速140km/h)。杭州湾跨海大桥南引桥滩涂区全部404片箱梁制、运、架施工不仅提前466d完成,在人、机、物等方面也未发生安全事故。

3. 适 用 范 围

本工法适用于大吨位预应力混凝土箱梁或类似构件的整孔预制、运输和架设施工,特别是在大面积发育的河岸淤积区及沿海滩涂等受环境影响大的区域,采用本工法具有技术可靠、经济性好、施工周期短等诸多优势。该工法采用工厂化集中预制整体箱梁,通过轮胎式龙门吊进行场内移梁,采用大跨度轨行式龙门吊将箱梁提升上桥,利用轮胎式组合运梁平车跨双幅桥面运输箱梁,由步履式架桥机逐墩、全幅架设。

4. 工 艺 原 理

4.1 总体方案(图4.1)

图4.1 施工总体方案

4.2 箱梁的预制

预制场设计月制梁30片,采用6个制梁台座和30个存梁台座。箱梁底、侧模与制梁台座一一固定配置,为大块刚模组拼结构;内模采用分段液压式,整体或分两部分拼装后利用50t轮胎式龙门吊吊装到位,脱模时液压内模分段收折并由卷扬机牵引退出箱梁内腔。钢筋分成底、腹板钢筋和顶板钢筋两大部分,分别在预扎台座上进行整体预扎,利用两台50t轮胎式龙门吊和专用吊装架吊装入模。混凝土按照施工耐久性混凝土技术要求配制,采用搅拌站集中搅拌、罐车运输和输送泵泵送运输;利用4台布料机从两端往中间、水平分层、斜向分段对称方式布料;采用插入式+附着式捣固器进行捣固;养护采用自然养护和冬季覆盖+蒸汽保湿保温养护(恒温控制在35℃±5℃)。预应力张拉施工分初张拉(避免箱梁初期裂缝产生)、二次张拉(满足移梁要求)和终张拉(在存梁台座)三次进行,并采用真空压浆技术灌注预应力孔道。

4.3 箱梁的运输和架设

利用两台800t轮胎式龙门吊自顶板起吊箱梁，经纵向运行、轮胎原地90°转向、横向运行等不同的动作切换，将箱梁从制梁台座运输至存梁台座进行后续处理，并将成品箱梁从存梁台座运输至桥头架梁起点处。然后利用两台800t大跨度轨行式龙门吊将箱梁起吊至高位，经横移后将箱梁落放到桥面运梁车上。1600t轮胎式沿桥面跨前后两跨、左右双幅运输箱梁，通过后车组的"二次纵移"推送箱梁到达架桥机尾部吊梁位置。1600t步履式架桥机自尾端起吊箱梁，两台吊梁桁车沿桥梁中轴线载梁纵移至前方待架跨，利用收折和支立后支腿放出运梁车，然后将箱梁横移至待架侧上方，最后落梁到墩顶支座上。1600t步履式架桥机除满足标准50m直线箱梁架设外，还能满足最小5000m曲线半径，以及末跨（桥台或桥面）箱梁架设的需要。

5. 施工工艺流程及操作要点

5.1 箱梁的预制

5.1.1 箱梁预制施工工艺流程

50m/1430t箱梁整孔预制施工工艺流程见图5.1.1。

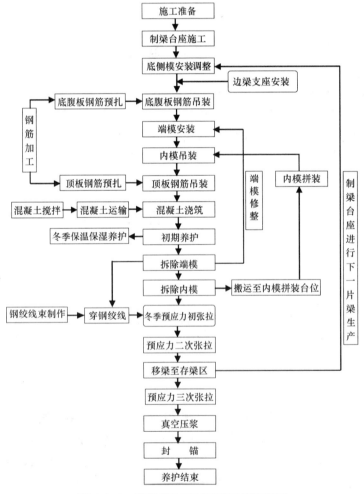

图 5.1.1 箱梁整孔预制施工工艺流程图

5.1.2 施工操作要点

1. 模型施工

1）模板安装

底模安装：首先按图纸顺序将分块加工好的模板吊装就位，控制好底模中线与台座中线重合，避免旁弯和蛇行；再调整好每块的标高，以最高点为控制点。待中线和标高调整好后将连接螺栓拧紧，然后将面板焊接，最后与制梁台座预埋件焊接成整体，底模即可使用。

侧模安装：侧模的初次安装待底模安装完成后进行。安装过程中应重点控制将单块焊接成整体时的面板变形；单节安装到位后，下缘用铁楔子锁紧，使侧模与底模密贴，外侧用顶压杆调整好侧模的高度，焊接成整体；再精确调整标高，调整时采用渐进方式。在以后的侧模调整时只须调整外侧顶压杆即可。

端模安装：端模安装在内模安装前后各进行一部分。安装过程中应重点控制好三个方面：一是端模的横向和竖向垂直度；二是端模上张拉孔道位置以及预留钢筋的位置正确；三是必须使端模与底模、侧模、内模锁紧连接。

内模安装：内模安装在底腹板钢筋安装就位、端模安装后进行。首先，在内模拼装台座上将单节内模整修好后拼装成整体，检查合格后，将面板刷涂脱模剂；采用 2 台 50t 轮胎式门吊分两次吊装；内模就位时，应重点控制好内模的中线位置与底模的中线重合。

2）模板拆除

由于外侧模、底模与制梁台座一一配置，不需拆除，只需要脱开即可。端模和内模拆除在混凝土强度达到要求时，其拆卸顺序为先拆端模后拆内模。

端模拆除：松开端模连接螺栓，用吊车稳定模板，再使用链条葫芦，一端拉在端模上，另一端拉在预埋在混凝土地面的钢箍上，均匀用力拆除端模，使端模在均匀受力和不翘曲的情况下被拆除。

内模拆除：内模拆除待混凝土强度达到要求时进行。内模拆除各工况见图 5.1.2-1，顺序如下：

a. 先吊走行架至梁端口，将走行架上的钢轨伸入箱梁内；

b. 拆除节段间的横向连接螺栓，底部横撑及其他支撑；

c. 用车架上的垂直油缸将顶部模板落下；

d. 用侧向油缸提起底角模板；

e. 将车架落在走行轨道上，用侧向油缸使侧向模板脱模；

f. 用带伸缩臂杆的水平油缸将两边侧向模板收缩与顶部模板成折叠状态；

g. 用车架立柱伸缩油缸将模板与车架收缩折叠成待运状态；

h. 用走行架上的卷扬机将内模拖拉出箱梁体外。

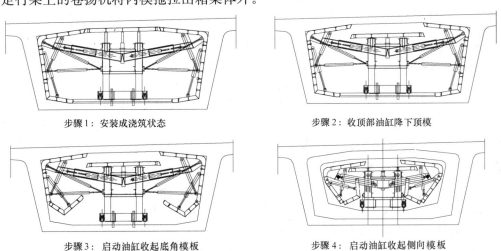

步骤1：安装成浇筑状态　　步骤2：收顶部油缸降下顶模

步骤3：启动油缸收起底角模板　　步骤4：启动油缸收起侧向模板

图 5.1.2-1　内模脱模工况图

2. 钢筋施工

1）底、腹板钢筋预扎施工：预扎架的立柱均采用槽钢焊接在地面预埋件上，沿纵向等间距布置，其余纵、横向骨架均采用角钢。两侧面纵向水平角钢与立柱槽钢用铰连接，钢筋绑扎时设置在工作状态，待钢筋预扎成型后，通过铰翻转角钢，使角钢离开钢筋，达到吊装状态。

2）顶板钢筋预扎施工：预扎架由立柱及连接角钢构成，立柱纵横向等间距布置，高度便于操作，地面基础与预扎架通过膨胀螺栓连接。

3）钢筋整体吊装：吊装架纵梁采用两根 56a 工字钢，横向间距 7m；横梁采用 17 根双 20a 槽钢，长度 15m，间距为 3m，纵横梁之间焊接连接。在吊装架吊点位置设置三根 7m 长 56a 工字钢与纵梁横向连接，采用 16a 工字钢与纵横梁对角焊接成稳定的三角形结构。用 4 根长 8m 的双 20a 槽钢作为钢带，钢带两头采用铰连接分别与焊在纵梁的销座和吊具相连的箱体上的销座连接。横梁上设置 340 个吊点，通过钢丝绳与钢筋骨架连接。起吊钢丝绳采用两种长度（分别用于主筋和面筋吊装），均为双钩，共用吊钩 680 个。

3. 混凝土浇筑

1）混凝土拌制

a. 混凝土拌制时，先下河砂、胶凝材料及碎石，然后干搅，边干搅边加入水和减水剂，净搅拌时间 2.5min，确保混凝土搅拌均匀，颜色一致。

b. 混凝土工作性能采取混凝土坍落度及 30s 扩展度双控。坍落度控制在 180～200mm 范围；30s 扩展度控制在 380～420mm 范围。

c. 混凝土拌制速度必须服从浇筑速度，如因故障浇筑中断，滞留在搅拌机内的混凝土时间不得超过 45min。

2）混凝土运输

混凝土运输根据制梁台位远近分别采用罐车运输或直接泵送运输方式。

a. 运输车配备数量需保证运输能力适应混凝土凝结速度和浇筑速度的需要，使浇筑工作不间断。运输途中应以 2～4r/min 的慢速进行搅动，混凝土拌合物运（泵）送到浇筑地点时不离析、不分层、均匀性和规定的坍落度等工作度指标合格。

b. 采用泵送时应做好泵送前的准备工作，并进行砂浆试泵，开始压送混凝土时，先缓慢泵送，并注意观察泵的工作压力，工作压力在 11～13MPa 时，可进行正常工作。

3）混凝土浇筑

a. 总体方案：采用四台 HNZ60 搅拌站和一台 HZN90 搅拌站，四台 HSB80m³/h 输送泵，四台 R18m 布料杆从两端向中间以四个工作面水平分层斜向分段对称方式连续浇筑，采用插入式捣固器（端部辅以附着式捣固器）振捣密实。

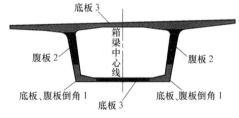

图 5.1.2-2 箱梁混凝土浇筑顺序图

b. 浇筑顺序：按照"底板与腹板倒角处→腹板→底板→顶板"的顺序（图 5.1.2-2），采用 4 台布料机从箱梁的两端向中间对称布料、连续灌注，以水平浇筑厚度不大于 300mm 分层、斜向工艺斜度以 1:4～1:5 为宜的施工工艺进行，下料先从两侧腹板对称下料，将混凝土由底部挤向底板中心，完成部分底板混凝土浇筑，不足部分从内模顶部浇筑孔下料补足，以插入式捣固棒捣固为主，辅以底、侧模工频振捣固，最后浇筑顶板混凝土。

c. 收浆抹面：桥面混凝土浇筑到设计标高后用提浆整平机对桥面混凝土进行提浆整平，然后操作人员利用收浆抹面平台进行人工抹面，确保表面平整度符合设计要求。

d. 混凝土出料口不宜过高，以免混凝土离析。浇筑时应沿着腹板纵向 4～8m 范围内移动，应控制下料速度，保证下料均匀，不准集中下料，应防止波纹管道移位、钢筋骨架变形、混凝土梗塞而产生空洞。

4. 混凝土养护

当梁体混凝土浇筑完成后，进行自然养护和冬季保湿保温养护。

1）保湿保温养护工艺

a. 安装养护罩

养护罩由棚盖及四周封闭的"三防"帆布罩构成。棚盖由具有保温功能的双层彩钢板和刚性骨架组成。预制台座的外侧模采用防火、保温、防雨的"三防"帆布覆盖，通过帆布上的 U 形鼻子，将帆布固定在台座的侧模上，施工期间不用拆卸。养护前将棚盖用 50t 搬运机整体吊装到制梁台位上，把棚盖两侧的帆布与四周帆布之间通过双排孔眼连接密贴，避免养护时漏气。

b. 配备锅炉及管道安装

锅炉采用额定蒸发量 4t/h。蒸汽管道通过暗沟进行铺设，采用法兰连接。台座与台座之间纵向养护主管道采用 ϕ159mm 无缝钢管（管外壁包裹泡沫等保温材料）；侧向通向各台位的支管道采用 ϕ108mm 和 ϕ76mm 无缝钢管（管外壁包裹泡沫等保温材料），在每个台座双向布置；每个台座底沿纵向，双向布置，管道采用 ϕ45mm 无缝钢管。供汽量通过蒸汽管的调节阀调节，控制养护罩内温度高低。

c. 测温传感器安装

测温传感器安装在跨中及靠梁端 4m 处对应的两侧外模和内模上，即三个断面每个断面 3 个，并在养护台座附近放置一个传感器用来测量环境温度，共计布置 9 个温度计。

2）保湿保温养护过程

养护全过程分为静停期、升温期、恒温期、降温期四个阶段。各阶段具体要求如下：

a. 静停期：梁体混凝土灌注完毕至湿热养护之前的养护期限为静停期，时间控制在 6～8h。静停期可向棚内供给小量的蒸汽将棚内温度控制在 10℃以上。

b. 升温期：温度由静停期升至规定的恒温阶段为升温期。升温速度不得大于每小时 10℃，升温速度不宜过快。

3）恒温期：恒温温度应控制在 35±5℃。恒温期一般情况保持约 20h。

a. 降温期：按规定恒温时间，取出随梁养护的混凝土检查试件经试验达到预期强度后停止供汽并开始降温，降温速度不大于每小时 10℃。当棚内温度降温到与棚外温度差≤15℃时，拆除保温设施。

b. 过程温度监测：在养护通入蒸汽后应定时测温，并做好记录。温度检测频率按照升温期每半小时测温 1 次，恒温每 2h 测温 1 次，降温每 1h 测温 1 次。棚内各部位的温差应尽量控制一致，必要时可调整供汽状况，温差不宜大于 10℃。

5. 预应力施工

1）预应力管道安装

预应力成孔采用塑料波纹管、内穿塑料衬管的方法施工。纵向预应力管道在底腹板钢筋预扎台座上，按设计的管道坐标进行放样，用定位钢筋控制张拉管道的各点坐标，定位钢筋在预应力束直线段间距不大于 80cm，弯曲段不大于 50cm。顶板钢筋内的纵、横向预应力管道在顶板钢筋预扎台座上，按设计的管道坐标进行放样，用扎丝将管道与顶板钢筋直接绑扎牢固。混凝土浇筑前，所有纵向预应力管道内再穿直径 70～80mm 塑料管，防止波纹管漏浆造成的堵孔。

2）钢绞线制作和穿束

钢绞线按设计孔道长度加张拉设备长度加余留锚外不少于 100mm 的总长度下料。纵向钢绞线穿丝，先用倒锥形检孔器检查孔道，再采用卷扬机配合整束穿孔。

3）预应力张拉

纵向腹板张拉采用拼装的张拉架。张拉架用加长的螺杆通过吊梁孔连接挑梁，在挑梁下放置人字形"板凳"，作为千斤顶的支点，在挑梁上安装滚轮带动链条葫芦，可纵向滑动链条葫芦下的千斤顶，配合施工人员的操作平台进行张拉施工。

a. 初张拉：为避免初期裂缝产生，在梁体混凝土强度达到设计强度 50% 后进行初张拉。初张拉应力控制为 33‰σ_K，只张拉底腹板束的一半，采用 4 台千斤顶左右对称进行。

b. 二次张拉：为满足移梁要求，减少张拉占用制梁台座的时间，在梁体混凝土强度达到设计强度 85%，且混凝土弹模达到 80% 后进行二次张拉，只张拉纵向底腹板束及竖向预应力筋，张拉应力控制为 σ_K。

c. 三次张拉：在存梁台座进行内箱齿块张拉和需要作业时间较长的横向张拉，即进行三次张拉。张拉应力控制为 σ_K。

4）张拉操作程序

张拉程序：$0—0.1\sigma_K$（测初始伸长值、测工具锚夹片外露）—σ_K（测伸长值、测工具锚夹片外露、持荷 2min）—补油至 σ_K—回油到 0（测总回缩量、工作锚夹片外露量）。

5）张拉控制原则

纵向预应力张拉采用 4 台千斤顶左右对称、两端同步进行；横向预应力采用一端张拉，按均衡对称，交错张拉的原则进行。张拉时根据取得的管道摩阻试验数据调整张拉力，张拉采用张拉力和钢束伸长量双控，以张拉控制应力为主，用钢束伸长量进行校核。

6）割丝

终张拉完成后，将锚圈口处的钢绞线束作上记号，24h 后检查确认无滑丝断丝即可割丝，切断处距夹片尾 3～4cm，割丝用角磨机切割。

6. 真空辅助压浆

1）密封构件安装

真空辅助压浆工艺采用专用锚具组件，其锚垫板上预留压浆密封盖的螺栓孔，张拉完毕后，仔细检查有无断滑丝，经检验合格后安装密封盖。密封盖安装时应保证与锚垫板的密贴和密封。密封盖帽上的进（出）浆口用约 40cm 长透明钢丝管与阀门连接，以便施工时观察浆液的稠度和饱满状况。安装密封盖帽时须注意排气口向上安置。

2）真空抽取

密封盖帽安装完毕后进行试真空抽取，将灌浆阀、排气阀完全关闭。启动真空泵抽取真空，观察真空压力表读数，当管道真空度维持在 -0.08MPa 时，停泵约 1min，若压力表读数恒定不变，则可认为管道密封性能良好，可以进入下一道工序。

3）浆液拌制

a. 搅拌水泥浆之前要加水空转数分钟，使搅拌机内壁充分湿润，然后将积水倒尽。

b. 启动电机使搅拌机运转，首先将称量好的水、外加剂倒入拌浆灌中，搅拌 2min，然后将水泥装入，搅拌 3min，经稠度和泌水检验合格后出料。

c. 储浆罐浆体进口处设 2.5mm×2.5mm 过滤网，滤去杂物以防堵管。

d. 水泥浆出料后应马上进行泵送，否则要不停的搅拌。

e. 必须严格控制用水量，否则多加的水不能完全被浆体吸收，易造成泌水现象。

f. 搅拌好的灰浆要做到一次性基本用尽，在全浆体出料完全之前不得再投入未搅拌的材料，更不能采取边拌料边出料的方法。

4）压浆

a. 压浆作业应由下而上进行，将压浆管通过快换接头接到锚座的压浆端快换接头上，关闭两端排气阀，开启真空机抽取真空。

b. 待管道内真空压力达到 -0.08MPa 时打开压浆端阀门 4 用低档慢速将浆体压入管道，同时保持真空机开启状态。压浆机的最大工作压力不得超过 2.5MPa。

c. 待水泥浆从出浆端接往负压容器的透明喉管压出时，关闭真空泵，关闭出浆端阀门 2、打开阀门 3 和出浆端排气阀。检查所压出水泥浆的稠度，直至稠度均匀一致流动顺畅后，关闭出浆端阀门 1 和出浆端排气阀，打开压浆端排气阀，排除压浆端不合格浆体后关闭阀门。

d. 开动压浆机，保持压力于 0.7MPa，持压 2min。关闭压浆机及压浆端阀门，完成压浆。

e. 管道内浆体终凝后及时拆除密封盖帽、阀门等设施，进行清理维护。

5）封锚

压浆之后及时对张拉槽和锯齿块进行封锚，先将梁端凿毛，并将承压板表面的黏浆和锚具外部的灰浆铲除干净,后安装钢筋网浇筑混凝土,封锚混凝土强度等级不低于C50。在封锚第二天再次收浆抹面,使表面平整光滑,消除缺陷。

5.1.3 劳动力组织

箱梁生产的工序定员人数与产量及工作熟练程度有直接关系,在施工人员经短期培训后,每天制梁一片,直接生产人员为527人,管理人员80人。工序定员是按现场具体情况、设计产量、施工工艺和方法,以实际测定为主要依据而确定的。

5.2 箱梁的运输

50m/1430t箱梁的运输包括场内水平运输、桥头垂直提升、桥面水平运输三部分。

5.2.1 场内运输

1. 施工工艺流程

在预制场内采用轮胎式龙门吊运输箱梁施工工艺流程见图5.2.1-1。

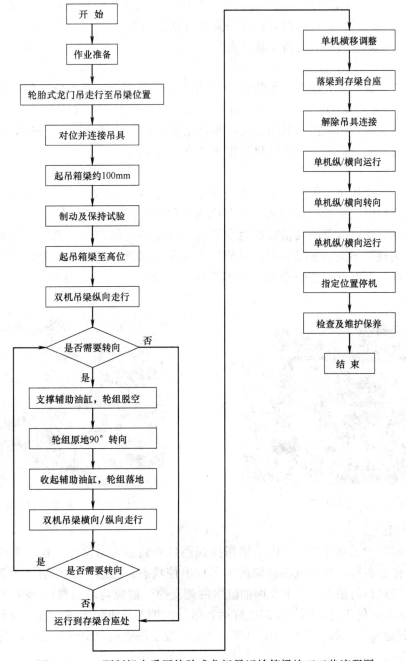

图 5.2.1-1 预制场内采用轮胎式龙门吊运输箱梁施工工艺流程图

2. 施工操作要点

1）作业准备

a. 作业前必须认真检查设备，确保机况良好。必须执行设备日检制度并做好记录，重点是起吊系统（尤其是吊具和钢丝绳）、走行轮组和安全限位装置。检查正常后，空载启动，检查运行、横移和起吊动作是否正常，一切无误后，将设备停在指定区域待命。

b. 吊梁指挥检查通信、指挥装备是否到位，根据工作条件（天气、时间、人员及任务等）确定具体吊梁时间、吊梁路线和吊梁人员，并向作业班组人员进行吊梁路线、工作步骤的安全和技术交底。

c. 检查工作区域状况。在明确作业内容和作业区域后，吊梁指挥应认真检查工作区域（运行线路标线是否清晰、有无障碍物、有无松软地段或局部沉陷过大），保证吊梁路线的畅通，并确保不会对其他作业工序产生干扰，不会危及吊运梁的安全。

2）走行对位

两台800t轮胎式龙门吊依照吊装指挥的命令，从待命区域运行到起吊箱梁位置，吊具下落并调整间距以满足起吊中梁和边梁的不同需要，检查吊具是否处于主梁正中心，否则利用单台800t轮胎式龙门吊走行调整。连接吊具并检查其是否牢靠、安全。

3）吊梁起升

准备工作就绪，各项检查无误后，吊装指挥下达吊梁起升命令。两机应均匀加载，当箱梁吊离支撑面100mm左右时应暂停5min，进行制动及保持试验，如一切正常则继续起升至吊梁纵移所需高度。在整个的起吊梁的过程中，吊梁指挥和操作司机都要注意观察和控制箱梁起升的水平情况并及时调整，保证梁片均匀、平稳、安全的起升。吊梁起升作业见图5.2.1-2。

4）吊梁纵向走行

箱梁起升到位后，操作司机依照吊梁指挥的命令，按走行方向确定主机和从机，并通过按钮及遥控通信完成从单机操作向双机联控的切换。在双机联动吊梁运行过程中，操作司机应注意观察整机走行状态、各项参数的变化，以及吊梁指挥的命令和监护人员的指示，保证双机走行姿态正确，梁片平稳、安全，如有任何视野不清或情况不明，或监护人员发觉运行道路有障碍等情况的时候，都应停止运行（紧急情况立即按下蘑菇形急停开关），以保障人身、设备和箱梁的安全。双机联动吊梁纵向走行作业见图5.2.1-3。

图 5.2.1-2　吊梁起升

图 5.2.1-3　双机联动吊梁纵向走行

5）原地90°转向

双机联动吊梁运行到横移通道后，由吊梁指挥观察是否到达转向位置，轮组支撑油缸处地面是否平整，适宜时下令停止走行，将双机联动切换为各自单控状态，将运行状态切换为起升状态，然后降低箱梁到低位。轮组运行监护人员放下支撑油缸（两侧支撑油缸应均匀加载），支撑至各轮组离开地面后，开始90°转向操作。轮组转向到位并调整好后，运行监护人员收起支撑油缸（两侧支撑油缸应均匀减载），将轮组落到地面上。然后双机切换为联动状态，准备吊梁横向走行。轮组转向见图5.2.1-4。

6）吊梁横向走行

双机联动吊梁横向走行与吊梁纵向走行类似，均采用一主一从控制。在吊梁指挥下令开始走行时，主机操作司机应平稳、缓慢的推动操作手柄开始走行。在双机吊梁横向移动时，司机应注意观察整机系统参数和控制指示，观察梁片是否平稳，观察联动后双机的相对位置变化情况，发现异常应立即停机，及时报告吊梁指挥和主管工程师。运行监护人员应随时观察道路及障碍物情况。吊梁指挥应注意控制、指挥和观察双机的相对位置情况，注意双机钢丝绳的垂直度情况，必要时解除双机联动，单机调整到位后再重新联动走行。双机联动吊梁横向走行作业见图 5.2.1-5。

图 5.2.1-4 液压辅助油缸支撑，轮组转向

图 5.2.1-5 双机联动吊梁横向走行

7）落梁就位

箱梁运输到位后，解除双机联动状态，操作司机单动控制设备将箱梁横移到台座正上方，然后双机同时下落，将箱梁落放到存梁台座上。落梁过程中操作司机必须听从指挥并执行呼唤应答制度，做到动作协调、落梁速度尽可能一致，保证落梁的平稳和安全。箱梁即将接触台座顶面时，应暂停落梁，测量箱梁两端的高差并单机调平。箱梁接触台座后，双机应交替卸载，卸载过程中不得使钢丝绳松弛，以免跳槽乱绳。

8）班后检查及维护

落梁到位后，解除吊具连接，将设备开到不影响其他施工生产的停机区域，按要求填写运转记录，并做好班后的检查及必要的维护保养工作。

5.2.2 箱梁垂直提升上桥

1. 施工工艺流程

在架梁起点处采用大跨度轨行式龙门吊提升箱梁上桥施工工艺流程见图 5.2.2-1。

2. 施工操作要点

1）作业准备

a. 两台 800t 大跨度轨行式龙门吊退至轨道端头，让出轮胎式龙门吊运梁通道。

b. 两台 800t 轮胎式龙门吊从预制场运输 1 片箱梁到提梁区存梁台座，空机返回。

c. 安装边梁正式支座、吊装临时支座及中梁正式支座到待架箱梁桥面两端。

d. 桥面运梁设备（1600t 轮胎式运梁车）沿已架箱梁顶面运行到装梁位置。

e. 大跨度轨行式龙门吊起吊卷筒、支撑油缸等重点部位进行检查，空机运行各项动作检查有无异常问题，避免带病作业。

2）龙门吊运行就位、连接吊具

两台 800t 大跨度轨行式龙门吊从轨道停泊位置行驶至提梁位置，然后支撑辅助液压油缸到轨道上（必须在指定的桩顶起吊点±200mm 范围内支撑油缸，否则轨道梁将被破坏！）。吊具下降并穿入箱梁，连接吊具（吊杆、调整块、螺母、平垫）。

3）起吊、横移箱梁

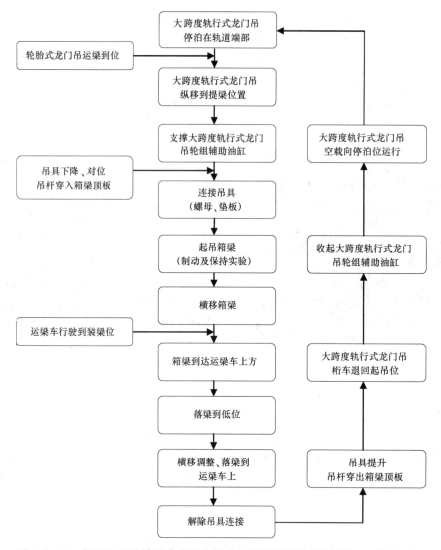

图 5.2.2-1　架梁起点处采用大跨度轨行式龙门吊提升箱梁上桥施工工艺流程图

　　先单起有铰销的 A 台大跨度轨行式龙门吊（等效单吊点），使箱梁北端离临时存梁台座 80mm 高，再单起 B 台（固定双吊点），使箱梁南端离临时存梁台座 80mm 高，然后调整箱梁至水平状态，采用双机联动模式起吊箱梁。起吊后，必须密切注意梁体的水平情况。起吊至高位后，采用双机联动模式横移箱梁，吊梁桁车运行监护人员应密切观察吊梁横移情况，箱梁横移至桥面上方后，司机应持遥控板到运梁车车体上观察和操作。

　　4）落梁就位、解除吊具

图 5.2.2-2　箱梁提升上桥施工作业图

　　横移到运梁车上方准备对位落梁时，必须听从指挥人员指令动作，协助运梁车落梁人员做相应的横向调整。待确认箱梁已准确落放到运梁车支座上后解除吊具，龙门吊吊梁桁车退回提梁位置。

　　5）移位待梁、班后检查及维护

　　龙门吊走行至轨道端头的停泊位，按要求填写运转记录，并做好班后的检查及必要的维护保养工作。

　　3. 箱梁提升上桥施工作业见图 5.2.2-2。

5.2.3 桥面运输箱梁

1. 工艺流程图

采用1600t轮胎式组合运梁车沿桥面跨前后两跨、左右双幅运输箱梁施工工艺流程见图5.2.3-1。

2. 操作要点

1）运梁车装梁时，必须密切监视边梁支座、承载横梁支座接触情况，避免碰损。

2）运梁过程中，应派监护人员监视桥梁伸缩缝、湿接缝过桥钢板搭接是否良好。

3）运梁过程中，应派监护人员监视前后、左右车体的偏斜情况。当前后车体横向错位1个轮胎以上，或左右车体纵向错位1个轴距以上时，应停机进行调整。

4）运梁车载梁进入架桥机尾部时，特别是接近架桥机后支撑时速度要尽可能的慢，并设专人监护车头端部，避免碰撞架桥机支撑。

3. 运梁车运梁作业见图5.2.3-2。

5.2.4 劳动力组织

1. 按照特种设备作业的要求，指挥和操作人员必须具有国家认可的装吊和操作资格证书。班组人员均须经过岗位和技术培训，经考试合格才能上岗作业。

图5.2.3-2 运梁车运梁作业图

架桥机过孔工艺流程图见图5.3.1-2。

5.3.2 典型作业工况图

1. 架梁

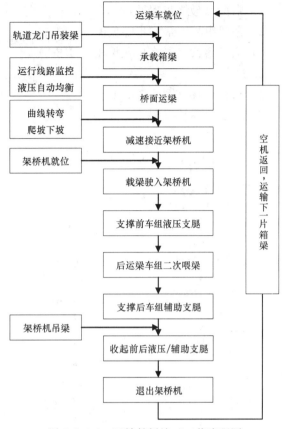

图5.2.3-1 运输箱梁施工工艺流程图

2. 800t轮胎式龙门吊按照每天运输3片箱梁作业，工作约8～10h考虑，配置一班作业人员；800t大跨度轨行式龙门吊按照每天吊装2片箱梁作业，工作约6～8h考虑，配置一班作业人员；1600t轮胎式运梁车按照每天运输2片箱梁作业，工作约8～10h考虑，考虑运距超过5公里配置二班作业人员，劳动力组织分配情况见表5.2.4。

5.3 箱梁的架设

5.3.1 施工工艺流程

架桥机架梁工艺流程图见图5.3.1-1。

箱梁运输作业劳动力组织分配表　　　　表5.2.4

作业项目	岗位名称				人员数量	备注
	指挥	操作	监护	其他		
场内运输	1	2	4	兼	7	指挥:负责具体安排、指挥作业及技术交底
提升上桥	1	1	4	兼	6	操作:负责操作设备,设备故障处理和检查
桥面运输	1	4	3	兼	8	监护:负责监护走行线路、轮组运行情况
合　计	3	7	11		21	其他:辅助性工作,如吊具拆装、转运等

1）喂梁（最终步骤见图 5.3.2-1）

2）吊梁纵移（最终步骤见图 5.3.2-2）

3）横移落梁（最终步骤见图 5.3.2-3）

2. 过孔

1）机臂纵移（图 5.3.2-4）。

2）后支撑纵移（图 5.3.2-5）。

3）前支撑纵移（图 5.3.2-6）。

3. 末跨架设（图 5.3.2-7）

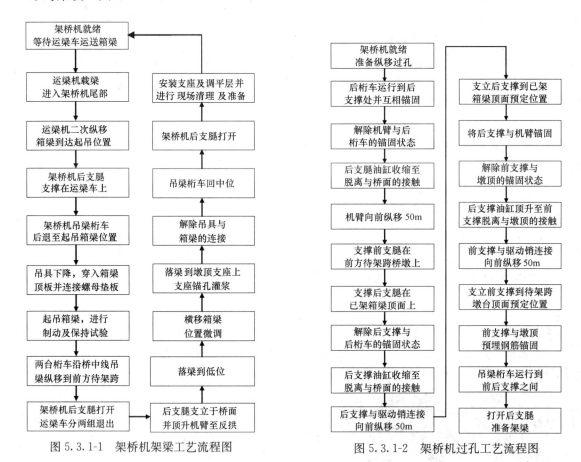

图 5.3.1-1　架桥机架梁工艺流程图　　　　　图 5.3.1-2　架桥机过孔工艺流程图

5.3.3　操作要点

1. 吊杆端部应伸出螺母 60～65mm；内箱螺母上紧后吊孔垫板必须与箱梁顶板密贴。

2. 吊梁升降应遵循"单起双落"的原则，即吊梁时"单吊点"2 号机先起升至箱梁脱离运梁车支座，落梁时"双吊点"1 号机先下落至箱梁接触墩顶支座，以避免箱梁和机体承受附加弯扭作用而导致破坏。

3. 起落箱梁时应检查左右升降高度是否一致，必要时调整两侧起吊卷筒。

4. 起吊箱梁到高位前，必须进行制动及保持试验，确保制动可靠、不溜钩、无异响方可继续起吊。

5. 吊梁或过跨时，操作司机及监护人员应密切观察卷筒、台车、滑轮组等的运转情况，遇异常响声、振动等情况应立即停机检查。

5.3.4　箱梁架设作业见图 5.3.4。

5.3.5　劳动力组织

1. 按照特种设备作业的要求，指挥和操作人员必须具有国家认可的装吊和操作资格证书。班组人员均须经过岗位和技术培训，经考试合格才能上岗作业。

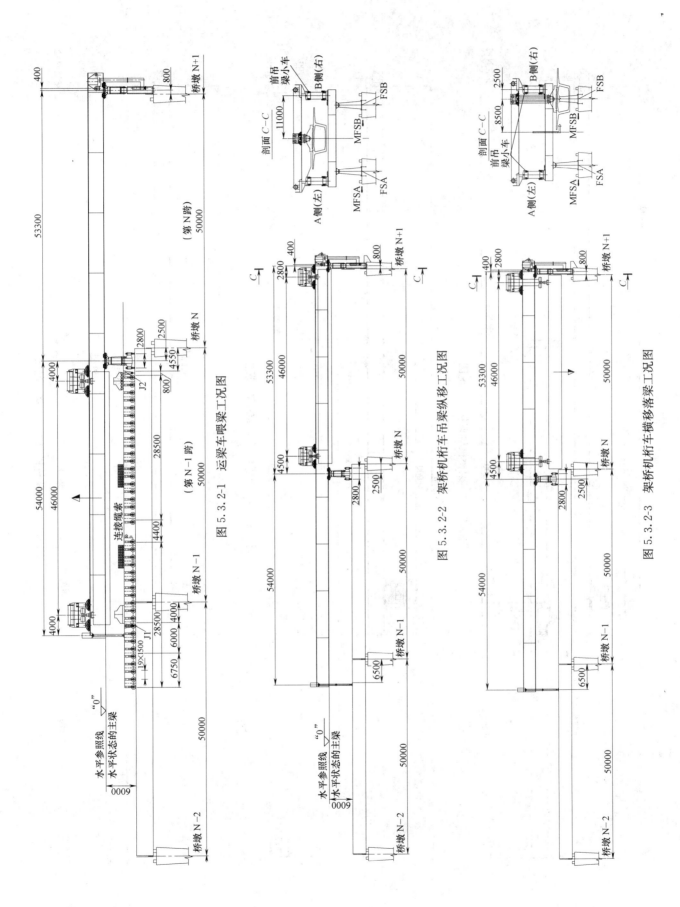

图 5.3.2-1 运梁车喂梁工况图

图 5.3.2-2 架桥机桁车吊吊梁纵移工况图

图 5.3.2-3 架桥机桁车横移落梁工况图

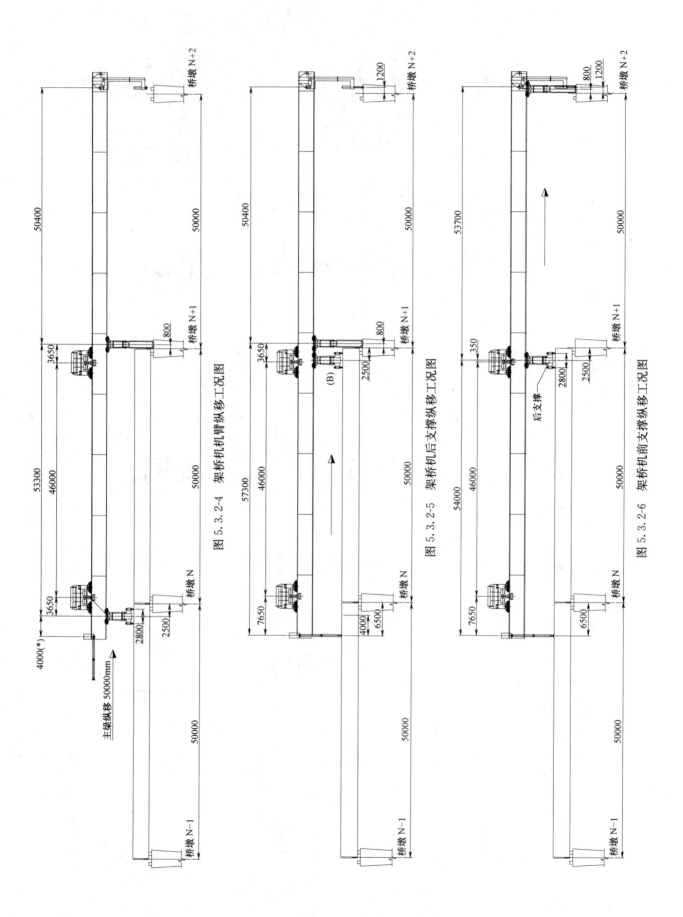

图 5.3.2-4 架桥机机臂纵移工况图

图 5.3.2-5 架桥机后支撑纵移工况图

图 5.3.2-6 架桥机前支撑纵移工况图

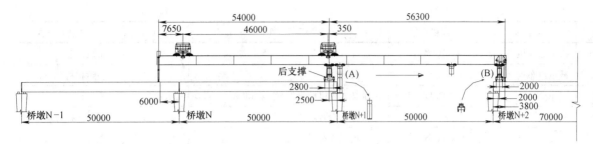

图 5.3.2-7 变换架桥机前支腿、前支撑变为末跨架设状态，架设末跨箱梁

图 5.3.4 架桥机架梁作业图片

2. 按照每天架设 2 片箱梁作业，工作约 8～10h 考虑，架桥机配置一班作业人员，劳动力组织分配情况见表 5.3.5。

箱梁架设作业劳动力组织分配表   表 5.3.5

岗 位 名 称	人员配置及分工	人 员 数 量
队长	负责具体安排、指挥架梁作业	1
副队长兼技术主管	负责施工、机械技术	1
施工技术人员	施工测量、控制	2
机械技术人员	专职机械工程师	1
安全监督人员	现场安全管理	1
架桥机组	架梁作业的遥控操作、局部操作，发电司机等	12
辅助工人	支座安装、吊具拆装、灌浆、支腿锚固等	16
合计	—	34

6. 材料与设备

6.1 主要机具设备表

本工法无需特别说明的材料，采用的主要机具设备见表 6.1。

主要施工设备和机具表   表 6.1

序号	名称	规格型号	厂　牌	数量（台）	备　注
1	轮胎式龙门吊	50t	中铁二局与意大利 DEAL 公司联合研制	2	吊模型、钢筋
2	轮胎式龙门吊	800t		2	场内运输箱梁
3	轨行式龙门吊	800t		2	箱梁提升上桥
4	轮胎式运梁车	1600t		1	桥面运输箱梁
5	步履式架桥机	1600t		1	箱梁架设

序号	名称	规格型号	厂　牌	数量（台）	备　注
6	汽车起重机	16t/25t	浦沅/长江	2	吊装作业
7	载重汽车	5t	一汽解放	1	转运材料
8	叉车	CPCD60H	杭叉工程机械股份有限公司	2	物料转运
9	轮式装载机	ZLM50E	常林股份有限公司	4	混凝土拌合站
10	混凝土搅拌站	HZN60	四川现代有限公司	4	混凝土拌合站
11	混凝土输送泵	80m³/h	长沙中联重科股份有限公司	4	混凝土泵送
12	混凝土布料机	18m	陕西三隆机电有限公司	4	混凝土布料
13	提浆整平机	15.8m	江苏靖江市政建设机械厂	2	梁面整平
14	真空泵	SK-1.5	杭州宏通预应力制品有限公司	2	真空压浆
15	灰浆泵	UBC3	中国航空济南特种设备研究所	2	真空压浆
16	高速灰浆搅拌机	900L/H	合肥威胜利工程公司	2	真空压浆
17	卧式快装锅炉	4t/h	宁波锅炉厂	1	冬季蒸汽养护
18	钢筋加工设备	UN1-100	上海金星电焊机厂/杭州万邦建厂/上海威特力/杭州桐庐	1套	钢筋弯曲/切断/对焊/焊接等
19	预应力张拉设备	YCW450/250 等	柳州欧维姆	1套	底板/腹板/顶板/连续等张拉
20	轧花机 YH3	YH3	柳州欧维姆	2	制束
21	柴油发电机	50～250kW	上海柴油机厂/国营汾西机器厂	4	备用电源

6.2 主要设备简介

6.2.1 800t 轮胎式龙门吊

结构形式为单箱形主梁、双刚性支腿，采用内燃—液压驱动和司机室集中控制操作。主要包括：主梁、支腿、横移台车、吊具、起升机构、走行机构、液压及电气控制系统等部分，结构见图 6.2.1-1。

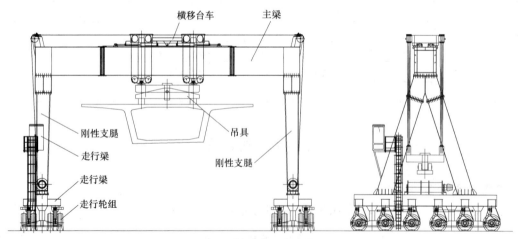

图 6.2.1-1　800t 轮胎式龙门吊主要结构图（单台）

1. 800t 轮胎式龙门吊主要技术参数（表 6.2.1）

800t 轮胎式龙门吊主要技术参数表（单台）　　　　　表 6.2.1

序号	项　　目	技术参数	备　注
1	起重量	额定 750t，最大 800t	
2	跨度	23m	

续表

序号	项 目	技 术 参 数	备 注
3	爬坡能力	2%	
4	起升高度	11m	地面到预制梁顶部
5	横移行程	±2m	
6	横移速度	空载 0～1.0m/min；满载 0～0.5m/min	无级调速
7	运行速度	空载 0～24.0m/min；满载 0～12.0m/min	无级调速
8	转向角度	运行±5°调整，原地 90°转向	
9	轮组	轮压 9.5kgf/cm²，轮胎数 48 个	
10	总功率	265kW	
11	自重	约 340t	

2. 关键技术

1）轮组的三点支撑及自动均衡系统。每个轮组均配置有悬挂及自动均衡油缸，能够依据路面的高低进行自动调整，并且将整机 24 个轮组分为三组，组内所有均衡油缸互相贯通，通过"三点支撑"形成一个稳定的平面，避免其承受附加弯扭外力或局部超载。

2）卷筒自动平衡和紧急制动系统。通过 PLC 程序控制器和卷筒高度编码器对两侧的卷筒液压马达进行调整，保证卷筒平衡和起升高度一致。卷筒上均安装有液压紧急制动钳及超速传感器，当常规制动器、减速机构等发生故障造成箱梁下坠时，超速传感器自动控制紧急制动钳动作，避免箱梁坠毁等重大事故的发生。

3）原地 90°转向系统。800t 轮胎式龙门吊空载和吊梁转向时，走行梁下部的大吨位液压辅助油缸支撑在地面上，使全部轮胎脱离地面，然后通过轮组转向油缸的伸缩带动轮组回转，实现原地 90°转向。

4）科学的设计和采用各种监控装置。如安全监控装置、紧急制动装置、自动测量装置、程序控制软件等，确保运梁作业工作安全、可靠。控制系统采用无线通信和 PLC 程序控制，能够实现双机无线通信和联动。

5）合理的吊具设计。采用"三吊点"体系，保证箱梁不受附加弯扭作用。

3. 通道基础处理

根据 800t 轮胎式龙门吊运输箱梁时的轮组载荷情况，考虑制、存梁台座在满布荷载情况下场地基础的位移和应力响应，通过受力仿真分析确定适宜的通道路面结构方案为：上部采用 30cm 厚水泥稳定碎石，中间采用 50cm 厚级配碎石，底部采用 60cm 厚混渣。处理方案见图 6.2.1-2。

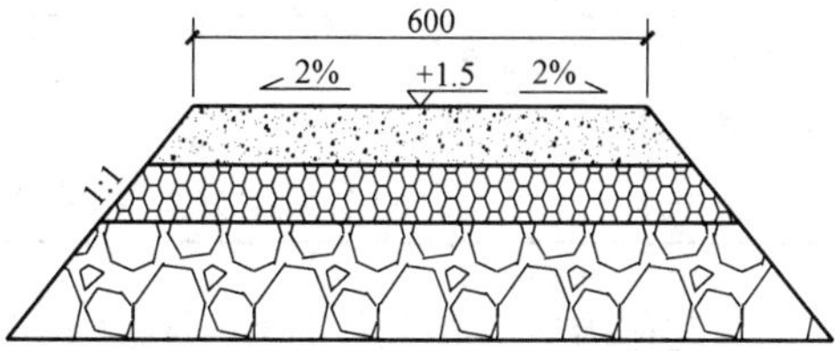

图 6.2.1-2　通道基础处理方案图

6.2.2　800t 大跨度轨行式龙门吊

结构形式为桁架式主梁、刚柔性支腿，采用电力驱动和遥控操作。其主要结构包括：主梁、刚性支腿、柔性支腿、吊梁桁车、吊具、走行台车、电气及控制系统等部分。主要结构见图 6.2.2。

1. 800t 大跨度轨行式龙门吊主要技术参数（表 6.2.2）。

2. 关键技术

1）轨道支撑形式。为降低轨道基础工程的投入并缩短施工周期，800t 大跨度轨行式龙门吊设计为定点起吊，即整机定点起吊、横移箱梁并为运梁机装梁，此位置轨道基础及轨道梁结构进行局部加强，其他位置则按 200t 轻载工况进行设计。为满足空载运行和重载吊梁的要求，800t 大跨度轨行式龙门吊设计走行线路长约 110m。

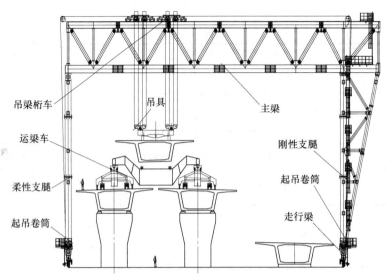

图 6.2.2　800t 大跨度轨行式龙门吊主要结构图

800t 大跨度轨行式龙门吊主要技术参数表（单台）　　　　　　　　　表 6.2.2

序号	项　　目		参　　数
1	额定/最大起吊能力		750t/800t
2	最大起吊高度	吊装箱梁	28.00m
		组装架桥机	31.00m
3	支腿跨度		56.00m
4	吊点数		A 台 1 组，B 台 2 组
5	空载爬坡能力		2‰
6	起吊速度	空载	0～1m/min
		重载	0～0.5m/min
7	横移速度	空载	0～2m/min
		重载	0～1m/min
8	整机运行速度	空载	0～15m/min
		轻载（≤200t）	0～10m/min
9	整机功率		300kW
10	总重量		A 台约 550t，B 台约 540t
11	外形尺寸	长（纵向）×宽（横向）×高	约 21m×67m×42m

2）起吊方式。吊具设计中考虑了结构和自由度的合理设计。一台龙门吊设计为柔性吊具，梁体可以通过吊具上的铰点自动调节，相当于转化为可以微量调节的一点，另一台龙门吊设计为刚性吊具，相当于固定的两个吊点。双机联动吊梁时，形成受力合理、自动均衡的"三吊点"起吊体系，保证箱梁和吊具结构不受附加弯扭作用造成损坏。

3）科学的设计和采用各种安全监控装置、紧急制动和停止装置、自动测量装置、程序控制软件等并确保其工作可靠，是提梁作业安全的重要保障。

4）采用遥控操作及 PLC 程序控制系统，实现双机联动。

3. 轨道基础

根据龙门吊各工况对轨道结构的受力要求和地质情况，轨道梁结构方案确定如下：基础采用 1.2～1.5m 的钻孔灌注桩，桩长 65～75m，在重载提梁位置的基础为加强型；桩顶设置 2.7m×2.2m 的承台；轨道梁采用倒 T 形钢筋混凝土连续梁结构，梁高 2.0m。各部结构配筋根据承载能力要求确定。

6.2.3 1600t 轮胎式运梁车

为组合式车体、轮胎式走行、液压驱动的大型桥梁运输设备，它由车体、走行轮组、承载横梁、液压辅助支腿、转向机构、平衡系统、电气系统、动力机组等部分组成，主要结构见图 6.2.3。

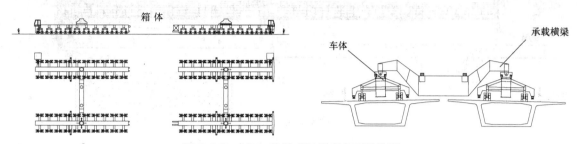

图 6.2.3 1600t 轮胎式运梁车主要结构图

1. 主要技术参数（表 6.2.3）

2. 关键技术

箱梁支承结构设计为"三支点"体系，保证箱梁运输过程中受力正常。

整机采用分组模块式设计，确保驮运箱梁和机体载荷至少由 4 片箱梁承载，并且轮组载荷位于箱梁腹板上方。通过"二次纵移"运梁就位，大大缩短了架桥机的长度。

采用 PLC 集中控制系统，通过角度传感器、方向传感器及电液伺服系统，将前后车组组成一个"软刚性"整体，实现四台单车的同步运行和方向自动控制，并具备手动和自动控制两种模式。

采用 640 个轮胎及配套的液压载荷自动均衡系统，保证载荷均匀分布在各轮组上，而且当障碍物出现时，该系统也能保证轮组载荷再均匀分布，避免局部超载。

前后车组辅助支撑系统的设置。确保二次纵移位梁和架桥机吊梁时运梁车前后车组的轮胎不超载，保持前后车组的稳定和平衡。

	TE1600 轮胎式运梁车主要技术参数表		表 6.2.3
序号	项 目	技术参数	备 注
1	自重	约 524t	
2	载荷	有效 1430t,最大 1600t	
3	车轮数量	640 个轮胎	
4	整机两列间跨度	17m	
5	纵向爬坡能力	2%	
6	桥面横坡	2%	
7	最大空载速度	8km/h	
8	最大重载速度	4km/h	
9	行走状态轮组最大转向角	±5°	可斜行、蟹行、圆弧转弯
10	发动机功率	4 台 286kW(2100 转/分)	
11	整机尺寸	总长约 76m,总宽约 26m	

3. 配套设施

在桥梁伸缩缝和湿接缝处搭设过桥钢板，并沿桥面用油漆标示出走行引导线。

6.2.4 1600t 步履式架桥机

为跨两跨架梁、双桁车吊梁的双臂简支型桥梁架设专用机械。整机由机臂、前后横联、前后支撑、前后支腿、吊梁桁车、吊具、液压系统、电气系统及安全保护系统等组成，主要结构见图 6.2.4-1。

1. 主要技术参数（表 6.2.4）

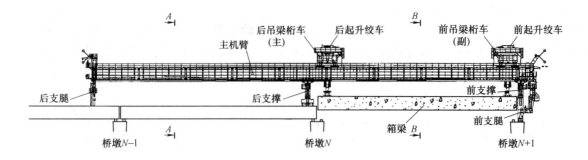

图 6.2.4-1　1600t 步履式架桥机主要结构图

1600t 步履式架桥机主要技术参数表　　　　　　　　　　　　表 6.2.4

序号	项　目	技术参数	备　注
1	起升能力	额定 2×750t，最大 2×800t	
2	最大架设跨度	50m	
3	最小架设曲线半径	5000m	
4	架梁纵向坡度	2%	
5	起吊高度	9m	
6	吊梁桁车横移行程	±8.65m	满足 5000m 曲线架梁
7	空载起吊速度	0～0.72 m/min（±10%）	可调
8	满载起吊速度	0～0.36 m/min（±10%）	可调
9	吊梁桁车横移速度	0～1.5 m/min（±10%）	可调
10	吊梁桁车纵移速度	0～2.0 m/min（±10%）	可调
11	机臂纵移速度	0～2.0 m/min（±10%）	可调
12	制动系统	常规制动＋紧急制动	
13	设备总重	1268t	

2. 关键技术

1）机臂采用等强度、柔性反拱设计。既降低了整机重量，又通过后支腿大行程油缸顶升使得机臂尾段反拱，将后支撑承受的部分载荷传递到后支腿处承载，降低了架桥机在最不利工况时的最大施工载荷。

2）前支腿采用曲腿、双层设计。曲腿设计既能保证其支撑在墩顶上，又克服了传统的在墩上开洞或预埋螺栓、架设牛腿等方式对墩台施工影响大、安全性差、作业效率低等缺陷。双层设计满足了正常过孔和末跨架设时支撑在墩顶、桥台或桥面上的需要。

3）后支腿采用双层、翻转设计和机械锁定。双层设计满足了架桥机起吊箱梁时后支腿支撑在运梁车上、横移时后支腿支撑在桥面上的需要；翻转设计克服了传统的垂直提升方式同步性差、作业效率低，导致增加了架桥机总高度的缺陷；机械锁定能够确保后支腿可靠承载，避免由于液压油缸等在起吊箱梁时突然失灵造成重大事故。

4）前支撑采用托挂轮组和曲线摆头设计，确保其与机臂之间能够做相对运动，并满足曲线架梁要求。作业时前支撑与墩顶预埋精轧螺纹钢筋锚固在一起（单根精轧螺纹钢筋张拉力 50t，共 8×2 根），能够有效承载水平分力。

5）后支撑采用托挂轮组和曲线摆尾设计（同前支撑）以及机械锁定装置（同后支腿）。为避免局部受力过大压坏已架箱梁，设计采用单幅四个液压小支腿，支撑在已架箱梁腹板正上方。小支腿前后间距 2600mm，左右间距 7200mm。

6）桁车起吊系统采用对称布置双起升液压绞车组、单卷筒双出绳方式（图6.2.4-2）。钢丝绳直径φ32mm，倍率48，采用压板将死端固定在卷筒体上。横移系统采用对称布置双横移变频电机、链轮链轨传动、单侧双轨运行方式。纵移系统采用液压马达带动自缠绕钢丝绳卷筒驱动吊梁桁车沿机臂顶端的轨道运行。吊梁桁车与机臂共用一套钢丝绳牵引纵移系统。在机臂纵移过孔时，吊梁桁车与支撑固定连接，以实现吊梁桁车"静"而机臂"动"。

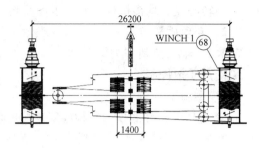

图6.2.4-2 吊梁桁车起吊传动链示意图

7）控制方式：采用分散控制、集中连锁、遥控与线控相结合的操作方式。既保证了布线距离短、信号衰减少、抗干扰性好，又通过连锁确保架桥机各部分动作准确可靠、不产生误动作和互相干涉。遥控操作还极大地方便了操作人员的良好站位和精细观察。

8）安全装置：由于架梁作业危险性高、事故危害大，故设计时考虑了完善的安全防护装置，包括人员防护（如带护圈的爬梯、走道、平台和护栏）、设备防护（电气连锁、速度测量、机械锁定）和重大危险防护（如紧急制动按钮、紧急制动夹钳）等。

3. 配套设施

1）墩顶预埋钢筋。为确保架梁的安全及受力合理，架桥机前支撑作业时与桥墩锚固在一起。为此，在桥墩施工时，每个墩顶均须预埋8根精轧螺纹钢，螺纹钢直径、预埋深度应满足单根抗拔力大于50t的要求。

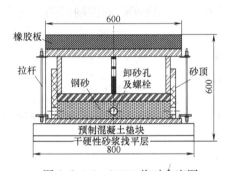

图6.2.4-3 1000t临时支座图

2）1000t临时桥梁支座。为满足箱梁简支架设的需要，研制了1000t临时桥梁支座（图6.2.4-3），该支座分上支座、下基座两部分，类似于液压油缸的工作原理，但工作介质为钢珠。上支座顶部设置橡胶层，以便与箱梁底面密贴并受力均匀，基座下设置混凝土垫块，以调整临时支座顶面标高。架梁时，单片箱梁安放在4个1000t临时桥梁支座上；体系转换时，打开下基座侧面孔道螺栓，钢珠在重力作用下流出，上支座下降，将箱梁落放在桥梁正式支座上。

7. 质 量 控 制

7.1 通用质量控制

7.1.1 施工中各项技术标准应满足《公路桥涵施工技术规范》JTJ 041—2000、《杭州湾跨海大桥专用施工技术规范》和《杭州湾跨海大桥专项工程质量检验评定标准》的要求。

7.1.2 建立各级技术人员的岗位责任制，逐级签订技术包保责任状，做到分工明确，责任到人，严格遵守基建施工程序，坚决执行施工规范。

7.1.3 在施工前，组织有关人员认真学习新技术、新工艺、新材料、新设备、新测试方法的技术要点，并认真进行技术交底，确保在施工中正确应用，提高工程质量。

7.1.4 设专职质检工程师，在各工序施工过程中自下而上，按照"自检"、"互检"、"专检"三个等级分别实施质量检测职能。

7.1.5 工艺流程卡签认制度：按照箱梁预制顺序，针对关键工序、重要生产环节建立工艺流程卡签认制度，层层把关落实质量标准，上道工序未合格不能进入下道工序。

7.1.6 对大型箱梁制、运、架设备严格执行日检、周检和巡检制度，及时进行维护保养并杜绝带病运行，避免由于设备运行状态不良造成对箱梁的损害，特别是对箱梁吊点部位的受力情况和设备的吊具（回转心盘、均衡机构等）应重点监测。

7.2 专项质量控制

7.2.1 箱梁预制

关键点质量控制

1）模型施工

a. 接缝堵漏：在底模与侧模间安装燕尾形橡胶条，通过打入子母铁楔挤压橡胶条，使得侧模与底模结合密贴；内模在拼装台位拼好后，节与节的接缝先采用腻子抹平，再贴封口胶带；端模与外模、内模接缝采用先贴双面胶，浇筑时用海绵堵漏；端模与预埋件接缝采用双面胶配合三层板堵漏。

b. 栏口板安装：在侧模板外缘上横向设置长条孔，用螺栓连接栏口板与侧模，控制梁宽。根据箱梁梁型，栏口板沿长条孔横向移动，调整梁悬臂板的长度来拟合桥梁曲线，调整好后拧紧螺栓。

2）钢筋施工

a. 塑料波纹管安装：在预扎架上作好准确的定位标志，依照管道坐标，在预扎钢筋上焊牢定位钢筋，吊装后对塑料波纹管的坐标及固定情况进行精确调整和检查。

b. 保护层检查：底腹板钢筋安装时必须与底模中线准确对中，避免一侧的保护层过大，一侧的塑料垫块被挤变形导致保护层不够；钢筋骨架安装后，认真检查靠模板侧的塑料垫块，将脱落和变形的塑料垫块进行更换。

3）混凝土施工

a. 混凝土捣固：箱梁混凝土捣固采用底、侧振与插入式振动器配合捣固密实；并控制好捣固时间；浇筑速度必须与捣固速度匹配。

b. 桥面平整度控制：采用提浆整平机对桥面混凝土表面提浆整平，然后利用收浆抹面平台辅以人工抹面，使箱梁顶面混凝土平整度、标高和横向坡度均得到很好的控制。

4）保湿保温养护

严格按照静停、升温、恒温和降温程序控制施工进度。静停时间足够，升温和降温速度均不得大于每小时 10℃，避免速度过快。

5）裂纹控制

a. 优化混凝土配合比设计，有效降低混凝土水化热及其释放速度。

b. 掌握好不同部位的浇筑间隔时间。避免过振或漏振，确保混凝土密实，提高其抗裂能力。

c. 严格控制收浆抹面工艺，采用二次抹面技术，减少混凝土表面的收缩裂纹。

d. 夏季注意混凝土的入模温度，冬季施工注意混凝土的保温工作，浇捣成型后及时封堵箱梁端立面，覆盖桥面混凝土，以防止由于混凝土内外温差过大而引起的温度裂缝。

e. 优化预应力张拉工艺，提高混凝土抗裂能力，在混凝土强度达到 50% 后，进行 $0.33\sigma_k$ 控制应力预张拉，有效提高混凝土的早期抗裂能力。

6）压浆施工

a. 压浆前除进行常规浆体配比试验外，还应进行斜管试验、密实度试验和模拟压浆试验。

b. 当气温或箱体温度低于 5℃ 时，不得进行压浆。水泥浆温度不得超过 32℃。

c. 管道压浆应尽可能在预应力钢筋张拉完成后立即进行。压浆时，由孔道压浆端压入浆体，从抽真空端排出浆体，直到流出的稠度达到注入的稠度方可停止。

d. 水泥浆自调制至压入孔道的延续时间，不宜超过 40min，其间水泥浆应保持流动状态。

e. 按真空辅助压浆工艺，当浆体从孔道抽真空端流出时，应在孔道两端进行废浆排除作业，然后在 0.7MPa 下保压不少于 2min。压满浆的管道应进行保护，使在一天内不受振动。管道内水泥浆在注入后 48h 内，结构混凝土温度不得低于 5℃，否则应采取保温措施。当白天气温高于 35℃ 时，压浆宜在夜间进行。

f. 水泥浆拌合应采用转速 1300r/min 的高速拌合机。压浆泵应能连续均匀地压浆，保持 0.7MPa

以上的恒压工作；浆体养护缸的搅拌速度不能大于 500r/min。采用水环式真空泵，循环水用自来水，水温不能超过 40℃。其抽真空的能力应大于 90%（—0.09MPa），抽真空的效率应不小于 40m³/h。

7.2.2 箱梁运输

对轮胎式龙门吊运行线路、大跨度轨行式龙门吊运行轨道定期进行沉降及轨距观测，一般每月进行一次，以便及时采取修复措施；对制、存梁台座和临时存梁台座的标高进行沉降观测，一般每周进行一次，避免箱梁因支点沉降过大或不均匀受到偏扭。另外，重点对吊孔及支座附近混凝土表面缺陷、裂纹及裂纹扩展情况进行跟踪监测。

7.2.3 箱梁架设

架梁前必须复核检查桥墩里程、支座垫石高程、支座中心线及预埋件等，检查待架箱梁梁型及支座与设计一致。架梁时应严格控制箱梁的中线偏差和梁边对齐，支座安装精度必须符合设计要求。架梁后应对垫石及支座标高进行后期沉降观测，避免箱梁因支点沉降过大或不均匀受到偏扭。

8. 安 全 措 施

8.1 通用安全规则

8.1.1 高空作业

高空作业应制定详细的安全操作步骤和实施细则，禁止高空掷物和交叉作业，作业人员应佩戴齐全、合格的安全防护用品（安全带、安全绳等）以防止高空坠落，作业区域禁止其他人员及设备进入，并在适当区域设置安全网。

8.1.2 安全用电

采用三相五线制，做到分级配电、一机一闸。用电线路采用专业设计、规范化布置，电气开关应设在有防雨防晒功能的电气箱柜内，并设置分级漏电断路开关。用电线路由电工执行巡检和周检，发现违章用电和线路破损、安全装置失效时应立即停止供电，以避免发生设备和人员用电事故。

8.1.3 班前安全教育

1. 根据当班任务安排，指挥人员必须明确分工，进行安全讲话和技术交底。

2. 当班指挥检查机组人员身体和精神状态，以及防护用品、通讯工具是否齐备。

3. 检查气象条件及作业场地，严禁在八级及以上大风、暴雨、大雾等情况下作业。

4. 作业前必须检查运行线路或轨道的沉降、破损情况及有无障碍物。

8.1.4 起重（吊梁）作业

1. 遵守"十不吊"原则，保证所吊物品平稳、安全的起升和下降。

2. 装吊作业时严禁人员在起吊物下穿行或停留；禁止无关人员进入作业区域。

3. 箱梁吊装作业前必须检查起吊设备，特别是钢丝绳和吊具的安全性以及吊架的焊接点、连接件、支撑件的安全情况。

4. 吊具（钢丝绳、吊杆等）与箱梁连接需牢靠、无间隙，上下连接螺杆要露出至少 6cm。吊具连接完毕，指挥人员要逐一检查无误后，方能进行吊运箱梁作业。

5. 起升和下降过程中发现箱梁倾斜应及时通知指挥进行调整。

6. 设备起吊及运行过程中，遇到梁体产生明显裂纹或原有裂纹明显扩大，异响或振动等危及人员、设备安全时，应立即按下红色紧急停机按钮。必须在查明停机原因并完全排除后，方能重新启动设备继续作业。

7. 设备运行过程中，严禁对各转动部分进行润滑、紧固、检修及调整作业。

8.2 专用安全规则

8.2.1 箱梁预制

1. 制梁台座：侧模翼板外侧设置施工人员行走的通道板，采用防滑薄钢板焊接而成；侧模临边设置安全栏杆和防坠板，并焊接固定安全梯便于施工人员上下；制梁台座两端搭设操作平台。

2. 夏季施工作业拆除内模时必须要有通风设施，使桥梁箱内空气流通，保证施工人员身体健康。

3. 钢筋整体吊装时，应注意起吊、吊运、下落就位时的安全，特别是底、腹板钢筋下落入模及顶板钢筋落下与底板钢筋相接时施工安全。

4. 供汽锅炉及其相关部件定期检校，并严格按照规范程序供汽；蒸汽管道严禁碰压，控制调节阀等应处于良好状态；蒸汽管道不得有裸露现象，不得有未经保温和保温设施损坏的管道，以及管道漏气的现象出现，以确保无高温和蒸汽伤人的事故发生。

5. 张拉时严禁非工作人员进场，操作人员不得站在张拉千斤顶后，以防夹片锚具飞出伤人。高压油管接头要紧密，油管油泵要随时检查，以防高压油喷射伤人。

6. 压浆人员操作时必须戴防护眼镜、口罩和安全帽。

8.2.2　箱梁运输

1. 执行各项操作前，必须按喇叭 3～5s 钟，提醒作业区域人员注意安全。

2. 遥控作业时应平稳加减档位，不得进行跳档作业，档位切换间隔应保持 3s 钟以上。

3. 轮胎式龙门吊在场内应按标线走行，走行路面需平整密实。轮胎式龙门吊走行时应密切注意走行状况，并及时调整以避免出现走行偏差过大、钢丝绳严重倾斜等情况。

4. 在大跨度轨行式龙门吊空载走行时，应特别注意左右支腿由于运行不同步造成的位移偏差，不得超过 500mm，否则应及时调整。大跨度轨行式龙门吊应在确定的起吊位置吊梁，确保支撑油缸支撑在桩顶正中，位置偏差不得超过±200mm。

5. 轮胎式运梁车沿桥面运输箱梁时，运行线路监护人员必须到位，特别是通过桥梁接缝时更应注意临时铺垫的钢板是否错位。运梁车载梁进入架桥机尾部，接近架桥机后支撑时必须将速度放至最慢并密切监视，以免碰撞架桥机后支撑事故的发生。运梁车前后车组错位 1 个轴距以上，左右错位 2 个轮距以上时，必须停机进行检查和调整。

8.2.3　箱梁架设

1. 架梁作业时，禁止无关人员进入作业区域，禁止在起吊的箱梁下穿行、停留。禁止跨越桥梁中缝及倚靠在安全防护装置上。

2. 各步动作到位前，如过跨时支腿接近桥墩、前后支撑/支腿互相靠近；架梁时纵移、横移和落梁就位，操作档位应低于 3 档。

3. 机臂纵移过跨时，必须采用 4 根 5t 以上链条葫芦将前支撑与已架设箱梁前端张紧连接。

4. 桥墩及高空作业人员必须穿救生衣并挂好安全绳；一跨箱梁架设完毕，应立即在桥梁中缝处安装防护网，在两边及端头设置防护栏。

5. 气温低于摄氏零度时，各支撑面不得出现结冰现象，必要时进行防滑处理。

9. 环 保 措 施

9.1　铺设良好的管道排水、排污系统，所有生活和生产中产生的废水及水泥浆液均经过过滤、沉淀等方式集中处理后排出。

9.2　选择进口原装低排、低噪、低耗的环保型涡轮增压柴油发动机，并在发动机与基座之间安装减振垫块、排气管安装合格的消声器，以有效降低发动机的噪声和振动。

9.3　严格按照使用要求检修和保养发动机，使用合格的燃料油和润滑油，以提高发动机的燃烧和工作质量，减少发动机废气对环境的污染。

9.4　经常检查各种油液管路和接头，发现泄漏、渗漏及时更换或维修。

9.5　对擦洗机械的油液和更换下来的废润滑油、废液压油分类回收，用于涂刷模型或筒装密封后送交当地环保部门处理，以防止废油液对水、土的污染。

9.6 对报废的轮胎、机件等物品，送当地具备合格资质的部门回收处理。

9.7 在晴天经常对施工道路进行洒水，防止尘土飞扬，污染周围环境。

10. 效 益 分 析

本工法与同类工程其他施工方式相比较，在技术上具有显著的优势，并取得了较好的社会和经济效益。

10.1 科技进步

采用工厂化和成套大型施工机械进行千吨级以上超大吨位箱梁的整体预制、运输和架设，成功地解决了滩涂区跨海大桥箱梁施工这一世界性难题，将此前采用类似施工技术的世界纪录由 900t 级提升到了 1500t 级，创造了全新的施工工艺，较之于传统的移动模架法、挂篮法、预制节段拼装法等，具有化海洋施工为陆地施工、安全性高，化现浇为工厂化集中预制、质量好，化小节段小箱梁为大体积整体箱梁、效率高等优点。该法不仅很好地解决了杭州湾大桥的施工难题，还为今后中国乃至世界上类似桥梁的施工提供了重要的借鉴和施工经验，对今后大型桥梁的设计、施工技术以及国内大型桥梁设备的研制都具有积极的推动作用。其中海工耐久混凝土配比，大体积混凝土浇筑、养护和预应力施工工艺，以及大型设备的控制和传动技术，在京津、合宁铁路 900t 级箱梁以及舟山金堂大桥 1600t 级箱梁施工中均得到了广泛的应用。因此，其科技进步意义十分显著。

10.2 社会效益

本工程运用世界首创的 1600t 步履式架桥机及配套的成套设备，于 2005 年 7 月 28 日成功架设杭州湾跨海大桥南岸滩涂区首片 1430t/50m 预应力混凝土整体箱梁。这一壮举在国内外引起了极大的反响，中央、省市及海外各种媒体纷纷予以报道，中央电视台将其提高到"滩涂区大吨位整体箱梁架设难题被中国人攻克"的高度来定位这一技术。新西兰 Discovery 探索频道更是将 1430t/50m 预应力混凝土整体箱梁施工作为关键和重点工程，列入"世界建筑奇观"系列栏目中的"杭州湾跨海大桥"专栏，这些都是对大桥策划和建设者的高度肯定和赞誉，极大地宣传了杭州湾大桥、宣传了参加杭州湾大桥建设的广大建设者，宣传了中国桥梁施工技术在高、难、新等领域取得的技术进步和成果，为中国从桥梁大国迈向桥梁强国做出了积极的贡献，其社会效益不言而喻。

10.3 经济效益

10.3.1 箱梁预制

1. 运用本工法进行 50m/1430t 预应力混凝土箱梁预制，生产能力达 30 片/月，提前 466d 完成了施工任务，与合同工期相比较，可节约管理成本和工费约 $600 \times 2000 \times (466 \div 30.5) = 1833$ 万元。

2. 根据该施工方法，6 个制梁台位只制造了 3 套半内模，就满足了施工进度的需要，节约了 2 套半的内模制造费用约 320 万。

3. 保湿保温养护与蒸汽养护相比，养护一片箱梁可节约 3t 煤，每月可节约 $3(t/片) \times 25(片/月) = 75t/月$，降低成本 $225(t) \times 720(元/t) = 16.2$ 万。

以上三项合计节约成本约 2169.2 万元。

10.3.2 箱梁运架

利用"梁上运梁架设"施工技术，采用大型成套设备进行箱梁的运输和架设，其最显著的特点就是能够显著提高作业效率、减少所需人力和降低人工劳动强度，从而降低人工工费、管理费和机械使用费。

1. 提前工期降低的工费、管理费：南岸滩涂区 50m/1430t 箱梁施工提前工期 466d。2005 年项目经理部实际工费、管理费支出为 3500 万元和 1476 万元。同比计算，仅工期提前一项，箱梁预制、运输、架设总计节约工费、管理费等总计 6353 万元，除去箱梁预制、体系转换等节约的费用 2499.8 万元，采用本工法进行箱梁的运输和架设施工总计节约工费和管理费 3853.2 万元。

2. 提前工期降低的机械使用费：箱梁制运架大型成套设备总价值约 1.8 亿元，采用贷款购置。按平均折旧年限 10 年计算，提前工期 466d 可节约项目设备折旧 2298 万元（上述设备经过技术改造，已转移到其他项目使用），节约贷款利息约 326 万元，总计 2624 万元。

上述两项可量化经济效益总计：6477.2 万元。

10.3.3 经济效益汇总

箱梁预制、运输和架设总计节约成本 2169.2＋6477.2＝8646.4 万元。

11. 应 用 实 例

在杭州湾跨海大桥建设中，采用该工法进行 50m/1430t 箱梁的预制、运输和架设施工，成功地解决了浅海滩涂区大吨位箱梁场内运输、提升上桥、梁上运输架设的施工难题，不仅填补了国内超千吨级箱梁采用轮胎式设备实现场内和桥面运输、采用架桥机架设的空白，还以单片箱梁重量达 1430t，创造了采用类似施工技术运架梁最大吨位的世界纪录。截至 2006 年 11 月 16 日，该施工工艺已成功完成了杭州湾跨海大桥南岸滩涂区全部 404 片 50m/1430t 箱梁的预制、运输和架设施工，工程合格率 100%，优良率 100%，无安全生产事故发生，整个箱梁制运架施工提前 466d 完成。实践证明，采用该工法作业安全、可靠、高效，值得在国内外类似工程中推广应用。

青藏铁路机械铺轨施工工法

YJGF072—2006

中铁一局集团有限公司　中铁二十二局集团有限公司

樊卫勋　孙恒毅　孙军红　吴延江　孙柏辉

1. 前　　言

新建青藏铁路格尔木至拉萨段全长 1100 多千米，其中海拔高于 4000m 的路段约 965km，通过多年冻土区长约 550km。沿线空气稀薄、气候严寒、昼夜温差大、生态环境十分脆弱，平均气温 -2~ -6℃，极端最高气温 33℃，极端最低气温 -45℃。青藏高原即使在暖季也一日中常见四季，环境、温度变化无常，恶劣的自然环境、气候条件与内地铁路轨道工程所处环境截然不同，现有技术标准均需在工程实践中予以验证、创新。要建设一条世界一流的高原铁路，在轨道工程施工中如何控制轨缝及大型机械化整道施工是一个必须解决的难题。

中铁一局和中铁二十二局集团公司分别承担着青藏铁路南山口至安多段的铺轨架梁工程和安多——拉萨段机械化整道施工。为使青藏铁路特殊条件下铺轨作业能顺利进行，中铁一局集团公司组织具有多年铺架经验的专家、技术人员，进行研究、论证，对 PG-30 型铺轨机进行了一系列适应性改造。为搞好轨缝控制专门成立了轨缝控制科研小组，通过理论计算，结合现场施工的实际情况及以往施工经验，以南山口至不冻泉段线路轨缝为研究对象，认真总结施工中正反两方面的经验，融合中铁二十二局集团的高原机械化整道施工经验，形成了一套高原特殊条件下机械铺轨及大型机械化整道的工法。

2. 工 法 特 点

2.1 针对高原缺氧和低温对铺轨机机械部分的影响，对铺轨机进行高原适应性改造，以满足高原高寒情况下铺轨要求。

2.2 从轨排钉联、路基平整等工序全面考虑，严格控制一切可能在铺轨时影响轨缝的不利因素。

2.3 根据铺轨时轨缝预留计算公式，合理选用各参数，现场测量轨温，计算最合适的轨缝预留值。

2.4 铺轨时根据计算轨缝预留值，先使用合适型号的轨缝卡连接钢轨接头，待铺轨过后，再补接头夹板，并按规定力矩上紧接头螺栓。既保证了轨缝，又提高了铺轨速度。

2.5 铺轨过后及时复紧接头螺栓和组织上碴整道，以增加道床阻力和稳定性，阻止轨缝发生不均匀变化，起到控制轨缝的目的。

2.6 通过控制轨缝为核心以控制最终铺轨的质量。

2.7 通过大型机械化整道作业机组（MDZ）进行铺碴整道，可以迅速有效地提高道床稳定性，确保线路质量。

3. 适 用 范 围

本工法适用于铁路高原、高寒、大坡道特殊条件下机械铺轨及整道施工。

4. 工 艺 原 理

4.1 铺轨机高原适应性改造

设备发动机改造主要是通过改造增压器、重新设计发动机进、排气管、调整发动机冷却风量、扭矩曲线及供油时间、改造发电机组等措施改善内燃机工况，提高发动机功率、降低发动机温度，保证整机热平衡，从整体上提高内燃机的耐用性；针对青藏线 20‰的长大坡道主要是从牵引走行系统及制动系统的改造入手，提高铺轨机爬坡能力及制动能力，降低故障率，确保其在对位、走行及铺轨过程中的作业安全；对电线、电缆等机电产品采用新型紫外线防护技术和材料，避免机电产品过早损坏，减少故障率，提高了设备耐用性；改善低温情况下钢丝绳柔性差排绳不良的情况；对铺轨机拖拉、走行机构进行改造，提高了铺架速度。

4.2 由于青藏铁路沿线经过地区均处于高寒和大温差条件下，昼夜温差大，铺轨时轨缝不易控制。根据公式 $\Delta_L = \alpha \times L \times \Delta_T$（$\alpha$——钢轨的线膨胀系数 $\alpha = 0.0000118/℃$，L——钢轨长度，Δ_T——温度变化量，Δ_L——钢轨变化长度）可知，钢轨温度变化 1℃时，长度为 25m 的钢轨将变化约 0.3mm。对于大温差地区如果每天轨温变化按 50℃计算，则长度为 25m 的钢轨每天最大变化约 15mm，使得铺轨时轨缝的预留及铺轨过后线路轨缝的控制成为施工中的一个难点。因此必须随时掌握轨温变化情况，才能有效控制轨缝。

4.3 铺轨时根据现场测量轨温，利用公式 $a = 0.0118(T_{max} - t)L - C$ 计算预留轨缝值。

式中　a——铺轨时预留轨缝（mm），如计算结果得负值，按零计。

　　T_{max}——钢轨可能达到的最高温度（℃）。其值采用当地历史最高气温加 20℃；由于青藏铁路处于特殊的气候条件下，最高气温一般在 30℃±5℃左右，而最高轨温为最高气温＋20℃即 50℃±5℃左右。现场施工时应根据不同地段气象资料选取接近的最高轨温值。长度大于 300m 的隧道内，最高轨温应采用当地历史最高气温。

　　t——随铺轨进程现场测量的钢轨温度（℃）。因青藏线气温变化较快，此值应每小时测量一次。

　　L——钢轨长度（m）。

　　C——钢轨接头阻力和道床纵向阻力限制钢轨自由胀缩的长度（mm）。由于青藏线是大温差地区铺轨，最高、最低轨温差一般都大于 85℃，又因铺轨长度为 25m 大于 20m，且线路坡度较大，平顺状态很难保证，所以 C 值取 6。对于长度大于 300m 的隧道，C 值取 4。

4.4 铺轨时先使用轨缝卡连接钢轨接头，待铺轨机过后，再补上接头夹板。该种固定式轨缝卡形如Ⅱ形，其作用是通过将两根钢轨临时连接后确保预留的轨缝值不发生变化。根据不同的轨缝值轨缝卡分各种型号。此轨缝卡为我公司独立研制的一种临时钢轨接头连接配件。

4.5 通过铺轨前对轨排钉联工艺及路基平整度的控制、铺轨中对轨缝的预留及铺轨方向的控制、铺轨后上碴整道的轨缝控制等三阶段控制，达到最终控制轨缝的目的，从而控制了铺轨的质量。

4.6 高原机械化整道设备由高原型 SPZ200 配碴车、GD08-32 捣固车、WD320 稳定车组成。在机械化整道作业中先通过 SPZ200 配碴车进行道床配碴、整形作业，然后再通过 GD08-32 捣固车进行起道、拨道及道床的捣固作业，最后用 WD320 稳定车完成对线路的稳定作业。

5. 施工工艺流程及操作要点

5.1 机械铺轨施工工艺流程（图 5.1）

5.2 机械整道施工工艺流程

由于青藏铁路是新轨铺设后的道床的整道工作，可分单元进行，以 10km 为一个单元工程，每个单元工程可分为两个阶段，初步达标阶段和精细整作达标阶段。

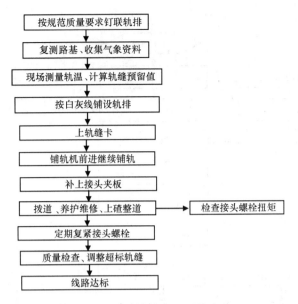

图 5.1 机械铺轨施工工艺流程

5.2.1 初步达标阶段

1. 初步达标阶段采用分层铺设、分层捣固并加以动力稳定的综合作业法，其优点是：

1）由于捣固机械的捣实效果是随道床深度的增加而降低，所以采用分层铺设捣固道碴可以有效地保证捣实效果，而且分层厚度应根据捣固头插入道床的深度以每层 50～80mm 为宜。

2）通过每次的动力稳定作用，可使碎石道床的非均质性由不同的沉降表现出来，而所出现的非均质性则可通过下一层道砟的铺设、捣固和动力稳定得到消除。

2. 初步达标阶段整道施工作业程序如下：

1）第一层配碴，并进行第一次捣固及满荷载进行动力稳定密实。

2）第二层配碴，进行第二次捣固，并满荷载进行动力稳定密实。

3）配剩余起道量的道砟，以剩余起道量进行捣固，并进行动力稳定。

3. 初步达标工艺流程见图 5.2.1-1，流程形象见图 5.2.1-2。

5.2.2 精细整作达标阶段

1. 由于线路此时已基本达到线路验收标准，起拨道量应控制在 10～30mm 之间，这样，捣固机械起、拨道抄平效果发挥到最佳，所以精细整道的起拨道量应控制在此范围之内。

2. 精细整道阶段工艺流程见图 5.2.2-1，流程形象见图 5.2.2-2。

5.3 施工操作要点

5.3.1 机械铺轨施工

1. 轨排钉联

1）轨排钉联采用 DL25 电动式轨排钉联机工厂化生产 25m 轨排。轨排钉联时，必须严格按照轨节铺设计划表编排要求进行配轨。钢轨配对按规范要求，直线地段同一轨节宜选用长度偏差相同的钢轨配对使用，其相差量不得大于 3mm，曲线外股用标准长度轨，内股采用厂制缩短轨调整。曲线尾剩余的接头相错量，利用钢轨长度的偏差量在曲线内调整消除。作业过程中应随时检查枕木方正、扣件扭矩、轨距、接头相错量等内容，确保轨排钉联质量。扣件扭力及接头相错量是否达到要求直接影响后续施工中轨缝的控制和现场铺轨质量。

2）青藏铁路冻土地段采用了大扭矩紧固弹条 I 型扣件。它是以限位板代替了普通垫片，紧固后要达到 110N·m 的扭力；以防松螺母替代了普通螺母，螺旋道钉比普通道钉高出 5mm，并在螺旋道钉上涂了锌铬涂层，并且防螺母紧固后要达到 450N·m 的扭力，起到免维护少维修的作用；以高强度橡胶垫板、挡板座代替了普通垫板、挡板座，最后在成品工段用富锌漆涂抹在防松螺母、限位板及螺旋道

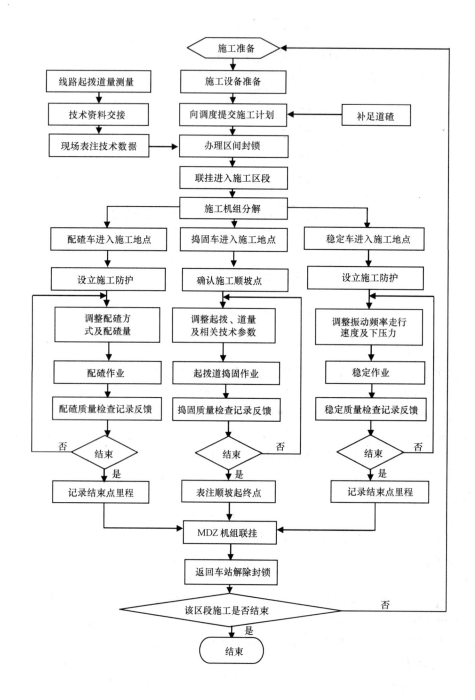

图 5.2.1-1　初步达标施工工艺流程图

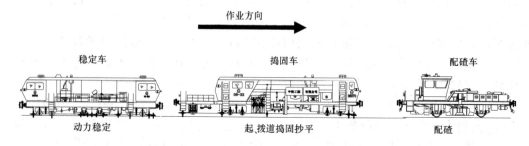

图 5.2.1-2　初步达标工艺流程形象图

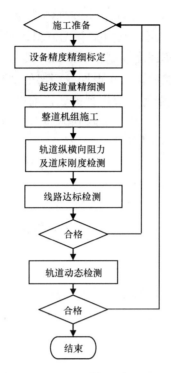

图 5.2.2-1 精细整道阶段施工工艺流程图

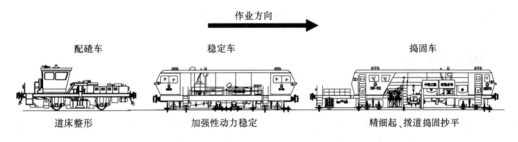

图 5.2.2-2 精细整道工艺流程形象图

钉上，形成防腐蚀、防紫外线、抗老化的保护膜，起到耐久性的作用。

2. 现场铺轨

1）铺轨前路基面预铺底碴或面碴应碾压并进行高程测量，最大程度保证碴面的平整度。线路中桩按要求设置规范、齐全，并在距离线路中心线右侧 1.25m 处，洒一条宽度不超过 30mm 的白灰线，以保证铺轨的方向。

2）铺轨时现场每 1h 测量 1 次轨温。钢轨温度在式 $T_{max} - (a_g + c)/0.0118L \leqslant t \leqslant T_{max} - c/0.0118L$（$a_g$—接头构造轨缝，采用 18mm）范围时为最佳铺轨时间，应安排在此条件下进行铺轨，如轨温超出此范围，应停止铺轨或采取特殊的措施。

3）一切准备工作就绪后，铺轨机运行至工地，自力运行速度宜保持在 10km/h 以内，侧向通过道岔河曲线时宜保持在 5km/h 以内，走行地段线路坡度不得大于 12‰，超过时应用机车顶送至工地。当铺轨机前轮距已铺轨道最前端 1.5～2.0m 时，即可停住，安放止轮器后即可开始铺轨。随后机车顶送轨排列车运行至工地。

4）组立倒装龙门架应在坡度不大于 10‰ 的直线或曲线半径不小于 1200m 的线路上进行，倒装龙门架左右支柱与线路中线间的距离应保持相等，允许偏差为 ±10mm。两支柱的支承基面应保持同一高程，允许偏差为 ±4mm。两龙门架中心距离为 14～15m，倒装龙门架组立完成后，应进行空载试运转检查。

5）机车对位，利用倒装龙门架将第一组轨节换装到铺轨专用平板车上。倒装前及倒装过程中，应专人指挥并随时检查龙门架基础有无下沉，龙门架有无偏斜现象，并随时加以整修和加固。然后顶送整列轨排车与铺轨机对位，对位时机车速度控制在 0.5km/h 以内。对好位后在拖船轨孔眼内穿好钢丝绳，开动卷扬机拖拉轨节进入铺轨机腹腔。机车退回龙门架处倒装下一组轨排。

6）用起吊滑车吊起轨节，沿悬臂架将轨节送到铺轨机前端，当轨节的后端离已铺轨节的前端相错 10cm 左右时，停止前进，开始下降轨节。轨节下降到离地面约 1m 高度时，轨节外侧 4～6 人同时扶住轨节，并向后拉动约 10cm 左右（利于向前推送），待轨节将要落地时，立即向前推送（为使轨节后端着地能正好与已铺的轨节相连接）。轨节继续下降到离地面 10～20cm 时，扶正接头（可用撬棍稳住接头），对正线路中心线（夜间铺轨可参照线路上的白灰线），听从指挥信号，将轨节安全落地。

7）利用公式 $a = 0.0118(T_{max} - t)L - C$ 计算预留轨缝值，根据计算的预留轨缝值，先使用合适型号的轨缝卡连接钢轨接头，铺轨机前进一节轨排的位置，继续吊铺下一节轨节。待铺轨机过后，再补上接头夹板及螺栓。待接头夹板螺栓拧紧后，将轨节按白灰线拨正，达到线路直线顺直，曲线圆顺，轨道中心线与线路中心线的误差不超过 50mm。

要严格控制轨缝预留值。铺轨时预留轨缝的大小，应满足锁定后的轨道在接头阻力和道床阻力控制下钢轨有足够的伸缩空间以释放部分温度力，即钢轨达到历史最高温度时，轨缝闭合而轨端不顶紧受力；当轨温降至最低时，轨缝小于构造轨缝。

3. 铺轨过后

1）铺轨过车后 3d 内，每天按规定的力矩复拧一次接头螺栓，以保持接头螺栓的扭矩达标且相邻接头螺栓扭力基本相同。

2）铺轨后及时上碴整道，以增加道床的纵横向阻力，阻止温度急剧变化造成轨缝不均匀。并随时调整超标轨缝。

5.3.2 机械化整道施工

1. 高原冬期机械化整道施工

1）先"高海拔"后"低海拔"进行整道施工

由于高原冬季极度严寒、大雪不断，给整道施工带来了极大的困难，尤其高海拔积雪严重的地方造成线路板结无法进行机械化整道施工，鉴于高原特殊环境，根据我们的施工经验，在季节好时（5 月至 10 月份）优先考虑高海拔线路的机械化整道施工。

2）线路板结地段的整道施工

线路板结，即线路上的石碴与钢轨冻结为一体。致使捣固车的捣固装置下插不到位，无法施工。高原环境下天气变化频繁，一日内天气几变，温度变化范围一般在 -30℃ 至 20℃ 之间，致使线路板结情况极易发生。根据历经冬夏高原整道施工经验，我们总结出 3 种解决办法：

① 人工扫雪法。在下完雪后立刻组织人工进行线路扫雪，以每千米为单元组织两名人员进行排雪，每名人员高原环境下一天所需费用约 60 元，一个月按 15d 计算，每千米每月排雪的成本约 8000 元。

② 机械松动法。在线路板结地段先用稳定车满负荷稳定，然后用捣固车进行松动捣固，再进行正常的捣固作业。在高原环境下每千米机械整道的费用约 15000 元。

③ 预先防范法。根据线路所处的高原上的位置，在线路易板结段预先铺设一层防雪布，在进行机械化整道作业前，去掉防雪布即可。每千米投入成本约 20000 元，使用期限约半年。

2. 整道初步达标阶段对施工单位配合的要求

1）道床道碴应补足、补均匀，以道碴堆高不埋扣件为宜。桥梁涵洞上的底碴摊铺厚度至少达到 150mm 以上。

2）轨距、轨枕间距、轨枕方正符合《铁道轨道工程质量评定验收标准》，同时应补齐扣件、轨头扭结器。

3）进行线路起道量和拨道量测量，每 5m 一个测点，直线段时拨道测点可放宽到 100m。将测得的每个测点的里程和对应的起道量，拨道量复核，检查确认无误后，提前一天交整道作业队，以便整道作业时校对和修改。

4）起、拨道量和曲线要素的标注

施工配合单位应提前一天将所测得的拨道量和调整后的起道量的数据第一次用红油漆、第二次用黄油漆、第三次用绿油漆顺机械化整道机组的方向，标注在每个测点的道心左侧轨枕面上。在曲线的起点轨枕面上标出曲线要素（曲线半径 R、缓和曲线长 L、超高值 C）并将曲线变更点用规定的字母标注，即在变更处标注 ZH（直缓点）、HY（缓圆点）、YH（缓圆点）、HZ（缓直点）等。

5）其他资料的交接

在整道作业开始之前，施工配合单位必须将线路设计平、纵断面图及道床设计断面图等相关的资料提供给整道作业队。

3. 精整阶段对施工单位配合的要求

1）由于石碴车卸碴受条件限制不可能很均匀，配碴车又只能短距离运碴，因此，精细整作阶段必须进行人工匀碴以保证道砟均匀。

2）由于配碴车在道床断面成型时，受电气化杆和其他道路标志的影响，有作业死点，必须人工配合整形。

4. 初步达标阶段整道作业的技术要求

1）整道作业开始以前，整道作业队须对线路进行全面的调查，收集有关的资料，制定详细的施工组织设计书，根据调查的结果向车队、班组下发施工作业指导书。

2）办理区段要点封锁手续，并确认区段封锁命令后，将整道机组运行至施工地点。

3）机组作业准备：进入作业区段后，机组分解，各车进入自己的施工地点，放下工作装置，确认准备工作就绪。

4）在机组作业区段两端各 500m 设防护，两车之间加强联系，相互靠近时确认位置。

5. 在整道作业过程中要注意以下几点：

1）上碴整道基本作业严格按已选的综合整道作业参数进行。为保证钢轨的稳定性，要求一次起道量不大于 80mm，拨道量不大于 50mm，起、拨道量超过最大时，应分多次作业。

2）捣固作业结束前，应在作业终点划上标记，并以此开始按不大于 2.0‰ 的坡度递减顺坡，达到安全行车的要求。一般情况下不在圆曲线上顺坡，严禁在缓和曲线上顺坡结束作业。

3）在碎石道床的桥上，枕下道砟厚度不足 150mm 时不能进行捣固作业。

4）为保证捣固质量，一次起道量 60～80mm 时，宜捣固两次、夹持时间 0.6s 左右。同时，捣固车捣固频数每分钟不得超过 20 次。插镐深度从枕下算起至镐尖一般不少于起道高度。对桥头、焊接接头等薄弱处应加强捣固。

5）线路方向的整正可采用四点式近似法。在直线地段，应采用激光准直系统进行拨道。

6）线路综合作业车的使用和管理应参照《大型养路机械使用管理》的相关规定。

6. 精细整作达标阶段整道作业的技术要求

1）精细捣固作业前，应在选定的基准固股钢轨上进行测量。每隔五根枕木立尺一次，并记下数据，通过运算，将起道量写在轨枕上。这样，在捣固车作业时按照轨枕上所标明的数据进行起道。

2）曲线超高的设置。精整前、后曲线超高过度点的变化如图 5.3.2 所示。精细捣固作业期间，曲线超高过度点不能从 0 到超高值线性递增（或递减），超高过度的起始点要用 15000m 的竖曲线过度，

图 5.3.2　精整前后的曲线超高变化比较图

然后，递增（或递减）。

6. 材料与设备

6.1 机械铺轨主要施工机具配置见表 6.1

机械铺轨主要施工机具   表 6.1

序号	设备名称	规格	型号	数量	动力机形式	功率
1	铺轨机	25m	PG30	1台	内燃	200kW
2	倒装龙门架	65t×2	YD65	2台	内燃	42kW
3	钉联机	25m	DL25	1套	电动	81kW
4	龙门吊	10t×17m	MDH	7台	电动	30kW
5	轨道车	222kW	GCS220G	1台	内燃	
6	工程指挥车	5座		1辆	内燃	
7	油罐汽车	8t		1辆	内燃	
8	内燃机车		DF4	2台	内燃	
9	平板车		N17	17辆		
10	轨温计		SGW-11	4个		
11	扭力扳手	50N·m		4把		
12	轨缝尺	20～30mm		5把		
13	方尺			3把		

6.2 大型机械化整道主要施工机具见表 6.2

大型机械化整道主要施工机具   表 6.2

序号	机械名称	规格型号	单位	数量	备注
1	配碴整形车	SPZ-200			高原型
2	捣固车	GD08-32			高原型
3	动力稳定车	DW320			高原型
4	宿营车	集装箱	辆	4	加保温层
5	餐车	集装箱	辆	1	加保温层
6	材料车	集装箱	辆	1	加保温层
7	修理发电车	集装箱	辆	1	加保温层
8	工程指挥车		辆	1	适用于高原
9	中型面包车		辆	1	适用于高原
10	客货车		辆	1	适用于高原
11	油罐车		辆	1	适用于高原
12	水车		辆	1	
13	铣床		台	1	
14	发电机	70kW	台	1	适用于高原
15	电焊机		台	1	
16	复轨器		台	4	
17	对讲机		部	6	

7. 质 量 控 制

7.1 机械铺轨质量控制

7.1.1 质量要求

确保铺轨过后每千米轨缝累计误差在±80mm之内。

7.1.2 达到质量要求所采取的措施

1. 轨排钉联时，严格按照轨节铺设计划表要求进行配轨。作业过程中应随时检查扣件扭矩、接头相错量等内容，确保轨排钉联质量。

2. 铺轨前路基面预铺底碴或面碴应碾压并抄平，最大程度的保证碴面的平整度。路基中桩按要求设置规范、齐全。

3. 铺轨时严格按照计算的轨缝预留值预留轨缝，接头螺栓要严格按照规定的力矩拧紧。

4. 加强线路养护速度和质量，经常复紧接头螺栓。尤其是在初冬和入夏时，轨缝趋近极限尺寸，所以此时螺栓力矩必须符合规定要求，以保持接头阻力足够。另外，应经常检查并保持接头螺栓力矩相同。

7.2 大机整道质量控制

7.2.1 配合单位必须保证测量资料正确无误，石碴充足均匀。第一层补碴整道必须在铺轨后的3d内完成。

7.2.2 大机整道作业队必须定期对捣固车进行标定。

7.2.3 制定各机械的标准化操作规程，整道作业人员必须按照操作规程操作。

7.2.4 大型养路机械进行线路整修作业应配备施工质量监督员，对当天作业的线路进行检测并做好记录。发现超限地段立即通知施工负责人安排返工。

7.2.5 精整对捣固作业人员的要求：在精整施工前一年时间内，本号位操作不少于200km。

7.2.6 严格按照青藏铁路设计时速的要求进行机械化整道作业，即按120km/h标准进行整道作业。

8. 安 全 措 施

8.1 机械铺轨安全控制措施

8.1.1 钉联轨排时，吊枕、吊轨龙门架下严禁站人。

8.1.2 熬浆、提浆人员必须按照规定穿戴好防护用品，避免烧伤、烫伤和有毒气体。

8.1.3 铺轨机在每班使用前，必须进行检查和试吊，确认升降、走行和制动等系统均良好后方可正常铺轨。

8.1.4 拖拉指挥人员要与调车人员和指挥人员和机车司机加强联系，明确速度、指挥信号及有关注意事项，紧密配合，确保拖拉安全进行。

8.1.5 轨节至铺轨机上到位后，应采取防溜措施，防止铺轨机走行时轨节串动。

8.1.6 挂钩人员选好吊点，挂好钩后应迅速离开轨节，再指挥起吊。轨节在下落时，要注意卷扬机钢丝绳，防止跳槽。

8.1.7 机前人员未全部离开前，禁止出轨节。轨节悬空时，严禁下面站人或通过。等轨节降落到距地面0.3m时，工作人员方准靠近作业。

8.1.8 轨节接头未对好前，禁止进入轨节内作业。轨节落地时要防止压脚。低头上螺栓时，要随时注意指挥信号，铺轨机行车前要迅速撤离股道。桥面铺轨两侧没有栏杆时，一定要注意防止坠落事故。

8.1.9 铺轨后拨道，要注意安全，人与人之间应保持距离，防止撬棍碰撞伤人。

8.1.10 严禁钻在铺轨机或车辆底下作业。凡进行妨碍行车和危及安全的维修作业时，均应按规定设置防护。

8.2 大机整道安全控制措施

8.2.1 由于青藏铁路区间长，同一区间动力多，必须加强施工过程中的安全防护。

8.2.2 施工人员多，操作人员必须经过严格培训，持证上岗。所有人员必须按照安全操作规程施工。

8.2.3 机组应加强联系，接近时确认被接近动力的位置。

8.2.4 驻站联络员办理区段及站线封锁手续，及时将情况通报车站和车队。

8.2.5 作业期间跟车检查人员必须距作业车辆5m以上。

8.2.6 对机械按时进行保养维修，严格交接班制度。

9. 环 保 措 施

由于青藏铁路所处的特殊地理环境和施工环境，所以在施工时应特别注重环境保护和施工人员的身体健康，这也是青藏铁路施工的重要主题之一。

9.1 加强环境保护的宣传工作

9.2 高原植被保护措施

9.2.1 施工过程中的临时便道必须严格按设计方案或有关要求组织实施，不得随意开辟便道，任意就近取、弃土或破坏植被。

9.2.2 铺架基地及沿线临时设施施工时，其范围内外的植物要尽力维持原状，确实需要扰动时，必须报请甲方和相关方同意后，再行施工。临时工程拆除后，应采取有效措施恢复地表植被。

9.3 水土保护措施

9.3.1 施工期间产生的废油、废水、生活污水及废液，采用隔油池等有效措施加以处理，不超标排放。

9.3.2 严格禁止将施工废水、生活污水、废液直接排入草甸、河流或池塘。靠近生活水源的施工，采用沟壕或堤坝隔离，避免造成污染。

9.3.3 在河道、水塘中临时工程施工时，不得向河流中弃土，并不得随意改变河流流向。施工弃土或弃碴须按设计指定地点堆放，待完工后统一处理，并设置必要的防护，防止水土流失。临时设施拆除后，进行彻底清理，恢复原状原貌。

9.3.4 自觉维护高原土壤结构，保护好原有的防砂、治砂及防止盐溶发展的设施，防止人为恶化环境。

9.4 冻土结构保护措施

9.4.1 施工中严格执行设计程序，严禁破坏冻土的热平衡，贯彻"预防为主，保护优先，开发和保护并重"的原则。

9.4.2 在临时工程建设中应按设计要求合理安排，尽最大限度减少临时工程占地面积，禁止将临时工程建在植被覆盖良好和高含冰量冻土地段。完工后，根据环保设计要求，平整并覆盖合适的土料，尽量恢复地表的天然状态。

9.4.3 工程施工中不得随意改变、切割、阻挡地表水的排泄，不允许形成新的积水洼地，以免形成热融湖塘，造成日融夜冻反复循环，破坏多年冻土。

9.5 野生动物保护措施

加强对参建职工进行保护野生动物的法制教育，严格禁止捕杀、恐吓、袭击任何野生动物，并不得参与任何野生动物及标本的买卖行为。

9.6 大气环境保护措施

9.6.1 凡产生烟尘的生产、生活设备，尽量采用燃油、电或太阳能等环保能源或选择污染程度最低的设备，并安装空气污染控制系统，防止污染高原大气环境。

9.6.2 对有毒、易燃、易挥发物品设专人管理，密闭存放，取用时尽量缩短开启时间。

9.6.3 在有粉尘、烟尘和有害气体的环境中作业时，除采取相应的措施外，作业人员尚应佩戴必须的劳动防护用品。

9.7 铺架基地环境保护

9.7.1 合理布置基地设施，施工营地及生产设施尽量利用现有公路道班及青藏公路施工时废弃的场地，最大限度地减少对地表植被的侵扰。

9.7.2 在铺架基地设立"科学施工、珍爱生态环境，以人为本、铸造精品工程"、"爱护高原每一寸绿地"、"珍爱野生动物、呵护高原生态"等内容的大型环保广告宣传牌。

9.7.3 铺架基地生产区和生活区的施工垃圾和生活垃圾，应集中堆放，在征得当地环保部门同意后，运到指定地点进行处理。

9.7.4 施工现场及生活区的厕所均按冲水式设置，每日坚持专人清理打扫，并定期对周围喷药消毒，防止蚊蝇滋生、传播疾病。

9.7.5 在施工现场和生活区设置足够的卫生设施，经常进行卫生清理，营造良好的生产、生活环境，同时在生活区周围种植适合高原生长的花草、树木、美化生活环境。

9.7.6 铺架宿营车生活垃圾必须装在垃圾袋或垃圾桶内，定期集中运往指定地点进行处理。

9.7.7 宿营车停放地点应搭建符合环保要求的简易厕所，消除随意排泄的陋习，净化高原环境。

9.8 施工人员定期检查身体，提供高原上所需要的保健药品。

9.9 合理安排施工作业，确保施工人员休息好，避免因疲劳引发高原病。

10. 效 益 分 析

10.1 机械铺轨效益分析

青藏铁路气候条件恶劣，紫外线照射强烈，空气稀薄，不适宜人类活动。在保证运营安全的前提下，降低劳动强度，最大限度地减少养护工作量是青藏线的特殊要求，也是"以人为本"精神的体现。我们通过科学合理的组织，工序工艺的优化，施工机具的开发研制，将轨排铺设速度由原来的每节 5～6min 减少到 3～4min，不仅控制了轨缝问题，而且提高了铺轨速度，加快了青藏铁路建设的步伐，减少了后期维修养护的工作量，取得了显著的经济和社会效益。

10.2 大机整道效益分析

青藏铁路是第一条在高原修建的铁路，故本施工技术无比较对象，只能和新建铁路施工作一般比较。我们认为本工法有以下优点：

10.2.1 新建铁路一般先人工整道达到 45km/h，再机械化整道机组作一遍以 60km/h 验交，然后每提速 20km/h 须进行一遍整道作业。从 45km/h 提速达到 120km/h 须整道机组作 5 遍。而通过本工法从荒道达到 120km/h 的标准，全部采用大机整道只需 MDZ 整道机组作 4 遍即可达到验收标准，对提高开通速度所带来的运营经济效益明显，也创造了很大的社会效益。

10.2.2 本工法全部采用大型养路机械施工，所有操纵人员严格按标准化操作规程操作。人为影响因素小，质量稳定。用本工法作业后，青藏铁路的行车速度已达到 120km/h 的设计要求，作业合格率达到 100%。

11. 应 用 实 例

11.1 机械铺轨应用实例

在青藏铁路冻土区及高原、高寒、缺氧、大风等特殊条件下，应用本工法累计完成正线铺轨

663.67km，站线铺轨 46.05km，在铺设望昆（K958）至可可西里（K1067）段线路时，创出了日铺轨 7.925km 的高原铺轨记录。经过对已铺轨地段轨缝调查，该段线路轨缝检算值误差每千米累计左股最大 66mm、最小－58mm，右股最大 62mm，最小－67mm，均小于±80mm；高温时检查轨缝无连续 3 个及以上的连续瞎缝；低温时轨缝均没有超过最大构造轨缝。线路轨缝达到了规定的要求，证明以上施工技术措施适合于铁路大温差条件下铺轨时的轨缝控制。

11.2 大机整道应用实例

由于青藏铁路整道任务还未完全竣工，在按本工法施工的 700km 线路过程中，施工机械设备状况良好，作业质量良好，而且未造成施工污染，施工人员身体健康并没有一例高原病发生，取得了良好的经济效益和社会效益。

70m后张法预应力混凝土箱梁现场预制工法

YJGF073—2006

中铁大桥局股份有限公司　上海市第二市政工程有限公司　上海城建（集团）公司

赵剑发　谭国顺　徐敬森　崔革军　汪铁钧　顾利军

1. 前　　言

随着国民经济的发展，一些跨越大江、大海等特大型桥梁工程项目相继上马，为了减少深水基础的施工，降低工程造价，就对水上长大桥梁提出了新的施工要求；水上大型专用架梁机械的研制成功，为大跨度、大重量桥梁的预制架设提供了可能。本工法是在原有箱梁预制基础上，结合东海大桥和杭州湾跨海大桥 70m 箱梁预制施工实践，经不断研究、探索、总结而形成的。

2. 工 法 特 点

2.1　采用高位法预制箱梁，构思合理，施工方便，移梁不需特大型起吊设备。

2.2　预制台座采用钢筋混凝土结构，针对不同地质情况和不同部位，采取相应的地基加固方案，安全可靠，经济合理。

2.3　整体滑移式外模，液压伸缩式整体内模，活动端底模配合固定底模，方便施工。内、外底模板全部采用钢模。

2.4　底、腹板钢筋和顶板钢筋分别在各自绑扎胎模具上整体绑扎成型，整体安装，保证钢筋绑扎质量、加快施工进度。

2.5　采用大跨度龙门吊及自行设计的专用吊具吊装底腹板钢筋、内模及桥面钢筋。

2.6　采用自行开发研制的移梁台车移梁，经济实用、安全可靠。

2.7　针对箱梁预制长度长、重量大的特点，模板的设计、安装进行了特殊考虑。整个模板系统不设任何拉杆，提高了混凝土外观质量。

3. 适 用 范 围

本工法适用于 70m 及以下跨度整孔后张预应力混凝土箱梁的预制施工。

4. 工 艺 原 理

70m 预制箱梁预制重量达到 2200t，如沿用常规小吨位 T 梁预制的方法，在箱梁从制梁台座转移到存梁台座的过程中将需要起重能力超过 2200t 的起重设备，这对于一个临时性的预制场来说几乎是不可能实现的，并且投入将十分巨大。为此，箱梁预制采用高位预制法施工。所谓高位预制法，即在常规预制法基础上，将预制台座抬高一个运梁台车高度，并将预制箱梁两端支点处设置为活动底模，预制箱梁混凝土达到设计强度并张拉设计要求的预应力束后，拆除活动底模，运输台车进入预制箱梁相邻支点下部，将箱梁顶起，使之脱离底模，运输台车横移，将箱梁横移运输至相邻的存梁台座上，预制台座进行下道工序施工。对于跨海大桥超长、超大型构件的预制施工，采用高位预制法工艺显得尤为必要。此种施工工艺，预制场内不需要安装大型起吊设备，既可节约工程成本，也可节省施工场地。

5. 施工工艺流程及操作要点

5.1 工艺流程（图5.1）

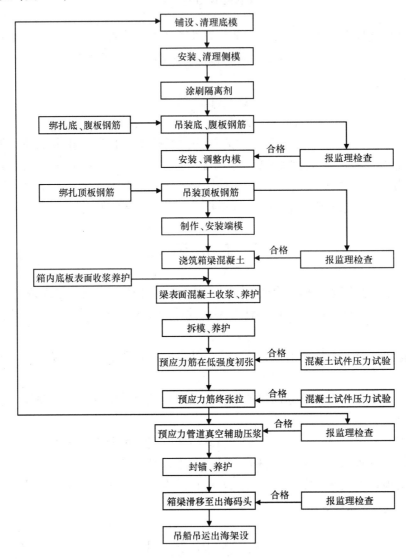

图5.1 工艺流程

5.2 操作要点

5.2.1 预制、存梁台座

根据实际地质情况和台座不同部位的受力要求，台座地基的处理采用了钻孔灌注桩、强夯等地基加固方法。制梁台座两端采用矩形承台，中部采用条形基础梁结构，以满足混凝土浇筑和第一批预应力筋张拉后对台座的刚度、强度和稳定性要求。

5.2.2 模板

模板由专业钢结构加工厂分块制造，现场组拼（图5.2.2-1）。

1. 底模

箱梁底模共分五个部分，根据设计支点设置要求决定各部长度，如图5.2.2-2所示。

A模板为活动底模，在混凝土浇筑完成并达到强度后，张拉时可随梁纵向自由收缩；B模板为可拆式底模，模板拆除后横移台车从此处移到梁底将箱梁起顶、横移；B模板两侧与A、C模板用销轴及螺

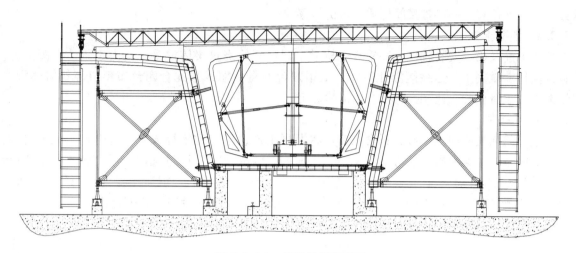

图 5.2.2-1　箱梁模板横断面

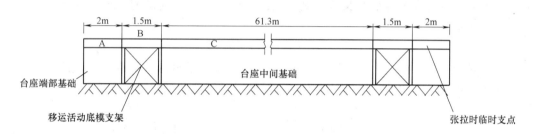

图 5.2.2-2　箱梁底模及台座断面

栓相连，移模小车上设有可调节模板高度的螺旋千斤顶，混凝土浇筑完成并达到强度后，用千斤顶将 B 模板落下，并方便抽出；C 模板为固定底模。为适应箱梁在养护、张拉过程中的纵向收缩，防止梁体混凝土开裂，A 模板底部保持较好的润滑状态，C 模在端部一定范围内沿纵向可自由收缩。

2. 外模

箱梁外模分块制造，在预制场内一次拼装完成后就不再拆开，外模支架底下设移动小车，整个外模移动时完全支撑在移动小车上，外模支架与移动小车顶之间设滑板结构，用千斤顶顶推外模横向移动，以利拆除和安装模板。每侧设两条钢轨，用卷扬机牵引整个外模在两个预制台座之间来回移动倒用，完成箱梁预制任务。每相邻两个预制台座共用一套侧模。需要说明的是梁体两侧有结构坡度时侧模宜采用 4 的倍数布置。

3. 内模

箱梁内模为液压伸缩式整体内模，箱梁底板顶面为开口式。内模预先在专用拼装台座上拼装成型，然后用专用吊具整体吊装到已安装好底腹板钢筋的制梁台座上。箱梁内模全部采用液压千斤顶通过折臂收缩来拆除模板。箱梁每相邻两个预制台座之间净距约为 15m，为了方便内模移出，内模分段长度为 10～12m。浇筑混凝土时，整个内模通过钢柱支腿支承在底模上。混凝土达到拆模强度后，铺设临时钢轨将带有轮子的活动支腿落下，收起带锥度的钢柱支腿，使整个内模活动支腿支承在临时钢轨上，将内模收起后分段移出。

5.2.3　钢筋骨架绑扎、安装

在箱梁预制台座旁设置底腹板钢筋和顶板钢筋绑扎胎模具。钢筋在成型车间制作完成后，分规格、型号堆码，并做好标识。梁体底腹板钢筋和顶板钢筋分别在各自绑扎胎模上绑扎成型，采用两台龙门吊机联合作业整体起吊，安装于预制台座上。为了保证预应力管道和锚块位置准确，在钢筋绑扎胎模上做好控制点。预应力管道定位网布设要符合规范要求，当预应力筋和骨架筋位置发生矛盾时，应优先保证预应力筋位置准确，骨架筋可适当弯折、移动。

5.2.4　混凝土施工

在梁体钢筋及模板安装就位，并检查合格后，即可开始浇筑梁体混凝土。由于梁体混凝土方量较大，且为高性能混凝土，为缩短灌注时间，采用四台混凝土输送泵配合四台布料机浇筑梁体混凝土。其高性能混凝土具体配合比和搅拌工艺由试验确定。

1. 混凝土拌制

开盘前试验人员必须测定砂、石含水率，将混凝土理论配合比换算成施工配合比。根据每片梁混凝土灌注时间及每片梁混凝土总方量，确定初凝时间，混凝土工厂产量选用实际产量不低于 $150m^3/h$ 强制式拌合机。控制混凝土在初凝时间内浇筑完毕，一般在 8h 左右。混凝土要搅拌均匀，颜色一致，搅拌时间不少于 2min。根据施工季节、浇筑进度和浇筑部位不同，及时调整配合比。

2. 混凝土的运输

混凝土采用混凝土搅拌运输车及输送泵管道运输。根据骨料大小，距离长短及高性能混凝土技术要求选用。采用布料机输送入模。为防止混凝土运送灌注中出现故障，混凝土搅拌应严格控制搅拌时间及坍落度，根据砂石料实际含水率及时调整水灰比，搅拌过程中应随时观察混凝土拌合物情况，以免堵塞混凝土输送管。

3. 混凝土的浇筑

为缩短灌注时间，保证混凝土浇筑质量，采用四台输送泵配四台布料机分别从跨中相向两端分层浇筑。边移动布料机输送管边灌注梁体混凝土。布料机布料区域示意图见图5.2.4。

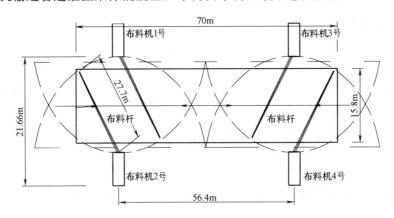

图 5.2.4　布料机布料区域示意图

混凝土灌注采用水平分层连续灌注，灌注厚度第一层 60～80cm，其余不大于 30～50cm。梁体混凝土浇筑顺序为先灌注底板混凝土，再对称灌注两侧腹板混凝土，最后灌注顶板混凝土。

先从腹板下料通过翻浆浇筑底板混凝土，振捣采用插入式振捣，混凝土不足部分在内模顶开孔补充混凝土。底板混凝土浇筑完后，分层、对称浇筑腹板混凝土，为保证倒角内混凝土密实，必须在箱梁内侧梗肋处开口插入振捣棒振捣，有时为保证腹板梗肋处混凝土的质量，当浇筑到底板以上 1.0m 范围内的腹板混凝土后，可静停一段时间，以控制混凝土不继续翻浆，然后再继续浇筑腹板混凝土。腹板混凝土浇筑过程中，应注意两侧对称，控制分层厚度和振动棒插入深度。两腹板灌平后，开始灌注桥面板混凝土。桥面混凝土从腹板两侧及箱梁顶板中间开始，对称向腹板浇筑，在腹板处合拢。振捣采用插入式振捣，桥面必须辅以振动桥振捣，并辅以收浆平台收浆抹平。收浆抹面不得少于 2 次以尽可能将富余水泥浆抹去。

4. 混凝土养护

在梁体混凝土灌注完，并收浆完毕后，应及时覆盖进入养护程序，避免风干和失水。混凝土养护可采用洒水自然养护或喷洒养护剂养护等方法，洒水以保持混凝土表面充分潮湿，连续洒水养护时间 7～14d。当气温较低或为了加速预制台座的周转时，梁体混凝土可采用蒸汽养护，并严格按蒸汽养护施工有关规定办理。

5.2.5 脱模

混凝土养护至15MPa以上即可拆除内模，养护至25MPa以上即可拆除外模。当气温较低时拆模强度应比上述数值高5MPa，气温变化较大时箱梁两端应覆盖遮严，防止产生温差裂纹。

5.2.6 预应力张拉施工

梁体混凝土达到设计强度及弹性模量要求后，进行预应力筋张拉施工。预施应力前应作好如下准备工作：

1. 千斤顶和油压表均在校验有效期内。

2. 检查钢绞线、锚具等技术合格证，并对锚具表面进行质量检查。

在第一片预制箱梁张拉前应测定下列数据：

1）锚具的锚口摩阻

2）管道摩阻

3）锚具锚固后的钢丝回缩量

4）夹片回缩量

第一，在上述准备工作做好后分两步开始进行预应力张拉，早期低强张拉，控制高性能混凝土的裂纹。此为施工过程中利用预应力体系的一个中间过程，是一个控制裂纹的有效措施。早期张拉强度为50%，弹模为50%。第二，进行预应力终张，按设计要求进行。

预施应力是以主油缸油压表读数控制，并以钢绞线束伸长量校核。纵向预应力筋张拉时，应左右对称进行，最大不平衡束不得超过一束，张拉顺序严格按设计图纸进行。横向预应力筋采用一端、单根逐根张拉的方法进行。张拉从跨中束开始，向两端对称张拉。

5.2.7 预应力孔道压浆

预应力筋张拉完毕后，经检查验证后才能进行压浆，张拉完毕之后应尽快进行压浆，其间隔时间不宜超过48h。为了提高孔道压浆的密实度，延缓预应力筋的锈蚀，采用真空辅助压浆方法。在压浆之前，一端采用真空泵抽吸预应力孔道中的空气，使孔道内的真空度达到80%以上，孔道的另一端压浆，最后压浆机以0.7MPa的正压力保压2min。由于孔道内只有极少的空气，很难形成气泡；同时，由于孔道与压浆机之间的正负压力差，大大提高了孔道压浆的饱满度。在水泥浆中，采用了较小的水灰比（一般为0.34），添加了专用的压浆助剂，以提高水泥浆的流动度，减小了水泥浆的收缩。

5.2.8 梁体的起顶、存放及滑移运输

采用自行研制的移梁台车和滑移系统，进行梁体的起顶、滑移至存梁台座存放和滑移运输的施工，通过液压系统的平衡来严格控制箱梁四个临时支点的相对高差（不超过5mm），保证箱梁在起顶、存放、运输过程中不损伤梁体。

5.3 劳动力组织（表5.3）

劳动力组织情况表 表5.3

序号	单 项 工 程	所需人数	备 注
1	管理人员	8	
2	技术人员	12	
3	钢筋绑扎	16	
4	模板修复及安装	14	
5	混凝土生产、运输	6	
6	混凝土灌注	20	
7	张拉、压浆	14	
8	普工	10	
	合计	100	

6. 材料与设备

主要材料及机具设备（主要是根据工程的数量和工程进度，表 6-1～表 6-3 仅为参考）。

主要工程材料数量表（不含临时工程） 表 6-1

名 称		单 位	数 量
上部结构钢筋	光圆钢筋	t	5300
	带肋钢筋	t	79880
附属结构钢筋	光圆钢筋	t	0
	带肋钢筋	t	1750
钢材 Q235		t	900
不锈钢钢板		t	130
泻水管		个	6270
后张法预应力钢绞线		t	26200
球形支座	1750t 防腐球形支座	套	852
	1250t 防腐球形支座	套	28
	800t 防腐球形支座	套	384
	600t 防腐球形支座	套	16
整孔箱梁预制		m³	450900

主要机械设备表（以六个台座施工时考虑） 表 6-2

1	轮胎装载机	3m³	台	4	
2	水泥运输车	15t	台	2～4	可由水泥供应厂家提供
3	柴油空压机	WY-9/7	台	8	
4	龙门吊机	120t	台	4	吊装钢筋及内模
5	龙门吊机	5t	台	2	
6	卷扬机	5t	台	10	
7	布料机	28m	台	4	
8	钢筋调直切断机	GT-4/12	台	6	
9	交流电焊机	7.5kW	台	48	
10	载重汽车	15t	台	2	
11	汽车吊机	25t	台	2	
12	对焊机	UN1-100	台	6	
13	钢筋弯曲机	GW40	台	8	
14	木工平刨床	MB503A	台	3	
15	木工圆锯机	MJ104	台	3	
16	锅炉	4t	台	1	采用蒸汽养护时才有
17	锅炉	2t	台	2	生活用
18	千斤顶	800t	台	20	
19	发电机	250/500kW	台	2/1	
20	高速提浆机（振动桥）	ZJ-400A	台	4	
21	真空泵	ZKGL 组件	台	4	
22	螺杆泵	LGB3	台	4	

23	电动油泵		台	20	
24	千斤顶	YCM500B	台	10	根据预应力最大张拉力控制
25	千斤顶	YC75A	台	4	
26	千斤顶	YC26	台	10	
27	螺旋千斤顶	32t	台	500	
28	混凝土搅拌站	100m³/h	座	4	
29	混凝土输送泵	120m³/h	台	5	
30	混凝土搅拌运输车	8m³	台	8	
31	测量设备		套	1	
32	试验设备		套	1	
33	收浆平台		套	4	

主要材料试验、测量、质检仪器设备表　　　　　　　　　　　表6-3

序号	仪器设备名称	规格型号	单位	数量
1	GPS测量仪		套	1
2	全站测量仪		台	2
3	激光测量仪		台	1
4	经纬仪		台	3
5	水准仪		台	4
6	检定钢尺	100m	把	2
7	游标卡尺	1000mm/0.02	把	2
8	放大镜	5倍	个	5
9	刻度放大镜	20倍	个	2
10	万能材料压力试验机	WE-1000	台	1
11	万能材料压力试验机	WE-300	台	1
12	压力试验机	YA-2000	台	1
13	混凝土标准养护室	HBY-1	台	1
14	混凝土试块恒温恒湿养护箱	YH-40	台	1
15	材料拉伸试验机		台	2
16	测力传感仪		台	2
17	电阻应变仪		台	2
18	材料硬度测试仪		台	4
19	砂、石骨料质量检测仪器		套	2
20	水泥质量检测仪器		套	2
21	钢材质量检测仪器		套	2
22	混凝土配合比试验仪器		套	4
23	混凝土拌制质量检测仪器		套	2
24	混凝土弹模试验检测仪器		套	2
25	混凝土防腐试验检测仪器		套	1
26	水质及海水质量分析仪器		套	1
27	振筛机	STSJ-3		1
28	负压筛析仪	FSY-150		1

序号	仪器设备名称	规格型号	单位	数量
29	静浆搅拌机	NJ-160		1
30	胶砂搅拌机	JJ-5		1
31	胶砂振实台	ZT-96		1
32	电动抗折仪	DKZ-5000		1
33	雷氏沸煮箱	FZ-31A		1
34	金属硬度计			1

注：以上不含纵横移机械设备。

7. 质 量 控 制

7.1 质量标准

1. 采用《跨海大桥工程专用施工技术规范》；

2. 采用《跨海大桥工程专项质量检验评定标准》；

3.《公路工程质量检验评定标准》JTJ 071—98；

4.《公路桥涵施工技术规范》JTJ 041—2000；

5.《港口工程质量检验评定标准》JTJ 221—98。

7.2 质量控制措施

7.2.1 为了控制预制箱梁质量，箱梁预制开始前，应编写详细的施工操作作业指导书，对参加施工的全体人员进行技术交底，认真执行经业主及监理工程师批准的施工工艺和设计图纸，对工艺、图纸的修改应取得监理工程师的认可。

7.2.2 所有设备应定期进行检查、维修、保养和试运转，以保证施工顺利进行。

7.2.3 所有用于箱梁预制的材料应符合要求，材料应进行有效标识，并可以追溯，材料的装卸、运输、储存、制作、安装不应影响材料的性能。

7.2.4 所有的质量记录应完整，有效标识并保存。

8. 安 全 措 施

8.1 严格执行国家有关安全生产的规范和规章制度及《职业健康安全和环境管理手册》（GB/T 24001—1996，GB/T 28001—2001）。

8.2 设专职安全员负责制定施工安全操作规程，检查安全情况，提出改进措施。

8.3 坚持岗位培训，持证上岗，杜绝无证驾驶，无证操作。

8.4 机械性能良好，无机械事故。

8.5 用电安全、消防安全必须得到贯彻。

8.6 预应力张拉作业安全注意事项应得到落实，张拉作业过程中，非许可作业人员不得旁站，不得站立在张拉作业的正前方。

8.7 所有压力作业应有效防范压力设备失效时可能产生的事故。

8.8 模板、设备及材料等的起吊、运输、存放应牢固、可靠，防止倾覆。

8.9 应充分考虑暴风雨、尘土对安全生产的影响。

8.10 必要的医疗设备和人员应能及时处理人身安全事故。

8.11 晚间作业时，应设置足够的照明设施。

8.12 作业现场应设置安全生产警示牌和详细的安全生产细则。

9. 环保措施

9.1 成立环保工作小组，配置环保专职人员，切实贯彻环保法规，该机构由一名副经理任组长。各作业队、班组派人参加，将环保责任和义务落实到人。

9.2 遵守环境保护法律，执行环保政策。严格执行国家及地方政府颁布的有关环境保护，水土保持的法规、方针、政策和法令。

9.3 接受监理工程师、业主及政府的监督、检查，认真按照监理工程师的指令办事。

9.4 制定环境保护方案，包括施工现场所必需的排泄系统、照明灯光、护板、围挡、栅栏、警示信号标志。及时申报有关环保方案，按批准的方案组织实施，定期检查和保护措施等。

9.5 环境保护措施

9.5.1 废水排放、废弃物的清除及生产、生活环境的空气污染

施工废水采用沉淀池或药物净化后排放。生活营区厕所设化粪池，生活污水和化粪池的污水排放到窖井中，防止对周围环境的污染，船舶上设置移动厕所，防止粪便排入水中污染海水。生活垃圾运至环保部门指定处掩埋。施工便道经常洒水，防止车辆通过时尘土飞扬。加强海上施工船舶及运输船舶的管理，定期检查船舶的环保状况，对废油、弃油不得直接排入海中，污染水域。

9.5.2 噪声控制

遵守《中华人民共和国环境噪声污染防治法》并依据《工业企业噪声卫生标准》合理安排工作人员轮流操作机械，减少接触高噪声的时间或穿插安排高噪声的工作。对距噪声源较近的施工人员，按规定配备防护用品。注意对机械的经常性保养，尽量使其噪声降低到最低水平。将生活区布置在离噪声源较远的地方，保持施工人员的休息环境，切实保护参加施工人员的健康。施工场地周围按规定砌筑隔声墙，防止噪声扰民。

10. 效益分析

经济效益：70m箱梁若采用移动模架或节段拼装，其每片梁的施工周期一般为15d左右。以杭州湾跨海大桥540片箱梁为例：采用6套移动模架，每套移动模架施工90片箱梁，其施工时间90×15＝1350d最快需要3.7年，工期较长。每套移动模架造价2000万人民币、6套移动模架需1.2亿人民币。采用4套模板整孔预制，每5d可施工一片梁；每套模板制梁135片，施工周期为135×5＝675d、最快1.9年即可完成。每套模板造价700万元人民币，4套模板需2800万元人民币。采用移动模架需海上混凝土工厂，其海上费用与整孔安装大型浮吊费用大体相当。仅模板投入一项整孔预制即可节省费用8000万元。采用移动模架工期滞后带来的投资利息及滞后通车效益将以数亿计。同时海上高空作业所带来的安全及环保要求难度比整孔陆上预制要大得多。

社会效益：开发了70m跨度后张预应力混凝土整孔箱梁预制技术，填补了我国建桥史上的一项空白，为跨越大江、大海等特大型桥梁的设计、施工提供了新的选择，必将推动桥梁事业的发展。

11. 应用实例

该工法成功运用到了东海大桥和杭州湾跨海大桥的70m箱梁预制施工中，其中东海大桥的70m箱梁预制数量为362榀，杭州湾跨海大桥的70m箱梁预制为540榀。箱梁预制长度最长69.1m，预制重量达2200t，预制长度和重量在国内尚属第一。从东海大桥到杭州湾跨海大桥，施工中克服了结构设计复杂、施工组织困难等难题。取得了良好的效果，使得社会效益和经济效益更加明显。

宽级配砾石土心墙堆石坝施工工法

YJGF074—2006

中国水利水电第七工程局

莫永彪 何福江 赵海洋 周朝德 刘福友

1. 前 言

宽级配砾石土心墙堆石坝是国内目前新兴的一种坝型，它采用了宽级配砾石土心墙作为大坝防渗体，砾石土具有压缩变形小，抗剪模量高，是较好的高坝建筑材料。中国水电七局承建的雅安硗碛水电站125.5m的宽级配砾石土心墙直心墙堆石坝，为国内最早施工和建成投产的首座100级高坝。施工克服了当地的高寒、多雨的恶劣气候条件，同时大坝适应了坝基深达70m的深厚覆盖层基础，在国内首先实现100m级突破，在采取保温、防护等一系列措施的基础上，实现了大坝的快速填筑技术，最大月填筑13.6m的纪录，同时采用了大型土石方施工机械和重型振动碾，土料施工采用目前国内最重的凸块振动碾，同时在高塑性黏土的施工中，结合当地低液限土的特性，改施工传统的"薄层轻碾"为"厚层重碾"的创新施工工艺，突破了国内的设计和施工规范和常规工艺，在保证质量的同时，使实际施工含水率比原设计的施工含水率高出7%～10%，也充分发挥了其较高的塑性和适应变形能力。宽级配砾石土心墙土石坝在国内后续水利水电工程设计中被大量采用，新时期土石坝施工技术的发展以重型振动碾及土石方机械等大型施工设备的应用为主要标志，使土质心墙堆石坝成为现代高土石坝的主导坝型，同时当地材料坝也是比较经济的一种坝型，本工法就是针对宽级配砾石土心墙堆石坝填筑施工的总结。希望能对后续工程的建设提供一些参考。本工法2007年3月被评为省级工法。

2. 工 法 特 点

2.1 宽级配砾石土的抗剪强度高，在大功率碾压设备施工时，压实容重大、变形较小，有利于建设高土石坝，但因其级配较宽，对料源要求严格，施工过程精细、质量要求高。

2.2 大坝为砾石土心墙坝，需精心制定施工组织设计，通过现场填筑碾压试验确定合理的施工程序、施工工艺和施工参数，确保坝体碎石土心墙等各种填料的填筑质量是大坝工程的关键。

2.3 分区坝所需料种类多，料场较为分散，必须配备数量多、容量大、效率高配套成龙的大型机械设备才能满足高强度的施工需要。

2.4 砾石土心墙是坝体填筑的关键所在，其施工受水文、气象条件影响和制约大，在施工组织及进度计划安排时要充分考虑这些因素的不利影响，并采取有效的措施保证砾石土心墙的施工和质量。

2.5 宽级配砾石土是我国水电资源丰富的西南地区特有资源，在开发难度大和交通条件特差的西南横断山区，当地材料坝是一种经济、可行性较好的坝型，同时它克服了黏土较大变形的缺点，宽级配砾石土心墙是一种极有潜力的坝型。

3. 适 用 范 围

本工法适用于交通条件不发达，施工环境、气候条件恶劣，砾石土料丰富、适合修建当地材料坝的地区。

4. 工 艺 原 理

模拟大坝实际施工情况，采用合理的生产性试验，选择合理的施工控制参数和资源配置，使施工控制更趋科学，技术更先进严谨，更符合环保和经济要求，更有利于快速施工。

5. 施工工艺流程及操作要点

5.1 施工工序

砾石土心墙坝体填筑前，先进行各种填筑料的碾压试验，复核各种填料设计参数的合理性，同时获得各种填料的填筑、碾压参数，为大坝填筑施工做准备。而砾石土心墙坝体填筑的施工过程是分层分区进行的，每一层的填筑施工都是由料物开采→土石料装车→车辆运输→卸料、填铺→土石料压实→质量检验等施工环节构成的一个循环过程。坝体填料由堆石料、反滤料、过渡料、砾石土心墙料、高塑性黏土料等组成，每层、区堆筑料的填筑都为一施工循环过程。

5.2 生产性试验

5.2.1 块石料场开采爆破试验

堆石料料场开采爆破施工中，根据岩性不断变化，进行相应的爆破参数调整、优化，使之满足上坝要求和最低成本要求，这是堆石料场开采的重点工作之一。分别从以下方面入手分析地质、地形、水文、岩性、布孔、炸材、网络、设计对爆破料颗粒级配的要求，以及对爆破成本影响，确定合理爆破参数。

1) 地质因素对爆破破碎块度的影响研究

通过以往对爆破破碎岩石块度方面的研究，认为由于岩体中存在大量节理、裂隙等构造，由它们组成的结构面控制着岩体的破碎。粒径大于 $10\sim80cm$ 的块度，由原始结构面控制所占的比例达 $50\%\sim75\%$，对于小于 $10cm$ 的岩块，随着粒径的减小，其破碎面中结构面影响所占的比例逐渐减少。可见地质因素对一些粒径的爆破破碎块度有着决定性的影响。

2) 不同岩石的爆破参数优化

由于料场地质复杂，岩石风化程度不一，裂隙发育，同时分布玄武岩、辉绿岩、夹部分千枚岩，在开采爆破中必须采取合理的爆破参数优化措施，使之满足块石料上坝要求。块石料爆破参数见表 5.2.1。

块石料爆破参数　　　　　　　　　　　　　　　　　　　　表 5.2.1

梯段高度 H	底盘抵抗线 Wd	超钻 L	孔距 a 排距 b	单位耗药系数 q	第一排孔装药量 Q	第一排外孔装药量 Q	第一排孔堵塞长度 L_2	其余孔堵塞长度 L_2	每孔间隔时间 T
9m	2m	1m	$a2.5m$ $b2.2m$	$0.5\sim0.55kg/m^3$	$18\sim19.8kg$	$19.8\sim21.8kg$	$1.8\sim2.5m$	$1.4\sim1.7m$	50ms

3) 炸药单耗的合理选取

根据岩石种类、风化程度，选取合理的爆破炸药单耗。根据类似工程经验，强风化上段玄武岩的爆破炸药单耗 $q=0.4kg/m^3$，强风化中下段玄武岩的爆破炸药单耗 $q=0.45kg/m^3$，新鲜玄武岩、辉绿岩的爆破炸药单耗 $q=0.5kg/m^3$，千枚岩的爆破炸药单耗 $q=0.4kg/m^3$。

4) 因地制宜布孔

合理的布孔为爆破创造良好的条件，爆破效果好。由于料场地形复杂，岩体裂隙发育，布孔尤为重要。故采取以下方法因地制宜布孔：

由于台阶坡面凹凸不平，坡面角陡缓不同，出现第一排孔实际底盘抵抗线偏大的现象，导致爆破后爆区前沿大块率高，因此在第一排孔前部设置辅助孔，优先起爆，降低第一排孔实际底盘抵抗线；

由于岩体裂隙发育，故采用宽孔距技术布孔，增大炮孔密集系数，减少爆破作用气体沿裂隙泄露而产生的负面影响。炮孔密集系数 m 由常规的 1～1.3 增大为 3～6，排间延时为 15～25m/s。

5）装药结构的合理选取

根据岩性变化，改善装药结构，合理分配炸药。

6）选取合理的爆破网络

根据现场爆区布置及岩性变化，选取简单、安全的爆破网络，确保爆破效果。

7）不同岩石的粒径级配控制与预报

根据不同岩石的地质特性，采取了以下措施控制石料粒径级配：

根据岩石的不同种类进行爆破分区，并进行相应的爆破参数设计；

根据现场钻孔揭示的地质变化，进行相应的爆破参数调整；

严格按照爆破设计施工，提高钻孔技术，加强爆破现场管理，并根据现场实际地质变化，及时调整爆破参数，确保爆破效果，降低人为因素而产生的大块率。

在做好以上粒径级配控制工作的同时，加强地质预报工作，建立"地质预报——爆破施工——信息反馈——调整设计——爆破施工"信息链控制石料粒径级配。

5.2.2 砾石土料碾压试验

（1）碾压试验目的

模拟与大坝实际填筑的工况下，对土料进行现场填筑生产性碾压试验，其主要核实坝料设计填筑标准的合理性，通过试验参数对设计参数进行复核；检验所选碾压设备能否满足设计要求，分析其经济性和可能性及生产率，为设备配置提供基础资料；确定经济合理的碾压施工参数；确定压实质量控制方法，寻求先进的质量；分析土料破碎率和前后级配变化，调整料源开采要求；进行渗透试验，室内击实和大三轴试验，确定土料的渗透指标，复核与设计指标的差异；为后期的大坝整体施工优化做好技术准备。

（2）试验主要技术要求

碾压试验场有效尺寸 36m×22m。场地划分为 12 个条块。每个条块为 8m×5m。基底为咔日砾质土料，推土机推平基底后，用 W2005PDW 型振动凸块碾碾压密实。整个场地高差控制在 5cm 以内。每场试验 10 个碾压单元，比较各种不同砾石含量的土料、含水率、铺土层厚、碾压遍数等参数组合下土料的压实效果和渗透系数，分析之间的联系，确定施工参数。

（3）试验用料

试验选料必须基本代表料场的整体料源情况。

（4）试验方法

1）试验前先推平场地、清理表层土，回填 20cm 厚与试验相同的土料，采用 W2005PDW 振动碾压实，压实遍数不少于 10 遍，表面高差不超过 5cm。然后对场地进行测量、放线，并记录各点的相对高程，测点间距 1.5m×1.5m，并用界桩和白灰画出试验分区，并标明各区拟定的试验参数。

2）料场先进行开采方式的试验，试验立采、平采、混合开采对土料的级配、含水和对利于料场开采的工艺进行对比分析，确定试验料开采方式。

3）在装车前取料场原土料试样，做级配、含水检测；试验采用进占法铺料，按事先确定的铺料厚度摊铺，人工剔除超径颗粒，完成铺料后取试样，分析开采、运输、摊铺对级配和含水的影响，做碾压前的颗粒级配和含水检测。

4）采用推土机摊铺，控制铺料层厚在允许范围，并测量其层厚，满足试验要求，并按原试验设计碾压单元重新放线，并测量铺料厚各对应测点的高程。

5）按划分填筑单元分别碾压，先静压 2 遍，使表面大致平整，在按拟定碾压参数碾压，专人指挥记数，碾压采用进退错距法。

6）碾压完成后，测量先前各对应测点的高程，计算该试验单元的沉降量，并挖坑取样检测碾后的压实度，颗粒级配，并做渗透试验，同时用水分核子密度仪复核，为今后用水分核子密度仪做快速检测做参数积累。

（5）碾压参数的分析与施工碾压参数的选择

1）碾压设备的选型

根据砾石土的压实特性，以及大坝深覆盖层基础要求大坝自身的沉降不宜过大，试验选择了国内目前先进、施工效率高，有利于环保的设备。

2）试验填筑层厚和碾压遍数的选择

砾石土料的铺料厚度选择了30cm、40cm、50cm三种铺料厚度，各种铺层拟定选择了12遍、16遍、20遍三种碾压参数。

3）施工碾压参数的合理选择

碾压参数的初期主要依据室内击实试验的做功情况和类似工程的施工经验初步拟定，通过现场碾压试验选择确定，心墙是土石坝工程的最重要结构，合理的碾压参数才能保证坝体施工质量，特别是在国内高土石坝中初显头脚的砾石土，运用经验较少，更需要通过大量不同组合的碾压试验参数，试验方法，结合现场大型直剪试验、渗透试验结果和深入的分析、研究，才能确定合理、可行的碾压参数。

5.3 填筑施工工艺流程（图5.3）

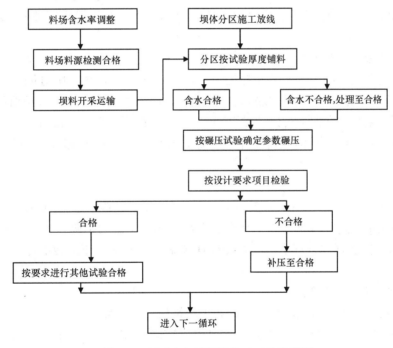

图5.3 砾石土心墙填筑施工工艺流程图

5.4 宽级配砾石土心墙施工

硗碛水电站砾石土心墙堆石坝的施工工艺由于受到工程实际条件的限制和制约，除了碾压设备，主要采用配套中小型的机械设备，却创造了很高的填筑强度，最大限度地降低了工程的施工成本。硗碛水电站砾石土心墙堆石坝填筑施工所采用的施工方法如下：

5.4.1 各种填筑料的施工方法

填筑中采用的机械流水作业方式为：对堆石料，采用阿特拉斯D7液压钻机钻爆→1.6m³液压反铲挖装料→20t自卸汽车运输上坝→235kW或162kW推土机平料→YZ26E（26T）振动平碾碾压；对反滤料，采用移动式分节皮带机生产→ZL50C（3.0m³）侧卸装载机装料→20t自卸汽车运输上坝→

0.9m³ 或 0.2m³ 液压反铲平料→10t 振动平碾碾压；对过渡料，采用 1.6m³ 液压反铲挖装料→20t 自卸汽车运输上坝→235kW 或 162kW 推土机平料→YZ26E（26T）振动平碾碾压；对砾石土防渗料，采用 1.2～1.6m³ 液压反铲挖装料→20t 自卸汽车运输上坝→162kW 推土机平料→2005PDW（20T）凸块碾碾压；对高塑性黏土料，采用 1.2～1.6m³ 液压反铲挖装料→20t 自卸汽车运输堆存→1.2m³ 液压反铲集料→ZL50C（3.0m³）侧卸装载机装料→20t 自卸汽车运输上坝→1m³ 或 0.2m³ 液压反铲平料→26T 振动平碾碾压。

针对上述流水作业方式，专门对各种填筑料的填筑制定了一套切实可行的施工方法：

1）堆石料填筑施工方法

根据现场填筑专门进行生产性试验，确定堆石料铺筑分层厚度为 120cm，其水平宽度向外超填 60～80cm，以便填筑完成后进行削坡。采用进占法铺料，采用推土机推料摊铺平仓。层厚采用标尺控制。堆石料与过渡料相接时，相邻层次间做到材料界限分明，并做好接缝处的连接，斜面上的横向接缝处收成 1∶2 的锯齿状斜坡。填料之间的接头连接平整，非接头处注意收坡。块间的虚坡采取台阶式接坡方式或将接坡处未压实的虚坡石料挖除。堆石料采用 YZ26E（26T）自行式振动碾进行进退错距法碾压，每次错距 30cm，且在进退方向上依次延伸至每个单元，保证连续施工。振动碾压 16 遍，行走速度控制在 3～4km/h，振动碾平行大坝轴线方向行走碾压。与岸坡接头处，岸坡地形突变，局部狭小的边角部位采用 BW75S 型手扶式振动碾碾压。工作面之间交接处进行搭接碾压，搭接宽度为一碾宽。堆石料修坡采用液压反铲沿坡面自上而下进行，同时用反铲挖斗对边坡进行整坡和夯实，局部采用夯板夯实；对局部边角部位及其他机械无法运行的部位采用人工配铁锹、锄头等进行修坡。

2）过渡料填筑施工方法

根据生产性试验及碾压机械的性能，确定过渡料铺筑分层厚度为 120cm。采用进占法铺料。层厚采用标尺控制。过渡料与反滤料、堆石料相接时，相邻层次间做到材料界限分明，在其填筑时按左右岸各分 2 区（铺料区和检测区），并做好接缝处的连接。为保证边缘压实度，应预留接头部位碾压收边量，整个铺料层在围堰轴线方向向上游侧超填 30cm。采用 YZ26E（26T）自行式振动平碾进行进退错距法碾压，且在进退方向上依次延伸至每个单元，保证连续施工。振动碾压 12 遍，行走速度控制在 2～3.0km/h。

3）反滤料填筑施工方法

根据生产性试验结果及碾压机械的性能，确定了反滤料分层铺料厚度为 80cm。采用反铲辅助人工铺料平仓，层厚采用全站仪进行适时控制、平仓。大面采用 14t 振动平碾进行错距法碾压，每次错距 30cm，且在进退方向上依次延伸至每个单元，保证连续施工。振动碾压遍数静碾 4 遍，振动碾平行大坝轴线方向行走。

4）砾石土心墙料填筑施工方法

根据生产性试验结果及碾压机械的性能，碎石土料铺筑分层厚度为 40cm，碎石土料与基础及两侧反滤料相接时，相邻层次间做到材料界限分明，并做好接缝处的连接，斜面上的横向接缝收成 1∶2 的锯齿状斜坡。采用进占法铺料，推土机推料摊铺。层厚采用全站仪进行适时控制、平仓。填料之间的接头应连接平整，非接头处注意收坡。块间的虚坡接头采取台阶式接坡方式，碎石土防渗料填筑完成后反滤料（面层）施工前应采用人工将接坡处超填但未经压实的碎石土料清理挖除。大面采用 2005PDW（20T）自行式凸块振动碾采用错距法碾压，每次错距 30cm，且在进退方向上依次延伸至每个单元，保证连续施工。振动碾压遍数为 10 遍（静碾 2 遍，振碾 8 遍），行走速度控制在 3～4km/h，振动碾的行驶方向以及铺料方向平行大坝轴线。左右端与岸坡接头处等局部边角部位采用小型手扶式振动碾碾压。工作面之间交接处进行搭接碾压，搭接宽度为 0.5m。

对坝上已填筑的碎石土，雨雪天时用事先准备的防雨棚布将其覆盖，同时做好周围排水工作；在气温较高或风力较大时，根据实际情况做坝面结合层洒水；下雨之前，先用平碾将已填筑的防渗料压成光面（以减小表面材料的吸水率），再用事先准备的防水棚布将其覆盖，同时加强周围排水工作。恢复填筑前，对原已压实的填筑层，先用反铲表面不合格湿土，再用核子密度湿度仪检测已压实土料的密实度及含水量，符合质量要求的并对填筑面进行刨毛后上料填筑；对未压实的填筑层，同样先用反铲表面不合格土料后，检测含水量，合格后即进行翻松、平整、碾压；若土料含水量偏高，则需翻松凉晒，直至合格为止。任何情况下如发现弹簧土及剪切破坏则必须进行返工处理。施工中不留施工纵缝，施工横缝作成不陡于 1∶3 的坡度，且不超过 20m。对于料场，事先在料场周围及料场内划块挖设截、排水沟并及时疏通，确保除雨水外料场周围的地表水不涌进料场区域。

5）高塑性黏土填筑施工方法

根据生产性试验结果及碾压机械的性能，高塑性黏土料铺筑分层厚度为 40cm。高塑性黏土料与基础及两侧碎石土料相接时，相邻层次间应做到材料界限分明，并做好接缝处的连接，防止层间产生过大的错动或混杂现象。为保证边缘压实度，预留接头碾压收边量，整个铺料层在坝面法线方向向两侧各超填 20cm。填筑时黏土料与碎石土料同时进行填筑。采用进占法铺料，推土机推料摊铺。层厚采用全站仪进行适时控制、平仓，与砾石土平起上升。大面采用 YZ26E（自重 26T）自行式振动平碾进行错距法碾压，每次错距 30cm，且在进退方向上依次延伸至每个单元，保证连续施工。振动碾压静碾 5 遍。

由于采用了高含水率直接上坝填筑技术，直接从料场开采运输至大坝下游堆存场地，堆成土牛并用彩条布将其遮盖，使用时直接挖装上坝进行填筑；根据试验检测结果，坝面土层表面干燥需补充水分时，在坝面上用洒水车直接进行洒水，要求以压力水和压缩空气混合以雾状喷出，使洒水均匀，洒水后用圆盘耙掺和均匀。根据设计要求，一般混凝土板与黏土结合部位采用黏土浆进行胶结，即在左右岸各设黏土浆采用小型拌合机进行拌合，每层填筑前采用人工进行涂刷。施工前将混凝土面洒水湿润，边涂刷边铺筑边夯实，涂刷高度与铺土厚度一致，并与下部土层衔接。

5.4.2　多种料填筑施工方法

在进行大坝填筑施工前，根据硗碛水电站砾石土心墙堆石坝填筑施工实际，参考了国内已建和我局已建土石坝工程关于多种料方面的施工经验，结合本工程项目的机械化施工工艺、方法及施工进度安排等情况，并经过建设四方共同研究、讨论和修改，提出了适合本工程的多种料施工方法。

1）平起填筑。均衡坝体各区的填筑速度，尽可能使其平起上升填筑。由于大坝为碎石土心墙坝，心墙填筑受降雨量限制，而块石料填筑本身要求一定的透水能力，雨季对块石填筑影响甚微，以致于气候因素决定旱季应超前进行心墙填筑，雨季进行块石施工。如在硗碛水电站大坝基础防渗帷幕、坝基固结灌浆、灌浆廊道施工期间，提前安排了上游堆石Ⅰ区和下游堆石Ⅰ区的堆石料填筑，同时，在满足 2006 年度汛要求和确保工程质量的前提条件下，经过多次会商讨论，在 2005 年枯水期充分利用防渗料的最佳填筑时段，先精心组织进行反滤料、砾石土心墙防渗料、过渡料、上游堆石料、下游部分堆石料的填筑，将大坝下游堆石Ⅱ区 EL.2058m 以上的距过渡料边界 10m 以外范围的堆石放缓填筑速度，再在主汛期精心组织大坝下游堆石Ⅱ区的填筑。在大坝下游堆石Ⅱ区填筑预留的堆石结合带，严格按照平起上升的填筑原则与相邻的填筑料过渡料区协调上升。采取这样的施工方法，提高了机械设备的利用率，减少了天气、气候因素带来的不利影响，减轻了防洪度汛和工期的压力，有利于相邻料的平起填筑时的跨缝碾压；最大限度地节约了各种施工资源，降低了工程的施工风险；均衡了整个坝体填筑的施工强度，削减了高峰期的施工强度，获得了较好的经济效益和社会效益，保证了工程的施工质量。

2）填筑次序。依据技术规范、设计要求，结合我局在本工程所采用的施工机械设备和工程实际，通过现场生产性试验，合理地确定了各种填筑料合理的层厚及填筑碾压施工参数。即按照高塑性黏土层厚为 40cm，砾石土心墙防渗料层厚为 40cm，反滤料层厚 80cm，过渡料和堆石料层厚均为 100cm 的要求进行铺填，使得填筑可以按照规定的层厚协调上升。施工时按照材料填筑分区的不同坡向，确定了各种料填筑的先后次序。反滤料与砾石土心墙防渗料按"犬牙交错"先砂后土的方法施工，其余料按正常次序即先细料后粗料逐层平起填筑，各区协调上升。实践证明，按上述方法实施形成的流水作业方式，施工速度快，容易控制边界偏差，保证了填筑质量。

3）控制边界偏差。由于在大坝填筑施工测量放样工作中，采用了先进的全站仪测量，使得施工放样工作及时、快速、准确。填筑期间实行全天 24h 进行测量作业，用全站仪逐层放出各带、各区的分界线，并洒白灰线作出明显的标记，并采用标牌标出高程及施工参数。铺料高程主要采用标杆控制，根据各种料的铺料厚度，做好标杆用以控制铺料厚度，同时采用测量定点控制高程。

4）跨缝碾压。要求多种料平起填筑的同时全部采取跨缝碾压的方法。跨缝碾压前，须保证填料边界的准确性，同时用反铲清除堆石施工缝处、堆石和过渡料边界处、过渡料和反滤料边界处的集中大块石、超径石，回填较小粒径的石块和过渡料，平整后才进行跨缝碾压。

5.4.3 冬雨期施工措施

（1）冬期施工措施

坝址区海拔高，冬季气温较低，极端最低气温达 −12℃，冬季坝体填筑施工中将根据具体情况采取以下措施，保证填筑质量。

1）严禁碎石土防渗料冻土料上坝填筑，当日最低气温在 −10℃ 以下，或在 0℃ 以下且风速大于 10m/s 时，应停止碎石土防渗料填筑施工。

2）填筑冬期施工采取快速连续作业，尽量缩短铺料、洒水、碾压等工序之间的间歇时间。在负温下，填筑料不得洒水，通过调整爆破参数及混装炸药等技术，通过改变装药结构改善开采填料的级配、适当降低分层填筑厚度、增加碾压遍数等措施，保证填筑质量。

3）负温下施工，应作好压实土层的防冻保温工作，及时覆盖双面涂塑帆布，避免土层冻结。其后采用推土机清除覆盖的土料。

4）由于高塑性黏土采用自然含水直接上坝，低温下堆料场必须做好保温，并实测填筑结冰温度，在此问题下停止施工，做保温措施。

（2）防渗料雨季防护措施

施工区属亚热带季风气候区，夏季温和湿润、5～10 月份雨量丰沛，雨天填筑施工中应根据现场的施工条件采取有力的措施，防止施工过程中含水量增加，确保填筑质量满足设计及规范要求。

1）加强天气预报，提前做好各项施工预防措施。

2）日降雨量大于 5mm 时应停止碎石土防渗料的填筑施工。

3）坝体上下游填筑面应分别向上下游倾斜一定的坡度（倾斜坡度可取 1‰～2‰），以利排除坝面积水。

4）在防渗体填筑面上的大型施工机械，雨前应开出填筑面停放在坝壳区。

5）下雨或雨后严禁践踏坝面，严禁车辆通行。

6）雨前振动平碾快速压实表层松土，注意保持填筑面平整，以防积水和雨水下渗，妥善铺设保护层，并在边坡上布置截水沟、排水沟阻止边坡雨水对土料的影响。并在雨季采用抗雨帆布全面进行遮盖，施工到该段时再进行揭开，以确保土料填筑进度和质量。

（3）旱季心墙超前、雨季填筑堆石施工措施

在土石坝施工中，做好冬雨季各种料的填筑施工组织和安排，对均衡施工强度、合理利用资源、保证施工质量、加快施工进度、控制施工成本起着不可低估的作用。根据水文气象资料，硗碛地区多年平均降雨量为 1000～1100mm，大部分集中在 5～10 月，占全年降雨量的 85%，11～来年 4 月只占全年降雨量的 15%。由于大坝为碎石土心墙坝，心墙填筑受降雨量限制，而块石料填筑本身要求一定的透水能力，雨季对块石填筑影响甚微，以至于气候因素决定旱季应超前进行心墙填筑，雨季进行块石施工。

1）心墙超前：枯水期 11 月～来年 4 月，降雨量少，集中进行心墙部位填筑；测量依据碎石土、反滤料、过渡料、块石料设计填筑部位进行施工放样，打桩。技术人员依据测量点线现场指挥依次进行碎石土、反滤料、过渡料、部分块石料施工（基本保证平起施工），并对各种料接缝连接进行控制。由于雨季对心墙料影响较大，所以枯水期只进行部分块石料施工。过渡料上下游部位只进行 10m 宽范围

内块石料填筑（满足双车道）。

2）块石施工：汛期5～10月，降雨量丰富，对块石料填筑影响小，主要进行块石料施工。自上下游过渡料10m以外位置起进行块石料填筑（10m宽为预留双车道，上下游交叉填筑道路），并以1∶2的坡比逐层上升，填筑方法同Ⅰ区。10m以内位置的块石料与心墙填筑一同施工。

5.5 几项新工艺的运用

5.5.1 重车过心墙施工技术

在碾压合格的心墙上，用砾石土铺80cm厚、6m宽的重车道，采用26t振动平碾碾压8遍，并找平满铺2m×1.5m厚20mm钢板，形成单宽为4m的双车道，保证50t重车通过，并不破坏心墙。在下次过心墙道路形成后，根据实际情况处理垫路的保护料，含水适度可直接用于心墙填筑；用核子湿度密度仪做快速检测后，不能满足直接填筑要求的作弃料处理。心墙过坝部位重新填筑前必须重新碾压，过心墙道路必须每次变换部位，尽量减少对心墙的扰动。

5.5.2 高塑性黏土料高含水条件下直接填筑施工技术

由于高塑性黏土的黏粒含量在30%以上，小于2mm颗粒在90%以上，塑性指数大于20等特殊的指标，其施工性能根本不同于国内以前土石坝施工的一般黏土料，在犁块、旋碎、翻晒过程中，破坏了高塑性黏土的透水毛细孔，根本无法达到设计要求，制备的料全部是外干内湿的干硬块体，经过1月多的制备工作，所制备的全是废料，根本无法满足施工性能和设计利用其塑性的功能。由于高塑性黏土料制备难度大，需用量大，高塑性黏土料的填筑成为制约2006年度汛的最大难题。我局通过对设计规范的研究，并积极与设计及咨询专家沟通，从设计功能上重新定位高塑性黏土，使其从规范角度改观其施工要求，并在料场进行了天然含水状态下的高塑性黏土直接上坝填筑的生产性研究试验，提出采用天然含水状态下的高塑性黏土直接上坝填筑方案：即在料场采用推土机20cm薄层平采，反铲直接装车，运至大坝堆料场直接堆存，再二次运输上坝、采用1m³反铲摊铺，并采用"厚层重碾"的填筑工艺，每层填筑厚40cm左右，采用26t平碾静压4遍，改变了国内"薄层轻碾"的施工传统。满足了设计要求，开创了国内土石坝中高塑性黏土含水率大于最优含水率10%以上直接上坝填筑之先河。

5.5.3 土料超重型振动碾的使用

国内心墙堆石坝在以前一般使用13.5t的凸块振动碾作为心墙料碾压设备，由于砾石土施工受土料本身砾石含量影响大，对渗透系数的要求相对较高，我部在对比试验的基础上，选择了国内目前使用吨位最大20.5t凸块振动碾，超重型凸块振动碾的使用，加大了砾石土中砾石的破碎率，使砾石土料的砾石含量范围增大，增加了料场的利用率，减少了弃料的开采。同时改善了设计指标，使心墙的质量得到很好的保证，设计增大了校和功率，并增大了压实系数，平均压实系数超过1。同时加大了填筑层厚，保证了快速施工和克服冬、雨季的不利影响。超重型凸块振动碾的功率很大，初看不经济，但综合料场开采的放宽、设计质量的保证和快速施工的比较，还是比较经济。

5.5.4 土料防冻结技术

硗碛工程的主要年有效填筑时段很短且集中在冬季，但该地区是典型的高寒地区，冬季极端低温−12℃，昼夜温差可达20℃，必须采取合理的土料防冻结技术才能保证坝体的快速填筑。主要采用了以下保温防冻技术。

1）采用提前备料，由于砾石土的碾压性能优越，堆存较小含水率，并采用土料覆盖保温。

2）在备冬季填筑料时，选择在设计允许范围内，砾石含量偏大的涂料。

3）首次采用国内双面涂塑的双层棚布来保证坝面保温、棚布间为保温材料的防冻措施，在−10℃时，填土仅表面3～5cm局部出现冰晶现象，次日用推土机对表面剥离，既可进行填筑。

6. 材料与设备

6.1 主要筑坝材料

硗碛砾石土心墙坝采取多种堆筑料物，坝体分为7个区，坝料的设计级配及主要指标见表6.1。

坝料设计级配及检测指标统计表　　　　表 6.1

	颗粒级配	特征指标	控制含水	渗透系数	压实指标
堆石料	级配连续良好，最大粒径≤800mm，<5mm 的颗粒含量宜＜10%～15%；≤0.075mm粒径含量应不≤5%，不均匀系数应≤10			＞5×10^{-2}cm/s	孔隙率≤23%～25%
砾石土料	最大粒径应＜150 mm；粒径＞5mm 的颗粒含量≤50%，小于 0.075mm 的颗粒含量＞15%，小于 0.005mm 的颗粒含量＞5%，＜20%。	塑性指数应＞7，＜20	$\omega_{op}-2\% \leqslant \omega_f \leqslant \omega_{op}+2\%$	＜1×10^{-5}cm/s	压实度≥99%
反滤 I	最大粒径 D_{max}≤40mm，<0.075mm 粒径含量应不大于 5%	0.18mm≤D_{15}≤0.7mm		＞1.0×10^{-3}cm/s	相对密度≥0.8
反滤 II	最大粒径 D_{max}≤80mm，<0.075mm 粒径含量应不大于 5%	0.35mm≤D_{15}≤0.7mm		＞4.0×10^{-3}cm/s	相对密度应≥0.8
反滤 III	最大粒径 D_{max}≤100mm，<0.075mm 粒径含量应不大于 5%			＞5×10^{-3}cm/s	相对密度≥0.8
过渡料	最大粒径≤300mm；<0.075mm 颗粒含量＜5%。；<5mm 的颗粒含量＜20%。			＞1.0×10^{-2}cm/s	孔隙率≤23%
高塑性粘土	最大粒径≤20mm，粒径≤2mm 的颗粒含量应不＜90%，粒径在 5～20mm 的颗粒含量应控制在 3%以内，<0.005mm 的黏粒含量＞25%	高塑性黏土的塑性指数应＞17	$\omega_{op}+1\%\sim\omega_{op}+8\%$	＜1×10^{-6}cm/s	压实度≥98%

6.2　主要设备及性能

6.2.1　自行式凸块振动碾（表 6.2.1）

自行式凸块振动碾　　　　表 6.2.1

国别	规格型号	种类	静重（kg）	振幅（mm）	振动频率（Hz）	激振率（kN）	总压实力（kN）	工作速度（km/h）
中国	W2005PDW	自行式	20400	2.2	28	410	610	0～6.5

6.2.2　自行式振动平碾（表 6.2.2）

自行式振动平碾　　　　表 6.2.2

国别	规格型号	种类	静重（kg）	振幅（mm）	振动频率（Hz）	激振率（kN）	总压实力（kN）	工作速度（km/h）
中国	YZ26C	自行式	25300	1.8	28	660	710	0～6.5

6.2.3　TY320 推土机（表 6.2.3）

TY320 推土机　　　　表 6.2.3

规格型号	静重（kg）	接地比压（MPa）	额定功率（HP）	液压调定压力（MPa）	工作速度（km/h）
TY320	35900	0.093	320	14.0	0～13.5

7. 质 量 控 制

7.1　质量保证体系

项目部以"科技为先、质量为首、诚信至上、持续改进"为质量方针，以让顾客满意为宗旨。按国家现行施工规范、设计文件、施工技术措施及工程局、项目部的管理制度等的要求，建立健全了质量体系及管理制度，以"加强产品质量过程控制"为手段，以创"质量优良工程产品"为目的，在施工过程中，得到了业主、设计、监理单位的大力支持，质量管理工作取得了一定的成绩，施工过程规范、有序、受控，产品（工程）质量经检查为优良。在安全及文明施工工作方面加大投入，落实机构，健全制度，持续开展安全教育活动，措施有效，检查整改得力，奖罚严明。保证体系见图7.1。

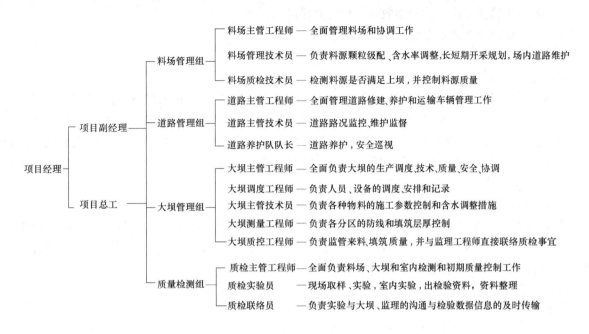

图7.1 硗碛水电站大坝工程质量保证体系

7.2 现场碾压试验及施工控制参数

工程进行了专门的生产性试验和室内击实试验，并结合现场试验进行了室内大三轴试验，确定了硗碛大坝各种坝料的碾压施工参数见表7.2。

大坝填筑主要施工参数　　　　　　　　　　　　　　　　　　　　　表7.2

填筑料分类	压实度或相对密度	空隙率 n（％）	最大粒径 d(mm)	渗透系数 k(cm/s)	铺料厚度（cm）	碾压机具	碾压遍数（遍）
垫层料			40	$>1\times10^{-6}$		26t 平碾	静2＋动4
反滤料1	≥0.8		40	$>4\times10^{-3}$	70	10t 平碾	静2＋动4
反滤料2	≥0.8		80	$>4\times10^{-4}$	70	10t 平碾	静2＋动4
反滤料3	≥0.8		100	$>5\times10^{-3}$	60	14t 平碾	静2＋动4
过渡料	≥0.8		300	$>1\times10^{-2}$	100	26t 平碾	静2＋动6
高塑性黏土1	≥98％		20	$<1\times10^{-6}$	40	26t 平碾	静4
高塑性黏土2	≥98％		20	$<1\times10^{-6}$	40	26t 平碾	静4
心墙砾石土	≥99％		150	$<1\times10^{-5}$	40	20t 凸块碾	静4＋动16
堆石料		23～25	800	$>5\times10^{-2}$	120	26t 平碾	静2＋动8

7.3 主要质量控制要点

硗碛水电站砾石土心墙坝施工质量控制的关键点主要有：

1）坝料确保级配满足设计要求，必须在料场或堆场检验合格后方可上坝，同时物理力学指标、含水率指标满足设计要求。特别加强控制砾石土料的砾石含量和含水率，控制反滤料的特征值和含泥量。

2）主要坝料施工参数的控制，要求填筑的层厚、碾压遍数、洒水量等符合碾压试验确定的施工参数要求。

3）控制碾压设备的碾重、激振力，振动频率满足施工要求，并控制不同坝料严格使用碾压试验确定的碾压设备。

4）加强大型设备不好施工的边角与不同坝料交接面的细节的施工质量控制，使其质量满足设计要求，不出现质量遗漏区。

5）加强质量检测工作，检测参数满足设计要求才能进入下一工序。

7.4 坝体填筑施工质量控制

7.4.1 科学严格的坝料生产性试验

为确保大坝质量和有效控制料源满足设计要求，我部对每种坝料进行了生产性试验。堆石料进行了大量爆破试验，使其爆破级配直接满足设计要求；砾石土料进行了开采试验，选择了立采工艺，并进行了翻晒试验，确定了翻晒的时间和工艺；反滤料进行了配比试验，确定了人工配置的参数；同时结合前述试验分别进行了碾压试验和设计室内外校核试验。确定了各种施工工艺和施工参数，并以此制订了各种坝料的施工工艺和质量控制方法。为后期的施工质量控制确定了切实可行的依据，做到了有的放矢，有法可依。

7.4.2 料场质量控制

料场是质量控制的源头，只有把住了料场，才能把住质量关，由于分区坝料场众多，质量控制工作千头万绪，各料场均有专业质量控制和检测人员，并制定严格制度，坝料必须在料场检测合格才能上坝，有效地杜绝了废料上坝和大坝返工现象。

7.4.3 坝面填筑碾压质量控制

1）断面放线控制

测量人员根据各物料设计分区和每种料的施工分区，将填筑面均分铺料区、碾压区、待检区、准备区，在每层填筑面上放出各区界线，并作出明显的标记。为保证边缘压实度，预留接头碾压收边量，整个铺料层在坝面法线方向向两侧各超填50cm。断面尺寸必须满足设计和施工分区要求，并做好检查记录。

2）层厚控制

铺料厚度按碾压试验确定的层厚±10％控制，每个填筑单元根据面积的大小和控制精度的不同，设置3～5个可移层厚标志杆，并在分区设置标杆，坝肩边坡设置层高控制线。一层摊铺完，采用测量一起检查，超高部分降至允许高度。

3）碾压前验收

碾压前验收主要验收层厚、粗颗粒是否集中，不同填料间有没有相互污染情况和界面粗颗粒集中现象、泥团现象，必须处理至满足设计要求后，方可碾压。

4）现场碾压参数控制

主要控制坝料根据碾压试验后确定的设备、行驶速度、碾压遍数，碾压搭界区的控制，以保证压实质量，真正做到以工艺保证质量。

5）关键边角、界面部位的施工

分区坝的填料众多，功能各一，施工要求也不一样，边角部位大型施工设备难以运行，是质量控制的关键，也是最容易有质量缺陷的部位，必须加强质量控制。分区坝料界面不能出现尺寸偏差、粗颗粒集中和碾压不到位的情况，必须作好跨缝碾压工作。与岸坡接触的边角采用较细的填料铺填，并采用小型振动设备压实。并就边角、界面的关键部位取样检测满足设计要求。

6）结合面的质量控制

主要是心墙土料结合面的质量控制非常严格，含水较高时要适当翻晒，较低或起尘时要洒水；雨前要用平碾压光，减少水分渗入，填筑前用凸块碾刨毛，保证有效的结合面积，同时清除集中的大颗粒和含水较高的泥团，必要时清除表面雨水浸湿的部分土料以保证结合面的质量。

7）碾压后的验收

坝料碾压后按规定的频次挖坑取样检测，待检测合格再进行下一工序，不合格时，分析其不合格指标，采取补压、清除的手段直到合格；并填好单元工程验收评定表，并各方签字认可。

8. 安 全 措 施

8.1 严格按照有关安全操作规程、技术规范。

8.2 填筑施工自下而上分层进行，严禁使用自上而下或其他违反常规施工程序的施工方法。

8.3 填筑施工前必须在边坡的顶部及开挖范围线以外挖设边坡截水沟，有效拦截排除边坡范围以外的地表水、渗水、积水等，防止水流冲刷造成边坡垮塌或坍滑。

8.4 在围堰左右岸岸坡填筑边线以外、马道外侧等部位必须设置安全可靠的防护栏杆和挡石栅等，防止落石伤人或坠落事故的发生。

8.5 对从事机械驾驶的操作工人必须进行严格培训，经考核合格后方可持证上岗。

8.6 在施工过程中，应随时对边坡等部位出露的渗水、软弱夹层、剪切破碎带等地质缺陷部位进行稳定性监测，一旦出现裂缝或滑动迹象，应立即暂停施工，会同地质、设计及监理工程师等进行检查研究处理。

8.7 填筑所有工序的施工必须严格遵守有关安全操作规程和技术规范，严禁违章违规施工。

8.8 在整个施工过程中，必须由经验丰富的安全检查人员随时对各施工机械、车辆的状况等进行检查监督，严禁施工机械带病施工，同时对各种事故隐患提前进行检查清除，防患于未然，将各种事故隐患消灭在萌芽状态之中。

8.9 加强水文气象预报，贮备足够的度汛抢险物资材料，一旦发生超标洪水，确保所有施工机械设备及人员安全快速地撤退转移。

8.10 对施工全过程进行严格的安全管理，杜绝安全事故的发生，确保施工安全。

9. 环 保 措 施

硗碛电站大坝施工区地处野生动物、植物保护区，属于蜂桶寨国家级自然保护区，目前正在申请自然遗产保护，对环保要求非常严格。

9.1 环保体系

根据我工程局的质量、职业健康安全、环境保护一体化认证，成立了项目环境保护体系，做到目标落实，责任到人，措施到位，奖惩分明。

9.2 控制、预防措施

9.2.1 对施工人员进行宣传教育，加强施工责任管理及周边200m范围的生态环境管理，严禁伤害和捕杀野生动物。制定相应的管理处罚措施，并严格执行。施工人员严禁上山打猎、砍取竹笋和捕捉工区内蛙类、蛇类、鸟类等现象的发生。

9.2.2 施工中控制装药量，减少施工噪声对当地野生动物的影响。

9.2.3 严格控制施工占地，充分利用场内和场外现有公路，尽量减少新建施工公路，以减轻对当地植被的破坏。

9.2.4 建设临时设施时，应考虑与风景区和自然保护区建设相协调。施工结束时，对废弃的设施予以拆除，恢复地貌。

9.3 施工用地环境保护

工程开工后的所有施工用地，在规划措施出台后，按照监理批复的施工用地情况进行场地清理和建筑物修建等。为了合理利用土地资源，防止水土流失和美化工区景观，在施工过程中和工程竣工后，采取一定措施，对施工的开挖面以及其他施工场地进行整治和景观恢复。

9.3.1 在施工的开挖及弃碴过程中，均应充分考虑工程竣工后场地景观的恢复和覆土绿化。对于原为耕地的施工占地，在使用前预先剥离表土耕作层约 30cm；对于荒地，在使用前，预先剥离 10~20cm，以备工程竣工后的覆土绿化。

9.3.2 以监理批复的施工用地情况严格、规范的进行施工场地施工，并很好的保护边界处的植被等，保证施工用地外环境不受破坏。

9.3.3 靠近河流、溪沟部位的施工用地在靠近溪沟侧需进行防护墙等防护措施，保证施工用地不会因为洪水的影响而造成施工用地周边地区环境的破坏。

9.3.4 在建筑物投入使用的同时，排水体系及污水处理设备必须相应时间投入使用，并且保证排水体系及污水处理设施能够正常运作。

9.3.5 对于有噪声及有污染空气的施工用地必须采取相应的措施保证不会对环境及周边环境构成影响。

9.3.6 各施工场地在施工后期，及时拆除废弃的施工临时建筑物及废弃杂物，清理和恢复施工场地。对于具有翻土复耕条件的地区，在表面全面清理后，对其表土层进行开挖松土、翻松深度不低于 0.4m，以利于耕作；对于其他地区，则因地制宜进行平整覆土后，用于覆土复耕和植树种草。

9.3.7 工程竣工后，植树种草项目中，选种当地速生树种或经济林木，植树采用穴状整地，规格为 50cm×50cm，按 2m×2m 栽种；种草选用适宜于当地生长草种进行植种。

10. 效 益 分 析

硗碛大坝工程 2002 年 11 月 28 日开工，至 2005 年大坝正式全面填筑，我们完成了各种生产性实验、碾压试验、设备的配套选型，并在填筑作为坝体一部分的围堰、大坝上下游部分坝体的基础上，总结上述工法，并形成初步文本，在大坝全面填筑中全面实施，并不断改进和完善，并请国内著名土石坝专家给予指导，使大坝填筑实现程序模块式管理。全面交底工法，在施工中严格按规定工法施工，配套环节也按工法进行，整个施工过程科学、合理。施工进度、质量得以保证，工法也深入人心得到了很好的实施和认可，并被国内土石坝专家认可，并在目前在建的同类工程中宣传和推广，如瀑布沟、狮子坪等工程先后到硗碛参观学习，部分工法已被他们采用，土料防冻结也在西藏直孔电站成功运用，使有效填筑时段增加了 1.5 个月。

当地材料坝主要使用当地的天然筑坝材料，减少对当地环境的化学污染，在采料和填筑过程中采取程序化工法和环保措施，很好地保护了当地生态环境。特别是减少了修建长途运输线路对当地山区环境的破坏，硗碛大坝位于蜂桶寨国家级自然保护区，是我国最早发现大熊猫的地方，施工的环境保护完全符合国家级自然保护区要求。

工法的制定很好的结合当地的地理气候条件，并就各工序制定了切实可行的措施和合理的施工流程，并对施工人员进行了充分的交底和演练，加强了施工过程控制，并采取了预控措施。施工十分顺畅，施工人员、设备配置合理，高效的发挥了资源的能力，为业主抢回了失去的工期，施工质量得到很好的保证，同时得到了较好的经济效益。

主要经济效益如下：

为业主抢回了工期，确保了度汛，业主设置了 230 万元的奖金。

设备利用率提高，闲置减少，人员配置精简，施工程序合理顺畅，环节控制严格，减少返工时间，根据我部计算工法本身的成本贡献为 0.67 元/m³，目前总计完成 610 万 m³，累计效益 408 万元。

同时施工得到业主、设计、监理的一致好评，并得到国内坝工界专家的认可和称赞，一些同类工程也来参观学习，并准备借鉴，取得了良好的社会效益。

11. 应 用 实 例

11.1 硗碛砾石土心墙坝

11.1.1 工程简介

硗碛大坝位于雅安市宝兴县，采用砾石土心墙堆石坝，最大高坝 125.5m，总填筑工程量 730 万 m³。坝顶高程为 2143.00m，坝顶宽度 10m，坝顶总长 433.8m。坝顶设沥青碎石路面。上游坝坡为 1：2.0，在 2090.00m 高程处设 5m 宽马道，2044.00m 高程以下与上游围堰相结合。下游坝坡为 1：1.8，在高程 2085.00m 处设 5m 宽的马道，坝脚与下游围堰相结合，在下游坝脚左岸采用弃碴回填至 2035m 高程，坝脚右岸预留缺口与河道相连，作为排放坝体渗流的通道。

坝基覆盖层采用一道厚 1.2m 的混凝土防渗墙全封闭方案进行防渗，防渗墙底嵌入强风化基岩内 2.0m，嵌入弱风化基岩内 1.0m。墙顶采用灌浆廊道与心墙连接，廊道净尺寸为 3m×4m（宽×高），廊道上、下游两侧及顶部设高塑性黏土区，黏土区宽 11.0m，高 12.5m。廊道两侧设有复合土工膜，上游至心墙底部上游边线，下游至高塑性黏土下游边线。在防渗墙下游心墙、过渡层、堆石区底部与河床接触部位设置 1.0m 厚度的水平反滤层。在大坝上、下游堆石区 2085m 以下覆盖层区域先填筑 1.0m 厚的反滤料保护，再填筑堆石料。

根据大坝结构布置，坝体填料从功能上可分为 7 个区如下：（分区见附图）

11.1.2 具体实施情况

硗碛工程自 2002 年 10 月开工建设以来，于 2003 年 12 月 29 日成功实现河床截流，导流洞过水。2003 年 12 月～2005 年 4 月，大坝基坑在围堰保护下一直按照设计的要求进行施工，进展较为顺利。同时，我部优化填筑施工，在防渗墙施工阶段，于 2004 年 2 月 10 日提前进行堆石体填筑。截止 2005 年 4 月 18 日，我部已完成 Ⅰ 区堆石体填筑 58 万 m³，为降低后期高峰填筑强度打下坚实的基础。2005 年 4 月 18 日，由于放空洞龙抬头段在施工过程中突然塌方导致导流洞堵塞断流，库区水位骤然升高，为了保证临时度汛安全，决定 2005 年大坝度汛采用坝体右岸布设泄槽过流的度汛方案。至 2005 年 7 月初，导流洞恢复过流，随后对大坝基坑进行了清理，坝体过水明渠进行了恢复处理。由于大坝堆石料场供料中断，工期十分紧张，经过多次现场咨询会议研究和大量试验工作，在计算分析的基础上，对大坝上游 2060m 以下，下游 2033m 以下过渡料区进行了加宽填筑，坝体填料分区进行了适当调整。2005 年 11 月 15 日开始全面进行大坝填筑施工。在大坝填筑过程中，我部加强施工组织力度，同时在各方参战人员的努力配合下，快速组织大坝填筑施工，截止 2005 年 12 月 19 日，大坝填筑至 EL.2033m，比原计划提前 1 个月。

2006 年作为大坝高峰填筑年，在项目部各参战人员的共同努力下，在业主、监理、设计共同支持下，克服了雨季影响、地方乡民阻挡、过渡料短缺、反滤料供不应求、资金短缺等诸多不利因素影响，大坝于 2006 年 3 月 22 日填筑至 EL.2058m，提前 9d 完成 2006 年度第一个节点工期目标，实现了 2006 年度大坝工程开门红；接着于 2006 年 5 月 31 日大坝填筑至 EL.2070m，完成 2006 年度第二个节点工期目标，确保了 2006 年度大坝顺利度汛；接着于 2006 年 9 月 30 日大坝填筑至 EL.2085m，具备了硗碛电站初期下闸蓄水条件，完成 2006 年度第三个节点工期目标，实现了 2006 年度大坝工程三战三捷。2006 年 12 月 5 日，硗碛水电站顺利实现初期蓄水目标。2006 年 12 月 31 日，大坝填筑至 EL.2096m。计划 2007 年 5 月 31 日大坝填筑至 EL.2142m，2007 年 8 月 31 日完成坝顶结构施工，大坝填筑施工完毕。

2006 年大坝通过国家级安全鉴定和蓄水验收，得到国内坝工界的一致好评，特别是心墙料（宽级配砾石土）、高塑性黏土的施工工艺被验收专家肯定和宣传，目前已被其他类似工程（国电的瀑布沟大坝、狮子坪大坝）借鉴。目前大坝已蓄水，机组已顺利实现商业运行。

土石坝的快速施工水平，主要依坝高、填筑工程量、实际施工工期、平均月升高速度及平均月上坝强度等施工技术指标来综合分析、评价（表11.1.2）。就平均月升高而言，石头河心墙坝，月平均升高仅1.87m，碧口斜心墙坝月平均升高只有1.36m。据45座土石坝统计，月平均上坝强度为40万 m³，月平均升高4.43m。通过对比，硗碛大坝的施工水平在国内是比较先进的。

国内部分高土石坝施工技术指标表

表 11. 1. 2

坝名	坝型	坝高(m)	填筑体积 （万 m³）	填筑工期 （月）	填筑强度最大/平均(万 m³)			不均匀系数		
					年	月	日	年	月	日
石头河	心墙	114	835	61	26.4/13.7	1.73/			1.93	
碧口	斜心墙	101.8	424.1	75	27.2/5.7	1.53/			4.77	
毛家村	心墙	80.5	664.3	78	23.2/8.5	1.2/			2.73	
小浪底	斜心墙	154	1009.49	14	98.65/72.11	4.91/3.01			1.37	1.63
硗碛	心墙	125.5	730	19	58/38	2.2/1.5			1.52	

11.2 狮子坪砾石土心墙坝

11.2.1 工程简介

狮子坪碎石土心墙堆石坝位于四川阿坝藏族自治州理县，坝高136m，坝顶高程2544m，坝顶宽为12m，坝顶长309.4m。上游坝坡1∶2，下游坝坡为1∶1.8，坡脚与下游围堰相结合。心墙顶高程2542m，顶宽4m，上、下游坡均为1∶0.25，底高程2408m，底宽71m。河床部位心墙底部坐落在覆盖层上，两岸坡心墙底部坐落在基岩上。

心墙上、下游侧各设一层反滤层，厚度分别为4m和6m。混凝土防渗墙下游侧心墙底部设厚度为2m的反滤层，与心墙下游侧反滤层相连接。上、下游反滤层与坝壳堆石间设过渡层，与堆石交界面的坡度均为1∶0.4。

坝基覆盖层防渗采用一道厚1.3m的混凝土防渗墙全封闭方案。防渗墙顶与心墙底部齐平，墙顶设观测、检修、灌浆廊道与两岸帷幕灌浆平硐相连。廊道上、下游两侧底部各设20m长的复合土工膜，并在廊道外侧周边铺设高塑性黏土区，黏土区宽11m，高12.5m。心墙部位两岸岸坡开挖边坡分别为1∶0.7和1∶0.95。为了防止坝基覆盖层中土体产生管涌，两岸岩体卸荷强烈、透水性较强，除加强两岸岩体的防渗处理外，两岸连接部位适当加宽心墙和反滤层的厚度，心墙和两岸岸坡连接部位铺填一层3m厚的高塑性黏土。

11.2.2 工程实施情况

狮子坪碎石土心墙堆石坝于2004年开工，目前正在进行主体填筑，由水电七局和水电武警江南公司联合中标。

11.3 西藏直孔电站碎石土心墙坝

工程简介

直孔电站位于西藏自治区拉萨河中下游墨竹工卡县境内，距下游拉萨市约96km，靠近藏中及那曲电网的中心位置，是西藏"十五"期间开工建设的重点工程之一。

电站设计结点工期为：2003年5月18日开工，2003年11月中旬一期河床截流，2005年10月下旬二期河床截流，2006年9月30日大坝具备挡水条件，2006年12月20日第一台机发电，2007年9月30日完工。

碾压混凝土仓面施工工法

YJGF075—2006

中国水利水电第七工程局　中国葛洲坝集团股份有限公司

吴旭　林勇　陈兴科　周厚贵　朱焱华　孙昌忠

1. 前　　言

碾压混凝土筑坝是一种节能型和环保型筑坝技术，主要表现在以下几个方面：大量掺用粉煤灰，用废弃矿渣料作为胶凝材料，节省水泥用量，不设纵缝的大仓面施工，节省分缝模板，并省灌浆一整套工程量；大幅简化混凝土温度控制；混凝土的单位设备投入比重小，单位能耗低。碾压混凝土筑坝技术自20个世纪70年代出现以后，由于其具有机械化程度高、施工速度快、投资少的特点而受到各国坝工界人士的广泛重视，已在世界各地修建了大量的碾压混凝土坝，但国内外对快速施工的研究的文献不多。

本工法以龙滩碾压混凝土重力坝为依托，以中国水利水电第七工程局为责任单位，中国水利水电第八工程局和中国水利水电葛洲坝集团公司为协作单位，并联合设计单位和大专院校进行了一系列科技创新。龙滩水电站大坝工程为碾压混凝土重力坝，最大坝高216.5m，是目前世界已建和在建的最高碾压混凝土坝，混凝土工程量750万m^3，其中碾压混凝土495万m^3，占混凝土总量的66%以上，工程规模巨大。结合龙滩水电工程主要进行了碾压混凝土基本性能、碾压混凝土生产运输系统配套及"一体化"控制技术、碾压混凝土高温多雨条件下大仓面高强度全年连续施工技术、碾压混凝土施工层面质量控制技术及大型吊运设备防碰撞技术等方面的课题研究。通过课题研究建立了适合龙滩水电站200m级高温多雨条件下，碾压混凝土重力坝安全、高质、快速、经济、成套的施工新方法、新技术、新工艺；丰富和发展了碾压混凝土坝建设的理论、方法，形成了一整套具有中国特色的国际领先水平的碾压混凝土筑坝技术；实现了高碾压混凝土重力坝高强度、高效率全年连续施工，保证了大坝工程施工质量优良、安全可靠、经济快速的统一。通过采用这些新技术、新方法和高效的管理，创造了多项世界经纪录，并提前实现了下闸蓄水发电目标，经济社会效益显著。

工程完工后及时总结形成工法对研究我国的快速筑坝技术水平，缩短水电工程建设工期，节省工程造价等具有深远的影响。

2. 工 法 特 点

2.1 碾压混凝土具有薄层碾压，平整度要求高，但可大面积施工不留变形缝的特点，经济效益和社会效益显著。

2.2 改进的射流造雾机，可降低环境温度5~8℃，较同类产品降温效果增加了2~3℃，同时雾化效果更好。

2.3 研究应用综合温控技术，实现了高温多雨条件下全年连续施工。

2.4 仓面VC值按3~5s控制，突破了规范规定的VC值5~15s的限值，并取得了较好的压实度和良好的层面结合质量。

2.5 研究应用了大坝碾压混凝土施工"一体化"配套与控制技术，创造了水电行业大坝主体工程碾压混凝土单仓日浇筑15816m^3、日浇筑20780m^3、月浇筑31.6万m^3的世界新纪录。

2.6 国内首次成功应用了大型吊运设备防碰撞预警系统，不仅确保了现场施工安全，也为施工组织管理提供了技术保障。

2.7 研究应用了大坝碾压混凝土质量全过程控制技术，施工质量优良。钻孔取芯检测的层面折断率在 2.5％以下，在同一取芯孔中连续钻取三根长度超过 10m 的碾压混凝土芯样，最长的芯样长达 15.03m，处于国际领先水平。

2.8 使用连续翻转模板、悬臂模板等大模板，确保了大体积碾压混凝土快速上升要求。

2.9 通过系统室内和生产工艺性试验，形成了既满足设计要求又经济合理的施工配合比。同时由于本工法碾压混凝土粉煤灰掺量达 60％以上，大量利用了工业废弃料，达到了节能环保的要求。

3. 适 用 范 围

本工法主要用于大型、特大型水电站高温多雨条件下碾压混凝土坝工程施工，对中小型工程及临时工程碾压混凝土坝也有参考和指导作用。

4. 工 艺 原 理

碾压混凝土施工技术是采用类似土石方填筑的工艺，将干硬性混凝土用振动碾压实的一种新的混凝土施工技术。它突破了传统大坝柱状浇筑法对大坝施工速度的限制，具有施工程序简化、机械化程度高、工期短、投资省等优点。

4.1 混凝土生产运输系统配套及"一体化"控制技术

4.1.1 成品砂石料采用长距离胶带机运输至混凝土生产系统骨料罐储存，由胶带机送入混凝土搅拌楼；水泥、粉煤灰经散装水泥罐车由南丹中转站运至混凝土生产系统，气送入罐储存，再采用双套管输送装置气送进入搅拌楼；成品混凝土由三条高速皮带供料线输送至浇筑仓面，形成配套的混凝土生产、运输系统，且与仓面施工设备配套，极大地提高了设备生产效率。

4.1.2 成品砂石料运输系统、混凝土拌合系统及混凝土输送系统通过增设视频监视系统，开发了一套微机整合监控技术，得以实现混凝土生产、运输系统的"一体化"控制。通过监控设备按照工艺流程要求正确运行，能迅速发现生产、运输及仓面施工各环节的施工状况，对出现的问题能迅速做出反应，确保整个混凝土施工过程的安全性及连续性。

4.2 碾压混凝土大仓面、高强度、连续施工技术

4.2.1 以坝体施工过程动态模拟的仓面规划方案为基础，提出交互智能式分仓与并仓优化技术，使整个工程施工在时空上衔接紧凑，有效地利用了施工时间，最大程度地实现施工生产均衡。建立碾压混凝土坝施工过程动态三维可视化仿真平台，进行碾压混凝土大坝施工仿真与实时控制，实现了仿真信息输出图形化，为分仓、并仓优化奠定了基础。

4.2.2 根据设计要求，强约束区碾压混凝土升程高度 1.5m，强约束区以上碾压混凝土升程高度 3m。为加快进度、节约成本，根据温控计算，通过采用综合温控措施，在常温季节碾压混凝土浇筑升程由 1.5m 调整为 6m，提高碾压混凝土连续浇筑强度，节省了层面处理和混凝土层间间隔时间，大大加快了施工进度。

4.3 碾压混凝土高温多雨条件下全年连续施工技术

4.3.1 碾压混凝土生产、运输、仓面施工各环节采取遮阳、隔热、保温、喷雾等综合温控措施，以严格控制碾压混凝土浇筑温度；通过在坝体内埋设冷却水管通制冷水，以降低坝体碾压混凝土最高温度。

4.3.2 仓面 VC 值的取值，除根据现场碾压试验的成果外，还应考虑原材料特性及特殊的气候条件。VC 值应根据施工时的气象条件和仓面的实际情况及时调整，动态控制。

4.4 碾压混凝土碾压层面控制技术

4.4.1 为确保碾压混凝土施工质量，层间允许间隔时间应控制在碾压混凝土初凝时间以内。龙滩水电站碾压混凝土初凝时间的判定原则：贯入阻力在 6.0MPa 以内时，若贯入阻力～历时关系曲线上有拐点，则根据测点的分布情况，选择两条直线相关系数为最大的交点，该交点对应的凝结时间为初凝时间；若贯入阻力～历时关系曲线上没有拐点或拐点对应的贯入阻力值大于 6.0MPa，则以 6.0MPa 贯入阻力值对应的凝结时间作为初凝时间。

4.4.2 使用改进的 HW35 型射流造雾机，μm，单台喷雾量 260L/h，喷射距离 25m，喷雾机旋转角度 120°，喷雾面积 650m²，喷雾量 0.55L/h·m²，形成的雾滴可在高温条件下全部蒸发，从而降低了碾压混凝土浇筑温度，减少了 VC 值增长，并对碾压混凝土起到保湿作用，提高了碾压混凝土层面结合质量。

4.5 防碰撞预警系统集成了 GPS 定位技术、无线通信网络技术和自动控制技术等，实现了设备上的 GPS 位置信息检测，机械运动部件的位置、运动方向及速度实时检测。通过无线通信系统自动传送给控制中心，控制中心实时跟踪、预警施工设备工作状况，为工程现场安全施工与管理提供了技术保障。

5. 施工工艺流程及操作要点

为了加快施工进度，减少层面处理工作量，碾压混凝土采用大仓面薄层铺料、碾压、短间歇连续上升的施工方法。高温季节升程按 1.5～3m、低温季节升程按 3～6m 控制，采用平层和斜层平推法两种铺筑方式，压实层厚 30cm，在选择铺筑方式时，应尽量选用平层铺筑方式；在高温多雨条件下或混

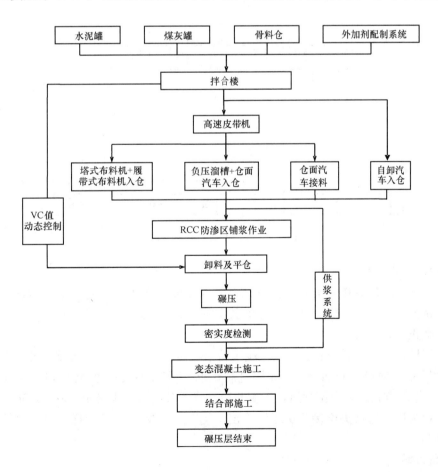

图 5.1 碾压混凝土施工工艺流程

凝土入仓强度不能满足在混凝土初凝时间内覆盖一浇筑层时，采用斜层平推铺筑法。斜层平推铺筑法铺料时从下游向上游方向推进，使层面倾向上游，坡比为 1：15。当坡比为 1：15 时斜面面积过大、入仓强度不能满足要求时，可采用 1：12 或 1：10 的坡比。

碾压混凝土施工时，仓面划分成若干个条带，条带宽 10～15m，长度 40m 左右。碾压混凝土按条带依次下料铺筑和碾压。

5.1 工艺流程

碾压混凝土施工工艺流程详见图 5.1。

5.2 操作要点

5.2.1 模板工程

模板安装是碾压混凝土快速施工的重要环节。模板安装方法：

1. 悬臂模板：采用 16t 仓面汽车吊配合安装，通过调节支撑丝杆来实现面板内外倾斜度，并用测量仪器测量校正。

2. 连续翻转模板：在进行某一浇筑块的模板安装时，先用已浇的混凝土顶部未拆除的模板为基础，安装第一套模板，两套模板之间用连接螺栓连接。当第一套模板安装调整完毕且经检查验收合格后即进行混凝土浇筑。在混凝土浇筑过程中穿插第二套模板安装。当混凝土浇筑至第二套模板中部时即穿插安装第三套模板，当混凝土浇筑至第三套模板中部时即拆除最底部的那套模板安装在第三套模板之上。

5.2.2 钢筋工程

由于大坝廊道、孔洞较多，钢筋量较大，除少部分采用焊接连接外，均采用轧直螺纹机械连接。钢筋制作程序见图 5.2.2-1，钢筋安装程序见图 5.2.2-2。

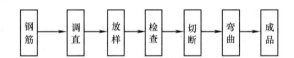

图 5.2.2-1 钢筋制作程序图

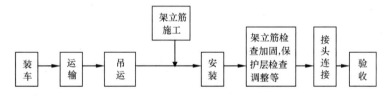

图 5.2.2-2 钢筋安装程序图

5.2.3 预埋件工程

止水片架立：在加工厂制作定型沥青杉板、定型木模板用于碾压混凝土仓内横缝铜止水处，用钢筋支撑架和拉筋将模板及止水片固定牢固。在止水片周围 50cm 范围浇筑变态混凝土，施工过程中一旦发生偏离，及时修正。

塑料冷却水管埋设：为了适应碾压混凝土施工特点，冷却水管采用 φ32 高密度聚乙烯塑料管，分坝段垂直水流方向呈蛇形铺设，并间隔 1.5m 用自制钢筋 U 形卡固定，坝上游侧两组（面积约 20m×40m）通过预埋导管的方式引入上游廊道，下游侧冷却水管分组（每组管长 250～300m）与两侧 φ40 高密度聚乙烯塑料管采用三通接头连接并从下游引出。同时为了减少施工干扰，冷却水管采用相邻坝段错层（30cm）布置。

5.2.4 仓面布料

碾压混凝土运输主要采用自卸汽车直接入仓和"高速供料线＋塔（顶）带机"两种方式。布料要求做到：

1. 混凝土均匀连续卸在将要摊铺的部位。

2. 保持合理的堆料及卸料高度，一般控制在1～1.5m以内。

3. 料应卸在碾压混凝土已摊铺但未碾压的斜面上，即"软着陆"。

4. 卸料分条带进行，且与铺筑方向垂直。

5. 料堆旁分离的粗骨料应由人工将其均匀地摊铺到未碾压的混凝土面上。

5.2.5 仓面平仓

布料后及时平仓、碾压。平仓应控制推料厚度，采取逐层降低，直至达到要求的铺料厚度。平仓要求做到：

1. 铺料厚度控制在允许偏差范围内，一般控制在±3cm以内。

2. 铺料方向尽可能垂直水流方向。

3. 平仓机两侧加挡板，以减少粗骨料向两侧分散，对粗骨料集中部位采用人工处理。

4. 平仓过程中卸料口应推成斜面。

5.2.6 仓面碾压

每个铺筑层摊平后，按要求的碾压遍数及时进行碾压。碾压要求做到以下几点：

1. 大坝上下游二级配碾压混凝土防渗区碾压方向应垂直水流方向，其余部位也宜垂直水流方向。

2. 平仓后由一台振动碾及时跟进无振碾压2遍，其后数台振动碾按要求的有振碾压遍数平行错距碾压，碾压条带间的搭接宽度应不小于20cm，接头部位重叠碾压2.4～3m，最后由一台振动碾无振碾压1～2遍，建筑物周边应采用小型振动碾压实。

3. 碾压混凝土压实度的质量控制标准为相对压实度不得小于98.5%。仓面安排专人用核子密度仪进行密度检测，对密度值达不到要求的部位应及时补碾直至合格。

4. 振动碾的行走速度控制在1～1.5km/h。

5. 连续上升铺筑的混凝土，碾压混凝土允许层间间隔时间应小于混凝土初凝时间1～2h，碾压混凝土从出机至碾压完毕应控制在1.5h以内。

6. 仓面VC值应进行动态管理，根据现场的气温、昼夜、阴晴、湿度等气候条件适当调整出机口VC值，仓面VC值一般控制在3～5s，以碾压完毕时混凝土层面达到全面泛浆、人在上面行走微有弹性、仓面没有骨料集中等作为标准。

5.2.7 仓面成缝

碾压混凝土成缝工艺直接影响到碾压混凝土的施工速度。采用液压振动切缝机（液压反铲加装一个振动切缝刀片），在振动力作用下使混凝土产生塑性变形，刀片嵌入混凝土而成缝，填缝材料为4层彩条布，并随刀片一次嵌入缝中。切缝要求做到以下几点：

1. 碾压混凝土横缝缝面位置由测量放样定位，确保缝面位置准确。

2. 振动切缝一般采用先碾后切，切缝机切出宽度为12mm的连续缝隙，嵌入四层彩条布，填充物距压实面1～2cm。

3. 切缝完毕后用振动碾碾压切缝部位1～2遍。

5.2.8 变态混凝土施工

1. 变态混凝土主要用于大坝上下游面、止水埋设处、廊道周边、电梯井和其他孔口周边以及振动碾碾压不到的地方等部位。经过多个工程对变态混凝土铺浆工艺的研究，本工程采用平铺法，使用这种铺浆方法，浆体容易渗透混凝土中，振实时间较短，劳动强度并不大却对保证变态混凝土的质量有较好的作用。

2. 变态混凝土的运输、卸料、摊铺与同浇筑高程、同部位的碾压混凝土施工同时进行。

3. 变态混凝土施工部位均为细部结构等狭小部位，为使埋件、止水、模板等不受到冲击、破坏，施工时混凝土可卸料在变态混凝土附近的碾压混凝土施工部位，然后采用小型平仓机配合人工平仓摊铺。混凝土料推到离模板、止水、埋件等细部结构 30cm 左右时小型平仓机即停止前进，辅以人工平仓。

4. 灰浆的配制：在施工现场设置专门的制浆系统集中拌制，按配合比拌制的水泥煤灰净浆。在拌制站应有醒目的配合比标识。

5. 灰浆运输与储存：通过输浆泵、管道从制浆站输送至仓面搅拌储浆车待用。输送灰浆的管道在进入仓面以前的适当位置设置放空阀门，以便排空管道内沉淀的灰浆和清洗管道的废水。灰浆在运输和储存过程中必须对其进行搅拌，以保证灰浆均匀性。仓面加浆系统由 1 个 3m³ 的贮浆桶、慢速搅拌机及出浆管路、水泥粉煤灰净浆仓面储浆车等组成。详见图 5.2.8。

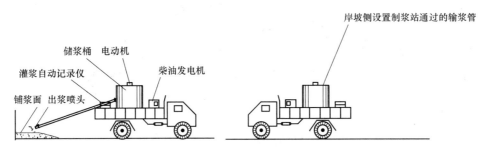

图 5.2.8　仓面铺浆系统示意图

6. 铺料：采用平仓机辅以人工分两次摊铺平整，顶面低于碾压混凝土面 3～5cm。

7. 掺浆：变态混凝土中掺浆量为变态混凝土量的 4%～6%。迎水面变态混凝土的掺浆应采用底部和中部两层加浆的方式按以下要求进行：混凝土分两层摊铺，在处理好的层面上水平铺设一层水泥及掺合料浆，其量为变态混凝土中规定浆液的掺量的一半，摊铺碾压层的第一层碾压混凝土后在摊铺后的碾压混凝土层面上水平铺设另外一半的水泥及掺合料浆，再摊铺第二层混凝土。加浆应严格计量，均匀铺洒在碾压混凝土面上。

8. 振捣

1）水泥煤灰净浆掺入碾压混凝土 10～15min 后，采用大功率的插入式振捣器将碾压混凝土和浆液的混合物振捣均匀密实，加浆到振捣完毕控制在 40min 以内。

2）层面连续上升时，要求浇筑上层混凝土时振捣器应深入下层变态混凝土内 5～10cm。

3）100 型振捣器插入混凝土的间距不超过 75cm，50 型软轴振捣器插入混凝土的间距不超过 35cm，振捣器应垂直按顺序插入混凝土，避免漏振。

4）振捣时间以振捣后混凝土表面完全泛浆为准，一般不应小于 15s，振捣器应缓慢拔出变态混凝土，拔出时混凝土表面不得留有孔洞。

5）在止水埋设处的变态混凝土施工过程中，应采取措施妥善保护止水设施不致变位，对该部位混凝土中的大骨料应人工予以合理剔除，振捣应仔细谨慎，以免产生任何渗水通道。

6）变态混凝土相邻碾压混凝土条带，在变态混凝土施工完成后碾压，相邻区域混凝土碾压时与变态混凝土区域搭接宽度应大于 20cm。变态混凝土与碾压混凝土的结合部位用小碾补碾 2～3 遍。

5.2.9　上游防渗层施工

坝体上游面 8m 范围为防渗区，是坝体防渗的关键部位。采用二级配碾压混凝土、上游面 1m 厚变态混凝土和坝面喷涂水泥基渗透结晶型防水材料的综合防渗方式，同时该部位碾压混凝土施工时，每一碾压混凝土层上面在覆盖上一层碾压混凝土前铺洒 2mm 厚水泥粉煤灰净浆，水泥粉煤灰净浆水胶比应小于同部位碾压混凝土水胶比值。水泥粉煤灰净浆采用仓面储浆车（与变态混凝土仓面储浆车相同）边铺洒水泥煤灰净浆，边摊铺混凝土，水泥粉煤灰净浆覆盖的时间控制在初凝时间以内。上游坝面防渗涂层的施工：

1. 防水材料涂刷准备工作

1）除去坝体表面上的浮灰、水泥浮浆、返霜、脱模剂、油脂和污垢等物，并用清水冲洗干净。

2) 剔除基层上的突起、蜂窝、麻面的松动石子，对于裂缝、缺陷，采取相应措施进行修补。

3) 对混凝土表面较光滑的部位，采用钢丝刷、砂轮机等工具将表面打磨粗糙后，再用清水洗净并保持混凝土面充分湿润。

2. 涂料用量计算

根据我们在大朝山、沙牌等碾压混凝土工程防渗涂层的施工经验，涂料用量约为 1kg/m²。实际用量需经监理工程师批准。

3. 混凝土表面抗渗涂层的施工

1) 涂刷时，用半硬的毛刷子或尼龙刷子将涂料采用圆形涂刷方法（刷子以圆形的运动轨迹涂刷）涂到已处理的混凝土表面。

2) 喷涂时，喷枪的喷嘴与混凝土面的距离不大于 0.5m。且尽可能做到垂直于基面喷涂；喷涂完成后，再用大毛刷以画圆的方法涂刷均匀。

3) 当施工现场受风力的影响较大或喷嘴方向不易控制时，改为涂刷施工。

4) 涂层施工时，必须控制涂层的厚度。即应在规定的施工面积上将计算得出的涂料用量，均匀地涂刷或喷涂直至用完。

4. 无论是涂刷还是喷涂，涂层厚度做到均匀、无漏喷（刷）、无空白。

5. 待表面涂层初凝达到足够硬度后，立即进行洒水养护，并保证涂层处于润湿状态。

6. 合理安排防渗涂层施工，涂层养护开始的两昼夜内，避免受到暴风、暴晒、雨淋以及负温受冻。

5.2.10　汽车入仓口施工

大坝碾压混凝土施工主要采用塔（顶）带机入仓，但在大坝中下部自卸汽车直接入仓仍是重要的入仓手段。入仓口处理直接影响到施工强度、速度和质量。采用"人"形钢栈桥跨 1.5m×0.6m 连续翻升钢模板，以减少入仓口道路填筑对仓内碾压混凝土施工的干扰。

5.2.11　缝面处理

施工缝及冷缝必须进行缝面处理。缝面处理可用冲毛等方法清除混凝土表面的乳皮及松动骨料。层面处理完成并清洗干净，经验收合格后，均匀铺 1.5～2cm 厚的砂浆，然后摊铺碾压混凝土。缝面处理要求如下：

1. 施工缝先采用低压水冲毛，水压力一般为 0.2～0.5MPa。冲毛在初凝之后，终凝之前进行。一般在混凝土收仓后 16～24h 进行，夏季取小值，冬季取大值。

2. 采用高压水冲毛，水压力一般为 20～50MPa，冲毛必须在混凝土终凝后进行，一般在混凝土收仓后 20～36h 进行，夏季取小值，冬季取大值。高压水冲毛作业时，喷枪口距缝面 10～15cm，夹角 75°左右为宜。

3. 碾压混凝土浇筑前，施工缝必须冲洗干净且无积水、污物等。

4. 为便于施工缝砂浆均匀摊铺，确保施工质量，砂浆稠度宜控制在 140～180mm。

5. 上游防渗区（二级配碾压混凝土）内每个碾压层面，铺水泥煤灰净浆 2mm 厚，以提高层间结合及防渗能力。

6. 斜层平推法上一层碾压时预留的 20～30cm 宽度的坡脚边缘，随着斜面推进，在下一条带施工缝面铺砂浆时，预留的坡脚边缘部分也应铺砂浆并与下一条带同时碾压。预留的坡脚边缘少量失水的混凝土应用人工挖出摊铺在未碾压的混凝土面上。

7. 采用间歇上升的碾压混凝土浇筑仓，其间歇时间宜为 5～7d，一般不小于 3d。

5.2.12　层间结合的处理

1. 连续上升铺筑的碾压混凝土，层间间隔时间应控制在直接铺筑允许时间以内，若迎水面 8～15m 范围以外超过直接铺筑允许时间而小于加垫层铺筑允许时间，则对层面采取铺洒一层水泥煤灰净浆措施后继续正常施工。

2. 为确保层间质量，次高温和高温季节施工，已碾压完毕的层面必须覆盖保温被。

3. 为使碾压混凝土层间结合良好，我们拟采取以下措施：

1) 保证碾压混凝土拌合料从拌合到碾压完毕历时不超过1.5h。并力争尽量缩短。

2) 在混凝土生产过程中，要采用合格的原材料和高效复合型外加剂，优化施工配合比，并根据外界条件的变化，对碾压混凝土拌合物进行动态控制，使实际施工配合比尽可能最优，确保施工质量。

3) 在大坝迎水面3.0～8.0m宽部位每一层防渗碾压混凝土之间铺洒约2mm厚的水泥粉煤灰净浆。铺洒水泥粉煤灰净浆后及时覆盖混凝土，其间隔时间控制在净浆初凝时间内。

4) 晴朗多风天气，自卸汽车设置顶棚，避免阳光直射；混凝土仓面采取喷雾保湿措施，形成人工小气候，降低环境温度，防止混凝土表面失水、影响层间结合。

5) 自卸汽车接料时多点接料，卸料时分多点卸料，减少料堆高度，减轻骨料分离，并将碾压混凝土卸到已平仓的碾压混凝土面上，同时人工对骨料集中的地方进行处理。

5.2.13 异种混凝土结合部位施工

1. 大坝河床部位基础常态混凝土浇筑完毕并冲毛合格，间歇7～10d，在碾压混凝土施工前均匀摊铺1.5～2.0cm高一标号砂浆，而后在其上摊铺碾压混凝土。

2. 靠岸坡岩面上的常态混凝土垫层、上游面倒悬结构的常态混凝土及导墙抗冲耐磨混凝土等与坝体碾压混凝土同仓浇筑。

3. 常态混凝土与碾压混凝土结合部位，先行碾压混凝土作业，后浇筑常态混凝土，在两种混凝土接合处振捣器应插入到碾压混凝土中，精心振捣，并用振动碾对结合处补充碾压，使其达到结合部位混凝土密实，以确保坝体施工质量。

4. 碾压混凝土与常态混凝土连接部位，同一层面碾压混凝土和常态混凝土同时上升，先进行碾压混凝土作业，后浇筑常态混凝土。在两种混凝土结合处振捣器插入到碾压混凝土中，使常态混凝土与碾压混凝土接合良好。

异种混凝土接合施工方法见图5.2.13。

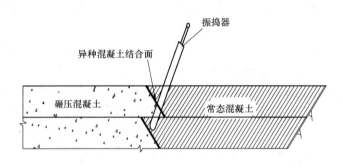

图5.2.13 异种混凝土接合施工方法

5.2.14 高气温条件下碾压混凝土施工

1. 优化配合比

1) 采用ZB-1-RCC15或JM-Ⅱ高温型高效缓凝减水剂，改善和延长碾压混凝土初凝时间，减少了拌合用水量，降低了胶凝材料用量，并抑制水泥水化热速度。

2) 在满足设计、施工要求的前提下，尽可能减少单位水泥用量或相对减少水泥掺量比例，并选择水化热较低的水泥。

3) 采用高掺粉煤灰技术。

2. 出机口温度控制

1) 选择有利于保温的原材料储存方式，如储料罐。

2) 采用一、二次风冷预冷粗骨料：经骨料调节料仓一次风冷后出仓口骨料应小于7℃，进入拌合楼料仓时骨料温度应小于 8℃；拌合楼料仓用超低温冷风进行二次风冷。

3）采用片冰拌合混凝土。

3. 运输过程中温度回升控制

1）在拌合楼自卸汽车入口设喷雾装置，以降低拌合楼小环境气温，并对车箱进行降温湿润。

2）自卸汽车运输时车箱顶部设活动遮阳棚，外侧面贴隔热板；高速供料线运输时，机口放料应均匀连续，供料线皮带上方设保温、遮阳、隔热和防雨盖板，皮带两侧安装保温帘，形成相对封闭的环境，并在其间铺设冷风管道，对高速皮带机上混凝土进行风冷，以控制碾压混凝土运输过程中温度回升不超过 3℃。

3）根据施工强度合理安排运输车辆，严格控制混凝土在车上的滞留时间。

4. 浇筑过程中的温度回升控制

1）通过合理规划仓号或采用台阶法和斜层平推铺筑法施工，尽可能减小混凝土浇筑仓面面积。

2）提高混凝土入仓强度，缩短混凝土层间间隔时间，降低混凝土温度回升。

3）VC 值是碾压混凝土可碾性的重要指标，将直接影响碾压混凝土的压实度和层间结合质量。碾压混凝土碾压时，VC 值控制在 3～5s，据此碾压混凝土出机口中 VC 值应根据气温、湿度、混凝土运输方式、混凝土入仓温度、层间间隔时间等实行动态控制。

4）及时摊铺、及时碾压、及时覆盖，防止热气倒灌：由于碾压混凝土通常采用通仓薄层连续浇筑，较常态混凝土更易遭受施工环境的影响，故对其施工过程及浇筑后的碾压混凝土外露面的保护和养护工作尤其重要。在高温条件下，仓面碾压混凝土施工应边平仓，边碾压，碾压完成后对已碾压面立即覆盖保温被，直到下一层料物摊铺时方可依次揭开。

5）在混凝土浇筑过程中，进行仓面喷雾，在仓面形成人工小气候环境。

5. 加强通水冷却，严格控制坝体内最高温升

1）冷却水管布置要达到坝体内混凝土均匀降温；

2）为了减少冷却水管敷设对碾压混凝土施工的干扰，主要采取以下措施：冷却水管采用高密度聚乙烯管；需中期通水的冷却水管通过预埋导管引入水平廊道；同仓号相邻坝段冷却水管错层（碾压层）布置；通冷水或河水，将坝体内混凝土温度降到最高允许温度以下。

5.2.15 多雨条件下碾压混凝土施工措施

1. 在降雨强度每 6min 小于 0.3mm 的条件下，可采取以下措施继续施工：

1）适当加大搅拌楼机口拌合物 VC 值，适当减小水灰比。

2）卸料后立即平仓、碾压，或采用防雨布覆盖。

3）做好仓面排水，以免积水浸入碾压混凝土中。

2. 当降雨强度每 6min 等于或大于 0.3mm，应暂停施工，并迅速作好仓面处理，随时准备恢复施工：

1）已入仓的拌合料迅速平仓、碾压。

2）如遇大雨或暴雨，来不及平仓碾压时，采用防雨布迅速全仓面覆盖，待雨后进行处理，如拌合料搁置时间过长或被雨水浸泡，应作废料处理。

3. 大雨过后，当降雨量每 6min 小于 0.3mm，并持续 30min 以上，仓面已覆盖未碾压的混凝土尚未初凝时可恢复施工。雨后恢复施工，应做好如下工作：

1）皮带机及停在露天运送混凝土的汽车车箱内的积水必须清除干净。

2）新拌混凝土的 VC 值恢复正常值，并按其上限控制。

3）清理仓面，排除积水。

4）若有漏碾且尚未初凝处，立即补碾。

5）漏碾已初凝而无法恢复碾压处，以及有被雨水严重浸入处，将其清除。

4. 恢复施工前，严格处理已损失灰浆的碾压混凝土（含变态混凝土），并按施工缝处理措施进行

层、缝面处理。

5.2.16 碾压混凝土养护、表面保护及整修

1. 养护

1）混凝土浇筑收仓 12h 后，开始对混凝土表面进行养护，高温和较高温季节表面进行流水养护，低温季节表面进行洒水养护，永久面采用花管洒水养护，养护时间为混凝土的龄期或上一仓混凝土覆盖。

2）在碾压混凝土的施工过程中，保持仓面湿润；正在施工和刚碾压完毕的仓面，防止外来水的侵入。

3）遇气温较低（日平均气温小于 3℃）时，停止碾压混凝土施工，已浇筑的混凝土仓面用保温被覆盖，并进行洒水养护，养护维持到上一层混凝土开始铺筑为止。

4）混凝土养护设专人负责，并做好养护记录。

2. 表面保护

1）在低温季节或气温骤降季节，对混凝土进行早期表面保护。

2）模板拆除时间根据混凝土强度及混凝土的内外温差确定，避免在夜间或气温骤降时拆模。

3）混凝土表面保护层材料及其厚度，根据不同部位、结构的混凝土内外温度和气候条件确定。

3. 表面整修

混凝土浇筑块成型后的偏差不得超过模板安装允许偏差的 50%～100%，特殊部位应按施工图纸的具体规定执行。如不能满足要求，则需进行混凝土表面整修。

1）碾压混凝土结构表面，其有缺陷部分的整修在拆模后 24h 内完成。混凝土表面蜂窝凹陷或其他损坏的混凝土缺陷按设计技术要求进行修补，同时做好详细记录。

2）修补前用钢丝刷或加压水冲刷清除缺陷部分，或凿去薄弱的混凝土表面，用水冲洗干净；采用比原混凝土强度等级高一级的砂浆、细石混凝土或其他填料填补缺陷处，并抹平；修整部位应加强养护，确保修补材料牢固粘结，色泽一致，无明显痕迹。

5.3 施工组织与管理

5.3.1 仓面验收与开仓证签发

1. 仓面工程检查验收

1）仓面准备工程质量检查验收坚持"三检制"。施工单位应认真做好自检、复检和终检工作，质检工程师终检合格后方可通知监理工程师最终验收。

2）建基面检查验收

混凝土浇筑前的建基面检查验收必须在开挖验收合格后进行，验收高程应高于该碾压混凝土升程顶部高程 1m 以上。

3）施工缝处理与检查验收

① 施工缝必须冲毛，清除表面乳皮、露砂成毛面。采用低压水冲毛，水压力一般为 0.2～0.5MPa，冲毛在初凝之后，终凝之前进行，不得过早冲毛。

② 采用高压水冲毛，水压力一般为 20～50MPa，冲毛必须在混凝土终凝后进行。冲毛前应避免仓面积水形成水垫，降低冲毛效率。

③ 高压水冲毛作业时，喷枪口距缝面 10～15cm，夹角 75°左右。冲毛时高压胶管应保持平顺，如有损伤应及时更换。

④ 碾压混凝土浇筑前，施工缝必须冲洗干净且无积水、污物等。

⑤ 施工缝冲毛检查验收

上游迎水面 15m 范围内要 100% 达到毛面要求，其余部位的毛面面积达到 90% 以上，且局部未达到毛面要求的面积不得大于 0.1m²。

4）预埋系统检查验收

① 所有的预埋件材料品种、规格、尺寸等必须符合设计要求。

② 固结灌浆与接触灌浆埋设管路必须畅通，管口应封闭，封闭物必须牢固，防止脱落堵塞管道。在埋设后、浇混凝土后及灌浆前均应通风通水检查。

③ 止水铜片表面应光滑平整，并有光泽，其浮皮、锈污、油漆、焊渣均应清除干净；橡胶止水带或 PVC 止水带不得有气孔，塑化均匀，不得有烧焦及未塑化的生料，每一批止水带均应有分析检测报告。止水铜片、橡胶止水带及 PVC 止水带在浇筑时，表面应清洁无污染。止水铜片的凹槽部位须用沥青麻丝或聚乙烯填实，安装时应严格保证凹槽部位与伸缩缝位置一致，骑缝布置，其鼻子中心线允许偏差为±5mm。止水要加固可靠，避免混凝土浇筑过程中变形。

2. 准备工作检查

1）为保证混凝土施工质量，必须针对不同的浇筑高程、气象条件、浇筑设备能力、不同坝段的形象面貌要求等合理地划分浇筑仓，每仓混凝土在开浇 3d 前，出具仓面设计。仓面工艺设计应将该浇筑仓的仓面特性、技术要求、施工方法、质量要点、资源配置等简洁地汇集到仓面工艺设计之中，以指导作业队严格按仓面工艺设计的要求进行有序、高效施工。

2）碾压混凝土浇筑前，需对下列各项进行检查：

① 混凝土生产系统及输送系统、仓内的施工设备（振动碾、平仓机、振捣器、切缝机、核子密度仪、VC 值测定仪器等）及高温施工时段的喷雾设施均应保持良好状态，仓内施工工具及保温（保湿）、防雨材料准备就绪，随时可投入使用。

② 自卸汽车直接运输混凝土入仓时，汽车轮胎冲洗设施应符合技术要求，距入仓口应有足够的脱水距离（30～50m），脱水路面为脱水钢平台或碎石路面，并冲洗干净，无污染。

③ 预冷混凝土生产时，预冷系统应提前 4h 投入运行，并检查一、二级风冷料仓内骨料及拌合用水是否已降至预定温度。

④ 仓面应配备足够的对讲机和电话，以保证仓面与有关单位的通信联系畅通。

⑤ 生产线上的施工照明、仓内的电源等，必须满足施工要求。

3. 开仓证的签发

经质检工程师和监理工程师验收合格后，由监理工程师签发开仓证。施工管理部门收到开仓证，对准备工作的情况再次核实无误后，安排混凝土生产和运输设备。未签发开仓证的仓面严禁开盘浇筑混凝土。

5.3.2 仓面施工与管理

1. 现场管理体系

为了保证碾压混凝土浇筑"一条龙"正常、连续、快速进行，需建立健全了一个组织严密、运行高效、信息反馈及时的仓面组织管理体系。同时于现场指挥中心设置现场监视系统，以便及时了解、掌握、处理现场问题。仓面组织管理体系见图 5.3.2。

2. 劳动力组织

碾压混凝土施工人员组织如下：采用两班作业，每班每个碾压仓面配置 90～120 人。仓面人员按作业性质分为仓面总指挥、车辆指挥、供料线指挥、平仓设备指挥、碾压设备指挥、变态混凝土施工指挥和辅助指挥（喷雾、仓面保温被施工、层面缺陷处理、压实度检测等）及按图 5.3.2 所示班组配置相应的作业工人。

3. 混凝土浇筑"一条龙"协调

1）在混凝土开仓浇筑前，根据施工技术措施及仓面设计制订详细的施工方法，由仓面总指挥对有关人员进行交底，使现场施工有序进行。

2）施工过程中拌合厂按照试验室签发的配料单和水工混凝土施工规范要求的衡量精度进行生产配料，对配料过程质量负责，试验室对配料单负责，并对定称的准确性、衡量精度、拌合容量、拌合时间、投料顺序等负责监督检查。

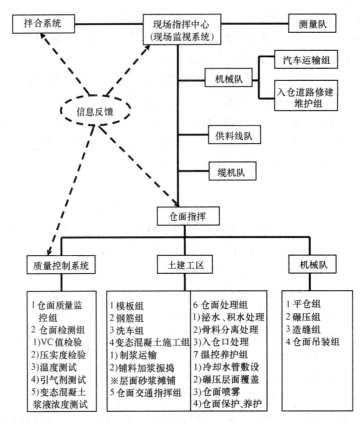

图 5.3.2　仓面组织管理体系

3）运输能力应与混凝土拌合、浇筑能力和仓面具体情况相适应，安排混凝土浇筑仓位应做到统一平衡，以确保混凝土质量和充分发挥机械设备效率。运输车辆必须挂牌，标明混凝土种类、级配、来源，便于仓面管理。供料线运输前将仓内混凝土种类、各种混凝土的位置、浇筑顺序、布料方向等内容给供料线人员进行交底，使操作人员和仓面指挥人员均做到心中有数。

4）在仓面用红油漆画出分区线、碾压层厚、收仓线等，按碾压层厚在模板上标线，各标线之间水平间距不得大于 10m，横缝每隔 30m 应有标识，使仓内浇筑人员一目了然。碾压混凝土浇筑时，测量人员必须跟班作业，及时校核翻升模板，并对预埋件、结构线放样复核。

5）所有参加碾压混凝土施工的人员，必须挂牌上岗，并遵守现场交接班制度，接班人员未到，当班人员不得离开工作岗位，交接班工作不得超过 40min。临时离开工作岗位需经仓面总指挥同意。

6）施工仓面上的所有设备、检测仪器工具在暂不操作时均应放在不影响施工或现场指挥指定的位置上；出入仓面的其他人员，行走路线和停留位置不得影响正常施工。应服从仓面总指挥的安排。

7）入仓口必须有专人把守，与生产无直接关系的联营体人员进入仓面需经仓面总指挥同意；外来参观人员进入仓面需经总经理工作部事前通知并经有关领导批准。

8）仓内因某种原因需拌合楼暂停拌合或放慢拌合速度时，仓面总指挥应及时通知拌合厂，并报施工管理部。

9）测量队负责冷却水管的放样；土建工区负责冷却水管埋设、仓面维护及埋设后的实测成图；质量管理部负责组织冷却水管各工序的交接工作。

10）施工管理部对混凝土拌合、运输、仓面施工一条龙负责组织协调。各管理部门及有关领导对仓面施工的意见通过仓面总指挥贯彻执行。

4. 仓面管理

每个混凝土浇筑仓面每班设仓面总指挥 1 人，协助指挥 2～3 人。仓面总指挥全面安排、组织、协调本仓面碾压混凝土施工，对本仓面进度、质量、安全负责。除仓面总指挥和协助指挥外，其他人员都不得在仓面直接指挥生产（紧急情况除外）。

1) 卸料与平仓

① 碾压混凝土的铺筑作业应均衡连续进行，要求铺料方向与卸料方向垂直，铺筑层应以固定方向逐条带铺筑。施工中根据仓面特征，可采用平铺法和斜层平推法两种碾压混凝土浇筑方式。

② 采用斜层平推法施工时，斜面坡度应控制在 1∶10～1∶20，坡脚部位应避免形成尖角和大骨料集中。工艺流程要求：开仓段应在混凝土入仓后，按规定方向摊铺，并对老混凝土面进行铺砂浆处理；斜坡坡脚不允许延伸至二级配碾压混凝土防渗区，二级配防渗区混凝土必须采用平层铺筑；收仓段应先在老混凝土面上摊铺砂浆，然后采取折平线形施工。

③ 碾压厚度由压实厚度决定，碾压混凝土的压实厚度一般为 30cm，碾压厚度 34cm。

④ 混凝土施工缝面在铺砂浆前应严格清除二次污染物，铺浆后应立即覆盖碾压混凝土。

⑤ 采用布料机卸料时，布料方向与平仓方向垂直，下料导管管口距碾压面的高度控制在 0.9m，最大不能超过 1.5m，并顺铺料方向缓慢均匀移动，卸料应在已平仓未碾压的面上，以减少骨料分离。布料分条带进行，一个条带布料完毕后即进行另一条带布料，依次进行。

⑥ 自卸汽车卸料时，料应卸在新铺未碾压混凝土斜面上。汽车在碾压混凝土面上行驶应避免急刹车、急转弯，转弯半径不小于 15m，车速控制在 5km/h 以内；平仓机严禁在已平仓的或碾压过的混凝土面上急转弯。

⑦ 缆机下料时，下料高度不得大于 1.5m。

⑧ 真空溜管下料，下料口距汽车车箱底板高度不得大于 1.5m，汽车分 2 点装料。

⑨ 严格控制靠模板条带的卸料与平仓，卸料点与模板距离不得小于 3m，避免混凝土直接冲击模板。

⑩ 严格控制三级配与二级配混凝土的分界线，其误差不得超过 0.5m。

⑪ 采用斜层平推法施工时，汽车只能从指定的斜面入仓口处入仓。铺料时平仓机自上而下铺料，在铲刀距施工缝面混凝土约 20cm 时，铲刀即应向上抬高，以免与施工缝面混凝土发生碰撞、摩擦。

⑫ 为减少骨料分离，卸料平仓应做到：平仓后的混凝土料口保持斜面，让汽车能倒在新平仓的混凝土层面上卸料，避免直接卸在已碾压的层面上；卸料后，料堆周边集中的大骨料用人工分散至料堆上，不允许继续在未处理的料堆附近卸料；平仓机平仓过程中出现两侧的骨料集中，由人工分散于条带上。

⑬ 铺筑层应以固定方式逐条带铺筑；坝体迎水面 8～15m 范围内，平仓方向应与坝轴线方向平行。

⑭ 在廊道及沥青衫板两侧，应对称布料，防止其走样。

⑮ 距模板边（或钢筋、预埋件等）1.2m，距边坡基岩 1m 范围内辅以人工平仓。严禁在模板边（钢筋、预埋件等）、基岩面出现骨料集中的现象。

⑯ 平仓机平仓后，要求做到平整，平整度为 ±5cm，质量部应检查控制，尤其严禁整个仓面向下游倾斜。

2) 碾压与成缝

① 仓面碾压时混凝土的 VC 值宜控制在 3～5s。

② 混凝土碾压一定要体现及时性，快速平仓，完毕后具备碾压条件应立即碾压，碾压条带距平仓条带最大距离应控制在 15m 以内，以确保层面泛浆效果，保证混凝土层面结合质量。

③ 振动碾作业的行走速度采用 1～1.5km/h。BW201AD 或 DW202AD 碾压作业程序按：无振 2 遍→有振 8 遍→无振 1 遍。在仓面周边的 1～3m 范围内应增加单轮有振 8 遍。

④ 为确保施工安全，BW201AD 或 DW202AD 大振动碾距模板边不应小于 1.0m。

⑤ 坝体迎水面 8～15m 碾压混凝土必须垂直于水流方向碾压。

⑥ 大型振动碾碾不到的边缘拐弯部位，采用小型振动碾碾压密实。小型振动碾 BW75S 碾压作业程序按：无振 2 遍→有振 24 遍～30 遍→无振 2 遍。

⑦ 碾压作业要求条带清楚，条带宽度同振动碾轮压宽度，技术员在大坝两侧的混凝土或模板上标识碾压宽度，走偏距离应控制在 10cm 范围内，碾压条带必须重叠 15～20cm，同一条带分段碾压时，其接头部位应重叠碾压 2.4～3m（碾压机车身长度）。

⑧ 碾压层内铺筑条带边缘、斜层平推法的坡脚边缘，碾压时振动碾不得穿越坡脚边缘，该部位应预留 20～30cm 宽度与下一条带同时碾压，其最终完成碾压的时间应控制在层间允许间隔时间内。

⑨ 两条碾压带间因碾压作业形成的高差，一般应采用有振慢速碾压 1～2 遍。在正常的碾压过程中禁止喷水，以免影响混凝土强度。

⑩ 每次碾压作业开始后，仓面总指挥应指派专人对局部骨料集中的部位分散处理，及时撒铺碾压混凝土拌合物的细料，以消除局部大骨料集中形成的麻面。

⑪ 碾压混凝土从出机至碾压完毕，宜在 1.5h 内完成。

⑫ 碾压混凝土的层间允许间隔时间必须控制在小于混凝土初凝时间 1～2h 以内。层间间歇时间，高温季节（5 月～9 月）小于 4h，次高温季节（3 月～5 月、10 月、11 月）小于 6h，低温季节（12 月～次年 2 月）小于 8h。

⑬ 碾压作业完成后，试验室质控员用核子密度仪按网格布点检测，混凝土相对密实度应大于 98.5％。当低于规定指标时，应及时通知仓面总指挥补碾，补碾后仍达不到要求的，在 3m³ 以内的，可以在仓面挖除分散处理；超过 3m³，应报告质量部作相应处理。

⑭ 碾压作业后的混凝土面，要求有微浆出露，振动碾滚轮前后略呈弹性起伏。仓面总指挥根据现场碾压作业的实际情况要求调整 VC 值时，应经仓面试验室质控员同意，由试验室质控人员通知拌合楼试验室值班人员进行调整。

⑮ 通仓方式碾压的大坝横缝，用切缝机形成诱导缝，采用先碾后切，在碾压完成后进行切缝施工。采用间断切缝，间距不大于 10cm，缝内填充 4～6 层彩条布，填充物顶部距压实面 1～2cm，切缝完毕后用振动碾碾压 1～2 遍。

3）保持仓面干净、无积水、无杂物油污：

① 进入碾压混凝土施工仓面工作的人员都必须将鞋子上的泥污洗净，禁止在仓面抛掷任何杂物（如烟头、火柴棒、碎纸等）。

② 仓面设备粘结的老混凝土应及时清出仓外。

③ 仓面设备应开出仓外加油，若需在仓内加油，必须采取措施防止污染仓面。仓内设备不得漏油，出现问题仓面总指挥必须立即处理。

④ 设专人及时排除仓面泌水。

4）埋件施工

① 浇筑过程中若有大骨料在止水部位集中，应人工分散，并振捣密实；止水周围混凝土不得低于层面，防止在止水处形成集水坑。

② 碾压混凝土内部观测仪器和电缆的埋设，宜采用后埋法。对没有方向性要求的仪器，坑槽深度应保证上部有大于 20cm 的回填保护层，对有方向性要求的仪器，上部最少要有 50cm 的回填保护层。回填料为相应部位碾压混凝土剔除大于 40mm 粒径骨料的新鲜混凝土，人工分层捣实。对电缆或电缆束宜在槽内回填砂浆，以避免形成渗漏通道。

③ 预埋件埋设应及时并与施工协调一致，尽量避免互相干扰。埋设单位要加强对仪器埋设后的保护工作，在混凝土浇筑过程中，各施工单位严禁损坏埋设件。

5）收仓

收仓面应基本水平，不得有明显的踩踏痕迹。混凝土收仓后，水平止水片上的覆盖厚度不得小于 30cm，在施工过程中，禁止踩踏止水片。

碾压混凝土面收仓后需 2～3d 强度后方可允许设备通过。

6. 材料与设备

6.1 主要材料

6.1.1 水泥

水泥质量标准及检验方法：

碾压混凝土使用42.5中热硅酸盐水泥，进场水泥应符合表6.1.1-1、表6.1.1-2质量要求。

水泥熟料成分要求及检验方法 表6.1.1-1

序号	矿物组成及化学成分	42.5中热硅酸盐水泥	检验方法
1	硅酸三钙(C_3S)%	≤55	GB/T 176—1996 GB 200—2003
2	铝酸三钙(C_3A)%	≤6.0	
3	游离氧化钙($fCaO$)%	≤1.0	

水泥品质检验项目、指标及检验方法 表6.1.1-2

序号	检验项目		指标	检验方法
1	比表面积 m^2/kg		>250	GB/T 8074
2	氧化镁含量%		3.5～5.0	GB/T 176—1996 GB 200—2003
3	三氧化硫含量%		≤3.5	
4	烧失量%		≤3.0	
5	碱含量(以$Na_2O+0.658K_2O$计)%		≤0.6	
6	安定性		合格	GB/T 1346—2001
7	凝结时间(h:min)	初凝	≥1:00	GB/T 1346—2001
		终凝	≤12:00	
8	抗压强度(MPa)	3d	≥12.0※	GB/T 17671—1999
		7d	≥22.0	
		28d	≥42.5	
9	抗折强度(MPa)	3d	≥3.0※	
		7d	≥4.5	
		28d	≥6.5	
10	水化热(KJ/kg)	3d	≤251	GB/T 2022—1980 或 GB/T 12959—1991
		7d	≤293	

※不作为判定水泥品质是否合格的控制指标。

6.1.2 粉煤灰

碾压混凝土应使用Ⅰ级粉煤灰（RⅠ区、上游面二级配碾压混凝土和变态混凝土必须采用Ⅰ级粉煤灰），若Ⅰ级粉煤灰料源供不应求时，可使用准Ⅰ级粉煤灰。碾压混凝土使用粉煤灰品质指标及检验方法见表6.1.2。

粉煤灰品质指标及检验方法 表6.1.2

序号	指标	Ⅰ级灰	准Ⅰ级灰	检验方法
1	细度(45μm方孔筛筛余%)	≤12	≤12	DL/T 5055—1996 GB/T 176—1996
2	烧失量(%)	≤5.0	≤5.0	
3	需水量比(%)	≤95	≤100	
4	三氧化硫(%)	≤3.0	≤3.0	
5	含水量(%)	≤1.0	≤1.0	

6.1.3 粗骨料

粗骨料是大法坪人工砂石系统采用石灰岩加工制成。经方孔筛筛分成 D150（150~80mm）、D80（80~40mm）、D40（40~20mm）、D20（20~5mm）四级粒径骨料。粗骨料质量指标及检验方法见表 6.1.3。

粗骨料质量指标及检验方法　　　　　　　　　　　　　　表 6.1.3

序号	项　目	碎　石	检验方法
1	骨料裹粉含量（%）	D20、D40　1.0 D80、D150　0.5	SL48—94 DL/T5151-2001
2	泥块含量（%）	不允许	
3	坚固性（%）	≤5	
4	硫化物及硫酸盐含量（折算成 SO_3）（%）	≤0.5	
5	有机质含量	不允许存在	
6	表观密度（kg/m³）	≥2550	
7	吸水率（%）	≤2.5	
8	针片状颗粒含量（%）	≤15	
9	压碎指标（%）	≤16	
10	超径含量（%）	<5（原孔筛）	
11	逊径含量（%）	<10（原孔筛）	
12	中径筛筛余量（小石、中石）（%）	40~70	

6.1.4 细骨料

细骨料是大法坪人工砂石系统采用石灰岩加工制成细骨料质量指标及检验方法见表 6.1.4。

细骨料质量指标及检验方法　　　　　　　　　　　　　　表 6.1.4

序号	项　目		人工砂	检验方法
1	细度模数		2.4-2.8	SL 48—94 DL/T 5151—2001
2	石粉含量（%）	0.16mm 以下	18.0±2.0	
		0.08mm 以下	8.0 以上	
3	泥块含量		不允许	
4	坚固性（%）		≤8.0	
5	表观密度（kg/m³）		≥2500	
6	云母含量（%）		≤2.0	
7	硫化物及硫酸盐含量（%）		≤1.0	
8	有机质		不允许	
9	含水率（%）		≤6.0	

6.1.5 外加剂

碾压混凝土使用的外加剂有缓凝高效减水剂和引气剂。缓凝高效减水剂按延缓初凝时间分两种类型：

初凝时间比未掺缓凝减水剂延缓 2~5h 为冬季型缓凝高效减水剂，适用于低气温条件下施工。

初凝时间比未掺缓凝减水剂延缓 6h 以上为夏季型缓凝高效减水剂，适用于高气温条件下施工。

1. 掺外加剂混凝土性能指标及检验方法应符合表 6.1.5-1 要求。

2. 匀质性指标

匀质性指标应符合表 6.1.5-2 要求。

掺外加剂混凝土的性能指标及检验方法　　　　　　表 6.1.5-1

试验项目		缓凝高效减水剂	引气剂	检验方法
减水率(%)		≥15	≥6	
含气量(%)		<3.0	4.5-5.5	
泌水率比(%)		≤100	≤70	
凝结时间(min)	初凝	冬季型＋120±300，夏季型＞＋360	－90±120	
	终凝	＋120±300	－90±120	DL/T 5100—1999
抗压强度比(%)	3d	≥125	≥90	
	7d	≥125	≥90	
	28d	≥120	≥85	
28d 收缩率比(%)		<125	<125	
抗冻标号		≥50	≥200	
对钢筋锈蚀作用		应说明对钢筋有无锈蚀作用		

注：1. 凝结时间差"－"号表示凝结时间提出前；"＋"号表示凝结时间延缓。
　　2. 除含气量和抗冻标号两项试验项目外，表中所列数据为受检验混凝土与基准混凝土的差值或比值。

外加剂匀质性指标及检验方法　　　　　　表 6.1.5-2

试　验　项　目	指　　标	检　验　方　法
含固量或含水量	(1)对液体外加剂，应在生产厂规定值的 3% 之内 (2)对固体外加剂，应在生产厂规定值的 5% 之内	
密度	对液体外加剂，应在生产厂规定值±0.02g/cm³ 之内	
氯离子含量	应在生产厂规定值的 5% 之内	
水泥净浆流动度	应不小于生产厂规定值的 95%	
细度	0.315mm 筛筛余应小于 15%	
PH	应在生产厂规定值±1 之内	GB/T 8077—87
表面张力	应在生产厂规定值±1.5 之内	
还原糖含量	应在生产厂规定值±3% 之内	
总碱量(Na₂O＋0.658K₂O)	应在生产厂规定值 5% 之内	
硫酸钠	应在生产厂规定值 5% 之内	
泡沫度	应在生产厂规定值 5% 之内	
砂浆流动度	应在生产厂规定值 5% 之内	
不溶物含量	应在生产厂规定值 5% 之内	

6.2　设备配置

与传统的门塔机、缆机浇筑手段不同，采用高速供料线＋塔（顶）带机浇筑混凝土，其浇筑强度将成倍地提高。因此，对浇筑仓面各项资源配置无论是质量还是数量都将明显增加，对仓面组织管理的要求也将显著提高。

仓面设备按同时浇筑 2 个约 10000m² 仓号进行配置，最高日浇筑能力可达 20000～25000m³。仓面设备配置见表 6.2。

主要设备配表 　　　　　表 6.2

序号	设备名称	规格型号	单位	数量	单台生产效率
1	振动碾	BW202AD-2	台	13	70～80m³/h
2	小型振动碾	BW75S-2	台	3	
3	小型振动碾	SW200	台	3	
4	平仓机	CATD3GLGP	台	3	130～150m³/h
5	平仓机	SD16L	台	5	100～120m³/h
6	履带式切缝机	R130LC-5	台	2	
7	振捣机	EX60	台	2	
8	高压水冲毛机	GCHJ50B	台	15	50m²/h
9	车载高压水冲毛机	WLQ90/50	辆	1	50m²/h
10	喷雾机	HW35	台	30	
11	风动搅拌储浆车		辆	1	
12	油动搅拌储浆车		辆	1	
13	高速供料线		条	3	
14	塔（顶）带机		台	2	
15	自卸汽车		辆	40	以自卸汽车直接入仓为主时
16	仓面吊	8t、16t、25t	辆	10	
17	核子密度仪	MC-3	台	4	

注：局部仓面喷雾可采用高压水冲毛机作补充。

为了配合仓面施工，对仓面骨料分离、积水、泌水、变态混凝土施工、砂浆摊铺及机械难以施工的部位采用人工处理。故仓内需常备瓢、桶、抹布、拖把、铁锹、耙子、真空吸水器等工具。同时应配备保温被、彩条布对碾压混凝土面进行保温、保湿、防晒、防雨。

7. 质 量 控 制

7.1 碾压混凝土质量标准

7.1.1 混凝土运输铺筑质量标准

混凝土运输铺筑质量标准和检查（测）频数见表 7.1.1。

混凝土运输铺筑质量标准 　　　　　表 7.1.1

项类	项次	项　目	质量标准	检查（测）频数
保证项目	1	碾压遍数	无振碾压 2 遍＋有振碾压 6 遍＋无振碾压 1～2 遍	1 次/碾压层或每作业仓面
	2	仓面实测 VC 值及外观评判	仓面在压实前测试 VC 值，控制在设计 VC 值 3～5s 波动范围； 碾压 4～6 遍后，碾轮过后稍呈塑性回弹，80%以上表面有明显灰浆泛出，湿润，有亮感	2～4 次/班
	3	压实湿密实度的评判	满足碾压混凝土相对密实度不小于 98.5%的要求	1 点/100～200m² 碾压层）
	4	异种混凝土结合部位浇筑碾压	在先浇混凝土初凝前完成，交接处用振动碾碾压，骑缝碾平	每一结合部位 1 次

项类	项次	项目	质量标准	检查(测)频数
基本项目	1	运输与卸料工艺	运输方式与运输机具有避免产生骨料分离的措施; 车辆入仓前轮胎冲洗干净,在仓面行驶无急刹车急转弯; 任一环节的接料、卸料的跌落高度和料堆高度不大于1.0~1.5m; 仓内卸料采用梅花形重叠方式,卸料堆旁的分离骨料应用人工分散	2次/工作班
	2	平仓工艺	薄层平仓:①铺料层厚度约34cm,应按两层铺料一次碾压方式进行,如有骨料分离采用人工分散;②边缘死角部位辅以人工摊铺;③平仓后仓面平整,无坑洼,厚度均匀	2次/工作班
	3	碾压工艺	在坝体迎水面8~15m范围内碾压方向应与水流方向垂直,其他范围也宜垂直水流方向; 碾压条带重叠10~20cm,端头部位搭接宽度应不小于100cm	2次/工作班
	4	碾压层表面外观	无浮露粗骨料,表面90%充分泛浆,及时处理泌水	1次/碾压层
	5	止水、埋件保护	止水及埋件埋设符合设计要求,保护完好	1次/碾压层
	6	浇筑温度	不大于设计要求的浇筑温度	2~4次/班
	7	雨期施工	按工法制定的标准控制	1次/每一降雨过程

7.1.2 层间结合质量标准

层间结合质量标准见表7.1.2。

层间结合质量标准　　　　　　　　　　　　　表7.1.2

项类	项次	项目	质量标准	检查(测)频数
保证项目	1	碾压混凝土拌合物从出机到碾压完毕历时	不大于1.5h	2次/碾压层
	2	铺筑层层间隔时间	高温季节按4h控制,次高温季节按6h控制,低温季节按8h控制	1次/每一碾压层间
	3	碾压面状态与处理	若超过直接铺筑允许时间,应按施工缝处理后再覆盖上层碾压混凝土	1次/每一碾压层间
	4	层间铺浆	二级配混凝土上层铺料前全部铺净浆	出现时检查
基本项目	1	碾压层面保护	层面应保持清洁,无污染,湿润。 避免带机械在已硬化层面往返行走与原地转动	1次/碾压层

7.1.3 变态混凝土质量标准

变态混凝土(碾压混凝土与岸坡、上下游面、廊道、止水铜片周边结合的混凝土)质量标准见表7.1.3。

变态混凝土质量标准　　　　　　　　　　　表 7.1.3

项类	项次	项 目	质量标准	检查(测)频数
保证项目	1	岸坡岩面处理	清洗洁净,无松动岩石或夹泥	
	2	检查水泥粉煤灰净浆比重	1.8±0.05	2次/工作班
	3	加浆量	碾压混凝土体积的 4%～6%	1次/每部位、铺筑层面
基本项目	1	施工工艺	先在岸坡岩面上喷洒 5mm 的净浆,然后铺筑碾压混凝土,再在混凝土中铺筑 4%～6% 的净浆	1次/每部位、铺筑层面
	2	净浆拌制	宜用制浆设备拌制,用输浆泵输送到仓面喷洒,严禁在混凝土拌合物中加水	1次/每部位、铺筑层面
	3	振捣作业	振捣间距不超过振捣器有效半径的 1.5 倍; 垂直插入下层 5cm,有次序,无漏振; 不得碰撞模板、钢筋、止水、止浆片及其他埋件; 在碾压和变态混凝土初凝前及时振捣。变态混凝土后浇时应斜插入碾压混凝土中	1次/每部位、铺筑层面
	4	与碾压混凝土搭接	经碾压后平整密实	1次/每部位、铺筑层面

7.1.4　碾压混凝土养护和防护质量标准

碾压混凝土养护和防护质量标准见表 7.1.4。

碾压混凝土养护和防护质量标准　　　　　　表 7.1.4

项类	项次	项 目	质量标准	检查(测)频数
保证项目	1	施工中的混凝土面层	保持湿润	1次/工作班
	2	施工仓面周围	防止外来水流入	1次/工作班
	3	混凝土终凝后	洒水养护,保持湿润	1次/d
基本项目	1	养护时间	水平施工层面养护到上层碾压混凝土铺筑为止;永久暴露面养护时间不少于 28d	1次/d
	2	对有温控要求的混凝土	按温控设计采取相应的温控措施,最高温度不超过设计允许的最高温度	1次/浇筑层
	3	低温季节和温度骤降	采取专门防护措施	1次/浇筑层

7.2　碾压混凝土仓面质量控制

1. 碾压混凝土仓内质量控制直接关系到大坝质量的好坏,其控制主要内容包括:VC 值控制;卸料、平仓、碾压控制;压实度控制;浇筑温度控制。碾压混凝土铺筑现场检测项目和标准见表 7.2-1。

碾压混凝土铺筑现场检测项目和标准　　　　表 7.2-1

检 测 项 目	检 测 频 率	控 制 标 准
仓面实测 VC 值及外观评判	每 2h 一次	现场 VC 值允许偏差 2s
碾压遍数	全过程控制	无振 2 遍→有振 8 遍→无振 1～2 遍
强度	相当于机口取样数量的 5%～10%	
压实容重	每铺筑 100～200m² 碾压混凝土至少应有一个检测点,每一铺筑层仓面内应有 3 个以上检测点	每个铺筑层测得的相对密实度不得小于 98.5%
骨料分离情况	全过程控制	不允许出现骨料集中现象
两个碾压层间隔时间	全过程控制	由试验确定不同气温条件下的层间允许间隔时间,并按其判定
混凝土加水拌合至碾压完毕时间	全过程控制	小于 1.5h
浇筑温度	2～4h 一次	基础强约束区 $T_p \leq 17℃$,弱约束区 $T_p \leq 20℃$,脱离约束区 $T_p \leq 22℃$

2. 碾压混凝土的铺筑作业应均匀连续进行。连续铺筑的碾压混凝土层间允许间隔时间应控制在初凝时间以内。

3. 碾压混凝土压实厚度为 30cm，碾压厚度约 34cm，每层碾压完必须泛浆。

4. 碾压混凝土拌合物从拌合楼出机口到仓面碾压作业完成宜控制在 1.5h 以内。

5. 变态混凝土应随着碾压混凝土浇筑逐层施工，变态混凝土分两层摊铺，在底部和中部掺浆，或采用抽槽加浆，并振捣密实。

6. 压实容重检测采用核子密度仪。每铺筑 100～200m² 碾压混凝土至少应有一个检测点，每一铺筑层仓面内应有 3 个以上检测点。以碾压完毕 10min 后的核子密度仪测试结果作为压实容重判定依据。

7. 在现场碾压工艺性试验前，应用实际原材料配制的碾压混凝土对核子密度仪进行现场标定。在相同的原材料和相同的测试条件下进行现场连续测试时，每隔 6 个月应进行一次现场标定。在现场测试前，都应对核子密度仪进行标准计数测量和检验。检验合格后方可使用。

8. 相对密实度是评价碾压混凝土压实质量的指标。对于大坝混凝土相对密实度不得小于 98.5%。

9. 仓面施工质量控制：在碾压混凝土施工中，质检部门、试验室值班人员应按表 7.2-2 规定的项目检查，测试并做好记录。

仓面施工质量检查、测试项目表 表 7.2-2

编号	检查项目	质量标准（取样数量）	检查单位
一	层间结合		质量部
	1. 汽车冲洗	无泥水带入仓	
	2. 仓面洁净	无杂物、油污	
	3. 泌水、外来水	无积水	
	4. 砂浆、水泥浆铺设	均匀无遗漏	
	5. 层间间隔时间	下层混凝土未初凝	
	6. 净浆比重	每班 1～2 次	
二	卸料平仓		质量部
	1. 骨料分离处	分散处理	
	2. 平仓厚度．平整度	高差小于 5cm	
三	碾压		质量部
	1. 碾压层表面	平整、微泛浆	
	2. 相对密实度	≥98.5%	试验室
四	混凝土质量		试验室
	1. VC 值	(5～7)s±3s	
	2. 废次料处理	予以清除	质量部（调度室）
五	异种混凝土结合		质量部
六	1. 变态混凝土施工	符合要求	
	2. 变态混凝土抗压强度	根据需要取样	试验室
	3. 变态混凝土抗渗	根据需要取样	
七	RCC 抗压强度现场取样	相当于机口的 5%～10%	试验室
八	特殊气象下施工		质量部（试验室）
	1. 雨天施工	符合措施要求	
	2. 冬期施工	符合措施要求	
	3. 夏期施工	符合措施要求	

10. 碾压混凝土的每一升层作为一个单元工程，当一个升层的碾压混凝土施工结束后，质量部和试验室应根据现场质检记录，按不同项目先依次对每一碾压层进行评定，根据各项目的质量评定结果，质量部会同试验室对该升层的碾压混凝土施工质量等级作出评定，作为混凝土单元工程质量评定的依据。

11. 碾压混凝土施工中，对较大的质量问题必须及时进行处理，不得遗留下来，否则要追究责任，属施工人员不执行质检和试验人员意见造成的，由施工人员负全部责任，属质检和试验漏检或未及时提出的，施工人员负施工责任，质检和试验负检查责任。

7.3　混凝土表面质量缺陷检查

1. 大坝上下游表面及其他外露面质量情况，在拆模后由质量部负责检查，检查项目及内容如表7.3，并记录拆模时间，对缺陷占总数的比例进行统计计算。

混凝土表面质量缺陷检查表 表7.3

序号	项　目	检查内容	分项等级	总　评
1	混凝土面损坏	处数、面积、深度		
2	表面平整度			
3	麻面	数量、面积		
4	蜂窝孔洞	数量、长度、深度		
5	层面结合	数量、长度、深度		
6	异种混凝土结合	数量、长度、深度		
7	混凝土与基岩结合	数量、长度、深度		
8	渗水	点数、严重情况		

2. 质量部应对混凝土表面质量缺陷产生的原因进行分析，会同有关部门提出处理措施。并对处理后的质量情况进行评定。

3. 混凝土表面外露钢筋头、管件头、表面蜂窝、麻面、气泡密集区、错台、挂帘、表面缺损、非受力钢筋、小孔洞、表面裂缝等，均应修补和处理，以满足施工详图和规范要求的平整度。

4. 如果混凝土表面出现裂缝，质量部应做好详细记录，包括裂缝位置、宽度、深度及处理措施等。

7.4　钻孔取样

1. 钻孔取样是检验混凝土质量的综合方法，对评价混凝土的各项技术指标十分重要。钻孔在碾压混凝土铺筑后3个月进行，钻孔的位置、数量根据现场施工情况由监理工程师指定，取芯直径219mm。为取得完善的技术、质量资料，联营体也可自行安排钻孔取样。

2. 钻进应能保证最大限度地取得芯样。无论芯样有多长，一旦发现芯样卡钻或被磨损，应立即取出。除监理工程师另有指示，对于1m或大于1m的钻进循环，若芯样获得率小于80%，则下一次应减少循环深度50%，以后依次减少50%，直至50cm为止。如果芯样的回收率很低，应更换钻孔机具或改进钻进方法。

3. 在钻孔过程中，应对钻孔冲洗水、钻孔压力、芯样长度及其他能充分反映岩石或混凝土特性的因素进行监测和记录，并提交监理工程师。对每盒或每箱芯样拍两张彩色照片，作好钻孔操作的详细记录，一并提交监理工程师。

4. 芯样外观描述：评定碾压混凝土的均质性和密实性，评定标准见表7.4。

碾压混凝土芯样外观评定标准 表7.4

级　别	表面光滑程度	表面致密程度	骨料分布均匀性
优良	光滑	致密	均匀
一般	基本光滑	稍有孔	基本均匀
差	不光滑	有部分孔洞	不均匀

注：本表适用于金刚石钻头钻取的芯样。

5.钻孔冲洗。钻孔均应进行冲洗，冲洗采用风水联合冲洗或用导管通入大流量水流，从孔底向孔外冲洗的方法进行冲洗；冲洗压力采用0.5MPa。

6.坝体混凝土压水试验

1）压水试验应在钻孔冲洗后进行，承包人可根据监理工程师指示，采用"单点法"进行压水试验。压水试验压力采用分段升压，第一段不大于0.3MPa，第二段不大于0.6MPa，第三段及以下不大于1.0MPa。

2）压入流量的稳定标准。在稳定的压力下每3～5min测读一次压入流量，当流量无连续增长趋势，且连续5次读数中最大值与最小值之差小于最终值的10％，本阶段试验即可结束，取最终值作为计算值。

3）采取可靠的措施防止管道和止水塞等部位的渗漏，并应根据试段的渗漏情况采用合适的计量设备，确保计量精度。

4）坝体碾压混凝土压水试验应按SL25—92《水利水电工程钻孔压水试验规程》中有关条文的规定进行"单点法"压水试验。

7.孔内电视录像。对设计或监理工程师要求进行孔内录像的部位，在钻孔取芯完成后，将孔壁用清水冲洗干净，按相关要求进行录像。观测应全面，确保孔内缺陷点不被遗漏，观测时间一般为8～10min/m。录像完成后，按工程单元提交成果报告和录像光盘，内容应包含各单孔观测记载及分析、混凝土质量分类与评价等。

8.灌浆处理与封孔。对检查指标不合格的孔段应进行灌浆处理，否则可直接进行封孔。灌浆或封孔前，必须对钻孔进行冲洗，待回水变清后再持续10min可以结束冲洗，再往孔内通入压缩空气将积水吹干，然后下射浆管与卡塞进行单孔循环灌浆或封孔作业，射浆管距孔底不得大于0.50m。单孔循环灌浆采用水灰比为0.5∶1的浓浆灌注，水泥强度42.5MPa，当注入率小于0.2L/min在设计压力下持续30min时，即可结束灌浆。屏浆结束后进行闭浆，闭浆时间不小于8h。封孔作业采用孔内循环用机械注入0.5∶1的浓浆，待回浆比重达到进浆比重后，在设计压力下持续10min即可结束。待凝2～3d后，将孔口表面强度不高的水泥结石清理干净，孔内不满部分填补砂浆，砂浆强度应与周围混凝土相匹配。

8. 安 全 措 施

8.1 该工程最大坝高216.5m，混凝土强度高，各承重结构多，模板设计时必须经过受力计算，严格控制混凝土上升速度。

8.2 缆机、塔带机的就位和稳定要仔细核算，充分考虑工程区域风荷载，隔离平台和自升式承重架、吊物起重设备的安装和设计要考虑较大的安全系数，封闭隔离平台上部要有防护网，防止上部施工的物件落下伤下。

8.3 工作台、踏板、脚手架的承重量，不得超过设计要求，并应在现场挂牌标明。脚手架与工作台的木板应铺设严密。木板的端头必须搭在支点上。

8.4 吊装模板时，工作地段应有专人监护，起重臂下严禁站人。在2m以上高处作业时，应符合高空作业的有关规定。拆除混凝土输送软管或管道，必须停止混凝土泵的运行。

8.5 在坝顶、陡坡、杆塔、吊塔、脚手架以及其他危险边沿进行悬空高处作业时，临空面必须挂设安全网或防护栏杆、搭设符合规定的上下梯子。使用电梯、吊篮、升降机等设备垂直上下时，必须装有灵敏可靠的控制器、限位器等安全装置，并经地方有关部门验收，办理安全使用许可证。

8.6 高处作业使用的工具、材料等严禁往下扔，严禁使用抛掷传送工具，材料应随用随吊，用后及时清理。

9. 环 保 措 施

9.1 进场施工机械和进场材料停放、堆存要集中整齐，施工车辆在施工完后都必须清洗干净后，方可停放在指定停车场。建筑材料堆放有序，并挂材料名称、规格、型号等标志牌。

9.2 加强对燃油机械设备的维护保养，使发动机在正常、良好状态下工作，以减轻废气排放；选用技术上可靠的汽车尾气净化器，使尾气排放达标；及时更新耗油多、效率低、尾气排放严重超标的设备及汽车。

9.3 对油料的保管和使用过程中，为防止跑、冒、滴、漏现象，加强设备的维护保养并采取收集集中处理措施。

10. 效 益 分 析

10.1 采取先进的技术措施和科学管理，利用科研成果，保证了龙滩碾压混凝土坝的安全、快速、优质建设，大坝工程较国家计划提前 2 个月实现了下闸蓄水目标，提前 8 个月具备发电条件，工程提前 1 年完建。不仅节约施工成本，而且使整个工程提前发挥效益，同时，龙滩水电站提前蓄水调节，创造了巨大的社会经济效益效益。

10.2 通过仿真计算，采取优化配合比、控制浇筑温度、后期通水冷却等有效的施工措施，实现了 6m 连续升程，减少了施工层面，加快了施工进度。较原设计减少了 135 仓，层间间歇按 5d 计，在三个碾压混凝土仓号同时浇筑条件下，节约工期约 7 个月，节省了层面处理费用约 1134 万元。

11. 应 用 实 例

11.1 龙滩水电站碾压混凝土重力坝工程

龙滩水电工程位于珠江干流红水河上游的广西天峨县境内，是国内在建的仅次于长江三峡电站、溪落渡电站的特大型水电工程，是我国西部大开发和西电东送的标志性工程。龙滩水电站总库容为 273 亿 m³，有效库容 205 亿 m³，为多年调节水库。电站总装机容量为 9×700MW，多年平均年发电量 203.2 亿 kW·h，保证出力 1920MW。拦河大坝为碾压混凝土重力坝，最大坝高 216.5m，是世界目前已建和在建的最高碾压混凝土坝，也是世界上第一座超过 200m 的碾压混凝土坝。大坝混凝土总工程量达 750 万 m³，其中碾压混凝土 495 万 m³，占混凝土总量的 66%。

龙滩水电站大坝工程从 2004 年 11 月 5 日开始浇筑第一仓碾压混凝土，至 2006 年 9 月 30 日下闸蓄水，历时 23 个月，采用先进的施工技术和施工工艺，成功运用本工法，创造了主体工程单日单仓碾压混凝土浇筑强度 1.58 万 m³（仓面面积 1.4 万 m²）、日浇筑强度 2.1 万 m³、月浇筑强度 31.6 万 m³ 的世界纪录。

针对坝区的复杂气候特点，提出了优化混凝土配合比、拌制预冷混凝土、控制混凝土运输及浇筑过程中的温度回升、通水冷却、表面保护养护等综合温度控制措施。在混凝土浇筑过程中，采用仓面喷雾的方法，在仓面形成人工小气候环境，起到降温保湿、减少 VC 值增长、降低混凝土的浇筑温度，从而达到温度控制的目的，保证了高温多雨条件下碾压混凝土的施工质量和进度，确保大坝碾压混凝土全年连续施工。

在大坝碾压混凝土快速施工的同时，碾压混凝土的质量在外观和内在两方面均达到同行业一流标准。外观质量达到表面无蜂窝麻面，无错台，表面气泡孔孔径均≤3mm，永久过流表面平整度控制在 2mm 以内，表面光洁，上游面目前未发现裂缝。通过混凝土取芯，从芯样来看，混凝土质量良好，芯样表面光洁，气泡较少，骨料分布均匀。在同一钻孔中连续三段长芯分别为 10.5m、11.7m、12.74m；

最长芯样达 15.03m。

龙滩水电站大坝工程碾压混凝土施工质量得到了业主和监理工程师高度评价，同时得到了水电行业专家高度评价，谭青夷院士称赞龙滩水电站大坝工程碾压混凝土是国内碾压混凝土的里程碑，于 2007 年 11 月被国际大坝委员会授予"碾压混凝土国际性里程碑工程"荣誉，取得了举世瞩目的成绩。

11.2 三峡三期碾压混凝土围堰工程

三峡三期碾压混凝土围堰是三峡三期工程上游拦水围堰，为重力式堰型，属Ⅰ级临时建筑物，平行于大坝布置。堰轴线位于大坝轴线上游 114m，堰顶高程 140.0m，顶宽 8m。在整个 RCC 围堰工程建设过程中，从技术设计到施工组织等方面围绕快速施工进行科学管理、全面优化，保证了碾压混凝土施工的连续、高强度进行，使碾压混凝土浇筑仅用 4 个月便全部完成，比合同工期提前 55d，其中最大月浇筑强度 47.5 万 m^3，最大日浇筑强度 21066m^3，最大小时强度 1278m^3。

11.3 铜街子水电站碾压混凝土施工

铜街子水电站是大渡河梯级开发下游最后一级电站，位于四川省乐山市境内，距上游龚嘴水电站 33km，距成昆铁路轸溪车站 17km，以发电为主，兼顾漂木和下游通航。装机容量 600MW，保证出力 130MW，多年平均年发电量 32.1 亿 kW·h。主坝为重力坝，最大坝高 82m。混凝土和钢筋混凝土 283 万 m^3（其中碾压混凝土 44 万 m^3），混凝土最大浇筑强度为 10.8 万 m^3/月，碾压混凝土浇筑高峰强度为 6 万 m^3/月。枢纽布置：坝轴线总长 1084.6m。河床部分为混凝土重力坝，部分坝段采用碾压混凝土，左右两岸均为堆石坝接头，左岸为混凝上面板堆石坝，跨过左深槽，建于 70m 深的覆盖层上。右岸为钢筋混凝土心墙堆石坝。溢流坝布置在河床右深槽上（5孔，14m×17.5m），采用底流消能，消力池长 90m。

工程于 1985 年开工，1992 年 12 月第一台机组发电。1995 年 12 月完工。

铜街子水电站施工过程中，右岸挡水坝段、溢流坝段及后期明渠坝段封堵，在施工总进度中工期很短，用常规方法施工困难很大，水电七局与成都勘测设计院等单位联合攻关，提出采用碾压混凝土筑坝技术解决这一难题。

水电七局从 1977 年起就在进行碾压混凝土施工工艺研究及生产性试验，并取得了一系列成果，从而为将该项技术推广应用到大型水电工程的主体结构中奠定了基础。1986 年国家"七五"科技攻关项目 17—02—06《碾压混凝土筑坝技术在大型水电主体工程中的应用》在铜街子水电工程实施。该项目对碾压混凝土的生产、运输、摊铺、碾压、温控和监测等方面进行了全面的研究，取得了成功的经验。主要研究成果有：

"碾压混凝土施工仓面质量控制"

"碾压混凝土施工机械的配套"

"7000m^2 大仓面碾压混凝土施工技术"

"碾压混凝土筑坝连续上升施工技术"

"碾压混凝土筑坝的造缝技术"

"碾压混凝土抗剪强度研究"

"抗冲耐磨碾压混凝土施工技术初探"

"SMC-88 型拌合楼微机砂水补偿系统"

"碾压混凝土仓面喷雾装置 DC-1 型扇形喷雾器工作特性初探"

创造了 7000 m^2 大仓号施工和 1240 m^2 通仓浇筑连续升高 16m 的新纪录。

该项目的成功实施荣获国家级科技成果二等奖。

岩壁吊车梁岩台（双向控爆法）开挖施工工法

YJGF076—2006

中国水利水电第十四工程局　中国水利水电第六工程局　中国水利水电第十二工程局

尹俊宏　杨天吉　谢勇兵　刘化才　景建国

1. 前　　言

地下厂房土建工程施工中，岩台开挖是施工的重点及难点，开挖成型极为困难，精度要求又极高。通过对多个地下厂房岩壁吊车梁施工的探索及总结，不断改进施工工艺，成功摸索出了一套岩壁吊车梁岩台开挖施工工法，多个地下厂房岩壁吊车梁开挖质量达到"国内一流水平"，三峡地下厂房岩壁吊车梁开挖创造了岩台平均超挖值≤6cm，半孔率≥98％，平整度≤6cm的新纪录。

2. 工 法 特 点

通过科学的试验，选择适合的爆破参数、钻孔参数、孔间排距等。根据不同地质条件在岩台开挖前采取一些针对性的加固措施，保证了岩台的完整性；在岩台的造孔精度控制上，采用了样架导向技术，保证了造孔质量；岩台开挖采取双向光面爆破法，从而保证了岩壁吊车梁开挖质量。

3. 适 用 范 围

本工法适用于大中型水利水电工程地下厂房不同地质条件下的岩壁吊车梁开挖施工。

4. 工 艺 原 理

岩壁吊车梁控制精度要求高，岩台不能受到大的扰动，为减少爆破震动对岩壁吊车梁的影响，岩壁吊车梁部位的开挖采用预留保护层的开挖方式，先离厂房边墙3～4m预留保护层进行施工预裂，再进行中部梯段拉槽开挖，梯段开挖及施工预裂采用轻型潜孔钻造孔；保护层开挖遵循"短进尺、弱爆破"的原则采用手风钻分层进行，斜岩台部位采用双向光爆，其余部位单向光爆。同时为了保证开挖质量，在岩台开挖前需选取一个部位进行生产性实验。

5. 施工工艺流程及操作要点

根据工艺原理，岩壁吊车梁开挖分段、分层、分序进行，其施工程序及施工工艺主要根据生产性实验确定。

5.1　生产性实验

生产性试验的目的主要是通过试验不断摸索、确定岩壁吊车梁开挖的施工程序、爆破参数、钻孔参数、孔间排距及钻孔精度控制方法。试验分为模拟试验及生产性试验，一般模拟试验进行1～2次，生产性试验进行3～4次。生产性试验选择在不同地质条件下进行，验证并确定开挖分序、爆破参数、钻孔参数、孔间排距、钻孔精度控制方法及下拐点保护措施。

5.2　开挖分层分区

岩壁吊车梁开挖通常按照图5.2所示进行分层、分区：

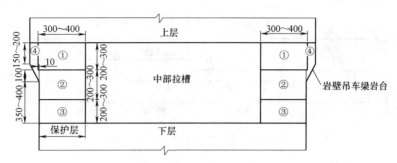

图 5.2　岩壁吊车梁开挖分层图（单位：mm）

5.3　开挖施工程序

5.3.1　岩壁吊车梁开挖施工程序

岩壁吊车梁开挖施工程序如下（不包括上层开挖及本层中部拉槽开挖）：

上层边墙欠挖检查及处理→岩台保护层①区开挖及④区垂直光爆孔造孔→岩台保护层②区开挖→岩台保护层③区开挖→地质素描及岩面基础验收→锁口锚杆、角钢防护施工→下拐点以下 1m 范围喷混凝土支护→下拐点以下系统支护→岩台④区开挖。

其中锁口锚杆、角钢防护施工及下拐点以下 1m 范围喷混凝土支护用于有地质缺陷的部位，地质条件较好的部位可以省去此工序。

① 序开挖前先对上层开挖进行欠挖检查，若存在欠挖，及时组织人员进行处理，以保证手风钻钻孔精度要求。

5.3.2　施工程序中需注意的问题

1. 保护层及中部拉槽开挖宽度控制

上图 5.2 中数字①、②、③表示的部分均为岩台保护层开挖范围，预留保护层宽度按照 3.0～4.0m 控制，这样才能保证在中槽开挖完成后保护层还有足够的宽度供手风钻造孔施工。中槽开挖的宽度需注意满足出渣装车及汇车需要。

2. 开挖高度

岩壁吊车梁上面一层开挖底板距离岩壁吊车梁上拐点一般在 1.5～2.0m 左右，岩壁吊车梁所在层的开挖底板距离岩壁吊车梁层下拐点 3.5～4.0m。岩壁吊车梁保护层①、②、③序开挖层高控制在 2.5～3.0m。

保护层开挖分层高度按照 2.5～3.0m 考虑是因为手风钻造孔施工在孔深不大于 3.0m 时造孔相对容易并比较容易控制造孔精度。岩壁吊车梁上层开挖底板与岩壁吊车梁上拐点距离主要考虑④序开挖（岩台斜面开挖）一般只有 70cm 左右的厚度，如果岩壁吊车梁上层开挖底板与岩壁吊车梁上拐点之间距离过大，爆破过程中可能会对岩壁吊车梁建基面造成损伤，因此其距离按照 1.5～2.0m 控制。岩壁吊车梁所在层的开挖底板与岩壁吊车梁层下拐点的距离主要要考虑手风钻进行岩壁吊车梁斜面孔施工的空间；并综合考虑岩壁吊车梁受拉、受压锚杆的设计参数，留出足够的空间保证锚杆造孔及安装不会受到限制。

5.3.3　开挖分段及控制措施

1. 分段长度

岩壁吊车梁开挖分段长度原则上按 20m 一段，根据现场中部拉槽揭露出的实际地质情况，若遇到岩石破碎带、块体或断层部位，可对分段长度适当调整。

2. 开挖顺序

岩台①区、②区、③区、④区采取流水作业方式进行开挖，段与段之间采取阶梯式搭接，搭接长度 2m。其中④区垂直光爆孔造孔施工需要在①区爆破孔造孔施工的同时进行，否则在①区爆破后将没有施工平台。造孔完成的④区垂直光爆孔插入 PVC 管进行防护，防止在①～③区开挖爆破时出现塌孔、堵孔的情况。图 5.3.3-1 为开挖掘进方向示意图。

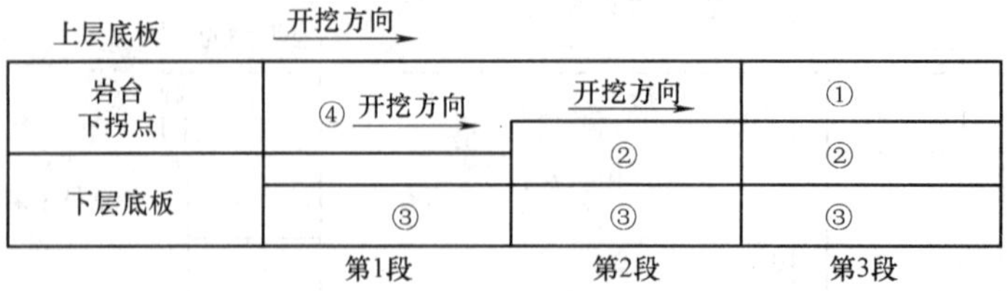

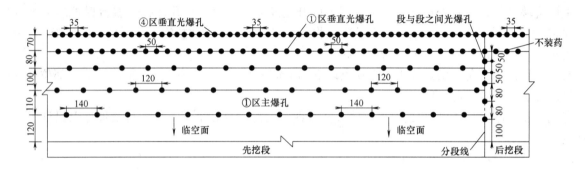

图 5.3.3-1　开挖掘进方向示意图

3. 段与段之间的控制措施

为避免相连两段在进行前段开挖时对后段岩面和光爆孔的破坏，针对①②③区，在两段相交处采取光爆控制，靠近垂直光爆孔 1.5m 范围内光爆孔孔距按 50cm 布置，靠近中部拉槽侧按 80cm 布置，并且预留 2m 范围的空孔不装药。图 5.3.3-2 为段与段之间爆破控制图。

图 5.3.3-2　段与段之间爆破控制图（单位：cm）

5.4　施工工艺流程

各区开挖施工工艺流程如下：测量放线→样架施工→样架检查验收→造孔施工→验孔→样架拆除→爆破参数设计及装药爆破→出渣清底→爆破效果检查。

5.5　施工操作要点及控制措施

5.5.1　测量放线

测量由专业人员进行，放样内容包括样架导向定位点、所有周边孔开孔点，所放点位须在现场进行明显标识，放线过程现场技术员全程参与。

5.5.2　样架搭设及检查验收

导向样架采用 1.5 寸钢管排架搭设，管扣件连接，边墙及底板开挖面采用手风钻先造 ϕ50mm 的孔，深 50cm，再用钢管插入孔内加固样架，定位导向管长 1.2m，具体根据孔位要求布置。样架搭设参见图 5.5.2。

样架搭设完毕后需经过专业测量人员进行校核及质量管理部门验收后方能投入使用。

5.5.3　造孔控制

岩壁吊车梁岩台开挖采用样架进行钻孔精度控制，①区开挖时按不超不欠控制（即距边墙开挖设计面 70cm）；②区、③区垂直光爆孔造孔按孔底向岩壁内侧超挖 5～8cm 控制，以便下层开孔；④区垂直光爆孔造孔时上拐点按向岩壁内侧超挖 5cm 并向下超挖 5cm 控制。具体参见图 5.5.3-1。

1. 开挖布孔

①区光爆孔按 50cm 孔距布孔、若遇到岩石破碎带、块体或断层部位，可适当调整孔距，（可调整为 40cm 孔距布孔）。②区、③区、④区垂直光爆孔及④区斜面光爆孔均按 35cm 孔距布孔，若遇到岩石破碎带、块体或断层部位，可适当调整孔距，（可调整为 30cm 孔距布孔）。每个光爆孔均按照爆破设计由专业人员通过测量放线定出孔位。

主爆孔间距 120～140cm，排距 100～120cm，梅花型布孔。

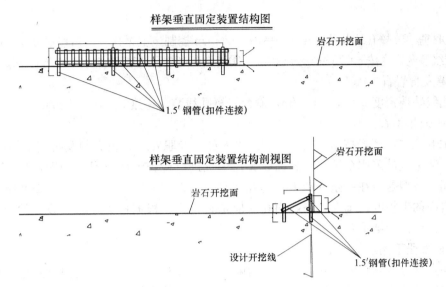

图 5.5.2 导向样架搭设示意图

2. 孔深控制

严格控制垂直孔的孔深，在样架上面专门搭设一根横向钢管，从钢管的上口到每区的设计孔底长度取为定值，并且将所用钻杆全部截成这个长度值（包括钻头长度），钻工用定长（包括钻头长度）钻杆施工至横向钢管上口处时，钻机被此钢管挡住无法向下施钻，从而保证所造孔在孔深要求上满足规范要求。

3. 倾角控制

严格控制造孔的倾角，每个光爆孔都采用导向管（$\phi 50$ 的钢管）进行施工，并且为了保证钻杆的居中，在每个导向管的上口处都加了对中夹片，这样就保证了所造的孔在方向要求上满足规范要求。如图 5.5.3-2。

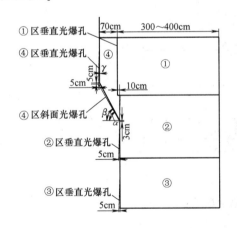

图 5.5.3-1 岩壁吊车梁开挖造孔控制图

图 5.5.3-2 造孔倾角控制示意图

5.5.4 样架拆除

爆破孔经过检查验收合格后，可拆除样架。拆除过程中需对爆破孔进行有效的保护，防止出现堵孔等现象。

5.5.5 爆破参数控制

根据生产性试验取得的成果，将各区开挖装药爆破参数初步拟定如下，实际开挖过程中根据揭露的地质情况及时对爆破参数进行优化调整，调整时线密度按 10g/m 进行增减。

所有光爆孔药卷均事先按照爆破设计确定的装药结构采用竹片绑扎好，光爆孔插药入孔时还应注意药卷的方向，竹片靠洞室轮廓线一侧，药卷朝向最小抵抗线方向。爆破孔采用黏土或细砂袋进行炮孔的堵塞，堵塞长度不小于炸药的最小抵抗线。

1. 完整岩石

①、②、③区垂直光爆孔线装药密度按 $q=70\sim120g/m$ 控制，主爆孔装药量按照 $0.5\sim0.7kg/m^3$ 控制；④区垂直光爆孔线装药密度按 $q=75\sim90g/m$ 控制，④区斜面光爆孔线装药密度按 $q=65\sim80g/m$ 控制。

2. 节理裂隙发育岩石

垂直光爆孔线装药密度 $q=25\sim40g/m$，斜面光爆孔线装药密度 $q=10\sim25g/m$。

5.5.6 爆破效果检查

排炮结束12h之内，现场技术人员、专职质检人员及专职安全人员必须及时到现场检查爆破效果，收集相关数据，测量人员采用全站仪对岩面超欠挖情况进行检查形成测量体型图，另外检查下拐点的破坏情况、上拐点成型是否在一条直线上，炮孔间是否出现"八"字孔现象，检查并统计残孔率及半孔率，炮孔间岩面的平整度，垂直孔与斜面孔对应是否整齐。根据检查结果及收集的数据，及时与质量标准相比较，得出评价结论及改进方法。

5.6 不良地质段下拐点加固措施

当岩台下拐点部位岩体较为破碎，节理、裂隙等较发育时，系统锚杆支护只能把体积稍大的不利岩体锁住保证岩体的整体性，对体积稍小的岩体或相对破碎的岩体还需在进行④区爆破施工前采取加固措施，从而保证岩台的成型质量。

1. 在岩台下拐点以下10cm位置布置一排锁口锚杆，参数为 $\phi25L=3m@75cm$，外露15cm；

2. 采用L50mm×50mm×3mm角钢对锁口锚杆进行通长焊接加固；

3. 在锁口锚杆和角钢的基础上采用C30钢纤维混凝土对下拐点以下1m范围进行喷6～8cm厚混凝土加固；

4. 对于岩石破碎带、块体或断层部位，除采用上述三种加固方案外，由现场监理工程师增加随机锚杆或挂钢筋网多重加固。

岩壁吊车梁下拐点加固参见图5.6。

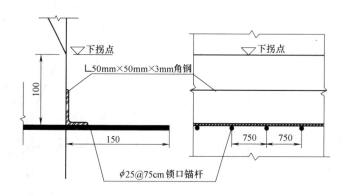

图5.6 岩壁吊车梁下拐点加固示意图

6. 材料与设备

岩壁吊车梁开挖分段分序进行，需要的人员及设备材料如表6-1、表6-2。

主要施工人员配置表　　　　　　　　　　　　　　　表6-1

管理人员	8人	安全员	4人
手风钻工	40人	炮 工	8人
装载机工	4人	电 工	2人
驾驶员	10人	挖掘机工	3人
修理工	8人	普 工	10人
合 计		97人	

主要施工材料及设备配置表 表 6-2

设备名称	型号及规格	单 位	数 量	备 注
自卸汽车	15t（斯太尔）	辆	13	运输石碴
反铲挖掘机	沃尔沃 290B	台	2	平碴
装载机	3.0m³	台	2	装碴
手风钻	YT-28	台	40	钻孔
自卸汽车	5t	辆	2	运输材料
平台车	AMV-30/25	台	2	锚杆注装及光爆孔装药
混凝土喷车	麦斯特 MEYCO	台	1	喷射混凝土
麦斯特注浆机	DEGUNA 20T	台	2	锚杆注装
三臂凿岩台车	353E	台	1	锚杆造孔
钢管	1.5时	t	10	样架搭设

7. 质 量 控 制

7.1 准备阶段质量控制要求

7.1.1 生产性试验

施工准备主要围绕现场生产性试验展开，在试验之前，先确定施工方案，并编制生产性试验措施，对生产性试验进行技术安排。在试验过程中的测量放样、样架搭设、钻孔、装药结构质量控制方法与正常施工阶段完全相同。爆破试验后，要及时进行效果评价。

开挖试验阶段主要目标是验证开挖方法、爆破参数及质量控制方法，所以对试验结果进行总结评价是关键，如果一次试验不成功，则应在前一次试验的基础上进一步总结改进后再次进行试验。

7.1.2 开挖方案的确定

为保证斜岩台开挖质量，必须在进行厂房该层开挖方案确定的同时明确岩台开挖质量方案，保持岩台开挖与厂房该层开挖的总体协调性。

7.2 施工阶段质量控制工作要求

7.2.1 技术交底

交底范围应涉及与施工有关的各个单位，参加人员要求涉及所有施工管理人员及钻孔爆破作业人员；

交底以技术部门为主体，质量管理部门配合，主要以技术方法、技术重点、质量控制措施为重点进行交底，作业队现场管理人员及主要作业人员应彻底明确，现场管理人员对于技术交底过程中产生的疑问应向交底主体及时澄清；

在正常施工过程中，现场技术员在交接班时必须相互进行技术交底，在开孔前，现场技术员应及时向施工作业人员进行爆破设计交底。

7.2.2 测量放样质量要求

测量放样时机、放样内容首先要满足现场钻孔作业的要求；

测量放样在定位架搭设前进行，放样内容包括定位架定位点、所有周边孔开孔点；

测量放样过程中，技术人员及现场管理人员必须同时在场，与测量人员配合完成放样工作。放样完成后，测量人员必须向现场技术人员进行交底；

测量放样记录要清晰准确，参与放样人员要在记录上签字，测量记录要完整保存。

7.2.3 光爆孔钻孔样架搭设与拆除质量要求

光爆孔样架搭设包括竖直孔钻孔样架及岩台斜面钻孔样架搭设；

样架搭设结构以批准的结构图为准，根据实际情况可增加连接杆，但不能减少连接杆，位置以测量所放的样架搭设控制点为基准，要求位置准确，结构稳定性足以承受钻孔作业过程中钻机的冲击力，确保钻孔过程中的正确导向；

对于岩台斜面钻孔定位样架搭设尤其要考虑钻孔过程中样架受力的特殊性，减小造孔的误差；

周边孔每一个钻孔位置都必须安装导向管及对中导向装置；

样架的搭设与拆除须分单元段进行，样架拆除时防止影响其他相邻部位的造孔质量。

7.2.4 样架的复核与验收质量要求

搭设完成的样架在正式投入使用前必须进行验收，验收时必须由测量队对样架搭设的位置准确性进行复核，符合要求的样架测量队提供样架校核数据给现场当班技术人员；

在测量队对定位样架位置复核合格的基础上，岩壁吊车梁工作小组当班技术员同时要对定位样架的结构及固定情况进行检查。

7.2.5 光爆孔钻孔质量要求

为保证周边光爆孔造孔质量，光爆孔应采用逐渐加长钻杆的方法造孔，从而保证钻工在钻孔过程中始终处于最佳作业位置；

周边孔的钻孔质量主要控制孔深偏差、孔向偏差及孔距偏差。光爆孔的钻孔深度是保证孔底位置达到设计要求的惟一途径，造孔过程中必须有统一的孔深控制装置；

钻孔完成后，钻工要先进行自检，并及时做好孔口保护工作，防止装药前堵孔。

7.2.6 光爆孔验孔要求

光爆孔的钻孔验收应在正式装药前进行，验孔由当班技术员与专职质检人员共同完成，严格执行"三检制"和"联检制"，验收工作必须通知现场监理，验收时现场带班人员必须在场；

光爆孔的验孔主要检查孔深、孔向（钻孔角度）、孔距三项指标，必须对每一个孔进行检查，同时要逐一做出记录；

孔深检查要以控制孔底的绝对位置为准，检查时采用在孔外设置基准线的方法进行。孔向采用地质罗盘及测量进行逐孔检测，竖直孔量垂直角度，斜面光爆孔量倾角。孔距采用钢卷尺检查。

7.2.7 光爆孔装药结构、联网质量要求

光爆孔的装药结构以技术措施规定及现场地质实际情况进行爆破设计作为施工依据，装药一律采用竹片间隔绑扎的形式进行；

装药结构要检查每孔的总装入量，每节药卷的重量、间距及绑扎的牢固程度，以防在装药时操作不慎造成药卷集中；

装药封堵长度及联网结构应符合技术措施及爆破设计要求；

经爆破联网验收后的爆破部位由三检人员会同现场监理工程师签字同意后才能实施爆破。

7.2.8 爆破后的效果检查、收集数据资料

每次爆破后现场技术人员、专职质检人员必须及时到现场检查爆破效果，收集相关数据，每排炮所需收集的数据为开挖质量标准所规定的各项指标，并做好详细记录。

数据收集后，要及时与质量标准相比较，得出评价结论及改进方法。

7.2.9 开挖断面检查的要求

开挖断面的测量检查成果是评价开挖面超欠挖控制情况的惟一依据，断面测量要在开挖后16h完成，并向岩壁吊车梁作业队、质量管理部及其他要求提供开挖断面的对象提供成果；

断面测量工作除按测量规范规定的间距进行外，特殊部位（目测判断有超欠挖部位）要加密测量；测量成果要经过二人以上复核，保证准确无误。

7.2.10 开挖成果的总体分析、评价要求

正常情况下开挖过程的数据分析与评价工作由作业队及质量管理部门进行；

数据分析的依据是开挖过程中所收集的爆破参数资料、爆破效果资料、测量断面资料；

爆破参数分析要求在每排炮后进行，爆破效果分析可在每排炮后或收集了充分的数据后进行；

数据分析的方法可采用对比法、统计图法等；数据分析后必须得出分析结论，即对开挖过程技术措施、质量控制方法得出评价；

异常情况下必须及时进行数据分析评价，分析评价主体必要时要向上级管理层扩展，即请项目部总工、监理部领导及其他方面领导参与。

7.2.11　信息反馈工作

岩壁吊车梁开挖以开挖作业队为作业主体，技术部门、测量队及质量管理部门对保证开挖质量是一组强有力的支持，这几部分是岩壁吊车梁开挖质量控制及信息沟通反馈的核心，日常大量的质量控制协作管理工作要在这一核心中完成。同时这一核心又要及时向岩壁吊车梁开挖领导小组、监理单位及其他人关单位反馈岩开挖信息，并接受领导与支持。

7.2.12　持续改进工作

开挖过程必须坚持持续改进的质量管理原则。持续改进要从以下几方面入手：

善于利用上述数据收集及分析中所获得的可靠信息，找准改进的切入点；

技术改进工作应覆盖岩壁吊车梁开挖作业的所有工序、贯穿岩壁吊车梁施工的始终，各个环节都要立足本环节的工作内容；

持续改进的关键是造孔工艺不断完善及爆破参数的优化，实行个性化装药；

持续改进的最终目标是不断创造样板工程、精品工程，在施工工艺及质量管理方法上不断创新。

8. 安 全 措 施

8.1　所有进入地下洞室工地的人员，必须按规定佩带安全防护用品，遵章守纪，听从指挥；施工队必须认真组织开展班前会和预知危险活动，要对当班作业环节可能出现的危险情况加强防范。

8.2　洞室施工放炮由取得"爆破员证"的爆破工担任，严格防护距离和爆破警戒；在总公司规定的四个爆破时段内，撤离施工人员和设备，由安全部现场安全员联系爆破指挥所，经指挥所同意后由炮工负责采用火雷管引爆；爆破后启动通风设备进行通风，保证在放炮后的规定时间内将有害气体浓度降到允许范围内，才能进行安全处理和洒水降尘。

8.3　用反铲（辅与人工）清除掌子面及边顶拱上残留的危石及碎块，保证进入人员和设备的安全。出完渣施工平台就位后人工利用撬棍再次进行安全检查及处理；在施工过程中，经常检查已开挖洞段的围岩稳定情况，清撬可能坍落的松动岩块。

8.4　为保证岩壁吊车梁岩台成型，岩台梯形体开挖前先对岩台上、下直墙进行系统支护，遇不良地质段根据现场地质情况增加随机锚杆支护，并对岩壁吊车梁斜台下边缘岩体进行加固处理。

8.5　对爆破质点振动进行监测，在岩壁吊车梁保护层开挖时进行 2 次，岩壁吊车梁开挖时进行 2 次；对围岩收敛变形也随机布置监测点进行观测，时刻掌握围岩变化。

8.6　在洞室施工中配备有害气体监测、报警装置和安全防护用具，如防爆灯、防毒面具、报警器等，一旦发现毒气，立即停止工作并疏散人员。配备足够的通风设备，搞好洞内通风，保证洞内施工时的能见度，避免机械事故和人员伤亡事故的发生，并防止有害气体对人体的伤害。

8.7　洞内施工所用的动力线路和照明线路，必须使用电缆线，必须架设到一定的高度，线路要架设整齐，设置于洞内的配电系统和布置闸刀、开关的部位，必须要醒目的安全警示牌。洞内必须使用漏电保护装置，保证一线一闸；36V 以上的电气设备和由于绝缘损坏可能带有危险电压的金属外壳、构架等，必须有保护接地。

8.8　机动车辆必须执行公安部制定的交通规则，严禁无证驾驶和酒后驾驶；各类进洞车辆必须处于完好状态，制动有效，严禁人料混载；自卸汽车、起重吊车、装载机、机动翻斗车除驾驶室处不准超员，装渣时应将车辆停稳并制动；运输车运输应文明行驶，不抢道、不违章，隧洞内行驶速度不能超过 5km/h，施工区内行驶速度不能超过 20km/h。

9. 环 保 措 施

根据工程施工的特点和工程的施工环境，严格遵守招标文件中提出的有关环境保护的要求，严格遵守《中华人民共和国环境保护法》、《中华人民共和国水污染防治法》、《中华人民共和国大气污染防治法》、《中华人民共和国噪声污染防治法》、《中华人民共和国水土保持法》等一系列有关环境保护和水土保持法律、法规和规章，做好施工区和生活营地的环境保护工作，坚持"以防为主、防治结合、综合治理、化害为利"的原则。依据法规和《职业健康安全和环境管理》GB/T 24001：1996 标准，建立环境保护管理体系并运行，环境管理的战略方针是"环境保护，营造绿色的天地"。

9.1 废水的处理

洞内生产废水含泥量高，污染物主要为悬浮物，基本不含毒理学指标。各作业面的生产废水通过临时排水沟汇集到集水池，用水泵抽排，通过污水管排放至洞外污水沉淀池。处理达标后排放，沉渣定期清挖，统一运至弃渣场。

9.2 废气污染控制

1. 钻孔作业时，大型钻孔设备必须配备除尘装置、洞室等部位使用小型钻机采用湿式钻孔作业。

2. 开挖作业时，对岩渣洒水除尘，防止或减少粉尘对空气的污染。

3. 加强洞内通风，采用轴流风机强制通风和通风竖井通风结合的方式，降低洞内有害气体浓度。做好有害气体的检测，防止中毒。

4. 洞内的设备尽可能采用电动设备，减少柴油、汽油燃烧产生废气污染。对必须使用的柴油、汽油设备，尽量采用进口的、先进环保型设备。

5. 汽车、设备排放的气体经常检测，排放的气体必须达标，才能投入使用。否则必须检修或停用。

9.3 施工弃渣

所有施工弃渣严格按招标文件指定场地和堆存方式弃存。弃渣场统一规划，提前建设，设置排水、拦渣设施，确保下游河道、水库及耕地不受施工污染。

9.4 噪声防治措施

① 选用低噪声设备，加强机械设备的维护和保养，降低施工噪声对施工人员和附近居民区的影响。

② 对供风站、钻机等噪声大的设备，采取消声隔声措施，使噪声降至允许标准，或按监理工程师指示控制噪声时段和范围，对工作人员进行噪声防护（戴耳塞等），防止噪声危害。

③ 进入生活营地和其他非施工作业区的车辆，不使用高音和怪音喇叭，尽量减少鸣笛次数，以灯光代替喇叭。

10. 效 益 分 析

10.1　本工法通过增加岩台保护层分序、采用样架进行周边孔控制、对不同岩石、部位采用"个性化装药"等方法，整体岩台成型完整，爆破半孔率达到 98％，平均超挖控制 6cm 以内，有效控制了质点爆破震动速度、减小了边墙变形，保证了高边墙围岩的安全稳定；同时也为以后地下厂房高边墙岩台施工提供了技术指标和新的技术方法，新颖的工法将促进地下工程施工工程的进步，社会效益明显。

10.2　与同类岩台井挖工法相比，由于通过精确控制，减小超超挖量，减少岩锚梁混凝土施工时混凝土的超填量和处理欠挖的时间和费用，降低了消耗，节省了时间，形成了较好的经济效益。

10.3　由于岩台开挖采用了双向光爆工工艺，可保证不同区段岩台平行施工，加快的施工进度。

10.4　在造孔中采用了标准化样架导向技术，减少了人为因素影响，保证了施工质量的稳定性。

11. 应用实例

11.1 龙滩地下电站岩壁吊车梁开挖

龙滩地下电站岩壁吊车梁岩性以新鲜砂岩为主或为砂岩、泥板岩互层，岩石强度高，90％以上属质量较好和质量中等的 II、III 类岩体，主厂房开挖高度为 77.6m，长度为 398.9m，上拐点以上宽度为 30.7m，下拐点以下宽度为 28.9m。根据主厂房分层高度，岩台布置在主厂房 II 层上下游边墙，上拐点高程为 EL245.14，下拐点高程为 EL243.75；岩台高为 1.39m，宽为 0.9m，斜面长 1.66m，倾角为 57°。

岩壁吊车梁开挖结合主厂房 II 层首先进行中部梯段拉槽开挖（宽度为 18.9m），上下游两侧各预留 5.9m 宽保护层进行岩台开挖。岩台前期开挖采用三臂凿岩台车沿设计轮廓线造水平孔一次成型开挖，但由于造孔过程中台车臂无法靠近岩面，造孔质量不易控制，开挖成型的岩面平整度不太理想。后期经过对方案优化调整，将岩台分 3 区垂直开挖，①区开挖采用手风钻垂直向下进行，边墙结构线采用手风钻进行预裂；②区开挖采用手风钻垂直向下进行，周边结构线进行光面爆破，在进行②区造孔过程中将③区上拐点以上部位（50cm 高）的光爆孔一起造完，在进行②区爆破前采用 PVC 管进行全孔保护，③区斜面孔采用手风钻进行造孔，斜面孔与上拐点以上的垂直孔一一对应，斜面孔孔深采用拉线控制，当斜面孔造完后将垂直孔和斜面孔同时装药，进行双向光面爆破成型。

岩台开挖采用双向光面爆破技术后，开挖平整度控制较好，半孔率达到 85％以上，平均超欠挖控制在 10cm 以内。

11.2 小湾地下电站岩壁吊车梁开挖

小湾地下电站岩壁吊车梁岩性为 MIV-1 层黑云花岗片麻岩夹薄层透镜状片岩，新鲜完整的片麻岩、片岩均属坚硬岩石，IV 级结构面发育，部分地段发育有随机中缓倾角节理，延伸一般较短。主厂房开挖高度为 79.88m，长度为 298.1m，上拐点以上宽度为 30.6m，下拐点以下宽度为 28m。根据主厂房分层高度，岩台布置在主厂房 III 层上下游边墙，上拐点高程为 EL1011.5，下拐点高程为 EL1009.2；岩台高为 2.3m，宽为 1.3m，斜面长 2.64m，倾角为 61°。

岩壁吊车梁开挖结合主厂房 III 层首先进行中部梯段拉槽开挖（宽度为 20m），并预留 5.3m 保护层，中部拉槽开挖采用潜孔钻垂直钻孔，中部拉槽超前两侧保护层开挖约 30～50m。保护层开挖采用手风钻分 3 区垂直向下光爆开挖，按①区光爆→②区光爆→③区光爆的顺序进行，在进行①区光爆前先将③区垂直光爆孔造孔完成，③区垂直光爆超前于①区光爆 10m 左右距离，在③区垂直光爆孔内插入 ϕ40PVC 管进行全孔保护。岩台③区开挖爆破前，在岩台下拐点以下 30cm 位置布设一排水平系统锚杆对下拐点进行加强处理（ϕ25mm@1.0m、L=4.5m、外露 10cm）。斜面孔造孔时采用 1.5 寸钢管架设样架造孔。当③区斜面孔造完后将垂直孔和斜面孔同时装药，进行双向光面爆破成型。

开挖成型岩台平整度控制较好，半孔率达到 90％以上，平均超挖控制在 10cm 以内。

11.3 三峡地下厂房岩壁吊车梁开挖

三峡地下电站位于微新岩体中，岩石坚硬，完整性较好，岩石主要为前震旦系闪云斜长花岗岩和闪长岩包裹体，岩体中尚有花岗岩脉和伟晶岩脉。主厂房开挖高度为 87.3m，长度为 311.3m，上拐点以上宽度为 32.6m，下拐点以下宽度为 31m。根据主厂房分层高度，岩台布置在主厂房 II 层上下游边墙，上拐点高程为 EL88.30，下拐点高程为 86.80；岩台高为 1.5m，宽为 0.8m，斜面长 1.7m，倾角为 62°。

岩壁吊车梁开挖前先进行了 4 次科学试验，以验证施工程序及施工工艺，岩壁吊车梁开挖结合主厂房 II 层首先进行中部梯段拉槽开挖（宽度为 25m），并预留 3m 保护层（岩壁吊车梁岩以上为 3.8m），中部拉槽开挖采用潜孔钻垂直钻孔，中部拉槽超前两侧保护层开挖约 30～50m。保护层开挖采用手风钻分 4 序进行，按照①区垂直光爆→②区垂直光爆→③ 区垂直光爆→④区垂直、斜面双向光爆的顺序进行开挖。④区斜面孔爆破前对不良地质段采用 $\phi25L＝3m@75cm$ 锁口锚杆、焊接L50mm×50mm×3mm 角钢、C30 钢纤维混凝土、随机锚杆或挂钢筋网等措施对下拐点进行加固。所有垂直光爆孔及斜面光爆孔均采用钢管搭设样架严格控制孔位、孔深，并设置导向钢管及夹片控制孔向。

岩壁吊车梁开挖成形质量好，平整度高，岩壁吊车梁岩台平均超挖值≤6cm，半孔率≥98％，平整度≤6cm。

岩壁吊车梁混凝土施工工法

YJGF077—2006

中国水利水电第十四工程局　　中国水利水电第六工程局　　中国水利水电第十二工程局

尹俊宏　　杨天吉　　王红军　　陈时彬　　景建国

1. 前　言

地下厂房土建工程施工中，岩壁吊车梁开裂几率较高，且开裂成因较为复杂，因此岩壁吊车梁混凝土施工是地下厂房的重点及难点，本工法通过以往对岩壁吊车梁混凝土浇筑的成功经验的总结及多次征求专家组的意见，岩壁吊车梁混凝土打破了常规浇筑方式并采取多种先进的施工工艺，在岩壁吊车梁成型混凝土防裂技术有了进一步的提高。

2. 工法特点

2.1 根据开挖揭露的地质条件灵活确定混凝土分块，降低围岩不均匀变形对岩壁吊车梁混凝土造成的影响。

2.2 合理确定浇筑高度，正确处理好混凝土浇筑与主厂房上下层开挖的关系，既能减小浇筑后下层开挖爆破振动对岩壁吊车梁混凝土的影响，又能保证浇筑高度不能太高，避免增加施工难度。

2.3 采用温控混凝土，低坍落度混凝土对混凝土进行通水冷却，并可用聚丙烯腈微纤维混凝土替代常规混凝土提高抗裂性能。

2.4 妥善处理混凝土浇筑与岩壁梁受拉锚杆施工的关系，保证岩壁梁受拉锚杆施工质量及施工的成功率，从而保证了岩壁梁受力时的整体安全。

3. 适用范围

本工法适用于大中型水利水电工程地下厂房岩壁吊车梁混凝土施工。

4. 工艺原理

先对不同围岩情况下的岩壁吊车梁混凝土表面裂缝产生的原因进行分析研究，并针对这些原因完善施工工艺和相应的控制措施来消除裂缝顽症。具体从原材料、配合比、混凝土浇筑时机、混凝土分块、入仓手段等方面进行控制。

5. 施工工艺流程及操作要点

5.1 施工工艺流程

岩壁吊车梁施工程序受岩壁吊车梁受拉锚杆的布置形式的不同有一定的区别，大致有以下两种，当岩壁吊车梁受拉锚杆为预应力锚杆时其施工总程序为：岩壁吊车梁受拉锚杆造孔及受压锚杆施工→岩壁吊车梁下层周边预裂→岩壁吊车梁下拐点以下深层支护施工→梁体钢筋、受拉锚杆预埋钢管安装及监测仪器埋设→混凝土浇筑→受拉锚杆注装及第一次张拉等后续工序施工；当岩壁吊车梁受拉锚杆为普通砂浆锚杆时其施工总程序为：岩壁吊车梁受拉锚杆及受压锚杆施工→岩壁吊车梁下层周边预裂→岩壁吊车梁下拐点以下深层支护施工→梁体钢筋、受拉锚杆预埋钢管安装及监测仪器埋设→混凝土浇筑。

混凝土浇筑工艺流程为：准备工作→基岩面清理→测量放线→排架搭设→斜面模板安装→梁体钢筋安装→预埋件安装→直立面模板安装→堵头模板安装→清仓、验收→混凝土拌制、运输→混凝土入仓、振捣→收仓抹面→养护→直立面及斜面模板脱模→成型混凝土保护→安全栏杆防护。

5.2 操作要点

5.2.1 准备工作

1. 混凝土浇筑时机选择

混凝土浇筑时机选择主要考虑因素为：①高边墙围岩变形对新浇混凝土的影响；②下层开挖爆破振动对新浇混凝土的影响。综合考虑上述因素，将岩壁吊车梁混凝土选择在如下时段进行浇筑：

1）浇筑高度控制在3.5～4m（即下拐点至下层开挖面高度）。为减少爆破振动影响，可将下层先开挖一部分，使浇筑高度增加到6～8m。

2）下拐点以下系统支护施工结束。

3）下层结构预裂和施工预裂结束。

2. 混凝土配合比选择

混凝土裂缝产生的原因通常为混凝土体积变化时受到约束或者由于外界荷载作用时混凝土自身产生过大的拉应力引起。而早期裂缝产生的主要原因是水泥水化热温升后迅速温降产生的拉应力超过允许抗拉强度，多数形成贯穿裂缝。为了减少和抑制混凝土内部因收缩而引起的早期裂缝，提高抗渗防水能力，增强抗冻融性，提高混凝土毛细材料含量、增强混凝土自身抗拉能力、杜绝贯穿裂缝的发生。可采取了如下措施优化配合比：

1）采用聚丙烯腈微纤维混凝土替代常态混凝土，提高混凝土毛细材料含量。微纤维掺量为$1kg/m^3$。粉煤灰掺量为20%。

2）采用低热水泥替代中热水泥，减少混凝土自身内部水化热。

3）掺入引气剂，改善混凝土的塑性及和易性，减少混凝土离析，提高混凝土的抗渗性、冻融性、耐久性。

4）具备条件下尽量采用7～9cm的低坍落度混凝土进行浇筑，减少水泥用量，从而减少混凝土自身水化热。

5）尽量采用制冷混凝土进行浇筑，出机口温度控制在7～9℃。

3. 混凝土分仓

经试验表明，混凝土浇筑长度与混凝土表面附近的拉应力成正比关系，浇筑长度越短，其表面产生的拉应力越小，裂缝出现的几率就越小。通过总结以往岩壁吊车梁混凝土浇筑的成功经验，分仓长度按10～15m/仓，局部地段可适当调整。为了减少因边墙不均匀变形所产生的裂缝，结合岩壁吊车梁部位岩石块体分布情况，可在上、下游较大的块体部位布设适当的结构缝。

5.2.2 基岩面清理

将岩壁吊车梁混凝土浇筑范围内的杂物、泥土、松动块体和混凝土喷层清除，并采用高压水冲洗干净。对于大面积的光滑结构面则需要进行人工凿毛。

5.2.3 测量放线

由专业测量人员用全站仪放出体型控制点并标示在明显的固定位置。并在方便度量的地方放出高程点，确定钢筋绑扎、立模边线以及梁顶抹面高程，并做好标记。

5.2.4 排架搭设

先将基岩面采用反铲或其他设备碾压、夯实找平，再按技术措施搭设钢管脚手架和枋木三脚架，承重排架和施工排架必须分开、独立搭设。脚手架的顶端配置可调节丝杆，底部配置托撑。

5.2.5 斜面模板安装

1. 模板及支撑体系

1) 模板选型主要考虑因素为：①经济性；②透气性；③强度和刚度保证率；④表面平整度；⑤易操作性。

通过对芬兰维萨模板、胶合板、酚醛覆模胶合板及普通钢模板在以往工程中的应用进行了对比选型，适宜选择维萨模板或酚醛覆模胶合板作为岩壁吊车梁混凝土施工的主模板，模板尺寸 15mm×1220mm×2440mm，部分普通小钢模和木模作为辅助。

2) 支撑体系

① 整体支撑体系采用 ϕ40mm 钢管。

② 直立面模板采用 50×80mm@300mm 枋木或 100mm×50mm 矩形钢作为背枋，背枋后采用 ϕ40mm 钢管和 ϕ12mm 拉筋进行加固。

③ 斜面模板采用 50×80mm@250mm 枋木或 100mm×50mm 矩形钢作为背枋，背枋后分别采用80×120mm@750mm 枋木三架、ϕ40mm 钢管和 ϕ12mm 拉筋进行加固，也可直接用 ϕ40mm 钢管支撑固定。

④ 堵头模板采用 50×80mm@400mm 枋木作为背枋，背枋后采用 ϕ40 钢管和 ϕ12 拉筋进行加固。

模板及支撑体系参见图 5.2.5。

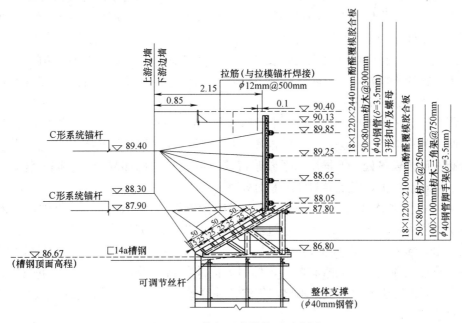

图 5.2.5 模板及支撑体系示意图

2. 斜面模板安装

采用 18mm×1220mm×2440mm 定型酚醛覆模胶合板或者维萨模板进行人工组装，安装前涂刷脱模剂。模板组装后要求整个模板面平整光滑。考虑在混凝土浇筑过程中承重排架下沉，斜面模板在高程上整体向上抬高 2cm 组装。模板与基岩面接触处若有空隙，应采用木板和双面胶拼补。底模安装完成后，进行测量检查模板是否符合设计要求并为结构钢筋的安装放线。

5.2.6 梁体钢筋安装

钢筋在加工厂按下料单进行分批制作并编号，仓内采用手动葫芦吊运，双面焊接和绑扎连接，钢筋安装过程中预先将进人孔（下料孔）预留出来。保护层采用在钢筋与模板之间垫置强度不低于结构设计强度的混凝土垫块，尺寸为 10cm×10cm×5cm（长×宽×厚）。混凝土垫块制作时先预埋钢丝，便于与结构钢筋扎紧固定。垫块应互相错开，分散布置。在各排钢筋之间，用短钢筋支撑以保证位置准确。

5.2.7 预埋件安装

预埋件安装包括有桥机轨道螺栓预埋、监测仪器预埋、排水管预埋、冷却水管预埋和受拉锚杆梁体钢管预埋。预埋件均应通过测量放线确定出设计安装位置，埋设安装时应详细记录施工过程，埋设完毕经检验合格后方可进行混凝土浇筑。

5.2.8 直面模板安装

直立面模板采用 15mm×1220mm×2440mm 定型酚醛覆模胶合板或者维萨模板人工进行组装，模板安装前应涂刷脱模剂。为了保证直立面与斜面相交处模板拼缝的密实性，在两者相交处可采用 60mm×80mm 三角方木条进行过渡，方木条整条布置，采用通长钉子将其钉在斜面模板上。

5.2.9 堵头模板安装

堵头模板采用 φ12 拉筋固定，模板外露拉筋采用预埋锥套连接。模板与基岩面接触处若有空隙，应采用木板和双面胶拼补。施工缝处键槽模板采用 2cm 厚木板制作成盒子，钉在两端模板内侧，所有穿过施工缝的钢筋均在两端的模板上钻孔留出。

5.2.10 清仓、验收

当模板全部安装就位后，组织人工对仓面内焊碴、杂物等进行清理，然后对仓面检查验收。施工缝缝面及键槽槽面应凿毛处理并用水冲洗干净。

5.2.11 混凝土拌制、运输

混凝土按照事先申报并经过审批的配合比从拌合系统拌制。采用混凝土搅拌车运输，运输时应考虑混凝土浇筑能力及仓面具体情况，满足混凝土浇筑间歇时间要求。混凝土应连续、均衡地从拌合楼运至浇筑仓面，在运输途中不允许有骨料分离、漏浆、严重泌水、干燥及过多降低坍落度等现象。

因故停歇过久，已经初凝的混凝土应作废料处理，在任何情况下，严禁在混凝土运输中加水后运入仓内。混凝土从混凝土搅拌车卸料时，自由下落高度应控制在 2m 以内，否则就加设缓降设施。

5.2.12 混凝土入仓、振捣

混凝土采用泵送、吊罐或胎带机入仓，下料时薄层平铺、对称下料，最大摊铺厚度控制在 40cm 左右，由仓位一端向另一端逐层推进，入仓的混凝土应及时平仓振捣，不得堆积。仓内若有粗骨料堆叠时，应均匀分布在砂浆较多处，不得用水泥砂浆覆盖，以免造成局部混凝土缺陷。浇筑过程中，模板工和钢筋工要加强巡视维护，发现异常情况及时处理。

采用小型插入式振捣器及时平仓振捣。振捣器操作遵循"快插慢拔"的原则，插入下层混凝土 5cm 左右。振捣器插入混凝土的间距按不超过振捣器有效半径的 1.5 倍，距模板的距离不小于振捣器有效半径的 1/2 倍，插入位置呈梅花形布置，尽量避免触动钢筋和预埋件，必要时辅以人工捣固密实。振捣宜按顺序垂直插入混凝土，如略有倾斜，倾斜方向应保持一致，以免漏振。单个位置的振捣时间以 15～30s 为宜，以混凝土不再下沉，不出现气泡，并开始泛浆为止。严禁过振、欠振。

5.2.13 收仓抹面

当混凝土浇筑结束后及时组织人工进行收仓抹面，抹面时控制好岩锚梁顶面高程，抹面要求梁顶平整光滑、高程准确，并注意应露出混凝土面的预埋件。

5.2.14 养护

混凝土浇筑完毕后 12～18h 及时进行人工洒水养护，并拆除堵头模板，岩壁吊车梁顶面及直立面覆盖黑毛毡采用花管流水养护，斜面采用人工定期洒水养护，养护时间为 90d。

5.2.15 直面、斜面脱模及成型混凝土保护

1. 为了防止下层开挖爆破对岩壁吊车梁的损坏，需对浇筑完的岩壁吊车梁进行保护防止飞石，并严格控制爆破质点振动速度。

2. 直立面模板待混凝土强度达到 70% 后拆除，拆除后采用双层竹跳板对其进行防护，顶面及轨道螺栓采用橡胶皮带防护。

3. 斜面模板暂不拆模，待主厂房下挖至离岩壁吊车梁下拐点超过 30m 再拆除，以防止岩壁吊车梁成型混凝土受下层开挖爆破飞石的撞击破坏。

4. 为有效削弱爆破振动对岩壁吊车梁混凝土浇筑造成的不利影响，在岩壁吊车梁混凝土浇筑之前，

宜先沿下层开挖边线进行结构预裂，并同时在离设计边墙5.0m左右进行施工预裂，利用两道预裂缝大幅度衰减下层中部梯段开挖爆破的振动波，两道预裂线之间的5.0m岩体作为保护层采用手风钻小药量开挖。

岩壁吊车梁混凝土安全质点振动速度如表5.2.15，混凝土养护及防护示意参见图5.2.15。

岩壁吊车梁混凝土安全质点振动速度 表5.2.15

混凝土龄期(d)	0~3	3~7	7~28
安全质点振动速度(cm/s)	1.5~2	2~5	5~7

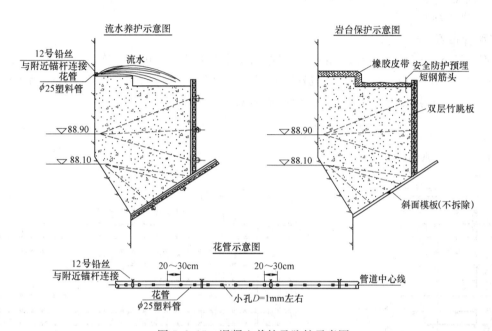

图5.2.15 混凝土养护及防护示意图

5.3 混凝土温控

采用温控混凝土，严格控制混凝土的出机口温度、入仓温度和浇筑温度是防止混凝土早期贯穿裂缝产生的有效手段。

5.3.1 温度控制指标

出机口温度为7~9℃，入仓温度为10~12℃，浇筑温度为14~16℃。

5.3.2 温度控制方法

1. 出机口温度控制：采用制冷混凝土，骨料经过二次风冷，拌制过程中加冰，并保证冰在拌合过程中完全融化。

2. 入仓温度控制：减小混凝土运输距离，尽量安排在低温时段浇筑。

3. 浇筑温度控制：采用低热水泥，降低水化热。采取薄层浇筑法（摊铺厚度≤40cm），浇筑过程中及时振捣散热，并可预埋冷却水管通水散热。

5.3.3 温度检测方法

1. 出机口温度、入仓温度和浇筑温度均采用普通水银温度计或电子测温计检测，检测时将温度计插入混凝土表层5cm以内，待温度计读数无明显变化时读取数值。

2. 混凝土内部温度检测

检测方法：岩壁吊车梁混凝土内部温度通过预埋电阻式测温管或电阻式测温计进行检测，利用电阻式温度计及数字电桥得出读数后，通过公式换算成温度。换算公式：$t=5\times(R_t-46.60)$，式中 t：测点的温度（℃）；R_t：仪器的电阻测值（Ω）。

检测频率：混凝土浇筑收仓通水后进行第一次温度检测。混凝土温度检测原则上按每4h测量一次，如果混凝土温度变化无规律性或者发生较大的突变，则将检测频率改为每1～2h一次。

3. 水温检测

检测方法：水温检测采用普通水银温度计，检测时直接将温度计插入冷却水管进水管口或出水管口来获取读数，插入时间不少于3min。

检测频率：水温测量频率应混凝土温度测量频率一致，并应该有数值一一对应。

4. 环境温度检测

厂房内环境温度检测采用水银温度计直接读取，读取时温度计应放置在厂房内不少于15min，且温度计不能够放置在混凝土上，也不能够放置在水中。

5.3.4 混凝土冷却通水

1. 冷却水管布置

冷却水管采用ϕ32PE管、δ=3.5mm，沿岩壁吊车梁轴线纵向"蛇型"布置，间距1～1.5m，一般布置2～3排，最里面一排距岩面50cm，最外面一排距混凝土设计直立面50cm。岩壁吊车梁顶面布设ϕ50钢管作为冷却水主供水管。冷却水管布置示意参见图5.3.4。

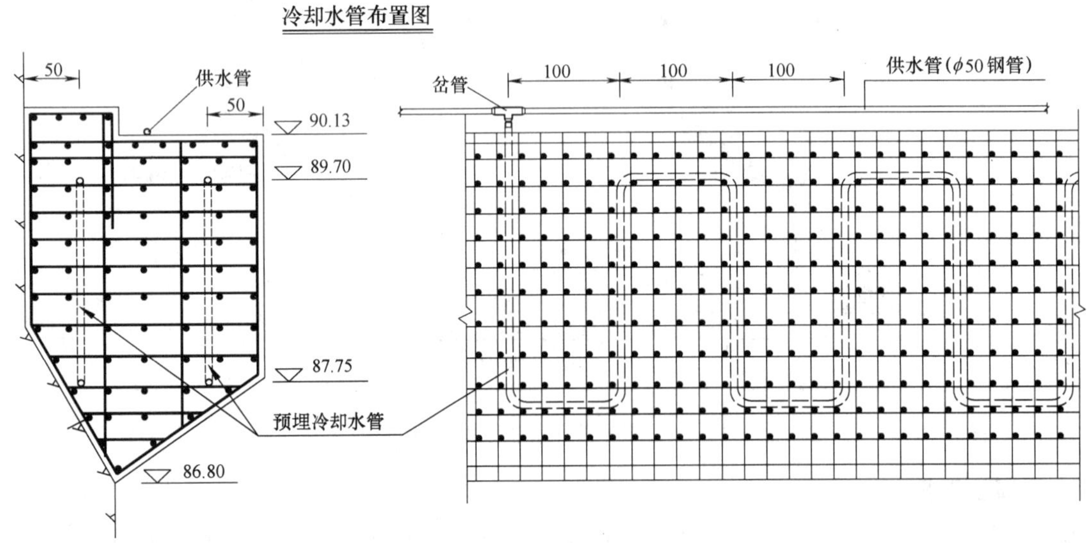

冷却水管布置图

图5.3.4　冷却水管布置示意图

2. 通水时间及流量

混凝土浇筑收仓抹面时开始通冷却水，冷却水水温控制在10～14℃，混凝土出现最高温度（38℃）前通水流量按35～40L/min进行控制（一般为浇筑后的1～3d）。当混凝土最高温度出现后通水流量改为18～20L/min。通水时进水管和出水管每天互换一次。混凝土最高温度出现至混凝土温度降至30℃期间，每天降温按1℃控制，如果降温幅度过大，要将通水流量减小，反之则加大通水流量。当混凝土内部温度降至30℃以下时停止通冷却水，改通常流水。

3. 通水流量检测

检测方法：采用秒表配合水表或流量计进行。通过读取在固定的时间内的水流量，从而换算得出每分钟通水流量。

检测频率：通水流量检测频率应与水温、混凝土温度测量频率一致，并应该有数值一一对应。

6. 材料与设备

6.1　施工人员配置

人员配置主要跟施工强度及浇筑工期有关，还是以上面的长度310m、浇筑高度6.5m、分块长度10～12m共分为68块的岩壁吊车梁混凝土浇筑为例，人员配置见表6.1-1。

主要施工人员配置表			表 6.1-1
管理人员	8人	安全员	4人
混凝土工	30人	钢筋工	30人
电焊工	16人	模板工	30人
电工	4人	修理工	2人
驾驶员	4人	普工	20人
合计		148人	

6.2 设备及材料

岩壁吊车梁混凝土施工工期紧张、要求极高，为了满足工期要求和预期质量目标，对施工设备要精心比较选型，选择合理的入仓方式，具体设备配置及材料配置见表 6.2-1、表 6.2-2。

主要施工设备配置表　　　　　　　　　表 6.2-1

设备名称	型号及规格	单位	数量	备注
自卸汽车	15t	辆	3	运输材料
混凝土搅拌车	6m³	辆	4	运输混凝土
胎带机或布料机		台	1	混凝土入仓
拖泵	HBT-60A	台	2	备用
泵管		m	200	含接头
电焊机	BX-330	台	8	配电盘及其配套电缆
钢筋弯曲机	GW50B	台	1	配电盘及其配套电缆
钢筋切断机	GQ50B	台	1	配电盘及其配套电缆
插入式振动器	$\phi70$	台	12	配电盘及其配套电缆
插入式振动器	$\phi50$	台	15	配电盘及其配套电缆

单仓材料用量表　　　　　　　　　表 6.2-2

项　目	规　格	单　位	数　量	备　注
拉模插筋	$\phi25 L=1.5m$	根	14	按照10m仓位长度计算
拉筋	$\phi12$	t	0.40	
酚醛覆模胶合板	15mm×1220mm×2440mm	m²	62.5	
枋木	50mm×80mm	m³	0.90	
	80mm×120mm	m³	1.65	
三角枋木条	60mm×80mm	m	10	
钢管	$\phi50$	t	10.6	
可调节丝杆		个	68	
3形扣件及螺母		套	128	按照10m仓位长度计算
竹跳板		m²	45	
钢模板	P3015	块	9	
键槽过缝插筋	$\phi25 L=2m$	根	23	

7. 质 量 控 制

7.1 原材料质量控制

混凝土原材料及配合比的使用必须符合技术规范要求，并且必须提供出厂合格证、出厂日期、材料质量证明书。

水泥、粉煤灰、骨料、外加剂、拌合用水、钢筋、微纤维及其他用于工程中的原材料检验、试验、储存保管等按规范要求执行。

7.2 施工过程质量控制

7.2.1 资源控制

开工前，作业队必须及时上报本单位责任人、施工技术人员及操作人员的分工及岗位职责情况，检查施工人员培训情况。并且按照要求配置所需施工设备，做好技术交底工作。

7.2.2 基础面质量控制

混凝土工程开工前，应按基础开挖质量要求对基础面进行处理，每5m间距标出桩号及高程。

7.2.3 脚手架质量控制

用于岩壁吊车梁混凝土施工的脚手架管材及扣件质量必须符合国标标准。

1. 脚手架的搭设

脚手架必须经过专门设计，其结构必须稳定，强度、刚度必须能适应各种施工荷载的要求。脚手架必须由专业脚手架工负责施工，搭设前，下部承重支点必须清理到基岩面。测量人员必须放出控制点位。必须设置充足的拉杆与边墙锚杆拉接，不能完全依靠斜撑加固。

2. 脚手架的拆除

施工排架可根据作业情况适时安排拆除，承重排架的拆除时间涉及混凝土的强度及受拉锚杆的类型等问题，应经过专门研究确定。

7.2.4 模板质量控制

模板安装前，测量人员应放出控制点，同时应放出校核检查点，放样过程中应同时对与模板安装有关的相关结构尺寸进行检查。斜面模板立模前须将模板与基面接合部位的杂物清理干净。立模前模板表面必须涂刷脱模剂，脱模剂须涂刷均匀，并防止后续施工中污染钢筋。

模板就位应轻拿轻放，防止模板受碰撞而使表面损坏或产生较大变形。模板就位后，应及时加固，并对接缝按要求进行处理。

模板安装质量要求位置及结构尺寸准确，接缝严密，加固方式及数量符合设计要求。安装完成的模板必须妥善保护，杜绝模板表面损伤。开仓前必须提供模板校核资料。

在混凝土浇筑完毕后，侧模应在2～3d拆除，严禁提前拆模，以免造成混凝土边角或表面损坏严重，底模应根据施工方案要求确定拆除时间。不得乱撬，防止大片模板坠落。拆模时应使用专用工具，严禁用撬杠等强扳硬撬，以免损伤模板。拆下的模板要妥善保管，避免造成模板变形。需周转使用的模板拆除过程中严禁任其自由坠落。

7.2.5 钢筋质量控制

钢筋安装前必须先布置样架，样架的布置以保证钢筋绑扎位置、提高绑扎效率为前提。样架设置完成后要先进行检查验收，合格后才能投入使用。钢筋绑扎前必须在样架上标出绑扎点。在钢筋绑扎前必须事先确定与其他埋件的安装配合关系，在绑扎过程中与埋件安装做好配合工作，埋件位置钢筋绑扎应采取适当避让措施，保证各自施工质量，提高施工工效。

7.2.6 预埋件安装质量控制

1. 桥机轨道埋件安装质量控制

埋件安装应在钢筋绑扎的适当时机进行，安装前钢筋位置应调整完成，埋件安装完成后，其所固定的钢筋位置不得再作调整。安装前测量人员必须放出基准线，安装过程必须拉出基准线。埋件安装必须固定牢靠。

2. 排水管及冷却水管的埋设质量控制

排水管安装位置必须准确放样。梁体排水管安装接头及其与基础接触处必须密合、外围封堵严密，防止浇筑过程中水泥砂浆漏入管内。埋管安装时必须与梁体钢筋加固牢靠，保证浇筑过程中不变形，不移位。同一仓位中的冷却水管不得存在接头。在混凝土开仓前须对冷却水管进行通压力水检查，防止无意损坏而造成混凝土浇筑后无法正常通水。冷却水管口必须露出混凝土面不少于 50cm 的长度。

3. 受拉锚杆埋件加工与安装

套管管径必须与锚杆孔径相配套，保证套管能插入锚杆孔中。套管的加工重点在于下料长度的控制，既不能过短而使管头够不到孔口，又不能过长而造成材料浪费。将钢垫板与套管分离不焊接在一起，通过二者之间的凑合消除各环节误差，保证垫板与模板贴合紧密。套管安装后应与钢筋固定牢固，管口及孔口必须采用妥善的封堵措施。

7.2.7 监测仪器安装质量控制

吊车梁混凝土内的监测仪器一般有锚杆应力计、钢筋计、测缝计、温度计等。各种监测仪器的安装必须符合设计要求，对于与钢筋安装有密切关系的监测仪器安装过程中必须认真作好沟通工作。

7.2.8 分缝处理质量控制

岩壁吊车梁分缝主要有施工缝和结构缝。施工缝的处理必须符合设计及规范要求。结构缝中的填充材料粘贴必须牢靠。

7.2.9 仓位验收质量

岩壁吊车梁混凝土仓位验收前必须提供齐全、规范的验收资料，资料的提供由施工作业队负责，专职质量管理人员必须认真逐一检查，确保资料齐全、规范、与现场实际情况相符。资料形式在开工前由质量管理部门与监理工程师事先确定。只有验收资料经审查过关后才能进行现场验收。

7.2.10 浇筑质量控制

混凝土浇筑过程是岩壁吊车梁混凝土施工中最重要的一个环节，必须建立畅通的信息沟通程序，各级质量控制人员必须全过程旁站监督，各岗位人员必须职责明确。

1. 浇筑前的检查

检查现场管理人员、技术员、值班队长等有关负责人是否到场。

检查模板外侧是否吊挂垂线，以便在混凝土浇筑过程中对模板变形情况进行检查。

2. 拌制及运输

混凝土拌和必须严格按照配料单进行，配料单由试验部门签发、监理审批，除试验工外任何人无权擅自更改配料单。安排专人向料斗中加微纤维。混凝土拌和必须保证微纤维在混凝土中分布均匀。

试验人员不得擅离职守，并按规定进行各项检测工作，对混凝土拌和质量进行动态控制。

混凝土运输过程中不得发生漏浆、失水、离析、严重泌水、温度回升过大及坍落度损失过大等现象，并且严禁在运输和卸料过程中加水。应尽量缩短混凝土运输及等待时间。

3. 入仓

第一车料入仓前，现场技术人员、试验人员应检查外观质量、和易性情况及入仓温度，对于存在的问题必须即时处理，不合格来料严禁入仓。

岩壁吊车梁混凝土布料采用预留下料孔分层进行，混凝土自由下落高度应小于 1.5m，下料孔间距为 2m，应布置在岩壁吊车梁中心线上，下料层厚 40cm，薄层平铺。不允许定点堆料，不允许对准预埋件下料。

4. 平仓振捣质量要求

仓内混凝土应随浇随平仓，不得堆积。仓内若有粗骨料分离堆叠时，应采用人工均匀地分布于砂浆较多处，但不得用水泥砂浆覆盖，以免造成内部蜂窝。不得以振捣代替平仓，平仓后应按顺序依次振捣。表面泌水应及时清除，严禁在模板上开孔赶水。

在靠近模板和钢筋较密的地方、各种预埋件、预埋仪器周围用人工平仓，防止位移和损坏。振捣器平仓时应将振捣器斜插入混凝土料堆下部，使混凝土向操作者位置移动，然后一次一次地插向料堆上部，直至把混凝土摊平到规定的厚度为止。

当仓面出现模板走样、钢筋变形、预埋件损坏时，应及时修复或更换，并在修复后予以记录。当仓面出现平仓振捣能力不足或振捣设备故障时，应及时暂缓进料，待已入仓混凝土振捣密实后再进行下料。

5. 模板监护

混凝土开仓前应在适当位置布置变形观测点，混凝土浇筑过程中，必须有专人负责对模板进行检查和调整。应检查蝶形扣是否变形，拉筋螺杆是否已拧紧。检查模板的稳固情况，并随混凝土下料观测控制标志，如有位移，则应暂停浇筑，待处理好后再行浇筑。应随时检查模板的缝隙是否有漏浆，并对没有塞好的缝隙及时处理，对模板监视情况应做好记录。

6. 收仓抹面质量控制

混凝土应严格按照收仓线收仓，已收好的仓面上禁止人员走动。必须采用原浆抹面，严禁临时加胶凝材料或加水。抹面后混凝土表面光滑平整，高程准确，排水管露出混凝土面。

7.2.11　混凝土温度质量控制

混凝土温控的最终目的是使混凝土最高温度控制在设计允许最高温度内，减小内外温差，防止出现温度裂缝。

1. 出机口温度控制

出机口温度超温率应不超过 15％，超温值不超过 2～3℃。具体温控值按设计要求控制。出机口温度测量方法为在拌和楼机口量测混凝土表面下 3～5cm 深处的温度，每 1～3h 测量一次（白天为 1～2h，夜间为 3h）。出机口温度必须随测随记。

2. 混凝土入仓温度控制

混凝土入仓温度控制指标按设计要求执行。混凝土入仓温度在仓面附近入仓前混凝土 5～10cm 深处量测，每 1～2h 量测一次。为防止混凝土温度迅速回升，应尽量缩短混凝土的运输时间，运输过程中采用表面覆盖，减少运输过程中太阳直射影响。同时应根据入仓速度合理安排运输设备数量，避免因设备数量过剩而增加等待时间使混凝土温度回升。入仓温度必须随测随记。

3. 混凝土浇筑温度控制

混凝土浇筑温度量测方法为经过平仓振捣后，覆盖上层混凝土前在本层 5～10cm 深处量测。每 100m² 仓面应不少于一个测点，每个浇筑层不少于 5 个测点，测点应均匀分布在浇筑层面上，测点布置应考虑不同级配混凝土部位。混凝土浇筑温度测量后应及时记录。

4. 混凝土内部温度控制

为控制混凝土内部温度，应及时通冷却水降温，通冷却水的开始时间可在混凝土收仓后进行，通水流量根据冷却水进出口温差情况灵活调整，若进出口温度相差很小，可适当减小流量，若相差较大可加大流量。峰值过后，可适当减小流量。通水过程一般持续 10d 即可完成。

混凝土内部温度的测量采用埋设测温计较可靠，采用测温管法测出的温度准确性相对较差，反映出的结果规律性不强。混凝土内部温度在浇筑后一周以内按每 2h 测量一次，以后可以适当减小测量频率。

7.2.12　养护质量控制

岩壁吊车梁混凝土养护宜采用流水法进行，养护时间应持续 28d，由于养护时间较长，应在混凝土浇筑前安装洒水花管，保证养护质量。

7.2.13　成型混凝土保护质量控制

岩壁吊车梁混凝土的保护主要从两方面着手，一方面是做好混凝土表面防护，防止爆破飞石的破坏，另一方面是控制好质点振动速度，防止爆破振动造成混凝土的破坏。

1. 混凝土表面防护

混凝土上表面可采用竹跳板和砂袋等进行保护，直立面及底面可根据实际情况确定保护措施。另外，下部开挖过程中应注意控制开挖临空面，尽量避免直冲岩壁吊车梁。

2. 质点振动速度控制

在吊车梁混凝土达到 28d 龄期前，混凝土周围 30m 区域内不进行爆破施工。混凝土到达 28d 龄期后进行的爆破应严格控制最大单响药量，加强爆破振动监测，及时反映开挖施工对吊车梁混凝土的影响，以便改进施工措施和控制手段。

7.3 混凝土外观质量控制

岩壁吊车梁混凝土外观质量控制的主要目标是在混凝土浇筑后进行表面裂缝的检查，由于岩壁吊车梁混凝土裂缝产生的主要原因边墙变形量过大，所以通过表面裂缝的检查，可以配合变形观测仪器间接反映出边墙局部变形情况，进而及时采取补救措施。一旦发现有裂缝出现，应及时通知设计单进行系统研究，确定补救措施及裂缝处理方案。

8. 安 全 措 施

通过对施工的全过程进行严格的安全控制，杜绝安全事故的发生，确保岩壁吊车梁混凝土施工安全。特制定如下安全保证措施，并在具体施工过程中切实执行：

8.1 坚持"安全第一、预防为主"的方针，认真贯彻"安全生产、人人有责"的原则。坚持执行国家有关安全生产的法律、法规和方针、政策。

8.2 严格执行国家劳动安全卫生规程和标准，按国家劳动保护法配备相应的劳保用具，对职工进行劳动安全卫生教育，减少职业危害。

8.3 岩壁吊车梁浇筑时期，厂房还在继续开挖，为了防止个别飞石对设备及人员造成伤害，放炮时人员应撤离到较安全的地方并注意避炮，对设备应采取适当的保护措施。

8.4 岩壁吊车梁混凝土浇筑施工时为高空作业，脚手架、施工平台搭设必须稳定牢固。

8.5 注意施工人员人身安全，作业人员必须配备安全带等保护工具，在排架上作业必须系挂"双保险"。

8.6 施工区内行驶和进行运输作业的车辆都必须遵守有关机动车辆安全管理与施工安全管理规定。在交通要道及交叉路口设醒目标志牌及专职车辆安全指挥人员。

8.7 加强用电管理，供用电设施要有可靠安全的接地装置，经常检查电缆电线，防止漏电，防止触电事故发生。

8.8 所有机械操作人员必须持证上岗，按照操作程序正确操作，严禁违章作业，杜绝酒后上机，在胎带机周围布置警戒线。

8.9 施工所用的动力线路和照明线路，必须架设到一定的高度，线路要架设整齐，设置于厂房内的配电系统和布置闸刀、开关的部位，必须要设醒目的安全警示牌。

8.10 浇筑岩壁吊车梁混凝土的承重排架和施工排架比投标期间地提高了 3m，这就给施工期间的材料运输，排架搭拆等带来了相当大的安全隐患。为保证施工安全，承重排架和施工排架的间排距分别按照 0.6m×0.6m、1.0m×1.0m 进行布置，同时在施工过程中采取多种措施，在排架的设计、验收、使用、拆除以及材料的堆放等方面都进行了严格的规定，并在临近通道一侧设置了警戒墩及警戒条，对施工车辆采取了限速行驶的措施，保证排架施工全过程安全。

9. 环 保 措 施

9.1 废水的处理

洞内生产废水含泥量高，污染物主要为悬浮物，基本不含毒理学指标。各作业面的生产废水通过临时排水沟汇集到集水池，用水泵抽排，通过污水管排放至洞外污水沉淀池（进厂交通洞洞口均设置污水沉淀池）。处理达标后排放，沉渣定期清挖，统一运至弃渣场。

9.2 噪声防治措施

9.2.1 选用低噪声设备，加强机械设备的维护和保养，降低施工噪声对施工人员和附近居民区的影响。

9.2.2 进入生活营地和其他非施工作业区的车辆，不使用高音和怪音喇叭，尽量减少鸣笛次数，以灯光代替喇叭。

9.3 空气污染防治措施

9.3.1 在水泥装卸运过程中，保持良好的密封状态；并由密封系统从罐车卸载到储存罐，储存罐安装警报器，所有出口配置袋式过滤器。混凝土拌合系统安装除尘设备。

9.3.2 机械车辆使用过程中，加强维修和保养，防止汽油、柴油、机油的泄露，保证进气、排气系统畅通。

9.3.3 运输车辆及施工机械，使用 0 号柴油和无铅汽油等优质燃料，减少有毒、有害气体的排放量。加强对设备尾气的监测、及时维修超标排放废气的设备；废水、废油等集中过滤、焚烧或掩埋，或按监理工程师要求处理。

9.3.4 采取一切措施尽可能防止运输车辆将砂石、混凝土、石渣等撒落在施工道路及工区场地上，并成立道路养护队，安排专人及时清扫施工道路。场内施工道路保持路面平整，排水畅通，并经常检查、维护及保养。

9.3.5 不在施工区内焚烧会产生有毒或恶臭气体的物质。因工作需要时，报请当地环境行政主管部门同意，采取防治措施，在监理工程师监督下实施。

9.3.6 运输可能产生粉尘物料的敞篷车，车厢两侧和尾部配备挡板，控制物料的堆高不超过挡板，并用干净的雨布覆盖。

10. 效 益 分 析

10.1 本工法通过调整混凝土配合比和仓位大小、增加混凝土与爆破施工垂直距离、采用通冷却水等方法大大降低了混凝土裂缝出现的几率，减少了裂缝化灌造成的环境污染，保证了主厂房岩锚梁的整体稳定和安全，形成了较好的环境效益和社会效益；促进了水电工程混凝土施工技术的进步。

10.2 与其他混凝土施工工法相比较，由于生产出来的混凝土裂缝大大减少，减少并避免了混凝土裂缝的处理费用和处理时间，岩锚梁混凝土的耐久性及安全性进一步增加。

10.3 由于妥善处理了混凝土浇筑与岩锚梁受拉锚杆施工的关系，保证了岩锚梁受拉锚杆施工质量及施工的成功率，从而保证了岩锚梁受力时的整体安全。

10.4 由于混凝土与主厂房下层开挖爆破距离适中，下层开挖爆破控制难度降低，加快了主厂房的施工进度。

11. 应 用 实 例

11.1 广西龙滩地下电站岩壁吊车梁混凝土施工

龙滩地下电站主厂房开挖高度为 77.6m，长度为 398.9m，上拐点以上宽度为 30.7m，下拐点以下宽度为 28.9m。根据主厂房分层高度，岩壁吊车梁布置在主厂房Ⅱ层上下游边墙，顶面宽度为 2.1m，高度为 2.8m，斜面长 1.66m，倾角为 57°。

岩壁吊车梁混凝土在Ⅲ层边墙结构预裂且中部梯段拉槽爆破后但未出碴，将石碴碾压夯实，基岩面距岩台下拐点高度为 3.5m，且下拐点以下 3.5m 范围内边墙系统支护结束后进行混凝土浇筑。分块长度为 15m/块；混凝土为 C30 二级配温控常态混凝土，坍落度为 16～18cm；所用水泥为中热硅酸盐水泥；采取拖泵泵送入仓；人工配合小型振捣器仓内振捣；浇筑完后人工洒常温水进行养护 28d；岩壁吊车梁混凝土浇筑后暂不拆模，待主厂房第Ⅲ层开挖结束并报经监理批准后拆除；模板为普通胶合板（1800mm×920mm×18mm）；支撑体系为钢管排架及方木；岩壁吊车梁共布置 2 排 ϕ36 L=12m@75cm

受拉砂浆锚杆和 1 排 $\phi32L＝9m@75cm$ 受压砂浆锚杆。

成型混凝土平整度较好，无蜂窝、麻面，无孔洞，无漏筋现象。

11.2 云南小湾地下电站岩壁吊车梁混凝土施工

小湾地下电站主厂房开挖高度为 79.88m，长度为 298.1m，上拐点以上宽度为 30.6m，下拐点以下宽度为 28m。根据主厂房分层高度，岩壁吊车梁布置在主厂房Ⅲ层上下游边墙，顶面宽度为 2.8m，高度为 3.8m，斜面长 2.64m，倾角为 61°。

岩壁吊车梁混凝土在Ⅲ层周边结构预裂后，基岩面距岩台下拐点高度为 3.5m，且下拐点以下 3.5m 范围内边墙系统支护结束后进行混凝土浇筑。分块长度为 16m/块；混凝土为 C30 二级配温控常态混凝土，坍落为 16～18cm；所用水泥为中热硅酸盐水泥；采取反铲为主、泵送为辅方式入仓；人工配合小型振捣器仓内振捣；浇筑完后人工洒常温水进行养护 15～20d；岩壁吊车梁混凝土浇筑后强度达到 70％后拆除模板并用竹跳板及时对混凝土表面进行防护；模板为普通胶合板（2400mm×1200mm×15mm）；支撑体系为钢管排架及方木三脚架；岩壁吊车梁共布置 2 排 $\phi36$（Ⅲ级钢筋）$L＝9m@50cm$ 受拉锚杆和 1 排 $\phi36$（Ⅱ级钢筋）$L＝9m@50cm$ 受压锚杆。

成型混凝土平整度较好，无蜂窝、麻面，无孔洞，无漏筋现象。

11.3 湖北三峡地下电站岩壁吊车梁混凝土施工

三峡地下电站主厂房开挖高度为 87.3m，长度为 311.3m，上拐点以上宽度为 32.6m，下拐点以下宽度为 31m。根据主厂房分层高度，岩壁吊车梁布置在主厂房Ⅱ层上下游边墙，顶面宽度为 2.15m，高度为 3.6m，斜面长 1.7m，倾角为 62°。

岩壁吊车梁混凝土在Ⅲ-1 层开挖支护结束且Ⅲ-2 层周边和中部预裂后进行混凝土浇筑，基岩面距岩台下拐点高度为 6.5m。分块长度为 8～10m/块；混凝土为 C30 二级配温控聚丙烯腈纤维混凝土，坍落为 9～11cm；所用水泥为低热硅酸盐水泥；混凝土中掺入引气剂；采取胎带机进行入仓；人工配合小型振捣器仓内振捣；浇筑前在仓内预埋双向冷却水管（PVC 管），浇筑完后混凝土内部通 10～14℃冷却水进行散热，直至混凝土温度降至 30℃时改通常温水，混凝土表面采用人工洒常温水进行养护 90d；岩壁吊车梁混凝土浇筑后暂不拆模，待主厂房Ⅲ-2 层开挖结束并报经监理批准后拆除；模板为酚醛覆模胶合板（2440mm×1220mm×18mm）；支撑体系为钢管排架及方木三脚架；岩壁吊车梁共布置 2 排 $200kN\phi32$（精轧螺纹钢）$L＝12m@60cm$ 受拉预应力锚杆和 1 排 $\phi32$（Ⅱ级钢筋）$L＝9m@60cm$ 受压砂浆锚杆。

成型混凝土平整度较好，无蜂窝、麻面，无孔洞，无漏筋现象，表面无裂缝。

双聚能预裂与光面爆破综合技术施工工法

YJGF078—2006

中国水利水电第八工程局

秦健飞　涂怀健　张祖义　曾凡杜　秦如霞

1. 前　　言

在建筑物岩石基础开挖施工中经常采用预裂（光面）爆破技术，但普通预裂（光面）爆破钻孔工作量大，并且对保留岩体的破坏通常比较大。因此，减少预裂（光面）施工中的造孔量以及减小对保留岩体的破坏影响是一个重大的技术难题。

2007 年 1 月"双聚能预裂与光面爆破综合技术"通过了科技成果鉴定，鉴定委员会一致认为该科技成果具有创新性，总体达到国际先进水平，并获中国电力科学技术二等奖。2007 年 3 月 5 日国家知识产权局受理了中国水利水电第八工程局"双聚能预裂与光面爆破方法及专用装置"发明专利申请和"双聚能预裂与光面爆破专用装置"实用新型专利申请，2007 年 9 月 12 日国家知识产权局在《发明专利公报》第 23 卷第 37 号公开了这一发明专利（公开号：CN101033932A）、2008 年 2 月 6 日正式授予"双聚能预裂与光面爆破专用装置"实用新型专利证书（专利号：ZL 2007 2 0062631.1）。

《双聚能预裂与光面爆破综合技术施工工法》，由于在减少造孔量、减少炸药消耗量、降低能耗和施工成本方面具有明显的效果，有利环境保护，故有很好的经济效益和社会效益。

2. 工 法 特 点

2.1　由于"完全不耦合"装药结构以及双聚能槽管药卷的聚能作用、对中装置的对中作用使高压气体的膨胀作用和高能气流的气刃作用使聚能射流能够准确沿着裂缝面喷射。因此，双聚能预裂与光面爆破综合技术施工时，造孔孔距可比普通预裂（光面）爆破扩大 2～3 倍。

2.2　由于爆破孔孔距的扩大，面装药密度得到大幅度降低。半孔残留率得到明显提高，减少了爆破振动的影响。使爆破对保留岩体的破坏作用相应减小，提高了保留岩体的稳定性和安全性。相邻炮孔间不平整度小于规范要求。

2.3　双聚能预裂与光面爆破综合技术采用专用装置装药、聚氯乙烯作聚能罩材制作聚能管及成型双聚能槽药卷，装药及药管封堵工作可以提前安装成节，施工简便，使施工工序程序化。

3. 适 用 范 围

适用于一切有轮廓开挖要求的岩石开挖作业，可广泛应用于水利、水电、铁道、建材、交通、矿山等行业。可以在任何地质条件、任何岩石性质下都可使用。

4. 工 艺 原 理

4.1　《双聚能预裂与光面爆破综合技术施工工法》采用了完全不耦合装药结构，完全不耦合装药结构使炮孔与药卷之间在全孔有完全相等的间隔，对孔壁起到了更好的减压保护作用。

4.2　双聚能预裂与光面爆破专用装置的完全不耦合装药结构以及双聚能药卷的聚能作用、对中装置的对中作用，能够确保双聚药卷的聚能射流能完全沿着预裂（光爆）面喷射并充分发挥作用。

5. 施工工艺流程及操作要点

5.1 施工工艺流程

双聚能预裂与光面爆破综合技术的施工工艺流程见图5.1。

5.2 工艺操作要点

5.2.1 爆破试验

1. 不同的工地地质条件、岩石特性都不相同，在正式施工之前，必须做生产性爆破试验以便确定最佳的孔网参数，为双聚能预裂与光面爆破综合技术的设计与施工提供科学依据。

2. 爆破试验分爆破材料性能试验（准爆试验）与钻爆参数试验。爆破材料性能试验包括双聚能槽管材质检验和双聚能槽管准爆试验；爆破参数试验包括预裂（光面）爆破孔孔距试验和缓冲孔的孔网参数试验等。

3. 双聚能槽管材料检验的目的是检查聚能管及连接套管的几何尺寸、管壁质量，确保管材质量可靠，满足使用要求。

4. 双聚能预裂与光面爆破综合技术的药管准爆试验的目的是确保装好炸药的双聚能槽药管能完全准爆。对于孔内有水的炮孔，应作抗水性引爆试验。只有通过耐水试验准爆的爆破器材才能够用于有水炮孔的爆破施工。

5. 爆破参数试验主要分为预裂（光面）爆破参数与梯段爆破参数试验。

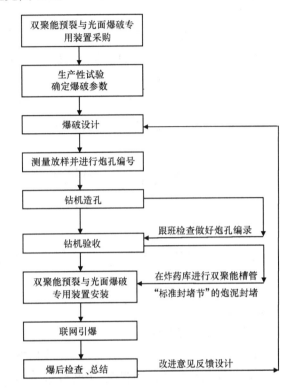

图5.1 双聚能预裂与光面爆破综合技术工艺流程图

1）双聚能预裂与光面爆破参数试验，包括钻孔直径 D、钻孔间距 a、钻孔深度 L、线装药密度 Q_L、装药结构、堵塞长度 L_1。

钻孔直径 D

根据我国水利水电工程预裂（光面）爆破孔一般采用的孔径分为大孔径（90～110mm），它采用 YQ-100B 型潜孔钻、CM351 高风压潜孔钻、D7 液压钻机等大型钻孔机械设备造孔，和小孔径（42～65mm），它采用手风钻、矿用钻机等小型钻孔机械设备造孔。

钻孔间距 a

经爆破试验回归分析总结，得出以下经验公式：

$$a = K_1 \cdot K_2 (18 \sim 30) D \qquad (5.2.1-1)$$

式中　K_1——岩石抗压强度系数，当岩石普氏系数 $f \geqslant 6$ 时，$K_1 = 1.0$，当 $f \leqslant 6$ 时，$K_1 = 0.86$；

　　　K_2——岩石完整性系数，当岩石为弱风化且完整性好时，$K_2 = 1.15$，当岩石为强风化且完整性差时，$K_2 = 0.83$；

　　　D——钻孔孔径，单位 mm。

钻孔间距 a 也可以根据岩石物理力学性能和地质条件采用普通预裂（光面）爆破钻孔间距的2.0～3.0倍。即大孔径设备钻孔间距 $a = 200 \sim 300$cm，小孔径设备钻孔间距 $a = 100 \sim 150$cm。

具体可以结合工程基岩特性，在同一预裂（光面）面按照不同孔距（大孔径2.0m、2.5m、3.0m；

小孔径1.0m、1.25m、1.50m）进行布置，通过试验结果对比分析爆破效果后，选取最佳a值。

钻孔深度L

聚能预裂（光面）孔一次钻孔深度一般按12.0～15.0m进行控制。

线装药密度QL

采用双聚能预裂与光面爆破综合技术时，根据特制的双聚能槽管的结构特征和技术要求，大号管线装药密度按430～450g/m，小号管按320～350g/m控制。

装药结构

双聚能预裂与光面爆破综合技术是采用特制的双聚能槽管自身连续装药，对于炮孔则是完全不耦合连续装药。底部加强装药采用ϕ32mm药卷捆绑在无聚能槽的两侧，如图5.2.1所示。

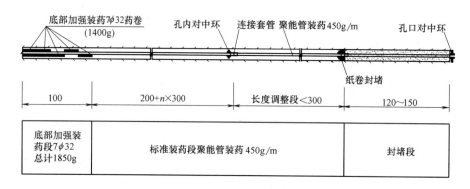

图5.2.1 双聚能预裂与光面爆破综合技术装药结构图

堵塞长度$L1$

堵塞长度一般按如下经验公式：

$$L1=(0.8\sim1.0)b \qquad (5.2.1-2)$$

式中 b为预裂孔距缓冲孔的距离，b可按经验公式：

$$b=(10\sim15)D \qquad (5.2.1-3)$$

式中 D为预裂孔孔径；b值一般取1.0～1.5m，实践证明，孔口堵塞长度对预裂（光爆）面的效果有较大影响，堵塞长度过短，则爆破时气体逸出，甚至将双槽聚能管冲出孔外，不易形成预裂（光面）缝或预裂（光面）缝宽度不够；堵塞长度过长，则在孔口附近部位易残留炮孔。实际施工中的堵塞长度根据爆破效果进行调整修正，一般取120～150cm为宜。

2）梯段爆破参数

双聚能预裂与光面爆破综合技术的梯段爆破参数选择和普通梯段爆破参数基本相同。只是缓冲孔的孔距比普通梯段爆破的缓冲孔的孔距略小，线装药量略大。试验回归经验公式为：

$$a_1=(15\sim20)D \qquad (5.2.1-4)$$

式中 a_1——缓冲孔孔间距；

D——缓冲孔孔径，线装药密度$Q'=2500\sim3000$g/m；缓冲孔距聚能预裂孔距离b取值如前所述，缓冲孔距前排主爆破孔距离一般取主爆破孔排距的0.8倍。

5.2.2 爆破设计

开挖施工前，根据爆破试验总结出来的最佳钻爆参数进行爆破设计，作为开挖爆破施工的施工依据。

爆破设计包括：爆破范围、爆破参数表、钻孔布置图、装药结构图、爆破网络布置图、安全防护图等。

5.2.3 钻孔

钻孔包括钻孔前测量、钻机钻孔、钻孔验收等工作。

5.2.4 双聚能预裂与光面爆破专用装置安装

施工现场安装要点

1) 按照炮孔编号的实测炮孔深度截取对应长度的导爆索并将导爆索穿过孔内居中环的导爆索孔，孔内居中环个数 N 按照下式确定：

$$N=L/3 \tag{5.2.4-1}$$

式中　L——炮孔实测深度，m；

导爆索长度 S（m）按照下式确定：

$$S=L+0.35 \tag{5.2.4-2}$$

式中　L 含义同式（5.2.4-1）；

2) 爆索插入第一标准节双聚能槽药管内 5cm，弯曲后捆绑在双聚能管无聚能槽的一侧，底部加强装药捆绑在双聚能管无聚能槽的两侧，然后将第一标准节双聚能槽药管徐徐送入炮孔并注意将聚能槽对准预裂（光爆）面方向。

3) 第一标准节双聚能槽药管末端达到炮孔孔口时，在第一标准节双聚能槽药管末端套上第一个孔内居中环，再套上 10cm 长的连接套管。

4) 依次安装各节双聚能槽药管，长度调整节和封堵节在最后安装，封堵节露出炮孔孔口时在其上套上孔口对中环，单孔双聚能槽管即告安装完成。

5) 所有炮孔内的双聚能槽管安装完成后，在首尾炮孔之间用尼龙线拉直作为预裂（光爆）面的标识，转动各个炮孔孔口所套上的孔口对中环，使孔口对中环上面的两个 V 形对中槽连线与拉直的尼龙线方向吻合，然后用两端弯成 90°的铁丝穿入相邻孔口对中环的固定孔内将孔口对中环固定。

6) 在上述安装步骤完成后，拆除固定铁丝和孔口对中环，以便以后重复使用。

5.2.5 联网起爆

按照设计图纸连接起爆网络，双聚能预裂与光面爆破孔与梯段爆破孔若在同一爆破网络中起爆，则双聚能预裂与光面爆破孔最后一段起爆时间先（后）于相邻梯段主爆破孔的起爆时间，不应小于 75~100ms。

6. 材料与设备

6.1　工艺对材料的要求

双聚能预裂与光面爆破综合技术施工必须采用国家专利产品——"双聚能预裂与光面爆破专用装置"进行双聚能预裂（光面）爆破。

6.2　主要施工机具设备

常用的机具设备见表 6.2。

机具设备表　　　　　　　　　　　　　　表 6.2

编　号	项　目	型　号	单　位	数　量	备　注
1	潜孔钻机	YQ-100B	台	6	
2	高风压潜孔钻	CM-351	台	1	
3	液压钻机	HRC1200.ED	台	1	
4	手风钻	YT-28	台	5	
5	高精度量角器		台	2	
6	反铲挖掘机	CAT320	台	1	
7	自卸汽车	红岩	辆	5	30t
8	声波测试仪	RS-ST01C	台	1	
9	声波探头	D38	个	2	
10	笔记本电脑		台	1	
11	全站仪	TC100	台	1	

7. 质量控制

7.1 质量安全控制执行国家相关规范及标准：

7.1.1 《爆破安全规程》GB 6722—2003

7.1.2 《爆破作业人员安全技术考核标准》GA 53—1993

7.1.3 《水利水电工程爆破施工规范》DL/T 5135—2001

7.1.4 《水工建筑物岩石基础开挖工程施工技术规范》SL 47—94

7.1.5 《水工建筑物地下开挖工程施工技术规范》DL/T 5099—1999

7.1.6 《水电站基本建设验收规程》DL/T 5123—2000

7.1.7 《水利水电建筑安装安全技术工作规程》SD 267—1988

7.1.8 《水电站基本建设工程单元工程质量等级评定标准》SD 249—1988

7.2 质量保证措施

7.2.1 实行标准化设计，便于施工现场质量控制与检查。将双槽聚能管分为有三种形式：标准节（300cm）、长度调整节（20～299cm）和封堵节（120～150cm）。

7.2.2 操作人员应熟悉设备的性能并按照设计要求自检操作工序达到质量标准，质检人员跟班检查钻孔、双槽聚能管的装药及安装质量，避免不必要的返工而影响施工质量。

7.2.3 采用高精度量角器、声波仪等有效的检测设备控制施工质量，确保设计的精度要求，从源头上面遏制质量事故的发生。

7.2.4 制定质量检查表，规范化、标准化组织质量检查工作。

7.2.5 及时总结施工中出现的质量缺陷、分析产生的内在原因，从设计、施工着手采取有力措施及时纠正。

8. 安全措施

8.1 认真贯彻"安全第一，预防为主"的方针，根据国家有关规定、条例，结合施工单位实际情况和工程的具体特点，组成专职安全员和班组兼职安全员以及工地安全用电负责人参加的安全生产管理网络，执行安全生产责任制，明确各级人员的职责，抓好工程的安全生产。

8.2 施工安全措施

8.2.1 双聚能槽管装药应在合格的火工材料库房进行，库房应具备良好的通风、防雨条件。

8.2.2 非作业人员均不准进入装药现场，所有作业人员进入前必须将火种、铁器取出，集中存防在库房外安全地点。

8.2.3 火工产品加工所有操作工具必须是木制品或塑料制品。

8.2.4 火工产品的采购、运输、存储以及装药后的双聚能槽管运输和现场安装均应符合《爆破安全规程》GB 6722—2003、《水利水电工程爆破施工规范》DL/T 5135—2001 的有关规定以及有关施工规范、规程要求。

8.2.5 爆破现场的安全警戒必须严格按照《爆破安全规程》GB 6722—2003 和《水利水电工程爆破施工规范》DL/T 5135—2001 的有关规定以及设计要求执行。

8.2.6 特别注意高边坡的施工安全，设立安全巡视员对高陡边坡进行定期巡视检查，对高陡边坡危石进行及时清除，预防爆破后的高陡边坡危石坠落伤人。

8.2.7 所有参加"双聚能预裂与光面爆破综合技术"施工的爆破作业人员必须经过专门培训，并持证上岗。

9. 环 保 措 施

9.1 成立对应的施工环境卫生管理机构，在工程施工过程中严格遵守国家和地方政府下发的有关环境保护的法律、法规和规章，加强对施工燃油、工程材料、设备、废水、生产生活垃圾、弃渣的控制和治理，遵守有关防火及废弃物处理的规章制度。

9.2 将施工场地和作业限制在工程建设允许的范围内，合理布置、规范围挡，做到标牌清楚、齐全，各种标识醒目，施工场地整洁文明。

9.3 施工钻孔机具应优先采用有吸尘装置的造孔设备，并经常维护，使其作业时始终保持在良好的工作状态。

9.4 在采用 YQ—100B 型普通潜孔钻等没有吸尘装置的造孔设备时，应采取湿式作业。

9.5 运输道路应经常清扫，对于非混凝土和沥青路面还应经常洒水养护，保持路面湿润状态避免扬尘。

9.6 做好施工区域的环境保护工作，对施工区域外的植物、树木应该维持原状，防止由于工程施工造成施工区附近地区的环境污染、大面积冲刷和水土流失。

9.7 在编制施工总布置设计文件时，应编制一份施工区和生活区的环境保护和水土保持措施计划，报监理人。

10. 效 益 分 析

10.1 本工法施工将爆破孔孔距比原预裂（光面）爆破扩大了 2～3 倍，减少了造孔工作量，从而减少了单位面积装药量，减少能耗节约了施工成本。施工中产生的振动、噪声、粉尘等公害也得到了最大限度地降低，有利环境保护。

10.2 本工法与同类预裂（光面）爆破工程的工法相比，由于采用了孔内对中装置及孔口对中环，使聚能射流能够沿着裂缝喷射，从而使形成的预裂（光爆）面的平整度得到提高。

10.3 本工法所采用的双聚能槽药管可以在施工前完成标准节制作及炸药灌装工作，施工时，爆破造孔完成后，可连续进行药管安装，达到安装程序化，提高了工作效率，节省了施工时间，从而也形成了较好的经济效益。

11. 应 用 实 例

云南小湾水电站水垫塘、二道坝工程保护层开挖

11.1 工程概况

小湾水电站水垫塘为复式梯形断面，采用全断面钢筋混凝土衬护，并在衬砌顶部设置一层 0.5m 厚的抗冲耐磨混凝土，衬砌底部采用锚筋桩与基岩锚固。水垫塘总长度约 450m（包括二道坝及其后护坦长度），底板高程 EL.965m，最小底宽 70m。衬砌厚度 EL.1004m 以下为 3m，EL.1004m 以上为 1.5m。水垫塘底板设置主、副排水廊道，结合岸坡内抽排系统形成封闭式抽排水系统，并在廊道内设置排水孔幕。

二道坝轴线垂直于溢流中心线布置，距拱坝轴线 394m。坝顶高程 EL.1004m，顶宽 8m；建基面高程 EL.960.000m，最大坝高 44m。为上游坝坡 1：0.3，下游坝坡 1：0.5 的实体混凝土重力坝。河床坝段坝踵部位和岸坡坝段轴线部位布置灌浆排水廊道，并与水垫塘主排水廊道衔接组成封闭式抽排水系统，廊道内设置排水孔和灌浆帷幕。

小湾水电站水垫塘、二道坝工程主要包括：水垫塘水 0＋175.0 桩号以后 EL.964.500m 以下保护

层开挖与支护工程；水垫塘水 0＋088.6 桩号以后 EL.1021m 以下混凝土、二道坝及护坦混凝土的浇筑；二道坝下游两岸的防冲护岸工程（左岸至导流洞出口，右岸至尾水出口）；二道坝帷幕灌浆、坝基固结灌浆；水垫塘、二道坝排水系统、排水孔等。

11.2　施工情况

11.2.1　施工准备

工作面清理出来之后，首先进行测量放样，精确放出水平预裂孔孔点位置，并采用红油漆现场标明孔位、孔号、孔深；精确测出浅孔梯段爆破孔孔口高程，计算孔深，控制孔底在水平预裂开孔高程线以上 70cm，并用红油漆编号，记录在册。

11.2.2　钻孔作业

水平预裂爆破孔和浅孔梯段爆破孔可同时作业。水平预裂孔开孔误差要求在设计轮廓线方向上不大于 5cm，浅孔梯段爆破孔的开口误差不大于 20cm。

开钻前，现场值班技术人员、施工员或质检人员采用特制量角器及吊线锤对钻孔样架角度进行校核后，将样架固定；在钻孔过程中，随时检查校正钻孔角度，要求预裂孔钻孔角度误差控制在 ±0.38° 以内，主爆孔钻孔角度误差控制在 1° 范围内；造孔完成后，质检人员必须逐孔进行孔深检查，其中预裂孔孔深要求偏差控制在 ±5cm 以内，施工预裂孔控制 ±10cm 以内，主爆孔控制在 ±20cm 以内。

为保证一定的开挖体型，为相邻爆区创造良好的工作面，从而有利于预裂孔聚能药管的对中，应在爆破区域分界线处布置施工预裂孔。

钻孔完毕后，要对钻孔的孔位、孔深和孔斜进行认真检查，并做好记录，对未满足设计要求的钻孔，必须进行补钻（欠深）或充填（超深）。

11.2.3　装药联网

对于聚能预裂爆破，首先需要在加工厂内按照设计结构制作双聚能槽装药管，每根管长 3m，采用人工装粉状硝铵炸药。每一根双聚能槽药管装完药后进行称重，直到线装药密度满足 430～450g/m 为止，装完药后放在安全区域派专人看管，并在放炮前按规定程序运往施工现场。

双聚能槽装药管运往施工现场后，由炮工按照炮孔的实际孔深用连接套管接长，并在连接套管处装上孔内对中环，同时将 5～7 节 φ32mm 乳化炸药用胶布绑在双聚能槽药管聚能槽两侧作为底部加强装药。双聚能槽药管的管内、管外堵塞段用编织袋进行封底，泥砂封堵。

为保证爆破聚能效果，双聚能槽装药管入孔时必须小心轻放，确保双聚能槽药管两端聚能槽方向与预裂面一致。当双聚能槽药管伸到孔底后，采用孔口定位对中环套在双聚能槽药管孔口端，并且用粗尼龙线把对中环串起，拉成一条与预裂面方向一致的直线。

垂直浅孔梯段爆破孔一般采用自孔底向上连续装药结构，起爆顺序沿抵抗线最小的方向依次分段起爆，控制最大单响起爆药量小于 50kg。

水平预裂爆破和垂直浅孔梯段爆破同时按设计的装药结构分别装药，并在同一网络内连接，控制预裂爆破先于梯段爆破的起爆时差为 75～100m/s。

11.3　工程监测与结果评价

11.3.1　宏观检查

爆后对建基面进行预裂爆破效果检查与统计分析得出，在微新岩体中其半孔保存率一般为 93％～98％，平均半孔保存率大于 95％。在局部地质缺陷部位，其半孔保存率均在 80％ 以上；残留的半孔未见纵向再生裂隙；相邻炮孔间的平整度最大 15cm，最小 4cm，一般控制在 8～15cm，基本满足平整度不大于 15cm 设计要求。除局部存在地质缺陷处，均满足超欠挖控制在 ±20cm 的标准。

11.3.2　弹性波检测

建基面岩体弹性波测试得出：爆破前其波速最大达 5690m/s 以上，最小为 5120m/s。平均波速值均在 5380m/s 以上；爆破后最大波速为 5660m/s，最小为 4580m/s。声波最大衰减率为 1.69％，最小衰减率为 1.09％。均满足声波衰减率不大于 10％的要求。

11.3.3　结果评价

在确保开挖质量的前提下，采用聚能预裂爆破不管在加快施工进度还是在节省能源消耗和降低施工工程成本方面都明显优于常规预裂爆破，也有利于环境保护，具有极大的推广应用价值。

碾压混凝土筑坝中变态混凝土施工工法

YJGF079—2006

中国水利水电第十一工程局　　中国葛洲坝集团股份有限公司
中国水利水电第八工程局　　　中国水利水电第四工程局
任学文　葛建忠　卢大文　黄巍　田育功　李哲朋

1. 前　　言

　　碾压混凝土筑坝技术具有施工机械化程度高、快速、经济的特点。自20世纪80年代该项技术引入我国之后，发展十分迅猛，施工工艺日益完善，通过20多年来在设计、材料、施工工艺等方面的创新发展，已形成了具有中国特点的技术模式。其中变态混凝土是一种典型的创新技术和工艺，变态混凝土是在碾压混凝土摊铺施工中铺洒灰浆，采用振捣的方法捣固密实，而形成的富浆碾压混凝土。该工艺成功地解决了碾压混凝土模板周边、坝肩岸坡、廊道及孔洞四周无法振碾和施工干扰难题。从90年代初期开始，荣地、普定、石漫滩、沙牌、百色、招徕河、光照等水电站工程相继采用了变态混凝土技术，并不断扩大和发展其应用范围，目前该技术已在所有的碾压混凝土坝工程中得到广泛应用。1997年10月石漫滩工程变态混凝土施工工艺通过河南省组织的技术鉴定达到国内领先水平，普定碾压混凝土筑坝技术研究获国家"八五"科技攻关重大科技成果奖和国家科技进步一等奖。本工法是在上述众多工程变态混凝土施工实践的基础上总结形成，并得以不断完善和推广应用。

2. 工 法 特 点

　　本工法用变态混凝土替代常态混凝土施工，解决了碾压混凝土筑坝中振动碾无法碾压部位的施工难题，不仅便于运输和摊铺施工，而且有利于与相邻混凝土结合，减少施工干扰。

　　2.1　施工方法简单。本工法是在已铺筑的碾压混凝土中加入一定数量的浆体（水泥＋粉煤灰＋水＋外加剂），用常态混凝土振捣的方法完成混凝土施工，减少了坝内的混凝土品种，使异种混凝土的施工干扰大为简化，施工方法简单。

　　2.2　减少施工干扰、施工效率高。采用本技术可将碾压混凝土改性，对碾压混凝土模板周边、坝肩岸坡、廊道及孔洞四周无法振碾和施工干扰部位采用变态混凝土，能确保铺洒灰浆的碾压混凝土摊铺厚度与平仓厚度相同，大大减少了施工干扰和人工作业量，提高了施工效率。

　　2.3　施工质量好、投资省。采用变态混凝土解决了异种混凝土之间结合不良的困难，其性能可达到同设计标号常态混凝土的各项要求，能有效提高碾压混凝土层面结合能力和抗渗均匀性。同时由于减少了水泥用量，对降低混凝土的水化热温升有益，节省工程投资。

3. 适 用 范 围

　　碾压混凝土模板周边，廊道、结构孔洞、钢筋、止水片及埋件周围等；坝肩岸坡、垫层混凝土等振动碾无法碾压的部位均可采用变态混凝土施工。

4. 工 艺 原 理

　　变态混凝土是在碾压混凝土拌合物中加入一定数量的灰浆（水泥＋粉煤灰＋水＋外加剂），使之改变工作度，达到能用常态混凝土作业法捣固密实的一种施工工艺。灰浆宜采用在新铺碾压混凝土的底部或中部铺洒，然后采用常态混凝土作业法捣固密实。采用该工法施工能够加快施工进度，保证工程质量，而且能够取得较好的经济效益。铺洒灰浆的碾压混凝土的铺层厚度可以与平仓厚度相同，以减少人工作业量，提高工作效率，减少工程成本。加浆量应根据具体要求经试验确定。

5. 施工工艺流程及操作要点

5.1 工艺流程

碾压混凝土铺筑→平仓→碾压→挖槽→加浆→填槽→振捣→复碾。

加浆振捣后的混凝土，必须满足设计要求的各项物理性能指标和耐久性指标。同时应满足现行《水工碾压混凝土施工规范》的有关规定。

5.2 灰浆体配合比设计

5.2.1 拌制灰浆体使用的材料与碾压混凝土原材料保持一致，不得另选材料。

5.2.2 灰浆体的浓度、水胶比及加浆量等重要参数应通过试验确定。灰浆体所用材料与碾压混凝土拌合物保持一致，加浆量多少与碾压混凝土的 V_c 值有关，在试验时应充分考虑（一般当 V_c 值为 5~10s 时，加浆量采用体积比 5%~7%），使加浆后混凝土的工作度达到 1~4cm，水胶比宜不大于同种碾压混凝土的水胶比，满足设计要求的各项物理性能指标和耐久性指标。

5.2.3 为了便于现场控制灰浆体水胶比，采用灰浆体浓度控制法。现场浆体浓度控制应采用比重法。

5.3 施工技术要求

5.3.1 灰浆体

1. 灰浆体拌制必须设置灰浆搅拌站，净拌和时间不得少于 120s，严禁采用人工拌制。

2. 灰浆体应严格按批准的配合比配制，对沉淀的浆体或超过 8h 的灰浆体予以清除，重新配料拌制。

3. 对新拌灰浆体经检查比重达不到要求时，不得再加水和粉煤灰，而应加水泥，加至比重达到要求为止。

5.3.2 加浆振捣工艺与要求

1. 变态混凝土应随碾压混凝土浇筑逐层施工，一般宜采用底部或中部加浆法；变态混凝土的铺层厚度宜与平仓厚度相同。

2. 加浆振捣的工序为：平仓→碾压→挖槽→加浆→填槽→振捣→复碾。

如图 5.3.2 所示。

3. 碾压时，加浆振捣部位不得碾压，其他部位仍按要求的密实度碾压。目的是为了防止浆体扩散到加浆振捣区域之外，保证加浆振捣效果。

4. 加浆量应经试验确定，严格按规定用量控制。宜采用能计量的专用加浆器具，加浆量应通过计算控制〔如：上游坝面振捣宽度为 30cm，碾压层厚 30cm，加浆量（加浆量按 6%）为每米加入 $3 \times 10 \times 3 \times 0.06 = 5.4L$〕。视碾压混凝土的 V_c 值的变化，可适当调整加浆量。

5. 变态混凝土振捣应使用高频振捣器，振捣时间宜大于常态混凝土 1~2 倍。保证浆体翻至表面。同时振捣器应插入下层混凝土 5cm，保证均匀性和上下层结合。

6. 在变态混凝土与碾压混凝土的接合部，用振动碾复碾。复碾的范围应进入变态混凝土 20cm 以上。碾压遍数为仓面碾压遍数的 1/2。

7. 止水片周围是变态混凝土施工的关键部位之一，应严格按设计要求施工，采取措施支撑和保护止水材料，确保振捣密实。

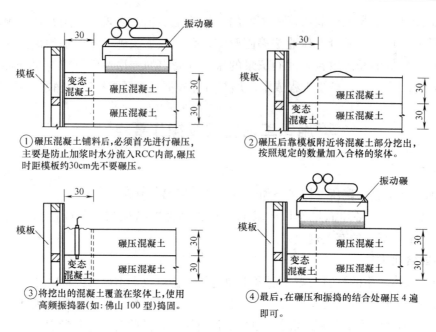

① 碾压混凝土铺料后，必须首先进行碾压，主要是防止加浆时水分流入RCC内部，碾压时距模板约30cm先不要碾压。

② 碾压后靠模板附近将混凝土部分挖出，按照规定的数量加入合格的浆体。

③ 将挖出的混凝土覆盖在浆体上，使用高频振捣器(如：佛山100型)捣固。

④ 最后，在碾压和振捣的结合处碾压4遍即可。

图 5.3.2　加浆振捣的工序

6. 材料与设备

本工法采用的机具设备见表6。

机械设备配置表

表6

序　号	设备名称	型号及规格	单　位	数　量
1	净浆搅拌机	ZJ-250 或 100	台	1
2	振捣棒	F100 或 125 型	台	2
3	变频器	与振捣棒配套	台	1

7. 质量控制

7.1　施工作业队的操作人员应事先进行技术培训，现场值班技术人员对浆体浓度和加浆量操作方法等实施全过程监督；

7.2　现场值班技术人员对浆体浓度每2h检测一次，质检人员负责监督加浆振捣工艺并每班不少于一次抽查浆体比重；

7.3　试验室对变态混凝土进行检测。必须对加浆振捣后的混凝土进行取样，每上升3m不得少于一组，用于检验混凝土有关物理性能评定指标；

7.4　对现场实物取样进行数理统计，用以分析施工水平和混凝土验收；

7.5　冬期施工时，除执行本工程混凝土有关冬期施工的规定外，应特别注意变态混凝土的防冻，在振捣完毕后应立即覆盖保温材料保温。保温材料严禁使用草袋及可能对混凝土造成污染的材料。

8. 安全措施

8.1　坚决贯彻执行国家《劳动法》和有关安全法律、法规；

8.2　建立健全安全组织机构，设置专职、兼职安全员；

8.3 起重设施可靠完好，整个现场及各项机具无不安全状态，起重操作人员要坚持持证上岗制度；

8.4 编制安全作业指导书，严格按指导书要求作业。

9. 环 保 措 施

在施工过程中认真贯彻落实国家和部门有关环境保护的法律、法规和规章，做好施工区域的环境保护工作。

10. 效 益 分 析

碾压混凝土模板周边，廊道及孔洞周围、止水片及埋件周围等部位；坝肩岸坡垫层混凝土按设计要求采用变态混凝土。变态混凝土施工较异种混凝土和常态混凝土施工明显提高了工效，施工质量得到了保证，混凝土达到了外光内实，且经济效益显著。

11. 应 用 实 例

11.1 石漫滩复建工程采用了本方法施工，该工程为碾压混凝土重力坝，碾压混凝土工程量 36 万 m³，在碾压混凝土模板周边，廊道及孔洞周围、钢筋、止水片及埋件周围等部位，使用变态混凝土代替常态混凝土施工约 1.6 万 m³，变态混凝土宽度为 30cm，碾压层厚 30cm，加浆量 5%，每米加入 5L，加浆后混凝土坍落度变化范围在 1～3cm；变态混凝土现场取样检测统计资料表明，各项物理性能指标均满足设计要求，节约工程投资 200 万元，该工程被评为河南省优质工程。

11.2 招徕河工程为碾压混凝土高薄双曲拱坝，碾压混凝土工程量 18 万 m³，在碾压混凝土模板周边，廊道及孔洞周围、钢筋、止水片及埋件周围及岸坡等部位，使用变态混凝土施工约 1.0 万 m³；变态混凝土宽度为 50cm，碾压层厚 30cm，加浆量 5%，每米加入 7.5L。加浆后混凝土坍落度变化范围在 2～4cm。变态混凝土现场取样检测统计分析，各项物理性能指标均满足设计要求，而且经济效益显著，节约工程投资 100 多万元。

11.3 普定水电站碾压混凝土拱坝坝高 75m，坝体混凝土总量 14.99 万 m³，其中碾压混凝土 12.7 万 m³。工程于 1991 年开工，1993 年 5 月完工，采用通仓薄层碾压、连续上升施工工艺，为我国第一座靠碾压混凝土自身防渗的大坝。该工程大量采用了变态混凝土施工技术，通过室内外试验研究了变态混凝土加浆量和泛浆振实关系，变态混凝土均匀性及质量离散程度。该工程变态混凝土的容重、抗压强度、离散性均达到较高技术指标，均匀性良好，离差系数 $C_V<0.081$，《碾压混凝土通仓、连续施工工艺研究》和《碾压混凝土现场质量控制研究》被列为国家"八五"科技攻关项目子题，其碾压混凝土拱坝筑坝技术研究获国家"八五"科技攻关重大科技成果奖和国家科学技术进步一等奖。

1999 年在沙牌碾压混凝土拱坝施工中，通过室内和现场试验研究，进一步解决了浆体设计、浆体量控制、施工工艺、质量控制等多项技术问题，并扩大了变态混凝土的使用范围。

11.4 百色大坝是一座全碾压混凝土重力坝，碾压混凝土浇筑方量为 210.4 万 m³。在百色大坝施工中，变态混凝土得到广泛应用，变态混凝土总方量达 16.33 万 m³ 左右。整个大坝岸坡常态混凝土垫层周围及部分岸坡坝基部位、上下游模板边、伸缩缝、上下游止水材料埋设处、廊道、电梯井周边、观测电缆周边、拼缝钢筋网部位及振动碾碾压不到的部位全部采用变态混凝土。施工完后混凝土面层光滑内部密实，未发生裂缝及其他缺陷，经钻芯取样发现，芯样致密光滑，结合部位无法区分辨认，改性混凝土各项力学性能指标能完全满足设计要求。

混凝土面板堆石坝挤压式边墙固坡施工工法

YJGF080—2006

中国水利水电第十五工程局　中国葛洲坝集团股份有限公司　中国水利水电第五工程局

苗树英　王星照　孙志峰　王亚文　张安平　廖光荣

1. 前　言

混凝土面板坝施工期上游护坡施工的传统技术和工艺是超填垫层料、削去坡面虚料、坡面修整、碾压、防护等施工工序。其工序较为复杂，与坝体填筑施工干扰大，坡面平整度与坡缘的密实度难以控制，抗水压能力低，影响工程质量和度汛施工进度。

挤压式混凝土边墙施工技术是混凝土面板堆石坝一种新的施工工艺，以其施工速度快、垫层料碾压质量得到保证、坡面平整度好、施工安排灵活、垫层料与坝体同步上升等优点，取代了传统的施工工序，可缩短工期，节约投资，节省人力，还可防止雨水冲刷坡面，并为安全度汛提供保证。

挤压式混凝土边墙施工法是在每填筑一层垫层料之前，先用挤压式边墙机在垫层料的上游边，挤压施工出一条墙高40cm、顶宽10cm左右，其上游坡度与垫层料设计边坡坡度一致的混凝土挡墙，然后在挡墙内侧按设计铺填垫层料，碾压合格后重复以上工序，最终在垫层料表面形成混凝土固坡面的施工方法，该坡面也为面板混凝土施工提供了良好条件。挤压式混凝土边墙在短时间内具有一定的抗压强度，能承受垫层料碾压时产生的侧压力，使混凝土边墙不产生位移，这种贫水泥的干硬性混凝土具有低弹模、低强度、半透水的特性，其对面板的约束也基本与传统方法一致。

随着国内面板坝的快速发展，中国水电十五局依托公伯峡水电站混凝土面板堆石坝工程、在借鉴巴西面板坝建设经验的基础上，开发了挤压式混凝土边墙固坡新技术：创新研制了混凝土挤压机，进行了挤压混凝土配合比试验研究和挤压混凝土技术性能研究，根据试验和工程实践总结了一整套挤压混凝土边墙施工工艺，并对边墙外表面处理方法进行了探讨。

由于采用边墙施工技术简化了坡面施工程序、节省填筑材料和碾压的工作量，故有明显的社会效益和经济效益。

1.1 挤压机研制

边墙挤压机由四部分组成：动力系统，柴油发电机作为动力以挤压方式驱动设备前行；转向系统，挤压机前行过程中控制方向；混凝土挤压仓，混凝土卸入料斗后，通过螺旋桨搅拌将混凝土挤压到模板仓内，通过安装的机械振捣系统实施振捣，以达到混凝土的密实度；边墙机模板按照挤压墙的设计尺寸制作成固定模板。挤压机的有关技术参数见表1.1。

挤压机技术参数 表1.1

型　　号	工作方式	外形尺寸 长×宽×高（mm）	自重（kg）	功率（kW）	工作速度（m/h）
BJY-40	液压	3800×1000×1300	2800	40	40～60

挤压机经过厂内和现场多次试验，并经公伯峡面板坝工程成功实践，该产品已趋于成熟。2002年7月底，在公伯峡水电站工地召开的全国高面板堆石坝技术经验交流会上，大会一致向全国推荐该产品。2003年边墙挤压机产品申请了专利，专利号为ZL02224920。

1.2 材料和配合比

挤压墙混凝土用原材料一般要求用32.5普通硅酸盐水泥、中砂、5～20cm一级配石子、掺速凝剂。

挤压式边墙混凝土配合比的设计要考虑三方面的因素：一是挤压机挤压出的混凝土密实度能否满足与垫层料基本一致的渗透要求；二是挤压混凝土的强度和弹性模量的大小要求；三是配合比可施工性的要求，能否满足不对面板产生强约束的功能要求。

挤压墙要求混凝土坍落度为0，28d抗压强度大约在5MPa，混凝土渗透系数控制在$10^{-2} \sim 10^{-3}$cm/s范围内，静力抗压弹性模量大约在3000~8000MPa。常用的混凝土的配合比见表1.2。

混凝土配合比表

表 1. 2

序　　号	水泥强度等级	水灰比	砂率（%）	水（kg/m³）	水泥（kg/m³）	速凝剂（%）
1		1.5	30	105	70	3
2	P.O 32.5	1.4	30	119	85	3.5
3		1.25	30	125	100	4

2. 工 法 特 点

2.1 坡面斜坡碾压被水平碾压所取代，垫层料的密实度得到良好的保证。提高了对面板的支撑作用和抗水压能力。

2.2 垫层料填筑过程中，同层垫层料填筑与上游坡面防护施工一次性完成，简化了上游坡面垫层料超填、坝坡整修、坡面碾压、保护等施工工序，节省填筑材料和碾压的工作量，加快了坝体填筑施工进度。

2.3 边墙提高了坡面对汛期洪水的抗冲刷能力，坡面无雨水冲刷拉槽现象，为安全度汛创造了条件。

2.4 采用连续级配小区料或垫层料作为边墙的原材料，使边墙特性更加接近垫层料，减缓该部位应力变化梯度。

2.5 在边墙坡面上，沿面板垂直缝将边墙凿断，减少边墙对面板变形的约束影响。

2.6 本工法施工工艺简捷、可操作性强。

3. 适 用 范 围

适用于面板堆石坝上游垫层料区填筑和坡面防护施工。

4. 工 艺 原 理

面板堆石坝中的边墙施工是借鉴路缘石滑模挤压成型原理，利用机械挤压力形成墙体，并依靠反作用力行进。

边墙施工技术，是上游垫层料区填筑与护坡施工的又一种方法。挤压式混凝土边墙施工，是沿垫层料区上游坡面预先制作一条干硬性贫混凝土小墙，与垫层料压实层同厚，其后部回填垫层料。碾压合格后再重复该工序进行坝体上升填筑，形成完整的、有一定强度的混凝土上游坝面。

边墙挤压机的成型速度高，可保证坝面堆石料、过渡料、垫层料同步上升，均衡生产。

5. 施工工艺流程及操作要点

5.1　施工工艺流程

5.1.1　工艺布置

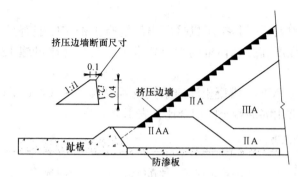

图 5.1.1 挤压边墙与坝体结构布置图

说明：图中ⅡA料为垫层料、ⅡAA料为小区料、ⅢA料为过渡料

挤压边墙与坝体结构布置见图5.1.1（上游成型坡度与设计一致）。

5.1.2 施工顺序

垫层料、过渡料填筑摊铺顺序见图5.1.2。

5.1.3 工艺流程

挤压边墙断面一般为梯形，高约40cm，顶宽约10cm，上游坡比（$i1$）与大坝坡面一致，下游坡比（$i2$）一般为8：1～10：1。挤压边墙在每一层垫层料（小区料）填筑之前施工，其施工流程如下：

作业面平整与检测→测量与放线→挤压机就位→搅拌车运输卸料→边墙挤压→表面及层间缺陷修补→端头边墙施工→垫层料摊铺、碾压→取样检验→验收合格后进入下一循环。其工艺流程见图5.1.3。

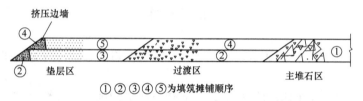

①②③④⑤为填筑摊铺顺序

图 5.1.2 挤压边墙、ⅡA、ⅢA与ⅢB填筑顺序图

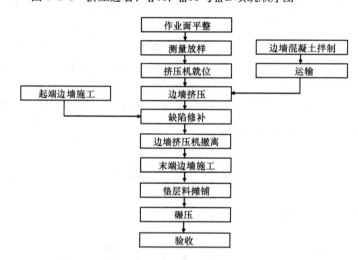

图 5.1.3 挤压边墙施工工艺流程

5.2 操作要点

5.2.1 作业面平整与测量放样

人工整修施工作业面，其平整度控制在±2.0cm，以保证边墙挤压成型平整、直顺。

施工放样采用全站仪，沿坝轴线方向每10m设一个控制点（控制点与上游面的距离根据挤压机的宽度确定），并用水泥钉固定挂线，标识出挤压机行走的路线。

5.2.2 挤压机就位

挤压机采用机械吊运就位，利用水平尺或垂直刻度调整挤压机垂直方向和平行机身方向，使其处于水平状态，进行起点就位和定向调整，安放、固定挤压边墙起头的端头挡板。施工时应注意：

1. 调节挤压机机身，使其处于水平状态；

2. 校核挤压机轮高，使挤压边墙墙体高度符合设计要求；

3. 考虑到面板堆石坝施工期存在沉降变形，挤压边墙施工应根据沉降变形规律沿设计坡面线预留盈、亏坡幅度，以适应坝体变形；

4. 根据测量结果确定挤压边墙的边线，在边线上分段挂线或用白灰标识出挤压机行走的路线。

5.2.3 挤压边墙施工

1. 边墙混凝土的拌制及运输

边墙混凝土宜采用强制式拌合站拌制，混凝土搅拌车运输。

2. 外加剂掺加

一般在拌合站掺加减水剂，现场在边墙挤压机进料口均匀喷洒液态速凝剂。

3. 边墙混凝土挤压施工

1）根据测量边线、专人控制挤压机行走方向，以保证边墙浇筑成型精度控制在规定偏差范围内（宜在挤压机内侧设定位指示装置），搅拌车行走方向、速度与挤压边墙机一致，出料口出料应均匀且速度适中。边墙挤压机速度宜控制在 40～60m/h。

2）施工中应派专职人员，对出现的位置及外形尺寸误差、边墙垮塌等质量缺陷进行人工修补处理。

3）搅拌车卸料始末时产生的分离的粗骨料应作废料处理。

5.2.4 边墙端头混凝土施工

边墙两岸端头混凝土利用组合钢模板或木模板，采用人工进料、分层夯实，分层厚度不大于10cm，并按规定的配合比量喷洒速凝剂，1h 后拆模。

5.2.5 表面及层间缺陷修补

对出机后边墙表面缺陷和层间台口，采用边墙同种材料的细料补填，辅以人工用 30～50cm 长木抹子及时进行修整、补平、拍实。寒冷干旱地区施工时应适时保温或洒水保湿。

5.2.6 垫层料摊铺、碾压

挤压边墙成型 1h 后开始垫层料摊铺。垫层料卸料方向与边墙轴线一致，卸料距边墙不小于 30cm，采用机械辅以人工进行铺料，铺料厚度高于边墙顶面约 5cm，4h 后开始碾压。

垫层料采用自行式振动碾辅以振动平板碾压，钢轮距边墙内边线约 20cm，依据现场碾压试验确定的试验参数控制碾压质量。贴近边墙处采用 1t 小型振动碾碾压 8～10 遍。边角部位采用液压振动夯板压实，夯板压痕用小型手扶振动碾整平。由于垫层料碾压后的表面平整度对混凝土挤压边墙的平直度影响较大，因此垫层料碾压后，现场布设方格网，以成型的挤压边墙高程为依据，采用人工补料等办法，使挤压边墙内侧垫层料的平整度，高差控制在 ±3.0cm 以内。

5.2.7 挤压边墙凿槽分缝

采用边墙施工后，混凝土面板直接坐落在边墙坡面上。为减少边墙对面板的整体约束影响，尽可能保持混凝土面板与坝体变形的协调性，沿面板垂直缝将边墙凿断。槽深约 30cm、槽口宽约 10cm，槽底宽约 6cm。槽内清理干净后，采用小区料分层回填，人工锤实。

6. 质量控制

6.1 施工依据

面板堆石坝挤压边墙施工技术主要遵照执行的规范标准如下：

1. 《水利水电工程施工测量规范》SL 52—93
2. 《水工混凝土试验规程》SD 352—2006
3. 《水工混凝土施工规范》DL/T 5144—2001
4. 《水工混凝土外加剂技术规程》DL/T 5100—1999
5. 《混凝土强度检验评定标准》GBJ 107—1987
6. 《混凝土质量控制标准》GB 50164—92

7.《通用硅酸盐水泥》GB 175—2007

8.《混凝土面板堆石坝施工规范》DL/T 5128—2001

9.《混凝土面板堆石坝设计规范》SL 288—98

10.《混凝土大坝安全监测技术规范》DL/T 5178—2003

11.《建筑工程质量检验评定标准》GBJ 301—88

12.《建筑地面工程施工及验收规范》GB 50209—95

6.2 质量控制

1. 施工前，进行混凝土配合比设计及其优化，其抗压强度、弹模、渗透系数、密实度等指标满足设计要求；同时挤压机对混凝土配合比比较敏感，稍干和稍湿的混凝土对挤压机的行进速度有影响，配合比设计和优化时应综合考虑，并根据试验成果将选定的配合比报送监理工程师审批。

2. 拌和站设专职试验、质检人员，控制边墙混凝土拌制质量。

3. 采用搅拌车水平运输混凝土，且匀速卸料，防止混凝土产生骨料分离、大颗粒集中等。

4. 挤压机水平行走偏差控制在±2.0cm以内，确保挤压墙的坡面平整度满足面板坝施工规范对垫层料坡面（+5～−8)cm的表面平整度要求。

5. 挤压机行走速度控制在40～60m/h，保证混凝土密实度和边墙表面平整度。

6. 现场速凝剂的掺加要均匀、适速，保证其掺加数量和掺加质量。

6.3 施工质量检测

6.3.1 边墙变形位移检测

1. 及时观测碾压前后边墙水平位移状况，调整施工工艺。

2. 在边墙坡面设置表面观测点，定期观察施工期边墙坡面变形情况。

3. 在边墙与垫层料间埋设测缝计，定期观察挤压边墙与垫层料间有无脱空现象。

6.3.2 混凝土性能检测

1. 在挤压机挤压成型的混凝土墙上，不同位置的三处取试样，蜡封法测其密度，然后按其实测的密度，室内成型相同密度的抗压、抗渗、弹模试件，进行混凝土性能试验。

2. 每层取样一组进行干密度、强度检测。检测值长期较稳定后，可适当放宽至10层左右取样一组进行检测。

3. 每400m²/组取样进行渗透检测，每层取样一组进行弹性模量检测。检测值长期较稳定后，可放宽至20层左右取样一组进行检测。

7. 安 全 措 施

7.1 坚持"安全第一、预防为主"的方针，对施工过程的危险源进行辨识，并制定相应的措施。

7.2 落实安全责任制，明确安全责任人，加强对操作人员的安全培训，提高安全防范意识，加强安全管理。

7.3 边墙挤压机吊装就位时，严格按照起重操作规程执行。吊车的起重量和起重距离、钢丝绳的承载力和安全系数等满足规定要求。

7.4 边墙挤压机两侧防护栏杆牢固，进料操作人员从挤压机内侧台阶上下，不允许翻越两侧栏杆。

7.5 挤压机行进方向控制人员严格按指示路线行驶，偏差控制在±20mm以内。尽可能安排在白天施工。若在夜间施工，宜采用光控设施，尽可能双人控制，防止因个人疏忽而发生意外。

7.6 搅拌车与挤压机间隔一定安全距离，平行行进，并专人负责指挥。搅拌车与挤压机之间避免人员来往穿越。

7.7 边墙表面整修人员须站在边墙内侧，不允许跨出边墙外进行修整。

7.8 上游坡面应设防护栏（网），并随部位上升而上升。

7.9 每次挤压完毕后，应将挤压机停放在安全位置，并不得影响坝面施工或坝面交通。

8. 环 保 措 施

8.1 认真贯彻落实国家有关环境保护的法律、法规和规章的有关规定，做好施工区域的环境保护工作。

8.2 加强混凝土拌制系统的污水、废水的治理，经沉淀、净化处理后达标排放，处理排放废渣，最大限度地减少施工活动给周围环境造成的不利影响。

8.3 积极开展尘、毒、噪声治理，防止扰民或污染。

8.4 对不使用的速凝剂、减水剂等外加剂应进行回收处理，不得随便丢弃。

8.5 对每次挤压完毕后的挤压机、搅拌车要进行全面清理（或清洗），保证设备整洁、美观，并做好必要的养护。

9. 效 益 分 析

9.1 本工法在面板堆石坝工程中采用的挤压边墙施工技术，简化超填、削坡、修整坡面、坡面碾压、固坡处理等施工工序，利用边墙挤压机的成型速度高，可保障垫层料、过渡区与主堆石区填筑同步上升，大大加快坝体填筑施工进度，并利用边墙干贫混凝土的特性，提高了坡面抗冲刷能力。这项技术的使用，推动并发展了我国面板堆石坝施工技术，加快了面板堆石坝的施工工期，具有显著的社会效益。

9.2 本工法是同类型工程的第一部工法，内容涵盖了 200m 高混凝土面板堆石坝工程、砂砾石堆石坝工程，扩大了挤压边墙在面板堆石坝工程中的运用范围，推动了挤压边墙施工技术的发展，促进了新技术的推广使用。

9.3 按照垫层料每平方米超填 $0.2m^3$，水布垭工程上游坡面 13.8 万 m^2，以垫层料 70 元/m^3 单价计，仅此一项节约工程成本 193.2 万元。

9.4 采用挤压边墙后，相应减少坡面整修、斜坡牵引、斜坡碾压、固坡等专用施工机具的投入数百万元。

10. 工 程 实 例

挤压式边墙施工技术先后在青海公伯峡水电站工程、湖北芭蕉河一级水电站工程、甘肃黑河龙首二级水电站工程、湖北水布垭水电站工程、街面水电站工程以及马来西亚巴贡、苏丹麦洛维等 30 多个工程中应用，这些工程施工所用边墙挤压机亦由十五局所属机械厂提供。从工程应用情况看，挤压边墙混凝土施工技术已取得成功，并大范围得到推广。通过与传统施工方法进行经济技术比较分析，挤压边墙混凝土比传统施工工艺的费用低，但挤压边墙混凝土施工技术的施工质量、施工进度、安全保证和施工度汛有明显的优势。以水布垭和瓦屋山面板堆石坝等为例具体说明。

10.1 水布垭面板堆石坝

10.1.1 工程概况

水布垭面板堆石坝位于湖北省巴东县水布垭境内，是清江梯级开发的龙头枢纽，是目前世界上最高的面板堆石坝，最大坝高 233m。大坝上游坡比 1∶1.4，下游平均坡比 1∶1.4。

10.1.2 施工情况

挤压边墙于 2003 年 4 月开始施工，2006 年 10 月完成。挤压边墙施工采用的主要设备有：挤压机、拌合站、混凝土搅拌车。

为减小边墙对面板混凝土的约束，采取沿面板垂直缝将挤压边墙凿断、表面喷涂乳化沥青（三油两砂）、面板浇筑时逐层割除插入挤压边墙的架立筋等措施，以保证面板能充分地适应坝体的变形。

10.1.3 工程监测与结果评价

1. 工程监测

从挤压边墙和垫层料质量检测结果可看出，挤压边墙料与垫层料干密度、渗透系数较接近。挤压边墙混凝土干密度和抗压强度检测均满足设计要求。

从上游坝坡施工面历时 4 年的表面变形监测情况表明：挤压边墙面中间变形量略大，两侧较小；下部坝体微向上游突出，最大沉降量发生在 2/3 坝高附近，坝体下游水平位移较小，符合一般变形规律。

结合观测大坝挠度变形的光纤陀螺仪埋管槽的开槽观察（宽×高，50cm×50cm），边墙和垫层料结合紧密，无间隙，未发现边墙与垫层料脱空现象。

从以上分析可看出，挤压边墙与垫层料的成分、性质相近，且两者结合紧密，其坡面凿断后对混凝土面板约束较小，可以认为挤压边墙是大坝垫层料区的一部分。

2. 应用效果

水布垭高面板堆石坝工程，采用挤压边墙施工技术简化施工程序，实现面板堆石坝快速施工。并创新边墙坡面凿槽施工工艺，减少边墙对面板的约束影响，使该项施工技术更趋成熟，效果明显，运用是成功的。

10.2 寺坪面板堆石坝

10.2.1 工程概况

寺坪面板堆石坝位于汉江中游右岸支流南河上段粉清河上，工程以发电为主，兼有防洪、灌溉、水产养殖、库区航运等综合利用效益，电站装机 6 万 kW，永久建筑物由面板堆石坝、右岸溢洪道、右岸引水式地面厂房等组成。

大坝坝顶高程为 318.5m，坝轴线长 376m，最大坝高 90.5m。大坝上游坝坡 1∶1.6，下游综合坝坡 1∶1.7。大坝垫层料上游采用挤压边墙，高程 229.6～317.2m，共 219 层，2005 年 2 月 18 日开始施工，2005 年 11 月 21 日完成。

10.2.2 应用情况

采用"混凝土面板堆石坝挤压边墙施工"工法后，边墙挤压机、振动碾、摊铺设备、施工人员安全无事故，对挤压边墙施工进行了全过程监控量测。

施工全过程处于安全、稳定、快速、优质的可控状态，挤压边墙验收评定优良率达到 88.13％，无安全生产事故发生，得到了各方的好评。

10.3 瓦屋山面板堆石坝

10.3.1 工程概况

瓦屋山面板堆石坝位于四川省眉山市洪雅县瓦屋山镇，是周公河干流七级开发的第一级，电站装机容量 2×13 万 kW。垫层料上游面采用挤压边墙，即在每填筑一层垫层料之前，沿垫层料上游设计边缘采用挤压机挤压出一道半透水混凝土小墙，然后在其内侧按设计要求铺填垫层料，振动碾垂直压实。

10.3.2 应用情况

瓦屋山面板堆石坝挤压边墙为一级配干硬性混凝土，现场坍落度为 0，为保证挤压边墙的成型和垫层料的正常碾压，以及对面板不造成约束，混凝土 28d 抗压强度为 5MPa 左右，混凝土渗透系数与垫层料的渗透系数相当，在 10^{-2}～10^{-3}cm/s 范围，其弹模较低。挤压边墙与两岸趾板相接处及河床底部均脱开，避免对面板产生约束。面板混凝土浇筑前，在挤压边墙表面喷洒乳化沥青，减少挤压边墙对面板的约束。

该工艺使大坝上游的填筑快于下游，对大坝面板的稳定有利，且能使大坝尽快填筑到挡水高程，满足了关键节点工期目标。

10.3.3 挤压施工中存在的问题与处理

挤压机对混凝土干湿特别敏感，混合料过湿则挤压过后会出现坍落现象，为此在挤压机上加以配重。为使挤压的边墙能满足设计坡比，对垫层料平整度要求较高，及时调整了挤压机的前后脚轮升降和挤压机行走方向。

挤压墙施工比较难控制的为坡比及错台问题，在施工过程中有严格的测量控制，挤压边墙施工中，配备了操作熟练的专职人员，以确保施工质量。混凝土边墙挤压施工时和垫层料填筑碾压后，若每层边墙的接坡间出现明显的台阶，及时进行人工抹平方式处理。

斜井变径滑模混凝土衬砌施工工法

YJGF081—2006

中国水利水电第十四工程局

邓孝洪　钱兴喜　熊训邦　张玉彬

1. 前　言

1.1　工法形成的原因

由中国水利水电第十四工程局承建施工的三峡永久船闸地下输水系统工程斜井隧洞具有数量多、长度短、体型复杂、钢筋粗而密集、混凝土表面质量要求高等特点。尤其是斜井上大下小、边墙高度逐渐变化，使斜井成为一个变截面的斜井，给斜井混凝土施工带来了极大的困难，致使斜井混凝土衬砌工期一度严重滞后，成为控制整个地下输水系统工期的关键线路。

而在之前几条斜井混凝土施工中采用的几种传统模板形式，除了施工成本高、速度慢外，均存在着施工工艺复杂、表面质量差、缝面处理困难等缺点。为形，为加快施工进度，保证施工质量，研制新的斜井模板势在必行。

1.2　工法形成过程及运用

为解决上述存在的施工进度和施工质量问题，中国水利水电第十四工程局三峡三联总公司永久船闸项目经理部组织自行研制了斜井全断面变径滑模，并分别于 2001 年 4 月 21 日至 5 月 4 日及 2001 年 9 月 1 日至 9 月 15 日成功地应用于三峡永久船闸地下输水系统工程北坡四级及北坡五级斜井混凝土浇筑，十分顺利地完成了两条斜井隧洞的混凝土衬砌。混凝土衬砌后，表面光滑平整，无错台及施工缝，满足了设计要求。

该斜井全断面变径滑模混凝土施工于 2001 年 12 月 29 日在三峡通过三峡总公司的验收，并得到业主的充分认可和好评。

1.3　关键技术审定结果及获奖情况

应用于斜井全断面变径滑模的关键技术主要有模板变径思想、钢绞线液压爬升技术及全断面变径混凝土滑模施工装置。钢绞线液压爬升器及全断面变径混凝土滑模施工装置分别于 2002 年 1 月 9 日及 2003 年 6 月 18 日被中华人民共和国知识产权局授予实用新型专利，专利号分别为"ZL 01 2 39694.X"和"ZL 02 2 22642.7"；证书号分别为：第 472889 号和第 558495 号；荣获"华夏建设科学技术三等奖"，证书号：2003-3-4202；获 2003 年中国水利水电建设集团公司科技进步二等奖；获 2003 年云南省科学技术协会优秀科学论文"红云"奖特等奖；获云南水利发电工程学会优秀论文特等奖。

2. 工　法　特　点

2.1　斜井全断面变径滑模构思新颖，结构合理，具有独创性，在国内水利水电施工中尚属首创。

2.2　斜井全断面变径滑模采用钢绞线液压爬升器进行牵引，结构紧凑，爬升力大，运行平稳，操作简便。

2.3　斜井全断面变径滑模在使用中沿高度方向自动变化，全断面一次连续浇筑成形，施工速度快，表面质量及施工安全得到了可靠保证。

2.4　由于斜井变径滑模施工斜井全断面一次浇筑成形，混凝土表面光滑平整，无错台及施工缝，极大地提高了混凝土表面质量，可减少工程隧洞在高速水流冲刷下发生气蚀的可能性，提高洞室的使用寿命，减少维修的机率，具有显著的经济效益和社会效益。

2.5 钢筋可以超前一次绑扎完成。

3. 适用范围

适用于水电、铁路及地铁外形渐变的隧洞、洞室混凝土施工。

4. 工艺原理

新研制的全断面变径滑模主要由模板、针梁、锁定装置、轨道装置及牵引系统等组成。中梁采用卷扬机牵引，模板采用钢绞线液压爬升器牵引。模板分为底模和边顶模，在施工过程中，模板沿中梁滑升形成自动变径，达到全断面一次成形及高度变化的目的。

5. 施工工艺流程及操作要点

5.1 施工工艺流程

斜井变径滑模混凝土衬砌施工工艺流程见图 5.1。

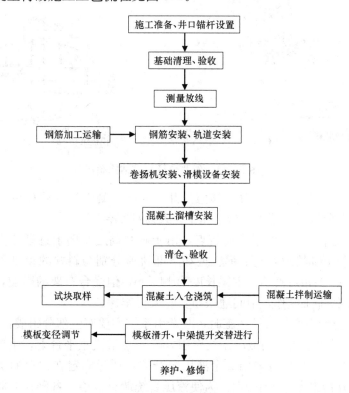

图 5.1 斜井变径滑模混凝土衬砌施工工艺流程图

5.2 操作要点

5.2.1 主要结构特点

斜井变径滑模属于针梁式有轨滑模，其结构主要由以下几部分组成：模板组（底模和顶模）、中梁、牵引系统、上平台、主平台、悬挂平台、尾部平台、模板锁定支座、中梁尾部锁定架等，其中底模与顶模即可以联动，也可以单独滑升。为保证使用过程中面板不变形，该滑模制作时面板厚度为 6mm，整套滑模系统总重（包含中梁）约 16t。模板结构参见图 5.2.1。

1. 模板 模板分底模和顶模两部分，面板厚度为 6mm，设计时在边墙部分有一个搭接段，此滑升

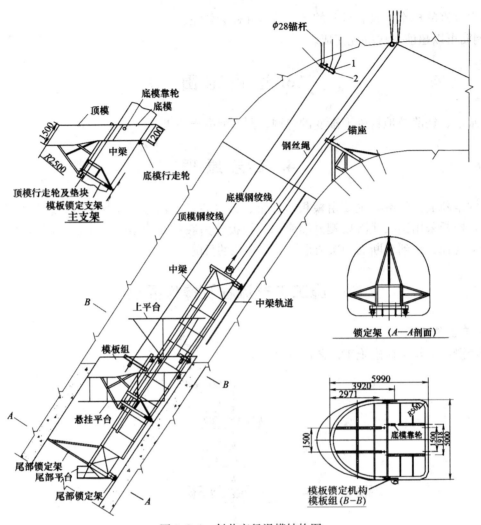

图 5.2.1　斜井变径滑模结构图

过程中顶模与底模的包容处将会产生相对位移而拉开，因此混凝土衬砌后存在一个 6mm 的系统错台。为方便施工，在模板架上分别设置了上平台、主平台及悬挂平台。

2. 中梁　中梁渐变是本滑模系统最大的特点，由于斜井高度是向上逐渐变大的，中梁做成与斜井同样的斜度并设有上部和下部轨道，其上部轨道和下部轨道分别与斜井的顶拱母线和底板平行，即上下两轨道之间有一个 0.65° 的相对夹角。中梁长度为 14.7m，但受台车架的影响，每个阶段滑模的有效行程约 6.3m。中梁分五段加工制作，中间通条布置有人行爬梯。

3. 牵引系统　斜井全断面变径滑模施工时，其牵引系统主要有三部分组成：

1) 模板牵引系统　模板主要采用液压系统牵引，安装于滑模主平台上，主要由泵站、爬升器、各种控制阀及管路组成。底模和顶模各采用 2 个液压爬升器，通过固定在井口的 $\phi15.24mm$ 钢绞线连续向上连续滑升，每个爬升器出力不小于 15t。为使液压系统调整方便，各种控制阀均集中在一起，同时为保证油缸同步动作，液压系统均设置了单独调整油路，当同步误差较大时，可单独调整各爬升器，满足系统同步要求。

2) 中梁提升系统　由一台 JM-8 型慢速卷扬机承担，在滑模运行过程中用于中梁的提升工作。

3) 辅助牵引系统　为使该滑模系统能顺利使用，除采用 4 个液压爬升器牵引模板之外，还在中梁上配置了 4 只 5t 手拉葫芦，作为开始起滑阶段及非正常情况下的备用牵引系统。

4. 轨道　中梁移动时，行走轮在钢轨道上行走。前行走轮轨道固定于底板内层钢筋上，并用拉筋与底板锚杆进行加固；后行走轮轨道置于已浇成型底板混凝土面上，轮下垫两根 12 号槽钢，避免混凝土面被压损，轨道可重复使用。

新研制的斜井变径滑模与以往使用过的滑模相比，主要有以下两个显著特点：

1) 模板分为两半，在滑升过程中自动变径，实现斜井全断面一次浇筑成形，构思新颖。

2) 模板牵引采用钢绞线液压爬升器，此种爬升器在国内研制尚属首次。

5.2.2 工作原理

斜井全断面变径滑模的工作原理是：由于斜井高度是向上逐渐变大的，中梁做成与斜井同样的斜度并设有上部和下部轨道。顶模和底模是独立的两部分，但结合处的面板又是搭接包容的，即顶模的部分面板紧贴在底模面上，滑升时这两部分模板产生相对位移，其结果形成了衬砌断面逐渐变大的收分效果。

1. 模板滑升时，把中梁定位好，前端用卷扬机拉住，后端把尾部锁定架调整受力，顶紧成型混凝土面。边顶模与底模是相互独立的两部分，各由 2 只爬升器牵引，既可同步运动，又可单独进行滑升。顶模在中梁上与斜井同样的斜度的轨道上滑升，即可实现模板的变径。

2. 模板滑完一个行程后，把边顶模及底模联固为一体，把模板支架调整受力、顶紧底板混凝土面，松开中梁尾部锁定架及其他连接件。然后中梁用慢速卷扬机进行牵引就位。

3. 中梁就位后，把尾部锁定架支撑好，把边顶模行走轮调至中梁上轨面，解除边顶模与底模之间的连接，松开模板支架，至此模板又可进行下一循环的滑升。

由于中梁长度的限制，模板沿中梁的有效行程约 6m，但只要经过"模板滑升→提升中梁→模板再滑升"这样的多次循环，就可以完成整条斜井的全断面混凝土衬砌。

5.2.3 混凝土浇筑主要工艺说明

斜井滑模混凝土施工主要包括下部三角体、直段及上部三角体，特别是上部三角体的施工一改以往拆除滑模后重新架立小模板浇筑的状况，全部用滑模进行施工。

1. 下部三角体的施工

滑模安装就位后，模板与下弯段之间形成了三角块体，需用拼模进行浇筑。为保证混凝土的成型质量，消除底拱混凝土水汽泡及麻面，斜井下部三角块体底拱部分采用小翻模抹面的施工工艺，边顶拱部分则采用架立小钢模进行浇筑。

当底拱浇筑混凝土初凝强度达到一定强度，即可把底拱模按浇筑顺序由下往上逐渐拆除，并对底拱直段及反弧面进行人工抹面、压光，消除水汽泡及麻面。另外，为便于更好地掌握模板初滑时间，当混凝土浇至滑模时，需停料 2～3h 后再进行下料，然后按正常速度将混凝土浇筑至距离滑模上口约30cm，等待起滑。同时，拆除三角体处的边顶模板及支撑，解除各部与滑模之间的约束。

2. 直段混凝土施工

1) 基础清理

先检查基础面是否有欠挖，对于局部欠挖用风镐处理，大面积欠挖则采用钻孔爆破处理。欠挖处理完毕后，用高压水枪或高压风枪冲洗岩面，保持岩面清洁湿润、无松散石渣、灰尘及杂质。由于滑模施工的连续性，基础清理工作在钢筋绑扎前一次性完成。

2) 锚杆制安

斜井施工的锚杆主要有三部分：固定卷扬系统的锚杆、加固滑模轨道的插筋及固定起滑处不轨则体的拉筋锚杆。为保证锚杆的强度，锚杆制安在斜井滑模安装前一次性完成。

为使中梁的牵引钢丝绳受力较好，将钢丝绳与底板成平行状态布置，锚杆直径为 $\Phi28$，其长度为340cm，入岩深度 300cm，天轮固定锚杆造孔时，使前后两排锚杆之间有一个 $10°～20°$ 左右的夹角。锚杆造孔时，根据需要在底板及边顶拱上增补架立筋插筋，以满足后期钢筋绑扎要求。

3) 钢筋绑扎

钢筋绑扎的原则是：先绑扎完底板钢筋，再将边顶拱钢筋一次性绑完，联系筋则暂不绑扎，可在混凝土浇筑时边滑边绑。为便于滑模安装，边顶钢筋安装时井口范围预留出约 9m 长的一段，其余部分钢筋在滑模安装前一次性绑扎完毕。对于顶拱部分过短的钢筋必须给予加长处理，以免模板滑升时受影响。

4）止水及灌浆管安装

在钢筋绑扎完、模板就位后即可进行止水及灌浆管安装，灌浆管底板及部分边墙一次安装完成，边顶拱的在滑模滑升时在上平台进行安装。灌浆管两端用胶带封死，先用铅丝绑扎在钢筋上，在浇筑混凝土过程中，边浇边用焊钳进行加固，并且在模板一头用保温被包裹。

5）轨道安装

底板钢筋施工完毕并经监理初验后，即可开始轨道安装工作。准确定出轨道位置后，利用底板的 ϕ28 插筋来安装中梁轨道。中梁轨道轨距为 2000mm，分为井身直段和上部延长段两部分，其长度分别为 35.2m 和 5.4m。轨道安装时需调校好锚杆位置，并将底板钢筋焊接连为一体，利用钢筋网承受部分外力，但需要将该部位处的钢筋与插筋焊接牢固并落在底板上，使力直接传递到底板。上部延长轨道可在混凝土浇筑至井口附近时再安装，加固位置应尽量不影响正常施工及模板滑出。

6）滑模安装

中梁轨道经验收合格后方可开始滑模的安装工作，滑模安装工作分为以下几个步骤：

① 卷扬系统安装：卷扬机布置在上弯段与平洞分缝线上游 20m 处，钢丝绳直接从顶拱天轮下来后与卷扬机相连，但需要将卷扬机布置成与钢丝绳正交。天轮固定锚杆需进行拉拔试验后方能使用，每根拉力不小于 10t，并将锚杆用 10 号槽钢从根部串联且焊接牢固后使用。

② 模板安装调试：模板组安装完毕后，检查所有部件均齐全且位置准确并将爬升器安装调试正常后，即可将滑模台车滑至底部并上下试运行几次。停滑状态时将中梁尾部锁定架锁定，并用四个 5t 手动葫芦将台车底模、顶模分别固定于中梁上，同时将中梁前端用拉筋与底板锚杆固定，以防止滑模意外下滑。

③ 起滑处不规则块体立模：滑模系统安装调试正常并定位后，在起滑点与下弯段衬砌混凝土之间的不规则块体用小钢模和木拉条拼装。支撑系统采用 ϕ12 的拉筋内拉为主，同时还可以辅助使用部分钢管对撑。为减小后期拉筋处理难度，可在拉筋上面使用橡皮锥套。

④ 斜井上部滑模直接滑出，不再拼模。堵头模板可在混凝土浇筑过程中安装，靠近内侧的堵头模板应比结构尺寸小 5～10mm，以便台车能够顺利滑出而不对混凝土产生扰动。

7）溜槽搭设

溜槽布置时，可在底板两侧顺坡向下布置两趟。为减小混凝土骨料分离，溜槽搭设时分成多段，形成 3～4 次跌坎，使溜槽坡度适当减小并在中间加挂溜筒或直接用溜槽使骨料转向进行二次拌和，减小骨料分离。同时为了防止混凝土浇筑时飞石伤人及减少骨料分离，将溜槽用彩条布覆盖而形成负压溜槽。

8）混凝土浇筑及模板滑升

① 混凝土拌制、运输、入仓、浇筑

混凝土的配制除满足地下隧洞混凝土的施工要求外，为缩短混凝土的初凝时间，混凝土拌和时采用 ZB-1A 型高效减水剂，并将坍落度控制在 14～16cm 之间，使用 6m³ 搅拌车作为运输工具。

混凝土运输采用搅拌罐车，混凝土入仓除上部三角体采用泵车外，其余部位皆通过阶梯形溜槽缓降入仓。混凝土坍落度控制在设计要求内，并进行现场取样。正常滑升后，混凝土入仓时按先低后高进行布料，使两侧边墙及底板、顶拱的混凝土均衡上升，每次浇筑层厚加以控制。下料时应及时分料，严禁局部堆积过高，保证模板整体向上滑升，避免产生混凝土质量及模板发生侧向位移。

开仓时需先用砂浆湿润溜槽，以防止下料时溜槽堵塞。每次下料高度以 30cm 为宜，最大不得超过 40cm，使仓面混凝土均匀上升。

为便于脱模后观测混凝土面以便于确定滑升时间，当不规则块体混凝土浇至离滑模约 30cm 时，需停料 3h 后再进行滑模段的下料，然后按正常速度将滑模段浇筑至距离上口约 30cm，等待起滑。

② 模板滑升

脱模强度控制在 0.10～0.20MPa 左右，滑升时以"多动少滑"为原则，每段滑升距离不宜太多，以 10～25cm 为宜，减少混凝土表面的拉伤及因滑升距离太长而带来的偏差。并且可以将底模与顶模交叉进行滑升，分多次进行直至混凝土表面强度合适。

当具备滑升条件时，利用 4 个液压爬升器进行模板滑升，当首次滑升比较费力时也可以借助 5t 手动葫芦来辅助滑升。

出模混凝土表面湿润不变形，手按有硬的感觉，指印过深要停止滑升，用抹刀将出模面及时压实抹光，边墙部分的系统错台则及时按 1/30 坡度修整处理。

正常浇筑后，斜井全断面滑模每天滑升 2.5～3.2m，最大滑升速度为 3.3m/d。

③ 中梁提升

每个阶段滑模的有效行程约 6m，当模板组滚轮走到中梁轨道端头时，就要进行中梁的提升工作。

在中梁不提升的状态下，始终用拉筋将中梁前端与底板锚杆固定。提升时先把独立的顶模与底模用槽钢焊接连成整体，再调节模板锁定支架两边的丝杆，使其支撑在已浇筑的混凝土面上，并在锁定丝杆下面垫 80cm 长的槽钢，同时用 2 只 5t 手动葫芦将模板组与锚杆相连牢固。松开中梁尾部锁定架的上、下、左、右支撑及前端固定拉筋，此时就可以利用卷扬机将中梁向上提升了。

中梁前轮在轨道上行走，后轮在成型混凝土面上行走。提升到位后在顶模行走轮与中梁轨道之间将会拉开一个空隙，用合适的垫板加在顶模滚轮支座上使滚轮紧贴轨道，然后便可开始第二阶段的滑升。

经过模板组滑升→中梁提升→模板组再滑升的多个循环而使滑模向上滑升。

9）模板滑升控制和纠偏

模板滑升按"多动少滑"的原则。滑升过程中用水平管或水平仪经常检查模板面是否水平，吊垂球检查模板中心是否偏离了底板轨道中心线。若发生偏移，应及时进行调整。纠偏用爬升器及手拉葫芦进行。

混凝土浇筑过程中必须保证下料均匀，并及时进行分料。当因下料导致模板出现偏移或扭转时，应适当改变入仓顺序并借助于手动葫芦等对模板进行调校。

每次中梁提升后，必须把边顶模行走轮调整紧贴至中梁轨道面，不得留有空隙，以免因存在间隙而致使顶拱下塌，低于设计线。同时，应使中梁中心与轨道中心保持一致，防止模板左右偏移。

10）抹面与养护

模板滑升后应及时进行抹面，滑后拉裂、坍塌部位，要仔细处理，多压几遍，保证接触良好。同时将预埋灌浆管找出，距滑模底部 2m 以外的混凝土应随时进行洒水养护。

3. 上部三角体的施工

斜井上部三角体采用模板直接滑出方案，底模与边顶模分开滑升并滑出结构分缝线。浇筑前把轨道延长出直段，堵头模板安装时低于混凝土设计线，以便模板滑出时不会碰到堵头模板及对混凝土产生扰动。这样整条斜井便全部采用滑模施工完成，混凝土表面光滑平整。

经全断面变径滑模施工后的斜井表面光滑平整，无错台、麻面及施工缝，大大减少了工序，加快了施工进度，平均每天滑升速度达约 2.5m，最高日滑升达 3.5m；同时，由于采用液压爬升器进行牵引，操作简便、省力；滑升中，模板高度顺利地实现了自动变化，满足了斜井体形的要求。

5.3 存在的问题及处理对策

由于斜井全断面变径滑模在水电施工行业中属国内首创，虽然在北四、北五斜井混凝土施工中得到了成功的应用，但尚有如下问题需进一步完善：

1. 液压爬升器夹爪与钢绞线在模板滑升过程中经常出现夹爪打滑现象，夹爪磨损严重。需进一步提高夹爪的制作质量及配合精度，选用耐磨及韧性较好的材料，以期使夹爪的使用寿命达到模板滑升 20m。

2. 底模与顶模的搭接重叠段为 6mm 厚钢板，虽然对其进行了削坡处理，但在施工过程中局部出现了错台逐渐变大的现象，致使局部抹面后平整度稍差。可在底模与顶模搭接部位设置调紧装置，使重叠部分紧密贴合无间隙，避免混凝土浆进入。

3. 中梁提升后，顶模行走轮垫板更换较为困难，调整时间较长。可设置丝杆千斤顶调整装置，减轻更换难度，缩短调整时间。

以上问题在以后的施工中通过完善设计及改进施工工艺，相信均能得到较好的解决。

5.4 劳动力组织

劳动力组织情况见表 5.4。

劳动力组织情况表 表 5.4

工种	管理人员	技术员	安全员	质检员	下料工	混凝土工	排水工	电焊工	电工	抹面	合计
人数	2	1	1	1	4	6	2	2	1	4	24

6. 材料及设备

变径滑模主要使用的材料为普通碳钢 Q235 的板材和型材。使用的设备主要有慢速卷扬机、液压爬升器、手拉葫芦。目前我局已研制出可直接用液压爬升器代替慢速扬机进行牵引。变径滑模的主要技术性能参数如表 6-1。

变径滑模主要技术性能表 表 6-1

项　目	内　容	
模板	分为底模及边顶模两部分	重 15.2t
中梁	每次有效行程 6m	
卷扬系统	JM-8	
液压爬升器	拉力 15t、行程 10cm；钢绞线 ϕ15.24mm	
轨　道	[12	

设备配置情况见表 6-2。

设备配置情况表 表 6-2

设备	电焊机	振捣器	行灯变压器	氧气乙炔	搅拌车	泵车
数量	2	6	1	1	2	1

变径滑模经过我局施工运用后能耗不大，除模板外其他各部件经过简单改造后可重复再利用，可为企业和社会创造显著的经济效益和社会效益。

7. 质 量 控 制

7.1 工程质量控制标准

7.1.1 执行《混凝土施工质量检查验收标准》

7.1.2 变径模板设计、制作执行下列（不限于）标准：

《碳素结构钢》GB/T 700—1988；

《钢结构设计规范》GB 50017—2003；

《钢结构制作安装施工规程》YB 9254—95；

《钢结构工程施工及验收规范》GB 50505—95；

《建筑钢结构焊接技术规程》J 218—2002；

《水工混凝土施工规范》SDJ 207—82；

《水工隧洞设计规范》SD 134—84；

《水电水利工程模板施工规范》DL/T 5110—2000；

《水电水利工程施工安全设施技术规范》DL 5162—2002；

《建筑工程模板技术规程》JGJ 74—2003（J270—2003）；

《钢丝绳》GB 8918—1996；

《起重机械安全规程》GB 6067—1985；

《建筑卷扬机安全规程》GB 13329—1991；

《施工现场临时用电安全技术规范》JGJ 46—1998；

《建筑施工高处作业安全技术工作规程》JGJ 80—1991；

《水利水电建筑安装安全技术工作规程》SD 267—1998；

《水利水电工程施工安全防护设施技术规范》DL 5162—2002。

7.2 质量保证措施

7.2.1 变径滑模设计计算必须包括下列设计荷载：

1. 设计衬砌荷载，由水工设计提供。

2. 允许超挖部分的混凝土荷载。

3. 开挖时出现的局部过大超挖部分的混凝土荷载。

4. 新浇筑混凝土对模板产生的侧压力。

5. 振捣混凝土时产生的荷载。

6. 倾倒混凝土产生的荷载。

7.2.2 变径模的设计应具有足够的强度、刚度和稳定性。

7.2.3 变径模材料的选择应符合 GB/T 700 碳素结构钢的有关规定。

7.2.4 液压爬升器应选用耐磨及韧性较好的材料，以保证夹爪的使用寿命。

7.2.5 搭接部位应设拉紧调整装置，使重叠部分紧密贴合无间隙，避免混凝土浆进入。

7.2.6 滑模制作严格按设计图纸进行，制作完后须经验收合格，方可使用。轨道及模板安装时，应准确放线，努力提高滑模的安装精度。

7.2.7 施工前实行技术交底。准备工作不完备，不得开仓。

7.2.8 模板滑升过程中严禁振捣混凝土。浇筑时，安排专人检查、监督模板及支撑系统，发现异常，及时处理。

7.2.9 混凝土初凝时间是控制滑升速度和质量的关键因素，必须根据现场条件或施工需要及时进行相应的配合比调整。

7.2.10 严格控制滑升速度，当滑升后出现混凝土流淌和局部坍塌时，立即停下处理。

7.2.11 浇筑混凝土时应对各部位加强振捣工作，使其混凝土密实；同时要防止损伤止水片。

7.2.12 模板滑升后，混凝土表面应设专人进行抹面处理，并将灌浆管管口及时找出。

7.2.13 混凝土终凝后开始洒水养护，防止混凝土表面出现裂缝，养护时间不得少于 28d。

8. 安 全 措 施

8.1 认真贯彻"安全第一、预防为主"的方针，根据国家有关规定、条例，结合工程施工单位实际情况和工程具体特点，组成专职安全员和班组兼职安全员以及工地安全用电负责人参加的安全管理网络，执行安全生产责任制、明确各级人员的职责，抓好安全生产。

8.2 执行下列安全规程

《水电水利工程施工安全设施技术规范》DL 5162—2002；

《起重机械安全规程》GB 6067—1985；

《建筑卷扬机安全规程》GB 13329—1991；

《施工现场临时用电安全技术规范》JGJ 46—1998；

《建筑施工高处作业安全技术工作规程》JGJ 80—1991；

《水利水电建筑安装安全技术工作规程》SD 267—1998；

《水利水电工程施工安全防护设施技术规范》DL 5162—2002。

9. 环 保 措 施

9.1 成立对应施工环境卫生管理，在施工中严格执行国家和地方政府下发的有关环境保护的法律、法规和规章，遵守防火、用电的规章制度。

9.2 优化选用环保设备，降低环境噪声污染。

10. 效 益 分 析

目前地下输水系统斜井直线段混凝土施工主要采用以下三种施工方法：一是底拱采用滑模，边顶拱采用搭满堂脚手架立小钢模；二是底拱及边顶拱采用二次滑模；三是采用全断面滑模。

第一种方法由于整条斜井边顶拱搭设满堂脚手架并拼装小钢模，模板安拆、钢筋运输绑扎及混凝土施工困难，既费工、费时、成本高，施工又不安全、表面质量差、工期长；第二种方法分两次滑升，虽施工安全、表面质量好、方便钢筋运输及绑扎，但工序重复、施工时间亦较长。而且以上两种方法由于分两次施工，均需在底板预设插筋，而且还增加了对纵向施工缝的处理。同时由于工期长，导致模板套数需增加才能满足施工要求。第三种斜井全断面滑模由于滑升过程中自动完成收分，使底拱和边顶拱一次浇筑成形，大大减少了工序、缩短了工期，单人工费一项就减少了许多，而且由于没有施工缝，质量得到了极大的提高。

以下为三峡工程永久船闸南北坡斜井模板三种施工方案主要经济性指标分析表 10。

三峡工程永久船闸南北坡斜井模板三种施工方案主要经济性指标分析表　　表 10

项目	模板形式	重量(t)		工期(d)		备　注
		单重	总重	分部	总体	
1	底拱滑模	5	68	40	140	1. 本表以南北坡三～五级斜井为例
	边顶小钢模	63		100		2. 表中重量已包括轨道及支座
2	底拱滑模	5	21	40	90	3. 除边顶小钢模未考虑拆模时间外，其余工期已包括安装、运行及拆模时间
	边顶滑模	16		50		
3	全断面滑模	23	23	65		

由表 10 可见采用本斜井变径滑模施工工法不但节约成本，而且可创造良好的经济效益，特别在模板自动收分变径及钢绞线技术在未来同类产品将得到很好的推广。

11. 应 用 实 例

三峡永久船闸地下输水系统工程南北坡斜井混凝土浇筑。

11.1　工程概况

三峡工程永久船闸为南北双线五级船闸，地下输水系统呈南、中、北三条线布置，共有斜井 12 条（衬砌后为 16 条，中隔墩衬砌后一分为二）。除二级斜井长为 21.9m，断面高由 5.5m 渐变至 6.7m，底板及边顶倾角分别为54.5°及57.6°外，3～5级斜井均为长35.2m，断面高由5m渐变至5.4m，底板及边顶倾角分别为56.9°及57.5°；顶拱半径均为R2.5m，底板宽均为5.0m，由两个半径R0.5m的圆弧与直段连接而成。南北坡斜井设计混凝土厚度为0.6m；中隔墩斜井底板、两边墙设计混凝土厚度为1.0m，中隔墙混凝土厚为1.5m，正顶拱最大混凝土厚为1.2m。混凝土设计标号为$R_{90}300$号。

3～5级为南北坡斜井体型断面示意图参见图11.1。

永久船闸地下输水系统工程斜井具有数量多、长度短、体型复杂、钢筋粗而密集、混凝土表面质量要求高，尤其是斜井上大下小、边墙高度逐渐变化等特点，使斜井成为一个变截面的斜井，给混凝土施工带来了极大的困难，致使斜井工期一度严重滞后，成为控制整个地下输水系统工期的关键线路。

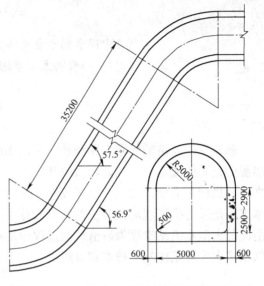

图11.1 3～5级为南北坡斜井体型断面示意图

11.2 施工情况

变径滑模每套实际设计重量约16t。并分别于2001年4月21日至5月4日及2001年9月1日至9月15日成功地应用于三峡永久船闸地下输水系统工程北坡四级及北坡五级斜井混凝土浇筑，十分顺利地完成了两条斜井隧洞的混凝土衬砌。混凝土衬砌后，表面光滑平整，无错台及施工缝，满足了设计要求。

该斜井全断面变径滑模混凝土施工于2001年12月29日在三峡通过三峡总公司的验收，并得到业主的充分认可和好评。

11.3 工程监测与结果评价

采用斜井全断面变径滑模施工由于整体成形，混凝土表面光滑平整，无错台及施工缝，极大地提高了混凝土表面质量。三峡工程建成通航后，可减少隧洞在高速水流冲刷下发生气蚀的可能性，提高洞室的使用寿命，减少了维修的几率，具有显著的经济效益和社会效益。斜井全断面变径滑模在三峡永久船闸地下输水系统斜井中的成功应用，得到了业主、监理等国内外专家的高度评价。

斜井全断面变径滑模由于构思新颖，在国内水电施工中尚属首创，特别是其模板自动收分变径的思想和钢绞线液压爬升器技术在未来同类斜井及其他施工中将得到很好的借鉴和拓展。

拱坝坝肩槽开挖施工工法

YJGF082—2006

中国水利水电第四工程局　中国水利水电第八工程局
曹明杰　董彬　祁得成　尹岳降　王飞跃

1. 前　言

随着我国经济的不断发展和社会对能源的大量需求，水电行业作为环保型能源之一已经成为电力能源的重要组成部分，因此，水电开发得到了快速发展。高拱坝是大型水电站挡水建筑物的主要形式之一，拱坝坝肩槽是大坝基础最关键的部位，其开挖质量直接关系着整体工程完工后电站的安全运行。本工法是针对拱坝坝肩槽开挖的特点和施工技术要求，并通过李家峡、构皮滩、拉西瓦、小湾以及溪洛渡等大型水电站拱坝坝肩槽开挖过程中的应用和实践，而总结出的一套切实可行且能保质保量完成拱坝坝肩槽开挖的施工技术和方法。

2. 工法特点

2.1　爆破采用分区、分层作业

坝肩槽开挖施工大都具有工期紧，工作面相对狭窄、施工布置困难等特点，为此在坝肩槽开挖时进行合理的分区、分层作业，使钻爆与出碴穿插进行，形成多工作面流水作业，充分发挥人力和设备资源效率，以保证施工的连续性，加快施工进度。

2.2　坝肩槽开挖采用三面深孔预裂爆破一次成型技术

三面深孔预裂爆破一次成型技术能够严格控制超欠挖，具有施工进度快，半孔率和边坡平整度高的优点，同时减小爆破振动对边坡的影响，从而有效地保证边坡的安全稳定。

2.3　严格控制最大单响药量和采取有效的减振措施

高边坡坝肩槽开挖施工，采用先进的孔内外延时爆破网络，根据不同的地质条件和爆破规模，严格控制主爆孔和预裂孔的最大单响起爆药量，并采取增加缓冲孔和加大预裂爆破不耦合系数等有效的减振措施，以减小爆破对拱坝坝基面及两岸高边坡的爆破振动影响。

2.4　坝肩槽开挖后边坡锚固支护及时跟进

拱坝坝肩槽开挖后，建基面及上、下游边坡系统支护及时跟进不仅能有效地减缓岩体的卸荷和岩体表层风化脱离，同时也是保证安全生产和高边坡稳定的需要。

2.5　采用先进的监测仪器，指导高拱坝坝肩槽的开挖施工

通过采用先进的监测仪器，利用多种监测手段获得信息，将数据处理和信息反馈技术应用于施工。同时，利用监控量测指导施工，及时修正施工方法和支护参数，确保施工安全和进度。

2.5.1　爆破振动监测

爆破振动监测主要是通过工程在一定范围内布置的检测仪器测试因爆破规模和最大单响药量产生的质点爆破振动速度、振动峰值主频、振动延时时间等，并通过对比分析验证爆破参数选择是否满足技术规范和边坡稳定要求。

2.5.2　建基面回弹监测

高拱坝建基面开挖后，尤其如拉西瓦、小湾高地应力区范围，为了防止坝基建基面开挖后因卸荷发生岩崩和回弹，故采用多支多点变位计和滑动测微计，来监测建基面卸荷回弹和岩体变形的情况。

2.5.3 建基面物探声波监测

为了掌握拱坝建基面岩体的力学参数及综合质量，利用物探监测声波弹性波测试法，测定开挖后建基面岩体卸荷松弛带的范围界限和厚度。

2.5.4 岩体内摄像监测

利用物探孔进行孔内摄像，同时验证声波监测的准确性和可靠性。

2.6 严格施工管理、优化技术方案

拱坝坝肩槽的开挖施工技术标准高、难度大。在本工法的应用过程中需对施工管理严格要求，专门制定施工作业程序、工艺要求、检查标准和相对应的工作协调程序指导书，同时制定操作性较强的安全计划、环保计划。根据实际地质情况、具体的设备和工艺水平优化方案，使施工作业达到规范化、程序化，以全面保证施工安全与质量。

3. 适应范围

本工法主要应用于水电站拱坝坝肩槽开挖施工，也可推广其他类似高边坡建基面的开挖施工。

4. 工艺原理

首先，对拱坝坝肩槽进行合理的分区、分层，优化资源依次进行各区、层的开挖，各区、层的开挖按钻孔、爆破、出碴、边坡锚固等工序依次进行。

其次，采用拱坝坝肩槽建基面及上、下游边坡三面深孔预裂爆破一次成型技术，正确地选择爆破参数和采取减振措施，最大限度地减小爆破振动对边坡的影响。具体是在设计的拱坝坝肩槽建基面上设置超欠平衡的小平台，选择适宜的钻机机架（样架导向）置于平台上，以便钻机紧贴在建基面上。在保证拱坝几何尺寸的前提下，实施预裂孔造孔。预裂爆破施工需采用最佳的爆破参数（孔距、线装药密度、不耦合系数、堵塞长度等），使相邻预裂孔在几乎同时爆破作用下，每个孔产生的应力波相互叠加，在两孔之间生成合成拉应力，当拉应力大于岩石抗拉强度时，形成拉伸裂缝，接着在炸药爆炸产生的大量气体作用下，孔与孔之间裂缝继续扩大乃至贯通，从而预裂孔全部贯通形成拱坝建基面。深孔缓冲就是在预裂孔前排增加一排弱爆破孔，以减小爆破对建基面及边坡的振动影响。这样既保证了边坡的稳定，又保证建基面的开挖质量和施工期的安全。通过多种监测手段及时掌握建基面的开挖质量，并指导下一步的施工，做到动态修正施工方法和支护参数，实现施工安全、快速。

第三，在完成各区、层的开挖后边坡锚固支护及时跟进。

5. 施工工艺流程及操作要点、方法

5.1 施工工艺流程（图5.1）

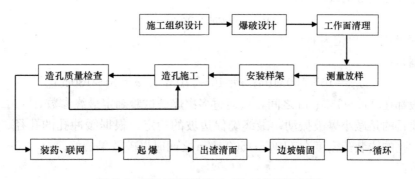

图5.1 坝肩槽开挖施工工法工艺流程框图

5.2 施工方法及操作要点

5.2.1 分层分区

合理的梯段高度和分区是加快施工进度和保证施工质量的有效措施之一，在坝肩槽施工时根据施工组织设计已规划的施工道路、施工面条件、施工程序、施工工艺、地质条件、钻爆设备等因素确定分层分区，各区、层的开挖按钻孔、爆破、出碴、边坡锚固等各道工序依次进行，形成多工作面流水作业。坝肩槽分层分区，一般以 500～1000m² 为一区，每层梯段高度为 10.0～15.0m。

5.2.2 爆破参数的确定

（1）孔径选择

根据技术规范要求和目前水电施工中所配备的钻孔设备，坝肩槽上、下游边坡分层设有马道，满足大型钻机定位作业要求，因此预裂孔和缓冲孔一般采用 CM351、460PC 潜孔钻造孔；建基面部位一般为渐变坡面钻机定位时难度较大，钻机应选用轻型 100B 类型钻具，成孔孔径为 95～120mm，炮孔直径一致可确保较好的效果。

（2）孔距确定

预裂爆破时预裂孔和缓冲孔的孔距采用孔径倍数法确定：

预裂孔孔距：$\qquad a=(8\sim14)d$ （5.2.2-1）

缓冲孔孔距：$\qquad a=(10\sim16)d$ （5.2.2-2）

式中 a——孔距，单位为 cm；

$\quad d$——钻孔直径，单位为 cm。

在施工中要经过多次试验后才能确定，按已得到的经验，预裂孔孔距为 0.9～1.0m，缓冲孔孔距为 2.0m 左右时爆破效果较好。

（3）孔深确定

根据设计坡度和确定的梯段高度，坝肩槽开挖时预裂孔孔深一般为 10～25m 之间，而缓冲孔应平行于预裂面布置，一般孔底距预裂面距离不小于 1.5m，爆破孔孔深与梯段高度一致。

（4）线装药密度（g/m）

采用合理的线装药密度对爆破岩壁的破坏及基岩面的平整度有较好的作用。预裂孔为了控制裂隙的发育以保持新壁面的完整稳固，在保证沿炮眼联心线破裂的前提下，应尽可能少装药，针对不同岩类选择不同的爆破线密度，线密度可通过试验确定。

保证不损坏孔壁的线装药密度

$$\Delta=2.75\sigma_{压}0.53r0.38$$ （5.2.2-3）

式中 Δ——线装药密度，单位为 g/m；

$\quad \sigma_{压}$——岩石极限抗压强度，0.1MPa；

$\quad r$——预裂孔半径，单位为 mm。

该式使用范围是：$\sigma_{压}=10\sim150$MPa；$r=46\sim170$mm。

保证形成贯通邻孔裂缝的线装药密度：

$$\Delta=0.36\sigma_{压}0.63a0.67$$ （5.2.2-4）

式中 a——预裂孔间距 单位为 cm。

该式使用范围是：

$$\sigma_{压}=10\sim150\text{MPa}；r=46\sim170\text{mm}、a=40\sim130\text{cm}$$

计算结果一般都在 250～330g/m 之间，可通过多次爆破试验确定最终参数。

缓冲孔的主要目的是减小爆破振动，最终确保边坡的稳定。根据缓冲孔的孔径、孔间距和最小抵抗线，计算出缓冲孔的线装药密度在 1100～1500 g/m 之间时爆破效果最好。

（5）不耦合装药

为了减小爆破对边坡的振动影响，确保边坡的稳定，在钻孔直径不变的情况下尽可能的减小药卷直径来增大不耦合系数，一般缓冲孔为连续柱状不耦合装药，不耦合系数为 1.7～2.4；预裂孔为间隔不耦合装药，不耦合系数为 3.8～4.8。

（6）装药结构

预裂孔装药结构为间隔不耦合装药结构，由于深孔预裂孔底夹制力较大，为保证预裂效果，开挖施工中底部增加的药量为线装药密度的 2～5 倍，装药时将加强药量平均分布在孔底 1.0～2.0m 的长度上。

缓冲孔装药结构为连续不耦合装药结构，在孔底 1/3～1/4 范围内底部加强 2～3 倍的装药量。

（7）堵塞长度

选择合理的堵塞长度和良好的孔口堵塞是提高预裂效果的重要因素之一，堵塞长度一般取炮孔直径的 10～15 倍。根据已施工工程的开挖爆破经验，预裂孔和缓冲孔堵塞长度取 1.0～1.5m 效果较好。

（8）起爆间隔时间

预裂孔起爆时为了减小爆破对边坡建基面的振动影响，应使预裂孔的起爆早于主爆孔，一般超前时间在 100ms 以上，在满足单响药量控制要求的同时，最好同段一次性起爆。

缓冲孔在最后一排主炮孔之后起爆，起爆时间与爆破孔排间起爆微差一致。

5.2.3 高边坡深孔预裂爆破钻孔控制方法

（1）样架安装

因为拱坝坝肩槽建基面为扭曲面，且为渐变坡，每个预裂孔倾角、方位角、孔深均不一样，针对拱坝建基面特点，钻孔施工时只能采取单孔单机钻孔，要求每台钻机单独固定，工程施工中一般采取打设插筋、钢管加扣件固定钻机作为样架导向，避免钻机施钻变形走样（见图 5.2.3）。

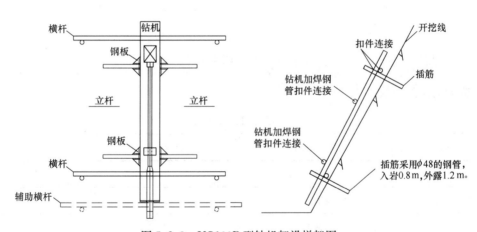

图 5.2.3　YQ100B 型钻机架设样架图

（2）确定孔位

施工准备阶段，首先测放出施工预裂段的开口点及示坡方向点，为保证在开孔时不出现较大误差，要求测量每隔 2.0～3.0m 放出一开口点及相对应的方向点。现场技术人员再用罗盘、线锤、线绳、三脚架、钢尺用平行四边形方法按设计坡比和预裂孔间距进行加密放出每个孔位及方位点，且用红油漆号孔、编号，并加以保护。

（3）确定钻孔的倾角及方位

钻孔倾角可直接用罗盘确定，也可利用精度较高的量角器量测，罗盘校核。实际施工中，考虑到钻进开始后机具有"抬头"现象，每次确定钻孔倾角时，一般比设计角度大 0.5°～1.0°。钻孔方位利用吊锤法确定，在孔位的方向点上设置一个自制三脚架，三脚架正中吊一小吊锤，使吊锤铅锤指向方向点，调整钻机钻进方向，使其与吊锤线在同一条线上，即为确定后的钻进方向。若已造出两三孔，其余孔可在已造孔插标杆，再目测校核钻孔的倾角。

（4）复测

待钻进至0.5～1.0m时，应停钻对倾角及方位进行复测，若变化较大时，应及时纠偏、调整。

5.2.4　爆破减振措施

坝肩槽在保护层和靠边坡开挖爆破时，采用与介质相匹配的炸药品种，不耦合装药、分段装药、条形装药等结构形式，均可以避免或缩小粉碎圈。而缩小粉碎圈的结果就可以减小对建基面和边坡的振动破坏。另外，微差起爆、控制最大单响药量也能达到减震的效果。可见，如何确定或选择爆破参数，减少对边坡的振动破坏是本工法的一个技术难点。

5.2.5　边坡锚固支护

高边坡坝肩槽开挖后，建基面及上、下游边坡系统锚固支护要及时跟进，因为系统支护不仅能有效减缓岩体卸荷，同时也是确保高边坡稳定和安全生产。

5.3　劳动组织

5.3.1　组织机构（图5.3.1）

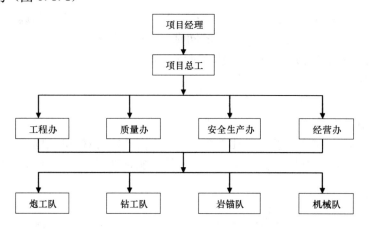

图5.3.1　组织机构图

5.3.2　劳动力组织（表5.3.2）

劳动力组织情况表　　　　　　　　　　　　　　　　表5.3.2

序　号	单项工程	所需人员	备　注
1	管理人员	10人	
2	技术人员	10人	
3	钻工	26人	
4	炮工	15人	
5	机械工	20人	
6	其他	30人	
	合计	111人	

6. 材料及设备

6.1　材料

本工法施工材料见表6.1。

6.2　施工设备

本工法施工设备见表6.2。

本工法施工材料表　　　表6.1

序　号	名　　称	规　格	计量单位	总　量	备　注
1	水泥	32.5MPa	t		
2	水泥	42.5MPa	t		
3	硝铵炸药	2号岩石粉状	t		
4	乳化炸药(药卷)	$\phi25/\phi32/\phi50/\phi70$	t		
5	导火索		万m		
6	导爆索		万m		
7	火雷管	8号工业	万发		
8	非电毫秒雷管	1～20段	万发		
9	钢筋	Ⅱ钢	t		
10	柴油		t		

本工法施工设备表　　　表6.2

序　号	设备名称	型号及规格	数　量	制造厂名	备　注
1	推土机	CAD-D9N	2		
2	推土机	CAD-D9L	1		
3	推土机	CAD-D8R	1		
4	挖掘机	CAT320B	5		
5	挖掘机	1m³	3		
6	液压钻机	D7	2		
7	钻机	460PC	1		
8	钻机	CM351	3		
9	钻机	QZJ100B	10		
10	手风钻	YT-28	15		
11	空压机	YHP75E	14		
12	喷锚机	TK961	4		
13	搅拌机	HZ50	1		
14	注浆机	BW200/50	4		
15	灌浆泵	BW100/100	2		
16	立式双桶搅拌机	JJS-2B	2		
17	自动记录仪	GJY-Ⅱ	2		

7. 质 量 控 制

7.1　拱坝坝肩槽质量控制标准

建立健全 ISO 9001 质量管理体系，编制质量计划，严格执行《水利水电工程施工组织设计规程》SDJ 338—89 及《水利水电基本建设工程单元工程质量等级评定标准》SDJ 249.4—88 质量标准。

7.2　关键工序技术措施

拱坝坝肩槽建基面预裂钻孔质量控制要点：

7.2.1　在进行坝肩槽建基面预裂孔钻孔时，根据已制定的质量管理制度和作业指导书，实施钻孔"定人、定机、定孔"三定制度；钻机操作手及质检人员对钻孔过程严格检查控制。

7.2.2　开孔时严禁钻头偏移，必须采取有效的措施防止钻头偏移孔位点，以保证开孔的精度。在孔位处加打深度 10cm 的辅助孔，然后在辅助孔上进行预裂孔的开孔，可有效地防止钻头偏移。

7.2.3 开口时使用弱冲击慢钻进的方法，钻进深度达到 20cm、50cm、100cm 时，分别校验一次，合格后方可正常钻进。

7.2.4 钻孔过程中的控制方法：周边预裂孔倾角控制采用定制量角器，使量角器的线锤调整到设计角度；方位采用线锤与钻杆确定的平面来控制，使线锤与钻杆重合。并在钻机钻进过程中做到每钻进 3.0m 检验一次。

7.2.5 钻孔工序衔接：钻孔操作手对每个预裂孔孔内返渣（吹出的岩粉）情况进行记录，如实反映钻孔穿过地质情况，以便据此进行爆破参数优化调整。

7.3 质量保证措施

7.3.1 施工质量的控制：为提高工程质量，施工中从设计、预报、监测，全过程全方位认真进行专业管理，并根据实际情况编制作业指导书，并加以实施，确保施工质量。

7.3.2 高边坡坝肩槽开挖成型后边坡较陡，为减小各梯段之间预裂孔的错台，坝肩槽预裂孔钻孔设备宜选用 100B 钻机类型，上、下游边坡预裂孔宜采用钻杆较粗的 CM-351 型潜孔钻机，以防漂钻。

7.3.3 测量根据爆破设计布孔图对预裂孔进行放点，控制预裂孔间距，其中直线段间隔放点，圆弧及渐变段逐孔放点，同时为确保方位，由测量在孔位前加放一排方位控制点。

7.3.4 利用测斜仪、罗盘进行倾角的控制，采用方位控制点、孔位、三角吊架及线垂进行方位的控制。

7.3.5 预裂孔钻孔过程中，由有经验、技术好的钻工采用性能较好的钻机进行。

7.3.6 钻孔过程中，勤测勤纠，根据岩粉出露情况，及时调整旋转速度和钻进速度。

7.3.7 安排专门的技术人员进行盯钻及成孔的质量检查、记录、调整。

7.3.8 严格按爆破设计进行施工，并按爆破试验的结果控制单响药量和总装药量，以减少爆破振动对永久边坡的影响，确保高边坡的稳定。同时在预裂孔前排钻设缓冲孔，对预裂孔和缓冲孔装药结构进行专门设计。

8. 安 全 措 施

由于拱坝坝肩槽施工时存在施工面狭窄、高差大，施工干扰大，安全问题较为突出的特点，在施工中应采取如下措施：

8.1 建立和完善环境与职业健康管理体系和项目安全管理机构及保证体系，对全体施工人员进行入场安全教育，提高安全生产意识和自我保护意识。

8.2 开挖支护严格按照自上而下的程序进行施工。

8.3 合理安排出碴及开挖施工时段，加强各工作面之间的协调，尽量避免同断面上下层同时作业。

8.4 在施工中设专职安全人员进行安全警戒，警戒人员配备袖标、口哨及警戒旗，并在危险的部位设置警戒牌等警戒标志。安全人员经常进行巡视，发现异常情况及时将人员和设备撤离至安全地区，同时报告单位领导和有关管理单位。

8.5 夜间施工保证施工道路和工作面的照明度。

8.6 尽可能避免高边坡立体交叉作业，防止高空坠物伤人，在边坡各层马道上设置安全防护网。

8.7 加强岩爆的预测，提前钻设一定数量的应力释放孔（结合爆破孔），并向孔内注水使应力释放。

8.8 建基面开挖后及时进行锚固，系统锚杆和喷混凝土的施工与开挖大面的高差不大于 10m，预应力锚索与开挖大面的高差不大于 40m，上层的支护必须保证下一层的开挖能够安全顺利的进行。

9. 环 保 措 施

由于拱坝坝肩槽施工环境条件差，钻孔粉尘、噪声、火工材料等易危及施工人员职业健康，因此，在施工中，除遵循环境与职业健康安全管理体系 E&OHSMS 外，还应做到以下几点：

9.1 在环保与文明施工实施的过程中，认真贯彻执行国家、行业部门有关法律法规及规定，管理部门充分利用影视资料、图片书籍、舆论宣传、座谈会等方式，广泛宣传安全生产知识，不断提高全体员工的责任意识和安全意识，从而使环保与文明施工管理成为全员参与的一种经常化、全面化、系统化的行为，成为工程施工中的一项基本行为准则。

9.2 建立、健全相关的环保与文明施工管理制度，坚持环保验收制度与文明施工验收制度。即在每项工作开始前，由环境管理办公室对环保措施进行验收，达标后方可进行施工；在每项工作结束后，由环境管理办公室对文明施工进行考核，达标后方可移交工作面。

9.3 教育全体员工牢固树立环境保护与文明施工的思想意识，同时，也为各级领导、专家、同行等参观指导提供信息和方便。

9.4 环保与文明施工管理部门要制定相关的检查考核制度与奖罚细则，定期或不定期进行检查考核，同时，联合宣传部门，加强工程建设关于环境保护与文明施工重要性及其作用的宣传工作。

9.5 积极做好辖区内的降尘降噪工作。按照业主、监理、设计要求，适当安排作业时间，并做好各类机械设备的维护保养工作，限制车辆在辖区内的行驶速度，定期对工作面及路面进行洒水养护，保证工作时不起尘，力争将噪声、粉尘对居民的影响降到最低，同时加强边坡开挖植被保护和水土流失保护措施的落实。

9.6 做好废水、废渣、废气、废油等的处理工作。按照环保和文明施工要求，对上述废物进行必要的处理后，确认其已对水质空气等无危害后，方可进行排弃。

10. 效 益 分 析

拱坝坝肩槽开挖实施《拱坝坝肩槽开挖施工工法》，与预留保护层开挖方法相比，可带来显著的经济效益，经过测算可节约投资约 4%，提前工期约 1/3。两种开挖方法的工效、质量对比分析见表 10。

两种开挖方法的工效、质量对比分析表　　　　　　　　　　表 10

开挖方法	钻孔次数	清渣次数	建基面整修	建基面质量
预留保护层开挖法	2～3	2～3	撬挖整修工作量大	建基面上残留炮根较多，并有放射状裂隙。超挖严重，平整度差
三面预裂辅以深孔梯段爆破法	1	1	基本不需要整修	建基面上无明显爆破裂隙，坡面平整度合乎要求，超挖少

本工法技术从施工工艺、施工质量、安全环保及文明施工全方位着手，消除了大型工程长期施工对周边环境带来的爆破振动、噪声、粉尘等污染，确保了工程质量和安全生产，因此，新颖的坝肩槽开挖工法将促进高边坡开挖施工技术的进一步发展，创造良好的社会和环境效益。

坝肩槽开挖由于工作面狭窄，施工道路及场地布置困难。本工法技术针对上述特点，开挖和支护进行分区规划，减小施工干扰，使施工场地更易于布置，工程进度明显加快，也有利于安全文明施工，且各种资源能够得到充分的利用，节约了工程成本，形成了较好的经济效益。

11. 应 用 实 例

《拱坝坝肩槽开挖施工工法》已成功应用于构皮滩水电站、小湾水电站、溪洛渡水电站、黄河拉西瓦水电站和黄河李家峡水电站拱坝坝肩槽的开挖施工，实践证明具有先进性和普遍实用性，取得了较好的成效。

11.1 构皮滩水电站拱坝坝肩槽开挖

构皮滩水电站拦河大坝为抛物线形双曲拱坝，位于贵州省余庆县构皮滩口上游1.5km的乌江上，上游距乌江渡水电站137km。电站装机容量3000MW，工程建设总投资138亿元，是目前贵州省和乌江干流最大的水电电源点。水电八局承担右岸坝肩槽开挖。

构皮滩水电站，坝顶高程640.50m，河床建基面高程408.00m，最大坝高232.50m。构皮滩水电站右岸坝肩槽开挖自2003年元月开工至2004年12月完工，完成开挖方量92万m³。

构皮滩电站拱坝基础面为变化扭曲面，开挖难度较大，为了满足设计要求，保证工程开挖质量，施工中对拱坝坝肩槽开挖技术方案进行了多次比较和研究，并通过多次生产性爆破试验确定合理的爆破技术参数，在高程555.00m以上各梯段坡面较平缓，开挖中主要采用拱坝坝肩槽开挖施工技术，高程555.00m以下各梯段坡面较陡峭，开挖中主要采用预留保护层手风钻分层剥挖方案。其中采用拱坝坝肩槽开挖施工技术的开挖工期仅是预留保护层手风钻开挖工期的三分之一。可见采用拱坝坝肩槽开挖施工技术开挖拱坝建基面的施工方法经济效益显著（图11.1）。

图11.1 构皮滩电站右岸拱坝坝肩槽开挖现场照片

11.2 小湾水电站拱坝坝肩槽开挖

小湾水电站位于云南省大理州南涧县与临沧地区凤庆县交界澜沧江和黑惠江交汇点下游1.5km处，是澜沧江水电基地的"龙头水库"和"龙头电站"，也是澜沧江上的第三座梯级电站。电站总装机容量4200MW。水电站大坝为混凝土双曲拱坝，坝高292m，拱坝坝肩槽高程EL1245～1000m。

小湾水电站双曲拱坝坝肩槽开挖施工由水电四局、三局承担，左岸坝肩槽自2004年元月开始开挖至2005年3月开挖完工，采用拱坝坝肩槽开挖施工技术施工，开挖施工工期比合同工期提前三个月。在坝肩槽开挖施工中不断总结，开挖质量不断提高，其中EL1100～EL1120梯段被评定为"坝肩槽开挖样板工程"，测量检测超欠挖及平整度：EL1100～EL1110梯段超欠挖点共测156个点，合格143个点，最大超挖0.34m，最大欠挖0.15m，合格率91.67%，半孔率达到95.46%，孔壁无爆破拉裂痕迹，平整度共测80个点（40对），最大值0.17m，最小值0.0m，合格率95.0%，本梯段共有声波孔36号～1、36号～2、36号～3，其爆前、爆后坝基岩体距孔口1.0m处声波波速衰减率分别为2.5%、4.8%、0.2%均小于10%。EL1110～EL1120梯段超欠挖点共测156个点，合格139个点，最大超挖0.49m，最大欠挖0.16m，合格率89.1%，半孔率达到92.48%，孔壁无爆破拉裂痕迹，平整度共测74个点（37对），最大值0.21m，最小值0.0m，合格率97.30%，本梯段共有声波孔37号～2、37号～3，其爆前、爆后坝基岩体距孔口1.0m处声波波速衰减率分别为4.5%、4.5%，均小于10%。其他检测项目均满足评定标准。小湾拱坝坝肩槽开挖施工技术的成功应用，确保了施工工期，取得了优良的工程质量，创造了巨大

图11.2 小湾电站左岸拱坝坝肩槽开挖面照片

的经济效益（图 11.2）。

11.3 溪洛渡水电站拱坝坝肩槽开挖

金沙江溪洛渡水电站工程位于四川省雷波县和云南省永善县交界处的金沙江干流上，是金沙江下游梯级开发的第三级水电站，电站总装机容量 12600MW（18×700MW/台），保证出力 3395MW（远景 6657MW），多年平均发电量 571.2 亿 kW·h（远景 640.6 亿 kW·h）。

溪洛渡水电站拦河大坝为混凝土双曲拱坝，坝顶高程 610.00m，最大坝高 278.00m。溪洛渡水电站坝址处两岸拱坝坝肩地形自下而上呈缓→陡→缓地形。坝区峨眉山玄武岩厚约 500m，致密坚硬、较均一。

右岸坝肩 EL610～400m 开挖边坡分坝肩上游边坡、坝肩槽及下游边坡三部分，上游边坡每 30m 设一马道，共 6 个马道。开挖设计工程量为 1532147m³，其中，石方开挖 1474616m³，土方开挖 57531m³。边坡预裂总进尺 70625m，其中，拱坝坝肩槽建基面预裂进尺 32825m，采用 YQ-100B 型潜孔钻机钻孔；坝肩上游边坡预裂进尺 37800m，采用 CM351 钻机钻孔。

右岸坝肩 EL610～EL400m 开挖，于 2006 年 6 月 1 日开挖爆破至 2007 年 4 月已开挖至 500m 高程，预计于 2007 年 9 月开挖完工。右岸坝肩槽采用拱坝坝肩槽开挖施工技术施工，证明该开挖施工技术已成熟运用。如图 11.3 所示。

(a)

(b)

图 11.3　溪洛渡电站右岸拱坝坝肩槽建基面 EL510～500m 成果照片

11.4 黄河拉西瓦水电站拱坝坝肩槽开挖

拉西瓦水电站位于青海省贵德县与贵南县交界的黄河干流上，是黄河上游龙羊峡至青铜峡河段规划的大中型水电站紧接龙羊峡水电站的第二梯级电站，由水电四局承担坝肩开挖工作。电站距上游距龙羊峡水电站 32.8km（河段距离），距下游李家峡水电站 73km，距青海省西宁市公路里程为 134km。电站总装机容量 4200MW，坝肩开挖高程范围 EL2460～EL2212，高差达 248m，大坝建成后将形成 10.79 亿 m³ 库容的水库。

拉西瓦水电站由于坝址谷深坡陡，在黄河下切两岸山体临空后，岸坡浅表部形成了量级较高的剪应力集中区，随着时间推移和应力场进一步调整，岸坡岩体发生卸荷回弹，形成了大量的卸荷裂隙。为了预防施工期间卸荷裂隙的进一步扩散和坝肩槽开挖后建基面因卸荷出现的回弹，拉西瓦左右岸坝肩槽开挖采用先进的施工工艺和施工方法，不仅有效的预防了卸荷裂隙的进一步扩散和建基面因卸荷出现的回弹，而且不断的优化分层、分区，加快施工进度，为提前实现节点工期打下了坚实的基础（图 11.4-1、图 11.4-2）。

11.5 黄河李家峡水电站拱坝坝肩槽开挖

黄河李家峡水电站枢纽位于黄河上游青海省尖扎县与化隆县交界的李家峡峡谷出口以上约 2km 处，电站总装机容量为 2000MW，分二期建设（400MW×4＋400MW×1），年平均发电量 59 亿 kW·h。电站大坝为三圆心双曲拱坝，高 165m，长 414.39m，底宽 45m；水库正常海拔 2180m，水库总容量为 16.5 亿 m³。

李家峡水电站坝肩槽开挖采用深孔预裂爆破技术，根据不同的地质条件和爆破规模，严格控制主爆孔和预裂孔的单响最大起爆药量，从而减小了爆破振动对大坝建基面及两岸高边坡的影响，确保了施工期间的安全。

11.6　小结

构皮滩水电站、小湾水电站、溪洛渡水电站、拉西瓦水电站、李家峡水电站高拱坝坝肩槽开挖技术都采用三面预裂和深孔梯段爆破施工技术，其建基面质量和开挖速度明显优于我国水利工程中常用的其他开挖方法，工程项目采用100B潜孔钻造孔，样架导向，有效控制了钻孔角度，提高了长陡坡预裂面的开挖质量。采用预裂—主爆—缓冲的网络起爆顺序和减振措施，把爆破振动控制在允许范围内，同时减少了预裂面欠挖处理的工作量，从而提高了工效，节约了成本。对100B潜孔钻在长陡坡预裂面钻孔施工中钻杆漂移量的定量分析，作为钻孔施工中调整开孔角度的依据，使超欠挖得到了很好的控制，提高了开挖质量，对类似工程具有很好的借鉴意义。

11.7　工程监测与结果评价

拉西瓦水电站根据坝肩槽上下游边坡及坝肩槽建基面安装的滑动测位计测试数据来看，建基

图 11.4-1　拉西瓦左岸坝肩槽建基面开挖成果照片

图 11.4-2　拉西瓦左岸坝肩槽建基面开挖成果照片

面开挖后岩体整体比较稳定，测检位移量变化很小，均在±10mm以内。多点变位计监测数也表明在0～40m区间位移从0.14mm/d变化为0.04mm/d之间，变化率很小，岩体稳定。事实证明，防止卸荷回弹和岩体变形，在严格控制单响药量的基础上及时锚固支护是减小坝基基础回弹最有效的途径。

李家峡水电站坝肩槽开挖施工中，爆破孔最大单响控制在100kg之内，预裂孔最大单响控制在50kg之内。根据施工期爆破振动监测成果，坝肩槽开挖每次爆破安全振动速度都控制在5cm/s以内，完全满足最大振速不超过15cm/s的标准，确保了坝肩高边坡及大坝建基面基础的稳定。

小湾水电站坝肩槽开挖后锚固及时跟进，一般建基面开挖后1～3d之内完成锚固支护，上、下游边坡的系统锚固在3～5d之内全部完成，达到了岩体在卸荷之前对其进行锚固支护目的。

不良地质条件下开敞式大型调压井开挖施工工法

YJGF083—2006

中国水利水电第五工程局

母中兴　陈勇　蔡远武　肖红斌　蒋小刚

1. 前　言

水电是我国技术最成熟的可再生能源，我国西部地区是水电资源富集区，但西部地区大地构造环境相当复杂，由不良地质条件引发的工程安全问题十分突出。受地形及水力条件约束，我国今后还将进行更多大型调压井工程建设，其工程规模将会越来越大，而且所处工程地质条件也会愈加复杂。

如何在地质条件复杂的地区安全快速地进行大型竖井施工成为我们急需解决的首要技术难题。福堂水电站调压井工程的施工就是在这样的情况下进行了技术革新。

福堂水电站调压井工程设计开挖直径31.0m（实际开挖直径31.4m），石方开挖86230m³。井周岩体条件较差，1262.0m高程以上岩体自稳能力很低，施工及安全问题比较突出，只能采取自上而下的方式开挖。

设计开挖工期从2001年9月至2003年3月，共18个月。大井开挖的施工工期相当紧张。

针对大井开挖和支护过程中的安全和技术问题，承建单位中国水利水电第五工程局福堂水电站调压井工程项目部联合四川大学水利学院一起通过考察研究，决定在福堂水电站调压井施工中采取"扩大溜渣导井、优化开挖顺序、应用控制爆破技术和快速开挖方法"等综合工程技术措施进行施工，结果使福堂水电站调压井工程开挖工期由设计的18个月缩短到12个月，为电站于2003年底试运行创造了有利条件，其经济效益非常可观。

2006年，福堂调压井工程混凝衬砌滑模施工方法获得了2006年度集团公司科技进步一等奖。

2. 工 法 特 点

2.1　本工法采取的井周岩体超前预加固技术、施工安全监测技术与分析预测方法有效地保证了大井开挖的安全性。

2.2　本工法采取的导井超前扩挖，两侧开挖次序跟进的施工方法，为大井二次扩挖进一步探明了下部岩体条件，有力地缓解了井周岩体应力释放速度，同时为施工的安全和进度提供了有力的保证。

2.3　本工法与传统的大井一次开挖方式相比，开挖及除渣方式都更为合理，安全、质量和进度都更容易保证。同时，由于提高了施工工艺，施工期明显缩短，经济效能得到很大的提高。

3. 适 用 范 围

本工法适用于地质条件差、开挖断面大、井身高度大的大、中型竖井开挖。对于工期紧、地质条件差的大、中型竖井更应首先选用。

4. 工 艺 原 理

其核心原理就是：导井超前扩挖，两侧开挖次序跟进，扒渣机械设备下卧，开挖分区进行，开挖与支护合理分配。

4.1　导井超前扩挖，两侧开挖次序跟进法

针对大、中型竖井工程中出现的地质恶劣条件，采用"导井超前扩挖，两侧开挖次序跟进"的施

工方法，可拓宽开挖作业面，有效的保证大井开挖的施工安全，提高工作效率，降低施工成本。

4.1.1 进一步探明下部岩体条件

采用导井超前扩挖，可有利于探明下部岩体条件，以便采取合适的安全加固措施。确保大井开挖安全。

4.1.2 有利于地应力充分释放

随着导井的扩挖，地应力不断释放，保留两侧岩体有利于井周岩体地应力缓慢释放，促进施工安全。

4.1.3 创造有利的作业空间

开挖空间化大为小，有利于工程施工安全；导井扩挖创造了更宽阔的施工通道，保证下卧施工机械设备安全出井。

4.1.4 降低施工成本

下部溜渣导井进一步扩大后，将增大开挖临空面，提高爆破效率，扒渣作业更容易，明显降低了施工成本。

4.2 扒渣机械设备下卧，两区开挖法

"扒渣机械设备下卧，平分两区开挖"的施工方法。可有效提高施工进度，对设备的安全撤离提供有利的技术支持。

4.2.1 明显加快施工进度

垂直交通运输问题是井挖工程施工的关键性问题。扒渣是开挖施工的主要工序之一，所占作业时间较长，扒渣设备吊运相当困难，而且安全问题也比较突出。

采用该工法进行大中型竖井开挖，提供了很好的溜渣通道，有效地解决了钻爆和除渣的相互干扰，缩短了循环时间，提高了工作效率。

4.2.2 减轻爆破振动

本工法中开挖方法的应用、布孔及爆破方式的改进、爆破参数的优化，与传统的开挖方式相比，可有效减轻爆破振动。

此方法采用"线形布孔，同排同段起爆"布孔装药方式。可明显减少了靠边壁的单段药量、减轻了爆破振动，有利于维护井周岩体稳定。

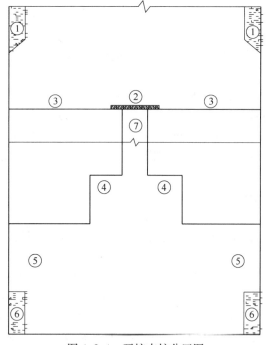

图4.2.4　开挖支护分区图

①上部倒挂混凝土；②导井安全保护盖；③上部开挖；④下部开挖；⑤下部二次扩挖；⑥下部衬砌混凝土；⑦溜渣导井

4.2.3 经济效益明显

由于平面分区开挖，有利于优化开挖爆破设计。炮孔布置形式由环形优化为线形，起爆方式优化为排间微差，进一步扩大孔网参数，排距由1.2～1.5m扩大为1.5～2.0m，孔距由0.8～1.2m扩大为1.2～1.5m，钻孔量和装药量减少，不仅爆破效率提高，而且渣方块度也得到了很好的控制，几乎无二次破碎，开挖施工成本降低，经济效益明显。

4.2.4 分区原则

分区原则主要根据围岩状况进行调整，一般平面分为两区较好，地质条件极差的工程宜内外环形分为两区，外区的最小宽度应以满足施工设备安全作业为下限。露天式或有吊运条件的埋藏式井挖工程可将下卧施工机械设备的保护罩吊出，无吊运条件的井挖工程可设两套保护罩交替使用。

福堂水电站调压井工程施工实践证明，"施工机械设备下卧，两区开挖"是大型井挖工程安全、快速、经济施工的重要方法之一，其经济效益明显，技术优势突出，值得在同类工程中广泛推广应用，见图4.2.4。

5. 施工工艺流程及操作要点

5.1 施工工艺流程图

施工工艺流程见图5.1。

5.2 操作要点

5.2.1 井周岩体预加固技术研究

根据现在西部地区的大多数竖井地质显示，竖井周围的地质普遍存在不同程度的缺陷，围岩差、裂隙发育广、覆盖层厚、断层是几个比较突出的因素。对于开挖存在不安全因素、成井条件差的大井，必须对井周岩体进行预加固技术处理。

预加固的处理方式多种多样，主要根据大井现场围岩状况进行选用，通常采用的方式有固结灌浆、锚喷支护、锚筋桩等。

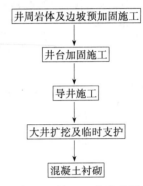

图5.1 施工工艺流程图

福堂水电站调压井工采用的就是深孔预固结灌浆结合锚筋桩预加固井周岩体的技术进行井周围岩加固处理的，结果显示，经过预加固技术处理后，为大井安全开挖创造了有利条件。

5.2.2 高陡后边坡加固技术

1. 岩石后边坡加固技术

岩石后边坡的处理很关键，主要是为大井的开挖提供有力的上部岩体稳定保证，通常情况下，大井周围的边坡岩体均存在或多或少的缺陷，特别是在进行了边坡开挖和大井扩挖以后，会出现一个很高的临空面，上部边坡的稳定是确保大井的开挖安全正常进行的一个重要因素。

边坡处理的方式很多，有抗滑桩、钢管桩、框格梁、锚喷支护等。

福堂水电站调压井工程就是采用锚喷支护、固结灌浆结合预应力锚索来加固高陡后边坡。

通过现场检测和验收，福堂水电站调压井工程的整个后边坡支护工程被评为优良工程。

2. 土质后边坡加固技术

实际工程施工中，受地形条件限制，一些调压井工程布置于几乎完全松散的土体之中，岩质边坡所采用的锚固等加固技术已不适用，通过研究，我们采用了喷混凝土覆盖以及混凝土格梁与土钉或抗剪洞塞或抗滑桩相结合的加固技术，该技术已被JY调压井等工程所采用。

5.2.3 井台加固技术

1. 岩石井台加固技术

通常情况下，井周岩体的自稳能力都需要加强，为提高井周岩体自稳能力，保证井体开挖施工安全，须对井周进行自稳处理，处理的方式有深孔固结灌浆，锚筋桩、盖重混凝土等。盖重混凝土不仅加固了井台，保证井台作业安全，而且为预固结灌浆和锚筋桩施工创造了条件，也为后续的倒挂混凝土施工创造了悬挂条件。如图5.2.3-1。

2. 土质井台加固技术

当井周为砂层、砂卵石层甚至含有泥化夹层时，预固结灌浆和锚筋桩的实效可能不明显，则应考虑将盖重混凝土与后边坡抗滑桩进行整体浇筑，以满足倒挂混凝土悬挂要求。如图5.2.3-2所示。

5.2.4 井周预加固技术

1. 岩石井周预加固技术

为了使井挖施工能安全、顺利进行，对于岩石围岩较差的竖井，还须对竖井上部围岩采取深孔预固结灌浆、锚筋桩、钢管桩等支护方式进行预加固。如图5.2.4-1所示。

1）灌孔深度

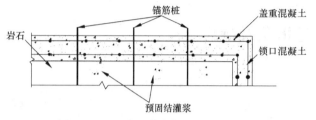

图 5.2.3-1 岩石井台加固结构示意图

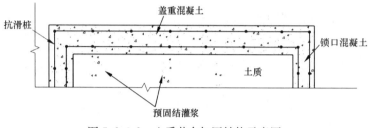

图 5.2.3-2 土质井台加固结构示意图

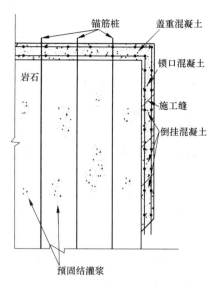

图 5.2.4-1 岩石井周预加固结构示意图

灌浆孔深根据围岩状况及覆盖层厚度确定。

2）灌孔布置

灌孔布置根据现场围岩状况确定，通常情况为开挖半径以外 1.0m 布置第一排，2.0m 布置第二排，具体排数及排距根据现场实际情况进行调整。灌孔布置如图 5.2.4-2 所示。

3）锚筋桩

固结灌浆完成后，在大井井周灌浆孔内安设由两根 $\Phi32$ 钢筋和一根 $\Phi32$ 钢管组成的锚筋束，注浆后形成锚筋桩。

4）钢管桩

固结灌浆完成后，也可采用钢管桩进行加固，钢管桩布置形式；围绕井圈布置，通常为 1 到 2 排，钢管桩通常采用 1 根 $\phi146$ 钢管做主管，内设 $3\Phi32$ 钢筋，钢筋采用错缝对接，焊接方式为坡口焊，钢筋安装完成后，内灌 M20 砂浆，灌浆方式为无压式。钢管桩深度通常为超过基覆界限以下 5m。

5）灌浆施工顺序

封闭排（圈）灌浆施工（G1、W1、G3）→加密排（圈）灌浆施工（G2、W2）→灌浆效果检查→封孔施工

6）灌浆孔分序

同排灌浆孔先施工Ⅰ序孔，再施工Ⅱ序孔，后施工Ⅲ序孔，逐排加密。前序孔超前钻灌 15.0m 后，后序孔开始钻孔、灌浆。为限制浆液向外侧远距离流动，必须先施工 G1、G3、W1 排（圈）孔，以形成封闭条件。

7）技术效果

以福堂水电站调压井深孔预固结灌浆加固岩体施工为例。

通过以上措施处理，监理对福堂水电站调压井深孔预固结灌浆加固岩体施工的综合评价是：施工工艺合理，技术手段可靠，质量优良，灌浆效果明显，为调压井的井挖施工起到了有力的安全保障作用。

2. 土质井周预加固技术

当井周为砂层、砂卵石层甚至含有泥化夹层等松散的土质时，其失稳机理不同。可采用预固结灌浆、抗滑桩与混凝土洞塞相结合的方式予以加固。如图 5.2.4-3 所示。

5.3 不良地质条件下的导井扩挖技术

对于地质条件差的竖井开挖，过小的导井在人工进行扩挖时存在很多的安全隐患，特别是清渣时容易出现安全问题。为了保证除渣的正常进行，改善溜渣条件，加快开挖进度，降低开挖成本，可以

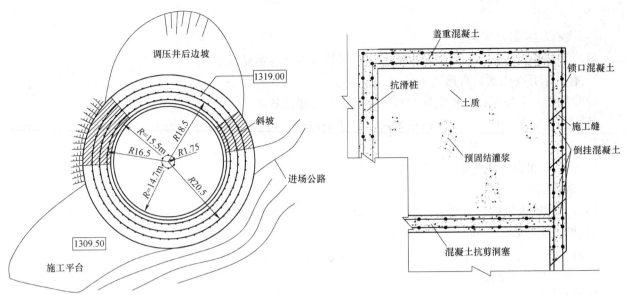

图 5.2.4-2　福堂水电站调压井工程灌孔布置图　　　　图 5.2.4-3　土质井周预加固结构示意图

采用换取更大的钻头，扩大导井直径的方法。

福堂水电站调压井工程的施工实践证明，扩大溜渣导井是恶劣地质条件下井挖工程安全、快速、经济施工的重要工程技术措施。

5.3.1　导井扩大的必要性

1. 有利于防止导井堵塞

导井在溜渣时，如果溜渣通道过小，溜渣井内极容易发生渣料堵塞现象，所以，扩大导井直径是完全必要的。

1）2.0m 直径的导井易堵

通常情况下，先导井的直径为 2.0m，这样小的导井容易产生堵塞现象。

2）穿钢丝清堵方法可靠性低

在导井内穿钢丝清堵的方法对于松散块体堵塞清堵可能是有效的，但对于块度尺寸较大的"硬卡"性堵塞基本是无效的，不仅清堵的可靠性低，而且作业安全问题也比较突出。

3）清堵作业延误工期

导井清堵作业难度大，安全性差，耗时较长。

4）具备扩大导井条件

导井周围直径为 3.5m 范围内已进行了预固结灌浆，使得直径为 3.0～4.0m 范围岩体的强度提高，完整性增强，创造了有利的成井条件。而且，反井钻机已将导井扩至直径为 1.4m，具备了人工扩大导井的施工条件。

实际扩挖施工中，采取了跟进锚喷支护导井井周岩体的措施，以保证导井施工安全。

5）扩大溜渣导井是防堵的根本性措施

溜渣导井扩大后，爆破渣方的块度要求明显降低，导井被堵塞的几率大大减小。

2. 有利于开挖施工安全

1）进一步探明井体工程地质条件

扩大溜渣导井，可进一步探明井体工程地质条件，有利于采取合适的安全加固措施，使调压井开挖工程稳步推进。

2）减轻爆破振动

扩大溜渣导井后，装药量减少，将明显减轻爆破振动，减少钻爆施工对井壁岩体及新浇筑混凝土的扰动。

3）飞石危害明显减少

溜渣导井扩大后，二次破碎率大大降低，可使飞石危害明显减少。

3. 有利于开挖爆破后自然通风散烟

导井如同一个通风口，扩大导井直径有利于改善通风条件。

井底其他工序与开挖作业平行进行时，可快速散烟，改善通风条件，为大井施工创造了有利的作业条件。

4. 有利于加快施工进度

1）钻爆作业循环明显缩短

溜渣导井扩大以后，钻孔和装药量大大减少，钻爆作业循环明显缩短。

2）扒渣作业效率提高

溜渣导井扩大后，渣方块度适中，扒渣作业效率可明显提高。

3）导井扩挖速度较快

导井扩挖由下至上，采用 2.0m 孔深爆破，并跟进锚喷支护，爆破渣料可直接落入大井下部，方便除渣，循环时间很短。有利于大井的快速扩挖。

5. 经济效益明显

1）钻孔和装药量明显减少

溜渣导井扩大后，爆破渣方的块度要求明显降低，降低炸药单耗，钻孔量和装药量明显减少。

2）二次破碎率明显降低

二次破碎会增加施工成本，导井扩大后，防堵的渣方块度控制尺寸明显放宽，二次破碎率大大降低。可有利的降低开挖成本。

3）直接经济效益明显

导井扩挖后，降低了二次破碎率，使得爆破工程量明显降低，也使得大井开挖资源投入降低，直接经济效益明显。

5.4 快速扒渣技术

反铲防护方法

渣方垂直运输是大型竖井工程开挖施工的主要工序。采用人工扒渣，其施工速度非常慢，势必严重影响开挖进度，采用机械扒渣，其垂直吊运难度大，安全问题比较突出。根据以上原因，可采用从井口开始，直接让反铲驶进井内，采用设置防护罩下卧的方式进行。

反铲设保护罩下卧

反铲设保护罩下卧的方式，就是在爆破前将保护罩吊入井内将反铲保护起来，反铲随大井开挖下卧，最后从井底出井。采用此方式应注意两点：一是保护罩结构要牢固可靠；二是反铲应停靠在井壁稳定的部位，以防止垮塌毁损反铲。

福堂水电站调压井工程的运用实践证明，此方式安全可靠、就位快速、作业成本低，是大型井挖工程快速开挖的重要方法之一，值得在同类工程中推广应用。

5.5 合理开挖顺序

合理的安排开挖顺序是保证开挖作业顺利进行的一个关键环节，怎样安排开挖顺序根据各竖井的具体地质情况确定。

福堂水电站调压井工程的开挖顺序为：导井与大井井周岩体预加固平行作业，大井采用立面分层、平面分区的溜渣法自上而下开挖，跟进锚喷支护与倒挂混凝土衬砌。结果，开挖作业得以快速完成，安全可靠。

5.5.1 立面分层平面分区

开挖顺序根据各竖井的具体地质情况确定。以福堂水电站调压井工程为例。

5.5.2　上层开挖程序

福堂水电站调压井工程上层岩体条件极差，除山脊部位外，两侧几乎为土石相混的松散体，而且后边坡较高。分析认为，可借鉴平洞开挖的"双侧壁导坑法"，上层采用"平面分三区，先机械直接清挖两侧，后爆破开挖中间岩体，保留后坡部分岩体，混凝土衬砌前连续开挖 10.5m，锁口加固后再下挖"的施工程序。如图 5.5.2 所示。

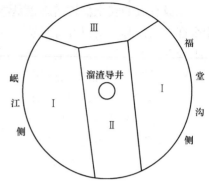

图 5.5.2　上层开挖平面分区示意图

5.5.3　中上层施工程序

福堂水电站调压井工程中上层主要为破碎的岩石，基本属于Ⅳ类和Ⅴ类围岩。中上层采用"浅台阶全断面开挖，周壁光面爆破，钻孔与倒挂混凝土的钢筋架设平行作业，跟进锚喷支护和倒挂混凝土衬砌"的施工程序，台阶高度 1.0~1.5m。

5.5.4　中下层施工程序

福堂水电站调压井工程中下层的岩石条件较好，基本属于Ⅲ类围岩。中下层采用"平面分两区，周壁光面爆破，钻孔与扒渣平行作业，倒挂混凝土间隔衬砌"的施工程序，台阶高度 2.0~2.5m。如图 5.5.4 所示。

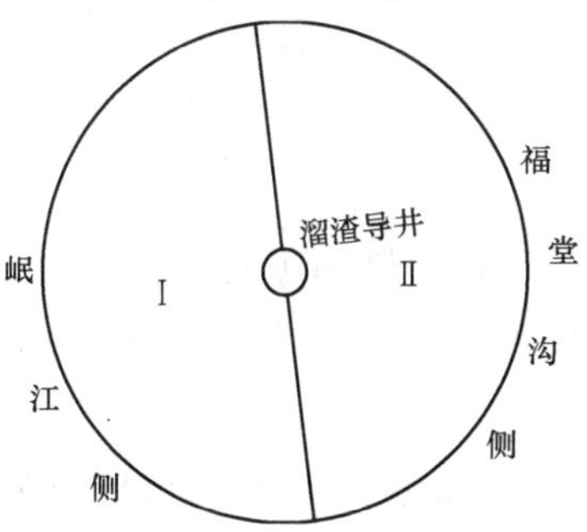

5.5.5　下层施工程序

福堂水电站调压井工程下层 1212.0~1220.0m 高程岩体条件较差，基本上属于Ⅳ类围岩。下层采用"导井超前扩挖，大井开挖次序跟进，井与洞交叉部位双层光面爆破，及时喷钢纤维混凝土"的施工程序。导井顺主洞方向扩挖为 12.0m 宽的槽，台阶高度 2.0~2.5m，两侧次序跟进的台阶高度为 3.0m，如图 5.5.5 所示。

合理开挖顺序对大型竖井工程安全、快速开挖有着十分重要的作用，开挖顺序的确定要综合考虑井周的岩体条件、大井开挖直径大小、开挖方式以及跟进支护方式、开挖与支护平衡协调作业以及现场施工条件等。

图 5.5.4　中下层开挖
平面分区示意图

5.5.6　立体交叉，平衡作业

现在大多数井挖施工的工期都比较紧，任务众，施工中难免碰到立体交叉，平衡作业的情况，安全问题相当突出，如何解决好这个问题，是我们加快施工作业的一个关键点。

本工法采取的主要措施是：

1. 优选施工循环，保持合理的空间间距

一是根据岩体条件，优选开挖台阶高度，使开挖、锚喷支护与倒挂混凝土衬砌平衡、协调作业。Ⅴ类、Ⅳ类围岩井段平均台阶高度 1.5m，Ⅳ类、Ⅲ类围岩井段平均台阶高度 2.0m，倒挂混凝土层高 3.6m。即可每开挖两个台阶，衬砌一层倒挂混凝土；

二是根据开挖揭示的井周岩体条件，适时调整岩体裸露控制高度，适当提高开挖工作面与倒挂混凝土衬砌的高度。

2. 加强组织管理，采取积极有效的安全防护措施

1）严格控制岩体裸露高度

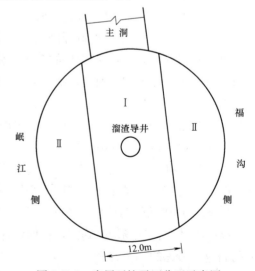

图 5.5.5　底层开挖平面分区示意图

实际施工中，由于倒挂混凝土衬砌施工速度较慢，而采取快速开挖方法后，开挖往往比较超前。因此在施工组织管理上应加强协调，严格控制井周岩体裸露高度，以保证施工安全。

2）采取积极有效的安全保护措施

积极有效的安全保护措施也是本工法要强调的一个要点，安全是进度和效益的前提，没有安全，什么都无法谈起。所以设置足够的安全措施，进行必要的安全教育是非常必要的。施工中应加强施工组织管理，通过施工循环的优选，保持各工序平衡、协调作业。

5.6 控制爆破技术的应用

5.6.1 控制爆破设计原则

井挖爆破设计应满足以下要求。

1. 爆破震动控制

减少爆破对保留区岩体的振动作用有利于施工期井壁岩体稳定。同时，也减少爆破对喷锚支护设施和倒挂混凝土结构的影响。

2. 渣方块度及堆积方式控制

控制渣方的块度和堆积方式，防止溜渣导井被堵塞，为溜渣导井畅通创造必要条件。

3. 优化爆破孔网设计

扩大孔网面积，提高钻孔爆破施工效率，降低开挖成本，加快爆破施工进度。采取的原则是"三控制一加强"。

一是控制井壁光面爆破成型；二是控制溜渣导井近区爆破渣方块度；三是控制钻爆效率。

同时，还应加强施工期爆破震动监测，反馈分析，及时调整和优化相关参数，指导后续施工。

4. 优选爆破施工循环

爆破施工循环的选择，一方面要根据岩石条件，提高钻爆效率，有利于加快开挖施工进度；另一方面要与支护作业保持平衡协调，便于及时支护，以维护井周裸露岩体稳定，保证施工安全；再者，要考虑按工序流程施工，便于施工组织管理；此外，还应考虑要有适当的作业工作度。

5. 保持平衡施工

开挖爆破后能为后续工序施工创造有利的工作面，使调压井开挖、锚喷支护和倒挂混凝土浇筑三大工序平衡施工，保持合理的时空间距。

5.6.2 垫孔法台阶面控制爆破技术

由于井内分层分块开挖和地质多变现象存在，开挖时易形成的台阶面起伏差较大现象，导致大块石和飞石较多，施工作业困难，施工效率下降，施工成本增加，施工形象差，近导井区作业存在安全隐患等不良后果。

本工法建议采用垫孔法台阶面控制爆破技术。所谓垫孔法即加大炮孔超钻深度，孔底 5～10cm 内先用岩粉充填，再装药爆破，以减小爆破对台阶面的震动。

5.6.3 爆破飞石控制技术

爆破飞石控制是竖井开挖应该注意的一个环节。本工法采用的方法如下：

1. 减小爆破的炸药单耗及单孔装药量

爆破参数根据现场情况确定，在保证爆破效果的基础上合理的减小爆破的炸药单耗及单孔装药量是我们应该考虑的一个方面。

2. 选择合理的台阶高度

减小爆破渣料的侧向约束、垂直向较为充分地临空、水平运动相对容易，适当提高台阶高度，选择合理的台阶高度有利于提高爆破效果，减小单耗药量，减小爆破震动。

3. 改善爆破装药结构

采用间隔装药，药量沿孔深分布为"上下小，中间大"。

4. 确定合理的堵塞长度和堵塞施工工艺

根据炮孔深度不同，适当加长炮孔堵塞长度；炮孔堵塞密实与否对爆破效果和控制爆破飞石有着重要的作用。工法建议采用黄泥和岩粉堵孔，堵塞的工艺为"先轻后重，逐渐加密"。

5. 优选孔网参数

优选孔网参数原则：扩大孔网参数，使爆炸能量充分作用于岩石；避免出现大块石，减少二次破碎的飞石危害。

6. 改进钻孔工艺

钻孔时应使孔底在同一高程上，要避免出现根底岩埂；同时，对成孔困难的部位，视具体情况，可适当调整孔排距，完全松动部位可直接用反铲清挖。

7. 联网方式及起爆顺序

联网形式为"孔内延时，孔外传爆"，这样连网有利于提高安全准爆性。起爆顺序为。同排同段由中心部位向外延时，可使爆渣向中心部位集中，而不至于大块料直接进入导井，有利于防止导井堵塞；同时，爆破料相对更集中，便于扒渣作业。

6. 材料与设备

主要施工机械设备和材料表见表6。

主要施工机械设备和材料表   表6

编　号	名　　称	规　格	参　数	备　注
1	拌合楼	JD1000		自落式
2	自卸汽车			水平运输
3	反铲			扒渣
4	喷射机			锚喷
5	注浆机			锚喷
6	空压机			锚喷及造孔
7	手风钻	YT28		造孔
8	装载机	50 侧卸		下部除渣
9	电焊机			型钢安装
10	跑弧机			钢筋加工

说明：本工法中所用材料均为开挖支护施工的常规材料，根据具体的施工需求确定，这里不进行叙述。

7. 质 量 控 制

7.1　主要执行标准

《水工建筑物岩石基础开挖工程施工技术规范》SL 47—94；

《水工建筑物地下开挖工程施工技术规范》DL/T 5099—99；

《水电水利工程爆破施工技术规范》DL/T 5135—2001；

《水工混凝土施工规范》DL/T 5144—2001；

《水工混凝土试验规程》DL/T 5150—2001；

《水工混凝土外加剂技术规程》DL/T 5100—1999；

《建筑用卵石、碎石》GB/T 14685—2001；

《建筑用砂》GB/T 14684—2001；

《硅酸盐水泥、普通用硅酸盐水泥》GB 175—1999；

《用于水泥和混凝土中的粉煤灰》GB 1596—91；

《水利水电工程施工质量评定规程》（SL 176—1996）。

7.2 原材料质量控制、检查和监督

7.2.1 所有采购材料，必须有厂家质量合格证，工程用材料须有质量检验单，并由试验室按技术规范要求对材质进行试验鉴定，出据鉴定报告。

7.2.2 对混凝土所用骨料，需由试验室取样，按技术规范和合同要求进行试验检测，出据试验检测报告。

7.2.3 检测合格的材料才能入库，库存的材料应分类、分批堆放，设立标志和账卡，按用途归口管理，不得混用。材料要妥善保管，对过期或变质的材料，要重新进行性能鉴定试验。

7.2.4 混凝土拌制应严格按试验确定的配合比拌制，不得随意更改。

7.3 施工过程的质量控制、检查和监督

7.3.1 严格控制施工测量质量，施工测量放线的正确性和精度是保证工程按设计图纸准确无误的关键。

7.3.2 严格控制爆破参数，确保开挖成型断面质量，确保开挖预留保护层满足设计和施工要求，避免超欠挖。

7.3.3 严格控制导井质量，确保导井垂直度满足设计和施工要求。

7.3.4 严格控制各项支护参数，确保支护质量符合设计要求，确保后续开挖施工安全。

7.3.5 严格控制分层开挖层厚，避免相邻开挖支护段落间因支护不及时造成岩壁垮塌，造成安全隐患。

7.3.6 严格控制混凝土浇筑过程质量，确保衬砌混凝土质量满足设计及规范要求。

7.3.7 严格控制型钢支护质量，确保临时支护质量满足开挖安全要求。

7.3.8 严格监督自检、互检、交接检工作。详细填写质量记录，申报检查验收。及时进行质量评审，编制竣工资料。

7.3.9 编制合理的可行的施工组织设计和保证工程质量的措施，严格按照设计图纸的技术规范精心施工。推行质量奖惩制度，实行质量一票否决权制度，避免或减少工程质量事故发生。

7.4 加强原材料，半成品及设备采购的质量控制和管理

设立工地试验室，配备足够的测试仪器和专职试验人员，加强工程材料和施工质量的抽样检查，认真做好施工全过程的各项试验工作，严把数据关，以试验数据控制施工质量。

采购原材料，半成品及工程设备和器材时，严格按照相关质量要求、技术标准和设计图纸的规定进行采购。凡进入施工现场的原材料，半成品，工程设备和器材均按有关规定进行试验和检测，只有合格者才能用于工程。严禁使用不合格产品。

8. 安 全 措 施

8.1 主要执行标准

《中华人民共和国劳动法》（主席令二十八号，1995 年 1 月 1 日）；

《水利水电工程劳动安全与工业卫生设计规范》DL 5061—1996；

《水利水电工程施工安全防护设施技术规范》DL 5062—2002；

《安全标志使用导则》GB 16179—1996；

《安全标志》GB 2894—1996。

8.2 安全技术措施

8.2.1 倒挂混凝土衬砌技术

对于竖井开挖后容易产生应力变形，较好的解决办法是先进行靠山侧大井开挖，然后紧接着进行该部位的临时衬砌支护，然后再进行外侧竖井部分开挖和临时支护，井周的主要衬砌措施采用全井圈封闭式刚性模式，以使井周主受力方向的土压力能较均衡有效地传递到井圈的各个方位，从而起到全井圈共同分担主要土压力、减小某一方向过大不均衡变形而导致井周形态畸变的作用。

8.2.2 锚喷支护技术

全井段开挖过程中应重视开挖面的临时跟进支护，及时进行锚固、喷护，以确保施工人员及设备的安全。

实际施工中采用边开挖边锚喷支护，每下挖 2～3 个台阶后支护一次。支护方式根据各竖井的地质情况确定。

8.2.3 钢拱架加固

采用钢拱架结构支护方式进行大井临时支护，有利于使大井开挖支护形成整体受力，缓解岩体应力变形。

8.3 管理措施

8.3.1 施工安全管理

建立安全生产责任制。设立安全委员会和安全管理部，下设专职安全员。从上到下，形成安全管理、检查和监督体系。

坚持安全生产一票否决。将安全生产责任制层层分解落实，任务和安全同步落实。

坚持"安全第一，预防为主"的方针，加强全员安全意识教育，勤落实、勤检查，消除安全隐患，把不安全的因素消灭在萌芽状态。

8.3.2 施工安全措施

1. 设置安全标志和安全警示，编制安全劳动保护手册，做好安全教育和安全交底工作。

2. 编制安全预案，设置安全防护设施，各项安全措施应符合国家有关规程规范要求。

3. 对于施工用电，应严格遵照国家有关规定执行，并设置警示标志。

4. 在井口设置防护栏，防止上部杂物掉入井内。

5. 对于进入大井的安全爬梯每 10m 设置一个休息平台，爬梯和平台周圈设置防护栏杆。

6. 钻爆施工时，井内的机械设备设置安全防护罩。

7. 施工区随时保持通讯畅通。

8.3.3 安全生产的检查和控制

设立安全奖惩制度，建立安全检查制度，做好检查记录，对事故隐患及苗头及时发现、及时处理。

8.3.4 对事故处理的措施

对任何事故，一旦发生，就得坚持"三不放过"的处理原则。立即对事故进行全面调查，查明事故发生的时间、地点、类别、原因、责任人，并提出事故报告及有关处理意见。同时事故发生单位要提出纠正和预防的措施，以免同类事故的再次发生。

8.3.5 事故的预防和控制

利用事故分析法，查明事故发生的原因和各种事故因素，并对各类事故进行分析研究，制定有效的补救措施，杜绝同类事故重复发生，确保该项目施工安全顺利完成。

9. 环 保 措 施

严格遵守国家有关环境保护的法律、法规和规章，建立环境保护保证体系，做好环保规划。配置专职人员配合当地环保部门，做好工程施工的环境保护工作。

9.1 主要执行标准

《中华人民共和国环境保护法》（1989年12月16日）；

《中华人民共和国水法》（2002年8月修订）；

《中华人民共和国水污染防治法》（2002年11月17日）。

9.2 渣场、废渣的防护措施

对于工程开挖中出现的渣料，应运至指定地点分类堆存，在弃渣场低洼边，应设置边坡防护和排水孔，并作好堆渣区的表面排水设施，防止堆渣区的开挖弃渣冲蚀河床或淤积河道。

9.3 施工场地开挖的边坡保护和水土流失防治措施

9.3.1 边坡开挖前，根据具体情况作好临时性山坡截水沟，防止雨水漫流冲刷边坡，造成水土流失。

9.3.2 永久边坡的坡脚及施工场地周边和道路的坡脚，应做好排水沟槽，配备排水设施，排除坡底积水，保护边坡坡脚的稳定。

9.3.3 保护施工区外的植被，不被损坏，完工后及时进行绿化。

9.4 施工期的消防、防火措施

在生活区和生产区，设置齐备的消防设施和消防器材；在重点防火单位还应设置专用器材，设立警示标志；成立消防突击队。

10. 效 益 分 析

本工法在福堂水电站工程成功应用，在施工中创造了月开挖深度、倒挂混凝土月衬砌高度、常态混凝土直溜深度、门槽二期混凝土浇筑速度等多项国内同类工程施工的新纪录。

10.1 工期效益

本工程的实际开挖工期由原设计的18个月缩短到12个月，原中标合同任务提前于2003年10月全面完成。包括新增加的任务在内，整个调压井工程比原计划提前4.5个月交工，电站提前3.5个月投产发电。

10.2 经济效益

本工法在福堂水电站工程中应用，获得的经济效益超过2.3亿元，直接经济效益为1.38亿元。新增利润6000.2万元，其中，施工成本降低达166.9万元。

10.3 社会效益

福堂水电站是国家扶持民族地区经济发展，四川省实施西部大开发的重点工程之一，是阿坝藏族、羌族自治州"水头"换"木头"和实施天然林保护工程的替代项目，也是阿坝州充分利用资源优势、振兴民族经济的"翻身工程"。福堂水电站的建设对促进民族地区经济发展、社会进步和生态环境保护都具有重要的作用。

11. 应 用 实 例

本工法在福堂水电站调压井工程的成功应用，取得了多项先进施工技术、设备和理论成果，主要包括：

11.1 建立了井挖安全监测方法及安全监控指标，及时提供实测依据，为工程施工决策提供指导；应用了预固结灌浆基础上安设锚筋桩的井周破碎岩体预加固技术，有力地保证了工程的施工安全和运行安全。整个施工过程中无工伤死亡、无工伤重伤、工伤轻伤频率为零、无主要责任以上重（特）大交通事故，无直接经济损失超过万元以上的机械设备物资材料及其他损失的事故。

11.2 采用了扒渣机械下卧、分区开挖方法，施工成本明显降低，并创造了直径 31.4m、月开挖深度达 15m 的国内施工新纪录；采用了倒挂混凝土整体式悬挂模板间隔衬砌方法，有力地保证了施工安全，并创造了内径 29.4m、厚 80cm 的倒挂混凝土月衬砌高度达 14.4m 的国内施工新纪录。

11.3 福堂水电站调压井工程已通过竣工验收，施工质量优良，并已经安全运行一年，运行观测证明，调压井工程及其所处山体是稳定、安全的。同时，该项目还获得了李冰优胜奖和全国五一劳动奖状。

孔口封闭水泥灌浆施工工法

YJGF084—2006

中国水电基础局有限公司
葛洲坝集团基础工程有限公司
中国水利水电第八工程局

王志仁　夏可凤　温文森　余开云　焦家训　辜永国

1. 前　　言

　　水泥灌浆是建筑工程地基处理、岩土或结构物加固的重要施工方法。在本法发明以前，我国有自上而下灌浆法、自下而上灌浆法等。这些方法都要使用孔内灌浆塞，但是直到20世纪末，我国还不能生产高压灌浆塞，而进口灌浆塞十分昂贵，因而一般不能进行高压灌浆。

　　20世纪70年代末期，贵州乌江渡工程兴建，强岩溶地基帷幕灌浆是该工程成败的关键技术之一，我国工程师王志仁提出采用高压灌浆的方法解决岩溶灌浆的问题。由于国内的技术条件（主要是灌浆泵、灌浆塞、胶管、高压阀门等）灌浆压力一般只能达到3MPa以下，为了解决高压灌浆塞的问题，王志仁提出采用孔口封闭（王当时称其为"无塞灌浆"）的方法，这种方法使用能够承受高灌浆压力的孔口封闭器替代灌浆塞。与此同时，又经过研制和改进解决了高压灌浆泵、高压耐磨阀门等技术难题，使孔口封闭灌浆这样一个系统工法具备了完全的实施条件。再经过乌江渡工程多次的现场试验和20余万米帷幕灌浆施工实践，接着又在青海龙羊峡水电站、贵州东风水电站、辽宁观音阁水库、湖北隔河岩水电站等推广应用，取得了巨大的成功。1983年版《水工建筑物水泥灌浆施工技术规范》首次将孔口封闭灌浆法列入规范，1994年、2001年版灌浆规范对该法进行系统完整地阐述和规定。

　　孔口封闭灌浆法现在已成为我国水利水电工程灌浆施工中基本的、用得最多的工法。

2. 工 法 特 点

孔口封闭灌浆法的主要优点是：

2.1　与自上而下分段卡塞灌浆相比，施工简便、工效高

　　由于孔口封闭灌浆法改孔内安装灌浆塞的工艺为在孔口安装孔口封闭器，大大方便了施工，同时减少了灌浆塞封闭不严、橡胶塞被顶坏、塞子被水泥浆凝死等故障，显著提高了工效。而且越是深孔这种好处越明显，提高工效的幅度一般可达到30%以上。

2.2　根本避免了发生"绕塞返浆"的问题，施工的可靠性高

　　孔口封闭灌浆法不在钻孔内安装灌浆塞，因此也就排除了孔内浆液会通过陡倾角裂隙，绕过灌浆塞返流到孔口冒出地面的问题。

2.3　钻孔和灌浆设备器具简单

　　一般说来，孔口封闭灌浆法使用的钻孔、灌浆的设备和器具都比较简单、小型、廉价，适合在各种工程和施工条件下应用。在我国多数施工单位大型钻孔灌浆设备不足，精密高效灌浆器具不足的条件下，可以比较经济简便地实现循环式高压灌浆。

2.4　可灵活使用各种性能的浆液

　　由于孔口封闭灌浆法是循环式灌浆，所以可以使用各种性能的浆液，包括非稳定浆液和稳定浆液，

可以方便适时地实现各级水灰比浆液的变换，可以根据受灌地层的不同情况有针对性地调整浆液性能，从而增强灌浆效果。

2.5 重复灌浆提高了施工的可靠性

由于上部各灌浆段可多次重复接受灌浆，因而对施工疏漏、作假的补偿机会多，施工安全系数大，灌浆质量有保证，灌浆效果好。

3. 适 用 范 围

和其他各种灌浆工法比较起来，孔口封闭灌浆法几乎可以适应各种地层。但更适用如下条件：

3.1 比较适用于块裂结构岩体、陡倾角裂隙岩体；碎裂和散体结构岩体或缓倾角层状岩体，以及缓倾角裂隙发育的岩体也可应用，但应注意防止岩体抬动。

3.2 适用于钻孔较深的帷幕灌浆、深层固结灌浆。浅孔低压灌浆也可应用，但经济上的优越性就不明显了。

3.3 较适用于灌浆压力大于 3MPa 的高压灌浆，低压灌浆可用普通的灌浆塞解决。

3.4 适用于盖重较大或对抬动变形不敏感的工程部位。如在对抬动变形要求十分严格的部位，则施工应小心。

3.5 本法灌浆浆液的损耗量较大，因此贵重材料的灌浆最好不要采用本工法。

4. 工 艺 原 理

研发孔口封闭灌浆法的初衷主要是为了实现高压灌浆，其主要技术原理是：

4.1 采用小孔径钻孔，以提高钻孔工效

孔口封闭灌浆法形成以前，灌浆孔的孔径一般都要在 Φ91mm 以上，这是因为灌浆孔中要下入双层灌浆管和灌浆塞的缘故。采用孔口封闭法以后，灌浆孔中只需下入一根射浆管，射浆管也就是钻杆，其直径一般为 Φ42mm，因此灌浆孔的最小直径 Φ56mm，甚至更小就可以了。灌浆孔直径的减小给广泛使用金刚石钻头创造了条件，钻孔工效大大提高，从总体上提高了灌浆施工的工效。

那么，减小灌浆孔的孔径是否会带来注入率的减小呢？从直观上看，钻孔直径减小以后，钻孔与岩体裂隙相交的长度也减小了，也就是说钻孔中通过浆液的面积减小了，通过浆液的流量（注入率）也会减少，从而延长灌浆时间，这是不利的。但是计算分析和工程实践表明，影响浆液注入流量大小的主要因素是裂缝宽度，而钻孔直径的影响较小。更何况高压灌浆还对裂缝有较大的扩宽作用，实际上有效地增大了注入流量。

4.2 改孔内卡塞为孔口封闭，避免灌浆塞缺陷和孔内卡塞的麻烦

如前所述，在孔口封闭灌浆法形成以前，灌浆时灌浆塞是安放在钻孔里面的。这种做法有几个弊病：①当时的螺杆顶压胶球式灌浆塞不能承受较大的灌浆压力，压力大了灌浆塞就会滑动或漏浆，或压坏止浆胶球；②当孔壁不够平整圆顺时，灌浆塞常常不易封闭严密；③如果岩石中的陡倾角裂隙发育，灌浆时常易发生绕塞返浆；④灌浆塞及其双层管路的安装操作劳动强度大。改为孔口封闭灌浆法以后，这四个弊病完全被克服了。

虽然，运用现代橡胶技术的高压充气式胶囊灌浆塞及高压灌浆软管等我国均已可以自行制造，并已经在有些工程中应用，但是其所适用的灌浆方式是纯压式灌浆，如果要用于循环式灌浆仍然是比较复杂的、不方便的。这也是孔口封闭灌浆法至今仍有生命力的原因。

4.3 大大提高浅层岩体的灌浆压力，以适应防渗帷幕实际运行条件的要求

采用孔口封闭灌浆法以前，各灌浆段的灌浆压力多是按照静水压力的原理，自上而下逐渐增加的（如图 4.3-1 中的 OCA 三角形）。使用的公式为：

$$P = K\gamma D \qquad\qquad (4.3\text{-}1)$$

式中　P——灌浆压力，kPa；

　　　γ——岩石重力密度，kN/m³；

　　　D——灌浆段上面的岩石厚度，m；

　　　K——系数，可采用 $1\sim 5$。

还有其他一些公式，主要是在系数和增加某个常数上有些变化，物理原理是一样的。

灌浆压力按照上述规则确定，理论上并无问题。但问题是灌浆帷幕承受的渗透压力却是相反，是上大下小的（如图 4.3-2 中的 OBA 三角形），这就要求帷幕的厚度或者密实度（抵抗渗透压力的能力）也是上大下小。为解决这一问题，帷幕的结构需要采用多排孔设计（图 4.3-3），实际上许多坝的防渗帷幕也是这样设计的。

为了从另一个角度解决问题，即用较少的钻孔，达到提高帷幕上部的厚度和密实度的目的，这就研究发明了孔口封闭灌浆法。孔口封闭灌浆法的压力设置，打破了静水压力原理的约束，基本上采用了自上而下等压力的模型（图 4.3-4 中 OFAC），其中虽然孔口 5m（第 1、2、3 段）的压力是由 D 逐渐升高到 E（等于 F）的，但是在以下孔段的灌浆中，它们都经受了最高压力的重复灌浆。

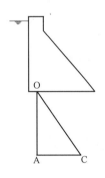

图 4.3-1　按静水压力灌浆压力示意图

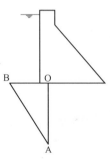

图 4.3-2　坝基渗透压力分布图

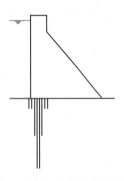

图 4.3-3　多排帷幕灌浆

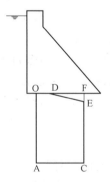

图 4.3-4　孔口封闭法灌浆压力分布图

4.4　由低压灌浆发展到高压灌浆，增强灌浆效果

如前所述，孔口封闭灌浆法采用以前，我国灌浆工程使用的压力不超过 3MPa，这里除了对灌浆机理的认识以外，灌浆泵和灌浆塞的技术性能达不到也是限制条件。采用孔口封闭法以后，以孔口管和孔口封闭器取代灌浆塞，这就避开了需要高压灌浆塞的难点，从而通过经济实用的方式实现了高压灌浆。乌江渡水电站帷幕灌浆首创采用孔口封闭灌浆法使用的最大灌浆压力是 6MPa（压力表指针摆动最大值）。

由低压灌浆发展到高压灌浆是灌浆技术的一次飞跃。低压灌浆基本上是渗透灌浆，高压灌浆则基本上是劈裂灌浆。理论分析表明，灌浆时灌浆孔孔壁处岩体承受的拉应力等于灌浆压力。只有少数坚硬岩石的抗拉强度达到 5MPa 或以上，更何况岩体中有许多裂隙，因此在高压灌浆时灌浆孔周围的岩石不是本身被劈裂，就是原有的裂隙被扩宽和延伸。于是大大地提高了岩层的可灌性和增加了吸浆量，从而增强了灌浆效果。

4.5 为避免和减少岩体抬动，提出灌浆压力和注入率的适应关系

在首创孔口封闭灌浆法的《乌江渡水电站工程大坝防渗帷幕灌浆施工规程》（1978 年 5 月）中规定：一般灌浆段灌浆时应尽快升到设计压力灌注。若遇大量耗浆地段，水灰比达到 0.5：1 时，其压力与注入率关系变化见表 4.5。

灌浆压力与注入率关系表 表 4.5

注入率(L/min)	>50	50～30	30～20	<20
压力(MPa)	0.5～1	1～2	2～4	设计最大压力

这里明确规定了使用高压力的条件。这是中国版的 GIN 原则，时间上更早于欧洲。

4.6 严格灌浆结束条件，由灌后待凝发展到不待凝

在孔口封闭灌浆法应用以前，每一灌浆孔段灌浆结束以后，常常需要待凝，大大降低了施工工效。是否可以不待凝呢？通过试验，证明适当延长灌浆结束阶段的持续时间，可以加快注入岩石裂隙中的水泥浆液的泌水速度，缩短初凝时间，实现灌浆后连续进行下一段钻孔作业，而不会影响已完成灌浆段的灌浆质量。

同样，严格的封孔条件确保了灌浆孔在完成灌浆施工后封堵严密。

5. 施工工艺要求及操作要点

孔口封闭帷幕灌浆样图见图 5。

5.1 施工程序及施工工艺流程

孔口封闭帷幕灌浆法施工的主要工艺流程如下：①测量孔位放样→②钻孔至第一段并灌浆结束→③镶铸孔口管并待凝→④以下各灌浆段的钻孔灌浆施工→⑤终孔段灌浆结束→⑥封孔验收。孔口封闭帷幕灌浆施工工艺流程见图 5.1。

5.2 钻孔

5.2.1 钻孔孔位、孔径、孔深应满足设计要求。一般采用地质钻机分段钻孔。钻孔孔位与设计孔位偏差不得大于 10cm，孔径一般为 56mm，钻孔分段根据设计要求确定，孔口管段的孔径一般比下部灌浆孔段大两级。

5.2.2 钻孔过程中应进行孔斜测量，孔斜控制严格按照规范和设计要求确定。超过规定值时应立即采取纠正和补救措施。

5.3 裂隙冲洗和压水试验

5.3.1 钻孔结束后，各灌浆孔段均应进行裂隙冲洗和简易压水试验，简易压水试验可结合裂隙冲洗进行，压力为灌浆压力的 80%，并不大于 1MPa。

5.3.2 对在岩溶泥质充填物和遇水后性能易恶化的特殊孔段中，可不进行裂隙冲洗和压水试验。

5.4 灌浆

5.4.1 灌浆分段及灌浆压力

灌浆分段及灌浆压力根据设计要求确定，孔口段段长一般为孔口管埋入基岩深度，特殊情况下按设计要求执行；以下第二、三、四段段长一般分别为 1.0m、2.0m、3.0m，以下各段宜为 5.0m，孔底段段长不得超过 8.0m。

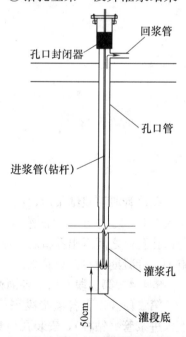

图 5 孔口封闭灌浆样图

5.4.2 第一段（孔口段）灌浆

钻孔至第一段（当第一段基岩深度不够孔口管入岩深度时应分段施工至孔口管入岩深度）结束后，按设计要求采用栓塞阻塞进行压水试验和灌浆施工，灌浆压力和结束标准按照设计及规范要求进行。

5.4.3 孔口管安装

孔口管镶入岩体的深度根据灌浆压力和岩体特性确定，一般不小于1.5m，最大灌浆压力为4MPa时，不小于2m，最大灌浆压力大于6MPa时，不小于2.5m。

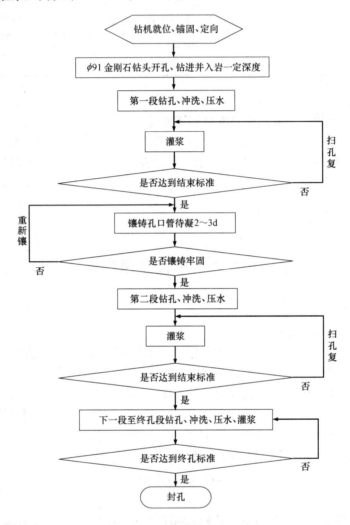

图5.1 孔口封闭帷幕灌浆施工工艺流程图

孔口管段灌浆结束后，在孔内下入上端带丝扣的孔口管，将灌浆管连接在孔口管上，通过孔口管注入0.5：1（或更浓）的浓水泥浆将孔内余浆全部置换，待与灌浆浆液水灰比相同的水泥浆从孔口管与钻孔孔壁之间返出孔口后，结束注浆。也可采用先注浆后下管的方法，待凝48～72h后继续下一段施工。待凝期间将孔口管固定，严禁扰动孔口管。

5.4.4 第二段及以下各灌浆段的施工

第二段及以下各灌浆段采用分段钻孔、分段灌浆、段间不待凝的施工方法。即每段钻孔完成后，下入进浆管（钻杆），安装孔口封闭器进行钻孔冲洗、压水试验、灌浆等工序的施工。灌浆达到结束标准后不待凝即进行下一灌浆段的钻灌施工。

5.4.5 灌浆结束标准

灌浆结束标准按设计要求执行。一般灌浆段在最大设计压力下，注入率不大于1L/min后，继续灌注60min，可结束灌浆。

5.4.6 注意事项

1. 灌浆过程中应注意经常转动孔内钻杆，以防止埋钻事故发生。

2. 每段灌浆时必须达到结束标准，才能不待凝进行下一段的施工。当灌段有涌水、塌孔、掉块等现象时，灌浆结束后应待凝一定时间。

3. 灌浆必须连续进行，因故中断时应尽快恢复灌浆，否则应采取补救措施。

4. 灌浆过程中水泥耗用量较大时可在浆液中加入速凝剂、掺和剂等外加剂以缩短灌浆时间，减少水泥用量。

5.5 封孔

5.5.1 全孔灌浆结束后，必须进行封孔灌浆，封孔质量的好坏同样关系到灌浆工程的质量。

5.5.2 封孔采用"全孔灌浆封孔法"。即终孔段灌浆结束后，利用灌浆管用 0.5：1 的浓水泥浆将孔内的余浆全部置换，通过孔口封闭器全孔灌注 30～60min 即可结束封孔。

5.5.3 待孔内的水泥浆液泌水干缩后，用水泥浆或水泥砂浆将空余部分填满。

5.6 特殊情况处理

5.6.1 孔底段透水率超标

若钻孔达到设计孔深后，压水透水率或灌浆单耗大于规定值时，应按设计要求加深钻孔，一般每次加深一个灌浆段的长度（5m），连续加深 2～3 段后透水率或灌浆单耗仍超过规定值时，会同设计、监理人共同研究处理措施。

5.6.2 漏冒浆处理

灌浆过程中发现冒浆、漏浆时，视具体情况采用嵌缝、表面封堵、灌注浓浆、降低压力限流、限量和间歇灌浆等方法处理。

5.6.3 串浆处理

1. 灌浆过程中发生串浆时，如被串浆孔正在钻进，串浆量不大，可继续钻进，否则，立即停止钻进。封闭串浆孔，待灌浆结束后，串浆孔再行扫孔、冲洗，再继续钻进施工。

2. 如与待灌孔串浆，串浆量不大时，可在灌浆的同时在被串孔内通入水流，使水泥浆不致在孔内沉淀而堵塞钻孔内的岩石裂隙；串浆量较大时，如条件具备可同时灌浆，如不具备同时灌浆的条件，则封闭被串孔，待灌浆孔灌浆结束之后，立即对被串孔扫孔冲洗后尽快灌浆。

3. 若两个孔同时灌浆，且两孔段使用的灌浆压力又不相同，出现串浆时，若无法灌结束，封闭使用较低灌浆压力的浅孔，待深孔灌结束后再灌浅孔。

5.6.4 大耗浆量孔段的处理

当孔段未钻遇空洞及断层破碎带而出现耗浆量较大，难以达到结束标准时，在灌注 0.5：1 浓浆的前提条件下，可采取如下处理措施：

1. 降低灌浆压力、限流、限量、间歇灌浆。

2. 在浆液中掺加速凝剂灌注混合浆液。

3. 在灌入干料单耗量已达一定标准而无法达到结束标准时，停灌待凝，然后扫孔复灌，直至达到灌浆结束标准为止。

4. 在具备条件时灌注膏状浆液。

5.6.5 孔段返浆的处理

灌浆结束时适当延长屏浆时间，或先采用纯压灌浆结束后闭浆待凝，然后扫孔灌浆直至达到结束标准。

5.6.6 孔口有涌水孔段的处理

灌浆前测记涌水压力和涌水量，根据涌水情况，可选用下述方法处理：

1. 缩短段长，对涌水段单独灌浆。

2. 相应提高灌浆压力。

3. 灌浆结束后采取屏浆措施，屏浆时间不少于 1h。

4. 闭浆。

5. 闭浆结束后待凝。

6. 必要时，在浆液中掺加适量速凝剂。

5.6.7 灌浆中断的处理

1. 尽早恢复灌浆，如估计在 30min 之内难以恢复灌浆时应进行洗孔，然后扫孔复灌，直至达到结束标准。

2. 恢复灌浆时使用开灌比级的浆液灌注，如注入率与中断前相近，可恢复中断前比级的浆液继续灌注，如注入率较中断前减少较多，则按逐级变浓的原则继续灌注。

3. 如中断时间较长，恢复灌浆时，如注入率较中断前减少较多且在短时间内停止吸浆，采取补救措施进行处理。

5.6.8 断层破碎带等地质缺陷段处理

1. 断层破碎带处理一般采取缩短灌浆段长、灌后待凝的方法。如果断层破碎带孔隙率较大且连通性较好，吸浆量特大，可改用浓浆、速凝水泥浆、水泥砂浆进行灌注。如果断层破碎带泥质含量高，可灌性很差，可采用高压冲洗、高压旋喷灌浆或化学灌浆（如丙烯酸盐等）的方法处理。特殊处理结束后，均重复进行常规水泥灌浆。

2. 钻孔穿过软弱破碎岩体发现塌孔、掉钻或集中漏水时，立即停钻，先进行灌浆，达到结束标准待凝后再钻进。

3. 钻孔穿过软弱夹层时可采取"高压水冲洗置换技术"和"下置栓塞进行高压挤密灌注技术"等措施进行处理。

5.6.9 回浆返浓处理

灌浆过程中如回浆变浓，且 20～30min 内回浆比重超过一个比级且注入率在 1～2L/min，此时换原比级的新鲜浆液，若回浆变浓不明显，则正常结束灌浆；若继续发生回浆比重超过一个比级的现象，则判为吸水不吸浆，可换用相同水灰比的新浆灌注，若效果不明显，继续灌注 30min，即可结束灌注，但总灌注时间应不小于 60min。

5.7 施工组织与管理

孔口封闭帷幕灌浆施工一般以机组为单位进行组织施工。每个机组配置 13 人，其中 1 名机长、3 名兼职班长、3 名记录员、6 名操作手（含班长）、3 名普工。按 3 班制 24h 不间断作业。各机组配置 2 台钻机、1 台灌浆泵、1 台储浆桶、1 台普通搅拌桶、1 台灌浆三参数自动记录仪等设备。

6. 材料与设备

孔口封闭灌浆法适用的主要灌浆材料是各种水泥浆，水灰比可从 8：1～0.5：1，甚至更稠的浆液如膏状浆液。浆液中也可以加入膨润土、粉煤灰等混合料。

本法要求的主要机具见表 6。

孔口封闭灌浆法的主要机具配置 表 6

主要设备	主要技术要求
岩芯钻机	各种规格的回转式岩芯钻机
钻具、钻杆(灌浆管)	$\Phi 56 \sim \Phi 76$ 各类钻头及配套钻具
高压灌浆泵	工作压力大于 1.5 倍最大灌浆压力,一般应 $\geqslant 8MPa$
高压胶管	钢丝编制胶管,工作压力要求同上
高压阀门	耐磨阀门,工作压力要求同上
孔口管	$\Phi 89 、 \Phi 108$ 无缝钢管

主 要 设 备	主要技术要求
孔口封闭器	与孔口管配合,钻杆可在其中活动,工作压力要求同上
高速制浆机	200L,搅拌轴转速≥1200r/min
储浆搅拌机	200L,搅拌轴转速30~50r/min
自动记录仪	使用双流量计或小循环连接法
压力表	最大量程20MPa

7. 质 量 控 制

7.1 本工法依照电力行业和水利部行业标准《水工建筑物水泥灌浆施工技术规范》DL/T 5148—2001 和 SL 62—1994 的有关规定进行质量控制。

7.2 其施工要领及关键工序可见本文 5.2。

7.3 针对本工程技术要求,开工前对有关的管理人员和操作工人进行专门培训和考核,不合格者不得上岗。

7.4 建立严格的质量管理制度,实行质量目标管理,项目经理控制质量总目标的实现,并将质量目标分解到各级质检机构,落实责任和权限。

7.5 加强质量教育,强化质量意识,实行"质量奖惩制度"。

8. 安 全 措 施

8.1 因本工法不需要在孔内下入灌浆塞,因而比其他灌浆方法操作更简便、施工更安全。

8.2 由于实施高压灌浆,因此所用高压胶管、高压阀门、压力表应当满足最大灌浆压力的要求,见本文表 6。

8.3 设专职安全员并制定安全生产措施,明确规定安全生产注意事项,并监督、检查其实施。

8.4 要求所有参加施工人员熟知本工种的安全技术操作规程。

8.5 施工现场设警告与危险、安全与控制、交通指示等安全标志;在需要的地方配备保护器材。

8.6 给所有员工按规定配齐劳保用品。要求所有进入施工现场人员必须配戴安全帽。

9. 环 保 措 施

9.1 认真贯彻落实国家有关环境保护的法律、法规和规章的有关规定,做好施工区域的环境保护工作,对施工区域外的植物、树木尽量维持原状,防止由于工程施工造成施工区附近地区的环境污染、加强开挖边坡治理防止冲刷和水土流失。积极开展尘、毒、噪声治理,合理排放废渣、生活污水和施工废水,最大限度地减少施工活动给周围环境造成的不利影响。

9.2 由于本法是循环式灌浆,且浆液是在全孔内循环,因此施工完成后废弃浆液较多一些。其解决措施是:(1)集中制浆,避免分散制浆的浪费;(2)一个孔段灌浆完成后的弃浆排放到预定地点进行沉淀处理。现在这两条在施工中均已做到。

10. 效 益 分 析

由于本工法工艺相对简便、工效高于传统的自上而下灌浆法,因此经济效益显著:在该法初期使用的乌江渡水电站帷幕灌浆工程中,帷幕灌浆原概算单价 192.72 元/m(按自上而下灌浆法编制),由于采用本工法实际成本仅为 78 元/m，为概算价的 40.5％，乌江渡工程帷幕灌浆工程量 192146m，直接经济效益即节约 2200 万元，而本工法所完成工程的质量效益更是无法统计。

11. 应 用 实 例

11.1 乌江渡水电站帷幕灌浆工程

乌江渡水电站位于贵州省遵义县境内的乌江中游，为最大坝高 165m 的混凝土重力坝，总装机容量 63 万 kW，孔口封闭帷幕灌浆施工工艺在本工程首创并应用。本工程帷幕灌浆自 1977 年开始施工，至 1982 年完工，共计完成帷幕灌浆 192453.8m，灌入水泥 56716t，平均单位耗灰量 294.7kg/m，最大灌浆孔深达 260m，最大灌浆压力 6MPa，单台多年月平均工效为 204.7m，最高 400.9m。针对溶洞和溶蚀裂隙充填夹泥在高水头作用下不稳定的特点，在采用常规的冲洗和灌浆不能有效处理的情况下，通过孔口封闭帷幕灌浆施工，成功解决了岩溶地区建高坝的帷幕稳定和基础防渗问题。

11.2 长江三峡水利枢纽二期厂坝工程帷幕灌浆

长江三峡水利枢纽是开发和治理长江的关键性骨干工程，主要由拦河大坝、电站厂房、航运工程和茅坪防护工程组成。拦河大坝为混凝土重力坝，坝轴线长 2309.5m，坝顶高程 185m，坝高 181m，正常蓄水位 175m，水库总库容 393 亿 m³，装机容量 1820 万 kW，年发电量 847 亿度。

三峡大坝厂坝段已完建工程包括左岸非溢流坝（左非 1～18 号坝段）、升船机坝段、临时船闸坝段、左岸厂房坝段（左厂 1～14 号坝段）、左导墙坝段、泄洪坝段（泄 1～23 号坝段）、右岸纵向围堰坝段。右纵以右为正在建设的三期工程。

坝基渗控设计采用常规防渗排水与封闭抽排相结合的方案。上游设主帷幕，在主河床及开挖高程较低的坝段下游设封闭帷幕，主帷幕和封闭帷幕后设排水系统。已建厂坝工程防渗帷幕轴线总长 1644.47m，防渗帷幕水泥灌浆 117746m。

该工程采用孔口封闭灌浆法施工，经过建设者的努力工程如期完工。工期为 1995～2006 年。

三峡二期厂坝工程的防渗帷幕经过了上、下游围堰拆除基坑充水，以及库区蓄水至 135m、139m 的考验，目前帷幕运行正常，幕后渗水量和坝基扬压力均小于设计允许值。

三峡三期工程帷幕灌浆也采用了相同的工艺方法，至 2006 年已完成全部工程量帷幕灌浆约 25 万 m，水库蓄水水位已达 156m，帷幕运行正常，防渗效果良好。

11.3 云南五里冲水库帷幕灌浆工程

五里冲水库位于云南蒙自县，位于一封闭型天然盲谷，水库工程主要是截断暗河，封堵岩溶盲谷，使其成库蓄水 8000 万 m²，以解决蒙自干旱。工程设计水泥灌浆悬挂式帷幕线长 1333m，防渗灌浆采用乌江渡工程孔口封闭高压灌浆工艺。1993 年 6 月开工，1996 年 5 月结束，完成钻灌总进尺 21.45 万 m，单孔最大深度 155m。1995 年 7 月 1 日开始蓄水，水库已运行 10 余年，工程质量优良，溶塌体处理和灌浆水泥掺粉煤灰技术达国内领先水平。

混凝土防渗墙（地连墙）"铣削法"槽孔建造工法

YJGF085—2006

中国水利水电建设集团公司

蒋振中　宗敦峰　胡迪煜　宋伟　郭宏波

1. 前　言

三峡二期上游围堰混凝土防渗墙技术复杂、难点多、风险大，专家称其综合难度世界第一。工期紧迫、施工强度高是其首要特点，除 1.22 万 m^2 的墙体可在大江截流前完成外，其余 3 万 m^2 要求在截流后大施工期一个枯水期内完成；当年成墙，当年抵御洪水，高峰月成墙面积约 6500 m^2。尤其是河床深槽段，混凝土防渗墙呈双墙布置，需分期完成，轴线长度仅 162m，设备投入受到限制。如此大的施工规模和施工强度，此前国内外尚无先例。如果不能在当年完成施工任务，必须在汛期围堰加高抵御洪水，汛后再挖开围堰继续施工混凝土防渗墙，三峡工程将推迟一年发电，其政治影响和经济损失不可估量。

为确保工程按期完成施工，此前确立了引进必要的国外先进设备的基本思路。为此，工程引进了一台世界上最先进的混凝土防渗墙成槽设备，德国宝峨公司生产的 BC30 型液压铣槽机。这种设备具有造孔工效比任何设备都高、造孔深度大、精度高、地层适应能力强等特点，但设备昂贵、运行费用高，目前国内只适合在部分水利水电工程和城市地下连续墙应用。

由于在中国是首次使用 BC30 型液压铣槽机，为掌握该设备的使用技术，并了解其对各种地层的适应性；尤其是该设备只有一台，在全部工程使用它不可能完成全部施工任务的情况下，在何种地层使用，采用何种槽孔建造工法，如何充分发挥其优势，又尽量减少运行费用，成为一个课题。于是在截流后大施工期之前，首先进行了现场试验，以了解该设备的性能，掌握操作技术，更重要的是研究相应的槽孔建造工法及配套机具。

通过试验工程，了解到液压铣槽机最为适用三峡工程上部均匀松散的回填层和无漂（块）石覆盖层以及中软岩石地层成槽几种地层，总结研究了"铣削法"槽孔建造工法，施工证明使用该设备在上述地层中采用"铣削法"槽孔建造工法具有极高的成槽速度和很高的精度。

为顺利完成三峡二期上游围堰防渗墙工程的施工任务，中国水利水电集团公司技术人员与其子公司施工单位中国水电基础局有限公司设立了"长江三峡工程二期上游围堰混凝土防渗墙施工技术研究与工程实践"研究课题，掌握液压铣槽机技术、研究总结包括"铣削法"槽孔建造工法等一系列施工工法均为该课题的研究内容之一。该课题成果完成后，被专家鉴定为国际领先水平，于 2003 年 10 月获大禹水利科学技术奖二等奖，2005 年 1 月获国家科学技术进步奖二等奖。2007 年 5 月，中国水利水电建设集团公司组织专家对本工法进行了评审，其关键技术被评审为国内领先水平。

本工法经试验工程总结研究成功后，在三峡二期上游围堰混凝土防渗墙截流后大施工期采用。采用本工法完成了约六分之一的工程量，为工程高质量的按期完工，起到了重要作用。

"铣削法"槽孔建造工法自三峡二期上游围堰混凝土防渗墙开发应用以来，先后被研究单位和国内同行应用于润扬长江大桥北锚锭地下连续墙地连墙、南娅河冶勒电站混凝土防渗墙、武汉阳逻长江大桥南锚锭地下连续墙、长江向家坝水电站一期围堰、大渡河沙湾电站一期围堰混凝土防渗墙、南水北调穿黄一期工程地连墙等工程，具有明显的经济效益和社会效益。

在电力行业标准"水电水利工程混凝土防渗墙施工规范"2004 修订版中，"铣削法"槽孔建造工法被写入了该规范。

2. 工 法 特 点

和其他槽孔建造工法相比，本工法具有速度快、精度高、环保施工等显著特点：

1. 液压铣槽机铣削切割地层，地层碎料与固壁泥浆混合，经反循环系统排出槽外筛分净化，连续成槽；

2. 泥浆净化后返回槽内重新利用，环保施工；

3. 成槽设备电子化可控，成槽全程监控，电子纠偏装置的使用有利于保证成槽质量。

3. 适 用 范 围

通过工法研究试验及推广应用资料分析，本工法具有工效快、成槽精度高、噪声小、环保施工的优点，可达到采用国内常用的冲击式钻机及"钻劈法"工效的10～20倍、采用抓斗设备及相应工法的2～4倍、成槽质量也易于保证，特别适用于在均匀的覆盖层和中低强度基岩中施工；如覆盖层中含有较大直径的漂（卵）石或岩石坚硬，虽采用本工法仍可施工，但工效降低幅度大、设备磨损大、施工成本高，宜辅以其他槽孔建造设备和工法，发挥不同的设备各自优势，取得最大效益。由于本工法采用的液压铣槽机设备昂贵、国内市场数量有限，适用于规模大、工期紧张、精度要求严、环保要求高的工程以及采用其他槽孔建造工法的大量通用设备布置受场地限制的混凝土防渗墙（地连墙）工程。

4. 工 艺 原 理

本工法是采用液压铣槽机铣轮旋转切削地层，并连续反循环排渣的槽孔建造工法。

液压铣槽机主要由主机和铣削头两大部分组成，主机为履带起重机。铣削头机体为一个钢制重型机架，它的功能除了固定各工作部件外，还可以为铣削提供一定的给进力，并起导向作用。机体下端有两个铣轮，铣轮上安有铣齿（牙）或滚刀，它分别由两个潜水液压马达驱动并绕水平轴相对转动。在转动中铣齿不断铣削地层，并使铣削的碎块与膨润土泥浆混合。安装在铣轮上方的液压泥浆泵抽吸泥浆并携带地层颗粒通过排渣管排出地面送至除砂系统，泥浆经除渣净化后又被送回槽孔循环使用。

本工法原理见图4。

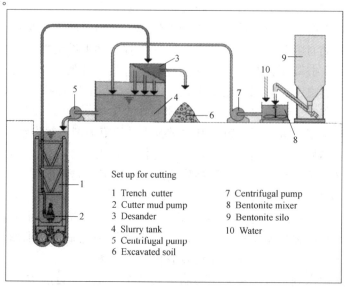

图4 "铣削法"槽孔建造工法原理图

5. 施工工艺流程及操作要点

5.1 施工工艺流程

本工法施工工艺流程见图5.1。

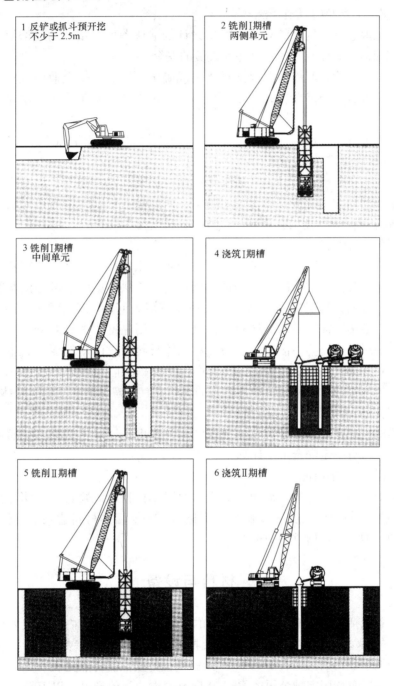

图5.1 "铣削法"槽孔建造工法施工工艺流程图

工艺流程1：为使液压铣槽机开孔时铣头下卧到槽孔泥浆内并保证开孔精度，反铲抓斗预开挖不少于2.5m，然后开孔铣削；

工艺流程2：铣削一期槽孔的两边单元；

工艺流程3：铣削一期槽孔中间单元；

工艺流程4：清孔换浆后浇筑一期槽孔；

工艺流程5：相邻一期槽孔浇筑后，择时铣削二期槽孔；采用"铣削法"槽孔建造工法施工混凝土防渗墙（地下连续墙），一、二期槽孔一般采用铣削接头，二期槽孔一般采用一铣成槽；

工艺流程6：清孔换浆后浇筑二期槽孔。

5.2 操作要点

5.2.1 施工导墙、平台及槽口预开挖

施工导墙宜为钢筋混凝土结构，其规格应根据设计的墙体深度、预计的成槽周期、地基密实程度确定，以保证施工期间槽口的稳定、施工设备和人员的安全。

施工平台宜为混凝土结构，配筋情况根据具体情况确定，以保证安全兼顾经济为总体原则。施工平台中间某部位或远离混凝土防渗墙轴线的一侧应布置排水沟，以便于施工废水排出，保证现场文明施工。

槽口预开挖为应保证液压铣槽机开孔时铣头下卧到槽孔泥浆内，反铲抓斗预开挖不少于2.5m。

5.2.2 一期槽长度的确定

对于三铣（或多铣）一期槽长的确定，除了考虑施工周期、槽壁稳定、混凝土浇筑上升速度都因素之外，还应该考虑与槽孔建造工法直接相关的因素：两侧临空铣削的中间单元长度为铣削架总体开度的1/2～2/3。一般情况下，一期槽孔采用三铣成槽，长度为7～7.5m。

5.2.3 固壁泥浆及墙体材料

反循环槽孔建造工法的普遍特点是，对泥浆的质量要求比较高。泥浆的性能特点需要考虑多次循环利用；特别是对于包括铣接头的墙段连接的铣削槽孔建造工法，更应该考虑泥浆被墙体材料污染的问题。一般的做法是，在漏失地层中，一期槽需关注泥浆漏失问题，适用黏度指数（黏度、动切力）相对高一些的泥浆；二期槽因泥浆易被墙体材料污染，易使用黏度指数相对低一些的泥浆，成槽结束后，再根据泥浆检测情况，换一些性能更合适清孔和墙体材料浇筑的新鲜泥浆。不同阶段泥浆性能指标可参考国家电力行业标准"水电水利工程混凝土防渗墙施工规范"（DL/T 5199—2004）中有关规定。

为便于二期槽成槽施工，对于采用铣接头墙段的工程，宜考虑早期强度低的墙体材料。

5.2.4 二期槽与一期槽的搭接长度

二期槽与一期槽的搭接长度应保证液压铣槽机铣头不跑出一期墙体之外，按照液压铣槽机成槽精度和槽孔最大深度，并留有一定安全余度计算。

5.2.5 二期槽开始铣削的时间

二期槽开始铣削的时间不宜过早，龄期短的一期槽墙体材料对泥浆具有更明显的污染；一般需待两侧一期墙体材料达到70%设计强度（7d龄期）后进行，一期墙体材料达到上述强度后宜尽早安排，以免随着强度的增加，增加二期槽成槽的难度。

6. 材料与设备

本工法的主要设备包括液压铣槽机及与之配套的泥浆净化装置。国内目前主要的液压铣槽机型包括德国宝峨公司生产的BC30、BC40及CBC25型铣槽机，其各自性能参数见表6.1及表6.2。另外国内项目使用过的法国地基公司的机型有HF12000型铣槽机，其性能特点见表6.3。

常用的泥浆净化装置有德国宝峨公司产BE500型及国内的类似产品，以BE500型泥浆净化装置为例，其性能参数见表6.4。

BC30及BC40型铣槽机相关性能参数   表6.1

	BC30	BC40
主机型号	Bauer BS110	Liebherr 883HD
主机起重量(t)	60	120

续表

	BC30	BC40
发动机功率(kW)	297	605
主机单绳拉力(kN)	160	300
铣轮扭矩(kN·m)	2×81	2×100
宽度(mm)	640～2400	800～2100
长度(mm)	2800	2800
高度(m)	15.40	11.50
泥浆泵	6"	6"
重量(t)	25～35	30～45

CBC25 型铣槽机槽机相关性能参数　　　　　　　表 6.2

BS 120 主机		
CAT 3408 DTA 发动机	kW	365
挤压卷扬		
拉力	kN	110
最大拉力(4 道动滑轮)	kN	440
MBC 25 铣槽机		
成槽长度	mm	2.790
成槽宽度	mm	640～1500
成槽深度	m	60
扭拒(每个齿轮箱)	kN·m	81
铣槽轮转速	r/min	0～25
泥浆泵		5"
处理能力(最大)	m/hr	250

HF 12000 型液压铣槽机主要技术参数　　　　　　　表 6.3

设备型号	HF 12000	设备型号	HF 12000
主机型号	利勃海尔 HD 883	最大起重能力	120t
最大开挖深度	150m	泥浆泵排量	400m³/h
开挖尺寸	0.62～2×2.8m	泥浆净化设备	450m³/h
发动机功率	铣槽机动力站:400kW	铣槽机机体及动力站重量	48t
	起重机:400kW	履带式起重机整机重量	约110t

BE500 型泥浆净化装置性能参数　　　　　　　表 6.4

最大处理泥浆能力	500m³/h	泥浆泵排量	2×250m³/h
泥浆最大密度	1.8t/m³	振动电机功率	6×2kW
泥浆马氏黏度	<40s	粗筛网筛规格	5×5mm
泥浆含砂率	<18%	细筛网眼规格	0.4×25mm
泥浆泵功率	2×45kW		

　　常规配合本工法的材料主要为优质固壁泥浆，宜优先使用钠基膨润土泥浆。膨润土质量等级要求及泥浆质量控制指标，水利水电工程可按照国家电力行业标准《水电水利工程混凝土防渗墙施工规范》DL/T 5199—2004 有关要求。

7. 质 量 控 制

7.1 一般标准

铣削槽孔建造工法的质量控制主要体现在铣削过程中对成槽偏斜率的控制，电力工程按国家电力行业标准"水电水利工程混凝土防渗墙施工规范"（DL/T 5199—2004）有关规定执行，国内现行规范一般要求为不超过 4%。

对于需要下设仪器、接头管（板）、钢筋笼等混凝土防渗墙（地连墙）的铣削成槽，设计部门对成槽偏斜率需另外提出要求，国内的工程经验为，最高可控制在 2.5%～3%。

7.2 质量保证措施

7.2.1 应该根据地层特性和铣削成槽深度、预计铣削成槽周期，建造坚固的导墙和施工平台，保证铣削初期的良好导向和铣削过程中设备的稳定。

7.2.2 选用质量优良的固壁泥浆，保持槽内泥浆面的水平，保证铣削过程中槽壁的稳定。

7.2.3 选用经验丰富的操作手，铣削过程中适时监控成槽垂直度，发现偏斜及时纠正。

7.2.4 条件允许时，采用超声波测井仪器检查铣削完成的槽壁偏斜，和铣削过程的监控进行对比，及时纠正超出许可的偏斜。

7.2.5 对于铣削工法连接的墙段，二期铣削成槽的偏斜需考虑相邻一期槽的偏斜，验收时对比检查，保证墙段可靠连接。

8. 安 全 措 施

8.1 认真贯彻"安全第一，预防为主"的方针，根据国家有关规定、条例，结合施工单位安全标准，建立完善的安全体系，成立专门的安全结构，按照安全生产责任制的管理模式，明确各级人员的安全职责。

8.2 按照混凝土防渗墙（地连墙）施工对安全的一般要求，根据作业现场具体情况，制定切实可行的安全操作规程，规程需涵盖现场所有的相关作业，包括安全用电、用水、高空作业、防火等措施等。

8.3 在施工强漏失地层时，为防止槽孔坍塌将铣头埋在槽孔中，应采取必要的地层堵漏方案和槽孔建造过程中的堵漏措施，并随时观察槽孔状况，必要时及时将铣头提出孔外。

8.4 液压铣槽机属大型昂贵施工机械，设备运输与工地搬迁时应特别注意安全，工地道路要平整坚实。

8.5 如在雨期、冬期施工，应该制定相应的防雷、防冻、防滑等措施。

8.6 在制定的安全操作规程的基础上，设立现场各类安全警示牌，组织例行的和不定期的安全检查，并做好记录，及时整改不合格的安全事项，消除安全隐患。

9. 环 保 措 施

9.1 严格遵守国家和地方有关环境保护的法律、规章和制度，成立专门的环境管理部门，设立专门人员执行项目环境管理具体事务。

9.2 根据项目特点，制定专门的环境保护技术措施，合理进行现场施工布置，便于现场废水、废渣控制及排放。

9.3 定期、及时清理现场施工生产垃圾，保持施工平台干净、整洁。

9.4 按照规定地点弃渣弃浆，避免污染。

9.5 及时维护现场施工道路，及时清理遗洒在施工道路上的垃圾及废料。

9.6 旱期施工需在施工场地做好洒水等防尘措施。

9.7 如施工场地对噪音控制有特殊要求，需制定并采取相应的降噪、隔音等措施。

10. 效 益 分 析

10.1 "铣削法"槽孔建造工法由于采用了世界上最先进的混凝土防渗墙（地连墙）施工设备，在相对松软、均匀的覆盖层地层和中低强度的匀质岩石地层中相对其他设备有着极高的工效，可达采用国内常用的冲击式钻机及"钻劈法"工效的10～20倍，采用抓斗设备及相应工法的2～4倍；成槽质量也易于保证，经济效益显著。

10.2 对于工期紧张、施工质量有特殊要求的工程，比如需要下设重型钢筋笼的地连墙工程，铣削成槽和传统的钻进槽孔建造工法相比，有突出的优越性。

10.3 因为采用了先进的反循环排渣，在高性能泥浆处理的辅助下，地层开挖料和泥浆很好的分离，便于施工废渣的清理和运输，有利于现场文明施工。

10.4 和传统的槽孔建造工法相比，因为采用了高效的设备，对劳动力数量的要求大为降低。

10.5 本工法自三峡二期上游围堰混凝土防渗墙开发应用以来，先后被开发施工单位和国内同行应用于润扬长江大桥南锚锭地下连续墙地连墙、冶勒廊道混凝土防渗墙、阳逻长江大桥南锚锭地下连续墙、长江向家坝水电站一期围堰、大渡河沙湾电站一期围堰混凝土防渗墙穿黄一期工程地连墙等国家重点工程，具有明显的经济效益和社会效益。

11. 应 用 实 例

长江三峡二期上游围堰混凝土防渗墙工程。

11.1 工程概况

三峡二期围堰是工程最重要的临时建筑物之一，它是工程二期施工时期的安全屏障，其中上游围堰更是重中之重：其轴线全长1439.59m，最大高度82.5m，最大填筑水深达60m，最大挡水水头达85m，混凝土防渗墙最大高度73.5m，在世界围堰工程中均属罕见。堰体深槽段典型剖面图见图11.1-1。

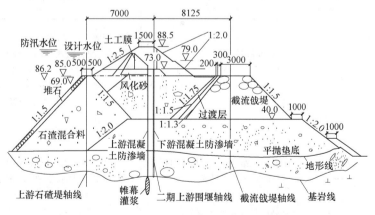

图 11.1-1 三峡二期围堰堰体深槽段典型剖面图

作为围堰成败的技术关键混凝土防渗墙，轴线全长997.634m（在桩号0+140.82以左为高喷混凝土防渗墙），成墙面积约4.1万m²。其中深槽段长度162m采用中心距为6m的双墙，双墙之间设5道隔墙，深槽断两边均为单墙。墙体厚度除液压铣生产性试验段为0.8m外，其余均为1.0m。墙体材料为塑性混凝土和柔性材料。混凝土防渗墙上部接土工膜，下部接帷幕灌浆。

上游围堰混凝土防渗墙施工技术复杂，风险大，其主要特点是：

1. 地质条件复杂：原始砂卵石层和堰体水下平抛砂卵石层孔隙率大，易漏浆塌孔；两岸漫滩及河床段分布有新淤粉细砂层，松软，物理力学指标低，槽孔稳定性差；在覆盖层及全风化岩中，有相当数量的块球体，岩性坚硬，成槽困难；河槽左侧基岩陡坡高30m，坡度超过70°，墙体嵌岩困难。

2. 墙体深度大，大于50m的墙体面积达13700m²，最大深度达73.5m，成槽精度要求高，槽段连接难度大。

3. 工程量大、工期短、施工强度高，约6个月的大施工期要求完成约3万m²的工程量，平均月成槽强度在0.5万m²左右，最高月强度要求达0.65万m²左右，为当时全国单道混凝土防渗墙之最。

混凝土防渗墙施工大体可划分为三个阶段：

1. 上游围堰右接头段液压铣槽机试验阶段；试验安排在墙体轴线右端头，对液压铣进行性能和生产性检验，为截流后大施工期提供技术保证。

2. 预进占段施工时段：1997年大江截流前在左右预进占段堰体内进行，其目的是降低截流后大施工期的施工强度。

3. 截流后大施工期：大江截流后，在防渗施工平台形成及对堰体风化砂振冲加密后进行，这是工程的攻坚阶段，其成败直接关系到堰体1998年安全度汛和基坑按期抽水，这几个时段的施工布置参见图11.1-2，各时段施工安排见表11.1。

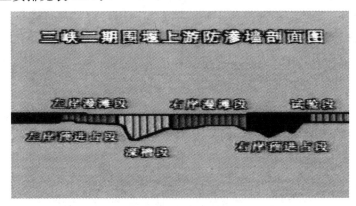

图11.1-2 三峡上游围堰防渗墙分段布置示意图

各时段施工概况表　　　　　　　　　　　　　　　　　　　　　表11.1

时段	起止时间	完成工程量（m²）	主要成槽设备	施 工 情 况
液压铣槽机试验段	1996.9.23～1997.4.26	3740	BC30液压铣槽机1台，钢丝绳抓斗1台，SM400全液压工程钻机1台，CZF1500冲击反循环钻机1台	除完成液压铣槽机性能与生产性试验外，还进行了固壁泥浆、硬岩钻爆、灌浆管埋设、槽孔精度检测、预灌浓浆等5项专题工艺试验，收集了大量试验资料，提出了适合三峡地层的"铣削法"成槽工艺，成墙效率可达1200m²/台月，所建成的墙体质量良好，墙段连接采用"铣削法"
预进占段	1997.5.5～8.27(左)	2997	液压铣槽机1台，钢丝绳抓斗1台，全液压工程钻机1台，冲击反循环钻机25台	左进占段采用"上抓下钻法"和"两钻一抓"法成槽，墙段连接采用"双反弧接头槽"法。右进占段采用"铣削法"和"铣抓钻法"成槽
	1997.5.10～9.20(右)	4737		
截流后大施工期	1997.11.15～8.27	30769	BC30液压铣槽机1台，利勃海尔主机机械式抓斗1台，BH12液压抓斗1台，SM400全液压工程钻机3台，CZF1200、1500、2000冲击反循环钻机25台，CZ22、30冲击钻机20台	左右漫滩段采用"上抓下钻法"和"两钻一抓法"成槽，槽段连接采用"双反弧接头槽"法和"钻凿法"。深槽段采用"铣削法"、"铣抓钻法"成槽，墙段连接采用"钻凿"法。对块球体、陡坡采用各种爆破措施。最高月造孔6071m²，最高月成墙面积6440m²

11.2 "铣削法"槽孔建造工法在工程中的应用

在三峡上游围堰混凝土防渗墙截流后大施工期，为确保工期，采用了液压铣槽机、钢丝绳抓斗、液压抓斗、冲击凡循环钻机等国内外先进的施工设备，为发挥各种设备的优势和特长，研究总结应用了多种槽孔建造工法。其中，采用"铣削法"槽孔建造工法使用液压铣削机施工主要集中在深度最大、强度最高的深槽段防渗墙施工中，使用本工法完成的工程量为 $5350.8m^2$，占成槽总工程量的六分之一，为工程高质量地按期完工起到了关键性地作用。

三峡二期混凝土防渗墙是当时世界上综合难度最大的混凝土防渗墙工程，是三峡工程成败的关键之一。通过采用先进的设备，研究采用先进的施工工艺，工程得以高质量的按期完工。施工中的科技进步与创新，大大推动了我国混凝土防渗墙施工技术的发展，使我国的防渗墙施工技术跻身于世界领先水平。

混凝土防渗墙墙下帷幕灌浆预埋灌浆管工法

YJGF086—2006

中国水利水电建设集团公司　葛洲坝集团基础工程有限公司

宗敦峰　宋伟　郭宏波　焦家训　邬美富　饶建国

1. 前　　言

混凝土防渗墙嵌入基岩一定深度后，其下部基岩常常存在有裂隙、透水夹层，局部会有大的地质构造，透水率较高等问题，需要处理。由于此时已经进入基岩，加大墙深的办法在技术经济上已不合理，一般采用墙下接帷幕灌浆的方法。

对于超过一定深度的混凝土防渗墙下接帷幕灌浆的方案，由于墙体较窄，混凝土防渗墙下帷幕灌浆的造孔如采用钻机在墙内直接造孔难度较大，常常钻出墙外；当墙体较深时，工效很低，难以满足工期要求，也不经济。在以往的工程中，试验过塑料拔管成孔的方法，但由于固定较难，塑料管强度较低，成功率很低；因此，深混凝土防渗墙墙下帷幕灌浆的造孔成为施工的一大技术难点。

三峡二期上游围堰混凝土防渗墙技术复杂、难点多、风险大，专家称其综合难度世界第一。工期紧迫、施工强度高是其首要特点，除 1.22 万 m² 的墙体可在大江截流前完成外，其余 3 万 m² 要求在截流后大施工期一个枯水期内完成；当年成墙，当年抵御洪水，高峰月成墙面积约 6500m²。尤其是河床深槽段，混凝土防渗墙呈双墙布置，需分期完成，轴线长度仅 162m，设备投入受到限制。如此大的施工规模和施工强度，此前国内外尚无先例。如果不能在当年完成施工任务，必须在汛期围堰加高抵御洪水，汛后再挖开围堰继续施工混凝土防渗墙，三峡工程将推迟一年发电，其政治影响和经济损失不可估量。

三峡二期上游围堰防渗墙平均深约 51m，最大深度 73.5m。防渗墙墙下基岩帷幕灌浆，如通过在墙体内钻孔难度很大，难以保证工期，并可能对墙体造成损害；于是施工单位经过对国内外类似工程的对比调研，拟采用在墙体内预埋灌浆管的方法进行成孔。为将此设想研究开发成成熟的施工工法，施工单位在三峡二期上游围堰防渗墙截流后大施工期开始之前，结合上游围堰右接头段液压铣槽机试验工程进行了预埋墙下帷幕灌浆管的工法研究与试验；通过试验，工法获得了成功，成功率达到 98%，综合成本大大降低，应用于截流后上游围堰防渗墙截流后大施工期，成功率达到 99.3%，解决了技术难题，保证了工期。

为顺利完成三峡工程的施工，中国水利水电集团公司技术人员与其子公司施工单位中国水电基础局有限公司设立了"长江三峡工程二期上游围堰混凝土防渗墙施工技术研究与工程实践"研究课题，本工法是课题的研究内容之一。该课题成果完成后，被专家鉴定为国际领先水平，于 2003 年 10 月获大禹水利科学技术奖二等奖，2005 年 1 月获国家科学技术进步奖二等奖。2007 年 5 月，中国水利水电建设集团公司组织专家对本工法进行了评审，其关键技术被评审为国内领先水平。

混凝土防渗墙墙下帷幕灌浆预埋灌浆管工法自三峡二期上游围堰混凝土防渗墙开发应用以来，应用于润扬长江大桥南锚锭地下连续墙工程、冶勒水电站混凝土防渗墙工程、阳逻长江大桥北锚锭地下连续墙工程、长江向家坝水电站一期围堰防渗墙工程、大渡河沙湾电站一期围堰混凝土防渗墙工程及穿黄一期工程地连墙等工程，具有明显的经济效益和社会效益。

2. 工 法 特 点

本工法避免混凝土防渗墙墙下帷幕灌浆在墙内钻机钻孔，因而避免了钻机钻孔出墙、钻孔破坏墙体的缺点；因为在墙体材料浇筑之前下设灌浆管，并采取了相应的槽内定位措施，浇筑墙体材料时如果能有效控制浇筑速度和均衡上升，预埋管的成活率能达到相当高的水平，是墙下帷幕灌浆的顺利实施的有力保证。

3. 适 用 范 围

本工法适用于混凝土防渗墙墙体达到一定深度、墙下需要基岩帷幕灌浆的工程。一般防渗墙达到50m深度后，综合成本会有明显降低；对于墙体材料强度较低的工程，即使墙体深度不大，为使帷幕灌浆钻孔不破坏墙体，亦可采用本工法。

4. 工 艺 原 理

在混凝土防渗墙浇筑墙体材料之前，在槽内根据墙下帷幕灌浆布孔要求下设灌浆管，在浇筑墙体材料过程中，将预埋的灌浆管镶铸在墙体内；当墙体材料达到一定强度后，钻机钻具通过灌浆管进行墙下基岩钻孔，然后进行帷幕灌浆；预埋灌浆管同时作为墙下帷幕灌浆的钻孔的导向管、灌浆孔口管和灌浆时墙体保护管。

5. 施工工艺流程及操作要点

5.1 施工工艺流程
预埋灌浆管施工工艺流程见图5.1。

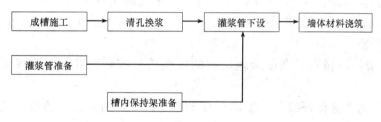

图5.1 预埋灌浆管施工工艺流程

5.2 操作要点
5.2.1 灌浆管架制作
灌浆管架由灌浆管和固定用保持架组成；灌浆管间距应根据灌浆设计、防渗墙一、二期槽孔长度和浇筑导管布置综合考虑，调整后灌浆管间距与不得灌浆孔设计间距10%。

灌浆管一般为焊接钢管，如果有特殊的要求，则需要考虑使用无缝钢管或其他管材。灌浆管在槽口下设之前需要做一定程度的预焊接，一般是加长单节长度，以节约槽口连接时间，灌浆管长度需根据现场吊运设备能力实际确定，最底部一节灌浆管需封堵，阻止墙体材料进入，但是允许泥浆进入。

保持架宜在下设之间提前制作，尺寸应适应槽形并与槽壁留有安全距离。保持架可在下设之前与灌浆管焊接固定，也可在槽口焊接固定。

5.2.2 成槽施工
对于需要预埋灌浆管的混凝土防渗墙工程，成槽施工需要提高一定的孔形精度，以满足灌浆管的正常下设。探头石、小墙等影响灌浆管下设的情况应尽量处理，或者采取局部变更灌浆管结构等措施。

5.2.3 清孔换浆
清孔换浆除了满足规范和设计的要求以外，应该考虑到灌浆管下设所需的时间较长，因此需要提高清孔换浆的质量，保证开浇前槽底淤积厚度要求，以保证浇筑质量。

5.2.4 灌浆管下设

应采取措施保证灌浆管在槽口对接的顺直。保持架的焊接应牢固，间距符合设计要求。焊接好的灌浆管需缓缓下设入槽，如遇阻碍，不得强行下设。

5.2.5　墙体材料浇筑

墙体材料浇筑导管布置需避开灌浆管和保持架的位置。

浇筑导管的布置，应有利于槽内墙体材料均匀上升，避免灌浆管不均匀的侧向推力。浇筑是应及时拆卸浇筑导管，减少墙体材料上升段高度，降低灌浆管被抬升的几率。

6. 材料与设备

需根据设计需要，选用不同规格的管材。一般灌浆管和保持架可采用普通焊条焊接。

保持架钢筋规格需根据灌浆管下设深度、防渗墙厚度、单元槽长度等因素综合确定。灌浆管架加工应在专用的平台上进行，以保证对接的顺直。

用于槽口下设的起吊设备，一般采用吊车，其起吊能力应根据对接次数、一次下设深度、下设总深度、灌浆管总重量等因素综合考虑。

7. 质量控制

7.1　控制标准

灌浆管预埋垂直度控制标准，按灌浆规范对钻孔偏斜度的要求控制。因为属于预埋工法，一般管底口偏差不会超出规范许可。

为检查灌浆管是否埋设成功，埋设结束后，用一定长度的钻杆在管内测试其所能下设到的深度，或者用钻机扫孔，观察是否在明显的管壁阻碍现象，管内是否有大量混凝土进入或是否断裂失败。

7.2　质量保证措施

7.2.1　加强成槽质量特别是在复杂地层内的成槽质量控制，以保证灌浆管能顺利下设到预定深度。

7.2.2　采用专门的平台保证灌浆管提前焊接的顺直；槽口对接的顺直度也需要从不同的方向检查，必要时，采用仪器进行。

7.2.3　保证灌浆管底口有效封堵，避免混凝土进入。

7.2.4　保证管间和保持架焊接质量，避免下设过程中断开脱落。

7.2.5　缓慢将焊接好的灌浆管下设入槽，避免挂碰槽壁导致保持架变形或灌浆管弯曲。

7.2.6　墙体材料浇筑过程中控制上升速度、均匀上升和浇筑导管的埋深，以避免灌浆管弯曲、抬升。

8. 安全措施

8.1　认真贯彻"安全第一，预防为主"的方针，根据国家有关规定、条例，结合施工单位安全标准，建立完善的安全体系，成立专门的安全结构，按照安全生产责任制的管理模式，明确各级人员的安全职责。

8.2　根据作业现场具体情况，制定切实可行的安全操作规程，规程需涵盖工法所有的相关作业，包括安全用电、防火、起吊、高空作业等措施。

8.3　下设预埋灌浆管架属大部件起吊安装，应按照有关安全规定制订起吊方案。

8.4　如在雨期、冬期施工，应该制定相应的防雷、防冻、防滑等措施。

8.5　在制定的安全操作规程的基础上，设立现场各类安全警示牌，组织例行的和不定期的安全检查，并做好记录，及时整改不合格的安全事项，消除安全隐患。

9. 环保措施

9.1 严格遵守国家和地方有关环境保护的法律、规章和制度，成立专门的环境管理部门，设立专门人员执行项目环境管理具体事务。

9.2 根据项目特点，制定有针对性的环境保护技术措施，如有需要，应进行专用材料的环保性能检查，制订焊接工艺的环保措施等等。

9.3 定期、及时清理现场施工生产垃圾，保持施工平台干净、整洁。

10. 效益分析

10.1 本工法将传统的混凝土防渗墙内钻进墙底帷幕灌浆的灌浆孔改为在墙体内预埋灌浆管程序，帷幕灌浆的灌浆孔造孔效率可提高 2～5 倍，综合成本可降低 50%，具有良好的经济效益。

10.2 本工法解决了深混凝土防渗墙下帷幕灌浆墙内造孔的技术难题，也是我国水利水电工程越来越多的向西部地区发展、越来越多的在深覆盖层上建设高坝大库所需解决的地基与基础处理技术难点之一，本工法在今后类似工程具有广泛的推广应用价值。

10.3 本工法亦适用于城市地下连续墙工程，且目前已有应用。

11. 应用实例

长江三峡二期上游围堰混凝土防渗墙工程。

11.1 工程概况

三峡二期围堰是工程最重要的临时建筑物之一，它是工程二期施工时期的安全屏障，其中上游围堰更是重中之重：其轴线全长 1439.59m，最大高度 82.5m，最大填筑水深达 60m，最大挡水水头达 85m，混凝土防渗墙最大高度 73.5m，在世界围堰工程中均属罕见。堰体深槽段典型剖面图见图 11.1-1。

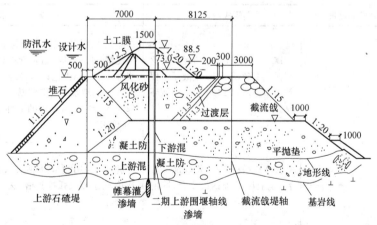

图 11.1-1　三峡二期围堰堰体深槽段典型剖面图

作为围堰成败的技术关键混凝土防渗墙，轴线全长 997.634m（在桩号 0+140.82 以左为高喷混凝土防渗墙），成墙面积约 4.1 万 m²。其中深槽段长度 162m 采用中心距为 6m 的双墙，双墙之间设 5 道隔墙，深槽断两边均为单墙。墙体厚度除液压铣生产性试验段为 0.8m 外，其余均为 1.0m。墙体材料为塑性混凝土和柔性材料。混凝土防渗墙上部接土工膜，下部接帷幕灌浆。

上游围堰混凝土防渗墙施工技术复杂，风险大，其主要特点是：

1. 地质条件复杂：原始砂卵石层和堰体水下平抛砂卵石层孔隙率大，易漏浆塌孔；两岸漫滩及河床段分布有新淤粉细砂层，松软，物理力学指标低，槽孔稳定性差；在覆盖层及全风化岩中，有相当数量的块球体，岩性坚硬，成槽困难；河槽左侧基岩陡坡高 30m，坡度超过 70°，墙体嵌岩困难。

2. 墙体深度大，大于 50m 的墙体面积达 13700m²，最大深度达 73.5m，成槽精度要求高，槽段连接难度大。

3. 工程量大、工期短、施工强度高，约 6 个月的大施工期要求完成约 3 万 m² 的工程量，平均月成槽强度在 0.5 万 m² 左右，最高月强度要求达 0.65 万 m² 左右，为当时全国单道混凝土防渗墙之最。

混凝土防渗墙施工大体可划分为三个阶段：

1. 上游围堰右接头段液压铣槽机试验阶段：试验安排在墙体轴线右端头，对液压铣进行性能和生产性检验，为截流后大施工期提供技术保证。

2. 预进占段施工时段：1997 年大江截流前在左右预进占段堰体内进行，其目的是降低截流后大施工期的施工强度。

3. 截流后大施工期：大江截流后，在防渗施工平台形成及对堰体风化砂振冲加密后进行，这是工程的攻坚阶段，其成败直接关系到堰体 1998 年安全度汛和基坑按期抽水，这几个时段的施工布置参见图 11.1-2，各时段施工安排见表 11.1。

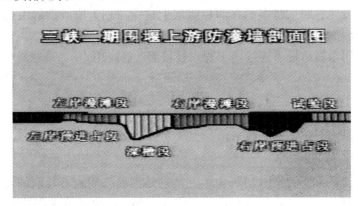

图 11.1-2 三峡上游围堰防渗墙分段布置示意图

各时段施工概况表 表 11.1

时段	起止时间	完成工程量（m²）	主要成槽设备	施工情况
液压铣槽机试验段	1996.9.23～1997.4.26	3740	BC30 液压铣槽机 1 台，钢丝绳抓斗 1 台，SM400 全液压工程钻机 1 台，CZF1500 冲击反循环钻机 1 台	除完成液压铣槽机性能与生产性试验外，还进行了固壁泥浆、硬岩钻爆、灌浆管埋设、槽孔精度检测、预灌浓浆等 5 项专题工艺试验，收集了大量试验资料，提出了适合三峡地层的"铣削法"成槽工艺，成墙效率可达 1200m²/台月，所建成的墙体质量良好，墙段连接采用"铣削法"
预进占段	1997.5.5～8.27（左）	2997	液压铣槽机 1 台，钢丝绳抓斗台，全液压工程钻机 1 台，冲击反循环钻机 25 台	左进占段采用"上抓下钻法"和"两钻一抓"法成槽，墙段连接采用"双反弧接头槽"法。右进占段采用"铣削法"和"铣抓钻法"成槽
	1997.5.10～9.20（右）	4737		
截流后大施工期	1997.11.15～8.27	30769	BC30 液压铣槽机 1 台，利勃海尔主机机械式抓斗 1 台，BH12 液压抓斗 1 台，SM400 全液压工程钻机 3 台，CZF1200、1500、2000 冲击反循环钻机 25 台，CZ22、30 冲击钻机 20 台	左右漫滩段采用"上抓下钻法"和"两钻一抓法"成槽，槽段连接采用"双反弧接头槽"法和"钻凿法"。深槽段采用"铣削法"、"铣抓钻法"成槽，墙段连接采用"钻凿"法。对块球体、陡坡采用各种爆破措施。最高月造孔 6071m²，最高月成墙面积 6440m²

11.2 本工法在工程中的应用

三峡二期上游围堰防渗墙平均深约 51m，最大深度 73.5m。防渗墙墙下基岩帷幕灌浆，如通过在墙体内钻孔难度很大，难以保证工期，并可能对墙体造成损害；本工法经上游围堰右接头段液压铣槽机试验工程研究试验成功后，应用于截流后上游围堰防渗墙大规模施工，下设灌浆管 13258.6m，成功率达到 99.3%，解决了工程施工的一大技术难题，为工程高质量地按时完成起到了重要作用。

三峡二期混凝土防渗墙是当时世界上综合难度最大的混凝土防渗墙工程，是三峡工程成败的关键之一。通过采用先进的设备，研究采用先进的施工工艺，工程得以高质量的按期完工。施工中的科技进步与创新，大大推动了我国混凝土防渗墙施工技术的发展，使我国的防渗墙施工技术跻身于世界领先水平。

斜井导井阿里玛克爬罐施工工法

YJGF087—2006

中国水利水电第三工程局　　中国水利水电第一工程局

王鹏禹　　姬脉兴　　马少龙　　李伟　　许立利

1. 前　　言

随着抽水蓄能这一发电形式电站的快速发展，输水系统越来越多采用斜井布置，这主要是斜井和竖井相比具有水道短、水力过流条件好、节省投资、可以提高电站效益等优点，但是其施工难度大，施工技术相对复杂。

斜井施工一般采用导井法，尤其是大坡度超长斜井，即先施工导井，导井贯通后，再自上而下扩挖成洞。导井施工有两种方法，一种是正导井法（下山法），人工手风钻钻孔爆破，卷扬机配轨道小车运输出渣至上斜井井口平台。另一种是反导井（上山法），搭设临时作业平台，人工手风钻钻孔爆破，爆渣靠自重落到洞庐。这两种方法仅适用于工期较宽松，且长度在150m以下的斜井。阿里玛克爬罐作为反导井施工的设备，适用于大坡度超长斜井，它不仅提供作业平台，而且减少了劳动力强度和辅助材料（风水电管线）的消耗，提高了功效。水电三局在西龙池抽水蓄能电站引水系统斜井施工中，使用阿里玛克爬罐施工导井，精心组织、大胆创新，不仅创造了382m的全国斜井导井施工新纪录，而且也刷新了贯通精度全国新纪录，施工中未发生一起轨道脱落、机械和人身伤亡事故。水电一局在浙江天荒坪和桐柏抽水蓄能电站引水系统斜井导井施工中使用阿里玛克爬罐也取得成功。斜井导井使用阿里玛克爬罐施工技术先进、工法成熟，经济效益显著，也为以人为本安全施工创造了条件。

《大坡度超长斜井开挖施工技术研究》是集团公司2004年立项的科研项目，水电三局利用山西西龙池抽水蓄能电站引水系统这个载体进行课题研究，2006年10月课题研究成果通过集团公司组织专家组的鉴定验收，且已结题，课题成果获2004年度陕西省职工经济技术创新工程优胜单位，2005年度陕西省职工经济技术创新优秀成果，2006年度水电三局科技一等奖，2007年度水电建设集团公司科技进步一等奖。

2. 工 法 特 点

2.1　阿里玛克爬罐为大坡度长斜井导井施工由下而上提供了快速、便捷、安全可靠的施工作业平台和交通工具。

2.2　利用阿里玛克爬罐进行测量放样。

2.3　作业人员利用爬罐提供的平台和在专门设计的护顶架下钻孔和填充炸药。通过设置在轨道内的管道向工作人员和钻机供气、供风、供水，并提供低压电能和通信线路。

2.4　钻孔及装填炸药后，爬罐下降至斜井底部平洞安全位置，作业人员在此位置通过起爆装置进行爆破作业，避免不安全事故发生。

2.5　爆破后，通过爬罐轨道向斜井内通风喷水，排除爆破有害气体，降低粉尘。

2.6　利用阿里玛克爬罐，作业人员在护顶架的保护下查险、排险、清理危石和进行不良地质段围岩支护。

3. 使 用 范 围

本工法适用于斜井长度超过100m，坡度大于40°，开挖直径大于4.0m的斜井导井施工，经济合理范围是长度在 150～400m，坡度大于 45°的斜井，对于其他斜井隧洞施工可参考使用。

4. 工 艺 原 理

利用阿里玛克爬罐作为施工平台和人员上下的交通工具，施工人员采用传统的钻爆法进行斜井的导井施工工艺；同时通过爬罐导轨为施工提供环境保障。

5. 施工工艺流程及操作要点

5.1 工艺流程

斜井导井采用阿里玛克爬罐施工，其工艺流程见图 5.1。

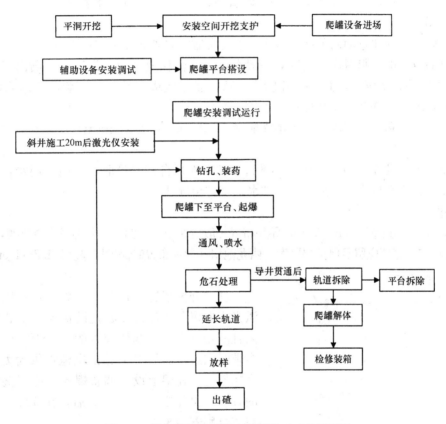

图 5.1 斜井导井阿里玛克爬罐施工工艺流程图

5.2 施工方法

以下结合山西西龙池抽水蓄能电站引水系统，阿里玛克爬罐（STH-5）施工中国第一斜井导井来叙述施工方法。

5.2.1 施工准备

1. 爬罐作业平台

爬罐作业平台搭设在距离斜井底部弯点（轴线）10m 以外的范围内，安装空间一般为 7m×8m×20m（宽×高×长），平台根据地质情况可以采用悬挂式或脚手架管框架式，对于 Ⅳ、Ⅴ 类围岩建议采用脚手架框架平台，采用悬挂式平台必须进行节点应力计算，锚杆拉拔试验。一般平台宽度不小于 4.0m，距离洞顶高度不小于 2.7m，平台木板厚度不小于 5cm；平台爬梯坡度不大于 60°，踏板使用防滑材料，两侧扶手高度为 80cm，爬梯两端必须采用可靠措施连接加固。

1）悬挂式平台：平台由顶部锚杆悬吊，采用 φ22 树脂或砂浆锚杆，入岩深度不小于 3.0m，与水平面夹角 60°，锚杆外露长度不小于 2.0m，间距 1.2～1.5m。

2）脚手架框架平台：一般采用双排支撑框架，支撑排架顺洞方向间距 1.0m，断洞方向间距不小于 4.0m，以方便台下交通。排架均采用扣件连接。

3）平台选用壁厚 5mm 普通脚手架管的双层框架，一般层高 50cm，中间设有加强斜支撑，平台板选用 5cm 厚松木板材。

2. 爬罐安装及调试

1）轨道安装：安装高度距拱顶 50cm，先在弯段安装弧形轨道，继而向两端延伸。轨道采用 ϕ22 膨胀螺栓（爬罐自带，也可加工）固定在岩壁上。

2）爬罐安装：爬罐组件用 5t 手拉葫芦（ϕ25 砂浆锚杆，入岩不少于 2.5m，外露 50cm）吊至已搭好的平台，组件安装在平台和轨道上进行，安装严格按说明书操作。

3）爬罐安全性能试验：安装完成后，必须对爬罐进行调试运行，荷载试验、手动制动器和离心式制动器试验，试验合格后，方能投入运行。试验内容按爬罐安装调试手册要求。

3. 风水电系统

阿里玛克爬罐有油动和电动两种动力形式，油动爬罐需要外界提供照明电源。

电：和其他部位用电一起考虑，变压器一般布置在距离作业平台外设置的支洞内（或主平洞另作变压器洞穴），采用箱式变压器，输出端相电压 400V。油动爬罐配置变压器容量 315kVA，电动配置容量 500kVA。爬罐施工范围的所有用电都在此引线搭火。

风：结合斜井通风和环保要求，每台爬罐配置 20m³/min 电动空压机给施工供风，也可以采用工地系统风。

水：在作业平台上设置 1.0m³ 水箱，爬罐自带高压水泵自该水箱取水供施工用水，水箱外接系统水管补水。斜井施工废水自流至底部，通过排水系统排至洞外。

4. 导井布置

导井尺寸 2.4m×2.4m 或 2.4m×2.7m，导井布置一般应在中心线偏下，要考虑出渣方便，以及扩挖时爆破块石冲击造成超挖，底部应留足保护层厚度，西龙池斜井导井布置时保护层厚度为 1.2～1.5m。

5. 激光指向仪安装

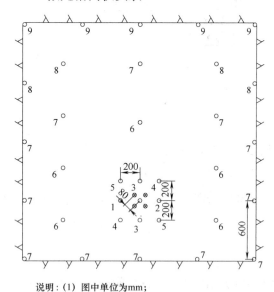

说明：（1）图中单位为 mm；
（2）掏槽孔为直挖掏槽。

图 5.2.2 2.4m×2.4m 导洞钻孔布置图

斜井开挖超过 20m 后，在斜井弯点以上直线段安装激光指向仪。爬罐自带激光设备为一个装在防水金属管内且配备有光学和高压装置的 1.5MW 氦-氖激光管，一个带时间继电器的 12V 铅酸电池提供动力。设备装在一个托架上，托架上设有调整螺栓，可调整激光导向光束的方向。斜井施工超过 50m 后，在 50m、100m 和 150m 左右分别安装校正觇牌。

由于进口激光在斜井施工 120m 以上时，长时间工作电池能量下降，激光穿越烟尘后，能量损失大，光斑扩散，使用起来误差较大，甚至有时不能穿透斜井烟雾，严重影响施工，施工中使用国产 YHJ-800A 绿色激光代替进口激光，不仅克服了进口激光仪的不足，提高了测量速度，而且价格仅为进口同类产品的 40%。

5.2.2 钻孔作业

在爬罐平台上人工手风钻钻孔，当斜井坡度在 45°～60°时，选用带气腿的手持式 YT20 型或 YT27、YT28 型钻机。当斜井坡度在 60°～90°时，可以选用伸缩式手风钻。2.4m×2.4m 导洞钻孔建议布置图见图 5.2.2。

5.2.3 爆破作业

钻孔完成后，人工按爆破参数装药，黏土或炮泥堵塞炮孔，非电毫秒雷管和导爆索连接爆破网路，爬罐降至井底作业平台后，人工在作业平台最后连接起爆装置，进行爆破作业。2.4m×2.4m导井建议爆破参数见表5.2.3。

2.4m×2.4m导井爆破参数表　　　　　　　　　　表5.2.3

序　号	参数名称	孔径(mm)	孔深(mm)	孔数(mm)	单孔装药量(kg)
1	空孔	40/42	1.7	1	0.4
2	掏槽孔	40/42	1.7	12	0.8～0.9
3	崩落孔	40/42	1.5	21	0.5～0.8
4	周边孔	40/42	1.5	5	0.3～0.5
5	合计			39	

说明：(1) 循环进尺1.3～1.4m，月进尺70m。
　　　(2) 钻孔利用率85%～90%以上。
　　　(3) 建议中间空孔装药30%，以提高钻孔利用率。

5.2.4　通风

斜井内部通风采用压入法，使用爬管轨道内置风管直接送风至掌子面，新鲜气体从上向下置换废气到斜井底部，再经过系统通风装置排至洞外。

当斜井长度超过120m以后，在斜井120～180m会产生悬浮烟雾俗称"死亡谷"，这些烟雾不仅影响激光穿过，而且在作业人员穿越时造成呼吸困难，甚至威胁生命安全。施工中在通风时可将轨道两根管道都用来通风以增加风量，也可风水联动加快废气排除。

5.2.5　轨道延伸及排险

排险分为沿线围岩松动体排除和掌子面危石处理。爆渣下落时对围岩的撞击，有可能造成围岩松动，在爬罐上升运行时，必须检查围岩，发现危石及时排除。到达掌子面后，在顶部防护网保护下，人工清除危石。

掌子面危石清除完成后，延伸轨道，轨道采用膨胀螺栓（爬罐自带或自制膨胀锚杆）固定在岩壁上。施工中对于Ⅳ、Ⅴ类围岩，为防止轨道脱落，不仅采用自制加长膨胀锚杆辅以树脂锚固剂锚固，而且周围还应增加钢筋网和以梅花形布置的树脂锚杆加固加强。

5.2.6　出渣

斜井导井施工爆渣靠自重滚落到斜井底部，装载机配自卸汽车运输至洞外指定渣场。西龙池斜井2.4m×2.4m导井作业循环进度计划，见表5.2.6。

2.4m×2.4m导井作业循环表　　　　　　　　　　表5.2.6

工　序	时间(h)											
	1	2	3	4	5	6	7	8	9	10	11	12
放　样	▬											
钻　孔		▬▬▬▬▬▬										
装　药						▬						
爬罐下行至平台、起爆							▬					
通风排烟								▬▬				
危石处理										▬		
延长轨道											▬	
其　他												▬

备注：(1) 循环进尺1.3～1.5m，每天两循环，月平均进尺70m。
　　　(2) 导井长度在100m以下时，通风排烟时间可以减少到1h，放样时间可以缩短至30min。

6. 机 具 设 备

只列出爬罐以及主要辅助设备表 6。

爬罐导井施工主要设备表　　　　　　　　　　　　　　表 6

设 备 名 称	规 格 型 号	数量（台）	备　　注
爬罐	STH-5	2	
手风钻	YT-27	6	备用 2 台
装载机	ZL50C	1	
自卸汽车	15t	2	
空压机	20m³/min	1	
轴流通风机	2×55kW	1	
轴流通风机	32kW	2	

7. 劳动力组织

只列出爬罐作业面工作人员表 7。

爬罐导井施工劳动力组织表　　　　　　　　　　　　　表 7

工　　种	每 班 人 数	班　　次	全 天 人 数	备　　注
工班长	1	3	3	
爬罐操作手	2	3	6	
司钻手	6	3	18	
空压机司机	1	3	3	
装载机司机	1	3	3	
自卸汽车司机	2	3	6	
电工	1	3	3	
调度	1	3	3	合计:45 名

注：技术员、测量工根据需要安排。

8. 质 量 控 制

8.1 本工法以《水工建筑物地下开挖工程施工技术规范》为依据进行施工和质量控制。

8.2 专职测量人员进行激光指向仪的安装和调整，定期检测复核激光；掌子面由当班钻工班长按设计爆破参数，以激光光斑为依据布置钻孔，并将激光斑点情况、放样情况和施工情况记录，有异常情况及时报告调度。

8.3 为保证爬罐运行安全，导洞顶板必须进行光面爆破，Ⅲ以上围岩洞壁两侧及顶板均应进行光面爆破。

9. 安 全 措 施

9.1 本工法以《水利水电工程施工安全防护设施技术规范》DL-5162—2002 为依据进行安全控制。

9.2 本工法以 STH-5《ALIMAK 掘进升降机故障排除与修理手册》、STH-5《ALIMAK 掘进升降机技术要求》、STH-5《ALIMAK 掘进升降机使用维护说明书》和 STH—5《ALIMAK 掘进升降机安装与掘进作业》为依据进行爬罐培训、安装、运行、保养和维修控制。

9.3 不良地质处理：对于Ⅳ、Ⅴ围岩或断层破碎带，采取加长膨胀锚杆（辅以树脂锚固剂锚固），周围以梅花形布置的ϕ25树脂锚杆焊接加固，个别部位可以井身加挂钢筋网，以保证安全运行。对于滞留水采取排导的方法，即提前钻排水孔，后期排水孔布置在靠近底版部位。对于小溶洞采取混凝土回填法或钢支撑拱架法保证爬罐安全通过。对于胶结不好的软弱断层，应进行超前管棚或小导管灌浆法处理。

9.4 爆破安全控制：采用电阻丝点火，为保证安全，应采用特制有金属包皮的电缆，并经常检查及时更换损坏电缆，起爆电源必须采用洞内作业和洞外维护双人控制两个独立开关，开关盒应上锁。

9.5 为防止通风不良引起爬罐施工人员有害气体中毒，除加强通风外，为爬罐操作人员配备氧气袋。

10. 环 保 措 施

10.1 在施工过程中，严格遵守国家和地方政府下发的有关环境保护的法律、法规和规章制度，成立环境卫生管理部门，制定环保规章制度，加强施工材料、油料、废水、废渣、废气以及垃圾等的控制和治理，随时接受相关单位的监督和检查。

10.2 施工现场各种标识、标牌要求醒目、清楚、齐全，整洁文明，做到工完场清。

10.3 加强环境保护宣传工作，提高全员环保意识，并在进行安全技术交底时对环保要求也要进行详细交底。

10.4 生产废水、污水按照环境卫生标准进行达标处理，并排放到指定地点；对弃渣和其他废弃物品按照工程建设的要求指定地点堆存和处理；施工道路定期进行洒水除尘，防止污染周围环境。

10.5 为保证作业人员身心健康，除加强通风、延长通风排烟时间外，爬罐必须备用氧气袋，每班检查氧气袋内氧气是否充足，有无漏气，如有应及时更换氧气袋。

11. 应 用 实 例

11.1 西龙池抽水蓄能电站引水系统采用一管两机，两条平行输水隧洞，单线最长1859.28m，开挖高差690.3m，最高发电水头694.5m，正常发电水头640.0m。单线引水斜洞长756.59m，上斜井长515.474m，坡度56°，下斜井长241.9m，坡度60°，设计最大洞径5.9m，最小洞径4.82m，马蹄形洞。其斜井长度和坡度以及发电水头均为中国第一，世界第二，斜井穿越地段主要为石灰岩，其中Ⅳ、Ⅴ占全洞11.3%，多处断层破碎带、溶洞和三层滞留水。

斜井采用导洞法施工，为保证工期，上斜井导井采用爬罐和反井钻对接施工，爬罐自下向上，反井钻自上向下施工导井，导井在预留岩塞部位贯通。施工中采用国产国防激光仪代替进口激光仪，不仅解决了国外同类激光仪的不足，而且提高了工效，且仪器价格不到进口同类仪器的40%；采用双人双控整流变压器电阻丝点火，解决厂家不提供点火装置问题，操作简单，安全可行；采用综合地质处理方法，保证爬罐安全运行，施工中未发生一起轨道脱落和人身设备安全事故。在斜井150m以上施工中，月平均进尺60m，最高82m，将前期因种种原因滞后的工期赶回，并在扩挖过程中提前完成引水系统开挖任务，爬罐在上斜井导井施工中创造了安全施工导井382.0m，导井贯通误差40mm，洞轴线实际误差75mm的全国水电行业新纪录。

11.2 四川田湾仁宗海水库电站压力管道上斜井长330m倾角57°，断面5.8m，圆形洞。斜井采用导井法施工，阿里玛克爬罐反导井法施工导井，2006年7月开始爬罐安装，15d完成爬罐安装调试后开始施工，10月30日导井贯通，月平均进尺70m，导井贯通误差60mm，洞轴线实际误差92mm，提前20d完成施工计划，得到业主、监理好评。

11.3 桐柏抽水蓄能电站位于浙江省天台县栖霞乡百丈村，是一座日调节抽水蓄能电站，安装 4 台立轴单级混流可逆式水泵水轮机组，机组单机容量 300MW，总装机容量 1200MW。其中引水系统共有两条斜井，每条斜井轴线总长度为 413.12m，其中直线段长度 363.12m，倾角 50°，斜井开挖直径 10m，衬砌直径 9m。

斜井段上覆岩体厚 81.61～415m，围岩为微风化-新鲜的花岗岩，属Ⅲ类围岩，发育Ⅲ-Ⅳ级结构面，以陡倾角为主。F22 断层通过斜井，与斜井小交角，且倾角相同。

采用瑞典生产的 STH-5EE 型电机驱动爬罐进行施工。在反导井开挖过程中，有多处涌水及渗漏水（最大达 13m³/h），采取打深度为 4m 的超前排水孔，将水引离工作面的方法进行了处理，效果良好。

1 号斜井反导井开挖：2002 年 9 月 27 日开始，2003 年 1 月 6 日完工；2 号斜井反导井开挖：2003 年 2 月 21 日开始，2003 年 5 月 20 日完工。每条井开挖完成 278m，达到平均 93m/月的较快施工进度。

翻转模板施工工法

YJGF088—2006

葛洲坝集团第二工程有限公司　中国水利水电第八工程局

中国水利水电第十一工程局　葛洲坝集团第五工程有限公司

郭光文　朱明星　吴兴萍　卢大文　夏国文　杨光忠

付兴安　刘松林　苏波　吕芝林　冷向阳　周山

1. 前　　言

在我国水利水电工程建设中，为缩短施工工期、降低工程造价、早日发挥工程效益，大坝、围堰等主要水工建筑物设计已经越来越多地采用全碾压混凝土结构。相应的工程施工中，这就要求碾压混凝土施工实现快速、不间歇的连续上升，从而满足工程在施工工期、造价等方面的要求。而实现碾压混凝土快速、不间歇、连续上升的关键是改变传统的模板施工，传统的混凝土模板在结构形式和施工方法上只是适应于混凝土间歇上升施工，而要保证混凝土连续、不间歇、快速上升施工，则需要一种完全不同于传统模板的新型模板。

葛洲坝股份有限公司、葛洲坝集团第二工程有限公司在进行清江隔河岩水电站上游围堰的碾压混凝土施工时，为加快施工进度，对传统模板结构及安装方法作了更新，即在混凝土先浇层内埋设预制混凝土锚墩作为模板拉筋的锚固装置。同时将模板结构设计制作成悬臂式。模板层高 1.2～1.5m，并配备三层以上的模板，在碾压混凝土连续不间断施工的情况下，在混凝土已达到一定强度后将下层模板拆除，直接转移到上层安装。可以说这是翻转模板及其安装工法的雏形。

葛洲坝股份有限公司、葛洲坝集团第二工程有限公司在国内水电工程建筑施工中，为适应碾压混凝土工程施工的需要，对国内外碾压混凝土施工模板结构及安装拆除工艺作了长时间的深入研究，自行研制了能适应碾压混凝土快速施工的新型"翻转模板"，于 2004 年 4 月获得国家"新型可交替上升模板"实用专利权（专利号：ZL 03 2 54341.7），并于 2006 年 7 月又获得"双向曲率可调的翻转模板"实用新型国家专利（专利号：ZL2005 2 0096115.1）。翻转模板在三峡三期工程碾压混凝土围堰、金沙江向家坝水电站纵向碾压混凝土围堰、湖北招徕河水电站、广西龙滩电站大坝及围堰等水电工程施工得到充分运用，获得了良好的效益。在上述工程实践中，葛洲坝股份公司不断总结完善，形成了一套完整的翻转模板施工工法。

2. 工 法 特 点

2.1 翻转模板采用悬臂结构形式，通过水平方向预埋的 4 根锚筋固定，无需在仓内设置拉筋，模板受力条件好，不易变形走样，便于碾压混凝土机械化、快速施工作业。

2.2 翻转模板以垂直叠放的三块模板为一个施工单元，在混凝土浇筑过程中交替上升，可实现碾压混凝土不间断、连续上升施工。

2.3 模板拆装时操作简便，拆卸安装速度快。每拆卸安装模板一次所需时间约为 5～8min，拆、立模板不影响仓内混凝土正常浇筑，不占直线工期。模板设有操作平台，确保模板安装、拆卸时作业人员施工安全。

2.4 混凝土表面质量好。按照本工法施工，可确保模板安装平整、牢固，满足坝体外型要求，确保碾压混凝土表面质量好。

2.5 模板实用性强，上、下块模板之间通过调节螺杆连接，可适用于各种外形的水工建筑物，即使在变坡处也可保证碾压混凝土连续上升。

2.6 翻转模板技术含量高、实用性强、周转次数多，能显著降低工程模板费用，缩短工程施工工期；经济效益、社会效益显著，具有广阔的应用前景。

3. 适用范围

本工法及相应的翻转模板适用于水电工程中各种碾压混凝土建筑物（包括大坝、围堰等）施工。

4. 工艺原理

本工法对应的单块翻转模板主要由面板系统、支撑系统、锚固系统、工作平台以及其他辅助系统组成，见图 4。面板系统为多卡 D22 面板，结构尺寸 3.0m×2.1m；支撑系统为两榀支撑桁架，两榀桁架外弦杆间用 3 根 $\phi48×3.5$ 钢管通过扣件相连，形成空间整体结构；锚固系统主要由蛇型锚筋和锚锥组成。其中锚筋是长 80cm、直径 $\phi15$ 的 HRB580 型蛇形筋，其末端加工成弯钩状；锚锥采用 40Cr 钢加工而成，长 42.5cm，其与锚筋连接的一端为长 5cm 的锥型螺纹套筒，另一端为 M30 的螺杆。施工时蛇型锚筋预埋在混凝土中，锚锥与锚筋旋紧后在锥型套筒表面套上塑料套以便于拆除，周转使用，锚锥另一端通过螺帽和钢瓦斯将模板固定。每块模板在距上口 45cm 处布置 1 排 4 根锚筋，锚筋 2 根一组以 30cm 的间距垂直面板对称安装在每榀桁架内弦杆两侧。

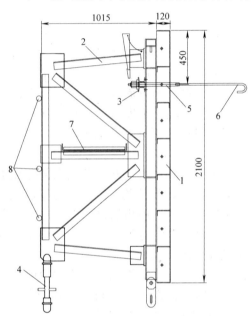

1—钢面板；2—桁架；3—锚筋梁；4—调
节杆；5—预埋螺栓；6—D15 锚筋；
7—工作平台；8—组装钢管
图 4　单套模板组装图

翻转模板垂直上每三块为一个单元，上、下层模板面板之间通过连接销连接，左右之间用 U 形卡连接；上、下桁架之间通过插销和调节螺杆连接，桁架与面板用连接螺栓固定。在转折处，可通过调节螺杆而实现变坡，不影响仓内混凝土连续浇筑。

翻转模板在工作状况时为悬臂结构，开始浇筑碾压混凝土后，混凝土侧压力通过面板系统传递给支撑系统的桁架部分，再通过支撑系统的竖向调节杆传力给其下一层模板的支撑系统，最后传力给锚固系统。作用在模板上的所有荷载最终转换为集中力由最下层模板的 4 根锚筋共同承担。模板拆除顺序由下至上依次进行，最下层模板拆除标准为：埋设中间层模板锚筋的该层碾压混凝土凝期满足要求（不同条件下，要求的混凝土凝期不一样），中间层模板锚筋达到设计要求的抗拔力。最下层模板拆除前，先将中层模板锚锥紧固，再拆除最下层翻转模板并安装到最上层，依次进行，实现模板连续交替上升。

5. 施工工艺流程及操作要点

5.1 施工工艺流程
翻转模板施工工艺流程见图 5.1-1，具体详见"翻转模板起吊详图（图 5.1-2）"。

5.2 操作要点

5.2.1 模板组装

5.2.1.1 准备工作

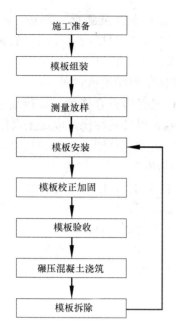

图 5.1-1　翻转模板施工工艺流程图

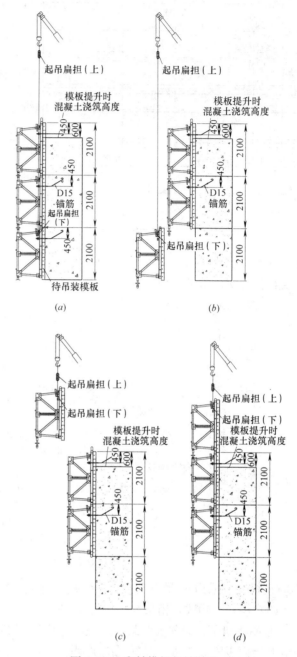

图 5.1-2　翻转模板起吊详图

1）在浇筑现场附近选择适宜的装配场地，场地要求平整，最好为混凝土地面，以利于模板组装的精确性调整也便于吊车运行。

2）准备好组装平台。根据工地实际情况，可用方木放在混凝土地坪上形成简易组装平台，平台面积约为 3.5m×2.5m。

3）在模板拼装场地准备好组装材料

① 模板系统各部件的堆放应分类分项，整齐有序；

② 脚手架钢管、扣件及螺栓标准件；

③ 模板组装使用工具：木工角尺、锤子、撬棍、活动扳手、5m 钢卷尺、水平尺、颜料画笔等。

5.2.1.2　模板组装

1）模板组装程序

放置面板→装配桁架→脚手架钢管加固定位→安装工作平台→装配锚筋梁→装配调节杆→模板组装质量检查→模板编号待用

2）模板组装方法

① 首先将钢面板背面朝上放在方木上，并注意有预埋孔的一边朝上，钢肋的方向向下；

② 按设计定位尺寸把两榀桁架放在面板背面，用 M16 螺栓将其固定在面板上，同时用脚手架钢管将桁架两端规方加固，再将面板与桁架连接的 M16 的螺栓拧紧；

③ 装配工作平台，工作平台上开有交通洞，方便施工人员上下移动，拼装时把开口的一端置于左侧；

④ 装配锚筋梁时，为使锚筋梁位置精确，应预先将预埋螺栓与锚筋梁、面板连接起来，再将 M12 螺栓拧紧；

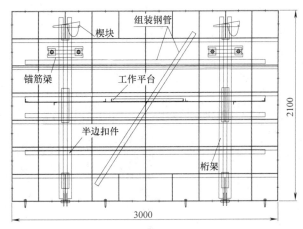

图 5.2.1.2-1　单套模板组装图

模板配板图将组装好的模板依次在仓位面上定位。第一块模板安装时，须使用水平仪和铅垂线，以保证模板安装时模板水平、垂直。

⑤ 调节杆在直面（圆弧面、斜面）与变坡处的装配孔位不同，需根据所承接项目的具体情况采用专用调节杆连接，具体连接见图 5.2.1.2-2，几种不同坝体结构配板示意图。

装配好的模板经检查合格后，进行编号，标明仓位及装置号，以备运往浇筑混凝土仓位。

单套模板组装方法见图 5.2.1.2-1。

5.2.2　模板安装

1. 将组装成套的模板运至安装处，运输和现场堆放时板面向下，用方木垫平，最多只能叠放一块，以边运边安装为宜。

2. 从仓位的一端或仓位转角处开始，根据

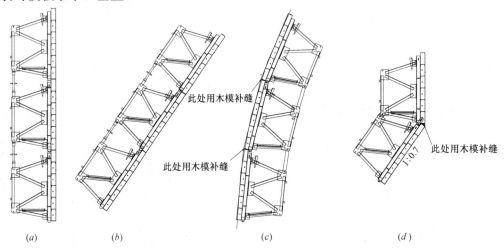

图 5.2.1.2-2　几种不同坝体结构配板示意图
(a) 直立面；(b) 斜坡面 (1∶0.75)；(c) 反弧段 (R＝12.5m)；(d) 变坡处

3. 模板安装采用 8t 吊车配合，吊装钢丝绳只准栓在桁架两侧的吊耳上，吊起后指挥到位将模板架立在起始仓模板上边线，桁架与桁架对接到位装上连接销，装好调节螺杆后便可松开吊钩。

4. 起始浇筑部位只先安装最下层模板，中间层和最上层模板在碾压混凝土浇筑过程中安装。中间层和最上层模板安装在碾压混凝土浇筑到距其下层模板上边线 600mm 时便可开始，安装方法相同。

5.2.3　模板校正加固

1. 模板定位后，根据测量放样点拉线检查横向平整度，吊锤球检查竖向平整度，用调节杆调节模板的倾斜度，将模板校正调直，然后在面板之间用 U 形卡连接。

2. 在面板空隙之间插入补缝板，用螺栓将其固定。

3. 模板第一次安装时，面板要比混凝土面设计线前倾 10mm，以后各次安装模板时，将面板前倾 6mm。

4. 仓位模板验收合格后，开始碾压混凝土浇筑，当混凝土浇筑至预埋螺栓孔附近应及时安装好预埋螺栓及 D15 锚筋。

5. 模板每翻高一层，测量放样一次，根据放样点检查模板变形情况，依据放样点拉线利用调节螺杆校正模板。

5.2.4　模板拆除

5.2.4.1　模板拆除时间

当碾压混凝土浇筑至距上层模板上边线 600mm 时，便可拆卸、提升第一层模板并安装在第三层翻转模板上，模板拆除由 8t 吊车配合（钢丝绳直径不小于 18.5mm）、由一侧向另一侧逐块进行，8t 吊车须停在已碾压完毕的仓面处。具体操作方法图 5.1-2。

5.2.4.2 模板拆除程序

吊车钢丝绳拴挂待拆除模板吊耳，吊钩稍带紧→紧固中层（翻转模板三块组合，称作上中下层）模板的套筒螺丝→拆卸下层模板接缝上的 U 形卡、连接销→松卸下层模板的套筒螺丝→紧缩调节螺杆使模板脱开混凝土面→拆卸桁架上的内铁楔和外连接销→指挥吊车将模板提起→将拆除后的模板安装在上层模板上。

5.2.4.3 模板拆卸工艺流程

（1）用专用工具紧固中层模板的套筒螺丝；

（2）松开下层待拆除模板之间的竖向 U 形卡连接；

（3）取下面板之间的连接销；

（4）松开预埋螺栓上的 M30 加厚螺母；

（5）用专用扳手卸下预埋螺栓；

（6）紧缩调节螺杆使模板脱开混凝土面；

（7）作业人员退至旁侧模板安全处；

（8）指挥吊车吊钩下落 50cm，再外伸 1.5m 左右后将模板慢慢提起至安装高度；

（9）将拆除下来的模板上残留的灰浆及时铲除干净后，将拆除下来的模板安装装到上层翻转模板上。

（10）拆除下一块翻转模板。

各部位的翻转模板拆装均按以上程序操作，依次交替上升至所设计高程。

6. 材料及设备

6.1 材料：模板主要材料见表 6.1。

翻转模板主要材料表　　　　　　　　　　　　　　　　表 6.1

序号	名　称	材料类别	型　号	材质
1	锚筋	特殊螺杆	D15	16Mn
2	预埋件	圆钢	D26.5	球墨铸铁
3	B7 螺栓	圆钢	M36	40Cr
4	爬升锥	圆钢	M36	45 号
5	楔块	板材	14mm	45 号
6	拼缝板	板材	4mm	Q235
7	连接螺栓	圆钢	8～25mm	Q235
8	销钉	圆钢	20～37mm	45 号
9	脱模剂			

6.2 主要机具

5～8t 汽车吊；木工钻；电钻；扳手；锤子；撬杆；木工角尺；5m 卷尺、水平尺、钢丝绳、起吊扁担、卡环、拆模装置、铁铲等。

7. 质 量 控 制

7.1 **工程质量控制标准**

7.1.1 翻转模板出厂组装检验标准，见表 7.1.1。

翻转模板出厂组装检验标准　　　　　　　　　　　　　表 7.1.1

序号	项　目	允许偏差(mm)	检 查 方 法	量 具
1	两块模板之间的拼缝宽	≤1.5	用1.5mm塞尺插拼缝通不过通不过	塞尺
2	相邻模板面宽度差	≤1.0	用2m平尺靠模板拼缝,1mm塞尺通不过	2m平尺、塞尺
3	组装模板板面平整度	≤2.0	用2m平尺靠板面,可见缝用2mm塞尺通不过	2m平尺、塞尺
4	组装模板长度 组装模板宽度	+1.0,−2.0 +1.0,−2.0	用钢卷尺检查模板的两端和中间部位	钢卷尺
5	组装模板两对角线长度差	≤3.0	用钢卷尺检查组装模板两对角线	钢卷尺
6	组装模板厚度(100mm)	±1	用钢卷尺检查模板边框	钢卷尺
7	组装模板孔距中心偏差	±2	用钢卷尺检查模板板面孔距中心	钢卷尺
8	组装桁架轴线偏差(1500mm)	±2	用5mm钢卷尺检查桁架	钢卷尺
9	轴线左右300mm内面板筋板不平度	0～−2	用2m平尺靠面板筋板	2m平尺、塞尺
			可见缝用2mm塞尺通不过	

7.1.2 翻转模板安装质量执行《水利水电工程模板施工规范》。模板安装允许偏差见表 7.1.2。

翻转模板安装允许偏差 mm　　　　　　　　　　　　　表 7.1.2

偏 差 项 目			混凝土结构的部位	
			外露表面	隐蔽内面
模板平整度	相邻两面板错台		2	5
	局部不平(用2m直尺检查)		5	10
板面缝隙			2	2
结构物边线与设计边线	外模板		0	15
			−10	
	内模板		+10	
			0	
结构物水平截面内部尺寸			±20	
承重模板标高			+5	
			0	
预留孔洞	中心线位置		5	
	截面内部尺寸		+10	
			0	

7.2 质量保证措施

7.2.1 模板安装严格按照施工图纸和测量放样点拉线进行控制，安装好后的模板表面应光洁、平整，其结构必须具有足够的强度、刚度和稳定性，且接缝严密，以保证混凝土的浇筑质量。

7.2.2 适当控制碾压混凝土上升速度不大于 1.2m/d。

7.2.3 混凝土浇筑过程中，经常检查、调整模板的形状及位置，如发现模板变形走样，立即紧固调节螺杆，上紧"U"形卡。

7.2.4 立模过程中，须及时清洗模板表面及侧面灰浆，使模板拼缝严密。

7.2.5 面板之间的垂直缝用U形卡连接，U形卡不得少于4个，水平缝用连接销连接，不少于3个。

7.2.6 模板每翻高一次，测量队放样一次，根据放样点检查模板变形情况并及时调整。

7.2.7 模板安装时顶部一律按向仓内预倾 6～10mm 控制。

7.2.8 模板周边碾压混凝土需使用小型振动碾碾压。

7.2.9 埋设中间层模板锚筋的该层碾压混凝土凝期未达到要求时不得拆除其下层模板。

8. 安 全 措 施

8.1 翻转模板使用时必须严格遵守本模板系统的设计技术参数：

翻转模板承受最大混凝土侧压力为 15kN/m²；

锚筋 D15 拉拔力 60kN/m²；

混凝土的浇筑速度为 30cm/8h；

持力层锚筋所在的混凝土浇筑完毕后 48h 后方能出力。

8.2 模板使用过程中必须要注意安全操作：

8.2.1 吊装模板的起重设备的机械状况、安全系数、钢丝绳的型号、允许荷载及配套的卸扣等必须符合起重规程规定。

8.2.2 调节模板倾斜度时，应同时旋动两端的调节杆，以保证模板调节一致。

8.2.3 每层混凝土开始浇筑前，必须清理模板的面板并涂刷脱模剂。严禁脱模剂接触 D15 锚筋。

8.2.4 预埋螺栓和 D15 锚筋必须旋合到位。

8.2.5 预埋螺栓应保持在同一水平线上。预埋螺栓内的 D15 特殊内螺纹应涂抹黄油。

8.2.6 用振捣器振捣边侧混凝土时，振捣棒与锚筋之间距离须大于 5cm，严防振捣器碰撞 D15 锚筋，以免锚筋松动，使面板定位孔变形。若发现定位孔产生变形，必须及时矫正。严禁碰撞踩踏 D15 锚筋。

8.2.7 碾压混凝土采用汽车卸料时，与模板距离不得小于 3m，严禁混凝土料直接冲击模板。

8.2.8 模板安装就位后，应将连接调节杆和连接销加固牢，未加固牢，不得摘取起吊钢丝绳。起吊钢丝绳取掉后，不得任意拆除连接销、调节杆，如需拆除时，应重新吊挂钢丝绳。

8.2.9 模板拆除时，在挂好钢丝绳、上好卸扣之前，只允许先拆除套筒螺栓、U 形卡、花兰螺丝，待挂好钢丝绳，上紧卸扣后，才允许拆除连接销、调节杆。拆下的螺栓、连接销、U 形卡及工具类应放在工具箱或工具袋内。作业人员撤离被拆除的模板，然后拆除模板开始提升。

8.2.10 模板安装加固好后，必须及时清理多余的材料，严禁放在模板或操作平台上。

8.2.11 施工过程中严禁攀爬模板脚手架管。

8.2.12 现场设置安全标志，模板拆卸提升、安装时，下方严禁作业通行。

8.2.13 模板周转达到 5 次时，须检查清理调节杆及预埋螺栓等，涂润滑油一次。施工过程中注意检查螺栓、标准件以免松落；模板使用周转达到 30 次时，必须对模板进行维修保养。

9. 环 保 措 施

9.1 所有组装件模板均进行了喷砂除锈处理后喷刷防锈漆，再涂刷油漆；所有标准件（包括 U 形卡、销钉和螺栓等）均按国家现行有关标准采用镀锌表面处理，以防锈蚀污染环境。

9.2 本工法所采用的翻转模板使用中产生的少量废弃物，如混凝土废料，均集中后运至规定地点处理。

9.3 模板清洗的污物通过排水沟汇集到集水坑沉淀后排放，废弃的脱模剂采用油桶收集后运至指定地点。

10. 经济效益和社会效益

10.1 翻转模板由四名施工人员配合一台 8t 吊车即可组成一个作业组。每翻转一次仅需 5～8min

就可完成。实际工效为 32m²/工日（每套模板标准面积为 6.3m²）。采用翻转模板，其安装工效比组合钢模板提高 13.9 倍，比木模板提高 10.15 倍。详见表 10.1-1、表 10.1-2。

工效比较表

表 10.1-1

模 板 类 型	每工日拆除安装面积（m²）	与组合钢模板比
翻转模板	32	13.9
组合钢模板	2.30	1
木模板	3.14	1.37

模板使用材料消耗分析表

表 10.1-2

模 板 类 型	重量（kg/m²）	周转次数（次）	每次消耗用钢量（kg/m²）
翻转模板	150	200	2.31
组合钢模板	97	30	3.23

10.2 使用翻转模板比普通模板安、拆速度快，使碾压混凝土浇筑速度快；所用操作人员少，起吊设备占用少，使用耗材少；使用安全，操作简便。模板安装拆卸方便，是传统模板工效的 3 倍。

10.3 面板设计合理，刚度大，尺寸标准化，模数化，适应各种结构的碾压混凝土浇筑。

11. 工 程 实 例

11.1 三峡三期 RCC 碾压混凝土围堰工程

11.1.1 工程概况

三峡三期碾压混凝土（RCC）围堰全长约 380m，分 10 个堰块（6 号～15 号堰块），堰顶高程 140m，顶宽 8m，最大底宽 107m，最大堰高 90m。迎水面高程 70m 以上部分为垂直坡，高程 70m 以下为 1：0.3 的斜坡；背水面高程 130m 以上为垂直坡，高程 130m 以下为 1：0.75 的台阶状边坡。三峡三期碾压混凝土围堰混凝土总方量 110.52 万方，合同工期不到 6 个月。碾压混凝土施工方案采用自卸汽车结合塔带机直接入仓，即高程 90m 以下全部采用自卸汽车直接入仓方式，入仓道路布置在围堰下游侧；高程 90m 以上采用塔带机入仓布料。碾压混凝土采用连续上升方式施工，除计划在高程 107.5m 廊道层间歇一次以便于安装预制廊道外，其他时候均不间歇，实行连续上升，最大连续上升高度需达到 57.5m。

11.1.2 施工情况

三期 RCC 围堰上游面全长 380m，设计全部采用翻转模板。翻转模板设计完成后，分别经过了锚筋拉拔力试验和提升工艺试验，在证明其操作简便、安全可靠并能保证工程质量之后，共批量生产 378 块用于三期碾压混凝土围堰浇筑施工。

为保证模板安装时多开工作面，并考虑模板安装时可能出现的误差，施工规划中将翻转模板沿堰体上游面分 9 段布置，每段 14 块模板，长 42m，段与段之间留出一条宽 20cm 的缝，该缝隙用专门设计加工的丁字板补缝，共需 378 块翻转模板。

2002 年 12 月 16 日，翻转模板在围堰施工中正式投入使用，随着碾压混凝土浇筑上升，翻转模板不断交替上升。模板使用顺利，围堰堰体形体尺寸控制良好。经现场测算，RCC 围堰上游翻转模板每层 126 块，每层翻转时安排 5 台吊车共 5 个工作面，全部提升完毕为 4～5h，每拆装一块模板仅用时 5～8min，模板的安装和拆除不影响仓面正常施工。

该工程于 2002 年 12 月 16 日开工，2003 年 4 月 16 日完工，共历时 4 个月。

11.1.3 结果评介

翻转模板的使用对整个工程的施工质量和进度起着非常重要的作用，翻转模板构思新颖，结构合理，操作简便，运行可靠，围堰上游面翻转模板共翻转 40 次，90m 高的围堰除在高程 107.5m 爆破拆除廊道施工时仓面间歇一次以外，其余全部做到了不间歇连续上升，保证了碾压混凝土施工的连续、高强度进行，使碾压混凝土浇筑仅用 4 个月便全部完成，比合同工期提前 55d，其中最大月浇筑强度 47.5 万 m³，最大日浇筑强度 21066m³，最大小时强度 1278m³，日上升速度最高达到 1.2m/d，最大连续上升高度达到 57.5m，均创世界纪录。

三峡工程三期 RCC 碾压混凝土围堰的成功运用证明，翻转模板完全满足工程施工安全、质量和进度要求，工程质量优良率达 97％以上，无安全生产事故发生，得到了各方的好评，具有良好的经济效益和社会效益。

11.2 广西龙滩电站

11.2.1 工程概况

广西龙滩水电站位于红水河上游广西天峨县境内，坝址以上流域面积 98500 平方公里，占红水河流域面积的 71％，其装机容量占红水河可开发容量的 35％～40％，是国内在建的仅次于长江三峡的特大型水电工程。龙滩电站的建设，将创三个"世界之最"：最高的碾压混凝土大坝、最大的地下厂房、提升高度最高的升船机。

11.2.2 施工情况

龙滩电站最大坝高 216.5m，坝顶长 836m，坝体混凝土方量为 685 万立方米，属目前世界上最高的碾压混凝土坝；上游混凝土围堰高 78.6m，总浇筑量达 53 万 m³，下游围堰混凝土总量 8.44 万 m³，长 273m，堰顶高程 245m。大坝及围堰由葛洲坝集团、武警、水电七局、八局等联合承建，均采用翻转模板进行碾压混凝土施工，共选用了 3m×3.1m、3m×1.82m 的翻转模板，共计 400 余套约 3500m²，于 2003 年 11 月翻转模板正式投入使用。其主体工程于 2001 年 6 月 18 日正式开工。

11.2.3 结果评价

龙滩大坝高度高，混凝土方量大，RCC 坝的高度和方量均居世界首位。为此，要求混凝土的运输和浇筑设备能力大，效率高。既要避免多次转运，又要缩短运输时间，满足大仓面连续作业的要求，从而保证混凝土的施工质量和良好的层间结合。翻转模板完全满足了该工程的碾压混凝土施工要求。使用中充分体现翻转模板的翻模速度快，调节方便、混凝土碾压表面质量好、模板周转次多等特点，工程质量优良率达 98％以上，无安全生产事故发生，得到业主和监理的好评。

混凝土面板堆石坝面板施工工法

YJGF089—2006

中国葛洲坝集团股份有限公司　中国水利水电第十二工程局

王亚文　廖光荣　黎开润　李中方　俞伟弘　周爱民

1. 前　　言

混凝土面板堆石坝混凝土面板是大坝防渗主体结构，受坝体沉降变形以及库水压力的影响较大，运行工况复杂，地基和堆石体在自重、水荷载以及其他动静荷载作用下，均会产生较大变形。工程施工中，应考虑混凝土面板与地基、堆石体的变形协调性，保障混凝土面板工程质量，使其具有优良的耐久性、较高的抗裂性和较低的渗透性。

在水布垭面板堆石坝施工中，为提高面板混凝土防裂施工技术，清江施工局组织有关施工技术人员，在借鉴我国面板堆石坝施工经验的基础上，结合近几年高面板坝的"四新"技术运用，进行专题研究，提出了具体面板防裂施工技术措施，通过水布垭高面板堆石坝三个时期的混凝土面板浇筑施工，逐步完善并形成了面板堆石坝混凝土面板施工工法。

水布垭面板堆石坝混凝土面板浇筑施工中，运用了止水铜片成型机专利技术、高性能混凝土配合比、优质掺和料、坝体分期填筑与分期面板浇筑时段选择以及施工作业平台高度控制等"四新"技术，使本工法在高面板堆石坝混凝土面板施工领域技术先进，并填补了面板堆石坝施工规范中对于200m以上面板坝施工的空白。具有明显的社会效益。

2. 工 法 特 点

2.1 本工法运用了坝体分期填筑与分期面板浇筑时段选择以及施工作业平台高度控制、高性能混凝土配合比、优质掺和料、止水铜片成型机等"四新"技术，其技术领先、工艺流程合理。

2.2 本工法明确了面板浇筑施工过程中各质量节点控制的具体要求，可操作性强。

2.3 本工法提出了面板施工过程中的防裂措施、顶部脱空处理、面板裂缝的检查与处理等施工过程的控制要点，完善了对面板施工完成后缺陷修复施工的规定。

3. 适 用 范 围

适用于钢筋混凝土面板堆石坝工程的混凝土面板施工。

4. 工 艺 原 理

混凝土面板主要是防渗和传力结构，只要能够满足抗渗性和耐久性要求，它的柔性越大，就越能适应坝体变形。随着建坝地区的气候条件、河谷类型、地质及施工条件的不同，在面板内部及其周边将产生不同的温度应力和沉降变形应力，有可能导致及其有害的裂缝，为此需提高面板混凝土的均匀性，保证混凝土具有较高的延展性和极限拉伸强度，并降低垫层对面板的基础应力约束。

5. 施工工艺流程及操作要点

5.1　施工工艺流程

混凝土面板施工主要包括坡面清理、分缝垫层铺设和垫块安装、坡面喷涂乳化沥青、钢筋制安

（现场绑扎或预制钢筋网）、止水片埋设、模板安装（侧模、滑模）、混凝土拌制与运输、溜槽入仓、皮带机或机械摆动布料、摊铺机或滑模浇筑及混凝土养护等施工工艺流程见图5.1。

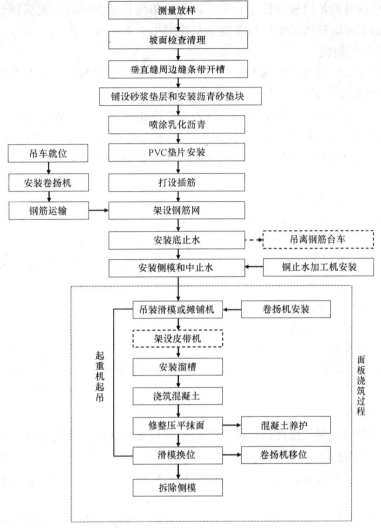

图 5.1　面板混凝土浇筑施工程序图

5.2　操作要点

5.2.1　施工准备

1. 施工方案编制、审批及交底

面板混凝土施工前工程技术部应编制面板施工方案。其内容包括：施工程序、主要施工方法与工艺、施工现场布置、施工机具设计与设备选择、进度计划及工期控制措施、劳动组织、材料与物资供应、质量安全措施等。

编制的施工方案报建设单位、监理工程师审批后方可组织施工。工程技术部按照批准的技术方案制定作业指导书，并向有关部门和作业单位进行技术交底。

2. 劳动组织

面板混凝土施工应指定一名项目副经理专项负责，并安排专业施工队伍组织实施。施工作业人员由现场统一调配。各专业工种人员应进行岗前培训，并持有相应技能操作证书。

3. 无轨滑模设计与制做

1）滑模设计原则：有足够的刚度、自重或配重；安装、运行、拆卸方便；具有安全保险和通讯措施；应综合考虑模板、牵引设备、操作平台、电路防雨及养护等使用功能和安全措施。

2）滑模应进行专门设计，并符合有关规范和设计规定。

3）滑模制做：严格按设计图纸加工制造；滑模应试组装，并经检查验收合格后，方可运至现场。滑模的制做、组装允许偏差应满足：部件制做的长、宽允许偏差为±2mm，局部平整度2mm（用2m直尺检查）；组装允许偏差满足面板总长±5mm，面板对角线长度±7mm，面板错台1mm。

4）滑模在制做加工时应整体考虑模板刚度，其挠度小于$L/400$。

4. 侧模及支承设计与制做

1）侧模及钢支架应按规范规定的基本荷载组合进行强度和刚度的计算，并核算承重模板及支架的抗稳定性。侧模按面板混凝土的厚度进行编号。

2）双层止水段宜采用木模板，单层止水段宜采用钢木组合结构。侧模长度应便于斜坡面上安装和拆卸，其高度应适应面板厚度的变化和周转使用要求，并能承受滑模工作时的荷载。

3）槽钢与槽钢、槽钢与木模之间采用螺栓连接，槽钢之间采用错口接缝，木模板之间采用平口接缝。

5. 配套机具的加工制做与选型

1）集料斗、溜槽：骨料斗采用钢板加工，由专业人员设计制做。溜槽应采用轻型、耐磨、光洁、高强度的材料制做，每节长不大于2.0m，便于人工搬运。

2）钢筋及材料运输台车：根据钢筋、材料长度和坝面坡度设置，钢筋台车由专业人员设计、制做。

3）止水铜片加工机械：采用多级辊压式型机，用于面板W型和F型接缝止水片加工。

4）起吊设备：宜选用40t轮胎吊。

5）卷扬机：每套滑模配备2台10t卷扬机，牵引钢丝不小于$\phi21.5$mm，滑模与滑轮、卷扬机与固定锚块以及与地锚间的连接钢丝绳不小于$\phi28$mm。钢筋及材料运输台车配备一台5t卷扬机，牵引钢丝不小于$\phi19.5$mm。

6. 混凝土拌制及运输

1）混凝土拌制宜选用强制式搅拌机，其生产能力满足混凝土施工强度要求。拌合系统布置根据工地条件，宜布置在坝头附近。

2）混凝土运输宜选用经改装、能遮阳的自卸汽车，也可采用混凝土搅拌运输车。

7. 配合比设计

面板混凝土配合比设计和试验应按技术条款、有关规程规范、技术要求等进行，除应满足对混凝土抗裂性、耐久性、抗渗性等技术指标要求，还应满足混凝土强度保证率及和易性等要求。

目前，为了提高混凝土的抗裂、耐久、抗渗等性能，多采取掺加高效减水剂（如第二代萘系减水剂、第三代羧酸类减水剂）、高效密实剂、高效引气剂、高品质掺合物（如聚乙烯纤维、聚丙烯纤维、聚丙烯腈纤维）等。

5.2.2 施工方法

面板混凝土一般采用无轨滑模施工，边角部位采用旋转滑模法、翻转模板或扣模法施工。面板由中心条块向两侧间隔跳仓浇筑。混凝土采用自卸汽车或搅拌车运输，溜槽入仓，8m宽以上的面板条块宜布置2条溜槽，8m宽以下的面板条块可布置1条溜槽。

1. 测量放样及坡面清理

1）在垫层坡面或挤压边墙坡面上布置5m×5m网格进行平整度测量，按技术要求检查偏差值，对超偏部分采取"削盈补亏"措施修整。大坝混凝土面板厚度宜按设计厚度控制，并保持面板表面平顺、美观。

2）修整后的坡面应清理冲洗干净。测量人员放出面板垂直缝中心线和边线，并标识清晰。

2. 砂浆垫层或垫块施工

1）垂直缝砂浆垫层：在已修整的坡面上，沿垂直缝边线范围凿出砂浆垫层槽，敷设砂浆找平，其平整度用2m直尺检查，偏差不大于5mm。

2) 周边缝底部沥青砂垫块及缝面处理：周边缝止水保护罩拆除后，人工凿底部沥青垫块槽，并修整成型，埋设沥青砂垫块。垫块之间采用热沥青灌实，表面平整度在 10m 范围内不超过 20mm。

3. 喷涂乳化沥青

一般在垫层或挤压边墙表面喷涂乳化沥青，采用人工或专用机械施喷，一般为"三油两砂"。

喷层间隔时间不少于 24h，喷涂用量符合技术文件要求，每层喷砂结束后宜采用滚轮碾压一遍。喷涂乳化沥青施工完成 2d 后可进行下一道工序。

4. 涂刷沥青和铺设 PVC 垫片

在垂直缝砂浆垫层面自上而下涂刷热沥青，铺设 PVC 垫片。

5. 钢筋安装

钢筋连接主要采用焊接、机械连接或直螺纹套筒连接等方式。

1) 架立筋

采用预制钢筋网安装时，架立筋间排距约 3m×3m，一般为 $\phi20\sim25$mm 螺纹钢，打入坡面不小于 40cm。

采用现场绑扎钢筋时，架立筋间排距约 2m×2m，$\phi18\sim22$mm 螺纹钢，插入坡面不小于 50cm。

2) 面板钢筋网

预制钢筋网在坝顶施工平台人工放置、绑扎、焊接而成，经检查验收后，吊车吊运至坡面，钢筋台车沿坡面转运至作业面，自下而上安装。

现场安装时，从单块面板两侧由钢筋台车将已加工的钢筋运至作业面，人工搬运到仓内绑扎、焊接或连接。一般纵向筋在下，横向筋在上。

3) 钢筋安装过程中应注意以下几个方面：

① 钢筋的制做、连接和安装应符合规范和设计技术要求；

② 插筋露出长度应小于所处面板厚度；

③ 钢筋保护层厚度应满足施工详图规定；

④ 安装后的钢筋应有足够的刚度和稳定性。并妥加保护，避免发生变形、开焊及松脱。

6. 铜止水片加工与安装

采用专用设备连续辊压加工铜止水片，成型后的止水片由人工扶助，沿 PVC 垫片表面缓慢放至浇筑块底部。安装就位及焊接牢固，不得有虚焊、假焊或漏焊。连续挤压成型的铜止水片宜尽可能地长，以减少焊接接头。

7. 侧模安装

铜止水片就位后应尽快安装侧模。侧模采取内外支撑，内侧多用钢筋支撑，外侧采用定型钢支架支撑。模板接缝平整严密，安装时注意保护铜止水片鼻子。

侧模安装允许偏差应符合以下规定：相邻两块模板高差不大于 3mm，模板与设计线的偏差不大于 10mm，模板与铜止水的对中偏差不大于 5mm，模板垂直偏差不大于 5mm。

8. 卷扬机和滑模就位

1) 利用起吊设备将卷扬机放置到待浇面板施工部位，控制其底座高度及平面位置，使用混凝土配重块及地锚固定卷扬机。

2) 滑模吊放在侧模上并固定牢靠，用卡环、滑轮将卷扬机钢丝绳与滑模连接，安放滑模配重块，放下滑模端部滑轮，滑模由端部滑轮支撑并随卷扬机滑动至面板待浇块底部，其后对滑模试滑二至三次，检查其运行工况。

9. 皮带机架设

若采用皮带机水平入仓，其桁架与滑模宜采用刚性连接，随滑模同步滑移，不需要专门的驱动装置。

10. 溜槽架设

1）无轨滑模和皮带机就位后，即可在钢筋网上铺设溜槽。溜槽分段固定在钢筋网上，其上接坝面集料斗，下至皮带机受料斗或仓位内，溜槽出口离仓面不大于 1.5m。

2）溜槽采用对接或搭接式连接，连接严密，不漏浆。

3）溜槽内每隔 50m 左右设置一柔性挡板，顶部用柔性材料遮盖封闭。

11．混凝土拌制与运输

1）混凝土拌制

混凝土应拌制均匀，拌制时间满足规定要求。当掺加掺合物时，其拌制时间稍加延长，投料次序、方法和拌制时间应通过试拌试验确定。

卸料口与运输设备之间的落差不宜大于 1.5m。

2）混凝土运输

混凝土宜采用自卸汽车或搅拌车水平运输，集料斗受料，溜槽垂直运输入仓，并确保不发生分离、漏浆、严重泌水等。利用溜槽入仓时，不得采用振捣器推赶槽内混凝土，严禁槽内加水冲赶混凝土。

混凝土拌合料自加水拌合至振捣完毕的时间不超过 1h。若混凝土已假凝或初凝，应作废料处理。

严格控制混凝土坍落度，并根据天气、时段等因素随时调整；

周边缝和垂直缝附近应辅以人工铺料。

12．混凝土浇筑

1）面板混凝土浇筑可由中心条块向两侧分序、间隔跳仓浇筑，并尽量缩短Ⅰ序块、Ⅱ序块之间的间隔浇筑时间。

2）混凝土入仓必须均匀布料，每层布料厚度为 25～30cm。采用皮带机水平布料时，可设置移动式卸料斗控制卸料层厚。

3）采用插入式振捣器配合软管振捣器进行混凝土捣实。靠近侧模和止水片的部位，应采用软管振捣器振捣。振捣器不得靠在模板上或靠近模板顺坡插入浇筑层，并不得触动钢筋、止水及预埋件。要求振捣器插点均匀，间距不大于 40cm，振捣深度达到新浇混凝土层底部以下 5cm（振捣器不得伸入滑模面板底部），不得漏振、欠振或过振，以混凝土不再显著下沉、不出现气泡并开始泛浆时为准。

4）周边三角区混凝土浇筑宜采用滑模旋转法、翻转模板或扣模法浇筑。面板垂直缝与趾板夹角较小时，采用翻转模板或扣模逐层浇筑。

5）混凝土浇筑时，及时依次割除架立筋，减少对面板的约束影响。

6）滑模滑升

滑模脱模时间取决于混凝土的凝结状态。脱模后，处于坡面上的混凝土不蠕动、不变形。滑模的滑升速度应与浇筑强度和脱模时间相适应，做到"勤动、慢速、少升"。平均滑升速度宜为 1～2m/h，最大滑升速度不超过 3m/h，最小滑升速度不低于 0.5m/h，具体参数由现场试验确定。每次滑升幅度应控制在 30～40cm。

滑模滑升时，两端提升平衡、匀速，并可根据滑模仰浮状态调整滑模配重；每次滑升间隔时间不超过 30min。因故停仓超过 1.0h，则应按施工缝处理。

7）表面修整和二次压面

对脱模后的混凝土表面，及时进行人工修整、抹平和压面。对于Ⅰ序块两侧边沿 0～50cm 范围内，应修整平顺，并与侧模高度一致。

在混凝土初凝时，用人工对混凝土表面进行二次压面抹光，确保混凝土表面密实、平整，避免形成早期裂缝。

13．混凝土养护与保护

1）混凝土养护

① 在滑模后部拖挂长 15m 左右比面板略宽的塑料布，防止水分散失并保护已浇混凝土不被雨水冲刷和日晒。

② 二次压面后，及时进行养护，防止表面水分过快蒸发而产生干缩裂缝。可采取表面喷养护剂，也可洒水、覆盖养护。

③ 混凝土终凝后，采用长流水养护，养护时间至水库蓄水。

2）混凝土保护

① 对浇筑后的混凝土必须加以维护和保护，以防损坏。

② 在后浇块施工时，滑模直接在先浇块混凝土表面行走，应有相应保护措施。如有损坏，应及时处理。

③ 沿已浇混凝土分期线设置竹跳板、木板等挡护板或拦渣墙，防止后期坝体填筑时，坝料滚落损伤混凝土面板表面。

14. 表面止水安装

1）原材料控制

① 铜止水片

铜止水片表面光滑平整，无砂眼或钉孔，并有光泽，浮皮、锈污、油漆、油渣均须清除干净。

② PVC 或橡胶止水带

PVC 或橡胶止水带形式、尺寸符合施工图纸的要求，其拉伸强度、断裂伸长率、抗老化性能符合设计规定。PVC 外观为黑色或灰色，无气孔、塑性均匀。

③ 柔性填料

柔性填料在使用前，通过试验测定其拉伸性能、密度与混凝土面的黏结性能、冻融循环耐久性、流淌值、施工度、耐水性、耐化学性等主要性能指标。

④ 面膜

面膜的抗拉强度、断裂伸长率、撕裂强度、热空气老化等性能指标满足设计要求。

⑤ 其他辅助材料

锚压扁钢与螺栓、固定橡胶止水带的预埋角钢与螺栓、周边缝下部的沥青砂、缝间的橡胶棒、沥青板、泡沫板等止水辅助材料的主要技术指标应满足有关规定和施工图纸的要求。

2）止水加工与安装

① 铜止水片

一般采用厂家已退火处理的整卷铜材，采用辊压式成型机连续压制成型，各类异型接头可在厂家定制，止水片成品表面平整光滑，无裂纹、孔洞等损伤。

铜止水片的连接宜采用对缝焊接。采用搭接焊时，其搭接长度应大于 2cm，并按要求双面焊接。焊接接头应表面光滑、无孔洞、无缝隙、不渗水。

铜止水片与 PVC 或橡胶止水带的连接采用铆接。连接时，将 PVC 或橡胶止水带水平段的一面削平，热压在铜止水片上，趁热铆接，其搭接长度满足设计要求。

铜止水片鼻子空腔内应按设计要求填塞橡胶棒、止水条等可塑性填料，端部和底部采用塑料粘胶带进行密封，防止浇筑混凝土时水泥浆进入空腔；铜止水片鼻子拐角外侧，应按施工详图粘贴可塑性止水条，复合长度满足设计要求。

铜止水片安装时，作业人员应轻拿轻放，避免与钢筋等碰撞、挤压，以防止水片变形或损伤。

铜止水片可采用模板夹紧等方法固定，不得在止水片上穿孔。铜止水片中心线与缝面重合，偏差应满足设计要求。

② 橡胶或塑料止水带

橡胶止水带的接头宜采用硫化连接。硫化完成后，在接头两侧 20cm 范围内复合柔性材料，并在 12h 内不得撕拉；塑料止水带之间采用热黏结或热焊连接。止水带的接头应尽可能少。

橡胶或塑料止水带应采取模板夹紧等措施固定牢固，防止变形和偏移。

3）柔性填料的铺设与密封

① 柔性填料应分段铺设。与柔性填料接合的混凝土面应修整整齐，处理洁净、干燥。

② 柔性填料铺设前，应在缝槽混凝土表面涂刷底胶，涂刷面应宽于填料接触面 20mm；底胶涂刷后铺设 PVC 橡胶棒，橡胶棒采用 45°坡口或平口接缝。

③ 柔性填料应锤击密实，填料表面不得有裂缝和高低起伏。

④ 待柔性填料铺设后，铺设面膜盖片（周边缝与垂直缝接缝处，应采用定制的专用面膜盖片接头）。

⑤ 垂直缝、周边缝两侧固定面膜与波纹止水带的混凝土表面处理平顺。

⑥ 加压角钢或扁钢，采用冲击电锤钻钻孔，孔距符合设计要求，设置膨胀螺栓，紧固面膜盖片。

⑦ 盖片边缘与混凝土面结合部采用封边胶或柔性填料进行封边保护。

⑧ 为防止水流通过膨胀螺栓渗入破坏表面止水，应采用柔性填料将膨胀螺栓及不锈钢压条全部密封。

5.2.3 面板防裂措施

在面板浇筑施工过程中，必须严格控制好混凝土的浇筑质量，采取切实有效的防护措施，避免面板产生裂缝。

1. 提高混凝土的抗裂能力

1）保证原材料的质量

严格控制骨料、水泥、粉煤灰、外加剂、掺合物等原材料的质量。用于面板混凝土的所有原材料必须经试验检验合格。

2）优化混凝土配合比设计

混凝土配合比设计在全面满足设计要求的各项技术参数的条件下，掺用优质粉煤灰（应测定其混凝土 7d、14d、28d 的极限拉应变值，并满足规范要求），降低水泥用量，选用低的水灰比，采用高效外加剂，提高混凝土初期硬化时的徐变能力，以提高其极限拉伸值，增强混凝土的耐久性、抗渗性和抗裂性。

3）确保混凝土浇筑质量

① 施工前对所有施工人员进行系统专业培训，持证上岗；

② 拌合站附近设置工地试验室，对混凝土拌制质量随时进行各项指标检测；

③ 尽量缩短混凝土水平运输时间，减少混凝土坍落度损失，严禁仓面加水；

④ 集料斗、溜槽设置要顺畅、干净、不漏浆；

⑤ 仓内混凝土摊铺均匀，无骨料离析现象，振捣密实；

⑥ 在雨天、低温等特殊气候下浇筑混凝土，应遵循规范和技术要求规定。适当调整浇筑时间；

⑦ 滑模提升时，应做到"勤动、慢速、少升"；

⑧ 脱模后及时修整，采用二次压面措施，消除滑模对混凝土的机械损伤；

⑨ 作好面板的保温、保湿工作，防止和减少产生表面裂缝，避免产生深层裂缝，有效防止产生贯穿裂缝。

2. 降低周围环境对混凝土面板的约束及影响

1）面板混凝土浇筑前，坝前适当蓄水进行预压；

2）在垫层或挤压边墙坡面，喷洒乳化沥青，减少面板底面的摩擦力；

3）沿垂直缝将挤压边墙凿断，尽可能保持面板与坝体变形的协调性；

4）随着滑模的上升，在确保钢筋网面不变形的前提下，逐次将位于滑模前的架立钢筋割断，消除嵌固阻力；

5）缩短Ⅰ、Ⅱ序板块的浇筑间隔时间；

6）Ⅱ序块施工前，将Ⅰ序块缝面整理平顺，贴隔缝材料，减少周边约束并防止坝体后期变形可能造成对面板的挤压破坏；

7）优化坝体填筑方式：尽可能保持坝体平起上升，有条件时可形成"前低后高"断面；最大限度的增加坝体在面板浇筑前的沉降期；分期面板浇筑施工作业平台高程应高于分期面板顶部高程10m以上。

5.2.4 面板顶部脱空处理

脱空部位一般采取自流式灌浆法进行处理。

当注入量较大、长时间灌注未见明显减小时，可根据具体情况采用限流、限量、间歇灌注、多次待凝复灌、掺加速凝剂等处理措施。

5.2.5 面板裂缝处理

1. 裂缝检查

1）裂缝检查内容包括裂缝位置、形状、缝长、缝宽、缝深、缝面是否有渗水以及溶出物等，并绘制裂缝图。

2）采用钻孔压水法或冲击回波法，进行裂缝深度检查。具有代表性的裂缝采用钻孔取芯法检查。

2. 裂缝分类

1）Ⅰ类缝：表面缝宽 $\delta < 0.1$mm。

2）Ⅱ类缝：表面缝宽 0.1mm$\leqslant \delta < 0.3$mm，缝深 $h \leqslant 0.3$cm。

3）Ⅲ类缝：表面缝宽 $\delta \geqslant 0.3$mm，或缝深 $h > 0.3$cm。

3. 裂缝处理

Ⅰ类缝可采用表面清理保护的方法处理；Ⅱ、Ⅲ类缝可采用凿槽嵌缝灌浆加表面清理保护的方法处理。

若条件许可，可在混凝土面板表面涂刷一层水泥基液，彻底消除混凝土表面裂缝。

6. 材料与设备

具体机具数量由实际施工面板分块数量及工期要求而定。一般机具如表6。

面板施工主要施工机具表

表6

序　号	设备、机具名称	单　位	数　量	用　途
1	无轨滑模	台套	2～4	面板混凝土浇筑面模
2	止水片成型机	台	2	铜止水加工
3	卷扬机10t	台	4～8	滑模牵引
4	卷扬机5t	台	2～4	钢筋台车牵引
5	卷扬机3t	台	2～4	施工台车牵引
6	钢筋台车	台	2～4	运输钢筋
7	施工台车	台	2～4	运输辅助材料
8	电焊机	台	4～8	钢筋焊接
9	振捣器 $\phi 70 \sim 100$	个	10	中间混凝土振捣
10	振捣器 $\phi 30 \sim 50$	个	10	周边及止水附近混凝土振捣
11	16t吊车	台	1	卷扬机、台车吊运
12	40t吊车	台	1	滑模吊运
13	钢筋切断机	台	2～4	钢筋加工
14	直螺栓滚丝机	台	2～4	钢筋加工
15	电动冲击锤	个	4～8	压条钻孔
16	装载机	台	1	坝面临时运输
17	10～20t自卸汽车	台	4～8	混凝土运输
18	6m³搅拌车	台	2～4	混凝土运输

7. 质 量 控 制

混凝土面板是面板堆石坝蓄水后防渗的主体结构，关系到工程安全运行和效益发挥。施工中，必须严格按质量标准和技术要求实施。

7.1 滑模及配套机具的检查

滑模及其配套机具制做完成后，应对其强度和刚度、外形尺寸进行严格检查。

7.2 混凝土原材料的检验

面板混凝土所用水泥、粉煤灰、骨料、外加剂、纤维、水、钢筋等原材料应符合技术要求和有关规范规定。材料进场后，应对混凝土原材料进行控制与检验。

7.2.1 水泥

面板混凝土采用的水泥各项技术指标应满足规范及设计要求。

7.2.2 钢筋

钢筋有出厂合格证书、材质试验报告单等。进场后按不同等级、规格分批验收，分别堆放，且挂牌标识。在运输、贮存过程中，避免锈蚀和污染。

钢筋使用前，按合同规定和监理工程师的指示进行必要的检验和试验。

7.2.3 水

采用经处理符合饮用水标准的水。

7.2.4 砂石骨料

砂石骨料可采用天然骨料，也可采用人工骨料。骨料应质地坚硬、洁净、级配良好，品质满足规范有关要求。

混凝土浇筑前，对砂石骨料进行各项指标检验，其细度模数、级配、含泥量、含粉量、压碎值、有机质含量等各项指标满足设计或规范要求。

7.2.5 粉煤灰

采用优质粉煤灰，其品质满足设计或规范要求。

施工过程中，不定时随机抽查检验，确保粉煤灰质量均匀、稳定、可靠。

7.2.6 外加剂

减水剂一般选用高效减水剂（如第二代萘系、第三代羧酸类）。

外加剂应有出厂合格证，并随机抽样检验。已配制的外加剂溶液浓度每班至少检查一次。

在施工过程中，外加剂每次稀释总量的使用时间不超过 7d，严禁使用失效的外加剂；不同品种的外加剂分开储存，在运输与储存中不得混装，避免交叉污染。

7.2.7 纤维

可根据工程情况采用聚乙烯纤维、聚丙烯纤维、聚丙烯腈纤维等。

纤维要求有出厂合格证和检验报告，各项指标满足设计要求。其掺量满足规定要求，并经试验确定。

7.3 混凝土拌合物的检验

在拌合生产车间，试验室每班应检查拌合物的均匀性、坍落度和含气量。并按设计技术要求的抽检频次，对混凝土的各项检测指标进行抽样检查。

7.4 混凝土开仓前仓面内的止水设施检查

混凝土浇筑前，对条块范围内周边缝、垂直缝止水进行严格检查，如有损害迹点，应尽快修补合格。

7.5 混凝土浇筑过程中的检查

整个混凝土浇筑过程必须建立在"三级检查制"的基础上，经终检后向监理工程师提交终验表和终验报告。

混凝上面板浇筑过程中的检查项目见表7.5。

混凝土浇筑过程中检查项目表 表7.5

项 目	质量标准	项 目	质量标准
混凝土	无不合格料进仓,混凝土各项指标符合试验报告要求	间隙时间	无初凝现象
平仓下料	厚度小于30cm,铺设均匀,分层清楚,无骨料集中现象	仓内情况	无外来水,仓内无积水和泌水现象
混凝土振捣	振捣器应垂直下插至下层混凝土5cm,无漏振,有秩序	养护	混凝土表面湿润,保温铺盖无空隙

7.6 混凝土的检验

混凝土检验以抗压强度为主,辅以抗冻、抗渗、极拉等其他指标。混凝土试件应在机口随机取样成型,同时须在浇筑地点取一定数量的试件,以资比较。试件检测类型、方法、数量应符合规范规定。

7.7 混凝土浇筑后的质量检查

7.7.1 混凝土表面检查

1）表面流水养护检查

设专职人员检查混凝土面板养护工作,发现有遗漏之处及时处理,并加强监控、指导。

2）混凝土保温检查

① 不定期检查保温材料表面和底部的温度,做好记录,指导保温作业;

② 保温材料无破损、遮盖严实,自然温度下降时,还应加盖保温材料;

③ 加强水位变化区面板混凝土保温,以防因介质或库水位变化对面板混凝土带来不利影响。

3）混凝土表面缺陷检查

主要检查混凝土表面的平整度、麻面、蜂窝狗洞、露筋、表面裂缝、深层及贯穿裂缝等。

混凝土表面缺陷检查见表7.7.1。

面板混凝土浇筑质量检测项目和技术要求 表7.7.1

项 目	质量标准	项 目	质量标准
混凝土表面	表面基本平整,局部凹凸不超过设计线±3cm	露筋	无
麻面	无	表面裂缝	无或有短小的表面裂缝已按要求处理
蜂窝狗洞	无	深层及贯穿裂缝	无或已要求处理

7.7.2 混凝土内部检查

通过埋设在混凝土内部的有关检测仪器,定期进行混凝土内部检测,发现异常查明原因,及时采取处理措施。

7.8 止水材料质量检查与控制

7.8.1 止水材料质量的检查

每批止水材料到货后应检查是否有生产厂家的性能检测报告、出厂合格证明。应会同监理工程师进行取样检验或送至通过国家计量认证的单位检验,根据性能检验报告,确定材料质量是否合格。

7.8.2 止水片加工成型和连接质量的检查

止水片加工成型、接头焊接后,均应进行仔细检查。铜止水片焊接接头可用煤油做渗透试验,检验是否有漏点,确认符合质量要求后再予以安装。对加工缺陷或焊接质量不符合要求的部位,应用红油漆标出,及时焊补。

7.8.3 安装前后或浇筑过程中检查

止水片在安装前后或浇筑混凝土过程中,应指定专人检查和监督,若有损伤及时处理以满足止水片质量要求。

7.8.4 柔性填料施工检查

柔性填料铺设一般按50m左右一段施工。专人跟班检查,用模具查其几何尺寸是否符合施工图纸要求，并会同监理工程师切开取样，检查柔性填料与"V"形槽表面是否粘结牢固，填料是否密实等。如有不符，应返工处理。

7.9 裂缝处理质量检查

7.9.1 预缩水泥砂浆配比应通过室内试验确定，性能应满足规定要求。

7.9.2 已进行过化学灌浆的混凝土裂缝，须进行压水检查，每条缝至少有 1 组检查。平均宽度大于 0.3mm 的灌缝取 2 组检查孔。

7.9.3 据灌浆情况，布置 10％的钻孔取芯检查孔。对缝宽大于 0.3mm 的裂缝，每条缝均应取芯检查。

8. 安 全 措 施

8.1 坡面处理

8.1.1 坡面修整、凿槽、铺设砂浆、喷涂沥青等作业，应尽量安排在白天进行。施工时应有安全人员全过程监控。

8.1.2 左右趾板侧、面板坡面应配备硬质带扶手的踏步梯，作业部位还应配备软梯、安全绳，坡面作业人员应系安全带。

8.1.3 铺筑砂浆和喷乳化沥青的作业台车制做、安装应符合有关安全规范规定。

8.1.4 坡面作业设备应定期进行运行检查；操作人员应经岗前培训，持证上岗，并严格遵守岗位操作规程。

8.2 卷扬机

8.2.1 卷扬机应安装在坚固的基础上，安装地点能使操作人员清楚地看见滑模、台车的运行。

8.2.2 同组牵引滑模的两台卷扬机应同型号；使用前应对钢丝绳、电气设备、制动装置进行精心检查，经鉴定可靠后方可拉模。

8.3 滑模

8.3.1 滑模设计应有足够的刚度，安装、运行、拆卸方便，具有安全保险装置和通讯联络措施。

8.3.2 滑模下放或上升时，要有专人负责上下通讯联系，做到统一指挥。

8.3.3 滑模运动时，上口和下口作业面严禁施工人员停留和行走；牵引前应仔细观察，确认同边无异常情况后再进行上、下动作。

8.4 水平布料设备

8.4.1 皮带机桁架与滑模和侧模连接部位必须经常检查，保持稳固，以防在运行或随滑模同步滑移过程中垮塌；

8.4.2 螺旋机转动的危险部位应设防护装置，进料口周围应设有围栏。处理故障或维修之前，必须切断电源停止运转。

8.5 垂直布料设备

8.5.1 集料斗、溜槽要固定牢靠，溜槽内间隔 30～50m 和出料口处设柔性挡板，顶面用柔性材料封闭。

8.5.2 溜槽下料时，出料口正下方作业人员应避让，以防飞石伤人。

8.5.3 集料斗下料时，操作人员应均匀卸料，不得过快，避免造成滑模上口出现混凝土料壅高的现象，增加牵引设备的荷载。

8.6 钢筋制安

8.6.1 用于钢筋加工的设备应保持完好，操作人员应持证上岗，加工好的钢筋分类编号堆放整齐。

8.6.2 坡面运输钢筋的台车应定期进行运行检查，严禁超载运行。

8.6.3 钢筋进入施工部位后，应及时安装。不得直接堆放在坡面上，防止钢筋顺坡滑落伤人。

8.7 坡面止水安装

8.7.1 坡面设置人行踏梯，并作好施工用电、夜间照明等安全防护措施。

8.7.2 运送各种止水材料时，应针对不同运送方式，采取相应的防滑落措施。止水铜片转运至作业面时，应用麻绳拴牢往下放，下放时，其下方坡面上不得有人。就位后的止水片应进行临时加固，以免滑动。运送热化过的沥青时，须穿戴相关防护衣、防护鞋，避免烫伤。

8.7.3 焊接铜止水片时，应遵守焊接的有关安全技术操作规程。焊接人员还应针对坡面作业的特点做好自身防护。

8.7.4 非定型的止水片成型机具，除应有安全保护和控制装置外，还应有完整的设备说明书和具体安全操作规定。

8.7.5 施工现场止水片成型加工地点应留有宽敞的通道和充足的出料空间，并应考虑操作时的材料摆放。

8.7.6 采用热粘接或热焊PVC止水带或采用硫化连接橡胶止水带，在使用电加热器或炭火时，须遵守用电或用火安全规定，应避免触电、烫伤或失火。

8.7.7 面板接缝止水安装作业人员，应谨慎作业，避免与钢筋、模板等物碰撞，落脚不踏空或踏在活动物件上，必要时使用安全带。

9. 环 保 措 施

9.1 环境保护措施

认真贯彻落实国家有关环境保护的法律、法规和规章及技术文件的有关规定，做好施工区域的环境保护工作。工程开工前，编制详细的施工区和生活区的环境保护措施计划，报监理人审批后实施。根据具体的施工计划制定出与工程同步的防止施工环境污染的措施，认真作好施工区和生活营地的环境保护工作，防止工程施工造成施工区附近地区的环境污染和破坏。

9.2 防止污染

（1）工程开工前，编制详细的施工区和生活区的环境保护措施计划，报监理人审批后实施。

（2）由于施工活动引起的污染，采取有效的措施加以控制。

（3）在水泥、粉煤灰装卸运输过程中，保持良好的密封状态；并由密封系统从罐车卸载到储存罐，所有出口配置袋式过滤器。混凝土拌合系统安装除尘设备。

（4）机械车辆使用过程中，加强维修和保养，防止汽油、柴油、机油的泄露，保证进气、排气系统畅通。

（5）运输车辆及施工机械使用优质燃料，减少有毒、有害气体的排放量。

（6）防止运输车辆将砂石、混凝土、石渣等撒落在施工道路及工区场地上。场内施工道路保持路面平整，排水畅通，并经常检查、维护及保养。

（7）不在施工区内焚烧会产生有毒或恶臭气体的物质。

9.3 加强水质保护

（1）砂石筛分冲洗系统、混凝土拌合楼的废水经集中沉淀池充分沉淀处理后排放，沉淀的浆液和废渣定期清理。

（2）施工机械、车辆定时集中清洗。清洗水经集水池沉淀处理后再向外排放。

（3）生产、生活污水采取治理措施，对生产污水按要求设置水沟塞、挡板、沉砂池等净化设施，保证排水达标。生活污水先经化粪池发酵杀菌后，按规定集中处理或由专用管道输送到无危害水域。

9.4 加强噪声控制

（1）加强交通噪声的控制和管理。合理安排运输时间，避免车辆噪声污染对敏感区影响。合理布置混凝土及砂浆搅拌机等机械的位置，尽量远离居民区。

（2）选用低噪声设备，加强机械设备的维护和保养，降低施工噪声。

10. 效益分析

10.1 水布垭高面板堆石坝成功建成并下闸蓄水的实践表明，本工法填补了混凝土面板堆石坝施工规范空白，具有工程施工技术的里程碑意义。

10.2 本工法与同类面板堆石坝面板施工工法相比，内容涵盖面广，在 233m 的超高堆石坝面板施工的成功运用，为以后高面板坝规划建设提供了可靠的决策依据和技术指标，新的工法将促进面板堆石坝施工技术的发展，社会效益显著。

11. 应用实例

11.1 水布垭面板堆石坝

11.1.1 工程概况

水布垭工程位于湖北省巴东县水布垭境内，是清江梯级开发的龙头枢纽。水布垭面板堆石坝为目前世界上最高的面板堆石坝，坝顶高程 409m，坝轴线长 660m，最大坝高 233m。

混凝土面板坡比 1∶1.4，共 58 块，底部最大厚度 1.1m，面板顶部厚度 30cm，混凝土面板总面积 13.8 万 m^2，混凝土总量 8.17 万 m^3，钢筋制安 7870t。

11.1.2 施工情况

水布垭面板堆石坝混凝土面板浇筑高度约为 228m，分三期施工。一、二、三期混凝土面板上端高程分别为 278.0m、340.0m、405.0m，相应要求坝体填筑高程 288.0m、364.0m 以上和防浪墙底部高程 405.0m，坝体填筑至面板混凝土浇筑前的停歇时间超过三个月。面板浇筑高度分别为 101.0m、62.0m、65.0m，施工作业高度分别为 111.0m、86.0m、65.0m。

面板设有垂直缝，两岸受拉区张性缝间距 8.0m，其余受压区压性缝间距 16.0m。分期面板设有水平施工缝，钢筋穿过缝面。二期面板在高程 332.0m 处还设有水平缝。

一期面板共 19 块，最大斜长 173.72m，2005 年 1 月 6 日开始施工，3 月 27 日完成；

二期面板共 37 块，最大斜长 106.67m，2006 年 1 月 21 日开始施工，4 月 1 日完成；

三期面板共 58 块，最大斜长 111.83m，2007 年 1 月 4 日开始施工，3 月 28 日完成。

面板混凝土选用 0.38 水灰比，采用中热 42.5 级水泥、Ⅰ级优质粉煤灰、人工砂石骨料、SR3 羧酸类高效减水剂、AIR202 引气剂等材料，掺加聚丙烯腈纤维和钢纤维。

面板混凝土浇筑完毕后，表面覆盖粘有塑料膜的绒毛毡保温被进行保温保湿，并洒水养护至蓄水，达到保温和保湿效果。

11.1.3 工程监测与结果评价

1. 工程监测

通过对混凝土拌合物性能检测、混凝土力学性能及特殊性能检测，各项指标满足设计要求。

蓄水后面板挠度检测成果表明：变化较小。周边缝各部位三向测缝计测值过程线均比较平缓，未发现异常变形。渗压计随着库水位增高，压力值逐步变大，符合变形规律。

2. 结果评价

从混凝土检测结果表明，抗冻、抗渗、极限拉伸性能合格，混凝土强度保证率大于 95%，混凝土质量稳定，满足设计要求。

11.2 寺坪面板堆石坝

11.2.1 工程概况

寺坪水电站位于汉江中游右岸支流南河上段粉清河上，工程以发电为主，兼有防洪、灌溉、水产养殖、库区航运等综合利用效益，电站装机 6 万 kW，永久建筑物由面板堆石坝、右岸溢洪道、右岸引水式地面厂房等组成。

大坝坝顶高程 318.5m，坝轴线长 376m，最大坝高 90.5m。混凝土面板顶高程 317.2m，坡度 1：1.6，最大高差 88.2m，最大斜长 161.73m。面板顶部厚度 30cm，底部厚度 60cm。

面板共分 36 块，其中 0+084～0+244 为 16m 宽，共 10 块，其余均为 8m 宽。面积 5.1 万 m²，混凝土 1.86 万 m³（C25F100P10，二级配），钢筋 1800t。

11.2.2 施工情况

在面板混凝土浇筑实施中，采用钢筋直螺纹套筒连接、无轨滑模、超长连续挤压成型止水片、真空脱水等多项新技术。

紫铜止水采用专制的四级滚辊式成型机在坝面垂直缝处连续挤压成型，人工沿缝面铺设。止水一次性挤压成型，确保止水质量。

在斜坡面共布置 4 套爬梯、4 台施工台车，满足现场放样、坡面修整、人员通行、砂浆铺设、立模、钢筋安装等施工，同时加强现场安全标识与管理，加强卷扬机的固定，滑模采用钢丝绳牵引和自行锚固两种形式加固，确保施工安全。

混凝土出模经两次收面达到表面光滑平整后，及时喷表面养护剂进行养护，防止表面水分过快蒸发而产生干缩裂缝。面板混凝土露出塑料布防晒棚后，采用草包垫贴于混凝土表面，不间断喷水，保温润湿养护。

寺坪大坝混凝土面板于 2006 年 1 月 15 日开始施工，2006 年 4 月 5 日全部完成。

11.2.3 工程监测与结果评介

1. 面板实测性态分析（截止 2007 年 1 月）

1）钢筋应力计实测性态：蓄水前面板未承受外部荷载，钢筋应力主要随温度变化而变化；蓄水后钢筋应力变化量较小，大部分钢筋计表现为受压，最大拉应力为 15.86MPa，最大压应力为 47.61MPa。

2）混凝土应力实测性态：蓄水后大部分应变计测值变化量较小，大部分表现为收缩变形。

3）面板测缝计实测性态：大坝蓄水以来，根据监测成果初步判断，面板永久缝变形不明显，周边缝的局部位置已有轻微的变形，由于出现变形的时间序列较短，还有待进一步的监测。

2. 结果评介

施工全过程处于安全、稳定、快速、优质的可控状态，工程验收评定合格率达到 100%，面板混凝土强度保证率 96.2%，无安全生产事故发生，得到了各方好评。

11.3 瓦屋山面板堆石坝

11.3.1 工程概况

瓦屋山水电站位于青衣江一级支流周公河上游洪雅县瓦屋山境内，是周公河干流七级开发的第一级。电站正常蓄水位高程 1080m，总库容 5.84 亿 m³，总装机 2×13 万 kW。

混凝土面板堆石坝坝顶高程 1083.26m，最大坝高 138.76m，坝顶全长 277m，坝顶宽 8m，最大坡长 234.62m，上游坝坡位 1：1.4，下游坡比为 1：1.3。

11.3.2 施工情况

面板分两个作业面平行作业，采用 2 套滑模跳仓浇筑。面板混凝土浇筑时，斜坡采用设有塑料软挡板的半圆形溜槽入仓，水平采用人工摆动溜槽布料。止水采用专制的四级滚辊式成型机在坝面垂直缝处挤压成型，人工沿缝面铺设，止水尽可能长地加工，以减少焊接接头，确保止水质量。

二次压面后的混凝土表面及时采用草垫覆盖，洒水保温润湿养护。

11.3.3 工程监测与结果评价

在混凝土施工过程中，严格按规范及设计要求，对混凝土生产的原材料、配合比及仓面作业等混凝土过程中各主要环节进行全方位、全过程的质量控制，以保证混凝土施工质量，以确保面板混凝土施工质量达到优良。

从面板挠度检测、测缝计等监测结果表明：坝体变形正常，面板混凝土施工符合设计要求，质量满足规范要求，达到优良。

面板混凝土浇筑均在低温时段施工，施工质量控制和工艺符合有关规范和设计要求。对混凝土表面及时进行长期洒水养护，从混凝土检测结果表明，抗冻、抗渗、极限拉伸性能合格，混凝土质量稳定，满足设计要求。

碾压式沥青混凝土防渗面板施工工法

YJGF090—2006

葛洲坝集团三峡实业有限公司　葛洲坝集团第二工程有限公司

侯建常　陈春雷　尤绪华　戈文武　李学平

1. 前　　言

沥青混凝土面板具有施工速度快，防渗效果好，低温抗冻断，可适应基础变形，可整体施工有利于缩短工期，造价低廉等优点。随着国内对沥青混凝土相关技术的不断研究、引进及其施工工艺水平的提高，沥青混凝土在水利水电工程建设中越来越多地被采用。尤其在抽水蓄能电站库盆防渗中采用沥青混凝土面板，具有良好的抗渗性、极佳的柔性变形及自愈自合的功能。对位于软弱岩层、深厚覆盖层、高寒冻土等地区的水利水电工程，尤其适宜作为库坝的防渗体。但沥青混凝土面板控制指标非常多，施工技术难度相对较大。因此，通过工程实例，将沥青混凝土面板施工中的有关技术作为研究课题，逐步形成一套具有中国特色的施工工法，对发展沥青混凝土面板施工技术具有重要意义。

葛洲坝集团三峡实业有限公司、中国葛洲坝集团第二工程有限公司联合三峡大学机械与材料学院、武汉港迪工程设计有限公司研制了具有自主知识产权的全坡段沥青混凝土面板施工关键设备，主要包括自主研发的窄坝顶多功能履带式主绞车、斜面玛蹄脂喷洒车牵引车、斜面沥青混凝土接缝高温熨平车及其牵引车、斜面振动碾牵引车。沥青混凝土斜面摊铺主绞车获得了国家专利（专利号：ZL200620096324.0），其成果通过了湖北省科技厅的鉴定，达到了国际水平（科技查新结果）。研制过程中熟练掌握了进口的配套设备：沥青混凝土摊铺机、振动碾、玛蹄脂喷洒车等；形成了系统完善的沥青混凝土面板施工工法，填补沥青混凝土面板施工的空白，并成功地应用于河北张河湾、山西西龙池等抽水蓄能电站上水库沥青混凝土面板施工。本工法对于抽水蓄能地电站及类似工程建设具有非常重要的意义。

2. 工 法 特 点

2.1　采用碾压式沥青混凝土防渗面板施工，机械化程度高、可整体施工、施工进度快、工期短、有利于工程提前发挥效益。

2.2　通过自主研发的大型施工设备，实现了全坡段碾压式沥青混凝土施工，改变了沥青混凝土护坡采用浇筑式施工的传统工艺，大大提高了施工效率，降低了沥青含量。

2.3　采用机械化程度高的碾压式沥青混凝土施工方法，减轻了工人的劳动强度和作业条件。

2.4　充分应用施工机械的自动控制技术，保证了沥青混凝土结构物的质量，满足了设计和规范对其各项物理力学性能指标的要求。

3. 适 用 范 围

本工法适用于具备碾压施工条件的沥青混凝土防渗面板施工，包括斜坡面和水平面（含设备能够自动行走的小坡度坡面）沥青混凝土防渗面板施工。也适用采用沥青混凝土防渗面板对其他水工建筑防渗体系进行修复的工程。

4. 工 艺 原 理

沥青混凝土在 90℃以上时，具有良好的可塑性和碾压施工性能，该系统工法充分利用沥青混凝土这一性能，采用自动化的沥青混凝土拌合系统拌制出温度在 160℃以上的沥青混凝土混合料，然后采用具有保温功能的自卸汽车运到施工现场，由摊铺机摊铺成一定厚度的面板，由摊铺机自带的振动板进行预压。当温度降低到 110～130℃左右时，用振动碾进行 2～3 遍碾压，达到设计要求的密实度。当温度进一步降低到 90～100℃左右时，对面板进行收光碾压。从而形成符合设计要求的面板结构。

坡面摊铺施工采用了自主研制的全坡段沥青混凝土面板施工关键设备。主绞车上的液压绞车通过钢丝绳牵引摊铺机和振动碾在坡面上摊铺施工，同时，运料车的液压绞车牵引运料车为摊铺机加料；一个坡面条带摊铺施工结束后，将摊铺机和运料车牵引到主绞车的斜平台上，绞车自动移位到下一个施工段施工，能够保证坡面摊铺施工快速连续进行。

5. 施工工艺流程及操作要点

5.1　碾压式沥青混凝土防渗面板的施工工艺流程和主要操作要点

施工工艺流程和主要操作要点见图 5.1 和表 5.1。

碾压式沥青混凝土防渗面板施工操作要点　　　　　　　　　表 5.1

项　目		操　作　要　点
施工准备	人员准备	1. 施工人员和设备操作人员上岗前应进行培训，培训合格方能上岗；2. 设备操作人员要掌握各种设备的操作要领，并能相互密切配合；3. 施工技术人员要了解沥青混凝土的基本特性
	材料	各种材料品质要符合要求，详见"6. 材料与设备"
	设备	所选用的设备的生产能力要满足要求，各种设备要相互匹配
	施工方案	包括对平地和坡面的施工，以及接头部位的施工，都要有详尽的考虑
	基础面	需要有一定的平整度，根据设计要求确定
	室内配合比	根据材料情况，制定经济、合理的配合比
	现场工艺试验	1. 通过现场工艺试验，验证室内配合比试验成果的合理性，检验各指标是否满足要求；2. 通过现场工艺试验确定合理的施工参数，包括松铺厚度、碾压方式、初碾温度、复碾温度和终碾温度等
沥青混凝土拌制		1. 控制热料仓各原材料的温度；2. 确定合理的投料顺序；3. 控制沥青混凝土拌合料的拌制时间；4. 控制成品料的出料温度
沥青混凝土运输		1. 所选用的运输车辆必须具有一定的保温和防风措施；2. 车厢干净，并涂刷一层柴油，防止沥青混凝土黏附在车厢上；3. 进入摊铺区域前必须将轮胎上的杂物清理干净
接缝处理		1. 为保证接缝的施工质量，所有摊铺条幅的开放端必须做成 45°角，属于冷缝的在终碾之后应在 45°坡面涂刷冷底子油；2. 冷缝在下一条幅施工前，必须进行加热；3. 接缝施工质量应加强检验
沥青混凝土摊铺		1. 严格控制松铺厚度，误差±5mm；2. 要控制合适的摊铺温度，温度太高或太低，都不利于摊铺厚度的控制
沥青混凝土碾压		1. 严格控制碾压温度；2. 严格控制碾压遍数和碾压方式
质量检查		沥青混凝土施工质量控制一般采用施工工艺控制的方法，即严格控制各项施工参数。但也应按照设计要求的频率进行一些芯样检查，尤其是对接缝部位

5.2 施工准备

5.2.1 人员准备

碾压式沥青混凝土防渗面板施工属于新工艺，部分设备为自行设计或者国外进口。无论是管理人员还是设备操作人员，包括手工作业人员，均应进行有关专业技能的培训。

（1）项目施工技术人员应有类似工程施工经验，并通过科研院所的科研人员对其进行理论培训。

（2）参与项目施工的各级施工管理人员，由施工技术人员进行培训或者讲座使他们对沥青混凝土的特性、施工注意事项，有一定的了解。

（3）设备操作人员上岗前应进行培训，熟练掌握各种设备的操作要领，能相互密切配合，同时熟悉设备性能和安全操作注意事项，培训合格方能上岗。

（4）参与施工的其他作业人员应熟悉自己的工作内容和要求，可通过工艺试验进行培训。

5.2.2 材料准备

工程开工前，应通过广泛的市场调查，采购符合设计要求的原材料，各种材料的技术要求见"6.1 主要材料"。

5.2.3 设备、工器具准备

（1）工程开工前，应特别注意设备的选型，各种设备不仅要性能满足施工需要，设备的能力还需要相互匹配。对采购的设备，应根据需要进行适当改造。无法采购的设备，应提前自行或者与有关单位联合研制。

（2）碾压式沥青混凝土防渗面板施工设备见"6.2 主要设备工具"，包括主要设备、工器具、试验仪器等。

5.2.4 施工方案

开工前，应编制沥青混凝土防渗面板的施工方案，包括沥青混凝土拌合料的拌制、运输、摊铺、碾压等工序的施工工艺。特别需要注意的是，沥青混凝土具有热施工性，施工冷缝一般容易成为施工质量薄弱部位。应在施工方案中做好摊铺条幅的规划，力争做到施工冷缝的最少化，并尽量减少人工摊铺的区域。

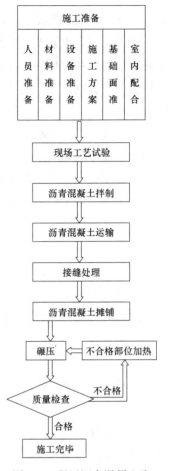

图 5.1　碾压沥青混凝土防渗面板施工工艺流程图

5.2.5 基础面检查

摊铺机摊铺过程中自动检测厚度，基础面的平整度对沥青混凝土的摊铺质量有一定的影响。如果基础面平整度差，摊铺厚度不能准确控制，可能造成沥青混凝土防渗面板厚度不均匀。关于基础面的平整度，在《混凝土面板堆石坝施工规范》（DL/T 5128—2001）中规定为设计边线±5cm。但由于沥青混凝土防渗面板的厚度一般在20cm左右，防渗层厚度在10cm以内，比水泥混凝土面板要薄，因此其要求应更高，具体指标可根据设计技术文件确定。河北张河湾、山西西龙池抽水蓄能电站上水库沥青混凝土防渗面板的基础面（下卧层，即碎石垫层料）平整度指标为：斜坡4cm，平面3cm，采用3m靠尺检测，每100m² 检测两个点。

5.2.6 室内配合比

水工沥青混凝土配合比设计，一般采用矿料级配和沥青用量两个参数控制。矿料级配是指粗、细骨料按适当比例配合后的矿料标准级配。可通过计算与试验相结合的方法确定，计算时，一般采用富勒公式，即：

$$\rho_i = (d_i/D_{max})^n \times 100\% \tag{5.2.6-1}$$

式中　ρ_i——通过某筛孔的矿料重量百分率（%）；

d_i——某筛孔的粒径（mm）；

D_{max}——最大粒径（mm）；

n——级配指数。

从公式可看出，要计算出各粒径的比例，还必须确定最大粒径和级配指数。①粒径过大，作为碾压混凝土面板在碾压施工中骨料易分离，大骨料下沉，细骨料和沥青上浮，出现层次性，尤其对渗透系数会产生影响；粒径过小，沥青混凝土强度降低，变形增大。对具有防渗功能的沥青混凝土，选择 $D_{max}=19mm$ 是适宜的。②级配指数越大，沥青混凝土的孔隙率越大；级配指数越小，沥青混凝土越密实。所以根据不同的孔隙率，通过试验来确定级配指数。从试验结果来看，整平胶结层的级配指数可以选择 0.65；防渗层的级配指数可以选择 0.3。

沥青用量的确定与级配指数有关。级配指数越大，沥青用量越小；级配指数越小，沥青用量越大。二者成反比例关系，其比例关系为 2.5（经验数据）。即：

$$n \times B = 2.5 \tag{5.2.6-2}$$

式中　B——沥青用量（%）。

然后在此基础上以 ±0.5% 的递增（或递减）确定最佳沥青用量。

需要说明的是，0.075mm 以下的含量，即矿粉的含量不适合富勒公式。尤其当 $n < 0.35$ 以后，计算出的矿粉含量往往比实际的偏高，需要做一些调整，调整的范围与矿粉的浓度有关，即：

$$m = F/B \tag{5.2.6-3}$$

式中　m——矿粉浓度；

　　　F——矿粉含量。

根据经验使矿粉浓度控制在 1.5～2.2 范围内，当沥青是最佳用量时，沥青混凝土的强度随矿粉用量增多而增加。当超过这一范围时，会降低沥青混凝土的抗剪强度，拌合物的和易性差。当温度下降时，容易引起冷缩裂缝。

有关矿料标准级配在设计阶段一般已经过论证。施工前的配合比试验主要是根据施工现场原材料的实际情况，对设计阶段提出的参考配合比进行复核验证，从而得出沥青混凝土推荐施工配合比以适应现场施工的需要。

5.2.7　现场工艺试验

（1）试验目的

现场工艺试验的目的，是复核室内试验推荐的沥青混凝土配合比及施工控制参数。选定适用于生产的配合比和施工工艺参数，包括拌合系统出料控制，摊铺方法和碾压方法等。它是保证大规模施工顺利的前提。

（2）试验内容

1）沥青混合料质量控制；

2）各层摊铺方法的确定；

3）各层碾压方法的确定；

4）各种接缝处理方法。

（3）试验步骤

1）试验使用的机械摊铺条幅布置见图 5.2.7-1，条幅间的接缝布置及摊铺前的接缝处理方式见表5.2.7-1。试验摊铺条幅的宽度根据摊铺机的情况，应尽可能窄，以节约沥青混凝土拌合料，长度以振动碾能够正常碾压为宜。西龙池抽水蓄能电站防渗面板确定的条幅长度为 22m，宽度 2.9m。

2）沥青混合料级配控制

沥青混凝土混合料的级配按照室内试验推荐的配合比进行。

3）沥青混合料温度控制

根据表5.2.7-2和表5.2.7-3的要求对混合料的生产、施工进行温度控制。

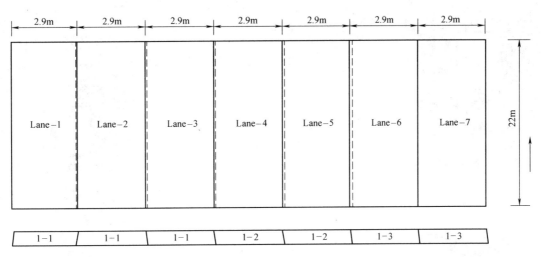

图5.2.7-1 整平层摊铺条幅布置示意图

整平层各条幅间接缝类型及摊铺前处理方式　　　　　　　表5.2.7-1

条　幅	接缝类型	处理方式
Lane1—Lane2	冷缝	摊铺前未加热
Lane2—Lane3	热缝	摊铺前未加热
Lane3—Lane4	热缝	摊铺前未加热
Lane4—Lane5	热缝	摊铺前未加热
Lane5—Lane6	冷缝	摊铺前加热
Lane6—Lane7	热缝	摊铺前未加热

沥青混凝土拌制时的温度控制　　　　　　　表5.2.7-2

项　目	防　渗　层		整平胶结层
	改性	普通	
沥青	160～180℃	150～170℃	150～170℃
骨料	180～200℃	180～200℃	180～200℃
混合料的搅拌温度	160～180℃	150～170℃	150～170℃

沥青混合料施工时的温度控制　　　　　　　表5.2.7-3

项　目	防　渗　层		整平胶结层
	改性	普通	
摊铺温度	150～170℃	140～160℃	140～160℃
初碾温度	>140℃	>130℃	>130℃
复碾温度	>110℃	>110℃	>110℃
终碾温度	>90℃	>90℃	>90℃

4）碾压方法

初碾应根据图5.2.7-2所示方法进行碾压，在摊铺条幅边缘留置10cm不碾压。

处理热接缝时，在相邻条幅摊铺完后，迅速进行碾压。复碾和终碾应按图5.2.7-3方法进行碾压。对接缝开放端应用电动夯进行振动碾压。初碾、复碾和终碾的碾压遍数和碾压方式见表5.2.7-4所示。

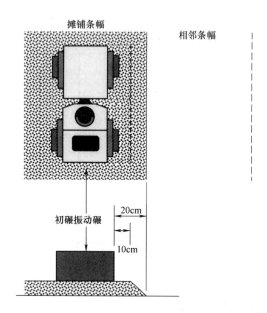

图 5.2.7-2　初碾方法

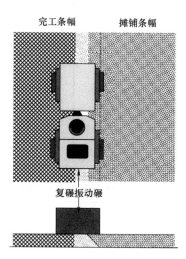

图 5.2.7-3　复碾和终碾碾压方法

整平胶结层的碾压方式和次数　　　　　　　　　　　　　　　　　表 5.2.7-4

碾 压 方 式		碾压方式(1)	碾压方式(2)	碾压方式(3)
初碾	方法	第一遍:不振动 (前进＋后退)	第一遍:不振动 (前进＋后退)	第一遍:不振动 (前进＋后退)
	次数	1次	1次	1次
复碾	方法	第一遍:不振动 (前进＋后退) 第二遍:前进　振动 第二遍:后退　不振动	第一遍:前进　不振动 第一遍:后退　振动 第二遍:前进　振动 第二遍:后退　不振动	第一遍:不振动 (前进＋后退) 第二遍:前进　振动 第二遍:后退　振动 第三遍:前进　振动 第三遍:后退　不振动
	次数	2次	2次	3次
终碾	方法	不振动	不振动	不振动
	次数	1次	1次	1次

各条幅的振动方式如图5.2.7-4所示。

5）接缝处理

熨平板与已摊铺条幅之间重叠大约10cm。在接缝施工中，冷缝处理和热缝处理是没有区别的，都应使用摊铺机上的接缝加热器进行加热。热缝施工时，用加热器对接缝加热后，迅速用电动夯进行振动压实，并应立即采用振动碾对接缝处进行碾压。

对于冷缝处理，前一条幅施工完毕的时候，应在接缝处涂抹稀释沥青。下一条幅施工过程中，利用摊铺机上的接缝加热器进行加热后，先用电动夯振动压实，再迅速用振动碾进行碾压。

6）试验项目和频率

整平胶结层的试验项目如表5.2.7-5所示。防渗层的试验项目如表5.2.7-6所示。试验检验频率一般以拌合楼项目检测5次，现场检测项目每项2～3次为宜。

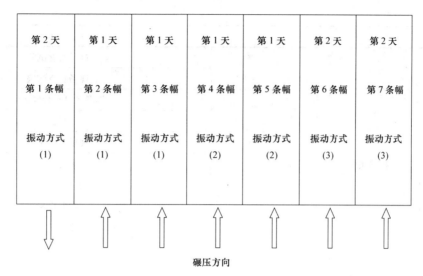

图 5.2.7-4 各条幅振动方式图

整平胶结层机械摊铺的试验项目　　　　　　　　　　　　　表 5.2.7-5

项　目	部　位		试　验　项　目
整平胶结层	拌合楼出口		密度(体积法)
			含气量
			渗透系数
			斜坡流淌值
			热稳定性
			水稳定性
	摊铺条幅	表面	核子密度试验
		芯样试验	沥青含量和骨料级配
			含气量
			芯样密度
			渗透系数
整平胶结层接缝处	冷缝	芯样试验	渗透系数

防渗层机械摊铺的试验项目　　　　　　　　　　　　　表 5.2.7-6

项　目	部　位	试　验　项　目
防渗层	拌合楼出口	表面干密度
		含气量
		渗透系数
		斜坡流淌值
		水稳定性
		挠度试验
		弯曲试验
		张拉试验
		低温冻断
		膨胀试验(单位体积)

项　　目	部　　位		试　验　项　目
防渗层	摊铺条幅	表面	核子密度试验
			现场真空试验
		芯样试验	沥青含量和骨料级配
			含气量
			现场芯样密度
			渗透系数
			斜坡稳定性
		试件	弯曲试验
			张拉试验
			低温冻断
			挠度试验
防渗层接缝处	冷缝	芯样	渗透系数

7）试验芯样孔处理方法

先将孔洞切成 45°的杯状口，再对孔洞周围进行加热，然后涂抹冷沥青涂料。最后用相同配合比的混合料分层填筑并加以振捣。

8）根据以上试验检验结果，验证室内配合比的结果，并选择合理的施工参数。

5.3　沥青混凝土拌合

沥青混凝土拌合必须选择适宜的设备，国内公路工程适用的设备均可以参考使用。西龙池抽水蓄能电站沥青混凝土防渗面板工程施工采用的沥青混凝土搅拌系统，由 2 台 LJD-3000 型沥青混拌合楼组成。

5.3.1　LJD-3000 型沥青混拌合楼主要参数

（1）生产能力：240t/h；

（2）搅拌器每批生产能力：3000kg；

（3）油石控制精度：≤±3‰；

（4）沥青混凝土级配：符合设计要求；

（5）燃油计量精度：±3‰；

（6）沥青含量计量精度：±2.8‰；

（7）粉料计量精度：±1.7‰；

（8）矿料计量精度：±2.0‰；

（9）沥青混凝土出料温度：140～185℃；

（10）环境噪声：≤75dB（A）；

（11）粉尘排放浓度：≤34.5mg/Nm^3；

（12）设备总装机容量：640kW。

5.3.2　设备系统组成

该设备主要由 9 大部分组成，分别是：

（1）冷料供给系统；

（2）烘干加热系统；

（3）热料提升系统；

（4）拌合楼系统；

（5）粉料供给系统；

（6）成品料提升及储存系统；

（7）除尘系统；

（8）沥青导热油加热系统；

（9）电器控制系统。

5.3.3　沥青混凝土拌合系统生产工艺流程

沥青混凝土拌合系统采用分散控制、集中管理的模式。冷料供给系统的六个冷料斗完成不同砂石冷骨料的储存，然后自流给有一定速度的给料机完成初级配，各种粒径骨料混合起来由输送机送入干燥滚筒。经干燥加热后的骨料由热料提升机送进拌合楼的振动筛分机，筛分后得到不同粒径范围的热料，分别归到五个热料仓内待存，超粒径热料由废仓排出。热料仓供料时，由计量秤分别累计称量砂石热料，按配料要求的比例实现精确级配。矿粉经管道输送机和提升机运到粉粒储存罐内。沥青经导热油加热，贮存在沥青储油罐内。以上各种配料分别经称量后按比例加入搅拌机，再由搅拌机混合搅拌均匀后放出，由斗车运输给成品储料仓储备待用，或者由自卸汽车运送到现场使用。沥青混凝土拌合系统生产流程图见图 5.3.3 所示。

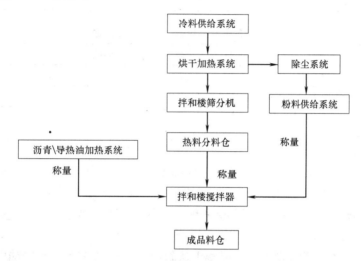

图 5.3.3　沥青混凝土拌合系统生产流程图

5.3.4　沥青拌合系统的改造

（1）筛网改造

由于目前我国生产的沥青拌合系统设备主要是针对公路沥青混凝土施工设计的，而主要起防渗作用的水工沥青混凝土，骨料的级配要求和公路工程有很大差别，因此须对拌合系统的筛分系统进行改造才能使用。应按照设计要求的配合比粒径，进行选择并配置合适的筛网。

（2）增加木质纤维机

为了提高沥青混凝土的热稳定性、抗流变性和抗弯强度，在拌沥青混凝土时，需要小剂量掺入一些特殊材料，简称掺料。西龙池抽水蓄能电站上水库防渗层沥青混凝土，掺料主要成分是木质纤维，掺量 3.5‰。为此，增设了北京天成垦特莱科技有限公司 3000/4000 型纤维输送机。该设备由料斗、纤维散打机、喂料机和控制设备等组成，喂料机用胶管直接输送到拌合机搅拌器内。其生产流程见图 5.3.4。

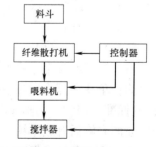

图 5.3.4　纤维输送机生产流程图

5.3.5　沥青混凝土拌合系统的运行

LJD-3000 型沥青混凝土拌合系统，控制机械采用先进的计算机系统，操作方便；监控系统采用微机控制和触摸屏监控，整机性能稳定，计量准确可靠、级配精度高。执行元件采用电机和气泵、气阀等，具有不易损坏和检修方便等优点。

（1）在沥青混凝土拌制前，将施工配合比参数输入到执行元件中，启动后系统自动配料、搅拌、出料。

（2）沥青混凝土搅拌时间和温度的控制

水工沥青混凝土，特别是防渗层沥青混凝土，由于其沥青含量大，拌合料中的空隙和水分需应尽量排除，否则将增大沥青混凝土的孔隙率，导致防渗性能降低。在混凝土拌合时，应尽量延长干拌料的搅拌时间，并合理提高骨料加热温度。但温度太高，会加速沥青的老化。因此，应合理确定搅拌时间和温度。表 5.3.5-1 是西龙池抽水蓄能电站沥青混凝土防渗面板施工时的沥青混凝土拌合各工序所用的时间统计表。由于沥青混凝土搅拌时间延长，设备产量将相应减少。表 5.3.5-2 为西龙池抽水蓄能电站沥青混凝土拌合系统骨料和沥青加热的温度参数统计表。

西龙池电站沥青混凝土拌合料搅拌时间统计表　　　　　　　　表 5.3.5-1

项　　目	骨料干拌时间(s)	喷沥青时间(s)	混合搅拌时间(s)	出料时间(s)	合计(s)
整平层	25	15	18	7	65
防渗层	45	18	18	7	88

西龙池电站沥青混凝土骨料、沥青温度参数统计表　　　　　　　表 5.3.5-2

项　　目	骨料温度(℃)	沥青温度(℃)	混凝土温度(℃)
整平层	180	150	165
防渗层(改性沥青)	200	170	170～175

5.4　沥青混凝土运输

5.4.1　运输设备选择

（1）沥青混凝土的运输设备应根据现场摊铺的强度、运输距离以及设备运输能力进行合理配置。沥青混凝土在运输过程中应尽量减少热量损失以及不被雨水、灰尘等污染。运输车的车斗必须清洁、密封不漏、光滑，减少沥青混凝土粘附。设备选型可考虑利用现有的运输设备进行改造，如加装后挡板、保温棚等。

（2）在斜坡面上施工时，还需要将沥青混凝土从斜面顶部送到正在斜面摊铺的斜面摊铺机料斗中。西龙池项目专门制做了与斜面摊铺设备配套的运料小车，靠主绞架的牵引可以上下输送沥青混凝土。

（3）封闭层的沥青玛蹄脂是流态混合料，且拌合楼拌制的出料温度只有 100℃ 左右，要达到 180℃ 左右的施工温度，需要运输车具有能够继续加热、较长时间保温的功能。为此，专门购置了 4 台燃气加热玛蹄脂保温罐（德国 Benennung 生产，容量 5.5m³）和两台电加热玛蹄脂保温罐（由葛洲坝西龙池项目部与长安大学合作研发，容量 5m³），可以将沥青玛蹄脂持续加热到 190℃ 的温度。将保温罐安装到国产东风汽车底盘上，既能持续加热，又能保温，还可运输。

5.4.2　运输路线选择

现场沥青混凝土摊铺施工的连续性，要求从拌合楼拌制出的混合料尽快运送到施工区域。最短、最平坦的运输路线不仅能保证现场摊铺施工的连续性，也能减少路上混合料温度的损失，而且还能防止产生混合料骨料离析。

5.4.3　运输过程控制

（1）沥青混凝土运输车辆在使用前，需将车斗内清扫干净，保证沥青混凝土内不混入其他杂质。装料前在车斗内部涂刷防粘剂，以便沥青混合料在使用过程中不粘车斗。防粘剂采用柴油，按 0.05L/m² 的标准均匀喷洒到车斗内壁，以完全覆盖车斗内壁且无余液积聚车斗底部为合格。最好做到车斗内柴油喷洒完毕后升起车箱，待车厢内没有柴油流下后开始装料。

（2）为避免沥青混凝土在运输过程中出现热量损失及其他杂物混入，装料后盖上保温帆布。在运输途中应防止突然制动，以免沥青混凝土出现骨料离析。

（3）沥青混合料运输车到达施工现场后，应自觉停靠在现场设置的"车辆轮胎清扫点"，将车辆轮胎进行清扫干净后方可进入施工现场。同时应根据现场指挥人员安排的施工路线，进入所安排的摊铺班组。

（4）如果在库底（平面）施工，运输车到达摊铺位置后，将沥青混凝土卸入摊铺机受料斗内。运输车卸料时应在摊铺机前 10~30cm 处停下，不得撞击摊铺机。卸料过程中，运料车应挂空档，靠摊铺机推动前进。

（5）如果在斜坡施工，运输车到达斜坡施工位置上方的施工道路后，将沥青混凝土卸入主绞架的吊斗内。然后由吊斗把沥青混凝土转到运料小车，再由运料小车输送到斜坡摊铺机料斗中。

（6）沥青玛蹄脂从运输车中转入摊铺车中，需在施工区附近搭建卸料台，台上的运输车往台下的摊铺车卸料，或使用有起重功能的设备（如主绞架等）将玛蹄脂转吊到摊铺车中。

5.5 沥青混凝土的摊铺与碾压

沥青混凝土的摊铺与碾压施工因部位有平面（库底）、斜坡之分。库底（平面）施工相对简单，而斜坡（斜面）施工相对复杂一些。就结构层次来讲有整平胶结层、防渗层（包括加强防渗层）、封闭层等。

5.5.1 施工技术参数

西龙池抽水蓄能电站上水库沥青混凝土防渗面板，为整平胶结层＋防渗层＋封闭层＝10cm＋10cm＋0.2cm 的结构形式。

（1）整平胶结层

1）整平胶结层铺设在碎石排水垫层（即下卧层）和防渗层之间，在沥青混凝土面板中的主要作用是保证沥青混凝土面板与下面的碎石排水垫层能良好的结合，并为沥青混凝土防渗层的摊铺施工创造良好的平整面。由于整平胶结层为开级配（非连续级配）沥青混凝土，具有一定的透水性，所以在防渗层和碎石排水垫层之间能起到过渡作用。

2）整平胶结层沥青混凝土压实后的厚度为 10cm。经过生产性试验确定的施工控制标准见表5.5.1-1、表 5.5.1-2。摊铺厚度和温度控制标准见表 5.5.1-1；碾压遍数和碾压重叠宽度控制标准见表5.5.1-2。

在复碾结束后应确认开放端侧的接头锥度，要求不超过 45°，如图 5.5.1 所示。

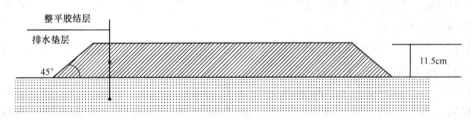

图 5.5.1 沥青混凝土摊铺断面示意图

沥青混凝土摊铺、碾压施工温度控制标准   表 5.5.1-1

项 目	防 渗 层		整平胶结层（平面或斜坡）
	改性沥青混凝土（斜坡）	沥青混凝土（平面）	
摊铺厚度（cm）	11	11	11.5
摊铺温度（℃）	150~170	140~160	140~160
摊铺速度（m/min）	0.8~1.5	1~2	1~2
初始碾压温度（℃）	>140	>130	>130
二次碾压温度（℃）	>110	>110	>100
终碾温度（℃）	>90	>90	>90

（2）防渗层（包括加强防渗层）

1）防渗层在整个沥青混凝土面板中是最重要的部分，是起防渗作用的密级配（连续级配）沥青混凝土。要求具有良好的防渗性、抗裂性、稳定性和耐久性。

沥青混凝土碾压次数和碾压重叠宽度
表 5.5.1-2

项 目	防 渗 层		整平胶结层	振动碾型号
	改性沥青混凝土	沥青混凝土		
初碾遍数	静碾,2遍	静碾,2遍	静碾,2遍	SW330
复碾遍数	振碾,6遍 前振后不振	振碾,6遍 前振后不振	振碾,2遍前振后不振	SW330
终碾遍数	静碾,2遍 或直至轮印消失	静碾,2遍 或直至轮印消失	静碾,2遍或直 至轮印消失	SW330
重叠宽度	≥10cm	≥10cm	≥10cm	SW330

2）防渗层厚度 10cm。构造上或施工上易成为薄弱部位的可以加厚，即为加强防渗层，简称加厚层。加厚层一般设于沥青混凝土面板与水泥混凝土结构接缝部位，以及库坡、库底之间曲面连接部位或基础介质弹模差异较大部位。

3）经过生产性工艺试验确定的施工控制标准见表 5.5.1-1、表 5.5.1-2。摊铺厚度和温度控制标准见表 5.5.1-1；碾压遍数和碾压重叠宽度控制标准见表 5.5.1-2。

4）在复碾结束后应确认开放端侧的接头锥度，要求同整平胶结层。

（3）封闭层

1）封闭层是涂刷或喷在防渗层的表面，可填满其表面孔隙，以阻隔太阳光中的紫外线，减缓防渗层沥青老化的薄层沥青玛蹄脂，即沥青与填料的混合料。

2）封闭层厚度一般为 1～2mm。西龙池沥青混凝土防渗面板设计要求厚度为 2mm。其普通沥青玛蹄脂施工温度应在 160℃左右，改性沥青玛蹄脂施工温度应在 180℃左右。

5.5.2 摊铺及碾压施工

（1）平面（库底）沥青混凝土摊铺及碾压施工

平面摊铺属于水平摊铺，主要使用机械：徐工集团 RP951 型路面摊铺机（改造）、上海酒井 SW330 型水平振动碾、运输车（改造）等。

1）平面沥青混凝土摊铺

摊铺前做好施工放线、场地清理、机械检查等准备工作。每个摊铺条幅宽度为 6.4m（首摊铺条幅宽度 6.5m），宽度可根据施工方案进行调整。

准备工作完成后，摊铺机开至待摊铺的条幅一端。就位前用加热器加热熨平板，约 10～15min。（如果存在横缝时，需要同时对横缝加热，加热后横缝温度不低于 100℃）。在待摊铺的条幅开头及结尾端线上放置两条方木，其厚度应与摊铺沥青混凝土的厚度相同。

沥青混凝土运料车到达并将混合料卸入摊铺机受料斗后，摊铺机开始摊铺前进。需要注意的是，在摊铺条幅开头端木条后要放适量沥青混凝土，用人工修成小于 45°角的斜坡。在条幅摊铺结束端也修成小于 45°角的斜坡。

已形成的条幅边缘应用摊铺机修成 45°角的斜坡，然后进行相邻条幅的摊铺与碾压，接缝两边一起重叠碾压 10cm。

按此方法进行库底整平胶结层、加厚层、防渗层的摊铺。机械摊铺的温度及摊铺机前进速度见表 5.5.1-1。

2）平面沥青混凝土碾压

碾压的基本要求是保证摊铺层达到规定的密实度和表面平整度。碾压分为初碾、复碾和终碾。平面（库底）整平胶结层、加厚层、防渗层的碾压温度及遍数等见表 5.5.1-1 和表 5.5.1-2。

3）平面封闭层摊铺

平面封闭层摊铺使用的主要设备为：玛蹄脂摊铺车、玛蹄脂运输车等。

摊铺方法类似于沥青混凝土摊铺。涂刷封闭层前，将防渗层表面清理干净、干燥。被污染而清理不净的部分，应喷洒冷沥青。封闭层的摊铺采用玛蹄脂摊铺车刮刷的方法，摊铺厚度为 2mm，薄层、均匀的填满防渗层表面孔隙。涂刷好的封闭层表面，应禁止人、机行走。

（2）斜坡沥青混凝土摊铺及碾压

斜坡（包括反弧段）摊铺属于斜面摊铺，主要使用机械：主、副绞架车、运料小车、ABG 生产的 TITAN 326-2 VDT 型路面摊铺机、上海酒井 SW330 型斜面振动碾、运料自卸汽车等。

摊铺机和运料小车由主绞架牵引进行工作，振动碾由副绞架牵引进行工作。各种设备配置及相互位置见图 5.5.2。

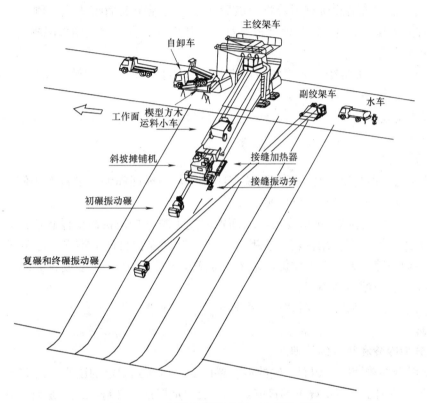

图 5.5.2　斜坡摊铺设备相互位置示意图

1）斜坡沥青混凝土摊铺

摊铺前的准备工作与平面基本相同。包括放线、清理工作面、检查机械设备等等。

准备工作完成后，主绞架车就位，使其上的摊铺机能够对准摊铺条幅。加热器加热熨平板，约 10～15min（如果存在横缝时，需要同时对横缝加热，加热后横缝温度不低于 100℃）。

运料自卸车将混合料卸入主绞架的吊斗，由主绞架将吊斗转到摊铺机料斗上方，将混合料卸入摊铺机料斗，摊铺机下行到条幅开端开始摊铺。其后由运料小车转运混合料到摊铺机。在摊铺机下行或上爬的过程中，摊铺机的速度与主绞架牵引的速度应保持一致。

对于已形成的条幅边缘，应修成 45°角的斜坡，然后进行相邻条幅的摊铺与碾压，接缝两边一起重叠碾压 10cm。

按此方法进行斜坡整平胶结层、加厚层、防渗层的摊铺。各层摊铺厚度、温度及摊铺机前进速度见表 5.5.1-1。

2）斜坡沥青混凝土碾压

使用副绞架牵引斜坡振动碾，对斜坡沥青混凝土进行碾压。

斜坡整平胶结层、加厚层、防渗层碾压的温度及遍数等见表 5.5.1-1 和表 5.5.1-2。

3）斜坡封闭层摊铺

封闭层斜坡摊铺使用的主要设备为：主绞架、玛琦脂摊铺车、玛琦脂运输车等。

斜坡封闭层摊铺方法类似于斜坡沥青混凝土摊铺施工，也可以参照平面封闭层施工。

4）斜坡沥青混凝土摊铺及碾压施工相对平面较为复杂。各种技术指标要求不变，但机械设备的配合使用是其中的难点，也是斜坡施工的重点。

5.5.3 特殊部位施工

（1）与水泥混凝土结构相接部位施工

1）沥青混凝土面板与水泥混凝土建筑物的连接面不允许有锚栓、支杆等构件穿过面板。沥青混凝土与水泥混凝土的连结施工时，先将水泥混凝土表面的水泥浆硬壳用钢丝刷或凿毛机凿毛，露出完好的水泥混凝土，用压缩空气清除所有附着物。然后在水泥混凝土表面喷洒或涂刷一层冷沥青材料，涂量为 1kg/m² 左右。待其干燥后再铺设塑性过渡材料，然后铺沥青砂浆或沥青混凝土等。水泥混凝土表面在涂刷冷沥青前应烘干。

2）按上述方法完成水泥混凝土表面的冷沥青喷涂，待其干燥后均匀铺一层厚度约为 3mm 的塑性过渡料。

3）在水泥混凝土表面的冷沥青涂料、塑性过渡料和塑性填料施工完成 2～3d 之后，进行其相接的沥青混凝土的摊铺施工。

（2）边角部位施工

1）有些角落、与水泥混凝土结构相邻的狭窄部位或常规摊铺和碾压设备无法使用的区域，采用人工摊铺沥青混凝土并用小型振动碾予以压实。

2）使用手推车从附近摊铺机前端受料斗取沥青混凝土料（摊铺机需要停止前进）或由自卸车将沥青混凝土料运到人工摊铺位置。用推耙（铁锹配合）将沥青混合料仔细推平，厚度较旁边机械摊铺厚度略高 0.5cm，不留空隙。如果人工摊铺区域有开放端，则需要在开放端放置方木隔挡，保证开放端边线的整齐，便于下一条幅摊铺施工。

3）使用手扶振动碾或平板夯进行碾压，直到满足规定要求为止。

（3）接缝处理

接缝的处理分为冷缝和热缝的处理。

1）热缝是指混合料摊铺时，相邻条幅的混合料已经预压实到规定的压实度的 90% 以上，但其温度仍处于 100℃ 以上，适用于碾压情况下的接缝。防渗层，加厚层的热缝处理，是对先铺条幅接缝处层面应用摊铺机将边缘压成 45° 角，然后进行相邻条幅的摊铺与碾压，接缝两边一起用碾压机压实。整平胶结层的热缝如果温度下降太快时，可用加热器加热至 90℃ 以上即可。

2）冷缝是指在一天工作结束时，所形成的接缝或接缝处温度低于 90℃ 的缝，或是某些区域的边缘，需在后期进行摊铺所形成的缝。在先铺条幅完工时接缝表面应涂乳化沥青。乳化沥青刚涂完之后、不能马上进行摊铺，必须在乳化沥青中的水分完全蒸发掉之后方可进行摊铺。

前一条幅摊铺时，先利用振动压板压到收工前最后条幅的边界，包括边缘与层面呈 45° 角斜面，再用后续的振动碾压实到离接缝 10cm 处。对已冷却的上一个铺筑好的条幅进行下一条幅铺筑时，应用装在摊铺机旁的红外线接缝加热器对接缝加热，以使接缝整齐平滑，加热温度应控制在 100～130℃ 之间。使用加热器加热施工接缝，必须保证加热深度不小于 7cm，并应严格控制温度和加热时间，防止因温度过高而使沥青老化。摊铺机因故停止工作时，应及时关闭加热器。对冷缝 45° 角斜面进行加热时，其加热方向应与斜面基本平行，并尽量靠近加热面。

5.6 沥青混凝土芯样孔的修补

钻取芯样后，应按照以下方法回填芯样孔：

——把芯样孔边缘切成 45° 形状。

——清理孔壁表面，不留下任何杂物。

——用红外线加热器加热孔壁。

——用相同的混合料每层 5cm，分层回填芯样孔，并保持表面平整光滑。

6. 材料与设备

6.1 主要材料

碾压式沥青混凝土防渗面板施工所用的主要原材料有沥青、粗骨料、细骨料、矿料及掺料等。

6.1.1 沥青

对没有防冻要求的部位，一般采用普通沥青；对有防冻要求的部位，可以采用改性沥青（改性沥青的技术要求一般由设计提出）。普通沥青主要技术指标见表 6.1.1-1 和改性沥青主要技术指标见表 6.1.1-2。

普通沥青主要技术指标　　　　　　　表 6.1.1-1

分析项目			技术要求	试验方法
针入度　25℃　100g　5s,0.1mm			70～100	JTJ 052　T 0604—2000
软化点　℃			45～50	JTJ 052　T 0606—2000
延度	15℃　5cm/min,cm		≥150	JTJ 052　T 0605—1993
	4℃　1cm/min,cm		≥10	JTJ 052　T 0611—1993
闪点,℃			＞230	JTJ 052　T 0607—1993
溶解度　三氯乙烯,%			≥99.0	JTJ 052　T 0613—1993
脆点,℃			＜-10	JTJ 052　T 0615—2000
蜡含量(蒸馏法),%			≤2.0	JTJ 052　T 0614—1993
灰粉,%			≤0.5	JTJ 052　T 0606—2000
TFOT 163℃	损失,%		≤0.6	JTJ 052　T 0604—2000
	脆点,℃		≤-7	JTJ 052　T 0605—1993
5h	软化点升高,℃		＜5	
	针入度比,%		≥68	
	延度	15℃　5cm/min,cm	≥100	JTJ 052　T 0603—1993
		4℃　1cm/min,cm	≥7	
密度　25℃　g/cm³			实测	

改性沥青主要技术指标　　　　　　　表 6.1.1-2

试验项目	SBS 改性沥青技术指标	试验方法
针入度(25℃　100g　5s),0.1mm　min	80	T 0604—2000
针入度指数(PI)　min	-0.6	T 0604—2000
延度(15℃　5cm/min),cm　min	150	T 0605—1993
延度(5℃　5cm/min),cm　min	40	T 0605—1993
软化点($T_{R\&B}$),℃　min	50	T 0606—2000
蜡含量,%　max	2.3	T 0615—2000
脆点,℃　max	-20	T 0613—1993
闪点,℃　min	230	T 0611—1993
溶解度,%　min	99	T 0607—1993
运动黏度(135℃),Pa·S　max	3	T 0625—2000

试 验 项 目	SBS 改性沥青技术指标	试 验 方 法
弹性恢复(15℃),%　min	60	T 0662—2000
灰分含量,%　max	0.5	T 0613—1993
离析试验,℃　max	2.5	T 0661—2000
质量变化,%　max	1.0	T 0610—2000
软化点升高,℃　max	5	T 0606—2000
针入度比(25℃),%　min	55	T 0604—2000
脆点,℃　max	−18	T 0613—1993
延度(15℃ 5cm/min),cm　min	100	T 0605—1993
延度(5℃ 5cm/min),cm　min	25	T 0605—1993

6.1.2 粗骨料

骨料一般就近开采，经破碎、筛分，粗骨料分为 19～16mm、16～9.5mm、9.5～4.75mm、4.75～2.36mm 共四级，通过调整掺配比例，满足配合比的要求。主要技术指标见表 6.1.2。

粗骨料主要技术指标　　　　　　　　　　表 6.1.2

项　　　目	单　　位	技 术 指 标
吸水率	%	≤2
表观密度	kg/m³	实测
含泥量	%	≤0.5
坚固性	%	≤10
与沥青黏附性	%	≥4 级
抗热性		在加热条件下,不引起性质变化
针片状颗粒含量	%	≤20
落筛机磨耗度　100 转	%	≤40
落筛机磨耗度　500 转	%	≤8

6.1.3 细骨料

细骨料采用人工砂（最大粒径 2.36mm），也可采用人工砂与天然砂掺配，有利于改善沥青混凝土的施工性能。细骨料的主要技术指标见表 6.1.3。

细骨料主要技术要求　　　　　　　　　　表 6.1.3

项　　　目	单　　位	技 术 指 标
吸水率	%	≤2
表观密度	kg/m³	实测
含泥量	%	≤1.0
水稳定等级		≥4 级
坚固性	%	≤10
抗热性		在加热条件下,不引起性质变化
砂当量		≥90
有机质含量		浅与标准色

6.1.4 矿粉

矿粉技术指标见表 6.1.4。

矿粉主要技术指标

表 6.1.4

项 目		单 位	技术指标
含水量		%	≤0.5
密度		g/cm³	>2.6
亲水系数		%	≤1
通过率 ＜0.075mm	0.075mm	%	=100
	0.05mm		>80
	0.03mm		>60
	0.02mm		>20
抗热性			无变化

6.1.5 掺加料（木质素纤维）

为改善沥青混凝土的抗裂性能，可以掺加木质素纤维，其技术指标见表 6.1.5。

木质素纤维技术指标

表 6.1.5

项 目	技 术 要 求	项 目	技 术 要 求
纤维长度	＜6.0cm	吸油率	不小于纤维质量的 5 倍
灰分含量	18%±5%，无挥发	含水量	＜5%
pH 值	7.5±1.0		

6.2 主要设备工具

6.2.1 碾压式沥青混凝土防渗面板施工采用的主要设备见表 6.2.1。

主要施工设备清单

表 6.2.1

序 号	名 称	规格		单 位	数 量	适用部位	
		制造厂家	主要指标			平地	斜坡
1	沥青混凝土拌合楼	辽阳筑路机械厂	3000 型	套	2	是	是
2	碎石系统		60t/h	套	1	是	是
3	平地摊铺机	徐工集团 RP951	3～10(m)	台	2	是	否
4	初碾振动碾	上海酒井 SW330	2.95(t)	台	2	是	否
5	复碾振动碾	上海酒井 SW330	2.95(t)	台	2	是	否
6	小型压路机	HS66ST	0.69(t)	台	4	是	否
7	自卸车	斯泰尔	20(t)	辆	10	是	是
8	斜坡摊铺机	德国 ABG	4.5m	2 台	2	否	是
9	副绞车架	自制		部(套)	2	否	是
10	主绞车架	自制		部(套)	2	否	是
11	运料小车	自制	4.5(m³)	台	2	否	是
12	斜坡碾压机	上海酒井 SW330	2.95(t)	台	4	否	是
13	沥青玛琋脂运输车			台	3	是	是
14	平地玛琋脂摊铺车			台	1	是	否
15	斜坡玛琋脂摊铺车			台	1	否	是
16	水车	东风	5(m³)	辆	2	是	是
17	加油车	东风	5t	辆	1～2	是	是
18	装载机	厦门工程 机械制造厂	ZL50(3m³)	台	1～2	是	是

6.2.2 碾压式沥青混凝土防渗面板施工使用的主要工具见表6.2.2。

主要施工工具清单

表6.2.2

序　号	名　称	主要指标	单　位	数　量	备　注
1	接缝加热器		台	6n	悬挂于摊铺机两侧，自动加热，数量为同时施工的摊铺机数量的6倍
2	平板振动夯	40(kg)	台	4	接缝碾压
3	发电机	5(kVA)	台	1	备用电源
4	手工加热器		台	8	用于局部边角部位，摊铺机加热器无法加热的部位，采用人工加热
5	手工铁锹		把	10	边角部位人工摊铺和接缝处理
6	其他小型工具	根据需要加工制做，主要用于接缝修整			

6.2.3 碾压式沥青混凝土防渗面板施工使用的主要试验检验仪器工具见表6.2.3。

主要试验检验仪器工具清单

表6.2.3

序　号	仪器设备名称	规　格　型　号	数　量
1	电子天平	LP503	4
2	数显沥青软化点测定仪	LRHD-Ⅱ型	1
3	电热恒温鼓风干燥箱	101-3 型	2
4	数控洛杉矶磨耗试验机	CJ-Ⅲ型	1
5	电子测微头	JM22H 型	2
6	核子密度湿度仪	mc-3c-121	1
7	85 型沥青转薄膜烘箱	85 型	1
8	智能数控沥青针入度仪	LZD-Ⅱ	1
9	调温调速沥青延伸度测定仪	TYY-8 型	1
10	马歇尔自动击实仪	MJ-IZ	1
11	砂当量试验仪	SD-2	1
12	沥青含量分析仪	HYRS-6	1
13	恒温水浴	HWS-12	1
14	真空试验表	(-0.1～0)MPa	1
15	电接点压力表	(0～4)MPa	2
16	沥青混合料低温冻断试验系统	LWDD	1
17	电热鼓风干燥箱	101-4	2
18	微机沥青材料性能试验系统	LMT-2	1
19	数字测温仪	JM222H	3
20	外径千分尺	25mm	3
21	千分表	12mm	4
22	工作用玻璃液体温度计	棒式	5
23	电子数显卡尺	300mm	1
24	量筒、容量瓶、密度瓶	(1000,500,250,100)mL	1
25	位移传感器	25mm	1
26	沥青混合料拌合机	BH-20 型	1
27	手动脱模机	TYT-2	1

续表

序　号	仪器设备名称	规格型号	数　量
28	钻孔取芯机	HZ-21	1
29	混凝土切割机	SCQ-8	1
30	拍击式振筛机		1
31	筛子	方孔筛	2
32	马歇尔稳定度仪	LD-5	1
33	自动脱模机	DL200kN	1
34	离心式沥青抽提仪		1
35	手动击实仪		2
36	沥青混凝土渗透试验仪		1
37	沥青混凝土圆盘试验仪		1

6.3 本工法所需要的主要工种构成、人员数量见表 6.3。

主要工种人员数量表 表 6.3

序　号	工　　种	人员数量(人)	备　注
1	施工、技术管理人员	1～2	每台摊铺机
2	现场质量检查人员	2～3	每台摊铺机
3	测量员	2～3	
4	试验员	6	
5	水电工	2	
6	摊铺机操作员	2	每台摊铺机
7	碾压设备驾驶员	2	每台摊铺机
8	斜坡牵引设备操作员	2	斜坡施工,主副绞车架各 1 人
9	喂料小车驾驶员	1	斜坡施工
10	汽车驾驶员	3～5	每台摊铺机
11	修理工	3～5	根据设备状况配置
12	配合人员	3～6	每台摊铺机

7. 质量控制要求

7.1 主要规程规范

目前，沥青混凝土防渗面板（尤其是碾压式沥青混凝土防渗面板）施工技术要求，一般由设计单位在设计技术文件中提出。在施工过程中下列标准和文献的有关内容（但不限于）可以作为参考，所有规程规范都应采用迄今为止的最新版本。

7.1.1 中国标准

1. JTJ—中国交通部标准，包括：

《公路工程沥青及沥青混合料试验规程》（JTJ 052—2000）；

《公路工程集料试验规程》（JTJ 058—2000）。

2. SL—中国水利行业标准，包括：

SL 237—1999 土工试验规程（SL 237—049—1999 载荷试验）。

7.1.2 国际标准化组织标准

ISO 13320—1 微小颗粒分析方法—激光衍射法（第 1 部分 基本原理）。

7.1.3 美国标准（美国试验和材料协会标准），包括：

用空气渗透仪测定水凝水泥细度的标准试验方法（ASTM C 204—2000）；

热拌合、热摊铺沥青铺面混合料拌合厂标准规范（ASTM D 995—2002）；

水对压实沥青混合料抗压强度影响的标准试验方法（ASTM D 1075—2000）；

阳离子乳化沥青技术规范（ASTM D 2397—2002）；

采用核子法现场测定沥青混凝土密度的标准方法（ASTM D 2950—1997）；

热拌合、热摊铺沥青铺面混合料标准规范（ASTM D 3515—2001）。

7.1.4 欧洲标准

1. 德国标准协会标准

DIN 1996—9：1981 公路及相关用途沥青材料浸水试验

2. 英国标准协会标准，包括：

BS 4147—1980　保护钢铁材料用热沥青基覆层规范

BS 3416—2000　与饮用水接触用冷沥青基覆层规范

7.1.5 日本工业标准，包括：

石油沥青（JIS K 2207）；

石油沥青乳液（JIS K 2208）。

7.1.6 文献

Van Asbeck.《水工沥青》第1卷、第2卷. Baron W. F. Van Asbeck，Elsevier 出版公司，1955 和 1964.

7.2 质量要求和技术标准

7.2.1 质量要求

鉴于国内水利水电行业的沥青混凝土防渗面板的施工规范还没有颁布，其施工质量标准一般由设计单位提出。考虑到沥青混凝土的热施工特性，沥青混凝土拌合料的性能对温度反应很敏感，事后检测发现问题处理困难，因此，一般采用过程控制，严格控制施工参数，确保防渗面板达到设计技术要求。完工检测常作为一种验证手段。结合沥青混凝土防渗面板的使用功能和所处的地理条件，施工过程中重点对以下几方面进行质量控制：

（1）孔隙率（特别是接缝部位）；

（2）摊铺厚度；

（3）碾压温度；

（4）冻断温度和热流淌（根据当地气候条件，由设计单位确定）；

（5）接缝施工质量；

（6）表面平整度，（西龙池电站要求 1.5cm，4m 靠尺检查）。

7.2.2 技术要求

沥青混凝土防渗面板在结构上一般分为：整平胶结层、防渗层、加厚层和封闭层。各层主要功能见表 7.2.2-1。各结构层技术指标要求介绍如下（设计有特殊要求时，以设计要求为准）。

沥青混凝土结构分层表　　　　　表 7.2.2-1

结 构 层	材 料 种 类		主 要 功 能
整平胶结层	开级配	（改性）沥青混凝土	整平和排水
防渗层	密级配	（改性）沥青混凝土	防渗
加厚层	密级配	（改性）沥青混凝土	加强防渗效果
封闭层	沥青玛琋脂		封闭、保护防渗层

（1）整平胶结层（碾压后）

沥青混凝土整平胶结层碾压技术要求（碾压后的）见表 7.2.2-2。主要控制指标为孔隙率和渗透系数。

整平胶结层技术要求 表 7.2.2-2

序号	项 目		单 位	技 术 指 标	检 测 标 准	备注
1	毛体积密度		g/cm³	＞2.1	JTJ 052 T 0708—2000	体积法
2	孔隙率		%	10～14	JTJ 052 T 0705—2000	
3	渗透系数		cm/s	5×10^{-3}～1×10^{-4}		
4	斜坡流淌值	1：2,70℃	mm	≤1.5	Van Asbeck	
		1：2,70℃,		≤0.8		
5	热稳定系数			≤4.5	JTJ 052 T 0709—1993	
6	水稳定性		%	≥85	ASTM D 1075—2000	孔隙率约 14%

（2）防渗层（碾压后）

沥青混凝土防渗层碾压技术要求（碾压后）见表 7.2.2-3。其骨料级配分组及最大粒径必须与层厚相适应，主要控制指标为孔隙率、斜坡流淌值和冻断温度。

防渗层技术要求 表 7.2.2-3

序号	项 目		单 位	技 术 指 标		检 测 标 准	备 注
				改性沥青混凝土	普通沥青混凝土		
1	毛体积密度（表干法）		g/cm³	＞2.35	＞2.35	JTJ 052 T 0705—2000	
2	孔隙率		%	≤3	≤3	JTJ 052 T 0705—2000	
3	渗透系数		cm/s	$\leq1\times10^{-8}$	$\leq1\times10^{-8}$		
4	斜坡流淌值	1：2,70℃，48h	mm	≤0.8	≤0.8	Van Asbeck	两种方法可任选一种
		1：2,70℃，48h		≤2.0	≤2.0		
5	水稳定性		%	≥90	≥90	ASTM D 1075—2000	孔隙率约 3%
6	柔性试验（圆盘试验）	25℃	%	≥10（不漏水）	≥10（不漏水）	Van Asbeck	
		2℃		≥2.5（不漏水）	≥2.2（不漏水）		
7	弯曲应变	2℃ 变形速率 0.5mm/min	%	≥3	≥2.25	JTJ 052 T 0715—1993	
8	拉伸应变	2℃ 变形速率 0.34mm/min	%	≥1.5	≥1.0		
9	冻断温度		℃	低于－38	低于－35		根据当地气候条件确定
10	膨胀		%	＜1.0	＜1.0	DIN 1996—9：1981	单位体积

（3）加厚层

加厚层材料与相同部位的防渗层材料技术指标要求相同，其骨料级配分组及最大粒径必须与层厚相适应。

（4）封闭层

1）封闭层应在工程所在地温度条件下，在斜坡上保持稳定，高温不流淌，低温不开裂，可承受各种天气和水库荷载条件。封闭层不应与防渗层发生相对移动。

2）封闭层的技术要求见表 7.2.2-4 "改性沥青封闭层技术要求"、表 7.2.2-5 "普通沥青封闭层技术要求"。

改性沥青封闭层技术要求 表 7.2.2-4

序　号	项　目	单　位	技术指标	检测标准	备　注
1	密度	g/cm³	＞2.1	JTJ 052 T 0705—2000	
2	软化点	℃	≥90	JTJ 052 T 0606—2000	
3	冻裂温度	℃	≤-40		根据当地气候条件确定
4	斜坡流淌值	mm	不流淌		1：2,70℃

普通沥青封闭层技术要求 表 7.2.2-5

序　号	项　目	单　位	技术指标	检测标准	备　注
1	密度	g/cm³	＞2.1	JTJ 052 T 0705—2000	
2	软化点	℃	≥70	JTJ 052 T 0606—2000	
3	冻裂温度	℃	≤-35		根据当地气候条件确定
4	斜坡流淌值	mm	不流淌		1：2,70℃

8. 安 全 措 施

8.1 沥青混凝土施工属于热施工，温度一般都在 100～200℃之间，要特别注意防止高温烫伤，主要措施有：

8.1.1 施工人员穿防护服、厚底鞋，佩戴安全帽；

8.1.2 在沥青混凝土拌合料容易洒落的主绞架吊斗下面，严禁人员进入，并安排专人看守；

8.1.3 在沥青混凝土拌合料容易洒落的主绞架旁边悬挂醒目警示牌。

8.2 采用本工法施工，大型设备较多，自动化程度高，要特别注意设备间的配合，并注意施工人员人身安全，防止撞伤，主要措施有：

8.2.1 拌合系统区域，采用围栏围住，在出入口悬挂醒目警示牌，禁止无关人员进入，设备行走预先规划好行走路线；

8.2.2 平面施工时，预先在地面上用醒目颜色画出条幅边线，规定各种设备行走路线和区域，摊铺机在启动时，要喇叭示意，碾压设备在后退时，也应鸣喇叭提醒周边的施工人员；

8.2.3 斜坡施工时，除碾压设备外，各种设备的移动控制系统均集中在位于坡顶的主绞架上，设备操作人员之间的信息沟通就异常重要。这时，必须给所有斜坡设备操作人员（包括碾压设备）、指挥人员配备通信、联络设备，比如对讲机等。

8.3 在进行设备设计加工时，应留有一定量的安全系数，防止设备失控造成安全事故。

8.4 斜坡施工时，应加强对牵引设备和起吊设备的安全检查，建立设备运行台账，做好设备交接班工作。

8.5 斜坡施工人员，必须采取一定的安全防护措施，佩带安全绳。

9. 环 境 保 护 措 施

9.1 沥青混凝土在拌制过程中，对骨料中的粉尘一般做废弃处理，不再重复利用。对此，应修建专门的处理设施，可以采用埋填并洒水湿润处理，避免造成大量的扬尘，污染环境。对于设计认可粉尘回收作为掺加料使用的，也要保证其在密封的通道内流动，不得露天回收。

9.2 沥青混凝土在生产过程中，要使用大量的油料，应防止油料的泄露，废油处理应设置专门的回收装置。

9.3 应使用优质石油沥青，不得使用污染严重的煤沥青。另外，沥青在加热时必须采用油加热或者蒸汽加热等间接加热方式，不得采用直接加热的方式，避免产生大气污染物。采用这种间接加热的方式可以有效地控制沥青加热过程中对大气的污染，使污染指标控制在《大气污染物综合排放标准》（GB 16297—1996）规定的范围之内。

9.4 对沥青混凝土废弃料，要在指定的位置堆存，集中处理。

10. 效 益 分 析

10.1 相关科研机构的研究表明，采用本工法施工的沥青混凝土防渗面板，只要控制孔隙率在 3% 以内时，基本可以认为该沥青混凝土面板不透水（渗透系数小于 10^{-8}）。在西龙池抽水蓄能电站防渗面板的施工过程中也验证了这一点，其孔隙率一般都控制在 1.5% 左右。

10.2 采用本工法施工的沥青混凝土防渗面板，由于机械化水平很高，不仅可以保证施工质量，而且可以大大提高施工进度，节约施工工期。经西龙池抽水蓄能电站工程沥青混凝土防渗面板施工实践，按照每摊铺条幅 6.4m 宽、平均摊铺速度 1m/min、每天工作 12h 计算，每天可以摊铺 $4600m^2$，每月可以摊铺 12 万 m^2，如果考虑结构层的交叉作业，每个月施工的防渗面积可以达到 10 万 m^2。

10.3 成本估算

沥青∶粗骨料∶细骨料∶矿粉＝7.5∶45∶40∶7.5 的掺配比例，沥青混凝土容重按照 $2.3t/m^3$ 考虑，材料单价：沥青 3000 元/t，粗骨料 60 元/t，细骨料 80 元/t，矿粉 250 元/t，材料费占全部费用的比例按 50% 计。每立方米的单价初步估算为 $2.3 \times (7.5\% \times 3000 + 45\% \times 60 + 40\% \times 80 + 7.5\% \times 250)/50\% = 1392$ 元/m^3。以上只是初步估算的单价，实际要按照当地材料价格水平、设备费用和配合比结果进行计算。

由于沥青混凝土的防渗性能好，结构可靠，防渗厚度可以很小（西龙池抽水蓄能电站采用总厚度 20.2cm，防渗层厚度 10cm），后期维护成本很小，1392 元/m^3 的单价和常规水泥混凝土防渗面板（其厚度一般在 40cm，甚至更厚）相比，还是很有优势的。

10.4 社会效益

近年来，国内由于优质石油沥青的使用，设备自动化程度越来越高，沥青混凝土在公路工程中大量应用，在水利水电工程中，作为碾压式防渗面板，应用在蓄水池、水渠等构筑物的防渗工程的实例，如已经完工的浙江天荒坪抽水蓄能电站工程，正在施工的山西西龙池抽水蓄能电站和河北张河湾抽水蓄能电站等。

以上三个工程实例均为国外承包商和国内承包商联合施工，在河北张河湾抽水蓄能电站、山西西龙池电站工程施工过程中，取得了全面、系统、成熟、可靠的施工经验，制定并完善一套施工工艺，为今后类似工程取得了宝贵的施工经验。

11. 应 用 实 例

11.1 应用实例—河北张河湾抽水蓄能电站

11.1.1 工程概况

张河湾抽水蓄能电站上水库采用沥青混凝土面板全库盆防渗，防渗总面积约 $33.7 \times 10^4 m^2$，是目前国内同类电站中防渗面积最大的沥青混凝土面板防渗工程。

上库库底防渗面积约 $13.7 \times 10^4 m^2$，整个工程为简化复式结构，自上而下分别为封闭层、防渗层（含加厚层）、排水层（含隔水带）、整平胶结层。

该项目合同开工日期为 2005 年 4 月 1 日，2005 年 11 月 1 日完成场外工业性试验，2006 年 4 月 14

日现场摊铺正式开始，日施工量最高7188m²。截止2007年4月25日，完成整平胶结层33.7×104m²、排水层33.7×104m²、防渗层33.7×104m²、封闭层33.7×10⁴m²，共完成沥青混凝土施工208000t，占合同总量的90.4%。

11.1.2 施工情况

张河湾抽水蓄能电站上水库沥青混凝土防渗面板工程（ZHW/C12）属国际标，中标金额2.4亿人民币，是我公司在抽水蓄能电站沥青混凝土防渗面板施工领域首次作为承包商参与组织施工。三峡实业有限公司张河湾C12标项目部在没有现成施工经验的情况下，克服各种困难，精心组织、科学调度、合理安排，目前，张河湾抽水蓄能电站上水库利用本工法成功完成208000t库坡沥青混凝土施工任务。施工质量均满足合同要求，全套设备完好，运行安全可靠，单机（双班）日生产能力达4500m²，摊铺混合料1500t，施工质量一次验收合格率100%。

11.1.3 工程监测与结果评价

应用本工法共完成单元工程1062个，共进行温度检测57164次、平整度及厚度检测12449次，质量满足合同要求，一次验收合格率100%；安全施工实现"双零"目标。为整个项目如期优质高效的完工奠定了坚实的基础，受到了业主、设计及监理的肯定和表扬。

本工法在张河湾抽水蓄能电站上水库沥青混凝土面板施工中的成功应用，为防渗面板的优质、如期、安全施工提供资源和技术保证。

11.2 应用实例二—山西西龙池抽水蓄能电站上水库沥青混凝土防渗面板工程

11.2.1 工程概况

山西西龙池抽水蓄能电站位于山西省忻州市五台县境内滹沱河与清水河交汇处上游约3km的滹沱河左岸，电站上水库库址位于滹沱河西河村河段左岸峰顶的西龙池村。电站装机容量1200兆瓦，年发电量18.05亿kW·h，整个枢纽由上水库、输水系统、地下厂房系统、下水库、地面开关站等建筑物组成。

11.2.2 施工情况

山西西龙池抽水蓄能电站工程上水库于2005年10月开工（实际于2006年6月正式施工），2006年10月完工。应用本工法完成沥青混凝土防渗面积22.46×10⁴m²。2007年3月，顺利通过蓄水验收。在初期蓄水过程中，渗水监测结果为0。

11.2.3 工程监测与结果评价

西龙池抽水蓄能电站上水库沥青混凝土防渗面板应用本工法施工，工程质量优良率达98%以上，无安全生产事故发生，得到了各方的好评。

混凝土结构地下室抗裂防渗工法

YJGF091—2006

青岛建设集团公司

张同波　王胜

1. 前　言

随着我国城市化建设进程的加快，为了缓解地上空间的压力，地下空间的开发和利用发展迅速，大体量的地下室工程不断涌现。由于设计、材料、施工等方面的原因所造成的地下室开裂及渗漏问题也日益突出。此类问题不仅影响了建筑的使用功能，而且还影响到结构的安全和耐久性。

目前国内外对地下室结构裂缝的控制尚缺乏系统的研究，也是国内建筑业一直以来不断探索的技术难题。为减少或消除地下室的渗漏难题，青建集团股份公司技术中心于 2003 年组织开展了以"混凝土结构地下室抗裂防渗技术研究"为课题的科技攻关，系统分析研究了地下室的裂缝及渗漏原因，并根据该成果中的关键技术，研究形成了包括设计、材料、施工等方面的混凝土结构地下室抗裂防渗工法。

该工法中的关键技术于 2005 年 1 月通过了青岛市科技局组织的专家鉴定，总体技术水平达国际先进。本工法已成功应用于包括 2008 奥帆赛基地、青岛市中级法院综合楼、青岛市东部医院等项目在内的大量地下室工程中，具有良好的市场前景；并荣获 2005 年青岛市科技进步一等奖、首届中国质量技术奖、山东省建筑业技术创新一等奖等诸多奖项。

2. 工 法 特 点

本工法结合设计、材料、施工技术等三方面，提出了防止混凝土结构地下室开裂及渗漏的综合技术措施，可以有效解决地下室结构开裂及渗漏问题。与传统的技术相比，本工法在保证质量、降低造价、节能环保等方面具有明显的技术经济效果。

3. 适 用 范 围

本工法适用于超长及大体积混凝土结构地下室工程，也可用于指导一般的混凝土结构地下室工程的施工。

4. 工 艺 原 理

在设计方面，利用后浇带、膨胀带、滑动层的原理减小超长混凝土结构的收缩应力，控制其裂缝；在材料方面，通过掺加粉煤灰、聚丙烯纤维、外加剂等措施，优化混凝土配合比，降低混凝土的水化热，增强混凝土的抗裂性能；在施工技术方面，形成包括钢筋、模板、混凝土浇筑等系统全面的抗裂防渗综合施工技术，保证混凝土结构的施工质量。本工法依据国家现行混凝土结构设计、施工质量验收等技术规范，混凝土结构及材料理论，集团公司的最新试验研究和理论分析成果。

5. 设计及构造要求

5.1　后浇带、加强带

5.1.1　后浇带的分类

后浇带按作用分可分为三种：用于解决高层主体与低层裙房的差异沉降者，称为后浇沉降带；用于解决钢筋混凝土收缩变形者，称为后浇收缩带；用于解决混凝土温度应力者，称为后浇温度带。

5.1.2 设置及构造

1. 后浇带应设在受力和变形较小的部位，宽度宜为700～1000mm。后浇带的间距应根据结构级结构约束条件确定，宜为30～60m。后浇带的设置还应与施工段的划分相结合；在间距允许的情况下，应避免在主楼设置后浇带，以利于各工序的穿插和工程进展。

2. 后浇带可做成平缝和企口缝；后浇收缩带结构主筋可不断开，如必须断开时，主筋应采用焊接连接；沉降式后浇带结构主筋应断开，主筋应采用搭接，搭接长度不小于45d。后浇带部位钢筋应严格按照设计要求加设附加钢筋。

3. 底板后浇带可设计为下凹式，以减少清理后浇带的难度，避免该部位的渗漏。

4. 后浇带应采用补偿收缩式混凝土，其强度等级应比两侧混凝土强度提高一个等级。

5.1.3 浇筑时间

后浇带混凝土的浇筑时间应按照设计要求确定。如设计无要求时，收缩后浇带的混凝土一般在两侧混凝土浇筑42d后方可浇筑，沉降后浇带的混凝土应在相邻两侧的结构满足设计允许的沉降差异后方可浇筑。

5.1.4 膨胀加强带

1. 为使混凝土连续浇筑，也可选择膨胀加强带。膨胀加强带分为连续和间歇式2种，连续式加强带同其两侧的混凝土1次连续浇筑完成；间歇式加强带的混凝土应在其两侧混凝土浇筑完成14d后进行。

2. 膨胀加强带部位混凝土膨胀剂的掺量比其两侧混凝土的高，带内混凝土强度比两侧混凝土强度提高一个等级。加强带的间距应通过计算确定，宜在30～50m之间。

3. 加强带构造

膨胀加强带宽度一般为2m。连续式加强带两侧挂密目钢丝网，网孔直径≤10mm。加强带中钢筋配筋率宜提高10%～15%，伸入两侧混凝土各1m。施工时，先确定膨胀加强带的位置并挂上钢丝网，每隔200mm设置一根竖向ϕ16mm钢筋予以加固，其上下均应留出不小于3cm混凝土保护层，钢丝网应与上下层水平钢筋及竖向加固筋绑扎或焊接牢固，加强带构造如图5.1.4-1。

间歇式加强带构造与后浇带相似，其断面宜采用阶梯形，见图5.1.4-2。

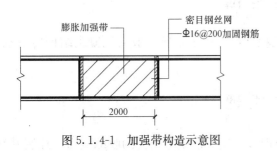

图5.1.4-1 加强带构造示意图

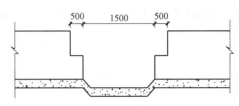

图5.1.4-2 间歇式加强带构造示意图

5.2 止水带

为减少底板部位后浇带清理的难度，保证混凝土的密实性，底板等水平结构的止水带宜优先选用缓胀型膨胀止水条；其他结构部位的施工缝，宜优先选用钢板止水带。

5.3 墙体水平分布筋

为了控制墙体结构因混凝土收缩而产生的裂缝，墙体水平分布筋除满足强度计算要求外，其配筋率不宜小于0.4%；水平钢筋直径不宜过大，间距不宜大于150mm；墙体中部水平钢筋间距宜适当加密，间距不宜大于100mm，即：水平筋应采用"细而密"的配筋原则。水平筋应设置于竖向钢筋的外侧。

5.4 混凝土强度等级

为了降低水泥用量，减少混凝土收缩，地下室底板混凝土强度等级不宜超过 C40，墙体混凝土强度等级不宜超过 C45。掺加粉煤灰的混凝土，在征得设计同意的情况下，其强度可按照 60d 龄期评定。

5.5 防水材料

地下工程防水材料主要采用卷材和涂料防水两大类。由于地下工程操作环境较差，因此应选择易于操作和对基层条件要求低的防水材料。

卷材防水层应采用高聚物改性沥青防水卷材和合成高分子防水卷材。目前使用效果较好的有 SBS 改性沥青防水卷材和 PVC 防水卷材。

涂料防水层应采用反应型、水乳型、聚合物水泥防水涂料或水泥基渗透结晶型防水涂料。目前应用效果较好的有聚氨酯防水涂料和水泥基渗透结晶型防水涂料。其中，水泥基渗透结晶型防水涂料是一种新型防水材料，它的最大特点是施工方便、快速，可大大缩短工期，但涂刷完毕后须加强养护。

5.6 滑动层和缓冲层

为了减少地基对底板的约束，从而减小混凝土底板内的收缩应力，可在地基与底板之间设置滑动层和缓冲层。

5.6.1 滑动层的做法：在防水层上满铺一层 10～20mm 厚的细砂作为滑动层，然后在滑动层上铺设一层油毡隔离层，最后浇筑细石混凝土保护层，具体做法如图 5.6.1。

5.6.2 缓冲层用于底板局部嵌入基底的部位，如：下返梁和集水坑的侧面部位，其做法为：在防水层和防水保护层之间加设 30～50mm 厚的沥青木丝板或聚苯乙烯泡沫塑料，以消除嵌固作用，释放约束应力，如图 5.6.2。

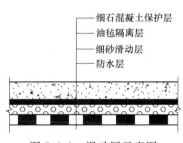

图 5.6.1 滑动层示意图

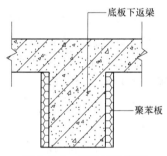

图 5.6.2 缓冲层示意图

5.7 外盲沟

为了降低地下室外侧的水位，以减少对混凝土结构的水压力，可在地下室底板的外侧设盲沟，并利用地势的走向和排水管道将水排出，其构造见图 5.7。也可采用盲沟结合集水井的方法，利用排水泵将水排出。

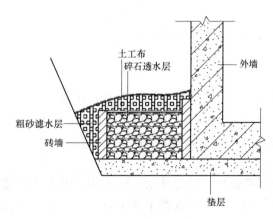

图 5.7 地下室底板外侧盲沟构造

6. 混凝土配合比的优化设计

为了控制地下室混凝土结构的有害裂缝，防止渗漏，应妥善选定组成材料和配合比，以使所制备的混凝土除符合设计和施工所要求的性能外，还应具有抵抗开裂所需要的功能。

6.1 优化混凝土配合比的原则

地下室混凝土的配合比除应按《普通混凝土配合比设计规程》JGJ 55—2000 的规定，根据要求的强度等级、抗渗等级、耐久性及工作性进行配合比设计外，其配置的混凝土还应符合下列规定。

6.1.1 干缩率

混凝土 90d 的干缩率宜小于 0.06%。

6.1.2 坍落度

在满足施工要求的条件下，尽量采用较小的混凝土坍落度；地下室混凝土的坍落度可控制在 140～160mm。

6.1.3 应尽量采用较小的水胶比

混凝土水胶比不宜大于 0.60；在满足工作性要求的前提下，应采用较小的砂率，砂率宜控制在 35%～45%。

6.1.4 水泥及矿物掺合料用量

在满足强度的情况下，尽量减少水泥用量，水泥用量不宜大于 350kg/m³；可掺加一定数量的矿物掺和料替代水泥，粉煤灰可替代水泥 10%～30%，矿渣粉不宜超过水泥用量的 50%。

6.1.5 用水量不宜大于 180kg/m³。

6.1.6 地下室底板、外墙、后浇带及加强带部位的混凝土应掺加膨胀剂配制成补偿收缩混凝土。为提高混凝土的抗裂性能，可掺加 0.7～0.9kg/m³ 的聚丙烯纤维。

6.2 原材料要求

6.2.1 水泥

宜用中、低水化热水泥，不应采用早强型水泥，如：硅酸盐水泥、普通硅酸盐水泥或矿渣硅酸盐水泥；对防裂抗渗要求较高的混凝土，所用水泥的铝酸三钙（C_3A）含量不宜大于 8%，使用使水泥的温度不宜超过 60℃；水泥的强度等级不应低于 32.5MPa。

6.2.2 骨料。防水混凝土所用的砂、石应符合下列规定：

1. 砂宜采用中砂，其要求要符合《普通混凝土用砂、石质量及检验方法标准》JGJ 52—2006 的规定。

2. 石子：选用级配良好的碎石，粒径在 5～31mm，含泥量小于 1%，并应符合《普通混凝土用砂、石质量及检验方法标准》JGJ 52—2006。

3. 为避免碱骨料反应，混凝土应采用非碱活性的骨料。每立方米防水混凝土中各类材料的总碱量不得大于 3kg。

6.2.3 矿物掺合料

为改善混凝土性能，减少水泥用量，降低水泥水化热，从而减少混凝土的收缩，可在混凝土中掺加 II 或 I 优质粉煤灰及磨细矿渣粉。所用矿物掺合料应分别符合《用于水泥和混凝土中的粉煤灰》GB 1596，《用于水泥和混凝土中的粒化高炉矿渣粉》GB/T 18046。

6.2.4 外加剂

为减少用水量和限制混凝上的膨胀，起到补偿收缩作用，可采用高效减水剂或膨胀剂。所用外加剂应分别符合《混凝土外加剂》GB 8076、《混凝土泵送剂》JC 473、《混凝土膨胀剂》JC4 76、《混凝土外加剂应用技术规范》GB 50119 等规定。

6.2.5 聚丙烯纤维

在混凝土内掺加聚丙烯纤维可以改善混凝土的性能，提高抗拉和韧性，并能有效地控制混凝土的非结构裂缝，是混凝土阻裂的重要措施。

7. 工艺流程及操作要点

7.1 工艺流程

定位放线→垫层混凝土浇筑→防水找平层施工→防水层施工→防水保护层施工→定位放线→底板钢筋绑扎→底板模板支设→底板混凝土浇筑→定位放线→内外墙、柱钢筋绑扎→内外墙、柱模板支设→内外墙、柱混凝土浇筑→顶板模板支设→顶板钢筋绑扎→顶板混凝土浇筑→外墙防水及防水保护层施工→室外回填土→后浇带清理及混凝土浇筑→渗漏水处理→室内土方回填

7.2 操作要点

7.2.1 钢筋工程

1. 钢筋接头形式

钢筋接头形式主要有：搭接、焊接、机械连接等，其中机械连接接头性能可靠，施工方便快捷，直径大于20mm的钢筋接头应选用机械连接，机械连接中宜优先选用剥肋直螺纹和镦粗直螺纹连接方式，不宜用搭接接头。

2. 钢筋保护层

地下室迎水面钢筋保护层为50mm，梁柱钢筋保护层为30mm，墙体钢筋保护层为15mm。墙体保护层垫块宜采用成品塑料垫块，布置间距不大于1m；底板宜采用新型水泥砂浆保护层垫块，见图7.2.1；上返梁模板支架处应增设保护层垫块。施工中应严格控制钢筋保护层厚度，尤其是迎水面钢筋保护层厚度，以保证混凝土自防水的质量。

3. 钢筋的绑扎

钢筋交叉点应全部绑扎，钢筋绑扣采用交叉扣，火烧丝尾部要弯入钢筋网以内，所有绑扎搭接处不得少于三个扣，且不得用斜扣，扎丝严禁与模板接触。

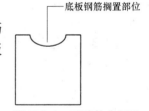

图7.2.1 圆柱体水泥砂浆保护层垫块

7.2.2 模板工程

1. 底板侧模

底板侧模一般应根据防水材料种类的不同来选择。

涂料类防水材料，一般采用木模板，不宜采用钢模板，见图7.2.2-1。

卷材类防水材料，应采用砖胎模，做法见图7.2.2-2。

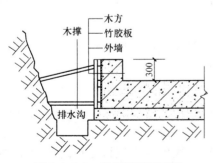

图7.2.2-1 底板侧模示意图

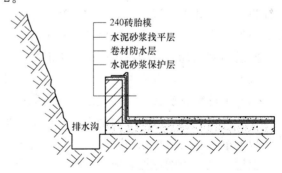

图7.2.2-2 底板侧模示意图（砖胎模）

2. 上返梁模板

为保证上返梁部位混凝土密实，可采用二次浇筑，即：先浇筑底板混凝土，待其终凝并达到一定强度后，再行支设上返梁模板，该方法模板支设较为简便。若采用底板与上返梁一起浇筑，则上返梁应采用吊模。

3. 外墙模板

(1) 外墙模板宜采用竹质胶合板，加固系统采用木方、钢管、对拉螺栓以及钢筋斜撑等。外墙模板及加固系统应通过计算确定具体尺寸。

(2) 对拉螺栓的设置应进行计算，间距不宜过密，以减少外墙渗漏的隐患。对拉螺栓中间设止水钢片，尺寸不应小于 80mm×80mm，厚度≥3mm，并应双面满焊。同时在墙体迎水面一侧加设橡胶堵头，在模板拆除之后取出，沿凹槽底部将螺栓割除，凹槽处采用防水砂浆分层抹实。墙体模板示意如图 7.2.2-3。墙体模板也可采用新型工具式对拉螺栓，即：预埋部分为一次性材料，紧固部分为可拆卸的周转工具。

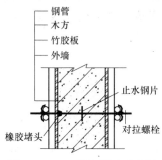

图 7.2.2-3　外墙模板示意图

(3) 外墙模板的拆除：为保证对拉螺栓与混凝土结合牢固，避免对拉螺栓部位形成渗漏通路。因此，外墙模板应待混凝土达到一定强度（约 3d）后，方可松动对拉螺栓。为保证墙体混凝土的养护，模板应 7d 后拆除。

4. 后浇带模板

(1) 底板后浇带模板。底板后浇带模板不应采用钢丝网加钢筋支撑的形式，宜采用木模板。模板支设在钢筋骨架内，其内侧按照止水条的尺寸用木条留出凹槽。

(2) 外墙后浇带模板。为提前回填地下室外墙土方，加快工程进度，可采用砖模将外墙后浇带封闭，也可采用钢板封闭后浇带。然后，在砖模外表面抹灰找平，并做防水层及砂浆保护层。

(3) 顶板后浇带早拆模板体系

为了使后浇带模板能与其他梁板模板同时拆除，以减少模板的占用量，提高材料的周转使用率，后浇带模板宜采用早拆模板体系。即：在后浇带位置的大梁下设早拆柱头，模板拆除后，仍保留支撑系统。

7.2.3　混凝土工程

1. 混凝土的浇筑

混凝土浇筑应按设计后浇带（加强带）的位置分区流水施工，各区段混凝土要求一次浇筑完成。

(1) 底板混凝土的浇筑

为提高混凝土的泵送效率，避免出现冷缝，底板混凝土浇筑宜采用"一个坡度、薄层浇筑、循序推进、一次到顶"的连续浇筑方法。浇筑时，混凝土自然流淌形成斜坡，在下层混凝土初凝之前浇筑上层混凝土，分层厚度宜控制在 500mm 内。每个浇筑带前后各布置两道振动器，第一道布置在混凝土的卸料点，保证上部混凝土的振实；第二道布置在混凝土的坡角处，保证下部混凝土的密实。为防止混凝土集中堆积，先振捣出料口的混凝土，形成自然流淌坡度，然后再全面振捣。

按已引测的标高控制点，严格控制混凝土顶面的标高和表面平整度。用刮尺将混凝土表面刮平后，再用长木抹子抹压；混凝土初凝前再进行二次抹压，以防止产生塑性裂缝。

(2) 上返梁及底板上返部位混凝土的浇筑

为保证上返部位混凝土的密实，上返梁宜采用先浇筑底板混凝土，再浇筑上返部位混凝土的方法；待底板混凝土稳定或接近初凝后，再浇筑上返部位的混凝土。

上返梁混凝土的振捣必须与浇筑密切配合，紧随浇筑顺序按梁截面的大小进行振点的布置和振捣，振动器以插入底板混凝土内 50mm 为宜；浇筑上返部位混凝土前，必须将底板与上返梁交界部位的混凝土振捣密；上返梁混凝土振捣后，不得再振捣其相邻筏板的混凝土，避免造成上返梁根部的吊脚（漏浆后的蜂窝露筋）现象；振捣上返梁混凝土时，从模板下口涌出的混凝土，不得立即清除，应待二次浇筑的混凝土稳定后，再清除该部位的混凝土。

(3) 墙体混凝土的浇筑

墙体混凝土浇灌前，应在新浇灌混凝土的结合处均匀浇灌 50mm 厚与墙体混凝土强度等级别相同的水泥砂浆或减半石子的混凝土。

混凝土应采取自由斜坡流淌，分层浇筑振捣的方法，每次浇筑高度不得超过 1m；混凝土下料点应分散布置，不得集中一处用振动棒引料流淌的下料方法。

浇筑墙体较大预留洞口时，洞口两侧混凝土的下料高度应基本一致，振捣棒应距洞口边 300mm 以上，宜从洞口两侧同时振捣，防止洞口模板因单侧受压而产生位移和变形；应在洞口下部的模板中留设振捣口，作为辅助振捣及回气孔，并可观察混凝土的浇筑高度。

浇筑时混凝土要充填到钢筋、埋设物周围及模板内各角落，要振捣密实，不得漏振，也不得过振。

当竖向构件与水平构件一起浇筑时，先浇筑墙、柱，待混凝土沉实后，再浇筑梁和楼板。

2. 大体积混凝土的温度监控措施

加强混凝土的测温工作，实行信息化管理，随时控制混凝土内的温度变化，并做好测温记录，以及时调整保温与养护措施，防止出现有害裂缝。混凝土中部与表面的温差及表面与环境的温差控制在 25℃之内。采用电阻测温仪测温，每一测点埋设上、中、下 3 个电阻。上表面测温点设在混凝土表面下 50～100mm，中部测温点设在混凝土的中间位置。测温点布置见图 7.2.3。

混凝土浇筑后 12h 开始测温，间隔 6h；48h 后，间隔 4h；96h 后间隔 6h；7d 后间隔 1d，14d 后测温结束。所有测点与墙体插筋绑在一起，并设置警示标识，安排专人看管，防止人为破坏。

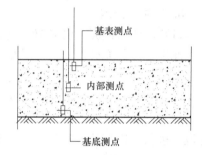

图 7.2.3　测温点示意图

3. 混凝土的养护

养护是防止混凝土产生裂缝的重要措施，必须充分重视，并制定养护方案，派专人负责养护工作。地下室工程混凝土多为掺加膨胀剂配制的补偿收缩混凝土，根据试验研究，现场养护条件下所产生的限制膨胀率为实验室所测标准试件限制膨胀率的 70％。因此，为了达到补偿收缩的效果，地下室工程的混凝土更要重视养护。

（1）混凝土浇筑完毕，在混凝土凝结后即须进行妥善的保温、保湿养护，尽量避免急剧干燥、温度急剧变化、振动及外力的扰动。对硅酸盐水泥、普通硅酸盐水泥或矿渣硅酸盐水泥拌制的混凝土，不得少于 7d；对掺用缓凝型外加剂或有抗渗要求的混凝土，不得少于 14d。

（2）底板及大体积混凝土的养护。可采用覆盖薄膜及麻袋或草帘的保温、保湿养护方法。当环境温度不低于 10℃时，也可在混凝土浇筑完毕，硬化后，采用蓄水 100mm 的养护方法。养护时间≥14d。大体积混凝土必须根据测温记录，采用保温、保湿养护，并及时调整保温及养护措施。为防止混凝土降温过快而引起开裂，应在混凝土内部温度降低并趋于稳定后，方可浇水养护。

（3）外墙混凝土的养护。拆模时间不宜过早（应带模 7d），可采用带模浇水养护。模板拆除之后，可在墙体顶部架设喷淋管（与墙体螺栓扎牢），持续浇水养护，养护时间不少于 14d。模板拆除后，也可在墙两侧覆挂麻袋或草帘等覆盖物，连续喷水养护。

（4）内墙及柱混凝土的养护。应采用覆盖薄膜保湿养护或浇水养护，也可涂刷优质养护液养护。

（5）楼板混凝土的养护。混凝土收浆或抹压后，采用塑料薄膜覆盖，防止表面水分蒸发，混凝土硬化至可以上人时，揭去薄膜，铺设草袋，浇水养护。

（6）冬期施工不能向裸露部位的混凝土直接浇水养护，应用塑料薄膜和保温材料进行保温、保湿养护。保温材料的厚度应经热工计算确定。

7.2.4　后浇带及加强带施工

1. 止水带

（1）钢板止水带

按照设计的位置安装钢板止水带，用间距 1m 左右的钢筋将止水带焊接固定在底板或墙体的钢筋上；焊接时，不得烧穿钢板；止水带之间采用双面搭接焊。

（2）缓胀型膨胀止水条

首先将施工缝凿毛，并清理干净。粘贴止水条时，粘贴界面应基本干燥，以不影响止水条的粘接定位为原则。将止水条嵌入预留槽内。通过隔离纸向止水条均匀施压，使止水条贴紧粘牢在基层上。将止水条搭接端部剪掉一小段，露出粘性端面，然后将两端面粘接压紧。竖向缝应每隔 0.5m 用钢钉固定。止水条与施工缝界面粘贴要紧密，不被浮渣等阻隔，沿施工缝粘贴止水条不得留断点。

止水条定位完毕后应及时浇筑混凝土，以避免被雨水或其他侵入水浸泡。混凝土振捣时应避免振捣棒触及止水条。

2. 底板后浇带的保护及清理

为减少后浇带内的杂物，底板后浇带留置期间，可采取一定的遮挡保护措施，见图 7.2.4。

为便于清理底板后浇带内的杂物及水，后浇带下部的凹槽沿长度方向应有 0.5% 的坡度，并可在后浇带的端部设集水坑，将后浇带内的水排向集水坑。

3. 混凝土浇筑

（1）后浇带混凝土浇筑前，应先清除垃圾，清理钢筋及松动的混凝土；将两侧混凝土界面凿毛，用水冲洗干净并充分湿润，然后在混凝土界面上涂刷界面处理剂或素水泥浆。

（2）加强混凝土振捣，以混凝土不泛浆、不出气泡为准，不得过振。

（3）加强对混凝土原材料和搅拌混凝土计量的管理，必须保证外加剂的掺量符合设计要求。

（4）混凝土浇筑完成，表面至少搓平 3 次，最后一次搓平压实应在混凝土接近初凝时进行，必要时也可进行二次振捣，以保证混凝土不引起沉缩裂缝。

（5）膨胀加强带混凝土的浇筑。混凝土浇筑从一边推进，浇至加强带时，采用大掺量膨胀剂的混凝土浇筑加强带；加强带内的混凝土不得同底板其他部位的混凝土混用。必须保证加强带及其两侧混凝土的浇筑均在初凝前完成，并应加强结合处混凝土的振捣。

（6）间歇式加强带混凝土的浇筑与后浇带混凝土的浇筑相同。

4. 养护

加强后浇带及膨胀加强带处混凝土的养护。最后一次抹压后，应立即覆盖塑料薄膜并加盖草袋进行保湿、保温养护，也可采用蓄水养护，养护时间不低于 15d。墙体加强带可采用带模浇水或覆膜、覆盖保湿养护。

8. 材料与设备

以青岛市中级法院综合楼工程为例（地下三层，地下室建筑面积 $18359m^2$），地下室施工阶段所需主要材料见表 8-1、表 8-2。

主要材料一览表 表 8-1

序　号	材料名称	单　位	数　量
1	商品混凝土	m³	20000
2	钢筋	t	3600
3	水泥	t	100
4	防水涂料	t	24
5	钢管	t	1200
6	竹胶板	m²	1500

表 8-2

主要机具设备一览表

序　号	机械/设备名称	型　号	数　量
1	输送泵三台	HBT60	3 台
2	混凝土布料机		1 台
3	混凝土罐车		20 辆
4	自升式塔吊	QTZ80F	1
5	钢筋切断机	GJ5-40	2
6	钢筋弯曲机	GC40	2
7	卷扬机	JJK-1A	1
8	闪光对焊机		1
9	电焊机	BX-400	4
10	圆盘锯	MJ104	1
11	混凝土振动器	ZX-100	8
12	灰浆搅拌机		2
13	直螺纹套丝机		4 台

9. 质 量 控 制

本工法主要执行的以下规范：

《建筑地基基础设计规范》（GB 50009—2002）；

《混凝土结构设计规范》（GB 50010—2002）；

《高层建筑箱形与筏板基础技术规范》（JGJ 6—99）；

《建筑地基基础工程施工质量验收规范》（GB 50202—2002）；

《地下工程防水技术规范》（GB 50108—2001）；

《地下防水工程质量验收规范》（GB 50208—2002）；

《混凝土结构工程施工质量验收规范》（GB 50204—2002）；

《混凝土泵送施工技术规程》（JGJ/T 10—95）；

《混凝土外加剂应用技术规范》（GB 50119—2003）；

《普通混凝土配合比设计规程》（JGJ 55—2000　JGJ 64—2000）；

《用于水泥和混凝土中的粉煤灰》（GB 1596）；

《用于水泥和混凝土中的粒化高炉矿渣粉》（GB/T 18046）。

10. 安 全 措 施

认真贯彻安全生产、预防为主的方针，符合规范有关安全要求，同时重点做好以下几方面工作：

10.1 楼板模板应按设计要求控制板面荷载，不得集中堆放脚手架杆、钢筋、混凝土、混凝土泵送管等材料和机具，防止施工荷载过于集中导致模板变形、失稳。

10.2 预防高空坠落事故，基坑周围应设置钢管护栏，并制红白相间油漆，以保证现场施工人员的安全。

10.3 加强基坑位移监测，坑内作业时随时注意边坡的变化，一旦发现裂缝且有发展趋势，应立即通知施工现场人员撤离至安全地带，并及时汇报。

10.4 对各种施工机具（塔吊、泵车、钢筋加工机械等）在使用前应由项目部专职安全员对操作员进行安全技术交底，并将使用注意事项制做标牌悬挂于操作现场。

10.5 加强现场临时用电管理，预防电气设备线路损坏伤人。

10.6 加强现场混凝土的泵送管理，泵管出料口和混凝土堵管拆接头时，操作人员头部、脸部不要正对该部位，以免突然喷出混凝土伤人。

11. 环 保 措 施

11.1 混凝土中掺加粉煤灰以代替部分水泥，做到废物的综合利用，减轻环境污染。

11.2 扬尘污染控制。采用商品混凝土以减少水泥、砂、石等造成的现场扬尘污染，使扬尘指标控制在规定范围内。

11.3 噪声污染控制。钢筋、模板加工区的布置避开生活及办公区，控制混凝土浇筑、钢筋加工等工序的场界噪声限值为：夜间 55dB、白天 75dB。混凝土振捣棒宜采用环保型低噪声产品或采取相应降噪措施，以避免对工人及周边环境造成噪声危害。

11.4 冲洗出场区的混凝土运输车，防止污染周边的市政道路。冲洗混凝土泵车、输送管等的污水应流入现场的明沟及沉淀池中。

11.5 规范场区管理。按照青岛市标准化工地的要求规范场区管理，使进入场区的材料、设备、拆除的周转材料等按照要求有序堆放。

12. 效 益 分 析

本工法已成功应用于包括 2008 奥帆赛基地、青岛中级法院综合楼、青岛市东部医院、青岛大剧院、流亭国际机场等 12 个重大项目中，累计应用面积达 32 万 m²，取得了明显的技术经济效果。

12.1 经济效益

应用本工法一方面可以控制地下室裂缝的产生，提高结构的耐久性，减少后期维护费用；另一方面由于采用优化后的混凝土配合比，可减少水泥用量，降低工程造价。根据测算，应用该工法每平方米可节约成本 47.6 元。以 2008 奥帆赛基地为例，采用本工法施工的地下室面积为 5 万 m²，新增产值达 7500 万元，实现利税 856 万元，节支总额 238 万元。

12.2 环保效益

应用本工法可以掺加 30% 左右的粉煤灰替代水泥，不仅减少了水泥用量，节约了资源；还解决了工业粉煤灰带来的大量环境污染，做到了废物的综合利用，环保效益显著，属于绿色施工技术。

12.3 社会效益

本工法可成功解决地下室的裂渗问题，已成功应用于 2008 奥帆基地等重大工程项目中，取得了明显的技术经济效果，对目前国内混凝土结构地下室抗裂、防渗的设计与施工具有很大的指导意义，可广泛应用于地下混凝土结构的设计与施工中。因此，本工法具有良好的经济社会效益，推广应用前景广阔。

13. 应 用 实 例

13.1 2008 奥帆赛基地陆域停船区地下工程

13.1.1 工程概况

该工程位于第 29 届奥运会青岛国际帆船中心基地内，为一层全地下框架结构，平面尺寸为 208m×72m 的长方形，采用交梁筏板基础，底板厚度为 500mm，外混凝土挡墙厚 300mm 和 250mm。本工程设计标高±0.000，相当于黄海高程 3.4m，工程埋深约 8m，其中工程西侧 10m 范围内即为原场区的块石抛填海岸线，本工程的开挖基坑直接和海水相通，工程约 5m 深度在海平面地下水位以下，海面高潮水位时约有 7m 在海平面水位以下。工程采用混凝土自防水和外卷材防水两道设防。地质勘察报告显示，本工程西侧临海部位部分基底下为碎石层、中粗砂或细砂层，中部及东侧基底下为风化花岗岩。地下室施工时间为 2005 年 9 月～2005 年 12 月。

13.1.2 施工情况

本工程为超长大面积地下工程，地下室混凝土结构的抗裂防渗控制是一项极为重要的工作，方案确定及施工过程中采用了多项抗裂防渗控制措施。工程防水采用两道设防，混凝土采用 S6 的抗渗等级，外卷材防水采用了 1.5mm 厚的 PVC 卷材防水，其中底板和顶板的卷材防水层和其油毡隔离层及其细石混凝土保护层之间设置了 5mm 厚粉砂滑动减阻层，有效地减少了地基对底板的约束，从而减小混凝土底板内的收缩应力，避免了因超长大面积混凝土结构混凝土自身的收缩所因约束所造成的应力集中，可有效降低混凝土因此可能出现的裂缝的可能性。

本工程底板面积较大，施工过程中设置了两道宽度为 3m 的贯通性间歇式膨胀带将地下室分隔为三个施工区段，每个施工区段的长度和宽度分别为 70m 左右，间歇式膨胀带在其两侧混凝土浇筑完后 10d 进行了浇筑，并用提高一级强度的掺加水泥用量 3% 的 FZ 系列抗裂膨胀剂的混凝土。同时，在由间歇式膨胀带所分隔的每个施工区段的中部设置了宽度为 3m 的非间歇式膨胀带，将每个施工区段分隔为约 35m 宽度的施工区段。非间歇式膨胀带混凝土标号同两侧的混凝土标号，但是其混凝土中掺加水泥用量 3% 的 FZ 系列抗裂膨胀剂及用于区分混凝土颜色的氧化铁红，以保证非间歇式膨胀带的混凝土和两侧的混凝土在浇筑过程中混淆从而影响抗裂防渗的效果。膨胀加强带的设置见图 13.1.2。

13.1.3 抗裂防渗结果评价

整个工程室外及顶板回填完毕后对抗裂防渗效果进行检查，通过以上多项措施的实施，效果显著。在工程靠近海边的一侧 208m 长的地下室外墙上总共发现裂缝 7 道，在背向海边的一侧 208m 长的地下室外墙上总共发现裂缝 6 道，通过专家现场查验，这些裂缝的宽度均在 0.2mm 以内，不需做处理，整个地下室无渗漏。

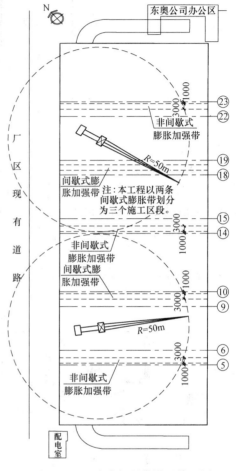

图 13.1.2　膨胀加强带设置分区图

13.2 青岛市中级人民法院综合楼

13.2.1 工程概况

该工程由地下 3 层和地上 25 层组成，建筑面积 59913m²。地下室南北长 107.4m，东西长 67.2m，基础为筏板基础，厚度不等，最大 4m，属于超长大体积钢筋混凝土结构。底板及外墙混凝土为 C40P8，外防水采用水泥基渗透结晶型防水涂料。整个地下室采用多条膨胀加强带划分为 6 个施工段，见图 13.2.1，地下室施工时间为 2004 年 3 月～2004 年 7 月。

13.2.2 施工情况

本工程为超长大面积地下工程，地下水位高，地下室混凝土结构的抗裂防渗控制是一项极为重要的工作，施工过程中采用了混凝土结构地下室抗裂防渗工法。通过大掺量粉煤灰、采用 JM-Ⅲ 复合型外加剂和掺加聚丙烯阻裂纤维配制的抗裂防渗高性能混凝土，改善了混凝土的各项性能，满足了超长大体积混凝土结构裂缝的控制要求。该工程地下室混凝土在浇筑后 3～4d 达到最高温度 65℃，两个温差

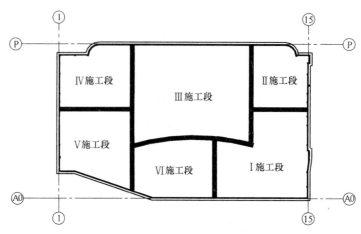

图 13.2.1　地下室结构施工区段划分图

均未超过 25℃。另外，该工程还采用了间歇式膨胀带技术。

13.2.3　抗裂防渗效果

整个工程室外及顶板回填完毕后对抗裂防渗效果进行检查，通过以上多项措施的实施，效果显著。地下室外墙上通过专家现场查验，个别裂缝的宽度均在 0.2mm 以内，不需做处理，整个地下室无渗漏。

13.3　青岛市东部医院

13.3.1　工程概况

该工程位于珠海路以南、东海路以北，青岛市市立医院东院区内，建筑面积 82220m²，地下室建筑面积 12000m²，地下室总长度 117.75m，宽 95.55m；地下一层（北侧及东侧局部地下二层），地下

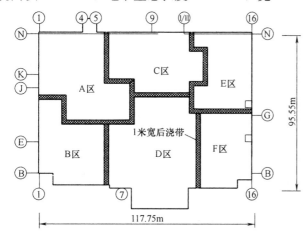

图 13.3.1　底板结构平面布置图

室层高 5.2m，埋深 6.6m。设计采用筏板基础，底板厚度 550mm，上返梁将柱基承台连接为一体，混凝土外墙厚度 350mm、400mm 不等，底板及外墙由纵横交错的三道 1m 宽后浇带分隔，最大板块尺寸达到 45m×60m，超过一般设计规范的 35～40m 的界限，底板结构平面如图 13.3.1。

13.3.2　施工情况

根据工程特点，采用混凝土结构抗裂防渗工法。墙体的水平钢筋调整为小直径，小间距的形式；在混凝土中掺加 PP 纤维、提高粉煤灰掺加比例、掺加高效减水剂等改善混凝土自身性能的措施；在底板下设置 2～3mm 厚细砂磨阻层，上铺油粘作为隔离层，减少整个混凝土底板的横向约束；详细技术交底并加强过程监督，确保混凝土浇筑连续性；严格施工顺序及振捣方式，底板混凝土均在初凝前进行二次抹压；对底板马凳钢筋、外墙模板对拉螺栓等易引起渗漏的环节均采用可靠措施处理；加强后期养护，底板采用保水覆盖养护，外墙带模养护，养护时间不少于 14d。

工程于 2003 年 4 月 1 日开工，2003 年 4 月 27 日浇筑第一块地下室底板，2003 年 6 月 30 日浇筑最后一块顶板，累计混凝土浇筑 15000m³。2003 年 9 月 20 日完成了地下室所有后浇筑带的施工，整个工程与 2006 年 8 月 30 日竣工。

13.3.3　工程监测及结果评价

工程竣工至今，整个地下室底板、外墙混凝土未发现明显裂纹，整个地下室结构也未发现任何渗漏现象，取得了预期的效果，受到各方好评。

"一明两暗"盆式开挖施工工法

YJGF092—2006

上海市第七建筑有限公司

王美华　梁其家　吴杏弟　于国光

1. 前　　言

　　"一明两暗"盆式开挖能有效控制基坑变形以及增加明挖土方工作量，加快施工进度，同时能取消基坑支撑拆除后产生的大量建筑垃圾，有效保护环境，节约资源。"一明两暗"盆式开挖综合考虑超大基坑立体施工交叉流水、"时空效应"、"分层、分块、平衡对称、限时支撑"的原则，能增加结构施工的速度，又保证了整个基坑的安全，保证施工过程中相邻原有建筑物、周边管线的安全，有效保护邻近地下建筑设施。"一明两暗"盆式开挖在上海南站北广场施工取得成功。

　　盆式开挖逆作法施工方法于 2005 年 10 月 14 日申请专利，申请号为 200510030565.5；大型交通枢纽上海南站工程施工技术研究于 2006 年 4 月获得 2005 年度建工集团的科技成果奖一等奖；大型交通枢纽上海南站工程施工技术研究获得上海市 2006 年度科技进步奖二等奖。

2. 工 法 特 点

　　2.1　缩短施工工期，利用地下室顶板可使建筑物上部结构的施工和地下基础结构施工平行立体作业，在建筑规模大、上下层次多时，大约可节省工时 1/3。

　　2.2　受力良好合理，围护结构变形量小，因而对邻近建筑的影响亦小。

　　2.3　施工可减少对环境影响。

　　2.4　一层结构平面可作为工作平台，不必另外架设开挖工作平台与内撑，这样大幅度削减了支撑和工作平台等大型临时设施，减少了施工费用。

　　2.5　由于开挖和施工的交错进行，逆作结构的自身荷载由立柱直接承担并传递至地基，减少了大开挖时卸载对持力层的影响，降低了基坑内地基回弹量。

　　2.6　采用"一明两暗"盆式开挖施工工艺，其地下主体结构不采用土代模（砖代模）形式，采用一般顺作工程模板支撑体系施工，对保证结构质量具有较大优势。

3. 适 用 范 围

　　本工法适用于城市建筑群密集，相邻地上、地下建筑物过近，必须保证邻近公共市政设施正常运行。地下水位过高和施工场地狭小的地方进行多层地上地下工程施工时，可根据现场情况与设计单位充分结合，选用此工法。

4. 工 艺 原 理

　　"一明两暗"盆式开挖是利用地下连续墙（兼围护挡土、挡水和支撑）及钢格构柱承重，以地下结构楼板为水平支撑；土方开挖为一明两暗施工方法，第一次采用盆式明挖土方，利用土方放坡控制变形，加快施工进度，随后进行模板支撑和钢筋绑扎，完成结构顶板施工，再利用结构顶板预留出土孔进行全机械盆式暗挖土方施工，依次完成地下多层结构楼板、底板施工。

5. 施工工艺流程及操作要点

5.1 施工工艺流程（图 5.1）

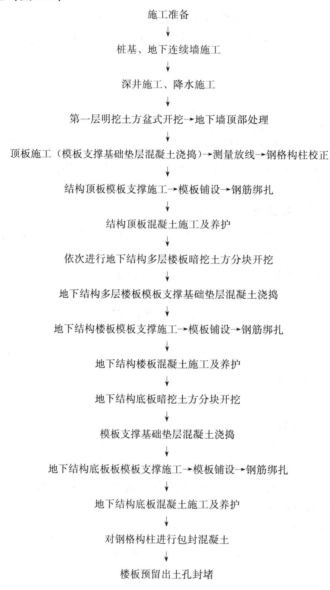

施工准备
↓
桩基、地下连续墙施工
↓
深井施工、降水施工
↓
第一层明挖土方盆式开挖→地下墙顶部处理
↓
顶板施工（模板支撑基础垫层混凝土浇捣）→测量放线→钢格构柱校正
↓
结构顶板模板支撑施工→模板铺设→钢筋绑扎
↓
结构顶板混凝土施工及养护
↓
依次进行地下结构多层楼板暗挖土方分块开挖
↓
地下结构多层楼板模板支撑基础垫层混凝土浇捣
↓
地下结构楼板模板支撑施工→模板铺设→钢筋绑扎
↓
地下结构楼板混凝土施工及养护
↓
地下结构底板暗挖土方分块开挖
↓
模板支撑基础垫层混凝土浇捣
↓
地下结构底板板模板支撑施工→模板铺设→钢筋绑扎
↓
地下结构底板混凝土施工及养护
↓
对钢格构柱进行包封混凝土
↓
楼板预留出土孔封堵

图 5.1 施工工艺流程

5.2 取土口的设置

采用主体结构与支护结构相结合的"一明两暗"全逆作法施工工艺，除顶板施工阶段采用明挖法以外，中板和底板的土方均采用暗挖法施工。为了提高土方开挖的工作效率，减少暗挖阶段土方的地下驳运量，在取土口的设置可采用大开口的设计。一般逆作法施工中，取土口大小为 $100～150m^2$ 左右，大开口取土口可根据基坑面积情况，控制在 $400～600m^2$ 左右，取土口之间的净距离控制在 $25～30m$ 以内。取土口的设置主要考虑以下几个原则：

1. 顶板出土孔大小满足结构受力要求，特别是在土压力作用下必须能够有效传递水平力。

2. 水平距离一是要满足挖土机最多二次翻土要求，避免多次翻土引起土体过分扰动；二是在暗挖阶段，尽量满足自然通风的要求。

3. 取土口留设时顶板与地下结构多层楼板相对应。

5.3 超大面积基坑施工块的划分

针对基坑面积超大的工程，根据"一明两暗"盆式开挖的特点，为有效控制基坑变形，基坑施工时采取划分施工块的方法。

由于顶板采取明挖法盆式开挖，挖土速度比较快，相对应的基坑暴露时间短，故第一层顶板的土层开挖分块面积可以较大，每块面积控制为 $6000m^2$。

以下各层结构楼板的土层开挖，由于挖土是在顶板下进行的，属于暗挖，速度比较慢，基坑的暴露时间比较长，因此以下各层结构楼板土方开挖分块面积控制在 $4000m^2$ 左右，这样可以缩短每块的结构施工时间，从而使连续墙的变形减小，中板施工原则上每一分块均有两个出土孔。

底板的土方开挖，由于此工况对基坑的安全影响最大，因此底板土方开挖采取中心岛开挖和周边预留边坡抽条开挖相结合的方式，在基坑底板中心区域适当分块外，还可以在连续墙边上留土坡后做，边坡留土平均大小为 $200m^2$ 左右的小块进行抽条分块开挖施工，这样既保证了中心岛区域结构施工的速度，又保证了整个基坑的安全。

超大工程施工块划分的原则是：按照"时空效应"，"分层、分块、平衡对称、限时支撑"的原则；综合考虑超大基坑立体施工交叉流水的要求；合理利用后浇带、变形缝及结构施工缝进行施工块划分的原则。

5.4 "一明两暗"盆式开挖施工方法

为控制基坑变形以及增加明挖工作量，土方采用盆式开挖的方式。

第一次土方明挖，开挖盆顶标高、盆底标高及盆边土体留坡根据设计工况确定，然后按1：2放坡，且为了减少基坑开挖对周边建筑物以及周边环境的影响，采取卸载开挖的方式。随后进行地下结构顶板施工。见图5.4-1。

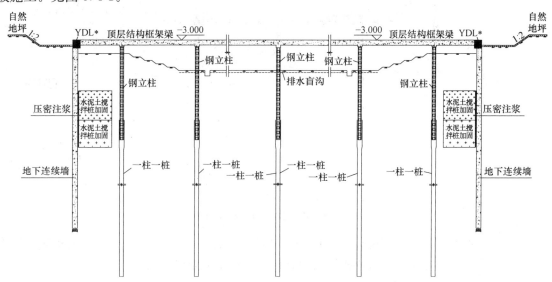

图 5.4-1 第一次土方开挖工况图

待地下结构顶板达到设计强度要求，第二次土方开挖由停在顶板上的抓斗挖机通过顶板预留洞口进行土方暗挖，挖出土方装车外运，第二次土方开挖盆顶标高、盆底标高及盆边土体留坡根据设计工况确定。见图5.4-2。

第三次土方开挖挖土方法同第二层土方，土方由停在顶板上的抓斗装车外运，由于第三次土方开挖为地下结构底板施工工况，此工况对基坑的安全影响最大，因此底板土方开挖采取中心岛开挖和周边预留边坡抽条开挖相结合的方式，基坑中部土方挖至基底，先完成中部基础底板混凝土浇捣。其余边坡留土部分待中间底板浇捣完毕且达到设计强度的 80% 后再抽条开挖至基底。见图5.4-3。

对于每一层面挖土方式，在开挖部位与未开挖部位之间留设临时边坡，原则是后一施工段土方开挖应在前一施工段结构施工时开始，以此形成交叉流水。

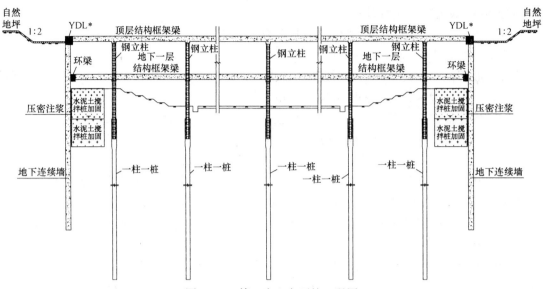

图 5.4-2　第二次土方开挖工况图

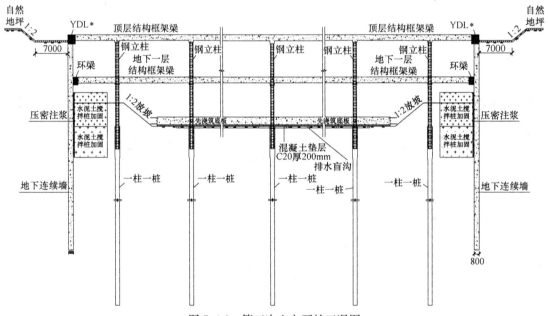

图 5.4-3　第三次土方开挖工况图

在顶板形成且混凝土强度达到设计标号后开始开挖顶板以下的土方，挖土采用大机坑上装车，小机入坑开挖，形成多条土方流水线，小机接力组合传递，将土运至出土洞口。

6. 材料与设备

6.1　反铲挖机、长臂反铲挖机、抓斗挖机。

6.2　土方运输车、路基箱。

7. 质量控制

7.1　控制一柱一桩的垂直度。

7.2　控制降水的效果。

7.3　控制基坑的变形。

7.4 控制周边建筑物的变形。

7.5 控制结构的施工质量。

8. 安 全 措 施

8.1 严格执行施工现场安全生产，以及高空作业的有关规定，在对施工班组进行操作交底时，必须同时进行安全交底并做好书面记录。

8.2 人工抨土，不准在机械回转半径下工作。前后操作人员间距应小于2～3m，推土要1m以外，并且高度不得超过1.5m。

8.3 基坑四周必须设置1.5m高的防护栏杆，要设置一定数量的钢梯作为施工人员上下通道。扶梯栏杆不得低于1.2m，设置后实行安全验收制度，并定期检查。

8.4 土方开挖时，挖土机械严禁碰撞钢立柱。

8.5 中楼板开始挖土时，在操作入坑前，派专人在通道口清点入坑人员数量，记录在册，交接班时也需清点操作人员数量，做好交接班记录。地下一层结构形成以后，将施工区域合理规划，在钢格构柱上做出明显标记，指示上下通道位置和当前所在位置。

8.6 由于逆作法施工，需解决通风和排废气的工作，以保证地下施工人员的身体健康，考虑设置排风机以增加通风和回风效果。

8.7 暗挖时，乙炔瓶与氧气瓶之间需保持5m以上的安全距离，由电焊工负责常检查乙炔和氧气瓶，以防漏气。乙炔和氧气瓶调换时应分别吊运，吊运时严禁抓斗吊。

8.8 严禁擅自拆除施工现场的脚手，安全防护设施和施工现场安全标志，如需拆除，须由项目负责人会同技术员商议后，并采取相应措施后方可由有关工种进行操作。

8.9 施工现场的电气设备设施必须制定有效的安全管理制度，现场电线，电气设备必须有专业电工经常检查整理，发现问题必须立即解决。夜班施工后，第二天必须整理和收集；凡是触及或接近带电体的地方，均应采取绝缘保护以及保持安全距离等措施。

8.10 施工现场使用的登高扶梯必须坚实稳固，不得缺层，梯阶的间距不能大于30cm，扶梯使用时在连接处要用金属卡或铁丝绑牢，人字梯中间需有拉结线，且梯子下脚应有防滑措施，倾斜的坡度以60°为宜，以满足挖土施工的要求。

8.11 现场的四临边、五临口不准堆放材料。

8.12 吊机施工过程中必须配备上下指挥，无指挥在场严禁起吊。

8.13 上、下联系的作业必须设指挥人员，规定专门的讯号，严格按指挥讯号进行作业。

8.14 遵守工程现场各项安全规章制度，所有安全措施与责任均须满足业主方和有关政府部门的要求。

8.15 电动工具、施工机械和设备的安装应严格遵守有关的规章制度确保安全。

9. 环 保 措 施

在施工时施工过程中，合理编制施工进度安排，采取合理的施工方案，性能良好的施工机械，减少和避免噪声、粉尘对环境及周边居民和团体的影响，设立投诉电话，倾听民众意见，及时改进施工方法。

定期打扫和喷洒工地道路及工地周边市政道路，工地门口安装冲洗设备，确保离开工地的车辆上不能有泥土、碎片等类似物体带到公共道路上。

10. 效 益 分 析

"一明两暗"盆式开挖工法由于地下一层采取明挖的施工工艺，与暗挖相比，增加了盆式明挖工作量，边坡采用放坡的方式，加快了施工进度，保证了基坑施工的安全，节约了成本。

另一方面，由于采用盆式开挖，逆作开挖、顺作进行结构排架支撑施工，确保了结构混凝土的施工质量。

邻近地上及地下建筑物及市政工程公共设施影响明显减少。周边环境和施工本身均安全，易于文明施工现场管理。

11. 工程实例

上海市第七建筑有限公司在上海南站北广场工程和中房置业办公楼工程施工中均采用本工法施工，取得了较好的效果。

上海铁路南站北广场工程位于新建上海铁路南站的北侧，北为沪闵路，南接主站房下沉式广场，东面与地铁 L1 线的预留车站和区间段接壤，西面为桂林路。北广场工程主要由地下车库、地下商场和地下通道组成。北广场工程为地下二层结构，基底标高为－14.600（相对标高），地下室顶板标高为－3.000，覆土厚度为1.5m，总建筑面积约为80000m²，占地面积约40000m²。从结构受力的考虑，主站屋北出站大厅与下沉式广场的沉降缝设在车道隔离带的中心部位，从该部位至北广场地下车库所围区域的面积为4067m²，地下车库与下沉式广场及与地下通道之间均采用沉降缝断开，断缝位置均有必要的防水措施。该工程占地面积大，南侧主站房正处同步施工阶段，同时保证北侧地铁一号线的正常运行和与在建的 R1 线和 L1 线同步施工。

采用"一明两暗"盆式开挖的施工工艺的上海铁路南站北广场工程从 2003 年 10 月 25 日开始进行第一块土方开挖，2003 年 1 月 18 日完成全部顶板施工。2004 年 8 月 25 日完成最后一块逆作底板的抽条混凝土施工，共计完成 50 万 m³ 土方开挖，10 万 m³ 混凝土浇筑。该工程通过底板抽条开挖代替钢支撑围护，节省型钢费用 301 万元；利用临时垫层碎混凝土充当下一层结构施工垫层，节省商品混凝土费用 37.5 万元；整个施工过程中无任何重大工程质量事故，完全保证了地铁一号线在施工期间的正常运行。

中房置业办公楼地下车库一期工程位于小木桥路以东，内环高架中山南路以南，占地约 1 万 m²，地下车库一期地下室基坑长约65m，宽约55m，基坑占地面积约为2875m²，地下室一层高为4m 和4.75m，地下室二层高为3.6m。

根据本工程周边环境的情况及业主施工进度的要求，本工程地下车库一期工程采用"一明两暗"盆式开挖施工工艺。本工程施工时，地下车库桩基及地下连续墙同步组织展开施工，随后按"一明两暗"盆式开挖施工工序由上至下进行土方开挖施工及相应梁板结构施工。

目前，本工程围护及桩基施工已全部完成，首层土方开挖（明挖）也全部完成。现正在积极准备首层顶板施工，周边环境的监测也在允许范围之内。本工程的施工进度，质量、安全也全部达到要求，得到业主等各方面的好评。

图 11-1 第一层土方开挖（明挖）

图 11-2　第二层土方开挖（暗挖）

图 11-3　第三层土方开挖（暗挖）

逆作法条件下的劲性钢柱施工工法

YJGF093—2006

上海市第二建筑有限公司

朱家平　谢凯　唐军　林文明　吴剑帅

1. 前　言

随着城市地下空间的开发应用，中心城区深基坑工程越来越多的采用逆作法进行施工；同时劲性钢结构混凝土柱的优势在高层建筑中的使用也越来越广泛。由此在逆作条件下的劲性钢柱分段预埋逆作施工工艺作为逆作法技术的延伸，在资源节约、操作便捷、调直精准等方面具有一定的优势。

2. 特　点

2.1　逆作条件下的劲性钢柱与混凝土柱受力转换点上移，在B0-B2板的永久结构柱内即完成劲性钢柱的锚固要求。

2.2　劲性钢柱能在仪器的监测下完成轴线与垂直偏差的校正，其精度分别可达到3mm和1/2000。

2.3　劲性柱分段自重大大降低，利用简便的工具配合人力即可完成推、拉、顶、升等动作，方便现场逆作条件下的施工。

3. 适用范围

本法适用在逆作法条件下采用劲性钢柱作为永久结构柱的地下构（建）筑物施工。

4. 工艺原理

通过自上而下随永久结构逆作施工劲性钢柱的工艺，利用预埋套管、定位钢板、螺栓紧固等方法将混凝土结构与钢结构有机结合。对逆作工艺带来的劲性钢柱与混凝土结构之间顶紧面可能产生的微小缝隙用流淌性强的高强材料补强与填实，保证结构受力。

5. 施工工艺流程及操作要点

5.1　工艺流程

上段钢柱就位→校正垂直度、轴线偏差、标高→B0板浇捣→B1板预埋定位钢板与螺栓套筒→B1板混凝土浇捣→下段钢柱就位→垂直度、标高复核调整→螺栓固定→点焊固定→焊接腹板侧边→焊接翼缘抗剪连接件→焊缝处理→焊接外观检验→超声波探伤检验→合格后交土建作业→钢柱底脚与混凝土缝隙灌浆→结构柱外包混凝土。

5.2　操作要点

5.2.1　技术准备

1. 劲性钢柱分段合理，分段不宜过多，长度不宜过长，便于工厂的加工、中途的运输以及现场的土建施工。

2. 到现场的劲性钢柱仔细核对设计图纸，尤其是下段劲性钢柱底脚钢板上预设孔洞的大小与轴线精度。

5.2.2　上段劲性钢柱埋设

1. 劲性钢柱所在的基础必须采取加固措施，所支设的模板支架必须满足劲性钢柱的荷载要求，确保其放置的稳定性。

2. 劲性钢柱的长度以超过板面与梁底 0.6m 为宜（参见图 5.2.2，上段劲性钢柱预埋）。

图 5.2.2　上段劲性钢柱预埋

3. 放置于模板上的劲性钢柱轴线位置与垂直度应基本准确，此时的偏差就不宜过大。

4. B0 板扎铁完毕后，复测劲性钢柱轴线位置与垂直度，达到设计要求后及时焊接钢限位。

5. 按 50% 交错的原则放置结构柱的主筋，为减少主筋下端的搭接长度，可采用钢筋接驳器。

6. 劲性钢柱部位的混凝土振捣应到位，尽量避免振捣棒直接接触劲性钢柱。

7. 机械布料应将混凝土倾斜至钢柱附近区域，而后由将混凝土人工运至劲性钢柱内，禁止混凝土直接倾倒在劲性钢柱上。

5.2.3　定位钢板埋设

1. B1 板混凝土施工时，在板面预埋柱底定位钢板，用于下段劲性钢柱定位及地脚螺栓固定（参见图 5.2.3-1，定位钢板示意图）。

2. 地脚螺栓锚于 B1-B2 层间柱内，锚固长度从 B1 板板面向下 1225mm，而且本工程为逆作法，铺设定位钢板时 B1-B2 层间柱子还未施工，在 B1 板地脚螺栓位置留孔埋设钢管（参见图 5.2.3-2，地脚螺栓示意图）。

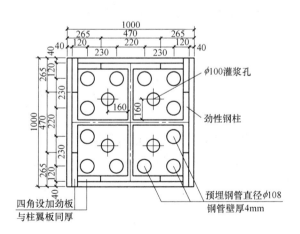

图 5.2.3-1　定位钢板示意图

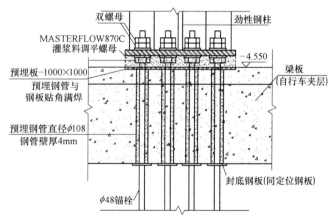

图 5.2.3-2　地脚螺栓示意图

3. 待下层结构开始施工时从下往上通过预埋钢管孔倒装地脚螺栓与劲性劲性钢柱连接。预留孔埋设钢管管径为 $\phi108$，壁厚 4mm（参见图 5.2.3-3，柱底螺栓孔）。

4. 地脚螺栓的套筒与定位钢板焊接固定。

5. 地脚螺栓的套筒上端封口，放置混凝土进入管内。

6. B1 板钢筋绑扎时同一层内结构柱三侧的主筋只允许一个接头，并 50% 错开连接，留一侧主筋不绑扎，在根部留钢筋接驳器（参见图 5.2.3-4，钢筋绑扎）。

5.2.4　下段劲性钢柱安装

1. B1 板混凝土强度达到设计强度要求后，方可开始下段劲性钢柱的安装。

图 5.2.3-3 柱底螺栓孔

图 5.2.3-4 钢筋绑扎

2. 利用塔吊进行垂直运输，以小型设备配合人力进行水平运输。

3. 在 B1 板处利用牵引设备（卷扬机）将劲性钢柱牵引到安装位置，卷扬机机座埋筋随 B1 板施工时种根牢靠。

4. 劲性钢柱水平移动时，除卷扬机水平牵引外，下部放置脚手钢管。

5. 牵引至安装位置，利用神仙葫芦将劲性钢柱慢慢扶直。

6. 用砂浆或垫铁制做标高控制块，先期安置于定位钢板上。

7. 复测劲性钢柱标高、水平度及垂直度，发现误差时利用小钢锲进行调整。

8. 轴线偏差与垂直偏差调整结束后，插入螺栓，临时固定下段进行钢柱。

5.2.5 安装控制

在影响型劲性钢柱安装精度的因素中，既有加工误差、仪器误差，也有吊装误差。为保证劲性钢柱安装准确，型劲性钢柱初步吊装就位后，需进行反复检测，纠正其安装误差，施焊过程中若发现焊接变形影响垂直精度，应及时调整。

1. 标高控制

根据设计要求，确定拟安装劲性钢柱标高，误差控制在±3mm 以内，测定以安装型劲性钢柱标高及偏差，根据拟安装劲性钢柱长度来进行标高调整柱头间出现缝隙，用钢垫片调整。

2. 垂直度，偏扭控制

在型劲性钢柱相互垂直两翼缘板划出柱身中心线，根据楼层轴线，用两台经纬仪从不同方面进行观测，控制其垂直及偏扭，同时测量已安装型劲性钢柱的垂偏直，进行适当调整，稍微预留倾斜量，在安装焊接过程中依靠变形将其抵消。

3. 复核型劲性钢柱安装精度直接牵扯到框架梁施工，必须严格控制，逐层复核调整防止误差积累。

4. 为消除仪器和操作等因素造成的误差，应依次把经纬仪旋转 90°，并在靶标上测出四个光点，连接四点得出它的交点，该交点即为消除误差后得测点，把经纬仪光束调整到消除误差得测点位置。

5.2.6 焊接控制

型劲性钢柱对接焊缝施工，是型劲性钢柱安装的关键工序之一，直接关系到结构安全，且由于所有焊缝均为立焊，焊接难度较大，采用手工电弧焊。

1. 上、下两段钢柱间的连接按照设计和规范要求均需采用焊接。Q345 钢材间的手工焊采用 E50 型焊条，自动和半自动埋弧焊采用 H08Mn，H08MnA 型焊丝配合高锰型焊剂；Q235 和 Q345 钢材间的手工焊采用 E43 型焊条；

2. 型劲性钢柱安装调整就位，先安装联结板，校核调整后，采用点焊固定，所用焊接材料型号与正式焊接材料相同。

3. 预先在型钢上放大样，画线操作，采用气割坡口，柱翼缘及腹板焊接完成后，将耳板用火焰割除。

4. 采取两个焊工同时对称、分段、反向施焊的工艺，并保证焊接参数、焊接速度一致，严格控制焊道平直，分层连续施焊，保证焊缝质量。每层焊道焊完后及时清理，如发现有影响焊接质量的缺陷，必须清除后再焊。

5. 施焊时在焊接处设立挡板，以消除施焊中热影响产生较大的焊段残余变形而导致垂直度发生偏差。

6. 所有焊条焊丝、焊剂必须有合格证。焊条进场应严格把关，杜绝使用劣质产品。焊条使用前进行烘培1h以上，以免焊条受潮、药皮剥落、钢芯偏心。

7. 所有焊缝表面不得有裂缝、焊瘤夹渣、弧坑裂纹、电弧擦伤等缺陷。焊缝外形要求均匀，成型较好，焊件与焊件、焊件与基础金属之间过渡平滑。

8. 所有焊接透焊缝两端必须加引落弧板。

9. 对焊时采用两个焊工双面同时对称施焊工艺，做到焊接速度一致，焊接参数相同，保证焊缝表面质量。焊透焊缝背面气泡清除，保证焊透。

10. 焊接完毕后，打磨焊缝质量，作焊缝探伤试验。

11. 空气湿度大及阴雨天停止焊接施工。

5.2.7 钢、混凝土缝隙连接

劲性钢柱与永久结构采用高强材料进行连接的，通过劲性柱底板上的浇灌孔对劲性钢柱与混凝土结构的缝隙进行灌浆处理（参见图5.2.7，灌浆处理）。

1. 混凝土表面应清理干净，不得有浮浆、浮灰、油污、脱模剂等杂物，松动部位应剔除至实处，并用界面剂进行拉毛处理。

2. 按设计要求配制箍筋。

3. 钢柱焊接和固定完成后，利用吸尘器和水冲的方式将柱座与B1板间空隙内的垃圾清理干净，在空隙四周设置模板支撑。模板应支设严密，达到不漏水的程度。灌浆中如出现跑浆现象，应及时处理。

4. 灌浆前24h浇水，充分湿润混凝土表面，灌浆前1h吸干积水。

5. 严格按使用说明书规定的比例配胶，搅拌均匀，一般在40～60min时间内使用完毕。如气温较低，

图5.2.7 灌浆处理

胶液黏度太大，可采用水浴将胶适当升温使其黏度降低。同样，当气温较低时，孔壁和钢筋可在栽筋前用热空气适当加热。水平孔堵孔用胶应有较高的稠度，可在已配好的胶中加入适量水泥或其他规定填料（按使用要求配料）。

6. 通过柱底座钢板上预留的灌浆孔向空隙内灌浆，灌浆必须连续进行，不能间断，并应尽可能缩短灌浆时灌浆料间。应当从一侧灌浆，至另一侧溢出为止，不得从四周同时进行灌浆，以防止由于窝往空气而产生空洞。

7. 灌浆完毕后，应立即覆盖塑料薄膜并加盖湿草袋，或者喷洒混凝土养护剂。

8. 如有要剔除部分，可在灌浆完毕2～4h左右即灌浆层硬化前，用抹刀或铁铲等工具轻轻铲除。脱模前避免未结硬的灌浆层受到振动影响。

9. 灌浆同时按要求制做试块作抗压强度试验。

6. 材料和施工设备

本工法使用的材料无需特别说明，为一般工程材料。

工法使用以下设备，见表6。

机具设备表

表6

序　号	名　　称	规　格	用　　途	备　　注
01	汽车吊	25t	钢柱卸货、吊装	运输设备
02	塔吊	QTZ	钢柱卸货、吊装	
03	神仙葫芦	5t	水平、垂直调运	
04	卷扬机	5t	水平调运	
05	千斤顶	10t	固定	
06	钢丝绳	10,20m	调运钢柱	
07	经纬仪	J2	测量垂直度	测量检测设备
08	水准仪	DSZ2	测量水平	
09	超声波探伤仪器		测量焊缝	
10	直流电焊机	BX-400	钢柱现场连接	焊接设备
11	氧气乙炔		临时修改	
12	干燥箱	630型	焊条干燥	
13	保险带		钢柱高空安装	安全设施
14	拆卸式升降台		钢柱高空安装	

7. 质 量 控 制

7.1　本工法执行的法规

本工法施工时，执行以下规范标准，见表7.1。

技术规范表

表7.1

序　号	技 术 规 范	编　　号
1	工程测量规范	GB 50026—93
2	建筑地面工程施工质量验收规范	GB 50209—2002
3	高层建筑混凝土结构技术规程	JGJ 3—2002
4	混凝土结构工程施工质量验收规范	GB 50204—2002
5	钢结构制做工艺规程	DBJ 08—216—95
6	型钢结构制做及安装验收规程	DG/TJ 08—010—2001
7	钢结构工程施工质量验收规范	GB 50205—2002
8	钢结构工程质量检验评定标准	GB 50221—95
9	碳钢焊条	GB 5117
10	低合金焊条	GB 5118
11	熔化焊用钢丝	GB/T 14957
12	建筑钢结构焊接技术规程	JGJ 81—2002
13	焊接H型钢	YB 3301—92
14	钢焊缝手工超声波探伤方法和探伤结果分级	GB 6479—89

7.2　质量控制内容

本工法施工质量控制点按表7.2设置。

质量控制点表　　　　　　　　　　　　　　　表 7.2

	项　目	质 量 标 准	检 验 方 法
1	钢柱	应符合设计要求和《验评标准》规定。运输、堆放和吊装等造成的钢柱变形和涂层脱落,应矫正和修补	观察或用拉线、钢尺检查,检查钢柱出厂合格证
2	基础	定位轴线、标高、地脚螺栓、混凝土强度,应符合设计要求和国家现行标准的规定	检查复测记录和混凝土试块强度试验报告
3	垫板	规格正确、位置准确,与柱底面一基础接触紧贴平稳,焊接牢固;坐浆垫板的砂浆强度应符合国家现行标准规定	观察和用小锤敲击检查,检查砂浆试块强度试验报告
4	外观质量	合格:表面干净,结构主要表面无焊疤、泥沙等污垢 优良:表面干净,无焊疤、泥沙等污垢	观察检查
5	钢柱的顶紧面	合格:顶紧接触面不应少于 70% 紧贴,且边缘最大间隙不应大于 0.8mm 优良:顶紧接触面不应少于 75% 紧贴,且边缘最大间隙不应大于 0.8mm	用钢尺和 0.3 和 0.8 厚的塞尺检查
6	焊接	焊缝表面不得有裂纹、焊瘤等缺陷;焊缝不得有表面气孔、夹渣、弧坑裂纹、电弧擦伤等缺陷	超声波探伤仪器

8. 安 全 措 施

8.1 进入现场施工的人员必须进行严格的安全教育。为防止高空坠落,操作人员在进行高处作业时,正确使用安全带,要求使用时高挂低用。

8.2 起重人员坚持"十不吊"原则,在柱的驳运起吊至下降时所有柱应事先系好围绳以防同其他物相碰。施工人员应集中精力听从指挥人员的指令,严防误操作,起吊运输必须在安全通道内。

8.3 柱起吊前需拉好围绳,防止柱空中旋转,工程中部分劲性钢柱设三个吊点,防止柱发生旋转、变型。

8.4 需要使用撬棒矫正柱位置,必须在撬棒上设置可靠连接点与结构固定,防止滑脱。高处操作人员的工具及安装用的零部件,放入随身佩带的工具袋内,防止坠落。

8.5 焊接人员坚持"十不烧"原则,电焊机外壳必须可靠接地,不得多台焊机串连接地,施焊工作平台也应可靠接地,以防触电。

8.6 焊接电缆线应经常检查,防止绝缘皮破坏,影响施工,避免漏电,施焊区域要有隔离措施,防止弧光刺眼。

8.7 各作业面施工做好落手清,钢结构组合场地面无电焊条及焊条头。现场使用氧、乙炔瓶要符合安全距离标准。

9. 效 益 分 析

9.1 通过上移受力结构点有效减少劲性钢柱的长度,节省了用钢量。

9.2 劲性钢柱合理分段,重量降低,简化了运输和吊装等工作。

9.3 逆作施工劲性钢柱不占用总工期,可视工程进度,逐个安排施工。

9.4 节省了 B0 板位置的一道钢支撑。

9.5 采用钢柱分段预埋节点处理解决柱连接精确定位问题,节省了因校正定位所采取的措施费用。

10. 环 境 保 护

10.1 劲性钢柱焊接在相对封闭的环境中进行，有效地改善周边空气质量。

10.2 减少劲性钢柱长度节省了大量的钢材，达到资源节约的效果。

11. 工 程 实 例

廖创兴金融大厦位于上海市黄浦区南京西路与新昌路交叉口。基地占地面积约 5151m²，五层地下室，基坑挖深度为 22.4m，局部深坑挖深达 28.4m。上部三层裙房，主楼三十四层，建筑总高度 161.5m，为一类超高层建筑。工程结构为现浇钢筋混凝土框架、劲性钢结构及混凝土楼板结构。其中内核心筒为混凝土筒体，外框架梁为劲性钢柱混凝土梁。上部钢结构与下部混凝土结构以 16 根劲性钢柱作为连接的主要受力柱，采用劲性钢柱随结构层逆作的施工工艺。

劲性钢柱的分段逆作施工，便于控制首层挖土深度，减小因挖土过深对基坑周边围护及临近建筑物、管线、地铁等环境的影响。根据监测数据，各监测点的数据均小于预定报警值。同时劲性钢柱施工不占用总工期，使得地下室提前完成，从而有力的保证了整体工期实施。该工法具有：定位精确、操作便捷、结构完整、质量可靠、降低成本等方面的优点。

廖创兴金融大厦劲性钢柱分段预埋逆作施工工艺已通过上海市科学技术委员会鉴定，且经过中华人民共和国技术部的科技成果登记和查新。查新结果表明：超深地下五层劲性钢柱逆作法，较之于现有国内外同类工程实践具有新颖性；该研究成果有广泛的应用前景，其经济效益和社会效益明显，成果总体上达到国际先进水平。

廖创兴金融大厦劲性钢柱分段预埋逆作施工工艺已获得实用新型专利。

建筑工程地下室钢结构逆作法施工工法

YJGF094—2006

广东省第一建筑工程有限公司

陈守辉　丘秉达　何亚瑞　叶昕亮　姚晋华

1. 前　言

随着国民经济的增长，城市土地资源紧缺，高层建筑及其地下室进一步分别向高、深发展，深基坑开挖工程日渐增多，地下室逆作法施工技术因具有安全度高及节省工期两大优点而得到较广泛的应用及良好的发展。但是目前传统的逆作法存在技术集成复杂、施工节点处理困难、地下室施工有障碍及造价偏高的缺点，而目前国内亦缺乏对地下室逆作法技术具指导性及可操作性的规范文件，设计及施工往往因考虑不周而遗留很多工程隐患和造成不必要的浪费，施工工期和投资成本的节约规模还不是很明显，不少投资方还是难以接受。

本工法采用二层作逆作基准层＋柱支式地下连续墙＋喷锚支护＋钢管混凝土柱＋人工挖孔桩＋钢-混凝土组合楼盖的地下室逆作法集成新技术，是针对老城区繁华的商业地段、施工场地狭窄、工程地质复杂、周边环境复杂、工程形象进度紧等项目特点和难点，在解决基坑安全与工程进度的基础上，满足发展商对工程早日投入使用，发挥商业价值的需要而提出的。

该工法灵活地集成运用各种基坑支护技术及结构施工技术，由工序的单一施工技术改革为多技术、多路径、多工序可循环的集成技术。同时设计与施工、监测单位联合运用先进的计算手段和施工、监测技术，使该逆作法集成新技术更具适应性并实现业主的最大效益目标。

2. 工法特点

"建筑工程地下室钢结构逆作法施工工法"是一项由多种施工技术所组成的综合技术应用，采用二层作逆作基准层＋柱支式地下连续墙＋喷锚支护＋钢管混凝土柱＋人工挖孔桩＋钢-混凝土组合楼盖的逆作法新技术，先施工地下室竖向钢结构体系，待二层结构楼板完成后，在实现土方开挖机械化的同时，达到上下同步施工的施工技术。如图2，地下室逆作法施工剖面图。

本工法主要创新点为：

2.1　基坑围护结构采用深浅槽段相间布置的柱支式地下连续墙与喷锚网相结合的施工方案。柱支式地下连续墙在土质好的地层嵌入强风化岩层内，称之浅槽段，下部改用喷锚网支护。浅槽段用于挡水、挡土，覆盖全部不良土体。为支撑起连续墙体，每间隔18m跨度设置一片嵌入底板以下微风化或中风化岩层，称之深槽段。深槽段除挡土、挡水外，还作为浅槽段的支座，为地下连续墙主体的

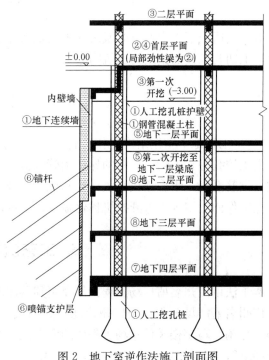

图2　地下室逆作法施工剖面图

柱式支承。浅槽段与内壁墙结合成为连续深梁，再由垂直方向的梁柱和锚杆支撑，构成稳定的空间支撑体系。如图2.1。

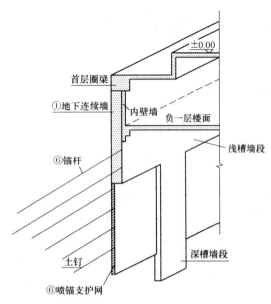

图 2.1　柱支式地下连续墙构造

该支护结构，既起着挡土、防渗、抗浮的作用，又作为建筑物承重结构，节省了连续墙嵌入岩层段的工程量，大大降低深基坑造价。而穿越透水层的地下连续墙体完成后，可为经济适用的人工挖孔工程桩施工提供条件。

2.2　地下室楼板结构采用钢梁与压型钢板相结合，通过构造加强的 H 型钢梁组合楼板形成强大的内支撑体系，同时避免了大量模板、高支模的安装、拆除，加快地下室施工进度。

2.3　柱、剪力墙等竖向结构的圆形钢管混凝土柱、异形钢管混凝土柱和钢构架柱，尤其是核心筒采用带约束拉杆的钢构架柱，采用首层以下墙、柱等竖向构件在挖孔桩内一次性安装方法，在基坑内土方未完全开挖的情况下施工结构柱网，有效地解决结构竖向荷载的传递。钢结构施工节点处理简单，整体吊装施工速度快，而且避免了先开挖核心筒土方再向上逐层施工核心筒结构的各种弊端。

2.4　根据主体结构采用钢结构及压型钢板的特点，确定了钢柱吊装完成后先施工二层钢结构并以二层为基准层向上向下同时施工的逆作法施工方案，既满足第一层土方开挖工作面高度的要求，又满足工程形象进度要求。

2.5　－9.0m 以下土方采用分层连续开挖，实现土方开挖全机械化施工，保证了土方开挖的效率，为工期的缩短提供有力的保证。

2.6　基坑降水采用人工挖孔桩内的钢构架柱外设置降水井，不另设降水井，降低工程造价。

3. 适 用 范 围

本工法适用于大中城市旧城区施工场地狭窄、工程地质情况复杂、基坑开挖深度大、地下室工程量大且工期要求紧的钢结构建筑物施工。

4. 工 艺 原 理

"建筑工程地下室钢结构逆作法施工工法"是以柱支式地下连续墙＋喷锚＋内支撑为基坑支护结构，人工挖孔桩和带约束拉杆的异型钢管混凝土柱作为竖向承重结构，H 型钢梁和以压型钢板为模板的钢—钢筋混凝土组合楼板系统作为基坑的内支撑结构，完成二层楼板后，按每两个结构层为一个土方开挖工作面，实现土方开挖机械化施工，实现地上地下结构同步施工。

5. 工艺流程及操作要点

本工法以广州名盛广场工程为例介绍其具体施工方法及应用效果。

广州名盛广场工程位于广州市北京路与文明路交汇处东北侧，是集商场、儿童娱乐、美食中心、酒楼、休闲、写字楼及停车场于一体的多功能商业综合楼。工程总建筑面积约为 14 万 m²，占地面积约为 9000m²，两道伸缩缝将平面分成 A、B、C 三个区，地面以上塔楼为 32 层，建筑物总高度为 163m，裙房为8层，地下四层（局部有夹层），基坑开挖深度为—20.4m。该工程位于闹市区，具有施工场地狭窄、工程地质情况复杂，紧邻密集的民居与学校，工程量大且工期要求紧等特点。

5.1 工艺流程（图5.1）

5.2 操作要点

5.2.1 柱支式地下连续墙的施工

地下室采用深浅槽段相间布置、地下连续墙与喷锚网相结合的围护结构方案。地下连续墙深槽段约占25%，在每两轴间约18m跨度设置一段由底板起进入微风化岩3m或中风化岩4.5m，墙底标高—24.9m；浅槽段约占75%，嵌入强风化岩层内，墙底标高—13.4m，以下采用喷锚网支护。该支护结构，既起着挡土、防渗、抗浮的作用，又作为建筑物承重结构，节省了连续墙嵌入岩层段的工程量，大大降低深基坑造价。而穿越透水层的地下连续墙体完成后，可为人工挖孔工程桩施工提供条件。

5.2.2 圆形及带约束拉杆的异型钢管混凝土柱（墙）施工

（1）基础工程桩采用圆型和椭圆型人工挖孔桩，桩径为1.4～5.5m，便于首层以下部分圆形和异型钢管混凝土柱和钢构架柱的吊装及施工。桩芯预埋卡销式钢管柱底座定位器。

（2）对于超长、超大、超重的钢管混凝土及带约束拉杆钢管混凝土柱（墙）加工时一次成型，采用多台汽车吊抬吊滑移吊装法吊装放入桩孔，套于定位器上进行固定，然后在钢管柱内浇筑C70和C80高强高性能混凝土，浇筑钢管柱混凝土时用导管法施工并用高频振捣密实。

（3）孔壁和钢管外壁之间的空隙中按设计要求填砂并振实以固定竖向构件，减少构件的长细比增加其稳定性。

（4）钢结构施工节点处理简单，整体吊装施工速度快。

如图5.2.2-1～图5.2.2-4所示。

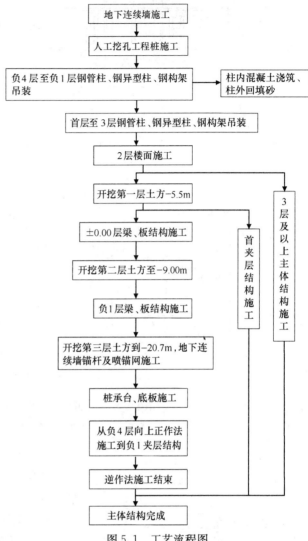

图5.1 工艺流程图

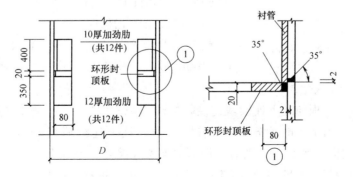

图5.2.2-1 柱子节点示意图

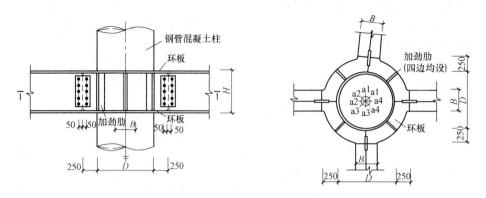

图 5.2.2-2　梁柱接头节点示意图

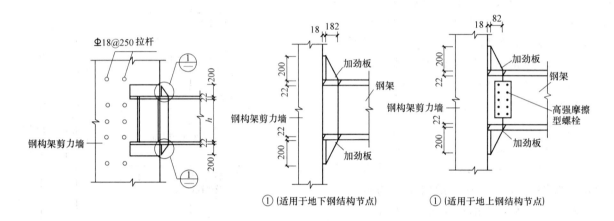

图 5.2.2-3　异形柱、构架剪力墙与梁的节点示意图

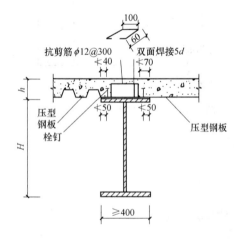

图 5.2.2-4　梁与板的节点连接示意图

5.2.3　钢—混凝土组合楼板施工

（1）钢梁吊装施工

钢梁吊装顺序由柱顶往下，先主梁后次梁，利用汽车吊逐层吊装。吊装过程用激光经纬仪进行定位监控。钢梁通过摩擦型高强螺栓与柱牛腿连接。

（2）压型钢板的施工

采用压型钢板为永久性模板，避免搭设大量的超高支模体系，加快地下室土方开挖进度及地下室结构的施工进度。压型钢板通过栓钉焊接与楼面结构钢梁有效地共同受力工作，实现钢结构梁与钢筋混凝土翼板的剪力传递。

（3）楼板混凝土施工

楼板混凝土采用泵送浇筑。混凝土坍落度一般控制在 140～160mm 左右，浇筑过程中应配合使用插入式和平板式振动器，确保混凝土的浇筑质量。

（4）在地下室楼面梁、板与地下连续墙连接，均改为采用混凝土梁、板结构，避免了钢梁和压型楼板伸入连续墙时切断墙的竖向钢筋，并且可以保证与地下连续墙很好地结合，其构造大样见图 5.2.3-1～图 5.2.3-3。地下连续墙须在所有与楼面框架梁连接处，预埋 PVC 管，以便后工序凿开与框架梁连接，改变以往使用梁盒预埋件的老方法，节省了大量的钢材、简化了工序。预埋件与钢筋笼固定牢固其构造大样见图 5.2.3-4、图 5.2.3-5。

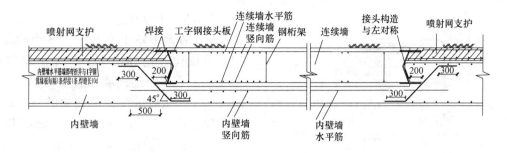

图 5.2.3-1 嵌岩连续墙与内壁墙连接平面示意图

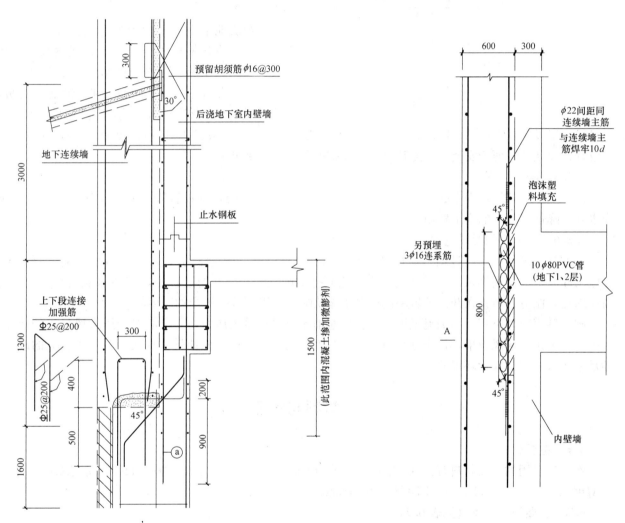

图 5.2.3-2 连续墙与下段内壁墙连接大样

图 5.2.3-3 连续墙预埋 PVC 管剖面大样

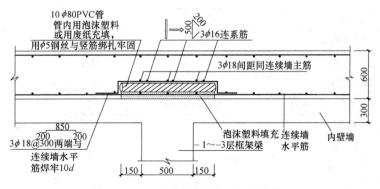

图 5.2.3-4 连续墙预埋 PVC 管大样

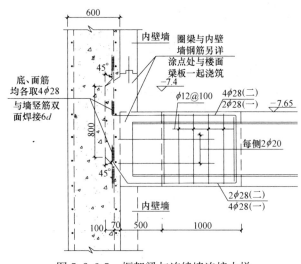

图 5.2.3-5　框架梁与连续墙连接大样

5.2.4　土方开挖

该工程地下室土方开挖按 3 个阶段进行，采用全机械化开挖和出土。首先由原地面开挖至 −5.5m，在地下连续墙周边预留宽 3m，高 2.5m 的反压土，然后进行首层楼盖的施工；在首层楼盖完成后由 −5.5m 开挖至 −9.0m，随即进行地下一层楼盖施工，完成后由 −9.0m 开挖至 −20.7m 的底板处，并以 −14.0m 为界分上下两层先后开挖。

在解决地下室大量的土方运输方面，该工程在地下室垂直运输出土处安装垂直运输系统，在 ±0.00 层用龙门吊吊挂特制的吊土桶，用于吊土外运。取下吊土桶后，可用吊钩运钢筋、模板、钢构件进入地下室。考虑到地下室出土量大，出土口的位置设置在首层 A、B 区交界处和 B、C 区交界处两个，在预留孔洞的四周预留钢筋，并在相应的位置预埋铁件，便于安装吊土提升架，工程结束前才能封闭出土口。

5.2.5　降水工程

地下室土方开挖过程中的降水采用在人工挖孔桩内的钢构架柱外设置降水井的方法，不需要另设降水井，降低了相关的施工费用。

5.2.6　地下空间通风技术

土方开挖过程中，通过结构通风井并利用鼓风机、送风管从地面引入新风，向结构施工面送风；在施工面的上部安装排风机，通过预留孔向地面排出废气。岩层开挖过程中，安装由地面至开挖层的高压水枪，派专人对正在开挖的岩层进行水压雾状喷射，以便减少粉尘的产生。

利用隧道或地下室专用轴流风机，克服普通轴流风机风量大压力小，离心机余压大风量小的缺点，大大提高了排气通风效果，且充分利用出土口及筒体的烟囱效应，使地下空气质量得到了较大的改善，满足逆作法施工对作业环境的要求。

6.　材料与设备

6.1　主要材料

本工法采用的主要材料有：Q235/345 钢板（厚度 16～20mm）、Φ18 拉杆、HG-240/HX76-344-688 压型钢板、E5016/4312 焊条、C70/80 高性能混凝土。

6.2　主要施工设备（见表 6.2）

主要施工设备　　　　　　　　　　　表 6.2

序号	设备名称	设备型号	单位	数量	用　途
1	冲孔成槽机	ZZ-3	台	2	连续墙施工
2	反铲挖掘机	1.0m³	台	4	土方开挖
3	反铲挖掘机	1.5m³	台	2	土方开挖
4	塔吊	H3/36B（250t·m）	台	1	主要材料吊运
5	塔吊	C7050B（500t·m）	台	1	钢结构吊装
6	龙门吊	MD1	台	2	吊运土方
7	混凝土泵	HBT80E	台	2	混凝土浇筑
8	汽车吊	25t～150t	台	4	钢结构吊装

序号	设备名称	设备型号	单位	数量	用　途
9	电焊机	BX1-500	台	13	钢结构安装
10	钻孔机	MYT-140Y	台	5	锚杆施工
11	钢筋加工设备	GJ7-40、GQ50、HGS-40	套	1	钢筋制作
12	空气压缩机	V-3/8	台	1	岩土开挖
13	风炮	G10	台	5	岩土开挖
14	鼓风机	9-26	台	6	地下排气、通风
15	轴流风机	T35-11	台	2	地下排气、通风

7. 质 量 要 求

7.1 质量标准：本工法按照《建筑地基基础工程施工质量验收规范》(GB 50202—2002)、《混凝土结构工程施工质量验收规范》(GB 50204—2002)、《钢结构工程施工质量验收规范》(GB 50205—2001)及有关规范标准施工。

7.2 **质量控制措施**

7.2.1 原材料必须有出厂合格证、检验报告。

7.2.2 全熔透对接焊缝必须开坡口，焊缝必须进行100％超声波检验，不合格的部位必须剔除重焊。

7.2.3 钢材下料制作时必须留有0.7mm/m余热收缩量。

7.2.4 低氢型焊条使用前必须烘干，施工过程中保持干燥。

7.2.5 安装摩擦型高强螺栓时，穿孔时不得强行敲打、气割扩孔、破坏喷砂摩擦面。

7.2.6 柱安装完毕后，顶部必须加盖板，以防止雨水、杂物掉入柱内。

7.2.7 做好柱脚的防水措施，预防地下水从柱脚与桩承台接口的薄弱处渗漏入室内。

7.2.8 由于压型钢板作为楼板具有接缝密实、不漏水、不吸水的特点，楼板混凝土配合比的坍落度、砂率要严格控制，防止出现由于混凝土初凝时产生泌水造成混凝土表面强度低而起粉、砂率高而产生收缩裂缝等质量问题。坍落度宜为140～160mm，砂率宜为35％～38％。

8. 安 全 措 施

8.1 定位器安装时，必须做好井下通风排烟措施。照明采用12V低压灯。

8.2 高空上下软爬梯必须在柱吊装前安装好一起吊装，工人上下时必须将安全带扣在软梯上，以防止失足坠落事故发生。

8.3 做好施工作业面下拉挂水平安全网的工作。在钢梁安装时，必须在柱与柱之间拉设安全钢丝绳，用作业工人在水平走动时扣安全带之用。

8.4 基坑周边及"四口五临边"必须设置护栏和安全网。

9. 环 保 措 施

9.1 基坑内应有足够的照明、通风和排烟设施，保证基坑工作面的照明度及基坑内的空气质量。

9.2 材料应集中堆放并采取防雨、防潮措施。安排专人每天进行现场卫生清洁。

9.3 现场设置汽车冲洗槽和污水沉淀池。施工废水、生活废水必须经沉淀池沉淀后排至市政下水管道。余泥外运车辆必须经高压冲洗后才能离开工地，避免污染市政路面。

9.4 易于引起粉尘的细料或松散料运输时用帆布等遮盖物覆盖。

10. 效 益 分 析

10.1　广州名盛广场工程地下室采用本工法，大大缩短了工期，有效减少了对周围环境的不利影响，基坑的安全性得到了最大的保证；同时又节省了大量的挡土临时支撑构件，其中减少三道支撑，就已经节省投资 800 万元，采用柱支式地下连续墙技术大量减少了施工困难的入岩段工程量，直接节省工程费用达 600 万元，综合经济效益达到 1400 万元。

10.2　采用本工法后，加快施工进度令发展商减少了利息的支出外，同时由于地面以上结构同步施工增强了投资者的信心并增加了物业销售金额。地下室结构完成时，裙楼商场已交付使用，所有销售物业均已售完，销售收入达 5 亿元。

11. 应 用 实 例

11.1　实例 1：本工法在广州名盛广场工程的应用

11.1.1　工程概况

该工程位于广州市北京路繁华商业步行街，为一大型多功能商业综合建筑，框-筒结构，总建筑面积 14 万 m²，建筑总高度为 163m，地上 32 层，裙楼 8 层，地下 4 层（局部有夹层），底板埋置深度为 -20.4m。地下室基坑面积大、开挖深，土方量达到 18m³，具有施工场地狭窄、工程地质情况复杂，紧邻密集的民居与学校，工程量大且工期要求紧等特点，基坑的变形及安全控制非常重要。

11.1.2　应用效果

采用该工法施工，大大缩短了工期，有效减少对周围环境的不利影响，基坑的安全性得到了最大的保证；同时又节省了大量的挡土临时支撑构件，有效降低工程造价；上部建筑的形象进度使建设单位取得良好前期销售效果，经济效益明显。

11.2　实例 2：本工法在广州新中国大厦工程的应用

11.2.1　工程概况

该工程位于广州旧城区，总建筑面积 17 万 m²，建筑总高度为 201m，地上 51 层，地下 5 层，其中地下室建筑面积约为 4 万 m²，底板埋置深度为 -17.65m。

11.2.2　应用效果

采用该工法施工，当地下室全部完成时，地面以上已施工至二十层，而裙楼及五层地下室共 10 万 m² 已正式开业使用，在确保基坑的安全的基础上满足投资方的计划要求；同时又节省了大量的挡土临时支撑构件，合计节省投资 735 万元，缩短工期约 305d。

11.3　实例 3：本工法在广州名汇商业大厦工程的应用

11.3.1　工程概况

该工程位于广州市旧城区繁华商业步行街上下九路，总建筑面积 12 万 m²，建筑总高度为 99m，地上 33 层，裙楼 6 层，地下 4 层，其中地下室建筑面积约为 2.5 万 m²，底板埋置深度为 -17.5m。

11.3.2　应用效果

采用该工法，地下室结构完成时，塔楼已施工至十九层，裙楼商场比原计划正作法施工提前 9 个月完工并交付使用，前期销售额达到 3.5 亿元。

该工法通过广州名盛广场、新中国大厦、名汇商业大厦等工程的应用，证明是切实可行的。根据实际工程情况采用不同的技术集成方案可以取得非常良好的经济效益和社会效益，对于补充和完善地下室逆作法的设计理论和施工方法有着重要意义。

2005 年 8 月，广东省土木建筑学会在名盛广场举办地下室逆作法新技术观摩会，省内许多建筑设计、施工、监理、建设单位到会观摩，对设计、施工新技术的应用起到良好的示范作用。

地下室膨润土防水毯施工工法

YJGF095—2006

通州建总集团有限公司　上海市第四建筑有限公司

瞿启忠　邱欣　曹汉标　尹晓洁　晏汇民　叶永斌

1. 前　言

膨润土防水毯（以下简称防水毯）是一种新型的土工合成环保型防水材料。它由经级配过的天然钠基膨润土颗粒和相应的外加剂混合均匀后，经特殊的工艺及设备，依靠成千上万纤维的强度把高膨胀性的钠基膨润土层均匀、牢固地固定在两层土工布之间，从而制成防水毯。它既具有土工材料的全部特性，又具有优异的防水防渗性能，施工中可根据工程的需要单独使用防水毯防水，也可与其他土工材料或防水材料共同使用，是现代土工工程中无可替代的地下防水防渗材料。通过工程实践证明，该材料在防水效果、施工工期、文明施工、成本等综合效益方面与传统防水卷材相比具有明显的优越性，为指导同类材料的施工，规范施工工艺、统一质量标准和完善保证措施，我公司在取得成功经验的基础上，对施工工艺进行了总结和完善，编制了本工法。

2. 工 法 特 点

通过该种防水材料的施工，膨润土防水毯与传统或高分子防水材料相比在材料和施工上具有以下特点：

2.1 膨润土是天然无机材料，不会发生老化反应，耐久性好；且不会对环境造成任何不利影响，有利于施工人员的身心健康，属环保材料。

2.2 施工简便，省工省料，立面或斜面施工时，该防水材料只需用钢钉固定，并按要求搭接即可，无需胶黏或热敷贴。

2.3 不受施工环境温度的限制，零度以下也可施工，施工时只需将防水毯防水毯平铺在地上。

2.4 基层处理要求低，该产品是在遇水情况下产生防水功能，因此可直接在潮湿的基层上铺贴，使防水施工在时间上与其他材料相比得以提前，加快了地下工程的施工进度。

2.5 膨润土防水毯中的膨润土是在遇水情况下膨胀，其过程是一种物理反应，且本身取自大自然，长期使用不会老化或减弱防水效果。具有自修补功能，膨润土遇水膨胀后形成的浆状体能修补混凝土因各种原因产生的细微裂缝，这是其他防水材料所不具备的。

2.6 容易修补，即使在防水（渗）施工结束以后，如防水层发生意外破损，只要对破损的部位加以简单的修补，就可重新获得完美如初的防水性能。

2.7 具有优异的防水防渗性能，抗渗静水压可达 1.0MPa 以上，渗透系数 10^{-9} cm/s。

3. 适 用 范 围

膨润土防水毯适用于市政与民用建筑的地下室、地下隧道和车库、人工湖、化工储存基础等防水防渗工程，尤其适用于高水压及温差大地区的建筑物防水、防渗工程。

4. 工 艺 原 理

当防水毯安装于地下防水（防渗）工程中后，具有长效、自封、施工简便、性价比高的特点。膨润土粒子吸水膨胀（钠基防水毯可膨胀于自身体积的 13～16 倍），在添加剂作用下，使其形成均匀的胶体系统而阻隔地下水的入侵，其渗透系数为 10^{-9} cm/s 并充满整个空间。在人为外力限制作用下（一侧为墙体，另一侧为密实的回填土），使防水毯的膨胀从无序变为有序的膨胀，持续的吸水膨胀结果使防水毯层自身达到密实，从而具有防水作用。有些膨润土颗粒在膨胀压力作用下可进入周围土体的裂隙及混凝土结构的裂隙中，进一步保证了防水隔离层的抗渗性能。

5. 施工工艺流程及操作要点

5.1 施工工艺流程

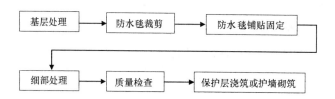

5.2 操作要点

5.2.1 地下室底板防水施工

1. 基层施工。地基验槽合格后，做 100mm 厚素混凝土找平层，以此作为膨润土防水毯铺设的基层。

2. 防水毯的铺设。找平层混凝土终凝后即可铺设防水毯，铺设时，防水毯面层的无纺布一侧应对着遇水面（即朝下），防水毯与找平层的固定用射钉（钢钉），钢钉长 25mm，钢钉沿防水毯的纵横向接缝均匀布置，钢钉间距为 300mm，如遇突出板底的桩、管等物时，应在此部位出口上用浆状膨润土封口，如图 5.2.1-1、图 5.2.1-2 所示。纵横接缝搭接长度不小于 100mm，相邻端头接缝错开间距不小于 300mm。底板四周防水毯的铺设应超出地下室外墙面，最小不小于 300mm，同时要满足相邻端头接缝错开间距最小值的规定，并采取措施加以保护，防止踩踏、浸水等引起的损坏，影响整体防水效果。

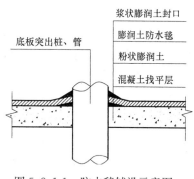

图 5.2.1-1　防水毯铺设示意图一

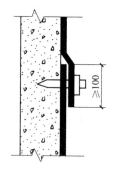

图 5.2.1-2　防水毯铺设示意图二

3. 保护层的施工。防水毯铺设完毕后，铺设砂浆保护层。

5.2.2 地下室外墙防水施工

1. 基层处理

1）地下室外墙面的灰尘、浮浆用钢丝刷清理干净。

2）宽度超过 40mm 的裂缝、缺口及蜂窝等表面不平整的部分用与墙体同等级的去石混凝土（砂浆）修补平整。

3）超过墙体表面 20mm 的突出物（模板接缝处的漏浆、混凝土接槎处的不平整、模板拉结筋等）需凿除或切割，做到墙体表面基本平整。

2. 防水毯铺设

1）防水毯铺设由下往上竖向铺设，面层的无纺布一侧朝向填土或防护墙，下部预留足够的与底板防水毯的搭接长度，接缝搭接长度、钢钉间距、相邻端头接缝错开间距等与底板防水毯的铺设要求相同。

2）为保证防水毯稳固服帖地固定在墙面上，除在端部和接缝处用钢钉固定外，应视情况在整幅防水毯中间增设一定数量的钢钉。

3）防水毯的收口部位用铁制压条钉钢钉压住，压条宽度不小于25mm，钢钉间距不大于300mm，然后用浆状膨润土封口，如图5.2.2-1所示。遇穿墙管道或预留洞口时，在管道中间加设膨润土止水带，在管道出口处用浆状膨润土封口，如图5.2.2-2所示。

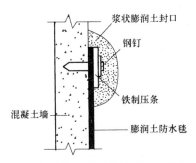

图5.2.2-1　防水毯的收口部位用铁制压条钉钢钉示意图

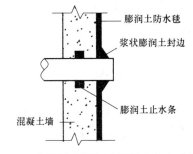

图5.2.2-2　在管道中间加设膨润土止水带示意图

4）墙体底部防水毯与底板预留防水毯端部拉紧搭接，用钢钉固定，以形成一个完整的防水体系。

5）防水毯安装后若有损坏，可裁剪一块完整的防水毯，其尺寸每边比损坏尺寸放大100mm，沿周边用钢钉固定即可。

3. 护墙及回填土

1）护墙的砌筑应在墙面防水毯铺设完成后立即进行，护墙砌筑要求与砖砌体相同，砌筑时要防止砖或灰刀损坏防水毯的无纺布面层，护墙与防水毯间的间隙在护墙砌筑时用砂浆填实。如图5.2.2-3所示。

2）护墙砌筑完毕即可进行土方回填，其技术要求同一般回填土。当无护墙时，为防止硬物对防水毯可能造成的破坏，必须清除土中的石块、木块、混凝土块及其他尖角物品，回填应分层夯实，密实度不小于90％。

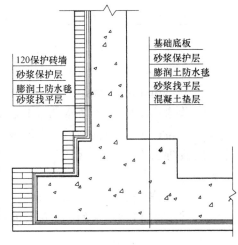

图5.2.2-3　膨润土防水毯施工示意图

3）防水毯安装后若有损坏，可裁剪一块完整的防水毯，其尺寸每边比损坏尺寸放大100mm，沿周边用钢钉固定即可。

6. 材料与设备

6.1　主要材料

主材：膨润土防水毯；辅材：25mm长钢钉、粉状膨润土、浆状膨润土、25mm宽铁皮压条。

防水毯为新型防水材料，目前国家尚无具体的施工质量标准，我公司根据材料生产企业提供的材料测试标准和美国ASTM标准制定了Q/TZ005—2002膨润土防水毯施工企业标准，并在质量技术监督局备案。

6.2　主要设备

裁剪刀、钢钉、锤子、卷尺、钢尺、油灰刀。

7. 质 量 控 制

7.1 膨润土防水毯进场时，应有出厂合格证明及材料检测报告，并对进场材料进行复试，合格后方可使用。

7.2 膨润土防水毯参照如下主要技术指标。技术指标见表 7.2。

技术指标表

表 7.2

序号	检验项目	单位	检验标准及要求	测试结果	单项结论
1	膨润土膨胀系数	cm/g	$\geqslant 20$	21.5	合格
2	防水毯单位面积质量	g/m^2	$\geqslant 4500$	4614.6	合格
3	防水毯纵向断裂强度	kN/m	$\geqslant 10$	11.3	合格
4	防水毯横向断裂强度	kN/m	$\geqslant 10$	10.9	合格
5	防水毯纵向断裂伸长率	%	$\geqslant 10$	12.8	合格
6	防水毯横向断裂伸长率	%	$\geqslant 6$	7.3	合格
7	防水毯垂直渗透系数	cm/s	$\leqslant 5 \times 10^{-9}$	4.2×10^{-9}	合格
8	防水毯抗刺破强度	N	$\geqslant 400$	462.9	合格
9	防水毯剥离强度	N/10cm	$\geqslant 65$	72.1	合格
10	防水毯抗静水压试验	0.3MPa	30min 无渗漏	无渗漏	合格

7.3 外观质量。材料必须表面平整，厚度均匀，不允许有孔洞、缺边和裂口。

7.4 防水毯纵横接缝宽度不小于 100mm，相邻两幅防水毯的短边接缝错开不小于 300mm。钢钉间距不大于 300mm，且布置均匀。

7.5 铺贴后的膨润土防水毯需平整顺直，搭接尺寸符合要求，固定可靠，不得有扭曲、皱折。

7.6 膨润土防水毯铺贴后需立即做保护层，地下室外墙防水毯铺钉后，需立即砌筑做防护墙和回填土，底板防水毯铺钉后，浇筑不小于 80mm 后的细石混凝土做保护层。防止膨润土防水毯破坏和浸水后影响防水效果。

7.7 穿墙管道、桩头等细部处需严格按设计要求来施工。

7.8 验收中发现损坏的，必须及时进行修补。

8. 安 全 措 施

8.1 班前进行安全技术交底，并层层落实。

8.2 施工前要进行安全检查，合格后方可进行施工。

8.3 墙面防水毯铺钉时作业人员流动性大，脚手架在满足材料搬运的同时，要做好脚手架的防护，脚手板固定要牢靠，必要时作业人员应系好安全带。

8.4 落实专职安全员现场巡视。

9. 环 保 措 施

9.1 成立对应的施工环境卫生管理机构，在施工过程中严格遵守国家和地方政府下发的有关环境保护的法律、法规和规章，加强对工程材料、设备、废水、生产生活垃圾、丢渣的控制和治理，遵守有防火及废弃物处理的规章制度，随时接受相关单位的监督检查。

9.2 将施工场地和作业限制在工程建设允许的范围内，合理布置，规范围挡，做到标牌清楚、齐全，各种标识醒目，施工场地整洁文明。

9.3 对施工中可能影响到的各种公共设施制定可靠的防止损坏的移位的实施措施，加强实施中的监测、应对和验证。同时，将相关方案和要求向全体施工人员交底。

10. 效 益 分 析

10.1 质量方面

膨润土防水毯施工工艺简单，易操作，辅材对施工质量的影响很小，接缝只要在满足搭接的情况下即可达到防水要求，克服了传统防水卷材在基层处理、粘结材料、接缝宽度和严密性等方面对防水质量的影响。工程应用表明，在基坑停止降水后，无渗漏现象发生。由于该防水材料不会出现老化现象，由此克服了传统防水材料后期产生渗漏的缺点。

10.2 工期

膨润土防水毯施工基层处理简单，无需找平处理，铺设速度快，因此较其他防水卷材铺贴省工省时。

10.3 文明施工

该材料本身属于无污染产品，辅材仅有压条和钢钉且用量少，因此该产品施工与传统防水卷材施工相比具有无污染性，现场整洁无异味，不影响施工人员的身心健康，有利于搞好现场文明施工。

10.4 成本分析

每平方米材料、人工消耗分析表（与三元乙丙橡胶卷材对比分析）。材料、人工消耗分析见表 10.4。

材料、人工消耗分析　　　　　　　　　　　　　　表 10.4

	材料消耗(元)	人工消耗(元)	单价(元)	备　　注
三元乙丙橡胶卷材	主材及辅材：55.40	0.275 工日×26.00＝7.15	62.73	参照 2001《江苏省单位估价表》中 10-124 子目计算
膨润土防水毯	主材及辅材：55.28	0.12 工日×26.00＝3.12	58.52	根据工程中实际的材料和人工消耗测定计算；膨润土防水毯材料损耗 2%
经济比较	每平方米膨润土防水毯成本较三元乙丙橡胶卷材节约 4.48 元，即两者价格相当			

从以上分析来看，膨润土防水毯在施工成本上与目前常用的三元乙丙橡胶卷材等防水卷材相当。但在工程质量、工期、文明施工等方面的综合效益比三元乙丙橡胶卷材及传统卷材有极其明显的优越性：

10.4.1 三元乙丙橡胶卷材或其他防水卷材的防水工程一旦因材料老化、破裂、接缝不严等原因出现渗漏，则后期维护修补费用巨大，有的甚至是当时施工成本的几倍，且往往很难达到预期的防水效果。

10.4.2 使用膨润土防水毯使工期得以缩短，加快业主投入资金的回报率，提高了资金的使用效益。

10.4.3 追求清洁无污染、有利于职工身心健康更是发展利用新型建材的必然趋势。

综合经济、社会效益分析而言，膨润土防水毯这种新型优质防水材料在防水工程中的应用将会更为广泛。

11. 应 用 实 例

11.1 通州建总集团有限公司承建的长春市商业银行大厦，框架结构，地下一层，地上二十六层，建筑面积 28888m²，位于长春市南湖大路赛德广场。该工程地下室防水采用膨润土防水毯，面积 4000m²，2003 年 7 月开工，地下室防水施工于 2003 年 9 月底完工，防水工程完工至今，地下室未发现任何渗漏。

11.2 通州建总集团有限公司承建的长春金碧阁小区 1～4 号工程，框剪结构，地下一层，地上二十四层，建筑面积 65000m²，位于长春市解放大路 1011 号。该工程地下室防水采用膨润土防水毯，面积 6300m²，2004 年 6 月开工，地下室防水施工于 2004 年 10 月底完工，防水工程完工至今，地下室未发现任何渗漏。

11.3 通州建总集团有限公司承建的吉林省信合大厦工程，框架结构，地下二层，地上二十四层，建筑面积 45000m²，位于长春市人民大街与河滨路交汇处。该工程地下室防水采用膨润土防水毯，面积 6300m²，2005 年 3 月开工，地下室防水施工于 2005 年 7 月底完工，防水工程完工至今，地下室未发现任何渗漏。

隧道施工中乳化炸药泵送装填工法

YJGF096—2006

中铁三局集团有限公司

张东青　杨尚柏　李俊桢　容建华　刘崇峰

1. 前　言

当前我国长大隧道钻爆掘进中除装药工序仍使用人工操作外，其余工序全部实现了机械化，要想继续提高隧道掘进钻爆效率、改善隧道爆破开挖质量，只有在加快发展隧道爆破的机械化装药技术方面下工夫。机械化装药技术代表了当今隧道爆破的最先进生产力，对加快隧道掘进速度、降低爆破成本有重要作用。以往我国也研究过隧道内炮孔装药设备，但基本上都是吹填粉状炸药的机械，粉状炸药水性差、吹填返粉尘率高、洞内作业环境恶劣，不适宜隧道中使用。因此，中铁三局集团六公司在济南开元寺隧道施工中联合铁道科学研究院北京铁锋爆破公司和澳瑞凯炸药集团引进国际先进的爆破技术，使用乳化炸药泵送装药技术解决了以上问题。总结形成本工法。

2. 工 法 特 点

隧道施工中乳化炸药泵送装填工法的特点主要体现在以下两方面。

2.1　技术特点

2.1.1　炸药威力可调

隧道爆破时掌子面上布置有很多炮孔，对不同部位的炮孔有不同的爆破要求，如掏槽炮眼、底板炮眼应达到加强抛掷爆破的目的，需要高威力炸药；而作为光面爆破的周边炮眼，需要低爆速、低威力炸药。此外，当遇到岩性变化时也需要改变炸药的威力，硬岩需要高威力炸药，软弱破碎岩石应使用低威力炸药。泵送乳化炸药可在装药前随时改选提供所需要的敏化剂，易于改变各炮孔内的炸药密度和威力，这种技术上的灵活性，既可以使爆破成本保持最低，又可以使爆破效果获得优化。

2.1.2　安全性提高

由于所泵送的乳胶体在泵送喷出过程中才与敏化剂混合，当乳胶混合体装填到炮孔内 10～20min后，敏化反应才能完成。乳胶体真正被敏化成乳化炸药后才具有可被起爆体引爆的爆炸性，在此前还不是炸药，不能被引爆，因此装填炸药的安全性大大提高。同时由于运输和储存过程中都是不能被引爆的乳胶体，也相应改善了炸药运输和储存的安全性。

2.1.3　装药速度快

由于泵送装药的机械化程度高，装药效率高达 15～18kg/min/泵，因此能减轻工人劳动强度，提高劳动生产率，缩短装药时间。实践证明，与人工装药相比，一般可提高装药效率 5～10 倍。

2.1.4　装药质量高

不论炮孔中含水与否或孔壁光滑与否，乳化炸药都能够很容易地泵入炮孔中，既不会发生卡孔现象，又能将炮孔内的积水排出孔外，减少炸药与水接触的面积与时间，提高了炸药的有效利用率。

2.1.5　作业环境条件好

装药过程中仅需要 2～3 人，泵装作业噪声低、无粉尘，实现了以人为本的精神。改变了以往多人装药作业的混乱状况。以往隧道掌子面前有时多达 22 人装药，人多也易差错，且掌子面前安全性较差，一旦发生意外，后果相当严重。

2.1.6 装药剂量精确

经训练有素的操作员手工操作的准确度在 40g 以内；采用 ISIC 电脑剂量控制系统操作时，准确度在 8g 以内。

2.2 经济特点

2.2.1 与包装炸药装填炮孔相比，由于散装炸药使炮孔内实现了满孔耦合装药，延米炮孔的爆破效率得到很大提高，炮孔间距可适当加大，炮孔数量相应减少，钻爆成本显著降低。经验表明，由于装药密度和耦合系数的提高，可扩大孔网参数 10％～20％，减少炮孔数量达 10％～20％。

2.2.2 包装运输成本降低。由于散装炸药免去了包装费用，特别是细药卷包装费用较高，每吨炸药可节省可观的包装费。同时因乳胶体的危险等级降低（分类为 UN5.1 氧化剂），也使得运输费用节省 20％以上。

2.2.3 在周边孔把散装炸药装填在塑料管内调制炮孔装填的不耦合系数作光面爆破，比用导爆索串联间隔包装炸药卷装填炮孔更方便、爆破效果也要好些。

3. 适 用 范 围

本工法适用于道路及铁路隧道、公共设施洞库、岩石洞室、竖井及场地平整的爆破工程中。

4. 工 艺 原 理

可泵送的乳化炸药现场装填设备包括地面供应站和泵送装药小泵组两部分。地面供应站由一个或多个储存料槽组成，提供乳胶体和敏化剂。泵送装药机上有乳胶体和敏化剂两个小型泵组料罐，由气动装药泵送系统按比例将乳胶体和敏化剂泵入装药软管中。其中敏化剂由乳胶体泵带动的敏化剂小泵输送到装药软管内壁起到输送润滑作用，然后在喷嘴处使乳胶体和敏化剂进行充分混合，混合后的药剂以约每分钟 15～18kg 的速度从炮孔底部往炮孔口装填，刚注入炮孔内的药剂尚不是炸药，在 10～15min 内完成敏化反应后才能成为可被起爆体引爆的乳化炸药。实际上在装填炸药前先用装药软管把起爆体推送到炮孔底部，然后从孔底向外注入药剂，同时自动将输药管推出孔外。

5. 施工工艺流程及操作要点

5.1 隧道小型装药泵组的相关指标

乳胶全灌容量：最大 2500kg/灌；泵送速度：15～18kg/min；装药软管：内径 20mm，最大长度

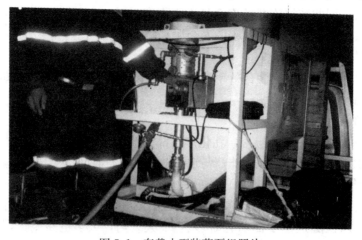

图 5.1 车载小型装药泵组照片

40m；装填设备尺寸约：1.6m×0.8m×1.2m（长×宽×高），可随作业环境更改；装填能力：可装填炮孔直径 30～64mm，孔深不限；泵送压缩空气供应压：600kPa；压缩空气耗用量：850L/min/泵；敏化剂缸容量：25kg/缸；过程控制：手动或电脑剂量控制（ISIC）系统；敏化时间：药剂泵送入炮孔内10～20min 后完全敏化。见图 5.1。

5.2 施工工艺流程图（图5.2）

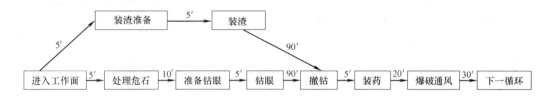

图 5.2 施工工艺流程图

5.3 操作要点

以下结合开元寺隧道施工来叙述：

济南开元寺隧道位于济南市南郊，左邻中旅花园 48.2m，穿越羊头峪山庄地表建筑物，且埋深23.0～30.8m，地表建筑物主要为 4 层居民小楼。穿过地形复杂的别墅区（埋深仅 20m），有关部门限定的别墅振动指标极其严格。开元寺隧道地质条件复杂，别墅区基本是水平产状的中厚层石灰岩，节理裂隙发育。

5.3.1 钻爆设计

（1）炮眼深度的选择

根据地质情况，在开始施工中采用 3.0m 爆破进尺掘进，但由于振动速度较大，掌子面炮眼深，循环时间长，制约掘进速度。采用泵装乳化炸药设备和高精度雷管控制进行隧道掘进减震爆破开挖，将进尺控制在 1.8～2.0m 左右，穿越浅埋段对地表建筑是安全的。

（2）掏槽技术

爆破进尺主要与掏槽成败有关，掏槽定进尺、光面看周边，掏槽技术尤为重要，隧道爆破开挖振动速度的观测资料表明掏槽爆破的振动强度比其他爆破的振动强度大，因此在掏槽爆破开挖时，要从减小掏槽眼爆破的振动强度、维护上部围岩自身的稳定性为出发点，宜选用楔行掏槽。使用高精度 1～4 段雷管，掏槽部分的岩体分区进行爆破，既要保证掏槽效果良好，又要使掏槽爆破的单段药量减少，降低振动效应。开元寺隧道采用掏槽方式为"八"字形斜眼掏槽，若两排斜孔（70°）、每排 4 个、每孔装药量 0.9kg，掏槽眼孔口排距为 60cm，其布置见图 5.3.1-1。

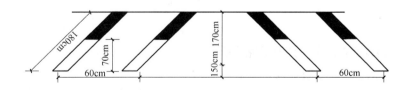

图 5.3.1-1 "八"字形斜眼掏槽布置图

（3）周边眼

一般来说，为了减少对围岩的扰动，周边眼应尽量采用光面爆破。由于本隧道内周边长度大，周边孔较多，若全部同段雷管进行光面爆破，振动很大，不同高段位雷管时差过大难以成功，采用高精度孔外短延期时（7ms）雷管可以保证光爆效果，又减轻对围岩的扰动。周边眼眼距设计为 40cm，单孔药量为 0.15kg，用导爆索分段串联装药，周边眼使用 18、19、21 段三个高精度短位雷管。

（4）辅助眼

辅助眼用于扩槽，间距 80cm，单孔药量为 0.6kg。压顶眼眼距为 80cm，单孔药量为 0.45kg，雷管

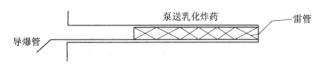

图 5.3.1-2　掏槽眼装药结构图

排列段位使用 5～17 段雷管，同样采用高精度孔外短延时（7ms）雷管既可以保证爆破进尺效果，又减轻爆破震动。

开元寺隧道采用上、下正台阶爆破掘进，初始施工时上台阶炮孔直径 42mm，孔深 4m，总共约 125 个炮孔，采用斜眼掏槽眼方式，炮孔利用率在 80％左右，利用卷装炸药人工装药以及国产非电导爆管起爆系统，产生的振动已经造成了别墅区部分楼房、别墅的装饰结构的损坏，并已严重影响了附近居民的生活。后改用乳化炸药泵送装填技术并优化钻爆设计，严格控制单响药量和延时时间。炮孔直径不变，炮孔数减少到 106 个，采用斜眼复式掏槽方式，炮孔利用率达到 95％，振动速度减小到允许范围，见图 5.3.1-2。

5.3.2　装药

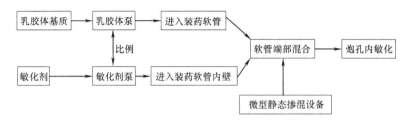

图 5.3.2-1　装药工艺流程图

图 5.3.2-2　装药过程照片

5.3.3　出渣

采用乳化炸药泵送装填技术后，实现了完全耦合的现场装药，能显著提高炸药能量利用率。爆破后，掌子面平整，岩石快度小且均匀，极易铲装。

隧道快速施工，除优化钻爆设计外，装渣能力的大小将起决定性作用，开元寺隧道采用无轨运输，炮响通风 30min 后由两台装载机一台挖掘机配合进行掌子面清渣工作，装载机双向侧翻自卸车快速出渣，高效的重载设备出渣运输模式，达到较优的机械生产效率。

5.3.4　信息化施工

在隧道施工中，信息化施工占有举足轻重的地位，信息化施工是指通过完善的监控系统，及时获得地层结构动态的应力应变信息，据此调整施工参数与设计，确保施工安全。具体包括：采用 TSP203 地质超前预报进行前方围岩的勘测、采用精密水准仪和铟瓦尺量测地表沉降、采用精密水准仪和全站仪控制建筑物基础沉降、采用数显收敛仪量测洞内收敛，并及时对获得的数值进行回归分析，求得回归曲线，从而掌握地质的结构，受力变形的趋势，有效的指导施工。

5.4 劳动力组织

劳动力组织见表5.4（只列出开挖支护部分）。

开挖支护劳动力组织表   表5.4

序 号	工 种	人 数	备 注
1	工班长	1	
2	空压机司机	1	兼通风机司机
3	司钻手	21	3人兼职装药
4	车辆调度	1	
5	挖掘机司机	1	
6	装载机司机	2	
7	自卸汽车司机	8	随掘进进度而增加
8	保障人员	2	
9	立钢架	12	
10	打锚杆、注浆	5	
11	喷混凝土	10	
	合计	64	

6. 材料与设备

掘进及初期支护主要机械配备见表6（只列出开挖支护部分）。

掘进及初期支护主要机械配备表   表6

序 号	机械名称	型号规格	单位	数量	备 注
1	风钻	YT-28	台	19	钻孔
2	钻爆台架		台	1	钻孔
3	装药泵组		台	1	装药
4	空压机	21m³/min	台	5	供风
5	通风机	2×110kW	台	1	通风
6	挖掘机	PC200	台	1	出渣
7	装载机	ZL40	台	2	出渣
8	自卸车	20t	台	6	出渣
9	混凝土强制搅拌机	JS500	台	1	搅拌混凝土
10	混凝土运输车	7m³	台	2	运输混凝土
11	混凝土喷射机	TK961	台	2	喷射混凝土
12	支护作业台架		台	2	支护

7. 质量控制

7.1 本技术以《公路隧道工程质量评定及验收标准》、《铁路隧道新奥法指南》和《公路隧道施工技术规范》为依据进行质量控制。

7.2 实行全面质量管理，建立三检制度。

7.3 施工中，针对每一道工序责任到人，严格把关。如喷射混凝土施作止浆墙，必须密实，不得有孔洞；钻孔精度要高，不得超过允许偏听偏差；注浆应遵循由初压至稳压，最后终压的原则。

7.4 注浆期间，应加强地表及洞内的监测工作，发现异常情况，应立即停止注浆。

7.5 技术人员根据测量班放样结果，指导风钻手司钻，对上循环的超欠挖进行纠正，支护前，用激光断面仪对断面进行测量，如有欠挖进行处理。司钻手要定岗定位，掏槽眼、底板眼、辅助眼、周边眼（又分拱部、左边墙、右边墙）都专人负责。

7.6 喷混凝土大面平整，用 2m 直尺检查的平整度不大于 5cm，确保防水层在初期支护和二次衬砌之间密贴，保证排水畅通。

8. 施工安全措施

安全作业是一项系统的、细致的工作，施工过程中严格贯彻"安全第一，预防为主"的方针，并采取以下具体措施。

8.1 加强全体职工的安全意识教育，实行安全生产责任制，把安全工作始终放在首要位置。对全员进行安全意识教育，特别是钻爆、监控量测和安全检查人员，要完善其岗位职责和安全规章制度。

8.2 监控量测量一定要按标准执行，及时反馈信息，确保施工安全。

8.3 出渣的都是大型车辆，车辆接近洞内作业人员。为确保作业人员的安全，除了进行认真、细致的安全教育外，还应为洞内作业人员统一着装鲜艳、带有反光条的工服。

8.4 加强通风，洞内照明采用透雾力强的高压钠灯，道路平整、无积水是出渣运输安全的必要条件。

9. 环境保护措施

9.1 对施工人员进行"环保"法律、法规教育，树立环保意识，自觉遵守"环保"规定。

9.2 驻地及施工现场卫生设施齐全、布局合理，并有专人负责管理、清扫。

9.3 施工期间的生活污水、施工废水、泥浆决不流到场外；建筑垃圾及时清理，运输；车辆不带泥行走污染路面。

9.4 充分发挥爱国卫生委员会的作用，广泛进行环境卫生知识宣传，提高全体职工的环境卫生意识，养成良好的卫生习惯，定期进行驻地环境卫生大扫除，保持良好的生活环境。

9.5 施工临时道路、运输道路和施工现场经常洒水整修，防止扬尘。

9.6 施工机械和运输车辆产生的噪声超标时，操作人员配耳塞，同时注意机械保养，以降低噪声的声级。对距居民区 150m 以内的施工现场，限定施工时间。

9.7 噪声处理措施

混凝土搅拌机在工作时，发出大量的噪声，为防止噪声影响附近居民生活，用脚手架杆设混凝土搅拌机篷，内部挂消音土工布。同时，在场地周围设声屏障。

9.8 废水处理措施

混凝土在搅拌过程中，不可避免会出现施工污水，为避免造成环境污染，在搅拌机旁设污水处理池，经沉淀达到排放标准后，通过附近既有下水道排出。

9.9 固体废弃物处理措施

施工中出现的水泥硬块、超大粒径骨料先集中堆放在搅拌站指定场地处，再用自卸车运输至弃渣场。水泥袋叠放整齐集中堆放由垃圾收购站统一收购。

9.10 大气污染处理措施

混凝土施工过程中，由于各种机械设备的频繁运行及水泥、粗细骨料的大量倒放产生灰尘，而影响空气质量，为防止大气污染，施工前，在施工场地内均匀洒水，避免扬尘，水泥、粗细骨料用塑料布遮盖。装载机匀速低油门运行，以减少废气排放量，装卸材料时必须轻装轻卸。

9.11 临时工程的布置尽量减少对环境的干扰。

9.12 保持工地良好工作环境：

（1）生产生活设施布置合理、整齐，机械设备、车辆停放有序。

（2）定期清理收集生产生活区的废弃物料，分类运输到指定的存放点进行处理。

（3）合理设计生活区污水处理系统的布置、容量。定期检查维护排水设施、化粪池等外部环境设施，定期收集和处理固体垃圾，定期消毒。

（4）生产中各种机械设备产生的废弃油料，将建一个废油坑集中处理。

（5）在混凝土搅拌站附近修建沉淀池，沉淀搅拌站产生的污水，经沉淀过滤后废水排出。保护周围的水资源。

（6）在加油站和炸药、雷管库附近树立警示牌，标明严禁烟火、禁止吸烟等注意事项。提醒来往行人。

（7）定时洒水降低施工区路面粉尘浓度。

9.13 保护已建立的水准基点或永久测量标志不受破坏。

9.14 工程施工期间，发现文物古籍等贵重物品时，要对现场进行保护，及时通知当地政府部门进行处理。

9.15 工程竣工后，拆除临时设施时，不得破坏周围的建筑物和树木及其他设施。

10. 效益分析

本技术与传统的人工装药比较，在经济效益方面具有一定的优势。

10.1 本技术使用散装乳化炸药，无须使用包装材料，每吨炸药平均可节约包装费用 500 元。

10.2 本技术炮孔利用率达 95% 以上，铲装效率提高 25%，可扩大孔网参数 10%～20%，减少炮孔数量达 10%～20%，从而缩短作业周期，加快工程进度，降低工程成本。

10.3 使用非雷管敏感的散装乳胶基质，消除了成品炸药储存、运输的安全隐患，具有显著的社会效益。

11. 工程实例

济南市开元寺隧道是西起名士山庄、穿越羊头峪山庄东至二环东路的一条长 1500m 隧道。开元寺隧道左邻中旅花园 48.2m，穿越羊头峪山庄地表建筑物，且埋深 23.0～30.8m，地表建筑物主要为 4 层居民小楼。隧道段地质主要岩性为奥陶系中统深灰色中厚层灰岩及泥质白云质灰岩，裂隙岩溶均很发育，岩溶发育在石灰岩与不溶岩层或岩体接触带附近，围岩类别多为 Ⅱ、Ⅲ 类。地下水类型为碳酸盐岩类裂隙岩溶水。

采用以上技术施工后，开元寺隧道掘进速度很高，尤其在穿越城市浅埋地段，每日施工进度无影响，均按阶段目标如期完工，每月进度均超过 200m。

通过应用此技术，取得了技术和经济双重效益。技术方面：采用乳化炸药泵送装填药仅需 2～3 人就可完成装药工作，减少了人员接触炸药的机会，作业面环境条件显著改善；因乳化基质泵送至炮孔内经敏化后方成为炸药，炸药的管理更简单，因此乳化炸药泵送装填技术更具安全性；人工装药时间通常在 1.5h 左右，乳化炸药泵送装药时间平均在 1.25h 内，装药时间节约 16.7%；采用乳化炸药泵送装填技术，炮孔内实现耦合装药，掏槽爆破效率更高，整体爆破效果更稳定，掌子面平整，岩石快度小且均匀，挖运速度快，减少爆破循环作业时间，同时也为下一循环施工作业创造良好的条件；EXEL 长延时非电雷管延时时间较国产非电雷管长并具更高的延时精度，通过控制单响药量和延时时间，爆破振动幅度施工得以顺利开展。经济方面：单特环炮孔利用率提高了 15%；炮孔数减少了 15.2%，钻孔作业时间相应减少，缩短了循环作业时间，减轻了工人作业强度，综合起来就是显著降低了单位进尺的爆破成本、提高了单位时间的进尺量。

预制钢筋混凝土排水检查井施工工法

YJGF097—2006

北京市政建设集团有限责任公司　北京市市政工程研究院　北京欣金宇混凝土制品有限公司

王贯明　萧岩　焦永达　陈辉　宋玉

1. 前　言

传统的排水检查井多采用烧结黏土砖砌筑而成。砌筑费工、费时，严重制约了管道施工的速度；砌筑检查井的质量受各种因素影响，特别是受工人操作技能的影响很大，使用十年左右，大多出现砖体疏、裂、剥落现象，井体渗漏，污染地下水源；井周土体在荷载下逐层松动和下沉，影响道路平整和舒适。北京市每年新铺设排水管线超过 100km，改建排水管线超过 20km，与这些管线配套的检查井约有 5000～6000 座，需要黏土砖 1500 万块以上。为烧制这些黏土机砖每年需要毁掉耕地数十亩，并耗费大量能源。原建设部 2002 年颁布了禁令，要求四个直辖市于 2003 年停止使用黏土砖，全国在 2005 年全面禁止使用黏土砖。

作为在全国范围内首先禁用实心烧结黏土砖的大城市，北京市有关研究单位和工程单位，在积极寻求实心烧结黏土砖的代用产品和变革旧有的人工砌筑检查井施工方法方面，先于其他省市做了大量的研究和探索工作。推行工厂化生产的标准化检查井，用预制装配式混凝土检查井代替黏土砖砌筑检查井正是推行排水管道施工工艺改革、全面提高排水管线质量工作中重要的一环。

北京市政建设集团有限责任公司、北京市市政工程研究院于 1998 年起开展排水管道装配化快速施工研究，2005 年完成了《预制装配式钢筋混凝土排水检查井》图集（05SS521）的编制和预制装配式检查井施工技术规程和验收标准（企业标准）的编制，并已得到北京市建委的批准，获准在北京地区的排水工程中试行。该项技术先后在北京市的平安大街、转河工程和三环路改造等工程中得到应用。自 1999 年起，北京地区的一些混凝土构件厂家已配备了专用模具，形成了一定的生产能力。使用承插口排水管和整体预制装配式检查井的排水工程，基本形成了边开挖、边下管、边装井、边覆土的局面，实现了一定意义上的快速施工。北京市几年来的工程实践已充分证明：采用按照《预制装配式钢筋混凝土排水检查井》图集（05SS521）工厂化生产预制钢筋混凝土装配式检查井，代替传统的黏土砖砌筑检查井进行排水管道铺设，已成为一种成熟而先进的施工方法。

2. 工 法 特 点

预制钢筋混凝土装配式检查井由底板、井室、盖板、井筒、井圈等部分组成。各部件均采用钢筋混凝土材料工厂化生产，施工阶段现场组合拼装后成为整体检查井。

预制钢筋混凝土检查井，按其井室形状分为圆形和矩形两种（如图 2-1、图 2-2 所示），其与管道的连接方式为刚性接口。与检查井相接的第一节、第二节管道之间设置柔性接口，以防止基础不均匀沉降造成雨污水泄漏。预制钢筋混凝土检查井各构件之间采用企口连接，以提高整体稳定性和严密性。预制钢筋混凝土装配式雨、污水检查井为同一井型，雨、污水检查井井筒高度，可通过多节预制构件组合调节。此种设计的优点是：可减少生产厂家的模具数量，便于构件的系列化、标准化、装配化；井室高度可调，可满足现场不同埋深、不同井深的需要；可以有效地降低生产成本。

预制钢筋混凝土装配式圆形检查井，按其井室内径的不同分为 ϕ700、ϕ800、ϕ1000、ϕ1200 及 ϕ1500 五种规格。预制钢筋混凝土装配式矩形检查井按其井室尺寸的不同分为 1360mm×1360mm、1600mm×1600mm

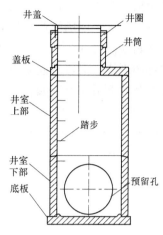

井盖 井圈 井筒 盖板 井室上部 踏步 井室下部 底板 预留孔

图 2-1　圆形和矩形预制钢筋混凝土装配式检查井　　　　图 2-2　预制钢筋混凝土装配式圆型检查井剖面图

两种规格。其中，圆形井室内径 1000mm 以上的检查井又可按井筒和井室的连接形式分为收口式和盖板式两种。

预制钢筋混凝土装配式圆形井、矩形井的井筒规格、尺寸均相同。其井筒由井圈和 7 种不同高度的调节块组成，以满足不同覆土深度的需要。井筒直径分为 $\phi700mm$、$\phi800mm$ 两种。

接入预制钢筋混凝土装配式检查井的各管道，均为管内顶平接，接入干线时的高程差由支线井调节。预制钢筋混凝土装配式检查井的雨水支管的预留接入孔，孔位和高程可根据管线设计图预制或按生产厂家提供的井筒调节块模数系列选配，以满足不同工程的需要。

预制钢筋混凝土装配式检查井，预留接管孔的孔径，对于明开施工法为插入管外径加 $2\times20mm$；对于顶进施工法为管外径加 $2\times30mm$。相邻预留孔边缘最小净间距为 2 倍井壁厚。

采用预制钢筋混凝土装配式检查井代替普通烧结砖砌筑排水检查井，具有独特的技术创新性和突出的优点：

1. 新型预制钢筋混凝土装配式检查井，成功地成为黏土烧结砖砌筑检查井的替代产品，为保护耕地、节约能源、禁止使用黏土烧结砖的法令、法规的实行创造了重要的基础条件。

2. 新型预制钢筋混凝土装配式检查井国家标准图集（05SS521）已发行，其结构设计合理、模数配套，便于工厂化生产和运输使用；采用新型预制钢筋混凝土装配式检查井代替黏土砖砌筑检查井，也是对传统的排水管道大开槽施工方法的突破和改革。将长时间"晾槽"的大开槽施工方法，改革成边开槽、边下管、边拼装、边闭水、边回填的快速装配式施工法，有效地减少了管道施工对都市交通的影响，具有重要的社会效益。

3. 新型预制钢筋混凝土装配式检查井，耐久性、密闭性、抗腐蚀性均优于普通砖砌式检查井，有效提升了排水管线总体施工质量，避免了污水泄漏对城市地下水资源的污染，具有重要的环境保护意义。

4. 采用新型预制钢筋混凝土装配式检查井代替黏土砖砌筑检查井，简化了施工，避免了大量土方的运输和储存，同时也延长了检查井的使用寿命、减小了日后养护和维修的费用。据测算，其总费用明显低于采用黏土砖砌筑检查井的传统施工方法，具有可观的综合经济效益。

3. 适 用 范 围

作为黏土砖砌筑检查井的替代产品，预制装配式混凝土排水检查井，适用于建筑小区、一般工业与市政排水工程和抗震设防烈度为 8 度及 8 度以下地区。可用在通行（汽—超 20 级）重车的城市道路下的排水管道工程中。地面覆土最大深度（自地面至检查井底板内表面）通常为 6m，地下水位不高于地面以下 0.5m（特殊情况可另行设计）。

使用时应根据接入管的管径、数量、方向、转角、覆土厚度和有无井室盖板等条件选用适用井型。由于吊装、运输、施工现场作业条件的限制，目前设计的装配式检查井可用于管径 $D \leqslant 1200$ 的混凝土、钢筋混凝土和其他圆管（包括 PVC、UPVC、HDPE 等）的排水管道工程（大口径管道检查井和特殊井型检查井可用现浇、页岩砖或专用砌体模块修建）。

圆形检查井井型适用范围如表 3-1 所示。

圆形检查井井型适用范围   表 3-1

检查井井室公称直径(mm)	下游管顶覆土厚度(m)	适用管径范围(mm)
700	$\leqslant 1$	$\leqslant 400$
800	$\leqslant 1$	$\leqslant 400$
1000	$\leqslant 5$	$\leqslant 600$
1200	$\leqslant 5$	$600 \sim 700$
1500	$\leqslant 5$	$700 \sim 800$

矩形检查井井型适用范围如表 3-2 所示。

矩形检查井井型适用范围   表 3-2

检查井井室公称尺寸(mm)	下游管顶覆土厚度(m)	适用管径范围(mm)
1360×1360	$\leqslant 5$	$800 \sim 1000$
1600×1600	$\leqslant 5$	$1000 \sim 1200$

4. 工 艺 原 理

4.1 根据工程技术要求（覆土深度、干管接入尺寸和位置等），选定或预定工厂化生产的预制装配式混凝土排水检查井。

4.2 对于明开槽排水管道施工，可采用开槽后逐节下管、遇井吊装的方法施工；也可采用预留井位、先下管、最后吊装井体的方法施工。

4.3 对于顶管施工，宜采用精确测量井位、先开槽吊装井室，而后将管体顶入井室预留孔的方法进行施工。

4.4 无论采用哪种施工方法，为达到地基均匀承载的效果，预制装配式混凝土排水检查井井室底板下，均须预先铺设 5～10cm 厚砂砾垫层。

4.5 预制装配式混凝土排水检查井，各部分之间设计为企口，在吊装时采用防水砂浆"坐浆"。

4.6 预制装配式混凝土排水检查井，与管道通过预留孔并在四周填充防水砂浆形成刚性连接。管道和井体的差异沉降，靠第一节、第二节管之间的柔性接口的变形解决。

由于避免使用黏土砖砌筑和现场湿混凝土作业，明显提高了工效。快速闭水试验后即可还土，可以做到边开挖、边铺管、边装井、边还土、边修路。预制装配式混凝土排水检查井的整体性能好、与管道连接效果好，也提高了排水管道的总体质量。

5. 施工工艺流程及操作要点

5.1 新型预制钢筋混凝土装配式检查井施工流程如图 5.1-1。
其中井室吊装见图 5.1-2、盖板吊装见图 5.1-3。

5.2 施工准备

5.2.1 施工前应根据施工设计图的要求，确定检查井的桩号、底板高程、砂砾石垫层、槽底高程、检查井井口高程、配管中心高程等。

5.2.2 按照设计图纸的要求，确定选用预制钢筋混凝土装配式检查井的类型、井壁预留接口的尺寸和位置等项技术要求。

5.3 基坑开挖及坑壁支护

5.3.1 基坑开挖前应对开挖段土质、地下水位、地下构筑物、沟槽附近地上建筑物、树木、输电、通讯杆线、地下管线等进行调查，确定开槽断面、堆土位置、施工道路和机械设备，制定施工方案。重要的施工措施，应会同设计单位共同确定。必须制定安全措施，对与已建地下管道交叉的位置，应进行坑探。

5.3.2 基坑底部尺寸、基坑断面形式和支撑形式均应按《给水排水管道工程施工及验收规范》(GB 50268) 有关规定进行。

5.3.3 开挖前，应按检查井的中心位置和底面标高设置中心桩和高程桩。

5.3.4 采用机械挖槽时，应留有不大于 10cm 的人工清理厚度，确保天然地基土壤结构不被扰动和破坏。

5.4 地基处理及砂砾垫层铺设

5.4.1 对于道路干线上的检查井，要求地基承载力特征值不小于 $100kN/m^2$。对于在湿陷性黄土、永久性冻土、膨胀土、可液化土等特殊性地区及地震设计烈度为 9 度及 9 度以上的雨污水工程，其检查井应根据相关标准的规定另作处理。

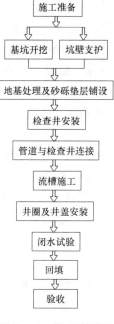

图 5.1-1 施工流程图

图 5.1-2 井室吊装图

图 5.1-3 盖板吊装图

5.4.2 人工清理槽底之后，应在槽底铺设一层砂砾，作为预制钢筋混凝土装配式检查井的底部匀压垫层。槽底砂砾垫层的厚度应符合设计规定，并预留沉降量。垫层长度、宽度尺寸应比预制混凝土底板的长、宽尺寸各大 10cm。垫层夯实后应用水平尺校平并核对标高。

5.5 预制钢筋混凝土装配式检查井运输和安装

5.5.1 应按设计文件的规定，对到场的预制钢筋混凝土装配式检查井构件的类型、编号、数量等进行核对和检查，特别应注意检查构件连接部位企口的完好性和井壁预留接口的尺寸、孔位以及孔壁内侧的平整、光滑程度。

5.5.2 预制钢筋混凝土装配式检查井，底板、井室、井筒等构件均应标示出吊装轴线。

5.5.3 预制检查井的底板吊装就位后，应立即进行位置和高程测量。底板中心位置允许偏差不大于 ±2cm，底板高程允许偏差不得大于 ±1cm。

5.5.4 预制检查井安装，应在底板位置和高程复核后进行，安装前清除底板上的灰尘和杂物，按标示的轴线进行井室和盖板的吊装。

5.5.5 井室吊装时，应核对管道承插口与检查井的连接方向；承口位于检查井的进水方向，插口位于检查井的出水方向。底板与井室、井室与盖板的连接边缝，应潮湿后用 1:2 水泥砂浆或聚氨酯掺和水泥砂浆填充，并做成 45°抹角，内侧接缝用原浆勾平缝。

5.5.6 井筒、井口吊装前，应清除企口上的灰尘和杂物，企口部位湿润后，用 1：2 水泥砂浆坐浆（厚 1cm）。吊装时应使踏步的位置符合设计规定。检查井安装完成后，应将所有内外接缝用 1：2 水泥砂浆或聚氨酯和水泥砂浆沟平缝。

5.5.7 污水检查井井室连接缝处于下游管管径的中心位置。砌筑流槽后，灌浆处理。

5.6 管道与检查井连接

5.6.1 排水管道上、下游排水管，管口伸入检查井井壁预留孔后，端面不得凸出检查井内壁，回缩量不得大于 5cm。

5.6.2 预制检查井井壁预留孔与管道外壁的间隙，应按设计要求填塞（宜采用水泥砂浆或膨胀混凝土捻口），外壁用水泥砂浆作成 45°抹角，里口用水泥砂浆抹顺。

5.7 流槽施工

按设计要求，用 C20 混凝土在检查井井底施做流槽，将上、下游管道接顺。

5.8 路面井圈及井盖安装

根据路面高程和预制混凝土井圈的高程确定铸铁井圈下混凝土垫层的厚度。清理预制混凝土井圈上表面，用 C30 混凝土垫至预定厚度，安装铸铁井圈，精调铸铁井圈高程，使之与四周路面平顺。

5.9 管道严密性试验

污水及雨、污水合流的排水管道，管道回填土前应进行井、管一体的严密性闭水试验。试验按相关给水排水管道施工及验收规范进行。

5.10 坑槽回填

5.10.1 回填时应确保井圈、管道、井室的安全，管道及井室等不位移，不破坏。

5.10.2 有闭水要求的排水管道，检查井应在闭水试验合格后进行回填。

5.10.3 路面范围内的检查井井室周围，应采用石灰土、砂、砂砾等材料回填，构筑物周围的回填宜与管道沟槽回填同时进行，当不便同时进行时，应预留台阶形接茬。

5.10.4 检查井周围回填压实时，应对称进行，对面高差不得大于 30cm，且不得漏夯；紧贴构筑物部位应加细夯实。

5.11 验收

验收标准和要求执行相关给水排水管道施工及验收规范。

5.12 施工关键技术

5.12.1 井壁预留孔位的确定或开孔操作。

5.12.2 井体精确吊装就位。

5.12.3 上下游管道接入井室。

5.12.4 井体各部分之间的防水处理、井体与接入管道连接部位的防水处理。

6. 材料与设备

6.1 主要材料

1. 按照《预制装配式钢筋混凝土排水检查井》图集（05SS521）工厂化生产的预制钢筋混凝土装配式检查井；

2. 级配良好的砂砾石（少量）；

3. 聚氨酯掺和水泥砂浆。

6.2 主要机具设备

1. 检查井基坑开挖机具（可与管道施工机具通用）。

2. 二次搬运和吊装所需要的吊装机具。

3. 回填所需的小型机具。

7. 质 量 控 制

7.1 预制钢筋混凝土装配式检查井质量标准

7.1.1 预制钢筋混凝土装配式检查井混凝土强度、几何尺寸、内水压试验均应满足产品质量标准。

7.1.2 井筒及圆形井室按 GB/T 16752 中规定检验。裂缝荷载为三点法外压试验时，产生 0.2mm 裂缝宽度时的外压荷载，破坏荷载为构件失去承载能力时的外压荷载。

7.2 预制钢筋混凝土装配式检查井施工阶段质量控制

7.2.1 井底板砂砾石下垫层厚度满足设计要求。

7.2.2 井底板与井室、井室与盖板的连接边缝，应在润湿后用 1∶2 水泥砂浆或聚氨酯掺和水泥砂浆填充，并做成 45°抹角，内侧接缝用原浆勾平缝，在闭水试验条件下不得渗漏。

7.2.3 上下节井筒之间的连接缝，应在润湿后用 1∶2 水泥砂浆或聚氨酯掺和水泥砂浆填充，内侧接缝用原浆勾平缝，在闭水试验条件下不得渗漏。

7.2.4 排水管道上、下游排水管管口，伸入检查井壁预留孔后，端面不得凸出检查井内壁，回缩量不得大于 5cm；预制混凝土检查井与管道接口接触面均应"凿毛"处理。预制检查井井壁预留孔与管道外壁的间隙，应按设计要求填塞（宜采用石棉水泥砂浆或膨胀混凝土捻口），外壁用水泥砂浆作成 45°抹角，里口用水泥砂浆抹顺，在闭水试验条件下不得渗漏。

7.2.5 接缝做法：检查井与钢筋混凝土管、混凝土管及铸铁管连接时，采用 1∶2 水泥砂浆或采用聚氨酯掺和水泥砂浆，接缝厚度为 10～15mm（图 7.2.5　Ⓐ、Ⓑ、Ⓒ）。企口尺寸见表 7.2.5。

企口尺寸表 表 7.2.5

a	b_1	b_2	m_1	m_2	s_1	s_2
100	40	30	53	34	10	7
120	40	30	67	41	10	7
140	45	30	80	45	15	10
150	45	35	85	50	15	10

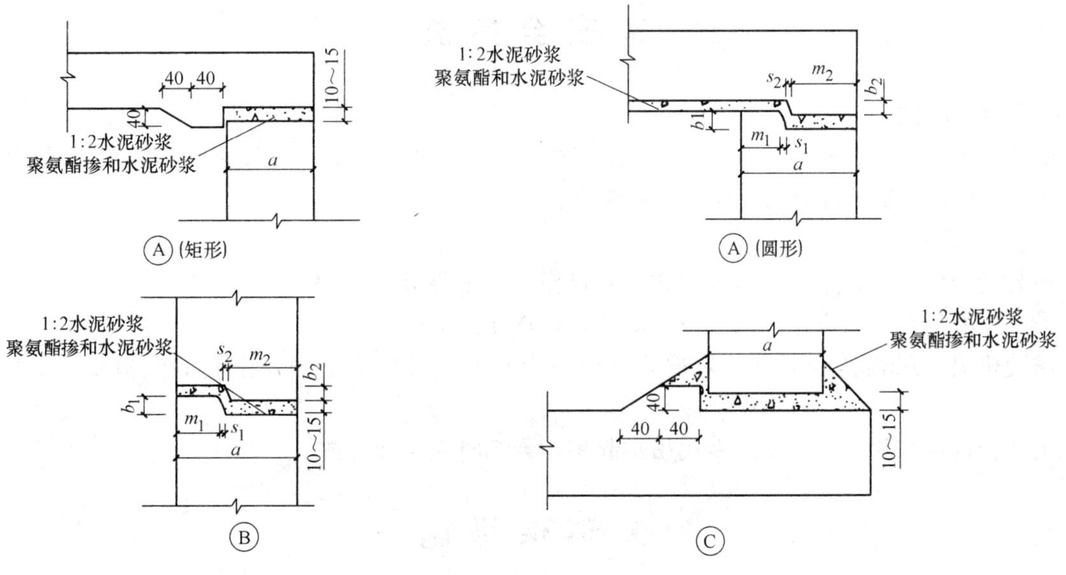

图 7.2.5　接缝做法示意图

7.2.6 填土时，在井室或井筒周围同时回填，回填土压实度根据路面要求而定，但不应低于95%。冻土深度范围内，应回填300mm宽的非冻胀土。若支、干管基础落于井室肥槽中时，肥槽须进行处理。其做法为：可用混凝土、级配砂石或其他无毛细吸水性能的土料，并控制压实密度，压实系数不应低于97%。

7.3 预制钢筋混凝土装配式检查井安装质量相关规定

7.3.1 底板与井室、井室与盖板的拼缝水泥砂浆填塞严密，抹角光滑、平整；水泥砂浆强度符合设计要求。

7.3.2 井室与井筒尺寸符合设计要求。

7.3.3 检查井与管道刚性接口连接，环向间隙应均匀，砂浆填塞密实、饱满。

7.3.4 检查井结构偏差应符合表7.3.4的要求。

预制检查井允许偏差表 表7.3.4

序号	项 目		允许偏差（mm）	检验频率		检 验 方 法
				范围	点数	
1	井室尺寸	长、宽	±20	每座	2	用尺量长、宽各计一点
2		直径				
3	井筒直径		±20	每座	2	用尺量
4	井口高程	非路面	±20	每座	1	用水准仪测量
5		路面	与道路的一致	每座	1	用水准仪测量
6	井底高程	安管	$D \leqslant 1000$ ±20	每座	1	用水准仪测量
7			$D > 1000$ ±15	每座	1	
8		顶管	$D < 1500$ +10～20	每座	1	用水准仪测量
9			$D \geqslant 1500$ +10～40	每座	1	
10	踏步安装	水平及垂直间距、外露长度	±10	每座	1	用水准仪测量
11	脚窝	高、宽、深	±10	每座	1	用尺量计偏差较大值
12	流槽宽度		+10 0	每座	1	用尺量

注：表中 D 为管径（mm）。

8. 安 全 措 施

8.1 劳动力组织

一般情况下，一个3人小组（其中1人指挥吊车，2人从事清槽、安装、防水、回填等辅助工作）即可完成预制钢筋混凝土装配式检查井的正常施工。

8.2 安全措施

1. 吊装场地应平整、坚实、无障碍物，满足作业安全要求。

2. 吊装作业前，应划定作业区，设人值守，非作业人员严禁入内。

3. 吊装机具、吊索具应完好，防护装置应齐全有效，支设应稳固，作业前应检查、试吊，确认正常。

4. 吊装构件应采用兜身吊带或专用吊具起吊，装卸时应轻装轻放。

9. 环 保 措 施

当前，实施可持续发展战略已经成为我国国民经济和社会发展的基本指导方针。国家制定环境影响评价的法规，建立健全环境保护制度，就是为了在建设项目实施前综合考虑到环境保护问题。本工法的实施从源头上预防或减轻了对环境的污染和生态的破坏，从而保障和促进可持续发展战略的实施。

本工法在施工过程中必须严格遵守《北京市建设工程施工现场环境保护标准》及《北京市建设工程施工现场场容卫生标准》。

9.1 现场所用材料保管，应根据材料特点分类，采取相应的保护措施，材料库内外散落粉料必须及时清理。

9.2 施工时检查井内外散落的零散料及运输道路遗洒设专人清扫。

10. 效 益 分 析

据统计，北京市每年新铺设排水管线超过 100km，改建旧排水管线数 10km。修建 5000 只以上的检查井，需用黏土砖 1000 万块以上。而现有的雨污水检查井已达 17 万座，此外还有煤气、热力、通讯等检查井也有 35 万座，全部维修一遍需要用黏土砖约 3 亿块。

根据前期工作情况和外省市的资料分析，采用装配式混凝土检查井代替黏土砖砌筑的检查井，建设资金投入相差不多，考虑到混凝土检查井的使用寿命比黏土砖砌筑的检查井要长几倍，普通砖砌检查井十年左右就有松动、塌落现象出现。在地下水浸泡的条件下，几年后砖块就开始疏松。而一般钢筋混凝土结构的设计寿命为 50 年。综合考虑建造和维修、更新的费用，混凝土检查井的综合费用仅为砖砌井费用的 25%，节约费用相当可观。按每年新建管线 100km、改建旧有管线 60km 计，不考虑黏土砖的价格上调，仅此一项，每年节约费用最少为 700~800 万元。

采用预制钢筋混凝土装配式检查井代替传统的黏土砖砌筑检查井的主要社会效益主要表现在以下几个方面：

1. 可以完全替代黏土砖，节约能源、保护耕地资源，符合国家关于可持续发展的战略目标。

2. 采用新型预制钢筋混凝土装配式检查井代替黏土砖砌筑检查井，是对传统的排水管道大开槽施工方法的突破和改革——可以做到边开槽、边下管、边拼装、边闭水、边回填，实现国际上发达国家推行的快速装配式施工法，有效地减少管道施工对都市交通的影响和拥堵。

3. 新型预制钢筋混凝土装配式检查井耐久性、密闭性、抗腐蚀性均优于普通砖砌式检查井，有效提升了排水管线总体施工质量，避免了污水泄漏对城市地下水资源的污染，具有重要的环境保护意义。

11. 应 用 实 例

近年来，新型预制钢筋混凝土检查井已在北京市进行了广泛的应用（见表 11），如北京市重点建设项目清河排污工程、凉水河排污工程、平安大街改造工程、高梁桥段的排污管道工程所有的检查井、首都机场新建航站楼工程已由砖砌改为混凝土预制构件，为我市在整个工程中全部采用混凝土检查井开创了先例。

预制钢筋混凝土排水检查井应用市政工程实例　　　　　　　　　　　　　　　　表 11

工程时间	施 工 单 位	工 程 名 称	应用数量
1998 年	北京市政二公司	平安大街工程	3
2002 年	市政工程管理处第三管理所	小月河截流工程	57
2003 年	市政管理处第一所	莲花河污水截流工程	23
2004 年	市政处机械厂	301 医院污水工程	19
2005 年	市政管理处二所	亮马河污水截流工程	32
2005 年	市政管理处一所	化工路北路污水工程	76

工程时间	施 工 单 位	工 程 名 称	应用数量
2005 年	隆城市政	堡头南路工程	15
2005 年	排水集团工程建工市政总承包	陶然亭路、东坝河工程	25
2006 年	排水集团工程市政三公司	通惠河工程	58
2006 年	排水集团工程市政一所	化工路鲁店工程	23
2006 年	排水集团工程建工集团	东坝北小河工程	15
2006 年	排水集团工程城建道桥	东坝南岸工程	89
2006 年	建工集团	首都机场新建航站楼工程	260

采用大直径钢筋混凝土圆环桁架内支撑基坑施工工法

YJGF098—2006

浙江中成建工集团有限公司

刘有才　张荣灿　张文健

1. 前　　言

长期以来，土木工程界的学者们和技术人员都在研究圆环桁架结构作为水平支撑用于土建工程的深大基坑支护上。其固有的优点从理论上得到认可，但由于其超大的平面结构，平面外失稳是人们担心的最大问题。

上海绿洲中环中心工程基坑呈圆形，占地面积达34000m²，在基坑支护中采用了 φ200m 直径的钢筋混凝土圆环桁架支撑系统，经应用获得成功。钢筋混凝土圆环桁架支撑的成功应用达到了施工快、造价低、环境影响小的目标，经上海市科学技术委员会鉴定，该成果总体上达到国际先进水平。在上海绿洲中环中心工程之前与之后，钢筋混凝土圆环桁架支撑还应用于杭州运河广场和天津龙悦国际大酒店基坑工程，并取得圆满成果。根据上海市科学技术委员会的鉴定意见，编制本工法，并在有条件的工程中予以积极推广应用。

上海市绿洲中环中心钢筋混凝土圆环桁架支撑系统在深基坑施工应用研究课题获"上海市科技进步二等奖"。

2. 工 法 特 点

2.1　结构简单、形状规整。

2.2　受力合理、充分利用了混凝土耐压的材料力学性质。

2.3　利用圆环桁架内支撑中间的无支撑空间，为基坑土方大开挖创造了有利条件。

2.4　明显的经济效益，明显的工期提前。

3. 适 用 范 围

3.1　适用于基坑开挖面积大、工期紧，特别适用对环境保护要求高的各种深基坑工程。

3.2　适用于多种平面形状的大型基坑，尤其是方形、圆形、多边形深基坑。

3.3　通过对水平支撑的调整，可适用于各种形状深基坑。

4. 工 艺 原 理

4.1　深大基坑钢筋混凝土圆环桁架内支撑系统的结构原理

在大而深的基坑中应用钻孔灌注桩、SMW工法，地下连续墙作为围护结构，内支撑选用钢筋混凝土大直径圆环桁架结构，在基坑周边（沿水平面）均匀主动土压力作用下，圆环桁架的构件内力主要表现为轴力。作为桁架上、下弦杆的环梁内力表现为均匀的轴压力，作为腹杆的斜撑，部分内力为轴压力，部分内力表现为轴拉力，这恰恰符合混凝土耐压的材料力学特性，由此节省作为内支撑材料的钢筋混凝土用量，实现降低基坑支护造价的目的。

4.2 与钢筋混凝土圆环桁架支撑系统结构相适应的土方连续开挖原理

圆环桁架内支撑系统，以少量的支撑结构抵御基坑强大的主动土压力，使基坑出现 2/3 左右的面积无支撑的状况，为基坑土方开挖提供了连续开挖的条件。为适应钢筋混凝土圆环桁架支撑结构四周均匀受力的特点，土方开挖须使土方近似水平下降，通过坑内各层各块土方有计划的安排，除第一道支撑的土方外，其他各层各块土方均由栈桥连续运出，由此创造土方连续大开挖的局面。

5. 施工工艺流程及操作要点

5.1 施工工艺流程

施工工艺流程见图 5.1。

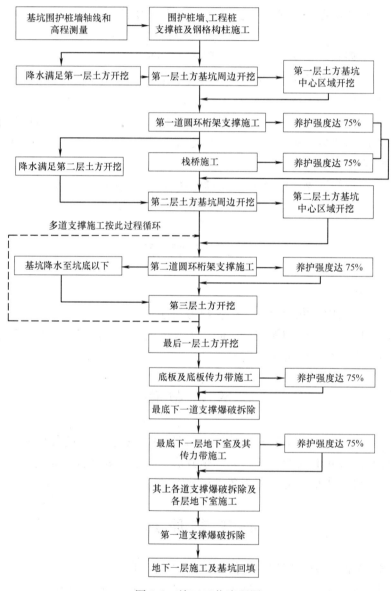

图 5.1 施工工艺流程图

5.2 操作要点

5.2.1 降水工程

熟悉基坑的地质报告，了解各层土的含水量，渗透系数，进而确定深井降水的井点数量。通过水位观察井将坑内水位控制在土方开挖面以下，土方开挖过程中，以深井抽水为主，辅以轻型井点降水。当基坑挖至坑底时，在坑底作好排水沟，排水沟与深井集水井相通，使基坑在各开挖过程中保持土体固结状态，以利于挖土。

5.2.2 土方开挖

根据钢筋混凝土圆环桁架支撑的受力特点，土方开挖应为：立面分层分次，各层中心岛留土。平面分段；均匀对称开挖。各层土方均由栈桥运出（表层土除外）。

5.2.3 圆环桁架支撑施工

5.2.3.1 在测量放样中，严格控制环梁的圆度和各道圆环的同心度。在高程测量时坚持内圆环比中环低，中环比外环低的原则。

5.2.3.2 钢筋混凝土支撑的垫层施工后，必须铺设油毛毡，确保水平支撑混凝土与垫层隔离，土方开挖时使垫层能从支撑底顺利脱落。

5.2.3.3 圆环桁架支撑的模板配制，应先批量预制各节点模板，现场安装后凑合直线段模板。

5.2.3.4 支撑混凝土浇捣必须密实。

5.2.3.5 支撑混凝土强度等级必须达到设计的要求，方可进行下一层土方开挖。

5.2.4 整个基坑施工过程必须坚持信息化管理，作好坑体的沉降、水平位移、测斜监测、作好水平支撑各道环梁的沉降及支撑的内力监测，作好坑内外水位观测。

5.3 劳动力组织

同样以占地 32000m²，深度 9m 的基坑内为例，从土方开挖到开挖至坑底，其劳动力组织如表5.3所示。

劳动力组织 表5.3

各岗位或工序	单位	工程部位或时间的使用数量		备 注
		土方工程	水平支撑	
土方开挖外运	人	90		
截桩	人	90		
人工扦土	人	80		
钢筋绑扎	人		100	
模板工程	人		210	
混凝土浇筑	人		40	
其他	人	10	20	
塔吊司机	人		10	
坑内井点抽水	人	30		
测量放样	人		6	

6. 材料与设备

在基坑围护桩墙已完成的前提下，以占地平面面积 32000m²，深度 9m 的圆形基坑为例，所需配备的材料和设备如表6.1。

所需配备的材料和设备 表6.1

材料与设备	性能与规格	单位	工程部位或时间使用数量		备 注
			土方工程	支撑	
钢筋混凝土	C30	m³		7500	
深井井点		口	128		

材料与设备	性能与规格	单位	工程部位或时间使用数量		备 注
			土方工程	支撑	
轻型井点		套	10～15		
挖土机械	1.2m³	台	2		
挖土机械	0.9m³	台	2		
挖土机械	0.3m³	台	4		
运土汽车	20t 自卸式	辆	60		
钢筋混凝土栈桥	6×5	座	2		
抢修车		辆	2		
走道板	1×6	块	30		
混凝土输送泵			2		
插入式振捣泵			10		
塔吊	80t·m	台	5		后期连续使用
潜水泵		台	80		
全站仪	DI2000	台		1	后期连续使用
水准仪	DS3	台	4	2	后期连续使用

7. 质 量 控 制

本工法施工按《混凝土结构工程施工质量验收规范》（GB 50204—2002），《工程测量规范》（GB 50026—93）、《建筑基坑支护技术规程》（JGJ 120—99）执行。

7.1 土方开挖应沿基坑周边对称均匀分若干偶数块，立面以支撑道数分层。

7.2 圆环梁表面不平度≤3mm，不圆度≤2mm，各圆环不同心度≤2mm。

同一道支撑的内环中心应比中环中心低，中环中心应比外环中心低，相邻圆环之间高差的幅度为 20mm。

8. 安 全 措 施

8.1 挖土机在坑内桁架支撑间挖土时，严格禁止挖机大臂碰撞竖向支撑。

8.2 土方开挖和土方运输时，须有专人指挥，行车路线有行驶标识。

8.3 严格按挖土方案进行分层分块有次序的挖土，确保坑内土体稳定，特别是开挖面土体稳定和保证水平支撑的受力合理。

8.4 加强信息化管理，施工过程坚持对第一道内、中、外环梁的沉降测量观测，严防内环梁向上漂移的情况发生，进而控制大型钢筋混凝土桁架水平支撑的平面外失稳。

9. 环 保 措 施

9.1 土方开挖及混凝土浇捣过程中，所有进出车辆在出门前均用清水冲洗干净。并在现场出口处满铺麻袋。

9.2 做好混凝土支撑爆破的方案论证、审批和过程中的检查工作，支撑爆破应在密闭防护棚中进行，以防爆炸物飞溅和粉尘弥漫。

10. 效 益 分 析

以上海绿洲中环中心工程为例，由于该基坑工程中成功地实施了 ϕ200m 直径钢筋混凝土圆环桁架支撑系统及相应的土方开挖技术，取得了明显的经济效益和社会效益。

10.1 节能与经济效益

10.1.1 与满堂对撑或局部留置空间加对撑相比，节约钢筋混凝土约 17000m³，省去竖向支撑约300 根，就此两项产生直接经济效益 1800 万元。

10.1.2 由于采用连续土方开挖技术，该基坑土方 30 万 m³ 开挖共占工期 80d（其中还完成两道钢筋混凝土圆环桁架支撑的钢筋混凝土结构施工），与同类基坑工程相比，提前工期 2～3 个月。

10.2 环境与社会效益

分层、分区、分块，对称均匀的土方连续开挖技术的实施，使每块土方开挖任务清楚，出土路线明确，运土车封闭后方可出场，建筑材料水平运输和垂直运输线路明确，混凝土泵车泵管定址设置，材料定址堆放，人行道路、上下马道都有标识，整个现场展现出一付有条不紊的文明施工场面，整个现场路清、气清，该工程在基坑施工过程得到上海市普陀区政府相关部门的好评。

11. 应 用 实 例

11.1 上海绿洲中环中心工程

位于上海市普陀区金沙江路和真北路交叉口的西北象限，整个基坑呈圆形，围护体一般外径 ϕ200m，最大外径 ϕ210m，周长 640m 左右，基坑大部深度 8.30m，局部深度 9.70m、11.70m，见图 11.1。围护体采用钻孔灌注桩＋深层搅拌桩，内支撑体系采用二道圆环钢筋混凝土桁架水平支撑、其中第一道为双圆环桁架、第二道为三圆环桁架，桁架体系由钢格构柱支撑。

图 11.1　绿洲中环中心工程超大直径圆环桁架支撑基坑全貌

1. 实物工作量

本工程基坑面积达 34000m²，二道钢筋混凝土水平支撑方量为 7500m³，钢格构 75t，钢构柱下的钻孔灌注桩钢筋混凝土量 870m³。

2. 应用效果

土方工程自 2005 年 5 月 27 日开始至 8 月 23 日结束，其中还克服了二次飓风暴雨的干扰，基坑工程安然无恙。经监测周边建筑最大沉降 17.1mm，坑外地表沉降 24.4mm，围护桩水平位移 18.5mm，均小于规定限值，经济效益和社会效益相当明显。

11.2 杭州运河广场

位于杭州市拱辰桥桥东，地下二层建筑面积 37739m²。基坑呈正方形，最大开挖深度为 10.60m，最浅 4.90m，呈台阶式，基坑挖土总量约 25 万 m³。基坑采用带撑桩墙式围护结构，即坑周采用一排钻孔灌注桩挡土、两排水泥土搅拌桩止水加一道双圆环形钢筋混凝土水平桁架支撑，最大直径 ϕ130m，用 95 根钢立柱支承水平支撑。采用本围护体系后节省了一道水平支撑，节约资金约 150 万元，土方开挖中充分利用了环形支撑内的大空间，大大缩短了挖土工期。

11.3 天津龙悦国际大酒店基坑工程

地下二层，基坑呈长方形，平面尺寸约 92.0m×66.0m，基坑挖深 12m，最深处达到 14.45m，共计土方 75000m³。该项工程位于天津市咸阳路 29 号北辛庄园林小区内，根据平面形状，采用一排钻孔灌注桩和一排水泥土搅拌桩作为基坑护壁，两个大小相同的半圆（$R=34.525m$）组成双环双层的桁架内支撑体系，同时在长边中间加一对撑，水平支撑体系由钢格构承载。本基坑应用双环桁架内支撑支护体系，为深基坑开挖提供了较大的空间，缩短了工期，与常规支撑体系相比节省造价 25%。环形桁架支撑体系边角部位及中间对撑区加设钢筋混凝土板，并与环梁固接，改善了受力性能，整体刚度大，经监测支护体系变形较小。工程自 2005 年 11 月 5 号开始挖土，2006 年 8 月 15 日结构出±0.00。

深基坑钢筋混凝土内支撑微差控制爆破拆除施工工法

YJGF099—2006

江苏三兴建工集团有限公司

徐安宁　赵诚堪　苏常高

1. 前　　言

　　随着城市地下空间的开展和利用，地下人防工程、地下车库、城市基础设施的建设越来越多，地下工程基坑施工过程中需要对周围房屋建筑和市政设施进行保护，以保证现有建筑和市政设施的正常和安全使用，为此，需要采用妥善有效的支护措施。因钢筋混凝土内支撑刚度大、变形小、施工方便，是沿海软土地区的地下工程的深基坑支护常用的支护结构形式。深基坑钢筋混凝土内支撑是地下工程主体结构施工的临时施工措施，需随着地下工程主体结构的施工及时拆除，进行必要的"换撑"，以保证地下工程主体结构顺利施工。钢筋混凝土临时支护体系的拆除需根据施工需要局部、分次、分段进行，不是对结构的一次性整体拆除。为安全、快速、高效的拆除这些临时支护体系，我公司经过精心技术准备，会同中国矿业大学组织具有丰富爆破经验的人员，结合工程实际情况，采用"控制爆破"技术很好地解决了钢筋混凝土支撑体系拆除问题，并使该施工技术日趋成熟，形成工法。

2. 工 法 特 点

　　2.1　安全可靠：能有效地控制爆破的有害效应，使爆破时的声响、飞石、振动、冲击波、破坏区域、破碎体散塌范围和方向，全部控制在所规定的限度内，确保拆除工程具有安全、迅速而又不致使邻近建筑物和尚应保留的临时支护体系遭受损坏。特别是能防止爆破飞石的危害。爆破作业时周边道路基本上无需封锁，减少了对社会带来的不便和间接的经济损失。

　　2.2　工效高：控制爆破每天破碎钢筋混凝土量可达 $50\sim100m^3$。效率高，能有效地缩短施工工期。

　　2.3　操作简单：除爆破作业（装药、填塞、连线、起爆等）需专业爆破人员以外，一般的架子工和普工就可担任其他作业内容的操作。

　　2.4　对临近的建筑物、构筑物、市政设施和其他地下管线影响甚微。

　　2.5　杜绝持续噪声：常规的风镐凿碎混凝土工艺持续噪声时间长。爆破工艺每天仅发生 $1\sim2$ 次瞬间爆破噪声，其有害效应的影响比原风镐凿碎方法低得多。特别是爆破钻孔采用预埋塑管或纸管则施工噪声影响更小。

　　2.6　减轻工人劳动强度：一般的风镐破凿和人工破凿工人劳动强度大，利用控制爆破大大减轻了工人的劳动强度。

3. 适 用 范 围

　　适用于工程施工期间钢筋混凝土结构、钢筋混凝土临时支护体系的整体、局部、分次、分段拆除。特别适用于临近建筑物密集的市区内深基坑工程的钢筋混凝土内支撑的拆除和工期较紧的钢筋混凝土内支撑的拆除。

4. 工 艺 原 理

　　爆破是一瞬间释放大量能量的破坏活动。控制爆破是指适当的选择临空面，采取较多的炮孔、较少的分布式内部装药，严格控制爆破能量和规模，达到"破散不抛"、"就近塌落"、"爆破松动，不损相临"，使爆破面比较规整，爆破时的声响、飞石、振动、冲击波、破坏区域以及破碎体的散塌范围和方向均控制在规定的限度内。控制爆破一般采用微差控制爆破技术。微差爆破技术是一种应用毫秒延期雷管，以毫秒级时差顺序起爆各个药包的起爆技术。其基本原理是把普通齐发爆破的总炸药能量，分割为多个较小的能量，采取合理的装药结构、最佳的微差间隔时间和起爆顺序，为每个药包创造多面临空条件，将齐发大量药包产生的爆破地震波，变成多个不重叠的小幅值爆破地震波，从而降低地震效应，把爆破振动强度控制在限定的水平以下。

爆破施工单位必须具有相应的施工资质和爆炸物品使用许可证。必须由专业技术人员进行有关爆破方案设计和相关参数计算。爆破设计方案的内容应根据《爆破安全规程》GB 6722—2003 规定进行；爆破计算的内容有：最小抵抗线计算；孔深确定计算；单孔装药量计算；最佳微差时间计算；起爆网络连接计算；安全距离校核计算等。

深基坑钢筋混凝土内支撑采用控制爆破技术拆除时，运用合理的安全防护技术使爆破后剩余能量有一定释放空间，但又能阻挡其外溢。同时采取一系列相应的安全措施，达到安全拆除深基坑钢筋混凝土内支撑的目的。

5. 施工工艺流程及操作要点

5.1 施工工艺流程

详见施工工艺流程图5.1。

5.2 操作要点

5.2.1 深基坑钢筋混凝土内支撑采用控制爆破拆除施工前，施工单位应准备：

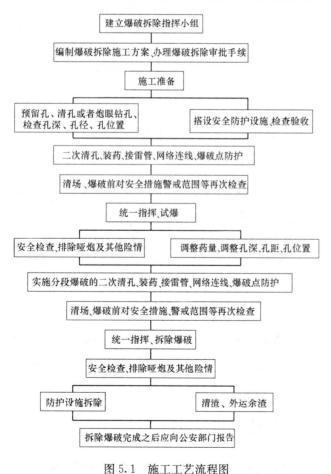

图 5.1 施工工艺流程图

1. 深基坑支护设计说明和深基坑支护平面布置图。

2. 深基坑支护水平支撑结构设计详图（配筋图、节点图、混凝土强度等级）。

3. 施工现场总平面图、周围地下管线图和周边环境情况。

4. 爆破拆除的施工计划：如拆除顺序、拆除工期、起爆时间等。

5.2.2 根据施工现场提供的资料和现场实际情况，认真编制爆破拆除的施工组织设计，确定成孔方式、孔径、孔距、孔深、装药量、引爆方式、起爆网络及连接方式等关键技术要求，确定爆破作业实施的起始和结束日期，以及确定每日爆破作业的次数和每次爆破作业的确切起爆时间及延续时间。

5.2.3 向当地公安机关申请办理《工程爆破项目审批表》。经公安部门审批后再制订补充安全防护措施和实施方法、发生紧急情况时的处理预案等。最终将施工方案、公安部门审批的《工程爆破项目审批表》，制订的补充安全防护措施等装订成册，由项目经理签字后交监理工程师审批。

5.2.4 建立爆破拆除施工领导小组，编制爆破拆除的实施细则，制订爆破拆除作业各岗位工作人员的岗位责任制和检查、验收制度。

5.2.5 对进行爆破拆除的各工序、各工种施工人员分别进行施工技术和安全技术书面交底，并签字存档。

5.2.6 爆破拆除作业必须统一指挥，爆破指令只能由爆破指挥长一人下达，所有参加爆破拆除的作业班组和人员必须听从命令、服从指挥，并按时完成布置的作业任务。

5.3 劳动组织

5.3.1 爆破指挥组：全面负责爆破拆除施工的指挥、管理、协调工作。由指挥长、技术员和安全员组成，3～5人。

5.3.2 爆破施工组：由专业爆破施工人员组建，负责爆破作业操作、检查和后期处理。以上人员必须具有爆破作业操作证，持证上岗，3～6人。

5.3.3 安全保卫组：负责爆破作业防护设施的搭设和检查，负责爆破作业现场及警戒范围内的警戒、保卫工作，5～10人。

6. 材料与设备

6.1 爆破材料：炸药；电雷管；非电导爆管雷管；连接导线；中空六角钢钎；合金钻头；纸管或塑料管。

6.2 防护材料：φ48×3.5钢管、扣件；竹笆；草袋（帘）；编织袋（装湿黄沙）；铁丝。

爆破专用的防护"炮被"（用废旧橡胶带编织而成）。

6.3 施工机具：9m³移动式空压机供风钻孔。钻孔选用YT-26、7655风动凿岩机成孔。（如果是在浇筑钢筋混凝土内支撑时预埋塑料管或纸质管作为爆破孔时，则以上机械可省略）。3m³移动式空压机和风管用于清理爆破孔内的积水和杂物。高能起爆器；对讲机和吹哨（联系、指挥用）。

6.4 爆破专用起爆器、检测仪表等。

7. 质量控制

深基坑钢筋混凝土内支撑采用控制爆破拆除技术是深基坑施工中一项工期短、安全要求高的施工项目。在整个爆破拆除施工中的技术质量要求是安全作业的保证。除专业爆破技术必须按有关专业规范要求进行计算、操作外，现场的安全防护也必须严格要求。以尽量降低材料消耗、力争达到理想的破碎效果、高效快速完成拆除任务，确保施工安全万无一失。

爆破施工应遵照《爆破安全规程》GB 6722—2003、《拆除爆破安全规程》GB 13533—92、《土方与爆破工程施工及验收规范》GBJ 201—83中的相关条款的要求组织控制爆破拆除的施工。规范、规程中没有明确要求的按照以下条款要求施工。

7.1 质量要求

7.1.1 钢筋混凝土内支撑爆破拆除要达到破碎均匀。爆破飞石控制在预定范围内。爆破后钢筋和混凝土一般能基本分离。

7.1.2 钢筋混凝土内支撑爆破拆除要达到不影响深基坑内支撑立柱的安全（设隔离预裂孔带，解除应力集中）。特别是钢筋混凝土内支撑为应力圆时，应力圆的支撑立柱尤需注意。

7.1.3 爆破孔眼装药后的填塞质量是影响爆破效果的一道重要工序，但又很容易忽视。填塞质量必须符合爆破方案设计和操作规程要求。

7.1.4 如靠近临街或居民区，有必要再搭设安全防护棚时，则安全防护棚可参照《建筑施工扣件式钢管脚手架安全技术规范》（JGJ 130—2001）中安全防护棚搭设要求施工，顶层封闭可用多层竹笆覆盖，并在最上层再加压重 0.5kg/m²，经检查合格后使用，在爆破结束后拆除。

7.1.5 整个爆破拆除工程施工各项方案、审批手续、检查验收、记录资料齐全。

7.2 控制爆破的技术措施

7.2.1 要求控制爆破拆除钢筋混凝土内支撑时采取较密的布眼、较少的装药，严格控制爆破的能量和规模；采用毫秒延时雷管分段起爆（为造成较多的临空面），使爆炸裂缝沿炮眼连线裂开，形成比较整齐的爆裂面。

7.2.2 深基坑钢筋混凝土内支撑与立柱桩交接节点处，一般距立柱桩 200～300mm 处，专门布一排"减震孔"仅钻孔不装药，以减小钢筋混凝土内支撑爆破拆除时对立柱桩的影响。

7.2.3 采用非电导爆管复式网络连接技术。非电导爆管不怕火、不怕水、抗静电干扰，非常适宜深基坑钢筋混凝土内支撑的爆破拆除；复式网络分段延期，确保充分起爆，达到理想的拆除爆破效果。

7.2.4 控制爆破拆除不论是先期预埋管孔，还是后期钻孔布眼，孔眼严禁歪斜，孔眼必须深浅一致、位置准确。

7.2.5 控制爆破拆除正式爆破作业前一定要进行试爆。通过试爆，调整装药量、调整其他有关爆破参数，以便获得较好的爆破效果。

8. 安 全 措 施

8.1 严格执行《爆破安全规程》（GB 6722—2003），《土方与爆破工程施工及验收规范》（GBJ 201—83）中的相关条款。按照《建筑施工安全检查标准》（JGJ 59—99）、《施工现场临时用电安全技术规范》（JGJ 46—2005）的要求进行安全文明施工。严格遵守经上级有关部门审批的爆破拆除施工方案中有关爆破作业、起爆方式、安全距离、警戒范围、防护措施、破坏情况等规定。防护作业时遇有高处作业情况，施工时操作工人应佩戴安全带。参加爆破拆除作业人员必须持证上岗。

8.2 爆破施工阶段，爆破指挥组应负责爆破施工的统一指挥、协调等安全管理工作，爆破各道工序要认真细致操作、检查和处理，严防各种安全事故的发生。

8.3 在市区作业拆除爆破，应采用毫秒延时雷管和非电导爆管网络起爆，严禁采用火花起爆。

8.4 爆破作业起爆前，施工现场应采取停电措施。如整个现场暂时停电有困难时，爆破区内除照明外的动力电应停电，特别是电焊机必须停止作业。爆破作业在炸药和电雷管装入炮孔内后，施工现场内所有人员的手机要关机，只能采用对讲机和哨音、色旗进行现场联络。

8.5 如果在爆破现场附近有蒸汽锅炉或空气压缩机房等高压设备时，应及时通知在爆破时间内将其正常的压力降到 1～2 个大气压。

8.6 爆破施工所用的爆破器材必须严格进行检验。严禁使用过期、变质或经检验不合格的爆破器材。爆破器材的运输、贮存和现场领用管理必须符合危险品管理要求。

8.7 对炮孔必须严格验收。对单孔装药量应根据施工方案的计算和现场验收结果进行核实、调整，对超深或深度不足的炮孔必须返工。

8.8 爆源防护必须按Ⅲ级防护覆盖，若用草帘覆盖时浸水后使用，以提高覆盖效果。如增设钢管竹笆防护棚，则防护棚搭设应易搭易拆，牢固实用，安全可靠，满足防护要求。

8.9 选用电力起爆时要注意起爆电源的电压与电容量是否够用，以免发生"拒爆"事故。非电爆管网络应铺设双线，孔内线脚要有保护措施，避免装填时把线脚拉断，严禁用大地作为电爆网络的回路。电爆线路只允许用橡胶或塑料绝缘导线，同时严禁雷管放在电源线附近。

8.10 电力起爆前应将每个电雷管的脚线造成短路，直到使用时方可解开。电源主线末端也要连接成短路，用胶布包裹以防误触电源提前爆炸。区域连线与电源主线的连接必须在所有爆破孔眼均已装药堵塞完毕并核查后、现场所有作业人员已退至安全区域后方可连线。起爆总电源开关箱和高能起爆器由专人管理，待得到准确命令后方准起爆。

8.11 爆破作业时，爆区禁止一切无关人员进入现场。起爆前在警戒区周边派专人警戒，必要时在交通路口设置临时警戒标志牌。警戒区在爆破时为无人区，区内并无易燃易爆物品。

8.12 爆破后首先检查和排除哑炮。如发现哑炮，应由原装炮人员当班处理。处理哑炮过程中严禁将带有雷管的药包从炮孔中拉出来，也不准拉住雷管脚线将雷管从药包中拔出来。哑炮未彻底处理前不准撤销警戒令。确保哑炮消除100%，无安全事故。

8.13 遇到暴风雨或闪电打雷时，禁止装药、禁止安装雷管和连接起爆网络等操作。

9. 环 保 措 施

9.1 严格按照批准的爆破拆除施工设计方案的要求控制好每孔装药量，采取较密的布眼、较少的装药，严格控制爆破的能量和规模。

9.2 采用毫秒延时雷管分段起爆，降低爆破产生的地震效应、空气冲击波、飞石作用。

9.3 对爆源防护必须按Ⅲ级防护覆盖。对地下基坑内的爆破体采用竹笆、草袋、编织袋装湿黄泥组合覆盖的方法，草帘覆盖时浸水后使用，以提高覆盖效果，减少空气冲击波、飞石作用、粉尘飞扬。对地下基坑表面的爆破体采用废旧橡胶带编织而成的"炮被"覆盖，并用多层"炮被"覆盖，提高覆盖效果，减少空气冲击波、飞石作用、粉尘飞扬。采用多层"炮被"覆盖，并经试爆检查安全可靠，一般可不再搭设安全防护棚。

9.4 在人员密集的市区施工，可在被拆除的物体处增设钢管竹笆防护棚，要求防护棚防护严密，不得有空隙。并且防护棚搭设应易搭易拆，牢固实用，安全可靠，满足防护要求。

10. 效 益 分 析

10.1 提高工效比较

根据《人防工程预算定额》（HYD 99—01—99）1999.5 版

2—45	钢筋混凝土支撑拆除	每立方米混凝土用人工 7.5 工日
13—41	钢筋混凝土现浇梁拆除	每立方米混凝土用人工 10.67 工日

而且拆除现浇钢筋混凝土构件如需敲出钢筋回收时，人工系数乘以 1.75

根据《江苏省房屋修缮工程预算定额》1999.10 版

1—28	拆除现浇混凝土及钢筋混凝土梁	每立方米混凝土用人工 7.9 工日

而且拆除现浇钢筋混凝土构件如需敲出钢筋，人工系数乘以 1.3

以上三种不同的施工预算定额每立方米混凝土拆除用人工最少也需要 7.5 工日，例如 400m³ 钢筋混凝土人工拆除则总需用 3000 工日。而根据我公司已完成的控制爆破拆除实际情况分析 400m³ 钢筋混凝土拆除只需用 56 工日。工效提高的比例十分显著。

10.2 缩短工期比较

工效提高了，工期也相应缩短了。控制爆破拆除钢筋混凝土构件平均每天破碎可达 50～100m³，所以 400m³ 钢筋混凝土内支撑如人工拆除至少需用 20d；如采用控制爆破拆除可以缩短在 5～7d 内完成。

10.3 社会效益

人工拆除钢筋混凝土需用空压机和风镐长时间作业，噪声、粉尘对周边社会影响较长、较大。如纯粹用人工用大锤、钢钎，则劳动者的劳动强度很大。而用控制爆破拆除则仅在极短时间内对周边社会环境会有影响，而且在其影响之前可以预先通知告示，让大家有所准备，以致减轻影响程度。

11. 工 程 实 例

11.1 连云港市人民防空办公室 "031" 工程地下室深基坑围护采用钢筋混凝土预制桩，二道钢筋混凝土支撑的深基坑围护体系；

11.2 七一六研究所工程深基坑围护采用预应力钢筋混凝土管桩，钢筋混凝土支撑的深基坑围护体系；

11.3 连云港气象局信息处理中心工程地下室深基坑围护采用预应力钢筋混凝土管桩，钢筋混凝土支撑的深基坑围护体系；

11.4 连云港津华苑地下室工程深基坑围护采用预应力钢筋混凝土管桩，钢筋混凝土支撑的深基坑围护体系等深基坑支护钢筋混凝土内支撑拆除。

12. 附件：爆破技术计算

12.1 最小抵抗线确定：

最小抵抗线 W 是拆除爆破中的一个主要参数，其大小对介质的破碎程度、飞石的产生、装药量确定和钻孔工作量的多少等都有直接影响。确定最小抵抗线大小时应根据拆除对象的材质、几何形状、结构尺寸、布筋情况、周围环境、爆后块度要求以及清渣能力等综合考虑。

$$W=\sqrt{\frac{gLr}{qemH}} \tag{12.1}$$

式中　W——最小抵抗线（m）；

　　g——每米装药炮孔深度的装药量，与炮孔直径（mm）有关（kg/m）；

　　L——炮孔深度（m）；

　　r——装药长度系数；

　　q——被炸物单位体积炸药消耗量系数（kg/m³）；

　　e——炸药换算系数；

　　m——炮孔密集系数；

　　H——爆破拆除高度（厚度）（m）。

12.2 孔深计算：（一般不应小于最小抵抗线长度）

$$L=C \cdot H \tag{12.2}$$

式中　C——边界条件系数；

　　H——爆破拆除高度（厚度）（m）。

12.3 孔距与排距计算：（取决于最小抵抗线的大小）

钢筋混凝土中多排炮孔间距 $a=mW$。（m 为密集系数） （12.3）

炮孔间距 a 与最小抵抗线 W 成正比，其比值用炮孔密集系数 m 表示，多排孔一次起爆时排距 b 应略小于孔距 a，可取 $b=(0.6～0.9)a$。

12.4 单孔装药量计算：

$$Q_1=(q_1 \cdot A+q_2 \cdot V) \cdot C_0 \cdot W \cdot e \cdot g \tag{12.4}$$

式中　Q_1——单孔装药量（g）；

　　q_1——面积系数（g/m²）；

　　A——剪切面积（m²）；

　　q_2——体积系数（g/m³）；

　　V——爆破体破碎体积（m³）；

　　C_0——常数；

　　W——最小抵抗线（m）；

　　e——炸药换算系数；

　　g——爆破物单位体积炸药消耗量（g/m³），与爆破介质性质及炸药总类有关。

12.5 总装药量

$$Q = Q_1 \cdot n \tag{12.5}$$

式中　Q_1——单孔装药量；

　　　n——爆破孔总数。

12.6 起爆网络连接计算（以电起爆网络为例；常用串并联网络连接形式）

串并联连接要求各分支线路的电阻值基本相同，各并联支路的电阻平衡

$$I = \frac{E}{R_{主} + \frac{1}{m}(R_{支} + nr)} \geq mi \tag{12.6}$$

式中　I——起爆网络中所需总的准爆电流（A）；

　　　E——电源电压（V）；

　　　R——起爆网络中的总电阻（Ω）

　$R_{主}$——主线的电阻（Ω）；

　$R_{支}$——端线、连接线、区域线的合电阻（Ω）；

　　　n——线路中的电雷管数；

　　　r——每个雷管的电阻值（Ω）；

　　　m——分支线路的组数；

　　　i——通过每个电雷管的准爆电流（A）。

一般直流电不小于2.0A；交流电不小于2.5A。

12.7 最佳微差间隔时间计算（ms）

$$t：最佳微差间隔时间一般根据经验公式取 t = (25 \sim 50)ms \tag{12.7}$$

12.8 减震孔设计

为了降低爆破拆除混凝土水平内支撑时对立柱的影响，可在水平内支撑上、距立柱交接节点200~300mm处，专门布一排或二排垂直设置的减震孔。减震孔不装填炸药，减震孔要穿透混凝土水平内支撑。孔径可同拆除爆破钻孔孔经，孔距一般为100mm。

12.9 最小安全距离计算

12.9.1 防止飞石的安全距离确定

一般应根据《爆破安全规程》的规定确定。对于混凝土支撑构件的爆破，在严密防护的前提下，一般取50~100m。

12.9.2 爆破震动波的影响距离（爆破地震波质点速度控制域值一般取3~5cm/s）

$$R_0 = K_0 \cdot \alpha \cdot Q^{1/3} \tag{12.9.2}$$

式中　R_0——爆破点产生爆破振动影响的安全距离（m）；

　　　K_0——根据爆破点附近地基性质而定的系数；

　　　α——与传播距离有关的衰减系数；

　　　Q——爆破总装药量（kg）。

12.9.3 空气冲击波的安全距离（m）

$$R_k = K_B \cdot Q^{1/2} \tag{12.9.3}$$

式中　R_k——空气冲击波的安全距离（m）；

　　　K_B——与装药条件和破坏程度有关的系数；

　　　Q——爆破总装药量（kg）。

12.9.4 爆破毒气安全距离（m）

$$R_g = K_g \cdot \sqrt[3]{Q} \tag{12.9.4}$$

式中　R_g——爆破毒气的安全距离；

　　　K_g——系数，平均值采用160；

Q——爆破总装药量（kg）。

对下风向，计算结果的距离应增大一倍。

12.10 限制一次起爆的最大用药量

$$Q_{max} = R_0^3 \left(\frac{V}{K_0}\right)^{3/\alpha} \tag{12.10-1}$$

式中 Q_{max}——最大用药量；

R_0——安全距离；

V——地面质点峰值安全允许振速（cm/s）；

K_0——根据爆破点邻近物结构性质而定的系数，又称介质系数；

α——与传播距离有关的衰减系数。

控制加载爆炸挤淤置换施工工法

YJGF100—2006

中交第四航务工程局有限公司

李汉渤　　江礼茂　　王健　　王伟智　　何卓文

1. 前　　言

爆炸法处理水下地基和基础是一项新的施工技术，它利用炸药爆炸释放的能量达到改良基础的目的。针对不同的淤泥厚度和环境情况，已发展起来多种爆炸处理软基筑堤的施工方法，最新的爆炸挤淤施工技术是"控制加载爆炸挤淤置换法"。

"控制加载爆炸挤淤置换法"是最新发明的一项专利技术，已于2006年4月通过国家专利局审批，专利号是：ZL03 1 19314.5，专利权人：江礼茂。"控制加载爆炸挤淤置换法"可以认为是抛石挤淤的延伸，是利用堤身自重荷载与爆炸荷载对土体的综合作用以达到挤淤的目的。该方法不仅适用于上述规程所规定的条件，尤其是对于深厚淤泥层的置换及其二侧宽平台的形成。在工期、质量及安全上均得到有效的保障，且一般情况下可节约工程造价及施工成本，已经成功应用于广东阳江核电站海工一期东、南及西等三条防波堤施工、深圳盐田港中港区的围堰堤工程，以及粤海铁路轮渡南北港四条防波堤等水工工程中。该方法技术先进，施工方面优点多，故总结形成本工法，对类似工程可推广应用。

2. 工 法 特 点

2.1　施工简便，陆上施工，工后沉降小。

2.2　对12m以上的深厚淤泥的置换落底可靠。

2.3　保证堤侧水下宽平台一次性形成后，解决常规爆炸挤淤施工常见的堤侧局部失稳问题，增强了堤身的整体稳定性。

3. 适 用 范 围

本工法适用于在淤泥质软土上建造通过爆炸挤淤置换软基的防波堤、护岸、驳岸、滑道、围堰、路基等工程。目前可置换表层淤泥厚度为4～38m。由于置换的软弱土层深厚，往往会遇到砂层及黏土层。若遇到标贯较小的砂层及淤泥质黏土或粉质黏土需处理时，应结合最新的专有技术"深层爆炸法"进行爆炸参数的综合设计。

4. 工 艺 原 理

4.1　"爆炸挤淤填石法"是排除淤泥软土换填块石或砾石的置换法。爆炸挤淤填石是在抛石体外缘一定距离和深度的淤泥质软基中投放炸药包，起爆瞬间在淤泥中形成空腔，抛石体随之坍塌充填空腔形成"石舌"，达到置换淤泥的目的。经多次推进爆破，即达到最终置换要求。控制加载爆炸挤淤填石法是"爆炸挤淤填石法"的延伸及更新。

在本方法中，土及填料的物理力学性质是内因，控制抛填加载是手段，必要的爆炸是使挤淤过程得以完成的附加外荷载。通过抛填加载的控制和爆炸载荷的控制，使挤淤过程按设计进行，确保堤身达到设计断面，满足质量要求。

4.2 关键技术设计

4.2.1 设计依据

1.《中华人民共和国民用爆炸物品管理条例》，国家行政法规，1984年1月；

2.《中华人民共和国防止船舶污染海域管理条例》（国发〔1983〕202号文）；

3.《爆破安全规程》GB 6722—2003；

4.《爆炸法处理水下地基和基础技术规程》JTJ/T 258—98，交通部行业标准；

5.《水运工程测量规范》JTJ 203—2001；

6.《水运工程爆破技术规范》JTJ 286—98；

7.《港口工程质量检测评定标准》及其局部修订本 JTJ 221—98；

8.《防波堤设计与施工规范》JTJ 298—98；

9.《水运工程抗震设计规范》JTJ 225—98；

10.《港口设施维护技术规程》JTJ 289；

11."控制加载爆炸挤淤置换法"专利相关资料。

4.2.2 主要设计内容

针对地质情况，进行不同区段的抛填参数和爆炸参数的设计，特殊地段特殊处理。

控制加载爆炸挤淤置换法是解决防波堤水下宽平台形成的重要手段。解决防波堤水下宽平台的完整形成问题，也是控制加载爆炸挤淤置换法核心内容之一。

只有控制好抛石"加载"的断面抛填形状才能形成可靠的水下平台。具体方法是：通过对抛石自重挤淤深度及淤泥鼓包的估算，试算加宽堤头抛填宽度后堤侧在爆炸作用下能达到平台位置的块石体积能够满足水下平台的体积，则可定出此时的堤头的抛填宽度和抛填标高。抛填的平面示意图及断面示意图见图4.2.2-1及图4.2.2-2。

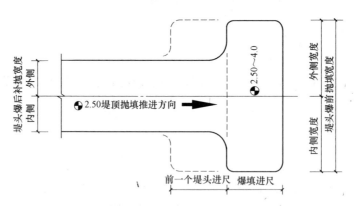

图 4.2.2-1 堤头抛填平面示意图（单位：m）

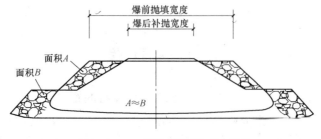

图 4.2.2-2 堤头抛填断面示意图

4.2.3 "控制加载爆炸挤淤置换法"的计算步骤

1. 抛填参数计算原则

1) 根据土工计算原理和堤身设计高度，经过理论分析计算，确定堤身抛填高度。要点是施工方便、爆后堤顶不超高的前提下抛填高度尽量高，最大限度地达到挤淤效果。抛填高程还应考虑在施工期高潮时堤顶不过水，根据土工计算结果及陆上抛填的施工要求，综合选取抛填高程。

2) 根据抛填计算高度值和堤身设计断面参数（堤顶高度、宽度，水下平台高度、宽度，堤身落底深度、宽度），计算堤身抛填宽度值。通过抛填宽度控制，使堤身宽度尤其是堤身两侧平台宽度和厚度得到保证，同时要尽量减少埋坡工作量。

2. 爆炸参数的计算

爆炸参数按"控制加载爆炸挤淤置换法"的计算方法进行计算，并按类似工程的施工经验进行适当调整后，综合得出。

"控制加载爆炸挤淤置换法"计算爆炸参数的步骤如下：

1) 根据堤身抛填高度和堤身抛填宽度，确定堤身自重挤淤深度，自重挤淤深度 D_0 通过如下公式确定：

$$[(2+\pi)C_u+2\gamma_s D_0+(4C_u+\gamma_s D_0)D_0/B+2\gamma_s D_0^3/(3B^2)]/\gamma=h+D_0 \qquad (4.2.3-1)$$

式中　D_0——自重挤淤深度（m）；

　　　B——堤顶抛填宽度（m）；

　　　h——泥面以上堤身高度（m）；

　　　C_u——淤泥抗剪切强度（kPa）；

　　γ_s、γ——分别为淤泥和填料重度（kN/m³）。

2) 估计堤头爆破下沉平均高度 D_1：

$$D_1=K_1(D-D_0) \qquad (4.2.3-2)$$

式中　D_1——堤头爆破下沉平均高度（m）；

　　　K_1——经验系数，取 0.2~0.6；

　　　D——设计挤淤置换深度（m）。

3) 给定每炮抛填进尺 b，一般取 5~8m，特殊地段 4~6m，按下列公式计算单药包重量 Q：

$$Q=K_2 b D_1^2 \qquad (4.2.3-3)$$

式中　Q——单药包重量（kg）；

　　　K_2——经验系数，取 0.2~0.4；

　　　b——每炮进尺（m）。

4) 堤头爆填药包的间距 a 应满足如下关系式：

$$a=1.4K_3(0.062Q^{1/3}) \qquad (4.2.3-4)$$

式中　a——堤头爆填药包的间距（m）；

　　　K_3——经验系数，取 8~12；

　　　Q——单药包重量（kg）；

　　　$0.062Q^{1/3}$ 值为球形药包的半径。

5) 堤头爆填布设的药包的个数 M 应满足如下关系式：

$$M=M_1+M_2 \qquad (4.2.3-5)$$

式中　M——堤头爆填布设的药包的个数；

　　　M_1——堤头前面所布设的药包的个数；

　　　M_2——堤头两侧所布设的药包的个数。

M_1 和 M_2 应分别满足如下关系式：

$$M_1=\text{int}[K_4(B+B_m)/a]+1 \qquad (4.2.3-6)$$

$$M_2=2\text{int}[K_5 b/a] \qquad (4.2.3-7)$$

式中　B——堤顶宽度（m）；

B_m——堤身在泥面处的宽度（m）；

K_4、K_5——经验系数，分别取 0.4～0.8 和 1.0～1.5。

3. 药包埋深

应根据实际情况确定药包的埋深，例如，在有覆盖水的情况下或淤泥松软的情况下，可以将药包直接置于泥面上即可，而在设计挤淤深度较大或淤泥较黏时，可以将药包置于泥面以下，该埋深值通常为（D～D_0）的 0～0.8 倍。通常，在施工工艺许可的条件下（例如，在布药时不致损坏布药器具），药包的水平位置，应尽可能地靠近抛填体，通常该距离小于 4m，最好小于 2m。

4.2.4 爆破网路设计

1. 爆破器材的选择

1）根据防水、安全及环境保护的需要，炸药采用袋装乳化炸药。为保证药包重量误差和使用方便，药包按设计单药包重量在炸药厂定做。

2）传爆器材采用导爆索。为安全传爆，要选用 1m 含炸药重量不小于 10g 的导爆索。

3）起爆器材采用非电雷管。分段起爆时，采用非电导爆管雷管，分段段差不小于 100ms。

2. 导爆索网路

1）导爆索采用搭接，搭接长度不小于 15cm，搭接处用电工胶布绑扎结实，禁止打结或打圈。

2）导爆索切割用快刀加工，两端应用防水电工胶布进行密封防水。

3）导爆索支索与主索的传爆方向的夹角必须小于 90°。

4）起爆导爆索应采用两发同厂、同批号的非电雷管起爆，非电雷管的聚能穴应朝向导爆索的传爆方向。

3. 雷管的使用

1）选择同厂、同批、同型号的两发非电雷管并联起爆。

2）作为起爆雷管的两发非电雷管应在连接网路前进行必要的外观检测。

3）非电导爆管雷管分段起爆时，用于激发导爆管的雷管的聚能穴方向应与导爆管传爆方向相反，并用胶布绑扎好。

5. 施工工艺流程及操作要点

5.1 施工工艺流程

5.1.1 爆炸挤淤的施工工艺流程

爆炸挤淤的施工工艺流程见图 5.1.1。

5.1.2 回填开山石爆夯施工工艺流程

回填开山石爆夯的施工工艺流程详见图 5.1.2。

5.2 操作要点

5.2.1 总体施工顺序要点

1. 防波堤爆炸挤淤按"堤头爆填→两侧爆填→内、外侧坡脚爆夯"的施工工序展开施工。

2. 堤侧护岸推填段或护岸加宽段采取侧向推进爆填的施工方法，施工工序为"侧向爆填→平台侧爆→坡脚爆夯"。

3. 施工流水段

根据"控制加载爆炸挤淤置换法"的爆炸作用机理及类似工程施工经验，防波堤堤头爆炸对堤身的纵向产生明显变形的影响范围约 15～20m，侧向爆炸施工对堤身已施工完成段产生明显变形的影响范围约 5～10m。故爆炸处理软基的施工流水取 40～60m 一段，即堤头爆填处理长度完成 40～60m 后，进行侧向爆填和堤内、外侧坡脚爆夯，侧向爆炸处理的一次处理长度取 20～30m，形成非台风季节 30～30m、台风季节 20～20m 的流水节拍，施工流水段见图 5.2.1。

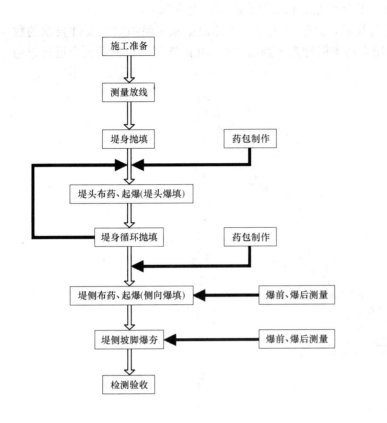

图 5.1.1　爆炸挤淤施工工艺流程图　　　　图 5.1.2　回填开山石爆夯施工工艺流程图

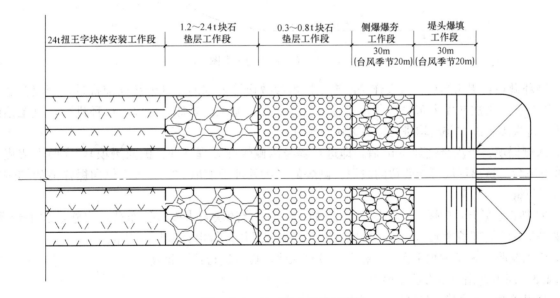

图 5.2.1　施工流水分段示意图

5.2.2　防波堤爆炸挤淤施工要点

在施工时，应按抛填参数和爆炸参数两个方面进行施工控制。抛填要做到"堤身先宽后窄，石料外大内细"；堤头爆炸前抛填时保证平台宽度和厚度一次到位，爆后堤身缩窄到设计堤顶宽度控制方量，尽量减少埋坡工作量；水下平台"宁低勿高"，不使堤心石侵占护底块石位置，以确保底块石的厚度和重量。大块石尽量抛在堤身外侧，以利抵御风浪冲淘，同时为抛石护坦和护面施工储备块石。堤头爆炸—抛填施工完成适当进尺后，进行侧向爆填和堤内、外侧坡脚爆夯。

1. 堤身抛填：严格按施工组织设计确定的抛填宽度和抛填高度进行堤身抛填。

2. 堤头爆炸：堤身抛填进尺达到设计进尺后，进行堤头爆填。即根据施工组织设计文件要求的数量和重量制作药包，在淤泥较深的区段采用大功率振冲式装药器并用80t的履带吊机辅助配合进行布药见图5.2.2。

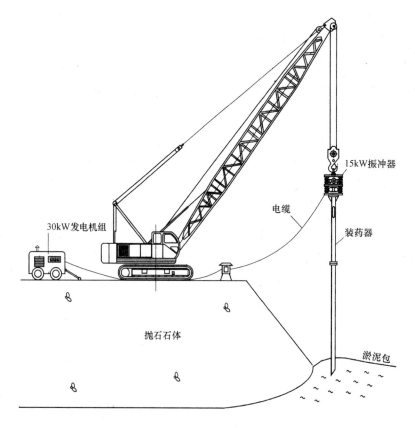

图 5.2.2　装药机布药示意图

3. 循环抛填：堤头爆后，按爆炸挤淤施工抛填参数设计要求的宽度继续向前推进，当堤头达到新的设计进尺后，再次在堤头布设群药包实施爆炸，如此"抛填—爆炸—抛填"循环进行，直至达到设计堤长。每次堤头爆炸前后均进行堤头纵断面测量。

4. 两侧爆填：当堤身达到40m后，即进行堤身两侧爆炸处理（即：侧向爆填），完整形成堤身内外侧水下平台，挤出堤底可能残留的淤泥。侧爆的一次处理长度取20m。每次侧向爆炸前后均进行堤身横断面测量。

5. 坡脚平台爆夯：侧爆后，在堤内外侧坡脚水下平台的块石表面进行布药，实施坡脚平台爆夯。一次坡脚爆夯的处理长度取20m。每次坡脚平台爆夯前后均进行堤身横断面测量。

6. 检测验收。采用体积平衡法、钻孔法及物探法对堤身进行检测验收。

5.2.3　回填开山石爆夯施工要点

1. 基槽验收：基槽深度和尺寸满足设计要求。

2. 基槽抛石：基槽抛填的标高应在设计基础上预留10%的夯沉量。

3. 布药前测量基床顶面高程。

测量内容：基槽开挖断面及每层爆夯前抛石基床断面，每5m一个断面，每2m一个测点。断面测量的宽度为抛石基床顶面两侧各宽出两个测点。测量方法采用水砣在低平潮时测量或用回声测深仪测量。

4. 药包制作：按爆夯参数表设计的重量和数量制作药包。制作的过程如下：

预先在编织袋装20～30kg的配重，然后根据不同重量的药包，按竖直方向自上而下往编织袋内装乳化炸药，接着将乳化炸药的袋口打开，把炮头插入药包内，用绳子扎紧药包袋口，最后将炮头的引索从编织袋的一侧抽出，用绳子将编织袋口扎紧，药包制作完毕。

5. 布药：采用人工同步投放布药法。布药船定位后，在布药船一侧船舷，按药包间距标出布药点并摆放好药包，同时沿侧舷摆放的药包布放支索，每个药包安排一名工人操作，将药包的引索搭接到主索上，搭接长度为30cm，用胶布缠绕，缠绕长度30cm。引索与主索搭接时，要注意传爆方向一致，相邻两个药包之间的支索应留有余量，不能过于松弛或过于紧绷，药包与支索连接完毕，工人按指挥员的要求，将药包放到船的一侧，听指令，同时将药包用绳索放入水中基床的顶面。当若干支路投放完毕后，用主索将各支索并联，实施爆夯见图5.2.3。

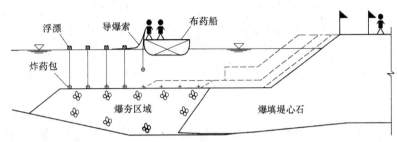

图5.2.3 回填开山石爆夯布药示意图

6. 爆炸网路：采用群药包条形布药网路。按不同的抛石厚度调整不同宽度和长度的布药网格。

7. 起爆：采用导爆索网路和有线起爆配合进行爆破，将连接起爆体的起爆线用交通船引至岸上，等布药船撤到安全距离后，指挥员与海域警戒哨联络，确认无人员、车辆、船只逗留在非安全区，即指令爆破工将起爆线与起爆器连接，充电起爆。

8. 爆后断面测量：每遍爆夯后均进行断面测量，每5m一个断面，每2m一个测点，断面测量的宽度为抛石基床顶面两侧各宽出两个测点。

9. 计算夯沉率：以爆前、爆后测量基床高程计算其算术平均值，夯沉率按下式计算：

$$\delta = \Delta\overline{H}/\overline{H} \times 100\% \tag{5.2.3}$$

式中 $\Delta\overline{H}$——爆夯前、后高程平均值之差（平均沉降量）；

$\overline{H}$——爆夯前石层平均厚度。

10. 验收标准：按夯沉率10%验收，达不到要求时进行补夯验证。

5.2.4 护岸爆炸挤淤施工要点

1. 护岸分施工段按垂直于轴线方向抛填推进。

2. 侧向爆填：按各施工宽度向侧推进5～7m进行一次侧向爆炸。

3. 侧向加强爆填：当侧向推进到形成水下平台后，进行一次加强侧爆。每次侧向爆炸前后均进行堤身横断面测量。

4. 坡脚平台爆夯：加强侧爆后，在堤内外侧坡脚水下平台的块石表面进行布药，实施坡脚平台爆夯。每次坡脚平台爆夯前后均进行堤身横断面测量。

5. 回填开山石爆夯：对堤身内外侧进行挖泥，回填开山石，抛石顶面预留10%的夯沉高程，利用网格形布置的触地药包进行爆夯。

6. 检测验收。采用体积平衡法、钻孔法及物探法对堤身进行检测验收。对爆夯区进行爆夯前后的断面测量，计算夯沉量要大于10%。

5.2.5 专题施工技术要点

1. 关于粉细砂、细砂及淤泥质黏土的处理要点

抛填参数控制：堤头抛填进尺由5～7m缩短为4～6m；爆前堤顶高程、堤顶抛填内侧、外侧宽度均应按设计参数执行；爆后补抛堤顶高程、堤顶抛填内侧、外侧宽度均应符合设计参数要求。

爆炸参数控制：在有砂层的区段，炸药包的埋入深度是关键（一般应埋入砂层中 > 2/3H 处），炸

药包的重量、埋深及间距、个数应经设计计算，每一堤头炮的药包布设于堤头泥石交界的包络面上。

2. 关于淤泥质黏土、粉质黏土的处理要点

抛填参数控制：首先增加抛石体的自重，堤顶抛填设计标高可适当提高，为了增加爆炸扰动次数，堤头抛填进尺由 5～7m 缩短为 4～5m；爆前堤顶高程、堤顶抛填内侧、外侧宽度均应按设计参数执行；爆后补抛堤顶高程、堤顶抛填内侧、外侧宽度均应符合设计参数要求。

爆炸参数控制：为使药包爆炸充分作用于淤泥质黏土，炸药包的埋入深度应在该土层顶面下 0.55H 处，炸药包的重量、埋深及间距、个数应经设计计算，每一堤头炮的药包布设于堤头泥石交界的包络面上。

3. 防波堤或护岸外（内）侧水下宽平台完整形成的处理要点

抛填参数控制：采用"先宽后窄"的抛填方法，在堤头炮前加宽堤身，形成 T 字形堤头，堤头炮后在补抛堤身时，将堤身宽度收到设计宽度，以有效减少坡面多余石料。

爆炸参数控制：堤头炮布药不仅要布设在堤头端部泥石交界处，还要布设在堤身两侧，一般在堤头抛填进尺为 5～7m 时，两侧各布置两个药包。

4. 堤侧护岸或护岸加宽爆填工艺要点

为防止在护岸及防波堤堤身之间夹泥太厚，不能采用常规做护岸的堤头推进方法进行施工，必须采用侧向推进爆炸施工，减少护岸与防波堤之间的夹泥，选用合理的抛填推进方法、施工分段及爆炸参数，是保证护岸堤身完整形成的关键。

一般按堤头爆—侧爆—坡脚爆夯处理的护岸，挤淤质量是可靠的，但挤出淤泥会在堤侧及堤端部形成淤泥包，该淤泥包会夹在堤身与护岸下，使堤身沉降很大。采用平行于堤线方向的侧向爆填推进方式，让堤下淤泥向堤侧方向挤出，虽然淤泥挤出方向只有一个（堤侧方向），但通过抛填进尺长度控制，可减少这一方向的淤泥挤出路径长度，使淤泥的挤出相对容易。同时，要加大炸药量、减小药包间距以增加爆炸作用强度。在施工中特别要注意处理好两相邻施工段连接处，防止有淤泥夹在中间。

抛填参数控制：侧向抛填进尺取 5～7m。护岸抛填推进方法见图 5.2.5 所示。

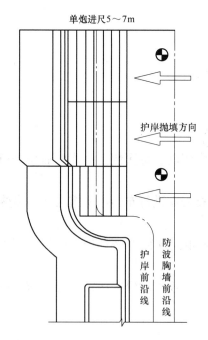

图 5.2.5　护岸爆炸挤淤施工推填示意图

爆炸参数控制：炸药包的重量、埋深及间距、个数应经设计计算，每一堤头炮的药包布设于堤侧平行堤轴线方向的泥石交界处，并在与下一个施工段的连接处布设两个药包，炸药包埋深在有砂层的区段要埋入砂层中或有淤泥质黏土层下＞2/3H 处，在纯淤泥段药包埋深要大于淤泥厚度的 0.55 倍。在堤身断面推填至最后一炮后，采用同样的爆炸参数再进行一次加强侧爆。侧爆后进行平台爆夯。

5. 工程结构防台施工要点

爆炸挤淤施工要经历台风期，必须十分重视防台工作，采取可靠的防台措施。

爆炸挤淤要服从总体的防台施工要求，按照工序的特点，主要从两个方面进行：一是在台风期应将堤头爆和侧爆、爆夯的施工流水段从 30m 一段缩短为 20m 一段；二是在台风来临前，应将已放完堤头炮的堤段的侧炮全部放完，并将堤顶堆满大块石。

防台的总体原则是：长期预报 15d 准备，72h 决策，48h 完成。

具体的技术措施如下：

1）在台风期及时通过业主或（和）甲方设立防台大块石专用料场，进行防台大块石的储备。

2）在陆上推填堤心石的过程中，尽量将大块石推至堤身的外侧，使其对裸露段堤心石起到一定的防护作用。

3) 在台风预报 15d 准备期，缩短堤头爆填、侧爆及坡脚爆夯与块石垫层工作段之间的距离，使堤心石裸露段长度小于 40m。

4) 在台风来临 48h 前，停止堤头爆填，将未进行侧向爆填及坡脚爆夯处理的堤身段全部处理完毕，降低处理后的堤顶标高，并在堤顶和堤外侧补抛防台大块石护面。

5.2.6 常规施工技术要点

1. 堤心石推填

1) 在陆上用自卸车、推土机等按堤顶设计宽度及标高推填堤心石，在离堤头前缘线 2～5m 处卸石。推填时要勤丈量，避免一次纵向爆填推进距离超长。

2) 堤心推进一定距离（一般不小于 40m）后，再进行侧向爆填。侧向爆填前，要求把堤顶两侧各加宽 2～5m，加高至要求堆石高度后，再进行爆填作业，以利于两侧边坡成形。侧向爆填进尺应以不影响堤头推填为宜。

3) 堤心纵向爆填进尺量（即一次推进距离）的控制：在施工过程中，主要用相邻两次爆破抛填堤头桩号差来控制堤心纵向爆填进尺量。如出现严重超抛现象，即石料大大抛过"石舌"长度的位置，必须减少下一炮进尺量。

2. 配重及药包制作

1) 按设计要求称量炸药装入一个已装配重砂的编织袋内。一般采用砂袋与药包相连作为配重用。

2) 切取导爆索 2～3m（用于纵向爆填）或 15～17m（用于侧向爆填），把两端切口用防水胶布封死，按"爆破网路设计"的要求制作起爆体。

3) 导爆索的配备。应备齐连接每个药包的主干导爆索，为起爆可靠，主干导爆索采用双股，其长度根据布药线长度、水深和安全距离确定。

3. 药包布放及导爆网络连接

1) 在水位变动区，药包埋深采用实测水位法控制。

2) 当工程所在地泥面较高且露出水面时间较长，适合于人工装药条件时，可采用合适的简易布药法，但应满足爆破设计要求。

3) 采用从套管或套筒内投放药包时，应拉紧提绳，配合送药杆进行，不得使药包在套管或套筒内自由坠落。

4) 根据药包位置及断面特征确定采用水上或陆上布药方式，以及采用静压式还是振动压入式布药设备的成孔方法。

① 泥面药包的布放及连接

用汽车或运输船将药包运到爆填现场之后，将药包悬挂至一特制的布药扁担上，并用主干导爆索将各药包的导爆索连接好，起重设备将布药扁担起吊至药包布放位置，然后吊机松下吊钩，使扁担连同药包徐徐放入水中，主干导爆索缠绕在一滚轴上，它随药包的下放而延长。待药包接近泥面，几个操作工人同时用力拉绳拔出脱钩插销，使各药包同步落至泥面，吊起扁担。有条件时或必要情况下也可利用人工进行泥面布药。

② 泥下药包的布放与连接

用汽车或运输船将药包运到爆填现场，布药设备定位，并将做好的药包放入特制的成孔布药器中，随即引出药包导爆索，按照设计的药包位置，用成孔布药器在泥内造孔，达到标高后，操纵布药器将药包放入孔内，拔出成孔布药器，把药包导爆索连接在主干导爆索上，然后重新定位布设下一个孔，待一次起爆的药包全部布设完毕，将主干导爆索从一端引出，传引至堆石体顶面。

4. 药包引爆

爆填均在陆上起爆。布药完毕后，在现场施爆指挥员的统一指挥下，发出人员船只撤离危险区的警报信号。当人员船只撤离到安全地点后，在陆上将两发 8 号铜电雷管和主干导爆索绑扎在一起，将起爆线引到安全地点，鸣示警报，确保安全无误后，由现场施爆指挥员发令起爆。

5. 试爆填

1）试爆填的目的

① 检验爆破设计采用的参数是否合理，能否满足工程质量要求；

② 为保证工程质量和确定今后的施工工艺提供技术依据；

③ 检验爆破对周围建筑物或构筑物的影响。

2）试验段的选择

试验段长一般定为 30～50m，位置一般定在起始段。

3）施工顺序

先进行纵向爆填，推进至全段长后，再对全段进行侧向爆填。

4）堤心石落底的测定

在堤面选 1～2 个点进行钻探，按设计要求堤心石下卧层为良好持力层。

5）"石舌"伸展状况测定

按设计要求探摸"石舌"形态。

5.2.7　布药设备选择及布药深度和位置控制

1. 布药设备的选择

布药设备按驻位位置条件划分为水上布药和陆上布药二种，按成孔装药方式主要划分为静压式、振动压入式、钻进式和加压冲孔式等，目前，主要应用前二种布药工艺。

1）布药设备组成。主要包括：动力部分和送药部分。其中动力部分主要包括行走、移动、吊起功能或振动器及辅助动力（发电机）等。送药部分主要包括装药器（管）、导杆、封头和挂脱离系统。

2）布药工艺

布药设备驻位—安装装药器封头—药包放入装药器—引起起爆线并专人牵引—将装药器送入设计的淤泥中—脱离封头—提起装药器—从装药器的底端引出起爆线，放置于安全位置待用。移至下一个药孔位置，循环以上操作直至整个爆区内药包布设完成。

3）成孔装药方式——静压式

采用由大型挖掘机改装的液压式陆上装药机，在堤头正面及外侧侧面布设群药包，实施堤头爆炸。一般适用于近距离布药。

4）成孔装药方式——振动压入式

若由于处理可液化砂层、粉质黏土、淤泥质黏土的需要，以及需要较远距离布药，布药机应具有在深水的条件下将炸药包埋入泥面下一定深度以上及穿透砂层的能力。根据阳江核电海工一期南防波堤 50m 试验段及西防波堤工程爆炸挤淤施工的相关经验，并通过计算验证，采用了 80t 的履带式起重机辅助 15kW 振冲式装药器在陆地进行布药。在阳江核电海工工程现场施工情况证明，此套装药器在该场区的地质条件下，可以直接振冲至残积土层或强风化花岗岩。

5）布药方式

陆地布药方式，可利用陆上的设备如挖掘机或吊机＋辅助布药工具等进行；水上布药方式，可利用工作船＋起重设备＋辅助布药工具进行，在涌浪较大水域，当使用工作船上的起重设备明显存在安全隐患而人员可作业时，也可改由工作船＋人工进行布药。上述水、陆二种布药方式均适合泥下及泥面布药。

2. 布药位置及深度控制

1）药包的平面位置控制采用极坐标控制。

以吊机转动中心（A 点、B 点）建立极坐标，极轴半径按下式计算：

$$\rho = L \cdot \cos\alpha \qquad (5.2.7\text{-}1)$$

式中　α——吊机在平面内的转角；

　　　L——吊机起重臂长度。

2) 药包埋入深度按标高及贯入度两个指标进行控制。

药包的埋入深度应满足设计标高要求。

药包埋入深度标高 Z 按下式计算：

$$Z = Z_s - Z_i \qquad (5.2.7\text{-}2)$$

式中 Z_s——水面高程；

Z_i——装药器水面下长度。

当振冲器达不到设计标高时按振冲器贯入度控制。通过对阳江海工现场土层的实际测定，贯入度控制标准为：当 15kW 振动锤在设计激振力作用下，1min 下沉深度＜10cm，应达到设计要求持力层。布药位置及药包标高控制流程见图 5.2.7。

6. 材料与设备

6.1 主要火工材料和起爆器材

6.1.1 乳化炸药、8 号铜壳电雷管、导爆索。

6.1.2 塑料铜芯线（kVs 2×1mm）。

6.1.3 起爆器、干电池（5 号）。

6.1.4 编织袋、泡沫块、麻绳、棕绳、塑料绳、砂等。

6.1.5 布药扁担。

6.2 机械设备

6.2.1 根据现场的施工工艺以及施工强度的要求，要因地制宜地合理配置施工机械设备。阳江核电站防波堤工程主要机械设备配置如表 6.2.1 所示。

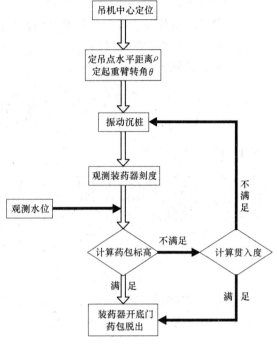

图 5.2.7　布药位置及药包标高控制流程图

主要机械设备配置表　　　　　　　　　　　　　　　　表 6.2.1

序号	名称	型号	单位	数量	用途
1	起重机	80t 履带式 LS-218RH	台	1	吊布药器
2	振冲布药器	自制振冲式	台	3	造孔布药、探摸
3	振动桩锤	ZD15Y	台	1	造孔
4	液压式布药器	自制全液压	台	2	成孔布药
5	柴油发电机组	STC-30	台	2	供电
6	载重汽车	5t	辆	3	运输
7	机动交通船	快艇	艘	2	警戒及测断面
8	人货车	2.5t	台	1	运送药包,担任警戒等
9	指挥车	小车	台	1	爆破总指挥
10	水准仪	NA2	台	1	测定标高、水位

7. 质 量 控 制

7.1 工程竣工验收时应提交各项施工记录，包括：单药包重量、药包数量、药包位置、施工水位、布药起始及结束时间、起爆时间、抛填石料记录和其他应记录的资料。

7.2 检测混合层厚度应小于 1.5m。如砂层有成层现象，应进行现场标准贯入试验，标贯击数应大于或等于 15 击。

7.3 抛填、爆炸质量控制方法及其质量检测方法、验收标准均应符合现行行业标准《爆炸法处理水下地基和基础技术规程》（JTJ/T 258—98）及《港口工程质量检验评定标准》及其修订本（JTJ 221—98）的有关规定。

8. 安 全 措 施

8.1 爆破安全要求

8.1.1 爆破管理一般规定

1. 遵守地方政府对爆破器材使用的管理规定，凭所在地县、市公安局发给的《爆炸物品购买证》向指定的供应点购买爆破器材。

2. 项目部向业主提交安全技术措施方案、安全技术程序、安全管理程序等文件，针对具体工程制订具体安全管理规章制度。

3. 在爆破场地禁止加工、分装炸药。

4. 每次爆破作业项目部均提前 24h 填写《工地爆破作业许可证》，并报业主批准。

5. 项目部与爆破器材配送单位签订《安全生产管理协议》，明确责任和义务，保证爆破器材的质量。

6. 项目部在附近地点安排引导车，运输爆破器材的车辆到达附近地点后与等待在附近地点的爆破施工单位进行接洽，在爆破施工单位引导车的引导下进入施工现场。若没有引导车，爆破器材配送单位的爆破器材运输车辆不能进入施工现场。剩余爆破器材运出施工现场，项目部同样安排引导车。

7. 爆破器材的使用严格遵守《爆破安全规程》和使用说明书并建立严格的领取、清退制度。

8. 雷雨天气严禁爆破作业。

9. 每次爆破施工前项目部就爆破作业进行书面的风险分析、安全评价和制定对策并向作业人员交底清楚，接受业主及监理的检查与监督。

10. 项目部遵守业主规定的爆破时间，如需要变更提前三天书面向业主方提出申请，经批准并发文通知工地各单位后方可执行新的爆破时间。

11. 装药前在爆破作业警戒线处竖立公告牌等醒目的警示、隔离信息提示现场人员。

12. 起爆前应依据《爆破安全规程》对边界进行爆破警戒，并有 3 次信号进行警示，各类信号要满足爆破警戒区域及附近人员能清楚地看到或听到。

13. 控制工地交通道路，加强陆地和海上的爆破警戒，防止伤人。

14. 项目部与可能受爆破影响的单位签订《安全生产管理协议》，明确各自的安全生产责任和应当采取的安全措施，并指定专职人员进行安全检查和协调。

15. 在现场应使用非电起爆器材并采取远距离起爆的方法，严禁使用火雷管、电雷管、导火索和土制雷管。

8.1.2 爆破安全分析

爆破施工是一种特殊作业，安全始终是第一位的。要认真地分析工程爆炸施工环境，了解周围建（构）筑物的距离、结构及使用情况，通过严格的爆炸安全计算，采取妥善的爆炸安全参数及监控措施。

1. 地震波

应按《爆破安全规程》和《爆炸法处理水下地基和基础技术规程》的规定，计算不同单响药量和距离情况下爆炸引起的地表最大振速，保证不大于被保护对象安全允许振速的规定。

地震波：在满足以上药量控制的基础上，还应满足各分段段差不小于 200ms 的延时微差爆破技术。

施工中严格按上述参数进行爆炸施工，保证周围建（构）筑物的安全。

2. 个别飞散物及水中冲击波安全距离

应按《爆破安全规程》和《爆炸法处理水下地基和基础技术规程》中对人员和施工船舶的安全允许距离的有关规定执行。

8.2 方案安全性的保证

由于爆破法处理水下软基会产生较大的水下冲击波和地震波，对周围建（构）筑物和海生物有不同程度的影响，通常必须经过方案设计及计算，并采取典型施工及监测手段，确保周围建（构）筑物的安全。

总之，爆炸处理软基施工方案只要能满足《爆破安全规程》和《爆炸法处理水下地基和基础技术规程》的有关安全技术标准要求，则爆破处理软基施工就不会对施工现场附近的人员、建（构）筑物与船舶造成爆破地震波、个别飞散物与水中冲击波方面的危害。

9. 环 保 措 施

9.1 严格执行《中华人民共和国防止船舶污染海域管理条例》，防止船舶、机械操作性油、污水泄漏污染水域，严禁把舱底油污水直接排入水中。

9.2 应按爆炸振动和水中冲击波对人员和其他保护对象的影响进行核定并取其最大值的原则，确定爆破安全距离，再确定警戒范围。若发现施工区域有大群海洋水生物，要马上停止施工并采取保护措施，待水生物离开后才能恢复施工。

9.3 垃圾、废弃物不得抛下水，防止污染水域。

9.4 施工现场石料的运输，车辆不能超载，以免抛洒造成过多扬尘；施工范围运输便道应注意洒水，避免扬尘。

10. 效 益 分 析

10.1 控制加载爆炸挤淤置换工艺施工简便，与其他软基处理方式相比，可提高工效，节约成本，确保工程质量。与常规的挖泥、抛填石工艺相比，免去了大量的挖泥及清淤施工，并且改二侧宽平台水上抛填为陆上一次爆填成型，因此可提高工效、节约成本；与铺设砂垫层及软体排、插设排水板的工艺相比，控制加载爆炸挤淤置换工艺工后沉降小，可有效地确保工程质量。

10.2 控制加载爆炸挤淤置换工艺可缩短工期，降低施工风险。采用控制加载爆炸挤淤置换技术，将大部分石料的抛填（含二侧宽平台）改为陆上一次爆填成型，使施工不受风浪、涌浪影响，减少了水上作业量，为工程施工创造了一个较好的环境，而且使二侧宽平台一次性成型的特点对结构防台及防冲刷安全有利，从而缩短了施工工期，降低了结构施工的风险。

11. 应 用 实 例

11.1 粤海铁路轮渡南北港四条防波堤，南港北堤长 1483.9m，南港南堤长 739.2m，北港东堤 980m，北港西堤 1269m，水下平台最大宽度为 11m，于 2000 年施工完工，经过多次台风的袭击，结构完好，质量优良。

11.2 阳江核电海工一期东防护堤，长度 980m，水下平台宽度为 13.65m，于 2005 年 3 月施工爆破施工完工，检测水下平台宽度达到设计要求，断面形成完整。

11.3 阳江核电海工一期南防波堤 50m 试验段，水下平台宽度为 15.5m，2005 年 7 月爆破施工完工，检测水下平台宽度达到设计要求，断面形成完整。

11.4 阳江核电海工一期西防波堤，长度 235m，水下平台宽度为 15.5m，2006 年 2 月爆破施工完工，检测水下平台宽度达到设计要求，断面形成完整。

11.5　特殊土层处理的应用实例

11.5.1　处理可液化砂层方法一：阳江核电海工一期西防波堤内侧护岸 B0+40~B0+140（长度 100m），淤泥平均厚度 6.40m，局部位置有可液化砂层，采用侧向推进爆填施工，于 2006 年 1 月完成爆破施工，各种检测结果显示堤身爆炸挤淤施工达到设计要求，断面形成良好。

11.5.2　处理可液化砂层方法二：采用"控制加载爆炸挤淤置换法"与"深层爆炸"相结合的方法处理可液化砂层，在阳江核电海工一期西防波堤爆炸挤淤工程施工中得到成功应用。其中有可液化砂层的钻孔结果表明，砂层已不存在，处理效果较好。

11.5.3　处理淤泥质黏土：采用"控制加载爆炸挤淤置换法"与"深层爆炸"相结合的方法，置换淤泥质黏土，在深圳盐田港中港区的围堰堤工程中、阳江核电海工一期西防波堤爆炸挤淤工程施工中得到成功应用。深圳盐田港中港区的围堰堤工程典型钻孔结果表明淤泥质黏土已处理干净，处理效果较好。

复合土钉墙施工工法

YJGF101—2006

江苏南通六建建设集团有限公司 湖南省第五工程公司 江苏省苏中建设集团股份有限公司

石光明 余远建 邹科华 郭秋菊 刘运龙 唐继清 钱红 王邦国 徐朗

1. 前　　言

近几年我公司在上海、江苏、浙江等地承建的高层建筑深基坑施工中，运用土钉墙支护及水泥土搅拌桩支护技术，均取得了良好的效果。在同济大学岩土工程研究所指导下，近年来我公司在软土地区，将土钉墙及水泥土搅拌桩结合起来使用，采用截水加强型复合土钉墙深基坑支护新技术，取得了一些成功经验，并形成了企业工法。

2. 工 法 特 点

支护能力强，适用范围广，可作超前支护，并兼备支护、截水等性能，该技术先进，施工简便，经济合理，综合性能突出。

3. 适 用 范 围

截水加强型复合土钉墙，可用于回填土、淤泥质土、砂土、黏性土、粉土等常见土层；可用于富含地下水的土层，并可在不降水条件下采用；在无环境限制时，可垂直开挖与支护，易于在场地狭小的条件下方便施工；在工程规模上，深度20m以内的深基坑均可根据具体条件，灵活、合理地使用。

4. 工 艺 原 理

截水加强型复合土钉墙，是由普通土钉墙与水泥土搅拌桩有机组合成的支护截水体系，兼备支护、截水等性能。将土钉墙支护和水泥土搅拌桩有机结合起来使用，达到优势互补，克服了土钉墙在土质较差、地下水位高的软土地基中不能单独使用的缺点。通过钢丝网喷射混凝土与水泥土搅拌桩的良好粘结，使土钉墙和水泥土搅拌桩结合成一个整体，土钉墙作为轻型支护结构，水泥土搅拌桩搭接排列组成的桩墙，起到隔水和挡土作用。搅拌桩插入基坑一定深度后，可使基坑可能产生滑动的破裂面下移，提高基坑的整体稳定性，同时还能消除基坑底部隆起、流砂现象。

5. 施工工艺流程及操作要点

5.1　总体施工顺序

施工准备→水泥土搅拌桩→第一层土方开挖，土钉墙→第二层……

5.2　操作要点

5.2.1　施工准备

完成施工方案编审、施工现场调查、技术交底、施工机具进场、场地平整、检修保养、材料验收等工作。

5.2.2 水泥土搅拌桩施工

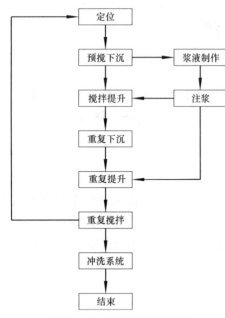

图 5.2.2 施工工艺流程图

1. 施工工艺流程（图 5.2.2）
2. 操作要点

1）定位

搅拌桩机到达指定桩位后，进行对中、调平。

2）预搅下沉

当搅拌机正常后，放松钢丝绳，启动电机下沉，用慢档（0.55m/min）下沉，以利土体充分破碎，在钻进施工时若土层过硬，钻进速度过慢，电流过大，可适量送水钻进。

3）浆液制备

待搅拌机下沉到设计深度后，开启灰浆泵将水泥浆压入地基中，然后边喷浆，边搅拌提升，提升速度用慢速档（0.55m/min）。

4）重复下沉

当搅拌机提升至设计桩顶标高时，关闭灰浆泵，重复下沉搅拌，使浆液与土体搅拌均匀，下沉速度为 0.55m/min。

5）重复喷浆

待搅拌机下沉至一定深度时，开启灰浆泵，将余浆注入地基中，并边喷浆，边搅拌，边提升，直至提出地面，控制提升速度为 0.55m/min。

6）重复搅拌

为使土和水泥浆搅拌均匀，再次将搅拌机边旋转边沉入土中，至设计深度后再提升出地面。一般可采用二喷三搅、二喷二搅施工方法。

7）冲洗系统

冲洗灰浆泵和输浆管系统，直至基本干净，并清除钻头上粘附的软土，检查钻头如有磨损，及时更换。

5.2.3 土方开挖，土钉墙施工

水泥土桩墙完成养护 28d 后，基坑即可放线开挖。土方开挖、土钉墙施工交替进行。

1. 土钉墙施工工艺流程

钢管土钉制作

↓

放线→开挖及修坡→土钉成孔→安放钢管土钉→编钢筋网片→喷面混凝土→注浆→开挖下一层

2. 土钉墙操作要点

1）放线

用测量仪器准确定出地下室外墙轴线位置，根据基坑围护剖面图，确定基坑开挖线，用木桩和白灰作出开挖线标记。

2）开挖

土方开挖分层的进行每层土的开深度（根据土质情况钉），每层土方开挖深度为此层土钉锚杆端头标高下 300mm。

3）修坡

土方开挖之后，按照设计剖面坡度修理基坑边坡，要求坡面修理平整，确保喷射质量。

4）土钉成孔，钢管土钉制作、安放

土钉按照设计一般有钢管、钢筋、角钢、钢丝束、钢绞线等，土钉材料必须符合设计要求，包括原材料的质量，以及土钉加工制作质量。

现以昆山现代广场基坑工程为例：钢管土钉采用 $\phi48\times3$ 焊接钢管，土钉水平安放角 10°，钢管四周开注浆小孔，小孔直径为 6～8mm，并有钢板覆盖，小孔间距为 500mm，钢管口部 3.0m 范围不设注浆孔，钢管末端封闭。钢管土钉见图 5.2.3-1。

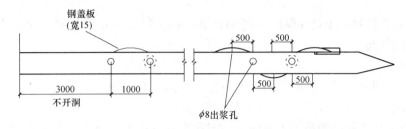

图 5.2.3-1　钢管土钉

注：每 2m 钢管壁上共设置 4 个出浆孔（其中两个是水平向，两个是垂直向）

土钉成孔用人工掏挖或机械（$\phi150$）成孔，按设计要求干成孔孔径 10～12cm。

成孔后把统长钢管土钉一次性地插入孔内。

5）钢筋网绑扎

钢筋网规格为 $\phi6.5@200\times200$，水平加强筋规格为 $\phi12$。钢筋网与土钉连接见图 5.2.3-2，按照设计要求，将 $\phi6.5$ 钢筋拉直，钢筋网片按照设计间距绑扎。

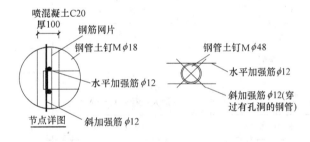

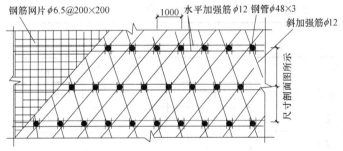

图 5.2.3-2　钢筋网片展开平面图

钢筋网编扎搭接长度及相邻搭接接头错开长度符合规范要求。

6）喷射混凝土

喷射混凝土设计强度 C20，厚度 100mm；石子粒径 5～10mm，最大粒径 ＜12mm，喷射混凝土中添加混凝土速凝剂。在边坡渗水的情况下，为保证喷射混凝土施工质量及止水效果，可以适当加大喷射混凝土速凝剂掺量。

钢筋网编焊完成后，进行混凝土喷射，一次喷射总厚度 ≥50mm。喷射混凝土在每一层、每一段之间的施工搭接之前，将搭接处泥土等杂质清除，洒水润湿，确保喷射混凝土搭接良好，不发生渗漏水现象。

7）土钉注浆

注浆材料采用 32.5 号普通硅酸盐水泥，水灰比 0.50，每立方米水泥用量为 20kg。水泥浆按照设计拌制，搅拌充分，并用细筛网过滤，然后通过挤压泵注浆。

土钉孔内采用全程注浆，压力 0.2～0.3MPa。在面层喷射混凝土达到 1.2 MPa 以上时开始注浆，当钢管土钉长度大于 16m 时，采用二次压浆工艺，第二次压浆待第一次压浆浆液初凝后进行，要求第二次压浆压力≥2MPa，对于锚管注浆，用注浆管从锚管底部注浆，边注浆边拔注浆管，再到口部压力灌浆。

注浆压力用压力表控制，土钉注浆时（特别是第一排土钉）一定要控制注浆压力及注浆量，防止注浆量过大造成地面隆起。

5.3 施工监测

5.3.1 在施工过程中在基坑影响范围以外布设基准点，对边坡坡顶进行水平位移与沉降观测，施工期间每日监测一次，在基坑开挖结束，变形趋于稳定后，每 3～10d 监测一次。

5.3.2 对边坡水平位移监测采用视准线法，即在平行于边坡方向定一条基准线，观测边坡上的监测点相对于基准线的垂直距离，即可获取各监测点的水平位移，观测仪器采用 J2 经纬仪。

6. 材料与设备

主要材料表 　　　　　　　　　　　　　　　　　　　　　　　　　表 6.1

序　号	材料名称	规　格	备　注
1	普通硅酸盐水泥	32.5 级	水泥土搅拌桩、喷射混凝土、注浆
2	钢管	φ48×3.5	土钉墙
3	钢筋	φ6.5～φ25	土钉、墙面
4	混凝土速凝剂		土钉墙
5	石子	粒径 5～10mm 最大粒径<12mm	土钉墙
6	砂	中、粗	土钉墙
7	铁板	3mm	土钉墙

主要施工机械表 　　　　　　　　　　　　　　　　　　　　　　表 6.2

序　号	设备名称	单位	数量	功率(kW)	备　注
1	SJB-2 搅拌桩机	台	1		水泥搅拌桩
2	拌浆桶	只	1		水泥搅拌桩
3	压浆泵	台	1		水泥搅拌桩
4	电焊机	台	1		水泥搅拌桩
5	取孔机	台	3		土钉墙
6	ZPC-V 混凝土喷射机	台	3	7.5	土钉墙
7	UBJ-2 注浆机	台	3	2.5×2	土钉墙
8	J-100B 钢管冲击钻机	台	3	1.5×2	土钉墙
9	JB-250 搅拌机	台	3	3	土钉墙
10	BJ300 电焊机	台	6	12×2	土钉墙
11	卷扬机	台	1	2	土钉墙
12	切割机	台	2	1.5	土钉墙
13	洛阳铲	把	9		土钉墙

7. 质 量 控 制

7.1 质量控制标准（表7.1-1、表7.1-2）

水泥土搅拌桩质量检验表 表7.1-1

项目	序号	检查项目	允许偏差值		检查方法
			单位	数值	
主控项目	1	水泥及外掺剂质量	设计要求		查产品证书或抽样送检
	2	水泥用量	参考指标		查看流量计
	3	桩本强度或完整性检验	设计要求		按规定办法
一般项目	1	机头提升速度	m/min	≤0.5	量机头上升距离及时间
	2	桩底标高	mm	±200	测机头深度
	3	桩顶标高	mm	+100，−50	水准仪（最上部500mm不计入）
	4	桩位偏差	mm	<50	用钢尺量
	5	桩径	mm	<0.04D	用钢尺量，D为桩径
	6	垂直度	%	≤1.5	经纬仪
	7	搭接	mm	>200	用钢尺量

锚杆及土钉墙支护工程质量检验表 表7.1-2

项目	序号	检查项目	允许偏差值		检查方法
			单位	数值	
主控项目	1	锚杆土钉长度	mm	±30	用钢尺量
	2	锚杆锁定力	设计要求		现场实测
一般项目	1	锚杆或土钉位置	mm	±100	用钢尺量
	2	钻孔倾斜度	0	±1	测钻机倾角
	3	浆体强度	设计要求		试样送检
	4	注浆量	大于理论计算量		检查计量数据
	5	土钉墙面厚度	mm	±10	用钢尺量
	6	墙体强度	设计要求		试样送检

7.2 水泥土搅拌桩质量控制措施

7.2.1 水泥搅拌桩应在工程桩打完后施工，防止挤土效应对水泥搅拌桩的影响；测量定位桩位用竹签标出，施工定位时用钢卷尺重新复测桩位，保证定桩误差不大于5mm。

7.2.2 施工定位桩机到达桩位时，使动力头、钻头与桩位成同一垂线，调平桩架，保证施工定位误差和桩身垂直度偏差在允许值范围内。

7.2.3 桩身强度

7.2.3.1 水泥质量：用原P.O32.5普硅水泥，水泥掺合比为14%。严格控制水泥用量，进场水泥必须随带质保单，另外每批进场水泥必须送质检部门检测，合格后方可使用。水泥搅拌桩的水泥与其他部位不得混用，挪为它用，必须单一使用，保证水泥用量。

7.2.3.2 严格按照设计配合比投料拌制浆液，根据各地区土层特征确定水灰比，一般为0.55，水泥浆密度一般为1.755；复核进库水泥消耗量与设计施工用量，做好记录，严禁偷工减料。

7.2.3.3 制备好的水泥浆液不可发生离析现象，并在送浆前保持不停地搅拌，不得停置时间过长，超过2h的浆液应降低强度等级使用。

7.2.3.4 搅拌时应使软土完全预搅切碎，以利于浆液与土体均匀搅拌。

7.2.3.5 严格按照确定的施工速度施工，保证每一深度范围内均得到充分搅拌。

7.2.3.6 送浆应连续，当因机械故障或停电等其他因素暂停施工，应记录其停浆深度，待恢复施工时使钻头下沉至停浆深度位置以下 0.5m 处重新注浆搅拌提升。

7.2.3.7 搅拌桩施工时应先施工外排桩，以减小挤土效应对周围环境的影响。

7.2.3.8 对于新老水泥土搅拌桩的搭接一定要处理好，避免施工缝间渗水，影响施工质量。处理方法：精确查清原体位置，在新老连接处后面再叠 1～2 根搅拌桩。

7.3 土钉墙质量控制措施

7.3.1 每层土钉施工需分层开挖，开挖深度在该层土钉下 0.3～0.5m，一次性开挖长度不超过 15m。开挖时尽量控制挖土机对所要开挖的土体的扰动，预留约 5cm 厚的土体采取人工修理。

7.3.2 土钉放样按设计要求进行，并钉上短钢筋作为标志，土钉成孔孔径 120mm、倾角 10°，施工时要求倾角控制误差范围为 ±2°。

7.3.3 土钉按设计要求（规格、长度）制作，若采用钢筋制作要用 $\phi 8$ 钢筋作导正环，每 2.5m 设置一道。土钉钢筋下入过程中如遇困难，不得用锤击强行击入孔内，要求重新扫孔后再安放钢筋。

7.3.4 绑扎钢筋网：钢筋制作以前用卷扬机拉直，各段钢筋之间采用搭结焊。

7.3.5 管理措施：

7.3.5.1 现场工程技术人员坚持跟班作业，及时解决施工过程中出现的问题，确保每道工序符合质量要求。

7.3.5.2 所有材料均应有产品合格证，水泥应有出厂检验报告单。

7.3.5.3 对每个施工环节应严格把关，对钻孔深度、锚杆质量、砂浆配比、添加剂比例、注浆饱满程度、焊接质量问题等进行严格监督检查。

7.3.5.4 每道工序检查合格，经有关负责人同意后方可进行下道工序。

7.3.5.5 加固施工期间和施工完成后一定时间内密切监视坑壁变化的发生、发展、发现问题及时解决。

8. 安 全 措 施

8.1 安全生产及保证措施

8.1.1 施工前，应熟悉现场地质、水文、地下管线设施等。

8.1.2 基坑边 1m 内不得堆土、堆料、停放机具，1m 外堆放土方其高度不得超过 1.5m。边沿处还应设两道 1.2m 高的防护栏杆，并用密目网封闭严密和悬挂危险标志，夜间设红色标志灯，人员不得在坑边休息。

8.1.3 脚手架的作业面必须满铺脚手板，不得有探头板、飞跳板，作业面外侧设两道护身栏和一道挡脚板。

8.1.4 锚杆注浆前要检查注浆管及接头绑扎是否牢固，防止漏浆喷射伤人。

8.2 特殊情况的应急处理措施

深基坑支护工程是风险性较大的工程，施工过程中可能会遇到各种意外情况，为做到有备无患，针对工程特点，制定应急措施：

8.2.1 较差土质的局部剥离坍塌的处理：迅速采用摩擦锚杆挂网固定，施喷快凝混凝土，待喷射混凝土达到一定强度时（一般为 12h），再打钢管土钉。

8.2.2 边坡局部涌水的处理：迅速用特种止水材料缩小范围，埋管引流，注浆封堵，同时在水泥浆中加入适量水玻璃。

8.2.3 位移、沉降过大的处理：在位移、沉降过大区域根据产生的原因采取加长加密土钉，或加大注浆量。

8.2.4 坑底局部管涌、突涌的处理：电梯井、集水坑等如因特殊情况出现突涌，应立即用黏土或水泥封压，进行压密注浆处理，水泥浆中加入水玻璃，在最短的时间内制止突涌的发展；或者采取二级井点降水。

9. 环保措施

9.1 遵守国家、省市有关规定，采取有效措施，严禁排放有毒烟尘和气体。场内设排水沟，泥浆池、沉淀池、防止施工泥污水向下流入人工湖，土方尽可能堆放整齐。

9.2 施工现场运送各种材料、预拌混凝土、垃圾、渣土等有遮盖和防护措施，保证在运输过程中不污染道路和环境，不影响市容卫生。

9.3 施工期间按照建筑施工噪声管理的有关规定。积极采取措施，控制施工噪声，做到施工不扰民。夜间施工不超过 22 点，如施工工艺或其他特殊原因而需进行夜间施工的，必须采取有效降噪措施，并报经有关主管部门批准同意后再进行施工。

10. 效益分析

10.1 造价低

复合土钉墙的施工成本较低，在同类基坑中，在满足安全稳定的前提下，采用土钉墙比常规的水泥土搅拌桩支护结构可节省大量资金，截水加强型复合土钉墙基坑支护的施工费用为水泥土搅拌桩的 2/3，为 SMW 工法的 60％。其经济效益非常显著。以昆山现代广场为例，经济效益分析对比，见表 10.1：

经济效益比较表

表 10.1

支护类型	截水加强型复合土钉墙	重力式、格栅型水泥土搅拌桩	SWM 工法
造价	1306615 元	1700000 元	2100000 元

10.2 工期短

复合土钉墙的水泥土搅拌桩在施工后养护期较短，它的部分养护可在土钉逐层施工中进行，而土钉的施工作业迅速，可集中较多设备和人力进行施工，施工速度快。常规的水泥土搅拌桩支护结构开挖必须对水泥土有充分的养护时间，相对工期较长。

10.3 节能和环保效益好

比纯水泥土搅拌桩支护结构的现场水泥搅拌量小，产生的环境污染少，并且施工过程中有效的环境保护措施使得环保效益更为显著。

另外，由于现场水泥用量的减少，投入的设备简单，符合节约资源的节能要求。

11. 应用实例

11.1 华东理工大学教师活动中心
11.1.1 工程概况
华东理工大学教师活动中心位于华东理工大学内，东侧离老沪闵路 20m 左右北面科研楼，距离基坑边 10m 左右南侧有变电站，距离近 10m，西面为学校内的场地，较为空旷。旧房屋已全部拆除，并已平整完成，场地整体较为平坦。场地自然地面高程相当于绝对标高 4.200，设计 ±0.000m 相当于 5.000。本工程地下室基坑开挖面积约为

图 11.1 华东理工大学教师活动中心
工程施工现场示意图

60m×50m，开挖深度为北面约 2/5 为 5.95m，南面约 3/5 开挖深度为 5.15m。基坑形状较规则、接近方形，南北长约 50m、东西长约 60m，基坑边总长为 200 延长米。

11.1.2　地基土分布及特征

本基坑开挖 5～6m，土层分层较均匀，坑底上下影响支护结构的主要土层为 1-1、2-2 及 3 层，其中 3 号土层厚度近 6m，含水量较大，为 44.2％，而且抗剪强度较低。在地表下 1 层～4 层土的渗透系数很小，均在 10^{-7}cm/s 量级，现场注水试验为 10^{-6}cm/s 量级。自然地面下 10m 土层的物理力学性质见表 11.1.2。

<table>
<tr><th colspan="7" style="text-align:right">地下 10m 土层性能　　　　　　　　　　　　　表 11.1.2</th></tr>
<tr><th rowspan="2">土层</th><th rowspan="2">层底标高
（m）</th><th rowspan="2">层厚
（m）</th><th rowspan="2">重度
（kN/m³）</th><th rowspan="2">φ
（°）</th><th rowspan="2">C
（kPa）</th><th colspan="2">渗透系数（m/d）</th></tr>
<tr><th>K_v</th><th>K</th></tr>
<tr><td>1-1</td><td>−1.5</td><td>1.5</td><td>18</td><td>10</td><td>10</td><td></td><td></td></tr>
<tr><td>2-2</td><td>−3.2</td><td>1.7</td><td>18.6</td><td>20</td><td>20</td><td>2.37E-07</td><td>4.04E-07</td></tr>
<tr><td>3</td><td>−9</td><td>5.8</td><td>18</td><td>13</td><td>20</td><td>2.77E-07</td><td>7.23E-07</td></tr>
</table>

地下水位标高为−1m。

11.1.3　支护方案

本基坑开挖深度为 5～6m 外。本设计遵循安全第一、采用坑外卸土，卸土深度为 1m、宽度为 10m，使基坑临坑边的开挖深度控制在 4～5m，以采用土钉墙。

11.1.4　施工情况

基坑开挖：通过卸土，基坑开挖深度分别为 4.15m 及 4.95m。在土钉墙前设置 700mm 宽的水泥土搅拌桩，桩长分别为 9.95m 与 8.15m，根据开挖深度分别设置 4 道、3 道土钉。开挖深度为 4.95m 处土钉长度从上至下分别为 9m、12m、8m 和 7m、开挖 4.15m 处土钉长度从上至下分别为 9m、10m、8m。土钉采用 $\phi48$ 钢管，注浆锚固形式。

开挖面及地表面 50cm 范围采用 60mm 厚细石喷射混凝土，配筋 $\phi6$@200 双向，并加配 $\phi12$ 统长水平钢筋。

2004 年 3 月实施后效果良好，降低了工程成本，支护结构位移也小于设计控制值，对周边环境没有影响，安全可靠地完成了地下工程施工。在工期、成本控制这几方面，均达到学校建设的计划目标。

图 11.2　上海春申景城工程施工现场示意图

11.1.5　工程结果评价

该基坑工程采用了复合土钉墙的主要优点体现在造价低、大大降低成本，较传统重力式水泥土墙节约费用 1/3 左右；利用搅拌桩体与土钉墙共同作用，使支护结构兼有良好的挡土和抗渗作用；施工速度较快，可比传统的施工方法缩短工期；设备简单，投资小，便于推广应用。

11.2　上海春申景城工程（图 11.2）

11.2.1　工程概况

上海春申景城工程，建筑面积 4 万 m²，其中 13 号～15 号房及 5 号地下车库基坑支护采用了截水加强型复合土钉墙的形式。该工程位于上海市闵行区，基坑形状为长方形，开挖面积接近 8000m²，开挖深度约 6.2m，基坑形状较规则。

11.2.2　场地工程地质条件

在勘探深度 60m 范围内 1～5 层土的特征如表 11.2.2：

勘探深度 60m 范围内 1～5 层土的特征　　　　　　　　表 11.2.2

土层编号	工程地质特征	层顶埋深(m)	层厚(m)	天然重度(kN/m³)	强度标准值(MPa)	固结块剪峰值(kPa)	渗透系数(k)
①-1杂填土	主要由建筑垃圾组成,颜色杂、松散不均匀稍湿						
2素填土	主要由黏土组成黄褐色、松散稍湿		0.3～2.6	18.7			
3浜填土	为浜底淤泥,灰黑色,流塑,饱和含大量有机质	0.00～1.60	0.3～2.6				
1粉质黏土	褐黄色可塑、很湿、饱和含大量有机质	0.40～1.90	0.2～1.2	18.9	16.6	22.1	1.59
-2黏土	灰黄色、软塑、饱和含少量氧化铁锈斑及铁锰结核	0.40～2.60	0.2～0.8	17.7	13.5	14.2	2.69
-1淤泥质粉土	灰色、软塑、饱和、含云母、有机质、夹薄层粉砂	1.20～3.80	2～4.0	17.2	15.8	12.6	1.27
③-2砂质粉黏土	灰色、松散～稍密、含云母、夹大量淤泥质黏性土	4.80～6.80	0.5～1.3	17.5	16.5	14.7	4.68
④淤泥质黏土	灰色、软塑、饱和、含云母、有机质、夹薄层粉砂局部细贝壳	5.70～7.90	11.5～15.6	17.1	12.6	13.6	1.32
⑤粉质黏土	灰色、软塑、饱和、含云母、有机质、夹泥钙质结核及腐殖土	8.00～21.3	3.3～5.0	18.1	15.4	15.8	

11.2.3　施工结果和评价

该工程于 2005 年 4 月至 6 月期间进行开挖面积为 8000m²,基坑开挖深度约 6.2m。在施工过程中体会到复合土钉墙有以下几点特点:

1) 土钉墙采用主动受力体系,安全、稳定、可靠

复合可充分发挥锚杆、钢筋网,喷射混凝土的群体作用,有利于支护结构的整体稳定。坑边前置的水泥土搅拌桩既可防止土体坍塌,又可形成止水帷幕,可保证基坑的安全可靠。本工程部分区段临近底层的居民建筑,其基础为浅埋的天然地基条形基础,在土方开挖中没有受到任何影响,取得了预期的效果。

2) 造价低

复合土钉墙的施工成本较低,在同类基坑中,在满足安全稳定的前提下,采用土钉墙比常规的水泥土搅拌桩支护结构可节省大量资金。以本工程为例,该基坑支护的施工费用为 3120 元/每延长米,而采用水泥土搅拌桩支护结构将达到 6100 元/每延长米。其经济性非常显著。

3) 工期短

复合土钉墙的水泥土搅拌桩在施工后养护期较短,它的部分养护可在土钉逐层施工中进行,而土钉的施工作业迅速,可集中较多设备和人力进行施工,施工速度快。常规的水泥土搅拌桩支护结构开挖必须对水泥土有充分的养护时间,相对工期较长。

11.3　昆山市现代广场复合土钉墙围护工程

11.3.1　工程概况(图 11.3.1)

该工程地下室基坑开挖面积约为 210m×120m,开挖深度为 5.75m,该工程于 2005 年 11 月 20 日～12 月 30 日,进行水泥桩墙施工,2006 年 2 月 15 日～4 月 20 日,进行土方、土钉墙施工,降水,挡土效果取得明显效益(施工监测最终水平位移值为 11.92,沉降观测值为 0)。

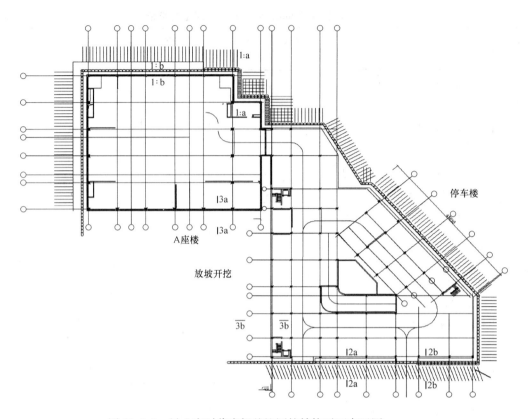

图 11.3.1　昆山市时代广场基坑围护结构平面布置图

11.3.2　场地工程地质条件

场地地貌单元为长江三角洲入海口地形地貌，处于泻湖、沼泽平原。地形较平坦，根据土的成因、结构和物理学性质共划分为 13 个主要层次，主要指标见表 11.3.2。

场地工程地质条件主要指标　　　　　　　　　　　表 11.3.2

层序	地层名称	层厚(m)	层底标高	标准贯入度	比贯入阻力
①1	黄色素填土	0.80～3.20	1.20～−1.00		
②	褐黄-灰黄色粉质黏土	0.20～3.00	−0.91～−2.43		0.91
③	灰色粉质黏土	0.40～2.00	−2.40～−3.53		0.97
④1	暗绿-草黄色粉质黏土	3.50～4.90	−6.40～−7.75		3.43
④3-1	草黄色粉土	6.00～8.60	−12.78～−15.43	13.0	5.45
④3-2	黄-灰色粉砂	3.70～7.80	−18.77～−20.93	20.06	7.61
⑤2	灰色粉土	12.50～18.00	−33.03～−36.98	36.0	10.14
⑤3	灰色粉质黏土	0.50～3.80	−35.90～−38.38		2.33
⑦1	灰色粉土	10.00～12.50	−47.27～−48.51	43.0	10.06
⑦2	灰色粉砂	8.50～10.50	−56.57～−58.00	46.5	15.98
⑧1-1	灰色粉质黏土	2.90～5.10	−60.62～−62.00	24.0	2.39
⑧1-2	灰绿色粉质黏土	1.20～2.60	−62.57～−63.48		
⑨	灰色粉砂	未钻透	未钻透		

11.3.3　主要工程量（表 11.3.3）

场地主要工程量 表11.3.3

序号	项 目 名 称	单位	工程量	备 注
1	水泥土搅拌桩	m³	3500	水泥掺入量14%
2	喷射混凝土垂直面	m²	1478	100厚C20
3	喷射混凝土水平面	m²	528	100厚C20
4	混凝土面层	m²	613	100厚C10
5	水平土钉	m	13564	水泥用量20kg/m
6	·不注浆钢管	m	292.5	
7	放坡喷射混凝土面层	m²	704	50厚C20

11.4 奥林匹克花园二期住宅小区南块地下车库基坑支护工程

11.4.1 工程及环境概况

奥林匹克花园二期住宅小区南块地下车库位于松江区沪松公路路奥林匹克花园一期北侧，莱亭路西侧，新漕河泾东侧地块（图11.4.1）。

施工现场已平整完成，场地整体较为平坦。场地自然地面相对标高 −0.900m，设计 ±0.000m 相当于5.100m。本工程地下车库基坑开挖面积约为 77m×119m，开挖深度4.6m，楼区域开挖深度为5.0m。基坑形状接近凹形，南北长约77m、东西长约119m。

图11.4.1 奥林匹克花园二期住宅小区南块地下车库

11.4.2 场地工程地质条件

根据地质勘察报告，影响支护结构的土层物理力学性质见表11.4.2。

影响支护结构的土层性质 表11.4.2

土层	土层名称	层底标高(m)	层厚(m)	重度(kN/m³)	$\varphi(°)$	c(kPa)	渗透系数K(cm/s)
1	填土	−1.7	0.8				
2-1	褐黄色粉质黏土	−2.7	1.0	18.9	22.5	27.0	2.43E-06
2-2	灰黄色粉质黏土夹黏质粉土	−3.6	0.9	18.4	22	15	7.02E-05
2-3	灰色砂质粉土	−5.7	2.1	18.6	29.5	8.0	2.83E-04
3	灰色淤泥质粉质黏土	−9.2	3.5	17.6	13.5	13.0	3.54E-06
4	灰色淤泥质黏土			17.0	10.5	12.0	3.02E-07

注：地下水位标高暂定为−0.5m。

11.4.3 支护方案

基坑支护采用两种支护方式：第一种支护方式：土钉墙和水泥土搅拌桩止水帷幕的复合支护形式；第二种支护方式：水泥土搅拌桩止水帷幕结合放坡支护形式。

根据土质条件及局部开挖深度不同的情况，水泥土墙采用3.7m宽、桩长10m，入土深度为5.5m。土钉墙前设置1.2m宽的水泥土搅拌桩，桩长分别为10m，这对于土钉墙的稳定具有显著作用并有很好的止水效果。设置3～6道土钉。土钉长度从上至下分别为8～14m不等。土钉采用ϕ48钢管，注浆锚固形式。

开挖面及地表面2m范围采用100mm厚细石喷射混凝土，配双向ϕ8@200×200钢筋，联系筋及井字衬垫均采用ϕ14钢筋。

土方开挖前基坑内布置11套轻型井点降水进行预降水，每套井点长度约50m，井点管长度7m。

11.4.4　施工结果和评价

该工程于 2006 年 4 月至 6 月期间进行开挖面积为 7000m², 基坑开挖深度约 4.5m。在施工过程中体会到复合土钉墙有以下几点特点：

1）土钉墙采用主动受力体系，安全、稳定、可靠

复合可充分发挥锚杆、钢筋网，喷射混凝土的群体作用，有利于支护结构的整体稳定。坑边前置的水泥土搅拌桩即可防止土体坍塌，又可形成止水帷幕，可保证基坑的安全可靠。本工程部分区段临近底层的居民建筑，其基础为浅埋的天然地基条形基础，在土方开挖中没有受到任何影响，取得了预期的效果。

2）造价低

复合土钉墙的施工成本较低，在同类基坑中，在满足安全稳定的前提下，采用土钉墙比常规的水泥土搅拌桩支护结构可节省大量资金。以本工程为例，该基坑支护的施工费用为 2020 元/每延长米，而采用水泥土搅拌桩支护结构将达到 3670 元/每延长米。其经济性非常显著。

3）工期短

复合土钉墙的水泥土搅拌桩在施工后养护期较短，它的部分养护可在土钉逐层施工中进行，而土钉的施工作业迅速，可集中较多设备和人力进行施工，施工速度快。常规的水泥土搅拌桩支护结构开挖必须对水泥土有充分的养护时间，相对工期较长。

压浆混凝土湿法施工工法

YJGF102—2006

中交第一航务工程局有限公司

郁祝如　李广森　张树兴　徐士星　经东风

1. 前　　言

压浆混凝土起初主要用于对已有建筑物缺陷的修补、加固。随着对其认识的不断深入，该工艺方法被逐步推广应用，尤其是水下施工，它的优点愈来愈显现出来。在国外这种工艺已应用到船坞、桥墩等项目上，如：希腊 scaramanga 船坞；美国密歇根湖麦基纳克桥基工程、日本本州四国大桥基础工程。

我国于 20 世纪 50 年代初引进了这种施工工艺，主要应用于补强加固。直到 20 世纪 90 年代中后期，在大连中远船坞工程上，压浆混凝土的工艺方法在国内才被首次大规模应用，对各项技术参数及工艺方法有了突破性的认识和掌握。这项工程由中港一航局三公司承建，由于当时国内没有先例，能收集到的国外资料也只有希腊 scarananga 船坞施工总结、日本土木学会 1986 年制定的混凝土标准（第 22 章灌浆混凝土）可借鉴。因此在施工过程中坚持以科技为先导的思想，每个参数每道工序工艺的确定都经过试验及专家的反复论证。在交通部的专家鉴定会上，专家们一致认为"该项大型船坞工程的施工工艺达到九十年代的国际先进水平"。

2. 工 法 特 点

2.1 临时结构与永久工程合二为一，与围堰干地施工船坞相比，该法省去了费用高、工期长的临时围堰工程。

2.2 对某些特殊地质条件的工程具有更强的适应性。

2.3 压浆混凝土在船坞等工程项目上极具推广应用的前景。

3. 适 用 范 围

3.1 适用于对原有建筑物基础缺陷的修补、加固。

3.2 适用于大型桥墩、水上基础等工程项目基础加强。

3.3 适用于大型船坞修建的基础加强、止水。特别适用于地基条件复杂、处理难度大、或采用有临时围堰费用大、周期长等工程项目。

4. 工 艺 原 理

预填骨料压浆混凝土，即是在预填洁净的粗骨料中，压入具有一定膨胀性的砂浆而形成的混凝土。具有足够的强度、重力性和止水作用。

4.1 加大压浆混凝土灌浆压力，解决压浆混凝土的密性问题

加大压力来增加压浆混凝土的密实性，从升浆混凝土的流动状态上看是可行的（如图 4.1 所示），但受到工程条件的限制。

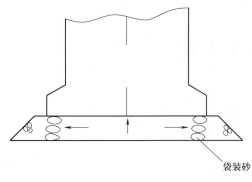

图 4.1 升浆混凝土的流动状态示意图

4.1.1 以船坞底板的预填骨料压浆混凝土为例，上部没有压重盖板，因此根据浆液向阻力小的方向流动的原理，加大压力只能使浆液上升，对压浆混凝土密实性的作用可能较小。

4.1.2 以采用沉箱结构的坞壁作为施工临时围堰，沉箱基床压浆混凝土顶面有沉箱压重，压浆施工采用的压力要保证不抬动沉箱、不推动基床止浆倒滤层及外侧块石位移，因此无法保证砂浆充满含有细渣、淤泥的预填骨料空隙，而且由于压力的作用使淤泥、细渣被推移至预填骨料基床的四周或上部。

4.1.3 如果骨料不含细渣、淤泥，并且有压重盖板，增加压力对压浆混凝土的密实性应该有良好的效果。

4.2 泥渣处理

灌浆施工中，钻孔形成后用带回路的高压水冲孔，冲孔压力值一般为灌浆压力的80%，只至回水变清为止，可将孔内沉渣清理干净。压浆混凝土施工中的压浆管打设形成后，也需进行高压水冲孔、清洗管路。如骨料抛填完成后不能及时进行下道工序的施工，应予以覆盖防止淤泥进入骨料空隙中。

4.3 压浆混凝土施工分缝

压浆混凝土施工分段长度应根据压浆施工的设备配置能力、保证压浆混凝土施工质量及合理的经济成本来确定的。

分缝的形式有两种；一种是垂直分缝，即在两个压浆混凝土施工段之间设置垂直不透浆的隔墙，其隔墙可以是钢模板、模块混凝土、袋装混凝土也可以是混凝土预制块。垂直隔墙施工复杂，施工效率低，但压浆混凝土的质量好；第二种是不设隔墙，压浆混凝土施工段之间形成呈斜坡状的施工缝，但浮浆充填于施工缝之间，施工缝再通过帷幕灌浆来解决渗漏问题。

4.4 压浆混凝土施工的时间间隔

水下压浆混凝土强度增长缓慢，通常14d后钻孔较适宜。将混凝土所采用的砂浆不宜添加缓凝剂，应掺加早强型高效减水剂。

4.5 压浆混凝土的砂浆配比

施工中所拌制浆液应具有良好的流动性和可灌性，砂浆的配合比最终应通过试验确定

4.6 施工前需试验解决以下问题

4.6.1 验证块石孔隙率与注浆量的关系。

4.6.2 升浆液面动态变化情况。

4.6.3 检测拟定清淤工艺的清淤效果，以及升浆混凝土的饱和度，从而确定基槽的清淤标准及残渣标准。

5. 施工工艺流程及操作要点

5.1 施工工艺流程（图5.1）

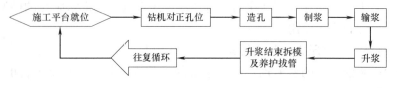

图 5.1 升浆混凝土施工工艺流程图

5.2 操作要点

施工前经过试验，确定浆液配合比、骨料粒径参数等，并对施工中采用的技术参数进行比选。

5.2.1 钻机就位

施工平台宜采用轨道行走式。施工平台就位后，按设计给定的孔位，将钻机就位、对正，高潮位时可用探棒探测预埋孔位位置。

5.2.2 造孔

升浆混凝土造孔采用锤击方式或旋转方式施工。

以中远船坞施工为例：每侧钻机平台各布置两台钻机施工。压浆孔孔距按设计要求间距梅花状布设，排距 1.5m、孔距 3m。

在沉箱上预留 φ110mm 管，利用钻机施打至设计所规定深度，完成造孔工作。

5.2.3 制浆

1. 制浆方法

利用现场搅拌机拌制砂浆。搅拌顺序先将水和外加剂及膨胀剂拌合均匀，再加水泥，最后加入砂。流动度采取日本 P 法测定。

2. 砂浆技术指标

主要技术指标考虑砂浆流动度、泌水率、膨胀率、初凝时间 4 项。

以中远升浆混凝土为例，对所拌制砂浆应满足的技术指标如下：

1）砂浆流动度为（18±2）s；

2）砂浆泌水率≤3%，膨胀率为 5%～0%；

3）砂浆初凝时间为 8～10h。

3. 制浆材料

1）水泥：制浆所用水泥为 P.O32.5R 普通硅酸盐水泥；

2）砂：制浆所用砂为中细砂，粒径不大于 2.5mm，细度模数不大于 2.2；

3）水：制浆所用水应满足拌制混凝土用水要求，保证清洁无污染；

4）外加剂：为改善砂浆性能，浆液中掺入适量的减水剂和膨胀剂，外加剂应满足其指标。

4. 浆液配合比确定

施工中所拌制浆液应具有良好的流动性和可灌性，砂浆的配合比最终应通过试验确定，中远船坞压浆混凝土砂浆配合比拟定为水∶灰∶砂＝0.5∶1∶1，掺入 0.7%的高效减水剂和 0.5/万的膨胀铝粉。

5.2.4 升浆

升浆就是将制备合格的砂浆通过砂浆泵、升浆管作纯压式灌浆，在一定的压力作用下把砂浆压入基床块石空隙内，形成封闭止水系统。

升浆施工段划分：

为有效保证升浆混凝土质量，减少升浆混凝土施工结合面，应合理分段施工。

升浆施工从沉箱围堰外侧第一排开始升浆，第二排作补充，观测孔设在第二排内。升浆施工时所有泵同时进行。当注入量接近设计注入量时，停止升浆。

5.2.5 浆面观测

施工中为确保工程质量，对典型施工段及一至二个施工段进行浆面上升高度观测。浆面上升高度采用浮子测锤观测，每隔 15～30min 测一次浆面上升高度。

6. 材料与设备

6.1 原材料

6.1.1 水泥

选用普通硅酸盐原 P.O32.5R 型水泥。

6.1.2　砂

质量要求，细度模数 1.7～2.2，最大粒径不大于 2.5mm，含泥量≤3.0％，级配良好。

6.1.3　预填石料

骨料采用石灰石，抗压强度≥50MPa，粒径 80～200mm。

6.1.4　外加剂

宜采用减水剂、膨胀剂、

6.1.5　水

符合混凝土拌合用水要求。

6.2　采用设备

可采用锤击或钻孔法施打。以中远船坞为例，造孔机具及材料数量见表 6.2 所示。

造孔机具及材料数量表　　　　　　　　　　　　　表 6.2

序　号	名　　称	规格型号	单　位	数　　量
1	钻机	SGZ-ⅢA	台	5
2	升浆管	ϕ50mm	m	1500
3	冲尖	ϕ50mm	个	80
4	观测管	ϕ89mm	m	100
5	冲尖	ϕ89mm	个	10
6	吊锤	100kg	个	5
7	压浆泵	UB4 型	台	12
8	砂浆搅拌机	200L	台	1
9	贮浆槽	1m³	个	6

7. 质量控制

7.1　造孔质量控制

造孔施工根据基床清碴后测量所测定的高程确定造孔孔底标高，以沉管贯入度来判别岩面标高。

造孔接近给定设计孔深时，记录平均贯入度，平均贯入度＝下沉量/锤击数，当平均贯入度小于 5mm/次时，即认为达到岩面标高。

7.2　升浆施工控制

1. 由于淤泥是混凝土防渗及影响压浆混凝土质量的最不利因素，因此必须提高清淤标准。

2. 压浆混凝土分段宜设隔离层，避免二次压浆造成的施工缝，分段长度以机具设备能力确定，不宜过长。

3. 预填骨料必须控制骨料粒径，骨料抛填前应进行筛选、冲洗干净。

4. 浆液的配合比通过试验确定。

5. 施工中应保证压注砂浆的连续性，每孔升浆中断时间不宜太长，避免堵塞升浆管路，影响升浆质量。

6. 施工中以注入浆量及灌浆压力控制其质量。保证一泵一孔，不允许一泵多孔同时灌浆。

7. 压浆时，浆液面已达到预定的标高后，必须持续灌注一定时间后方可停止压浆。

8. 灌浆压力必须根据现场实际情况加以核算确定。

7.3　升浆混凝土质量检查

1. 以压水试验为主，如基床升浆混凝土以止水作用为主，则升浆检查应满足透水率 $q \leqslant 5Lu$ 的要求。

2. 结合钻孔芯样、劈裂观察综合评价，如图 7.3 所示为某工程升浆混凝土劈裂观察检验。

图 7.3　某工程升浆混凝土劈裂观察检验

8. 安 全 措 施

8.1　建立健全安全管理体系和安全管理制度，加强安全教育、提高安全意识。

8.2　现场临时用电执行《施工现场临时用电安全技术规范》，特别是海边潮湿环境下施工机械作业、临时用电线路架设，有必要的安全防护措施。

8.3　制定施工机械使用安全措施。砂浆拌合系统、压浆泵、吊机等作业，严格执行操作规程。

8.4　对水上作业平台、临时脚手架要专门进行设计，符合有关规范要求。

9. 环 保 措 施

9.1　浆液制备过程中的废水、废液设置回收处理装置，不得直接排入海中。

9.2　拌合系统设置粉尘回收装置，避免污染大气。

9.3　对于水下基床外表面宜采用土工布进行覆盖，避免水下基床中水泥浆液流入海中，对海水造成污染。

9.4　清除的表面浮浆，应采用回填深埋处理或填入指定位置，不得随意填入海中。

10. 效 益 分 析

大连中远 6 万吨级船坞工程采用湿法施工工艺，与干地围堰施工相比，该法省去了费用高、工期长的临时围堰工程，简化了对复杂石灰岩地基的处理，节省围堰费用约 2400 万，缩短工期 12 个月，提前 1 年投产，增加收益数千万元，带来巨大的经济效益和社会效益。

大连造船厂新建船坞工程东舾装码头兼围堰施工历时 4 个月 118d，比常规做法工期提前 3 个月，741.6m 长临时围堰可减少投资 2800 万元。

此外，该工法已在大连造船新厂船坞接长工程、青岛北海船厂船坞工程、大连香炉礁船坞工程等项目中推广应用，效果良好。

该工法可为今后类似工程提供借鉴经验，优化船坞工程设计与施工工艺，为利用预制坞墙作为围堰结构设计与施工开辟了新的途径，极具推广应用价值。

11. 应 用 实 例

11.1　大连中远 6 万吨级船坞工程

大连中远 6 万吨级船坞工程位于大连市大连湾，1994 年 12 月开工，1997 年 9 月 28 日竣工，工期 34 个月，比计划工期缩短一年。船坞采用湿法施工，利用预制沉箱作坞壁，并与沉箱堵口围堰一起代替了常规的施工围堰，用预填铁矿石骨料水下升浆混凝土作船坞底板的下层混凝土，克服了对存在破碎带及大量溶沟、溶槽、溶洞的基础处理及防渗技术的难点。坞墙沉箱尺寸 12.14m×8.08m×11.40m，数量 62 个，东西坞墩沉箱 2 个，共计 64 个。坞底板 244.44m×44m，其中升浆混凝土底板坞室 18 段、坞首 2 段，共计 20 段。

经现场钻孔检验及抽水成功后效果证明：该工艺效果良好，质量可靠。达到缩短工期、解决地质复杂带来的技术难题、节约建设投资的效果。

经多年的使用表明：工程安全可靠，其主要技术指标符合设计标准和使用要求，用户取得了明显的经济效益与社会效益。在交通部的专家鉴定会上，专家们一致认为"该项大型船坞工程的施工工艺达到九十年代的国际先进水平"。

《大连中远六万吨级船坞湿法施工工艺的研究与实践》项目荣获 1999 年度中港集团科学技术进步二等奖、获 2000 年度天津市科学技术进步奖三等奖；《船坞湿法施工工艺改进与完善》获大连市百项创新成果称号。

11.2 大连造船厂新建船坞工程

大连造船厂新建船坞工程位于大连市西岗区沿海街 1 号，大连造船厂北侧，工程于 2001 年 9 月 6 日开工，2004 年 7 月 26 日竣工。造船坞有效长度 400m，坞宽 96m，坞深 13m，坞底面标高－7.80m。采用干地围堰施工，东侧和北侧采用湿法施工的沉箱结构止水围堰，升浆混凝土范围为沉箱围堰底宽。东舾装码头沉箱 33 个，坞口沉箱 6 个，临时堵口围堰沉箱 7 个，共计 46 个沉箱形成 741.6m 长围堰，划分 22 段压浆混凝土。

经抽水后观测，凡是沉箱作围堰部分基本无渗漏，效果良好，达到预期效果及设计要求。

11.3 青岛海西湾造修船基地造船区 1 号、2 号造船坞建设工程

本工程位于青岛北船重工海西湾造修船基地造船区西部，包括 1 号造船坞、2 号造船坞，船坞尺度分别为 480m×96m×14.1m、530m×125m×13.1m，各设浮箱式坞门一座、中间坞门一座，两坞南端各设一条下坞通道。

为保证坞区形成干施工条件，堵口沉箱止水围堰采用湿法施工。坞口止水帷幕包含的结构部位为坞口、泵房，由坞口、泵房底板下基岩中的灌浆帷幕组成。

工程于 2006 年 1 月 17 日开始，2006 年 12 月 15 日结束，采用压浆混凝土湿法施工，简化了堵口围堰部位的施工工序、达到了缩短工期、节约投资的目的。

经完工后使用证明：压浆混凝土湿法施工止水效果可靠，质量较好。船坞基坑开挖施工顺利运转正常，取得了较好的经济效益与社会效益。

桥梁工程超长、超大直径钻孔灌注桩施工工法

YJGF103—2006

中交第二航务工程局有限公司   中铁十四局集团有限公司

张鸿 姚平 高纪兵 周洪顺 薛峰 孙晓迈

1. 前　　言

钻孔灌注桩是桥梁建设上常用的一种深基础形式。近年来我国桥梁事业发展迅速，新建桥梁的跨径越来越大、结构越来越复杂，钻孔灌注桩的长度也就越来越长、直径也就越来越大。

中交第二航务工程局有限公司承建的苏通大桥C1标主4号墩由131根钻孔灌注桩组成，桩长均为120m，桩径2.5～2.85m，为目前世界上最大的桥梁群桩基础。为了促进该施工方法在我国类似桥梁工程项目中推广使用，根据苏通大桥施工经验与实践，特编制该工法。该工法内容主要包括钻孔平台搭设、钻孔桩成孔工艺（钻机选型、泥浆的选用配置、成孔参数的选择）以及成桩工艺（水下混凝土的配制及浇筑工艺）。

2006年12月"宽阔水域、深水、大流速条件下感潮河段特大型桥梁高承台群桩基础建造技术"科技成果通过湖北省科技厅组织的成果鉴定，该技术成果具有重大的创新性，达到国际领先水平，具有很好的推广应用价值。"钢护筒沉放导向装置"于2007年获得实用新型专利。"钻孔平台搭设工艺"获2004年武汉市职工创新一等奖。

2. 工 法 特 点

2.1　采用结构护筒直接作为钻孔平台的承重结构。

2.2　采用了振动锤以及移动式导向架打设钢护筒。

2.3　钻孔处多为粉砂、细砂、中粗砂及砂砾层等易坍孔地层，施工选用了大功率钻机成孔、优质PHP护壁泥浆。

2.4　钢筋笼采用镦粗直螺纹接头，并于后场同槽预制，采用大型浮吊大节段吊装。

2.5　桩基采用桩底后压浆技术。

3. 适 用 范 围

适用于采用钻孔灌注桩（地质以砂层为主）为基础的特大桥桩基施工。

4. 工 艺 原 理

钻孔桩施工工法主要分两部分：其一主要说明钻孔平台的搭设工法，其二介绍钻孔灌注桩的成孔、成桩以及桩底后压浆工艺。

5. 施工工艺流程及操作要点

5.1　工艺流程

5.1.1　传统钢管桩施工平台搭设工艺流程（图5.1.1）

5.1.2 采用钢护筒作为承重结构的钻孔平台搭设工艺流程（图 5.1.2）

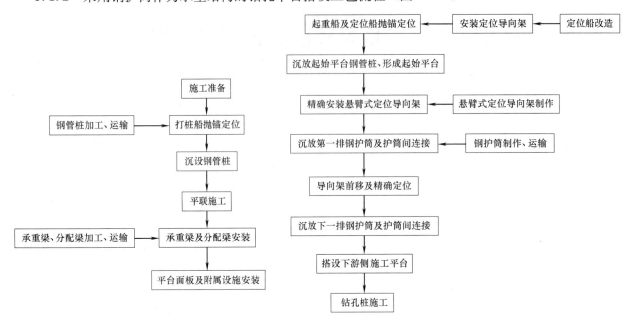

图 5.1.1 传统钢管桩施工平台搭设工艺流程　　图 5.1.2 采用钢护筒作为承重结构的钻孔平台搭设工艺流程

5.1.3 钻孔灌注桩施工工艺流程（图 5.1.3）

图 5.1.3 钻孔灌注桩施工流程图

5.1.4 桩底后压浆流程（图 5.1.4）

5.2 施工要点

5.2.1 传统钢管桩施工平台搭设施工要点

1）钢管桩施工

① 钢管桩制作、运输

钢管桩均按设计规格拼装成整桩，按沉放顺序分批加工制作，出厂检验合格后，用驳船运输至施工现场。

② 钢管桩沉设

钢管桩沉设定位采用测量定位。

2）平台搭设

① 平联施工

平联钢管采用哈佛板连接。在前场施工中，首先将下好料的一端与钢管桩按设计位置对好位并调平平联焊接，然后用哈佛板将另一端与钢管桩焊接。

② 平台上部结构搭设

逐一安装主承重梁、分配梁，铺设面板，安装栏杆，挂设安全网。

3）钢护筒施工

① 导向架设计与制作

根据水深、流速条件确定导向架设计高度及刚度。本工程采用 11.5m 高的点接触式导向架，平台以下 5.5m、平台以上 6.0m。导向架平面呈"开口式"，平台上下两层导向架之间用螺栓连接，以便于装拆。

② 钢护筒起吊、就位、施沉

用起重船吊起钢护筒，使钢护筒垂直，选择在平潮或流速较小时将钢护筒缓慢下滑，直至入泥稳定，待钢护筒下沉稳定后才能脱钩。

采用钢护筒作为承重结构的钻孔平台搭设施工要点

1）起始平台施工

起始平台位于钻孔平台上游侧，其主要作用是为沉放钢护筒，安装悬臂式定位导向架，提供具有足够刚度的起始工作平台。

钢管桩的定位采用测量定位。定位船在测量的指挥下移至桩位位置，运桩船停靠浮吊。当钢管桩起吊竖直后，将钢管桩送进导向架内，由测量调整钢管桩的平面位置及倾斜度，当平面位置偏差及倾斜度满足设计要求后，下放钢管桩，浮吊脱钩，起吊液压振动锤就位，测量再次复核钢管桩的平面位置及倾斜度，合乎施工要求后，振动下沉到位。

下沉到位后，定位船移至下一根桩位。第二根桩下沉到位后，及时连接两根桩之间的钢管水平联。钢管平联采用哈扶板连接。

2）护筒区平台搭设

① 钢护筒制作、运输

钢护筒在钢结构公司厂内加工，分上、下两节制作。然后装船运至施工现场。

② 钢护筒沉放

a. 振动锤选择：应根据护筒入土情况及地质情况选择振动锤。

b. 悬臂式定位导向架：根据平台搭设特点，需选用悬臂式定位导向架。

本工程采用的悬臂式导向架其长度为 16.125m，宽 6m，用起重船吊装移位，并锚固在已完成的起始平台或已沉放的钢护筒顶口上，在导向架前端设置 2 层层距 10.0m 的上、下导向装置，导向装置内设置有供钢护筒定位、施沉过程中纠偏、调整的液压千斤顶和锁定装置。

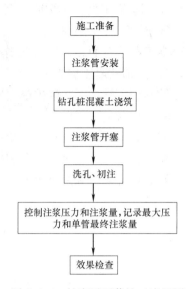

施工准备

↓

注浆管安装

↓

钻孔桩混凝土浇筑

↓

注浆管开塞

↓

洗孔、初注

↓

控制注浆压力和注浆量，记录最大压力和单管最终注浆量

↓

效果检查

图 5.1.4　桩底后压浆施工流程图

c. 钢护筒下沉：钢护筒下沉定位采用全站仪定位，同时用经纬仪进行校核。

③ 施工平台面层铺设

本工程平台面层采用 I25a 作为分配梁，面板采用 δ6 的花纹钢板。

5.3 钻孔灌注桩施工要点

钻孔施工采用了泥浆护壁、回旋钻机气举反循环的施工工艺，主要包括钻进成孔及清孔。

5.3.1 钻机选型

根据钻孔深度及直径选择相应的钻机。

本工程钻孔灌注桩从平台到孔底深达 130 多米，对钻机的扭矩及钻杆质量要求较高。选用技术性能先进，提升能力和配重较大的大型钻机投入主墩钻孔桩施工。各钻机性能指标见表 5.3.1。

钻机主要性能参数表

表 5.3.1

钻机型号	GDY400、GF350、ZSD300	钻机型号	GDY400、GF350、ZSD300
最大钻孔口径(m)	3.0	最大钻速 rpm	15
最大钻孔深度(m)	140	钻杆内径 mm	≥330
输出扭矩(kN·m)	≥150	配重(kN)	不小于 300kN
最大提升能力(kN)	1000	循环方式	气举反循环

5.3.2 泥浆制备及泥浆循环

1) 泥浆制备及性能指标

护壁泥浆在钻孔中非常重要，尤其是对本工程大直径深孔，土层为砂层，造浆性能差，泥浆控制显得尤为重要。施工采用不分散、低固相、高黏度的 PHP 泥浆。泥浆的制备在平台泥浆制备区进行。如果平台条件允许，可以采用集中供浆。

2) 泥浆循环

泥浆经泥浆净化器使直径在 0.074mm 以上的土颗粒筛分到溜渣槽内，处理后的泥浆通过钢护筒之间的连通管流入钻孔孔内。每台钻机配置一台泥浆净化器。

5.3.3 钻机安装、调试及移位

根据平台上的钻机位置和钻孔顺序，安装并调平钻机，并固定牢靠。

5.3.4 钻进成孔

成孔过程划分为三个阶段：护筒内钻进阶段、土层内钻进阶段、第一次清孔阶段。

5.3.5 成桩施工

1) 钢筋笼制安

钢筋笼在加工车间下料，分节同槽制作。主筋间采用直螺纹连接，每个断面接头数量不大于 50%，相临接头断面间距不小于 1.5m。

压浆管与声测管在钢筋笼同槽加工时同槽安装，接头采用焊接并适当与钢筋接头错层，以便对接方便。

成孔检验合格后，下放接长钢筋笼。为加快钢筋笼下放速度，可以根据施工条件将钢筋笼进行预接长。钢筋笼安装下放后，将钢筋笼固定在护筒上，以承受钢筋笼自重和防止混凝土灌注过程中钢筋笼上浮。

2) 二次清孔

如钢筋笼下放完成后，沉渣厚度及泥浆指标超标，需进行二次清孔。

3) 水下混凝土灌注

水下混凝土浇筑是钻孔灌注桩施工的主要工序，也是影响桩身质量的关键。

① 混凝土配合比设计

混凝土配合比设计通过试配确定，混凝土除满足强度要求外，一般还须符合下列要求：

粗骨料采用级配良好的石灰岩或花岗岩碎石，粒径 5～31.5mm；

细骨料宜采用级配良好的中砂，细度模数应控制在 2.3～2.8；

胶凝材料宜不小于 380kg/m³，改善混凝土的和易性、流动性；

混凝土初凝时间大于浇筑能力；

混凝土的坍落度控制在 20～22cm，3h 以后不小于 16cm，流动度不小于 50cm；

混凝土具有良好的和易性、流动性、泵送性，可掺入适量的粉煤灰及外加剂；

水泥中含碱量小于 0.6%，骨料要求做碱骨料反应试验。

② 混凝土浇筑

水下混凝土浇筑导管一般选用壁厚 $\delta=12mm$，$\phi_{外}=325mm$ 的无缝钢管，连接为 T 形螺纹的快速接头。导管径水密试验不漏水，其容许最大内压力均大于孔内泥浆深度压力的 1.3 倍。

混凝土灌注封底采用拔球法。封底成功后，随即转入正常灌注阶段。混凝土经泵送，不断地通过集料斗、浇筑料斗及导管灌注至水下，直至完成整根桩的浇筑。

5.4 桩底后压浆施工要点

为了改善桩底持力层的受力状况，提高基桩承载能力和基础的整体刚度，本工程主 1～4 号墩桩基均采用桩底后压浆。

压浆前的准备

1）安设压浆设备及压浆装置

① 压浆设备：注浆泵、浆液搅拌机、贮浆桶、压浆压力表、球阀、溢流阀、纱网、卸荷阀。

② 压浆管路编号并挂牌明示，压浆管路按编号顺序与浆液分配器对应连接牢固。

③ 压浆材料准备到位。

2）水泥浆液配制

① 水泥必须控制在 P.O42.5 以上，同时要求新鲜、不结块。

② 严格控制浆液配比，搅拌时间不少于 2min，浆液应具有良好的流动性，不离折、不沉淀，浆液进入贮浆桶时必须用纱网进行 2 次过滤，防止杂物堵塞压浆孔及管路。

3）压浆要求

当桩身混凝土强度到达一定值（通常为 75% 以上）后，通过地面压力系统经桩端压力注浆装置向桩端土层压浆。

① 压浆必须连续进行，中途停待不得大于 30min。

② 桩端压浆水泥浆量达到设计要求后即告终止。

4）群桩压浆施工施工顺序

注浆先外侧，后内侧；在外测隔桩进行压浆。每根桩压浆时，应确保在其周围 20m 为半径范围内的桩已经灌注混凝土完毕。同时，根据施工情况，按上述原则可适当调整压浆顺序。

5）压浆量施工控制

浆液总体控制于原则：实行压浆量与压力双控，以压浆量（水泥用量）控制为主，注浆压力控制为辅。若注浆压力达到控制压力，并持荷 5min，同时达到设计注浆量的 80%，也可以认为满足了设计要求。

6）压浆次序与压浆量分配

压浆分可分三次循环；每一循环的压浆管采用均匀间隔跳压；压浆量分配：第一循环：40%；第二循环：40%；第三循环：20%。

7）压浆时间及压力控制

① 第一循环：每根压浆管压完后，用清水冲洗管路，间隔时间不小于 2.5h，不超过 3h 进行第二循环。

② 第二循环：每根压浆管压完后，用清水冲洗管路，间隔时间不小于 3.5h，不超过 6h 进行第二循环。

③ 第一循环与第二循环主要考虑压浆量。

④ 第三循环以压力控制为主。若压浆压力达到控制压力，并持荷 5min，注浆量达到 80％，也满足要求。

6. 材料与设备

6.1　设备（表 6.1）

设备信息表　　　　　　　　　　　　　　表 6.1

序号	设备类型	设备名称	型号	单位	数量	备注
1	起重设备	浮吊	3000kN	艘	1	
2		浮吊	600kN	艘	2	
3		桅杆吊	14000kN·m	台	2	
4		龙门吊	800kN	台	2	
5		龙门吊	200kN	台	2	
6		桅杆吊	1500kN·m	台	2	
7		汽车吊	QY-50A	台	2	
8	振动设备	振动锤	APE400	台	2	
9		振动锤	DZ120A	台	1	
10	钻孔及配套设备	回旋钻机	ZSD300	台	2	
11		回旋钻机	ZSD300N	台	2	
12		回旋钻机	ZSD350	台	4	
13		回旋钻机	ZSD250	台	3	护筒内掏渣
14		冲抓钻	ϕ1.8m×6m	台	2	破碎、抓取砂袋
15		泥浆泵	3PN	台	8	
16		空压机	20m³/min	台	4	
17	电力配套设施	高压开闭站	10000V	座	1	
18		箱式变电站	1000kVA	台	2	
19		发电机	300kW	台	3	备用
20	船舶及车辆	定位船	2000t	艘	1	
21		运输船	500kN	艘	2	
22		载重车	CQ1262T	辆	2	
23		拖轮	航工503	艘	1	
24		拖轮	航工804	艘	1	
25	加工机具	电焊机	BX1-500-2	台	40	
26		气割设备		套	10	
27	实验设备	试验仪器	泥浆检测仪	套	4	
28			检孔仪	台	1	
29	测量仪器	GPS全球定位系统	莱卡 SR530	套	3	
30		全站仪		台	1	
31		电子经纬仪	ET-02	台	2	
32		电子水准仪	Leica NA₂	台	1	
33		测深仪	SDH-13D	台	1	
34		流速仪	LS-25	台	1	

续表

序号	设备类型	设备名称	型号	单位	数量	备注
35	混凝土拌合设备	搅拌船	160m³/h	艘	2	
36		搅拌船	100m³/h	艘	1	
37	交通设备	交通船	600kN	艘	2	

6.2 材料

6.2.1 施工平台材料（表6.2.1）

施工平台材料信息表　　　　　　　　　　表6.2.1

序　号	材料名称	规格型号	单　位	数　量	备　注
1	钢板	Q345 δ25	t	13380.7	护筒
		Q235 δ25	t	2408.3	护筒
		Q235 δ14	t	129.6	护筒加强套
		Q235 δ20	t	1634.92	
		Q235 δ16	t	1554.0	
		Q235 δ12	t	63.9	
		Q235 δ10	t	312.2	
		Q235 δ8	t	140.1	
2	H型钢	HN800×300	t	198.61	
		HN588	t	417.51	
3	槽钢	[40b	t	35.7	

6.2.2 钻孔桩及桩底压浆材料（表6.2.2）

钻孔桩及桩底压浆材料信息表　　　　　　　表6.2.2

序　号	材料名称	规　格	单　位	数　量	备　注
1	钢筋	Ⅲ40	kg	8651240	
2	钢筋	Ⅲ16	kg	66967	
3	钢筋	Ⅲ12	kg	552270	
4	砂	中粗	kg	62171224	
5	石	5～25mm	kg	8238446	
6	水泥	P.O 42.5	kg	28467544	每根桩注浆按10T计
7	外加剂		kg	676694	
8	粉煤灰		kg	11406154	
9	钢管	φ60×3.5mm	kg	316551	

7. 质 量 控 制

7.1 质量规范要求

1)《公路桥涵施工技术规范》JTJ 041—2000；

2)《公路工程质量检验评定标准》JTJ 071—98；

3)《公路工程施工安全技术规程》JTJ 076—95；

4)《墩粗直螺纹钢筋接头》JG/T 3057—1999；

5)《混凝土结构工程施工质量验收规范》GB 50204—2002；

6)《港口工程桩基规范》JTJ 254—98；

7)《公路全球定位系统（GPS）测量规范》JTJ/T 066—98；

8)《工程测量规范》GB 50026—93；

9)《钢结构工程施工质量验收规范》GB 50205—2001。

7.2 关键部位、关键工序的质量要求

1) 钢护筒施沉平面位置偏差≤±5cm；倾斜度≤1/200。

2) 为确保施工速度，设计要求长 120.4m、重 72.2t 的钢筋笼分段不超过 4 段；

3) 钻孔灌注桩要求从钻孔出护筒底到浇筑水下混凝土到护筒底口的施工作业时间不宜大于 72h，即要求从－62.2～－124.0m 土层中钻进、清孔、移钻机、下放钢筋笼和导管、浇筑混凝土至护筒底口的时间不宜大于 72 小时；

4) 浆液质量控制要求：实行压浆量与压力双控，以压浆量（水泥用量）控制为主，注浆压力控制为辅。若注浆压力达到控制压力，并持荷 5min，同时达到设计注浆量的 80%，也可以认为满足了设计要求。

7.3 质量管理措施及保证措施

为确保工程质量，从原材料到产品交付的全过程受控，项目部建立工程质量保证体系，确保按照合同要求，向顾客交付质量优良，服务周到，顾客满意的工程。

7.3.1 工程质量管理措施

1) 建立质量管理机构，结合本工程制定完善的质量管理制度，严格执行施工规范，监理工程师指令等有关规定。

2) 结合本工程特点，编制切实可行的施工组织设计，对关键工序编制详细的施工实施细则和作业指导书。

3) 加强与业主、监理、设计单位的联系与沟通，及时解决关键部位的技术难题。

4) 加强项目部全体员工的质量教育与培训，不断提高员工的质量意识，加强技术、技能学习，提高质量管理水平，确保工程质量。

5) 配合监理工程师做好单位、分部、分项（工序）工程的检验与验收，并做好记录和签证。

7.3.2 施工质量保证措施

1) 保证钢护筒加工质量：在护筒底口设置加劲箍，钢护筒材质、焊缝、防腐和质量检验按设计和规范要求进行。

2) 为克服护筒运输中的变形，钢护筒在加工时，每节护筒内均用钢管或型钢设置"米"字撑。

3) 为确保钢护筒的沉放精度，设计足够高的钢护筒下放导向架，并与平台固定。为了保证钢护筒垂直度，钢护筒下沉选在平潮时进行。

4) 严格控制钢护筒垂直度在 5‰内，钢护筒振沉到位后与钢平台联结，以防偏位。

5) 采用大功率大扭矩全液压钻机，保证成孔质量。

6) 采用气举反循成孔：可加快泥浆循环速度，集中供应压缩空气，经调压风包稳定后供应给钻机，始终保持较稳定气压，可避免因气压不稳定，而造成塌孔和钻渣堵塞钻杆等事故，提高钻孔效率。

7) 采用刮刀钻头：根据提供的地质资料情况，在钻孔过程中选用刮刀钻头钻进，以提高钻进效率。

8) 及时调整护筒内泥浆面：钻进过程中根据护筒外水位变化情况，随时调整护筒内泥浆面，保证内外水头差距始终保持在 2.5m 左右，减少缩孔及塌孔风险。

9) 定期对钻杆进行检查：所有的钻杆均要定期进行探伤检验，确保钻杆完好无损，减少吊钻风险。

10) 加大混凝土导管的直径：采用 ϕ325mm 混凝土导管，提高混凝土浇筑效率。混凝土导管进场前，进行探伤检验，确保导管的制作质量，定期对导管进行水密试验、探伤检查和管壁磨损程度检查，

确保混凝土浇筑过程中导管不出问题。

11）加大混凝土的浇筑强度：投入大型混凝土搅拌站，保证每小时可拌制混凝土200m³以上，缩短混凝土浇筑时间。

12）加强设备的保养维修力度，减少混凝土生产设备在浇桩过程中出现故障的几率，确保混凝土浇筑的连续性。

13）严格控制混凝土的拌制质量：严格控制混凝土原材料质量，严格按混凝土配合比进行混凝土生产，提高混凝土的和易性，减少堵管几率。

14）严格监控混凝土的浇筑过程，确保首批混凝土的浇筑效果。

15）在水下混凝土浇筑中，保证导管埋深控制在2～6m。

16）注浆工作一般在混凝土浇筑完毕后3～7天进行。也可根据实际情况，待桩的声测工作结束后进行。

17）U形回路每一循环过程中，所有压浆管可同时压浆，但事先应检查各管路是否畅通。水泥浆配置时，严格按配合比进行配料，不得随意更改。

18）在压浆过程中，若发生不正常现象（如注浆泵压力表越来越高或突然掉压，地面冒浆等）时，应暂停压浆，查明原因后再继续压浆。

19）专人负责记录压浆的起止时间、注入的浆量、压力，测定桩的上抬量。

8. 安 全 措 施

安全责任重于泰山，在施工过程中，坚决自始至终坚持"安全第一，预防为主，科学管理，狠抓落实"的安全工作方针，并从技术上、制度上、思想上、组织上加强安全管理，制定并落实好安全预控措施，防患于未然。具体如下：

8.1 水上船舶安全

1）合理安排劳动力、机械和船舶的使用，禁止不符合生产安全规定要求的设备、人员进入现场。

2）严格执行安全技术操作规程，组织有关人员对机械设备、设施进行定期检查。

3）水上施工船舶严格执行项目经理部的各项安全制度，执行当地航政、港监部门的规定和交通部规定的船舶管理制度。

4）施工过程中所有船舶接受统一管理，统一指令。

8.2 起重安全

1）起重用工索具严格按相关规范要求取用安全系数，保证其使用安全。

2）定期对工索具进行检查。

3）在起吊中应严格执行安全操作规程，指挥起吊时，信号必须统一，手势明显，哨音清晰，不得含糊。

4）起吊钢管桩前对工索具进行认真的检查，做到安全可靠，万无一失。

5）吊物时，扒杆与被起吊物下严禁站人，对违反操作规定和不安全的作业及时加以纠正或制止。

9. 环 保 措 施

9.1 水污染的防治措施

1）钻孔桩施工所产生的钻渣和废弃泥浆均泵送至驳船，运至岸上处理。

2）水泥、膨润土等掺合料，应安全堆放，妥善遮盖，不得掉入江中。

3）混凝土水上拌合站的废水，须集中装运至岸上基地，经沉砂处理后排放。

4）在施工平台上，设置"环保厕所"（干厕），粪便定期收集运至岸上生活区化粪池，统一处理。

5）禁止使用一次性塑料餐具，防止白色污染。交通船舶、施工机械产生的废油料及润滑油等，必须集中收集运至岸上处理。

6）生产用油料必须严格保管，防止泄漏，污染江水。

7）所有50t以上的施工作业和运输船舶，设置油水分离器，船舶舱底水含油量≤15mg/L时，方可排放。

8）水上施工人员的生活污水，用固定容器收集，定期由驳船运至岸上。

9.2 固体、废弃物的处置措施

1）在水上施工平台设置若干个垃圾桶，集中贮放生活垃圾，定期由驳船运至岸上垃圾场深埋。

2）施工过程中的废弃物、边角料、包装袋等及时收集、清理，运至垃圾场掩埋。

3）船舶上的生活垃圾，亦须袋（桶）装，集中运至岸上垃圾场处理。

10. 效 益 分 析

相对于传统钻孔平台，采用钢护筒作为承重结构的搭设钻孔平台大大节约了施工工期，节省了平台搭设材料。以苏通桥主4号墩钻孔平台为例：主4号墩提前两个月完成平台搭设，为完成世界最大群桩基础打下了良好的基础；同时，平台搭设节约钢材近千吨以上。

钻孔中采用大功率钻机，同时采用大型起重设备大节段下放钢筋笼，大大加快了钻孔桩成桩效率。以苏通桥主4号墩为例：130m左右深的钻孔桩从开钻到混凝土浇筑完成，仅仅每根平均需要90h左右；如果按照常规工艺施工成桩时间至少在120h以上。由此可见，设备的选择以及工艺的更新，使生产效率得到了大幅度提升。

11. 应 用 实 例

苏通长江公路大桥

苏通长江公路大桥，横跨南通与常熟，临近长江入海口，其主桥基础采用群桩基础。主桥C1标于2003年5月开工，至2005年5月施工完成，共计施工钻孔灌注桩205根，全部达到Ⅰ类桩标准。

苏通大桥B2标为两联预应力连续箱梁桥，其基础设计采用D1.8m钻孔桩群桩基础，共有19个桥墩，330根钻孔桩。其中46号～51号桥墩钻孔桩为16根，52号～64号桥墩钻孔桩为18根，桩长在87m到95.3m，全部达到Ⅰ类桩标准。

该工法在苏通大桥的应用中，取得了良好的效果，大大提高了成桩效率，保证了成桩质量。

另外，该工法于2005～2006年应用于上海崇明长江公路大桥和杭州湾跨海大桥。

基坑支护型横隔式预应力混凝土管桩制作施工工法

YJGF104—2006

华丰建设股份有限公司

章铭荣 邬建平 谢立军 袁勇为 吴佳雄

1. 前 言

软土地基中基坑围护采用预应力混凝土管桩，具有沉桩方便、施工速度快、主筋位置准确、围护造价低、无噪声无污染的优点。在相同的基坑挖深和软土地质条件下，其围护造价比沉管灌注桩低约 10%～20%，比钻孔灌注桩低约 50%。但预应力混凝土管桩的抗侧移刚度弱，抗裂弯矩值低，以 PC-ABϕ600（100）的管桩为例，其抗裂弯矩检验值为 201kN·m，极限弯矩检验值为 332kN·m（见国家标准"预应力混凝土管桩"03SG409）。本公司与有关单位共同研发出横隔式预应力混凝土管桩，该成果已由宁波市科技局组织鉴定通过，并成功地应用于宁波市紫郡小区等工程的基坑围护。横隔式预应力混凝土管桩构造如图 1-1，图 1-2 所示。

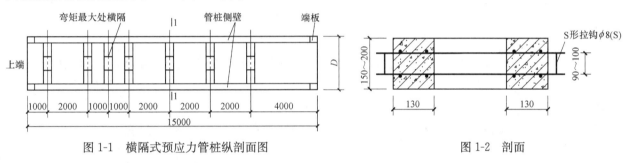

图 1-1 横隔式预应力管桩纵剖面图   图 1-2 剖面

2. 工 法 特 点

2.1 采用"菜单式"加工制作。根据基坑围护设计的预应力混凝土管桩的直径、型号、长度以及横隔位置加工制作横隔式预应力管桩。横隔式预应力管桩在工厂生产时，首先预制好圆环形配筋混凝土的横隔，如图 1-1 所示，然后嵌入管桩的钢胎模中，横隔的 ϕ8 外伸筋与管桩的钢筋笼绑扎。横隔位

(a)   (b)

图 2.2-1 横隔式管桩实验现场装置

(a) 实验现场；(b) 实验现场

置依围护桩的弯矩图布置，在弯矩最大处加密，底部考虑弯矩值小且沉桩时土柱顶塞而不布置。离心法生产的其他工艺同一般的预应力混凝土管桩。

2.2 横隔式预应力管桩的抗弯承载力通过破坏性试验，可提高约 20％以上，试验装置照片见图 2.2-1，横隔及试验后裂缝照片见图 2.2-2。

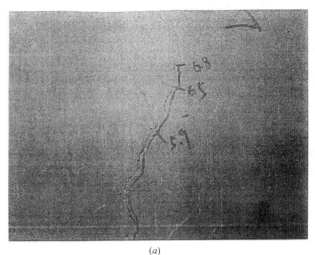
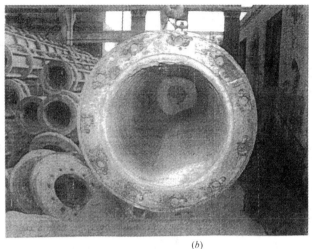

(a)   *(b)*

图 2.2-2 横隔式管桩实验

(a) 1 号桩极限状态最大裂缝；*(b)* 加钢筋混凝土横隔（2 号桩）

2.3 管桩长度一般为单节，静压沉桩施工方便、速度快，与沉管灌注桩、钻孔灌注桩相比，无振动噪声，无泥浆污染，因管桩底开口而挤土效应不大。管桩若用 2 节为一根，接头焊缝按标准图施工属等强度焊接。

2.4 基坑围护属临时挡土结构，因其造价比沉管灌注桩和钻孔灌注桩低，故应用价值大。

3. 适 用 范 围

横隔式预应力混凝土管桩作为一种新型的基坑围护桩，适用于软土地基挖深为 5～7m 左右的基坑，尤其适用于单节长度（最长为 15m）的桩底部存在较硬土层的地质条件。桩顶一般为压顶环梁结合支撑系统，也可以悬臂式受力。当单节管桩应用于基坑围护桩墙时，若插入坑底深度不足时，可采取的措施有：①降低桩顶设计标高，即桩顶以上放坡式处理；②支撑梁截面设计成"⊥"形，有利于增大梁底与底板顶面的净空尺寸；③基坑底部被动区打水泥搅拌桩加固；④应用两节管桩焊接接头，此时焊缝厚度应按标准图施工，形成等强度接头。

4. 工 艺 原 理

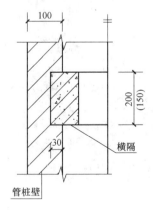

图 4 横隔与管桩壁搭接

根据基坑围护桩应用部位的计算弯矩图形设置管桩内的数道横隔，增大预应力混凝土管桩的抗裂弯矩与极限弯矩值。管桩工厂在离心法生产管桩时嵌入等强度等级的混凝土横隔预制块，嵌入深度 30mm，横隔与预应力管桩的混凝土浇捣为整体，养护后运输至现场，沉桩至设计标高，管桩顶嵌入混凝土压顶环梁 50mm，锚筋焊于管桩顶帽板。当设计的围护管桩间距较大时，可在管桩外侧施打水泥搅拌桩止住水土。横隔与管桩壁搭接如图 4 所示。

5. 施工工艺流程及操作要点

5.1 工艺流程

预制混凝土横隔→绑扎管桩钢筋笼→嵌入横隔预制块→合拢钢模→张拉预应力筋→离心法生产→蒸汽养护→放张预应力筋→运至工地→测量放线→沉桩→焊接桩顶锚筋→施工压顶环梁及支撑。

5.2 操作要点

5.2.1 横隔钢筋绑扎后放入专用钢模，按管桩 C60 混凝土配合比制作横隔预制块，单片横隔 100mm 或 75mm 厚。

5.2.2 绑扎管桩钢筋笼，先预应力纵筋，再安装螺栓箍。预应力筋和螺旋箍筋焊接点的强度损失不得大于该材料标准强度的 5％，松脱的焊点应用钢丝绑扎。钢筋笼按标准图设计型号。

5.2.3 安装横隔预制块，将其连接筋 ϕ8 绑扎于管桩主筋上，然后安装帽箍板及其锚筋。先张法模外张拉预应力筋，采用张拉应力和预应力筋伸长值双控。

5.2.4 采用浇灌机对混凝土均匀布料，离心法生产预应力混凝土管桩，离心工艺成型应按慢速、中速、高速三个阶段进行，以保证混凝土密实与壁厚均匀。管桩长度按设计。然后蒸汽养护室常压蒸养，按预养、升温、恒温、降温四个阶段进行，升温速率每小时不宜超过 25℃，恒温温度不宜超过 90℃。

5.2.5 放张拉预应力筋时，与管桩相同条件养护的混凝土试件的抗压强度不得低于 40MPa。

5.2.6 管桩编号后用汽车运输至工地，并按要求码放。

5.2.7 桩机就位，测设管桩的桩位，并吊运管桩就位。

5.2.8 沉桩，采用静压法施工，沉桩以桩底设计标高作为沉桩控制原则，沉桩次序先中间，后往两侧延伸，用经纬仪控制管桩的垂直度，用水准仪控制送桩器标高。管桩接头电焊应两人分三层对称进行，内层焊必须清理干净后方能施焊外一层，焊缝应连续饱满。

5.2.9 焊接桩顶锚固筋，若管桩顶超高应截桩后将锚固筋植入桩孔中混凝土内，锚固筋要求见标准图。

5.2.10 施工压顶钢筋混凝土环梁及支撑，当钢桩顶标高超低时，应往下加厚混凝土环梁的截面尺寸。

6. 材料与设备

6.1 材料

圆环形混凝土横隔预制块，各型 PHC、PC、PTC 预应力混凝土管桩，根据围护结构施工图，按国标 03SG409《预应力混凝土管桩》或省标 2002 浙 G22《先张法预应力混凝土管桩》选用。

6.2 机具设备

预应力混凝土管桩离心法生产机械设备，静力压桩机，质量检测工具等。

7. 质量控制

7.1 横隔式预应力管桩生产的质量要求

7.1.1 水泥应采用强度等级不低于 42.5 级，其质量应符合相关国标的规定。

7.1.2 粗骨料应采用碎石，PHC 与 PC 桩的碎石最大粒径不应大于 25mm，PTC 桩的碎石最大粒径不应大于 20mm，细骨料宜采用洁净的中粗砂，细度模数为 2.3～3.4。粗细骨料的质量均应符合相关国标的规定。

7.1.3 钢材包括预应力筋、螺旋筋、锚固筋、端帽板的质量均应符合相关国标的规定。

7.1.4 圆环形横隔预制块预制应尺寸准确，硬化后与管桩的钢筋笼绑扎牢固。

7.1.5 管桩离心法生产时两端帽板处的混凝土应特别注意密实，管桩的混凝土强度等级必须达到设计要求。

7.2 横隔式预应力管桩沉桩的质量要求

7.2.1 管桩的接桩采用桩端帽板焊接法，直观无气孔、无焊瘤、无裂缝，焊缝应连续饱满，其外观质量应符合二级焊缝的要求。

7.2.2 静压沉桩的终压标准应根据桩端设计标高为主控制，沉桩终压力作参考。管桩头部应锚入压顶环梁 50mm。

7.2.3 管桩沉桩后平面位置允许偏差为 80mm，桩顶标高允许偏差±50mm。

7.2.4 整根桩身垂直度允许偏差不超过 1%。

8. 安 全 措 施

8.1 生产制作预应力管桩的机械设备定期按设备维修保养制度进行维修保养。

8.2 张拉预应力筋作业时，操作应平稳、均匀，两端不得站人。在测量钢丝的伸长时，应先停止拉伸，人员必须站在侧面操作。

8.3 预应力管桩的吊运机械应按规程操作，严禁起吊运输管桩的下方站人。钢丝绳及绳卡应经常检查保证牢固。

图 8.4 管桩两支点位置图
注：L 为桩节长度。

8.4 管桩需叠层堆放时，一般不超过 2 层，可梅花型叠接，应按图 8.4 所示两支点位置放在垫木上。底层管桩外缘的垫木处用木楔塞紧，防止滚落伤人。

8.5 预应力管桩沉桩时，非操作人员应离机 10m 以外，起重机的起重臂下，严禁站人。

8.6 接桩时，上一节应提升 350～400mm，此时，不得松开夹持板。

8.7 压桩时，应按桩机技术性能表作业，不得超载运行。操作时动作不应过猛，避免冲击。

9. 环 保 措 施

9.1 根据施工总平面图在施工现场四周设置一封闭的围墙及大门，将现场与外界隔离。

9.2 在现场出入口处设置汽车冲洗台及污水沉淀池，对开出车辆进行冲洗，做到车辆不带泥沙出场。安排工人每天进行现场卫生清理，做到整洁有序，无污水、污物出口畅通、不积水、不发臭、不污染周围环境。

9.3 施工现场应尽可能地将表层硬化，减少粉尘影响。

9.4 采用静压法沉桩，便于控制标高，又符合环保要求，无噪声污染。

9.5 管桩下端开口，以便于沉桩时土柱内塞，部分消除挤土影响。

10. 效 益 分 析

横隔式预应力混凝土管桩应用于软土基坑围护的主要特点是造价低与施工方便，基坑围护结构以同样的软土地质条件与同样的挖深及相同的支撑系统（图10），与沉管灌注桩及钻孔灌注桩的造价对比如表10。

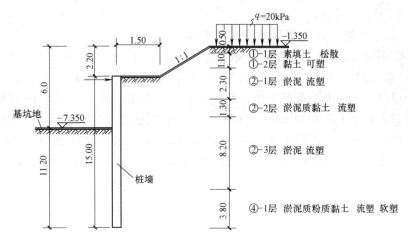

图 10 基坑围护剖面与地质条件（尺寸单位：m）

围护桩比较表 表 10

桩 型	横隔预应力管桩	沉管灌注桩	钻孔灌注桩
型号、间距	PC-B600(100)-15@800	ϕ530-15@680	ϕ600-15@800
单桩抗弯承载力 kN·m	抗裂弯矩 $M_k=239$ 极限弯矩 $M_{uk}=430$	239 （配筋率高）	281
单方(m)造价	185 元/m	820 元/m³	1000 元/m³
沿坑周每米造价	3468 元/m	3891 元/m	5298 元/m
造价比	1	1.15	1.57

说明：按土压力作用下等值梁法计算所得桩墙沿坑周内力弯矩为 351kN·m/m，管桩按间距@800，单桩内力为 281kN·m。表中所列 M_k、M_{uk} 为普通预应力管桩，但横隔式预应力管桩则 M_k、M_{uk} 均提高约 20%，故满足要求。

11. 应 用 实 例

11.1 "名仕嘉景苑"居住小区地下室基坑围护工程

"名仕嘉景苑居住小区"位于宁波市科技园区内，北临已建成使用的围海公司多层住宅，西靠杨木楔路，南临江南公路，东临浙大软件学院大楼。本工程地下室一层，最大挖深 5.70m，地上 15 层、11 层，工程桩为预应力混凝土管桩。地质条件属软土地基，从上至下分别为：松散状素填土、软可塑的黏土、流塑状的淤泥质黏土、流塑状的淤泥、流塑状的淤泥质粉质黏土，基坑开挖面为淤泥。基坑围护结构设计单位—浙江省岩土基础公司，业主单位—世纪华丰控股有限公司。基坑围护桩采用横隔式预应力管桩 PC-AB600（100）-15m（单节），间距@800，桩顶放坡 1.5m 高，支撑系统为钢筋混凝土对撑、角撑结合桩头的压顶环梁。该基坑开始施工为 2004 年冬天，小区于 2006 年竣工。基坑开挖后，各项监测结果正常。基坑围护周长 310m，与沉管灌注桩 ϕ500@650 相比，节约造价约 19 万元。

11.2 "紫郡"居住小区 K6A 地下室基坑围护工程

"紫郡居住小区"K6A 地下室基坑工程位于宁波市鄞州区诚信路北侧，东侧为排洪河道—甬新河，西侧与北侧均为规划道路。本区地貌为滨海淤积平原。本工程地质条件属软土地基，土层性质很差，详见图 10 所示。本工程为地下室一层，基坑面积约 9100m²，最大挖深为 6.25m，地上 18 层、16 层各两幢，工程桩为钻孔灌注桩及预应力管桩。基坑围护结构设计单位—宁波市工业建筑设计研究院，业主单位—世纪华丰控股有限公司。基坑围护结构采用横隔式预应力管桩 PC-B600（100）-15m（单节），间距@800，桩顶放坡 2.2m 高，放坡宽见图 10。支撑系统为钢筋混凝土对撑、角撑结合桩头的压顶环梁。该工程基坑开挖施工期间正值 2006 年春天雨季，基坑围护的各项监测结果基本上正常，仅最大挖深处坑边的深层土体位移值为 85mm，略超过报警值 80mm。基坑围护周长 425m，与沉管灌注桩 ϕ530

@680 相比，节约造价约 25 万元。

11.3 "紫郡"居住小区 K6B 地下室基坑围护工程

"紫郡居住小区" K6B 地下室基坑工程地理位置及地质情况同 K6A 工程。本工程为地下室一层，基坑面积约 9800m²，最大挖深为 6.25m，地上 18 层、15 层各两幢，工程桩为钻孔灌注桩及预应力管桩。基坑围护结构设计单位—宁波市工业建筑设计研究院，业主单位—世纪华丰控股有限公司。基坑围护结构采用横隔式预应力管桩 PC-B600（100）-15m（单节），做法同 K6A 基坑围护工程。支撑系统为钢筋混凝土对撑、角撑结合桩头的压顶环梁。该工程基坑开挖施工期间也为 2006 年春季，基坑围护的各项监测结果基本上正常，均在报警值以内。基坑围护周长 356m，与沉管灌注桩 φ530@680 相比，节约造价约 27 万元。

湿陷性黄土地基强夯处理工法

YJGF105—2006

陕西建工集团总公司　陕西省建筑科学研究院

师管孝　高宗祺　陆建勇　张昌叙　田立奇

1. 前　　言

1.1　湿陷性黄土为多孔性特殊性土，主要分布于我国黄河流域，在陕西省主要分布于关中、陕北地区。湿陷性黄土作为支撑建（构）筑物基础的地基土，其工程特性为密度小、疏松，遇水浸湿产生剧烈下陷（谓之"湿陷"），使基础产生大幅度沉降，给工程建设带来巨大危害。湿陷性黄土地区亦多为建设工程的密集区，因此，刻不容缓地对其研究开发一种先进的地基处理工法，对搞好工程建设具有现实意义。

1.2　为了将强夯法应用于处理湿陷性黄土地基，隶属于陕西建工集团总公司的陕西省建筑科学研究所（现陕西省建筑科学研究院）于 1979 年设立"强夯法处理湿陷性黄土地基"专题研究小组，并取得城乡建设环境保护部批准立项。1980 年至 1988 年间，专题研究小组与本院组建的西北岩土地基开发公司及陕西省机械施工公司等施工单位协同，先后结合陕西省物资局金属仓库、咸阳渭河发电厂、武警仓库及咸阳国际机场飞行区等几十项工程，对强夯法处理湿陷性黄土地基的施工机具、施工工艺、技术参数、强夯技术效果、强夯经济效益及强夯振动对周围环境的影响等进行了全面、系统的试验研究，并在工程中实践应用，取得第一手的技术资料和良好的技术、经济效果。此后，把已取得的经验不断地应用于多项强夯法处理湿陷性黄土地基工程中，进一步提高了认识并积累了技术数据和施工经验。

1.3　1986 年，科研成果《强夯法处理湿陷性黄土地基的研究与应用》获陕西省土木建筑学会二等优秀论文奖和陕西省建总公司优秀科技成果奖。同年，城乡建设环境保护部科技局委托陕西省建筑工程总公司组织召开陕、甘、宁、青、晋五省（区）有关专家、教授出席会议，对该项科研成果作出技术鉴定。

1.3.1　试验研究密切结合工程实践，在强夯有效处理深度以内，土的湿陷性消除，干密度、承载力和压缩模量均显著提高。通过试点工程五年多的沉降观测，其资料表明强夯法处理地基的质量完全符合有关规范规定的要求。

1.3.2　试验研究所提出的各项强夯技术参数，如夯锤底面积、锤底单位面积静压力、最佳击数、最佳含水量等，取值适当，依据可靠。以干密度、容许承载力、压缩模量、湿陷系数作为检验强夯质量的控制指标，技术合理，适用可行，能有效地保证工程质量。

1.3.3　与处理同等厚度、同类地基土的其他加固方法相比，采用强夯法处理湿陷性黄土地基施工操作简便，一般工期可大大缩短，处理费用能明显降低。

1.3.4　该项研究成果已达到国内先进水平，对加快建设速度，降低工程造价，具有重要现实意义。

1.4　1988～1990 年，按照陕西省城乡建设环境保护厅要求，陕西省建筑科学研究院负责编制了陕西省第一本有关强夯法处理地基的省级标准——《强夯法处理湿陷性黄土地基规程》（DBJ 24—9—90），包括设计、施工、质量检测和验收等章节。在该标准自 1990 年颁布实施以来的十七年间，据不完全统计，在陕西、甘肃、青海、宁夏、新疆等省区的工程建设中，采用强夯法处理了约 300 万 m² 的湿陷性黄土地基。对不同类型的工业厂房，多层、高层建筑，水池、水塔等构筑物，以及机场、铁路、公路、煤矿等行业、领域的建设工程，都较广泛地采用了强夯法处理湿陷性黄土地基，并取得了显著的技术、经济效益。

1.5 1997～1998 年，该工法用于兰州中川民用机场扩建飞行区工程的湿陷性黄土地基处理，获甘肃省第十三次（1999 年）优秀工程设计奖，同时该项工程荣获甘肃省 1999 年优秀建设工程飞天金奖。

1.6 2004～2006 年，根据陕西省建设厅［2003］160 号文的要求，由陕西省建筑科学研究院（主编）会同有关设计、施工、质量监督等单位组成修订组，对现行陕西省标准《强夯法处理湿陷性黄土地基规程》DBJ 24—9—90 进行全面修订，形成陕西省工程建设标准《强夯法处理湿陷性黄土地基技术规程》（DBJ 61—9—2006），现已将"送审稿"上报陕西省建设厅。本工法是在"送审稿"基础上编写的。

2. 工 法 特 点

2.1 强夯工法的主要特点是：以土治土，不用建筑材料，大大减少开挖土方量，效率高、省劳力，有利于推进机械化施工。对加快建设速度，降低工程造价，具有现实意义。

2.2 该工法是将一定重量的夯锤提高到一定的高度先蓄势能，再自由落锤变为动能反复夯击地基的方法压密地基土。利用强夯功能反复夯击地基，将夯面下一定深度内的土层压密，使土的孔隙减小、干密度增大，从而消除地基土的湿陷性，提高地基的承载力，降低压缩性。

2.3 强夯施工现场星罗分布直径 3～4m、深度 1～2m 的夯坑，场地整平后，再满面拍夯一遍，整个地面下降 0.5～1.6m。

2.4 强夯工法与传统的施工方法（如碾压法、复合地基法）比较，不需特有建筑材料；处理同等地基体积（包括地基处理厚度和面积），工期最短，质量易控制，且造价经济。该工法的技术经济效能保持着先进性和新颖性。

3. 适 用 范 围

本工法适用于湿陷性黄土和自重湿陷性黄土地基采用强夯法处理地基的施工。

4. 工 艺 原 理

4.1 强夯工法机理及适宜条件

4.1.1 建筑地基强夯处理工法，是将重量 100kN 以上（最大到 400kN）的夯锤提升到 8m 以上（最大到 20m）的高度，借夯锤自由下落的强大冲击动能和所产生的强大冲击波反复夯击地基，将夯面下一定厚度（一般 3～6m，最大 10m）的土层夯、压、挤实，从而减少土的孔隙、增加土的密实性，消除湿陷性、降低压缩性、提高承载力，并增强地基的均匀性，使地基得以加固处理。

4.1.2 强夯处理地基，是将地基土由浅而深地被逐渐夯压密实的过程。夯击力首先将夯面下浅层土夯压密实，随着夯击数的不断增加，地基土由浅层、中层、再下层依次逐渐被夯压密实，直到一定厚度地基土的塑性压缩变形（压密）不再明显增加为止。

4.1.3 强夯压密土体，是先克服土体的抗压密阻力，再继续压实土体（土颗粒紧密排列）的过程。土的含水量过小时，土体结构强硬，抗压密阻力大，消耗强夯能量大，土体难以压密；土的含水量过大时，过剩的含水量在土体中占去一定空间，强夯瞬间难以被挤压排出，会形成"橡皮土"，也难以夯实。土体含水量 w 适宜强夯的程度可依次划分为"优"、"良"、"可"三类含水量范围：

1. 最适宜强夯的土层含水量范围为"优"类：

$$\begin{cases} |\overline{w}_{op} - \overline{w}| \leqslant 2\% \\ 12\% \leqslant w \leqslant 20\% \end{cases}$$
(4.1.3-1)

2. 较适宜强夯的土层含水量范围为"良"类：

$$\begin{cases} |\overline{w}_{op} - \overline{w}| \leqslant 4\% \\ 10\% \leqslant w \leqslant 22\% \end{cases}$$
(4.1.3-2)

3. 可采用强夯的土层含水量范围为"可"类：

$$\begin{cases} |\overline{w}_{op} - \overline{w}| \leqslant 6\% \\ 8\% \leqslant w \leqslant 24\% \end{cases}$$
(4.1.3-3)

式中　w——土层处理厚度内，土的天然含水量（%），以拟建场地勘察资料为准，土层划分厚度及其 w 值按开夯标高下每 $0.5\sim1.5m$ 厚度计取。w 范围值中的高含水量土层，宜位于处理厚度的底层；

$\overline{w}$——土层处理厚度内，土的天然含水量 w 的加权平均值（%）；

$\overline{w}_{op}$——土层处理厚度内，土的最优含水量 w_{op} 的加权平均值（%），宜按室内标准击实试验确定。当无试验资料时，可近似按 $(0.56\sim0.60)\overline{w}_L$ 取值；

$\overline{w}_L$——土层处理厚度内，土的液限含水量 w_L 加权平均值（%）。

注：分类时应按"优"、"良"、"可"次序最先符合者确定。

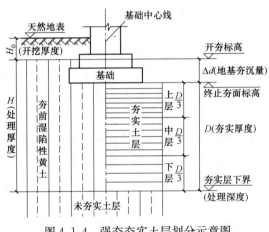
图 4.1.4　强夯夯实土层划分示意图

对于不能满足（4.1.3-3）式含水量范围的地基土，在施工前宜采取措施改善地基土含水量；或通过试夯，确认能满足设计要求时，也可采用强夯法处理地基。

4.1.4　强夯法处理湿陷性黄土地基的夯实厚度 D 内强夯土的物理力学指标应达到下列标准：土的湿陷性消除（湿陷系数 $\delta_s < 0.015$）；干密度 $\rho_d \geqslant 1.46g/cm^3$；压缩模量 $E_s \geqslant 8MPa$（属中偏低压缩性）；承载力特征值 $f_{ak} \geqslant 150kPa$。

夯实厚度 D 内土层的密实和坚硬程度自上而下逐渐衰减，依次可分为上、中、下三个分层，三个分层的厚度各占夯实厚度 D 的 $1/3$，如图 4.1.4。

4.2　夯实厚度

4.2.1　强夯法处理湿陷性黄土地基的设计夯实厚度 D，应根据工程地质资料及建（构）筑物对地基土的物理力学指标要求（或地基处理目的）确定。

4.2.2　对以消除湿陷性黄土地基的湿陷性为主要处理目的时，设计夯实厚度 D 应符合现行国家标准《湿陷性黄土地基区建筑规范》（GB 50025）有关处理厚度的规定；对以提高地基土的承载力为主要处理目的时，应处理基础底面下经修正后的天然地基承载力特征值 f_{az} 仍小于附加压力 P_z 和上覆土自重压力 P_{cz} 之和的所有土层；对以降低地基土的压缩变形为主要处理目的时，可按变形计算确定地基必须的夯实厚度。

4.2.3　强夯地基的下卧层承载力验算及地基变形计算，应按现行国标《湿陷性黄土地区建筑规范》（GB 50025）的规定执行。

4.3　强夯能级

处理湿陷性黄土地基所需要的强夯能级 A，可依据既定的设计夯实厚度 D 及划分的土层含水量范围类别按表 4.3 选用；设计夯实厚度大于 $6m$ 时，可按附录 A 经验公式估算选用；对地基强度、变形有较高要求的重要建（构）筑物及地层结构复杂、强夯面积大的工程，应通过现场试夯确定。

强夯能级 A（kN·m）选用表

表 4.3

土层含水量范围类别	设计夯实厚度 D(m)						
	3.0	3.5	4.0	4.5	5.0	5.5	6.0
优	/	/	1000	1200	1500	2000	3000
良	/	1000	1200	1500	2000	3000	/
可	1000	1200	1500	2000	3000	/	/

4.4 强夯处理平面范围及夯点排布

4.4.1 强夯处理平面范围应大于建筑物基础平面边界，超出建筑物基础外缘的宽度，不应小于设计夯实厚度 D 的 1/2，且不应小于 3m。

4.4.2 夯点位置应根据基础平面形状按正方形或三角形的网络点排布。夯点中心距一般可取 1.2～2.0d（d 为夯锤底直径），拟处理土层厚度小、强夯能级低取小值；拟处理厚度大、强夯能级高取大值。必要时，可通过试夯确定。

4.5 强夯遍数及夯点击数

4.5.1 分布在处理平面范围内的全部夯点，宜分遍夯击。各遍夯击的夯点应互相错开。完成全部夯点夯击所需的遍数为设计强夯遍数。

4.5.2 设计强夯遍数可根据土层含水量、超孔隙水压力消散速度、拟处理土层厚度等因素综合确定，一般宜强夯 2～3 遍。含水率较高的细粒土、拟处理土层较厚时，宜选用两遍以上的多遍强夯。此外，对强夯场地最后必须附加满夯拍平。3000kN·m 以下能级的强夯，满夯拍平宜用 1000kN·m 能级，锤印搭叠约 d/3，每印痕连夯 2～3 击。

4.5.3 各遍强夯中的每夯点所需的连续夯击数，应根据试夯击数与夯沉量关系曲线、最后两击夯点平均夯沉量、夯坑周围地面隆起程度等因素综合确定。较适宜的连续夯击数为最后两击的夯坑平均夯沉量不大于 3～5cm（相应于 1000kN·m～3000kN·m 强夯能级）。一般每夯点连续击实数为 12～18 击，第一遍夯点取较多击数。

4.5.4 各遍夯点之间应留间歇时间。间歇时间可依含水量高低、强夯能级、夯点间距等因素综合确定。土的含水量越高、强夯能级越高、夯点间距越小时，间歇时间越长。一般情况下，湿陷性黄土需 7～14d。

4.6 开夯标高

强夯开夯标高应按所需终止夯面标高加地基夯沉量确定。地基夯沉量宜通过试夯确定。当无试夯资料时，可按下式估算：

$$\Delta d = 1.05 \times \left(\frac{\bar{\rho}_d}{\rho_{do}} - 1 \right) \cdot D \tag{4.6.1}$$

式中 Δd——估算强夯地基夯沉量（m）；

$\bar{\rho}_{d估}$——夯实厚度 D 内夯后土的估算平均干密度（g/cm³），$\bar{\rho}_{d估} = \frac{\rho_{do} + \rho_{d1}}{2}$；

$\bar{\rho}_{do}$——处理厚度 H 内夯前土的加权平均干密度（g/cm³）；

ρ_{do}——处理厚度 H 底面处夯前土的干密度（g/cm³）；

ρ_{d1}——开夯面下 1.0m 深度内夯后土的计算干密度（g/cm³），

$$\rho_{d1} = 0.95 \frac{G_{s1}}{1 + w_1 G_{s1}} \rho_w；$$

G_{s1}——开夯面下 1.0m 深度内土的比重，粉质黏土 $G_{s1} = 2.70～2.72$，粉土

$G_{s1} = 2.67～2.69$；

w_1——开夯面下 1.0m 深度内土的含水量，以小数计；

ρ_w——水的密度，一般取 1g/cm³。

4.7 强夯处理地基的预期效果

用于承载力和变形计算的强夯法处理湿陷性黄土地基的干密度 ρ_d、压缩模量 E_s 及地基承载力特征值 f_{ak}，宜通过现场试夯确定。当无试夯资料时，可参照表4.7.1选用。

强夯地基分层 ρ_d （g/cm³）、E_s （MPa）、f_{ak} （kPa）值   表4.7.1

分层及其含水量平均值 $\overline{w}$		11%	13%	16%	19%	21%
上层	ρ_d	1.60	1.70	1.74	1.68	1.60
	E_s	20	18	14	13	8
	f_{ak}	250	270	260	220	170
中层	ρ_d	1.58	1.62	1.63	1.62	1.54
	E_s	15	14	14	13	11
	f_{ak}	230	230	220	210	160
下层	ρ_d	1.47	1.48	1.48	1.47	1.46
	E_s	13	12	12	12	10
	f_{ak}	200	180	170	160	150

注：1. 表列夯实厚度 D 内上、中、下三层的 ρ_d、E_s、f_{ak} 值，分别为各层强夯土干密度、压缩模量、地基承载力特征值的平均值。

2. 当 $\overline{w}$ 为中间值时，分层 ρ_d、E_s、f_{ak} 值可采用直线内插法求得。

3. 当下层土的 ρ_d、E_s、f_{ak} 值分别低于同一标高夯前土的 ρ_d、E_s、f_{ak} 值时，应采用夯前土的 ρ_d、E_s、f_{ak} 值。

5. 施工工艺流程及操作要点

5.1 施工工艺流程

强夯施工工艺流程图见附录B。

5.2 操作要点

5.2.1 一般规定

1. 强夯施工前，施工人员必须熟悉下列资料：

1）施工场地工程地质资料；

2）场地地下坑穴普探图；

3）基础施工图和夯点平面排布图；

4）强夯参数：包括夯锤的底面积、质量、落距，夯点排布，强夯遍数和每夯点连续夯击数等；

5）设计对强夯施工的技术、质量要求。

2. 施工前，应由建设单位组织设计、监理和施工人员进行设计交底，并组织各方技术人员进行图纸会审。

3. 开工前，施工单位应根据设计及工期要求，编制强夯施工组织设计。对于试夯或强夯面积小于 20000m² 的工程，可编制试夯施工方案或强夯施工方案。

4. 强夯施工开夯前，宜在施工场地按 10m×10m 方格网点测定开夯面以下处理厚度 H 内土的含水量。其含水量宜处于4.1.3条要求的范围。否则应采取注水润湿或降低湿度措施。

5. 当强夯参数和夯沉量、最后两击平均夯沉量以及所达到的夯实质量必须通过试夯确定时，试夯宜按下列顺序进行：

1）根据试夯施工方案，在施工现场选取一块或多块地质条件具有代表性的试验区，每块面积应不小于 20m×20m，夯点排布可按4.4.2条执行。

2）根据设计要求的强夯处理地基质量，选取一组或多组强夯参数，在不同试夯区分别进行试验性强夯施工。

3）试夯施工按5.2.3条执行。

4）试夯质量检测按7.5节7.5.1～7.5.8条执行，但抽样点数需按试夯要求增加。

5）分析对比强夯前后土的物理力学指标，评定试夯的处理效果。根据试夯记录及夯后土的物理力学指标，选定夯点排布、强夯能级、强夯遍数、夯点的最少夯击数和地基夯沉量以及其他技术参数，确定强夯施工的主要控制指标。

6）当试夯效果不能满足设计要求时，应调整强夯参数再选试验区试夯。

6. 当有强夯类似工程施工经验时，试夯可结合强夯施工进行。开始施工时，根据初始数个夯点的每击夯沉量和累计夯沉量，判定大面积施工时夯点必需的夯击数、最后两击平均夯坑夯沉量和累计夯坑夯没沉量的控制值以及可能达到的夯实效果。

7. 强夯施工必须按施工组织设计（或施工方案）以及试夯取得的强夯参数执行。

5.2.2 施工准备

1. 清除场区耕植土、污泥及其他有机物质；清除施工场地上1.5倍吊臂高度范围内空中线路；拆除地下管线、树根、废旧基础等障碍物；埋深大于2/3处理厚度的地下坑穴应事先填实处理，埋深较浅的地下坑穴及局部松软地基应在地面作出明显标记，施工时，应注意加强夯击。

2. 施工前按开夯标高要求，挖、填、平整场地。

3. 当施工场地强夯处理深度 H 以内土的含水率过低时，宜按1m×1m的方格网点、并在中心加一点的布孔方式钻孔（一般为洛阳铲成孔），向孔中定量注水润湿土体。每孔注水量按下式计算：

$$V = 0.5 \times (\overline{w}_{op} - \overline{w}) a^2 h \frac{\overline{\rho}_{do}}{\rho_w} \tag{5.2.2-1}$$

式中　V——每孔注水量（m³）；

$\overline{w}, \overline{w}_{op}$——分别为润湿土体厚度 h 内土层的天然含水量加权平均值和最优含水量加权平均值，以小数计；

a——注水孔方格网距（m），$a=1m$；

h——需加水润湿的土层厚度（m）；

$\overline{\rho}_{do}$——h 厚度内土层的天然干密度加权平均值（g/cm³）；

ρ_w——水的密度，一般取 $\rho_w=1g/cm³$。

当需要加水润湿的土层限于上层，且厚度小于1.0m时，可采用地表水畦浇水润湿。水畦每平方米面积的浇水量按下式估算：

$$V = (\overline{w}_{op} - \overline{w}) h \frac{\overline{\rho}_{do}}{\rho_w} \tag{5.2.2-2}$$

式中　V——每平方米面积浇水量（m³）；

h——需加水润湿的土层厚度（m），$h<1.0m$；

其余符号同（5.2.2-1）式。

强夯施工应待土层受水润湿均匀后进行，一般需等待3～7d。

4. 准备强夯施工用的主要机械、工具、测量仪器、质检设备及辅助设施等，应符合有关要求。

5. 测设施工测量控制网应满足施工平面和高程控制测量精度的要求。

6. 测量放线

1）强夯开夯前，应建立现场坐标控制点及高程控制点。控制点应建立在不受施工影响的稳固区域，并严加保护。

2）测量，记录夯前夯后的场地标高。

3）各遍夯点位置放线，必须严格依据坐标控制点施放。

7. 当周围环境对振动及噪声、扬尘有一定要求时，应采取相应的减振及隔声、防尘施工准备。

5.2.3 强夯施工

1. 强夯施工按下列程序分遍逐点进行

1）根据设计图施放强夯区域线和第一遍夯点位置线。夯点定位允许偏差为 ±50mm。

2）强夯机按夯点位置就位，平稳起吊夯锤并置于夯点位置，测量锤顶标高。

3）起吊夯锤至规定高度（落距），夯锤自动脱钩下落夯击夯点，落地夯锤中心与夯点中心偏差应小于 100mm。如此反复起锤、落锤，测量锤顶标高，连续夯击至设计的夯点击数，且达到夯点夯沉量控制指标，则完成一个夯点夯击。

4）夯锤移位到下一个夯点，继续按设计夯击数及夯坑夯沉量控制指标夯击。当逐点完成第一遍全部夯点夯击后，平整场地，测记本遍地基夯沉量，填写施工记录，则完成第一遍夯点强夯。

5）第一遍夯点强夯完成并停够间歇时间后，重复 1）～4）项工序，进行第二遍夯点强夯施工。

6）若有第三遍、第四遍夯点强夯，则重复 1）～5）项工序。

7）完成设计要求的各遍夯点强夯并停够间歇时间后，应按 4.5.2 条要求进行满夯拍平施工。

8）满夯拍平完毕，平整场地，测量场地标高，记录强夯地基夯沉量。

2. 冬、雨期施工按下列要求进行

1）冬季施工必须在地基土未冻结的状态下进行。冰雪冻土应清除。

2）雨前，应将夯坑推填平，有条件时，可采用塑料膜或彩条布覆盖待强夯区域，并在夯区设置良好的排水设施，严防夯区内积水，保证雨后短时间内能继续施工。浸水区地基土含水量过大时，应采取措施降低含水量后，可继续施工。

5.2.4 强夯施工注意事项

1. 正确拟定包含地基夯沉量在内的开夯标高，强夯处理后，使终夯标高落在基础底面标高处，以取得最佳的技术经济效能。

2. 地基土含水量应处于适宜的范围内，以保证最佳的处理质量。

3. 主夯点间距应适当，并应合理分遍夯击，各遍夯点应互相借位。每遍夯点位置放线，必须依据平面坐标控制点准确施放。

4. 夯击时，夯锤排气孔不得被泥土堵塞。落锤应保持平稳，若夯点错位或夯坑底面倾斜过大，宜填土整平后，重新继续夯击。

5. 每夯点在夯击过程中，应测记夯点每击夯沉量、累计夯沉量及最后两击平均夯沉量，并按附录 C（样表）填写施工记录。每夯点的连续夯击数及最后两击平均夯沉量必须符合设计要求。

6. 动态修正终夯标高。满夯拍平前，应预估场地拍低 15～20cm 后是否符合终夯标高，否则应先铲高填低场地后再满夯拍平，以保证终夯标高满足要求。

6. 材料与设备

6.1 强夯工法为"以土治土"的地基处理方法，正常施工条件下不需用其他建筑材料。

6.2 强夯工法所需的主要机具设备为起重设备、自动脱钩装置和夯锤。

6.2.1 起重设备宜选用起重量和起重高度可与地基处理需要的强夯能级相匹配的履带式起重机，也可选用较小起重能力加装支承结构的起重设备。

6.2.2 自动脱钩装置应具有足够的强度和耐久性，其结构形式应满足操作容易、挂钩轻便、脱钩灵活的要求。

6.2.3 夯锤底面宜为圆形，重心应在中垂线上且低于夯锤高度的一半，夯锤底面积不宜小于 4.0m²；夯锤单位底面积静压力一般为 20～50kPa；夯锤质量应按所需强夯能级匹配落距确定；夯锤宜按其底面积大小，均匀设置 4～6 个 ϕ250～300mm 贯通底、顶面的排气孔。

7. 质 量 控 制

7.1 根据国家标准《湿陷性黄土地区建筑规范》（GB 50025），有关地基处理厚度的规定，结合工程地质资料及建（构）筑物对地基土的物理力学指标要求（或地基处理目的），正确拟定强夯能级、夯锤的重量和落距、夯点排布、强夯遍数、每夯点连续夯击数等。

7.2 强夯地基质量的首要控制条件，是使待强夯土层的含水量尽量处于适宜范围。

7.2.1 强夯施工前，对于过干、过湿土层应按有关要求认真采取措施改善含水量。对于场地局部范围的积水应尽早清除，并挖去局部过湿土方，换土处理。

7.2.2 强夯过程中如发现"橡皮土"现象，应及时处理。可挖去含水量偏高土方并回填符合要求的土质后再继续施工，或填入适当厚度的砂砾石、片石夯击。

7.2.3 雨天禁止强夯施工。夯坑内积水或坑内土含水接近饱和时，严禁强夯作业。

7.3 强夯施工前应检验夯锤质量、外形尺寸及落距控制方法；施工过程中应检查夯点排布、夯锤落距、强夯遍数、夯点击数、夯点最后两击平均夯沉量、总夯沉量以及遍间间歇时间等，并不定时重点抽查。

7.4 检查施工记录，确认其真实性、准确性、符合性。

7.5 强夯施工结束后，应由具有相应检测资质和资格的单位和人员，按照有关规范、标准进行质量检测。

7.5.1 检测抽样点数量应根据强夯施工面积按表 7.5.1 确定。每点检测抽样深度从终止夯面向下每隔 0.5～1.0m 取样一件，取样深度不应小于设计夯实厚度 D 以下 1.0m。

强夯地基检测抽样数量表 表 7.5.1

强夯施工面积（m²）	最少抽样点数	最少抽样点数计算方法
≤300	3	每 100m² 抽 1 点
500	5	按直线插入法计算
5000	17	按直线插入法计算
50000	58	按直线插入法计算
500000	200	按直线插入法计算

注：表中"强夯施工面积"指在同一工程地质条件的施工场地，用同一强夯参数及同一夯沉量控制指标施工的强夯面积。

7.5.2 检测点的选取应具有代表性，并应包括对强夯施工质量有疑虑处的检测点以及强夯处理前的对比检测点。强夯处理前的对比检测点不得计算在应抽样点数内。

7.5.3 强夯施工完毕并间隔一定的时间后，方可进行检测。间隔的最短时间为：

1. 含水量低于 16％的强夯黄土地基 14d；

2. 含水量较高的强夯黄土地基 28d；

3. 设计要求的间隔时间。

7.5.4 强夯处理的湿陷性黄土地基宜采用井探取原状结构土样进行土工试验，检测其含水量、干密度、压缩系数、压缩模量、湿陷系数等。

7.5.5 对强夯地基有承载力要求时，应按《湿陷性黄土地区建筑规范》GB 50025 附录 J 的要求执行。

7.6 强夯地基的质量检测合格后，由建设单位组织设计、施工、监理、检测等单位有关人员进行强夯地基验收。参加验收的单位和个人，必须具备相应的资质和资格。

7.6.1 强夯地基验收应具备以下资料：

1. 勘察设计文件、强夯地基施工图会审及强夯施工组织设计审批文件；

2. 控制强夯处理范围及夯点排布的平面坐标，终止夯面标高依据的高程基准点位置及高程，使用仪器的鉴定结果；

3. 施工记录：包括夯锤的底面积、质量、落距，强夯能级，夯点排布图，强夯遍数，每夯点连续夯击数、逐击夯沉量观测及最后两击平均夯沉量，强夯施工面积及范围等；

4. 强夯施工开夯标高、终夯标高及地基夯沉量；

5. 必要时的减振沟平面位置图，对周围建（构）筑物的变形监测结果；

6. 强夯地基检测报告；

7. 强夯地基中间质量验收文件、资料。

7.6.2 强夯地基验收应依据设计及相关要求按表7.6.2执行。

强夯地基质量验收标准 表 7.6.2

项　目	序　号	检查项目	允许偏差或允许值	检查方法
主控项目	1	地基夯实厚度或湿陷性消除情况	设计要求	按规定方法
	2	地基承载力或地基土压实系数	设计要求	按规定方法
	3	强夯范围（超出基础外缘宽度）	设计要求	用钢尺量
一般项目	1	夯锤重量 P(kN)	±1kN	过磅
	2	夯锤落距 H(m)	$H \geqslant A/P$	用钢尺量
	3	夯点放线定位	±50mm	用钢尺量
	4	强夯遍数及每夯点击数	设计要求	计数并检查施工记录
	5	相邻两遍间歇时间	符合第4.5.4条要求	检查施工日期

8. 安 全 措 施

8.1 建立安全文明施工管理体系，对施工人员应进行安全技术交底，并签字确认。

8.2 现场应布置安全警示牌，且每部夯机应挂安全标牌。

8.3 强夯机组人员必须持证上岗，夯机必须有当地安监部门出示的特种作业设备验收证明资料。

8.4 夯机臂杆必须加装缓冲撑杆，以防夯锤脱钩时后仰过大；吊臂底侧上部应加绑防锤撞轮胎；操作室前窗外应加设防护网罩。夯锤脱钩应采用灵活的机械式自动脱钩装置，不宜采用气动脱钩装置。

8.5 用于起重机起吊的支撑承重结构，须经过设计计算及试运行评价。

8.6 施夯作业前，吊车指挥人员应检查撑杆、滑轮、钢丝绳、吊钩等是否有缺陷，连接是否牢固可靠，并及时消除危险因素；吊车司机必须检验机械运行是否正常，传动系统是否安全可靠，夯锤自动脱钩是否灵活。及时消除安全隐患，严禁机械带病作业。

8.7 施工作业人员必须戴安全帽，操作时应思想集中，严格遵守操作规程。吊车移位、转向、提锤，必须听从指挥，严禁擅自作业。在夯击过程中，应注意各部件是否运转正常，发现问题应及时排除。

8.8 施夯过程中，必须待吊钩下降停稳后立尺测量并及时挂钩，严禁提前立尺测量、挂钩；从夯坑中提锤时，严禁挂钩人员站在锤上随锤提升；操作人员应集中精力，迅速准确，防止砸脚或摔伤，立尺测量完毕，必须立即撤离到安全地带；起重臂下除施工操作人员外，严禁其他人员停留或穿行。

8.9 夜间施工照明应充足，作业清晰可辨。夯坑推平填实宜在白天进行，晚上进行时须有专人指挥，严禁冒险作业。油料、材料库应有照明及防火标志，并配备相应灭火器材、专人看管。

8.10 执行施工现场临时用电基本原则，必须采用 TN—S 接零保护系统；必须采用三级配电系统；必须采取两极漏电保护措施，合理布置线路，设立标识牌；开关装置应立地设置，停工应及时关闭电源。

8.11 吊车行驶的施工现场及进出场临时道路，必须平整坚实。地下坑穴、泥沼等空虚松软地带，应设置安全警戒标志。

9. 环 保 措 施

9.1 强夯作业前，应对施工人员进行环境因素识别及风险评价防范措施、防范预案等交底，教育员工树立环保意识。

9.2 应事先与当地环保部门联系沟通，做好备案工作。

9.3 当对施工场地周围环境保护有一定要求时，应对强夯施工产生的振动及噪声、扬尘等污染采取相应的改善措施，以防止或控制其不利影响。

9.3.1 应在施工场地需要减振的方向，挖掘深度不小于 2m 的减振沟；

9.3.2 对产生噪声的施工机械、机具应采取消声、隔声等有效控制措施；

9.3.3 强夯土层含水量应适宜，必要时洒水、场地周边遮挡，防止强夯扬尘污染；

9.3.4 对夜间施工照明的灯光投向、亮度，应符合有关规定。

10. 效 益 分 析

用强夯工法处理地基，一般不需添加建筑材料，不需大动土方，以土治土，仅需起重设备及简单夯具，施工简便、工效高、工期短，其施工费用主要是机具台班费和少量的人工费，一般地基处理单价为 8～20 元/m²，要求较大处理深度（需 3000kN·m 强夯能级）的地基处理单价不足 40 元/m²。处理同等地基体积（包括地基处理面积和深度），强夯法比大开挖分层回填碾压法可节约地基处理费用 20%～40%，缩短工期一半以上。以兰州中川机场飞行区工程道面土基处理为例，采用强夯法处理 42 万 m² 的地基处理费用，为采用大开挖分层回填碾压法处理同样面积费用的 36.2%，节约地基处理费用 3089.48 万元，收到了显著的经济效益和社会效益。

11. 应 用 实 例

11.1 陕西省物资局金属材料仓库地处西安市西郊三民村，4 跨（每跨跨度 24m）108m 长单层工业库房，面积 10000m²。钢筋混凝土柱（柱距 6m），三角形钢屋架。地面大面积堆载（金属材料）12t/m²，柱基要求地基承载力 25t/m²，消除基础底面以下地基土部分湿陷量，并控制地基压缩变形。场地地表以下 7m 深度以内为湿陷性黄土，属 I—II 级自重湿陷性黄土地基。1980 年 10 月，1000kN·m 强夯处理完毕，经检验，消除土层湿陷性厚度及强夯地基承载力均满足要求。为了检验强夯地基在建筑物长期荷载作用下的压缩变形，从 1981 年 10 月仓库主体竣工起，经 1982 年夏天开始投产使用，到 1986 年元月下旬，在其间五年的时间内，对库内 103 根柱基按期进行了四次沉降观测。其结果表明，库房 103 根柱基沉降比较均匀，最大沉降量 4.24cm，一般沉降 0.5～2.0cm，相邻柱基沉降差为 0.000171～0.000331，小于当时执行规范 TJ7-74 规定的允许变形值 0.00071，满足要求。

11.2 西安咸阳国际机场，地处咸阳渭北黄土塬，属 III—IV 级自重湿陷性黄土场地，湿陷性黄土层深达 13m。1987 年，一期飞行区工程的跑道、滑行道、联络道、站坪等，均采用强夯工法处理湿陷性黄土地基。强夯能级 1000kN·m，夯拉按 3m×3m 正方形网点排布，按夯位挨夯一遍，每夯位连夯 12 击；满面拍夯一遍。强夯处理面积 55 万 m² 的湿陷性黄土地基。经检测，消除土层湿陷性厚度 3～

4m，承载力 200kPa 以上，压缩模量 10～25MPa，完全满足设计要求。飞行区工程使用 17 年以来，使用情况良好。

11.3 兰州中川机场扩建飞行区工程地处 Ⅲ—Ⅳ 自重湿陷性黄土场地，湿陷性黄土层厚 3～15m。其跑道、滑行道、联络道、站坪以及停机坪的地基处理于 1997～1998 采用 1000～3000kN·m 强夯能级，夯位按 2.8m×3.2m 网点排布，主夯两遍（跳夯），第一遍 15 击，第二遍 12 击；1000kN·m 满夯拍平一遍。强夯处理面积 42 万 m² 的湿陷性黄土地基。经检测，消除土层湿陷性厚度 3～6m，承载力 200kPa 以上，压缩模量 10～30MPa，满足设计要求。飞行区工程使用十年以来，使用情况良好，足以证明强夯法处理机场道面土基，达到了道面对其土基所要求的密实、均匀、稳定之目的。

附录 A 强夯能级与夯实厚度的经验关系

强夯法处理湿陷性黄土地基的强夯能级与夯实厚度的关系，可用下列经验公式表示：

$$A = 10\left(\frac{D}{\alpha} + 1\right)^3$$

式中　A——强夯能级（kN·m）；

　　　D——设计夯实厚度（m）；

　　　α——土层含水量适宜系数，含水量类别为"优"、"良"、"可"的 α 值，可分别采用 1.1、1.0、0.9。

附录 B 强夯施工工艺流程图

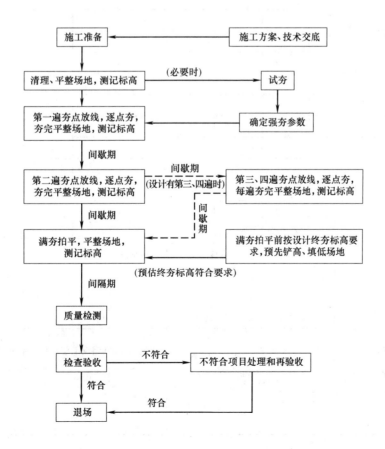

附录C 强夯施工记录表

（样表）

工程名称：＿＿＿＿＿＿＿＿＿＿　　　　建设单位：＿＿＿＿＿＿＿

建(构)筑物名称：＿＿＿＿＿　　　　施工单位：＿＿＿＿＿＿＿

夯锤质量：＿吨　锤底直径：＿m　落距：＿m　强夯第＿遍　施工日期：＿年＿月＿日至＿年＿月＿日

夯点(坑)编号													
夯坑总夯沉量(cm)													
夯坑最后两击平均夯沉量(cm)													
夯坑总夯沉量(cm)													
水准仪初始读数(cm)													
各夯击次数下夯坑夯沉量读数(cm)	1												
	2												
	3												
	4												
	5												
	6												
	7												
	8												
	9												
	10												
	11												
	12												
	13												
	14												
	15												
	16												

施工单位参加人员					监理(建设)单位参加人员
记录员	施工班组长	质检人员	审核人员	专业技术人员	
年 月 日	年 月 日	年 月 日	年 月 日	年 月 日	年 月 日
施工单位专业技术负责人： 年 月 日				监理工程师(建设单位项目技术负责人)： 年 月 日	

城市地铁机电设备安装施工工法

YJGF106—2006

中国机械工业建设总公司　中国机械工业机械化施工公司

卢跃春　张群成　娄季兴　时龙彬　姜跃宇

1. 前　　言

地铁机电设备安装工程属地下作业，周围工作场地窄小，通风差、环境湿度大，亮度差，一般为岛式站台，结构复杂，工作面广，处于市内繁华路段，交通、场地对施工极为不便，协调工作量多。专业施工交叉进行，并且互相制约，区间较长，材料运输难度较大。机电设备安装工程与主体结构、牵引供电、通信、信号、接触网、自动售检票、扶梯、屏蔽门、公共区装修等系统和专业都有接口，存在接口的衔接和交叉施工的问题。

中国机械工业建设总公司从1997年开始进入广州地铁一号线机电设备安装工程施工，随后又在其二号线、三号线的机电设备安装工程施工中再展风采，施工过程中，针对地铁机电设备安装施工的特点，施工的工艺流程和要求，总结施工中的经验和技术，制定了切实可行的施工工法，使中国机械工业建设总公司在广州地铁机电设备安装中，均取得优异的成绩。

2. 工 法 特 点

本工法注重施工顺序的合理化安排，注重场地的合理化分配，注重了施工规范的严格执行和施工流程的控制，注重了协调沟通的重要性，注重了抢工的科学性。通过对施工工序的合理化安排、施工场地的规范化管理达到缩短工期，提高施工质量的目的。解决了在狭小空间、狭小场地下，材料的运输问题和多专业、多家施工单位的施工协调配合问题。

3. 适 用 范 围

本工法适用于城市地铁机电设备安装工程，尤其是闹市区的地下站机电设备安装。同时可适用于大型公共场所公用设备安装工程、高层建筑公用设备安装工程、厂房公用设备安装工程等工程的施工。

4. 工 艺 原 理

地铁机电设备安装工程主要工作内容为车站内公用工程安装，材料运输一般采用龙门吊或灵机桅杆从风亭口向站内运输材料，大中型设备采用轨道车从轨行区向站内运输。车站内各专业安装工程均采用常规安装方法进行施工，工艺关键是在施工过程中将多达二十余个专业通过协调管理统一在一起，在有限的作业空间内，按既定规划方案施工，以完成整个工程。

5. 施工工艺流程及操作要点

5.1　施工工艺流程

施工准备→环控专业施工→低压配电专业施工→给排水及消防专业施工→机电监控专业施工→火

灾自动报警专业施工→门警系统及气体灭火系统施工→装修专业施工

5.2 操作要点

5.2.1 低压配电专业施工

低压配电专业是地铁机电设备安装工程中的较大的专业，施工接口多，施工周期长，施工工艺流程如图5.2.1所示。

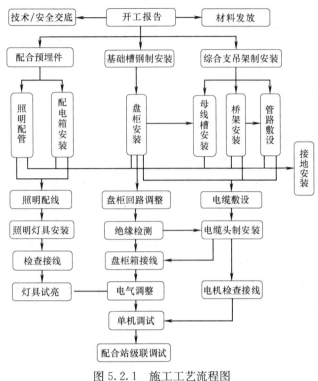

图 5.2.1 施工工艺流程图

1. 低压配电柜安装

1）低压配电柜安装：包括跟随式降压变电所内低压配电柜、混合式降压变电所内低压配电柜、区间变电所内低压配电柜、环控电控室电控柜、蓄电池室事故电源装置、设备随机配电柜及控制柜等的安装。

2）盘柜组立：立柜前先按图纸规定的顺序将柜做好标记，然后放置到安装位置基础槽钢上。柜组立安装后，柜面每米的垂直度应小于1.5mm，相邻两柜顶部的水平偏差应小于2mm，成列安装时，柜顶部水平偏差应小于5mm，并且排列整齐。采用角尺和线坠进行检测，达不到要求时在柜底部垫1～5mm厚的薄垫铁校正，柜和柜之间采用不锈钢螺栓固定。

3）低压成套柜必须与预埋基础型钢材焊接。

4）柜盘：柜及盘柜门与基础槽钢之间应可靠接地。

5）盘柜组立后进行母排连接，母排连接时相序及色标要正确。

6）盘内接线：引进柜内的电缆要排列整齐，避免交叉，电缆型号，规格要符合设计要求，电缆及其芯线在柜内不得有接头。

7）二次回路检查，送电及功能测试：按原理图，元件布置图，接线图初审合格后，检查电气回路，信号回路接线应牢固可靠，进行送电前的绝缘电阻检查，需要达到0.5MΩ以上。

8）应做好半成品和成品保护工作。

2. 配电箱安装

包括车站、区间的动力配电箱、照明配电箱、就地控制箱、双电源切换箱、插座箱的安装。

1）配电箱安装位置应符合设计要求，型号规格也要符合设计要求。

2）配电箱内汇流排和PE线要标志明显，接线时严格区分。

3）配电箱安装后，先用万用表检测线路通断，再用500V兆欧表检查线路绝缘并做好记录。

4）配电箱的接地按图纸要求，箱内接地端子和接地线牢固接连。

5）配电箱安装后同样要用防雨塑料布包扎，采取防水防尘防潮措施。

3. 电缆敷设

包括车站、区间的动力电缆及控制电缆线路的敷设。

1）电缆在电缆廊道内敷设：在电缆沟两侧须安装电缆支架。

2）电缆支架上敷设时，镀锌扁钢与接地干线采用镀锌螺栓连接，电缆支架每隔600mm安装一组。

3）电缆在桥架内敷设时，应确定电缆盘安放点，避免电缆交叉。

4）电缆在保护管内的敷设时，应注意保护电缆保护层不被损伤。

4. 电缆桥架安装

桥架的选型应根据设计要求，总的原则在无吊顶的房间采用梯级式桥架；在吊顶中安装的桥架采用梯级式或槽式防火型桥架；电缆桥架在离地面的高度不宜低于 2500mm（在专用电缆井道内除外）。桥架安装好后要及时做好保护，以免装修喷涂污染。

5. 配管

所有配管（包括金属软管）、接线盒、底盒、连接头等一切配件及材料符合现行国家标准的规定。施工中严禁使用有裂缝、压扁、堵塞、严重腐蚀过的钢管。所有穿线及防护的金属管内部要求光滑无杂物。穿线前将管内的锋利边缘清除干净，避免线路受损。在 TN—S 系统中，金属电线管和金属盒（箱）必须与保护地线（PE 线）有可靠的电气连接。

6. 管内穿线

管内穿线前应检查导线的型号规格是否符合设计要求，管子敷设是否符合要求。导线穿入钢管前，在导线出入口处，应加橡皮管护口保护导线。

7. 电缆头制作安装与电缆的连接

制作电缆头从剥切开始到完毕，必须连续进行，时间越短越好，以防吸潮。同时在制作过程中要严防汗水滴入绝缘材料内。在操作时不允许损伤绝缘层。电缆终端头的出线应保持固定位置，并保持必要的电气间距和合适的弯曲半径。制作完毕后经验收合格方可与系统、设备相连，连接时要核对相位，确认无误后方可连接。

对于 6 mm² 以上的铜绞线的连接，其线端头压接铜线鼻子，线鼻子的规格与线芯规格相符，且压接牢固。电缆敷设及连接前进行绝缘电阻试验，1kV 以下的电缆使用 1000V 兆欧表测量绝缘电阻值，应大于 1MΩ。

8. 室内照明灯具安装

灯具安装前就认真核对灯具安装位置，要做到照度满足要求，位置合理，维修方便。公共区灯具应密切结合装饰专业图纸，保证灯具安装完毕后，保持灯具水平一致、美观。

特别注意：照明导线连接应避免采用包布包扎，施工中应选用合适的插拔式连接器。

9. 接地系统安装

1）接地干线应在不同地点与接地网有不少于两点的连接。每个电气装置应以单独的接地线与接地干线连接，不得在同一根接地线中串接几个需要接地的电气装置。

2）安装步骤：

① 首先对车站内预留接地引出点接地电阻进行复测；

② 给水、排水、冷冻水管的接地；

③ 多层桥架，相邻桥架间、桥架与立柱/支架间、立柱与托臂间接地；

④ 管路跨接。

10. 密集型母线槽安装

从变电所至低压配电室至环控电控室的供电干线，两段低压母线间联络，一般采用密集型母线槽。母线槽外观应无损伤变形，附件齐全，绝缘良好。根据现场实际情况，母线槽支架采用门吊式、L 型、或三角支撑件进行制作，支架上钻孔必须使用机械钻孔，严禁使用电气焊割孔。吊支架加工完毕后，应进行热镀锌加喷处理。

插接母线槽的安装允许偏差见表 5.2.1 所示。

现场安装的允许偏差		表 5.2.1
项　　目	允许偏差(mm)	检查方法
2m 段垂直、水平	4	拉、吊线检查
全长垂直	5	
成排间距	5	

11. 事故照明装置蓄电池组的安装

1）蓄电池安装前的外观检查：蓄电池外壳无裂纹、损伤、漏液等现象。蓄电池的正负极性必须正确，壳内部件应齐全无损伤；有孔气塞通气性能良好。连接条、螺栓及螺母齐全，无锈蚀。蓄电池的电解液，其液面高度在两液面线之间；防漏运输螺塞无松动、脱落。

2）蓄电池组的安装：蓄电池放置的平台、基架及间距符合设计要求。蓄电池的安装平稳，同列电池高低保持一致，排列整齐。连接条及抽头的接线正确，接头连接部分涂以电力复合脂，螺母紧固。

5.2.2 给排水及消防专业施工

给排水及消防专业施工工艺流程详见图 5.2.2-1 所示。

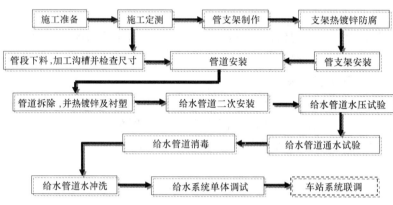

图 5.2.2-1 给排水及消防系统施工工艺流程

1. 施工定位及测量

施工定位和测量工作应在各专业图纸会审工作完成后进行，会同结构施工单位对结构的标高进行复合检查。

2. 管支架制作及防腐

管道支、吊架在制作下料、钻孔时均不得采用火焰切割方法，支架在制作完毕后采用热镀锌工艺防腐处理。

3. 管支架安装

管道支架的安装应采用膨胀螺栓将支架底板与结构墙体进行固定；在进行固定工作时，必须要注意结构的安全性，不得有任何对结构有破坏性的固定。

4. 管道安装

给排水及消防系统分为给水及消防系统、压力排水系统和无压排水系统；给排水系统管道的安装应根据经核对后的综合管线施工图纸进行施工，管道的施工应按照先主干管，后支管的原则进行顺序敷设。

5. 消防管道的连接形式

1）法兰连接：

采用法兰连接时，法兰应垂直于管道中心线焊接，其表面应相互平行。

2）丝扣连接：

管道的连接方式采用丝扣连接时，管道端头的连接丝扣的加工应满足设计文件相关尺寸并符合规范的规定。

3）卡箍连接：

区间隧道内消防水管的连接采用柔性卡箍连接；卡箍连接为机械连接，在现场不允许焊接。

6. 附属设备及材料的安装

1）给排水及消防系统的附属设备及材料包括阀门、阀件、金属软管等材料，在安装时应与管道的施工同步进行，安装前，应按照相关规定进行各项技术要求的检查，合格后方可进行安装。

2）金属伸缩节及金属软管的安装：在车站内的直线管道上，应根据施工图纸的要求设金属伸缩节，金属伸缩节采用拉杆式（四杆）轴向型波纹管伸缩节，工作介质为自来水，两端连接方式为法兰。金属伸缩节在安装时一端为固定支架，另一端的第一个导向支架距伸缩节距离为 4 倍管径，第二个导向支架与第一导向支架的距离为 14 倍管径（详见图 5.2.2-2 所示）。

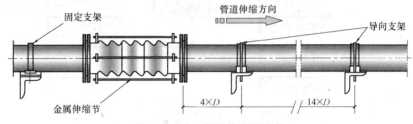

图 5.2.2-2　金属伸缩节安装

3）橡胶软接头：为了防止杂散电流的危害，在进出车站的给排水引入管上应设置橡胶软接头。

4）阀门、阀件的安装：阀门、阀件在安装前，应作耐压强度试验。

5）潜污泵安装：潜污泵安装顺序：耦合装置底座固定——导杆安装——排水立管安装——泵体就位。

7. 水压试验及消毒

给水及消防系统试验压力为 1.5MPa，整个加压过程分为 0.6MPa、0.9MPa、1.2MPa、1.5MPa 四部进行；水压试验合格后，须进行严密性试验。

厅层与站台层位差较大的管线系统，考虑到静压的影响，试验压力应以系统内最高点的压力为准，但最低点的压力不得超过管道附件及阀门的承受能力。

压力试验时，如发现有泄漏，不得带压修理，缺陷消除后，应对该管路系统按照水压试验流程重新进行试验。

给水管线在冲洗完毕后，用每升含 20～30mg 游离氯的水在管道中留置 24h 以上进行消毒。

5.2.3　环控专业

地铁车站环控系统由隧道通风系统（包括区间隧道和车站隧道）、车站大、小系统组成。环控专业施工工艺流程详见图 5.2.3-1 所示。

1. 风机安装

设备安装前应根据设计图纸和规范对基础进行复测验收，风机基础的允许偏差见表 5.2.3 所示。

风机基础的允许偏差　　　　　　　　　　　　　　　　　　表 5.2.3

项次	偏差名称	偏差值(mm)	项次	偏差名称	偏差值(mm)
1	坐标位置(纵、横中心线)	20	5	凹槽尺寸	+20,0
2	各不同平面的标高	0，−20	6	平面的水平度	5mm/m，全长 10mm
3	上平面外形尺寸	±20	7	垂直度	5mm/m，全长 10mm
4	凸台上平面外形尺寸	0，−20			

2. 水泵安装

冷冻、冷却水泵基础经复查必须达到设计及规范要求。水泵吊运时，捆绑绳索应置于泵与电机的两端，切不可置于电机吊环和水泵的轴上。

水泵的减振器与减振台架设置应符合设计要求。

检查并调整水泵水平度和电机轴与水泵轴的同轴度，确保符合设备技术文件的规定或规范要求。

3. 冷水机组安装

冷水机组运到现场时是整体设备，其重量及外形尺寸相对较大，在安装就位时吊运难度较大。安装就位后，应对设备进行精调。其允许偏差应符合设备技术文件的规定，如无规定时，中心线偏差为 ±0.5mm，纵横向安装水平度均不应大于 1/1000，并应在底座或与底座平行的加工面上测量。

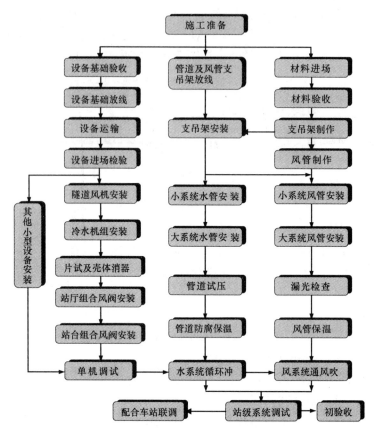

图 5.2.3-1　环控专业施工工艺流程图

4. 组合式风阀安装

组合风阀的结构特点是由底框架、单体式风阀、执行器和传动机构四部分组成，执行器可通过联杆机构带动阀片作 0°～90° 范围内往复运动，完成启闭动作，达到控制气流的目的。

5. 风管的施工方法

1）基本要求

材料：风管材料选用镀锌钢板、冷轧钢板，根据风管的大边尺寸以及其作用是用着送风或是回/排风、排烟的不同，板材的厚度也不同。加工场地：风管的制作加工场地设置地下负一层（站厅层）专门的铆工制作棚中进行，制作棚设置制平台，所有的风管作均需要在平台上进行，以保证风管的制作精度。

2）风管制作

风管及配件加工工序如图 5.2.3-2 所示。

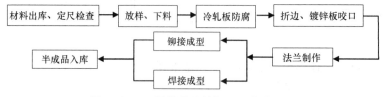

图 5.2.3-2　风管及配件加工工序流程图

3）风管的吊装

采用全长风管（站厅层或站台层风管）整体吊装，风管的连接在地面进行，其法兰连接螺栓靠地面的一侧，等到风管吊离地面 1.5m 左右进行施工操作，但其他三面的螺栓都可以在地面全部拧紧，当风管的四边螺栓都穿连并拧紧完成后，这时的高度应保持在 1.5m 左右，并进行保温。待风管保温工作完成，缓慢均匀的将风管吊装到所需要的高度。

4）风管保温

风管的保温材料选用 δ＝40～50mm、容重为 48kg/m³ 的风管用玻璃棉板，外贴 W38 特强防潮防腐蚀半光泽黑色贴面。

5）风管穿墙、楼板应设封堵。

6）管道系统的循环冲洗和排污

冲洗、清洗应根据管道使用要求，工作介质及管道内脏污程度而定。冲洗、清洗一般是按主管、支管，疏排管的顺序依次进行。

5.2.4 机电监控专业

机电设备监控专业主要包括系统设备、管线的安装、单机调试以及配合系统供货商完成系统功能的调试。机电监控专业的施工工艺流程详见图 5.2.4 所示。

1. 制柜、仪表安装

控制柜安装牢固，高度尽量与低压控制柜一致，柜子垂直偏差应不大于 3mm。控制柜进行可靠接地，柜门应该以软导线与接地的金属构架可靠连接。

2. 现场设备安装

1）温、湿度传感器应安装于所检测位置的敏感点。

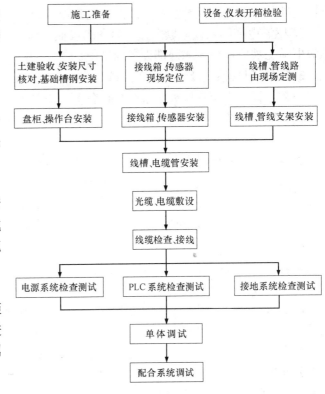

图 5.2.4 机电监控专业的施工工艺流程图

2）压力、压差传感器安装位置必须为管道测量参数的敏感点，同时必须是检修和更换方便的位置。

3）二通阀安装应合理，操作方便，阀芯升降灵活自如，工作可靠、指示正确。

4）所有传感器信号传输电缆的布放应自然平直，不得产生扭绞、打圈接头等现象不应受到外力的挤压和损伤。

5）流量传感器应安装于所检测位置的敏感点。

6）电线、电缆及相应的套管、线槽安装与低压配电专业要求大致相同。

7）光缆线路施工严格按照施工图纸进行，布放光缆应平直，不得产生扭绞、打圈等现象，不应受到外力挤压和损伤。

8）在联动调试合格后，对设备监控系统安装的控制柜、控制箱、管线、槽缆进行放火封堵。

5.2.5 火灾自动报警专业

火灾自动报警系统通过中央级和车站级两级监控方式对现场的火灾发生情况进行及时监测和报警。中央级控制中心是全线的消防控制中心，车站级火灾报警系统监视各工作范围内的消防设备的运行状态。火灾自动报警系统施工工序流程详见图 5.2.5 所示。

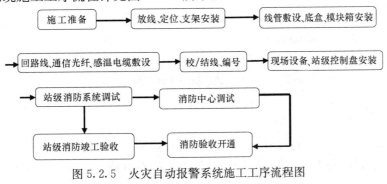

图 5.2.5 火灾自动报警系统施工工序流程图

1. 火灾自动报警系统施工方法与设备监控系统施工方基本相同，所包含的施工内容也基本一样，不同之处是火灾自动报警系统有感温电缆敷设。

2. 感温电缆的敷设应紧贴监视设备的表面，所采取的缠绕方式和间距应保持均匀，安装时应避免感温电缆受被监视设备或外部设备的挤压。

5.2.6 门禁系统及气体灭火系统

门禁系统工程及气体灭火系统与设备监控系统、火灾自动报警系统均属智能弱电专业，其施工方法与设备监控系统基本相同。

5.2.7 建筑装修专业

建筑装修专业项目包括站内及相应区间设备区的房屋建筑装修及管线孔洞防火防烟封堵、风亭±0.00以上的土建工程、公共区（含通道、出入口）及轨行区广告灯箱安装、公共区及轨行区喷黑等工程的施工，其施工技术和难度均一般，但要注意做好充分的前期准备工作，由于地铁站多处于闹市区，材料、机具进出很受时间限制；一般开始施工时仅有一个出入口，且施工位置在地下 20～30m 深，对材料的运输造成很大的困难，因此充分的前期准备是非常必要的。

5.2.8 车站地盘及公共区协调管理

1. 总体协调原则

地铁站一般处于闹市区，为地下站结构，地面交通状况复杂，地面临时设施场地狭小；作业面均在地下，通风、照明和湿热等环境因素对施工的影响较大。涉及协调施工管理多达二十多个专业，协调的难度很大。在地铁施工中，由于存在着大量的交叉作业，为了确保工程质量和进度，机电承包商应充分发挥综合管理水平，组织统一的指挥协调机构，制定详细的管理办法。进行统一协调部署、精心策划、及时调整、确保关键工期的实现。

2. 内部的工作协调

1）技术上的协调

2）工序间的安排

3）站内专业间的协调配合

3. 与土建结构工程交接与协调

1）结构工程交接的顺利与否直接影响以后的机电、装修工程。因此，机电承包必须和土建结构单位配合，分清遗留问题的责任，尽快提出解决方法。

2）施工场地交接：工程一中标，机电承包商应按照《招标文件》的要求，协同业主、监理一起接收，确保用电接口、施工用水、临设场地的尽早接收，施工人员、小型设备的运输通道要落实，站内的坐标控制点和水准点要尽快交接。

3）结构几何尺寸和标高。重点复测站台、站厅、设备层的标高；站台边线的位置；车站内的柱梁的位置和几何尺寸误差；风、水、电系统的预留孔洞位置、尺寸、数量。

4. 与其他系统承包商间的协调管理

1）工程开工后，结合招标文件与合同再次明确与各系统承包商的施工界面，严格依施工界面施工。

2）由于系统承包商数量较多，进场材料体积大，进场时间较为集中，对车站的装修、机电设备安装有直接影响，必须注意各方面的协调。

6. 材料与设备

6.1 材料

地铁机电设备安装工程采用的材料与一般公用设施安装工程材料大致相同，但由于地铁工程处于地下，地铁站又属人口密度较大的公共场所，所采用的材料材质比厂矿车间公用工程要求更高，主要表现在如下几个方面：

1）电缆电线采用低烟无卤（防白蚁）高阻燃且耐火电缆电线，如 DWZR-NH-VV 或 DWZR-NH-YJV 系列，此种类型的电缆电线比普通的 VV 系列及 YJV 系列耐腐蚀性、耐火性、燃烧无毒性更高，其价格比普通电缆高出 30％左右。

2）为保证材料的耐腐蚀性，消防给排水管道及支架采用热镀锌材料，连接螺栓采用不锈钢材质，消防器材箱采用不锈钢材质。

3）站内封堵材料采用防火胶泥。

4）结构防渗透水的离蔽墙采用防腐蚀无污染的环保材料埃特板。

6.2 设备

机电设备安装工程主要机具设备详见表6.2所示。

机电设备安装工程主要机具设备一览表   表6.2

序 号	设备名称	数 量	规 格 型 号	单 位	备 注
一、主要施工机具					
1	汽车吊	1	20t	台	
2	龙门吊	1	5t	台	
3	直流电焊机	5	AX-500	台	
4	交流电焊机	10	BX-500	台	
5	台 钻	3	ϕ16	台	
6	焊条烘干箱	2	YZH-30	台	
7	水准仪	2		台	
8	手电钻	20	JIZ-13A	台	
9	滚槽机	1	3kW	台	
10	型材切割机	1	JIG-400	台	
11	手提除锈机	3	SIS-100A	台	
12	角向磨光机	20	SIM-125A	台	
13	电动套丝机	2	Z3T-150	台	
14	管螺纹绞机	1	GJB-60W	台	
15	电 锤	15	ϕ26	台	
16	冲击电钻	20	ZIJ-16	台	
17	剪板机	1	3mm	台	
18	平口咬口机	1	1.5mm	台	
19	联合角咬口机	1	1.2mm	台	
20	手拉葫芦	10	1～5t	台	
21	尼龙吊运带	2	1～5t	付	
22	人字梯	10	3～8m	把	
23	折方机	1	6mm	台	
24	经纬仪	2	J6 型	台	
二、测量仪器					
1	标准数字温度计	1	WBG-0-2	台	
2	标准数字温湿计	1	WMSS-02B	台	
3	游标卡尺	5	II 型	个	
4	水平尺	5	400	个	
5	塞尺	5	0.05～1mm	个	

序　号	设备名称	数　量	规格型号	单　位	备　注
6	相序表	1	380V	台	
7	电压表	2	380V	台	
8	电流表		100A、50A	台	
9	钳形电流表	2	1000A	台	
10	兆欧表	2	500V、1000V	台	
11	接地电阻测试仪	1	ZC-8	台	
12	标准压力表	5	2.5MPa	台	
13	数字万用表	2	DT990.4	台	

7. 质 量 措 施

7.1　本工法严格执行以下规范、标准编制及图纸的要求。

(1)《地下铁道工程施工及验收规范》GB 50299—1999

(2)《建筑电气工程施工质量验收规范》GB 50303—2002

(3)《电气装置安装工程低压电器施工及验收规范 》GB 50254—96

(4)《电气装置安装工程电力整流设备施工及验收规范》GB 50255—96

(5)《电气装置安装工程爆炸和火灾危险环境电气装置及验收规范》GB 50257—96

(6)《电气装置安装工程盘、柜及二次回路结线施工及验收规范》GB 50172—92

(7)《电气装置安装工程蓄电池施工及验收规范》GB 50172—92

(8)《电气装置安装工程旋转电机施工及验收规范》GB 50170—92

(9)《电气装置安装工程接地装置施工及验收规范》GB 50169—92

(10)《电气装置安装工程电缆线路施工及验收规范》(GB 50168—92

(11)《通风与空调工程施工质量验收规范》GB 50243—2002

(12)《工业金属管道工程施工及验收规范》GB 50235—97

(13)《制冷设备安装工程施工及验收规范》GB 50274—97

(14)《压缩机、风机、泵安装工程施工及验收规范》GB 50275—98

(15)《采暖与卫生工程施工及验收规范》GBJ 242—97

(16)《通风与空调工程施工质量检验评定标准》GBJ 243—82

(17)《工业金属管道工程施工质量检验评定标准》GB 50184—93

(18)《给排水管道工程施工及验收规范》GB 50243—2002

(19)《建筑工程施工质量验收统一标准》GB 50300—2001

(20)《建筑给水、排水及采暖工程施工质量验收规范》GB 50242—2002

(21)《制冷设备、空气分离设备安装工程施工及验收规范》GB 50274—98

(22)《机械设备安装工程施工及验收通用规范》GB 50231—98

(23)《建筑给水排水及采暖工程施工质量验收规范》GB 50242—2002

(24)《建筑排水硬聚乙烯管道工程技术规程》CJJ 31—89

(25)《室外硬聚乙烯给水管道工程施工及验收规范》CECS 18：90

(26)《气体灭火系统施工及验收规范》GB 50263—97

(27)《火灾自动报警系统施工及验收规范》GB 50166—92

(28)《火灾自动报警系统施工验收规范》GB 50166—92

(29)《电气装置安装工程电缆线路施工及验收规范》GB 50168—92

（30）《工业自动化仪表工程施工及验收规范》GB 50093—2002

（31）《电气安装工程电气设备交接试验标准》GB 50150—91

（32）《电气装置安装工程施工及验收规范》GBF 232—92

（33）《砌体工程施工及验收规范》GB 50203—98

（34）《钢筋焊接及验收规范》JHJ 810—1010

（35）《建筑装饰装修工程质量验收规范》GB 50210—2001

（36）《建筑地面工程施工质量验收规范》GB 50209—2002

7.2 质量控制措施

7.2.1 建立健全质量保证体系，开展全面质量管理活动，各工序派专人负责，做到技术质量人员跟踪作业。

7.2.2 严格按图施工，执行设备说明书、规范、标准，确保质量目标。认真执行四检制度：自检、互检、专检、会检。

7.2.3 严把材料源头关，对材料供货商按程序进行评审，对所进材料进行严格检查，确保所有施工用材料全部合格。

7.2.4 运用新技术、新工艺编制切实可行的施工方案并向施工人员做好技术交底，明确质量要求。

7.2.5 建立质量保证可追溯性，谁安装谁负责，并制定实行相关经济奖惩制度。

7.2.6 及时整理施工记录，质检记录，隐蔽工程记录和试验记录，保证交工时资料完整，并达到当地档案局归档要求。

7.2.7 特殊工种施工人员必须持证上岗

7.2.8 选用先进技术装备和高精度的测量仪器，工程用仪器应确保在合格有效期内使用。

8. 安 全 措 施

8.1 地铁机电设备安装工程重大危险源

8.1.1 高空坠落伤害事故。

8.1.2 触电事故。

8.1.3 物体击伤事故。

8.1.4 设备、机具伤害事故。

8.1.5 交叉作业伤害事故。

8.2 施工现场安全措施

8.2.1 进入施工现场的工作人员，应严格执行《建筑安装工程安全技术规程》和《建筑安装工人安全技术操作规程》，对进场工人必须进行安全技术教育。在技术交底同时进行安全交底。

8.2.2 机具在使用前必须经过检查，确认安全、可靠、合格后方可使用，对于较重量的吊装工作，应对吊具、绳索、工机具进行必要的负荷实验，进行试吊、试运转确认安全可靠后，方可进行吊装。

8.2.3 单项工程施工前，应以单项施工方案为依据，进行安全、技术交底，做到工作任务明确，施工方法明确，物体重量明确、安全措施明确。

8.2.4 做到文明施工，施工现场应保持清洁、整齐，有坑、洞的地方应加盖或护栏，并有明确的安全标志，边沿地方应有栏杆或安全网，安全措施应牢固可靠。

8.2.5 电动设备用电应符合有关安全用电规定，在施工前应检查其绝缘性能，并应有防雨措施，凡使用非安全电压的手持式移动式电动工具，电气设备及临时照明用具时，都必须安装自保式漏电保护器。

8.2.6 设备搬运吊装应严格按操作规程执行；

8.2.7 临电设施按要求设置漏电开关并按时巡检。

9. 环境保护措施

9.1 实行环保目标责任制

认真贯彻 ISO 14001 环境管理体系标准，把环保指标以责任制的形式层层分解到有关项目施工队，列入承包合同和岗位责任制；项目经理是环保工作的第一责任人，要把环保绩效作为考核项目经理的一项重要内容。

9.2 严格遵守有关法规要求

遵守国家和广东地区的环境法律和地方性法规及其他要求。

9.3 加强活动过程控制

减少废物的产生和排放，努力降低环境污染，产生的垃圾在施工区内集中存放，不得随意乱放，并及时运往指定垃圾场。

9.4 加强检查

加强对施工现场粉尘、噪声、废气的监控工作，要与文明施工现场管理一起检查、考核、奖罚。及时采取措施消除粉尘、废气和污水的污染。尽量降低施工噪声，若有不可避免的噪声，则应避开夜间施工，以防影响居民的休息。

9.5 控制危险品

妥善保管易燃、易爆或有害危险品，应采取防范措施防止在储运的过程中发生火灾、爆炸或泄漏等事故，造成环境污染。

9.6 控制扬尘及污泥

车辆不带泥沙出施工现场，车辆出门必须在冲洗槽前冲洗干净，减少对周围环境的污染。对施工道路定期洒水，保持路面有一定的湿度，控制扬尘。

9.7 降低噪声的措施

合理安排施工活动，或采取降噪措施、新工艺、新方法等方式，减少噪声发生对环境的影响；若有不可避免的噪声，应征得当地环保部门同意，并在施工区域做好解释工作；夜间尽量不进行影响居民休息的有噪声作业，否则应按照当地环保部门的规定按时停止作业；制定先进的施工工艺技术、选用先进的设备，摒弃一些原始的施工方法及落后的设备，将噪声减少到当地环保允许的范围内。

9.8 减少有害气体的措施

禁止在施工现场焚烧油毡、橡胶、塑料、垃圾等，防止产生有害、有毒气体；施工用危险品坚决贯彻集中管理和专人管理的原则，防止失控；要选择工况好的施工机械进场施工，确保其尾气排放满足当地环保部门的要求。

9.9 减少污水污染措施

工地临时厕所应有防蝇、灭蛆措施，临时厕所设置化粪池并加装防蝇装置，采取灭蛆措施和土化处理；污水排入排污系统中，防止污染水体和环境。

9.10 减少光污染措施

控制夜间照明的区域、减少对周围居民的影响，夜间照明灯集中向施工区照射，其他方向设置隔离板进行隔离。

9.11 区间环保措施

区间作业必须有充足的照明，在轨行区使小车运输材料作业时，听从业主和监理的统一安排和调度，做到安全、高效。在区间施工及时清理工程余料。

10. 效益分析

10.1 经济效益分析

本工法在广州市轨道交通三号线 A 标和 H 标段成功应用，通过合理地安排各专业施工顺序，使地铁工程在确保工程质量的前提下，大大缩短了安装工期，创造了较好的经济效益，累计节约资金 370 万元，也树立了良好的企业形象。

10.2 社会效益

本工法通过在广州地铁站的施工实践，取得了较好的社会效益，先后荣获了铁道部火车头优质工程一等奖、全国建筑最高奖"鲁班奖"、"2006 年度广东省十项工程劳动竞赛广州轨道交通工程赛区优秀施工项目部"称号，其中的石牌桥站被推荐参加广州市"安全文明施工标兵站"评选，此荣誉可在今后的地铁投标中得到一定的加分。

11. 工程实例

11.1 实例一

2002 年 6 月我公司承建广州地铁二号线［磨碟沙站］、［赤沙集中供冷站］机电安装及建筑装修工程，该工程于 2003 年 2 月按期竣工，该工程荣获优良工程、优秀项目经理、优秀施工单位，是本工法的第一个应用工程。

11.2 实例二

2005 年 6 月开工的广州地铁三号线首通段［A 标段］机电安装及建筑装修工程，施工过程中严格按本工法施工，该工程于 2003 年 12 月按期竣工，该工程荣获铁道部火车头优质工程一等奖，全国建筑最高奖"鲁班奖"。

11.3 实例三

2005 年 12 月我公司承建广州地铁三号线支线段［H 标段］机电安装及建筑装修工程。该工程于 2005 年 12 月 1 日开工，于 2006 年 11 月 30 日竣工并进行了"管理权、指挥权、使用权"的三权移交，本工程获得了广东省十项工程劳动竞赛优秀项目部、优胜单位等多项荣誉。

地源热泵供暖空调施工工法

YJGF107—2006

山西省第二建筑工程公司　南京建工集团有限公司　上海市第二建筑有限公司　上海市安装工程有限公司

王巧利　邢根保　刘志伟　鲁开明　韩宝洪　张怡　邓文龙　杜伟国　朱家平　顾勇慧　张忠孝

1. 前　言

　　浅层地能是在太阳能照射和地心热产生的大地热流的综合作用下，存在在地壳下近表层数百米以内的恒温带中的土壤、砂岩和地下水里的低温地热能，是太阳能的另一种表现形式，广泛存在于大地表层中，它既可恢复又可再生，是取之不尽用之不竭的低温能源。以往这种低温能源，因品位不高（通常温度小于 25℃），往往被人们所忽视，随着制冷技术及设备的进步和完善，成熟的热泵技术使浅层地能的采集、提升和利用成为现实。地源热泵供暖空调技术作为新型空调和采暖技术不仅利用了大自然的低品位可再生能源，大幅度节约高品位传统的建筑用能，同时真正实现了供暖（冷）而无污染的绿色居住环境。随着我国环保法规的确立和国人环保意识的增强，以及城市节能、节水的要求，地源热泵供暖空调技术将得到广泛的应用。

　　为了攻克此项新技术，山西省第二建筑工程公司开展了 QC 小组攻关活动，并荣获全国工程建设优秀质量管理小组三等奖，形成了《地源热泵供暖空调施工工法》，2005 年经山西省建设厅专家委员会鉴定，达到国内领先水平，获得省级工法。

2. 工 法 特 点

2.1　机房占地少，施工简便。

2.2　运行成本低，使用年限长。

2.3　省去了冷却塔，节约了用水量。

2.4　运行安全可靠，运行中无燃烧、无安全隐患。

2.5　能源可再生，利用再生能源，节能环保。

2.6　技术含量高，适用范围广，可适用各地区及各类建筑物。

2.7　实现了无污染，无任何气态、固态、液态等污染物的排放。

3. 适 用 范 围

　　本项技术适用于以土壤、地表水、地下水为低温热源，利用热泵系统进行供暖空调或加热生活热水系统工程的施工。

4. 工 艺 原 理

　　地源热泵供暖空调技术是通过热泵机组与大地进行冷热交换，在冬季热泵机组将大地的低位热能提取出来对建筑物进行供暖，同时向大地蓄存冷量，以备夏季提取出向建筑物供冷用。在夏季热泵机组将建筑物内的热量转移到大地中，给建筑物室内降温，同时向大地蓄存了热量，以备冬季提取出向建筑物供暖用。地源热泵系统通常分为三种形式：土壤热交换器地源热泵、地下水地源热泵、地表水地源热泵。

　　土壤热交换器地源热泵系统包括一个土壤耦合地热交换器，它或是水平地安装在地沟中，或是以U形管状垂直安装在竖井内。不同的管沟或竖井中的热交换器成并联连接，再通过不同的集管进入建筑中与建筑物内的水环路相连接，热泵机组与该水环路中的水进行热量交换；从而实现热泵机组与土壤的冷热交换。地下水地源热泵系统分为两种，一种通常被称为开式系统，另一种则称为闭式系统。开式系统是将地下水从井中提取出来直接供应到热泵机组，与机组进行冷热交换，之后将井水回灌到地下。而闭式系统则是将从井中提取出来的地下水和建筑内循环水之间是用板式换热器分开的。通常该系统包括带潜水泵的取水井和 回灌井。地表水地源热泵系统的冷热源可采用江、河、湖水，也可采用污水、中水，利用热交换器连接到建筑中，以实现与热泵机组的冷热交换。（图 4）。

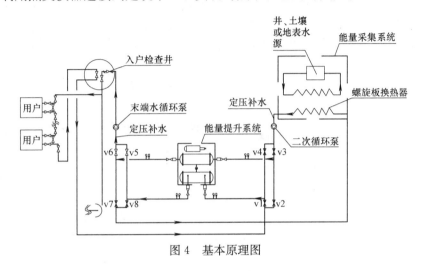

图 4　基本原理图

5. 施工工艺流程及操作要点

5.1　施工工艺流程

能量采集系统，能量提升系统，能量释放系统三部分的水循环系统各自独立循环。

5.1.1　土壤热交换地源热泵（见图 5.1.1）

5.1.2　地下水地源热泵（见图 5.1.2）

5.1.3　地表水地源热泵（见图 5.1.3）

5.2　操作要点

5.2.1　能量释放系统（末端）施工要点

1. 施工前，应根据设计要求及现场的实际情况，采用管线布置综合技术，确定风机盘管管线的标高和位置。掌握好管道的坡度要求，既要避免交叉时产生冲突，同时还要配合并满足结构及装修的各个位置要求。

2. 焊接钢管，镀锌钢管不得采用热煨弯。

3. 管道与盘管、柜式空调机的柔性短管连接应牢固，不应有强扭和瘪管。

4. 管道接口不得置于套管内，不能将套管作为管道支撑。

5. 安装完后，应逐台进行冷凝水坡度试验。

6. 吊杆安装锁紧牢固，吊点受力要均匀。

5.2.2　能量提升系统（机房）施工要点

1. 阀门的安装位置、高度、进出口方向必须符合设计要求，连接应牢固紧密。

2. 冷热水及冷却水系统应在系统安装完后进行冲洗，合格后，再循环试运行 2h 以上，且水质正常后才能与热泵机组相贯通。特别注意热泵机组的进出水口方向。

3. 管道变径的大小头应按规定制作，主管与支管的三通开口尺寸应符合要求。

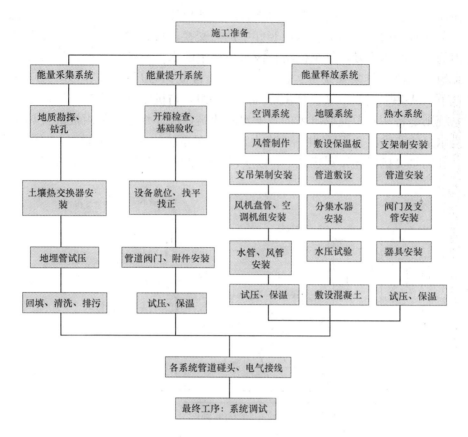

图 5.1.1 土壤热交换地源热泵安装流程图

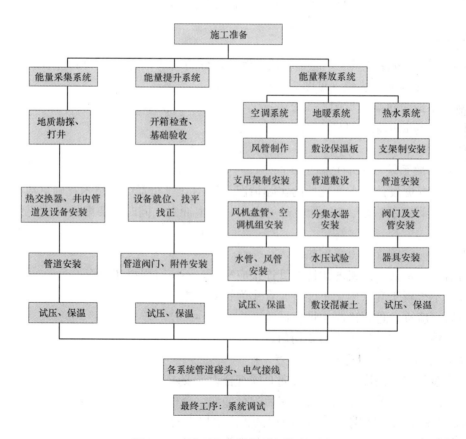

图 5.1.2 地下水地源热泵安装流程图

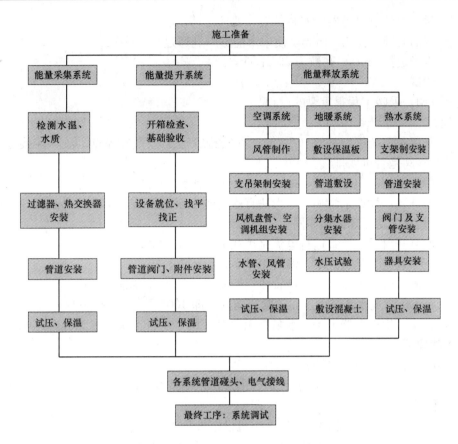

图 5.1.3　地表水地源热泵安装流程图

5.2.3　能量采集系统施工要点

1. 对于地埋管的施工注意事项

1）经试压合格后进行回填，在回填过程中宜在每根盘管周围铺设 50～100mm 厚的砂层，以使管道与大地之间结合紧密，提高传热效果。灌水之前应进行清洗和排污。

2）土壤埋管采用 U 形高密 PEX 管，地下应无接头，若采用钢制套管式换热器，要考虑防腐。

3）竖孔土壤埋管周围回填料应按一定比例经特殊加工制作的回填料，以强化土壤接触边界层换热的能力，可以做到导热系数比土壤大一倍左右。

4）考虑投资成本和占地面积、土壤取热的热泵供暖系统更适合小型建筑面积，一般在 1000m² 以下为宜。

2. 井管安装时应注意事项

1）井壁管应安装在非含水层，用以支撑井孔孔壁，防止坍塌，井管与孔口周围用黏土或水泥等不透水材料密闭，防止地面污水渗入。

2）滤水管安装在含水层，除有井壁作用外其主要是挡水滤砂。

3）井管最底部为沉砂管，用以沉积水中泥砂，延长管井使用寿命。

4）只用其热，不耗其水，用热后必须全部回灌，并监控回灌的实施。

5）井间距和井与建筑物的相对位置要合理。

6）井位要远离城市供水站。

7）无论何种方式的回灌水的水质，水温必须监控，回灌水水质至少应与原采集地下水的水质相当，并定期化验。

8）管井竣工后，应由甲方、施工单位和行政主管部门或监理会同到现场，按合同规定的水量、水温和水质要求进行质量验收。

3. 利用城市污水、中水安装时注意事项

1）工业废水时需要注意过滤器的安装位置，要便于清洗。

2）板式换热器的间隙选择为 14mm，使中水能够顺利通过。

3）过滤器孔直径选择 4mm，孔数为 25 目/cm^2。

5.2.4 系统调试

系统调试是空调、采暖工程很重要的过程。

1. 系统冷运行

1）将补水泵开启对系统进行补水（手动），并安排管道工检查各焊点、法兰连接处，各接口有无漏水现象，自动排气阀是否可以排气。

2）二次、末端补水到额定压力后，检查二次、末端水泵进行排气。

3）开启二次循环泵，检查水泵相序，无法直观看到水泵正反转，可调整出水阀门，观察额定扬程来判断是否正转，检查末端循环泵相序同上。

4）末端、二次泵开启后，检查运行电流是否在额定电流一下。

5）检查各点压力表压力是否正常，温度表显示是否正常。

6）再补水的同时，检查末端（风机盘管或空调机组）是否有渗漏水现象。

7）系统冷运行 24h，观察系统电压在正常范围内，即 $400V^{+6\%}_{-10\%}$，360～424V。

8）冷运行过程中，检查电器设备，水泵有无发热，压力是否正常，有无异常声响及异味。如不正常立即停机，查找原因。

9）冷运行 24h 后清理水路的过滤器，检查水质。

10）开启一次循环泵判断一次回路电流是否正常，相序是否正确。

2. 系统热运行

1）在设备冷运行 4h 后进行热调试，检查主机设定参数。

2）单台启动能量提升器，观察氟压、排气、油压等参数是否正常，再启动第二台机组。

3）检查经济器膨胀阀、喷液冷却膨胀阀是否工作正常。

4）试运行 24h，并每小时记录一次参数。

5）热运行过程中对末端进行检查，出风口冷（热）及风速等，并测量房间大厅等温度，对环境温度进行测量并记录。

3. 注意事项

1）启动能量提升器时，一定先开启一次、二次、末端循环泵，循环 5min，停机时先停主机，5min 后停水泵。

2）不得强行启动主机。

3）安全参数不得随意修改。

5.3 劳动力组织（表 5.3）

劳动力组织情况表　　　　　　　　　　　　　　　　　　　表 5.3

序　号	工　种	职　责	备　注
1	管理人员	现场进度、质量、安全、环境管理	
2	管工	供回、冷凝水管道的安装、调试	人员数量依工程大小及工期安排
3	通风工	风机盘管、柜式空调机、风管等的安装调试	
4	钳工	热泵机组、水泵、软化水等设备就位	
5	电工	机组、风机盘管的接线及调试	

6. 材料与设备

6.1 材料

6.1.1 所有材料在符合现行有关标准、规范，并应有产品出厂合格证。

6.1.2 所有设备应符合相关标准规范，具有出厂合格证，并无损坏。

6.1.3 定压罐应具有压力容器资质单位制作，并具有检验合格证明书。

6.1.4 安全阀应经检验合格，并整定出设计要求的压力值

6.1.5 绝热材料应采用不燃或难燃材料，其材质，密度，规格与厚度应符合设计要求。如采用难燃材料时，应对其难燃型进行检查，合格后方可使用。

6.2 机具设备（表6.2）

机具设备表 表6.2

序 号	设 备 名 称	用 途	备 注
1	电焊机	管道、支架、法兰焊接	
2	切割机	钢管、角钢切割	
3	台钻	支架、法兰钻孔	
4	咬口机(空调)	加工镀锌铁皮	
5	折方机(空调)	加工镀锌铁皮	
6	风速仪、风压测试仪(空调)	调试用	
7	套丝机	加工钢管丝扣	机具数量依工程大小及工期安排
8	电锤、电钻	支架安装	
9	灯光检测装置	检测漏风率	
10	打井设备	打井用	
11	钻孔机	钻孔用	
12	吊车	吊装设备、下井内设备及管道用	
13	捯链	吊装设备、设备就位	
14	泥浆泵	抽泥浆	
15	绝缘摇表	测试绝缘情况	

7. 质 量 控 制

7.1 工程质量控制标准

7.1.1 能量释放系统、能量提升系统的施工、检验、调试与验收应符合《通风与空调工程施工质量验收规范》GB 50243—2002 及设计要求。

7.2 质量保证措施

7.2.1 井管本身及连接部分不应弯曲，以保持整个井壁垂直。

7.2.2 井管内壁需光滑、圆整、且满足在井管内顺利无碍地安装抽水设备。

7.2.3 井管管材应有足够的抗压、抗剪和抗弯强度，能经受管壁外侧岩层和人工填砾的压力。

7.2.4 安装时，井管及连接部分要有一定的抗拉强度，能经受全部井管的重量。

7.2.5 过滤器要有较大的孔隙率，以保证减少地下水流入管内的阻力，最大可能地增加出水量。

7.2.6 井泵大多采用潜水泵，潜水泵下放深度应在动水位5m处，安装要平稳，泵体应居中。

8. 安 全 措 施

8.1 建立健全安全组织机构及安全保证措施，做好各工种的安全教育，进行详细的安全交底。

8.2 机组等设备吊装时，应编制专项施工方案，确保安全就位。

8.3 电焊工、电工应持有效证件上岗。

9. 环 保 措 施

9.1 在工程施工过程中严格遵守国家相关的环境保护法律、法规及本公司有关环境保护、资源及能源的使用要求，严格执行企业的程序文件，对环境因素进行认真的评价，填写《环境因素清单》和《重要环境因素清单》。

9.2 打井前要经过有关部门的审批，打井时要合理布置，规范围挡，做到标牌清楚、齐全、各种标识醒目，施工场地整洁文明。

9.3 打井时设立专用的排浆沟、集浆坑，对废浆进行集中，认真做好无害化处理，从根本上防止打井废浆乱流。

9.4 施工现场要经常进行环保宣传教育，不断提高项目部作业人员的环保意识和法制观念。

9.5 项目部设置兼职环保员和文明施工员，并经常进行现场环保检查，随时接受相关单位的监督检查。

9.6 优先选用先进的环保机械。定期保养，加强维修，设置隔音罩等消音措施，降低施工噪声到允许值以下，同时尽可能避免夜间施工。

10. 效 益 分 析

10.1 用户经济利益

10.1.1 初投资少。该系统一个系统三种功能，节省投资和占地面积。

初投资比同样满足供暖、冷和生活热水条件的其他系统组合（电锅炉＋空调系统、燃气＋空调系统、燃油＋空调系统）所需投资低 20％～30％（表10.1.1）。

比较表　　　　　　　　　　　　　　表 10.1.1

设备 类型项目	直 燃 机	电制冷＋各种类型热源	地 源 热 泵
主机设备	0.8～1.0元/千卡	制冷机0.6～0.8元/千卡再加锅炉费用	热泵机组0.5～0.6元/千卡
配套费用	城市中压煤气工程费	城市集中供热工程费用	直径800,深90m,深井装置配套全部费用35～45万元
土建费用	略高	高	低
合计（估算）	240～260元	260～280元	230～260元

注：机房附属设备，末端设备要用同一档次的产品，此两项设备费用相同情况下的比较。

10.1.2 运行费用低。由于能源的 75％ 取自自然界中不花钱且四季恒温的浅层地能，取暖用电是电锅炉的 1/4，制冷用电是分体空调的 1/2。实例：科伟通大厦建筑面积为 13200m²，原来使用两台 76 万大卡（880kW）的双良直燃机中央空调。后于 2004 年 6 月改用利用中水的中央液态冷热源环境系统中央空调。目前已运行一个夏季，一个冬季，现将二者冬季四个月的运行费用进行比较如下：

1) 热泵机组的运行情况

科伟通大厦目前使用一台 HT760 机组和一台 HT380 机组，二台机组的供热量为 1140kW（98 万大卡）。冬季天气最冷时，室内温度最高可达 25℃。

科伟通大厦 2004 年 11 月 1 日——2005 年 2 月 28 日日用电量

表数字：3297－820＝2477

用电量：2477×160＝396320（度）（160 为互感器变比）

由于末端泵用其他空调同样运转，故应减去该末端泵用电量。

末端泵为二台，总容量为：18.5×2＝37kW。该容量占空调总负荷的 18％。

故 2004 年 11 月至 2005 年 2 月 28 日中央液态冷热源环境系统空调总的用电量为：
$$396320 \times (100-18)\% = 324982.4 （度）$$

平均电价按 0.65 元/度，空调用电费为：$324982.4 \times 0.65 = 211238.6$（元）

2）直燃机的运行情况

若按使用一台半原装双良直燃机为 114 万大卡，用煤气的费用如下：

煤气热值 3500 大卡/立方，则每小时耗气：$1140000 \div 3500 = 325.7 m^3$

每日运行：11 小时（早 7 点至下午 6 点）

每日耗气：$325.7 \times 11 = 3582.9 m^3$

2004 年 11 月 1 日——2005 年 2 月 28 日共计 120 天。

120 天共耗气：$3582.9 \times 120 = 429942.8 m^3$

每立方米用气费按：0.9 元/m^3 计

120 天耗气费为：$429942.8 \times 0.9 = 386948.6$ 元

与上述用电费用比节约：$386948.6 - 211238 = 175710.00$ 元

可见：地源热泵系统比直燃机节省 175710.00 元，达 45%。

10.1.3 运行安全可靠。系统运行过程无燃烧，不产生高温、高压、易燃、易爆、有毒、有害的气体或液体，无结垢，使用寿命长。

10.1.4 有利于国家及环境。开辟了利用可再生能源的新途径，可减少对一次性能源的依赖。用户可享受到室外无污染的环境。

10.1.5 管理简便，易于分户计量

10.2 施工单位经济效益

由于该系统不使用冷却塔，机房设备的体积仅为传统机房的 1/3，因此便于施工，相对节约人工。

11. 应 用 实 例

太原地区：科维通大厦（采用杨家堡污水净化厂城市污水处理后的中水）、太原市老年公寓（采用单井抽灌）。运行后均取得了良好的经济和社会效益。

炼钢厂转炉汽化烟道（余热锅炉）制作工法

YJGF108—2006

上海宝冶建设有限公司

陈文进　吴小庆

1. 前　言

炼钢厂转炉汽化烟道余热锅炉（以下简称"烟道"）一般由活动烟罩、炉口段烟道、固定烟道组成。活动烟罩是转炉炉气通道的第一道关口，它能有效地把炉气收集起来，最大限度地防止炉气外溢，并控制吸入的空气量，提高回收炉气的质量。炉口段烟道和固定烟道是烟气的输导管道，它们将烟气导入除尘系统，回收余热，冷却烟气，使烟道出口处烟气温度低于900℃。

烟道为承压设备，所处生产环境极其恶劣，管子外壁承受瞬时高温烟气的磨损和炼钢吹氧期间飞溅钢渣的冲击，管子内壁承受不断变化的汽水的热应力，为确保烟道在使用期内安全无故障运行，对烟道制造有严格的质量要求。

上海宝冶建设有限公司工业安装分公司于1998年在压力容器制造厂试制烟道获得成功，并于2003年实时取得相应资质，到2005年年底先后完成了国内多家炼钢厂15～300t转炉汽化烟道的制造，满足了业主日常生产的需要。在制造了多台产品的经验积累下，对烟道制造工艺、生产流程、质量标准和操作要点予以总结，形成规律，编制了本工法。工法实用性强，技术成熟，具有明显的社会效益和经济效益。

2. 工法特点

2.1　本工法针对烟道的结构特点，制造相应的胎架，可以较准确控制烟道总体尺寸，控制变形，便于组装，为焊接创造便利条件，保证产品制造质量。

2.2　应用本工法可以产生通过预留烟道伸缩余量、焊接收缩后准确保证其形位尺寸的效果。

2.3　应用本工法可以明确烟道制造工序，了解制造加工的重点与难点，进行流水作业，缩短工期，降低生产成本。

3. 适用范围

本工法适用于炼钢厂转炉汽化烟道的制造和修复、水冷烟道的制造和修复。其他类型的烟道制造也可参考本工法。对小直径钢管（材质为20、20G）的对接焊接、钢管与鳍片（材质：Q235-B）的焊接可参照本工法中相关部分。

4. 工艺原理

烟道总体装配尺寸要求高，焊接要求严，而且结构复杂、零部件制造量多而繁杂，焊接量大且应力集中，其制造的关键是控制变形、保证装配尺寸和焊接质量。因此根据烟道的结构特点，制造模拟胎架，采取"零件拼装—部件拼装—胎架上总装"的分段、分部加工方法，有利地控制总体尺寸，特殊位置进行"模拟"安装。焊接时按照"点焊固定—检查—正式焊接"的要求和鳍片焊接时采取"分段、反向、同步、对称"的施工方法，同时焊后进行退火热处理，释放残余应力，从而满足现场装配要求和使用要求。

5. 施工工艺流程及操作要点

5.1 工艺流程

5.1.1 烟道总体结构

如图 5.1.1 所示。

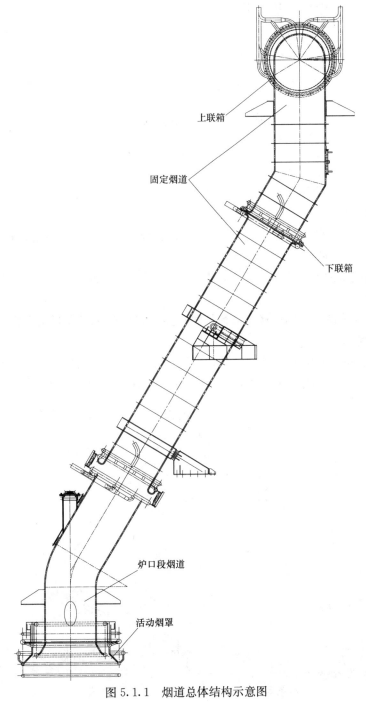

上联箱

固定烟道

下联箱

炉口段烟道

活动烟罩

图 5.1.1 烟道总体结构示意图

5.1.2 制造工艺流程

如图 5.1.2 所示。

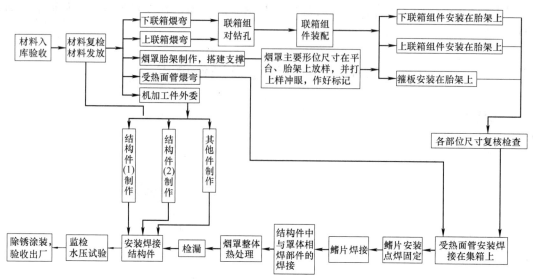

图 5.1.2　烟道制造工艺流程图

5.2　操作要点

5.2.1　材料管理

1. 烟道受压元件材料的选用应符合锅炉技术文件的规定，严格按照图纸设计要求采购原材料，材料代用应按规定程序审批。

2. 制造烟道受压元件用的钢板、管材、焊材等材料经检查部门按锅炉用材料入厂验收规则进行材料复检、验收，合格后才能使用，并单独存放。

3. 对用于额定蒸汽压力不大于 0.4MPa 的烟道的材料，如果原始质量证明书齐全，且材料标记清晰、齐全时，可免复检。

4. 使用受压元件材料要进行标记移植，移植时按照材料员的编号在材料上标记相应的材料追踪号。

5.2.2　模拟胎架制造

烟道各部件的组装和总装均要求在专用平台、胎架上进行，因此应根据各台烟道不同的结构特点制造相应胎架。胎架一般制造成立式和卧式两种，如图 5.2.2-1、图 5.2.2-2 所示。

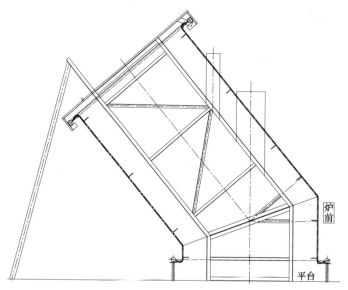

图 5.2.2-1　烟道制造胎架示意图-立式

1. 制造胎架的平台用型钢和钢板铺设，平台应焊接牢固、平整，保证制造过程中不会发生变形，以减少制造误差。

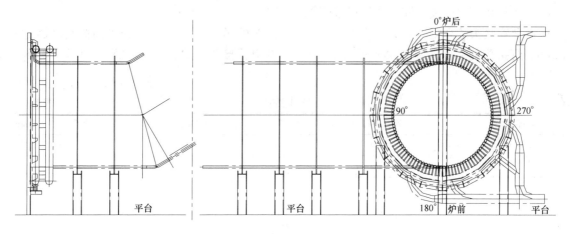

图 5.2.2-2　烟道制造胎架示意图-卧式

2. 胎架分为内胎架和外胎架，有时还要辅以若干支撑，胎架要刚性固定，首先要保证能固定住上下联箱，并保证烟道各部件角度和总体尺寸。

3. 在平台上根据图纸总装配图放出烟道地样，关键点打上样冲眼，用黄色油漆做好标记，以备在后期制造中检查核对。

4. 烟道鳍片焊接时轴向收缩会较大，因此制造胎架时沿烟道直段部位应加长，加长量在各道箍板或支座间按比例均匀分配。

5.2.3　联箱制造

1. 联箱按图纸设计要求分为直形联箱和环形联箱（圆形、椭圆形、矩形）。制造工艺流程：制造前期准备→下料→煨弯→检验→夹头切割→坡口加工→组对→焊接→无损检测→开孔→管接头安装焊接。直形联箱一般不需煨弯，加工坡口、焊接堵板。

2. 联箱煨弯采用高频弯管机热弯。联箱煨弯后需进行椭圆率检查。检查时用游标卡尺测量同一截面的直径，找出最大、最小值，按椭圆率公式 $a = (D_{max} - D_{min})/D \times 100\%$（$D_{max}$—弯管截面上最大直径，$D_{min}$—弯管截面上最小直径，$D$—钢管公称直径）计算，其值不应超过表 5.2.3-1 规定。

联箱椭圆率　　　　　　　　　　　　　　　　　　表 5.2.3-1

半径 R	$1.5 \leqslant R/D < 2.5$	$2.5 \leqslant R/D < 4$	$R/D > 4$
a,%	$\leqslant 6$	$\leqslant 5$	$\leqslant 3$

3. 环形联箱通常由两个半圆拼接而成；当材料不就料时，联箱上的拼接环缝总数要求：当联箱长度 L 不大于 5m 时，不超过 2 条，当 L 大于 5m 但不大于 10m 时，不超过 3 条，当 L 大于 10m 时，不超过 4 条；联箱分段煨弯，下料时每段管子的两端各留一定的煨弯夹头，夹头长度为 200～400mm。管子煨弯后两端用坡口机加工坡口，然后在水平夹具上组对，准备焊接；焊接时联箱有一定的收缩，因此组对时联箱直径应适当增大 3～5mm，焊接前用卡板沿圆周卡死。

4. 联箱开孔：机械钻孔和火焰热切割。开孔尽量避开焊缝，并避免管接头的连接焊缝与相邻焊缝的热影响区互相重合，两相邻管口边缘的距离应≥12mm。对热切割加工的管孔在管件焊接前应打磨去掉热影响区至图示尺寸。当管孔中心与联箱截面水平线夹角 α 在 0°～90°之间时，应根据角度制造夹具，固定联箱，然后开始钻孔，孔的中心须通过管子截面中心。

5. 联箱上 $D \leqslant 108mm$ 的管孔宜采用机械方法加工，管孔的尺寸要求按表 5.2.3-2。其他管孔用火焰热切割方法加工。开孔前先定出炉前、炉后方位，确定一个基准点，然后通过计算弦长，确定其余各开孔位置，孔中心打上样冲眼，并用画规标出孔径；孔开完后，用游标卡尺抽查测量孔径。对用火焰切割出的管孔，偏差较大，因此切割时需要留 2～3mm 的余量，然后打磨至要求尺寸。下降管的管孔直径等于管子的内径。

6. 吊挂件与联箱的连接焊缝至联箱拼接焊缝的距离应大于100mm。

7. 联箱上管接头的高度一般应不小于50mm。管接头的纵向倾斜度 Δa_1 和横向倾斜度 Δa_2 均不大于1.5mm，管接头的端面倾斜度 Δf 不大于1mm，单个管接头的高度偏差 Δh 不超过±3mm，如图5.2.3所示。

管孔要求   表5.2.3-2

管子外径 D(mm)	管孔直径 d_1(mm)	管子外径 D(mm)	管孔直径 d_1(mm)
$D \leqslant 45$	$D+0.5$	$108 < D \leqslant 159$	$D+1.5$
$45 < D \leqslant 108$	$D+1.0$		

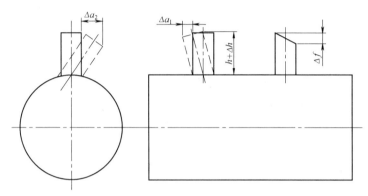

图5.2.3 管接头示意图

5.2.4 受热面管制造

1. 受热面管制造工艺流程：制造前期准备→下料（含拼接）→弯制→检验（直线度、面轮廓度、椭圆率、减薄量、通球试验）→夹头切割。

2. 受热面管采用弯管机冷弯。根据管子规格、弯曲半径制造专用模具、夹具和芯子。弯管前先放地样，下料后在管子上标明弯头的起点和终点，弯制后放到地样上检查。如有偏差可在弯管机上校正或用榔头轻微敲击校正。

3. 受热面管上的拼接焊缝总数 N 与管子全长 L 有关，见表5.2.4-1，拼接管子的最短长度不小于500mm。各孔处弯管焊缝、安装焊缝、插入管焊缝以及特殊结构要求的焊缝除外。

受热面管拼接   表5.2.4-1

L/m	$L \leqslant 2$	$2 < L \leqslant 5$	$5 < L \leqslant 10$	$10 < L \leqslant 15$	$L > 15$
N	0	1	2	3	4

4. 切除有缺陷焊缝后补入的受热面管的长度不小于300mm。

5. 受热面管拼接焊缝应避开箍板、支座（固定支座、滑动支座）、吊架等位置，拼接焊缝至管子起弯点或支吊架边缘的距离 L 应不小于50mm。如因结构布置上的困难，对额定蒸汽压力小于3.82MPa的烟道，L 不小于20mm。

6. 受热面管的拼接焊缝一般应位于直段部分。当采用无直段的弯头时，焊缝应作100%射线探伤，无直段弯头的弯曲部位不宜焊接任何部件。

7. 管子表面的机械损伤不超过壁厚下偏差并且无尖锐棱角，允许磨去；超过壁厚下偏差时，应进行焊补，并修磨平整。

8. 受热面管对接接头的端面倾斜度：对额定蒸汽压力≤3.82MPa的烟道，$\Delta f \leqslant 0.8$；对额定蒸汽压力>3.82MPa的烟道，$\Delta f \leqslant 0.5$。

9. 受热面管弯头内侧表面的面轮廓度 δ 的数值应符合表5.2.4-2的要求。面轮廓度用样板检查，样板放在弯头内侧，配合游标卡尺测量；样板的宽度不大于 4δ。

弯头面轮廓度   表 5.2.4-2

D	<76	76	$76<D\leqslant108$	133	$159<D\leqslant219$	$273<D\leqslant325$	377	>377
δ	$\leqslant2$	$\leqslant3$	$\leqslant4$	$\leqslant5$	$\leqslant6$	$\leqslant7$	$\leqslant9$	$\leqslant11$

10. 直径 $D>60\text{mm}$ 的管子弯制后应逐根检查弯头的椭圆率，$D\leqslant60\text{mm}$ 的弯管对弯头的椭圆率可进行抽查。测量截面选弯头中点处，用游标卡尺测量该截面的直径。椭圆率 a 按如下公式计算，并符合表 5.2.4-3 的要求。

$a=(D_{\max}-D_{\min})/D\times100\%$，（$D_{\max}$—弯管截面上最大直径，$D_{\min}$—弯管截面上最小直径，$D$—钢管公称直径）

弯管椭圆率   表 5.2.4-3

R/D	$1.4<R/D<2.5$	$\geqslant2.5$
$a/\%$	$\leqslant12$	$\leqslant10$

R—弯管半径

11. 受热面管弯头处壁厚减薄量按如下公式计算，并符合表 5.2.4-4 的要求。用测厚仪测量壁厚，测量点选弯头外侧中点，测量 2~3 次，找出最小值。

$b=(S_0-S_{\min})/S_0\times100\%$，（$S_0$—管子的实际壁厚；$S_{\min}$—管子弯头上的壁厚减薄量最大处的壁厚）

弯头减薄量   表 5.2.4-4

R/D	$1.8<R/D<3.5$	$\geqslant3.5$
$b/\%$	$\leqslant15$	$\leqslant10$

R—弯管半径

12. 直径 $D\leqslant60\text{mm}$ 的对接接头或弯管应进行通球试验。通球选用钢球或木球，试验时球从管口一端放入，然后通入干燥压缩空气，弯管合格时，钢球从弯管另一端顺利流出。

13. 对小直径弯管制造如下：

小直径弯管：管子直径 $D\leqslant60\text{mm}$，弯曲半径 $R\leqslant2D$ 的弯管，额定蒸汽压力不大于 3.82MPa。

1）对接管口外侧错边量 $\Delta\delta\leqslant0.1S+0.3\text{mm}$，且最大值 $\leqslant0.7\text{mm}$。（S—管子公称壁厚）。

2）管子端面倾斜度 Δf，手工焊时 $\leqslant0.5\text{mm}$，机械焊时 $\leqslant0.3\text{mm}$。检查倾斜度用角尺作参照物，用卷尺测量。

3）管子弯制后应做通球试验，通球直径和管子壁厚减薄量应符合表 5.2.4-5 的要求。

小直径弯管要求   表 5.2.4-5

弯曲半径 R	$R<1.3D$	$1.3D\leqslant R<1.5D$	$1.5D\leqslant R<1.8D$	$1.8D\leqslant R\leqslant2.0D$
通球直径 d_b	$0.75d$	$0.80d$	$0.85d$	$0.90d$
壁厚减薄量 b	$\leqslant25\%$	$\leqslant20\%$	$\leqslant17\%$	$\leqslant14\%$

4）管子弯曲处内侧表面的面轮廓度 δ：

当 $D\leqslant38\text{mm}$ 时，$\delta\leqslant1.0\text{mm}$；当 $38\text{mm}<D\leqslant60\text{mm}$ 时，$\delta\leqslant1.5\text{mm}$。

5）对弯曲半径 $R\leqslant1.3D$ 的冷弯弯头，管子材质为碳钢或合金钢时，需经消应力热处理。

6）对弯曲半径 $R\leqslant1.3D$ 的弯管，其弯曲部分需经着色渗透抽查，抽查比例为 20%，且不得少于 3 件。

5.2.5 结构件制造

1. 烟道结构件一般分为箍板、固定支座、滑动支座、吊架、人孔、水封等，制造时按钢结构要求制造，其中水封、水冷人孔要做渗水试验，0.5h 内无漏水、无渗水为合格。

2. 烟道结构件为非标准件，制造时应按图纸要求加工，然后进行预装配，满足图纸要求角度或标高后，在四个角度处打上样冲眼，作好装配标记。

3. 结构件中需要与平台连接的位置应加工平整或达到图示粗糙度要求。

5.2.6 组装

1. 组装前，对各管件用干燥压缩空气进行吹扫，管内无异物后对敞开的管口用塑料管帽封闭。

2. 联箱安装：根据放好的地样和胎架，定好炉前、炉后角度，将各联箱或联箱组件安装到胎架上，调整水平度和垂直度，就位固定。为防止变形，可在联箱组件外侧焊接斜撑固定。

3. 受热面管安装：受热面管连接上下联箱、鳍片、结构件等，是烟道中十分重要的元件，因此安装时要根据联箱开孔位置、箍板的开孔位置自然组装，保证受热面管与联箱、箍板间自然接触、组对，不得强力挤压、火焰加热。定位后可与箍板点焊固定。

对于有"拐点"的烟道，不仅要保证上下直段的尺寸，还要保证倾斜角度。因此安装受热面管时采取分段安装：上段与上联箱组件装配、下段与下联箱组件装配。上段烟道和下段烟道就位后，根据中间尺寸配接中间段弯管。

4. 鳍片安装：鳍片宜整体制造。安装时，鳍片中心与相邻管子的中心的偏斜不超过 1.5mm，鳍片安装间隙不超过 2mm。

5. 管屏组装：管屏相邻两鳍片管节距 t 的允许偏差不大于 3mm。

6. 结构件组装：结构件中需要与受热面管焊接的部位先安装上去，其余的可在烟道制造完成后安装。

5.2.7 焊接

1. 焊接一般要求

1）联箱、封头、盲板、受热面管的焊接应全焊透。

2）焊缝坡口应整齐光洁，无锈皮和残渣；焊前，应将油污、铁锈和其他影响焊接质量的杂物清理干净，清理范围：手工电弧焊约 10mm，气体保护焊约 20mm。

3）联箱、受热面管和其他管件的对接坡口尽量对准且平齐，接头两侧的公称外径 D 和公称壁厚 t 相等时，外表面的边缘偏差 $\Delta\delta$ 应符合表 5.2.7-1 的要求。

对接接头错口要求　　　　　　　　　　　表 5.2.7-1

受压元件类别	受热面管和其他管件				联箱
	额定蒸汽压力＜9.81MPa 的烟道		额定蒸汽压力≥9.81MPa 的烟道		
	$D>108$	$D\leqslant108$	$D>108$	$D\leqslant108$	
$\Delta\delta$	≤0.1t+0.5 且≤2	≤0.1t+0.3 且≤1	≤0.1t+0.5 且≤4	≤0.1t+0.5 且≤1	≤0.1t+0.5 且≤4

当 $\Delta\delta$ 不符合上表的要求或者公称外径不同使 $\Delta\delta$ 超限时，应将超出的部分削薄，削出的平面应光滑，斜度不大于 1:4。

对接坡口是否平齐，采用钢板尺测量：将钢板尺靠近对接焊缝，用游标卡尺测量偏差量。偏差要求超过要求的应重新对口。为保证对口质量、提高效率，应尽可能采用管子组对钳。

4）焊接前，应按规定将焊条烘干，焊丝上的油污和铁锈等应清除干净。

5）管子对接接头焊后不应在内壁形成过大的焊瘤，焊后应做通球试验，超过要求的应进行打磨除去焊瘤。

6）焊接时，如果环境温度低于 0℃，焊前应进行预热；下雨、下雪时不得露天焊接。

7）联箱、受热面管的对接接头，手弧焊时应采用氩弧焊打底；联箱上管接头的连接焊缝应尽量采用氩弧焊打底。

8）用手工电弧焊或气体保护焊时，应采用多层焊，各焊层的接头应尽量错开；不允许在坡口以外的母材表面引弧，如产生弧坑，应将其磨平或焊补；焊件纵缝两端的引弧板、熄弧板或试件，焊后应当用气割割下，不宜锤击打落；受压元件焊缝附近必须打上焊工代号钢印（低应力钢印）。

9）对接焊缝的外观要求：焊缝高度不低于母材表面，焊缝与母材应圆滑过渡；焊缝及其热影响区表面无裂纹、未熔合、夹渣、弧坑和气孔；联箱、封头环缝不允许又咬边，受热面管或其他管件焊缝咬边深度≤0.5mm，两侧咬边总长度不大于管子周长的20％并且不大于40mm。

10）对焊缝上不允许存在的缺陷应找出原因，制定返修方案后才能返修；返修前，缺陷应彻底清除，禁止带水、带压返修；要求焊后热处理的焊件，返修后应进行焊后热处理。

11）焊缝返修后，应按原焊缝的质量要求进行外观检查和无损检测。同一位置上的返修不得超过两次。

2. 焊接工艺参数：

1）联箱、受热面管的对接采用氩弧焊或氩弧焊打底、手工电弧焊盖面，材质为20或20G，工艺参数参照表5.2.7-2。

焊接工艺参数　　　　　　　　　　　　　　　　　　　　　　　表5.2.7-2

层　　次	焊材牌号	焊材规格	电流(A)	电压(V)	焊速(cm/min)	气流量(L/min)
1、2	ER50-4	ϕ2.5mm	90～110	11～14	8～12	10～15
3、4	J507	ϕ3.2mm	80～130	21～25	8～12	

2）受热面管（材质：20或20G）与鳍片（材质：Q235-B）的焊接采用混合气体保护焊，工艺参数参照表5.2.7-3。

焊接工艺参数　　　　　　　　　　　　　　　　　　　　　　　表5.2.7-3

层次	焊材牌号	焊材规格	电流(A)	电压(V)	焊速(cm/min)	气流量(L/min)
1	ER50-6	ϕ1.2mm	201～220	24～25	30	12～15

5.2.8　热处理

1）烟道焊接完毕，为消除焊接残余应力，需进行退火热处理。热处理前，将所有与联箱、受热面管焊接的部件全部焊接完毕。

2）烟道尽可能采取整体热处理；当采用分段热处理时，加热的各段至少有1500mm的重叠部分。

3）烟道热处理后，应对烟道进行冲洗和检漏，检查无任何地方漏水后，再安装、焊接各结构件。

5.2.9　水压试验

1）烟道制造完毕应整体做水压试验，水压试验的压力以图纸设计为准，图纸没有说明的，参照表5.2.9。

水压试验　　　　　　　　　　　　　　　　　　　　　　　　表5.2.9

工作压力 P_1(MPa)	试验压力(MPa)	工作压力 P_1(MPa)	试验压力(MPa)
＜0.8	1.5P_1 且不小于 0.2	＞1.6	1.25P_1
0.8～1.6	P_1＋0.4		

2）水压试验时联箱上各种开孔、管孔应焊接堵板封闭，堵板厚度不低于管子壁厚，保证有足够的强度，焊缝应严密可靠。

3）水压试验时装设两只经定期校验合格的压力表，量程应为试验压力的两倍。

4）水压试验时烟道环境温度应高于5℃，否则不得进行水压试验。当环境温度低于5℃时，烟道应采取保暖措施，并在周围放置热源，待温度提高后再进行水压试验。

5）水压试验前，应保持观察区域的干燥；充水前应将管件内部清理干净，充水时将内部的空气排尽。

6）水压试验过程中发生泄露时：班组施工人员应立即停止水压试验，并马上报告；车间负责人及时组织相关管理、技术人员现场检查分析，制定处理措施；对管子上有漏水（包括渗水）的地方应切除该段管子，并用相同规格、相同材质的管子替换，且替换长度不小于300mm（根据实际情况，最好不小于500mm）；对联箱上与受热面管连接处有漏水的部位，应由技术娴熟的焊工打磨清根，焊补；处理过程中禁止带水、带压操作，焊接区域应干燥；处理过的焊缝要作为重点检查对象，对接焊缝须做无损检测，合格后才能重新试压。

7）水压试验完毕，将水放尽，然后用压缩空气吹扫，保持管内干燥。

5.2.10 除锈、涂装

1）烟道制造完毕，经检查合格后要进行除锈。除锈采用人工工艺，保持烟道表面干燥，除去上面的油污、铁锈、宜剥落的氧化皮、焊接飞溅等杂物。

2）烟道内外表面涂装两道底漆、两道面漆，面漆为高温银粉漆。

5.2.11 包装

1）烟道在油漆干燥并检查合格后编制发货清单，进行包装。

2）烟道包装一般采用裸装，对厂内卧式制造的烟道两端下部各设一支座固定，上用拉紧箍拉紧，以防窜动；对精密部位充填软性物，以防发生震动或撞击。

3）烟道所有管口需用盲板焊接封闭或用木板、塑料盖板封闭，法兰面需用塑料纸包扎封闭。

4）烟道的小型配件、内件、零部件、备件等采用暗箱包装，箱内应有装箱清单。

5）烟道本体上挂标签，标签注明产品编号、产品名称、数量、外形尺寸。

6. 材料与设备

6.1 材料

烟道各类材料应有合格的材料质量证明书，并按图纸要求领用。

6.1.1 联箱、受热面管：材质为20，符合《低中压锅炉用无缝钢管》GB 3087；材质为20G，符合《高压锅炉用无缝钢管》GB 5310。

6.1.2 结构件：材质为Q235，符合《碳素结构钢》GB 700；材质为20g，符合《锅炉用钢板》GB 713；材质为Q345，符合《低合金高强度结构钢》GB/T 1591。

6.1.3 水封联箱、冲水管、氮封联箱：材质为1Cr18Ni9，符合《流体输送用不锈钢无缝钢管》GB/T 14976。

6.1.4 销轴类：材质为Q275，符合《碳素结构钢》GB 700；材质为45，符合《优质碳素结构钢》GB 699。

6.1.5 焊接材料：

焊丝：ER50-4、ER50-6，符合《气体保护电弧焊用碳钢、低合金钢焊丝》GB/T 8110。

焊条：J507、J427、J422，符合《碳钢焊条》GB/T 5117。

6.2 设备

主要机具设备如表6.2所示。

主要机具设备 表6.2

序 号	名 称	型号规格	数 量	备 注
1	高频弯管机		1 台	弯管
2	液压弯管机	W27YPC-114	1 台	
3	割炬		4 把	下料
4	三辊卷板机	W11S100×4500	1 台	
5	型材切割机		2 台	
6	剪板机		1 台	
7	数控气割机	CNC-4000	1 台	
8	砂轮磨光机		3 台	坡口加工
9	坡口机		2 台	

序 号	名 称	型号规格	数 量	备 注
10	直流电焊机		4 台	焊接
11	氩弧焊机		2 台	
12	气体保护焊机		4 台	
13	焊条保温桶		4 个	
14	干燥箱		1 台	
15	空压机	0.6m³/min	1 台	通球试验,吹扫
16	车床		1 台	机械加工
17	摇臂钻床	Z3080×25	1 台	
18	X 射线探伤机	300EC.SR	1 台	无损检测
19	超声波探伤仪	CTS-26	1 台	
20	桥式起重机	30t/5t	1 台	吊运
21	电动试压泵	4DSY	1 台	水压试验

7. 质 量 控 制

7.1 质量控制标准

《锅炉集箱制造技术条件》JB/T 1610；

《锅炉管子制造技术条件》JB/T 1611；

《锅炉水压试验技术条件》JB/T 1612；

《锅炉受压元件焊接技术条件》JB/T 1613；

《锅炉油漆和包装技术条件》JB/T 1615；

《工业锅炉焊接管孔》JB/T 1625；

《锅炉用材料入厂验收规则》JB/T 3375；

《锅炉产品钢印及标记移植规定》JB/T 4308；

《焊制鳍片管（屏）技术条件》JB/T 5255；

《小直径弯管技术条件》JB/T 6509；

《烟道式余热锅炉通用技术条件》JB/T 6503；

《氧气转炉余热锅炉技术条件》JB/T 6508；

《锅炉钢结构技术条件》JB/T 1620。

7.2 质量保证措施

7.2.1 材料：查验联箱、受热面管等受压元件的材料质量证明书，使用前进行材料复检。

7.2.2 下料：采用 CAD 辅助放样、确定尺寸，下料前移植材料追踪号；受热面管下料时，预留管子直段长度的 4‰～5‰，烟道焊接收缩后满足总体尺寸要求。目测检查材料的外观质量。

7.2.3 胎架：焊接固定，用水平仪找平，误差在±1mm 内；设置若干道箍板，减少径向变形。

7.2.4 联箱：高频煨弯，组对时放地样，并在地样内外侧设置若干"靠山"，准确定位，用水平仪找平，焊接采用氩弧焊打底。其尺寸偏差见表 7.2.4。

联箱尺寸偏差 表 7.2.4

节圆直径 D_b(mm)	直径允差 ΔD_b(mm)	最大最小直径差(mm)	节圆直径 D_b(mm)	直径允差 ΔD_b(mm)	最大最小直径差(mm)
≤800	±3	4	2401～3000	±7	11
801～1200	±4	5	3001～4000	±8	12
1201～1600	±5	7	≥4000	±9	14
1601～2400	±6	9			

7.2.5 受热面管：管子拼接焊缝采用氩弧焊；用弯管机弯制，根据管子规格设计、制造专用工装夹具，弯好后在地样上检查、校正；做通球试验，检查弯头质量。通球要求见表7.2.5。

弯管通球试验   表7.2.5

R/D	$1.4{\leqslant}R/D{<}1.8$	$1.8{\leqslant}R/D{<}2.5$	$2.5{\leqslant}R/D{<}3.5$	${\geqslant}3.5$
d_b	${\geqslant}0.75d$	${\geqslant}0.80d$	${\geqslant}0.85d$	${\geqslant}0.90d$

7.2.6 无损检测：联箱、受热面管或其他管件的对接焊缝无损检测比例按图纸要求，检测方法为RT，按JB/T 4730.2，照相质量不低于AB级，焊缝质量不低于Ⅱ级为合格。无损检测人员持证上岗。

7.2.7 装配：

1）所有管件装配前用压缩空气吹扫，检查管内无异物后，裸露的受热面管管口用管帽封闭，其他各接管管口盲板焊接封闭或用塑料纸包扎封闭。

2）联箱组件按图示方位和地样上胎架，周围用斜撑固定，法兰端面倾斜度不大于2mm。

3）受热面管安装按照联箱管孔、箍板管孔准确定位，同心度偏差在±1mm内。

4）炉口段烟道一般设有氧枪孔、投料孔，为保证安装尺寸和角度，装配受热面管时，根据孔的大小分别制造卷管"模拟"安装定位，模具的外径比各自对应的孔的外径大1D。

5）支座安装时，以下联箱为基准，准确量取相对尺寸，安装就位，偏差在±3mm内。

7.2.8 焊接：焊工持证上岗；烟道制造中，鳍片的焊接量较大，为保证焊接质量，避免仰焊，尽可能将烟罩"立起"或"翻转"，进行立焊或平焊；具体焊接时，采用反向退焊法，间距约为500mm，焊接时应由两名或四名焊工同时对称施焊；焊接前，将部分与平台焊接固定的支架切断，保证烟道在轴线方向上自由收缩。

7.2.9 热处理：烟道宜采取整理退火热处理；热处理温度为600～650℃，升温速率不大于100℃/h，保温时间为60min，降温速率不大于100℃/h，300℃以下自由升降温；退火时所有支撑件应切断，保证烟道能够自由伸缩；退火后，烟道无变形或变形在偏差范围内。烟道总体尺寸偏差：直段±10mm，拐点角度±0.5°。

7.2.10 水压试验：水压上升至工作压力时，应暂停升压，检查有无漏水或异常现象，然后升压到试验压力，并在试验压力下保持30min，然后降到工作压力进行检查，检查期间压力应保持不变。合格要求：受压元件金属壁和焊缝上没有水珠和水雾；降到工作压力后胀口处不滴水珠；水压试验后无可见的残余变形。

8. 安 全 措 施

8.1 工法遵守的安全规程

8.1.1 国家、地方有关蒸汽锅炉安全技术监察规程、条例、制度。

8.1.2 国家、地方有关热水锅炉安全技术监察规程、条例、制度。

8.2 安全措施

8.2.1 施工场地应平整、干燥，制造车间应通风良好。

8.2.2 作业人员必须遵守厂里各种规章制度和防火保卫制度，听从有关人员的安排。

8.2.3 劳保用品应穿戴整齐，空中作业必须系好安全带。

8.2.4 脚手架由安全监护人员检查合格后作业人员方可施工。

8.2.5 供电系统应加防漏电开关。

8.2.6 射线拍片必须设置安全标志，开机人员必须注意周围人员误入危险区。

8.2.7 试压时，升压要缓慢进行，无关人员不得进入试压区域。

8.2.8 特种工作业，必须持上岗证，按相关安全操作规程操作。

9. 环 保 措 施

9.1 烟道制造在车间内进行，合理分区、规范操作，做到标牌清楚、齐全，各种标识醒目，制造车间整洁文明。

9.2 成立对应的施工环境卫生管理部门，在工程施工过程中严格遵守国家和地方政府下发的有关环境保护的法律、法规和规章，加强对工程材料、设备、废水、生产生活垃圾、弃渣的控制和治理，遵守有关防火及废弃物处理的规章制度，做好防噪声，认真接受城市环境管理，随时接受相关单位的监督检查。

9.3 对施工中可能影响到的噪声、辐射等，加强实施中的监测、应对和验证。同时，将相关方案和要求向全体施工人员和附近居民详细交底。

9.4 设立专用排水沟、垃圾箱，对污水、废弃材料进行集中处理。

9.5 定期清运废弃物，废水除按环境卫生指标进行处理达标外，并按当地环保要求的指定地点排放。弃渣及其他工程废弃物按工程建设指定的地点和方案进行合理堆放和处治。

9.6 采购先进的机械设备。采取设立隔声墙、隔声罩等消音措施降低施工噪声到允许值以下，同时尽可能避免夜间施工。

10. 效 益 分 析

10.1 经济效益

采用本工法，制造单台烟道由原来的 90～120 个工作日缩短为 60 个工作日，对中小型转炉的烟道制造 50 个工作日内即可完成，提高了工作效率，减少了人力和物力的开支。

按一般制造难度和工作量的烟道作经济分析：

1) 合同总价：263165 元；

2) 主材、辅材及消耗件费用：130843.1 元；

3) 外协加工、热处理费用：36612.1 元；

4) 人工费：48842.0 元；

5) 运费：2000 元。

经计算，利润为 44867.8 元，利润率为 17.05％。按本工法已制造各种规格的烟道共计 110 台，完成产值近 4000 万元，创造利润近 700 万元。

10.2 社会效益

自 1998 起，上海宝冶建设有限公司工业安装分公司开始为国内多家转炉炼钢厂制造烟道，采用本工法制造的烟道质量、外形尺寸等各项技术性能均满足现场的装配要求和生产需要。烟道逐渐形成了公司的定型产品，树立了良好锅炉压力容器品牌。

11. 应 用 实 例

11.1 宝钢一炼钢可移动段烟罩制造

11.1.1 工程概况

宝钢一炼钢可移动段烟罩罩体中心直径 $\phi4584mm$，上下段中心长度分别 6500mm、1303mm，上联箱直径 5350mm，下联箱直径 5240mm，共 288 根受热面管，其他特殊结构件有氧枪口、副枪口、下料口、背撑、烟罩体托圈等，烟罩倾斜角度为 50°，总重量约为 33.5t。

11.1.2 制造情况

根据烟罩的结构特点，制造了一套烟罩组装专用模拟胎架（图 11.1.2-1）。模拟胎架以内胎架为主，外侧设置支撑，配合若干道内箍板，固定上下联箱，精确定位各特殊结构件位置，方便受热面管安装，保证烟罩的轴向尺寸和倾斜角度。在受热面管安装、焊接过程中，根据管子弯头角度和弯曲半径制造可翻转管屏胎架（图 11.1.2-2），"模拟"现场安装，满足了装配尺寸，改鳍片立焊为平焊，保证了鳍片的焊接质量，外观成形良好；管屏成片安装，缩短了制造工期。

该烟罩于 2004 年 12 月 9 日生产，2005 年 3 月 7 日验收。

图 11.1.2-1　组装胎架

图 11.1.2-2　管屏胎架

11.1.3　效果评价

该胎架与以前"包裹式"胎具相比，稳定安全可靠，误差变形小，满足安装使用要求；设计结构便于施工，可反复使用，节约材料。各项数据检查如表 11.1.3。

一炼钢固定烟罩检查表

表 11.1.3

编　号	设计尺寸	允许公差	实　测　值	
			a～c	b～d
A	$\phi5350$	±15	5358	5361
B	$\phi4546$	±15	4560	4559
C	$\phi4546$	±15	4540	4538
D	$\phi5240$	±15	5232	5231
E	6238.6	±10	6230	
F	4141.5	±5	4145	

各项尺寸符合要求。2006 年 3 月开始更换烟罩备件，现场装配顺利就位，投入生产至今，运行情况良好。

11.2　杭钢炉口段烟道制造

11.2.1　工程概况

杭钢炉口段烟道罩体中心直径 $\phi1800$mm，上联箱直径 2280mm，配水联箱和下联箱直径 2425mm，共 108 根受热面管 $\phi45×4$。其氧枪口总重 951kg，氮封口标高 +16.050m，下口中心标高 +15.015m，上口为活动连接，下口通过法兰与烟罩连接，氧枪口外径 $\phi526$mm，安装后与炉口段烟道下段中心线（即转炉中心线）偏差要求不超过 ±3mm，上口标高偏差不超过 ±5mm。

11.2.2　制造情况

根据氧枪口的外形尺寸，在绘制烟罩地样前模拟氧枪口制造一钢板卷管，安装在氧枪口的位置上，检查其上下口标高和倾斜角度，复核尺寸，然后焊接刚性固定。后续制造过程中，以氧枪口为相对基准，安装上下联箱、受热面管及其他组件；取下卷管，根据地样尺寸安装氧枪口，调整到正确位置，在烟道罩体和氧枪口上各焊接一件平板法兰，用螺栓连接固定。

11.2.3 效果评价

氧枪口的安装在制造时已经准确定位，现场只需根据螺栓孔位置即可就位，安装方便（图11.2.3）。氧枪口属于损耗件，需要定期更换新品，新品安装时根据罩体上的连接法兰可实现快速安装，为炼钢厂快速检修赢得了宝贵的时间。

图 11.2.3　氧枪口安装

11.3　宝钢二炼钢固定烟罩制造

11.3.1　工程概况

宝钢二炼钢 250t 转炉固定烟罩罩体呈喇叭口状，上口直径为 ϕ4214mm，下口直径为 ϕ4321mm，倾角为 1.4°，上下联箱直径均为 ϕ5000mm，受热面管 96 组共 288 根。主要受压元件为上、下联箱和受热面管，其他结构件有圈梁、牛腿、锚固件及填料、砂封槽，总重量为 11.5t。

11.3.2　制造情况

根据固定烟罩的特点，制造相应胎架（图 11.3.2），并按照"零件拼装-部件拼装-胎架上总装"的原则，制定了一套合理的装配顺序：上联箱组件安装→下联箱组件安装→受热面管安装→尺寸复核→焊接→盲板焊接→烟罩检漏→圈梁及牛腿等安装。

图 11.3.2　固定烟罩胎架

11.3.3　效果评价

通过制定合理的装配次序，前道工序完成并检查合格后，流入下道工序，层层检查，保证了烟罩的制造质量，达到国家相关标准要求。在以后制造中，施工人员熟悉工艺要求，了解制造关键，明确制造质量，工作效率逐步提高，产品使用情况良好，受到了使用单位的好评。

"斜井穿越法"黄土塬管道施工工法

YJGF109—2006

中国石油天然气管道局第一工程分公司

王宝忠　康仲元　梁国俭　何轩林

1. 前　　言

在长输管道施工中，地形、地质条件往往是制约工程的主要因素。

在坡度较大的黄土坡和冲沟等地段，按照传统的"大开挖"施工方法会造成占地面积多、土方工程量大、施工进度缓慢、地貌恢复困难、水土流失对管道运行造成威胁等诸多问题。

在陕京二线输气管道施工建设中，管道一公司利用斜井开挖和溜管安装相结合的新工艺，成功地攻克了在地形复杂、地势险峻的黄土坡上进行管道施工的难题。

2. 工 艺 特 点

施工工艺简单易行，是一种通过"人工打斜井法"进行管沟开挖和通过"溜管穿越法"进行管道安装相结合的不同于以往管道施工的一种新型管道施工方法。

2.1 减少了土石和后期水工保护工程量。

2.2 减少了大量施工占地。

2.3 保护了黄土塬脆弱的植被。

2.4 减少了水土流失，增加了管道运行的稳定性。

2.5 缩短了施工工期，降低了施工成本。

图3　适用的地形地貌

3. 适 用 范 围

适用于管道设计最小埋深不小于4m、坡度不大于35°的地形复杂、地势险峻的黄土坡、冲沟、台地及嵝蚬等地段（图3）。对于管道设计埋深小于4m或坡度大于35°的情况，可以通过设计变更降低坡度、增加埋深，以满足斜井开挖的需要。

图4-1　人工打斜井

4. 工 艺 原 理

斜井穿越法是在黄土塬上最大限度地不破坏原始地貌的情况下，按照设计坡度和方向，在地面下进行人工打斜井（图4-1、图4-2）；与此同时，在预制场地内进行"二接一"管段预制，并在斜井完成后，利用管道自身的重力和机械的牵引力将管道安装就位的施工方法。

图4-2　人工打斜井

5. 施工工艺流程及操作要点

5.1 施工工艺流程

测量放线→作业带清理→施工便道修筑→作业坑开挖→斜井→开挖→溜管及预制平台修筑→二接一管段预制→管道包裹→预制管段的连头焊接→管道安装就位→回填→水工保护→地貌恢复。

5.2 操作要点

5.2.1 测量放线

管道中心线：结合图纸，通过对转角点的复测，确定出管道中心线。

斜井坡度和作业坑位置：根据对斜井穿越段内各个特殊点原始地面高程的测量和现场实际地形地貌情况而确定，同时还要确保斜井穿越段管道与两端自然段管道能够正常、顺利连接。

在确定冲沟段斜井坡度时，一般只需对斜井上下两个端点高程进行测量。在确定黄土坡段斜井坡度时，除对斜井两端高程进行测量外，还需对台阶之间的接点（埋深最小点）进行测量。在所有特殊点的埋深同时满足设计要求的情况下，确定斜井坡度。

作业坑由井口和斜坡道组成，井口是预制管段溜管安装前连头焊接的地方，斜坡道是斜井、井口和地面之间的连接线，是人员、物料、土方对外输送的通道。位置的选择在保证能进行溜管作业的同时，还应保证周围有足够的场地便于堆放物料和弃土。另外，为提高施工作业的安全系数，对于过长的斜井应实行分段开挖，此时，应根据斜井长度确定作业坑数量，一般两个井口间距以不超过 80m 为宜。

溜管及预制场地、施工便道占地边界线：在确定出管道中心线、斜井坡度和作业坑位置后，再对其进行确定。溜管及预制场地一般都在作业带上，且占地尺寸为管道中心线两侧各 10m（该尺寸小于自然段作业带占地）；施工便道宽度一般为 5～8m。

5.2.2 作业带清理

根据测量成果，对预制平台以及井口占地范围内附属物进行清理。

5.2.3 施工便道修筑

对于施工设备不能直接进入施工现场的地段，应修筑施工便道。

1. 黄土坡地段

在黄土坡地段施工设备不能直接进入施工现场，需修筑"Z"字形盘山道（图 5.2.3）。"Z"字形盘山道宽度在 5～8m 间，与管道中心线距离不小于 6m，坡度不大于 21°。且在管道中心线的一侧修筑，防止设备通过中心线后压塌斜井。

2. 冲沟地段

在冲沟顶部施工设备一般不能直接进入，可利用附近小型冲沟或山间小道修筑施工便道。

图 5.2.3 "Z"字形

5.2.4 作业坑开挖

在斜井作业施工前，首先要进行作业坑的开挖，井口的大小为坑底中心线两侧各 2.5m，长度上为 5m，深度上保证该点的设计埋深；斜坡道宽度上保证手推车和预制管段顺利输送，坡度为 20°～25°。为了加快施工进度，该作业坑可通过机械挖掘完成。

5.2.5 斜井开挖

黄土坡土质为黄土，除表层风化形成砂土比较松软外，底层比较坚硬，在采取一定的安全措施后，可进行斜井开挖。施工作业时，可从斜井（或每段）的两端同时向里进行。斜井底端可通过手推车将挖出的土方直接送至洞口外的堆土区，斜井顶端将卷扬机（或推土机牵引头）通过钢丝绳与手推车相连，带动手推车从洞里向洞外行走，从而将挖出的土方送至洞外的堆土区，为了确保手推车顺利将土送到洞外，在送土过程中，需有一人始终扶着小车，以控制小车的行走方向，具体如图 5.2.5-1所示。

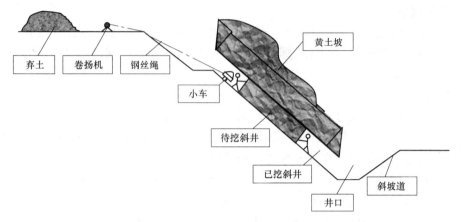

图 5.2.5-1　斜井开挖示意图

在施工过程中，斜井开挖可从一端或两端同时相向进行，并通过仪器等手段进行严格的质量控制，同时采取严密的安全措施，具体实施情况做如下介绍。

斜井开挖施工要点：

1. 质量控制

1）走向控制：

开挖前，在斜井开挖段不需动土的地表面上打木桩定出斜井方向。洞口形成后，在洞外斜井方向的延长线上打一排木桩，间距以 1m 为宜。并用细线将木桩相连控制斜井方向。开挖到一定长度后，将洞外控制的方向引到洞壁上方，并同样打上一排木桩，用细线相连以控制斜井的开挖方向。

2）坡度控制

对最初掏挖的斜井洞口段用仪器控制坡度。在逐渐掘进过程中，在洞壁侧面钉一排木桩用细线相连控制坡度。该线坡度即为斜井坡度，开挖过程中随时测量此线与地面的垂直距离，即可准确控制坡度。

2. 安全措施

1）洞内照明：在洞外设置发电机，通过电缆向洞内供电照明。

2）安装支护架：支护架形状与洞口形状相同（洞高 1.8m），随着斜井的开挖，安全支架随时跟进，支架放置间距为 5m。

安全支撑架，形状与洞断面相同，尺寸上小一圈，每个安全支撑架长 1.2m，由 2 寸钢管煨制成 4个架子，上部为半径 0.7m 的半圆，下部为 1.0m 的矩形，架子间距 0.4m，通过焊接相连成一体，并在表层覆盖一张钢板，钢板厚度为 2mm，长 4m，宽 1.2m。随着洞子的开挖，安全支撑架也随之增加、跟进，安全支撑架的放置间距为 5m。安全支撑架具体结构如下图 5.2.5-2 所示。

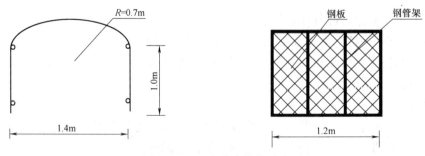

图 5.2.5-2　安全支撑架示意图

3）洞内通风

为保证洞内工作人员呼吸畅通，在洞口放置一台鼓风机，通过尼龙管向洞内供气，随洞开挖一起向内延伸。

4）洞内通信：在洞内外各配置1部对讲机，保证通信畅通。

5）风干：斜井完成后，使洞自然风干3～4天，撤出安全支架。改用坑木支撑，支撑形状尺寸与安装支护架相同。

6）其他措施

①在洞口作业坑外搭设遮雨棚，防止雨水进入洞内。

②在遮雨棚外设置挡水墙，并沿墙挖排水沟。

③每天施工后及斜井风干、等待溜管作业期间，将洞口封堵，防止无关人员进入。

5.2.6 溜管及管段预制平台修筑

在斜井施工期间，在距离井口一定距离的作业带上平整出一块管段预制场地，并在斜井开挖结束后，在井口周围清理修整出溜管作业场地，为确保溜管作业施工安全，溜管作业场地要确保一定的平整度和大小。

5.2.7 管段预制

为提高以后在斜井内进行管道焊接、安装的效率，在预制场内依次把每两根钢管进行"二接一"管段的焊接预制，并严格按照管道施工工艺进行管道的焊接、无损检测和防腐，以确保管道焊接和防腐质量。

5.2.8 管道包裹

溜管作业过程中，管道防腐层和收缩套最容易受到损伤，因此，在溜管前，应用柔性物（草袋、毛毡）将管道包裹，外表用竹片保护，铁丝捆扎牢固，以确保防腐层和收缩套（带）不受到损伤。

5.2.9 预制管段连头焊接

在进行管段连头焊接前，首先将预制好的第一个二接一管段的一端（斜井底端方向）焊制封头、吊耳，然后用吊管机（加长杆）直接将该预制管段吊放到斜井内，当第一个预制管段尾端接近洞口时停止溜管，再用设备吊装第二个"二接一"管段，在作业坑内进行连头焊接作业。如果管线较长，在接完第二个二接一管段后还需焊接，可重复以上方法直至达到要求长度。

5.2.10 管道安装就位

在进行预制管段连头作业的同时，作业坑外用带卷扬的推土机通过钢丝绳与管段吊耳相连，一方面，起到固定管段的作用，以确保管段连头焊接的正常进行；另一方面，起到就位管段的作用。管段连头并经检测、防腐合格后，在吊管机的配合下，利用推土机进行溜管作业，随着推土机卷扬的运转，钢丝绳慢慢打开，管段缓缓滑入（或被牵引）斜井内，直到到达预定位置，具体做法如图5.2.10所示。

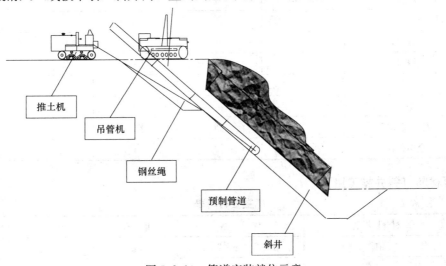

图5.2.10 管道安装就位示意

钢丝绳牵引力计算：

$$F=G(\sin a-f \cdot \cos a)$$

式中　　a——斜井坡度

　　　　f——管道与土的摩擦系数

　　　　G——管道自重

当斜井坡度≤25°时，管段自身的重力不能完全克服管道的摩擦阻力而自行下滑，此时，需要在斜井低端放置一台带卷扬的推土机，通过牵引，使管道安装就位。这种情况下，斜井两端各需要一台带卷扬的推土机，两台推土机对管道的作用力方向相反，因此，我们把这种溜管穿越法称之为"双向牵控法穿越"。

当斜井坡度>25°时，管段自身的重力能够完全克服管道的摩擦阻力而自行下滑，此时，不需要在斜井低端放置一台带卷扬的推土机使管道安装就位。这种情况下，管道只是单向受力，因此，我们把这种溜管穿越法称之为"单向牵控法穿越"。

5.2.11　回填

管道安装就位后（光缆敷设完成），在斜井顶端井口把细土填入洞内，使土由上向下再洞内填充，并充满洞。

如果回填土不实，向洞内注水加快沉降。

斜井洞口向里 5m 范围内，自里向外人工砌筑灰土挡土墙（灰土比为 2∶8），洞口处砌筑毛石墙。

5.2.12　水工保护

由于采用斜井施工，水工保护及地貌恢复工程量减少许多。只进行管道焊接预制场和施工便道处的地貌恢复保护即可。

6. 材料与设备

6.1　主要机具设备

主要机具设备表　　　　　　　　　　　　　　　　表 6.1

序号	设备名称	型号规格	单位	数量	状态	备注
1	吊管机	SB-60	台	2	完好	
2	焊接工程车	DZ-80B	台	2	良好	
3	推土机	D80	台	1		带卷扬机
4	挖掘机	PC220LC	台	1		
5	发电机	15kW	台	1		
6	小型汽油发电机		台	2		洞内照明
7	鼓风机			2		洞内通风
8	卷扬机			1		倒运土
9	对讲机			4		
10	小车			2		装卸土
11	安全支撑架		副	若干		洞内支护
12	全站仪器			1		测量

6.2　主要材料（斜井施工用）

主要材料表　　　　　　　　　　　　　　　　表 6.2

序号	材料名称	规格	单位	数量	备注
1	钢板	4m×1.2m×2mm	张		
2	钢管	φ50	m		

序　号	材料名称	规　格	单　位	数　量	备　注
3	尼龙管	φ50	m		洞内通风
4	五彩布		m²		
5	线绳		m		
6	木桩		根		
7	编织袋		条		
8	坑木		根		

7. 质 量 控 制

质量控制要根据国家相应标准和业主要求进行，本工法工程实例中执行的标准如下：

1. 《陕京二线管道工程线路施工及验收规范》Q/SY JS 0021—2003
2. 《陕京二线管道工程线路焊接施工及验收标准》Q/SY JS 0019—2003
3. 《陕京二线管道工程埋地钢质管道三层结构聚乙烯防腐施工及验收规范》Q/SY JS—2003
4. 《陕京二线管道工程水工保护工程施工及验收规范》Q/SY JS 0024—2003

8. 安 全 措 施

1. 冲沟穿越前，应根据斜井段的地质、地形情况，结合图纸编制详细的施工方案和安全措施，并对工人进行技术交底。
2. 开工前清理施工现场不稳定的土方。
3. 施工现场拉上警戒带、插上警示旗子，防止闲散人员进入施工现场。
4. 管道预制场选择地势开阔、稳定的区域，临近冲沟一侧加设防护栏，以防物体滚下冲沟。
5. 进行卷扬机、推土机起重作业前，必须对施工机械进行详细检查。
6. 吊装作业由专人进行统一指挥。
7. 及时回填管沟、封堵洞口。
8. 严格执行《中国石油天然气工业健康、安全与环境管理体系》。

9. 环 保 措 施

为了防止和减少施工对环境的不利影响，保护生态环境，严格执行中石油下发的《中国石油天然气集团公司环境保护管理规定》和《中国石油天然气工业健康、安全与环境管理体系》，施工前进行环境风险评价，施工时最大限度地不破坏原始地貌的情况，施工后做好地貌恢复。通过严格的过程控制，保护环境。

10. 效 益 分 析

本工法工艺简单，经济效益和社会效益显著。在保证工程质量和缩短施工工期的同时，大大减少了施工占地、减少了土方开挖量和后期水工保护工程量，大大降低了施工成本。另外，还减少了水土流失，保护了黄土塬脆弱的植被，并增加了管道运行的稳定性，为建设绿色管道增加了一道亮丽的风景线。

下面以陕京二线5B标段某冲沟段的斜井穿越施工为例进行具体的效益分析：

该冲沟管道设计高差为32m，坡度为35°，冲沟立面坡度为75°，管道端点挖深均为3m，平均挖深为16m。

如采用大开挖穿越：作业坡度为21°，坡长为89.3m，平均挖深为17.4m，作业带底宽（预留1.4m直接开沟）16m，开挖坡比为1：1，作业带平均开口为64m，大开挖穿越施工纵断面图如图10-1所示。由于作业带开口太大，使得作业带两边无法设置堆土区，需另外单独征占一块地以放置开挖的土方，以平均堆土高度为3.5m计算，该堆土区占地面积为14113m²；开挖土方量为49396m³，开挖回填总费用为790336元；水工保护面积（冲沟立面）为1925m²，水工保护总费用为385000元。

采用"斜井法穿越"，穿越纵断面图如图10-2所示，斜井坡度为35°，斜井长52.3m，平均挖深为17.2m。施工总占地面积896m²；斜井开挖土方量为408 m³，斜井开挖回填人工直接费用为52.3m×250元/延长米=13075元，安全支撑架及各种辅助设施费用为26000元；水工保护面积（冲沟立面）为20m²，水工保护总费用为4000元。

两种施工方法的具体项目对比统计表（取近似值） 表10

项目 方法	开挖 土方量(m³)	总占地 面积(m²)	水工 保护面积(m²)	开挖回填 费用(万元)	水工保护 费用(万元)
大开挖穿越	50000	19000	1900	79	38.5
斜井法穿越	400	900	20	4	0.4

该处节省费用为：79＋38.5－4－0.4＝113.1万（元）

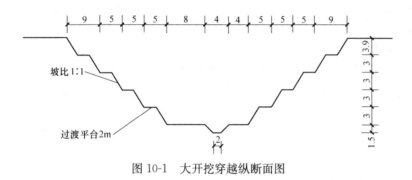

图10-1 大开挖穿越纵断面图

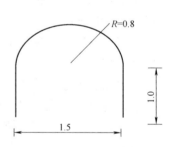

图10-2 斜井穿越纵断面图

11. 应 用 实 例

2004年，在陕京二线输气管道工程5B标段施工中，管道一公司承担了位于山西岚县的黄土塬地段，全长11.5km。黄土塬呈台阶状，地势起伏大。冲沟险峻深度一般为15～56m。共计开挖斜井11处，斜井总长度800m。

通过人工挖掘斜井与预制管道相接合，解决了传统的"大开挖"法存在的诸多施工和社会问题。这种工艺具有明显的"安全、节省、环保"优势，是攻克大中型冲沟、台地、黄土坡等黄土塬地区进行管道施工的有效方法。

滩海铺管船铺设海底管线施工工法

YJGF110—2006

胜利油田胜利石油化工建设有限责任公司

桑运水　韩清国　王允　张军　张金波

1. 前　言

1994～2004 年，胜利油田胜利石油化工建设有限责任公司在位于渤海湾南部黄河故道入海口处的埕岛油田（属滩浅海油田）完成了 80 余条海底管道的施工任务。此期间，管道铺设方法均采用海上拖管施工法，即管道在陆地专用施工滑道上连接成段，后通过陆地设备发送并依靠船舶海上牵引将管道拖运就位。

2004 年以来，胜利油田胜利石油化工建设有限责任公司以丰富自身海底管道施工技术、增强在国内外海底管道施工市场的竞争力为目标，将铺管船铺管法大胆的引入滩浅海海底管道施工领域，先后完成了春晓天然气田海底管道工程近岸段、岙山－镇海海底管道 E 段以及埕岛油田 ZH104 平台—海五联海底管道工程的铺设任务，形成了滩海领域铺管船铺设海底管线的施工工法。滩海铺管船铺管法在管线布设轨迹控制、施工周期控制等方面技术先进，取得了明显的社会效益和经济效益。

2. 工 法 特 点

2.1　海上拖管法施工工艺存在的问题

管道陆地预制连段后，通过拖轮海上牵引就位。此种施工工艺存在以下几个问题：

2.1.1　施工投入机械设备多，受施工现场地貌影响大，施工难度高。

2.1.2　管道海上就位受海况影响大，轨迹不易控制。

2.1.3　施工周期长，施工成本较高。

2.2　滩海铺管船铺管法的特点

采用滩海铺管船铺管法较原施工工艺有以下优点：

2.2.1　施工采用流水化作业，易施工且施工速度快。

2.2.2　管道轨迹准确，施工质量易保证。

3. 适 用 范 围

3.1　本工法适用于滩浅海域（水深通常在 25m 以下）海底管道工程施工。

3.2　适用于直径为 $\phi159mm\sim\phi1016mm$ 的海底管道铺设工程。

4. 工 艺 原 理

4.1　管线连接

通过铺管船上作业线内的各个作业工位对管道进行连接流水作业，并在铺管船尾部卷扬机的牵引下，使管道端部到达铺管船尾部的托管架位置。

铺管船作业线工位设置及管线连接示意见图 4.1。

4.2 管线铺设

处于托管架位置的管线端部与定位锚（抛设于海底）上的钢缆相固定，铺管船锚机收锚缆使铺管船前移，管线沿设计路由被铺设至海底。

管线铺设示意见图4.2。

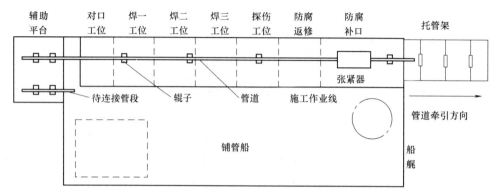

图 4.1 铺管船作业线工位设置及管线连接示意图

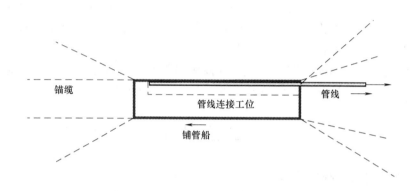

图 4.2 管线铺设示意图

5. 工艺流程及操作要点

5.1 工艺流程（图5.1）

5.2 操作要点

5.2.1 管线运输、储存

1. 管子装卸运输流程

2. 管堆放

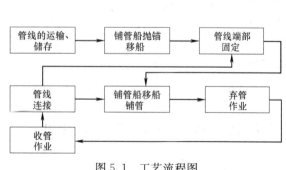

图 5.1 工艺流程图

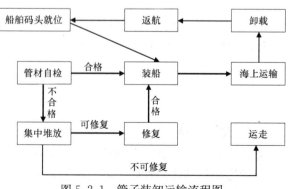

图 5.2.1 管子装卸运输流程图

铺管船、运管船上采用钢质平支撑，支撑间距 3000mm。在支撑上加垫硬橡胶垫层，垫层宽 200mm，厚 10mm。

3. 铺管船上混凝土配重管堆放

铺管船管材堆放区垫上木质垫层，木质垫层光滑、平直。混凝土配重管放在木质垫层上，管段与垫层之间的空隙可用软木楔填充，以防施工过程中管子滚动。

4. 管子吊装

吊装使用专用索具吊装。吊钩内垫有橡胶垫，防止对管端坡口及管子涂覆层造成损伤。吊缆配有横向绳索，在吊装管子时可以方便的操纵管子的方向。在装卸过程中应小心操作，避免对管子造成损伤。

5.2.2 铺管船抛锚、移船

1. 抛锚

根据当地海域的海底泥质、海水流速情况，决定铺管船固定锚抛设的数量、角度和锚缆长度。

铺管船在辅助拖轮以及 GPS 定位系统的配合下到设计铺管位置，根据海流流向决定各个锚的抛设顺序并最终将锚按预定锚点进行抛设，抛设完毕后将各锚缆收紧。

2. 移动船位

铺管过程中，铺管船通过收绞锚缆绳来移动船位，每组锚位可以满足 260m 的作业距离，每次移动锚位都是通过拖轮牵引锚头钢丝缆绳来完成。

多艘拖轮在执行抛锚任务时要依据不影响铺管船作业轨迹的原则。

3. 作业安全及注意事项

(1) 每个锚抛好后，抛锚拖轮应慢慢将锚缆松下，避免锚缆缠绕。

(2) 所有锚头浮标应至少相距 100m，避免因海流和风浪原因使锚头缆缠绕。

(3) 根据施工海域水流情况，随时注意作业船舶的位置是否发生变化。

(4) 守护拖轮随时保持与铺管船的通信联系。

(5) 拖轮移动锚时应注意自身以及作业人员的安全。

(6) 有风来临时一定要尽早采取措施，避风地点应尽早确定，确保风来临前到达避风地点。如果作业海域有海底水管和通信电缆，拖轮抛锚时一定要选择好位置，确保不损坏海底水管和通信电缆。

5.2.3 管线端部固定

管线在铺设入海水中之前，需要对管线端部进行固定，才能进入正常的铺管程序，管线端部固定主要有两种方法。

1. 抛锚固定

在管线设计轨迹上抛设一个定位锚（当土质较软，一个锚抓力不够时也可以抛设多个锚），锚上带有一段抗滑链和一根钢丝绳，铺管时将这根钢丝绳的另一端与管线端部相连，提供管线的轴向拉力（抛锚固定示意图见 5.2.3）。

作业步骤如下：

(1) 铺管船离岸（平台）一定距离（根据施工需要的位置而定）就位。

(2) 将一根 φ32mm 钢丝绳的一端与定位锚上的钢丝绳相连接，将另一端固定在铺管船的尾部。把锚系（锚、锚链、拖拉钢丝绳，锚头缆、锚漂缆及锚漂）吊装于抛锚拖轮上。

(3) 抛锚拖轮在定位系统的引导下驶往设计锚位点，同时铺管船上放出 φ32mm 钢丝绳。

(4) 当拖轮到达设计锚点后，抛下定位锚，同时也将锚漂抛入海中。

(5) 施工人员于铺管船上通过绞车将钢丝绳进行预拉紧，将铺下的钢丝绳、锚连拉直，并使定位锚抓入泥下。

(6) 当铺管船铺出的管线到达托管架的中部，并且管线端部能够与定位锚钢丝绳连接时，用卡环将两者连接。

（7）向目标方向移船，当管线端部到达泥面后，由潜水员检查管线落地的情况，然后进入正常铺管程序，在这一阶段作业线内的设备张紧器应采用手动操作，并随时观察张紧器的张力情况。

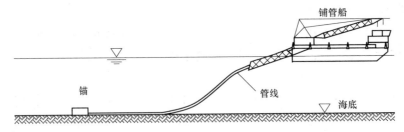

图 5.2.3　抛锚固定示意图

2. 平台导管架作为铺管固定点

在导管架适当高度上固定一根钢丝绳，另一端与铺管船上管线连接，利用导管架作为反力点开始铺管。采用这种方案，需征得业主和导管架设计部门的同意。

5.2.4　管线连接

通过铺管船作业线的 8 个施工工位完成管线的连接工作。8 个工位是：预处理工位和 A～G 工位（A～G 工位参见图 5.2.4）。

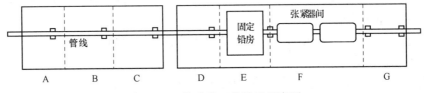

图 5.2.4　作业线工位设置示意图

各工位功能设置如下：

1. 预处理工位

（1）将管段吊放到辅助辊道上，去掉管道的坡口护罩并除锈清理管端，并进行前期准备工作。

（2）管线预处理完毕后，吊至主焊接作业线上。

2. 主线 A 工位——对口

（1）主线辊道将管段送至 A 工位焊接站。

（2）同上工序将第二根管送入 A 工位。

（3）使用内对口器调整两管端至合适间隙及合理位置并预热。

（4）采用自保药芯焊丝半自动下向焊打底。

（5）向船尾移动管道 12m，使第一焊口到达 B 工位。A 工位接上述工艺焊接第三根管。

3. 主线 B 工位——焊接

本工位主要进行管道填充焊接作业，采用自保药芯焊丝半自动焊接，焊接二遍后管道向后移动12m，重复原工序。

4. 主线 C 工位——焊接

本工位主要进行管道填充焊接作业，采用自保药芯焊丝半自动焊接，焊接二遍后管道向后移动12m，重复原工序。

5. 主线 D 工位——焊接

本工位主要进行管道盖面焊接作业，采用自保药芯焊丝半自动焊接。焊完后管道向后移动 12m，重复原工序。

6. 主线 E 工位——无损检测

用 X 射线检测爬行器进入管道内对焊口进行无损检测，合格后进行下工序，不合格的在下工位返修。

7. 主线 F 工位——防腐补口、返修补探

对探伤合格的焊口进行防腐补口处理，然后管道向后移动 12m，重复原工序。对不合格的焊口进行返修和补探，直至合格。

8. 主线 G 工位——防腐补口

5.2.5 铺管船铺管

每完成 12m 管道（即 1 根管）的焊接，铺管船就要按设定的航线向前移动 12m，船的移位完全依靠船的 8 台移位绞车的收放锚绳及自动纠偏控制系统来完成。作业线内的管道张紧器设备保持管段的张力在允许范围内，可缓解海浪通过船体传给管道的应力，以保证管线稳定并确保铺设路由准确。

5.2.6 弃管作业

在恶劣天气到来前或管线铺设完毕后进行弃管施工（参见示意图 5.2.6-1～图 5.2.6-4）。

1. 在 A 工位将连接有 50m 长拖缆的弃管牵引头塞入管线尾部，启动作业线内的液压源，牵引头胀紧并密封。

2. 各工位工作继续进行，每完成一次作业，铺管船通过收放锚缆，前进一个管长的距离，使管口进到下一个工位，一直到最后一根管到达张紧器。

3. 启动作业线内的收放绞车，放出缆绳引入作业线，依次经过 A、B、C、D、E、F 工位，到达牵引头，用卸扣连接收放绞车端与牵引头拖缆端。

4. 收紧绞车缆绳，并逐渐升至设定张力。

5. 松开张紧器，完成张力由张紧器—收放绞车的转换。

6. 继续向前移船，同时收放绞车保持恒定张力不变。

7. 收放绞车缆绳与牵引头拖缆接头到达托管架时，将 1 个准备好的浮漂连在牵引头拖缆端，浮漂绳长度能保证在最高潮位时也足以使浮漂浮出水面。

8. 继续向前移船，当两缆接头离开托管架后停止移船，逐渐减小收放绞车张力，管头被放置于海底。

9. 将卸扣解开，牵引头缆绳与浮漂弃于海中，收放绞车缆绳收回。

10. 将托管架吊至铺管船甲板，完成弃管作业。

11. 根据施工现场情况，采取起锚或弃锚，离开施工海域。

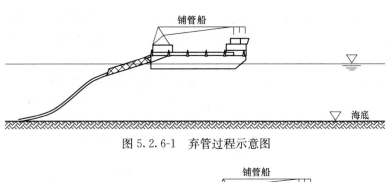

图 5.2.6-1 弃管过程示意图

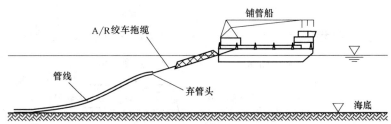

图 5.2.6-2 弃管过程示意图

5.2.7 收管作业

1. 铺管船在 GPS 指引下移位至原弃管位置，抛锚就位。

2. 潜水员水下检查海管在海底的情况，若管线变形、管端不在设计轨迹上，需进行海管的修复和

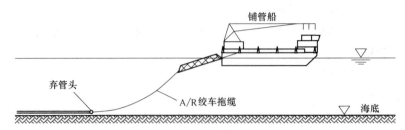

图 5.2.6-3　弃管过程示意图

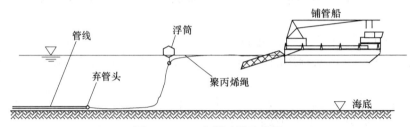

图 5.2.6-4　弃管过程示意图

管端调整（铺管船调整好船位后，潜水员水下系吊点，连接至舷吊，起吊一段管线，两舷吊同时缓慢起吊，保持同步，同时吊至计算高度，将管端吊离泥面，调整船位使海管调整到设计轨迹，参见示意图 5.2.7-1）。

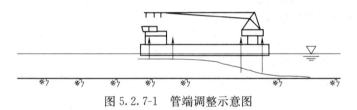

图 5.2.7-1　管端调整示意图

3. 安装调整托管架。

4. 用工作艇捞起弃管头拖缆端的浮漂，与收放绞车的拖缆连接，拖缆要经过托管架和作业线（图 5.2.7-2）。

5. 起动收放绞车，保持设定张力，观察绞车缆的方向，同时调整铺管船船位，使管道、托管架和绞车缆在同一轴线上。向后移船，实时监控调整托管架的角度，将弃管头引至托管架（图 5.2.7-3）。

6. 继续向后移船，管头顺序经过作业线各工位到达 A 工位（图 5.2.7-4）。

7. 起动张紧器至设定张力，放松收放绞车，完成张力由绞车—张紧器的转换。

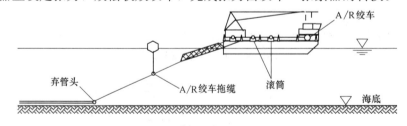

图 5.2.7-2　收管过程示意图

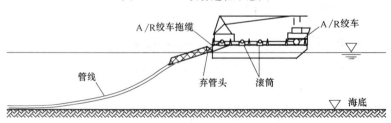

图 5.2.7-3　收管过程示意图

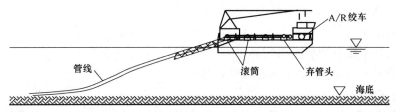

图 5.2.7-4 收管过程示意图

6. 材料与设备

6.1 材料 (表 6.1)

材料表　　　　　　　　　　　　　　表 6.1

序号	名　称	规　格	单位	数量	用途
1	钢丝绳	φ50mm	m	2000	牵引
2	钢丝绳	φ38mm	m	1000	牵引
3	卡环	75t	个	10	连接
4	卡环	50t	个	6	连接
5	尼龙吊带	10t	条	16	吊装
6	安全网		套	2	劳动保护
7	黄色反光漆		kg	60	警示
8	白色反光漆		kg	60	警示
9	红色反光漆		kg	60	警示
10	防鲨服		套	36	劳动保护
11	白棕绳	φ12	捆	4	绑扎
12	钢丝绳夹	M30	个	16	固定
13	钢丝绳夹	M50	个	16	固定

6.2 船舶、设备 (表 6.2)

船舶、设备表　　　　　　　　　　　　表 6.2

序号	名称	规格或型号	数量	用途
1	铺管船	胜利 901	1	主作业船
2	SL262 拖轮	7000 马力	1	就位抛锚
3	SL232 拖轮	3000 马力浅拖	2	就位抛锚
4	交通艇	400 马力	2	运输
5	运管船	2000t 自航驳	2	运管
6	运管船	500t 自航驳	2	运管
7	DGPS	SkyFixXPspotbeam	3	铺管定位
8	信标 GPS		2	抛锚定位

7. 质 量 控 制

7.1 质量控制标准

7.1.1 《海底管道系统规范》SY/T 10037—2002

7.1.2 《滩海石油建设工程安全规则》SY 5747—1995

7.1.3 《滩海管道系统技术规范》SY/T 0305—96

7.1.4 《铺设海底电缆管道管理规定》

7.1.5 《海底管道系统规范》（中国船级社，1992）

7.2 质量控制技术措施

7.2.1 编制详细、合理的施工方案，方案一经审核批准各项施工均按方案进行，杜绝不按施工方案施工。

7.2.2 实行全面质量管理，建立 QC 小组，由技术员、质检员对各关键工序进行检查，并做好记录，有权阻止不合格的质量点进入下道工序，具有质量否决权。

7.2.3 按照施工要求，健全岗位目标责任制，自检与专检相结合，确保工程质量。

7.2.4 认真履行技术交底。技术交底分三级进行，层层落实，相互监督，技术交底的同时交底质量标准，使层层都明确质量要求和质量标准。

7.2.5 编制工程质量计划和检验大纲，严格按照各项工程程序和工艺标准进行施工。

7.2.6 管线组对、焊接施工严格按照焊接工艺评定的要求执行。

7.2.7 管线的附件安装时，应采取有效的保护外防腐层措施。

7.2.8 施工过程中，严格控制管线铺设轨迹。

7.2.9 管线在铺设时，严格按施工计算书的要求执行，防止管线应力变形。

8. 安 全 措 施

8.1 参加本项目的全体施工人员都必须进行海上救护、救生、消防进行短期培训，增强安全意识，取得国家有关部门颁发的海上四小证。

8.2 所有参与项目施工的人员在项目成立后应进行必要的健康检查，确保无携带易传染疾病人员登上施工船舶。

8.3 施工必须劳保穿戴齐全，并根据作业要求穿防鲨服、救生衣，在船边作业必须系安全带。

8.4 所有牵引缆绳、索具要经过计算使用，其安全系数一般不应小于 2.0 倍，特殊使用要 4.0 倍。管道铺设开始前，对牵引绳索、索具进行严格检查，对存在安全隐患的工具一律进行更换。

8.5 管道铺设施工尽量选择气象条件较好的施工周期，并在施工前整理好近期施工水域内详细的水流报告。

8.6 通信工具配备齐全，做到每个工作单位都有高频、移动电话等通信工具，施工开始后，通信工具持有人认真监听施工命令并执行。

8.7 铺管船上设备操作人员要认真监控所操作设备的压力变化情况，并按时、按序汇报，以便现场总指挥能够详尽的掌握施工动态。

8.8 铺管船上施工区域进行隔离，防止无关人员进入施工现场，并在现场周围设专人值班。

8.9 现场设专职安全员，监督现场人员自觉遵守安全操作规程，遇有险情，有权下令停工和撤离人员。

8.10 当海上风力不小于 5 级或根据当地气象信息获知将有恶劣天气到来时应提前 24h 停止施工或选择弃管施工，弃管后铺管船在守护拖轮的辅助下离开施工海域前往避风港抛锚待命。

8.11 人员施工采用两班轮班制度，每班工作 12h。当人员海上施工时间累计 30 天以上时，应接送至陆地生活点休息四周。

8.12 铺管船上必须有不少于 2 名的专职医务工作人员，具有能够提供短时紧急救护所必须的医疗设备。如遇人员受伤在采取必要的伤情处理后使用值班交通艇送往陆地并由陆地工作人员转往就近医院进行治疗。

8.13 建立明确的船舶设备定期维护制度并执行。

9. 环 保 措 施

9.1 严格遵守国家海洋环境保护部门制定的环境保护条例。

9.2 铺管船上分别设立工业垃圾、生活垃圾回收箱，并将垃圾定期使用船舶回收到陆地进行焚毁处理。严禁将任何可能导致海水受到污染的杂物、废料、垃圾抛设入海中。

9.3 射线检测时，房间外安置明显警示牌，防止非操作人员误入，造成人身伤害。

9.4 船舶作业线内各工位施工人员负责本工位的环境卫生保护工作，施工间歇期间将工位内产生的施工废弃物清理至指定的垃圾回收箱。

9.5 项目 HSE 管理人员每日对作业线内安装的通风系统检查一次，发现不能正常运转的设备及时联系设备管理人员进行维修或更换。

9.6 施工人员在使用噪声较大的施工设备时必须佩戴隔音耳塞，防腐作业线内施工人员进行管道补口操作时必须佩戴防尘口罩。

10. 效 益 分 析

10.1 经济效益

施工周期短，是滩海铺管船铺管工法较以往采用拖轮海上牵引管道就位施工工艺最显著的特点。

我们以春晓项目海底管道工程采用铺管法实际发生的成本和采用拖管法的预算成本进行了比较。

铺管法实际发生成本与拖管法预算成本比较　　　　　　　　　　　表 10.1

施工工艺	施工周期或预定工期	发生直接费用(万元)	提高工效(%)	提高经济效益(%)
滩海铺管船铺管工法	7d	人工:28;船机:63;合计:91	72	31
拖轮海上牵引管道就位	25d	人工:75;设备:57.5;合计:130.5		

10.2 社会效益

使用本工法共完成输油海底管道 40 余公里，在工程施工周期控制及管道路由轨迹控制方面都取得了非常好的施工效果，此工法的成熟运用丰富了滩海领域海底管道铺设的施工手段，为我公司赢得国内、外滩海海底管道施工市场取得了先机。

11. 应 用 实 例

11.1 2004 年 3～4 月，利用本工法成功铺设了春晓天然气田输气管道（全长 4200m），管线规格为 $\phi711\times15.9$mm。海上铺管周期为 7d，质量、工期和成本均得到有效控制。

11.2 2004 年 7 月～2005 年 3 月，利用本工法成功铺设了岙山—镇海海底管道的 E 段（册子岛—镇海海底管线），该项目是为解决和保障上海与南京地区石化企业的进口原油接卸与运输问题，中国石化集团公司利用宁波和舟山地区的深水港优势，配套建设了宁波—上海—南京进口原油管网（甬沪宁管道），将岙山中转油库、册子岛拟建中转油库及镇海中转油库与甬宁沪原油管道连接。海管全长 36500m，规格为 $\phi762\times17.5$mm，施工质量、工期和成本均得到有效控制。

11.3 2005 年 9 月，利用本工法成功铺设了埕岛油田 ZH104 平台—海五联海底管道。管道内管规格 $\phi168\times12$mm，套管规格 $\phi273\times13$mm，管道总长 1652m。这是国内首次利用铺管船铺管技术完成双壁管结构的管线铺设任务。本工程管道路由轨迹控制准确，管道纵向偏差小于 1m，赢得了业主的好评。

大直径引水压力钢管整体卷制工法

YJGF111—2006

中国水利水电第四工程局

高武军　顾俭　钟艺谋　康学军　唐明金

1. 前　　言

国内大直径引水压力钢管多数采用瓦片卷制，在平台上进行组圆、纵缝焊接的工艺方法，该方法具有瓦片易卷制，可将瓦片卷制和组圆焊接工序分开，集中进行卷制和焊接施工，便于调控施工进度的优点，但无法克服纵缝处弧度缺陷、自动化程度不够高的技术问题。1994 年，中国水利水电第四工程局在引水压力钢管整体卷制理论分析的基础上，对李家峡水电站引水压力钢管经过大量的卷制试验和焊缝机械性能试验，发明了大直径引水压力钢管整体卷制技术，该技术在直径 8m 的李家峡水电站引水压力钢管制造应用中取得了较好的经济效益，与传统的制作工艺相比具有显著的优越性。以李家峡水电站引水压力钢管为依托形成的"巨型压力钢管整体卷制工艺"申请了国家发明专利（专利号：ZL94118021.2），并将整卷技术应用于万家寨水利枢纽引水压力钢管制造，取得了显著的经济效益。"巨型压力钢管整体卷制新技术"项目还获得了中国水利水电工程总公司 1999 年度的科技进步二等奖。

2. 工 法 特 点

2.1 大直径引水压力钢管整体卷制是指先进行钢板下料和钢板长度对接，然后进入卷制工序，在支架和支撑滚筒等工装的辅助作用下完成卷制，并在卷板机上进行合拢纵缝焊接和校圆。

2.2 钢板对接及整体卷制后可采用埋弧自动焊，焊接效率高，焊接质量容易得到保证。

2.3 最后一道合拢纵缝在卷板机上焊接完成，该焊缝两侧的管节弧度在卷板机上进行校正，从而使整个管节的弧度均匀一致，从根本上消除了拼接纵缝处产生的桃形或苹果形状的弧度缺陷。

2.4 压力钢管整体卷制省去了部分钢板端头压制预弯的工序。

2.5 整体卷制除了要求与传统方法卷制所要求的卷板机外，还需根据钢管直径的大小设计相应的支架和支承滚筒，对整体卷制过程中的管节起到支承和导向作用。

2.6 与瓦片卷制方法相比，占用场地小，并省去了纵缝校正设备。

3. 适 用 范 围

大直径引水压力钢管整体卷制工法技术适用于碳素结构钢和低合金结构钢。在水电行业，对于工程量较大的大直径引水压力钢管制作施工更适用。同时，也适用于非水电行业大直径钢管的制造。

4. 工 艺 原 理

4.1 按钢管展开长度进行钢板排料和下料，在平台上进行长度平面对接，用埋弧自动焊组焊成整块，焊缝须经无损探伤检测合格。卷制成型后，在卷板机上用埋弧自动焊进行最后一道纵缝焊接。

4.2 采用三辊卷板机卷制成型，在卷制时设计必要的附加的支撑设施。

4.3 整卷使焊缝经历塑性变形过程，改变了焊缝应力分布状态，机械性能发生改变。经焊缝机械性能试验表明，经过卷制的纵缝在拉伸强度、冲击韧性方面均满足《压力钢管制造安装及验收规范》（DL 5017—93）的要求，横弯和侧弯试验在弯曲到100°以上棱角处未出现开裂现象。

钢板按管节展开长度需要在平台上组装拼接，至钢板最终卷制成圆，直至最后一条合拢纵缝在卷板机上完成焊接，由于拼接时产生的拘束度，以及焊接时不均匀的加热和冷却，使焊缝处产生较高的残余应力。整卷过程中钢板在滚压力作用下使靠近管内壁的焊缝受到压缩，靠近管外壁的焊缝被拉伸，产生的附加应力和焊接残余应力叠加，应力重新分布，卷板前残余应力沿焊缝单方向分布为主的状态，在卷板后残余应力分布状态变为多方向。为减小焊接残余应力，对于厚板焊接采取焊前预热、控制层间温度等方法时，焊接过程中的加热和冷却应尽可能均匀。在卷制过程中借助滚压力使母材和焊缝金属产生塑性变形的同时使焊接残余应力得到部分释放。

5. 施工工艺流程及操作要点

5.1 大直径引水压力钢管整体卷制工艺流程（图 5.1）

5.2 压力钢管整体卷制操作要点

5.2.1 从钢板进货着手，把好材质关，到货钢板的机械性能、化学成分、炉批号、生产日期、生产厂家均进行登记，并进行无损探伤抽检，发现钢板表面微裂纹、凹凸缺陷、重皮、铲刮刀痕等不良处均作不同程度的修补。

5.2.2 为避免应力集中，严格控制钢管管节排料尺寸。按《压力钢管制造安装及验收规范》（DL 5017—93）的要求，控制相邻管节的纵缝距离大于板厚的 5 倍且不小于 100mm，同一管节上的相邻纵缝间距不小于 500mm。

5.2.3 针对钢管管节制作中常出现的管口平面度不易控制的状况，采取控制钢板整体拼接总长度两对应边偏差、两对角线偏差，弯管节并控制中心线总长度偏差和两对角线偏差的办法，可有效地控制管口平面在极限偏差 3mm 范围之内，并要求钢板整体拼接时钢板边缘或中心线的直线度偏差控制在 ±1mm 以内，板厚方向两板平面错台偏差不大于 1mm。

5.2.4 对接焊缝坡口进行机械加工，控制坡口角度和钝边加工尺寸，以便于采用同一规范参数施焊。坡口形式宜采用对称 X 形或 U 形，板厚在 25mm 以下应采用 X 形坡口，板厚在 28mm 以上宜采 U 形坡口，坡口形式见图 5.2.4。

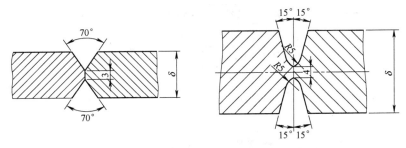

图 5.2.4 钢板对接埋弧自动焊坡口示意图

5.2.5 钢板整体拼接控制间隙在 3mm 以内，错台在 1mm 以内。由于钢管直径大，展开长度长，一般采用三张钢板组对成。钢板对接在平台上进行，通过组对平台的直线边限位装置控制直边组对的直线度。

钢板组对焊缝的焊接采用埋弧自动焊，焊缝正面焊接完成后，钢板翻身，背面焊缝再用埋弧自动焊焊接完成。

钢板翻身和起吊用门机等起重设备借助专用吊具完成，专用吊具见图 5.2.5 所示。

5.2.6 钢板输送系统。组对焊接成的钢板，吊运至卷板输送托辊上，并通过位于托辊一侧的侧导向辊限位找正钢板，使钢板的卷制方向与卷板机的轴线相垂直。

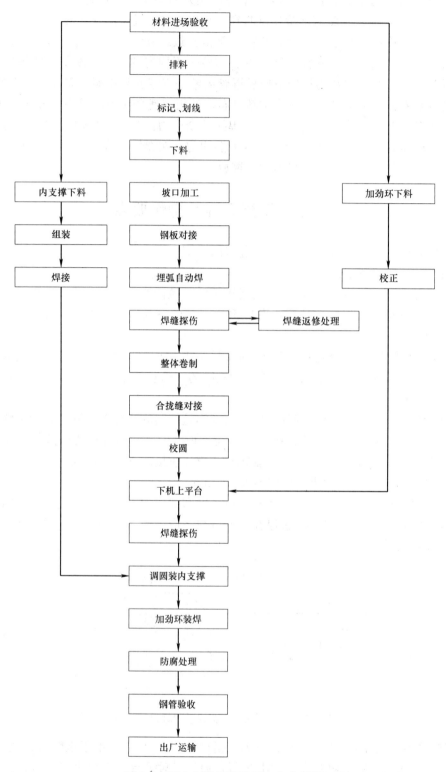

图5.1 压力钢管整体卷制工艺流程图

钢板的卷制输送辊道通过减速电机驱动链式传动，将钢板输送至卷板机。

5.2.7 钢板拼接缝用埋弧自动焊焊接，焊接效率高，劳动强度低，焊缝质量稳定。16Mn和16MnR材质在板厚38mm以上根据施工环境情况考虑适当预热，厚度大于38mm的低合金钢要作后热消氢处理，后热温度宜为250～350℃，保温1h以上。焊接线能量控制一般不大于40kJ/cm，焊接规范参数见表5.2.7。

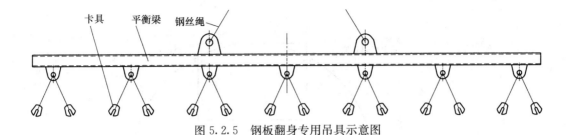

图 5.2.5　钢板翻身专用吊具示意图

埋弧自动焊焊接规范参数表　　　　　　　表 5.2.7

焊接层次	焊接电流(A)	焊接电压(V)	焊接速度(cm/min)
正面打底	600～650	28～32	32～55
正面填充	700～750	33～36	42～75
正面盖面	650～700	35～38	40～75
反面打底	800～850	30～32	42～80
反面填充	700～750	33～36	42～75
反面盖面	650～700	35～38	40～75

5.2.8　管节在卷制过程中，焊缝参与了卷制，必要时进行焊接试验，除了通过试验确定更精确的焊接规范参数外，还可验证焊缝的机械性能。

例如：李家峡水电站引水压力钢管直径 8m，材质 16Mn，对卷制后的焊缝依据《压力钢管制造安装及验收规范》（DL 5017—93）做了大量的试验，试验结果如下：焊接接头板式拉伸试验样品都断在母材，横弯和侧弯试样都弯到 100°以上，在拉伸面未出现裂纹，棱角处也未开裂。圆形拉伸试验结果表明，钢管外表层焊缝抗拉强度达 $\sigma_b = 574.5$MPa（屈服强度 $\sigma_s = 467.3$MPa），外表层母材 $\sigma_b = 545.77$MPa（$\sigma_s = 376.43$MPa）；钢管内表层焊缝抗拉强 $\sigma_b = 554.67$MPa（$\sigma_s = 435.23$MPa），内表层母材为 $\sigma_b = 524.97$MPa（$\sigma_s = 357.3$MPa）。Y 型缺口冲击试验结果：焊缝金属、熔合线、热影响区在常温和 0℃时的冲击值都大于 34J，以上的试验结果均满足《压力钢管制造安装及验收规范》（DL 5017—93）对焊接接头机械性能的要求。从最高硬度试验结果表明，焊接接头各区的硬度分布比较平稳，只是在熔合线附近的过热区和部分相变区内出现个别的淬硬点，其最高硬度值分别为：钢管外表层 $HV_{max} = 194$，内表层 $HV_{max} = 191$，中间层 $HV_{max} = 190$，这些值远低于国际焊接协会规定的 $HV_{max} < 350$ 的技术要求。金相分析表明，各区显微组织为：焊缝金属为粗大的魏氏组织铁素体和珠光体。热影响区中过热区为片状和块状先析铁素体沿原奥氏体晶界呈网状分布，晶内为针状铁素体和珠光体。热影响区中正火区为细小等轴体铁素体与珠光体混合分布。热影响区中部分相变为块装铁素体和絮状细珠光体，呈带状分布。母材组织为铁素体和珠光体呈带状分布。

从以上金相组织分析和试验数据证明，尽管整体卷制工艺使纵缝产生了塑性变形，但能保证焊缝质量，焊缝机械性能良好。

5.2.9　焊接完成 24h 以后对焊缝进行无损探伤检查，合格后进行整体卷制。

5.2.10　钢管整卷工装设施。具有优良实用性能的钢管整卷工装设施是实现大直径钢管整体卷制成型的关键，其技术重点放在解决钢板在卷制过程中由于钢板自重下塌产生的失圆、塌落问题，并使钢板卷制过程中的卷制方向不发生偏转，保证钢管合拢缝的组对精度。在整个钢管卷制过程中，要确保各工序动作安全、稳妥。

基于上述各方面的要求，同时充分考虑卷制操作方便程度，针对大直径引水压力钢管设计钢管整卷工装设施。整卷工装原理见示意图 5.2.10 所示。

钢管卷制成圆后在底部靠近卷板机处组对合拢纵缝，并采用埋弧自动焊焊接合拢纵缝内侧。卷板机将合拢钢管纵缝卷到最高顶点位置时，通过液压控制油缸放下支撑架上部的焊接操作平台，在焊接作业平台上焊接钢管合拢纵缝的外侧焊缝。

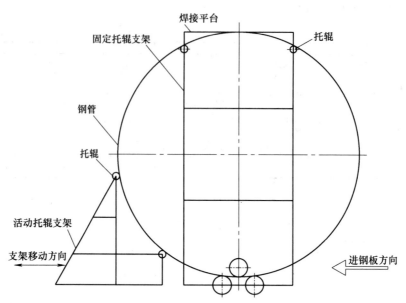

图 5.2.10　钢管整体卷制工装原理示意图

钢管卷制完成后收回焊接作业平台，用门机将管节吊出卷板机，并进行翻身后放置在平台上。

5.2.11　钢管下卷板机后应在平台上管口呈水平状态放置，并对在卷板机上完成施焊的合拢纵缝进行无损探伤检查。

5.2.12　钢管内安装米字形内支撑并进行调圆，经整体外观质量检查合格后进行防腐处理。

5.3　劳动力组织（表 5.3）。

劳动力组织情况表　　　　　　　表 5.3

序　号	单项工程	所需人数	备　注
1	管理人员	8	
2	技术人员	4	
3	冷作工	15	
4	电焊工	25	
5	机加工	6	
6	钳工	6	
7	起重工	8	
8	电工	4	
9	探伤工	2	
10	辅助人员	8	
	合　计	86	

6. 材料与设备

6.1　大直径引水压力钢管整体卷制所使用的材料为碳素结构钢或低合金结构钢。

6.2　大直径引水压力钢管整体卷制所采用的主要机具设备见表 6.2。

表 6.2

机具设备表

序　号	设备名称	设备型号	单　位	数　量	用　途
1	门座式起重机	MQ540/30t	台	1	管节吊运
2	龙门式起重机	20t	台	1	钢板吊运
3	载重汽车	8t	辆	1	零件转运
4	三辊卷板机	50×4000mm	台	1	钢管卷制
5	刨边机	B81120A	台	1	坡口加工
6	数控切割机	BODA5000×16000	台	1	钢板下料、曲边坡口切割
7	半自动切割机	C1-100A	台	4	钢板下料
8	埋弧自动焊机	MZ1-1000	台	4	纵缝焊接
9	手工电弧焊机	ZX7-400B	台	4	手工电弧焊
10	手工电弧焊机	ZX7-500	台	2	手工电弧焊
11	CO_2 气体保护焊机	ZP7-400	台	8	加劲环焊接
12	空压机	0.9m³/min	台	2	碳弧气刨
13	焊条烘干箱	YZYH-6	台	2	焊条烘干
14	超声波探伤仪	CTS-26	台	1	焊缝探伤
15	X射线探伤仪	XXG-3005	台	1	焊缝探伤
16	车床	C6162	台	1	零件加工
17	钻床	Z35	台	1	零件加工

7. 质 量 控 制

7.1 质量管理。建立健全 ISO 9001 质量管理体系，结合实际制定质量控制计划，编制和实施压力钢管整卷作业指导书。

7.1.1 技术交底。针对大直径引水压力钢管整体卷制，项目开工前由技术负责人组织召开技术交底会，质量检验和施工相关人员参与讨论形成最合理的工艺方法，并将关键工序的操作方法、注意事项和质量控制要求向作业人员交代清楚。

7.1.2 质量会议。由质量管理人员负责编写月、季、年质量总结报告，并根据实际需要组织质量专题会议，增强参与施工和管理人员的质量意识，进一步完善工艺措施。

7.1.3 特种作业。焊工、起重工等特殊作业人员须持证上岗。埋弧自动焊须做焊接试验，以便于熟悉设备操作性能和实际工况，形成最佳的焊接规范。

7.1.4 工程质量三级检查制度

1. 施工班组技术人员负责完工后的"初检"，并向车间二检提交施工记录及原始资料。

2. 车间二检负责完工项目的"复检"，并向专职质量管理负责人提交施工记录、原始资料及验收申请报告。

3. 质量管理办公室专职三检负责工序完工的"终检"，实际检验合格签认工序转移单后再转入下一道工序。项目单元完工后向监理单位提交施工记录、原始资料、验收申请报告、质量检查记录、单元验收合格证等申请监理验收。监理验收合格并签发单元验收合格证以后即可转入下道工序施工。

4. 具体三级检查制度表现形式为工序传递卡的三级检验签字验收的操作管理模式。工序传递卡样本见表 7.1.4-1～表 7.1.4-3。

钢板检查、划线及下料工序检查表　　　　　　　　表 7.1.4-1

钢板检查、划线及下料(工序1)

钢管节号：		开工日期：		完工日期：	

钢　板　检　查

炉(批)号				
实测值(mm) (板厚×宽×长)	N-a	N-b	N-c	检查结果

划　线　检　查

理论尺寸(长×宽)			允许误差
实测值 (mm)	长度		±1
	宽度		±1
	对角线相对差		2
	对应边相对差		1
	弯管矢高	X轴　　－X轴　　Y轴　　－Y轴	±0.5
标　记		水流方向、轴线、坡口角度、分节、分块号	
检验结论			
备　注			

本道工序负责人：　　班组一检：　　车间二检：　　厂三检：　　下道工序负责人：
日期：　　　　　　　日期：　　　　日期：　　　　日期：　　　日期：

坡口加工工序检查表　　　　　　　　表 7.1.4-2

坡口加工(工序2)

钢管节号：		开工日期：		完工日期：	

序号	极限偏差(mm)		实测值(mm)			检查结果
			N-a	N-b	N-c	
1	长度	±1				
2	宽度	±1				
3	坡口角度	±2.5				
4	坡口深度	±1				
5	对角线相对差	≤1				
6	对应边相对差	≤2				
7	坡口深度相对差	≤1				
8	坡口角度相对差	≤1°				
9	弯管矢高	±1.0	X轴　－X轴　Y轴　－Y轴			
备注						

本道工序负责人：　　班组一检：　　车间二检：　　厂三检：　　下道工序负责人：
日期：　　　　　　　日期：　　　　日期：　　　　日期：　　　日期：

卷制工序检查表　　　　　　　　　　　　　　　　　　表 7.1.4-3

卷制（工序4）				
钢管节号：	开工日期：		完工日期：	

检测值　钢板编号 检测项目		实测值(mm)			检查结果
		N-a	N-b	N-c	
纵缝对口间隙	允许偏差≤4mm				
纵缝对口错位	允许偏差≤1mm				
钢管内壁与样板间隙	纵缝处				
	设计值(mm)				
	其他部位				
	设计值(mm)				
表面质量					
检验结论					
备注					

本道工序负责人：　　班组一检：　　车间二检：　　厂三检：　　下道工序负责人：
日期：　　　　日期：　　　　日期：　　　　日期：　　　　日期：

（说明：其他工序传递卡省略。）

7.1.5 质量奖惩制度。执行工程质量与经济效益挂钩的制度，建立相应的质量奖惩办法。

7.2 质量标准和关键工序的质量要求。压力钢管整体卷制制造遵照执行《压力钢管制造安装及验收规范》DL 5017—93，关键工序的质量要求如下：

7.2.1 钢管划线下料必须满足如下质量要求：宽度和长度极限偏差±1mm；对角线相对差极限偏差 2mm；对应边相对差极限偏差 1mm；矢高（曲线部分）极限偏差±0.5mm。

7.2.2 钢板整体拼接时控制钢板边缘或中心线的直线度极限偏差应不大于 1mm，板厚方向两板平面错台应不大于 1mm。

7.2.3 钢板拼接焊缝采用埋弧自动焊，除按一类焊缝的质量标准控制焊缝内部质量外，还应控制焊缝余高不超过 4mm。

7.2.4 卷板过程中控制加压量，分步加压卷制成型，避免一次性卷制弧度过小。卷制过程中采用弧度样板检测控制卷板弧度，钢板经多次卷制，直至达到设计弧度。用样板（弦长 $L=1.5$m）检查弧度，样板与卷板的极限间隙不大于 2.0mm。在卷制过程中保持卷板机辊轴线与钢管的素线平行，以防止弧面扭曲。

8. 安 全 措 施

8.1 建立 E&OHSMS 环境与职业健康安全管理体系，制定现场安全管理程序文件，编制适合本工法需要的安全防护手册。

8.2 实行班前 5min 安全会制度，对当天作业中的安全注意事项予以提醒。各作业班组在班前班后均应对该班的安全作业情况进行检查和总结，并及时处理安全作业中存在的问题。

8.3 加强参与作业人员的安全培训工作。在工程开工前组织有关人员学习国家安全生产法规，熟悉设备安全操作规程。加强对作业人员的安全操作技能培训和考核，对特殊工种必须获得特殊安全工种上岗证方可上岗。

8.4 实施安全奖罚制度和责任追究制度，并由项目部经理与各生产部门负责人签订安全责任书，制定安全生产目标。

8.5 钢管整体卷制各工序的危险点、安全重点环节，悬挂警告类标示牌标示。钢管纵缝焊接涉及高空作业必须设置防护栏。

8.6 建立大型起吊设备管理规章制度，配备专职操作人员，对设备进行班前班后检查及日常检修保养，建立检修保养台账、运行记录。按国家规定时间邀请地方质量技术监督局进行设备安全检验。

8.7 加强用电安全管理，做到安全标识明显、电器设备安装规范化。

8.8 定期对施工和管理人员进行危险告知，提醒施工人员时时注意安全，发现安全隐患及时处理，并告知有关部门做好类似安全隐患的检查排除。

8.9 关键工序的安全控制应编制单列的安全技术措施，并向相关管理和作业人员进行施工前的安全技术交底。例如，钢管整卷后从卷板机上退出及翻身的过程，依据工装使用方法须制定安全操作程序，规定指挥及操作人员的位置，操作时保证安全指挥及信号的畅通。

9. 环 保 措 施

9.1 本工法实施过程中遵照执行《环境保护法》、《环境体系规范及使用指南》GB/T 24001—1996。

9.2 合理规划生产厂区，做到工完、料尽、场地清，随时清理现场，完成一处，清理一处，不留垃圾，不留剩余施工材料和施工机具，工程完工后恢复地表植被。

9.3 工程在施工期间会给周围环境带来一定影响。污染的主要来源是施工期产生的噪声、施工废弃垃圾、汽车尾气排放和生活垃圾等。对以上污染源，在施工场地周围及场地内做好防洪、排水等保护措施以防止冲刷和水土流失；施工用水及地下水及时排除，严禁污水随意排放。采取有效措施降低噪声和尾气排放污染。

9.4 通过建立远离居住和施工区的封闭防腐车间，控制粉尘向四周飞扬，并制定相应保护措施。

9.5 加强焊缝探伤射线源管理，探伤射线作业按国家相关规定要求进行，防止对周围环境和人员造成危害。

9.6 施工场区合理规划，使施工临时设施布置合理、有序。各种施工材料严格按场地规划整齐有序堆放，保证施工场地内外道路畅通。科学管理实现文明施工。建立健全卫生保洁制度，做好施工区卫生清理。

10. 效 益 分 析

10.1 钢管整卷工艺的经济效益

大直径钢管整体卷制技术的应用，需一次性投入钢管整体卷制生产流水线配套设施，但通过进行质量、人工、管理的综合比较，取得的经济效益远大于投入整体卷制工装设备的费用。

李家峡水电站引水压力钢管直径 8m 和万家寨水利枢纽工程直径 7.5m 的引水压力钢管制造采用了整体卷制工艺，由于钢管展开长度在 26m 以内，钢板对接后翻身及整体卷制设计的工装并不复杂，投入工装的费用与瓦片组圆方案相当，但钢管卷制质量提高，消除了瓦片组圆方案无法解决的技术问题，焊缝质量更稳定，创造约 386 万元的经济效益。

10.2 钢管整体卷制的社会效益

大直径钢管整体卷制的成功实现，将钢管卷制质量提升到一个新的高度，为其他大型水电站建设的巨型引水压力钢管制造提供了机械化生产的技术管理思路，为进一步提高引水压力钢管制造流水线生产做了必要的技术准备和管理探索。大直径引水压力钢管整体卷制工法的推广应用有利于提升我国在大直径钢管制造上的技术水平，增强施工企业的国内外技术竞争实力。

11. 应 用 实 例

万家寨水利枢纽工程引水压力钢管制造。

11.1 工程概况

黄河万家寨水利枢纽工程位于黄河北干流托克托至龙口河段峡谷内，是黄河中游规划开发的 8 个梯级中的第一个工程，也是山西省引黄入晋工程的起点，左岸隶属山西省偏关县，右岸隶属内蒙古自治区准格尔旗，具有供水、发电、防洪、防凌等综合效益的水利枢纽工程。

电站厂房为坝后式水电站厂房，装有 6 台单机容量 180MW 的混流式水轮发电机组，总装机容量为 1080MW。

万家寨工程引水压力钢管直径 7.5m，钢管工程量 2300t，钢板材料为 16MnR，板厚 14～20mm。6 条引水压力钢管依次布置在河床右侧（12）～（18）坝段，钢管分上弯段、斜直段、下弯段和水平段。

11.2 施工情况

万家寨工程现场设置钢管加工厂，现场根据钢管整体卷制工序的需要布置 1 台 MQ540/30t 型起重机和 1 台 50×4000mm 卷板机，设置一个钢结构车间用于钢板下料、对接，一个焊接车间用于钢管调圆和加劲环焊接。

单节钢管由三张钢板对接成，拼接工序在专用钢平台上进行，通过侧面的限位装置控制直线度，并控制对接缝间隙和错台。对接缝焊接采取手工定位加固焊后用埋弧自动焊焊接，正面焊缝焊接完后再翻身焊接背面焊缝。由于采用了埋弧自动焊，焊缝质量稳定，一次合格率达到 99.8% 以上。

在卷板机后面布置门架式支撑架，支撑架上设置两个托滚，当钢板卷至顶部时由托滚支承上部钢管重量，同时调整卷板机侧面布置的活动支架，对钢板卷制起到导向和承重作用。钢管弧度卷制合格后进行合拢缝对接，先在底部靠近卷板机的位置用埋弧自动焊焊接管内侧焊缝，然后将合拢缝卷至顶部，通过液压控制油缸放下支撑架上部的焊接操作平台，在平台上用埋弧自动焊焊接完成管外侧焊缝，实现了大直径钢管合拢纵缝采用埋弧自动焊，充分发挥了埋弧自动焊的技术优势。

钢管合拢纵缝焊接完成后在卷板机上矫正合拢缝处的弧度，经过一至两圈的滚压，钢管各处的弧度即可均匀一致。

万家寨工程引水压力钢管制作于 1996 年 7 月开工，1998 年 11 月完工。

11.3 工程验收与评价

在已建分部工程验收和质量评定的基础上，2001 年 11 月 26～29 日，在万家寨工地由黄河万家寨水利枢纽有限公司主持进行单位工程完工验收。

发电引水工程 4 个分部工程，质量评定全部合格，其中引水压力钢管工程合格率 100%，优良率 85%，外观质量评定优良得分率 90%，该分部工程质量评定为优良，得到各方的好评。

1998 年 10 月 1 日水库下闸蓄水，1998 年 11 月 28 日发电，经过多年高水位的发电运行，引水压力钢管工程运行正常。

特大型 PCCP 安装施工工法

YJGF112—2006

中国水利水电第十一工程局　中国水利水电第三工程局

北京韩建集团有限公司　葛洲坝集团第八工程有限公司

胡超　梁艺华　马建政　张德刚　刘江宁　徐准刚　牟方学　张小华　张斌

1. 前　　言

PCCP 的中文全称为预应力钢筒混凝土管（Prestressd Concrete Cylinder Pipe，简称 PCCP）。它的开发应用已有半个多世纪的历史，起始于法国 Bonna 公司，到 20 世纪 40 年代，欧美竞相开发，得到了广泛应用。PCCP 输水管线可适应不同的地基，并具有高抗渗、高抗压、高密封等性能，且具有使用年限长、不污染水质等良好的技术经济指标，兼有钢管和预应力钢筋混凝土管的双重优点。在同样管径及内外压条件下，PCCP 输水管线的价格比钢管低 10% 以上，而且其铺设对接方便、维护费用只有钢管的五分之一，为目前世界上应用最广泛的混凝土压力管道。

我国对 PCCP 的研制和开发起步较晚，仅约 20 年的历史。因 PCCP 输水管线自身独特的优点，应用前景广阔，近年来在我国发展较快。在特大型 PCCP 施工领域，我国于 2001 年在山西万家寨引黄工程中首次采用内径 3.0m 的 PCCP，又于 2006 在辽宁大伙房（二期）输水工程中采用内径 3.2m 和在南水北调中线京石段应急供水工程（北京段）首次采用内径 4.0mPCCP。

根据南水北调中线京石段应急供水工程（北京段）PCCP 管道安装工程（DN4000）工程建设实例，并结合山西万家寨引黄工程和辽宁大伙房（二期）输水工程中 PCCP 施工的一些特点，对特大型 PCCP 安装施工进行总结、完善，形成本工法。

2. 工 法 特 点

（1）寿命长。使用寿命在 70 年以上。

（2）柔性接口。橡胶止水，允许有 0.3℃ 的偏转角度。有良好的抗震性能。

（3）功效高。日均每工作面可安装八节约 40m。

（4）现场采用自制专用龙门吊卸管或采用管车直接入槽的办法，对于内径 3.2m 以下的管道也可采用履带吊直接吊装入槽的施工方法。

（5）定制高低腿卸管龙门吊，满足了槽外卸管直接入槽的需要，与履带吊相比，大大降低了成本。

（6）定制专用安装龙门吊，采用双组梁、双行走小车、双吊点结构，上下、左右方向微调精度 ±1.0mm，保证了管道对接时的精确就位。

（7）设计和制作的专用内拉设备，其顶拉装置左右对称设置于管道中心水平位置，顶拉力达 200kN＋200kN，可保证平稳、高效对接特大型 PCCP，且作业不受外部环境限制。

3. 适 用 范 围

适用于特大型 PCCP 安装施工，对于小型 PCCP 安装施工也可参照应用。

4. 工 艺 原 理

施工中采用的额定起重量 100t、32m 跨高、低腿卸管龙门吊直接卸管入槽，沟槽内采用额定起重量 2×50t，双组梁、双行走小车、双吊点结构的安装龙门吊进行管道吊装就位；采用专用内拉设备，进行 PCCP 对接，对接后，及时检测双胶圈密封腔体的密封性指标，该指标合格，则接头密封性合格。

工程采用电位更负的镁、锌阳极与管中钢件电性连接，通过镁、锌阳极的不断溶解消耗，向被保护物提供保护电流，使 PCCP 及钢制配件金属结构物获得保护。

5. 施工工艺流程及操作要点

5.1 施工工艺流程（见图 5.1 施工工艺流程图）

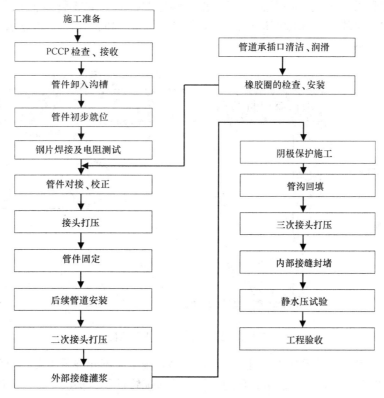

图 5.1　施工工艺流程图

5.2 操作要点

5.2.1 施工准备

（1）图纸校核：管道安装前，对所要安装区段的配管图进行审核，审核内容及原则包括（但不限于）：以沿线 IP 点为该区段的控制点，计算确定并校核该区段内管道位置、高程，确保管道安装位置的正确性。

（2）对原始地貌进行复测，布置高程，中心控制点及放开挖边线。

（3）分层开挖，按设计参数放坡，选择汲水井的方式强排地下水，确保安装面干燥。

（4）管道基础：沿线的管道基础有砂砾石基础、黄土质壤土和岩石基础。对于砂砾石和岩石基础，开挖至设计地面线后，经测量验收合格，即可进行垫层 I 区回填；对于黄土质壤土基础，须进行钎探检测，当基础承载力不满足设计要求时，必须进行换基处理，基础置换料采用砂砾石料，最大粒径不大于 150mm，压实相对密度不小于 0.75。

（5）垫层 I 区回填：垫层 I 区是支承管道上覆荷载结构的基础，其回填要严格按照以下要求执行：

1）垫层材料的最大粒径为 50mm，不均匀系数 Cu（$Cu=d60/d10$）>5；

2）回填垫层前，应对垫层材料做湿度检查，以确保夯实后达到所需要的压实度。

3）垫层 I 区（管下腋角）回填采用自卸汽车直接将回填料运至沟槽底部，然后采用推土机或液压反铲将料均匀摊铺，必要时采用人工对边角及局部区域进行摊平，每层回填虚铺厚度小于 300mm；采用自行式振动碾碾压，边角采用手扶式振动碾碾压。碾压的遍数依碾压试验确定的参数执行。

4）垫层材料压实相对密度不小于 0.75，相应的干密度不小于 2.05g/cm³。

5）其他准备：现场施工道路满足运管需要，龙门吊具备接收管道条件。打压泵，内拉装置到位，其他工器具准备就绪。

5.2.2 PCCP 检查、接收

到达现场的 PCCP 及配件必须附有出厂证明书。凡技术条件标志不明或技术指标不符合要求的管道不予接收。

5.2.3 管道卸入沟槽

施工中采用额定起重量 100t，高低腿龙门吊在运输道路卸管，并将管道初步摆放到沟槽内；具备条件的地段采用管车直接将管道运输至沟槽内（参见图 5.2.3，卸管龙门吊作业示意图），然后采用安装龙门吊将管道卸入沟槽。

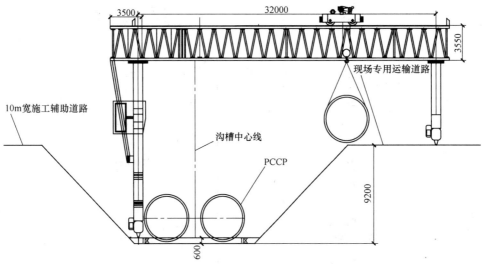

图 5.2.3　卸管龙门吊作业示意图

管道吊装采用双点兜身吊或用其他专用起吊设备起吊，施工中不允许采用穿心起吊。吊具使用钢索时应对索具采用橡胶或麻布包裹，避免起吊索具的坚硬部位碰损管件及保护层。也可采用尼龙带吊索。

5.2.4 管件初步就位

沟槽内采用 12m 跨、2×50t 的安装龙门吊进行管道拼装作业。参见图 5.2.4，安装龙门吊沟槽内作业示意图。

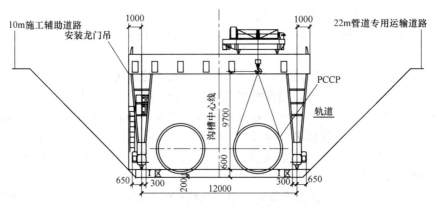

图 5.2.4　安装龙门吊沟槽内作业示意图

在管道初步就位前，注意根据管道承插口的椭圆度调整管道的位置，以使管道承口和插口对接效果最佳。用龙门吊将吊起的管件小心地运送到安装位置处，准备对接，管件移动时，应缓慢平稳，距已装管的承口或插口 10～20cm 时，用木衬块把两管相隔，以防承插口碰损。

5.2.5 钢片焊接及电阻测试

为保证 PCCP 管件间的电连续性，在 PCCP 两端焊接跨接钢片，其为宽 60mm、厚 3mm、长 300mm Q235 级的钢板。

跨接钢片焊接位置为管道接头顶部。钢片与承口、插口或电缆连接线等连接处在使用前应进行除锈。

PCCP 两端的跨接钢片焊接完成后，应立即进行电连续性测试。

5.2.6 管道承插口清洁、润滑

在管道安装前应保持承插口清洁，对于管道承插口上的异物或毛刺等均应清除干净，并保持承插口光滑。对于起包的漆皮应清除，必要时采用铲刀和砂布进行剔除和打磨。对接前，对承口工作面涂刷食品级植物类润滑油。

5.2.7 橡胶密封圈检查、安装

橡胶密封圈材质应符合相关技术条款要求。橡胶圈为圆形实心胶圈，在安装前先进行外观质量检查，表面不应有气孔、裂缝、重皮、平面扭曲、肉眼可见的杂质及有碍使用和影响密封效果的缺陷。

橡胶圈在套入插口环凹槽之前，涂刷食品级植物类润滑油，或在装有润滑油的专用容器内浸过；套入插口环凹槽后，用钢棒插入橡胶圈下绕转一周，使胶圈均匀地箍在插口环凹槽内，且无扭曲、翻转现象，在安装好的胶圈外表面再次涂刷一层润滑油。

当必须在低于 0℃气温下进行管道安装时，应当改变或调整橡胶材料配方，使其适合于在低温条件下作业；或采取能够防止橡胶圈变硬的措施（如在热水中浸泡使其升温或将其置于保温设施内保持一定温度）。当环境温度低于－10℃时则不宜再进行施工。

5.2.8 管件对接、校正

管道安装应将承口端面朝向水流方向。对接时，应使插口端与承口端保持平行，并使四周间隙大致相等。管道对接前，采用以下方法将管道调整到合适位置：

（1）确定管道中心线：用一根长度 3m 左右、校正平直的角铁置于要调整的管道内，标示出角铁中心线位置，将不小于 50cm 长水平尺放在角铁上，角铁中心位置处挂一垂球，将角铁用水平尺调整水平后，垂球垂线稳定后所指示线即为管道中心线。

（2）调整管道中心：用经纬仪上十字丝和垂线之间相对位置，可确定管道中心线是否偏差。利用龙门吊上的行走小车，左右慢慢移动，使管道中心线（垂线位置）和经纬仪十字线位置重合，此时管道中心校正完毕。

（3）调整管道标高：用水准仪观测，通过龙门吊起降，将管道调整到设计高程。在管道调节中，注意检查管道承口和插口之间的间隙，尽量保持周围间隙均匀；将管道调整到合适的位置后，即可进行管道对接。

（4）管道对接采用内拉的方法进行，内拉工具为专用的内拉设备，参见图 5.2.8-1。

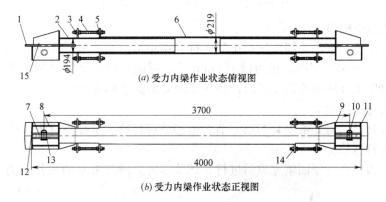

(a) 受力内梁作业状态俯视图

(b) 受力内梁作业状态正视图

图 5.2.8-1 受力内梁作业状态正视和俯视图

1—弧板；2—φ194 无缝钢管；3—圆法兰 1；4—MB0 丝杆；5—圆法兰 2；6—φ219 无缝钢管；7—大吊耳板；
8—筋板；9—堵板；10—φ60 轴；11—弧面板；12—筋板；13—φ5 开口销；14—M30 螺母；15—筋板

在已安装完成管道缝隙的中部，架设受力内梁，受力内梁初步就位后：1) 调整两侧丝杆 4 上螺栓，使钢管 2 向外移动；2) 调整弧板 1 进入管道缝隙中，并贴紧受力一侧 PCCP 内壁混凝土端面；3) 使弧板 12 与 PCCP 内壁混凝土弧面紧贴。

在待装管道外部端口中心位置架设受力外梁；用连接杆件和内拉装置将两梁连接。参见图 5.2.8-2。

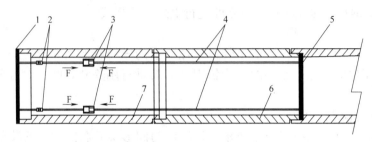

图 5.2.8-2　采用内拉装置进行管道对接示意图
1—受力外梁；2—拉力器；3—内拉装置；4—连接杆件；5—受力内梁；6—已装妥 PCCP；7—等装 PCCP

所有连接件连接完毕、检查无误后，逐渐通过液压千斤顶顶拉，使各连接杆件受力；由专人统一指挥，开始进行管道对接：1) 专人观测拉力器读数，保证两侧千斤顶顶拉力量大致平衡；2) 专人检测管道对接缝隙，确保对接时两侧缝隙均匀；3) 缝隙接近设计要求时，采用已制作并标示尺寸的木质块控制管道间缝隙值，满足设计要求。

在顶压过程中，若发现橡胶圈滚动不匀，停止对接，用手锤及专用工具敲打，然后再进行对接；变形较大时，应及时停止并退出管道，并检查胶圈损坏情况，需要时调换胶圈，重新进行安装。对接完成后，校核调整管道标高、中心线，满足要求。

5.2.9　接头打压

管道对接完成后，将打压泵接头和管道钢制外接接头相连接，将另一侧孔眼内钢制密封接头拆除，即可进行打压。接头打压必须采用率定合格的加压泵。参见图 5.2.9。

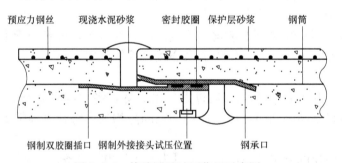

图 5.2.9　橡胶圈及试压位置示意图

（1）第一次接头打压检验

从接头下部的进水孔压水，上部排气孔排气；排气结束后（水成股均匀流出），采用钢制密封接头将孔眼密封；逐步加压至 0.25MPa，压力稳定 5min 后，再逐步加压至设计要求的压力，保压 5min 不下降，即为合格。打压不合格的管道要拔出，找到原因后消除缺陷重装。

（2）第二次接头打压检验

每安装 3 节 PCCP 后，对先前安装的第一节管道接缝进行第二次接头打压，检验方法同第一次。

（3）第三次接头打压检验

第三次接头打压检验在管顶回填完成后进行。试验压力为设计要求的工作压力，保持 5min 压力不下降，即为合格。

5.2.10　接头灌浆

（1）外部接头灌浆

外部接头灌浆按下列方法进行，参见图 5.2.10。

1）在外部接口缝隙表面淋水冲洗，以确保缝隙表面洁净并保持湿润。在接头的外侧裹一层宽度为250mm的强度适中的尼龙编织布袋，作为灌浆接头的外模。

2）尼龙编织布袋两侧各用两条钢带（0.6mm×16mm）将其固定在 PCCP 表面，在最顶部留灌浆口，并确保灌浆通道净宽不小于150mm。

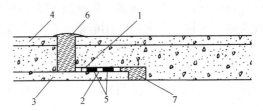

图 5.2.10 灌浆及勾嵌后接头示意图
1—钢承口圈；2—钢插口圈；3—钢筒；4—预应力钢丝；
5—双橡胶圈；6—灌浆；7—内部接缝勾嵌及抹平

3）拌制水灰比为0.65、1：3的水泥砂浆，水泥砂浆应有较好的流动性。将砂浆徐徐灌入缝隙内，并保持其均匀、密实、无空隙。待砂浆灌满接头后，灌浆口上部用干硬砂浆填满抹光。接头处灌浆高度不小于30mm。

4）对缝隙顶部跨接钢片位置，应在接线完成后灌浆，并用干硬砂浆填满抹光。

（2）管道内部接缝封堵

在第三次打压完成后，经验收合格，即可进行管道内部接缝封堵。清扫管道内接缝，确保接缝内没有异物和灰尘。洒水湿润，采用1：2水泥砂浆塞填缝隙，捣实抹平。

5.2.11 阴极保护施工

管线中采用牺牲阳极法对管道内钢件进行保护。对 PCCP 内钢件采用带状锌阳极进行保护，对管线上的钢制构件采用棒状镁阳极进行保护。每20节 PCCP 作为一个保护单元；对每个保护单元内的每节 PCCP 进行电连续性连接，各保护单元之间不再进行电连续性跨接。

（1）PCCP 电连接

每节 PCCP 采用 XLPE/PVC1×25mm² 0.6/1kV 铜芯电缆进行电连续性跨接。跨接电缆采用铝热焊方式焊接在相连的两节 PCCP 的跨接钢片上。

铝热焊施工方法：电缆剥皮露出50～60mm长铜芯，电缆与钢片的焊接部分打磨除锈至出现金属光泽。模具就位后将电缆压入底孔部位；将金属铜片放入模具腔内，倒入焊剂并轻轻压实；放入点火器，盖好模具盖子；压住模具使电缆与钢片表面贴紧；用电池接通点火器焊接。焊接完成后，除去焊点周围的焊渣等杂物，再使用热溶胶对焊点做密封防腐处理，等热溶胶固化后，使用灌缝砂浆对跨连接点处进行覆盖保护。

（2）带状锌阳极安装

采用带状锌阳极对 PCCP 标准管进行保护。带状锌阳极的安装与 PCCP 回填同步进行。先敷设管道底部的3条锌带和三个测试探头以及镁阳极，并将电缆引上固定；在管道回填到上部时安装上部的三条锌带和三个测试探头；最后将电缆全部连入接线盒。参见图5.2.11-1。

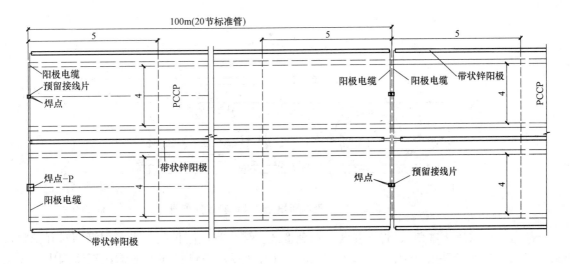

图 5.2.11-1 带状锌阳极安装平面示意图

具体安装方法为：在设计位置开挖阳极沟，其宽≥200mm，深≥100mm。阳极沟挖好后，将带状锌阳极铺置于沟中心，并在阳极周围填充特定组分和尺寸的化学填料。加入足量的水对填充的化学填料进行浸泡，完成后覆盖一定厚度的土层对安装好的阳极进行保护。阳极电缆与带状锌阳极采用压接方式进行连接，并采用专用电缆连接套进行连接和防腐。

（3）棒状镁阳极安装

采用棒状镁阳极对管线上的钢制配件进行保护。阳极垂直安装，周围填充特定组分的化学填料。并保证阳极底部的化学填料层厚度为300mm，顶部厚度为200mm。参见图5.2.11-2。

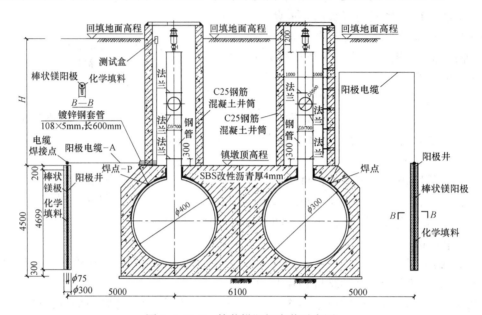

图5.2.11-2　棒状镁阳极安装示意图

阳极周围填充的化学填料应加入足量的水进行浸泡。安装完成后，应对阳极井浸泡24h以上，以保证阳极电流的顺利发散。

5.2.12　水力机械安装

地表以下水力机械设备已安装完毕并验收合格。

5.2.13　管沟回填

管沟回填采用分段进行，分段长度100～200m。回填自下而上进行，垫层Ⅰ区（管下腋角）-管基Ⅱ区-管身Ⅲ区（缓冲覆盖层Ⅳ区）-管顶Ⅴ区和复耕Ⅵ区。（参见图5.2.13-1：管沟回填分区及试验点分布图）

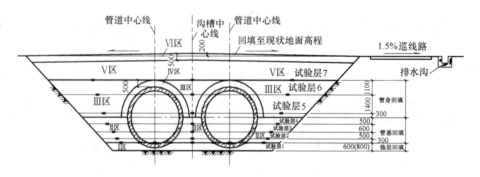

图5.2.13-1　管沟回填分区及试验点分布图

对于垫层Ⅰ区（管下腋角）、管基Ⅱ区、管身Ⅲ区、缓冲覆盖层Ⅳ区，先采用筛网对开挖料按照设计要求粒径筛分，然后采用自卸汽车、输送皮带、溜槽（板）等将料均匀地输送至管沟中。无法采用自卸汽车和溜槽（板）下料的部位，采用输送皮带机在施工平台进行下料。参见图5.2.13-2。

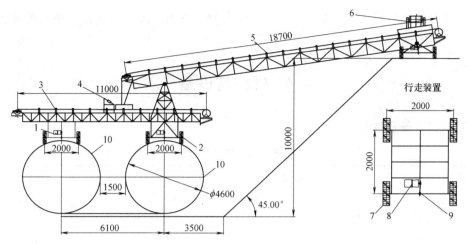

图 5.2.13-2　管沟回填输送皮带机示意图

1—驱动电机；2—行走机构；3—分料皮带机；4—卸料器；5—主皮带机；6—上料皮带机；
7—750×20 轮胎；8—电机、减速机；9—传动轴；10—PCCP

回填压实：将合格的回填料采用输送皮带、溜槽（板）或自卸汽车等均匀散布到管道两侧，采用人工或推土机、反铲等对回填料进行摊平，每层回填虚铺厚度不大于 300mm，碾压采用自行式振动碾和手扶式振动碾进行施工，必要时采用振动平板夯和人工进行夯实，管道腋角区域无法采用夯实设备的，采用 T 形工具人工进行夯实。对缓冲覆盖层Ⅳ区管顶 1/3 外径范围内的回填土不进行碾压。对距离管道外壁 0.6m 范围内使用手扶式振动碾或振动平板夯夯实，必要时，采用人工夯实。

5.2.14　静水压试验

静水压试验包括试验前的准备工作，管线充水及压水试验等。

（1）水压试验原则及准备

1）试验段的管道埋地空置时间不超过 500d；

2）管道水压试验的分段长度按设计要求进行；

3）水泵、压力计安装在试验段下游的端部与管道轴线相垂直的支管上。

（2）管线充水

充水水源水质为Ⅰ～Ⅲ类，充水流量不大于 0.5m³/s，以减少余留空气量及水锤压力。测试前，使管线保持充满水状态不少于 72h。

（3）管线静水压试验

1）必备条件

①打压水源、水泵及发电机齐备；②管道充水试验完成并满足要求；③试验管段所有敞口已堵严，且没有渗水现象。

2）试验压力

①静水试验压力选择按设计指定的试验压力执行；②各段水压试验压力应满足以下条件：a. 不大于该试验段内设计指定的试验压力；b. 不小于任一点管道实际工作压力。

3）水压试验

①试验时必须有承包人、监理人和设计人员到场进行联合检查；②冬期进行管道水压及闭水试验时，应采取防冻措施；③水压试验过程中，后背支撑、管道两端不得有人；④试压时，在加压泵处安装两个压力表，以保证压力读数正确；⑤水压试验顺序为：逐步缓慢分级升压（每级 0.2MPa），每升一级后稳压不少于 10min（为保持压力，允许向管内补水）；检验试验管段有无渗漏处，情况正常时方可继续升压；升压至水压试验的压力值并稳压，保持恒压 2h，检查接口、管身无破损及漏水现象，若补充水量不超过 4m³/km/24h 时，管线合格。

（4）冲洗消毒

管线水压试验后，对管道进行冲洗消毒。

1）需连续冲洗，直至出水口处浊度、色度与入水口处冲洗水浊度、色度相同为止；

2）采用含量不低于 20mg/L 氯离子浓度的清洁水浸泡 24h，再次冲洗，直至水质管理部门取样化验合格为止。

6. 材料与设备

6.1 主要机械设备及性能

主要机械设备及性能表

表 6.1

编 号	设备名称	型 号	数量	性能指标	特 点	备 注
1	卸管龙门吊	LQ10032	1 台	额定起重量 100t、跨度 32m、高度 24m、起吊高度 9.3m	高、低跨；空载行车、锁定负重工作	定制
2	安装龙门吊	LQ10012	2 台	额定起重量 2×50t、跨度 12m、起吊高度 9.7m	双组梁、双行走小车、双吊点；左右、上下 1.0mm 微调精度	定制
3	内拉设备		4 套	200kN＋200kN 顶拉力	在管道内部工作，含内外受力梁、千斤顶、拉力器、连接件	设计并制作
4	汽车吊	QY50H	1 台	50t	铺设轨道及轨道梁；拆卸、安装龙门吊	购置
5	打压泵	SYL30/1.6	8 台	检测压力：0～1.6MPa	打压介质：水或酒等液体	购置
6	全站仪	GTS711	1 台		控制中心线和高程	购置
7	经纬仪	J2	2 台		控制管道轴线	购置
8	水准仪	S3	4 台		控制管道高程	购置

6.2 劳动力组织

管道安装和阴极保护施工劳动力组织列表如表 6.2。

劳动力组织表

表 6.2

管道安装		安 全 员	1 人
测量放线	3 人	质检员	1 人
管道检查、验收	2 人		
轨道铺设	8	2 阴极保护施工	
开弧	10	开挖阳极沟	10
卸管	5 人	阳极安装	5
管道安装	15 人	电连接	5
接头打压	2	质检员	1
操作工	3 人	安全员	1

7. 质 量 控 制

7.1 主要质量控制指标

管道安装高程允许偏差标准为：±20mm；

轴线允许偏差标准为：±20mm；

管道接缝处安装间隙：25＋5mm～25－10mm；

当管道基础不均一时，最大允许内部间隙为 25mm；

管道接头设计有转角时，接头的最小间隙：10～30mm；

管道接头打压标准：打压至工作压力下，稳压 5min 即合格；

每节 PCCP 承、插口处的跨接钢片之间的电阻不大于 1.0Ω；

静水压：升压至试验压力值并稳压，保持恒压 2h，检查接口、管身无破损及漏水现象，且补充水量不超过 4m³/km/24h 时，管线密封性合格。

7.2 标准和规范

（1）《预应力钢筒混凝土压力管设计标准》ANSI/AWWAC 304（美国供水工程协会）；

（2）《预应力钢筒混凝土压力管》ANSI/AWWAC 301（美国供水工程协会）；

（3）《钢管》AWWA M11（美国供水工程协会）；

（4）《混凝土压力管》AWWA M9（美国供水工程协会）；

（5）《预应力与自应力钢筋混凝土管用橡胶密封圈》JC/T 747；

（6）《预应力与自应力钢筋混凝土管用橡胶密封圈试验方法》JC/T 748；

（7）《埋地钢质管道牺牲阳极阴极保护设计规范》SY/T 0019—97；

（8）《锌—铝—镉系合金牺牲阳极》GB/T 4950—2002；

（9）《南水北调中线京石段应急供水工程（北京段）PCCP 安装技术要求》（试行）；

（10）《压力钢管制造安装及验收规范》DL 5017—93；

（11）《工程建设标准强制性条文》（水利工程部分）；

（12）《冷毡带防腐技术要求》。

8. 安 全 措 施

（1）龙门吊必须经过有关部门验收后方可使用；

（2）起重、打压等特殊作业人员必须持证上岗；

（3）起重吊装作业必须遵守相关的操作规程；

（4）保持管道顶部洁净，无作业工具等闲杂物品；在管道上部作业时，应穿防滑鞋，必要时在管道上部铺设防滑的麻袋等物；

（5）现场用电须遵守相关的规范和要求。

（6）应有专人经常检查沟槽及边坡安全，防止沟槽坍塌造成人员和设备损失。

9. 环 保 措 施

9.1 施工作业区内，采用洒水的办法防止飞尘。

9.2 对废水和固体废弃物，按照国家和设计相关的要求进处置。

9.3 在居民区附近进行施工作业时，原则上晚上 22：00 后不施工。需要施工时，必须对发电机等噪声源采取密闭隔音措施。

9.4 工程中所使用的原材料，必须经检验合格，并符合国家相关标准和设计要求。

10. 效 益 分 析

在南水北调中线京石段应急供水工程（北京段）PCCP 管道安装工程施工Ⅰ标中，采用卸管龙门吊和管车直接入槽的方式与租用 300t 履带式起重机相比，可节约费用约 695 万元；因国内首次安装内径 4.0m PCCP，无类似的工程和施工方法进行经济对比。随着内径 4.0m 特大型 PCCP 成功安装和使用，必将会促进特大型 PCCP 在我国的更广泛的发展和使用，也必将会为我国带来更大的经济和社会效益。

11. 应 用 实 例

　　由我局承建的南水北调中线京石段应急供水工程（北京段）PCCP（DN4000）管道安装工程施工Ⅰ标，总长12.3km，采用双排4.0m直径的PCCP，该工程采用本工法进行施工，现已全部安装完毕，管道安装单元验收246个，优良率为91.7％。山西省万家寨引黄工程连接段PCCP（DN3000）输水工程，总长26.48km，该项目于2003年3月完成验收，被评定为优良工程；辽宁大伙房（二期）输水工程，全长16.8km，采用双排3.2m直径的PCCP，目前完成管道安装120个单元工程验收，优良率95％，项目现在进展顺利；这两个工程采用的施工方法和此工法类似。

工艺管道工厂化预制工法

YJGF113—2006

浙江省开元安装集团有限公司

张云建　屈振伟

1. 前　　言

工艺管道是用于传输介质的载体，它连接着装置内的所有设备，并通过各种控制元件对生产工艺进行温度、压力、流量等参数的调节，以满足工艺流程的要求。因此，工艺管道本身具备管径多、材质复杂、壁厚系列不等、焊接工作量大的特点，成千上万道焊接口的质量直接影响到装置的正常安全运转。在施工过程中还受到材料供应、设备交安、气候条件、现场作业面等诸多制约因素的影响。传统的管道预制工作一般都放在施工现场进行，存在着现场设备条件差、手工作业多、受作业环境影响大（风、雨、雪等）、作业面分散等问题，严重地制约了工程工期进度和施工质量的提高。而管道预制实现工厂化，就完全不受现场条件的制约，可最大限度地发挥技术储备及缩短施工工期，且作业条件好、设备先进、效率高，特别是计算机技术的应用，实现了统一、有效的施工和管理，大大地提高了劳动生产效率及工程质量。

近几年来，在工业项目建设中，特别是国际工程或涉外工程的建设，投资方及施工总承包方都要求以科学的方法进行施工管理，工期、安全、质量的要求也越来越高。而管道工程贯穿于整个工业项目的建设，缩短管道预制时间、提高管道预制质量将直接影响现场安装的工期和质量，为适应市场要求管道预制具备工厂化的条件，管道预制加工厂应运而生。

2. 工 法 特 点

传统的管道预制一般都在施工现场进行，存在着现场条件差、手工作业多、受作业环境影响大（风、雨、雪等）、作业面分散等问题，严重地制约了工程工期进度和施工质量的提高。而管道预制实现工厂化后，有着诸多优势：

（1）管道预制不受现场条件的约束，即便是现场不具备管道开工条件，也可实现同时同地进行管道地预制施工，可最大限度地缩短施工工期；

（2）作业条件好，不受外界自然条件、气候条件等的不利影响；

（3）设备先进、效率高，大大地提高了劳动生产效率；

（4）质量控制比较容易实现，质量易得到保证；

（5）实现了资源共享，即便是不同项目的管道预制任务都可以在工厂同时进行预制，设备使用率高；

（6）管道预制可实现统一的管理，大大节约了人力、物力、生产成本，经济效益好。

3. 适 用 范 围

主要适用于 $DN50\sim DN600$ 的碳钢、不锈钢、合金钢等不同材质管道的焊接预制。$DN15\sim DN40$ 管道由于管径小、现场走向布置的不确定性，一般可在现场就地预制，但如有详细准确的单线图，也可在预制厂进行工厂化预制。

4. 工 艺 原 理

4.1 加工详图设计系统（图 4.1）

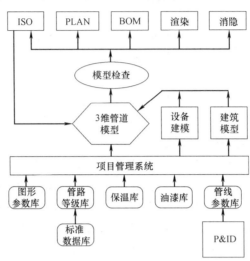

图 4.1 工艺原理

4.1.1 加工详图设计系统是建立在 AutoCAD 平台基础上的三维工厂设计计算机辅助设计软件，是能独立运行的智能化管道设计软件，能对管路等级生成到施工图的形成全过程提供有力支持。

4.1.2 其主要模块包括：工程数据库及管路等级生成、建模、碰撞、检查 ISO 图自动生成、材料统计表自动生成、平立剖面图自动生成、图形库管理、渲染和消隐处理等模块，它们之间的相互关系见上图。

4.1.3 采用工厂设计系统软件 PDsoft 3D Piping《三维管道设计与管理系统》，能适应国内设计院不同的出图模式。

4.1.4 利用该软件，在建立管道等级数据库和管线数据库的基础上，可逐组进行管道建模，自动产生单线图（供现场安装用）和管段图（供预制厂用）。图面上自动标识有：管段号、焊缝号、管子下料尺寸、材料清单等。

4.2 预制过程管理系统

4.2.1 采用 PPIMS《管道预制安装管理系统》软件，实现技术、质量、材料、探伤、进度等管理的电脑化，管理到每个区域、每条管线、每条管段、每道焊缝、每名焊工等。

4.2.2 该软件能方便录入各种管道预制信息

（1）预制前期：管线信息、管段信息、焊缝信息、材料信息等。

（2）预制过程：焊缝组焊信息、管段组焊信息、管段验收信息、管段出厂信息、无损探伤信息、材料入库信息、材料出库信息、探伤日委托信息等。

（3）软件能自动按单线图或管段图进行配料：对已到料齐全、达到预制条件的单线图或管段作出特殊标识，当需要安排生产时，能自动打印出领料单。

（4）软件能方便进行各种信息的交叉查询。

（5）软件能方便输出和打印各种各样报表：材料缺口清单、已完成工作量清单、待验收管段清单、待完成管段清单、已出厂管段清单、焊工焊接一次合格率等等。

（6）软件能自动生成和打印按有关规范要求的交工技术资料。

5. 施工工艺流程及操作要点

5.1 施工工艺流程

管道详图设计（二次设计）→材料进货→材料预处理→管子下料、管件坡口打磨→管段组焊→管段焊缝检验→管段成品验收→管段储存堆放→装车出厂。

5.2 操作要点

5.2.1 管道详图设计（二次深化设计）

在设计单位提供的施工图的基础上，利用管道预制二次设计技术进行详图设计（二次设计），生成适合管道工厂预制需要的管段图和适合现场安装需要的单线图。

（1）向设计部门索取预制项目的管道等级表，在PDSOFT管道工厂设计系统软件中建立管道等级数据库；

（2）利用管道等级数据库和其内置的基础数据库，依据设计部门提供的管道平竖面图或原始单线图，在PDSOFT中建立管道模型；

（3）根据实际安装需要和配件设置位置情况在管道模型上设置现场焊口位置；

（4）利用PDSOFT软件即可自动生成单线图和管段图，单线图和管段图中除包括一般管道信息外，还包括：

1）焊缝编号；

2）直管段下料尺寸；

3）预制技术要求：施工规范、管道级别、热处理要求、底漆材料、焊接方法、焊接材料、拍片比例、合格级别等；

4）材料表。

（5）将单线图和管段图信息录入"管道预制安装管理系统"（图5.2.1）；

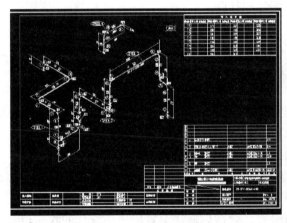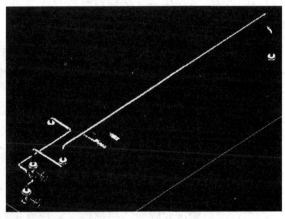

图5.2.1 管道预制安装管理系统

为对管道预制过程中的材料、质量、进度、成品出厂检验等进行有效控制，利用计算机辅助预制过程管理技术中的"管道预制安装管理系统"软件，录入管道单线图和管段图的原始信息。

5.2.2 材料进货

在补充录入相关信息的基础后，"管道预制安装管理系统"软件将自动生成《材料需求计划》；依据《材料需求计划》向材料供货部门上报，进行管材的采购，采购的材料经验收合格后，方可领取，并同时将材料入库信息录入"管道预制安装管理系统"软件。

5.2.3 管子下料、管件坡口打磨

（1）管段下料完毕后应进行标识移植，同时根据单线图的下料表，对每根已下好料的管段进行标识。利用管道预制流水作业技术中的管子输送流水线自动输送至简单组焊工段的指定工位；

（2）直径大于DN50和长度在1m以上的管段下料和坡口，采用中空式高效坡口机一次完成切割并形成双面坡口。应根据所切割管道的实际直径和壁厚，先调节高效坡口机的中腔位置和切割坡口刀片的间距，然后根据定长系统输入所切割管道的长度，设定定长系统的数据后操作高效坡口机。夹紧所切割管道，关闭高效坡口机的旋转机头隔离门后方可进行切割。切割完成的同时也完成了双

面坡口；

（3）直径小于 DN50 和长度在 1m 以下的管段下料和坡口，先将管道运送到带锯切割轨道，然后根据实际情况调节长度和角度，使管道处于与带锯的水平状态，夹紧带锯进行切割。切割后采用半自动坡口机进行坡口加工；

（4）管段下料、切割、坡口加工完成后，对管口的内外壁 20mm 以内进行打磨，去除锈蚀以保证焊接质量；

（5）弯头、大小头、三通等管件的坡口用磨光机进行集中打磨处理，用管件运输小车运送至简单组焊工段的指定工位。

5.2.4　管段组焊

（1）对管段中适合自动焊接的 60％～80％焊口进行半机械化组对、手工氩弧焊打底，利用管道预制高效自动焊接技术中的管道预制自动焊机进行盖面焊接；

（2）管段半成品利用管道预制流水作业技术中的管段输送流水线，自动输送至复杂组焊工段的指定工位；

（3）进行焊口日报，将焊口焊接信息录入"管道预制安装管理系统"软件；

（4）对其余不适合自动焊接的焊口用手工进行组对、手工氩弧焊打底和手工电弧焊盖面焊接；

（5）用管道预制流水作业技术中的管段运输车，将需探伤的管段成品通过地轨输送至透照间，不需探伤的管段输送至管段待验区；

（6）进行焊口和管段日报，将焊口焊接和管段组焊信息录入"管道预制安装管理系统"软件；

（7）在管段组对焊接后，必须对管段及焊缝进行编号和挂牌。

5.2.5　管段焊缝检验

（1）按照施工规范由质检员进行外观检验，检验包括：每根管段的角度、尺寸、平直度、垂直度等。并按照设计和施工规范要求对应进行射线探伤的焊口进行统计并出具探伤日委托，同时将委托单同步录入"管道预制安装管理系统"软件；

（2）探伤人员根据日委托在透照间进行焊缝射线探伤，利用自动洗片机进行洗片，并将评片结果同步录入"管道预制安装管理系统"软件；

（3）经探伤检验合格的管段及时输送至管段待验区。

（4）对要求较高的 100％进行无损检测的管段，对法兰和挖眼三通位置可利用磁粉探伤进行检测。

5.2.6　管段成品验收

（1）在管段待验区对管段的完整性、系统性进行验收，合格后输送至管段成品堆场的吹扫包装区；

（2）将管段质量验收记录及时录入"管道预制安装管理系统"软件。

5.2.7　管段储存堆放

（1）在管段成品堆场的吹扫包装区，对管段内部进行空气吹扫，吹扫完成后两端口的应进行封闭，管段外部涂刷区域色标；

（2）已吹扫和包装合格的管段吊运至指定堆放区域，并及时记录在管段验收记录中。

5.2.8　成品装车出厂

（1）将业主或现场安装单位的管段需要计划录入"管道预制安装管理系统"软件，打印一份标明管段堆放位置的清单交成品工段进行管段挑选和装车；

（2）同步作好《管段交接记录》，及时录入"管道预制安装管理系统"软件。

6. 机 具 设 备

配备了黑色金属及不锈钢合金钢两条生产线，满足了不同材质的生产需要。设置了原材料堆场和成品堆场，满足了储存和流转的需要。主要设备如表 6。

机具设备表 表6

序号	设备名称	型号	适用范围	单位	数量
一、详图设计和管理软件					
1	加工详图设计系统	3D piping	施工版	套	2
2	预制过程管理系统	PPIMS1.5	预制版	套	1
				接点	5
二、管道坡口加工系统					
1	管道高效坡口机	PHBM-12	2~12寸	套	1
2	坡口机定长切割系统	BMLP-12	PHBM-12	套	1
3	管子切割下料传送线	PCTL-8M	2~24寸	条	1
4	半自动火焰切割机	CG2-11	30mm	台	1
5	普通无齿锯		0.5~4寸	台	1
6	管道切割带锯	G4030/50H	0.5~12寸	台	1
7	管道端面坡口机		2~24寸	台	1
8	切割下料工位架	PCWS-80	2~24寸	m²	118
9	管道切割坡口机	AXXAIRCC170	0~170mm	台	1
10	管道切割坡口机	RA41PLUS	0~114mm	台	1
11	管道切割坡口机	AXXAIRCC170	0~170mm	台	1
12	管道切割坡口机	RA41PLUS	0~114mm	台	1
三、管道组对焊接系统					
1	管道预制自动焊机	PPAWM-24A	2~24寸	套	2
2	管道悬臂自动焊机	PSAWM-24	2~24寸	套	1
3	管道焊接变位器	PWCPM-24	2~24寸	套	1
4	CO2气体保护焊机	KR-500		台	3
5	手工焊/氩弧焊机			台	22
6	简单组焊工位架	SFWS-80	2~24寸	m²	160
7	复杂组焊工位架	CFWS-80	2~24寸	m²	68
8	管子自动输送流水线	PATL-40	2~24寸	条	1

7. 劳动组织

7.1 管道预制工作在车间内进行，分成下料、机械加工、组对点焊、焊接热处理、检验等工序。根据生产任务的安排，合理的组织生产工人、安排作业工位，用最少的人完成生产计划，杜绝窝工等情况的发生，安排好前后工序的有效衔接，最大限度的提高劳动生产率。按工序配备设备和人员，按工序组织流水作业，每道工序作业人员组成一个工段，制定各工段的工艺标准，实行工段之间的互检，工件按流水作业。下料工段实行计算机配菜、合理套裁，减少材料浪费。

7.2 预制厂工段设置

根据区域划分和物流规划，为有效地进行生产组织和管理，预制厂设置以下生产工段：材料工段、涂装工段、下料工段、简单工段、复杂工段、探伤工段、成品工段、吊装工段。

材料工段负责管子材料堆放区、管件材料堆放区工作；涂装工段负责管子抛丸油漆区工作；下料工段负责管件坡口打磨区和管子切割下料区工作；简单工段负责简单组对焊接区工作；复杂工段负责复杂组对焊接区工作；成品工段负责管段后处理区和管段成品堆放区工作；吊装工段负责整个物流系统工作。

8. 安 全 措 施

为了强化管道预制工厂对工程施工安全的监督管理，不断提高安全管理水平、最大限度减少或控制安全事故的发生、保障员工生命和财产安全，采取以下措施：

8.1 建立健全安全生产管理组织网络。

8.2 配备专职安全员，安全管理人员及专职安全员必须持有省（市）级安全部门培训合格的安全员上岗证。

8.3 班组设兼职安全员，协助做好班组的安全生产工作。

8.4 建立健全安全生产管理责任制。

8.5 安全教育

8.5.1 三级安全教育：指分公司是第一级安全教育；项目部是第二级安全教育；班组是第三级安全教育。

8.5.2 教育范围，包括调换新工种（岗位）安全教育；离开岗位半年以上，重新上岗；调换项目部的安全教育；新工程开工前安全教育；采用新技术、新工艺、新设备、新产品施工的工人安全教育。

8.5.3 节前、节后、开工前及扫尾工程施工的针对性安全教育。

8.5.4 特种作业必须做到持证上岗。

8.5.5 根据项目的施工特点，进行安全生产知识、安全规章制度、现场安全用电、事故报告、劳动纪律教育。时间不少于15h。

8.5.6 对经过第一、二级安全教育的人员进行现场注意事项、本工种安全技术操作规程及所使用的机具设备、工具性能等安全知识以及个人防护用品正确使用教育，时间不少于20h。

8.6 书面安全交底

根据本专业施工作业内容等，不间断的进行针对性的书面安全交底。

8.7 正确的操作使用各类电动工具。对于大型或专用机械必须专人操作，并经过培训掌握机械设备的操作性能后方可进行作业。

8.8 编制专项的安全技术方案，并通过有关分公司管理人员审查后进行落实实施。

9. 质 量 控 制

围绕工程施工重点，加强对施工作业人员的管理。对进入施工现场的作业人员进行严格的管理，做到三不进厂，即：未进行质量意识教育不进厂，电焊工无有效期内合格证件不进厂，电焊工不经实际技能考试合格不进厂；加强对设备材料的管理。设专人定期对机具、设备进行维护保养；加强预制过程的控制，"以统一管理，分区预制，流水预制，四不出厂"，进行管道预制管理；严格实行焊接质量奖惩制度。

9.1 人员管理

9.1.1 操作工和检验员应经过与所从事岗位相应的资格培训。

9.1.2 焊工应持证上岗，所从事焊接工作应符合焊工合格证上合格项目的范围要求。

9.1.3 无损检测人员应持证上岗，并具备相应的检测资格。

9.1.4 未经培训的人员不得从事焊接或检验工作。

9.2 单线图管理

9.2.1 收到工程施工图纸后，进行单线图的绘制。

9.2.2 单线图绘制完成后，对单线图进行校对，确保单线图的正确性。对现场焊口和预制焊口的分割应具有合理性。

9.2.3 单线图校对完成后出图，准备预制。

9.2.4 单线图按工程项目进行电子版的分类保存。

9.3 材料管理

9.3.1 所有原材料均应根据相关标准进行入库检验，保证原材料的质量，并建立材料入库台账。

9.3.2 所有原材料均应有质量证明保证书。

9.3.3 接收工程施工图纸后进行材料的准备工作。

9.3.4 管道预制时，根据材料领用单发放材料，并建立材料领用台账。

9.3.5 材料回收时做好回收记录，建立材料库存台账。

9.4 设备管理

9.4.1 所有设备入库时建立入库台账，使用说明书存档。

9.4.2 所有设备使用时建立设备运转台账。

9.4.3 使用设备时，严格按操作规程进行操作。

9.4.4 所有设备均专人专管。

9.5 管道预制管理

9.5.1 下料

（1）根据材料领用单领取预制管道的材料。

（2）根据下料表进行下料，下料时应根据配件（弯头、三通等）的实际尺寸进行下料尺寸的修正。

（3）下料完成后的所有管子和配件均根据相关焊接工艺卡进行坡口及坡口内外表面的打磨。

9.5.2 组对

（1）根据单线图进行组对。

（2）组对完成后进行自检，根据单线图复核管段尺寸及角度等。

9.5.3 焊接

（1）根据焊接工艺卡进行焊接工作。焊接时严格按工艺卡参数执行，不得更改参数。

（2）焊工在焊接过程中进行焊接记录。

（3）焊接完成后焊工自检。焊工对自己所焊焊缝（口）应清理干净，包括药皮、飞溅等，发现有超标缺陷应自觉返修。

9.5.4 检验

（1）根据单线图检验预制成形管道的相关尺寸。如发现尺寸不符合的，及时进行返修。

（2）检验焊缝（口）的外观质量，如发现外观质量不符合的，及时进行返修。

（3）经管道尺寸及焊缝（口）外观检验合格的，委托无损检测，填写无损检测委托单，一式两份，一份交无损检测机构，一份资料室存档。

（4）经无损检测发现不合格的焊缝（口），填写焊接返修单，进行焊接返修。返修后按规定再进行外观及无损检测，所有返修记录及报告存档。

（5）所有自检和质检员专检报告交资料室存档。

9.5.5 喷砂及油漆

（1）根据相关标准或技术要求，对经检验合格的预制管道进行喷砂和油漆。

（2）喷砂时要求不破坏管道的密封面。

（3）油漆时根据要求选用相应油漆及涂刷层数。

（4）油漆时管道密封面和现场焊口的坡口面不涂刷油漆。

9.5.6 检验不合格管理

（1）经检验不合格的，全部要求返修。

（2）分析不合格原因，填写返修通知单，进行返修，返修资料归档保存。

（3）预制管道经检验全部合格后进入下道工序。

（4）人为因素造成预制管道质量不合格的，追究操作者责任。

9.5.7 管道交接管理

（1）经检验合格的管道，合并单线图及相关资料转交现场安装方进行安装。

（2）管道交接时，签收交接记录，该记录归口资料室存档。

9.5.8 资料管理

（1）资料应完整正确。

（2）资料分类存档。

（3）资料包括所有原始资料和电子版资料。

（4）资料接受相关人员的随时调用，并接受上级监察部门的抽检。

（5）资料保存期限和该工程项目资料保存期限一致。

（6）资料严格保密，严禁外泄。

9.6 预制过程控制

9.6.1 预制精度控制

应加强对下料尺寸、管道焊口组对偏差、焊接变形等的过程控制，采取胎具与样板相结合的方法，减少人员技能水平对预制工作的影响。采用下料测量台、开孔样板、自动切割、机械加工坡口等手段来提高预制精度。设计制造专用组对胎具、卡具来控制组对质量及焊接变形。加强成品管段几何尺寸测量，确保预制精度符合设计规范要求。

9.6.2 预制管道划分

预制管段必须满足运输、吊装、现场安装的要求。管道预制深度划分应结合运输路线和现场设备、环境因素综合考虑后制定，一般为二维结构。相关焊接管件与主管焊接为一体，尽量减少分支管的焊接。在现场设备、钢结构等的安装偏差未定的情况下，预留安装调节段或调节余量，在安装时现场实测后在现场精确下料。当材质特殊或者现场无法加工时，选择预留安装调节段的方法，一般普通材质管道预留50mm安装余量。预留调节段或预留安装余量应满足三维空间调节的需要，具备三维走向的管道应选择便于测量、安装的位置留出安装调节量。

9.6.3 设计变更

设计变更是施工中常见情况，特别是设备、钢结构施工中出现的问题，通常通过管道变更来解决。管道预制的变更管理必须及时准确，在单线图预制前收到变更通知单，应及时修改单线图，防止返工。当某张单线图已预制完成但管段由成品库退回，则按变更单重新预制。

9.6.4 预制批量确定

在管道施工中由于材料到货、现场条件影响需分批分阶段进行预制，因此，应按照设备安装计划和材料到货计划，制定管道预制计划，保证管道预制进度满足安装要求。

9.6.5 成品管段管理

大批量预制成品管段，是管道预制工作管理的难点。管段标识、存放、发运、交接验收等各环节必须有严格的管理制度，做到管段标识清晰、封口严密、特殊材质合理保护、合理分区保管、资料与实物一致，做到发运单、预制记录、检验试验报告与管段同步。在实施过程中，每一管段都作为预制产品进行检验、入库。

10. 环保措施

10.1 本预制厂在综合加工厂内，有关环境保护措施的管理规定应符合综合加工厂的相应规章制度。

10.2 管道预制厂的环保措施主要针对噪声的隔离、电弧弧光和焊接烟尘的防治，以及下料、切坡口、焊接过程产生的固体废弃物合理处置等。

10.3 所有运转机械在运行中或维修中产生的废油应定点存放，定期集中处理。

11. 效 益 分 析

整条生产线的设计生产能力为 26.7～36.9 万寸/年（2.2～3.0 万寸/月，750～1050 寸/天），一般情况下，整条生产线的实际生产能力可达到 25 万寸/年（2.0 万寸/月，700 寸/天）。如表 11 所示。

效益分析表　　　　　　　　　　　　　　　　　　　　　　　　表 11

序号	生产线	区域	工位数	焊工数	生产能力	
1	碳钢	简单组对焊接区	3	氩弧焊工:9 人 自动焊操作工:2 人	(250～350)寸/台/天×(2 台)×(25 天/月×12 月/年)=150000～210000 寸/年	171000～237000 寸/年
2		复杂组对焊接区	1	电焊工:2 人	(35～45)寸/人/天×2 人×(25 天/月×12 月/年)=21000～27000 寸/年	
3	不锈钢	简单组对焊接区	3	氩弧焊工:9 人 自动焊操作工:1 人	250～350)寸/台/天×(1 台)×(25 天/月×12 月/年)=75000～105000 寸/年	96000～132000 寸/年
4		复杂组对焊接区	1	电焊工:2 人	(35～45)寸/人/天×2 人×(25 天/月×12 月/年)=21000～27000 寸/年	
5	合　计		8	氩弧焊工:18 人 自动焊操作工:3 人 电焊工:4 人	26.7～36.9 万寸/年	

注：文及表中的"英寸"是指焊缝数量的统计单位，即寸径，为英制。

12. 应 用 实 例

我们本着管道预制上的探索和提高，对国内外承接工程进行了管道的预制，获得了国内外业主和同行的一致好评，主要工程如下：

12.1 2006 年的拜耳杭州生物科学有限公司合成改造项目管道预制任务主要是 20 号碳钢以及 TP 316L 不锈钢管道。拜耳公司为国际大型化工企业，对管道的预制进度、质量要求非常严格，并有一套 Bayer 公司专有的质量管理要求。DN15～DN450 的所有测绘的 20 号碳钢以及 TP 316L 不锈钢管道全部在预制厂进行，预制深度达到了 96％左右，焊接一次合格率均达 98％以上。管道全部预制安装完成后并在业主要求的 25d 安装工期内缩短了 5d，向业主提交了满意的答卷。

12.2 2007 年的拜耳杭州生物科学有限公司技改项目将在 4 月份开始继续在管道预制厂进行预制。和 2006 年一样，均以 DN15～DN450 的所有测绘的 20 号碳钢以及 TP316L 不锈钢管道为主。目前已经预制完成近万寸，完成预制量的 95％以上，即将开始进行现场的安装。

12.3 2007 年 2 月管道预制厂承担了德山化工有限公司二氧化硅项目的工艺管道预制任务，单线图近 4000 张，焊口寸径数在 30000 寸径以上。其中更为难点的是半夹套管、全夹套管、衬里管、310 材质的不锈钢管的预制。我们在保质保量地完成 20 号碳钢，304 不锈钢的预制基础上，更好的在难点上寻找的突破，为管道预制在以往难点预制得到深化和实现。

中小口径管道内防腐施工工法

YJGF114—2006

河北华北石油工程建设有限公司

魏广存 倪春江 周绍明 吴斌 赵明法

1. 前 言

在长输管道运行过程中，因输送介质中存在各种腐蚀性物质，导致引起管道内锈蚀，进而产生穿孔和泄漏的事故，造成生产停止、环境污染等问题。此外还因钢管内壁表面粗糙度，导致运营费用增加，由此损失要数以亿元来计。

面对着当前凸现的全球能源危机以及对环境保护意识的不断增强，人们对输送油气钢质管道的内外保护越来越重视。在外防腐技术日臻完善的今天，管道内防腐施工技术开发与应用已经显得至关重要。

当前，管道内防腐施工在国内防腐领域来说是一项技术含量高、施工难度大的防腐工艺，它的难点在于管道内防腐机械化预制生产和现场补口工艺技术，其主要问题有：

（1）如何实现小口径管道内防腐机械化作业？

（2）怎样提高管道内除锈效率和除锈质量？

（3）如何保障管道内涂层的涂覆效果？

（4）如何真正解决长距离管道的内补口问题，确保整体防腐质量？

2004 年 9 月我公司中标苏丹三七区 FSF 项目管道内防腐工程，为此，公司组织了管道内防腐技术的科研攻关，并在该工程中成功应用，得到业主、监理、总包商的高度评价。该项科研成果被评为公司 2005 年度科技创新一等奖，以该项科研项目为基础展开的创新型 QC 小组活动荣获了 2005 年度华北石油管理局 QC 成果二等奖，关于该项施工技术的论文荣获 2006 年度石油天然气中心站年会论文评比一等奖。

在此基础上，公司组织编制了《中小口径管道内防腐施工工法》，并在 2006～2007 年度苏丹三七区 FSF 项目管道内防腐工程续建工程中取得良好的效果。

该工法通过 2006 年中国石油工程建设协会组织的工法发布评审，于 2007 年 1 月 8 日批准为"石油工程建设工法（省部级）"，工法编号为 SYGF 05—2006。

2. 工 法 特 点

长久以来，国内中、小口径管道内防腐施工技术通常采用的是开放式喷砂除锈、挤涂式涂装和补口，它的弊病在于除锈效率低下、涂层厚度和质量难于保证，特别是焊口处的涂层厚度无法得到保证。本工法较好地解决了以上问题，其主要特点如下：

（1）厂内预制时，管道除锈采用机械化操作，实现了自动上下管，行走、喷丸、回收、装料及粉尘处理全自动智能化控制，一次行程可完成 4 根钢管的内除锈，具有自动化程度高、操作简便、除锈质量稳定的优点，同时解决了因开放式喷砂所造成的环境污染及施工安全等诸多问题。

（2）管道内喷涂采用了转速 ≥20000r/min 高速旋喷装置和集成芯片数字化控制系统的施工技术，具有雾化性能好、涂层均匀、操作简便、施工效率高、漆膜外观质量好、涂料适应性宽的特点，彻底根除了炮弹刮涂法涂料厚薄不均的缺点。

（3）管道现场补口时，在管道内除锈车、喷涂车和检测车上加装了CCD（ChargeCoupledDevice电荷耦合器件图像传感器）定位系统和同步成像跟踪技术，可在300m范围内通过液晶电视对管线内壁任意部位的除锈、喷涂和补口质量检测进行监测，实现了焊道的长距离定位、除锈、补口施工以及质量检测，使全部管线内涂层连续、完整，确保管线内防腐整体质量。

（4）管道现场补口设备集成度高、体积小、重量轻，均采用220V交流电作为工作电源，现场配备1台4.5kW发电机即可满足施工用电，具有极强的机动性和野外施工适应性。

3. 适 用 范 围

该工法适用于中、小口径（管径范围为 $\phi159\sim\phi508mm$）长输管道和油田集输管道的液态涂料内防腐预制和现场补口施工。

展开批量生产时，投入的设备经济数量如下：

（1）建立一条可四根钢管同时除锈的除锈生产线单班可除锈管线 1.0～1.5km；

（2）建立一条内喷涂生产线，在只采用一套内喷涂作业车情况下，单班生产能力为 1.0～1.5km；

（3）在采用一套补口设备（包括内除锈、补口、检测）时，每工日可现场补口 2km 管线。

4. 工 艺 原 理

本工法分为：厂内预制（包括内除锈和内喷涂）、现场补口、施工检测 3 部分。

4.1 管道内除锈原理

内除锈系统由供丸系统、喷丸系统、除尘系统、空气压缩系统、供管系统和电气控制系统组成。

主要部件有：提升机、螺旋分离器、螺旋输送器、喷丸室体、运管传动车、喷丸传动车、储气罐、油水分离器、空压机、管线平台等见图 4.1-1，图 4.1-2。

其工作原理为：由运管小车将钢管放入喷丸室体，喷丸小车带动砂罐前行，同时开启喷丸遥控装置，以压缩空气为动力的钢丸由散枪头喷射到钢管内壁，并由压缩空气带动进入喷丸室体，带粉尘气体通过除尘器排放到大气中；钢丸则由喷丸室底部排放口流入螺旋输送器后，依次通过提升机、螺旋分离器储存在供丸系统内。当喷丸小车行进到钢管管口附近完成内除锈工作时，喷丸小车上的砂罐口则正对供丸系统的排放口，开启气控闸阀进行装钢丸，随后喷丸小车徐徐后退并对钢管进行排气吹扫。当小车推到底部后，打开喷丸室体，通过运管小车将钢管运出，并装入待除锈的钢管，至此完成管线除锈作业。

图 4.1-1 除锈生产线（一）

图 4.1-2 除锈生产线（二）

4.2 管道内喷涂原理

内喷涂由管道内喷涂车完成，其主要由行走、供料、旋喷和控制四个部分组成（图 4.2-1）。内喷涂车工作时以 220V 交流电作动力源，在管道内正反两个方向爬行，其最大爬行深度为 20m；工作时所有的操作指令都通过控制箱上的按键来完成，操作人员可直观、准确、方便地进行操作。供料系统由料仓和料泵组成，料仓内的涂料通过电机带动的齿轮泵将其打入旋杯内，旋喷电机以 20000r/min 以上的旋喷转速，使旋杯内涂料在强离心力的作用下高效率雾化，均匀的喷涂在钢管内表面上，形成优良的防腐层，见图 4.2-2。

图 4.2-1 预制内喷涂车

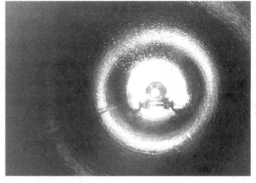

图 4.2-2 厂内预制内喷涂操作

4.3 管道内补口原理

现场补口由管道内除锈小车和喷涂小车来完成。

4.3.1 管道内除锈车

主要结构由行走、定位、除锈和控制等部分组成，见图 4.3.1。工作时以 220V 交流电作动力源，行走系统的行走电机驱动内除锈车在管道内正反两个方向爬行，其最大爬行深度为 300m；定位系统采用 CCD 定位装置，操作人员通过控制箱上的液晶显示屏可直观、准确、方便地确定要除锈的位置，开启除锈电机，使钢刷在焊道附近往返打磨，直至达到要求的除锈级别；工作时所有的操作指令都通过控制箱上的按键来完成。

4.3.2 管道内喷涂车

主要结构由行走、定位、供料、旋喷和控制等五个部分组成，见图4.3.2。行走、定位系统与内除锈小车相同；供料系统由料仓和料泵组成，涂料在料仓内通过电机带动齿轮泵将涂料打入旋杯内；通过转速20000r/min以上的旋喷电机，使涂料通过旋杯在强离心力的作用下高效率雾化，将涂料均匀的喷涂在钢管焊道上；工作时所有的操作指令都通过控制箱上的按键来完成。

图4.3.1　现场补口内除锈车

图4.3.2　现场补口内喷涂车

4.4 管道焊口涂层内检测原理

检测小车的主要结构由行走、定位、摄像、灯光、测厚、测厚头旋转伸缩、控制等部分组成，见图4.4。行走、定位系统与内除锈小车相同；测厚头通过控制系统可在管内进行360°旋转伸缩，操作人员通过控制箱上的液晶电视可直观、准确、方便地确定要检测的位置；工作时所有的操作指令都通过控制箱上的按键来完成。

图4.4　内涂层检测车

5. 施工工艺流程及操作要点

5.1 厂内预制

5.1.1 施工工艺流程（图5.1.1-1、图5.1.1-2）

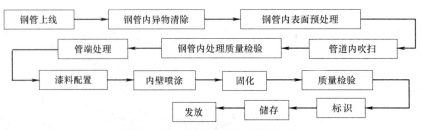

图5.1.1-1 厂内预制流程图（一）

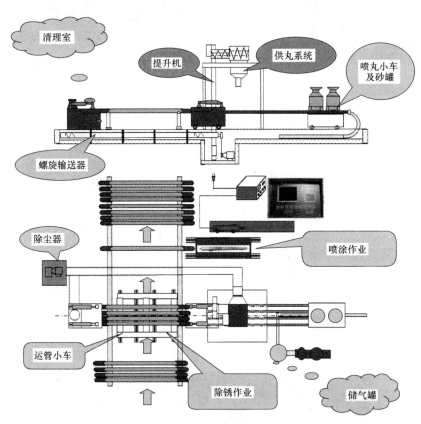

图5.1.1-2 厂内预制流程图（二）

5.1.2 操作要点

（1）钢管内表面预处理

1）钢管上线

采用吊车或抓管机将合格的钢管放到施工平台上。

2）钢管内异物清除

采用目视的方法检查钢管内有无杂物，如果有应清除干净。

3）除锈作业

钢管内表面预处理采用钢管内壁喷丸生产线进行除锈作业，关键控制点为钢管内壁及钢丸必须干燥，气量充足、干燥无油污，通常根据每把喷砂枪的用气量来配备空压机大小，压力必须控制在0.6～0.7MPa间，调节好钢丸流量，这样才能保证良好的效果。

① 将钢管由运管小车送入喷丸室内，由喷丸小车将喷丸枪头推进到送进管口处。

② 启动喷丸装置，当有钢丸喷出时，开动喷丸小车带动喷丸枪头缓慢向前移动，直到将整钢管喷射完毕，关闭喷丸及前进控制。

③ 将喷丸小车缓慢后退，同时开启吹气装置，进行余砂吹扫处理当枪头离开管口后，开启喷丸室盖，用运管小车送出内表面预处理完的钢管后，继续进行下一组钢管的内表面预处理。

（2）管道内吹扫

将内表面预处理完的管线摆放在吹扫线平台，利用压缩空气对钢管内壁再次进行吹扫，将钢管预处理时遗留在管内的微尘吹扫干净。

（3）钢管内处理质量检验

钢管内表面除锈等级应达到《涂装前钢材表面锈蚀等级和除锈等级》GB/T 8923—1988 中规定的 Sa3 级。

（4）管端处理

在检测合格的管线两端 60～80mm 范围内涂刷硅酸锌可焊性防锈涂料，干膜厚度为 20～40μm，以预防做完防腐层后的管线在焊接前再次生锈。

（5）钢管内壁喷涂

利用管道内喷涂车对钢管内壁进行喷涂防腐。

1）喷涂前，将配比完、熟化好的涂料装进喷涂车的储料仓（涂料必须严格根据厂家的配比要求进行调配），然后把内喷涂车放到钢管内，启动内喷涂车控制箱上行走调速开关，使其行进到钢管的另一端。

2）在管端安装锥形预留段保护套，使喷涂时能在管端留出刷有可焊涂料的预留段。

3）按照规定的工艺参数调整设定好旋喷速度、行走速度和泵料速度，开启内喷涂车的料泵与旋杯旋转机构，待涂料充分雾化后，再开启行走开关使内喷涂车倒退喷涂，完成钢管内壁喷涂作业。

4）涂层质量检测

当内防管喷涂完毕后将钢管摆放到操作台静置、晾干，24h 后进行内涂层的外观和厚度的检测，当检测出涂层厚度不够时应进行补喷。

（6）内喷涂施工注意事项

1）应有专人操作、保管设备。

2）施工时，喷涂小车要轻拿轻放，旋喷电机的轴及旋杯严禁有任何外力的碰撞，特别是在设备进出管道时要格外小心。

3）电缆线在施工中和存放地要避免有车辆及器械等的碾压和冲击。

4）设备应存放在阴凉、干燥、通风处，控制箱及车体严禁在太阳下暴晒。

5）喷涂机用完后，应及时进行彻底的清洗，包括料仓、料泵、料管、旋杯以及车身等。较长时间不用时，应进行彻底清洗。

5.2 现场补口

5.2.1 补口工艺流程图（图 5.2.1）

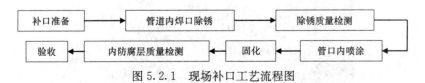

图 5.2.1 现场补口工艺流程图

5.2.2 操作要点

内补口先用管道内除锈车对焊口进行除锈，然后采用管道内补口车进行管道焊口喷涂，待涂层完全固化后采用管道内检测车进行观测、检查。由于所有补口设备均为有线设备，最长爬行距离为 300m，爬坡角度 30°。因而在本工程的具体施工方法为：先由管线施工单位将钢管分别组对成长度为

260～280m 的分段管线，然后在内补口施工时对焊口打磨除锈、喷涂防腐涂料，待所有管段补涂完后，对这些管段的对接焊口进行补口，对一段补一段，以免出现漏涂焊口。

（1）管道内焊口除锈

利用管道内壁焊口除锈车对焊口内壁利用自带的两个钢丝刷进行正反转两个方向进行除锈。

（2）除锈质量检测

采用管道内壁检测车进行检测，检测方法：将检测车放进管道内，寻找到焊口位置后对管道焊口内壁的除锈情况通过信号传输到监测器的屏幕上，并与标准中 St3 级的图片进行比较，除锈效果应符合要求。

（3）焊口内喷涂

利用管道内补车通过车上自带摄像头对焊口进行定位（图5.2.2-a）、喷涂（图5.2.2-b）。施工方法及工艺与管道内喷涂车相同。

（4）内防腐层质量检测

涂层固化后，采用管道内壁检测车进行检测，检测方法：将检测车放进管道内，寻找到焊口位置后对管道焊口内壁的喷涂情况通过信号传输到控制箱上的液晶显示屏上，然后通过探测头对防腐层进行检测。

（5）管道弯管内补口施工（图5.2.2-c）

由于长输管道施工中的拐点很多，而现有的补口设备无法进入弯管，为保证在管道内防腐施工中确保无一道漏涂焊口，通过采用管道内喷器，安装上可调节找正的滑轨，接上高压软管，然后根据弯管的长度将内喷器送入焊口附近，开启高压无气喷涂机慢慢拽出的工装，该方法监测车虽无法进入检测防腐层厚度，但能保证管内焊口处喷涂均匀无漏涂现象。

(a)   *(b)*

(c)

图 5.2.2　弯管补口作业

(a) 弯管待补口位置定位；*(b)* 调试管道内喷器的雾化情况；*(c)* 进行弯管的补口作业

6. 材料与设备

6.1 施工设备

6.1.1 管道内除锈线

(1) 设备型号 HS55GP 型。

(2) 管道内除锈线具备：结构合理、操作简便、环保节能、自动化程度高，可实现工厂化连续生产的生产线。该生产线在性能上还具备以下特性：

1) 钢丸喷射；

2) 适用 $\phi159\sim\phi508$mm 间任意管径；

3) 除锈等级达 Sa1～Sa3 任意级别；

4) 除锈效率在 60m²/h 以上；

5) 一次动作可以完成 4 根钢管除锈作业。

6.1.2 管道内喷涂

(1) 设备型号 YQP-30-I 型。

(2) 管道内喷涂机应具备：结构紧凑，操作简便，行速均匀，高效雾化，特别适用于厚浆型重防腐涂料的设备。该线在适用性上还应具备以下特性：

1) 适用管径 $\phi159\sim\phi508$mm；

2) 涂料喷嘴旋喷速度：≥20000r/min；

3) 适用涂料黏度：涂-4 杯≤150s；

4) 一次作业距离不小于 20m；

5) 雾化均匀，涂膜厚度一致；

6) 一次成膜厚度为 30μm～500μm（根据所用涂料不同而定）。

6.1.3 管道内补口设备

管道内补口施工分三个部分，分别为管道焊口内除锈、管道焊口内喷涂、管道焊口内检测。其共性部分要求：结构合理，能在管内 300 米的范围内自由行走，操作简便，自动定位，可从显示屏上观测到每个焊口。具体要求如下：

(1) 管道焊口内除锈车：

1) 适用管径 $\phi159\sim\phi508$mm；

2) 旋转式钢丝刷除锈；

3) 自由确定除锈宽度；

4) 除锈级别不小于 St3。

(2) 管道焊口内喷涂车：

1) 适用管径 $\phi159\sim\phi508$mm；

2) 旋喷速度：≥20000r/min（低于该值雾化不好）；

3) 适用涂料黏度：涂-4 杯≤150s；

4) 雾化均匀，涂膜厚度一致；

5) 一次成膜厚度为：30μm～500μm（根据所用涂料不同而定）。

(3) 管道焊口内检测车：

1) 适用管径 $\phi159\sim\phi508$mm；

2) 可观测和检测 300m 范围内任意焊口涂层厚度。

6.2 防腐涂料

6.2.1 根据苏丹气候和生产的特点，加之工期紧的需要，我们对国内外的涂料进行了详细的调查和研究，因此确定以下特殊要求：

(1) 重防腐型厚浆涂料；

(2) 喷涂后满足一次成膜、干膜厚度达 $300\mu m$；

(3) 能够在 50℃ 的环境温度下，在 1.5h 内不抱聚；

(4) 在 50℃ 的环境温度，喷涂达到一次成膜厚度要求的下，湿膜不流挂、不滴流。

6.2.2 其他工程施工可根据工程设计要求，选择不同性能指标的防腐材料。防腐施工时，可根据材料的性能指标，采取不同的生产工艺参数。

7. 质 量 控 制

7.1 执行标准

为保证施工质量，使管道内防腐质量满足使用功能需要，施工时应严格按照业主规范、设计要求及《钢质管道液体环氧涂料内防腐技术标准》SY/T 0457—2000 中规定的技术及质量要求进行施工。

7.2 关键部位和工序的质量要求

(1) 产品生产过程中应有各工序的质量检验记录。本道工序质量不合格，禁止进入下道工序。

(2) 钢管内表面预处理后，采用管道内检车进行检测，检测方法：将检测车放进管道内，在行进过程中将管道内壁的除锈情况通过信号传输到液晶显示屏上，并与标准中 Sa3 级的图片进行比较，除锈效果应符合要求。

(3) 防腐层外观检查：防腐层实干后采用管道内检测车进行检测。检测方法：将检测车放进管道内，在行进过程中将管道内壁的喷涂情况通过信号传输到液晶显示屏上检查其外观是否平整、光滑，有无气泡、漏涂和流挂现象。

(4) 防腐层厚度检测：防腐层实干后，将管道内检测车放进管道内，在爬行过程中对钢管内壁任意确定三个位置，检测每一个位置沿圆周方向均匀分布的任意 4 点，厚度应≥$250\mu m$ 或设计的规定。

(5) 经过上述质量检查不合格的防腐层都应补涂或重涂，直至合格。

(6) 当环境相对湿度大于 85% 时，应对钢管除湿后方可作业，严禁在雨、雪、雾及风沙等气候条件下露天作业。

7.3 技术保证措施

7.3.1 施工时，应采用定人、定岗、定责的办法组织施工，施工关键岗位必须做到由有经验的技术人员根据本班次的施工内容及施工环境情况进行班前到岗技术交底。

7.3.2 钢管内表面采用抛丸方式除锈达到 Sa3 级，预处理后，应用清洁、干燥、无油的压缩空气将钢管内砂粒、尘埃、锈粉等灰尘清除干净。

7.3.3 若钢管内壁潮湿，喷涂施工前，应将钢管预热驱除潮气，预热温度控制在 40～60℃。

7.3.4 加强与管道现场安装单位的协调配合，对管道施工进行合理分段，以确保管道补口作业顺利实施。

8. 安 全 措 施

8.1 执行依据及有关规定

(1) 防腐生产的安全、环保应符合《涂装作业安全规程 涂漆前处理工艺安全及其通风净化》GB 7692 的要求。

(2) 涂漆区电气设备应符合国家有关爆炸危险场所电气设备的安全规定，电气设施应整体防爆，操作部分应设触电保护器。

(3) 钢质管道除锈、涂敷生产过程中，所有机械设备的转动和运动部位应设有防护罩等保护设施。

（4）工作场所必须通风。

（5）施工作业时，要穿戴好劳动保护用品，衣袖、裤脚、领口要扎紧，并要戴口罩、风镜，接触有毒物质时还应戴防毒面具。

（6）工作完毕后，要将残存的易燃、有毒物质及其他杂物清除干净。

8.2 安全要求与预防措施

（1）提高安全生产意识，使施工人员都能意识到在施工过程中危险是随时存在的，所有人员必须认真遵守安全条例和安全规定；所有施工人员在被派到现场之前，都必须了解拟进行的工作危险点及全防范措施。

（2）根据安全要求应向项目人员和业主代表、监理工程师提供在工作中所需要的安全保护用具（包括防护衣服、头盔、护目镜、工作鞋等）。

（3）施工现场设安全生产和操作规程牌，在有潜在危险的地方设明显的安全警示标志，必要时设置安全栏杆，以控制车辆及行人的行动。

（4）对所有到施工现场的参观者，在进入施工现场之前，应有可能对其造成的伤害的特殊危险识别标志进行导向，包括警告、个人保护设备的使用和公司安全政策等。

（5）教育并监督所有员工遵守所有法规及正确使用个人防护设备。作业现场及生活区应配备必须的安全设施，如消防设施（灭火器、灭火沙、桶等）及安全护栏、防护标志牌等。

9. 环 保 措 施

管道内防腐施工应按照以下标准的规定的要求：

（1）钢质管道除锈、涂敷生产过程中，各种设备产生的噪声应符合（工业企业噪声控制设计规范）GBJ 87 的有关规定。

（2）钢质管道除锈、涂敷生产过程中，空气中粉尘含量不得超过《工业企业设计卫生标准》TJ 36 的规定。

（3）钢质管道除锈、涂敷生产过程中，空气中有害物质浓度不得超过《涂装作业安全规程涂漆工艺安全及其通风净化》GB 6514 的规定。

对产生的废弃物等，按照环保要求进行处理，不得随意丢弃垃圾和废弃物。

10. 效 益 分 析

该工法自 2004 年 12 月中旬在苏丹投入应用至今，共计预制 NPS6-NPS16 内防腐管道 106km，现场补口 1 万余道，实现合同收入 1434 万（人民币）。工程除锈、喷涂、补口质量一次合格率达到 99％以上，得到业主、监理和总包商的高度评价。

10.1 管道内防腐除锈生产线的应用效果

由于采用了环保型密闭喷丸除锈的智能化控制系统，实现了自动上下管、行走、喷丸、回收、装料及粉尘处理的全自动化操作功能，该项技术在国内同行业中处于领先水平。其现场应用效果如下：

（1）自动化程度高、操作简便、安全环保

由于采用了全自动化的控制，各项工序都通过中央控制箱来操作控制，同时由于采用了密闭喷丸和自动筛砂、上料，避免了灰尘满天的现象和施工人员倒料、装料的大体力劳动，所有工作仅需三人即可完成。

（2）除锈质量好、效率高

施工中，所有的工序都是通过设定好的参数来运行的，施工人员在工作中只需看好控制箱并进行巡检即可，避免了以往的职工的疲劳施工和行速不平稳的现象，从而保证了除锈的施工质量，通过使用四把喷枪对四根钢管同时进行除锈的作业，又极大地提高了生产效率。在苏丹三七区的内防施工中，该线单班生产效率达 1.0～1.5 公里，而且除锈质量均为优良，见图 10.1。

除锈前的钢管　　　　　　　　　　　　　　　除锈后的钢管

图 10.1　厂内管道内壁除锈效果

（3）管径适应性宽，可满足在 $\phi76～\phi508$mm 间的任意管线。

由于该生产线可根据管线规格调换不同的喷砂枪头，可满足在 $\phi76～\phi508$mm 间的任意管线。在苏丹现场施工中，我们分别配备了 250 型散枪头和 500 型旋转枪头。

10.2　管道内喷涂实际应用效果

该项施工技术采用的是喷涂小车在管内行走的喷涂方式，改变了以往的挤涂法施工，设备的旋喷、行走、泵料均由主操作手向控制箱输入参数自动完成，同时该设备高固体含量的厚浆型环氧涂料有着极好的雾化性，湿膜一次喷涂厚度可达 $400\mu m$ 而不流挂，喷涂均匀，涂层厚度前后基本一致，从而实现了流水线式作业，大大地提高了施工效率，降低了生产成本。其现场应用效果（见图 10.2）如下：

（1）结构紧凑，操作简便，行速均匀，高效雾化。

由于采用了微型电机、变频器和集成电路，该工装具有极为紧凑的结构，通过将电机的运转数据转换成数字显示在控制箱操作屏上，因而操作起来极为方便，全部喷涂作业仅需三人即可完成。

（2）漆膜外观质量好，厚度均匀，一次成膜厚度可达 $300\mu m$ 以上。

图 10.2　厂内内喷涂效果

（3）施工效率高，适用 $\phi159～\phi508$ 间的任意管径。

由于设备体积小，重量轻，操作简便，凡具备 220V 电源的场地均能施工，而且施工速度极快，以 12m 管为例，其生产速度为 6min/根。对于不同管径的钢管，通过更换拓展轮调好中心即可方便施工，因而极有较宽的适应性。

10.3 管道内补口实际应用效果

以往单根管道的涂层内衬施工相对容易实施，但是对安装焊接后焊缝处再进行补口补伤处理，却没有一个良好的办法。我们此次采用的技术是在管道内喷涂车上加装摄像头、自动定位和计数装置，通过采用 CCD 定位技术和可视电视的观测监控系统，能对管道的每一道焊缝在准确的监测中进行除锈、喷涂和检测，彻底解决了挤涂工艺中施工情况无法观测，涂层厚度和质量无法保证的弊端。其现场应用效果如下：

（1）对于我们选用的高黏度的环氧厚浆性环氧涂料有良好的适应性，一次喷涂即可达到所需厚度要求，缩短了施工周期。

（2）对环境的施工条件及配套设施要求较低，施工速度快，质量容易得到控制。

（3）采用电动驱动，能耗低。在野外施工时一台 4.5kW 的发电机就可提供充足的动力供应。

（4）补口作业中，采用视觉光学定位系统，定位准确、直观、方便，科学的检测手段，能使管道内补口工程质量得到有效的保证。

（5）现场安装快捷，生产效率高，一套设备一天可 200 道口以上，并且在现场补口作业可和管道安装单位实施交叉施工，利用安装单位的施工间歇，完成喷涂补口施工。使管道安装现场的各工序的配合变得简单易行。

如图 10.3-1、图 10.3-2 所示。

图 10.3-1　马来西亚 OGP 监理现场施工检查

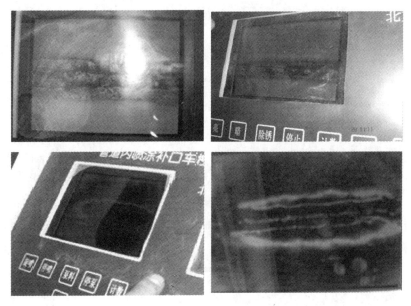

图 10.3-2　管道内壁焊道除锈、喷涂后的质量检查

11. 应 用 实 例

该项工法自 2004 至今，在苏丹 3/7 区 FSF 管道项目内防腐工程及其续建工程中成功应用，具体情况如表 11。

本工法在苏丹 3/7 区 FSF 管道项目内防腐工程及其续建工程中的应用 表 11

序号	项目名称	地点	开竣工时间	主要实物量	应用效果及存在问题
1	PALOGUE FSF 项目管道内防腐工程	苏丹 3/7 区 PALOGUE	2004.12 2005.06	NPS6-NPS12 管道内防腐预制 82.5km；现场补口 7786 道；实现工程收入 1114 万元(人民币)	该项工法首次大规模现场应用，加之预制生产线调试以及工艺参数的优化，防腐管预制一次合格率为 98.7%；现场补口一次合格率 99.1%，工程一次验收合格
2	GASSAB FSF 项目管道内防腐工程	苏丹 3/7 区 GASSAB	2006.11 2007.03	NPS10-NPS16 管道内防腐预制 23.5km；现场补口 2215 道；实现工程收入 320 万元(人民币)	根据合同要求对原生产线进行了升级改造，预制最大管径从 NPS12 扩展到 NPS20，防腐管预制一次合格率为 99.8%；现场补口一次合格率 100%，工程一次验收合格

本工法工艺先进成熟，设备结构紧凑、自动化程度高，全封闭施工，施工人员劳动强度低、劳动力投入少，产品质量好，环境污染小，达到国内领先水平，具有广阔的应用前景。

高强异型节点厚钢板现场超长斜立焊施工工法

YJGF115—2006

中建三局建设工程股份有限公司　中国建筑工程总公司

张琨　王宏　欧阳超　陈韬　熊杰

1. 前　　言

近年来，随着经济的发展、产钢量的提高，钢结构工程由于其优越的力学和环保节能等性能得到了迅速的发展。特别是 2010 年世博会、亚运会即将在我国举行，大型体育场馆、公共建筑、构筑物以及大跨径的厂房及市政共用工程等建设方兴未艾，给我国的钢结构设计施工带来了前所未有的挑战。随着各类特大型复杂钢结构工程的涌现，高强超厚板（如 60～100mm 厚的 Q390D、Q420D、Q460E 等材质钢板）的现场焊接就越来越多，焊接难度也越来越大，特别是多杆件汇交形成的复杂节点。为满足节点构造要求和现场吊装要求，一些超长、超厚焊缝在施工现场进行焊接也就在所难免，而高强钢材的可焊性程度、焊接参数、焊接应力和变形控制等受现场条件、焊接位置及环境的影响，存在较多的不确定性因素，尚无成熟的规范及焊接工艺参数作参照。研究、探索高强超厚板现场焊接工艺具有十分重要的理论意义和实际意义，也是十分迫切需要解决的问题；同时对施工单位也提出很高的要求，需要根据工程本身特点与实际工况，依托传统、成熟的焊接技术，开展科技创新、大胆探索，进行施工工艺革新。

中建三局股份钢结构公司近年来在钢结构厚板焊接方面不断总结经验，推陈出新。通过在中央电视台新台址工程 CCTV 主楼钢结构安装中，以 10 根超大型复杂蝶形节点的多箱型分体钢柱为代表的超长、超厚焊缝的成功焊接，总结了一整套关于高强钢超长、超厚板的现场焊接思路和方法，形成本焊接工法。

2. 工 法 特 点

2.1　使用半自动实芯焊丝 CO_2 气体保护焊（FCAW-G）和半自动药芯焊丝 CO_2 气体保护焊（GMAW）相结合的焊接方法，模拟工况进行焊接工艺试验，获取焊接参数。

2.2　用电脑控制的电加热设备进行焊前预热、焊中层间温度控制以及焊后热消氢处理，确保母材受热均匀，有效控制了冷裂纹的产生，提高了焊接工效、保障了连续施焊，避免了大量火焰烘烤工的集中作业，节约了焊接时间和焊接成本。

2.3　采取分段退焊顺序，并在焊前、焊中与焊后用全站仪进行实时监测，及时调整加热能量，减少焊接变形。

2.4　焊后 48h 焊接探伤和 15d 后延迟裂纹探伤检验，进一步保障了焊接质量。

3. 适 用 范 围

本工法适用于厚板、长焊缝的焊接，最适用于钢结构安装工程中高强材质 Q390D、Q420D、Q460E 的长焊缝的二氧化碳气体半自动保护焊、立焊位置的焊接；对于其他板厚在 100mm 以上的现场焊缝焊接同样具有很大的参考价值。

4. 工 艺 原 理

4.1 施工前，根据焊接形式有针对性地进行焊接工艺评定。

4.2 钢分体安装，先安装本体钢柱、并部分焊接，然后安装分离下来的一部分钢柱。

4.3 焊接前先对焊接坡口两侧的母材进行超声波无损探伤检测，检查母材内部有无缺陷，同时用焊缝量规对焊缝坡口大小、角度以及安装组对情况进行仔细的检查。

4.4 使用电加热技术进行焊接预热、后热加热保温，保证钢柱整体温度同步均匀加热和降温。

4.5 焊接过程中采用分层、分道、对称、同速分段退焊的方法进行施焊。

4.6 在整个焊接过程中，采用高精度全站仪对钢柱的关键部位进行跟踪测量，如钢柱的轴线有偏移，则及时通过调整焊接顺序和电加热的热输入量技术对钢柱进行校正。

4.7 焊接完成 48h 后采用超声波无损探伤和磁粉探伤检测焊缝的焊接质量，15d 后对焊缝再次进行检查，防止延迟裂纹的产生。

5. 施工工艺流程及操作要点

5.1 施工工艺流程（图 5-1）

5.2 操作要点

5.2.1 焊接材料选择

根据钢结构母材和焊接方法，选用匹配的焊接材料，如表 5.2.1。

焊接材料选用   表 5.2.1

结构 母材	CO_2 实芯焊丝		CO_2 药芯焊丝	
	型号	直径(mm)	型号	直径(mm)
Q390D	ER50-G	$\phi1.2$	E501-T1	$\phi1.2$
Q420D	ER55-G	$\phi1.2$	E501-T1	$\phi1.2$
Q460E	ER55-G	$\phi1.2$	E501-T1	$\phi1.2$

5.2.2 焊接工艺参数

焊前预热、层间温度、后热温度参考表   表 5.2.2-1

材料	预热温度(℃)	层间温度(℃)	后热温度(℃)	恒温时间(h)	保温时间(h)
Q390D、Q420D	120～150	120～150	250～300	2	5
Q460E	120～150	120～150	250～300	2	5

半自动实芯（药芯）焊丝 CO_2 气体保护焊的焊接参数（立焊）   表 5.2.2-2

层位	焊接方法	焊丝或焊条		保护气体	气体流量 (L/ min)	电流 (A)	电压(V)	焊接速度 (mm/ min)
		型号	规格 ϕmm					
打底层	GMAW	ER50/ ER55	1.2	CO_2	30～50	140～160	19～20	300～350
填充层	FCAW	E50	1.2	CO_2	30～50	180～200	22～25	350～400
盖面层	FCAW	E50	1.2	CO_2	30～50	180～200	22～25	300～350

5.2.3 焊接工艺评定

制定焊接工艺评定指导书，严格模拟实际工况，按照预定工艺参数进行焊接试件的制作，冷至常

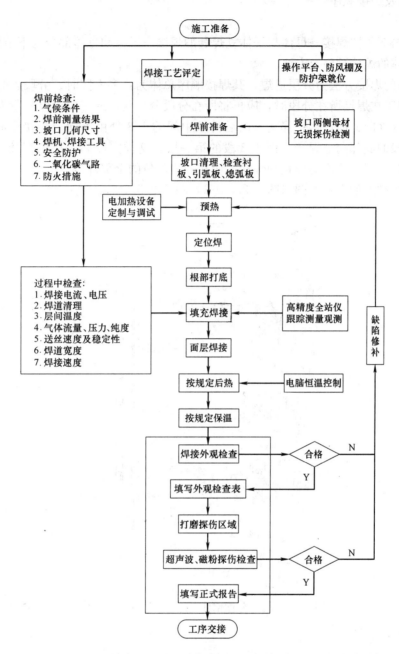

图 5-1　施工工艺流程图

温 48h 后，进行 UT 探伤、力学性能试验检测，确定最佳的焊接工艺参数和焊接方法。

5.2.4　焊接接头的准备

焊接前应认真检查母材坡口的间隙是否超标，如有超标应在坡口表面用小热输入、多层、多道堆焊方法减小间隙，使坡口角度和间隙达到标准后方可正常施焊。

检查边缘是否光滑，确保无影响焊接的割痕缺口，质量应符合 GB 50205—2001 规范规定的要求，若发现问题应用磨光机认真打磨处理，全格后方可进行焊接。

5.2.5　焊接顺序和焊接方法

分体钢柱的立向焊缝纵向通长分布在钢柱内箱体一侧，焊接熔敷金属量大，由于焊接收缩变形产生的焊接应力对结构质量将造成不利因素，而且母体横截面大刚性大对子体形成很大约束，因此控制焊接应力、防止厚板在焊接时的冷裂纹及层状撕裂，将是主要的技术重点，在焊接施工前必须制定出合理的焊接顺序及方法，并严格按照制定的焊接顺序和方法进行焊接作业。

5.2.5.1　安装及焊接顺序

（1）整体顺序

母体（本体）与下节柱焊接→母体与子体立焊缝的焊接→子体和母体部分与下节柱焊接

（2）母体与子体的焊接顺序及方法

1）母体与子体的焊接方法为分层退焊，其焊接顺序总体为：多人同时、分段、对称焊接。

2）每名操作焊工在焊接所在分段时，应再将所在分段分为两段或三段，以三段为例焊接顺序为：

先从上面的 1/3 处向上面焊接；焊完一层后再从中间的 1/3 处由下向上焊接中间的 1/3 段的第一层；然后再从此分段的底部向上焊接下面 1/3 段的第一层，这样完成第一层的焊接；接着再由下向上焊接上面 1/3 段的第二层，依次类推直到焊接完所在分段部位的全部焊接。

母体与子体焊接顺序如下示意图（图5.2.5.1-1，图5.2.5.1-2）：

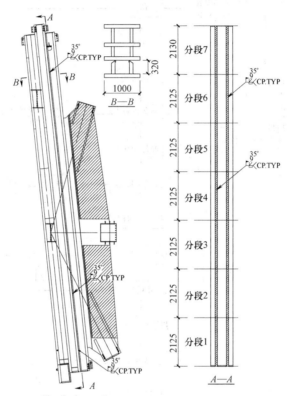

图 5.2.5.1-1　分体钢柱立焊缝焊接分段示意图

5.2.5.2　焊接方法

采用薄层多道窄摆幅和分段退焊的焊接方法进行施焊，严格控制单道焊缝的厚度和宽度，减少焊接热输入，以减小降低焊缝的机械性能因素，单道焊缝厚度应不大于5mm、摆动宽度不大于20mm。

分段退焊焊接接头的处理（图5.2.5.2）：

在分段退焊上段焊缝时，每一层焊接至上一区域分段处止焊；再退至下段与下一区域分段处起焊，焊接至上一段起焊处止。在某一段焊接前，需将上段焊缝起焊处和下区域止焊处的焊接缺陷需用碳弧气刨和砂论清除干净，并将接头处处理成缓坡形状，达到焊接要求，每一层的焊缝接头必须错开不小于50mm，以避免焊接缺陷的集中。

5.2.6　焊接工艺要求

5.2.6.1　预热

由于超长焊缝需要安排大量的焊工分段同时连续施焊，为保证焊接的质量，减小焊接应力，焊前预热非常重要。为达到所需要的温度，焊前预热的预热方式主要以电加热为主，对局部电加热无法加热到的地方采用火焰加热的方式进行，预热温度为：不低于120℃。测温点位于焊缝两侧并离焊缝中心

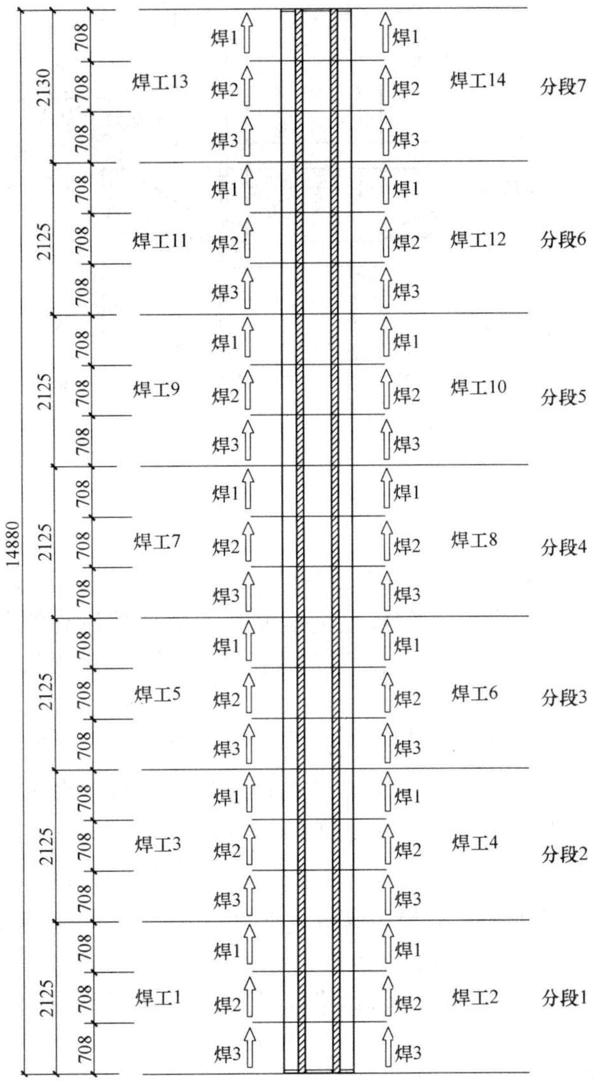

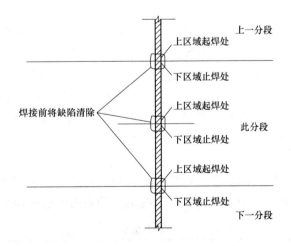

说明：焊1、焊2、焊3代表某焊工在焊接此分段焊缝的焊接先后顺序。

图 5.2.5.1-2　分体钢柱立焊缝焊接顺序示意图

图 5.2.5.2　立向焊缝接头处理示意图

75mm 处，预热时间 4～5h。加热范围如图 5.2.6.1 所示：

5.2.6.2　层温控制

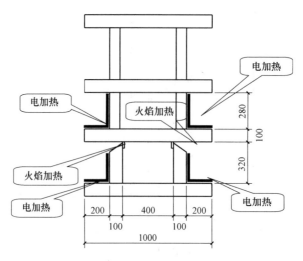

图 5.2.6.1　加热范围示意图

与预热一样，超长焊缝层温控制十分困难，焊接时焊缝分段焊接的长度，应控制在一定长度 1m 左右，需随时对焊接焊缝进行测温监控，层间温度应控制在不低于预热时的温度（即层间温度应不低于 120℃），发现层温过低时，必须立即进行加热补偿，待达到要求后再进行焊接。

5.2.6.3　后热及保温

分体钢柱与主体的斜立向焊缝，由于是分段焊接完成，先焊接完成段的焊缝温度需保持在接近后一段焊接部位焊缝的温度。因此应及时放置电加热器进行后热处理。在放置电加热设备的过程中，为了防止焊缝温度降低应先用火焰对焊缝进行补偿加热，保证整个焊缝的温度不低于焊接过程中的最高层间温度（即 150℃）。当电加热器的温度升高到 150℃ 时，停止火焰加热，从而保证焊缝的均匀收缩，减少焊缝分段焊接的收缩产生的应力。后热温度应控制在不低于 250℃，加热到所需温度后恒温 2h 再进行保温覆盖缓冷至常温。

5.2.6.4　若遇气候条件恶劣，不能连续施焊时，应立即采取上述后热措施，再次开始焊接前应按上述规定重新预热。

5.2.7　焊接时的其他注意事项

（1）在开始施焊前，应对参焊人员进行详细的交底，并对焊接人员明确其所在的焊接部位；

（2）在焊接过程中，应准备至少两台备用焊机，以防止某台焊机出现故障后立即有焊机投入使用而不至于某一焊接部位停焊；

（3）在焊接过程中，每一个班组应准备至少一名焊工，以防止某焊工发生不可预见的紧急情况后，立即有人投入焊接而不至于某一焊接部位停焊；

（4）在整个焊接过程中，安排专人全程进行监护，一来对焊接质量进行监督，二来对焊接工人进行防护，以免发生意外。同时，监护人员还要认真、详细地做好焊接过程中各项参数的记录。

（5）若在夏季焊接，由于天气炎热，焊接时焊工都在封闭的环境中施焊，在焊接过程中应对焊接工人做好防暑降温的后勤保障。

5.3　劳动力配备

劳动力需要根据所焊接焊缝的用长度、板厚、所需焊接时和允许展开的作业面确定，以焊缝长度为 14mm、板厚为 100mm、两条焊缝同时对称焊接时的劳动力需求建议如表 5.3。

劳动力组织			表 5.3
序　号	类　别	单　位	数　量
1	管理人员	人	4
2	铆工	人	2

序　号	类　别	单　位	数　量
3	电焊工	人	45
4	架子工	人	2
5	电工	人	2
6	测量工	人	4
7	探伤	人	1
8	起重工	人	1
9	普工	人	12
10	电加热专业人员	人	9
	合计	人	82

说明：以上人员需求是单根钢柱焊接时的人员安排统计所得，此柱焊接时 3 班 24h 连续作业，每班 15 人（其中 1 人为后备补充人员，以防正常施焊的焊工因劳累过度而发生意外），共连续焊接 72h。

6. 材料与设备

CPXS-500 型二氧化碳半自动气体保护焊焊机：16 台

XF200 型空气压缩机：4 台　　　　　TH-10 型碳弧气刨：10 把

气割设备：10 套　　　　　　　　　超声波探伤仪：1 套

焊缝量规：2 把　　　　　　　　　　电子测温仪：16 把

DWK-360kW 电脑温控仪：1 台；　　陶瓷磁铁式电加热器：若干

7. 质量控制

7.1 防止焊接变形及应力的措施

7.1.1 分层、分道退焊的方法进行施焊。

7.1.2 分区域多机对称焊接。在焊接过程中首先选用技能优秀的焊工，在对称位置的两名焊工，应尽量保持同时、同速施焊，并选择相同的焊接电流参数及每层的焊接厚度，保证相同的焊接热输入，使收缩趋于同步。

7.1.3 使用电加热设备进行焊接预热、后热处理，保证钢柱整体温度同步均匀加热和降温。

7.1.4 在焊接过程中应严格控制层间温度，同一区域在焊接过程中，焊接操作人员及监护人员应随时对施焊区域的温度进行检测，当层间温度低于 120℃时，应及时用火焰加热法（使用大号烤枪）进行补热，当层间温度高于 200℃时，应立即停焊，待温度自然降至规定层间温度时，再进行焊接。

7.2 防止冷裂纹及层状撕裂措施

7.2.1 针对长焊缝特点采取多人分段分层退焊焊接，即由多名焊接技工，同热输入量、匀速焊接，并保持连续施焊，使焊接应力分散，有效地减小峰值应力，减少焊接冷裂纹及层状撕裂的产生倾向。并且两条长焊缝采取完全对称、同时焊接措施。

7.2.2 使用优秀焊工，减少焊缝缺陷及碳弧气刨的使用。碳弧气刨使用后应采用角向磨光机磨去刨削部位表面附着的高碳晶粒，避免焊缝裂纹的产生。

7.2.3 控制坡口尺寸和焊缝截面积，防止过量熔敷金属导致收缩和应力增大。

尽量控制焊缝表面的余高，并使之平缓过渡，以减少焊趾部位的应力集中。焊缝余高应控制在 0.5～3mm 以内。

7.2.4 焊前预热和层间温度的控制。预热主要采用电加热器进行加热，加热区域为被焊接头中较厚板的 1.5 倍板厚范围，但不得小于 100mm 区域，加热温度应不低于 120℃，由于柱截面特点而不可能在厚板的反面加热，为了使全板厚预热温度达到均衡，在母体侧扩大加热一块腹板。焊接前应认真检测焊接区的加热温度，确保加热温度满足要求。

7.2.5 焊后热处理及后热保温是防止层状撕裂的关键所在，在焊接完毕后确认外观检查合格后，立即进行消氢后热和长时间保温处理，有效地消除焊接应力及扩散氢的及时逸出，从根本上解决由于焊接应力集中及扩散氢积累含量过高而发生层状撕裂的难题。

7.2.6 使用高纯度的二氧化碳气体进行焊接，其纯度应保证：CO_2 含量 $\geqslant 99.9\%$，水蒸气与乙醇总含量（V/V）不得高于 0.005%，并不得检出液态水。药芯焊丝开盘后应连续用完避免受潮。

7.2.7 采用 50 级焊丝，使焊缝与母材达到强匹配，避免超强匹配。这是防止母材产生层状撕裂的重要措施之一。

7.2.8 为减小长焊缝的拘束应力，该柱与下柱的焊接接头待长焊缝完成和验收后进行。

7.3 焊后质量检测

整条焊缝焊接完毕并经后热保温处理、待冷却 48h 后，按设计要求对焊缝进行 100% 的超声波探伤和磁粉探伤检测。为保证焊接质量、防止冷裂纹的发生，在焊接 15d 后对焊缝进行再次超声波探伤检测。

8. 安 全 措 施

由于焊接工作量巨大、焊接时间长，且上下十多名焊工同时进行焊接，所以焊接前需搭设安全、稳固、封闭的安全操作平台，以保证焊接过程中所有焊工能够安全地操作。

焊接安全操作平台使用脚手管搭设，当焊缝过长时，必须搭设多层隔断封闭式平台，由下到上分成多个区段同时进行焊接，在焊接的过程中，上部区域的焊接作业不得影响下部区域的焊接操作，达到安全稳固的要求。

由于分体连接焊缝超长均需分层分段焊退焊完成、还需由下到上分成多个焊接区域，并在各区域增加相应高度的活动操作平台，可供焊接人员随时上、下移动位置，按规定的焊接方法和顺序进行施焊。

焊接安全操作平台的搭设如图 8。

9. 工程实例及效益分析

中央电视台新台址工程 A 标段主塔楼外框钢柱截面大，钢板厚（最大板厚达 100mm），由于结构受力要求，部分外框钢柱分节后的单节重量达 120t，超出现场吊装设备（最大吊装设备为 M1280D 塔吊，最大起重能力为 80t）的起重能力，根据设计要求钢柱无法减小分节，为减少单节钢柱重量，满足吊装，需要将钢柱部分箱体或牛腿与主体分离后进行安装（如图 9 所示）。安装时先将主箱体吊装、测校、部分焊接，然后再进行分体部分的拼装，校正后进行焊接。

主楼钢结构安装中焊接难度最大的 10 根外框超重钢柱，采用了分体安装、现场半自动实芯＋药芯焊丝 CO_2 气体保护焊接的工艺。单条焊缝最大长度为 14880mm，钢板厚度为 100mm，填充金属量约 0.55t，焊接位置全部为斜立向位置、超长焊缝和超厚板的焊接。施工时用 14 名焊工同时焊接，52 名焊工参与，连续 3 昼夜，焊接完成一组超长超厚立焊缝。所有焊缝自检、第三方探伤检测，全部一次性 100% 合格，且通过了业主和北京市质量监督检查站的复检。

中央电视台新台址工程 CCTV 由于 10 根超重分体钢柱的超长、超厚焊缝现场焊接的成功，使本工程无论在经济效益和社会效益，都取得了显著成效，同时也提高了复杂钢结构施工的技术水平，而且为后期悬臂钢结构部分的深化设计及安装方面解决吊装受限方面提供了可借鉴的方法。

9.1 设备、措施投入方面：通过将超过现有塔吊起重量的钢柱分体后安装、现场焊接的方案，减

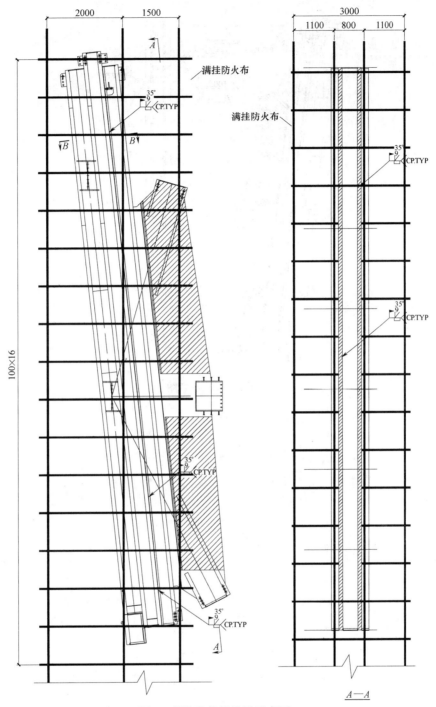

图 8　焊接防护棚搭设示意图

小了大型吊装机械的投入及大量安装措施的增加，节约了施工投入资金至少 100 万元，取得了明显的经济效益。

9.2　工期方面：革新传统焊接工艺，加快了焊接时间，为下部结构的尽快安装创造了条件。

9.3　质量方面：通过电脑控制电加热、实时监控、焊后反复探伤检测等多种手段，有效地保障了焊接质量，控制了焊接变形，确保了结构位形满足设计要求。

9.4　根据查新资料表明，高强钢超长、超厚板立焊缝现场焊接的工艺在我国房建领域属首次应用，施工中无类似的工程可以借鉴。本工程中 10 根超重钢柱超长焊缝的顺利完成，将填补我国此项焊接施工工艺的空白，为今后类似工程的施工提供理论依据和实际操作方法。同时也提高了施工单位的知名度和核心技术竞争力。

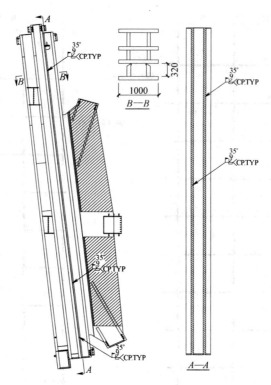

图 9　焊缝示意图

压力钢管全方位自动焊接工法

YJGF116—2006

葛洲坝集团机电建设有限公司
周复明　陈群运　吴辉　赵丞刚　卫书满

1. 前　　言

长期以来，水电站压力钢管的焊接一直采用传统的低效率、高能耗、简单而又繁重的手工焊条电弧焊。随着近几年国内大型、巨型水电站密集开工，我国水电建设进入了前所未有的高速发展阶段。特别是大直径厚壁压力钢管、蜗壳的焊接施工，其工期紧、强度大、质量要求高、熟练焊工紧缺的矛盾日益突出。传统的焊条电弧焊已不能有效化解这一矛盾，为此，全位置自动焊作为一种先进、高效、优质、低耗的焊接新技术，在该领域的开发应用就成为一种必然趋势，顺应这一趋势本工法应运而生。

本工法的形成经历了四个阶段：

第一阶段为 1996 年至 2001 年。这一阶段根据三峡工程的实际情况进行了相关基础研究。研制了一台全位置焊接样机。

2000 年 5 月，为对三峡压力钢管全位置自动焊的实施作必要的技术应用实践验证，在湖北兴山古洞口水电站压力钢管成功实现了两条现场安装环缝的全位置自动焊接，取得了令人满意的结果。

第二阶段为 2001 年 6 月至 2001 年 9 月。这一阶段解决了三峡压力钢管全位置自动焊立焊的所有技术问题，并将研究成果迅速应用于生产实践。

第三阶段为 2001 年 9 月至 2002 年初。这一阶段解决了三峡压力钢管加劲环平角焊的所有技术问题，并将研究成果迅速应用于生产实践。

第四阶段为 2002 年初至 2003 年 10 月。这一阶段解决了三峡压力钢管的横焊及仰焊的所有技术问题，并将研究成果迅速应用于生产实践。至此，形成了完整的压力钢管全位置自动焊工法，它涵盖压力钢管所有重要焊接位置，适用于大型压力钢管制安自动焊施工。

该工法已经在湖北兴山古洞口水电站；三峡二、三期工程压力钢管制安；三峡三期工程 15 号～18 号蜗壳制安；湖北清江水布垭电站压力钢管制造等多项焊接施工中得到成功应用。综合多项工程实践：该工法可节约电能 30% 以上，提高工效 1～2 倍，综合成本下降 10%～20%（焊接预热工作量越大，效果越明显，成本降低与钢管厚度成正比），焊工劳动强度大幅度减轻，焊接作业环境明显改善，焊缝外观质量优异、内在质量经 UT 检验一次合格率达 99% 以上，社会、经济效益显著。

本工法在国内外水电站大型压力钢管、蜗壳的制安的应用上处于领先水平，特别是三峡压力钢管、蜗壳现场环缝成功应用该工法填补了国内外在该领域的空白。

2. 工 法 特 点

2.1 大幅度节约电能。采用该工法填充等量熔敷金属，可较普通手工焊条电弧焊节约电能 30% 以上。

2.2 焊接轨道采用柔性吸附轨道。轨道吸附于待焊构件表面，实现平面和曲面的全位置自动焊接，焊接功效较传统手工电弧焊提高 1～2 倍。

2.3 在焊接设备上增加了国外同类焊机所不具备的焊炬摆幅自适应坡口宽度和焊接电弧自动跟踪坡口等先进功能，使焊机适用于现场安装焊缝的不规则焊缝坡口，有利于降低焊工劳动强度，保证焊缝质量。

2.4 本工法采用实芯焊丝自动焊，配富氩气体保护（80％Ar＋20％CO_2），焊缝扩散氢含量仅为药芯焊丝焊缝的10％左右，可有效控制氢致延迟裂纹的产生。

2.5 烟尘排放减少，无手工焊条电弧焊时的大量焊条头、焊渣等废物、余料，有利于环保和现场文明施工。

3. 适 用 范 围

3.1 本工法适用于水电站压力钢管制造安装的焊接施工。

3.2 本工法适用于水电站蜗壳制造安装的焊接施工。

3.3 本工法可推广应用于其他大型厚壁压力容器的焊接。

4. 工 艺 原 理

本工法，采用实芯焊丝、脉冲电源、富氩气体（80％ Ar＋20％ CO_2）保护的全位置自动焊接方法；焊接过程连续送丝，便于自动化焊接的实现。其工艺原理如下。

4.1 焊接熔滴过渡形式

1. 在电弧焊条件下，焊接熔滴的过渡形式主要有三种，即：短路过渡、滴状过渡、射流过渡。

2. 在熔化极惰性气体保护焊条件下，常用熔滴过渡形式为射流过渡，焊接电弧稳定，焊接飞溅很少，焊缝质量优良，但焊接工效较低，焊接成本较高。

3. 在CO_2气体保护焊条件下，因CO_2气体的氧化性，难以产生射流过渡，通常为短路过渡或者大颗粒滴状过渡，导致电弧稳定性稍差，焊接飞溅较大，易堵塞导电嘴和喷嘴，降低气体保护效果，对焊接自动化不利。但CO_2气体的氧化性，提高了焊接熔敷效率，使焊接成本大幅降低。

4. 在本工法条件下，采用的保护气体介质为富氩混合气（80％ Ar＋20％ CO_2），熔滴过渡形式主要是小颗粒喷射过渡，在小电流焊接条件下，熔滴过渡形式为短路过渡。在富氩混合气（80％ Ar＋20％ CO_2）保护条件下，焊接电弧稳定、焊接飞溅少、焊缝质量优良。同时，焊接熔敷效率较高，焊接成本较惰性气体保护焊大幅降低，有利于焊接自动化。

5. 在配脉冲电源焊接条件下，焊接熔滴过渡形式更加可控，由短路过渡转变到连续喷射过渡的临界电流值较低，电弧更稳定。

4.2 焊缝扩散氢含量

1. 对重要的受力结构，特别是低合金高强调质钢，焊缝扩散氢含量的高低直接影响焊缝的抗延迟冷裂纹能力，须加以严格控制。

2. 目前国内外焊接工程界大力推广药芯焊丝CO_2气体保护焊，该焊接方法采用气渣联合保护，兼顾了手工焊条电弧焊和CO_2气体保护焊的优点，焊接电弧稳定，飞溅小，焊接工效高，焊接成本低，有利于焊接自动化。

3. 药芯焊丝CO_2气体保护焊目前所使用的焊丝药芯主要为酸性的钛型渣系，其所焊焊缝的扩散氢含量较高，对重要的受力结构，特别是低合金高强调质钢，要求严格控制焊缝扩散氢含量，药芯焊丝CO_2气体保护焊即显示出其局限性。几种用于低合金高强调质钢的焊接方法的焊缝扩散氢含量对比如下：

① 钛型药芯焊丝CO_2气体保护焊的扩散氢含量控制：5～8mL/100g。

② 超低氢型焊条手工电弧焊的扩散氢含量控制：≤2mL/100g。

③ 实芯焊丝富氩气体保护焊的扩散氢含量控制：≤0.5mL/100g。

4.3 焊接自动化

1. 本工法所用焊接设备由逆变脉冲焊接电源、焊接小车、柔性轨道等几部分组成，其控制原理如

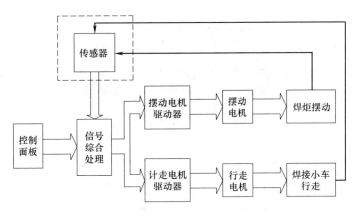

图 4.3　控制原理图

图 4.3 所示。

2. 在焊接过程中，焊接小车在柔性轨道上运行，实现平面和曲面的全位置自动焊。

3. 焊接小车分为行走驱动小车和焊炬摆动控制小车两部分。焊接小车带有轻便的焊枪调整机构，能够方便、快捷的实现焊枪的位移调整和角度调整；焊枪配有摆动装置，在焊接过程中可实现各种摆动波形的控制，焊炬摆幅自适应坡口宽度和自动跟踪焊接，能够很容易的控制焊缝熔池的流动和分布，可有效地控制焊缝成形，能够获得成型美观、质量优良的焊缝，从而极大地增强了该机的焊接适应性和焊接质量，减少人的因素对焊缝质量的影响。

5. 施工工艺流程及操作要点

5.1　施工工艺流程
施工工艺流程见图 5.1。

5.2　操作要点

5.2.1　母材可焊性鉴定及焊材选择

1. 钢材的可焊性主要取决于钢材的化学成分，对于低合金结构钢，可按下述公式计算其碳当量 C_{eq} 和冷裂纹敏感系数 P_{cm}，从而大致判定其可焊性。

碳当量 $\qquad C_{eq}=C+Mn/6+(Cr+Mo+V)/5+(Ni+Cu)/15$ $\qquad$ (5.2.1-1)

冷裂纹敏感系数 $\quad P_{cm}=C+Si/30+(Mn+Cu+Cr)/20+Ni/60+Mo/15+V/10+5B$ $\quad$ (5.2.1-2)

① 碳当量 $C_{eq}<0.4\%$ 时，钢材淬硬倾向不大，焊接性能优良，一般可不作焊前预热。

② 碳当量 $C_{eq}=0.4\%\sim0.6\%$ 时，钢材淬硬倾向较大，须进行焊前预热，控制焊接规范，焊后缓冷或进行消氢处理。

③碳当量 $C_{eq}>0.6\%$ 时，钢材淬硬倾向很大，须使用较高的焊前预热温度，严格控制焊接规范，焊后立即进行消氢处理。

2. 低合金结构钢焊材选择的基本原则：

① 按等强度原则选择焊材，以保证焊缝机械性能与母材相匹配。

② 考虑钢材的化学成分组成，控制焊材的杂质含量。

③ 考虑焊材的操作工艺性能，如焊接熔池的流动性、飞溅大小、焊丝直径均匀性、焊丝挺度等。

④ 在满足前述条件的前提下，考虑焊材的经济适用性。

3. 焊接性试验：

对于未曾使用过的钢材，通过计算其碳当量 C_{eq} 和冷裂纹敏感系数 P_{cm}，大致判定其可焊性，然后采用焊接性试验进行实际鉴定，主要采用刚性拘束焊接裂纹试验或窗性拘束裂纹试验，以鉴定钢材的抗裂纹能力，试验裂纹率应为零。

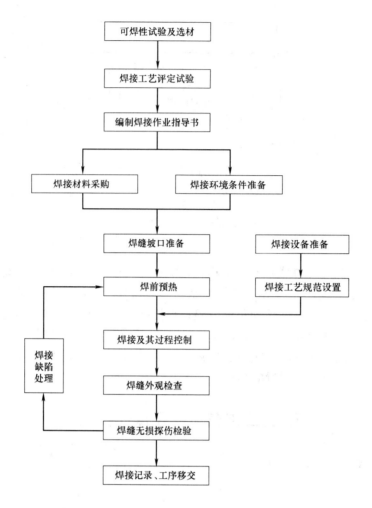

图 5.1　施工工艺流程图

5.2.2　焊接工艺评定

1. 对所有未曾使用过的钢材，在正式施焊前，必须根据《压力钢管制造安装及验收规范》DL/T 5017 的要求进行焊接工艺评定，以验证所拟定焊接工艺的实用性。

2. 焊接工艺评定程序

① 拟定焊接工艺指导书：以钢材焊接性试验为依据，考虑施工现场的实际焊接条件，编制焊接工艺指导书。

② 准备焊接试板和焊材：按焊接工艺指导书的要求准备焊接试板和焊材，焊接试板的尺寸规格须满足焊缝接头机械性能试验的要求。

③ 试板焊接：严格按焊接工艺指导书的要求进行试板焊接，并记录所有实际焊接工艺规范参数，包括焊接预热温度、焊缝层间温度、焊后热处理温度与时间、焊接位置、焊缝坡口形态、焊接电特性、焊接速度、焊缝层道数、气体保护参数等。

④ 试板焊接质量检验：按 DL/T 5017 标准中规定的一类焊缝的要求进行焊缝表面质量检验和焊缝内部质量射线无损探伤检验。

⑤ 焊缝接头机械性能检验：按 DL/T 5017 标准的规定进行评定。

⑥ 提出焊接工艺评定报告，判定所拟定焊接工艺的实用性。

5.2.3　焊接工艺文件编制

以焊接工艺评定报告为依据，考虑实际焊接施工条件，编制焊接作业指导书，至少应包括如下内容：

1. 焊接方法与材料；

2. 焊接预热、层温、后热处理要求；

3. 焊接接头组装质量要求；

4. 焊接工艺规范参数；

5. 焊接应力与变形的控制方法与要求；

6. 焊缝质量检验标准与要求；

7. 焊接缺陷处理方法与要求。

5.2.4 焊前准备：

1. 环境条件

① 检查焊接环境内是否有穿堂风，如风速大于 2m/s，应设置挡风棚；

② 检查焊接部位是否可能被雨雪浸湿，否则，应设置挡雨棚。

2. 焊缝坡口准备

① 用钢丝轮、角磨机对焊缝坡口进行清理，以清除焊缝坡口及其附近的油污、铁锈、水迹、灰尘等杂物，并将焊缝坡口及其附件打磨光洁。

② 检查点固焊是否符合工艺文件要求，点固焊应有一定的强度，以厚度 4～6mm、长度 50～60mm、间距 400～500mm 为宜，并于焊前清除点固焊表面的焊渣等。

③ 检查焊缝坡口间隙和错牙情况，如间隙＞4～5mm，可在焊缝坡口一侧或两侧先进行堆焊处理；如焊缝错牙＞2～3mm，应重新组对，或对焊缝进行过渡焊接处理。

④ 对厚板双面坡口焊缝，根据焊接工艺文件对焊接变形控制的要求，确定焊缝坡口两面的焊接先后次序。

⑤ 在焊缝两端装焊引弧板和熄弧板。

⑥ 坡口背缝清理：双面焊缝的背面采用碳弧气刨清根，并使清缝坡口尽量平整、光滑，根部形成便于施焊的"U"形，然后使用角磨机进行修磨，以除去熔渣和渗碳层。

⑦ 坡口背缝清根后，由于刨槽深浅、宽窄不一，直接采用自动焊填充，其内在质量不易保证，宜先用半自动焊将刨槽填充后再采用自动焊就可保证该部位焊接质量。

3. 焊接设备

① 铺设焊接小车轨道，轨道磁性吸铁应与钢管管壁吸附牢靠，轨道中心线与焊缝坡口中心线平行，距离合适。

② 检查送丝机构是否送丝顺畅，必要时调节送丝机构压紧轮的压力。

③ 焊接保护气压力是否合适、送气是否正常，并将送气压力、流量调节合适。

④ 检查焊机电源线、接地线情况，检查焊机仪表显示是否正常。

⑤ 焊接过程中，适时检查、清理焊枪导电嘴和喷嘴，防止焊枪粘着飞溅物。

5.2.5 焊接预热及后热消氢处理

1. 焊前预热

通常情况下，对普通低合金高强钢，采用焊前预热可有效改善焊缝机械物理性能，防止焊接冷裂纹的产生。

① 根据焊接工艺文件的要求，确定实际焊前预热工艺规范参数，常用焊接预热温度参数如表 5.2.5。

常用焊接预热温度参数示例　　　　　　　　　　　　　　　　　　　表 5.2.5

母材规格	母材材质			
(mm)	Q235	16Mn、16MnR	15MnV、15MnTi	高强钢
＞25～30	/	/	60～80℃	60～80℃
＞30～38	/	80～120℃	80～100℃	80～100℃
＞38～50	80～120℃	100～120℃	100～150℃	100～150℃

② 通常采用远红外温控加热带进行焊前预热，预热范围为焊缝两侧各3倍板厚且不小于100mm的宽度；对于短小焊缝或使用温控加热带不便的焊缝，可采用烤枪进行焊前预热，但预热温度应均匀。

③ 在焊接过程中，应控制焊缝层间温度不低于预热温度，且不高于230℃。

④ 对于须预热焊接的钢材，在进行焊接缺陷处理和焊缝背缝碳弧气刨清根时，也应进行预热处理，预热温度应较正常焊接的预热温度稍高30～50℃。

2. 后热消氢处理

① 后热消氢处理是控制焊缝扩散氢含量的有效措施，可有效延迟焊接冷裂纹的产生，焊后消氢处理应在焊接完毕后立即进行。

② 对厚度大于38mm的低合金结构钢和高强钢，焊后应进行后热消氢处理。

③ 后热消氢处理工艺规范：后热温度通常为150～250℃，保温1～2h，对低合金高强钢，后热温度以不超过200℃为宜。

5.2.6 焊接及其过程控制

1. 焊接工艺规范

① 焊接工艺规范参数根据焊接作业指导书的要求进行设置，常用工艺规范参数配置如图5.2.6。

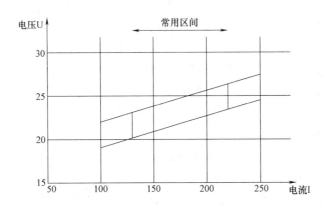

图 5.2.6　气体保护自动焊工艺规范适用范围

② 在焊接工艺规范参数设置好后，在试焊板上验证焊接规范参数是否合适。

③ 在焊接过程中，根据焊接部位、焊缝层次的变化适当调整焊接工艺规范参数。

④ 厚板焊缝采用多层多道焊，焊缝层间接头至少错开30mm以上，控制单层焊缝厚度不大于5～6mm，并清除焊缝层间的焊渣、飞溅物，将焊缝层间表面修磨平整，以利于下层焊道的焊接。

2. 焊接电弧控制

① 密切观察焊炬是否走偏，否则因及时调整。

② 观察并调整焊炬的摆动及其在焊缝两侧的停留时间，以控制焊缝表面成型。

③ 密切观察焊缝熔池情况，防止焊接缺陷的产生。

3. 焊接应力与变形控制

① 采用多名焊工同步对称施焊，以利于控制焊接变形；对安装环缝的焊接，应从首装节开始依次施焊，禁止隔缝施焊，以控制焊接应力；凑合节环缝焊接时，先焊间隙较大的一条焊缝，待该焊缝无损检测合格后，再焊接另一条，两条凑合节环缝不得同时施焊。

② 厚板焊缝焊接时，对拘束应力较大的焊缝，如凑合节焊缝，对焊缝中间层辅以锤击，以控制焊接应力。

③ 厚板双面坡口缝施焊时，观察焊接变形情况，适时调整坡口两面的焊接次序。

5.2.7 焊后检验及缺陷处理

1. 焊缝内部缺陷应用碳弧气刨或砂轮将缺陷清除干净，并用角磨机修磨成便于焊接的凹槽。

2. 如焊补的焊缝需要预热、后热，则焊接缺陷处理时也应进行预热、后热，预热、后热温度应稍高于正式焊接的预热、后热温度。

3. 焊缝返修的工艺规范因与正式焊接相同。

4. 焊缝内部或表面如发现有裂纹时，不得自行焊补，应待找出裂纹产生原因，并制订合理处置措施、由焊接责任工程师准许后方可进行焊补。

5. 钢管母材上严禁有电弧擦伤，如有擦伤，应用角磨机将擦伤处作打磨处理，必要时，对打磨处酌情进行磁粉或渗透探伤检查。

6. 将焊缝表面及其附件的焊渣、飞溅等清理干净。

6. 材料与设备

6.1 焊接材料（表6.1）

焊接材料　　　　　　　　　　　　　　　　　　　　　表6.1

序　号	品　　名	规　格	备　注
1	实芯焊丝	$\phi 1.2mm$	
2	气体	$80\% Ar + 20\% CO_2$	

6.2 主要焊接设备与工器具（表6.2）

设备与工器具表　　　　　　　　　　　　　　　　　　表6.2

序号	主要焊接设备	焊接设备规格	序号	主要焊接工器具
1	自动焊机	MDS	1	角向磨光机
2	送丝机	PROMIG-500	2	风铲
3	柔性焊接轨道	/	3	远红外测温仪
4	焊炬	/	4	焊缝量规
5	逆变脉冲焊接电源	PRO-5000	5	碳弧气刨钳
6	温控柜	480kW	6	远红外温控加热带

7. 质 量 控 制

7.1 工程质量控制标准

7.1.1 水电站压力钢管制造安装执行《压力钢管制造安装及验收规范》DL 5017；按该规范的要求，焊缝按其重要性分为如下三类：

一类焊缝：钢管管壁纵缝；厂房内明管环缝；凑合节合拢环缝；岔管管壁纵、环缝；岔管分岔处加强板的对接缝；岔管加强板与管壁相接处的组合焊缝；钢管闷头与管壁的连接焊缝。

二类焊缝：钢管管壁环缝；人孔颈管的对接焊缝；人孔颈管与顶盖和管壁的连接焊缝；支承环对接焊缝和主要受力角焊缝。

三类焊缝：不属于上述一、二类焊缝的其他焊缝。

7.1.2 焊缝射线无损探伤检验按《钢熔化焊对接接头射线照相和质量分级》GB 3323—87执行，一类焊缝Ⅱ级合格，二类焊缝Ⅲ级合格。

7.1.3 焊缝超声波无损探伤检验按《钢焊缝手工超声波探伤方法和探伤结果的分级》GB 11345—89执行，一类焊缝BⅠ级合格，二类焊缝BⅡ级合格。

7.1.4 焊缝外观质量控制按表7.1.4要求执行。

压力钢管制造安装焊缝外观质量控制表（单位 mm） 表 7.1.4

序号	检验项目	焊缝外观质量要求		
		一类焊缝	二类焊缝	三类焊缝
1	裂纹	不允许		
2	表面夹渣	不允许		深≤0.1δ，长≤0.3δ且≤10
3	咬边	深≤0.5，连续长≤100，两侧累计长度≤10%焊缝全长		深≤1.0
4	未焊满、漏焊	不允许		
5	表面气孔	不允许		每 50 焊缝长度内，允许有气孔 2 个，其直径≤0.3δ，且≤2，气孔间距≥6 倍气孔直径
6	焊缝余高	0～3.0；环缝外壁仰焊 0～4.0		0～4.0
7	相邻焊道余高差	≤2.0		
8	对接焊缝宽度	盖过每边坡口宽度 2～4，且平缓过渡		
9	残留飞溅、焊渣	清除干净，不允许残留		
10	焊瘤、母材电弧擦伤	不允许		
11	角焊缝厚度不足	不允许	≤0.3+0.05δ，且≤1，每 100 焊缝长度内缺陷总长≤25	
12	角焊缝焊脚 K	$K<12$ 时：允许偏差 0～+3；$K>12$ 时：允许偏差 0～+4		
13	钢板端部转角处	等焊脚，连续绕角施焊		

7.2 质量保证措施

7.2.1 所有参加压力钢管施焊的焊工均须经培训考试合格后，持证上岗，焊工培训考试项目须与实际焊接施工相适应。

7.2.2 所有参加压力钢管施焊的焊工均须熟悉焊接工艺文件的要求，并严格按焊接工艺文件的要求施焊，严格执行"三检制"。

7.2.3 严格焊材保管、领用、回收制度，保证焊材质量符合焊接施工要求。

7.2.4 焊接设备应有专人维护管理，以保证焊接设备性能的正常、稳定。

7.2.5 所有焊接工艺规范，包括焊接预热温度、焊缝层间温度、焊后消氢处理温度等规范参数，均须经焊接工艺评定验证确定。

7.2.6 做好焊前工序交接，焊缝组对质量须经检验合格，以确保焊缝拼对质量符合要求。

7.2.7 焊接过程中，保持全过程跟踪监控，根据实际焊接情况，适时调整焊接工艺规范，防止焊接缺陷产生。

7.2.8 及时做好焊后自检工作，做到工完场清。

8. 安 全 措 施

8.1 认真贯彻"安全第一，预防为主"的方针，根据国家有关规定、条例，结合实际施工情况，组成专职安全员和班组兼职安全员以及工地安全负责人参加的安全生产管理网络，执行安全生产责任制，明确各级人员的安全生产职责，抓好工程的安全生产。

8.2 施工现场按防火防爆、防风雨雷击、防电击、防摔防砸等安全规定及安全施工要求进行布置，并完善布置各种安全标识。

8.3 施焊现场及其附件的氧气瓶、乙炔瓶等易燃易爆物的存放须符合有关安全规范的要求。

8.4 焊工劳保着装须符合相关规定的要求。

8.5 注意防弧光辐射，防烫伤，防烧伤。

8.6 所有用电须由专职电工进行管理，禁止自接电源。

8.7 施焊现场注意通风换气。

8.8 高空作业或其他高危场合的焊接施工，须有专人监护。

8.9 建立完善的安全施工保障体系，加强施工作业中的安全检查，确保作业标准化、规范化。

9. 环保措施

9.1 成立对应的施工环境卫生管理机构，在施工过程中严格遵守国家和地方政府下发的有关环境保护的法律、法规和规章，加强对施工材料、设备、废弃物等的控制和管理，随时接受相关单位的监督检查。

9.2 在工程建设允许的范围内布置施工场地，进行施工作业，对施工场地进行合理布置，规范管理，做到标牌清楚、齐全，标识醒目，施工现场整洁文明。

9.3 对施工垃圾进行及时清理、转运，做到工完场清。

10. 效益分析

10.1 压力钢管全位置自动焊技术在国内水电工程建设中填补了一项空白，实现了我国水电站压力钢管现场安装环缝自动化焊接技术应用上零的突破，提高了我国焊接技术在国际焊接领域的影响力，增强了施工企业的核心竞争力。

10.2 我公司自行设计研制的全位置自动焊样机能在直径大于3m的压力钢管上进行全位置自动焊，具有国际同类产品的先进水平。

10.3 在压力钢管制造安装工程中采用自动化焊接新技术，较传统手工焊条电弧焊具有如下优越性：

1. 有利于提高焊接质量：可以在很大程度上减少焊接质量对人的操作技能和质量意识的依赖性，从而可使因人的因素而导致的焊接缺陷、隐患大幅度降低；可提高焊缝无损检测的一次合格率，全位置自动焊焊缝外观成型好，平均一次合格率可达99%以上，产生焊接缺陷的几率与手工焊条电弧焊相比可降低80%左右。

2. 可以在很大程度上减轻焊工的劳动强度，改善作业条件；

3. 有利于降低焊接生产成本：

① 可以大幅度节约电能，采用该工法填充等量熔敷金属，可较普通手工焊条电弧焊节约电能30%以上。

② 可以大幅度节约工时，降低人工成本。采用自动焊可比焊条手工电弧焊节约焊接工时40%～60%（板愈厚、取值愈大），这意味着可以大幅度减少焊工需求量，降低焊工培训难度，节约大量的人工工资。

③ 可以节约大量焊材。自动焊连续送丝，因而没有焊条头的浪费，一般焊条电弧焊焊条头的丢弃约占焊条重量的10%左右。

④ 采用合理的焊缝坡口形态，可减少填充金属量。

⑤ 通常条件下，如不考虑焊接预热的影响，综合焊接成本可较手工焊条电弧焊降低10%以上；在厚板低合金高强钢焊接条件下，焊接预热工作量巨大，导致电力成本高昂，在气体保护自动焊条件下，由于大幅缩短了焊接工时，使得焊接电力成本大幅降低，焊接综合成本可降低20%以上。

4. 较传统手工焊条电弧焊可以提高工作效率1～2倍。

总之，在大直径压力钢管的焊接施工中，采用全位置自动焊工艺，可以大大改善劳动条件和降低劳动强度，提高焊接工效，提高焊接质量，其经济效益和社会效益是巨大的，具有广阔的推广应用前景。

11. 应 用 实 例

11.1 在三峡三期工程机组蜗壳制造安装工程中的应用

在我公司承担的三峡三期工程右岸电站 15 号～18 号机组蜗壳的制造安装工程，该部分机组蜗壳由东方电机股份有限公司制造；单台蜗壳由 36 节管节组成，安装工程量约为 831.2t，焊接熔敷金属量约 9t，母材材质为国产高强钢 ADB610D，母材厚度 30～75mm。

在蜗壳制造安装焊接过程中，制造纵缝的焊接全部采用气体保护自动立焊，鉴于本工法在压力钢管中的成功应用经验，制造焊缝的焊接过程稳定，焊缝无损探伤一次合格率保持在 99.5％以上。

在蜗壳适合本工法应用的部分安装焊缝的焊接过程中，对蜗壳安装主缝的焊接采用了全位置气体保护自动焊。焊缝无损探伤一次合格率保持在 99％以上。

本工法在蜗壳制造安装焊接中的应用，在国内尚属首次，为我公司在今后的水电站机组蜗壳制造安装焊接中积累了成功经验。

11.2 在三峡三期工程压力钢管制造安装中的应用

三峡三期工程右岸电站设计安装 12 台单机额定容量为 700MW 的水轮发电机组，钢管结构同左岸电站。我公司承担其 15 号～18 号机组压力钢管制造安装任务。

本工程自 2004 年 5 月开始制造，于 2006 年 10 月完成全部安装。由于汲取了三峡二期工程应用该工法的成功经验，进一步强化了过程控制，使焊缝无损检验一次合格率又有所提高，被业主誉为精品工程。

11.3 在三峡二期工程压力钢管制造安装中的应用

三峡二期工程左岸电站设计安装 14 台单机额定容量为 700MW 的水轮发电机组，机组采用单机单管供水．大坝正常设计蓄水位为 175m，引水压力管道内径 12.4m，管壁厚度 26～58mm．我公司承担其 11 号～14 号机组压力钢管的制造安装任务。

本工程自 2000 年 10 月开始在压力钢管制造纵缝焊接中采用自动立焊；自 2002 年 6 月开始，自动横焊工艺在三峡工程压力钢管制造大节组装环缝上应用；2003 年 11 月开始，我公司在三峡工程压力钢管安装现场环缝上应用全位置自动焊技术。

压力钢管焊后，经 100％焊缝外观检验，焊缝表面平整、波纹细密均匀、宽窄一致平直、外观质量美观；焊缝内部质量经 100％超声波和 20％射线无损探伤检验，一次合格率达 99％以上；焊缝产品试板外观质量、无损检测质量均达优良，各项力学性能指标测值合格。压力钢管焊接质量受到了现场监理和业主代表的高度评价。

11.4 在湖北兴山古洞口水电站压力钢管焊接中的应用

在我公司承包施工的湖北兴山县古洞口水电站压力钢管焊接施工过程中，首次试用了全位置自动焊接工法。

古洞口水电站压力钢管设计水头高达 110m，直径为 5m，PD 值为 5.5×106 kg/cm，钢管总长约 500m，全部在洞内完成安装、焊接施工。焊接环境恶劣，施工难度大，尽管焊接条件恶劣，我们仍在该压力钢管明管段的安装环缝焊接中成功应用了全位置自动化焊接，这在我国的水电建设史上尚属首次。焊后对焊缝进行 100％超声波无损探伤检测，一次合格率达到了 98.13％，其外观整齐美观。

13 万 t/年裂解炉模块化施工工法

YJGF117—2006

中国石油天然气第六建设公司　中油吉林化建工程股份有限公司

蒋明道　李俊益　梁强　张炜东　李明东

1. 前　　言

乙烯装置是石油化工生产有机原料的基础，是石油化工业的龙头，其生产规模、产量和技术是衡量一个国家石油化工工业发展水平的重要标志。我国自 20 世纪 60 年代建设乙烯装置以来，先后建成了燕山、大庆、齐鲁、扬子、吉林、茂名等 20 多套装置。裂解炉是将原料高温裂解产生裂解气的装置，是乙烯装置的核心。随着乙烯工艺技术的进步和市场需求的增加，裂解炉装置的规模、单台炉年生产能力和装置高度也越来越大，并考虑到装置占地和环保、向密集型发展，与以往建设投产的裂解炉相比，装置布局、设备部件有很大改变。因此，传统的施工方法已不能完全满足近年来新建、扩建乙烯装置中裂解炉的安装。根据历年来裂解炉施工经验，经过总结和提炼，形成本裂解炉模块化安装施工工法。

2. 工 法 特 点

该工法在施工工艺上具有以下特点。

2.1　吊装大型化

使用多台大型履带吊车完成裂解炉分部整体吊装、就位施工，如日本神钢的 CKE4000 型、CKE2500 型履带吊车等。

充分利用 2 台高 65m 和 77m 的 400t 大型塔吊覆盖裂解炉区域进行结构、设备及管道吊装，减少施工占地，节省机械费用。

2.2　安装模块化

2.2.1　辐射段钢结构

采用分框与分片相结合的组装方法，即整个辐射段钢结构分成两框＋两片在地面组装，然后吊装就位并组成整体。

2.2.2　对流段

每台裂解炉的对流室被分为数块，在预制场将对流段管束、侧墙（预先衬里）、端头箱组对成整体，经加固处理形成稳定的模块结构，然后在现场利用大吊车统一吊装。

2.2.3　辐射炉管

分组安装，即将每个集合管对应的炉管在地面组装成排，临时加固后整组从辐射顶吊入。

2.2.4　汽包、SLE（急冷换热器）等设备进行整体吊装。

2.3　缩短工期，降低组装费用

采用模块化组装，大量工作可提前在地面预制，利于工作面的展开，缩短安装工期，并减少了机具台班、脚手架和人工等投入。

2.4　利于提高组装质量

2.5　提高了裂解炉组装施工的安全性

大量工作在地面进行，减少高空作业量，安全更易保证。

2.6 施工占地面积小

施工占地面积小，适用于新建密集型装置和改扩建装置，对大型裂解炉的组装施工具有显著的优越性。

3. 适 用 范 围

该工法适用于乙烯装置裂解炉的施工。

4. 工 艺 原 理

4.1 裂解炉简况

裂解炉一般由钢结构框架、辐射室、对流室及其他附属设备组成。裂解炉对流室从上到下依次由锅炉给水预热段、原料预热段、稀释蒸汽过热段、上混合进料段、超高压蒸汽过热段（上段）、超高压蒸汽过热段（下段）、混合进料段（翅片管）、混合进料段（光管）、混合进料段（遮蔽管）组成，原料烃在对流段预热，并与水蒸气混合、汽化并过热到初始裂解温度（横跨温度），然后通过横跨管分股进入辐射室底部的8个集合管中混合后，进入辐射段进行裂解。每台裂解炉有224根辐射炉管，分两排八组（每排112根、每组28根）对称布置于辐射室炉膛中央，分别与炉膛底部的八个下联箱相连接。辐射管出口经文氏管后，通过裤衩管使两根辐射管出口合二为一，将裂解气迅速送入位于裂解炉管上方的急冷换热器冷却。

4.2 工艺原理

4.2.1 由中间向两边，分头并进施工

裂解炉前可供施工用地区域比较狭窄，且还要留出车辆通行道路，考虑到施工进度，则必须有两组同时进行裂解炉施工。从中间两台炉子开始向两边施工，这样也有利于平台结构、工艺配管和筑炉工作的展开。

4.2.2 合理安排结构、设备进场顺序，安装时先大后小，先整体后局部，成框（或成片）吊装，组成箱体。

4.2.3 加大模块化安装深度

辐射段在地面组对成两框＋两片分别吊装。

对流段是裂解炉中利用烟气余热对物料和蒸汽等进行加热的部分，用于提高炉子的热效率，位于辐射段之上，裂解炉的中心线上。对流段模块在厂区外单独进行预制，运送到现场后利用大型吊车进行整体吊装。由于裂解炉施工中不可避免使用大型吊车，故该方法可行性强，既可提高施工质量，也有利于保证施工进度。

4.2.4 合理选用吊车和确定塔吊中心位置

通过对结构部件和设备重量、施工现场布局、可用资源、经济效益等各方面的综合平衡，一般主要由两台塔吊（400t×m）和一台可移动的250t履带吊车来完成裂解炉的安装。大型设备吊装一般使用400t履带吊车。

塔吊选型及布置，对不同的工程、不同的现场条件将有所不同，其主要原则为：

1. 避免二次迁移；

2. 满足吊装高度和一般散件的吊装重量；

3. 满足所需覆盖的范围；

4. 作业过程中的安全性。

下面，以中海壳牌南海石化项目惠州80万t/年乙烯装置8台裂解炉工程为例说明两台塔吊的布局：

本工程中，两台塔吊为沈阳建筑机械厂生产的K50/50型自升塔式起重机，属于无轨固定式，吊重能力为400t×m，吊臂长50m，最大吊重50t，最小吊重8t。若塔吊设置在裂解炉的东西两侧，则无法达到中间两台炉子的部分。若塔吊设置在裂解炉的南侧，该区域是主要的材料存放和车辆通行的地方，既影响裂解炉安装，又使塔吊的使用范围缩小。故两台塔吊均设置在炉子北侧的A10管廊之北，距管

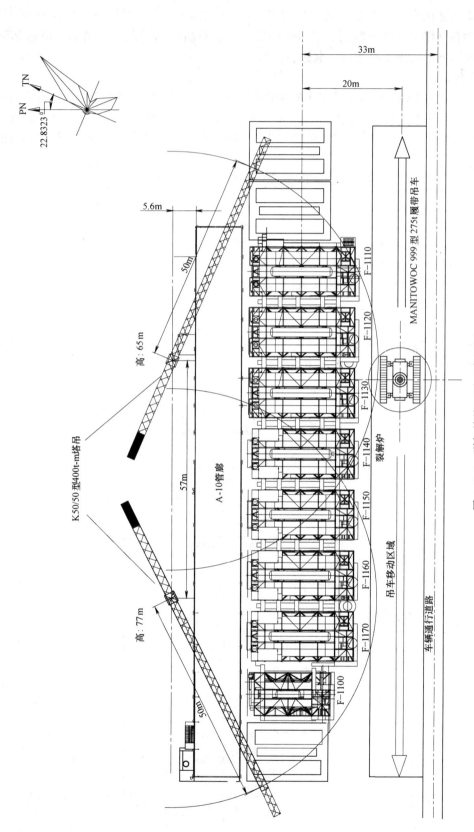

图 4. 2. 4 裂解炉施工平面布置图

廊5.6m处。如裂解炉施工平面布置图4.2.4所示，两台塔吊相距57m分别位于F-1120和F-1130、F-1160和F-1170之间，除两个楼梯间外可以覆盖整个裂解炉区域，便于裂解炉的安装使用。裂解炉最高点高60m，且考虑防止两台塔吊在使用时发生交叉碰撞，决定两台塔吊安装高度分别为65m和77m，吊臂高差12m。为保证塔吊能够及时用于裂解炉施工，在确定所用塔吊及其位置后，塔吊基础施工在土建进行裂解炉和管廊基础施工时候就一起进行。

4.2.5 炉管焊接

炉管和急冷换热器连接处的焊接是炉本体配管的重点和难点。炉管出口管和急冷换热器入口管材质一般为25Cr-35Ni和20Cr-32Ni，焊接时使用TIG-35C焊丝，采用充氩保护全氩弧焊接。由于炉管进行气压试验，不能使用水溶纸封堵管口进行充氩，所以需准备专用管堵，并做好防止其滞留于管内的措施。

5. 施工工艺流程及操作要点

5.1 施工工艺流程

5.1.1 裂解炉安装施工程序主要可分为五个主要阶段：

第一阶段：辐射段钢结构和辐射炉管安装；

第二阶段：对流段模块和上部钢结构安装；

第三阶段：SLE、汽包等设备安装；

第四阶段：辐射室内筑炉施工；

第五阶段：炉本体工艺配管施工。

5.1.2 裂解炉安装施工工序流程图（图5.1.2）

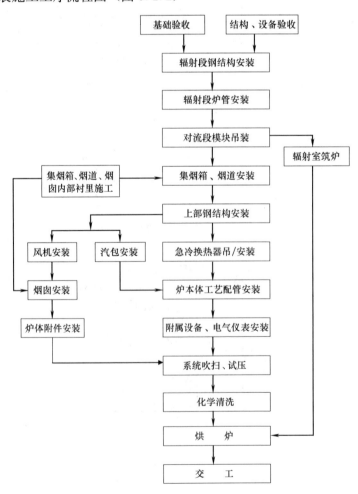

图5.1.2 裂解炉安装施工工序流程图

5.2 操作要点

5.2.1 辐射段钢结构安装

根据结构特点及吊车性能将整个辐射段钢结构分成两部分在地面组框（图 5.2.1-1 中框 A、框 B），其余部分组成两片（图 5.2.1-1 中片 1、片 2），然后吊装就位并组成整体。图 5.2.1-2 为兰州石化乙烯裂解炉辐射段钢结构安装流程图。

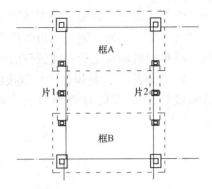

图 5.2.1-1　辐射段钢结构安装

1. 在离地面有一定高度的钢架上进行框 A（框 B）的组框，先组装、焊接端墙板的钢结构，铺上护板并与钢结构点焊，然后组焊两侧墙的钢结构，吊装两侧墙的壁板，框 A（框 B）两中间立柱间无横梁，为了防止焊接护板或吊装时框架变形，设置临时加固横梁 3 根，使框 A（框 B）形成一个钢性体。在框架未加固前，壁板与钢结构之间的连接只允许点焊。框架加固后，对于壁板与钢架之间的连续焊缝要采用跳焊方式施焊。

(a)　　　　　　　　　　　(b)　　　　　　　　　　　(c)

图 5.2.1-2　兰州石化乙烯裂解炉辐射段钢结构安装流程图

2. 框 A、框 B 就位时，其间距比图纸尺寸大 20～30mm，待片 1、片 2 就位后再调整至正确（设计）位置。

3. 片 1、片 2 为单根立柱＋壁板结构，吊装时壁板极易变形，其两侧必须设置两根临时立柱。

5.2.2 辐射炉管组对

1. 辐射管与 Y 型管组对：将辐射管放在支架上，为防止焊接变形及控制焊接变形，两根辐射管间

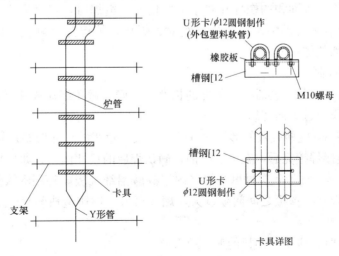

图 5.2.2-1　炉管组对简图

用六组卡具固定，以便于每焊接完一遍的炉管翻动（为防止焊接变形，焊缝一面焊完一遍后，需将炉管翻转焊接另一面，完成一组焊接需将炉管翻转3次）。由于两焊缝距离较近，组焊需要使用自制磨光机（将角磨机轴加工后安装到直磨机上）。炉管组对简图与卡具详图见图5.2.2-1。

2. 炉管组片：将焊好的炉管按组排列整齐进行盘管组片（尽量选择长度一致的炉管组成一片），组片完成后用空压机对管内进行空气吹扫，吹扫合格后及时进行管口封堵。固定胎具示意图见图5.2.2-2。

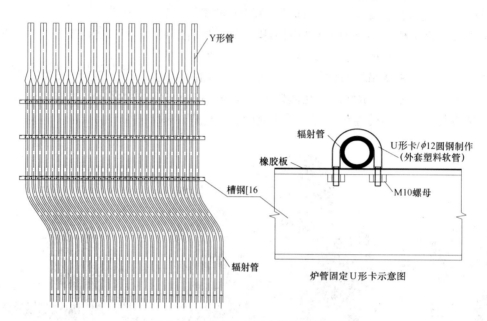

图5.2.2-2 炉管临时固定胎具安装示意图

5.2.3 辐射炉管吊装

炉管是耐高温的高铬镍合金离心浇铸管，长度大，吊装过程中易产生非弹性变形而损坏炉管。起吊时使用双吊车抬吊，并使用图5.2.3所示的吊装胎具

5.2.4 对流段模块组装

对流段的结构：设计将对流段分成九段，每段中设有一层或两层管板，段与段之间的墙板采用法兰、螺栓连接。

1. 对流墙板预制：各段的墙板在预制场统一下料、防腐好后倒运到现场进行成片组焊。上下模块间的连接法兰下好料后，配对点焊后钻孔。为保证上下模块接口处的尺寸一致和对流段整体的垂直度，不至于出现上下模块错位，大面积的螺栓孔对不上的情况，组焊时，将对流段各模块的侧板连成一片（或两片，根据场地及组装平台的情况定）进行组对、焊接，等焊完后再从分段处（法兰连接部）断开，这样就可以保证侧墙整体尺寸。

2. 墙体组焊尺寸的控制

1）对流墙面的钢结构构件下料时，各部件的长度要准确，避免组对成片后，有的部件之间的连接缝过宽，造成焊接收缩应力过大而变形；

2）钢结构组装成型后，应检查及外形尺寸（长、宽及对角线的尺寸偏差）是否达到要求；

3）钢结构之间的连接焊接完后，在上墙板前，确认焊后的尺寸偏差，如果超标，需进行处理。

3. 墙体平直度的控制：对于双层衬里结构（内层硅酸铝纤维板，外层耐火浇筑料）墙板，为防止背衬板（即硅酸铝纤维板）与壁板之间间隙过大，烟气窜入、冲刷造成衬里脱落，必须严格控制壁板平直度。

1）墙体钢结构组片时，应确保贴板的那一面平整；

2）墙板吊装时，如钢板下陷，应用型钢、马仔和斜尖将其拉平后才同钢结构点焊，点焊和焊接

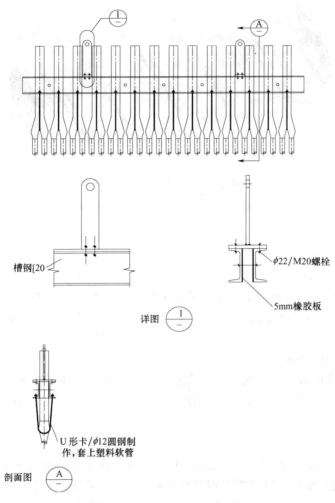

槽钢[20

ϕ22/M20螺栓

5mm橡胶板

详图 ①

U形卡/ϕ12圆钢制
作,套上塑料软管

剖面图 Ⓐ

图 5.2.3 吊装胎具示意图

时,应从内到外;连续的焊缝应采用跳焊方式。

4. 墙板平直度调整:超标部位可采用以下方法处理:在鼓起的地方以梅花状布置烤点,烤点间距以 50mm 左右为宜,用火焰加热烤点,墙板发红后用水急冷,然后转至下一烤点,逐个重复,通过冷收缩的方式,将鼓起的部位拉直,确保整体平直度。

5. 中间管板托架的安装:按照设计的尺寸,在侧墙上放出托架的安装位置,检查无误后开孔,装上托架。

6. 墙板加固:衬里抗剪力极差,即使墙板发生轻微变形,衬里也极易开裂,因此衬里前,必须对墙板进行加固。采用两条 20 号以上的 H 型钢,沿墙板长度方向布置,点焊在墙板立柱上。

7. 对流墙板衬里:按设计要求焊接保温钉并进行衬里。

1)墙板衬里必须在平整压实的场地上进行,最好是水泥地面。

2)折流墙衬里:在侧板的两端面及中间管板位置处根据图示尺寸作好折流部分的梯形标志。衬里前,将制做的梯形标志固定好,拉上粉线,并检查粉线保证粉线在同一直线上,在衬里时与衬里面层一起捣实。折流部位完成后,立即检查粉线位置,避免中间突起部分改变粉线走向,然后对折流两坡面进行修整。

8. 模块组对。

1)平台搭设,见图 5.2.4-1 组对平台简图,平台的搭设应注意下列几点:

① 平台的搭设应使对流束就位后,管束离地应大于 800mm 以上,以便操作人员能进入底部进行工作;

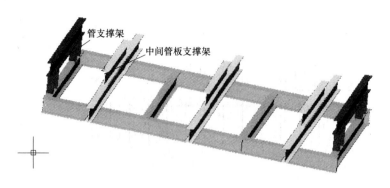

图 5.2.4-1　平台搭设示意图

② 设置对流管支撑架；

③ 设置中间管板支撑、限位架。

2）管束就位、调整

① 用吊车将管束放置在组装平台架上，利用管束支撑架将管束两头靠近端管板的地方撑起，保证整组管束两端处于水平位置。用液压千斤顶调节管束中部至水平位置，按照墙板上中间管板托架上的实际尺寸调整中间管板间距，在中间管板支撑、限位架上垫好中间管板并用限位卡临时固定。

② 当模块中有上下两层管束时，待下层管束按照上述方式调整完毕后，在端管板上放置木板，根据需要选择木板厚度，然后将拆除运输框架的上层管束放置于下层管束上，根据墙板上中间管板托架上的实际尺寸调整中间管板水平方向的位置，用液压千斤顶调整上下管束的距离，使上层管束中间管板的标高达到墙板上下管束管板托架实际高度的需要（可适当高出 1～2mm），然后用硬木方垫实，移去千斤顶。此时管束状态见图 5.2.4-2。

3）合模

① 用吊车吊起一侧墙板向管束靠拢（合拢前中间管板边缘按照图纸要求包好陶瓷纤维毯，外面再包上一层 0.2mm 薄铁皮，防止合拢过程中陶瓷纤维毯脱落），靠拢中需要借助捯链和千斤顶，整个过程中要轻拉轻放，避免产生冲击，并注意观察折流墙部分与炉管的距离，防止发生碰撞，到位后用型钢及工卡具固定。

② 用同样的办法就位另一侧的墙板。

③ 检查合拢后的上、下口的宽度及上口的对角线之差是否达到规定的要求，如不符合，重新调整。

④ 合拢后的形状见图 5.2.4-3。

图 5.2.4-2　管束状态示意图

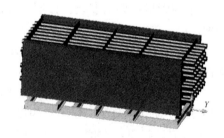

图 5.2.4-3　合拢后形状示意图

4）端梁及端管板固定角钢安装：侧墙调整到位后连接两侧墙之间的拉杆、端梁（需要先进行衬里）并安装端管板固定角钢，整个模块成为一个固定结构。

5.2.5　对流模块吊装

1. 模块吊装采用单机提升法，吊车（履带吊）根据模块吊装的最不利工况选用，吊点选在紧邻两墙板中间立柱的四根立柱上。为保证吊装过程中模块不出现变形，需要制做一套矩形支撑梁（其荷载由最大模块重量决定，外形尺寸由设置吊点的四根立柱间距决定）。每段模块的吊装均采用相同的吊索具，即用四条小绳扣（根据支撑梁尺寸、重量选用）悬挂支撑梁的四个角，配合两条主吊绳扣（根据模块尺寸和最大模块重量选用）使用。模块吊装及吊装平衡梁详见图 5.2.5-1。

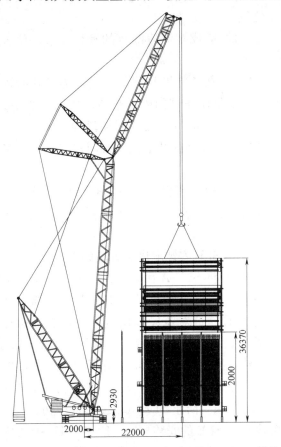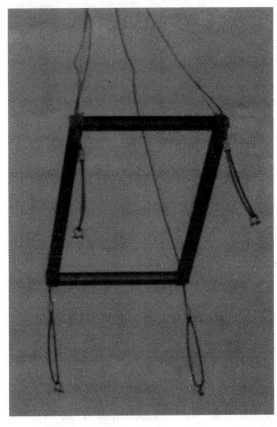

图 5.2.5-1　模块吊装及平衡梁图示

2. 模块吊装就位后，用经纬仪测量其垂直度，如垂直度达不到要求在模块连接面之间垫薄钢板（模块以模块之间采用螺栓＋封闭焊时）或石棉板（模块以模块之间仅采用螺栓连接时）进行微调。

3. 当模块堆叠到一定的高度后，安装对流段两侧的钢结构，防止其晃动。

4. 模块运达现场后，先按图 5.2.5-2 所示搭设脚手架，以便于下一块模块安装时紧固螺栓和进行密封焊接。

5.2.6　急冷换热器安装

以惠州 80 万 t/年乙烯装置裂解炉工程为例。

在安装完对流段模块、钢结构安装到 47m 并形成整体框

图 5.2.5-2　对流段安装用脚手架搭设示意图

架后，可以开始安装急冷换热器。急冷换热器单台炉数量为 8 组，各有 4 组位于对流段两侧，每组长 26m，宽 4.1m，重 37t，安装就位标高为 EL＋123000。急冷换热器由日本神钢 CKE2500 型履带吊车摆放到指定吊装点。起吊时采用双吊车抬吊，主吊车为日本神钢 CKE4000 型履带吊车，溜尾吊车为日本神钢 CKE2500 型履带吊车。起吊时主吊车幅度为 20m，溜尾吊车幅度为 10m。600t 履带吊车就位幅度为 20～34m 之间。急冷换热器吊装图如图 5.2.6-1、图 5.2.6-2 所示：

1. 吊装前要做好如下准备工作：

1）将靠近对流段模块两侧的 EL＋123000 的支撑梁，EL＋128000、EL＋132790、EL＋136370 的通长槽钢梁安装完毕并紧固好螺栓，将另一侧的梁横放在所在标高的牛腿上，并用铁丝临时固定好。

因为急冷换热器下部蒸汽入口集箱的外形尺寸原因，不能将这部分预留梁提前安装好，必须在急冷换热器安装就位后才可以将预留梁安装到图纸位置。

2）完成对流段两侧的平台安装，使各通道通畅。

3）在急冷换热器就位后，为了临时固定急冷换热器防止其向外侧倾斜，如图 5.2.6-2 所示在 28m、36m 平台之上对流段的侧板立柱上焊接临时固定急冷换热器用的临时吊耳，并准备好所需的捯链。

4）检查到货的急冷换热器的尺寸，管口方位等是否符合图纸；检查是否有所损伤。确认设备安装方位。

2. SLE 安装顺序和方法如下：

1）将 SLE-A 吊起，在各层的施工人员的监护下缓慢回钩到安装位置。设置好捯链，并慢慢使 SLE 靠近对流段模块侧，安装地脚螺栓，使捯链受力，但注意不要过度而使 SLE 局部变形。回钩，摘除吊装索具，准备下次吊装。设置捯链时要在 SLE 的直管间夹相应厚度的木楔以及胶皮或布条，防止 SLE 局部变形或擦伤。

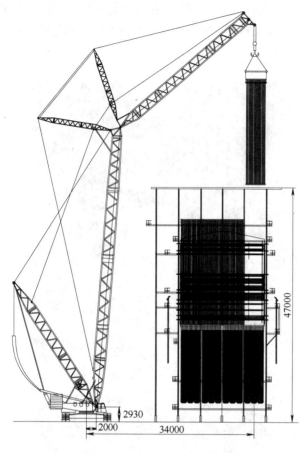

图 5.2.6-1　SLE 吊装示意图

2）模块西侧 SLE 的安装顺序：A→B→D→C；模块东侧 SLE 的安装顺序：E→F→H→G。安装时必须将每侧的第三组放在最后安装，因为该组 SLE 的裂解气集箱是靠对流段模块侧的，便于吊装索具的摘除，否则在安装最后一片时将无法在 SLE 就位后顺利地将索具摘除。

3）所有的 SLE 吊装结束后，将预留的支撑梁和槽钢梁安装并找正，松开临时固定用的导链，安装好所有的地脚螺栓。

4）在支撑梁和槽钢梁安装并找正后，开始 SLE 的找正工作。当确定 SLE 的安装基准时，为了满足管道的要求我们要考虑到辐射段炉管出口位置和汽包的安装位置，使 SLE 的中心线在辐射室中心上。

5）在 EL＋132790 和 EL＋139500 两个标高上，要安装 SLE 的导向板，安装时以 SLE 的垂直中心为准，板间距离为 10mm，使 SLE 可以自由向上膨胀。

5.2.7　汽包安装

在上部结构框架安装完毕并整体找正合格后，可以开始汽包安装。汽包吊装图如图 5.2.7 所示。

1. 吊装前要做好如下准备工作：

1）检查汽包底座尺寸、管口方位等是否符合图纸要求。因为汽包内件已预制完成且被充氮保护，所以无需打开人孔进行检查。

2）检查汽包支撑梁的安装质量。

3）在汽包和支撑梁上划出安装基准线，确定安装方位。

2. 汽包安装到正确位置后，重新检查中心位置和水平度，紧固固定端螺栓，滑动端螺栓在紧固后要被松回 1mm，并拧紧背帽。

3. 用平垫铁调整汽包水平度，在调平找正后，将垫铁焊在钢结构上，防止其在汽包热膨胀滑动时脱落。

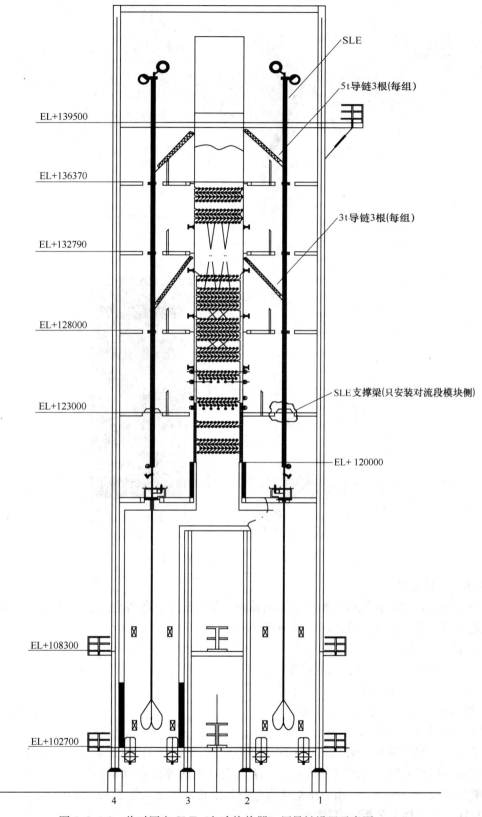

图 5.2.6-2　临时固定 SLE（急冷换热器）用导链设置示意图

5.2.8　烟囱安装

烟囱是在车间预制好的，在衬里工作结束并强度足够后，才可以进行安装工作。烟囱起吊时采用双吊车抬吊。烟囱安装就位后，调整其垂直度，然后拧紧烟囱和支撑梁之间的螺栓。

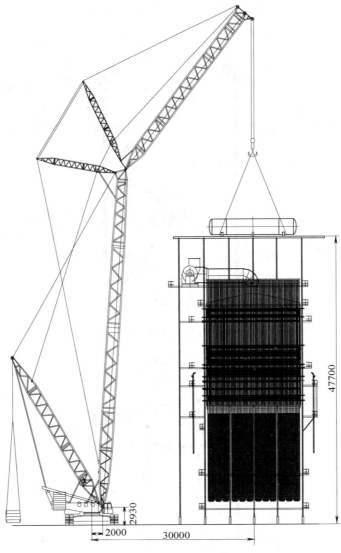

图 5.2.7　汽包吊装示意图

5.2.9　附件安装

1. 在安装附件前，根据既定程序和图纸检查，做好记录。附件包括：人孔门、观火孔、烧嘴等。

2. 在安装人孔门、观火孔之前，检查和确认：

1）无缺少部分。

2）筑炉工作开始前，螺栓已焊接在墙板上。

3）筑炉工作已完成，强度足够并符合要求。

4）结构和安装部件之间的垫片无损坏。

5）检查安装孔，变形要小于 6mm。

3. 安装烧嘴前，先检查好数量，一次风门应转动灵活，并注明安装位置。由于烧嘴是安装在已预制安装好的炉底板上的，故调整余量不大。所以在安装前要检查调整好炉底板的水平度，便于烧嘴安装。烧嘴安装检查合格后，用塑料布把烧嘴包好，防止杂物进入管子和油嘴中。

5.2.10　炉本体工艺配管安装

裂解炉本体工艺配管主要包括上升管、下降管、横跨管和跨接管四个部分。上升管、下降管是连接汽包和 SLE 的管线。横跨管是指从对流段模块到炉管原料集箱入口的管线，每台炉共有 8 套。跨接管是将对流段模块中的管束相连通的管线。另外还包括炉管出口与 SLE 入口相连接焊缝的焊接。

1. 辐射段炉管与 SLE 对接焊口为同位置重复水平焊接，采用专用海绵充氩堵，可同时完成一组辐射炉管 15 道焊口的焊接。焊接工艺参数见表 5.2.10-1。

焊接工艺参数表　　　　　　　　　　　　　　　表 5.2.10-1

| 层数 | 焊接方法 | 母材 | 焊接材料 | | 焊接电流 | | 电压(V) | 焊接速度(cm/min) |
			焊材	规格(mm)	极性	电流(A)		
1	GTAW	25Cr-35Ni＋20Cr-32Ni	TIG-35C	2.4	直流负极	65～90	8～12	5～6
≥2	GTAW		TIG-35C	2.4	直流负极	85～105	8～12	5～7

注：施焊过程中控制层间温度 100℃。采用摆动焊接。易产生的焊接缺陷为接头内部凹陷，焊接接头处凹陷气孔。

2. 炉本体管合金钢 P22 材质与炉外接工艺管不锈钢材质对口焊接时，焊接方法采用不同于惯用的对接焊后整体热处理的方法，采用的是合金钢一侧采用堆焊，热处理后与不锈钢进行焊接的焊接方法。焊接工艺参数堆焊层见表 5.2.10-2，对接焊见表 5.2.10-3。

堆层焊焊接工艺参数表　　　　　　　　　　　表 5.2.10-2

| 层数 | 焊接方法 | 焊接材料 | | 焊接电流 | | 电压(V) | 焊接速度(cm/min) |
		焊材	规格(mm)	极性	电流(A)		
1～2	GTAW	TGS-82	2.4	DCEN	100～200	10～18	8
3 以上	SMAW	TNC-70C	3.2	DCEP	80～120	20～28	10

注：焊前预热：200～350℃，焊后热处理：704～729℃。

对接焊焊接工艺参数表　　　　　　　　　　表 5.2.10-3

| 层数 | 焊接方法 | 焊接材料 | | 焊接电流 | | 电压(V) | 焊接速度(cm/min) |
		焊材	规格(mm)	极性	电流(A)		
1～2	GTAW	TGS-82	2.4	DCEN	100～200	10～18	8
3 以上	SMAW	TNC-70C	3.2	DCEP	80～105	20～28	10

5.2.11　平衡配重的安装和调整

1. 转油线焊接完成后，才能安装平衡配重；

2. 每组配重的两导向槽钢必须平行，其上下间距差不得大于 10mm，以保证导向轴能沿槽钢上的长椭圆孔自由滑动；

3. 须确保导向轴水平；烘炉过程中，当配重臂杆调整至水平时，再将大小轴相焊；

4. 必须确保配重臂杆的初始安装角度为 30°；

5. 配重块先按设计进行配置，烘炉过程中，适当增减配重块，以配重臂杆调整至水平为宜。

5.3　劳动力组织（表 5.3）

劳动力组织情况表　　　　　　　　　　　　　　表 5.3

工种	铆工	管工	电焊工	气焊工	起重工	电工	探伤工	架子工	热处理工	筑炉工	司机	管理人员	总数
数量（人）	25	20	35	6	6	2	5	10	2	30	8	26	185

6. 材料与设备

应根据裂解炉的规格进行配置，以下以 1 台 13 万 t/年 KBR 裂解炉模块化组装为例，所需的主要施工机具设备和材料分别见表 6-1、表 6-2。

主要施工机具设备表　　　　　　　　表 6-1

序号	施工机具设备名称	型号规格	数量（台）	备　注
1	履带吊车	日本神钢 CKE4000 型	1	
2	履带吊车	日本神钢 CKE2500 型	1	
3	汽车吊	50t	1	
4	汽车吊	25t	1	
5	拖车	150t	1	
6	捯链	3～5t	26	
7	千斤顶	30～50t	8	
8	重型载货车	15t	1	
9	轻型载货车	1.5t	1	生产指挥、应急车
10	逆变焊机	ZX_7-400	15	
11	CO_2 气体保护焊机	NBC-400	4	
12	等离子切割机	LGK-60	2	
13	角向磨光机	$\phi100～\phi150$	25	
14	轴向磨光机	ϕ	10	
15	烘干箱	AYH-100	2	
16	恒温箱	101-4	3	
17	经纬仪	DZ6-1	2	
18	水准仪	DSZ2	2	

主要施工手段用料一览表　　　　　　　　表 6-2

序号	名　称	规　格	单位	数量	备　注
1	钢丝绳扣	由模块尺寸及最大模块重量决定	对	1	模块吊装
2	钢丝绳扣	由模块吊装支撑梁重量决定	对	2	模块吊装
3	钢丝绳扣	$\phi43mm\times13m$	对	1	辐射段吊装
4	钢丝绳	$\phi17.5mm/\phi21.5mm$	m	100/50	辐射管吊装
5	吊带	5t/10m	条	2	辐射管吊装
6	卸扣	10～20 吨	个	16	
7	卸扣	由最大模块重量决定	个	4	模块吊装
8	钢板	$\delta=32mm$	m²	5	吊耳
9	钢板	$\delta=20mm$	m²	180	平台、吊耳
10	型钢	C20	m	160	模块加固
11	角钢	∟100×10	m	150	模块加固
12	H 型钢	不小于 HW350	m	40	模块组对
13	H 型钢	HW250 或 HM294	m	480	模块组对及加固
14	槽钢	匚20a	m	50	辐射管及模块组对
15	钢跳板	300×3000	块	1200	
16	脚手架杆	$\phi40$	m	1500	

备注：以上用料中的型钢可先使用后续工序工程用料，但使用完毕需检测调整确保符合后续工序质量要求。

7. 质 量 控 制

7.1 本工法执行的标准规范

《现场设备、工业管道焊接工程施工及验收规范》GB 50236—98；

《工业金属管道工程施工及验收规范》GB 50235—97；

《石油化工剧毒、可燃介质管道工程施工及验收规范》SH 3501—2002；

《乙烯装置裂解炉施工技术规程》SH/T 3511—2000；

KBR 技术规范；

《钢结构工程施工质量验收规范》GB 50205—2001；

《钢结构高强度螺栓连接的设计、施工及验收规范》JGJ 82—91；

《锅炉压力容器压力管道焊工考试与管理规则》（2002 年版）；

《石油化工管式炉钢结构工程及部件安装技术条件》SH 3086—1998；

《管式炉安装工程施工及验收规范》SH 3506—2000。

7.2 质量保证措施

裂解炉组装过程中的主要质量控制要求是模块化组装的几何尺寸控制、钢结构立柱和炉管对接焊缝质量以及炉管安装质量等，具体保证措施如下：

7.2.1 建立、健全质量保证体系，认真落实质量责任制：建立健全项目质量保证体系，随着工程的进展逐步配备各专业人员和手段，完善项目部的质量体系，各部门和责任人员严格履行职责，确保质量体系的有效运行。

7.2.2 钢结构采用 CO_2 半自动焊进行焊接，焊缝外观成型好、焊接变形小，提高了焊接效率和质量。

7.2.3 严格控制模块组装尺寸。施工建立完善的班组自检、互检及检查员专职检查验收，报检（包括工序交接报检及工程最终报检）、共检制度，施工班组和 QA/QC 部严格遵守执行，并及时做好数据准确，签字完备的检验记录，做到有章可循，有据可查。同时强化工序控制，全面实施报检制，不经过质检人员检查、确认合格且技术资料齐全的工序，不得转入下道工序施工，以控制模块成型尺寸符合要求。

7.2.4 对炉管坡口进行 100% 渗透探伤检查，在炉管焊接焊完底层和表面层后，应分别做渗透探伤，填充焊缝每焊完一层应用 5 倍放大镜进行目检，如发现有裂纹等缺陷，必须用砂轮磨去后方可进行下一层焊接。控制辐射炉管焊缝最大内部余高不大于 1.2mm。

7.2.5 转油线与集合管组对前，应调整辐射炉管，使其上下管口中心相差 127mm（下端向炉膛中心倾斜）。

7.2.6 每组配重的两导向槽钢必须平行，其上下间距差不得大于 10mm。

7.2.7 施工中各种计量器具均应经计量合格，并在周检期内，否则不得使用。

7.2.8 施工场地、运输道路、吊装位置、组焊场所等须满足施工基本要求，以确保避免吊装、运输及组模过程中的构件变形。

7.3 质量控制要点（表 7.3）

质量控制要点 表 7.3

现场安装检查点	检查要求	时间要求	参检单位			备注
			业主	监理公司	施工单位	
1. 基础		安装工作开始前				
（1）立柱中心线间距	±5mm			√	√	

现场安装检查点	检查要求	时间要求	参检单位			备注
			业主	监理公司	施工单位	
(2)立柱中心线对角线差	5mm			√	√	
(3)螺栓位置及间距	±2mm			√	√	
(4)垫铁安装	强度≥30kg/cm² 标高±0.5mm			√	√	
2. 钢结构安装						
2.1 焊接工艺评定		焊接开始前		√	√	
2.2 焊工资格审查		焊接开始前		√	√	
2.3 安装		安装找正后		√	√	
(1)立柱中心位置偏差	±3mm			√	√	
(2)垂直度	$H/1000$，且≤15mm			√	√	
(3)柱底板标高和水平度	±2mm；$H/1000$，且≤5mm			√	√	
(4)烟道风门	旋转自由			√	√	
2.4 螺栓紧固				√	√	
(1)地脚螺栓		二次灌浆前		√	√	
(2)高强螺栓	50			√	√	
2.5 二次灌浆		在地脚螺栓紧固后		√	√	
2.6 钢结构最终检查(包括焊接检查)			√	√	√	
3. 辐射炉管						
3.1 安装	由弹簧吊架支撑	在筑炉工作开始前		√	√	
3.2 炉管出口与SLE入口焊接				√	√	
3.3 无损检测	RT、PT、光谱			√	√	
3.4 炉管中心位置及到炉墙间距	设计要求			√	√	
3.5 最终检查	设置弹簧吊架到冷态		√	√	√	
4.SLE						
安装				√	√	
标高	±2mm			√	√	
垂直度	$H/1000$ 并且≤5mm			√	√	
中心偏移	±5mm			√	√	
5. 汽包及其支持梁						
5.1 梁水平度、标高、螺栓孔间距、梁间距		汽包安装前		√	√	
5.2 汽包到货检验				√	√	
5.3 安装				√	√	
滑动端的滑动距离	21mm			√	√	
标高	±5mm			√	√	
水平度	$L/1000$ 并且径向≤5m； 轴向≤2mm。			√	√	
距中心距离允许偏差	±5mm			√	√	
5.4 封闭前最终检查			√	√	√	
6. 引风机	HGJ 20203—2000 化工机器安装工程施工及验收规范通用规定					

续表

现场安装检查点	检查要求	时间要求	参检单位			备注
			业主	监理公司	施工单位	
6.1 安装整体找正				√	√	
6.2 联轴器对中				√	√	
6.3 口环间隙检查				√	√	
6.4 油循环			√	√	√	
6.5 单机试运			√	√	√	
6.6 整体试运行			√	√	√	
6.7 最终检查并封闭			√	√	√	
7. 烧嘴	检查其配管无强制应力，且可在维修时拆除					
7.1 油枪试漏			√	√	√	
7.2 安装				√	√	
中心位置	5mm			√	√	
垂直度	6mm			√	√	
8. 炉本体工艺配管						
(1)安装偏差				√	√	
(2)无损检测				√	√	
(3)弹簧吊架安装及冷态位置				√	√	
(4)吹扫、试压			√	√	√	
(5)化学清洗			√	√	√	
(6)最终检查			√	√	√	
9. 裂解炉整体检查验收			√	√	√	

8. 安 全 措 施

施工过程中严格执行 SH 3505《石油化工施工安全技术规程》和业主的安全要求。在施工生产过程中针对以下重点加强管理：

8.1 工作安全分析

施工方案内必须编制工作安全分析。工作安全分析主要是结合施工的特点，分析施工过程中可能产生的危险及危害程度，并有针对性提出各项安全措施，确保安全施工。

8.2 脚手架及其防护

搭设脚手架的材料必须合格。脚手架操作面必须铺设满跳板，不得有空隙和飞跳板、探头板，操作面外侧应设两道护栏和一道档脚板。脚手架必须保证整体结构不变形，凡高度在 20m 以上的脚手架，纵向必须设剪力撑。执行合格挂牌使用制度，未挂表示合格可用的绿牌的脚手架严禁使用。

8.3 高空作业

8.3.1 患高处作业禁忌病者不得上岗作业。

8.3.2 在高 2m 以上的工作面作业的人员必须穿戴全身式安全带，安全钩挂于稳固结构上，使用时高挂低用。

8.3.3 高处作业上下攀登的用具，结构必须牢固可靠。作业用的梯子，梯子梯脚底部应坚实，不得垫高使用，立梯工作角度以 75°为宜，踏板上下间距以 30cm 为宜，立梯不得有缺陷。

8.3.4 为防止物体打击，严禁立体交叉、上下同时作业，作业人员必须注意头上脚下，高处作业的材料、工具必须有防坠落措施。不必要的材料，要及时清理，安置于安全地段。

8.3.5 禁止拆除高处作业设置的护栏和安全网。因工作需要，临时拆除或变动安全防护设施时，必须经施工负责人同意，并及时恢复。

8.3.6 严禁从高处抛投物体，作业人员严禁持重物在高处行走和上下。

8.4 临边洞口作业

8.4.1 凡是人与物有坠落危险并危及人身安全的临边洞口，必须设置牢固的盖板，防护栏杆，安全网或其他防坠落的防护措施。

8.4.2 临边和洞口作业，如装设围栏不可行，必须佩戴安全带，并系于稳固点上。

8.5 防火管理

8.5.1 施工现场除指定吸烟点外禁止吸烟。

8.5.2 在高空进行焊接和气焊工作时必须使用内铺防火毯的接火盘，下方若有易燃易爆物品要铺防火毯。

8.5.3 按规定办理动、用火证，动火证指定专人办理，动火证由动火人随身携带。

8.5.4 动火前要清理动火区域的易燃易爆物质，看火人必须坚守岗位，要配备相应的灭火器具。动火后要检查无误后方可撤离。

8.5.5 严格管理施工现场的各种易燃易爆物品及各种油品的保管、使用和发放。

8.6 起重吊装作业

设备或大型结构件吊装，必须编制吊装方案并审批，吊装作业前向吊装作业人员进行安全技术交底。吊装过程中要认真执行十不吊原则，即：无专业人员指挥或信号不清不吊；重量不清或超负荷不吊；光线暗看不清不吊；物件紧固不牢不吊；物件埋在地下未全部松动不吊；旁拽物件不吊；吊车安全装置不灵敏不吊；成品保护不好不吊；吊装物上下有人不吊；恶劣天气不吊。

9. 环 保 措 施

在施工过程中，我们遵守国家环保法律法规和业主的环保要求，主要采取了以下一些环保措施来避免施工对周围环境的破坏，通过定期的环境监测，达到了满意的效果。

9.1 通过及时清运施工垃圾；在易产生扬尘的季节，施工现场洒水降尘等方法防止大气污染。

9.2 施工现场设置专用的油漆油料库；危险材料（如油漆、柴油）在运输和使用过程中要有相应的预防溢漏的措施；禁止将有毒有害废弃物用作土方回填，以防污染地下水和环境。

9.3 定期对设备和车辆进行维护，使其噪声在适当水平上，降低施工现场的噪声。

9.4 所有的设备都必须经过检查，有溢出现象的设备不准进入现场，经检查合格粘贴有合格标签的设备才能在现场使用。所有的用油施工设备均需配备泄露预防设施。移动式施工机械如吊车等配备溢流预防工具，包括：一个塑料盆、一双橡胶手套、一大块塑料布、一个小铲子和吸油棉。对于已浸入泄漏油等污染物的土壤，要将其清理干净并运送到业主指定的堆积场。

9.5 定期对垃圾的堆放及处理、生活污水、现场施工环境中的噪声、现场积水、发生溢出/泄漏的地方、废气排放等情况进行检查，并予以记录

9.6 每周 HSE 部门对现场环境进行检查和评估，以便发现问题并采取相应的措施使现场环境符合要求。

10. 效 益 分 析

通过表10 的对比分析可以看出，与20 世纪90 年代施工的中原乙烯裂解炉传统的安装方法相比，

本工法采用模块化安装，在成本、质量控制、安装工期和安全等方面均具有显著的优越性。

不同安装方法对比一览表 表 10

对比项目		中原石化 3.5 万 t/年裂解炉	大庆石化 10 万 t/年裂解炉	南海石化 10 万 t/年裂解炉	兰州石化 13 万 t/年裂解炉
辐射段钢结构	到货状态	预制件	原材料	预制件	原材料
	安装方式	组片	组框＋组片	组片	组框＋组片
辐射炉管	到货状态	组合件	单根	组合件	单根
	安装方式	组合件正装	组片正装	组合件正装	组片正装
对流炉管	到货状态	单根	管束	模块	管束
	安装方式	单根穿管	模块化安装	模块化安装	模块化安装
工期（扣除设计、材料影响因素和冬休）		20 个月	7 个月	12 个月	8 个月
组装成本		高	较低	较低	较低
作业安全性		一般	较安全	较安全	较安全
质量控制		符合标准	更容易满足标准要求	更容易满足标准要求	更容易满足标准要求

11. 应 用 实 例

11.1 应用实例之一：大庆石化 2×10 万 t/年 KBR 裂解炉安装工程

2002 年 4 月～2003 年 6 月，中国石油第六建设公司采用本工法安装了大庆石化 2×10 万吨/年裂解炉安装工程中的一台炉，实际安装工期 7 个月（扣除设计、材料影响因素和冬休），装置一次投产成功，该工程被评为 2004 年全国优秀焊接工程。

11.2 应用实例之二：中海壳牌南海石化项目惠州 80 万 t/年乙烯装置工程

2003 年 12 月～2005 年 12 月，中国石油吉林化建公司采用本工法安装了惠州 80 万 t/年乙烯装置工程 8 台裂解炉，该裂解炉为管式炉。裂解炉钢结构、设备总重约 1.2 万 t，炉本体工艺配管近 2 万焊接当量。2006 年初，裂解炉顺利开车成功。

11.3 应用实例之一：兰州石化 5×13 万 t/年裂解炉工程

2005 年 6 月～2006 年 7 月，中国石油第六建设公司采用本工法安装了兰州石化 5 台新建 13 万 t/年裂解炉，实际安装工期 8 个月（扣除设计、材料影响因素和冬休）。施工过程多次荣获业主组织评比的"施工安全优胜奖"、"施工优胜"流动红旗等荣誉，因工程质量、HSE 和进度方面的突出成绩获得了集团公司高层领导的高度评价，在兰州 60 万 t/年乙烯工程建设各装置中率先中交，再次验证了本工法的先进性。

火炬（塔架）散装工法

YJGF118—2006

中国化学工程第四建设公司

罗旺 阳正源 孙韵 李红云

1. 前　言

　　火炬是大型石油化工装置中常见的设备。为了达到环保标准的要求，采用火炬来燃烧石化装置中产生的一些废气。火炬一般由塔架、分液罐、火炬筒、分子密封器、火炬头组成（有些火炬无塔架，本工法所指的是有塔架的火炬吊装）。

　　相对于其他设备吊装而言，火炬具有高度高、体积大、重量较重的特点，吊装难度较大。一般采用整体吊装或分段吊装的方法。但是这些安装方法除需大量的机索具和大型吊车外，还要求场地宽敞，才能保证施工的顺利进行。

　　1996年5～1996年9月，我公司在广州乙烯工程火炬的施工中，施工场地三面陡坡，只有一面有路，十分狭窄，满足不了整体安装或分段安装的要求。根据实际情况采用火炬散装法施工，成功安装了一台高度为125m的火炬。通过实践证明，该方法效果很好，得到了广州乙烯有限公司北京毕派克监理公司和意大利TCM公司专家的一致好评。

2. 工法特点

本工法具有以下特点：

2.1　特别适用于施工场地狭小，无法进行整体吊装或分段吊装时施工。

2.2　塔架钢结构采用正装。火炬头、分子筛密封器、火炬筒体采用倒装。

2.3　所需的吊装机索具吨位较小，数量较少。

2.4　安装方法简单易行，程序简单。

2.5　避免了整体吊装时产生的变形，保证了塔架的质量。并且，塔架杆件的设计截面积可以减少，节约了材料。

2.6　有较大的经济效益。

3. 适用范围

　　本工法适应于任何场地塔架式火炬的施工，特别适应于施工场地狭小，火炬无法进行整体吊装或分段吊装，条件受限的情况。

4. 工艺原理

4.1　利用小型吊车安装塔架基础节，最上面的火炬筒体、分子筛密封器和火炬头。

4.2　在火炬筒体顶部安装自行设计的用于吊装的辅助三角桁架，并在基础节上部安装提升火炬筒体的滑车组。

4.3　利用辅助三角桁架和卷扬机吊装塔架钢结构件，利用基础节上部滑车组和卷扬机提升火炬筒体，并交替进行，逐步将火炬筒体和塔钢结构安装完毕。

5. 施工工艺流程及操作要点

5.1 施工工艺流程

5.1.1 工序流程图（图 5.1.1）

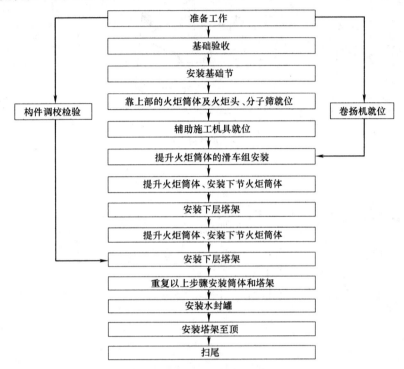

图 5.1.1 工序流程图

5.1.2 安装流程图（第一步～第十四步，图 5.1.2）

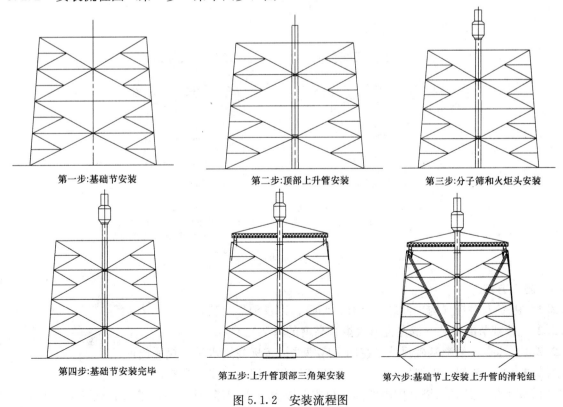

第一步:基础节安装   第二步:顶部上升管安装   第三步:分子筛和火炬头安装

第四步:基础节安装完毕   第五步:上升管顶部三角架安装   第六步:基础节上安装上升管的滑轮组

图 5.1.2 安装流程图

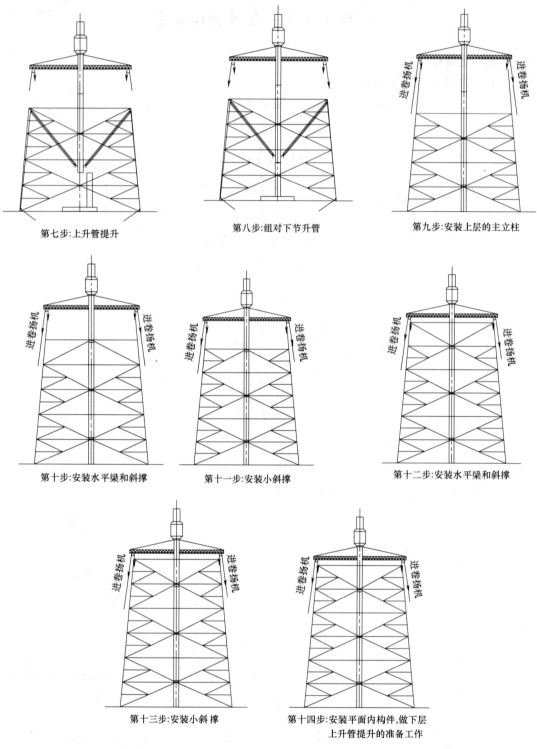

第七步:上升管提升　　　　第八步:组对下节升管　　　　第九步:安装上层的主立柱

第十步:安装水平梁和斜撑　　第十一步:安装小斜撑　　　第十二步:安装水平梁和斜撑

第十三步:安装小斜撑　　　　第十四步:安装平面内构件,做下层
　　　　　　　　　　　　　　　　　上升管提升的准备工作

图 5.1.2　安装流程图

5.2　施工方法

5.2.1　由专人对杆（构）件进行检查、调整、记录和预组装。

5.2.2　基础节的安装（满足提升火炬管高度的塔架）。

5.2.2.1　检查、复测基础尺寸，将四个底座严格按标高用水平尺找平找正；

5.2.2.2　利用专用脚手架、临时平台，将基础节一层一层安装完毕；

（1）搭脚手架（计算出塔架向内的倾斜距离，以免脚手架碰撞塔架），尽量靠近塔架。安装时应仔细核对构件和图纸编号，经检查无误后再进行安装。

（2）安装第一层四根主立柱，并立即安装连接四根主立柱的四根水平横梁，使四根主立柱连成一个整体，以避免因为自重及风载荷引起变形，影响整个塔架的安装。

（3）安装四个侧面的对角斜撑、小斜撑、小水平梁（见图5.2.2.2），在安装时应避免强行组对，这样就增大了塔架的组对应力；对于整个塔架都是高强螺栓连接，对于螺栓孔不得随意扩孔。

（4）重复上述步骤安装塔架至第一个有平面梁的标高层。

（5）安装此水平面内的构件及空间的对角斜拉撑。

（6）在此水平面上搭设临时组装平台，平台要求结实、平稳，重复上述步骤，完成基础节安装。

5.2.3　在中间水封罐的基础处搭设一个高于地脚螺栓的临时平台，来保护地脚螺栓，在平台上铺设钢板用来支承火炬筒体。

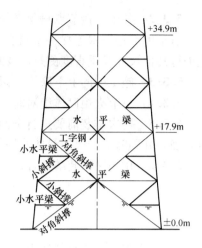

图5.2.2.2　塔架构件详图

5.2.4　安装最上面的火炬筒体就位，支承在保护平台上，吊装分子筛密封器、火炬头和火炬筒体连接高位，并安装好顶部的其他部件。

5.2.5　根据施工平面布置图将卷扬机就位。

5.2.6　在火炬筒体顶部（火炬头、分子筛密封器下部）安装三角桁架和抱箍焊接，利用抱箍抱紧火炬筒体，桁架顶部设斜柱与火炬筒体相连。安装时，使桁架分布于塔架主立柱的正上方，在桁架上装好滑轮，穿好钢丝绳。

5.2.7　安装提升火炬管的滑车组，上滑车和塔架基础节上部的吊耳相连，下滑车和吊装火炬筒体的抱箍相连，穿好钢丝绳。

5.2.8　提升火炬筒体，组装下一节火炬筒体，利用三角，安装上一层的塔架，直至火炬筒体安装完毕（见图5.2.8-1、图5.2.8-2）。

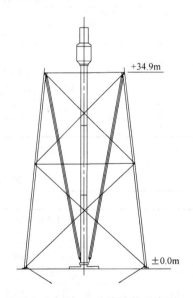

图5.2.8-1　上升管吊装示意图

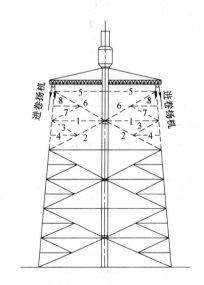

图5.2.8-2　34.9m高层以上结构示意图
（数字表示安装顺序）

5.2.9　提升火炬筒体，拆底部的保护平台，安装水密封罐，火炬头到安装高度。

5.2.10　拆除桁架，立一根小桅杆，安装最后的塔架，塔架到安装高度。

5.3　操作要点

5.3.1　专人检测构件的外观、几何尺寸。

5.3.2 各个连接节点材料必须按图对号入座，并按尺寸进行安装。

塔架侧面每一根连接主立柱的水平梁上，都要标注出中心，用于垂直度测量。安装一层塔架后，应进行几何尺寸及垂直度测量，及时控制。

5.3.3 施工中的上下联络要保证畅通，信号要正确。

5.3.4 每节火炬筒体组对时，都要在直线度、垂直度满足要求后才能点焊。

5.3.5 每次吊装前要进行全面检查，提升火炬筒体时，四台卷扬机应同步，以保证两边的吊点受力均衡，并随时监控火炬筒体及塔架。以免火炬筒体和塔架发生挤压、碰撞。

5.3.6 用桁架吊装塔架杆件时，对面的桁架系挂上相同的杆件，保证整体的稳定。

6. 材料与设备

6.1 本工程所用材料按设计要求准备，施工用料无特殊要求。采用的机具、设备见表 6.1。

机具设备一览表　　　　　　　　　　　　　　　表 6.1

序号	名　称	规　格	单位	数量	备　注
1	卷扬机	8t	台	4	提升火炬筒体用
2	卷扬机	5t	台	4	吊装塔架钢结构用
3	扭力扳手	1500N·m	把	1	采用螺栓连接时用
4	滑车	80t—8轮	个	4	提升火炬筒体用
5	导向滑轮	10t	个	8	
6	自制卸扣	80t	个	4	
7	卸扣	10t	个	4	
8	卸扣	5t、3t、1t	个	各6	
9	钢丝绳	$\phi26$	m	1200	提升火炬筒体用
10	钢丝绳	$\phi11$	m	1200	吊装塔架钢结构用
11	手拉葫芦	5t、3t	个	各8	
12	经纬仪		台	2	
13	焊机	26kW	台	6	
14	吊车	90t	台	1	吊装最上面三节火炬筒体、分子筛密封器、火炬
15	吊车	25t	台	1	吊装基础节构件
16	汽车	东风5t加长	辆	1	

6.2 施工人员组织及工期（表 6.2）

施工人员组织及工期表　　　　　　　　　　　　表 6.2

序　号	工　种	人　数	工　日	备　注
1	项目经理	1		负责全面工作
2	技术员	1		负责技术工作
3	质检员	1		负责质量检测
4	安全员	1		进行安全监督
5	吊车司机	1	126	负责吊装及材料运输
6	铆工	4	504	负责塔架的制做安装
7	起重工	5	630	负责起重工作
8	焊工	2	252	采用焊接连接时6人
9	钳工	1	32	负责维修、检修工作
10	电工	1	52	负责现场临时用电
11	卷扬机手	4	252	负责卷扬机操作
12	其他	16	2016	配合安装及材料运输

广州乙烯工程火炬的施工工期由 1996 年 5 月 1 日开工至 1996 年 9 月 26 日安装完毕，比业主的要求提前一个月完工。其中的有效工日数为 126d。

7. 质 量 控 制

7.1 工程质量控制标准

7.1.1 意大利 TCM 公司提供的标准规范。

7.1.2 《钢结构工程施工及验收规范》GBJ 205—83

7.1.3 《化工厂火炬及排气筒塔架设计规定》HGJ 38—90

7.1.4 塔架组装完后，应符合如下要求：

总高度允许偏差　±20mm　　平面梁中心位置允许偏差　≤4mm

垂直度允许偏差　≤50mm　　平面梁水平度允许偏差　　≤5mm

7.2 质量保证措施

7.2.1 成立质量保证体系，确保工程质量。

7.2.2 认真熟悉本专业设计文件和施工图纸，参加设计交底及图纸会审工作。

7.2.3 掌握本专业工程质量规程、规范以及验证标准，做好对工程项目施工质量监督检查。

7.2.4 确定"共检点"和共检内容，建立测量体系来保证垂直度和几何尺寸。

7.2.5 做好材料的开箱检验工作。

7.2.6 施工过程中进行质量检查，对发现的质量问题、缺陷制定整改措施，限期整改。上道工序检验合格才能进行下道工序的施工。

8. 安 全 措 施

8.1 本工程施工大部分作业均为高空作业，故施工时要特别重视安全，吊装前，必须对吊件进行一次全面的质量和安全检查，由相关责任人签字认可，以减少高空作业的安全风险。

8.2 树立安全第一的观念，按安全法规条例搞好安全工作，吊装前，吊装工程师必须向参加吊装作业的人员进行方案技术交底，所有施工人员必须进行严格的安全培训，合格后方可上岗，坚持班前安全会，每天进行安全检查。

8.3 所有高空作业人员均应进行身体检查，不合格者不准登高作业。

8.4 施工现场设立专职安全员负责安全管理工作，现场设置安全专区，悬挂标志牌，配备消防器材。

8.5 作业人员要穿戴齐全部劳动保护用品，酒后不准上高空，高空作业必须系安全带，穿胶鞋。

8.6 吊装时，上下联络要清楚、准确、上下各设置 4 台无线对讲机，建立通信信号和联络制度。

8.7 注意天气预报，风力大于 5 级时，不得进行高空作业，不准提升火炬筒体。吊装的索具必须进行严格检查，有破损、有裂纹的严禁使用；吊车性能要稳定可靠。

8.8 设置安全可靠的避雷接地装置，顶升完，立即接好。

8.9 操作工具应系绳，小件材料及高强螺栓用布袋装好，以防坠落伤人。

8.10 高空施工用临时平台，工作爬梯均应连接牢固，搭设脚手架应捆扎牢固。四周均应挂设安全网，操作平台应铺满木板，设置好生命线，便于安全带的系挂。

9. 环 保 措 施

9.1 概述

在施工期间，应采取措施，满足业主和当地的环保要求。所有的工业废料和不可分解的废料应倒在业主指定地点，并符合当地法规要求。所有可分解的废料应集中和运至当地垃圾处理站。机动车辆应防止漏油和撒料。建筑垃圾的处理应符合业主和当地法规的要求。工程结束后，临时建筑应及时拆除和清理干净。

9.2 建筑垃圾及废弃物的处理和管理计划

9.2.1 设立专门的工地环卫小组，由项目部直接领导，具体负责对工地现场的环保工作，在施工现场设置专门的建筑垃圾及废弃物堆场，在施工现场各道路旁边和各装车间区设置临时垃圾桶，每天由专人对工地建筑垃圾及废弃物进行分类，并负责将其运至建筑垃圾及废弃物堆场，做到施工现场的清洁、整齐、无污染。

9.2.2 与当地环保部门联系，每星期由环卫部门用专车将工地建筑垃圾及废弃物运至当地垃圾处理站。

9.2.3 每星期现场堆场的建筑垃圾及废弃物运走后，对建筑垃圾及废弃物堆场进行现场消毒处理。

9.2.4 每星期由工地环卫负责人召开一次全员现场环保动员会议，时刻绷紧现场施工人员的环保意思，做到施工所过之处，不留任何垃圾、废物。

9.2.5 每星期应向业主提交一份现场环保报告，并协助和配合业主对施工进场的建筑垃圾及废弃物的清理进行检察、指导工作，听从业主的指令，对不足之处随时改正。

9.2.6 建筑垃圾及废弃物的处理流程如图9.2.6所示。

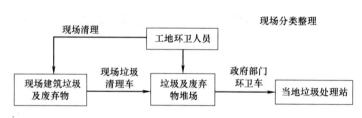

图9.2.6 建筑垃圾及废弃物的处理流程

9.3 文明施工

文明施工是施工现场安全、有序运行的基本条件。文明施工适用于本项目所有的施工场地，包括作业区、宿舍、仓库、出入口、道路等。施工单位应指派专人监管区域的文明施工，采取有力措施，保持和维持现场的整洁和人员健康。垃圾应每天集中到指定地点，按照要求定期外运。施工经理和HSE工程师将定期检查文明施工情况，不符合要求的，将责令整改直至符合要求。

9.4 文明施工责任

施工单位有责任维持其作业区和临建、办公室内部的整洁、有序；有责任在业主指定的地点修建垃圾池，将垃圾分类，集中堆放在指定地点。各种材料、机具应堆放在现场项目部指定地点。施工现场严禁抽烟、随地大小便。在其临建定期灭鼠、除害虫。食堂保持清洁卫生。有责任为员工提供消毒柜等卫生设施。工程结束后，有责任拆除其临建及清理施工现场。

10. 效 益 分 析

10.1 所用吊装机具少，且吨位小，节约了大型吊装机械台班费及索具的费用。

10.2 施工中所需人工少。

10.3 火炬的施工现场在小山头上，如果场地要求宽敞，平整出一块场地需很高的费用，整个工程成本会提高。散装对场地的要求不大，使工程成本降低。

10.4 安装在铺满木板宽大的操作平台上进行，安全措施得力，施工中未发生一例安全事故。

10.5 对于施工现场狭小，火炬无法进行整体吊装或分段吊装的场合，该方法具有其推广价值。

11. 应用工程实例

广州乙烯工程主火炬，其主要参数如下：

11.1 火炬塔架钢结构

总　高：$h=115800$mm　　总　重：　150000kg

形状尺寸：底 18000mm×18000mm　顶 6000mm×6000mm

11.2 火炬（包括火炬头、分子筛密封器、火炬筒体、水密封罐）

总高：$h=125000$mm

总重：56758kg

其中：

（1）火炬筒体部分（九节）

高度：$h=105490$mm　$\phi 48''$（1220mm）

重量：31500kg

（2）水密封罐

高度：$h=11650$mm

重量：14000kg

（3）EFF-QS-52''-C 火炬头

高度：$h=3000$mm

重量：1800kg

（4）48''/52''分子筛密封器

高度：$h=4860$mm

重量：8500kg

（5）其他重量：958kg

该火炬采用散装法进行施工，从 1996 年 5 月 1 日开始安装到 1996 年 9 月 26 日安装完毕，按业主要求提前一个月完工。工程质量优良，安全事故为零。实践证明，这种方法可省工，机索具用量少，操作方便，对场地的要求低。该火炬的安装成功，受到广州乙烯公司、北京毕派克监理公司、意大利 TCM 公司专家的一致好评，广州 11.5 万 t/年乙烯工程聚乙烯装置工程获得国家工程建设质量奖审定委员会颁发的银质奖章。

大型双盘式浮顶储罐外脚手架正装施工工法

YJGF119—2006

中国石化集团宁波工程有限公司　中国石化集团第二建设公司

贺贵仁　杨开宇　郑文仁　杭万红　郑祥龙　王爱民

1. 前　言

随着国家工业化进程的快速推进，我国对原油的需求呈逐年上涨趋势，特别是进入 21 世纪后，我国成为继美国、日本之后的第三大原油进口国。2004 年我国的原油进口量为 1.23 亿 t，比上年增长了 34.8%，而金属油罐是油库储运系统的重要设备。经验与数据表明，采用大容量油罐具有节省钢材、减少占地面积、方便操作管理的优点，在同样储运能力的前提下节省投资，由此可见大型原油油罐的建设具有极高的战略意义。而在此之前，我国建造了近 50 台 10 万 m³ 浮顶油罐，均是引进国外相关技术来参考建设的，2002 年在茂名建成的 12.5 万 m³ 浮顶油罐是国内当时最大容量的储油罐，但与发达国家相比仍有较大差距，因此根据集团公司 2001 年工作会议的部署，决定在江苏省仪征油库建造两台容积达到 15 万 m³ 的特大型原油油罐，这项工程技术将填补我国自行设计、安装大型浮顶油罐的空白，提高我国大型油库、大型油罐的建造水平和储运技术水平。

根据集团公司 15 万 m³ 浮顶油罐技术开发小组要求，成立以宁波工程有限公司为组长单位，由第十建设公司、合肥通用机械研究所、SEI、洛阳石化工程公司及管道储运公司组成施工技术联合攻关小组，针对两家进口钢板供应商——新日铁、NKK 提供的油罐壁板主体材质 SPV490Q 钢板，以及配套焊接材料，进行系列焊接性试验及热处理技术攻关，对试验结果进行综合比较，选择其中较佳者作为最终供应商。

仪征油库一期扩建工程 2×15 万 m³ 油罐的建成，标志着我国大型油罐建造水平又有了新的突破，为以后同等级油罐及特大型油罐建造提供了借鉴和参考。2005 年该工程荣获国家优秀焊接工程奖。

15 万 m³ 油罐的特点是：1. 板厚，40mm 厚的高强度钢板自动焊焊接是国内第一次；2. 直径大，100m 直径的罐底和浮顶施工也是第一次；3. 主体焊接量大，15 万 m³ 油罐焊接量比 10 万 m³ 油罐多 1/3 左右。为顺利完成仪征油库一期扩建工程单台 15 万 m³ 油罐施工任务，我公司认真总结了以往几十台 10 万 m³ 油罐施工的成功经验，在此基础上成功地开发了出本工法。该工法经有关技术研究单位查新确认为最新施工工法，2005 年本工法被评为中国石化集团宁波工程有限公司级工法，2006 年本工法被评为中国石化集团企业优秀工法。福建炼油乙烯项目青兰山中转油库 4×15 万 m³ 油罐工程在原建造工法的基础和经验上进行了完善，形成了一套技术先进、适用范围更广、建造速度更快、经济效益好、安全和质量可靠的成熟工艺。

2. 工 法 特 点

2.1　主体自动焊利用率在 98% 以上。

2.2　交叉作业少，施工安全可靠。

2.3　在施工工程量大的条件下，施工进度快，效率高。

2.4　能很好地保证油罐焊接、喷砂、防腐、保温质量。

2.5　双浮盘焊接量大、焊接变形小，实体质量优良。

3. 适 用 范 围

本工法适用于工程周期短、质量要求高的 10～15 万 m³ 双盘浮顶油罐建造。

4. 工 艺 原 理

15 万 m³ 油罐由于直径大、板厚、板高（3m），所以焊接量大，焊接质量要求高，施工难度极大。与 10 万 m³ 油罐施工工法比较，15 万 m³ 油罐外脚手架正装施工工法在脚手架搭设、壁板预制安装、壁板焊接、浮顶组焊等方面进行大量的技术改进。本工法主要是利用罐壁外部搭设的整圈环形脚手架和移动小车作为罐壁板组焊的操作平台，使壁板与油罐内部的双盘浮顶可同时施工。在施工过程中，每安装完一节壁板，就在罐壁外面搭设一层相应高度的脚手架，作为下节壁板安装的操作平台。罐壁纵缝采用高效率的气电立焊一次成型工艺，罐壁环缝利用专用的埋弧自动焊机进行焊接，内侧打磨及探伤工作在专用的移动小车内进行。罐底中幅板焊接完毕，即可展开罐内双盘浮顶及附件的安装；最后进行罐体强度和浮舱升浮试验及防腐保温工作。所有上述工作完成后即可拆除环形脚手架。

5. 工艺流程及操作要点

5.1 15 万 m³ 油罐外脚手架正装施工工艺流程，如图 5.1 所示。

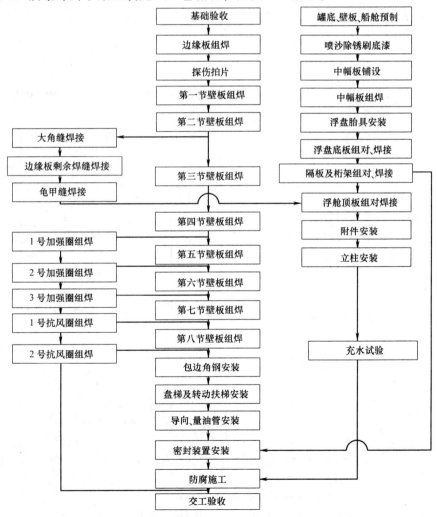

图 5.1 外脚手架正装施工工艺流程图

5.2 操作要点

5.2.1 壁板坡口预制（如图5.2.1所示）

5.2.2 焊接方法及重要焊接参数

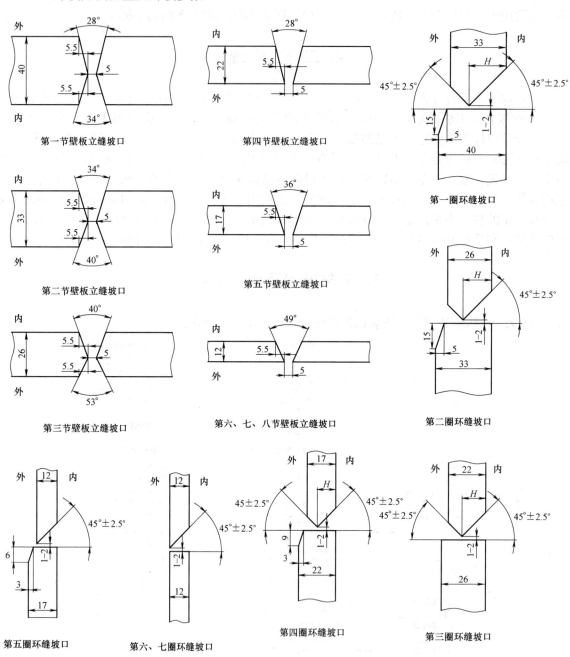

图5.2.1　15万m³双盘浮顶油罐壁板坡口尺寸

5.2.2.1 15 万 m³ 油罐焊接概况见表 5.2.2.1

油罐焊接概况一览表

表 5.2.2.1

焊缝位置	母 材	焊接方法	焊 材	预 热
罐底边缘板对接焊缝	SPV490Q	焊条电弧焊	LB-62UL	/
罐底中幅板及中幅板与边缘板对接焊缝	Q235B+SPV490Q	CO_2 气体保护打底、埋弧碎丝焊填充盖面	E71T-1 JW-3/H431 MGRITS	/
壁板立缝对接焊缝	SPV490Q	气电立焊	DWS-60G	起弧处预热 100℃
壁板立缝对接焊缝	16MnR	气电立焊	DWS-43G	/
壁板立缝对接焊缝	Q235B	气电立焊	DWS-43G	/
壁板环缝对接焊缝	SPV490Q	埋弧焊	US-49/MF-33H	板厚大于 25mm 时预热 100℃
壁板环缝对接焊缝	SPV490Q+16MnR	埋弧焊	JW-1/H431	/
壁板环缝对接焊缝	16MnR+Q235B	埋弧焊	JW-1/H431	/
壁板与开孔接管焊缝	SPV490Q+20 号	CO_2 气体保护	MG-60	100℃
壁板与开孔接管焊缝	SPV490Q	CO_2 气体保护	MG-60	100℃
其他焊缝	Q235A	手工电弧焊	J422	/

5.2.2.2 主要焊接参数

1. 采用日本产 VEGA-VB 自动立焊机焊接立缝工艺（表 5.2.2.2-1）

自动立焊机焊接立缝工艺参数

表 5.2.2.2-1

壁板圈数	板 厚		电流（A）	电压（V）	线能量（kJ/cm）	焊丝牌号	焊丝规格（mm）
第一圈	40	外侧	380～400	38～40	<100	DWS-60G	ϕ1.6
		内侧	380～400	38～40	<100		
第二圈	33	外侧	380～400	38～40	<100	DWS-60G	ϕ1.6
		内侧	380～400	38～40	<100		
第三圈	26	外侧	380～400	38～40	<100	DWS-60G	ϕ1.6
		内侧	380～400	38～40	<100		
第四圈	22		380～400	38～40	<100	DWS-60G	ϕ1.6
第五圈	17		380～400	38～40	<100	DWS-60G	ϕ1.6
第六圈	12		380～400	38～40	<100	DWS-60G	ϕ1.6
第七圈	12		380～400	38～40	<100	DWS-43G	ϕ1.6
第八圈	12		380～400	38～40	<100	DWS-43G	ϕ1.6

高强度钢板超过 33mm 厚的焊接工艺是超大型油罐安装工艺的一个难点。按照以往施工工艺必须进行焊后消氢处理，目前我们国家的相关焊接规范也是要求进行焊后消氢处理，但对于超大型油罐的焊接很难实现焊后消氢处理。对于 SPV490Q 这种高强度钢板或我国新研制出来的大线能量焊接油罐用高强度钢板，可以进行大线能量焊接，但其焊接线能量均不能超过 100kJ，这是其焊接的第二难点。第三难点是如何确保壁板焊后的变形符合设计和相关规范要求。

底节壁板厚 40mm 的立缝焊接，如何保证在二次焊接成形的工艺上即要确保焊接线能量不超过 100kJ，又要使焊接变形控制在要求之内是本工法技术的一个关键点。控制不好时，焊缝中容易产生夹渣、未熔合或焊道表面产生微裂纹、变形严重超过规范要求。通过多次的试验，我们得知焊接线能量不超过 100kJ 是保证焊缝冲击值的首要条件。焊缝的坡口形状、焊接工艺参数、焊接材料、焊机的性能是保障 SPV490Q 这种高强度钢板 40mm 厚焊后不用做消氢处理和焊缝质量的根本。以上选用的焊接坡口形状、焊接工艺参数、焊接材料、焊机型号的匹配通过二个工程的实践证明是十分成功的。采用这种工艺焊接一次合格率可达到 99.5% 以上，焊后的变形 100% 控制规范要求范围内，在焊接环境温度不低于 15℃ 的情况下，不用进行焊后的后热或消氢处理。

在立焊焊接过程中，我们采用了自主开发的纵缝无间断焊接一次成型工艺，即焊接引弧时取消了传统施工的托底块，在焊接完毕收弧时取消了熄弧板，避免了中间过程的气泡、补焊、打磨、检测等繁琐工作，整道立缝焊接过程连续性好，节省了时间，降低了施工成本，减少了缺陷产生率，更能保证较高的焊接一次合格率。

2. 罐壁埋弧自动焊焊接工艺参数（表 5.2.2.2-2）

罐壁埋弧自动焊焊接工艺参数　　　　　　　　　表 5.2.2.2-2

焊接层次	焊材牌号	规格(mm)	电流(A)	电压(V)	焊接速度(cm/min)
第一层（打底）	US-49/MF-33H	φ3.2	380～400	25～26	25～30
第二层（填充）	US-49/MF-33H	φ3.2	430～450	27～28	30～35
第三层（填平）	US-49/MF-33H	φ3.2	440～460	28～29	35～40
第四层（盖面）	US-49/MF-33H	φ3.2	440～470	28～30	45～55

3. 大角缝焊接工艺参数（表 5.2.2.2-3）

大角缝焊接工艺参数　　　　　　　　　表 5.2.2.2-3

焊缝层次（道/层）	焊接方法	焊条(丝)牌号	规格(mm)	极性	电流(A)	电压(V)	焊速(cm/min)
1/1	SMAW	LB-62UL	φ4.0	直流反极	160～200	25～26	10～12
1/2	SMAW	LB-62UL	φ4.0	直流反极	160～200	25～26	12～14
3/3	SAW	US-49/MF-38A	φ2.4	直流反极	360～380	26～28	22～26
2/4	SAW	US-49/MF-38A	φ2.4	直流反极	360～380	26～28	26～30
3/5	SAW	US-49/MF-38A	φ2.4	直流反极	360～380	26～28	28～32

5.2.3 罐主体的预制

5.2.3.1 板材切割下料要求：罐底板、浮顶板及罐壁板在绘制排板图并经设计单位确认后，开始切割下料。罐壁板、罐底板采用龙门切割机净料法切割预制工艺，其余板材可采用半自动切割机进行切割。在边缘板预制切割中，对过渡段（与中幅板对接）50mm 宽度削薄，我们采用了自主创新的火焰切割一次成型工艺，代替了高成本的机加工，切割后经过打磨、检测，质量完全满足规范要求。罐壁板、边缘板切割后几何尺寸符合表 5.2.3.1 的要求。

板材下料允许偏差　　　　　　　　　表 5.2.3.1

测量部位	允许偏差	测量部位		允许偏差
宽度 AC、BD、EF	≤±1.0mm	直线度	AC、BD	≤1.0mm
长度 AB、CD	≤±1.5mm		AB、CD	≤2.0mm
对角线之差（AD－BC）	≤±2.0mm	坡口角度		≤±2.5°

5.2.3.2 油罐热处理开孔壁板专业化抗变形预制

15 万 m^3 油罐底节开孔壁板的制做与 10 万 m^3 油罐的底节开孔壁板的制做方法基本相同。所不同之处是，其一因为壁板厚度由 32mm 增加到 40mm，使焊接量和焊接应力成倍增加，焊接变形更加难以控制，残留在焊缝中的氢和应力引起的裂纹可能性大大增加；其二是因壁板几何尺寸增大和厚度的增加给焊后的整体消除应力热处理控制也增加相应的难度。根据以上情况我们采用了开孔处在滚板时采用反变形措施，焊接前防变形加固弧板加厚加宽，弧板与壁板之间的焊接长度加长、焊脚高度相应加高，确保接管、补强板与壁板焊接过程中加固弧板与壁板之间的焊道在较大应力下不致开裂。采取该工艺的目的是控制焊接过程中的焊接变形，以及将壁板消除应力热处理后变形量降低到最小。在热处理后去除加固弧板，通过增加检测手段达到较高的规范质量要求。热处理的胎具是根据 15 万 m³ 油罐底节开孔壁板的尺寸，采用 15CrMo 的钢板和管材特制而成。热处理的工艺也是根据 15 万 m³ 罐底节开孔壁板和相应胎具的尺寸及重量制定的。焊接过程中，采用二氧化碳气体保护焊进行焊接，焊材采用日本进口实芯的焊丝，牌号为 MG-60、规格为 $\phi 1.2mm$；焊前预热温度控制在 $100\sim150℃$。如果焊接时的环境温度小于 15℃，需进行焊后加温后热处理。

5.2.3.3 双盘浮顶预制

双盘浮预制工作在预制厂内进行，主要是进行立柱、套管、隔板、顶板以及桁架的预制。桁架预制施工应控制的重点内容是做好防变形措施，我们为此制做了专用的反变形胎具，让组装好的桁架预先在专用胎具上向焊接收缩方向相反的方向产生一定的形变，等桁架焊接完成脱胎后不至于变形。

5.2.4 转动扶梯等的预制

转动扶梯、盘梯及顶平台在预制厂进行整体预制，然后进行现场组装。加强圈、抗风圈采用分块预制的方法（一般 3~4 片为一组）。

5.2.5 基础验收

罐底板安装前首先进行基础验收工作，主要验收基础的方位、中心标高及水平度，重点是检测罐壁板安装位置的基础环梁表面的水平度偏差。由于 15 万 m³ 油罐本体自重约 2000t，直径为 100m，考虑油罐使用的稳定性，设计将基础环梁每 10m 弧长内任意两点的高度差确定为不得大于 4mm（10 万 m³ 油罐为 6mm）；整个圆周长度内任意两点的高度确定为差不得大于 8mm（10 万 m³ 油罐为 12mm），这在一定程度上也增加了主体施工单位的施工难度，特别是安装边缘板时，必须保证无任何焊接变形产生以达到标准要求。

5.2.6 罐底施工

基础验收合格后，进行罐底施工；首先，在基础上画出每一块底板的位置，画线一定要准确无误。边缘板与中幅板可同时铺设，边缘板外侧 400mm 焊接时要做好反变形措施。

5.2.7 脚手架搭设

5.2.7.1 与 10 万 m³ 油罐脚手架相比，15 万 m³ 油罐脚手架承重量大，对基础要求高，底部架设钢管时，需铺设木板增加受力面积，使脚手架更稳定。

5.2.7.2 单层操作平台由于壁板板高度增加至 3m（10 万 m³ 油罐单节板高 2.4m），脚手架必须比常规抬高一定高度，以有利于施工。

5.2.7.3 由于 15 万 m³ 油罐比 10 万 m³ 油罐周长增加 50m，这对脚手架从上到下的安全性提高了要求。吊装作业起重量大、施工频繁，在施工过程中在脚手架的径向与壁板结合处采用了连接措施而不是相互独立的，而周向也增加了加固钢管来保证施工安全和质量。

5.2.8 罐壁板安装

5.2.8.1 壁板安装采用外脚手架正装法，在壁板环缝下方 1.2m 处沿罐壁周向搭设整圈脚手架，作为上一层壁板的安装操作平台。环缝的组对，壁板纵缝的组对可综合利用脚手架和焊接小车进行。

5.2.8.2 立缝组焊为了满足气电立焊工艺的需要，采用无定位焊组对法，使用专门的立缝组对夹具固定。

5.2.8.3 第一节壁板安装前首先确定基准圆尺寸 $R=50m$，此时应适当放大 R 考虑一定收缩量。在罐底板上按基准圆半径画出圆周线及第一节壁板每条立缝的位置线，围板时对号入座。第一节壁板围板前，边缘板外侧 300mmRT 检测合格后，将边缘板对接焊缝外端 100mm 左右（与罐壁接触部位）磨平。

5.2.8.4 第一节壁板以油进出孔位置为基准定位，开始围板，依次组对，第一块板就位后，在板中间部位和两端点焊斜撑如下图 5.2.8.4 所示；壁板组对后用卡具调好间隙，打上卡码固定，再用方销打入卡具间调整椭圆度，椭圆度合格后用销子打入边缘板与罐基础圈梁之间调整上口水平度，调整合格后用卡具固定对口间隙，用防变形卡具点焊好。

5.2.8.5 调整壁板的错边和间隙，壁板垂直度用卡码调整好后安装 E 型板，去掉壁板内侧与挡板之间的垫板，进行立缝焊接。壁板间的卡具固定如图 5.2.8.5

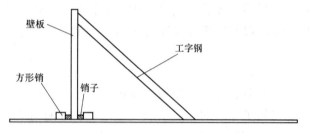

图 5.2.8.4 第一块壁板围板斜支撑

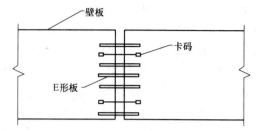

图 5.2.8.5 壁板立缝组对 E 型板、卡码位置示意图

5.2.8.6 第一节立缝焊接时，考虑上、下端横向收缩量不同，所以壁板组对时要采用"预倾斜补偿"工艺，组对时壁板略向罐内倾斜，保证底节壁板焊后垂直度。第一节壁板立缝为双面坡口，焊接时先焊外侧后焊内侧，在外侧焊接时固定卡具起到防变形的作用，外侧焊接后壁板立缝无明显的角变形，但内侧焊接时壁板处于自由收缩状态，焊后容易造成壁板立缝外凸；如果不能有效的控制，角变形将超出设计及规范要求，产生局部应力集中，将影响整台油罐的质量，从而降低使用寿命。为有效控制第一节壁板立缝角变形，分三个步骤进行控制。首先，是在底节壁板预制滚弧时，通过控制壁板两端曲率 $R<50\text{m}$，提前做好防变形准备工作；其次，是在壁板立缝现场组对时，事先作好防变形，立缝组对后验收标准为：要求用 1m 外弧样板检查，样板中间有一定间隙为合格；最后，是内侧焊接前，除去固定卡具后，对每条立缝用 1m 外弧样板进行检查，如果样板中间有间隙立缝焊完后角变形一定满足设计要求，否则在立缝外侧打反变形背杠进行最后控制。

5.2.8.7 第二节立缝焊接完毕后，进行大角缝组对，大角缝组对时，壁板内、外侧同时采用间段焊进行点焊。

5.2.8.8 第三节壁板安装完毕后，进行大角缝的焊接，焊前在第一层壁板与罐底边缘板间采用防变形支撑如图 5.2.8.8 所示。

大角缝的焊接顺序为：

内侧封底焊→外侧封底焊→内侧埋弧焊→外侧埋弧焊

5.2.8.9 第二节及以上壁板安装，以下节壁板焊后周长尺寸为基准，按排板图尺寸在前节壁板上画上安装位置线，围板时对号入座，外侧用背杠固定。立缝焊接完毕后，进行环缝组焊。固定背杠如图 5.2.8.9 所示：

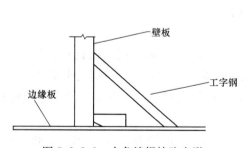

图 5.2.8.8 大角缝焊接防变形

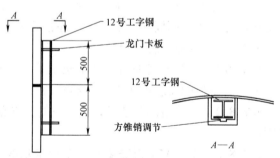

图 5.2.8.9 环缝固定用专用胎具设置

5.2.9 双盘浮顶高质量组焊

5.2.9.1 双盘浮顶在中幅板组焊完毕后即可展开施工，与壁板安装施工分两条线同时进行。浮顶的胎具采用水平度可调的专用胎具，胎具由中心向四周逐渐铺设，胎具高度为设计高度＋200mm；胎具安装完毕后，调整胎具水平度，以保证浮盘底板处于同一水平面上，从而保证浮盘焊后平整度。

5.2.9.2 双盘浮顶施工按照由中圈起步向内外辐射的施工工艺进行，先进行底板的铺设，然后进行桁架、环向隔板、径向隔板的安装，最后进行顶板的安装。顶板焊接时，多名焊工需均匀对称分布，从浮顶中心向四周先短缝后长缝，以控制顶板、底板焊接变形在允许范围内。整个浮顶直径约99.5m，焊接收缩量大，焊接变形较10万 m^3 油罐更难控制，如果双盘浮顶焊接收缩不均匀或者发生偏移，必将导致一二次密封不严，造成油品挥发，存在极大的安全隐患。所以，为保证浮舱外侧板和罐壁之间的距离250±10（mm），必须提前估算浮顶整体收缩量，达到最终控制好浮顶组焊质量的目的，这是双盘浮顶施工的一个难点。边缘浮舱外侧板焊接时应提前做好防变形措施，使浮顶焊接后与罐壁间距均匀且符合技术要求。

5.2.10　盘梯、转动扶梯、抗风圈、加强圈等的安装与壁板安装和脚手架的搭设相结合，采用最为合理的施工顺序。

5.2.11　水压试验：水压试验主要是检查双盘浮顶升浮过程中浮顶有无漏点及罐壁强度是否满足要求。水压试验前应做好以下工作：所有焊缝焊接完、检验完毕并合格；量油管、导向管、转动扶梯、盘梯、刮蜡机构、消防系统、加热盘管及浮顶排水系统安装完毕并验收合格。

5.2.12　所有参加施工的人员必须持有安全培训考试合格证，对于特殊工种还应有相关的特殊工种上岗证，主要有以下工种：架子工、电焊工、起重工、火焊工、各种司机等。

6. 材料与设备

6.1　本次施工首次选用规格为 $\delta=12\sim40mm$ 的 SPV490Q 的进口钢板进行施工，其钢板的化学成分分析和力学性能试验数据如表6.1-1、表6.1-2所示。

化学成分　　　　　　　　　　　　　表6.1-1

材料型号	样品规格	样品编号	试样编号	化学成分（%）					
				C	Si	Mn	P	S	Cr
板材	40mm	NIT-HX	H30902	0.085	0.19	1.61	0.004	0.003	0.055
				Ni	Mo	V	Cu	Nb	
				0.34	0.087	0.007	0.37	0.015	

拉伸试验　　　　　　　　　　　　　表6.1-2

样品编号	样品规格	材质	试样编号	受试尺寸（mm）	屈服强度 Y.S(Mpa)	抗拉强度 T.S(Mpa)	断后伸长率 A50 EL.（%）
NIT-JX-39	$\delta=40mm$	SPV490QSR	W34905	$\phi=14.0$	500	610	28.0

6.2　以单台15万 m^3 油罐施工为例，本工法需要的主要机具设备见表6.2。

施工机具计划　　　　　　　　　　　表6.2

序号	名　称	规格型号	数量	备　注
1	汽车吊	50t	1台	/
2	汽车吊	25t	1台	/
3	履带吊	50t	2台	/
4	龙门吊	10t	2台	/
5	拖挂	20t	2辆	/
6	工程车	10t	1辆	/
7	型钢煨弯机	/	1台	/
8	剪板机	3000×20(mm)	1台	/
9	滚板机	3200×35(mm)	1台	/

序号	名　称	规格型号	数量	备　注
10	滚板机	3000×32(mm)	1台	/
11	龙门切割机	6000×45000(mm)	2台	/
12	摇臂钻	φ45mm	1台	/
13	半自动火焰切割机	国产	12台	/
14	日本产自动立焊机	VEGA-VB	5台	焊接罐壁立缝
15	林肯自动埋弧横焊机	RANSOOME. AGW	15台	焊接罐壁环缝
16	南京奥特双面自动埋弧		4台	焊接罐壁环缝
17	自动埋弧焊机	SUBSSTAR-S	8台	焊接罐底焊缝
18	自动埋弧角焊机	S-MISA	6台	大角缝、抗风圈
19	气保焊机	松下	30台	/
20	大(中)直流焊机	/	60台	/
21	气刨机	/	8台	/
22	风铲	/	20台	/
23	自动焊电源	/	40台	/
24	空压机	6/8m³/kg	14台	安装4台,防腐10台
25	小钻床	φ12mm	2台	/
26	多级泵	30kg/mm²	1台	/
27	离心泵	扬程≤50m	2台	流量≥350米3/H
28	焊剂烘干箱	/	8台	/
29	烘干箱	450℃	4台	/
30	恒温箱	250℃	4台	/
31	真空箱	/	6台	/
32	捯链	3T	10台	/
33	捯链	5T	4台	/
34	千斤顶	30T	4台	/
35	磨光机	φ180mm	40台	焊道打磨工用
36	磨光机	φ100mm	20台	焊工用
37	经纬仪	/	1台	/
38	水准仪	/	1台	/
39	红外线测温仪	/	3台	/
40	热处理设备	/	1套	/

6.3 单台15万m³油罐施工为例，本工法需要的主要机具设备功率及用电量见表6.3。

施工用电一览表　　　　　　　　　　　　　　　　　　表6.3

序号	设备名称	单台功率(kW)	数量	合计	备　注
1	AX7-500-1大直流焊机	26	8	208	施工现场
2	AGW-15/N横焊机	30	6	180	施工现场
3	立焊机(日本)	30	2	60	施工现场
4	气保焊机	20	10	200	施工现场
5	6/8空压机	40	2	80	施工现场
6	埋弧焊机	40	4	160	施工现场

序号	设 备 名 称	单台功率(kW)	数量	合计	备 注
7	焊条烘干箱	4.5	2	9	施工现场
8	其他 (磨光机及一些临时用电)			60	施工现场
9	剪板机	30	1	30	预制厂
10	型钢弯曲机	10	1	10	预制厂
合计				997	

7. 质 量 控 制

7.1 本工法应执行的主要的规范、标准

7.1.1 《立式圆筒形钢制焊接油罐施工及验收规范》GB/T 50128—2005；

7.1.2 《承压设备无损检测》JB/T 4730—2005；

7.1.3 《涂装前钢材表面锈蚀等级和除锈等级》GB 8923—88；

7.1.4 《石油化工立式圆筒形钢制油罐施工工艺标准》SH 3530—2001；

7.1.5 《工业金属管道工程施工及验收规范》GB 50235—97；

7.1.6 《现场设备、工业管道焊接工程施工及验收规范》GB 50236—98；

7.1.7 《钢制压力容器焊接工艺评定》GB 4708—2000；

7.1.8 《钢制压力容器焊接规程》GB/T 4709—2000；

7.1.9 《钢结构工程施工及验收规范》GB 50205—2001；

7.1.10 《石油化工钢油罐地基与基础施工及验收规范》SH 3528—93。

7.2 关键部位、关键工序质量要求

7.2.1 罐壁滚板质量

《立式圆筒形钢制焊接油罐施工及验收规范》要求壁板卷制后，应立置在平台上用样板检查。垂直方向上用直线样板检查，其间隙不得大于1mm；水平方向上用弧形样板检查，其间隙不得大于3mm。在预制过程中我们采取了样板测量和拱高测量双重检测手段，同时在滚板时利用了数控滚板机大大减少了弧度偏差，精确控制了滚板质量。

7.2.2 底节壁板垂直度

《立式圆筒形钢制焊接油罐施工及验收规范》中提出了油罐底节壁板安装后垂直度允许偏差，不应大于3mm。由于焊接时壁板周长会产生变化，同时壁板与罐底存在较大摩擦力，所以影响垂直度因素较多。对于超大型油罐底节壁板的垂直度控制是很难达到规范要求的3mm。我们总结了多年的施工经验，根据焊缝收缩变形情况，采取了底节壁板下料切割时下边长度放大和安装组对时采取垂直度预倾斜措施补偿了垂直度的变化，在焊缝全部焊接完成后，垂直度测量结果完全满足规范要求。

7.2.3 双盘浮顶表面平整度

设计要求在双盘浮顶组焊后，顶板、底板平整度用1m直线样板检查，允许偏差为±10mm。因为15万 m³ 油罐浮顶直径为99.5m，面积近8000m²，焊接量大且钢板薄（4.5mm厚），控制整体尺寸和平整度难度非常大。我们在多台10万 m³ 油罐浮顶组焊的基础上，对15万 m³ 油罐浮顶根据其特点制订了科学的安装、焊接顺序，同时精确计算了施工过程中的焊接收缩量，满足了设计要求。

7.2.4 双盘浮顶与罐壁间距

设计要求双盘浮顶组焊结束后，边缘浮舱外侧板与罐壁间距为250±10mm。在该施工过程中涉及罐壁安装质量（椭圆度），又存在双盘浮顶焊接收缩不均匀等情况，首先，我们采取了先保证壁板安装质量的施工方法；其次是精确计算浮顶焊接收缩量，预先增加余量补偿收缩量；最后，在焊接边缘浮

舱外侧板时采取一定的抗变形措施。通过上述三方面的控制，边缘浮舱外侧板与罐壁之间的间距经测量偏差很小，完全能达到 250±10mm 的设计要求。

7.2.5 厚度大于 33mm 的 SPV490Q 钢板焊接时的环境温度应在 15℃以上，若焊接时的环境温度低于 15℃时，必须采取焊前预热和焊后适当的后热措施。

7.2.6 罐壁焊缝棱角变形

《立式圆筒形钢制焊接油罐施工及验收规范》中提出对纵焊缝组装焊接后进行检查，检查要求如表 7.2.6。

纵缝组对检查要求 表 7.2.6

板厚(mm)	角变形(mm)
$\delta \leqslant 12$	$\leqslant 12$
$12 < \delta \leqslant 25$	$\leqslant 10$
$\delta > 25$	$\leqslant 8$

因此角变形控制要从源头开始，在壁板预制时，我们对滚板过程进行了仔细分析，结合以往经验针对壁板两端减低滚制程度，保证中间部位的的弧度和拱高。在切割坡口时采用双面不对称坡口，先焊接的一侧坡口较大，后焊接一侧坡口较小。纵焊缝焊接后，通过 1m 的样板检查，均符合设计及规范要求。

7.3 质量保证措施

7.3.1 认真贯彻本公司"技术先进　管理科学　持续改进　顾客满意"的质量方针，提高职工的质量意识，明确本项目的质量目标；在施工过程中将全面贯彻执行国家和上级部门颁发的有关质量方针、目标、政策、法令和标准，严格按 ISO 9001 质量管理模式，进行全过程、全方位质量管理。

7.3.2 组织专业技术人员进行施工图纸会审并编制施工技术措施和质量检验计划和创优计划；对施工班组进行详细的施工技术交底，使施工人员明白项目质量目标、施工方法、施工质量控制重点和要点。

7.3.3 严格按照施工图纸、施工规范和施工技术文件进行施工，任何现场修改、材料代用必须取得原设计的同意，严禁自行改变施工图纸或降低设计标准。

7.3.4 对壁板的滚圆质量进行有效控制，落实三检制度，即自检、互检、专检，通过控制其弧度和拱高，来保证安装质量。

7.3.5 第三节以上壁板在安装前进行总体垂直度测量，测量部位为下一节壁板的长度中间位置和立缝两侧 1m 处，将测量结果记录在下一节壁板外侧，作为壁板立缝组对的依据；立缝组对后，对单圈垂直度进行 100%检查，全部合格后再进行焊接。

7.3.6 加强班组质量管理工作，不断提高班组质量意识，严格要求班组进行自查和互检工作，并做好相应施工记录；严格执行工序交接检查制度，做到上道工序未经检查，不得进入下道工序；加强巡检质检人员的巡检力度，严格按照质检计划开展专检工作，落实质量一票否决权制度。

7.3.7 建立质量奖惩制度，充分引起施工人员对工程质量的重视及提高其积极性。按照公司有关规定，结合工程实际情况，制订项目管理人员工作质量考核办法及施工人员工程质量考核办法，落实奖惩分明制度。

8. 安 全 措 施

严格执行中石化 HSE 管理体系，认真进行危险、危害识别，加强施工过程控制，不断持续改进，通过策划（P）、实施（D）、检查（C）、改进（A），不断提高现场安全控制能力，具体措施如下。

8.1 策划

8.1.1 在项目开工前进行 HSE 策划，识别出项目的重大危险源和危险危害因素，列出具体控制措施，编制出清单并下发；制定具体的作业程序，规范现场的安全施工。

8.1.2 对特种作业编制具体施工技术方案：共编制了《脚手架施工技术方案》、《临时用电施工组织设计》、《吊装作业施工技术方案》、《季节性施工方案》，从技术上确保特种作业安全。

8.1.3 编制了《施工应急预案》，积极进行应急准备，努力降低事故损失。

8.2 实施

8.2.1 现场配备合格的、足够的劳保用品。

8.2.2 配备足够的 HSE 资源（人力、物力、财力）进行现场 HSE 管理。

8.2.3 对所有从业人员进行入场安全教育，考试不合格禁止上岗，入场安全教育覆盖率 100％；并结合分部分项工程施工特点进行安全技术交底，严格执行施工技术方案要求。

8.2.4 召开会议，及时传达安全信息、布置安全工作重点：班组每天召开安全例会，项目部每周、每月召开周一全员安全大会和月安全例会，分别总结、布置每天、每周、每月安全工作重点。

8.2.5 开展安全活动，对全员进行安全宣教，提高安全意识，如适时开展了"安全生产月活动"、"暑期安全作业活动"、"查违章、纠隐患活动"。

8.2.6 对采购的配电箱、吊索具、电缆、漏电保护器等进行检查，对所有进场设备进行检查，合格后方可进场，防止由于物的不安全状态引发安全事故。

8.2.7 现场设置临边、洞口防护，确保高处作业安全。

8.2.8 脚手架实行挂牌制度，分层验收，合格方可作业；拆除实行审批制度，许可后经安全交底后方可实施。

8.2.9 对三级以上高处作业、射线作业、受限空间，实施作业许可制度，经审批、落实安全技术措施和交底后方可进行作业。

8.2.10 成立义务消防队，加强各级人员消防教育，确保现场消防安全；

8.2.11 实施安全奖惩，充分调动全体人员的积极性，实现全员、全过程、全方位管理。

8.3 检查

积极开展日巡检（安全员）、周检（项目部）、月检（项目部）和专项检查（脚手架、临时用电、消防、射线、节假日），及时发现存在的安全隐患，通过安全奖惩实现持续改进。

8.4 改进

通过组织定期的项目安全评审，采取预防和纠正措施，对存在的不符合项进行改进。

9. 环保措施

经过调查、分析，整个施工安装过程中存在"噪声、生活污水、粉尘、机械设备废弃物、射源"环境影响因素，需采取如下方案分别进行处置。

9.1 噪声管理方案

9.1.1 机械噪声控制指标

尽可能地降低机械作业过程中产生的机械噪声，并结合项目施工的实际情况，保证施工现场白天的机械噪声最高不超过 85dB（其中平板车不超过 75dB；吊车、电锯等不超过 70dB），夜里的机械噪声最高不超过 55dB。

9.1.2 机械噪声控制措施

9.1.2.1 施工机械安排上首先选用产生噪声比较小的机械，并尽量选择集中在白天进行作业。施工过程中尽量减少机器部件的撞击、摩擦和振动，以减少对周围居民的噪声污染。

9.1.2.2 对进场的机械设备按照国家有关规定对其进行机械噪声的检测，检测噪声结果小于 85dB 的机械方可进场。对于机械噪声超过 85dB 的机械杜绝其进场，经过整改检测合格后方可进场。

9.1.2.3 教育机器操作人员自觉树立环保意识，平时注意机械设备的保养工作，定期对机械设备进行检查以保持机械设备具有良好的机械性能，从而减少机械噪声。

9.1.2.4 在施工条件允许的情况下，首先选用无声或低声设备来代替发生噪声的设备。

9.1.2.5 加强个人防护，施工中遇到暂时不能控制的噪声，施工人员可以配戴耳塞等防护用品。合理安排有噪声作业工人的休息时间，并对工人进行定期健康检查特别是听力检查。

9.2 粉尘排放管理方案

9.2.1 控制指标

作业场所无扬尘，从业人员职业病发生率为零。

9.2.2 控制措施

9.2.2.1 每天清扫在运输过程中携带散落于路面上的沙粒，防止起风时形成大面积的扬尘。

9.2.2.2 定期对现场道路和作业场所进行喷水，保持工作场地的湿润，使散落于场地上的沙粒形不成粉尘。

9.2.2.3 对焊接作业人员配备防毒面具，发放牛奶。

9.2.2.4 作业场所禁止吸烟，下班后及时洗澡。

9.3 污水排放管理方案

9.3.1 控制指标

污水经沉淀后排放，村民投诉率和环境责任事故率为0。

9.3.2 控制措施

项目部分为生产区和生活区，其中厕所、浴室、食堂、员工洗涤衣物、冲洗小车的用水构成污水排放源。污水经过三条主纵沟分别流入沉淀池，沿排水管道汇入消防渠污水系统。由于厕所采用化粪池结构，以及生活区用水经两次拦网过滤经沉淀池，使污染程度得到消减。拌合站的污水，经污水汇入生产区污水系统，经沉淀后汇入消防渠排污水系。项目还从管理入手，制定了《生活区管理制度》、《生活区、生产区用水及排污管理办法》，并开展文明施工检查，把环境保护提到项目工作的议事日程。

9.3.2.1 厕所采用封闭式化粪池构造，安装自动式冲便器，使粪便在化粪池内充分腐烂分解后排放，直通沉淀池。冲便器要保证功能正常，如化粪池阻塞要联系环卫部门疏通。

9.3.2.2 沉淀池长6m、宽2m、深1.2m，从生活区、生产区流入的污水要经过拦网过滤后再流入沉淀池，以防止杂物污染水体。

9.3.2.3 生活区、生产区食堂废水经沉淀分解和浴池的废水一并流入消防渠。

9.3.2.4 生活区、生产区纵沟沟端安放第一层拦网，使杂物尽量不流入沉淀池或主干渠，及时派人打捞沟中漂浮杂物。

9.3.2.5 不准向沟内倾倒垃圾或液化气残液。后场修理废油或油库的油不得倾倒在沟内或随地泼倒。废油棉手套不得乱扔。

9.3.2.6 派专人清扫水沟，保持水沟的卫生。

9.3.2.7 食堂的剩菜、洗盆油水应倒入泔水桶内，员工不得向沟内倒剩饭菜。与村民联系定点放置泔水桶，回收利用养殖。

9.3.2.8 每周定期组织检查与随时巡查结合，发现问题及时整改。对违规的要批评教育。严重违规的要予以通报，并处以罚款。增强员工环保的自觉性。

9.4 机械设备废弃物管理方案

9.4.1 机械设备废弃物控制指标

尽可能地减少机械设备、车辆保养、维修过程中产生的各种废弃物。对已产生的废弃物严格做到统一回收率100%，分类率100%。

9.4.2 机械设备废弃物管理措施

9.4.2.1 机械设备在定期维修与保养过程中，或临时维修过程中，视情况而定由项目部修理班更换发动机油。更换下来的废机油应进行回收，不得随意倾倒。

9.4.2.2 回收的废机油应首先进行沉淀，待沉淀稳定后，将容器上层清的部分回收利用于模板的防锈。将容器下层粘稠的部分暂时存放在修理班以便以后集中处理。

9.4.2.3 维修人员在保养与维修设备时用到的手套、擦拭机械零件等用到的棉纱以及维修过程中换下的废电瓶不得随意丢弃。应将其收集暂时存放于修理班，设置专门存放容器，并明显标识"待处理废弃物"字样。

9.4.2.4 对在机械设备废弃物回收工作实行不定期检查，进行奖惩。

9.5 射源管理方案

9.5.1 射源管理控制指标

无射源辐射事故。

9.5.2 射源管理控制措施

9.5.2.1 射线作业人员必须持证上岗，配备个人剂量仪并定期进行检测。

9.5.2.2 对射线作业实行许可制度，开具射线作业票，经审批同意后方可进行作业。

9.5.2.3 射线作业时，现场设专人监护，设置警戒区，配备警示灯。

9.6 文明施工管理方案

9.6.1 文明施工控制指标

符合储运安装公司开展的"6S"活动目标。

9.6.2 文明施工控制措施

9.6.2.1 制定整个现场的"6S"标准。

9.6.2.2 对全体参建员工进行"6S"教育。

9.6.2.3 成立专门的活动机构，定期对"6S"活动进行检查、考核，持续改进。

10. 效 益 分 析

采用本工法主体焊接工作自动焊利用率在98％以上，大大提高了工作效率和施工质量，减少人员投入，与原计划比较总体工期提前20d，仅机械台班、人工费用方面就可节约80多万元。另外，本工法属于国内首创，安全可靠，易于控制及管理，为以后类似大型油罐建造提供了科学依据，具有相当可观的社会效益和经济效益，且环保、节能。

11. 工程应用实例

该工法首次应用于仪征油库一期扩建工程2×15万 m³ 油罐，该项目是根据集团公司的总体规划而兴建的，由中国石化集团北京工程公司及洛阳工程公司共同设计，我公司负责其中 T1 罐的预制和安装工作。油罐内径为 φ100m，罐壁高度为21.8m，总重为2078.4吨，罐壁板材质为SPV490Q/SPV490Q-SR（下部六节）和16MnR（第七节）Q235B（第八节），浮顶材质为 Q235B。项目于 2004 年 6 月开工，11 月末完成全部施工任务并进行水压试验，于 2005 年 11 月正式投入使用，其各项指标完全符合设计及规范要求，投料试车一次成功，获得了业主、设计、监理等单位的高度评价。

该工法第二次应用于福建炼油乙烯项目青兰山中转油库工程4×15万 m³ 油罐，由中国石化集团北京工程公司设计，我公司负责其中 T-1 、T-2 罐的预制和安装工作。油罐概况与仪征油库15万 m³ 油罐基本相同。项目于 2007 年 3 月开工，8 月末完成全部施工任务。由于在施工中采用了外脚手架正装工艺，施工过程中各项技术指标满足标准要求，项目组织管理科学，达到了安全、优质、高效、环保、节约成本的目标。

液压牵引平移石化设施施工工法

YJGF120—2006

中国石化集团第十建设公司　中国建筑工程总公司

嵇彬　吴忠宪　陈淑芬　徐祥兴　徐磊铭　费慧慧

1. 前　言

2004 年 7 月，齐鲁石化公司 72 万 t/年乙烯装置技术改造期间，位于裂解装置急冷区的油洗塔 E-DA-101，急冷水塔 E-DA-104 由于装置的扩容，需要更换。

设计给出的方案为：停车改造期间，对 E-DA-101 和 E-DA-104 塔进行拆除，同时对两塔的基础实施加扩和加固等土建作业。待旧塔拆除之后，再在经过加固和加扩的基础上进行新塔油洗塔 ES-DA-101，急冷水塔 ES-DA-104 的安装，安装的中心位置不变。

两台新塔的规格见表 1。

两塔规格表　　　　　　　　　　　　　　　　表 1

位号	名称	主体材质	外形尺寸(mm)	设备净重	平移时总重
ES-DA-101	油洗塔	16MnR	$\phi 9200 \times 48600$	310t	650t
ES-DA-104	急冷水塔	16MnR	$\phi 12000/8400 \times 54200$	695t	1020t

按照正常的施工方法，两台新塔需在装置外预制场地先期进行分段预制，待装置停车后，再对旧塔进行拆除。旧塔拆除后，先对塔基础进行加扩和加固处理，待基础达到一定强度后才能进行新塔的运输和安装工作。新塔重量较且体积较大，无法进行整体安装，必须进行现场分段吊装和组焊。这样不仅 2 个月的装置改造工期无法保证，而且要使用大吨位吊车长周期作业，施工费用较高。经过反复讨论和计算，决定在保证质量、工期、保证安全的基础上，在装置不停产的情况下，采取适当隔离措施，在原来两塔的旁边进行两塔的预制工作。待装置停工改造期间，再对两台已预制完成的新塔实施液压立式整体平移安装施工工艺，将其安装就位。

2. 工法特点

施工特点

（1）工艺方法简单，操作方便，实施过程安全可靠。虽然增加了液压牵引设备，但节省了大型吊车的使用，降低了施工成本，避免了复杂的施工组织。

（2）节省大量改造施工时间，为装置早开车，早出产品创造了有利条件，保证装置改造的施工工期。

3. 适用范围

（1）改建、扩建工程中设备制造周期长，且必须在现场制造的超限大型设备。

（2）在原有基础上需更换的超限大型设备。

（3）大型设备的现场二次就位。

4. 工 艺 原 理

本次采用的液压立式整体平移施工工艺是指：

4.1 改造开始前，根据设计院提供的设备平面布置图，采用 AUTOCAD 软件，依据平移距离最短的原则，并结合装置周围的建构筑物和设备的分布情况，在旧有双塔的就近位置，确定双塔现场组焊的中心位置。

4.2 根据滚动摩擦原理，在为双塔现场组焊所修建的临时土建基础上，按从下到上的顺序铺设下滚道板，滚杠，上滚道板，同时在上滚道板前端焊接用于和液压平移设备连接的牵引耳。

4.3 平移前，双塔的组装和焊接的内容为：完成双塔塔体的预制、组装、焊接、无损检测和水压试验工作，完成塔内件的装填和调整，完成附属结构和工艺管道的安装以及所有的刷油保温工作，完成所有电仪器件的安装，同时，对双塔的基础按照设计图纸进行托换加扩加固。

4.4 改造开始后，拆除原有旧塔，将液压牵引设备安装就位。通过液压牵引设备，将新建两塔水平移位就位位置，从而完成双塔的安装任务。

5. 施工工艺流程及操作要点

5.1 施工工艺程序

液压立式整体平移安装工法施工程序见图 5.1。

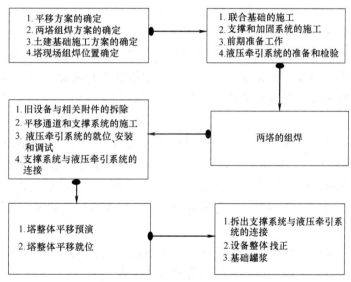

图 5.1 液压立式整体平移安装工法施工顺序

5.2 液压立式整体平移安装工法的系统构成以及施工特点

5.2.1 综述

根据现场的实际情况，结合两塔现场组焊时吊车站位的需要，遵循平移距离最短的原则，确定两塔临时组焊位置；位置确定后，由土建专业参照两塔正式基础的要求修建双塔现场组焊的临时基础和平移通道；临时基础的强度应以双塔水压试验时的重量为基准。临时基础和平移通道施工完毕后，在确认其强度符合要求后，在临时基础和平移通道上从下到上顺序铺设下滚道板，滚杠和上滚道板，上滚道板和塔体裙座按照正式设计文件中裙座和基础环的焊接要求进行焊接，并充当基础环，其厚度应等同于基础环板的厚度。下滚道板、滚杠、上滚道板、临时基础和平移通道一同构成两塔组焊和整体平移时的支撑系统。为防止上滚道板和塔体裙座焊接时变形，以及平移时局部受力过大造成变形，应对上滚道板和两塔的裙座进行有效的加固，保证足够的刚度和强度，将此加固称之为加固系统。在上滚道板焊接板轴式牵引耳，通过拉杆和液压牵引设备连接为一体，构成两塔整体平移时的液压牵引系统。在平移过程中，两塔不提升，不周向转动，只平移。在平移过程中，为防止双塔前进时发生横向侧偏和角位移，必需设置防侧偏系统和有效的检测系统。双塔平移到正式基础后，使用垫铁（平垫铁和斜垫铁）和液压式千斤顶对双塔进行微小抬升，使其能抽出滚杠，并对双塔进行找正。

综上所述，两塔的立式整体平移系统构成为：

（1）支撑系统；

（2）加固系统；

（3）液压牵引系统；

（4）防测偏系统；

（5）检测系统。

各系统协调一致，有机配合，共同完成塔的立式整体平移工作。

5.2.2 支撑系统

支撑平移系统由以下几部分构成：联合基础（由设备临时组焊基础，平移通道和正式基础组成）、下滚道板、滚杠、上滚道板。

（1）联合基础（由临时组对基础，平移通道和正式基础组成）

根据现场实际地形和双塔的外型尺寸，并结合双塔组对过程中吊车站位的需要，确定在两塔正式安装位置的西侧，炉前管廊和急冷区之间的通道上，按正式基础要求作临时基础，设平移通道将临时基础和正式基础连接起来，统称联合基础。联合基础浇筑时，其顶面标高以正式基础的标高为准，并预埋地脚螺栓位置，预埋地脚螺栓的位置将根据塔器基础环上的地脚螺栓孔的位置确定。在预埋地脚螺栓正上方的上滚道板和下滚道板切割相应的螺栓孔，双塔组对时，将螺杆通过备紧螺母拧紧，起到稳定塔的作用，双塔整体平移前，将螺杆拆除，以便于双塔的平稳移动。联合基础还应预埋与下滚道板连接的预埋板，预埋板顶面标高应和联合基础顶面标高相同，并将下滚道板和预埋板焊接起来，增加双塔平移时下滚道板的稳定性。

联合基础按照正式基础的要求进行施工，浇筑应连续进行，联合基础平面的平整度允许偏差不大于 5mm/m，且要求上表面光滑，基础承载能力应大于 25MPa；正式基础地脚螺栓采用预留方式，待双塔平移到位后，再进行地脚螺栓的安装。地脚螺栓孔的外径应比正式设计文件规定大 200mm。临时基础和平移通道在施工完毕后，按混凝土施工要求进行养护，以保证基础的强度。

（2）下滚道板

下滚道板铺设在临时基础、平移通道和正式基础组成的联合基础上。ES-DA-101 和 ES-DA-104 下滚道板分别由 5 块钢板构成，根据计算，每块板规格尺寸见表 5.2.2-1。

下滚道板规格尺寸表 表 5.2.2-1

位号	长度(mm)	宽度(mm)	厚度(mm)	材质
ES-DA-101	26500	1800	40	Q235B
ES-DA-104	31700	1800	40	Q235B

ES-DA-101 和 ES-DA-104 下滚道板与临时基础，平移通道，正式基础的预埋板按要求进行焊接，由于下滚道板面积较大，必须由若干张钢板组焊而成，焊接时应根据排版图合理焊接，防止变形，在焊接完毕后必须对其平整度进行检测。

（3）滚杠的选取和铺设

根据计算，ES-DA-104 的滚杠采用 φ90 的圆钢，ES-DA-101 的滚杠采用 φ110 的圆钢，材质均为

20#钢。具体规格见表5.2.2-2。

滚杠规格表　　　　　　　　　表5.2.2-2

位号	直径(mm)	总长(m)	材质	每侧伸出长度(mm)	伸出长度(m)	数量(根)
ES-DA-101	90	10.6	20#	10	300	58
ES-DA-104	110	13.6	20#	13	300	68

滚杠以300mm的间距平行放置。铺设滚杠时应按以下要求进行：

1) 在下滚道板上表面放出塔纵横中心线，以塔临时组对的纵轴线为基准放置第一根滚杠，并以300mm的间距逐根平行放置其他滚杠。

2) 滚杠铺设前，必须进行校直。

3) 在平移过程中，采用倒换的方法移动滚杠，以节省滚杠的用量。平移时，每根滚杠的运行状态都应处于监控之下。

（4）上滚道板

上滚道板作用主要有以下两点：

1) 双塔的支撑。

2) 作为ES-DA-101和ES-DA-104组焊时的基础环，两塔平移至正式基础后，按照正式设计文件尺寸将上滚道板切割成正式基础环，与裙座进行焊接。

根据计算，ES-DA-101和ES-DA-104上滚道板规格尺寸见表5.2.2-3。

上滚道板规格尺寸表　　　　　　　　　表5.2.2-3

位号	长度(mm)	宽度(mm)	厚度(mm)	材质
ES-DA-101	12400	10000	40	Q235B
ES-DA-104	15400	13000	46	16Mn

5.2.3　加固系统

为保证平移过程中，塔裙受力均匀，不发生变形，需对塔裙进行加固。加固采用工字钢和槽钢。

5.2.4　牵引系统

牵引系统采用由中科院研发的液压牵引设备，该套系统由中控装置、液压泵、牵引机构等构成。

ES-DA-101牵引系统由4台SQD型液压平移设备、φ32mm材质为45号钢的圆钢拉杆和焊接在上滚道板上的4个板式牵引耳构成；ES-DA-104牵引系统由6台SQD型液压平移设备、φ32mm材质为45号钢的圆钢和焊接在上滚道板上的6个板式牵引耳构成。根据计算，ES-DA-101整体平移所需牵引力为360kN，ES-DA-104整体平移所需牵引力为650kN。液压平移设备通过中控设备，保证输出在每根拉杆上的拉力相等。由于拉杆成平行对称布置，因此拉力矢向彼此平行。

5.2.5　防侧偏系统

防侧偏系统的具体操作叙述如下：

（1）选用3个100t千斤顶，焊接在上下滚道板上。

（2）在双塔筒体的上下部互成90°方向上，作好测点标志；

（3）在双塔平移初期，严格控制牵引速度不超过0.5mm/s，并保持下滚道板的绝对清洁，双塔每平移2m后即停止平移；

（4）用经纬仪对双塔的偏转程度进行测量，如有侧偏，用千斤顶进行纠偏调整，并用经纬仪进行复测；

（5）达到要求后再继续进行平移，直至双塔平移到达指定位置。

5.2.6　检测系统

主要检测的项目如下：

（1）平移过程中每根滚杠的方位，间距和受力状态和移动情况；

（2）采用经纬仪对塔的垂直度进行监测；

（3）风向的检测和预警。

5.2.7　平移过程中主要控制点

（1）平移过程中塔体的稳定

根据计算，综合考虑双塔总质量、偏心载荷、风载荷、惯性力等因素在双塔平移过程中对塔体稳定性的影响。经过计算，两塔的平移过程稳定，不会发生倾覆。

（2）平移预演

在 ES-DA-101/104 正式进行平移前，必须进行预演，其目的是为了对以液压牵引成套设备为主体构成的牵引系统进行检查，以确定牵引系统尤其是液压牵引成套设备工作时的同步性，检查液压牵引设备在启动和停止时，是否存在机械故障和卡涩现象。

（3）平移速度和步调的确定

两塔在平移过程中应保持平衡状态，以均匀速度进行平移，严禁平移速度发生突兀变化。同时由于液压牵引系统为步进式系统，为防止双塔在停止移动的过程中产生过大的惯性力，在平移过程中，取双塔平移的速度为 0.5mm/s，且双塔在平移过程中每前进 2m，应对平移状况进行全面检查，无误后方可继续平移。

（4）滚杠运动的控制

为保证滚杠转动顺利，受力均匀，以确保双塔平移的稳定性，应采取以下措施：

1）保持下滚道板和上滚道板上下面的清洁，不允许有异物存在；

2）使用滚杠限位保护设施；

3）采用垫楔子的方法，纠正滚杠的微小偏移。

6. 材料与设备

双塔液压立式整体平移过程中拟投入的主要施工机具见表 6。

主要技措手段用料和施工机具表　　　　　　　　　　　　　　　　表 6

序　号	名　称	规格/型号	材　质	单　位	数　量
1	钢板	$\delta=40$	235B	m²	524
2	钢板	$\delta=46$	16Mn	m²	200
3	钢板	$\delta=26$	235C	m²	2
4	钢板	$\delta=12$	235C	m²	6
5	工字钢	I40a	235C	m	230
6	槽钢	[40a	235C	m	50
7	轴（圆钢）	$\Phi90 L=220mm$	40Cr	根	10
8	拉杆（圆钢）	$\Phi32$	45#	m	300
9	圆钢（滚杠）	$\Phi90 L=10.6m$	20#	根	58
10	圆钢（滚杠）	$\Phi110 L=13.6m$	20#	根	68
11	液压牵引设备	SQD 型		台	6
12	螺旋千斤顶	QL-100		台	3
13	经纬仪			台	2
14	液压千斤顶	200t		台	6

7. 质 量 控 制

7.1 采用本工法应执行的主要技术标准为、施工验收规范及操作规程。

7.1.1 《大型设备吊装工程施工工艺标准》SH 3515—2003;

7.1.2 《钢结构工程施工质量验收规范》GB 50205—2001;

7.1.3 《石油化工钢结构工程施工验收规范》SH 3507—1999;

7.1.4 《石油化工工程起重施工规范》SH/T 3536—2002。

7.2 质量保证措施及管理方法

7.2.1 建立健全质量保证体系,明确质量管理责任。制定详细的质量控制点计划,实行 ABC 控制法,保证不合格的设备、材料不进入安装现场,不合格的工序过程不进行验收并不得转入下道工序。采用样板工序引路,首道工序施工完毕,必须经过共检,达到优良品后,方可进行下道工序施工。

(1)A 级控制点是指影响工程质量的重要施工工序或重要检查项目,必须由监理单位组织施工单位、承包商、业主、当地质量技术监督部门,联合进行检查确认。

(2)B 级控制点是指影响工程质量的较重要的施工工序和较重要的检查项目,由监理工程师、施工单位双方检查确认。

(3)C 级控制点是指一般应进行的检查项目,由施工单位自行检查确认,监理工程师视现场情况巡检。

7.2.2 各级质量控制点均应在施工班组自检合格后进行。对 A、B 级控制点,应经施工单位质量检查部门检查合格后进行,并按共检管理制度进行。

7.2.3 每道工序施工前,各专业工程师应向作业人员进行技术交底,明确施工方法、施工工序、质量要求、缺陷预防措施。

7.2.4 加强工序之间的成品保护,严禁下道工序对上道工序造成损坏和污染。

8. 安 全 措 施

8.1 施工过程中可能发生的安全事故风险分析

(1)物体打击;

(2)触电事故;

(3)施工过程中经常使用氧/乙炔焰切割,有可能发生火灾、爆炸事故;

(4)吊装作业过程中,发生吊装物件倾倒,损坏吊车等;

(5)在平台和坑、洞口旁作业或路过时发生坠落事故;

(6)密闭空间窒息。

8.2 相应对策

8.2.1 加强安全教育,严格执行班前安全讲话和周一安全活动制度,有针对性地交代两塔制做和平移过程中的安全注意事项。

8.2.2 针对物体打击和高空坠落事故可能产生的原因,采取下列措施:

(1)戴好安全帽,系好安全带,高空作业时做到安全带高挂低用,使用安全带前仔细检查安全带有无损坏。高处作业、交叉作业应张挂安全网,有高处作业处下方 1~2m 必需有安全网,否则不得施工。

(2)高处作业应使用合格的脚手杆、吊架、梯子、脚手板,防护围栏,挡脚板和安全带,作业前应认真检查所用安全设施是否坚固、牢靠,脚手架应经安全员检查认可后,挂牌标识,并办理工序交接手续后,方可使用。

（3）冬期施工穿着应保暖，登高作业时应穿着防滑鞋，防止坠落、摔伤。

（4）高处作业使用工具、材料等应放在安全、不易失落处，防止砸伤下方作业人员。

（5）班前严禁饮酒。

（6）夜间作业应有充足的照明，在施工现场高处设置大功率探照灯，保证光线充足。

（7）为防止触电事故的发生，现场接线均应严格按"三相五线制"进行并设置漏电保护器，现场所用板房、焊机房、焊接平台、配电盘、开关箱、电焊机应按规定接地及接零；现场使用的手持电动工具和可移动式电动工具必须安装高灵敏度的漏电保护器，并应先试用合格后再使用；严禁擅自接用电源，非电工不得从事电气作业，维修用电设备时应先切断电源，并挂"有人工作，严禁合闸"警告牌。

（8）为防止火灾、爆炸事故的发生，做到氧气瓶、乙炔瓶与用火点，三者之间距离应大于10m，并应立放氧气瓶、乙炔瓶。氧气瓶和乙炔瓶两者不得混放在一起，以避免爆炸事故的发生，违反者给予重罚，并给予通报；进入施工现场（厂区内）严禁吸烟，违者重罚；在安装现场动火，应办理动火手续，并配备必要的消防器材。

（9）危险处、射线作业区应设置明显的警告牌。射线作业前将作业时间、地点通知现场施工人员和有关单位。

（10）为防止发生吊装事故，手拉葫芦使用前应检查是否完好，不得超载使用，严禁强拉硬拽；吊装作业时，人员不得站在重物下方，各种吊装作业指挥信号应统一、明确。作业前，将可能发生事故的区域隔离，无关人员不得入内；

（11）在坑、洞、平台边缘等"四口五临边"处设置护栏，防止高空坠落事故。

（12）制定切实可行的 HSE 应急预案，当发生安全事故，应及时抢救受伤人员，保护现场，并对事故原因加以分析，防止同类事故再次发生。

（13）在裙座内焊接时做好通风工作。

（14）严禁在大风及雨雪天气进行双塔平移。平移时风速不得大于 10.8m。

8.2.3 根据平移施工过程的具体步骤制定的危害分析和相应的对策措施见表8.2.3。

危害分析和相应的对策措施

表 8.2.3

工作内容		可能出现的危险	预防对策	检查负责人
1. 土建施工	开槽	定点放线发生错误	仔细对照施工图放线，加强检查	土建测量工
		使用手动工具开槽，发生人体伤害	加强三宝利用，提高安全意识	现场安全员
		使用机械开槽时，发生触电事故	良好接地，可靠电源，优良的个人防触电保护措施	现场安全员 现场电工
		碎石土屑入眼	戴防护眼镜	现场安全员
		遇大雨天气，坑内积水	注意天气预报 作好排水措施	现场安全员
		电线断路，着火或爆炸	作好绝缘工作 作好危险气体检测工作 开火票	现场安全员
	验槽	基坑方位错误	作好二次复验	土建测量工 质量检查员
	钢筋绑扎	钢筋或铁丝扎伤手	戴手套	现场安全员
	支模	模板砸伤	加强三宝利用	现场安全员
	打灰	突降大雨，打灰中断	注意天气预报情况	土建质检员
		混凝土质量不合格	注意材料检验和配合比	土建质检员
	养生	人为踩踏，机动车辆碾压	加强保安，设警戒绳	安全员保安

工作内容		可能出现的危险	预防对策	检查负责人
2. 下滚道板铺设	下料	未按技术要求下料	仔细认真地读图,认真放样	安装质检员
	焊接	触电事故	绝缘良好	电工、安全员
		电弧灼伤	佩戴电焊眼镜	安全员
		焊接变形	做好防变形措施	安装质检员
3. 滚杠的铺设	材料检验	不符合技术要求,没有合格证,直线度差	退货并重新订货,直到符合要求	材料检查员
	铺设	没有按照划好的摆放线摆放,滚杠之间不平行,间距不一致	按技术要求摆放	安装质检员
4. 上滚道板铺设	材料检验	不符合技术要求,没有合格证	退货并重新定货,直到符合要求	材料检查员
	下料	未按技术要求下料	仔细认真地读图,认真放样	安装质检员
	焊接	焊接变形	做好防变形措施	安装质检员
5. 平移预演	—	平移设备动作不灵活,不同步	查清原因及时修理	安装质检员
		牵引杆变形	更换	安装质检员
		牵引板焊接不合格	及时处理	安装质检员
6. 双塔平移	风力测量	风力超过 10.8m/s	终止平移操作	1 人(专人)
	平移速度监控	平移速度超过 0.5mm/s	告知牵引系统操作人,将平移速度降至 0.5mm/s 以下	1 人(专人)
	滚杠走道清洁度监控	—	随时保持滚杠走道一尘不染	2 人(专人)
	经纬仪测量	—	测量塔体偏移情况随时反馈给平移指挥	2 人(专人)
	测偏系统	—	负责纠偏	6 人(专人)
	牵引系统操作	—	—	2 人(专人)
	滚杠检测及纠偏	—	—	6 人(专人)
	滚杠搬运移位	—	—	8 人(专人)

9. 环 保 措 施

9.1 派专人定期对施工现场的临时用电设施进行检查,发现用电设施损坏时安排专人修复。

9.2 临时通讯设施产生的废电池、废通信工具等严禁乱扔乱抛,应集中收集和投放。其中,废电池应放置在专用废电池回收箱内,统一处置。

9.3 修建临时建筑及临时道路用的施工机械,施工机具要严格实行有关的《使用安全技术规程》,遵守操作,认真做好"十字"(清洁、润滑、紧固、调整、防腐)作业,并应重点关注突发情况的应对或处理方法的采用。

9.4 搅拌机尽量在白天工作,需进行夜间施工时,须到当地环保部门办理夜间施工许可证,同意后方准施工。进行夜间施工时,搅拌应进行全封闭,围挡易采用隔音降噪材料,尽量降低夜间噪声的强度防止扰民现象发生。

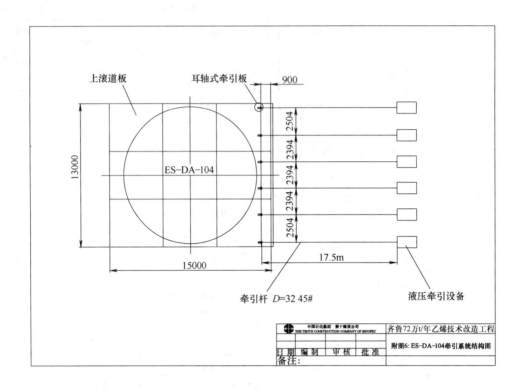

9.5 搅拌机旁设集水坑或沉砂池，收集多余的搅拌水，以做到一水多用，节约用水的目的。

9.6 钢筋绑扎丝需扎捆分发，剩余扎丝交回仓库；钢筋垫块按规定位置设置，多余垫块应回收，严禁随意遗弃和浪费。

9.7 焊割作业要选择安全地点，焊割前仔细检查周围情况，对可燃物必须清除，如不能清除时，应采取浇湿、遮盖等安全可靠措施加以保护。

9.8 对于滚道板、滚杠等施工用料做到整齐摆放，用完后要及时回收，严禁遗弃及浪费。

10. 效 益 分 析

该工法将原来应该安排在改造期间的工作提前到施工准备阶段进行，缩短了装置改造时间，而且方法简单实用，所利用的材料大部分都可以回收利用，而为生产厂家节约的开车时间以及其提前生产出的合格产品所创造出的巨大经济价值，则是无可估量的。

11. 应 用 实 例

该工法于 2004 年用于齐鲁石化公司 72 万 t/年乙烯技术改造期间位于裂解装置老急冷区的油洗塔 E-DA-101，急冷水塔 ES-DA-104 的更换，两塔平移重量分别为 650t 和 1020t，平移距离分别为 12.14m 和 15.5m，创造了我国大型设备平移距离最长，平移重量最重的记录。两塔的成功平移不仅缩短了施工工期，为装置的早日投产奠定了基础，而且赢得了广泛的社会赞誉，为今后类似工程的改造或施工奠定了坚实的技术基础。

大型空分制氧站装置安装工法

YJGF121—2006

浙江省开元安装集团有限公司

李海　王炳发　刘云生

1. 前　言

　　氧气、氮气、氩气是现代工业发展中重要的工业气源，无论是在钢铁冶炼、焊接和切割、火箭燃料混合物产业，还是在电子工业、化工、玻璃和钢制造业中都有着非常广泛的用途。随着我国工业的快速发展，氧气、氮气、氩气的需求量也越来越大，能够大量生产这些气体的空分装置建设项目也随之增加。空分装置的工艺原理是利用液态空气中各组分沸点的不同而将其不同的组分分离出来；装置主要由空气过滤及压缩系统、空气预冷系统、空气纯化系统、空气膨胀系统、空气分离系统、产品压缩系统（内压缩流程为空气增压系统）、后备系统等组成。图1为目前先进的常温分子筛净化填料上塔全精馏无氢制氩空分流程图，空气各组分的分离是在空分塔（冷箱）内完成的，因而作为大型空分装置"心脏"的空分塔（冷箱）和大功率空气压缩机组的安装质量显得尤为重要，其安装要求也是空分装置中安装难度最大、技术要求最高的项目，因此本工法主要以空分塔（冷箱）的安装为重点结合空气压缩机组的安装进行阐述（图1）。

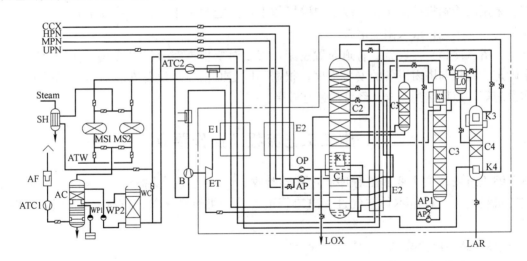

图1　常温分子筛净化填料上塔全精馏制氩空分流程图

AC—空气冷却塔；AF—空气过滤器；AP1、AP2—流程液氩泵；ATC—空气透平压缩机；

B—增压机；C1—下塔；C2—填料上塔；C3Ⅰ—粗氩填料塔Ⅰ段；C3Ⅱ—粗氩填料塔Ⅱ段；C4—精氩填料塔；

E1—主换热器；E2—液空液氮过冷器；EH—电加热器；ET—透平膨胀机；K1—冷凝蒸发器；K2—粗氩冷凝蒸发器；

K3—精氩冷凝器；K4—精氩蒸发器；LQ—粗氩液化器；MS1、MS2—分子筛吸附器；

OE—液氧喷射器；PV—液氮平衡器；WC—水冷却器

2. 工法特点

　　空分装置中，空分塔（冷箱）具有塔内设备重量重、体积大、高度高（高60m左右）、塔内空间小等特点，因此施工高空作业多、相互干扰大、危险性较大，给安装作业带来较大的难度。与传统施工方法相比，其工艺简明、质量好、工期短，有明显的经济效益和社会效益。

2.1 先进性

本工法是目前国内及国际较先进的施工工艺。当前我国空分装置的设计及制造水平已接近世界先进水平，尤其是当前我国引进的大型机组越来越多的情况下，安装技术水平也进一步提高、成熟，并与国际接轨。

2.2 科学性

工法强调施工的科学性。与传统的施工方法相比，保持了传统施工精华部分，增加和更新了科学的施工手段、施工方法、施工程序及施工过程的控制，从而保证了工程质量和安全。

2.3 实用性

本工法指导性、实用性较强，施工人员易理解、掌握，有较好的可操作性；并具有提高施工效率、降低工程成本、节约资源、保护环境等特点。

3. 适 用 范 围

本工法以 SIEMENS VK 系列气体压缩机组和空分塔（冷箱）的安装为例阐述，对于 ATLAS、COOPER 等空气压缩机组的安装同样有着借鉴和指导的作用。适用于四万及以下进口或国内成套制造的空分装置的安装，对更大规格的空分装置安装也可借鉴应用。

4. 工 艺 原 理

本工法采用的冷箱板地面拼装、冷箱内壁操作平台固定同步跟上、冷箱外平台梯子及支撑地面同步进行安装的施工工艺，最大限度地减少了高空作业。

由于空分塔（冷箱）内设备、管道布置密集，安装时要根据空分塔（冷箱）结构及冷箱内、外设备布局来确定冷箱板与塔内设备的安装程序；根据不同层面箱板及设备安装需求，选择最佳的吊装机具及操作设施等，以期达到安全、经济的最佳效果。

5. 施工工艺流程及操作要点

气体压缩机组安装的主要施工程序有：基础验收、设备就位、设备找平、蜗壳卸装、叶轮装配、电机安装、机组对中、机组本体空气进、出口管道连接、机组灌浆等。气体压缩机组安装精度要求较高。

5.1 气体压缩机组安装

5.1.1 基础验收重点检查

1. 空压机部分　空压机的基础由三块预埋在基础里的铁板组成。仔细检查每块预埋铁板的平面水平度及标高、三块预埋铁板之间的平面水平度及标高。同时，复测空压机基础纵向、横向中心位置和电机相关的尺寸，发现问题及时处理。

2. 电机部分　电机的基础由四块底板组成。复测检查这些基础中心孔位置偏差及标高，检查电机的中心位置和空压机的相关尺寸。若有误差，应及时处理以满足机组安装条件。

3. 冷却器、油站部分　因为气体冷却器的进出口要与空压机各级的进出口相接，一般连接管由制造厂家加工好，各部尺寸已经定死，所以冷却器的基础位置要保证正确。油站的基础检查也要认真复测。这些工作在机器就位前都应做好，以免影响安装进度。

5.1.2 设备安装要点

1. 空气冷却器的安装

设备固定方式（有膨胀螺栓的，也有预埋螺栓的），根据现场实际情况及施工图进行。根据设备安装程序，在主机就位前要先将空气冷却器就位。就位后，空气冷却器中心位置及标高调整时，中心位置要和机组的纵、横向中心线相吻合，标高符合设计要求，待与空压机连接好后再进行固定。

2. 机身就位

1）将设备的底面处理干净，除去油污、毛刺、锈迹，并用油石将整个底面修平；将机组带来的六块带有螺孔的基础板与机身用螺栓固定；在空压机基础三块预埋铁板上放样，以设备基础中心为基准，用墨线在基础上放出设备底座的轮廓线，在轮廓线的边缘点焊6块定位块（设备固定后拆除）。定位块最好一面有略微斜度，斜度控制在15°～30°之间，以便于就位（图5.1.2-1、图5.1.2-2）。然后利用主厂房内的天车，将空压机机身缓慢地就位于设有预埋三块基础铁板的基础上。

图5.1.2-1　设备就位定位块平面布置

黑色为定位块：数量6块；厚度：$\delta=10\sim20$mm；
灰色为预埋铁板：数量3块；
深灰色：空压机底座。

图5.1.2-2　定位块放大图

2）设备水平及中心位置符合要求后，进行机身固定。将机组六块基础板与三块预埋板之间的间隙用随机带来的特殊垫铁垫实后进行焊接固定（由于六块基础板的内侧焊接不方便，所以要将机身吊下焊好内侧后，再将机身就位）；

3）固定焊接时，为防止变形，要采取技术措施进行对称焊接。设备固定后，拆除定位块。

3. 叶轮拆卸

1）由于设备运输的原因，机组的蜗壳是与机身解体的，而叶轮是装在机身上的，应待机身固定后，再进行叶轮拆卸工序；

2）该作业要在制造厂家专家的指导下，利用专用工具按步骤将各级叶轮拆卸；

3）叶轮的表面加工精度非常高，所以一定要妥善放置，防止叶轮受损。

4. 蜗壳安装

1）应在制造厂家专家的指导下，利用专用工具按步骤将各级蜗壳一一装配好；

2）因为该机组结构特殊，装配时应考虑该机身的平衡、进行对称装配，事先安排好各级的安装顺序。

5. 叶轮复装

1）同样应在专家的指导下，利用专用工具按步骤将各级叶轮一一装配好；

2）每道工序都要经专家认可。

6. 进、出空气管装配

1）SIEMENS机器的本体管道连接与其他国家的机器结构方式不同，各级的空气进、出管在工厂已经将法兰焊接结束，尺寸已经封闭。连接时，现场必须实测、现配；

2）调整空气冷却器设备的水平、中心位置、标高。调整水平时，水平仪放在空气冷却器水平法兰面上，水平度要求按0.10/1000控制；中心位置按±5mm控制；设备标高按±10mm控制；

3）进行空压机进、出空气管与冷却器的进、出空气管连接。管道连接时，先将具备

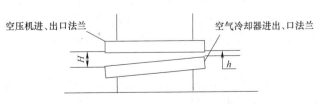

图5.1.2-3　空压机进、出口法兰与空气
冷却器进出、口法兰测量图

连接条件的一端管道连接固定，然后实测另一端空气冷却器与空压机法兰的实际间隙，测量方法见图5.1.2-3。将法兰间隙的最大与最小测绘成图，将随机带来的钢垫片进行现场加工或委托加工厂加工；

4）加工特制的钢垫片，见图5.1.2-4。为保证密封性良好，宜在钢垫片两平面车出三道密封水线，

图5.1.2-4　钢垫片简图

然后将各级空气管与空气冷却器连接。连接时，钢法兰的上下要各加密封垫，必要时涂以密封胶，然后将连接螺栓拧紧。各级空压机与冷却器的连接管道安装方法相同。

7. 进口导叶调节装置的安装

1）装配前，要仔细检查连接各部的紧固件，检查开启叶片的灵活度；

2）必要时在"开-关"的相对位置上作好记号；

3）清理机身与进口导叶调节装置端面连接处，装好密封垫，进行螺栓固定；

4）其余安装按常规程序进行。

8. 机组部件安装

由于机器是不允许解体的，现场进行的工作只能进行机组本体相应的连接，主要有：

1）油站的油管路安装调整；

2）其他专业的部件装配等。

工作内容和要求按照技术说明书或外方专家的要求进行。

9. 主电机安装

1）布置垫铁：在复验合格的电机基础上用作浆法布置垫铁，垫铁采用厂家带来的专用垫铁；

2）以设备基础中心为基准，用墨线在基础上放出设备底座的轮廓线，确定垫铁的实际位置并用墨线弹出；

3）在已划出的垫铁位置混凝土面上铲去浮面，用压缩空气吹去表面上的尘土，并除去混凝土表面的裂隙；

4）在安置垫铁之前24h，用水冲洗该表面并保持湿润。在安置垫铁前，彻底擦干浇灌区域表面上积存的水分，把砂浆分成若干份，分次灌入已处理好的垫铁位置上；

5）用木锤将垫板打入砂浆里，垫板埋入砂浆的深度应超过其本身厚度的一半以上；利用水准仪和水平仪进行垫铁的调整和施工，垫铁要垫实，手揿垫铁要四角无翘动。每块垫铁的水平度控制在0.10/1000内；

6）因为机组特制垫铁是平垫铁，不允许用斜垫铁，要留出调整余地；

7）垫铁布置好后，再进行复测。

10. 电机底板安装

1）待混凝土养生期过后，进行电机的底板安装。调整每块底板水平度，水平仪放在底板上，水平度控制在0.05/1000。利用水准仪检查电机与压缩机的中心高差，符合要求后固定电机底板；

2）在电机底板上放置不同规格的垫片，垫片数量不要太多，作为以后检修、调整的余地；

3）将电机的底面和底板表面处理干净，除去油污、毛刺、锈迹，用油石将整个底面修平；

4）按设备中心线将电机就位。

11. 主电机就位

1）要求底轨找正后，在电机与底轨之间放入调整垫片，作为今后调整维修的调整余地；

2）利用室内天车将电机缓慢的就位。检查、调整电机与空压机横向中心的位置，电机位置的最终确定是以电机的磁力中心与空压机的纵向中心吻合（电机磁力中心在电机输出轴有标记，一般在中间的一条线）；

3）电机就位确认后，打开电机的前后轴承上盖，装入轴承箱内的带油环。确认正确后，加入适量合格的润滑油，然后封闭轴承箱；

4）装配电机尾端的主油泵；

5）压缩机各部件及管道安装后如图 5.1.2-5 所示。

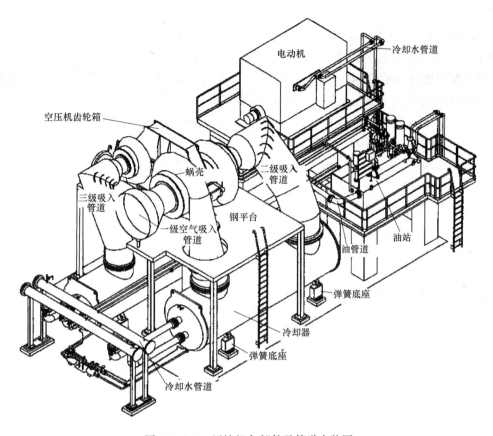

图 5.1.2-5　压缩机各部件及管道安装图

12. 机组对中

1）采用激光对中仪。对中前，松开机组的制动装置；

2）在转动部分加入润滑油，以防止找正盘车时轴瓦受损；

3）对中前检查

（1）设备水平、设备内部各间隙均已调整完毕，达到图纸或技术文件要求；设备附属管道已全部按照要求安装完毕；

（2）测量人员必须经过操作培训、技术娴熟；

（3）应检查主机内的设置，确认设置正确；

（4）环境温度保证在 0℃以上，尽量减少测量现场的噪声；

（5）对中应在压缩机、电机冷态下进行，并保证外界连接管与设备自由连接；

（6）安装探测器时各紧固键应牢固无松动；

（7）对中前预先检查电源电量，并检查各电缆接头是否接触良好；

（8）测量结束后应拿出主机内的电池，对中过程中必须采用 2 号优质电池。

13. 联轴器预装

1）确认对中正确、数据无误后，进行联轴器预装；

2）联轴器两端的齿轮在制造厂已加入齿轮油，所以现场不需要进行加油工作；

3）联轴器的连接螺栓在制造厂已经预装并打上编号，所以在装配时要按编号进行；

4）先将空压机端联轴器上的记号与联轴节上的记号对齐，将连接螺栓用木榔头敲入，采取对称装配。全部装入后，拧紧螺栓；

5）天车吊住联轴节，盘动电机联轴器，使电机联轴器与联轴节上的记号吻合，进行与电机连接，方法同上；

6）检查是否连接正确，磁力中心是否吻合。确认无误后，盘车数圈，预装防护罩。

14. 机组灌浆

1）电机机组灌浆采用灌浆料进行；

2）灌浆料建议采用 BY-12 型无收缩高强灌浆料；

3）BY-12 灌浆料进行二次灌浆时，应从一侧灌浆，直至另一侧溢出为止，不得从四侧同时进行灌浆；

4）灌浆开始后，必须连续进行、不能间断，并尽可能缩短灌浆时间；

5）在灌浆过程中严禁振捣，必要时可用竹板条进行拉动导流；

6）每次灌浆厚度不宜超过 100mm；

7）有剪刀坑的设备基础，应先灌剪刀坑。24h 后再进行二次灌浆；

8）设备基础灌浆完毕后，要剔除的部分应在灌浆层终凝前进行处理。

9）灌浆完毕后，应立即喷洒养护剂或覆盖塑料薄膜，并加盖草袋或岩棉被。压光后应立即喷洒养护剂，加盖湿润的草袋或布头。终凝后对灌浆层进行浇水养护。养护温度宜＞5℃，养护期＞7d，冬期施工时须采用相应的保温养护措施，并符合现行《钢筋混凝土工程施工质量验收规范》GB 50204 的有关规定。

5.2 空分塔（冷箱）安装

5.2.1 施工工艺流程（见图 5.2.1）。

5.2.2 冷箱板安装要点

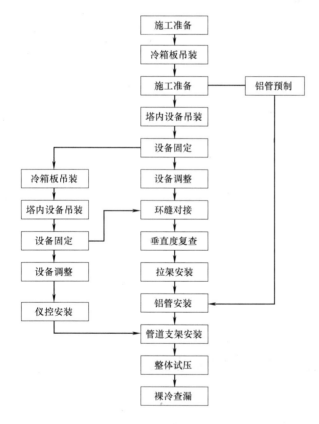

图 5.2.1 施工工艺流程图

1. 冷箱安装按照杭氧《HTA1107-2003 大中型空分安装技术要求》进行；

2. 冷箱板安装时按冷箱板编号（顺序号）进行，见图 5.2.2 所示；

3. 每安装完一层冷箱板必须及时进行测量、校正，直至符合规范要求，才能进行下道工序，同时做好测量记录；

4. 冷箱外壁各箱板连接处均作连续、气密性焊接。焊接表面不得有沙眼、气孔等缺陷；咬口深度不得大于 0.5mm；冷箱内壁为间断焊，焊缝长度为 200mm，间隔长度为 100mm。

5.2.3 冷箱板与冷箱内设备吊装要点

1. 为减少高空作业、增加冷箱板在吊装就位过程中的稳定性，每一层箱板 90°转角处的两块冷箱板在地面进行拼装（包括安装螺栓孔处的气密性焊接），然后由吊车翻身直立吊装就位，见图 5.2.3-1、图 5.2.3-2 所示；

2. 冷箱内临时操作平台的架子与冷箱外安装平台梯子的支架在地面进行组对焊接，随箱板一起吊装就位，见图 5.2.3-2 所示；

3. 每一层冷箱板的吊装，根据冷箱内设备吊装的先后次序交替进行。为了塔内设备就位的吊装便利与稳定，设备进口位置的箱板暂不吊装，待冷箱内该层的设备全部就位后再吊装，见图 5.2.3-3 所示；

4. 冷箱内的检修爬梯在地面与冷箱板焊接固定，每安装一层箱板，爬梯跟箱板吊装同步；

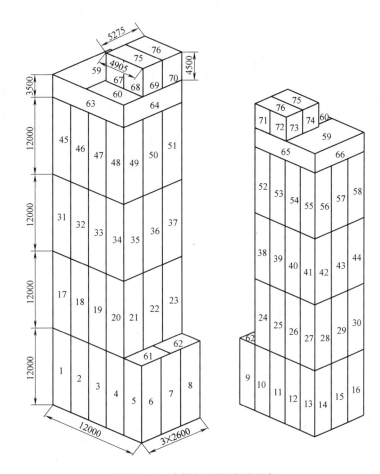

图 5.2.2 冷箱板安装编号顺序

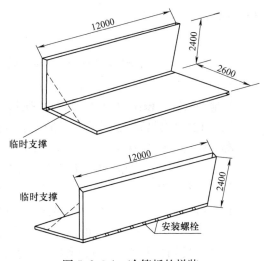

图 5.2.3-1 冷箱板的拼装

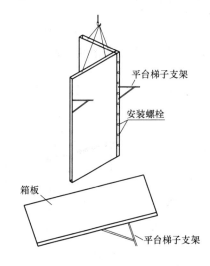

图 5.2.3-2 冷箱板的吊装

5. 为便利塔内管道装配，在空分塔冷箱板吊装前，根据塔内外设备布局，选择一块箱板暂时预留，待塔内管道全部吊装后再复位，此工作可在冷箱平台、梯子安装完毕后进管道前完成。

5.2.4 平台、梯子的安装要点

1. 平台及梯子分别在地面拼装，做好明显识别标记；

2. 安装程序为由下而上，先安装平台、后安装爬梯；

3. 平台的安装可根据冷箱的安装程序利用吊机穿插进行。

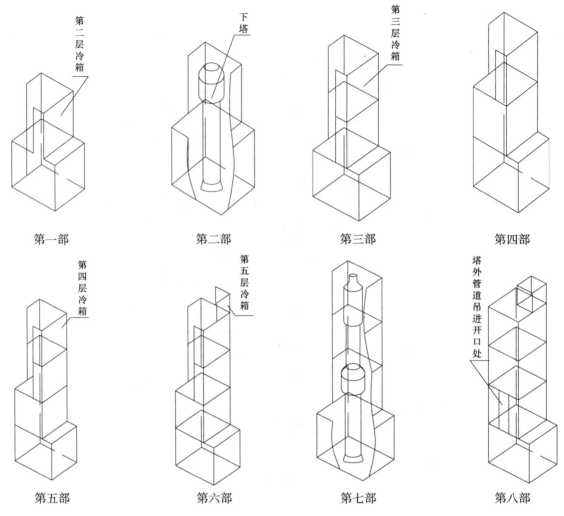

第一部　　　　　第二部　　　　　第三部　　　　　第四部

第五部　　　　　第六部　　　　　第七部　　　　　第八部

图 5.2.3-3　冷箱板与冷箱内设备交替吊装顺序

5.2.5　冷箱内设备吊装要点

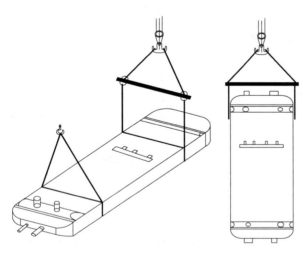

图 5.2.5-1　主换热器吊装

1. 底层冷箱安装就位调正、调直后，即进行各箱板之间、箱板与底板之间焊接，然后在底层箱板顶端设置二根吊装横梁，进行主换热器吊装就位。主换热器吊装是按先里后外的次序逐个在地面翻身直立后吊进冷箱就位，见图 5.2.5-1 所示；

2. 安装第二层箱板，设备进口处箱板暂不装，进行下塔就位、液空液氮过冷器、粗氩塔Ⅱ下段吊装，见图 5.2.5-2～图 5.2.5-4 所示；

3. 安装第三、四层箱板，第四层箱板的设备进口处箱板暂不装，进行粗氩塔Ⅰ底座横梁安装、吊入上塔下段，见图 5.2.5-5 所示；

4. 用 30t 葫芦提起上塔下段，进行下塔与上塔下段的找正、调直、组对并焊接，见图 5.2.5-6 所示；

5. 安装第五层箱板，设备进口处箱板暂不装，进行粗氩塔Ⅰ、上塔上段、粗氩塔Ⅱ上段吊装，用缆绳稳定；将精氩塔下段、上段吊进冷箱内并用吊具吊挂在冷箱边；

6. 安装第六层箱板及顶盖梁、顶盖板。进行上塔上段、上塔下段组对焊接；进行粗氩塔Ⅱ上、下

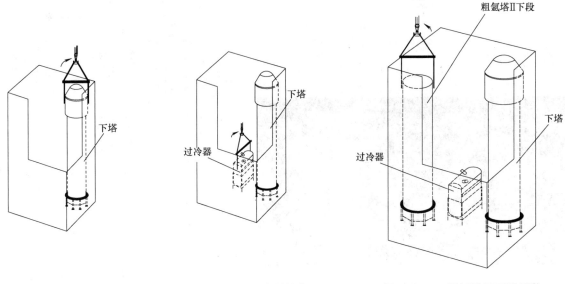

图 5.2.5-2 下塔就位   图 5.2.5-3 过冷器就位   图 5.2.5-4 粗氩塔Ⅱ下段吊装

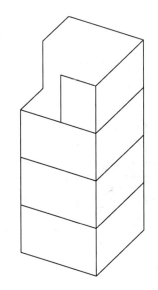

图 5.2.5-5 第三、四层箱板安装

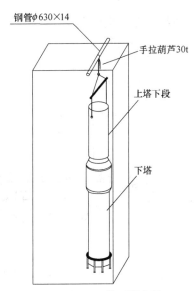

图 5.2.5-6 上塔下段安装

段的环缝组对焊接；进行纯氩塔上、下段的对接焊，并进行粗氩液化器、平衡器的吊装就位。

5.2.6 空分塔（冷箱）内设备安装找正要点

1. 首先安装就位下塔。下塔的中心位置、方位对正（依据配管图），在下塔的上端放置线锤至下塔底部，用四只线锤（0°、90°、180°、270°）进行垂直校正，使下塔垂直度控制在 0.5/1000 以内；

2. 下塔找正后，应对下塔的环缝焊口进行坡口、打磨等处理，符合焊接要求；

3. 上塔（分二段）的找正方法与下塔找正方法相同，且垂直度控制在 0.5/1000 以内，全长偏差不超过 15mm；

4. 进行下塔与上塔（下段）组对时，可利用铝制锲子将上、下塔的错边量控制在 2mm 内，并对上塔的环缝焊口边也相应进行处理，使焊口的不平度控制在 1～2mm 之间，符合要求后，焊口用临时专用夹具固定，直至焊口点焊完毕。为缩短吊装时间，上塔的环缝焊口在地面起吊之前就要进行测量。图 5.2.6-1 为两塔组对的照片，其他塔的组对方法相同。

5. 冷箱外壳垂直度调整是在冷箱每个 90°转角射线远处（可以看到的地方）设置两台经纬仪，进行两个方向的调整监控，见图 5.2.6-2 所示。

图 5.2.6-1 两塔组对的照片

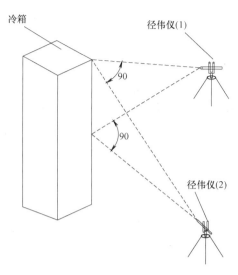

图 5.2.6-2 冷箱垂直度调整监控

5.2.7 分馏塔组对铝焊接要点

1. 上塔（下段）与下塔组装焊接（此焊接技术要求最高）

1）用风动（电动）工具割试压盲板（或封头），用机械方法清理焊接区；

2）按图 5.2.7-1 加工坡口；

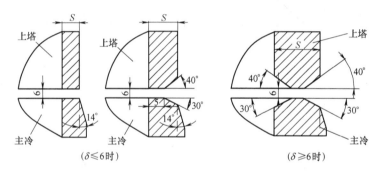

图 5.2.7-1 坡口加工示意图

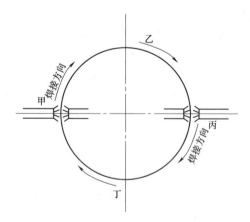

图 5.2.7-2 焊接方向示意图

3）组对定位焊及正式焊接均采用两人对称同时双面横焊，$\delta \geq 8mm$ 时覆盖层可采用单人焊接，见图 5.2.7-2 所示；

4）组对定位焊必须保证板边错边量及塔体垂直度符合要求，焊接后塔体垂直度允差 1/1000（指上塔精馏塔板有效段），但总长不超过 8mm；

5）焊接环境

定位焊及正式焊接不得在雨（雪）天或相对湿度 80% 以上的环境下进行。环境温度在 5℃ 以下焊接时，冷箱内应有加温措施；

6）焊接预热

当上塔与主冷（下塔与主冷一体）壁厚不大于 6mm 时，应预热至 100℃。当壁厚大于等于 8mm 时应预热至 150℃；

7）焊接顺序

根据定位焊后塔体可能引起的垂直度及塔板水平度变化确定（即利用焊后变形来进一步矫正垂直度及水平度）；

8）焊接检验

焊后经外观检验后，须对焊缝作 100％的射线检查，并应符合 JB 4730 Ⅲ级标准的规定；

9）焊缝返修

如焊缝经 X 射线检查不合格而需返修时，应用机械方法清除缺陷后补焊，返修不应超过二次；

10）环缝焊接合格后，随即用上塔支架固定。在固定的同时，再次校正垂直度，其允差为 1/1000，但在总高范围内不超过 8mm；

2. 上塔及粗氩塔Ⅱ组对铝焊接相对较易，不再详述。

5.2.8 空分塔（冷箱）内铝管安装要点

冷箱内铝合金管道安装，要保证安装质量和缩短施工时间最有效的方式是加大管道的预制工作量。

1. 对冷箱内铝管预制的要求如下：

1）预制场地必须垫有橡胶板或木板，不得与黑色金属在同一预制场地加工；

2）严禁金属硬物碰击铝管，敲击工具应选用木质、紫铜或硬胶榔头；

3）工作人员的工作服、手套必须是干净的，不得有油迹；

4）搬运或吊装时，钢丝绳索与产品接触部分应包橡皮等软物；

5）清洗后的管道或零件应放于干燥处，远离酸碱盐类，以防腐蚀；

6）在制作过程中，应轻搬、轻放，不得在地上滚、拖，防止管道损坏；

7）工件焊接时不允许在管道上引弧。

2. 空分塔内铝合金管道安装

1）管道的间距应考虑管道的工作状态影响，如管内液重、珠光砂压力、温度变化等引起的管道位移等因素，因此要求一般管道安装间距应≥100mm；

2）管道在施焊前应自由状态组对，不得借助机械强行组对；

3）凡铝管壁厚 δ≥5mm、管径≥80mm 者，对焊处均须加嵌不锈钢衬圈。$\phi 12 \times 2$ 和 $\phi 18 \times 2$ 铝管加外套管环角焊；

4）冷箱内低温流量孔板、容器支架、管架、阀架等设备，与其相配的铝合金螺栓或不锈钢制螺栓，在安装前，其螺纹部分应先涂一层聚氟乙烯橡胶喷剂或二硫化钼润滑剂，以免咬死；

5）在流量孔板前、后，须留有足够长度的直管段，孔板前为 20 倍管径，孔板后为 10 倍管径，且不允许存在影响测量精度的因素（如管接头等）；其管道焊缝的内表面应磨平，垫片不可伸入管子内径。并要仔细检查孔板的安装方向，不得装反；

6）安装铝管的工具设备不得生锈。钢刷采用不锈钢刷；

7）切换系统管道的纵向轴线要成直线，法兰间的距离要与切换阀的安装尺寸相一致；

8）带 V 形槽的法兰

① 配 V 形槽的密封圈，在安装前须进行清洗并检查有无损环、变形等缺陷。已用过的密封圈不得使用。属临时安装的，在最后组装时必须更换；

② 法兰上的螺栓要均匀、交叉进行拧紧，使其密封表面保持平整；

③ 铜质密封圈应是软状态，现场应作退火处理，可将密封圈加热至约 600～700℃左右，然后马上放到水槽中冷却；所产生的氧化膜要去除；

④ 对于铝制法兰与钢制或黄铜制法兰配对使用时，要求配有镀锡铜质密封圈，其镀锡工作可在现场进行。

9）凡用隔热套管保护的氧、氩、氮等液体产品的管道，应先预制内部管道，并经射线检查和压力试验合格后再装隔热套管；

10）穿过隔板之管道，应予先套入帆布套；

11）从液槽至泵至汽化器之间的管道须有一定的坡度，并符合图样要求；

12）冷箱内管架的设置：管架应保证管道有足够的稳定性，不得出现晃动，并要考虑到管道的热胀冷缩及自补偿，按照管架图的要求进行施工。

3. 空分塔内铝合金管的焊接工艺及措施

根据铝合金的特点以及现场焊接过程中可能遇到的情况，采取以下工艺措施防止缺陷的发生：

1) 使用的氩气纯度必须为 99.99％，气管保证不漏气，长度应≤30m；

2) 焊接场地必须有防风措施，不受粉尘、雨雪侵蚀，尽可能采用转动焊；

3) 焊接前应对焊件表面进行清理，表面应保持干燥；无特殊要求时，可不预热；

4) 引弧宜在引弧板上进行，纵向焊缝宜在熄弧板上熄弧。引弧板和熄弧板的材料应与母材相同；

5) 焊接前应在试板上试焊，当确定无气孔后再进行正式焊接；

6) 引弧前要先打开氩气，收弧时先断弧、后关氩气；

7) 多层焊时，层间温度要冷却，且不应高于 150℃，层间的氧化铝等杂物应采用机械方法清理干净；

8) 当钨极氩弧焊的钨极前端出现污染或形状不规则时，应及时进行修正或更换钨极，当焊缝出现触钨现象时，应将钨极、焊丝、熔池处理干净后方可继续进行施焊；

9) 焊接前焊件表面应保持干燥，如发现破口表面有水迹，应预热至 50℃；

10) 作垫环用的不锈钢表面必须清洁且无划（碰）伤。不锈钢带应采用直流氩弧焊，槽形铝的接口采用交流氩弧焊焊后磨光；

5.2.9 空分塔（冷箱）内仪控安装要点

1. 所有测量管路经试压后，清洗、脱脂干净才可进行安装；

2. 当测量管路与测量仪表相连时，管路均应向上铺设；

3. 所有测量管路和低温电缆在安装时，均应安置在托架内，并用带子扎牢或用夹钳固定，不允许焊接固定。托架的设置，应避免积水；

4. 分析管、压力测量管的安装

1) 阀门高于测点的安装（图 5.2.9-1）

2) 阀门低于测点的安装。液相（图 5.2.9-2 和图 5.2.9-3）所示。

3) 液氧、液空 C_2H_2 快速分析，阀门高于测量点（图 5.2.9-4），阀门低于测量点（图 5.2.9-5）。

5. 液位测量管的安装

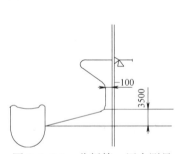

图 5.2.9-1 分析管、压力测量管安装（阀门高于测点）

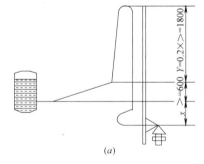

图 5.2.9-2 分析管、压力测量管安装（阀门低于测点）

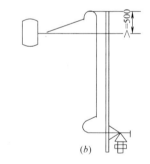

图 5.2.9-3 分析管、压力测量管安装（液相）

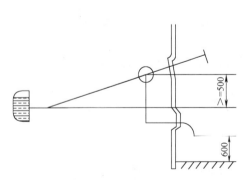

图 5.2.9-4 流量测量管安装（一）

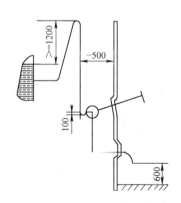

图 5.2.9-5 流量测量管安装（二）

1）液位气相侧管的安装（图 5.2.9-1、图 5.2.9-3）；

2）液位液相侧管，当阀门高于测量点（见图 5.2.9-6），当阀门低于测量点（见图 5.2.9-7）。

6. 流量测量管的安装

1）气态流量测量管的安装（图 5.2.9-4 和图 5.2.9-5）；

2）液态流量测量管的安装（图 5.2.9-8）。

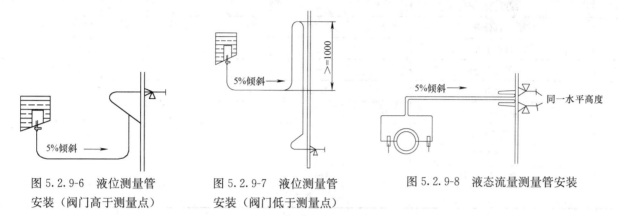

图 5.2.9-6　液位测量管　　　　图 5.2.9-7　液位测量管　　　　图 5.2.9-8　液态流量测量管安装
安装（阀门高于测量点）　　　　安装（阀门低于测量点）

7. 要求冷箱内测量管道安装在满足以上要求的前提下，应注意管道的排列整齐美观．管路走向清晰、易于检查辩认。

8. 加温吹除管的安装

1）应避免与其他各种管道和支架等接触，其外壁间距离一般不小于 200mm；

2）配管方法与计器管路的配管方法相同。

6. 材料与设备

6.1　工程材料

6.1.1　气体压缩机组安装工程材料

除了气体压缩机组本体设备外，主要就是固定设备的灌浆材料。选用的 BY-12 型无收缩超高强灌浆材料是为满足大型高精度进口设备、仪器安装之需要，替代国外同类材料而开发的一种高科技新产品。BY-12 型由高强胶结组分、超塑化组分、膨胀组分以及一些微量改性组分以适当比例共同复合而成，其与水反应生成大量膨胀结晶矿物——水化硫铝酸钙，以此而实现自身的无收缩；同时该材料有较大的流动性，早期和后期强度高。BY-12 已在许多重要工程中应用，代替了进口材料，受到中外专家广泛好评。其 1d 强度大于 30MPa，设备安装 24h 后可试车运转，28d 强度大于 90MPa，在更大程度和范围内满足了工程需要。

6.1.2　空分塔（冷箱）安装工程材料

除了空分塔（冷箱）内设备本体和管道外，主要就是利用汽车吊将整个空分塔安装完毕后，还需要在冷箱顶部设置辅助吊装工具来进行冷箱内管道、冷箱外阀门等小型附件的吊装就位工作，我们根据冷箱顶部的结构形状和附件位置，在冷箱顶部设置了一套小型吊装提升机构，效果很好。

6.2　主要施工机具

6.2.1　气体压缩机组安装（表 6.2.1）

气体压缩机组设备表　　　　　　　　　　　　　　　表 6.2.1

序　号	名　　称	型号规格	性　能	合理数量
1	室内天车	根据用户选型	40t	1
2	起重工具	安装单位自备		
3	水准仪			1

序　号	名　称	型号规格	性　能	合理数量
4	水平仪	200×200/0.02		2
5	激光对中仪	D-505型		1
6	游标卡尺	0～200/0.02		1
7	深度游标卡尺	0～300mm		1
8	百分表	0～10		2
9	外径千分尺	—		1套
10	外径千分尺	—		1套
11	塞尺	100.150.200		3
12	重磅套筒扳手			1套
13	梅花扳手	10件		1套
14	内六角扳手	10件		1套
15	内.外簧卡钳	100mm		2
16	专用工具	制造厂家带		

6.2.2 空分塔（冷箱）安装（表6.2.2）

空分塔（冷箱）设备表　　　　　　　　表6.2.2

序　号	机具名称	规格型号	单　位	数　量	备　注
1	汽车吊	300t	台班		
2	汽车吊	40～50t	台班		
3	汽车吊	25t	台班		
4	叉车	5t	辆	1	
5	卷扬机	5t	台	1	
6	卷扬机	2t	台	1	
7	水准仪		台	1	
8	经纬仪		台	4	
9	手拉葫芦	30t	只	1	
10	手拉葫芦	20t	只	1	
11	手拉葫芦	10t	只	1	
12	手拉葫芦	5t	只	4	
13	卸扣	30t	只	2	
14	卸扣	20t	只	4	
15	卸扣	10t	只	6	
16	卸扣	5t	只	16	
17	卸扣	3t	只	20	
18	滑轮	5t	只	6	
19	滑轮	3t	只	8	
20	钢丝绳	6×37+1Φ15mm	m	300	卷扬机用
21	钢丝绳扣	6×37+1Φ43mm	8m	2根	塔内设备吊装用
22	钢丝绳扣	6×37+1Φ38mm	6m	2根	塔内设备吊装用
23	钢丝绳扣	6×37+1Φ36mm	7m	2根	塔内设备吊装用
24	钢丝绳扣	6×37+1Φ36mm	6m	2根	塔内设备吊装用

序　号	机具名称	规格型号	单　位	数　量	备　注
25	钢丝绳扣	6×37＋1Φ36mm	16m	2根	设备装卸用
26	钢丝绳扣	6×37＋1Φ32.5mm	13m	2根	设备吊装用
27	钢丝绳扣	6×37＋1Φ32.5mm	5m	2根	设备吊装用
28	架子管		t	10	
29	管扣		只	1000	
30	跳板		片	400	
31	气焊工具		套	4	
32	电焊机		台	3	
33	氩弧焊机		台	2	
34	角向磨光机	φ125mm	把	4	
35	电动圆盘割锯		把	3	
36	电动铣刀		把	2	
37	梅花扳手	30～32	把	20	
38	梅花扳手	27～30	把	20	
39	活络扳手	12	把	6	
40	活络扳手	10	把	4	
41	对讲机		台	3	

6.3　劳动组织

6.3.1　气体压缩机组安装（表6.3.1）

劳动组织　　　　　　　　　　　　　　　　　　　　　表6.3.1

序　号	工　种	人员数量	素质要求	职　责　要　求
1	起重工	2	技术熟练	负责设备的吊装、配合钳工的设备安装
2	钳工	4	技术熟练	负责设备的安装
3	焊工	1	技术熟练	负责设备有关部位的焊接
4	架子	2	技术熟练	负责搭设平台,配合钳工的工作
5	电工	2	技术熟练	负责设备的电气方面的接线、调试、试车
6	仪表	2	技术熟练	负责设备的仪表方面的接线、调试、试车

6.3.2　空分塔（冷箱）安装（表6.3.2）

劳动组织　　　　　　　　　　　　　　　　　　　　　表6.3.2

序　号	工　种	人员数量	素质要求	职　责　要　求
1	起重工	6	技术熟练	负责设备的吊装、配合钳工安装
2	钳工	4	技术熟练	负责设备的安装
3	电焊工	4	技术熟练	负责空分塔(冷箱钢结构)、支架的焊接

续表

序　号	工　　种	人员数量	素质要求	职　责　要　求
4	氩弧焊工	4	技术熟练	负责分馏塔的组结铝焊接
5	铆工	4	技术熟练	负责冷箱钢结构安装
6	架子工	3	技术熟练	负责搭设平台，配合钳工的工作
7	电工	2	技术熟练	负责临时电源工作
8	探伤工	2	技术熟练	负责分馏塔焊缝探伤工作

7. 质 量 控 制

7.1　熟悉施工图纸，了解空分设备、冷箱及梯子平台的结构、塔内设备坐标、方位。明确施工技术规范要求，对施工现场情况进行观察了解，做到心中有数。

7.2　施工前针对施工特点编制技术先进、工期合理、工程质量优良、统筹规划的施工方案，并组织贯彻、严格执行。

7.3　认真参加设计交底，做好设计图纸会审工作；认真进行施工前的技术交底工作，并履行交底人与被交底人的签字手续。

7.4　坚持按图施工和谁施工谁负责的原则，严格执行施工验收规范、质量检验标准及制造厂商提供的有关技术文件规定。

7.5　施工中如遇到有关设备、材料制造的问题时，施工人员不得擅自决定处理，须向建设单位有关人员反映，并应有书面材料。

7.6　健全和加强质量保证体系和质量检验体系。

7.7　施工中执行工序检查和交接制度。工序交接证明清楚，不同工种之间交接时应有施工负责人和检查人员参加，如隐蔽工程等重要工序则必须要经过建设单位代表认可并签证。

7.8　施工机具和检测工具在施工前必须进行检查，特别是测量工具和仪器都必须有检定合格证明，并在有效期内。

7.9　施工过程中严格执行"自检、专检、交接检"三检制度。质检人员要严格把好质量关，把存在的问题及时地消灭在施工的过程中。

7.10　认真做好施工技术记录。记录应及时，资料表格填写准确完整，相关部门的确认签证及时，并且妥善保管备案。

7.11　质量保证体系（图 7.11）

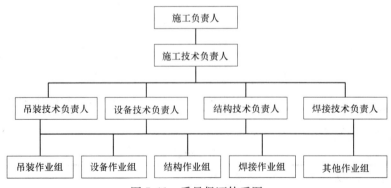

图 7.11　质量保证体系图

7.12　执行的规范、标准

1. 杭氧大型空分设备安装技术要求 HTA1107；

2. 设备制造厂家的 INSTRUCTIONS FOR INSTALLATION 技术文件、资料和施工图；

3. 铝制焊接容器规定 JB/T 4734；

4. 空分分离设备用氧气管道技术条件 JB/T 5902；

5. 《机械设备安装工程施工及验收通用规范》GB 50231；

6. 《制冷设备、空分分离设备安装工程施工及验收规范》GB 50274；

7. 《压力容器无损检测》JB 4730；

8. 《钢制压力容器》GB 150；

9. 《电气装置安装工程施工及验收规范》GB 50168—173；

10. 《现场设备工业管道焊接工程施工及验收规范》GB 50236；

11. 《压缩机、风机、泵安装工程施工及验收规范》GB 50275；

12. 《工业自动化仪表工程施工及验收规范》GBJ 93；

13. 《自动化仪表安装工程质量检验评定标准》GBJ 131。

8. 安 全 措 施

在空分装置的安装过程中，除要执行一般工程所需要遵守的安全技术规程和措施外，还要根据空分塔设备体大、质轻、怕碰、禁油、冷箱内工作空间狭窄、露天、高空多层交叉作业等特点，落实切合实际的安全防范措施，以保证整个安装施工中的设备及人身安全。

8.1 氮封保护的设备在切除、拆开封板或进入设备内时，必须注意并确认氮气浓度在允许的范围内。

8.2 冷箱内高空作业多、交叉作业多，必须遵守高空作业和交叉作业安全规程。高层吊装作业设上、下两个指挥员，指挥信号必须准确无误。

8.3 设备起吊前检查各部位是否稳妥可靠，做到万无一失。

8.4 起吊重物时，参加施工人员必须服从指挥长的统一指挥。不得擅自离开工作岗位，吊装物下及吊臂下严禁站人，吊装作业区内要设明显警戒线，无关人员不得入内。

8.5 遇有五级及以上大风要停止吊装作业，并做好防范保护措施。

8.6 动火区域进行可燃物清理、配备灭火器，并有专人监护。

8.7 高空作业时，要保管好自己所用工具、材料，防止掉落伤人。

8.8 冷箱照明用电压应在 36V 以下，冷箱外壳必须接地，接地电阻要小于四欧姆。电焊地线、把线设专用线路，防止电击打坏手拉葫芦、钢丝绳等起重工具和设备。

8.9 施工人员必须严格遵守厂方制定的各项安全规章制度。

8.10 施工现场要设置专职安全员，负责现场一切安全事宜。

8.11 制定并落实施工中针对性的各项应急预案，做到有备无患。

9. 环 保 措 施

本工法优点之一即是环保，对周围环境不造成污染。为切实做好建筑施工现场的环境保护工作，主要采取以下措施：

9.1 做到工完场清，统一将剩余固体废弃物放置指定地点。

9.2 严禁将酸性、碱性清洗液等直接向外界排放。油漆完毕后及时将剩余的油漆、松香水存放到危险品专用库。

9.3 气割前对气割工具、管子、液化瓶和工件、周边环境、防火设施进行检查、符合要求后方可进行气割作业。

9.4 严格控制施工噪声。噪声控制的技术措施如下：

9.4.1 施工中采用低噪声的工艺和施工方法。

9.4.2 建立定期噪声监测制度，发现噪声超标，立即查找原因，及时进行整改。

9.4.3 调整作业时间，噪声较大的工序禁止夜间作业。

9.5 施工现场周围的环境保护，施工过程中注意对现场周围的环境进行保护，在整个工程的施工过程中对进出现场的车辆进行冲洗，防止污染路面。

10. 效 益 分 析

10.1 气体压缩机组安装

10.1.1 本工法采用了先进合理的施工程序，提高了工作效率、缩短了施工工期，整套机组从开始安装至具备试车条件，工期不超过一个月，而以往大型空压机组至少需要三个月时间，仅此一项可节约资金约 5 万余元。

10.1.2 本工法在机组对中检查中采用了先进的激光对中仪，该设备的使用减少了以往采用"三表法"所需现场制作的临时夹具、临时找正轴和百分表，节省百分表、临时夹具和临时找正轴材料费、机具费 0.5 万元、制作费用 0.3 万元。采用激光对中仪不但节省了费用和工时，而更主要的是保证了质量，其主机操作界面直观、操作简单，对中数据以图表的形式表达，并且可随时监控调整的状况。

综上所述，使用本工法进行的 SIEMENS VK 系列空压机组施工，其工艺合理、高效、高质量、经济效益较好，同时提高了机具、设备的使用率，配备的施工人员数量少。经过多项工程实施，均试车一次成功，取得了良好的效果。

10.2 空分塔（冷箱）安装

10.2.1 传统施工方法：利用吊车进行空分塔（冷箱）板单块吊装就位，转角处的箱板连接螺栓需要作业人员高空在冷箱外挂梯上安装螺栓，冷箱内箱板连接螺栓同样是用挂梯进行操作。然后是每安装好一层，冷箱内搭设一层架子；冷箱外的平台、梯子也是搭脚手架进行操作。冷箱内主要设备吊装由吊车进行，从第一层冷箱板开始吊装到冷箱封顶，不包括冷箱外气密性焊接，需 50d；

1. 吊车台班费（不含进出场费）：

25t 吊车：2000 元/台班×15d＝30000 元；

80t 吊车：8000 元/台班×10d＝80000 元或 300t 吊车：32000 元/台班×10d＝320000 元（视空分规模大小，在 80～300t 吊车中选用）；

2. 脚手架等周转材料（含材料费）：30t×2800 元＝84000 元；

3. 施工人员费用：40 人×150 元×50d＝300000 元；

以上工程直接费用合计：494000～734000 元；

10.2.2 现用施工方法：按照目前采用的空分塔安装施工方法，从第一层箱板的竖立到冷箱封顶、塔内环缝结束，包括分子筛、空冷塔、水冷塔吊装就位，最多只需二十天，比最早空分塔的安装周期可缩短一半的时间。同时在施工人员、机具等方面投入减少，更为重要的是减少了大量的高空作业，安全性大幅度提高。

1. 吊车台班费（不含进出场费）：

25t 吊车：2000 元/台班×10d＝20000 元；

80t 吊车：8000 元/台班×6d＝48000 元或 300t 吊车：32000 元/台班×6d＝192000 元（视空分规模大小，在 80～300t 吊车中选用）；

2. 脚手架等周转材料（含材料费）：13t×2800 元＝36400 元；

3. 施工人员费用：30 人×150 元×20d＝90000 元；

以上工程直接费用合计：194400～338400 元；

现用施工方法与传统施工方法相比，工程直接费可节省：299600～539600 元。

11. 应 用 实 例

11.1 工程地点：甘肃省金昌市。

项目名称：金川集团有限公司 14000Nm³/h 氧气站安装工程。

设计标准：氧气站设计规范 GB 50030—91。

环境条件：25℃。

开竣工日期：2002.5.30～2003.1.12。

实物工程量：1。

效果：至今运行良好。

11.2 工程地点：江苏省淮安市。

项目名称：江苏盈德气体有限公司 16300Nm³/h 空分装置安装工程。

设计标准：氧气站设计规范 GB 50030—91。

环境条件：25℃。

开竣工日期：2003.7.10～2004.4.5。

实物工程量：1。

效果：至今运行良好。

11.3 工程地点：甘肃省金昌市。

项目名称：金川集团有限公司 20000Nm³/h 氧气站安装工程。

设计标准：氧气站设计规范 GB 50030—91。

环境条件：25℃。

开竣工日期：2005.3.18～2005.9.12。

实物工程量：1。

效果：至今运行良好。

11.4 工程地点：天津市东丽区。

项目名称：天津钢铁集团有限公司 2×28000Nm³/h 空分装置安装工程。

设计标准：氧气站设计规范 GB 50030—91。

环境条件：25℃。

开竣工日期：2004.9.20～2005.8.20。

实物工程量：1。

效果：至今运行良好。

700MW 水轮发电机组安装工法

YJGF122—2006

葛洲坝集团机电建设有限公司

乔新义　陈强　赵仕儒　王家强　吴建洪

1. 前　言

随着我国国民经济的飞速发展，我国水电建设也步入了飞速发展时期。在我国大型水电站的建设中，700MW 水轮发电机组的安装施工是电站建设的重要环节。700MW 水轮发电机组设备结构尺寸大，安装技术难度高，机组设计结构复杂，代表着目前国际上大型水轮发电机组制造、安装的最高水平。

在 700MW 水轮发电机组安装中，由于受到设备加工及运输条件的限制，众多大型部件需在施工现场进行组装焊接及二次机加工，安装工艺要求严格。需要通过科学合理的施工组织，系统的工艺研究，解决设备安装工序干扰、设备焊接变形、设备现场加工、机组总装调整等技术难题，以保证机组安装的整体质量。因此，系统地研究和编制一套具有先进性、普及型的施工工艺方法，对我国大型水轮发电机组的安装具有深远的指导意义。

葛洲坝集团机电建设公司通过对 700MW 水轮发电机组的安装实践，研究实施了 700MW 水轮发电机组安装调整新技术，系统地建立了 700MW 水轮发电机组安装施工管理及技术控制理论。2006 年 2 月，编写出版了《三峡 700MW 水轮发电机组安装技术》一书（中国电力出版社，书号：ISBN 7-5083-3611-9）。2006 年 3 月，经湖北省科技厅鉴定，科技创新成果《ALSTOM 700MW 水轮发电机组安装调试技术研究与实践》处于世界领先水平，并于 2006 年获得湖北省科技成果二等奖。同时，通过对 700MW 水轮发电机组安装技术的深入实践，编制实施了大型水轮发电机组总装调整计算程序，经实际检验，性能可靠，技术先进。有效地加快了施工进度，提高了施工质量，取得了明显的经济效益和社会效益。

2. 工法特点

2.1 建立数学模型，并利用数学最小二乘法原理对机组安装数据进行计算处理，编制了具有普及性的工程数据计算程序，在机组安装调整过程中，运用计算程序对设备安装圆度、同心度、水平度、轴线摆度、垂直度等技术数据进行处理，具有处理速度快、处理结果精度高等特点。克服了国内传统的数据处理方法要求测点均布且无法克服测量表面加工偏差对计算结果的影响难题。

2.2 针对机组安装工序复杂、施工强度高的特点，对机组安装的多个大小工序进行分析研究，优化了机组安装工艺流程，形成了切实可行的机组安装工艺程序。在发电机固定部件的安装调整中采用动态调整方法，与机组转动部分调整形成有机整体，使发电机固定部件具有再调整的特点，有效地提高了机组安装质量。

2.3 创新采用发电机定子绕组安装"无尘、恒温、恒湿"保护装置，对定子绕组安装的环境温度、湿度、粉尘等技术指标进行自动控制，切实有效地改善了定子绕组安装作业环境，满足定子绕组安装温度及湿度要求。此装置已在我国多个在建大中型电站中推广运用。

2.4 采用机组旋转中心及旋转中心垂直度调整方法，解决了因转动部件摆度及固定部件不圆造成的动态间隙不均匀问题，提高了机组运行的稳定性。

3. 适 用 范 围

700MW 水轮发电机组的安装、其他大型水轮发电机组安装。

4. 工 艺 原 理

4.1 依据水轮发电机组的结构特点，采用 GPS 全站仪、光学水准仪测量法及电测法精确测量机组设备埋件及土建结构的位置状态，依据机组装配图及工厂精加工设备的技术要求，确定施工现场设备组装及设备二次机加工的工艺流程。采用机组坑外组装及坑内总体装配的总体施工线路，经过多道工序的协调施工及工程数据的精确控制，将水轮发电机组由出厂时的零星部件在现场装配成完整的、性能可靠的整体设备。

4.2 水轮机座环为焊接件，未进行场内机加工。水轮机导水机构安装时，以厂内经过精确加工装配的导水机构部件对座环进行定位，找正座环的安装最佳中心及水平。利用大型机加工设备对座环进行机加工，实现座环与导水机构精加工部件精确装配技术要求。在座环机加工完成后，以座环机加工技术数据为基准，校验导水机构底环、导叶、顶盖等部件的位置状态，完成导水机构的整体装配。

4.3 发电机转子装配以转子中心体为定位基准，通过精密测圆架、合像水平仪、电测法等技术控制方法，在机坑外完成部件装配，并在机坑内完成转子安装。转子圆盘支架焊接采用选择适宜的焊接参数及焊接顺序，辅以刚性固定约束焊。焊接工艺采用 CO_2 气体保护焊（MAG）与手工电弧焊相结合工艺，控制焊接变形。在转子磁轭堆积及磁极安装过程中，运用先进的圆度、水平度及垂直度计算程序对其进行动态监控，随时校正组装工艺数据，使转子磁轭及磁极的几何位置与转子中心体处于良好的对中状态。

4.4 发电机定子组装以经过调整的精密测圆架为基准，通过测圆架监测及电测法等测量方法使定子组装成以测圆架为中心的整体部件。定子机座组装圆度通过测圆架进行定位控制，机座焊接采用 CO_2 气体保护焊（MAG）与手工电弧焊相结合工艺，控制焊接变形。定位筋装配采用"大等份调整法"以减少装配弦距偏差。在定子叠片过程中采用"小段整形控制，分段圆度测量"方法动态控制铁心圆度。定子吊装前测量定子基础板分布水平，在安装机坑内根据水轮机底环安装高程及中心确定定子永久基础安装高程及安装中心，并将测得的基础板水平数据"拷贝"至永久基础板上，以保证定子吊装后处于最佳位置状态。定子基础安装定位采用三期混凝土浇筑法，二期混凝土以满足定子定位及受力转换，三期混凝土以满足机组总装时定子偏心调整及基础受力。

4.5 发电机承重机架采用机坑内两次安装工艺。首次安装以发电机主轴为基准确定机架安装水平，以水轮机转轮安装中心确定机架中心，测量转轮至导水机构底环抗磨环高差确定机架安装高程，达到解决水轮机转轮及主轴加工误差所造成的机架装配偏差，实现机架与水轮机部件初步定位。在机组整体装配调整及机架承重状态下，测量调整机架中心、水轮机转轮高程及定转子磁力中心线高差，通过调整机架满足机组转动部件与固定部件相对高程的装配要求，解决机架承重下挠所造成的机组相对位置破坏。

4.6 机组机坑内总装配采用以水轮机底环为安装基准、自上而下的安装工艺依次完整机组组装部件的整体装配。水轮机转轮以底环为基准进行调整，为机组主轴及承重机架安装提供安装基准。机组承重机架以水轮机转动部件为基准进行中心、水平及高程调整，并测量机架与定子磁力中心线高程差值，通过调整定子满足机架安装位置要求。以承重机架为基准吊装转子及转子上部组装部件，完成转子连接及相关部件装配。机组设备装配过程中，采用先进的机组调整计算理论及计算程序，对机组各部件的安装技术数据进行系统控制，通过全过程的测量监控，使机组装配静态数据处于控制状态。

4.7 在机组设备组装成整体后，通过机组盘车方法对机组轴系、机组固定部件与转动部件对中等动态数据进行检查。盘车采用人力或机械方式驱动机组转动部分旋转，利用百分表获取轴系轴承、法兰及相关部位摆度数据，通过计算程序计算轴系各测量部位的摆度值及方位角。并依据技术规范要求进行轴系摆度调整，以保证机组轴系在要求的公差带内旋转。利用塞尺及测量锲块测量转轮止漏环间隙、发电机空气间隙，计算调整转轮及转子相对其固定部件旋转中心偏差，使机组转动部件与固定部件在动态旋转状态下处于良好的对中状态，并根据盘车检查数据，进行机组导轴承及附件的安装，完成水轮发电机组的精确装配过程。

5. 施工工艺流程及操作要点

5.1 施工工艺流程

施工工艺流程如图 5.1 所示。

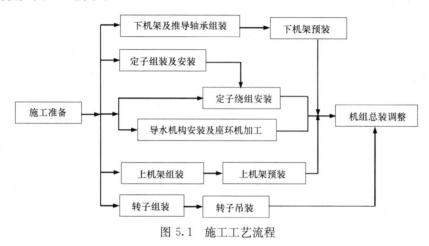

图 5.1 施工工艺流程

5.2 操作要点

5.2.1 定子组装及安装

定子现场组装，包括定子机座分瓣组装、焊接；定位筋调整、焊接；定子铁心叠压；定子绕组安装；定子调整与基础混凝土浇筑等工序。定子组装工艺流程见图 5.2.1 所示。

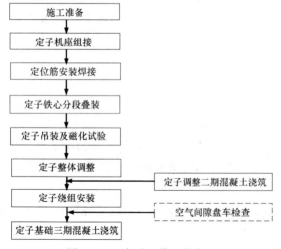

图 5.2.1 定子组装工艺流程

施工要点如下：

1. 选择安装场地：可以在安装间进行定子组装，吊入机坑后进行定子绕组安装或全部在机坑内进行。

2. 定子机座焊接采用手工电弧焊打底，再利用 CO_2 气体保护焊（MAG）焊接。焊接过程中采取措施严格控制焊接变形。

3. 定位筋焊接采用（MAG）焊接方法，由多名焊工进行分区、对称、同步、跳跃式焊接，以减小焊接收缩变形。

4. 定子测圆架基础加固要牢靠，测量时基础上禁止站人或放物，以减小外界对测圆架的影响。

5. 要阶段性的对测圆架进行复测，以保证测量结果的准确性。

6. 定位筋安装采用大等分弦距法，在完成第一根基准定位筋安装后，以 1 号基准定位筋为基准，将所有定位筋均分为 n 个区间，进行大等份的调整，以减小和消除弦距的累积误差。

7. 定子叠片采用分段叠压，严格控制定子铁心叠装的高度和波浪度，控制标准如表 5.2.1 所示。

8. 定子上、下层绕组安装，应严格控制绕组错牙，电接头最大允许轴向偏差为电接头高度的 10%，但最多不能超过 4mm，切向偏差是电接头宽度的 10%，但最大不得超过 3mm。

9. 绕组端头焊接焊缝充满焊料，表面应光洁、平整、无气孔、裂纹。

10. 定子整体高程、中心调整要以水轮机底环为基准，测量方法采用电测法。

定子铁心波浪度与高度控制标准　单位：mm

表 5.2.1

铁心总高度 H	$H<1000$	$1000 \leqslant H<1500$	$1500 \leqslant H<2000$	$2000 \leqslant H<2500$	$2500 \leqslant H$
周向波浪度	$\leqslant 6$	$\leqslant 7$	$\leqslant 9$	$\leqslant 10$	$\leqslant 11$
高度偏差	$-2 \sim +4$	$-2 \sim +5$	$-2 \sim +6$	$-2 \sim +7$	$-2 \sim +8$

5.2.2　转子组装

转子主要由园盘支架、磁轭和磁极组成，转子上部与上端轴相连，下部与发电机轴相连，连接方式均为法兰连接。转子组装工艺流程如图 5.2.2 所示。

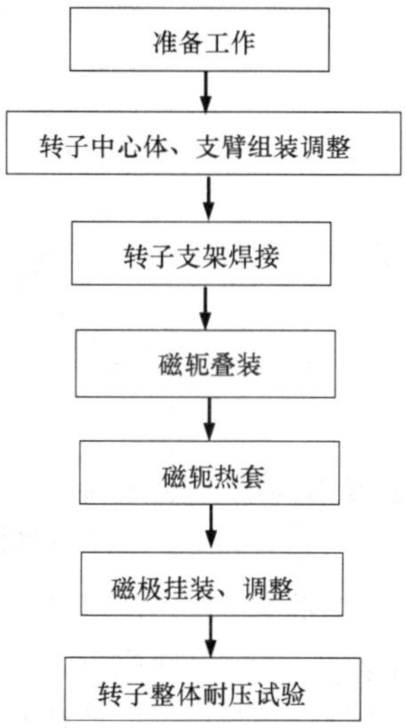

施工要点如下：

1. 转子支架焊接采用手工电弧焊打底，CO_2 气体保护焊（MAG）满焊。利用选择焊接次序和适宜的焊接参数，附以刚性约束（U 形定位板）控制焊接变形。

2. 焊接由 8 名焊工沿圆周均布，同步进行，每条焊缝均采用小规范多层多道分段退步焊接。

3. 每条焊缝焊完一层后全面检测支架的支臂立筋板半径、弦距、垂直度，支架环板平面度，将支架的尺寸变化值与焊接变形监测值一起进行综合分析，如发现异常，立即停止焊接，及时调整焊接次序与焊接工艺参数。

4. 要严格控制焊材质量和使用方法，焊材型号必须符合设计要求，焊前必须按照要求对焊条进行烘烤，焊条使用时，置于 $100 \sim 120℃$ 保温筒内，随用随取，且焊条药皮无开裂或脱落现象。焊条置于保温筒内时间不超过 4h，保持焊条药皮无回潮现象，否则应对焊条进行重新烘焙，重复烘焙次数不超过 2 次。

5. 在转子组装过程中，阶段性检查中心体水平与测圆架，如键槽板安装完成、磁轭预压紧前后、磁轭热套前后的测量验收，确保测量数据真实可靠。

6. 转子磁轭冲片叠装前，要对冲片进行清扫和重量等级进行分类。分类等级标准见表 5.2.2 所示。

7. 磁轭叠装要经常检查其圆度，要严格控制磁轭叠装的半径、圆度及波浪度。

图 5.2.2　转子组装工艺流程

（流程图：准备工作 → 转子中心体、支臂组装调整 → 转子支架焊接 → 磁轭叠装 → 磁轭热套 → 磁极挂装、调整 → 转子整体耐压试验）

转子磁轭冲片重量分类标准　单位：kg

表 5.2.2

单张冲片重量 t	转速 (n) r/min		
	$n<100$	$100 \leqslant n<300$	$n \geqslant 300$
$t<20$	0.3	0.2	0.1
$20 \leqslant t<40$	0.4	0.3	0.2
$t \geqslant 40$	0.5	0.4	0.3

8. 转子磁轭加热进行加垫，要严格控制加热和冷却过程的温升和温降，以及圆周方向的温度偏差，升温和降温速度不应超过 $10℃/h$。

9. 在磁极挂装前，测量定子磁力中心线与推力头上表面高程差，根据测量数据计算磁极挂装高程，并按照计算结果进行磁极挂装。磁极挂装除了要严格控制磁极中心高程外，还要控制好磁极半径和垂直度。

5.2.3　水轮机导水机构安装与座环机加工

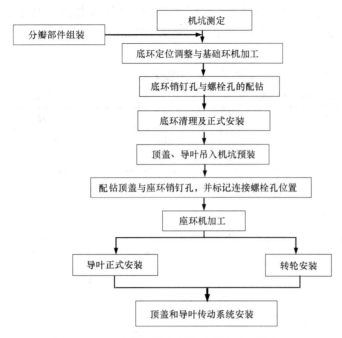

图 5.2.3-1　水轮机导水机构安装与座环机加工

水轮机导水机构安装与座环机加工如图 5.2.3-1 所示

1. 机坑测定

1）机坑测定时使用埋件提供的二级厂房水准观测支墩，在座环上标记机组 X、Y 轴线点位置，并记下该轴线点坐标；

2）座环圆度测量时使用电测法及最优中心方法，确定机组最佳中心，并在机坑平台上、座环上做好标记；

3）在机组最佳中心位置架设全站仪，根据设计图纸要求在基础环上标记机加工位置；

4）机组中心高程，取固定导叶平均中心高程，并校核在允许误差之内。

2. 分瓣部件的组装

组合底环、顶盖等分瓣部件，组合完毕后要求合缝间隙用 0.05mm 塞尺检查，不能通过；允许有局部间隙，用 0.10mm 塞尺检查，深度不应超过组合面宽度的 1/3，总长不应超过周长的 20％；组合螺栓及销钉周围不应有间隙。组合缝处安装面错牙一般不超过 0.10mm。

3. 底环定位调整与基础环机加工

1）吊装底环前，对底环永久垫块放置位置进行机加工，机加工前应调整机加工刀具的水平和垂直度保证在 0.02mm 以内，机加工面应该大于底环永久垫块的直径 5～10mm，加工面完成后，使用框式水平仪检查加工面水平在 0.02mm 以内。

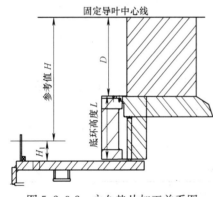

图 5.2.3-2　永久垫片加工关系图

加工制作底环永久垫块

垫板厚度：

$$X=(H+H_1)-(L+D)　　　　(5.2.3-1)$$

式中　L——底环高度；

D——底环抗磨板面到固定导叶中心的距离；

$(H+H_1)$——从基础环机加工平面到固定导叶中心的距离。

永久垫片加工关系图如图 5.2.3-2 所示。

2）安装底环永久垫块，并测量其整体水平在 0.20mm 以内，方可吊装底环。

3）底环吊装到基础环后，根据底环与座环之间的间隙初步调整底环位置，使用电测法根据座环上最佳中心点精确调整底环中心，保证座环与底环同轴度在 0.05mm 以内，此时使用千斤顶、楔子板固定底环，固定底环时，使用千分表监测底环，不得移动。

4. 底环销钉孔与螺栓孔的配钻

1）销钉孔与螺栓孔的配钻

机加工刀具的选择：螺栓底孔的选择按下面经验公式：

$$D_钻=D-P-\alpha　　　　(5.2.3-2)$$

式中　$D_钻$——攻丝前钻螺纹底孔用钻头直径（mm）；

D——螺纹大径（mm）；

P——螺距（mm）；

α——为常量，在施工中常取 0.5～1mm。

上面公式中 α 考虑了螺栓底孔应使用绞刀绞一次孔，以保证了攻丝完成后，螺栓孔的光洁度。

2）机用绞刀的选择

$$D_绞＝D－P \qquad (5.2.3-3)$$

式中 $D_绞$——绞孔的绞刀直径（mm）；

    D——螺纹大径（mm）；

    P——螺距（mm）。

最后根据螺栓选用合适的丝锥和适配的丝锥保护器。在钻绞圆柱销钉孔的时候，也用上述方法，预留 0.5～1.0mm 的加工量进行绞孔。

5. 底环清理及正式安装

1）机加工工作完成后，使用底环安装螺栓把紧底环，检查水平应满足 0.20mm，记录其最高与最低点。松开螺栓，将底环吊起 500mm 高度，清理底环，如果底环水平不满足要求，可对底环永久垫块进行抛光处理。（在施工中，底环在螺栓把紧工作完成后，水平最大超差 0.10mm，即底环水平 0.30mm）。

2）处理完成后，将底环落下，进行正式安装，把紧底环安装螺栓应注意把紧顺序，通常先把紧水平高点，向圆周方向扩展，而后低点。

6. 顶盖、导叶吊入机坑预装

1）顶盖吊装前，根据设计要求吊装活动导叶；

2）制作顶盖临时垫块，要求临时垫块整体水平 0.20mm 以内；

用精密水准仪测量座环上每处螺栓把合孔锪平面的高程，然后吊装活动导叶，测量活动导叶端部高程，确定顶盖安装垫板厚度。

  顶盖垫板厚度计算

  垫板厚度：

$$H＝(J＋D)－X \qquad (5.2.3-4)$$

式中 J——导叶端部间隙，取设计值；

    D——顶盖厚度（即从顶盖外安装法兰面到抗磨板面之间距离）；

    X——从导叶上端部到顶盖安装法兰面距离，由水准仪测得。

顶盖垫片厚度关系图如图 5.2.3-3 所示。

3）顶盖吊入机坑，预装顶盖，使用电测法测量顶盖与底环同心度，活动导叶轴孔同轴度，根据上述数据调整顶盖精确方位；

4）测量活动导叶端面总间隙、过流面高度，并记录作为顶盖安装基准。

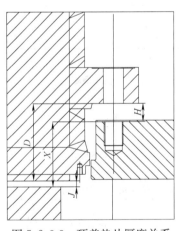

图 5.2.3-3 顶盖垫片厚度关系

7. 配钻顶盖与座环销钉孔

1）顶盖中心、活动导叶轴孔同轴度调整完毕后，使用千斤顶等装置固定顶盖，配钻顶盖销钉孔，钻孔时应监测顶盖，避免顶盖在钻孔过程中位移；

2）刀具的选择与底环钻孔相同；

3）使用样冲标记顶盖安装螺栓孔的位置，号孔时根据螺栓孔的尺寸制作相应的导向套，避免号出的孔位置偏离要求。

8. 座环机加工

1）座环机加工与基础环机加工相同，根据号出的孔位加工安装螺栓孔。

2）刀具的选择与底环钻孔相同。

3）根据顶盖临时垫块制作的方法制作顶盖永久垫块。

9. 转轮吊装

转轮吊装，测量底环与转轮之间的间隙，调整转轮与底环同心度在 0.50mm 以内。

10. 导叶正式安装

吊装活动导叶，并将活动导叶放置于全关位置。

11. 顶盖和导叶传动系统安装

1）安装顶盖永久垫块，并测量垫块整体水平达到0.20mm，正式吊装顶盖。

2）安装导叶传动机构系统。

12. 质量控制标准

导水机构安装质量控制标准见表5.2.3所示。

导水机构安装质量控制标准 表5.2.3

序　号	检　查　项　目	质　量　标　准
1	△座环上环镗口半径	R偏差±1mm
2	△座环下环镗口半径	R偏差±1mm
3	固定导叶中点高程	设计高程±5mm
4	接力器基础高程	相对导叶中心距离偏差±1mm
5	接力器基础板法兰中心到Y轴	设计值偏差±2mm
6	接力器基础板法兰中心到X轴	设计值偏差±2mm
7	底环永久垫块垫板整体水平	0.20mm
8	底环到固定导叶中点距离	1495(0～0.25mm)
9	底环上表面水平	0.20mm
10	顶盖永久垫块整体水平	0.20mm
11	活动导叶轴孔同轴度	0.50mm
12	过流面高度偏差	0～0.50mm
13	导叶端部总间隙	1.15(0～0.2mm)

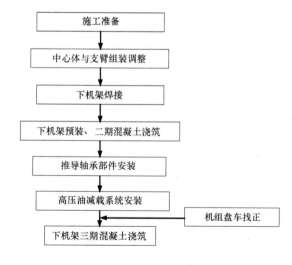

图5.2.4 下机架与推导轴承组装工艺流程

机组总装调整流程如图5.2.5所示。

2. 操作要点

1）转轮吊装

预先加工8～12对楔子板。在转轮吊入机坑就位前均匀置于转轮放置面上，事先调平，转轮吊入后，用来微调水平。

导水机构预装结束吊出顶盖，安装转轮吊具并调平转轮。用厂房桥机将转轮缓慢提起，检查吊具及桥机无异常后，将转轮吊入机坑缓慢落于楔子板上，用事先准备好的铜楔插入下止漏环间隙中，初

5.2.4 下机架与推导轴承组装

中、大型水轮发电机组下机架均为承重式机架，其由一个中心体和多个支臂在工地组装、焊接成整体，在下机架上安装有推力轴承和下导轴承。下机架与推导轴承组装工艺流程见图5.2.4所示。

下机架焊接采用手工电弧焊打底，CO_2气体保护焊（MAG）满焊，要严格控制焊接变形，焊接质量应满足GB/T 8564规范要求。下机架油槽内所有部件均要进行认真清扫，防止有杂物存在，以免运行时刮伤瓦面或烧瓦。推力高压油减载系统应严格按照图纸和技术要求进行安装，并符合规范GB/T 8564相关技术要求。

5.2.5 机组总装调整

1. 工艺流程

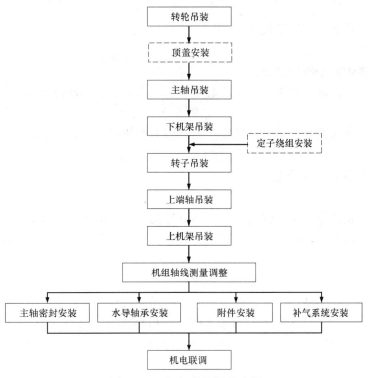

图 5.2.5 机组总装调整流程

步将转轮定中。

用厂房桥机配合调整转轮法兰面的高程、水平及下止漏环间隙满足要求。

转轮吊装高程应考虑转子联轴止口的高度,当转子按设计高程吊装时,转子与大轴法兰应有1～2mm的轴向间隙。

2)主轴吊装

预先在机坑外将水轮机主轴和发电机主轴连接,测量调整两根轴的同轴度合格后同铰连轴销孔,拉伸连轴螺栓,整体吊入机坑与转轮连接。

大轴与转轮连接后需测量发电机轴上法兰高程及上法兰与转轮同心度,为下机架安装提供基准。

3)下机架吊装

下机架吊装前应检查其下方的大件已吊装就位。

将下机架吊入机坑就位,调整下机架高程、水平,使推力头与发电机轴高差、水平合格。推力头与发电机轴高差应考虑下机架承重挠度、推力轴承弹性变形、转轮下环与底环实际高程差等因素,以保证机组运行过程中转轮中心高程与活动导叶中心高程处于平齐状态。

调整下机架中心,使推力头与发电机轴同心度满足要求。

架设百分表,监测下机架中心及水平,拉伸基础螺栓达到伸长值要求。拉伸应均匀、同步进行。

4)转子吊装

转子吊装前应检查其下方的大件已吊装就位,下机架基础混凝土养生期满,推力高压油系统和制动顶起系统具备临时投运条件,桥机满足转子吊装条件。

桥机并车做联动试验,连接平衡梁及转子,原地起落转子,检查桥机制动闸工作情况。

将转子吊入机坑落至推力头上方,启动推力高压油系统,调整推力头对正转子,将转子落于推力头上,安装转子与推力头连接螺栓。

测量调整推力支柱螺栓受力均匀,测量调整转子与发电机轴连接法兰面的平行度,应满足连轴要求。

启动推力高压油系统,调整转子,对正连轴法兰,临时连轴。盘车调整轴线摆度合格后,加工连轴销孔，正式连轴。

转子吊装及联轴前后测量下机架挠度。

5）上端轴吊装

清扫上端轴，检查轴领绝缘应良好。

吊装发电机上端轴，调整上端轴与转子同心度合格，均匀拉伸连轴螺栓。

6）上机架吊装

清扫上机架径向基础坑及上机架与定子连接面，将上机架吊入机坑安装。

机组轴线检查调整及定子基础三期混凝土浇筑后，以上端轴为基准，调整上机架的中心、水平及高程，固定上机架，浇筑基础混凝土。

7）机组轴线测量调整

盘车测量摆度前，初调推力轴承受力均匀，抱下导瓦，瓦间隙 $0.02～0.05$ mm。

将转子 1 号磁极旋转至 $+Y$ 位置，在各摆度测量断面上，按 $+Y$、$+X$ 方位各架设两块百分表，设置并记录所有百分表初始读数。

从 $+Y$ 起，按圆周 8 等分在被测断面作上测点标记。

投入高压油减载装置，旋转转子，在被测断面上的标记点经过百分表测头时记录读数。

水导摆度调整：松开转子与发电机轴的连接螺栓，根据摆度测量记录在轴内部用千斤顶调整转子与下端轴同心度，合格后重新连接转子与发电机轴。也可在转子与推力头同心度允许偏差范围内调整转子与推力头同心度。

8）旋转轴线垂直度测量调整

在上端轴顶部内腔中挂一根钢琴线，调整钢琴线位于发电机轴中心。

在发电机轴和水轮机轴的上、下法兰内测量面上按 X、Y 轴线方位各标记 4 个测点。

旋转转子，测量转子位于 0°、180°、360°时，各测点至钢琴线的距离。

计算旋转轴线垂直度。

当旋转轴线垂直度超标时，必须调整镜板水平对旋转中心垂直度进行校正。

镜板水平度调整后必须重新调整推力轴承受力。

9）旋转中心测量调整。

将转子 1 号磁极旋转至 $+Y$ 位置，从 $+Y$ 开始按圆周等分，在水轮机底环止漏环、顶盖止漏环处标示 12 个测点。

旋转转子，在 0°、180°、360°时停止，关闭高压油减载装置，测量转轮上下止漏环间隙，计算旋转中心与底环、顶盖的偏心值，绘制偏心分布图。

投入高压油减载装置，根据计算获得的旋转中心与底环、顶盖偏心值，用下导瓦径向移动推力头及转子/转轮，调整旋转中心与底环、顶盖同心度合格。

10）机组导轴承及附件安装

在机组盘车找正完成后，依据盘车数据及机组设计要求安装机组导轴承及机组附件。

6. 材料与设备

本工法无需特殊说明的材料，所需要的主要工装及器具如表 6 所示。

主要工装及器具表

表 6

项 目	序 号	设 备 名 称	设 备 型 号	单 位	数 量	用 途
工 装	1	尾水平台	$\phi9300$	个	1	水机安装平台
	2	座环加工平台	$\phi9400$	个	2	座环加工
	3	求心梁及走道	$\phi25000 \times 1000$	个	2	机组测量平台

项 目	序 号	设备名称	设备型号	单 位	数 量	用 途
工装	4	转子测圆架	φ18000	个	1	转子组装测量
	5	转子组装平台	φ21000×2500	个	1	转子组装
	6	定子测圆架	φ18000	个	1	定子组装测量
	7	定子组装平台	φ18000×2500	个	1	定子组装
	8	定子下线平台	φ18000×4500	个	1	定子绕组安装
	9	下线防尘棚	φ25000×3000	个	1	维护下线环境
	10	可移动式台车	1t	台	2	管道安装运输
	11	40m³ 油罐台车		个	2	透平油运输
器具	12	座环加工工具		台	1	座环加工
	13	精密水准仪	N1003	台	1	座环测量
	14	内径千分尺	6000mm	套	1	圆度测量
	15	精密水平尺	0.02mm/m	台	4	部件水平测量
	16	塞尺	500、1000	把	3	间隙测量
	17	空压机	0.9m³	台	2	设备安装供气
	18	磁力电钻	φ30	台	4	设备加工装配
	19	手动捯链	20t	台	5	设备吊运
	20	平板拖车	40t	台	1	设备拖运
	21	角磨机	φ150	台	10	设备加工打磨
	22	汽车起重机	PY540IJQZ50	台	1	设备起吊
	23	千斤顶	100t	台	8	设备水平调整
	24	交流焊机	BX3-500	台	20	设备焊接
	25	气体保护焊机	CPXC-500	台	20	设备焊接
	26	等离子切割机	KZG90	台	1	管件型材下料
	27	超声波探伤仪	CTS-22	台	1	设备探伤
	28	X射线探伤机	XXG-3005	台	1	设备探伤
	29	全站仪	TC302	台	1	设备测量
	30	水准仪	DZS3-1	台	3	设备测量
	31	弯管机	YWG-108	台	1	型管弯制
	32	专用铣床	φ250	台	1	连轴销孔加工
	33	液压拉伸器		台	3	螺栓拉伸
	34	红外测温仪	RAYTEK ST60	台	2	设备温度测量
	35	焊接温控设备	ZWK-220	台	5	焊接温度控制

7. 质 量 控 制

7.1 工程质量控制标准

7.1.1 国家标准《水轮发电机组安装技术规范》GB 8564—2003。

7.1.2 中国长江三峡工程标准《TGPS、JZ 质量标准汇编（十五）三峡水轮发电机组及附属设备安装规程》。

7.2 质量保证措施

7.2.1 建立和健全质量检验组织机构和质量保证体系，并有效运转。确保达标投产，争创精品工程。

7.2.2 编制项目《质量计划》，确认项目经理为第一质量责任人，明确各级质量责任制，强化全体员工的质量意识。

7.2.3 编制"工程材料和设备的检查和检验、检测与试验、隐蔽工程和工程的隐蔽部位质量检查、不合格的工程、材料、工程设备和施工工艺的处理、工程设备安装和调试、现场施工测量"和工程设备安装和调试中的关键工序质量保证技术措施，强化全过程质量控制。

7.2.4 对每一分部工程（或部位）的施工过程设置质量控制点，强化重点项目（部位）的质量监控。

7.2.5 实行双层的三级质量检验制度。第一层三检制：对一般作业实行施工人员（班组）自检、施工队检验和技术质检部复检。第二层三检制：对重要工序（质量控制点）实行施工队检验、技术质检部复检和工程监理部复验。

8. 安 全 措 施

8.1 认真贯彻"安全第一，预防为主"的方针，根据国家和行业安全法规，建立和健全施工安全管理组织机构，建立和健全安全保证体系，并确保安全保证体系有效运行。

8.2 项目开工前，组织编制实施性职业健康安全管理计划，对运输、机电安装等作业，编制和实施专项安全技术措施，确立危险源辨识、风险评价及风险控制，确保施工安全。

8.3 实行安全生产三级管理，即一级管理由安全副经理领导下的质安环保部负责，二级管理由作业队负责，三级管理由班组负责。严格执行安全第一责任人制度为核心的各级安全生产责任制，实行以项目经理为安全第一责任人、分管安全的副经理为行政责任人、项目总工程师为技术责任人、安全环保部部长为管理责任人、各部门各施工队（室）班的行政一把手为安全第一责任人的安全管理体系。

8.4 施工现场的安全和文明施工

8.4.1 施工现场的布置应符合防火、防爆、防雷电等规定和文明施工的要求，施工现场的生产、生活、办公用房、仓库、材料堆放、停车厂、修理场等严格按批准的总平面布置图进行布置，满足相关法规要求。

8.4.2 现场道路平整、坚实、保持畅通，危险地点按照《安全色》GB 2893—82 和《安全标志》GB 2894—82 规定挂标牌警示，并在危险的孔洞处设置栏杆、盖板等防护设施。现场道路符合《工厂企业厂内运输安全规程》GB 4378—84 的规定。

8.4.3 现场的生产、生活区设置足够的消防水源和消防设施网点，专人管理，并使这些设施经常处于良好状态。

8.4.4 施工现场应按保证足够的照明，移动照明电压不得高于 36V，在金属容器内的移动照明器具电压不得高于 12V。现场的临时用电严格按照《施工现场临时用电安全技术规范》JGJ 46—2005 规定执行。

8.5 高空作业严格遵守相关法规。

8.6 大件运输和起吊作业应编制专项技术方案和安全措施，报请有关部门批准后执行。

8.7 气焊、电焊应遵守相关安全法规要求。

8.8 特殊工种的操作人员需进行安全教育、考核及复验，严格按照《特种作业人员安全技术考核管理规定》且考核合格获取操作证后方能持证上岗。对已取得上岗证的特种作业人员要进行登记，按期复审，并设专人管理。

8.9 按照公安部门的有关规定，对易燃、易爆物品的采购、运输、加工、保管、使用等工作项目制定一系列规章制度，并接受当地公安部门的审查和检查。易燃、易爆物品必须存放在距工地或生活区有一定安全距离的仓库内。

9. 环 保 措 施

9.1 认真贯彻执行《中华人民共和国环境保护法》等国家和行业有关环境保护、文明施工工作的政策、法规。

9.2 建立环境保护体系，确立环保责任制。项目经理是文明施工、环保工作的第一责任人。

9.3 编制环境保护技术措施，对于现场的绿化、美化、环境卫生、饮用水源的保护；对于废气、废水、废料、粉尘、噪声的防治和处理；对于职工的劳动保护、职业病的防治等提出可靠的对策，并有效实施。

9.4 项目部对参与施工的各工程队签订文明施工协议书，建立健全岗位责任制，把文明施工落到实处，提高全体施工人员施工的自觉性和责任感。

10. 效 益 分 析

10.1 本工法从700MW水轮发电机组安装理论和施工实践上对水轮发电机组安装技术进行了深入的研究，系统地形成了一套大型水轮发电机组安装新理论，为工程实施提供了科学、合理的技术支持。在三峡700MW水轮发电机组安装调整中收到了良好的运用效果。三峡左电站ALSTOM 700MW水轮发电机组，转轮最大直径10.6m，定子内径18.8m，转子整体重量1780t，推力轴承最大负荷5800t。与国外大古力Ⅱ级电站、依太普电站和三峡VGS同容量机组相比均为"世界之最"。

本工法技术理论及施工工艺在三峡左岸电站700MW水轮发电机组安装运用中，在9个月时间内连续投产4台700MW水轮发电机组，并成功实现了机组"首稳百日"运行质量目标。4台机组分别以提前合同工期91d、108d、170d、161d投产发电，总提前工期530d。其中由于该工法的应用，每台机组的施工工期缩短70d左右，按每台机组投入300人，每人每天费用按100元计算，每天共节约：100元×300＝30000元，每台机组创造直接经济效益：210万元，4台机组共创造经济效益：840万元。另外由于机组提前发电，产生了良好的经济和社会效益。4台700MW水轮发电机组安装实际工期与合同工期比较见表10.1。

4台700MW水轮发电机组安装实际工期与合同工期比较表 表10.1

机组号	合同开工	实际开工	合同完工	实际完工
5	2001/10/15	2001/11/20	2003/10/15	2003/07/16
6	2002/01/15	2002/05/08	2003/12/15	2003/08/29
4	2002/06/15	2002/10/10	2004/04/15	2003/10/28
10	2002/12/15	2003/06/02	2004/09/15	2004/04/07

10.2 本工法根据700MW水轮发电机组结构复杂的特点，运用P3管理软件，对机组安装的400多个工序进行分析研究，编制了详尽的施工资源使用方案及施工进度控制计划，在结合机组安装系统理论的基础上，实现了优质、高效安装700MW水轮发电机组目标，有效缓解了我国电力能源供应紧张的状况。对生态环境而言，水是最清洁能源，可以重复利用。在三峡ALSTOM前4台机组安装中，共提前合同工期530d投产发电，新增发电量76亿度，与火电相比约减少燃煤约448万吨，有效地减少了废水、废渣及有害气体排放引起的环境危害，具有明显的社会效益和环境效益。

10.3 本工法的机组调整计算理论，集理论研究与实际运用为一体，采用数学最小二乘法原理对工程数据分布方程进行推导，可以对机组部件任意位置的圆度、水平度、同心度、垂直度及摆度的偏差值和偏差角进行精确计算，并创新提出了机组旋转中心、机组旋转中心垂直度调整理论，有效地提高了机组安装的精度和质量。该理论实现了我国700MW大型水轮发电机组安装技术的突破，促进了我国水电安装技术的发展，为推进我国大型水轮发电机组的国产化和相关自主知识产权的确立提供了有力保障。该理论可广泛运用于大型水轮发电机组的安装调整，具有广泛的推广运用价值。

11. 应 用 实 例

11.1 应用实例1：三峡左岸电站 ALSTOM 700MW 水轮发电机组安装

11.1.1 工程概况

三峡水利枢纽是治理和开发长江的骨干工程，坝址位于湖北省宜昌市三斗坪镇。电站为坝后式，设左、右岸两座电站，左岸电站共安装单机 700MW 混流水轮发电机组 14 台，分别由 ALSTOM 及 VGS 两个集团供货，机组为半伞式结构。ALSTOM 机组水轮机最大出力 852MW，发电机最大连续出力 840MVA，推力最大负荷 5800t。定子内径 18.8m，转轮最大直径 10.6m。机组设计最大水头 113m，最小水头 61m，额定水头 80.6m，水轮机运行工作水头变幅达 52m。机组设计总重量 6782t。

三峡左岸电站为我国首次购买国外专利技术的电站，机组的设计结构、技术水平及施工工艺，均代表着目前国际上大型水轮发电机组制造、安装的最高水平。

ALSTOM 700MW 水轮发电机组结构见图 11.1.1 所示。

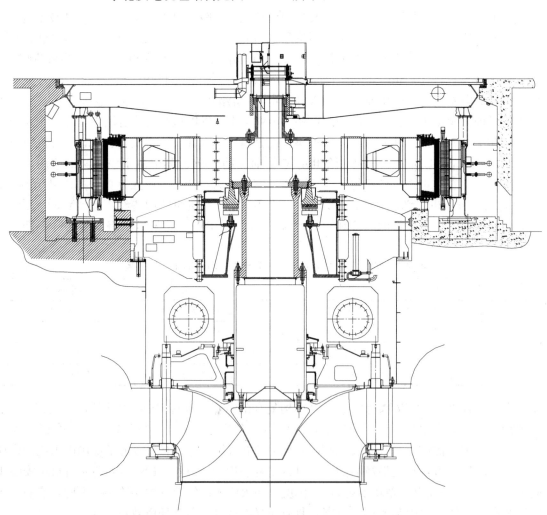

图 11.1.1　ALSTOM 700MW 水轮发电机组结构图

11.1.2 施工情况

三峡左岸电站 ALSTOM 700MW 水轮发电机组由葛洲坝机电安装项目部负责安装，针对国内首次安装 700MW 水轮发电机组的具体情况，项目部深入开展技术研究，研制开发了大型水轮发电机组安装系统理论，并利用 P3 项目管理软件编制了详细的施工计划。有效地指导了三峡 4 台机组的顺利安装。

在水轮机部件的安装中，利用先进的测量控制技术，对导水机构垫片位置进行测量定位，顺利完成了底环一次性安装，有效地缩短施工工期 20d。采用了水法连轴在机坑外进行的先进工艺，缩短直线工期 30d。安装后转轮与固定止漏环同心度偏差 0.05mm；主轴法兰面水平 0.017mm/m；主轴垂直度 0.01mm/m。通过对水轮机安装 150 项的质量控制项目的检查，且各项技术指标均满足国标即三峡标准要求。

在发电机安装中，针对 5 号转子设计缺陷所造成的转子热套困难问题，项目部积极开展技术研究，创造性地采用"4 次加垫法"解决了热套技术难题。并对转子的设计结构及施工工艺进行了合理的技术改造。并采用计算机计算程序对转子安装的圆度、水平、同心度等技术指标进行严格控制，顺利完成了后续机组转子的组装工作。组装后的转子圆度均＜0.8mm，转子磁轭同心度＜0.4mm，为机组的稳定运行提供了可靠的保证。

在机组总装调整中，采用了导叶端部间隙控制技术、承重机架两次安装法、定子绕组"无尘、恒温、恒湿"装置等施工工艺，有效地保证了机组安装质量。运用先进的机组安装技术理论及机组总装盘车计算程序，解决了机组轴线偏离、机组旋转中心垂直度超差等技术难题，使机组总装技术指标达到全优水平。在 10 号机安装调整中，推力负荷受力极值差达到 0.01mm；大轴直线度达到 0.018mm/m；各部轴承摆度均在 0.07mm 以下。在机组带 500MW 负荷运行时，上导运行摆度为 0.03mm；水导摆度为 0.06mm，有效地保证了机组长期安全稳定运行。

在该项目施工中，5 号机于 2001 年 12 月开工，于 2003 年 7 月 16 日移交投产，提前投产 91d；6 号机于 2002 年 5 月 8 日开工，于 2003 年 8 月 29 日移交投产，提前投产 108d；4 号机于 2002 年 10 月 10 日开工，于 2003 年 10 月 28 日移交投产，提前投产 170d；10 号机于 2003 年 6 月 2 日开工，于 2004 年 4 月 7 日移交投产，提前投产 161d。

11.1.3 应用效果

通过该工法在三峡左岸电站的成功运用，实现了优质、高效安装 700MW 水轮发电机组目标。工程施工的施工组织、施工安全、环境控制均处于受控状态。机组运行性能稳定，顺利实现了三峡开发公司"建管结合，无缝交接"及机组投产"首稳百日"的新型管理模式。经实践证明，该工法工艺先进，原理正确。

11.2 应用实例 2：三峡右岸哈电 700MW 水轮发电机组安装

11.2.1 工程项目简介

三峡右岸共安装 12 台 700MW 水轮发电机组，由哈电、东电及 ALSTOM 集团三家制造厂家供货。葛洲坝集团机电建设公司负责安装哈电及东电机组的安装施工。机组结构基本与左岸电站相同，机组设计、制造均采用国产化。目前哈电 26 号机组已进入启动试运行阶段，东电 18 号机组正在进行总装调整工作。

11.2.2 施工情况

三峡右岸 26 号机组安装于 2006 年 5 月 11 日开工，2007 年 6 月 6 日安装完成。

2006 年 5 月 11 日至 2006 年 9 月 23 日完成了定子机座组焊及铁芯装配。铁芯装配在全封闭防护罩内进行，极大地改善了施工环境的温度、湿度、粉尘对铁芯装配质量的影响，铁芯半径相对设计值最大偏差 0.48mm，相当于设计空气间隙的 1.63%；铁芯高度偏差 3mm，相当于设计铁芯高度 0.09%；铁芯磁化试验一次性通过，铁芯温升 12.7K，铁芯不同部位最大温差 2.79K，铁芯与机座最大温差 10.5K，折算至 1T 时单位铁损 1.33W/kg，最大噪声 83dB。铁芯装配主要质量指标大大优于国标要求。

2006 年 10 月 29 日至 2007 年 2 月 10 日完成了定子下线，定子下线使用了无尘、恒温、恒湿下线装置，保证了绝缘质量，定子耐压试验一次性通过。

2006 年 7 月 14 日至 2007 年 4 月 2 日完成了转子组装。圆盘支架组装时预留焊接变形量，焊接采用约束焊并及时消应力，成功的控制了圆盘支架焊接变形，焊后焊缝 PT 检验一次合格率 100%，UT

检验一次合格率 99.04％。磁轭叠装反复测量调整磁轭圆度，键槽板焊接严格控制变形，转子磁轭热装一次成功，热装后半径相对平均值最大偏差 0.53mm，相当于设计空气间隙的 1.8％，远小于国标规定的 3.5％。通过精确计算调整磁极加垫厚度使转子半径转子半径相对设计值最大偏差 0.58mm，相当于设计空气间隙的 1.97％，远小于国标规定的 4％；转子整体偏心 0.20mm，远小于国标规定的 0.5mm。转子组装主要质量指标大大优于国标要求。

2006 年 9 月 16 日至 2007 年 6 月 3 日完成了水轮机安装。使用专用大型摇臂钻床和加工平台进行基础环与座环加工，使用高精度 GPS 全站仪进行测量，保证了导水机构预装质量。底环水平度 0.18mm，底环圆度 0.17mm，顶盖水平度 0.14mm，顶盖圆度 0.18mm，顶盖与底环同轴度 0.09mm，活动导叶轴孔同轴度 0.4mm，导叶立面间隙、端部间隙均满足国标和设计要求。

2007 年 1 月 6 日至 2007 年 6 月 3 日完成了机组总装。运用机组轴线调整新理论，通过精确计算调整，机组轴线调整达到了上导相对摆度 0.006mm，水导相对摆度 0.004mm/m，远远超过了国标规定的 0.03mm/m 要求。

11.2.3　应用效果

通过本工法的应用，作为右岸首台机组，26 号机组安装取得了又好又快的成果，安装质量在左岸基础上再上了一个新台阶，工期与左岸首台机组安装总工期 547d、平均工期 414d 相比，26 号机仅用了 392d，得到了业主和国务院专家组的高度评价。

汽轮发电机基座施工工法

YJGF123—2006

河南省第二建筑工程有限责任公司

黄道元　王庆伟　吴明权　岳明生　王晓增

1. 前　　言

汽轮发电机组堪称火力发电厂的心脏。汽轮发电机基座体积庞大，结构复杂，预埋件数量多且安装精度要求高，是火力发电厂中施工难度大、工艺严格的关键土建工程。河南省第二建筑工程有限责任公司在历时30年的火力发电厂汽轮发电机基座施工中，不断发展完善，总结出一整套成熟的施工方法，形成了汽轮发电机基座施工工法。

本工法中采用的现浇清水混凝土结构模板施工技术，获得国家专利，专利证书号：ZL 01 212525.3；清水混凝土PVC角模技术获国家专利，专利证书号ZL200320113353X。

本工法于2007年5月进行了关键技术科技查新，国内未发现相同文献报道。该工法采用的关键技术通过了河南省建设厅科技鉴定，达到国内领先水平。

本工法在火力发电厂汽轮发电机基座工程中普遍采用，取得了良好的效果，其中河南省禹州电厂一期（2×350MW燃煤机组）工程、华能沁北电厂一期（2×600MW燃煤机组）工程获得了国家建筑工程质量最高奖——鲁班奖，大唐三门峡电厂（2×600MW燃煤机组）工程、华润首阳山电厂（2×600MW燃煤机组）工程等获得"河南省结构中州杯"奖。

2. 工 法 特 点

本工法涵盖了火力发电厂汽轮发电机基座主要工序的施工方法，内容系统完整；采用清水混凝土施工工艺，混凝土外观平整光洁，取消了汽轮发电机基座的二次抹灰，提高了工程质量，加快了工程进度；柱（梁）阳角采用PVC角模倒圆技术，既增加了清水混凝土装饰效果，又对成品保护起到一定的作用；外露预埋铁件采用螺栓固定，控制了预埋铁件偏移，实现了预埋铁件与混凝土表面齐平；预埋螺栓套管（直埋螺栓）、锚固板等采用固定架安装及微调螺丝调节定位，提高了埋设精度，确保了高精确度移交安装，为提高设备的安装、运行质量，提供了条件。

3. 适 用 范 围

本工法适用于火力发电厂工程汽轮发电机基座等大型设备基础施工，可推广应用于其他工业建筑大型设备基础施工。

4. 工 艺 原 理

本工法采用清水混凝土工艺，严格按清水混凝土要求选择混凝土原材料，科学地进行配合比设计；模板排版进行专项设计，严格制作和安装工艺，有效控制模板拼缝；混凝土浇筑采用臂架式混凝土泵车，合理布料，连续施工，避免冷缝产生；严格混凝土浇筑工艺，规范并改进养生技术。实现汽轮发电机基座混凝土内实外光，结构尺寸准确，表面平整，颜色一致，无明显气泡，模板拼缝有规律，达到清水混凝土工艺标准。

混凝土结构柱（梁）阳角采用PVC角模倒圆技术，使构件阳角线条流畅美观。预埋铁件采用螺栓在模板上固定，避免了预埋铁件位移，确保了预埋铁件与混凝土表面平齐。通过采用固定架及螺栓微调技术，预埋螺栓套管（直埋螺栓）、锚固板定位准确，提高设备安装精度。

5. 施工工艺流程及操作要点

5.1 施工工艺流程

汽轮发电机基座体形大，由基础底板、中间层和运转层几部分组成。混凝土浇灌严禁留设竖向施工缝。水平施工缝可分别留设于基础底板上表面、中间层板顶。

汽轮发电机基座基础底板、中间层施工工艺流程是：测量放线→脚手架搭设→钢筋绑扎→模板安装（预埋铁件安装）→混凝土浇灌→养护。

汽轮发电机基座运转层施工的工艺流程是：测量放线→脚手架搭设→柱钢筋绑扎→柱模板安装（预埋铁件安装）→梁底模板安装→预埋螺栓套管（直埋螺栓）测量放线→固定架安装→预埋螺栓套管（直埋螺栓）安装→锚固板的安装→钢筋绑扎→螺丝微调定位→梁侧模板安装（预埋铁件安装）→联合验收后混凝土浇灌→养护→交付安装。

5.2 操作要点

汽轮发电机基座基础底板为大体积混凝土，中间层为常规施工，均执行运转层相关操作要点，因此不再赘述。运转层施工操作要点阐述如下：

5.2.1 测量放线

依据主厂房的轴线控制网，在汽机间设置汽轮发电机基座加密控制网，设置"汽轮发电机中心线"、"凝汽器中心线"及各轴线控制桩，并对控制桩进行保护，严禁碰撞和扰动。

在汽机底板顶面上弹柱子、梁（墙）中心线及边线控制线。梁、板底模支好后在其上放各种预埋件定位线。每次放线必须以"汽轮机中心线"及"凝汽器中心线"为基准，并与轴线控制桩进行复核。

5.2.2 脚手架搭设

汽轮发电机基座施工脚手架搭设分为支撑脚手架和施工操作脚手架搭设，均采用扣件式或碗扣式钢管脚手架。架子搭设前应进行设计和计算，特别是承重支架，必须进行承载的稳定性验算。

5.2.3 钢筋绑扎

钢筋绑扎应在设计基础上进行二次排布设计，力争避开锚固板、预埋螺栓套管、预埋螺栓等预埋构件位置。锚固板体型大，正常情况采用对穿措施，特殊情况无法避开时，要对断开钢筋进行过渡连接，连接措施必须征得设计单位同意。

5.2.4 模板工程

1. 模板设计与制作

1）模板宜采用中、大型模板，材质可选用木胶合板、钢模板、塑料模板。

2）模板设计时应按照设缝合理、均匀对称、长宽比例协调的原则，确定模板分割。梁模板分块以轴线为对称中心线，面板宜横向布置；柱子单面一般不设竖向拼缝，梁柱拼缝水平交圈，竖缝贯通；模板拼缝粘贴双面胶。

3）采用木胶合模板时，方木背楞应通过压刨处理，严格控制厚度一致。面板与背楞连接采用整装整拆的方法。面板与方木背楞用沉头木螺钉（$d=4\sim6mm$）连接。沉头木螺钉拧紧后顶部与面板齐平，刷防水封边漆。

2. 模板安装

1）模板安装准备

对模板加工尺寸及外观质量、铁件安装及钢筋保护层等逐项进行验收。清除水平施工缝杂物、污

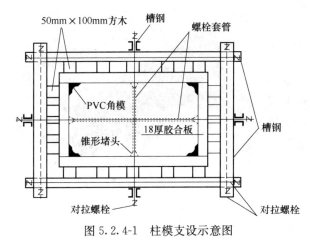

图 5.2.4-1　柱模支设示意图

渍等，并按要求进行凿毛处理。

2）墙、柱模板安装

墙、柱模板安装应在墙、柱钢筋验收合格后进行。柱子模板底部用 50mm×50mm 方木钉成固定框，用于模板精确定位。根据模板装配图，从低到高依次将模板就位后，按弹好的模板线进行检查、校正、加固。

柱子模板采用槽钢作为柱箍进行加固，当柱子截面较大时，沿柱中部增设对拉螺栓。槽钢和对拉螺栓的规格、型号、间距经计算确定。柱模支设示意见图 5.2.4-1。

对拉螺栓应纵横成线，间距均匀，对称布置，宜能周转使用。在混凝土截面内螺栓外套塑料套管，两端为锥形堵头和胶粘海绵垫。拆模后，孔眼采用专用砂浆、专用工具封堵修饰，使封堵的孔眼直径和深度一致。

3）框架梁模板安装

底模采用横向整块制作，纵向装配。梁底模安装应进行中线检查，校核各梁模中心位置，并校核梁底标高。

梁侧模对拉螺栓安装前要对其位置进行设计和弹线，确保螺栓孔均匀的布置在一条直线上。安装及处理要求同墙、柱模板相关内容，梁模支设示意见图 5.2.4-2。

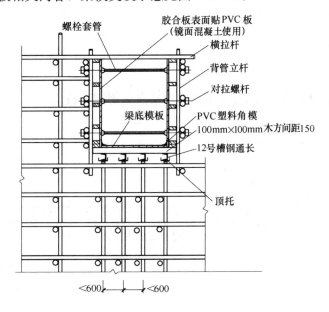

图 5.2.4-2　汽机基座运转层模板安装图

4）梁、柱阳角倒圆 PVC 角模的安装

用木螺丝将 PVC 角模固定在梁角底模上，柱子 PVC 角模固定在小面模板阳角位置处，安装前应将角模两侧与模板接触面粘贴胶带纸，使 PVC 角模与模板之间缝隙严密。PVC 角模大样见照片 5.2.4-3。

5.2.5　预埋件、预埋螺栓的安装和固定

在模板施工前应根据设计图纸编制预埋构件一览表，并注明编号、规格、数量以及埋设位置（尺寸和标高），核对无误后再进行安装。

1. 预埋铁件的安装

将预埋铁件在模板上安装就位：在埋件和模板对应位置钻 $\phi 6$ 孔，安装时用 M4 螺栓穿过埋件及模板进行紧固。待混凝土成型拆模后卸去螺帽重复使用，用手提砂轮机将螺栓切除并磨平。安装示意见图 5.2.5-1。

2. 预埋螺栓套管（直埋螺栓）安装

根据设计图纸提供的预埋螺栓套管（直埋螺栓）安装布置图，将全部预埋螺栓套管（直埋螺栓）按系统分解成若干组。各组预埋螺栓套管（直埋螺栓）应根据主轴线进行安装，避免误差积累，提高安装精度。预埋螺栓套管（直埋螺栓）施工时应根据所绘制的安装图按顺序编号安装，预埋螺栓套管（直埋螺栓）安装完毕后，应检查预埋螺栓套管（直埋螺栓）相互之间的位置尺寸，确保安装位置正确。预埋螺栓套管（直埋螺栓）安装示意见图 5.2.5-2。

图 5.2.4-3　PVC 角模大样

1）安装预埋螺栓套管（直埋螺栓）型钢固定架

根据图纸放线后，在底模上固定 200mm×200mm×10mm 钢板，在钢板上根据螺栓套管的高度，安装型钢固定架，固定架上口水平槽钢高于框架梁混凝土上平面 100mm，在每组预埋螺栓套管固定架的上口增加一组角钢斜撑，使其具备一定的刚度。每组预埋螺栓套管（直埋螺栓）的固定架应通过型钢与梁侧模板连接牢固，间距 1500mm。

2）预埋螺栓套管（直埋螺栓）微调螺丝定位

在型钢固定架顶面水平槽钢上割圆孔，其位置与螺栓套管或直埋螺栓位置一致。当套管为非通透式时，应根据螺栓套管直径制作套管上盖板，在钢盖板上钻直径与套管内螺栓直径相同的孔，调节套管螺栓居中后将盖板与套管点焊。

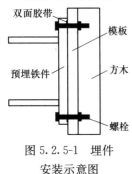

图 5.2.5-1　埋件
安装示意图

首先在型钢固定架顶面槽钢圆孔周边十字交叉焊接微调螺帽，校正预埋螺栓套管（直埋螺栓）下口

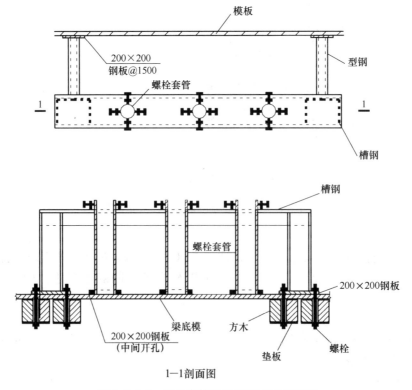

1—1剖面图

图 5.2.5-2　螺栓套管微调螺栓平面布置图

的位置后,通过微调螺丝来调整预埋螺栓套管(直埋螺栓)的平面位置及垂直度,靠尺检查垂直度;直埋螺栓用自身螺母进行高度调节,水准仪配合调平。全部验收合格后,将微调螺丝焊牢。

3. 锚固板的安装

在梁底模支设完毕后,安装锚固板钢支架。由于锚固板的体积大,重量重,需用吊车进行就位、校正。当锚固板的标高及平面位置符合设计要求后,进行钢筋绑扎。在绑扎钢筋的过程中,注意保护锚固板及其支架,待钢筋绑扎完毕后,须对锚固板的平面位置、标高重新进行检查、校正。

5.2.6 混凝土工程

混凝土浇筑前,应由建设单位、监理单位、设计单位、施工单位、安装单位、设备厂家联合进行验收,验收合格签发混凝土浇灌许可证。

1. 混凝土原材料在符合规范要求的同时,应满足清水混凝土需色泽一致的特殊要求:

1)水泥应为同一厂家生产、同一品种,在有可能的情况下同批号,且采用同一熟料磨制,颜色均匀的水泥。

2)骨料应为同一生产厂家产品,应连续级配良好、颜色均匀、洁净,粗骨料含泥量小于1%,细骨料含泥量小于1.5%。

3)同一部位施工的混凝土不得随意更换外加剂、掺合料的品种、掺量。

4)混凝土原材料应有足够的存储量。

2. 混凝土浇筑

1)采用臂架式混凝土泵车进行布料浇筑,泵车型号根据现场条件及基座外形尺寸综合确定。

2)混凝土浇筑采用一端起始、平行推进、斜面分层的方式进行浇筑,每一部位应按先柱子、后梁板的浇筑顺序施工。混凝土布料应专人指挥,合理布料,严禁混凝土出现施工冷缝。

3. 混凝土的测温

汽轮发电机基座基础底板、汽机运转层混凝土浇筑时,每组测温点沿混凝土浇筑方向布置,采用电子测温仪测量混凝土不同部位的温度。上、下、侧表面的测温点距离混凝土表面50mm,沿混凝土厚度方向按800mm左右间距布置内部测温点。升温阶段每2h测温一次;降温阶段至混凝土内外温差大于15℃期间每4h测温一次;混凝土内外温差小于15℃每8h测温一次。当混凝土内外温差小于15℃、混凝土表面与大气温差连续2天小于5℃时,停止测温工作,同时总测温时间不少于14d。

降温速度及温度梯度:

1)混凝土的降温速率宜控制在1~2℃/d,不得大于3℃/d。

2)温度梯度宜控制在15℃/m以下。

根据测温具体情况及时采取相应措施。

4. 混凝土养护

混凝土终凝后,设专人负责混凝土养生工作。具体养护措施必须通过计算确定,在高温季节宜采用蓄水养护,有必要时,采用循环水系统降低混凝土内部温度,在气温较低时应采取可靠的保温措施。

混凝土的养护时间自混凝土浇筑完毕开始算起不宜少于14d,同时满足专项技术方案的要求(包括温控要求)。

6. 材料与设备

本工法使用的PVC角模为河南省第二建筑工程有限责任公司专利技术,使用时需专项设计提供厂家加工制作,预埋螺栓套管(直埋螺栓)安装时使用的型钢固定架材料约12t(以600MW机组为例)。

采用的机具设备多与主厂房施工设备共同使用，此处仅对本工法有特殊要求的机具设备进行表述。

各主要机具设备表 表 6

序号	机械设备名称	型号规格	精度等级	数量	备　注
1	臂架式混凝土泵车			2台	根据工程具体情况选择合适型号
2	电子测温仪	JDC-2		1台	
3	水准仪	DS2	±2mm	1台	经校验
4	经纬仪	J1	±1″	1台	经校验

7. 质量控制

7.1 质量标准

7.1.1 工程质量应符合《建筑工程质量验收统一标准》GB 50300—2001等系列标准的规定，同时应符合《电力建设施工质量验收及评定规定》DL/ 52101—2005第一部分：土建工程中"汽轮发电机基础工程"质量标准规定。

7.1.2 清水混凝土外观质量标准

1. 轴线位置、几何尺寸准确；
2. 表面平整、接缝严密，色泽一致；
3. 模板拼缝有规律；
4. 对拉螺栓孔排列整齐，孔洞封堵密实，颜色同原混凝土面基本一致；
5. 无蜂窝、麻面、露筋、孔洞、夹渣等质量缺陷，无明显气泡；
6. 无缺棱掉角、起砂、污染等现象，混凝土表面基本无修补痕迹；
7. 梁柱阳角倒圆，线条顺直；
8. 预埋铁件位置准确，与混凝土表面平齐。

7.1.3 允许偏差项目

项目允许偏差表 表 7.1.3

序号	检查项目			允许偏差(mm)		检查方法
				电力标准	本工法标准	
1	表面平整			≤8	≤4	2m靠尺和楔形塞尺检查
2	基础中心线准确			≤10	≤5	经纬仪、钢尺检查
3	表面标高偏差			0～－10	0～－6	水准仪检查
4	柱梁截面尺寸偏差			＋8～－5	±5	钢尺检查
5	全高垂直度			≤10	≤8	吊线及钢尺检查
6	预埋件预留孔	中心线位移		≤10	≤5	钢尺检查
		水平高差		≤5	≤3	钢尺检查
7	预埋螺栓允许偏差	预埋管	中心	不大于0.1d,且≤10	不大于0.05d,且≤4	钢尺检查
			孔壁垂直度	不大于$L/200$,且≤10	不大于$L/300$,且≤4	吊线检查
		直埋式	中心	±2	±1	在根部、顶部钢尺检查
			垂直度	≤$L/450$	≤$L/600$	吊线检查
			顶标高	＋10～0	＋6～0	水准仪检查

注：d为螺栓直径，L为螺栓长度。

7.2 质量控制措施

7.2.1 严格技术管理制度，施工前编制详细的施工方案，明确具体质量保证措施和质量标准。

7.2.2 严格按照本工法清水混凝土外观质量和允许偏差项目进行质量控制管理，认真落实"三检制"，上道工序不合格不准进入下到工序施工。

7.2.3 工程所用建筑原材料、预埋铁件、预埋管、直埋式螺栓、建筑模板等进场必须验收，验收合格后方可使用。

7.2.4 螺栓固定钢架的安装应具备足够的刚度和稳定性，位置、标高准确；微调螺栓与固定架连接牢固，满足螺栓精确定位后的固定需要。

7.2.5 认真做好混凝土的配比和计量管理工作，确保混凝土外观颜色一致；混凝土浇筑前，充分进行混凝土浇筑方案和供应能力的优化，保证混凝土浇筑的连续性。

7.2.6 测量仪器精度必须满足本工法要求，并校准使用。

7.2.7 组织建设、设计、监理、安装、设备厂家、施工单位联合对运转层隐蔽工程检查验收，确保工程施工质量和交安质量。

8. 安 全 措 施

8.1 本工法执行国家、行业的相关安全法律、法规及安全技术标准、规程，专业部分以《电力建设安全工作规程》第一部分：火力发电厂为准。

8.2 针对性安全措施

8.2.1 结合汽轮发电机基座的特点，基础底板钢筋安装时，应有可靠的支撑措施，防止钢筋倾倒。

8.2.2 汽轮发电机基座上部结构的模板支架宜直接支在基础底板上，当支在回填土上时，回填土质量必须满足规范及设计要求，钢管立杆应设置金属底座或垫木。模板支架应经过严格设计，并编制安全专项施工方案，经专项验收合格方可受荷，严防支架坍塌。混凝土浇筑过程中，派专人观察架体的稳定性，发现问题必须立即停止混凝土的浇筑，隐患消除后恢复施工。

8.2.3 施工现场按符合防火、防雷、防洪水、防触电等安全规定及安全施工要求布置，完善安全标识。

8.2.4 施工现场的临时用电严格按照《施工现场临时用电安全技术规范》的有关规定执行。

8.2.5 汽机基座四周搭设双排脚手架，在纵向搭设上下马道，并用密目网封闭。

8.2.6 现场施焊必须应采取隔离措施，配置消防器材，严防焊渣落入模板中引起火灾发生。

8.2.7 锚固板等大型构件在吊装过程中应绑扎牢固，起落平稳，防止冲击、碰撞、倾斜滑移发生事故。固定钢支架应验收后方可承载。

9. 环 保 措 施

9.1 本工法严格遵守国家和地方政府下发的有关环境保护的法律、法规，将环境管理融于企业全面管理之中，加强对施工燃油、设备噪声、材料、废水、生产和生活垃圾的控制和治理。

9.2 成立环境卫生管理机构，现场设立专职环境监测及管理人员，全过程指导、布置和监控。

9.3 施工现场按平面布置图合理布置，各种标牌齐全，内容清晰，标识醒目，现场文明整洁。

9.4 模板的组合拼装设计时，考虑与其他工程的通用性，做到模板能够循环使用，节约木材、钢材。

9.5 施工现场执行用火申请制度，严禁燃烧有害物质，禁止产生有害气体。

9.6 对施工过程中产生的废胶带、焊条头、螺纹连接的保护帽分类收集、处置。

9.7 对现场主要施工道路进行硬化，并在晴天及有风天气经常对道路洒水，防止尘土飞扬。

10. 效 益 分 析

采用本工法施工，汽轮发电机基座各部位混凝土尺寸准确，表面光洁，线角顺直，无蜂窝、孔洞等现象。汽轮发电机基座混凝土质量达到清水混凝土标准，不需要粉刷施工，可将工程造价降低 1～2 个百分点。套管及预留螺栓孔位置准确，无堵塞、移位现象，避免二次处理造成的损失，由此提高设备安装工效，单个机组可降低安装成本约 12 万元。汽轮发电机基座施工质量好，提高了发电机组运行的稳定性、可靠性，使机组年发电量明显增加，经济及社会效益显著。

11. 应 用 实 例

11.1 华润电力首阳山电厂（2×600MW 燃煤机组）工程：

华润电力首阳山电厂工程，位于河南省洛阳偃师首阳山镇，工程于 2004 年开工，2006 年竣工，汽轮发电机单基座混凝土量为 5700 m³，汽轮发电机基座移交安装一次成功，工程于 2005 年荣获"河南省结构中州杯工程"。

11.2 大唐三门峡电厂（2×600MW 燃煤机组）工程：

大唐三门峡电厂工程，位于三门峡市西，工程于 2003 年开工，2005 年竣工，汽轮发电机单基座混凝土量为 4766m³，汽轮发电机基座移交安装一次成功，该工程被评为"河南省建筑业新技术推广应用金奖示范工程"、"河南省结构中州杯工程"。

11.3 华能沁北电厂一期（2×600MW 超临界燃煤机组）工程：

该工程是我国"十五"计划新建的国产超临界大型火电机组依托项目，位于河南省济源市五龙口境内，整个工程于 2002 年 9 月开工，2005 年 1 月竣工，汽轮发电机单基座混凝土量为 4178m³，汽轮发电机基座移交安装一次成功，赢得了业主、监理和同行专家的一致好评。该工程 2005 年获河南省建筑业新技术应用示范工程和建设科技示范工程，2006 年获河南省建设科学技术进步一等奖，并荣获 2006 年全国建筑工程质量最高奖——鲁班奖。

双向倾斜大直径高强预应力锚栓安装工法

YJGF124—2006

中建三局建设工程股份有限公司

张琨　彭明祥　陈振明　杨道俊　黄刚

1. 前　言

　　目前国内房屋建筑领域，特别是钢结构建筑采用普通锚栓进行钢柱与基础连接较为普遍，且也有成熟的施工技术规范可循；而采用大直径高强预应力锚栓还较为罕见，且国内和国际上无成熟的设计和施工规范。中央电视台新台址建设工程 CCTV 主楼工程由于塔楼倾斜和大悬臂结构的外形设计，结构在风荷载或地震等侧向力作用下外框钢柱产生很大的拔力，其中单根钢柱最大拔力为 87524kN，设计采用了 M75 规格的高强预应力锚栓进行钢柱脚与筏板连接以抵抗拔力，锚栓最长为 6307 mm，且锚栓双向倾斜 6°布设，锚栓抗拉极限强度为 1030N/mm²、屈服强度为 835N/mm²，图 1 为高强预应力锚栓装配简图。

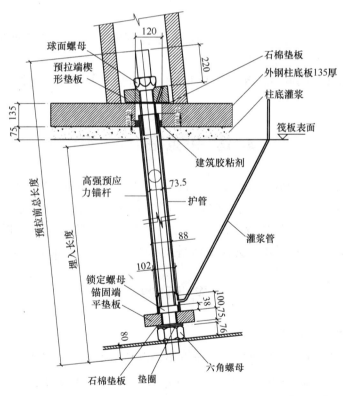

图 1　高强预应力锚栓装配简图

　　央视工程中采用的倾斜大直径高强度长锚栓，主要作为外框筒巨形钢柱的定位和传力作用，要求锚栓埋设精度高并且与主体钢结构连接可靠。施工中锚栓精确定位安装成为最重要的问题，公司技术人员对双向倾斜锚栓的高精度安装方法进行了深入的研究和开发，包括锚栓套架埋设定位和球形螺母应用等技术形成了本工法，并且在央视工程 586 根倾斜高强锚栓施工中得以应用，效果非常显著。该项施工方法经过技术鉴定达到国内领先水平和国际先进水平，并且填补了国内房屋建筑领域双向倾斜大直径高强预应力锚栓应用的空白。

2. 工 法 特 点

2.1 工法特点

1. 安装措施简单、设备投入少、部分措施可回收节约成本。以每根钢柱为单位设计一个锚栓套架，锚栓套架将高强锚杆固定（非焊接连接、在套架内共同安装，并且套架与筏板垫层埋件焊接连接，可实现倾斜锚栓粗略定位；同时可以保护锚杆在交叉工程施工时不易损坏。

2. 多次复测和监测实现锚栓精确定位。在钢筋绑扎和混凝土浇筑期间，采用全站仪对每根锚栓进行监测和复测，以实现对锚栓进行精确校正和定位。

3. 在锚杆张拉端设计球形螺母能调节部分锚杆的安装角度偏差，同时可使所有不同角度配件做到标准化。

2.2 与传统方法比较

1. 普通锚栓一般为定位锚栓非受力锚栓且材料等级不高，现场安装时可以进行焊接固定；而高强锚栓的强度高且有脆性，不得进行现场焊接，工法中要求锚栓与套架间采用螺母临时固定，解决了传统方法的不足，较为实用。

2. 按传统方法在锚栓焊接后，锚栓位置要进行调整较为困难，而本工法中采用的连接为非焊接连接，在钢筋工程和其他交叉工程施工过程中，可以随时调节套架和锚栓之间的连接对锚杆定位进行校正，以精确定位。

3. 锚杆张拉端采用球形螺母，可以适应不同倾斜角度锚杆的安装，可使配件标准化，节约成本，同时可以消化锚杆安装误差，技术较为先进。

4. 传统锚栓的套架全部埋设成本不经济，本工法中采用的套架上部分待混凝土浇筑完后须切除回收，可节约成本。

3. 适 用 范 围

本工法为双向倾斜大直径高强预应力锚栓安装工法，适用于房屋建筑特殊高层建筑、大跨度结构、塔结构等抗拔支座连接施工，也可以适用于桥梁结构、高速铁路、隧道、港口等土木工程支座连接施工，还可以适用于机械设备支座等其他领域。由于目前国内和国际上房屋建筑工程中采用大直径高强预应力锚杆的连接节点形式较少，此种施工方法对以后技术研究和规范标准编制具有很大的参考价值。

4. 工 艺 原 理

4.1 采用锚栓套架的埋设工艺原理

1. 采用 CAD 技术在计算机中放样出每根钢柱所有锚栓的精确位置，并且以每根钢柱为单位设计出锚杆套架，设上下两层钢板作为锚栓的固定点，每根锚栓两个固定点连线为锚栓的空间角度位形，如图 4.1-1 为高强预应力锚栓套架简图。

2. 套架和锚栓现场组装。标高由锚栓顶点控制，并且在塔吊将套架和锚杆共同吊装，测量定位后套架与筏板垫层埋件焊接连接，以实现锚栓粗略定位；在钢筋绑扎过程中，采用全站仪进行定位监测，并且在混凝土浇筑前对每根锚栓定位复测，调节套架与锚杆的连接，以实现锚栓的精确定位，图 4.1-2 为吊装前高强预应力锚栓套架和锚栓组装简图。

3. 在混凝土浇筑时，采用全站仪对每根锚栓进行定位监测，以控制锚杆位置是否变化；混凝土浇筑完成后，切割锚栓套架混凝土表面以上的部分或者切割到钢柱底标高处，并复测各锚栓位置，最后进行主体结构安装，图 4.1-3 为钢结构吊装前高强预应力锚栓套架切割后的简图。

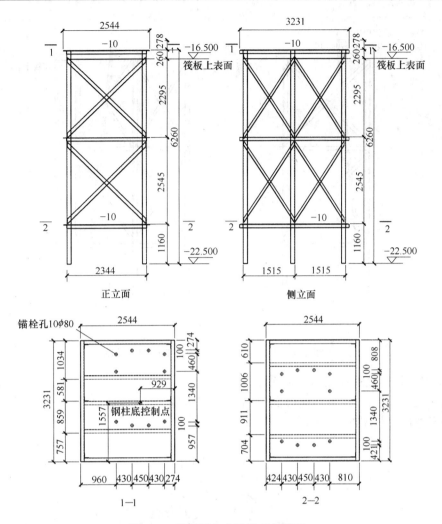

图 4.1　高强预应力锚栓套架简图

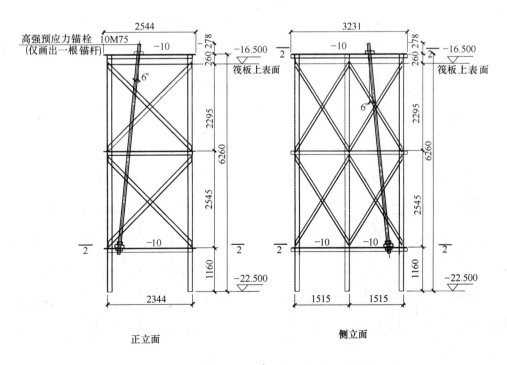

图 4.1-2　高强预应力锚栓套架和锚栓组装简图

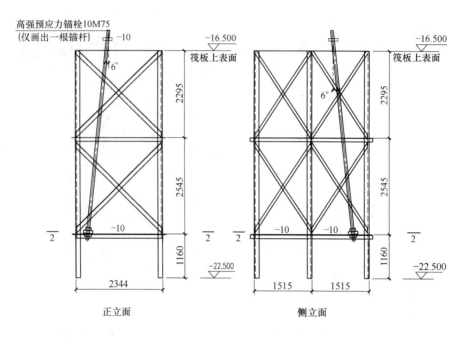

图 4.1-3　高强预应力锚栓套架切割后简图

4.2　球形螺母调节角度偏差的工艺原理

1. 锚栓张拉端采用球形螺母，能够同时适应一定范围倾斜角度锚杆的安装，使所有配件标准化，图 4.2-1 为球形螺母安装端部大样图；

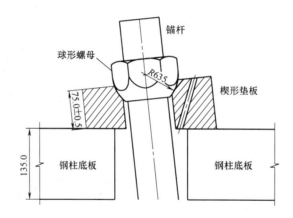

图 4.2-1　球形螺母安装端部大样图

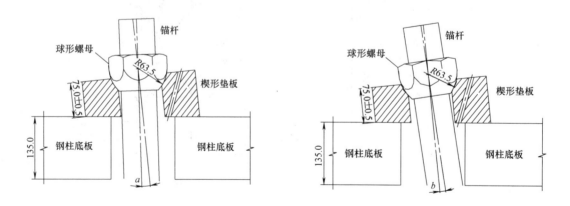

图 4.2-2　球形螺母可调整锚杆角度倾斜偏差图

2. 如果锚杆存在倾斜角度的安装偏差，球形螺母可以通过与楔形垫板之间的转动来消化此安装偏差；

3. 可调节角度大小可根据锚杆直径、楔形垫板中间圆孔直径、钢柱底板圆孔直径以及各配件的厚度等因素确定，如下图6所示，以球形螺母球面中心为转动点，调节角度 θ 范围为：$a < \theta < b$（设顺时针转动时为负，即 a 为负值），图 4.2-2 为球形螺母可调整锚杆角度倾斜偏差图。

5. 施工工艺流程及操作要点

5.1 施工工艺流程（图 5.1）

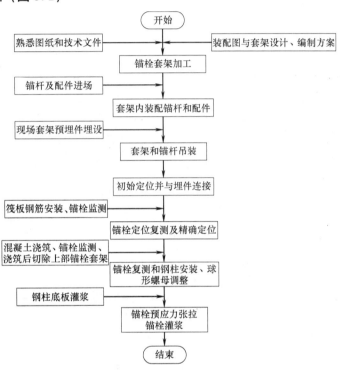

图 5.1 施工工艺流程图

5.2 操作要点

5.2.1 锚栓套架设计和加工

以每根钢柱为单位设计锚栓支撑套架，截面主要采用角钢和钢板。锚栓套架立柱垂直设计，套架上下设计有两层钢板用于定位锚杆，所有预应力锚杆全部固定在套架内且倾斜布置，在钢板上按锚杆的倾斜角度放样出锚栓的定位孔，锚杆上端与套架上表面钢板连接，下端与下层钢板连接，每根锚栓的倾斜角度即上下定位孔的空间角度。上层钢板表面高出混凝土表面以便测量，下层钢板标高结合锚杆长度确定。图 5.2.1 为一典型钢柱锚栓套架设计图。

锚杆套架结构较为简单，现场加工以便运输，且可立即进行下道锚杆装配工作，以节省工期。锚杆套架加工全部采用焊接连接。

5.2.2 锚栓系统装配

在加工地点，就将锚杆装配到套架内，以减少现场作业和与其他工程的交叉作业，降低安全风险，且作业速度快能够降低成本。锚栓系统装配的具体步骤如下：

1. 套架内安装 $\phi88 \times 2$ 锚杆护管。护管下端设放大头，尺寸为 $\phi102 \times 2$，护管上端略伸出套架上表面；采用汽车吊安装锚杆，将其插入护管内，吊装点设置方式为在锚杆一端安装一个临时螺母并在螺母上焊接吊耳（需要说明：锚杆为高强钢不得在上面焊接任何零件；同时安装锁定螺母、锚固端平垫板、石棉垫板、垫圈和螺母，然后起吊松钩；最后去除临时吊装螺母，安装球形螺母。套架内的所有

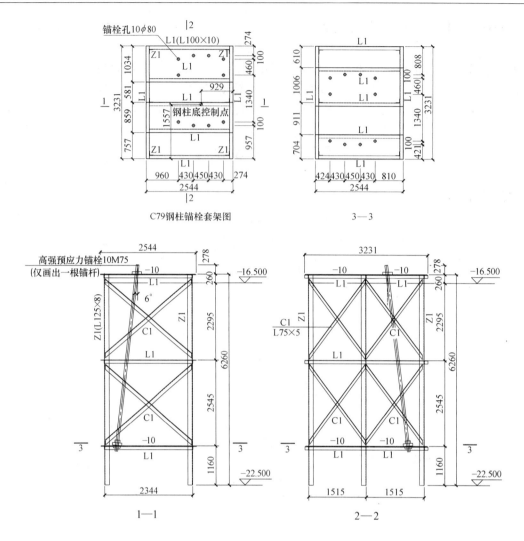

注明：为了清晰取见，图中仅画出一根锚杆。

图 5.2.1　典型钢柱锚栓套架设计图

锚杆按上述顺序逐根完成）。

2. 安装灌浆管 $\phi 20 \times 2$，将其与护管焊接连接。

3. 套架上表面标出钢柱控制点（即钢柱定位轴线控制点，校正每根锚杆的定位尺寸和倾斜角度，然后紧固上下螺母；护管与锚固端平垫板围焊连接；最后将锚固端平垫板与套架下层钢板焊接连接）。

5.2.3　锚栓埋设方法

1. 预埋件安装：在筏板防水垫层施工阶段，根据外围轴线控制点及标高控制点测放出套架每个预埋件的准确位置，安装套架预埋件；对较高和较重的锚栓套架，应增加四周斜支撑预埋件。垫层混凝土完成后，对埋件定位进行复测。

2. 锚栓系统埋设：筏板底筋绑扎前，开始预应力锚栓支撑套架埋设工作。采用土建塔吊将锚栓套架吊装就位，待套架定位校正完毕后，套架角钢支腿与垫层预埋件焊接；为了防止筏板混凝土浇筑和钢筋绑扎对锚杆产生位移和变形，在套架四角加设角钢斜支撑，以增强套架刚度，同时在斜支撑与套架之间的中部增设临时横向支撑。图 5.2.3 为锚栓系统埋设示意图。

3. 混凝土浇筑前的精确定位复测：在钢筋绑扎过程中，采用全站仪进行定位监测；并且在钢筋绑扎完后和筏板混凝土浇筑前，使用全站仪对预应力锚杆进行最后复测，校正其位置及标高，采用临时夹具将每根锚杆固定锁死，进入下道混凝土浇筑工序。

4. 混凝土浇筑时的保护措施和定位监测：混凝土浇筑前需将锚杆的上端螺纹处涂刷黄油、包上塑料纸并套上塑料管；并将灌浆管上端口用胶纸完全封闭，并且伸出混凝土浇筑顶面 400mm。在混凝土浇筑过程中，派专人对其进行监控，并且避免震动棒接触锚杆或离锚杆太近，以免影响定位精度；同时在混凝土浇筑时，在基坑四周采用全站仪对锚杆位置进行监测，全过程控制混凝土浇筑对锚栓定位的影响。

5. 锚栓套架的处理：在混凝土浇筑完成后，切割锚栓套架混凝土表面以上的部分（或者切割到钢柱底标高处，并复测各锚栓位置，最后进行主体钢结构安装）。

5.2.4 球形螺母误差调整

钢柱安装完成后，安装球形螺母并消化锚栓安装角度偏差，高强锚栓进行预应力张拉后紧固螺母，最后进行锚栓灌浆。

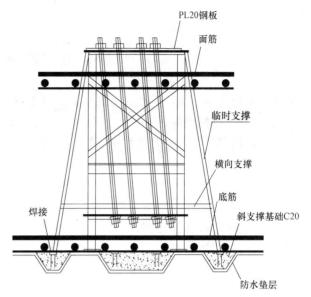

图 5.2.3　锚栓系统埋设示意图

6. 材料与设备

6.1　主要材料

角钢和钢板：若干 Q235 或 Q345

6.2　使用设备

履带吊或汽车吊：1 台	平臂式塔吊：3 台（用土建施工塔吊）
直流电焊机：4 台	经纬仪：2 台
全站仪：2 台	手动工具：若干
配电箱：2 个	电源电缆：若干

7. 质 量 控 制

7.1　质量要求

1. 高强预应力锚栓的安装应满足《钢结构工程施工质量验收规范》（GB 50205—2001）的相关要求；

2. 央视主楼中高强预应力锚栓安装应满足中国建筑工程总公司发布的企业标准《中央电视台新台址 CCTV 主楼钢结构施工质量验收标准》（ZJQ 00—SG—001—2006）；

3. 高强预应力锚栓安装应满足工程设计技术文件的相关要求。

7.2　质量控制

1. 高强预应力锚杆具有直径大、尺寸长、单根较重、每根钢柱数量不等、且倾斜一定角度的安装特点，要满足锚杆准确高精度定位，必须保证支撑套架稳固，筏板钢筋绑扎和混凝土浇筑时必须防止变形和移动。

2. 混凝土浇筑时派专人监控，以避免震动棒接触锚杆或离锚杆太近而造成较大误差；并在基坑四周设置全站仪对锚栓位置进行精度监控。

3. 高强预应力锚栓不得在施工现场进行任何焊接，并且在交叉作业时和锚栓套架切割时保护好锚栓螺纹。

8. 安 全 措 施

8.1 锚栓套架较高，工作人员站在套架顶部安装锚杆时属高空作业，应进行相应的安全防护，并且还需防止整体倾覆倒塌；

8.2 现场绑扎钢筋时避免将钢筋直接铺设在套架上以免锚栓套架整体倒塌。

9. 效 益 分 析

9.1 设备投入及经济效益方面

预应力锚杆根数较多，主要分布在钢柱处，涉及面积较大，施工中采用锚栓套架和锚杆同时安装的做法，仅需采用一台小型汽车吊就能满足组装要求，避免了现场采用塔吊逐根锚杆安装，以减少了塔吊起重设备的投入，大大节约了安装成本。

预应力锚栓张拉端采用球形螺母可以适应倾斜锚杆的角度，使所有不同角度锚杆的配件全部按倾斜 6°加工，做到标准化，大大节约了配件加工成本，经济效益非常可观。

9.2 工期方面

锚栓套架现场加工，且锚杆在套架加工完成时安装，然后运输至指定地点进行吊装，整个工作可以与其他工序同时进行，又减少了现场交叉作业，施工周期最短。

9.3 质量方面

锚栓张拉端采用球形螺母可以适应一定范围的倾斜锚杆角度，并且可以消化部分安装角度误差。从完成工程安装结果来看，100%的钢柱锚栓预埋定位准确，无一柱底板扩孔现象，在国内钢结构安装行业中也少有。

安装时采用了锚栓套架一次定位，锚杆再次精确定位，提高了安装精度，能够满足预埋精度要求。

10. 应 用 实 例

中央电视台新台址建设工程主楼（以下简称 CCTV 主楼）坐落于北京市朝阳区东三环中路和朝阳路交界处京广桥东南角，结构造型新颖独特，为全钢结构。总建筑面积为 472998m²，由两座双向 6°倾斜塔楼（塔楼一为 52 层、塔楼二为 44 层）、10 层裙房和 14 层悬臂结构组成，结构最大高度为 234m，总钢结构用量约 12.5 万吨。塔楼内部核心筒及内柱为竖直，外框筒柱为双向倾斜。塔楼 1、塔楼 2 和裙房外框柱共 97 根，除 12 根为埋入式钢柱外，其余 85 根柱都设计有大直径高强预应力锚栓，直径为 75mm、最长为 6307mm、抗拉极限强度为 1030N/mm²、屈服强度为 835N/mm² 的大直径高强度预应力锚栓是国内首例。锚栓角度与双向倾斜钢柱角度一致，范围为 6°～8.45°；每根钢柱锚栓数量也不相同，数量在 4～12 根之间。高强度预应力锚栓的倾斜角度、埋入长度、数量和总长度，按钢柱分类可参照表 10-1。

| | | | 钢柱信息表 | | 表 10-1 |
序号	钢柱编号	倾斜角度	埋入筏板长度 （mm）	锚栓数量 （套）	锚栓总长度 （mm）
1	C30～C34	6.0000	1319	20	1852
2	C29	6.0463	1428	4	1961
3	C28	6.1832	1428	4	1962
4	C27	6.4047	1429	4	1963

序号	钢柱编号	倾斜角度	埋入筏板长度 (mm)	锚栓数量 (套)	锚栓总长度 (mm)
5	C26	6.7021	1430	4	1966
6	C25	7.0654	1431	4	1968
7	C24	7.4847	1432	4	1972
8	C23	7.9505	1434	4	1976
9	C10～C11	6.0000	1629	8	2161
10	C68	6.3718	1823	6	2358
11	C67	6.6463	1824	6	2360
12	C58	6.2237	2125	4	2658
13	C59	6.4923	2126	4	2660
14	C60	6.8499	2127	4	2664
15	C61	7.2831	2129	4	2668
16	C62	7.7785	2132	4	2673
17	C13～C15	6.0000	2333	12	2865
18	C16	6.0605	2333	4	2866
19	C12	6.0000	3137	4	3670
20	C66	6.9868	3337	6	3875
21	C65	7.3772	3340	6	3880
22	C64	7.9505	3344	6	3886
23	C63	8.4548	3348	8	3893
24	C17	6.2382	3770	4	4304
25	C18	6.5234	3772	4	4307
26	C19	6.9023	3775	4	4312
27	C20	7.3597	3779	4	4318
28	C21	7.8814	3784	4	4325
29	C22	8.4540	3789	8	4334
30	C8、C86	6.0000	3871	12	4404
31	C3、C41、C45、C83	8.4545	3892	48	4437
32	C88	6.0000	3972	6	4504
33	C81	8.4545	3993	6	4538
34	C9、C87	6.0000	4022	12	4554
35	C4～C5、C39～C40、 C46～C47、C82	8.4545	4044	66	4588
36	C56、C92	6.0000	4877	16	5409
37	C57	6.0567	4877	6	5410
38	C49～C55	8.4545	4903	66	5448
39	C93～C96	6.0000	4927	24	5459
40	C89～C90	6.0000	5028	16	5560
41	C79～C80	8.4545	5055	16	5599
42	C48	8.4545	5358	8	5903
43	C35～C36	6.0000	5379	10	5912

序号	钢柱编号	倾斜角度	埋入筏板长度 （mm）	锚栓数量 （套）	锚栓总长度 （mm）
44	C71、C91	6.0000	5731	18	6264
45	C70	6.0463	5732	10	6265
46	C69	6.1832	5733	8	6267
47	C72～C78	8.4545	5763	76	6307
	总计			586	

CCTV 主楼外框筒钢柱通过柱脚的大直径高强度预应力锚栓与筏板紧密连接，埋深至筏板底部受力钢筋表面处，将上部结构与筏板连成一个整体，承受钢柱脚拔力。高强度预应力锚栓主要由锚杆、保护导管、注浆管、螺母、垫片等配件组成，锚杆由碳—铬合金材料热轧制，锚杆相关参数如表 10-2。

锚杆信息表　　　　　　　　　　　　　　　　　　　　　　　　　　　　　表 10-2

名义直径 （mm）	锚杆直径 （mm）	螺纹直径 （mm）	截面积 （mm²）	螺纹处有效截面积 （mm²）	理论重量 （kg/m）
75.0	73.5	77.2	4243	4025	33.0

施工中采用本工法进行锚栓安装，2005 年 9 月份开始高强预应力锚栓的预埋安装，11 月份结束；2006 年 4 月 19 日开始锚杆张拉，6 月 14 日张拉结束。央视工程整个锚栓施工中，监理单位对锚栓的埋设、张拉和灌浆过程都进行了旁站监督工作，从锚栓最终测量记录结果表明所有锚杆安装均满足设计要求，质量验收全部合格；采用的施工方法简捷、操作方便、经济效益明显并且大大缩短了施工工期。

在房屋建筑施工领域中，本工程采用的直径为 75mm 高强度预应力锚杆抗拉极限强度为 1030 N/mm^2，屈服强度为 $835N/mm^2$、在国内为首例，尚无先例可以借鉴。在工程实施过程中，项目技术人员对预应力锚的材料性能、装配设计、精确预埋、张拉和灌浆等进行了深入研究，编制了可行的技术方案，精心组织以 100％的合格率顺利完成。

以本工程高强锚栓安装成套技术为基础的双向倾斜大直径高强度预应力锚栓施工工法，技术先进、可操作性强，不仅填补了国内房屋建筑中大直径预应力高强度长锚栓应用的空白，向全国建筑行业研究、设计和施工等领域工程积极推广具有重要价值。

LPG 地下液化气库竖井安装施工工法

YJGF125—2006

中国机械工业建设总公司　中国机械工业机械化施工公司

张群成　卢跃春　韩立春　辛森

1. 前　言

地下储库是利用海岸大陆架深处致密的岩石作为隔离物，挖掘成储洞，结合水幕洞及先进的监测控制处理手段，来完成 LPG 气体的存储，具有占地面积小、地面设施简单、安全性好，即便是战争状态也有安全可靠的保障手段的特点，因此这种方法从一产生便就受到了大多数国家的欢迎，传入我国汕头 LPG 地下储库是第一例。

竖井安装工程是指 LPG 地下储库项目所包括的二个竖井——丙烷井、丁烷井内设备及管道安装，是工程的重点和难点。竖井深度大，井内作业空间有限，并且存在交叉作业，井底贮洞爆破施工造成井内粉尘大，井壁渗水造成井内潮湿作业，在如此艰苦条件下，完成超大、超难的工作量，这在国内少见。

2. 工 法 特 点

井内作业空间有限，上下高差大，存在着和 TEB（隧道局）施工人员之间的交叉作业；深度大，TEB 在井底贮洞同时爆破施工，造成井内粉尘大、水汽大；井壁渗水的增加，造成井内湿作业多；井内施工须借助工作吊盘、吊篮升降作业，使得井内施工危险性大；井内作业电焊、照明控制的需求，使得井内电气线路多，用电安全要求高；井内提升钢丝绳多，同时焊接作业多，钢丝绳安全防护尤为重要。

套管的焊接要求氩弧焊打底，手工电弧焊盖面，100% 射线探伤，并加磁粉探伤，因此焊接要求高，是工程的一个显著特点。

套管吊装在不同的施工时段利用各种大吨位吊车相互组合起吊，因此动用吊车吨位大而全也是此类工程的一个特点。

本工法先后在汕头 LPG 地下液化气库工程及宁波 LPG 地下液化气库工程两个工程成功应用，取得良好效果。工程实践证明该工法在实际施工中操作性强、准确性高、易于控制、趋于实用，能显著提高安装质量与施工进度，有效降低施工成本，确保职业健康安全、环境得到有效控制，从而赢得良好的社会效益和经济效益，是一种值得推广的先进方法。

3. 适 用 范 围

本工法以地下储库竖井安装为主要工作范围，涉及工作内容以利用大陆架深处致密的岩石作为隔离物，挖掘成储洞，达到存储目的的地下油库、液化气库等项目中有着相类似的过程，同样适用本工法。

4. 工 艺 原 理

竖井安装工程首先是利用井内吊篮进行竖井内壁测量，得出数据后，在井壁打锚栓，进而安装支座板、井内水平支撑，支撑完成后，进行井内设备、工艺管道安装：重复立管——下管——焊接连接上段管——下管——的过程，最终将工艺管外套管安装到位，并固定好，接下来将工艺管（内管）逐段通过螺栓接长下放穿入套管并进行检验工作，最终完成气库竖井安装工程，其中套管安装是竖井安装工程的核心内容。

5. 施工工艺流程及操作要点

竖井施工主要包括以下两个部分：

井内施工：内容主要包括套管支撑的锚栓测量，标记，压浆，锚板灌浆，拔出试验，支撑安装，井底支撑安装，缸体安装及阳极，U 形螺栓的安装等；

井面施工：内容主要包括套管坡口预制，套管吊装组对，套管调直，套管焊接，焊缝 RT 检验，套管下放以及内管安装，泵体组安装，压力试验，电气仪表检验等。

在井上及井下施工中，锚板安装与套管焊接、套管吊装为关键工序。

5.1 工艺流程图（详见图 5.1 所示）

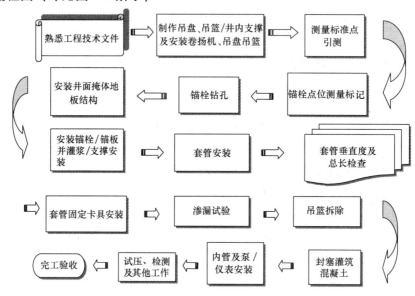

图 5.1 竖井安装施工工艺流程图

5.2 施工方法及操作要点

5.2.1 锚板、支架和缸安装

1. 标记

锚板是井内深度方向上每隔一定间距设一道水平支撑的水平固定点，确保水平支撑牢固。通过地面预测设定标高方向控制点，通过线锤、钢卷尺在井内标记出设计支撑的中心位置，通过移动井内操作平台，以完成井内深度方向的所有标记点的标记，并反复检查校正，确保无误。

2. 钻孔

1) 当锚栓位置被反复检查无误后，移动井内工作平台进行锚栓钻孔，根据设计拔出拉力的要求，选定锚栓为直径为 25mm 的螺纹钢筋，钻孔为 38mm，深度 2.5m 及 1.5m 两种孔型。

2) 钻孔机械配备为：8m³ 空压机及开山牌钻岩机，在钻孔过程中要不断校正钻孔的位置方向，确保孔沿径向钻出，以取得有效的孔深。

3. 锚栓安装

1) 锚栓是整个支撑系统的受力部件，通过压浆来固定锚栓并通过锚栓传力，最终保证达到不低于 15t 的拉出力。

2）安装时首先用压缩空气清孔，然后用压浆机压入孔内1：0.3的高标号（500号）水泥浆，为防止灌浆不彻底，孔内存在气泡，影响受力，压浆管要送入孔底，随着浆的缓缓压入，慢慢拔出，直至孔口溢浆为止，不可操之过急，急压急拉，造成返工，实践证明在两个竖井数百个孔的压浆中均保证了压浆质量，拔出试验抽检合格率为100％。

4. 锚板和支架安装

1）待锚栓安装完毕，拔出试验合格后，上下移动井内操作平台进行锚板和支架的安装工作。

2）锚板起着固定支撑并在锚栓和岩石之间传递力的作用，因此锚板安装应确保焊接牢固并使板面上下垂直并与径向垂直，以方便下步工序的施工。

3）锚板安装应使板内面与岩面有80mm左右的间隙用于灌浆，保证锚板的稳固性。

4）在井上和井底钢结构上焊上阳极，打磨、补漆，把井底上的缸调整好后，通过电焊固定在井底支撑上，打磨、补漆（详见图5.2.1所示）。

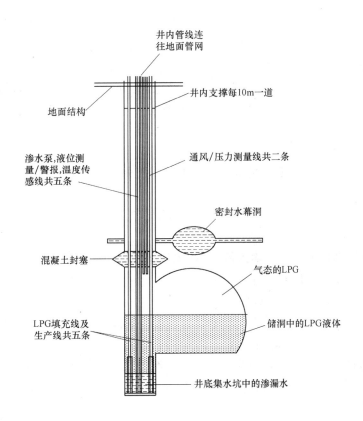

5.2.1　井内结构设置简图

5.2.2　套管焊接

1. 焊接内容概况

1）套管直径种类及壁厚：

4in(6.02mm)，16in(9.53mm)，24in(12.7mm)，26in(14.27mm)，32in(17.48mm)。

2）焊接位置：5G（横焊），焊缝离地1200mm高。

3）作业环境：野外作业。

4）焊后检验方法：100％X—射线探伤检验。

2. 焊工要求

施焊焊工须已经过了业主和监理方举行的WPQT（焊工资格考试），并获得了其颁发的焊工资格ID卡。

3. 焊接方法与设备的选择

1）套管焊接采用氩弧焊打底（GTAW），手工电弧焊盖面（SMAW）的焊接法。

2）焊接设备：

氩弧焊打底：XZ—400 型氩弧焊机

电弧焊盖面：ZXG1—500 型直流焊机

4．焊条选择

本项目所用氩弧焊丝，电弧焊条由 LG 公司供应。

氩弧焊丝：TGS-IN（ER-70S-G）　　　　　电弧焊条：E7018

5．焊接工艺参数的取定

1）确定套管焊接氩弧焊打底用焊丝及管壁厚、焊接电流；

2）确定手工电弧焊工艺参数。

6．焊前准备

1）坡口准备

此类工程提供所有套管均已预制了坡口，现场施焊前需清除坡口及其周围的油、锈及水分，并用角向磨光机打磨修整坡口表面，使坡口均匀规则，符合要求后用防护胶带保护备用。

2）对口及点固焊

对口时在管段间垫以金属物（如焊丝头等）以确保对口间隙。点固焊的位置应是对称成十字交叉的四点，每处点焊长度约 60mm。检查对口间隙，并标记，焊接时应以间隙最小处开始。

7．焊后检验

1）外观检查

按业主和监理方举行的 WPQT 中的焊工资格考试焊缝外观检查表进行。

2）无损检验

所有套管焊缝按美国标准 ASME SECTION V. ARTICLE 2 进行 100％ X—射线探伤。

8．焊接注意事项及缺陷处理

1）焊接时必须保证合适的线能量输入值，不可使电流过大或过小。

2）可根据工件的材质及厚度对工件进行预热。

3）使用前必须对焊条进行烘干和保温。

4）点固焊应采用和正式焊缝同样的规范进行。在正式焊接时遇到点固焊缝时应当将点固焊缝两端磨去，并检查点固焊缝背面是否有焊瘤形成。

5）经常检查钨极的端部是否烧损成瘤状，填充焊丝的直径要等于或接近钨极直径，严格禁止在坡口外引弧，收口时熄弧处要先打磨成斜坡。

6）采用向右焊法较为合理。

7）每一层焊道焊完后，必须清根；发现有裂纹要用角向磨光机磨开至根部，打磨修整后再焊。

8）下一层焊道覆盖上一层焊道时接头部位应错开。

9）盖面焊缝电流要适中。

10）焊后焊缝表面及周围要清理干净，飞溅、焊药、毛刺等要用钢丝刷或角向砂轮打磨干净，以备检验和补漆。

9．焊接安全

1）焊工施焊应穿戴好防护面罩、电焊手套，确保施工安全。

2）施工用电设备要可靠接地，电线电缆要保证完好，定期检查以保证现场用电安全。

3）电动工具、设备使用、现场施工参照总公司"安装工人安全操作规程"手册执行。

5.2.3　套管吊装

套管吊装主要借助于预先焊接于套管端头的吊装挡块、吊装专用卡具以及大吨位吊机进行，可参见图 5.2.3-1 所示。

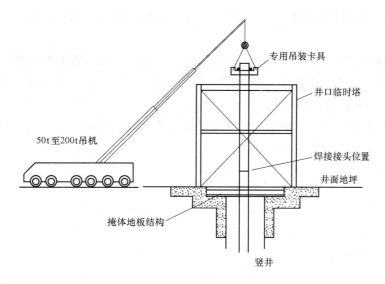

图 5.2.3-1 套管吊装示意图

1. 生产管线套管的安装

1) 首先测量每根管段的长度，在管上和书面上做好记录，并确定标准管段的位置和非标准管段的位置；

2) 特制管段和普通管段的对接时用专用管道对接卡具，调整径向偏差，调整好后用氩弧焊点焊、打底，电弧焊盖面。

3) 将专用吊具安装在套管的挡块下，缓慢提升，另一端注意垫木保护；

4) 把提起的管段缓慢移到临时塔架顶部，从其正确的位置缓慢下落和已吊管段对接；

5) 气密强度试验，试验压强为 $10kgf/cm^2$，保压 15min，拆除试压辅助材料和设备；

6) 用第一根上的卡具提起整条套管，拆除第二根上的卡具，然后缓慢降落使套管下端进入缸中，调整好套管的位置，整条套管通过专用卡具座在井口的钢结构上。

7) 通过吊篮在井内安装 U 形螺栓，用 U 形螺栓把套管抱在固定支撑上，用 U 形螺栓把套管和非固定支撑连在一起。

2. 注入线套管的安装与生产管线套管的安装基本相同。

3. 液位报警和液位测量套管管线安装与注入线相比，其套管底部不用入缸，并且，储洞内套管在不同高度有测量孔（详见图 5.2.3-2 所示）。

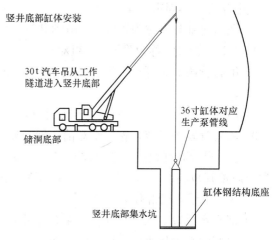

图 5.2.3-2 套管底部缸体安装示意图

4. 气体排放管线套管安装

1) 套管底部不伸入坑底，只过封塞 2~3m，含有锚固环的管段为特制。

2) 封塞上套管的安装与生产管线套管的安装基本相同。

3) 排水泵套管和温度测量套管安装比较简单，只要保证总长和封塞锚固环位置即可。

5.2.4 内管和仪表安装

1. 生产管线内管、泵、仪表安装

1) 把生产泵垂直固定，和 XSV 阀及密封短管相连，连接油管，然后对 XSV 阀试压 $40kgf/cm^2$ 检查阀的开启以及接头是否渗露，同时用水压泵对电机冷却部分试压 $15kgf/cm^2$，检查接头是否渗漏，用摇表检查电阻是否符合要求；

2）选所需管段，把专用吊具和法兰管段的上法兰口相连，管段吊装时，短管一端慢慢提升，另一端用木版保护；

3）把吊起的短管和水泵连接，组对时，把动力电缆、控制电缆、XSV 阀控制油管、电机冷却水管固定在法兰的 U 形槽上，并且在管道上每 3m 用专用卡具固定，并且每装一段油管后，都要对油管路进行试压 40kgf/cm²，保压 15min；

4）把组对部分（称为管段 1）吊到井口，缓慢放入所对应的套管内，上法兰放在专用托具上，拆除吊具和下一管段（称为管段 2）组对；

5）吊起管段 2 和管段 1 组对（组对时盖好套管口防止杂物吊入套管内），组对时重复"安装步骤 3"；

6）吊起管段（N＋2 和管段 N＋1 组对，组对时重复"安装步骤 5"）；

7）最后管段的吊装，管段组对前，把金属垫片临时绑扎在短管中部的法兰上，组对后把全部内管缓慢提起，提升高度根据剩余电缆长度，以便多余电缆、水管、缠绕在管道上，同时拆除专用托具，把临时绑扎的金属垫片放在套管口的法兰上，中部法兰和套管口法兰连接；

8）对 XSV 阀试压 40kgf/cm² 进行检查，同时对电机冷却部分试压 15kgf/cm² 进行检查，用摇表对电缆进行绝缘检测。

2. 排水管线内管和泵安装

1）把排水泵垂直固定，在排水泵泵体外壳处用专用卡安装阳极；

2）根据图纸上排水管道阳极的分布，在管道上焊好阳极连接耳（焊好后打磨、补漆），把所有的阳极与连接耳通过螺栓固定在管道上，同时标记管道的方向；

3）选所需管段，把专用吊具和管段的上法兰口相连；

4）管段吊装时，短管一端慢慢提升，另一端用木版保护；

5）把吊起的短管和水泵连接，组对时，把动力和控制电缆固定在法兰的 U 形槽上，并且在管道上每 3m 用专用卡具固定电缆；

6）把组对部分（称为管段 1）吊到井口，缓慢放入所对应的套管内，上法兰放在专用托具上，拆除吊具和下一管段（称为管段 2）组对；

7）吊起管段 2 和管段 1 组对（组对时盖好套管口防止杂物吊入套管内），组对时重复"安装步骤 5"；

8）吊起管段（N＋2 和管段 N＋1 组对，组对时重复"安装步骤 5"）；

9）最后管段的吊装，管段组对前，把金属垫片临时绑扎在短管中部的法兰上，组对后把全部内管缓慢提起，提升高度根据剩余电缆长度，以便多余电缆缠绕在管道上，同时拆除专用托具，把临时绑扎的金属垫片放在套管口的法兰上，中部法兰和套管口法兰连接。

3. 注入管线内管和仪表安装

1）把排水泵垂直固定，在排水泵泵体外壳处用专用卡安装阳极；

2）根据图纸上排水管道阳极的分布，在管道上焊好阳极连接耳（焊好后打磨、补漆），把所有的阳极与连接耳通过螺栓固定在管道上，同时标记管道的方向；

3）选所需管段，把专用吊具和管段的上法兰口相连；

4）管段吊装时，短管一端慢慢提升，另一端用木版保护；

5）把吊起的短管和水泵连接，组对时，把动力和控制电缆固定在法兰的 U 形槽上，并且在管道上每 3m 用专用卡具固定电缆；

6）把组对部分（称为管段 1）吊到井口，缓慢放入所对应的套管内，上法兰放在专用托具上，拆除吊具和下一管段（称为管段 2）组对；

7）吊起管段 2 和管段 1 组对（组对时盖好套管口防止杂物吊入套管内），组对时重复"安装步骤 5"；

8）吊起管段（$N+2$ 和管段 $N+1$ 组对，组对时重复"安装步骤5"）；

9）最后管段的吊装，管段组对前，把金属垫片临时绑扎在短管中部的法兰上，组对后把全部内管缓慢提起，提升高度根据剩余电缆长度，以便多余电缆缠绕在管道上，同时拆除专用托具，把临时绑扎的金属垫片放在套管口的法兰上，中部法兰和套管口法兰连接。

4. 排空内管和压力测量内管安装

1）厂家提供的预制短管，两端的梯形螺纹已经预制好，并切一端已安装好管箍，管箍已拧紧。

2）含有失效安全阀特制短管一段含有管箍，把专用吊具装和管箍相连（称为管段1）。

3）吊具一端慢慢提升，另一端用木版保护，提起后缓慢移到井口，把专用托具固定在套管口上，托住管箍下部。

4）卸下吊具安装在另一短管（称为管段2）上，把装有吊具的一端慢慢提升，另一端用木版保护，提起后缓慢移到井口，"管段2"的下端和"管段1"上端的管箍对准，缓慢转动"管段2"，使"管段2"下端螺纹拧进管箍内少许，然后通过电脑控制专用工具用一定的扭矩将短管和管箍拧紧（专业厂家提供）。

5）重复"4)"完成管道安装。

5. 液位测量和液位报警内管管线安装（在厂家指导下进行）

1）液面下所有短管（管道为不锈钢管）需在地面安装，安装时需用一临时操作平台，平台高度大约 3.5～4m 高。

2）在一根普通钢管上安装吊具，用吊车缓慢提起短管，移至操作平台旁，短管下端距平台顶面 1.5m 左右。

3）站在平台下的操作人员抱起不锈钢短管和吊起短管的下部法兰相连，连好后缓慢提高，同时操作人员抱起对应的不锈钢短管，使提起管段的下法兰和举起管段的上法兰距平台顶面 1.5m 左右时同时停止，连接法兰。

4）重复"3)"完成所有不锈钢管道的安装，提升高度大约 40m 左右。

5）将提升管段提至相应套管口上方，缓慢降落使管段上部法兰坐落在套管口上的托架上。

6）其他管段吊装和排水管道上部管段吊装基本相同。

6. 温度测量电缆的安装

1）首先把温度测量电缆盘运到储洞下，距竖井底 20～30m 处。

2）把电缆安装在可移动的放电缆支架上，转动电缆盘，拉电缆至井底套管下口处，用专用夹具固定电缆端部。

3）在套管下口提前焊一半个弯管（对提升电缆进行保护）。

4）从套管口缓慢放一钢丝绳，在钢丝绳下挂一重物，以便钢丝绳顺利通过套管，当重物到达井底时，取下重物和专用吊具连接。

5）站在集水坑上方的指挥人员通过对讲机指挥所有工作人员提升时步调一致。

6）在集水坑下的工作人员，集水坑上的工作人员及转动电缆盘的工作人员。

7）地面上负责起吊的工作人员。

8）电缆出法兰口长度根据图纸需要。

9）移动电缆盘，放储洞内部电缆、分支电缆及安装探头。

6. 材料与设备

6.1 材料

LPG 地下气库竖井安装工程所需主材，包括原材料、半成品、成品等均由业主提供，并且都是常规材料，无新型材料。

6.2 设备

LPG 地下气库竖井安装中使用的主要施工设备、机工具和仪表详见表 6.2 所示。

机工具、设备一览表 表 6.2

序　号	项　目	类　型	单　位	数　量
1	吊车	200T	台	1
2	吊车	110T	台	1
3	滑轮	3T	只	6
4	滑轮	5T	只	6
5	卷扬机	3T	台	1
6	卷扬机	5T	台	2
7	钢丝绳	ϕ20	m	600
8	水准仪		台	2
9	经纬仪		台	1
10	AC 发电机	150kW	台	1
11	AC/DC 焊机	300～500A	台	6
12	液压弯管机	2″	台	1
13	手拉葫芦	10T	只	2
14	乙炔瓶		只	6
15	氧气瓶		只	24
16	乙炔皮管		m	200
17	氧气皮管		m	200
18	焊机电缆	35～50mm^2	m	200
19	气焊工具		套	2
20	气割工具		套	2
21	研磨机	150	台	4
22	研磨机	100	台	6
23	钢丝绳和提升工具	1/2″～3/4″　6～7M	套	4
24	临时配电柜		台	4
25	安全帽		顶	30
26	安全带		顶	15
27	氩弧焊机		台	4
28	通用手工具		套	1
29	凿岩钻	ϕ38	台	2
30	压浆机		套	1
31	线坠	1.5kg	只	1
32	吊篮（自制）		只	1
33	吊盘（自制）		只	1

7. 质 量 控 制

7.1 质量控制标准

1）业主专用技术条款；

2)《建筑安装工程质量检验评定统一标准》；

3）其他相关要求。

7.2 工程质量管理：

7.2.1 工程质量管理体系（详见图7.2.1所示）

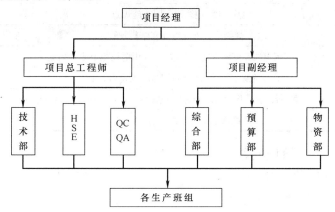

图7.2.1 项目质量体系组织机构图

7.2.2 质量保证措施

1. 结合工程特点，建立健全本工程项目质量保证体系，严格推行 ISO 9002 质量保证模式，遵照执行总公司质量体系文件，对各质量体系要素进行控制。

2. 对外搞好与各方的密切配合，接受建设单位、设计单位以及监理部门对我方施工质量的监督和检查。对主要工程尤其是隐蔽工程坚持会检制度，共同把好质量关。

3. 施工过程中严格做到以下几点：

1）实行全过程全部门和全员管理，树立以预防为主，为下道工序服务的质量观念，在施工人员中树立质量第一，确保工程质量的责任和服务的观念；

2）严格按图施工，执行设备说明书、规范、标准，确保质量目标；

3）认真执行四检制度：自检、互检、专检、汇检。

4. 运用新技术、新工艺编制切实可行的施工方案并向施工人员做好技术交底，明确质量要求。

5. 建立质量保证可追朔性，利用现代化管理计算机管理，建立数据库。谁安装谁负责，质量终身制，并制定切实可行的经济奖惩制度。

6. 及时整理施工记录，质检记录，隐蔽工程记录和试验记录，保证交工时资料完整，并达到档案管理要求，并归档保存。

7. 特殊工种施工人员必须持证上岗作业。

8. 尽可能选用先进技术装备和高精度的测量仪器，确保工程质量。

9. 严格执行在施工及验收中应遵守国家、部颁的现行相关规程规范。

8. 安 全 措 施

8.1 安全控制措施

针对施工环境的具体特点，制定安全控制点及方法，具体详见表8.1所示。

8.2 安全保证措施

1）井内吊篮卷扬机采用新购液压8T双抱闸卷扬机；

2）吊篮卷扬机（5T）使用前经维修、检查、并获业主及监理方安全工程师确认；

3）钢丝绳系统采用新购钢丝绳；

4）井内施工配备全新氧气、乙炔软管、电焊皮带；

安全控制措施一览表　　　　　　　　　　　　　表 8.1

控 制 点	控 制 方 法	控 制 人
交叉施工协调	对讲机联系、使协调一致	当班队长
吊篮升降	慢升、慢降、保持联系、到位锁定	当班队长
井内焊接	焊把线、地线接到同一施焊点	焊工队长
吊盘范围钢丝绳防护	焊接位置钢丝绳外套塑料软管	起重队长
安全用电	所有用电线路配漏电防护装置，井内用电设施设防水措施	维修电工
劳动防护	安全帽、防尘口罩、防护眼镜、安全带、雨衣	安全员
工作规则	协调一致、统一指挥、作业场所严禁嬉戏、违章作业、令行必止	项目生产经理
设备维护	维修电工定期维护、检查设备	维修电工

5）配电盘采用厂家生产标准配电盘；

6）新置专用井内作业的劳保用品；

7）加大吊盘，吊篮，钢丝绳系统安全系数；

8）围护并封闭作业区；

9）井内、井顶通信配备有线电话及无线电话系统；

10）吊盘设锁死装置，可将吊盘在井内任意标高锁定不左右摆动；

11）井区作业设应急发电机，以备停电状态下井内人员的安全撤离；

12）卷扬机控制开关采用撒手停开关，吊盘卷扬机设为可双动控制，可单动控制两种模式，以调整不同步的可能。

9. 环 保 措 施

该项目可能对环境产生损害的因素来自：现场环境干扰、废料、噪声。

9.1　现场环境干扰的避免

9.1.1　未经许可，不得破坏现场区域的地形地貌、植被、绿化带等自然环境以防水土流失。

9.1.2　未经许可不得挪动、污染、移去或破坏当地设施、标志牌（桩）。

9.1.3　禁止捕杀有益的或受保护的动物。

9.1.4　施工结束后，最大限度地恢复地形地貌、植被、绿化带、标志牌（桩）及其他改动的设施。

9.2　废料管理（一般废料）

9.2.1　废料处理不允许：

1）埋地或回填到现场；

2）倾倒在未经有关部门批准的地方；

3）焚烧。

9.2.2　废物应进行分类收集、存放和处理。在施工现场的适当位置放置垃圾箱或设置垃圾堆放区。易燃的废料、不易燃的废料、危险废料和容易腐烂的废料将分开存放在合适的箱子里。

9.2.3　对可回收或再利用废料存放在指定的地点保存；对易燃易爆废料和危险废料如化学品、放射性物质等应由当地认可的专业公司进行处理；其他废料按当地法规和业主的要求进行处理。

9.3　噪声和振动

噪声和振动引起的环境问题应不影响邻近区域里的作业和施工附近的城乡居民生活。在工作现场应采取下列噪声和振动控制措施：

1）为移动和引擎设备提供合适的消音装置；

2）在晚上不使用高噪声机器；

3）使用合适的耳塞；

4）晚上在附近村区域对交通运输进行限制。

10. 效 益 分 析

由于工程是国内首例，在这个行业我们没有施工经验可循。在项目谈判阶段国外专家曾经保持怀疑态度，甚至一些最基本的钢丝绳编扎方法也不厌其烦地向我们解释，我们在虚心学习的同时，和国外监理一道不断实践，不断总结，不断改进。最终做出了令国外监理、LG 工程公司，加德士工程管理人员意想不到的成绩，丁烷井合同附件计划预计套管施工工期 49d，实际 31d 完成，丙烷井合同预计 56d 套管施工工期，实际 25d 完成（在丁烷井施工熟练基础上，并进行组织优化），焊缝合格率为 99%，整个工程无论井上、井下无一例大小事故发生，获得了业主及总包方的一致好评。

11. 应 用 实 例

通过国内首例——汕头 LPG 地下液化气库项目（1998 年 12 月至 2000 年 3 月）的成功实施，从中不断提炼、总结和创新，整理出了同类工程施工所应遵循的一般步骤和操作要领，形成了基本本工法；继而成功指导实施了国内第二例——宁波 LPG 地下液化气库安装工程（2001 年 2 月至 2003 年 6 月）并在工程实践中不断完善基本工法，最终形成本工法。该工程获得了业主的高度评价，随着该类项目的安全、顺利、成功地实施，为以后公司在该行业的拓展开辟了一席之地，对我公司保持在国内地下 LPG 液化气库工程领域的任务承接优势有着深远的意义。

制麦塔工程成套施工工法

YJGF126—2006

中国建筑第六工程局

贺国利　李永红　王树铮　张杰　雷学玲

概　述

制麦塔工程成套施工工法是在我局施工国内八座制麦塔的工程施工实践中总结出来的，这八座制麦塔包括宁波麦芽有限公司年产 20 万 t 制麦塔二座、深圳啤酒厂制麦塔一座、大连中粮麦芽年产 30 万 t 制麦塔三座、哈尔滨龙垦麦芽年产 20 万 t 制麦塔工程二座。此成套工法由超大跨度三向预应力无梁圆板施工工法、锥底浸麦层特殊结构层施工工法、"零"误差筒壁内侧耐磨混凝土施工工法、筒体结构大模板与爬架配套施工工法、锥形暂贮仓施工工法、室内环境防霉施工工法、筒体钢筋防扭转施工工法、组合翻麦机安装施工工法等 8 个单项工法组成。工法紧跟国内目前最先进制麦塔工程设计而编制，针对性强，可理顺制麦塔现场生产组织程序，能有效保证工程质量，加快施工进度同时为工艺设备安装提供便利从而加快整体工程进度，并可降低项目成本。随着农产品深加工产业的深化和国内麦芽需求量的加大，此工法将有着较为广阔的应用前景。

该工法技术在 2006 年荣获中国建筑工程总公司科学技术奖二等奖。

大跨度三向预应力无梁圆形板施工工法

1. 前　言

三向预应力技术在圆板结构中的应用，为大跨度无梁圆板结构的施工开辟了一条新的结构构造路径。在制麦车间的主塔圆板结构中应用在国内亦属首次使用。避免了放射布置时局部预应力筋过多重叠或在跨中设置张拉端进行分段张拉的施工烦琐和施工质量难以控制情况。同时保证圆板结构的各向受力均衡性并使圆板荷载均布在支撑筒壁上。施工难度是其矢高控制较单、双向复杂；预应力筋安装位置要求较严；预应力筋底部混凝土质量控制困难；张拉端钢筋太密影响锚具安放和张拉；预应力筋张拉顺序对圆板预应力值的准确建立影响较大。

在对 24.52m 净跨、有抗裂、抗渗要求无梁圆板结构成功施工的前提上总结形成本施工工法。

2. 工法特点

2.1 本工法首次对三向预应力圆板结构施工特点进行阐述。

2.2 着重介绍预应力筋铺设定位、混凝土施工、张拉过程。

2.3 除铺设安装定位马凳和预应力筋过程占用 4～6h 工期，其他过程不占用绝对工期。

2.4 采用多重控制措施保证张拉应力值按设计要求准确建立。

2.5 侧重于施工前的策划，施工过程简单，根据人员素质进行合理分工，用专业工种量少。

2.6 本工法施工连续，无施工间歇，可加快施工进度。

3. 适 用 范 围

本工法适用于建筑施工中大跨度预应力无梁圆形板施工，包括有粘结预应力技术和无粘结预应力技术在圆板中的应用施工。特别是适用于无梁圆板厚度较大，有抗裂、抗渗要求和使用荷载较大靠筒壁支撑跨度30m以内圆板的工程。

4. 工 艺 原 理

根据三向预应力圆板的受力特点，从预应力筋的下料准备、铺设定位、混凝土施工、张拉顺序等方面着手，采取切实可行及合理周密的具体技术措施，施工中采取全过程的监控，使其施工便利而且施工质量满足设计要求。

5. 施工工艺流程及操作要点

5.1 工艺流程

施工准备→预应力筋下料（有粘结预应力筋穿束）→支圆板底模→定出圆心→弹出每个方向预应力筋铺设范围线及间距控制线→绑圆板底普通钢筋→根据反弯点和矢高控制点固定马凳→吊装、铺设预应力筋→锚具、承压板、螺旋筋安装固定（有粘结预应力排气孔、灌浆管安装）→绑圆板顶普通钢筋→二次检查调整→隐蔽工程验收→浇筑混凝土（制作同条件养护混凝土试块）→混凝土终凝后凿出张拉端承压板（有粘结预应力筋清理喇叭口）→（压同条件养护试块）预应力筋张拉（有粘结预应力张拉完毕后，进行预应力灌浆）→切筋封锚。

5.2 操作要点

5.2.1 预应力筋下料在加工厂内进行。由于为圆形板，不同位置预应力筋下料长度计算时考虑进行缩尺计算。用砂轮切割机下料切割。切口处两侧预先绑扎牢固，以免切割后松散，下料编束后沿束长方向每2m用20号铅丝绑扎一道，并根据其在圆板中分布的不同位置编号。编束时将每束张拉端与锚固端交错布置。

5.2.2 材料进场后按编号及下料长度分层分批码放。根据每束预应力筋长度不同、具有单一性的特点与监理共同选择确定适宜的取样方案对预应力筋和锚具进行取样复试，合格后可用于工程。

5.2.3 在支好的圆板底模上定出圆心和方向线，在绑扎板底普通钢筋前在模板上标出每束预应力筋位置线和矢高控制马凳位置线。

5.2.4 根据足尺放样情况设置、固定圆弧形马凳，同一圆弧上马凳焊接成整体，弧形马凳与圆板同心，考虑到三向预应力筋重叠后的厚度及相互交错影响，马凳高度和位置应使每一位置的三向预应力筋的平均高度同设计图标明的预应力筋控制点高度。必须保证马凳在安放好预应力筋后和不可避免的少量踩踏后不位移、不变形。

5.2.5 吊装预应力筋。预应力筋一般采用专用桁架吊梁吊装。由于其占用场地较大，吊装时间长，故无粘结预应力筋可采用尼龙绳或麻绳将成盘筋吊到操作层，在操作面上组织散盘，并马上铺设就位。有粘结预应力筋在地面穿束后用桁架吊梁吊装。

5.2.6 铺设预应力筋（图5.2.6）。一个方向上的预应力筋必须全部铺设完后才能进行另一方向的铺设，即三个方向依次进行，不可乱层铺放或形成编织布形状。预应力筋除特殊预留洞口埋件等影响外其余均要求平行顺直，不发生扭绞。为避免三个方向的预应力筋在同一位置重叠，铺设时要使圆板中心区域三向预应力筋按以下图形固定，即同一位置只形成两个方向预应力筋重叠。对护套或波纹管小的破损处用防水胶带进行缠绕修补。预应力筋与马凳用绑丝绑扎牢固。

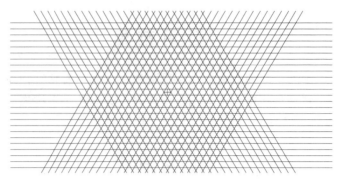

图 5.2.6　圆板中心区域三向预应力筋铺设固定示意图

5.2.7　安装螺旋筋、承压板（有粘结预应力筋包括喇叭口、排气管、泌水管）等。螺旋筋与板边非预应力筋绑牢。由于圆弧影响，每块承压板两端离模板距离不同，不易控制其与预应力筋的水平方向垂直度。为此在承压板下提前焊好短钢筋头，与板边非预应力筋绑牢，必要位置应焊接固定。为适应板边弧形模板，一般采用泡沫代替普通穴模。有粘结预应力筋设置在波峰处的泌水管兼做灌浆孔用。

5.2.8　板顶普通钢筋铺设。板外边缘上部钢筋锚入节点处的钢筋向上弯折，避免此处钢筋过密，混凝土浇筑困难。此铺设过程应进行预应力筋的调整保护，圆板中心区域预应力筋较密，必要时设置人行走道。板顶筋铺完后对预应力筋及配件进行二次检查、调整、固定。此过程一般不得进行电焊作业，防止预应力筋连电闪火受到灼伤。

5.2.9　混凝土浇筑

1. 严格控制混凝土配合比，防止离析。

2. 在圆板中心区域混凝土自然流淌形成的斜坡底部灰浆中撒一层干净湿润的同级配石子，将石子拍入灰浆内再振捣此处，使预应力筋底部混凝土中石子分布均匀。

3. 合理组织使混凝土连续浇筑，严防出现混凝土初凝现象产生冷缝。

4. 端部钢筋密集处或螺旋筋处振捣混凝土时，振捣棒不得触碰预应力筋或波纹管、锚具等。

5. 留置 3 组专用同条件养护试块放置在圆板上养护。

5.2.10　混凝土成型后及早拆除圆板外侧模，清除承压板面混凝土或灰浆。检查两端混凝土的密实情况。压同条件养护试块和现场回弹确定圆板混凝土实际强度等级。配备搭设张拉操作平台。

5.2.11　每一方向预应力筋配置 2 套设备同时由两侧向中间对称逐根张拉，每一方向张拉需分两次，整个圆板的张拉分 6 个阶段。单向张拉顺序如图 5.2.11 所示。张拉过程中检查达到控制油压时实际张拉伸长值与理论值的误差，不得超过 ±6%。

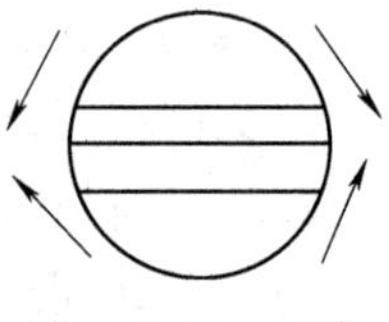

图 5.2.11　预应力筋单向张拉顺序示意图

5.2.12　封锚、灌浆。张拉完经检查合格并静停 12h 以后，经检验预应力筋的内缩量不超过 5mm 时，用砂轮锯切断外露预应力筋后用微膨胀混凝土进行封锚。有粘结预应力筋张拉检查合格后连续进行灌浆，水泥浆中掺入具有微膨胀减水功能的灌浆料。

6. 材料与设备

6.1　材料

$\phi15.24$mm 低松弛钢绞线 $f_{ptk}=1860$MPa，相配套的固定端挤压锚、张拉端夹片锚、$\phi10@40$ 长 200 螺旋筋、10mm 厚钢垫板、穴模、专用防腐油、封锚塑料套、定位马凳、绑丝、粘胶带、有粘结预应力筋扁形波纹管、排气管、灌浆管、符合设计要求性能的混凝土。

6.2　设备

6.2.1　混凝土生产运输振捣机具：输送泵、振捣棒等。

6.2.2 预应力机具：两套张拉设备，穿心式千斤顶及配套的油泵，砂轮切割机，有粘结预应力筋另需搅拌机、灌浆泵、贮浆桶、灌浆嘴等。

6.2.3 各种张拉机具由专人妥善使用、维护和定期校验，使用前，对千斤顶和油表进行配套标定，标定周期不得超过半年，并在张拉前配套试运行，使用过程中出现反常现象或千斤顶检修后，进行重新标定。

7. 质 量 控 制

7.1 钢绞线质量符合《预应力混凝土用钢绞线》GB/T 5224—2003 要求，波纹管符合《预应力混凝土用金属螺旋管》JG/T 3013—1994。

7.2 锚具符合《预应力筋用锚具、夹具和连接器》GB/T 14370—2000 和《预应力筋用锚具、夹具和连接器应用技术规程》JGJ 85—2002 的要求。

7.3 张拉设备符合《预应力用液压千斤顶》JG/T 5028—1993 和《预应力用电动油泵》JG/T 5029—1993 的要求。

7.4 预应力混凝土结构质量要满足《混凝土结构工程施工质量验收规范》GB 50204—2002 和《混凝土结构设计规范》GB 50010—2002 中的规定。

7.5 无粘结预应力混凝土结构施工时要满足《无粘结预应力混凝土结构技术规程》JGJ/T 92—1993 的要求。

7.6 待上层圆板混凝土强度等级达到设计值的 30％以上、张拉层圆板混凝土强度等级达到设计值的 80％以上时才能进行张拉。圆板张拉时混凝土强度等级测定应用同条件养护试块抗压值和现场回弹值双控。

7.7 圆板底模的拆除应在张拉后进行，有粘结预应力圆板底模应在灌浆后 3 天以后才能拆除。

8. 安 全 措 施

8.1 对钢筋支架、模板支架及人员操作支架进行验算，保证混凝土浇筑过程中支架稳固。内外操作张拉平台均采用正式脚手架。

8.2 成盘预应力筋开盘时要防止尾端弹出伤人。

8.3 张拉过程中操作人员应精神集中、细心操作，给油、回油平稳。作业时应站在两侧操作，严禁站在千斤顶作用力方向。

8.4 张拉后切下的预应力钢筋应集中堆放进容器中，防止坠落伤人。

8.5 灌浆时，操作人员必须戴好防护眼镜，防止高压浆液喷伤眼睛。

9. 环 保 措 施

9.1 张拉设备应优先选用噪声低、能源利用率较高、工效高的设备。

9.2 作业面必须工完场清。

9.3 维护施工现场的环保设施。

9.4 施工中，严格执行中建总公司《施工现场环境控制规程》中的各项要求。

10. 效 益 分 析

10.1 此项工法的成功应用，一改圆板在双向布筋时受力不均衡的缺点。为结构设计开辟了新的思路，同时也可比其他方法缩小截面尺寸、重量轻，刚度大，抗裂抗渗性和耐久性好，节约材料，降低工程造价。

10.2 此项工法的成功应用做到施工便利、省时省工，不仅易保证施工质量，还可比梁板结构施工缩短施工工期。

10.3 按此工法施工可在张拉后拆除模板，不必等圆板混凝土强度等级达到设计强度等级 100％后才进行。

10.4 平板结构底面省去吊顶或处理梁板结构的费用。在同等室内空间要求下，可有效降低层高，从而降低建筑物的运营成本。

经过成本核算，在大连中粮制麦塔及哈尔滨龙垦麦芽制麦塔共五座制麦塔中共成约资金 32.53 万元。

11. 应 用 实 例

本工法曾先后应用于大连中粮年产 30 万 t 三座麦芽制麦塔工程、哈尔滨龙垦麦芽有限公司年产 20 万 t 二座制麦塔工程中得到应用。哈尔滨龙垦麦芽制麦塔为例：两座制麦车间成哑铃型布置，制麦车间为钢筋混凝土筒体结构，制麦塔结构高度为 98.45m，塔身共 11 层，塔内径为 24.52m；塔壁厚分 500mm、450mm、400mm 三种；圆板厚：标高 77.15m，厚为 750mm，标高 98.45m，厚为 500mm，其余均为 600mm。塔内 1～3 层圆板为有粘结预应力圆板，每一波纹管内穿 6 根钢绞线；4～11 层平台板为无粘结预应力圆板，每 6 根钢绞线成一字排列为一束。每束中张拉端交错布置。此工法的应用，在这五座制麦塔中均取得满意效果。其中哈尔滨龙垦麦芽工程质量获哈尔滨市结构优质奖。

锥底浸麦层特殊结构层施工工法

1. 前 言

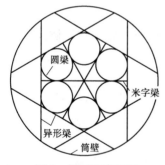

图 1 梁平面布置图

锥底浸麦层是形状特异的梁板组合结构，是制麦塔筒体最顶一层功能层，是制麦塔工程结构中最为复杂的一层。由异形预应力大梁、米字形梁、圆梁构成六个安放不锈钢锥底浸麦罐的圆洞。该层梁平面布置见图 1。梁钢筋密、截面尺寸大而且形状不规则。其施工难度是施工组织及不同功能节点处理。在宁波麦芽有限公司年产 20 万 t 制麦塔、深圳啤酒厂制麦塔、大连中粮年产 30 万 t 制麦塔、哈尔滨龙垦麦芽年产 20 万 t 制麦塔锥底浸麦层成功施工的前提上总结形成本施工工法。本工法重点阐述锥底浸麦层细部放样测量技术、清水异型模板、高空中超长钢筋铺放顺序及连接、有粘结预应力技术、高性能混凝土应用、异型预埋件安装等关键技术。

2. 工 法 特 点

2.1 对锥底浸麦层的施工组织及不同功能节点的处理进行详细阐述。

2.2 利用平底浸麦层塔心定出六个圆孔圆心，再利用圆孔圆心反引测锥底浸麦层塔心技术，可以成功解决米字形梁中心不准预留投测孔的问题，并且能够保证塔心投测精度。

2.3 针对梁板异形较多的特点，模板采用竹胶合板。圆梁与米字形梁、预应力异形梁围成的三角处空隙采用预做成三角形空箱体固定在圆弧梁多支出的梁底模板上，并采取可靠的加固措施，能够有效保证浸麦层梁板的设计几何尺寸及清水混凝土要求。

3. 适 用 范 围

制麦塔锥底浸麦层特殊结构层及类似特殊结构层施工。

4. 工 艺 原 理

根据锥底浸麦层结构形状特异的特点，从施工组织、定位放线、特殊模板选用、超长梁钢筋长波纹管安装、预埋件安装、混凝土浇筑、预应力筋张拉、模板拆除等等方面着手，采取切实可行及合理技术措施，施工中采取全过程的监控，使其施工便利而且施工质量满足设计要求。

5. 施工工艺流程及操作要点

5.1 工艺流程

异形梁底架子→米字形梁底架子→圆梁架子→板及圆洞位置架子→异形梁底模→米字形梁底模→梁底预埋件安装→用钢管搭设架立钢筋的架子、安装异形梁钢筋→预应力波纹管安装→放下异形梁钢筋笼→米字形梁钢筋安装→异形梁靠塔心侧模支到圆梁底→圆梁铺底模→牛腿筋绑扎→穿圆梁钢筋→支梁侧模→铺板底模→板预埋件安装→绑板筋→隐蔽验收→混凝土浇筑→养护→压同条件养护试块、现场回弹→预应力钢绞线两端张拉→灌浆、封锚→拆模。

5.2 施工要点

5.2.1 定位放线

首先确定放线定位顺序。根据其设计原理，本层由梁板组合主要是完成六个圆孔的形成。六条异形梁围成六边形，其延长线与圆筒壁相交。米字形梁与异形梁垂直相交，形成的四边形中设置圆梁，完成圆孔设置。根据上述构成原理依次进行异形梁、米字形梁放线，再根据圆塔中心定出圆梁中心，定出圆梁位置。

在平底浸麦层圆板上将锥底浸麦层所有混凝土梁构件、埋件、预留孔洞等细部尺寸位置用墨线弹出。投线时由于平底浸麦层圆板起拱较大，直接在板面拉尺丈量会造成误差，要使用水平尺保持钢尺水平，在尺寸起止两端使用线坠。本层的塔心不能采用从下部直接投测的方法确定。由于米字形梁中心不准预留投测孔，故利用平底浸麦层塔心定出六个圆孔圆心，再利用圆孔圆心反引测锥底浸麦层塔心。预埋件、预留孔洞等通过其与梁构件的相对位置及与塔心的相对位置双重控制定位。

5.2.2 特殊模板

本层模板异形较多，多为一层性使用，但由于要求顶棚不抹灰，故采用质量较好的竹胶合板。圆

图5.2.2 圆模弧形肋骨架图

梁内模板面为竹胶合板，肋用 L50×5 角钢预弯成。用螺栓将模板与角钢连接，每块模板设置四道肋。弧形角钢用 φ18 钢筋焊接成格构式整体，防止安装模板时变形。如图5.2.2，圆模弧形肋骨架图。

每一圆梁内模由四块定形模板组成。圆梁与米字形梁、预应力异形梁围成的三角处空隙采用预做成三角形空箱体固定在圆弧梁多支出的梁底模板上。异形梁梁头顶面与侧面与筒壁间留有后浇带。侧面后浇带用快易收口网留出空隙，梁顶部的后浇带在施工上部筒体时在筒壁钢筋网内放置木盒，钢筋网外部在壁模板上钉保护层厚的木板。木盒用钢筋固定在筒壁

钢筋上，防止在混凝土浇筑时漂浮、侧向位移。梁底起拱高度由塔心部位起拱150mm和梁的位置及长度依次计算出米字形梁、异形梁的起拱高度，确定各梁底标高，圆梁不起拱。

本层结构层高为11.7m。立杆沿梁方向搭设，这样形成了水平杆的斜向交错（功能类似于水平剪刀撑），水平杆斜向搭接处的通过的立杆数不少于3根。梁底架体搭设顺梁的竖向剪刀撑。混凝土板和六个圆孔位置的立杆按900mm间距搭设，主要是考虑其顶部上层屋面圆板的支撑生根。为方便异形梁的模板钢筋操作，板及圆孔位置的架体在梁底标高以上部分等梁侧模支设完后再搭设。

5.2.3 超长梁钢筋、长波纹管安装

由于每道梁上下层大直径（直径28、32）钢筋均为双排，异形梁中有粘结预应力筋分三层。每道梁与其他两道梁交叉，特别要注意钢筋的铺放顺序。整体平面是先异形梁再米字梁最后圆梁。铺设时先将每道异形梁梁底第一层铺完再依次按第一层的铺放顺序进行第二层铺设。然后安装预应力波纹管，波纹管铺设顺序同普通钢筋安放顺序且每道梁的先后顺序应相同。梁顶钢筋亦按梁底第一层筋铺放顺序进行铺放。为加快钢筋安装进度，钢筋分两个班组，在铺异形梁时，采取在平行的两条梁同时铺设方法。梁纵向主筋放好后穿箍筋。异形梁的截面设计的一个重要功能是考虑梁内预应力筋安放位置、混凝土入模振捣与预应力筋张拉需要。故异形梁在穿箍筋时，要注意预应力筋在梁中和梁端的水平位置的不同。同时由于梁较宽、箍筋密，一个方向梁箍筋绑扎完后另一个方向梁的箍筋在梁交叉点处的箍筋无法正常绑扎，采用开口箍筋然后焊接的方式保证此处的箍筋数量。与梁预应力波纹管位置控制点定位架用φ12钢筋焊接作成"⊥⊥"形，在预应力筋位置控制点处将定位架焊在梁箍筋上。由于制麦塔的结构特殊性，高空中无法完成穿束，故有粘结预应力钢绞线必须在地面穿束，空中整体安装，这无疑给长波纹管的空中安装带来难度。用专用吊装桁架按编号依次吊至楼层进行安装。穿束时注意每一波纹管内钢绞线不得扭绞在一起。在梁远塔心侧模支设前完成波纹管定位、泌水管、灌浆管、螺旋筋、喇叭口等配件安装，其中螺旋筋和铸铁喇叭口与筒体钢筋焊接牢固见图5.2.3-1。

异形梁钢筋成型后局部形状见图5.2.3-2。

图5.2.3-1 螺旋筋和铸铁喇叭口与   图5.2.3-2 异形梁钢筋成型后局部形状示意图
筒体钢筋焊接固定示意图

由于钢筋骨架较重，先将骨架用钢管搭设的架子架起，等绑完箍筋后将骨架放下。骨架的下放会对筒壁环梁产生向外的推力，故在骨架放下后应检查环梁的位置，发生偏移的应及时调整，根据以往施工经验，可使此处环梁向外位移10cm，可根据此数据将此处环梁提前向内偏移10cm。普通混凝土垫块不能承受骨架重量，采用在梁底筋上绑短钢筋棍控制梁底筋保护层。

圆梁钢筋与异形梁和米字形梁均有交叉且有牛腿筋与其交叉，只能采用现场穿筋的方法进行安装。圆梁每一根梁筋由三根弧形筋连接成，现场采用电弧焊连接。异形梁和米字形梁纵向受力钢筋采用自螺纹机械连接。异形梁梁端锚固筋受预应力波纹管及喇叭口的影响，由于梁端底部有预埋件，梁底梁顶锚筋只能均向上弯锚。当仍不能满足预应力筋安装要求时，征得设计同意将梁底锚筋切短与环梁筋焊接以保证其锚固要求。

由于此梁内预应力波纹管较多，圆塔壁上的普通钢筋在确实绕不开的情况上允许部分切断，安装完波纹管及配件后再用电弧焊连接。空调加湿工作楼内部分梁的位置影响预应力筋的张拉，故在此几道梁的相应位置留出后浇带，等预应力筋张拉完后再支模浇筑混凝土。

5.2.4 梁板内预埋件安装

本层的埋件不仅多，而且由于不同的部位高低不平，位置确定困难，而工艺安装又对其位置要求严格。设置两个专业测量人员负责埋件的定位，木工、电焊工配合安装。在定位拉尺时注意保持钢尺的水平，吊线的准确度。与工艺安装部门共同验收每一埋件的位置及牢固情况，特别是对传动链条套管的位置及垂直度。当锚筋较密影响梁底筋时，可先将锚筋切断等梁钢筋安放完后，将锚筋焊接补好。当锚筋切断后不能正常焊接的应征得设计同意将埋件移位或改变锚筋位置等，不得移动或切断梁筋。

为防止梁张拉对筒壁产生较大的应力，异形梁梁端设置钢板使梁与筒壁分开，以使梁在张拉时产生滑动，等张拉后将大梁端埋件与筒壁上的埋件焊牢。此位置埋件造型复杂，有三块埋件重叠在一起，且极易产生梁两端埋件是一种尺寸形状的错觉。制作前在平整的地面放出足尺样板，按样板下料切割，标出正反面。钻孔、焊接锚筋时按标出的正反面进行。埋件在安装到筒壁和大梁端后再焊接较为困难，安装之前先确定需提前焊在一起的两块埋件，在地面焊好。筒体埋件与筒壁筋焊牢，梁底埋件与梁筋固定好，严禁将梁底埋件与筒壁筋连接固定。在梁预应力筋张拉后清理埋件上的灰渣进行梁底埋件与筒体埋件的焊接。

5.2.5 混凝土浇筑

混凝土选择小粒径级配石子搅拌。在混凝土中掺入水泥用量 10％膨胀剂以减小混凝土后期的收缩引起的预应力损失。在混凝土浇筑前用钢管撑将局部梁顶钢筋撑开，便于从此处插入振捣棒进行振捣。混凝土浇筑后将撑子拔出。混凝土从离制麦塔辅助楼较远的一异形梁一端开始浇筑，梁内混凝土斜面分层，顺异形梁方向平行推进，一次浇筑到板面。由于梁深、分岔多，为不留施工缝，采用输送泵及布料机加快混凝土浇筑速度，保证每一道梁的连续浇筑。同时在浇筑过程中选派三名振捣手，跟踪混凝土的流向进行振捣。在跨中部分钢筋、波纹管较密，底部混凝土要在梁混凝土未浇筑满时从梁侧面扩大部分插入振捣棒振捣。振捣过程中注意对异形梁内预应力配件的保护。留置不少于 3 组同条件养护试块为预应力筋张拉时机提供依据。

5.2.6 预应力筋张拉

混凝土浇筑后及时拆除异形梁端模板，特别是梁两侧的后浇带内的混凝土清理干净，使大梁与筒壁无任何连接，以免影响梁预应力值的建立。将梁端埋件上的灰浆、混凝土等剔凿干净，清理喇叭口，

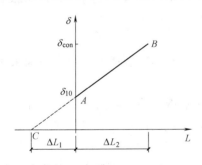

图 5.2.6 实测伸长值计算图

安装锚具。当通过压同条件养护试块和现场回弹确认梁混凝土强度等级达到允许张拉强度等级时，即可进行两端张拉。为保证张拉后能够及时方便灌浆，在上层圆板拆模后再进行本层梁预应力筋的张拉。张拉时采用控制应力一次超张 3％的超张法。

由于开始张拉时，预应力筋在套管内是自由放置的，要用一定张拉力使之收紧，这样就难以确定伸长值零点，为此，先将千斤顶加压到 10MPa，这时预应力筋张拉应力为 $\delta 10$，在千斤顶上标记，作为测量伸长值的起始点，见实测伸长值计算图 5.2.6 中 A 点，然后逐步增加压力至 δ_{con}，记录此时的伸长值，见实测伸长值计算图中 B 点。由于在弹性范围内，伸长值与应力成正比，因此可将图中 A、B 两点作一直线并延长，与横轴相交于 C 点，此 C 点即为零点，其计算公式为：

$$\Delta L_1 = \delta_{10} \times \Delta L_2 / (\delta_{con} - \delta_{10}) \tag{5.2.6-1}$$

$$\Delta L = \Delta L_1 + \Delta L_2 \tag{5.2.6-2}$$

最后根据上式计算的实测伸长值与原计算伸长值的比较，偏差控制在±6％以内。

在结构平面内，采取相互平行两道梁对称张拉的顺序。每根梁内预应力钢绞线张拉顺序为先梁顶再梁中最后梁底，同一水平面三束预应力筋先两侧同时张拉再进行中间张拉。

在预应力钢筋张拉后立即灌浆，可减少应力松弛损失约 20%～30%，故张拉后及时进行孔道灌浆。孔道灌浆采用 42.5 普通硅酸盐水泥，水泥浆掺入 6%MNC-EPS 灌浆剂，其水灰比控制在 0.4 以下。灌浆顺序先梁底再梁中最后梁顶。

5.2.7 模板拆除

由于内部梁底架体必须形成整体，故底模的拆除必须等异形大梁预应力筋张拉完并灌浆后 3 天才能整体拆除。异形梁侧模支设时要考虑到早拆，即在底模及支架体不动情况下先将梁侧面模板拆除。这主要是考虑在预应力筋张拉前对异形梁的混凝土外观质量进行检查和现场回弹检测混凝土实际达到的强度等级。

本层以上标高的筒壁只有一人行洞口，一旦上部筒体施工后尺寸较大料具无法倒出去，故圆弧模板在上一层架体搭设前拆除，用塔吊吊运走。

由于六个圆洞内架体支撑屋顶圆板，故本层梁底模板拆除必须先将上层的架体模板拆除后才能进行。因上层圆板混凝土强度等级达到设计要求 80%以上、异形梁混凝土强度等级达到设计要求 100%以上时才允许进行各自预应力筋的张拉，这种混凝土强度增长的时间差确定了本拆模工序的合理性，不会对本层总工期造成太大影响。拆模后本层外观效果如图 5.2.7。

图 5.2.7　锥底浸麦层仰视图

6. 材料与设备

6.1　材料

6.1.1　混凝土用材料：水泥采用普通硅酸盐水泥，C50 及以上混凝土采用 P.O.52.5 级；C50 混凝土以下采用 P.O.42.5 级；砂采用中砂，含泥量≤3%；泵送混凝土采用 5～20mm 碎石，非泵送混凝土采用 20～40mm 的级配碎石，含泥量≤1%。对于预应力结构，在混凝土中掺入水泥用量 10%膨胀剂以减小混凝土后期收缩引起的预应力损失。

6.1.2　钢筋：按设计采用。

6.1.3　模板：采用质量较好的竹胶合板。圆梁与米字形梁、预应力异形梁围成的三角处空隙采用预做成三角形空箱体。

6.1.4　预应力材料：按设计，通常采用 1860MPa 级 ϕ15.24 低松弛钢绞线，相配套的固定端挤压锚、张拉端夹片锚、ϕ10@40 长 200 螺旋筋，10mm 厚钢垫板，穴模，专用防腐油，封锚塑料套，定位马凳，绑丝，粘胶带，有粘结预应力筋扁形波纹管、排气管、灌浆管等。

6.1.5　灌浆料：采用 P.O.42.5 普通硅酸盐水泥，水泥浆掺入 6%MNC-EPS 灌浆剂，其水灰比控制在 0.4 以下。

6.2　设备

6.2.1　垂直运输设备：塔吊；

6.2.2　钢筋机械：弯曲机、切断机、调直机、闪光对焊机等；

6.2.3　木工机械：木工平刨、压刨、圆锯；

6.2.4　混凝土机械：输送泵、振捣棒等；

6.2.5　预应力机具：两套张拉设备、穿心式千斤顶及配套的油泵、砂轮切割机、搅拌机、灌浆泵、贮浆桶、灌浆嘴等。各种张拉机具由专人妥善使用、维护和定期校验，使用前，对千斤顶和油表进行配套标定，标定周期不得超过半年，并在张拉前配套试运行，使用过程中出现反常现象或千斤顶检修后，进行重新标定。

7. 质量控制

7.1 预应力工程用钢绞线、锚具、张拉设备的质量要求同《超大跨度无梁圆板三向预应力施工工法》中相应内容。

7.2 钢筋、模板、混凝土结构质量满足《混凝土结构工程施工质量验收规范》（GB 50204—2002）、《混凝土结构设计规范》（GB 50010—2002）中的规定及设计要求。

7.3 异形预应力大梁预应力筋张拉时混凝土强度等级测定应用同条件养护试块抗压值和现场回弹值双控。

8. 安 全 措 施

8.1 加强安全教育，认真学习并严格执行各项安全规程及操作规格。

8.2 操作人员不得饮酒且必须进行体检，各种特殊工作人员必须持证上岗。

8.3 对钢筋支架、模板支架及人员操作支架进行验算，保证混凝土浇筑过程中支架稳固。内外操作张拉平台均采用正式脚手架。

8.4 成盘预应力筋开盘时要防止尾端弹出伤人。

8.5 张拉过程中操作人员应精神集中、细心操作，给油、回油平稳。作业时应站在两侧操作，严禁站在千斤顶作用力方向。

8.6 张拉后切下的预应力钢筋应集中堆放进容器中，防止坠落伤人。

8.7 灌浆时，操作人员必须戴好防护眼镜，防止高压浆液喷伤眼睛。

8.8 夜间浇灌混凝土必须要有足够的照明。

9. 环 保 措 施

9.1 混凝土养护废水不得随意排放，养护用草袋及时清理。

9.2 施工过程中采取可靠措施避免锚具润滑用液、孔道灌浆料遗洒。

9.3 构件拆模时，应有专人进行检查，防止扬尘，如发现5m内目测有扬尘时，应采取洒水措施降尘。

9.4 模板及钢筋加工过程中产生的废弃物及时回收或清理，避免加工机械使用及维修过程中油料遗洒。

9.5 张拉后切下的预应力钢筋应集中堆放进容器中。

9.6 每个作业班结束时，对地面洒落的木屑、小木块等垃圾进行清理，避免扬尘及对土壤造成污染。

9.7 混凝土施工每班结束后，操作工人检查模板下方，对洒落的混凝土或漏出的浆，及时清理回收，可利用的重复利用要求不高的场合，减少材料浪费。不可使用的集中运至指定地点处置。

10. 效 益 分 析

通过成本核算，本工法在大连中粮制麦塔及哈尔滨龙垦制麦塔中，共节约资金4.91万元。同时由于所施工程质量优良，曾赢得业主、监理的一致认可和许多同行的观摩，为以后在制麦塔行业的开拓经营奠定了坚实基础。在 2006 年 6 月我单位凭借制麦塔施工技术优势顺利承接广州制麦塔工程。取得了很好的社会效益。

11. 应 用 实 例

该工法曾先后应用于大连中粮年产 30 万 t 制麦塔、哈尔滨龙垦麦芽年产 20 万 t 制麦塔等八座塔中。以哈麦芽为例，其锥底浸麦层由异形预应力大梁、米字形梁、圆梁构成六个安放不锈钢锥底浸麦罐的圆洞。异形梁两端 2m 范围内为 900mm×2000mm 矩形截面，其余中间部分为类"凸"字形截面，上部宽 600mm，下底宽 800mm，梁跨度为 18.90m，梁顶梁底配置双层大直径普通钢筋且内置 9 道有粘结预应力钢绞线。跨度为 15.65m 的米字形梁截面尺寸为 500mm×1500mm。圆梁截面尺寸为 450mm×900mm，由其围成的圆洞直径为 4.7m。施工时采用本工法中所述施工技术，各工序安排合理紧凑，至混凝土浇筑完后共经历 14 个日历日，拆模后混凝土外观质量良好，赢得了业主和监理的一致认可。

"零"误差筒壁内侧耐磨混凝土施工工法

1. 前 言

在制麦塔筒体一至九层筛板与轨道之间，沿混凝土筒体内壁周圈布置的一环形二次浇筑耐磨混凝土带。耐磨混凝土带高度为 500mm、1000mm、1800mm 三种，顶部斜面为 200mm、300mm 两种。发芽、干燥过程中耕麦机的刮板沿耐磨混凝土转动翻动大麦、麦芽。耕麦机刮板与耐磨混凝土之间不得有使大麦、麦芽漏过的缝隙。由于此部位影响使用功能，设计要求耐磨混凝土立面各点半径误差 <1mm，甚至有的外方图纸就是要求 ±0.00mm。施工中，通过详细策划，层层把关，确保了耐磨混凝土的施工质量与精度要求。验收中，由外方专家亲自通过灯光和耕麦机刮板水平尺等配合验收，一次全部通过。

2. 工 法 特 点

2.1 本工法是一次对安装与土建各自误差控制和相互配合误差控制的挑战，有效地弥补了各自的施工误差，实现了设计要求误差 <1mm 的效果。

2.2 在耐磨混凝土与原筒壁混凝土结合过程中，改传统的预留筋方式为在筒壁上预埋膨胀螺栓。

2.3 模板安装精度在 1mm 以内，通过调节内外螺母进行控制。

2.4 侧重于施工前的策划，施工过程简单，质量易于保证。

3. 适 用 范 围

本工法适用于制麦塔筒壁内侧环形耐磨混凝土带及类似圆形混凝土二次浇筑结构施工。

4. 工 艺 原 理

根据耐磨混凝土的设计要求，从耐磨混凝土的圆曲率及截面尺寸的定位控制、耐磨混凝土与原筒壁采用预埋膨胀螺栓绑扎钢筋网的结合方法、侧模支设及刮板设计等方面着手，采取切实可行及合理周密的具体技术措施，施工中采取全过程的监控，使其施工便利而且施工质量满足设计要求。

5. 施工工艺流程及操作要点

5.1 工艺流程

筛板安装→耕麦机轨道安装→筛板保护→测量定位→膨胀螺栓安装→钢筋网安装→支模→混凝土浇筑→耕麦机安装→刮板设计安装→面层施工→验收

5.2 操作要点

5.2.1 测量定位

耐磨混凝土位于筛板与轨道之间，沿混凝土壁周圈布置，此混凝土对半径圆度设计要求误差不超过±0.5mm，且要求待筛板安装完进行耐磨混凝土施工。故耐磨混凝土必须在工艺设备安装后施工，造成圆心确定困难，无法从圆心拉尺确定其半径。为此决定耐磨混凝土支模浇筑前的圆度及截面尺寸的校正必须通过其上方安装在筒壁上的环形不锈钢轨道边缘吊线控制，此前提是轨道安装位置准确已经过交验。由于不锈钢轨道是耕麦机沿着转动的轨道，其安装偏差极小，但仍会与耕麦机之间有大于1mm的误差，故只能作为混凝土施工依据而在面层施工时不再考虑利用其测量定位，而是需要提前设计专用刮板来满足与耕麦机长度的吻合性要求。

5.2.2 耐磨混凝土与原筒壁的结合

1. 为使耐磨混凝土与筒体很好结合，综合考虑钢筋预留与支模精度要求，采用在筒壁上埋设膨胀螺栓，在螺栓上绑扎钢筋网片的方法。

2. 膨胀螺栓间距与耐磨混凝土支侧模相配套，以不大于450mm为宜。

3. 钢筋网片间隔与螺栓点焊以保证其位置。该方法不仅保证了耐磨混凝土与筒体的结合，并可防止耐磨混凝土的开裂，且不增加工程投资，为设计提供了一种新的混凝土结合途径。

5.2.3 单侧面模板

1. 耐磨混凝土与筛板间不得有缝隙，为防止从筛板孔内漏浆，首先将筛板与筒壁间的缝隙用钢板封闭。

2. 在耐磨混凝土底面筛板上铺塑料布，以防止渗出的水泥浆污染筛板。此处塑料布与筛板大面积保护用塑料布相连。

3. 此处模板采用竹胶模板，面板固定在弧形肋上，采用计算与地面现场放样制作定型弧形钢管、模板。

4. 在混凝土上筒壁安装M12膨胀螺栓，在其上焊接一端带丝扣的对拉螺栓，螺栓上设置控制耐磨混凝土截面尺寸的控制螺母。对拉螺栓丝扣长度应保证在耐磨混凝土内至少4扣，以便于控制螺母的调节。

5. 螺栓间距根据计算和耐磨混凝土的高度确定，以不大于450mm为准。

6. 在焊接对拉螺栓时要根据从轨道的吊线进行长度控制，模板安装时要紧靠已提前安装的定位螺母。

7. 校圆用钢管必须足尺放样，在固定后先进行检查合格后才能进行加固。由于其弧度一定，只有保证其水平才能保证由其固定的模板整体弧度及位置准确，即一根校圆用钢管绑好后要验收其两端和

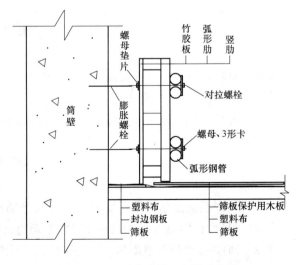

图 5.2.3 耐磨混凝土支模示意图

中间一点的标高在同一水平面上。

8. 模板安装半径误差控制在 1mm 以内，不符合要求的通过调节内外螺母进行调整。

9. 为防止过早拆模对耐磨混凝土造成破坏，模板拆除时间较一般侧模拆除时间较晚一些，一般最少 3d 后才能拆模（图 5.2.3）。

5.2.4　耐磨混凝土浇筑

1. 此部分混凝土浇筑时，采用在观测孔设置溜槽的方法推车倒运混凝土，溜槽底部支架部分设置两层木板以保护筛板。

2. 混凝土坍落度控制在 6～8cm，其顶部斜面处混凝土坍落度为 3～5cm。人工用铁锹将混凝土入模，用小型振捣棒进行振捣。振捣过程注意观察模板是否有变形情况发生，及时补救。

5.2.5　刮板设计安装及面层施工

1. 当耕麦机安装后可进行面层施工。根据不同耕麦机的型号和耐磨混凝土的高度及厚度用 5mm 厚钢板按耕麦机正常使用状态下的情况设计制作出专用刮板。

2. 设计时一定要按耕麦机上的螺栓孔位设置刮板上的孔位。从孔位、外形（特别是与耐磨混凝土接触边）尺寸保证刮板制作精度。

3. 刮面应经过精细打磨将误差控制尽量小范围内。当刮板高度较大时，为防止施工过程中会出现的翘曲或刚度不够的现象，可在刮板侧面焊两根成八字形 L50×5 角钢。

4. 安装刮板时，用水平尺控制其刮面的垂直度。使用其刮制出的耐磨混凝土面层基本实现"零误差"，满足使用要求。刮板设计见图 5.2.5。

5. 将刮板牢固地安装在耕麦机上，推动耕麦机转动将面层刮至符合要求后压实。应注意安装刮板和使用过程中对耕麦机的保护。误差较大的部位可先采用普通刮杠找齐一下。

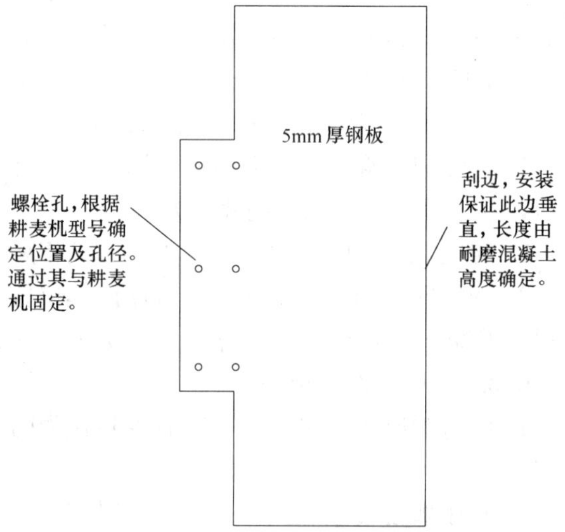

5.2.6　验收

将正式使用刮板安装调整好后，边推动耕麦机边用灯光照耐磨混凝土面与刮板间的缝隙，通过光反映的空隙变化情况推断其是否合格。

图 5.2.5　刮板设计示意图

6. 材料与设备

6.1　材料：12mm 厚竹胶模板、5mm 厚钢板、塑料布、定型弧形钢管、木板、M12 膨胀螺栓、螺母、符合设计要求性能的混凝土。

6.2　设备：混凝土生产运输设备、铁锹、溜槽、$\phi30$ 振捣棒、专用刮板等。

7. 质 量 控 制

7.1　耐磨混凝土结构质量要满足《混凝土结构工程施工质量验收规范》（GB 50204—2002）的规定，同时满足设计混凝土对半径圆度误差不超过 ±0.5mm 的要求。

7.2　M12 螺栓间距根据耐磨混凝土的高度确定，以不大于 450mm 为准。

7.3　钢筋网片与螺栓应间隔点焊，以保证其位置准确。

7.4　模板安装半径误差控制在 1mm 以内。

7.5 耐磨混凝土模板至少在 3d 后允许拆除。

8. 安 全 措 施

8.1 混凝土浇筑过程中，派专人观察模板变形情况，发现异常立即补救。

8.2 手动工具使用前，应由专人检查其安全性，电线不要张拉过紧，不得扭结和缠绕，不得在水中浸泡，以防漏电。

8.3 操作工人必须戴绝缘手套、穿绝缘鞋。

9. 环 保 措 施

9.1 施工前，先将筛板用喷壶洒水润湿后进行清扫。

9.2 在清扫干净的筛板上满铺塑料布，以防渗出的水泥浆污染筛板。

9.3 人工用铁锨浇筑混凝土时，铁锨中的混凝土不要装的过满，以免混凝土落地。

9.4 维护施工现场的环保设施。

10. 效 益 分 析

10.1 此项工法的成功应用，是对安装与土建各自误差控制和相互配合误差控制的一次挑战，有效地弥补了各自的施工误差，实现了设计要求误差<1mm 的效果。

10.2 此项工法的成功应用做到施工便利、省时省工，不仅易保证施工质量，还可比传统施工缩短施工工期。

10.3 经过成本核算，此工法在大连中粮及哈尔滨龙垦麦芽制麦塔中成功应用，共节约资金 8.28 万元。同时由于所施工工程质量优良，得到了建设单位和监理单位的认可并且有许多同行前来观摩。建设单位领导视察时，当场表示哈麦三期仍邀请我公司参与，取得了很好的社会效益。

11. 工 程 实 例

大连中粮年产 30 万 t 三座制麦塔，塔高 98m，筒体直径为 22.75m，为三座塔连体布置设计。哈尔滨龙垦麦芽年产 20 万 t 二座制麦塔，塔高 104m，筒体直径为 25.72m 为二座塔连体布置设计。该五座塔结构形式均为复杂高层结构，由框架、筒体、框架—剪力墙组合成，每层塔体层高与两层附楼同高。由主发芽干燥塔、空调加湿工作楼、干燥辅助楼三个功能结构部件构成，其筒体筛板与轨道之间，沿混凝土筒体内壁周圈布置的一环形二次浇筑耐磨混凝土带。通过此项工法的成功应用，取得了较好的控制误差效果，得到了建设单位和监理单位的认可，为企业赢得了信誉。

筒体结构大模板与爬架配套施工工法

1. 前 言

新型国力牌框架式多功能爬架和大模板一体化爬模施工技术是我公司在承接多个麦芽工程之后，根据工程特点特别是筒体结构弧度较大的特点自行开发研究的施工技术。是经国家科学技术委员会经科技成果鉴定的施工技术。已经列入国家科委重点推广项目。本技术主要在施工工艺、爬架构造，多功能爬架与大模板连接方式、大模板结构形式、自动液压爬升技术等方面有所创新。

2. 工 法 特 点

2.1 联体爬升分体下降的架体系统

国力牌框架式多功能爬架分为上部的主承力架和下部的吊篮架，主承力架由主框架、底部支撑桁架及配件组成，吊篮架由 2 片挂架和 3 片侧片架组成，通过螺栓与主承力架相连，在结构施工期间随主承力架爬升，在需要时可随时作为吊篮架进行塔体圆板的预应力张拉封锚等作业。

2.2 多功能附墙装置

由导轨靴座、导轨支承座及螺栓、螺母、垫板组成的附墙装置是一种构造新颖、功能较多的新型附墙装置。通过 M48 螺栓、螺母及垫板固定在建筑结构上的靴座，既是本项技术的全套设备及施工荷载的附着承力装置，又是导轨及爬架爬升时的导向装置和防倾装置。附墙装置的设计还考虑了左右、前后的调节构造，以弥补墙面及预留孔的偏差。筒体的预留孔位置使两片主框架的延长线夹角尽量小，以减少爬升过程中的摩擦力。可采用主框架两端悬挑 1.5m 的底部支撑桁架的方法达到此目的。预留孔的位置在计算时考虑每次爬升高度各筒体内的特殊构件（如不得设置在上下加腋位置或与环向预埋件位置发生冲突）。

2.3 大模板与升降架一体化构造技术

该多功能爬架设计了外墙模板固定架及必要调节装置和定位装置。依靠该装置可方便地进行模板的支拆模、提升、清理、调节、就位，大大简化了施工工艺流程，提高了效率，减少了塔吊吊次。

2.4 架体与导轨互爬技术

该国力牌框架式多功能爬架现已不同于传统的导轨式和导座式，实现了导轨与架体间互爬的功能，极大地减轻了劳动强度，节省人工、提高效益，确保安全。爬升时，穿墙螺栓受力处的混凝土强度应在 15N/mm² 以上。

2.5 架体高度小，可提早投入施工

该多功能爬架高度小，自重轻，并在结构首层开始安装，在二层即可投入使用。

2.6 新型大模板及操作方面的模板支承系统

随爬架一起爬升的模板及支承系统由自重轻、刚度大的新型大模板及模板支承架、模板移动小车等组成。外墙大模板采用钢骨架，覆面为 15mm 厚的竹胶大模板，模板高为塔体层高一半，根据塔体外弧长分为若干块，每块上设两只吊环。

2.7 可靠的导向装置、升降装置

爬架采用导轨式爬升方式，型钢导轨沿附墙支承座滑升。国力牌框架式多功能爬架的爬升采用便携式液压油缸和可移动式泵站，爬升装置采用凸轮摆块，自动复位，确保安全可靠。

2.8 完备的安全措施

为保证操作人员人身安全，在升降过程中严禁人员站在爬升的架体上。多功能爬架设计中已考虑了所有操作均不在升降的架体上进行。多功能爬架还装有爬升用液压缸的液压锁，防止油管破裂或泵站失压引起的下落。借鉴预应力锚夹具技术设备制作的爬架防坠装置，反应灵敏，工作可靠。在爬架分体下降时，架体上装有防倾斜、防断绳的安全锁，以确保安全。

2.9 爬升时可采用多缸液压同步顶升技术

为实现多功能爬架的整体爬升，采用了多缸液压同步顶升技术，整体提升时平稳可靠，精度达到每油缸行程的 2%。

2.10 灵活的配置方式

爬架和大模板一体化爬模技术采用了模块组合的设计，可根据施工情况采用不同配置。可以单片、多片升降，也可以整体升降。

3. 适 用 范 围

适用于剪力墙结构、筒体结构的高层、超高层建筑（构筑）物施工，爬架设备及大模板的投入量仅与建筑（构筑）物的外周长有关，与建筑（构筑）物的高度无关，建筑（构筑）物高度越高，效果更佳，优势更加明显。

4. 工 艺 原 理

制麦塔工程特点之一是发芽塔与工作楼层高不一致，发芽塔每层楼板有加腋，支模、混凝土浇筑不方便，塔平台板处塔壁设有环梁，钢筋密集，穿预应力筋难度大，混凝土壁预留洞口宽、高，施工缝较多，国力牌框架式多功能爬架和大模板一体化爬模技术具有滑模的长处，又可一次爬升一个楼层高度，具有大模板的长处。在本工程结构复杂情况下，使用该技术灵活多变，施工过程中模板和爬架的爬升、校正、安装等工序，可与一个楼层的其他工序搭接，平行作业，且大多数情况下不处于关键线路上，因而能有效地缩短结构施工周期。外装饰施工时不必另行搭外施工架。

5. 施工工艺流程及操作要点

5.1 工艺流程（图5.1）

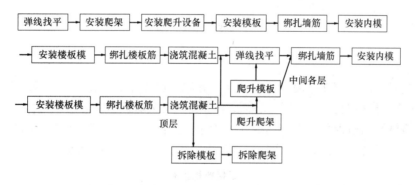

图5.1 施工工艺流程

5.2 施工要点

5.2.1 爬架架体和大模板的安装

当结构首层预留好附墙螺栓穿墙孔后，即可开始安装使用爬架。安装顺序为穿墙螺栓支承座、水平导轨梁三角支承架（悬挂架）、外墙模及模板支承架、维护栏杆及安全网，再使内外模板就位，便可开始外墙混凝土浇筑施工。爬升支架安装后的垂直偏差应控制在 $h/1000$ 以内。

5.2.2 爬升系统安装

外模板拆模后退到外侧，安装附墙支承座、爬升导轨及全套液压爬升装置。

5.2.3 爬架爬升

操作液压系统使外模板随多功能爬架爬升一个施工层，然后将模板就位浇筑混凝土。

5.2.4 提升导轨

外模板拆模后退到外侧，安装上一施工层附墙支承座，操作液压系统提升导轨并自动定位。

5.2.5 重复以上步骤（3）（4）直至结构封顶。

5.2.6 拆除外爬架

先尽量拆除上部搭设的脚手架钢管，再拆除爬升设备。用绳索捆绑爬架，塔吊的吊钩吊住绳索，然后拆除附墙螺栓，拆除螺栓尽可能在建筑物内，如必须在爬架内进行时，应用绳索拉住爬架，不让爬架晃动，待螺栓拆下、人员离开爬架后再进行吊运。将爬架吊放至地面上进行拆卸。

5.2.7 大模板支设

1. 根据控制轴线定出圆塔圆心的位置后，用拉线法定出混凝土壁圆弧上的控制点。即用50m钢尺量出塔的半径长度并做出标记，在圆周上按间距不大于1m用2.0m长的标准弧线板，划出圆边线。拉钢尺进应用力均匀并保持圆曲线的圆滑。

2. 外模面板采用2440mm×1220mm×15mm，横肋（主肋）采用50mm×90mm方木，竖肋（次肋）、横向搁栅采用$\phi48×3.5$mm钢管。钢管按圆周大样冷加工成弧形，水平间距不大于500mm，面板、横肋和竖肋的连接用$\phi12$的螺栓对拉。分块外模拼缝处一般位于两个爬架的中间。外模板设两套吊点：一套是分块模板制作或在吊运时用的，在制作时在竖肋上焊两个吊环；另一套是整块模板爬升用的，设在每个爬架位置，要求与爬架的吊点位置相对应，一般在模板拼装时安装和焊接这一套吊点。

3. 考虑到模板爬升时在分块模板拼接处会产生弯曲和剪切应力，而大模板是拆开后吊运，拼接处不会有弯矩和剪力，所以各块模板的拼接节点要加强。采用短槽钢跨越拼接缝的方法加强。

4. 模板就位应根据塔楼找平的标高确定每次模板爬升的就位标高，不能仅以模板爬升的升程来确定模板爬升的就位标高，以免产生较大的误差。根据弹线用校正螺栓支撑将模板下口校正到准确位置并固定，一般是将模板下口的搭接部分紧贴在墙上。用模板上口的校正螺栓支撑校正模板上口位置，即校正模板的垂直度。模板校正不仅是平面位置校正，同时要校正模板的水平位置，两块模板的高度一定要相同，以便于连接。除非是混凝土浇筑并达到一定强度，在爬升爬架的短时间内允许拆卸模板爬升设备的悬吊装置外，模板均需由爬升设备悬吊着，以确保安全。

6. 材料与设备

6.1 材料

6.1.1 结构组成：由附着支撑装置、主框架、导轨、脚手架、底部支撑框架、液压系统、手拉葫芦、防坠落安全装置、模板及支承系统、吊篮设备系统、安全防护系统等组装而成。

6.1.2 圆形筒体结构模板采用大钢模板或钢骨架、覆面为15mm厚的竹胶大模板，每块上设两只吊环。直形剪力墙外墙大模板由面板、钢骨架、角模、斜撑、操作平台挑架、对拉螺栓等配件组成。

主要材料规格表　　　　　　　　　　　　　　　　　　　　表6.1.2

大模类型	面板	竖肋	背肋	斜撑	挑架	对拉螺栓
全钢大模板	−6mm 钢板	[8	[10	[8φ40	φ48×3.5	M30 T20×6

6.2 设备

6.2.1 架体搭设安装机具：卷尺、线锤、扳手（包括力矩扳手）、电气焊、手拉葫芦。

6.2.2 电动提升设备：电控柜、电动葫芦、电源线、超载失载报警装置、专用配电箱。

6.2.3 防坠工具：采用我公司研制生产的具有专利权的专用防坠器，专利号为ZL 97 2 15658.5。

6.2.4 指挥工具：对讲机、哨子。

6.2.5 起重工具：塔吊（起吊大模板）。

7. 质量控制

7.1 爬架搭设质量要求

架体搭设完毕后，应立即组织有关部门会同爬架单位对下列项目进行调试与检验，调试与检验情况应做详细的书面记录：

7.1.1 架体结构中采用扣件式脚手杆件搭设的部分，应对扣件拧紧质量按50%的比例进行抽查，合格率应达到 95％以上；

7.1.2 对所有螺纹连接处进行全数检查；

7.1.3 进行架体提升试验，检查升降机具设备是否正常运行；

7.1.4 对架体整个防护情况进行检查；

架体调试验收合格后方可办理投入使用的手续。

7.2 大模板安装质量要求

7.2.1 主控项目

1. 大模板安装必须保证轴线和截面尺寸准确，垂直度和平整度符合规定要求。

检查数量：全数检查　　　　　　　　检验方法：量测

2. 大模板安装后应保证整体的稳定性，确保施工中模板不变形、不错位、不涨模。

检查数量：全数检查　　　　　　　　检验方法：观察

7.2.2 一般项目

1. 模板的拼缝要平整，堵缝措施要整齐牢固，不得漏浆。模板与混凝土的接触应清理干净，隔离剂涂刷均匀。

检查数量：全数检查　　　　　　　　检验方法：观察

2. 大模板制作、安装和预埋件、预留孔洞允许偏差及检验方法见表 7.2.2-1、表 7.2.2-2 规定：

大模板制作质量标准　　　　　　　　　　　　　　　　表 7.2.2-1

序号	项目	质量标准	检测工具与方法
1	平面尺寸	0~2	钢卷尺测量
2	板面平整度	≤2mm	2m 靠尺，塞尺测量
3	对角线长	3mm	钢卷尺测量
4	模板翘曲	$L/1000$	放置在平台上，对角拉线用直尺检查
5	孔眼位置	±2mm	钢卷尺测量
6	模板边平直	2mm	拉线用直尺检查

大模板安装质量标准　　　　　　　　　　　　　　　　表 7.2.2-2

序　号	项目名称	允许偏差	检验方法
1	每层垂直度	3mm	用 2m 托线板
2	位置	2mm	尺量
3	上口宽度	2mm	尺量
4	标高	5mm	拉线和尺量
5	表面平整度	2mm	用 2m 靠尺或楔形塞尺
6	墙轴线位移	3mm	尺量
7	预留管，预留孔中心线位移	3mm	拉线和尺量
8	预留洞中心线位移	10mm	拉线和尺量
9	预留洞截面内部尺寸	10mm	拉线和尺量
10	模板接缝宽度	1.5mm	拉线和尺量
11	预埋钢板中心线位移	3mm	拉线和尺量

8. 安 全 措 施

应遵照国家现行的《编制建筑施工脚手架安全技术标准的统一规定》（原建设部 97 建标工字第 20 号文件批复）、《建筑结构荷载规范》（GB 50009—2001）、《建筑施工高处作业安全技术规范》（JGJ 80—91）、《建筑安装工人安全技术操作规范》（80 建工劳字第 24 号）等标准的有关条文，针对不同工程，还应同时执行该工程所隶属部门的各级有关安全法规和文件，并应特别注意如下事项：

8.1 施工前，必须进行安全技术交底，操作人员必须持证上岗。

8.2 架体安装搭设完毕，在自检合格的基础上，首先必须经土建施工项目部安全技术部门检查，然后请当地安检站验收，确认无异常情况后方可交付使用。

8.3 升降过程中，电动系统操作者应能及时了解电动装置的使用工况，确保升降过程中的同步控制。

8.4 在架体结构下述部位应重点检查：

与附着支撑结构的连接处；

架体上升降机构的设置处；

架体上防倾、防坠装置的设置处；

架体吊拉点设置处；

架体平面的转角处；

架体因碰到塔吊、施工电梯、物料平台等设施而需要断开或开洞处。

8.5 防坠装置与提升设备均设置在两套附着支撑结构上，若有一套失效，另外一套仍能够独立承担全部坠落荷载。防坠装置应经常检查加强管理，保证工作可靠、有效。

8.6 爬架升降作业时，随提升进度，将防坠销及时插在距离支座导向架最近的主框架销孔内，确保坠落距离最短；在升降操作距离的顶部设置防坠销；升降作业前调整防坠器，使其灵敏可靠。采用上述三种措施确保升降安全。

8.7 爬架使用时，穿好承重销，紧固调节顶撑，锁紧防坠器，穿好防坠销四种措施确保使用安全。

8.8 架体外侧用密目安全网（≥800 目/100cm²）围挡，底层铺设严密脚手板，且采用平网及密目安全网兜底。底层脚手板采用在升降时可折起的翻版构造，保持架体底层脚手板与建筑物表面在升降和正常使用中的间隙，杜绝了物料坠落。

8.9 在作业层架体外侧设置上、下两道防护栏杆（上杆高度 1.2m，下杆高度 0.6m）和挡脚板（高度 180mm）。在架体断开处，处于使用工况下时，其断开处必须封闭并架设栏杆，防止人员及物料坠落。

9. 环 保 措 施

9.1 在搬运、堆放脚手架、模板等材料时要轻拿轻放，以尽量降低噪声。

9.2 脚手架工程产生的废旧安全网要集中收集，尽量用来覆盖现场露天堆放的易飞扬物资（如砂等），实在无法回收重复利用的按照有毒有害垃圾分类交给垃圾处理站统一处理。

9.3 脚手架工程中使用的油漆等要妥善保管好，并在满足区分钢管类别、防锈等作用的前提下尽量节约油漆用量，废旧油漆工具、用具要及时回收并尽量重复利用，实在不能回收重复利用的就按照有毒有害垃圾分类交给垃圾处理站统一处理。

9.4 在堆场里清洗扣件时，事先采用专用容器或修建专用池子盛接多余的机油，并尽量将盛接的机油回收重复利用，以减少机油污染环境的程度。

9.5 大模板堆放应注意码放整齐，拆除无固定支架的大模板时，应设置固定可靠的堆放架。

9.6 大模板板面清理出的碎渣、污垢及时清运出施工现场，保持现场清洁文明。

10. 效 益 分 析

此功法的成功应用，混凝土可达到清水混凝土质量标准，墙面不需抹灰，降低施工成本。并且空间构架式操作架，采用脚手架钢管组装成型，安拆方便，可组性强，能适应不同体型的构筑物或建筑物使用。并能重复使用，减少一次性投入，节约资金。与钢制操作架比节约投入 2/3。经过成本核算，此工法在大连粮制麦塔及哈尔滨龙垦麦芽塔工程中，共节约资金 215.23 万元。

11. 工程实例

大连中粮年产 30 万 t 三座制麦塔，塔高 98m，筒体直径为 22.75m，为三座塔连体布置设计。哈尔滨龙垦麦芽年产 20 万 t 二座制麦塔，塔高 104m，筒体直径为 25.72m 为二座塔连体布置设计。该五座塔结构形式均为复杂高层结构，由框架、筒体、框架—剪力墙组合成，每层塔体层高与两层附楼同高。施工中，筒体结构均采用大模板与爬架配套施技术。应用此工法有效保证了墙面平整度和垂直度，避免采用多层胶合板易出现涨模现象，并且爬架材料用量少，使用成本低。爬架和大模板一体化爬模技术具有滑模的长处，又可一次爬升一个楼层高度，具有大模板的长处。在制麦塔工程结构复杂情况下，使用该技术灵活多变，施工过程中模板和爬架的爬升、校正、安装等工序，可与一个楼层的其他工序搭接，平行作业，且大多数情况下不处于关键线路上，因而能有效地缩短结构施工周期。

锥形暂贮仓施工工法

1. 前　　言

暂贮仓是从地下室到空调加湿工作楼六层—四周封密仓体，用以暂贮干燥后的麦芽。底板为两面锥底，与筒体相连的锥形底板较短，坡面角度约为 45°。仓内有多层框架梁，仓壁侧在斜面有框架柱，在靠圆塔部位有预应力筋张拉端。施工重点是斜板、相交节点处理、内部框架梁支撑和防霉处理的施工，保证仓内部光滑无死角。另锥底穿越两层楼层，并与筒体斜向相贯，使斜板与筒体的相交面不在一水平面上。本工法对上述关键部位处理进行详细阐述。

2. 工法特点

2.1 斜板模板用 $\phi 16$ 对拉螺栓穿提前预制的混凝土块加固，在保证模板几何尺寸的前提下可防止混凝土块在斜板上滑移，同时可避免用钢筋撑杆支撑模板混凝土表面易产生锈蚀斑点，影响防霉效果。

2.2 筒体相贯线位置处的模板提前按相贯线放好样并编好号码，支设时先支好筒壁模板靠暂贮仓一侧的模板，再支斜板模板，最后人员从两面墙体部位出来后再绑墙筋支此处模板，可成功解决封闭空间模板无法拆除问题。

2.3 仓侧壁预留洞口采用半嵌入式木盒支模，避免留通洞，以免造成仓内处理麻烦或出现缝隙后造成仓体漏气。

2.4 打磨棱角、堵塞孔洞、用二次浇筑的混凝土处理结构形成的阴角等内部处理是保证仓内部光滑的关键环节。

3. 适用范围

制麦塔锥形暂贮仓及工业建筑中类似特殊结构施工。

4. 工艺原理

根据锥形暂贮仓结构特点，在坡面模板安装、交界钢筋安装、竖向分岔混凝土浇筑、仓内部处理等关键部位采取切实可行技术措施，施工中采取全过程的监控，使其施工便利而且施工质量满足设计要求。保证其内部光滑无死角，为仓内防霉要求奠定基础。

5. 施工工艺流程及操作要点

5.1 工艺流程

模板放样→现场测量放线→斜板底模安装→钢筋安装→斜板顶模安装、加固→筒体相贯线位置模板安装→混凝土浇筑、养护→拆模→内部节点处理。

5.2 施工要点

5.2.1 坡面模板

斜板模板采用竹胶模板内外同时支设，一次支设到与楼板或墙体、筒体相交处。用对拉螺栓加固，由于其有防霉要求，内部不得有锈蚀点，一般的钢筋撑杆等保证截面尺寸的构造做法不适用于本部位。为此应提前预制出控制斜板截面尺寸的带孔混凝土块，混凝土块平面尺寸100mm×100mm，厚度根据斜板的垂直截面确定。对拉螺栓从混凝土块孔中穿过，以防止混凝土块在斜板上滑移。混凝土块的间距按对拉螺栓的间距两倍设置。斜板底部的支撑采用水平铺放主木方100mm×100mm撑住斜向木方的方法。由于仓内部有框架梁，故内部支撑钢管要支撑在加固斜板的水平钢管上。这要求通过对拉螺栓和混凝土块将上部荷载传至斜板底的钢管支撑上，故预制混凝土块强度等级采用斜板的混凝土强度等级为C25，对拉螺栓采用 $\phi16$ 钢筋制作。

筒体相贯线的位置亦是本部位支模的难点。此处斜板、筒壁、墙壁、楼板形成的三角空间极小，且为封闭空间，模板无法拆除。筒壁在该处的模板提前按相贯线放好样并编好号码，支设时先支好筒壁模板靠暂贮仓一侧的模板并加固好，再支斜板模板，最后人员从两面墙体部位出来后再绑墙筋支此处模板。

框架梁顶部的锥形采取一次支模，即与梁侧模同时支好，上口留10cm宽混凝土浇筑振捣口。

当仓侧壁有预留洞口时，要采用半嵌入式木盒支模，即要保证此部位设备安装后至少有10cm厚混凝土，绝对不可能留成通洞。否则会造成仓内处理麻烦，一旦出现缝隙，会造成仓体漏气，从仓内漏出粉尘。

5.2.2 交界钢筋安装

该部位位于筒体与工作楼交界处，先绑筒体筋再绑其他部位。塔壁钢筋绑扎顺序：暗柱（框架柱）→环梁→竖向筋→水平筋→加腋筋。在环梁绑扎前用定型钢管定出其圆度半径。当筒体钢筋验收合格后才能进行此部位的墙壁、斜板、梁等钢筋绑扎。斜板钢筋按墙体钢筋进行安装，斜板钢筋搭接连接，接头率按25%控制。斜板钢筋应在斜板底模支好后进行。

本部位层高较高，墙体较长，保证剪力墙的钢筋垂直度和剪力墙水平方向不弯曲是施工难点。特别是斜板的两层钢筋网片靠拉筋根本无法保证上部钢筋网片的下沉，且后序工作操作时不可能不踩踏上层钢筋网，故采用在两层钢筋网片间设"井"字形钢筋撑框来保证两层筋的相对位置和在模板中的绝对位置，见图5.2.2。

图5.2.2 交界钢筋安装示意图

5.2.3 竖向分岔混凝土浇筑

当斜板不封口时，可从斜板支模上口导入混凝土。难点是斜板与竖向构件相连部位一段的浇筑，见图5.2.3。由于斜板的上口均不在楼层部位，而是开口在与其相连的筒壁或剪力墙内的中部附近，故混凝土浇筑时会出现竖向分岔现象。此部位浇筑时先将竖向结构筒壁剪力墙浇筑至斜板上口处，再浇筑斜板部分，在斜板上口留设观察振捣口，混凝土从竖向结构中进入斜板内。等斜板顶标高以下部位所有混凝土浇筑完后再向上浇筑筒体或剪力墙混凝土。混凝土用导管从竖墙导入斜板内。

浇筑混凝土时分段斜面分层连续进行一次浇筑到顶，斜面分层高度最大不超过50cm。

仓内框架梁顶部混凝土采用塔吊运输小坍落度混凝土浇筑，使其形成顶面"△"形。

根据施工组织方案，先行施工筒壁，竖向施工缝会留在此部位，在与筒体相交的两道墙体内设置快易收口网，以保证施工缝的质量。但斜板收口部位筒壁混凝土要与斜板混凝土同时浇筑。浇筑方法同上。

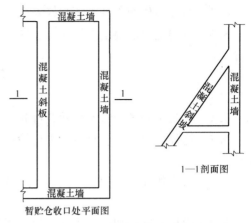

图5.2.3 暂贮仓构造示意图

5.2.4 内部处理

内部处理主要是为保证仓内光滑，任何部位不能使麦芽停留，并不得有杂物和钢筋锈蚀点，达到防霉效果。主要方法是打磨棱角，堵塞孔洞，用二次浇筑的混凝土处理结构形成的阴角。部分阴角部位在平面图中不易看出，在施工中不得遗漏。

在处理框架柱与斜板相交形成的阴角时，先在柱、墙、板上植入钢筋，以保证后浇筑的坡面混凝土不脱落。

该仓只有顶部和底部有两个出入口，人员只能从下部入口爬入，架设工具随从上至下的处理进度拆除从地下室倒出。

6. 材料与设备

本工法无需特别说明的材料。所用机具设备如下：

1. 垂直运输设备：塔吊。
2. 钢筋机械：弯曲机、切断机、调直机、闪光对焊机等。
3. 木工机械：木工平刨、压刨、圆锯。
4. 混凝土机械：输送泵、振捣棒等。

7. 质量控制

7.1 钢筋、模板、混凝土工程质量满足《混凝土结构工程施工质量验收规范》（GB 50204—2002）、《混凝土结构设计规范》（GB 50010—2002）中的规定及设计要求。

7.2 仓内部光滑无死角，混凝土表面无锈蚀斑点以保证防霉效果。

8. 安全措施

8.1 暂贮仓内部框架梁支撑钢管必须支撑在加固斜板的水平钢管上，并通过对拉螺栓和混凝土块将上部荷载传至斜板底的钢管支撑上，预制混凝土块强度等级采用斜板的混凝土强度等级。

8.2 对钢筋支架、模板支架及人员操作支架进行验算，保证混凝土浇筑过程中支架稳固。

8.3 加强安全教育，认真学习并严格执行各项安全规程及操作规格。

8.4 操作人员不得饮酒且必须进行体检，各种特殊工作人员必须持证上岗。

8.5 在高空作业人员必须戴好安全带。

8.6 夜间浇灌混凝土必须要有足够的照明。

9. 环 保 措 施

9.1 混凝土养护废水不得随意排放，养护用草袋子及时清理。

9.2 构件拆模时，应有专人进行检查，防止扬尘，如发现 5m 内目测有扬尘时，应采取洒水措施降尘。

9.3 每个作业班结束时，对地面洒落的木屑、小木块等垃圾进行清理，避免扬尘及对土壤造成污染。

9.4 模板及钢筋加工过程中产生的废弃物及时回收或清理，避免加工机械使用及维修过程中油料遗洒。

9.5 混凝土施工每班结束后，操作工人检查模板下方，对洒落的混凝土或漏出的浆，及时清理回收，可利用的重复利用要求不高的场合，减少材料浪费。不可使用的集中运至指定地点处置。

10. 效 益 分 析

经过成本核算，本工法的应用，在八座制麦塔中共节约资金 33.97 万元。同时保证了工程质量，赢得了业主及监理单位的一致好评，取得了较好的社会效益。

11. 应 用 实 例

本工法先后应用于宁波麦芽有限公司年产 20 万 t 二座制麦塔、深圳啤酒厂制麦塔、大连中粮三座制麦塔、哈尔滨龙垦麦芽年产 20 万 t 两座制麦塔中，通过此工法的应用，达到了暂贮仓施工进度与筒体同步的目的，保证工程结构质量并保证了其内部的使用功能。已投产的制麦塔暂贮仓没出现过内部清理发霉物的情况。

室内环境防霉施工工法

1. 前 言

制麦塔内只要有大麦和麦芽存放通过的部位均有防霉要求，施工时要保证有大麦、麦芽存放经过的塔内各部位圆滑过渡，不沉积大麦或麦芽，不留冲洗死角，要求对墙面抹灰层、地面、防霉涂料质量从严控制，使其经受住高压水冲洗而不被破坏。

2. 工 法 特 点

2.1 采用附加层和打磨来做到结构无棱角，确保各部位圆滑过度，质量易保证，确保防霉效果。

2.2 大麦麦芽有麦芒，一点小的孔洞缝隙会造成其在该位置的沉积。采取墙、地面无缝隙措施，提高了防霉效果。

2.3 严格控制防霉涂料施工质量，确保表面平滑无皱，加强了防霉效果。

2.4 防霉效果环环相扣，通过加强了各工序的质量，注重过程控制，加强精细施工。确保防霉的最终效果。

3. 适 用 范 围

本工法适用于制麦塔内有大麦和麦芽存放通过部位的防霉处理。

4. 工 艺 原 理

通过浇筑附加层和打磨来增加各部位的圆滑度，不留冲洗死角，在施工中加强缝隙控制，预防大麦麦芽的沉积。

5. 施工工艺流程及操作要点

5.1　施工工艺流程

结构无棱角处理→基层抹灰→防霉涂料施工。

5.2　施工要点

5.2.1　结构无棱角处理

1. 在塔内筛板安装前完成塔内主要的打磨处理。

2. 筛板安装后耐磨混凝土是主要的无棱角处理的部位，顶面采用小坍落度混凝土浇筑坡面进行二次压光。

3. 筒壁打磨前要将砂眼麻面坑眼等提前处理好，再将毛刺凸出部分打磨掉或光滑过渡。

4. 筒壁上的水平方向错台打磨圆滑，较大的部位要用腻子或砂浆抹圆滑。

5. 麦芽仓内主要是框架梁顶部的打磨，预应力封锚部位混凝土打磨，仓壁处理打磨。框架柱与斜板相交形成的阴角用二次浇筑的混凝土浇筑成斜面。

5.2.2　基层抹灰

1. 墙面

1）保证砌体质量和增加砌体中构造柱、圈梁、混凝土加强带等构造措施。

2）基层处理：将混凝土壁表面的浮灰用扫帚扫净，把灰浆和混凝土表面凹凸处提前处理好。用布蘸火碱水把混凝土表面蜡或脱模剂擦洗掉。接细水管用慢水流冲洗湿润混凝土壁，在湿润的混凝土壁上用专用滚刷滚涂 HXL-8 界面剂使混凝土壁成为毛面，在其硬化后由专人用喷雾器湿水养护，养护标准以使其保持湿润为准。由厂家技术员进场指导界面剂的使用方法，由专业油工仔细滚涂，不仅混凝土壁无遗漏且拉毛均匀。一天后用手抠不动界面剂时即可分层抹灰。

3）加强水泥砂浆质量控制。根据现场对砂的容重测定将抹灰用体积比改为可用电子称准确计量控制的重量比，采用现场半自动搅拌站搅拌。选用当地名牌强度等级 32.5MPa 普通硅酸盐水泥，严格取样复试程序，不使用未经复试合格水泥。材料员技术员对附近砂场进行考察，选择适宜抹灰的洁净中砂签订订货合同。在保证砂浆可操作性的前提下降低水灰比，在搅拌站进行砂浆稠度检查，及时调整。

4）抹灰前再湿润一遍已毛化的混凝土壁。抹灰厚度提前用灰饼确定，每层厚度控制在 8mm 左右，当总厚度超过 35mm 时，在各层间挂纤维网，各层间的间隔时间以一天左右为宜，即头天打底、第二天罩面。当底层灰过干时，先用扫帚湿水后再罩面。罩面灰抹压两遍，时间控制根据天气情况确定。砂浆终凝后进行专人湿水养护，至少使砂浆湿润养护 7d。

5）在大风天将洞口用彩条布临时封闭，夏天增加湿水养护次数，24h 有人养护。混凝土壁抹灰后，不得在其上进行剔凿作业。

6）抹灰时各部位均不得漏抹，确保塔内各部位要过渡圆滑。

2. 地面

1）圆塔地面施工前先将筛板支腿下用膨胀混凝土浇筑好，抹出内高外低的形状，再做地面面层。

2）整体面层中放入防裂钢丝网，混凝土中掺入防裂密实剂。

3）麦芽塔投产后塔内温度基本是恒温，故不考虑设置温度分格缝，只考虑设置面层收缩缝。沿支腿设置纵横方向分格缝，沿与塔壁相交处设置环向分格缝，缝宽5mm深，10mm，在地面整体浇筑成型后用切割机切出。

4）地漏与整体地面间亦留置如上缝隙，使地漏与地面为柔性连接。缝隙清理采用吸尘器，并保持缝内干燥。嵌缝材料采用无毒环保的柔性材料，选定后要由设计认可。

5）地面浇筑压光后覆盖塑料布洒水养护7d。

5.2.3 防霉涂料施工

1. 防霉涂料采用喷涂的工艺施工。防霉涂料的腻子使用耐水腻子。喷涂时不得漏涂，外露埋件上亦喷涂两遍。

2. 基层要求：墙面基层坚固密实，无裂缝、起砂、麻面等。用防水腻子将细小裂缝、凹凸不平等缺陷刮平。基层上的油污等杂物清除干净，并要求基层干燥，在20mm深度内含水率不应大于6%。金属基层应平整无铁锈。

3. 环境要求：一般在温度为15～30℃，相对湿度为80%，施工现场采用机械以加强通风排除汽雾。

4. 喷涂：喷涂施工应按自上而下，先喷垂直面后喷水平面的顺序进行。喷枪与基层表面应接近垂直，喷嘴与被喷面的距离一般为250～500mm。喷枪沿一个方向移动，使雾流与前一次的喷涂面重合一半。喷枪移动要求速度均匀，以保证涂层厚度一致。喷涂时应注意涂层不宜过厚，以防止流淌或溶剂挥发不完全而起泡，同时应使空气压力均匀一致（一般为1MPa）。

6. 材料与设备

6.1 材料：32.5普通硅酸盐水泥、中砂、HXL-8界面剂、防霉涂料等。

6.2 设备：靠尺、抹子、木杠、喷枪等。

7. 质量控制

7.1 有大麦、麦芽存放经过的塔内各部位圆滑过渡，不沉积大麦或麦芽，不留冲洗死角。

7.2 要保证墙面抹灰层不开裂粘结牢固无起砂。

7.3 涂层数符合设计要求一般不少于两遍，涂料表面要求颜色一致，平滑无皱、无孔、无泡、不透底、不流坠、无粉化和被碰破损坏现象。

8. 安全措施

8.1 加强安全教育，进行安全技术交底，认真学习并严格执行各项安全规程。

8.2 石灰、水泥等含碱性，对操作人员的手有腐蚀作用，施工人员应佩戴防护手套。

8.3 采用36V以下安全电压。

9. 环保措施

9.1 拌制水泥砂浆所排除的污水需经处理后才能排放。

9.2 安排专人定期对机械进行维修和保养，确保机械处于良好的运行状态。

9.3 废弃物按环保要求分类堆放、处理。

10. 效 益 分 析

经过成本核算，此工法的成功应用，在八座制麦塔中共节约资金 30.16 万元。为企业赢得了较高和利润。

11. 应 用 实 例

通过在宁波麦芽有限公司年产 20 万 t 二座制麦塔、大连中粮年产 30 万 t 三座制麦塔、深圳啤酒厂制麦塔及哈尔滨龙垦麦芽二座制麦塔共八座制麦塔的投产使用情况来看，按此技术施工的防霉效果达到预期的目的，没有因土建施工问题产生大麦或麦芽的霉变。

筒体钢筋防扭转施工工法

1. 前 言

在施工高耸筒体结构时，由于层高较高，竖向参照物体少，筒体钢筋在风荷载或自重作用下极易产生倾斜、弯曲、扭转等现象，采取有效措施防止筒体钢筋扭转、保证筒体钢筋骨架的安装质量是施工的关键控制点之一。

2. 工 法 特 点

2.1 利用经纬仪竖向、水平定位技术，工艺操作简单，不增加新的设备投入。
2.2 施工速度快、可靠。
2.3 适用范围广。

3. 适 用 范 围

3.1 本工法适用于安全水塔、冷却塔、制麦塔、烟囱等筒体工业建筑结构竖向钢筋定位及防止竖向钢筋整体扭转。
3.2 本工法也适用于无明显竖向参照物或竖向参照物少的椭圆形筒中筒民用建筑结构竖向钢筋定位及防止竖向钢筋整体扭转。

4. 工 艺 原 理

在无明显竖向参照物或竖向参照物少的结构施工中，利用经纬仪竖向、水平定位技术，先控制参照物的位置或是按圆心采取十字形分段，控制此处钢筋位置，其他部位钢筋以控制钢筋或参照物为标准，控制其竖向及水平位置，防止钢筋的整体扭转。

5. 施工工艺流程及操作要点

5.1 施工工艺流程
框架柱、暗柱钢筋安装→校正圆弧形定位钢管→定位竖向钢筋→环梁钢筋安装→筒体剩余竖向筋安装→筒体剩余水平筋安装。

5.2 施工要点

5.2.1 框架柱、暗柱钢筋安装

由于层高较高，柱筋绑扎前先用钢管架体临时固定，防止产生大的倾斜，绑完箍筋后调整其垂直度，与架体用铅丝绑扎，临时固定。等安装完校圆钢管和绑完其他部位钢筋后拆除铅丝。为防止筒体竖向筋整体扭转，要利用暗柱、框架柱位置定位，保证柱的位置与垂直度，从而保证筒体竖向筋的位置准确。

5.2.2 校正圆弧形定位钢管

通过计算和在地面放大样确定定位钢管的弧度，在筒体钢筋绑扎前，先将钢管连成圆，利用定位钢管的弧度来确定筒体钢筋的位置。钢管与内部满堂脚手架架体相连。

为保证弧度准确，安装时要注意校圆钢管的水平，即控制一根钢管中间点与两端点的标高一致。圆弧形定位钢管一般在层高的1/2高度处设置一道，也可根据高度设置两道以增加上部竖向筋的稳定性，保证环梁位置准确。

5.2.3 定位竖向筋

干燥层顶板标高以上部分筒体暗柱少，从圆心按30°角进行分段，分界处钢筋标注清楚，控制此钢筋位置及垂直度，其他部位钢筋以此为标准进行控制。在校圆钢管和地面标出定位钢筋的位置。将内侧竖向筋连接好后与校圆钢管临时固定。外侧定位筋用两三道水平筋固定。用粉笔在定位筋上标出水平筋的位置。

5.2.4 环梁钢筋安装

先将环梁两侧的纵筋与定位竖向筋绑好，再进行其他部位钢筋绑扎。用粉笔按设计间距将其他竖向钢筋的位置画在梁纵筋上。

5.2.5 剩余钢筋安装

将其他竖向筋按环梁上标出的位置与环梁筋绑好。再绑其余水平筋。通过内外侧钢筋网之间的拉筋将外侧钢筋网片与内侧固定从而保证外侧钢筋的整体弧度。

钢筋安装完毕，分别在内外层钢筋的外侧按设计保护层厚度垫好垫块，钢筋验收合格后即可安装模板，校圆钢管在支模前拆除。支好的模板上口标出定位筋的位置。

5.2.6 混凝土浇筑

混凝土浇筑过程中尽量避免碰撞竖向筋特别是定位钢筋。混凝土在初凝前将定位竖筋与模板上口的位置进行校核，及时调整使其位置准确。

6. 材料与设备

本工法无需特别说明的材料与设备。

7. 质量控制

7.1 测量仪器在使用前要进行检验，在使用过程中每1年检验一次，以确保仪器准确。

7.2 测量人员上岗前要经过培训，考试合格后方可上岗作业。

7.3 参照物或定位钢筋允许偏差应符合表7.3要求。

定位钢筋允许偏差表　　　　　　　　　　　　　　表7.3

项　目		允许偏差（mm）	检验方法
轴线位置		5	钢尺检查
垂直度	不大于5m	6	经纬仪或线锤、钢尺检查
	大于5m	8	经纬仪或线锤、钢尺检查

8. 安全措施

8.1 加强安全教育，进行安全技术交底，认真学习并严格执行各项安全规程。

8.2 操作人员不得饮酒且必须进行体检，各种特殊工作人员必须持证上岗。

8.3 高空作业时钢筋钩子、撬棍、扳子等工具应防止失落伤人。

8.4 认真检查高凳、脚手架、脚手板的安全可靠性和适用性。

9. 环保措施

9.1 工程开工前，编制详尽的施工技术交底或作业指导书，并对作业人员进行相关知识的培训。

9.2 安排专人定期对钢筋加工机械进行维修和保养，确保机械处于良好的运行状态。

9.3 现场钢筋加工厂应封闭，减少噪声对外界的排放。

10. 效益分析

该工法不用投入新的设备，施工人员不用进行专门的培训，通过该技术的应用，有效防止筒体钢筋扭转、保证了筒体钢筋骨架的安装质量。得到了监理及业主单位的一致好评。经过成本核算，该工法在八座制麦塔中共节约资金 62.54 万元。

11. 应用实例

此工法在宁波麦芽有限公司年产 20 万 t 二座制麦塔、大连中粮年产 30 万 t 三座制麦塔、深圳啤酒厂制麦塔及哈尔滨龙垦麦芽二座制麦塔共八座制麦塔中得到应用。施工中通过利用筒体中的框架柱、暗柱钢筋骨架定位，干燥层顶板标高以上暗柱较少部分按 30°角进行分段设置定位钢筋，并利用校圆钢管与内部满堂脚手架相连，保证筒体钢筋位置准确，有效防止筒体钢筋扭转。

组合翻麦机安装工程施工工法

1. 前　　言

1.1 组合翻麦机是生产酿造啤酒原料麦芽的不可或缺的设备，制造于德国塞格公司。

1.2 组合翻麦机由筛板支架及筛板、轨道托架及轨道、卸料中心组件、装卸料机及平台、走道、爬梯、栏杆、扶手等组成。仅其中横梁长 12m，宽 0.9m，高 1.3m，重约 7t。分九层安装于直径 24.5m，高近 100m 的塔形工业厂房内。在安装施工作业中，必须按不同的施工技术验收规范标准来执行；以确保安装工期和质量。

1.3 安装及吊装组合翻麦机具有难度大，技术质量、安全保证措施要求高，大型吊装机械投入大，施工周期长的特点。经过多次研讨和现场实施、总结、改进，形成了本"组合翻麦机"安装工法。

2. 工法特点

2.1 地面组装组合翻麦机筛板支架、立柱、主梁板、副梁板三大部分螺栓连接成井字梁平面构架结构，上面安装不锈钢筛板。安装方式：利用桅杆整体吊装筛扳支架结构，减少了高空作业，确保了组装精度。

2.2 连接后的支架井字梁重约 40t。四副桅杆共计 8 个吊点下分别牵引 16 个受力点，均布于整个支架。受力点应尽量布置在十字连接处，16 个吊点同时受力，缓慢起吊，对于螺栓连接处，可加焊临时加固筋板，防止产生大的变形和移位。

2.3 用人字桅杆和一台 5t 卷扬机吊装作动力分层组合翻麦机衡量及附件，吊点高度 90m。充分利用了人字桅杆起重特点，实现了垂直升降和水平位移的吊装作业，改变了国外大型机械吊装作业成本高的缺点。

2.4 吊装机具设置简单，操作容易，安全可靠，提高工作效率。

3. 适 用 范 围

塔内筛板、支架、立柱、主副梁板分段由制造厂解体发货，须在安装现场地面组对紧固后成品吊装；塔形工业厂房大型组合翻麦机安装吊装作业。

4. 工 艺 原 理

"组合翻麦机"筛板支架主副梁板在地面组对成井字梁成品，操作方便，减少了高空作业。同时也保证了支架的组合质量。

主副梁板组对安装，成套后整体吊装就位，可以充分发挥桅杆吊装的特长。

利用人字桅杆架设于塔高 90m 处，分层吊装组合翻麦机横梁及附件，实现了垂直和水平位移运输，节省了大型吊车费用。

5. 施工工艺流程及操作要点

5.1 组合翻麦机安装工艺流程图（图 5.1）

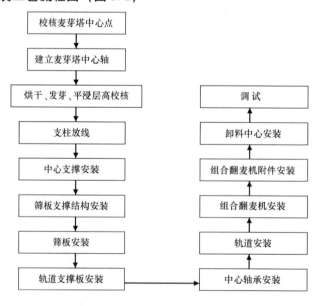

图 5.1 组合翻麦机安装工艺流程图

5.2 操作要点

5.2.1 制麦塔的中心轴线确定方法及放线。

1. 找出±0.00m层中心点，用经纬仪或线锤（2.5kg）由±88.85m处的中心孔向下找出与地面中心点重合点。

2. 在各层中心孔处利用中心板与连接角钢、固定角钢，移动中心板，当中心板的中心小孔与垂线中心重合后，将中心板焊在角钢上。该中心小孔即为塔中心轴线。

3. 用经纬仪通过中心线，划出纵横90°线，并在塔内壁上用油漆划出永久标记。注意零米层找出与皮带机轴线夹角11°。

5.2.2 校核层高

在每层施工前，首先校核本层层高，目的是为校核托架嵌板安装位置及尺寸，具体方法为在施工前用钢盘尺测量其层顶面距地面尺寸是否符合图纸尺寸，合格后转入下道工序。

5.3 支柱放线

按图纸给定位置，将支柱、中心支撑坐标位置在地面放线，并做好标记，用水平仪检查各点水平度，将支柱底版安装在地面上，将已加工好的中心支撑柱运到本层待安装。

5.4 中心支撑及中心轴承座安装

将中心支撑安装就位，调整地脚螺栓，用水平仪测量上口水平度，用塔中心轴线校核中心支撑圆筒垂直度，且水平度、垂直度偏差均在±1mm范围内，合格后，将支撑腿与地脚螺栓焊接在地面板上固定，在中心支撑安装时，应注意支撑腿与相应支座标号对应安装，检验合格后，安装中心轴承座，确保安装质量。

5.5 筛板支撑结构安装

筛板支撑结构的安装，采用地面组对，整体吊装的方法进行，首先在地面用经纬仪依据图纸放线，在地面上组对主梁、副梁及调整凸轮，组对完后，利用自制桅杆吊具将其吊至安装高度，再安装支撑立柱，安装完全部支撑结构，利用已放好的十字线和水平仪，调整支撑结构上平面，使其平面误差控制在直径24m范围内±1mm。

5.6 筛板安装

筛板安装前应对单体筛板进行全面检查是否符合图纸要求，筛板安装应按照筛板排版图进行安装，全部排完后，采用水平仪来配合筛板水平度的调整工作，筛板调平顺序为先中心后边缘，调整方法为利用筛板支撑结构上的凸轮进行调整高低，用水平仪和立尺检测，误差控制在直径24m范围内±1mm，全部调整完毕后，必须请监理检查认可后，方可焊接固定，并铺木模板等保护。

5.7 轨道及支撑板安装

5.7.1 轨道支撑板安装

用水准仪找平，再利用经纬仪分割等份，确定轨道托架的位置，再把支撑板施焊在预埋嵌板上。

5.7.2 轨道安装

轨道安装采用旋转检测工具来测定半径，确保轨道与塔建筑中心重合，且径向误差控制在±3mm范围内。合格后将轨道焊接在轨道托架。

5.8 组合翻麦机安装

在轨道安装完后，用塔顶的人字桅杆将组合翻麦机横梁吊装到安装层，用单轨猫头吊接运塔内，就位于轨道和中心轴承上，将各部件组合连接好，试运转，检查转动齿轮、齿条的啮合情况，合格后安装组合机附件和中心卸料组件。

5.8.1 组合翻麦机横梁长12m、宽0.9m、高1.3m，重约7t。该设备体积大，重量重，安全位置较高，垂直提升距离大，吊装时一定注意人身及设备安全。

5.8.2 经受力分析，得出钢丝绳拉力为4.55t，桅杆支撑力为8.34t。受力分析详见图5.8.2。

5.8.3 人字桅杆采用两根φ219×8的钢管、20号工字钢和20号槽钢组成，桅杆详见图5.8.3。

5.8.4 人字桅杆架设在塔高90m处的地面上，地面固定两根20号槽钢，桅杆固定在槽钢上，桅杆头部由变幅滑车组牵引，变幅滑车组是由2个10t2×2动滑组与10t定滑组组成，钢丝绳采用φ19.5—6×

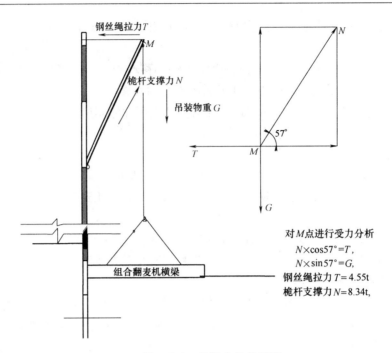

图 5.8.2　吊装力学分析图

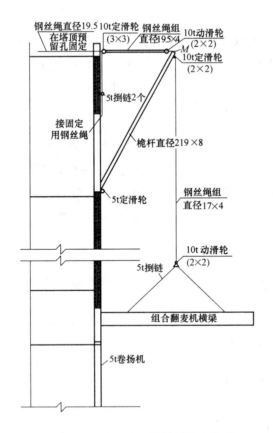

图 5.8.3　组合翻麦机横梁吊装示意图

37 的钢丝绳，以塔顶中心为固定点穿滑车组牵引桅杆，动力采用 1 台卷扬机和 2 台 5t 捯链来完成。

　　5.8.5　重滑车组是由 10t2×2 滑车组一套 ϕ17.5-6×37 的钢丝绳组成，采用 5t 卷扬机提升，根据现场实际情况将卷扬机设在作业人员便于操作的位置，操作要正确且安全可靠。这套滑轮组将完成由地面到高空的吊装，由变幅滑轮组将完成送至吊装口最后由塔内猫头吊完成吊装。

　　5.8.6　为保证设备的安全和桅杆的稳定性，要经常对各部位进行检查，人字桅杆角度不大于 55°。

6. 材料与设备

6.1 材料（表6.1）

材料信息表　　　　　　　　　　　　　　　　　　表6.1

名称	型号	需用量	名称	型号	需用量
钢板	$\delta=20mm$	3m²	无缝钢管	$\phi219\times8$	22m
钢板	$\delta=10mm$	15m²	电焊条	$\phi4.0mm$	30kg
工字钢	I20a	25m	氧气、乙炔		各一瓶
槽钢	[20a	3m			

6.2 设备

施工所需机具投入一览表　　　　　　　　　　　　表6.2

序号	名　　称	单位	规　格	需用数量	备　注
1	汽车吊	台	12t	1	
2	卷扬机	台	5t	2	
3	卷扬机	台	8t	1	
4	桅杆	根	11m	2	219×8
5	捯链	台	5t	46	
6	钢丝绳	m	19.5～6×37	200	
7	钢丝绳	m	17.5～6×37	600	
8	滑车	个	10t～2×2	3	
9	交流电焊机	台		3	
10	氩弧电焊机	台		1	
11	等离子切割机	台		1	
12	焊条烘干机	台		1	
13	台式钻床	台	$\phi25$	1	
14	无齿锯	台		1	
15	捯链	台	5t	4	
16	捯链	台	10t	6	
17	千斤顶	台	10t	4	
18	冲击钻	台	$\phi20$	2	
19	电锤	台	$\phi25$	2	
20	磁力线坠	个		4	
21	气焊工具	套		2	
22	角磨砂轮	台	$\phi100mm$	3	
23	套筒扳手	套	10～32mm	2	
24	眼镜扳手	套	10～32mm	6	
25	钢盘尺	个	30m	1	
26	钢板尺	个	1m、2m	各1个	
27	大锤	个		2	
28	手锤	个		6	
29	麻绳	m	$\phi20$	100	
30	墨斗	个		1	
31	电焊把线	m		200	
32	电焊地线	m		200	
33	氧气乙炔带	m		200	
34	水准仪	台		1	
35	经纬仪	台		1	

7. 质 量 控 制

施工及验收应遵守以下规范的规定：

《现场设备、工业管道焊接工程施工及验收规范》GB 50236—98；

《机械设备安装工程施工及验收通用规范》GB 50231—98；

《建筑安装工程施工质量验收统一标准》GB 50300—2001；

《钢结构工程施工质量验收规范》GB 50205—2001；

《起重机械用钢丝绳检验和报废实用规范》GB/T 5972—1986；

《建设工程施工现场供电安全规范》GB 50194—93。

8. 安 全 措 施

8.1 临边洞口的安全防护措施

8.1.1 临边必须挂安全网，同时标明标识或作全封闭处理。施工人员不得靠近。

8.1.2 洞口必须设置固定盖板或脚手板，四周搭设围护架或栏杆，中间支挂水平安全网，标明警示标识。施工人员不得靠近。

8.2 高空作业的安全防护

8.2.1 攀高用具必须牢固可靠，不得超过荷载，实际情况应加以验算。

8.2.2 梯脚底部应坚实，不得垫高使用，上端应有固定措施。超出规定高度要架设平台或护笼。

8.2.3 悬空作业所用的索具，脚手板、吊篮、平台等设备，必须经过鉴定或验收方可使用。

8.2.4 高空作业使用的铁凳、木凳应牢固，不得摇晃，两凳距离不得大于2m，凳上脚手板至少两块以上，只许一人操作，穿戴好防护用品，严禁投掷物料。

8.2.5 凡经医生诊断患有高血压、心脏病、严重贫血、癫痫病以及其他病症人员不得攀登，高空人员必须每年体检一次。

8.2.6 高处作业进行三级安全教育，特种作业人员技术培训和考核，取得操作证后准上岗操作，上时穿戴合格防护用品，禁止赤脚、穿拖鞋、硬底鞋作业，使用安全带时，必须系挂在作业上部牢靠处。

8.3 交叉作业的安全防护措施

8.3.1 各工种进行上下、立体交叉作业时，不得在同一垂直方向上操作。下层操作必须在上层高度确定的可能坠落半径范围以外。不能满足时，设置硬隔离安全防护层。

8.3.2 吊装设备构件时，下方不得有其他人员操作，并设专人监护。

8.3.3 施工所使用的小型工具或材料，其临时堆放处应离楼层边沿不小于5m，且堆放高度不得超过1m。

8.4 易燃易爆物质安全措施

8.4.1 油类、氧气瓶、乙炔瓶等物质种类、危险品发生泄露，及时抢险不应造成火灾、爆炸。

8.4.2 各种油、气瓶的存放，要距离明火10m以上，挪动时不能碰撞，氧气瓶不能和可燃气瓶同放一处。氧气瓶和乙炔瓶之间不能小于5m。

8.4.3 施工现场禁止带入火种，禁止吸烟，应清除火灾隐患，并配备消防器材。

8.4.4 上下班必须认真检查，无异常情况再进入或离开现场。

8.4.5 电、气、焊、割作业前要明确作业任务，认真检查环境以及配备灭火器材等，无异常情况再进行施工。

8.5 起重工安全技术操作规范措施

8.5.1 起重工指挥应由技术熟练，懂得起重机械性能的持证人员担任，指挥时应站在能够照顾全身的地点，所发信号应事先统一，并做准确、洪亮、清楚。

8.5.2 所有人员严禁在起重臂和吊起的重物下面停留或行走。

8.5.3 使用卡环应使长绳方向受力，抽销环应预防销手滑落，有缺陷的卡环严禁使用。

8.5.4 起吊物件应使用交互捻制的钢丝绳，如有扭结、变形、断丝、锈蚀等异常情况，应及时降低使用标准或报废。

8.5.5 编结绳扣应使各股松紧一致，编结部分的长度不得小于钢丝绳的直径的 15 倍，并且不得短于 300mm，用卡子连成绳套时，卡子不得少于 3 个。

8.5.6 地锚（桩）应按施工方案确定的规格和位置设置，如发现有沟坑、地下管线等情况，及时向负责人报告，采取措施。

8.5.7 使用多根以上绳扣吊装时，绳扣间的夹角如大于 100°，应采取防止滑钩等措施。

8.5.8 使用开口滑车必须扣牢，禁止人员跨越钢丝绳或停留此地。起吊物件应合理设置溜绳。

8.5.9 装运易倒构件应用专用架子，卸车后要搁置道木或方木上，应放稳搁实，支撑牢固。

8.6 机械使用安全技术操作规程措施

8.6.1 操作人员应体检合格，并经过专业培训、考核合格，建设行政部门颁发证书后方可上岗

8.6.2 操作人员应遵守机械有关规定保养、爱护，保持机械良好状态。

8.6.3 机械进入作业地点后，施工技术人员应向操作人员进行施工任务和安全技术措施交底。操作人员必须听从指挥，遵守现场安全规则。

8.6.4 机械上的各种安全防护装置，例如：监测、指示、仪表、报警信号装置等应完好齐全，有缺损及时修复，不完整或已失效的机械不得使用。

8.6.5 运转中发现不正常时，立即停机检查，排除故障后方可使用。如果违章操作，由于发令人强制违章造成事故，必须追究刑事责任。

8.7 钳工安全技术操作规程措施

8.7.1 使用大锤、手锤，不准戴手套。锤把、锤头不得有油污。打物时甩转方向不得有人。用钢锯时，工件夹紧夹牢，用力均匀，用手或支架托住。使用活扳手，板口应相符螺帽尺寸，不能在手柄加套管，使用时要系好安全带。

8.7.2 拆卸设备部件应设置稳固，装配时，严禁用手插入连接面或探摸螺孔，取放垫铁应手指放两侧。

8.7.3 设备运转时，不准擦洗和修理，严禁将头、手伸入机械行程范围内。

8.8 季节性施工的安全防护措施

8.8.1 注意天气预报，做好防汛准备。遇到大雨、大雪、雷击和 6 级以上大风等恶劣天气时，禁止吊装。

8.8.2 雨期要做好防雷措施和排水准备。

9. 环 保 措 施

9.1 环境保护是工程进度、质量的有力保证，在文明施工的同时必须重视环保。

9.2 环境保护应坚决贯彻三位一体的原则，采取有效措施防止噪声和光污染。

9.3 对重要环境因素采取控制措施，措施落实到人，保证施工现场的良好氛围。

10. 效 益 分 析

工期目标：计划工期 316d＞目标值 280d。

质量目标：一次交验合格率 100％。

安全目标：不发生重大伤亡事故。

经济效益：本次组合翻麦机的安装，主要靠人字桅杆吊和一台 5t 的卷扬机吊装完成。这样比用大型机械吊装节约资金 20 万元。通过全面的经济核算，最终产生经济效益为 30 万元。

社会效益：组合翻麦机安装质量、安全、工期均受到业主和当地质量技术监督局的认可，给我单位创造了品牌效益。

11. 应 用 实 例

本工程应用于宁波麦芽有限公司年产 20 万 t 制麦塔、深圳啤酒厂制麦塔、大连中粮制麦塔及哈尔滨龙垦麦芽塔等共八座制麦塔中。通过组合翻麦机安装的实施，不仅工期提前，而采用人字桅杆来完成吊装降低了工程成本；由于项目对安全极为重视，预防实施措施安全可靠，未发生任何伤亡事故。

高塔大吨位缆索起重机滑移施工工法

YJGF127—2006

中铁十三局集团有限公司

朱淼　潘大鹏　赵智强　惠中华　柳桂芝

1. 前　　言

东莞水道特大桥主桥为 50m＋280m＋50m 中承式系杆钢管混凝土拱桥，为双幅独立对称结构。每幅由两片拱肋构成，拱肋间采用 K 字形风撑进行连接。每片拱肋由 15 段组成，采用缆索起重机吊装、扣挂体系固定的施工方法安装。针对此类双幅大跨径钢管拱桥的施工，钢管拱的安装是制约整个桥梁施工工期的关键工序，为加快施工进度，中铁十三局集团第二工程有限公司组织专家设计了滑移式 WLQ2×800kN 缆索起重机（图1）。此滑移式缆索起重机具有结构简单、施工快捷、操作简便等特点，经总结形成本工法。由吉林省科学技术厅组织专家对《台风区大跨度钢管混凝土拱桥斜拉扣挂法施工技术》进行了鉴定。在鉴定意见中，认为这种高塔大吨位可滑移式缆索起重机在国内数领先水平。

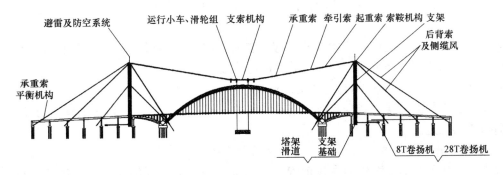

图1　缆索起重机总体布置图

2. 工 法 特 点

2.1　该缆索起重机采用滑移施工技术，大大提高了施工进度和节约了施工成本。

2.2　该缆索起重机牵引的主要设备为穿心式液压千斤顶，滑移时运行平衡，协同一致，各侧向缆风机构保证整个缆索起重机的稳定，调整结构简单安全，便于操作。

3. 适 用 范 围

本工法适用于施工中采用类似于此种大型不便于拆装设备的双幅桥梁的施工。

4. 工 艺 原 理

本工法利用双幅桥独立对称的便利条件，采用一套大型可滑移式缆索起重机，逐幅进行施工。一幅桥施工完毕后，对缆索起重机的约束外力进行调整，包括放松承重索、解除牵引绳和起重绳与卷扬机的连接、解除承重索与主地锚的连接、对风缆的收放装置进行布设、解除塔架与基础的连接、安装牵引系统、铺设滑道进行缆索起重机的滑移，滑移过程中保证缆索起重机的稳定和竖直度。

5. 施工工艺流程及操作要点

5.1 施工工艺流程（图5.1）

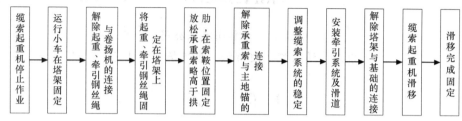

图5.1 施工工艺流程图

5.2 操作要点

5.2.1 牵引力和摩擦系数的取值

在牵引力的计算中，首先要确定缆索起重机对滑道的正压力，通过计算塔架的重量为5230kN，承重索放松后对塔架的垂直力为1170kN，侧向缆风对塔架的垂直力为1217kN，加在一起重直力共计7617kN。其次是滑道安装时间较长，锈蚀因素很难量化，计算前对滑道的摩擦系数进行放大，摩擦系数按0.4考虑，则牵引力为7617kN×0.4＝3047kN。为保证缆索起重机滑移的平稳和受力均匀，每个塔架采用了3套牵引设备，使用钢绞线配张拉用2500kN液压千斤顶。

5.2.2 运行小车固定

缆索起重机在一幅施工完毕后开始准备滑移。首先需将4台运行小车（包括下部动滑轮组）移动至检修平台上部，采用钢丝绳将运行小车与塔架进行连接。

5.2.3 解除牵引、起重钢丝绳与卷扬机的连接

为便于缆索起重机的滑移，减少其他设施对塔架的干扰，解除牵引、起重钢丝绳与卷扬机的连接，并将钢丝绳与塔架固定。

5.2.4 放松承重索钢丝绳

整个缆索起重机的受力主要集中在承重索上，承重索的张力将制约缆索起重机的滑移。承重索后部与主地锚采用了滑轮组连接，放松承重索增大跨中垂度，减少水平张力，减少整个缆索起重机的内力，同时减少塔架对滑道的正压力，便于缆索起重机的起动。

5.2.5 解除承重索与主地锚的连接

承重索放松后，在塔架顶部索鞍位置使用钢丝绳将承重索单跟进行固定，使塔架后部承重索处于自由状态，解除后部滑轮组与主地锚的连接。在塔架滑移过程中使承重索跟随塔架同时移动，始终保持承重索与塔架垂直。

5.2.6 调整缆索系统的稳定

承重索、牵引索和起重索全部放松后，整个系统将处于不平衡状态。其外部表征为塔架处于倾斜状态。在滑移过程中以塔架竖直度为主要参数，所以在滑移前必须对塔架竖直度进行调整。对塔架竖直度调整采用侧缆风绳和后备索，调整后固定各侧缆风绳和后备索，完成塔架竖直度的调整。侧缆风绳和后备索由原来的固结将转换成可调式结构，每组钢丝绳采用手动导链配滑轮组对缆风绳在滑移过程中进行调节。

5.2.7 安装牵引系统和滑道

牵引系统是整个缆索起重机的动力系统，采用穿心式液压千斤顶作为动力源，φ15.24钢绞线作为连接构件。滑道是缆索起重机滑行轨道，与原滑道相同，采用槽钢作为滑道，内部使用润滑油进行润滑（图5.2.7）。

5.2.8 解除塔架与基础的连接

各项准备工作完成后进行塔架与基础连接的解除，清除滑道内所有的杂物，减少杂物产生的摩擦。

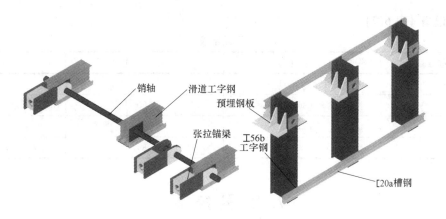

图 5.2.7　牵引系统设置图

5.2.9　缆索起重机的滑移

开始进行缆索起重机的滑移（参见滑移图 5.2.9-1 和图 5.2.9-2），根据牵引力的大小每个塔架下部设置 3 台千斤顶，两岸同步牵引。根据液压式千斤顶的最大行程，每次行程为 20cm。在塔架滑动过程中，将随时对塔架的竖直度进行观测，如果塔架竖直度超过±5cm，将停止缆索起重机的滑移，重新调整塔架的竖直度后继续滑移。在塔架滑移时，随时调整各侧缆风的长度，保证整个缆索起重机的受力平衡。缆索起重机在滑移过程中要特别注意以下两点：一是要保证南北两岸塔架同步移动，施工中两岸的相对位移不允许大于 200mm；二是移动过程中要全程监控南北两岸塔架的垂直度，塔架滑移过程中保证塔架在±100mm 以内倾斜，超出此范围要停止滑移，对塔架的竖直度进行重新调整。

图 5.2.9-1　滑道施工图一

图 5.2.9-2　滑道施工图二

侧缆风成"八字形"结构，塔架在滑移过程中一侧缆风会放松，另一侧会收紧，根据缆风绳实际布置情况，塔架每滑移 200mm 时，各缆风绳松紧长度为 70～432mm 不等。

在实际滑移过程中塔架的起动力为 1800kN，正常滑移的牵引力为 10520kN。静摩擦力系数为 1800/7617＝0.236，动摩擦力系数为 1050/7617＝0.138，比估计的要小一些。

6. 材料与设备

6.1　主要材料（表 6.1）

主要材料表　　　　　　　　　　　　　　　　　　　　　　　表 6.1

名　　称	规格型号	数　　量	单　　位
钢绞线	φ15.24mm	1800	m
预埋件	Ⅰ40c	48	m

6.2 主要设备（表6.2）

主要设备表

表6.2

名　　称	规格型号	数　　量	单　　位
千斤顶	150T、250T	6	台
滑道	[36b	180	m
捯链	5T、10T	20	个
滑轮组	50T	8	套

7. 质 量 控 制

7.1 质量标准

滑移允许偏差：轨道滑移中心偏位不大于20mm；塔架竖直度±5cm。

7.2 质量控制措施

7.2.1 滑道焊接必须保证平滑，严禁有错边，减少摩擦。

7.2.2 牵引力发生较大变化时及时停止滑移，检查各系统运行是否正常，排除故障后才可继续滑移。

8. 安 全 措 施

8.1 由于缆索起重机滑移前的准备施工为高空作业，要求所有高空作业人员施工时必须戴安全带和安全帽，地面作业人员要远离塔架附近施工，不能交叉作业。

8.2 每次滑移前必须检查所有设备必须完好，滑移线路准确。

8.3 雨天和六级以上大风天气，不允许进行滑移作业，并紧固所有缆风绳。

8.4 高空作业的下方设明显的警告标志，在此危险区域内，只允许主要人员进入。

8.5 严格控制塔架竖直度和各缆风地锚位移，保证塔架滑移安全。

9. 环 保 措 施

9.1 所有废弃机油、润滑油严禁随地乱倒，必须收集后进行统一处理。

9.2 所有不能使用的材料和工具严禁随意丢弃，必须交回物资部门进行统一处理，保持现场整洁。

9.3 基础开挖土方必须在指定点堆放，并进行推平后压实。

9.4 施工剩余的混凝土或砂浆严禁随意乱倒，收集后卸到指定的地点。

9.5 焊接完毕后所有焊条和焊条头必须清理收集入库，进行统一处理。

9.6 氧气、乙炔和煤气瓶内残渣严禁随意处置，所有气瓶必须送到生产厂家进行处理。

9.7 所有电线、电路必须保证无损坏和漏电现象，下班后必须关闭所有电器开关，节约用电。

10. 效 益 分 析

按照原设计施工，对于双幅桥必须使用两套支架设备。采用滑移技术，无形中减少了一套支架的投入，直接节约投资148万余元。如采用拆除重装的施工方法，其安装仍需大笔费用，工期将拖后3～4个月，采用滑移技术，仅使用一个月就完成了第二次拱肋安装前的试吊工作，大大节约了工期。取得了良好的经济效益和社会效益。

11. 工 程 实 例

东莞市五环路西环段东莞水道特大桥主桥为双幅独立对称拱桥，采用滑移式 WLQ2×800kN 缆索起重机进行吊装。该缆索起重机塔高 100m，跨度 400m，设计最大起重量为 800kN，缆索起重机自重约 12000kN。采用"双索四车制"：即双索道、四车独立运行，其结构简便、操作灵活。在一幅施工完毕后进行整体滑移施工，进行另一幅的吊装作业。使用滑移技术，节约了大量投资，缩短了工期，为整个主桥的按时完成奠定了基础。

大型储罐内置悬挂平台正装法施工工法

YJGF128—2006

中建八局工业设备安装有限责任公司

赖君安　张成林　王志刚　郑光辉　廖招晟

1. 前　　言

储罐指用于储存油品、化工品等液体介质的容器，我国在 20 世纪 90 年代以前建造的主要为 10000m³ 以下的中、小型储罐。近年来，随着国内经济的发展和国际形式的变化，石油储备朝大型化油库区发展，储罐的存储量不断增大，目前国内单台罐的存储量已达到 150000m³，储罐结构呈多样化发展，更多地使用高强钢，这既增加了施工的难度，同时也促进了储罐施工技术的发展。

国内外大型储罐建造已形成多种施工工艺方法，归纳起来主要有正装工艺和倒装工艺。倒装工艺受储罐整体提升能力、罐体刚度等条件限制，宜用于 10000m³ 以下的拱顶罐施工。对于 10000m³ 以上的大型储罐，正装工艺具有技术要点易掌握、不受吊装能力限制、自动焊接技术成熟等优点，近年来得到迅速推广应用。

大型储罐正装工艺在实施过程中存在脚手架量大、施工周期长的缺点，我公司针对这一情况，开发出"大型储罐内置悬挂平台正装法施工技术"这一新成果，并于营口港墩台山原油库区、南京炼油厂、天津汇鑫油库等工程进行了成功的应用，取得了明显的经济效益和社会效益。其关键技术于 2007 年 5 月通过了中建总公司组织的由杨嗣信、许溶烈等专家组成的专家委员会的鉴定，鉴定"罐体内置悬挂平台和浮盘装配式操作平台施工技术"达到国内领先水平。

2. 工 法 特 点

2.1 大型储罐工程量大，结构复杂，正装法施工时充分考虑了储罐筒体与浮盘施工的搭接顺序，以及其他各工序的先后顺序，缩短了施工周期。

2.2 本工法的关键技术为大型储罐内置悬挂平台正装法施工技术，它将正装法和自动焊接进行有效的结合，提高了工作效率、保证了施工质量、解决了焊接变形控制等技术难题。

2.3 内置悬挂操作平台技术的开发，解决了脚手架工作量大、施工周期长等问题。

2.4 壁板精确组装技术保证壁板一次组对成功，不需要留调整板和收活口处理。

2.5 自动焊焊接效率高、速度快，焊缝质量高，操作工人劳动强度低。

2.6 浮盘装配式操作平台施工技术提高了技术措施材料的重复利用率，降低了工程造价。

3. 适 用 范 围

此工法可适用于石油化工行业和港口储运行业的储罐施工，适用范围是容积为 10000m³ 以上的大型储罐。

4. 工 艺 原 理

大型储罐正装法包括组装方法和焊接方法，下面从组装和焊接两个方面进行工艺原理的阐述。

4.1 内置悬挂平台正装法工艺原理

大型储罐正装法施工,罐体组装按照自下而上的顺序进行。首先进行罐体的定位放线,铺设焊接底板;然后对壁板进行精确下料预制,在底板边缘板上焊接好工装件,用精确组装法组装第一圈壁板,调整壁板圆弧度、垂直度和上口水平度并用斜支撑固定,气电立焊焊接立缝;安装内置悬挂平台和壁板专用组装卡具,组装第二圈壁板并依次焊接立缝、横缝(埋弧自动横焊);提升内置悬挂平台,自下而上依次安装各层壁板;第二圈壁板焊接完成后可同时安装浮盘装配式操作平台,在平台上组装浮顶船舱;壁板和浮盘全部安装结束后开始安装中央排水系统、导向管、密封装置等附件;最后进行充水试压、浮盘试升降和基础预压。

4.2 自动焊工艺原理

4.2.1 自动埋弧横焊工作原理

自动埋弧焊是以焊丝与焊件之间形成的电弧为热源,以覆盖在电弧周围的颗粒状焊剂及熔渣作为保护介质而实现焊接的一种方法。埋弧焊焊剂及融化后形成的熔渣,起着隔绝空气,使焊缝金属免受大气污染的作用,同时也具有改善焊缝性能的作用。

横缝埋弧焊是埋弧焊的一种特殊情况,其焊接原理与普通埋弧焊相同,主要区别在于解决了熔化金属和焊剂下淌的难题,并具有焊缝质量优良、生产效率高、工作环境好和焊接收缩变形小等优点。

4.2.2 气电立焊工作原理

气电立焊是近年来发展起来的一种高效率、高质量的焊接方法,气电立焊是 CO_2 气体保护电弧焊的一种特殊形式,一般采用药芯焊丝外加 CO_2 气体保护,强制成形,来实现立焊位置的焊接。

气电立焊焊接垂直或接近于垂直位置的焊接接头。焊接时,焊缝的正面用铜滑块,背面用铜挡块,药芯焊丝送入焊件和铜挡块形成的凹槽中,熔池四周受到约束,熔化的焊丝和母材不断的汇流到电弧下面的熔池中,堆积叠加,熔池不断水平上移,凝固成焊缝金属,焊缝获得水冷强制一次成形,避免多道焊接产生角变形。特别指出的是气电立焊一旦开始就应连续焊完,中途不许断弧。厚板焊接时,为均匀分布热量和熔敷焊缝金属,焊丝可沿板厚方向作横向摆动,也可实行双面焊。

5. 施工工艺流程及操作要点

5.1 施工工艺流程

施工工艺流程见图 5.1。

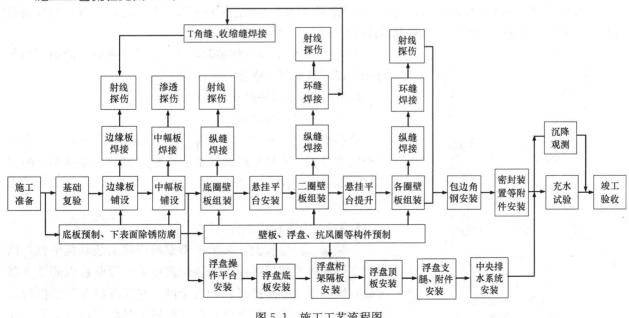

图 5.1 施工工艺流程图

5.2 底板安装

5.2.1 基础验收及放线

在储罐基础交付安装前，必须根据施工图纸及相关设计文件，按照现行国家规范、规程、标准等进行基础验收。这里要特别重视几个问题：一是基础中心标高及罐壁板位置环墙标高；二是沉降观测点的原始标高；三是基础方位基准点的较核。以上几点如控制不好，会对后续工序施工造成不利影响。

基础验收合格后，在基础表面放出十字中心线和 0°安装线，并在环墙侧面划出标高线。

5.2.2 底板预制及铺设

底板预制前应绘制排板图，并符合下列规定：底板排板直径宜按设计直径放大 0.1％～0.2％；底板及底板之间的有关尺寸须符合设计和施工规范的要求。

底板的铺设按先垫板，再铺边缘板，最后铺中幅板的顺序进行；中幅板铺设按从中心向外铺设的顺序，先铺中心定位板，再依次铺条形板。中心定位板铺设好后，及时将基础上表面的十字中心线和 0°安装线返至底板表面，定出中心并做出明显标志。铺设过程中，应随时将调整好的板点焊固定。

5.2.3 底板焊接

1. 底板不同部位的焊接方法及所选用的焊接材料如表 5.2.3 所示。

底板焊接方法及焊材选用表　　　　　　　　　　　　　表 5.2.3

序　号	施焊部位	材　质	焊接方法	焊接材料
1	垫板	Q235-A	手工电弧焊	E4303
2	中幅板焊缝	Q235-A	手工焊打底	E4303
			埋弧焊盖面	焊丝＋焊剂
3	边缘板焊缝	16MnR	手工电弧焊	E5016
4	收缩缝	16MnR＋Q235-A	手工电弧焊	E4315
5	T 角缝	16MnR	CO_2 气体保护焊	

2. 弓形边缘板的对焊接采用手工电弧焊，先焊其外侧 300mm 焊缝，并在边缘板外部焊缝处焊接引弧块，打底焊后进行渗透检查；第二层以后开始每层错开 50～60mm，焊接完成后上部磨平，进行 X 射线探伤检查；边缘板对接焊缝的其余部分在 T 角焊缝焊完后进行。

3. 中幅板的焊接采用手工焊打底、埋弧自动焊盖面成型，焊接时按先焊短缝、待相邻两带板短缝焊完后焊接长缝、隔缝施焊的方法进行。中幅板在距边缘板 2m 范围内焊缝暂留不焊接，待与边缘板组对后行再焊接。为防止变形，通长焊缝焊接时应在焊缝一侧加通长背杠。

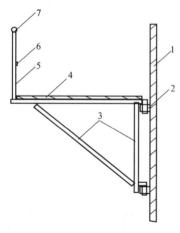

图 5.3.1　悬挂平台结构图

1—壁板；2—挂耳；3—三角架；4—平台板；
5—栏杆；6—护腰；7—扶手

4. 收缩缝及 T 角缝焊接时，由 4 名或 8 名焊工沿圆周均匀分布，以大致相同的焊接工艺同向施焊。

5.3 内置悬挂平台安装及提升

5.3.1 悬挂平台的构成

悬挂平台由三角架、平台梁、平台板、防护栏杆、安全网和焊接在壁板上的挂耳组成（结构见图 5.3.1）。悬挂平台的三角架按 3m 一个沿罐壁圆周设置。平台亦分为 3m 一段，焊接固定于三角架上。

5.3.2 内置悬挂平台安装

组装第二圈壁板前，在第一圈壁板内侧安装悬挂平台，以供第二圈壁板组装焊接用，安装位置在第一圈壁板内侧 2/3 高度处，同时安装好防护栏杆和安全网。在靠近罐人孔处搭设斜梯，以供人员上下操作平台，在浮顶施工时将浮顶下面的斜梯拆除，浮顶上面的斜梯逐层搭设。

悬挂平台安装在罐壁内侧，可以减少平台对壁板吊装的影响，方便壁板组对，保证操作人员的安全。

5.3.3 内置悬挂平台提升

在第三圈壁板组装前，进行内置悬挂平台的提升。提升时，将若干个捯链按每3m距离沿罐壁圆周布置半圈（或1/3圈，依据罐周长而定，一般不超过30个），捯链挂钩悬挂于第二圈壁板上部预先焊好的吊耳上，捯链吊钩挂在平台吊耳上，由指挥人员统一指挥，各捯链同时同步缓缓拉升，直至壁板2/3高度处进行就位。就位时，注意将所有三角架支腿均插于挂耳内，避免漏挂。就位后，加装一节斜梯至平台。

5.4 壁板安装

5.4.1 壁板预制

壁板预制在龙门切割机平台上进行放线切割下料，壁板预制不留调整板，一次下净料，预制一圈壁板的累计误差等于零，这样预制有利于保证罐体整体几何尺寸。采用这种方法时，要严格控制壁板长、宽、对角线和坡口尺寸在规范允许范围内。

壁板滚弧时，在预制场安装龙门吊，配合壁板的吊装、运输和滚板。滚板机前后安装托架，采用数控卷板机进行滚弧。壁板卷制后，应立置在平台上检查弧度，合格后吊运到壁板胎具上存放。

5.4.2 壁板组装

1. 壁板组装前放在存运胎具上时，在壁板内侧焊接好组对用方帽、龙门板及蝴蝶板等工装件，并在壁板上侧焊接好吊耳，如图5.4.2-1所示。

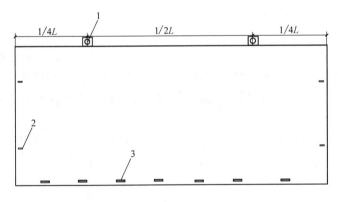

图 5.4.2-1 吊耳、环缝卡具布置图

1—吊耳；2—方帽；3—龙门板

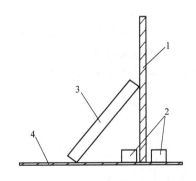

图 5.4.2-2 底层壁板组装定位挡板示意图

1—壁板；2—定位挡板；3—斜撑；4—底板

2. 罐壁焊缝接头形式为对接接头，组装时应保证罐壁内侧表面齐平。壁板组装采用精确组对技术，有别于传统的收活口技术，不留调整板一次精确组装完成。这样的组对方法有利于保证罐体整体几何尺寸，避免钢板现场切割。

3. 底圈壁板安装前，在底板上画出壁板安装定位线，沿画线圆周每500～700mm内外交叉设置一个定位挡板（如图5.4.2-2所示），逐张组装壁板，调整壁板圆弧度、垂直度、上口水平度和立缝错边量，合格后每隔3m用1.6m长工12工字钢设置一个斜撑固定，然后进行立缝焊接。

4. 在底圈壁板上安装内悬挂操作平台，进行第二圈壁板组装。使用吊梁（防壁板变形）吊装壁板，就位时先插背杠固定环缝部位，后用立缝组对卡具固定立缝部位；调整时先用立缝调整卡具和楔子调整立缝间隙和错边量；后用正反螺丝调整壁板垂直度、圆弧度和环缝间隙；检查合格后进行立缝和环缝的焊接。

5. 提升内置悬挂平台，依次进行各圈壁板的组装和焊接。

5.4.3 壁板焊接

1. 壁板各部位焊接方法、焊接材料如表 5.4.3 所示。

壁板焊接方法及材料选用表

表 5.4.3

序 号	施焊部位	材 质	焊接方法	焊接材料	
				焊丝	焊剂
1	纵缝	16MnR/Q235-A	气电立焊	SOL507	
2	环缝	16MnR/Q235-A	埋弧焊	H10Mn2	SJ101
3	补焊、返修	16MnR/Q235-A	手工焊	E5016/E4303	

2. 壁板焊接采用 2 台气电立焊机和 6 台埋弧自动横焊机进行施工。自动焊机沿罐壁圆周均匀分布，对称同向施焊。壁板的焊接顺序为：先焊立缝，待上下两圈壁板立缝全部焊接完成后，再焊环缝。

3. 壁板立缝焊接：焊接前，先焊上定位及防变形用龙门板，拆下立缝组对卡具，在起弧处加引弧板和收弧处加熄弧板，然后进行焊接。第一、二圈壁板立缝为 X 型坡口，焊接时先焊外侧，焊接完毕进行清根、打磨、磁粉探伤，检查合格后再焊内侧；其余各圈壁板立缝均为 V 形坡口，自动焊机在外侧一次焊接成型；所有立缝除第一圈壁板下端约 300mm 需用手工电弧焊焊接外，其余均为气电立焊。

4. 壁板环缝焊接：壁板第一至七圈环缝为 V 形坡口，其余为 K 形坡口，采用埋弧自动横焊进行焊接，均需要双面焊接成型。其焊接顺序是先焊外侧焊缝，然后用角向磨光机进行反面清根并经检验合格后，再焊内侧焊缝。环缝每遍焊接的起弧和收弧部位应错开 100mm 以上。

5.5 浮顶安装

5.5.1 浮顶预制

浮顶预制材料数量多而繁杂，因而应按排版图及时做好标记，分类存放。预制时，因钢板很薄，在切割下料时要做好防变形措施，如用夹具固定拘束后再切割或采用小的工艺规范参数进行切割，并在切割的同时加水冷却，以防止钢板受热变形。切割后要用直尺进行检查，发现有较大变形时进行矫正。

桁架型钢下料用砂轮切断机，并在预制平台上组焊成单片桁架，减少现场安装焊接量。型材焊接时，掌握好焊接顺序，防止焊接变形。组焊后的桁架用样板进行检查合格，若发现弯曲或翘曲变形，要进行校正合格。

5.5.2 浮顶组装

浮顶组装在操作平台上进行，装配式操作平台采用螺栓连接，方便安装和拆卸；平台水平度用可调节高度的支腿进行调整。装配式平台外周安装要在第一圈环缝焊接完成后进行，避免妨碍自动焊机工作。装配式操作平台如图 5.5.2 所示。

浮顶底板铺设前用线坠对准罐底板来确定浮顶的中心。浮顶底板为条形排板，铺板时从中心开始顺次向外铺设，每铺设一张板随即调整、点焊固定。为保证浮顶的几何尺寸，排板直径要放大 0.1%～0.2%的焊接收缩量。

在底板上画出隔板、环板和桁架的安装位置线，从中心向外依次安装中心环板、桁架、隔板、环板和边缘环板。

浮顶顶板为一字形排板，铺设方法与浮顶底板

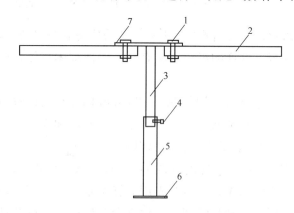

图 5.5.2　浮顶装配式操作平台接点图

1—连接螺栓；2—横梁；3—上部支腿；4—下部支腿；
5—调整螺栓；6—支腿底板；7—盖板

相同。

5.5.3 浮顶附件安装

浮顶附件由船舱人孔、支柱、集水坑、导向管、呼吸阀、浮梯轨道、刮腊装置、密封系统、泡沫挡板及中央排水管等组成。在罐外进行各附件的预制，按照图纸标定的位置划出安装位置线，然后进行开孔、组装和焊接。为防止橡胶等部件被火花烧伤，密封装置和中央排水软接头要放在最后安装。

浮顶支柱安装时应按设计高度预留出 200mm 调整量，在充水试验时进行调整。其调整方法是放水至比浮顶最低位置高出 300mm 时停止放水，调整各个支柱的实际需要长度，逐个支柱进行调整，全部调整完以后，再放水使浮顶坐落。

5.5.4 浮顶焊接

浮顶底板和顶板的搭接焊缝的上表面为连续焊，下表面为断续焊（焊 100mm 间 200mm），全部采用手工电弧焊进行焊接。焊接时应采取防变形措施，采用小焊接规范，掌握好焊接顺序，以减少薄板的焊接变形，确保整个浮顶的几何形状和尺寸。

所有浮顶连续焊缝均应进行煤油试漏检查，整个浮顶安装结束后应逐个船舱进行气密性试验。

5.6 充水试验

充水试验用水应为工业新鲜水，水温不低于 5℃。试验主要检查罐底严密性、罐壁强度及严密性、浮顶的升降试验及严密性和浮顶排水管的严密性，同时还要进行基础的沉降观测。

充水试验一般分三段进水，第一次进水至 1/2 罐高时停置 8h，第二次进水至 3/4 罐高时停置 8h，第三次进水至最高液位时停置 48h，检查基础的沉降情况，如有异常须处理后方可进行下一步作业。

6. 材料与设备

6.1 主要施工材料一览表

主要施工材料见表 6.1。

主要施工材料一览表

表 6.1

使用用途	名称、规格型号	主要技术指标	备　注
罐体材料	钢板 16MnR 厚 12~32mm		
	钢板 Q235-A 厚 5~12mm		
焊接材料	焊丝 H10Mn2 ϕ3.2	焊丝无锈蚀，硫、磷等有害元素的含量不能超标	自动埋弧横焊
	焊丝 H08Mn2SiA ϕ1.6	焊丝无锈蚀，硫、磷等有害元素的含量不能超标	气电立焊
	CO_2 气体	保护气体纯度>99.8%	气电立焊
措施用料	组对卡具	龙门板、蝴蝶板、方帽、楔子、斜撑等	
	悬挂平台	带挂耳、连接牢固	配安全网
	浮顶装配式平台	接头部位螺栓连接、支腿带调整螺栓	

6.2 主要施工机械一览表

主要施工机械见表 6.2。

主要施工机械一览表

表 6.2

序　号	名称、规格、型号	单　位	数　量	备　注
1	自行式起重机 25t	台	1	
2	平板拖车 20t	辆	1	预制件运输
3	龙门吊 10t/20m	台	1	预制场使用
4	数控滚板机 40mm×3000mm	台	1	

序　号	名称、规格、型号	单　位	数　量	备　注
5	埋弧自动横焊机 CHH-Ⅱ型	台	6	
6	气电立焊机 CLH-Ⅱ型	台	2	
7	埋弧平焊机 MZ-1000 型	台	2	
8	直流电焊机 AX-50 型	台	10	
9	交流电焊机 BX₃-300 型	台	24	
10	坡口机	台	2	
11	半自动切割机	台	4	
12	电动空压机 ZY-0.6/7-C	台	3	
13	焊条烘干箱 YGCH-100 500℃	台	1	
14	恒温箱 3kW 150℃	台	1	
15	砂轮切割机 ϕ400	台	1	
16	角向磨光机 ϕ150	个	30	
17	台钻 ϕ20	台	1	
18	捯链 10t	个	40	
19	挂壁小车	台	6	自制

6.3　主要检验、测量设备一览表

主要检验、测量设备见表 6.3。

主要检验、测量设备一览表　　　　　　　　　　表 6.3

序　号	名称、规格、型号	单　位	数　量	备　注
1	经纬仪 J2	台	1	
2	水准仪 S3	台	3	
3	焊缝检验尺 650mm×30mm	只	8	
4	塞尺 0.02～1mm	把	8	
5	千分尺	只	2	
6	钢板尺 500mm、1000mm	只	14	
7	直角尺 250×500	只	10	
8	钢卷尺 2.5m、5m、20m	只	40	
9	盘尺 50m	只	2	
10	条式水平仪 0～400mm 2mm/m	只	12	
11	真空表 0.5 MPa	只	2	
12	U形管压力计 1.5m	只	1	自制
13	X 光探伤机 300kV	台	3	
14	超声波探伤机	台	1	

7. 质 量 控 制

7.1　工程质量控制标准

储罐施工质量执行《立式圆筒形钢制焊接油罐施工及验收规范》、《钢结构工程施工及验收规范》和《现场设备、工业管道焊接工程施工及验收规范》。其关键部位、关键工序的允许偏差按表 7.1 执行。

关键部位、关键工序允许偏差表   表 7.1

序　号	工序名称	检查内容		允许偏差	检查方法和频率
1	壁板预制	长度、宽度		±1.5mm	钢卷尺、每张钢板
		对角线		≤3mm	钢卷尺、每张钢板
		直线度	长度方向≤2mm		拉钢丝、每张钢板
			宽度方向≤1mm		拉钢丝、每张钢板
		坡口角度		±2.5°	焊接检验尺、每张钢板
		圆弧度		≤3mm	弧形样板尺、每张钢板
2	底板组装	组对间隙		±1mm	塞尺、抽查
3	浮盘组装	搭接量		±5mm	钢卷尺、抽查
4	壁板组装	组对间隙		±1mm	钢卷尺、每张钢板
				±0.5mm	塞尺、每张钢板
		垂直度		≤3mm/每层,总高 2%H	吊线坠、每张钢板
		局部凹凸度		≤10mm	弧形样板尺、每张钢板
5	焊接	焊缝质量		符合规范要求	焊接检验尺和肉眼观察
6	总体试验	强度及严密性试验		无泄漏、无异常变形	试验过程肉眼观察
		浮盘升降试验		升降自如、无卡涩	试验过程肉眼观察
		基础沉降观测		符合规范要求	水准仪、每天

7.2 质量保证措施

7.2.1 建立质量保证体系和岗位责任制,完善质量管理制度,明确分工职责,落实到人,保证体系高效地运转。

7.2.2 对工程质量实施事前、事中、事后的全过程控制;对施工过程的人、机、料、法、环五大要素的保证措施进行明确和落实。

7.2.3 壁板和底板边缘板等重要部位预制时应严格控制其长、宽、对角线和坡口尺寸。

7.2.4 宜使用数控卷板机和卷弧胎具进行壁板卷弧,保证壁板圆弧度满足规范要求。

7.2.5 采用自动埋弧横焊机和气电立焊机等先进焊接设备、选派技术过硬的焊工、严格执行方案规定的焊接工艺参数及焊接顺序,来保证焊缝质量和减少焊接变形。

7.2.6 严格把好无损检测和充水升降试验这两道检验关,杜绝不合格品流入下一道工序。

8. 安 全 措 施

8.1 认真贯彻"安全第一,预防为主"的方针,根据国家有关规定、条例,结合工程的具体特点,建立健全以项目经理为首的安全消防保证体系。

8.2 施工现场按防火、防洪、防触电、防高空坠落等安全规定和安全要求进行布置,并按规定配备灭火器等消防器材、悬挂安全标识。

8.3 每天班前检查自动焊机和打磨用悬挂小车的安全保护装置是否牢靠,并检查罐壁有无妨碍机器行走的物件,以防发生高空坠落事故。

8.4 内置悬挂平台提升时保证各吊点水平且受力一致,挂耳焊接牢固,平台加防护栏杆。

8.5 自动焊机挂在罐壁施工时,派专人看护,避免电缆线(220V焊机行走控制线和380V焊机电源线)与其他建筑物刮碰,防止电缆线破损发生触电事故。

8.6 浮顶船舱内焊接、刷油时在人孔处设抽风机保证通风,定期换班防止人员中暑、中毒。

8.7 施工现场的临时用电严格按照《施工现场临时用电安全技术规程》的有关规定执行。

8.8 编制安全应急预案,加强现场人员的安全教育和培训。

9. 环保措施

9.1 成立施工现场环境管理领导小组，建立健全环境管理体系。

9.2 现场内所有交通路面和物料堆放场地全部硬化路面，做到黄土不露天；施工垃圾应及时清运，并适量洒水，减少污染。

9.3 加强对现场的烟尘监测，进行定期检查和不定期抽查，对现场烟尘程度按林格曼烟气浓度图进行观测，落实各项环保措施，确保烟尘排放度达标。

9.4 现场交通道路和材料堆放场地统一规划排水沟，控制污水流向，设置沉淀池，将污水经沉淀后再排入市政污水管线，严防施工污水直接排入市政污水管线或流出施工区域污染环境；确保雨水管网与污水管网分开使用，严禁将非雨水类的其他水体排进市政雨水管网。

9.5 尽可能采用低噪声施工设备，对强噪声施工设备加隔音棚或隔音罩封闭、遮挡。加强环保意识的宣传，采用有力措施控制人为的施工噪声，严格管理，最大限度地减少噪声扰民。

9.6 加强废弃物管理，施工现场设立专门的废弃物临时贮存场地，废弃物应分类存放，对有可能造成二次污染的废弃物必须单独贮存、设置安全防范措施且有醒目标识，减少废弃物污染。

10. 效益分析

10.1 本工法将正装法和自动焊接进行有效的结合，提高了工作效率、保证了施工质量、解决了焊接变形控制等技术难题；内置悬挂操作平台技术的开发，解决了脚手架工作量大、施工周期长等问题；壁板精确组装技术保证了壁板的组对质量；自动焊焊接效率高、速度快、焊缝质量高，操作工人劳动强度低。通过合理的组织和管理，新设备以及新技术的应用，最大限度地降低了环境污染，社会效益和环境效益明显。

10.2 本工法与国内同类工程施工方法相比，减少了电焊工和架子工的使用量，节约了电焊机和吊车等机械台班，节省了大量的脚手架等措施用料，取得了130余万元的总体经济效益。

10.3 本工法技术的成功应用，为企业积累了宝贵的施工经验，提高了企业的施工技术水平，促进了大型储罐施工技术的进步和发展，为以后油库区的规划建设提供了可靠的决策依据和技术指标。

11. 应用实例

11.1 营口港墩台山原油贮运工程

1. 工程地点：辽宁营口港鲅鱼圈港区。

2. 总工期：105个日历天。

3. 实物工程量：2台50000m³储罐。

4. 工程概况：每台储罐直径为60m、高20m、重1250t；材质为Q235-A＋16MnR；壁板由10圈板对接而成，最大厚度达32mm；浮顶结构形式为双浮盘外浮顶结构。本工程采用大型储罐内置悬挂平台正装法施工，将正装法自动焊接进行有效的结合，并在组装过程中成功开发出内置悬挂平台施工技术。

5. 应用效果：大型储罐内置悬挂平台正装法在本工程得到成功的应用，质量得以提高；工期大大缩短；成本大幅度降低；总体试验一次成功；工程质量评定优良，取得了良好的社会效益和经济效益。

11.2 南京炼油厂20000m³储罐工程

1. 工程地点：南京市栖霞区。

2. 总工期：85个日历天。

3. 实物工程量：2 台 20000m³ 储罐。

4. 工程概况和应用效果：每台储罐直径为 40m、高 16m、重 640t；材质为 Q235-A＋16MnR；壁板由 9 圈板对接而成，最大厚度达 24mm；浮顶结构形式为双浮盘外浮顶结构。采用本工法施工，总体试验一次成功，工程质量评定优良。

11.3 天津汇鑫油库工程

1. 工程地点：天津港南疆石化小区。

2. 总工期：249 个日历天。

3. 实物工程量：3 台 50000m³ 储罐。

4. 工程概况和应用效果：每台储罐直径为 50m、高 23.8m、重 1340t；材质为 Q235-A＋16MnR＋12MnNiVR；壁板由 11 圈板对接而成，最大厚度达 32mm；浮顶结构形式为双浮盘外浮顶结构。采用本工法施工，总体试验一次成功，工程质量评定优良。

大型液压系统"一步法"安装工法

YJGF129—2006

上海宝冶建设有限公司

唐燕 王连军

1. 前 言

长期以来，液压系统的安装应用（即一次配管、拆卸后酸洗冲洗、二次安装、冲洗、试压调试）和循环酸洗法在过去多年的液压系统施工中起到很大的作用，但存在污染环境、危及工地操作安全、需要专用的酸洗冲洗装置、费用高、临时配管复杂、工作量大、劳动强度高、环节多、冲洗时间长、冲洗油耗量大等许多不足。既对环境保护不利，也不符合节能、节材、节约资源的精神。国外一般也是采用二次安装法和循环酸洗法，德国循环酸洗法应用较多，日本二次安装法占主导地位。为此，在总结国内外液压系统安装工艺的基础上，我们开发了液压管道安装新工艺，即一步法液压系统安装新工艺。

液压系统"一步法"安装工艺克服了传统工艺的不足。管道不需二次安装，实施管道预处理，避免了在工地酸洗或线外冲洗造成环境污染，同时也节约了设置酸洗和冲洗装置的制造、安装、运输等费用，节省了大量临时配管材料及安装拆卸工作量。此法采用原液压系统包括原泵、油箱等成套系统进行系统冲洗的关键是要设原泵保护装置，有效确保原泵等设备不受到损伤。至今国外尚很少采用原液压系统包括原泵、油箱等成套系统进行系统冲洗，主要是担心原液压系统的泵受到损伤，其关键是没有设计对原泵进行保护的装置。本工法针对上述问题，在调查研究和总结以往经验的基础上，开发了原泵保护装置，有效解决了利用液压系统原泵、油箱等成套系统进行系统冲洗，即原液压系统设备特别是泵的安全保护问题。实现了液压系统"一步法"安装新工艺的成功应用。这一工艺充分利用了社会资源，节省了工艺装置的制造、安装、运输以及临时设施的费用，避免了环境污染，减少了操作人员的安全风险。

该工法的核心技术《液压系统"一步法"安装工艺技术研究》已获上海市科技成果（登记号码9312007Y1255），获中冶集团科学技术奖二等奖。《一次配管、在线用原液压泵冲洗及安装方法》和《原液压泵冲洗液压管道用的泵保护装置》分别已申报发明专利、实用新型专利（受理号分别为200610027794.6和200610027793.1）。本工法先后在湘钢宽厚板工程、宝钢宽厚板连铸工程、宝钢宽厚板热轧工程、首钢秦皇岛4300mm宽厚板工程、武钢1580mm热轧等工程中获得成功应用，取得了良好的应用效果。

2. 工 法 特 点

2.1 有效避免了环境的污染

2.1.1 管路不需要二次安装，基本不需要中间法兰和接头。不仅节约了大量的劳动力和材料成本，而且避免了中间法兰和接头有可能泄漏而造成环境污染，从根本切断了污染源头。

2.1.2 实施管道预处理，避免了工地进行酸洗所带来的酸液滴漏，造成环境的污染和危及作业安全。

2.2 节省安装费用和节省劳动力

利用原工作泵、工作油箱进行阀架前管路冲洗，也可通过阀架直接投入冲洗，临时配管量小。不设专用酸洗、冲洗装置，节省了制造、安装、运输费用和节省了劳动力。

2.3 可实现高压、高温、大流量冲洗，时间短，成本低，效果好

采用原液压系统及原泵、油箱等全套进行冲洗，由于原系统压力、流量较高，并设有油液压加热系统等可实现高压、高温、大流量冲洗，因此时间短，节省能源及劳动力。对于伺服液压系统，主管一般只需要 48～72h，阀架后管道一般只需要 8～16h。

2.4 可实现边试车，边施工，缩短工期

传统工艺要求所有的设备及管道安装完后才能进行冲洗和试运转，有时有的系统设备供货较晚，阀架后管道和设备难以全部同步完成，因而影响系统的冲洗。采用此方法，可先对已安装的管道进行冲洗，所有阀架后管道可以同步安装，完毕后再进行试运转。因而可以实现"边试车，边施工"，提高了施工进度，节省了工期。

2.5 液压系统整体压力试验方法简单，速度快，不仅及时检验了施工质量而且有效的检验了设备质量。

2.5.1 液压系统压力试验在系统冲洗完后进行。简化了传统工艺中试验前临时管道的配制、安装以及复位等工作，节省了工期。

2.5.2 有效检验了原泵及电机的功率核验及耐压要求，同时还检验了从泵出口到各执行机构的液压设备和管道的耐压情况。

2.6 工作泵保护监视装置是工作泵的保护神，对工作泵进行了有效保护。

液压系统冲洗采用了工作泵保护监视装置。对工作泵的保护做到了万无一失，免除了业主和外商的担忧，减少了工地协调工作，提高了施工进度，有效利用了社会资源。

2.7 液压系统二步法、循环酸洗冲洗法、一步法的比较见表 2.7

液压系统二步法、循环酸洗冲洗法、一步法的比较　　　　　　表 2.7

项　目	液压系统安装工艺		
	二步法循环酸洗	冲洗法	一步法
管道安装	一次拆卸 二次安装	一次安装 不拆卸	一次安装 不拆卸
酸洗	工厂化	专用酸洗装置 制作、运输、安装	工厂化
冲洗	专用冲洗装置设计制作运输、安装	专用冲洗装置设计制作 运输安装	无
临时配管	临时配管多 要拆卸安装	临时配管较多 要拆卸安装	临时配管很少
环境影响 操作安全	污染环境 影响操作安全	污染环境 影响操作安全	无
冲洗时间	最长	长	最短
高压高温 大流量冲洗	成本高	成本高	成本低

3. 适 用 范 围

本工法适用于中间管道工地配制的液压系统的安装工程。

4. 工艺原理

本工艺实现液压管道酸洗工厂化，工地只进行系统管道的配制和设备的安装，不需拆除进行二次安装，也不需要专用酸洗和冲洗装置进行酸洗和冲洗，待管道和设备全部安装并形成系统后，在系统中设置原泵保护装置，利用原系统的泵、油箱等进行冲洗、压力试验等，不仅冲洗效果好，而且对原泵不造成任何损伤。工作原理如图4。

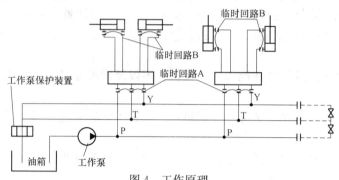

图 4　工作原理

利用原工作泵、工作油箱进行阀架前管路冲洗，临时回路 A；也可通过阀架直接投入冲洗，图 4 临时回路 B。

由于原系统压力、流量较高，并设有油液加热系统等可实现高压、高温、大流量冲洗。当有的设备供货较晚时，可先对已安装的系统进行冲洗、试压并投入试运转。供货较晚的系统如图 4 中虚线线部分，可以同步安装。

从图 4 可知，液压系统压力试验有效检验了原泵及电机的功率核验及耐压要求，同时还检验了从泵出口到各执行机构的液压设备和管道的耐压情况。

5. 施工工艺流程及操作要点

5.1　工艺流程（图 5.1）

5.2　操作要点

5.2.1　素材预处理

液压系统一步法安装工艺关键之一是管道预处理，即管道的预处理是在工地以外的专门工厂或工场实施。避免了工地酸洗，造成环境污染。

预处理工艺包括酸洗、钝化、干燥、防锈、包装、运输等工序。酸洗合格后，用水将材料表面残留的酸液冲洗干净，再放入钝化槽进行材料表面钝化，使材料表面形成一层均匀的保护膜。然后将管材料干燥，再后进行内表面涂油工作。然后用干净的压缩空气将防锈油均匀地喷涂到管材内表面，外表面涂以底漆，然后将管口包扎，运入工地进行安装。一般上述工序在专门的酸洗工厂或工场进行处理。

外地施工项目当无专业酸洗工厂时，可建立小型酸洗工场并符合有关环保规定。

小型酸洗工场面积一般为 10m×10m，工场屋架顶设置一台电葫芦，地面设置两个 1m×0.9m×10m 的酸洗和钝化槽，废水收集槽和废水坑，废酸及废水均集中由当地专门机构处理。如图 5.2.1。

5.2.2　管道安装

1. 预处理的管道进入工地后即进行安装，酸洗后的管子在施工时，必须避免污物进入管内。

2. 管道安装包括下料、切割、打坡口、弯曲、组装、焊接、安装等工序。

3. 切割管道宜采用机械切割，利用坡口机进行管道的打坡口作业。切割管道严禁采用砂轮片切割方式，对于大口径（φ168mm以上）管道，工地不具备机械切割条件，可以采用火焰切割方式进行切割，但必须在切割完毕后将管内的飞溅物清理干净。坡口作业尽量避免采用砂轮片方式进行，对于有些特殊口径（φ22mm以下及φ140mm以上）的管道，坡口机不能进行坡口作业时，可以采用砂轮片方式进行坡口作业。但必须采取相应的保护措施，如管口塞入尼龙布等，防止杂物进入管口。

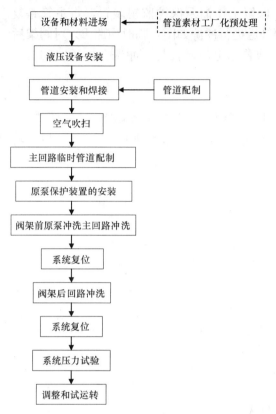

图5.1 施工工艺流程

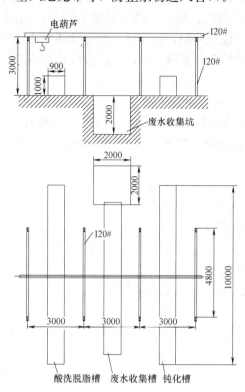

图5.2.1 小型酸洗工场平面布置图

备注：1. 电葫芦移动梁支承两立柱框架支撑结构；

2. 在葫芦梁的上部设置宽度1500mm的防雨板；

3. 在两个槽之间要设置高度300mm的废水收集槽，便于酸洗后钝化前的管子用水冲洗；

4. 酸洗后的检查：酸洗后要检查无氧化皮、铁锈、管子内部无酸洗液斑点、无异物残留，无伤痕和其他变形。管内无异物。

4. 管道的弯曲加工按常规进行。对于小口径管道，宜采用冷弯方式进行管道的弯制，尽量避免用焊接式弯头，严禁采用热弯方式进行弯管作业。

5. 液压管道的焊接宜采用充氩保护焊，不锈钢管道必须采用充氩气保护焊。焊接作业完毕，对焊接焊缝按规范进行射线检验并符合设计技术文件或规范的规定。

5.2.3 泵保护装置的设置

泵保护装置是依据流量原理进行设计（专利）。

5.2.4 冲洗回路设计

系统冲洗应设计和配置合理的冲洗回路。在管道安装完毕后按回路设计进行回路的设置，配置极少量临时冲洗回路连接管道，应该指出，临时回路配必须保证其内壁的清洁度。冲洗回路见图4。

5.2.5 系统的冲洗

1. 在液压管路冲洗前，先用压缩空气对所有管道进行空气吹扫作业，将管道内残留的大颗粒杂物基本吹扫干净。

2. 循环冲洗应采用原系统泵、油箱对系统管道和临时管道组成的若干个冲洗回路进行冲洗。冲洗压力一般在40bar，冲洗速度不小于6m/s，冲洗温度控制在30～65℃。

3. 启动系统，利用工作泵、工作油箱对泵站到阀架之间的主管道进行冲洗，如图1临时回路A。

冲洗压力一般控制在 2～5MPa 左右，冲洗速度不小于 6m/s 冲洗时应采用泵站循环冷却过滤装置控制系统的控制油温在 45～65℃ 的最佳范围内。

冲洗时，应同时启动备用泵，将系统的压力升到 3.0～7.0MPa 范围内，以实现大流量、高压、高温连续冲洗作业。

4. 主管冲洗合格后，将主管道上的临时回路 A 拆除，保留工作油泵保护监视装置，将主管路复位。主管复位完毕后，再通过阀架对具备冲洗条件的阀架后管道进行冲洗如图 1 临时回路 B。对阀架后管道进行冲洗时，要将比例阀和伺服阀用相应规格的冲洗板或普通电磁阀代替。冲洗合格后将临时回路 B 拆除，对系统进行复位。

5.2.6 系统冲洗检验

1. 冲洗期间，要经常巡视，发现管道漏油，及时处理，并注意油温、压力变化情况，及时调整。

2. 冲洗油清洁度采用全自动检验仪进行，冲洗过程可定期取样，取样应连续进行 2～3 次，以平均值为冲洗结果。

3. 取样应在下列区域进行：

1）伺服阀冲洗板前；

2）回油管末端，但必须在回油过滤器前；

3）据现场代表指定区域取样检测。

4. 检验要求

1）液压伺服系统的污染等级不应低于 -15/12；

2）带比例阀的液压控制系统以及静压轴承的供油系统的污染等级不应低于 -17/14；

3）液压传动系统、动压轴承的供油系统污染等级不应低于 -19/16。

6. 材料、设备

以宝钢宽厚板连铸工程为例说明本工法的材料和设备，见表 6。

材料、设备表　　　　　　　　　　　　　　　表 6

序　号	名　称	规格型号	单　位	数　量
1	空压机	0.9m³，0.7MPa	台	2
2	电动弯管机		台	1
3	多功能弯管机	Tubomat1500	台	2
4	切管套丝机		台	1
5	套丝机	1/4″～2″	台	1
6	套丝机	BS/300D-3″	台	1
7	锯床	G7025	台	4
8	手工锯		台	8
9	坡口机		台	4
10	电焊机		台	15
11	氩弧焊机		台	15
12	焊条干燥箱		台	2
13	焊条保温桶		台	15
14	过滤器滤芯	5～10μm	只	60
		20～25μm	只	40
15	电动滤油机	EOF-S-2000	台	3
16	耐油胶管	3/4″1″、1½″	m	各100

7. 质量控制

7.1 执行的标准、规范

7.1.1 《冶金机械液压、润滑和气动设备工程安装验收规范》(GB 50387);

7.1.2 《现场设备、工业管道焊接施工及验收规范》(GB 50236);

7.1.3 《工业金属管道施工及验收规范》(GB 50235)。

7.2 本工法技术标准和质量要求

7.2.1 管道加工技术标准见表7.2.1。

管道加工技术标准 表7.2.1

序 号	项 目	允许偏差(mm)	图示说明
(1)弯制			
1	弯管的最小弯曲半径	≤3 倍管外径	
2	管子弯曲后的最大直径与最小直径之差	≤8%	
(2)螺纹加工			
1	螺纹各种缺陷	≤1/3 圈螺纹	
2	螺纹牙高减少量	≤1/5 螺纹牙高度	
(3)切割			
1	切口平面与管子的轴线垂直度	管子直径的1%	
(4)法兰装配			
1	法兰平面与管轴线的垂直度	<1.0	
2	两法兰结合面平行度	≤0.5	

7.2.2 管道安装技术标准见表7.2.2

管道安装技术标准 表7.2.2

序 号	项 目	允许偏差(mm)	图示或说明
(1)管道安装			
1	标高	±15	
2	水平度	2/1000 且不大于 30mm	
3	垂直度	3/1000 且不大于 20mm	
4	回油管道应向油箱方向向下倾斜的倾斜度	12.5/1000~25/1000	
5	油雾管道流动方向向上倾斜的倾斜度	5/1000	
(2)弯头、三通垂直度			
1	$L<1000$	±2.0	
2	$1000≤L<5000$	±3.0	
3	$L≥5000$	±4.0	
(3)法兰焊接垂直度			
1	$D≤100$	0.5	
2	$100<D≤200$	0.6	
3	$D>200$	0.8	

7.2.3 主体设备安装技术标准（表7.2.3）

主体设备安装技术标准　　　　　　　　　　　　　　　表 7.2.3

序　号	项　目	允许偏差(mm)	图示或说明
(1)油泵安装			
1	水平度	0.1/1000	
2	中心线	10.0	
3	标高	±10.0	
(2)油箱安装			
1	水平度或垂直度	1.5/1000	
2	中心线	10.0	
3	标高	±10.0	
(3)压力罐			
1	标高	±10.0	
2	中心线	10.0	
3	垂直度	1/1000	

7.2.4 辅助设备安装技术标准（表7.2.4）

辅助设备安装技术标准　　　　　　　　　　　　　　　表 7.2.4

序　号	项　目	允许偏差(mm)	图示或说明
(1)净油机安装			
1	水平度	0.1/1000	
2	中心线	10.0	
3	标高	±10.0	
(2)蓄能器安装			
1	标高	±10.0	
2	中心线	10.0	
3	垂直度	1.0/1000	
(3)冷却器			
1	水平度或垂直度	1.5/1000	
2	中心线	10.0	
3	标高	±10.0	
(4)净油器			
1	水平度	0.1/1000	
2	中心线	10.0	
3	标高	±10.0	

续表

序　号	项　目	允许偏差(mm)	图示或说明
(5)阀架			
1	水平度或垂直度	1.5/1000	
2	中心线	10.0	
3	标高	±10.0	
(6)泵组			
1	标高	±10.0	
2	中心线	10.0	
3	水平度	1.5/1000	

7.3 关键部位、关键工序

7.3.1 关键工序

1. 管道焊接质量要求

1) 焊缝外观质量应符合《现场设备、工业管道焊接施工及验收规范》GB 50236 Ⅱ级的规定。

2) 焊缝内部质量及抽查比例应符合表 7.3.1 的规定。

焊缝内部质量及抽查比例　　　　　　　　　　表 7.3.1

设计压力(MP)	抽查比例	合格等级
<6.3	5%	GB 3323 Ⅱ级
6.3~31.5	15%	GB 3323 Ⅱ级
>31.5	100%	GB 3323 Ⅱ级

2. 系统的冲洗质量要求

液压管道内腔污染等级应达到下列要求：

1) 液压伺服系统的污染等级不应大于－15/12；

2) 带比例阀的液压控制系统以及静压轴承的静压供油系统的污染等级不应大于－17/14；

3) 液压传动系统、动静压轴承的供油系统、污染等级不应大于－19/16。

7.4 质量管理和技术措施

7.4.1 质量管理

1. 认真贯彻《质量手册》和程序文件规定内容和要求，文件上说到的必须做到，做到的必须有见证；

2. 建立以总工程师为首的质量保证体系，质量管理工作以项目质量检查员为主，结构和焊接检查人员密切配合，施工班组设自检员自检及质量管理工作；

3. 建立和健全质量三级检查制度（班组自检制度、项目管理专检制度、重要项目或工序联合检查制度）；

4. 坚持工程质量技术交底制度，开工前，专职工程师必须就项目进行交底，使施工人员熟悉施工程序、方法和技术质量要求以及相关专业配合关系、施工工期等，做到人人心中有数，个个掌握质量要求，为确保工程质量打下良好的基础。

7.4.2 技术措施

1. 严格工艺纪律和按规定的施工程序进行施工，如外界情况变化影响施工方案的实施时，可变更方案，但必须经总工程师批准。

2. 严格执行各工序间的检查制度，认真做好原始记录，（自检专检联检）上道工序未检查合格，不得进行下一道工序。

3. 对重要工序关键部位或薄弱环节建立质量管理点，严格工序控制从材料进场至试运转等全过程自始至终处于受控状态. 质量管理点由专人负责管理，经检查确认后，方可转入下一道工序质量管理点如下：

1）预处理管道进场质量检查；

2）焊工资格审查

3）管道焊接质量检验；

4）系统冲洗油清洁度检验；

8. 安 全 措 施

8.1 执行的安全规程

8.1.1 《施工现场临时用电安全技术规程》（JGJ 46）；

8.1.2 《建筑机械使用安全技术规程》（JGJ 33）。

8.2 安全管理措施

8.2.1 认真贯彻"安全第一，预防为主"的方针，根据国家有关规定、条例，结合施工单位实际情况和工程的具体特点，组成专职安全员和班组兼职安全员参加安全生产管理网络，执行安全生产责任制，明确各级人员的职责，抓好工程的安全生产。

8.2.2 精心组织施工，每个项目开工前必须进行安全技术交底，严格执行个人安全防护用品检查制度。严格按安全操作规程进行。

8.2.3 搞好地下油库的通风、照明工作，若原照明亮度不够，要增加照明。

8.2.4 作业用所有的电器、机具、盘箱、灯具等必须有良好的接地及触电保护装置，各种电线、电缆用前要检查，严禁放置地面或在油污中浸泡，杜绝有裸露部位。

8.2.5 高空作业必须搭好脚手架，铺牢跳板，临时围栏不得低于 1m，作业时要系牢安全带，严禁高空抛物。

8.2.6 未经特种作业培训或未取得合格证者，不得从事特种作业。

8.2.7 对流到地面的油污要及时清扫，防止作业人员滑倒。

8.2.8 设备吊装前，作业人员应熟悉吊装场地及周围环境，了解设备的重量、体积，正确的选用吊车、吊具，遵守"十不吊"规章。

8.2.9 用滚杆搬运设备时，要清理好现场，清除障碍物，搬运人员注意力要高度集中，统一指挥，防止手、脚挤伤。捯链等工具就位设备时，捯链要挂牢靠，根据设备的吨位正确选用捯链的吨位。几个捯链同时落放一个油箱时，起落号令要统一，防止把大部分重量集中在一个捯链上，造成事故。

8.2.10 管道吊装吊运时要捆扎牢固，防止管道滑落。高空管道吊装时，搭设临时脚手架要稳定牢靠，选用吊具要合理。管道就位后要立即用管卡固定好。

8.2.11 充氮、通油、试压、试车区域，必须拉上红白绳作标志。在试压过程中，操作人员严禁站立在各法兰口、仪表口及阀门口处，同时排放口应设在室外。试压时应作好防爆工作。各类重要阀门要挂上警示牌，严禁带压带电处理问题。

8.2.12 液压站附近存放的易燃、易爆物品要与火源隔开，站内应配置一定数量的灭火器材。保持油库内安全通道畅通，油库内的排污坑、井要有临时防护杆或盖板。

8.2.13 各吊装孔四周要有临时防护栏杆，设备吊装完毕要及时盖上盖板或拉上安全网。

9. 环 保 措 施

9.1 执行的标准、规范

《建筑施工现场环境与卫生标准》JGJ 146

9.2 环境保护措施

9.2.1 成立对应的施工环境卫生管理机构，在工程施工过程中严格遵守国家和地方政府下发的有关环境保护的法律、法规和规章，加强对施工用油、工程材料、设备、废水、生产生活垃圾、弃渣的控制和治理，遵守有防火及废弃物处理的规章制度，认真接受各级环境保护管理，随时接受相关单位的监督检查。

9.2.2 将施工场地和作业范围，合理布置、规范围挡，做到标牌清楚、齐全，各种标识醒目，施工场地整洁文明。

9.2.3 管道预处理必须在专业酸洗工厂进行，外地施工项目无专业酸洗工厂建立小型酸洗工场，必须符合本工法的要求，废酸液必须由当地专业机构回收，不得自行处理。

9.2.4 管道施工工地应空气流通，必要时应使用通风设备。

9.2.5 临时管道的拆卸要采取措施防止油液滴漏有地面或设备上，滴漏在地面或设备上和油液要及时清理。

9.2.6 作业场所应避免尘土等微粉物质飞扬，如有不可避免的尘土、微粉物质飞扬，应作好成品保护工作，作业人员应随即离开作业场所。

10. 效 益 分 析

液压系统"一步法"安装工艺与当前国内外使用的二次安装法和循环酸洗法比较，可取得明显直接经济效益，由于工期提前为业主创造了可观的社会效益。直接经济效益分析如下：

现以热轧带钢工程卷取机液压系统安装为例，经济效益计算如下：

卷取机液压系统管道安装量为 5600m，设一个液压站

1）与循环酸洗法比较节省了专用酸洗和冲洗装置

酸洗和冲洗装置总造价为 13 万元

2）与循环酸洗法比较冲洗回路简化，节省酸管费用和阀架连接管费用

人工：32 工日　按 180 元/工日计算为 5760 元

材料费用：2500 元

机械费用：5300 元

总计为：13560 元

3）与循环酸洗法比较，节省冲洗时间

循环冲洗为 90d，一步法冲洗为 5d，节省时间 85d

人工费按 180 元/工日计算，共需要 8 人，节省费用 122400 元

电费按 1.2 元/度计算，按每天需要 50 度电，节省费用 5100 元

总计为：127500 元

由 1)、2)、3) 项相加节约费用共 27.106 万元。

众所周知，热轧带钢工程液压系统最多，管道安装量最大，约有 6 万 m 管道，按上述计算可获得近 290.414 万元的经济效益。社会效益更显著。近年各大钢厂建设热轧宽厚板工程趋势很大，液压系统越来越多，采用"一步法"安装既经济又环保，具有广阔的应用前景。

11. 工 程 实 例

11.1 宝钢 5000mm 宽厚板连铸工程

开竣日期：2003.9～2004.8；

实物工作量：115t；

应用效果：效果良好。未发生工作泵损伤情况。在泵入口进行油样检验油的清洁度符合要求；

存在问题：少数处所焊缝外观质量欠佳。

11.2 宝钢 5000mm 宽厚板热轧工程

开竣日期：2003.3～2004.5；

实物工作量：710t；

应用效果：效果良好。未发生工作泵损伤情况；

存在问题：少数处所焊缝外观质量欠佳。

11.3 首钢秦皇岛 4300mm 宽厚板热轧工程

开竣日期：2005.3～2006.7；

实物工作量：430t；

应用效果：效果良好。未发生工作泵损伤情况；

存在问题：无。

11.4 涟钢热轧薄板工程

开竣日期：2002.3～2003.12；

实物工作量：23000m；

应用效果：效果良好。未发生工作泵损伤情况；

存在问题：无。

11.5 涟钢冷轧机组工程

开竣日期：2005.1～2005.12；

实物工作量：97t；

应用效果：效果良好。未发生工作泵损伤情况；

存在问题：无；

存在问题：无。

11.6 湘钢宽厚板工程

开竣日期：2004.3～2005.11；

实物工作量：101t；

应用效果：效果良好。未发生工作泵损伤情况；

存在问题：无。

11.7 武钢 2250mm 热轧工程

开竣日期：2003.3～2004.6；

实物工作量：120t；

应用效果：效果良好。未发生工作泵损伤情况；

存在问题：无。

卷帘密封型干式储气柜结构安装施工工法

YJGF130—2006

中冶东北建设有限公司

焦洪福　　王延忠　　周峰　　孟令荣　　孙俊波

1. 前　　言

卷帘密封型（威金斯型）干式储气柜是储气柜中一种典型的干式储气柜，它采用橡胶卷帘密封气体，是一种不用液体介质密封的干式储气柜，单位时间内吞吐气量大，维护简便，密封效果好，适合存储转炉煤气，满足了转炉炼钢生产周期短，短时间产气量大的特点。从 20 世纪 90 年代至今已建成四十多台此种煤气储气柜，最大容积已达 15 万 m^3，并创企业新纪录。根据多年的施工生产实践经验，总结编制了一套切合实际，比较完整的安装施工方法，本文着重介绍了该型储气柜结构安装施工方法的主要特点、适用范围、工艺原理、主要工艺流程及操作要点等。采用此项技术建造的本钢 8 万 m^3 煤气柜被评为辽宁省政府年度科技进步二等奖。

2. 工 法 特 点

2.1　正装法安装，施工程序清晰，易于掌握。

2.2　自制多点数控（电动）卷扬机吊装系统，提升安装柜顶结构，提升吊点分布均匀，受力合理，实现大面积球面薄壳结构平稳提升就位，施工周期短、简捷方便。

2.3　柜顶提升不使用大型起重设备，工艺设施经济合理，有良好的经济效益。

3. 适 用 范 围

本工法用于卷帘密封型干式储气柜的结构安装施工。

4. 工 艺 原 理

4.1　**柜体结构简介**

卷帘密封型干式储气柜采用合成橡胶卷帘密封，柜体基本结构由钢制球面拱形底板、圆柱形截面侧板、放射形均布若干根支柱、球面拱形顶板及通风气楼组成。内设可上下运行的球面拱形钢制活塞。活塞与侧板之间设置一个中间段（俗称 T 挡板）环向桁架结构，把密封橡胶膜分为两段，提高了密封橡胶膜的承载能力。密封橡胶膜布设在 T 挡板的内外两侧，内圈连于 T 挡板和活塞之间，外圈连于侧板和 T 挡板之间，使气柜成为一个两段式密封结构。

4.2　**柜体结构剖面图（图 4.2）**

4.3　**安装工艺原理**

正装法安装侧板、立柱，多点提升法整体安装柜顶结构，多点提升法安装部活塞、T 挡板的桁架结构和橡胶密封膜。

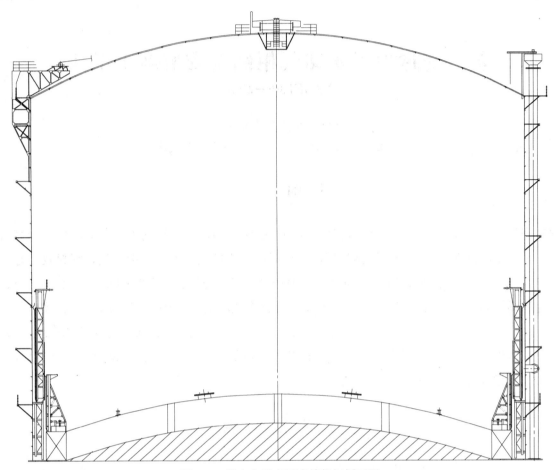

图 4.2　卷帘密封型干式储气柜剖面图

5. 安装工艺流程及操作要点

5.1　安装工艺流程（图 5.1）

分七个阶段施工，每个阶段主要施工程序如下：

第一阶段：

人员、机具进场、临设准备——基础复测、放线定位——底板敷设——底板焊接、真空检验——活塞板敷设——活塞板焊接、真空检验——活塞外环梁组装、焊接——活塞外环梁内钢筋绑扎、混凝土浇灌

第二阶段：

柜顶梁临时支架安装、调整——柜顶边环板安装、调整、焊接定位——柜顶梁安装、调整、焊接——柜顶板敷设、调整、焊接——通风气楼安装——透光孔等组焊

第三阶段：

基柱安装、调整、固定——侧板拼装——侧板安装、调整、焊接——抗风桁架、走台安装、固定、焊接——柜外钢梯安装、固定

第四阶段：

柜顶提升手动（电动）卷扬机及吊装架系统安装、调试——柜顶提升——柜顶与侧壁间隙及柜顶位置调整——柜顶与侧壁连接就位、焊接——柜顶边环板敷设就位、焊接

第五阶段：

在气柜内部布设卷扬机吊装系统——T 挡板台架系统安装——T 挡板系统安装——活塞支架系统

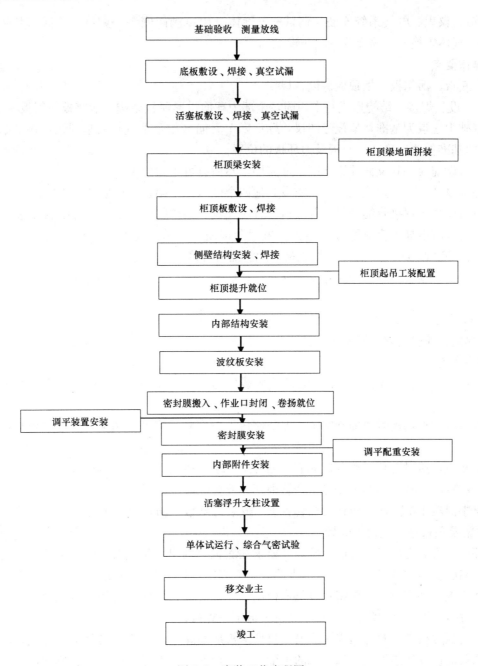

图 5.1　安装工艺流程图

安装——导向轮系统安装调整——活塞支架上部支撑橡胶块安装、固定——内壁板安装、焊接——内部走台系统安装、固定——波纹保护板安装、调整、固定——外部调平装置系统安装、焊接——放散系统安装、焊接——气体进出口接管安装、焊接——调平配重块搬入柜内

第六阶段：

活塞板上面打磨、清理、消防器材准备——密封橡胶膜运入柜内、开箱检查——封闭柜壁作业口侧板——密封橡胶膜吊装用卷扬机系统准备——密封膜展开——吊点联结检查——外密封膜起吊就位——外密封膜上口与柜壁连接固定——下口与 T 挡板连接固定——内密封膜起吊就位——内密封膜上口与 T 挡板连接固定——下口与活塞连接就位——综合检查——活塞支承柱连接管开孔、补强板及支座焊接——临时风机安装、调试——充入压缩空气、升起活塞——插入支承柱——打开人孔进入活塞下部焊接活塞板底面环焊缝——活塞板底面涂漆——抽出支承柱回落活塞

第七阶段：

工艺管道、仪表、电气系统安装、调试——气体进出口阀门安装、调试——活塞升降试验——气密性试验——气体置换——移交业主——竣工

5.2 操作要点

5.2.1 底板、活塞板、柜顶板敷设、焊接

1. 底板敷设、焊接 结构形式基本相同，全部为球面拱形薄板结构，活塞板与底板相互重合。

1）以基础中心点为基准，架设经纬仪，标记四个方向（相互垂直）的基准线，在基础上标注"十字"定位板的基准位置，确认中心板及边环板的位置。

2）底板敷设前要将其反面油漆涂刷干燥完毕，然后方可正式敷设。

3）首先敷设"十字"定位板，然后敷设其他四个区域的中幅板，最后敷设边环板。

4）敷设时要预留焊接收缩余量。各接口位置用夹具、钢楔临时固定（也可以点焊固定）。

5）底板焊接时电焊工应对称分区布置，采用分段跳焊（或后退焊）法施焊。焊后全部用真空法（真空度一般为200mmHg）进行严密性试验，无泄漏为合格。

6）底板真空试验合格后，用经纬仪和钢盘尺在底板上进行活塞支柱用基板的测量定位，然后按规定安装焊接基板。

2. 活塞板敷设、焊接

敷设、焊接、检验要求与底板相同。

3. 活塞环梁组焊

1）确定环梁侧板及支柱套管开孔位置并放线定位。在环梁底板上开出套管底孔并将套管组焊完毕。

2）组装侧板和加劲板时要准确定位，保证侧板的弧度和垂直度，用夹具固定侧板与加劲板，然后点焊固定。

3）环梁侧板焊接时必须对称分区布置电焊工，每区一名电焊工同时施焊，由上至下，由内向外，分段退焊（或跳焊），减少不均匀变形，套管根部焊缝要保证气密要求。

4）环梁中混凝土浇灌前，应在支柱套管上口安装好盲板，防止混凝土流入。

4. 柜顶梁及顶板地面敷设、焊接

1）边环立板安装定位必须准确，按设计要求在底板上划出定位点线，垫好标高，每块板之间用卡具固定，全部就位后，按定位点线及标高点检查调整固定，焊接要统一对称，减少不均匀变形。

2）边环立板组装定位后，应将每段弧形板用支撑临时固定，保证每块板位置稳定，整体合拢后再用测量调整一次，达到设计规定要求后，交付下道工序焊接。

3）边环立板焊接必须对称施焊，焊前用弧形卡板加固焊口，避免或减少焊接残余变形。

4）柜顶梁的设计构造形式为瓜皮式的主梁，应在地面平台上尽量扩大拼装单元，然后按单元对称安装就位，其余散装的网格式构造柜顶梁分上下两层单根对称安装。

5）主梁安装前应预先在活塞上部设置临时支架，保证主梁安装就位后的弧度准确及稳定，支架及支架上部横梁要有足够的强度和稳定性，保证主梁系统的稳定和施工安全。

5.2.2 立柱与侧板安装

1. 基柱

基柱是柜侧壁结构安装的基准参照物，因此必须保证其轴线位置、垂直度、标高的准确，安装后精确调整定位，然后拧紧地脚螺栓固定。

2. 与基柱相连的各层侧板在基柱调整合格固定后安装，由下至上逐层安装（一般为四层），各层全部安装调整合格后，统一进行焊接。焊接要尽量采用相同的焊接规范参数，对称施焊，先焊环缝后焊接立缝。

3. 后续立柱、侧板、抗风桁架采用扩大单元综合安装法安装，在拼装胎架上，将每段立柱两两与侧板、抗风桁架拼装成整体后吊装就位，再将剩余侧板拼装成大块吊装就位，调整合格再统一对称

焊接。

5.2.3 柜顶吊装

侧壁系统安装、调整焊接、检查合格后进行柜顶系统吊装作业。

1. 吊装系统准备

1）柜顶吊装架系统安装、调整、固定必须严格按工装设计图的要求执行，确保各节点安装准确、牢固、滑轮转动灵活。

2）起重钢丝绳、手动（或多点数控电动控制）卷扬机安装调试完成。

3）吊耳按工装设计图焊接检验完毕，各卸扣、索具配备齐全。

4）各岗位操作，指挥人员到位，通讯联络器材灵敏、畅通。

2. 柜顶吊装

1）试吊　吊装开始，柜顶升起 100～500mm 时停止，施工人员对吊装系统的各节点、钢丝绳、滑轮、卷扬机等进行 100% 严格检查，确认没有问题再正式起吊。

2）吊装过程要分阶段进行，如采用手动卷扬机各卷扬机应同步动作，尽量使每个吊装单元受力均匀，保证柜顶结构平稳上升。

3）吊装到预定高度后，要对柜顶外周进行调平处理，然后安装焊接连接板，待连接节点全部焊接完毕后，松开吊装钢丝绳，拆除吊装机具，进入下道工序。

5.2.4 橡胶膜吊装

1. 活塞板上表面打磨清理结束后，橡胶膜方可运入柜内开箱检查、展开。

2. 进入柜内后将柜壁作业口封闭，动火施工的工作应全部结束，柜内严禁再动火。

3. 在柜顶设置手动卷扬机，由透光孔垂下钢丝绳，各吊点钢丝绳受力应尽量均匀一致，起吊时专人指挥，统一动作，严防撕裂橡胶膜。

4. 橡胶膜吊装就位后，要严格检查与密封圈连接的上下节点，必须平顺，松紧一致，无褶皱，经确认后，方可进行橡胶膜的粘接和螺栓紧固作业。

5.2.5 调平装置安装、调整

1. 调平系统滑轮应转动灵活，每组装置的滑轮都应在同一轴线上，不能偏移。

2. 配重块拴挂位置标高一致，滑道顺畅无卡阻，悬挂固定完毕后，用弹簧秤检查每组钢丝绳的张力，调整松紧度尽量一致。

3. 自动放阀盖应预紧，与阀筒接触严密，滑转转动灵活，钢丝绳松紧适度。

5.2.6 气柜整体调试与气密试验

1. 调试

1）活塞升降试验　第一次送气必须全行程浮升到顶，将内外橡胶膜全部展开，然后再回落至初始位置，将橡胶膜充分拉开，确保橡胶膜无褶皱变形。

2）每次充气浮升开始阶段必须缓慢送气，使活塞环梁底面超过进出气口管道以上后，方可快速送气，避免活塞位置偏移，回落就位也应按此执行。

3）调试过程必须严格按设计院的调试要领书执行，业主、监理、设计、施工单位共同参加，调试合格后进行综合气密试验。

2. 综合气密试验

1）按有关规范和设计规定充气到预定位置，关闭风机及各相关阀门，静止 7 昼夜，检查气密效果。

2）静止期间要对下列部位进行严格的气密性检查：

① 固定橡胶膜的槽钢、角钢的连接焊缝；

② 侧板与煤气接触部位的所有焊缝；

③ 活塞板、环梁接触煤气部位的所有焊缝。

试验方法可采用涂刷肥皂水或防冻发泡剂观察的方法，检查上述部位。

6. 材料与设备

6.1 施工材料（表 6.1）

安装用施工材料表（以 15 万 m³ 气柜为例）　　　　　表 6.1

序　号	工艺装备名称	规　格（mm）	数　量	备　注
1	路基箱	1600×6000	12块	
2	拼装平台	10000×20000	1组	
3	柜顶梁组装支撑台架		13组	
4	柜顶吊装架		36组	
5	吊装用导向轮和滑轮		36套	
6	侧板吊装卡具		12套	
7	橡胶膜吊装环		72套	
8	电动卷扬机		36台	整体数控系统一套
9	侧板运输胎架		12组	
10	侧板安装焊接操作架		72组	

注：材料用量根据具体工程实际需要选用。

6.2 施工机具（表 6.2）

安装主要施工机具表（以 15 万 m³ 气柜为例）　　　　　表 6.2

序　号	机具名称	规　格	型　号	备　注
1	履带式起重机	50t	QUY50	吊装
2	汽车式起重机	20t	QY20	构件拼装
3	交流电焊机		BX-500	
4	逆变焊机		ZD7-500	
5	角向磨光（砂轮）机		ϕ150mm	
6	链式起重机		1～3t	
7	CO_2 气保焊机			
8	弹簧秤			测量用
9	真空试漏仪			
10	水准仪		N3	
11	经纬仪		T2	
12	鼓风机	1523Pa	11211m³/h	
13	红外线电热干燥箱	500℃		
14	保温筒			
15	漆膜测厚仪	QC-100		
16	电动卷扬机	11kW		
17	压力表	0～0.1MPa		
18	光电测距仪		DCH2-J	
19	超声波探伤仪		CTS-26	

注：机具数量根据具体工程的实际需要适当选用。

7. 质 量 控 制

7.1 执行标准

1. 设计文件（施工图、设计说明书、技术协议、施工要领书、调试要领书等）；

2. 现行国家或行业标准、规范：

《工程测量规范》GB 50026；

《钢结构工程施工质量验收规范》GB 50205；

《工业金属管道工程施工及验收规范》GB 50203；

《工业金属管道工程质量检验评定标准》GB 50184；

《建筑钢结构焊接规程》JGJ 81。

3. 本企业内部质量检验评定标准及检定表：

《卷帘密封型干式储气柜结构制作工程质量检验评定标准》；

《卷帘密封型干式储气柜结构安装工程质量检验评定标准》。

7.2 工序控制

主要工序停检点控制程序（见程序控制图 7.2）。

7.3 关键部位质量控制指标 (表 7.3)

关键部位质量控制指标　　　　　　　　　　　　　　　　表 7.3

序　号	检测项目	检测部位		允许偏差(mm)	备　　注
1	立柱垂直度	基柱	径向	+7、-3	
			切向	5	
		后续立柱	径向	±15	
			切向	10	
		全高	径向	±20	
			切向	15	
2	活塞挡板	支架垂直度	径向	±10	
			切向	10	
		台架上部角钢于挡板间距		±35	
3	T 挡板	支架垂直度	径向	±10	
			切向	10	
		顶梁与侧板间距		±35	
4	活塞升降试验	倾斜		30	
		压力变化		±200Pa	
		密封间隙	内密封	±145	
			外密封	±120	
5	气密试验	泄漏率		1%	7d(全容积)

7.4 关键工序施工质量控制

7.4.1 立柱、侧板安装质量控制

1. 立柱安装前必须逐根检查其直线度、几何尺寸、端头截面的几何尺寸、坡口形式等，如有超差及时整修，合格后方可吊装。

2. 基柱是后续立柱及柜顶、活塞安装的基础，安装过程必须严格达到规定的质量精度后，方可安装后续立柱。

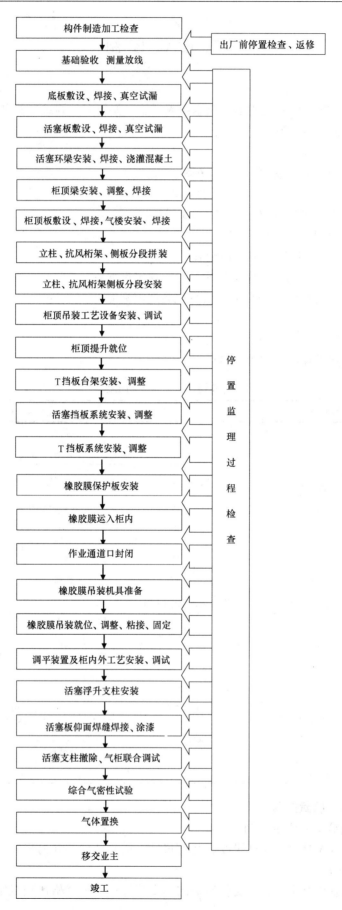

图 7.2 施工质量控制停检点程序图

3. 后续每一节立柱的控制轴线、垂直度控制点均应从地面控制轴线直接引出，消除积累误差。

4. 每安装一层侧板，必须测量一次立柱径、切向垂直度。如有变化或超差，及时调整，直至合格，不得留到下一层侧板施工时调整。

5. 侧板焊接过程中，焊速等规范参数尽可能保持一致，必须跟踪监测立柱的径、切向垂直度及弦长的尺寸，如有变化，调整焊接工艺参数或采用机械方法及时调整。

7.4.2　活塞、T挡板系统安装质量控制

1. 活塞环梁安装前，必须按气柜测量基准点放线定位，按基准线组装环梁侧壁板及内加劲板等，调整合格后统一焊接。焊接时要根据规定的焊接顺序及规范参数执行。然后按设计规定穿入钢筋、浇灌混凝土。

2. T挡板台架、活塞支架、T挡板支架安装必须达到设计规定的质量精度，如果超差应及时调整，否则将影响橡胶膜的安装质量，最终影响气柜的运行。

3. 支架系统的花篮螺栓是关系到系统整体稳定的部件，应选购正式厂家生产的合格产品，施工紧固时要做到松紧一致，受力均匀，保证支架系统的整体稳定。

7.4.3　柜顶提升控制

柜顶是球面薄壳结构，面积庞大，如起吊受力不均匀极易变形，因此采用手动（或电动）卷扬机均布多点吊装。

1. 起吊前应尽量使每台卷扬机的起重钢丝绳受力均匀，使用弹簧秤检验、调整每根钢丝绳的张力，确认受力基本均匀后方可正式起吊。

2. 起吊过程中必须专人定岗操作手动卷扬机，使用电动卷扬机是由控制台专人操控，每台卷扬机由专人监视。做到统一指挥、统一动作，提升速度尽可能保持一致。

3. 分阶段提升，设定位置，每提升一段后，停止卷扬机，检查钢丝绳受力情况及提升高度是否均匀一致，如有偏差做适当调整，然后再进行起吊。

4. 达到安装高度后，要精确调整外环的标高和与侧板间隙，达到设计规定后，对称安装连接板并焊接固定，待所有节点全部焊接完毕，撤除吊装机具，进行下一工序施工。

7.4.4　密封橡胶膜安装

1. 严格控制密封铁件的制孔精度和安装位置。

2. 吊装就位后要对称分段固定橡胶膜与铁件的连接节点，平均分配误差，避免误差集中造成橡胶膜褶皱，影响密封质量。

3. 橡胶膜吊装时，各点的吊装钢丝绳应尽量受力均匀，起吊速度一致，统一指挥，统一动作，尽量不要产生大的水平分力，以免橡胶膜撕裂。

8. 安全措施

除遵守国家安全法规及行业、企业内部各种有关安全规定外，还应特别注意以下要求：

8.1　所有施工操作脚手架、平台均采用特殊脚手架，设标准维护栏杆，防止高空坠落。

8.2　柜体是全部钢结构焊接组成，施工时用电设备较多，电缆、电线上下垂悬分布范围很大，故应特别注意用电防护，专业电工应随时检查维护，防止发生触电造成伤害，雨、雪天应停止施工。

8.3　活塞浮升用的临时鼓风机，是活塞浮升施工的关键设备，设专业人员操作维护，工作时随时观察压力计的压力变化情况，随时调节进风量，控制浮升速度，保证浮升顺利进行。

8.4　各种工装卡具及临时支架的连接螺栓、焊缝等，技术人员应根据不同工程情况预先严格计算，要考虑各种不利因素，校核强度、稳定性，保证使用需要。

8.5　柜顶吊装用的起重卷扬机系统，应设置稳固，钢丝绳、索具、卸扣、滑车、吊耳应严格检查，确认完好灵活，没有问题后方可起吊使用。

8.6 柜内作业区域应配置适当的消防器材，严防电气设备及易燃易爆物品因操作不当造成火灾。

8.7 在夏季雷雨天高空作业时，应采取有效措施防雷击伤。

8.7.1 当柜体高度未超过附近原有建筑物高度之前，应根据有关规定做好临时避雷接地装置。

8.7.2 柜体安装高度超过原有建筑物后，如遇雷雨天应停止施工。

8.7.3 柜体结构安装施工到顶后，应及时将避雷系统完成。

8.8 如在易燃易爆区域内施工，开工前施工项目部必须会同甲方有关部门针对工程实际情况共同订立《安全防火协议》，施工中双方共同遵守。

8.9 施工用气体、油漆等必须按规定隔离存放，专人看护、防火器材配备齐全。

9. 环保措施

9.1 施工现场周围，按施工需要划定施工场地，与居民区域或其他生产厂区隔开，减少干扰。

9.2 施工期间，尽量避免破坏场地内外的绿化带和树木等绿化设施。

9.3 油漆涂装时应有良好的通风条件，保证施工人员能够安全施工。

9.4 在居民区附近施工时，应严格控制噪声污染，夜间作业不超过晚 22：00 时，不能影响居民和职工休息。

9.5 职工宿舍、食堂、洗浴、卫生设施齐全，整洁干净，生活垃圾定期外运到垃圾场集中处理。

10. 效益分析

10.1 本工法在大面积球面薄壳柜顶结构安装中不需大型起重设备，可节约起重吊装设备费约 20 万元（以 8 万 m³ 卷帘密封型干式储气柜施工为例）。

10.2 本工法解决了施工工期与质量控制的矛盾，可边施工边对质量成果进行控制检查。大量降低质量返修成本，约占投资额的 5%。

10.3 高空作业施工安全度大大提高，改善了施工人员高空作业环境，使施工安全进行。

10.4 社会效益显著，提高工业、民用煤气化程度，减少环境污染，改善了大气环境，对建设节约型社会有极大的作用。

11. 应用实例

应用实例如表 11 所示。

应用实例（本公司承建）　　　　　　　　　　　　　　　　表 11

序号	建设单位	气柜类型	容积(m³)	压力(Pa)	介 质	竣工日期
1	本溪钢铁公司	干式卷帘密封	80000	2500	转炉煤气	1993 年
2	首都钢铁公司	干式卷帘密封	80000	3250	转炉煤气	1993 年
3	首都钢铁公司	干式卷帘密封	80000	3250	转炉煤气	1998 年
4	北营炼钢有限责任公司	干式卷帘密封	50000	3000	转炉煤气	2000 年
5	通化钢铁公司	干式卷帘密封	30000	3000	转炉煤气	2000 年
6	太原钢铁公司	干式卷帘密封	80000	3000	转炉煤气	2001 年
7	首都钢铁公司	干式卷帘密封	80000	3250	转炉煤气	2001 年
8	廊坊天然气公司	干式卷帘密封	30000	4000	天然气	2001 年
9	青岛石油化工厂	干式卷帘密封	20000	4000	瓦斯气	2001 年

序号	建设单位	气柜类型	容积(m³)	压力(Pa)	介 质	竣工日期
10	义马市煤气公司	干式卷帘密封	20000	3000	城市煤气	2002 年
11	山西阳泉煤气公司	干式卷帘密封	50000	3250	煤层气	2002 年
12	广东茂名石化公司	干式卷帘密封	10000	3850	混合气	2003 年
13	山西阳泉煤气公司	干式卷帘密封	50000	3250	煤层气	2003 年
14	凌源钢铁公司	干式卷帘密封	50000	3000	转炉煤气	2003 年
15	山西阳煤集团五矿	干式卷帘密封	50000	3250	煤层气	2003 年
16	天津荣程钢铁有限公司	干式卷帘密封	50000	10000	高炉煤气	2003 年
17	邯郸纵横钢铁公司	干式卷帘密封	50000	3500	转炉煤气	2003 年
18	营口中板厂	干式卷帘密封	50000	3000	转炉煤气	2003 年
19	承德钢铁公司	干式卷帘密封	80000	3500	转炉煤气	2004 年
20	山西安泰集团股份有限公司	干式卷帘密封	30000	3000	转炉煤气	2004 年
21	青岛钰也发展股份有限公司	干式卷帘密封	30000	3500	转炉煤气	2004 年
22	首钢迁安钢铁公司	干式卷帘密封	80000	4000	转炉煤气	2004 年
23	酒泉钢铁(集团)公司	干式卷帘密封	50000	3000	转炉煤气	2004 年
24	北台钢铁公司	干式卷帘密封	80000	3000	转炉煤气	2004 年
25	湘潭钢铁公司	干式卷帘密封	80000	3000	转炉煤气	2004 年
26	本溪钢铁公司	干式卷帘密封	80000	3000	转炉煤气	2004 年
27	通化钢铁公司	干式卷帘密封	80000	3000	转炉煤气	2004 年
28	广东茂名石化公司	干式卷帘密封	20000	3000	混合气	2005 年
29	山东潍坊华奥钢铁公司	干式卷帘密封	80000	3000	转炉煤气	2005 年
30	邯郸钢铁公司	干式卷帘密封	80000	3000	转炉煤气	2005 年
31	济南钢铁公司	干式卷帘密封	50000	3000	转炉煤气	2005 年
32	唐山中厚板材有限公司	干式卷帘密封	80000	3000	转炉煤气	2005 年
33	太原钢铁公司	干式卷帘密封	80000	3000	转炉煤气	2005 年
34	大连德泰控股有限公司	干式卷帘密封	50000	3000	转炉煤气	2005 年
35	大庆油田	干式卷帘密封	5000		瓦斯气	2006 年
36	天津大港油田	干式卷帘密封	20000		瓦斯气	2006 年
37	首钢迁安钢铁公司	干式卷帘密封	80000	3000	转炉煤气	2006 年
38	天铁热轧板有限公司	干式卷帘密封	150000	4000	转炉煤气	2006 年
39	鞍山宝得钢铁有限公司	干式卷帘密封	50000	3000	转炉煤气	2006 年
40	山西新临钢铁有限公司	干式卷帘密封	50000	3000	转炉煤气	2006 年
41	沈阳沈西燃气有限公司	干式卷帘密封	50000	3000	转炉煤气	2007 年
42	唐山国丰钢铁公司	干式卷帘密封	150000	4000	转炉煤气	在建
43	淄博永盛达燃气公司	干式卷帘密封	30000	3000	转炉煤气	在建
44	西林钢铁集团公司	干式卷帘密封	50000	3000	转炉煤气	在建
45	崇利制钢有限公司	干式卷帘密封	30000	3000	转炉煤气	在建

7.63m焦炉砌筑工法

YJGF131—2006

中冶成工建设有限公司　中国第一冶金建设有限责任公司　中国第十七冶金建设有限公司

程爱民　程先云　石永红　徐超　黎耀南　陈进中　何伟　朱项银　张启友

1. 前　　言

近年来炼焦工业迅速发展，焦炉作为炼焦主要设备，也正向大型化、环保化、自动化发展。目前国内相继从德国 Uhde 公司引进多座 7.63m 焦炉，为满足生产工艺要求和延长焦炉使用寿命，对大型焦炉施工质量提出了更高要求。

该工法是根据 7.63m 焦炉具体结构特点，结合我公司多年施工大型焦炉经验，不断完善和创新，形成了利用三维坐标控制体系控制细部尺寸、安装直立线杆减少系统误差、使用先进的耐材管理软件提高施工效率等关键施工技术，满足设计和生产工艺要求。该工法将在国内其他 7.63m 焦炉砌筑中进行推广应用。

2. 工 艺 特 点

2.1　利用三维坐标系控制焦炉细部尺寸、全过程工序控制和"定点配列、定位砌筑"施工方法提高焦炉砌筑质量。

2.2　施工工序程序化、图表化、操作规范化，施工质量全过程动态管理。砌体精度大大提高，施工全过程的质量极为优异，延长焦炉寿命。

2.3　新工艺采用在机、焦侧安装直立线杆的控制设施，投放各层标高和每一燃烧室中线，连续使用直立线杆上的同一基准线，消除了系统误差和传递误差，大大优化控制系统，减少误差。

2.4　采取可靠控制措施，对每位砌筑人员要求一致，所有检测项目全在控制中，杜绝传统方法中仅靠技术十分过硬的少数人才能砌筑炉头的弊病。

2.5　针对该焦炉耐火材料种类、规格、砖号等具体特点，采用先进、科学的耐材统计查询软件，方便、快捷、准确处理各种数据，有效指导施工。

3. 适 用 范 围

该工法适用于 7.63m 焦炉炉体砌筑工程，也适合于其他大型焦炉砌筑指导。

4. 工 艺 原 理

大型焦炉砌筑的基本特点和核心在建立三维坐标定位系统控制焦炉细部尺寸和砖的位置，关键是燃烧室中心线的控制，该工法采用"先安设直立线杆代替炉柱，后砌砖"，特点是每道墙连续使用同一根基准线完成焦炉砌筑施工。它利用线杆上的燃烧室中心线作为炉体纵向控制基准，而高向控制是由线杆上的砖层标高线来完成的，横向通过由炉纵中心线为基准划出的配列线和正面线来控制砌体的总尺寸和分尺寸，实现"定点配列、定位砌筑"和全方位控制炉体几何尺寸和质量的目的。

5. 施工工艺流程及操作要点

5.1 焦炉砌筑工程流程

焦炉砌筑工程流程见图5.1。

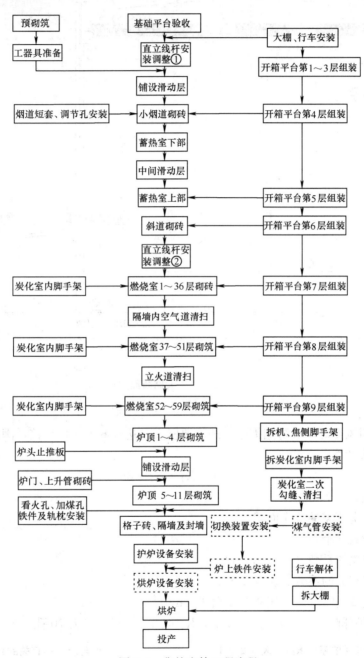

图5.1 焦炉砌筑工程流程

5.2 操作要点

5.2.1 砌筑前的必备条件和准备工作

5.2.2 焦炉大棚

焦炉砌筑必须在防风防雨的工作棚内进行,大棚内要有足够的空间和充分的照明,以满足砌筑和护炉铁件安装的要求。大棚跨度为30m,檐口高度27m,附跨宽12m。并配有2台10t行车和1台5t行车,大棚照明不低于20W/m²,大棚结构为新型钢屋架(可拆式)、彩钢瓦墙皮屋面。

大棚布置以满足机侧开箱平台（宽 4m）搭设和焦侧护炉设备吊装为主要原则。焦炉大棚断面见图 5.2.2。

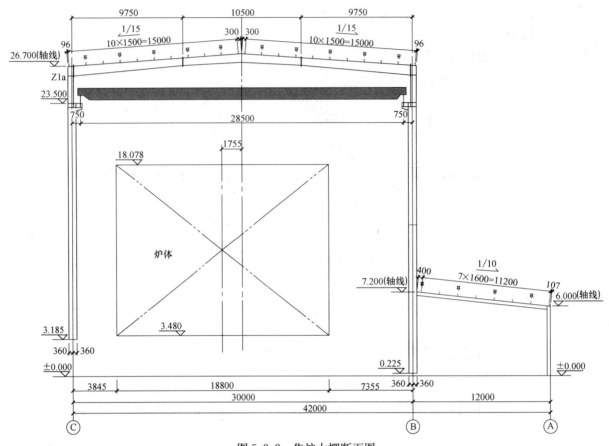

图 5.2.2　焦炉大棚断面图

5.2.3　耐材库房

房屋必须封闭，通风良好，有防潮措施。地坪要坚实（达到 6t/m²）平整，满足叉车运转要求。仓库面积可根据下列公式计算：

$$A=70n \cdot K_1 \cdot K_2+8n$$

式中　A——仓库面积（m²）；

　　 70——一个炭化室约需的砖库面积（m²）；

　　 n——炭化室个数（个）；

　　 K_1——与砖号有关的系数（表 5.2.3-1）；

　　 K_2——与炭化室有关的系数（表 5.2.3-2）；

　　 8——一个炭化室约需的耐火泥浆仓库面积（m²）。

由于 7.63m 焦炉炉体耐火砖砖号为 1073 个，K_1 取 3.0，炭化室为 70 孔，K_2 取 1.0。

与砖号有关的系数 K_1　表 5.2.3-1

焦炉的总砖号数	系数 K_1
300	1.0
300～500	1.05～2.0
500～1000	2.0～2.8
>1000	3.0

与炭化室有关的系数 K_2　表 5.2.3-2

焦炉的炭化室数	系数 K_2
>60	1.0
50～60	1.05～1.0
45～50	1.1～1.05
<45	1.1

随着耐火材料的包装及机械化运输，仓库面积尚需增加 28%～35% 的通道系数。

5.2.4　耐火泥浆搅拌站

泥浆搅拌站应设在焦炉大棚附近。搅拌站内设置满足各种泥浆搅拌用的搅拌机、水源、搅拌平台、除尘设施、水箱、泥浆槽、计量和测试器具及装卸车辆等。搅拌机数量以满足每天施工砌筑量，一般10孔炭化室设置一台搅拌机（200L）。

5.2.5 加工房

耐火砖加工房应设在现场附近，靠近水源、电源位置，根据加工量的大小，内设必要的切砖机和磨砖机，并配备相应的除尘装置。

在下列情况下耐火砖需要加工：1）耐火砖外形尺寸公差不能满足砌筑质量要求，经大公差配合后剩余的大小公差砖；2）设计图纸中规定的需要加工的砖；3）个别砖号因数量不足需要改型代用的砖；4）斜道部位不能满足砌筑质量标准的砖；5）立火道墙面差别砖需要串号代用的砖；6）炉顶填心时，错缝排列后需要加工的砖。

5.2.6 预砌筑

焦炉炉体正式砌筑之前，必须对炉体结构复杂和质量要求严格的部位以及具有代表性的砖层进行预砌筑，通常都是在耐火砖加工房或耐火砖库内进行。

预砌筑所使用的耐火材料，采用的操作方法和质量检验标准等，都应与正式施工时相同，以使真实反映存在的问题。对预砌筑的全过程都应实事求是地详细记录，并根据预砌筑的实际情况，对反映出的问题提出具体的处理意见和解决措施。

通过预砌筑，应解决以下几个问题：1. 检查耐火砖的外形尺寸能否满足砌体的质量标准要求，从而提供耐火砖的检查、分类与加工的依据以及不同尺寸公差的耐火砖相互搭配使用的可能。2. 审查设计图纸及耐火砖制品是否有错误。3. 使所有施工操作人员了解炉体的结构特点和质量要求，熟悉施工工艺和操作方法，掌握各种工具及材料的使用情况等。4. 检验耐火泥浆的稠度、粘结时间等作业性能，并确定各部位的砖缝尺寸。5. 检验新技术、新工艺、新材料和新的操作方法的推广应用情况。

预砌筑的部位及项目详见表5.2.6及图5.2.6-1～图5-2-6-5。

焦炉预砌筑部位及项目　　　　　　　　　　　　　　　　　　　表 5.2.6

部 位	项 目	预砌筑内容
水平烟道	主墙、单墙、格子砖支撑墙格子砖及喷嘴板预放	第1、2、9、10、11、12层，2道主墙，1道单墙，包括格子砖支撑墙。长度为焦炉炉头至焦炉中心。空气、煤气道各一个孔
蓄热室	主墙、单墙、格子砖支撑墙焦侧短套及机侧调节孔组合砖	第13、14、21、22、31、32层，2道主墙，一道单墙，长度同上。
斜烟道	主墙、单墙、管砖、灯头砖	长度大于半炉墙，全部层数，2道主墙，1道单墙
燃烧室	上部及下部循环孔、两级空气喷嘴口，燃烧室过顶	第1～4，17～19，34～36，51～59层，1个燃烧室，全炉长
炉顶	看火孔、炭化室过顶、装煤孔、上升管孔	看火孔全高，炭化室过顶砖，长度3～4m，上升管、加加煤孔各1个

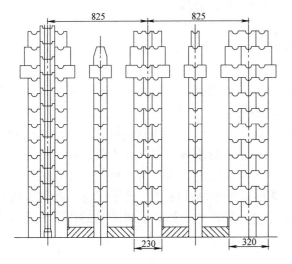

图 5.2.6-1　水平烟道预砌筑示意图

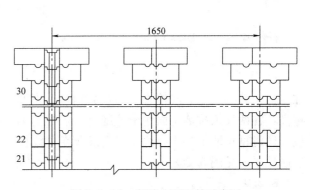

图 5.2.6-2　蓄热室预砌筑示意图

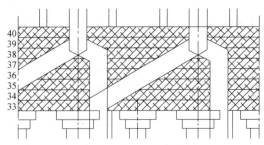

图 5.2.6-3　斜道预砌筑示意图

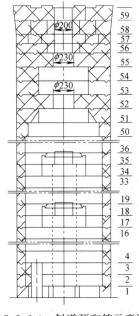

图 5.2.6-4　斜道预砌筑示意图

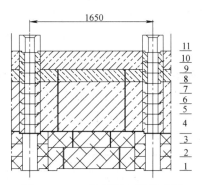

图 5.2.6-5　炉顶预砌筑示意图

5.2.7　焦炉基础平台和抵抗墙质量检查验收

炉体砌筑前必须根据施工图和有关验收标准对焦炉基础、抵抗墙的施工质量进行检查验收，满足相关规定后方可砌筑。检查项目包括混凝土强度、焦炉基础预埋下喷管、清扫管的中心偏差和标高、基础平台顶面标高和平整度、两端抵抗墙间距及抵抗墙的平整度和垂直度等。

5.2.8　测量放线

根据基础施工时设置的八个基准点，在抵抗墙正面测出焦炉纵中心线，将焦炉横中心线和端燃烧室中心线分别返到机、焦侧直立线杆内侧（上下各一点），将经过矫正的 50m 钢卷尺的露点对准线杆上的焦炉横中心，另一端对准线杆上的端燃烧室中心（其间距即为焦炉横中心线到端燃烧室的中心线的设计尺寸），然后分别读出各线杆上的燃烧室中心，并

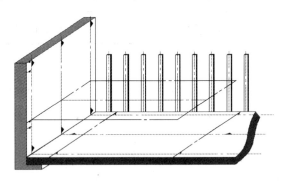

图 5.2.8　三维坐标立体控制体系

在线杆上分别设点，经检查合格，分别将上下两点连线，即为主墙中心线。再依据焦炉各部位的设计标高，在两端抵抗墙正面测出控制点（后视点），同时将各部位的设计标高投放于线杆上，划出砖层线。通过抵抗墙上的中心线、标高线和直立线杆上燃烧室中心线和各层标高形成闭和的三维坐标立体控制体系，见图 5.2.8。

5.2.9　铺设滑动层

全炉满设六次滑动层，满铺滑动层部位及滑动介质要求见表5.2.9。

焦炉满铺滑动层部位及滑动介质要求　　　　表5.2.9

序号	部　位	要　求	序号	部　位	要　求
1	基础找平层与第一层半硅砖之间	双层石墨纸(δ=0.5mm)	4	斜道第37层与38层之间	石墨糊+石油沥青毡
2	蓄热室下部半硅砖与上部硅砖之间	石墨糊+石油沥青毡	5	炉顶下部硅砖与上部半硅砖之间	石墨糊+石油沥青毡
3	斜道第36层与37层之间	石墨糊+石油沥青毡	6	炉顶填心红砖与面层缸砖之间	石墨糊+石油沥青毡

5.2.10　泥浆搅拌

进库的合格火泥，进入搅拌站必须进行标识核对，确认无误后再进行使用。对搅拌站内用水进行测验，确保他用Cl^-的含量超标的水。对每罐泥浆作稠度、粘结时间等技术指标的测定，并严格按要求加水和其他添加剂，合格的泥浆做好标识，由专人进行性能试验，并做好记录。泥浆搅拌控制流程见图5.2.10。

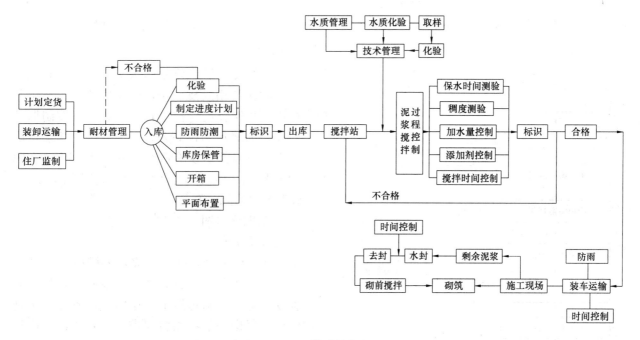

图5.2.10　泥浆搅拌控制流程图

5.3　焦炉各部位砌筑

5.3.1　焦炉砌筑基本工艺流程（图5.3.1）

5.3.2　水平烟道砌筑

1. 砌筑顺序（图5.3.2）

2. 施工要领

使活动横标板上的中心线对准直立线杆上的燃烧室中心线，用卡具固定活动标板，在标板上的墙宽标记线处拉好砌砖准线，在炉组中心线处压好腰线板，按配列线即可开始砌筑。砌筑时采用"人定岗、砖定位"、"定点配列、定位砌筑"的操作法，并使用"轻敲、重揉、低靠、留半线、两面打灰挤浆"的规范操作制度，应做到"边砌砖、边勾缝、边清扫、边检查、边验收"，提高一次成优率。

5.3.3　蓄热室砌筑

1. 砌筑顺序（图5.3.3）

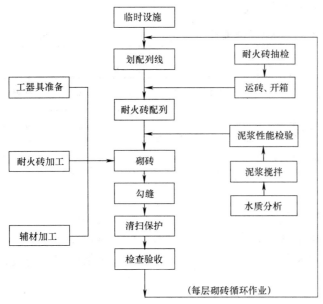

图 5.3.1 焦炉砌筑基本工艺流程图

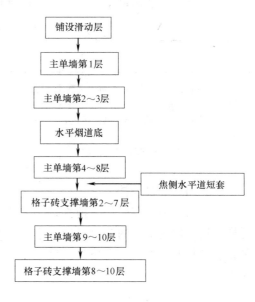

图 5.3.2 水平烟道砌筑顺序图

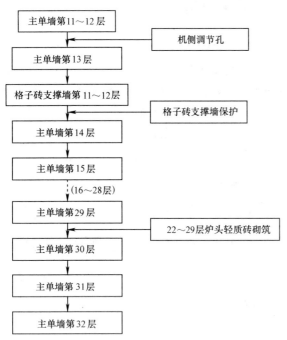

图 5.3.3 蓄热室砌筑顺序图

2. 施工要领

标准化的规范操作要领同水平烟道。但砌筑焦炉煤气管时应使用胶皮拔子，砌完后须用校正工具检查校正，并加胶皮保护。同时，应严格控制墙顶面标高和相邻墙顶面标高差。由于分格式蓄热室的隔墙靠主、单墙都留设有胀缝，并且主、单墙在隔墙位置未设置凹槽，所以隔墙与格子砖同步施工。

5.3.4 斜道砌筑

1. 砌筑顺序（图 5.3.4）

2. 施工要领

斜道区结构复杂，孔洞繁多，要随时检查斜道口的尺寸和位置的正确性，并注意控制保护板座砖的平整度和标高。斜道最上一层的表面不允许出现逆向错台。每砌一层都须将斜道口清扫干净。砌筑膨胀缝必须使用胀缝板，采用负压清扫，待清扫干净后放入规定的胀缝填料（硅酸铝纤维毡），表面贴塑料胶带保护。斜道砌砖应特别注意滑动缝的留设和滑动介质的正确铺设。

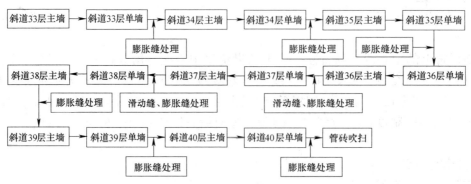

图 5.3.4 蓄热室砌筑顺序图

5.3.5 燃烧室砌筑

1. 砌筑顺序（图5.3.5）

2. 施工要领

燃烧室砌砖时，要尽可能避免插砌，其砌砖要领同水平烟道。立火道和看火孔内侧砖缝随砌随勾，立火道下部循环孔砌筑完毕，要立即进行下列工作：

1）彻底清扫斜道和焦炉煤气下喷管，经检查合格后，对下喷管道口贴胶带保护；

2）立火道底清扫后，铺上10mm厚锯末，再用编制袋保护，并安放提升式小保护板；

3）炭化室底清扫后，用跳板或胶皮进行保护。

燃烧室墙面砌筑要求灰浆饱满密实，以防燃烧室和炭化室间互相串气，要严格控制墙面的平整度和垂直度，以外形几何尺寸准确。尤其是炭化室内脚手架翻跳部位，更要防止墙面凹凸。炭化室墙面不允许有与推焦方向的逆向错台。

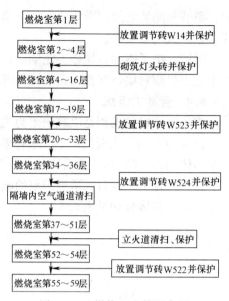

图5.3.5　燃烧室砌筑顺序图

燃烧室隔墙空气喷嘴施工时，将隔墙内通道采用专用工具清扫干净，然后放置调节砖，在调节砖上采用发泡苯乙烯（δ＝40mm）进行保护。

燃烧室过顶前，将立火道内移动保护板及底部保护木板取出，泥浆、杂物全部用吸尘器清扫干净。砌第一层看火孔砖时，用塑料薄膜（或油毡）制成的专用保护层进行保护看火孔，防止泥浆掉入立火道内。每施工三层看火孔进行一次保护，整个看火孔施工完后，将保护层上泥浆用吸尘器清扫干净，烘炉时将保护层捅破。

5.3.6 炉顶砌筑

1. 砌筑顺序

炭化室过顶→看火孔墙（含装煤车轨枕）→装煤孔及上升管→填心砖→炉顶铁件→表面缸砖

2. 施工要领

炭化室过顶砖严禁有横向裂纹；填心砖上下层错缝并应逐块打灰浆砌筑；看火孔逐层保护，以防杂物落入立火道内。填心砖注意膨胀缝和滑动缝的留设。在砌筑炉顶灌浆孔（100mm×100mm）时，需要进行加工砌筑要使用样板，并采用保护措施，以免杂物掉入膨胀缝内。

5.3.7 格子砖及隔墙砌筑

1. 砌筑顺序（图5.3.7）

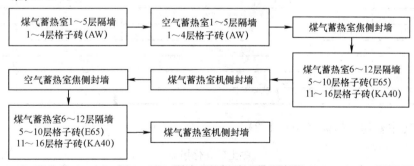

图5.3.7　隔墙、格子砖砌筑顺序图

2. 施工要领

在机侧搭设受料平台，高度与蓄热室第15层一致。隔墙与格子砖同步进行施工，先施工下面四层格子砖（黏土砖AW）和隔墙，从机侧向焦侧进行。在格子砖上面采用油毡进行保护，再砌筑焦侧封墙，从焦侧向机侧施工上部隔墙和格子砖（E65和KA40），最后施工机侧封墙。在基础平台设有伸缩缝位置的蓄热室，隔墙和主、单墙之间胀缝放置发泡苯乙烯，其他蓄热室放置陶瓷纤维毡。格子砖与主、单墙和隔墙之间间隙均匀，上下格孔对直。砌筑隔墙要及时收灰，在格室内设置接灰板，放格子砖前，将其清扫干净。

隔墙、格子砖和封墙施工完毕后，采用高压空气将放喷嘴板的凸台和水平烟道清扫干净，再砌筑水平烟道机侧封墙，并按图正确设置滑胀缝和滑动层。

5.4 劳动力组织

焦炉炉体砌筑工程是以筑炉工为主，且配备一定数量的辅助工种进行。1×70 孔 7.63m 焦炉耐火砖量约为 30500t，主要按以下三条作业线：1）开箱验砖、耐火砖加工、预砌筑及辅助材料加工；2）焦炉本体砌筑；3）烟道及附属项目施工。

合理安排施工项目，适当调整的施工力量。整座焦炉施工期间，炉上总共 230 人，炉下 60 人，合计 290 人。具体分配见表 5.4。

7.63m 焦炉施工人员配置表　　　　表 5.4

项目	筑炉工	配列勾缝	挂钩指挥	测量放线	搅拌工	机运工	架工	电工	材料	后勤	守卫	管理	合计
炉体	80	76	10	10	10	4	15	2	6	8	2	3	226
烟道等	30	25	2		2	1	2		2				64
合计	110	101	12	10	12	5	17	2	8	8	2	3	290
备注	说明：1. 保护板可在施工间隙施工； 　　　2. 焦炉炉体筑炉工共设 5 组，每组 15 人												

6. 材料与设备

6.1 主要耐火材料性能

6.1.1 半硅砖主要理化指标（表 6.1.1）

半硅砖理化指标　　　　表 6.1.1

性　能		E65	E2-F	AT1250
		典型砌筑部位		
		蓄热室下部墙、中部格子砖	看火孔墙	炉顶填心
SiO_2	%	≥65	≥70	
Al_2O_3	%			≥22
Fe_2O_3	%		≤2.5	≤2.5
显气孔率(PO)	%	≤22	≤21	≤20
常温耐压强度	N/mm²	≥35	≥40	≥45
荷重软化点	℃	≥1350	≥1350	≥1320
耐火度	℃	≥1580	≥1580	≥1580
体积密度	kg/dm³	≥2.00	≥2.00	≥2.00
酸溶解度	%	≤5		

6.1.2 黏土砖主要理化指标（表 6.1.2）

黏土砖理化指标　　　　表 6.1.2

性　能		KA40	AW
		典型砌筑部位	
		上部格子砖	底部格子砖
Al_2O_3	%	≥40	30～36
Fe_2O_3	%	≤2.0	≤2.5
显气孔率(PO)	%	≤20	≤22
常温耐压强度	N/mm²	≥35	≥20

续表

性能		KA40	AW
		典型砌筑部位	
		上部格子砖	底部格子砖
荷重软化点	℃	≥1450	≥1350
耐火度	℃	≥1640	≥1640
体积密度	kg/dm³	≥2.1	≥2.00
热震性（TWB）		热震循环最小次数,共同协商	30 个循环

6.1.3 硅砖主要理化指标（表 6.1.3）

硅砖理化指标　　　　　　　　　　　　　　　表 6.1.3

性能		kN	KD	KS
		典型砌筑部位		
		蓄热室、斜道、炉顶	炉墙	炭化室底
SiO_2	%	≥94.5	≥95.0	
Al_2O_3	%	≤2.0	≤1.5	
Fe_2O_3	%	≤1.0	≤1.0	
CaO	%	≤3.0	≤3.0	
Na_2O+K_2O	%	≤0.35	≤0.35	
残余石英含量　原料类型 A（粗晶体）	%	共同协商		
残余石英含量　原料类型 B（微晶体）	%	1.5		
常温耐压强度	N/mm²	≥28	≥35	≥45
显气孔率（Po）	%	≤24.5	≤22.0	≤22.0
荷重软化点	℃	≥1650	≥1650	
压缩蠕变	%	≤0.12		
压缩蠕变	%	≤0.35		
耐火度	℃	≥1640	≥1640	≥1640
体积密度	kg/dm³	≥1.78	≥1.83	≥1.85
磨损厚度损失 ΔL	(mm)			≤0.45

6.1.4 硅线石砖主要理化指标（表 6.1.4）

硅线石砖理化指标　　　　　　　　　　　　　表 6.1.4

性能		OT60	性能		OT60
		典型砌筑部位			典型砌筑部位
		燃烧室炉头			燃烧室炉头
Al_2O_3	%	≥60	耐火度	℃	≥1830
Fe_2O_3	%	≤1.3	体积密度	kg/dm³	≥2.55
显气孔率（PO）	%	≤16.0	可逆热膨胀度	%	≤0.60（在 1000℃）
常温耐压强度	N/mm²	≥50	抗急冷急热性		25 个循环
荷重软化点	℃	≥1700			

6.2 耐火材料管理

6.2.1 焦炉耐火材料管理是筑炉施工中一项十分重要的工作，直接关系到焦炉施工的质量进度。因此应高度重视耐火材料管理，为了确保焦炉施工顺利，必须做好以下工作：

1. 根据订货质量标准，对入库耐材质量进行抽样检查；

2. 协助业主制定集装箱的装箱、运输和堆放方案；

3. 根据施工顺序制定耐材供应顺序，各砖型、砖种，按部位同步供应；

4. 作好库房规划；

5. 作好到库后的检验工作，入库后对耐火砖的外形尺寸按照一定比例抽样检查，并做好记录；并进行偏差数据分析，提交技术负责人，及早掌握耐材素质；

6. 按发货清单作好接货准备与入库堆放管理工作；

7. 作好耐材合格证的审核管理工作。

6.2.2 施工过程中必要的技术管理工作

1. 作好物料平衡，严格按施工顺序配发料；

2. 材料员要严格办理进料、发料、退料手续，正确掌握库存动态；

3. 作好各类损耗的统计工作；

4. 作好耐材及包装箱和填料的回收工作。

6.2.3 分析砖型与数量关系，确定管理重、难点

该焦炉结构复杂，砖号多，根据各砖型和数量特点，全面、系统地分析并确定各砖型和数量关系（见图 6.2.3）。在砖型与数量分析图中，数量在 100 块以下砖型占 29.4%，砖型达 317 个，这部分砖是管理中的重点和难点。

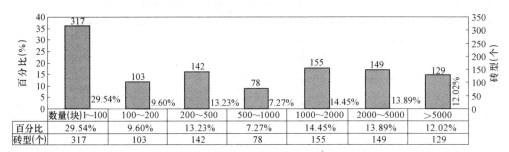

数量(块)	1～100	100～200	200～500	500～1000	1000～2000	2000～5000	>5000
百分比	29.54%	9.60%	13.23%	7.27%	14.45%	13.89%	12.02%
砖型(个)	317	103	142	78	155	149	129

图 6.2.3　砖型与数量分析图

6.2.4 建立先进、科学的数据管理系统

由于该焦炉耐火材料材质种类多，定型材料 19 种，不定型材料 12 种，定型材料砖号达 1073 个，总块数四百二十多万块，砖量总重两万八千余吨，单重最小 0.36kg，最大达 87kg。每天入库、出库、回收十分频繁，仅靠以前手工进行统计，不能完成每天十分烦琐的数据处理，且容易造成失误。针对该焦炉耐火材料种类、规格、砖号等具体特点，设计了科学、完整的材料统计查询系统，具有处理数据方便、快捷、准确等优点。

该系统包括各砖号按照设计量形成的数据表、按砖号编码形成的一系列数据表、各部位分层上料表、入库表、出库表及按编码形成的动态统计表及按材质形成的动态统计表组成。针对特定数据，设置一定使用权限。焦炉耐火材料统计查询系统结构见图 6.2.4。

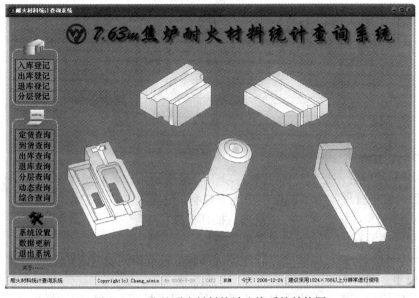

图 6.2.4　焦炉耐火材料统计查询系统结构图

6.3 焦炉砌筑用主要机具、设备和工具

焦炉砌筑用主要机具、设备和工具详见表6.3。

主要施工机具一览表（一台炉用量）

表6.3

序号	名　称	规　格	单位	数量	说　明
1	汽车	130#	辆	6	运砖运泥浆用
2	铲车	3t 提升高度3m	台	5	倒运、装卸车用
3	空压机	6m³	台	1	吹风清扫用
4	搅拌机	桨叶式200L	台	7	泥浆搅拌用
5	电葫芦	3t×5m	台	3	搅拌站装卸车用
6	工业吸尘器	5kW	台	20	焦炉负压清扫、吸尘用
7	切砖机	∅400mm	台	3	耐火砖加工用
8	磨砖机	高低架∅290mm	台	2	耐火砖加工用
9	经纬仪	J_2	台	1	焦炉测量用
10	水准仪	DS_{3-2}	台	1	焦炉测量用
11	低压变压器	3kVA 380V/36V	台	3	焦炉施工照明用
12	角向磨光机	金刚石磨光	台	3	临时加工砖用
13	手提搅拌机		个	5	处理隔夜泥浆用
14	大铲	苏式	块	150	焦炉砌砖用
15	木锤	大、中、小号	把	各80	焦炉砌砖用
16	钢卷尺	3m	把	110	检查用
17	钢卷尺	5m 10m　50m	把	各1	测量放线用
18	钢板尺	150mm　300mm	把	各40	检查用
19	水平尺	铝制18″ 24″	把	各40	检查用
20	线锤	0.5kg	个	25	检查用
21	小灰桶		个	100	运灰浆用
22	小灰盆	530/510×300/280×190	个	150	砌砖用
23	大灰槽	1000×600×400	个	60	储灰浆用
24	管砖刷		把	150	清扫用
25	勾缝溜子	各种	把	650	勾砖缝用
26	配列线杆	35mm×35mm×1000mm	根	8	划配列线用
27	基准间距直尺	25mm×55mm×2000mm	根	26	主墙中心线放线用
28	拉线标板	50mm×70mm×3200mm	根	76	砌砖拉线用
29	靠尺杆	30mm×70mm×2000mm	根	22	砌砖检查用
30	保护板	层板制作	块	5112	立火道保护用
31	胶皮拨子	圆形	个	144	管砖砌砖保护用
32	标板卡具		个	144	砌砖用
33	膨胀缝板	各种规格	块	144	砌砖胀缝用

7. 质 量 控 制

7.1 质量管理措施

7.1.1 建立完善的质量保证和控制体系，细化管理制度，层层落实，进行详细的技术交底和质量

交底。

7.1.2 砌筑全过程执行工序质量控制程序，严格实行"6S"（层层划线、层层配列、层层砌筑、层层勾缝、层层检查、层层验收）管理。

7.1.3 耐火材料水平运输、垂直运输采取有效保护措施。

7.1.4 做好耐材库房管理工作，按标准验砖（正公差砖、零公差砖、负公差砖）并分类堆放。

7.1.5 切实做好质量自检、互检、专检工作，班班检查，做好自检记录并有业主签字确认，当班问题当班处理完。全炉按六个部分（水平烟道、蓄热室、斜道、燃烧室、炉顶、格子砖）评定质量等级。

7.2 质量技术标准

7.2.1 《工业炉砌筑工程施工及验收规范》GB 50211—2004。

7.2.2 《工业炉砌筑工程质量检验评定标准》GB 50309—92。

7.2.3 冶金工业部出版社出版的《筑炉手册》。

7.2.4 德国 Uhde 公司提供的《焦炉砌筑手册》。

焦炉炉体砌筑，要求砖缝灰浆饱满密实，相关几何尺寸准确。炉体各部位砌筑允许误差值详见表 7.2.4。

7.63m 型焦炉砌筑允许偏差表　　　　　　表 7.2.4

项 次	部 位	误差名称	单 位	允许误差
1	水平烟道和蓄热室	墙标高		
		1)第 11 层	mm	±4
		2)第 12 层	mm	±4
		3)第 21 层	mm	±4
		4)第 32 层	mm	±4
		5)相邻蓄热室墙顶的标高差	mm	3
		6)水平烟道底机、焦侧入口标高	mm	±5
2		墙表面错台		
		1)小烟道衬砖表面	mm	≤2
		2)蓄热室墙表面	mm	≤2
		3)炉头正面	mm	≤2
3		焦侧金属短套及机侧调节孔		
		1)水平中心标高	mm	±2
		2)垂直中心标高	mm	±2
		3)脱离正面线	mm	±2
4		砖缝		
		1)墙表面缝	mm	+2，−1
		2)隐蔽缝	mm	3～8
5		膨胀缝		
		第 1～32 层	mm	+2　−1
6		平整度		
		喷嘴板砖座（11 层）	mm	≤5
		格子砖砖座（12 层）	mm	≤5
		墙面	mm	≤5
7	斜道	斜道在蓄热室盖顶下一层相邻墙顶的标高差	mm	2

项　次	部　位	误差名称	单　位	允许误差
8	斜道	斜道口的宽度和长度	mm	±2
9		斜道口的中心线与焦炉的纵中心线的间距	mm	±3
10		斜道口最小断面的宽度	mm	±2
11		标高		
		1)燃烧室保护板座砖标高	mm	0,−3
		2)相邻燃烧室保护板座砖的标高差	mm	2
		3)炭化室底标高	mm	±3
		4)相邻炭化室底的标高差	mm	3
12		错台		
		1)斜道口内表面错台	mm	≤2
		2)炉头正面错台	mm	≤2
13		砖缝	mm	±2
14		膨胀缝	mm	+2　−1
15	炭化室	炭化室墙标高		
		1)第17层	mm	±3
		2)第18层	mm	±3
		3)第34层	mm	±3
		4)第35层	mm	±3
		5)第59层	mm	±3
		6)相邻炭化室墙顶的标高差	mm	4
16		相邻立火道的间距及其中心线与焦炉纵中心线的间距	mm	±3
17		炭化室墙表面砖缝	mm	+2　−1
18		炭化室墙和炭化室底的表面错台(不得有逆向错台)	mm	≤1
19		墙表面平整度		
		1)炭化室底	mm	3
		2)炭化室墙	mm	3
20		墙面及炉头垂直度	mm	4
21	炉顶	看火孔		
		1)看火孔墙顶面标高(机、中、焦三点)	mm	±3
		2)看火孔内表面错台	mm	≤2.5
22		装煤孔		
		1)座砖标高(每孔测二点)	mm	±3
		2)装煤孔直径	mm	±4
		3)装煤孔中心线与焦炉纵中心线的间距	mm	±3
23		上升管孔		
		1)座砖标高(每孔测二点)	mm	±3
		2)上升管孔中心线与焦炉纵中心线的间距	mm	±3
24		错台		
		1)装煤孔内表面错台,逆向(顺向错台不计)	mm	≤3
		2)上升管孔内表面错台,逆向(顺向错台不计)	mm	≤3
25		填心砖表面平整度(1m长靠尺检查)	mm	≤5

续表

项 次	部 位	误差名称		单 位	允许误差
26	顶炉	砖缝			
		1)填心砖缝		mm	2～10
		2)其他砖缝		mm	±2
27		膨胀缝		mm	+2 −1
28	冷却	膨胀缝		mm	+4 −2
29	通道	宽膨胀缝		mm	±4

7.3 焦炉炉体检测部位及方法

焦炉砌筑过程中，按水平烟道、蓄热室、斜道、燃烧室、炉顶、格子砖（含隔墙）及附属项目七大分部工程进行质量检查和评定。采用班组自检、互检、专职质量员跟班检查、业主跟班追踪检查、联合专检以及冶金质检站抽检。检测根据砌筑质量标准进行随机检查。

8. 安 全 措 施

焦炉结构复杂，孔洞甚多，极易存在事故隐患，为了充分发挥材料、设备、人员、资金的最大能力，使人员的伤害和物资损失减少到最低程度，采用系统工程方法来识别、预防、控制焦炉系统的危险因素，调整工艺设备、操作、管理、工作时间和费用，为此，要做好如下工作：

8.1 焦炉开工前，对参加焦炉施工的人员进行全面安全教育，提高施工人员对安全生产的认识，同时传达上级安全生产的有关文件，每周一要进行工号安全活动。

8.2 坚持安全活动网点制，四大员挂牌值日，每天班前要进行安全活动，总结一下安全问题，布置当天安全工作。

8.3 在焦炉施工大棚内必须要足够的照明，并设置安全挂图，在安全要害处挂安全指示牌，如上料口、拐弯处、门口处、通道处、平台等。

8.4 对大棚或附跨等焦炉施工区域，实行专区管理，设门卫，凭通行证出入。

8.5 进入焦炉施工大棚内的人员，必须戴好安全帽，系紧安全帽带。

8.6 受料平台外侧栏杆，挂设安全网，严防砖和其他东西掉下。

8.7 对焦炉大棚、开箱平台、脚手架等承受荷载的结构，应进行经常性的严格检查。大棚内的行走机构，要按规定进行安全荷载实验后，才能投入使用。对其传动部位，要建立定期检查，维护和保养制度。

8.8 严格遵守现场文明施工守则，对耐火材料包装箱和其他材料包装物，要派专人及时回收，以保持施工现场整洁，对危险区，要设置明显的警戒和信号标志。

8.9 所有施工机械，必须挂安全技术操作规程牌，并由专人操作，其他人员不得违章使用。

8.10 施工现场所有的电器设备，均由电工负责，其他人员不得乱碰乱动，炉内行灯，一律采用 36V 低压照明，敷设在金属结构大棚内的动力电源应经常检查维护，以确保施工安全。

8.11 挂钩人员，指挥人员，行车工要密切合作，要有统一指挥信号（哨子，指挥旗）。

8.12 起重工每天班前要检查吊装物品的钢丝绳，挂勾，发现破损时，应及时更换，挂勾人员应将钢丝绳挂到指定位置，无问题后，与指挥人员联系方可起吊。如发现钢丝绳或挂勾有问题，立即与指挥员联系，待排除故障无问题后，方可起吊。

8.13 行车工在启动前，应仔细检查各部件，发现问题要及时修理，加强维护，听从指挥人员信号，无信号不能启动，起吊物品通过炉内时要响示电铃，下面人员应闪开。

8.14 棚内缆风绳，相应建筑物上应挂安全标志，防止吊物碰撞。

8.15 进入现场必须穿戴好劳保用品。

8.16 炉内维护人员，应经常检查跳板，脚手架，踩跳等处，发现问题应及时处理。

8.17 炉内跳板，一律要经过挑选，不合格的跳板不能用在炉内。

9. 环保措施

根据焦炉砌筑工程的特点，环境因素主要涉及噪声、粉尘以及废弃的包装物等方面，针对其施工工艺特点，采取相应的措施。

9.1 粉尘排放

9.1.1 在焦炉附近搭设专用的加工房和木工房，对切砖机和磨砖机采取湿式布袋除尘，并专人定期进行检查，切砖、磨砖的粉尘通过除尘过滤，减少扬尘。同时，在木工房内设置排风扇，加快房内的气体流动。所有加工房和木工房内人员必须戴有滤芯的口罩。

9.1.2 炉内清扫，由于施工工序要求，对每层施工完毕，必须进行清扫，清扫时，先使用勾缝工具将墙上较大的泥浆刮掉，然后使用扫帚浇上少许水进行清扫，减少灰尘飞扬，炉内作业人员戴双层纱布口罩。

9.2 废弃物堆放

9.2.1 炉内机侧开箱平台上的砖在开完箱后，及时回收纸屑、钢带等包装物，然后运到炉下指定地点，不同种类的包装物分类堆放。

9.2.2 对回收的废弃包装物设置废品回收区，剩余的砖等定型材料设置成品判定区。

9.2.3 所有堆放的废弃物设置专人进行清运。

10. 效益分析

按本工法施工，合理组织劳动力，细化各部位施工工期，采用先进的施工工艺，确保施工质量、安全、工期和成本。通过各种技术措施，科学的管理手段，从耐材入库、材料管理、运输到耐材的上料、砌筑、检查验收等各个环节进行有序控制，从而保证施工质量、进度。通过对各工序劳动力的及时调配，避免了工程不同阶段各工种劳动力时紧时松的状况。采取适当的经济激励措施，操作者劳动积极性高，工作效率高，机械的利用率也显著提高，从而节约了大量的人工费和机械费用。

在太钢7.63m焦炉砌筑工程中，国外同类焦炉施工工期为180d，通过施工工艺改进、科学组织管理，实际有效施工工期150d，缩短施工工期30d。

1) 节约汽车（3台8t）台班90个，叉车（5台3t）台班150个，节约机械费用27万元。

2) 节约人工8700个工日，人工费52.2万元。

以上费用合计79.2万元

11. 应用实例

本工法于2005～2006年在太钢1×70孔7.63m焦炉工程中实践，耐材总量30500t，2005年10月12日开工，于2006年3月10日竣工，工期150d，比原计划180d缩短30d。工艺先进，施工有序，多次接待冶金行业国内外专家参观，质量优良，受到业主、设计、国内外专家、冶金质量监督站好评。

薄板坯连铸安装工法

YJGF132—2006

中冶京唐建设有限公司

刘术军　钟秉超　陈雷　鲁福利

1. 前　　言

现代大型薄板坯连铸车间布置有两套连铸机，各分区都有相应的吊装设备。主要设备有：大包转台系统、中包车系统、振荡结晶器系统、浇铸塔、扇形段、扇形段支撑结构、拉矫机、旋转除磷机、摆剪系统、二冷室及二冷排气系统、引锭杆系统，其他辅助设备（对中台、存放台、吊具等维护检修设备），见图1。

本工法编制依据是设备图纸、安装图纸、安装手册、国内生产厂家转化的图纸、设计院转化的图纸及国内相关的规范，并结合以往施工同类工程经验。

2. 工 法 特 点

2.1 薄板坯连铸机选用先进的技术和设备，包括：结晶器液压振动装置、结晶器宽度调整、结晶器液面自动控制、动态轻压下的扇形段、液压摆剪等，对安装有专项的要求。

2.2 薄板坯连铸区设备的单体重量较重（例如：大包回转台、摆剪）。设备的安装精度要求高，设备之间相关联系紧密。

2.3 控制系统采用PLC远程控制系统，自动化程度高。

3. 适 用 范 围

本工法适用于冶金行业大型薄板坯连铸机的安装。

4. 工 艺 原 理

4.1　薄板坯连铸生产工艺原理

薄板坯连铸机是把钢水直接连续浇铸成板坯的新技术。由炼钢炉炼出并经过净化处理的钢水通过大包回转台运送到中包车上，通过中间包注入结晶器。结晶器是一个无底的铜钢锭模，在注入钢水前先装上一个引锭头，引锭头装在引锭杆上，当注入结晶器的钢水凝成一定厚度的坯壳，并和引锭头凝结在一起时，就被拉辊牵引，以一定的速度拉出结晶器外。为了防止初凝成的薄弱坯壳与结晶器壁粘结而撕裂，结晶器做上下往复运动。铸坯被拉出结晶器后，还需在铸坯上喷水急速二次冷却，为防止铸坯产生鼓肚变形在二次冷却区内安装了很多对夹辊，铸坯出二次冷却后，脱去引锭杆，进入拉矫机。被矫直后用剪切设备切成定尺长度，经输送辊道进入后部工序。

4.2　薄板坯连铸安装关键技术工艺原理

薄板坯连铸的关键设备是金属从液态转变成固态的从结晶器至拉矫机的扇形段部分，安装重点在扇形段的支撑底座部分，顺序是水平底座安装—上支座安装—弧形底座安装—扇形段安装，找正扇形段时采用样板，间接测量保证，此种工艺的基础是设备制作精度高。

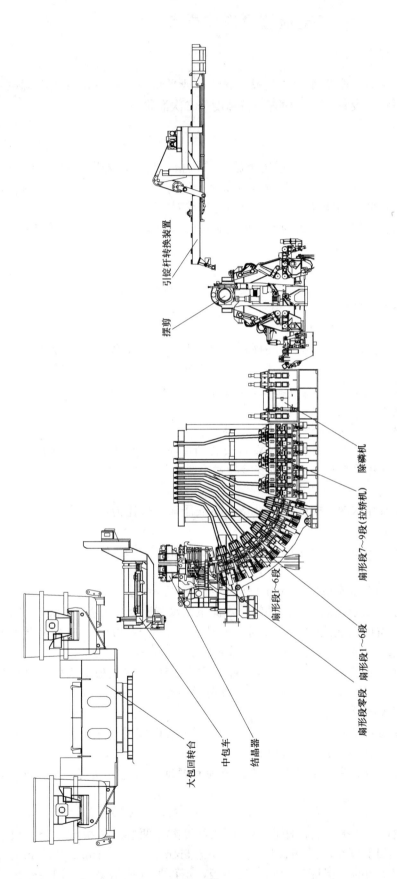

图 1　薄板坯连铸机设备总体情况图

5. 工艺流程及操作要点

5.1 安装工艺流程

基础复测验收→埋设中心标板→座浆埋设平垫板→斜垫板或平垫板配制→设备底座就位→设备中心标高找正→预紧地脚螺栓→组装设备找正→检查设备精度→二次灌浆

5.2 操作要点

5.2.1 设备安装的准备工作

设备到厂需按施工单位提出的设备到厂计划送至施工单位指定地点，先安装箱单清点设备箱数、件数编号，开箱检查箱内的数量、名称、规格，检查设备是否完好无损。检查完毕重新封好，待安装时再打开。具体设备的尺寸、精度、性能等需安装检查时仔细核对。

连铸区设备的单体重量较重，但用各区域的天车均能满足要求，安装前各天车必须能正常使用。

5.2.2 基础复测验收

基础首先进行外观检查，需求无裂纹、蜂窝、空洞、露筋等缺陷，然后根据土建单位的复测记录进行复测。对设备基础的尺寸极限偏差水平度、铅垂度进行检查对螺栓位置的复核，要核对设备底座，确保设备安装后，能满足设备的安装精度。

5.2.3 标板设置

在需要保留的基准线和基准点应设置永久中心标板和永久基准点。永久中心标板和永久基准点可采用铜材、不锈钢材制造。永久中心标板和永久基准点应设置牢固并应予以保护。安装单位需绘制永久中心标板和永久基准点布置图，在图中标明编号、设置位置及其实测各点标高。安装工作结束后，永久中心标板和永久基准点布置图应交建设厂方。

5.2.4 座浆法埋设平垫板，配置斜垫板或上部平垫板

设备垫板的位置及规格需按外方的土建图纸及设备安装图，埋设垫板上面用成对的斜垫板来调整标高，如外方的图纸要求必须使用平垫板，也可按安装技术手册全部选用平垫板安装。

垫板座浆法规程：

1. 座浆采用材料 525♯无收缩水泥，中砂，5～15mm 的石子，配合比为：

砂子：石子：水泥：水＝3：3：1：1

2. 座浆坑的长、宽比垫板大 60～80mm。座浆坑凿入基础表面的深度应不小于 30mm，且座浆层混凝土厚度应不小于 50mm。

3. 冲净坑内杂物，充分浸润混凝土坑约 30min，然后除净积水、油污。

4. 坑内涂一层薄的水泥浆，以新老混凝土的粘结，水泥浆的水灰比为：水泥 0.5kg，水 1～1.2kg。

5. 将搅拌好的混凝土灌入坑内，灌注时分层捣固，每层厚度为 40～50mm，连续捣至水泥浆浮出表层，混凝土表面形状呈中间高，四周低的弧形，以便放置垫板时排除空气。

6. 当混凝土表面不再泌水或水迹消失后，可放置垫板，并测定标高。垫板上表面标高极限偏差为 ±0.5mm，垫板放置于混凝土上应手压，用木锤敲击，或用手锤垫木板敲击垫板面，使其平稳下降，敲击时不得斜击，以免空气窜入垫板与混泥土接触面之间。

7. 垫板标高测定后拍实垫板四周混凝土，使之牢固。混凝土表面应低于垫板面 2～5mm，混凝土初凝前再次复查垫板标高，并保持水平度为 0.05mm/m。

8. 盖上草袋或纸袋并浇水湿润保养，养护期间不得碰撞和振动。如座浆期间温度低于 0℃，需采取保温措施。

9. 斜垫板或平垫板配制

座浆平垫板放置好后，测量平垫板上表面距设备底面的高度差。两块斜垫板或一至二块平垫板直接能垫好设备。斜垫板斜度采用 1/20，平垫板厚度 20mm、5mm、3mm、1mm、0.5mm、0.3mm、0.1mm。精确测量尺寸，用斜垫板时，保证只用两块斜垫板，不再加其他斜垫板；用平垫板时，保证只再放二至三块平垫板。各个设备垫板需按图编号测量，按号加工，最后按号对位。

5.2.5 设备底座就位、找正

连铸区主要设备都是分体来货，安装时先安装底座，待底座找正紧固后，再往上组装相应部件。一般设备安装精度见表5.2.5。

一般设备安装精度表 表5.2.5

设备位置情况	纵横向中心线标高的极限偏差	水平度或铅垂度公差
单独布置设备	±10	1‰
与其他设备有机械上的衔接关系的设备	±2	0.5‰

5.2.6 预紧地脚螺栓

拧紧地脚螺栓应在地脚螺栓孔的二次灌浆混凝土达到设备基础混凝土设计的强度后进行。带锚板活动地脚螺栓的预留孔或套筒的密封应符合设计的规定，如无规定，可在预留孔或套筒内充填干燥的砂子，上口以麻丝缠绕封闭，锚板与基础面接触应均匀。

预紧地脚螺栓应用液压扳手，地脚螺栓的扭矩见表5.2.6。

地脚螺栓的扭矩 表5.2.6

螺栓规格	M16	M20	M24	M30	M36×3
扭矩	3.5	7	12	25	50
螺栓规格	M42×3	M48×3	M56×4	M64×4	M72×4
扭矩	80	120	185	280	405

5.2.7 组装设备就位、找正、检查设备精度

需按安装手册组装设备，检查各项精度。设备找平找正和标高测定的测点应选择在下列部位：

1. 设备制造规定和标记的部位，技术文件指定的部位。

2. 设备的主要工作面。

3. 部件上加工精度较高的表面。

4. 各部件间的主要结合面。

5. 支撑滑动部件的导向面。

6. 轴承剖分面、轴颈表面、滚动轴承外圈。

7. 设备上应为水平或铅垂的主要轮廓面。

8. 二次灌浆

二次灌浆采用无收缩或微膨胀的水泥，或专用灌浆料。设备就位前，擦去设备底面的油污、油漆、泥土、及地脚螺栓预留孔的杂物。

二次灌浆的设备基础表面应清除乳浆，凿成麻面，并不得有油污，以保证二次灌浆质量。灌浆过程中增加搅拌等措施，确保灌浆材料充分充满整个灌浆空间，使设备与基础完全接触。

5.3 板坯设备安装

5.3.1 板坯连铸生产工艺流程

大包回转台→中包→结晶器→扇形段→拉矫机及除磷机→摆剪

5.3.2 主要设备安装

1. 钢包回转台安装

1）装配图（图5.3.2-1）

2）技术要求：机座的纵横向中心线极限偏差均为±1.5mm。标高极限偏差为±1mm。回转臂支撑平面的水平度公差为0.05/1000回转臂上各钢包支撑面的高低差不得大于3mm。

3）地脚螺栓：M90×6 地脚螺栓孔：36-φ136

4）垫板：座浆法放置平垫板，其上配置一组斜垫板。

5）安装顺序：

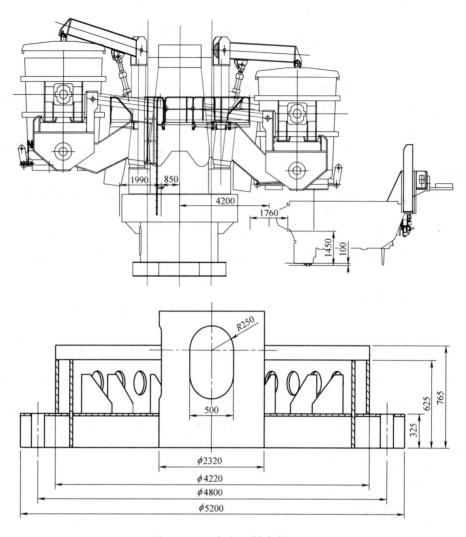

图 5.3.2-1 钢包回转台装配图

垫铁配置→底座安装→回转臂组装→回转臂安装→支撑臂安装→驱动臂安装

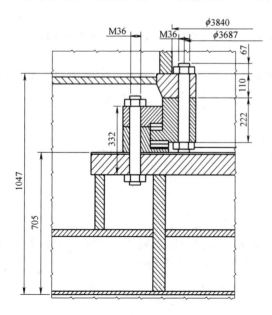

图 5.3.2-2 回转部分螺栓连接

6）吊装方法：采取浇钢跨和钢水接受跨天车共同吊装。由于大包回转台在 F 轴，浇钢跨和钢水接受跨各一半，回转台中心在两组吊车梁正下方，须先用一台天车吊至 F 轴线一侧，再用两台天车就位。

7）装配要点：

回转部分螺栓紧力必须严格按扭矩要求，保证回转臂回转灵活。螺栓紧固分三次进行，第一次扭紧至 1/8 扭矩，第二次扭紧至 1/4 扭矩，第三次扭紧至规定扭矩，保证回转臂回转灵活。扭紧一定要严格地的按对角线的程序拧紧螺栓（图 5.3.2-2）。

轴向拉紧力：515000N

轴向伸长：0.967mm

2. 结晶器及振动装置安装

结晶器安放在振动架上，通过进出水导管使结晶器进出水自动接通。结晶器和振动装置安装在浇铸塔上，浇铸塔支架的安装精度直接影响结晶器和振动装置的使用性能。浇铸塔四个立柱采用座浆法放置垫铁。首先找正立柱，其标高中心线控制在 0.5mm 以内，然后放置上横梁，检查横梁的标高、中心及水平度达到外方图纸规定的要求。合格后安装中间梁，检查标高和水平度达到设计要求，然后安装振动装置，检查其标高、纵横中心线及水平度（以上检查是检查设备的制造精度，安装单位要保证的是立柱和第一层横梁的安装精度）。达到设计要求后用专用吊装工具将结晶器安装就位。在振动架上安装有定位衬套，以便于结晶器的更换。结晶器和振动装置的安装应符合表 5.3.2-1 要求：

结晶器和振动装置的安装要求　　　　　　　　　　　　　　　　表 5.3.2-1

名　　称	极限偏差 mm			水平度公差
	纵向中心线	横向中心线	标高	
振动装置	±1.5		±1	0.1/1000
振动框架	±1	±0.5	±0.5	0.2/1000
结晶器			±1	—

3. 扇形段安装

1）安装顺序

水平底座安装→上支座安装→弧形底座安装→扇形段安装

2）水平底座安装

水平底座是所有安装工作的基础，必须首先找正水平底座，才能向前找弧形段底座，向后找除磷机底座。

水平段底座上的中心标高基准是定位销轴1号。在销轴顶面上测量设备标高，中心测量销轴侧面。整体底座的水平度在水平底座上的扇形段定位块来测量（A、B、C、D 四点），见图 5.3.2-3。

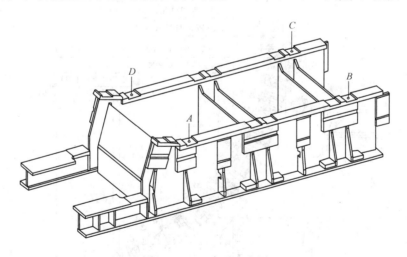

图 5.3.2-3　水平底座图

1♯ 销轴对标高及中心线的偏差要求是 0.1mm。A、B、C、D 四点的相对标高差为 0.025mm。

标高必须用水准仪读数；中心用经纬仪读数。对中心的要求是偏差 ±0.1mm，但必须是同方向误差，即不能一端为 +0.1mm，另一端为 -0.1mm，可以为 +0.1mm，或同为 -0.1mm，也可以同为 +0.004 或 -0.004。如表 5.3.2-2 所示。

测量位置及尺寸要求　　　　　　　　　　　　　　　　表 5.3.2-2

测量位置	允许偏差	实测偏差	测量位置	允许偏差	实测偏差
A—B	0.025		C—D	0.025	
B—C	0.025		D—A	0.025	

3）弧形底座的安装与调整

弧形底座是钢坯由竖直变水平的连接段，必须精确圆弧过渡，才能保证不漏钢，顺利生产。在连铸机的安装中，弧形底座的安装是以水平段的销轴点1#为基准，在弧形底座上有2#、3#、4#销轴。首先找准2#销轴点，再以2#销轴为基准，找正3#、4#销轴。找正2#基准时，调整水平支座上的轴座下的轴座下的垫片及前后挡块；找正3#、4#销轴点时，调整上支座上轴坐下的垫片及前后挡块，挡块都需要加工。如图 5.3.2-4、图 5.3.2-5。

对于距离的测量，是钢线从销轴上垂下来，用内径千分尺测量距离，标高从销轴上面直接读数。用仪器读尺寸时，有时需从销轴上倒数，直接测量尺的长度不够。尺寸精度的要求还是±0.1mm。要求的方法和水平底座的要求相同，必须同方向误差。

找正2#销轴时，保证1#与2#销轴中心距和标高差，中心距用内径千分尺直接测量，1#与2#销轴的标高差用水平仪测量。找正3#、4#销轴时，以2#销轴为准，因为3#、4#销轴同在弧形段本体上，不可能保证高精度，找正需在上支座调整。调整方法是销轴下加、减垫片和前后挡块加工调整（表5.3.2-3、表5.3.2-4）。

4#销轴到切线的水平距离 表 5.3.2-3

到切线的水平距离为4	
理论值 ±0.1	测量值
3900mm	

图 5.3.2-4　弧形底座照片

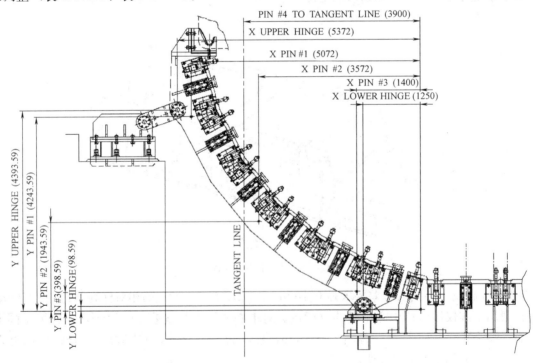

图 5.3.2-5　弧形底座图

弧形底座的整体设备安装与调整后，进行底座上扇形段定位块的精确调整。扇形段定位块是底座上直接与扇形段接触的部分，每个扇形段由四个定位块支撑，定位块下有垫片可以进行调整。调整时有专用检验样板，把样板放到定位块上，测量样板的标高和平面位置，符合技术要求，即代表定位块的位置符合要求，最终扇形段安装后就能保证精度。见图5.3.2-6～图5.3.2-8，表5.3.2-5，表5.3.2-6。

弧形底座的安装测量要求　　　　表 5.3.2-4

点	X 轴距离（理论值）	测量值		Y 轴距离（理论值）	测量值	
		前	后		前	后
上铰链	−5372±0.1			4393.59±0.1		
1	−5072±0.1			4243.59±0.1		
2	−3572±0.1			1943.59±0.1		
3	−1400±0.1			398.59±0.1		
下铰链	−1250±0.1			98.59±0.1		

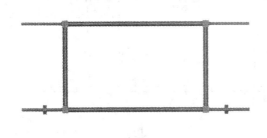

图 5.3.2-6　扇形段检验样板及使用状态

扇形段（1～9 段）安装测量要求　　　　表 5.3.2-5

段	逆　圆		顺　圆	
	X 理论值	Y 理论值	X 理论值	Y 理论值
1	381.89±01	1177.67±01	610.37±0.1	382.3±0.1
2	744.17±0.1	32.76±0.1	1128.16±0.1	−700.29±0.1
3	1329.61±0.1	−1015.71±0.1	1853.38±0.1	−1656.4±0.1
4	2114.24±0.1	−1924.8±0.1	2756.32±0.1	−2446.86±0.1
5	3062.87±0.1	−2657.2±0.1	3799.95±0.1	−3039.24±0.1
6	4145.53±0.1	−3182.93±0.1	4941.5±0.1	−3409.3±0.1
7	5394.67±0.1	−3565.58±0.1	6692.21±0.1	−3565.58±0.1
8	6937.60±0.1	−3565.58±0.1	8235.14±0.1	−3565.58±0.1
9	8477.60±0.1	−3565.58±0.1	9775.14±0.1	−3565.58±0.1

扇形段零段的安装测量要求　　　　表 5.3.2-6

到 A 点的距离	允　许　值	前面测量值	后面测量值
X	402±0.1		
Y	1634.76±0.1		

扇形段装配基准调整图 5.3.2-7。

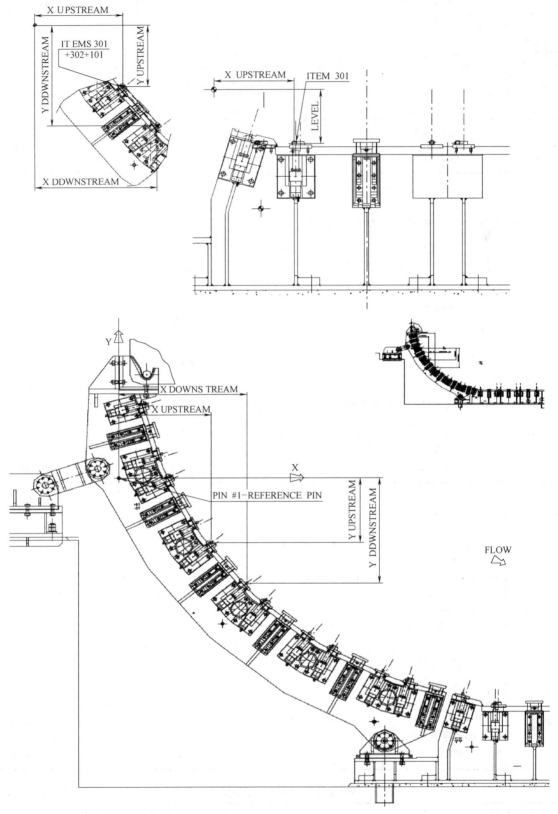

图 5.3.2-7　扇形段装配基准调整图

4）扇形段更换导轨的安装

在薄板连铸施工中，更换导轨大部分成片组对精找后，整体安装。个别因为尺寸与钢结构平台等尺寸基本一致，整体吊装困难。采用单体安装立柱，横梁，轨道也是有效的办法。

5）扇形段安装

扇形段安装是用专用吊装工具吊扇形段，从扇形段更换导轨导入位置，用液压螺母锁紧，扇形段装入由于段与段之间干涉，必须由扇形段液压动作配合才能装入。

4. 拉矫机安装

设备安装前，应检查设备在运输过程中是否造成损坏，配套件是否完好，只有在设备完好、配件齐备、机架内无杂物时才能进行安装。

上拉矫辊液压缸的接头，应在电机为启动的情况下使拉矫机开口度符合图纸要求。

整机应在制造厂进行予组装，并与底座进行予组装，检查确认全部达到设计图纸所规定的制造精度和尺寸公差，对上、下拉矫辊、分离辊要进行试动转，各运动件必须运转灵活。

拉矫机在制造厂予安装后，拆下减速机和电机待现场进行安装。

拉矫机安装应符合表5.3.2-7要求：

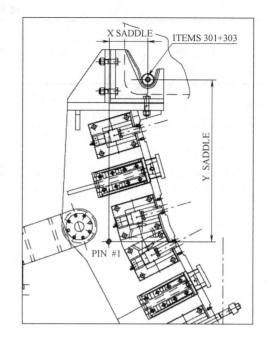

图 5.3.2-8　扇形零段定位图

拉矫机安装要求　　　　　　　　　　　　　　　　　　　　表 5.3.2-7

名称	极限偏差（mm）			水平度公差	对弧公差、高低差不得大于 mm
	纵向中心线	横向中心线	标高		
底座	±0.5	±0.5	±0.2	0.1/1000	—
切点辊	±1		±0.5	0.15/1000	0.3
各下辊					
引坯导向挡板	±2		—		
传动装置	±1.5		±1	0.1/1000	—

5. 摆剪安装

1）安转顺序

摆剪下收集料筐安装→底座组对成一体→底座安装→两片人字形立柱安装→两组横梁安装→下剪刃及输送滚道安装→其他机构安装→曲轴机构及上剪刃安装→减速机安装定心→电机安装定心

2）摆剪底座安装

首先将摆剪底座组装成为一体，就位；粗找纵横中心线及设备标高，然后安装主框架，立柱框架与底座安装成一体后，按照摆剪曲轴支承座，对底座中心线标高进行精找，达到图纸规定要求。

底座安装时对于混凝土接触的部位的油漆、油污等清理干净，垫板应与底座接触紧密，用0.05mm塞尺检查接触情况，其塞入面积不得超过垫铁面积的1/3。

3）摆剪体安装

安装前检查摆剪体各部分的联结螺栓必须紧固无松动现象，确认无问题后利用厂房内天车吊装就位。由于摆剪体重量较大，吊装前要进行试吊，吊离地面起落几次，再试大、小车运行情况，确认正常后进行正式起吊，吊装就位前应除去结合面上的毛刺、污物并涂抹润滑剂（如二硫化钼）。吊装就位后，随即拧上螺母，然后进行摆剪的调整工作，摆剪安装的技术要求如表5.3.2-8。

摆剪安装的技术要求			表 5.3.2-8
名　称	极 限 偏 差		水平度公差
	纵、横中心线	标 高	
	mm		
底座	±1	±0.5	0.1/1000
机体		0，−2	

4）减速机、电机安装

摆剪本体安装合格后进行减速机、电机的安装。减速机安装以摆剪曲轴联轴器为基准进行定心，两联轴器的端向同隙，两轴心的径向位移和倾斜按照图纸及安装手册要求。减速机安装合格后进行两台电机的定心。

6. 材料与设备

6.1　板坯连铸施工所需材料见表6.1。

材料需求一览表									表 6.1
序号	名　称	规　格	单位	数量	序号	名　称	规　格	单位	数量
1	破布		kg	30	11	照明电线		m	50
2	黄干油		kg	3	12	安全灯	36V	个	3
3	樟丹		kg	1	13	砂纸	0 号	张	25
4	石墨粉		kg	1	14	砂纸	1 号	张	25
5	钢丝	0.5mm	kg	1	15	砂纸	2 号	张	25
6	钢板	1.0～3.0	kg	100	16	塑料布		m²	20
7	钢板	δ10、δ20	kg	1000	17	毛刷	1″	把	6
8	钢板	1.0～3.0	kg	100	18	毛刷	2″	把	6
9	手电		个	2	19	电焊条	φ4.0	kg	100
10	电池		节	12					

6.2　板坯连铸施工所需施工机具见表6.2。

施工机具需求表							表 6.2
序 号	名　称	型 号	数 量	序 号	名　称	型 号	数 量
1	交流电焊机	500A	4台	11	长水平	500	2根
2	氩弧焊机	300A	1台	12	量规		1套
3	螺旋千斤顶	25t	4台	13	内经千分尺	0～1000	2个
4	螺旋千斤顶	10t	4台	14	塞尺		2把
5	捯链	5t	4台	15	游标卡尺	500	2个
6	角向磨光机	100	6台	16	百分表		4套
7	内圆磨光机		2台	17	冲击钻		2台
8	经纬仪	J2	1套	18	螺栓液压拉伸器	M90、M72	2套
9	水准仪	N2	1套	19	电动液压扳手	M36、M48	2套
10	方水平	200	4块				

7. 质 量 控 制

7.1 本工法的质量检查与验收应按照《冶金机械设备安装施工及验收规范》、《通用机械设备安装工程施工及验收规范》和设备技术文件规定进行验收。

7.2 在施工过程控制中，所有检齐数据需到业主代表、监理、外方代表的共同确认，签字确认后才能进行其他工程的施工。

7.3 检测仪器、检测方法需经各方确认，仪器须经有资质的实验室效验。

7.4 明确质量管理流程，严格执行。

8. 安 全 措 施

8.1 各项施工方案和施工组织设计及试车方案必须编制切实的安全措施，经总工或经理和施工现场安全负责人批准后，方可实行。

8.2 非施工人员在施工及试车期间，严禁进入施工现场。进入现场的施工人员必须戴安全帽，穿工作鞋，2m 以上高空作业人员必须系安全带，有空洞时，须设安全网。

8.3 施工现场危险地带必须设明显的警示标志，夜间设红灯示警。

8.4 起重运输必须统一指挥，统一信号，防止误指挥。

8.5 严禁任何人在起吊物或高空悬挂物下以及起吊机吊臂回转所及区域内停留或行走。

8.6 需搭设的脚手架需稳定可靠。

8.7 需动火操作的施工要办理动火证，清理施工区域并有专人监护。

8.8 现场设置灭火器等消防设施。

8.9 用电设备、设施安全可靠，有保护。

8.10 严禁酒后作业，施工现场严禁吸烟。

9. 环 保 措 施

9.1 对所需所有材料提出准确的计划，使用过程中根据计划领用和使用，剩余材料进行回收保管。

9.2 对所有设备的包装箱进行保护性拆除，交回业主的设备供应部门，进行统一的处理和利用。

9.3 对环境进行全面的清扫，对垃圾进行分类处理。

9.4 对设备的润滑系统进行检查，防止泄露污染环境。

9.5 采用先进的施工技术，避免污染环境。如电加热安装轴承、坡口机加工管道等。

9.6 对容易产生噪声的设备和施工操作区域进行隔离保护。

10. 效 益 分 析

10.1 该工法依据实例工程进行验证，依据本工法指导施工，可以使工程顺利进行，减少施工的盲目性，从而缩短工期和保证工程质量。

10.2 在唐钢板坯连铸工程中，工程造价 185 万元，通过合理组织，施工费用减少 17 万元。

10.3 在本钢和通钢板坯连铸工程中，通过实施本工法，很好地保证了安装质量，施工费用减少 23 万元、12 万元。

11. 应 用 实 例

本工法应用实例见表 11。

应用实例　　　　　　　　　　表 11

工程名称	地点	开竣工日期	工程实物量	应用效果
唐钢薄板坯连铸工程	唐钢轧钢厂	2002/4/20～2003/1/20	连铸机一台	优良
本钢薄板坯连铸连轧工程	本溪钢厂	2004/3/1～2004/11/10	连铸机二台	优良
通钢薄板坯连铸连轧工程	通化钢厂	2005/2/1～2005/10/16	连铸机一台	优良

大型高炉透平压缩机安装工法

YJGF133—2006

北京首钢建设集团有限公司

张永新　周亚新　史殿贺　戴书荃

1. 前　　言

冶金工业中炼铁高炉配套的透平压缩机是较为精密的大型动力设备。随着高炉容积的不断增大，高炉利用系数越来越高，大风量是保证高炉提高产量的首选措施之一，所需透平压缩机的单机功率也随之增大。我公司在首钢（北京厂区）4 台透平压缩机和首钢迁钢高炉 3 台透平压缩机安装施工中，结合工程实际情况，广泛吸取以往的经验，采用国内外先进技术，围绕安装调试中的各种技术和质量问题，拟定科研课题，组织专业力量，逐项进行技术攻关，并开发了本工法。

本工法成功运用预清洗预装配技术、调整螺栓无垫板安装法和三点找正工艺、先转子后定子安装法、静态负荷分配技术、静叶角度检测技术、联轴器定心双向测量法以及考虑热态中心变化，机组冷态安装时预留计算数值量法等一系列先进、成熟的施工工艺和技术。

通过实践检验，该工法经济效益明显，用该工法创出 51d 安装完成大型高炉风机机组安装的新纪录，其施工工艺先进，达到了国内先进水平，且运行稳定可靠，取得了"高精度、高质量、短工期"的良好效果。该项技术早在 1996 年即荣获北京市科技进步三等奖，经过多年施工，技术更加成熟可靠。用该工法施工的工程均获得冶金部优工程。该工法对大型高炉透平压缩机提高安装质量、缩短的安装周期、提高劳动生产率具有较强的实用性。

2. 工 法 特 点

透平压缩机属于高速旋转机械，转速高，精度高，安装质量要求高。本工法能有效地进行大型透平压缩机的安装，并达到施工质量优良和安全方便的目的，最突出的特点就是"安装工艺先进、精度高、质量好、工期短"，以及经济效益好等特点。

3. 适 用 范 围

本工法适用于冶金工业中炼铁高炉配套的大型透平压缩机的安装。

4. 工 艺 原 理

4.1　预清洗预装配技术

大型高炉透平压缩机为高精度、高转速、内部结构复杂的机械设备，在设备安装前进行预清洗和预装配是必经之途。

预清洗和预装配可使施工人员熟悉设备结构和零部件配合关系，掌握操作要领和操作方法，并达到预先发现问题、事先解决问题的目的，尽量把问题解决在设备安装试车之前。

清洗组装过程中所有接合面都要用三角油石检查，磨削其毛刺凸楞，组装时接合面都要涂以 MoS_2 涂料，所有紧固螺栓都要用 MoS_2 刷其螺纹部分，避免滑动部位出现卡涩现象，避免接合部位把不严靠不紧，出现泄漏及螺纹部位锈蚀的现象。

风机静导叶箱的预拆装。大型高炉透平压缩机的静导叶通常有几百片甚至上千片，液压伺服机通过拨叉、活动套和拐轴带动各级导叶片转动。安装时，导叶箱要多次拆装，每次拆装要严格按正反程序进行，否则会延误工期，甚至损坏部件。在预拆装时，施工人员要遵循操作要领，掌握操作方法，避免施工中出现差错。

风机转子的检查。对转子上的几百片动叶逐个进行静态频率试验，频率分散度均应符合国家标准。对转子轴颈、推力盘等精密部位用百分表作全面检查，其跳动值（瓢偏度）均应在标准范围之内。转子整体作低速动平衡检查，符合标准要求。

4.2 调整螺栓（或矮小螺纹千斤顶）无垫板安装法和三点找正工艺

在机械设备安装中，通常我们采用斜垫铁安装方法，利用几组成对斜垫铁的配合来调整机器的水平度和标高。在本工法中，采用调整螺栓（无垫板）安装法。

在机组底座的底板地脚螺栓附近设调整螺栓，螺栓呈铆钉形，圆头朝下，丝扣端拧到底板上，其配合要符合要求，不能太松或太紧，调整螺栓头下部是座浆埋在基础上的平垫板，机组的整个负荷在二次灌浆前完全由调整螺栓传到基础上。拧调整螺栓时，先将螺栓清洗干净，涂上 MoS_2 然后按图纸位置分别拧到轴承座或机壳底板底面，其高度大致在一个平面上，轴承座就位装入地脚螺栓，进行找中心、标高，初步找平、找正。待转子就位确定位置，找正扬度和水平度之后，才能把紧地脚螺栓，最后定位。地脚螺栓不能过早把紧，以避免调整螺栓底部把座浆垫板顶出凹坑，就难以移动位置了。调整螺栓的设置可参考图 4.2-1。

若设备底座未设计螺孔，可以使用矮小螺纹千斤顶（俗称"牛子"）代替上述调整螺栓，实现机体的调平找正。矮小螺纹千斤顶如图 4.2-2 所示。

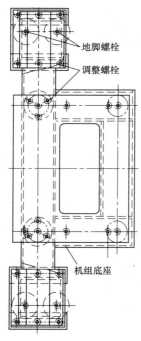

图 4.2-1 调整螺栓设置图

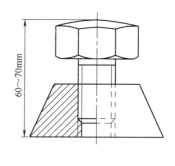

图 4.2-2 矮小螺纹千斤顶

具体调整步骤按三点调平法，先将后轴承座底座用其底板上的 3 个调整螺栓（按负荷三角鼎立分配）着力找平找正，然后将其他调整螺栓再拧紧着力，把紧地脚螺栓。前轴承座就位，待转子放入，按轴径找扬度，同样是用三点找正法，然后再拧紧其他调整螺栓，最后紧固所有地脚螺栓定位，检查前后轴承找扬度，直至符合标准。

4.3 先转子后定子安装法

按照以往的施工经验，轴流压缩机一般要先将机组底座、轴承座和定子（调节缸等）就位，进行调平找正，然后再安装转子定心、找扬度。此种方法应用于大型透平压缩机的安装，会造成转子定心调平困难，费时费力。

其主要原因是，转子的定位和水平度关系到整个机组和电机的中心系列线的调整，应以转子为参考基准，来调整底座和轴承座，使机组在热态运行时，轴流压缩机转子—联轴器—电机转子保持为一条水平的中心线。此种方法也是实现下述章节"4.7 考虑热态中心变化，机组冷态安装时预留计算数值量法"的基础。

因此，考虑上述因素，并根据转子单独承载于轴承座的特点，可采用先找正转子后安装定子的方法。

即：前后底座、轴承座就位找正，前后轴瓦安装，转子就位找水平度和扬度，确保联轴器端轴颈水平为零，主电机前后轴承座与轴瓦安装找正，主电机转子就位并与风机转子联轴器定心。上述工作完成后，安装轴流压缩机的下机壳和定子，再根据转子找正定子。

4.4 静态负荷分配技术

鉴于机组构造有：重量大、跨度大、静负荷挠度大等特点，采用中间支杆，静负荷承力必须恰到好处，左右两侧负荷应均匀布置，数值准确无误。

在轴流压缩机安装中，为确保质量，解决这一大难题，采用液压千斤顶加装压力表，改装成压力计的方法。根据机壳挠度变化，按压力计数值调整负荷，使机壳两侧静负荷均匀分配，满足要求。

由液压千斤顶加装压力表，改装压力计的技术，已申请专利，专利名称"带有压力表的千斤顶"，专利号：92225779.5。

本专利公开了一种能够测量显示压力值的千斤顶，在普通的油压千斤顶底部钻孔与油缸底部相通，并通过油管和接头与压力表相连。当油压千斤顶工作时，压力表可随时显示工作负荷，既可避免负荷超载，又可定量施压，该实用新型结构简单，安装方便，并能取代专用压力计。

4.5 静叶角度检测技术

大型高炉轴流风机通常是全静叶可调式轴流压缩机，其空气动力学特点是流量、压力调节范围宽广，各工况点效率高，通过改变静叶角度改变负荷，满足高炉需要。调整范围中，有安全运行区和运行禁区，所以静叶角度的测量非常重要。但是静叶片是三维线型无定形平面，测量难度较大。

采用万能角度仪配合平尺是最理想的测量方法。用大平尺靠在机壳水平剖面上，万能角度仪一边靠在平尺上，一边靠在要测量叶片的凹面根部，准确的测量叶片的角度。测量初始、中间、最大三个位置，每级每个位置测量两个导叶，测量结果与设计或规范对比，应满足要求。测量方法如图 4.5 所示。

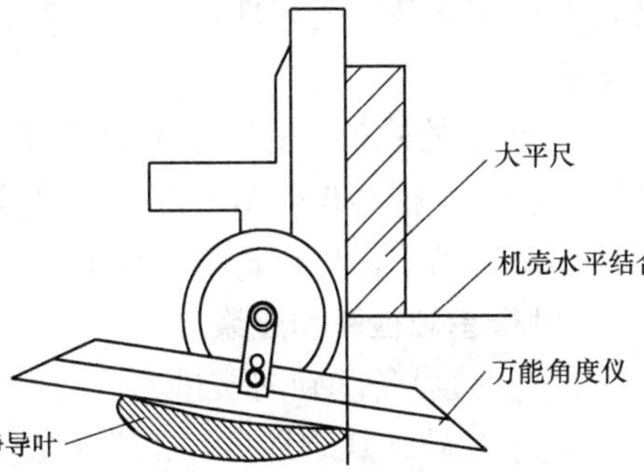

大平尺

机壳水平结合面

万能角度仪

静导叶

图 4.5 静叶角度测量方法

4.6 联轴器定心双向测量法

轴流压缩机与电机之间的联轴器通常有中间轴，有的达 1m 以上。在联轴器定心时，由于定心工具的悬臂影响测量精度，数据失真，误差很大。

经过多年实践，采用联轴器定心双向测量法，不但在测量中能消除定心工具挠度误差，还能测出定心工具的挠度数值，联轴器定心数值真实可靠，给机组运行稳定提供可靠保证。

此种方法已申请专利，专利名称"机械联轴器对中测量方法"，专利号：92104813.0，并于 1994 年 1 月荣获北京市优秀技术成果奖。

这是一种机械设备联轴器中心差测量方法，特别适用于大型机械设备联轴器中心差的测量，用塞尺（或百分表）进行，其特征在于对两端的联轴器分别进行两次测量，求得真实径向位移值，是两次测得的径向位移的平均值。此发明的测量和数据处理方法可消除工具挠度的影响，测出的中心差是真实的数据。

4.7 考虑热态中心变化，机组冷态安装时预留计算数值量法

机组运行时，由于冷态和热态膨胀中心变化很大，严重影响机组运行的稳定，为此根据机组各个部位运行温度的差异，通过详细的计算，找出变位的数值，在定位找正时预留，达到预期的效果，给机组长期稳定运行奠定良好的基础。

5. 施工工艺流程及操作要点

5.1 施工准备

5.1.1 施工技术准备

1. 对图纸、厂家随机技术文件和相关资料进行学习审查，由专业工程师组织有关人员进行图纸资料学习，彻底消化了解其各项技术性能和要求，并审查确认其正确性。

2. 编制施工指导文件。根据技术资料和图纸以及有关规程规范编制详尽的施工组织设计、施工方案和施工工艺卡，并进行全面的技术交底。

3. 进行施工人员的培训。

5.1.2 设备进场检验、预清洗和预装配

1. 开箱清点设备零件数量，并清洗检查其内外部质量，要做到符合设备清单，满足工程需要，设备各部零件完好无损。

2. 对设备进行预清洗和预装配。使施工人员熟悉设备结构和操作要领、掌握操作方法，并达到预先发现问题、事先解决的目的，尽量把问题解决在设备安装试车之前。

3. 清洗组装过程中所有接合面都要用三角油石检查磨削其毛刺凸棱，组装时接合面都要涂以 MoS_2 涂料，所有紧固螺栓都要用 MoS_2 刷其螺纹部分，免得滑动部位出现卡涩现象、接合部位把不严靠不紧出现泄漏、螺纹部位出现锈蚀卸不下来的现象。

4. 风机静导叶箱的预拆装。大型高炉透平压缩机的静导叶通常有几百片，液压伺服机通过拨叉、活动套和拐轴带动各级导叶片转动。安装时，导叶箱要多次拆装，每次拆装要严格按正反程序进行，否则会延误工期，甚至损坏部件。在预拆装时，施工人员要遵循操作要领，熟练掌握操作方法，避免施工中出现差错。

5. 风机转子的检查。对转子上的几百片动叶逐个进行静态频率试验，频率分散度均应符合国家标准。对转子轴颈、推力盘等精密部位用百分表作全面检查，其跳动值（瓢偏度）均应在标准范围之内。转子整体作低速动平衡检查，符合标准要求。

5.2 设备基础检验和座浆

5.2.1 检验设备基础的质量

1. 混凝土基础外观质量良好、结构成分均匀。

2. 在设备底座范围内，混凝土应比周围高出 100mm 左右。

3. 地脚螺栓孔位置与形状应与图纸相符（对于预埋固定地脚螺栓，螺栓孔应呈倒锥形）。

4. 混凝土钢筋的布置应合适。一般情况下，钢筋离基础表面距离不得大于 50mm。

5. 用手锤敲打混凝土表面，用以寻找并消除可能存在的内部孔洞。

6. 除净表面的残渣、灰尘、油污等。

5.2.2 检验基础坐标位置

1. 会同土建专业对基础的纵向、横向和标高进行定位测量。不合格之处应进行适当的处理。

2. 定位测量采用直径为 $\phi0.3\sim\phi0.5mm$ 的钢丝（或尼龙线），钢丝安装在固定支架上，固定支架要尽量安装在已有的建筑结构上，标高座则需要临时固定在基础上。

3. 基准标高座的设置应尽可能靠近底座，各点标高用平尺和水准仪来校正。位置坐标固定架的设置应尽可能远离设备。

4. 有碍于设备安装的基础部位必须在协商后进行修整。

5.2.3 基础的放线和打毛

1. 按基础平面图放线，标出机器底座、地脚螺栓、垫板的中心线和垫板的浇灌范围。

2. 凿去高于垫板标高的混凝土，打毛所有要二次灌浆的表面，浇灌垫板的位置要凿深 15~20mm。

5.2.4 垫板的座浆

座浆及垫板埋设方法可参见图 5.2.4。

1. 按配合比搅拌好座浆混凝土。

2. 清理混凝土表面，并用水清洗浸湿。

3. 清洗垫板，使之外表无油污。

4. 外围模板固定在位置线上。

5. 灌入粘滞的混凝土并捣实。

6. 把垫板压入混凝土，并用水平仪校平。每块纵、横向水平度允差为 0.05mm，各组标高误差不大于 2mm。

7. 用潮湿麻袋片养护 3d 以上。

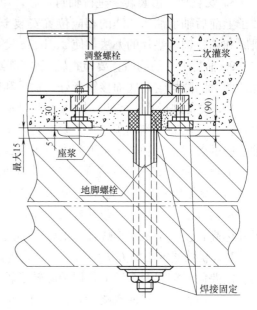

图 5.2.4 调整螺栓安装法

5.3 压缩机就位找正

5.3.1 底座就位找正

1. 清理底座和地脚螺栓油污，螺纹涂 MoS_2 润滑脂。

2. 按照机组布置图将底座水平吊放到基础上，使所放的位置线于底座轴线重合并穿入地脚螺栓。

3. 底座调平。使用平尺和光学合像仪以及经过精加工的垫铁，人工研磨垫铁，接触面积达 75% 以上，对轴承箱的底座上支撑面及机壳的支撑面进行调平，边操平边均匀拧紧调整螺栓并拧紧地脚螺栓。

5.3.2 压缩机下机壳就位、找平

座浆达到强度后，穿装地脚螺栓，调整底座调整螺栓，进行前后机座和轴承座就位，挂钢线找中心，调整位置，按设计数据初步调整机座标高，采用千分杆测量。

1. 采用调整螺栓（无垫板）安装法（如图 5.2.4 所示）。

2. 基座底板上的地脚螺栓附近按一定位置设置一定数量的调整螺栓，调整螺栓呈铆钉形，圆头朝下，丝扣端拧到底板上，其配合要符合要求，不能太松或太紧，调整螺栓头下部是座浆埋在基础上的平垫板，机组整个负荷在二次灌浆前全靠调整螺栓传到基础上。

3. 拧调整螺栓时，先将螺栓清洗干净，涂上 MoS_2，然后按图纸位置分别拧到底座底面上，其高度大致在一个平面上，轴承座就位，进行找中心、标高，初步找平、找正。待转子就位确定位置，找正扬度和水平度之后，才能把紧地脚螺栓，最后定位。地脚螺栓不能过早把紧，以避免调整螺栓底部把座浆垫板顶出凹坑，就难以移动位置了。

4. 具体调整步骤按三点调平法，先将后轴承座用其底板上的 3 个调整螺栓（按负荷三角鼎立分配）着力找平找正，然后将其他调整螺栓再拧紧着力，把紧地脚螺栓。前轴承座就位待转子放入，按轴径找扬度，同样是用三点找正法，然后再拧紧其他调整螺栓，最后紧固所有地脚螺栓定位，检查前后轴承找扬度，直至符合标准。

5. 用电焊将调整螺栓和地脚螺栓进行点焊固定，以防止退扣松动，地脚螺栓孔顶部用泡沫塑料塞堵封严，做好二次灌浆的准备。

6. 电机的底板同样用调整螺栓三点调平找正开始，只是具体位置主要依据和压缩机联轴器找中心要求的位置，来确定其中心、标高和水平度。

7. 根据压缩机转子单独承载于轴承座的特点，采用先找转子再找定子的方法。

程序和方法是：前后轴承座就位找正，前后轴瓦安装，转子就位找水平度，复查扬度，确保接手

端轴颈水平为零，主电机前后轴承座与轴瓦安装找正，主电机转子就位并与风机转子接手定心。上述工作完成后，电机两端轴承座进行二次灌浆，养生合格后吊下风机与电机的转子，装风机于电机的定子（外壳），再根据转子找正定子。

8. 安装轴承吊装转子进行轴封定心，使转子的轴向中心和轴承座的轴向中心一致。具体方法：在转子上前后轴承油封凹洼的相应位置安装卡具，转动转子，测量左右和底部凹洼尺寸（a、b、c），用研磨和调整轴承垫片的办法，使a、b、c尺寸达到理想要求。

9. 轴封定心的同时，要检查轴瓦侧间隙和底面接触情况以及轴承和轴承凹洼的接触情况，要求轴瓦的两侧间隙均匀，底面接触良好，轴承和轴承座凹洼要接触严密。

10. 设备进行找平找正，横向水平要求均匀方向相反；纵向水平、轴系列线技术文件无特殊要求时，转子联轴器一侧轴颈纵水平要求趋近于零，另一侧轴颈的纵水平，取决于转子的静挠度而向后扬。轴承座的各向水平和转子水平要求趋于一致。

上述8、9、10三项不能断然分开，有时需穿插进行，否则很容易顾此失彼。

11. 直接传动的同步电机安装同样按上述程序座浆后先将其轴承座找正，吊入转子进行联轴器定心，从而确定电机位置，包括按联轴器尺寸确定的与压缩机距离，和依据联轴器定心而确定的电机水平和标高，使整个机组形成理想的轴系列线。

12. 联轴器定心的方法可用塞尺、块规，也可用百分表、激光对中仪，轴向、径向分别测量，但轴向一定要同时测得两个数值，以消除转子轴向窜动的影响。换位测量时，两轴要同时转动，每圈分上、下、左、右四个位置四次测量，计算测得的数值，从而确定其上、下、左、右的偏差值，必要时进行调整。假若联轴器长度超过500mm时，联轴器定心要进行双向测量，以消除定心工具挠度的影响。

13. 带增速机的设备，增速机一般制造厂都装配好，经过试车，增速机多为整体安装，座浆后增速机就位找平找正，技术文件无特殊要求时，机组整体轴系列线水平应以此为准（具体说应是其齿轮传动轴），其轴向纵水平做为零，低速端和电机联轴器定心，高速端和压缩机联轴器定心，其纵向水平应以测量齿轮轴颈为准，制造厂不允许开盖无法测量其轴颈时，也可以按指定剖分面为准，但一定要设法核实其一致性。

5.4 压缩机的组装

5.4.1 下半调节缸、承缸组装

机组标高、水平、联轴器中心都已找好，轴承座位置已经固定，所有地脚螺栓都已把紧，吊出转子按图纸组装轴承座猫爪，根据其构造特点注意其膨胀方向和预留膨胀间隙以及滑销系统的各部间隙等，下缸就位，吊装转子，按照两端轴封找正中心，确定下缸位置，最后核对其他各部轴封间隙。

1. 按顺序组装下半承缸、导向环和调节缸，组装调节缸时装上导向环上的导向销，组装完毕后，拆下导向销，并将调节缸上导向环的连接螺栓处穿入不锈钢丝防松。

2. 下机壳调节缸个支撑处的垫片按出厂时的数量和部位放置，不能混放。

3. 使用专用的定子吊装工具水平吊起下半定子并在承缸出口端外圆处的凹槽内放入密封圈。

4. 组装调节缸两侧的支撑导杆和滑动支撑然后推动调节缸，是调节缸与液压伺服机的连接板对正，并连接、防松。

5. 所有滑动面及配合面均涂以 MoS_2 润滑剂。

6. 下半定子所有螺栓、螺母确保防松、紧固。

5.4.2 组装导叶箱、测量静叶角度、检查液压伺服机

1. 静叶可调轴流压缩机，此时吊出转子后，在下缸内组装导叶箱，组装过程中接合面和滑动部位都要涂上 MoS_2，按照图纸和出厂证明书上的尺寸进行核对，确定整个导叶箱在缸内的相对位置。因为可调静叶是用油伺服机的往复运动，通过拨叉、环槽、拐肘、端轴使各级叶片转动而改变负荷的，所以导叶箱的拆装顺序很重要，安装过程中要拆装多次，一旦顺序有误，轻则浪费工时，重则损伤部件。最后连接已组装好的油伺服机，用撬杠拨动灵活无卡涩，按说明书调好行程，内外行程标记对应正确。

2. 根据说明书，在承缸中分面安放平尺，然后使用万能角度尺进行静叶角度的测量。万能角度尺测量时应紧靠叶根，并垂直于叶片轴线。以第一级静导叶的最小角度、中间位置和最大角度三个位置，分别测量各级叶片的角度（每级只测剖分面的两个），做好记录，和制造厂出厂记录进行核对，误差在1°左右，同时核对液压伺服机的三个位置行程，以及其指示牌是否正确。

5.4.3 轴承及其他部位的检测

1. 在下机壳内放入支承、推力轴承及油封（油封在最后安装时，可在机壳配合面上涂抹一层密封胶）。

2. 检查支承轴承瓦背与轴承箱孔的接触面积、轴瓦在水平方向上应稍有紧力、垂直方向上与压盖间有 0.02～0.05mm 的过盈。

3. 在支承及推力轴瓦合金表面薄薄的涂抹一层红丹粉，放入转子并扣合轴承压盖即箱盖。盘动转子 1～2 圈，检查转子与支承、推力轴承的接触。

4. 在检查推力轴承接触的同时，转子轴向打表检测推力轴承的轴向总间隙；支承轴承的水平侧间隙用塞尺进行测量，垂直顶间隙的测量采用压铅丝法或提轴法。提轴时，紧固轴承体上半取走挡油环，安装两个磁力表架分别位于紧靠轴承位置的轴颈上和轴承顶部调整块上。借助转子起轴托架提起转子，直到轴承从轴承座上刚刚提起一点为止。在提轴过程中，百分表量值的变化便是轴承的顶间隙值，一般重复三次，取平均值。

5. 吊装转子组装隔风板时，接合部位要涂 MoS_2，检查各部热膨胀间隙和各部固定销，对于组装在上缸内的隔板要注意测量其径向热膨胀间隙。

5.4.4 叶顶间隙测量

轴流压缩机下缸内导叶箱组装好后，吊入转子沿水平剖分面测量动、静叶顶端与缸壁及转子间的间隙，做好记录，都应在图纸要求数值范围之内，然后吊出转子，在每级动、静叶片中间三片的顶端用胶布贴好铅丝，按顺序吊装转子和导叶箱，扣上缸盖把紧接合面螺栓（可间隔紧固 1/2），进行动、静叶上、下间隙的压铅丝检查，求其平均值，各级数值应在制作图纸规定的范围之内。

再次组装导叶箱，吊入转子扣上缸盖，间隔把紧接合面螺栓，用塞尺检查接合面缝隙，应 0.05mm 塞尺不进，再复查前后轴封的上、下、左、右间隙，复查联轴器定心数据，检查缸挠度影响，核对其变化情况，最后结果都应在图纸规定范围之内。

5.5 压缩机的正式安装

5.5.1 找正及各间隙均合格后，可以进行压缩机的正式安装，安装顺序可参见图 5.5.1 所示。

5.5.2 压缩机在最后封闭前，将缸内零部件全部拆除进行彻底清扫，再逐件组装，导叶箱转子等用压缩空气彻底吹除干净，组装导叶箱扣缸盖，接合面涂亚麻油，进行最后封缸，按顺序按要求紧固所有接合面螺栓，紧固程度要测其伸长量或扭矩，核对前后所用工具。整个过程连续进行，并且在有生产厂、检查部门、有关领导和指挥部门的参加监督下进行，最后会签负责。

5.5.3 放入轴承，在下半轴承内滴入干净润滑油并放入转子，为防止灰尘，临时安装好上半轴承即轴承箱盖。

5.5.4 在静叶承缸中分面涂以薄薄一层耐热密封胶，扣合上半承缸并紧固螺栓，用不锈钢丝锁紧。

5.5.5 盘动转子，应无碰擦现象。

5.5.6 安装上半调节缸导向环及调节缸，用不锈钢丝锁紧螺栓。

5.5.7 机壳中分面涂密封胶，扣合上机壳，插入销钉，拧紧中分面螺栓。

5.5.8 扣合机壳后，转子盘车应无碰擦现象。

5.5.9 按说明书测量转子在轴承箱内的径向位置，并做好记录。

5.6 压缩机组的找正

5.6.1 在压缩机正式组装扣合前，可首先对机组进行粗、精找正，扣合后再次复核。也可先组

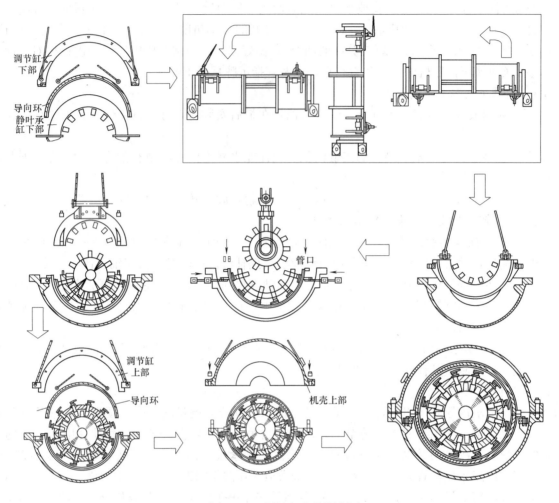

图 5.5.1　压缩机安装顺序图

装，后找正，但正式组装时必须确保机体内干净无脏杂物。

5.6.2　精找正时，必须将定子上半部及轴承箱盖安装好，然后再进行找正，以消除压缩机因自重而产生的挠度影响。

5.6.3　找正时，若两个半联轴器间距离较大，可以通过找正架进行找正。对于刚性联轴器，可以装上中间轴用塞尺和打表法结合进行找正。

5.6.4　找正时转子的转动须借助铜棒，将铜棒穿在联轴器安装盘的螺栓孔内，在用一杠杆转动转子，注意应采取防护措施，避免转轴表面划伤。

5.6.5　用找正架找正时，由于找正架较长，应将找正表架分别连接于两半联轴器上，分别进行找正，以消除找正架挠度的误差。

5.6.6　为了避免两半联轴器本身误差的影响，在精找正时，两转轴最好同步转动。

5.7　**其他设备安装**

5.7.1　按图纸要求组装主油泵和盘车装置等附属设备，可在上述工序中穿插进行。

5.7.2　同步电机在联轴器定心完之后，装入定子，穿入转子进行最后组装。穿转子时要用接长轴、滑动气垫、护板等专用器具，必要时还需移出后轴承座，所以轴承座的位置稳钉，联轴器定心完后必须做好，以固定其位置，便于复位。定子的位置固定，要考虑留有转子热膨胀的余量，以便热运行中两者磁力中心吻合，当然必要时穿入转子后还需做联轴器定心复查。

5.7.3　联轴器安装时，连接螺栓必须严格对号入座，紧固程度要测其伸长量或扭矩，要准确无误。

5.8 压缩机组底座的二次灌浆

压缩机组精找正合格，位置完全固定后，就可提交工序交接单，进行二次灌浆，灌浆料采用大流动度、高强微膨胀灌浆料，保证密实、满盈、强度高。

5.8.1 在二次灌浆之前，地脚螺栓和顶丝应点焊固定，对于垫铁法而言，应将斜铁和平铁点焊。

5.8.2 对于活地脚螺栓，即非预埋固定地脚螺栓，螺栓孔应填满沙子，孔口即螺栓顶部应用泡沫塑料围堵或用石棉填料包封。

5.8.3 灌浆外缘用模板固定。

5.8.4 仔细清除油脂和其他杂物。

5.8.5 预先将基础浸湿 24h。

5.8.6 用细混凝土浇灌并填满填实。

5.8.7 用湿麻袋覆盖，养护 3d 以上。

5.9 管道配置、冲洗及计器、电气工作

5.9.1 机组初步固定后，就可以穿插进行油管道、水管道、风管道及各阀类的配置安装，机组完全固定位置后，管道最后锁头，油管道配置时焊接要用氩弧焊打底，以保证内表面平滑，配置完后全套酸洗，回油管要注意保证其坡度。风管道配置要严格区分固定和滑动支架，尤其是送风管道，要考虑热膨胀的影响，结合机组的热膨胀，注意做管道的冷拉预处理，方向和数值都要仔细计算核准。

5.9.2 上述工作同时，计器仪表工作（包括控制室及现场就地盘箱架等），都要穿插同步进行，在上述各种仪表管道配置的同时，将各处的取点部位选准，焊好部件，尤其是油管道，洁净度要求高，避免遗漏补焊造成污染。最后要尽早进行计器仪表的单独调试。

5.9.3 动力系统和润滑系统进行管道冲洗过滤，在保证管道安装洁净的条件下，油箱、冷油器、过滤器、油泵等设备彻底清洗，最后用面团粘取干净，灌入合格的润滑油，进轴承的油管卸掉节流孔（阀），出、入口直接短接，并装上 60～200 目的铜丝网；动力系统也短接，不进各阀组，进行冲洗管道。两系统分别进行，为了加大冲洗流量，各部位可分组分段冲洗，为提高冲洗效果，将油压调在 0.2MPa 左右，油温调到 20℃和 60℃交替进行，每次冲洗时间约 50h 左右，每隔半小时用木锤轻击管道一次。第二次冲洗可进入轴承（上瓦卸掉）。冲洗完将油放掉，重新清洗油箱、过滤器等，换装新油。

5.10 准备试运转

5.10.1 按技术说明书进行静态调整试验（包括起动、停机、安全运行、负荷加减开度、各种报警、安全保护等）。

5.10.2 依照规范按操作规程进行电机单体试运转，增速机试运转，带压缩机试运转以及各种性能试验等，都由生产单位操作人员直接操作。

6. 材料与设备

6.1 施工设备

如表 6.1 所示。

施工设备　　　　　　　　　　　　　　　　　表 6.1

序 号	机具名称	型 号	单 位	数 量	备 注
一	起重运输设备				
1	桥式起重机	50T/10T	台	1	
2	汽车起重机	120t	台	1	
3	汽车式起重机	50t	台	1	
4	汽车式起重机	20t	台	1	

续表

序　号	机 具 名 称	型　号	单　位	数　量	备　注
5	汽车式起重机	8t	台	1	
6	链式起重机	10t	台	1	
7	链式起重机	5t	台	1	
8	汽车	8t	台	3	
9	拖车	100t	台	1	
10	拖车	40t	台	1	
二	焊接设备				
1	硅整流电焊机	Z×G×400	台	23	
2	焊条烘干箱	4.8kW	台	4	焊条烘干
3	焊条保温筒	5kg	台	8	保温存放
4	气割工具		套	15	
三	起重工具				
1	千斤顶	100t	台	2	
2	千斤顶	50t	台	2	
3	千斤顶	20t	台	2	
4	手动葫芦	10～20t	台	8	
四	计量器具				
1	千分尺	0～25mm	1 支		
2	千分尺	25～50mm	1 支		
3	千分尺	125～150mm	1 支		
4	千分尺	150～175mm	1 支		
5	千分尺	175～200mm	1 支		
6	内径千分尺	50～200	1 支		
7	内径千分尺	50～1000	1 支		
8	精密卡尺	10～200mm	1 支		
9	精密卡尺	10～400mm	1 支		
10	万能角度仪		1 台		
11	可调方水平仪	0.02mm/m	1 台		
12	合向水平仪	0.01mm/m	1 台		
13	塞尺	(0.02～1mm)×150mm	3 把		
14	塞尺	(0.02～0.5mm)×300mm	1 把		
15	大型平尺		把	1	
16	小型平尺		把	2	
五	其他工具				
1	角向磨光机	φ100	台	5	
2	角向磨光机	φ150	台	5	
3	电动打压泵	30MPa	台	1	
4	手锤		把	5	
5	扁铲		把	10	
6	锉刀		把	6	
7	对讲机		部	6	
8	脚手架				

6.2 施工材料

亚麻油	20kg
MoS_2	10kg
四氧化碳	20kg
小三角油石	10 条
密封膏	10 盒

7. 质量控制

7.1 施工质量保证措施

7.1.1 将质量控制目标分解到各个分项工程，落实到班组和工种，将质量情况作为考核分配的重要依据。

7.1.2 加强材料验收工作，材料进厂必须有合格证和材料证明，并按规定进行复检，不合格材料不得使用。

7.1.3 认真做好原材料试验检验工作，按规范进行。项目设专职人员管理，有见证样试验项目、次数要求。按业主指定法规执行。见证试验结果做好备案。

7.1.4 测量控制：重点控制定位轴线位移、角度、标高、平整度和垂直度。构件要设有测量标记。要使用全占仪等高精密测量仪器，所有仪器必须经过法定复检并保证有效期内使用。测量结果按规定及时填写。

7.1.5 结构件要准确标注中心、标高等检查控制线，要在明显位置书写构件编号。

7.1.6 工地安装要有施工方案和焊接工艺，要满足质量标准要求。安装要严格按方案和工艺执行。质量标准执行国家规范标准和图纸要求，同时执行内控标准，以提高质量。

7.1.7 焊工要经过专门培训，持证上岗。要严格按标准和工艺施焊。要有焊工编号，焊接口的质量情况要专人准确及时填写。

7.1.8 焊条使用前要按标准和工艺要求烘培处理，及时填写记录。焊条发放要有记录。

7.1.9 严格执行三级检查制度，上道工序不达标准不得进入下道工序施工。

7.1.10 在施工过程中做好质量检验评定，保证工程质量达到国家标准和设计要求。

7.2 质量控制点

7.2.1 膨胀螺栓预留间隙数值足够、方向正确。滑销系统方顺销顶间隙要保证 1～1.5mm，两侧间隙之和保证 0.04～0.06mm，要求每侧两端间隙相等，不扭不歪。

7.2.2 凹洼（轴封）定心要求机组转动方向顺时针右侧较左侧大 0.03～0.05mm，下部数值左右平均数小 0.03～0.05mm。

7.2.3 联轴器定心要考虑静（冷）态、动（热）态变化，压缩机出口温度较高，一般定心径向要求压缩机中心低一些，具体数值要通过膨胀验算而求得；另考虑受力影响，增速机齿轮啮合运行时，水平中心偏外，这都对其径向偏差影响较大，轴向要求尽量严一些，公差最好在 0.01 左右（约 0.025/1000）。

7.2.4 轴瓦间隙一般技术说明书都有要求，瓦盖公盈一般要求 0.01～0.03mm，轴承位置调整垫两侧两块要求和轴承座接触严密，0.05mm 塞尺不进，底部一块，在转子未吊入之前应有 0.03mm 左右缝隙为好，转子吊入后底部接触密实，两侧更密实。

7.2.5 油系统冲洗时最终要求油的清洁度：动力系统属伺服系统，要求达到 NAS7 级（15/12），润滑系统要求达到 10～12 级（18/15～20/17）。

7.3 施工质量标准

7.3.1 施工准备

1. 施工条件

1）工程施工前，应具备设计和设备的技术文件；对大中型、特殊的或复杂的安装工程尚应编制施工组织设计或施工方案。

2）工程施工前，对临时建筑、运输道路、水源、电源、蒸汽、压缩空气、照明、消防设施、主要材料和机具及劳动力等，应有充分准备，并作出合理安排。

3）工程施工前，其厂房屋面、外墙、门窗和内部粉刷等工程应基本完工，当必须与安装配合施工时，有关的基础地坪、沟道等工程应已完工，其混凝土强度不应低于设计强度的75%；安装施工地点及附近的建筑材料、泥土、杂物等，应清除干净。

4）当设备安装工序中有恒温、恒湿、防震、防尘或防辐射等要求时，应在安装地点采取相应的措施后，方可进行相应工序的施工。

5）当气象条件不适应设备安装的要求时，应采取措施。采取措施后，方可施工。

6）利用建筑结构作为起吊、搬运设备的承力点时，应对结构的承载力进行核算；必要时应经设计单位的同意方可利用。

2. 开箱检查和保管

1）设备开箱应在建设单位有关人员参加下，按下列项目进行检查，并应作出记录：箱号、箱数以及包装情况；设备的名称、型号和规格；装箱清单、设备技术文件、资料及专用工具；设备有无缺损件，表面有无损坏和锈蚀等；其他需要记录的情况。

2）设备及其零、部件和专用工具，均应妥善保管，不得使其变形、损坏、锈蚀、错乱或丢失。

3. 设备基础

1）设备基础的位置、几何尺寸和质量要求，应符合现行国家标准《钢筋混凝土工程施工及验收规范》的规定，并应有验收资料或记录。设备安装前应按规范的允许偏差对设备基础位置和几何尺寸进行复检。

2）设备基础表面和地脚螺栓预留孔中的油污、碎石、泥土、积水等均应清除干净；预埋地脚螺栓的螺纹和螺母应保护完好；放置垫铁部位的表面应凿平。

3）需要预压的基础，应预压合格并应有预压沉降记录。

7.3.2 放线就位和找正调平。

1. 设备就位前，应按施工图和有关建筑物的轴线或边缘线及标高线，划定安装的基准线。

2. 互相有连接、衔接或排列关系的设备，应划定共同的安装基准线。必要时，应按设备的具体要求。埋设一般的或永久性的中心标板或基准点。

3. 平面位置安装基准线与基础实际轴线或与厂房墙（柱）的实际轴线、边缘线的距离，其允许偏差为±20mm。

4. 设备定位基准的面、线或点对安装基准线的平面位置和标高的允许偏差，应符合表7.3.2-1规定。

设备的平面位置和标高对安装基准线的允许偏差 表 7. 3. 2-1

项　　　目	允许偏差（mm）	允许偏差（mm）
	平 面 位 置	平 面 位 置
与其他设备无机械联系的	±10	+20 -10
与其他设备有机械联系的	±2	±1

5. 设备找正、调平的定位基准面、线或点确定后，设备的找正、调平均应在给定的测量位置上进行检验；复检时亦不得改变原来测量的位置。

6. 设备的找正、调平的测量位置，当设备技术文件无规定时，宜在下列部位中选择：

1）设备的主要工作面；

2）支承滑动部件的导向面；

3）保持转动部件的导向面或轴线；

4）部件上加工精度较高的表面；

5）设备上应为水平或铅垂的主要轮廓面；

6）连续运输设备和金属结构上，宜选在可调的部位，两测点间距离不宜大于 6m。

7. 设备安装精度的偏差，宜符合下列要求：

1）能补偿受力或温度变化后所引起的偏差；

2）能补偿使用过程中磨损所引起的偏差；

3）不增加功率消耗；

4）使转动平稳；

5）使机件在负荷作用下受力较小；

6）能有利于有关机件的连接、配合；

7）有利于提高被加工件的精度。

8. 当测量直线度、平行度和同轴度采用重锤水平拉钢丝测量方法时，应符合下列要求：

1）宜选用直径为 0.35～0.5mm 的整根钢丝；

2）两端应用滑轮支撑在同一标高面上；

3）重锤质量的选择，应根据重锤产生的水平拉力和钢丝直径确定。重锤产生的水平拉力应按式（7.3.2-1）计算：

$$P = 756.168d^2 \tag{7.3.2-1}$$

式中　P——水平拉力（N）；

　　　d——钢丝直径（mm）。

4）测点处钢丝下垂度可按式（7.3.2-2）计算，或按表 7.3.2-2 的规定取值：

$$f_\mu = 40 \cdot L_1 \cdot L_2 \tag{7.3.2-2}$$

式中　f_μ——下垂度（μm）；

　　　L_1、L_2——由两支点分别至测点处的距离（m）。

钢丝直径与重锤拉力的选配　　　　　　　　　　表 7.3.2-2

钢丝直径 d(mm)	重锤的拉力 p(N)	钢丝直径 d(mm)	重锤的拉力 p(N)
0.35	92.61(9.45kgf)	0.45	153.08(15.62kgf)
0.40	120.93(12.34kgf)	0.50	189.04(19.29kgf)

7.3.3　地脚螺栓、垫铁和灌浆

1. 地脚螺栓

埋设预留孔中的地脚螺栓应符合下列要求：

1）地脚螺栓在预留孔中应垂直，无倾斜。

2）地脚螺栓任一部分离孔壁的距离 a 应大于 15mm，地脚螺栓底端不应碰孔底。

3）地脚螺栓上的油污和氧化皮等应清除干净，螺纹部分应涂少量油脂。

4）螺母与垫圈、垫圈与设备底座间的接触均应紧密。

5）拧紧螺母后，螺栓应露出螺母，其露出的长度宜为螺栓直径的 1/3～2/3。

6）应在预留孔中的混凝土达到设计强度的 75% 以上时拧紧地脚螺栓，各螺栓的拧紧力应均匀。

2. 无垫铁安装

设备采用无垫铁安装施上时，应符合下列要求：

1）应根据设备的重量和底座的结构确定临时垫铁、小型千斤顶或调整顶丝的位置和数量。

2）当设备底座上设有安装用的调整顶丝（螺钉）时。支撑顶丝用的钢垫板放置后，其顶面水平度的允许偏差应为 1/1000。

3）采用无收缩混凝土灌注应随即捣实灌浆层，待灌浆层达到设计强度的 75％以上时。方可松掉顶丝或取出临时支撑件，并应复测设备水平度，将支撑件的空隙用砂浆填实。

4）灌浆用的无收缩混土的配比可按表 7.3.3 的规定配制。

无收缩混凝土及微膨胀混凝土的配合比　　　　　　　　　　　　　　表 7.3.3

名　称	配　方(kg)					试 验 性 能	
	水	水泥	砂子	碎石子	其他	尺寸变化率	强度(MPa)
无收缩混凝土	0.4	1(425 号硅酸盐)	2		0.0004 (铝粉)	0.7/10000 收缩	40
微膨胀混凝土	0.4	1(425 号矾土)	0.71	2.03	石膏 0.02 白矾 0.02	2.4/10000 膨胀	30

注：1. 砂子粒度 0.4～0.45mm，石子粒度 5～15mm；
　　2. 表中的用水量是指混凝土用干燥砂子的情况下的用水量；
　　3. 无收缩混凝土搅拌好后，停放时间应不大于 1h；
　　4. 微膨胀混凝土搅拌好后，停放时间应不大于 0.5h；
　　5. 此配方也可于垫铁安装的较重要的设备。

3. 当采用座浆法放置垫铁时，座浆混凝土配制的技术要求及工方法，宜符合下列规定。

1）混凝土配制应符合下列要求：

① 配置座浆混凝土所采用的原材料应符合现行国家标准《钢筋混凝土工程施工及验收规范》的规定。座浆混凝土的胶结材料应采用塑性期和硬化后期均保持微膨胀或微收缩状态的和泌水性小，且能保证垫铁与混凝土的接触面积达到 75％以上的无收缩水泥，砂应采用中砂，石子的粒度宜为 5～15mm。

② 座浆混凝土的坍落度应为 0～1cm；座浆混凝土 48h 的强度应达到设备基础混凝土的设计强度。座浆混凝土应分散搅拌，随拌随用。材料称量应准确，用水量尚应根据施工季节和砂石含水率调整控制。并应将称量好的材料倒在拌板上干拌均匀，再加水搅拌，视颜色一致为合格。搅拌好的混凝土不得加水使用。

2）施工方法应符合下列要求：

① 在设置垫铁的混凝土基础部位凿出座浆坑；座浆坑的长度和宽度应比垫铁的长度和宽度大 60～80mm；座浆坑凿入基础表面的深度不应小于 30mm，且座浆层混凝土的厚度不应小于 50mm。

② 应用水冲或用压缩空气吹、清除坑内的杂物，并浸润混凝土坑约 30min，除尽坑内积水。坑内不得沾有油污。

③ 在坑内涂一层薄的水泥浆。水泥浆的水灰比宜为 2～2.4∶1。

④ 随即将搅拌好的混凝土灌入坑内。灌筑时应分层捣固，每层厚度宜为 40～50mm，连续捣至浆浮表层。混凝土表面形状应呈中间高四周低的弧形。

⑤ 当混凝土表面不再泌水或水迹消失后（具体时间视水泥性能、混凝土配合比和工季节而定）。即可放置垫铁并测定标高。垫铁上表面标高允许偏差为 ±0.5mm。垫铁放置于混凝土上应用手压、用木锤敲击或手锤垫木板敲击垫铁面，使其平稳下降；敲击时不得斜击。

⑥ 铁标高测定后，应拍实垫铁四周混凝土。混凝土表面应低于垫铁面 2～5mm，混凝土初凝前应再次复查垫铁标高。

⑦ 盖上草袋或纸袋并浇水湿润养护，养护期间不得碰撞和振动垫铁。

4. 灌浆

1）预留地脚螺栓孔设备底座与基础之间的灌浆，应符合现行国家标准《钢筋混凝土工程施工及验收规范》的规定。

2）预留孔灌浆前，灌浆处应清洗洁净；灌浆宜采用细碎石混凝土。其强度应比基础或地坪的混凝土强度高一级；灌浆时应捣实，并不应使地脚螺栓倾斜和影响设备的安装精度。

3）当灌浆层与设备底座面接触要求较高时，宜采用无收缩混凝土或水泥砂浆。

4）灌浆层厚度不应小于 25mm。仅用于固定垫铁或防止油、水进入的灌浆层且灌浆无困难时，其厚度可小于 25mm。

5）灌浆前应敷设外模板。外模板至设备底座面外缘的距离不宜小于 60mm。模板拆除后，表面应进行抹面处理。

6）当设备底座下不需全部灌浆，且灌浆层需承受设备负荷时，应敷设内模板。

7.3.4 设备安装

1. 一般规定

1）装配前应了解设备的结构、装配技术要求。对需要装配的零、部件配合尺寸、相关精度、配合面、滑动面应进行复查和清洗处理，并应按照标记及装配顺序进行装配。

2）当进行清洗处理时，应按具体情况及清洗处理方法先采取相应的劳动保护和防火、防毒、防爆等安全措施。

3）设备及零、部件表面当有锈蚀时，应进行除锈处理。

4）装配件表面除锈及污垢清除宜采用碱性清洗液和乳化除油液进行清洗。

5）清洗设备及装配件表面的防锈油脂，宜采用下列方法：

① 对设备及大、中型部件的局部清洗。宜采用现行国家标准《溶剂油》、《航空洗涤汽油》、《轻柴油》、乙醇和金属清洗剂进行擦洗和刷洗。

② 对中、小型形状较复杂的装配件，可采用相应的清洗液浸泡，浸洗时间随清洗液的性质、温度和装配件的要求确定，宜为 2～20min，且宜采用多步清洗法或浸、涮结合清洗；采用加热浸洗时，应控制清洗液温度；被清洗件不得接触容器壁。

③ 对形状复杂、污垢粘附严重的装配件宜采用溶剂油、蒸汽、热空气、金属清洗剂和三氯乙烯等清洗液进行喷洗；对精密零件、滚动轴承等不得用喷洗法。

④ 当对装配件进行最后清洗时。宜采用超声波装置．并宜采用溶剂油、清洗汽油、轻柴油、金属清洗剂和三氯乙烯等进行超声波清洗。

⑤ 对形状复杂、油垢粘附严重、清洗要求高的装配件，宜采用溶剂油、清洗汽油、轻柴油、金属清洗剂、三氯乙烯和碱液等进行浸—喷联合清洗。

6）设备加工表面上的防锈漆，应采用相应的稀释剂或脱漆剂等溶剂进行清洗。

7）在禁油条件下工作的零、部件及管路应进行脱脂，脱脂后应将残留的脱脂剂清除干净。

8）设备零、部件经清洗后，应立即进行干燥处理，并应采取防返锈措施。

9）清洗后，设备零、部件的清洁度。应符合下列要求：

① 当采用目测法时，在室内白天或在 15～20W 日光灯下，肉眼观察表面应无任何残留污物。

② 当采用擦拭法时，用清洁的白布（或黑布）擦拭清洗的检验部位，布的表面应无异物污染。

③ 当采用溶剂法时，用新溶液洗涤，观察或分析溶剂中应无污物、悬浮或沉淀物。

④ 将清洗后的金属表面用蒸馏水局部润湿，用精密 pH 试纸测定残留酸碱度，应符合其设备技术要求。

10）设备组装时，一般固定结合面组装后，应用 0.05mm 塞尺检查，插入深度应小于 20mm，移动长度应小于检验长度的 1/10；重要的固定结合面紧固后，用 0.04mm 塞尺检查，不得插入；特别重要的固定结合面，紧固前后均不得插入。

11）设备上较精密的螺纹连接或温度高于 200℃条件下工作的连接件及配合件等装配时，应在其配合表面涂上防咬合剂。

12）带有内腔的设备或部件在封闭前，应仔细检查和清理，其内部不得有任何异物。

13）对安装后不易拆卸、检查、修理的油箱或水箱，装配前应作渗漏检查。

2. 轴承座安装要求

1）轴承座的纵、横向中心线极限偏差均为 ±0.5mm；

2）传动侧轴承坐标高极限偏差为 ±0.5mm，另一侧轴承坐标高按设备技术文件规定的要求施工；

3）轴承座的横向水平度公差为0.05/1000；传动侧的纵向水平度公差为0.05/1000，非传动侧的纵向水平，应以转子找好中心后的轴颈水平度为基准，其相对差值不大于0.05/1000；

4）转子推力盘与推力轴承座面或轴肩与轴承座上的垂直加工面应平行，公差为0.1/1000；

3. 下机壳安装要求

1）下机壳的纵向中心线与轴承座纵向中心线应相重合，公差为0.3mm，横向中心线按设备技术文件的规定找正，并检查记录；

2）下机壳水平中分面的横向水平度公差为0.1/1000，纵向水平度作实测记录；

3）下机壳与台板之间接触应严密，用0.05mm塞尺不得插入；

4）上、下机壳水平中分面在自由状态下应相贴合，其局部间隙应符合设备技术文件的规定，在均匀把紧1/3的连接螺栓时，周边应无间隙。

4. 各部间隙调整应符合下列要求

1）油封间隙、气封间隙应符合设备技术文件的规定，并作检查记录。

2）推力滑动轴承与转子推力盘接触应均匀，接触面积不得小于75%；轴承的轴向串动量应符合设备技术文件的规定，并作检查记录。

3）径向滑动轴承轴瓦与轴颈的接触弧面、顶间隙和侧间隙均应符合设备技术文件的规定，并作记录；轴承紧力应符合设备技术文件的规定，无规定时一般过盈量为0.02～0.05mm。

4）静叶片与转子、动叶片与机壳的径向间隙均应符合设备技术文件的规定，在每一级叶片内分上、下、左、右4点检查，并作记录；无规定时，可参照表7.3.4-1的规定。

5）转子各部位的端面和径向圆跳动量均应符合设备技术文件的规定；无规定时，一般应符合表7.3.4-2的规定，并作检查记录。

静、动叶片径向间隙极限偏差	表7.3.4-1
部　位	极限偏差(mm)
上	±0.50
下	±0.40
左	±0.40
右	±0.40

转子各部位的端面和径向圆跳动量		表7.3.4-2
部　位	径向圆跳动不大于(mm)	端面圆跳动不大于(mm)
轴颈	±0.02	—
气封	±0.04	—
转子本体	±0.04	0.02
推力盘	±0.02	0.02

6）底座上导向键与机体导向键槽之间的间隙应符合设备技术文件的规定；无规定时，纵向键或立向键与键槽的两侧间隙总和应为0.04～0.08mm，横向键与键槽的两侧间隙总和应为0.05～0.20mm，并应均匀；顶间隙应大于0.5mm。

7）轴承座或下机壳与台板的联系螺栓间隙应符合设备技术文件的规定，螺栓与螺孔之间的间隙应满足机体膨胀方向和膨胀量的要求。

8）电动机与鼓风机相连接时，其同轴度应符合设备技术文件的规定。

9）与鼓风机机体进、出风口相连的风管管道，其法兰与对接的机体法兰应同心，两法兰面应平行，连接法兰时应注意不使风管对机体增加外力，严禁强力对口。

7.3.5　试运转

1. 设备试运转前的准备工作除应符合GB 50231—98《机械设备安装工程施工及验收通用规范》的规定和设备技术文件的规定外，并应具备以下条件：

1）鼓风机吸入侧的管道及设备必须清扫干净；

2）动鼓风机的原动机必须按设备技术文件的规定进行试运转完毕；

2. 设备单体试运转应符合下列要求：

1）空气过滤器、脱湿装置湿运转应符合设备技术文件的规定。

2）阀门试运转应符合6.3.11款的规定。

3）鼓风机本体静叶可调机构试运转要求：

① 油缸活塞在全行程内往返 10 次，动作应灵活、无卡组，极限位置正确；

② 油缸活塞行程和速度应符合设备技术文件的规定；

③ 机体上的刻度尺和操作盘上的角度计指示应相互对应。

4）鼓风机盘车要求

① 顶轴油泵工作正常；

② 离合器的嵌合动作灵活可靠；

③ 能以手动或自动方式实现盘车；

④ 初次带动鼓风机的连续盘车时间为 8h；

⑤ 在盘车期间内，鼓风机和电动机或汽轮机运转应正常。

3. 设备联动试运转应符合下列要求

1）升速运转和低负荷运转应按设备技术文件的规定进行；低负荷运转时间为 4h。

2）负荷运转要求：

① 负荷运转前应先进行低负荷运转 1h；

② 叶可调的鼓风机，应按设备技术文件的规定，分作数次改变静叶片角度，调整风机负荷；

③ 提升负荷应按设备技术文件进行，达到额定负荷后稳定运转 4h；

④ 改变运转状态时，应保证鼓风机在安全运行区域内运行；

⑤ 额定负荷运转各部无异常后再到低负荷运转，低负荷运转时间为 1h，停机后应立即进行盘车；

⑥ 负荷运转的检测项目及精度要求应符合设备技术文件的规定。

8. 安 全 措 施

8.1 安全管理措施

8.1.1 认真贯彻国家有关安全生产的方针、政策、法令、法规及上级颁发的有关三大规程的安全生产责任制，施工人员进场前必须进行安全教育。

8.1.2 参加施工的人员要熟知本工种的安全技术操作规程，在操作中严格，应坚守工作岗位，严禁酒后作业。不合格人员坚决清退。

8.1.3 起重工、焊工、电工、起重机司机等必须经过专门培训，持证上岗。

8.1.4 正确使用各种防护用品和安全设施。进入施工现场个人防护用品齐全，正确使用；高空作业必须使用安全带；上下交叉作业必须采取防护措施；安全帽、安全带、安全网要定期检查，不符合要求的不得使用。

8.1.5 各级安全员要经常到班组和现场检查安全情况，宣传安全注意事项，检查指导安全工作。

8.1.6 组织安全员和施工技术人员参加的工地安全检查，每天一次，发现问题落实责任者，及时处理和整改。

8.1.7 组织安全员和施工技术人员参加的经验交流和事故分析会，每周一次，推广先进的安全组织措施和技术措施，促进安全工作的不断提高。

8.1.8 加强对电气设备和线路的巡视检查，定期维修；大风、雨、雪等恶劣天气加强检查，发现异常停机处理。

8.1.9 动火作业必须提前办理动火证，采取必要的防火措施。

8.2 安全施工措施

8.2.1 设备、材料和构件堆放场地必须平整坚实，各区域之间保持一定的距离，以防止吊运撞击。

8.2.2 设备、材料和构件要求分类码放，码放高度要执行有关规定，并有防护措施。

8.2.3 各种孔洞四周加设防护栏，夜间设红灯标志，并有充足照明。

8.2.4 起重机运行道路必须坚实平坦、周边设有排水沟，每周检查一次基础，大雨过后加测一次，每次观测要记录检查日期并收档管理。

8.2.5 施工架子要按规定搭设，承重和异型脚手架要经过计算，办理审批手续。

8.2.6 起重作业，严格执行起重作业安全操作规程，严禁违章作业。重要设备和构件吊吊装须编制吊装方案并严格执行。

8.2.7 配电线路必须按规定架设整齐，架空线路应采用绝缘导线，不得成束架空设置或地面明设。

8.2.8 配电系统必须采取分级配电，各类配电箱、开关箱的安装和内部设置必须符合有关规定，开关电器应标明用途，各类配电箱、开关箱外观应完整、牢固、防雨、防尘。箱体应外涂安全色标，统一编号，拉闸停电进行检修时，必须在配电箱门上挂"有人操作，禁止合闸"的标示牌，必要时派专人看守，停止使用的配电箱应切断电源，箱门上锁。

8.2.9 配电系统按有关规定采用三相五线制的接零保护系统。各种电气设备和电力施工机具的金属外壳，金属支架和底座必须按规定采取可靠的接零或接地保护。在采用接地保护的同时，应设两级漏电保护装置，实行分级保护，形成完整的保护系统。各种高大设施必须按规定装设避雷装置。

8.2.10 手持电动工具的电源线、插头和插座应完好，电源线不得任意接长和调换，工具的外绝缘应完好无损，维修、保管应由专人负责。

8.2.11 采用220V电源照明时，应按规定布线和装设灯具，并在电源一侧加装漏电保护器，特殊场所必须按国标规定使用安全电压照明器；使用行灯照明，其电源电压不应超过36V，灯体与手柄应坚固，绝缘良好，电源线应用橡胶套电缆线，不得使用塑胶线，行灯变压器应有防潮、防雨水设施。

8.2.12 电焊机应单独拉线设立开关，外壳应做接零或接地保护，一次线长度应小于5m，两侧接线应接牢固，并安装可靠的防护罩，焊把线应无破损，绝缘良好。电焊机设置地点应防潮、防雨、防砸。

8.2.13 搬迁或移动用电设备，必须先切断电源，待安装妥善后方可使用，不能留有带电导线。

8.2.14 使用电气设备前必须按规定穿戴和配备好相应的防护用品，并检查电气装置和保护设施是否完好。角向磨光机要有防护罩。

9. 环 保 措 施

9.1 对施工现场的环保情况要经常进行抽查，并提出改进意见，采取有效措施，保证施工中的环境得到有效的保护。

9.2 对国家设置的水准点、座标点进行保护，同时对地方政府有要求的动、植物，水系等均实施保护。

9.3 施工中注意保护已有植物和绿化带，尽可能地少损坏和不损坏已有的植物和绿化带。

9.4 设备废旧机抽、柴油、汽件等进行挖坑掩埋或集中交废品公司处理。

9.5 施工中的废水，经集中回收过滤，沉淀达到排放标准后排放。

9.6 对噪音超标的设备，进行维修处理；对噪声超标的工序，选择适当的时候进行。保证施工作业时施工区域附近的居民不受影响。

9.7 施工中，对原有路面加强保护。

9.8 保持作业现场的清洁卫生，接班组配备垃圾箱、对管道焊接施工中的焊条头等及时回收，集中送废品站。

9.9 施工结束后，对现场多余土、石等其他杂物进行妥善处理，做到"工完料净场地清"。

10. 效 益 分 析

我公司施工的 6 台 7000m³/min 和 1 台 6000m³/min 轴流压缩机为了达到"高质量、高精度、短工期"的效果，把重点放在准备工作，预先熟悉消化图纸和技术资料，编制专项施工方案和指导文件，着重预清洗预装配，预先发现问题，事先解决问题。采用先进的操作工艺：调整螺栓（或矮小螺纹千斤顶）无垫板安装法、三点调平找正工艺、大流动灌浆料、先转子后定子安装等一系列方法，一环扣一环，方法得力，工艺先进。

用此工法安装的第一台，即首钢 4 号高炉用 4#7000m³/min 轴流压缩机仅用了 63d，比当时国外工期提前两个月（引自外方安装专家语），就安装调试整个工期提前三、四个月。后续几台轴流压缩机的安装更是"青出于蓝而胜于蓝"，"短工期、高质量、高精度"是此工法应用的最大特点。

大型高炉透平压缩机安装的经济效益主要表现在保证施工质量、缩短安装调试工期、配合高炉（给高炉送风）按期或提前投入运行，通过高炉炼铁，创造经济效益。所以该工法的经济效益应以高炉炼铁经济效益为依据，考虑到综合因素，故以其 20% 计算。

10.1 首钢（北京厂区）安装的 3 台 7000m³/min 和 1 台 6000m³/min 轴流压缩机，分别比计划工期提前 4d、3d 和 1d 完成，使高炉提前投产产生的经济效益共计 1200 万元，按式（10.1-1）和式（10.1-2）计算。

$$W = VkT = 2500 \times 2 \times 8 = 40000t \tag{10.1-1}$$

式中　W——生产铁水的重量（单位：t）

　　　V——高炉容积（首钢 3 号、4 号高炉容积 $V = 2500m^3$）

　　　k——高炉利用系数（本公式取 $k = 2t/m^3 \cdot d$。根据近年来我国高炉技术经济指标的统计数据，对各级高炉利用系数的确定进行了广泛的研究，认为 2000m³ 级高炉的设计年平均利用系数为 2.00~2.35t/m³·d，引自《炼铁》2006 年 04 期）

　　　T——天数（依据首钢总公司要求的工期，4 号高炉提前 4d 出铁，3 号高炉提前 3d 出铁，国产 6000m³/min 使高炉提前 1d 出铁，总天数 $T = 8d$）

$$E = WS\lambda = 40000 \times 1500 \times 0.2 = 12000000 \text{ 元} = 1200 \text{ 万元} \tag{10.1-2}$$

式中　E——产生的经济效益（单位：万元）

　　　S——铁单价（当时铁按 $S = 1500$ 元/t）

　　　λ——综合系数（以 20% 计算，$\lambda = 0.2$）

10.2 迁钢 3 台 7000m³/min 轴流压缩机的安装均以"短工期、高质量、高精度"完成，其中 1 号 7000m³/min 轴流压缩机仅用 51d 即完成安装任务，在大型轴流压缩机的安装史上也是罕见的，最终使迁钢一号高炉提前 2d 出铁。同样依据上述方法计算，创造社会经济效益 318 万元，按式（10.2-1）和式（10.2-2）计算。

$$W = VkT = 2650 \times 2 \times 2 = 10600t \tag{10.2-1}$$

式中　W——生产铁水的重量（单位：t）

　　　V——高炉容积（首钢迁钢一号高炉容积 $V = 2650m^3$）

　　　k——高炉利用系数（本公式取 $k = 2t/m^3 \cdot d$）

　　　T——天数（高炉提前 2d 出铁，$T = 2d$）

$$E = WS\lambda = 10600 \times 1500 \times 0.2 = 3180000 \text{ 元} = 318 \text{ 万元} \tag{10.2-2}$$

式中　E——产生的经济效益（单位：万元）

　　　S——铁单价（铁单价按 $S = 1500$ 元/t）

　　　λ——综合系数（以 20% 计算，$\lambda = 0.2$）

10.3 研制了新型座浆和二次灌浆料，节约材料费用约 28.6 万元。

座浆料要求坍落度小、强度高，我们自己研制的座浆料 24h 就能达到 30MPa，完全能够满足要求；二次灌浆料要求大流动度、微膨胀和高强度。在当时，建研院出售的 CGM 型灌浆料价格为：2700 元/t，我公司自己研制的灌浆料 500 元/t，且性能指标完全能够满足要求。

轴流风机每台需用 30 多吨，4 台共计约 130t 左右，节约按式（10.3-1）计算。

$$E=(2700-500)\times130=286000元=28.6万元 \tag{10.3-1}$$

10.4 采用调整螺栓无垫板安装法，节省斜垫铁材料和机加工费用约 5.95 万元，按式（10.4-1）和式（10.4-2）计算。

$$W=\rho VQ=7.85\times10^3\times0.0009\times896\approx6330kg \tag{10.4-1}$$

式中　W——节约垫铁总重（单位：kg）

　　　ρ——钢的密度（$\rho=7.85\times10^3\,kg/m^3$）

　　　V——体积（斜垫铁采用规格为 300mm×150mm×20mm 型，$V=0.3\times0.15\times0.02=0.0009m^3$）

　　　Q——斜垫铁数量（轴流压缩机和电机用垫铁约 64 对，7 台机组共计 $Q=64\times2\times7=896$ 块）

$$E=W(S+J)=6330\times(4.4+5)=59502元\approx5.95万元 \tag{10.4-2}$$

式中　E——节约垫铁总重（单位：kg）

　　　S——钢板价格（按 4400 元/t，折合 4.4 元/kg）

　　　J——斜垫铁加工费（按 5000 元/t，折合 5 元/kg）

10.5 综上所述，应用该工法施工的 7 台轴流压缩机，共节约和产生经济效益约 1552.55 万元。

11. 应 用 实 例

20 世纪 90 年代初，全国钢铁工业迎来了空前的跨越式大发展，首钢更是走在发展的前列。几年之间对原有的四座炼铁高炉进行了扩容改造、移地大修，随着高炉容量的不断扩大，为高炉送风的轴流压缩机也随之增大。

1992～1993 年，我公司安装了两台高炉用 36410kW 同步电机直接驱动的 7000m³/min 静叶可调式轴流压缩机。这两台大型风机是冶金部于 1980 年从瑞士苏尔寿（Sulzer）公司引进的，库存了十多年，前后运转过三次，经过多次研究决定用于首钢的 3 号和 4 号高炉。

我公司接到安装任务后，进行周密的组织和研究，调集了各部门的精英，编制了详细的施工方案的作业指导书，本工法也在这一时期渐露雏形。最后这两台风机的安装都采用了本工法，结果：1 号 7000m³/min 风机从轴承座就位到二次灌浆，历时 63d，创出了安装史上举世罕见的高速度，比当时国外安装速度快了 2 个多月。于 1992 年 5 月 27 日为首钢 4 号高炉送风；2 号 7000m³/min 风机只用了 53d，于 1993 年 6 月 22 日顺利为首钢 3 号高炉送风。比常规工期都缩短 50%以上，试车顺利，运行稳定。1 号风机从负荷试运转到正式运行，各部轴承温度保持在 90℃左右（标准是 105℃报警，115℃停机），前、后轴承处振动 15～25μm（API 标准 50.8μm），调节灵活，运行温度可靠；2 号风机自运行以来，各部轴承温度保持在 85℃左右，前、后轴承处振动 12～23μm，调节灵活，运行温度可靠，都保证了高炉提前投入生产。

1994 年首钢国产的 6000m³/min 轴流压缩机安装，继续采用上述先进技术和操作工艺进行安装，并成功应用矮小千斤顶（俗称“牛子”）和三点调平法进行风机的找平找正，风机安装调试后一次试车成功，运行稳定可靠，并比首钢总公司要求工期提前一天完成，再次证明该工法技术成熟、行之有效。

上述 3 台风机“短工期、高质量、高精度”地完成了安装调试，运行稳定可靠，使高炉利用系数一直稳定在 2.5 左右，最高时可达到 3，为 20 世纪 90 年代我国钢铁工业的大发展和首钢年产 1000 万吨创造了良好的条件，属世界先进水平。

1999 年，为解决和缓解首钢高炉系统无备用轴流压缩机的问题，确保高炉系统能够正常、稳定地运行，使几台风机能够相互替代运行，首钢动力厂新增一台备用的 7000m³/min 轴流压缩机组。这台备用轴流压缩机由陕西鼓风机厂生产，主电机从德国西门子公司进口，附属设备由多家厂方提供。由于设备制造周期短，出厂前均未进行组装试验，给施工现场安装带来了很大的困难。5 月 1 日正式开工，本次轴流压缩机的安装有如下的施工特点：施工场地狭窄，设备吊装频繁，安装与生产运行同在一个区域，加上施工工序和工艺比较复杂，每个部件均需解体清洗检查，土建专业前道工序拖期，时间紧、任务重，更是给施工作业带来较大困难。我公司全体施工人员在吸取和总结前三台风机安装技术的基础上，不失时机、抓住关键节点项目，最终确保总工期按期完成。

2004 年首钢进行搬迁战略调整，在河北省迁安市建立钢铁基地，首钢北京厂区的 4 号 7000m³/min 风机进行保护性拆除，运输到迁安，为迁钢一号高炉送风。我公司制定了详细的拆除和安装方案，精心组织施工，风机前后轴承座底座于 2004 年 6 月 9 日就位，到 7 月 30 日进行二次灌浆，仅用了 51d 的惊人速度完成了整个机组的安装。经过调试后，风机一次试车成功，带负荷试运转 72h 后，测得数据如表 11-1，均符合验收规范和设计要求。

该风机虽然经过十多年库存，又在首钢使用十多年，拆除后经历长途运输，再次安装使用。至今仍运行良好，未出现任何异常情况，充分地说明了应用该工法科学合理，保证了安装的高质量。

负荷试运转测试数据一 表 11-1

设 备	部 位	温 度(℃)	振 动(μm)
轴流风机	入口端轴承轴瓦	89.8～89.9	20～35
	出口端轴承轴瓦	94.1～95.1	20～35
	主推轴承轴瓦	64.3～64.4	
	辅推轴承轴瓦	50.3～51.5	
主电机	风机端轴承轴瓦	65.2～65.4	20～35
	励磁机端轴承轴瓦	73.6～74.6	20～35
励磁机	轴承轴瓦	61.4～61.5	

2006 年 2 月份，首钢迁钢二期 7000 m³/min 轴流压缩机工程开始施工，由我公司负责 2 号和 3 号风机的安装。2 号机组自 3 月份设备到货开始安装，到 5 月 21 日安装完毕进行调试，7 月 13 日一次连锁试车成功；3 号机组于 7 月 4 日开始安装，到 11 月 25 日安装完毕进行调试。两台 7000 m³/min 风机进行负荷试运转，测得数据如表 11-2。

负荷试运转测试数据二 表 11-2

位 号	设 备	部 位	温 度(℃)	振 动(μm)
2# 风机	轴流风机	入口端轴承	82.0	X 向 36；Y 向 25
		出口端轴承	83.7	X 向 23；Y 向 31
		主推轴承	58.1	轴位移 0.34mm
		辅推轴承	48.2	
	主电机	风机端轴承	61.8	X 向 17；Y 向 19
		励磁端轴承	65.1	X 向 33.8；Y 向 37.5
3# 风机	轴流风机	入口端轴承	80.3	X 向 38；Y 向 27
		出口端轴承	83.7	X 向 21；Y 向 28
		主推轴承	58.5	轴位移 0.22mm
		辅推轴承	47.7	
	主电机	风机端轴承	62.7	X 向 14；Y 向 16
		励磁端轴承	64.5	X 向 34.4；Y 向 37.7

上述安装工艺是我公司通过多年实践总结出来的，调整螺栓（或矮小千斤顶）无垫板安装法、三点找正工艺、先转子后定子安装法、静态负荷分配技术等都大大地节约了劳动力，提高劳动效率，提前完成工期50％以上，安装顺序合理，管理程序得当，避免了重复劳动，尤其是预组装预清洗，可以提前发现问题，解决问题，对设备安装质量和工期都起到了至关重要的作用。

循环流化床锅炉安装工法

YJGF134—2006

江苏华能建设工程集团有限公司
江苏省聚峰建设集团有限公司
江苏武进建筑安装工程有限公司
孙保兴　宋健　杨云龙　谈志祥　曹旦

1. 前　言

循环流化床锅炉是我国近些年新开发的环保节能型锅炉。该锅炉为单锅筒、自然循环、膜式水冷壁、圆形绝热分离器、外围高温过热器等技术结构组成，并采用了多项国内外专利技术。为了解决循环流化床锅炉安装的关键性施工技术和锅炉安装的工程质量，在总结数 10 台 75～220t/h 循环流化床锅炉安装、调试、启运等经验的基础上形成并编写了《循环流化床锅炉安装工法》。

江苏华能建设工程集团有限公司编制的该工法，不仅解决了循环流化床锅炉安装施工过程中的一系列的技术难关，而且制定了先进的施工工艺流程和操作方法。该工法在工程应用过程中，取得了很显著的经济效益和社会效益。循环流化床（简称 CFB）锅炉安装技术，曾获 2002 年度中国安装协会第六届科技成果一等奖；循环流化床锅炉安装工程荣获 2006 年度"中国安装之星"；应用《循环流化床锅炉安装工法》指导施工的无锡惠联垃圾热电厂的《循环流化床垃圾焚烧锅炉安装技术》获 2006 年中国安装协会第八届科技成果一等奖，其安装工程荣获 2006 年度"中国安装之星"。由于 CFB 锅炉安装技术先进，质量优良、施工安全、工程进度快，取得了明显的经济效益和社会效益。

2. 工 法 特 点

2.1 本工法确定了 CFB 锅炉本体和燃烧系统的安装及调试和启动运行的施工工艺、施工程序、施工步骤及施工操作方法和施工管理；提出了 CFB 锅炉安装、调试试运行应采取的各种技术措施；指出了 CFB 锅炉在安装、调试及试运行过程中应该注意的各种技术难点；解决了 CFB 锅炉安装、调试及试运行的关键技术。

2.2 应用先进的施工技术和可靠的施工工艺，保证了锅炉本体水路系统、汽路系统、烟路系统和锅炉本体的严密性。

2.3 采用先进的焊接技术和无损检验技术，实现了锅炉焊接质量一次检验合格。

2.4 采用氩弧焊打底、盖面的焊接工艺和焊接方法，使耐热合金钢管道的焊接质量优良，X 射线检测一次合格率达到 98.6%。

2.5 采用均布对称布点的方法和三点对称点焊方法，有效防止布风板，布风帽的安装变形，保证一、二次风的均衡和稳定，使燃烧效率提高。

2.6 选用高温粘接剂和上下错排逐层交叉粘贴的施工方法，保证了耐热混凝土和耐火混凝土及保温混凝土的施工质量，确保了筑炉及衬里的附着好和严密性。

2.7 应用"床下点火"新技术点燃床料，它不仅提高点火成功率，而且降低了点火耗油，提高了点火的自动化程度。

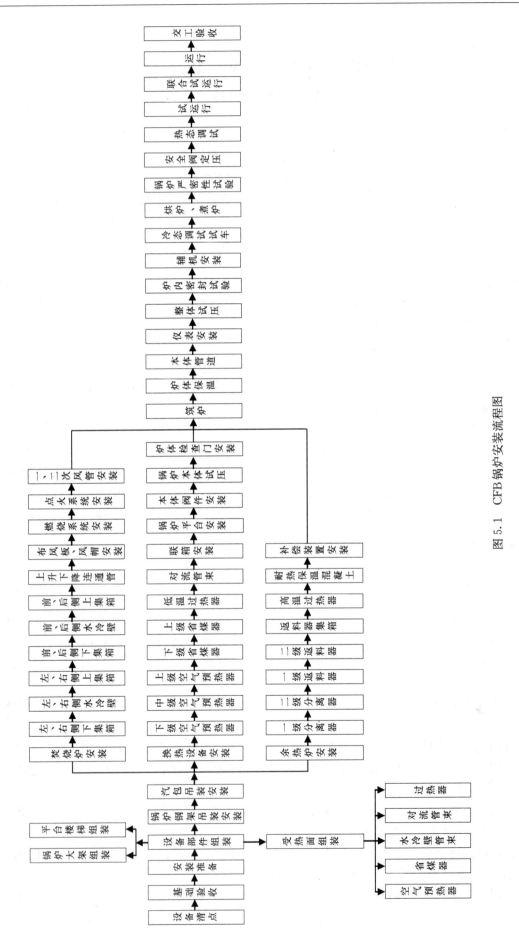

图 5.1 CFB 锅炉安装流程图

3. 适 用 范 围

本工法适用于指导 75～220t/h 各种类型的 CFB 锅炉和 CFB 垃圾焚烧锅炉的安装、调试、启动、试运行，特别是适用于指导首次安装 CFB 锅炉的工程技术人员和技术工人在施工过程中应用。

4. 工 艺 原 理

锅炉安装必须严格按工艺程序和施工工艺合理组织施工，在施工过程中，应依据不同的关键性技术，选择有效的施工技术措施和施工方法及操作要领进行施工，以保证安装质量，实现一次投运成功。运用流水作业的原理，先外后内，先结构后部件，按顺序施工，从而保证各系统的严密性。运用金属熔化、结晶的原理，制定焊接工艺评定，选择氩弧焊打底盖面，保证锅炉压力容器的焊接质量和耐热合金钢焊接质量，从而保证一次试压成功。

采用三点均布对称布点点焊的原理，保证布风板、布风帽安装不变形，实现送风均匀稳定，提高锅炉燃烧效率，节省能源。采用粘接技术，逐层粘接的施工原理，使耐火、耐热、保温混凝土附着力强、柔性好、强度高、炉膛衬里严密。选用"床下点火"原理，使床料由底层逐渐向面层燃烧，节省点火油并能减少点火时间，从而实现锅炉点火自动化，而且点火启动稳定。

5. 施工工艺流程及操作要点

5.1 CFB 锅炉安装工艺流程

CFB 锅炉安装工艺流程，如图 5.1。

5.2 CFB 锅炉安装工艺程序

锅炉本体安装工艺程序，如图 5.2

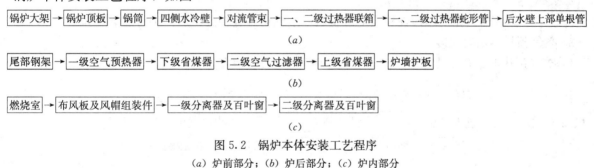

锅炉大架 → 锅炉顶板 → 锅筒 → 四侧水冷壁 → 对流管束 → 一、二级过热器联箱 → 一、二级过热器蛇形管 → 后水壁上部单根管

(a)

尾部钢架 → 一级空气预热器 → 下级省煤器 → 二级空气过滤器 → 上级省煤器 → 炉墙护板

(b)

燃烧室 → 布风板及风帽组装件 → 一级分离器及百叶窗 → 二级分离器及百叶窗

(c)

图 5.2 锅炉本体安装工艺程序
(a) 炉前部分；(b) 炉后部分；(c) 炉内部分

5.3 CFB 锅炉安装

5.3.1 锅炉钢架的组对和安装

1. 锅炉基础验收标准按 SDT 69—87《电力建设施工及验收技术规范》（建筑工程篇）进行。

2. 锅炉钢架的组对。

CFB 锅炉钢架在现场组装，先将立柱四个面划出通长中心线，偏差不超过 ±5mm，保证上下面和两侧中心线在同一直线上。立柱组对采用四侧腹板贴连接板焊接连接。

3. 锅炉钢架安装

锅炉大架安装工艺流程严格按图 5.3.1 进行。

平台搭设 → 校正梁、柱 → 对接梁、柱 → 组合安装 → 点焊 → 焊接 → 复验梁、柱几何尺寸 → 校调 → 钢架组合件初检 →

钢架加固 → 运输 → 准备吊装 → 吊装

图 5.3.1 锅炉大架安装工艺流程

75～130t/h CFB 锅炉大架采用 30t 门座吊车将立柱吊装就位，220t/h CFB 锅炉大架采用 60t 独立桅杆配卷扬将立柱吊装就位，用斜垫板找平，并用两台经纬仪垂直测立柱中心垂线，合格后将立柱锚固住。

4. 顶板安装

按顺序安装，先将锅筒的两根顶梁吊装就位，以此做基准，依次吊装次梁等，安装时要保证锅筒两端的垂直中心线和锅筒纵向中心线的调整，然后点焊，复核中心线后依次对称焊接，防止焊接变形。

5. 大梁安装注意事项

1）为防止组件变形，增强组件刚性，在组件下部进行临时刚性加固，Z-1、Z-2 柱顶部的斜条安装加载后，再进行焊接加固；

2）组件全部几何尺寸复核无误，并标出 1m 基准线后才能吊装就位；组接时，还应将平台的牛腿全部焊上，大梁吊装后能及时安装平台楼梯。

5.3.2 锅炉受热面安装

1. 锅炉汽包安装

锅筒（汽包）安装工艺流程要严格按图 5.3.2-1 进行。

熟悉图纸 → 技术交底 → 锅筒几何尺寸检测 → 锅筒材质检验 → 锅筒表面质量检查 → 锅筒划线及中心线划定 →

锅管内外清理、清洗 → 锅筒内部装置清点 → 锅筒内部装置清理、清洗 → 内部装置组装 → 内部装置安装 →

锅筒封闭 → 吊索绑扎、移动 → 吊装就位 → 找正固定

图 5.3.2-1 锅筒安装工艺流程

锅筒按其锅炉吨位大小选用 30t、60t 门座吊，独立桅杆或相应吨位的汽车吊就位，用连通管找正找平，然后临时固定，等水冷壁管分片组装就位后再安装下降管、分别与前、后、左、右联箱连接。其焊接采用氩弧打底，手工电弧焊盖面。氩弧焊丝选用 TIGJ-50，$\phi2.5mm$，手工电弧焊盖面焊条选用 E4303 或 4316 焊条，$\phi3.2\sim4mm$。

2. 冷凝器、减温器、空气箱安装

冷凝器、减温器做完抽芯检查和强度试验后，空气箱做金相分析后再进行安装就位。

3. 空气预热器组对安装

1）空气预热器组合安装严格按图 5.3.2-2 和图 5.3.2-3 程序进行；

熟悉图纸 → 技术交底 → 搭设平台 → 设备验收、检查 → 设备清点、分类、编号 →

管箱校正 → 管箱管子吹扫 → 通球 → 附件安装 → 加固 → 试压 → 保温层施工 →

运到现场 → 整体吊装 → 就位、找正、固定 → 校测 → 拆除临时固定 → 检查验收

图 5.3.2-2 空气预热器组合安装工艺流程

下级空气预热器一次风箱 → 下级空气预热器二次风箱 → 中级空气预热器一次风箱 →

中级空气预热器二次风箱 → 上级空气预热器一次风箱 → 上级空气预热器二次风箱

图 5.3.2-3 空气预热器吊装安装程序

2）先进行管箱内换热管的组合连接，焊接组装，组装后应对管道做通球检验；

3）其次是对组合件进行试压、试漏、安装耐磨套管、浇筑管箱面耐火混凝土；

4）预热器由下而上吊装就位，安装一级，找正一级，焊完一级；一级安装完后再安装第二级，但是要保持器体垂直度，密封性及钢架中心线一致。

4. 省煤器安装

1）省煤器先在平台上组装，试压合格后再衬里，然后整体安装；在组装和安装过程中，应严格按图 5.3.2-4 执行。

熟悉图纸 → 技术交底 → 搭设平台 → 设备验收、检查 → 设备清点、分类、编号 →

管子检查校正 → 管子内外清洗 → 通球 → 组装对口 → 焊接 → 射线检验 →

端盖磁粉探伤 → 焊后通球 → 附件安装 → 检查校正 → 水压试验 →

集箱安装 → 保温混凝土施工 → 临时加固 → 运到现场 → 整体吊装就位 →

找正固定 → 拆除临时加固 → 检查验收

图 5.3.2-4　省煤器安装工艺流程

2）省煤器两侧护板先浇筑耐火层内衬；

3）按图中要求组对焊接防磨装置，并能使防磨罩及板与蛇形管间热位移自由，保证补偿、焊接牢固；

4）对单片蛇形管进行吹扫、通球、水压试验、水压试验完后要求管内积水吹净；

5）省煤器组对焊接采用氩弧打底、手工盖面，氩弧焊丝用 TIGJ-50，手工电弧焊焊条采用 E4303 或 E4316。

5. 过热器组对及安装

1）CFB 锅炉根据压力和吨位的不同，其过热器组成不同，一般过热器由低温过热器、屏式过热器、高温过热器，减温器等组成；过热器安装应是先组装、然后安装，其安装必须严格按工艺流程进行，如图 5.3.2-5 和 5.3.2-6 进行。

熟悉图纸及设计 → 技术交底 → 材料光谱分析 → 材质抽检复验 → 制定焊接指导书 →

焊接工艺评定 → 组装平台搭设 → 设备清理、分类、编号、检验 → 管子测量、校正 →

通球 → 管口坡口或加及打磨 → 对口点焊 → 焊接 → 外观检测 → 无损检验 →

热处理 → 硬度检验 → 连通封管 → 吊装找正就位 → 附件安装 → 检测测量 →

系统试压（与锅炉一道）→ 验收

图 5.3.2-5　过热器系统安装工艺流程

清理设备 → 分类、编号、检验 → 检测、校验 → 对接组装 → 吊装低温过热器 →

低温过热器就位、找正、检测、固定 → 吊装喷水减温器 → 喷水减温器就位固定 →

高温过热器吊装 → 高温过热器就位固定 → 检测、调整 → 连通 → 试压 → 验收

图 5.3.2-6　过热器组合安装工艺流程

2）对单片蛇形管进行吹扫、通球、水压试验、光谱分析、复查管和管夹材质；

3）将联箱先就位找正，再按蛇形管排列顺序依次就位组对焊接，根据过热器的设计布置，采用一、二级过热器混装工艺安装，蛇形管组对人两边向中间进行；

4）一级过热器材质为 12Cr1MoV 或 15CrMo（依锅炉大小而异），一律采用氩弧打底和盖面，选焊丝为：TIG-R31，ϕ2.5mm 或 TIG-R30；二级过热器材质为 15CrMo 或 20G，均采用氩弧打底和盖面，氩弧焊丝选用 TIG-R30 或 TIGJ-R50；

5）过热器对接焊应先做焊接工艺评定，确定各项技术参数后再进行施焊，焊接接头应按 DL/T 869—2004《火力发电厂焊接技术规程》中的规定进行无损检验。

6. 水冷壁管道安装

CFB 锅炉水冷壁先在平台上组装成左、右、中、前、后，然后试压通球合格后进入现场成片整体吊装就位，其组装安装和吊装程序及工艺流程按图 5.3.2-7 和图 5.3.2-8 进行。

CFB 锅炉水冷壁管是由 5 面膜式水冷壁组成的，因此需进行组合安装成左、右、中、前、后五种。组对就是先将实物大样画出，将部分刚性梁组合好，再依序上、下两片组对，先焊水冷壁管，再焊鳍片，五面都组装完后，按左、右、中、前、后依序吊装就位。

熟悉设计图纸 → 技术交底 → 学习中日规范 → 搭设组装平台 → 设备质量验收检查 →

设备清理、分类、编号 → 管内通球 → 管子校正 → 组装对口 → 焊接 → 检验、无损检验 →

焊后通球 → 附件安装 → 检查校正 → 试压 → 管排临时加固 → 运到现场 → 吊装就位 →

找正 → 连接管子 → 测量检查 → 验收

图 5.3.2-7　水冷壁安装工艺流程

左侧水冷壁上集箱 → 左侧水冷壁组件 → 左侧水冷壁下集箱 → 右侧水冷壁上集箱 →

右侧水冷壁组件 → 右侧水冷壁下集箱 → 后侧水冷壁上集箱 → 后侧水冷壁组件 →

后侧水冷壁下集箱 → 前侧水冷壁上集箱 → 前侧水冷壁组件 → 前侧水冷壁下集箱

图 5.3.2-8　水冷壁整体吊装安装程序

水冷壁管仍采用氩弧焊打底和盖面，也可以采用氩弧焊打底的手工电弧焊盖面，选用氩弧焊丝 TIGJ-50，ϕ2.5mm，手工电弧焊条用 E4303，ϕ3.2～ϕ4mm，焊后焊口进行 25% 无损检验。

7. 锅炉本体管道安装

1）锅炉本体管道是连接汽包、各联箱、省煤器、过热器、减温器的，其安装应按图 5.3.2-9 进行。

清理管道及附件 → 检查、分类、编号 → 光谱检查分析 → 磁粉探伤 → 除锈、涂漆 →

校直 → 端部坡口加工 → 下料 → 组装 → 现场对口 → 点焊 → 焊前预热 → 焊接 →

外观焊缝检查 → 射线探伤 → 系统试压 → 焊缝热处理 → 系统试压 → 保温 → 检验验收

图 5.3.2-9　锅炉本体汽水管道安装工艺流程

2）锅炉本体管道安装，尽可能采取流水作业，先穿管后安管，先难后易，先长管后短管，先下层后上层，先临时点固，后焊接固定，一律选用氩弧打底，手工盖面；氩弧打底焊丝用 TIGJ-50，ϕ2.5mm，盖面用 E4303，ϕ3.2～ϕ4mm；

3）阀门阀件做解体研磨、试压、挂牌标识对号入座安装。

8. 锅炉管道焊接

1）焊接概述

循环流化床锅炉内换热管道和主蒸汽管道分别选用 12Cr1MoV，15CrMo 及 20g 等耐热合金钢管材，因此施焊前应根据材质，按施工验收规范中的有关规定，选择焊接工艺评定标准和制定焊接工艺评定，确定焊接技术参数和焊接施工方法。

2）焊接工艺流程

CFB 锅炉焊接，特别是耐热合金钢焊接应严格按焊接工艺流程进行施焊，如图 5.3.2-10。

材料清理、分类、编号 → 材料材质复验 → 制定焊接指导书 → 确定焊接工艺评定 → 焊条干燥 →

点焊 → 焊前预热 → 焊接 → 保温冷却 → 外观检查 → 无损检验 → 焊后热处理 →

硬度或金相测定 → 检查、验收

图 5.3.2-10　耐热合金钢焊接工艺流程

3）焊接方法

① 凡是合金钢焊接，一律采取氩弧焊打底，手工焊盖面；

② 管端加工，一律采用机械加工或等离子切割加工，但加工后必须打磨干净，并能呈金属光泽；

③ 严格按焊接工艺评定确定的焊接技术参数和焊条及焊接方法、程序施工；

④ 所有的焊条都应烘干后用保温筒送到现场保温使用，焊条只能烘干一次；

⑤ 大管径焊接，必须采取分层对称施焊，以防止焊接结晶不均而引起焊接应力；

⑥ 焊前预热，焊后热处理按焊接工艺评定要求进行操作。

4）焊接施工措施

① 焊工所焊部位和项目，必须持焊接工艺卡上岗，按工艺卡中规定的要求进行施焊，施焊中坚持全面质量管理，做到三检并提供记录检验报告；

② 焊接技术交底清楚，使焊接人员掌握焊接工艺、材料、质量验收标准等；

③ 焊接场所采取防风、防雨、防雪、防寒等措施，提高焊接质量，保证连续施工；

④ 合金钢焊口焊后及时热处理，选用高温红外线电加热器保温加热，进行热处理；

⑤ 焊接检验按照规范计量网络图规定方法，仪器设备和控制点进行，确保焊接工程质量。

5）检验与验收

① 管子对接错边 ΔS 应≤1mm；

② 焊缝高度 0～3mm；

③ 焊缝宽窄度差≤1mm；

④ 焊缝咬边应 0.5mm；

⑤ 对本体管路焊缝进行 25%的 X 光无损探伤，Ⅱ级合格。

9. 试压

锅炉本体安装完后，应用≮5℃＜t＜60℃ 的软化水或加联胺的自来水进行试压，试压后水不放掉，防止锈蚀。锅炉系统试压如图 5.3.2-11。

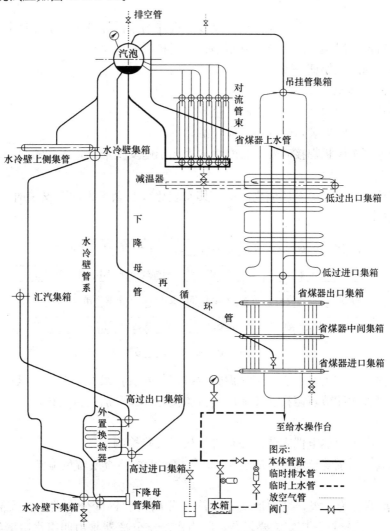

图 5.3.2-11　锅炉本体水压试验系统图

5.3.3 炉内系统安装

1. 燃烧室及管道安装

燃烧室安装好坏，直接影响循环流化床上燃料循环燃烧和可燃物燃尽，因此，必须严格按图5.3.3-1工艺流程顺序进行安装，以保证燃烧效率，达到节省能源的目的。

熟悉图纸 → 技术交底 → 水冷风室几何尺寸检测 → 设备清点、分类、编号 → 风帽清刷或清洗 → 短管喷管内壁清洗 → 布风板几何尺寸检测 → 布风板校正 → 组装 → 检查 → 校正 → 喷管安装 → 风帽安装 → 喷管垂直度检查 → 风室密封 → 风室砌筑或耐火混凝土浇筑 → 养护 → 检测 → 检查验收

图 5.3.3-1 燃烧装置安装工艺流程

1) 布风板安装

① 布风板在炉墙护板安装前安装，与支撑框架间垫石墨石棉压制板，保证密封；

② 安装中不能引起布风板变形；采用均布对称布点和三点对称点焊的方法防止焊接变形。施焊前也可以进行刚性反变形固定，但也要对称钟点式焊接；

③ 布风板与托砖板之间须填塞耐火陶瓷棉毡；

④ 保证布风板能自由膨胀。

2) 风帽安装

① 将风帽点焊于布风板上，保证风帽与布风板垂直并用氩弧焊打底，手工焊盖面；

② 风帽间在浇筑保温混凝土前，要将风帽小孔用塑料纸或胶布包扎好；

③ 风帽与风帽之间间隙保证一致。

3) 风箱、放渣管、风嘴、调节门安装。

① 加工精度和几何尺寸保证设计要求和规范规定；

② 单体校调合格后才能安装，焊缝内侧应光滑；

③ 风帽、风箱等与布风板焊接时要进行刚性加固或予施反变形量，采用氩弧焊。

4) 循环流化室安装

① 循环流化室现已改为水冷循环流化风室，其安装比较复杂，因此在安装时一定要按工艺流程进行，其程序如图5.3.3-2；

熟悉图纸 → 技术交底 → 设备清点、分类、编号 → 管屏检测、校正 → 管屏通球 → 管屏组对 → 管屏点焊、焊接 → 焊缝检查、无损检验 → 焊后校正 → 焊后通球 → 管屏吊装、安装 → 上管屏吊装、安装 → 后管屏吊装、安装 → 下管屏吊装、安装 → 前管屏吊装、安装 → 接管连通 → 封闭 → 检查验收

图 5.3.3-2 循环流化床水冷风室安装工艺流程

② 流化室在炉内，先加工好，进行密封拆验后再进行安装，最后筑炉、衬里；

③ 流化室钢制壁板伸缩节，需在安装前用内衬胎模对称顶升法进行预拉伸。

5) 其他要求

① 布风板上的所有测温热电偶安装前必须进行热工校验检测；

② 布风板、风帽、风嘴等全部焊缝应进行100%煤油渗漏检查或着色检验。

2. 分离器安装

CFB锅炉的分离器分为二级，结构形式有水冷壁分离器和钢壁分离器，其安装程序和方法各异。但是水冷壁分离器安装比钢壁分离安装要复杂，因为水冷壁分离器是由四组水冷壁组成分离器的壁面，因此需先组对水冷壁，再安装，然后浇筑耐热混凝土。水冷壁组对和安装同于图5.3.2-6。水冷壁分离

器组合、安装、吊装严格按图 5.3.3-3～图 5.3.3-5 施工。钢壁分离器安装应按下面方法施工。

熟悉设计 → 技术交底 → 验收基础或支承梁 → 清点设备、分类、编号 → 校直钢柱、梁 →

膜式水冷壁通球 → 校正膜式水冷壁 → 组对膜式水冷壁 → 焊接 → 接管连接 →

膜式水冷壁试压 → 分离器密封 → 分离器筒体密封性试验 → 焊接钩钉 →

浇筑或砌筑耐热混凝或耐火砖 → 养护、干燥 → 整体严密性检查 → 检查与验收

图 5.3.3-3　水冷壁分离器组装工艺流程

熟悉图纸及设计 → 技术交底 → 分离器钢架组合 → 钢架吊装、安装 →

分离器水冷壁组装 → 左、右侧水冷壁吊装、安装 → 隔墙水冷壁吊装、安装 →

后水冷壁吊装、安装 → 焊接对口 → 焊接 → 焊缝检查 → 水冷壁配管连接 →

水压试验 → 分离器封闭 → 分离器钩钉焊接 → 销钉安装 → 浇筑耐热混凝土 →

浇筑保温混凝土 → 砌筑 → 检查安装 → 返料装置安装 → 附件安装 →

检测 → 检查验收

图 5.3.3-4　水冷壁分离器安装工艺流程

分离器钢架组装、安装 → 侧墙水冷壁组合安装 → 隔墙水冷壁组合安装 →

后水冷壁下段组合吊装、安装 → 后水冷壁顶部组合吊 → 连接管道 →

试压 → 焊钩钉 → 浇筑耐热混凝土 → 密封试验 → 检查验收

图 5.3.3-5　分离器施工工艺流程

1）一级分离器安装

① 先将分离器加工预组装成半成品，用吊车（汽车吊、门座吊、履带吊）或桅杆由炉底进去，吊于炉膛出口位置，并临时加固支撑；分离器吊装事先应加固，防止吊装变形；

② 一级分离的百叶窗安装时要特别注意防止碰撞或变形；

③ 一级回燃进风风帽小孔，在敷耐火混凝土时要用塑料纸或胶纸封好，防止堵塞风孔；

④ 保证分离器的内壁及外壁的光滑平整。

2）二级分离器安装

① 分离器用吊车或桅杆吊到炉内省煤器中间，百叶窗和旋风分离器可以分开吊装；

② 分离器整体吊装需选好吊点，为防止变形，尽量设法进行加固；

③ 二级分离器的百叶窗的进口角钢框应平整；

④ 百叶窗与支承梁接触处应垫耐火陶瓷棉毡密封；

⑤ 旋风筒、连接管道等对接时，内侧应对齐、平滑；焊缝应无焊渣、焊瘤；

⑥ 分离器的现场焊缝应进行 100% 煤油渗漏检查或着色检验；

⑦ 分离器在筑炉前，应进行气密性试验。

3）密封装置施工技术措施

① 下集箱上插入沙封中的密封板焊接时要防止变形，其做法是对称焊或加固或旋转反变形，两相邻板应紧密接触，并做到：

a）板的下端应在同一水平上；

b）下集箱的保温层与炉室顶面的间隙不小于 80mm，且其间不可有妨碍膨胀的杂物存在；

c）下集箱上伸缩节应先冷拉 30mm 左右后才能再焊接（炉大的可大些），焊缝应做 100% 煤油渗漏检查或着色检验。

② 有迷宫密封的向火面均应用涂高温粘接剂的耐火陶瓷棉毡堵塞；

③ 伸缩节螺栓连接处应衬以耐火陶瓷棉毡；

④ 水冷壁上、下集箱在前后墙和侧墙连接处应焊密封板；

⑤ 全部炉内设备等均用氩弧焊，确保密封不漏而焊缝光滑不积尘。

5.3.4 筑炉及保温

1. 筑炉材料的选用

1）磷酸铝耐磨砖；

2）棕钢玉耐磨浇筑料；

3）高强度微珠保温砖；

4）硅酸铝纤维砖；

5）胶泥及胶黏剂。

2. 筑炉施工

1）砌筑施工

① 磷酸铝耐磨砖，用 ZYC-701 胶泥砌筑，表面再用 ZYC-701 胶泥涂抹和勾缝；

② 高强度微珠保温砖砌筑，也用 ZYC-701 胶泥砌筑，这样烘炉和运行与磷酸铝耐磨砖成为烧结磷化为一个牢固整体；

③ 硅酸铝纤维砖与耐火砖砌筑，采用 ZYC 磷酸集料涂砌；若磷酸铝纤维毡粘在铁皮或钢上，则用相同的碱性胶泥砌筑；

④ 砌筑灰缝严格控制在 1.5～2mm 间，则砌筑能保证密而不漏；

⑤ 由于厂家（耐火料）对配方保密，施工时应按厂家规定予以修正。

2）磷酸铝混凝土施工

① 先在炉体钢构上焊勾钉或不锈钢网；

② 按规定的级配混合料现场拌合，用本公司研制的干式喷涂法喷涂浇筑施工，并做好试块。

3）伸缩缝施工

① 伸缩缝填料，一律用耐火陶瓷棉毡，用 ZYC-701 胶泥粘接；

② 砌体缝按图 5.3.4-1 施工；

③ 结构缝按图 5.3.4-2 施工。

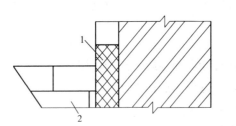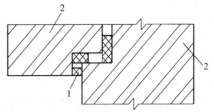

图 5.3.4-1 砌体缝

1—磷酸铝纤维毡或耐火陶瓷棉毡；2—耐火砖

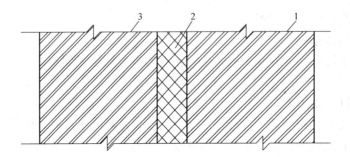

图 5.3.4-2 结构缝

1—砌体（砖或保温层）；2—磷酸铝纤维毡或耐火陶瓷棉毡；3—耐火砖

3. 保证筑炉质量的技术措施。

1）燃烧室的砌筑顺序为装穿墙管，依次二次风管、给煤管、回料管、并固定，再在护板上切孔。穿墙管做法按图 5.3.4-3 施工。

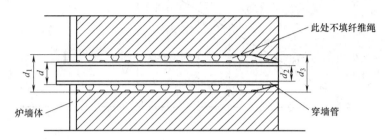

d_1—开孔直径　d_2—开孔喉部直径　d_3—向火喇叭直径　d—穿墙管外径

$d_1 = d + (20 \sim 30)$

$d_2 = d_1 + (10 \sim 15)$

$d_3 = d_1$

图 5.3.4-3　穿墙管做法图

2）炉内管子集箱防磨施工措施

① 炉内受烟气冲刷的管子弯头和集箱上都应焊抓钉，再在抓钉上敷（浇筑）高强耐火浇筑料；

② 隔墙安装好后才能安装后墙。

3）磷酸盐浇筑料施工措施

① 浇筑料要充分搅拌，可用涂抹和捣打施工，但是必须在 30min 以内，捣成致密的构筑物（成型），必须给予振动和充分捣固；

② 磷酸耐火浇筑料与砖粘接时，先在砖上面涂抹少量结合剂，以利于粘接；

③ 若浇筑用模板，应放防水纸；

④ 磷酸盐浇筑料脱膜时间不易过快，防止结合剂转移；

⑤ 磷酸盐耐火浇筑料施工不用养护，可以加热干燥；

⑥ 磷酸盐耐火浇筑料施工当中，注意留伸缩缝。

4）筑炉施工完后，应做炉膛气密性试验，方法是：

① 根据炉膛体积，计算出所需的烟气量，采用引爆烟幕弹的方法施放烟气，观察炉膛四周无漏烟者为合格。

② 关闭烟道阀门，用鼓风机向炉膛内送风，使炉内达到一定正压（用 U 型管压力计测量），U 型表液面不明显下降为合格。

5.3.5　锅炉整体试压

锅炉应用软化水或加浓度为 500ml/L 的氨水及浓度为 150～200ml/L 的联氨（pH＝10）的城市自来水试压，试压应按工作压力 1.25 倍试压，升压速度应控制在低于 0.3MPa/min（试压水量，40m³、70m³、80m³、90m³、178m³ 即按锅炉大小而定，但是 pH 值控制在 10）。

5.3.6　烘炉、煮炉、定压

1. 烘炉

先用柴油，后用煤按图 5.3.6-1 升温曲线控制烘炉。

2. 煮炉

用氢氧化钠（NaOH）和磷酸三钠（Na₃PO₄）按比例（厂家规定或规范规定）配制进行煮炉，CFB 锅炉煮炉，其实施按图 5.3.6-2 曲线图进行控制。

3. 安全阀整定

煮完炉后，应对炉内管道和炉外管道进行吹扫合格，然后进行锅炉气密性试验，再按设计要求做安全阀整定。定压时应缓慢，控制在 3h，分压力段检查、测定并记录膨胀情况。安全阀的启座压力为

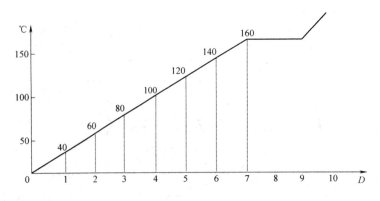

图 5.3.6-1　洪炉升温曲线图

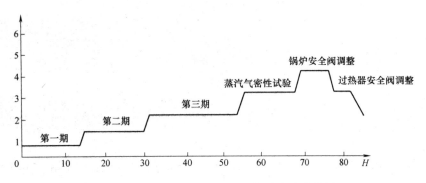

图 5.3.6-2　$P＝3.82MPa$ CFB 锅炉煮炉曲线图

注：$P＝5.4MPa$，$P＝9.81MPa$ 依据此图参照执行

1.05 倍工作压力，安全阀回座压力为 0.98 工作压力（工作压力 $P＞3.9MPa$）。

5.3.7　CFB 锅炉调试

1. 锅炉冷态模拟试验

1）冷态试验

冷态试验程序如图 5.3.7-1。

给煤机给煤量标定 → 一、二次风量标定 → 布风板均匀性试验 → 布风机阻力测定

图 5.3.7-1　锅炉冷态试验程序

2）冷态试验方法

① 刮板给煤机给煤量标定

先将给煤机内充满煤，将给煤机调到一定的转速，用容器接煤并记录容器接煤时间，最后称重，故标定不同转速下的给煤量；

② 标定一、二次风口风量

启动引风机，把调节风门开度置于不同位置，记录各风门风量、风压、电流，作出风门开度和一次风机风量的关系曲线；

③ 布风板均匀性试验

在布风板上均匀铺上厚 300～400mm，粒度为 1～5mm 的炉渣，启动引风机和一次风机，保持炉室出口负压－20Pa，逐渐增大风量直至料层完全流化，流化良好时表面应平整；

④ 布风板阻力测量

测量方法：布风板上不铺料层，保持炉室出口为－20Pa，风量由小逐渐增加，测出相应的布风板上的压力，绘制出料层阻力与风量关系曲线。

2. 锅炉流化床首次点火启动

1）在布风板上铺上炉渣粒度（1~5mm），将两根放渣管灌满底料。

2）将底料处于微沸腾状态，使炉室出口为负压。

3）接通点火器，从床下将点火燃烧器产生的高温燃油烟气点燃，缓慢加热料层，并从底层逐渐向面层燃烧。

4）当风量为临界流化风量的80％，料层暗暗发红时，启动给煤机，调整风量，控制升温。

5）当流化床床温达到900℃左右，维持给煤机转速，逐步使燃烧正常，使其流化循环，直至进入正常运行状态。

3. 锅炉运行中的监视与调整

CFB锅炉的操作运行与其他炉型不同，运行中除了按《运行规程》对锅炉水位、气压、汽温进行监视和调整外，还必须对锅炉的燃烧系统进行调整。

1）加强床温监视，防止结焦和灭火。炉温的控制用调整一次风量、给煤量和循环灰量来实现。

2）料层厚度的控制

循环流化床流化料层面有密相区和稀相区之分，料层厚度是指密相区内静止料层厚度，可以通过放渣来调整，放渣的原则是少放、勤放，最好是连续少量放。

3）炉膛悬浮段物料浓度的控制

CFB锅炉出力大小，主要是由悬浮段物料厚度决定的。通过放循环灰来调整，放灰原则：少放、勤放。

4）运行中最低运行风量的控制

最低运行风量是保证和限制流化床低负荷运行的下限风量，通过调整一次风量控制。

5）返料器的控制

保证返料器有稳定的流化气源，调整好返料器的流化风量，加强监视和控制返料器床温，防止超温结焦。

6）锅炉出力调整

用调整一次风量和二次风量来调整整个锅炉的出力。

5.3.8 劳动力需用量及劳动力组织。

1. 劳动力需用量，详见表5.3.8-1。

劳动力需用量汇总表 表5.3.8-1

序号	锅炉名称	额定蒸发量(t/h)	单位(台)	绝对工期(月)	总用工数(工日)
1	循环流化床锅炉	75	1	5	13824
2	循环流化床锅炉	130	1	7	18900
3	循环流化床锅炉	150	1	8	22680
4	循环流化床锅炉	170	1	10	31200
5	循环流化床锅炉	220	1	12	39760

注：此表为实际用工，不属定额用工。

2. 劳动力组织，详见表5.3.8-2。

3. 劳动力组织

一般CFB锅炉安装，业主要求工期特别紧，因此施工当中，只有合理安排交叉作业。又由于锅炉安装是锅炉生产制造的继续，现场位置太紧，光靠增加人员无法提高安装效率的，因此必须多环节的安排施工，比如将水冷壁管、过热器、省煤器、空气预热器、一、二级分离器、布风板及排烟风道等，分成若干安装小组，分别同时进行组装，然后依程序进行安装组合。这样能确保流水作业，避免窝工等。

劳动力组织汇总表 表 5.3.8-2

序号	工种名称	锅炉额定蒸发量				
		75t/h	130t/h	150t/h	170t/h	220t/h
1	钳工	4	6	6	6	8
2	起重工	6	8	8	8	10
3	管道工	14	16	16	20	20
4	铆工	10	12	12	18	20
5	焊工	10	16	16	20	22
6	筑炉保温工	12	18	18	18	20
7	电工	4	6	6	6	8
8	仪表工	4	6	6	6	10
9	探伤工	2	2	2	2	2
10	金相、光谱	2	2	2	2	2
11	调试、计量	6	8	8	8	10
12	专业管理人员	4～6	4～6	4～6	4～6	6

注：此表为施工高峰期工种人数，不属平均工种人数。

6. 主要施工机具

75t/h～220t/hCFB 锅炉施工主要机具，详见表 6。

75t/h～220t/hCFB 锅炉施工主要机具表 表 6

序号	机具名称	型号及规格	数量	备注
1	门座吊车	460t·m,起重45t	1台	
2	门座吊车	280t·m,起重30t	1台	
3	桅杆吊（配2台卷扬机）	起重50～60t	1套	
4	汽车吊	NK-40 起重40t	1台	
5	汽车吊	NK-60 起重60t	1台	
6	可控硅逆变焊机	ZX7-315S	10～20台套	
7	可控硅逆变焊机	ZX7-515S	10台套	
8	交流逆变焊机	300A-500A	10台套	
9	手工氩弧焊机	NSA-300	8套	
10	空气等离子切割机	G60-D	4台	
11	超声波探伤仪	STS-26	2台	
12	射线探伤仪	TX-2505	2台	
13	磁力探伤仪		1台	
14	金相仪		1台	
15	远红外热处理装置（履带式）		1套	
16	光谱仪		1套	

7. 质 量 控 制

7.1 施工准备

7.1.1 做好培训和技术交底，考核特殊工种，保证特殊工种持有效证件上岗。

7.1.2 编制施工组织设计和各专业工程的施工方案或作业指导书及锅炉安装工艺卡，焊接指导书，焊接工艺评定。

7.1.3 编制锅炉安装质量计划。

7.2 锅炉质量检验

7.2.1 锅炉安装过程要严格按施工组织设计和专业施工方案进行检验控制，施工当中要实施工艺卡、工艺评定的各项要求和技术参数，保证工程施工质量。

7.2.2 严格依照质量计划，加强过程检查和监督，确保工程质量。

7.2.3 认真贯彻执行国家规范、规程及标准，特别是电力建设施收验收规范，并按其要求和规定允许偏差进行过程检查验收，具体是：

DL/T 5047—95 《电力建设施工及验收技术规范》（锅炉机组篇）；

DL/T 869—2004 《电力建设施工及验收技术规范》（火力发电厂焊接篇）；

SDJ 279—90 《电力建设施工及验收技术规程》（热工仪表及控制装置篇）；

DL 5031—94 《电力建设施工及验收技术规范》（管道篇）；

DL/T 852—2004 《电力建设施工及验收技术规范》（锅炉启动调试导则）；

GB 5023—2002 《砌体工程施工质量验收规范》；

DL/T 821—2002 《钢制承压管道对接焊接接头射线检验技术规程》。

7.2.4 CFB锅炉安装质量控制检验标准

1. 锅炉基础质量控制检验标准

锅炉基础质量控制检验标准，如表7.2.4-1。

锅炉基础验收偏差允许范围　　　　表7.2.4-1

序 号	偏 差 名 称		允许偏差值(mm)
1	基础坐标位置(纵、横轴线)		±20
2	不同平面标高		0～−20
3	平面外形尺寸		±20
4	凹坑上平外形尺寸		0～−20
5	凹坑尺寸		+20～0
6	平面水平度		每米5且全长10
7	垂直度		每米5且全长10
8	柱子间距	≤10m时	±1
		>10m时	±2
9	柱子相应对角线	≤20m时	≤5
		>20m时	≤8

2. 锅炉钢架安装质量控制检验标准

锅炉钢架组装质量控制检验标准如表7.2.4-2，锅炉钢架安装质量控制检验标准如表7.2.4-3。

钢架组合件的允许误差　　　　　　　　　　　表7.2.4-2

序　号	检　查　项　目	允许误差(mm)
1	立柱间距	<1‰≤10
2	各立柱间的平行度	长度10/00≤10
3	横梁标高	±5
4	横梁平行度	长度1‰≤5
5	组合件相应对角线	≤1.5‰≤15
6	横梁与立柱中心线相对错位	±5
7	顶板各横梁间距	±3
8	平台支撑与立柱、护板框架等垂直度	长度2‰
9	平台标高/平台与立柱中心线相对位置	±10/±10

钢架安装允许误差　　　　　　　　　　　表7.2.4-3

序　号	检　查　项　目	允许误差(mm)
1	立柱中心与基础划线差	±5
2	立柱标高与设计标高差	±5
3	立柱相互标高差	≤3
4	各立柱相互距离	≤1‰　±5
5	立柱不垂直度	<1‰　≤15
6	立柱上下平面对角线	≤1.5‰≤15
7	横梁标高	±5
8	横梁水平度	5
9	护板框或桁架与立柱中心距	0～5
10	顶板的各横梁间距	±3
11	顶板标高	±5
12	大板梁的垂直度	立板长度1.5‰≤5
13	平台标高	±10
14	平台与立柱中心线相对位置	±10

3. 锅筒安装质量控制检验标准

锅筒安装质量控制检验标准如表7.2.4-4。

锅筒安装允许偏差值　　　　　　　　　　　表7.2.4-4

序　号	检　查　项　目	允许误差(mm)
1	标高偏差	±3
2	纵横水平偏差	≤1
3	轴向中心位置偏差	±3
4	锅筒吊环与锅筒外围接触	在90°接触角圆弧应吻合个别间隙≤2
5	纵向中心位置偏差	±3
6	锅筒集箱水平度	2
7	集箱标高	±5

4. 水冷壁组合安装质量控制检验标准

水冷壁垒森严组合安装质量控制检验标准如表7.2.4-5，水冷壁刚性组合梁安装质量控制检验标准如表7.2.4-6，水冷壁组合件安装质量控制检验标准如表7.2.4-7。

水冷壁组合件允许偏差 表 7.2.4-5

序 号	检查项目		允许偏差(mm)
1	联箱水平度		≤2
2	组件对角线差		≤10
3	组件宽度	全宽≤3000	±5
		全宽>3000	2/1000 最大不小于 15
4	火口纵横中心线		±10
5	组件长度		±10
6	组件平面度		±5
7	联箱中心线垂直距离		±3

刚性组合梁安装的允许偏差 表 7.2.4-6

序号	检查项目	允许偏差(mm)
1	标高(以上联箱为准)	±5
2	与受热面管中心距	±5
3	弯曲或扭曲	≤10
4	连接装置	膨胀自由

水冷壁组合件安装允许偏差 表 7.2.4-7

序号	检查项目	允许偏差(mm)
1	联箱标高	±3
2	联箱纵横水平	≤2
3	联箱中心线与炉中心线距离	±3
4	联箱中心线	±3
5	管排垂直度偏差	≤1‰,长度且≤10

5. 过热器组合安装质量控制检验标准

过热器组合安装质量控制检验标准如表 7.2.4-8,过热器安装质量控制检验标准如表 7.2.4-9。

过热器组合允许偏差值 表 7.2.4-8

序号	检查项目	允许偏差(mm)
1	联箱纵横水平度偏差	≤3
2	联箱纵向中心线不垂直度和水平距离偏差	±3
3	联箱间对角线差	≤5
4	管排间距偏差	±5
5	组合件宽度偏差	±10
6	管排平整度偏差	≤20
7	附件	符合图纸,安装牢固整齐

过热器组合件安装允许偏差值 表 7.2.4-9

序号	检查项目	允许偏差(mm)
1	联箱标高偏差	±3
2	联箱纵横水平度偏差	≤3
3	联箱纵横中心线与炉中心距离偏差	±3
4	联箱纵向中心线垂直度和水平距离偏差	±3
5	蛇形管底部弯头向下膨胀间隙	符合设计

6. 省煤器组合安装质量控制检验标准

省煤器组合安装质量控制检验标准如表7.2.4-10。

省煤器组件组合安装允许偏差（mm）　　　　　　　　表7.2.4-10

序号	检 查 项 目	合格	优良
1	联箱标高误差	±5	±3
2	联箱纵横水平度偏差	≤3	≤3
3	联箱纵横中心线与炉中心线距离偏差	±5	±3
4	组合件平面对角线差	≤10	≤7
5	管排间距偏差	±5	±5
6	组合件宽度偏差	±5	±5
7	组合件边排管垂直度偏差	≤5	≤3
8	管排平整度偏差	≤20	≤20

7. 空气预热器安装质量控制检验标准

空气预热器安装质量控制检验标准如表7.2.4-11。

管式空气预热器安装允许偏差值表　　　　　　　　表7.2.4-11

序号	检 查 项 目	允许偏差值（mm）
1	支承框架上部水平度	3
2	支承框架标高	±10
3	管箱垂直度	5
4	管箱中心线与构架立柱中心线间的间距	±5
5	相邻管箱的中间管板标高	±5
6	整个空气预热器的顶部标高	±5
7	管箱上部对角线差	15
8	波形伸缩节拉热值	按图纸规定值

7.3 保证质量的技术措施

7.3.1 项目经理和总工程师对工程质量实行终身责任，严格按工序合理组织施工，保证各工序环节专人把关检查。

7.3.2 组织施工人员开展QC活动，攻克技术难关和施工难点，坚持"三检"制度，做到检测，记录准确，避免施工过程中不合格发生。

7.3.3 为保证锅炉焊接质量，延长锅炉使用寿命，对锅炉本体管道、水冷壁、过热器、省煤器、空气预热器采用氩弧焊打底和盖面，保证锅炉试压一次成功。

7.3.4 认真制定焊接工艺评定，确定焊接技术参数，制定焊接工艺卡，交焊接人员认真实施，焊后打上焊工钢印，备案记录存档。

7.3.5 转动设备，认真进行解体、研磨、清洗、校验后进行组合安装。

7.3.6 一切阀件先检、校后、再预试压，然后编号挂牌对号安装。

7.3.7 所有的热工仪表、电气仪表、自控仪表一律进行先校测、校验，标定合格后再进行安装。

7.3.8 按照单机检测、调试，再进行单机试运行，然后进行系统调试，连锁调试、系统试运行等一系列调试运行稳定合格后，最后联合试运行。

7.3.9 质检人员持证上岗跟踪检查，特别是过程检查和控制，并记录备案备查。

7.3.10 依据 6.2 中规范规定及要求检查。

8. 安 全 措 施

8.1 施工现场操作安全，施工安全，严格遵照《建筑安装工人安全技术操作规程》规定，不得违章指挥，不准违章操作。

8.2 各项工程具体安全操作，要严格按其施工技术措施当中规定的安全操作方法实施，不允许随意臆造、违章。

8.3 每个专业开工前都必须进行安全技术交底，参加人员必须办理书面签到，重要的还要照相记录存档。

8.4 现场要设置明显的安全标志、标识，进入现场必须戴安全帽，高空作业带好安全带，并保持天天班前安全会，做到安全管理常抓不懈。

8.5 现场电动设备、电动工具，必须安装漏电保住装置，操作人员着绝缘胶鞋。

8.6 工地库房，特别是油漆库、乙炔库，瓶气库分隔存放，做好醒目标识并做好特殊防火、防爆措施。

8.7 施工现场防火、防洪、防雷电等器具、材料都按规定配制和摆放，并做出明显标识，同时培训现场人员会用、会应付紧急事态。

8.8 现场 X 射线、超声波等无损检测作业时，应在工地人员下班后进行，同时还应做出标识，防止路人误入现场受到伤害等。

9. 环境保护措施

9.1 项目经理部按当地政府规定的施工现场环境保护的要求及国家环保法令法规组建现场文明施工和环境卫生管理小组，设专人负责监督检查。

9.2 制定规章制度，建立专门场所堆放建筑垃圾、生活垃圾，并定期清理外运，保持施工现场清洁卫生。

9.3 建立现场化粪池，沉油池，解决废水污染，并定期由专人负责清理外运。

9.4 施工组装平台、加工平台搭设简易围护结构，防风、防尘，避免污染空气和设备。此外每天清理平台，保持工完场清。

9.5 凡在容器内焊接，做好机械通风，同时配防毒面具，保证施工人员健康。

9.6 现场挂牌标识做到醒目、清楚、齐全，配合土建创文明施工工地。

10. 经 济 分 析

由于在安装过程中，实施流水作业，依序进行分别组装及组织交叉作业，从而提高工效 30%～40% 左右。又因采取先进的施工工艺，比如采用氩弧打底、盖面施工，确保焊缝 100% 一次无损检验合格，保证工程质量，实现一次试压合格，一次点火成功，一次试运行成功，一次运行并网发电成功，从而大大提高了劳动生产率，降低工程成本，确保按期投产，从而取得很好的经济效益和社会效益。根据多年来多台 CFB 锅炉安装的测定，单台炉子（以 75～220t/h）可节约工时 6708～15000 工日数（与定额用工比较而节约），每台锅炉安装新增加利税 10～35 万左右。

11. 工 程 实 例

本工法是在石家庄经济开发区热电厂、石家庄热电三厂、石家庄热电一厂、二厂等 75～220t/h

CFB锅炉安装经验基础上总结整理。该工法已用于陕西、河北、江苏、安徽、天津、浙江数十台CFB锅炉和CFB垃圾焚烧锅炉上，均取得了较好的效果。如应用于河北石家庄高新技术产业开发区热电煤气公司热电厂、河北辛集市东方热电有限责任公司热电厂、无锡惠联垃圾热电有限公司、江阴市升辉热能有限公司等热电厂工程上。

该技术分别获中国建设总公司科技进步三等奖，中国安装协会第6届、第8届科技进步一等奖2次，并获"中国安装之星"2次。

特大型井架竖立工法

YJGF135—2006

中煤第三建设（集团）有限责任公司

张炳辉　廖鸿志　陈诚　黄庆宏　吴向东

1. 前　言

特大型井架竖立工艺，是在我公司经过 20 年来 80 座井架的竖立实践中逐步形成的一套施工工艺。

特别是近几年，随着煤炭行业的蓬勃发展，煤矿提升系统多向大井筒断面、深井筒方向发展；同时，由于建井速度的制约要求，煤矿井架多向大高度、大重量发展，这就向煤矿特大型井架的吊装提出了严肃的课题。如何安全地将特大型井架起吊就位，是各种施工方案的首选条件。

现在煤矿井架大多采用箱形断面焊接而成，在地面呈水平组装、焊接，然后分二大片吊起合拢、空中对接，并焊接、找正、固定。

2. 工 法 特 点

2.1 采用将井架分成主、付斜架二大组装单元，在地面组装焊接。

2.2 将主斜架通过折页与永久主斜腿基础相连，并采用半翻转和仰杆法施工，将主斜架起吊到位，改善了抱杆的受力状态。

2.3 采用双抱杆起吊，并将双抱杆站立在主斜架的适当位置上。

2.4 可完全利用国内的凿井绞车（10t、16t）作为动力牵引。

2.5 通过受力计算，可确保整个起吊过程受力平衡，使整个起吊过程处于平衡状态。

2.6 主、付斜架在空中合拢，可以确保空中接头的正确性。

2.7 付斜架通过地面平移、滑动提升，减少作业人员的高空作业。

2.8 采用多吊点钢性吊耳，可改善井架的受力状态。

3. 适 应 范 围

凡是矿山类（包括金矿、铜矿、铁矿等）特大型钢结构井架，均可采用此类方法，并特别适应于：

3.1 矿山特大型槽式井架。

3.2 矿山特大型 A 型井架。

3.3 矿山其他永久、临时两用井架。

4. 工 艺 原 理

通过精确的受力分析与计算，首先将两副抱杆竖立固定，并将抱杆的绊腿绳、缆风绳固定好，并穿好主牵绳、主提绳将主斜架抬头并起吊就位。

其主要原理是：由于抱杆有足够的强度和高度优势，通过机具牵引，可以安全地将主斜架起吊就位，继而将付斜架起吊就位，合拢找正。

5. 施工工艺流程及操作要点

5.1 施工工艺流程

5.1.1 要尽量简化施工工序。

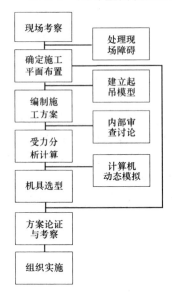

图 5.1.6 方案编制程序框图

5.1.2 要确保整个起吊过程安全可靠。

5.1.3 要尽可能少的使用凿井绞车，使起吊过程指挥简化。

5.1.4 要确保主斜架在起吊过程中受力平衡。

5.1.5 要确保主斜架、付斜架的折页受力与基础受力安全可靠。

5.1.6 要力求在井架竖立完，便于放倒抱杆（图 5.1.6）。

5.1.7 工艺流程

井架土建基础施工→测量放线→井架在地面分二大片组装→挖地锚、摆稳车→竖立双抱杆→穿提升绳和主牵绳→对主斜腿折页→试起吊→主斜架抬头、装有关平台等→起吊主斜架约 35°～45°→仰杆法继续起吊→主斜架就位并临时固定→付斜架滑移到位→挂付斜架提升绳→起吊付斜架→空中合拢并焊接→整体找正固定→放抱杆二次灌浆→移交

5.2 操作要点

5.2.1 预埋件操作要点

5.2.1.1 折页预埋件钢板厚度及锚固力要经过计算，能经得起水平推力和垂直压力的荷载。

5.2.1.2 预埋钢板外表面应垂直，便于焊接固定折页。

5.2.2 井架组装要点

5.2.2.1 井架的组装必须符合现行国家质量标准。

5.2.2.2 所有焊接必须达到图纸要求的焊缝等级。

5.2.2.3 固定吊耳必须在组装斜腿时同步施焊。

5.2.2.4 施焊时，要注意电焊机不能连电，以免损坏钢丝绳。

5.2.3 地锚与稳车施工要点

5.2.3.1 地锚必须按设计吨位施工，主锚绳出头受力要一致。

5.2.3.2 稳车摆放时，要对正方向，不能有受力时抬头和调斜现象。

5.2.3.3 稳车的机械及电器设备必须完好，工作闸、安全闸必须可靠。

5.2.4 抱杆竖立施工要点

5.2.4.1 抱杆的绊腿地锚必须按设计施工。

5.2.4.2 抱杆头部的索具必须经检验合格。

5.2.4.3 抱杆的缆风车必须安全可靠。

5.2.4.4 竖立抱杆过程中，必须有周密的指挥体系。

5.2.5 主斜架竖立施工要点

5.2.5.1 主斜架的折页必须有专人监护。

5.2.5.2 主斜架的钢性吊耳及平衡吊耳必须焊接牢固，且能满足随着提升角度的变化，吊耳到抱杆头部的钢丝绳弦长能满足起吊。

5.2.5.3 主斜架上可以在地面焊接的部件尽量在地面焊接，以减少高空作业。

5.2.5.4 主斜架上要有临时安全爬梯，便于施工人员上下。

5.2.5.5 为起吊斜架的吊耳及索具要在起吊主斜架前施工。

5.2.5.6 要有足够的直接指挥人员和辅助指挥系统。

5.2.5.7 要加强对主提和主牵及平衡滑车的监控。

5.2.6 付斜架竖立施工要点

5.2.6.1 付斜架在滑移时，要有足够的后留力量，防止前冲。

5.2.6.2 付斜架的两套提升系统互相独立，起吊时要注意二套系统受力一致。

5.2.6.3 付斜架在即将爬升付斜基础时，整个受力为最大值，要采取道木跟踪保护。

5.2.6.4 付斜架与主斜架的合拢部分，要有合适的接头位置和接头形式。

5.2.7 空中合拢找正施工要点

5.2.7.1 要采取直通式头戴耳机与地面联系，加强上下协作，精心指挥，保证空中对接。

5.2.7.2 付斜腿下的垫铁不可多垫，以防被井架压住，难以抽去。

5.2.7.3 空中焊接用的脚手架要在地面焊好，便于施焊，且不能影响主付斜架空中合拢。

5.2.7.4 找正用的基础十字线要同时标记在付斜腿上，便于找正。

5.2.8 空中焊接施工要点

5.2.8.1 空中合拢的焊缝间隙要力求符合标准，减少焊接工作量。

5.2.8.2 施焊人员的脚手架要便于焊工操作，且生根牢固。

5.2.8.3 高空作业一定要系好安全带。

5.2.9 整体找正施工要点

5.2.9.1 要用2台经纬仪同时测出井架的中心线，便于纠偏。

5.2.9.2 测量要用的中心观测点要事先做在井架上。

5.2.9.3 找正用的大吨位千斤顶位置要事先留好操作位置。

5.2.9.4 固定用的垫铁、螺栓要事先准备好。

5.2.10 放抱杆施工要点

5.2.10.1 放抱杆时，一定要注意抱杆的侧面缆风及绊腿地锚受力。

5.2.10.2 各施工人员要各司其职，统一指挥，协调施工。

6. 材料与设备

本工法无需特别说明的材料，采用的机具设备见表6。

机具设备一览表 表6

序号	名　称	规　格	单　位	数　量	备　注
1	稳车	16t	台	4	主提、付提
2	稳车	10t	台	6	主牵、后留、缆风
3	抱杆	1.6×1.6	付	2	起吊斜架主体
4	吊车	25t、50t	台	各1	构件起吊安装
5	挖掘机		台	1	挖地锚用
6	推土机		台	1	平整场地
7	运输车	20t、9t	台	5	构件运输
8	滑车	H250×10	只	4	主斜起吊
9	滑车	H80×4	只	4	主提用
10	滑车	H50×3	只	16	付提用
11	钢丝绳	ϕ28	m		主提绳长度由措施定
12	钢丝绳	ϕ28	m		主牵绳长度由措施定
13	缆风绳	ϕ28	m		长度由措施定

续表

序号	名　称	规　格	单　位	数　量	备　注
14	经纬仪		台	2	
15	水准仪		台	2	
16	X光机		台	1	
17	超声波探伤仪		台	2	
18	对讲机		套	10	
说明：本工器具表仅供参考，具体由施工措施定。					

7. 质 量 控 制

本方法除应遵循现行《煤矿安装工程质量检验评定标准（MT5010-95）》外，还应特别注意以下各项：

7.1 构件在组对时，要确保支撑点不下沉。

7.2 组对时先对称焊接箱体的立焊缝，再焊平焊和仰焊。

7.3 焊缝要求一定要达到设计要求，并进行无损探伤检验。

7.4 折页的销轴同轴度一定要精确找正，以确保起吊时不别劲和空中合拢找正顺利。

7.5 空中合拢的接头部分，要在地面精确控制几何尺寸，防止空中合不上。

7.6 预埋螺栓的钢管要事先预安装一次。

7.7 垫铁的施工要符合现场基础，精确配对。

8. 安 全 措 施

8.1 施工前必须认真编制施工组织设计。

8.2 各工种操作人员须持证上岗，必须严格按照操作规范施工。

8.3 特大型井架起吊时，必须成立单独的起吊指挥小组（见图8.3）。

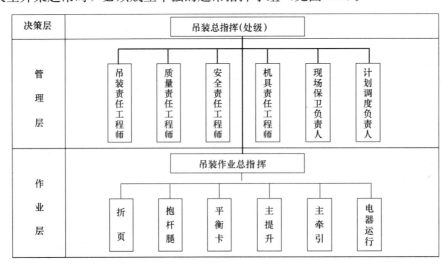

图8.3　起吊组织机构图

8.4 通讯系统宜采用头戴式耳机为主，无线通讯为辅。

8.5 各主要部位要设专人看护，主牵、主提、折页、绊腿、平衡卡要有专人负责。

8.6 特大型井架吊装时，要设置相应的工作半径为禁区。

8.7 要设置专门的安全检查小组，对特大型井架起吊进行日常施工检查。

8.8 要建立相适应的安全保障体系，对井架起吊的每个环节都要落实到人员负责。

8.9 所有的起吊机具、索具都要经过安全检查，不准以小代大。

9. 环 保 措 施

本工法不包括井架的加工与防腐工艺，仅在施工现场组装、竖立，不存在环境污染问题。

10. 效 益 分 析

采用此工法竖立特大型井架，同其他特大型井架竖立方法相比，占用井口时间短，工期缩短，安装质量优良，大大地提高了经济效益，同时创下良好的社会效益。此工法不仅减少了使用特大型起重汽车起吊的风险，在安全、质量上具有独特的优势，而且完全应用国产凿井设备，在安全上和其他方法上都具有优越性，为加快矿井建设做出了突出贡献。

11. 工 程 实 例

特大型井架竖立工法在我单位多年来施工国内 80 座井架施工中取得了显著的效果，占井口时间短，安全、优质、经济效益和社会效益显著。

实例一：

2002 年 2 月利用此工法竖立的山东唐口煤矿主井井架（高 62m、重 1050t），组装、竖立仅用 45d，占用井口 20d，创当时亚洲之最，被推荐评为"山东省建设优质工程"及"全国煤炭行业优质工程"称号，同时被评为 2003～2004 年度煤炭行业（部级）优秀工法。

实例二：

2005 年 8 月 26 日，我单位运用此工法安全、优质、高效地竖立当时世界第一大箱形 A 型钢井架——山西屯留煤矿主井井架（高 76.8m、重 1234t）。这一座世界第一大井架成功竖立，创造我国矿井建设史上又一辉煌纪录，而且在世界大件吊装领域中展示了我国煤矿建设者的风采，展现出我国在世界级大件吊装行业的领先地位。

实例三：

2006 年 7 月，我单位施工国投新集集团口孜东煤矿主井井架（高 95m、重 1310t），施工中我单位根据现场环境实行分段式施工，采用双抱杆、半翻转、主、副斜架套装及空中对接新工艺，仅用 38d 就顺利实现主、副斜架一次成功合拢，再次刷新了我公司 2005 年 8 月在山西屯留煤矿创下的世界纪录。

附录一：近年来我公司施工的典型井架（表 11）

近年来我公司施工的典型井架　　　　　　　　　　　　　　　　表 11

序号	工 程 名 称	井架重量	井架高度	施工时间	备 注
1	山东岱庄煤矿主井井架	400t	60m	1998 年 4 月	
2	河南永夏车集主井井架	500t	57m	2000 年 8 月	
3	山东唐口煤矿主井井架	1050t	62m	2002 年 2 月	当年亚洲之最
4	淮南矿业集团顾北主井井架	880t	72m	2004 年 12 月	
5	淮南矿业集团顾北副井井架	550t	58m	2005 年元月	
6	山西屯留煤矿主井井架	1234t	76.8m	2005 年 8 月	当年世界之最
7	淮南口孜东煤矿副井井架	720t	66m	2006 年 7 月	目前国内最大副井架
8	山东郓城煤矿主井井架	730t	70.6m	2006 年 8 月	
9	淮南口孜东煤矿主井井架	1311t	95m	2006 年 9 月	目前世界最大井架

附录二：施工平面布置示意图（图 11）

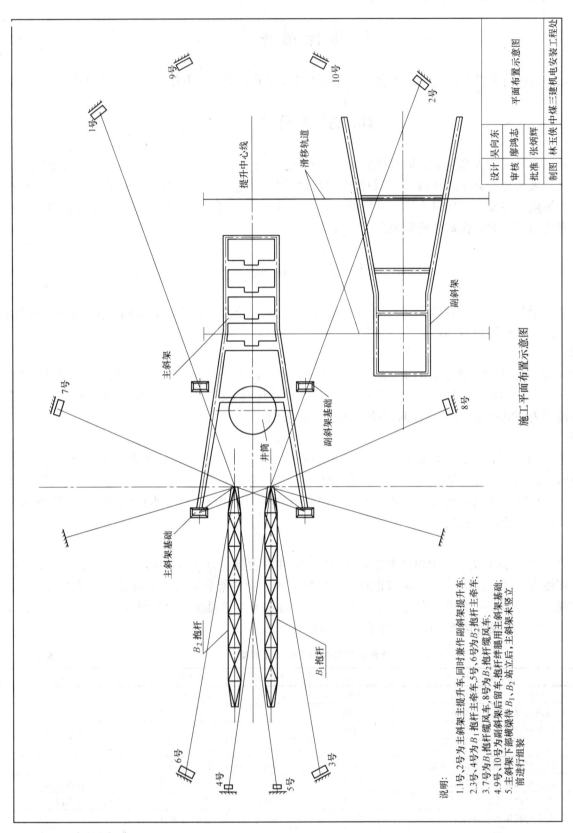

说明：
1. 1号、2号为主斜架主提升车，同时兼作副斜架提升车；
2. 3号、4号为 B_1 抱杆主牵车，5号、6号为 B_2 抱杆主牵车；
3. 7号为 B_1 抱杆缆风车，8号为 B_2 抱杆缆风车；
4. 9号、10号为副斜架后留车，抱杆终腿用主斜架基础；
5. 主斜架下部横梁待 B_1、B_2 站立后，主斜架未竖立前进行组装

施工平面布置示意图

设计	吴向东		平面布置示意图
审核	廖鸿志		
批准	张炳辉		
制图	林玉侠	中煤三建机电安装工程处	

图 11　施工平面布置示意图